数学·统计学系列

几何变换与几何证题

Geometric Transformations and Their Applications

萧振纲 著

哈爾濱工業大學出版社
HARBIN INSTITUTE OF TECHNOLOGY PRESS

内 容 简 介

本书所研究的几何变换仅限于平面上的合同变换、相似变换和反演变换这三类初等几何变换;本书系统地阐述了这三类几何变换的理论和它们在几何证题方面的应用.阅读本书只需要具有中学数学知识即可;阅读几何变换理论有困难的读者,也可以只阅读与几何证题有关的章节.

本书适合大中师生及数学爱好者使用.

图书在版编目(CIP)数据

几何变换与几何证题/萧振纲著.—哈尔滨:哈尔滨工业大学出版社,2010.2(2024.7 重印)

ISBN 978-7-5603-2995-6

Ⅰ.①几… Ⅱ.①萧… Ⅲ.①平面几何 Ⅳ.①O123.1

中国版本图书馆 CIP 数据核字(2010)第 023874 号

策划编辑 刘培杰
责任编辑 张永芹
封面设计 孙茵艾
出版发行 哈尔滨工业大学出版社
社　　址 哈尔滨市南岗区复华四道街 10 号 邮编 150006
传　　真 0451-86414749
网　　址 http://hitpress.hit.edu.cn
印　　刷 哈尔滨市石桥印务有限公司
开　　本 787 mm×1 092 mm 1/16 印张 49.5 字数 860 千字
版　　次 2010 年 5 月第 1 版 2024 年 7 月第 9 次印刷
书　　号 ISBN 978-7-5603-2995-6
定　　价 88.00 元

⊙第一版前言

自公元前3世纪古希腊数学家欧几里得(Euclid,公元前330? —275?)的《几何原本》问世以来,平面几何即作为数学的一个分支而存在于世。由于平面几何有其鲜明的直觉与严谨、精确、简明的语言,并且经常出现一些极具挑战性的问题,因而这一古老的数学分支一直保持着青春的活力,以极具魅力的姿态展现在人们面前,备受人们的青睐。世界各国无不将平面几何作为培养本国公民的逻辑思维能力、空间想象能力和推理论证能力的首选题材。由匈牙利于1894年首开先河的国内外各级数学竞赛(数学奥林匹克)活动更是将平面几何作为常规的竞赛内容,并且从1959年开始举办的每年一届(1980年因特殊原因中断了一次)的国际中学生数学竞赛(通称国际数学奥林匹克)中,在同一届出现两道平面几何题的情形已屡见不鲜。

但是,传统的平面几何都是采用公理化方法处理的,这种方法将平面图形视作静止的图形,其优点是便于掌握几何图形本身的内在规律。但用这种静止的观点研究平面几何的一个最大缺陷是:难以发现不同几何事实之间的联系。在这种观点下,面对一个平面几何问题,人们就难以找到解决问题的关键——辅助线。于是就难以沟通从条件到结论的逻辑关系;于是便有"几何几何,想破脑壳"之说,导致许多学生视数学为畏途,一生望"数学"兴叹;于是便有许多参加数学竞赛的优秀选手在平面几何题面前败北,留下一声叹息与几多遗憾……

唯物辩证法告诉我们,事物都是运动的,绝对静止的事物是不存在的。欲深刻揭示客观事物之间的联系,掌握运动的事物的空间形式最本质的东西——在运动中始终保持不变的性质,仅用静止的观点是远远不够的,必须动静结合,用运动、变化的观点来研究客观事物的运动形式和变化规律。就平面几何而言,按照德国数学家克莱因(F. Klein,1849—1925)于1872年提出的观点,平面几何是研究平面图形在运动、变化过程中的不变性质和不变量的科学。

几何变换作为一种现代数学思想方法,正是采用运动、变化的观点来研究平面几何的。面对一个平面几何问题,几何变换往往能有效地帮助我们找准辅助线,从而顺利地实现由条件到结论的逻辑沟通。

作者是于1986年开始接触几何变换这一课题的。几何变换到底有哪些方面的应用?怎样理解几何变换在几何证题方面的应用?怎样用几何变换处理传统的平面几何问题?面对一个平面几何问题,该用哪一个几何变换处理?这一系列的问题在以往的一些平面几何著作(包括一些经典名著)中都少有论及,从而形成了理论上的一个空白。从那时起,作者即开始思考、研究这些问题。十几年过去,将勤补拙,终有所得,于是就形成了本书。可以说,本书是作者十几年来在几何变换方面研究成果的一次集中展示。

事实证明,几何变换是处理平面几何问题的一个相当得力的工具。较之传统方法所不同的是,它不是从结论入手,而是反过来从条件入手,先抓住图形的某一几何特征(如平行四边形、正三角形、等腰三角形、正方形、圆、中点等等)实施某个几何变换。有的看似较难的平面几何问题,通过一个几何变换,其结论便一目了然。因为实施某个几何变换后,只要找出已知图形上的某些元素(点、线段、直线等等)的对应元素,则原来的几何图形即重新改组,原来分散的条件即相对集中,从而达到化繁为简、化难为易的效果。在几何变换下,传统的作辅助线已被"作已知图形上的某些元素的对应元素"取而代之,而这已是易如反掌之事。也就是说,传统的那种苦思冥想,"想破脑壳"的辅助线,在几何变换的帮助下,已是"得来全不费工夫"。这就大大地缩短了我们处理平面几何问题的思维过程。当然,如果将几何变换与传统的思想方法有机地结合在一起,则效果更佳。这在本书中已经体现出来。

本书所研究的几何变换仅限于平面上的合同变换、相似变换和反演变换这三类初等几何变换。书中系统地阐述了这三类几何变换的理论和它们在几何证题方面的应用。在第1章还介绍了群和变换群的概念与有向角的基本知识。书中用到了向量与方向线段的基本知识。由于向量和方向线段现都已列入中学数学必修内容,因此,阅读本书只需要具有中学数学知识即可。对于阅读几何变换的理论有困难的读者,也可以只阅读与几何证题有关的章节。

考虑到用几何变换处理轨迹和作图问题在其他一些平面几何著作中已有

论及，所以，本书侧重于几何变换在几何证题(包括解题)方面的应用。所选例题大多数是国内外各级数学竞赛中所出现的竞赛题和平面几何中的一些历史名题。有的例题还在不同的章节针对不同的几何特征、用不同的几何变换给出了多种证(解)法。为便于读者掌握几何变换的理论和方法，每节都有针对性地配备了练习题，每章末都配有一定数量的习题。从整体上来说，习题比练习题要难一些。有不少例题、练习题和习题属于首次面世的作者自编题。书末安排了习题提示。

在本书的写作过程中，挚友沈文选教授、冷岗松教授、陈冬贵教授以及张志华、谈秀山、刘华富、张国新、胡国华等诸君提出了不少有价值的建议。这些建议都已融于本书之中，使本书增色不少。王安斌教授为作者提供了难觅的参考文献[5]。值本书出版之际，作者谨向他们表示衷心的感谢；作者还感谢妻子卢晓宁、胞妹萧必红和同事钟兴永教授，她(他)们给予了作者莫大的鼓励和各方面的大力支持与帮助；作者还感谢老师李求来教授在百忙中阅读本书样稿，并乐于为序，使本书又增一色。除书末已列出的参考文献外，本书还选用了一些在《数学通报》、《数学通讯》、《数学教学》、《上海中学数学》、《中等数学》等杂志开办的问题征解栏目中发表的平面几何问题。在此对这些题目的作者一并表示感谢。

疏漏之处在所难免，敬请读者不吝指正。

萧振纲

2003 年 4 月

注：修订版取消了每小节的练习题.

第一版序言

《几何变换与几何证题》这本书的书名真是一目了然。顾名思义，本书的内容自然是讲几何变换的理论，以及如何运用几何变换的思想方法来证几何题了。

用变换的观点来看待几何，乃是德国数学家克莱因（F. Klein）的首创。1872年，克莱因在题为《近代几何研究的比较评述》的演说中，第一次阐述了这种观点。他认为，每种几何都由变换群所刻画，并且每种几何所要做的实际就是在这个变换群下考虑其不变量。在此定义下相应于给定变换群的几何的所有定理仍然是子群几何中的定理。克莱因的这一观点后来以Erlangen纲领之称闻名于世（美M. 克莱因著《古今数学思想》第3册P.341）。

克莱因的观点不仅对几何学的分类研究有巨大的贡献，而且对数学教育产生了重大影响。1908年，他出版了名著《高观点下的初等数学》。强调用近代数学观点来改造传统的中学数学内容，主张加强函数和微积分的教学，改革和充实代数内容，用几何变换观点改造传统几何内容。就在这一年，国际数学教育委员会成立，克莱因任主席，他的上述观点成为改革传统中学数学内容的主导思想之一。自此以后，一些国家的中学几何课程采纳了几何变换这一指导思想。遗憾的是，我国的中学几何课本，直至2000年前，依然是传统的欧氏几何体系，丝毫不见几何变换踪影。可喜的是，在最近颁布的《全日制义务教育数学课程标准》(实验稿)中,改变了陈旧的传统几何体系,认可并贯彻了克莱因的几何变换思想。我认为,这种变更尽管来得晚了一点,毕竟还是值得庆贺和赞赏。

与长期以来基础教育的几何内容观念陈旧形成鲜明对照的是:我国中学生数学竞赛的培训内容却紧紧地跟上了国际潮流。多年来,我国中学生参加国际数学奥林匹克均取得了十分优异的成绩,令世人瞩目。为什么我国参赛选手的成绩这么突出,而且能久盛不衰?原因当然是多方面的。其中,培训内容摆脱传统数学课程体系,用近代、现代数学思想方法重新处理中学数学,应该是有效措施之一。拿平面几何来说,竞赛培训历来就重视几何变换的思想方法,学生掌握了这一思想方法,处理几何问题的能力自然会大有提高。

以上表明,几何变换无论在基础教育的数学课程中,还是在数学尖子学生的培训中,都是极为重要的思想方法。对这一数学思想方法本身及其教育作用作深入、系统的研究,其必要性和价值是显然的。

《几何变换与几何证题》的著作者萧振纲同志 1982 年毕业于湖南师范大学数学系。在校期间品学兼优,对初等数学尤有浓厚的兴趣。参加工作后,一直致力于初等数学及其教学的研究,其中,对初等几何的研究更是情有独钟。研究初等几何,自然离不开几何变换这一核心思想。十几年来,他在这方面的研究已经硕果累累,先后发表过大量文章,本书正是作者在这一领域所获成果的集成。

我粗略地通读了《几何变换与几何证题》的样稿,受益良多。我以为,本书至少有以下两大特色:

第一,理论系统,应用全面。介绍几何变换或运用几何变换方法证明几何题的书,我读过一些,也写过一点。相比之下,《几何变换与几何证题》一书对几何变换理论阐述最为细微、系统,对如何运用几何变换的思想方法证明平面几何问题,思考最周到、全面,涉及的问题也最广泛。

第二,举例典型,解法精妙。《几何变换与几何证题》一书中的例题大多选自国内外各级数学竞赛试题或平面几何历史名题,这些题历经锤炼,极具典型性。它们的解法一般不是唯一的,有多种方法,多条途径。本书专从几何变换的角度思考,给出的解法特别精妙。读者阅读这些题的解题过程,从中可以受到很好的启迪:面对一个几何题,应该怎样根据题中提供的显性或隐性信息,去思考能否从几何变换的角度来处理,进而考虑该用何种几何变换处理才能见效。

本书作为数学教育领域里的一本新著,我认为是很有意义的。首先,前面提到的我国新的义务教育数学课程标准已经公布,按课程标准编写出的新教材正在全国各地实验,估计不久即将由实验课程变为全面实施的课程。“几何变换”是新标准中采用的近代和现代数学思想方法之一，对此，处在教学第一线的中学数学教师未必都十分熟悉。本书的出版正好为那些想系统学习这一数学思想方法的教师提供了合适的读本。其次，数学奥林匹克的培训工作也需要不断补充和更新资料，本书的出版相信在这方面也能作出其应有的贡献。本书面世后，期待着广大读者的关爱。

李求来

2003年3月28日于岳麓山下

◎修订版前言

当《几何变换与几何证题》的修订稿在键盘上用笨拙的手指借助《现代汉语词典》敲完最后一个字时，心中终于松了一口气，如释重负，感觉完成了人生中的一件大事．将修订稿清样校对了一遍寄给出版社后，又觉余意未尽，还想说上几句．

拙著《几何变换与几何证题》初版于2003年．当时捧着散发出油墨清香的自己写的书，那种兴奋是无法用语言形容的，正如母亲望着自己经十月怀胎后呱呱坠地的孩子，喜悦之情溢于言表．拙著面世后得到了不少平面几何爱好者的肯定，也得到许多准备参加数学竞赛的中学生以及他们的教练的认可．因为《几何变换与几何证题》初版未通过新华书店发行，一些学生或家长便想方设法通过各种途径联系到本人，或发e-mail，或打电话向本人邮购．更多的中学生则通过互联网发帖或给本人发短信邮购．这些使我倍感欣慰．

然而，随着时间的推移，自己读自己写的书却越读越不满意．——逻辑体系稍显紊乱，个别内容过于单薄，有些例子与内容不太匹配．有些例子本来有比较简单的传统解答，用几何变换方法处理反而显得复杂冗繁，这不仅不能充分地体现几何变换在处理平面几何问题时的优势，而且还有“为赋新词强说愁”之嫌，实在有损几何变换的“光辉”形象．当然，也还存在着大量文字或符号上的讹错．因此，“修订”二字早已在胸中涌动．

2005年11月在上海参加第二届全国数学奥林匹克研究学术会议期间，适遇哈尔滨工业大学出版社刘培杰先生．刘先生希望将拙著修订以后在他那里出版．这无疑说明拙著还存在不少问题，应尽早修订再版．这恰与本人的想法不谋而合，真是这边有人修渠，那边有人放水，水到渠成．自此，“修订”工作摆上本人的议事日程，并开始付诸行动．

修订工作历时四年，也是一波三折．逻辑体系的考虑，例题的充实和选择，总是反反复复，难以定夺．有时一个例题要花几周的时间才能最后敲定．

修订版基本上保持初版的风格，但在体系上做了较大的变动．相似变换的理论由初版的第四章变为修订版的第二章，初版的第二章变为修订版的第三章和第四章，初版的第五章变为修订版的第六章和第七章．初版第四章“两圆的相似”一节的内容在修订版中安插到第六章和第七章之中．除充实丰富了几何变换的理论部分，修订版还增添或替换了不少例题和习题，以便更能彰显几何变换的优势．在反演变换一章中，修订版增加了“平面几何命题的反演命题”一节，以帮助读者更好地理解不同平面几何命题之间的关系．修订版去掉了初版在每小节安排的练习，只在每章末安排 一定数量的习题，并且在书末给出了所有习题的详细解答．另外，还增添了“点对圆的幂·根轴·根心”和“Menelaus 定理与 Ceva 定理的角元形式”两个附录．

怎样利用几何变换处理传统的平面几何问题？这在理论方面还不尽完善．尽管修订版在这方面作了进一步的努力，但遗憾的是，对于怎样利用位似轴反射变换处理传统平面几何问题，这方面的例子仍显得一题难求，只好委屈地将它与位似旋转变换混放在一起．按理说，位似轴反射变换与位似旋转变换在相似系数不等于1的相似变换中应各占半壁江山，但目前在利用这两种变换处理传统平面几何问题方面的差别似乎太大．希望有更多的平面几何爱好者来一起加强这方面的研究，以缩小或消除这种差别．

本书初版出版后，湖北《中学数学》杂志在第一时间免费刊登了出版消息．中国不等式研究小组网站(http://www.irgoc.org/)，奥数之家网站(http://www.aoshoo.com/bbs1/index.asp)也相继刊登了出版消息．他们为广泛宣传本书起到了十分重要的作用．另外，在本书修订期间，得到了许多认识和不认识的朋友的关心．他们或通过电话，或通过短信，或通过网络等各种不同的通信方式询问修订工作的进展．特别是湖南沅江的平面几何爱好者万喜人先生慷慨地将自己未出版的手写书稿送给本人作为修订的参考，令人十分感动．未曾谋面的上海网友 frankvista（本书修订期间他还是一位初中学生）经常通过 e-mail 向本人提供一些用几何变换处理的例子，包括其精彩的解答以及他自己所编拟的例题，感动之余更觉后生可畏．值此修订版出版之际，特向这些杂志、网站以及所有关心本书修订工作的朋友们表示衷心的感谢. 同时还感谢数学竞赛国际社区网站(http://www.mathlinks.ro/), 本书的修订在这个网站遴选了许多不可多得的好范例.

文章千古事,得失寸心知。尽管作者在修订过程中力求不再出现问题或疏漏, 但修订版中疏漏和不足肯定还会存在, 祈望读者不吝指正(e-mail: xiaozg@163.com).

萧振纲

2009 年 8 月 4 日于湖南理工学院

本书常用符号说明

(1) $F \underset{\sim}{G} F'$—— 图形 F 与 F' 关于变换群 G 等价

(2) $F \cong F'$—— 图形 F 与 F' 是合同的

(3) $\measuredangle$ —— 有向角(始边为射线 OA,终边为射线 OB 的有向角记为 $\measuredangle AOB$)

(4) $F \backsim F'$—— 图形 F 与 F' 相似

(5) F あ F'—— 图形 F 与 F' 真正相似

(6) $F \overline{\backsim} F'$—— 图形 F 与 F' 镜像相似

(7) ▱—— 平行四边形

(8) $\underline{\underline{\perp}}$ —— 垂直且相等

(9) $\underline{\underline{\parallel}}$ —— 平行且相等

⊙ 目录

第 1 章　合同变换　//1

1.1　映射·变换·变换群　//1
1.2　合同变换及其性质　//6
1.3　三种基本合同变换——平移、旋转、轴反射　//13
1.4　合同变换与基本合同变换的关系　//26
1.5　自对称图形　//36
习题 1　//46

第 2 章　相似变换　//49

2.1　相似变换及其性质　//49
2.2　基本相似变换——位似变换　//56
2.3　位似旋转变换　//62
2.4　位似轴反射变换　//72
2.5　三相似图形　//78
习题 2　//89

第 3 章　平移变换与几何证题　//96

3.1　平行四边形与平移变换　//97
3.2　共线相等线段与平移变换　//102
3.3　一般相等线段与平移变换　//107
3.4　平行与平移变换　//114
3.5　线段比及其他与平移变换　//123
习题 3　//133

第 4 章　旋转变换与几何证题　//139

4.1　中点与中心反射变换　//139
4.2　平行四边形及其他与中心反射变换　//146
4.3　正三角形与旋转变换　//155
4.4　正方形、等腰直角三角形与旋转变换　//164
4.5　等腰三角形、相等线段与旋转变换　//173
4.6　三角形的连接与旋转变换之积　//181
习题 4　//192

第 5 章　轴反射变换与几何证题　//202

5.1　轴对称图形与轴反射变换　//202
5.2　角平分线与轴反射变换　//209
5.3　垂直与轴反射变换　//216
5.4　圆与轴反射变换　//223
5.5　圆内接四边形的两个基本性质　//231
5.6　30°的角与轴反射变换　//241
5.7　两类几何不等式与轴反射变换　//250
5.8　轴反射变换处理其他问题举例　//260
习题 5　//270

第 6 章　位似变换与几何证题　//283

6.1　线段比与位似变换　//283
6.2　共点线、共线点与位似变换　//292

6.3　Menelaus 定理与 Ceva 定理　//300
6.4　两圆与位似变换　//309
6.5　平行及其他与位似变换　//320
习题 6　//328

第 7 章　位似旋转变换、位似轴反射变换与几何证题　//341

7.1　三角形与位似旋转变换　//341
7.2　同向相似三角形与位似旋转变换　//349
7.3　两圆与位似旋转变换　//357
7.4　等角线及其他与位似旋转变换　//365
7.5　三角形的连接与位似旋转变换之积　//372
7.6　位似轴反射变换与几何证题　//384
习题 7　//392

第 8 章　反演变换　//404

8.1　反演变换及其性质　//404
8.2　线段度量关系与反演变换　//413
8.3　圆与反演变换　//421
8.4　两圆的互反性　//430
8.5　几何命题的反演命题　//439
8.6　极点与极线　//450
习题 8　//457

附录　//468

附录 A　点对圆的幂·根轴·根心　//468
附录 B　Menelaus 定理与 Ceva 定理的角元形式　//491

参考解答　//520

参考文献　//741

编辑手记　//745

合同变换

第1章

图形的“全等”是平面几何中的一个十分重要的概念. 我们通常是利用“完全重合”来定义全等图形的:能够完全重合的两个图形叫做全等图形. 这实际上是承认了平面图形是可“搬动”的,并且在“搬动”的前后,图形的大小和形状都保持不变,只改变了图形的位置. 其本质属性是图形在“搬动”的前后,图形上任意两点的距离都保持不变. 这就是本章所要研究的几何变换 —— 合同变换.

本章首先将简单地介绍与几何变换有关的一些基本概念,然后系统地研究平面的一般合同变换和三种基本的合同变换 —— 平移、旋转、轴反射,并揭示一般合同变换与三种基本合同变换之间的关系.

1.1 映射 · 变换 · 变换群

先给出与几何变换有关的一些基本概念.

一、映射

定义 1.1.1 设 A、B 是两个非空集合. 如果按照某个对应法则 f,使得对于 A 中的每一个元素 a,在 B 中都有唯一的一个元素 b 与之对应,则称 f 是 A 到 B 的一个**映射**. 记作 $f: A \to B$ 或

$A \xrightarrow{f} B$.其中 b 称为 a 在映射 f 下的**像**,记作 $b = f(a)$ 或 $a \xrightarrow{f} b$;a 称为 b 关于映射 f 的**原像**.集合 A 中所有元素的像的集合记作 $f(A)$.

定义 1.1.2 设 f 是集合 A 到集合 B 的一个映射,如果对于集合 A 中的不同元素,它们在集合 B 中的像也不同,则称 f 为**单射**;如果集合 B 中的每一个元素都在集合 A 中有原像,则称 f 为满射;如果集合 A 到 B 的映射既是单射又是满射,则称 f 是集合 A 到集合 B 的**一一映射**.

定义 1.1.3 设 f 是集合 A 到集合 B 的一一映射,则对于集合 B 中的每一个元素 b,在集合 A 中都有唯一的一个原像 $a(f(a) = b)$ 与之对应,按这个对应法则确定的集合 B 到集合 A 的映射称为映射 f 的**逆映射**.记作 $f^{-1}: B \to A$.

按一一映射的定义,如果 $a \xrightarrow{f} b$,则 $b \xrightarrow{f^{-1}} a$.

显然,一一映射的逆映射也是一一映射,且有 $(f^{-1})^{-1} = f$.

二、变换

定义 1.1.4 非空集合 A 到自身的一个映射 $f: A \to A$ 称为集合 A 的一个变换.如果 f 是 A 到自身的一一映射,则称 f 是集合 A 的**一一变换**.

平面(作为点集)的变换称为(平面)**几何变换**.

在平面几何中,主要研究平面的一一变换.往下所述变换均指平面的变换.

定义 1.1.5 设 f 是平面 π 的一个变换,F 是平面 π 上的一个图形(即平面 π 的一个子集),则 $F' = f(F)$ 称为**图形 F 在变换 f 下的像**(或**对应图形**).

定义 1.1.6 设 f 是平面 π 的一个变换,A 是平面 π 上的一个点.如果 $f(A) = A$,则称点 A 是变换 f 的**不动点**(或**二重点**);如果对于平面 π 的一个图形 F,有 $f(F) = F$,则称图形 F 是变换 f 的**不变图形**(或**二重图形**).

显然,由变换的不动点所组成的图形是变换的不变图形,但反之不然.

例 1.1.1 已知平面 π 上的 $\triangle ABC$ 及它的外接圆 $\odot O$,我们建立如下对应法则 f:对 $\triangle ABC$ 的边界上任一点 P,过 P 引 $\odot O$ 的半径 OP',则 $P \to P'$;对 $\odot O$ 的边界上任一点 Q,引半径 OQ 交 $\triangle ABC$ 的边界于 Q',则 $Q \to Q'$(图 1.1.1);平面 π 上不在 $\triangle ABC$ 的边界与 $\odot O$ 的边界上的任意一点都与自身对应,则 f 是平面 π 的一个一一变换.显然,$f(\triangle ABC) = \odot O$,$f(\odot O) = \triangle ABC$,$f(A) = A$,$f(B) = B$,$f(C) = C$,因此,$\triangle ABC$ 与 $\odot O$(均指边界)都不是变换 f 的不变图形.但 A、B、C 及不在 $\odot O$ 与 $\triangle ABC$ 的边界上的点都是变换 f 的不动点.

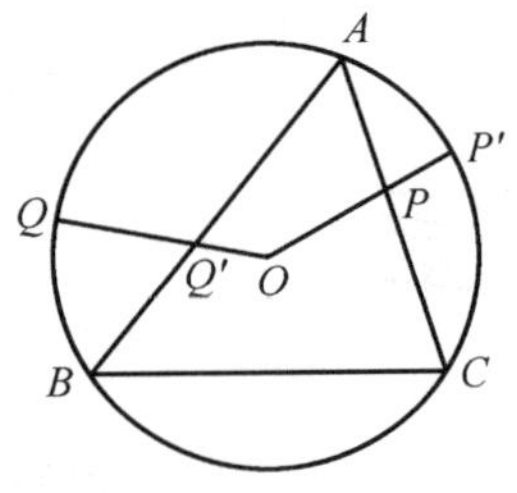

图 1.1.1

定义 1.1.7 使得平面 π 上的任意一点都是不动点的变换,称为平面的**恒**

等变换,记作 I_π,在不引起歧义的情况下简记为 I.

因为平面上的每一个点都是恒等变换 I 的不动点,所以,平面上的任意图形都是恒等变换 I 的不变图形.

定义 1.1.8 设 f 是平面 π 的一个一一变换. f 作为平面 π 到其自身的一一映射来说,其逆映射 f^{-1} 称为变换 f 的**逆变换**.

定义 1.1.9 设 f、g 都是平面 π 的变换. 如果对于平面 π 上的任意一点 A,都有 $f(A) = g(A)$,则称变换 f 与 g **相等**. 记作 $f = g$.

定义 1.1.10 设 f、g 都是平面 π 的变换. 对于平面 π 上的任意一点 A,如果

$$A \xrightarrow{f} A' \xrightarrow{g} A''$$

作变换 $\varphi: A \rightarrow A''$,则称变换 φ 为**变换 f 与 g 的积**. 记作 $\varphi = g \circ f$(图 1.1.2).

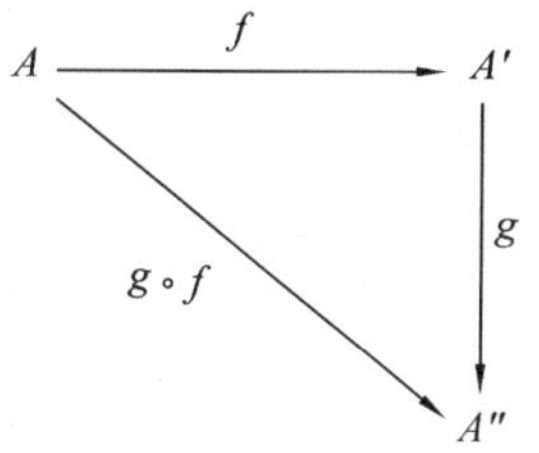

图 1.1.2

求变换的积的运算称为**变换的乘法**. 显然

$$(g \circ f)(A) = g(f(A))$$

由变换的乘法的定义易知,对于平面 π 的任意变换 f,恒有

$$f \circ I = I \circ f = f$$

对于平面的任意一一变换 f,恒有

$$f^{-1} \circ f = f \circ f^{-1} = I$$

在一般情况下,变换的乘法不满足交换律. 即对平面 π 的两个变换 f、g,在一般情况下(这在以后的讨论中可以看出)

$$f \circ g \neq g \circ f$$

定理 1.1.1 变换的乘法满足结合律. 即对平面 π 的任意三个变换 f、g、h,恒有

$$(f \circ g) \circ h = f \circ (g \circ h)$$

证明 对平面 π 上任意一点 A,由变换乘法的定义,有

$$((f \circ g) \circ h)(A) = (f \circ g)(h(A)) = f(g(h(A)))$$

$$(f \circ (g \circ h))(A) = f((g \circ h)(A)) = f(g(h(A)))$$

这说明对平面 π 上任意一点 A,恒有

$$((f \circ g) \circ h)(A) = (f \circ (g \circ h))(A)$$

故由定义 1.1.9 即知 $(f \circ g) \circ h = f \circ (g \circ h)$.

三、变换群

这里有必要介绍代数中的群的概念.

定义 1.1.11 设 G 是一个非空集合,G 的元素间定义了一种运算"∘". 如果 G 满足以下条件 Ⅰ ~ Ⅳ:

Ⅰ(运算封闭性) 对于 G 中的任意两个元素 a、b,恒有 $a\circ b\in G$;

Ⅱ(结合律) 对于 G 中的任意三个元素 a、b、c,恒有$(a\circ b)\circ c = a\circ(b\circ c)$;

Ⅲ(单位元) 存在单位元 $e\in G$,使得对于 G 中的任意元素 a,都有 $e\circ a = a$;

Ⅳ(逆元) 对于 G 中的任意元素 a,存在 a 的逆元 $b\in G$,使得 $b\circ a = e$.

则称 G 关于运算"$\circ$"作成一个**群**.简称 G 是一个群.

如整数集 **Z** 关于普通加法运算"+"作成一个群.这个群(称为**整数加群**)中的单位元即数"0".

全体非零有理数构成的集合关于普通乘法运算作成一个群.这个群的单位元即数"1".

定义 1.1.12 设 H 是群 G 的一个非空子集.如果 H 对于 G 中的运算也作成一个群,则称 H 是 G 的一个子群.

如有理数集 **Q** 关于普通加法作成一个群,称为**有理数加群**.而整数加群 **Z** 则是有理数加群 **Q** 的一个子群.

定义 1.1.13 设 G 是由平面 π 的若干一一变换所构成的一个非空集合,如果 G 关于变换的乘法作成一个群,则称 G 是平面 π 的一个**变换群**.

定理 1.1.2 任意变换群的单位元必为恒等变换.

证明 设 G 是一个变换群,e 是群 G 的单位元,则对于 G 中的任意变换 f,都有 $e\circ f = f$.又 G 至少含有一个一一变换 f,于是由 $e\circ I = e$ 与定理 1.1.1 及 $f\circ f^{-1} = I$,有

$$e = e\circ I = e\circ(f\circ f^{-1}) = (e\circ f)\circ f^{-1} = f\circ f^{-1} = I$$

换句话说,变换群 G 的单位元是恒等变换 I.

定理 1.1.3 设 G 是由平面 π 的若干一一变换所构成的一个非空集合,则 G 是一个变换群的充分必要条件是 G 满足以下两个条件:

(1) G 中任意两个变换之积仍在 G 中;

(2) G 中任意变换的逆变换也在 G 中.

证明 必要性是显然的.下证充分性.若(1)、(2) 同时满足,则(1) 保证了 G 中运算的封闭性.结合律在 G 中当然成立.又由(2),对 G 中任意变换 f、f^{-1} 在 G 中,再由(1),$I = f^{-1}\circ f$ 也在 G 中.这说明群的定义中的条件 Ⅲ、Ⅳ 也满足.故 G 是一个变换群.

例 1.1.2 平面上使正 $\triangle ABC$ 变为自身的变换构成的集合 G 作成一个变换群.

事实上,如果 G 中的变换使正 $\triangle ABC$ 的顶点 A、B、C 变为 B、C、A,我们就记作

$$\begin{pmatrix} A & B & C \\ B & C & A \end{pmatrix}$$

以此类推,则 G 有如下六个元素

$$f_0 = \begin{pmatrix} A & B & C \\ A & B & C \end{pmatrix}, f_1 = \begin{pmatrix} A & B & C \\ B & C & A \end{pmatrix}, f_2 = \begin{pmatrix} A & B & C \\ C & A & B \end{pmatrix}$$

$$f_3 = \begin{pmatrix} A & B & C \\ A & C & B \end{pmatrix}, f_4 = \begin{pmatrix} A & B & C \\ C & B & A \end{pmatrix}, f_5 = \begin{pmatrix} A & B & C \\ B & A & C \end{pmatrix}$$

其中,f_0 是恒等变换,f_1、f_2 是绕正 $\triangle ABC$ 的中心旋转的旋转变换,而 f_3、f_4、f_5 则是以正 $\triangle ABC$ 的三条相应中线为反射轴的轴反射变换.

可以验证,G 中任意两个变换的积仍在 G 中.结果如表 1.1.1 所示.

表 1.1.1

$g\circ f$ (g / f)	f_0	f_1	f_2	f_3	f_4	f_5
f_0	f_0	f_1	f_2	f_3	f_4	f_5
f_1	f_1	f_2	f_0	f_4	f_5	f_3
f_2	f_2	f_0	f_1	f_5	f_3	f_4
f_3	f_3	f_5	f_4	f_0	f_2	f_1
f_3	f_4	f_3	f_5	f_1	f_0	f_2
f_5	f_5	f_4	f_3	f_2	f_1	f_0

由表 1.1.1 可知,G 中变换的逆变换都在 G 中:f_1 与 f_2 互为逆变换;f_0、f_3、f_4、f_5 的逆变换就是自身.故 G 是一个变换群.这个群称为正三角形的**自重叠群**.

不难知道,正三角形的自重叠群有 6 个子群

$$H_1 = \{f_0\}, H_2 = \{f_0, f_3\}, H_3 = \{f_0, f_4\}$$

$$H_4 = \{f_0, f_5\}, H_5 = \{f_0, f_1, f_2\}, H_6 = G$$

另外,从表 1.1.1 还可以看出,$f_1 \circ f_3 \neq f_3 \circ f_1$,这说明变换的乘法一般不满足交换律.

上面是变换群的一个实例,以后我们会看到更多的变换群及子群的实例.

定义 1.1.14 设 F 与 F' 都是平面 π 的图形,G 是平面 π 的一个变换群.如果存在一个变换 $f \in G$,使得 $F' = f(F)$,则称图形 F 与 F' 关于变换群 G **等价**.记作 $F \underset{\sim}{G} F'$.

定理 1.1.4 设 G 是平面 π 的一个变换群,则平面 π 上的图形之间的关系"$\underset{\sim}{G}$"满足以下三个条件:

(1) 反身性:对于平面 π 上的任意图形 F,有 $F \underset{\sim}{G} F$;

(2) 对称性：对于平面 π 上的两个图形 F、F'，若 $F\underset{\sim}{G}F'$，则 $F'\underset{\sim}{G}F$.

(3) 传递性：对于平面 π 上的三个图形 F、F'、F''，若 $F\underset{\sim}{G}F'$，$F'\underset{\sim}{G}F''$，则 $F\underset{\sim}{G}F''$.

事实上，因 G 是平面 π 的一个变换群，所以 G 含有恒等变换 I. 又对任意 $f\in G$，有 $f^{-1}\in G$，对任意 f、$g\in G$，有 $g\circ f\in G$. 于是由 $F=I(F)$ 即知反身性成立. 又若 $F'=f(F)$，则 $F=f^{-1}(F')$，所以对称性也成立. 再若 $F'=f(F)$，$F''=f(F')$，则 $F''=(g\circ f)(F)$，因而传递性同样成立.

由定理 1.1.4 可知，关系"$\underset{\sim}{G}$"是一个等价关系(满足反身性、对称性和传递性的关系称为等价关系). 因而利用关系"$\underset{\sim}{G}$"可以把平面 π 上的所有图形进行分类，同一类中的任意两个图形都有关系"$\underset{\sim}{G}$"，不在同一类中的两个图形则没有关系"$\underset{\sim}{G}$". 这样，同一类中的两个图形可以认为在 G 中变换的意义下是"相同"的. 凡在同一类中的一切图形所共有的性质，称为关于变换群 G 的不变性质. 如果某个不变性质是一个度量性质(线段的长度，角的大小，有限图形的面积等)，我们也将这个不变性质称为关于变换群 G 的**不变量**.

著名的德国数学家克莱因于 1872 年在爱尔朗根(Erlangen)所作的"近代几何研究的比较评述"的演讲(即数学史上著名的爱尔朗根纲领)中，首次将几何学与变换群联系起来，给予了几何学的一种全新的解释. 克莱因认为，每一种几何学都对应于一个相应的变换群；研究某种几何学即研究图形在某个变换群下的不变性质和不变量. 也就是说，图形在该变换群的变换的作用下保持不变的性质和保持不变的量就是这种几何学所研究的对象. 这就是克莱因把几何学与变换群联系起来给几何学所下的一种普遍的定义.

1.2 合同变换及其性质

定义 1.2.1 设 f 是平面 π 的一个变换. 如果对于平面 π 的任意两点 A、B 与其在变换 f 下的像点 A'、B' 之间，恒有 $A'B'=AB$，则称 f 是平面 π 的一个**合同变换**.

简言之，平面上保持任意两点之间的距离不变的变换称为合同变换.

由合同变换的定义即知，恒等变换是合同变换.

定义 1.2.2 对于平面 π 上的两个图形 F、F'，如果存在平面 π 的一个合同变换 f，使得 $F'=f(F)$，则称**图形 F 与 F' 是合同的**. 记作 $F\cong F'$.

定理 1.2.1 合同变换是一一变换.

证明 设 f 是平面 π 的一个合同变换. 因 f 保持平面 π 上任意两点之间的距离不变，所以 f 是单射.

另一方面,在平面π上任取一点Q,再任取一点A,令$f(A)=A'$.如果$A'=Q$,则$f(A)=Q$;如果$A'\neq Q$,再在平面π上任取一点B,使$AB=A'Q$(图1.2.1),令$f(B)=B'$,则因f是合同变换,所以$A'B'=AB=A'Q$.如果$B'=Q$,则$f(B)=Q$;如果$B'\neq Q$,再在平面π上取一点C,使$\triangle ABC\cong\triangle A'B'Q$,则这样的点$C$只有两个,设为$C_1$、$C_2$.由于$AC_i=A'Q$,$BC_i=B'Q$($i=1,2$),因此,若$f(C_1)\neq Q$,则必有$f(C_2)=Q$.总之,对平面$\pi$上任意一点$Q$,在平面$\pi$上存在一点$P$,使$f(P)=Q$.这说明$f$是满射.故$f$是平面$\pi$的一一变换.

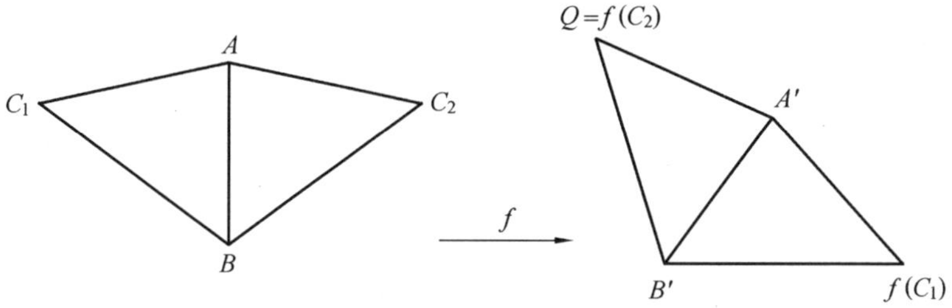

图 1.2.1

由定理1.2.1即知,平面上的任意一个合同变换都是可逆的,并且由定义1.2.1立即可得.

定理 1.2.2 合同变换是逆变换也是合同变换;两个合同变换之积仍是合同变换.

由定理1.2.2及定理1.1.3即知,平面π的所有合同变换构成的集合作成一个变换群.这个变换群称为合同群.

下面研究合同变换的不变性质和不变量.

定理 1.2.3 在合同变换下,共线点的像仍是共线点,且保持点的顺序不变.

证明 设f是平面π的一个合同变换,A、B、C是平面π上共线的三点,且B在A、C之间(图1.2.2).再设A、B、$C\xrightarrow{f}A'$、B'、C',则由合同变换的定义有$A'B'=AB$,$B'C'=BC$,$A'C'=AC$.因B在A、C之间,于是有$AC=AB+BC$,从而$A'C'=A'B'+B'C'$.这说明A'、B'、C'三点也共线,且B'在A'、C'之间.即合同变换f不仅保持三点共线的性质不变,而且还保持共线三点的顺序不变.

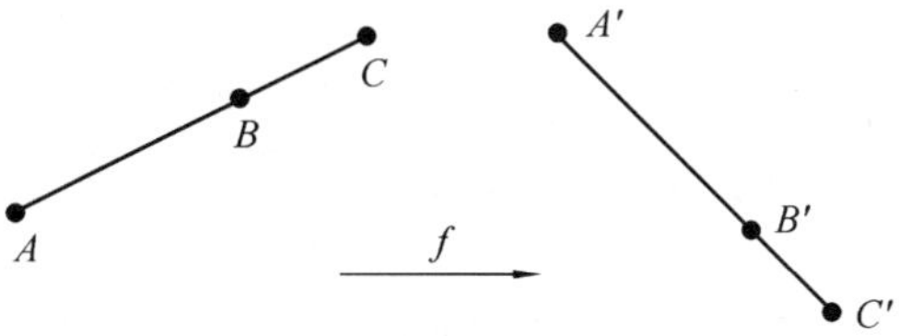

图 1.2.2

推论 1.2.1 在合同变换下,直线的像是直线;射线的像是射线;线段的像是与之相等的线段,且线段的中点的像是像线段的中点.

证明 仅证第一个结论,其余留给读者(见本章习题1第1题).设f是平面π的一个合同变换,l是平面π上的一条直线.我们要证,在合同变换f下,直线l上任意一点的像都是某直线l'上的点,且l'上任意一点都可以在直线l上找到一个原像.

事实上,在l上取两个不同的点A、B,令$A' = f(A)$,$B' = f(B)$.由定理1.2.1,A'、B'也是平面π上的两个不同的点,从而A'、B'两点确定一条直线l'.设P是直线l上异于A、B的任意一点,$P \xrightarrow{f} P'$.由定理1.2.3,P'在直线l'上;反之,对于直线l'上异于A'、B'的任意一点Q',考虑f的逆变换f^{-1},由定理1.2.2,f^{-1}也是一个合同变换,且$A' \xrightarrow{f^{-1}} A$、$B' \xrightarrow{f^{-1}} B$.设$Q' \xrightarrow{f^{-1}} Q$,因$A$、$B$是$l$上的两个不同的点,再由定理1.2.3,点$Q$在$l$上,且$Q' = f(Q)$.故合同变换$f$将直线$l$变为直线$l'$.

定理 1.2.4 在合同变换下,相交两直线的夹角大小保持不变.

证明 设f是平面π的一个合同变换,平面π上的两条直线a、b相交于点O,直线a、b在合同变换f下的像直线分别为a'、b',$O \xrightarrow{f} O'$.因点O既在直线a上又在直线b上,由推论1.2.1,点O'既在直线a'上,也在直线b'上.即O'是直线a'、b'的一个公共点.在直线a、b上分别取异于O的点A、B.设A、$B \xrightarrow{f} A'$、B',由定理1.2.3,A'在直线a'上,B'在直线b'上,且由合同变换的定义,有$O'A' = OA$,$O'B' = OB$,$A'B' = AB$(图1.2.3).所以,$\triangle A'O'B' \cong \triangle AOB$,故$\angle A'O'B' = \angle AOB$.即直线$a$、$b$的夹角大小在合同变换$f$下保持不变.

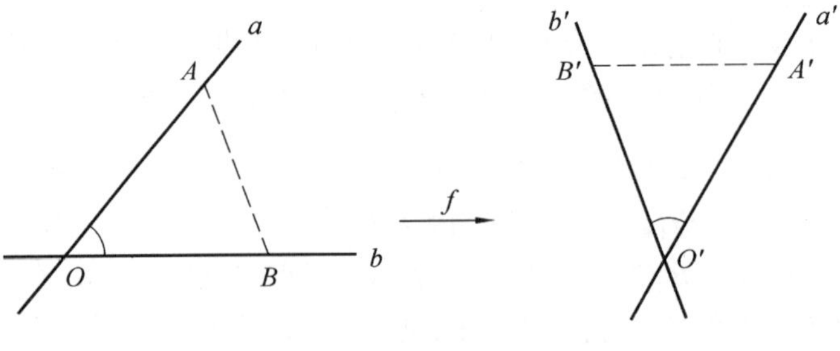

图 1.2.3

推论 1.2.2 在合同变换下,两正交(垂直)直线的像仍是两正交直线;两平行直线的像仍是两平行直线,且两平行直线之间的距离保持不变.

定理 1.2.5 在合同变换下,圆的像是与原圆相等的圆,且保持圆上点的顺序不变.

证明 设f是平面π的一个合同变换,$\odot(O, r)$是平面π上的一个以O为圆心,r为半径的圆.对$\odot(O,r)$上的任意一点A,设O、$A\xrightarrow{f}O'$、A',则由合同变换的定义,有$O'A'=OA=r$,这说明点A'在$\odot(O',r)$上.反之,对$\odot(O',r)$上的任意一点A',考虑f的逆变换f^{-1}.设$A'\xrightarrow{f^{-1}}A$,因$O'\xrightarrow{f^{-1}}O$,所以,$OA=O'A'=r$,这说明点A在$\odot(O,r)$上.故合同变换f将$\odot(O,r)$变为$\odot(O',r)$.

再设A、B、C、D是$\odot(O,r)$上依逆时针方向或依顺时针方向排列的任意四点,则弦AC与弦BD必交于一点P(图1.2.4).设A、B、C、D、P在变换f下的像分别为A'、B'、C'、D'、P',则A'、B'、C'、D'在$\odot(O',r)$上.因点P既在弦AC上,又在弦BD上,由定理1.2.3,点P'既在弦$A'C'$上,也在弦$B'D'$上.即弦$A'C'$与$B'D'$交于点P'.所以,A'、B'、C'、D'在$\odot(O',r)$上也是依逆时针方向或顺时针方向排列.故合同变换还保持圆上点的顺序不变.

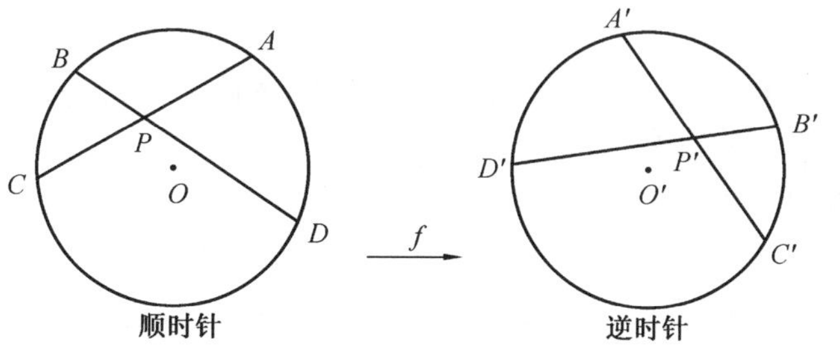

图1.2.4

显然,合同变换还保持图形的面积不变.

由以上讨论可知,两点间的距离是合同变换的基本不变量;同素性(点、直线、射线、线段、圆等元素仍变为同名元素)、元素的结合性(点在直线上、直线通过点等)、直线上点的顺序、圆上点的顺序等都是合同变换的基本不变性质;夹角、面积等都是合同变换的不变量;平行性、正交性等都是合同变换的不变性质.而这些不变性质和不变量正是平面几何的一些主要研究对象.

设f是平面π的一个合同变换,由定理1.2.3,它将平面π上不共线的三点A、B、C变为不共线的三点A'、B'、C'.那么,是否还存在平面π的另一个合同变换,也将A、B、C三点分别变为A'、B'、C'呢?对此,我们有下面的定理.

定理1.2.6 设A、B、C是平面π上不共线的三点,f、g都是平面π的合同变换.如果$g(A)=f(A)$,$g(B)=f(B)$,$g(C)=f(C)$,则$g=f$.

证明 令$A'=f(A)$,$B'=f(B)$,$C'=f(C)$.因A、B、C三点不共线,由定理1.2.3知,A'、B'、C'三点也不共线.设P为平面π上异于A、B、C的任意一点,$P'=f(P)$,$P''=g(P)$,则$P'A'=PA$,$P'B'=PB$,$P'C'=PC$(图1.2.5).于是,P'为$\odot(A',PA)$、$\odot(B',PB)$、$\odot(C',PC)$这三圆的公共点.同样,因$g(A)=A'$,$g(B)=B'$,$g(C)=C'$,所以,P''也是这三个圆的公共点.如果

$P'' \neq P'$，则这三个圆有两个公共点 P'、P''，从而这三个圆的圆心 A'、B'、C' 三点共线，矛盾. 因此必有 $P'' = P'$. 这说明对平面 π 上的任意一点 P，都有 $g(P) = f(P)$. 故 $g = f$.

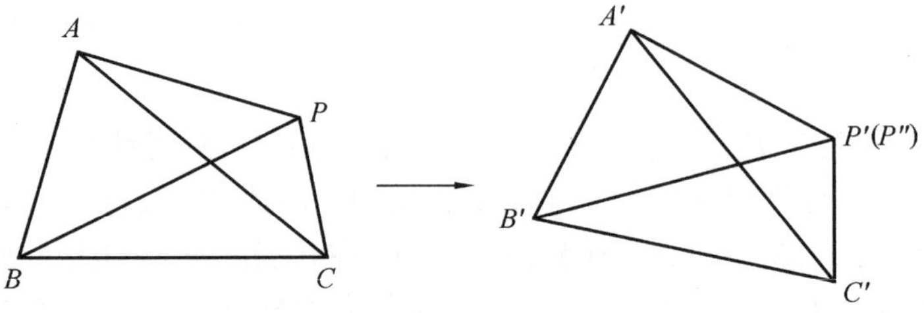

图 1.2.5

由定理 1.2.6 可知，平面 π 上的合同变换由两个全等三角形唯一确定，由此立即可得.

推论 1.2.3　如果平面 π 上的一个合同变换有三个不共线的不动点，则这个合同变换是恒等变换.

两个合同三角形即两个全等三角形，因而定理 1.2.6 还说明，两个全等三角形确定一个合同变换. 而且由前面一系列的讨论知，在合同变换下，一个三角形不仅变为与之全等的三角形，三角形的重心、垂心、外心、内心等特殊点也变为对应三角形的重心、垂心、外心、内心等特殊点. 一般地，在合同变换下，一个图形的特殊点变为其对应图形相应的特殊点.

定义 1.2.3　设 F 是平面 π 的一个图形. 如果 F 位于平面 π 上的某一个圆内，则称 F 为平面 π 的一个**有限图形**.

平面 π 上的任意一个有限图形必有重心.

定理 1.2.7　如果平面 π 上的一个有限图形 F 是平面 π 的合同变换 f 的不变图形，则图形 F 的重心是合同变换 f 的一个不动点.

证明　因在合同变换 f 下，一个图形的重心变为其对应图形的重心. 但图形 F 是合同变换 f 的不变图形，所以，图形 F 的重心 G 在合同变换 f 下不会改变，即有 $f(G) = G$. 也就是说，图形 F 的重心 G 是合同变换 f 的一个不动点.

定理 1.2.7 说明，平面 π 上具有有限不变图形的合同变换必有不动点.

现在将根据合同变换的两个对应三角形的环绕方向将合同变换分类.

对于平面上的 $\triangle ABC$ 来说，沿周界 $A \to B \to C \to A$ 的环绕方向只有两种：逆时针方向或顺时针方向.

定义 1.2.4　如果平面 π 上的两个三角形的环绕方向都是逆时针方向或者都是顺时针方向，则称这两个**三角形同向**；如果两个三角形的环绕方向一个是逆时针方向，另一个是顺时针方向，则称这两个**三角形异向**.

在图 1.2.6 中，$\triangle ABC$ 与 $\triangle A'B'C'$ 是同向的，而 $\triangle ABC$ 与 $\triangle A''B''C''$ 则是异向的.

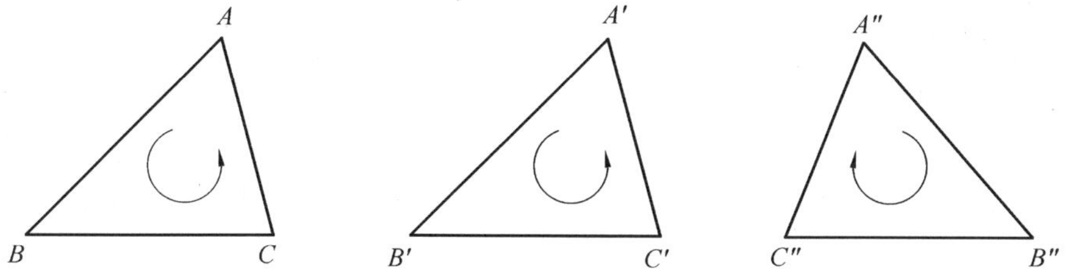

图 1.2.6

在合同变换下，两个对应三角形既可能是同向的，也可能是异向的. 那么，在合同变换下，如果有两个对应三角形同向时，是否存在另两个对应三角形异向呢? 答案是否定的. 为此，先证明下面的引理.

引理 1.2.1 设 f 是平面 π 的一个合同变换，$\triangle ABC \xrightarrow{f} \triangle A'B'C'$，$D$ 不在直线 AB 上，$D \xrightarrow{f} D'$，如果 $\triangle ABC$ 与 $\triangle A'B'C'$ 同(异)向，则 $\triangle ABD$ 与 $\triangle A'B'D'$ 也同(异)向.

证明 因 D 不在直线 AB 上，所以 C 与 D 或在直线 AB 的同侧，或在直线 AB 的异侧.

1° 若 C 与 D 在直线 AB 的异侧(图 1.2.7)，则直线 AB 与 CD 相交，且交点在 C、D 之间. 因而直线 $A'B'$ 与 $C'D'$ 也相交，且交点在 C'、D' 之间，所以，C'、D' 也在直线 $A'B'$ 的异侧. 此时，$\triangle ABD$ 与 $\triangle ABC$ 异向，$\triangle A'B'D'$ 与 $\triangle A'B'C'$ 异向. 而 $\triangle ABC$ 与 $\triangle A'B'C'$ 同(异)向，所以，$\triangle ABD$ 与 $\triangle A'B'D'$ 也同(异)向.

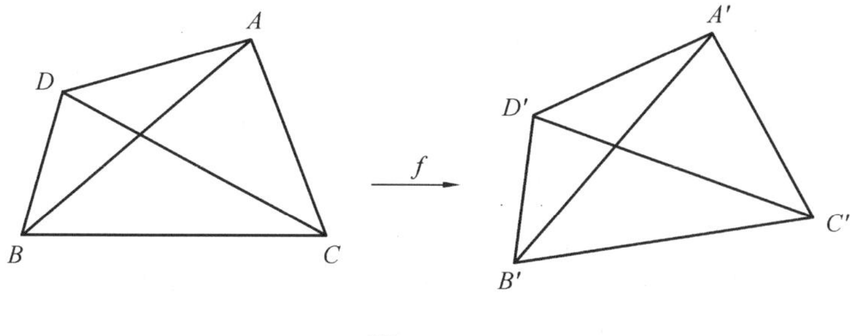

图 1.2.7

2° 若 C 与 D 在直线 AB 的同侧. 如果 C' 与 D' 在直线 $A'B'$ 的异侧，考虑合同变换 f 的逆变换 f^{-1}. 由 1° 知，C 与 D 在直线 AB 的异侧，矛盾. 所以 C' 与 D' 必在直线 $A'B'$ 的同侧. 于是，$\triangle ABD$ 与 $\triangle ABC$ 同向，$\triangle A'B'D'$ 与 $\triangle A'B'C'$ 同向. 而 $\triangle ABC$ 与 $\triangle A'B'C'$ 同(异)向，故 $\triangle ABD$ 与 $\triangle A'B'D'$ 也同(异)向.

定理 1.2.8 若平面 π 的合同变换 f 有两个对应三角形是同(异)向的，则

f 的任意两个对应三角形都是同(异) 向的.

证明　如图 1.2.8 所示,设平面 π 的合同变换 f 的两个对应三角形——$\triangle ABC$ 与 $\triangle A'B'C'$ 是同向的,$\triangle DEF$ 与 $\triangle D'E'F'$ 是 f 的任意两个对应三角形.注意到 D、E、F 三点不可能都在直线 AB 上,不妨设点 F 不在直线 AB 上,则由引理 1.2.1 知,$\triangle ABF$ 与 $\triangle A'B'F'$ 同向.又 D、E 两点不可能都在直线 AF 上,不妨设点 E 不在直线 AF 上.由引理 1.2.1 知,$\triangle ABF$ 与 $\triangle A'B'F'$ 同向.而 D、E 两点不可能都在直线 AF 上,不妨设点 E 不在直线 AF 上.由引理 1.2.1,$\triangle AEF$ 与 $\triangle A'E'F'$ 同向.再一次应用引理 1.2.1 即知 $\triangle DEF$ 与 $\triangle D'E'F'$ 同向.

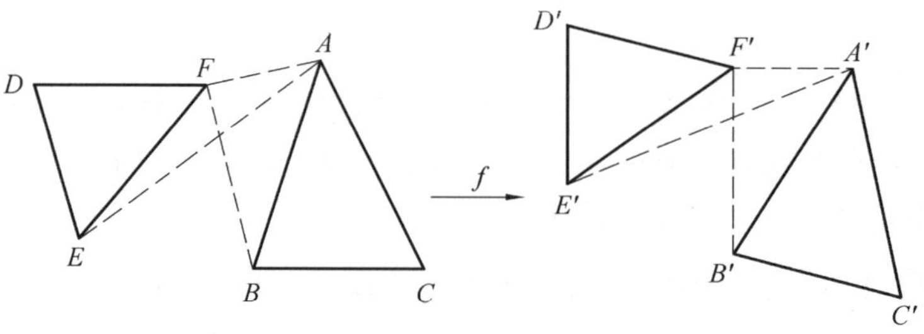

图 1.2.8

定义 1.2.5　设平面 π 的合同变换 f 由 $\triangle ABC$ 与 $\triangle A'B'C'$ 确定.如果 $\triangle ABC$ 与 $\triangle A'B'C'$ 是同向的,则称 f 为平面 π 的**真正合同变换**;如果 $\triangle ABC$ 与 $\triangle A'B'C'$ 是异向的,则称 f 为平面 π 的**镜像合同变换**.

如图 1.2.9 中由 $\triangle ABC$ 与 $\triangle A'B'C'$ 所确定的合同变换 f 是真正合同变换,而图 1.2.10 中由 $\triangle ABC$ 与 $\triangle A'B'C'$ 所确定的合同变换 f 则是镜像合同变换.

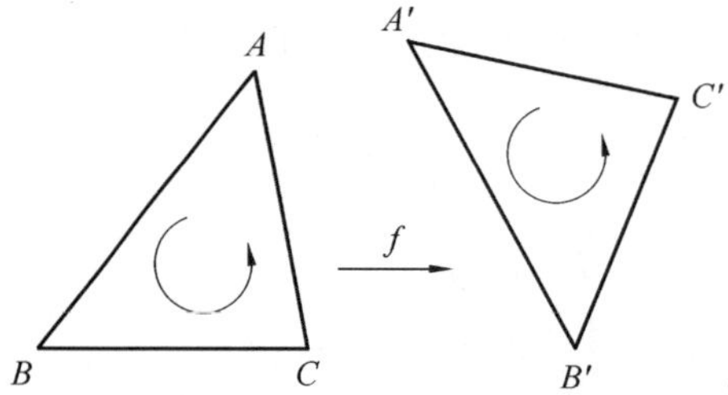

图 1.2.9

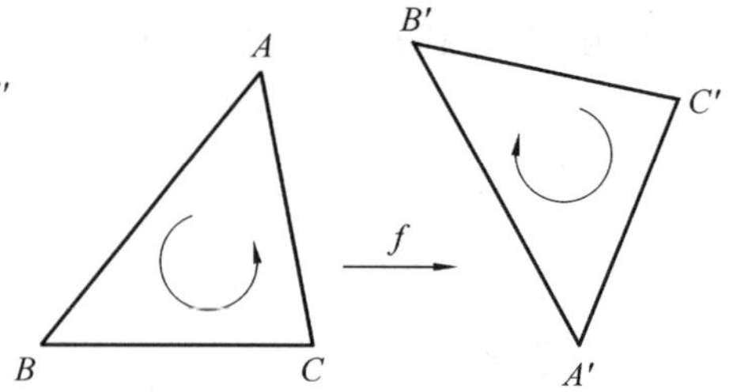

图 1.2.10

易知,平面 π 上的所有真正合同变换所构成的集合作成一个变换群.这个变换群称为运动群,它是合同群的一个子群.但平面 π 上的所有镜像合同变换构成之集不能作成一个变换群.因为两个镜像合同变换之积已是一个真正合同变换而不再是镜像合同变换了.

由于合同变换有真正合同与镜像合同之分,因而平面图形的合同也有真正合同与镜像合同之分.

定义 1.2.6 设 F 与 F' 是平面 π 上的两个图形. 如果存在平面 π 的一个真正(镜像) 合同变换 f,使得 $F' = f(F)$,则称**图形 F 与 F' 真正(镜像) 合同**.

现在看一个与一般合同变换有关的问题.

例 1.2.1 一个闭圆面是否能分成两个不交的合同部分(或者说:一个闭圆面能否分成两个不交的点集,这两个点集是合同的)?(第 86 届匈牙利数学奥林匹克,1986 年)

解 答案是否定的.

事实上,若 $\odot(O,r)$ 可分成两个不相交的合同的点集 M、N,则存在一个合同变换 f,使得 $N = f(M)$. 不妨设圆心 $O \in M$,则 $O' = f(O) \in N$. 由于 M、N 不相交,所以 $O' \neq O$. 如图 1.2.11 所示,作 $\odot(O,r)$ 的直径 $PQ \perp OO'$. 由于 O 是圆心,所以,对任意的 $A \in M$,有 $OA \leqslant r$. 从而对任意的 $B \in N$,有 $O'B \leqslant r$. 而 $O'P = O'Q > OP = r$,所以 $P \in M$,$Q \in M$. 设 $P \xrightarrow{f} P'$,$Q \xrightarrow{f} Q'$. 因为 f 是合同变换,所以 $P'Q' = PQ = 2r$. 这说明 $P'Q'$ 也是圆的直径. 再由 $O'P' = OP = r$,$O'Q' = OQ = r$ 即知 O' 是 $P'Q'$ 的中点,从而 O' 是圆心 O,此与 $O' \neq O$ 矛盾. 故 $\odot O$ 不能分成两个不相交的合同部分.

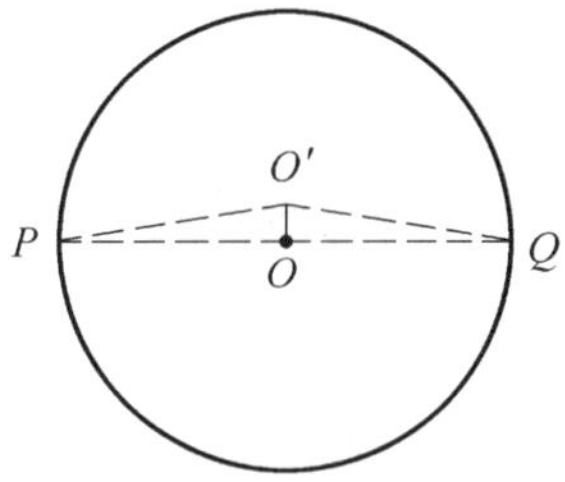

图 1.2.11

1.3 三种基本合同变换 —— 平移、旋转、轴反射

一、有向角

在平面上,角的始边绕角的顶点旋转到终边的方向只有两个:一个是逆时针方向,一个是顺时针方向. 如果规定其中一个方向为正向,则另一个方向便为负向. 通常规定逆时针方向为正向,顺时针方向为负向.

规定了正向的角称为**有向角**.

始边为射线 OA,终边为射线 OB 的有向角记作 $\measuredangle AOB$. 如果始边 OA 绕顶点 O 旋转到 OB 的旋转方向与规定的正向一致,则 $\measuredangle AOB > 0$;如果旋转方向与规定的正向相反,则 $\measuredangle AOB < 0$. 一般将 $\measuredangle AOB$ 理解为当角的始边 OA 绕顶点 O 旋转第一次到终边 OB 时所形成的有向角(图 1.3.1 和图 1.3.2).

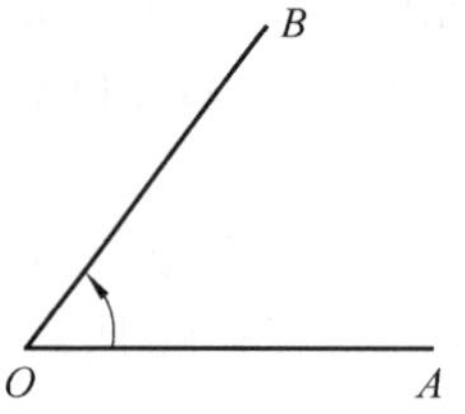

图 1.3.1

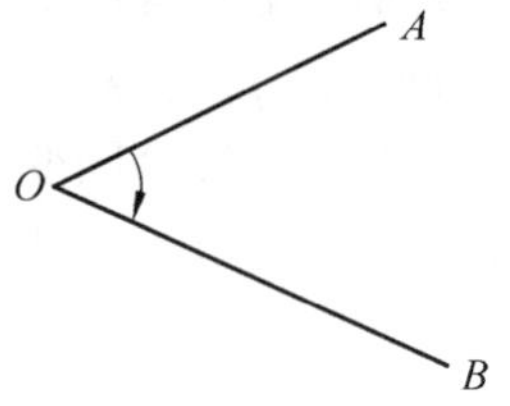

图 1.3.2

终边与始边重合的有向角规定为 0,即 $\measuredangle AOA = 0$.

由定义,显然有 $\measuredangle BOA = -\measuredangle AOB$. 如果 $\measuredangle BOA$ 与 $\measuredangle AOB$ 的旋转方向一致,则有

$$\measuredangle BOA = 2\pi - \measuredangle AOB$$

显然,有向角有如下基本性质(图 1.3.3 ~ 1.3.5)

$$\measuredangle AOB + \measuredangle BOC = \measuredangle AOC$$

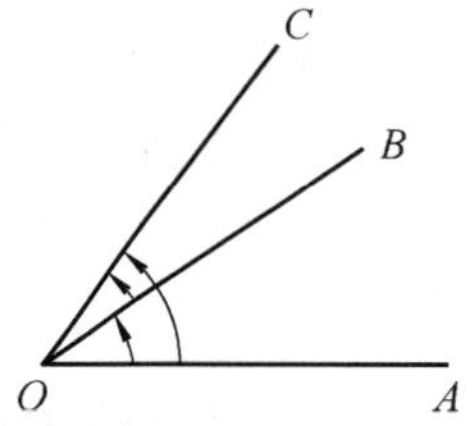

图 1.3.3

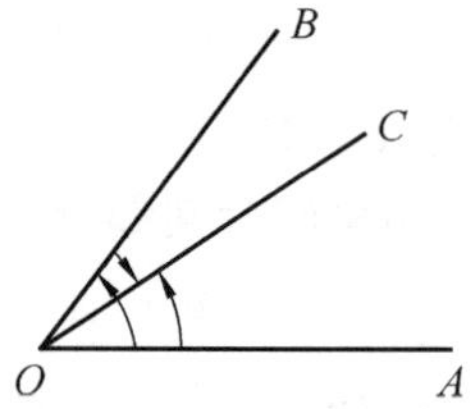

图 1.3.4

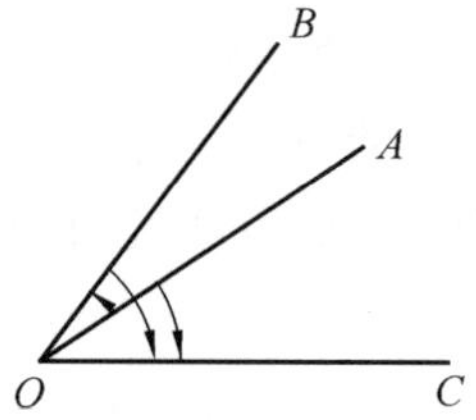

图 1.3.5

对于两条相交直线 l_1 与 l_2,当直线 l_1 绕其交点旋转到使 l_1 第一次与 l_2 重合时所必经的角称为直线 l_1 与 l_2 构成的有向角(图 1.3.6 和图 1.3.7),记作 $\measuredangle(l_1, l_2)$. 同样,如果旋转方向与规定的正向一致,则 $\measuredangle(l_1, l_2) > 0$,否则 $\measuredangle(l_1, l_2) < 0$.

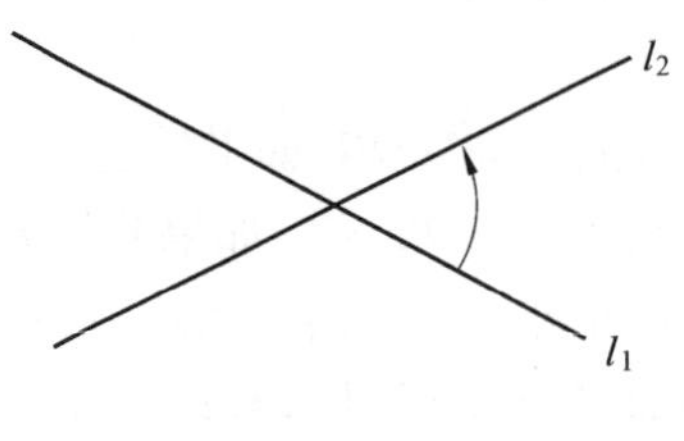

图 1.3.6

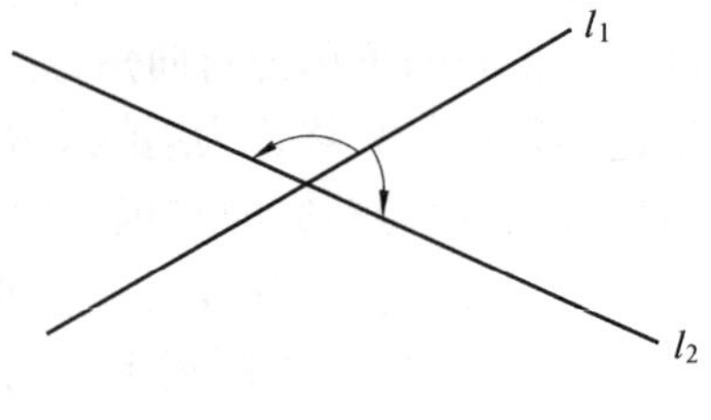

图 1.3.7

当直线 l_1 与 l_2 平行或重合时,规定 $\measuredangle(l_1, l_2) = 0$.

同样，$\measuredangle(l_1,l_2)=-\measuredangle(l_2,l_1)$；如果从 l_2 到 l_1 的旋转方向与从 l_1 到 l_2 的旋转方向一致，则有 $\measuredangle(l_2,l_1)=\pi-\measuredangle(l_1,l_2)$.

两条直线形成的有向角同样有如下基本性质：

对平面上的任意三条直线，恒有

$$\measuredangle(l_1,l_2)+\measuredangle(l_2,l_3)=\measuredangle(l_1,l_3)$$

事实上，如果 l_1、l_2、l_3 共点，则结论是显然的；如果 l_1、l_2、l_3 不共点（图 1.3.8 和图 1.3.9），则只需注意到三角形的一个外角等于不相邻的两内角之和并注意到角的方向即可；如果 l_1、l_2、l_3 中有两条平行，则只需注意同位角相等即可.

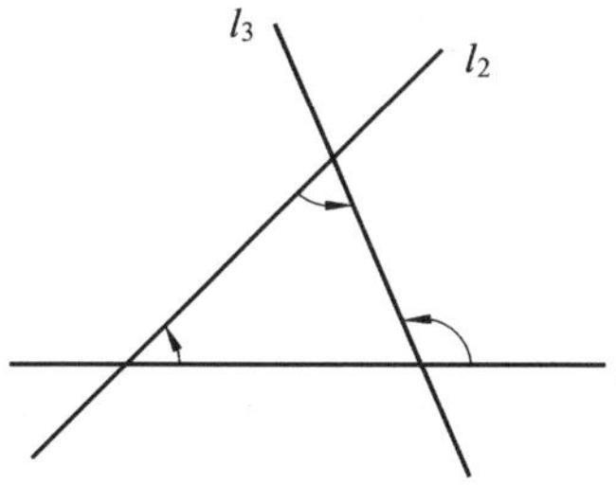

图 1.3.8

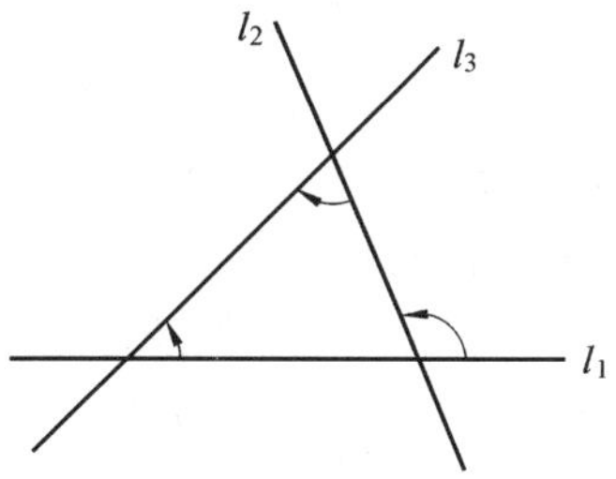

图 1.3.9

二、平移变换

定义 1.3.1 设 $\boldsymbol{v}$ 是平面 π 上的一个固定向量. 如果平面 π 的一个变换，使得对于平面 π 上的任意一点 A 与其像点 A' 之间，恒有 $\overrightarrow{AA'}=\boldsymbol{v}$，则这个变换称为平面 π 的一个平移变换. 记作 $T(\boldsymbol{v})$. 其中向量 $\boldsymbol{v}$ 称为**平移向量**；向量 $\boldsymbol{v}$ 的方向称为**平移方向**；向量 $\boldsymbol{v}$ 的模 $|\boldsymbol{v}|$ 称为**平移距离**（图 1.3.10）.

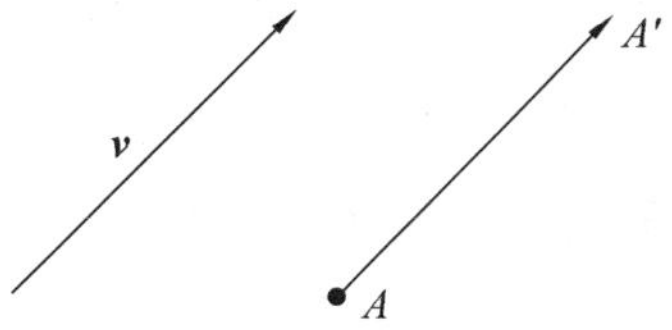

图 1.3.10

通俗地讲，将平面上的所有点都按固定方向移动固定距离的变换称为平移变换. 也就是说，平移变换将平面上的所有点都进行了一次平行移动.

如果平移变换的平移向量 $\boldsymbol{v}=\boldsymbol{0}$，对平面 π 上任意一点 A，设 $A\xrightarrow{T(\boldsymbol{0})}A'$，则有 $\overrightarrow{AA'}=\boldsymbol{0}$，所以，$A'=A$. 由此可知，$T(\boldsymbol{0})=I$ 是恒等变换. 这也说明恒等变换是平移变换，其平移距离为零. 因零向量没有方向，所以，恒等变换作为平移变换来说，也没有平移方向.

由平移变换的定义可知，平面上的一个向量确定一个平移变换；相等的向量确定同一个平移变换；零向量所确定的平移变换是恒等变换.

定理 1.3.1 平面 π 的一个变换是平移变换的充分必要条件是：对平面 π 上的任意两点 A、B，当 A、$B\xrightarrow{f}A'$、B' 时，恒有 $\overrightarrow{A'B'}=\overrightarrow{AB}$.

证明 设 $f=T(\boldsymbol{v})$ 是平面 π 的一个平移变换，对平面 π 上的任意两点 A、B，设 $A\xrightarrow{T(\boldsymbol{v})}A'$，$B\xrightarrow{T(\boldsymbol{v})}B'$，则有 $\overrightarrow{AA'}=\overrightarrow{BB'}=\boldsymbol{v}$，于是

$$\overrightarrow{A'B'}=\overrightarrow{AB'}-\overrightarrow{AA'}=\overrightarrow{AB'}-\overrightarrow{BB'}=\overrightarrow{AB}$$

反之，在平面 π 上任取一点 B，设当 $B\xrightarrow{f}B'$，令 $\overrightarrow{BB'}=\boldsymbol{v}$，则 $\boldsymbol{v}$ 是平面 π 的一个固定向量. 对平面 π 上任意一点 A，当 $A\xrightarrow{f}A'$ 时，因 $\overrightarrow{A'B'}=\overrightarrow{AB}$，所以

$$\overrightarrow{AA'}=\overrightarrow{AB'}-\overrightarrow{A'B'}=\overrightarrow{AB'}-\overrightarrow{AB}=\overrightarrow{BB'}=\boldsymbol{v}$$

由平移变换的定义即知 $f=T(\boldsymbol{v})$ 是平面 π 的一个平移变换.

定理 1.3.2 平移变换是真正合同变换.

证明 由定理 1.3.1 即知平移变换是一个合同变换. 又对平移变换的任意两个对应三角形 $\triangle ABC$ 与 $\triangle A'B'C'$，由于定理 1.3.1，$\overrightarrow{A'B'}=\overrightarrow{AB}$，$\overrightarrow{A'C'}=\overrightarrow{AC}$（图 1.3.11），所以 $\measuredangle B'A'C'=\measuredangle BAC$. 因而 $\triangle A'B'C'$ 与 $\triangle ABC$ 是同向的. 故平移变换是真正合同变换.

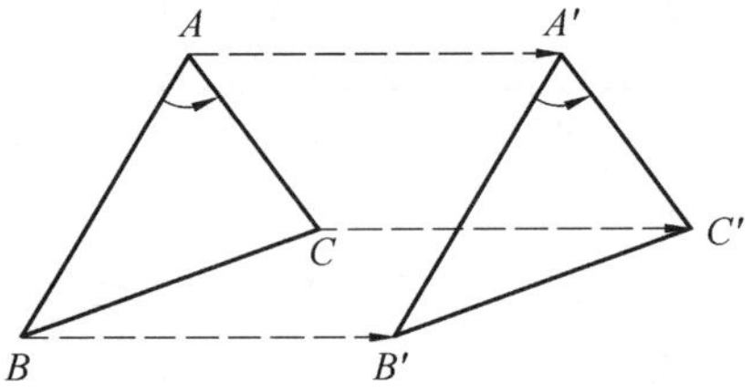

图 1.3.11

由于平移变换是合同变换，因而平移变换具有合同变换的一切不变性质和不变量.

由定理 1.3.2 与定理 1.2.1 即知，平移变换是可逆的.

定理 1.3.3 两个平移变换之积仍是一个平移变换，且积的平移向量等于两个因子的平移向量之和.

证明 设 $T(\boldsymbol{v}_1)$ 与 $T(\boldsymbol{v}_2)$ 是平面 π 的任意两个平移变换，对平面 π 上任意一点 A，设 $A\xrightarrow{T(\boldsymbol{v}_1)}A'\xrightarrow{T(\boldsymbol{v}_2)}A''$，则 $A\xrightarrow{T(\boldsymbol{v}_2)T(\boldsymbol{v}_1)}A''$①，且 $\overrightarrow{AA'}=\boldsymbol{v}_1$，$\overrightarrow{A'A''}=\boldsymbol{v}_2$. 于是 $\overrightarrow{AA''}=\overrightarrow{AA'}+\overrightarrow{A'A''}=\boldsymbol{v}_1+\boldsymbol{v}_2$. 由平移变换的定义即知

$$T(\boldsymbol{v}_2)T(\boldsymbol{v}_1)=T(\boldsymbol{v}_1+\boldsymbol{v}_2)$$

由向量加法的可交换性可知，任意两个平移变换关于变换的乘法是可交换的，即有

$$T(\boldsymbol{v}_1)T(\boldsymbol{v}_2)=T(\boldsymbol{v}_2)T(\boldsymbol{v}_1)$$

定理 1.3.4 平移变换的逆变换仍是一个平移变换，且逆变换的平移向量

① 从现在起，变换乘积中的乘号“∘”一律省略不写.

等于原平移向量的负向量.

证明 设 $T(\boldsymbol{v})$ 是平面 π 的一个平移变换,由定理 1.3.2 知

$$T(-\boldsymbol{v})T(\boldsymbol{v}) = T(\boldsymbol{v}-\boldsymbol{v}) = T(\boldsymbol{0}) = I$$

为恒等变换.故 $[T(\boldsymbol{v})]^{-1} = T(\boldsymbol{v})$.

平移变换 $T(\boldsymbol{v})$ 的逆变换通常记作 $T^{-1}(\boldsymbol{v})$,即 $T^{-1}(\boldsymbol{v}) = [T(\boldsymbol{v})]^{-1}$.

由定理 1.3.2 与定理 1.3.3 知,平面 π 上的所有平移变换构成的集合作成一个变换群(且是可交换的 —— 元素的乘积满足交换律),这个群称为平移群.由定理 1.3.1 知,平移群是运动群的一个子群.

定理 1.3.5 在平移变换下,两对应直线平行或重合;两对应线段平行且相等或共线且相等.

证明 设 $T(\boldsymbol{v})$ 是平面 π 的一个平移变换,l 是平面 π 的一条直线,$l \xrightarrow{T(\boldsymbol{v})} l'$.在直线 l 上任取两个不同的点 A、B.设 A、$B \xrightarrow{T(\boldsymbol{v})} A'$、$B'$,则 A'、B' 是直线 l' 上的两个不同的点.由定理 1.3.1 知,$\overrightarrow{A'B'} = \overrightarrow{AB}$.故 $l' \parallel l$ 或 $l' = l$.后一结论同样可由 $\overrightarrow{A'B'} = \overrightarrow{AB}$ 得出.

定理 1.3.6 除恒等变换外,平移变换没有不动点;直线 l 是平移变换 $T(\boldsymbol{v})(\boldsymbol{v} \neq \boldsymbol{0})$ 的不变直线当且仅当 $l \parallel \boldsymbol{v}$.

证明 (1) 设 A 是平移变换 $T(\boldsymbol{v})$ 的一个不动点,则 $\boldsymbol{v} = \overrightarrow{AA'} = \boldsymbol{0}$,从而 $T(\boldsymbol{v}) = T(\boldsymbol{0}) = I$ 为恒等变换.因此,非恒等的平移变换没有不动点.

(2) 在直线 l 上任取一点 A,设 $A \xrightarrow{T(\boldsymbol{v})} A'$,则有 $\overrightarrow{AA'} = \boldsymbol{v} \neq \boldsymbol{0}$,所以,$A' \neq A$.于是,由 $AA' \parallel \boldsymbol{v}$ 即知,l 是 $T(\boldsymbol{v})$ 的不变直线 $\Leftrightarrow$ 点 A' 仍在直线 l 上 $\Leftrightarrow l \parallel \boldsymbol{v}$.

三、旋转变换

定义 1.3.2 设 O 是平面 π 上一个定点,θ 是一个定角(有向角).如果平面 π 的一个变换,使得对于平面 π 上任意一点 A 与其像点 A' 之间,恒有

(1) $OA' = OA$;

(2) $\measuredangle AOA' = \theta$.

则这个变换称为平面 π 的一个**旋转变换**.记作 $R(O,\theta)$.其中定点 O 称为**旋转中心**,定角 θ 称为**旋转角**(图 1.3.12).

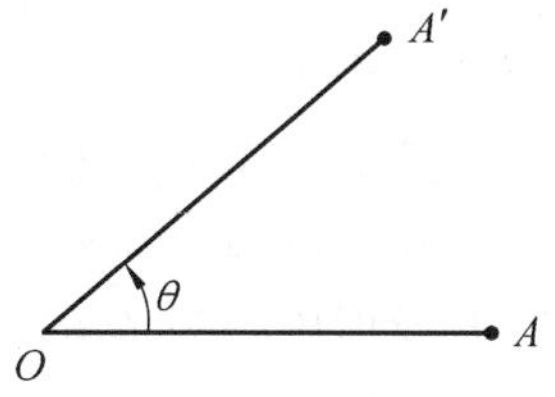

图 1.3.12

由定义可知,旋转变换由旋转中心与旋转角所确定;当旋转变换非恒等变换时,旋转中心是旋转变换的唯一不动点.

如果一个旋转变换 $R(O,\theta)$ 的旋转角等于 0,即

$\theta = 0$,对于平面 π 上的任意一点 A,设 $A \xrightarrow{R(O,\theta)} A'$,则由 $OA' = OA$, $\measuredangle AOA' = 0$ 即知 $A' = A$. 从而 $R(O,0) = I$ 为平面 π 的恒等变换. 这也说明恒等变换亦是旋转变换,其旋转角为 0,而旋转中心则可以在平面上任意选取.

显然,旋转中心相同,旋转角相差 2π 的整数倍的两个旋转变换是同一个旋转变换. 即

$$R(O,2k\pi + \theta) = R(O,\theta)$$

其中 k 为整数.

正因为这个原因,我们通常将旋转变换的旋转角 θ 在 $(-\pi,\pi]$ 或 $[0,2\pi)$ 的范围内取值.

定理 1.3.7 旋转中心相同的两个旋转变换之积仍是一个旋转变换,且旋转中心不变;积的旋转角等于两个因子的旋转角之和.

证明 设 $R(O,\theta_1)$ 与 $R(O,\theta_2)$ 是平面 π 的两个旋转中心相同的旋转变换. 对平面 π 上任意一点 A,设 $A \xrightarrow{R(O,\theta_1)} A' \xrightarrow{R(O,\theta_2)} A''$,则 $A \xrightarrow{R(O,\theta_1)R(O,\theta_2)} A''$,且 $OA'' = OA' = OA$, $\measuredangle AOA' = \theta_1$, $\measuredangle A'OA'' = \theta_2$. 于是

$$\measuredangle AOA'' = \measuredangle AOA' + \measuredangle A'OA'' = \theta_1 + \theta_2$$

由旋转变换的定义即知

$$R(O,\theta_2)R(O,\theta_1) = R(O,\theta_1 + \theta_2)$$

仍是一个以 O 为旋转中心的旋转变换,且旋转角为 $\theta_1 + \theta_2$.

由 $R(O,\theta_2)R(O,\theta_1) = R(O,\theta_2 + \theta_1) = R(O,\theta_1 + \theta_2)$ 可知,平面上具有同一旋转中心的两个旋转变换关于变换的乘法也是可交换的.

定理 1.3.8 旋转变换的逆变换仍是一个旋转变换,且旋转中心不变,逆变换的旋转角等于原旋转角的相反数.

证明 设 $R(O,\theta)$ 是平面 π 的一个旋转变换,由定理 1.3.7

$$R(O,-\theta)R(O,\theta) = R(O,\theta - \theta) = R(O,0) = I$$

是恒等变换. 故 $R^{-1}(O,\theta) = R(O,\theta)$.

由定理 1.3.7 与定理 1.3.8 知,平面 π 的具有同一旋转中心的所有旋转变换构成之集作为一个变换群(也是可交换的). 这个群称为旋转群,它也是运动群的一个子群.

定义 1.3.3 旋转角为 π 的旋转变换称为中心反射变换,其旋转中心称为反射中心.

反射中心为 O 的中心反射变换记作 $C(O)$.

显然,对于中心反射变换来说,反射中心是任意两个对应点的连线段的中点(图 1.3.13),且中心反射变换的逆变换就是自身,即 $C^{-1}(O) = C(O)$.

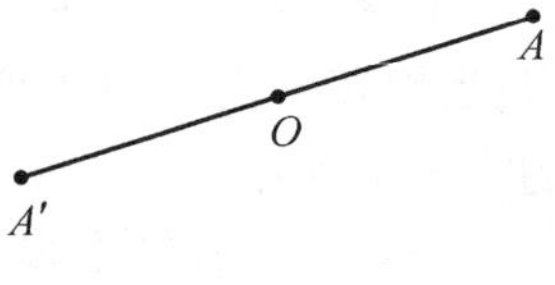

图 1.3.13

中心反射变换由反射中心所确定,也可由一个异于反射中心的点与其像点确定.

点 A 在中心反射变换 $C(O)$ 下的像 A' 也称为点 A 关于点 O 的对称点;一个图形 F 在中心反射变换 $C(O)$ 下的像 F' 则称为图形 F 关于点 O 的对称图形,也称图形 F 与 F' 关于点 O 对称(图 1.3.14).

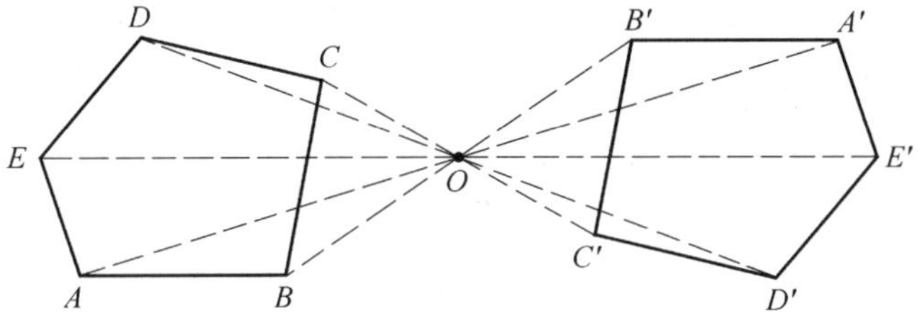

图 1.3.14

中心反射变换亦可用向量来刻画.

定理 1.3.9 平面 π 的一个变换 f 是中心反射变换的充分必要条件是:存在一点 O,使得对平面 π 上的任意一点 A,当 $A \xrightarrow{f} A'$ 时,恒有 $\overrightarrow{OA'} = \overrightarrow{OA}$.

这个定理的证明是简单的.因为当 $A \neq O$ 时,条件"$\overrightarrow{OA'} = -\overrightarrow{OA}$"等价于"点 O 是线段 AA' 的中点".而当 $A = O$ 时,这个条件又等价于"$A' = O$",即点 O 是 f 的一个不动点.

显然,在定理 1.3.9 中的点 O 就是中心反射变换的反射中心.

定理 1.3.10 平面 π 的一个变换 f 是中心反射变换的充分必要条件是:对平面 π 上的任意两点 A、B,当 A、$B \xrightarrow{f} A'$、B' 时,恒有 $\overrightarrow{A'B'} = -\overrightarrow{AB}$.

证明 设 $C(O)$ 是平面 π 的一个中心反射变换,如图 1.3.15 和图 1.3.16 所示,对平面 π 上的任意两点 A、B 与其像点 A'、B',由定理 1.3.9,$\overrightarrow{A'O} = -\overrightarrow{AO}$,$\overrightarrow{OB'} = -\overrightarrow{OB}$,于是

$$\overrightarrow{A'B'} = \overrightarrow{A'O} + \overrightarrow{OB'} = -(\overrightarrow{AO} + \overrightarrow{OB}) = -\overrightarrow{AB}$$

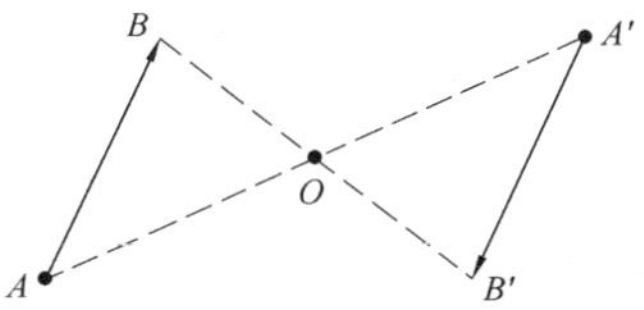

图 1.3.15

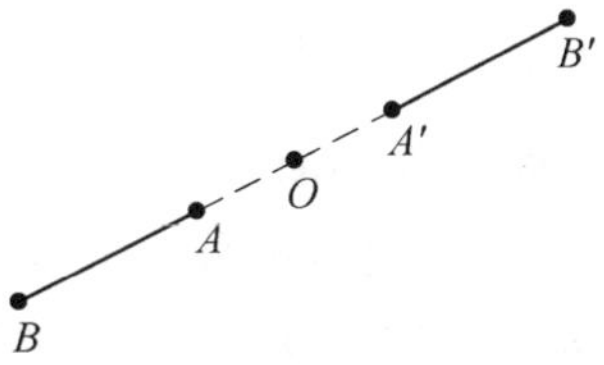

图 1.3.16

反之,若平面 π 的一个变换 f 使得对平面 π 上的任意两点 A、B 与其像点 A'、

B'，恒有$\overrightarrow{A'B'}=-\overrightarrow{AB}$.仍见图1.3.15和图1.3.16，在平面$\pi$上任取一点$B$，设$B\xrightarrow{f}B'$，且线段$BB'$的中点为$O$(如果$B=B'$，则令$O=B$)，则对平面$\pi$上任意一点$A$与其像点$A'$，因$\overrightarrow{A'B'}=-\overrightarrow{AB}$，所以

$$\overrightarrow{OA'}=\overrightarrow{OB'}-\overrightarrow{A'B'}=-\overrightarrow{OB}+\overrightarrow{AB}=-\overrightarrow{OA}$$

由定理1.3.9即知$f=C(O)$是一个中心反射变换.

推论1.3.1 在中心反射变换下，两对应直线反向平行或重合；两对应线段反向平行且相等或反向共线且相等.

我们再回到一般旋转变换的讨论.

定理1.3.11 平面π的一个变换f(非恒等变换)是旋转变换的充分必要条件是存在$\theta\neq 2k\pi$(k为整数)，使得对平面π上的任意两点A、B，当A、$B\xrightarrow{f}A'$、B'时，恒有$A'B'=AB$，且$\measuredangle(AB,A'B')=\theta$.

证明 必要性.设$f=R(O,\theta)$是平面π的一个旋转变换.因$\theta\neq 2k\pi$，可设$0<\theta<2\pi$.当$\theta=\pi$时，由定理1.3.10知结论成立.下设$0<\theta<\pi$(对$\pi<\theta<2\pi$的情形，只要重新规定角的正向即可).

对平面π上任意两点A、B与其像点A'、B'：

当A、B两点中有一点为旋转中心O或O、A、B三点共线时，结论是显然的；

当A、B两点皆异于旋转中心O，且O、A、B三点不共线时(图1.3.17)，则由$\measuredangle AOA'=\measuredangle BOB'=\theta$，有

$$\measuredangle A'OB'=\measuredangle BOB'+\measuredangle A'OB=\measuredangle AOA'+\measuredangle A'OB=\measuredangle AOB$$

又$OA'=OA$，$OB'=OB$，所以，$\triangle A'OB'\cong\triangle AOB$.因此，$A'B'=AB$，且$\measuredangle B'A'O=\measuredangle BAO$，于是，设直线$A'B'$与$AB$交于$P$，则$O$、$A$、$P$、$A'$四点共圆，由此即知$\measuredangle(AB,A'B')=\measuredangle AOA'=\theta$.

充分性.设f是平面π的一个变换，存在$\theta\neq 2k\pi$(k为整数)，使得对平面π上的任意两点A、B与其像点A'、B'，恒有$A'B'=AB$，且$\measuredangle(AB,A'B')=\theta$.可设$0<\theta<2\pi$.

当$\theta=\pi$时，由定理1.3.10知，f是一个中心反射变换，它是旋转角为π的旋转变换.

当$\theta\neq\pi$时，不妨设$0<\theta<\pi$(必要时重新规定角的正向).在平面π上任取一点B，设$B\xrightarrow{f}B'$，并在BB'的垂直平分线上取点O(若$B'=B$，则取$O=B$)，使$\measuredangle BOB'=\theta$.对平面$\pi$上任意一点$A(A\neq B)$，设$A\xrightarrow{f}A'$.若$A=O$，则由

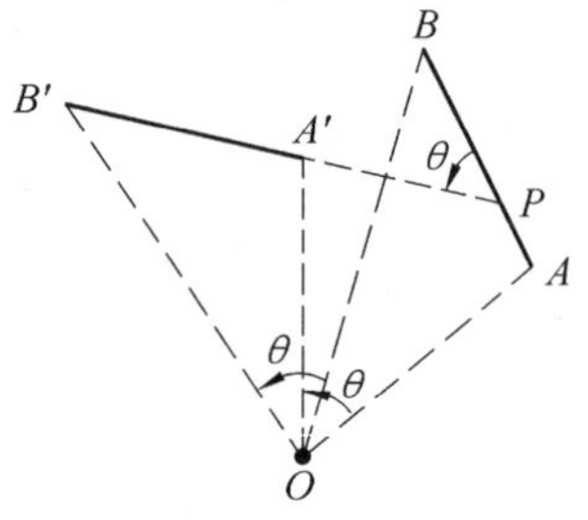

图1.3.17

$$A'B'=AB,\ \measuredangle(AB,A'B')=\theta=\measuredangle BOB'$$

即知 $A' = O$.若 $A \neq O$,设直线 $A'B'$ 与 AB 交于 P.如果 $P = O$,则 O、A、B 三点共线,O、A'、B' 三点共线.由 $A'B' = AB$,$OB' = OB$,$\measuredangle(AB,A'B') = \theta = \measuredangle BOB'$ 即知 $OA' = OA$,$\measuredangle AOA' = \theta$.如果 $P \neq O$,则由 $\measuredangle(AB,A'B') = \theta = \measuredangle BOB'$ 知,O、B、P、B' 四点共圆(图 1.3.17),于是,$\measuredangle OB'A' = \measuredangle OBA$.又 $A'B' = AB$,$OB' = OB$,所以 $\triangle OB'A' \cong \triangle OBA$.从而 $OA' = OA$,$\measuredangle B'A'O = \measuredangle BAO$,这样 O、A、P、A' 四点也共圆,故 $\measuredangle AOA' = \measuredangle(AB,A'B') = \theta$.无论哪种情形都有 $OA' = OA$,$\measuredangle AOA' = \theta$.由旋转变换的定义即知 $f = R(O,\theta)$ 是一个旋转变换.

定理 1.3.11 说明,在旋转变换下,平面上任意一条直线与其像直线的交角等于旋转角.

定理 1.3.12 旋转变换是真正合同变换.

证明 设 $R(O,\theta)$ 是平面 π 的一个旋转变换.对平面 π 上任意两点 A、B,设 A、$B \xrightarrow{R(O,\theta)} A'$、$B'$,由定理 1.3.11,$A'B' = AB$,所以旋转变换是一个合同变换.再由 $\measuredangle A'OB' = \measuredangle AOB$ 知,旋转变换 $R(O,\theta)$ 的两个对应三角形——$\triangle A'OB'$ 与 $\triangle AOB$ 是同向的.故旋转变换 $R(O,\theta)$ 是真正合同变换.

既然旋转变换是合同变换,因而旋转变换也具有合同变换的一切不变性质和不变量.

定理 1.3.13 设 $R(O_1,\theta_1)$ 与 $R(O_2,\theta_2)$ 是平面 π 的两个旋转变换,则

(1) 当 $\theta_1 + \theta_2 \neq 2k\pi$($k$ 为整数)时,存在点 O,使得

$$R(O_2,\theta_2)R(O_1,\theta_1) = R(O,\theta_1 + \theta_2)$$

仍是一个旋转变换.

(2) 当 $\theta_1 + \theta_2 = 2k\pi$($k$ 为整数)时,存在向量 $\boldsymbol{v}$,使得

$$R(O_2,\theta_2)R(O_1,\theta_1) = T(\boldsymbol{v})$$

是一个平移变换.

证明 如图 1.3.18 和图 1.3.19 所示,对平面 π 上的任意两点 A、B,设

$$A、B \xrightarrow{R(O_1,\theta_1)} A'、B' \xrightarrow{R(O_2,\theta_2)} A''、B''$$

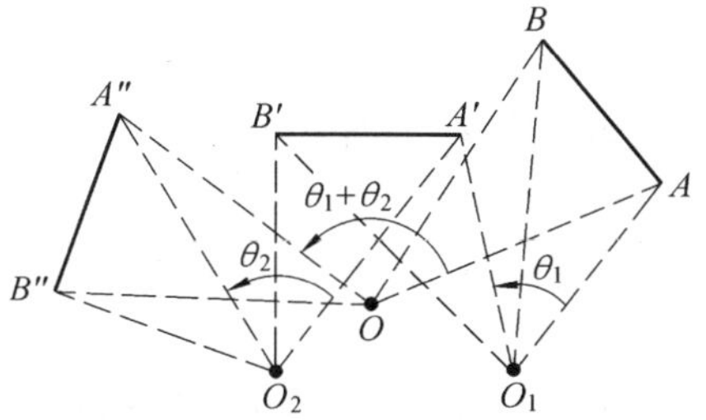

图 1.3.18

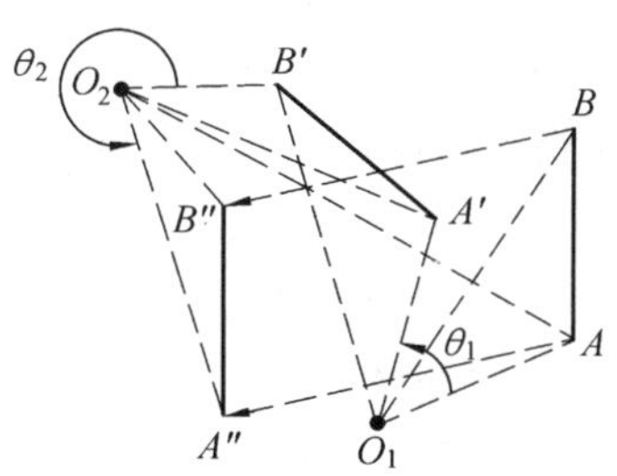

图 1.3.19

由定理 1.3.11,$A''B'' = A'B' = AB$,$\measuredangle(AB,A'B') = \theta_1$,$\measuredangle(A'B',$

$A''B''$) $= \theta_2$. 于是，$A''B'' = AB$，且 $\measuredangle(AB, A''B'') = \measuredangle(AB, A'B') + \measuredangle(A'B', A''B'') = \theta_1 + \theta_2$. 因此，当 $\theta_1 + \theta_2 \neq 2k\pi$（$k$ 为整数）时，再由定理 1.3.11 即知，存在点 O，使得

$$R(O_2, \theta_2)R(O_1, \theta_1) = R(O, \theta_1 + \theta_2)$$

仍是一个旋转变换，其旋转角为 $\theta_1 + \theta_2$.

当 $\theta_1 + \theta_2 = 2k\pi$ 时，因 $A''B'' = AB$，$\measuredangle(AB, A''B'') = 2k\pi$，所以 $\overrightarrow{A''B''} = \overrightarrow{AB}$，由定理 1.3.1 即知，存在向量 $\boldsymbol{v}$，使得

$$R(O_2, \theta_2)R(O_1, \theta_1) = T(\boldsymbol{v})$$

是一个平移变换.

定理 1.3.14 任意一个平移变换与任意一个非恒等的旋转变换之积（不论顺序先后）是一个旋转变换，且旋转角不变.

证明 设 $T(\boldsymbol{v})$ 与 $R(O, \theta)(\theta \neq 0)$ 分别是平面 π 的一个平移变换与一个旋转变换. 如图1.3.20 所示，对于平面 π 上的任意两点 A、B，设

$$A、B \xrightarrow{T(\boldsymbol{v})} A'、B' \xrightarrow{R(O,\theta)} A''、B''$$

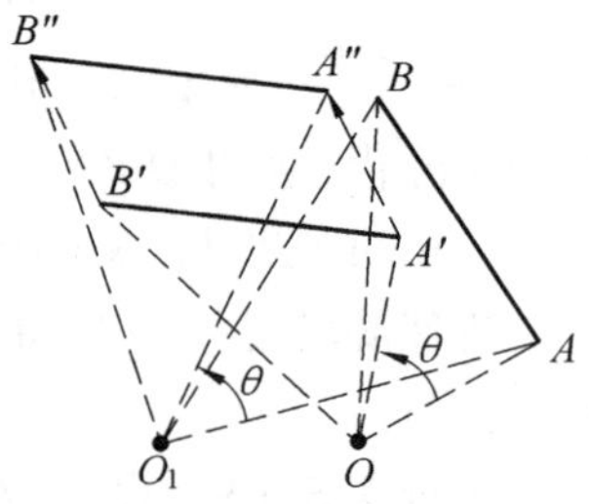

图 1.3.20

由定理 1.3.1 与定理 1.3.11

$$A''B'' = A'B' = AB, \ \measuredangle(AB, A'B') = 0$$

$$\measuredangle(A'B', A''B'') = \theta$$

于是，$A''B'' = AB$，且

$$\measuredangle(AB, A''B'') = \measuredangle(AB, A'B') + \measuredangle(A'B', A''B'') = 0 + \theta = \theta$$

再由定理 1.3.11 即知，存在点 O_1，使得

$$R(O, \theta)T(\boldsymbol{v}) = R(O_1, \theta)$$

仍是一个旋转变换，其旋转角仍为 θ.

同样，存在点 O_2，使 $T(\boldsymbol{v})R(O_1, \theta) = R(O_2, \theta)$.

由定理 1.3.13 与定理 1.3.14，用数学归纳法立即可得.

定理 1.3.15 设 $R(O_1, \theta_1), R(O_2, \theta_2), \cdots, R(O_n, \theta_n)$ 是平面 π 上的 $n(n \geqslant 2)$ 个旋转变换，则

(1) 当 $\theta_1 + \theta_2 + \cdots + \theta_n \neq 2k\pi$（$k$ 为整数）时，在平面 π 上存在一点 O，使得

$$R(O_1, \theta_1)R(O_2, \theta_2)\cdots R(O_n, \theta_n) = R(O, \theta_1 + \theta_2 + \cdots + \theta_n)$$

仍是一个旋转变换.

(2) 当 $\theta_1 + \theta_2 + \cdots + \theta_n = 2k\pi$（$k$ 为整数）时，在平面 π 上存在向量 $\boldsymbol{v}$，使得

$$R(O_1, \theta_1)R(O_2, \theta_2)\cdots R(O_n, \theta_n) = T(\boldsymbol{v})$$

是一个平移变换.

定理 1.3.16 旋转中心是非恒等的旋转变换的唯一不动点;一条直线是非恒等的旋转变换的不变直线,其充分必要条件为旋转变换是中心反射变换,且这条直线通过反射中心.

证明 设 $R(O,\theta)$ 是平面 π 的一个非恒等的旋转变换(即 $\theta \neq 0$).

(1) 若平面 π 上异于旋转中心 O 的点 A 是 $R(O,\theta)$ 的不动点,则由旋转变换的定义,$\theta = \measuredangle AOA = 0$,所以 $R(O,\theta) = R(O,0) = I$ 是恒等变换.因此,除恒等变换外,旋转中心是旋转变换唯一的不动点.

(2) 设平面 π 上的直线 l 是旋转变换 $R(O,\theta)$ 的不变直线,即 $l \xrightarrow{R(O,\theta)} l$.由定理 1.3.11 及 $\theta \neq 0$ 知,$\theta = \pi$.从而旋转变换 $R(O,\theta)$ 是中心反射变换 $C(O)$.再在直线 l 上任取一点 A,且 $A \neq O$.设 $A \xrightarrow{C(O)} A'$,因 l 是不变直线,所以 A' 也在 l 上.于是线段 AA' 的中点 O 也在 l 上.故直线 l 过反射中心 O.

四、轴反射变换

定义 1.3.4 设 l 是平面 π 的一条定直线.如果平面 π 的一个变换,使得对于平面 π 上不在直线 l 上的任意一点 A 与其对应点 A' 的连线 AA' 恒被直线 l 垂直平分,而直线 l 上的点都不动,则这个变换称为平面 π 的**轴反射变换**.记作 $S(l)$.其中定直线 l 称为**反射轴**(图 1.3.21).

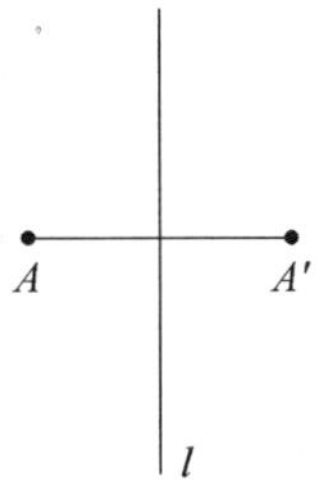

图 1.3.21

按定义即知,反射轴上的点都是轴反射变换的不动点.且轴反射变换是可逆的,其逆变换就是自身.即

$$S^{-1}(l) = [S(l)]^{-1} = S(l)$$

显然,轴反射变换由反射轴唯一确定,也可由两个非不动点的对应点唯一确定.

点 A 在轴反射变换 $S(l)$ 下的像 A' 也称为图形 F 关于直线 l 的对称点;一个图形 F 在轴反射变换 $S(l)$ 下的像 F' 则称为图形 F 关于直线 l 的对称图形,也称图形 F 与 F' 关于直线 l 对称(图 1.3.22).

定理 1.3.17 轴反射变换是镜像合同变换.

证明 设 $S(l)$ 是平面 π 的一个轴反射变换,对平面 π 上的任意两点 A、B,设 A、$B \xrightarrow{S(l)} A'$、B'.

(1) 如果 A、B 两点都在反射轴 l 上(图 1.3.23),则 $A' = A$,$B' = B$.此时显然有 $A'B' = AB$.

(2) 如果 A、B 两点中仅有一个点在反射轴 l 上,不妨设点 A 在 l 上(图

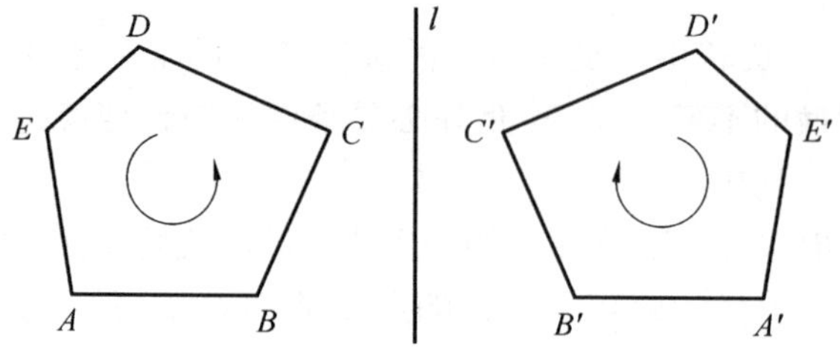

图 1.3.22

1.3.24),则 $A' = A$.由于 A 是线段 BB' 的垂直平分线 l 上的点,因此 $AB' = AB$,即 $A'B' = AB$.

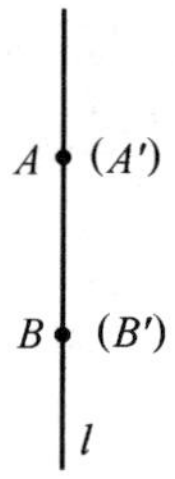

图 1.3.23

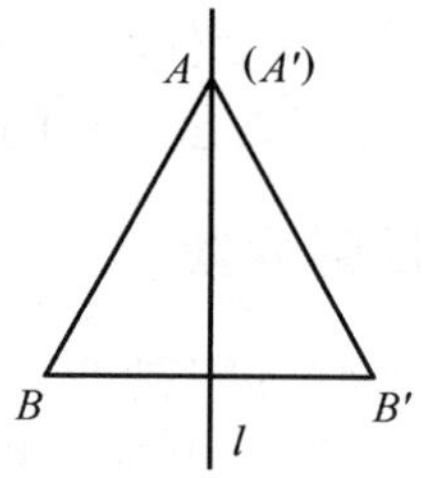

图 1.3.24

(3) 如果 A、B 两点都不在反射轴 l 上(图 1.3.25 和图 1.3.26),设线段 AA'、BB' 与 l 的交点分别为 M、N,则 M、N 分别为线段 AA'、BB' 的中点,所以 $MA' = MA$,$MB' = MB$,且 $\measuredangle NMB' = \measuredangle BMN$.于是,由 $AA' \perp l$ 得

$$\measuredangle B'MA = 90° - \measuredangle NMB' = 90° - \measuredangle BMN = \measuredangle AMB$$

所以,$\triangle A'MB' \cong \triangle AMB$.从而 $A'B' = AB$.

综合(1),(2),(3) 即知,$S(l)$ 是一个合同变换.

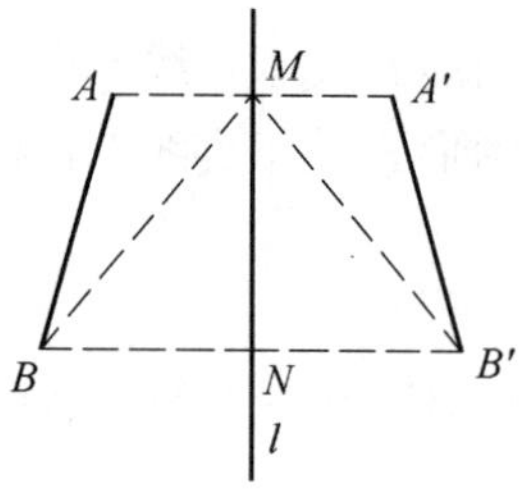

图 1.3.25

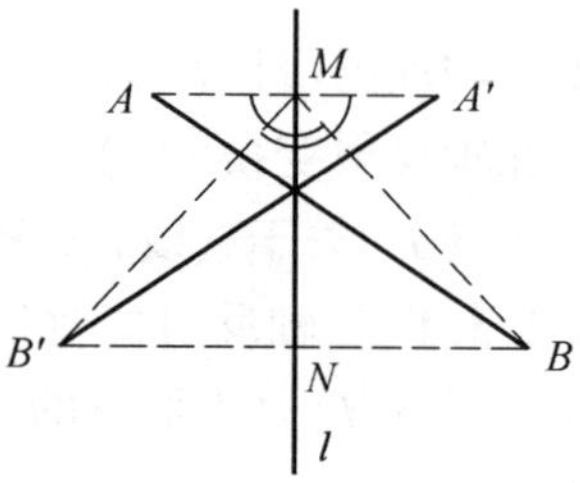

图 1.3.26

再设 A、B 是反射轴 l 上的两个不同的点,而 C 是平面 π 上不在 l 上的一点(图 1.3.27),则 A、B 是 $S(l)$ 的两个不动点.设 $C \to C'$,则 $\triangle ABC'$ 与 $\triangle ABC$ 是

$S(l)$ 的两个对应三角形. 因 l 垂直平分线段 CC'，所以 C'、C 分布在直线 l 的两侧，从而 $\triangle ABC'$ 与 $\triangle ABC$ 异向. 故 $S(l)$ 是平面 π 的一个镜像合同变换.

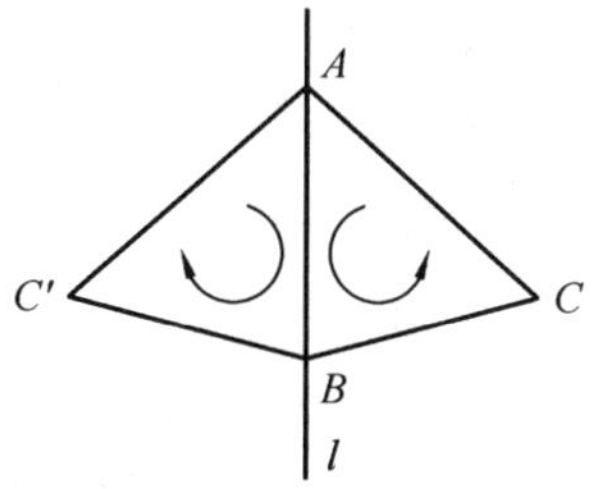

图 1.3.27

由定理 1.3.12 知，轴反射变换同样具有合同变换的一切不变性质和不变量.

定理 1.3.18 设 $S(l)$ 是平面 π 的一个轴反射变换，则

(1) 点 A 是 $S(l)$ 的不动点当且仅当 A 在反射轴 l 上；

(2) 直线 m 是 $S(l)$ 的不变直线当且仅当 $m \perp l$ 或 m 与 l 重合.

证明 (1) 由轴反射变换的定义即知.

(2) 当 $m \perp l$ 或 m 与 l 重合时，由轴反射变换的定义即可知 m 是 $S(l)$ 的不变直线.

反之，设 m 是轴反射变换 $S(l)$ 的一条不变直线. 如果 m 上的每一个点都是 $S(l)$ 的不动点，由(1) 即知 m 与 l 重合. 如果直线 m 上存在 $S(l)$ 的一个非不动点，设 $A \xrightarrow{S(l)} A'$，则 $A' \neq A$. 因 m 是 $S(l)$ 的不变直线，所以 A' 也在直线 m 上. 由轴反射变换的定义知，反射轴 l 垂直(平分) 线段 AA'，而 A、A' 是直线 m 上的两个不同的点，故 $m \perp l$.

定理 1.3.19 在轴反射变换下，任意一条非不变直线与其对应直线或相交于反射轴上，或皆与反射轴平行，并且反射轴上任意一点到两对应直线的距离相等.

证明 设 $S(l)$ 是平面 π 的一个轴反射变换，平面 π 上的直线 m 是 $S(l)$ 的一条非不变直线，$m \xrightarrow{S(l)} m'$，则 $m' \neq m$. 若 m 与 l 相交于一点 A(图 1.3.28)，因 A 在反射轴 l 上，所以 A 是 $S(l)$ 的一个不动点. 又 A 在直线 m 上，所以 A 也在其像直线 m' 上，即直线 m' 与 m 相交于反射轴 l 上的点 A；若 $m \parallel l$，而 m' 与反射轴 l 交于一点 P，则由于 m、m' 互为像直线，所以直线 m 与 l 也交于 P，这与 $m \parallel l$ 矛盾. 因此必有 $m' \parallel l$(图 1.3.29).

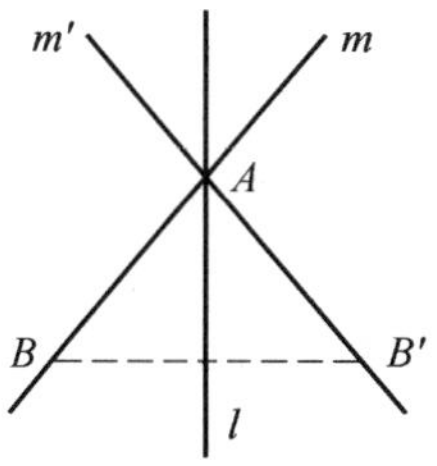

图 1.3.28

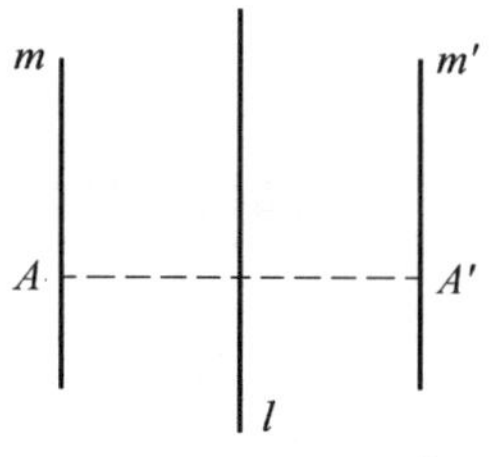

图 1.3.29

当 m' 与 m 相交于反射轴 l 上的一点 A 时(图 1.3.28),在直线 m 上任取一点 B,$B \neq A$,并设 $B \xrightarrow{S(l)} B'$,则因 l 垂直平分线段 BB',所以 l 平分 $\angle BAB'$.从而反射轴 l 上的任意一点到直线 m 与 m' 的距离相等. 当 $m' \parallel l \parallel m$ 时(图 1.3.29),在直线 m 上任取一点 A,设 $A \xrightarrow{S(l)} A'$,则 A' 在直线 m 上,且 $AA' \perp l$. 因 l 垂直平分线段 AA',所以,l 到直线 m 与 m' 的距离相等. 即反射轴 l 上任意一点到直线 m 与 m' 的距离相等.

最后指出,轴反射变换作为一个合同变换,当然会保持两直线的夹角大小不变.但轴反射变换是一个镜像合同变换,因此它已经改变了角的方向.这个性质称为轴反射变换的**反向保角性**.

以上所讨论的三种合同变称 —— 平移变换、旋转变换、轴反射变换是三种基本的合同变换.前两种是真正合同变换,后一种是镜像合同变换.这三种合同变换各有自己区别于其他合同变换的一些独特的性质.在下一节将会看到,这三种合同变换基本上穷尽了平面上的所有合同变换.

1.4 合同变换与基本合同变换的关系

我们说,平移变换、旋转变换及轴反射变换是平面上的基本合同变换.那么,平面上的任意一个合同变换与基本合同变换有何关系?本节将以两个轴反射变换之积为基础,给出这个问题的回答.

定理 1.4.1 设 $S(l_1)$ 与 $S(l_2)$ 是平面 π 的两个轴反射变换,则

(1) 当 l_1 与 l_2 重合时,$S(l_1)S(l_2) = I$ 是恒等变换;

(2) 当 $l_1 \parallel l_2$ 时,$S(l_1)S(l_2) = T(2\boldsymbol{v})$ 是一个平移变换.其中 $\boldsymbol{v}$ 是始于 l_1 终于 l_2 且与 l_1 垂直的向量;

(3) 当 l_1 与 l_2 相交于一点 O 时,$S(l_1)S(l_2) = R(O,2\theta)$ 是一个旋转变换.其中 $\theta = \measuredangle(l_1,l_2)$.

证明 (1) 当 l_1 与 l_2 重合时,$S(l_2) = S(l_1)$,于是

$$S(l_2)S(l_1) = S(l_1)S(l_1) = S^{-1}(l_1)S(l_1) = I$$

是恒等变换.

(2) 当 $l_1 \parallel l_2$ 时,如图 1.4.1 所示,对平面 π 上任意一点 A,设

$$A \xrightarrow{S(l_1)} A' \xrightarrow{S(l_2)} A''$$

则

$$A \xrightarrow{S(l_2)S(l_1)} A''$$

再设 l_1 与 AA' 交于 O_1,l_2 与 $A'A''$ 交于 O_2,则有 $\overrightarrow{AA'} = 2\,\overrightarrow{O_1A'}$,$\overrightarrow{A'A''} = 2\,\overrightarrow{A'O_2}$,且

$\overrightarrow{O_1O_2}=\boldsymbol{v}$. 于是

$$\overrightarrow{AA''}=\overrightarrow{AA'}+\overrightarrow{A'A''}=2(\overrightarrow{O_1A'}+\overrightarrow{A'O_2})=2\,\overrightarrow{O_1O_2}=2\boldsymbol{v}$$

由平移变换的定义即知, $S(l_2)S(l_1)=T(2\boldsymbol{v})$ 是一个平移变换.

(3) 若 l_1 与 l_2 交于点 O, 如图 1.4.2 所示, 对平面 π 上任意一点 A, 设

$$A\xrightarrow{S(l_1)}A'\xrightarrow{S(l_2)}A''$$

则 $A\xrightarrow{S(l_2)S(l_1)}A''$. 因点 O 既在 l_1 上, 又在 l_2 上, 所以, l_1 垂直平分线段 AA', l_2 垂直平分线段 $A'A''$. 从而 $OA'=OA$, $OA''=OA'$, 且

$$\measuredangle AOA'=2\measuredangle(l_1,OA'),\ \measuredangle A'OA''=2\measuredangle(OA',l_2)$$

于是, $OA''=OA'$, 且

$$\measuredangle AOA''=\measuredangle AOA'+\measuredangle A'OA''=$$
$$2[\measuredangle(l_1,OA')+\measuredangle(OA',l_2)]=2\measuredangle(l_1,l_2)=2\theta$$

由旋转变换的定义即知, $S(l_2)S(l_1)=R(O,2\theta)$ 是一个旋转变换.

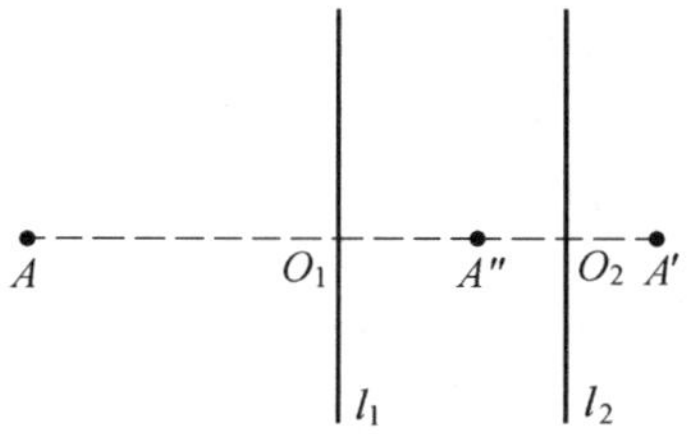

图 1.4.1

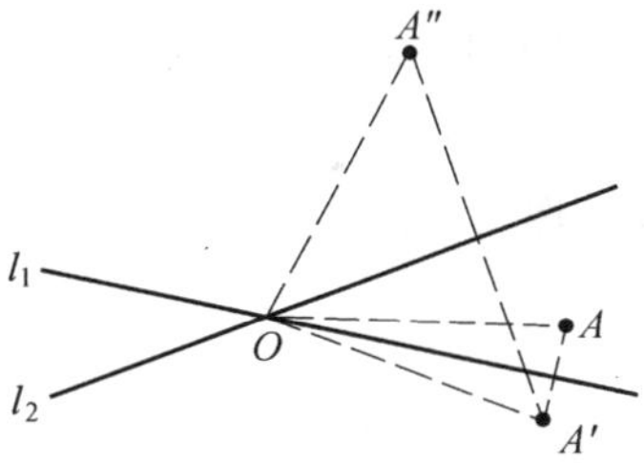

图 1.4.2

由于恒等变换是平移变换(当然也是旋转变换), 因而定理 1.4.1 说明, 两个轴反射变换之积或是一个平移变换, 或是一个旋转变换.

定理 1.4.2 (1) 任意一个平移变换都可以表示为两个轴反射变换之积. 两条反射轴皆垂直于平移向量, 两反射轴之间的距离等于平移向量的模的一半, 且其中一条反射轴可以在垂直于平移向量的直线中任意选取.

(2) 任意一个旋转变换都可以表示为两个轴反射变换之积, 两条反射轴皆过旋转中心, 第一条反射轴到第二条反射轴的交角等于旋转角的一半, 且其中一条反射轴可以在过旋转中心的直线中任意选取.

证明 仅证(1)((2) 的证明留给读者). 设 $T(\boldsymbol{v})$ 是平面 π 的一个平移变换. 任取垂直于向量 $\boldsymbol{v}$ 的一条直线 $l_1(l_2)$, 再取垂直于向量 $\boldsymbol{v}$ 的一条直线 $l_2(l_1)$, 使始于 l_1 终于 l_2 且平行于 $\boldsymbol{v}$ 的向量为 $\frac{1}{2}\boldsymbol{v}$, 则由定理 1.4.1 即知 $S(l_2)S(l_1)=T(\boldsymbol{v})$. 故 $T(\boldsymbol{v})$ 是两个轴反射变换之积, 且其中一条反射轴可以在垂直于向量 $\boldsymbol{v}$ 的直线中任意选取.

因中心反射变换是旋转角为 π 的旋转变换, 于是由定理 1.4.2(2) 立即可得

推论 1.4.1 任意一个中心反射变换都可以表示为反射轴互相垂直的两个轴反射变换之积.两条反射轴皆过反射中心,且其中一条轴可以在过反射中心的直线中任意选取.

结合定理 1.4.1 与定理 1.4.2,我们可以方便地讨论一些基本合同变换之间的乘积.下面的两个例子即上一节的定理 1.3.13 与定理 1.3.14.

例 1.4.1 设 $R(O_1,\theta_1)$ 与 $R(O_2,\theta_2)$ 是平面 π 的两个旋转变换,证明:

(1) 当 $\theta_1+\theta_2\neq 2k\pi$($k$ 为整数)时,在平面 π 上存在点 O,使得

$$R(O_2,\theta_2)R(O_1,\theta_1)=R(O,\theta_1+\theta_2)$$

仍是一个旋转变换;

(2) 当 $\theta_1+\theta_2=2k\pi$(k 为整数)时,在平面 π 上存在向量 $\boldsymbol{v}$,使得

$$R(O_2,\theta_2)R(O_1,\theta_1)=T(\boldsymbol{v})$$

是一个平移变换.

证明 当 O_1 与 O_2 重合时,由定理 1.3.7 及

$$R(O,2k\pi)=R(O,0)=I=T(\mathbf{0})$$

即知定理 1.4.3 成立;下设 O_1 与 O_2 不重合,由定理 1.4.2 可设

$$R(O_1,\theta_1)=S(l_2)S(l_1),R(O_2,\theta_2)=S(l_3)S(l_2)$$

其中,l_2 是过 O_1、O_2 两点的直线,直线 l_1 过点 O_1,l_3 过点 O_2,且

$$\measuredangle(l_1,l_2)=\frac{1}{2}\theta_1,\ \measuredangle(l_2,l_3)=\frac{1}{2}\theta_2$$

由于变换的乘法满足结合律,且 $S(l)S(l)=I$ 为恒等变换,于是

$$R(O_2,\theta_2)R(O_1,\theta_1)=[S(l_3)S(l_2)][S(l_2)S(l_1)]=$$
$$S(l_3)[S(l_2)S(l_2)]S(l_1)=S(l_3)S(l_1)$$

且 $\measuredangle(l_1,l_3)=\measuredangle(l_1,l_2)+\measuredangle(l_2,l_3)=\frac{1}{2}(\theta_1+\theta_2)$.

(1) 若 $\theta_1+\theta_2\neq 2k\pi$($k$ 为整数),则$\frac{1}{2}(\theta_1+\theta_2)\neq k\pi$.因此,$l_1$ 与 l_3 必交于一点 O(图 1.4.3 和图 1.4.4).于是,由定理 1.4.1 即知 $S(l_3)S(l_1)=R(O,\theta_1+\theta_2)$.故 $R(O_2,\theta_2)R(O_1,\theta_1)=R(O,\theta_1+\theta_2)$仍是一个旋转变换,且积的旋转角等于因子的旋转角之和.

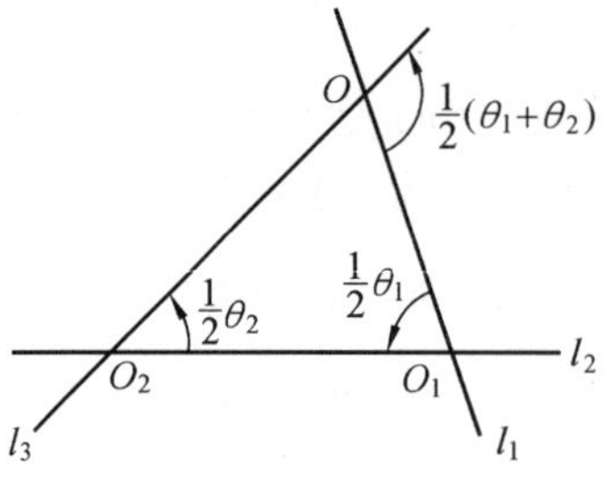

图 1.4.3

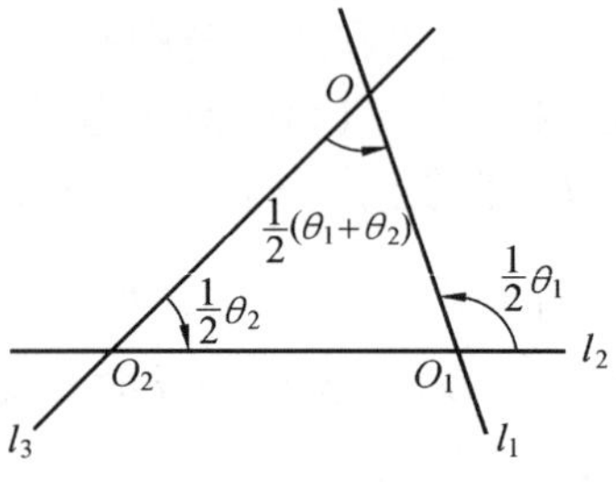

图 1.4.4

(2) 若 $\theta_1+\theta_2=2k\pi$(k 为整数)，则 $\frac{1}{2}(\theta_1+\theta_2)=k\pi$，于是 $l_1 \parallel l_3$(图 1.4.5 和图 1.4.6). 从而由定理 1.4.1 即知，在平面 π 上存在向量 $\boldsymbol{v}$，使得 $S(l_3)S(l_1)=T(\boldsymbol{v})$. 故 $R(O_2,\theta_2)R(O_1,\theta_1)=T(\boldsymbol{v})$ 是一个平移变换.

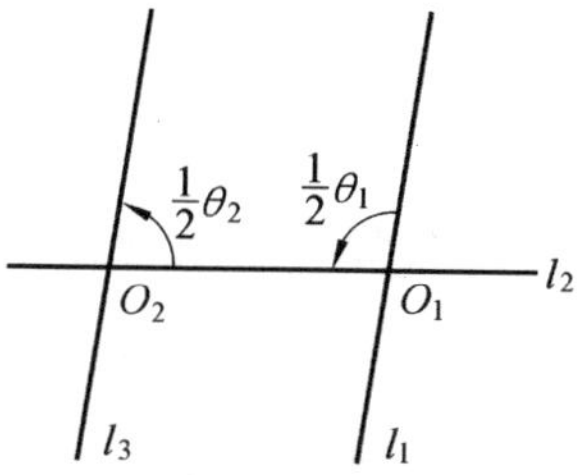

图 1.4.5

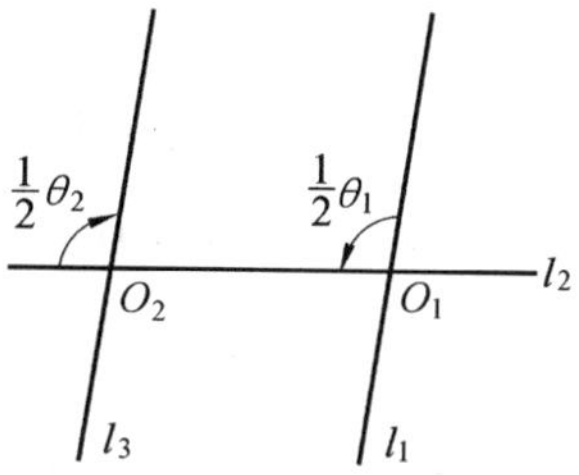

图 1.4.6

例 1.4.2　证明:任意一个平移变换与任意一个非恒等的旋转变换之积(不论顺序先后)是一个旋转变换，且旋转角不变.

证明　设 $T(\boldsymbol{v})$ 与 $R(O,\theta)(\theta\neq 0)$ 分别是平面 π 的一个平移变换与一个旋转变换. 如果 $\boldsymbol{v}=\mathbf{0}$，则结论是显然的，下设 $\boldsymbol{v}\neq\mathbf{0}$，由定理 1.4.2，可设

$$T(\boldsymbol{v})=S(l_2)S(l_1),R(O,\theta)=S(l_3)S(l_2)$$

其中，直线 l_2 过旋转中心 O 且垂直于平移向量 $\boldsymbol{v}$，$l_1 \parallel l_2$，始于 l_1 终于 l_2 且平行于 $\boldsymbol{v}$ 的向量为 $\frac{1}{2}\boldsymbol{v}$，直线 l_3 过旋转中心 O，且 $\measuredangle(l_2,l_3)=\frac{1}{2}\theta$. 于是

$$R(O,\theta)T(\boldsymbol{v})=[S(l_3)S(l_2)][S(l_2)S(l_1)]=$$
$$S(l_3)[S(l_2)S(l_2)]S(l_1)=S(l_3)S(l_1)$$

如图 1.4.7 所示，因 $\theta\neq 0$，所以 l_2 与 l_3 相交(不重合)，而 $l_1 \parallel l_2$，因此，l_3 与 l_1 必交于一点 O_1. 由 $l_1 \parallel l_2$ 知 $\measuredangle(l_1,l_3)=\measuredangle(l_2,l_3)=\frac{1}{2}\theta$. 再由定理 1.4.1 即得 $S(l_3)S(l_1)=R(O_1,\theta)$. 故

$$R(O,\theta)T(\boldsymbol{v})=R(O_1,\theta)$$

仍是一个旋转变换，且旋转角不变. 同理可证，$T(\boldsymbol{v})R(O,Q)$ 也是一个旋角为 θ 的旋转变换.

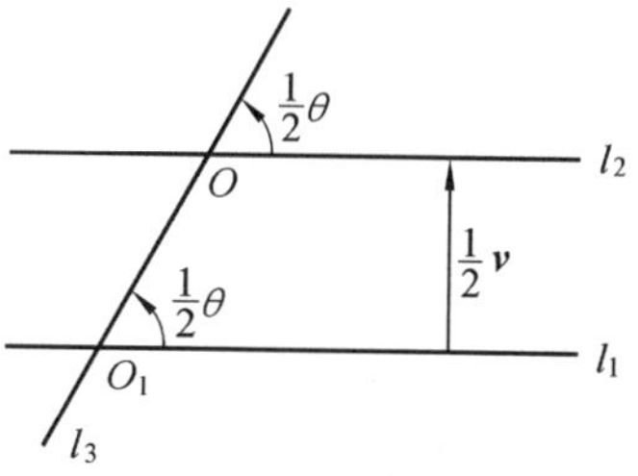

图 1.4.7

定理 1.4.3　设 O_1、O_2、O_3 是平面 π 上不共线的三点，$\theta_i>0(i=1,2,3)$. 如果 $\theta_1+\theta_2+\theta_3=2\pi$，且 $R(O_3,\theta_3)R(O_2,\theta_2)R(O_1,\theta_1)=I$ 为恒等变换，则有

$$\measuredangle O_3O_1O_2=\frac{1}{2}\theta_1,\ \measuredangle O_1O_2O_3=\frac{1}{2}\theta_2,\ \measuredangle O_2O_3O_1=\frac{1}{2}\theta_3$$

证明　由 $R(O_3,\theta_3)R(O_2,\theta_2)R(O_1,\theta_1)=I$ 及 $\theta_1+\theta_2+\theta_3=2\pi$ 知

$$R(O_2,\theta_2)R(O_1,\theta_1) = R^{-1}(O_3,\theta_3) = R(O_3,-\theta_3) = R(O_3,2\pi-\theta_3) = R(O_3,\theta_1+\theta_2)$$

于是，由例 1.4.1(1) 的证明过程即知

$$\measuredangle O_3O_1O_2 = \frac{1}{2}\theta_1,\ \measuredangle O_1O_2O_3 = \frac{1}{2}\theta_2$$

$$\measuredangle O_2O_3O_1 = \pi - \frac{1}{2}(\theta_1+\theta_2) = \frac{1}{2}\theta_3$$

定理 1.4.4 设 AB、CD 是平面 π 上两条既不平行也不共线的相等线段，则存在平面 π 的一个旋转变换 $R(O,\theta)$，使得 $AB \xrightarrow{R(O,\theta)} CD$.

证明 如图 1.4.8, 1.4.9 所示，设线段 AC 的垂直平分线为 l，则 $A \xrightarrow{S(l)} C$. 设 $B \xrightarrow{S(l)} B'$，则 $CB' = AB = CD$. 再设线段 BD 的垂直平分线与直线 l 交于 O，则 $OB' = OB = OD$，所以，OC 为线段 DB' 的垂直平分线，从而 $B' \xrightarrow{S(OC)} D$. 这说明 $AB \xrightarrow{S(OC)S(l)} CD$. 但由定理 1.4.1(3)，有

$$S(OC)S(l) = R(O,2\measuredangle(l,OC)) = R(O,\measuredangle AOC)$$

故 $AB \xrightarrow{R(O,\measuredangle AOC)} CD$.

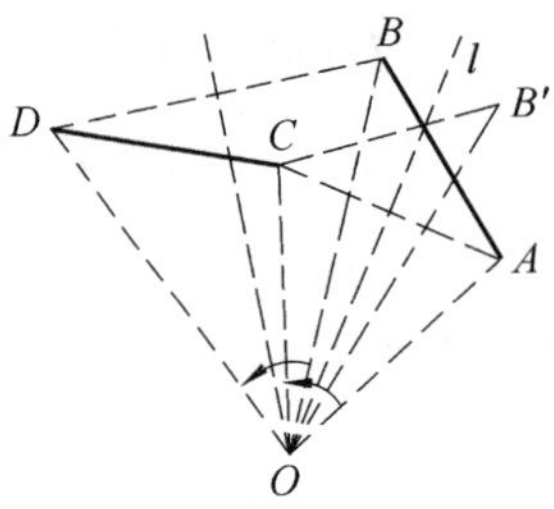

图 1.4.8

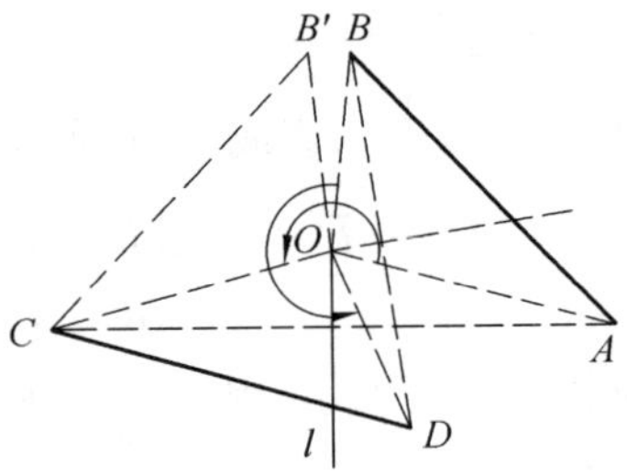

图 1.4.9

下面的定理 1.4.5 给出了用轴反射变换刻画三线共点或互相平行的一个结果.

定理 1.4.5 平面上的三条直线 l_1、l_2、l_3 共点或互相平行的充分必要条件是 $S(l_3)S(l_2)S(l_1)$ 仍是一个轴反射变换. 其中两直线重合时既可视为平行，也可视为相交.

证明 必要性. 设三直线 l_1、l_2、l_3 共点 O（图 1.4.10），由定理 1.4.1 知

$$S(l_3)S(l_2) = R(O,\theta)$$

因点 O 在 l_1 上，由定理 1.4.2，可设 $R(O,\theta) = S(l)S(l_1)$，其中直线 l 也过点 O. 于是

$$S(l_3)S(l_2)S(l_1) = R(O,\theta)S(l_1) =$$

$$[S(l)S(l_1)]S(l_1) = S(l)[S(l_1)S(l_1)] = S(l)$$

仍是一个轴反射变换.

若三直线 l_1、l_2、l_3 互相平行(图 1.4.11),由定理 1.4.1 知,$S(l_3)S(l_2) = T(\boldsymbol{v})$,其中 $\boldsymbol{v} \perp l_2$,$\boldsymbol{v} \perp l_1$.又由定理1.4.2,可设 $T(\boldsymbol{v}) = S(l)S(l_1)$,其中 $l \parallel l_1$.于是

$$S(l_3)S(l_2)S(l_1) = [S(l)S(l_1)]S(l_1) = S(l)$$

也是一个轴反射变换.

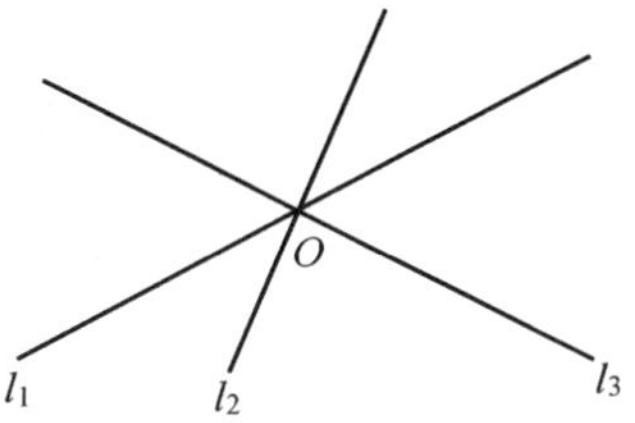

图 1.4.10

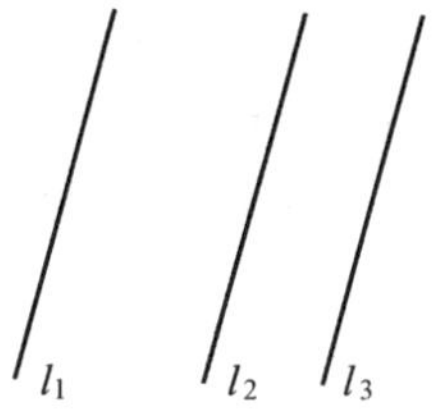

图 1.4.11

充分性.设 $S(l_3)S(l_2)S(l_1) = S(l)$ 仍是一个轴反射变换.如果 l_2 与 l_3 交于一点 O,则由定理 1.4.1 知 $S(l_3)S(l_2) = R(O,\theta)$,于是 $R(O,\theta)S(l_1) = S(l)$,所以

$$R(O,\theta) = S(l)S(l_1)$$

从而 l_1 也过点 O,即三直线 l_1、l_2、l_3 交于一点.

如果 $l_2 \parallel l_3$,则由定理1.4.1知 $S(l_3)S(l_2) = T(\boldsymbol{v})$ 是一个平移变换,其中 $\boldsymbol{v} \perp l_2$,于是 $T(\boldsymbol{v})S(l_1) = S(l)$,从而 $T(\boldsymbol{v}) = S(l_1)S(l)$.这说明 $\boldsymbol{v} \perp l_1$.故 l_1、l_2、l_3 互相平行.

当 l_3 与 l_1 重合时,由定 1.4.5 立即可得.

推论 1.4.2 设 l_1 与 l_2 是平面 π 上的任意两条直线,则 $S(l_1)S(l_2)S(l_1)$ 仍是一个轴反射变换.

为了讨论平移变换与轴反射变换之积以及旋转变换与轴反射变换之积,我们还需引进一个新的概念.

定义 1.4.1 设 l 是平面 π 上的一条定直线,$\boldsymbol{v}$ 是平面上与 l 平行的一个固定向量.如果平面的一个变换,使得对于平面 π 上任意一点 A 与其像点 A' 的连线段 AA' 恒被直线 l 平分,且向量 $\overrightarrow{AA'}$ 在直线 l 上的射影恒等于 $\boldsymbol{v}$,则这个变换称为平面 π 的**滑动反射变换**.记作 $G(l,\boldsymbol{v})$.其中定直线 l 仍称为反射轴,定向量 $\boldsymbol{v}$ 称为**滑动向量**.

按定义,滑动向量为 $\boldsymbol{0}$ 的滑动反射变换就是轴反射变换,即 $G(l,\boldsymbol{0}) = S(l)$.

不难知道,滑动反射变换 $G(l,\boldsymbol{v})$ 是轴反射变换 $S(l)$ 与平移变换 $T(\boldsymbol{v})$ 的乘积,并且这个乘积还是可交换的(图 1.4.12),即有

$$G(l,\boldsymbol{v}) = T(\boldsymbol{v})S(l) = S(l)T(\boldsymbol{v})$$

由此可知,滑动反射变换是一个镜像合同变换.当滑动向量不是零向量时,滑动反射变换没有不动点,且仅有一条不变直线 —— 即反射轴.

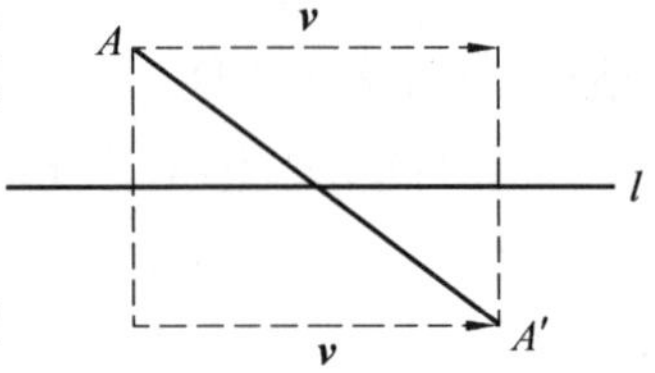

图 1.4.12

定理 1.4.6 平移变换与轴反射变换之积(不论顺序先后)是滑动反射变换.

证明 设 $T(\boldsymbol{v})$、$S(l)$ 分别是平面 π 的一个平移变换与一个轴反射变换.

如图 1.4.13 所示,设向量 $\boldsymbol{v}$ 在反射轴 l 上的射影为向量 $\boldsymbol{v}_1$,而 $\boldsymbol{v}_2 = \boldsymbol{v} - \boldsymbol{v}_1$,则 $\boldsymbol{v}_1 \parallel l$, $\boldsymbol{v}_2 \perp l$,且 $\boldsymbol{v} = \boldsymbol{v}_1 + \boldsymbol{v}_2$,所以 $T(\boldsymbol{v}) = T(\boldsymbol{v}_1)\cdot T(\boldsymbol{v}_2) = T(\boldsymbol{v}_2)T(\boldsymbol{v}_1)$.由定理 1.4.2,可设

$$T(\boldsymbol{v}_2) = S(l_1)S(l)$$

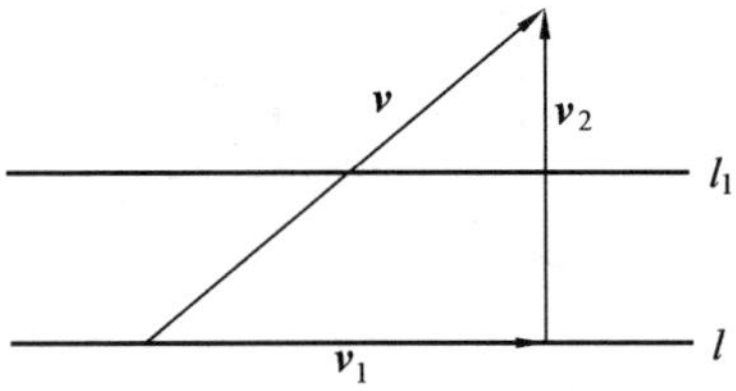

图 1.4.13

其中,$l_1 \parallel l$,始于 l 终于 l_1 且平行于 $\boldsymbol{v}_2$ 的向量为 $\frac{1}{2}\boldsymbol{v}_2$.于是

$$T(\boldsymbol{v})S(l) = [T(\boldsymbol{v}_1)T(\boldsymbol{v}_2)]S(l) = T(\boldsymbol{v}_1)[S(l_1)S(l)]S(l) = T(\boldsymbol{v}_1)S(l_1)$$

由 $\boldsymbol{v}_1 \parallel l$, $l_1 \parallel l$ 知, $\boldsymbol{v}_1 \parallel l_1$.从而由滑动反射变换的定义可知

$$T(\boldsymbol{v}_1)S(l_1) = G(l_1,\boldsymbol{v}_1)$$

故 $T(\boldsymbol{v})S(l) = G(l_1,\boldsymbol{v}_1)$ 是一个滑动反射变换.

同理,由 $T(\boldsymbol{v}) = T(\boldsymbol{v}_2)T(\boldsymbol{v}_1)$ 可证, $S(l)T(\boldsymbol{v})$ 也是一个滑动反射变换.

定理 1.4.7 旋转变换与轴反射变换之积(不论顺序先后)是滑动反射变换.

证明 设 $R(O,\theta)$、$S(l)$ 分别是平面 π 的一个旋转变换与一个轴反射变换.由定理 1.4.2,可设 $R(O,\theta) = S(l_2)S(l_1)$,其中 l_1、l_2 皆过旋转中心 O,且 $l_1 \parallel l$(图 1.4.14).再由定理 1.4.1,存在向量 $\boldsymbol{v}$,使得 $S(l_1)S(l) = T(\boldsymbol{v})$.于是

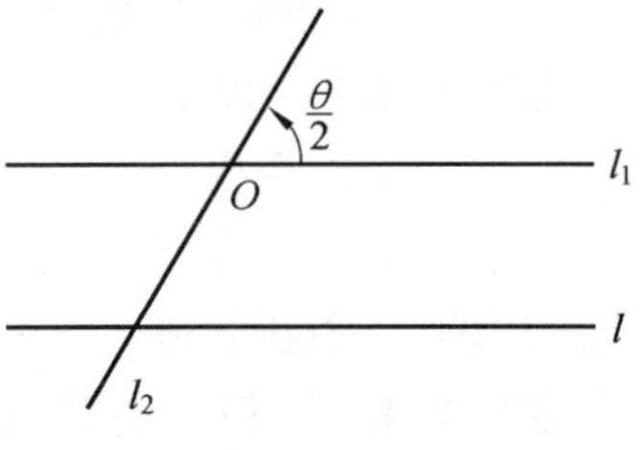

图 1.4.14

$$R(O,\theta)S(l) = [S(l_2)S(l_1)]S(l) = S(l_2)[S(l_1)S(l)] = S(l_2)T(\boldsymbol{v})$$

从而由定理 1.4.6 即知, $R(O,\theta)S(l)$ 是一个滑动反射变换.

同理可证, $S(l)R(O,\theta)$ 也是滑动反射变换.

现在可以揭示平面上任意合同变换与基本合同变换之间的关系了.

引理 1.4.1 如果平面 π 的一个合同变换 f 有两个不动点,则过这两点的直线上的所有点都是合同变换 f 的不动点.

证明 设 A、B 是平面 π 的合同变换 f 的两个不动点,P 是直线 AB 上任意异于 A、B 的一点.因为 A、B 是合同变换 f 的两个不动点,于是点 P 在合同变换 f 下的像点既在以 A 为圆心、AP 为半径的圆上,也在以 B 为圆心、BP 为半径的圆上,但 P、A、B 三点共线,因而这两个圆相切于点 P(图 1.4.15,1.4.16),这说明点 P 在合同变换 f 下的像点就是点 P,即点 P 是合同变换 f 的不动点.故直线 AB 上的所有点都是合同变换 f 的不动点.

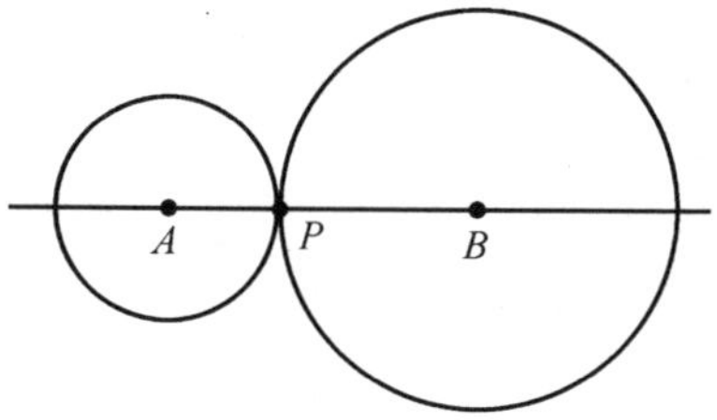

图 1.4.15

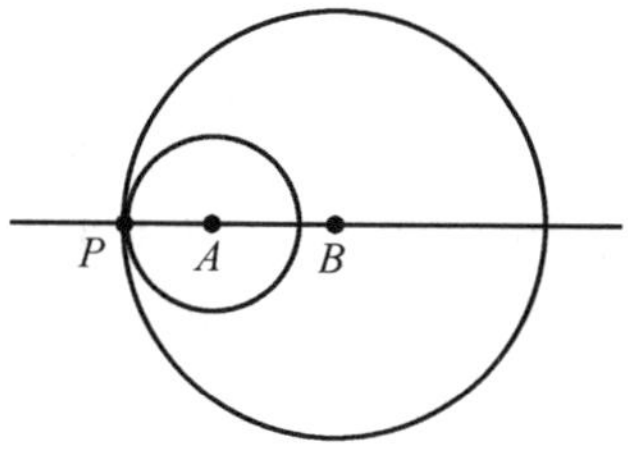

图 1.4.16

定理 1.4.8 至少有两个不动点的合同变换或是恒等变换,或是轴反射变换.

证明 设平面 π 的一个合同变换 f 有两个不动点 A、B,由引理 1.4.1,过 A、B 两点的直线 l 上的所有点都是 f 的不动点.在平面 π 上任取一个不在直线 l 上的点 C,设 $C \xrightarrow{f} C'$.若 $C' = C$,则 f 有三个不共线的不动点 A、B、C,由推论 1.2.3 即知 $f = I$ 是恒等变换.若 $C' \neq C$,在直线 l 上任取一点 P,因 P 是合同变换 f 的不动点,所以 $PC' = PC$,从而 l 为线段 CC' 的垂直平分线.再由轴反射变换的定义即知,$f = S(l)$ 是轴反射变换.

定理 1.4.9 至少有一个不动点的镜像合同变换是轴反射变换.

证明 设平面 π 的一个镜像合同变换 f 有一个不动点 A.在平面 π 上任取一个异于 A 的点 B,设 $B \xrightarrow{f} B'$.若 $B' = B$,则 B 也是 f 的一个不动点,从而镜像合同变换 f 有两个不动点,由定理 1.4.8 即知,f 是一个轴反射变换.若 $B' \neq B$,如图 1.4.17 所示,设线段 BB' 的垂直平分线为 l,由 $AB' = AB$ 知,点 A 在直线 l 上.再在 l 上任取一个异于 A 的点 C,设 $C \xrightarrow{f} C'$,则 $\triangle AB'C'$ 与 $\triangle ABC$ 镜像合同.但

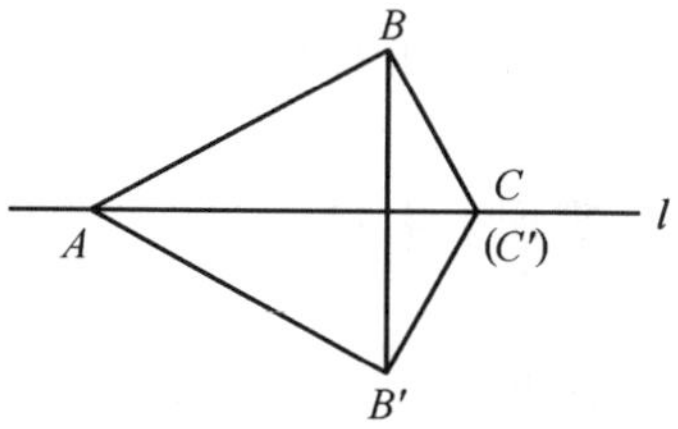

图 1.4.17

$\triangle AB'C$ 与 $\triangle ABC$ 镜像合同,所以,$\triangle AB'C'$ 与 $\triangle AB'C$ 真正合同,从而 $C' = C$,即 C 为 f 的一个不动点.再由定理 1.4.8 即知,f 是平面 π 的一个轴反射变换.

定理 1.4.10 平面 π 的任意一个真正合同变换都可以表示为两个轴反射变换之积.

证明 设 f 是平面 π 的一个真正合同变换,如果 $f = I$ 是恒等变换,则 $f = S(l)S(l)$ 是两个轴反射变换之积,其中直线 l 可以在平面 π 上任意选取;如果 f 不是恒等变换,则 f 至少有一个非不动点 A,设 $A \xrightarrow{f} A'$,线段 AA' 的垂直平分线为 l_1(图 1.4.18),则有 $A' \xrightarrow{S(l_1)} A$,因而点 A 是变换 $g = S(l_1)f$ 的一个不动点.显然 g 是一个镜像合同变换,由定理 1.4.9 即知,g 是一个轴反射变换.设 $g = S(l_2)$,即 $S(l_1)f = S(l_2)$,故 $f = S(l_1)S(l_2)$ 是两个轴反射变换的乘积.

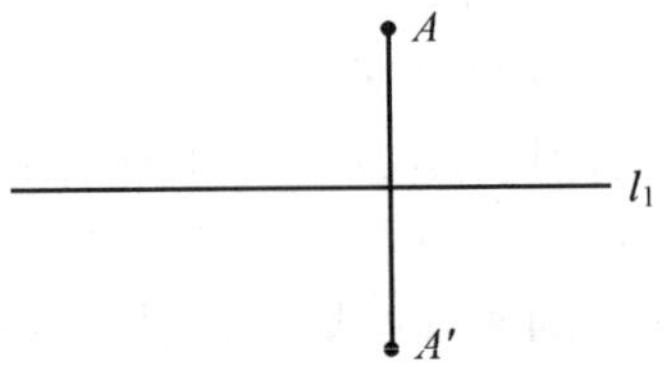

图 1.4.18

定理 1.4.11 平面 π 的任意一个镜像合同变换都可以表示为三个轴反射变换之积.

证明 设 f 是平面 π 的一个镜像合同变换.在平面 π 上任取一条直线 l_1,作轴反射变换 $S(l_1)$.因 $S(l_1)$ 也是平面 π 的镜像合同变换,所以,$g = S(l_1)f$ 是一个真正合同变换.由定理 1.4.10,g 可以表示为两个轴反射变换之积.设 $g = S(l_2)S(l_3)$,即 $S(l_1)f = S(l_2)S(l_3)$,故 $f = S(l_1)S(l_2)S(l_3)$ 是三个轴反射变换之积.

综合定理 1.4.10 与定理 1.4.11 即得如下定理.

定理 1.4.12(D'Alembert) 平面 π 上的任意合同变换都可以表示为不多于三个轴反射变换之积.

由于两个轴反射变换之积或是一个平移变换,或是一个旋转变换,于是由定理 1.4.10 立即可得如下定理.

定理 1.4.13 平面 π 的真正合同变换或是平移变换,或是旋转变换.

又由定理 1.4.6 与定理 1.4.7 知,真正合同变换与轴反射变换之积是滑动反射变换,于是由定理 1.4.11 即得如下定理.

定理 1.4.14 平面 π 的镜像合同变换或是轴反射变换,或是滑动反射变换.

至此,我们已将平面 π 上的合同变换与基本合同变换的关系彻底弄清

$$
\text{合同变换}\begin{cases}\text{真正合同变换}\begin{cases}\text{平移变换}\\\text{旋转变换}\end{cases}\\\text{镜像合同变换}\begin{cases}\text{轴反射变换}\\\text{滑动反射变换}\end{cases}\end{cases}
$$

严格地讲,滑动反射变换包含了轴反射变换,从而平面 π 上的镜像合同变换只有滑动反射变换.但因轴反射变换是最基本的合同变换(另两个基本合同变换都可以表示为轴反射变换之积),所以我们还是将轴反射变换列了出来.

定理 1.4.15 若两个三角形镜像合同,则其对应顶点的连线段的中点在一直线上.

证明 如图 1.4.19,1.4.20 所示,设 $\triangle ABC$ 与 $\triangle A'B'C'$ 镜像合同,则存在一个镜像合同变换 f,使得 $\triangle ABC \xrightarrow{f} \triangle A'B'C'$.由定理 1.4.14,$f$ 为轴反射变换或滑动反射变换,因而其对应顶点的连线段的中点都在反射轴上.即三线段 AA'、BB'、CC' 的中点在一直线上.

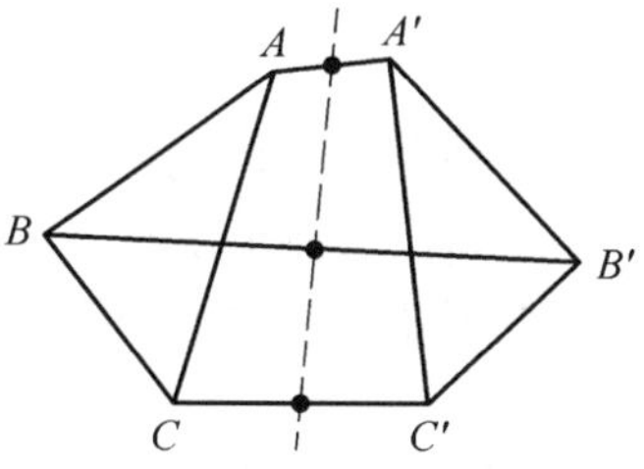

图 1.4.19

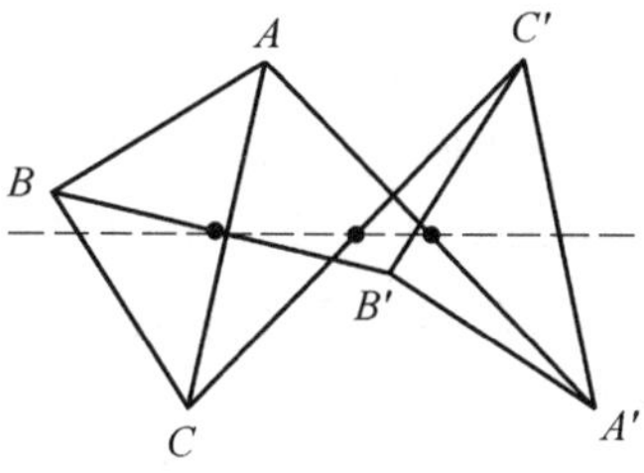

图 1.4.20

例 1.4.3 梯形 $ABCD$ 的两腰 AB 和 CD 相等,将 $\triangle ABC$ 绕点 C 旋转某一角度得到 $\triangle A'B'C$.求证:线段 $A'D$、BC、$B'C$ 的中点位于同一条直线上.(第 23 届原全苏数学奥林匹克,1989)

证明 如图 1.4.21 所示,因 $\triangle A'B'C$ 与 $\triangle ABC$ 真正合同,而四边形 $ABCD$ 是等腰梯形,$\triangle ABC$ 与 $\triangle DCB$ 镜像合同,所以 $\triangle A'B'C$ 与 $\triangle DCB$ 镜像合同.由定理 1.4.15 即知三线段 $A'D$、BC、$B'C$ 的中点共线.

例 1.4.4 设两个等圆 Γ_1 与 Γ_2 交于 P、Q 两点.过 P 任作两条割线 AB、CD,A 和 C 在圆 Γ_1 上,B 和 D 在圆 Γ_2 上.求证:三线段 AD、BC、PQ 的中点共线.(中国国家集训队测试,2004)

证明 如图 1.4.22 所示,设 O_1、O_2 分别为圆 Γ_1 和 Γ_2 的圆心,因圆 Γ_1 和 Γ_2 是两个等圆,所以 PQ 与 O_1O_2 互相平分.又 $O_1A = O_1C = O_2B = O_2D$,$\angle CO_1A = 2\angle CPA = 2\angle DPB = \angle DO_1B$,所以,$\triangle O_1AC$ 与 $\triangle O_2DB$ 镜像合同,因而由定理 1.4.15,三线段 AD、BC、O_1O_2 的中点共线,即三线段 AD、BC、PQ 的中点共线.

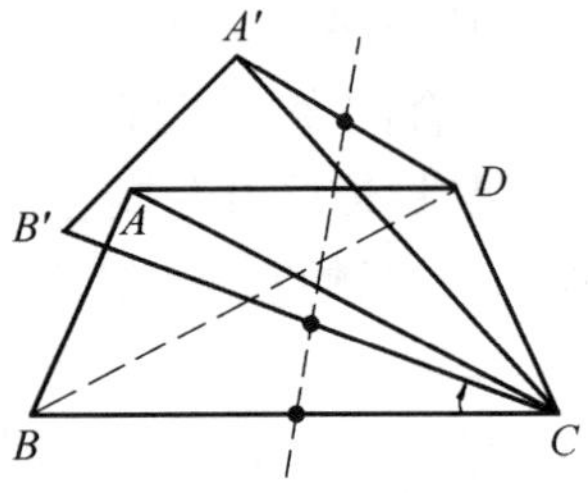

图 1.4.21

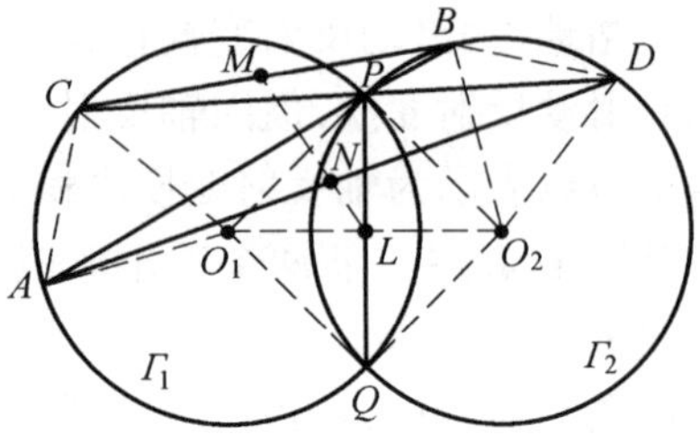

图 1.4.22

1.5 自对称图形

在平面几何或日常生活中,我们经常会见到各种形状不同的图形,它经过某个合同变换(非恒等变换)后还是自身.也就是说,存在(图形所在平面的)一个非恒等的合同变换,使得图形在这个合同变换下不变.这样的图形统称为**自对称图形**.

首先我们讨论合同变换是平移变换与滑动反射变换的情形.

定理 1.5.1 有限图形不可能是非恒等的平移变换的不变图形.

证明 如果平面 π 上的一个有限图形是平移变换 $T(\boldsymbol{v})(\boldsymbol{v} \neq \mathbf{0})$ 的不变图形,则由定理 1.2.7 知,$T(\boldsymbol{v})$ 至少有一个不动点.但至少有一个不动点的平移变换必为恒等变换,这与 $\boldsymbol{v} \neq \mathbf{0}$ 矛盾.因此,非恒等的平移变换没有有限的不变图形.

用同样的方法可以证明下面的定理.

定理 1.5.2 有限图形不可能是滑动向量非零的滑动反射变换的不变图形.

由定理 1.5.1 与定理 1.5.2 知,平移变换(非恒等)的不变图形与滑动反射变换(非轴反射)的不变图形都不是有限图形.而我们在日常生活中所见图形都是有限的.因此,下面只研究与旋转变换或轴反射变换有关的自对称图形.

定义 1.5.1 设 F 是平面 π 上的一个图形,如果存在平面 π 的一个轴反射变换 $S(l)$,使得 F 是 $S(l)$ 的不变图形,则称 F 是一个**轴对称图形**.此时,反射轴 l 称为图形 F 的**对称轴**.

定义 1.5.2 设 F 是平面 π 上的一个图形,如果存在平面 π 的一个中心反射变换 $C(O)$,使得 F 是 $C(O)$ 的不变图形,则称 F 是一个**中心对称图形**.此时,反射中心 O 称为图形 F 的**对称中心**.

定义 1.5.3 设 F 是平面 π 上的一个图形,如果存在平面 π 的一个旋转变换 $R(O,\theta)(0 < \theta < 2\pi)$,使得 F 是 $R(O,\theta)$ 的不变图形,则称 F 是一个**旋转对**

称图形.此时,旋转中心 O 仍称为图形 F 的旋转中心.旋转角 θ 仍称为旋转对称图形 F 的旋转角.

显然,中心对称图形是旋转角为 π 的旋转对称图形.

如果一个以点 O 为旋转中心的旋转对称图形 F 的旋转角的最小正值是 $\theta=\frac{2\pi}{n}$($n\geqslant 2$,n 为正整数),令 $\theta_k=\frac{2k\pi}{n}$,则不难知道,对 $k=0,1,2,\cdots,n-1$,F 是$R(O,\theta_k)$ 不变图形.此时,图形 F 称为n 次 旋转对称图形,而点 O 则称为 n 次 旋转中心.

如正 n 边形是n 次旋转对称图形(图 1.5.1);正五角星是 5 次旋转对称图形(图 1.5.2).

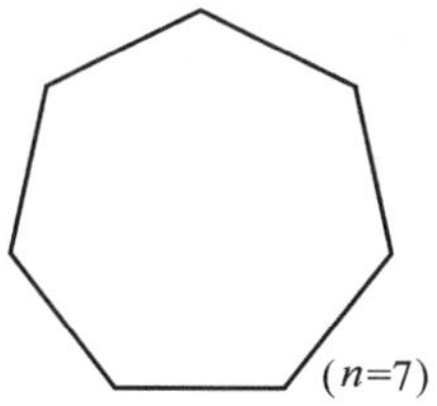

图 1.5.1

图 1.5.2

对称轴、对称中心、旋转中心统称为对称元素.

我们现在研究一些简单图形的对称性.

1. 线段的对称性

线段显然是中心对称图形,其对称中心是线段的中点.线段也是轴对称图形,它有两条对称轴:线段的中垂线与线段本身所在直线(图 1.5.3).

2. 角的对称性

角是轴对称图形,它的平分线所在直线为其对称轴.除平角外,角只有一个对称元素 —— 对称轴(图 1.5.4).

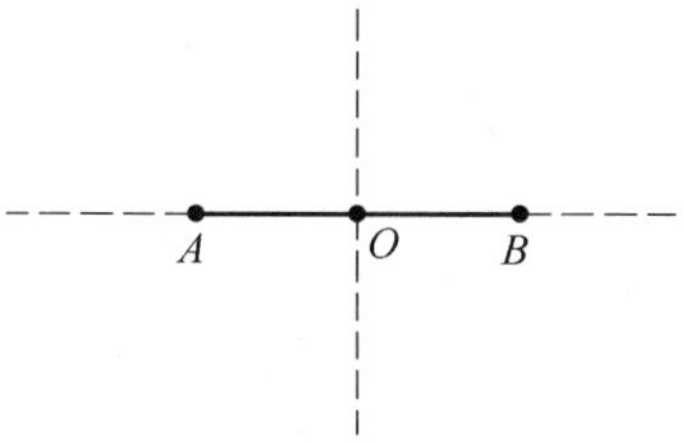

图 1.5.3

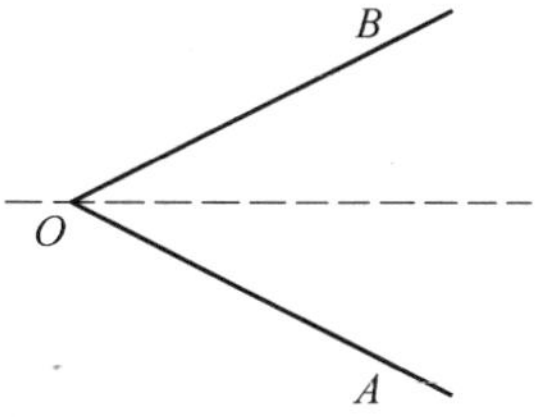

图 1.5.4

3. **三角形的对称性**

由于在合同变换下,三角形的边变到对应三角形的边,所以,欲使三角形有对称元素,即在某个非恒等的合同变换下,三角形不变,只能有两种情形:

(1) 一条边不变,另两条边互换;

(2) 第一条边变到第二条边,第二条边变到第三条边,第三条边变到第一条边.

在前一种情形下,三角形为等腰三角形或正三角形;在后一种情形下,三角形只能是正三角形.于是,我们有下面的定理.

定理 1.5.3 有对称元素的三角形必是等腰三角形或正三角形.

等腰三角形是轴对称图形,它有一条对称轴,即顶角的平分线所在直线(图 1.5.5).

正三角形既是轴对称图形,又是三次旋转对称图形.并且有三条对称轴,即正三角形的三个顶点的平分线所在直线.旋转中心为三条对称轴之交点(图 1.5.6).

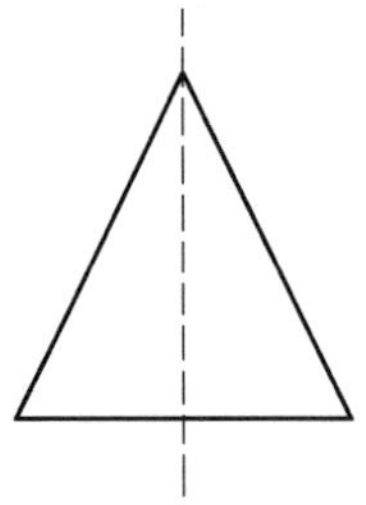

图 1.5.5

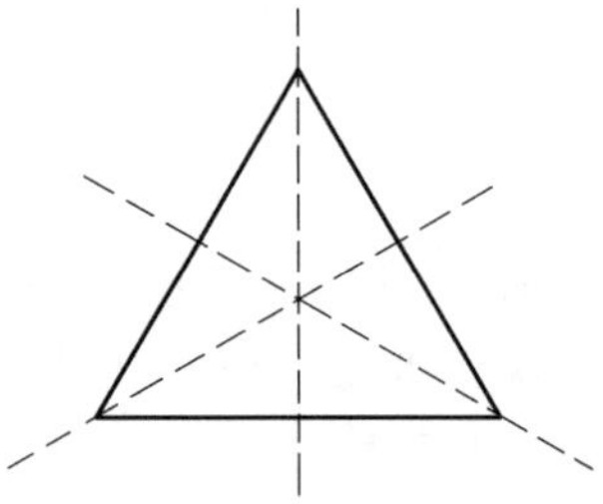

图 1.5.6

4. **四边形的对称性**

与三角形一样,欲使四边形有对称元素,则只能在某个合同变换下,边变到边.

(1) 如果四边形的一组对边互变,另一组对边也互变,则四边形的每一个顶点都变到对顶点.因而相应的合同变换为中心反射变换,反射中心为两对角线的交点.此时,四边形为平行四边形(包括矩形、菱形、正方形).

(2) 如果四边形的一组对边互换,而另一组对边不变,则不变的边所连接的两个顶点互换.因而相应的合同变换为轴反射变换,反射轴为一组不变的对边的公共垂直平分线.此时,当不变的一组对边相等时,四边形为矩形(包括正方形).当不变的一组对边不相等时,四边形为等腰梯形.

(3) 如果四边形的一组邻边互换,则另一组邻边必然也互换,且互换两邻边的公共端点不动.因而相应的合同变换为轴反射变换,反射轴为两个不动顶点的连线.此时,四边形为筝形(包括菱形、正方形)(一组邻边相等,另一组邻边也相等的四边形称为筝形).

(4) 如果四边形的每一条边都变到邻边,但不互换,则必然是第一条边变到第二条边,第二条边变到第三条边,第三条边变到第四条边,第四条边变到第一条边.相应的合同变换为旋转变换,旋转角为 $90°$ 或 $-90°$,旋转中心为两对角线的交点.此时,四边形为正方形.

综上所述,我们有下面的定理.

定理 1.5.4 有对称元素的四边形必是下列四边形之一:

平行四边形,等腰梯形,矩形,筝形,菱形,正方形.

平行四边形是中心对称图形,对称中心为两对角线的交点(图 1.5.7).

等腰梯形是轴对称图形,对称轴为上、下两底公共的垂直平分线(图 1.5.8).

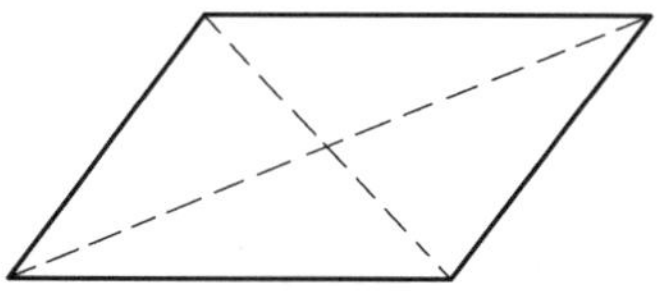

图 1.5.7

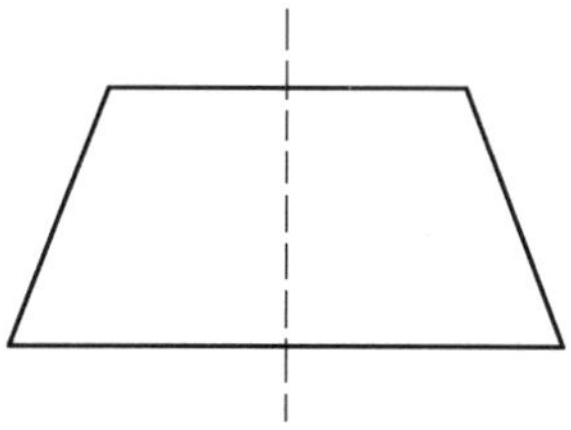

图 1.5.8

矩形既是中心对称图形,又是轴对称图形,它有一个对称中心和两条互相垂直的对称轴.对称轴为对边公共的垂直平分线,对称中心为两条对称轴的交点(图 1.5.9).

筝形是轴对称图形,对称轴为(两组)相等邻边公共端点的连线(图 1.5.10).

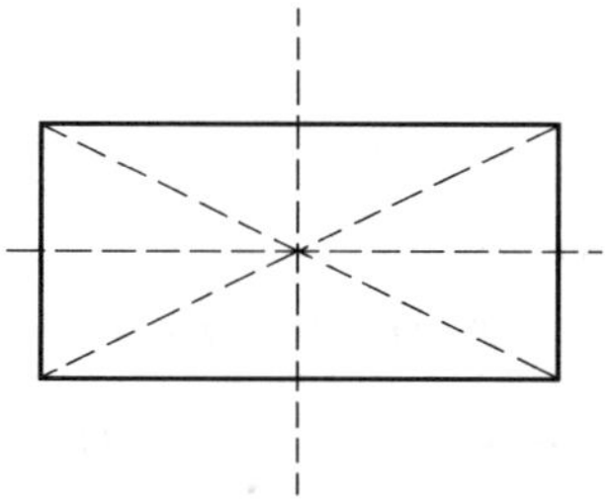

图 1.5.9

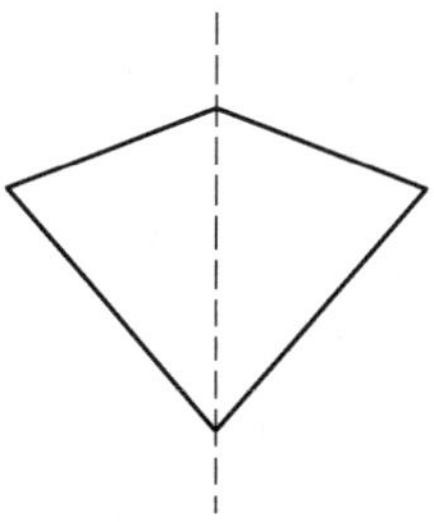

图 1.5.10

菱形既是中心对称图形,又是轴对称图形,它有一个对称中心和两条互相垂直的对称轴.两对称轴即两对角线所在直线,对称中心为两对称轴的交点

(图 1.5.11).

正方形既是中心对称图形,又是轴对称图形,并且还是旋转对称图形.它有四条对称轴:即对边公共的垂直平分线(两条)与对角线所在直线(两条),相邻两对称轴的交角为 45°, 对称中心与旋转中心合一, 为四条对称轴的交点(图 1.5.12).

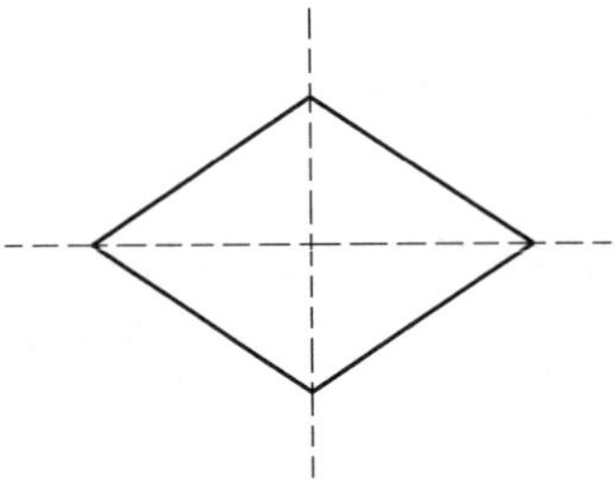

图 1.5.11

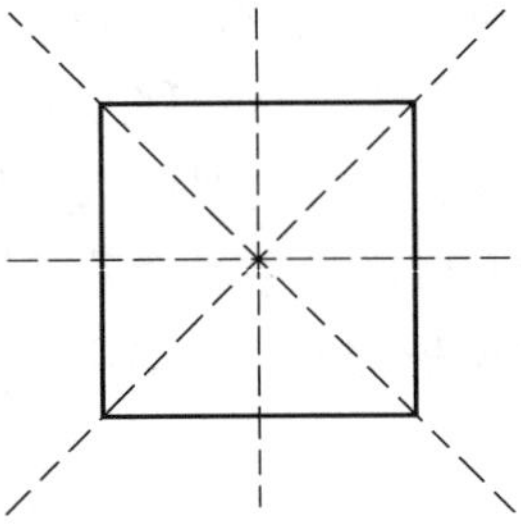

图 1.5.12

由此可见,正方形是对称性最好的四边形.

5. 圆的对称性

圆是平面上所有有限图形中对称性最好的图形.圆既是中心对称图形,又是轴对称图形,也是旋转对称图形.并且过圆心的任意一条直线都是它的对称轴;圆心既是对称中心,又是旋转中心.并且在 $(0,2\pi)$ 内的任意一个值都可作为旋转角.

由以上一些简单图形的对称性,我们看到,如果一个图形有两条互相垂直的对称轴,则它有对称中心.而且有多条对称轴时,这些对称轴都交于一点.这些现象是偶然的巧合,还是必然的规律?下面我们将揭示平面图形的各种对称性之间的一些关系.

定理 1.5.5 如果平面 π 的一个图形有两条互相垂直的对称轴,则这两条对称轴的交点必为这个图形的对称中心.

证明 设 F 是平面 π 的一个图形,l_1、l_2 是 F 的两条对称轴,且 $l_1 \perp l_2$,则 F 在轴反射变换 $S(l_1)$ 与 $S(l_2)$ 下均不变,从而 F 在变换 $S(l_2)S(l_1)$ 下也不变.设 l_1 与 l_2 交于 O,因 $l_1 \perp l_2$,由定理 1.4.1(3),有

$$S(l_2)S(l_1) = R(O,2\measuredangle(l_1,l_2)) = R(O,\pi) = C(O)$$

这说明图形 F 在中心反射变换 $C(O)$ 下不变.故 F 是一个中心对称图形,F 的两条对称轴的交点为其对称中心.

定理 1.5.6 如果平面 π 的图形 F 有两条对称轴,则 l_2 关于 l_1 的对称直线 l_3 也是图形 F 的对称轴.

证明 先证明等式

$$S(l_3) = S(l_1)S(l_2)S(l_1) \tag{1.5.1}$$

事实上,如图1.5.13所示,如果 l_1 与 l_2 交于点 O,则由 $l_2 \xrightarrow{S(l_1)} l_3$ 知,l_3 也过点 O,且 $\measuredangle(l_3, l_1) = \measuredangle(l_1, l_2)$. 由定理1.4.1(3)知

$$S(l_1)S(l_3) = R(O, 2\measuredangle(l_3, l_1)) = R(O, 2\measuredangle(l_1, l_2))$$

于是由 $\measuredangle(l_3, l_1) = \measuredangle(l_1, l_2)$ 即知 $S(l_1)S(l_3) = S(l_2)S(l_1)$,从而

$$S(l_3) = [S(l_1)S(l_1)]S(l_3) = S(l_1)[S(l_1)S(l_3)] = S(l_1)S(l_2)S(l_1)$$

故式(1.5.1)成立.

如果 $l_1 /\!/ l_2$,则 $l_3 /\!/ l_1$,l_1 在 l_2 与 l_3 之间,且 l_1 到 l_2 的距离与 l_1 到 l_3 的距离相等(图1.5.14). 于是由定理1.4.1(2)知

$$S(l_1)S(l_3) = T(\boldsymbol{v}) = S(l_2)S(l_1)$$

从而式(1.5.1)也成立.

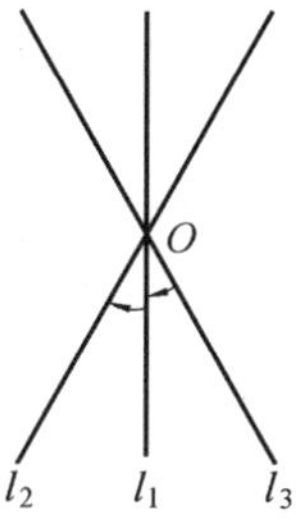

图1.5.13

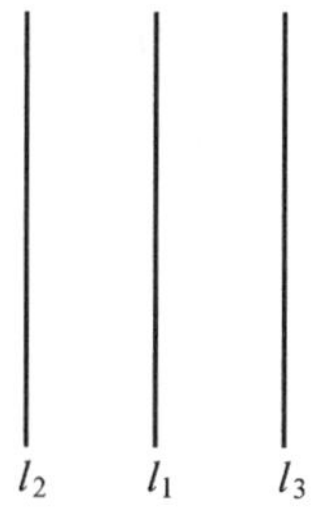

图1.5.14

再证明定理1.5.6. 由于 l_1 与 l_2 都是图形 F 的对称轴,所以图形 F 在 $S(l_1)$ 与 $S(l_2)$ 下都不变. 因而由式(1.5.1)即知,图形 F 在 $S(l_3)$ 下也不变. 故 l_3 也是 F 的一条对称轴.

定理1.5.7 如果平面 π 上的图形 F 有一条对称轴 l 和一个对称中心 O,则 l 关于点 O 的对称直线 l' 与点 O 关于直线 l 的对称点 O' 也分别是图形 F 的对称轴与对称中心.

证明 先证明如下两个等式

$$S(l') = C(O)S(l)C(O) \tag{1.5.2}$$

$$C(O') = S(l)C(O)S(l) \tag{1.5.3}$$

事实上,如图1.5.15所示,过点 O 作两条直线 l_1, l_2,使 $l_1 /\!/ l$,$l_2 \perp l$,则由推论1.4.1

$$C(O) = S(l_2)S(l_1) = S(l_1)S(l_2) \tag{1.5.4}$$

由 $l_2 \perp l$ 知,$S(l_2)S(l_1) = S(l)S(l_2)$,因此

$$S(l_2)S(l_1)S(l_2) = S(l) \tag{1.5.5}$$

又因 $l \xrightarrow{C(O)} l'$，$l_1 /\!/ l$，O 在 l_1 上，所以，$l \xrightarrow{S(l_1)} l'$. 从而由式(1.5.1)，有

$$S(l_1)S(l)S(l_1) = S(l') \tag{1.5.6}$$

这样，由(1.5.4) ~ (1.5.6) 三式，便得

$$C(O)S(l)C(O) = S(l_1)S(l_2)S(l)S(l_2)S(l_1) = S(l_1)S(l)S(l_1) = S(l')$$

即式(1.5.2) 成立.

再因点 O 在 l_2 上，$l_2 \perp l$，$O \xrightarrow{S(l)} O'$，所以 O' 在 l_2 上，且设 l_2 与 l 交于点 O_1，则 O_1 为线段 OO' 的中点(图 1.5.16)，由定理 1.4.1(2)，(3) 知

$$S(l_1)S(l) = T(\overrightarrow{O'O}),\ S(l)S(l_2) = C(O_1)$$

因而由式(1.5.4)，有

$$S(l)C(O)S(l) = S(l)S(l_2)S(l_1)S(l) = C(O_1)T(\overrightarrow{O'O})$$

由定理 1.4.5 知，$C(O_1)T(\overrightarrow{O'O})$ 是一个中心反射变换. 进一步，由 $O' \xrightarrow{T(\overrightarrow{O'O})} O \xrightarrow{C(O)} O'$ 知，$C(O_1)T(\overrightarrow{O'O}) = C(O')$，故 $S(l)C(O)S(l) = C(O')$，即式(1.5.3) 成立.

于是，因图形 F 在 $S(l)$ 与 $C(O)$ 下都不变，由式(1.5.2) 知，F 在 $S(l')$ 下也不变，由式(1.5.3) 知，F 在 $C(O')$ 下同样不变. 故 l' 也是图形 F 的一条对称轴，而 O' 是 F 的一个对称中心.

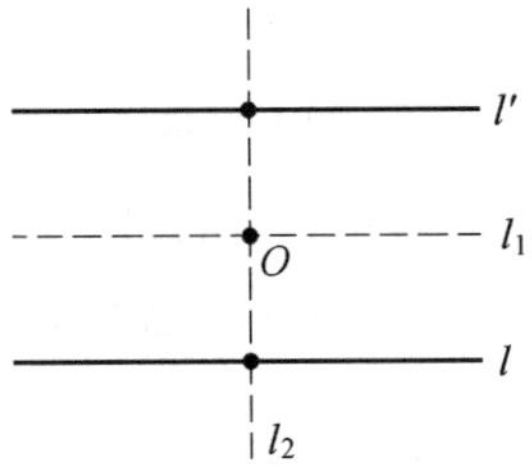

图 1.5.15

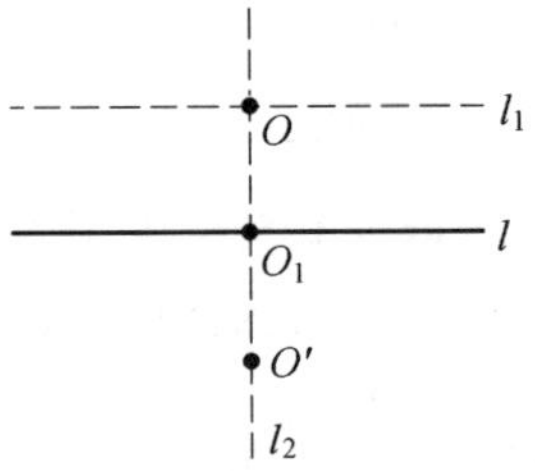

图 1.5.16

定理 1.5.8 如果平面有限图形是一个轴对称图形，则它的所有对称轴都交于一点.

证明 设平面 π 的有限图形 F 是一个轴对称图形，l 是它的任意一条对称轴，则图形 F 在轴反射变换 $S(l)$ 下不变. 因 F 是有限图形，由定理 1.2.7，图形 F 的重心 G 是 $S(l)$ 的不动点. 但轴反射变换的不动点都在反射轴上，所以，l 过重心 G. 由 l 的任意性即知，图形 F 的所有对称轴都交于一点.

定理 1.5.9 如果平面图形有且仅有 $n(n \geqslant 2)$ 条对称轴，则这 n 条对称轴必交于一点，且相邻两条对称轴的夹角为 $\frac{\pi}{n}$.

我们将通过几条引理完成定理1.5.9的证明.

引理1.5.1 如果一个平面图形恰有两条对称轴,则这两条对称轴互相垂直.

证明 设 l_1、l_2 是平面 π 的图形 F 的两条对称轴,且 $l_1 \xrightarrow{S(l_2)} l_3$. 由定理1.5.6, l_3 也是 F 的一条对称轴,且由 l_1 不同于 l_2 知, l_3 也不同于 l_2. 但 F 只有两条对称轴,所以 $l_3 = l_1$,即 l_1 是 $S(l_2)$ 的一条不变直线. 由定理1.3.13(2), $S(l_2)$ 的不变直线或是 l_2 或与 l_2 垂直,而 $l_1 \neq l_2$,故必有 $l_1 \perp l_2$.

引理1.5.2 如果一个平面图形 F 有且仅有 $n(n \geqslant 2)$ 条对称轴,则图形 F 的任意两条对称轴都相交.

证明 如果图形 F 有两条对称轴是平行的,设为 l_1、l_2,令

$$l_1 \xrightarrow{S(l_2)} l_3, l_2 \xrightarrow{S(l_3)} l_4, \cdots, l_{n-1} \xrightarrow{S(l_n)} l_{n+1}$$

由定理1.5.6知, $l_3, l_4, \cdots, l_{n+1}$ 都是图形 F 的对称轴. 因 $l_1, l_2, \cdots, l_n, l_{n+1}$ 彼此平行,且相邻两条对称轴的距离都相等,因而这 $n+1$ 条对称轴彼此不同. 这与 F 只有 n 条对称轴的假设矛盾. 故 F 的任意两条对称轴都相交.

引理1.5.3 设 S 是平面上有限条两两相交的直线构成的集合. 如果 S 中任意两条直线的交点处至少还有 S 中的另外一条直线通过,则 S 中所有直线都交于一点.

证明 假设 S 中的所有直线不是交于一点. 考虑 S 中不同直线的交点到 S 中不通过此交点的直线的距离. 因 S 是有限集,所以 S 中直线的交点只有有限个,于是这些距离也只有有限个,其中必有一个距离是最小的. 设交点 A 到直线 l 的距离是最小的(图1.5.17),因过点 A 至少有 S 中的三条直线,且 S 中任意两条直线都相交,故可设 S 中过点 A 的三条直线分别与直线 l 交于 B、C、D 三点. 设点 A 在 l 上的射影为 E,则 B、C、D 三点中至少有两点位于直线 l 上点 E 的同侧. 不妨设为 C、D 两点,且点 C 在 E、D 之间,此时点 C 到直线 AD 的距离 $\leqslant$ 点 E 到直线 AD 的距离 $< AE$,而 AD 也是 S 中的直线,此与 AE 的最小性矛盾. 因此, S 中的所有直线必交于一点.

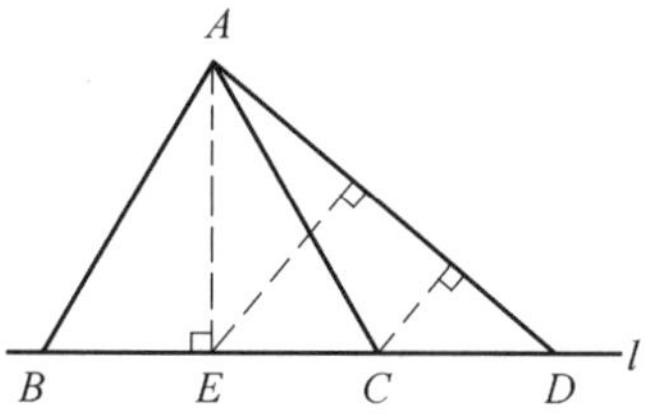

图1.5.17

定理1.5.9的证明 设平面 π 上的图形 F 有且仅有 $n(n \geqslant 2)$ 条对称轴. 当 $n = 2$ 时,由引理1.5.1即知定理1.5.9成立,下设 $n \geqslant 3$.

若图形 F 的 n 条对称轴中有两条是互相垂直的,由定理1.5.5,这两条垂直的对称轴的交点 O 是图形 F 的一个对称中心. 如果图形 F 的 n 条对称轴不是交于一点,则至少有一条对称轴不通过图形 F 的对称中心,设这条对称轴为 l,

$l \xrightarrow{C(O)} l'$，则 $l' /\!/ l$，且由定理 1.5.7 知，l' 也是图形 F 的对称轴，从而图形 F 有两条互相平行的对称轴，此与引理 1.5.2 矛盾．因此，图形 F 的 n 条对称轴都通过 F 的对称中心．故 F 的 n 条对称轴交于一点．

若图形 F 的 n 条对称轴中任意两条都不垂直，由引理 1.5.2 知，F 的任意两条对称轴都相交．任取 F 的两条对称轴 l_1、l_2，设 l_1 与 l_2 交于点 O，$l_2 \xrightarrow{S(l_1)} l_3$，则 l_3 通过点 O，由定理 1.5.6，l_3 也是 F 的一条对称轴．又 l_1 与 l_2 不垂直，所以 l_3 既不同于 l_1 也不同于 l_2．这说明 F 的任意两条对称轴的交点处还有 F 的另一条对称轴通过．由引理 1.5.3，F 的 n 条对称轴也交于一点．

现在证明 F 的任意两条相邻的对称轴的夹角都相等．

如果 F 的相邻两条对称轴的夹角不全相等，则必存在相邻三条对称轴所夹两角不等．不妨设这三条对称轴为 l_1、l_2、l_3，且 $\measuredangle(l_1, l_2) < \measuredangle(l_2, l_3)$（图 1.5.18）．令 $l_1 \xrightarrow{S(l_2)} l'_1$，由定理 1.5.7，$l'_1$ 也是 F 的对称轴，且有 $\measuredangle(l_2, l'_1) = \measuredangle(l_1, l_2)$．因而 l'_1 夹在 l_2 与 l_3 之间．这与 l_2 与 l_3 是相邻的矛盾．故 F 中任意两条相邻的对称轴的夹角都相等．由于 F 有且仅有 n 条对称轴，因此，F 的任意两条相邻的对称轴的夹角是 $\frac{\pi}{n}$．

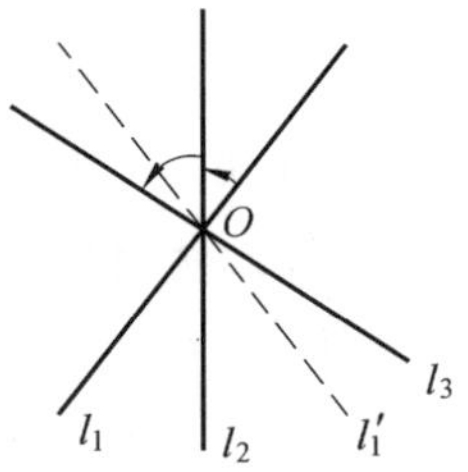

图 1.5.18

在国外，人们早已把图形的对称性纳入数学奥林匹克内容，如引理 1.5.1 就曾是 1953 年举行的第 4 届波兰数学奥林匹克试题．下面再举几例．

例 1.5.1　证明：有限图形不可能有两个对称中心．（第 39 届匈牙利数学奥林匹克，1935）

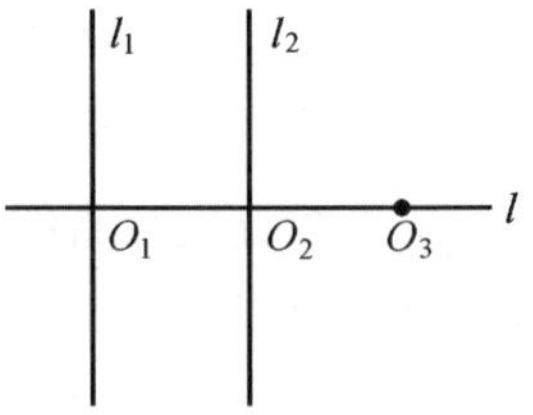

图 1.5.19

证明　如图 1.5.19 所示，设平面 π 上的图形 F 有两个对称中心 O_1，O_2，过 O_1、O_2 两点的直线为 l．过 O_1 作直线 $l_1 \perp l$，过 O_2 作直线 $l_2 \perp l$，则由推论 1.4.1，有

$$C(O_1) = S(l_1)S(l), C(O_2) = S(l)S(l_2)$$

所以 $C(O_1)C(O_2) = S(l_1)S(l_2)$．再设 $O_1 \xrightarrow{C(O_2)} O_3$，则 $2\overrightarrow{O_2O_1} = \overrightarrow{O_3O_1}$．因 $l_1 /\!/ l_2$，由定理 1.4.1(2)，$S(l_1)S(l_2) = T(2\overrightarrow{O_2O_1}) = T(\overrightarrow{O_3O_1})$．于是

$$C(O_2)C(O_1)C(O_2) = C(O_2)S(l_1)S(l_2) = C(O_2)T(\overrightarrow{O_3O_1})$$

但由定理 1.4.5，$C(O_2)T(\overrightarrow{O_3O_1})$ 是一个中心反射变换，而

$$O_3 \xrightarrow{T(\overrightarrow{O_3O_1})} O_1 \xrightarrow{C(O_2)} O_1$$

即 O_3 是 $C(O_2)T(\overrightarrow{O_3O_1})$ 的一个不动点,所以 $C(O_2)T(\overrightarrow{O_3O_1}) = C(O_3)$.从而有

$$C(O_2)C(O_1)C(O_2) = C(O_3)$$

这个等式说明,O_3 也是图形 F 的一个对称中心.同理,设

$$O_2 \xrightarrow{C(O_3)} O_4, O_3 \xrightarrow{C(O_4)} O_5, \cdots, O_{n-1} \xrightarrow{C(O_n)} O_{n+1}, \cdots$$

则 O_4、O_5、…、O_{n+1}、… 都是图形 F 的对称中心.这表明 F 有无限多个对称中心 O_1、O_2、…、O_n、….而这些对称中心都在一直线上,且相邻两个对称中心的距离都相等,从而 F 不可能是有限图形.因此,有限图形不可能有两个对称中心.

1977 年比利时数学奥林匹克有一道试题与例 1.5.1 是一回事,只不过换了一种说法而已:

证明:如果一个平面图形有一个以上的对称中心,则它必有无穷多个对称中心.

例 1.5.2 求证:图形 F 的任意一条对称轴都是图形 F 的所有对称轴所构成的图形 G 的对称轴.(比利时数学奥林匹克,1978)

证明 任取 F 的一条对称轴 l.对 G 中的任意一点 A,由 G 的定义,必存在 F 的一条对称轴 l_0,使得 A 在 l_0 上.设 $l_0 \xrightarrow{S(l)} l'_0, A \xrightarrow{S(l)} A'$,则 A' 在 l'_0 上,且由定理 1.5.4,l'_0 也是 F 的一条对称轴,所以 $A' \in G$.这说明 G 是 $S(l)$ 的不变图形,因而 l 是 G 的对称轴.

例 1.5.3 确定平面上所有至少包含三个点的有限点集 S,使其满足下述条件:对于 S 中任意两个不同点 A、B,线段 AB 的垂直平分线是 S 的一条对称轴.(第 40 届 IMO,1999)

解 有限点集 S 作为一个图形显然是有限图形,由定理 1.5.6,S 的所有对称轴都交于一点.因 S 中任意两点的连线段的垂直平分线都是 S 的对称轴,所以,S 中任意两点的连线段的垂直平分线都交于一点 O.于是,S 中所有点到 O 的距离都相等,即 S 中的点位于以 O 为中心的一个圆上,它们构成一个凸多边形 $A_1A_2\cdots A_n(n \geqslant 3)$ 的顶点.现在考虑这个凸多边形的相邻三个顶点 A_1、A_2、A_3(图 1.5.20).设线段 A_1A_3 的垂直平分线为 l,因 l 是 S 的一条对称轴,即 S 在轴反射变换 $S(l)$ 下不变,而直线 A_1A_3 的一侧仅有 S 的一个点 A_2,所以 A_2 必为 $S(l)$ 的一个不动点,从而 $A_1A_2 = A_2A_3$.同理

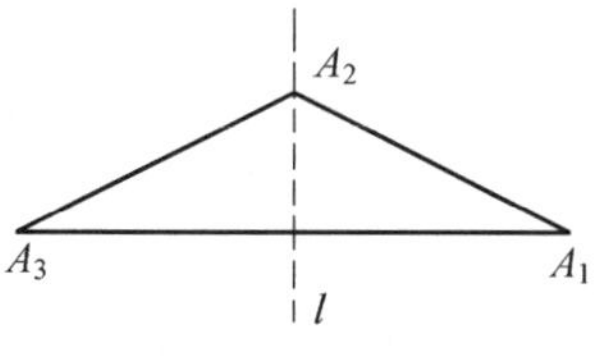

图 1.5.20

$$A_2A_3 = A_3A_4 = \cdots = A_{n-1}A_n = A_nA_1$$

因此,$A_1A_2\cdots A_n$ 是平面的一个正 n 边形.反之,容易验证,平面上任意一个正多边形的顶点集 S 均满足条件.故 S 是平面上一个正多边形的顶点集.

习题 1

1.证明定理 1.2.2,推论 1.2.1,推论 1.2.2,定理 1.4.2(2),定理 1.5.2.

2.证明:如果平面 π 的一个变换使得平面上的任意一条直线都是不变直线,则这个变换是恒等变换.

3.证明:如果平面 π 的一个变换使得平面上的任意一个圆都是不变圆,则这个变换是恒等变换.

4.如果平面 π 的一个变换 f 满足条件 $f\circ f = I$,则称 f 是平面 π 的一个对合变换.证明:f 是平面 π 的一个对合变换的充分必要条件是:f 的逆变换 f^{-1} 存在,且 $f^{-1} = f$.

5.证明:平面 π 的一个变换 f 是合同变换的充分必要条件是:f 将平面 π 的任意一个三角形变为与之全等的三角形.

6.证明:如果一个圆是合同变换 f 的不变圆,则这个圆的圆心是 f 的一个不动点.

7.设 f 是平面 π 的一个合同变换.如果平面 π 上存在两个不同的点 A、B,使得 $f(A) = B, f(B) = A$.求证:f 至少有一个不动点.

8.证明:至少有两个不动点的真正合同变换是恒等变换.

9.设 f 是平面 π 的一个合同变换,平面 π 上存在两个不同的点 A、B,使得 $f(A) = B, f(B) = A$.求证:线段 AB 的垂直平分线是 f 的一条不变直线.

10.证明:正三角形(包含内部)不可能分成不相交的合同的两部分.

11.证明:平移向量平行于一条定直线的所有平移变换构成的集合作成平移群的一个子群.

12.设平面 π 的变换 f 既是平移变换又是旋转变换,证明:f 必为恒等变换.

13.证明:平移变换 $T(\boldsymbol{v})(\boldsymbol{v} \neq \mathbf{0})$ 没有不变圆.

14.证明:一个圆是非恒等的旋转变换的不变圆当且仅当圆心是旋转中心;一个圆是轴反射变换的不变圆当且仅当圆心在反射轴上.

15.证明:至少有一个不动点的真正合同变换是旋转变换.

16.设 f 是平面 π 的一个合同变换,且平面 π 上存在两个不同的点 A、B,使得 $f(A) = B, f(B) = A$.证明:

(1) 若 f 是真正合同变换,则 f 是中心反射变换;

(2) 若 f 是镜像合同变换,则 f 是轴反射变换.

17.设 f 是平面 π 的一个合同变换,且 $f^{-1} = f$,证明:

(1) 若 f 是真正合同变换,则 f 是恒等变换或中心反射变换;

(2) 若 f 是镜像合同变换,则 f 是轴反射变换.

18. 证明:奇数个中心反射变换之积仍是一个中心反射变换;偶数个中心反射变换之积是一个平移变换.

19. 设 l_1、l_2、l_3 是平面上的任意三条直线,令 $\varphi = S(l_1)S(l_2)S(l_3)$. 证明:$\varphi^2$ 是一个平移变换.

20. 设 l_1、l_2 是平面 π 上任意两条直线. 求证:$S(l_2)S(l_1) = S(l_1)S(l_2)$ 当且仅当 $l_1 \perp l_2$ 或 l_1 与 l_2 重合.

21. 设 $T(\boldsymbol{v})$、$R(O,\theta)$、$S(l)$ 分别是平面 π 的一个平移变换、旋转变换和轴反射变换. 证明:

(1) $T(-\boldsymbol{v})S(l)T(\boldsymbol{v})$ 与 $R(O,-\theta)S(l)R(O,\theta)$ 都是平面 π 的轴反射变换;

(2) $S(l)T(\boldsymbol{v})S(l)$ 是平面 π 的一个平移变换;

(3) $S(l)R(O,\theta)S(l)$ 是平面 π 的一个旋转变换.

22. 证明:$T(\boldsymbol{v})R(O,\theta)(\theta \neq 0)$ 是一个旋转变换,且旋转角不变.

23. 设 $\boldsymbol{v} \perp l$,证明:$T(\boldsymbol{v})S(l)$ 与 $S(l)T(\boldsymbol{v})$ 都是轴反射变换.

24. 设点 O 在直线 l 上. 证明:$R(O,\theta)S(l)$ 与 $S(l)R(O,\theta)$ 都是轴反射变换.

25. 已知平面上的一条直线 l、不在直线 l 上的一点 O 以及任意一点 A. 证明:只利用轴反射变换 $S(l)$ 和以点 O 为旋转中心的旋转变换,即可以将点 O 变为点 A.(第 19 届原全苏数学奥林匹克,1985)

26. 证明:$S(l)T(\boldsymbol{v})$ 与 $S(l)R(O,\theta)$ 都是滑动反射变换.

27. 证明:对于平面 π 上任意两条既不平行也不共线的线段 AB 与 CD,存在平面 π 的一个滑动反射变换 $G(l,\boldsymbol{v})$,使 $AB \xrightarrow{G(l,\boldsymbol{v})} CD$.

28. 利用 1.4 节的相关知识证明:

(1) 三角形三边的垂直平分线交于一点.

(2) 三角形的三条内角平分线交于一点.

(3) 设 A、B、C、D、E、F 是圆上任意六点,如果 $AB \parallel DE$,$DC \parallel AF$,则 $BC \parallel EF$.(第 11 届波兰数学奥林匹克,1959)

29. 利用 1.4 节的相关知识证明:若 P 是 $\triangle ABC$ 所在平面上的一点,分别过顶点 A、B、C 作直线 l_1、l_2、l_3,使

$$\measuredangle(l_1,AC) = \measuredangle BAP,\ \measuredangle(l_2,BA) = \measuredangle CBP,\ \measuredangle(l_3,CB) = \measuredangle ACP$$

则 l_1、l_2、l_3 三线共点或互相平行.

30. 设 $\triangle ABC$ 与 $\triangle A'B'C'$ 真正合同. 证明:三线段 AA'、BB'、CC' 的垂直平分线共点或互相平行.(新加坡数学奥林匹克,1988)

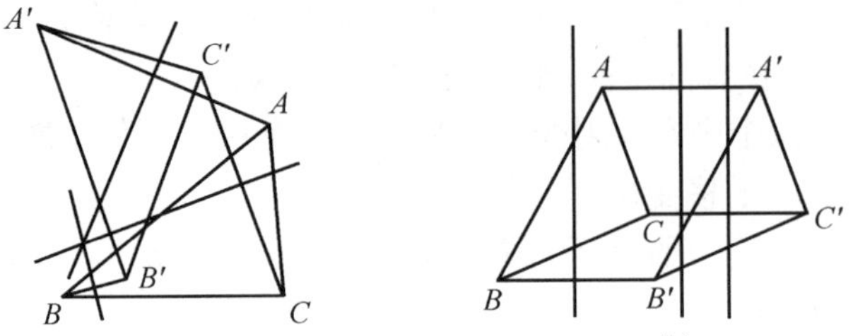

(a) (b)

30 题图

31. 设 $\triangle ABC$ 与 $\triangle A'B'C'$ 真正合同，I、J、K、L、M、N 分别为 BC'、$B'C$、CA'、$C'A$、AB'、$A'B$ 的中点，则 IJ、KL、MN 三线共点.

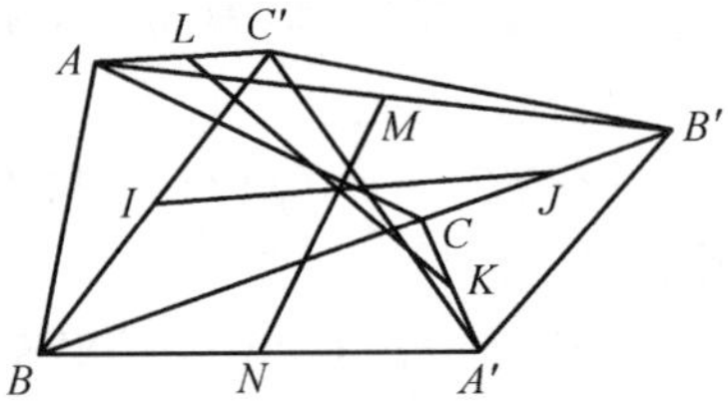

31 题图

32. 设线段 $AB = CD$，但 $AB \not\parallel CD$. 确定具有下列性质的点 O 的几何位置：线段 AB 关于点 O 的对称线段是线段 CD 关于某直线的对称线段.（捷克数学奥林匹克，1968）

33. 证明：如果一个八边形的所有内角都相等，且边长为有理数，那么这个八边形有对称中心.（原联邦德国数学奥林匹克，1988）

34. 设一个平面图形是某个滑动反射变换（滑动向量非零）的不变图形. 证明：这个图形也是某个平移变换的不变图形.

35. 设平面图形有一条对称轴和一个对称中心，且对称中心在对称轴上. 证明：过对称中心且垂直于对称轴的直线也是这个图形的对称轴.

36. 设平面图形既是中心对称图形，又是轴对称图形，且仅有有限条对称轴. 求证：或者图形 F 只有唯一的一个对称中心，且所有的对称轴都通过这个对称中心；或者图形 F 只有唯一的一条对称轴，且所有的对称中心都在这条对称轴上.

37. 设平面图形恰有偶数条对称轴. 求证：这个图形必为中心对称图形.

38. 证明：只有奇数条对称轴的平面图形不可能是中心对称图形.

39. 设平面点集 S 有两条对称轴，其夹角为 θ，且 $\frac{\theta}{\pi}$ 是无理数. 证明：如果点集 S 至少含有两个点，则 S 必含有无穷多个点.（第 21 届 IMO 预选，1979）

40. 设 S 是平面上的一个有限点集. 如果点 O 是 S 中除一点以外的集合的对称中心，则点 O 称为集合 S 的"准对称中心"，问：集合 S 可以有几个"准对称中心"？

相似变换

第 2 章

平面几何中除了“全等”这一重要概念外，另一个重要的概念便是“相似”. 但我们通常所见到的平面几何中的“相似”概念是立足于三角形的，而对于一般图形的相似并没有论及. 其原因就在于一般图形的相似要用到相似变换.

相似变换是合同变换的推广.

2.1 相似变换及其性质

定义 2.1.1 设 f 是平面 π 的一个变换，如果存在一个大于零的常数 k，使得对于平面 π 上的任意两点 A、B 与其在变换 f 下的像点 A'、B' 之间，恒有 $A'B' = k \cdot AB$，则称 f 是平面 π 的一个相似变换. 常数 k 称为**相似系数**(或**相似比**).

特别地，当相似系数 $k = 1$ 时，相似变换即合同变换. 因此，相似变换是合同变换的推广；反过来说，合同变换是相似变换的特例.

定义 2.1.2 对于平面 π 上两个图形 F、F'，如果存在平面 π 的一个相似变换 f，使得 $F' = f(F)$，则称**图形 F 与 F' 相似**. 记作 $F \backsim F'$.

下面的一系列定理中，未给出证明的定理的证明过程都和定理2.1.3的证明过程一样，与合同变换相应的定理的证明完全是类似的，只需将“合同”或“全等”改为“相似”，并注意在证明过程中多了一个相似系数“k”.

定理 2.1.1 相似变换是一一变换.

由此可知，平面上的任意一个相似变换都是可逆的.

定理 2.1.2 相似变换的逆变换也是相似变换，其相似系数是原相似系数的倒数；两个相似变换之积仍是相似变换，其相似系数是原两个相似系数之积.

定理2.1.2说明平面 π 上的所有相似变换构成的集合作成一个变换群. 这个变换群称为平面 π 的相似群，而合同变换群则是相似群的一个子群.

对于相似变换的不变性质和不变量，我们有下面的定理.

定理 2.1.3 在相似变换下，共线点的像仍为共线点，且保持点的顺序不变.

证明 设 f 是平面 π 的一个相似变换，A、B、C 是平面 π 上共线的三点，且 B 在 A、C 之间（图 2.1.1）. 再设 A、B、$C \xrightarrow{f} A'$、B'、C'，则由相似变换的定义有 $A'B' = k \cdot AB$，$B'C' = k \cdot BC$，$A'C' = k \cdot AC$. 因 B 在 A、C 之间，于是，$AC = AB + BC$，从而 $k \cdot AC = k \cdot AB + k \cdot BC$，即 $A'C' = A'B' + B'C'$. 这说明 A'、B'、C' 三点也共线，且 B' 在 A'、C' 之间. 换句话说，相似变换 f 不仅保持三点共线的性质不变，而且还保持共线三点的顺序不变.

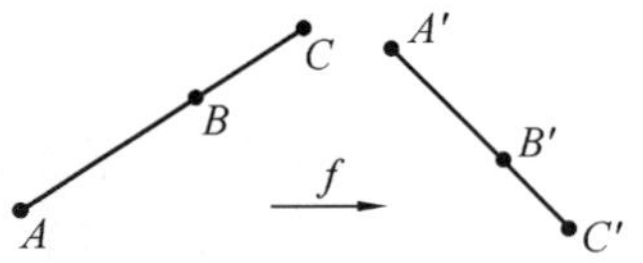

图 2.1.1

推论 2.1.1 在相似变换下，直线的像是直线；射线的像是射线；线段的像是线段，且线段的中点的像是对应线段的中点.

定理 2.1.4 平面 π 的一个变换 f 是相似变换的充分必要条件是：在变换 f 下，线段的像仍是线段，且保持两线段之比不变.

证明 必要性. 由推论2.1.1，只需证明相似变换保持两线段之比不变即可. 设 f 是平面 π 的一个相似变换，其相似系数为 k. 对平面 π 上的任意两条线段 AB、CD. 设 $AB \xrightarrow{f} A'B'$，$CD \xrightarrow{f} C'D'$，则有 $A'B' = k \cdot AB$，$C'D' = k \cdot CD$，于是

$$\frac{A'B'}{C'D'} = \frac{k \cdot AB}{k \cdot CD} = \frac{AB}{CD}$$

即相似变换保持两线段之比不变.

充分性. 在平面上任取两个不同的点 C、D，设 C、$D \xrightarrow{f} C'$、D'. 对平面上任意两个不同的点 A、B，设 A、$B \xrightarrow{f} A$、B. 因 f 保持两线段的比不变，所以 $\frac{A'B'}{C'D'} = \frac{AB}{CD}$，于是，$A'B' = \frac{C'D'}{CD} \cdot AB = k \cdot AB$. 记 $\frac{C'D'}{CD} = k$，则有

$A'B' = k \cdot AB$.故由相似变换的定义即知，f是平面π的一个相似变换.

定理2.1.5 在相似变换下，两直线的夹角大小保持不变.

推论2.1.2 在相似变换下，两正交直线的像仍是两正交直线；两平行直线的像仍是两平行直线.

定理2.1.6 在相似变换下，圆的像仍是圆，且保持圆上点的顺序不变.像圆半径与原圆半径之比等于相似比.

这些性质表明，两条线段之比是相似变换的基本不变量；同素性、结合性、直线上点的顺序、圆上点的顺序等都是相似变换的基本不变性质. 夹角是相似变换的不变量；平行性、正交性等都是相似变换的不变性质.

定理2.1.7 设$\triangle ABC$与$\triangle A'B'C'$是平面π上的两个相似三角形，则存在平面π的唯一一个相似变换f，使得$\triangle ABC \xrightarrow{f} \triangle A'B'C'$.

与合同变换一样，在相似变换下，一个图形不仅变为与之相似的图形，而且图形的特殊点(如三角形的重心、垂心、外心、内心等)也变为其对应图形相应的特殊点.

定理2.1.8 设f是平面π的一个相似系数不等于1的相似变换，则至少含两点的有限图形不可能是f的不变图形.

证明 设F是平面π的一个有限图形，F至少含有两个不同的点A、B，相似变换f的相似系数$k \neq 1$. 如果F是f的不变图形，那么

(1) 若$k > 1$，设在相似变换f下

$$A \to A_1 \to A_2 \to \cdots \to A_n \to \cdots$$

$$B \to B_1 \to B_2 \to \cdots \to B_n \to \cdots$$

因F是f的不变图形，所以A_i、B_i($i = 1, 2, \cdots, n, \cdots$)皆在$F$上，且

$$A_nB_n = k \cdot A_{n-1}B_{n-1} = \cdots = k^n \cdot AB$$

而$k > 1$，所以$k^n \to +\infty$ ($n \to +\infty$). 于是，当$n \to +\infty$时，$A_nB_n \to +\infty$. 这与F是平面π的有限图形矛盾.

(2) 若$0 < k < 1$,考虑f的逆变换f^{-1}，因f的不变图形也是f^{-1}的不变图形，而此时相似变换f^{-1}的相似系数$k^{-1} > 1$，由(1)知，F也不可能是平面π的有限图形.

综上所述，至少含有两点的有限图形不可能是f的不变图形.

定理2.1.8揭示了非合同的相似变换与合同变换的一个本质的区别.

下面的定理2.1.9的证明过程虽然较长，但所陈述的事实则突出了相似变换在平面几何中的基本作用和重要地位.

定理2.1.9 平面π上的一个变换f是相似变换的充分必要条件是：在变换f下，平面π上的任意一条直线的像仍是直线，且任意一个圆的像仍是圆.

证明 必要性已蕴含在推论2.1.1与定理2.1.6中．下证充分性．我们分6步进行．

1° 在变换f下，平面π上的任意两条平行线的像仍是两条平行线．

事实上，如图2.1.2所示，设k、l是平面π上的两条直线，$k \parallel l$，且$k \xrightarrow{f} k'$，$l \xrightarrow{f} l'$．若直线k'与l'相交，设交点为P，因P既在直线k'上也在直线l'上，所以，点P的原像既在直线k上，也在直线l上，因而k与l有公共点．这与$k \parallel l$矛盾．故必有$k' \parallel l'$．

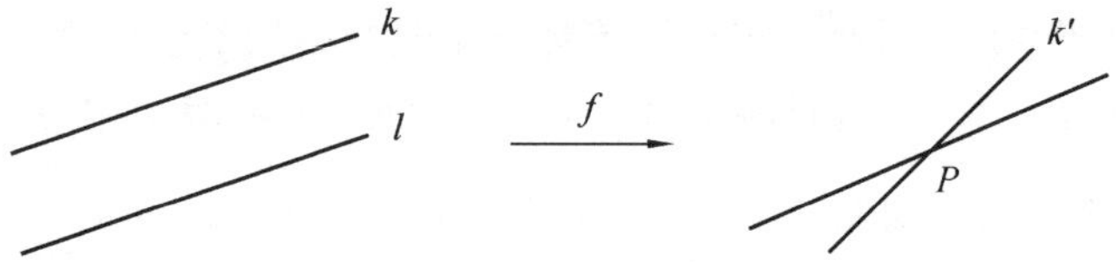

图2.1.2

2° 在变换f下，平面π上的任意两个等圆的像仍是两个等圆．

事实上，如图2.1.3所示，设Γ_1与Γ_2是平面π上的两个等圆．k和l是它们的两条外公切线．在变换f下，$\Gamma_1 \to \Gamma'_1$，$\Gamma_2 \to \Gamma'_2$，$k \to k'$，$l \to l'$，则Γ'_1与Γ'_2是平面π上的两个圆，k'与l'是平面π上的两条直线．因在变换f下，直线的像仍是直线，圆的像仍是圆，所以圆的切线的像是像圆的切线．于是，k'与l'是圆Γ'_1与Γ'_2的两条外公切线．又因Γ_1与Γ_2是两个等圆，所以$k \parallel l$，由1°，$k' \parallel l'$．即圆Γ'_1与Γ'_2的两条外公切线平行，因此，圆Γ'_1与Γ'_2也是平面π的两个等圆．

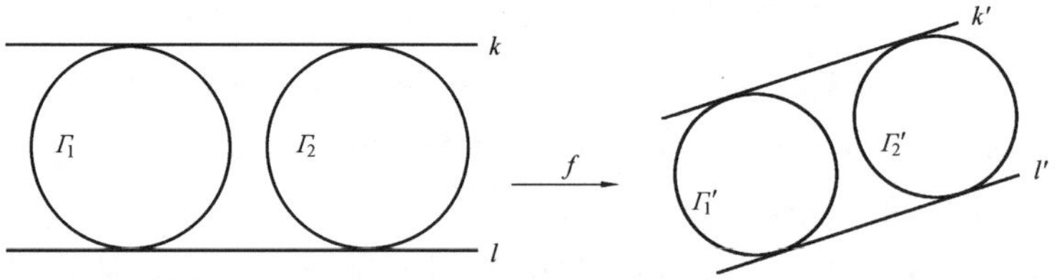

图2.1.3

3° 设在变换f下，圆Γ的像是圆Γ'，则圆Γ的圆心的像是圆Γ'的圆心．

事实上，如图2.1.4所示，设O为圆Γ的圆心，$\Gamma \xrightarrow{f} \Gamma'$，$O \xrightarrow{f} O'$，$\Gamma'_1$与$\Gamma'_2$是过点$O'$且皆与圆$\Gamma'$相切的任意两圆．因在变换$f$下，圆的像仍是圆，所以，两相切圆的像仍是两相切圆，两相交圆的像仍是两相交圆．因而圆的原像仍是圆，两相切圆的原像仍是两相切圆，两相交圆的原像仍是两相交圆．于是，考虑圆 Γ'_1 与 Γ'_2 的原像 Γ_1 与 Γ_2，则 Γ_1 与 Γ_2 是过点 O 且与圆 Γ 相切的两圆. Γ_1 与 Γ_2 显然是等圆，因 $\Gamma_1 \xrightarrow{f} \Gamma'_1$，$\Gamma_2 \xrightarrow{f} \Gamma'_2$，由 2°，圆 Γ'_1 与 Γ'_2 是等圆. 这说明任意两个过点 O' 且与圆 Γ' 相切的圆都是等圆，因而点 O' 必为圆 Γ' 的圆心.

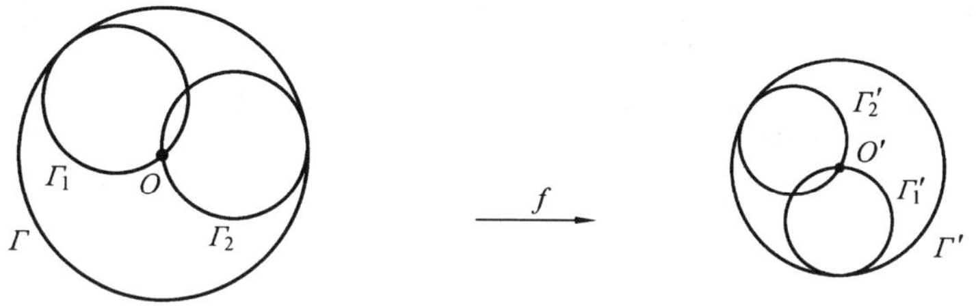

图 2.1.4

4° 在变换 f 下，平面 π 上的任意两条相等线段的像仍是两条相等线段.

事实上，如图 2.1.5 所示，设 AB、CD 是平面 π 上的两条相等线段. 则以 A 为圆心、AB 为半径作圆 Γ_1 与以 C 为圆心、CD 为半径的圆 Γ_2 是等圆. 设在变换 f 下，$A \to A'$，$B \to B'$，$C \to C'$，$D \to D'$，$\Gamma_1 \to \Gamma'_1$，$\Gamma_2 \to \Gamma'_2$. 由 3°，A'、C' 分别为圆 Γ'_1 与圆 Γ'_2 的圆心. 由 2°，Γ'_1 与 Γ'_2 是两个等圆. 而 B' 在圆上，D' 在圆上，故 $A'B' = C'D'$.

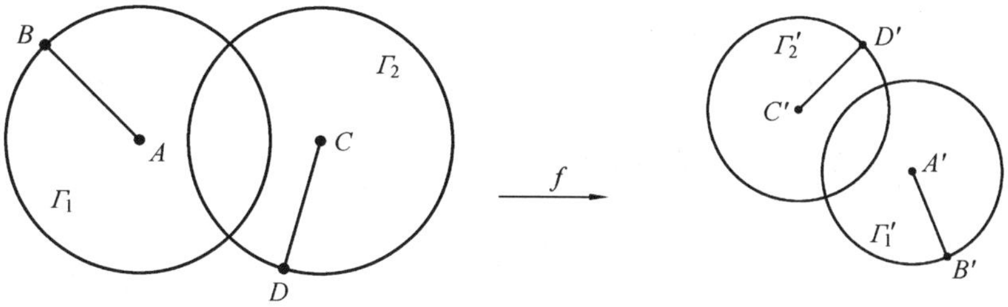

图 2.1.5

5° 设 AB、CD 是平面 π 上的两条线段，且 $AB \xrightarrow{f} A'B'$，$CD \xrightarrow{f} C'D'$. 若 $AB > CD$，则 $A'B' > C'D'$.

事实上，如图 2.1.6 所示，因 $AB > CD$，所以，点 A 在以 B 为圆心、CD 为半径的圆 Γ 外，于是，过点 A 引圆的两条切线 k、l，设 $\Gamma \xrightarrow{f} \Gamma'$，$k \xrightarrow{f} k'$，$l \xrightarrow{f} l'$，则由 3°，点 B' 是圆 Γ' 的圆心. 由 4°，相等线段在变换 f 下的像仍是相等线段，所以，$C'D'$ 等于圆的半径. 但直线 k'、l' 是圆 Γ' 的两条切线，且 k'、l' 皆过点 A'. 这说明点 A' 在圆 Γ' 外. 故 $A'B' > C'D'$.

6° 在变换 f 下，平面 π 上的任意两条线段的比保持不变.

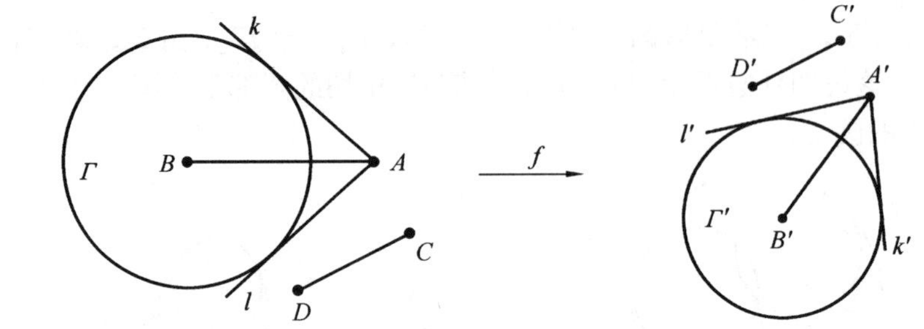

图 2.1.6

事实上，设 AB、CD 是平面上的任意两条线段，且 $AB \xrightarrow{f} A'B'$，$CD \xrightarrow{f} C'D'$.

若$\dfrac{AB}{CD} = \dfrac{m}{n}$($m$、$n$ 皆为正整数)是一个有理数，则在线段 AB 存在 $n-1$ 个点 A_1、A_2、…、A_{n-1}，在线段 CD 上存在 $m-1$ 个点 C_1、C_2、…、C_{m-1}，使得

$$AA_1 = A_1A_2 = \cdots = A_{n-1}B = CC_1 = C_1C_2 = \cdots = C_{m-1}D$$

如图 2.1.7 所示，设在变换 f 下，A_1、A_2、…、A_{n-1} 的像点分别为 A'_1、A'_2、…、A'_{n-1}，C_1、C_2、…、C_{m-1} 的像点分别为 C'_1、C'_2、…、C'_{m-1}. 因在变换 f 下，相等线段的像仍是相等线段，所以，点 A'_1、A'_2、…、A'_{n-1} 在线段 $A'B'$ 上，点 C'_1、C'_2、…、C'_{m-1} 在线段 $C'D'$ 上，且

$$A'A'_1 = A'_1A'_2 = \cdots = A'_{n-1}B = C'C'_1 = C'_1C'_2 = \cdots = C'_{m-1}D'$$

故$\dfrac{A'B'}{C'D'} = \dfrac{m}{n}$. 即当$\dfrac{AB}{CD}$是有理数时，有$\dfrac{A'B'}{C'D'} = \dfrac{AB}{CD}$.

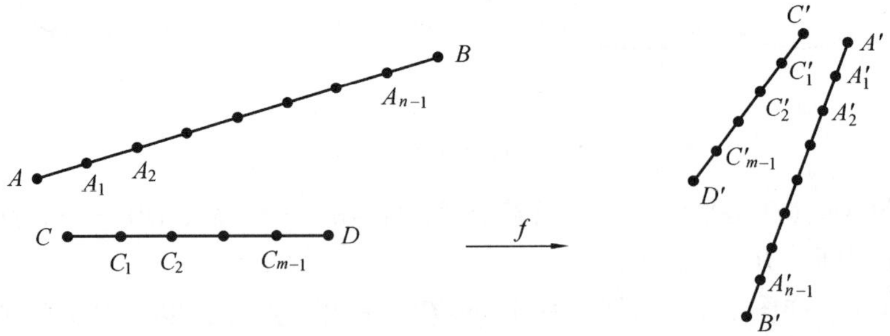

图 2.1.7

若$\dfrac{AB}{CD}$是无理数，取两个有理数数列$\{\alpha_n\}$、$\{\beta_n\}$，使得 $\alpha_n < \dfrac{AB}{CD} < \beta_n$($n = 1, 2, 3, \cdots$)，且

$$\lim_{n\to\infty}\alpha_n = \lim_{n\to\infty}\beta_n = \frac{AB}{CD} \tag{2.1.1}$$

因 α_n、$\beta_n(n = 1, 2, 3, \cdots)$ 都是有理数，于是由 5°，得

$$\alpha_n < \frac{A'B'}{C'D'} < \beta_n(n = 1, 2, 3, \cdots)$$

从而由 $\lim\limits_{n\to\infty}\alpha_n = \lim\limits_{n\to\infty}\beta_n$ 知 $\lim\limits_{n\to\infty}\alpha_n = \lim\limits_{n\to\infty}\beta_n = \dfrac{A'B'}{C'D'}$. 再注意式(2.1.1)即得 $\dfrac{A'B'}{C'D'} = \dfrac{AB}{CD}$.

至此，由 6° 及定理 2.1.4 即知，变换 f 是平面 π 的一个相似变换.

定理 2.1.10 在相似变换下，如果有两个对应三角形是同(异)向的，则它的任意两个对应三角形都是同(异)向的.

定义 2.1.3 设平面 π 的相似变换 f 由两个相似三角形——$\triangle ABC$ 与 $\triangle A'B'C'$ 确定，如果 $\triangle ABC$ 与 $\triangle A'B'C'$ 是同向的，则称 f 为平面 π 的**真正相似变换**；如果 $\triangle ABC$ 与 $\triangle A'B'C'$ 是异向的，则称 f 为平面 π 的**镜像相似变换**.

定义 2.1.4 设 F、F' 是平面 π 上的两个图形，如果存在平面 π 的一个真正(镜像)相似变换 f，使得 $F' = f(F)$，则称图形 F 与 F' **真正(镜像)相似**(图 2.1.8，2.1.9).

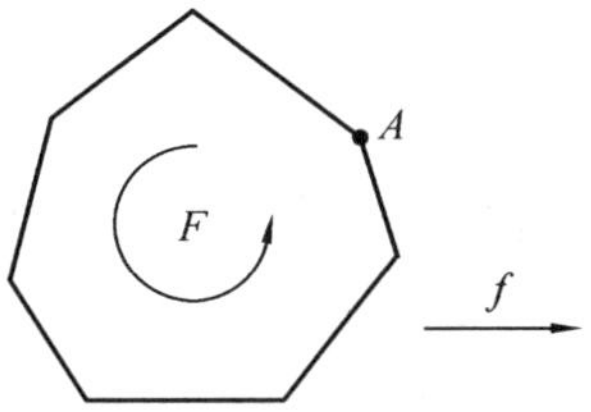

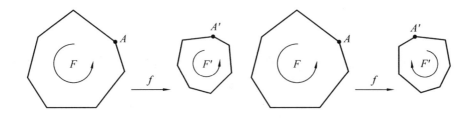

图 2.1.8

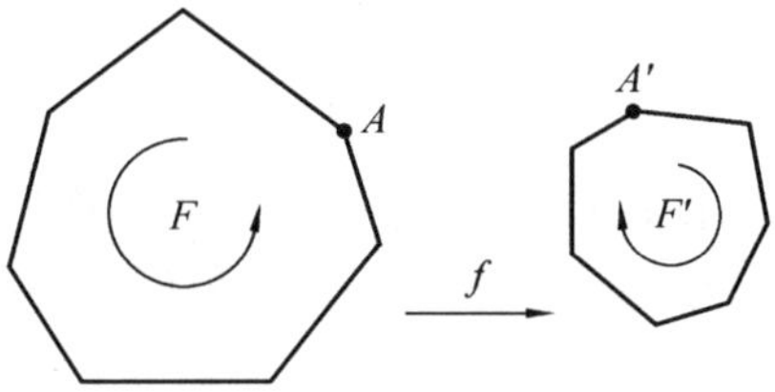

图 2.1.9

图形 F 与 F' 真正相似，记作 $F \overset{\curvearrowright}{\sim} F'$；图形 F 与 F' 镜像相似，记作 $F \overset{\curvearrowleft}{\sim} F'$.

两图形真正相似也称为“**同向相似**”或“**顺相似**”，镜像相似也称为“**反向相似**”或“**逆相似**”.

同样，平面 π 上的所有真正相似变换构成的集合作成一个变换群. 这个群称为**真正相似群**，它是相似群的一个子群；而运动群则是真正相似群的一个子群.

我们已见到过的变换群的关系可表示为(箭头方向为子群)

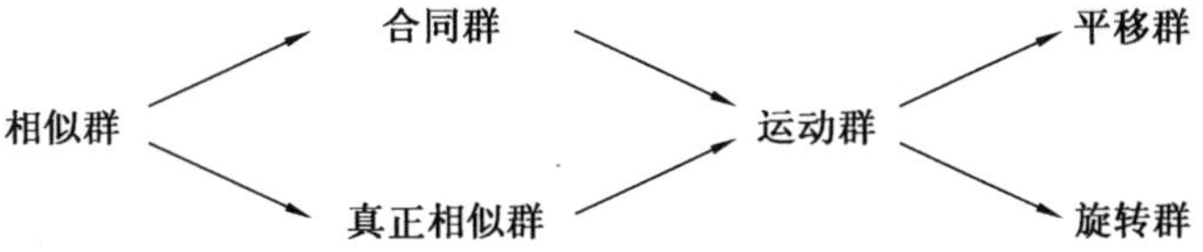

2.2　基本相似变换——位似变换

位似变换是最基本的相似变换，同时也是中心反射变换的推广．我们用向量来刻画．

定义 2.2.1　设 O 是平面 π 上的一个定点，k 是一个非零常数．如果平面 π 的一个变换，使得对于平面 π 上任意一点 A 与其像点 A' 之间，恒有

$$\overrightarrow{OA'} = k \cdot \overrightarrow{OA}$$

则这个变换称为平面 π 的一个**位似变换**．记作 $H(O, k)$．其中定点 O 称为**位似中心**，常数 k 称为**位似系数**或**位似比**．

由条件 $\overrightarrow{OA'} = k \cdot \overrightarrow{OA}$ 知，A'、O、A 三点共线，且当 $k > 0$ 时，点 O 在线段 AA' 或 $A'A$ 的延长线上，点 O 以 k 为分比外分线段 $A'A$(图 2.2.1)．当 $k < 0$ 时，点 O 在线段 AA' 上，点 O 以 $|k|$ 为分比内分线段 $A'A$(图 2.2.2)．

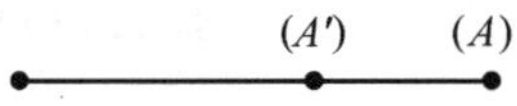

图 2.2.1

图 2.2.2

位似系数大于零的位似变换称为外位似变换；位似系数小于零的位似变换称为内位似变换．相应的位似中心称为外位似中心和内位似中心．

显然，$H(O, 1) = I$ 为恒等变换，$H(O, -1) = C(O)$ 为中心反射变换．位似中心是位似变换的不动点．

定理 2.2.1　平面 π 的一个变换 f 是位似变换或平移变换的充分必要条件是存在常数 $k \neq 0$，使得对于平面 π 上的任意两点 A、B，当 A、$B \xrightarrow{f} A'$、B' 时，恒有 $\overrightarrow{A'B'} = k \cdot \overrightarrow{AB}$．

证明　必要性．当 f 是平面 π 的一个平移变换时，取 $k = 1$ 即可．当 f 是平面 π 的一个位似变换时，设 $f = H(O, k)$．如图 2.2.3，2.2.4 所示，对于平面 π 上的任意两点 A、B，设 A、$B \xrightarrow{f} A'$、B'，由位似变换的定义，$\overrightarrow{OA'} = k \cdot \overrightarrow{OA}$，$\overrightarrow{OB'} = k \cdot \overrightarrow{OB}$．于是

$$\overrightarrow{A'B'} = \overrightarrow{OB'} - \overrightarrow{OA'} = k \cdot \overrightarrow{OB} - k \cdot \overrightarrow{OA} = k(\overrightarrow{OB} - \overrightarrow{OA}) = k \cdot \overrightarrow{AB}$$

即 $\overrightarrow{A'B'} = k \cdot \overrightarrow{AB}$．

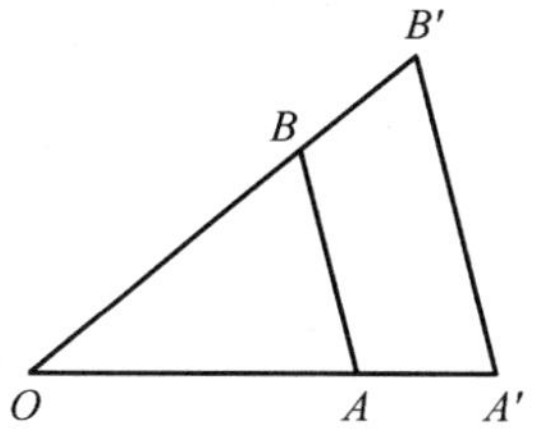

$(k>0)$

图 2.2.3

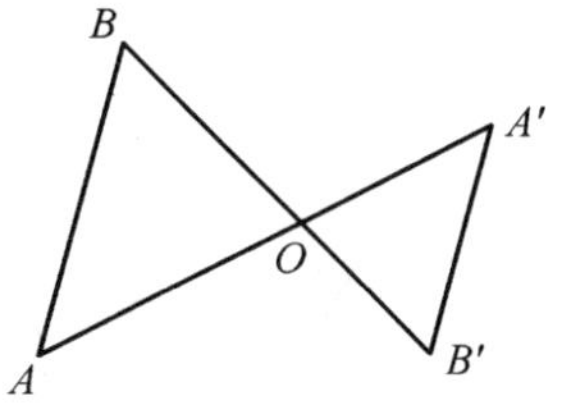

$(k<0)$

图 2.2.4

充分性. 设 f 是平面 π 的一个变换，存在 $k\neq 0$，使得对于平面 π 上的任意两点 A、B，当 A、$B \xrightarrow{f} A'$、B' 时，恒有 $\overrightarrow{A'B'} = k\cdot\overrightarrow{AB}$.

如果 $k=1$，由定理 1.3.1 即知，f 是平面 π 的一个平移变换.

如果 $k\neq 1$，在平面 π 上任取一点 B（图 2.2.3, 2.2.4），设 $B\xrightarrow{f}B'$，则在平面 π 上存在唯一的点 O，使得 $\overrightarrow{OB} = \dfrac{1}{k-1}\cdot\overrightarrow{BB'}$. 因 $\overrightarrow{OB'} = \overrightarrow{OB} + \overrightarrow{BB'} = \overrightarrow{OB} + (k-1)\overrightarrow{OB} = k\cdot\overrightarrow{OB}$. 于是，对于平面 π 上任意一点 A，设 $A\xrightarrow{f}A'$，则由假设，$\overrightarrow{A'B'} = k\cdot\overrightarrow{AB}$，从而

$$\overrightarrow{OA'} = \overrightarrow{OB'} - \overrightarrow{A'B'} = k\cdot\overrightarrow{OB} - k\cdot\overrightarrow{AB} = k\cdot\overrightarrow{OA}$$

由位似变换的定义即知，$f = H(O,\ k)$ 是一个位似变换.

由定理 2.1.7 与定理 2.2.1 即得下面的推论.

推论 2.2.1 如果 $\triangle ABC$ 与 $\triangle A'B'C'$ 的对应边分别平行或重合，则存在一个平移变换或位似变换 f，使得下面的推论.

$$\triangle ABC \xrightarrow{f} \triangle A'B'C'$$

证明 由假设，存在非零常数 k，使得

$$\overrightarrow{B'C'} = k\cdot\overrightarrow{BC}$$
$$\overrightarrow{C'A'} = k\cdot\overrightarrow{CA}$$
$$\overrightarrow{A'B'} = k\cdot\overrightarrow{AB}$$

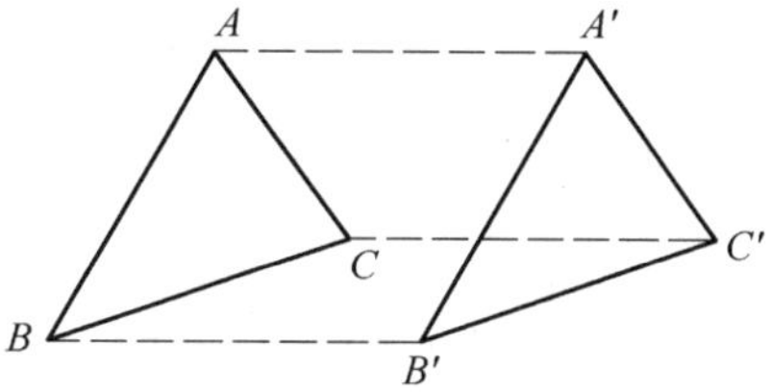

$(k=1)$

图 2.2.5

当 $k=1$ 时，显然在平移变换 $T(\overrightarrow{AA'})$ 下，$\triangle ABC \to \triangle A'B'C'$（图 2.2.5）. 当 $k\neq 1$ 时，由定理 2.2.1 的充分性的证明即知，存在一个以 k 为位似系数的位似变换 $H(O,\ k)$，使得 $\triangle ABC \xrightarrow{H(O,k)} \triangle A'B'C'$（图 2.2.6, 2.2.7）.

定理 2.2.2 位似变换是真正相似变换.

证明 设 $H(O,\ k)$ 是平面 π 的一个位似变换. 对于平面 π 上任意两点 A、B，设 A、$B \xrightarrow{H(O,k)} A'$、$B'$，则由定理 2.1.1 知，$\overrightarrow{A'B'} = k\cdot\overrightarrow{AB}$，所以 $A'B' =$

$|k|\cdot AB$. 从而 $H(O, k)$ 是一个相似变换，且相似系数为 $|k|$.

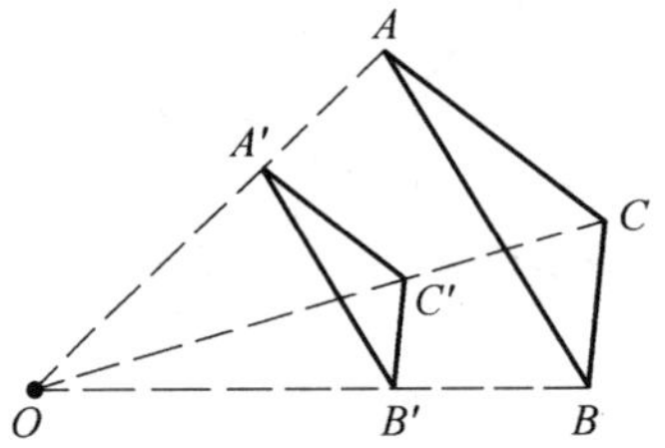

$(k>0, k\neq 1)$

图 2.2.6

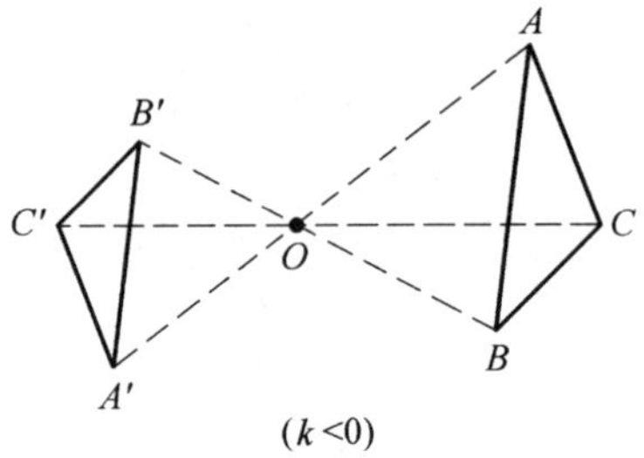

$(k<0)$

图 2.2.7

又在平面 π 上取一个以位似中心 O 为顶点的 $\triangle OAB$，并设 A、$B \xrightarrow{H(O,k)} A'$、$B'$，则有 $\overrightarrow{OA'} = k\cdot\overrightarrow{OA}$，$\overrightarrow{OB'} = k\cdot\overrightarrow{OB}$，所以 $\measuredangle A'OB' = \measuredangle AOB$，于是，$\triangle A'OB' \backsim \triangle AOB$（图 2.2.3, 2.2.4）. 故 $H(O, k)$ 是一个真正的相似变换.

由于位似变换是相似变换，因而位似变换具有相似变换的一切不变性质和不变量.

无论是由定义 2.2.1,还是由定理 2.2.2 与定理 2.1.1 都可得到：位似变换是可逆的.

由逆变换与位似变换的定义即得下面的定理.

定理 2.2.3 位似变换的逆变换也是位似变换，且位似中心不变，位似系数是原位似系数的倒数.

位似变换 $H(O, k)$ 的逆变换记作 $H^{-1}(O, k)$，定理 2.2.3 表明

$$H^{-1}(O, k) = H(O, k^{-1})$$

定理 2.2.4 在位似变换下，任一条直线边为与之平行或重合的直线.

证明 设 $H(O, k)$ 是平面 π 的一个位似变换，l 是平面 π 上的一条直线. 设 $l \xrightarrow{H(O,k)} l'$，$A$、$B$ 是直线 l 上的两个不同的点，A、$B \xrightarrow{H(O,k)} A'$、$B'$，则 A'、B' 皆在直线 l' 上. 由定理 2.2.1 知，$\overrightarrow{A'B'} = k\cdot\overrightarrow{AB}$，由此即知 $l' \parallel l$，或 l' 与 l 重合.

定理 2.2.5 位似中心是位似系数不等于 1 的位似变换的唯一不动点；一条直线是位似系数不等于 1 的位似变换的不变直线，当且仅当这条直线过位似中心.

证明 设 $H(O, k)$ 是平面 π 的一个位似变换.

(1) 显然，位似中心 O 是位似变换 $H(O, k)$ 的一个不动点. 如果异于位似中心 O 的点 A 也是 $H(O, k)$ 的一个不动点，则有 $\overrightarrow{OA} = k\cdot\overrightarrow{OA}$，于是 $k = 1$，从而 $H(O, k) = H(O, 1) = I$ 为平面 π 的恒等变换. 因此，位似系数不等于 1 的位似变换没有异于位似中心的不动点.

(2) 当直线 l 过位似变换 $H(O, k)$ 的位似中心 O 时，由位似变换的定义即知 l 是 $H(O, k)$ 的不变直线.

反之，设直线是位似变换 $H(O, k)(k \neq 1)$ 的不变直线，即 $l \xrightarrow{H(O,k)} l$. 在 l 上任取异于位似中心 O 的一点 A，设 $A \xrightarrow{H(O,k)} A'$，则 A' 仍在直线上，且由(1)知，$A' \neq A$,所以 A、A' 是直线 l 上的两个不同的点. 但由位似变换的定义，A'、O、A 三点共线，故点 O 也在直线 l 上，即直线 l 过位似中心.

定义 2.2.2 设 F 与 F' 是平面 π 上的两个图形，如果存在平面 π 的一个位似变换 $H(O, k)$,使得 $F \xrightarrow{H(O,k)} F'$，则称图形 F 与 F' 位似，或 F' 是图形 F 的位似图形. 此时，位似中心 O 也称为图形 F 与图形 F' 的位似中心(图 2.2.8,2.2.9).

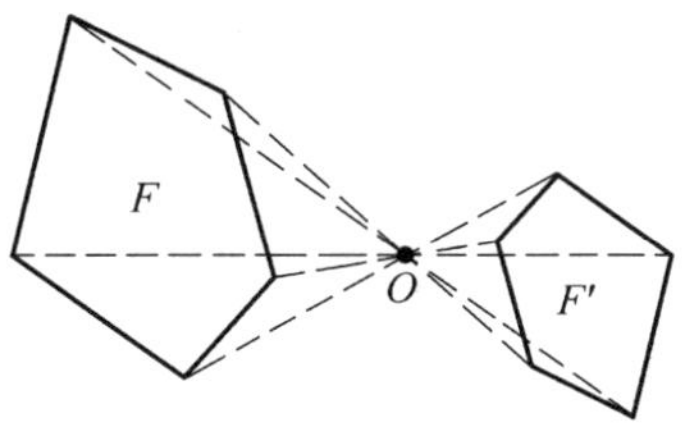

图 2.2.8

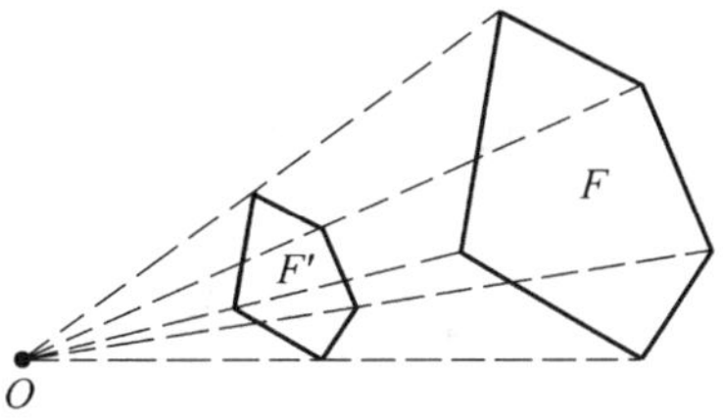

图 2.2.9

由位似变换的定义立即可得下面的定理.

定理 2.2.6 两位似图形的对应点的连线共点.

现在讨论两个位似变换的乘积.

定理 2.2.7 设 $H(O_1, k_1)$ 与 $H(O_2, k_2)$ 是平面 π 的两个位似变换，那么

(1) 当 $k_1k_2 \neq 1$ 时，$H(O_2, k_2)H(O_1, k_1)$ 仍是一个位似变换,且积的位似系数等于两因子的位似系数之积，积的位似中心与两因子的位似中心在一条直线上；

(2) 当 $k_1k_2 = 1$ 时，$H(O_2, k_2)H(O_1, k_1)$ 是一个平移变换，且平移向量平行于两因子的位似中心的连线.

证明 对于平面 π 上任意两点 A、B，设

$$AB \xrightarrow{H(O_1,k_1)} A'B' \xrightarrow{H(O_2,k_2)} A''B''$$

则由定理 2.2.1,$\overrightarrow{A'B'} = k_1 \cdot \overrightarrow{AB}$,$\overrightarrow{A''B''} = k_2 \cdot \overrightarrow{A'B'}$，所以$\overrightarrow{A''B''} = k_1k_2 \cdot \overrightarrow{AB}$.

(1) 当 $k_1k_2 \neq 1$ 时(图 2.2.10, 2.2.11)，由定理 2.2.1,在平面 π 上存在一点 O,使得

$$H(O_2, k_2)H(O_1,k_1) = H(O, k_1k_2) \tag{2.2.1}$$

仍是一个位似变换.

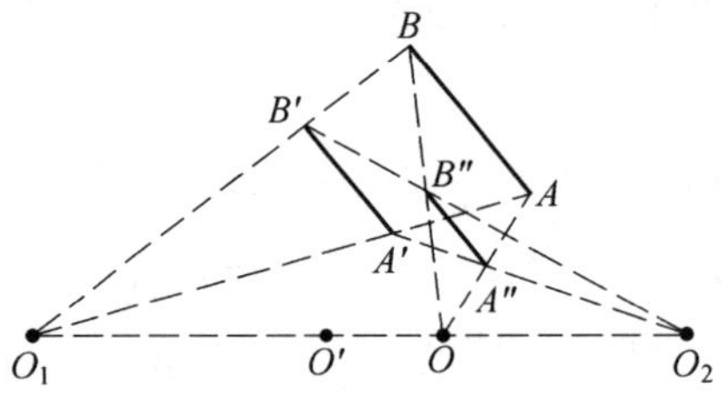

图 2.2.10

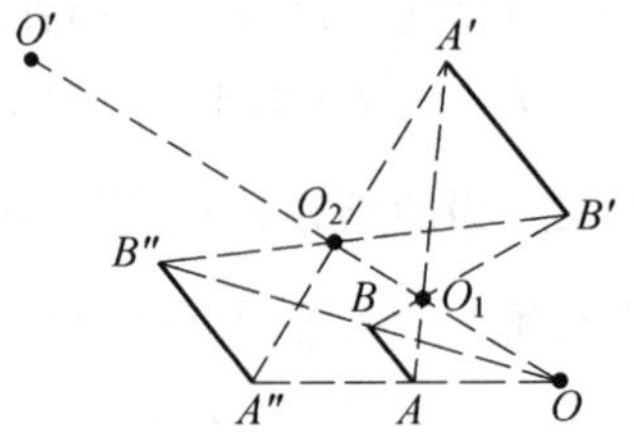

图 2.2.11

设 $O \xrightarrow{H(O_1,k_1)} O'$，则 $O' \xrightarrow{H(O_2,k_2)} O$，因而 O'、O_1、O 三点共线，O、O_2、O' 三点共线. 故 O、O_1、O_2 三点共线.

(2) 当 $k_1k_2 = 1$ 时(图 2.2.12, 2.2.13)，有$\overrightarrow{A''B''} = \overrightarrow{AB}$. 由定理 1.3.1，在平面 π 上存在向量 $\boldsymbol{v}$，使得

$$H(O_2,\ k_2)H(O_1,\ k_1) = T(\boldsymbol{v})$$

是一个平移变换.

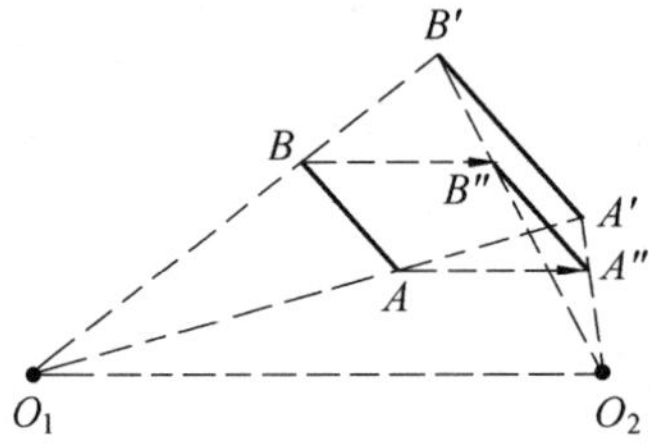

图 2.2.12

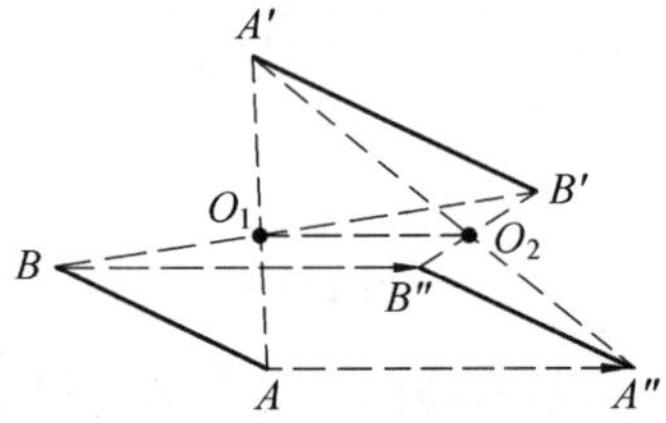

图 2.2.13

因$\overrightarrow{O_1A'} = k_1 \cdot \overrightarrow{O_1A}$，$\overrightarrow{O_2A''} = k_2 \cdot \overrightarrow{O_2A'}$，而 $k_1k_2 = 1$，所以$\dfrac{\overline{O_1A}}{\overline{O_1A'}} = \dfrac{\overline{O_2A''}}{\overline{O_2A'}}$，于是 $AA'' \parallel O_1O_2$. 但$\overrightarrow{AA''} = \boldsymbol{v}$，故 $\boldsymbol{v} \parallel O_1O_2$.

当 $k_1k_2 \neq 1$ 时，我们可以直接根据 O_1、O_2、k_1、k_2 确定等式(2.2.1)中点 O 的位置. 即有

$$\overrightarrow{OO_1} = \frac{1-k_2}{k_1k_2-1} \cdot \overrightarrow{O_1O_2} \tag{2.2.2}$$

事实上，设 $O_1 \xrightarrow{H(O_2,k_2)} O_2''$，则有$\overrightarrow{O_2O''_1} = k_2 \cdot \overrightarrow{O_2O_1} = -k_2 \cdot \overrightarrow{O_1O_2}$. 于是由式(2.2.1)，有

$$\overrightarrow{O_1O''_1} = \overrightarrow{O_1O_2} + \overrightarrow{OO''_1} = \overrightarrow{O_1O_2} - k_2 \cdot \overrightarrow{O_1O_2} =$$
$$(1-k_2)\overrightarrow{O_1O_2} = (k_1k_2-1)\overrightarrow{OO_1}$$

因此$\overrightarrow{OO''_1} = \overrightarrow{OO_1} + \overrightarrow{O_1O''_1} = k_1k_2 \cdot \overrightarrow{OO_1}$,即$\overrightarrow{OO''_1} = k_1k_2 \cdot \overrightarrow{OO_1}$.

对于平面上任意一点 A，设 $A \xrightarrow{H(O_1,k_1)} A' \xrightarrow{H(O_2,k_2)} A''$，则由定理 2.2.1

与位似变换的定义，有

$$\overrightarrow{O''_1A''} = k_2 \cdot \overrightarrow{O_1A'} = k_1k_2 \cdot \overrightarrow{O_1A}$$

于是由

$$\overrightarrow{OO''_1} = k_1k_2 \cdot \overrightarrow{OO_1}$$

得

$$\overrightarrow{OA''} = \overrightarrow{OO''_1} + \overrightarrow{O''_1A''} = k_1k_2 \cdot \overrightarrow{OO_1} + k_1k_2 \cdot \overrightarrow{O_1A} = k_1k_2(\overrightarrow{OO_1} + \overrightarrow{O_1A}) = k_1k_2 \cdot \overrightarrow{OA}$$

由位似变换的定义即得式(2.2.1). 故点 O 由式(2.2.2) 所确定.

定理 2.2.8 平移变换与位似系数不等于 1 的位似变换之积(不论顺序先后) 是一个似变换，且位似系数不变.

证明 设 $T(\boldsymbol{v})$ 与 $H(O, k)$ 分别是平面 π 的一个平移变换与一个位似变换，如图 2.2.14,2.2.15 所示，对平面上的任意两点 A、B，设 A、$B \xrightarrow{T(\boldsymbol{v})} A'$、$B' \xrightarrow{H(O,k)} A''$、$B''$，则由定理 2.2.1，有 $\overrightarrow{A'B'} = \overrightarrow{AB}$，$\overrightarrow{A''B''} = k \cdot \overrightarrow{A'B'}$，所以 $\overrightarrow{A''B''} = k \cdot \overrightarrow{AB}$. 再一次由定理 2.2.1 即知，存在点 O_1，使得

$$H(O, k)T(\boldsymbol{v}) = H(O_1, k)$$

是一个位似变换，且位似系数仍为 k.

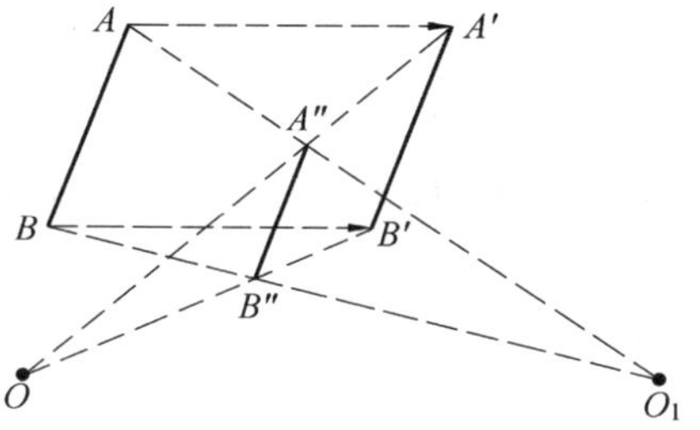

图 2.2.14

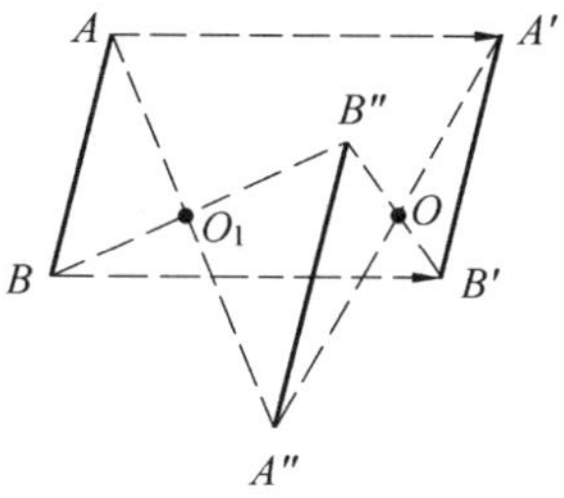

图 2.2.15

同理可证，$T(\boldsymbol{v})H(O, k)$ 也是一个位似系数仍为 k 的位似变换.

由定理 2.2.7 与定理 2.2.8，用数学归纳法立即可得如下定理.

定理 2.2.9 设 $H(O_1, k_1)$，$H(O_2, k_2)$，…，$H(O_n, k_n)$ 是平面 π 的 $n(n \geqslant 2)$ 个位似变换，则

(1) 当 $k_1k_2\cdots k_n \neq 1$ 时，在平面 π 上存在一点 O，使得

$$H(O_1, k_1)H(O_2, k_2)\cdots H(O_n, k_n) = H(O, k_1k_2\cdots k_n)$$

仍是一个位似变换；

(2) 当 $k_1k_2\cdots k_n = 1$ 时，在平面 π 上存在向量 $\boldsymbol{v}$，使得

$$H(O_1, k_1)H(O_2, k_2)\cdots H(O_n, k_n) = T(\boldsymbol{v})$$

是一个平移变换.

2.3 位似旋转变换

本节讨论一个非常重要的真正相似变换——位似旋转变换，并由此弄清楚平面上的所有真正相似变换.

定义 2.3.1 设 O 是平面 π 上的一个定点，θ 是一个定角(有向角)，k 是一个大于零的常数. 如果平面 π 的一个变换，使得对于平面上任意一点 A 与其像点 A' 之间，恒有

(1) $OA' = k \cdot OA$;

(2) $\measuredangle AOA' = \theta$.

则这个变换称为平面 π 的一个**位似旋转变换**. 记作 $S(O, k, \theta)$. 其中定点 O 称为位似旋转中心，常数 k 称为**位似系数**或**位似比**，定角 θ 称为**旋转角**(图 2.3.1).

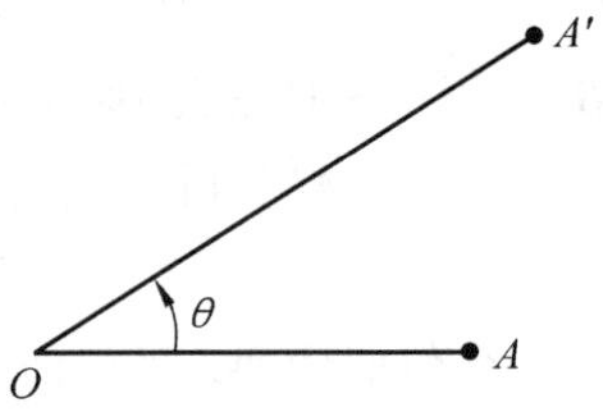

图 2.3.1

由定义可知，位似旋转变换实际上是位似中心与旋转中心重合的位似变换与旋转变换之积，并且这个乘积还是可交换的，即有

$$S(O,k,\theta) = H(O,k)R(O,\theta) = R(O,\theta)H(O,k)$$

由此可见，位似旋转变换是可逆的. 如果记 $S(O, k, \theta)$ 的逆位似旋转变换为 $S^{-1}(O, k, \theta)$，则有

$$S^{-1}(O, k, \theta) = S(O, k^{-1}, \theta)$$

显然

$$S(O, 1, \theta) = R(O, \theta)$$
$$S(O, k, 0) = H(O, k)$$
$$S(O, k, \pi) = H(O, -k)$$

故旋转变换与位似变换都可以统一于位似旋转变换之中.

与旋转变换一样，我们也一般将位似旋转变换的旋转角限定在 $(-\pi, \pi]$ 或 $[0, 2\pi)$ 内取值.

由于位似旋转变换是位似变换与旋转变换之积，因此，根据位似变换与旋转变换的性质便可导出位似旋转变换的性质.

定理 2.3.1 位似旋转变换是真正相似变换.

证明 设 $S(O, k, \theta)$ 是平面 π 的一个位似旋转变换，因 $S(O, k, \theta) = H(O, k)R(O, \theta)$，且 $R(O, \theta)$ 与 $H(O, k)$ 均为平面 π 的真正相似变换，故

$S(O, k, \theta)$ 是平面 π 的一个真正相似变换.

下面的定理 2.3.2 的证明需要用到一条引理.

引理 2.3.1 到两定点的距离之比等于定比($\neq 1$) 的点的轨迹是一个圆.

证明 如图 2.3.2 所示，设 A、B 为两定点，λ ($\neq 1$) 是一个常数，点 P 满足条件 $\frac{PA}{PB} = \lambda$. 不失一般性，设 $\lambda > 1$，再设 C、D 分别是线段 AB 的内分点与外分点，且 $AC = \lambda \cdot CB$，$AD = \lambda \cdot BD$，则 C、D 都合于所设条件. 对于合于条件而不在直线 AB 上的任意一点 P，因 $\frac{PA}{PB} = \frac{AC}{CB} = \frac{AD}{DB}$，由三角形的内、外角平分线判定定理即知，$PC$、$PD$ 分别为 $\angle APB$ 的内角平分线与外角平分线. 于是 $PC \perp PD$. 从而点 P 在以 CD 为直径的圆上.

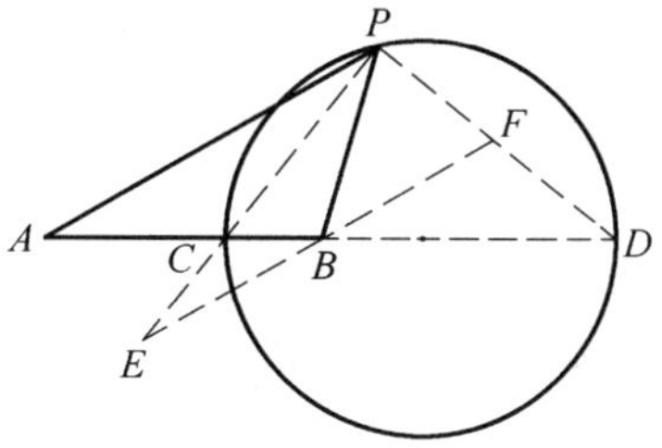

图 2.3.2

反之，设 P 是以 CD 为直径的圆上异于 C、D 的任意一点，过点 B 作 PA 的平行线分别交直线 PC、PD 于 E、F，则有 $\frac{PA}{BE} = \frac{AC}{CB} = \frac{AD}{DB} = \frac{PA}{FB}$，所以，$EB = BF$，因而 B 为 EF 的中点，但 $PE \perp PF$，而直角三角形的斜边上的中线等于斜边的一半，所以，$PB = BE$，于是 $\frac{PA}{PB} = \frac{PA}{BE} = \frac{AC}{CB} = \lambda$. 即点 P 合于条件.

综上所述，合于条件的点 P 的轨迹是以 CD 为直径的圆.

引理 2.3.1 所述之圆称为以 A、B 为定点、λ 为定比的**Apollonius 圆**，简称**阿氏圆**.

定理 2.3.2 平面 π 的一个变换 f (非恒等) 是位似旋转变换的充分必要条件是：存在常数 k ($k > 0$) 和 θ，$k = 1$ 与 $\theta = 2n\pi$ (n 为整数) 不同时成立，且对于平面 π 上的任意两点 A、B，当 A、$B \xrightarrow{f} A'$、B' 时，恒有 $A'B' = k \cdot AB$，且 $\measuredangle(AB, A'B') = \theta$.

证明 必要性. 设 $S(O,k,\theta)$ 是平面 π 的一个位似旋转变换，显然，$k=1$ 与 $\theta = 2n\pi$(n 为整数) 不同时成立，否则，$S(O,k,\theta) = I$ 为恒等变换，矛盾. 对平面 π 上任意两点 A、B，当 A、$B \xrightarrow{S(O,k,\theta)} A'$、$B'$ 时. 因 $S(O, k, \theta) = H(O, k)R(O, \theta)$，于是，设 A、$B \xrightarrow{R(O,\theta)} A_1$、$B_1$，则 A_1、$B_1 \xrightarrow{H(O,k)} A'$、$B'$. 由定理 1.3.11，$A_1B_1 = AB$，$\measuredangle(AB, A_1B_1) = \theta$. 又由定理 2.2.1，$\overrightarrow{A'B'} = k \cdot \overrightarrow{A_1B_1}$，所以 $A'B' = k \cdot AB$. 再注意 $k > 0$ 即知 $\measuredangle(AB, A'B') = \measuredangle(AB, A_1B_1) = \theta$(图 2.3.3, 2.3.4).

充分性. 设 f 是平面 π 的一个变换，存在 k($k > 0$) 和 θ，当 $k = 1$ 与 $\theta =$

$2n\pi$（n 为整数）不同时成立时，对于平面 π 上的任意两点 A、B，当 A、$B \xrightarrow{f}$ A'、B' 时，恒有 $A'B' = k \cdot AB$，且 $\measuredangle(AB, A'B') = \theta$.

若 $k = 1$，则 $\theta \neq 2n\pi$（n 为整数），由定理 1.3.11 即知

$$f = R(O, \theta) = S(O, 1, \theta)$$

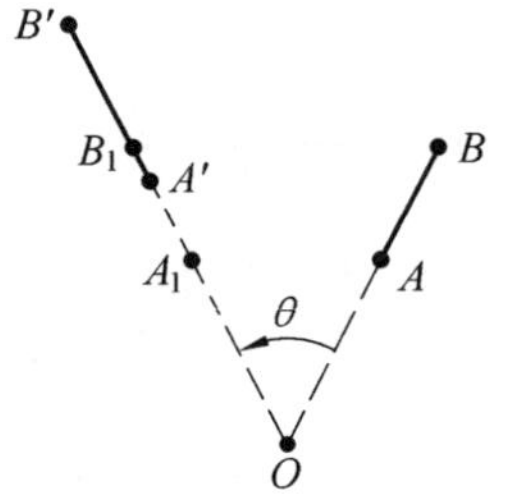

图 2.3.3

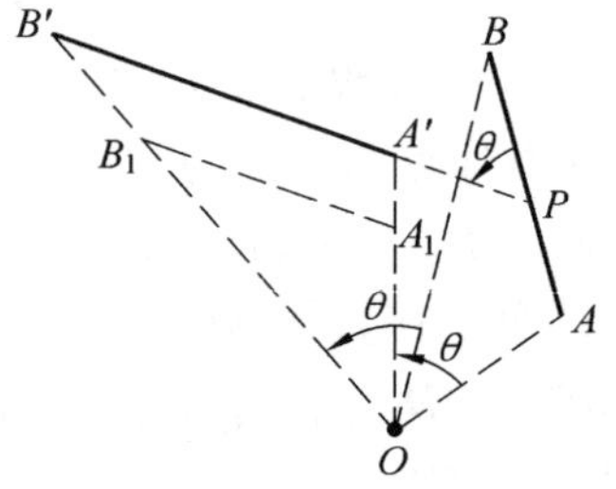

图 2.3.4

若 $k \neq 1$，可设 $0 \leqslant \theta < 2\pi$.

当 $\theta = 0$ 时，条件"$A'B' = k \cdot AB$，且 $\measuredangle(AB, A'B') = \theta$"等价于"$\overrightarrow{A'B'} = k \cdot \overrightarrow{AB}$". 由定理 2.2.1 即知 $f = H(O, k) = S(O, k, 0)$ 是一个位似旋转变换.

当 $\theta = \pi$ 时，条件"$A'B' = k \cdot AB$，且 $\measuredangle(AB, A'B') = \theta$"等价于"$\overrightarrow{A'B'} = -k \cdot \overrightarrow{AB}$". 同样由定理 2.2.1 即知 $f = H(O, -k) = S(O, k, \pi)$ 是一个位似旋转变换.

当 $\theta \neq 0$ 且 $\theta \neq \pi$ 时，不妨设 $0 < \theta < \pi$（必要时重新规定角的正向）. 在平面 π 上任取一点 B，设 $B \xrightarrow{f} B'$. 若 $B' = B$，则取 $O = B$. 若 $B' \neq B$，在平面 π 上作以 B' 与 B 为定点、k 为定比的阿氏圆以及以 BB' 为弦、定角为 θ 的弓形弧（图 2.3.5）. 设阿氏圆与弓形弧交于 O（点 O 是唯一的 —— 注意角有方向），则有 $OB' = k \cdot OB$，且 $\measuredangle BOB' = \theta$. 对平面上任

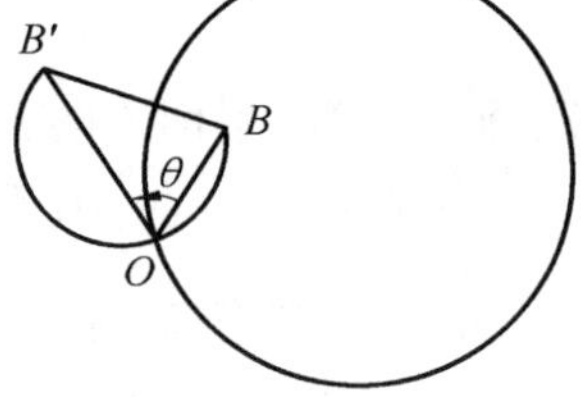

图 2.3.5

意一点 A（$A \neq B$），设 $A \xrightarrow{f} A'$. 若 $A = O$，则由 $A'B' = k \cdot AB$，$\measuredangle(AB, A'B') = \theta = \measuredangle BOB'$ 即知 $A' = O$. 若 $A \neq O$，设直线 $A'B'$ 与 AB 交于 P. 如果 $P = O$，则 O、A、B 三点共线，O、A'、B' 三点共线，由 $A'B' = k \cdot AB$，$OB' = k \cdot OB$，$\measuredangle(AB, A'B') = \theta = \measuredangle BOB'$ 即知 $OA' = k \cdot OA$，$\measuredangle AOA' = \theta$（图 2.3.3）. 如果 $P \neq O$，则由 $\measuredangle(AB, A'B') = \theta = \measuredangle BOB'$ 知，O、B、P、B' 四点共圆（图 2.3.4），于是 $\measuredangle OB'A' = \measuredangle OBA$. 又 $A'B' = k \cdot AB$，$OB' = k \cdot OB$，所以 $\triangle OB'A' \backsim \triangle OBA$. 从而 $OA' = k \cdot OA$，$\measuredangle B'A'O =$

$\measuredangle BAO$，这样 O、A、P、A' 四点也共圆，故 $\measuredangle AOA' = \measuredangle(AB, A'B') = \theta$. 无论哪种情形都有 $OA' = k \cdot OA$，$\measuredangle AOA' = \theta$. 由位似旋转变换的定义即知 $f = S(O, k, \theta)$ 是一个位似旋转变换.

定理 2.3.3 设 A、$B \xrightarrow{S(O,k,\theta)} A'$、$B'$，直线 AB 与 $A'B'$ 交于点 P，则 O、P、A、A' 四点共圆，O、P、B、B' 四点共圆.

证明 如图 2.3.6，2.3.7 所示，由定理 2.3.2，$\measuredangle APA' = \theta = \measuredangle AOA'$，故 O、P、A、A' 四点共圆. 同理，O、P、B、B' 四点共圆.

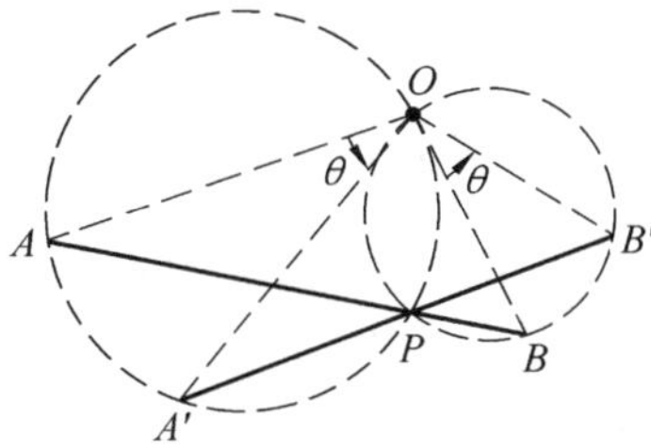

图 2.3.6

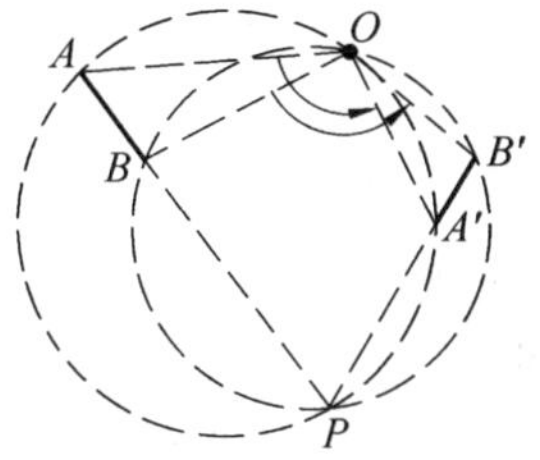

图 2.3.7

推论 2.3.1 设 A、$B \xrightarrow{S(O,k,\theta)} A'$、$B'$，则有 $\dfrac{AA'}{BB'} = \dfrac{OA}{OB}$，且 $\measuredangle(AA', BB') = \measuredangle AOB$. 又若直线 AA' 与 BB' 交于点 P，则 O、P、A、B 四点共圆，O、P、A'、B' 四点共圆.

证明 如图 2.3.8，2.3.9 所示，因 A、$B \xrightarrow{S(O,k,\theta)} A'$、$B'$，所以 $\measuredangle BOB' = \theta = \measuredangle AOA'$，从而

$$\measuredangle A'OB' = \measuredangle A'OB + \measuredangle BOB' = \measuredangle A'OB + \measuredangle AOA' = \measuredangle AOB$$

又 $\dfrac{OB'}{OB} = k = \dfrac{OA'}{OA}$，所以 $\dfrac{OB'}{OA'} = \dfrac{OB}{OA}$. 这说明在位似旋转变换 $S\left(O, \dfrac{OB}{OA}, \measuredangle AOB\right)$ 下，$A \to B$，$A' \to B'$. 于是，由定理 2.3.2 即得，且 $(AA', BB') = \measuredangle AOB$.

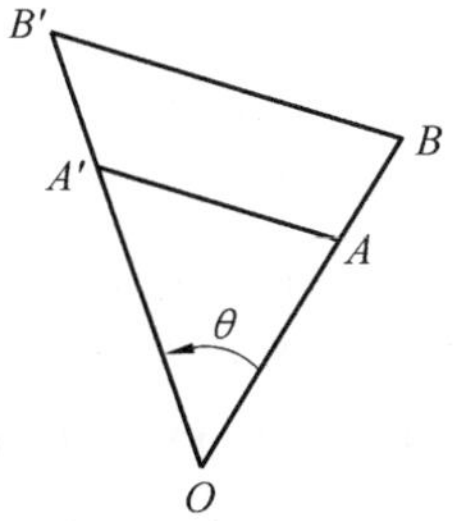

图 2.3.8

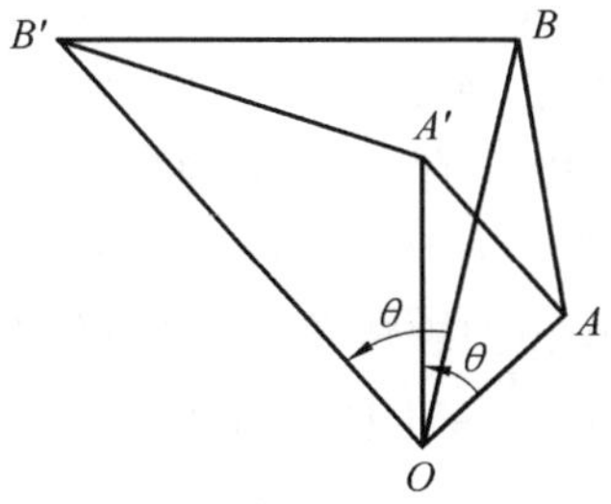

图 2.3.9

若直线 AA' 与 BB' 交于点 P(图 2.3.10,2.3.11)，则因 $A、A' \xrightarrow{S(O,\frac{OB}{OA},\measuredangle AOB)} B、B'$，由定理 2.3.3 即知 $O、P、A、B$ 四点共圆，$O、P、A'、B'$ 四点共圆.

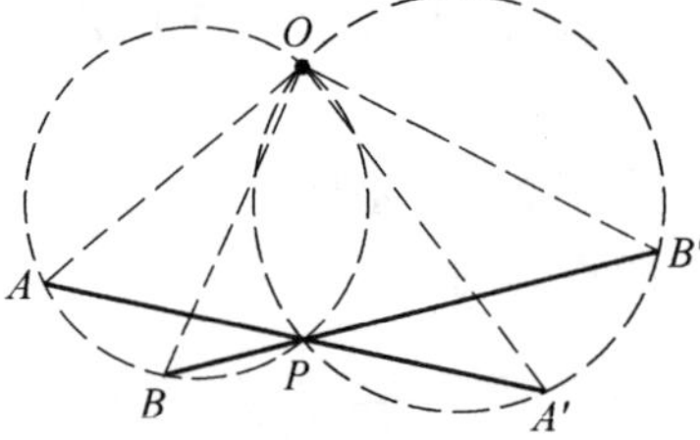

图 2.3.10

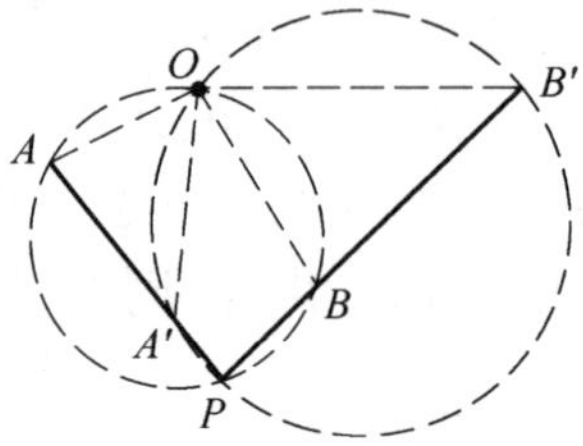

图 2.3.11

定理 2.3.4 设 $S(O_1, k_1, \theta_1)$ 与 $S(O_2, k_2, \theta_2)$ 是平面 π 的两个位似旋转变换，那么

(1) 当 $k_1k_2 \neq 1$ 或 $\theta_1 + \theta_2 \neq 2n\pi$($n$ 为整数) 时

$$S(O_2, k_2, \theta_2)S(O_1, k_1, \theta_1)$$

仍是一个位似旋转变换，且积的位似系数等于两因子的位似系数之积，积的旋转角等于两个因子的旋转角之和，即存在点 O，使得

$$S(O_2, k_2, \theta_2)S(O_1, k_1, \theta_1) = S(O, k_1k_2, \theta_1 + \theta_2)$$

(2) 当 $k_1k_2 = 1$ 且 $\theta_1 + \theta_2 = 2n\pi$($n$ 为整数) 时

$$S(O_2, k_2, \theta_2)S(O_1, k_1, \theta_1)$$

是一个平移变换. 即存在向量 $\boldsymbol{v}$，使得

$$S(O_2, k_2, \theta_2)S(O_1, k_1, \theta_1) = T(\boldsymbol{v})$$

证明 对于平面 π 上的任意两点 $A、B$，设

$$A、B \xrightarrow{S(O_1,k_1,\theta_1)} A'、B' \xrightarrow{S(O_2,k_2,\theta_2)} A''、B''$$

由定理2.3.1，$A''B'' = k_2 \cdot A'B' = k_1k_2 \cdot AB$，$\measuredangle(AB, A'B') = \theta_1$，$\measuredangle(A'B', A''B'') = \theta_2$.因此，$A''B'' = k_1k_2 \cdot AB$，且

$$\measuredangle(AB, A''B'') = \measuredangle(AB, A'B') + \measuredangle(A'B', A''B'') = \theta_1 + \theta_2$$

于是，由定理 2.3.1 即知，当 $k_1k_2 \neq 1$ 或 $\theta_1 + \theta_2 \neq 2n\pi$($n$ 为整数) 时(图 2.3.12)，存在点 O，使得

$$S(O_2, k_2, \theta_2)S(O_1, k_1, \theta_1) = S(O, k_1k_2, \theta_1 + \theta_2)$$

仍是一个位似旋转变换，其位似系数为 k_1k_2，旋转角为 $\theta_1 + \theta_2$；

当 $k_1k_2 = 1$ 且 $\theta_1 + \theta_2 = 2n\pi$($n$ 为整数) 时(图 2.3.13)，因 $A''B'' = AB$，$\measuredangle(AB, A''B'') = 2n\pi$，所以$\overrightarrow{A''B''} = \overrightarrow{AB}$，由定理1.3.1即知，存在向量 $\boldsymbol{v}$，使得

$$S(O_2,\ k_2,\ \theta_2)S(O_1,\ k_1,\ \theta_1) = T(\boldsymbol{v})$$

是一个平移变换.

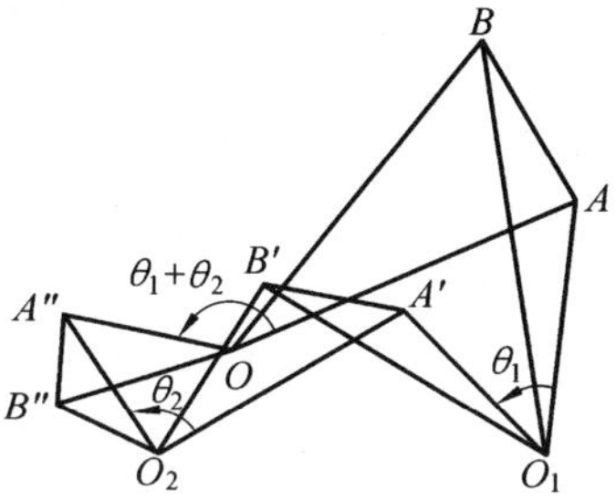

图 2.3.12

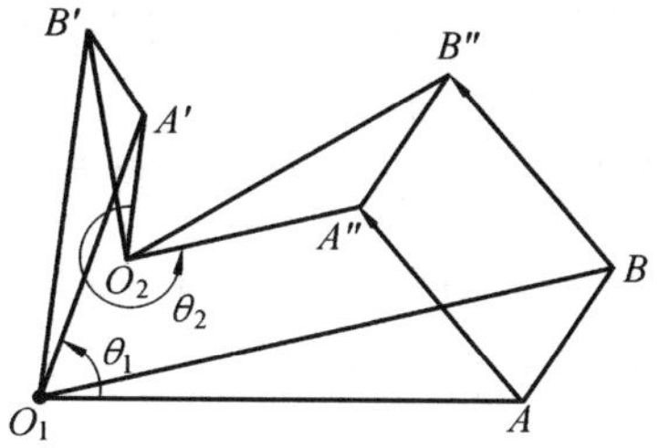

图 2.3.13

完全仿照定理 2.3.4 的证明，可以得到关于多个位似旋转变换之积的同样的结论. 即有如下定理.

定理 2.3.5 设 $S(O_1,\ k_1,\ \theta_1)$、$S(O_2,\ k_2,\ \theta_2)$、…、$S(O_n,\ k_n,\ \theta_n)$ 是平面 π 的 $n(n \geqslant 2)$ 个位似旋转变换，则

(1) 当 $k_1k_2\cdots k_n \neq 1$ 或 $\theta_1+\theta_2+\cdots+\theta_n \neq 2k\pi$（$k$ 为整数）时，在平面 π 上存在一点 O，使得

$$S(O_1,\ k_1,\ \theta_1)S(O_2,\ k_2,\ \theta_2)\cdots S(O_n,\ k_n,\ \theta_n) = S(O,\ k_1k_2\cdots k_n,\ \theta_1+\theta_2+\cdots+\theta_n)$$

仍是一个位似旋转变换；

(2) 当 $k_1k_2\cdots k_n = 1$ 且 $\theta_1+\theta_2+\cdots+\theta_n = 2k\pi$（$k$ 为整数）时，在平面 π 上存在向量 $\boldsymbol{v}$，使得

$$S(O_1,\ k_1,\ \theta_1)S(O_2,\ k_2,\ \theta_2)\cdots S(O_n,\ k_n,\ \theta_n) = T(\boldsymbol{v})$$

是一个平移变换.

因旋转变换是位似旋转变换中位似系数为 1 的特例，于是由定理 2.3.5 即得

推论 2.3.2 设 $R(O_1,\ \theta_1)$、$R(O_2,\ \theta_2)$、…、$R(O_n,\ \theta_n)$ 是平面 π 的 $n(n \geqslant 2)$ 个旋转变换，则

(1) 当 $\theta_1+\theta_2+\cdots+\theta_n \neq 2k\pi$（$k$ 为整数）时，在平面 π 上存在点 O，使得

$$R(O_1,\ \theta_1)R(O_2,\ \theta_2)\cdots R(O_n,\ \theta_n) = R(O_n,\ \theta_1+\theta_2+\cdots+\theta_n)$$

仍是一个旋转变换；

(2) 当 $\theta_1+\theta_2+\cdots+\theta_n = 2k\pi$（$k$ 为整数）时，在平面 π 上存在向量 $\boldsymbol{v}$，使得

$$R(O_1,\ \theta_1)R(O_2,\ \theta_2)\cdots R(O_n,\ \theta_n) = T(\boldsymbol{v})$$

是一个平移变换.

推论 2.3.2 即定理 1.3.15.

定理 2.3.6 相似系数不等于 1 的真正相似变换必为位似旋转变换.

证明 设 f 是平面 π 的一个真正相似变换，相似系数为 $k(k>0,\ k\neq 1)$. 如图 2.3.14 所示，在平面 π 上任取两点 P、Q，设 P、$Q\xrightarrow{f}P'$、Q'，则 $P'Q'=k\cdot PQ$. 记 $\measuredangle(PQ,\ P'Q')=\theta$.

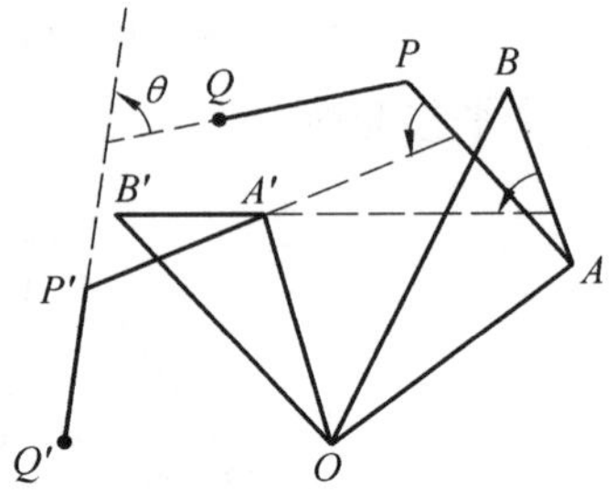

图 2.3.14

对于平面 π 上任意两点 A、B，设 A、$B\xrightarrow{f}A'$、B'. 因为 f 是一个真正相似变换，所以，$A'B'=k\cdot AB$，且 $\measuredangle A'P'Q'=\measuredangle APQ$，$\measuredangle A'P'B'=\measuredangle APB$，注意

$$\measuredangle(A'B',\ A'P')=-\measuredangle(AP,\ AB)$$

$$\measuredangle(P'Q',\ A'P')=-\measuredangle(AP,\ PQ)$$

于是

$$\begin{aligned}\measuredangle(AB,\ A'B')&=\measuredangle(AP,\ AB)+\measuredangle(AB,\ A'B')+\measuredangle(A'B',\ A'P')=\\&\measuredangle(AP,\ A'P')=\measuredangle(AP,\ PQ)+\measuredangle(PQ,\ P'Q')+\\&\measuredangle(P'Q',\ A'P')=\measuredangle(PQ,\ P'Q')\end{aligned}$$

即有 $\measuredangle(AB,\ A'B')=\measuredangle(PQ,\ P'Q')=\theta$. 这就是说，存在常数 $k(k>0,\ k\neq 1)$，θ，使得对平面 π 上的任意两点 A、B，当 A、$B\xrightarrow{f}A'$、B' 时，恒有 $A'B'=k\cdot AB$，且 $\measuredangle(AB,\ A'B')=\theta$. 由定理 2.3.2 即知，在平面 π 上存在一点 O，使得 $f=S(O,\ k,\ \theta)$ 是一个位似旋转变换.

易知，位似旋转中心是位似旋转变换（只要不是恒等变换）的唯一的不动点，因而定理 2.3.6 说明，相似系数不等于 1 的真正相似变换必有唯一的一个不动点. 不难知道，除位似变换外，位似旋转变换没有不变直线.

当平面 π 上的两个图形 F、F' 真正相似，而其相似系数又不等于 1 时，由定理 2.3.6，存在一个位似旋转变换 $S(O,\ k,\ \theta)$，使得 $F\xrightarrow{S(O,k,\theta)}F'$. 这时，位似旋转中心 O 称为图形 F 与 F' 的**顺相似中心**.

如果我们知道两个图形真正相似，其相似系数又不等于 1，怎样确定这两个图形的顺相似中心呢？定理 2.3.3 告诉我们，只要知道两对对应点即可.

事实上，设 A、A' 与 B、B' 是两个真正相似图形 F、F' 上的两对对应点. 当 $A'B'\,/\!/\,AB$ 时，直线 $A'A$ 与 $B'B$ 的交点 O 即图形 F、F' 的顺相似中心. 当 $A'B'\nparallel AB$ 时，如图 2.3.15，2.3.16 所示，设直线 $A'B'$ 与 AB 交于点 P，则由定理 2.3.3，$\odot(PAA')$ 与 $\odot(PBB')$ 的第二个交点 O 即图形 F、F' 的顺相似中心.

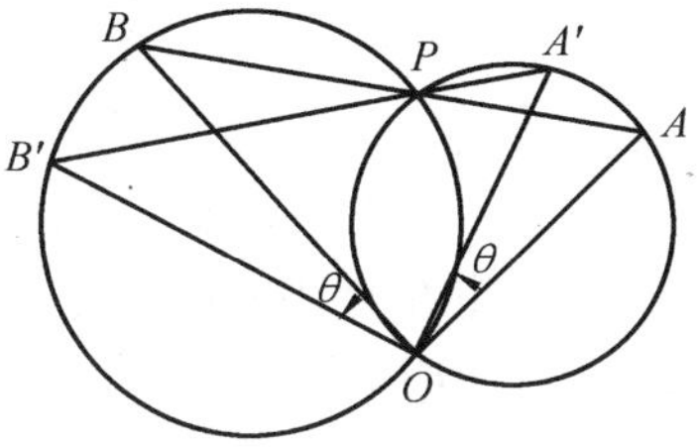

图 2.3.15

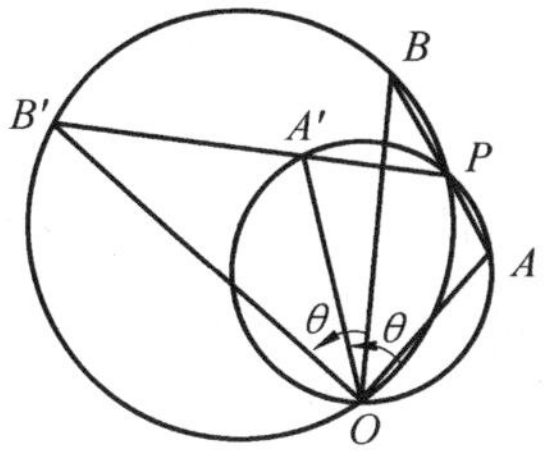

图 2.3.16

定理 2.3.7 设 AB 和 CD 是平面 π 上的任意两条线段，则存在平面 π 的一个平移变换或位似旋转变换，使得 $AB \to CD$.

证明 当 AB 与 CD 同向平行且相等或同向共线且相等时，显然存在一个平移变换 $T(\boldsymbol{v})$，使得 $AB \xrightarrow{T(\boldsymbol{v})} CD$；当 AB 与 CD 反向平行且相等或反向共线且相等时，则存在一个位似变换 $H(O, -1)$（即中心反射变换 $C(O)$），使得 $AB \xrightarrow{H(O,-1)} CD$；如果 $AB \parallel CD$ 或 AB 与 CD 共线，但 $AB \neq CD$，则容易证明存在一个位似变换 $H(O, k)$，使得 $AB \xrightarrow{H(O,k)} CD$；如果 $AB \nparallel CD$，如图 2.3.17，2.3.18 所示，设直线 AB 与 CD 交于 P，$\odot(ACP)$ 与 $\odot(BDP)$ 交于 P、O 两点，则 $\measuredangle OCD = \measuredangle OAB$，$\measuredangle CDO = \measuredangle ABO$，所以，$\triangle OCD$ あ $\triangle OAB$，$\measuredangle BOD = \measuredangle AOC$. 于是，设 $CD = k \cdot AB$，$\measuredangle AOC = \theta$，则有 $AB \xrightarrow{S(O,k,\theta)} CD$.

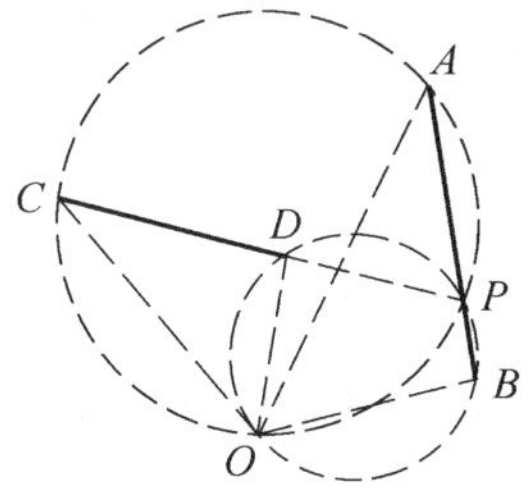

图 2.3.17

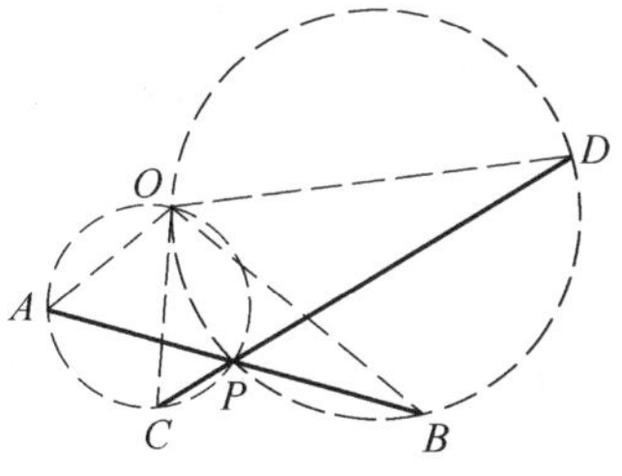

图 2.3.18

定理 2.3.8 设 $\triangle A'B'C'$ あ $\triangle ABC$，其中 A、A' 在直线 l_1 上，B、B' 在直线 l_2 上，C、C' 在直线 l_3 上，且 $l_2 \parallel l_3$. 若 l_1 与 l_2、l_3 相交，则直线 $B'C'$ 与 BC 交于 $\triangle A'B'C'$ 与 $\triangle ABC$ 的顺相似中心 O. 且若 l_1 与 l_2、l_3 分别交于 P、Q 两点，则 $\triangle OPQ$ 与 $\triangle ABC$ 镜像相似.

证明 如图 2.3.19 所示，设 O 是 $\triangle A'B'C'$ 与 $\triangle ABC$ 的顺相似中心，则存在位似旋转变换 $S(O, k, \theta)$，使得

$$\triangle ABC \xrightarrow{S(O,k,\theta)} \triangle A'B'C'$$

由定理 2.3.3

$$\measuredangle AOB = \measuredangle (AA', BB') = \measuredangle (l_1, l_2)$$
$$\measuredangle COA = \measuredangle (CC', AA') = \measuredangle (l_3, l_1)$$

而 $l_2 /\!/ l_3$，所以 $\measuredangle AOB + \measuredangle COA = \measuredangle (l_1, l_2) + \measuredangle (l_3, l_1) = 180°$，因此，$B$、$O$、$C$ 三点共线，即点 O 在直线 BC 上．同理，点 O 也在直线 $B'C'$ 上，换句话说，直线 $B'C'$ 与 BC 的交点是 $\triangle A'B'C'$ 与 $\triangle ABC$ 的相似中心．又因 A、P、B、O 四点共圆，C、Q、A、O 四点共圆．于是

$$\measuredangle OPQ = \measuredangle OPA = \measuredangle OBA = \measuredangle CBA = -\measuredangle ABC$$
$$\measuredangle PQO = \measuredangle AQO = \measuredangle ACO = \measuredangle ACB = -\measuredangle BCA$$

故 $\triangle OPQ$ 与 $\triangle ABC$ 镜像相似．

推论 2.3.3 设 $\triangle A'B'C'$ あ $\triangle ABC$，其中 A、A' 在直线 l_1 上，B、B' 在直线 l_2 上，C、C' 在直线 l_3 上，且 $l_1 \perp l_2$，$l_2 /\!/ l_3$，则点 A 在直线 BC 上的射影即 $\triangle A'B'C'$ 与 $\triangle ABC$ 的相似中心 O．

证明 如图 2.3.20 所示，由定理 2.3.8，$\triangle A'B'C'$ 与 $\triangle ABC$ 的相似中心 O 在直线 BC 上．又 $AP \perp PB$，A、P、B、O 四点共圆，所以 $AO \perp BC$，即 $\triangle A'B'C'$ 与 $\triangle ABC$ 的相似中心 O 是点 A 在直线 BC 上的射影．

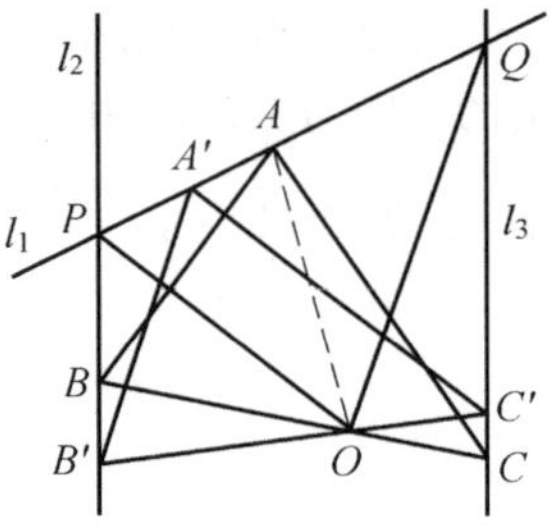

图 2.3.19

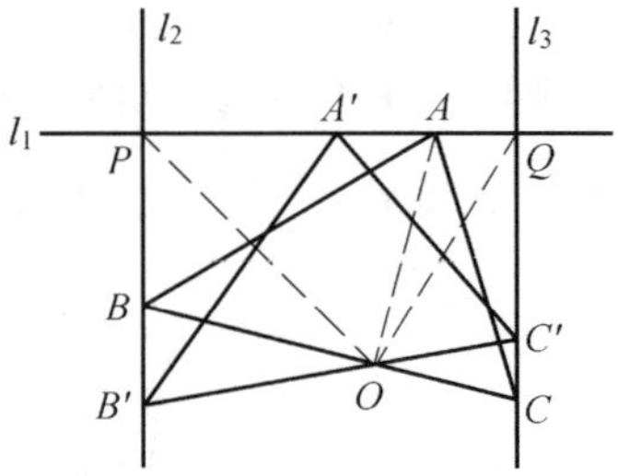

图 2.3.20

例 2.3.1 设 $ABCD$ 和 $A'B'C'D'$ 是同一国家同一区域的两幅正方形地图，但按不同比例尺画出，并且重叠如图 2.3.19 所示．求证：小地图上有且只有一点 O，它和大地图上表示同一地点的 O' 重合．(第 7 届美国数学奥林匹克，1978)

证明 如图 2.3.21 所示，显然，正方形 $ABCD$ 和 $A'B'C'D'$ 同向相似，且相似比 $k = \dfrac{A'B'}{AB} > 1$，由定理 2.3.6，存在一个位似旋转变换 $S(O, k, \theta)$，使得正方形 $ABCD \xrightarrow{S(O,k,\theta)}$ 正方形 $A'B'C'D'$．因正方形 $ABCD$ 与正方形

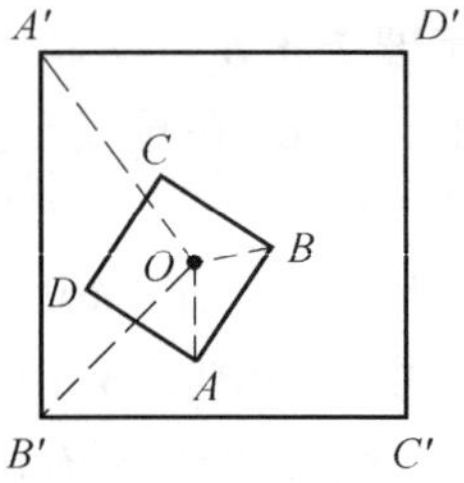

图 2.3.21

$A'B'C'D'$ 一个在另一个内部，所以，点 O 一定在正方形 $ABCD$ 内部．由于位似旋转中心是非恒等的位似旋转变换的唯一的不动点．故点 O 无论作为小地图上的点，还是作为大地图上的点，都表示同一地点．

例 2.3.2 边长为 x 的正三角形的三个顶点都在一个边长为 1 的正方形的边上．求 x 的所有可能的值．(第 39 届瑞典数学奥林匹克，1999)

解 当正三角形的三个顶点都在正方形的边上时，则三个顶点至少要涉及正方形的三边(包括边的端点)．设 $ABCD$ 是边长为 1 的正方形，不妨设正 $\triangle PQR$ 的三个顶点 P、Q、R 分别在正方形 $ABCD$ 的边 AB、CD、DA 上(图 2.3.22)，所有这样的正 $\triangle PQR$ 都是同向相似的．设其中一个与 $\triangle PQR$ 的顺相似中心为 O，因 $\triangle PQR$ 是正三角形，由推论 2.3.3，O 是 PQ 的中点，且由定理 2.3.6，$\triangle ODA$ 是一个正三角形，因而 PQ 的中点 O 是一个定点．

显然，当 $PQ \parallel BC$ 时，PQ 最短，此时 $PQ = BC = 1$．而当 PQ 有一个端点与 B 或 C 重合时，PQ 最长，此时 $PQ = \sec 15° = \sqrt{6} - \sqrt{2}$．故 x 的所有可能的值构成区间 $[1, \sqrt{6} - \sqrt{2}]$．

本题与我国 1978 年首次举行的全国高中数学联赛第 2 试的最后一道试题本质上是一样的(仅仅将求面积改成了求边长)．流行的解法是先取 PQ 的中点 O，然后再证明 O 是一个定点．但为什么会想到取 PQ 的中点？中点是怎么“蹦”出来的？这些问题都说不清道不明．而这里从图形的同向相似的背景来考虑两个不同正三角形的关系，在推论 2.3.3 的指引下得到 PQ 的中点 O 是非常自然的．

例 2.3.3 设 $\triangle ABC \backsim \triangle A'B'C'$，且其对应边不平行．再设直线 BC 与 $B'C'$ 交于 D，直线 CA 与 $C'A'$ 交于 E，直线 AB 与 $A'B'$ 交于 F．证明：$\triangle BB'D$、$\triangle CC'E$、$\triangle AA'F$ 这三个三角形的外接圆共点．

证明 如图 2.3.23 所示，因 $\triangle ABC \backsim \triangle A'B'C'$，且其对应边不平行，于是，存在一个位似旋转变换 $S(O, k, \theta)$(包括旋转变换，但不包括位似变换)，使得 $\triangle ABC \xrightarrow{S(O,k,\theta)} \triangle A'B'C'$，而 $\triangle BB'D$、$\triangle CC'E$、$\triangle AA'F$ 这三个三角形的外接圆均通过位似旋转中心 O，故它们共点．

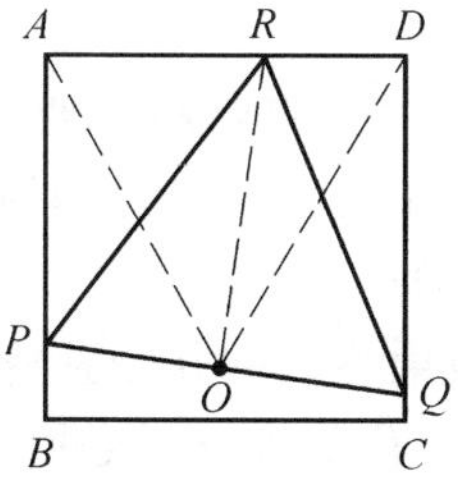

图 2.3.22

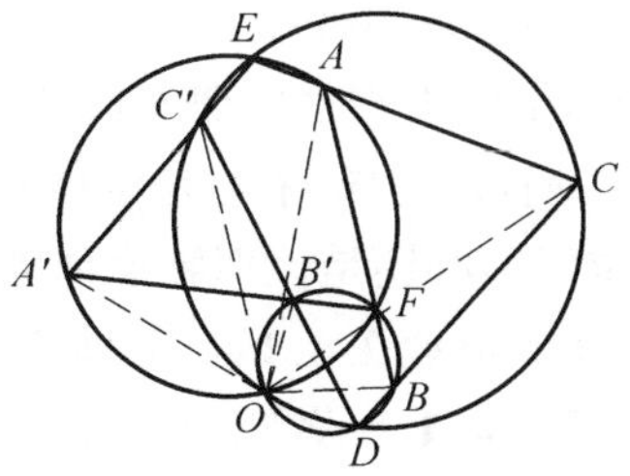

图 2.3.23

2.4　位似轴反射变换

我们在上一节已经把平面上的真正的相似变换彻底弄清楚了. 为了弄清楚平面上的镜像相似变换，我们还需讨论一个具体的镜像相似变换，这就是位似轴反射变换.

定义 2.4.1　设 O 是平面 π 的一个定点，l 是过定点 O 的一条定直线，k 是一个大于零的常数. 如果平面 π 的一个变换，使得对于平面 π 上任意一点 A 与其像点 A' 之间，恒有

(1) $OA' = k \cdot OA$;

(2) $\measuredangle(l, OA') = \measuredangle(OA, l)$

则这个变换称为平面 π 的一个**位似轴反射变换**，记作 $T(O, k, l)$. 其中定点 O 称为位似中心；常数 k 称为位似系数或位似比；定直线 l 及过顶点 O 且垂直于直线 l 的直线 m 皆称为反射轴，前者称为内反射轴，后者称为外反射轴(图 2.4.1).

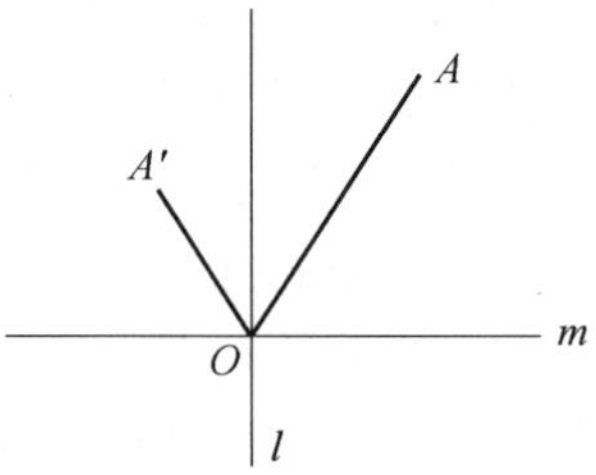

图 2.4.1

由定义可知，位似轴反射变换是位似变换与轴反射变换之积，只不过位似中心在反射轴上，并且这个乘积也是可交换的，即有

$$T(O, k, l) = H(O, k)S(l) = S(l)H(O, k)$$

这同时也表明位似轴反射变换同样是可逆的. 如果记位似轴反射变换 $T(O, k, l)$ 的逆变换为 $T^{-1}(O, k, l)$，则有

$$T^{-1}(O, k, l) = T(O, k^{-1}, l)$$

不难知道，对于位似轴反射变换 $T(O, k, l)$ 的外反射轴 m，有

$$H(O, -k)\ S(m) = S(m)H(O, -k) = T(O, k, l)$$

显然，当 $k = 1$ 时，$T(O, 1, l) = S(l)$ 是以 l 为反射轴的轴反射变换. 因此，位似轴反射变换是轴反射变换的推广.

因为位似中心是位似变换的不动点，而反射轴上的点都是轴反射变换的不动点，所以，位似中心是位似轴反射变换的不动点. 并且当位似系数不等于 1 时，位似中心还是位似轴反射的唯一的一个不动点.

下面的定理 2.4.1 ~ 定理 2.4.3 是位似轴反射变换的几个独特的性质.

定理 2.4.1　设 $T(O, k, l)$ 是平面 π 的一个位似轴反射变换，A、B 是平面 π 上的两点，且 A、$B \xrightarrow{T(O,k,l)} A'$、$B'$. 若 O、A、B 三点共线，则 $AA' \parallel BB'$.

证明 如图 2.4.2, 2.4.3 所示, 因 O、A、B 三点共线, 反射轴 l 既平分 $\angle AOA'$, 也平分 $\angle BOB'$, 所以, O、A'、B' 三点也共线. 又由位似轴反射变换的定义, 有 $\dfrac{OA'}{OA}=\dfrac{OB'}{OB}(=k)$, 故 $AA' /\!/ BB'$.

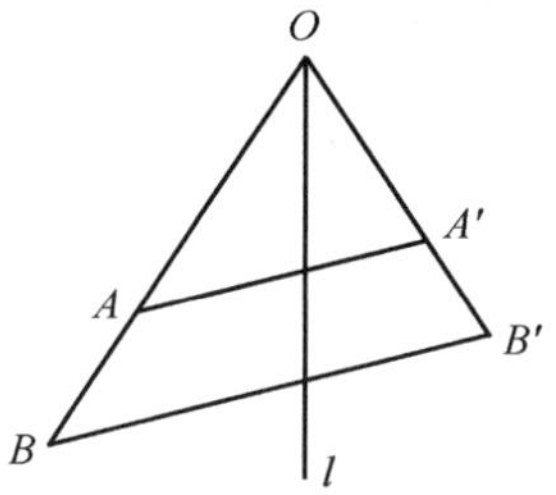

图 2.4.2

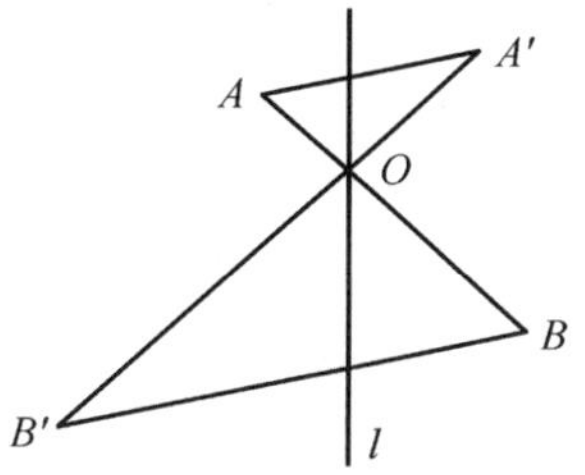

图 2.4.3

定理 2.4.2 设 $T(O, k, l)$ 是平面 π 的一个位似轴反射变换, A、B 是平面 π 上的两点, 且 A、$B \xrightarrow{T(O,k,l)} A'$、$B'$. 若 O、A、B' 三点共线, 则 A、B、A'、B' 四点共圆.

证明 如图 2.4.4, 2.4.5 所示, 由 O、A、B' 三点共线知 O、A'、B 三点也共线. 又由位似轴反射变换的定义, 有 $\dfrac{OA'}{OA}=\dfrac{OB'}{OB}$, 所以

$$OA \cdot OB' = OA' \cdot OB$$

故 A、B、A'、B' 四点共圆.

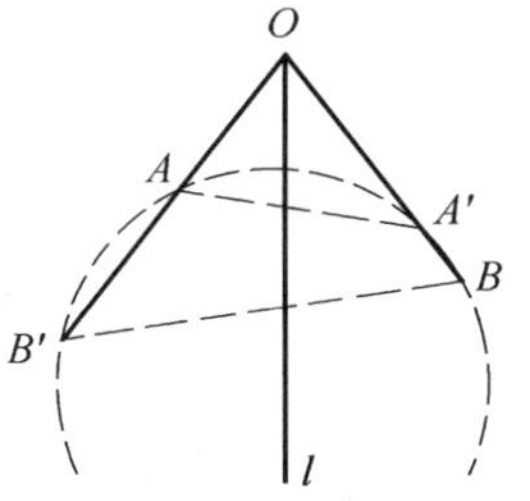

图 2.4.4

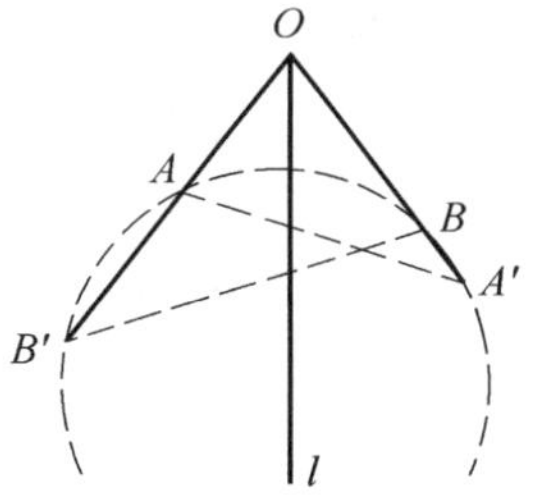

图 2.4.5

定理 2.4.3 设 $T(O, k, l)(k \neq 1)$ 是平面 π 的一个位似轴反射变换, A 是平面 π 上不在其反射轴上的任一点, 且 $A \xrightarrow{T(O,k,l)} A'$, 直线 AA' 与内反射轴 l 交于 P, 与外反射轴 m 交于 Q, 则

$$\frac{PA'}{PA}=\frac{QA'}{QA}=k$$

证明 如图 2.4.6 所示, 由位似轴反射变换的定义知, l、m 分别为 $\angle AOA'$ 的内角平分线与外角平分线(所在直线), 于是由三角形的内角平分线

性质定理与外角平分线性质定理立即可得

$$\frac{PA'}{PA}=\frac{QA'}{QA}=\frac{OA'}{OA}=k$$

由于位似轴反射变换是位似变换与轴反射变换的乘积，因而容易由位似变换与轴反射变换的性质导出位似轴反射变换的其他一些性质.

定理 2.4.4 设直线 $n\xrightarrow{T(O,k,l)}$ 直线 n'，则 $\measuredangle(n,l)=\measuredangle(l,n')$.

证明 因 $T(O, k, l)=H(O, k)S(l)$，于是，设 $n\xrightarrow{S(l)}n_1$，则有 $n_1\xrightarrow{H(O,k)}n'$(图 2.4.7). 由轴反射变换的性质，有 $\measuredangle(n, l)=\measuredangle(l, n_1)$. 又直线 l 过位似中心 O，由定理 2.2.5，l 是 $H(O, k)$ 的不变直线，于是由位似变换的性质，有 $\measuredangle(l, n_1)=\measuredangle(l, n')$. 故 $\measuredangle(n, l)=\measuredangle(l, n')$.

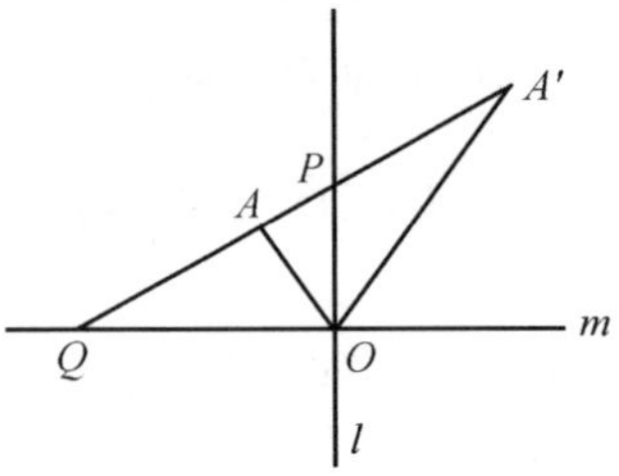

图 2.4.6

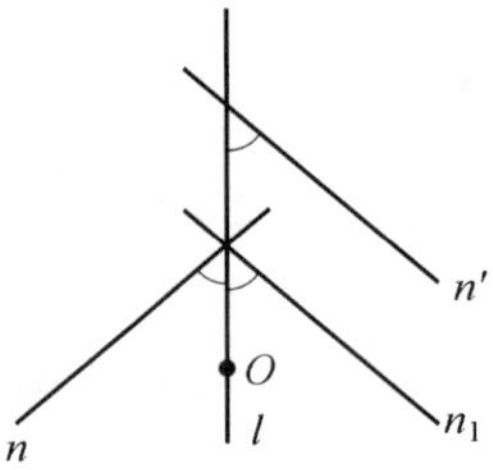

图 2.4.7

推论 2.4.1 在位似轴反射变换下，与内(外) 反射轴平行的直线仍变为与内(外) 反射轴平行的直线.

定理 2.4.5 内、外反射轴是位似系数不等于 1 的位似轴反射变换仅有的两条不变直线.

证明 设 a 是位似轴反射变换 $T(O, k, l)$ $(k\neq 1)$ 的一条不变直线. 因

$$T(O, k, l)=H(O, k)S(l)$$

于是，设 $a\xrightarrow{S(l)}a'$，则 $a'\xrightarrow{H(O,k)}a$. 如果 $a /\!/ l$，则由 $a\xrightarrow{S(l)}a'$ 知，a' 与 a 分布在 l 的两侧，但由 $a'\xrightarrow{H(O,k)}a$ 与 $k>0$ 知，a' 与 a 分布在 l 的同侧，矛盾. 因而 a 与 l 必有公共点，由定理 1.3.19，a' 与 a 有公共点，再由定理 2.2.4 知，$a'=a$，这说明 a 既是 $S(l)$ 的不变直线，又是 $H(O, k)$ 的不变直线. 而当位似系数不等于 1 时，位似变换的不变直线是过位似中心的直线(定理 2.2.5). 又由定理 1.3.18，轴反射变换的不变直线或是反射轴，或是与反射轴垂直的直线，故位似系数不等于 1 的位似轴反射变换有且仅有两条不变直线 —— 内、外两条反射轴.

定理 2.4.6 位似轴反射变换是镜像相似变换.

证明 因位似轴反射变换是轴反射变换与位似变换之积，轴反射变换是镜像合同变换(当然也是镜像相似变换)，位似变换是真正相似变换，而镜像相似变换与真正相似变换之积是镜像相似变换，故位似轴反射变换是镜像相似变换.

定理 2.4.7 设 $H(O_1, k)$ 与 $S(l_1)$ 分别是平面 π 的一个位似变换与一个轴反射变换，则当 $k \neq -1$ 时，乘积 $S(l_1)H(O_1, k)$ 与 $H(O_1, k)S(l_1)$ 均为平面 π 的位似轴反射变换.

证明 如图2.4.8，2.4.9所示，设点 O_1 在直线 l_1 上的射影为 M. 因 $k \neq -1$，所以平面 π 上存在唯一的一点 O，使得

$$\overrightarrow{O_1O} = \frac{2}{k+1} \cdot \overrightarrow{O_1M}$$

设 $O \xrightarrow{H(O_1, k)} O'$，则有

$$\overrightarrow{O_1O'} = k \cdot \overrightarrow{O_1O} = \frac{2k}{k+1} \cdot \overrightarrow{O_1M}$$

$$\overrightarrow{OO'} = \overrightarrow{O_1O'} - \overrightarrow{O_1O} = \left(\frac{2k}{k+1} - \frac{2}{k+1}\right)\overrightarrow{O_1M} = \frac{2(k-1)}{k+1} \cdot \overrightarrow{O_1M}$$

$$\overrightarrow{OM} = \overrightarrow{O_1M} - \overrightarrow{O_1O} = \left(1 - \frac{2}{k+1}\right)\overrightarrow{O_1M} = \frac{k-1}{k+1} \cdot \overrightarrow{O_1M}$$

所以
$$\overrightarrow{MO'} = \overrightarrow{OO'} - \overrightarrow{OM} = \overrightarrow{OM}$$

故
$$O' \xrightarrow{S(l_1)} O$$

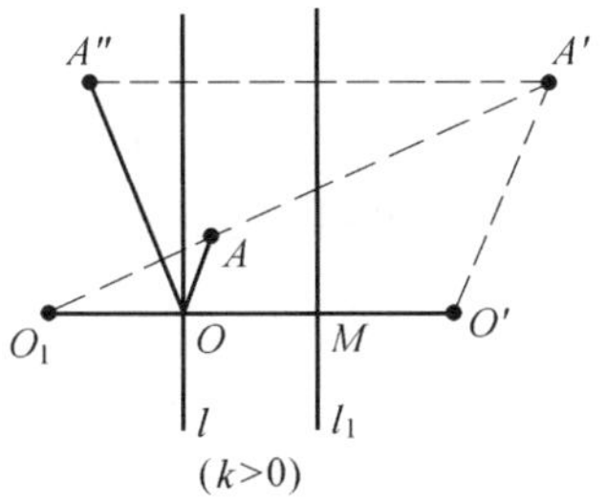

图 2.4.8

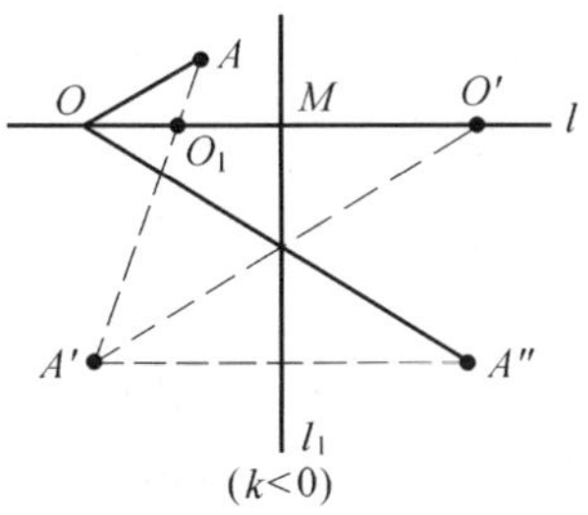

图 2.4.9

对于平面 π 上任意一点 A，设 $A \xrightarrow{H(O_1, k)} A' \xrightarrow{S(l_1)} A''$，则有 $OA'' = O'A' = |k| \cdot OA$，$OA''$ 与 $O'A'$ 关于直线 l_1 对称，$O'A' \parallel OA$.

1° 当 $k > 0$ 时(图2.4.8)，设过 O 且与 l_1 平行的直线为 l，则由 $O'A' \parallel OA$，OA'' 与 $O'A'$ 关于直线 l_1 对称即知，直线 l 平分 $\angle AOA''$. 由位似轴反射变换的定义，得

$$S(l_1)H(O_1, k) = T(O, k, l)$$

2° 当 $k < 0$ 时(图 2.4.9)，设过点 O 且与 l_1 垂直的直线为 l，则 O、O_1、O' 都在直线 l 上，于是，由位似变换与轴反射变换的性质，有

$$\measuredangle A''OO' = -\measuredangle A'O'O = \measuredangle OO'A' = \measuredangle O'OA$$

即直线 l 平分 $\angle AOA''$. 由位似轴反射变换的定义即知

$$S(l_1)H(O_1, k) = T(O, -k, l)$$

综上所述，只要 $k \neq -1$，$S(l_1)H(O_1, k)$ 就是一个位似轴反射变换.

同样可证，$H(O_1, k)S(l_1)(k \neq -1)$ 也是一个位似轴反射变换.

位似轴反射变换尽管是两个已知变换 —— 轴反射变换与位似变换的乘积，但它有一个不动点 —— 位似轴反射中心. 更重要的是有下面的定理.

定理 2.4.8 相似系数不等于 1 的镜像相似变换必为位似轴反射变换.

证明 设 f 是平面 π 的一个镜像相似变换，其相似系数 $k \neq 1$. 在平面 π 上任取一点 O_1，以 O_1 为位似中心，k^{-1} 为位似系数作位似变换 $H(O_1, k^{-1})$，令 $g = H(O_1, k^{-1})f$，则 g 是平面 π 的一个镜像合同变换，从而由定理 1.4.1 知，g 是平面 π 的一个滑行反射变换. 因而可设

$$H(O_1, k^{-1})f = T(\boldsymbol{v})S(l_1), \boldsymbol{v} \mathrel{/\!/} l_1$$

所以

$$f = H^{-1}(O_1, k^{-1})T(\boldsymbol{v})S(l_1) = H(O_1, k)T(\boldsymbol{v})S(l_1)$$

由定理 2.2.8，在平面 π 上存在一点 O_2，使得 $H(O_1, k)T(\boldsymbol{v}) = H(O_2, k)$. 再由定理 2.4.8，在平面 π 上存在一点 O，使得

$$H(O_2, k)S(l_1) = T(O, k, l)$$

故 $f = T(O, k, l)$ 是一个位似轴反射变换. 这就证明了我们的断言.

由于位似中心是位似轴反射变换(只要位似系数不等于 1) 的唯一的不动点，因而由定理 2.4.8 即知，相似系数不等于 1 的镜像相似变换必有唯一的不动点.

综合 2.3 中的讨论，我们得到

定理 2.4.9 相似系数不等于 1 的相似变换必有唯一的一个不动点.

定理 2.4.10 相似系数不等于 1 的相似变换或是位似旋转变换，或是位似轴反射变换.

至此，我们已将平面上的相似变换彻底弄清：

合同变换之外的相似变换只有两种：位似旋转变换与位似轴反射变换.

定理 2.4.11 设 AB、CD 是平面 π 上的两条既不平行也不共线的不相等线段，则存在平面 π 的一个位似轴反射变换 $T(O, k, l)$，使得 $AB \xrightarrow{T(O,k,l)} CD$.

证明 如图 2.4.10, 2.4.11 所示，设 $CD = k \cdot AB$. 以 k 为分比分别内分

线段 CA 与 DB 于 P、Q，过 P、Q 两点作直线 l，以 l 为反射轴作轴反射变换 $S(l)$，设 A、$B\xrightarrow{S(l)}A'$、B'，则 $A'\neq C$. 连 $A'C$ 交 l 于点 O，则 $A'B'=AB, CD=k\cdot AB=k\cdot A'B'$. $OA'=OA$，$OB'=OB$，l 平分 $\angle AOC$，l 平分 $\angle BOB'$. 因 $PC=k\cdot PA$，由三角形内角平分线性质定理，有 $OC=k\cdot OA=k\cdot OA'$. 又不难证明(见例 6.1.4 及习题 6 第 2 题)，$\measuredangle(CD, PQ)=\measuredangle(PQ, AB)$，而

$$\measuredangle(A'B', PQ)=\measuredangle(PQ, AB)$$

所以 $A'B' /\!/ CD$. 而 $OC=k\cdot OA'$，$CD=k\cdot A'B'$，因此 $\triangle OA'B' \backsim \triangle OCD$，从而 O、D、B' 三点共线，于是 l 平分 $\angle BOD$，且 $OD=k\cdot OB'=k\cdot OB$. 故 $AB\xrightarrow{T(O,k,l)}CD$.

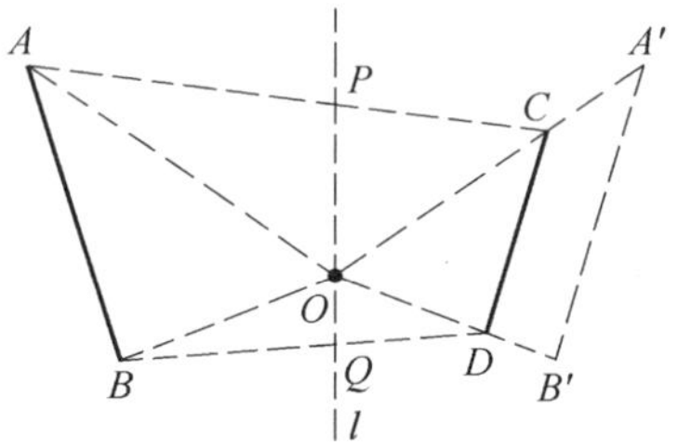

图 2.4.10

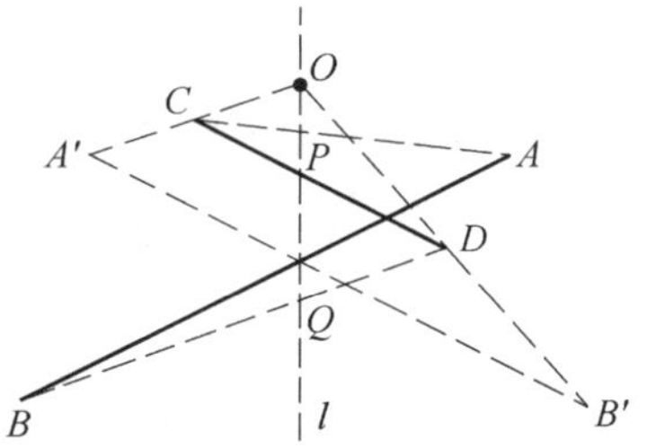

图 2.4.11

如果平面 π 上的两个图形 F 与 F' 镜像相似，且相似系数不等于 1，则由定理 2.4.8，存在平面 π 的一个位似轴反射变换 $T(O, k, l)$，使得 $F\xrightarrow{T(O,k,l)}F'$，这时，位似中心 O 称为图形 F 与 F' 的逆相似中心，而反射轴(内、外两条)则称为图形 F 与 F' 的相似轴.

只有镜像相似图形(相似比不等于 1) 才有相似轴.

顺相似中心与逆相似中心统称为相似中心.

对于平面上的两个相似图形，只要其相似系数不等于 1，它们就有一个相似中心.

当两个图形镜像相似(相似比不等于 1)时，如何作出其相似轴和相似中心？实际上，定理 2.4.3 已经告诉了我们作法.

如图 2.4.12 所示，设 A、B 两点在位似轴反射变换 $T(O, k, l)$ 下的像点分别为 A'、B'. 以相似比 k 分别内分和外分线段 $A'A$ 与 $B'B$，则两个内分点 M、N 的连线及两个外分点 P、Q 的连线即为两条相似轴，而两相似轴的交点 O 即

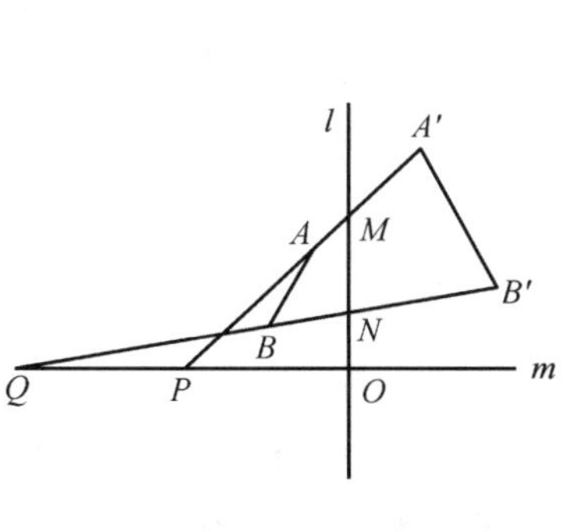

图 2.4.12

为相似中心.

站在相似轴与相似中心的平台上看某些平面几何问题，会显得十分简单.

例 2.4.1 设 $\triangle ABC$ 与 $\triangle A'B'C'$ 镜像相似，相似比不等于1. 以相似比为分比内分线段 $A'A$、$B'B$、$C'C$ 于 D、E、F；再以相似比为分比外分线段 $A'A$、$B'B$、$C'C$ 于 P、Q、R. 求证：D、E、F 三点与 P、Q、R 三点分别共线，且这两条直线互相垂直.

证明 如图2.4.13所示，因 $\triangle ABC$ 与 $\triangle A'B'C'$ 镜像相似，且相似比不等于1，所以,它们有两条互相垂直的相似轴. 由定理4.4.3即知，D、E、F 与 P、Q、R 分别位于两条相似轴上，故结论成立.

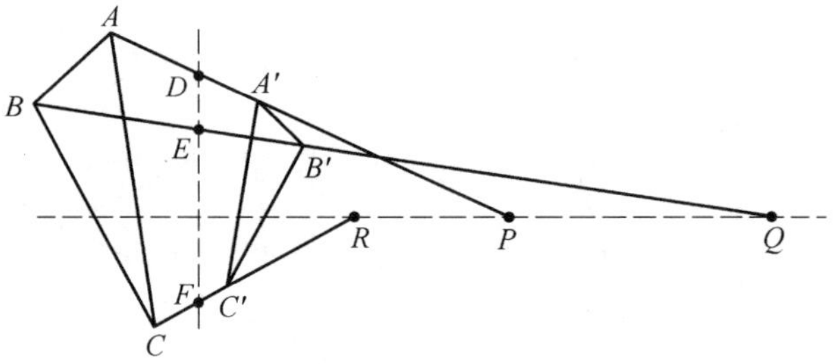

图 2.4.13

例 2.4.2 设 $\triangle ABC$ 与 $\triangle A'B'C'$ 真正相似，相似比为 k，以 k 为分比分别内分线段 $C'B$、$B'C$、$A'C$、$C'A$、$B'A$、$A'B$ 于点 I、J、K、L、M、N，则 IJ、KL、MN 三线共点.

证明 如图2.4.14，设 O、O' 分别是 $\triangle ABC$ 和 $\triangle A'B'C'$ 的外心，则 $\triangle BOC$ 与 $\triangle C'O'B'$ 是镜像相似的. 以 k 为分比内分线段 $O'O$ 于 P，则由上题知，I、P、J 三点是共线的，即 IJ 通过点 P. 同理，KL、MN 皆通过点 P. 故 IJ、KL、MN 三线共点.

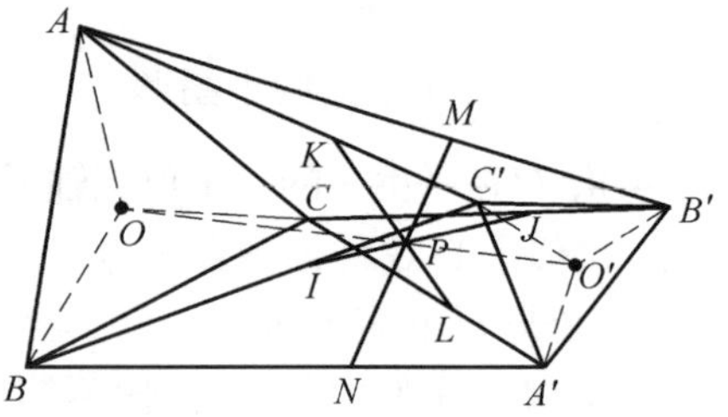

图 2.4.14

本题是习题1第31题的推广.

2.5 三相似图形

设 F_1、F_2、F_3 是平面 π 的三个真正相似图形，即 $F_1 \backsim F_2 \backsim F_3$. O_1 为 F_2、F_3 的相似中心，O_2 为 F_3、F_1 的相似中心，O_3 为 F_1、F_2 的相似中心，则 $\triangle O_1O_2O_3$ 称为三个真正相似图形 F_1、F_2、F_3 的相似三角形，过三点 O_1、O_2、O_3

的圆称为三个真正相似图形 F_1、F_2、F_3 的相似圆．当点 O_1、O_2、O_3 在一直线上或重合时，相似圆退化成一条直线或一个点．此时，这条直线或点分别称为图形 F_1、F_2、F_3 的相似轴或相似中心．

先看三个图形两两位似的情形．

定理2.5.1 如果平面 π 上的三个有限图形(至少含有两点)两两位似，且三个位似系数之积大于零，则三个位似中心在一条直线上．

证明 如图2.5.1，2.5.2所示，设平面 π 上的三个图形 F_1、F_2、F_3 两两位似，三个位似中心分别为 O_1、O_2、O_3，位似系数分别为 k_1、k_2、k_3．不妨设

$$F_1 \xrightarrow{H(O_1,k_1)} F_2 \xrightarrow{H(O_2,k_2)} F_3 \xrightarrow{H(O_3,k_3)} F_1$$

令 $f = H(O_3, k_3)H(O_2, k_2)H(O_1, k_1)$，则 f 是平面 π 的一个相似变换，且 F_1 是 f 的一个不变图形．由定理2.1.8，至少含有两点的有限图形不可能是非合同的相似变换的不变图形，所以，f 必为一个合同变换．由定理2.2.9，三个位似变换之积或仍是一个位似变换，或是一个平移变换．而由定理1.5.1，非恒等的平移变换没有有限不变图形，所以，f 只可能是恒等变换或中心反射变换 $H(O, -1)$．但 $k_1k_2k_3 > 0$，故 f 必为恒等变换 I．即有

$$H(O_3, k_3)H(O_2, k_2)H(O_1, k_1) = I$$

于是，$H(O_2, k_2)H(O_1, k_1) = H^{-1}(O_3, k_3) = H(O_3, k_3^{-1})$．再由定理2.2.7(1) 即知 O_1、O_2、O_3 在一条直线上．

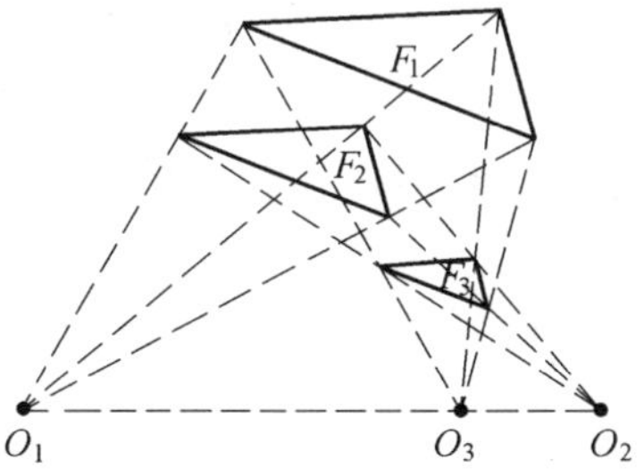

图2.5.1

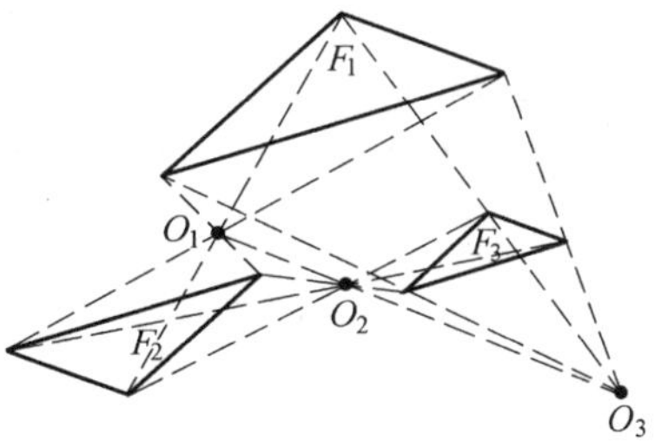

图2.5.2

由于我们平时所见到的有限图形都是线段或圆(弧)或由它们构成的复合图形．另外，“$k_1k_2k_3 > 0$”说明三个位似变换或者都是外位似(图2.5.1)，或者是两个内位似、一个外位似(图2.5.2)．因此，我们通常按这样理解而将定理2.5.1叙述为：

三个图形两两位似，则三个位似中心在一条直线上．

三个两两位似的图形，其三个位似中心所在的直线称为这三个图形的位似轴．

任意两条线段总是相似的(既是真正相似图形，也是镜像相似图形)，且

任意两条不等的平行线段总是位似的. 因而三线段总是三相似图形.

推论 2.5.1 如果在平面 π 上的两个三角形的对应顶点的连线互相平行, 则其对应边的交点共线.

证明 如图2.5.3所示, 设 $\triangle ABC$ 与 $\triangle A'B'C'$ 的对应顶点的连线互相平行, 即 $AA' \parallel BB' \parallel CC'$. 直线 BC 与 $B'C'$ 交于 L, 直线 CA 与 $C'A'$ 交于 M, 直线 AB 与 $A'B'$ 交于 N. 由于三线段 AA'、BB'、CC' 互相平行, 因而它们两两位似, 且 L、M、N 是它们的三个位似中心, 故由定理 2.5.1, L、M、N 三点共线.

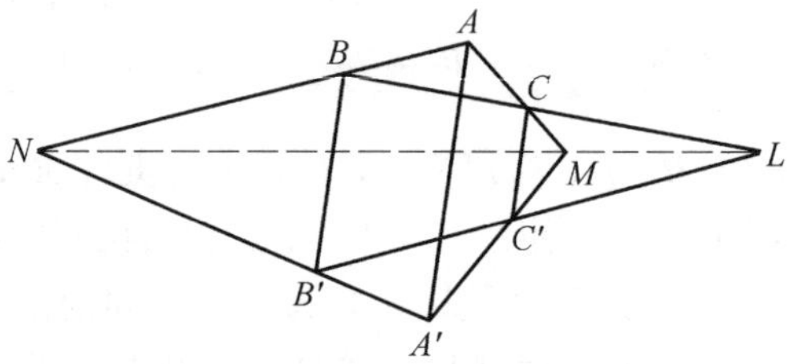

图 2.5.3

定理 2.5.2 设 A_1B_1、A_2B_2、A_3B_3 是平面 π 上三条互不平行的线段, C_1、C_2、C_3 分别是直线 A_2B_2 与 A_3B_3、A_3B_3 与 A_1B_1、A_1B_1 与 A_2B_2 的交点, O_1、O_2、O_3 分别是线段 A_2B_2 与 A_3B_3、A_3B_3 与 A_1B_1、A_1B_1 与 A_2B_2 的顺相似中心, 则

(1) $\odot(A_2A_3C_1)$、$\odot(A_3A_1C_2)$、$\odot(A_1A_2C_3)$ 三圆交于一点 P, $\odot(B_2B_3C_1)$、$\odot(B_3B_1C_2)$、$\odot(B_1B_2C_3)$ 三圆交于一点 Q, 且 P、Q 两点都在线段 A_1B_1、A_2B_2、A_3B_3 的相似圆上;

(2) 直线 O_1C_1、O_2C_2、O_3C_3 三线交于线段 A_1B_1、A_2B_2、A_3B_3 的相似圆上一点.

证明 如图2.5.4所示, 设 $\odot(A_2A_3C_1)$ 与 $\odot(A_3A_1C_2)$ 的异于 A_3 的交点为 P, 则

$$\measuredangle A_1PA_3 = \measuredangle A_1C_2A_3 = \measuredangle C_3C_2C_1$$

$$\measuredangle A_3PA_2 = \measuredangle A_3C_1A_2 = \measuredangle C_2C_1C_3$$

于是

$$\measuredangle A_1PA_2 = \measuredangle A_1PA_3 + \measuredangle A_3PA_2 = \measuredangle C_3C_2C_1 + \measuredangle C_2C_1C_3 = \measuredangle C_2C_3C_1 = \measuredangle A_1C_3A_2$$

所以, 点 P 也在 $\odot(A_1A_2C_3)$ 上. 故 $\odot(A_2A_3C_1)$、$\odot(A_3A_1C_2)$、$\odot(A_1A_2C_3)$ 三圆交于一点 P. 同理可证, $\odot(B_2B_3C_1)$、$\odot(B_3B_1C_2)$、$\odot(B_1B_2C_3)$ 三圆交于一点 Q.

现在设直线 C_2O_2 与 C_3O_3 交于 O, 因 C_2、O_2、P、A_1 四点共圆, C_3、O_3、P、A_1 四点共圆, 所以 $\measuredangle PO_2C_2 = \measuredangle PA_1C_2$, $\measuredangle PO_3C_3 = \measuredangle PA_1C_3$. 于是

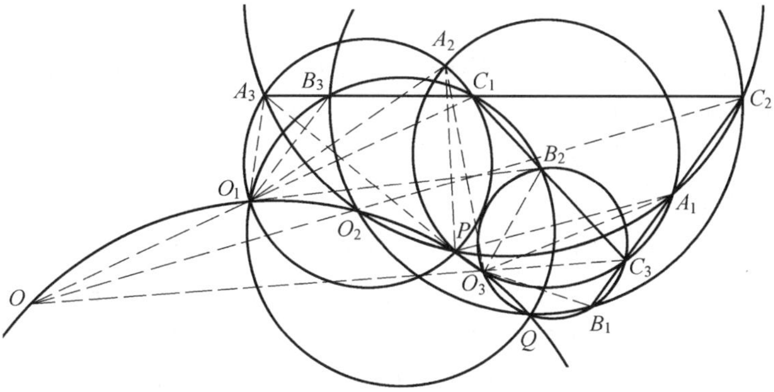

图 2.5.4

$$\measuredangle O_2OO_3 = \measuredangle O_2PO_3 + \measuredangle PO_2O - \measuredangle PO_3O =$$
$$\measuredangle O_2PO_3 + \measuredangle PO_2C_2 - \measuredangle PO_3C_3 =$$
$$\measuredangle O_2PO_3 + \measuredangle PA_1C_2 - \measuredangle PA_1C_3$$

但 $\measuredangle PA_1C_2 = \measuredangle PA_1C_3$，因此，$\measuredangle O_2PO_3 = \measuredangle O_2OO_3$. 故 O_2、O_3、O、P 四点共圆. 同理可证，O_2、O_3、O、Q 四点共圆. 这说明 O_2、O_3、P、Q 四点共圆. 同理可证 O_1、O_2、P、Q 四点共圆. 所以，P、Q 两点皆在过 O_1、O_2、O_3 三点的圆上，即 P、Q 两点皆在线段 A_1B_1、A_2B_2、A_3B_3 的相似圆上. 这就证明了(1).

另外，上面已经证明直线 C_2O_2 与 C_3O_3 的交点 O 在线段 A_1B_1、A_2B_2、A_3B_3 的相似圆上. 同样，直线 C_1O_1 与 C_2O_2 的交点也在线段 A_1B_1、A_2B_2、A_3B_3 的相似圆上. 但直线 C_2O_2 与线段 A_1B_1、A_2B_2、A_3B_3 的相似圆的交点(异于 O_2)是唯一的，故 O_1C_1、O_2C_2、O_3C_3 三线交于线段 A_1B_1、A_2B_2、A_3B_3 的相似圆上一点 O. 这就完成了(2) 的证明.

推论 2.5.2 设 A_1B_1、A_2B_2、A_3B_3 是平面 π 上三条互不平行的线段，C_1、C_2、C_3 分别是直线 A_2B_2 与 A_3B_3、A_3B_3与 A_1B_1、A_1B_1 与 A_2B_2 的交点，O_1、O_2、O_3 分别是线段 A_2B_2 与 A_3B_3、A_3B_3 与 A_1B_1、A_1B_1 与 A_2B_2 的顺相似中心，则三线段 A_1B_1、A_2B_2、A_3B_3 有相似轴(即 O_1、O_2、O_3 三点共线) 的充分必要条件为 $O_1C_1 /\!/ O_2C_2 /\!/ O_3C_3$.

证明 如图 2.5.5 所示，设三线段 A_1B_1、A_2B_2、A_3B_3 有相似轴，即 O_1、O_2、O_3 三点共线. 若 $O_1C_1 /\!/ O_2C_2 /\!/ O_3C_3$ 不成立，则由定理 2.5.2，O_1C_1、O_2C_2、O_3C_3 三线交于一点 O，且 O、O_1、O_2、O_3 四点共圆，这与 O_1、O_2、O_3 三点共线矛盾. 因而当 O_1、O_2、O_3 三点共线时，必有 $O_1C_1 /\!/ O_2C_2 /\!/$

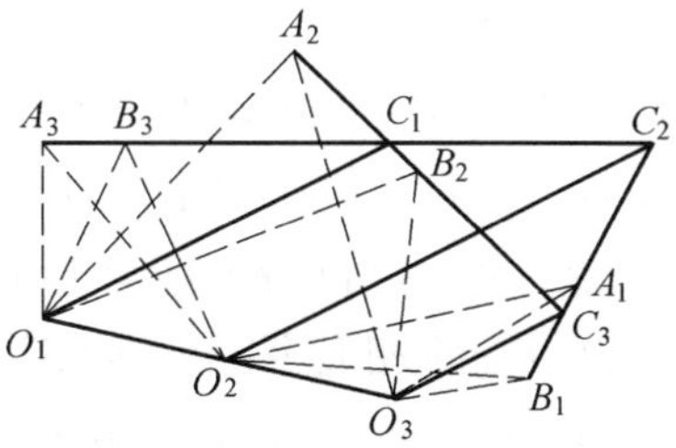

图 2.5.5

O_3C_3.

反之，当 $O_1C_1 /\!/ O_2C_2 /\!/ O_3C_3$ 时，若 O_1、O_2、O_3 三点不共线，则由定理2.5.2，O_1C_1、O_2C_2、O_3C_3 三线交于由 O_1、O_2、O_3 三点所确定的圆上一点，此与 $O_1C_1 /\!/ O_2C_2 /\!/ O_3C_3$ 矛盾. 因而 O_1、O_2、O_3 三点必共线，即三线段 A_1B_1、A_2B_2、A_3B_3 有相似轴.

定理 2.5.3 设 $\triangle A_1B_1C_1$ あ $\triangle A_2B_2C_2$ あ $\triangle A_3B_3C_3$，D_1、D_2、D_3 分别是直线 B_2C_2 与 B_3C_3、B_3C_3 与 B_1C_1、B_1C_1 与 B_2C_2 的交点，E_1、E_2、E_3 分别是直线 C_2A_2 与 C_3A_3、C_3A_3 与 C_1A_1、C_1A_1 与 C_2A_2 的交点，F_1、F_2、F_3 分别是直线 A_2B_2 与 A_3B_3、A_3B_3 与 A_1B_1、A_1B_1 与 A_2B_2 的交点，则 $\triangle D_1D_2D_3$ あ $\triangle E_1E_2E_3$ あ $\triangle F_1F_2F_3$，且后三个三角形与前三个三角形有一个共同的相似圆.

证明 如图 2.5.6 所示，因 $\triangle A_2B_2C_2$ あ $\triangle A_3B_3C_3$，所以

$$\measuredangle(C_2A_2,\ C_3A_3) = \measuredangle(A_2B_2,\ A_3B_3)$$

而 $\measuredangle E_3E_1E_2 = \measuredangle(C_2A_2,\ C_3A_3)$，$\measuredangle F_3F_1F_2 = \measuredangle(A_2B_2,\ A_3B_3)$，因此，$\measuredangle E_3E_1E_2 = \measuredangle F_3F_1F_2$. 同理，$\measuredangle E_1E_2E_3 = \measuredangle F_1F_2F_3$. 故 $\triangle E_1E_2E_3$ あ $\triangle F_1F_2F_3$. 同理可证，$\triangle D_1D_2D_3$ あ $\triangle E_1E_2E_3$.

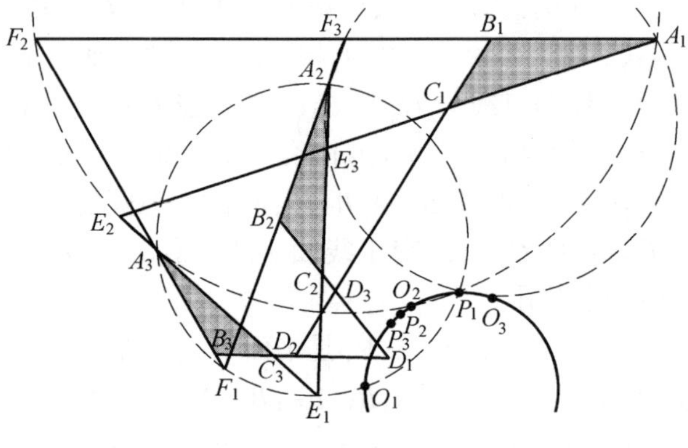

图 2.5.6

又因 $\triangle E_1E_2E_3$ 与 $\triangle F_1F_2F_3$ 的相似中心 P_1 在 $\odot(E_3F_3A_1)$ 上，而 $\measuredangle E_3A_2F_3 = \measuredangle E_3A_1F_3$，所以，$\odot(E_3F_3A_1)$ 过点 A_2，即 P_1 在 $\odot(A_1A_2F_3)$ 上. 同理，P_1 也在 $\odot(A_2A_3F_1)$ 和 $\odot(A_3A_1F_2)$ 上. 由定理2.5.2(1)，$\odot(A_2A_3F_1)$、$\odot(A_3A_1F_2)$、$\odot(A_1A_2F_3)$ 三圆交于 $\triangle A_1B_1C_1$、$\triangle A_2B_2C_2$、$\triangle A_3B_3C_3$ 的相似圆上一点，故 $\triangle E_1E_2E_3$ 与 $\triangle F_1F_2F_3$ 的相似中心 P_1 在 $\triangle A_1B_1C_1$、$\triangle A_2B_2C_2$、$\triangle A_3B_3C_3$ 的相似圆上. 同理，$\triangle D_1D_2D_3$ 与 $\triangle E_1E_2E_3$ 的相似中心 P_2、$\triangle F_1F_2F_3$ 与 $\triangle D_1D_2D_3$ 的相似中心 P_3 皆在 $\triangle A_1B_1C_1$、$\triangle A_2B_2C_2$、$\triangle A_3B_3C_3$ 的相似圆上. 故 $\triangle D_1D_2D_3$、$\triangle E_1E_2E_3$、$\triangle F_1F_2F_3$ 这三个三角形与 $\triangle A_1B_1C_1$、

$\triangle A_2B_2C_2$、$\triangle A_3B_3C_3$ 这三个三角形有一个共同的相似圆.

定理 2.5.4 设 $\triangle A_1B_1C_1$ あ $\triangle A_2B_2C_2$ あ $\triangle A_3B_3C_3$，且 A_1、A_2、A_3 三点均在直线 l_1 上，B_1、B_2、B_3 三点均在直线 l_2 上，C_1、C_2、C_3 三点均在直线 l_3 上，且直线 l_1、l_2、l_3 中至多有两条直线平行，则 $\triangle A_1B_1C_1$、$\triangle A_2B_2C_2$、$\triangle A_3B_3C_3$ 这三个相似三角形有相似中心.

证明 因直线 l_1、l_2、l_3 中至多有两条直线平行，所以，其中一定有一条与另两条相交. 不妨设直线 l_1 与 l_2、l_3 分别交于 P、Q(图 2.5.7)，则 $\triangle A_1B_1C_1$ 与 $\triangle A_2B_2C_2$ 的相似中心是 $\odot(A_1B_1P)$ 与 $\odot(A_2B_2P)$ 的异于 P 的交点，也是 $\odot(C_1A_1Q)$ 与 $\odot(C_2A_2Q)$ 异于 Q 的交点，因而是 $\odot(A_2B_2P)$ 与 $\odot(C_2A_2Q)$ 异于 C_2 的交点 O. 同样，$\triangle A_2B_2C_2$ 与 $\triangle A_3B_3C_3$ 的相似中心也是 $\odot(A_2B_2P)$ 与 $\odot(C_2A_2Q)$ 异于 C_2 的交点 O. 故 $\triangle A_1B_1C_1$、$\triangle A_2B_2C_2$、$\triangle A_3B_3C_3$ 这三个相似三角形有相似中心.

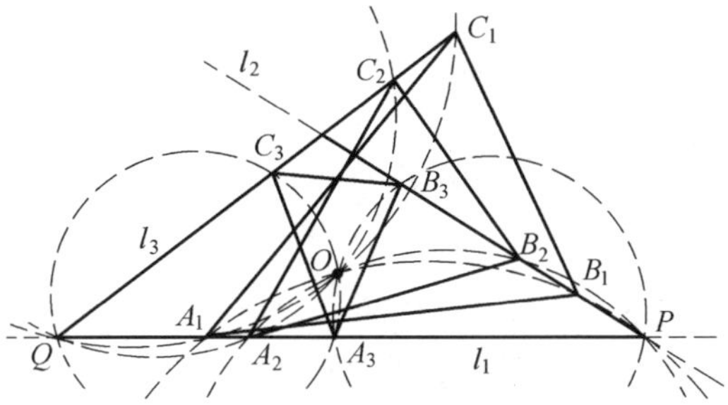

图 2.5.7

定理 2.5.5 设 $\triangle A_1B_1C_1$ あ $\triangle A_2B_2C_2$ あ $\triangle A_3B_3C_3$，且 B_1C_1、B_2C_2、B_3C_3 三线交于一点，C_1A_1、C_2A_2、C_3A_3 三线交于一点，A_1B_1、A_2B_2、A_3B_3 三线交于一点，则 $\triangle A_1B_1C_1$、$\triangle A_2B_2C_2$、$\triangle A_3B_3C_3$ 这三个相似三角形有相似中心.

证明 如图 2.5.8 所示，设 B_1C_1、B_2C_2、B_3C_3 三线交于点 P，C_1A_1、C_2A_2、C_3A_3 三线交于点 Q，A_1B_1、A_2B_2、A_3B_3 三线交于点 R. 设 $\triangle A_1B_1C_1$ あ $\triangle A_2B_2C_2$ 的相似中心为 O，旋转角为 θ，则由定理 2.3.2，$\measuredangle B_1RB_2 = \measuredangle B_1PB_2 = \theta$，所以点 O 在过 B_1、B_2、R、P 四点的圆上. 同理，点 O 在过 C_1、C_2、P、Q 四点的圆上，即 $\triangle A_1B_1C_1$ 与 $\triangle A_2B_2C_2$ 的相似中心是 $\odot(B_2RP)$ 与 $\odot(C_2PQ)$ 的异于 P 的交点 O. 同理，

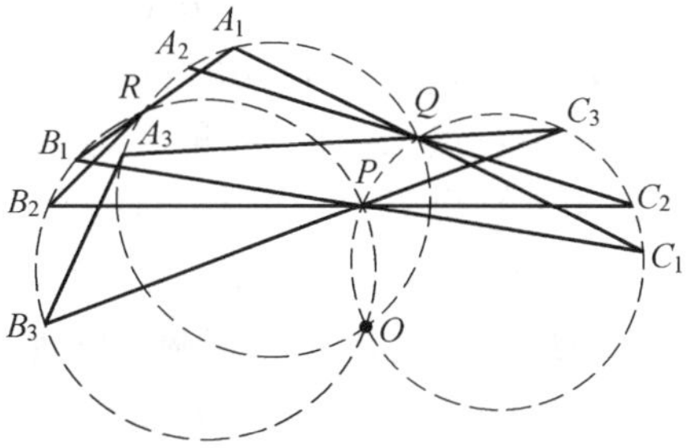

图 2.5.8

$\triangle A_2B_2C_2$ 与 $\triangle A_3B_3C_3$ 的相似中心是 $\odot(B_2RP)$ 与 $\odot(C_2PQ)$ 的异于 P 的交点 O. 故 $\triangle A_1B_1C_1$、$\triangle A_2B_2C_2$、$\triangle A_3B_3C_3$ 这三个相似三角形有相似中心. 这就证明了我们的断言.

设 $\triangle A_1B_1C_1 \backsim \triangle ABC$，且顶点 A_1 在直线 AB 上，顶点 B_1 在直线 BC 上，顶点 C_1 在直线 CA 上. 显然，这样的 $\triangle A_1B_1C_1$ 有无穷多个. 由定理2.5.4，所有这些 $\triangle A_1B_1C_1$ 与 $\triangle ABC$ 有相似中心 Ω_1，点 Ω_1 称为 $\triangle ABC$ 的**第一Brocard点**. 再设 $\triangle A_2B_2C_2 \backsim \triangle ABC$，且顶点 A_2 在直线 CA 上，顶点 B_2 在直线 AB 上，顶点 C_2 在直线 BC 上(这样的 $\triangle A_2B_2C_2$ 同样有无穷多个). 所有这些 $\triangle A_2B_2C_2$ 与 $\triangle ABC$ 有相似中心 Ω_2，Ω_2 称为 $\triangle ABC$ 的**第二Brocard点**. 三角形的第一 Brocard 点与第二 Brocard 点统称为**三角形的Brocard点**.

定理 2.5.6 设 Ω_1、Ω_2 是 $\triangle ABC$ 的内部两点，则

(1) Ω_1 是 $\triangle ABC$ 的第一 Brocard 点的充分必要条件是 $\angle BA\Omega_1 = \angle CB\Omega_1 = \angle AC\Omega_1$.

(2) Ω_2 是 $\triangle ABC$ 的第二 Brocard 点的充分必要条件是 $\angle \Omega_2AC = \angle \Omega_2BA = \angle \Omega_2CB$.

(3) 当 Ω_1、Ω_2 分别为 $\triangle ABC$ 的第一 Brocard 点与第二 Brocard 点时，$\angle BA\Omega_1 = \angle \Omega_2AC$.

证明 (1) 如图2.5.9所示，设 Ω_1 是 $\triangle ABC$ 的第一 Brocard 点，$\triangle A'B'C' \backsim \triangle ABC$，且顶点 A'、B'、C' 分别在直线 AB、BC、CA 上. 因 Ω_1 是 $\triangle A'B'C'$ 与 $\triangle ABC$ 的位似旋转中心，所以 $\angle A\Omega_1A' = \angle B\Omega_1B' = \angle C\Omega_1C'$，且 $\dfrac{\Omega_1A'}{\Omega_1A} = \dfrac{\Omega_1B'}{\Omega_1B} = \dfrac{\Omega_1C'}{\Omega_1C}$. 于是

$$\triangle \Omega_1AA' \backsim \triangle \Omega_1BB' \backsim \triangle \Omega_1CC'$$

故

$$\angle BA\Omega_1 = \angle CB\Omega_1 = \angle AC\Omega_1$$

反之，设 Ω_1 在 $\triangle ABC$ 的内部，且 $\angle BA\Omega_1 = \angle CB\Omega_1 = \angle AC\Omega_1$. 仍见图2.5.9，过点 Ω_1 作三条射线 Ω_1A'、Ω_1B'、Ω_1C'，使它们与 $\triangle ABC$ 的边 AB、BC、CA 分别交于 A'、B'、C'，且 $\angle A\Omega_1A' = \angle B\Omega_1B' = \angle C\Omega_1C'$，则有

$$\angle BA'\Omega_1 = \angle BA\Omega_1 + \angle A\Omega_1A' = \angle CB\Omega_1 + \angle B\Omega_1B' = \angle CB'\Omega_1$$

所以，Ω_1、A'、B、B' 四点共圆. 同理，Ω_1、C'、A、A' 四点共圆. 因此

$$\angle B'A'\Omega_1 = \angle B'B\Omega_1 = \angle BA\Omega_1,\ \angle \Omega_1A'C' = \angle \Omega_1AC$$

于是

$$\angle B'A'C' = \angle B'A'\Omega_1 + \angle \Omega_1A'C' = \angle BA\Omega_1 + \angle \Omega_1AC = \angle BAC$$

同理，$\angle C'B'A' = \angle CBA$，$\angle A'C'B' = \angle ACB$. 从而 $\triangle A'B'C' \backsim \triangle ABC$. 显然，$\triangle \Omega_1AA' \backsim \triangle \Omega_1BB' \backsim \triangle \Omega_1CC'$. 故 Ω_1 是 $\triangle A'B'C'$ 与 $\triangle ABC$ 的相似

中心，即 Ω_1 是 $\triangle ABC$ 的第一 Brocard 点.

同理可证(2).

(3) 如图 2.5.10 所示，分别作直线 Ω_1A、Ω_1B、Ω_1C 关于 $\angle BAC$、$\angle CBA$、$\angle ACB$ 的平分线对称的直线，设点 Ω_1 到 $\triangle ABC$ 的三边 BC、CA、AB 的距离分别为 d、e、f，则直线 Ω_1A 关于 $\angle BAC$ 的平分线对称的直线是与直线 CA 和 AB 的距离之比为 $f:e$ 的点的轨迹，直线 Ω_1B 关于 $\angle CBA$ 的平分线对称的直线是与直线 AB 和 BC 的距离之比为 $e:d$ 的点的轨迹，直线 Ω_1C 关于 $\angle ACB$ 的平分线对称的直线是与直线 BC 和 CA 的距离之比为 $d:f$ 的点的轨迹，由此可知，所作三条直线交于一点 P.

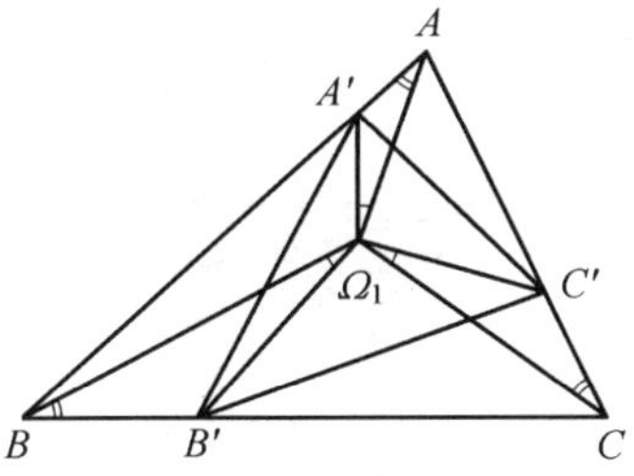

图 2.5.9

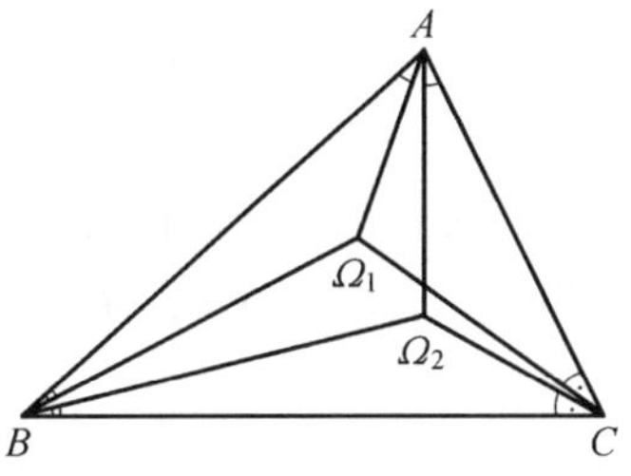

图 2.5.10

由 $\angle BA\Omega_1 = \angle CB\Omega_1 = \angle AC\Omega_1$ 知 $\angle PAC = \angle PBA = \angle PCB$. 于是由(2) 即知 P 就是 $\triangle ABC$ 的第二 Brocard 点 Ω_2. 故 $\angle BA\Omega_1 = \angle \Omega_2AC$.

记 $\angle BA\Omega_1 = \angle \Omega_2AC = \omega$，则 ω 称为 $\triangle ABC$ 的**Brocard 角**.

定理 2.5.6 告诉了我们作三角形的 Brocard 点的一个简单方法：

如图 2.5.11 所示，作一个过点 A 并且与边 BC 相切于点 B 的圆，再作一个过点 C 并且与边 AB 相切于点 A 的圆，则两圆异于点 A 的交点即 $\triangle ABC$ 的第一 Brocard 点. $\triangle ABC$ 的第二 Brocard 点可类似作出.

例 2.5.1 设 D 是 $\triangle ABC$ 的边 BC 上一点，过 A、B、D 三点的圆交 CA 于 E，过 D 的且平行于 CA 的直线交 AB 于 F，Ω 是 $\triangle ABC$ 的第一 Brocard 点. 求证：A、E、Ω、F 四点共圆.

证明 如图 2.5.12 所示，设 $\odot(DEF)$ 与 BC 的另一交点为 K，则 $\angle FEK = \angle FDB = \angle ACB$（因 $FD \parallel AC$），$\angle KFE = \angle CDE = \angle BAC$（因 A、B、D、E 四点也共圆），所以 $\triangle FKE \backsim \triangle ABC$. 而 K、E、F 分别在 $\triangle ABC$ 的边 BC、CA、AB 上，所以，点 Ω 为 $\triangle FKE$ 与 $\triangle ABC$ 的相似中心. 由推论 2.3.1，$\odot(AEF)$ 过 $\triangle FKE$ 与 $\triangle ABC$ 的相似中心. 换句话说，A、E、Ω、F 四点共圆.

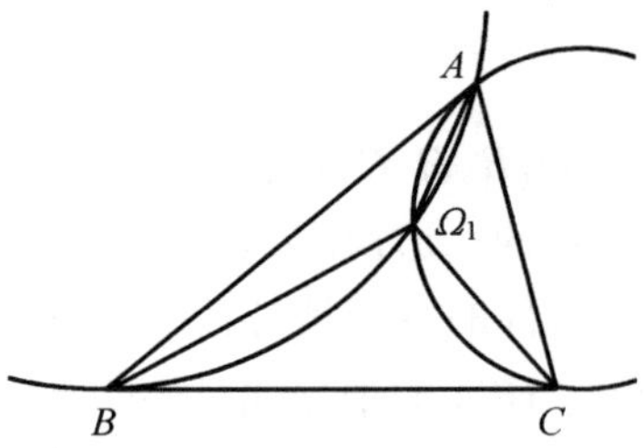

图 2.5.11

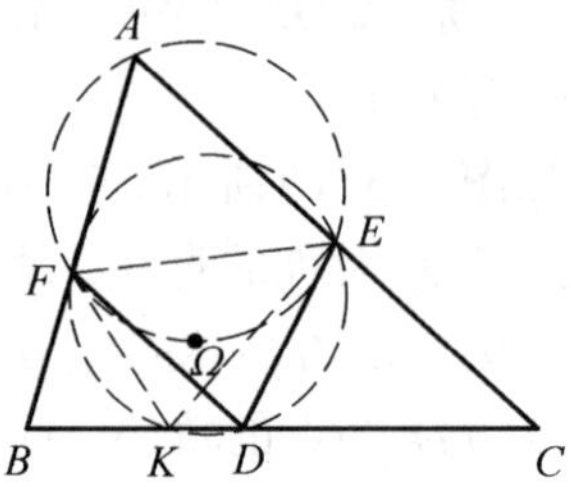

图 2.5.12

定 理 2.5.7 （Peterson-Schoute） 设 $\triangle A_1A_2A_3 \overset{+}{\backsim} \triangle B_1B_2B_3 \overset{+}{\backsim} \triangle C_1C_2C_3$，且 $\triangle A_1B_1C_1 \overset{+}{\backsim} \triangle A_2B_2C_2$，则 $\triangle A_2B_2C_2 \overset{+}{\backsim} \triangle A_3B_3C_3$.

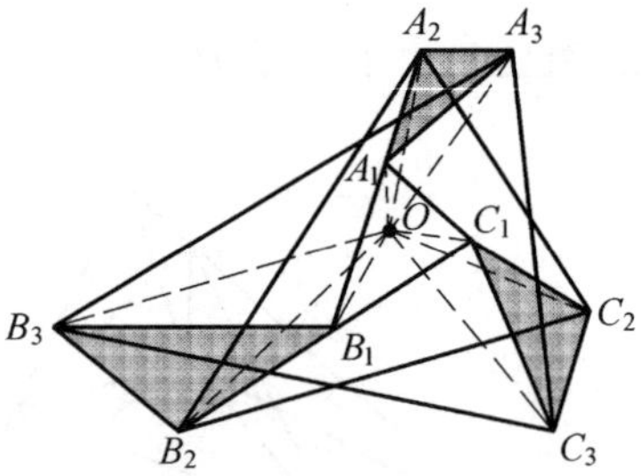

图 2.5.13

证明 如图2.5.13所示，因 $\triangle A_1B_1C_1 \overset{+}{\backsim} \triangle A_2B_2C_2$，由定理 2.3.6，存在位似旋转变换 $S(O, k_1, \theta_1)$，使得

$$\triangle A_1B_1C_1 \xrightarrow{S(O,k_1,\theta_1)} \triangle A_2B_2C_2$$

所以
$$\triangle OA_1A_2 \overset{+}{\backsim} \triangle OB_1B_2 \overset{+}{\backsim} \triangle OC_1C_2$$
又
$$\triangle A_1A_2A_3 \overset{+}{\backsim} \triangle B_1B_2B_3 \overset{+}{\backsim} \triangle C_1C_2C_3$$
因此
$$\triangle A_2OA_3 \overset{+}{\backsim} \triangle B_2OB_3 \overset{+}{\backsim} \triangle C_2OC_3$$
于是可设
$$\frac{OA_3}{OA_2} = \frac{OB_3}{OB_2} = \frac{OC_3}{OC_2} = k_2$$
$$\measuredangle A_2OA_3 = \measuredangle B_2OB_3 = \measuredangle C_2OC_3 = \theta_2$$
这样便有
$$\triangle A_2B_2C_2 \xrightarrow{S(O,k_2,\theta_2)} \triangle A_3B_3C_3$$
故
$$\triangle A_2B_2C_2 \overset{+}{\backsim} \triangle A_3B_3C_3$$

由于定理 2.5.6 深刻地揭示了平面上三个真正相似三角形之间的一个关系，因而也称为三相似定理. 这是一个内涵十分丰富的几何定理.

在定理 2.5.7 中，当 $\triangle A_1A_2A_3$、$\triangle B_1B_2B_3$、$\triangle C_1C_2C_3$ 皆退化为共线三点时，则有(图 2.5.14)

推论2.5.3 设 A_1、A_2、A_3 三点共线，B_1、B_2、B_3 三点共线，C_1、C_2、C_3 三点共线，且 $\triangle A_1B_1C_1 \overset{+}{\backsim} \triangle A_2B_2C_2$，$\dfrac{\overline{A_1A_2}}{A_2A_3} = \dfrac{\overline{B_1B_2}}{B_2B_3} = \dfrac{\overline{C_1C_2}}{C_2C_3}$，则有

$$\triangle A_2B_2C_2 \overset{+}{\backsim} \triangle A_3B_3C_3$$

当 $\triangle A_1B_1C_1$ 与 $\triangle A_2B_2C_2$ 皆为正三角形，且 A_3、B_3、C_3 分别为线段 A_1A_2、

B_1B_2、C_1C_2的中点时(图2.5.15)，由推论2.5.2立即可知$\triangle A_3B_3C_3$也为正三角形. 于是有如下推论.

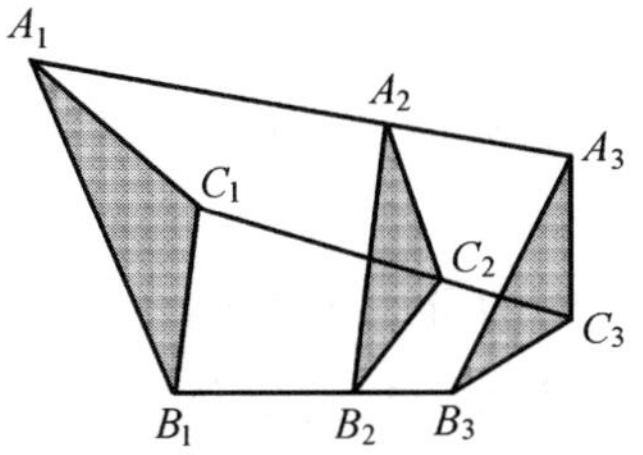

图2.5.14

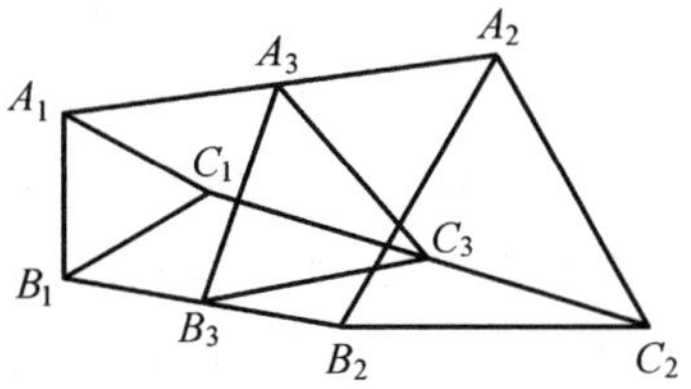

图2.5.15

推论2.5.4 (**Echols**) 两个同向正三角形的对应顶点的连线段的中点也构成一个正三角形的三个顶点.

进一步，在推论2.5.3中，当$\triangle A_1B_1C_1$与$\triangle A_2B_2C_2$也都退化为共线三点时，有(图2.5.16，2.5.17)

推论2.5.5 (**Peterson-Schoute**) 设E、F分别是四边形$ABCD$的边AB和CD上的点，P、Q、R分别是边AD、BC及线段EF上的点. 若$\frac{AE}{EB}=\frac{DF}{FC}$，$\frac{AP}{PD}=\frac{BQ}{QC}=\frac{ER}{RF}$，则$P$、$Q$、$R$三点共线或重合于一点(图2.5.17的情形，如果$AB \parallel CD$，则$P$、$Q$、$R$有可能重合于一点).

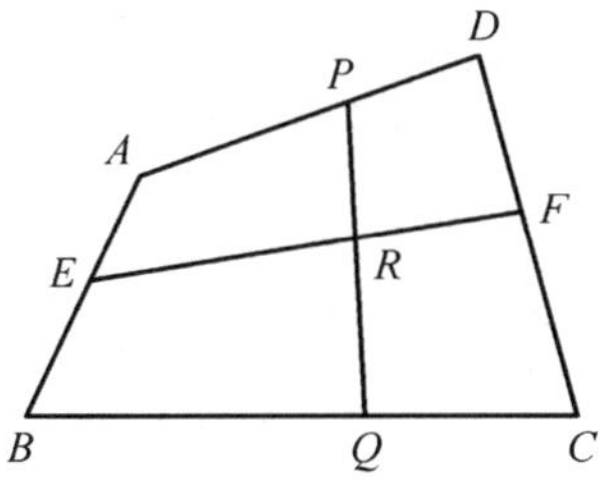

图2.5.16

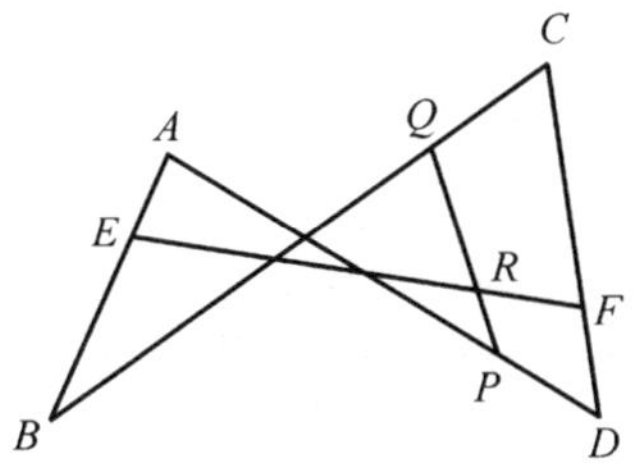

图2.5.17

例2.5.2 如图2.5.18，2.5.19所示，设$ABCD$、$A'B'C'D$是平面上两个四边形，P、Q是四边形$ABCD$内部两点，且$\triangle PAB$あ$\triangle D'A'C'$，$\triangle PCD$あ$\triangle B'C'A'$，$\triangle QDA$あ$\triangle C'D'B'$，求证：$\triangle QBC$あ$\triangle A'B'D'$.

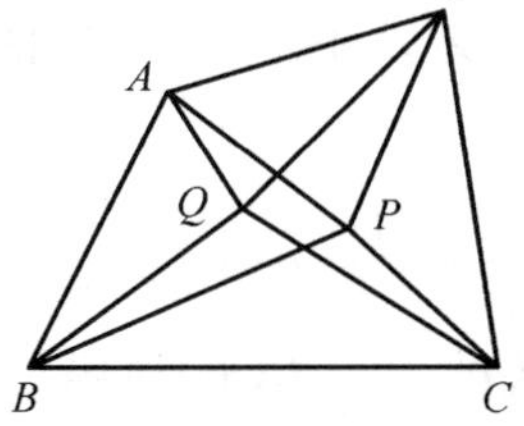

图2.5.18

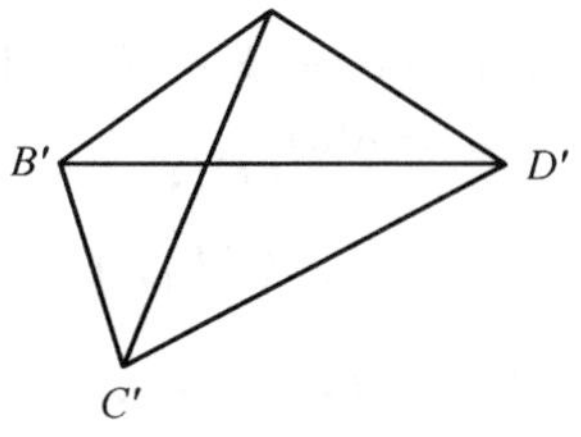

图2.5.19

证明 如图 2.5.20 所示，作 $\triangle EDC \backsim \triangle D'A'C'$，$\triangle FAD \backsim \triangle A'B'D'$，则由 $\triangle PCD \backsim \triangle B'C'A'$，$\triangle QDA \backsim \triangle C'D'B'$ 知，四边形 $DPCE \backsim$ 四边形 $A'B'C'D' \backsim$ 四边形 $FAQD$，所以

$$\triangle DFQ \backsim \triangle PAB \backsim \triangle EDC,\ \triangle DPE \backsim \triangle FAD$$

由三相似定理即得，$\triangle QBC \backsim \triangle FAD \backsim \triangle A'B'D'$.

例 2.5.3 已知四边形 $A_1A_2B_2B_1 \backsim$ 四边形 $D_1D_2C_2C_1$，四边形 $A_1A_2D_2D_1 \backsim$ 四边形 $B_1B_2C_2C_1$. 求证：四边形 $A_1B_1C_1D_1 \backsim$ 四边形 $A_2B_2C_2D_2$.

证明 如图 2.5.21 所示，作四边形 $B_2EFC_2 \backsim$ 四边形 $A_2B_2C_2D_2$，则由四边形 $A_1A_2D_2D_1 \backsim$ 四边形 $B_1B_2C_2C_1$，四边形 $A_1A_2B_2B_1 \backsim$ 四边形 $D_1D_2C_2C_1$ 可知

$$\triangle B_1B_2E \backsim \triangle A_1A_2B_2 \backsim \triangle D_1D_2C_2 \backsim \triangle C_1C_2F$$

因 $\triangle B_1B_2E \backsim \triangle A_1A_2B_2 \backsim \triangle C_1C_2F$，且四边形 $B_2EFC_2 \backsim$ 四边形 $A_2B_2C_2D_2$，所以 $\triangle B_2A_2C_2 \backsim \triangle EB_2F$. 于是由三相似定理即得，$\triangle B_1A_1C_1 \backsim \triangle B_2A_2C_2$.

同样，由 $\triangle A_1A_2B_2 \backsim \triangle D_1D_2C_2 \backsim \triangle C_1C_2F$ 及 $\triangle A_2D_2C_2 \backsim \triangle B_2C_2F$ 知，$\triangle A_1D_1C_1 \backsim \triangle A_2D_2C_2$. 故四边形 $A_1B_1C_1D_1 \backsim$ 四边形 $A_2B_2C_2D_2$.

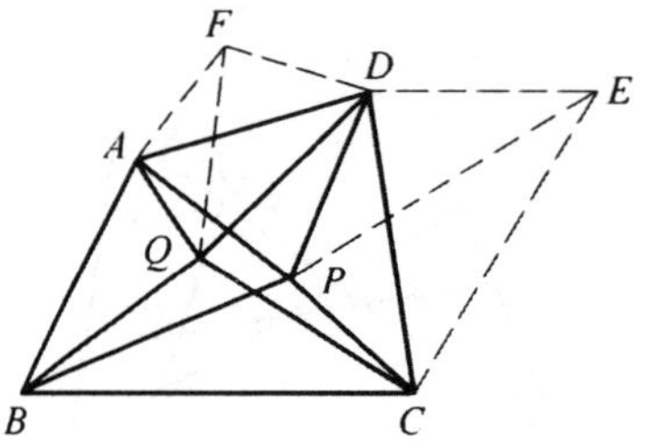

图 2.5.20

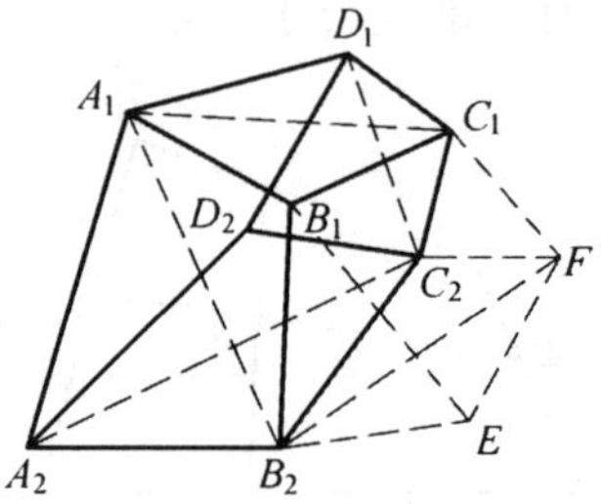

图 2.5.21

例 2.5.4 设 $\triangle AB_1C_1 \backsim \triangle A_2BC_2 \backsim \triangle A_3B_3C \backsim \triangle ABC$，$L$、$M$、$N$ 分别为 A_2A_3、B_3B_1、C_1C_2 的中点. 求证：$\triangle LMN \backsim \triangle ABC$.

证明 如图 2.5.22 所示，设 P、Q 分别为 BB_3、CC_2 的中点，因 $\triangle A_2BC_2 \backsim \triangle A_3B_3C$，由推论 2.5.3，$\triangle LPQ \backsim \triangle A_2BC_2 \backsim \triangle ABC$. 所以，$\measuredangle PLQ = \measuredangle BAC$. 且设 $AC = k \cdot AB$，则 $LP = k \cdot LQ$. 又 $\triangle AB_1C_1 \backsim \triangle ABC$，所以 $B、B_1 \xrightarrow{S(A,K,\measuredangle BAC)} C、C_1$，于是

$$\measuredangle(BB_1,\ CC_1) = \measuredangle BAC,\ CC_1 = k \cdot BB_1$$

而 $PM \perp BB_1$，$QN \perp CC_1$，且 $PM = \frac{1}{2}BB_1$，$QN = \frac{1}{2}CC_1$，所以

$$\measuredangle(PM,\ QN) = \measuredangle(BB_1,\ CC_1) = \measuredangle BAC,\ QN = k \cdot PM$$

因而有 $PM \xrightarrow{S(L,k,\measuredangle BAC)} QN$. 故 $\triangle LMN \backsim \triangle LPQ \backsim \triangle ABC$.

特别地，当 $\triangle ABC$ 退化为一点时，则有如下命题.

命题 2.5.1 如图 2.5.23 所示，设 $\triangle ABO \backsim \triangle OCD \backsim \triangle FOE$，$L$、$M$、$N$ 分别为 FA、BC、DE 的中点，则 $\triangle LMN \backsim \triangle ABC$.

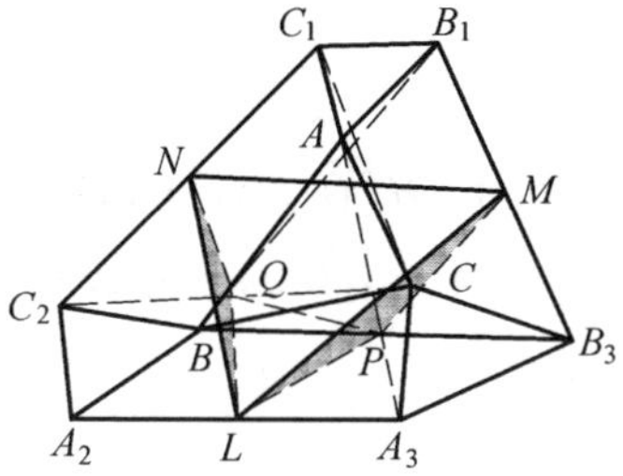

图 2.5.22

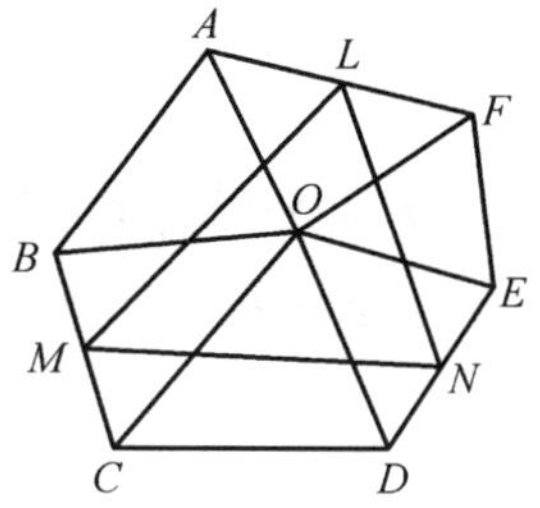

图 2.5.23

进一步，当 $\triangle ABO$、$\triangle OCD$、$\triangle FOE$ 均为正三角形时，$\triangle LMN$ 也为正三角形.

1941 年举行的第 45 届匈牙利数学奥林匹克有一道试题为(图 2.5.24)：

六边形 $ABCDEF$ 内接于一圆，它的边 AB、CD、EF 皆等于圆的半径. 证明：六边形 $ABCDEF$ 的其他三边的中点是一个正三角形的三个顶点.

这显然是命题 2.5.1 的特殊情形.

在例 2.5.4 中，当 $\triangle AB_1C_1$ 退化为一点时，则有如下命题.

命题 2.5.2 如图 2.5.25 所示，设 $\triangle A_1B_1C_1 \backsim \triangle A_2B_2C_1 \backsim \triangle A_3B_2C_3$，$L$、$M$、$N$ 分别为线段 A_3A_1、B_1A_2、A_2C_3 的中点. 则 $\triangle LMN \backsim \triangle A_1B_1C_1$.

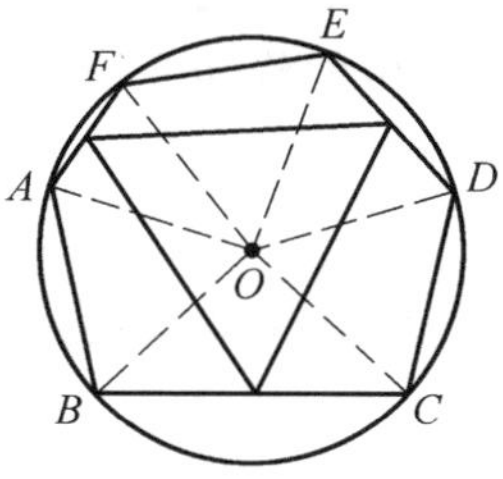

图 2.5.24

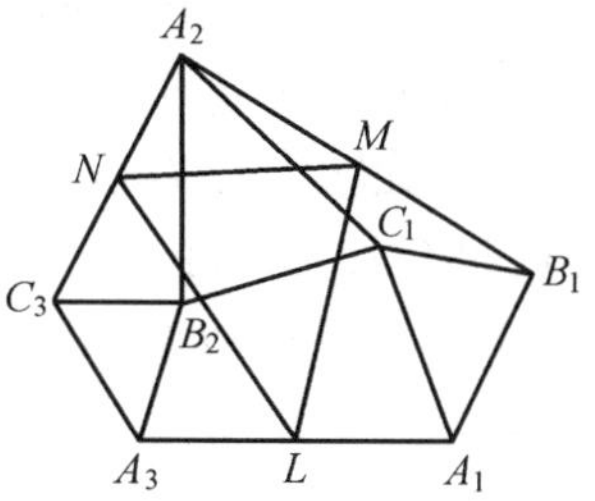

图 2.5.25

习题 2

1. 证明定理 2.1.1，定理 2.1.2；定理 2.1.5 ~ 定理 2.1.7；推论 2.1.1 与推论 2.1.2.

2. 证明：平面 π 上任意一个平移变换都可以表示为两个位似变换之积，且其中一个位似变换可以任意选取，只要位似系数不等于 1 即可.

3. 证明：平面 π 上的所有位似变换与平移变换合并在一起构成的集合作成一个变换群.

4. 设 $k_1k_2 \neq 0,1$，且 $H(O_2, k_2)H(O_1, k_1) = H(O, k_1k_2)$. 求证：$O$ 是线段 O_1O_2 的中点的充分必要条件是

$$k_1 + \frac{1}{k_2} = 2$$

5. 设 O_1、O_2 是平面 π 上不同两点，$k_1k_2 \neq 1$，且 $H(O_1, k_1)H(O_2, k_2) = H(O, k_1k_2)$. 求证：对于任意非零常数 k，$\overline{OO_2} = k \cdot \overline{O_1O}$ 的充分必要条件是

$$\frac{k_1}{k} + \frac{1}{k_2} = 1 + \frac{1}{k}$$

6. 设 O_1、O_2 是平面 π 上不同两点，$k_1k_2 \neq -1$，且

$$H(O_1, k_2)C(O_2)H(O_1, k_1) = H(O, -k_1k_2)$$

求证：

(1) O 与 O_2 重合的充分必要条件是 $k_1 + \frac{1}{k_2} = 2$.

(2) O 为线段 O_1O_2 的中点的充分必要条件是 $k_1 + \frac{1}{k_2} = 4$.

7. 设直线 AB、CD 交于点 O，在以 O 为位似中心的某个位似变换下，A、B、C、$D \to A'$、B'、C'、D'. 求证：A、B、C、D 四点共圆的充分必要条件是

$$\overline{AA'} \cdot \overline{BB'} = \overline{CC'} \cdot \overline{DD'}$$

8. 设 $S(O, k, \theta)$ 是平面 π 的一个位似旋转变换，l 是平面 π 上的一条直线. 试在直线 l 上求一点 P，使得当 $P \xrightarrow{S(O,k,\theta)} P'$ 时，线段 PP' 为最短.

9. 设 $S(O, k, \theta)$ 与 $S(l)$ 分别为平面 π 的一个位似旋转变换与一个轴反射变换，且位似旋转中心 O 在反射轴 l 上. 证明：

(1) $S(l)S(O, k, \theta)S(l) = S(O, k, -\theta)$;

(2) $S^{-1}(O, k, \theta)S(l)S(O, k, \theta) = S(l')$. 其中直线 l' 通过位似旋转中心 O，且 $\measuredangle(l', l) = \theta$.

10. 设 $S(O, k, \theta)(k \neq 1)$、$T(\boldsymbol{v})$ 分别是平面 π 的一个位似旋转变换与一个平移变换. 证明：存在点 O'，使得 $S(O, k, \theta)T(\boldsymbol{v}) = S(O', k, \theta)$. 并根据 O、k、θ、$\boldsymbol{v}$ 确定点 O' 的位置.

11. 平面上有两个其对应边不平行的真正相似的 n（$n \geqslant 3$）边形 $A_1A_2\cdots A_n$ 和 $B_1B_2\cdots B_n$（不一定是凸的）. 设直线 A_iA_{i+1} 与 B_iB_{i+1} 交于点 C_i，过 A_i、B_i、C_i 三点作圆（$i = 1, 2, \cdots, n$，$A_{n+1} \equiv A_1$，$B_{n+1} \equiv B_1$）. 求证：n 个圆 Γ_1、Γ_2、$\cdots$、Γ_n 共点.（首届全国数学竞赛命题比赛三等奖，1989）

12. $T(O_1, k_1, l_1)$ 与 $T(O_2, k_2, l_2)$ 是平面 π 上的两个位似轴反射变换. 证明:(1) 当 $l_1 /\!/ l_2$ 时, 若 $k_1k_2 \neq 1$,则存在点 O,使得

$$T(O_2, k_2, l_2)T(O_1, k_1, l_1) = H(O, k_1k_2)$$

若 $k_1k_2 = 1$,则存在向量 $\boldsymbol{v}$,使得

$$T(O_2, k_2l_2)T(O_1, k_1, l_1) = T(\boldsymbol{v})$$

(2) 当 $l_1 \perp l_2$ 时,则在点 O,使得

$$T(O_2, k_2, l_2)T(O_1, k_1, l_1) = H(O, -k_1k_2)$$

13. 证明: $H(O, -1)S(l)$ 与 $S(l)H(O, -1)$ 皆为其反射轴垂直于 l 的滑动反射变换.

14. 证明:若一个平面图形是某个位似轴反射变换(位似系数 $k \neq 1$)的不变图形,则这个图形也是某个位似图形的不变图形.

15. 证明: $H(O, k)S(l)$ ($k \neq -1$) 是一个位似轴反射变换.

16. 设 $T(O, k, l)$ 是平面 π 的一个位似轴反射变换, m 是平面 π 上的一条直线. 试在直线 m 上找出一点 P, 使得当 $P \xrightarrow{T(O,k,l)} P'$ 时, 线段 PP' 为最短.

17. 设两个三角形镜像相似. 证明: 它们的对应边的交角的平分线互相平行.

18. 设 $\triangle A'B'C' \backsim \triangle ABC$, 相似系数不等于 1, 以相似比分别内分和外分线段 $A'A$、$B'B$、$C'C$, 内分点和外分点分别为 D、E、F 和 P、Q、R, 再分别以 DP、EQ、RF 为直径作圆. 证明: 无论 $\triangle A'B'C'$ 与 $\triangle ABC$ 是真正相似还是镜像相似, 所作三个圆总是共点的.

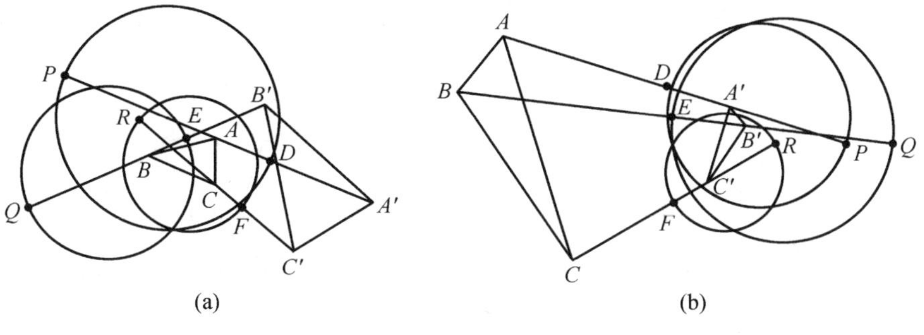

18 题图

19. 设 $ABCD$ 和 $A'B'C'D'$ 是同一国家同一区域的两幅正方形地图, 但按不同比例尺画出, 并且一正一反叠放. 求证: 小地图上有且只有一点 O, 它和大地图上表示同一地点的 O' 重合.

20. 设半径分别为 r_1、r_2($r_1 \neq r_2$) 的两圆 Γ_1、Γ_2 相交, 过它们的一个交点任作两条割线 AB、CD, 其中 A、C 在圆 Γ_1 上, B、D 在圆 Γ_2 上. P、Q 分别外分

线段 AD、CB，且$\dfrac{PA}{PD}=\dfrac{QC}{QB}=\dfrac{r_1}{r_2}$，两圆的外公切线交于 O. 证明：O、P、Q 三点共线.

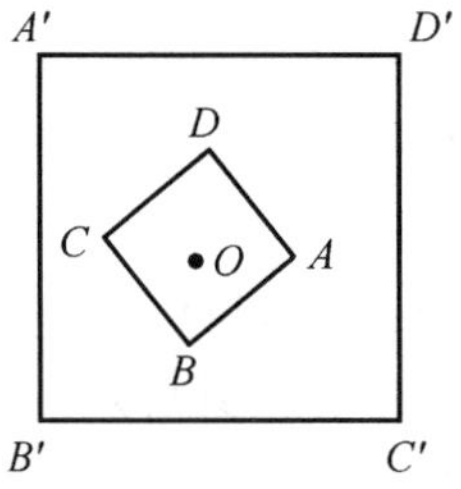

19 题图

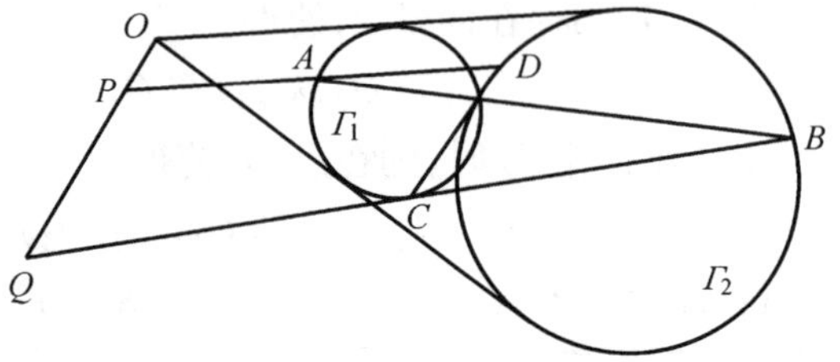

20 题图

21. 设 Ω 是 $\triangle ABC$ 的第一 Brocard 点，直线 $A\Omega$ 与 BC 交于 D. 求证：

$$\frac{BD}{DC}=\frac{AB^2}{BC^2}$$

22. 证明：任意三角形的 Brocard 角不超过 30°.

23. 设 P 是 $\triangle ABC$ 内任意一点. 求证：$\angle PAB$、$\angle PBC$、$\angle PCA$ 中至少有一个角不超过 30°.（第 32 届 IMO，1991）

24. 设 $\triangle A_1B_1C_1$ あ $\triangle A_2B_2C_2$ あ $\triangle ABC$，点 A_1、B_1、C_1 分别在的边 AB、BC、CA 上，点 A_2、B_2、C_2 分别在的边 CA、AB、BC 上，且 B_1C_1 和 B_2C_2 与 BC 构成等角. 求证：

（1）$\triangle A_1B_1C_1 \cong \triangle A_2B_2C_2$；

（2）$B_2C_1 \parallel BC$，$C_2A_1 \parallel CA$，$A_2B_1 \parallel AB$；

（3）A_1、B_1、C_1、A_2、B_2、C_2 六点共圆.

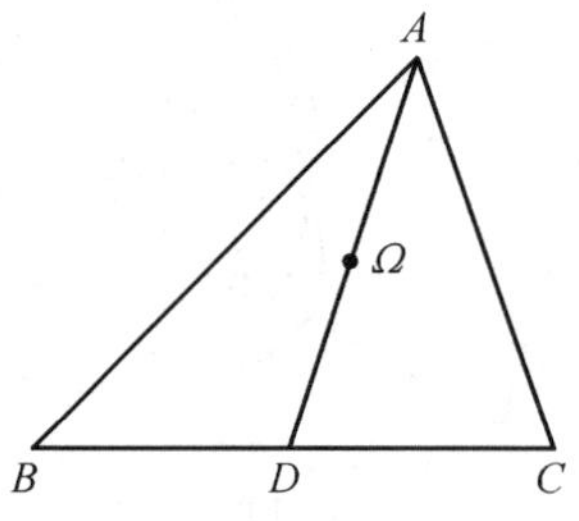

21 题图

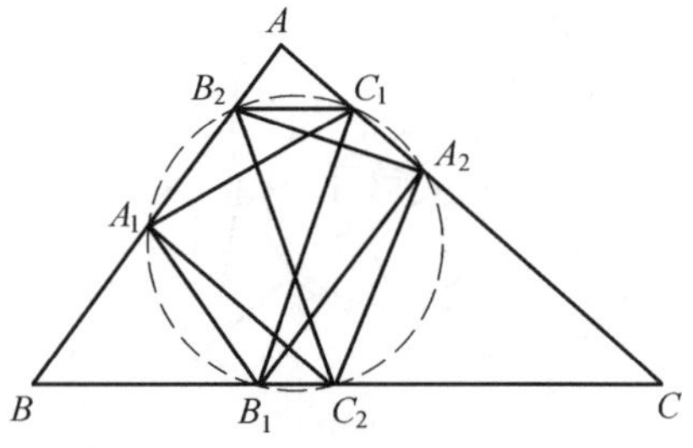

24 题图

25. 设 $\triangle A_1B_1C_1$ あ $\triangle A_2B_2C_2$ あ $\triangle ABC$，且 A_1、A_2 在 $\triangle ABC$ 的 BC 边上，B_1、B_2 在 CA 边上，C_1、C_2 在 AB 边上. 求证：$\triangle A_1B_1C_1$ 与 $\triangle A_2B_2C_2$ 的相似中心是 $\triangle ABC$ 的外心.

26. 设 D 是 $\triangle ABC$ 的边 BC 上一点，DC 的垂直平分线交 CA 于 E，BD 的垂直平分线交 AB 于 F，O 是 $\triangle ABC$ 的外心. 求证：A、E、O、F 四点共圆.（第 27

届俄罗斯数学奥林匹克，2001）

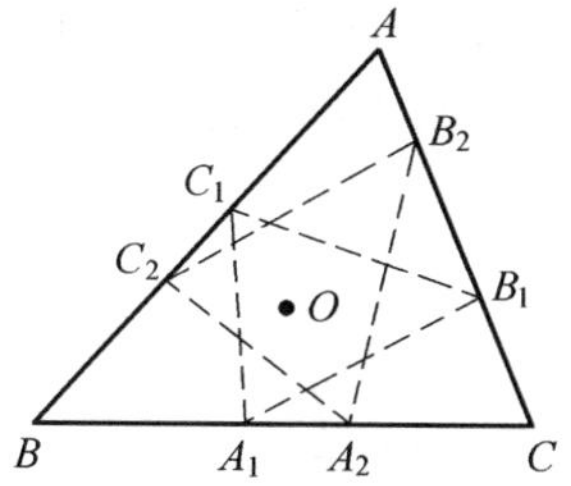

25 题图

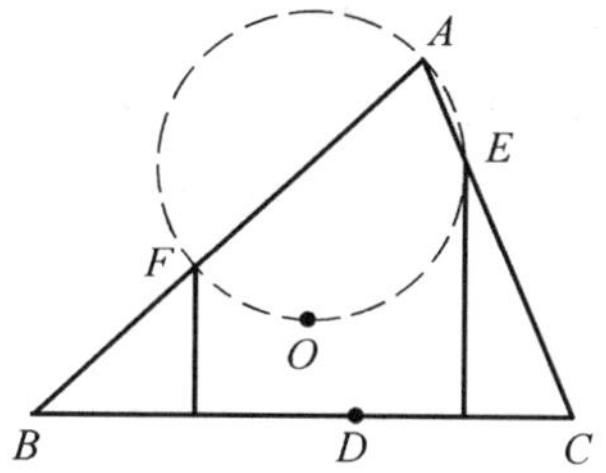

26 题图

27. 设 $\triangle A_1B_1C_1$ 与 $\triangle A_2B_2C_2$ 都与 $\triangle ABC$ 反向相似，其中 A_1、A_2 在 $\triangle ABC$ 的 BC 边上，B_1、B_2 在 AB 边上，C_1、C_2 在 CA 边上. 确定 $\triangle A_1B_1C_1$ 与 $\triangle A_2B_2C_2$ 的相似中心 O 在 $\triangle ABC$ 中的几何位置.

28. 设 AD、BE、CF 是非直角 $\triangle ABC$ 的三条高，D、E、F 为垂足，$\triangle D'E'F'$ あ $\triangle DEF$，且 D'、E'、F' 分别在 $\triangle ABC$ 的边 BC、CA、AB 所在直线上. 确定 $\triangle D'E'F'$ 与 $\triangle DEF$ 的相似中心 O 在 $\triangle ABC$ 中的几何位置.

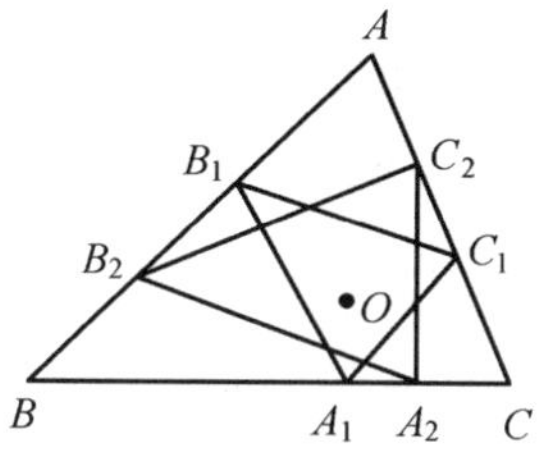

27 题图

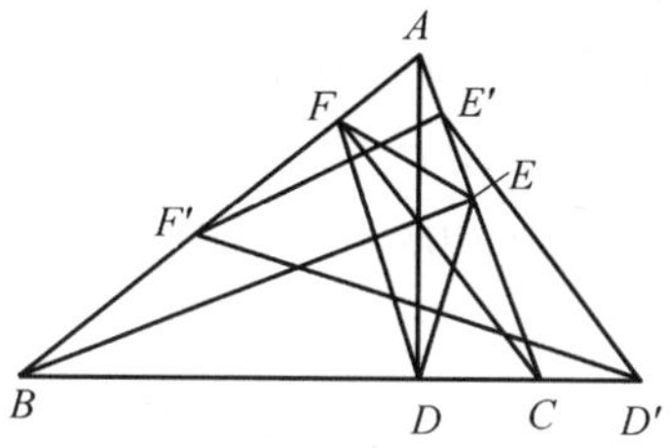

28 题图

29. 设 $\triangle ABC$ 的内切圆分别与边 BC、CA、AB 切于 D、E、F，$\triangle D'E'F'$ あ $\triangle DEF$，且 D'、E'、F' 分别在 $\triangle ABC$ 的边 BC、CA、AB 上. 确定 $\triangle D'E'F'$ 与 $\triangle DEF$ 的相似中心 O 在 $\triangle ABC$ 中的几何位置.

30. 设 D、E、F 分别为 $\triangle ABC$ 的三边 BC、CA、AB 上的点，且 $DB = DF$，$DC = DE$，H 为 $\triangle ABC$ 的垂心. 求证：A、E、H、F 四点共圆.

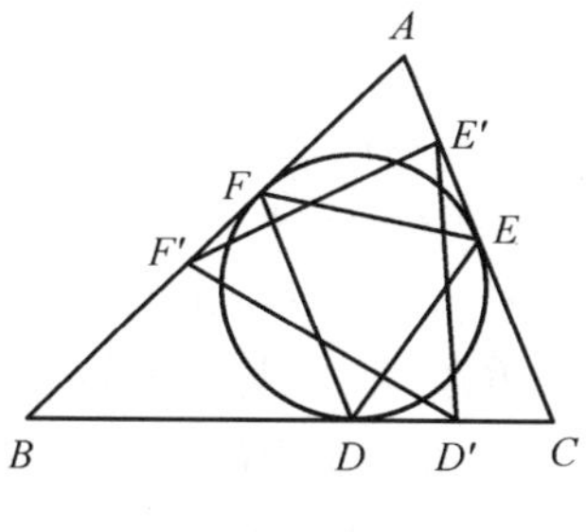

29 题图

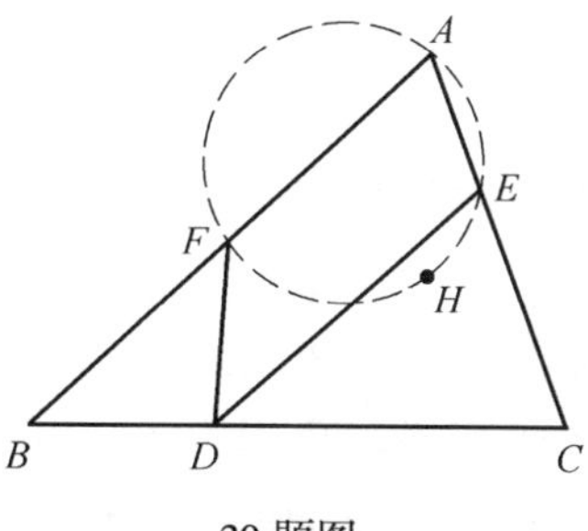

30 题图

31. 设 D、E、F 分别为 $\triangle ABC$ 的三边 BC、CA、AB 上的点，且 $BD = BF$，

$CD = CE$，I 为 $\triangle ABC$ 的内心.求证：A、E、I、F 四点共圆.

32.设 $\triangle A_1B_1C_1$ あ $\triangle A_2B_2C_2$，点 D_1、D_2 分别为四边形 $A_1A_2B_2B_1$ 的边 A_1B_1、A_2B_2 上的点. 证明：若四边形 $C_1D_1D_2C_2$ あ四边形 $A_1B_1B_2A_2$，则四边形 $B_1B_2D_2D_1$ あ四边形 $A_1A_2C_2C_1$.

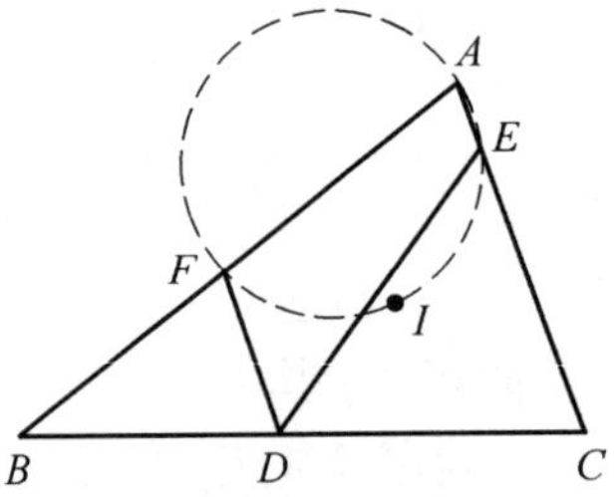

31 题图

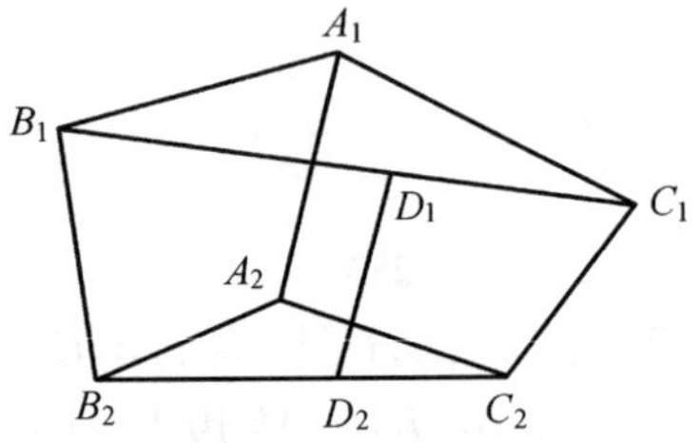

32 题图

33.设 E、F、G、H 分别为四边形 $ABCD$ 的四边 AB、BC、CD、DA 上的点，且 $\frac{AE}{EB} = \frac{DG}{GC}$，$\frac{AH}{HD} = \frac{BF}{FC}$. 证明：存在点 P，使得 $\triangle ABP$ あ $\triangle HFG$，$\triangle CDP$ あ $\triangle FHE$.

34.在四边形 $ABCD$ 的四周作 $\triangle ABE$、$\triangle BCF$、$\triangle DCG$、$\triangle ADH$. 证明：如果 $\triangle ABE$ あ $\triangle DCG$，$\triangle BCF$ あ $\triangle ADH$，则存在点 P，使得 $\triangle ABP$ あ $\triangle HFG$，$\triangle CDP$ あ $\triangle FHE$.

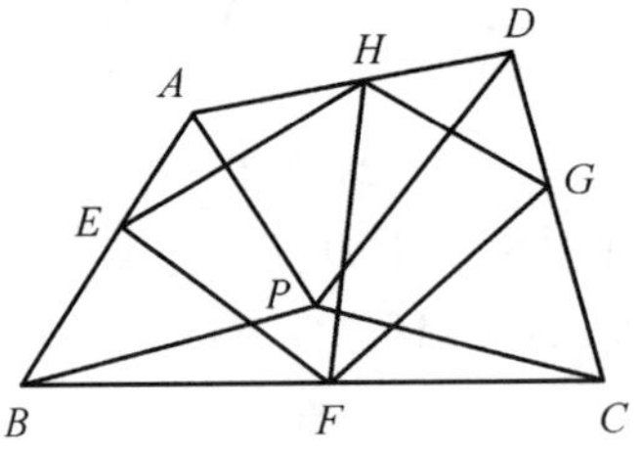

33 题图

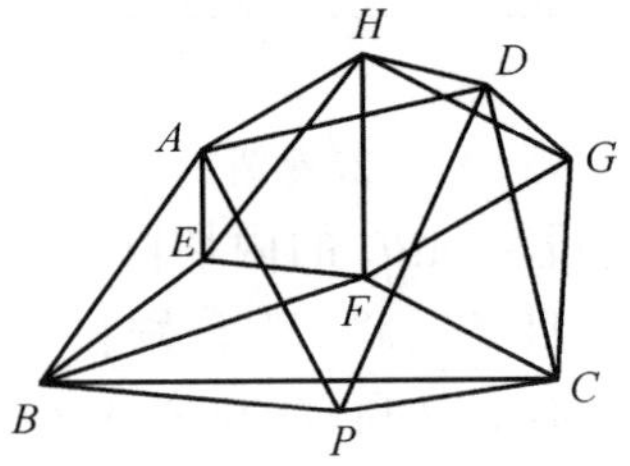

34 题图

35.设 n 边形 $A_1A_2\cdots A_n$ 与 $B_1B_2\cdots B_n$（$n \geqslant 3$，n 边形不一定是凸的）真正相似，P_i 在直线 A_iB_i 上（$i = 1, 2, \cdots, n$）且 $\frac{\overline{A_1P_1}}{\overline{P_1B_1}} = \frac{\overline{A_2P_2}}{\overline{P_2B_2}} = \cdots = \frac{\overline{A_nP_n}}{\overline{P_nB_n}}$. 求证：或 P_1、P_2、$\cdots$、P_n 重合于一点，或 n 边形 $P_1P_2\cdots P_n$ あ n 边形 $A_1A_2\cdots A_n$.

36. 设 $\triangle A_1B_1C_1$ あ $\triangle A_2B_2C_2$ あ $\triangle A_3B_3C_3$，$\triangle A_1A_2A_3$、$\triangle B_1B_2B_3$、$\triangle C_1C_2C_3$ 的重心分别为 G_1、G_2、G_3. 求证：$\triangle A_1B_1C_1$ あ $\triangle G_1G_2G_3$.

37.设 $\triangle A_1B_1C_1$ あ $\triangle A_2B_2C_2$，任取一点 O，作向量 $\overrightarrow{OA_3} = \overrightarrow{A_1A_2}$，$\overrightarrow{OB_3} = \overrightarrow{B_1B_2}$，$\overrightarrow{OC_3} = \overrightarrow{C_1C_2}$. 求证：$\triangle A_3B_3C_3$ あ $\triangle A_1B_1C_1$.

38.设 $ABCD$ 与 $A'B'C'D'$ 是两个真正相似的矩形. 求证:

$$A'A^2 + C'C^2 = B'B^2 + D'D^2$$

39.设 $ABCDEF$ 与 $A'B'C'D'E'F'$ 是两个转向相同的正六边形. 求证:

$$A'A^2 + C'C^2 + E'E^2 = B'B^2 + D'D^2 + F'F^2$$

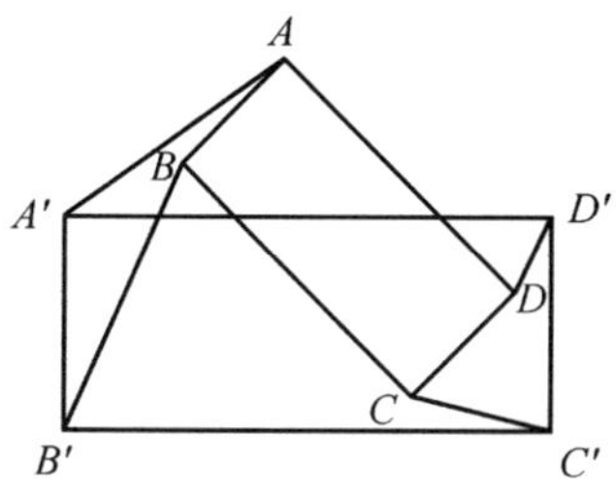

38 题图

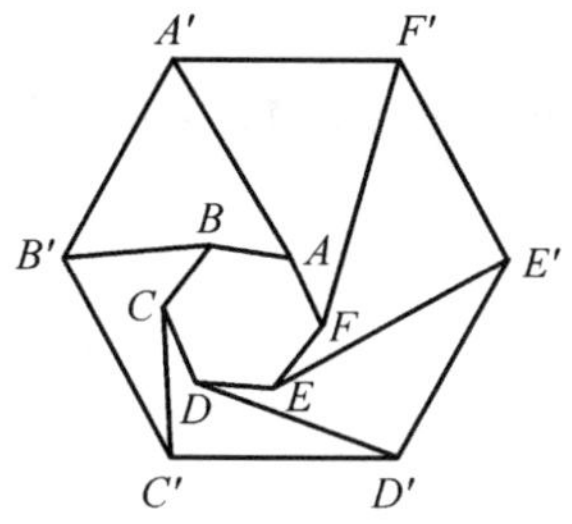

39 题图

40.以中心对称六边形的各边为边长向形外作正三角形. 求证:相邻两个正三角形的新顶点的连线段的中点构成一个正六边形的六个顶点.

41.分别以平行四边形 $ABCD$ 的边为边长向形外作四个正三角形 AEB、BFC、CGD、DHA. 求证:AE、EF、FC、CG、GH、HA 的中点是一个正六边形的六个顶点.

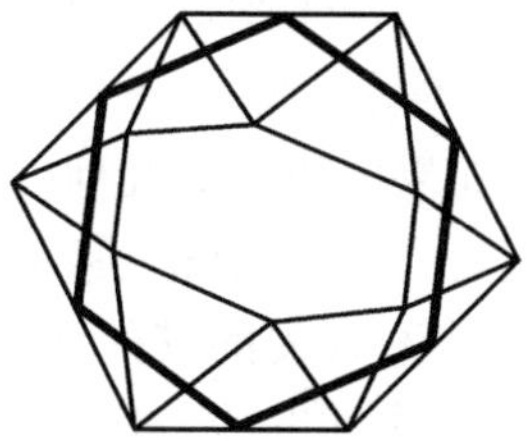

40 题图

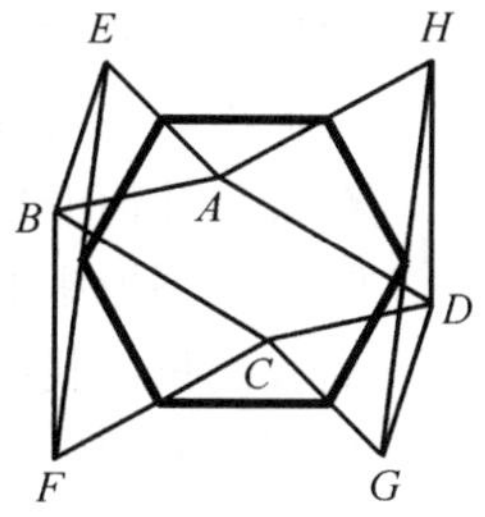

41 题图

第3章 平移变换与几何证题

从前面两章介绍的几个具体的合同变换和相似变换可知，每一个几何变换都有自己一些独特的性质.而每一个平面几何问题所对应的几何图形也都具有这样或那样的一些特征子图形(如平行四边形、正三角形、等腰三角形、正方形、圆、中点等等)，于是，面对一个陌生的平面几何问题，我们就可以将注意力集中在所对应的几何图形中的某个特征子图形上，将特征子图形中的一部分元素(点、线段、直线等等)视为另一部分元素在某个几何变换下的像.这就是说，如果施以某个几何变换，则特征子图形中的某些已知元素便成为另一些已知元素的像.然后我们只需找出整个几何图形中与结论有关的其他元素的像(此乃轻而易举之事，但相当于传统的作辅助线)，则整个几何图形即重新改组，问题的结构发生改变.再根据相应几何变换的性质(尤其是新旧元素之间的关系)，即可将分散的元素相对集中，进而使问题得到转化——化难为易，化繁为简，化陌生为熟悉.从而使问题较顺利地得到解决，避免作辅助线的苦思冥想.

从现在起，我们将陆续介绍怎样用合同变换和相似变换处理平面几何问题.本章将全面而系统地介绍怎样用平移变换处理平面几何问题.

3.1 平行四边形与平移变换

由于在平移变换下，与平移方向不平行的线段变为与之平行且相等的线段，因此，对于已知条件中有平行四边形的平面几何问题，我们即可以考虑用平移变换处理. 平移向量的始点与终点为平行四边形的某两个相邻顶点.

例 3.1.1 设 P 是平行四边形 $ABCD$ 内部一点. 证明：$\angle BAP = \angle PCB$ 当且仅当 $\angle PBA = \angle ADP$.

证明 如图 3.1.1 所示，作平移变换 $T(\overrightarrow{AB})$，则 $A \to B, D \to C$. 设 $P \to P'$，则 $\angle BCP' = \angle ADP$，且四边形 $ABP'P$ 是一个平行四边形，所以，$\angle BAP = \angle PP'B$，$\angle PBA = \angle BPP'$. 于是，$\angle BAP = \angle PCB \Leftrightarrow \angle PP'B = \angle PCB \Leftrightarrow B$、$P'$、$C$、$P$ 四点共圆 $\Leftrightarrow \angle BPP' = \angle BCP' \Leftrightarrow \angle PBA = \angle ADP$.

例 3.1.2 设 E、F 分别是平行四边形 $ABCD$ 的边 AB 和 BC 的中点，线段 DE 和 AF 相交于点 P，点 Q 在线段 DE 上，且 $AQ \parallel PC$. 证明：$\triangle PFC$ 和梯形 $APCQ$ 的面积相等.（第 20 届俄罗斯数学奥林匹克，1994）

证明 如图 3.1.2 所示，作平移变换 $T(\overrightarrow{AB})$，设 $E \to E'$，则 $EE' = CD = 2AE$，$EP \parallel E'C$. 设直线 AF 交 $E'C$ 于 R，则 $PR = 2AP$. 由 $\triangle FRC \backsim \triangle APD$，$FC = \frac{1}{2}AD$ 知 $FR = \frac{1}{2}AP = \frac{1}{4}PR$，所以 $PF = \frac{3}{4}PR$，从而 $AP = \frac{2}{3}PF$. 过 F 作 PC 的平行线交 RC 于 S，则 $AQ = 2FS$. 而 $FR = \frac{1}{4}PR$，所以，$FS = \frac{1}{4}PC$. 再注意 $FS = \frac{1}{2}AQ$ 即知 $PC = 2AQ$.

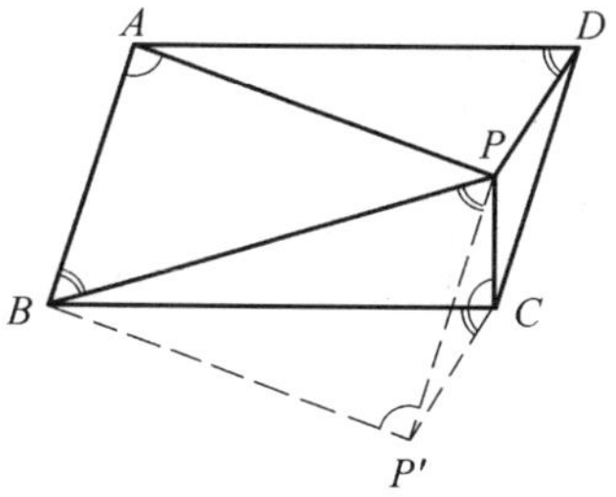

图 3.1.1

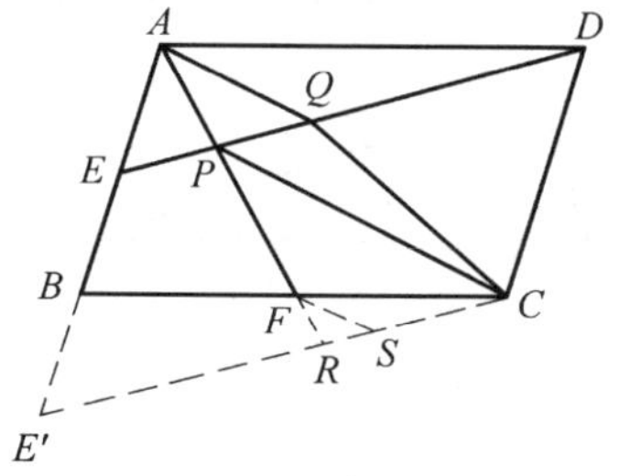

图 3.1.2

因 $\triangle PFC$（视 PC 为底）与梯形 $APCQ$ 的高的比等于 PF 与 AP 之比，所以，设 $\triangle PFC$ 的高 $h_1 = 3k$，则梯形 $APCQ$ 的高 $h_2 = 2k$. 再设 $AQ = a$，则 $PC = 2a$. 于是有

$$S_{\triangle PFC} = a \cdot h_1 = 3k \cdot a$$

$$S_{梯形APCQ} = \frac{1}{2}(AQ + PC)h_2 = \frac{1}{2}(a + 2a) \cdot 2k = 3ka$$

故
$$S_{梯形APCQ} = S_{\triangle PFC}$$

例3.1.3 设 M 为平行四边形 $ABCD$ 的边 AD 的中点,过点 C 作 AB 的垂线交 AB 于 E.求证:$\angle EMD = 3\angle MEA$ 的充分必要条件是 $BC = 2AB$.

证明 如图3.1.3所示,作平移变换 $T(\overrightarrow{AB})$,则 $A \to B, D \to C$.设 $M \to M', E \to E'$,则 M' 是 BC 的中点,$EE' = AB$,$\angle E'BM' = \angle EAM$,$\angle EMM' = \angle MEA$,$\angle M'E'B = MEA$,$\angle M'MD = \angle EAM = \angle E'BM'$.因 M' 是 $\mathrm{Rt}\triangle EBC$ 的斜边的中点,所以,$M'E = BM'$,从而 $\angle BEM' = \angle M'BE$.因此,$\angle E'BM' = 180° - \angle BEM'$.于是

$$\angle EMD = 3\angle MEA \Leftrightarrow \angle M'MD = 2\angle MEA \Leftrightarrow \angle E'BM' = 2\angle M'E'B \Leftrightarrow$$

$$180° - \angle BEM' = 2\angle M'E'B \Leftrightarrow \angle M'E'B = 90° - \frac{1}{2}\angle BEM' \Leftrightarrow$$

$$\angle E' = \angle EM'E' \Leftrightarrow EM' = EE' \Leftrightarrow BM' = AB \Leftrightarrow BC = 2AB$$

例3.1.4 以平行四边形 $ABCD$ 的边 BC 和 CD 为边长向形外作两个相似三角形 BEC 与 DCF.求证:$\triangle AEF \backsim \triangle BEC$.

证明 如图3.1.4所示,作平移变换 $T(\overrightarrow{AB})$,则 $B \to C, A \to D$.设 $E \to E'$,则 $\triangle DCE' \cong \triangle ABE$,$\triangle E'CE \backsim \triangle DCF$.由于 $\angle E'CE = \angle DCF$,所以,$\angle E'CD = \angle ECF$.又 $\frac{CE'}{CE} = \frac{DC}{CF}$,因此,$\triangle DCE' \backsim \triangle FCE$.但 $\triangle DCE' \cong \triangle ABE$,所以,$\triangle ABE \backsim \triangle FCE$.于是,$\frac{EA}{EB} = \frac{EF}{EC}$,$\angle FEC = \angle AEB$,进而 $\angle FEA = \angle CEB$.故 $\triangle AEF \backsim \triangle BEC$.

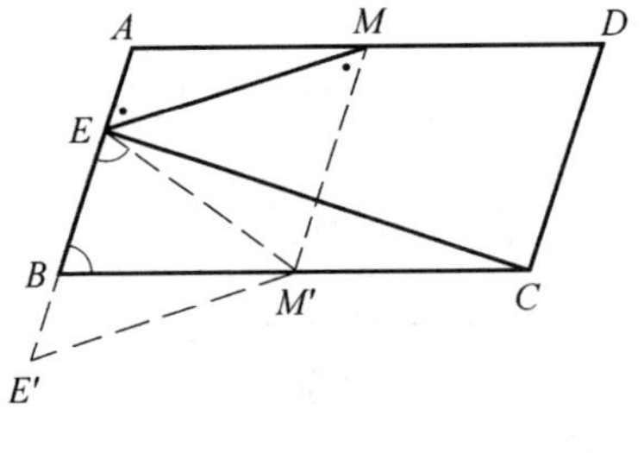

图3.1.3

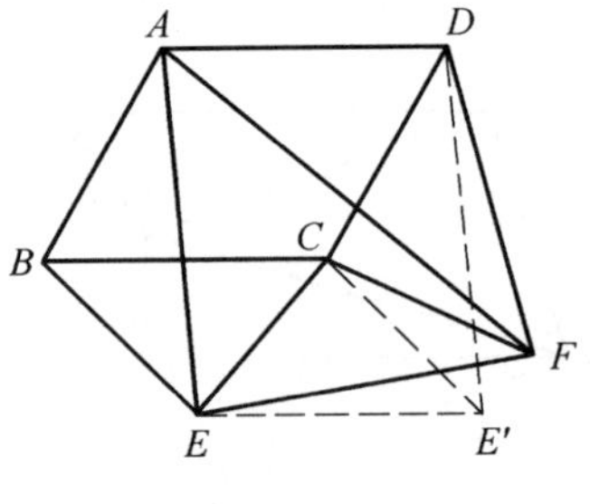

图3.1.4

如果一个平面几何问题中含有几个平行四边形,我们选择其中一个平行四边形作平移变换即可.

例3.1.5 以 $\triangle ABC$ 的边 BC 为一边作平行四边形 $BKLC$,使它与 $\triangle ABC$ 位于直线 BC 的同侧;再分别以 AB 和 BC 为一边向 $\triangle ABC$ 外作平行四边形 $ABEF$ 与 $ACMN$,使 E、F、K 三点共线,M、N、L 三点共线.求证

$$S_{\square BCLK}=S_{\square ABEF}+S_{\square ACMN}$$

其中 S 表示相应图形的面积.(**Pappus定理**;第14届俄罗斯数学奥林匹克,1988)

证明 如图 3.1.5 所示,作平移变换 $T(\overrightarrow{BK})$,则 $B\to K$,$C\to L$.设 $A\to A'$,则四边形 $ABKA'$、$ACLA'$ 皆为平行四边形.由此可知,A' 为直线 EF 与 MN 的交点,从而有 $S_{\square ABEF}=S_{\square ABKA'}$,$S_{\square ACMN}=S_{\square ACLA'}$.又因 $\triangle A'KL\cong\triangle ABC$,所以,$S_{\triangle A'KL}=S_{\triangle ABC}$.于是

$$S_{\square ABEF}+S_{\square ACMN}=S_{\square ABKA'}+S_{\square ACLA'}=$$
$$S_{\square BCLK}-S_{\triangle ABC}+S_{\triangle A'KL}=S_{\square BCLK}$$

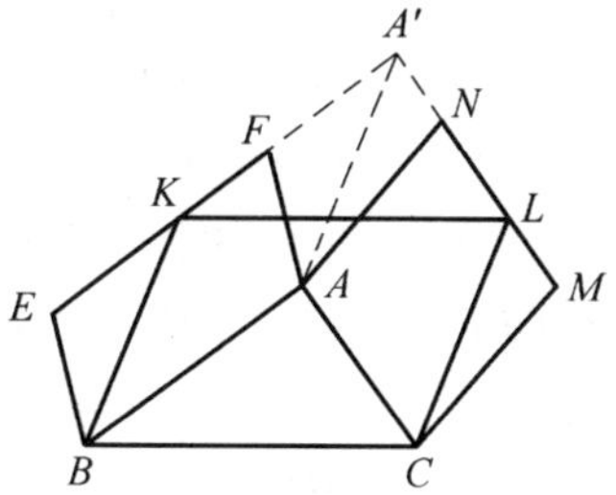

图 3.1.5

矩形和正方形都是特殊的平行四边形,因此,条件中含有矩形或正方形的平面几何问题也可以尝试用平移变换处理.

例 3.1.6 设 P 是矩形 $ABCD$ 所在平面上的一点,过点 B 引 PD 的垂线,过点 C 引 PA 的垂线,它们交于点 Q.证明:若 $P\neq Q$,则 $PQ\perp AD$.(第17届俄罗斯数学奥林匹克,1991)

证明 如图 3.1.6 所示,作平移变换 $T(\overrightarrow{AB})$,则 $A\to B$,$D\to C$.设 $P\to P'$,则 $BP'/\!/AP$,$CP'/\!/DP$.因 $BQ\perp PD$,$CQ\perp AP$,所以,$BQ\perp P'C$,$CQ\perp P'B$,这样,Q 为 $\triangle P'BC$ 的垂心.于是,$P'Q\perp BC$,但 $PP'\perp BC$,因此,P、P'、Q 三点共线.再由 $P'Q\perp AD$ 即知 $PQ\perp AD$.

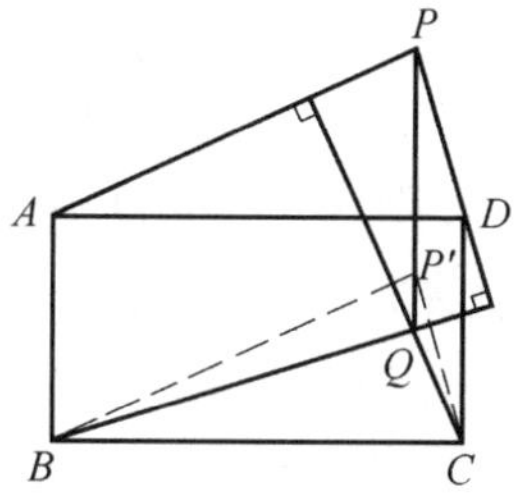

图 3.1.6

例 3.1.7 平面上一个单位正方形与距离为 1 的两条平行线均相交,使得正方形被两条平行线截出两个三角形(在两条平行线之外).证明:这两个三角形的周长之和与正方形在平面上的位置无关.(第15届亚洲-太平洋数学奥林匹克,2003)

证明 如图3.1.7所示,设直线 $l_1/\!/l_2$,l_1 与 l_2,的距离为 1,单位正方形 $ABCD$ 的边 AB、AD 分别与 l_1 交于 P、Q,边 BC、CD 分别与 l_2 交于 R、S.作平移变换 $T(\overrightarrow{PA})$,设 $l_1\to l'_1$,$l_2\to l'_2$,$R\to R'$,则 R' 在 l'_2 上,l'_1 过正方形的顶点 A.因点 A 到 l'_2 的距离等于 AB,所以 l'_2 决不会与边 AB、AD 相交.设 l'_2 与边 BC、CD 分别交于 E、F,则有 $R'F=RS$,$SF=PA$,$ER=AQ$,进

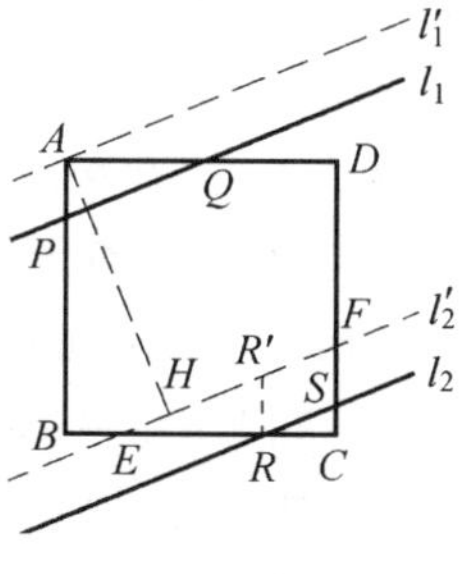

图 3.1.7

而 $ER' = PQ$,于是

$$AP + PQ + AQ + RC + CS + RS =$$
$$SF + ER' + ER + RC + CS + R'F = EC + CF + EF$$

过顶点 A 作 l'_2 的垂线,设垂足为 H,则 $AH = AB = AD = 1$.由于 $AB \perp EC$,$AD \perp CF$,$AH \perp EF$,所以,点 A 是 $\triangle CEF$ 的 C-旁心,且 B、H、D 分别为 $\triangle CEF$ 的 C-旁切圆与三边的切点,所以 $EH = BE$,$HF = FD$,从而 $EC + CF + EF = BC + CD = 2$.即

$$AP + PQ + AQ + RC + CS + RS = 2$$

这就是说,$\triangle APQ$ 的周长与 $\triangle CSR$ 的周长之和等于2.它与正方形在平面上的位置无关.

上面几个例子都是实施一个平移变换后便能很快得到结论.然而并非所有的问题都如此.但即便不是这样,我们也可通过一个平移变换将问题转化为另一个容易解决的问题.

例 3.1.8 设 P 是平行四边形 $ABCD$ 的内部一点.求证:$PB = PC = AB$ 的充分必要条件是:$\angle PBA = 2\angle ADP$ 且 $\angle DCP = 2\angle PAD$.(充分性:第25届澳大利亚数学奥林匹克,2004)

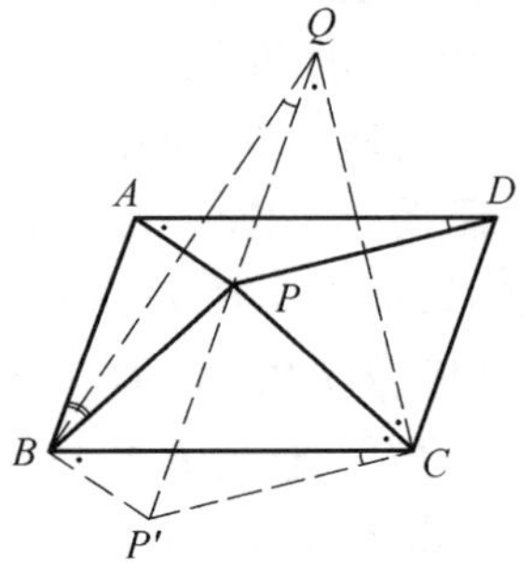

图 3.1.8

证明 如图 3.1.8 所示,作平移变换 $T(\overrightarrow{AB})$,则 $A \to B$,$D \to C$.设 $P \to P'$,则有 $PP' \mathrel{\underline{\parallel}} AB$,且 $\angle BCP' = \angle ADP$,$\angle P'BC = \angle PAD$,$\angle P'PC = \angle DCP$,$\angle BPP' = \angle PBA$.于是,当 $PB = PC = AB$ 时,有 $PB = PC = PP'$,从而 P 为 $\triangle P'BC$ 的外心.所以,$\angle BPP' = 2\angle BCP'$,$\angle P'PC = 2\angle P'BC$.故

$$\angle PBA = 2\angle ADP, \angle DCP = 2\angle PAD$$

反之,当 $\angle PBA = 2\angle ADP$ 且 $\angle DCP = 2\angle PAD$ 时,有 $\angle BPP' = 2\angle BCP'$,$\angle P'PC = 2\angle P'BC$.延长 PP' 至 Q,使 $PQ = PB$,连 BQ,则 $\angle BPP' = 2\angle BQP$,所以,$\angle BQP' = \angle BCP'$,从而 Q、B、P'、C 四点共圆,因此 $\angle P'QC = \angle P'BC$.又 $2\angle P'BC = \angle P'PC = \angle P'QC + \angle QCP$,所以,$\angle P'QC = \angle QCP$,于是 $PC = PQ = PB$,从而 P 为 $\triangle QBC$ 的外心.但 Q、B、P'、C 四点共圆,故 $PP' = PB$.再由 $PP' = AB$ 即知 $PB = PC = AB$.

在这个问题中,必要性通过一个平移变换即可得到,而充分性并非如此.但我们通过平移变换后已将其转化成立另一个容易解决的问题,并且必要性的证明给我们提供了一个解决问题的正确思路.

一般来说,对于含有平行四边形的平面几何问题,我们可以沿着平行四边

形的某一边平移,使平行四边形的一边与其对边重合,就有可能使问题得到解决.但这有一个前提,即问题中的平行四边形的条件必不可少.如果问题中的平行四边形的条件可以去掉,则作平移变换就有可能导致失败.另外,有些问题尽管表面上不含有平行四边形的条件,但有可能隐含了某个平行四边形.发现了隐含的平行四边形,同样可以考虑施以平移变换.

例 3.1.9 由平行四边形 $ABCD$ 的顶点 A 引它的两条高 AE、AF,设 $AC = a$, $EF = b$,求点 A 到 $\triangle AEF$ 的垂心 H 的距离.

如果对本题直接沿 $ABCD$ 的某边作平移变换,则我们得不到对解题有任何帮助的信息,从而不可避免地陷入“山重水复疑无路”的困境.究其原因,是因为本题只不过是穿了一件漂亮的“平行四边形”外衣.因整个问题仅与四边形 $AECF$ 有关(只是在这个四边形中,$AE \perp EC$, $AF \perp FC$).但如果注意到两个垂直的条件和一个“垂心”的条件,情形就不同了.由 H 为 $\triangle AEF$ 的垂心立即可知四边形 $HECF$ 是一个平行四边形.注意到了这个隐含的平行四边形,并以此为基础实施平移变换,则我们立马进入“柳暗花明又一村”的佳境.

解法 1 如图 3.1.9 所示,作平移变换 $T(\overrightarrow{EC})$,则 $E \to C$.设 $A \to A'$,则 A' 在直线 AD 上,且 $A'F \mathrel{\underline{\underline{\parallel}}} AH$,而 $AH \perp EF$,所以 $A'F \perp EF$.又 $AA' \mathrel{\underline{\underline{\parallel}}} EC$, $AE \perp EC$,因此,四边形 $AECA'$ 为矩形,从而 $A'E = AC = a$,于是,由勾股定理立即可得

$$AH = A'F = \sqrt{A'E^2 - EF^2} = \sqrt{a^2 - b^2}$$

解法 2 如图 3.1.10 所示,作平移变换 $T(\overrightarrow{EH})$,则 $E \to H$.设 $F \to F'$,则 F' 在直线 CD 上,且 $FF' = EH = CF$,即 F 为 CF' 的中点.但 $AF \perp CF'$,因而 $AF' = AC = a$.又 $HF' \mathrel{\underline{\underline{\parallel}}} EF$,而 $AH \perp EF$,所以 $AH \perp HF'$, $HF' = EF = b$,于是,由勾股定理立即可得

$$AH = A'F = \sqrt{AF'^2 - HF'^2} = \sqrt{a^2 - b^2}$$

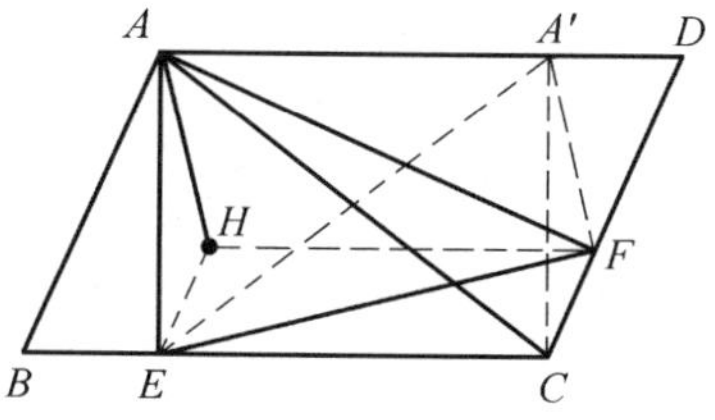

图 3.1.9

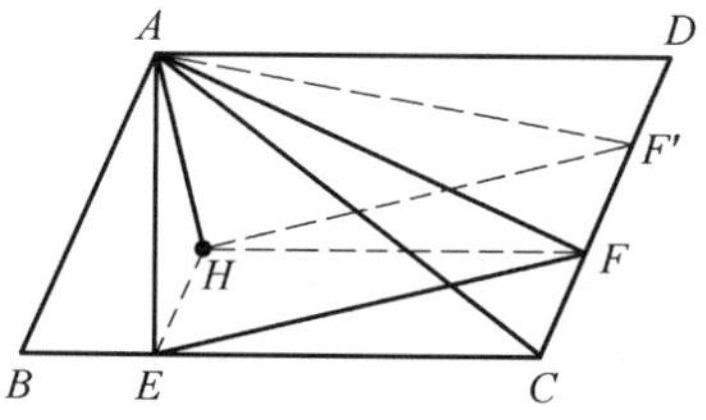

图 3.1.10

由以上各例可以看出,用平移变换处理某些与平行四边形有关的平面几何问题确实是非常方便的.但这并不等于说,凡平行四边形问题都可以用平移

变换处理,只能说,平移变换是处理平行四边形问题的重要工具之一.有些平行四边形问题则不能将一边平移到对边(如例 3.3.1),有些平行四边形问题则可能适于用别的几何变换处理(如例 4.2.3) 而将平移变换拒之门外.实际上,任何一种方法都不是万能的,迟早会有例外.另外,对于某个具体的平行四边形问题来说,尽管可以用平移变换解决,但平移变换方法也许不是最好的或最简单的方法.读者对本书以后的各种几何变换处理的各类平面几何问题都应持这种观点看待.

3.2 共线相等线段与平移变换

因为在平移变换下,与平移方向平行的线段变为与之共线且相等的线段,所以,对于已知条件中有共线且相等的线段的平面几何问题,我们也可以考虑用平移变换处理.在一般情况下,平移向量的选择是为了使其中一条线段通过平移变换变成另一条线段.

例 3.2.1 设 D、E 是 $\triangle ABC$ 的边 BC 上两点,且 $BD = EC$,$\angle BAD = \angle EAC$.求证:$\triangle ABC$ 是一个等腰三角形.(第 18 届俄罗斯数学奥林匹克,1992)

证明 如图 3.2.1 所示,作平移变换 $T(\overrightarrow{BE})$,则 $B \to E$,$D \to C$.设 $A \to A'$,则 $A'E = AB$,$AA' \parallel BC$,$\angle EA'C = \angle BAD = \angle EAC$,所以,四边形 $AECA'$ 为圆内接梯形,因而为等腰梯形.于是,$AC = A'E = AB$.故 $\triangle ABC$ 是一个等腰三角形.

例 3.2.2 如图 3.2.2 所示,设 M 是 $\triangle ABC$ 的边 BC 上的一点,N 是 BC 的延长线上一点,且 $MN = BC$,过 M 作 AC 的垂线,再过 N 作 AB 的垂线,垂足分别为 D、E,$\triangle ABC$ 的垂心为 H.求证:A、E、H、D 四点共圆.

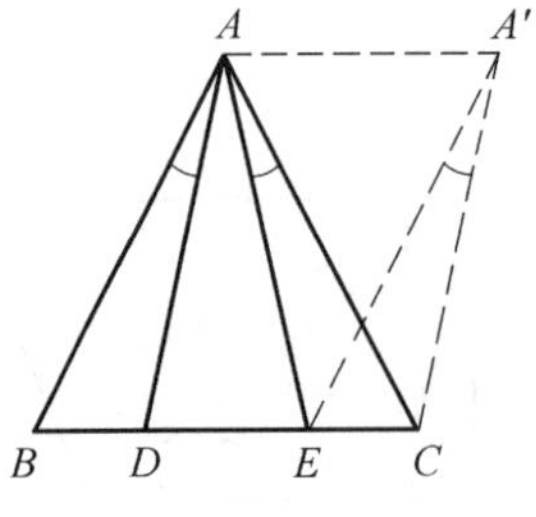

图 3.2.1

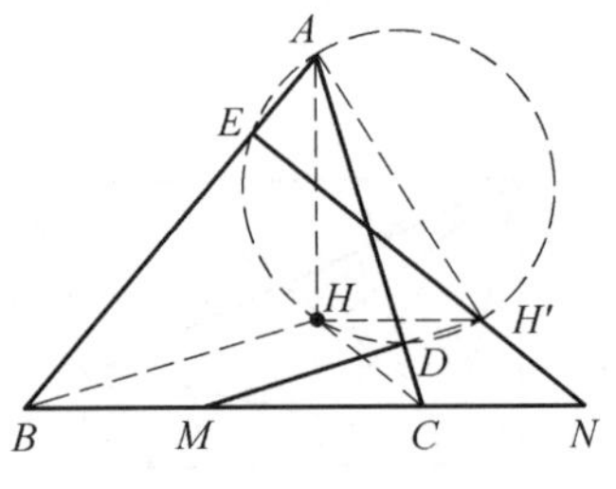

图 3.2.2

证明 如图 3.2.2 所示,作平移变换 $T(\overrightarrow{BM})$,则 $B \to M$,$C \to N$.设 $H \to H'$,则 $MH' \parallel BH$,而 $BH \perp AC$,所以 $MH' \perp AC$.又 $MD \perp AC$,因此 M、D、H' 三点共线.同理,N、E、H' 三点共线,即 H' 是直线 MD 与 NE 的交点.这样便有

$AD \perp DH'$，$AE \perp EH'$，于是 D、E 均在以 AH' 为直径的圆上. 又因 $HH' \parallel BC$，$AH \perp BC$，所以 $AH \perp HH'$，从而 H 也在以 AH' 为直径的圆上. 故 A、E、H、D 四点共圆.

这两例均属于典型的共线相等线段问题. 前一题通过一个平移变换，借助四点共圆，问题轻松地得到了解决. 后一题则通过一个平移变换，借助三点共线也使问题很快得到解决.

当共线相等的两线段有一个公共端点时，公共端点就成了这两条线段的另两个端点所构成的一条长线段的中点. 这就是说，中点问题是共线相等线段的特殊情形，因此，对于出现了中点的平面几何问题，我们也可以尝试用平移变换处理.

例 3.2.3 证明：三角形的三条中线交于一点.

证明 如图 3.2/3 所示，设 D、E、F 分别为 $\triangle ABC$ 的边 BC、CA、AB 的中点. 作平移变换 $T(\overrightarrow{BD})$，则 $B \to D$，$D \to C$，$F \to E$. 设 $E \to E'$，则 $DE' \mathrel{\underline{\underline{\parallel}}} BE$. 再设 CF 与 BE 交于 G，DE 与 CF 交于 K. 因 D 为 BC 的中点，$DK \parallel BG$，所以 K 为 CG 的中点，即有 $CK = KG$. 又 E 为 FE' 的中点，$GE \parallel KE'$，所以 G 为 FK 的中点，即 $FG = GK$，从而有 $FG = \dfrac{1}{3}CF$，即 G 为 CF 上的一个定点. 同理，AD 也通过 CF 上的定点 G. 故 AD、BE、CF 三线共点.

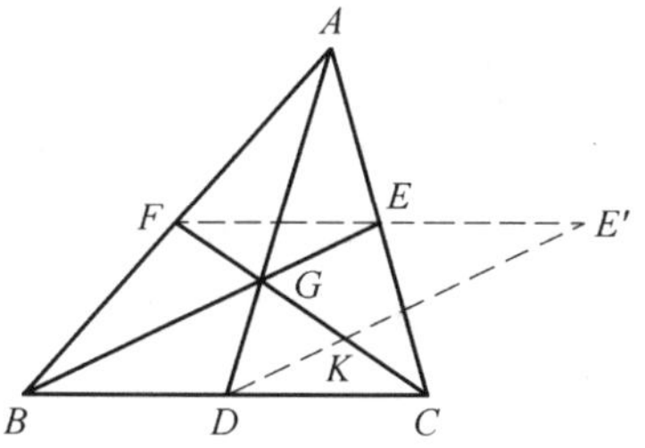

图 3.2.3

众所周知，三角形的三条中线所共之点称为三角形的重心. 因而上述证明还同时给我们带来了一个副产品：

三角形的重心到各个顶点的距离等于相应中线长的三分之二.

例 3.2.4 设 M 为平行四边形 $ABCD$ 的边 AD 的中点，过点 C 作 AB 的垂线交 AB 于 E. 求证：$\angle EMD = 3\angle MEA$ 的充分必要条件是 $BC = 2AB$.

本题即上一节的例 3.1.3，那里曾作为一个平行四边形问题用平移变换给出了它的一个证明，这里再作为中点问题用平移变换给出另一个证明.

证明 如图 3.2.4 所示，作平移变换 $T(\overrightarrow{AM})$，则 $A \to M$，$M \to D$. 设 $E \to E'$，则 $ME' \mathrel{\underline{\underline{\parallel}}} AE$，$DE' \mathrel{\underline{\underline{\parallel}}} ME$，且 $\angle EME' = \angle AEM$. 由 $AE \perp EC$ 知 $ME' \perp EC$. 又 M 为 AD 的中点，$AE \parallel CD$，因而 ME' 为线段 EC 的垂直平分线，所以，$\angle E'MC = \angle EME' =$

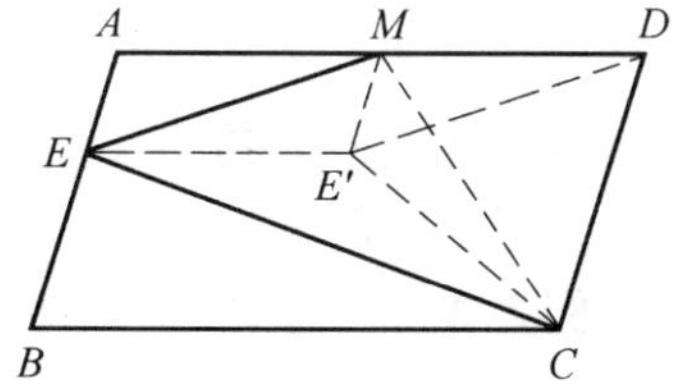

图 3.2.4

$\angle AEM$. 于是再由 $\angle MCD = \angle E'MC = \angle AEM$ 得

$$\angle DEM = 3\angle AEM \Leftrightarrow \angle CMD = \angle DCM \Leftrightarrow MD = CD \Leftrightarrow BC = 2AB$$

例 3.2.5 设 M 是 $\triangle ABC$ 的边 BC 的中点，$\triangle ABD$ 与 $\triangle ACM$ 反向相似. 求证：$DM \parallel AC$.

证明 如图 3.2.5 所示，作平移变换 $T(\overrightarrow{BM})$，则 $B \to M$，$M \to C$. 设 $A \to A'$，$D \to D'$，则 $\angle MD'A' = \angle BDA = \angle AMC$. 又 $AA' \parallel BC$，所以 $\angle MAA'$ 与 $\angle AMC$ 互补，进而 $\angle MAA'$ 与 $\angle MD'A'$ 互补，从而 M、A、A'、D' 四点共圆. 于是，$\angle MAD' = \angle MA'D' = \angle BAD = \angle MAC$，所以 D' 在直线 AC 上. 但 $DD' \underline{\underline{\parallel}} MC$，故 $DM \parallel D'C$，即 $DM \parallel AC$.

例 3.2.6 在 $\triangle ABC$ 中，$AB \neq AC$，过 BC 的中点 M 作一条直线 l 分别于直线 AB、AC 交于 D、E. 求证：$BD = CE$ 的充分必要条件是直线 l 平行于 $\angle BAC$ 的平分线.

证明 如图 3.2.6 所示，设 AT 为 $\angle BAC$ 的平分线. 作平移变换 $T(\overrightarrow{BM})$，则 $B \to M$，$M \to C$. 设 $D \to D'$，则 $D'C \parallel MD$，$MD' = BD$，$\angle MD'C = \angle BDM$. 于是，$l \parallel AT \Leftrightarrow \angle BDM = \angle MEC \Leftrightarrow \angle MD'C = \angle MEC \Leftrightarrow$ 四边形 $EMCD'$ 内接于圆 $\Leftrightarrow$ 四边形 $EMCD'$ 为等腰梯形 $\Leftrightarrow MD' = CE \Leftrightarrow BD = CE$.

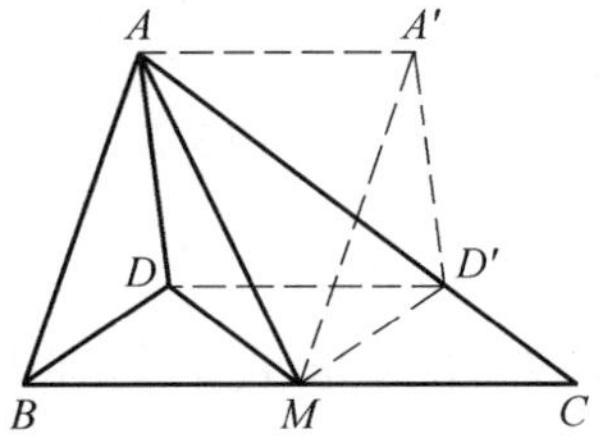

图 3.2.5

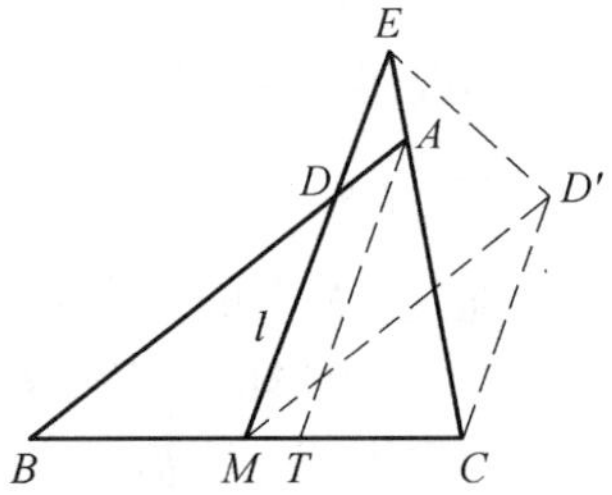

图 3.2.6

如果对于一个中点问题，当我们对其实施一次平移变换后仍难以沟通条件与结论之间的逻辑关系时，我们可以考虑作两次平移变换(非变换之积)，先将线段的一个端点平移至中点处，再将线段的另一个端点也平移至中点处，或将相关线段都平移至与中点有关的线段的两端，这就有可能使得问题的条件与结论之间的逻辑关系变得清晰起来.

例 3.2.7 过直角 $\triangle ABC$ 的斜边 AB 的中点与直角顶点 C 任作一个圆 Γ，圆 Γ 分别与两直角边 AC、BC 交于 E、F. 求证：$AE^2 + BF^2 = EF^2$.

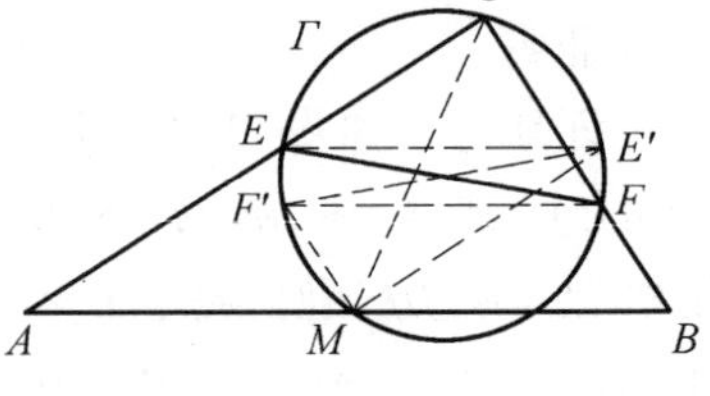

图 3.2.7

证明 如图 3.2.7 所示，作平移变换

$T(\overrightarrow{AM})$,则 $A \to M$.设 $E \to E'$,则 $ME' = AE$,$EE' \mathrel{\underline{\underline{\parallel}}} AM$,$\angle EE'M = \angle BAC = \angle ECM$,所以,$E'$ 在圆 Γ 上.再作平移变换 $T(\overrightarrow{BM})$,设 $F \to F'$,则 F' 同样也在圆 Γ 上,且 $MF' = BF$,$F'F \mathrel{\underline{\underline{\parallel}}} MB$.而 M 为 AB 的中点,所以 $F'F \mathrel{\underline{\underline{\parallel}}} EE'$,从而 $F'EE'F$ 是一个矩形,因此,$E'F' = EF$,且 $E'F'$ 也为圆 Γ 的直径.故

$$AE^2 + BF^2 = ME'^2 + MF'^2 = E'F'^2 = EF^2$$

在这个问题中,我们作一次平移变换根本达不到目的.但作平移变换 $T(\overrightarrow{AM})$ 后,E 的像点 E' 正好在圆 Γ 上,这使得我们马上想到如果再作平移变换 $T(\overrightarrow{BM})$,则 F 的像点 F' 也在圆 Γ 上.通过这两个平移变换,使得问题的结构发生改变,从而使得我们很快达到了解决问题的目的.

例 3.2.8 设 M、N 分别为四边形 $ABCD$ 的边 BC、AD 的中点,直线 AB、CD 分别与直线 MN 交于 E、F.证明:$AB = CD$ 的充分必要条件是 $\angle BEM = \angle MFC$.

本题当属典型的中点问题,但如果仅作一次平移变换 $T(\overrightarrow{AN})$ 或 $T(\overrightarrow{BM})$,是难以沟通"$AB = CD$"与"$\angle BEM = \angle MFC$"之间的逻辑关系的.而当我们同时作两次平移变换时,情形就不同了.下面给出两种不同的证法.

证法 1 如图 3.2.8 所示,作平移变换 $T(\overrightarrow{AN})$,则 $A \to N$.设 $B \to B'$,则四边形 $ABB'N$ 为平行四边形,所以 $B'N \mathrel{\underline{\underline{\parallel}}} BA$,从而 $\angle BEM = \angle B'NM$.再作平移变换 $T(\overrightarrow{DN})$,则 $D \to N$.设 $C \to C'$,则 $NC' \mathrel{\underline{\underline{\parallel}}} DC$,$\angle MFC = \angle MNC'$.又易知 $BB' \mathrel{\underline{\underline{\parallel}}} CC'$,而 $BM = MC$,所以 B'、M、C' 三点共线,且 M 为 $B'C'$ 的中点.于是

$$AB = CD \Leftrightarrow NB' = NC' \Leftrightarrow \angle B'NM = \angle MNC' \Leftrightarrow \angle BEM = \angle MFC$$

证法 2 如图 3.2.9 所示,作平移变换 $T(\overrightarrow{BM})$,则 $B \to M$.设 $A \to A'$,则 $A'M \mathrel{\underline{\underline{\parallel}}} AB$,所以 $\angle BEM = \angle A'MN$.再作平移变换 $T(\overrightarrow{DN})$,则 $D \to N$.设 $C \to C'$,则 $NC' \mathrel{\underline{\underline{\parallel}}} DC$,$\angle MFC = \angle MNC'$.又易知 $AA' \mathrel{\underline{\underline{\parallel}}} MC$,$CC' \mathrel{\underline{\underline{\parallel}}} AN$,所以 $NA' \mathrel{\underline{\underline{\parallel}}} MC'$,即四边形 $NMC'A'$ 是一个平行四边形,从而 $\angle A'MN = \angle MA'C'$,所以 $\angle BEM = \angle MA'C'$.于是,$AB = CD \Leftrightarrow A'M = NC' \Leftrightarrow$ 平行四边形 $NMC'A'$ 是一个矩形 $\Leftrightarrow N$、M、C'、A' 四点共圆 $\Leftrightarrow \angle MA'C' = \angle MNC' \Leftrightarrow \angle BEM = \angle MFC$.

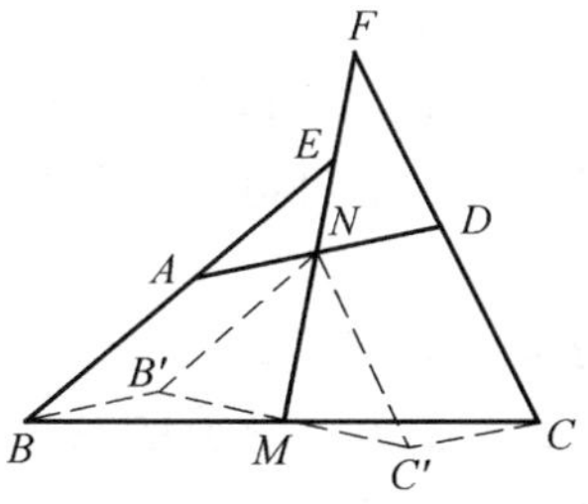

图 3.2.8

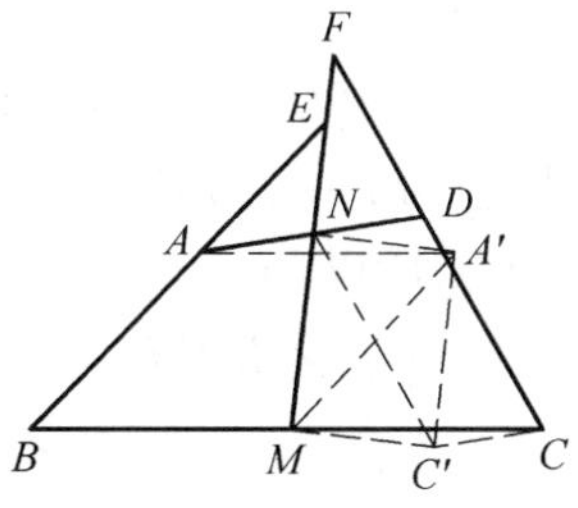

图 3.2.9

1999 年举行的第 21 届世界城市(冬季) 数学竞赛有一道试题为:

已知 $\triangle ABC$ 的 B- 旁切圆与 CA 相切于 D, C- 旁切圆与 AB 相切于 E, M 和 N 分别为 BC 和 DE 的中点. 求证: 直线 MN 平分 $\triangle ABC$ 的周长, 且与 $\angle A$ 的平分线平行.

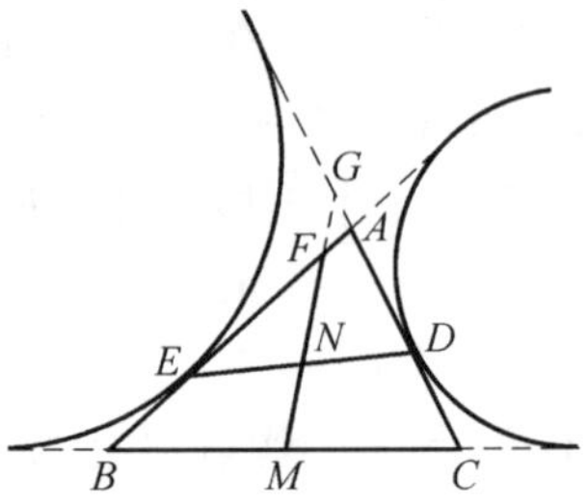

图 3.2.10

这道题可由例 3.2.8 与例 3.2.6 直接得到.

事实上, 如图 3.2.10 所示, 设直线 MN 与直线 AB 和 CD 分别交于 F、G, 由条件有

$$EB = \frac{1}{2}(AB + CA - BC) = DC$$

(这是旁切圆的一个重要性质). 于是, 由例 3.2.8 即得 $\angle BFM = \angle MGC$. 这表明直线 MN 与 $\angle A$ 的平分线平行. 进而由例 3.2.6 有 $BF = CG$. 再注意 $AF = AG$, M 为 BC 的中点即知直线 MN 平分 $\triangle ABC$ 的周长.

用平移变换处理共线相等线段问题时, 平移向量的选取并非一定要使其中的一条线段变为另一条线段, 有时要综合考虑其他条件而灵活地选取平移向量.

例 3.2.9 在 $\triangle ABC$ 中, $AB \neq AC$, I 为 $\triangle ABC$ 的内心. 直线 AI 与 $\triangle ABC$ 的外接圆交于 D, 过点 D 且垂直于 AD 的直线与直线 AB 交于 P. $\triangle ABC$ 的 B- 旁切圆与边 CA 切于点 E, C- 旁切圆与边 AB 切于点 F. 求证: $EF \parallel IP$. (秘鲁国家队选拔考试, 2007)

证明 如图 3.2.11 所示, 不失一般性, 设 $AB > AC$, 则点 P 在 CB 的延长线上. 再设 $\triangle ABC$ 的内切圆与 AC、AB 分别切于 X、Y, PD 与 $\triangle ABC$ 的外接圆交于 K, 则 $AE = XC$, $AF = YB$, $KC \perp AC$, $KB \perp AB$. 作平移变换 $T(\overrightarrow{AI})$, 则 $A \to I$, 设 $E \to E'$, $F \to F'$, 则 $E'F' \parallel EF$.

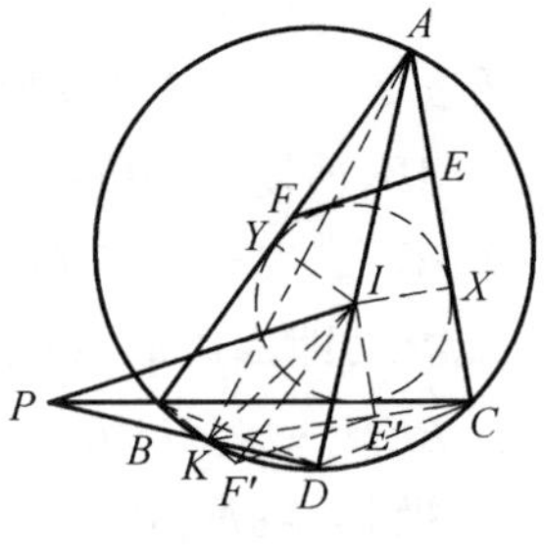

图 3.2.11

另一方面, 不难知道四边形 $IE'CX$ 与 $IYBF'$ 都是矩形, 因而 E' 在直线 KC 上, F' 在直线 BK 上. 又 $\angle DPC = \angle DBC - \angle BDK = \angle BCD - \angle BCK = \angle KCD = \angle KBD$, 所以 $DK \cdot DP = DB^2$. 但由三角形的内心的性质, 有 $DB = DI$, 因此, $DK \cdot DP = DI^2$, 所以, $\angle DKI = \angle PID$. 再注意 K、F'、D、E'、I 五点共圆(它们都在以 IK 为直径的圆上), 所以

$$\begin{aligned}\angle E'F'I = \angle E'KI = \angle DKI - \angle DKE' = \\ \angle PID - \angle DAC = \angle PID - \angle BAD = \\ \angle PID - \angle F'ID = \angle PIF'\end{aligned}$$

于是 $PI \parallel E'F'$.故 $PI \parallel EF$.

本题隐含了两组共线相等线段:AE 与 XC,AF 与 YB.但无论将哪一组通过平移变换使一条线段变为另一条线段,都无法解决问题.因为这两组共线相等线段中存在两条线段有公共端点 A,而另两条线段均与三角形的内心 I 联系在一起,故尝试作平移变换 $T(\overrightarrow{AI})$,并且最终获得了成功.

3.3 一般相等线段与平移变换

如果两条相等线段既不平行也不共线,则其中一条线段不可能是另一条线段在某个平移变换下的像.但我们可以通过平移变换移动其中一条线段,使两条线段有一个公共端点,然后通过等腰三角形的性质再加上其他相关条件使问题得到解决.

例3.3.1 设 E、F 分别为平行四边形的边 AB、AD 上的点,BF 与 DE 交于点 K.求证:$BF = DE$ 的充分必要条件是 CK 平分 $\angle BKD$.

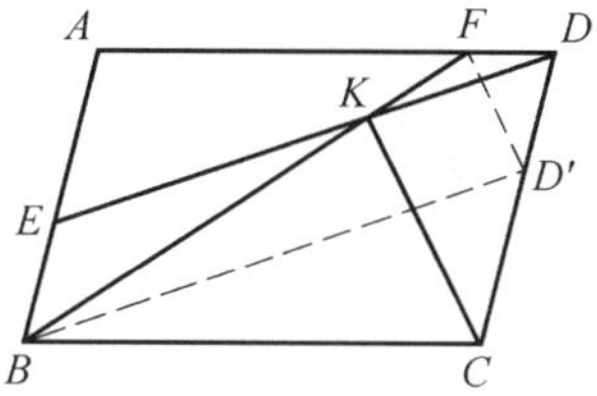

图 3.3.1

证明 如图 3.3.1 所示,作平移变换 $T(\overrightarrow{EB})$,则 $E \to B$.设 $D \to D'$,则由 $DC \parallel AB$ 知,D' 在 DC 上,且 $BD' \underline{\underline{\parallel}} ED$.由于 $KD \parallel BD'$,$FD \parallel BC$,从而 $FD' \parallel KC$.这样便有 $\angle BD'F = \angle CKD$,$\angle BKC = \angle BFD'$. 于是,$BF = DE \Leftrightarrow BF = BD' \Leftrightarrow \angle BFD' = \angle FD'B \Leftrightarrow \angle BKC = \angle CKD \Leftrightarrow CK$ 平分 $\angle BKD$.

本题属于典型的平行四边形问题,但如果将其作为平行四边形问题用平移变换处理(将平行四边形的一边平移到对边),则我们会走进一个死胡同.而这里将其作为相等线段问题处理,则一路畅通无阻.

例3.3.2 设 D、E 分别是 $\triangle ABC$ 的边 BC、AC 上的点,且 $BD = AE$,AD 与 BE 交于 P,$\angle ACB$ 的平分线与 AD、BE 分别交于 Q、R.求证:$\frac{PQ}{AD} = \frac{PR}{BE}$.(第 58 届波兰数学奥林匹克,2007)

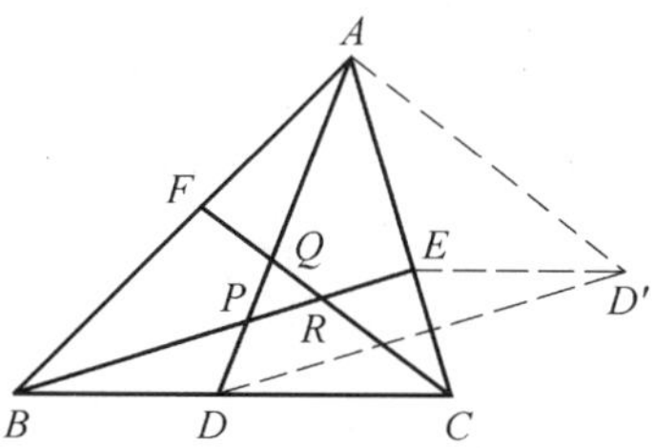

图 3.3.2

证明 如图 3.3.2 所示,作平移变换 $T(\overrightarrow{BE})$,则 $B \to E$.设 $D \to D'$,则 $ED' \underline{\underline{\parallel}} BD$,$DD' \underline{\underline{\parallel}} BE$,所以 $\angle D'EA = 180° - \angle ACB$.又因 $ED' = BD = AE$,所以

$$\angle EAD' = \frac{1}{2}(180^\circ - \angle D'EA) = \frac{1}{2}\angle ACB = \angle ACF$$

因此 $AD' /\!/ QC$,从而 $\triangle ADD' \backsim \triangle QPR$.故$\frac{PQ}{AD} = \frac{PR}{DD'} = \frac{PR}{BE}$.

在本题中,线段相等的条件"$BD = AE$"与欲证比例关系似乎很难联系起来.但是,在作了平移变换 $T(\overrightarrow{BE})$ 后,通过等腰三角形及角平分线的条件便产生了两个相似三角形,从而顺利地得到了结论.

例3.3.3 在圆内接四边形 $ABCD$ 中,$BC > AD$,$CD > AB$,E、F 分别为 BC、CD 上的点,且 $BE = AD$,$DF = AB$,M 为 EF 的中点.求证:$DM \perp BM$.

证明 如图 3.3.3 所示,作平移变换 $T(\overrightarrow{AD})$,则 $A \to D$.设 $B \to K$,则四边形 $ABKD$ 是一个平行四边形.因 $BC > AD$,$CD > AB$,所以,点 K 一定在四边形 $ABCD$ 内.注意

$$\angle ABK + \angle DAB = 180^\circ$$
$$\angle BAD + \angle DCB = 180^\circ$$

所以,$\angle ABK = \angle BCD$,$\angle CBK = \angle ABC - \angle BCD$,于是,由 $BE = AD = BK$,有

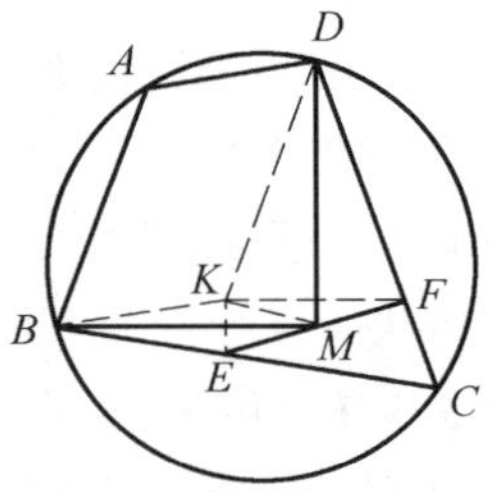

图 3.3.3

$$\angle BKE = 90^\circ - \frac{1}{2}(\angle CBA - \angle DCB)$$

同理,$\angle FKD = 90^\circ - \frac{1}{2}(\angle ADC - \angle DCB)$.又

$$\angle DKB = \angle BAD,\angle CBA + \angle ADC = 180^\circ,\angle BAD + \angle DCB = 180^\circ$$

所以,$\angle FKD + \angle DKB + \angle BKE = 270^\circ$.因此,$\angle EKF = 90^\circ$,即 $\triangle EKF$ 是一个以 K 为直角顶点的直角三角形,而 M 是斜边 EF 的中点,所以,$ME = MK = MF$,但 $BE = BK$,$DF = DK$,于是,BM、DM 分别为 KE、KF 的垂直平分线,由此即知 $BM \perp DM$.

例3.3.4 设 D、E 分别是 $\triangle ABC$ 的边 CA、AB 上的点,BD 与 CE 交于 P,且三线段 BE、ED、DC 中有两条相等.证明:$BE = ED = DC$ 的充分必要条件是

$$\angle BPC - \frac{1}{2}\angle BAC = 90^\circ$$

证明 如图 3.3.4 所示,作平移变换 $T(\overrightarrow{BD})$,则 $B \to D$.设 $E \to E'$,则四边形 $E'BDE$ 是一个平行四边形,所以 $\angle E'DA = \angle BAC$,$\angle CEE' = \angle EPB$,从而

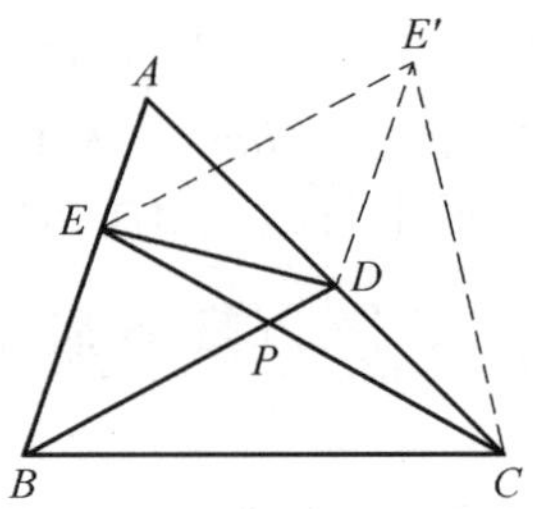

图 3.3.4

$$\angle CDE' = 180^\circ - \angle E'DA = 180^\circ - \angle BAC$$

$$\angle CEE' = 180^\circ - \angle BPC$$

因三线段 BE、ED、DC 中有两条相等，于是

$$BE = ED = DC \Leftrightarrow DE' = DE = DC \Leftrightarrow$$

$$D\text{ 为 }\triangle E'EC\text{ 的外心} \Leftrightarrow \angle CDE' = 2\angle CEE' \Leftrightarrow$$

$$180^\circ - \angle BAC = 2(180^\circ - \angle BPC) \Leftrightarrow \angle BPC - \frac{1}{2}\angle BAC = 90^\circ$$

例 3.3.5 在 $\triangle ABC$ 中，$AC > AB$，点 X、Y 分别位于 BA 的延长线与边 AC 上，且 $BX = CA$，$CY = AB$，BC 的垂直平分线与直线 XY 交于点 P. 求证：$\angle BPC + \angle BAC = 180^\circ$.（第 42 届英国数学奥林匹克，2006）

证明 如图 3.3.5 所示，作平移变换 $T(\overrightarrow{AC})$，则 $A \to C$. 设 $B \to B'$，则四边形 $ABB'C$ 是一个平行四边形，所以，$\angle CB'B = \angle BAC$，$CB' = AB = CY$，进而 $\angle B'YC = \angle CB'Y$. 注意 $AY = AC - YC = BX - BA = AX$，所以 $\angle AXY = \angle XYA$. 又 $CB' \parallel AB$，因此，$\angle YCB' = \angle YAX$，从而 X、Y、A' 在一直线上. 但 $BB' = AC = BX$，所以

$$\angle XB'B = \angle BXB' = \angle CB'X$$

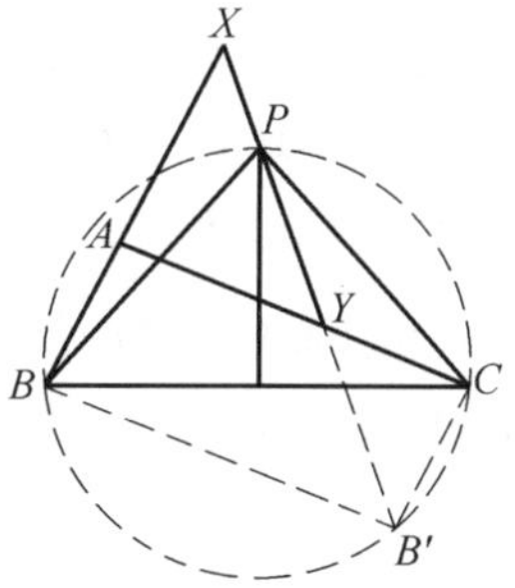

图 3.3.5

这说明 $B'X$ 是 $\angle CB'B$ 的平分线，它与 BC 的垂直平分线的交点 P 在 $\triangle A'BC$ 的外接圆上，于是 $\angle BPC + \angle CA'B = 180^\circ$. 而 $\angle CB'B = \angle BAC$，故

$$\angle BPC + \angle BAC = 180^\circ$$

本题中有两对相等线段：BX 与 CA、CY 与 AB，但如果去掉条件"$AC > AB$"，则这两对相等线段的条件是对称的，因而我们将哪对相等线段作为特征图形，所产生的证明本质上是一样的.

例 3.3.6 在 $\triangle ABC$ 中，$AB = AC$，E、F 分别为 AB、AC 上的点，且 $AE = CF$. 求证

$$EF \geqslant \frac{1}{2}BC$$

本题的条件中有两组相等线段：$AE = CF$，$AB = AC$. 另外，显然还有 $BE = AF$. 相等线段 AE 与 CF 无公共端点，BE 与 AF 也无公共端点，我们可以通过平移变换使这两条线段有公共点，然后再设法得到结论. AB 与 AC 作为两条相等线段，它们已有公共端点 A. 但在 $\triangle ABC$ 中，EF 与 $\frac{1}{2}BC$ 的关系不明朗，我们也可以通过平移变换改变其中一条线段的位置，使它们仍然有公共端点. 于是，着眼于不同的相等线段，便可以得到不同的证法.

证法 1 如图 3.3.6 所示，作平移变换 $T(\overrightarrow{AF})$，则 $A \to F$. 设 $E \to E'$，则

$AEE'F$ 是一个平行四边形，所以 $\angle FE'E=\angle BAC$，$AE=FE'$，$AF=EE'$. 又由 $AB=AC$，$AE=CF$ 知，$AF=BE$，所以 $BE=EE'$，$FE'=FC$，因此，$\angle EE'B=\angle CBA$，$\angle CE'F=\angle ACB$，于是

$$\angle EE'B+\angle FE'E+\angle CE'F=\angle CBA+\angle BAC+\angle ACB=180^\circ$$

这说明 E' 在边 BC 上. 再设 BE' 与 $E'C$ 的中点分别为 M、N，则 $EM\perp BE'$，$FN\perp E'C$，且 $MN=\dfrac{1}{2}BC$. 显然，$EF\geqslant MN$，故 $EF\geqslant\dfrac{1}{2}BC$. 等式成立当且仅当 $EF\parallel BC$，当且仅当 $\dfrac{AE}{EB}=\dfrac{AF}{FC}$，当且仅当 $AE^2=EB^2$，当且仅当 $AE=EB$，当且仅当 E、F 分别为 AB、AC 的中点.

证法 2 如图 3.3.7 所示，作平移变换 $T(\overrightarrow{EF})$，则 $E\to F$. 设 $B\to B'$，则 $B'F=BE=AF$，且 $B'F\parallel AB$. 所以，$\angle B'AF=\angle FB'A$，$\angle BAC=\angle B'FC=2\angle B'AF$，因此，$AB'$ 是 $\angle BAC$ 的平分线，从而 $AB'\perp BC$. 于是，设直线 AB' 与 BC 交于 M，则 M 为 BC 的中点. 故 $EF=BB'\geqslant BM=\dfrac{1}{2}BC$. 等式成立当且仅当 BB' 与 BM 重合，当且仅当 $EF\parallel BC$，当且仅当 E、F 分别为 AB、AC 的中点.

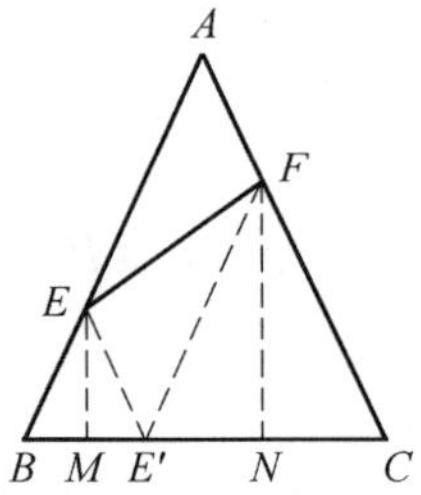

图 3.3.6

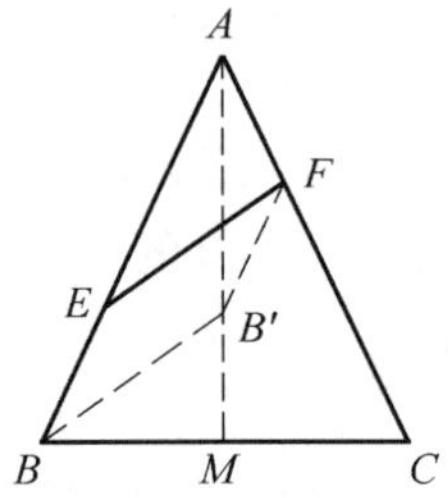

图 3.3.7

证法 3 如图 3.3.8 所示，作平移变换 $T(\overrightarrow{BC})$，则 $B\to C$. 设 $E\to E'$，则 $EE'\mathrel{\underline{\underline{\parallel}}}BC$，所以，$CE'=BE=AF$. 又 $CF=AE$，$\angle E'CF=\angle FAE$，所以 $\triangle CFE'\cong\triangle AEF$，从而 $FE'=EF$. 于是

$$2EF=EF+FE'\geqslant EE'=BC$$

故 $EF\geqslant\dfrac{1}{2}BC$. 等式成立当且仅当 E、F、E' 三点共线，当且仅当 $EF\parallel BC$，当且仅当 E、F 分别为 AB、AC 的中点.

证法 4 如图 3.3.9 所示，作平移变换 $T(\overrightarrow{FE})$，则 $F\to E$. 设 $A\to A'$，则 $A'A\mathrel{\underline{\underline{\parallel}}}EF$，所以，$A'E=AF=BE$，而 $A'E\parallel AF$，因此，$A'B\perp BC$. 设 M 为 BC 的中点，则 $AM\perp BC$，所以，$AM\parallel A'B$，于是 $A'A\geqslant BM=\dfrac{1}{2}BC$. 但 $EF=A'A$，故 $EF\geqslant\dfrac{1}{2}BC$. 等式成立当且仅当 $A'A\parallel BC$，当且仅当 $EF\parallel BC$，当且仅当 E、

F 分别为 AB、AC 的中点.

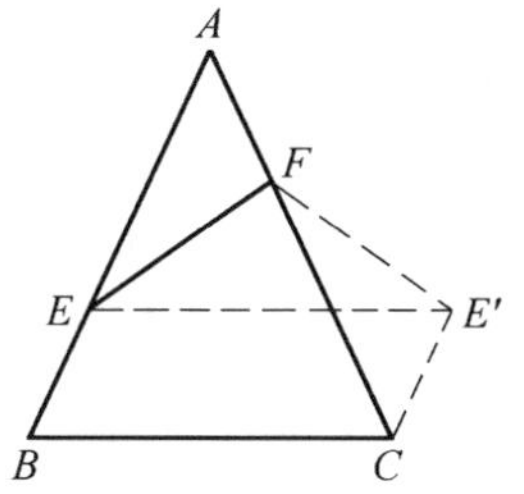

图 3.3.8

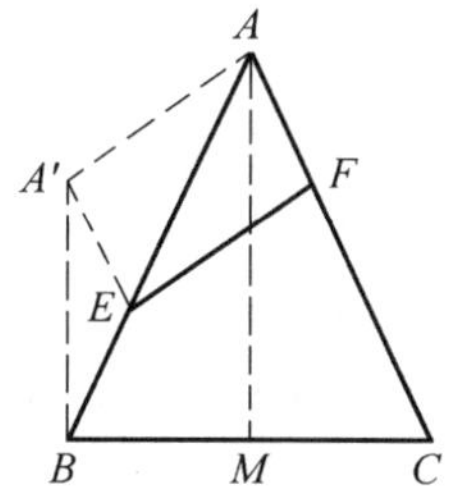

图 3.3.9

以上四个证明各具特色.第一个证明通过平移变换产生两个等腰三角形,然后利用直角梯形的斜腰不小于直角腰而使问题得到解决;第二个证明则是通过平移变换产生一个顶角与原等腰三角形的顶角互补的等腰三角形,然后利用等腰三角形三线合一的性质以及直角三角形的斜边大于直角边而使问题获解;第三个证明则是通过平移变换先产生一个与 $\triangle AEF$ 全等的 $\triangle CFE'$,然后利用三角形的两边之和大于第三边而使问题得到解决;第四个证明也是通过平移变换产生一个顶角与原等腰三角形的顶角互补的等腰三角形,然后则是利用直角梯形的斜腰不小于直角腰而使问题得到解决.无论哪一种方法,都是平移变换立的功.

例 3.3.7 设 $\triangle ABC$ 的 B- 旁切圆与边 CA 切于点 K,与 BC 的延长线切于点 L.C- 旁切圆分别与直线 BC、CA 切于点 M、N,直线 KL 与 MN 交于 P.求证:AP 平分 $\angle NAB$.(德国国家队选拔考试,2004)

因从圆外一点所作圆的两条切线长相等,本题像这样的相等线段有六对——$\triangle ABC$ 的每个顶点处有两对.如果首先将眼睛盯在这些相等线段上,则问题很难取得突破.另外,容易知道,$BM = CL = CK$,而将眼光落在 $BM = CL$ 上似乎也无济于事.但如果注意到 $BM = CK$,情况就不同了.

证明 如图 3.3.10 所示,设 $\triangle ABC$ 的 C- 旁切圆与边 AB 切于点 Q.作平移变换 $T(\overrightarrow{CB})$,则 $C \to B$.设 $K \to K'$,则 $BK' = CK = BM$,$BK' \parallel CK$,$K'K \parallel BC$.因 $CM = CN$,所以 K' 在 MN 上.另一方面,由 $CM = CN$,$CK = CL$ 不难得到 $MP \perp LP$,且 KP 平分 $\angle NKK'$.所以,P 为 NK' 的中点.于是,设 R 为直线 BP 与 CA 的交点,则 $RN = BK' = BM$,所以

$$AB = AQ + QB = AN + BM = AN + RN = AR$$

且 P 也为 BR 的中点.故 AP 平分 $\angle NAB$.

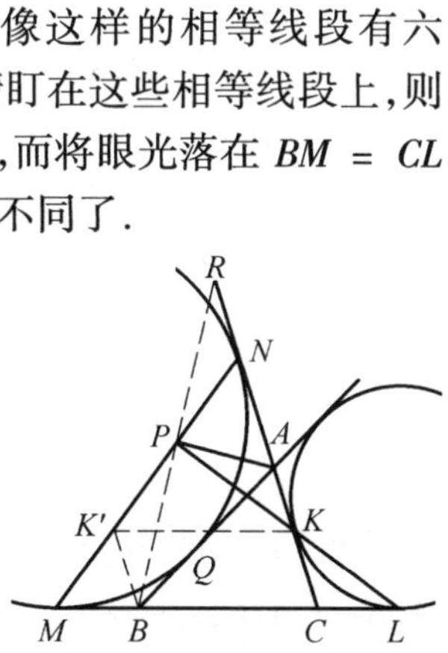

图 3.3.10

例 3.3.8 在 $\triangle ABC$ 中,$AB = AC$,$\angle BAC = 30°$.P、Q 分别为 AB 和 AC 上

的点，且 $\angle QPC = 45°$，$PQ = BC$．证明：$BC = CQ$．（第20届俄罗斯数学奥林匹克，1994）

证明　如图3.3.11所示，作平移变换 $T(\overrightarrow{QB})$，则 $Q \to B$．设 $P \to P'$，则 $P'B \underline{\parallel} PQ$．但 $PQ = BC$，所以 $P'B = BC$．又由条件知 $\angle PQA = 15°$，$\angle CBA = 75°$，所以 $\angle P'BA = 15°$，$\angle CBP' = 60°$，因此，$\triangle P'BC$ 为正三角形．再由 $\angle BAC = 30°$ 知 P' 为 $\triangle ABC$ 的外心．所以 $P'A = P'B$．又

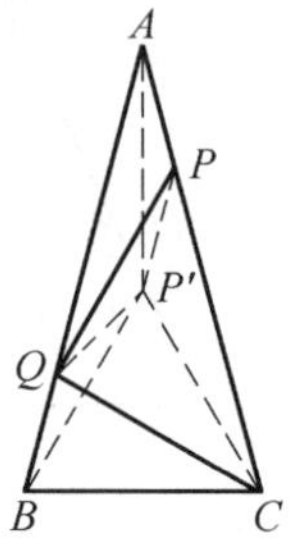

图 3.3.11

$$\angle P'PC = \angle BAC = 30°, \angle P'AP = 15°$$

所以，$\angle PP'A = 15°$，因此 $AP = P'P = BQ$，于是，$\triangle P'PA \cong \triangle P'QB$，从而 $P'Q = P'P = BQ$，但 $P'C = BC$，所以 CQ 垂直平分 $P'B$，而 $\angle P'CB = 60°$，所以 $\angle QCB = 30°$，于是再由 $\angle BAC = 30°$，$AB = AC$ 知 $\angle BQC = \angle CBQ (= 75°)$．故 $BC = CQ$．

例 3.3.9　设 $\triangle ABC$ 是一个正三角形，A_1、A_2 在边 BC 上，B_1、B_2 在边 CA 上，C_1、C_2 在边 AB 上，且凸六边形 $A_1A_2B_1B_2C_1C_2$ 的六边长都相等．求证：三条直线 A_1B_2、B_1C_2、C_1A_2 交于一点．（第46届 IMO，2005）

证明　如图3.3.12所示，作平移变换 $T(\overrightarrow{B_1A_2})$，则 $B_1 \to A_2$，设 $B_2 \to K$，则 $A_1A_2 = B_1B_2 = KA_2$，且 $\angle KA_2A_1 = 60°$，所以 $\triangle KA_1A_2$ 是正三角形，因此，$KA_1 = A_1A_2 = C_1C_2$，且由 $\angle A_2A_1K = 60° = \angle CBA$ 知，$C_1C_2 \parallel A_1K$，所以，$C_1C_2A_1K$ 是一个平行四边形，因此，$C_1K = C_2A_1 = B_2C_1$，但

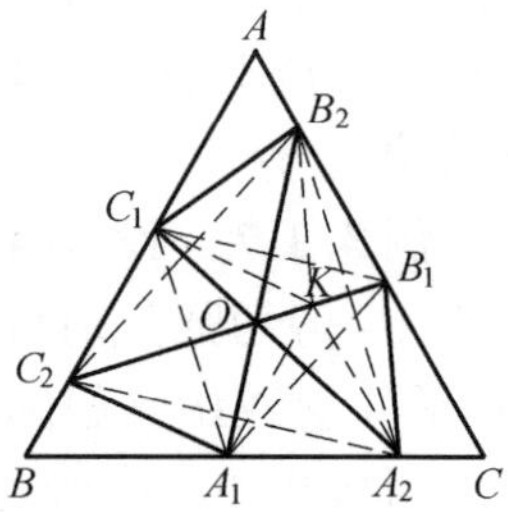

图 3.3.12

$$B_2K = B_1A_2 = B_2C_1$$

所以 $\triangle KB_2C_1$ 也是一个正三角形．于是，由 $B_2KA_2B_1$ 是一个平行四边形，$\triangle KA_1A_2$ 与 $\triangle KB_2C_1$ 都是正三角形可知，$\angle A_1A_2B_1 = \angle C_1B_2B_1$．同理，$\angle B_1B_2C_1 = \angle C_1C_2A_1$，所以

$$\angle AB_2C_1 = \angle BC_2A_1 = \angle CA_2B_1$$

再注意 $\angle B_2AC_1 = \angle C_2BA_1 = \angle A_2CB_1$，$B_2C_1 = C_2A_1 = A_2B_1$ 即得

$$\triangle AC_1B_2 \cong \triangle BA_1C_2 \cong \triangle CB_1A_2$$

进而可知 $\triangle AC_1B_1 \cong \triangle BA_1C_1 \cong \triangle CB_1A_1$，所以 $\triangle A_1B_1C_1$ 是正三角形．于是，$A_1B_1 = A_1C_1$，又 $B_2B_1 = B_2C_1$，因此，A_1B_2 是 B_1C_1 的垂直平分线，从而 A_1B_2 通过 $\triangle A_1B_1C_1$ 的中心 O，同理 B_1C_2、A_1B_2 都通过 $\triangle A_1B_1C_1$ 的中心 O．故 A_1B_2、B_1C_2、C_1A_2 三线共点．

实际上，在本题中，$\triangle A_2B_2C_2$ 也是正三角形，且 $\triangle A_1B_1C_1$、$\triangle A_2B_2C_2$、

$\triangle ABC$ 这三个正三角形的中心都是点 O.

对于结论是两线段相等的问题也可以通过平移变换变为共一个端点的两线段,然后设法证明它们为一个等腰三角形的两腰.

例 3.3.10 设 M、N 分别为四边形 $ABCD$ 的边 BC、AD 的中点,直线 AB、CD 分别与直线 MN 交于 E、F. 证明:$AB = CD$ 的充分必要条件是 $\angle BEM = \angle MFC$.

这是上节的例 3.2.8,那里作为中点问题用平移变换给出了两种不同的证法.因其中涉及 AB 与 CD 相等,而 AB 与 CD 显然是两条既不平行也不共线的线段.现在再尝试着用平移变换给出它的第三种证法.

证明 如图 3.3.13 所示,作平移变换 $T(\overrightarrow{DA})$,则 $D\to A$. 设 $C\to C'$,则 $AC' \mathrel{\underline{\mathbin{/\!/}}} DC$,$CC' \mathrel{\underline{\mathbin{/\!/}}} DA$.连 BC',设 L 为 BC' 的中点,则 $LM /\!/ CC'$,且 $LM = \frac{1}{2}CC'$. 又 $AN /\!/ C'C$,$AN = \frac{1}{2}AD = \frac{1}{2}CC'$,所以 $LM \mathrel{\underline{\mathbin{/\!/}}} AN$,从而 $AL \mathrel{\underline{\mathbin{/\!/}}} NM$. 因此 $\angle BEM = \angle BAL$,$\angle MFC = \angle LAC'$. 于是,$AB = CD \Leftrightarrow AB = AC' \Leftrightarrow \angle BAL = \angle LAC'$(因 L 是 BC' 的中点)$\Leftrightarrow \angle BEM = \angle MFC$.

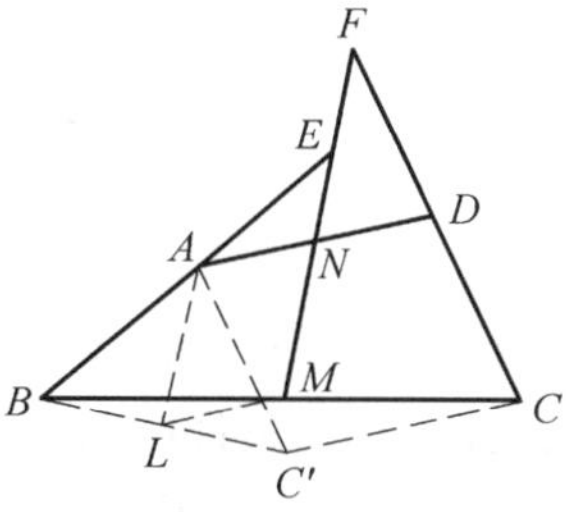

图 3.3.13

这个问题中有两个中点(M 和 N). 我们通过平移变换,将线段 CD 平移至 AC',使之与线段 AB 有一个公共端点 A 而得到 $\triangle ABC'$,再利用中点的性质和等腰三角形的三线合一性质,迅速地使问题得到了解决.

对于一个相等线段问题,如果我们作一次平移变换后仍不能解决问题,但作一次平移变换后产生了新的平行四边形(并非平移一条线段后所产生的平行四边形)或别的适于实施平移变换的图形,这时我们可以考虑再作一次平移变换.

例 3.3.11 在四边形 $ABCD$ 中,$AB = CD$,$AD \not\parallel BC$. 分别以 BC、AD 为底边作两个同向相似的等腰三角形 EBC、FAD. 求证:EF 平行于 BC 和 AD 的中点的连线.(第 19 届俄罗斯数学奥林匹克,1993)

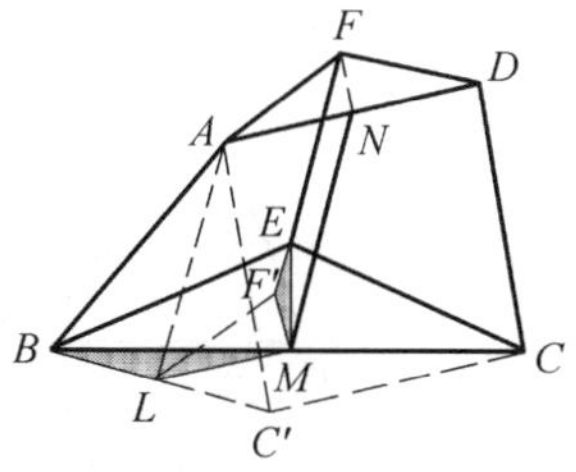

图 3.3.14

证明 如图 3.3.14 所示,设 M、N 分别为 BC、AD 的中点,作平移变换 $T(\overrightarrow{DA})$,则 $D\to A$. 设 $C\to C'$,则 $C'C \mathrel{\underline{\mathbin{/\!/}}} AD$,$AC' = DC = AB$. 于是,再设 L 为 BC' 的中点,则 $AL \perp BC'$,$LM /\!/ C'C$,$LM = \frac{1}{2}C'C$,所以,$AN \mathrel{\underline{\mathbin{/\!/}}} LM$,$NM \perp$

BC.

再作平移变换 $T(\overrightarrow{AL})$，则 $A \to L, N \to M$. 设 $F \to F'$，则 $FF' \perp BC'$. 又 $\triangle FAD \backsim \triangle EBC$，而 N、M 分别为 AD、BC 的中点，所以 $\triangle FAN \backsim \triangle EBM$. 于是 $\frac{F'M}{LM} = \frac{FN}{AN} = \frac{EM}{BM}$. 从而由 $\angle F'ML = \angle EMB = 90°$ 即知 $\triangle MEF' \backsim \triangle MBL$. 这样，由 $EM \perp BM, FM \perp LM$ 可知 $EF' \perp BL$. 但 $FF' \perp BC'$，因此 F、E、F' 三点共线，所以 $EF \perp BC'$. 故 $MN \parallel EF$.

在本题中，我们通过一个平移变换 $T(\overrightarrow{DA})$（尚不能解决问题）后产生了新的平行四边形 $ALMN$，再通过平移变换 $T(\overrightarrow{AL})$，最终使问题得到了解决.

3.4 平行与平移变换

因为在平移变换下，平面上任意一点与其像点的连线总是平行于平移向量的，所以，对于条件中有平行线（段）的平面几何问题当然也可以考虑用平移变换处理，平移方向平行于平行线（段），平移距离则要视具体情况（特别是所要证明的结论）而定.

例3.4.1 在 $\triangle ABC$ 中，$AB = AC$，CD 是角平分线，过 $\triangle ABC$ 的外心作 CD 的垂线交 AC 于 E，过 E 作 CD 的平行线交 AB 于 F. 证明：$AE = FD$.（第22届俄罗斯数学奥林匹克，1996）

证明 如图3.4.1，3.4.2所示，作平移变换 $T(\overrightarrow{FE})$，则 $F \to E$. 设 $D \to D'$，则 D' 在 DC 上，$ED' \mathrel{\underline{\underline{\parallel}}} FD$，$\measuredangle CD'E = \measuredangle ADC = \measuredangle CBA + \frac{1}{2}\measuredangle ACB$. 又

$$\measuredangle OEC = 90° - \frac{1}{2}\measuredangle ACB,\ \measuredangle ECO = \measuredangle BAC$$

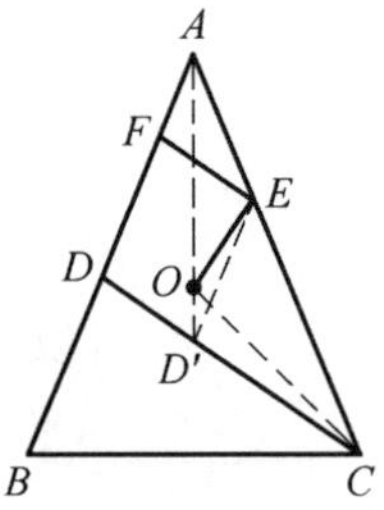

图 3.4.1

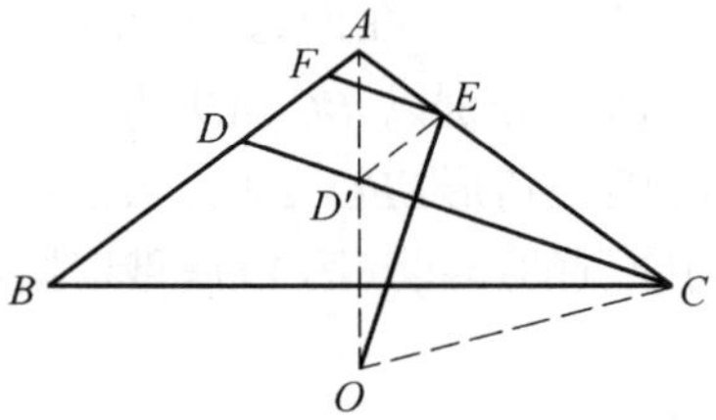

图 3.4.2

所以，$\measuredangle COE = 180° - (90° - \frac{1}{2}\measuredangle ACB) - \frac{1}{2}\measuredangle BAC = \measuredangle CBA + \frac{1}{2}\measuredangle ACB = \measuredangle CD'E$，因此 O、D'、C、E 四点共圆，从而 $\measuredangle D'OC = \measuredangle D'EC = \measuredangle BAC =$

$2\measuredangle OAC$，因而 D'、O、A 三点共线，于是由 $\angle ED'A=\angle ACO=\angle D'AE$ 即得 $AE=ED'=FD$.

本题的条件中有 $FE\parallel DC$，而要证明的结论是 $AE=FD$. 当我们把 FD 沿平行方向平移到 ED' 后即将问题转化成了要证明 $\triangle EAD'$ 是一个等腰三角形.

例 3.4.2 设 AT 是 $\triangle ABC$ 的角平分线，任做一条直线 l 分别与直线 BC、CA、AB 交于 D、E、F. 求证：$l\parallel AT$ 的充分必要条件是 $\dfrac{BF}{CE}=\dfrac{BD}{DC}$.

证明 如图 3.4.3 所示，作平移变换 $T(\overrightarrow{FE})$，则 $F\to E$. 设 $B\to B'$，则 $B'E \mathrel{\underline{\underline{\parallel}}} BF$，$BB'\parallel DE$，且 $\angle BAC=\angle B'EC$. 设 $B'C$ 与 l 交于 K，则由 $KD\parallel B'B$ 知 $\dfrac{B'K}{KC}=\dfrac{BD}{DC}$. 又 AT 平分 $\angle BAC$，于是由三角形的角平分线性质定理与判定定理立即得到

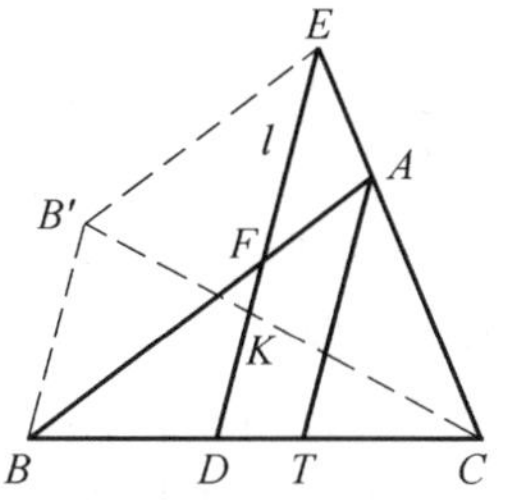

图 3.4.3

$$DE\parallel AT\Leftrightarrow EK \text{ 平分 } \angle B'FC\Leftrightarrow$$
$$\frac{B'E}{EC}=\frac{B'K}{KC}\Leftrightarrow\frac{BF}{CE}=\frac{BD}{DC}$$

在本题中，因涉及的两线段 BF 与 CE 是分散的，通过平移变换使得这两条线段集中在一起后利用平行线截线段成比例定理，再用三角形的角平分线性质定理与判定定理使得其充分性与必要性一气呵成.

本题推广了例 3.2.6，因而实际上给出了例 3.2.6 的又一个证明.

如果对于一个平行问题，当我们对其实施一次平移变换后仍不能解决问题时，可以考虑实施两次或多次平移变换(非变换之积).

例 3.4.3 设凸六边形 $ABCDEF$ 的三组对边分别平行. 求证：$\triangle ACE$ 的面积与 $\triangle BDF$ 的面积相等.(第 58 届匈牙利数学奥林匹克，1958)

证明 如图3.4.4所示，设 $F\xrightarrow{T(\overrightarrow{AB})}F'$，$B\xrightarrow{T(\overrightarrow{CD})}B'$，$D\xrightarrow{T(\overrightarrow{EF})}D'$，则 F' 在 BB' 上，B' 在 DD' 上，D' 在 FF' 上，且

$$D'F'=|AB'-DE|,\ F'B'=|CD'-FA|,\ B'D'=|EF'-BC|$$

记六边形 $ABCDEF$ 的面积为 S，$\triangle B'D'E'$ 的面积为 T. 因四边形 $FABF'$、$BCDB'$、$DEFD'$ 均为平行四边形，于是，$S_{\triangle BDF}=\dfrac{1}{2}(S-T)+T=\dfrac{1}{2}(S+T)$.

同样，如图 3.4.5 所示，如果我们作另外三个平移变换将六边形用另一种方式剖分为三个平行四边形与一个小三角形 $A'C'E'$，则有

$$A'C'=|AB-DE|,\ C'E'=|CD-FA|,\ E'A'=|EF-BC|$$

因而 $\triangle A'C'E'$ 的面积也为 T，于是也有 $S_{\triangle ACE}=\dfrac{1}{2}(S+T)$. 故 $S_{\triangle BDF}=S_{\triangle ACE}$.

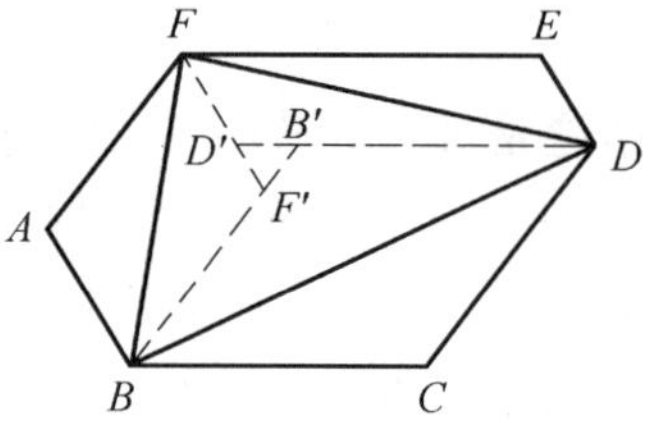

图 3.4.4

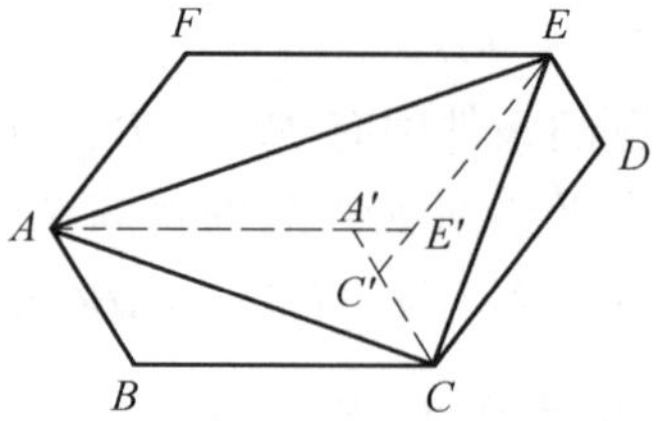

图 3.4.5

本题共有三组平行线，但无论以哪一组平行线为平移方向，作一次平移变换是解决不了问题的.而沿每一组平行线都平移一次，则恰好将六边形进行平行剖分，从而为达到要证的面积结论铺平了道路.

值得注意的是，有些平行问题在用平移变换处理时，其平移方向并不一定非要与平行方向一致，而要综合问题的条件和结论所给出的各种信息来把握.

例 3.4.4 设 P 是 $\triangle ABC$ 的高 AD 上一点，过 P 作 AB、AC 的平行线分别交 BC 于 E、F，求证：过点 E 且垂直于 PC 的直线与过点 F 且垂直于 PB 的直线交于 AD 上.

证明 如图 3.4.6 所示，作平移变换 $T(\overrightarrow{AP})$，则 $A \to P$. 设 $B \to B'$，$C \to C'$，$P \to P'$，则 P' 在高线 AD 上，B' 在直线 PE 上，C' 在直线 PF 上，且 $BB' \mathrel{\underline{\parallel}} AP \mathrel{\underline{\parallel}} CC' \mathrel{\underline{\parallel}} PP'$，所以，$BB'C'C$ 是一个矩形. 设过 C' 且垂直于 PB 的直线与过点 B' 且垂直于 PC 的直线交于 H，则 $C'H \perp P'B'$，$B'H \perp P'C'$，所以，H 为 $\triangle P'B'C'$ 的垂心，因而 H 在直线 AD 上. 又 $EQ \parallel B'H$，$FQ \parallel C'H$，P'、E、B' 在一直线上，P'、F、C' 在一直线上，故 Q 在直线 AD 上.

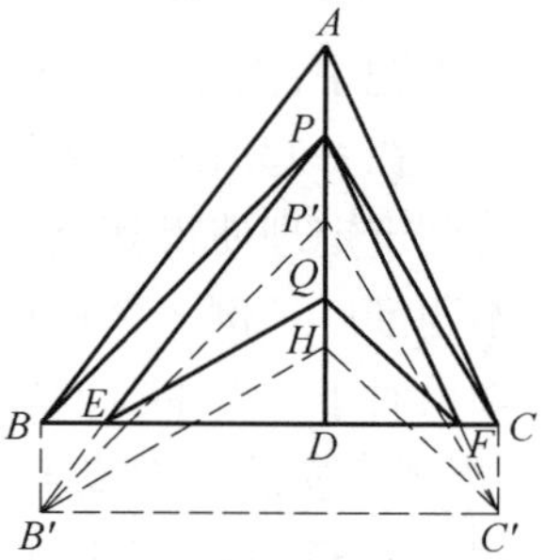

图 3.4.6

梯形是典型的平行问题，因而梯形问题通常可借助平移变换解决，平移方向平行于梯形的两底，平移距离一般为某个底边的长.实际上，我们通常所见到的命题“对角线相等的梯形是等腰梯形”的证明本质上就是利用的平移变换(图 3.4.7).

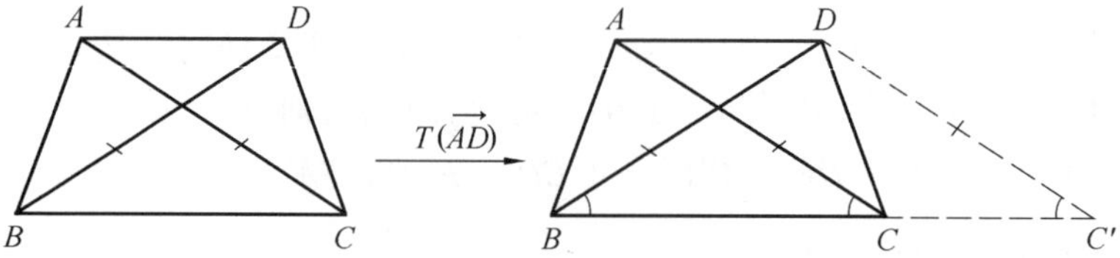

图 3.4.7

例 3.4.5 梯形 $ABCD$ 中,$AD \parallel BC$,E、F 分别为腰 AB、CD 上的点,且 $\frac{AE}{EB} = \frac{DF}{FC} = \lambda$.求证:$EF = \frac{AD + \lambda \cdot BC}{1 + \lambda}$.

证明 如图 3.4.8 所示,不妨设 $AD < BC$,作平移变换 $T(\overrightarrow{AD})$,则 $A \to D$.设 $B \to B'$,$E \to E'$,则 B' 在线段 BC 上,D、E'、B' 三点共线.又由 $\frac{AE}{EB} = \frac{DF}{FC}$ 知,$EF \parallel AD \parallel BC$,所以 E' 在线段 EF 上,且 $EE' = BB' = AD$,$E'F = EF - AD$,$B'C = BC - AD$.于是由 $E'F \parallel B'C$,有

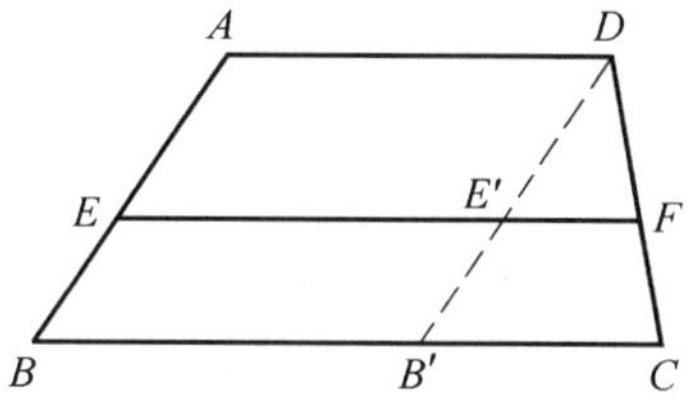

图 3.4.8

$$\frac{AE}{AB} = \frac{DE'}{DB'} = \frac{E'F}{B'C} = \frac{EF - AD}{BC - AD}$$

化简、整理,得 $AB \cdot EF = AE \cdot BC + EB \cdot AD$.故

$$EF = \frac{EB \cdot AD + AE \cdot BC}{EB + AE} = \frac{AD + \lambda \cdot BC}{1 + \lambda}$$

本题尽管简单,但由此可以轻松地证明以下四个命题.

命题 3.4.1 设 BE、CF 是 $\triangle ABC$ 的两条内角平分线,点 E、F 分别在 AC、AB 上,则对于线段 EF 上的任意一点 D.点 D 到 $\triangle ABC$ 的边 BC 的距离等于点 D 到其余两边的距离之和.(新加坡国家队选拔考试,2008)

事实上,如图 3.4.9 所示,设点 D 在边 BC、CA、AB 上的射影分别为 P、Q、R,点 E 到 BC、AB 上的射影分别为 S、U,点 F 到 BC、CA 上的射影分别为 T、V,$ED = \lambda \cdot DF$,则由 $DQ \parallel FV$,$DR \parallel EU$,有 $DQ = \frac{\lambda \cdot FV}{1 + \lambda}$,$DR = \frac{EU}{1 + \lambda}$.由例 3.4.5,有 $DP = \frac{ES + \lambda \cdot FT}{1 + \lambda}$.又 BE、CF 为 $\triangle ABC$ 的两条角平分线,所以,$EU = ES$,$FV = FT$.故

$$DQ + DR = \frac{\lambda \cdot FV}{1 + \lambda} + \frac{EU}{1 + \lambda} = \frac{EU + \lambda \cdot FV}{1 + \lambda} = \frac{ES + \lambda \cdot FT}{1 + \lambda} = DP$$

命题 3.4.2 设 P、Q、R、S 分别是四边形 $ABCD$ 的边 AB、BC、CD、DA 上的点,PR 与 SQ 交于 T.若 $\frac{AP}{PB} = \frac{DR}{RC} = \lambda$,$\frac{AS}{SD} = \frac{BQ}{QC} = \mu$,则 $\frac{ST}{TQ} = \lambda$,$\frac{PT}{TR} = \mu$.

事实上,如图 3.4.10 所示,分别过四边形 $ABCD$ 的顶点 A、B、C、D 作直线 PR 的平行线与直线 SQ 交于 K、L、M、N,则 $\frac{AK}{ND} = \frac{AS}{SD} = \mu$,$\frac{BL}{MC} = \frac{BQ}{MC} = \mu$.由等比定理,有

$$\frac{AK + \lambda \cdot BL}{ND + \lambda \cdot MC} = \mu$$

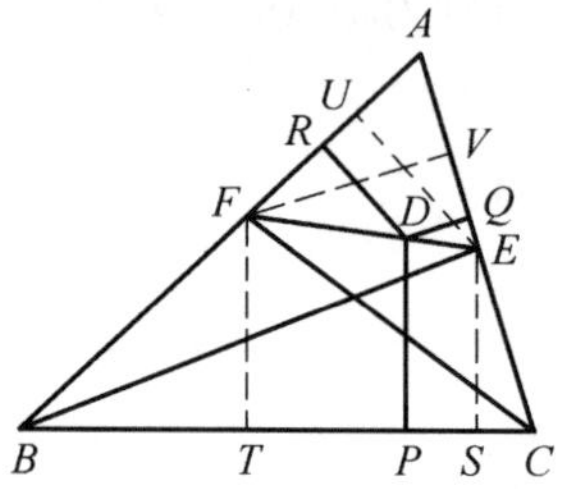

图 3.4.9

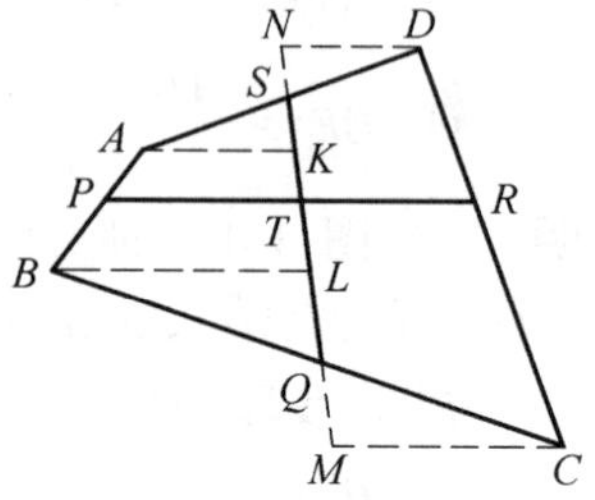

图 3.4.10

另一方面,由例 3.4.5,有

$$PT = \frac{AK + \lambda \cdot BL}{1 + \lambda}, TR = \frac{ND + \lambda \cdot MC}{1 + \lambda}$$

故$\frac{PT}{TR} = \frac{AK + \lambda \cdot BL}{ND + \lambda \cdot MC} = \mu$.同理可得,$\frac{ST}{TQ} = \lambda$.

命题3.4.2即推论2.5.5,这里实际上是利用例3.4.5给出了它的一个新的证明.

命题 3.4.3 凸四边形 $ABCD$ 的两组对边互不平行,线段 PQ 位于四边形内部.如果 P、Q 两点分别到四边的距离之和都等于 m,则线段 PQ 上任意一点到四边的距离之和也等于 m.(首届全国数学奥林匹克命题比赛三等奖,1989)

事实上,如图 3.4.11 所示,设点 P 在四边形 $ABCD$ 的四边 AB、BC、CD、DA 所在直线上的射影分别为 D_1、D_2、D_3、D_4,点 Q 到 AB、BC、CD、DA 所在直线上的射影分别为 E_1、E_2、E_3、E_4.线段 PQ 上的任意一点 R 到 AB、BC、CD、DA 所在直线上的射影分别为 F_1、F_2、F_3、F_4,$PX = \lambda \cdot XQ$,由例 3.4.5 有

$$(1 + \lambda)XF_i = PD_i + \lambda \cdot QE_i$$

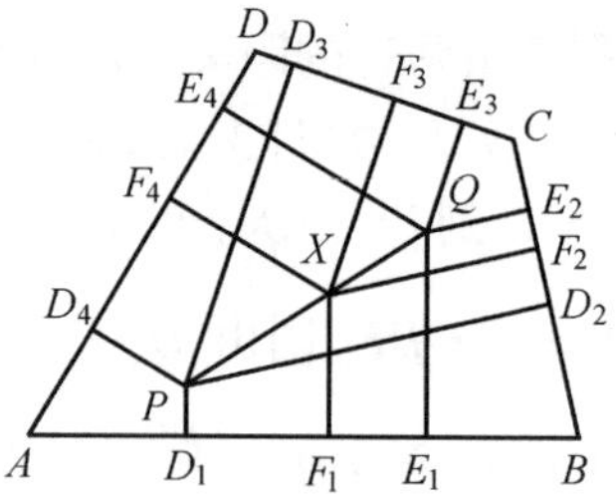

图 3.4.11

对 $i = 1,2,3,4$ 求和,并注意

$$PD_1 + PD_2 + PD_3 + PD_4 = QE_1 + QE_2 + QE_3 + QE_4 = m$$

得$(1 + \lambda)(XF_1 + XF_2 + XF_3 + XF_4) = (1 + \lambda)m$.故

$$XF_1 + XF_2 + XF_3 + XF_4 = m$$

从这个证明可以看出,命题 3.4.3 中“两组对边互不平行”的条件是多余的.且命题对任意凸多边形都成立.

命题 3.4.4 已知 $ABCD$ 是圆内接四边形,E、F 分别为边 AB、CD 上的一点,且满足$\frac{AE}{EB} = \frac{CF}{FD}$.再设 P 是线段 EF 上满足$\frac{PE}{PF} = \frac{AB}{CD}$的点.证明:$\triangle APD$ 与

$\triangle BPC$ 的面积之比不依赖于 E、F 的选择.(第 39 届 IMO 预选,1998)

事实上,如图 3.4.12 所示.分别过点 E、F、P 作 BC 的垂线 EK、FL、PM.设 $\frac{PE}{PF}=\frac{AB}{CD}=\lambda$,$\frac{AE}{EB}=\frac{CF}{FD}=\mu$,则 $EB=\frac{AB}{1+\mu}$,$FC=\frac{\mu\cdot CD}{1+\mu}$.又 $EK=EB\cdot\sin B$,$FL=FC\cdot\sin C$,所以

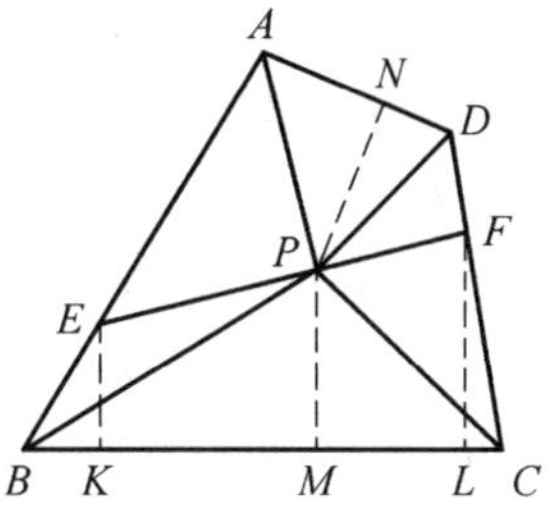

图 3.4.12

$$EK=\frac{AB\sin B}{1+\mu},FL=\frac{\mu\cdot CD\sin C}{1+\mu}$$

由例 3.4.5,有

$$PM=\frac{EK+\lambda FL}{1+\lambda}=\frac{AB\sin B+\lambda\mu\cdot CD\sin C}{(1+\lambda)(1+\mu)}=\frac{AB(\sin B+\mu\sin C)}{(1+\lambda)(1+\mu)}$$

同理,若过点 P 作 AD 的垂线 PN,则有

$$PN=\frac{AB(\mu\sin A+\sin D)}{(1+\lambda)(1+\mu)}$$

再注意到四边形 $ABCD$ 内接于圆即知 $PM=PN$.又

$$S_{\triangle APD}=\frac{1}{2}AD\cdot PN,S_{\triangle BPC}=\frac{1}{2}BC\cdot PM$$

故 $\frac{S_{\triangle APD}}{S_{\triangle BPC}}=\frac{AD}{BC}$ 与 E、F 的选择无关.

例 3.4.6 在梯形 $ABCD$ 中,$AD\parallel BC$.在较长的底边 BC 上取一点 E,使 BE 等于梯形的中位线长.求证:$AC\perp BD$ 的充分必要条件是 DE 也等于其中位线长.(必要性:第 17 届俄罗斯数学奥林匹克,1991)

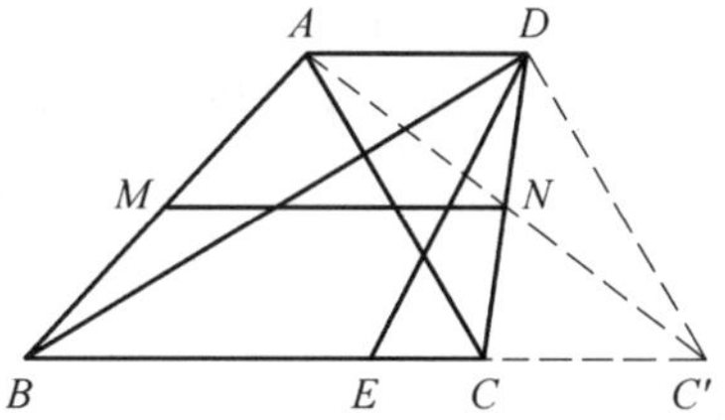

图 3.4.13

证明 如图 3.4.13 所示,设 M、N 分别为 AB 与 CD 的中点.作平移变换 $T(\overrightarrow{AD})$,设 $C\to C'$,则 $DC'\underline{\parallel}AC$,所以,$N$ 也是 AC' 的中点,因此,$BC'=2MN$.又 $BE=MN$,从而 E 为 BC' 的中点.于是,$AC\perp BD\Leftrightarrow BD\perp DC'\Leftrightarrow BC'=2DE\Leftrightarrow DE=MN$.

例 3.4.7 在等腰梯形 $ABCD$ 中,$AD\parallel BC$,M 是腰 CD 的中点,过两对角线的交点作两底的平行线交 CD 于 N,则 A、B、M、N 四点共圆.

证明 如图 3.4.14 所示,作平移变换 $T(\overrightarrow{AD})$,设 $C\to C'$,$D\to D'$,则 $CC'\underline{\parallel}AD$,$CC'\underline{\parallel}DD'$,所以,$D$ 为 AD' 的中点,CD 的中点 M 也是 AC 的中点,即 M 在 AC' 上.于是,设 O 为 AC 与 BD 的交点,则由 $ON\parallel AD\parallel BC$ 有

$$\frac{BO}{BD}=\frac{CO}{CA}=\frac{ON}{AD}=\frac{ON}{DD'}$$

所以 D'、N、B 三点共线.

另一方面,因 $C'D' = CD = AB$,所以,四边形 $ABC'D'$ 仍是一个等腰梯形,这样便有

$$\angle NMA = \angle DMA = \angle D'C'A = \angle D'BA = \angle NBA$$

故 A、B、M、N 四点共圆.

用平移变换处理梯形问题时,平移距离并不一定总取梯形的某个底边的长,也可以是与两底边平行的某一线段.

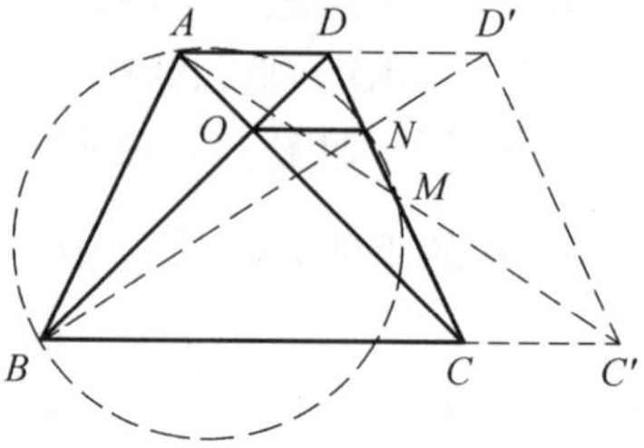

图 3.4.14

例 3.4.8 在梯形 $ABCD$ 中,$AD \parallel BC$,$\angle A$ 与 $\angle B$ 的外角平分线交于 P,$\angle C$ 与 $\angle D$ 的外角平分线交于 Q.求证:PQ 等于梯形 $ABCD$ 的周长的一半.(第 13 届墨西哥数学奥林匹克,1999)

证明 如图3.4.15所示,设直线 BC 分别与直线 AP、DQ 交于 E、F,因 AP、BP 分别为两个互补的角的外角平分线,所以 $AP \perp BP$,进而 P 为 AE 的中点.同理,Q 为 DF 的中点,因此,$AD \parallel PQ \parallel BC$.作平移变换 $T(\overrightarrow{PQ})$,则 $P \to Q$.设 $A \to A'$,$B \to B'$,则 $A'Q$、$B'Q$、CQ、BQ 分别为四边形 $A'B'CD$ 的四个内角的平分线.既然其四个内角的平分线交于一点,所以,四边形 $A'B'CD$ 是一个圆外切四边形,从而 $A'B' + CD = DA' + CB'$.但

$$A'B' = AB, DA' = AA' - AD, CB' = BB' - BC, AA' = BB' = PQ$$

因此,$AB + CD = 2PQ - (AD + BC)$.故

$$PQ = \frac{1}{2}(AB + BC + CD + AD)$$

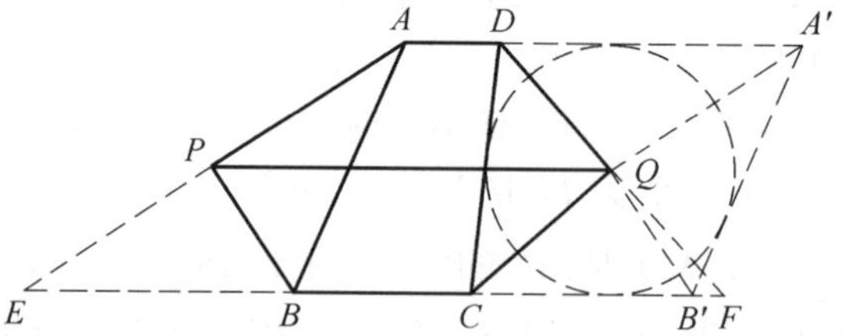

图 3.4.15

对于本题来说,如果用平移变换将 A 移至 D 或将 B 移至 C,往下我们将一筹莫展.因我们容易得出 PQ 与两底也是平行的,于是通过平移变换 $T(\overrightarrow{PQ})$ 得到一个圆外切四边形后便迅速地得到了结论.

例 3.4.9 梯形 $ABCD$ 中,$AD \parallel BC$,在 BC 上取两点 P、Q,在 AD 上取两点 M、N,使 $BM \parallel PD$,$CN \parallel AQ$.设 BM 与 QA 交于 E,PD 与 CN 交于 F,过 E 作

底边的平行线交 CD 于 K,过 F 作底边的平行线交 AB 于 L.求证:$EK = LF$.

本题也和上题一样,如果用平移变换将 A 移至 D 或将 B 移至 C,往下就几乎没戏了.考虑到结论是 $EK \parallel LF$,因而如果作平移变换使点 E 移至 K,则我们只需证明点 L 的像正好是 F 即可.

证明 如图 3.4.16 所示,作变换 $T(\overrightarrow{EK})$,则 $E \to K$.设 $A \to A'$,$B \to B'$,则 A' 在 AD 上,B' 在 BC 上,$B'K \parallel BM \parallel PD$,$A'K \parallel AE \parallel NC$,于是,$\dfrac{DA'}{A'N} = \dfrac{DK}{KC} = \dfrac{PB'}{B'C}$.而 F 为 DP 与 CN 的交点,所以,A'、F、B' 三点共线.但 $AB \to A'B'$,L 在 AB 上,且 $LF \parallel BB' \parallel AA'$,因而必有 $L \to F$.故 $EK = LF$.

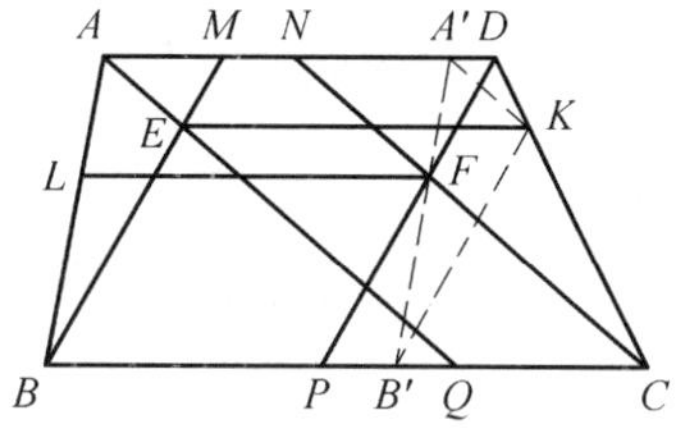

图 3.4.16

例 3.4.10 在梯形 $ABCD$ 中,$AB \parallel CD$,E 是对角线 AC 与 BD 的交点,F 是 AB 上一点,且 $DF = CF$.再设 O_1、O_2 分别为 $\triangle ADF$ 与 $\triangle FBC$ 的外心.求证:$O_1O_2 \perp EF$.(第 46 届保加利亚(春季)数学竞赛,1997)

本题是一个典型的梯形问题,但无论将 A 平移至 B 还是将 D 平移至 C,都无济于事.于是我们尝试将点 F 平移至 B,此时点 D 的像正好在 $\triangle FBC$ 的外接圆上.同样,将点 F 平移至 A,则点 C 的像在 $\triangle ADF$ 的外接圆上.而结论是 EF 与这两圆的连心线垂直,因此,我们只需证明直线 EF 正是这两圆的根轴①即可.于是,我们通过两次平移变换得到如下的证法.

证明 如图 3.4.17 所示,作平移变换 $T(\overrightarrow{FB})$,则 $F \to B$.设 $D \to D'$,则 D' 在直线 CD 上,$\angle BD'C = \angle FDC$.由 $DF = CF$,$AB \parallel CD$ 有 $\angle FDC = \angle DCF = \angle BFC$,所以 $\angle BD'C = \angle BFC$,于是,D' 在 $\triangle FBC$ 的外接圆上.同样,作平移变换 $T(\overrightarrow{FA})$,设 $C \to C'$,则 C' 在直线 CD 上,且 C' 在 $\triangle ADF$ 的外接圆上.

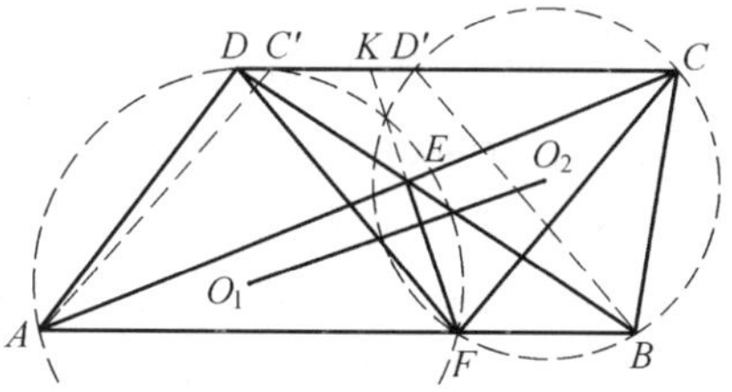

图 3.4.17

设直线 EF 与直线 CD 交于 K.注意 $DC \parallel AB$,所以 $\dfrac{KC}{AF} = \dfrac{DC}{AB} = \dfrac{KD}{FB}$,从而

$$KC = \frac{DC \cdot AF}{AB},\quad KD = \frac{BF \cdot DC}{AB}$$

另一方面,我们有

$$KD' = |DD' - DK| = |BF - DK| =$$

① 见附录 A.

$$BF\cdot\left|1-\frac{DK}{BF}\right|=BF\cdot\left|1-\frac{DC}{AB}\right|=$$

$$\frac{BF}{AB}\cdot|AB-DC|$$

$$KC'=|C'C-KC|=|AF-KC|=$$

$$AF\cdot\left|1-\frac{KC}{AF}\right|=AF\cdot\left|1-\frac{DC}{AB}\right|=\frac{AF}{AB}\cdot|AB-DC|$$

于是

$$KC\cdot KD'=\frac{DC\cdot AF\cdot FB}{AB^2}\cdot|AB-DC|=KD\cdot KC'$$

因此,点 K 在 $\odot O_1$ 与 $\odot O_2$ 的根轴上,即直线 EF 是 $\odot O_1$ 与 $\odot O_2$ 的根轴.故

$$O_1O_2\perp EF$$

表面上没有“平行”条件的问题,只要能根据条件得到“平行”的中间结论,同样可以作为平行问题而考虑施以平移变换.

例 3.4.11 设圆心为 O 的圆 Γ 与正 $\triangle ABC$ 的边 BC 相切,AB、AC 分别与圆 Γ 交于 E、F 两点,且正三角形的高等于圆 Γ 的半径.求证:$\angle EOF=60°$.

证明 如图3.4.18所示,因为圆 Γ 的圆心为 O,正 $\triangle ABC$ 的高等于圆 Γ 的半径,所以,$OA\parallel BC$.作平移变换 $T(\overrightarrow{AO})$,则 $A\to O$.设 $B\to B'$,$C\to C'$,则 $\triangle OB'C'$ 仍为正三角形,且 B'、C' 在直线 BC 上,因而圆 Γ 与 $B'C'$ 仍相切,设 OB'、OC' 分别与圆 Γ 交于 K、L,$B'O$、$C'O$ 的延长线交圆 Γ 于 L'、F',则因 $L'B'\parallel F'B$ 有 $\overset{\frown}{L'F'}=\overset{\frown}{KE}$.又由对称性有,$\overset{\frown}{LF}=\overset{\frown}{L'F'}$,所以 $\overset{\frown}{LF}=\overset{\frown}{KE}$,因此,$\overset{\frown}{EF}=\overset{\frown}{KL}$.而 $\overset{\frown}{KL}$ 等于 $60°$,所以 $\overset{\frown}{EF}$ 的度数等于 $60°$.故 $\angle EOF=60°$.

有些平行问题可以考虑用平移变换的乘积处理.

例 3.4.12 设 K、L、M、N 分别为圆内接四边形 $ABCD$ 的边 AB、BC、CD、DA 的中点,求证:$\triangle NAK$、$\triangle KBL$、$\triangle LCM$ 和 $\triangle MDN$ 的垂心是一个平行四边形的四个顶点.(中国香港队选拔考试,2003)

证明 如图 3.4.19 所示,设四边形 $ABCD$ 的外接圆的圆心为 O,$\triangle NAK$、$\triangle KBL$、$\triangle LCM$ 和 $\triangle MDN$ 的垂心分别为 E、F、G、H.因 $KF\perp BC$,$OL\perp BC$,所以 $KF\parallel OL$,同理,$OK\parallel LF$,所以,四边形 $KFLO$ 是一个平行四边形.同理,$OLGM$、$NOMH$、$EKON$ 都是平行四边形.因而

$$EK\xrightarrow{T(\overrightarrow{KO})}NO\xrightarrow{T(\overrightarrow{OM})}HM,\ KF\xrightarrow{T(\overrightarrow{KO})}OL\xrightarrow{T(\overrightarrow{OM})}MG$$

所以 $EF\xrightarrow{T(\overrightarrow{OM})T(\overrightarrow{KO})}HG$.但

$$T(\overrightarrow{OM})T(\overrightarrow{KO})=T(\overrightarrow{OM}+\overrightarrow{KO})=T(\overrightarrow{KM})$$

于是,$EF\xrightarrow{T(\overrightarrow{KM})}HG$.故四边形 $EFGH$ 是一个平行四边形.

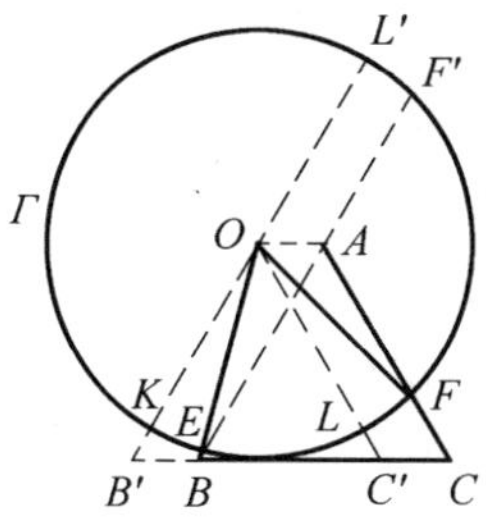

图 3.4.18

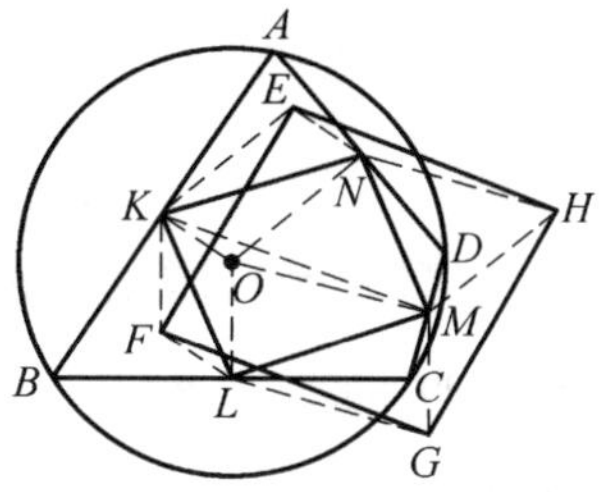

图 3.4.19

3.5 线段比及其他与平移变换

平面几何中有大量的关于线段比的问题,其中有些线段比的问题也是可以用平移变换处理的.这是因为将与线段比有关的线段通过平移变换改变位置后,可以与平行线截线段成比例定理、或三角形的角平分线性质定理与判定定理、或相似三角形联系起来,从而使问题的条件到结论的逻辑思路变得清晰.

例 3.5.1 设 P、Q、R、S 分别是四边形 $ABCD$ 的边 AB、BC、CD、DA 上的点,PR 与 SQ 交于 T.求证:如果$\dfrac{AP}{PB}=\dfrac{DR}{RC}=\lambda$,$\dfrac{AS}{SD}=\dfrac{BQ}{QC}=\mu$,则

$$\frac{ST}{TQ}=\lambda,\ \frac{PT}{TR}=\mu$$

本题即命题 3.4.2,亦即推论 2.5.5.这里将其作为线段比的问题从不同的角度用平移变换给出五种新的证明.

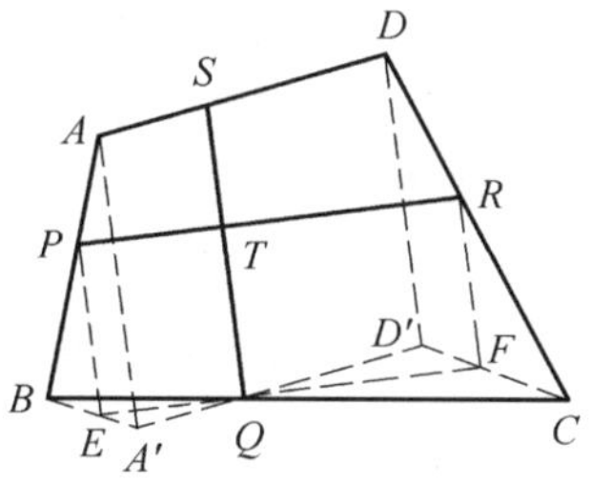

图 3.5.1

证法 1 如图 3.5.1 所示,作平移变换 $T(\overrightarrow{SQ})$,则 $S\to Q$.设 $A\to A'$,$D\to D'$,则 Q 在 $A'D'$ 上,且 $A'Q=AS$,$QD'=SD$,所以$\dfrac{A'Q}{QD'}=\dfrac{AS}{SD}=\dfrac{BQ}{QC}$,因此,$\triangle A'BQ\backsim\triangle D'CQ$,从而 $BA'\,/\!/\,CP'$,且$\dfrac{A'B}{CD'}=\dfrac{BQ}{QC}$.过 P 作AA' 的平行线交BA' 于E,再过 R 作DD' 的平行线交 CD' 于 F,则有

$$\frac{A'E}{EB}=\frac{AP}{PB}=\frac{DR}{RC}=\frac{D'F}{FC}$$

所以,E、Q、F 三点共线.

另一方面,因 $PE \parallel AA' \parallel DD' \parallel RF$,且$\dfrac{AP}{PB}=\dfrac{DR}{RC}$,所以

$$\frac{PE}{AA'}=\frac{PB}{AB}=\frac{RC}{DC}=\frac{RF}{DD'}$$

而 $AA'=DD'(=SQ)$,因此 $PE=RF$.再由 $PE \parallel AA' \parallel DD' \parallel RF$ 即知$PEFR$是一个平行四边形.又 $TQ \parallel PE$,故$\dfrac{PT}{TR}=\dfrac{EQ}{QF}=\dfrac{BQ}{QC}=\mu$.同理,$\dfrac{ST}{TQ}=\lambda$.

证法 2 如图 3.5.2 所示,作平移变换 $T(\overrightarrow{AB})$,则 $A\to B$.设 $D\to D'$,$S\to S'$,则 S' 在 BD' 上,且 $BS'=AS$,$S'D'=SD$,所以$\dfrac{BS'}{S'D'}=\dfrac{AS}{SD}=\dfrac{BQ}{QC}$,因此,$S'Q \parallel D'C$.再过 P 作AD 的平行线分别与 SS'、DD' 交于E、F,则 $DF=SE=AP$,$FD'=ES'=PB$,所以,$\dfrac{DF}{FD'}=\dfrac{AP}{PB}=\dfrac{DR}{RC}$,

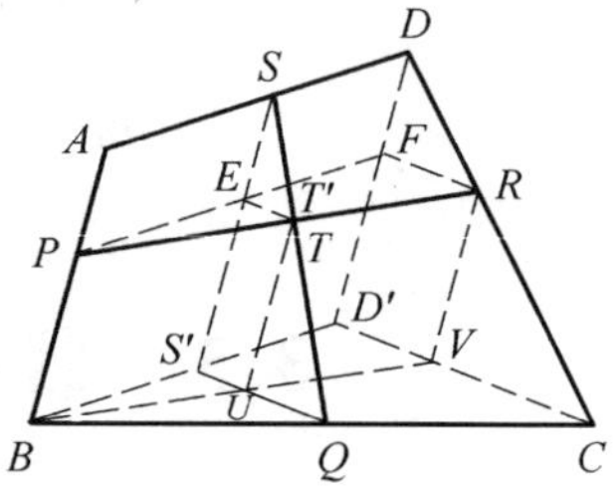

图 3.5.2

因此 $FR \parallel D'C$.过 R 作DD' 的平行线交 CD' 于V,设 BV 与$S'Q$ 交于U,则

$$\frac{S'U}{UQ}=\frac{D'V}{VC}=\frac{DR}{RC}=\frac{AP}{PB}=\frac{SE}{ES'}$$

于是,设过 E 且与$S'Q$ 平行的直线交PR 于T',则

$$\frac{ET}{FR}=\frac{PE}{PF}=\frac{BS'}{BD'}=\frac{S'U}{D'V}$$

但 $FR=DV$,所以 $ET'=S'U$,从而 $ES'UT'$ 是一个平行四边形,这样,再由$\triangle SET' \backsim \triangle TUQ$ 即知,S、T'、Q 三点共线,因此,$T'=T$.故

$$\frac{ST}{TR}=\frac{SE}{ES'}=\frac{AP}{PB}=\lambda,\ \frac{PT}{TR}=\frac{PE}{EF}=\frac{AS}{SD}=\mu$$

证法 3 如图3.5.3 所示,作平移变换 $T(\overrightarrow{AS})$,则 $A\to S$.设 $P\to P'$,$B\to B'$,则 $SP'=AP$,$P'B'=PB$,$BB'=PP'=AS$.再作平移变换 $T(\overrightarrow{DS})$,则 $D\to S$.设 $R\to R'$,$C\to C'$,则 $SR'=DR$,$R'C'=RC$,$C'C=R'R=SD$,且

$$\angle B'BQ=\angle C'CQ$$

$$\frac{BB'}{BQ}=\frac{AS}{BQ}=\frac{SD}{QC}=\frac{C'C}{QC}$$

由此可知 B'、Q、C' 三点共线.设 $P'R'$ 与 SQ 交于 T',则 $P'R' \parallel B'C'$,且

$$\frac{P'T'}{T'R}=\frac{B'Q}{QC'}=\frac{BP}{BC}=\frac{AS}{SD}=\frac{PP'}{R'R}$$

而 $PP' \parallel R'R$,所以,P、T'、R 三点共线,因此,$T'=T$.故

$$\frac{ST}{TR}=\frac{SP'}{PB'}=\frac{AP}{PB}=\lambda,\ \frac{PT}{TR}=\frac{PP'}{R'R}=\frac{AS}{SD}=\mu$$

证法4 如图3.5.4所示，作平移变换 $T(\overrightarrow{SQ})$，则 $S\rightarrow Q$. 设 $A\rightarrow A'$，$D\rightarrow D'$，则 A'、Q、D' 三点在一直线上，且 $A'Q=AS$，$QD'=SD$，所以，$\frac{A'Q}{QD'}=\frac{AS}{SD}=\frac{BQ}{QC}$，因此，$\triangle A'BQ\backsim\triangle D'CQ$，从而 $BA'\ /\!/\ CP'$，且$\frac{A'B}{CD'}=\frac{BP}{PC}$. 过 P 作BA' 的平行线交 AA' 于E，过 R 作 CD 的平行线交 DD' 于 F，则$\frac{PE}{BA'}=\frac{AP}{AB}=\frac{DR}{DC}=\frac{RF}{CD'}$，所以$\frac{PE}{RF}=\frac{BA'}{CD'}=\frac{BQ}{QC}$. 于是，再设 EF 与 SQ 交于 T'，则有

$$\frac{ET'}{T'F}=\frac{AS}{SD}=\frac{BQ}{QC}=\frac{PE}{PF}$$

而 $PE\ /\!/\ RF$，所以 P、T'、R 三点共线. 因此，$T'=T$. 故

$$\frac{ST}{TR}=\frac{AE}{EA'}=\frac{AP}{PB}=\lambda,\frac{PT}{TR}=\frac{ET}{TF}=\frac{AS}{SD}=\mu$$

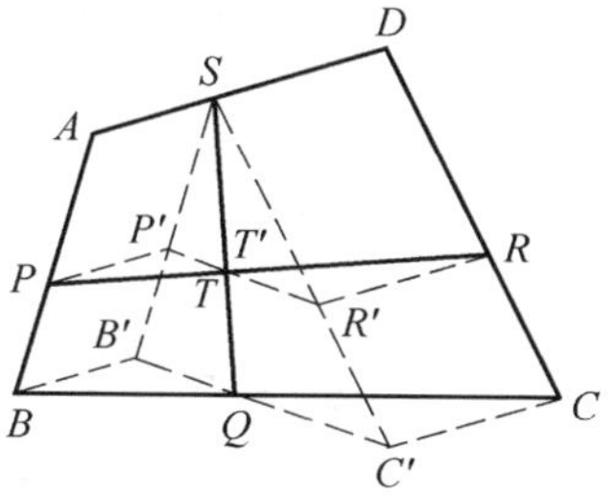

图3.5.3

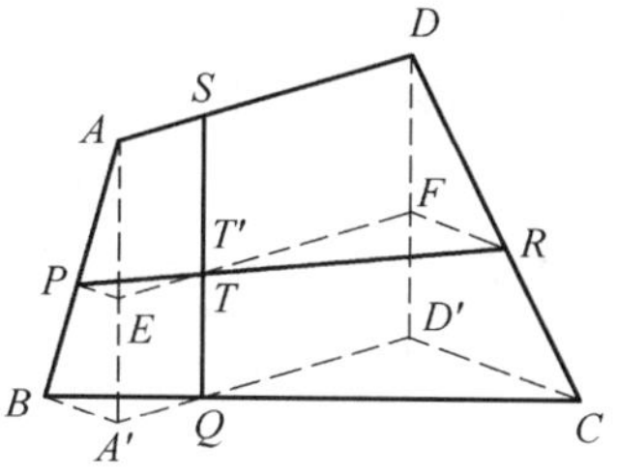

图3.5.4

证法5 如图3.5.5所示，设过 P 且平行于 SQ 的直线与过Q 且平行于PR 的直线交于L，过 A 且平行于BL 的直线与直线PL 交于K，过 C 且平行于 BL 的直线与直线LQ 交于M，过 D 且平行于 CM 的直线与直线MR 交于N，即有 $AK\ /\!/\ BL\ /\!/\ CM\ /\!/\ DN$，所以

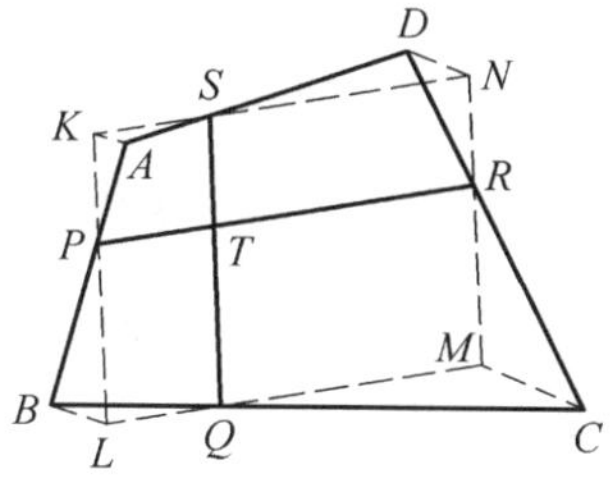

图3.5.5

$$\frac{AK}{BL}=\frac{AP}{PB}=\frac{DR}{RC}=\frac{DN}{CM},\frac{BL}{BQ}=\frac{CM}{CQ}$$

又$\frac{AS}{SD}=\frac{BQ}{QC}$，所以$\frac{BQ}{AS}=\frac{QC}{SD}$，于是

$$\frac{AK}{AS}=\frac{AK}{BL}\cdot\frac{BL}{BQ}\cdot\frac{BQ}{AS}=\frac{DN}{CM}\cdot\frac{CM}{QC}\cdot\frac{QC}{SD}=\frac{DN}{SD}$$

所以，K、S、N 三点共线. 因此，$\frac{KS}{SN}=\frac{AS}{SD}=\frac{BQ}{QC}=\frac{LQ}{QM}$. 而 $KL\ /\!/\ SQ$，所以，$KL\ /\!/\ NM$. 同样，由$\frac{KP}{PL}=\frac{AP}{PB}=\frac{DR}{RC}=\frac{ND}{DM}$，$LM\ /\!/\ PR$ 得，$KN\ /\!/\ LM$. 因此，四边形 $KLMN$ 是一个平行四边形. 再由 $KL\ /\!/\ NM\ /\!/\ SQ$，$KN\ /\!/\ LM\ /\!/\ PR$ 即知

$$\frac{ST}{TQ}=\frac{KP}{PL}=\frac{AP}{PB}=\lambda,\frac{PT}{TR}=\frac{KS}{SN}=\frac{AS}{SD}=\mu$$

这里的五个证明的一个基本出发点是:将分散的比例关系通过平移变换使之集中.在证法2、3、4中,因涉及未知比(欲证结论),我们采用了同一法.证法5尽管表面上没有用到平移变换,但这个证法是在两个平移变换 $T(\overrightarrow{TP})$ 与 $T(\overrightarrow{TR})$ 下引出的.

例3.5.2 设 P、Q 分别为凸四边形 $ABCD$ 的边 BC、AD 上的点,且 $\frac{AQ}{QD}=\frac{BP}{PC}=\lambda$.直线 PQ 分别与直线 AB、CD 交于 E、F.求证:$\lambda=\frac{AB}{CD}$ 的充分必要条件是 $\angle BEP=\angle PFC$.(必要性:第2届拉丁美洲数学奥林匹克,1987)

问题中涉及三个线段比,其中前两个比是有公共端点的共线两线段之比,最后一个比中的两线段 AB 与 CD 是分散的.注意到结论是两个相等的角,我们可考虑通过平移变换将这两条分散的线段集中在一起,然后通过三角形的角平分线判定定理来解决问题.

证明 如图3.5.6所示,作平移变换 $T(\overrightarrow{DA})$,则 $D\rightarrow A$.设 $C\rightarrow C'$,则 $AC' \mathrel{\underline{\parallel}} DC$.过点 P 作 CC' 的平行线交 BC 于 R,则 $\frac{BR}{RC'}=\frac{BP}{PC}=\lambda$,且 $\frac{RP}{C'C}=\frac{BP}{BC}=\frac{AQ}{AD}$.而 $CC' \mathrel{\underline{\parallel}} AD$,所以 $RP \mathrel{\underline{\parallel}} AQ$,因此 $AR \parallel FP$,这样便有 $\angle BAR=\angle BEP$,$\angle RAC'=\angle PFC$.于是,由三角形的角平分线性质定理与判定定理即得

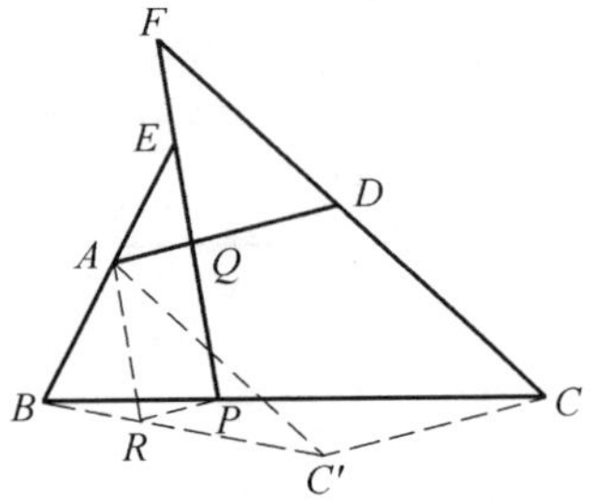

图3.5.6

$$\angle BEP=\angle PFC \Leftrightarrow \angle BAR=\angle RAC' \Leftrightarrow \frac{BR}{RC'}=\frac{AB}{AC'} \Leftrightarrow \lambda=\frac{AB}{CD}$$

特别地,当 $\lambda=1$ 时,P、Q 分别为 BC、AD 的中点.此时本题即例3.2.8,亦即例3.3.10.

例3.5.3 设 $ABCDEF$ 是一个凸六边形,P、Q、R 分别是直线 AB 与 EF、EF 与 CD、CD 与 AB 的交点.S、T、U 分别是 BC 与 DE、DE 与 FA、FA 与 BC 的交点.求证:如果 $\frac{AB}{RP}=\frac{CD}{QR}=\frac{EF}{PQ}$,则 $\frac{BC}{US}=\frac{DE}{ST}=\frac{FA}{TU}$.(第15届伊朗数学奥林匹克,1998)

本题的条件和结论都是三个线段比的连等式.因为 RP、QR、PQ 是一个三角形的三边,所以 AB、CD、EF 也构成一个与 $\triangle PQR$ 相似的三角形的三边,因而可以考虑通过平移变换将 AB、CD、EF 集中到一起构成一个与 $\triangle PQR$ 相似的三角形.

证明　如图 3.5.7 所示，作平移变换 $T(\overrightarrow{DE})$，则 $D \to E$. 设 $C \to O$，则 $OE \mathrel{\underline{\parallel}} CD$，所以 $\angle FEO = \angle Q$，且 $\frac{EO}{QR} = \frac{CD}{QR} = \frac{EF}{PQ}$，因此 $\triangle FEO \backsim \triangle PQR$，从而 $\angle OFE = \angle P$，且

$$\frac{FO}{RP} = \frac{EF}{PQ} = \frac{AB}{RP}$$

所以，$FO = AB$，这说明 $FO \mathrel{\underline{\parallel}} AB$，进而 $FA \mathrel{\underline{\parallel}} OB$. 又 $CO \parallel DE$，于是 $\triangle COB \backsim \triangle STU$，所以

$$\frac{BC}{US} = \frac{CO}{ST} = \frac{OB}{TU}$$

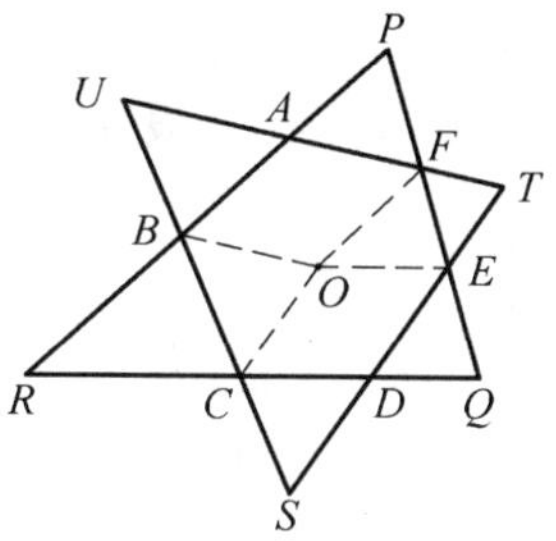

图 3.5.7

再注意 $CO = DE$，$OB = FA$ 即得 $\frac{BC}{US} = \frac{DE}{ST} = \frac{FA}{TU}$.

由本题可以简单地证明前面的例 3.3.9，即

设 $\triangle ABC$ 是一个正三角形，A_1、A_2 在边 BC 上，B_1、B_2 在边 CA 上，C_1、C_2 在边 AB 上，且凸六边形 $A_1A_2B_1B_2C_1C_2$ 的六边长都相等. 求证：三条直线 A_1B_2、B_1C_2、C_1A_2 交于一点.（第 46 届 IMO，2005）

事实上，如图 3.5.8 所示，设直线 C_2A_1 与 A_2B_1 交于 A'，直线 A_2B_1 与 B_2C_1 交于 B'，直线 B_2C_1 与 C_2A_1 交于 C'. 因 $\triangle ABC$ 是一个正三角形，$A_1A_2 = B_1B_2 = C_1C_2$，所以

$$\frac{A_1A_2}{BC} = \frac{B_1B_2}{CA} = \frac{C_1C_2}{AB}$$

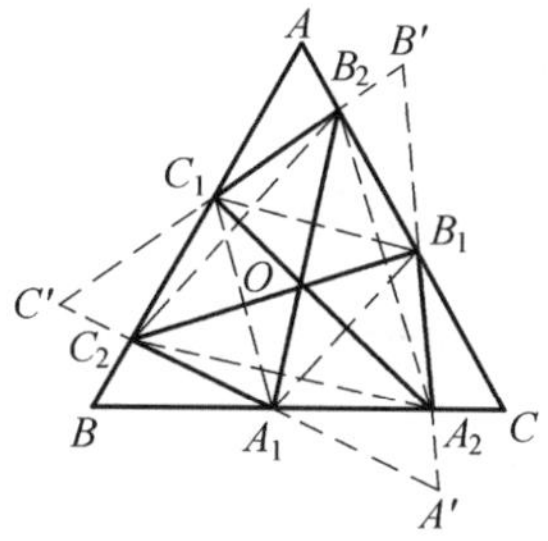

图 3.5.8

于是，由例 3.5.3 即知 $\frac{B_2C_1}{B'C'} = \frac{C_2A_1}{C'A'} = \frac{A_2B_1}{A'B'}$. 但 $B_2C_1 = C_2A_1 = A_2B_1$，所以 $B'C' = C'A' = A'B'$，这说明 $\triangle A'B'C'$ 也是一个正三角形，所以，由 $A_1A_2B_1B_2C_1C_2$ 是等边六边形可知

$$\triangle AB_2C_1 \cong \triangle B'B_2B_1 \cong \triangle CA_2B_1 \cong \triangle A'A_2A_1 \cong \triangle BC_2A_1 \cong \triangle C'C_2C_1$$

进而可知 $\triangle A_1B_1C_1$ 与 $\triangle A_2B_2C_2$ 皆为正三角形.（往下同例 3.3.9）

例 3.5.4　$\triangle ABC$ 的边 BC、CA、AB 上的点 D、E、F 分别内分各边的比为 $t:(1-t)$. 求证：线段 AD、BE、CF 构成一个三角形的三边. 记此三角形的面积为 S，则有

$$S = (1 - t + t^2)S_{\triangle ABC}$$

其中 $S_{\triangle ABC}$ 表示 $\triangle ABC$ 的面积.（第 1 届日本数学奥林匹克，1991）

证明 如图 3.5.9 所示，作平移变换 $T(\overrightarrow{BD})$，则 $B\to D$. 设 $E\to E'$，则 $DE'\ \underline{\underline{\parallel}}\ BE$，$EE'\ \underline{\underline{\parallel}}\ BD$，所以，$\angle CEE'=\angle ACB$，$EE'=BD=t\cdot BC$. 又 $CE=t\cdot CA$，所以 $\triangle CE'E\backsim\triangle ABC$，于是，$\angle E'CE=\angle BAC$，$E'C=t\cdot AB$，从而 $E'C\parallel AB$. 但 $AF=t\cdot AB$，因此，$E'C\ \underline{\underline{\parallel}}\ AF$，进而 $AE'\ \underline{\underline{\parallel}}\ FC$. 这说明 $\triangle ADE'$ 即是以 AD、BE、CF 为三边长的三角形.

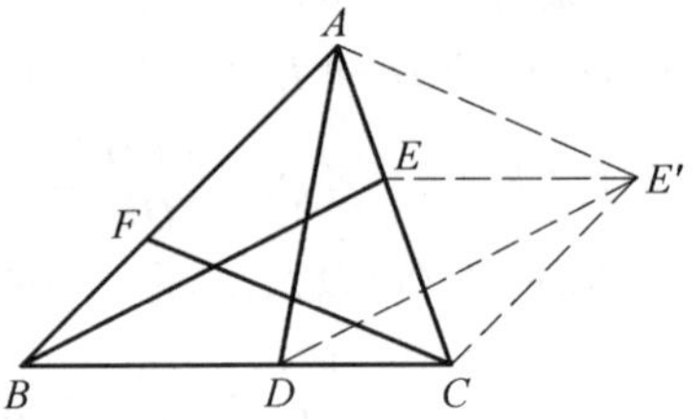

图 3.5.9

由三角形的面积公式，有

$$\frac{S_{\triangle ABD}}{S_{\triangle ABC}}=\frac{BD}{BC}=t,\frac{S_{\triangle ACE'}}{S_{\triangle ABC}}=\frac{S_{\triangle ACF}}{S_{\triangle ABC}}=\frac{AF}{AB}=t$$

$$\frac{S_{\triangle DCE'}}{S_{\triangle ABC}}=\frac{\frac{1}{2}DC\cdot CE'\sin\angle DCE'}{\frac{1}{2}AB\cdot BC\cdot\sin\angle ABC}=\frac{DC\cdot CE'}{BC\cdot AB}=\frac{DC\cdot AF}{BC\cdot AB}=(1-t)t$$

于是，$S_{\triangle ABD}=S_{\triangle ACE'}$，$S_{\triangle DCE'}=t(1-t)S_{\triangle ABC}$. 从而由 $S=S_{\triangle ABC}+S_{\triangle ACE'}-S_{\triangle ABD}-S_{\triangle DCE'}$ 即得

$$S=S_{\triangle ABC}-S_{\triangle DCE'}=S_{\triangle ABC}-t(1-t)S_{\triangle ABC}=(1-t+t^2)S_{\triangle ABC}$$

特别地，当 $t=\frac{1}{2}$ 时，D、E、F 分别为 $\triangle ABC$ 的三边的中点，且 $1-t+t^2=\frac{3}{4}$. 故三角形的三中线构成一个新的三角形，且新三角形的面积为原三与三角形的垂心有关的平面几何问题也可以考虑用平移变换处理，通常将三角形的某条高平移到三角形的另一个顶点处，以改变问题的结构.

例 3.5.5 证明：三角形的顶点到垂心的距离等于其外心到对边中点的距离的两倍.

角形的面积的$\frac{3}{4}$.

证法 1 如图 3.5.10 所示，设 H、O、M 分别是 $\triangle ABC$ 的垂心、外心和边 BC 的中点，则 $OM\perp BC$，所以，OM 即 $\triangle ABC$ 的外心到边 BC 的距离. 作平移变换 $T(\overrightarrow{HB})$，则 $H\to B$. 设 $A\to A'$，则 $A'B\ \underline{\underline{\parallel}}\ AH$. 因 $AH\perp BC$，$BH\perp AC$，所以 $A'B\perp BC$，$AA'\perp AC$. 于是，A' 在 $\triangle ABC$ 的外接圆上，且 $A'C$ 为其直径，因而 O 为 $A'C$ 的中点. 再注意 M 为 BC 的中点即得，$A'B=2OM$. 故 $AH=2OM$.

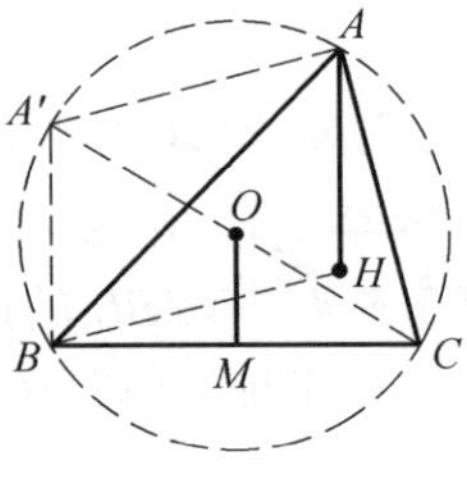

图 3.5.10

证法 2 如图3.5.11 所示，设 H、O、M 分别是 $\triangle ABC$ 的垂心、外心和边 BC

的中点，则 OM 即 $\triangle ABC$ 的外心到边 BC 的距离. 作平移变换 $T(\overrightarrow{HB})$，则 $H \to B$. 设 $C \to C'$，则 $C'CBH$. 因而 HC' 与 BC 互相平分，即 M 也为 HC' 的中点.

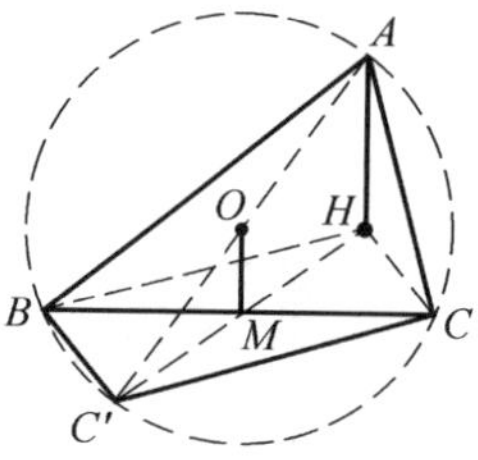

图 3.5.11

另一方面，因 $BH \perp AC$，$CB \perp AB$，所以 $C'C \perp AC$，$C'B \perp AB$，于是，A、B、C'、C 四点共圆. 换句话说，点 C' 在 $\triangle ABC$ 的外接圆上，且 AC' 为其直径，所以，O 为 $A'C$ 的中点. 又 M 为 HC' 的中点，故 $AH = 2OM$.

本题是关于三角形的垂心的一个经典问题，这里我们用平移变换一举给出了两个不同的证明.

例 3.5.6 过 $\triangle ABC$ 的垂心与边 BC 的中点的直线交 $\triangle ABC$ 的外接圆于 A_1、A_2 两点. 求证：$\triangle ABC$、$\triangle A_1BC$、$\triangle A_2BC$ 的垂心是一个直角三角形的三个顶点.

证明 如图 3.5.12 所示，由例 3.5.5 证法 2 的证明过程知，AA_1 是 $\triangle ABC$ 的外接圆的直径. 所以，$\triangle A_1AA_2$ 是直角三角形. 设 H_1、H_2 分别为 $\triangle A_1BC$、$\triangle A_2BC$ 的垂心，O 是 $\triangle ABC$ 的外心，注意 $\triangle A_1BC$ 与 $\triangle A_2BC$ 的外心都是 O，由例 3.5.5，$AH \parallel OM$. $A_1H_1 \parallel OM$. $A_2H_2 \parallel OM$. 且 $AH = A_1H_1 = A_2H_2 = 2OM$. 所以，$AH \mathrel{\underline{\underline{\parallel}}} A_1H_1 \mathrel{\underline{\underline{\parallel}}} A_2H_2$. 于是，作平移变换 $T(\overrightarrow{AH})$，则 $\triangle A_1AA_2 \to \triangle H_1HH_2$. 因 $\triangle A_1AA_2$ 是一个直角三角形. 故 $\triangle H_1HH_2$ 也是一个直角三角形.

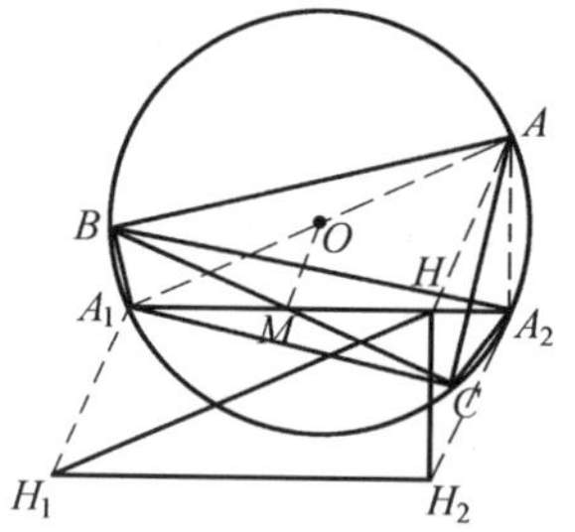

图 3.5.12

例 3.5.7 由平行四边形 $ABCD$ 的顶点 A 引它的两条高 AE、AF，设 $AC = a$，$EF = b$，求点 A 到 $\triangle AEF$ 的垂心 H 的距离.

本题即例 3.1.9，那里我们曾用平移变换给出了两种证法. 实际上，那里的两种证法都可以看成是用平移变换处理三角形的垂心问题而得到的. 这里再将其作为三角形的垂心问题给出两种新的证法.

解法 1 如图 3.5.13 所示，作平移变换 $T(\overrightarrow{HE})$，则 $H \to E$. 设 $A \to A'$，则 $A'E \mathrel{\underline{\underline{\parallel}}} AH$，且 $AA' \mathrel{\underline{\underline{\parallel}}} HE \mathrel{\underline{\underline{\parallel}}} FC$. 而 $AF \perp CF$，所以，四边形 $AA'CF$ 是一个矩形. 因此，$A'F = AC = a$. 又 $AH \perp EF$，所以 $A'E \perp EF$. 于是，由勾股定理即得

$$AH = A'E = \sqrt{A'F^2 - EF^2} = \sqrt{a^2 - b^2}$$

解法 2 如图 3.5.14 所示，作平移变换 $T(\overrightarrow{AF})$，则 $A \to F$. 设 $H \to H'$，则 $FH' \mathrel{\underline{\underline{\parallel}}} AH$，$HH' \mathrel{\underline{\underline{\parallel}}} AF$. 而 $AH \perp EF$，$HE \perp AF$，所以，$FH' \perp EF$，$HE \perp HH'$. 又 $HE = FC$，所以 $\mathrm{Rt}\triangle ACF \cong \mathrm{Rt}\triangle H'HE$，因此，$EH' = AC = a$. 于是，由勾股

定理即得

$$AH = FH' = \sqrt{H'E^2 - EF^2} = \sqrt{a^2 - b^2}$$

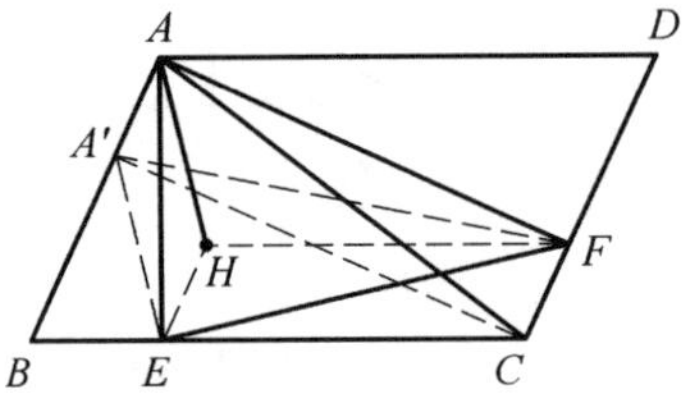

图 3.5.13

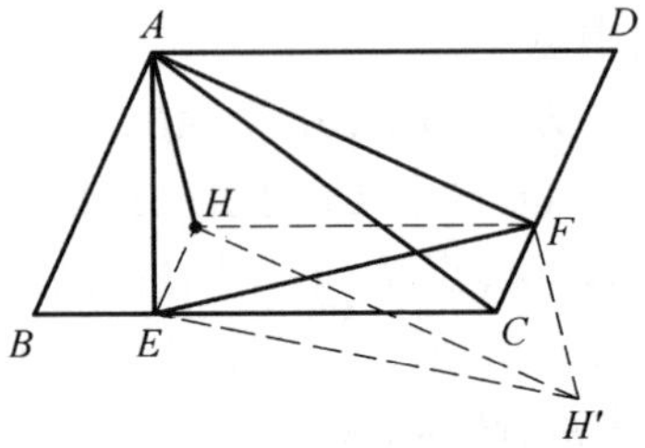

图 3.5.14

因为在平移变换下,角的大小、方向乃至角的两边的方向都不会改变,所以,凡结论是几个角的和的平面几何问题,我们可以通过实施若干平移变换移动所有的角(一般有几个角就作几次平移变换),使这些角具有公共顶点,从而将这些角集中在一起考虑.这是处理几个角的和的问题的特别行之有效的(但不是唯一的)方法.实际上,我们通常见到的"三角形的内角和等于 180°"这个命题的证明本质上就是利用的平移变换(图 3.5.15).

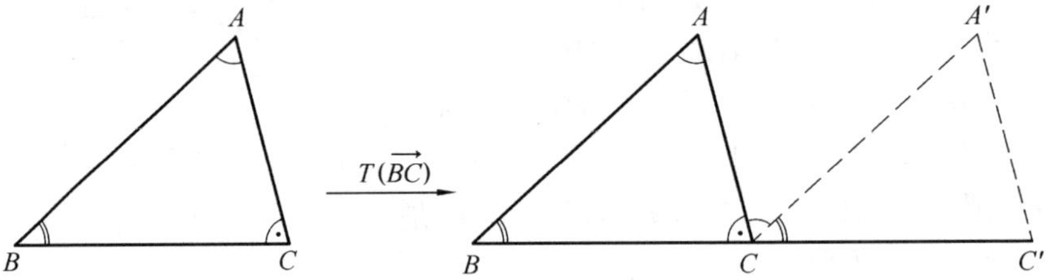

图 3.5.15

例 3.5.8 如图 3.5.16 所示,已知平面上三个相等的圆:$\odot O_1$、$\odot O_2$、$\odot O_3$,它们两两相交于 A、B、C、D、E、F.证明

$$\angle AO_1B + \angle CO_2D + \angle EO_3F = 180^\circ$$

(第 10 届原全苏数学奥林匹克,1976)

证明 如图 3.5.16,3.5.17 所示,在平面上任取一点 O,分别将三个圆心 O_1、O_2、O_3 平移至点 O 的位置(共三个平移变换),则 $\odot O_1$、$\odot O_2$、$\odot O_3$ 皆重合为 $\odot O$.设

$$A、B \xrightarrow{T(\overrightarrow{O_1O})} A'、B',C、D \xrightarrow{T(\overrightarrow{O_2O})} C'、D',E、F \xrightarrow{T(\overrightarrow{O_3O})} E'、F'$$

则 $\angle AO_1B = \angle A'OB'$,$\angle CO_2D = \angle C'OD'$,$\angle EO_3F = \angle E'OF'$.易知 $O_2D \mathrel{\underline{\parallel}} AO_1$,$O_3E \mathrel{\underline{\parallel}} BO_2$,$O_3F \mathrel{\underline{\parallel}} CO_2$,所以 A'、O、D' 三点共线,B'、O、E' 三点共线,

C'、O、F' 三点共线. 于是

$$\angle AO_1B + \angle CO_2D + \angle EO_3F =$$
$$\angle A'OB' + \angle C'OD' + \angle E'OF' =$$
$$\angle A'OB' + \angle C'OD' + \angle B'OC' = 180°$$

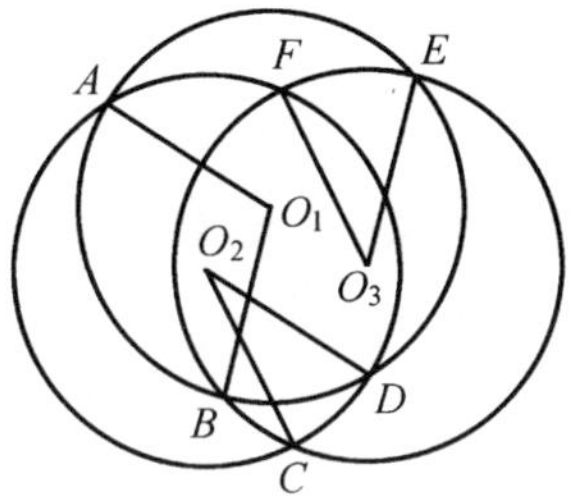

图 3.5.16

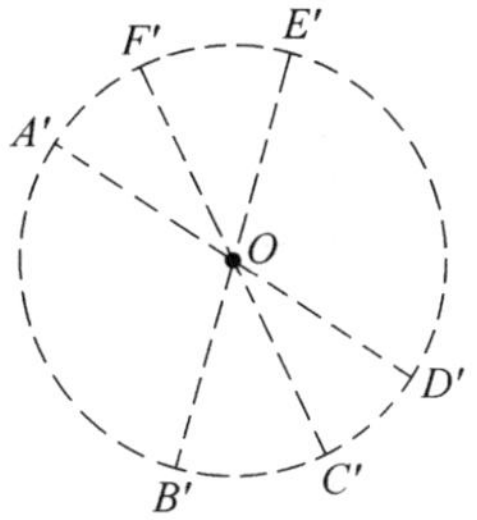

图 3.5.17

本题图形复杂纷繁,三个角分布其间,令人眼花缭乱,似乎无从下手. 然而通过三个平移变换,结论便一目了然.

例 3.5.9 证明:凸多边形的外角和等于 360°.

证明 设凸 n 边形为 $A_1A_2\cdots A_n$,如图 3.5.18 和图 3.5.19 所示. 在平面上任取一点 O,将凸 n 边形 $A_1A_2\cdots A_n$ 的每一个外角都通过一个平移变换(共 n 个平移变换)使角的顶点与 O 重合,它的每一条边 $A_{i-1}A_i$ 都变成以 O 为端点的线段 OB_i,则 $\angle A_{i-1}A_iA_{i+1}$ 的外角等于 $\angle B_iOB_{i+1}$($i = 1,2,\cdots,n$, $A_0 = A_n$, $B_{n+1} = B_1$),于是凸 n 边形的 n 个外角和等于

$$\angle B_1OB_2 + \angle B_2OB_3 + \cdots + \angle B_nOB_1$$

而这 n 个角的和恰为一个周角. 故凸 n 边形 $A_1A_2\cdots A_n$ 的 n 个外角之和等于 360°.

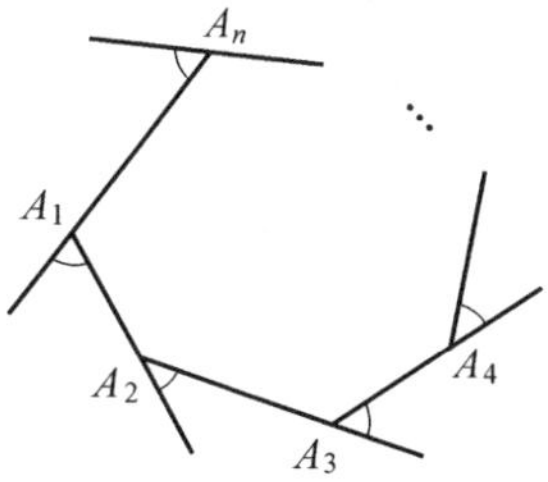

图 3.5.18

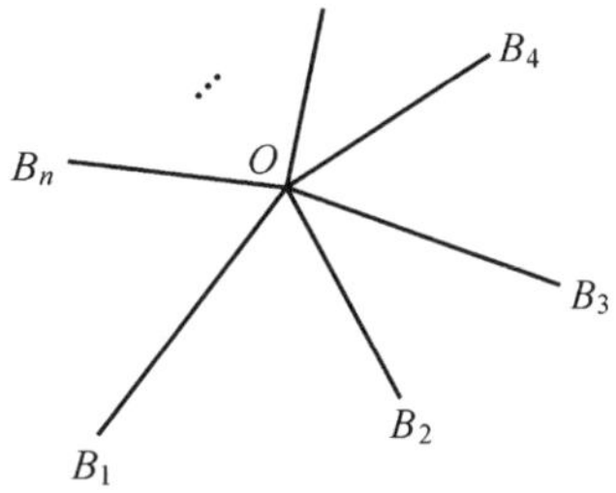

图 3.5.19

即使是不属于前面所述(包括 3.1 ~ 3.4)的任何一类平面几何问题,我们也可以考虑用平移变换处理.

例 3.5.10 在四边形 $ABCD$ 中(不一定是凸的),AC 平分 BD,$\angle CBA = \angle ADC$. 求证:AC 垂直平分线段 BD.

证明 如图 3.5.20,3.5.21 所示,作平移变换 $T(\overrightarrow{DC})$,则 $D \to C$. 设 $A \to$

A',则四边形 $AA'CD$ 是一个平行四边形,$\angle CA'A = \angle ADC = \angle CBA$,所以,$A$、$B$、$A'$、$C$ 四点共圆.又 $A'D$ 与 AC 互相平分,且 AC 平分 BD,所以 $BA' \parallel AC$.因而四边形 $ABA'C$ 是一个等腰梯形,于是 $AB = A'C = AD, BC = AA' = CD$.故 AC 垂直平分 BD.

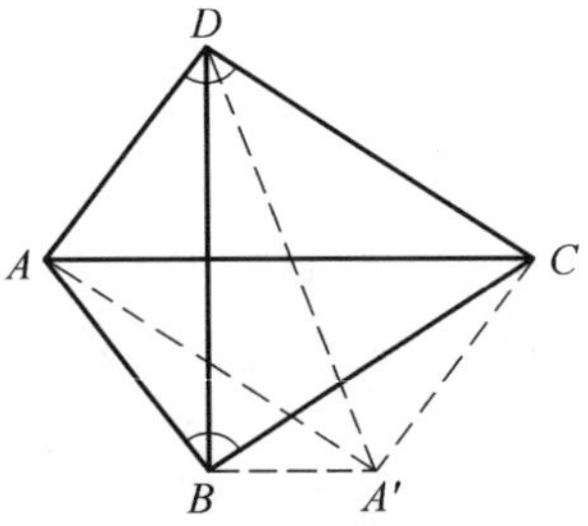

图 3.5.20

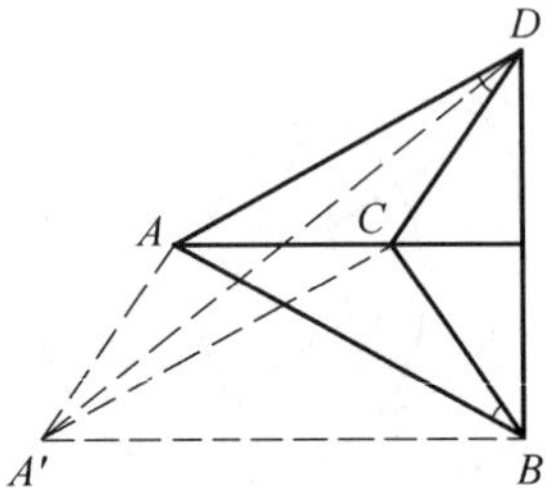

图 3.5.21

例 3.5.11 设 P 为锐角 $\triangle ABC$ 内部一点,且满足条件

$$PA \cdot PB \cdot AB + PB \cdot PC \cdot BC + PC \cdot PA \cdot CA = AB \cdot BC \cdot CA$$

试确定 P 点的几何位置,并证明你的结论.(第 13 届中国数学奥林匹克,1998)

证明 如图 3.5.22 所示,作平移变换 $T(\overrightarrow{BC})$,则 $B \to C$.设 $A \to A', P \to P'$,则 $A'C \mathrel{\underline{\parallel}} AB, P'A' \mathrel{\underline{\parallel}} PA, P'C \mathrel{\underline{\parallel}} PB, AA' \mathrel{\underline{\parallel}} PP' \mathrel{\underline{\parallel}} BC$.在四边形 $ACP'A'$ 与 $APCP'$ 中,由 Ptolemy 不等式(见例 7.1.2),有

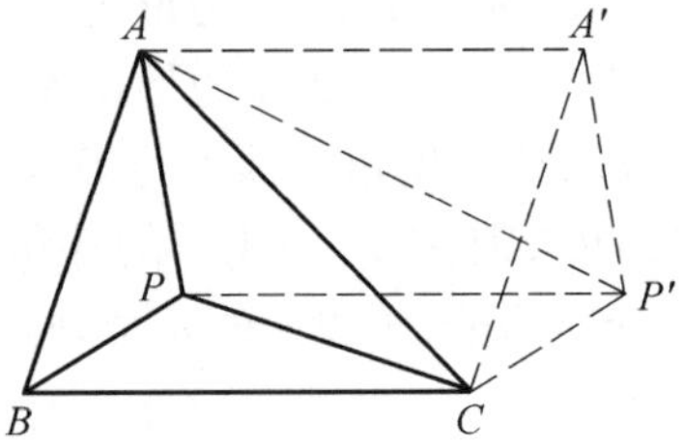

图 3.5.22

$$AA' \cdot P'C + CA \cdot P'A' \geqslant A'C \cdot P'A$$

$$P'A \cdot PC + PA \cdot P'C \geqslant CA \cdot PP'$$

即

$$BC \cdot PB + CA \cdot PA \geqslant AB \cdot P'A$$

$$P'A \cdot PC + PA \cdot PB \geqslant CA \cdot BC$$

于是

$$\begin{aligned} &PA \cdot PB \cdot AB + PB \cdot PC \cdot BC + PC \cdot PA \cdot CA = \\ &PA \cdot PB \cdot AB + PC(PB \cdot BC + PA \cdot CA) \geqslant \\ &PA \cdot PB \cdot AB + PC \cdot AB \cdot P'A = \\ &AB(PA \cdot PB + PC \cdot P'A) \geqslant AB \cdot BC \cdot CA \end{aligned}$$

等式成立当且仅当四边形 $ACP'A'$ 与 $APCP'$ 皆为圆内接凸四边形,当且仅当 $APCP'A'$ 为圆内接凸五边形,当且仅当四边形 $APP'A'$ 为矩形,且 $\angle ACP' + \angle P'A'A = 180°$,当且仅当 $AP \perp AA'$,且 $P'C \perp CA$,当且仅当且 $PA \perp BC$,且 $PB \perp CA$,当且仅当点 P 为 $\triangle ABC$ 的垂心.即当

$$PA \cdot PB \cdot AB + PB \cdot PC \cdot BC + PC \cdot PA \cdot CA = AB \cdot BC \cdot CA$$

时,点 P 必为 $\triangle ABC$ 的垂心.

本题是探求一个几何等式成立的充分必要条件.一般说来,这个充分必要条件往往是某个几何不等式中等式成立的条件.对于本题来讲,因等式左边有三项而右边只有一项,所以,这个几何不等式极有可能是将等式中的"="改为"≥".而这类积和式型几何不等式通常可以借助于 Ptolemy 不等式解决.所实施的平移变换则为成功地运用 Ptolemy 不等式铺平了道路.

习题 3

1.设 P 是平行四边形 $ABCD$ 内部一点,且 $\angle APB + \angle CPD = 180°$.求证:$\angle CBP = \angle PDC$.(第 29 届加拿大数学奥林匹克,1997)

2.设 P 是平行四边形 $ABCD$ 内部一点,且 $\angle CBP = \angle PDC$.求证:

$$PA \cdot PC + PB \cdot PD = AB \cdot BC$$

3.设 P 是平行四边形 $ABCD$ 内部一点.证明:在 $\triangle PAB$、$\triangle PBC$、$\triangle PCD$、$\triangle PDA$ 这四个三角形中,如果有两个三角形的外接圆相等,则这四个三角形的外接圆都相等.

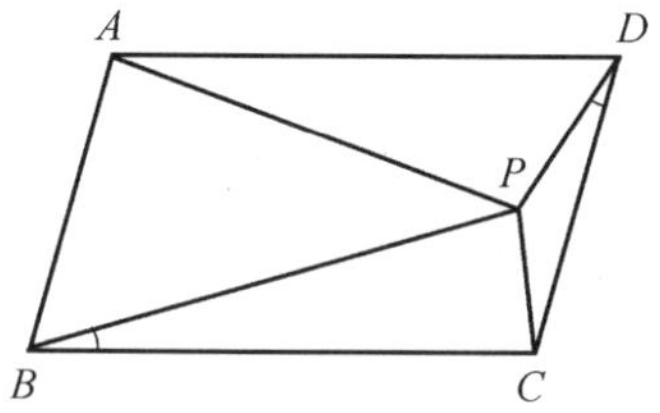

1,2 题图

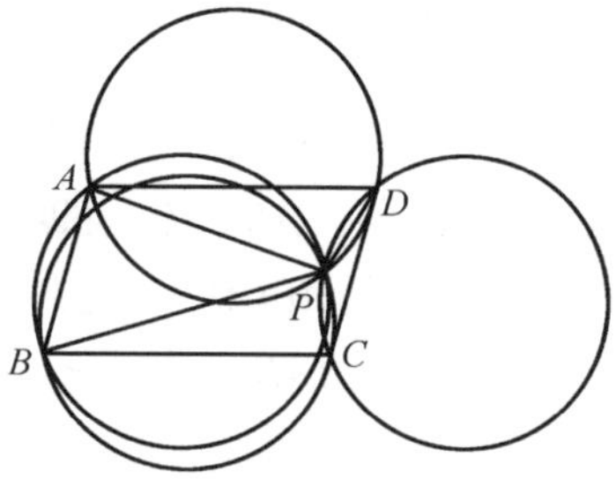

3 题图

4.设四边形 $ABCD$ 内部存在一点 P,使得 $ABCD$ 为平行四边形.证明:$\angle CBP = \angle CDP$ 的充分必要条件是 $\angle DCA = \angle PCB$.(必要性:第 12 届原全苏数学奥林匹克,1978)

5.设四边形 $ABCD$ 内部存在一点 P,使四边形 $PBCD$ 为平行四边形.证明:$AD = AC = BC$ 的充分必要条件是 $\angle CAD = 2\angle BAP$ 且 $\angle ADP = 2\angle PBA$.

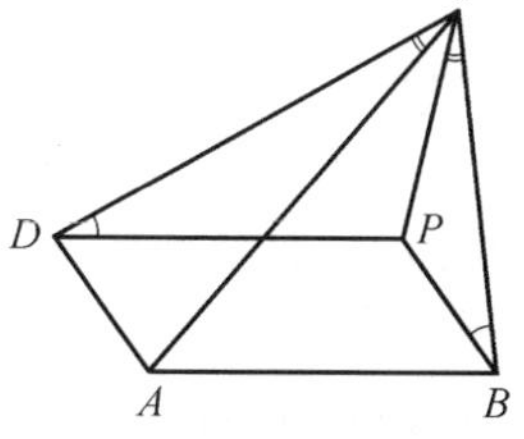

4 题图

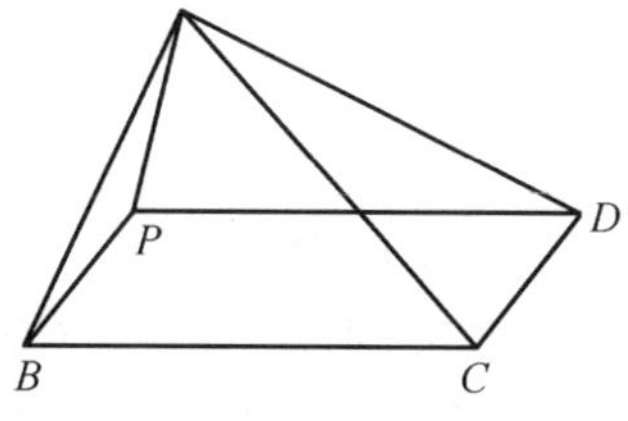

5 题图

6. 设 C、D 两点皆位于线段 AB 所在直线的同侧，CA、CB、DB、DA 的中点分别为 E、F、G、H. 求证：

$$S_{EFGH} = \frac{1}{2} | S_{\triangle ABC} - S_{\triangle ABD} |$$

其中 S_F 表示图形 F 的面积.(四川省数学竞赛，1978)

7. 设 P 为矩形 $ABCD$ 所在平面上不在矩形的外接圆上的任意一点，直线 PA、PD 与 BC 分别交于 E、F，过点 E 且垂直于 PC 的直线与过点 F 且垂直于 PB 的直线交于 Q. 求证：$PQ \perp BC$.

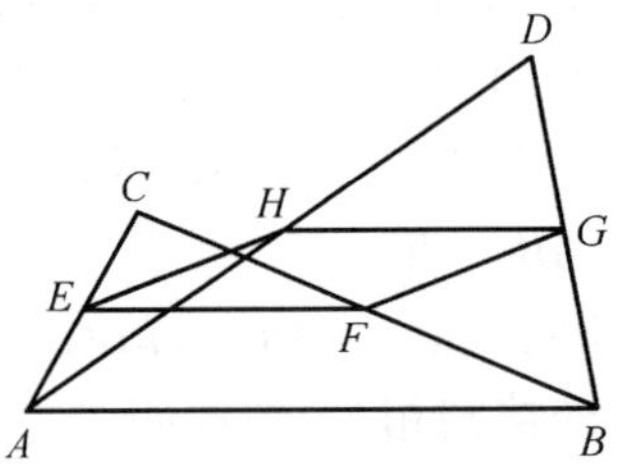

6 题图

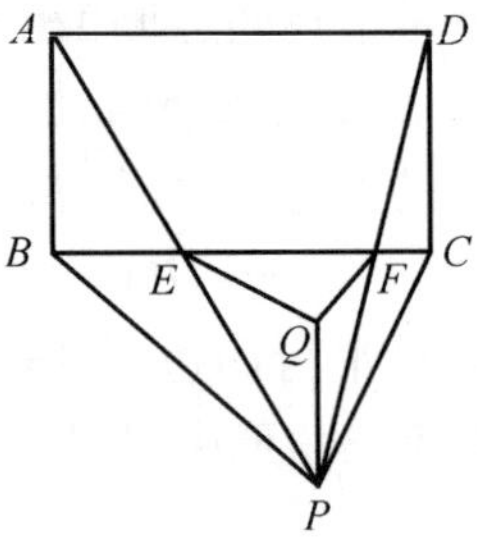

7 题图

8. 设 P 是矩形 $ABCD$ 内一点. 证明：存在一个凸四边形，它的两对角线互相垂直，长度分别等于 AB、BC，且四边长分别等于 PA、PB、PC、PD.

9. 在凸四边形 $ABCD$ 中，$\angle BAD + \angle CBA \leqslant 180°$，$E$，$F$ 为边 CD 上的两点，且 $DE = FC$. 求证：$AD + BC \leqslant AE + BF$.

10. 设 B、C 是线段 AD 上的两点，且 $AB = CD$. 求证：对于平面上任意一点 P，都有 $PA + PD \geqslant PB + PC$.

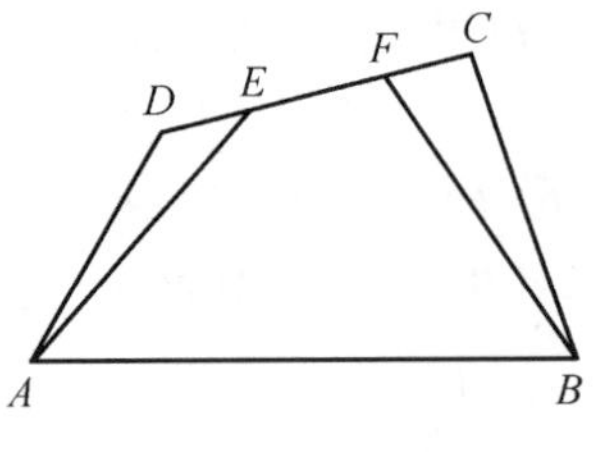

9 题图

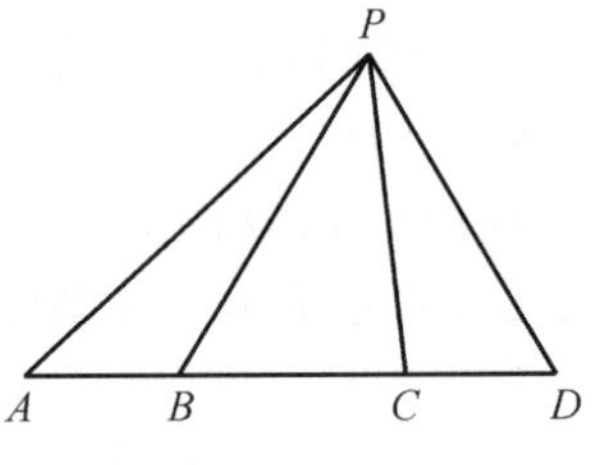

10 题图

11. 在梯形 $ABCD$ 中，$AD \parallel BC$，E、F 是底边 BC 上两点，且 $BE = FC$，$\angle BAE = \angle FDC$. 求证：$AB = CD$.

12. 设 E，F 是 $\triangle ABC$ 的边 BC 上两点，P，Q 分别为边 AB，AC 上的点，且 $BE = FC$，$AP = AQ$，$\angle BPE = \angle FQC$. 求证：$\triangle ABC$ 是等腰三角形.

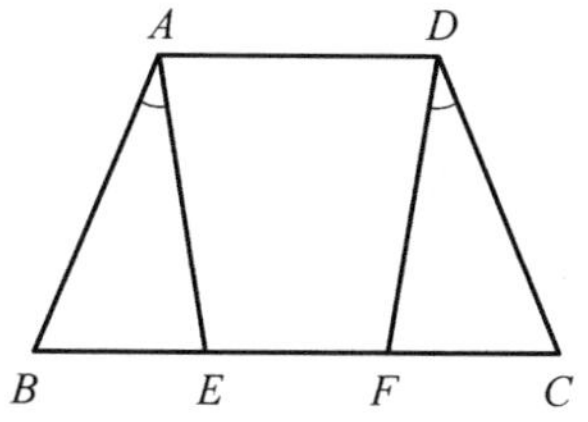

11 题图

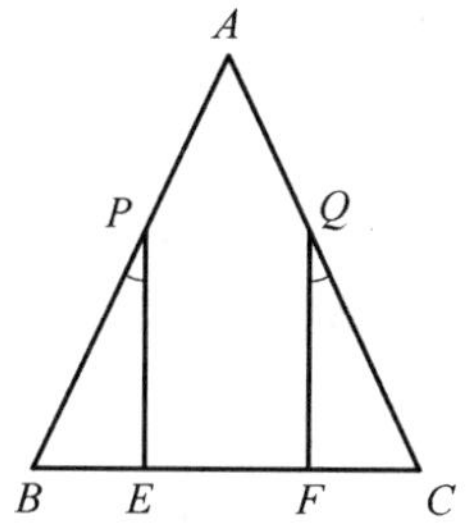

12 题图

13. 设线段 AB 与 CD 相等,且其交角为 $60°$. 求证: $AC + BD \geqslant AB$. (第 19 届俄罗斯数学奥林匹克,1993)

14. 设 M 是 $\triangle ABC$ 的边 AC 的中点, D 是边 AB 上一点, BM 与 CD 交于点 E, 且 $AB = CE$. 求证: $AB \perp BC$ 当且仅当四边形 $ADEM$ 内接于圆. (中国香港队选拔考试,2003)

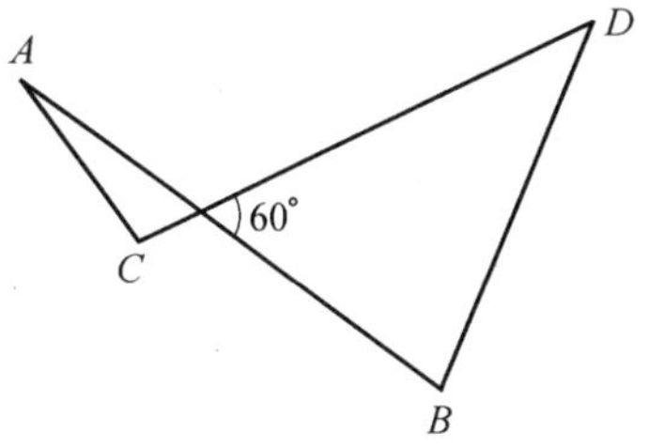

13 题图

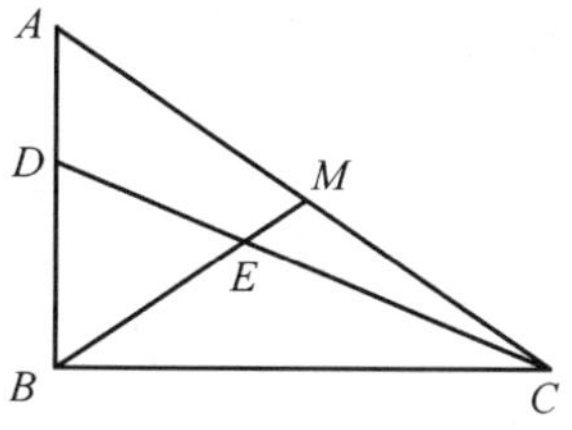

14 题图

15. 在 $\triangle ABC$ 中, $AB = AC$, $\angle BAC = 108°$, D 为 AC 的延长线上一点, M 为 BD 的中点. 求证: $AD = BC$ 的充分必要条件是 $AM \perp MC$.

16. 在 $\triangle ABC$ 的边 AB、AC 上分别取点 D、E, 再分别过点 A、D、E 任作三条平行线交 BC 于 F、G、H 三点. 求证: $AF = DG + EH$ 的充分必要条件是

$$\frac{AD}{DB} = \frac{CE}{EA}$$

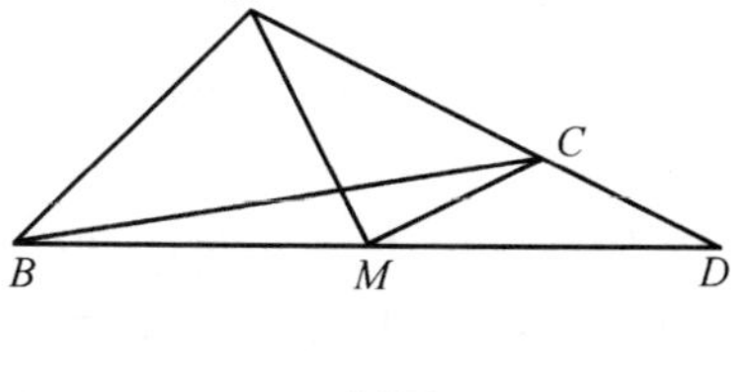

15 题图

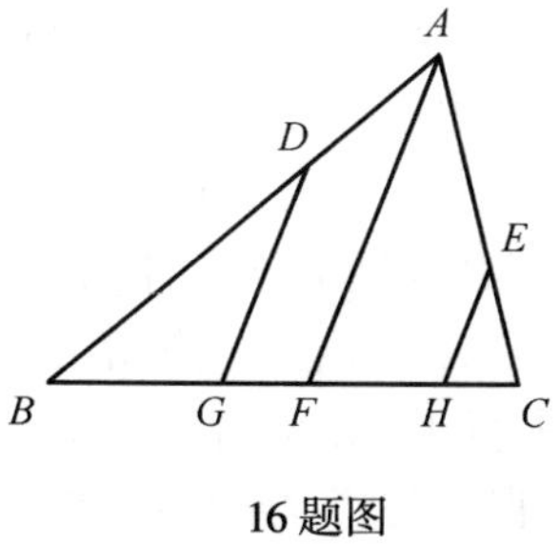

16 题图

17. 在梯形 $ABCD$ 中, $AD \parallel BC$. M、N 分别为 BC、AD 的中点. 求证: $AC \perp$

BD 的充分必要条件是

$$MN = \frac{1}{2}|BC - AD|$$

18. 在直角梯形 $ABCD$ 中，$AD // BC$，$AB \perp BC$. 求证：$AC \perp BD$ 的充分必要条件是 $AB^2 = BC \cdot AD$.

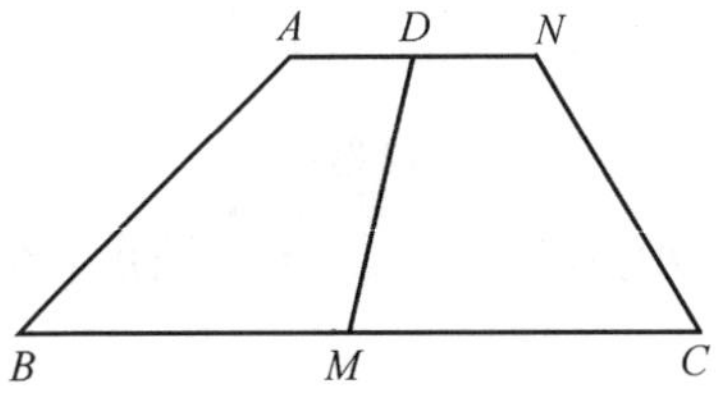

17 题图

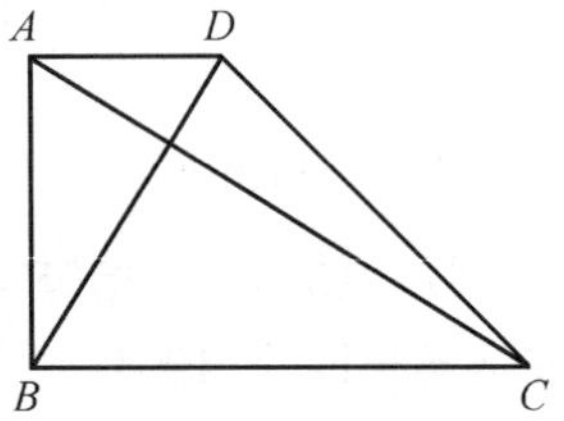

18 题图

19. 在梯形 $ABCD$ 中，$AD // BC$，P 是 $\angle A$ 与 $\angle B$ 的平分线的交点，Q 是 $\angle C$ 与 $\angle D$ 的平分线的交点. 求证：

$$PQ = \frac{1}{2}|AB + CD - BC - AD|$$

20. 设凸六边形 $ABCDEF$ 的所有内角都相等. 求证：

$$|AB - DE| = |BC - EF| = |CD - FA|$$

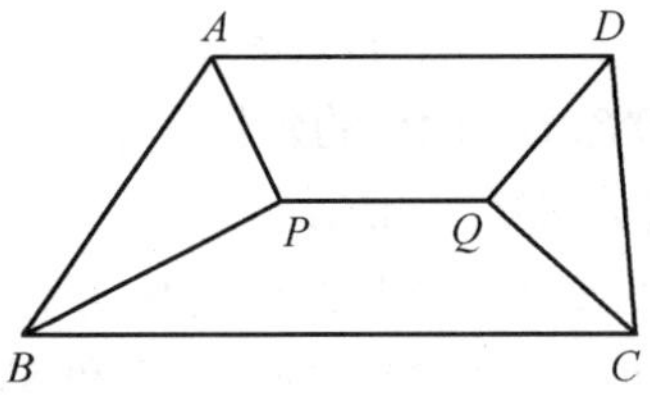

19 题图

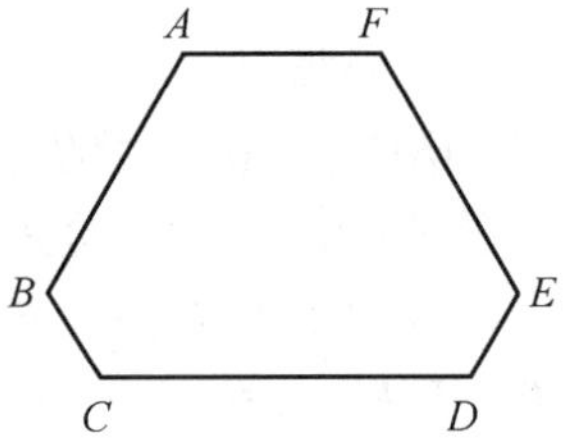

20 题图

21. 设一个凸六边形的所有内角都相等，且其边长为 1,2,3,4,5,6 的一个排列. 求这个六边形的面积.（第 39 届西班牙数学奥林匹克,2003）

22. 三个半径为 R 的圆交于一点. 求证：过另外三个交点的圆的半径也等于 R.（第 12 届俄罗斯数学奥林匹克,1986）

23. 在 $\triangle ABC$ 内有一点 M 沿着平行于 AB 的直线运动，直至与边 BC 相遇，然后沿着平行于 AB 的直线运动，直至与边 AC 相遇，然后再沿着平行于 BC 的直线运动，直至与边 AB 相遇，等等. 试证：若干步以后，点 M 运动的轨迹将封闭.（第 7 届莫斯科数学奥林匹克,1941）

24. 四边形 $ABCD$ 外切于圆，$\angle A$ 和 $\angle B$ 的外角平分线交于点 K，$\angle B$ 和 $\angle C$ 的外角平分线交于点 L，$\angle C$ 和 $\angle D$ 的外角平分线交于点 M，$\angle D$ 和 $\angle A$ 的外角平分线交于点 N. 再设 $\triangle ABK$、$\triangle BCL$、$\triangle CDM$、$\triangle DAN$ 的垂心分别为 K_1、L_1、M_1、N_1. 求证：四边形 $K_1L_1M_1N_1$ 是一个平行四边形.（第30届俄罗斯数学奥林匹克，2004）

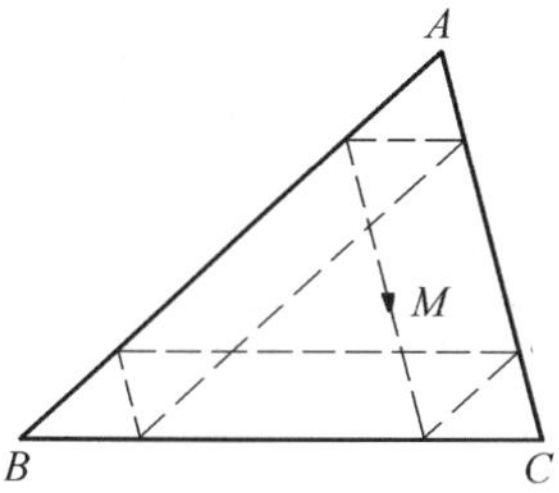

23 题图

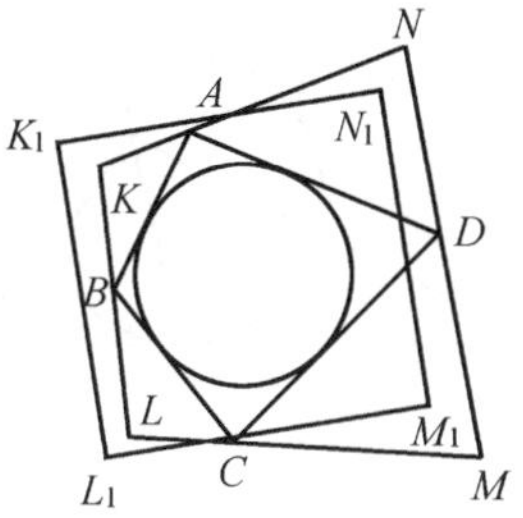

24 题图

25. 证明：对于对边平行的等边偶数边多边形，总可以分解为若干个菱形.（第 29 届 IMO 预选，1988）

26. 在四边形 $ABCD$ 中，$AB > CD$，E、F 分别为 BC、AD 延长线上的点，且 $\dfrac{AF}{FD} = \dfrac{BE}{EC} = \lambda$. 直线 EF 与边 AB、CD 分别交于 P、Q 两点. 求证：$\lambda = \dfrac{AB}{CD}$ 的充分必要条件是 $\angle APQ = \angle PQD$.

27. 设 P、Q 分别为凸四边形 $ABCD$ 的边 BC、AD 上的点，且 $\dfrac{AQ}{QD} = \dfrac{AB}{CD}$. 直线 PQ 分别与直线 AB、CD 交于 E、F. 求证：$\dfrac{AQ}{QD} = \dfrac{BP}{PC}$ 的充分必要条件是

$$\angle BEP = \angle PFC$$

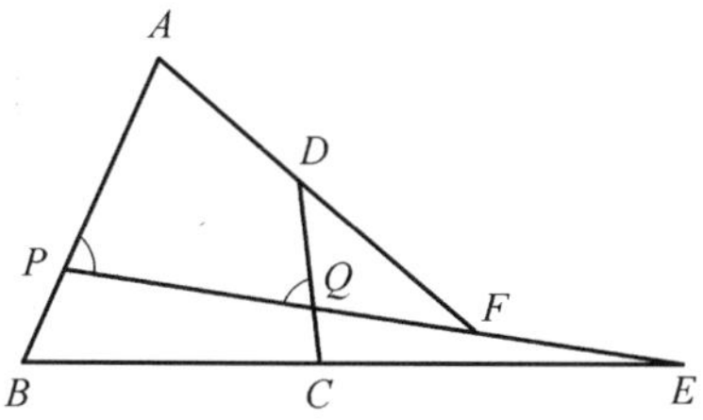

26 题图

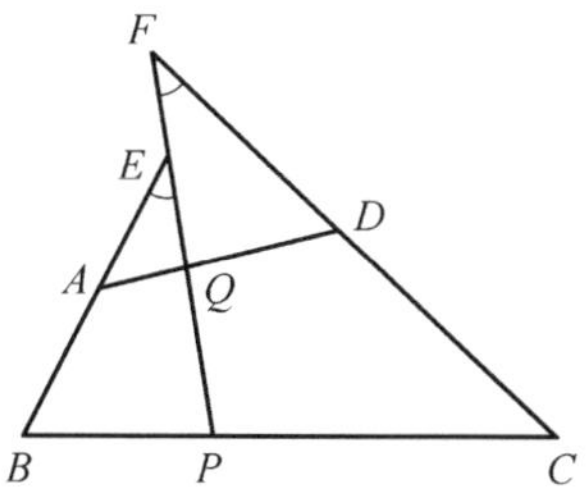

27 题图

28. 设 $\triangle ABC$ 的内切圆分别切三边 BC、CA、AB 于 D、E、F，再过点 D 作 EF 的垂线，垂足为 P. 证明：PD 是 $\angle BPC$ 的平分线.（第 22 届原全苏数学奥林匹克，1988）

29. $\triangle ABC$ 的边 BC、AB 的延长线上的点分别外分各边的比为 $t:(t-1)$. 求证:线段 AD、BE、CF 构成一个三角形. 若记此三角形的面积为 S^*, $\triangle ABC$ 的面积为 S. 再证明:

$$S^* = (1 - t + t^2)S$$

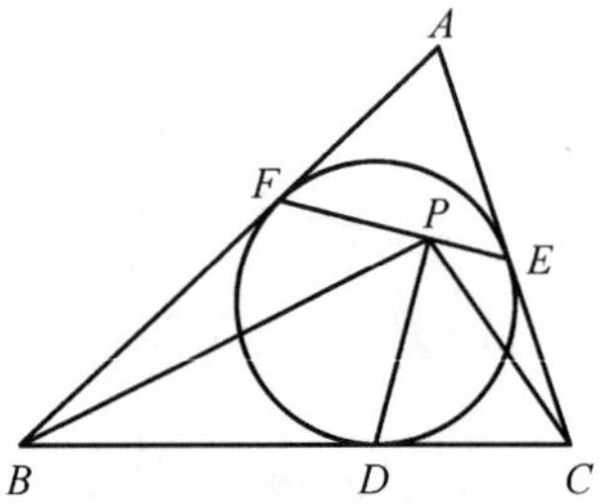

28 题图

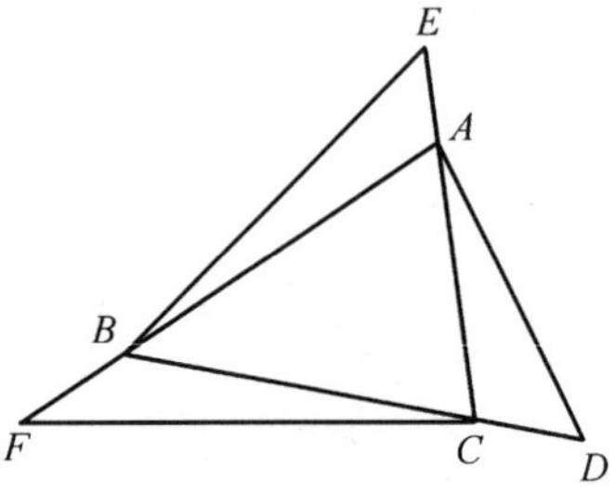

29 题图

30. 平面上 n 条直线两两相交. 证明:所得交角中至少有一个角不小于 $\frac{\pi}{n}$. (天津市数学竞赛,1994)

31. 五个等圆循环相交, $\odot O_i$ 与 $\odot O_{i+1}$ 交于 A_i、B_i($i = 1,2,3,4,5$. $A_6 = A_1$, $B_6 = B_1$). 证明:

$$\angle A_5O_1B_1 + \angle A_1O_2B_2 + \angle A_2O_3B_3 + \angle A_3O_4B_4 + \angle A_4O_5B_5 = 3\pi$$

其中每一个角均按逆时针方向从始边到终边计算角度.

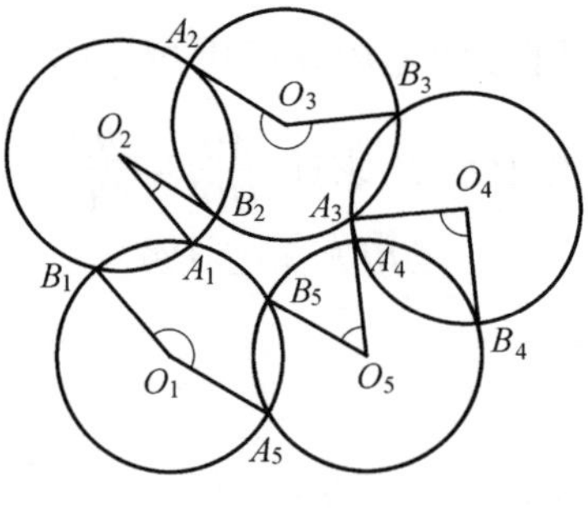

31 题图

第4章 旋转变换与几何证题

旋转变换的主要功能在于处理相等线段问题和旋转对称图形(如正多边形)问题,其中平行且相等线段和共线且相等线段问题由特殊的旋转变换 —— 中心反射变换担任.而一般旋转变换则帮助我们解决既不平行也不共线的相等线段问题.

4.1 中点与中心反射变换

我们知道,在中心反射变换下,任意一对对应点的连线段都通过反射中心,且被反射中心所平分.换句话说,反射中心是任意一对对应点的连线段的中点.由于中心反射变换的这一特性,所以,凡与中点有关的平面几何问题,我们都可以考虑用中心反射变换处理.反射中心可选取某个在条件中给出的中点.

例 4.1.1 过直角 $\triangle ABC$ 的斜边 AB 的中点与直角顶点 C 任作一个圆 Γ,圆 Γ 分别与两直角边 AC、BC 交于 E、F.求证:

$$AE^2 + BF^2 = EF^2$$

本题即例 3.2.7,在那里我们是用两个平移变换给出的证明.作为一个中点问题,这里再用中心反射变换给出一个十分简单的证法.

证明 如图 4.1.1 所示,作中心反射变换 $C(M)$,则 $B \to A$.设 $F \to F'$,则 M 为 FF' 的中点,$F'A \perp\!\!\!= BF$.因 $BF \perp AE$,所以 $AF' \perp AE$.又 EF 为圆 Γ 的直径,所以 $EM \perp F'F$,再注意 M 为 FF' 的中点即知,$EF' = EF$,故

$$AE^2 + BF^2 = AE^2 + AF'^2 = EF'^2 = EF^2$$

例4.1.2 设点 D 是 $\triangle ABC$ 的外接圆的$\overset{\frown}{BC}$(不含点 A)上的一点,且 $D \neq B$,$D \neq C$,在射线 BD 和 CD 上分别取点 E、F,使 $BE = AC$,$CF = AB$.再设 M 是线段 EF 的中点.证明:$\angle BMC = 90°$.(第45届保加利亚(春季)数学竞赛,1996)

证明 如图4.1.2所示,作中心反射变换 $C(M)$,则 $E \to F$.设 $B \to B'$,则 $B'F = BE$,且 $B'F \parallel EB$,M 为 BB' 的中点.又四边形 $ABDC$ 内接于圆,所以 $\angle B'FC = \angle EDC = \angle BAC$.再注意 $CF = AB$ 即知 $\triangle FB'C \cong \triangle ABC$,于是 $B'C = BC$.而 M 为 BB' 的中点,故 $BM \perp MC$.

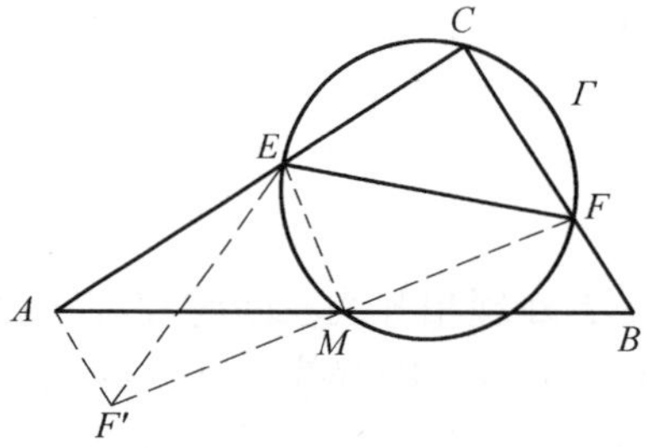

图4.1.1

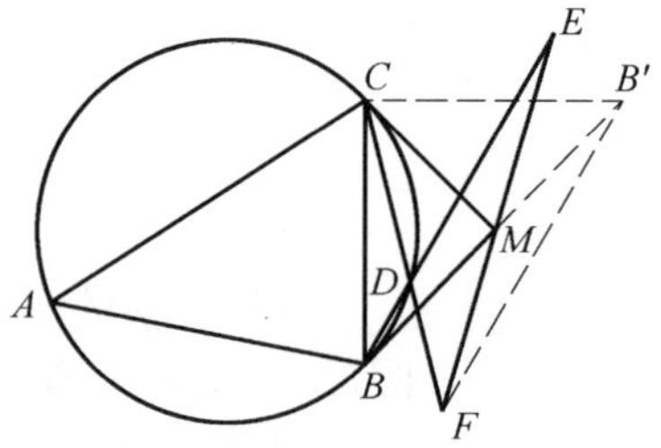

图4.1.2

从传统的思维方式来看,本题是有一定难度的.因为给出的两对相等线段 CF 与 AB、BE 与 AC 都是分散的,似乎不好集中.然而,当我们将注意力集中到中点 M,作中心反射变换 $C(M)$,再找出点 B 的像点 B' 后,证明又显得如此简单.

例4.1.3 设 E、F 分别是平行四边形 $ABCD$ 的边 AB 和 BC 的中点.线段 DE 和 AF 相交于点 P,点 Q 在线段 DE 上,且 $AQ \parallel PC$.证明:$\triangle PFC$ 和梯形 $APCQ$ 的面积相等.(第20届俄罗斯数学奥林匹克,1994)

本题即例3.1.2,那里是着眼于平行四边形用平移变换处理的.在这里我们分别着眼于中点 E 和 F,用中心反射变换给出两个新的证明.因 $\triangle PFC$(视 PC 为底)与梯形 $APCQ$ 的高的比等于 PF 与 AP 的比,所以,问题的关键是求出 AP 与 PF 的比及 AQ 与 PC 的比.

证法1 如图4.1.3所示,作中心反射变换 $C(E)$,则 $A \to B$.设 $D \to D'$,$P \to P'$,$Q \to Q'$,则 $P'B = AP$,$Q'B = AQ$,且 $P'B \parallel PF$,$Q'B \parallel PC$,B 为 $D'C$ 的中点.于是 $PC = 2Q'B = 2AQ$.又 F 为 BC 的中点,所以 $D'B = \frac{2}{3}D'F$,于是 $\frac{P'B}{PF} = \frac{D'B}{D'F} = \frac{2}{3}$,因此,$AP = P'B = \frac{2}{3}PF$.(往下同例3.1.2)

证法2 如图4.1.4所示,作中心反射变换 $C(F)$,则 $B \to C$.设 $A \to A'$,$E \to E'$,$P \to P'$,则 F 为 PP' 的中点,B 为 AD' 的中点,$D'E' \parallel ED$.$BD' =$

$CD=AB$,于是由$\frac{AP}{PP'}=\frac{AE}{ED'}=\frac{1}{3}$,$PP'=2PF$ 即得 $AP=\frac{2}{3}PF$.

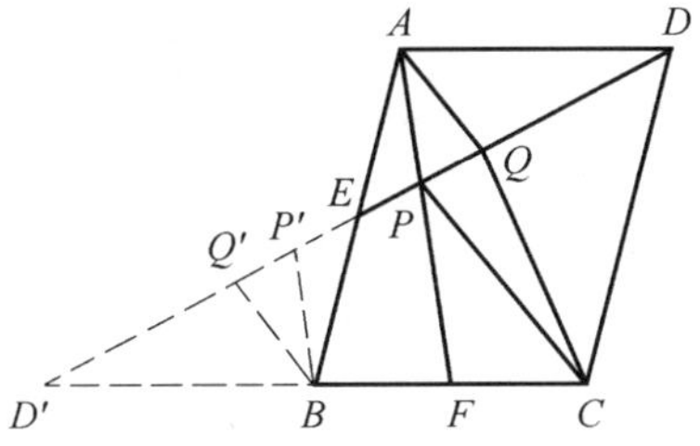

图 4.1.3

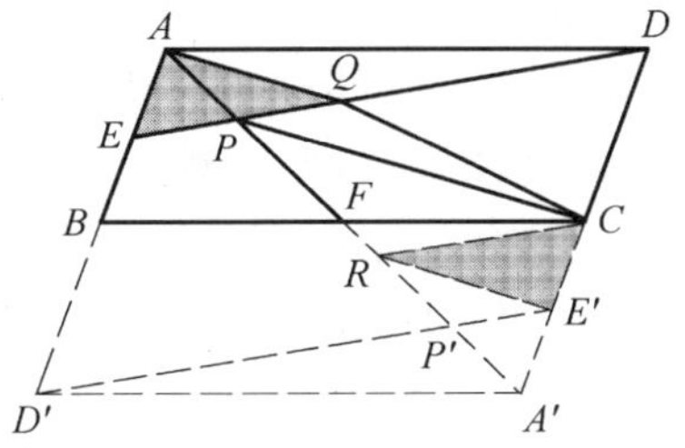

图 4.1.4

另一方面,因 E 为 AB 的中点,所以 E' 为 CA' 的中点,于是,过 E' 作 CP 的平行线交 AA' 于 R,则 R 为 $A'P$ 的中点.又 C 为 AD' 的中点,所以 $RC\parallel PD$,因而由 $CE'=EB=AE'$ 即知,$\triangle E'CR\cong\triangle AEQ$,所以,$RE'=AQ$,故 $PC=2RE'=2AQ$.(往下同例 3.1.2)

例 4.1.4 设 M、N 分别为四边形 $ABCD$ 的边 BC、AD 的中点,直线 AB、CD 分别与直线 MN 交于 E、F. 证明:$AB=CD$ 的充分必要条件是 $\angle BEM=\angle MFC$.

本题即例 3.2.8,亦即例 3.3.10.我们在第 3 章已经用平移变换给出了三种证法.作为一个中点问题,这里再用中心反射变换给出一个十分简单的证法.

证明 如图 4.1.5 所示,作中心反射变换 $C(M)$,则 $C\to B$.设 $D\to D'$,则 $BD' \perp\!\!\!\!= CD$,M 为 DD' 的中点.又 N 为 AD 的中点,所以 $AD'\parallel NM$,从而 $\angle BAD'=\angle BEM$,$\angle AD'B=\angle MFC$. 于是,$AB=CD\Leftrightarrow AB=BD'\Leftrightarrow\angle BAD'=\angle AD'B\Leftrightarrow\angle BEM=\angle MFC$.

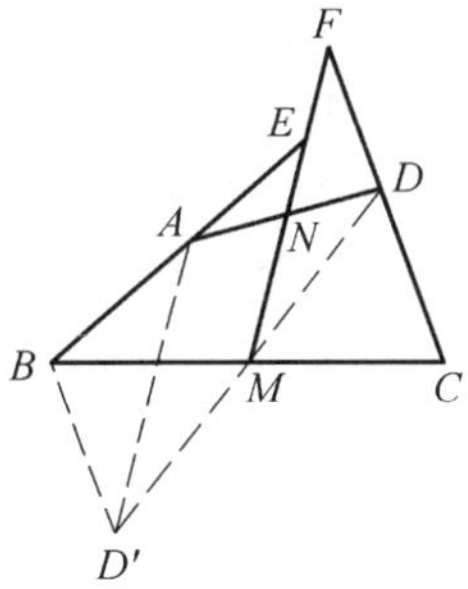

图 4.1.5

例 4.1.5 设 H 是 $\triangle ABC$ 的垂心,M 是边 BC 的中点.直线 AM 与 $\triangle ABC$ 的外接圆再次交于 A_1,A_1 关于点 M 的对称点是 A_2.类似地定义点 B_2、C_2.求证:H、A_2、B_2、C_2 四点共圆.(第 77 届匈牙利数学奥林匹克,1977)

证明 如图 4.1.6 所示,设 $\triangle ABC$ 的重心和垂心分别为 G、H.作中心反射变换 $C(M)$,设 $A\to A'$,则 $\triangle ABC$ 的外接圆 $\to\triangle A'BC$ 的外接圆.又 $BH\perp AC$,$CH\perp AB$,而 $BA'\parallel AC$,$CA'\parallel AB$,所以 $BA'\perp BH$,$CA'\perp CH$,这说明 $A'H$ 是 $\triangle A'BC$ 的外接圆的直径.但 $A_1\to A_2$,因而点 A_2 在 $\triangle A'BC$ 的外接圆上,所以 $A_2H\perp A_2A'$,故 $A_2H\perp A_2G$.换句话说,点 A_2 在以 GH 为直径的圆上.同理,点 B_2、C_2 均在以 GH 为直径的圆上.故 G、H、A_2、B_2、C_2 五点共圆.也就是说,

$\triangle ABC$ 的重心、垂心均在 $\triangle A_2B_2C_2$ 的外接圆上.

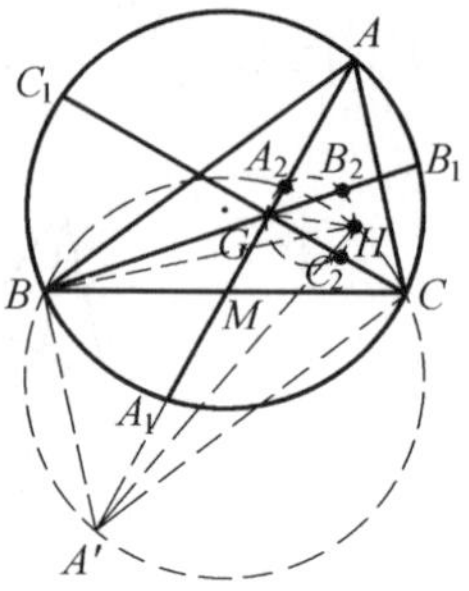

图 4.1.6

前面的例 4.1.1 与例 4.1.4 都是既可以用平移变换处理,也可以用中心反射变换处理的例子.实际上,第 3 章中的例 3.2.3 ~ 例 3.2.5 均是这样的例子,它们都可以用中心反射变换给出更为简单的证明(读者可以自己为之).这说明对于与中点有关的平面几何问题,我们应该首先考虑用中心反射变换处理,其次(在思维受阻后)才考虑用平移变换处理.

尽管许多与中点有关的问题既能用中心反射变换处理,也能用平移变换处理,但并非所有与中点有关的问题都是这样.

例 4.1.6 设 $ABCD$ 是一个凸四边形,M、N 分别为边 AD 和 BC 的中点,且 A、B、M、N 四点共圆.证明:如果 $\triangle BMC$ 的外接圆与直线 AB 相切,则 $\triangle AND$ 的外接圆也与直线 AB 相切.((俄)圣彼得堡数学奥林匹克,2000)

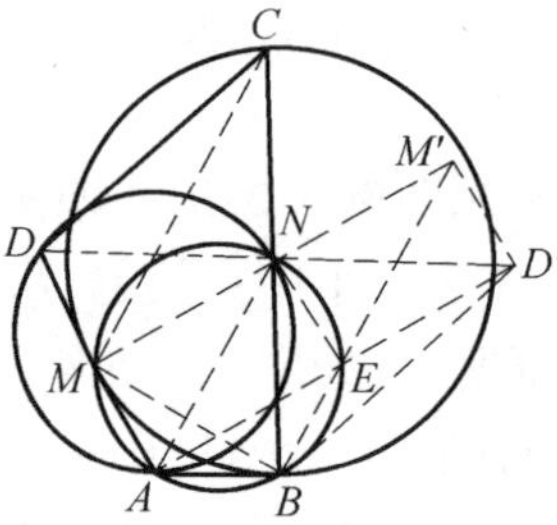

图 4.1.7

证明 如图 4.1.7 所示,作中心反射变换 $C(N)$,则 $C\to B$.设 $D\to D'$,$M\to M'$,则 $\angle M'BC=\angle MCB=\angle MBA$(因 $\triangle BMC$ 的外接圆与直线 AB 相切),$\angle M'D'N=\angle ADN$.因 M 是 AD 的中点,所以,四边形 $AMM'D'$ 为平行四边形,因而 $AD'\parallel MM'$,$M'D'\parallel MA$.于是,设 AD' 与 $\odot(ABNM)$ 交于点 E,则 $\angle NEA=\angle NMD=\angle NM'D'$,所以,$N$、$E$、$D'$、$M'$ 四点共圆,且 $\angle EBN=\angle MBA=\angle M'BN$,这说明 B、E、M' 三点共线.从而 $\angle ADN=\angle M'D'N=\angle M'EN=\angle BMN=\angle BAN$.故 $\triangle AND$ 的外接圆与直线 AB 相切.

例 4.1.7 设圆 Γ_1 与圆 Γ_2 交于 A、B 两点.圆 Γ_1 在 A 点的切线交圆 Γ_2 于 C.圆 Γ_2 在 A 点的切线交圆 Γ_1 于 D.M 是 CD 的中点.求证:$\angle CAM=\angle DAB$.(中国国家队培训,2007)

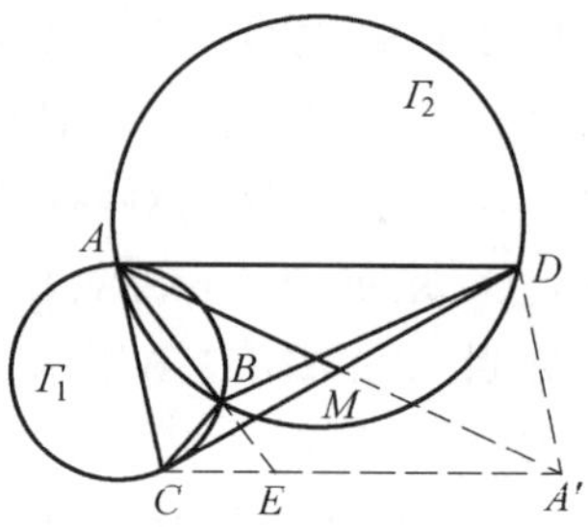

图 4.1.8

证明 如图 4.1.8 所示,作中心反射变换 $C(M)$,设 $A\to A'$,则四边形 $ACA'D$ 是一个平行四边形.设 AB 的延长线与 CA' 交于 E,则 $\angle AEC=\angle BAD=\angle BCA$.又 $\angle CAE=\angle ADB$,所以 $\triangle ABC\backsim\triangle ACE\backsim\triangle DBA$,于是 $\dfrac{AC}{AE}=\dfrac{AB}{AC}$,$\dfrac{AE}{AD}=\dfrac{CE}{AB}$.两式相乘,

并注意 $AC = DA'$,得$\frac{AC}{AD} = \frac{CE}{DA'}$. 而$\angle ACE = \angle ADA'$,所以,$\triangle ACE \backsim \triangle ADA'$,于是,$\angle CAE = \angle A'AD$,即$\angle CAB = \angle MAD$. 故$\angle CAM = \angle BAD$.

这两题作为中点问题,就很难用平移变换处理,而用中心反射变换处理则一帆风顺.

例 4.1.8 在$\triangle ABC$中,AM、AD分别为中线和角平分线,E为直线AM上的一点. 求证:$BE \perp AD$的充分必要条件是$DE /\!/ AB$.(充分性:第 58 届莫斯科数学奥林匹克,1995)

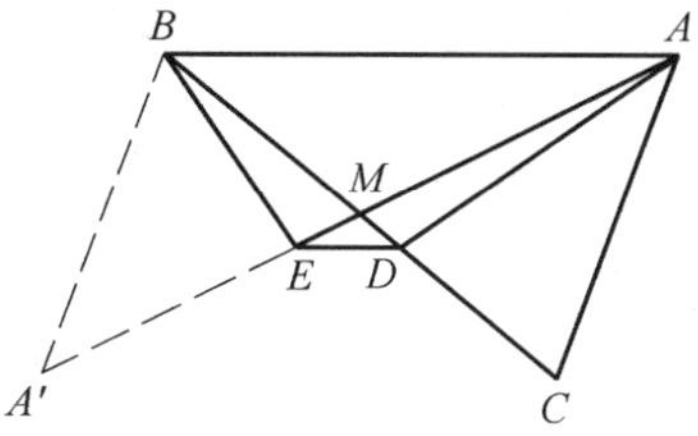

图 4.1.9

证明 如图 4.1.9 所示,作中心反射变换$C(M)$,则$C \to B$. 设$A \to A'$,则M为AA'的中点,$BA' \underline{\underline{/\!/}} AC$,所以$\angle A'BA + \angle BAC = 180°$. 由三角形的角平分线性质定理,有$\frac{AB}{AC} = \frac{BD}{DC}$. 于是

$$BE \perp AD \Leftrightarrow \angle EBA + \angle BAD = 90° \Leftrightarrow BE \text{ 为 } \angle A'BA \text{ 的平分线} \Leftrightarrow$$

$$\frac{AE}{EA'} = \frac{AB}{BA'} \Leftrightarrow \frac{AE}{EA'} = \frac{AB}{BC} \Leftrightarrow \frac{AE}{EA'} = \frac{BD}{DC} \Leftrightarrow \frac{AM + ME}{MA' - ME} = \frac{BM + MD}{MC - MD} \Leftrightarrow$$

$$\frac{AM + ME}{QM - ME} = \frac{BM + MD}{BM - MD} \Leftrightarrow \frac{AM}{ME} = \frac{BM}{MD} \Leftrightarrow DE /\!/ AB$$

例 4.1.9 设C是平面内一条不自交的封闭曲线,O是曲线C的内部任意一点. 证明:在曲线C上存在两点A、B,使得O为AB的中点.(第 38 届普特南数学竞赛,1977)

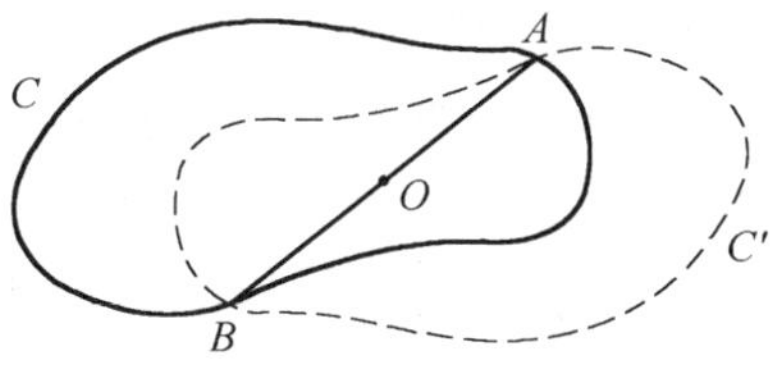

图 4.1.10

证明 如图 4.1.10 所示,作中心反射变换$C(O)$,设曲线$C \to C'$,则C'也是一条不自交的封闭曲线,且$C' \to C$. 因O在曲线C内,所以,O也在曲线C'内,因而曲线C与C'必有公共点,设A是曲线C与C'的一个公共点,$A \xrightarrow{C(O)} B$,则O是AB的中点. 因A在曲线C'上,且$C' \to C$,所以,B也在曲线C上,即A、B都在曲线C上,且O是AB的中点.

以上两题都是与中点有关的问题. 例 4.1.12 用平移变换处理就比较困难. 这里用中心反射变换及三角形的角平分线的性质定理与判定定理,再巧妙地利用了合分比性质,使其充分性与必要性得以同时完成. 而例 4.1.13 用平移变换是根本无法完成的,用中心反射变换又是如此简单.

用中心反射变换方法处理平面几何中的中点问题并不排斥传统方法(实际上,用任何几何变换处理平面几何问题都不排斥传统方法),将中心反射变换方法与传统方法结合起来处理平面几何的中点问题则如虎添翼.

例 4.1.10 在 $\triangle ABC$ 中,$AB = AC$,P 是 $\triangle ABC$ 内部一点,使得 $\angle CBP = \angle ACP$,M 是边 AB 的中点.求证:$\angle BPM + \angle CPA = 180°$.(第 51 届波兰数学奥林匹克,1999)

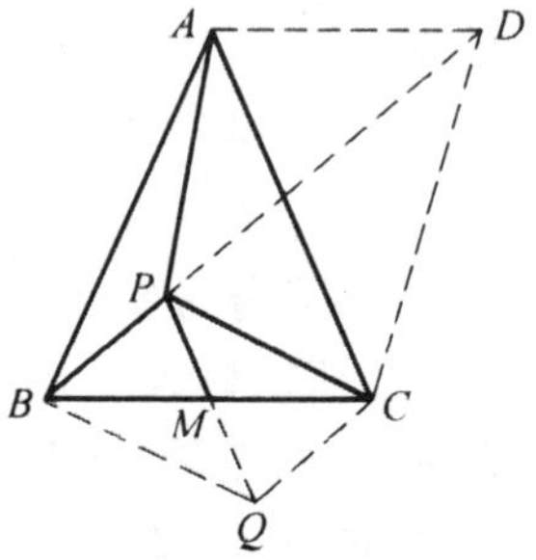

图 4.1.11

证明 如图 4.1.11 所示,作中心反射变换 $C(M)$,设 $P \to Q$,则四边形 $PBQC$ 为平行四边形.过点 A 作 BC 的平行线交直线 BP 于 D,则 $\angle ADP = \angle CBP = \angle ACP$,所以,$A$、$P$、$C$、$D$ 四点共圆,于是 $\angle CAD = \angle CPD = \angle QBP$.

另一方面,显然,$\triangle BPC \backsim \triangle DAB$.又 $AB = AC$,$PC = BQ$,所以

$$\frac{AC}{AD} = \frac{AB}{AD} = \frac{PC}{PB} = \frac{BQ}{BP}$$

再注意 $\angle CAD = \angle QBP$ 即知 $\triangle PBQ \backsim \triangle DAC$,因此 $\angle BPQ = \angle ADC$,而 $\angle ADC + \angle CPA = 180°$,所以 $\angle BPQ + \angle CPA = 180°$,即

$$\angle BPM + \angle CPA = 180°$$

对于本题来说,仅作中心反射变换得到平行四边形 $PBQC$ 显然是不够的.注意到 $\angle CBP = \angle ACP$,作 $\triangle DAB \backsim \triangle BPC$ 则问题迎刃而解.另外,由本题可以简单地证明 2001 年越南国家队选拔考试中的一道平面几何题:

设两圆交于 A、B 两点,一条外公切线分别切两圆于 P、Q,$\triangle APQ$ 的外接圆在 A、B 两点的两条切线交于点 S,点 B 关于直线 PQ 的对称点为 H.求证:H、A、S 三点共线.

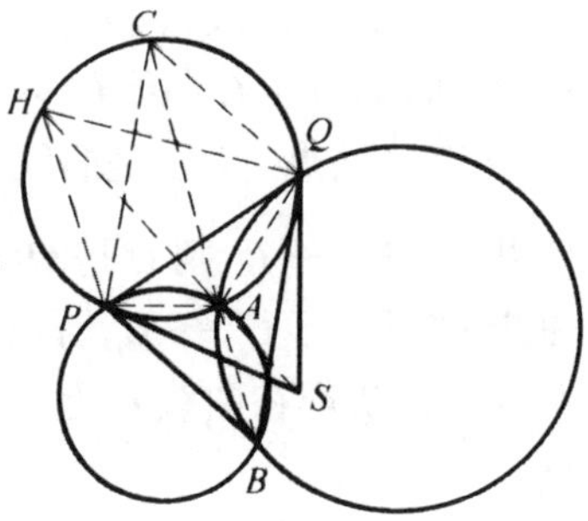

图 4.1.12

事实上,如图 4.1.12 所示,设直线 AB 交 $\triangle APQ$ 的外接圆于另一点 C,则 $\angle PCB = \angle PQA = \angle QBC$,所以,$CP \parallel BQ$.同理 $PB \parallel CQ$,所以四边形 $CPBQ$ 是一个平行四边形,因而 $\triangle CQP \cong \triangle BPQ$.又 $\triangle HPQ \cong \triangle BPQ$,所以,$\triangle HPQ \cong \triangle CQP$,于是,$PH = QC$,进而 $\angle HAP = \angle QAC$.又由圆幂定理①知 AC 过 PQ 的中点,$\angle SPA = \angle PQA$,由例 4.1.14,$\angle QAC + \angle PAS = 180°$,从而 $\angle HAP +$

① 相交弦定理,割线定理,切割线定理统称圆幂定理.见附录 A.

$\angle PAS=180°$.故 H、A、S 共线.

如果问题中有几个中点,而我们作一次中心反射变换仍不能解决问题,则可以考虑作两个或更多的中心反射变换(非变换之积).

例 4.1.11 证明**Newton 定理**:任意四边形的两条对角线的中点,两组对边的交点的连线段的中点,凡三点共线.

证明 如图 4.1.13 所示,设四边形 $ABCD$ 的两组对边分别交于 E、F,AC、BD、EF 的中点分别为 L、M、N.设 $C\xrightarrow{C(M)}C_1$,$C\xrightarrow{C(N)}C_2$,则四边形 CDC_1B、CEC_2F 皆为平行四边形,所以 $DC_1 /\!/ FB /\!/ C_2E$,$C_1B /\!/ DE /\!/ FC_2$.于是,设

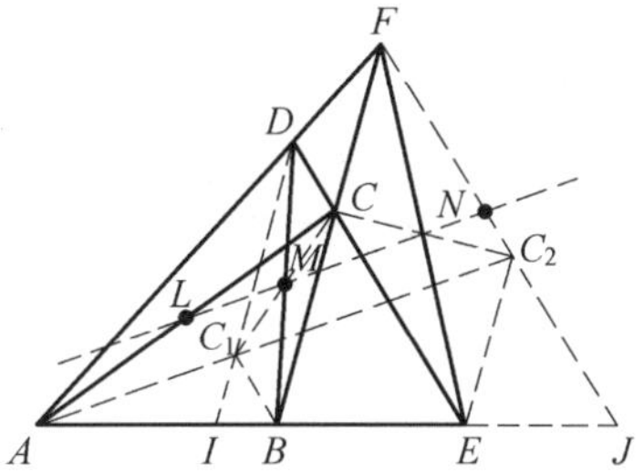

图 4.1.13

DC_1、EC_2 分别与直线 AE 交于 I、J 两点,则有$\dfrac{AI}{IB}=\dfrac{AD}{DF}=\dfrac{AE}{EJ}$,所以,$\dfrac{AI}{AE}=\dfrac{IB}{EJ}$.

另一方面,显然,$\triangle IBC_1\backsim\triangle EJE_2$,所以$\dfrac{IB}{EJ}=\dfrac{IC_1}{EC_2}$,从而$\dfrac{AI}{AE}=\dfrac{IC_1}{EC_2}$,因此,$A$、$C_1$、$E_2$ 三点共线.又 L、M、N 分别为 CA、CC_1、CC_2 的中点,故 L、M、N 三点共线.

这条直线称为完全四边形的**Newton 线**(四条直线两两相交所构成的图形称为完全四边形).

例 4.1.12 设 K、L、M、N 分别为四边形 $ABCD$ 的边 AB、BC、CD、DA 的中点.求证

$$S_{ABCD}\leqslant KM\cdot LN\leqslant\frac{1}{4}(AB+CD)(AD+BC)$$

其中 S_F 表示图形 F 的面积.(全国高中数学联赛,1978)

证明 右边的不等式是简单的.事实上,如图 4.1.14 所示,作中心反射变换 $C(L)$,则 $C\rightarrow B$.设 $D\rightarrow D'$,则 $BD'\perp\!\!\!\!=CD$,$LN /\!/ AD'$,$LN=\dfrac{1}{2}AD'$,而 $AD'\leqslant AB+BD'=AB+CD$,所以

$$LN\leqslant\frac{1}{2}(AB+CD)$$

同理,$KM\leqslant\dfrac{1}{2}(AD+BC)$.故

$$KM\cdot LN\leqslant\frac{1}{4}(AB+CD)(AD+BC)$$

再证左边的不等式.如图 4.1.15 所示,设 KM 与 LN 交于 P,$PN\xrightarrow{C(K)}QN'$,$PM\xrightarrow{C(L)}SM'$,$Q\xrightarrow{C(N')}R$,则不难知道,四边形 $PQRS$ 是一个平行四边形,且

$PQ = KM, PS = LN, S_{ABCD} = S_{PQRS}$. 而 $S_{PQRS} \leqslant PQ \cdot PS = KM \cdot LN$，故

$$S_{ABCD} \leqslant KM \cdot LN$$

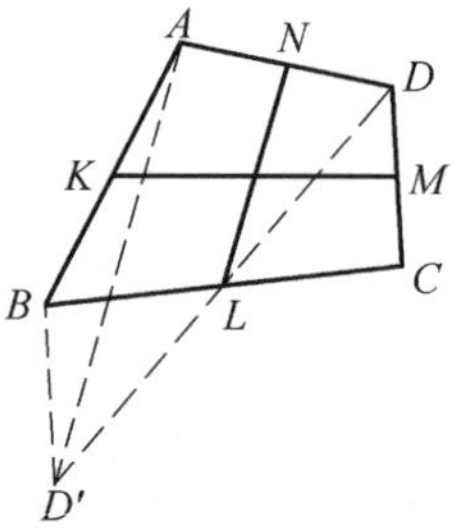

图 4.1.14

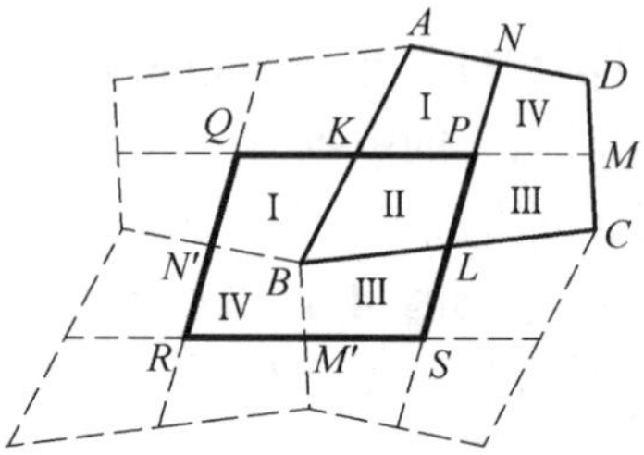

图 4.1.15

对于条件中虽未出现"中点"或"中线"字样的平面几何问题，如果其条件中出现的有关概念与中点有关，或者其条件蕴含与中点有关的结论，我们也可以考虑用中心反射变换处理.

例 4.1.13 已知 G 是 $\triangle ABC$ 的重心，过 G 任作一直线分别交 AB、AC 于 E、F. 求证：$EG \leqslant 2GF$.

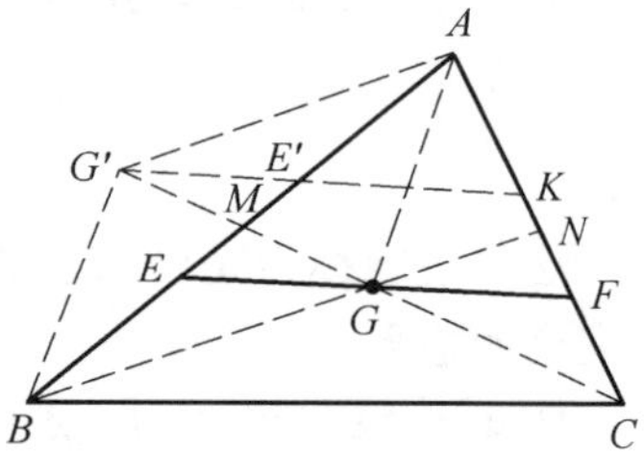

图 4.1.16

证明 如图 4.1.16 所示，设 AB、AC 的中点分别为 M、N，若 $E = B$，则 $F = N$，此时显然有 $EG = 2GF$. 若 $E \neq B$，不妨设点 E 在线段 BM 上，则点 F 在线段 CN 上. 作中心反射变换 $C(M)$，设 $G \to G'$，$E \to E'$，则 $MG' = GM$，$E'G' = EG$. 又 $CG = 2GM$，所以 $CG = GG'$. 于是，再设直线 $G'E'$ 与 AC 交于 K，则由 $G'E' \parallel GF$，有 $G'K = 2GF$，于是，$EG = G'E' < G'K = 2GF$，即 $EG < 2GF$. 因此，总有 $EG \leqslant 2GF$. 等式成立当且仅当 E 为 AB 的中点.

本题作为一个几何不等式，条件中出现的"重心"显然与中点密切相关. 通过一个中心反射变换后，问题轻松地得到解决.

4.2 平行四边形及其他与中心反射变换

我们在第 3 章已经看到，凡平行四边形问题常可以考虑用平移变换处理. 这是因为在平移变换下，与平移方向不平行的线段与其像线段平行且相等. 而在中心反射变换下，也有线段与其像线段平行(只是方向相反)且相等的情形. 同时，平行四边形是典型的中心对称图形. 因此，对于平行四边形问题，除了可以考虑用平移变换处理外，还可以考虑用中心反射变换处理. 反射中心及平行

四边形的中心.

例 4.2.1 设 M 为平行四边形 $ABCD$ 的边 AD 的中点,过点 C 作 AB 的垂线交 AB 于 E. 求证:$\angle EMD = 3\angle MEA$ 的充分必要条件是 $BC = 2AB$.

这是第 3 章的例 3.1.3、例 3.2.4,也是本章的例 4.1.6. 在 3.1 与 3.2 中,我们分别将其作为平行四边形问题和中点问题用平移变换给出了两种证法. 在 4.1 中,我们又将其作为中点问题给出了第三种证法. 这里再将其作为平行四边形问题用中心反射变换给出第四种证法.

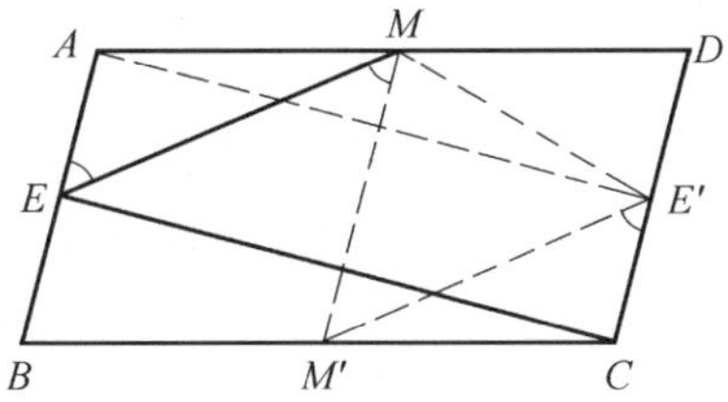

图 4.2.1

证明 如图 4.2.1 所示,以平行四边形 $ABCD$ 的中心为反射中心作中心反射变换,则 $A \to C, B \to D, C \to A, D \to B$. 设 $E \to E', M \to M'$,则 E' 在直线 CD 上,M' 为 BC 的中点,且 $AE' \perp CD$, $MM' \perp\!\!\!\!\parallel AB \perp\!\!\!\!\parallel CD$, $\angle M'E'C = \angle MEA = \angle EMM'$, $\angle M'MD = \angle E'CM'$. 又 M 为 $\mathrm{Rt}\triangle AE'D$ 的斜边 AD 的中点,所以,$ME' = MD = M'C$,由此可知,四边形 $E'MM'C$ 是以 MM'、$E'C$ 为两底的等腰梯形,从而 $\angle M'MD = \angle E'CM' = \angle ME'C$. 于是

$$\angle EMD = 3\angle MEA \Leftrightarrow \angle M'MD = 2\angle MEA \Leftrightarrow \angle ME'C = 2\angle M'E'C \Leftrightarrow$$
$$\angle ME'M' = \angle M'E'C \Leftrightarrow \angle ME'M' = \angle E'M'M \Leftrightarrow$$
$$MM' = ME' \Leftrightarrow AB = AM \Leftrightarrow BC = 2AB$$

例 4.2.2 设 E、F 分别是平行四边形 $ABCD$ 的边 AB 和 BC 的中点. 线段 DE 和 AF 相交于点 P,点 Q 在线段 DE 上,且 $AQ \parallel PC$. 证明:$\triangle PFC$ 和梯形 $APCQ$ 的面积相等.(第 20 届俄罗斯数学奥林匹克,1994)

本题同样是在第 3 章中(例 3.1.2)作为平行四边形问题用平移变换给出过一种证法,并且在本章前一节(例 4.1.3)作为中点问题用中心反射变换给出过两种证法. 这里再将其作为平行四边形问题用中心反射变换给出第四种证法.

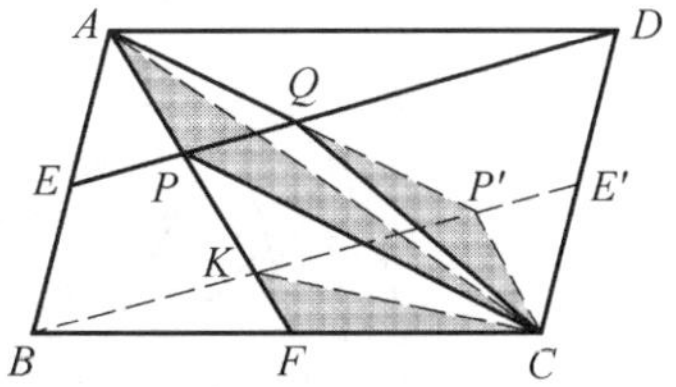

图 4.2.2

证明 如图 4.2.2 所示,以平行四边形 $ABCD$ 的中心为反射中心作中心反射变换,则 $A \to C, B \to D$. 设 $E \to E', P \to P'$,则 E' 为 CD 的中点,$BE' \parallel ED$,P' 在 BE' 上,$P'C \perp\!\!\!\!\parallel AP$, $AP' \perp\!\!\!\!\parallel PC$. 因 $AQ \parallel PC$,所以 Q 也在 AP' 上,即 Q 是 AP' 与 ED 的交点. 而 E 为 AB 的中点,所以 Q 为 AP' 的中点. 又 E、F 分别为 AB、BC、的中点,于是,设 AF 与 BE' 交于 K,则有 $PK = AP = P'C = 2KF$. 这样我们不难得到,$S_{\triangle APC} = S_{\triangle PKC}$, $S_{\triangle QAC} = S_{\triangle KFC}$. 故

$$S_{梯形APCQ} = S_{\triangle PFC}$$

例3.1.9也可以作为平行四边形问题而用中心反射变换得到与其解法1相同的解答(只需注意在中心反射变换下，$E \to A'$).同样，例3.3.1也可以作为平行四边形问题同中心反射变换得到相同的证明(只需注意到在中心反射变换下，$E \to D'$).尽管所表现的解答或证明是相同的，但思维的角度是不同的.

例4.2.3 设 P 是过平行四边形 $ABCD$ 的中心 O 且与边 AB 平行的直线 l 上不同于 O 的一点，且 $\angle APB = \angle CPD$. 求证：平行四边形 $ABCD$ 是一个矩形.

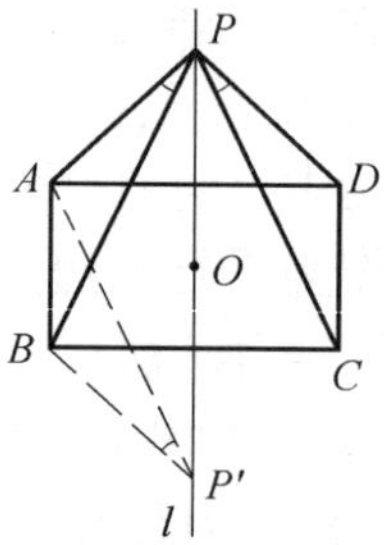

图 4.2.3

证明 如图4.2.3所示，作中心反射变换 $C(O)$，则 $C \to A, D \to B$. 设 $P \to P'$，则 P' 仍在直线 l 上，且 $P'B = PD, \angle AP'B = \angle CPD = \angle APB$，所以，$P$、$A$、$B$、$P'$ 四点共圆.再由 $AB \parallel l$ 知，四边形 $PABP'$ 是一个等腰梯形，从而 $PA = P'B$. 但 $P'B = PD$，所以 $PA = PD$. 又直线 l 过 AD 的中点，因此，$PO \perp AD$，由此即知 $ABCD$ 是一个矩形.

作为一个平行四边形问题，本题用平移变换处理就不怎么奏效，而用中心反射变换则易如反掌.

例4.2.4 设 H 为 $\triangle ABC$ 的垂心，直线 BH 交 CA 于 D，P 是 $\triangle ABC$ 的外接圆上的一点，$APCQ$ 是一个平行四边形，E 为直线 HQ 上一点.求证：$DE \parallel AP$ 的充分必要条件是 $AE \parallel PB$.

证明 如图4.2.4 ~ 4.2.6所示.设 AC 的中点为 M，则 M 是平行四边形 $APCQ$ 的中心.作中心反射变换 $C(M)$，则 $C \to A, A \to C, Q \to P$. 设 $H \to H'$，则 $\measuredangle AH'C = \measuredangle CHA = 180° - \measuredangle CBA$，所以，$H'$ 也在 $\triangle ABC$ 的外接圆上.而 $H'C \parallel AH, AH \perp BC$，所以 $H'C \perp BC$，因而 BH' 为 $\triangle ABC$ 的外接圆的直径，于是，$PH' \perp BP$. 但 $PH' \parallel QH$，所以，$QH \perp PB$. 又 $\measuredangle PAC = \measuredangle PH'C = \measuredangle QHA$，于是，再由 $HD \perp AC, QH \perp PB$ 即得 $DE \parallel AP \Leftrightarrow \measuredangle EDC = \measuredangle PAC \Leftrightarrow \measuredangle EDC = \measuredangle QHA \Leftrightarrow A、H、E、D$ 四点共圆 $\Leftrightarrow AE \perp QH \Leftrightarrow AE \parallel PB$.

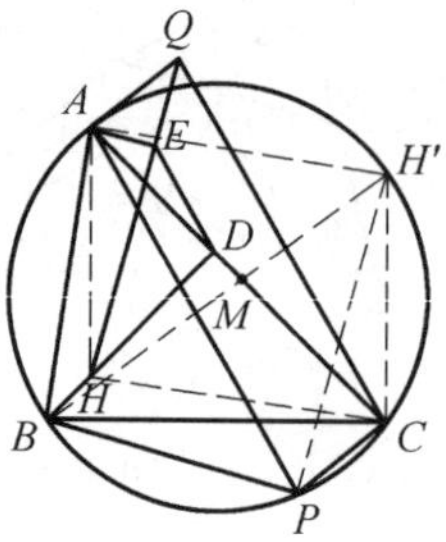

图 4.2.4

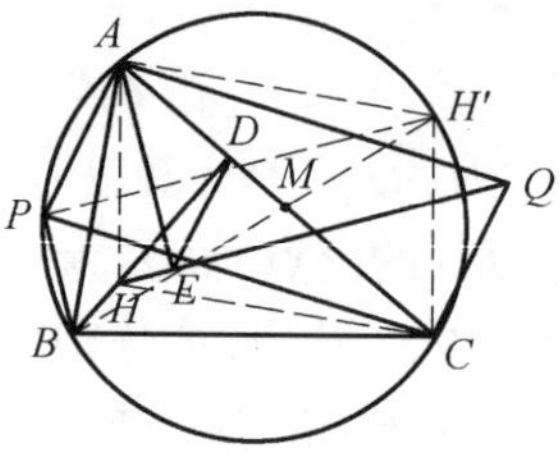

图 4.2.5

本题的充分性是 1996 年在印度举行的第 37 届 IMO 的一道预选题.上述证明尽管显得有点迂回曲折,但一个关键性的中间结论“$QH \perp PB$”的得到,中心反射变换立下了汗马功劳.

即使问题中没有明显的平行四边形条件,但只要隐含了平行四边形,我们就可以考虑用中心反射变换处理(当然也可以考虑用平移变换).

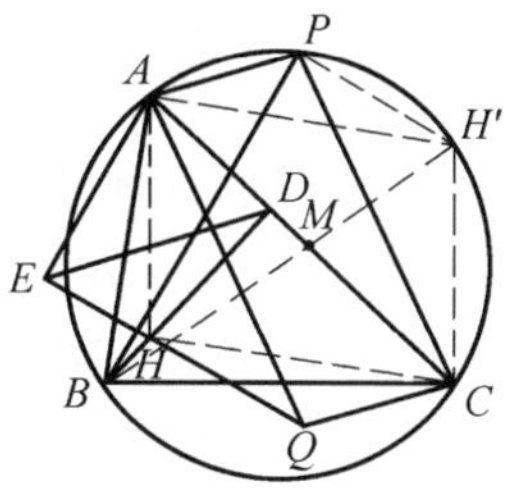

图 4.2.6

例 4.2.5 凸四边形的高是指通过一边的中点且垂直于对边的直线.求证:四边形的四条高交于一点的充分必要条件是:这个四边形为圆内接四边形.(第 23 届巴西数学奥林匹克,2001)

本题似乎见不到平行四边形的踪影,中点倒是多.但如果将其作为中点问题用中心反射变换处理,则难以取得任何进展.如果注意到任意四边形的各边中点恰好构成一个平行四边形的四个顶点而将其作为平行四边形问题用中心反射变换处理,则实施中心反射变换后即大功告成.

证明 如图 4.2.7 所示,设四边形 $ABCD$ 的边 AB、BC、CD、DA 的中点分别为 K、L、M、N.易知,四边形 $KLMN$ 是一个平行四边形,设其中心为 O,作中心反射变换 $C(O)$,则 $K \to M$, $L \to N$, $M \to K$, $N \to L$.设 $A \to A'$, $B \to B'$, $C \to C'$, $D \to D'$,即四边形 $ABCD \to$ 四边形 $A'B'C'D'$,则有 $A'B' \parallel AB$, $B'C' \parallel BC$, $C'D' \parallel CD$, $D'A' \parallel DA$,且 K、L、M、N 分别为 $C'D'$、$D'A'$、$A'B'$、$B'C'$ 的中点,因而过四边形 $ABCD$ 的各边中点所作对边的垂线即四边形 $A'B'C'D'$ 各边的垂直平分线.于是,四边形 $ABCD$ 内接于圆 $\Leftrightarrow$ 四边形 $A'B'C'D'$ 内接于圆 $\Leftrightarrow$ 四边形 $A'B'C'D'$ 各边的垂直平分线交于一点 $\Leftrightarrow$ 四边形 $ABCD$ 的四条高交于一点.

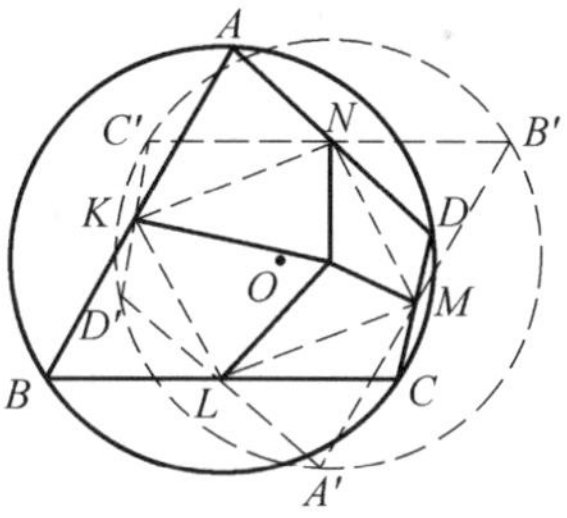

图 4.2.7

例 4.2.6 设 P 与 T、Q 与 U、R 与 V、S 与 W 分别在四边形 $ABCD$ 的边 AB、BC、CD、DA 上的点,且 $AP = TB$, $BQ = UC$, $CR = VD$, $DS = WA$.证明:如果四边形 $PQRS$ 是一个平行四边形,则四边形 $TUVW$ 也是一个平行四边形.(中国国家队培训,2005)

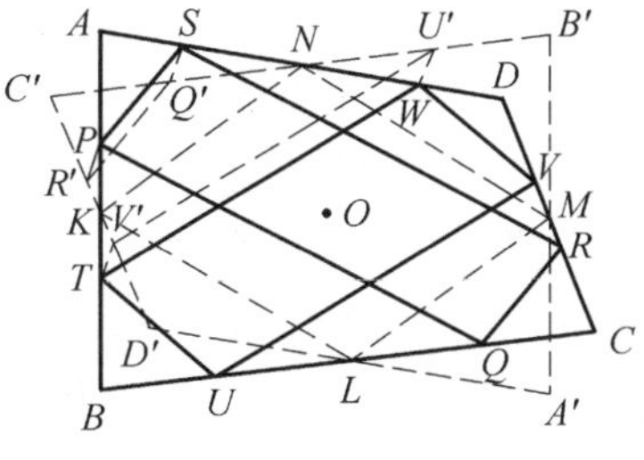

图 4.2.8

证明 如图 4.2.8 所示,设 K、L、M、N 分别为边 AB、BC、CD、DA 的中点,则 K、L、M、N

也分别是 PT、QU、RV、SW 的中点，且四边形 $KLMN$ 为平行四边形，记其中心为 O，作中心反射变换 $C(O)$，设四边形 $ABCD \to$ 四边形 $A'B'C'D'$，则 $L \to N$，$M \to K$，M、N、K、L 分别为 $A'B'$、$B'C'$、$C'D'$、$D'A'$ 的中点．设 $Q \to Q'$，$R \to R'$，$U \to U'$，$V \to V'$，则 K 为 $R'V'$ 的中点，N 为 $Q'U'$ 的中点，$R'Q' \perp\!\!\!\!\parallel QR \perp\!\!\!\!\parallel PS$，于是 $V'T \perp\!\!\!\!\parallel PR' \perp\!\!\!\!\parallel SQ' \perp\!\!\!\!\parallel U'W$，所以 $V'U' \perp\!\!\!\!\parallel TW$．但 $V'U' \perp\!\!\!\!\parallel UV$，因此 $TW \perp\!\!\!\!\parallel UV$．故四边形 $TUVW$ 是一个平行四边形．

本题尽管有一个平行四边形 $PQRS$，但如果以这个平行四边形为特征作中心反射变换或平移变换，则似乎与欲证结论无法联系起来．注意到四边形 $ABCD$ 的每边上两点都关于该边的中点对称，于是就很自然地引出了上面的证法．

其实，只要问题中隐含了互相平分的线段，我们就可以考虑用中心反射变换处理．

例 4.2.7 如图4.2.9所示，分别过 $\triangle ABC$ 的顶点 A、B、C 作 AB、BC、CA 的垂线构成 $\triangle A_1B_1C_1$．再分别过 A、B、C 作 CA、AB、BC 的垂线构成 $\triangle A_2B_2C_2$．求证：$\triangle A_1B_1C_1 \cong \triangle A_2B_2C_2 \backsim \triangle ABC$．

证明 如图 4.2.9 所示，设 A_2B_2 与 C_1A_1 交于 D，B_2C_2 与 A_1B_1 交于 E，C_2A_2 与 B_1C_1 交于 F，则 D、E、F 皆在 $\triangle ABC$ 的外接圆上，且 AD、BE、CF 皆为直径．于是，设 $\triangle ABC$ 的外心为 O，作中心反射变换 $C(O)$，则 $\triangle ABC \to \triangle DEF$．又 $B_1C_1 \perp BC$，$C_1A_1 \perp CA$，$A_1B_1 \perp AB$，$B_2C_2 \perp EF$，$C_2A_2 \perp FD$，$A_2B_2 \perp DE$，所以，$\triangle A_1B_1C_1 \to \triangle A_2B_2C_2$，因此，$\triangle A_1B_1C_1 \cong \triangle A_2B_2C_2$．

又 $\angle B_1A_1C_1 = 90° - \angle CAA_1 = \angle BAC$．同样，$\angle C_1B_1A_1 = \angle CBA$．故 $\triangle A_1B_1C_1 \backsim \triangle ABC$．

本题不难，但由此可以得到三角形的 Brocard 角（见 2.5）的一个漂亮的性质：

命题 4.2.1 设 $\triangle ABC$ 的 Brocard 角为 ω，则有

$$\cot \omega = \cot A + \cot B + \cot C$$

证明 如图4.2.9，4.2.10所示，$\triangle A_1B_1C_1$ 与 $\triangle ABC$ 的相似中心即 $\triangle ABC$ 的第一 Brocard 点 Ω，且由 A、Ω、C、A_1 四点共圆知 $\Omega A \perp \Omega A_1$，因此，$\triangle A_1B_1C_1$ 与 $\triangle ABC$ 的相似比为 $\cot \omega$．于是，$B_1C_1 = BC\cot \omega$．因 F 在 $\triangle ABC$ 的外接圆上，所以 $\angle BFC = \angle BAC$，因而有

$$FB = BC\cot \angle BFC = BC\cot A, BC_1 = BC\cot \angle A_1C_1B_1 = BC\cot C$$

又 $EF = BC$，所以 $B_1F = EF\cot \angle C_1B_1A_1 = BC\cot B$．而

$$B_1C_1 = B_1F + FB + BC_1$$

因此 $BC\cot \omega = BC\cot B + BC\cot A + BC\cot C$．故

$$\cot \omega = \cot A + \cot B + \cot C$$

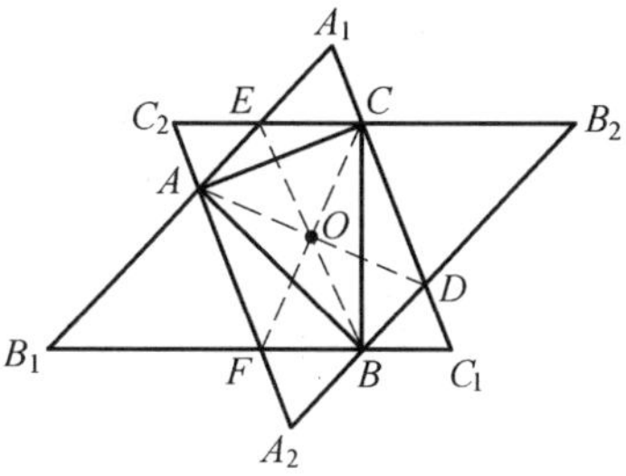

图 4.2.9

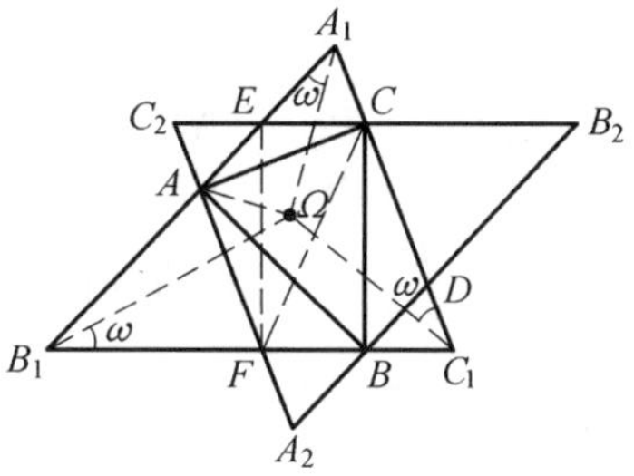

图 4.2.10

第 28 届西班牙数学奥林匹克有一道平面几何题即要求用三角形的三个内角的三角函数关系表示其 Brocard 角，命题 4.2.1 无疑给出了它的答案.

在中心反射变换下，也有线段与其像线段共线（当然方向相反）且相等的情形，所以，对于共线且相等的线段问题，除了可以考虑用平移变换处理外，还可以考虑用中心反射变换处理. 反射中心的选取是为了使其中一条线段成为另一条线段的像线段.

例 4.2.8 设 D、T 是 $\triangle ABC$ 的边 BC 上两点，且 AT 平分 $\angle BAC$，P 是过 D 且平行于 AT 的直线上的一点，直线 BP 交 CA 于 E，直线 CP 交 AB 于 F. 求证：$BT = DC$ 的充分必要条件是 $BF = CE$.（必要性：第 19 届墨西哥数学奥林匹克，2005）

证明 如图 4.2.11 所示，设 M 为 BC 的中点，作中心反射变换 $C(M)$，则 $C \to B$. 设 $A \to A'$，则四边形 $ABA'C$ 是一个平行四边形. 再设直线 $A'B$ 与 CF 交于 Q，则有

$$\frac{A'C}{A'Q} = \frac{BF}{BQ}, \frac{CP}{PQ} = \frac{CE}{BQ}$$

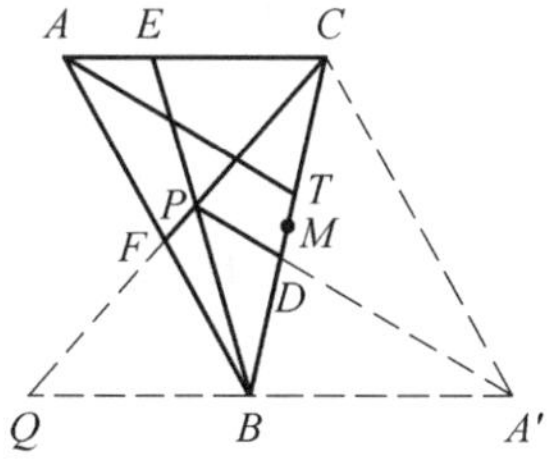

图 4.2.11

于是，$BT = DC \Leftrightarrow T \to D \Leftrightarrow A'D$ 为 $\angle CA'B$ 的平分线 $\Leftrightarrow A'D \parallel AT$. 而 $PD \parallel AT$，故 $BT = DC \Leftrightarrow A'$、$D$、$P$ 三点共线 $\Leftrightarrow A'P$ 为 $\angle CA'B$ 的平分线 $\Leftrightarrow \frac{A'C}{A'Q} = \frac{CP}{PQ} \Leftrightarrow \frac{BF}{BQ} = \frac{CE}{BQ} \Leftrightarrow BF = CE$.

在给出例 4.2.9 之前，我们先证明 1999 年全国高中数学联赛的一道平面几何题，即

命题 4.2.2 在四边形 $ABCD$ 中，对角线 AC 平分 $\angle BAD$，P 是 AC 上任意一点，直线 BP 与 CD 交于 E，直线 DP 与 BC 交于 F，则 $\angle FAC = \angle CAE$.

证明 如图 4.2.12 所示，过 F 作 AC 的平行线分别与 AB、BE 交于 K、L，再过 E 作 AC 的平行线分别与 AD、DF 交于 M、N，并设 KM 与 AC 交于 Q，则由 AC

平分 $\angle BAD$，$KF \parallel AC \parallel ME$，有 $\frac{AK}{AM}=\frac{KQ}{QM}=\frac{LP}{PE}=\frac{LF}{NE}$. 但 $\frac{LF}{KF}=\frac{PC}{AC}=\frac{NE}{ME}$，所以，$\frac{LF}{NE}=\frac{KF}{ME}$，于是，$\frac{AK}{AM}=\frac{KF}{ME}$. 又不难知道，$\angle FKA=\angle EMA$，所以 $\triangle AKF \backsim \triangle AME$. 因此，$\angle KAF=\angle EAM$，从而 $\angle FAC=\angle CAE$.

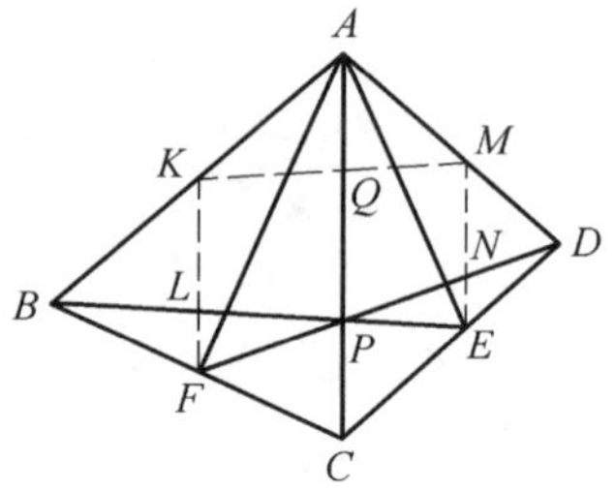

图 4.2.12

例 4.2.9 设 M、N 是 $\triangle ABC$ 的边 BC 上的两点，M 在 B、N 之间，$BM=NC$，P、Q 分别在 AN 和 AM 上，且 $\angle PMC=\angle MAB$，$\angle QN=\angle NAC$. 求证：$\angle CBQ=\angle PCB$.（第 19 届伊朗数学奥林匹克，2001）

证明 如图 4.2.13 所示，以 BC 的中点为反射中心作中心反射变换，则 $N\to M$，$C\to B$. 设 $A\to A'$，$P\to P'$，则 $\angle BNP'=\angle CMP=\angle BAM$，$\angle MA'B=\angle NAC=\angle QNB$，$\angle NA'M=\angle MAN$. 于是，设直线 AM 与 $P'N$ 交于 R，直线 $A'M$ 与 QN 交于 S，则 A、B、R、N 四点共圆，A'、N、S、B 四点共圆，所以 $\angle RBN=\angle RAN=\angle NA'S=\angle NBS$，即 BN 平分 $\angle RBS$. 又 R、M、Q 三点共线，S、M、P' 三点共线，由命题 4.2.2，$\angle P'BN=\angle NBS$. 而 $\angle P'BN=\angle PCB$，故 $\angle CBQ=\angle PCB$.

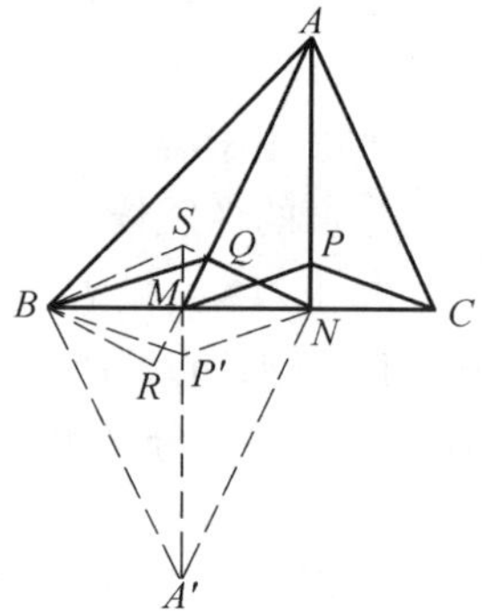

图 4.2.13

本题作为一个典型的共线且相等的线段问题，我们作中心反射变换后，尽管没有像例 4.2.10 那样很快得到结论. 但通过中心反射变换后，已将其转化成了另一个熟悉的问题.

因为在中心反射变换下，共点三线仍变为共点三线，所以，有些与中点有关的三线共点问题也可以用中心反射变换完成.

例 4.2.10 设 $\odot O$ 与 $\triangle ABC$ 的边 BC、CA、AB 分别交于 A_1、A_2，B_1、B_2，C_1、C_2. 证明：如果过点 A_1、B_1、C_1 作 BC、CA、AB 的垂线交于一点，则过点 A_2、B_2、C_2 所作 BC、CA、AB 的垂线也交于一点.（第 21 届匈牙利数学奥林匹克，1914）

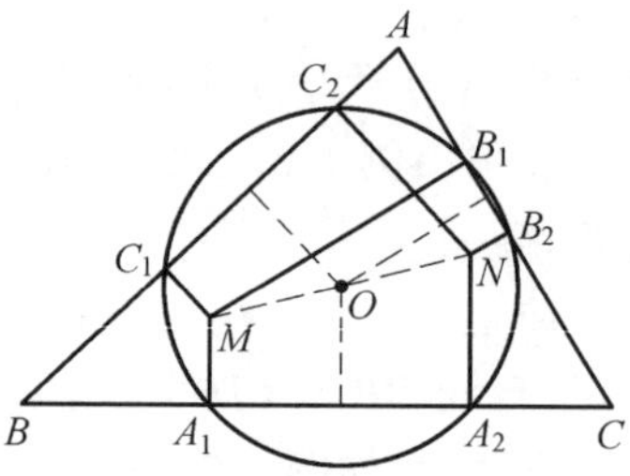

图 4.2.14

证明 如图 4.2.14 所示，设过点 A_1、B_1、C_1 所作 BC、CA、AB 的垂线交于点 M. 因圆心 O 是三弦 A_1A_2、B_1B_2、C_1C_2 的垂直平分线的交点，于是，作中心反射变换 $C(O)$，则直线 MA_1、

MB_1、MC_1 的像直线即分别过点 A_2、B_2、C_2 所作 BC、CA、AB 的垂线. 设 $M \to N$，因直线 MA_1、MB_1、MC_1 共点 M，所以，它们的像直线共点于 N. 故过点 A_2、B_2、C_2 所作 BC、CA、AB 的垂线交于点 N，且点 N 为点 M 关于圆心 O 的对称点.

例 4.2.11 设 $\triangle ABC$ 的 A-旁切圆与边 BC 相切于点 A'，过点 A' 作 $\angle A$ 平分线的平行直线 a，类似地作出直线 b 和 c. 证明：直线 a、b、c 交于一点.（第 28 届俄罗斯数学奥林匹克，2002）

证明 如图 4.2.15 所示，设 $\triangle ABC$ 的内切圆与其三边 BC、CA、AB 分别切于点 D、E、F，边 BC、CA、AB 的中点分别是 L、M、N. 不难知道

$$A'C = \frac{1}{2}(AB + BC - CA) = BD$$

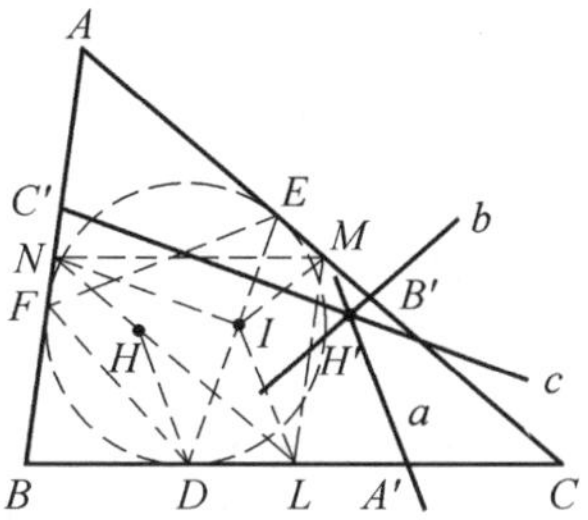

图 4.2.15

所以 L 也是 $A'D$ 的中点. 因 $\angle A$ 的平分线垂直于 EF，于是，设 $\triangle DEF$ 的垂心为 H，则 DH 平行于 $\angle A$ 的平分线. 又 $\angle MLN$ 的平分线平行于 $\angle A$ 的角平分线. 这样，若设 $\triangle LMN$ 的内心为 I，则直线 a 和 DH 皆平行于 IL，且直线 a 与 DH 到 IL 的距离相等. 于是，作中心反射变换 $C(I)$，则直线 $DH \to a$. 同样，直线 $EH \to b$，直线 $FH \to c$. 故直线 a、b、c 交于一点，且这点为 $\triangle DEF$ 的垂心 H 在中心反射变换 $C(I)$ 下的像点 H'.

为了证明下面的例 4.2.12，我们先证明

引理 4.2.1 设 O、H 分别为 $\triangle ABC$ 的外心和垂心，P 为 $\triangle ABC$ 的外接圆上任意一点，P 关于 BC 的中点的对称点为 Q，则直线 AP 关于 OH 的中点对称的直线是 QH 的垂直平分线.

事实上，如图 4.2.16 所示，过 A 作 $\triangle ABC$ 的外接圆的直径 AA'，则 A' 与 $\triangle ABC$ 的垂心 H 也关于 BC 的中点对称，所以 $QH \mathrel{\underline{\underline{\parallel}}} A'P$. 又 $A'P \perp AP$，因此，$QH \perp AP$. 设 D、N 分别为 AP、QH 的中点，则 $A'P = 2OD$，$QH = 2NH$，于是，$OD \mathrel{\underline{\underline{\parallel}}} NH$. 而 $AP \perp OD$，故直线 AP 关于 OH 的中点对称的直线是 QH 的垂直平分线.

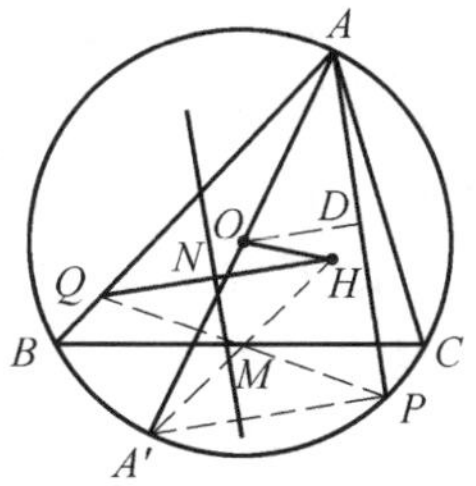

图 4.2.16

例 4.2.12 设 H 为 $\triangle ABC$ 的垂心，D、E、F 为 $\triangle ABC$ 的外接圆上三点，且 $AD \parallel BE \parallel CF$，$S$、$T$、$U$ 分别为 D、E、F 关于边 BC、CA、AB 的对称点. 求证：S、T、U、H 四点共圆.（中国国家队选拔考试，2006）

证明 如图 4.2.17 所示，过点 D 作 BC 的平行线与 $\triangle ABC$ 的外接圆交于

另一点 P. 由 $AD \parallel BE \parallel CF$ 易知 $PE \parallel CA$, $PF \parallel AB$. 因 $PD \parallel BC$, S 是点 D 关于 BC 的对称点,所以,点 P 关于 BC 的中点的对称点是 S. 于是,设 $\triangle ABC$ 的外心为 O, OH 的中点为 M, 作中心反射变换 $C(M)$, 由引理 4.2.1, 直线 AP 的像直线是 HS 的垂直平分线. 同理,直线 BP、CP 的像直线分别是 HT 的垂直平分线和 HU 的垂直平分线. 而 AP、BP、CP 有公共点 P,因此 HS、HT、HU 这三条线段的垂直平分线交于一点. 故 S、T、U、H 四点共圆.

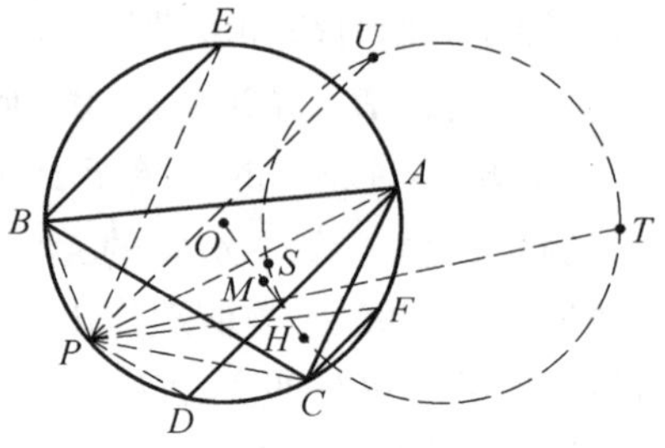

图 4.2.17

进一步,我们还可以证明 $\odot(STU)$ 与 $\triangle ABC$ 的外接圆是等圆.

事实上, 因 PS、PT、PU 的中点分别是 $\triangle ABC$ 的三边的中点, 所以, $\odot(STU)$ 的半径是 $\triangle ABC$ 的中点三角形的外接圆的半径的两倍,但 $\triangle ABC$ 的外接圆的半径也是其中点三角形的外接圆半径的两倍. 故 $\odot(STU)$ 与 $\triangle ABC$ 的外接圆是等圆.

在本题中,我们首先将四点共圆的问题转化成三线共点问题,然后巧妙地通过中心反射变换使问题得到顺利的解决.

前面(包括 4.1) 所举的这些例子都或明或暗地与中点有关, 下面的例 4.2.13 说明,一些与中点毫无关系的问题也可能可以通过中心反射变换解决.

例 4.2.13 设 P 是 $\triangle ABC$ 内一点,且

$$\angle PBA = \angle ACP = \frac{1}{3}(\angle CBA + \angle ACB)$$

求证:$\dfrac{PC + AB}{PB + AC} = \dfrac{AC}{AB}$.(第 48 届波兰数学奥林匹克,1996)

证明 如图 4.2.18 所示,设 BC 的中点为 M,作中心反射变换 $C(M)$,则 $B \to C$, $C \to B$. 设 $P \to P'$,直线 AB 与 CP' 交于 Q,直线 AC 与 BP' 交于 R,$\angle PBA = \angle ACP = \theta$,则四边形 $PBP'C$ 是一个平行四边形,$\angle P'QB = \angle PBA = \theta$,$\angle CRP' = \angle ACP = \theta$,又 $\angle CBA + \angle ACB = 3\theta$,所以 $\angle BAC + 3\theta = 180°$,于是

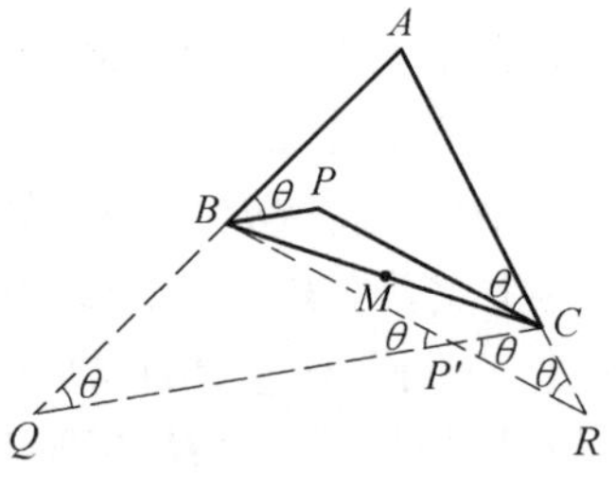

图 4.2.18

$$\angle CP'B = \angle BPC = \angle BAC + \angle PBA + \angle ACP = \angle BAC + 2\theta = 180° - \theta$$

这说明 $\angle BP'Q = \angle RP'C = \theta = \angle P'QB = \angle CRP'$. 所以, $BQ = BP' = CP$, $CR = CP' = BP$.

另一方面,因 $\angle CRB = \angle CQB (= \theta)$,所以 B、Q、R、C 四点共圆,由圆幂定

理知，$AB \cdot AQ = AC \cdot AR$，即 $AB(AB + BQ) = AC(AC + CR)$，因而有

$$AB(AB + CP) = AC(AC + BP)$$

故

$$\frac{PC + AB}{PB + AC} = \frac{AC}{AB}$$

4.3 正三角形与旋转变换

因为在旋转角为 $60°$ 的旋转变换下，任意一对对应点与旋转中心恰好构成一个正三角形的三个顶点，这样，对于条件中含有正三角形的平面几何问题，我们即可以考虑用旋转角为 $60°$ 的旋转变换处理．旋转中心可以选取正三角形的某个顶点．

例 4.3.1 设 P 为正 $\triangle ABC$ 所在平面上的任意一点．求证

$$PA \leqslant PB + PC$$

等式成立当且仅当 P 在 $\triangle ABC$ 的外接圆的劣弧 $\overset{\frown}{BC}$ 上．

证明 如图 4.3.1 所示，作旋转变换 $R(A, 60°)$，则 $B \to C$．设 $P \to P'$，则 $P'C = PB$，且 $\triangle APP'$ 为正三角形，所以 $PP' = PA$．于是有

$$PA = PP' \leqslant P'C + PC = PB + PC$$

等式成立当且仅当 P、C、P' 三点共线，且 C 在 P、P' 之间．由于 $\angle P'CA = \angle PBA$，因此，等式成立当且仅当四边形 $ABPC$ 是一个圆的内接凸四边形，当且仅当点 P 在正 $\triangle ABC$ 的外接圆的劣弧 $\overset{\frown}{BC}$ 上．

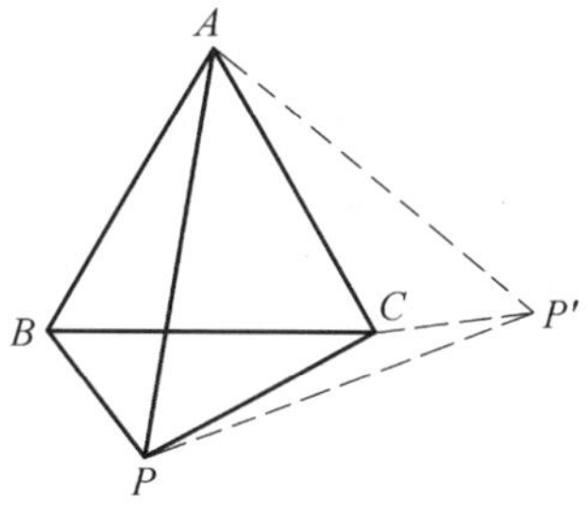

图 4.3.1

一般来讲，用旋转变换处理平面几何问题时，如果选取图形上的一个已知点作为旋转中心，则应尽可能选取引出线段最多的那个点，这样有利于迅速找到条件与结论之间的逻辑关系．在本题中，正 $\triangle ABC$ 的三个顶点都引出了三条线段，因此，选取 A、B、C 三个点中的哪一个点作为旋转中心，而且无论是逆时针方向旋转还是顺时针方向旋转，都可以达到目的．读者可以自己验证．

例 4.3.2 $\triangle ABC$ 是一个正三角形，与 BC 平行的一条直线分别交边 AB、AC 于 D 和 E，M 是线段 BE 的中点，O 是 $\triangle ADE$ 的外心，求 $\triangle CMO$ 的各角．（第 25 届澳大利亚数学奥林匹克，2004）

解 如图 4.3.2 所示，作旋转变换 $R(C, 60°)$，则 $A \to B$．设 $O \to O'$，则 $O'B = OA$，$\angle O'BC = \angle OAC$，$\triangle COO'$ 是一个正三角形．又 $\triangle ADE$ 显然也是一

个正三角形，而 O 是 $\triangle ADE$ 的外心，所以 $OA = OE$，$\angle OAC = 30°$，$OE \perp AB$. 于是 $O'B = OE$，$\angle O'BC = 30°$，所以 $O'B \perp AB$，而 $OE \perp AB$，因此 $BO' /\!/ OE$，即有 $BO' \underline{\underline{/\!/}} OE$，从而 $O'O$ 与 BE 互相平分，这说明 M 也是 $O'O$ 的中点. 再由 $\triangle COO'$ 是一个正三角形即知 $\angle OCM = 30°$，$\angle MOC = 60°$，$\angle CMO = 90°$.

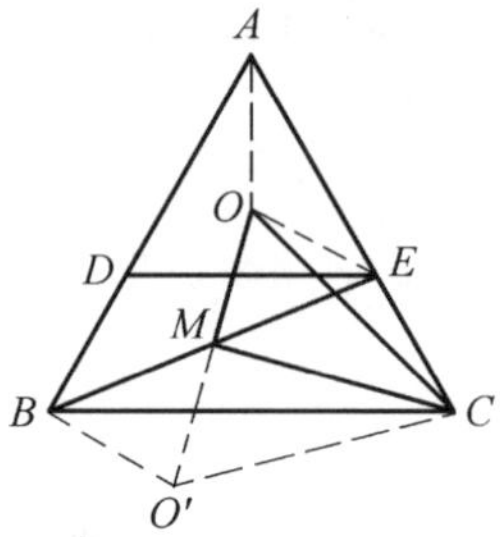

图 4.3.2

例 4.3.3 在 $\triangle ABC$ 的边 BC 上向形内方向作 $\triangle DBC$，再分别在边 CA、AB 上向形外方向作两个正三角形 CEA、AFB. 求证：$\triangle BDC$ 也是一个正三角形的充分必要条件是四边形 $DFAE$ 为一个平行四边形或线段 ED 与 AF 共线且相等.

证明 如图 4.3.3 所示，作旋转变换 $R(C, 60°)$，因 $\triangle CEA$ 是正三角形，所以 $E \to A$. 又 $\triangle AFB$ 也是正三角形，于是，$\triangle DBC$ 为正三角形 $\Leftrightarrow D \xrightarrow{R(C,60°)} B \Leftrightarrow ED = AB$ 且 ED 与 AB 的交角为 $60° \Leftrightarrow ED \underline{\underline{/\!/}} AF$ 或 $ED = AF$ 且 ED 与 AF 共线 $\Leftrightarrow$ 四边形 $DFAE$ 为一个平行四边形或线段 ED 与 AF 共线且相等.

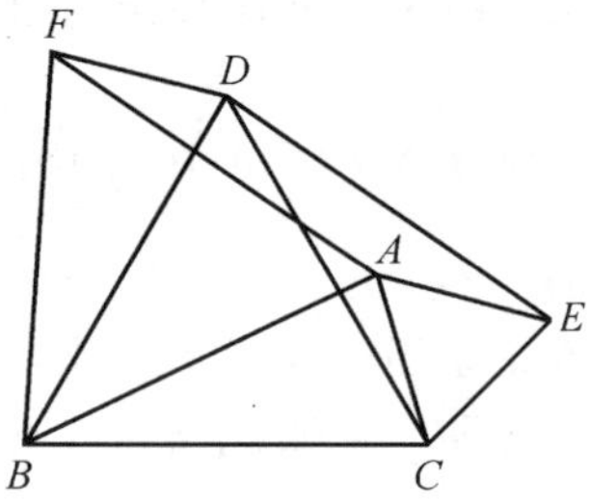

图 4.3.3

例 4.3.4 设 P 是正 $\triangle ABC$ 内部的一点，已知 $PA = a$，$PB = b$，$PC = c$. 试用 a、b、c 表示正 $\triangle ABC$ 的边长.

解 如图 4.3.4 所示，作旋转变换 $R(A, 60°)$，则 $B \to C$. 设 $P \to P'$，则 $P'C = PB = b$，且 $\triangle APP'$ 是一个正三角形，所以 $PP' = PA = a$. 记 $p = \frac{1}{2}(a + b + c)$，$S_F$ 为图形 F 的面积，则由 Heron 公式，有

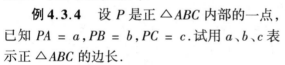

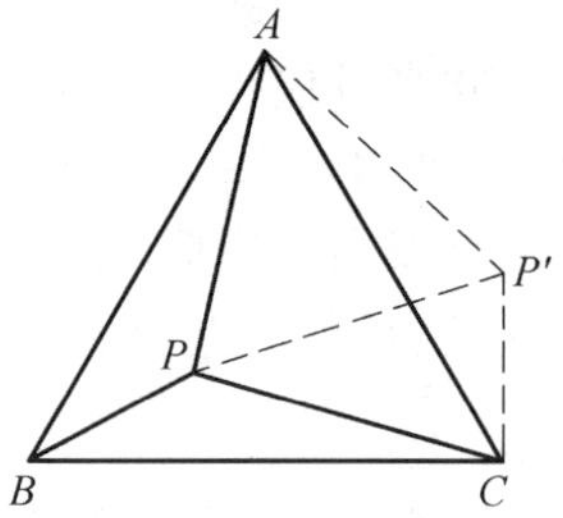

图 4.3.4

$$S_{\triangle PP'C} = \sqrt{p(p-a)(p-b)(p-c)} \triangleq S$$

又

$$S_{\triangle APP'} = \frac{\sqrt{3}}{4}a^2, S_{\triangle AP'C} = S_{\triangle APB}$$

所以 $S_{\triangle CPA} + S_{\triangle APB} = S_{\triangle CPA} + S_{\triangle AP'C} = S_{\triangle APP'} + S_{\triangle PP'C} = \frac{\sqrt{3}}{4}a^2 + S$

同理

$$S_{\triangle APB} + S_{\triangle BPC} = \frac{\sqrt{3}}{4}b^2 + S$$

$$S_{\triangle BPC} + S_{\triangle CPA} = \frac{\sqrt{3}}{4}c^2 + S$$

三式相加,并记正 $\triangle ABC$ 的面积为 $\triangle$,则有

$$2\triangle = \frac{\sqrt{3}}{4}(a^2+b^2+c^2)+3S$$

再设正 $\triangle ABC$ 的边长为 x,则由 $\triangle = \frac{\sqrt{3}}{4}x^2$ 即得

$$x = \frac{\sqrt{2}}{2}\cdot\sqrt{a^2+b^2+c^2+4\sqrt{3}S} = \frac{\sqrt{2}}{2}\cdot\sqrt{a^2+b^2+c^2+4\sqrt{3p(p-a)(p-b)(p-c)}}$$

例 4.3.5 在正 $\triangle ABC$ 的边 BC 上任取一点 D,设 $\triangle ABD$ 与 $\triangle ADC$ 的内心分别为 I_1、I_2,外心分别为 O_1、O_2.求证

(1) $I_1O_1^2+I_2O_2^2=I_1I_2^2$;

(2) 设直线 I_1O_1 与 I_2O_2 交于点 P,则 $PD\perp BC$.

证明 (1) 如图4.3.5所示,作旋转变换 $R(A,60°)$,则 $B\to C$.设 $D\to D'$,$I_1\to I'_1$,则 $\triangle ADD'$ 是一个正三角形,I'_1 是 $\triangle ACD'$ 的内心,$\angle AD'C=\angle ADB$,由此可知,A、D、C、D' 四点共圆,所以,$O_1\to O_2$,于是 $I'_1O_2=I_1O_1$.

另一方面,因 O_2 为正 $\triangle ADD'$ 的中心,$\angle D'CA=60°$,所以 $\angle D'I'_1A=120°=\angle D'O_2A$,因此,$A$、$O_2$、$I'_1$、$D'$ 四点共圆.同理,A、O_2、I_2、D 四点共圆.所以

$$\angle I'_1O_2D'=\angle I'_1AD',\angle DO_2I_2=\angle DAI_2$$

又
$$\angle I_2AI'_1=\frac{1}{2}\angle DAD'=30°=\angle O_2AD'$$

所以
$$\angle I'_1AD'=\angle I_2AO_2$$

于是 $\angle I'_1O_2D'+\angle DO_2I_2=\angle I_2AO_2+\angle DAI_2=\angle DAO_2=30°$

但 $\angle DO_2D'=120°$,由此可知,$\angle I_2O_2I'_1=90°$.又 $\angle I_1AI_2=30°=\angle I_2AI'_1$,$AI_1=AI'_1$,这说明 $\triangle AI_1I_2\cong\triangle AI'_1I_2$,因此 $I_1I_2=I'_1I_2$.故

$$I_1O_1^2+I_2O_2^2=I'_2O_2^2+I_2O_2^2=I'_1I_2^2=I_1I_2^2$$

(2) 如图 4.3.6 所示.由(1)所证知 $\angle PI_1D=\angle DI_2P=30°$.显然有 $I_1D\perp I_2D$,所以

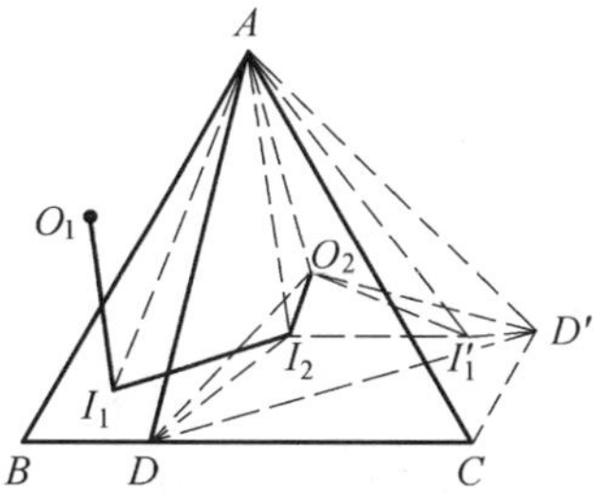

图 4.3.5

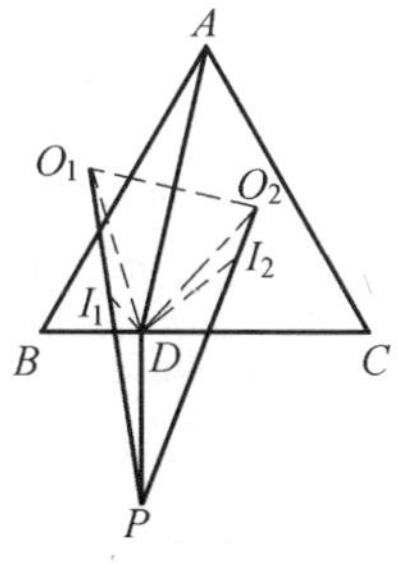

图 4.3.6

$$\angle O_2PO_1 = 360° - (\angle PI_1D + \angle DI_2P + \angle I_1DP + \angle PDI_2) =$$
$$360° - (2\times 30° + 360° - 90°) = 30°$$

又不难知道 $DO_1 = DO_2$，$\angle O_2DO_1 = 60°$，所以，D 为 $\angle O_1O_2P$ 的外心，于是

$$\angle PDC = 180° - (\angle CDI_2 + \angle I_2DO_2 + \angle O_2PD + \angle DO_2I_2) =$$
$$180° - (\angle I_2DA + \angle I_2DO_2 + 2\angle DO_2I_2) =$$
$$180° - (30° + 2\angle I_2DO_2 + 2\angle DO_2I_2) =$$
$$150° - 2(\angle I_2DO_2 + \angle DO_2I_2) = 150° - 2\times 30° = 90°$$

故 $PD \perp BC$.

为了证明后面的例 4.3.6，我们先证明下面的命题.

命题 4.3.1 设 G 为 $\triangle ABC$ 的重心，过 G 任作一条直线 l，自顶点 A、B、C 分别作三条平行线交直线 l 于 D、E、F. 则在三条线段 AD、BE、CF 中，有一条等于另两条之和.

证明 如果直线 l 过 $\triangle ABC$ 的顶点 A、B、C 之一，则直线 l 过此顶点的对边的中点，此时结论是显然的；否则，A、B、C 三点中必然是直线 l 的一侧一点，另一侧两点. 不妨设 A 在直线 l 的一侧，B、C 在直线 l 的另一侧. 如图 4.3.7 所示，设直线 AG 交 BC 于 M，则 M 为 BC 的中点，且 $AG = 2GM$，于是，过 M 作 AD 的平行线交直线 l 于 N，则 $AD = 2MN$. 但 MN 显然为梯形 $BCFE$ 的中位线，所以 $2MN = BE + CF$. 故 $AD = BE + CF$.

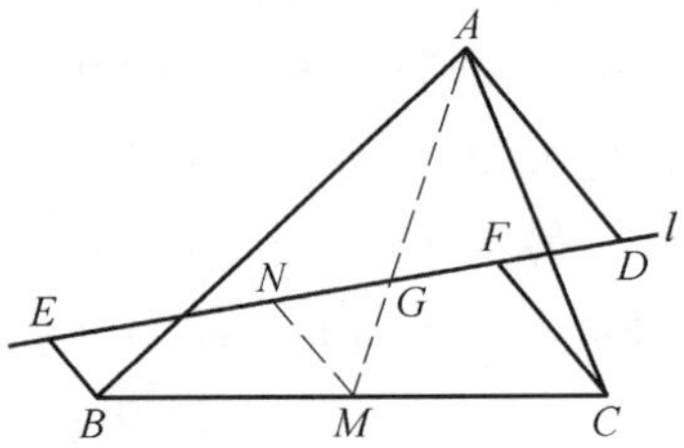

图 4.3.7

例 4.3.6 设 $ABCD$ 是一个矩形，E、F 分别为边 BC、CD 上的点，且 $\triangle AEF$ 为一个正三角形. 求证

$$S_{\triangle CEF} = S_{\triangle ABE} + S_{\triangle AFD}$$

其中 S_F 表示图形 F 的面积.（第 23 届澳大利亚数学奥林匹克，2002）

证明 如图 4.3.8 所示，作旋转变换 $R(E, -60°)$，则 $A \to F$，设 $B \to B'$，则 $\angle EB'F = \angle EBA = 90°$，所以点 B' 在以 EF 为直径的圆上. 同样，作旋转变换 $R(F, 60°)$，则 $A \to E$，设 $D \to D'$，则 D' 也在以 EF 为直径的圆上，显然，点 C 在以 EF 为直径的圆上，即 C、E、B'、D'、F 五点共圆，于是，$\angle CB'F = \angle CEF$，$\angle FB'D' = \angle FED' = \angle FAD$，所以

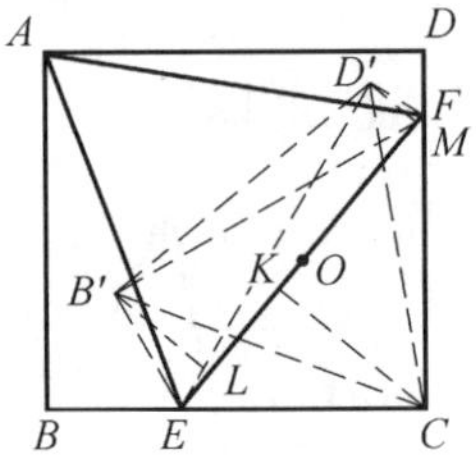

图 4.3.8

$$\angle CB'D' = \angle CB'F + \angle D'B'F = \angle CEF + \angle FAD$$

又因 $AD \parallel BC$，所以，$\angle CEF + \angle FAD = \angle AFE = 60°$，因此，$\angle CB'D' = 60°$.

同理,$\angle B'D'C = 60°$. 于是,$\triangle D'B'C$ 是一个正三角形,而 EF 的中点 O 则为 $\triangle D'B'C$ 的重心. 分别过 C、B'、D' 三点作 EF 的垂线,设 K、L、M 为其垂足,则 $CK \parallel B'L \parallel D'M$,由命题 4.3.1,$CK = B'L + D'M$. 但 $2S_{\triangle CEF} = EF \cdot CK$, $2S_{\triangle ABE} = 2S_{\triangle B'EF} = EF \cdot B'L$, $2S_{\triangle AFD} = 2S_{\triangle D'EF} = EF \cdot D'M$,故

$$S_{\triangle CEF} = S_{\triangle ABE} + S_{\triangle AFD}$$

对于本题来说,一个旋转变换似乎解决不了问题. 考虑到 E、F 两点的"地位"的对称性,我们分别绕 E、F 两点作旋转变换,将条件集中到 EF 附近,使得问题转化成了命题 4.3.1 的特殊情形. 这个例子也说明,有些正三角形问题需要绕不同的顶点作两个旋转变换(并非变换之积)方能解决问题.

由于正三角形是三次旋转对称图形,因此,对于正三角形来说,我们还可以用旋转中心为正三角形的中心、旋转角为 120° 的旋转变换处理.

例 4.3.7 设 AC、CE 是正六边形 $ABCDEF$ 的两条对角线,点 M、N 分别内分 AC、CE,使 $\dfrac{AM}{AC} = \dfrac{CN}{CE} = r$. 如果 B、M、N 三点共线,试求 r 的值. (第 23 届 IMO,1982)

本题形式上是一个正六边形问题,但本质上是一个正三角形问题,因条件中出现了对角线 AC 和 CE,$\triangle ACE$ 就是一个正三角形.

解 如图 4.3.9 所示,显然 A、C、E 是一个正三角形的三个顶点,且这个正三角形的中心 O 即正六边形的中心. 由条件可知,$AM = CN$,作旋转变换 $R(O,120°)$,则有 $A \to C$, $C \to E$, $M \to N$, $B \to D$. 由旋转变换的性质,BM 与 DN 的交角为 120°,而 B、M、N 三点共线,所以 $\angle BND = 120°$,因而 B、O、N、D 四点共圆. 但 $CD = CB = CO$,于是点 C 即为过 B、O、D 三点的圆的圆心. 因点 N 也在这个圆上,所以 $CN = BC$. 再由 $CE \perp BC$,$\angle BEC = 30°$ 即知

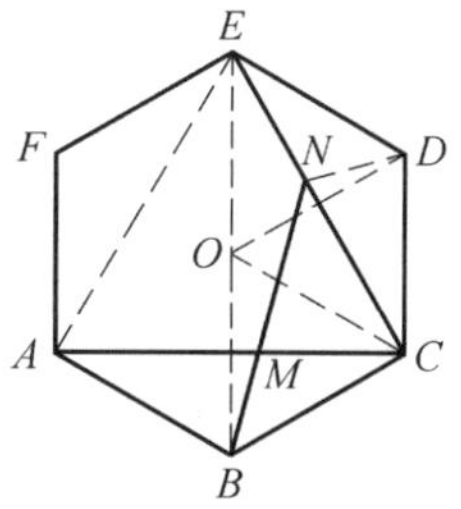

图 4.3.9

$$r = \frac{AM}{AC} = \frac{CN}{CE} = \frac{\sqrt{3}}{3}$$

例 4.3.8 过正 $\triangle ABC$ 的中心 O 任作一条直线分别与其三边所在直线交于点 D、E、F. 求证:在 $\dfrac{1}{OD}$、$\dfrac{1}{OE}$、$\dfrac{1}{OC}$ 中,有一个等于另两个之和.

证明 不失一般性,设过正 $\triangle ABC$ 的中心的直线分别与 BC、CA 交于 D、E,与 BA 的延长线交于 F(图 4.3.10). 作旋转变换 $R(O,120°)$,则有 $A \to B$, $B \to C$. 设 $D \to D'$, $D' \to D''$, $E \to E'$,则 D' 在边 CA 上,D''、E' 在边 AB 上, $OD'' = OD' = OD$, $OE' = OE$,且

$$\angle D'OD'' = \angle DOD' = \angle EOE' = 120°$$

由此即知，OD 为 $\angle FOE'$ 的平分线. 由三角形的面积公式，有

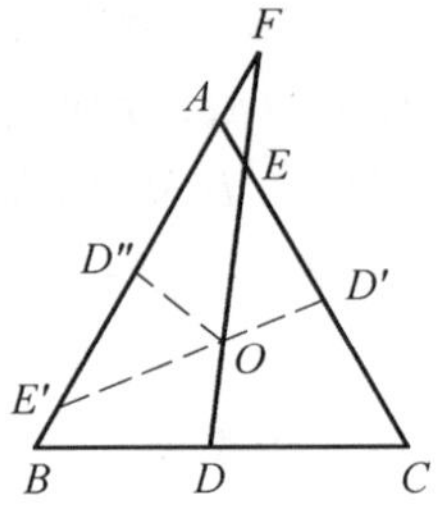

图 4.3.10

$$S_{\triangle OFE'} = \frac{1}{2} \cdot OE' \cdot OF\sin 120° = \frac{\sqrt{3}}{4} \cdot OE \cdot OF$$

$$S_{\triangle OFD''} = \frac{1}{2} \cdot OD'' \cdot OF\sin 60° = \frac{\sqrt{3}}{4} \cdot OD \cdot OF$$

$$S_{\triangle OD''E'} = \frac{1}{2} \cdot OD'' \cdot OE'\sin 60° = \frac{\sqrt{3}}{4} \cdot OD \cdot OE$$

而 $S_{\triangle OFE'} = S_{\triangle OFD''} + S_{\triangle OD''E'}$，所以

$$OE \cdot OF = OD \cdot OF + OD \cdot OE$$

故
$$\frac{1}{OD} = \frac{1}{OE} + \frac{1}{OF}$$

还有一些正三角形问题需要结合使用旋转角为 60° 的旋转变换(绕某个顶点旋转)与旋转角为 120° 的旋转变换(绕中心旋转).

例 4.3.9 设 E、F 分别为正 $\triangle ABC$ 的边 BC、CA 上的点，且 $BD = CE$，AD 与 BE 交于 F，点 A 在 BE 上的射影为 M，B 在 AD 上的射影为 N. 求证：CF 平分线段 MN.

证明 如图 4.3.11 所示，由于 $BD = CE$，因此，如果绕正 $\triangle ABC$ 的中心旋转 120°，则 AD 变为 BE，由此即知 $\angle EFA = 60°$. 作旋转变换 $R(A, 60°)$，则 $B \to C$. 设 $N \to N'$，则 $\angle N'NC = 60° = \angle CBA$. 于是，设 BC 与 NN' 交于 L，则 A、B、N、L 四点共圆. 而 $AN \perp BN$，所以 $AL \perp BC$，故 L 为 BC 的中点. 又由 $\angle N'NA = 60° = \angle EFA$ 知，$NN' \parallel BE$. 于是，设 CF 与 NN' 交于 K，则 K 为 CF 的中点.

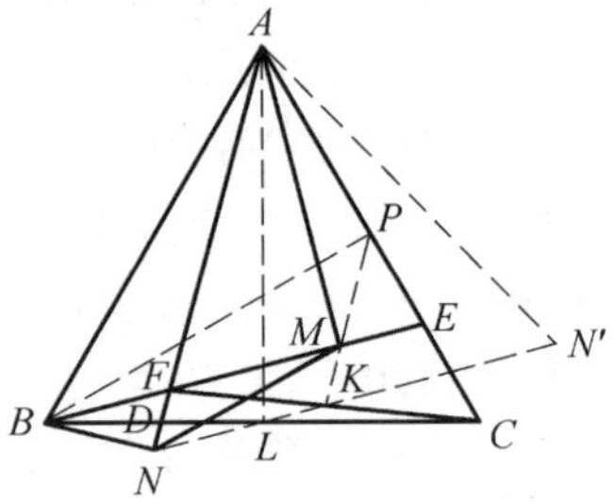

图 4.3.11

另一方面，设 P 为 AC 的中点，则 $BP \perp AP$. 由 $BM \perp AM$ 即知 A、B、M、P 四点共圆，所以 $\angle PMA = \angle PBA = 30°$. 而由 $\angle MFA = 60°$，$AM \perp FM$ 知，$\angle FAM = 30°$，因此，$PM \parallel AN$. 又由 K、P 分别为 CF、CA 的中点知，$PK \parallel AN$，从而 P、M、K 三点共线，这说明 $MK \parallel FN$. 再由 $NK \parallel FM$ 即知四边形 $FNKM$ 为平行四边形. 故 FK 平分线段 MN，即 CF 平分线段 MN.

本例由条件到结论尽管颇费工夫，但正确的思维导向则得益于两个旋转变换.

正三角形作为平面几何中的一类非常规则的三角形，其内涵是十分丰富的. 我们在这里将用旋转变换给出两个与正三角形有关的定理.

定理 4.3.1 在任意 $\triangle ABC$ 的三条边上向形外作正三角形 BCD、CAE、ABF,则有

(1)$AD = BE = CF$,且 AD、BE、CF 两两之间的交角均为 $60°$;

(2)AD、BE、CF 三线共点.设共点于 P,若点 P 在 $\triangle ABC$ 的内部,那么

$$PA + PB + PC = AD$$

证明 如图 4.3.12 所示,作旋转变换 $R(A,60°)$,则 $F \to B$,$C \to E$,即 $FC \to BE$,所以 $BE = CF$,且 CF 与 BE 的交角为 $60°$.同理,$AD = BE$,且 AD 与 BE 的交角为 $60°$.设 BE 与 CF 交于 P,则 A、F、B、P 四点共圆,A、P、C、E 四点共圆,所以 $\angle APF = \angle ABF = 60°$.又 $\angle BPC = 120°$,所以 P、B、D、C 四点共圆,从而 $\angle DPC = \angle DBC = 60° = \angle APF$.故 A、P、D 三点共线,即 AD、BE、CF 共点于 P.又因点 P 在正 $\triangle DBC$ 的外接圆的 $\overset{\frown}{BC}$ 上,由例 4.3.1 即知,$PB + PC = PD$.而当点 P 在 $\triangle ABC$ 的内部时,点 P 在 A、D 之间.故

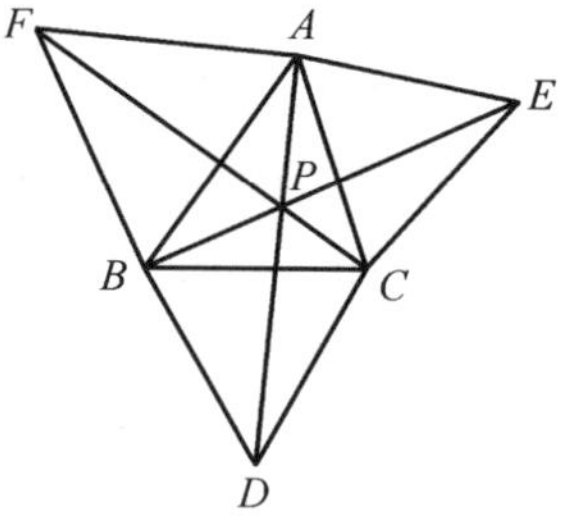

图 4.3.12

$$PA + PB + PC = PA + PD = AD$$

在定理 4.3.1 中,当其所共之点 P 在 $\triangle ABC$ 内部时,点 P 对 $\triangle ABC$ 的各边所张之角均为 $120°$,$\triangle ABC$ 的三个内角均小于 $120°$.此时,对于平面上任意一点 Q(图 4.3.13),由例 4.3.1 知,$QD \leqslant QB + QC$,所以,$QA + QD \leqslant QA + QB + QC$,但 $AD \leqslant QA + QD$,且由定理 4.3.1(2),$PA + PB + PC = AD$.因此

$$PA + PB + PC \leqslant QA + QB + QC$$

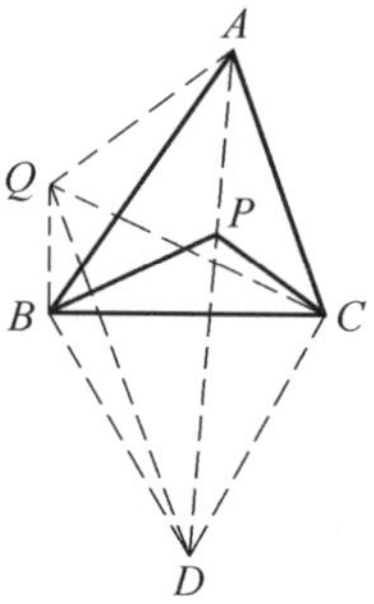

图 4.3.13

以上讨论说明,当 $\triangle ABC$ 的三个内角均小于 $120°$ 时,$\triangle ABC$ 内对各边张角均为 $120°$ 的点 P 是平面上到 $\triangle ABC$ 的三顶点的距离之和取最小值的点.此时,点 P 称为 $\triangle ABC$ 的**Fermat 点**.当三角形有一个角不小于 $120°$ 时,容易知道,平面上到三角形的三个顶点的距离之和取最小值的点 —— 即三角形的 Fermat 点是三角形的最大角的顶点.

在一般情况下,定理 4.3.1 所共之点 P 称为 $\triangle ABC$ 的**正等角中心**.

当三个正三角形都向 $\triangle ABC$ 的形内方向作时,定理 4.3.1 中除(2)的后一结论外,其余结论均成立.此时,所共之点称为三角形的**负等角中心**.

定理 4.3.2 以三角形的边为边长向形外作正三角形,则所作三个正三角形的中心,原三角形的顶点与相邻两个正三角形的新的顶点所构成的三角形的重心构成一个正六边形的六个顶点,且这个正六边形的中心恰为原三角形的重

心.

证明 如图4.3.14所示,设$\triangle BDC$、$\triangle CEA$、$\triangle AFB$皆为正三角形,O_1、O_2、O_3分别为这三个正三角形的中心,G_1、G_2、G_3分别为$\triangle EAF$、$\triangle FBD$、$\triangle DCE$的重心,L为$\triangle ABC$的边AC上靠近点A的三等分点,M、N为边AB上的两个三等分点.易知$\triangle MO_3N$为正三角形.过L作CE的平行线交AE于P,过M作BF的平行线交AF于Q,则$\triangle ALP$、$\triangle AQM$皆为正三角形,$PQ \parallel EF$,且

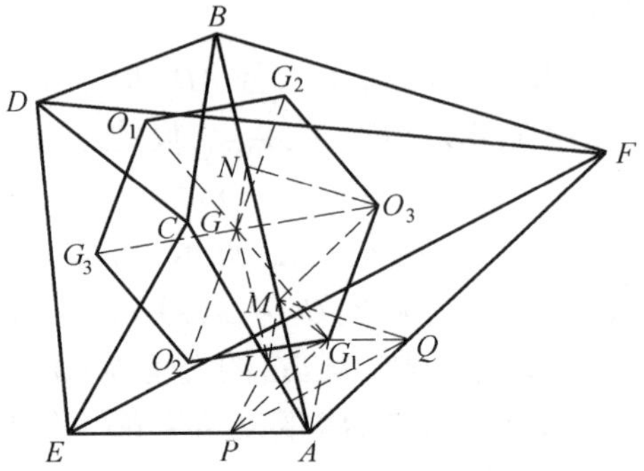

图4.3.14

$$AP = \frac{1}{3}AE, AQ = \frac{1}{3}AF$$

于是由三角形的重心的性质可知,PQ与AG_1互相平分,从而四边形AQG_1P为平行四边形,由例4.3.3,$\triangle G_1ML$也是一个正三角形.

设G为$\triangle ABC$的重心,由三角形的重心的性质,有$NG \mathrel{\underline{\parallel}} ML$,所以,四边形$MNGL$为平行四边形,而$\triangle MO_3N$、$\triangle G_1ML$皆为正三角形,由例4.3.3,$\triangle GG_1O_3$是一个正三角形.同理,$\triangle GO_3G_2$、$\triangle GG_2O_1$、$\triangle GO_1G_3$、$\triangle GG_3O_2$、$\triangle GO_2G_1$皆为正三角形.故六边形$G_1O_3G_2O_1G_3O_2$是一个正六边形,且$\triangle ABC$的重心$G$正好是正六边形$G_1O_3G_2O_1G_3O_2$的中心.

由于正六边形的相间的三个顶点是一个正三角形的三个顶点,所以,$\triangle O_1O_2O_3$是一个正三角形.于是我们有

推论4.3.1(**Napoleon**) 以任意三角形的三边为边向形外作三个正三角形,则这三个正三角形的中心也构成一个正三角形.

由以上两个定理并结合旋转变换处理有些正三角形的问题是非常方便的.

例4.3.10 设$\triangle ABC$、$\triangle CDE$、$\triangle EFG$皆为正三角形(顶点均按逆时针方向排列).证明:D是AG的中点的充分必要条件为$\triangle DBF$也是一个正三角形.(充分性:第15届原全苏数学奥林匹克,1982)

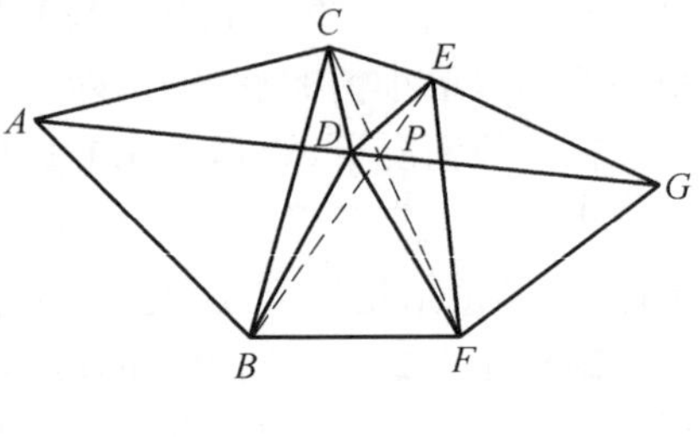

图4.3.15

证明 如图4.3.15所示,考虑$\triangle BDC$与$\triangle EDF$.如果$\triangle DBF$也是正三角形,则由定理4.3.1,$AD = BE = DG$.另一方面,设BE与CF交于P,再由定理4.3.1,AD与DG都过点P,故A、D、G三点共线.因此,D为

AG 的中点.

反之,若 D 为 AG 的中点,则 $GD = DA$.由定理 4.3.1,$BE = AD$,且 BE 与 AD 的交角为 60°. $CF = DG$,且 CF 与 DG 的交角也为 60°,所以,$BE = AD = GD = FC$,且 BE 与 FC 的交角为 60°.但 $E \xrightarrow{R(D,60°)} C$,因而必有 $B \xrightarrow{R(D,60°)} F$.故 $\triangle DBF$ 也是一个正三角形.

例 4.3.11 考虑如图 4.3.16,4.3.17 所示的 $\triangle ABC$ 和 $\triangle PQR$.在 $\triangle ABC$ 中,$\angle ADB = \angle BDC = \angle CDA = 120°$.求证:$x = u + v + w$.(第 3 届美国数学奥林匹克,1974)

证明 如图 4.3.18 所示,设正 $\triangle PQR$ 中所示三线的交点为 O,作旋转变换 $R(R,60°)$,则 $Q \to P$.设 $O \to O'$,则 $O'P = OQ = b$,$OO' = OR = c$,所以 $\triangle O'OP \cong \triangle ABC$.于是 $u + v + w$ 即 $\triangle O'OP$ 的 Fermat 点到三顶点的距离之和,由定理 4.3.1(2) 即知 $u + v + w = RP = x$.

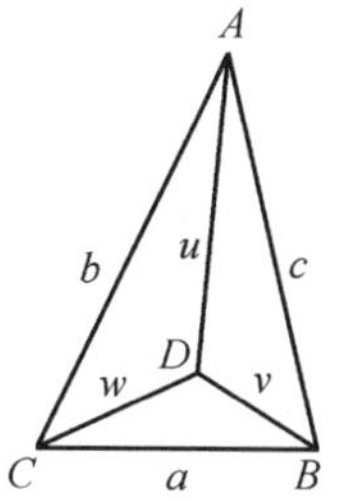

图 4.3.16

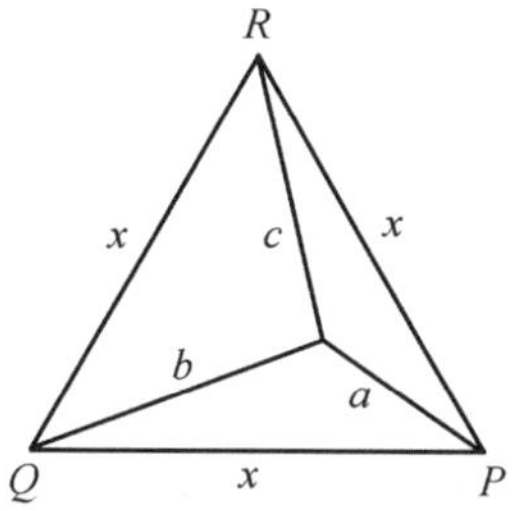

图 4.3.17

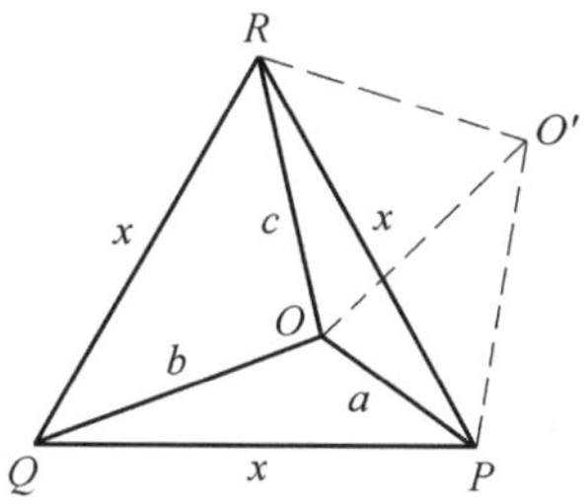

图 4.3.18

例 4.3.12 设 $\triangle OAB$、$\triangle OCD$、$\triangle OEF$ 均为正三角形(顶点均按逆时针方向排列),L、M、N 分别为 BC、DE、FA 的中点.求证:$\triangle LMN$ 也是正三角形.

证明 如图 4.3.19 所示,设 P、Q、R 分别为 AB、CD、EF 的中点.因 L 为 BC 的中点,所以,$PL \parallel AC$,$LQ \parallel BD$,且 $PL = \frac{1}{2}AC$,$LQ = \frac{1}{2}BD$.由定理 4.3.1,$AC = BD$,且 AC 与 BD 的交角为 60°,因此,$PL = LQ$,且 $\angle QLP = 120°$.这说明 L 是以 $\triangle PQR$ 的边 PQ 为边长向形外所作正三角形的中心.同理,M、N 分别是以 QR、RP 为边长向 $\triangle PQR$ 的形外所作正三角形的中心.由 Lapoleon 定理(推论 4.3.1)即知,$\triangle LMN$ 是一个正三角形.

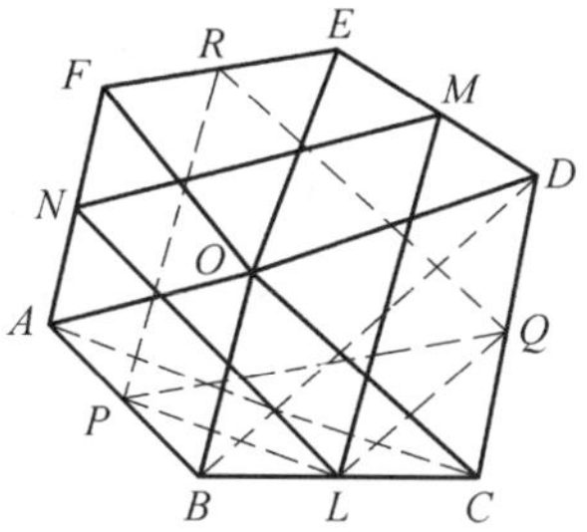

图 4.3.19

本题显然也可以由命题 2.5.1 直接得到.

4.4 正方形、等腰直角三角形与旋转变换

因正方形的四边相等,它的每一个内角都是 90°,且正方形还是四次旋转对称图形,所以,对于条件中含有正方形的平面几何问题,我们即可以考虑用旋转角为 90° 的旋转变换处理.旋转中心可以选取正方形的某个顶点或正方形的中心.

例4.4.1 设 E、F 分别为正方形 $ABCD$ 的边 BC、CD 上点,求证:$AE = BE + FD$ 的充分必要条件是 AF 平分 $\angle EAD$.

证法1 如图4.4.1所示,作旋转变换 $R(A,90°)$,则 $B \to D$.设 $E \to E'$,则 $AE' = AE$,$DE' = BE$,且 $\angle DAE' = \angle BAE$,E' 在 CD 的延长线上,所以 $FE' = DE' + FD = BE + FD$.又 $\angle E'FA = \angle BAF$,于是,$AE = BE + FD \Leftrightarrow AE' = FE' \Leftrightarrow \angle E'FA = \angle FAE' \Leftrightarrow \angle BAF = \angle FAE' \Leftrightarrow AF$ 平分 $\angle BAE' \Leftrightarrow AF$ 平分 $\angle EAD$.

证法2 如图4.4.2所示,设正方形 $ABCD$ 的中心为 O.作旋转变换 $R(O,90°)$,则 $A \to B \to C \to D \to A$.设 $F \to F'$,则 F' 在 AD 上,$AF' = DF$,且 $BF' \perp\!\!\!= AF$①.再设 BF' 与 AE 交于 K,则由 $\triangle AKF' \backsim \triangle EKB$ 及等比定理,有

$$\frac{AK}{AF'} = \frac{KE}{BE} = \frac{AK + KE}{AF' + BE} = \frac{AE}{BE + FD}$$

于是,$AE = BE + FD \Leftrightarrow AK = AF' \Leftrightarrow AF$ 平分 $\angle EAD$.

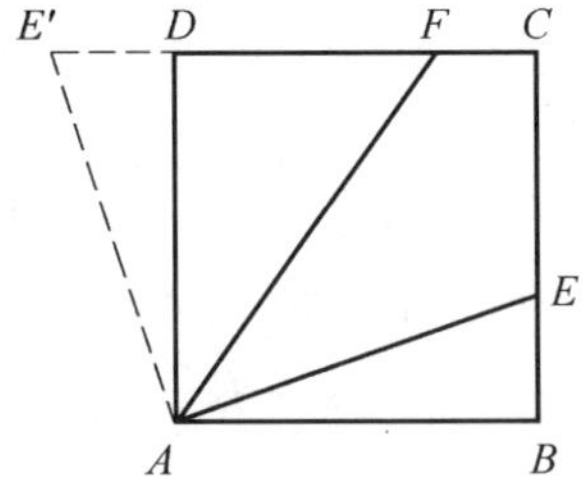

图4.4.1

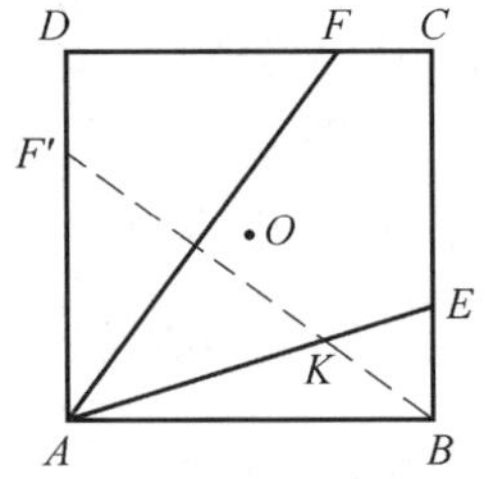

图4.4.2

在本题中,因从正方形 $ABCD$ 的顶点 A 引出的线段最多,所以,我们自然的选择顶点 A 为旋转中心,从而非常顺利地解决了问题(证法1);在证法2中,我们选择正方形的中心为旋转中心,利用等比定理和等腰三角形三线合一的性质轻巧地解决了问题.两种证法都是旋转变换的功劳.

---

① "$\perp\!\!\!=$"表示垂直且相等.

例 4.4.2 设 E、F 分别为正方形 $ABCD$ 的边 BC、CD 上的点，线段 AE、AF 分别交对角线 BD 于 P、Q 两点. 求证：下列三个条件等价

(1) $BE + DF = EF$;

(2) $BP^2 + QD^2 = PQ^2$;

(3) P、E、C、F、Q 五点共圆.

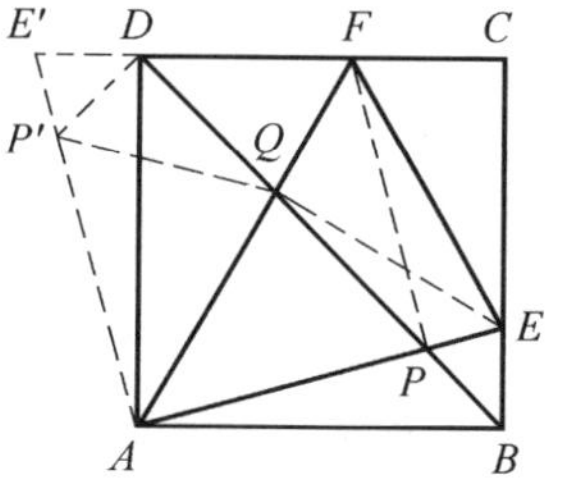

图 4.4.3

证明 我们证明，条件(1),(2),(3) 均与下面的条件(4) 等价.

(4) $\angle EAF = 45°$.

事实上，如图 4.4.3 所示，作旋转变换 $R(A,90°)$，则 $B \to D$. 设 $E \to E'$，$P \to P'$，则 $AE' \perp\!\!\!= AE$，$AP' \perp\!\!\!= AP$，$DE' \perp\!\!\!= BE$，$DP' \perp\!\!\!= BP$，因而 E' 在 CD 的延长线上，P' 在 AE' 上，且 $P'D \perp DQ$，所以

$$BE + FD = DE' + FD = E'F$$

$$BP^2 + QD^2 = P'D^2 + QD^2 = P'Q^2$$

于是

$$BE + DF = EF \Leftrightarrow E'F = EF \Leftrightarrow \triangle AE'F \cong \triangle AEF \Leftrightarrow$$

$$\angle E'AF = \angle EAF \Leftrightarrow \angle EAF = \frac{1}{2}\angle EAE' \Leftrightarrow \angle EAF = 45° \Leftrightarrow$$

$$\triangle AP'Q \cong \triangle APQ \Leftrightarrow P'Q = PQ \Leftrightarrow BP^2 + QD^2 = PQ^2$$

这就证明了条件(1)、(2) 与(4) 等价. 再证(3) 与(4) 等价.

事实上，P、E、C、F 四点共圆 $\Leftrightarrow PE \perp PF \Leftrightarrow A$、$P$、$F$、$D$ 四点共圆 $\Leftrightarrow \angle PAF = \angle PDF \Leftrightarrow \angle EAF = 45°$. 同理，$Q$、$E$、$C$、$F$ 四点共圆 $\Leftrightarrow \angle EAF = 45°$. 故 P、E、C、F、Q 五点共圆 $\Leftrightarrow \angle EAF = 45°$.

本题中的"(1)$\Rightarrow$(4)"本质上即 1986 年中国国家队选拔考试中的一道平面几何题.

例 4.4.3 设 E、F 分别是正方形 $ABCD$ 的边 BC、CD 上的点，且 $BE = CF$. P、Q 分别是 AE、AF 上的点. 求证：线段 BP、PQ、QD 构成一个三角形的三边. (第 18 届拉丁美洲数学奥林匹克，2003)

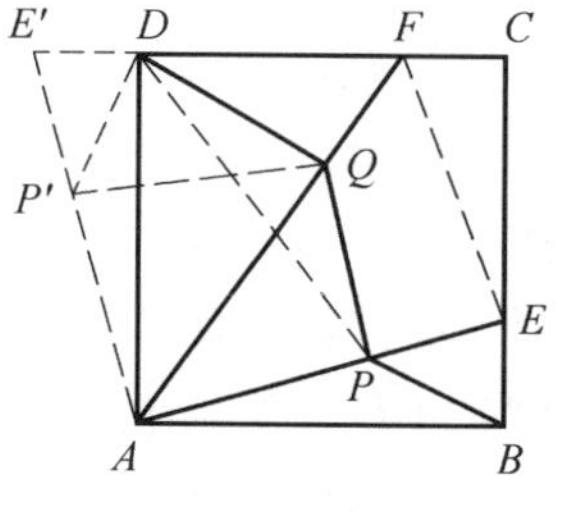

图 4.4.4

证明 如图 4.4.4 所示. 注意在 $\triangle ABP$ 与 $\triangle ADP$ 中，$\angle BAP < 45° < \angle DAP$，且 $AB = AD$，所以 $BP < PD$，但 $DP \leqslant PQ + QD$，因此 $BP < PQ + QD$. 同理，$QD < BP + PQ$. 因而我们只需证明 $PQ < BP + QD$ 即可.

作旋转变换 $R(A,90°)$，则 $B \to D$. 设 $E \to E'$，$P \to P'$，则 E' 在 CD 的延长线上，P' 在 AE'

上,且 $AE' \perp\!\!\!\!= AE, DE' = BE, AE' = AE, P'Q < P'D + QD = BP + QD$.

又 $E'D = EB = FC, DF = CE$,所以 $E'F = FC + CE > EF$.考虑 $\triangle AEF$ 与 $\triangle AE'F$,因 $AE' = AE$,所以,$\angle E'AF > \angle EAF$.即 $\angle P'AQ > \angle PAQ$.但 $\angle PAQ + \angle P'AQ = \angle PAP' = 90°$,所以,$\angle PAQ < 45° < \angle P'AQ$.于是,再考虑 $\triangle APQ$ 与 $\triangle AP'Q$,由 $AP' = AP$ 及 $\angle PAQ < \angle P'AQ$ 即知

$$PQ < P'Q < BP + QD$$

综上所述,线段 BP、PQ、QD 构成一个三角形的三边.

例 4.4.4 设 E、F 分别为正方形 $ABCD$ 的边 BC、CD 上的点,且 $BE = BF$.求证:$BP \perp AF$ 的充分必要条件是 $DP \perp PE$.

证明 如图 4.4.5 所示,设正方形 $ABCD$ 的中心为 O.作旋转变换 $R(O,90°)$,则 $A \to B \to C \to D$.设 $F \to F'$,则 F' 在 CD 上,且 $BF' \perp AF, CF' = BF = BE$,所以 $DF' = AE$,从而 $EF'DA$ 为矩形,因此,E、F'、D、A 四点共圆.于是由 $AD \perp AE$ 即知,$DP \perp PE \Leftrightarrow D$、$A$、$E$、$P$ 四点共圆 $\Leftrightarrow D$、A、E、P、F' 五点共圆 $\Leftrightarrow D$、A、P、F' 四点共圆 $\Leftrightarrow \angle F'PA = 90° \Leftrightarrow$ 点 P 在 BF' 上 $\Leftrightarrow BP \perp AP$.

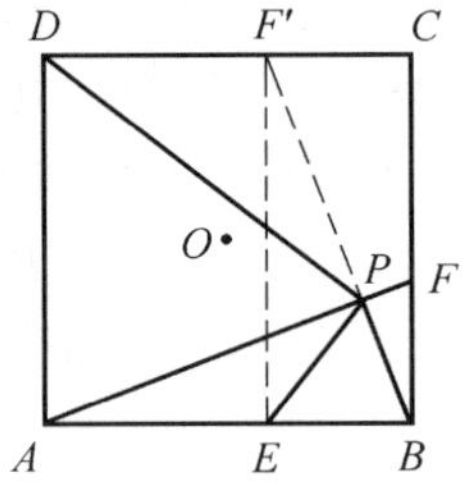

图 4.4.5

本题的必要性是 1974 年举行的原全苏第 8 届数学奥林匹克试题,而充分性则是 1992 年举行的第 18 届俄罗斯数学奥林匹克试题.这里通过一个旋转变换,借助四点共圆,使充分性与必要性的证明得以一并完成.

例 4.4.5 一个大正方形内有一个小正方形 $PQRS$,延长 PQ、QR、RS、SP 与大正方形依次交于 A、B、C、D.求证:$AC \perp\!\!\!\!= BD$.(南非数学奥林匹克,2002)

证明 如图 4.4.6 所示,设大正方形的中心为 O,作旋转变换 $R(O,90°)$,设 $P \to P'$, $Q \to Q'$, $R \to R'$, $S \to S'$,则 $P'Q'R'S'$ 仍为一个正方形,且与正方形 $QRSP$ 的对应边平行.再设 $B \to B'$、$D \to D'$,则 D'、P'、S' 三点共线,B'、R'、Q' 三点共线,且 A、D' 与 B'、C 分别位于大正方形的两条对边上.由于直线 $S'D'$ 与 PA 之间的距离等于直线 RC 与 $Q'B'$ 之间的距离,且 $AD' \parallel CB'$,所以 $AD' = CB'$,从而 $D'B' \parallel\!\!\!\!= AC$.但 $D'B' \perp\!\!\!\!= DB$,故 $AC \perp\!\!\!\!= BD$.

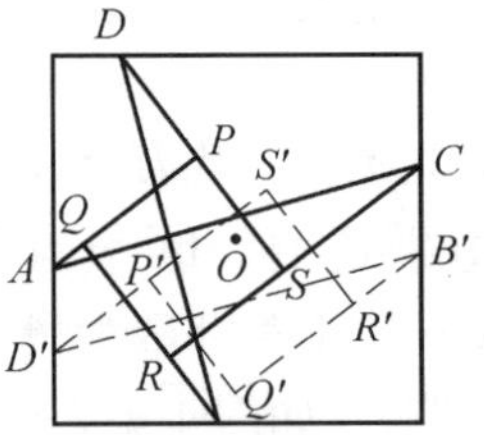

图 4.4.6

例 4.4.6 设 $ABCD$ 是一个正方形,以 AB 为直径作一个圆 Γ,P 是边 CD 上的任意一点,PA、PB 分别与圆交于 E、F 两点.求证:直线 DE 与 CF 的交点 Q 在

圆 Γ 上，且$\frac{AQ}{QB}=\frac{DP}{PC}$.（第 44 届塞尔维亚和黑山国家数学竞赛，2006）

证明 如图 4.4.7 所示.设 BE 与 AD 交于 R，AF 与 BC 交于 S，则 F、S、C、P 四点共圆，所以 $\angle SPC=\angle SFC$.令 O 为正方形 $ABCD$ 的中心，作旋转变换 $R(O,90°)$，则 $B\to C$，$C\to D$，$D\to A$，而 $AS\perp BP$，$BR\perp AP$，所以 $S\to P$，$P\to R$，从而 $\angle PRD=\angle SPC$.显然，BC 为圆 Γ 的切线，所以 $\angle CBP=\angle BAF$.因 $AD\parallel BC$，所以，$\angle RPB=\angle PRD+\angle CBP=\angle SPC+\angle CBP$.再设 CQ 与 AB 交于 T，因 $AB\parallel DC$，所以 $\angle ATQ=\angle DCQ$，于是

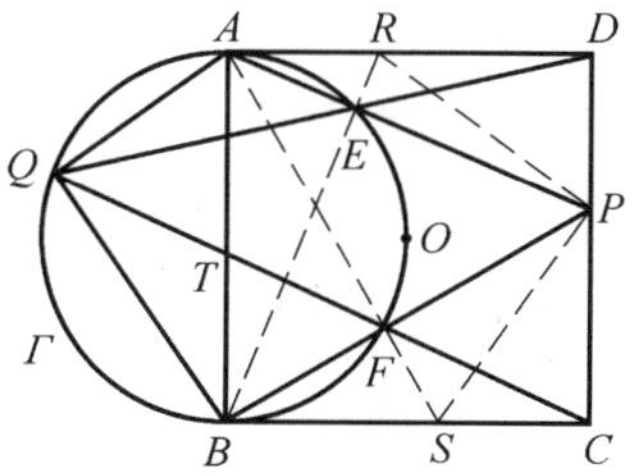

图 4.4.7

$$\angle RPB=\angle SPC+\angle CBP=\angle SFC+\angle BAF=$$
$$\angle AFQ+\angle BAF=\angle ATQ=\angle DCQ$$

又由 R、E、P、D 四点共圆，知 $\angle BRP=\angle QDC$，因此 $\triangle PRB\backsim\triangle CDQ$，从而 $\angle PBR=\angle CQD$，即 $\angle FBE=\angle FQE$，这说明 E、Q、B、F 四点共圆，换句话说，点 Q 在圆 Γ 上.

再由 R、E、P、D 四点共圆，知 $\angle PRD=\angle PED=\angle AEQ=\angle ABQ$，但 $\angle RDP=\angle BQA=90°$，所以，$\triangle PDR\backsim\triangle AQB$，于是，$\frac{AQ}{QB}=\frac{DP}{RD}$.但 $RD=PC$，故$\frac{AQ}{QB}=\frac{DP}{PC}$.

例 4.4.7 设一个正方形的四个顶点位于一个平行四边形的四边上.求证：从平行四边形的四个顶点向所对正方形的边而作的四条垂线也构成一个正方形.

证明 如图 4.4.8 所示.设正方形 $ABCD$ 内接于平行四边形 $PQRS$，A、B、C、D 分别位于 PQ、QR、RS、SP 上，所作四条垂线分别为 l_1、l_2、l_3、l_4，正方形 $ABCD$ 的中心为 O.作旋转变换 $R(O,90°)$，则 $A\to B\to C\to D\to A$.设 $P\to P'$，$Q\to Q'$，$R\to R'$，$S\to S'$，则 $S'P'\perp SP$，$P'Q'\perp PQ$.但 $SP\parallel QR$，所以 $S'P'\perp QR$，从而 P' 为 $\triangle ABQ$ 的垂心，于是 $P'Q\perp AB$.同理，

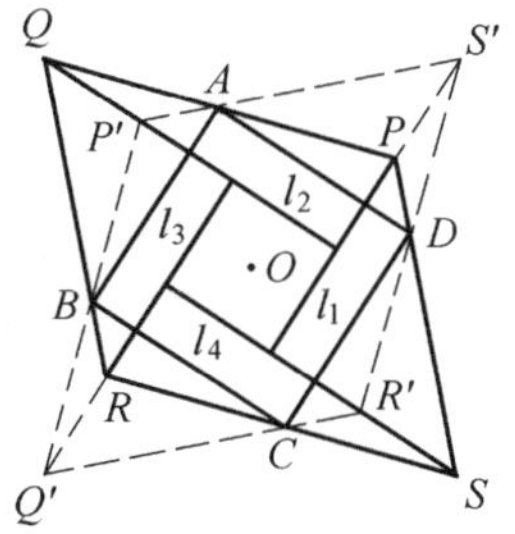

图 4.4.8

$Q'R\perp BC$，$R'S\perp CD$，$S'P\perp DA$，即点 S'、P'、Q'、R' 分别在所作四条垂线 l_1、l_2、l_3、l_4 上，而 $P\to P'$，$Q\to Q'$，$R\to R'$，$S\to S'$，因此，$l_1\to l_2\to l_3\to l_4\to l_1$.故 l_1、l_2、l_3、l_4 的交点为一个正方形的四个顶点.

本题是平行四边形与正方形的复合图形.如果将其作为平行四边形问题而

用中心反射变换，则图形不发生任何改变，用平移变换也不奏效. 考虑到所作四条垂线与正方形的两组对边分别平行，故我们将其作为正方形问题而绕其中心旋转 $90°$.

因为等腰直角三角形是“半个”正方形，所以对于等腰直角三角形问题，我们同样可以考虑用旋转角为 $90°$ 的旋转变换处理. 旋转中心可以选取等腰直角三角形的直角顶点或斜边的中点，也可以考虑取某个锐角顶点作为旋转中心.

例 4.4.8 在等腰直角 $\triangle ABC$ 的直角顶点 C 的外角平分线上取一点 D，使得 $AD = AB$，直线 AD 与 BC 交于 E. 求证：$BD = BE$.

证明 仅就图 4.4.9 的情形证明(对于图 4.4.10 的情形只需稍作修改即可).

作旋转变换 $R(C, 90°)$，则 $A \to B$. 设 $D \to D'$，则 $BD' = AD = AB$，$CD' = CD$，且 $\angle BCD' = \angle ACD = 135°$，所以 $\angle D'CA = 360° - 135° - 90° = 135° = \angle BCD'$. 又 $CA = AB$，于是，$\triangle BCD' \cong \triangle ACD'$，所以 $BD' = AD'$. 再由 $BD' = AB$ 即知 $\triangle ABD'$ 是一个正三角形，因此

$$\angle CDA = \angle CD'B = \frac{1}{2}\angle AD'B = 30°$$

从而 $\angle BAD = 30°$，$\angle BDE = \frac{1}{2}(180° - 30°) = 75°$. 又

$$\angle BED = \angle BCD + \angle CDA = 75°$$

故 $BD = BE$.

在本题中，我们通过旋转变换产生了一个正三角形，从而使问题发生了根本性的转机.

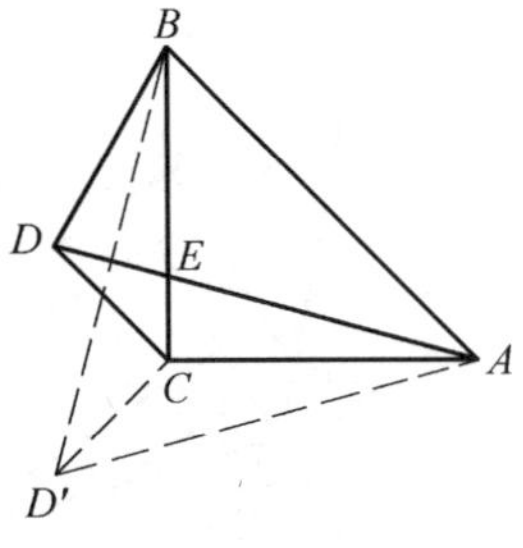

图 4.4.9

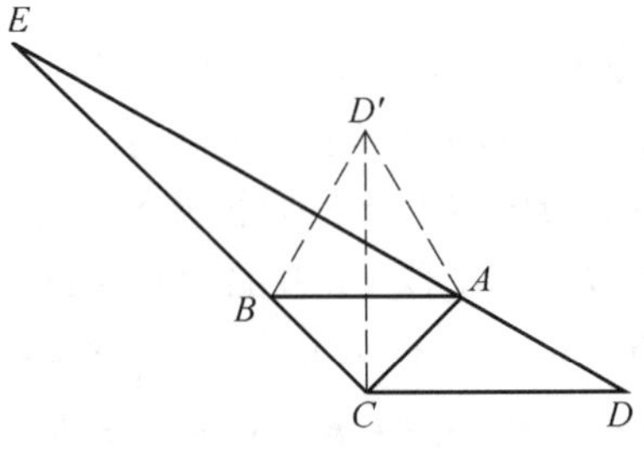

图 4.4.10

例 4.4.9 在等腰 $\triangle ABC$ 的两腰 AB、AC 上分别取点 D、E，使 $AD = AE$. 分别过 A、D 作 BE 的垂线与底边 BC 交于 M、N. 求证：M 为 NC 的中点的充分必要条件是 $AC \perp AB$.

证明 如图 4.4.11 所示，设 $AC \perp AB$，即 $\triangle ABC$ 是以 A 为直角顶点的等腰三角形. 作旋转变换 $R(A, 90°)$，则 $B \to C$. 设 $E \to E'$，则 E' 在 BA 的延长线

上，且 $CE' \perp BE$，从而 $CE' \parallel MA \parallel ND$. 又 $AE' = AE = AD$，所以，A 为 $E'D$ 的中点，故 M 为 NC 的中点.

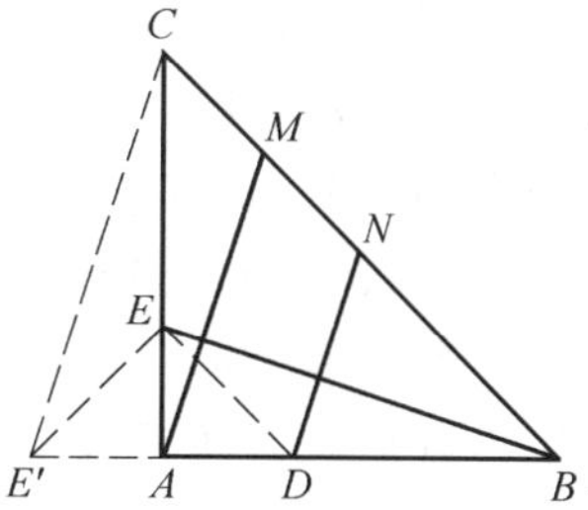

图 4.4.11

反之，设 M 为 NC 的中点，过 C 作 BE 的垂线交 BA 的延长线于 E'，则由 $CE' \parallel MA \parallel ND$ 知，A 为 DE' 的中点，所以 $AE' = AD = AE$，从而 $E'E \perp DE$. 又由 $AB = AC$，$AD = AE$ 知，$DE \parallel BC$，因此，$E'E \perp BC$. 而 $BE \perp CE'$，这说明 E 为 $\triangle BCE'$ 的垂心. 故 $CA \perp AB$.

本题的充分性为1974年举行的第8届原全苏数学奥林匹克试题. 通过一个旋转变换，问题便变得如此简单，而充分性的证明又为必要性的证明提供了正确思路.

例 4.4.10 设 M 为等腰直角 $\triangle ABC$ 的直角边 AC 上一点，过直角顶点 A 作 BM 的垂线交边 BC 于 D. 求证：M 为边 AC 的中点的充分必要条件是 $\angle DMC = \angle AMB$.（必要性：波罗的海地区数学奥林匹克，2000）

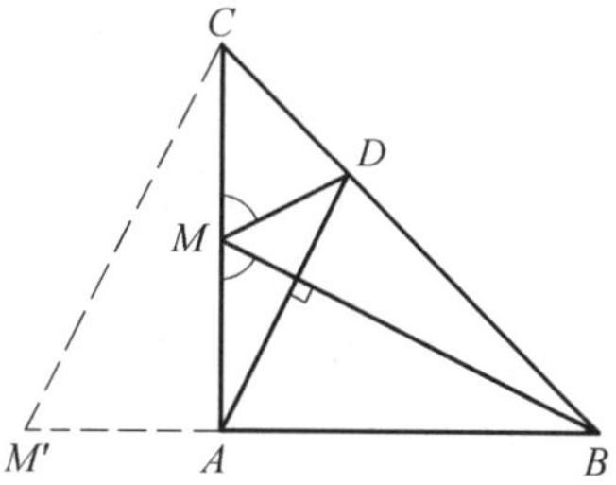

图 4.4.12

证法 1 如图 4.4.12 所示，作旋转变换 $R(A, 90°)$，则 $B \to C$. 设 $M \to M'$，则 M' 在 BA 的延长线上，$M'A = MA$，$CM' \perp BM$. 而 $DA \perp BM$，所以 $CM' \parallel DA$，从而 $\frac{CD}{M'A} = \frac{DB}{AB}$. 又 $\angle MCD = \angle DBA (= 45°)$，且由 $DA \perp BM$，$AM \perp AB$ 知，$\angle BAD = \angle AMB$. 于是，M 为边 AC 的中点 $\Leftrightarrow$

$$CM = MA \Leftrightarrow CM = M'A \Leftrightarrow \frac{CD}{CM} = \frac{DB}{AB} \Leftrightarrow$$

$$\triangle CMD \backsim \triangle ABD \Leftrightarrow \angle DMC = \angle BAD \Leftrightarrow \angle DMC = \angle AMB$$

证法 2 如图4.4.13所示，设斜边 BC 的中点为 O，作旋转变换 $R(O, -90°)$，则 $B \to A$，$A \to C$. 设 $M \to M'$，则 $AM' \perp BM$. 但 $AD \perp BM$，所以，M' 在 AD 的延长线上，且 $CM' = AM$，$\angle CM'D = \angle AMB$. 又 $CM' \perp AM$，所以 $\angle DCM' = \angle MCD (= 45°)$. 于是，$M$ 为边 AC 的中点 $\Leftrightarrow AM = MC \Leftrightarrow CM' = CM \Leftrightarrow \triangle CM'D \cong \triangle DMC \Leftrightarrow \angle CM'D = \angle DMC \Leftrightarrow \angle AMB = \angle DMC$.

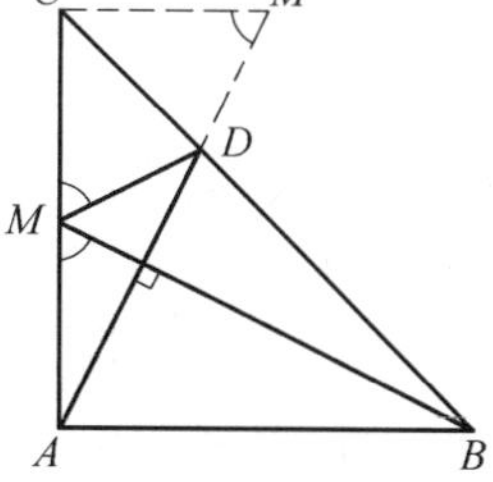

图 4.4.13

我们看到，对于本题来说，逆时针绕直角顶点旋转 90° 或顺时针绕斜边旋转 90° 都可以达到目的（且无论哪种方法都可以得到一个"副产品"：$BD = 2DC$）.

但有些等腰直角三角形问题,如果绕直角顶点旋转,则很难成功,而绕斜边的中点旋转,则非常容易.

例 4.4.11 设 P 是以 A 为直角顶点的等腰直角 $\triangle ABC$ 内部的一点,$PA=PB$.求证:$CP=CA$ 的充分必要条件是 $\angle APB=150°$.

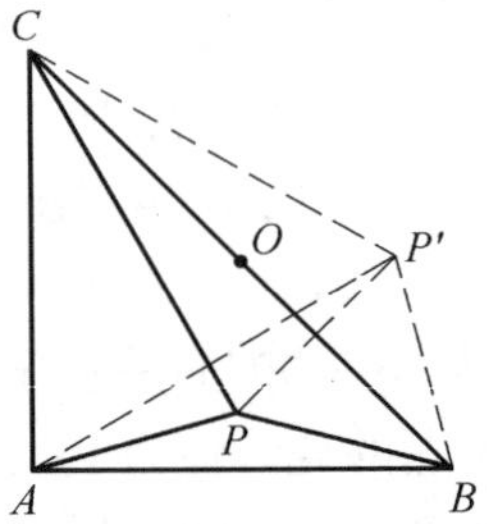

图 4.4.14

证明 如图 4.4.14 所示,设斜边 BC 的中点为 O.作旋转变换 $R(O,90°)$,则 $C\rightarrow A$,$A\rightarrow B$.设 $P\rightarrow P'$,则 $AP'=CP$,$P'B=PA=PB$,且 $\angle P'BA=\angle PAC$,$\angle BAP'=\angle ACP$.由 $PA=PB$ 知,$\angle BAP=\angle PBA$,所以

$$\angle P'BC=\angle P'BA-45°=\angle PAC-45°=(90°-\angle BAP)-45°=45°-\angle BAP=45°-\angle PBA=\angle CBP$$

从而 BC 为线段 PP' 的垂直平分线,所以 $CP'=CP=AP'$.

若 $CP=CA$,则 $AP'=CP'=CP=CA$,所以 $\triangle AP'C$ 是一个正三角形,$\angle P'AC=60°$,从而 $\angle BAP'=90°-60°=30°$,因此,$\angle ACP=\angle BAP'=30°$.于是由 $CA=CP$ 即知 $\angle PAC=75°$,故 $\angle BAP=90°-75°=15°$.再由 $PA=PB$ 即得 $\angle APB=150°$.

反之,若 $\angle APB=150°$,则有 $\angle PBA=15°$,$\angle PBC=30°$,所以 $\triangle PBP'$ 是一个正三角形.由此可知,$\angle BPP'=60°$,$PP'=PB$,从而 $\angle P'PA=150°$,因而 $\triangle APP'\cong\triangle APB$.于是 $AP'=AB$.故 $CP=AP'=AB=CA$.

如果问题中同时有两个或更多的等腰直角三角形,则我们可以选择其中的一个等腰直角三角形为主考虑实施旋转变换.

例 4.4.12 设 $\triangle PAB$ 与 $\triangle PCD$ 是两个具有公共直角顶点 P 且转向相同的等腰直角三角形,M 为线段 AD 上的一点,则 M 为 AD 中点的充分必要条件是 $PM\perp BC$.且当 M 为 AD 的中点时,$PM=\dfrac{1}{2}BC$.

证明 如图 4.4.15,4.4.16 所示,作旋转变换 $R(P,90°)$,则 $C\rightarrow D$.设

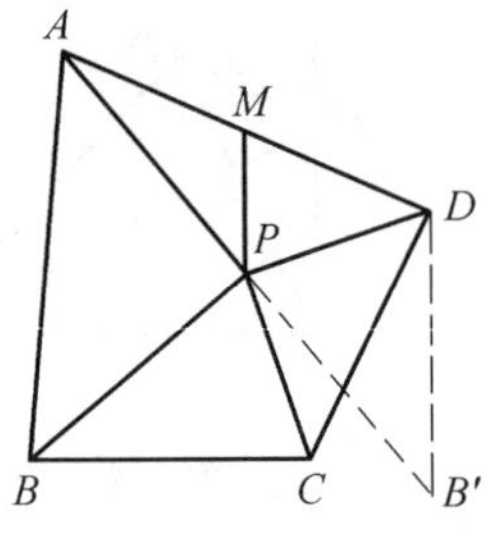

图 4.4.15

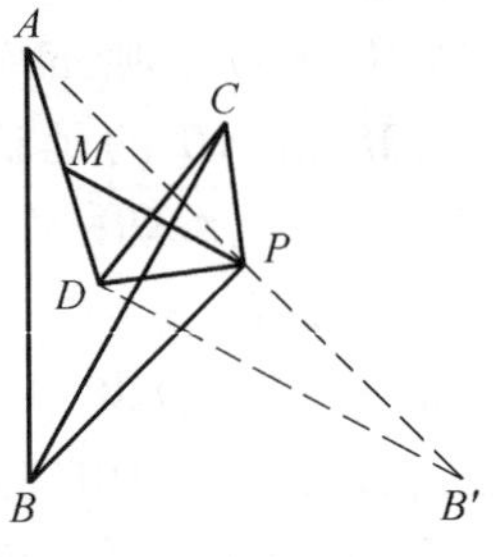

图 4.4.16

$B \to B'$,则 $B'D \stackrel{\perp}{=} BC$,$A$、$P$、$B'$ 三点共线,且 P 为 AB' 的中点.于是,由三角形的中位线定理,M 为 AD 的中点 $\Leftrightarrow PM /\!/ B'D \Leftrightarrow PM \perp BC$.显然,当 M 为 AD 的中点时,有 $PM = \frac{1}{2}B'D = \frac{1}{2}BC$.

本题尽管简单,但它在处理某些比较复杂的等腰直角三角形问题时是相当方便的.

命题4.4.1 分别以四边形 $ABCD$ 的顶点 B、C 为直角顶点,AB、DC 为腰向形外作等腰直角三角形 ABE、DCF.再以 BC 为斜边向形外作等腰直角三角形 BKC.则 E、K、F 三点共线,且 K 为线段 EF 的中点的充分必要条件是 $AD \perp BC$,且 $AD = 2BC$.

证明 如图4.4.17所示,作正方形 $BKCL$,设 M、N 分别为 AL、DL 的中点,则 $AD \stackrel{\parallel}{=} 2MN$.因 $\triangle LBK$,$\triangle LCK$ 皆为等腰直角三角形,由例4.4.12,$BM \perp EK$,$CN \perp KF$,且 $BM = \frac{1}{2}EK$,$CN = \frac{1}{2}KF$.于是,$AD \perp BC$,且 $AD = 2BC \Leftrightarrow MN \stackrel{\parallel}{=} BC \Leftrightarrow BM \stackrel{\parallel}{=} CN \Leftrightarrow EK$ 与 KF 共线,且 $EK = KF \Leftrightarrow E$、$K$、$F$ 三点共线,且 K 为线段 EF 的中点.

命题4.4.2 分别以四边形 $ABCD$ 的边 AB、CD 为腰,B、C 为直角顶点向形外作等腰直角三角形 ABE、CDF.再以 BC 为斜边向形外作等腰直角三角形 BKC,M 为边 AD 上的一点.则 M 是 DA 的中点的充分必要条件是 $MK \perp EF$,且 $MK = \frac{1}{2}EF$.

证明 如图4.4.18所示,以 K 为直角顶点作两个等腰直角三角形 AKI、DKJ,因 $\triangle ABE \sim \triangle AKI$,由此易知,$\triangle AIE \sim \triangle AKB$.这两个同向相似三角形有两组对应边的交点为 45°,所以 EI 与 BK 的交角也为 45°.但 BK 与 BC 的交角同样为 45°,所以 $EI \perp BC$.又 $\frac{EI}{BK} = \frac{AE}{AB} = \frac{BC}{BK}$,因此,$EI = BC$,即有 $EI \stackrel{\perp}{=} BC$.同理,$FJ \stackrel{\perp}{=} BC$.所以 $EI \stackrel{\parallel}{=} FJ$,从而 $EF \stackrel{\parallel}{=} IJ$.于是,由例4.4.12,$M$ 为 AD 的中点 $\Leftrightarrow MK \perp IJ$,且 $MK = \frac{1}{2}IJ \Leftrightarrow MK \perp EF$,且 $MK = \frac{1}{2}EF$.

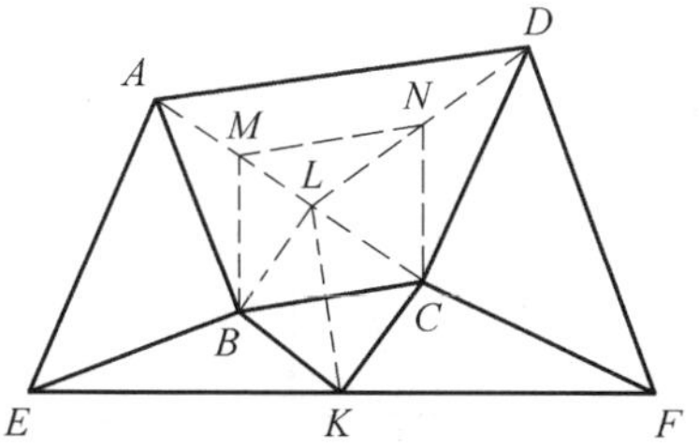

图4.4.17

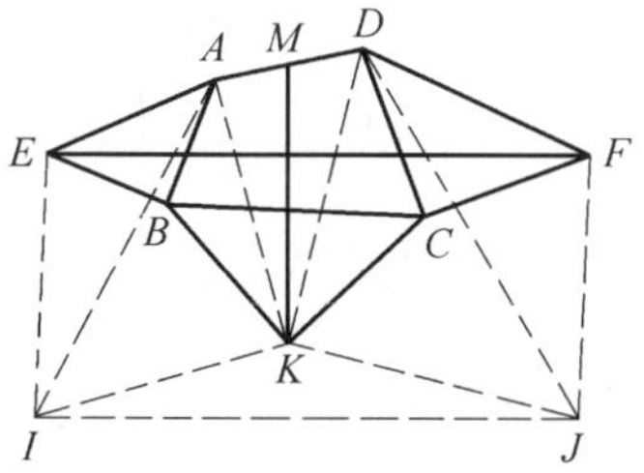

图4.4.18

命题 4.4.2 的必要性本质上是 1980 年举行的第 6 届俄罗斯数学奥林匹克中的一道平面几何题. 原题是以几个正方形的形式出现的,这里仅保留了其中有贡献的条件.

例 4.4.13 如图 4.4.19 所示,$\triangle ABC$ 和 $\triangle ADE$ 是两个不全等的等腰直角三角形. 现固定 $\triangle ABC$,将 $\triangle ADE$ 绕 A 点在平面上旋转. 证明:不论 $\triangle ADE$ 旋转到什么位置,线段 EC 上必存在一点 M,使 $\triangle BMD$ 为等腰直角三角形.(全国高中数学联赛,1987)

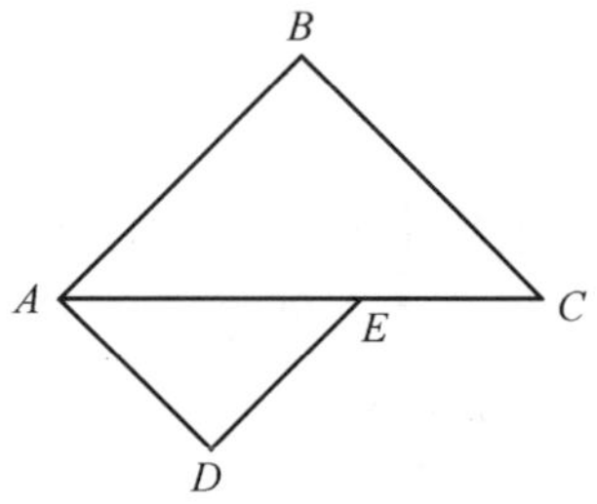

图 4.4.19

证明 因 $\triangle ABC$ 与 $\triangle ADE$ 不全等,所以,不论 $\triangle ADE$ 在平面上旋转到什么位置,B 与 D 以及 C 与 E 皆不会重合. 如图 4.4.20 所示,对 $\triangle ADE$ 绕 A 点在平面上旋转到任一固定位置,作旋转变换 $R(B,90°)$,则 $A\to C$. 设 $D\to D'$,则 $CD'\perp AD$. 但 $DE\perp AD$,所以 $CD' \mathrel{\underline{\parallel}} DE$,从而 DD' 与 CE 互相平分,即 CE 的中点 M 亦为 DD' 的中点. 因 DD' 是等腰直角 $\triangle DBD'$ 的斜边,故 $\triangle BDM$ 为等腰直角三角形. 也就是说,不论 $\triangle ADE$ 旋转到什么位置,对于线段 EC 的中点 M,$\triangle BDM$ 必为等腰直角三角形.

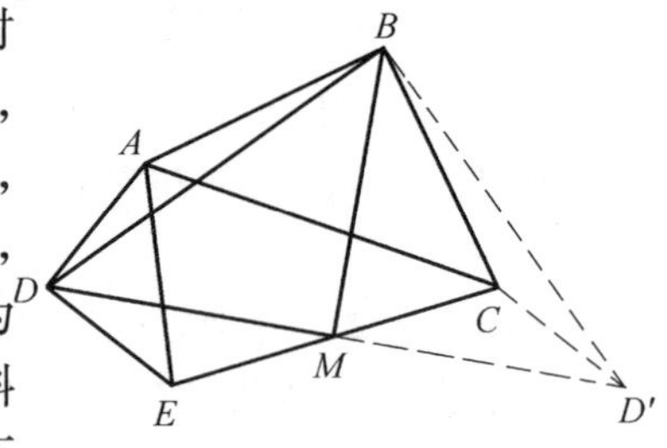

图 4.4.20

如果对于一个等腰直角三角形问题,当我们以直角顶点或斜边中点为旋转中心作旋转角为 90° 的旋转变换不奏效时,则还可以考虑选择某个锐角顶点为旋转中心作旋转角为 90° 的旋转变换.

例 4.4.14 设 M 是等腰直角 $\triangle ABC$ 的腰 AB 的中点,N 是腰 AC 上的一点,CM 与 BN 交于点 P. 求证:$CN = 2NA$ 的充分必要条件是 $\angle MPB = 45°$.

证明 如图 4.4.21 所示,作旋转变换 $R(B,90°)$,设 $A\to A'$,$C\to C'$,$N\to N'$,则 N' 在线段 $C'A'$ 上,$BN'\perp BN$,四边形 $A'C'AB$ 是一个正方形.

设 $CN = r\cdot CA$,则 $C'N' = r\cdot C'A'$. 因 $C'C = 2CA$,所以 $CN = \dfrac{1}{2}r\cdot C'C$,从而 $C'N = (1-\dfrac{1}{2}r)C'C$. 于是由 $\angle N'NB = 45°$ 即知

$$\angle MPB = 45° \Leftrightarrow NN' \parallel CA \Leftrightarrow \frac{C'N}{C'C} =$$

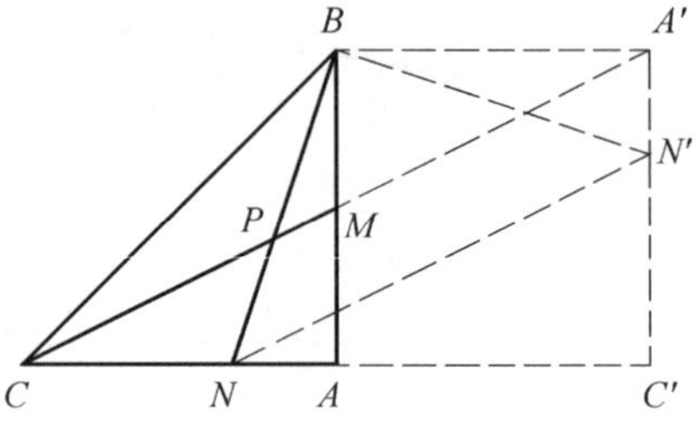

图 4.4.21

$$\frac{C'N'}{C'A'}\Leftrightarrow 1-\frac{1}{2}r=r\Leftrightarrow r=$$

$$\frac{2}{3}\Leftrightarrow CN=\frac{2}{3}CA\Leftrightarrow CN=2NA$$

4.5 等腰三角形、相等线段与旋转变换

由于在旋转变换下，旋转中心到两个对应点的距离相等，也就是说，旋转中心与一对对应点恰好构成一个等腰三角形的三个顶点(只要旋转角不是 180°)．另外，等腰三角形的外心对两腰所张的角是相等的，皆等于底角的两倍．因此，与等腰三角形(不限于等腰直角三角形与正三角形这两类特殊的等腰三角形)有关的平面几何问题，我们即可以大胆地考虑用旋转变换处理，旋转中心可以是等腰三角形的顶点(此时旋转角为顶角)，也可以是等腰三角形的外心(此时旋转角为底角的两倍)．

例 4.5.1 在 $\triangle ABC$ 中，$AB=AC$，P 是 $\triangle ABC$ 的内部一点．求证：$\angle APB>\angle CPA$ 的充分必要条件是 $PB<PC$．

证明 如图 4.5.1 所示．作旋转变换 $R(A,\measuredangle BAC)$，则 $B\to C$．设 $P\to P'$，则 $P'C=PB$，$\angle AP'C=\angle APB$，$\angle AP'P=\angle P'PA$．于是

$$\angle APB>\angle CPA\Leftrightarrow\angle AP'C>\angle CPA\Leftrightarrow$$

$$\angle AP'C\quad\angle AP'P>\angle CPA-\angle P'PA\Leftrightarrow$$

$$\angle P'PC>\angle CPP'\Leftrightarrow P'C<PC\Leftrightarrow PB<PC$$

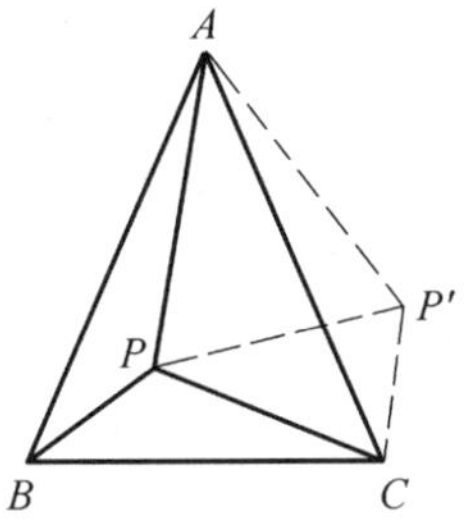

图 4.5.1

本题如果总是囿于 $\triangle ABC$ 内考虑，则我们似乎无法找到证明的突破口．但实施旋转变换后就大不一样了．

例 4.5.2 在 $\triangle ABC$ 中，$AB=AC$，D 是 $\triangle ABC$ 的外接圆的 $\overset{\frown}{BC}$(不含点 A) 上一点，I、J 分别为 $\triangle ABD$ 与 $\triangle ADC$ 的内心．求证：$BI^2+CJ^2=IJ^2$．

证明 如图 4.5.2 所示，作旋转变换 $R(A,\measuredangle BAC)$，则 $B\to C$．设 $D\to D'$，$I\to I'$，则 $CI'=BI$，I' 为 $\triangle ACD'$ 的内心，$\angle D'CA=\angle DBA=180°-\angle ACD$，所以 D' 在 DC 的延长线上．而 CI'、CJ 分别为 $\angle D'CA$ 与 $\angle ACD$ 的平分线，所以 $CI'\perp CJ$．

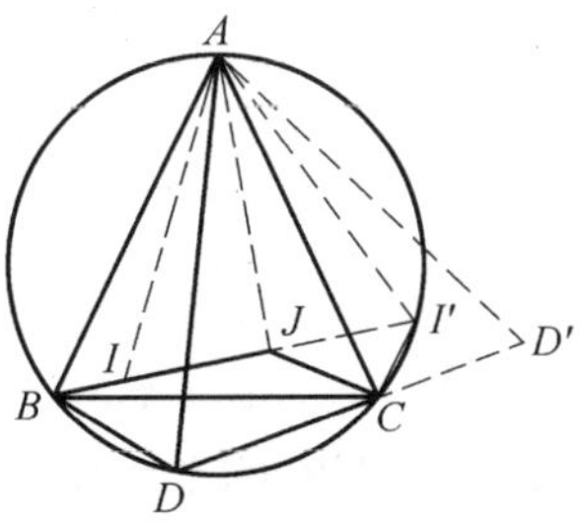

图 4.5.2

另一方面，因 AI、AJ、AI' 分别是 $\angle BAD$、$\angle DAC$ 及 $\angle CAD'$ 的平分线，$\angle DAD' = \angle BAC$，所以 $\angle JAI' = \angle IAJ(=\frac{1}{2}\angle BAC)$. 又 $AI' = AI$，因此，$\triangle AI'J \cong \triangle AIJ$，于是 $I'J = IJ$. 故

$$BI^2 + CJ^2 = CI'^2 + CJ^2 = I'J^2 = IJ^2$$

例 4.5.3 在 $\triangle ABC$ 中，$AB = AC$. D 是底边 BC 上一点，P 是 AD 上一点，且 $\angle BPD = \angle BAC$. 求证：$BD = 2DC$ 的充分必要条件是 $\angle BAC = 2\angle DPC$.

证明 1 如图 4.5.3 所示. 首先注意

$$\angle PBA + \angle BAD = \angle BPD = \angle BAC = \angle BAD + \angle DAC$$

因而有 $\angle PBA = \angle DAC$. 作旋转变换 $R(A, \measuredangle BAC)$，则 $B \to C$. 设 $P \to P'$，则 $\angle P'CA = \angle PBA = \angle DAC$，所以，$P'C \parallel AD$. 显然，$\triangle AP'P \backsim \triangle ABC$，于是，设 AC 与 $P'P$ 交于 E，则有

$$\frac{BD}{DC} = \frac{P'E}{EP} = \frac{P'C}{AP}$$

另一方面，由 $P'C \parallel AD$ 有，$\angle PP'C = \angle P'PA = \angle AP'P = \angle CBA$，这样，过 P 作 AP' 的平行线交 $P'C$ 于 M，则 $APMP'$ 是一个菱形. 于是(注意 $\angle BAC + 2\angle CBA = 180°$)

$$BD = 2DC \Leftrightarrow P'C = 2AP \Leftrightarrow P'C = 2PM \Leftrightarrow \angle CPP' = 90° \Leftrightarrow$$
$$\angle DPC + \angle P'PA = 90° \Leftrightarrow \angle DPC + \angle CBA = 90° \Leftrightarrow \angle BAC = 2\angle DPC$$

证法 2 如图 4.5.4 所示. 设 $\triangle ABC$ 的外心为 O，$\theta = \measuredangle CBA$，作旋转变换 $R(O, 2\theta)$，则 $C \to A$. 设 $P \to P'$，则 $\angle P'BA = \angle PAC = \angle PBA$，所以 P' 在 BP 上，且 $BP' = AP$，$\angle PP'A = \angle DPC$. 又

$$\angle APB = 180° - \angle BPD = 180° - \angle BAC = 2\angle CBA$$

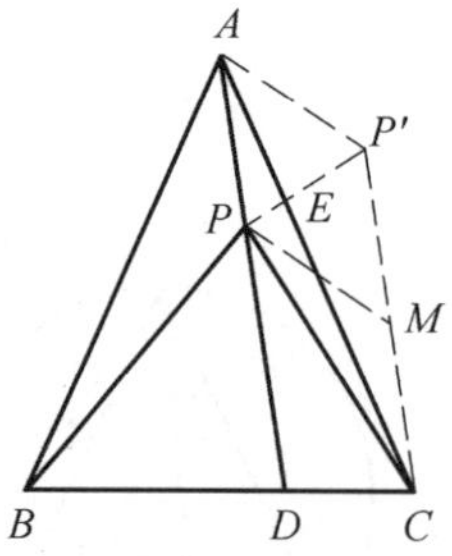

图 4.5.3

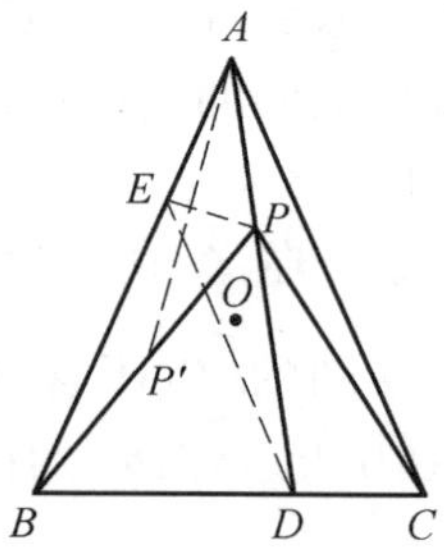

图 4.5.4

因此，设 $\angle APB$ 的平分线交 AB 与 E，则 $\angle APE = \angle CBA$，所以 E、B、D、P 四点共圆. 这样，$\angle BED = \angle BPD = \angle BAC$，所以 $ED \parallel AC$，从而 $\frac{BD}{DC} = \frac{EB}{AE} = \frac{PB}{PA}$. 于是

$$BD = 2DC \Leftrightarrow P'B = 2PA \Leftrightarrow P'P = AP \Leftrightarrow$$

$$\angle BPD = 2\angle PP'A \Leftrightarrow \angle BAC = 2\angle DPC$$

本题的充分性是 1992 年全国初中数学联赛中的一道平面几何题(当时普遍反映太难),而必要性则是 1998 年举行的第 6 届土耳其数学奥林匹克中的一道平面几何题.这里用旋转变换顺利地给出了它的两个证明,且都是充分性与必要性同时完成.

例 4.5.4 在 $\triangle ABC$ 中,$AB = AC$,D、E、F 分别为直线 BC、AB、AC 上的点,且 $DE \parallel AC$,$DF \parallel AB$,M 为 $\triangle ABC$ 的外接圆上$\overparen{BC}$ 的中点,求证:$MD \perp EF$.(伊朗国家队选拔考试,2005)

证明 如图 4.5.5 所示.因 $AB = AC$,$DF \parallel AB$,所以,$CF = DF$.又四边形 $EAFD$ 显然是一个平行四边形,所以 $AE = DF = CF$.于是,设 $\triangle ABC$ 的外心为 O,作旋转变换 $R(O, 2\measuredangle CBA)$,则 $C \to A$,$A \to B$,且 $F \to E$,所以 $OE = OF$.因此,设 EF 的中点为 N,则 $ON \perp EF$.

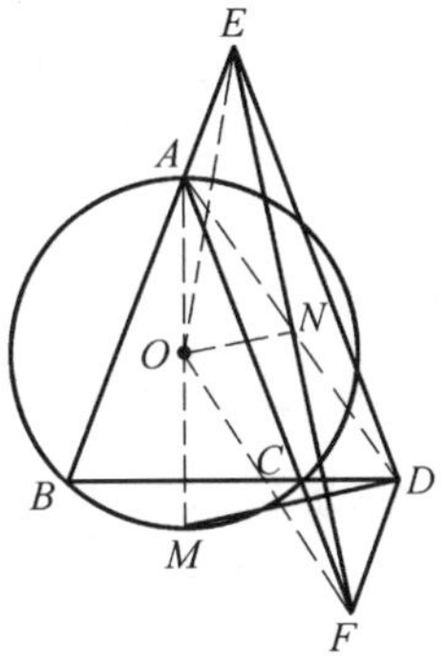

图 4.5.5

另一方面,因四边形 $EAFD$ 是一个平行四边形,所以,N 也是 AD 的中点.又因 $AB = AC$,M 为 $\triangle ABC$ 的外接圆上$\overparen{BC}$ 的中点,所以 AM 为 $\triangle ABC$ 的外接圆的直径,从而 O 为 AM 的中点,因此,$ON \parallel MD$,于是由 $ON \perp EF$ 即知 $DE \perp EF$.

例 4.5.5 在 $\triangle ABC$ 中,$AB = AC$,D 为 AB 边上的一点,且 $AD = BC$,$CD = \sqrt{2}BC$.求 $\angle BAC$ 的大小.

解 如图4.5.6所示.设 O 为 $\triangle ABC$ 的外心,作旋转变换 $R(O, 2\measuredangle CBA)$,则 $C \to A$,$A \to B$.设直线 CD 的像直线与 CD 交于 E,$E \to E'$,则 $\triangle ABE' \cong \triangle CAE$,$\triangle ADE \backsim \triangle CDA$,所以,$AE' = CE$,且$\frac{AD}{ED} = \frac{AC}{AE} = \frac{CD}{AD} = \frac{CD}{BC} = \sqrt{2}$.再由 $AD = BC$,得 $CD = \sqrt{2}AD = 2ED$,所以,E 为 CD 的中点,从而 $AE' = CE = DE$,于是,$\frac{AD}{AE'} = \frac{AD}{DE} = \sqrt{2} = \frac{AC}{AE} = \frac{AB}{AE}$.因此,$\frac{BD}{EE'} = \sqrt{2}$.

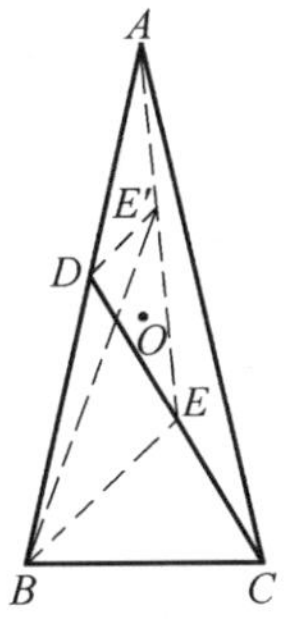

图 4.5.6

另一方面,因 E 为 CD 的中点,$\frac{CD}{BC} = \sqrt{2}$,所以,$\frac{BC}{CE} = \frac{CD}{BC} = \sqrt{2}$,因此,$\triangle BCD \backsim \triangle ECB$,从而 $\angle CBE = \angle BDC$,$\frac{BD}{BE} = \frac{BC}{CE} = \sqrt{2} = \frac{BD}{EE'}$,所以,$EE' =$

BE.这样便有

$$\angle EBE' = \angle BE'E = \angle BAE' + \angle E'BA = \angle BAE + \angle EAC = \angle BAC$$

$$\angle CBE + \angle E'BA = \angle BDC + \angle EAC =$$
$$\angle BAC + \angle ACE + \angle EAC = 2\angle BAC$$

所以,$\angle CBA = 3\angle BAC$.故 $\angle BAC = \frac{\pi}{7}$.

等腰三角形的本质是有一个顶点到另两个的顶点的距离相等.因此,对于一个平面几何问题,只要(隐)含有一点到另两点(三点不共线)的距离相等的条件,即可作为等腰三角形问题而考虑用旋转变换处理.

例 4.5.6 在 $\triangle ABC$ 中,$\angle A$ 的平分线与边 AB 的垂直平分线交于 D,$\angle B$ 的平分线与边 BC 的垂直平分线交于 E,$\angle C$ 的平分线与边 CA 的垂直平分线交于 F.求证

(1) 若 D 与 E 重合,则 $\triangle ABC$ 为正三角形;

(2) 若 D、E、F 互异,则 $\angle EDF = 90° - \frac{1}{2}\angle BAC$.

(德国数学奥林匹克,1993)

证明 (1) 若 D 与 E 重合,则 $\triangle ABC$ 的内心与外心重合,从而 $\triangle ABC$ 为正三角形.

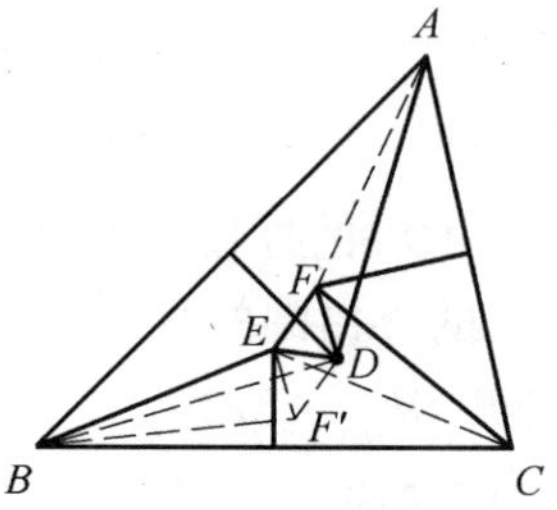

图 4.5.7

(2) 如图 4.5.7 所示.作旋转变换 $R(D, \measuredangle ADB)$,则 $A \to B$.设 $F \to F'$,则 $BF' = AF = FC$,且 $\angle F'BD = \angle FAD = \frac{1}{2}(\angle ACB - \angle BAC)$.又 $BE = CE$,且

$$\angle F'BE = \angle F'BD + \angle DBE =$$
$$\frac{1}{2}(\angle ACB - \angle BAC) + \frac{1}{2}(\angle BAC - \angle ABC) =$$
$$\frac{1}{2}(\angle ACB - \angle ABC) = \angle FCE$$

所以,$\triangle EBF' \cong \triangle ECF$,因此,$EF' = EF$.于是再由 $DF' = DE$ 知 $\triangle DEF' \cong \triangle DEF$.故

$$\angle EDF = \angle EDF' = \frac{1}{2}\angle FDF' =$$
$$\frac{1}{2}\angle ADB = 90° - \angle BAC$$

例 4.5.7 设四边形 $ABCD$ 内接于圆,另一圆的圆心在边 AB 上,且与四边形的其余三边相切.求证:$AD + BC = AB$.(第 26 届 IMO,1985)

证明 如图 4.5.8 所示.设 $\odot O$ 的圆心 O 位于 AB 上,且 $\odot O$ 与 BC、CD、

DA 分别相切于 E、F、G，则 $OF = OG$. 作旋转变换 $R(O, \measuredangle FOG)$，则 $F \to G$. 设 $C \to C'$，由 $CD \perp OF$, $AD \perp OG$ 知 C' 在直线 AD 上，且 $GC' = FC = CE$, $\angle GC'E = \angle FCO$. 令 $\angle FCO = \theta$，则有 $\angle AC'O = \theta$, $\angle OCB = \theta$. 因四边形 $ABCD$ 内接于圆，所以 $\angle OAC' = 180° - 2\theta$，从而 $\angle C'OA = \theta = \angle AC'O$. 于是，$AO = AC' = AG + GC' = AG + EC$. 同理，$OB = GB + BE$. 故

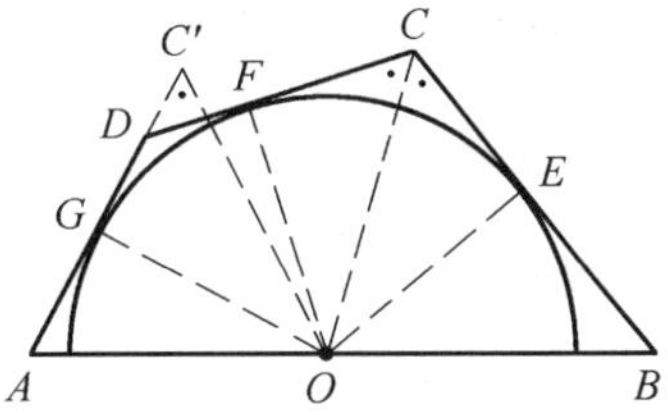

图 4.5.8

$$AB = AO + OB = AG + EC + GD + BE = AD + BC$$

有些(隐含的)等腰三角形问题可能需作两个或更多的旋转变换(非变换之积)方可奏效.

例 4.5.8 设 P、A、B、C、D 是一个圆上的不同五点，$\angle APB = \angle BPC = \angle CPD$. 求证：$PC(PA + PC) = PB(PB + PD)$.(第 30 届英国数学奥林匹克，1994)

证明 条件说明 $AB = BC = CD$. 如图 4.5.9 所示，作旋转变换 $R(C, \measuredangle DCB)$，则 $D \to B$. 设 $P \to P_1$，则 $BP_1 = PD$, $\angle CP_1B = \angle CPD$，且 $\angle P_1BC = \angle PDC = 180° - \angle CBP$，所以，$P_1$ 在 PB 的延长线上. 同样，如果作旋转变换 $R(B, \measuredangle ABC)$，设 $P \to P_2$，则 $CP_2 = PA$, $\angle CP_2B = \angle APB$, P_2 在 PC 的延长线上. 由于 $\angle APB = \angle CPD$，所以 $\angle CP_2B = \angle CP_1B$，于是，$P_1$、$B$、$C$、$P_2$ 四点共圆，从而 $PC \cdot PP_2 = PB \cdot PP_1$. 但

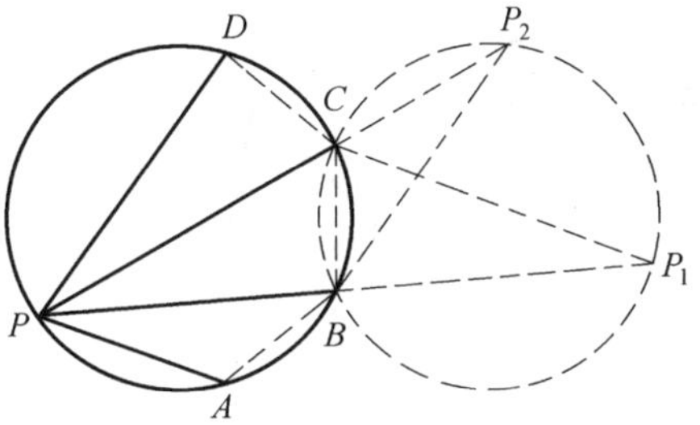

图 4.5.9

$$PP_2 = PC + CP_2 = PC + PA$$

$$PP_1 = PB + BP_1 = PB + PD$$

故 $$PC(PA + PC) = PB(PB + PD)$$

对于要证明的结论是"$OA = OB$，且 $\angle AOB = \theta$"的一类平面几何问题，我们也可以先作一个旋转变换 $R(O, \theta)$，找出一些已知点的对应点，然后根据旋转变换的性质和已知条件设法证明"$A \xrightarrow{R(O,\theta)} B$".

例 4.5.9 设 D、E、F 为 $\triangle ABC$ 所在平面上的三点，且 $\measuredangle ABF = \measuredangle ECA = \alpha$, $\measuredangle FAB = \measuredangle CAE = \beta$, $\measuredangle DBC = \measuredangle BCD = \gamma$, $\alpha + \beta + \gamma = 90°$. 求证：$DE = DF$，且 $\measuredangle EDF = 2\alpha$.

证明 如图4.5.10,4.5.11所示.作旋转变换 $R(D,2\alpha)$,设 $C\to C'$,则 $\measuredangle C'DC=2\alpha$,且 $D'C=DC=BD$,所以 B、C'、C 在以 D 为圆心、DC 为半径的圆上.于是,$\measuredangle CBC'=\frac{1}{2}\measuredangle CDC'=\alpha$.又 $\measuredangle CDB=180°-2\gamma$,所以 $\measuredangle C'DB=\measuredangle CDB-\measuredangle CDC'=180°-2\gamma-2\alpha=2\beta$.于是,$\measuredangle C'CB=\frac{1}{2}\measuredangle C'DB=\beta$,从而 $\triangle C'BC\backsim\triangle FBA$,进而 $\triangle FBC'\backsim\triangle ABC$,所以,$\measuredangle FC'B=\measuredangle ACB$,且 $\frac{F'C}{AC}=\frac{FB}{AB}$.又由 $\triangle FBA\backsim\triangle ECA$ 知 $\frac{FB}{AB}=\frac{EC}{AC}$,因此,$FC'=EC$.

另一方面,由 $\measuredangle C'DB=2\beta$,$BD=DC$ 知,$\measuredangle BC'D=90°-\beta$,于是

$$\measuredangle FC'D=\measuredangle FC'B+\measuredangle BC'D=\measuredangle ACB+90°-\beta$$

但

$$\measuredangle ECD=\measuredangle ECA+\measuredangle ACB+\measuredangle BCD=\alpha+\measuredangle ACB+\gamma=\measuredangle ACB+90°-\beta$$

所以,$\measuredangle FC'D=\measuredangle ECD$,从而 $E\xrightarrow{R(D,2\alpha)}F$.故 $DE=DF$,且 $\measuredangle EDF=2\alpha$.

特别地,取 $\alpha=\beta=\gamma=30°$,则由例4.5.9立即得到4.1中所述Napoleon定理.

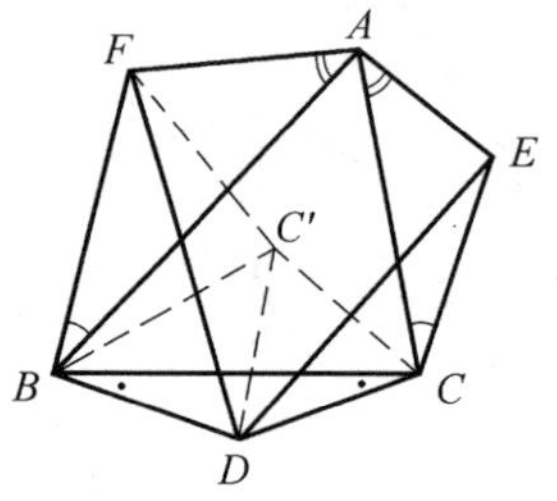

图4.5.10

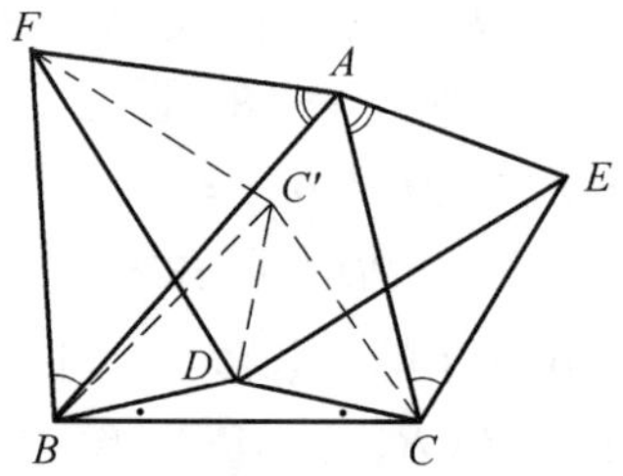

图4.5.11

取 $\alpha=45°$,$\beta=30°$,$\gamma=150°$,则由例4.5.9即得如下命题.

命题4.5.1 在任意 $\triangle ABC$ 的边上向形外作 $\triangle BDC$、$\triangle CEA$、$\triangle AFB$,使得 $\angle ABF=\angle ECA=45°$,$\angle FAB=\angle CAE=30°$,$\angle DBC=\angle BCD=15°$,则 $DE\perp DF$.(第17届IMO,1975)

取 $\alpha=30°$,$\beta=45°$,$\gamma=15°$,则由例4.5.9即得如下命题.

命题4.5.2 在任意 $\triangle ABC$ 的边上向形外作 $\triangle BDC$、$\triangle CEA$、$\triangle AFB$,使得 $\angle ABF=\angle ECA=45°$,$\angle FAB=\angle CAE=30°$,$\angle DBC=\angle BCD=15°$,则 $\triangle DEF$ 是一个正三角形.

取 $\alpha=\beta=45°$,$\gamma=0$,则由例4.5.9即得如下命题.

命题4.5.3 设 D 为 BC 的中点,E、F 分别以 AC、AB 为斜边在形外所作等腰直角三角形的直角顶点,则 $\triangle DEF$ 也是一个等腰直角三角形.(第9届爱尔兰

数学奥林匹克,1996)

取 $\gamma = 0$,则由例 4.5.9 即得

命题 4.5.4 设 P 是 $\triangle ABC$ 内部一点,D 是边 BC 的中点,E、F 分别是边 CA、AB 上的点,满足 $\angle PAB = \angle ACP$,$\angle BFP = \angle PEC$,则 $DE = DF$.(第4届澳大利亚数学奥林匹克,1983)

由定理1.4.4,对于两条既不平行又不共线且无公共端点的相等线段,存在两个旋转变换,使其中一条线段变为另一条线段.于是,对于这种一般位置关系的相等线段问题,除了可以考虑用平移变换处理外(见 3.3),还可以考虑用旋转变换处理.

例 4.5.10 在四边形 $ABCD$ 中,$AB = CD$,$AD \nparallel BC$.分别以 BC、AD 为底边作两个同向相似的等腰三角形 EBC、FAD.求证:EF 平行于 BC 和 AD 的中点的连线.(第 19 届俄罗斯数学奥林匹克,1993).

在第 3 章(例 3.3.11) 曾用平移变换给出了本题的一个证明,颇费周折.这里用旋转变换给出一个相当简单的证明.

证明 如图 4.5.12 所示,设 M、N 分别是线段 BC、AD 的中点,则直线 EM、FN 分别是线段 BC、AD 的垂直平分线.设这两条垂直平分线交于点 O,$\theta = \measuredangle BOC = \measuredangle AOD$,作旋转变换 $R(O,\theta)$,则 $A \to D$,$B \to C$.因 $\triangle OBC$ 与 $\triangle OAD$ 是顶角相等的等腰三角形,所以,$\triangle OBC \backsim \triangle OAD$.再由 $\triangle EBC \backsim \triangle FAD$ 即得 $\frac{OM}{ON} = \frac{BC}{AD} = \frac{EM}{FN}$.故 $EF \parallel MN$.

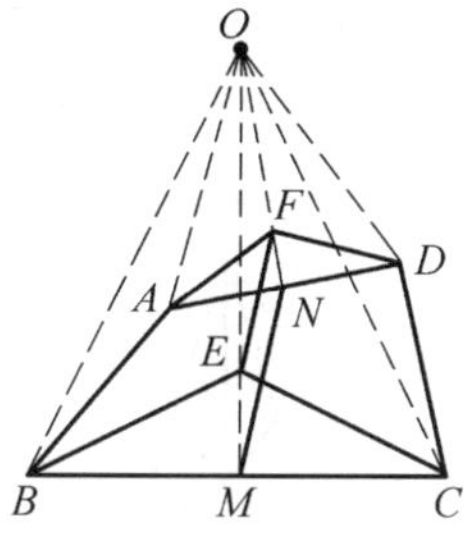

图 4.5.12

例 4.5.11 在 $\triangle ABC$ 中,$AB = AC$,$\angle BAC = 30°$.分别在边 AB 和 AC 上取点 P 和 Q,使得 $\angle QPC = 45°$,且 $PQ = BC$.证明:$BC = CQ$.(第 20 届俄罗斯数学奥林匹克,1994)

本题即例 3.3.8,那里将其作为相等线段问题用平移变换给出了一个证明,这里再用旋转变换给出它的另一个证明.

证明 如图 4.5.13 所示,设 CP 的垂直平分线与 BQ 的垂直平分线交于点 O.不难知道,$\measuredangle(BC,QP) = 60°$,所以,$\angle BOQ = \angle COP = 60°$.作旋转变换 $R(O,60°)$,则 $B \to Q$,$C \to P$,$\angle QOP = \angle BOC$.设 $A \to A'$,则 $\triangle OBQ$、$\triangle OAA'$ 皆为正三角形,$\angle A'PQ = \angle ACB = 75°$,$\angle PQA' = \angle CBA = 75°$,所以

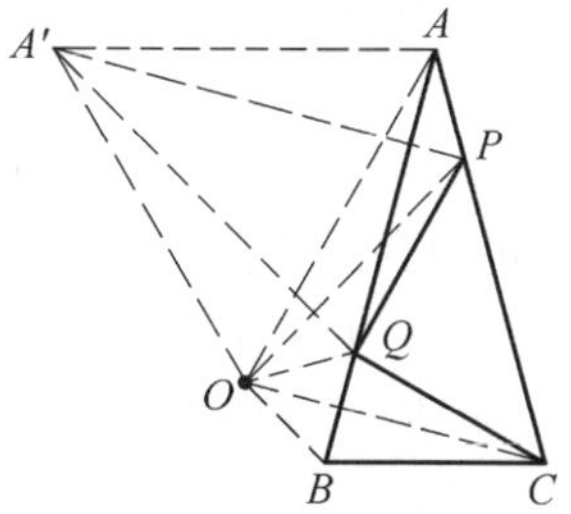

图 4.5.13

$$\angle APA' = \angle APQ - \angle A'PQ = 135^\circ - 75^\circ = 60^\circ = \angle AOA'$$

$$\angle AQA' = \angle PQA' - \angle PQA = 75^\circ - 15^\circ = 60^\circ = \angle AOA'$$

因此 A、P、Q、O、A' 五点共圆. 于是 $\angle QOP = \angle QAP = 30^\circ$,从而 $\angle BOC = \angle QOP = 30^\circ$. 但 $\angle BOQ = 60^\circ$,所以 $\angle BOC = \angle COQ = 30^\circ$,这说明 OC 是 BQ 的垂直平分线. 故 $BC = CQ$.

例 4.5.12 设 P 是 $\triangle ABC$ 中 $\angle A$ 的平分线所在直线上的一点,直线 BP、CP 分别交 AC、AB 于 E、F. 证明:若 $BE = CF$,则 $\triangle ABC$ 为等腰三角形.

证明 如图 4.5.14 ~ 4.5.16 所示,设 CE 的垂直平分线与 BF 的垂直平分线交于点 O. 作旋转变换 $R(O, \measuredangle COE)$,则 $CF \to EB$. 设 $A \to A'$, $P \to P'$,则 P' 在直线 BE 上, $A'P' = AP$, $A'E = AC$,且 $\measuredangle BA'E = \measuredangle FAC$,即 $\measuredangle BA'E = \measuredangle BAE$,于是 A'、B、E、A 四点共圆,从而 $\measuredangle EBA = \measuredangle EA'A$. 又 $\measuredangle P'A'E = \measuredangle PAC = \measuredangle BAP$,所以 $\measuredangle EPA = \measuredangle EBA + \measuredangle BAP = \measuredangle EA'A + \measuredangle P'A'E = \measuredangle P'A'A$,从而 A'、P'、P、A 四点共圆. 再注意 $A'P = AP$,所以有 $AA' /\!/ BE$,这说明四边形 $A'BEA$ 是梯形. 但圆内接梯形是等腰梯形,且一个梯形是等腰梯形当且仅当梯形的两对角线相等. 故无论点 P 在 $\triangle ABC$ 内还是在 $\triangle ABC$ 外,都有 $AB = A'E = AC$,即 $\triangle ABC$ 是等腰三角形.

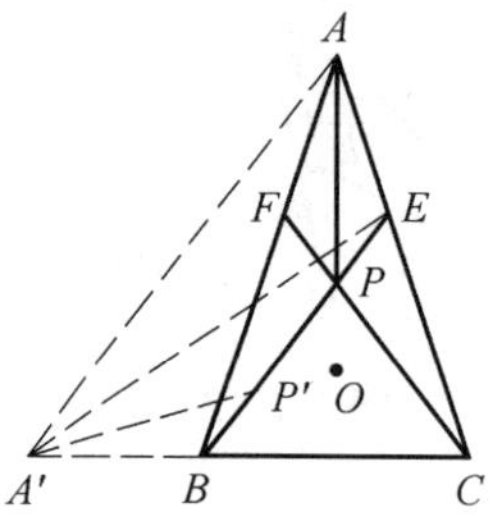

图 4.5.14

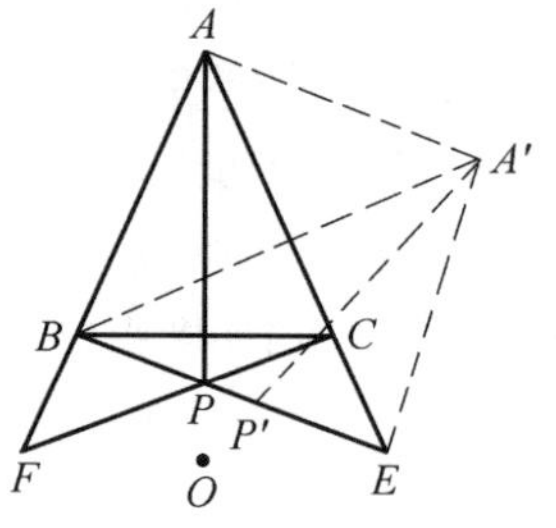

图 4.5.15

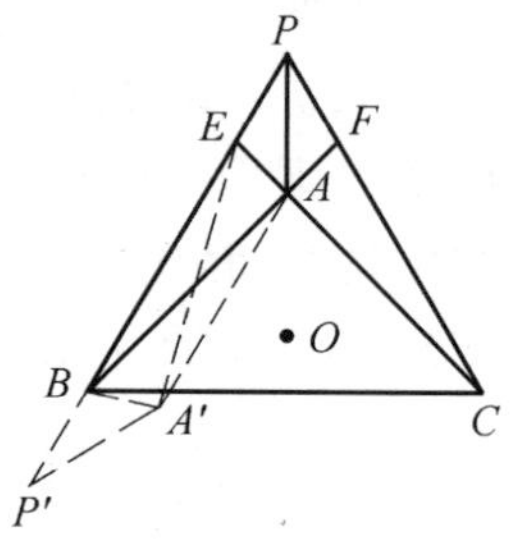

图 4.5.16

本题是著名的**Lehmus - Steiner 定理**——“有两条角平分线相等的三角形是等腰三角形”的一个推广.“等腰三角形的两底角的平分线相等”这个命题是很容易证明的,但其逆命题“有两条角平分线相等的三角形是等腰三角形”就没有那么容易证明了. 1840 年,德国的 C. L. Lehmus 教授首先注意到了这个逆命题,并被其纯几何证法所难倒,于是便写信向当时德国著名的几何学家 J. Steiner 请教. J. Steiner 于当年即用反证法给出了一个间接的几何证明,由此便引起了世界各国的数学工作者,包括一些大数学家的兴趣. 一百多年来,人们对这个定理给出了不少直接或间接的简繁不一的证明. 这里用旋转变换给出的其推广形式的证明是一个简明的、纯几何的直接证明.

4.6 三角形的连接与旋转变换之积

如果不同的三角形有一个公共顶点,则称为三角形的连接.在平面几何中,经常可以遇到三角形的连接问题,它属于平面几何中比较复杂的问题.

在1.3与1.4中,我们先后证明了关于旋转变换之积的如下两个定理.

定理 1.3.15 设 $R(O_1,\theta_1),R(O_2,\theta_2),\cdots,R(O_n,\theta_n)$ 是平面 π 上的 $n(n\geqslant 2)$ 个旋转变换,则

(1) 当 $\theta_1+\theta_2+\cdots+\theta_n\neq 2k\pi$($k$ 为整数)时,在平面 π 上存在一点 O,使得

$$R(O_1,\theta_1)R(O_2,\theta_2)\cdots R(O_n,\theta_n)=R(O,\theta_1+\theta_2+\cdots+\theta_n)$$

仍是一个旋转变换;

(2) 当 $\theta_1+\theta_2+\cdots+\theta_n=2k\pi$($k$ 为整数)时,在平面 π 上存在向量 $\boldsymbol{v}$,使得

$$R(O_1,\theta_1)R(O_2,\theta_2)\cdots R(O_n,\theta_n)=T(\boldsymbol{v})$$

是一个平移变换.

定理 1.4.3 设 O_1、O_2、O_3 是平面 π 上不共线的三点,$\theta_i>0(i=1,2,3)$.如果 $\theta_1+\theta_2+\theta_3=2\pi$,且 $R(O_3,\theta_3)R(O_2,\theta_2)R(O_1,\theta_1)=I$ 为恒等变换,则有

$$\measuredangle O_3O_1O_2=\frac{1}{2}\theta_1,\ \measuredangle O_1O_2O_3=\frac{1}{2}\theta_2,\ \measuredangle O_2O_3O_1=\frac{1}{2}\theta_3$$

本节将举例说明,这两个定理在处理有关等腰三角形的连接问题时是十分方便的.

设 $R(O_i,\theta_i)(\theta_i\in(0,2\pi),i=1,2,3)$ 是平面 π 的三个旋转变换,且 $\theta_1+\theta_2+\theta_3=2\pi$,由定理1.3.15,存在向量 $\boldsymbol{v}$,使得

$$R(O_3,\theta_3)R(O_2,\theta_2)R(O_1,\theta_1)=T(\boldsymbol{v})$$

是一个平移变换.如果存在点 A,使得

$$A\xrightarrow{R(O_1,\theta_1)}A'\xrightarrow{R(O_2,\theta_2)}A''\xrightarrow{R(O_3,\theta_3)}A$$

则 A 为平移变换 $T(\boldsymbol{v})$ 的一个不动点.但非恒等的平移变换没有不动点,因而 $T(\boldsymbol{v})=I$ 为恒等变换,即有

$$R(O_3,\theta_3)R(O_2,\theta_2)R(O_1,\theta_1)=I$$

这样,由定理1.4.3即可简捷地处理一类由等腰三角形的连接产生的新的三角形的形状问题.

例 4.6.1(Napoleon) 在任意 $\triangle ABC$ 的三边上向形外作正三角形 BDC、CEA、AFB,设这三个正三角形的中心分别为 L、M、N.求证:$\triangle LMN$ 也是一个正

三角形.

Napoleon 定理在前面首先是作为定理 4.3.2 的一个推论(推论 4.3.1) 出现的,而用定理 1.4.3 证明则显得特别简单.

证明 如图 4.6.1 所示. 显然,$\triangle LBC$、$\triangle MCA$、$\triangle NAB$ 均是顶角为 $120°$ 的等腰三角形,所以

$$A \xrightarrow{R(M,120°)} C \xrightarrow{R(L,120°)} B \xrightarrow{R(N,120°)} A$$

而 $120° + 120° + 120° = 360°$,因此

$$R(N,120°)R(L,120°)R(M,120°) = I$$

于是由定理 1.4.3 即知,$\triangle LMN$ 的三个内角均为 $60°$,故 $\triangle LMN$ 是一个正三角形.

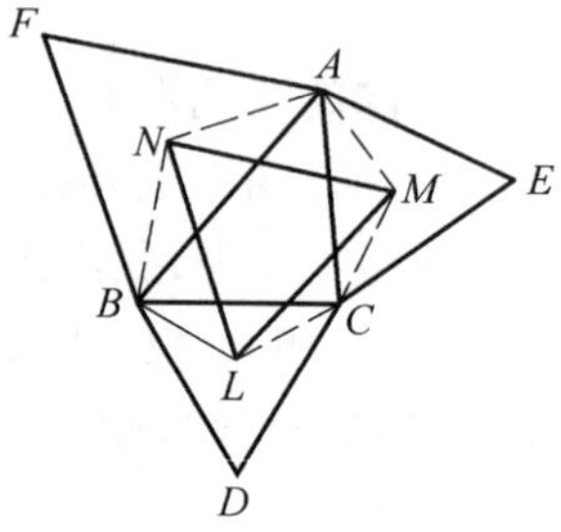

图 4.6.1

例 4.6.2 设 D 为 BC 的中点,E、F 分别以 AC、AB 为斜边在形外所作等腰直角三角形的直角顶点,则 $\triangle DEF$ 也是一个等腰直角三角形.(第9届爱尔兰数学奥林匹克,1996)

本题即命题 4.5.3,例 4.4.13 本质上也就是命题 4.5.3,因而我们实际上给出了它的两种证法. 这里再用定理 1.4.3 给出它的一个别具一格的证法.

证明 如图 4.6.2 所示,由条件显然有

$$A \xrightarrow{R(E,90°)} C \xrightarrow{R(D,80°)} B \xrightarrow{R(F,90°)} A$$

而 $90° + 180° + 90° = 360°$,所以

$$R(F,90°)R(D,180°)R(E,90°) = I$$

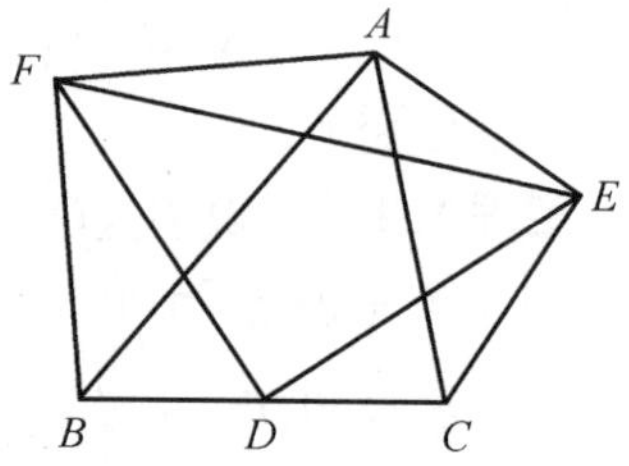

图 4.6.2

于是由定理 1.4.3 即知,$\angle FED = \angle DFE = 45°$. 故 $\triangle DEF$ 是一个以 D 为直角顶点的等腰直角三角形.

例 4.6.3 以 $\triangle ABC$ 的边 BC 为底边向形内作顶角为 $150°$ 的等腰 $\triangle DBC$,以 AC 为斜边向形外作等腰直角 $\triangle ECA$,以 AB 为边长向形外作正 $\triangle FAB$. 试确定 $\triangle DEF$ 的形状.

解 如图 4.6.3 所示,因 $\measuredangle BDC = 150°$,所以,$\measuredangle CDB = 210°$. 于是,由条件可知

$$A \xrightarrow{R(E,90°)} C \xrightarrow{R(D,210°)} B \xrightarrow{R(F,60°)} A$$

而 $90° + 210° + 60° = 360°$,所以

$$R(F,60°)R(D,210°)R(E,90°) = I$$

从而由定理 1.4.3 即知

$$\angle FED = 45°, \angle EDF = 105°, \angle DFE = 30°$$

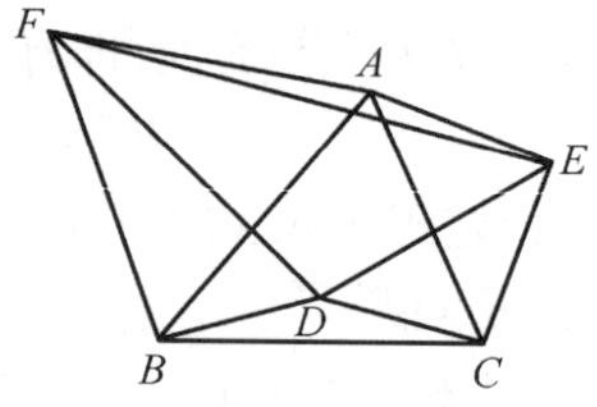

图 4.6.3

在本题中，$\triangle DBC$ 是向 $\triangle ABC$ 的形内方向而作，而 $\triangle ECA$ 与 $\triangle FAB$ 都是向 $\triangle ABC$ 的形外方向而作. 考虑到角的方向的一致性，我们对 $\angle CDB$ 要取值优角①. 这一点要特别引起注意.

例 4.6.4（Von-Aubel） 以任意四边形 $ABCD$（不一定是凸的）的边为斜边作四个转向相同的等腰直角三角形 APB、BQC、CRD、DSA. 求证：$PR \perp\!\!\!= QS$.

证明 如图4.6.4,4.6.5所示，设 AC 的中点为 O，由例4.6.2，$OP \perp\!\!\!= OQ$，$OR \perp\!\!\!= OS$，于是，作旋转变换 $R(O,90°)$，则有 $EG \to FH$. 故 $FH \perp\!\!\!= EG$.

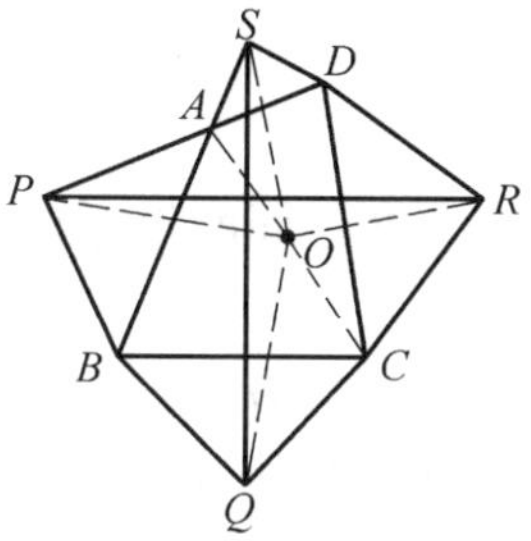

图 4.6.4

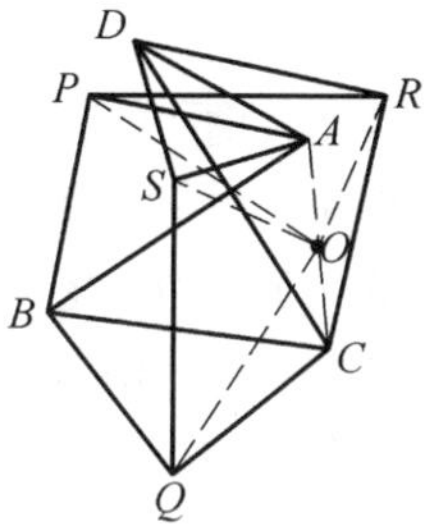

图 4.6.5

特别地，当四边形退化为三角形时，我们有

命题 4.6.1 以 $\triangle ABC$ 的边长为斜边作三个转向相同的等腰直角三角形 BDC、CEA、AFB，则 $EF \perp\!\!\!= AD$（图 4.6.6,4.6.7）.

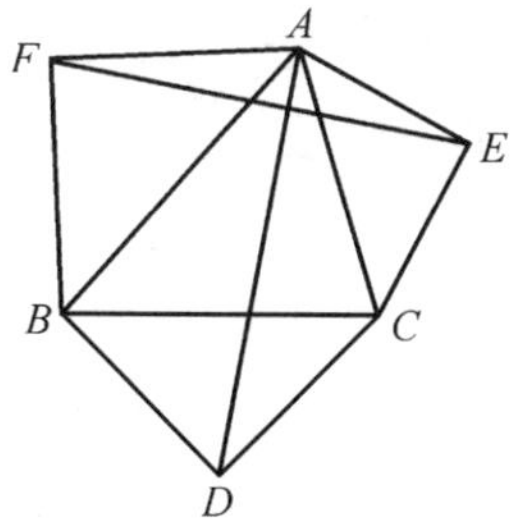

图 4.6.6

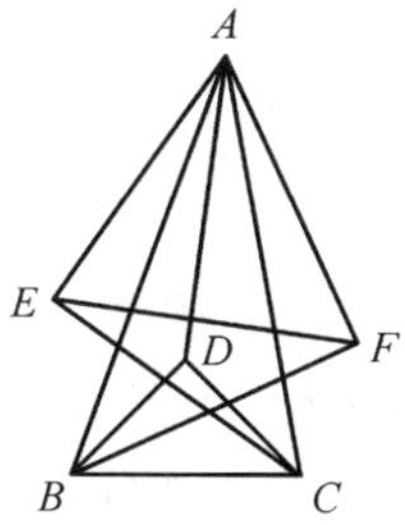

图 4.6.7

在命题 4.6.1 中，分别将 AE、AF 延长一倍，则有

命题 4.6.2 以 $\triangle ABC$ 的边 BC 为斜边作等腰直角 $\triangle BDC$，再分别以 B、C 为直角顶点作两个与 $\triangle BDC$ 同向的等腰直角三角形 ACE、FBA，则 $EF \perp AD$，且 $EF = 2AD$（图 4.6.8,4.6.9）.

① 大于平角而小于周角的角称为优角.

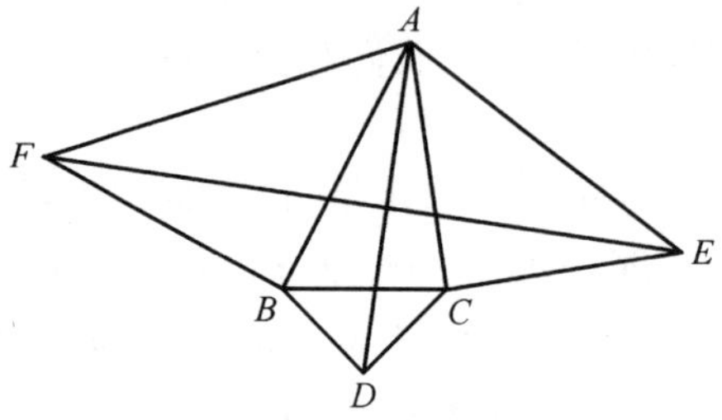

图 4.6.8

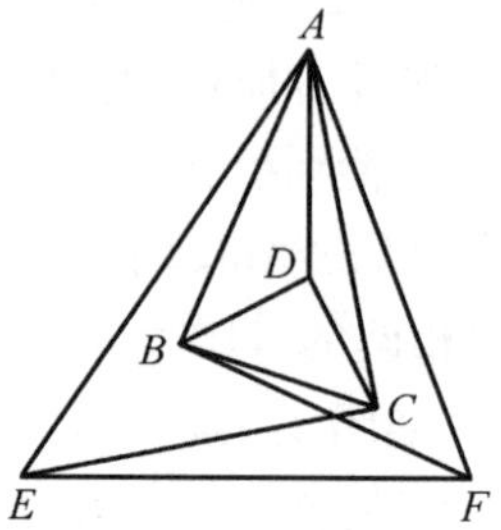

图 4.6.9

由命题 4.6.1 还可简单的得到

命题 4.6.3 以 $\triangle ABC$ 的边长为斜边作三个转向相同的等腰直角三角形 BDC、CEA、AFB，则 AD、BE、CF 三线共点.

事实上，如图 4.6.10，4.6.11 所示. 由命题 4.6.1，有 $AD \perp EF$，$BE \perp FD$，$CF \perp DE$，这说明 AD、BE、CF 为 $\triangle DEF$ 的三条高所在直线. 故 AD、BE、CF 三线共点.

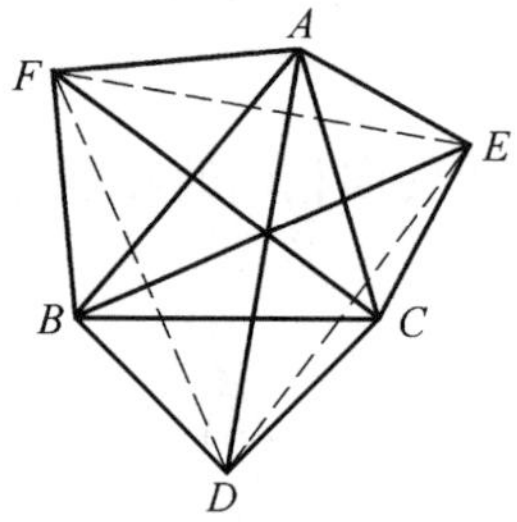

图 4.6.10

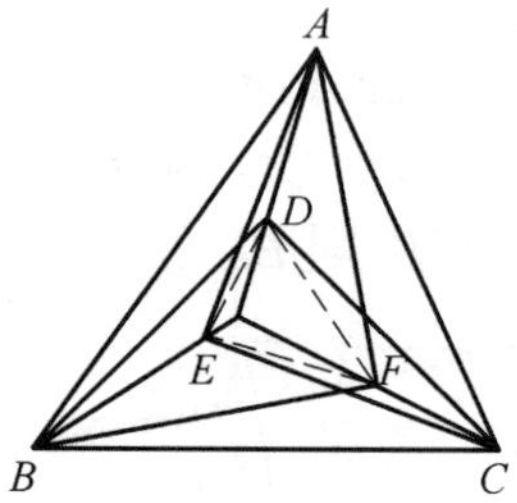

图 4.6.11

由命题 4.6.3 并结合旋转变换可以轻松地解决下面一道平面几何题：

在 $\triangle ABC$ 的形外分别以 AB、BC、CA 为边长作三个正方形 $ADEB$、$BFGC$、$CHIA$. 设 AF 与 BH 交于 P_1，BH 与 CD 交于 Q_1，CD 与 AF 交于 R_1，AG 与 BI 交于 P_2，BI 与 CE 交于 Q_2，CE 与 AG 交于 R_2. 求证：$\triangle P_1Q_1R_1 \cong \triangle P_2Q_2R_2$.（中国国家队选拔考试，1999）

事实上，如图 4.6.12 所示. 设 O_1、O_2、O_3 分别为四边形 $BFGC$、$CHIA$、$ADEB$ 的中心，BI 与 CD 交于 P，CE 与 AF 交于 Q，AG 与 BH 交于 R. 显然，$DC \xrightarrow{R(A,90^\circ)} BI$，所以，$BI \perp DC$. 因此 P、B、O_1、C 四点共圆，I、A、P、C 四点共圆，所以 $\angle O_1PC = \angle O_1BC = 45^\circ$，$\angle IPA = \angle ICA = 45^\circ$，这说明 A、P、O_1 三点共线. 换句话说，AO_1、BI、CD 三线共点于 P，且 AO_1 平分 $\angle BPC$.

另一方面，由命题 4.6.3，AO_1、BO_2、CO_3 三线交于一点 O，因 AO_1 平分 $\angle BPC$，所以，点 O 到直线 CD 和 IB 的距离相等，而 $BI \perp DC$. 于是，在旋转变换

$R(O,90°)$下,直线 $CD\to$ 直线 IB.同理,直线 $AF\to$ 直线 EC,直线 $BH\to$ 直线 GA.从而 AF 与 BF 的交点 $P_1\to EC$ 与 GA 的交点 P_2,即 $P_1\xrightarrow{R(O,90°)}P_2$.同理,$Q_1\xrightarrow{R(O,90°)}Q_2$,$R_1\xrightarrow{R(O,90°)}R_2$.所以,$\triangle P_1Q_1R_1\xrightarrow{R(O,90°)}\triangle P_2Q_2R_2$.故 $\triangle P_1Q_1R_1\cong\triangle P_2Q_2R_2$.

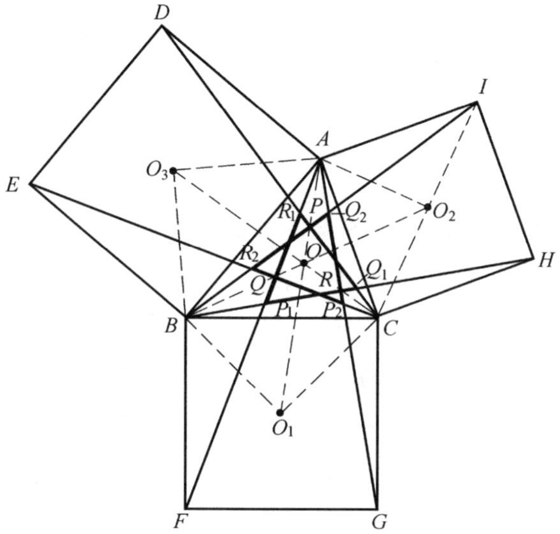

图 4.6.12

例 4.6.5 已知平面上的 $\triangle A_1A_2A_3$ 及点 P_0,定义 $A_i=A_{i-3}(i\geqslant 4)$.构造一个由点 $P_0,P_1,P_2,\cdots$ 组成的点列,其中点 P_{k+1} 是由点 P_k 绕点 A_{k+1} 逆时针方向旋转 $120°$ 而成的点.证明:如果存在正整数 n,使 $P_{3n}=P_0$,则 $\triangle A_1A_2A_3$ 为正三角形.

证明 由题设,有

$$P_0\xrightarrow{R(A_1,120°)}P_1\xrightarrow{R(A_2,120°)}P_2\xrightarrow{R(A_3,120°)}P_3\xrightarrow{R(A_4,120°)}\cdots$$
$$\xrightarrow{R(A_{3n-1},120°)}P_{3n-2}\xrightarrow{R(A_{3n-1},120°)}P_{3n-1}\xrightarrow{R(A_{3n},120°)}P_0$$

这说明 P_0 是变换 $\prod\limits_{i=1}^{3n}R(A_{3n-i+1},120°)$①的一个不动点.

又 $R(A_i,120°)=R(A_{i-3},120°)(i\geqslant 4)$,所以

$$\prod_{i=1}^{3n}R(A_{3n-i+1},120°)=[R(A_3,120°)R(A_2,120°)R(A_1,120°)]^n$$

由定理 1.3.15,存在向量 $\boldsymbol{v}$,使得

① “$\prod$”是求积符号;下面出现的方幂与普通方幂的意义类似,表示相同变换的乘积.

$$R(A_3,120°)R(A_2,120°)R(A_1,120°)=T(\boldsymbol{v})$$

而由定理 1.3.2 可知，$[T(\boldsymbol{v})]^n=T(n\boldsymbol{v})$，所以

$$\prod_{i=1}^{3n}R(A_{3n-i+1},120°)=T(n\boldsymbol{v})$$

从而 P_0 是平移变换 $T(n\boldsymbol{v})$ 的一个不动点.但非恒等的平移变换没有不动点，所以 $T(n\boldsymbol{v})=I$，这说明 $n\boldsymbol{v}=\boldsymbol{0}$，因此，$\boldsymbol{v}=\boldsymbol{0}$. 于是

$$R(A_3,120°)R(A_2,120°)R(A_1,120°)=T(\boldsymbol{0})=I$$

再由定理 1.4.3 即知 $\triangle A_1A_2A_3$ 是一个正三角形.

当 $n=662$ 时，例 4.6.5 即 1986 年在波兰举行的第 27 届 IMO 的一道平面几何试题.

注意到除恒等变换外，旋转变换只有唯一的不动点旋转中心，因此，对于 $n(n\geqslant 2)$ 个旋转变换 $R(O_i,\theta_i)(i=1,2,\cdots,n)$，当 $\theta_1+\theta_2+\cdots+\theta_n\neq 2k\pi$ 时，如果我们能找到一点 O，使

$$O\xrightarrow{R(O_1,\theta_1)}O'\xrightarrow{R(O_2,\theta_2)}O''\xrightarrow{R(O_3,\theta_3)}\cdots$$
$$\xrightarrow{R(O_{n-1},\theta_{n-1})}O^{(n-1)}\xrightarrow{R(O_n,\theta_n)}O$$

即 O 是 $R(O_n,\theta_n)R(O_{n-1},\theta_{n-1})\cdots R(O_1,\theta_1)$ 的一个不动点，则由定理 1.3.15 立即可得

$$R(O_n,\theta_n)R(O_{n-1},\theta_{n-1})\cdots R(O_1,\theta_1)=R(O,\theta_1+\theta_2+\cdots+\theta_n)$$

这样，我们利用定理 1.3.15 便可方便地处理一些等腰三角形的连接问题.

例 4.6.6 以 $\triangle ABC$ 的边 BC 为斜边作等腰直角 $\triangle BDC$，再分别以 B、C 为直角顶点作两个与 $\triangle BDC$ 同向的等腰直角三角形 ABF、ECA. 求证：E、D、F 三点共线，且 D 是线段 EF 的中点.

证明 如图 4.6.13，4.6.14 所示，设 $D\xrightarrow{R(C,90°)}D'$，则四边形 $DBD'C$ 是一个正方形，所以，$D'\xrightarrow{R(B,90°)}D$，即 D 是旋转变换之积 $R(B,90°)R(C,90°)$ 的一个不动点. 因 $90°+90°=180°$，由定理 1.3.15(1)，有

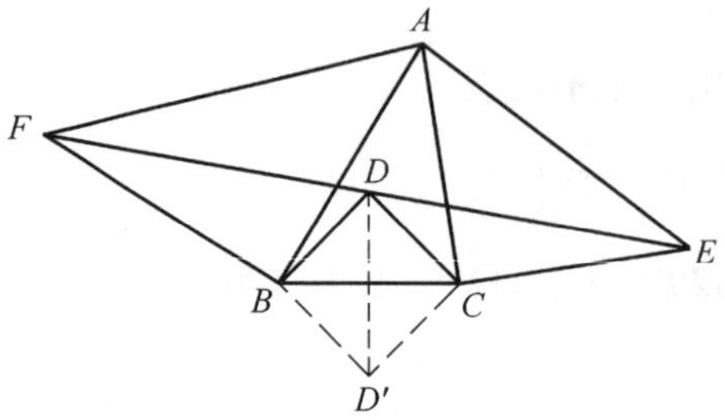

图 4.6.13

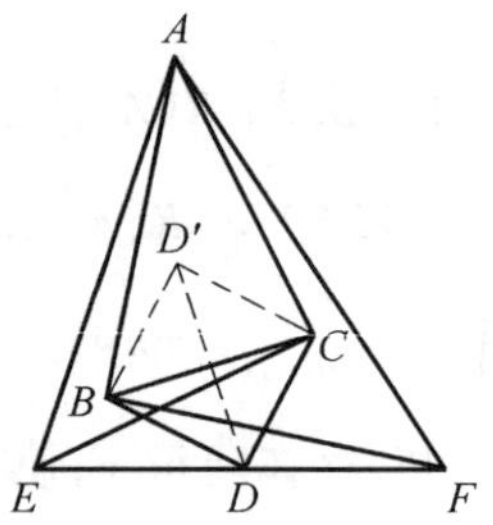

图 4.6.14

$$R(B,90°)R(C,90°)=R(D,180°)=C(D)$$

这是一个以 D 为反射中心的中心反射变换.

又显然有 $E\xrightarrow{R(C,90°)}A\xrightarrow{R(B,90°)}F$,即 $E\xrightarrow{R(B,90°)R(C,90°)}F$.因而 $E\xrightarrow{C(D)}F$.故 E、D、F 三点共线,且 D 是线段 EF 的中点.

本题实际上是前面例 4.6.2(亦即命题 4.5.3) 的逆命题.因而有

命题 4.6.4 设 $\triangle ABF$ 与 $\triangle ECA$ 是平面上的两个分别以 B、C 为直角顶点的同向直角等腰三角形,D 为平面上一点,则 $\triangle BDC$ 是以 D 为直角顶点且与 $\triangle ABF$ 同向的等腰直角三角形的充分必要条件为:D 为线段 EF 的中点.

由命题 4.6.4 可以简单地解决下面的藏宝地点的问题.

美国人 G·伽莫夫在他的著名科普著作《从一到无穷大——科学中的事实和臆测》(暴永宁译,科学出版社,2002:35 ~ 36) 中,叙述了下面这样一个故事:

从前,有个富于冒险精神的年轻人,在他的曾祖父的遗物中发现了一张羊皮纸,上面记载了一项宝藏.它是这样记载的:

乘船至北纬 ××、西经 ××,即可找到一座荒岛.岛的北岸有一大片草地,草地上有一棵橡树和一棵松树.还有一座绞架,那是我们过去用来吊死叛变者的.从绞架走到橡树,并记住走了多少步;到了橡树向右拐个直角再走这么多步,在这里打个桩.然后回到绞架那里,朝松树走去,同时记住所走的步数;到了松树向左拐个直角再走这么多步,在这里也打个桩.在两个桩的正中挖掘,就可以找到宝藏.

这个记载非常清楚、明白.所以,这位年轻人就租了一条船开往目的地.他找到了这座荒岛,也找到了橡树和松树.但使他大失所望的是绞架不见了.经过天长日久的风吹日晒雨淋,绞架早已腐烂成土,一点痕迹也没有了.于是,这位年轻的冒险家陷入了绝境.在狂乱中,他在荒岛上乱掘起来.无奈地方太大,一切都是白费力气,他只好两手空空,失望地启帆返程.

这确实是一个令人伤心的故事.实际上,如果我们将岛看成一个平面,绞架所在位置用 A 表示(尽管不知在何处),橡树和松树所在位置分别用 B、C 表示,第一个桩与第二个桩分别用 E、F 表示,EF 的中点 D 为藏宝地点(图 4.6.15),则由命题 4.6.3,$\triangle BDC$ 是以 D 为直角顶点的等腰直角三角形.这说明藏宝地点——EF 的中点是一个定点,与绞架 A 的位置无关.因此,我们可以有两种方法找到宝藏.

第一种方法是:先量出两棵树之间的距离是多少步,然后从橡树朝松树方向走去,当走到距离的一半(即 BC 的中点处) 时,向左拐过直角再走这么多步即到了藏宝地点;

第二种方法是:先任选一个地方作为绞架处,然后再按羊皮纸上记载的办法去做即可.

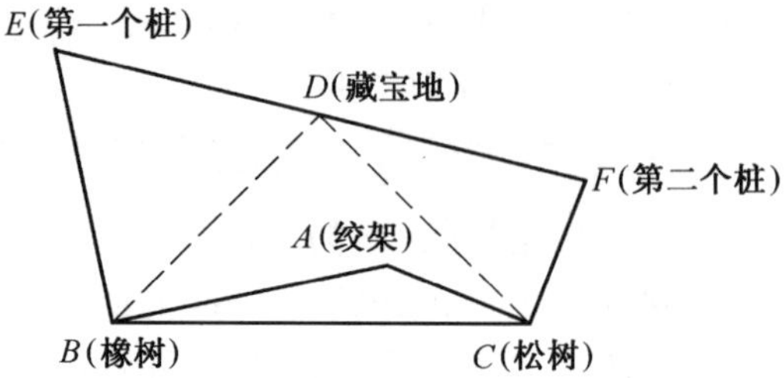

图 4.6.15

如果这位年轻的冒险家懂得上述那么一点平面几何知识,那么他无需在整个荒岛上乱掘就可以轻易地找到宝藏满载而归,而不至于"入宝岛而空返"了.

例 4.6.7 设 $\triangle ABC$、$\triangle CDE$、$\triangle EFG$、$\triangle DBF$ 是四个同向的正三角形. 求证:A、D、G 三点共线,且 D 为线段 AG 的中点.

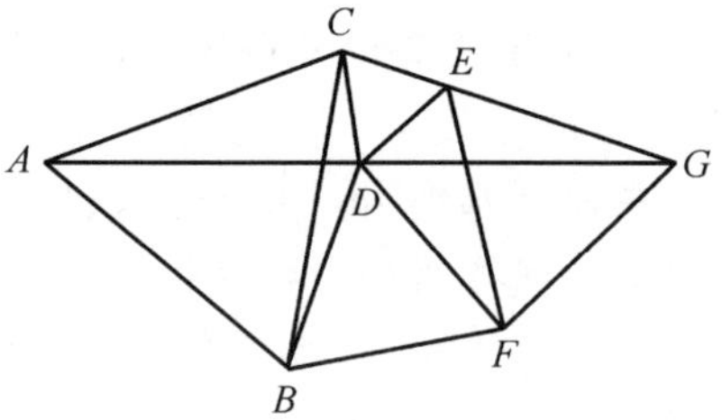

图 4.6.16

证明 如图 4.6.16 所示. 显然有

$$D \xrightarrow{R(F,60^\circ)} B \xrightarrow{R(D,60^\circ)} F \xrightarrow{R(B,60^\circ)} D,$$

即 D 是三个旋转变换之积

$$R(B,60^\circ)R(D,60^\circ)R(F,60^\circ)$$

的一个不动点. 因 $60^\circ + 60^\circ + 60^\circ = 180^\circ$,于是,由定理 1.3.15(1),有

$$R(B,60^\circ)R(D,60^\circ)R(F,60^\circ) = R(D,180^\circ) = C(D)$$

这是一个以 D 为反射中心的中心反射变换. 又 $G \xrightarrow{R(F,60^\circ)} E \xrightarrow{R(D,60^\circ)} C \xrightarrow{R(B,60^\circ)} A$, 即 $G \xrightarrow{R(B,60^\circ)R(D,60^\circ)R(F,60^\circ)} A$,因而 $G \xrightarrow{C(D)} A$. 故 A、D、G 三点共线,且 D 为线段 AG 的中点.

本题即例 4.3.10 中的充分性,这里运用旋转变换的乘积处理,不仅在方法上别具一格,而且还揭示了问题的本质,易于将问题推广(见习题 7 第 36 题).

例 4.6.8 以四边形 $ABCD$ 的边为底边在四边形外作四个相似等腰三角形:$\triangle PAB$、$\triangle QBC$、$\triangle RCD$、$\triangle SDA$. 证明:如果四边形 $PQRS$ 是矩形但非正方形,则四边形 $ABCD$ 是菱形.(第 15 届俄罗斯数学奥林匹克,1989)

证明 如图 4.6.17 所示,设所作四个相似等腰三角形的顶角为 θ. 若 $\theta = 90^\circ$, 则由 Von. Aubel 定理(例 4.6.4) 知 $PR \perp\!\!\!= SQ$,于是矩形 $PQRS$ 为正方形,这与假设不合. 因而必有 $\theta \neq 90^\circ$.

以 PQ 为底边向矩形形内作底角为 $\frac{\theta}{2}$ 的等腰三角形 EPQ,设 $E \xrightarrow{R(O,\theta)}$

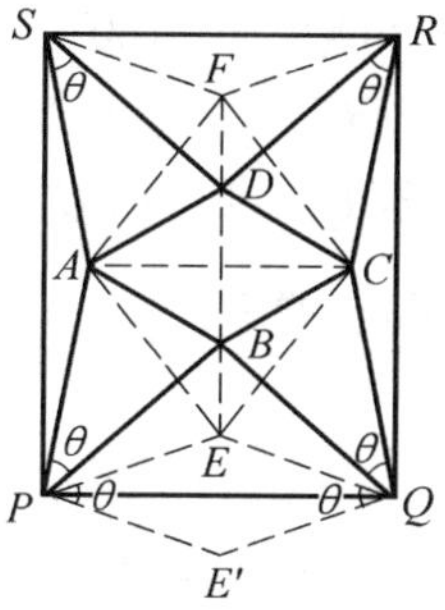

图 4.6.17

E'，则易知 $PE'QE$ 是一个菱形，从而 $E' \xrightarrow{R(P,\theta)} E$，因此，$R(P,\theta)R(Q,\theta) = R(E,2\theta)$. 又 $C \xrightarrow{R(Q,\theta)} B \xrightarrow{R(P,\theta)} A$，所以 $C \xrightarrow{R(E,2\theta)} A$，这说明 $EA = EC$，$\measuredangle CEA = 2\theta$. 同理，以 RS 为底边向矩形形内作底角为 $\frac{\theta}{2}$ 的等腰三角形 FRS，则有 $FA = FC$，且 $\measuredangle AFC = 2\theta$.

由于 $\theta \neq 90°$，所以 $2\theta \neq 180°$，即 A、E、C 三点不共线，C、F、A 三点也不共线. 于是由 $EA = EC$，$FA = FC$，$\measuredangle CEA = 2\theta = \measuredangle AFC$ 知，四边形 $AECF$ 为菱形，所以 AC 与 EF 互相垂直平分. 又由四边形 $PQRS$ 为矩形知，$\triangle EPQ \cong \triangle FSR$，所以 $EF \parallel SP$，且 EF 的中点是矩形的中心. 于是，$AC \parallel PQ$，且 AC 被矩形的中心平分. 同理，$BD \parallel PS$，且 BD 被矩形的中心平分. 从而 AC 与 BD 相互垂直平分. 故四边形 $ABCD$ 是菱形.

本题的关键是找到两个旋转变换之积的不动点 E. 而这在例 1.4.1(定理 1.3.15 中 $n = 2$ 的情形) 的证明中已经告诉了我们该怎样找.

例 4.6.9 设 A、B、C、D 是平面上四点，$0 < \theta < 180°$. 证明：如果存在点 P，使 $\triangle PAB$ 与 $\triangle PCD$ 都是以 P 为顶点、顶角为 θ 的同向等腰三角形，则存在点 Q，使 $\triangle QBC$ 与 $\triangle QDA$ 都是以 Q 为顶点、顶角为 $180° - \theta$ 的同向等腰三角形.

证明 如图 4.6.18，4.6.19 所示，以 BC 为底边作一个顶角为 $180° - \theta$ 的与 $\triangle PAB$ 同向的等腰三角形 QBC. 我们证明：$\triangle QDA$ 也是一个以 Q 为顶点、顶角为 $180° - \theta$ 的等腰三角形.

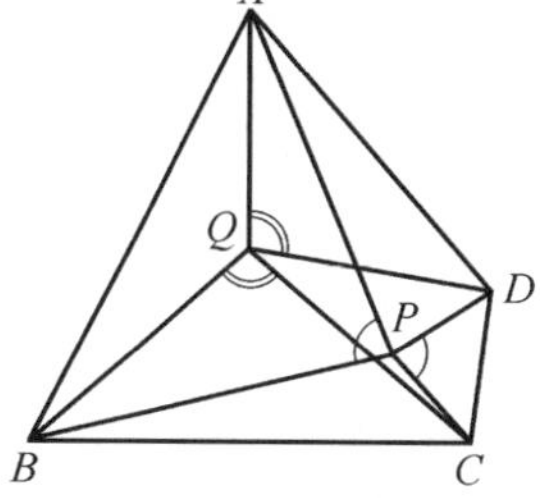

图 4.6.18

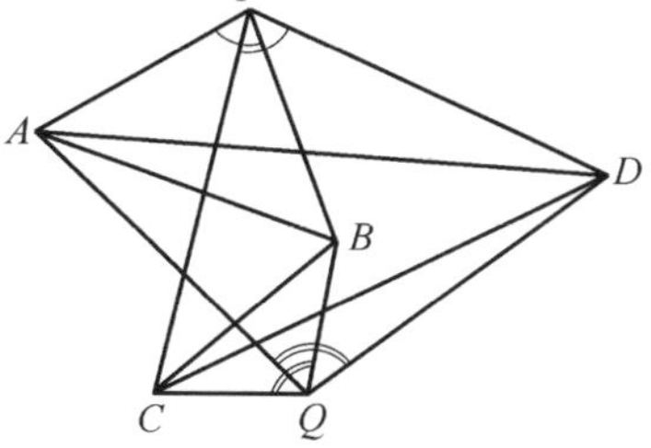

图 4.6.19

事实上，如图 4.6.20 所示，设

$$Q \xrightarrow{R(P,\theta)} Q' \xrightarrow{R(Q,180° - \theta)} Q''$$

则 $\triangle PQQ'$ 是以 P 为顶点、顶角为 θ 的等腰三角形，所以，$\angle Q'QP = 90° - \frac{\theta}{2}$. 但

$\angle Q'QQ'' = 180^\circ - \theta = 2\angle Q'QP$，因此，$\angle PQQ'' = \angle Q'QP$. 又 $QQ'' = QQ'$，所以，$\triangle PQQ'' \cong \triangle PQQ'$，于是 $\angle Q''PQ = \angle QPQ' = \theta$，从而必有 $Q'' \xrightarrow{R(P,\theta)} Q$. 于是由定理 1.3.15 知

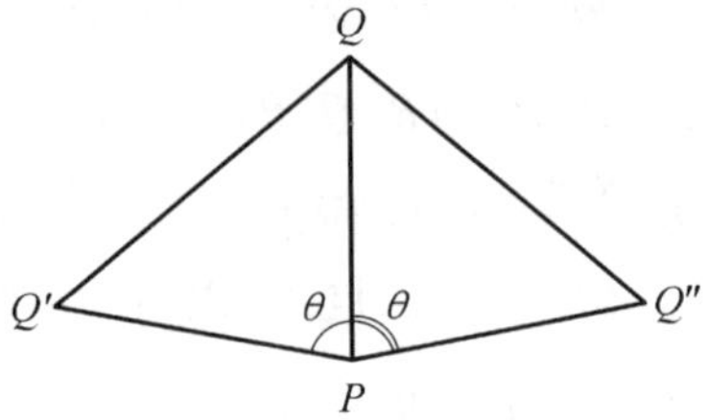

图 4.6.20

$$R(P,\theta)R(Q,180^\circ - \theta)R(P,\theta) = R(Q,180^\circ + \theta) = R(Q,\theta - 180^\circ)$$

另一方面，显然有(图 4.6.18, 4.6.19)

$$A \xrightarrow{R(P,\theta)} B \xrightarrow{R(Q,180^\circ - \theta)} C \xrightarrow{R(P,\theta)} D$$

即 $A \xrightarrow{R(P,\theta)R(Q,180^\circ - \theta)R(P,\theta)} D$，所以 $A \xrightarrow{R(Q,\theta - 180^\circ)} D$，从而 $D \xrightarrow{[R(Q,\theta - 180^\circ)]^{-1}} A$. 但

$$[R(Q,\theta - 180^\circ)]^{-1} = R(Q,180^\circ - \theta)$$

于是，$D \xrightarrow{R(Q,180^\circ - \theta)} A$. 故 $\triangle QDA$ 也是以 Q 为顶点、顶角为 $180^\circ - \theta$、且与 $\triangle QBC$ 同向的等腰三角形.

特别地，当 $\theta = 90^\circ$ 时，由例 4.6.9 立即得到.

命题 4.6.5(Douglas-Neumann)　设 A、B、C、D 是平面上四点. 如果存在点 P，使 $\triangle PAB$ 与 $\triangle PCD$ 都是以 P 为直角顶点的同向等腰直角三角形，则必存在一点 Q，使 $\triangle QBC$ 与 $\triangle QDA$ 都是以 Q 为直角顶点的同向等腰直角三角形(图 4.6.21, 4.6.22).

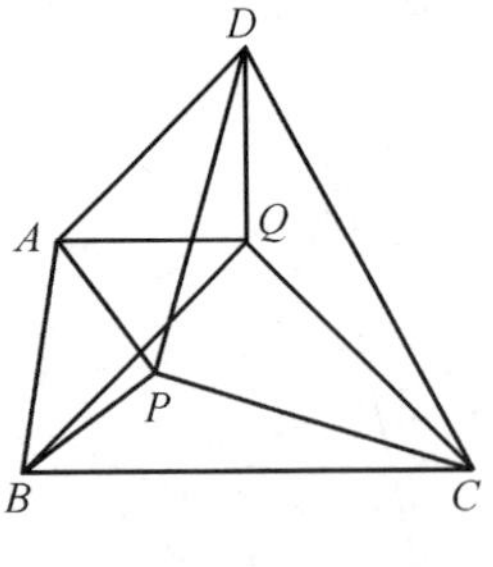

图 4.6.21

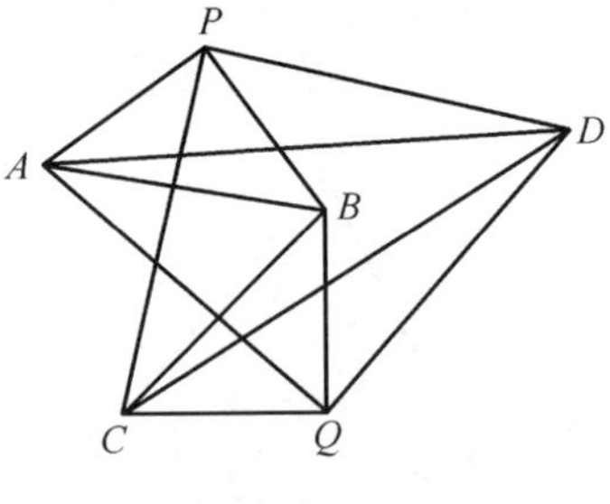

图 4.6.22

命题 4.6.5 曾被 1998 年举行的罗马尼亚数学奥林匹克作为试题.

当 $\theta = 120^\circ$ 时，由例 4.6.9 即得

命题 4.6.6　设 A、B、C、D 是平面上四点. 如果存在点 P，使得 $\triangle PAB$ 和 $\triangle PCD$ 都是以 P 为顶点、顶角为 120° 的等腰三角形，则存在一点 Q，使得 $\triangle QBC$ 和 $\triangle QDA$ 都是正三角形(图 4.6.23, 4.6.24).

当 $ABCD$ 是一个凸四边形时，命题 4.6.6 为 2004 年中国国家队的一道培训题.

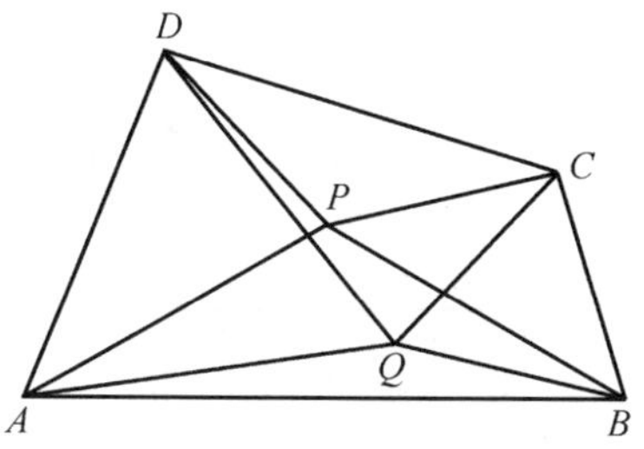

图 4.6.23

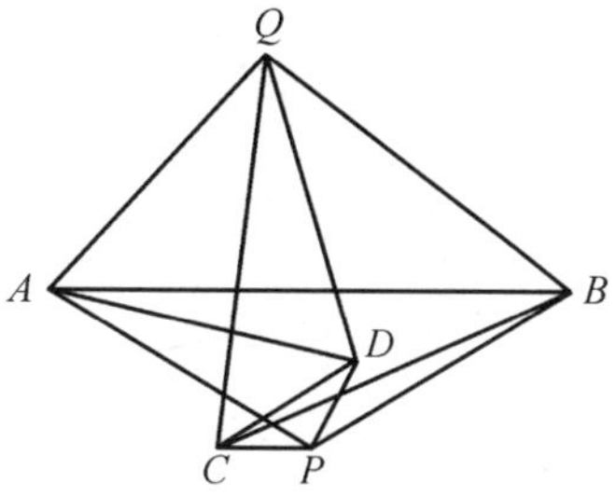

图 4.6.24

例 4.6.10 分别以四边形 $ABCD$ 的边 AB、CD 为直角边，B、C 为直角顶点向形外作等腰直角三角形 ABE、CDF，再以 BC 为斜边向形外作等腰直角三角形 BGC，M 为边 AD 的点．求证：$MG \perp EF$，且 $MG = \frac{1}{2}EF$.

本题是命题 4.4.2 中的必要性部分，那里是用例 4.4.12 证明的．这里再用定理 1.3.15(2) 与命题 4.6.2 给出一个简单的证明．

证明 如图 4.6.25 所示，连 MB、MC，分别以 MB、MC 为直角边，B、C 为直角顶点，在 $\triangle MBC$ 的形外作等腰直角三角形 MBP、MCQ，由命题 4.6.2 即知 $MG \perp PQ$，且 $MG = \frac{1}{2}PQ$.

又显然有 $FQ \xrightarrow{R(C,90^\circ)} DM \xrightarrow{R(M,180^\circ)} AM \xrightarrow{R(B,90^\circ)} EP$，所以

$$FQ \xrightarrow{R(B,90^\circ)R(M,180^\circ)R(C,90^\circ)} EP$$

但由定理 1.3.15(2) 知，存在向量 $\boldsymbol{v}$，使得

$$R(B,90^\circ)R(M,180^\circ)R(C,90^\circ) = T(\boldsymbol{v})$$

于是，$FQ \xrightarrow{T(\boldsymbol{v})} EP$，从而 $EF \underline{\underline{\parallel}} PQ$．而 $MG \perp PQ$，且 $MG = \frac{1}{2}PQ$，故 $MG \perp EF$，$MG = EF$.

例 4.6.11 在矩形 $ABCD$ 中，$BC = 3AB$，$\triangle EBD$、$\triangle CFA$ 分别是以 E、C 为直角顶点的等腰直角三角形．求证：$\triangle DEF$ 也是一个等腰直角三角形.

证明 如图 4.6.26 所示，设 E 在 AD 上的射影为 G，易知 G 是 AD 上与 A 相邻的一个三等分点，且 $EG = AG$．再设 BC 上与点 D 相邻的三等分点为 H，则有

$$EB \xrightarrow{R(G,90^\circ)} AH \xrightarrow{R(C,-90^\circ)} FD$$

即 $EB \xrightarrow{R(C,-90^\circ)R(G,90^\circ)} FD$．而 $-90^\circ + 90^\circ = 0$，由定理 1.3.15(2) 知，存在向量 $\boldsymbol{v}$，使得

$$R(C,-90^\circ)R(G,90^\circ) = T(\boldsymbol{v})$$

所以 $EB \xrightarrow{T(\boldsymbol{v})} FD$，从而 $FD \underline{\underline{\parallel}} EB$．故 $\triangle DEF$ 是一个以 D 为直角顶点的等腰直角三角形.

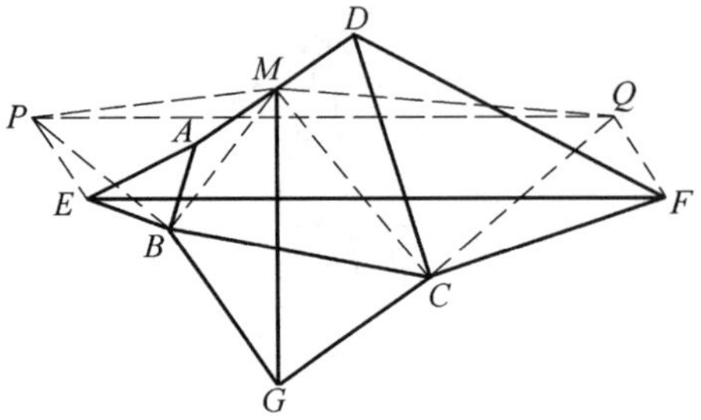

图 4.6.25

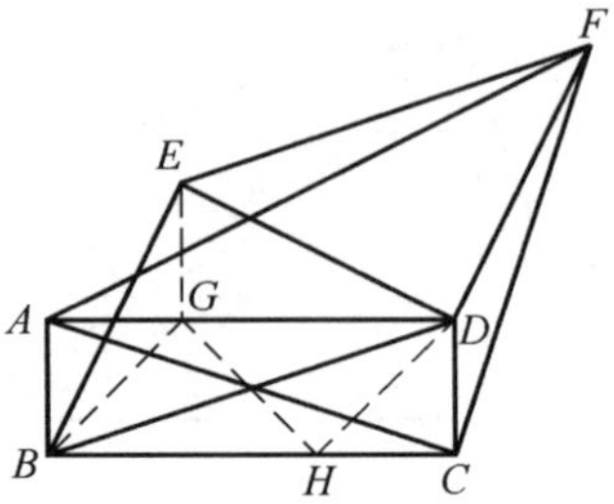

图 4.6.26

习题 4

1. 用中心反射变换证明例 3.2.3 ~ 例 3.2.6.

2. 设四边形 $ABCD$ 的边 BC 的中点为 M，以 M 为直角顶点任作一 Rt△MEF，使顶点 E 在 AB 上，顶点 F 在 CD 上. 求证：$BE + CF \geqslant EF$. 等式成立当且仅当 $AB \parallel CD$.

3. 在 △ABC 中，M 为 BC 的中点，$\angle BAC$ 的平分线与 BC 交于 D，过 A、M、D 三点的圆分别与 AB、AC 交于 E、F. 求证：$BE = CF$.

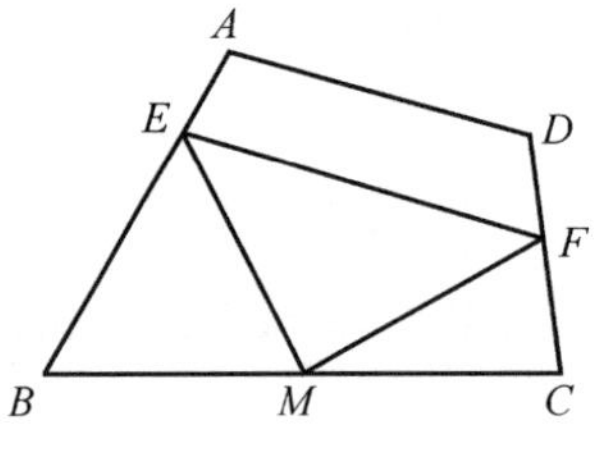

2 题图

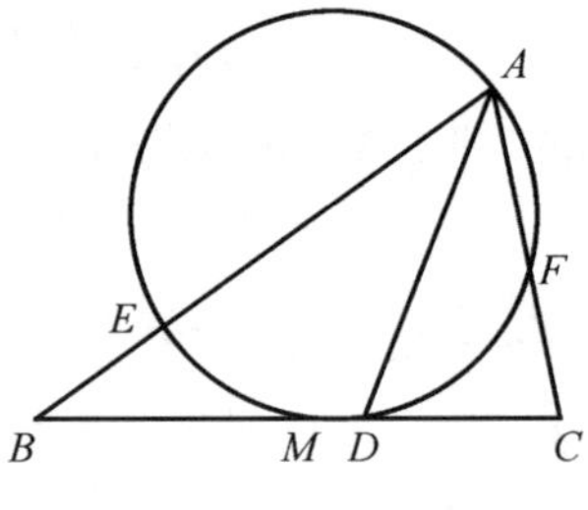

3 题图

4. 设圆 Γ_1 与 Γ_2 交于 A、B 两点. 过点 A 作一直线分别交圆 Γ_1、Γ_2 于另一点 C、D，且 A 在 C、D 之间. M、N 分别是不含点 A 的 $\overset{\frown}{BC}$ 与 $\overset{\frown}{BD}$ 的中点，K 是线段 CD 的中点. 求证：$MK \perp NK$.（第 23 届俄罗斯数学奥林匹克，1997；第 20 届伊朗数学奥林匹克，2002）

5. 在 △ABC 中，D 是 BC 的中点，E 是 AC 上的一点，BE 与 AD 交于 F. 证明：若 $\frac{BF}{FE} = \frac{BC}{AB} + 1$，则直线 BE 平分 $\angle ABC$.（德国国家队选拔考试，2004）

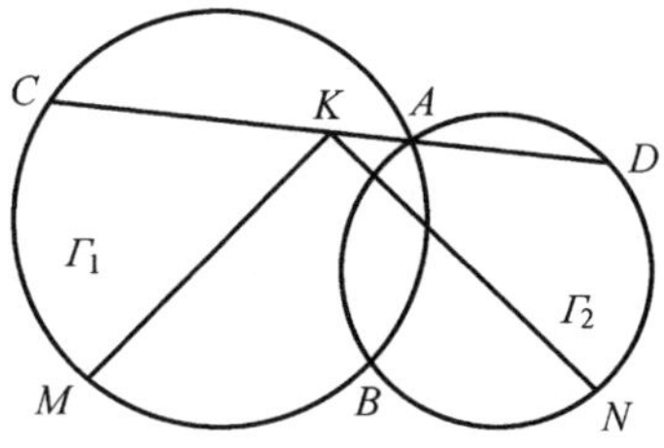

4 题图

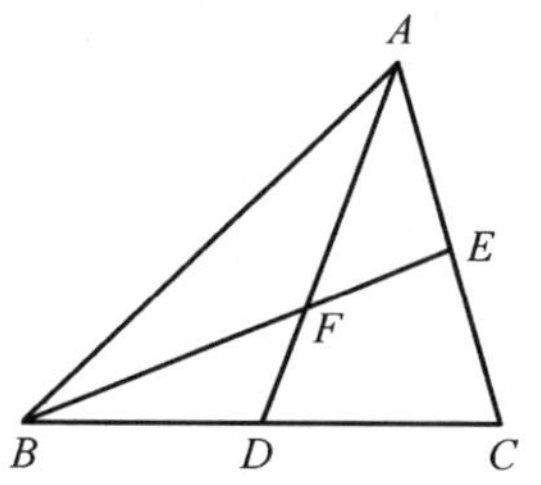

5 题图

6. 在锐角 $\triangle ABC$ 的形外作两个面积相等的矩形 $BCKL$、$ACPQ$. 证明：$\triangle ABC$ 的外心与顶点 C 的连线通过线段 PK 的中点.(第53届波兰数学奥林匹克,2002)

7. 设 P 是 $\triangle ABC$ 内部一点,D 是边 BC 的中点,E、F 分别是边 CA、AB 上的点,且 $\angle PAB = \angle ACP$,$\angle BFP = \angle PEC = 90°$. 证明:$DE = DF$.(第4届澳大利亚数学奥林匹克,1983)

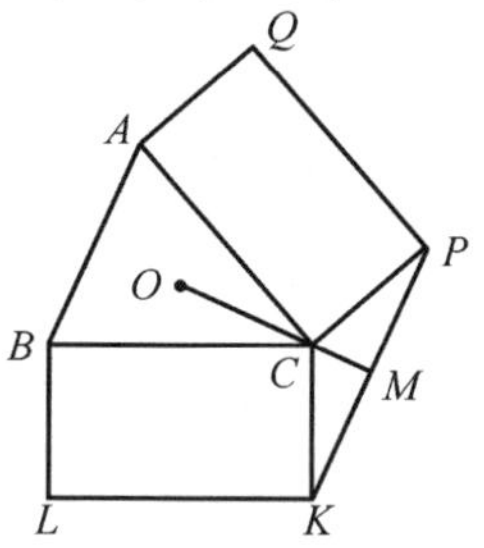

6 题图

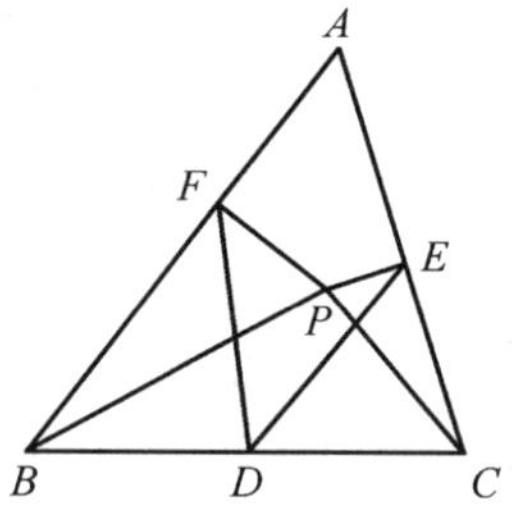

7 题图

8. 圆内接凸四边形 $ABCD$ 的两对角线交于点 P,边 AB 和 CD 的中点分别为 M、N,K、L 分别为边 BC 和 DA 上的点,且 $PK \perp BC$,$PL \perp DA$. 证明:$KL \perp MN$.(第46届保加利亚(春季)数学竞赛,1997)

9. 设 D 是 $\triangle ABC$ 的边 BC 所在直线上一点,B 在 C、D 之间,且 $DB = AB$,M 是边 AC 的中点,$\angle ABC$ 的平分线与直线 DM 交于点 P. 求证:$\angle BAP = \angle ACB$.

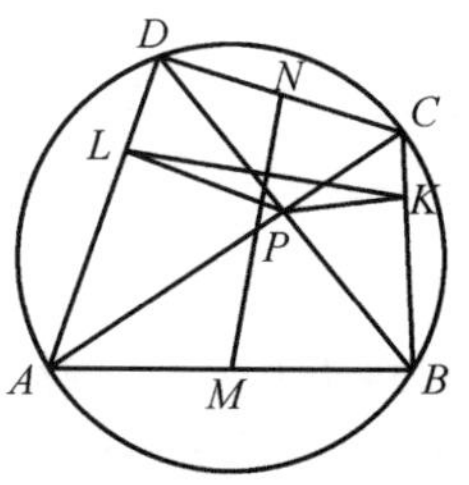

8 题图

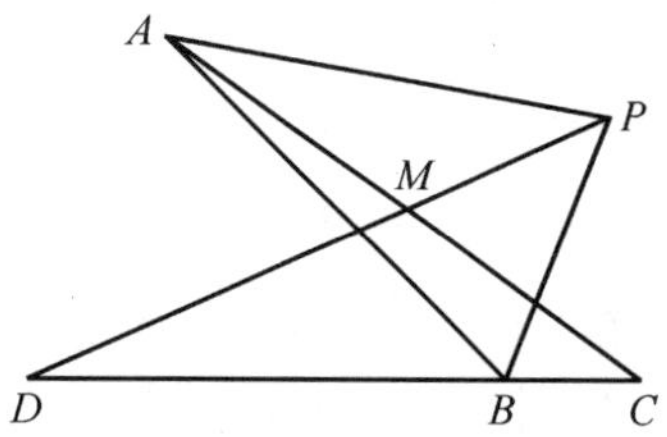

9 题图

10. 在 $\triangle ABC$ 中,M 为 BC 的中点,$\angle BAC$ 的外角平分线交直线 BC 于 D.

$\triangle ADM$ 的外接圆分别与直线 AB、AC 再次交于 E、F，N 为 EF 的中点. 求证：$MN \parallel AD$.

11. 过 $\triangle ABC$ 的顶点 C 的圆 Γ 的一条切线为 AB，切点为 B，圆 Γ 与 AC 及过顶点 C 的中线的另一个交点分别为 D 和 E. 证明：如果圆 Γ 在 C、E 两点的切线交于直线 BD 上，则 $\angle ABC = 90°$.（第 50 届保加利亚(冬季)数学竞赛，2001）

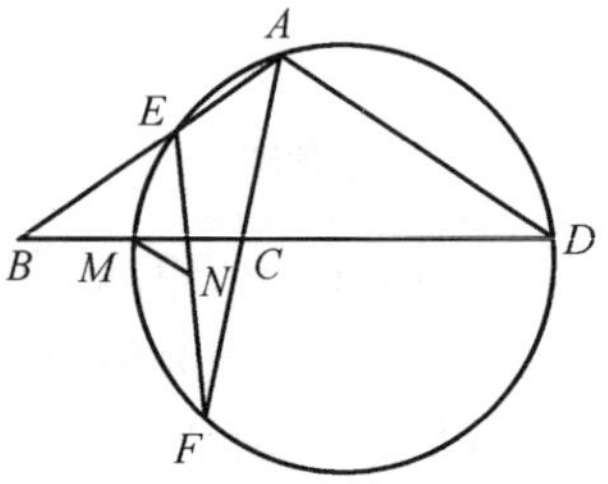

10 题图

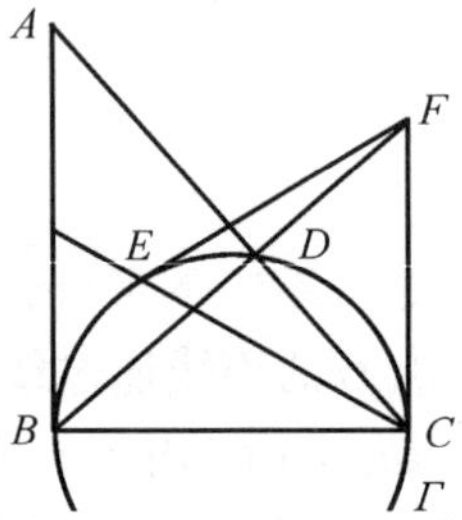

11 题图

12. 在平面上有四条直线，其中任意三条直线都不共点. 已知其中一条直线平行于其他三条直线所组成的三角形的一条中线. 证明：其他三条直线也有同样的性质.（德国数学奥林匹克，1996）

13. 利用中心反射变换证明第 1 章定理 1.4.15.

14. 已知平行四边形 $ABCD$ 与点 P，分别过顶点 A、B、C、D 作直线 PC、PD、PA、PB 的平行线. 求证：所作四条直线交于一点.

15. 设 E、F 分别为 $\triangle ABC$ 的边 AC、AB 上的点，且 $CE = BF$，再设 BE 与 CF 交于点 P，过点 P 作直线平行于 $\angle BAC$ 的平分线，且与直线 AC 交于 K. 证明：$CK = AB$.（哈萨克斯坦数学奥林匹克，2006）

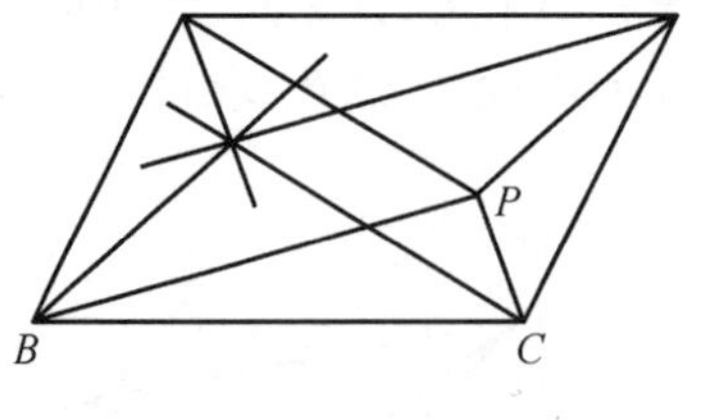

14 题图

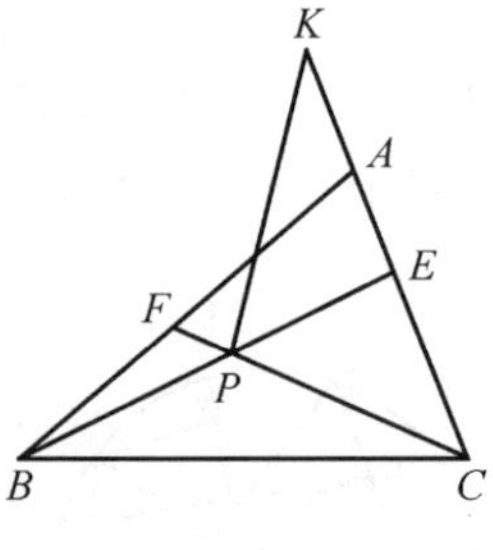

15 题图

16. 在 $\triangle ABC$ 中，D、E、F 分别是其三个旁切圆与边 BC、CA、AB 的切点，过 D、E、F 分别作所在边的垂线. 求证：这三条垂线交于一点 P，且 O 为 PI 的中点，其中 O、I 分别为 $\triangle ABC$ 的外心和内心.

17. 设 $A_1A_2A_3A_4$ 为 $\odot O$ 的内接四边形，H_1、H_2、H_3、H_4 依次为 $\triangle A_2A_3A_4$、

$\triangle A_3A_4A_1$、$\triangle A_4A_1A_2$、$\triangle A_1A_2A_3$ 的垂心.求证:H_1、H_2、H_3、H_4 四点在同一个圆上.并确定该圆圆心的位置.(全国高中数学联赛,1992)

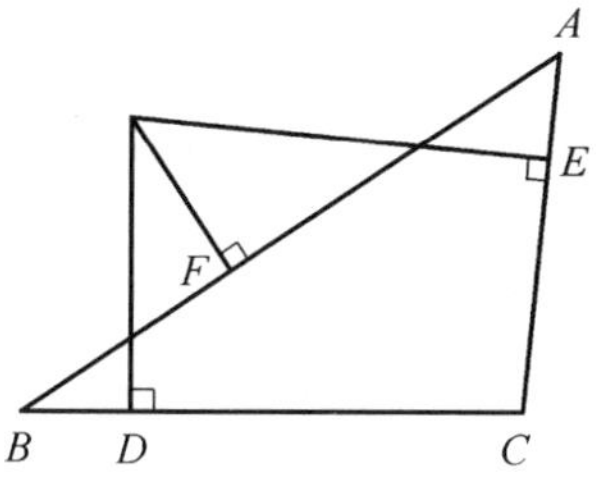

16 题图

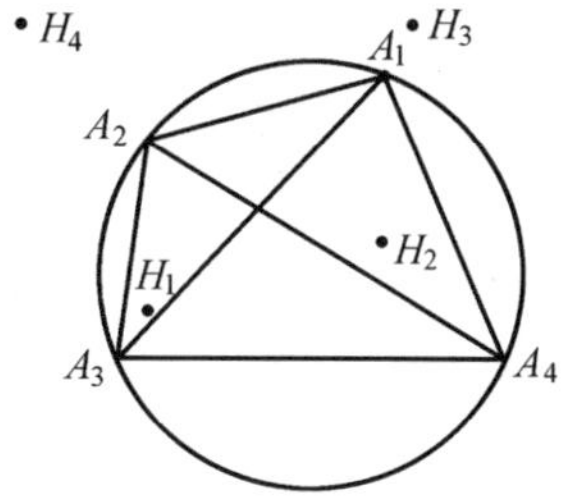

17 题图

18.设 P 为正 $\triangle ABC$ 内部一点,且 $PA^2 = PB^2 + PC^2$.求 $\angle BPC$ 的大小.

19.设 P 为正 $\triangle ABC$ 所在平面上一点,P 在 $\triangle ABC$ 的三条高 AD、BE、CF 上的射影分别为 L、M、N.求证:$AL + BM + CN$ 与点 P 的位置无关.(贵州省数学竞赛,1979)

20.圆内三弦 A_1A_2、B_1B_2、C_1C_2 交于一点 P,且三弦两两之间的交角皆为 $60°$.求证:$PA_1 + PB_1 + PC_1 = PA_2 + PB_2 + PC_2$.(第 15 届俄罗斯数学奥林匹克,1989)

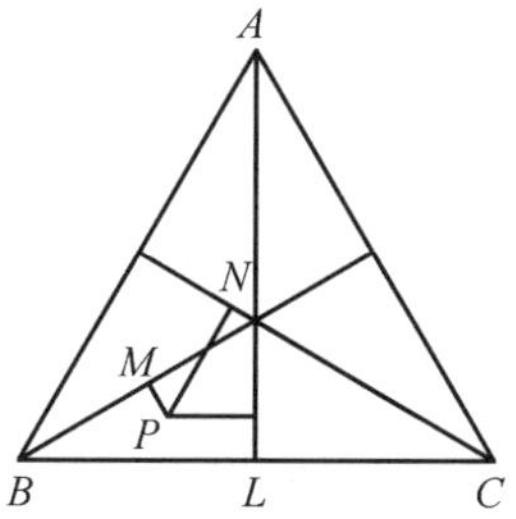

19 题图

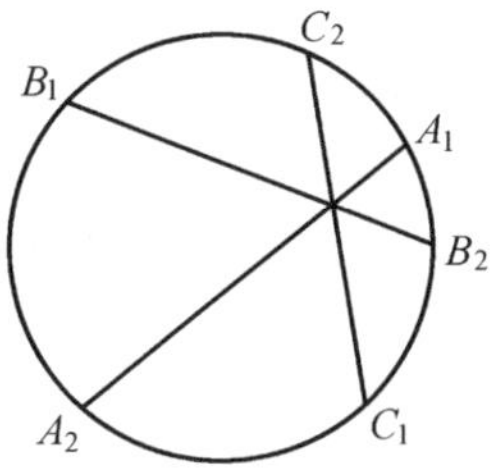

20 题图

21.设 P 是正 $\triangle ABC$ 的外接圆的 $\overset{\frown}{BC}$(不含点 A)上的一点,AB 和 CP 的延长线交于 E,AC 和 BP 的延长线交于 F.求证:线段 BE 与 CF 的乘积与 P 点的选择无关.(第 21 届俄罗斯数学奥林匹克,1995)

22.三个等圆交于一点 P,且三个圆心是一个正三角形的三个顶点.过点 P 任做一条直线分别与三圆交于另一点 A、B、C.求证:PA、PB、PC 三条线段中,有一条线段等于另两条线段之和.

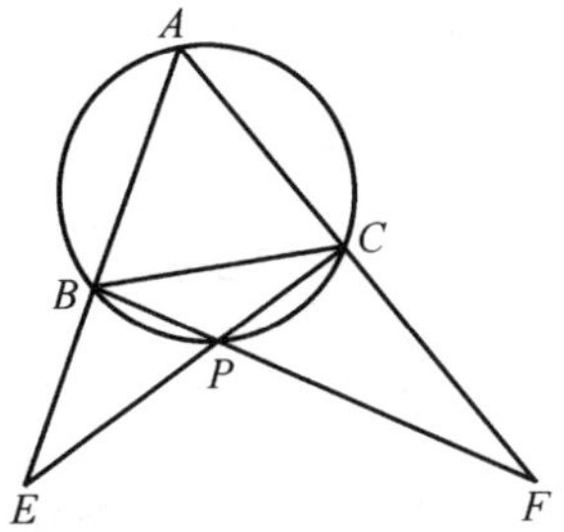

21 题图

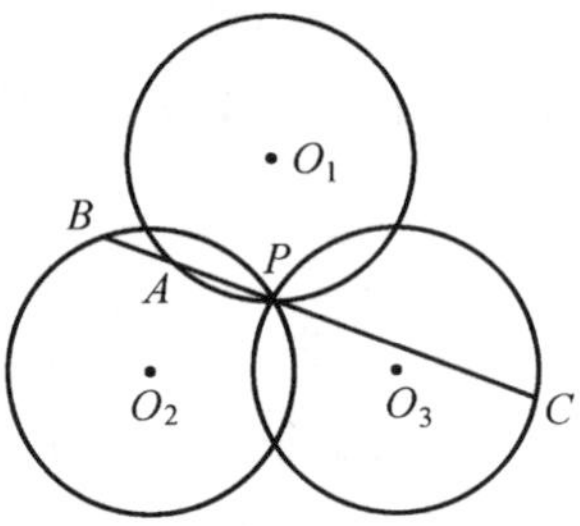

22 题图

23. 设 $\triangle ABC$ 是一个正三角形，P 是其内部满足条件 $\angle BPC = 120°$ 的一个动点. 延长 CP 交 AB 于 M，延长 BP 交 AC 于 N. 求 $\triangle AMN$ 的外心的轨迹.(第 17 届拉丁美洲数学奥林匹克,2002)

24. 求有一个锐角为 30° 的直角三角形的 Fermat 点到三角形的三个顶点的距离之比.

25. 以正方形 $ABCD$ 的顶点 D 为圆心、边长为半径在正方形内作圆弧 $\overset{\frown}{AC}$，再以 BC 为直径在正方形内作半圆与 $\overset{\frown}{AC}$ 交于点 P. 求证：$PC = 2PB = \sqrt{2}PA$.

26. 证明：在正方形 $ABCD$ 内存在唯一的一点 P，满足条件

(1) $PA < PB$；

(2) PA、PB、PC 成等差数列；

(3) PB、PD、PC 成等比数列.

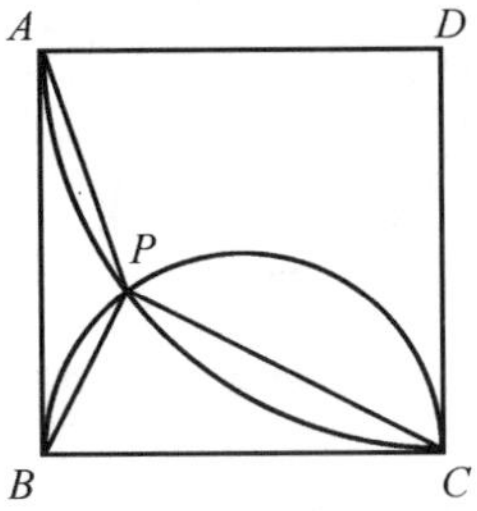

25 题图

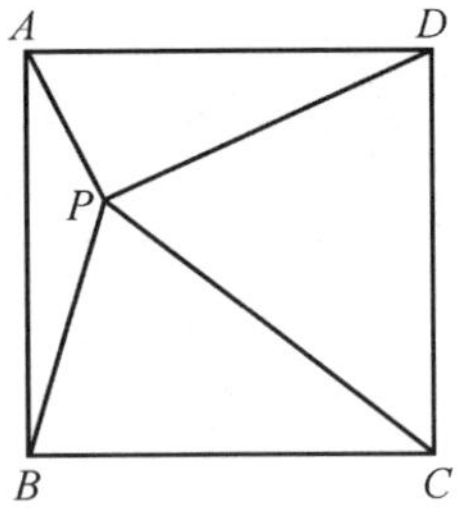

26 题图

27. 设 P 为正方形 $A_1A_2A_3A_4$ 所在平面上的一点，由顶点 A_i 引 PA_{i-1} 的垂线 $(i = 1,2,3,4, A_0 = A_4)$. 求证：所引四条垂线交于一点.

28. 设 E、F 分别为正方形 $ABCD$ 的边 BC、CD 上的点，M 为 AB 的中点，O 为正方形的中心. 求证：$AF \parallel ME$ 当且仅当 $\angle EOF = 45°$.

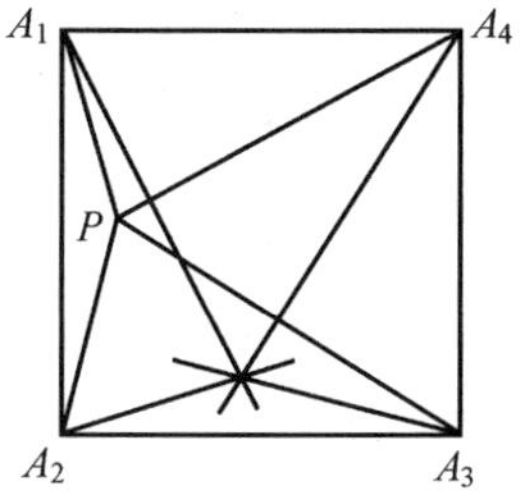

27 题图

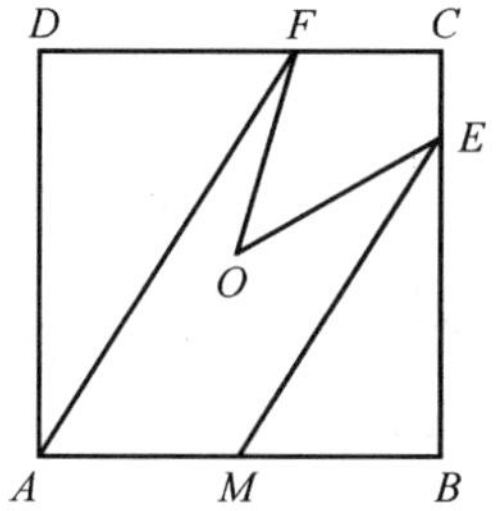

28 题图

29. 设 P 是正方形 $ABCD$ 的对角线 BD 上一点，点 P 在 BC、CD 上的射影分别为 E、F. 求证：$AP \perp EF$.

30. 设 E、F 分别是正方形 $ABCD$ 的边 AB、AD 上的点，且 $AE = AF$，点 P 在线段 ED 上，且 $\angle PCD = \angle PFA$. 求证：$AP \perp DE$.（第 18 届俄罗斯数学奥林匹克，1992）

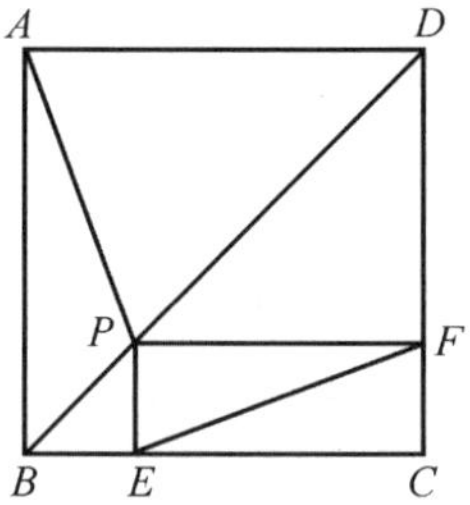

29 题图

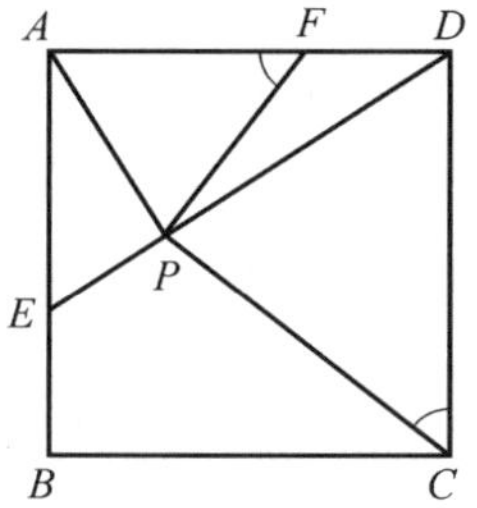

30 题图

31. 设 P 是正方形 $ABCD$ 内部一点，$PA = a$，$PB = b$，$PC = c$，求正方形 $ABCD$ 的面积.

32. 设 D 是等腰直角 $\triangle ABC$ 的斜边 BC 上的任意一点. 求证：$BD^2 + DC^2 = 2AD^2$.

33. 设 E、F 分别为等腰直角 $\triangle ABC$ 的腰 AB、AC 上的点，且 $\frac{AE}{EB} = \frac{CF}{FA} = r$. 求证：$\angle FEA = \angle CBF$ 的充分必要条件是 $r = 2$.

34. 设 E 是四边形 $ABCD$ 的边 AD 上一点，且 $BE \perp EC$. 再设 $AB = a$，$AE = b$，$ED = c$，$CD = d$，且 $a^2 + b^2 + c^2 = d^2$. 求四边形 $ABCD$ 的面积.

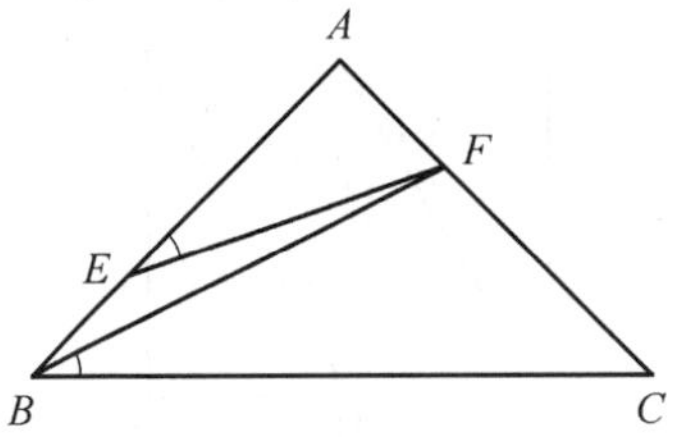

33 题图

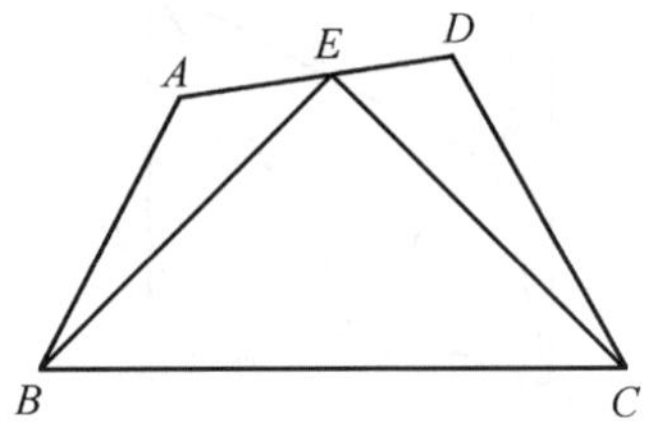

34 题图

35.设锐角$\triangle ABC$的外心为O,直线BO、CO分别与边CA、AB交于E、F.证明:如果$\angle A=45°$,则$OB=2OE$当且仅当$OB=3OF$.

36.在$\triangle ABC$中,$AB=AC$,$\angle BAC=\theta$.求证:对$\triangle ABC$所在平面上任意一点P,有

$$PB+PC\geqslant 2PA\sin\frac{\theta}{2}$$

等式成立当且仅当点P在$\triangle ABC$的外接圆的$\overset{\frown}{BC}$(不含点A)上.

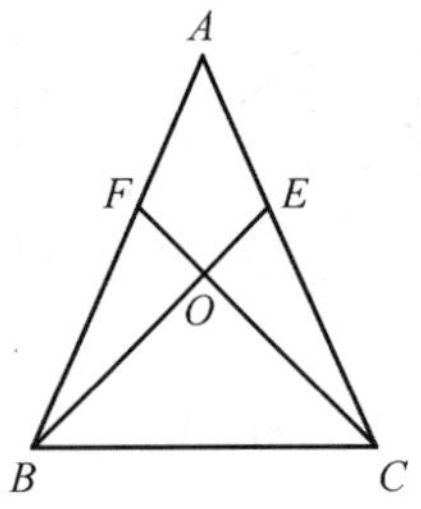

35 题图

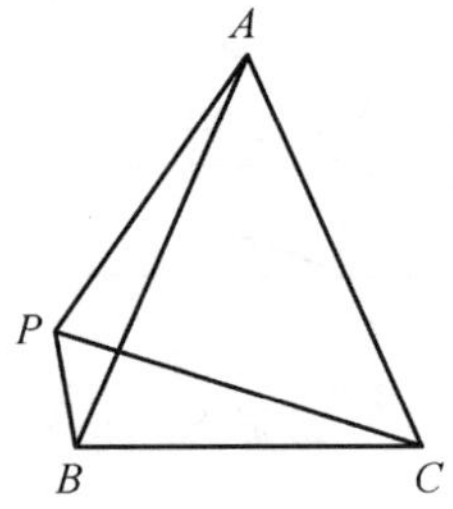

36 题图

37.在$\triangle ABC$中,$AB=AC$,$\angle BAC=\theta$.E、F为底边BC上两点(E在B、F之间).求证:$\angle EAF=\frac{\theta}{2}$的充分必要条件是

$$EF^2=BE^2+FC^2+2BE\cdot FC\cos\theta$$

38.在$\triangle ABC$中,$AB=AC$,$\angle BAC=\theta$.P为$\triangle ABC$内部一点.求证:$PB^2=PC^2+4PA^2\sin^2\frac{\theta}{2}$的充分必要条件是

$$\angle CPA=180°-\frac{\theta}{2}$$

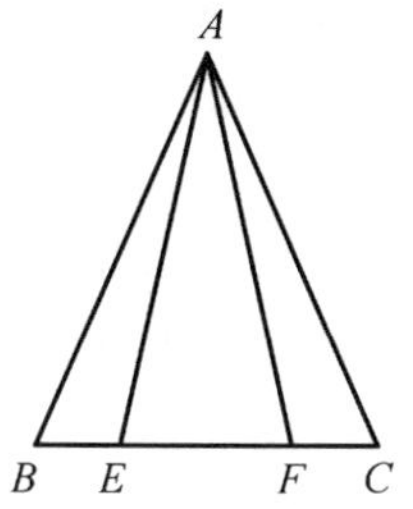

37 题图

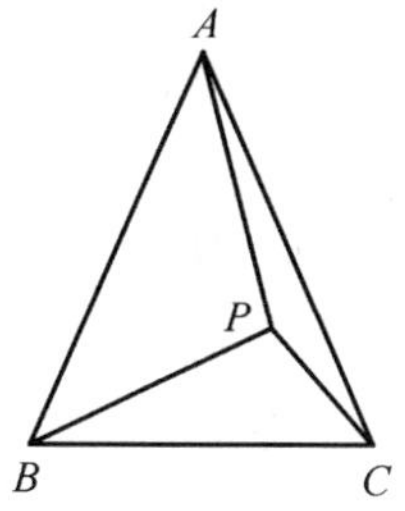

38 题图

39. 在圆内接四边形 $ABCD$ 中，$AB = AD$，E、F 分别为边 BC、CD 上的点. 求证：$BE + FD = EF$ 的充分必要条件是 $\angle EAF = \frac{1}{2}\angle BAD$.

40. 设 P 和 Q 是凸四边形 $ABCD$ 内部的两个点，满足条件 $AP = BP$，$CP = DP$，$\angle APB = \angle CPD$，$AQ = DQ$，$BQ = CQ$，$\angle DQA = \angle BQC$. 求证：$\angle DQA + \angle APB = 180°$.（中国国家队选拔考试，2001）

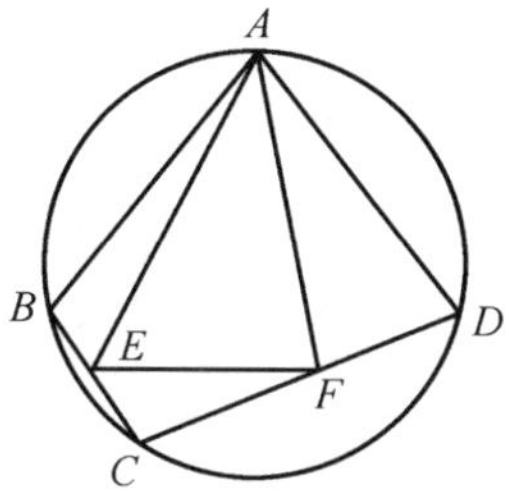

39 题图

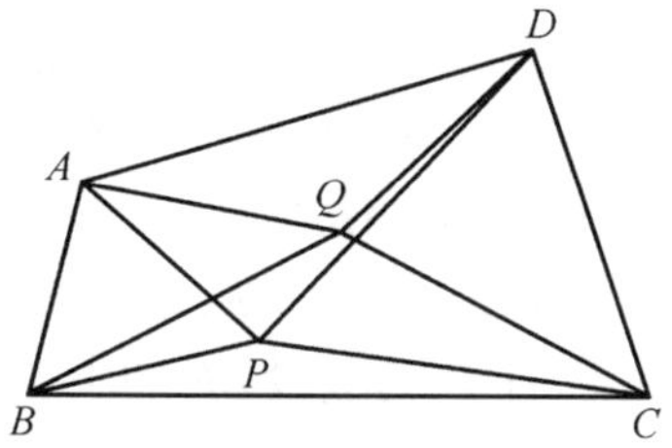

40 题图

41. 在 $\triangle ABC$ 中，$\angle C = 90°$，D、E 分别为 BC、CA 上的点，且 $BD = CE$，$AE = BC$. 设 AD 与 BE 交于点 P. 试求 $\angle BPD$ 的大小.

42. 在 $\triangle ABC$ 中，$\angle BAC$ 的平分线交其外接圆于 D，E、F 分别为 AB、AC 上的点，EF 与 AD 交于 K. 求证：$\angle CBK = \angle CDF$ 当且仅当 $EF \parallel BC$.

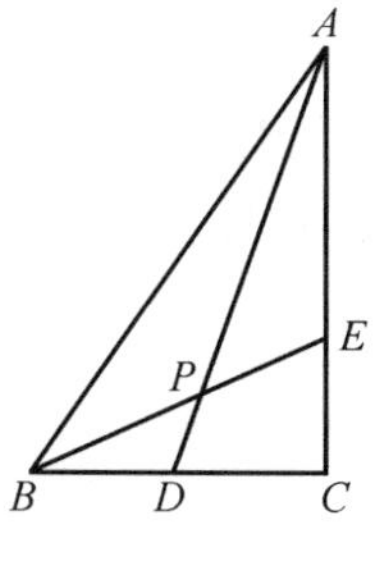

41 题图

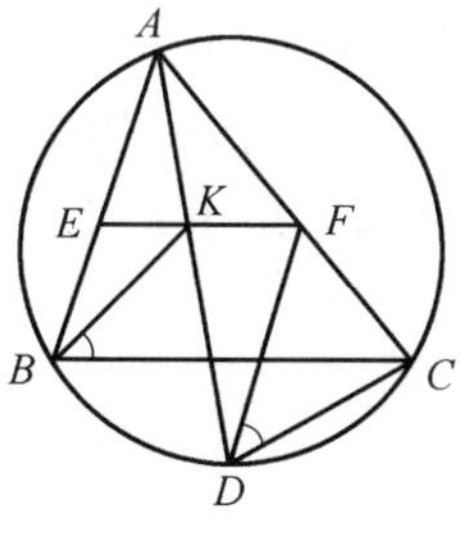

42 题图

43. 在四边形 $ABCD$ 中，$AC = BD$，分别以四边形的四边为底在形外作四个等腰三角形 PAB、QBC、RCD、SDA，使得 $\triangle PAB \backsim \triangle RCD$，$\triangle QBC \backsim \triangle SDA$. 求证：$PR \perp QS$.

44. 在四边形 $ABCD$ 中，$AD = BC$，$\angle A + \angle B = 120°$. 分别以 AC、DC、DB 为边长远离 AB 作三个正三角形 ACP、DCQ、DBR. 求证：P、Q、R 三点共线，且 Q 为线段 PR 的中点.（第 3 届中国台湾数学奥林匹克，1994）

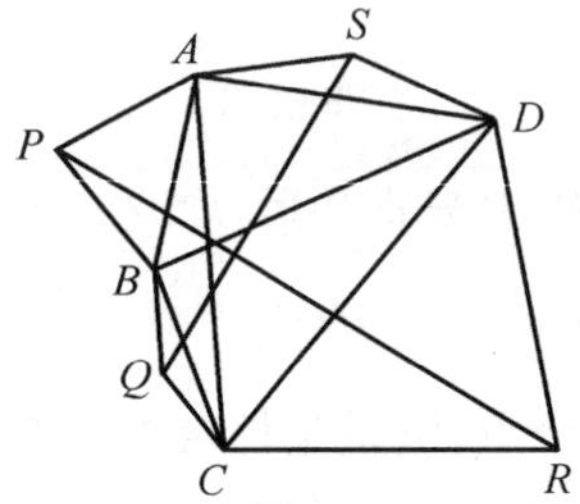

43 题图

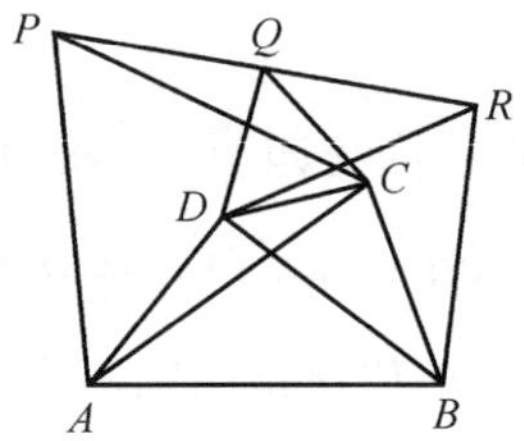

44 题图

45. 以 $\triangle ABC$ 的边 BC 为斜边作一个 Rt$\triangle DBC$，设 $\measuredangle CBD = \alpha$，$\measuredangle DCB = \beta$. 再分别以 B、C 为顶点作两个等腰三角形 ABE、ACF，使 $\measuredangle ABE = 2\alpha$，$\measuredangle FCA = 2\beta$，$AB = BE$，$AC = CF$. 求证：$D$、$E$、$F$ 三点共线，且 D 为线段 EF 的中点.

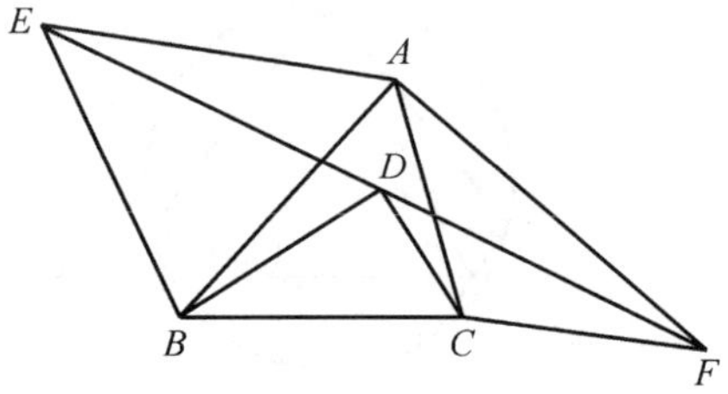

45 题图

46. 地面上有不共线的三点 A、B、C，一只青蛙位于地面上异于 A、B、C 的点 P. 青蛙第一步从 P 点跳到点 P 关于点 A 的对称点 P_1，第二步从 P_1 跳到点 P_1 关于点 B 的对称点 P_2，第三步从 P_2 跳到点 P_2 关于点 C 的对称点 P_3，第四步跳到点 P_3 关于点 A 的对称对称点 P_4，……，以此类推. 问青蛙能否回到出发点？如果能，至少需要几步？

47. 将 $\triangle ABC$ 绕平面上任意一点旋转 60°，得到 $\triangle A'B'C'$. L、M、N 分别为线段 $A'B$、$B'C$、$C'A$ 的中点. 求证：$\triangle LMN$ 是一个正三角形.

48. 将四边形 $ABCD$ 绕平面上任意一点旋转 90°，得到四边形 $A'B'C'D'$. K、L、M、N 分别为 $A'B$、$B'C$、$C'D$、$D'A$ 的中点. 求证：$KM \perp LN$.

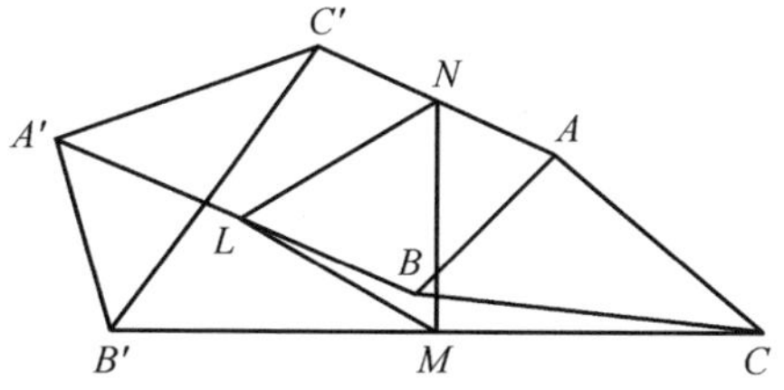

47 题图

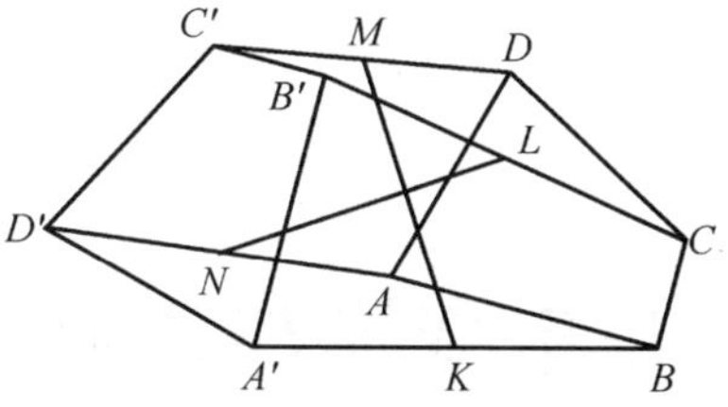

48 题图

49. 在矩形 $ABCD$ 中, $BC = 3AB$, E 是 AD 上与 A 相邻的三等分点,以 BD 为斜边作等腰直角三角形 FBD,使 F、A 位于 BD 的同侧. G 为平面上任意一点,作三个与 $\triangle FBD$ 同向的等腰直角三角形 EGH、CIH、DIJ(均以第一顶点为直角顶点).求证: $\triangle FGJ$ 也是一个等腰直角三角形.

50. 设 $ABCD$ 是一个四边形,四边形 $A'BCD'$ 是四边形 $ABCD$ 关于边 BC 的反射像,四边形 $A''B'CD'$ 是四边形 $A'BCD'$ 关于 CD' 的反射像,四边形 $A''B''C'D'$ 是四边形 $A''B'CD'$ 关于 $D'A''$ 的反射像.证明:如果 $AA'' \parallel BB''$,则 $ABCD$ 是圆内接四边形.(第 29 届 IMO 预选,1988)

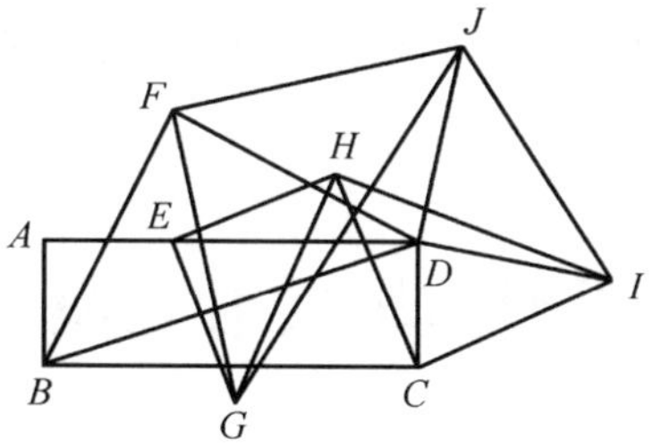

49 题图

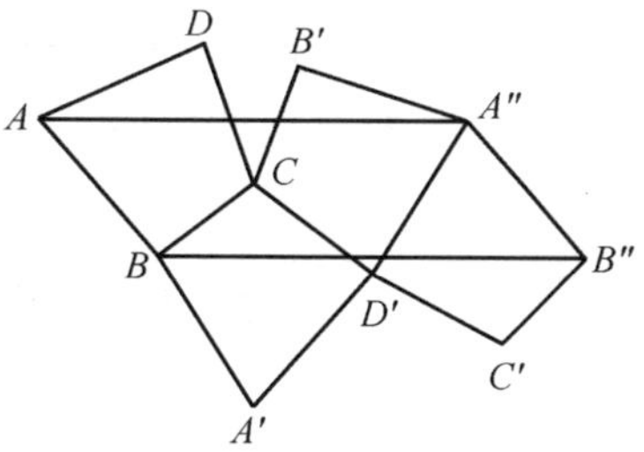

50 题图

轴反射变换与几何证题

第5章

轴反射变换一般应用于处理整个图形非轴对称图形而其中有部分轴对称图形(称为轴对称子图形 —— 相对于整个图形而言),尤其是这个轴对称子图形的直线型元素(线段、射线、直线)或圆弧型元素(圆弧、圆)至少有两个的平面几何问题.但轴反射变换的功能远不止如此,它在平面几何中的应用是非常广泛的.对于 30° 的特殊角与(曲)线段和的极小值等问题,轴反射变换都大有用武之地.

5.1 轴对称图形与轴反射变换

对于整个图形是轴对称图形的平面几何问题,如果以其对称轴为反射轴作轴反射变换,则整个图形毫无变化,因而对解决问题是没有丝毫帮助的.但如果只是一部分图形是轴对称图形,此时以其对称轴为反射轴作轴反射变换,再找出轴对称图形之外的有关元素的像,则原来的几何图形即发生了变化,从而有可能使问题得到解决.

等腰三角形问题在平面几何中占有很大的比例,它是一类典型的轴对称图形,因而等腰三角形问题除了可以考虑用旋转变换处理外,还可以考虑用轴反射变换处理,反射轴即等腰三角形的对称轴.

例 5.1.1 在 $\triangle ABC$ 中，$AB = AC$，P 是 $\triangle ABC$ 的内部一点. 求证：$\angle APB > \angle CPA$ 的充分必要条件是 $PB < PC$.

证明 如图 5.1.1 所示，以等腰三角形 ABC 的对称轴为轴作轴反射变换，则 $B \to C$，$C \to B$，设 $P \to P'$，则 P' 仍在 $\triangle ABC$ 的内部，且 $PP' \parallel BC$，$\angle AP'B = \angle CPA$，$\angle CBP' = \angle PCB$. 于是

$$\angle APB > \angle CPA \Leftrightarrow \angle APB > \angle AP'B \Leftrightarrow$$
点 P 在 $\triangle ABP'$ 内(注意 $PP' \parallel BC$)$\Leftrightarrow$
$$\angle CBP > \angle CBP' \Leftrightarrow \angle CBP > \angle PCB \Leftrightarrow PB < PC$$

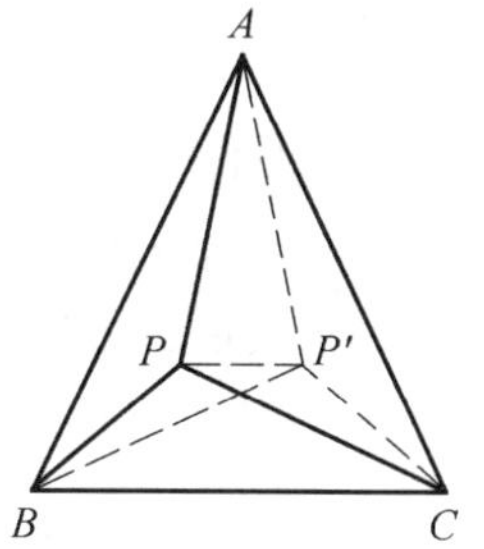

图 5.1.1

本题即第 4 章例 4.5.2，那里用旋转变换给出了一个证明. 这里用轴反射变换给出的证明则充分利用了等腰三角形的对称性.

例 5.1.2 在 $\triangle ABC$ 中，$AB = AC$. D 是底边 BC 上一点，P 是 AD 上一点，且 $\angle BPD = \angle BAC$. 求证：$BD = 2DC$ 的充分必要条件是 $\angle BAC = 2\angle DPC$.

本题即例4.5.3，我们在那里用旋转变换给出了它的两个证明，这里用轴反射变换给出它的第三个证明.

证明 如图5.1.2所示，过点 D 作 BC 的垂线交 AC 与 E，则 $\angle DEC = \frac{1}{2}\angle BAC$. 以等腰三角形 ABC 的对称轴为反射轴作轴反射变换，则 $C \to B$. 设 $D \to D'$，$E \to E'$，则 D' 在直线 BC 上，E' 在 AB 上，且 $E'E \parallel BC$，所以 $\angle EE'A = \angle CBA = \angle ACB = \angle AEE'$. 又 $\angle BPD = \angle BAC$，于是，$BD = 2DC \Leftrightarrow D'$ 为 BD 的中点 $\Leftrightarrow E'B = E'D \Leftrightarrow ED \parallel AC \Leftrightarrow \angle BE'D = \angle BAC \Leftrightarrow \angle BE'D = \angle BPD \Leftrightarrow E'$、$B$、$D$、$P$ 四点共圆 $\Leftrightarrow \angle APE' = \angle CBA \Leftrightarrow \angle APE' = \angle AEE' \Leftrightarrow A$、$E'$、$P$、$E$ 四点共圆 $\Leftrightarrow \angle EPA = \angle AEE' \Leftrightarrow \angle EPA \Leftrightarrow \angle ACD \Leftrightarrow E$、$P$、$D$、$C$ 四点共圆 $\Leftrightarrow \angle DEC = \angle DPC \Leftrightarrow \angle DEC = \frac{1}{2}\angle BAC \Leftrightarrow \angle BAC = 2\angle DPC$.

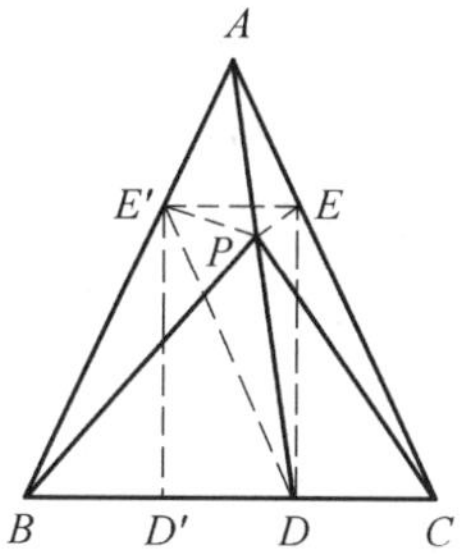

图 5.1.2

例 5.1.3 在 $\triangle ABC$ 中，$AB = AC$，P 是三角形内部一点，使得 $\angle CBP = \angle PCA$，M 是边 BC 的中点. 求证：$\angle BPM + \angle CPA = 180°$.（第 51 届波兰数学奥林匹克，1999）

本题即例 4.1.10，那里是作为中点问题用中心反射变换处理的，这里再视为等腰三角形问题用轴反射变换给出它的一个新的证明.

证明 如图5.1.3所示,设$\triangle PBC$的外接圆为$\odot O$,由条件可知AB、AC皆与$\odot O$相切.设直线PM与$\odot O$的第二个交点为D,则不难知道$\angle DAM=\angle MAP$(事实上,$OD^2=OB^2=OM\cdot OA\Rightarrow\angle DAM=\angle ODM$.同样$\angle MAP=\angle MPO$,再注意$\angle ODM=\angle MPO$即可).于是,作轴反射变换$S(OM)$,则$B\to C$.设$D\to D'$,则$D'$在$\odot O$上,且$D'$在$AP$的延长线上,从而由$\overset{\frown}{CD'}=\overset{\frown}{BD}$即知$\angle BPM=\angle D'PC$.故

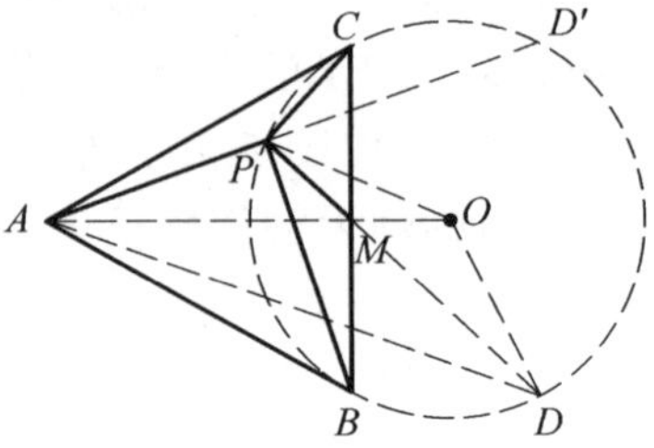

图5.1.3

$$\angle BPM+\angle CPA=\angle D'PC+\angle CPA=180°$$

例5.1.4 在$\triangle ABC$中,$AB=AC$,$\angle BAC=80°$.P为$\triangle ABC$内一点,$\angle PCB=30°$,$\angle CBP=10°$.求$\angle APB$.(原南斯拉夫数学奥林匹克,1983)

证明 如图5.1.4所示,以$\triangle ABC$的对称轴为轴作轴反射变换,则直线CP与其像直线交于对称轴上一点D.由条件知$\angle ACP=20°$,所以$\angle DBA=\angle ACP=20°$,$\angle PBD=\angle CBD-\angle CBP=20°$.显然$\angle BAD=40°$,$\angle BPD=\angle PCB+\angle CBP=40°$,于是$\triangle ABD\cong\triangle PBD$,所以$PB=AB$,由此不难得出$\angle APB=70°$.

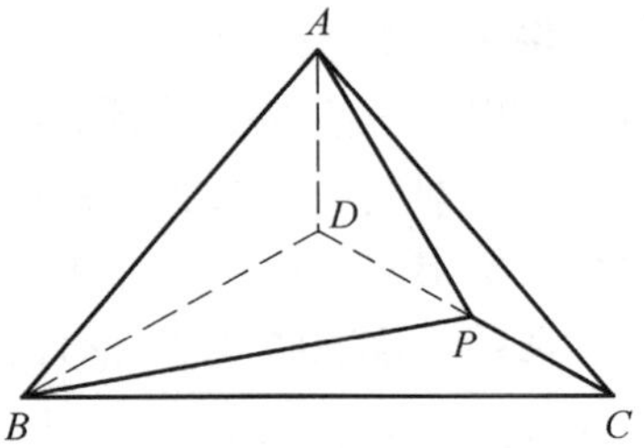

图5.1.4

在本题中,我们关心的不是轴反射变换下的像点,而是像直线,这是值得留意的.

例5.1.5 在$\triangle ABC$中,$AB=AC$,$\angle A=20°$.点D、E分别在腰AB、AC上,且$\angle CBE=60°$,$\angle DCB=50°$.求$\angle DEB$.

解法1 如图5.1.5所示,设l为等腰$\triangle ABC$的对称轴,作轴反射变换$S(l)$,则$B\to C$.设$E\to E'$,则E'在AB上,且$EE'\parallel BC$.再设CE'与BE交于F,则F在对称轴上,且由$\angle CBE=60°$知,$\triangle FBC$、$\triangle FEE'$皆为正三角形,所以,$EE'=EF$,$BC=BF$.又由$\angle DCB=50°$,$\angle A=20°$知$\angle BDC=50°=\angle DCB$,所以$BD=BC=BF$.从而由$\angle FBD=20°$知$\angle DFB=80°$.再由$\angle EFE'=60°$得$\angle E'FD=40°$.但$\angle DE'F=\angle BEC=180°-\angle CBE-\angle ECB=40°$,所以$DE'=DF$,于是$DE$

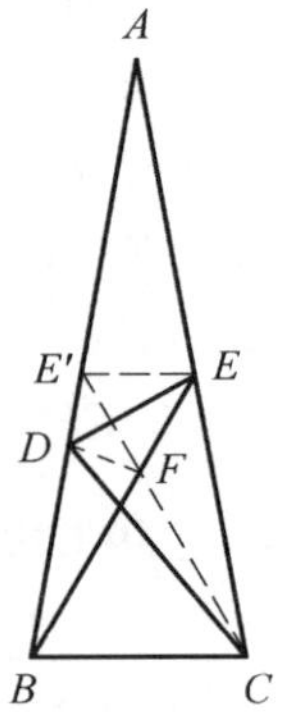

图5.1.5

为 $E'F$ 的垂直平分线.这样便有 $\angle DEB = \frac{1}{2}\angle E'EF = 30°$.

解法2　如图5.1.6所示,注意到条件 $\angle DCB = 50°$, $\angle A = 20°$ 可知 $BD = BC$,即 $\triangle BCD$ 也为等腰三角形,于是以 $\triangle BCD$ 的对称轴为反射轴作轴反射变换,则 $D \to C$.设直线 BE 的像直线交 AC 于 F,则 $\angle FBC = \angle EBD = 20°$, $\angle BFC = 80° = \angle FCB$,所以 $BF = BC = BD$.又 $\angle FBD = 80° - 20° = 60°$,因此 $\triangle DBF$ 是一个正三角形,所以, $FD = FB$.易知 $\angle FBE = \angle BEF(= 40°)$,从而 $FE = FB$,于是 F 为 $\triangle BED$ 的外心.故 $\angle DEB = \frac{1}{2}\angle DFB = 30°$.

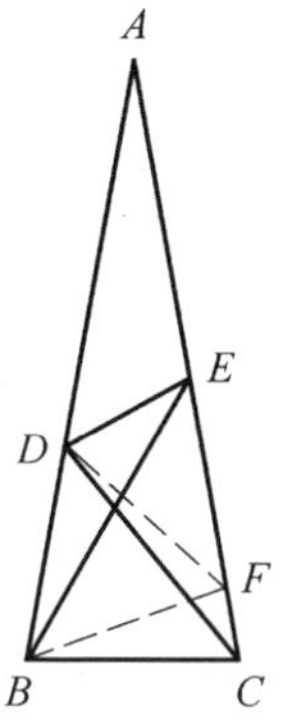

图5.1.6

解法3　如图5.1.7所示.注意到 $\angle EBA = 20° = \angle BAC$,所以, $EA = EB$.于是,以 AB 的垂直平分线为反射轴作轴反射变换,设 $C \to C'$, $D \to D'$,则 C' 在 BE 的延长线上,且 $EC' = EC$, $AD = D'B$.另一方面,由于 $\angle ACD = 30°$,于是,设 O 为 $\triangle ADC$ 的外心,则 $\triangle ADO$ 是一个正三角形, $OC = OD$.又 $BC = BD$,所以 OB 是 CD 的垂直平分线.由此不难得到 $\triangle AOB \backsim \triangle BCE$,因此, $\frac{BE}{AB} = \frac{BC}{AO}$.但 $AB = BC'$, $BC = BD$, $AO = AD = D'B$.所以, $\frac{BE}{BC'} = \frac{BD}{BD'}$,这说明 $D'C' \parallel DE$.所以 $\angle EDA = \angle CDA = \angle BDC = 50°$.再注意 $\angle EBA = 20°$ 即知 $\angle DEB = 30°$.

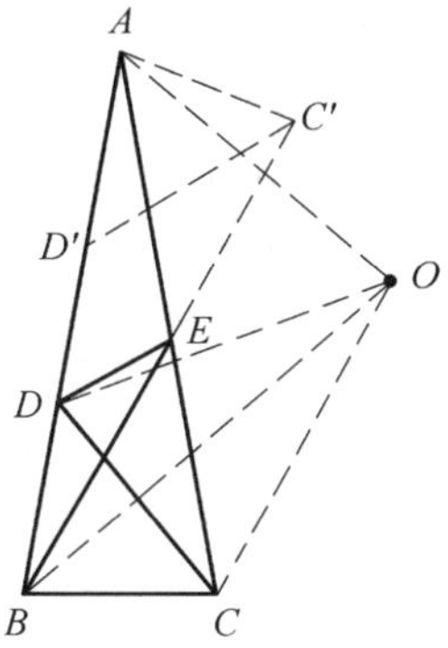

图5.1.7

本题是一道平面几何名题,被称为"一个古老的难题",其起源至少可以追溯到1920年前后.加拿大滑铁卢大学的几何大师Ross Honsberger将其誉为"平面几何中的一颗宝石".本题的大多数解法都不是纯几何的,即使利用三角函数方法也不是那么容易的.而这里以等腰三角形为特征用轴反射变换一举给出了它的三个并不太难的纯几何解法.

与旋转变换处理等腰三角形问题的情形一样,对于一个平面几何问题,只要(隐)含有一点到另两点(三点不共线)的距离相等的条件,即可作为等腰三角形问题而考虑用轴反射变换变换处理(上面的解法2与解法3即是如此).

例5.1.6　已知 A 为平面上两个半径不等的圆 $\odot O_1$ 与 $\odot O_2$ 的一个交点,两圆的两条外公切线分别为 P_1P_2、Q_1Q_2,切点分别为 P_1、P_2、Q_1、Q_2, M_1、M_2 分别是 P_1Q_1、P_2Q_2 的中点.求证: $\angle O_1AO_2 = \angle M_1AM_2$.(第24届IMO,1983)

证明　如图5.1.8所示,设两圆的另一交点为 B,显然有 $P_1Q_1 \parallel AB \parallel$

P_2Q_2，M_1、M_2 在连心线 O_1O_2 上，$AB \perp O_1O_2$。再设直线 AB 交 P_1P_2 于 E，则由圆幂定理，有 $P_1E^2 = EA \cdot EB = P_2E^2$，所以，$P_1E = EP_2$，这说明 E 是线段 P_1P_2 的中点．因此，直线 AB 垂直平分线段 M_1M_2．作轴反射变换 $S(AB)$，则 $M_1 \to M_2$．设 $O_1 \to O'_1$，则 O'_1 在 O_1O_2 上，且 $O'_1M_2 = O_1M_1$，$AO'_1 = AO_1$，$\angle O'_1AM_2 = \angle O_1AM_1$．显然，$\triangle P_1M_1O_1 \backsim \triangle P_2M_2O_2$，于是有

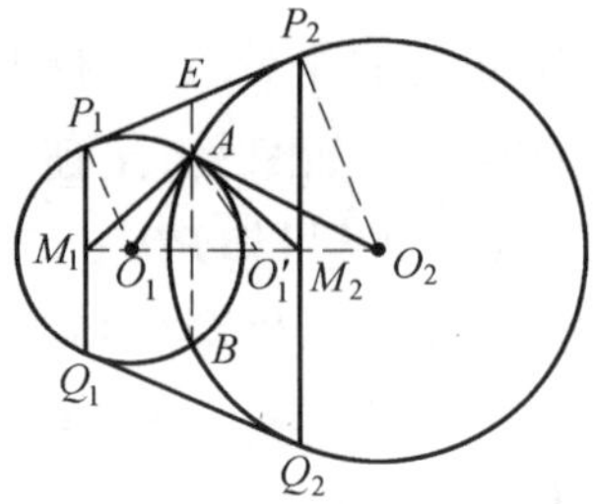

图 5.1.8

$$\frac{O'_1M_2}{M_2O_2} = \frac{M_1O_1}{M_2O_2} = \frac{P_1O_1}{P_2O_2} = \frac{AO_1}{AO_2} = \frac{AO'_1}{AO_2}$$

所以，AM_2 平分 $\angle O'_1AO_2$，因此 $\angle O_1AM_1 = \angle O'_1AM_2 = \angle M_2AO_2$．故 $\angle O_1AO_2 = \angle M_1AM_2$．

除了等腰三角形是轴对称图形外，等腰梯形、矩形、正方形、菱形、筝形等都是至少含有两个元素的轴对称图形．对于含有这些轴对称子图形的平面几何问题，我们都可以考虑用轴反射变换处理，反射轴取轴对称子徒形的某条对称轴．

例 5.1.7　设 E 是正方形 $ABCD$ 的边 CD 的中点，F 是线段 CE 的中点．求证：$\angle EAD = \frac{1}{2}\angle BAF$．

证明　如图 5.1.9 所示，以正方形的对角线 AC 为轴作轴反射变换，则 $B \to D$，$D \to B$．设 $F \to F'$，则 F' 在边 BC 上，且 $CF' = CF$，$\angle DAF' = \angle BAF$．因 $\frac{CF'}{EC} = \frac{CF}{EC} = \frac{1}{2} = \frac{DE}{DA}$，$\angle C = \angle D = 90°$，所以 $\triangle EF'C \backsim \triangle AED$．由此易知 $\angle AEF' = 90°$，且 $\frac{EF'}{AE} = \frac{EC}{AD} = \frac{DE}{AD}$，所以，$\triangle AF'E \backsim \triangle AED$，从而 $\angle F'AE = \angle EAD$．故 $\angle EAD = \frac{1}{2}\angle F'AD = \frac{1}{2}\angle BAF$．

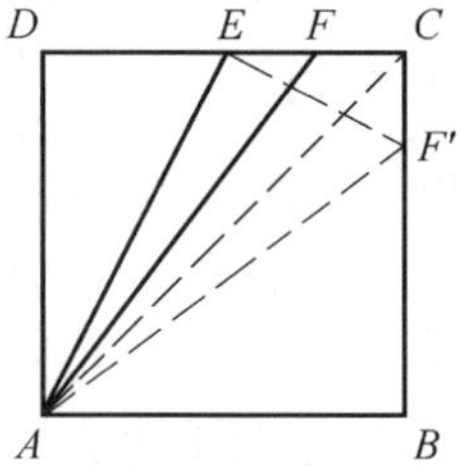

图 5.1.9

例 5.1.8　在正方形 $ABCD$ 的内部作正三角形 ABK、BCL、CDM 和 DAN．证明：四线段 KL、LM、MN、NK 的中点和八线段 AK、BK、BL、CL、DM、CM、DN、AN 的中点是一个正十二边形的十二个顶点．(第 19 届 IMO，1977)

证明　如图 5.1.10 所示，设 BL 与 DM 交于 A_1，CM 与 AN 交于 A_2，DN 与 BK 交于 A_3，AK 与 CL 交于 A_4，以正方形 $ABCD$ 的中心为旋转中心作旋转角为 90° 的旋转变换，则 $A \to B \to C \to D \to A$，$K \to L \to M \to N \to K$，所以 $A_1 \to A_2 \to$

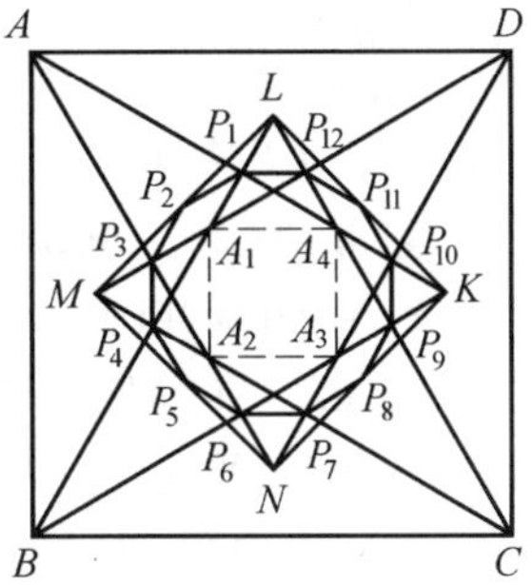

图 5.1.10

$A_3 \to A_4$，因此 $A_1A_2A_3A_4$ 是一个正方形. 又正方形 $ABCD$ 是轴对称图形，直线 MK 是它的一条对称轴，于是，作轴反射变换 $S(MK)$，则 $A_1 \to A_2$，$A_2 \to A_1$，$A_3 \to A_4$，$A_4 \to A_3$，所以 $A_1A_2 \parallel AB \parallel CD \parallel A_4A_3$，而 $\triangle ABK$ 与 $\triangle MCD$ 都是正三角形，因此，$\triangle A_1A_2M$ 与 $\triangle A_3A_4K$ 皆为正三角形. 同理，$\triangle A_2A_3N$ 与 $\triangle A_4A_1L$ 都是正三角形.

设线段 AK、BK、BL、CL、CM、DM、DN、AN 的中点分别为 P_1、P_6、P_4、P_9、P_7、P_{12}、P_{10}、P_3；线段 KL、LM、MN、NK 的中点分别为 P_{11}、P_2、P_5、P_8. 易知 AK 的中点 P_1 即 AK 与 BL 的交点，而 $\angle AA_4L = 30°$，所以 AK 平分 $\angle LA_4A_1$，因此，AK 的中点 P_1 即 A_1L 的中点. 同理，AN 的中点 P_3 即 A_1M 的中点，DK 的中点 P_{12} 即 A_4L 的中点，所以

$$P_1P_2 = \frac{1}{2}A_1M = \frac{1}{2}A_1A_2 = \frac{1}{2}A_1A_4 = P_1P_{12}$$

由正方形的旋转对称性与轴对称性即知，十二边形 $P_1P_2\cdots P_{12}$ 是一个等边十二边形. 又易知

$$\angle P_1P_2P_3 = \angle MA_1L = 150°$$

$$\angle P_{12}P_1P_2 = \angle A_4A_1M = \angle A_4A_1A_2 + \angle A_2A_1M = 90° + 60° = 150°$$

再由正方形的旋转对称性与轴对称性即知，十二边形 $P_1P_2\cdots P_{12}$ 的各个内角都等于 150°，故十二边形 $P_1P_2\cdots P_{12}$ 是一个正十二边形.

在这个证明中，我们充分地利用了正方形的旋转对称性和轴对称性.

例 5.1.9 在等腰梯形 $ABCD$ 中，$AD \parallel BC$，M 是腰 CD 的中点，过两对角线的交点作两底的平行线交 CD 于 N. 求证：A、B、M、N 四点共圆.

本题即例3.4.7，那里是用平移变换的方法证明的. 但等腰梯形也是典型的轴对称图形，我们当该考虑轴反射变换. 这里用轴反射变换给出它的一个新的证明.

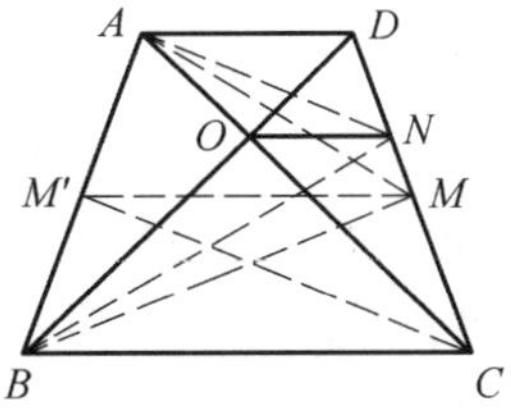

图 5.1.11

证明 如图 5.1.11 所示，以等腰梯形 $ABCD$ 的对称轴为反射轴作轴反射变换，则 $D \to A$，$C \to B$. 设 $M \to M'$，则 M' 为 AB 的中点，且 $M'M$ 为其中位线，$M'BCM$ 也是一个等腰梯形，因 $AD \parallel BC \parallel ON$，所以 $\frac{AD}{BC} = \frac{AO}{OC} = \frac{DN}{NC}$，从而 $\frac{AD}{AD+BC} = \frac{DN}{DN+NC} = \frac{DN}{DC}$，于是 $\frac{DN}{AD} = \frac{CD}{AD+BC}$. 又 $DC = 2MC$，$AD + BC = 2M'M$，因

此，$\frac{DN}{AD}=\frac{MC}{M'M}$. 再注意 $AD \parallel M'M$ 即知 $\triangle DAN \backsim \triangle MM'C$，所以 $\angle NAD = \angle CM'M = \angle CBM$. 同理可证，$\angle MAD = \angle CBN$，于是

$$\angle MAN = \angle MAD - \angle NAD = \angle CBN - \angle CBM = \angle MBN$$

故 A、B、M、N 四点共圆.

例 5.1.10 在等腰梯形 $ABCD$ 中，$AB \parallel CD$，$\triangle BCD$ 的内切圆切 CD 于 E. F 是 $\angle DAC$ 的角平分线上一点，且 $EF \perp CD$. $\triangle ACF$ 的外接圆与 CD 交于 C 和 G. 求证：$\triangle AFG$ 是等腰三角形.（第 28 届美国数学奥林匹克，1999）

证明 如图 5.1.12 所示，以等腰梯形 $ABCD$ 的对称轴为反射轴作轴反射变换，则 $B \to A$，$C \to D$. 设 $E \to E'$，则 E' 为 $\triangle ACD$ 的内切圆与边 CD 的切点，因 $CE = E'D$，所以，点 E 为 $\triangle ACD$ 的 A- 旁切圆在边 CD 上的切点. 而 $EF \perp CD$，点 F 在 $\angle DAC$ 的平分线上，所以，点 F 即 $\triangle ACD$ 的 A- 旁心，从而 CF 为 $\triangle DCA$ 的外角平分线. 注意四边形 $ACFG$ 内接于圆，于是，延长 AC 至任意点 K，则

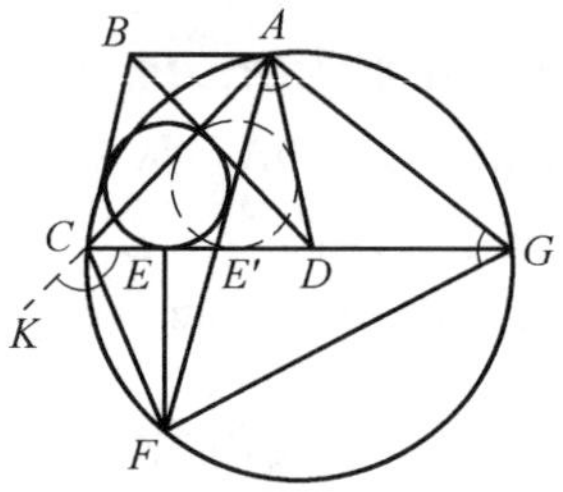

图 5.1.12

$$\angle FAG = \angle FCG = \angle KCF = \angle AGF$$

因此 $FA = FG$，故 $\triangle AFG$ 是一个等腰三角形.

在本题中，切点 E 扮演着一个重要角色，不可小觑. 找出点 E 的像点后，再联想到旁切圆的性质即大功告成.

可能有些问题本身并不含至少有两个元素的轴对称图形，但它含有这类轴对称图形的一部分，此时，只要将其补全还原成轴对称图形，我们就可以作为轴对称图形而尝试用轴反射变换处理.

例 5.1.11 在凸六边形 $ABCDEF$ 中，$AB = BC = CD$，$DE = EF = FA$，$\angle BCD = \angle EFA = 60°$. 设 G 和 H 是这个六边形所在平面上的两点. 试证

$$AG + GB + GH + DH + HE \geqslant CF$$

（第 36 届 IMO①，1995）

证明 如图5.1.13所示. 由条件知 $\triangle BCD$ 与 $\triangle EFA$ 皆为正三角形，从而有 $BD = BC = BA$，$AE = EF = DE$. 于是四边形 $ABDE$ 为筝形，BE 为其对称轴. 作轴反射变换 $S(BE)$，则 $A \to D$，$D \to A$. 设 $C \to C'$，$F \to F'$，则 $C'F' = CF$，且 $\triangle ABC'$ 与 $\triangle DEF'$ 皆为正三角形. 由例

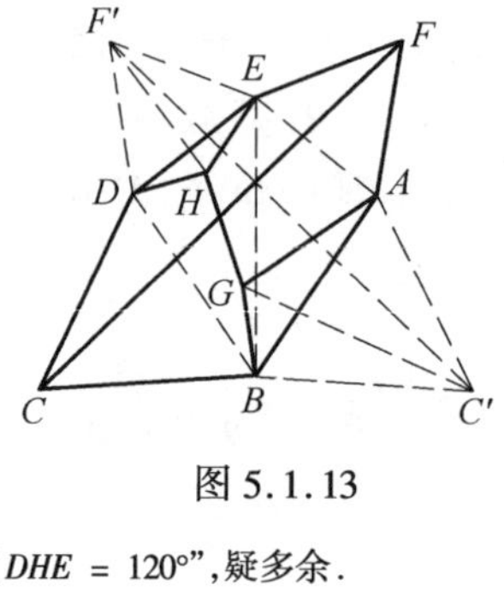

图 5.1.13

---

① 原题有条件："G 和 H 在六边形的内部" 及"$\angle AGB = \angle DHE = 120°$"，疑多余.

4.3.1 知，$GA+GB\geqslant GC'$，$HD+HE\geqslant HF'$，故

$$AG+GB+GH+DH+HE\geqslant$$
$$C'G+GH+HF'\geqslant C'F'=CF$$

例 5.1.12 在凸五边形 $ABCDE$ 中，$CD=DE$，$\angle DCB=\angle DEA=90°$，点 F 是线段 AB 上一点，且 $\frac{AF}{FB}=\frac{AE}{BC}$. 求证：$\angle ECF=\angle EDA$，$\angle FEC=\angle BDC$. (第 48 届波良数学奥林匹克，1996)

证明 如图 5.1.14 所示. 设直线 BC 与 AE 交于 O，则由 $CD=DE$，$\angle DCB=\angle DEA=90°$ 知，四边形 $OCDE$ 是一个筝形，OD 为其对称轴. 作轴反射变换 $S(OD)$，则 $E\to C$. 设 $A\to A'$，则 A' 在 OC 上，且 $A'C=AE$. 再设 $A'A$ 与 OD 交于 M，则 M 为 $A'A$ 的中点. 于是由 $\frac{AF}{FB}=\frac{AE}{BC}$，有

$$\frac{AF}{FB}\cdot\frac{BC}{CA'}\cdot\frac{A'M}{MA}=\frac{AF}{FB}\cdot\frac{BC}{AE}=1$$

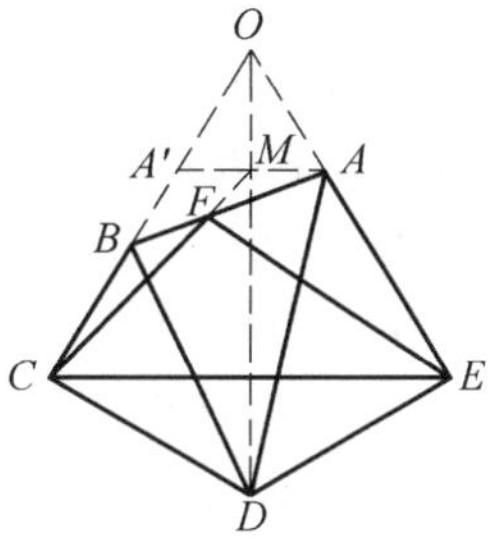

图 5.1.14

而 F、C、M 分别为 $\triangle ABA'$ 的三边所在直线上的点，由 Menelaus 定理(见 6.3)，F、C、M 三点共线. 显然，$\triangle OMA\backsim\triangle OCD$，所以 $\frac{OM}{OC}=\frac{OA}{OD}$，这说明 $\triangle OCM\backsim\triangle ODA$，所以 $\angle MCO=\angle ADO$. 另一方面，四边形 $OCDE$ 显然内接于圆，所以，$\angle ECO=\angle EDO$，因此

$$\angle ECM=\angle ECO-\angle MCO=\angle EDO-\angle ADO=\angle EDA$$

即 $\angle ECF=\angle EDA$. 同理，$\angle FEC=\angle BDC$.

5.2 角平分线与轴反射变换

角是轴对称图形，且角平分线所在直线即为对称轴. 因几乎所有的平面几何问题都与角相关，如果将一个平面几何问题中的角作为轴对称图形对待，则未免太泛，也不现实. 但如果问题中出现了角平分线就不一样了. 就是说，凡涉及角平分线的平面几何问题都可以考虑用轴反射变换处理，反射轴可取角平分线所在直线或其外角平分线所在直线.

例 5.2.1 设 N 为 $\angle BAC$ 的平分线上的一点，点 P 和点 O 分别在直线 AB 和 AN 上，其中，$\angle ANP=\angle APO=90°$. 点 Q 在线段 NP 上，过点 Q 任作一直线分别交 AB、AC 于点 E 和 F. 求证：$\angle OQE=90°$ 当且仅当 $QE=QF$. (第 35 届 IMO，1994)

证明　如图 5.2.1 所示，作轴反射变换 $S(AO)$，设 $P \to P'$，$F \to F'$，则 P' 在 FC 上，F' 在 AP 上，且 $OP' = OP$，$OF' = OF$，$F'F \parallel PP'$，$OP' \perp AC$.

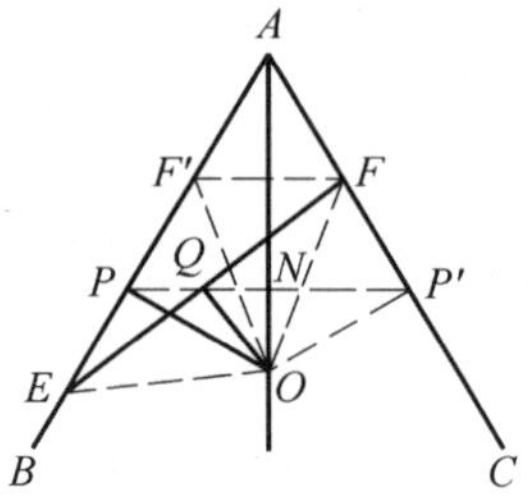

图 5.2.1

若 $\angle OQE = 90°$，则四边形 $OQPE$、$OP'FQ$ 皆内接于圆，于是，$\angle OEF = \angle OPP' = \angle PP'O = \angle EFO$，所以 $OE = OF$. 由 $OQ \perp EF$ 即知 Q 为 EF 的中点，故 $QE = QF$.

反之，若 $QE = QF$，即 Q 为 EF 的中点. 因 $F'F \parallel PP'$，所以 P 是 EF' 的中点. 又 $OP \perp EF'$，因此 $OE = OF'$. 但 $OF' = OF$，从而 $OE = OF$. 故 $OQ \perp EF$.

当年官方所公布的本题的参考解答是用反证法证明"若 $QE = QF$，则 $OQ \perp EF$"的. 这里用轴反射变换给出的直接而简单的证明将角平分线的轴对称性质发挥得淋漓尽致.

例 5.2.2　在 $\triangle ABC$ 中，M、N 分别为 AB、BC 的中点. 其内切圆分别切 BC、CA 于 D、E. 求证：MN、DE 以及 $\angle BAC$ 的平分线，三线共点.

证明　如图 5.2.2 所示，设点 B 在 $\angle CAB$ 的平分线上的射影为 L，作轴反射变换 $S(AL)$，设 $B \to B'$，则 B' 在射线 AC 上，点 L 是 BB' 的中点，而 A、C、B' 三点共线，所以 M、N、L 三点共线. 另一方面，设 I 是 $\triangle ABC$ 的内心. 则有 $\angle BLI = 90° = \angle BDI$. 所以 L、D、B、I 四点共圆. 这样，$\angle BDL = \angle BIL = \frac{1}{2}(\angle A + \angle B) = 90° - \frac{1}{2}\angle C = \angle CDE$. 所以 L、D、E 三点也共线. 故 L 为直线 MN 与 DE 的交点.

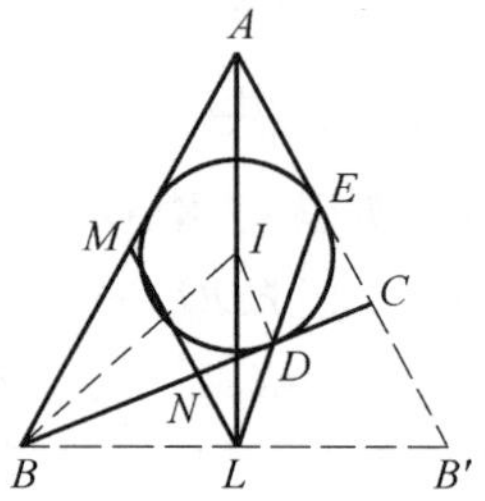

图 5.2.2

本题作为一个三线共点问题，从传统的角度来看，我们的证法是采用证明两直线都过第三条直线上的一个定点. 由本题可以简单地证明 2004 年在希腊举行的第 45 届 IMO 的一道预选题：

已知 $\triangle ABC$，D 是射线 BC 上的一个动点，$\triangle ABD$ 与 $\triangle ACD$ 的内切圆交于不同两点 P、Q，则直线 PQ 通过一个不依赖于 D 的定点.

事实上，如图 5.2.3 所示. 设 $\triangle ABD$ 与 $\triangle ACD$ 的内切圆与 BD 分别切于 E、K，与 AD 分别切于 F、L. 显然 $PQ \parallel EF \parallel KL$. 设 AB、AC 的中点分别为 M、N，则直线 MN 也通过 AD 的中

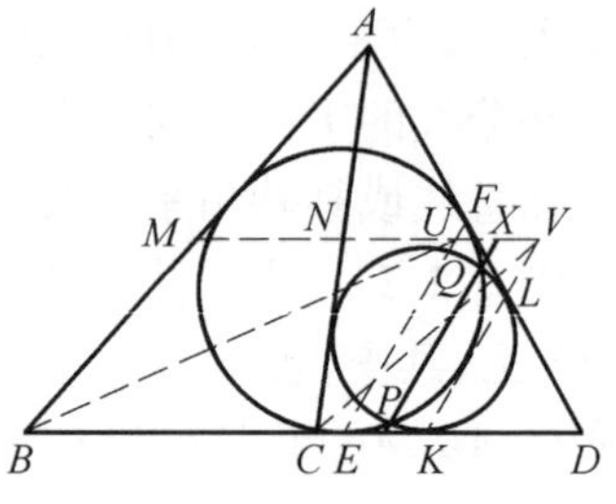

图 5.2.3

点.再设$\angle CBA$的平分线及$\angle DCA$的平分线分别与直线MN交于U、V,则U、V是两个定点,由例5.2.3,直线EF通过点U,直线KL通过点V.注意到直线PQ同时通过EK与FL的中点,所以,直线PQ通过UV的中点X,这是一个不依赖于点D的定点.

例5.2.3 设I是$\triangle ABC$的内心,E是$\triangle ABC$的外接圆上$\overset{\frown}{BC}$(不含点A)的中点,F是边BC的中点,M、N分别是线段BI、EF的中点,MN与BC交于点D.求证:$\angle ADM=\angle MDB$.(中国国家队培训,2006)

证明 如图5.2.4所示,作轴反射变换$S(BI)$,设$A\rightarrow A'$,则A'在直线BC上,$AA'\perp BI$,$\angle MAA'=\angle AA'M$.熟知$EB=EI$,而M为BI的中点,所以,$ME\perp BI$,因此$ME /\!/ AA'$,从而$\angle AEM=\angle EAA'$.另一方面,由$EF\perp BC$,$ME\perp BI$知,M、B、E、F四点共圆,所以$\angle EMF=\angle EBF=\angle EAC=\angle BAI$,$\angle FEM=\angle FBI=\angle IBA$,因此,$\triangle MEF\backsim\triangle ABI$,而$M$、$N$分别为$BI$、$EF$的中点,所以$\angle NMF=\angle MAI$.又$\angle MFB=\angle MEB=\angle AEM=\angle FAA'$,$\angle NMF=\angle MAI$,所以$\angle MDB=\angle MFB+\angle NMF=\angle FAA'+\angle MAI=\angle MAA'$.从而$A$、$M$、$D$、$A'$四点共圆,于是$\angle MDB=\angle MAA'=\angle AA'M=\angle ADM$.

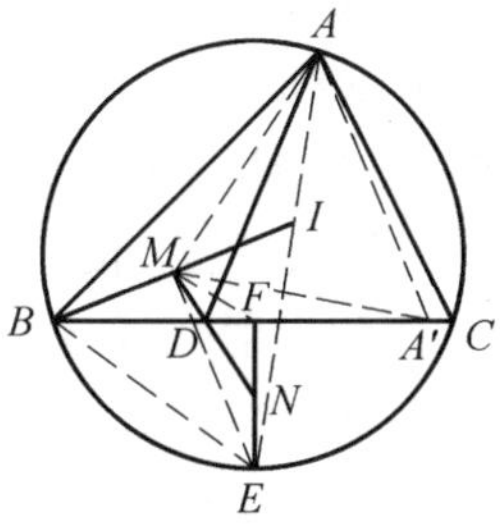

图5.2.4

我们看到,这个证明非常顺畅.而从轴反射变换的角度来讲,其思路又是相当自然的.

例5.2.4 在四边形$ABCD$中,对角线AC平分$\angle BAD$.在CD上取一点E,BE与AC相交于F,延长DF交BC与G.求证:$\angle GAC=\angle EAC$.(全国高中数学联赛,1999)

证明 如图5.2.5所示,设AC与BD交于K.对$\triangle BCD$和点F用Ceva定理(见6.3),有$\frac{CG}{GB}\cdot\frac{BK}{KD}\cdot\frac{DE}{EC}=1$.又在$\triangle ABD$中,由角平分线性质定理,有$\frac{BK}{KD}=\frac{AB}{AD}$,所以$\frac{CG}{GB}\cdot\frac{BA}{AD}\cdot\frac{DE}{EC}=1$.作轴反射变换$S(AC)$,设$B\rightarrow B'$,$G\rightarrow G'$,则$B'$在直线$AD$上,$G'$在$CB'$上,且$B'A=BA$,$CG'=CG$,$G'B'=GB$.于是

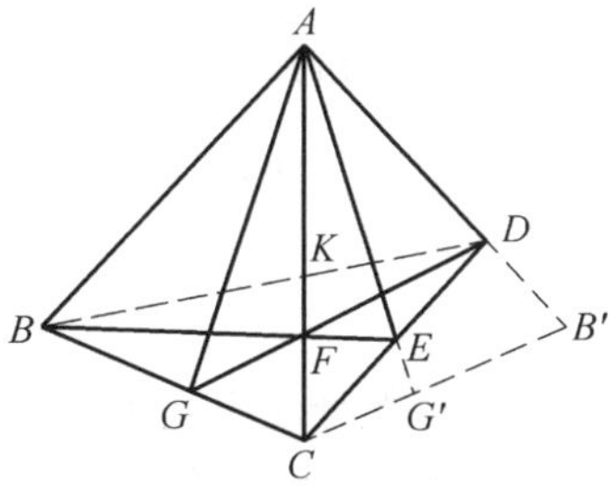

图5.2.5

$$\frac{CG'}{G'B'}\cdot\frac{B'A}{AD}\cdot\frac{DE}{EC}=\frac{CG}{GB}\cdot\frac{BA}{AD}\cdot\frac{DE}{EC}=1$$

由Menelaus定理,G'、A、E三点共线,即G'在直线AE上.故

$$\angle GAC = \angle G'AC = \angle EAC$$

本题在第 4 章曾给出过一个证明(命题 4.2.2).这里利用轴反射变换将其转化成了一个易于用 Menelaus 定理处理的三点共线问题.

例 5.2.5 设 $\triangle ABC$ 的三边长分别为 a、b、c,$b < c$,AD 平分 $\angle BAC$,点 D 在边 BC 上.

(1) 求在线段 AB、AC 内分别存在点 E、F(不是顶点) 满足 $BE = CF$ 和 $\angle BDE = \angle CDF$ 的充分必要条件(用角 A、B、C 表示);

(2) 在点 E 和 F 存在的情况下,用 a、b、c 表示 BE 的长.(第 17 届中国数学奥林匹克,2002)

解 (1) 如图 5.2.6 所示,设在线段 AB、AC 内分别存在点 E、F,使得 $BE = CF$,$\angle BED = \angle CDF$.作轴反射变换 $S(AD)$,设 $C \to C'$,$F \to F'$,则 C'、F' 均在 AB 上(因 $b < c$),且 $C'F' = CF = BE$,$\angle F'DC' = \angle FDC = \angle BDE$.由第 3 章例 3.2.1 知,$BD = DF'$.但 $DF' = DF$,所以 $BD = DF$.同样,$DE = DC$.所以,$\triangle BDE \cong \triangle FDC$.于是,$\angle B = \angle DFC$.但 $\angle DFC > \angle DAF = \frac{1}{2}\angle BAC$,因此,$\angle B > \frac{1}{2}\angle BAC$.

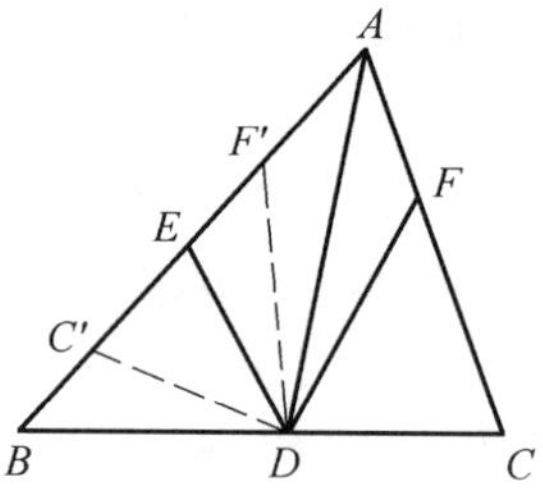

图 5.2.6

反之,设 $\angle B > \frac{1}{2}\angle BAC$,由 $b < c$ 知 $\angle C > \angle B$.于是,$\triangle ADC$ 的外接圆必过 AB 上一点 E,$\triangle ABD$ 的外接圆必过 AC 上一点 F.因 AD 平分 $\angle BAC$,所以 $BD = DF$,$DE = DC$(同圆中,相等的圆周角所对的弦相等).又 $\angle BDE = \angle BAC = \angle FDC$,所以 $\triangle BDE \cong \triangle FDC$,故 $BE = FC$,且 $\angle BDE = \angle CDF$.

综上所述,所求充分必要条件是:$\angle B > \frac{1}{2}\angle BAC$.

(2) 在 E 和 F 存在的情况下,由(1) 的证明可知,$\triangle DBE \backsim \triangle ABC$.而由三角形的内角平分线性质定理易得 $BD = \frac{ac}{b+c}$,即 $\frac{BD}{AB} = \frac{a}{b+c}$.由此即知

$$BE = \frac{BD}{AB} \cdot BC = \frac{a^2}{b+c}$$

因外角平分线也是角平分线,所以,与外角平分线有关的平面几何问题,也可以考虑用外角平分线作为反射轴的轴反射变换处理.

例 5.2.6 梯形 $ABCD$ 中,$AB \parallel CD$,在两腰 AD 和 BC 上分别存在点 P 和 Q,使得 $\angle APB = \angle CPD$,$\angle AQB = \angle CQD$.证明:梯形的两对角线的交点到 P、Q 的距离相等.(第 20 届俄罗斯数学奥林匹克,1994)

证明 如图 5.2.7 所示,设对角线 AC 与 BD 的交于 O,作轴反射变换

$S(AD)$，设 $C\to C'$，则 $C'D=CD$，$C'P=CP$，且由 $\angle APB=\angle CPD$ 知，C' 在 BP 的延长线上．延长 CD 交 PC' 于 E，则 PD 是 $\angle CPE$ 的平分线，且 $\triangle PDE\backsim\triangle PAB$，所以 $\dfrac{PC}{CD}=\dfrac{PE}{DE}=\dfrac{PB}{AB}$，于是 $\dfrac{PB}{PC'}=\dfrac{PB}{PC}=\dfrac{AB}{CD}$．又由 $AB\parallel CD$ 有 $\dfrac{AB}{CD}=\dfrac{BO}{OD}$，所以 $\dfrac{BP}{PC'}=\dfrac{BO}{OD}$，从而 $OP\parallel DC'$，因此 $\dfrac{OP}{DC'}=\dfrac{BO}{BD}=\dfrac{AB}{AB+CD}$，但 $C'D=CD$，所以 $OP=\dfrac{AB\cdot CD}{AB+CD}$．同理，$OQ=\dfrac{AB\cdot CD}{AB+CD}$．故 $OP=OQ$．

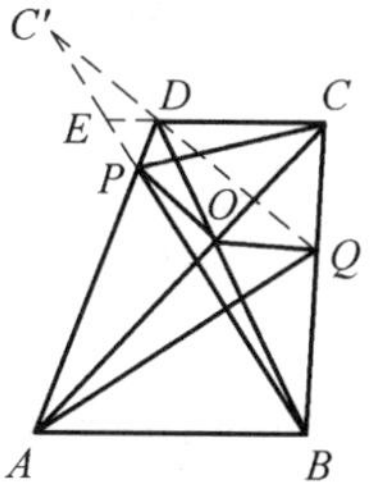

图 5.2.7

如果一个平面几何问题并没有给出角平分线或外角平分线的条件，但只要隐含了(外)角平分线(如三角形的内心或旁心等)，则我们同样可以将其作为角平分线问题对待，然后尝试用轴反射变换处理．

例 5.2.7 在 $\triangle ABC$ 中，$AB>AC$，过 A 作 $\triangle ABC$ 的外接圆的切线 l，再以 A 为圆心，AC 为半径作圆交 AB 于 D，交直线 l 于 E、F．证明：直线 DE、DF 分别通过 $\triangle ABC$ 的内心与一个旁心．(全国高中数学联赛，2005)

证明 如图 5.2.8 所示．因 $AE=AF=AD$，所以 $\angle EDA=\angle AED$，$\angle DFA=\angle ADF$．设直线 DE、DF 分别交 $\angle BAC$ 的平分线于 I、J 两点．作轴反射变换 $S(AJ)$，因 $AD=AC$，所以 $C\to D$，设 $B\to B'$，则 B' 在 AC 的延长线上，且 $\angle AB'D=\angle CBA=\angle CAE$．所以 $DB'\parallel EF$．于是，$\angle ACI=\angle IDA=\angle AED=\angle B'DI=\angle ICB$，即 CI 平分 $\angle ACB$，所以，I 为 $\triangle ABC$ 的内心．又 $\angle BCJ=\angle JDB'=\angle DFA=\angle ADF=\angle BDJ=\angle JCB'$，即 CJ 为 $\angle ACB$ 的外角平分线，故 J 为 $\triangle ABC$ 的 A-旁心．

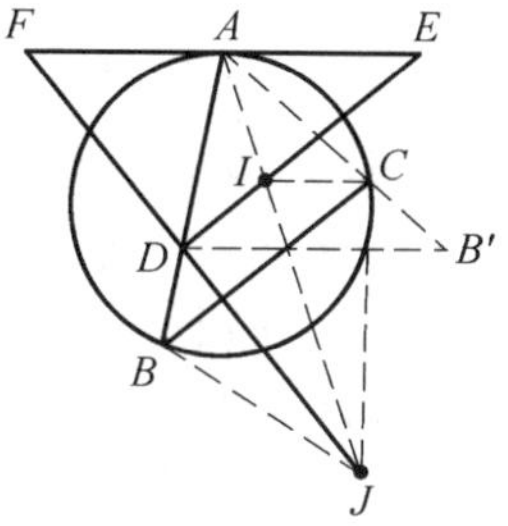

图 5.2.8

例 5.2.8 设四边形 $ABCD$ 内接于圆，另一圆的圆心在 AB 上，且与四边形的其余三边相切．求证：$AD+BC=AB$．(第 26 届 IMO，1985)

证明 如果 $AD\parallel BC$，则结论显然成立；如果 $AD\nparallel BC$，如图 5.2.9 所示，设 AD 与 BC 的延长线交于 E，且位于 AB 上的圆心为 O，则 OE 是 $\angle AEB$ 的角平分线．

作轴反射变换 $S(OE)$，设 $A\to A'$，$B\to B'$，

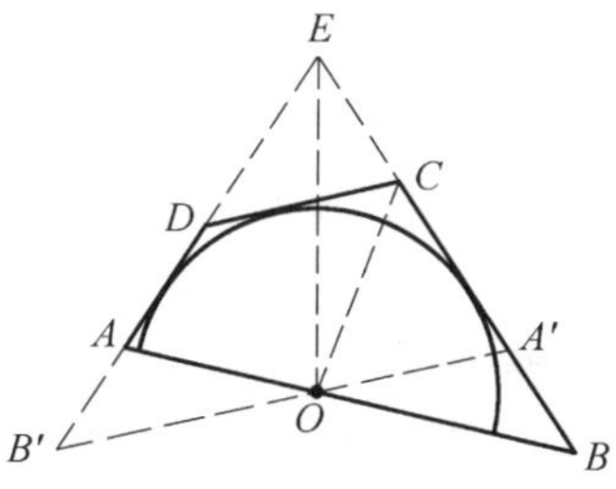

图 5.2.9

则 A'、B' 分别在直线 BC、AD 上，且 $A'B = AB'$，$A'B'$ 过点 O(若 $A' = B$，则 $B' = A$.不妨设 A' 在线段 BC 上，则 B' 在 DA 的延长线上)，且 $\angle B' = \angle B$.因四边形 $ABCD$ 内接于圆，所以 $\angle CDE = \angle B$，因此，$\angle CDE = \angle B'$，从而 $CD \parallel A'B'$，于是 $\angle A'OC = \angle DCO$.但 $\angle DCO = \angle OCA'$，所以 $\angle A'OC = \angle OCA'$，因而 $CA' = OA' = OA$.同理，$B'D = OB$.又 $A'B = AB'$，故

$$AD + BC = AD + BA' + A'C = AD + AB' + OA = B'D + OA = OB + OA = AB$$

本题即例4.5.7，那里曾用旋转变换给出了它的一个证明(也是流行的一个纯几何证法).这里用轴反射变换给出的证明则给人以耳目一新之感.

例5.2.9 设 M、N 分别为四边形 $ABCD$ 的边 BC、AD 的中点，直线 AB、CD 分别与直线 MN 交于 E、F. 证明：$AB = CD$ 的充分必要条件是 $\angle BEM = \angle MFC$.

本题即例3.2.8，例3.3.10，例4.1.4.我们曾用平移变换与中心反射变换给出了四种证法.这里再用轴反射变换给出它的一个新颖别致的证法.

证明 如图5.2.10所示，设直线 AB 与 CD 交于 P，作 $\angle BPC$ 的平分线 PT，T 在 BC 上.显然，$\angle BEM = \angle MFC \Leftrightarrow MN \parallel PT$.因而只需证明 $AB = CD \Leftrightarrow MN \parallel PT$ 即可.

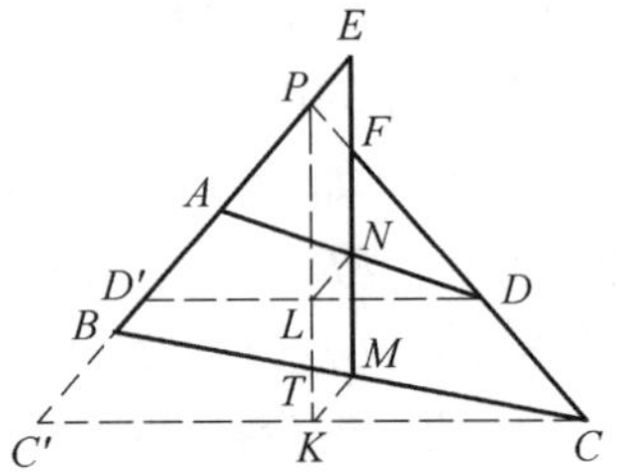

图5.2.10

作轴反射变换 $S(PT)$，设 $C \to C'$，$D \to D'$，则 C'、D' 皆在直线 AB 上，且 $C'D' = CD$.再设 $C'C$、$D'D$ 分别与 PT 交于 K、L，则 K、L 分别为 $C'C$、$D'D$ 的中点，而 M、N 分别为 BC、AD 的中点，所以，$MK \parallel \frac{1}{2}BC'$，$NL \parallel \frac{1}{2}AD'$ 且 $MK = \frac{1}{2}BC'$，$NL = \frac{1}{2}AD'$.于是

$$AB = CD \Leftrightarrow AB = C'D' \Leftrightarrow AD' = BC' \Leftrightarrow NL = MK \Leftrightarrow MN \parallel PT \Leftrightarrow \angle BEM = \angle MFC$$

如果问题涉及两条或更多的(外)角平分线，则可能需作两个或更多的轴反射变换(非变换之积)方能解决问题.

例5.2.10 设圆外切四边形有一组对边相等.证明：圆心到另一组对边的中点的距离相等.(第31届IMO预选，1990)

证明 如图5.2.11所示，设四边形 $ABCD$ 外切于 $\odot I$，M、N 分别为 BC、AD 的中点，且 $AB = CD$.设 $A \xrightarrow{S(IB)} A'$，$D \xrightarrow{S(IC)} D'$，则 A'、D' 都在直线 BC 上，且 $A'B = AB$，$CD' = CD$，于

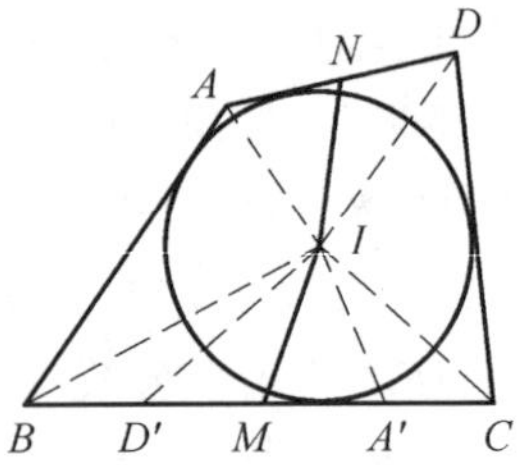

图5.2.11

是 $BD' = A'C$.而 M 为 BC 的中点,所以,M 亦为 $A'D'$ 的中点.而圆外切四边形的对边之和相等,所以 $A'D' = A'B + CD' - BC = AB + CD - BC = AD$.又 $IA' = IA$,$ID' = ID$,于是,$\triangle A'ID' \cong \triangle AID$.因全等三角形的对应中线相等,故 $IM = IN$.

例 5.2.11 证明**Urquhart 定理**:在凸四边形 $ABCD$ 中,直线 AB 与 CD 交于点 E,直线 BC 与 AD 交于点 F.如果 $AB + BC = CD + DA$,则 $AE + EC = CF + FA$.

证明 如图 5.2.12 所示.设 $\angle EBF$ 的平分线与 $\angle EDF$ 的平分线交于 I,$C \xrightarrow{S(BI)} K$,$C \xrightarrow{S(DI)} L$,则 $BK = BC$,$LD = CD$,但 $AB + BC = CD + DA$,所以 $AK = AL$,而 $IK = IC = IL$,所以 IA 垂直平分 KL,于是,AI 为 $\angle EAF$ 的平分线.且 $\angle EKI = \angle ILF$,这样,$\angle ICF = \angle EKI = \angle ILF = \angle ECI$,因此,$CI$ 平分 $\angle ECF$,从而存在一个以 I 为圆心的圆与 BF、ED、AE 的延长线及 AF 的延长线都相切.设这个圆与直线 AB、BC、CD、DA 的切点分别为 P、Q、R、S,则 $ER = EP$,于是 $AE + EC = AE + ER + RC = AE + EP + RC = AP + RC$.同理,$AF + FC = AS + QC$.但 $AP = AS$,$QC = RC$,故 $AE + EC = CF + FA$.

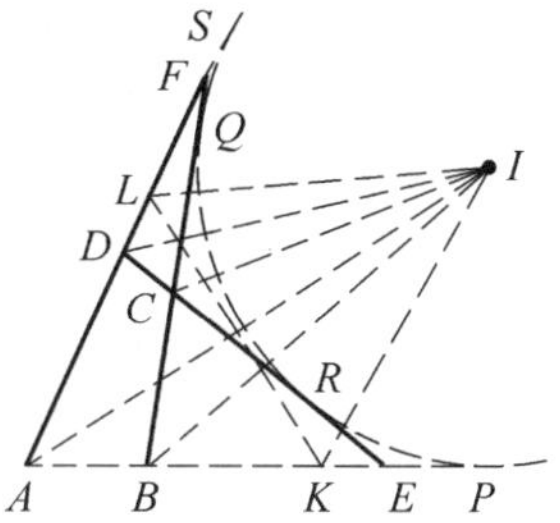

图 5.2.12

Urquhart 定理曾被作为第 18 届(2001 年)伊朗数学奥林匹克试题.

像上面这几个问题,如果仅实施一个轴反射变换是难以解决问题的.但同时实施两个轴反射变换,问题即迎刃而解.

下面的例 5.2.12 则需同时施以多个轴反射变换.

例 5.2.12 锐角 $\triangle ABC$ 的三条高是 AD、BE、CF,它的内切圆分别与边 BC、CA、AB 切于 P、Q、R,考虑直线 EF、FD、DE 分别关于直线 QR、RP、PQ 的对称直线.求证:三条对称直线构成的三角形的三个顶点在 $\triangle ABC$ 的内切圆上.(第 43 届 IMO,2002)

证明 如图 5.2.13 所示.设直线 EF、FD、DE 分别关于直线 QR、RP、PQ 的对称直线为 l_1、l_2、l_3.I 为 $\triangle ABC$ 的内心,$P \xrightarrow{S(AI)} P'$,$Q \xrightarrow{S(BI)} Q'$,$R \xrightarrow{S(CI)} R'$,则点 P'、Q'、R' 皆在 $\triangle ABC$ 的内切圆上.再设直线 BI、CI 与直线 QR 分别交于 M、N.因

$$\angle QMI = \angle ARQ - \angle ABM = 90° - \frac{1}{2}\angle BAC - \frac{1}{2}\angle CBA = \frac{1}{2}\angle ACB = \angle QCI$$

所以,M、Q、I、C 四点共圆,而 $IQ \perp CQ$,故 $BM \perp MC$,于是,点 M 在以 BC 为直

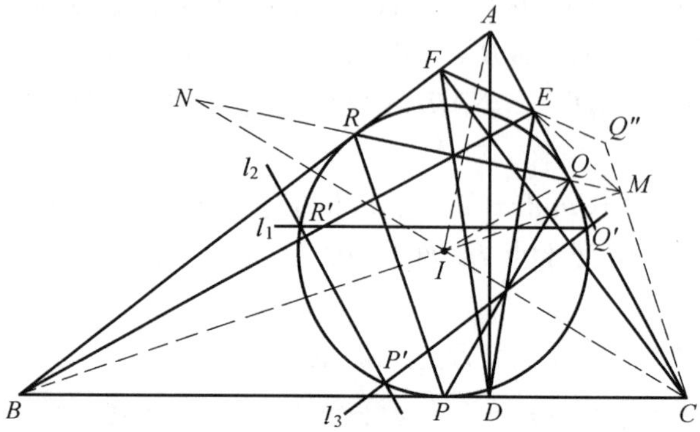

图 5.2.13

径的圆上.同理,点 N 也在以 BC 为直径的圆上.显然,E、F 都在以 BC 为直径的圆上,因此,B、C、M、E、F、N 六点共圆.于是

$$\angle CEM = \angle CBM = \frac{1}{2}\angle CBA = \frac{1}{2}\angle AEF$$

即直线 EM 平分 $\angle AEF$.设 $Q \xrightarrow{S(EM)} Q''$,则点 Q'' 在直线 EF 上,且 $MQ' = MQ = MQ''$.又

$$\angle Q''MN = 2\angle EMN = 2\angle ECN = \angle ACB = 2\angle NCB = 2\angle NMB = \angle NMQ'$$

故 Q'、Q'' 关于直线 QR 对称,这说明 Q' 是直线 l_1 与 $\triangle ABC$ 的内切圆的交点,由对称性,Q' 也是直线 l_3 与 $\triangle ABC$ 的内切圆的交点,即 Q' 是 l_3 与 l_1 的交点.同理,R' 是直线 l_1 与 l_2 的交点,P' 是直线 l_2 与 l_3 的交点,l_3 与 $\triangle ABC$ 的内切圆的交点.换句话说,直线 l_2 与 l_3 的交点,直线 l_3 与 l_1 的交点,直线 l_1 与 l_2 的交点,都在 $\triangle ABC$ 的内切圆上.

5.3　垂直与轴反射变换

当一个角变成平角时,其角平分线也就变成了垂线.此时,如果以直角的一边为反射轴作轴反射变换,则另一边所在直线不变.因此,对于有直角或垂直条件的平面几何问题,我们即可以考虑用轴反射变换去探求其证明.反射轴即互相垂直的两条直线之一.

例 5.3.1　设 AD 是 $\triangle ABC$ 的一条高,H 是直线 AD 上的一点,且 $\angle BHC = 180° - \angle BAC$.求证:$H$ 是 $\triangle ABC$ 的垂心.

证明　如图 5.3.1,5.3.2 所示,作轴反射变换 $S(BC)$,设 $H \to H'$,则 H' 在

直线 AD 上,且 $\angle H'BC = \angle CBH$,$\angle CH'B = \angle BHC = 180° - \angle BAC$.后一等式说明 A、B、H'、C 四点共圆,因此,$\angle H'AC = \angle H'BC = \angle CBH$,即 $\angle DAC = \angle CBH$.于是,设直线 BH 与 AC 交于 E,则 E、A、B、D 四点共圆,所以 $\angle AEB = \angle ADB = 90°$,即 $BH \perp CA$.故 H 是 $\triangle ABC$ 的垂心.

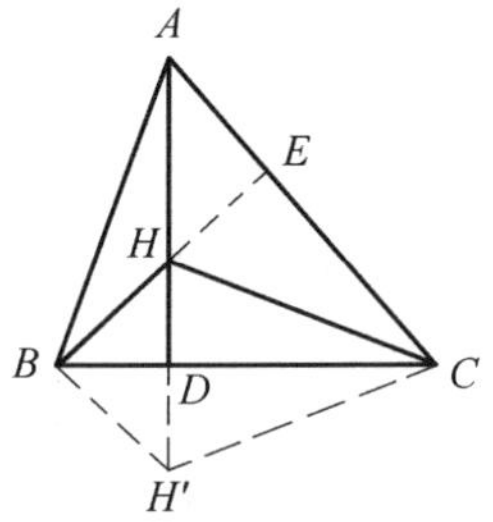

图 5.3.1

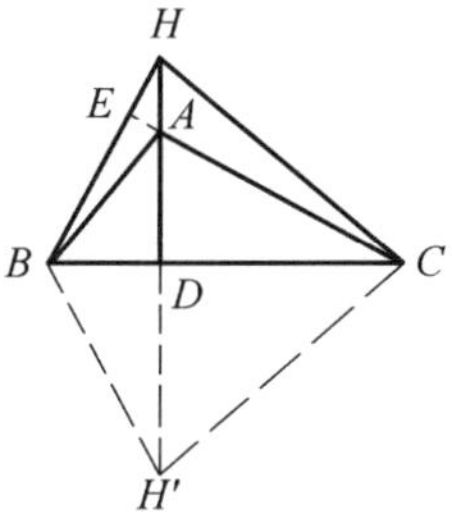

图 5.3.2

例 5.3.2 设锐角 $\triangle ABC$ 的外心为 O,从顶点 A 作 BC 的垂线,垂足为 D,且 $\angle BCA \geqslant \angle ABC + 30°$.求证:$\angle CAB + \angle DOC < 90°$.(第 42 届 IMO,2001)

证明 如图 5.3.3 所示,作轴反射变换 $S(AD)$,设 $O \to O'$,则 $O'D = OD$,$\angle OAO' = 2\angle OAD$.易知 $\angle DAC = \angle BAO = \angle OBA$,于是

$$\begin{aligned}\angle OAD = \angle OAC - \angle DAC &= \\ \angle ACO - \angle OBA &= \\ \angle ACB - \angle CBA &\geqslant 30°\end{aligned}$$

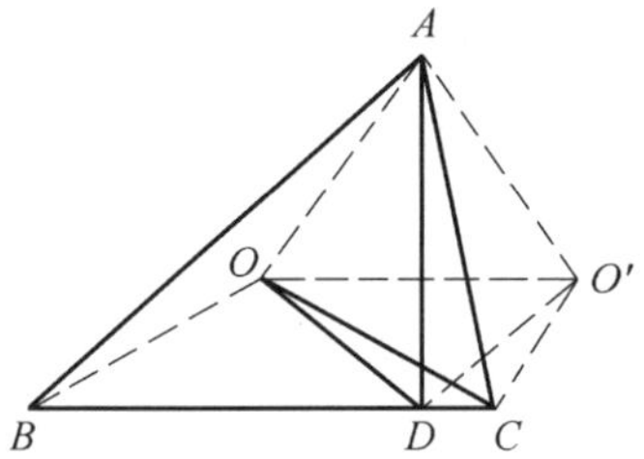

图 5.3.3

所以,$\angle OAO' \geqslant 60°$,因此,$OO' \geqslant OA = OC$,从而 $\angle O'CO \geqslant \angle OO'C$.这样便有

$$\angle O'CD > \angle O'CO \geqslant \angle OO'C > \angle DO'C$$

即 $\angle O'CD > \angle DO'C$,进而有 $O'D > DC$,但 $OD = O'D$,所以 $OD > DC$,因此 $\angle DOC < \angle OCD$.再注意 $\angle CAB + \angle OCD = \frac{1}{2}\angle BOC + \angle OCD = 90°$ 即得

$$\angle CAB + \angle DOC < \angle CAB + \angle OCD = 90°$$

例 5.3.3 在锐角 $\triangle ABC$ 中,$AB < AC$,AD 是边 BC 上的高,P 是线段 AD 上一点.过 P 作 $PE \perp AC$,垂足为 E,作 $PF \perp AB$,垂足为 F.O_1、O_2 分别是 $\triangle BDF$、$\triangle CDE$ 的外心.求证:O_1、O_2、E、F 四点共圆的充要条件为 P 是 $\triangle ABC$ 的垂心.(全国高中数学联赛,2007)

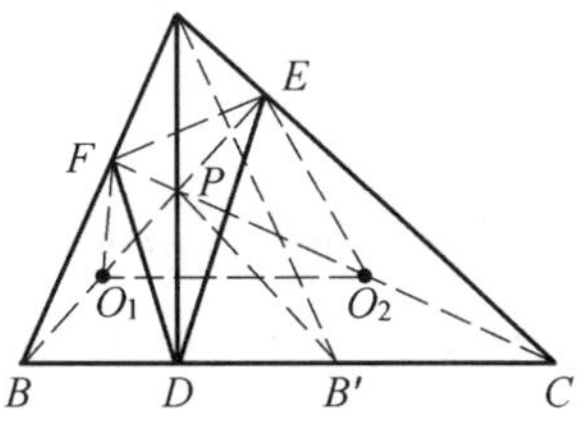

图 5.3.4

证明 如图 5.3.4 所示,由 $PD \perp BC$,$PF \perp AB$ 知 B、D、P、F 四点共圆,且 BP 为其直

径,所以$\triangle BDF$的外心O_1是BP的中点.同理,C、D、P、E四点共圆,且O_2是的CP中点.因此$O_1O_2 /\!/ BC$,所以$\angle O_2O_1P = \angle CBP$.

充分性.设P是$\triangle ABC$的垂心,由于$PE \perp AC$,$PF \perp AB$,所以B、O_1、P、E四点共线,C、O_2、P、F四点共线,B、C、E、F四点共圆. 于是由$\angle O_2O_1P = \angle CBP$得$\angle O_2O_1E = \angle CBE = \angle CFE = \angle O_2FE$,故$O_1$、$O_2$、$E$、$F$四点共圆.

必要性.因为O_1是$Rt\triangle BFP$的斜边PB的中点,O_2是$Rt\triangle CEP$的斜边PC的中点,所以$\angle PO_1F = 2\angle PBA$,$\angle O_2EC = \angle ACP$.因为$A$、$F$、$E$、$P$四点共圆,所以$\angle FEP = \angle FAP$.于是

$$\angle O_2O_1F = \angle O_2O_1P + \angle PO_1F = \angle CBP + 2\angle PBF = \angle CBA + \angle PBF$$

$$\angle FEO_2 = \angle FEP + \angle PEO_2 = \angle FAP + 90^\circ - \angle O_2EC =$$
$$\angle FAP + 90^\circ - \angle ACP$$

这样,若O_1、O_2、E、F四点共圆,则$\angle O_2O_1F + \angle FEO_2 = 180^\circ$.因而有

$$\angle CBA + \angle PBF + \angle FAP + 90^\circ - \angle ACP = 180^\circ$$

再注意$\angle CBA + \angle FAP = 90^\circ$即得$\angle PBF = \angle ACP$,也就是$\angle PBA = \angle ACP$.

作轴反射变换$S(AD)$,设$B \to B'$,因$AB < AC$,$AD \perp BC$,所以$BD < CD$,于是B'在线段DC上,且$\angle PB'B = \angle CBP$,$\angle AB'P = \angle PBA$.因$\angle PBA = \angle ACP$,所以$\angle AB'P = \angle ACP$,从而A、P、B'、C四点共圆.于是$\angle PB'B = \angle PAC = 90^\circ - \angle ACB$,即$\angle CBP = 90^\circ - \angle ACB$,所以$BP \perp AC$.而$AP \perp BC$,故$P$是$\triangle ABC$的垂心.

例5.3.4 设D、E、F分别为$Rt\triangle ABC$(C为直角顶点)的三边BC、CA、AB上的点,AD、BE、CF交于一点.求证:$\angle CDA = \angle FDB$当且仅当$AE = 2EC$.

证法1 如图5.3.5所示,因AD、BE、CF交于一点,所以,由Ceva定理,$\frac{BD}{DC} \cdot \frac{CE}{EA} \cdot \frac{AF}{FB} = 1$.设$D \xrightarrow{S(AC)} D'$,则$D'$在$BC$的延长线上,且$C$为$DD'$的中点,$\angle D' = \angle CDA$.于是

$$\angle CDA = \angle FDB \Leftrightarrow \angle D' = \angle FDB \Leftrightarrow FD /\!/ AD' \Leftrightarrow$$
$$\frac{AF}{FB} = \frac{D'D}{DB} \Leftrightarrow \frac{AF}{FB} = \frac{2DC}{BD} \Leftrightarrow = 2 \Leftrightarrow$$
$$\frac{CE}{EA} = \frac{1}{2} \Leftrightarrow AE = 2EC$$

证法2 如图5.3.6所示,设$A \xrightarrow{S(BC)} A'$,则A'在直线CA上,且$CA' = CA$,$CA' = \frac{1}{2}A'A$,因AD、BE、CF交于一点,由Ceva定理,$\frac{BD}{DC} \cdot \frac{CE}{EA} \cdot \frac{AF}{FB} = 1$,于是,由Menelaus定理即得

$$\angle CDA = \angle FDB \Leftrightarrow F、D、A' \text{ 三点共线} \Leftrightarrow$$

$$\frac{CA'}{A'A}\cdot\frac{AF}{FB}\cdot\frac{BD}{DC}=1\Leftrightarrow\frac{CE}{EA}=\frac{CA'}{A'A}\Leftrightarrow\frac{CE}{EA}=\frac{1}{2}\Leftrightarrow AE=2EC$$

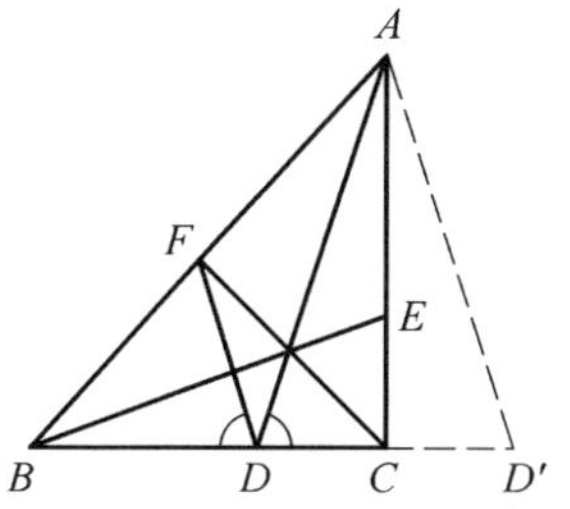

图 5.3.5

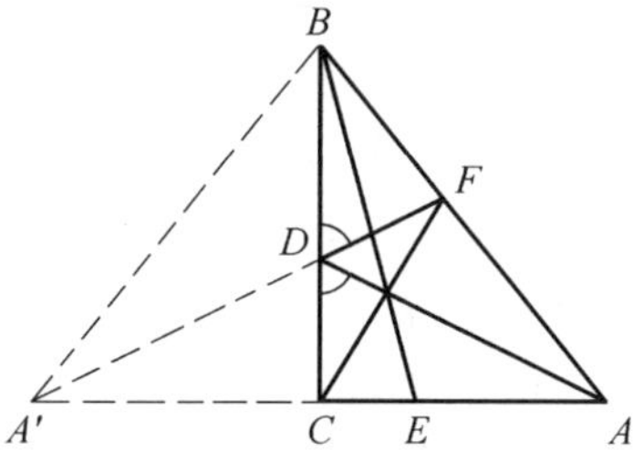

图 5.3.6

例 5.3.5 在锐角$\triangle ABC$中，AD是BC边上的高，P为AD上一点，直线BP交AC于E，CP交AB于F.求证：$\angle EDA=\angle ADF$.

证明 如图 5.3.7 所示. 作轴反射变换$S(AD)$，设$C\to C'$，$E\to E'$，则C'在直线BC上，E'在AC'上，且$DC'=DC$，$C'E'=CE$，$E'A=EA$.因AD、BE、CF交于一点，由 Ceva 定理，$\frac{BD}{DC}\cdot\frac{CE}{EA}\cdot\frac{AF}{FB}=1$，于是，$\frac{BD}{DC'}\cdot\frac{C'E'}{E'A}\cdot\frac{AF}{FB}=1$.而$D$、$E'$、$F$分别为$\triangle ABC'$的边$BC'$、$C'A$、$AB$所在直线上的点，且其中一点在边的延长线上，另两点在边上.由 Menelaus 定理，D、E'、F三点共线，也就是说，点E'在直线DF上.而$\angle E'DA=\angle EDA$，故$\angle EDA=\angle ADF$.

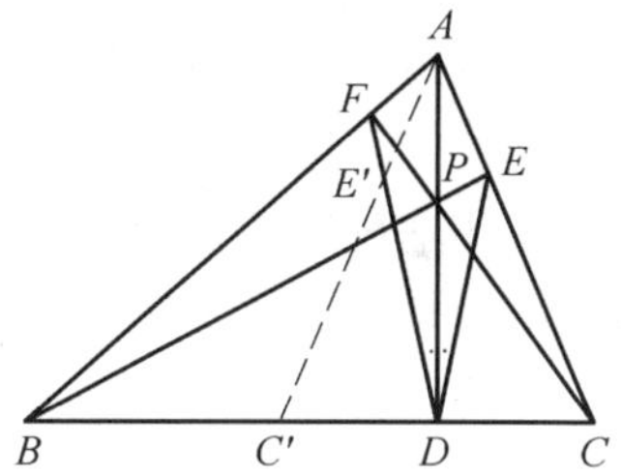

图 5.3.7

本题作为例 5.2.4 的特例，曾先后被 1958 年举行的第 18 届普特南(Putnam)数学竞赛、1987 年举行的首届“友谊杯”国际数学竞赛、1993 年举行的第 3 届澳门特别行政区数学竞赛、1994 年举行的第 26 届加拿大数学奥林匹克、2001 年举行的第 14 届爱尔兰数学奥林匹克、2003 年举行的第 52 届保加利亚数学奥林匹克选作试题.在前后 46 年的时间里 6 次被选作竞赛试题，这样的题目恐怕是绝无仅有的，足见本题是有一定难度的.但上述证明说明，如果将其作为垂直问题用轴反射变换处理，分别用一次 Ceva 定理与 Menelaus 定理，则其证明又显得特别简单.

如果问题涉及某条线段的垂直平分线，则以这条垂直平分线为反射轴作轴反射变换，问题往往也很快得到解决.

例 5.3.6 证明：如果四边形有一个角是直角，且两对角线相等，则对边的垂直平分线的交点与该直角顶点共线.

证明 如图 5.3.8 所示，设在四边形$ABCD$中，$\angle B=90°$，$AC=BD$，AB的

垂直平分线与 CD 的垂直平分线交于 P，BC 的垂直平分线与 AD 的垂直平分线交于 Q. 以 BC 的垂直平分线为轴作轴反射变换，则 $B \to C$. 设 $A \to A'$，则四边形 $ABCA'$ 为矩形. 因 AB 与 $A'C$ 有公共的垂直平分线，BC 与 AA' 有公共的垂直平分线，所以 P 为 CD 的垂直平分线与 $A'C$ 的垂直平分线的交点，Q 为 AA' 的垂直平分线与 AD 的垂直平分线的交点，因此，P 为 $\triangle ACD$ 的外心，Q 为 ADA 的外心，从而 P、Q 都在 AD 的垂直平分线上. 又 $BA' = AC = BD$，所以 B 也在 AD 的垂直平分线上，故 P、Q、B 三点共线.

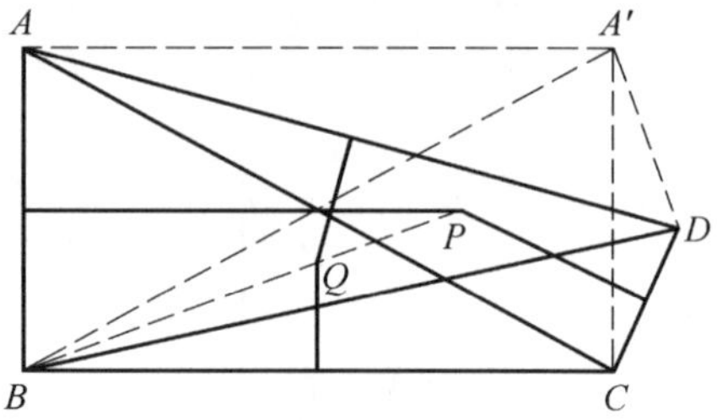

图 5.3.8

本题的结论是三点共线，如若不作轴反射变换，要证明这一结论还真不容易. 但考虑到条件涉及诸多垂直平分线，并且还有一个直角，这样，我们以联系直角的一边的垂直平分线为反射轴作轴反射变换，巧妙地通过证明三点都在某条定直线上而达到了目的.

有些垂直问题可能需作两次轴反射变换(非变换之积) 或根据问题的其他特征结合其他几何变换方能解决问题.

例 5.3.7　凸四边形 $ABCD$ 的对角线 AC、BD 垂直相交于 O，且 $OA > OC$，$OB > OD$. 求证：$BC + AD > AB + CD$.

证明　如图 5.3.9 所示，设 $C \xrightarrow{S(BD)} C'$，$D \xrightarrow{S(AC)} D'$，则由 $AC \perp BD$，$OA > OC$，$OB > OD$ 知，C' 在 OA 上，D' 在 OB 上. 又 O 既为 CC' 的中点，也为 DD' 的中点，所以，$C'D' = CD$. 在四边形 $ABD'C'$ 中，显然 $AD' + BC' > AB + C'D'$，而 $AD' = AD$，$BC' = BC$，故

$$BC + AD > AB + CD$$

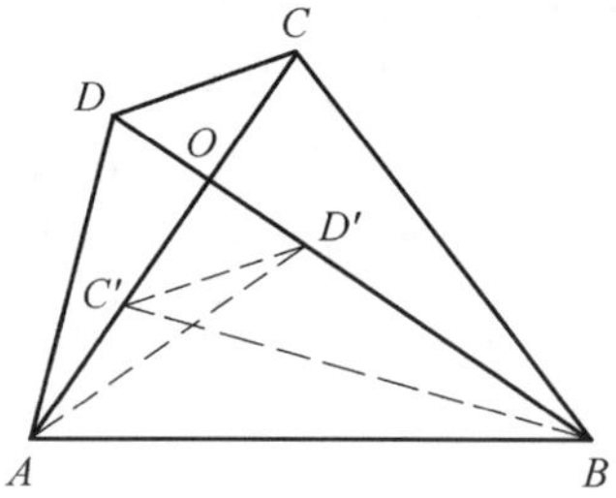

图 5.3.9

例 5.3.8　在四边形 $ABCD$ 中，已知 $AB /\!/ CD$，$AC \perp BD$. 求证：

(1) $AD \cdot BC \geqslant AB \cdot CD$；

(2) $AD + BC \geqslant AB + CD$.

(罗马尼亚数学奥林匹克，1997)

证明　先证(2). 如图 5.3.10 所示，作轴反射变换 $S(AC)$，设 $D \to D'$，则由 $AC \perp BD$ 知点 D' 在 BD 上，且 $AD' = AD$，$CD' =$

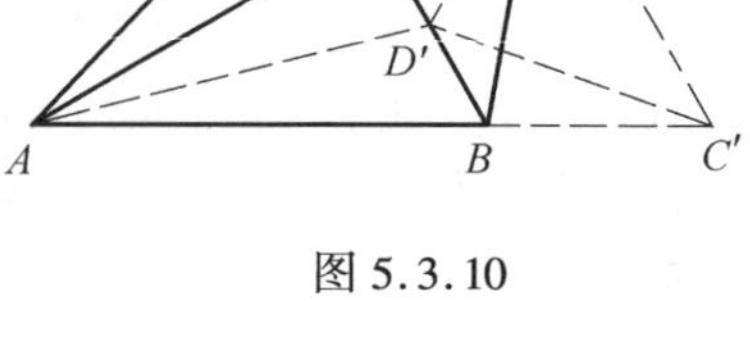

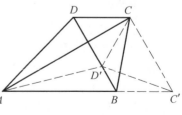

图 5.3.10

CD.再作平移变换 $T(\overrightarrow{DB})$,则 $D \to B$.设 $C \to C'$,则由 $AB \parallel CD$ 知C' 在AB 的延长线上,且 $C'B = CD = CD'$, $C'C \parallel BD$.因此,四边形 $BC'CD'$ 是一个等腰梯形,所以 $BC = D'C'$.于是

$$AD + BC = AD' + D'C' \geqslant AC' = AB + BC' = AB + CD$$

再证(1).由(2)有$(AD + BC)^2 \geqslant (AB + CD)^2$,即

$$AD^2 + BC^2 + 2AD \cdot BC \geqslant AB^2 + CD^2 + 2AB \cdot CD$$

但由 $AC \perp BD$ 及勾股定理易知

$$AD^2 + BC^2 = AB^2 + CD^2$$

故

$$AD \cdot BC \geqslant AB \cdot CD$$

因为三角形的垂心是三角形的三条高线的交点,所以,如果问题涉及三角形的垂心,则即可考虑用轴反射变换处理,反射轴可以是三角形的某条高,也可以是三角形的某条边.

例 5.3.9 由平行四边形 $ABCD$ 的顶点 A 引它的两条高 AE、AF,设 $AC = a$, $EF = b$,求点 A 到 $\triangle AEF$ 的垂心 H 的距离.

本题即第 3 章例 3.1.9,亦即例 3.5.7,我们曾将其作为平行四边形问题和垂心问题用平移变换先后给出了它的四种解法.这里再作为垂心问题用轴反射变换给出一种新的解法.

解 如图 5.3.11 所示,作轴反射变换 $S(AE)$,设 $H \to H'$,则 H'、H、F 三点共线,且

$$\angle AH'E = \angle AHE = 180° - \angle AFE$$

所以,H' 在 $\triangle AEF$ 的外接圆上.又 $EH' = EH = CF$, $H'F \parallel EC$,所以,四边形 $H'ECF$ 是一个等腰梯形,因此,$H'C = EF = b$.而 AC 为 $\triangle AEF$ 的外接圆的直径,所以,$AH' \perp H'C$.再由 $AH = AH'$ 及勾股定理即得

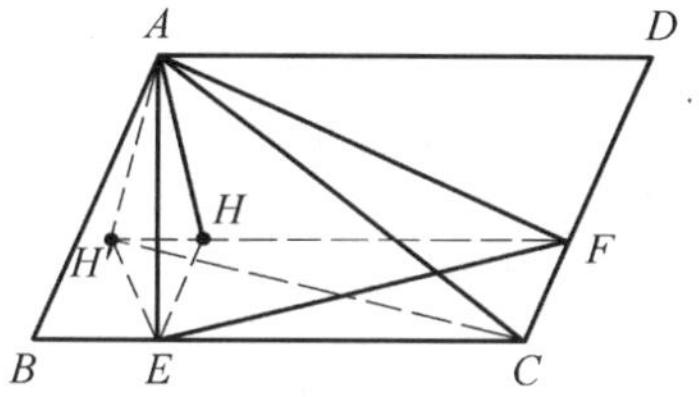

图 5.3.11

$$AH = AH' = \sqrt{AC^2 - H'C^2} = \sqrt{a^2 - b^2}$$

例 5.3.10 证明:三角形的顶点到垂心的距离等于其外心到对边中点的距离的两倍.

本题即例3.5.5,那里作为垂心问题用平移变换给出了两个证明,这里再用轴反射变换给出一个新颖的证明.

证明 如图 5.3.12 所示,设 H、O、M 分别是 $\triangle ABC$ 的垂心、外心和边 BC 的中点.则 $OM \perp BC$,所以,OM 即 $\triangle ABC$ 的外心到边BC 的距离.作轴反射变换 $S(BC)$,设 $H \to H'$, $O \to O'$,则 H' 在 $\triangle ABC$ 的外接圆上,M 为 OO' 的中点,所以,$OH' = OA$, $OO' = 2OM$.又 $OO'H'H$ 为等腰梯形,所以 $\angle O'HH' = \angle AH'O = \angle OAH$,因此,$O'H \parallel OA$.又 $OO' \parallel AH$,于是四边形 $AOO'H$ 是一个

平行四边形，故 $AH = OO' = 2OM$.

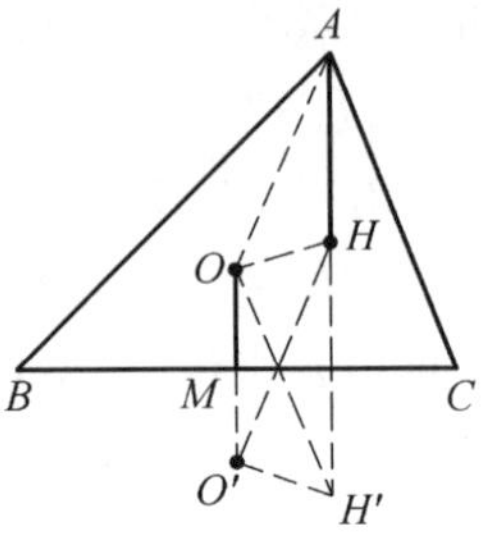

图 5.3.12

例 5.3.11 在锐角 $\triangle ABC$ 中，$\angle C > \angle B$，点 D 在 BC 边上，使得 $\angle ADB$ 是钝角，H 是 $\triangle ABD$ 的垂心，点 E 在 $\triangle ABC$ 内部且在 $\triangle ABD$ 的外接圆上. 求证：点 E 是 $\triangle ABC$ 的垂心的充分必要条件是 $HD \parallel CE$，且点 H 在 $\triangle ABC$ 的外接圆上. (第 14 届中国数学奥林匹克，1999)

证明 必要性. 如图 5.3.13 所示，因 E 是 $\triangle ABC$ 的垂心，所以 $\angle AEB + \angle ACB = 180°$. 又 H 是 $\triangle ABD$ 的垂心，所以 $\angle ADB + \angle AHB = 180°$，而点 E 在 $\triangle ABD$ 的外接圆上，所以 $\angle AEB = \angle ADB$. 由此即知 $\angle AHB = \angle ACB$，故 A、B、H、C 四点共圆. 换句话说，点 H 在 $\triangle ABC$ 的外接圆上. 至于 $HD \parallel CE$ 则是显然的，因为它们都垂直于 AB.

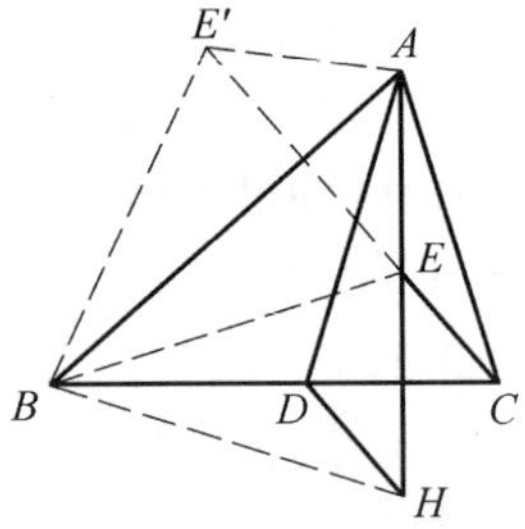

图 5.3.13

充分性. 设 $HD \parallel CE$，且 H 在 $\triangle ABC$ 的外接圆上. 仍见图 5.3.13，由 H 为 $\triangle ABD$ 的垂心，$HD \parallel CE$ 知 $CE \perp AB$. 作轴反射变换 $S(AB)$，设 $E \to E'$，则 E'、E、C 三点共线，且有 $\angle BAE' = \angle BAE$，$\angle BE'A = \angle BEA$. 于是，因 H 为 $\triangle ABD$ 的垂心，点 H 在 $\triangle ABC$ 的外接圆上，且点 E 在 $\triangle ABD$ 的外接圆上，所以 $\angle BE'A = \angle BEA = \angle BDA = 180° - \angle BHA = 180° - \angle BCA$，从而 E' 在 $\triangle ABC$ 的外接圆上. 因此，$\angle BAE = \angle BAE' = \angle BCE'$. 但 $CE \perp AB$，所以，$AE \perp BC$. 故 E 为 $\triangle ABC$ 的垂心.

在上面三个例子中，我们都用到了“三角形的垂心关于边的对称点在三角形的外接圆上”这一事实. 实际上，许多与三角形的垂心有关的问题都与这个事实有关. 另外，如果我们将非直角三角形的三高线足所构成的三角形称为原三角形的垂足三角形，则我们在处理三角形的垂心问题时，经常还会用到锐角三角形的如下性质：

锐角三角形的三边是其垂足三角形的三外角平分线.

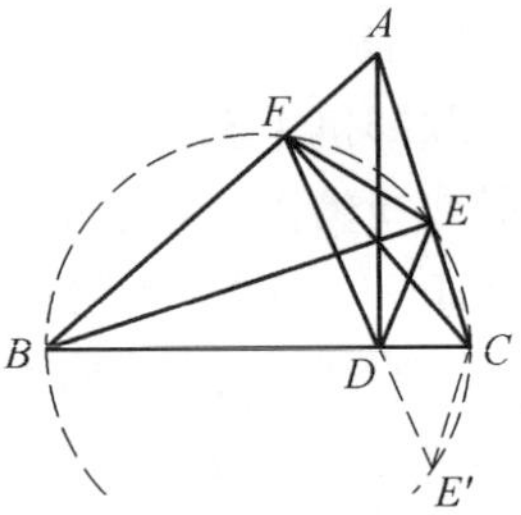

图 5.3.14

例 5.3.12 锐角 $\triangle ABC$ 的三条高分别为 AD、BE、CF. 求证

$$EF + FD + DE \leqslant \frac{1}{2}(BC + CA + AB)$$

证明 如图 5.3.14 所示，注意 $\angle CDE = \angle FDB$，作轴反射变换 $S(BC)$，设 $E \to E'$，则

E'、D、F 在一条直线上，且 $DE' = DE$，所以，$DE + FD = E'F$，又 E、F 皆在以 BC 为直径的圆上，所以 E' 也在这个圆上，从而 $E'F \leqslant BC$，即 $DE + FD \leqslant BC$. 同理，$EF + DE \leqslant CA$，$FD + EF \leqslant AB$，三式相加即得欲证. 等式成立当且仅当 $\triangle ABC$ 为正三角形.

例 5.3.13 以 $\triangle ABC$ 的边 BC 为直径作半圆分别与 AB、AC 交于 D、E，分别过 D、E 作 BC 的垂线，垂足分别是 F、G，DG 与 EF 交于 M. 求证：$AM \perp BC$.

证明 如图5.3.15所示，由条件知，$BE \perp AC$，$CD \perp AB$. 于是，设 BE 与 CD 交于 H，则 H 为 $\triangle ABC$ 的垂心. 再设 AH 交 BC 于 K，则 $AH \perp BC$. 作轴反射变换 $S(BC)$，设 $E \to E'$，则 E'、K、D 三点共线，且由 $EG \perp BC$ 知 G 为 EE' 的中点. 于是，设 DE 与 AK 交于 L，则由 $KL \parallel E'E$ 知，DG 过 KL 的中点. 同理，EF 也过 KL 的中点. 这说明 DG 与 EF 的交点 M 是 KL 的中点. 换句话说，点 M 在 AK 上，而 $AK \perp BC$，故 $AM \perp BC$.

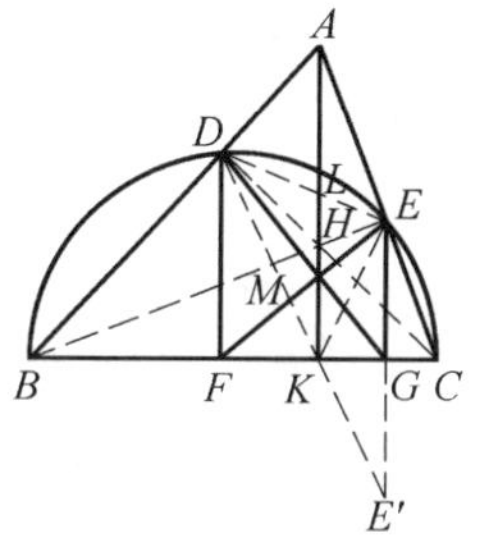

图 5.3.15

在这两个例子中，前一例是 2002 年举行的首届中国女子数学奥林匹克试题，当时公布的参考解答用到了复杂的三角函数运算，而这里用轴反射变换给出的解答则显得甚为简单；后一例曾在 1991 年举行的第 17 届俄罗斯数学奥林匹克作为试题，5 年后 ——1996 年又被选作中国国家队选拔考试试题，其时本例早已流传到国内，这充分说明本题是有难度的. 这里利用三角形的垂心的性质，通过轴反射变换给出的证明可以说简单、新颖而别致.

5.4 圆与轴反射变换

圆，既是旋转对称(包括中心对称) 图形(旋转角可以任意选取)，也是轴对称图形(过圆心的任意一条直线都是它的对称轴). 因此，圆是平面上最具对称性的有限图形，其优美的性质也大大地丰富了平面几何内容. 可以说，如果没有圆，平面几何将黯然失色. 因而平面几何中与圆有关的问题随处可见. 但如果仅将问题中的圆视为轴对称图形而试图用轴反射变换处理，则因为其对称性太好，我们反而无所适从 —— 对称轴太多. 而圆和直线的复合图形作为轴对称图形时情形就不同了 —— 至多有两条对称轴(直线不过圆心时只有一条，直线过圆心时有两条). 因此，如果一个与圆有关的平面几何问题的结论和一条直线紧密联系在一起，则我们就应该考虑用轴反射变换处理，反射轴即圆和直线的公共对称轴.

例 5.4.1　证明**蝴蝶定理**：设一圆的圆心 O 在已知直线 l 上的射影为 M，过 M 任作圆的两条割线 AB、CD 交圆于 A、B、C、D，再设直线 AD、BC 分别与直线 l 交于 P、Q，则 $PM = MQ$.

证明　如图 5.4.1 ~ 5.4.4 所示，作轴反射变换 $S(OM)$，设 $B \rightarrow B'$，则 B' 仍在圆上，且 $BB' \mathbin{/\!/} l$，$\measuredangle PMB' = \measuredangle BB'M = \measuredangle MBB'$. 又 $\measuredangle MBB' = \measuredangle ABB' = \measuredangle ADB' = \measuredangle PDB'$，所以，$\measuredangle PMB' = \measuredangle PDB'$，因此，$P$、$M$、$B'$、$D$ 四点共圆，所以 $\measuredangle MB'P = \measuredangle MDP = -\measuredangle BMQ$. 又 $\measuredangle PMB' = -\measuredangle QMB$，$MB' = MB$，于是，$\triangle PMB' \cong \triangle QMB$. 故 $PM = MQ$.

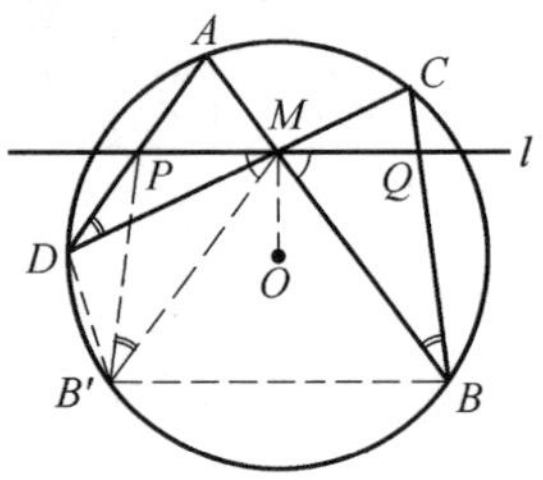

图 5.4.1

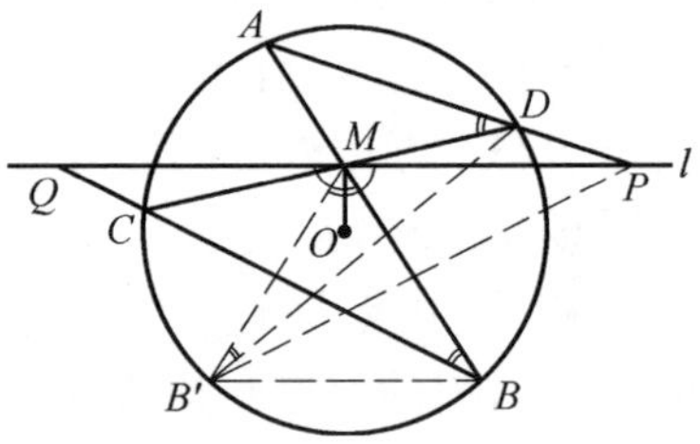

图 5.4.2

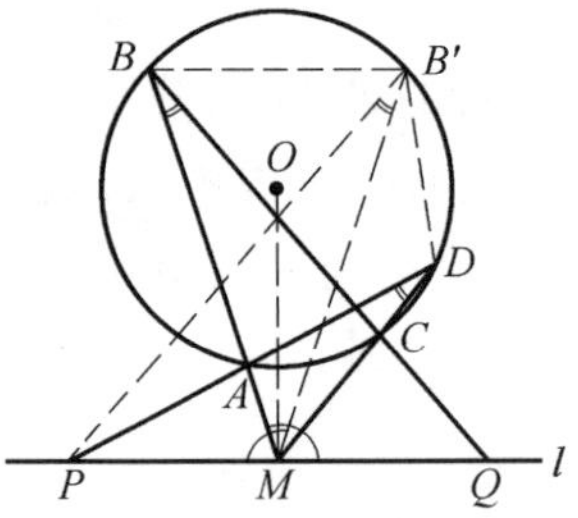

图 5.4.3

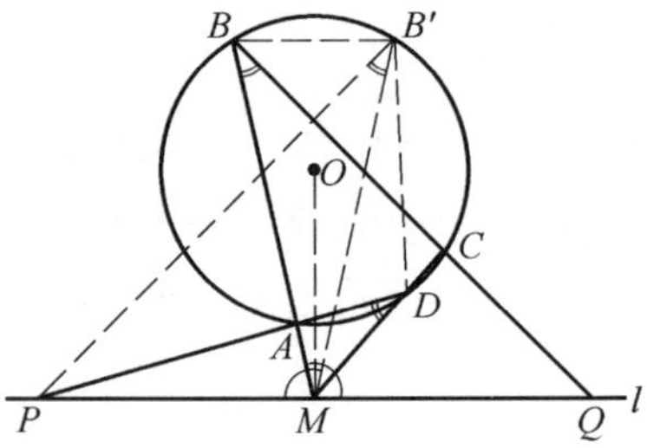

图 5.4.4

蝴蝶定理是平面几何的近代名题之一（因其图示的形状与蝴蝶的翅羽有些相似，故名蝴蝶定理），问世于 1815 年. 当年是作为一道征解问题出现在欧洲出版的一本通俗杂志《男士日记》上，不久即被英国的一位自学成才的中学数学教师、数学家 W. G. Horner(1786—1837) 解决. 由于蝴蝶定理的优美结论和其所包含的深刻的意义，引起了人们的广泛的兴趣. 自 1815 年至今研究者不断，尤其是 1973 年一位美国中学数学教师 Steven 给出了第一个初等证明以后，蝴蝶定理的初等证明便争奇斗艳，接踵而至. 上面用轴反射变换给出的一个证明是其各种初等证明中最为简捷而又极具韵味的一个纯几何证明.

例 5.4.2　设 l 为圆 Γ 外的一条直线，Γ 的圆心 O 在 l 上的射影为 M，圆 Γ_1 过点 M 且与圆 Γ 外切于 S，圆 Γ_2 过点 M 且与圆 Γ 内切于 T，圆 Γ_1 与 Γ_2 分别交直线 l 于另外一点 P、Q. 证明：如果 M、S、T 三点共线，则 $PM = MQ$.（全国高中

数学联赛备选,1993)

证明 如图 5.4.5 所示,作轴反射变换 $S(OM)$,设 $S\to S'$,$T\to T'$,则 S'、T' 均在 $\odot O$ 上,且 $SS'\parallel TT'\parallel l$.过切点 S 作圆 Γ 与 Γ_1 的公切线 UV,则有 $\angle TT'S=\angle TSU=\angle MSV=\angle MPS$.又 $\angle STT'=\angle SMP$,所以 T'、S、P 三点共线,即 P 在直线 ST' 上.同理,Q 在直线 $S'T$ 上,于是由 $ST'\xrightarrow{S(OM)}S'T$,$PQ\perp OM$ 即知 $P\xrightarrow{S(OM)}Q$.故 $PM=MQ$.

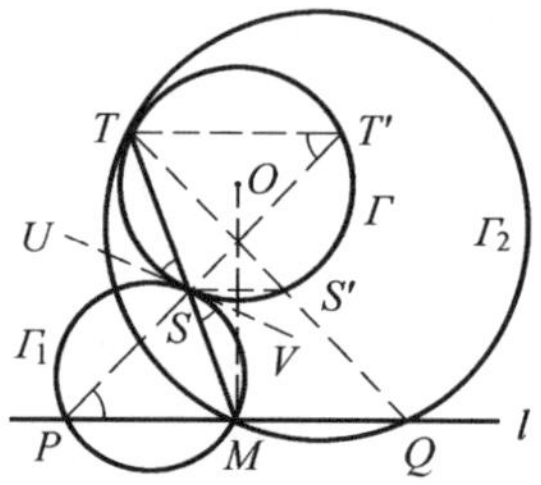

图 5.4.5

在本题的证明中,我们充分地利用了轴反射变换的性质.

例 5.4.3 在凸四边形 $ABCD$ 中,对角线 BD 既不是平分 $\angle ABC$,也不平分 $\angle CDA$,点 P 在四边形的内部,满足 $\angle PBC=\angle DBA$,$\angle PDC=\angle BDA$.证明:四边形 $ABCD$ 内接于圆的充分必要条件是 $PA=PC$.(第 45 届 IMO,2004)

证明 必要性.如图5.4.6所示,设四边形 $ABCD$ 内接于圆.以 AC 的垂直平分线为反射轴作轴反射变换,设 $B\to B'$,$D\to D'$,则 B'、D' 皆在圆上,且 $CB'=AB$,$CD'=AD$,所以 $\angle B'DC=\angle ADB=\angle PDC$,这说明 B'、P、D 三点共线,同理,D'、P、B 三点共线,所以点 P 是 $B'D$ 与 BD' 的交点,因而点 P 在 AC 的垂直平分线上.故 $PA=PC$.

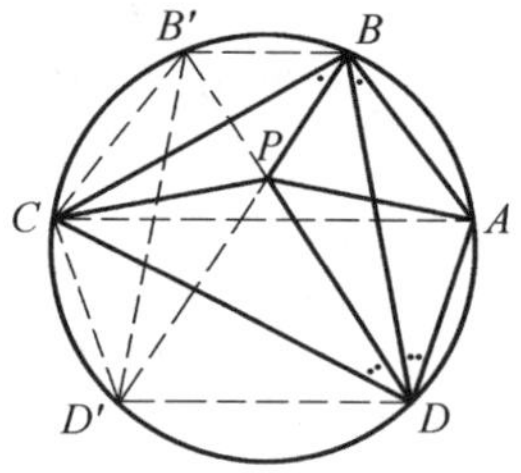

图 5.4.6

充分性.设 $PA=PC$.仍如图5.4.7所示.分别延长 BP、DP 与 $\triangle BCD$ 的外接圆交于 D'、B',则有 $\angle PB'C=\angle DB'C=\angle DBC=\angle ABP$,$\angle PD'C=\angle BD'C=\angle BDC=\angle ADP$,$\angle BPD=\angle B'PD'$.因 B、B'、D'、D 四点共圆,$\angle PBD=\angle PB'D'$,所以,$\triangle PBD\backsim\triangle PB'D'$.又 $\angle CB'D'=\angle CBP=\angle DBA$,$\angle B'D'C=\angle PDC=\angle ADB$,因此 $\triangle CB'D'\backsim\triangle ABD$,从而,四边形 $ABPD\backsim$ 四边形 $CB'PD'$.但 $PC=PA$,所以,四边形 $ABPD\cong$ 四边形 $CB'PD'$.这说明四边形 $ABPD$ 与四边形 $CB'PD'$ 关于 $\angle BPB'$ 的平分线互相对称.而 B、B'、C、D'、D 共圆,所以,B'、B、A、D、D' 共圆,即 A、B、B'、C、D'、D 六点共圆.故四边形 $ABCD$ 内接于圆.

对于本题来说,必要性的证明在轴反射变换下是极为简单的,尽管轴反射变换对其充分性的证明似乎帮不了什么忙,但必要性的证明为充分性的证明提供了正确的方向.

例 5.4.4 过点 P 任作 $\odot O$ 的两条割线 PAB、PCD,直线 AD 与 BC 交于 Q,

弦 $DE \parallel PQ$,BE 交直线 PQ 于 M.求证:$OM \perp PQ$.

证法1 如图5.4.7,5.4.8所示,设过圆心 O 且与 PQ 垂直的直线为 l,作轴反射变换 $S(l)$,则 $D \to E$.设 $A \to A'$,$P \to P'$,则 P' 在直线 PQ 上,A' 在 $\odot O$ 上,且 $AA' \parallel PQ$,$A'P' = AP$,$\measuredangle MP'A' = \measuredangle APM$.由 $AA' \parallel PQ$ 知

$$\measuredangle APM = \measuredangle BAA' = \measuredangle MEA'$$

所以,$\measuredangle MP'A' = \measuredangle MEA'$,于是,$E$、$M$、$A'$、$P'$ 四点共圆.

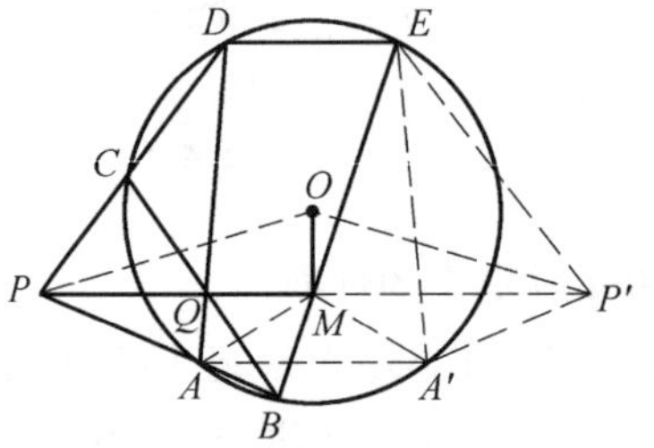

图5.4.7

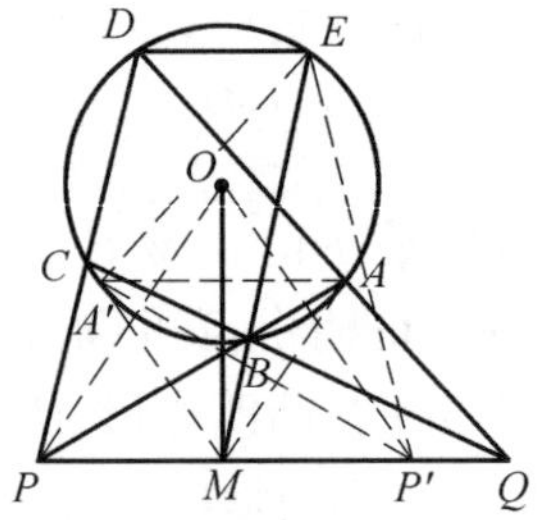

图5.4.8

另一方面,由 $DE \parallel PQ$ 有 $\measuredangle DEB = \measuredangle PMB$,而 $\measuredangle PCB = \measuredangle DEB$,所以 $\measuredangle PCB = \measuredangle PMB$,从而 P、B、M、C 四点共圆.又由圆幂定理

$$QP \cdot QM = QC \cdot QB = QA \cdot QD$$

因而 P、A、M、D 四点也共圆.于是,$\measuredangle A'MP' = \measuredangle A'EP'$,$\measuredangle PMA = \measuredangle PDA$.但 $\measuredangle A'EP' = \measuredangle PDA$,所以 $\measuredangle A'MP' = \measuredangle PMA$.又因 $\measuredangle MP'A' = \measuredangle APM$,$A'P' = AP$,从而 $\triangle A'MP' \cong \triangle AMP$,所以 $MP' = MP$,即 M 为线段 PP' 的中点.再由 $OP' = OP$ 即知 $OM \perp PP'$.故 $OM \perp PQ$.

证法2 如图5.4.9,5.4.10所示,由证法1知,P、B、M、C 四点共圆,P、A、M、D 四点也共圆.以过圆心 O 且垂直于 PQ 的直线为反射轴作轴反射变换,设 $A \to A'$,$C \to C'$,则 $CC' \parallel A'A \parallel PQ$.于是,$\angle CC'A = \angle CDA = \angle QMA$,而 $CC' \parallel QM$,所以,C'、A、M 三点共线.同理,C、A'、M 三点共线,即直线 $C'A$ 与 CA' 的交点为 M.但 $CA' \xrightarrow{S(l)} C'A$,由轴反射变换的性质,直线 $C'A$ 与 CA' 的交点一定在反射轴上,即点 M 在直线 l 上,故 $OM \perp PQ$.

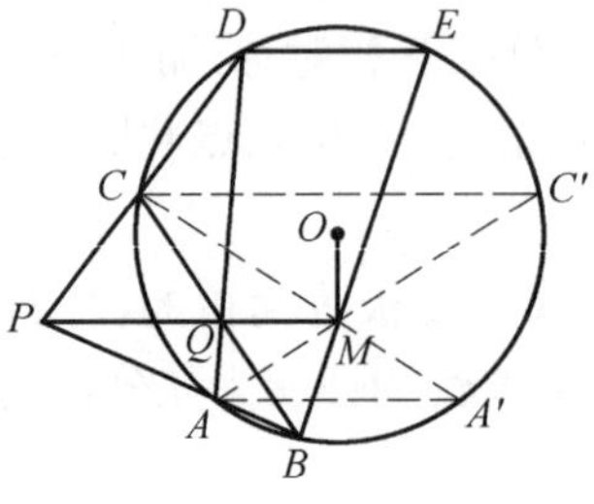

图5.4.9

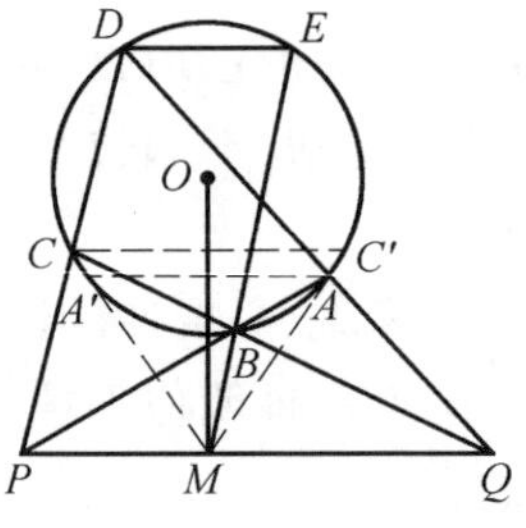

图5.4.10

在这两个证法中,证法 1 是通过轴反射变换构造全等三角形,最后利用等腰三角形三线合一的性质得出结论.证法 2 则是通过轴反射变换的性质而得出结论.相比之下,证法 1 迂回一点,证法 2 明快一些,不过都是轴反射变换的功劳.但证法 2 更富有启发性.

例 5.4.5 一个以 O 为圆心的圆经过 $\triangle ABC$ 的顶点 A 和 C,又与边 AB 和 BC 分别相交于 K 和 N,$\triangle ABC$ 与 $\triangle KBN$ 的外接圆相交于两个不同的点 B 和 M.证明:$\angle OMB = 90°$.

证明 如图 5.4.11 所示,以过圆心 O 且垂直于 BM 的直线为反射轴作轴反射变换,设 $K \to K'$,$C \to C'$,则 $KK' \parallel C'C \parallel BM$,所以,$\angle KC'C = \angle BNK = \angle BMK$,因此,$C'$、$K$、$M$ 三点共线.同理,C、K'、M 三点共线,这说明 M 是直线 $C'K$ 与 CK' 的交点,但这个交点在反射轴上,故 $OM \perp BM$,即 $\angle OMB = 90°$.

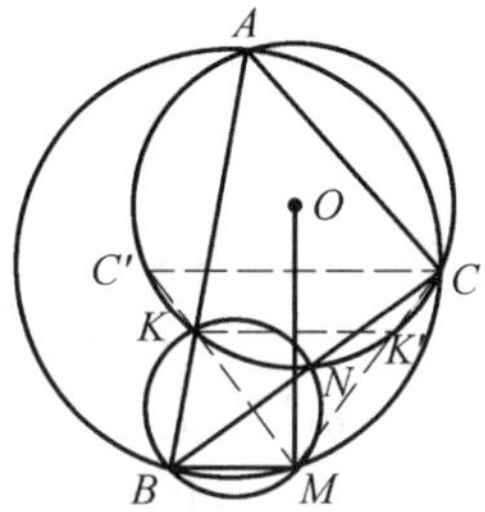

图 5.4.11

本题是 1985 年在芬兰举行的第 26 届 IMO 的一道几何题(另一道见例 4.5.7 或例 5.2.8),在轴反射变换下是如此简单,充分显示了几何变换的巨大威力.

例 5.4.6 设 P 为圆 Γ 的弦 AB 上一点,过 P 作一条直线与圆 Γ 交于 C、D 两点,与圆 Γ 在点 A、B 处的切线分别交于 E、F 两点.求证

$$\frac{1}{PE} - \frac{1}{PF} = \frac{1}{PC} - \frac{1}{PD}$$

证明 如图 5.4.12 所示,以过圆 Γ 的圆心且垂直于 EF 的直线为反射轴作轴反射变换,则 $C \to D$.设 $A \to A'$,$B \to B'$,则 $AA' \parallel BB' \parallel EF$,且 A'、B' 皆在圆 Γ 上.再设 AB' 与 $A'B$ 分别交 EF 于与 I、J,则 $I \to J$,且 $CI = JD$.因 $\angle EAB = \angle A' = \angle EJB$,$\angle FBA = \angle B' = \angle FIA$,所以,$A$、$E$、$B$、$J$ 四点共圆;A、I、B、F 四点共圆.由圆幂定理,有

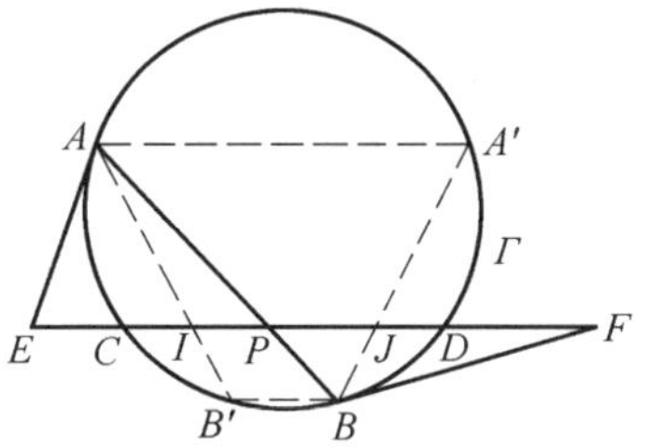

图 5.4.12

$$PE \cdot PJ = PA \cdot PB = PI \cdot PF, PA \cdot PB = PC \cdot PD$$

所以,$PI \cdot PF = PJ \cdot PE = PC \cdot PD$,设这个值为 λ.又 $CI = JD$,即 $PC - PI = PD - PJ$,于是

$$\frac{\lambda}{PD} - \frac{\lambda}{PF} = \frac{\lambda}{PC} - \frac{\lambda}{PE}$$

消去 λ 即得 $\frac{1}{PD} - \frac{1}{PF} = \frac{1}{PC} - \frac{1}{PE}$,故 $\frac{1}{PE} - \frac{1}{PF} = \frac{1}{PC} - \frac{1}{PD}$.

由本题立即可以得到例 5.2.1 的另一个新颖的证明：

设 N 为 $\angle BAC$ 的平分线上的一点，点 P 和点 O 分别在直线 AB 和 AN 上，其中，$\angle ANP = \angle APO = 90°$. 点 Q 在线段 NP 上，过点 Q 任作一直线分别交 AB、AC 于点 E 和 F. 求证：$\angle OQE = 90°$ 当且仅当 $QE = QF$.

事实上，如图 5.4.13 所示，以 O 为圆心，OP 为半径作圆，并设 $\odot O$ 与 EF 交于 I、J 两点. 由 $OP \perp AB$ 及 AO 为 $\angle BAC$ 的角平分线知 $\odot O$ 与 AB、AC 皆相切，且点 Q 在切点弦上，因而由例 5.4.6，有 $\frac{1}{QE} - \frac{1}{QF} = \frac{1}{QI} - \frac{1}{QJ}$. 于是

$$OQ \perp EF \Leftrightarrow QI = QJ \Leftrightarrow QE = QF$$

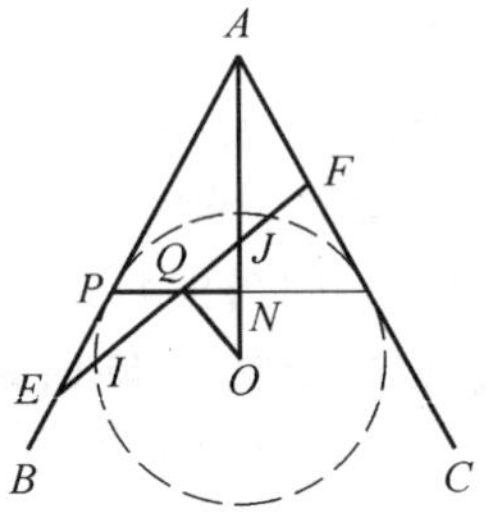

图 5.4.13

例 5.4.7 设 D 是正 $\triangle ABC$ 的边 BC 上一点，一圆与 BC 相切于 D，且与边 AB 交于 P、Q 两点，与边 AC 交于 R、S 两点. 求证：$AP + AQ + BD = AR + AS + DC$.（第 40 届英国数学奥林匹克，2004）

证明 如图 5.4.14 所示，设所述圆的圆心为 O，M、N 分别为 PQ、RS 的中点，则 $OD \perp BC$，$OM \perp AB$，$ON \perp AC$. $\angle MOD = \angle DON = 120°$. 不妨设 $BD > DC$，作轴反射变换 $S(OD)$，设 $C \to C'$，$N \to N'$，则 C' 在 BD 上，N' 在 OM 上，$N'C' \parallel AB$，$BC' = BD - DC$. 再过点 C' 作 AB 的垂线，垂足为 E，则 $ME = N'C' = NC$，$EB = MB - ME = MB - NC = AN - AM$. 所以，由 $BC' = 2BE$，有 $BD - DC = 2(AN - AM)$. 于是，由 $AP + AQ = 2AM$，$AR + AS = 2AM$，即得

$$BD - DC = AR + AS - (AP + AQ)$$

由此即知欲证结论成立.

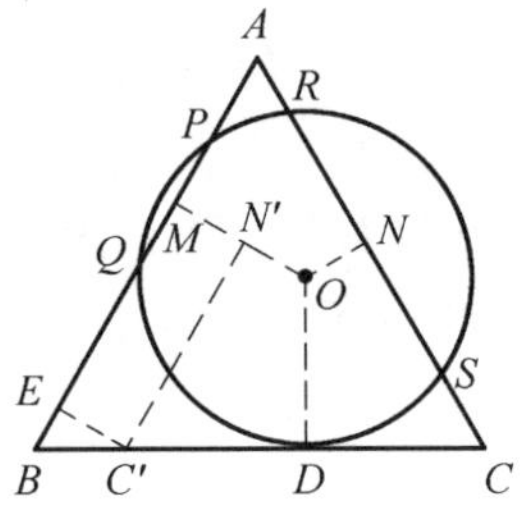

图 5.4.14

与三角形的外接圆或外心有关的问题也可以视为圆与直线的复合图形而尝试用轴反射变换处理. 反射轴取三角形的某一边的垂直平分线.

例 5.4.8 设 D 是 $\triangle ABC$ 的边 BC 上的一个定点. 过 D 任作一直线交 $\triangle ABC$ 的外接圆于 E、F. 直线 AE 与 AF 分别与直线 BC 交于 K、L. 求证：$\triangle AKL$ 的外接圆通过点 A 外的一个定点.

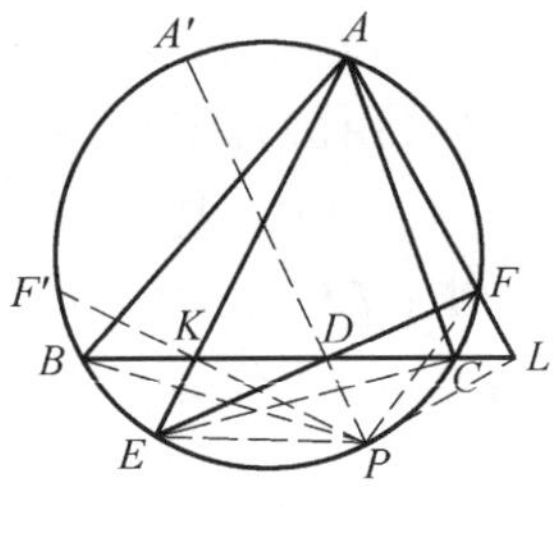

图 5.4.15

证明 如图 5.4.15 所示，以 BC 的垂直平

分线为轴作轴反射变换,则 $C \to B$.设 $A \to A'$, $F \to F'$,则 A'、F' 皆在 $\triangle ABC$ 的外接圆上.再设直线 $F'K$ 与 $\triangle ABC$ 的外接圆交于另一点 P,我们证明点 P 在 $\triangle AKL$ 的外接圆上.事实上,因

$$\angle KDE = \angle KCE + \angle CAF =$$
$$\angle KCE + \angle CEF = \angle BPE + \angle F'PB = \angle KPE$$

所以 D、K、E、P 四点共圆,因此 $\angle DPE = \angle LKA$,于是

$$\angle FPD = \angle FPE - \angle DPE = (180° - \angle EAF) - \angle LKA = \angle FLD$$

所以 F、D、P、L 四点也共圆.这样,我们有

$$\angle LPK = \angle LPD + \angle DPK = \angle AFE + \angle FEA =$$
$$180° - \angle EFA = 180° - \angle KAL$$

所以 A、K、P、L 四点共圆,即点 P 在 $\triangle AKL$ 的外接圆上.而

$$\angle A'PF' = \angle FEA = \angle DEK = \angle DPK = \angle DPF'$$

因此 A'、D、P 三点共线,即点 P 是直线 $A'D$ 与 $\triangle ABC$ 的外接圆的另一交点,因而是一个定点.故 $\triangle AKL$ 的外接圆通过除点 A 外的一个定点 P.

例 5.4.9 设锐角 $\triangle ABC$ 的外心为 O,从顶点 A 作 BC 的垂线,垂足为 D,且 $\angle BCA \geqslant \angle ABC + 30°$.求证:$\angle CAB + \angle COD < 90°$.(第 42 届 IMO,2001)

本题即前一节例 5.3.2,那里是作为垂直问题用轴反射变换给出的一个证明.这里再作为圆与直线的复合图形问题用轴反射变换给出另一个证明.

证明 如图 5.4.16 所示,以 BC 的垂直平分线为 l,作轴反射变换 $S(l)$,则 $C \to B$.设 $A \to A'$,则 A' 在 $\triangle ABC$ 的外接圆上,$A'A \parallel BC$.$\angle ACA' = \angle ACB - \angle A'CB = \angle ACB - \angle CBA \geqslant 30°$,所以 $\angle AOA' = 2\angle ACA' \geqslant 60°$,由此可知 $A'A \geqslant OA$.设 l 与 BC、$A'A$ 分别交于 M、N,则 M、N 分别为 BC、$A'A$ 的中点.由 $AD \perp BC$ 及 $l \perp BC$ 知 $MD = NA \geqslant \frac{1}{2}OA$.另一方面,

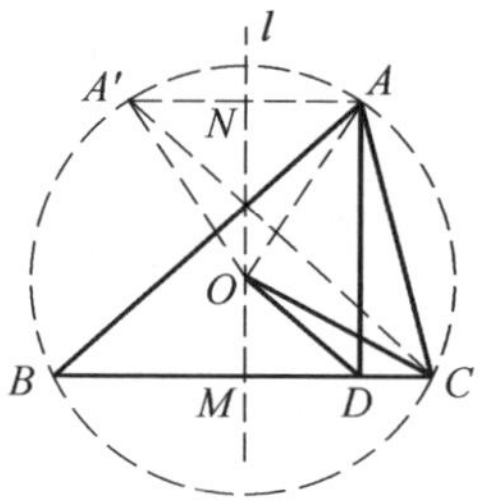

图 5.4.16

$MC < OC = OA$,所以 $DC < \frac{1}{2}OA \leqslant MD$,从而 $\angle DOC < \angle OCD$,于是

$$\angle CAB + \angle COD = \angle MOC + \angle COD < \angle MOC + \angle OCD = 90°$$

对于一个圆和直线的复合图形,如果直线过圆心,则以这条直线为反射轴作轴反射变换往往是比较方便的.

例 5.4.10 已知 AB、CD 为 $\odot O$ 的两条直径,分别过 A、B 作两弦 AE、BF 交直径 CD 于 M、N.求证:$\angle MEN = \angle MFN$.

证明 如图 5.4.17,5.4.18 所示,作轴反射变换 $S(CD)$,设 $E \to E'$,则 E' 仍在 $\odot O$ 上,且 $\angle ME'N = \angle MEN$,$\angle CME' = \angle CME$,$\overset{\frown}{E'C} = \overset{\frown}{CE}$.因 AB、CD

都是 $\odot O$ 的直径，所以 $\overset{\frown}{AC}=\overset{\frown}{BD}$. 于是，在图 5.4.17 的情形

$$\frac{1}{2}(\overset{\frown}{AD}+\overset{\frown}{CE})=\frac{1}{2}(\overset{\frown}{BC}+\overset{\frown}{CE'})=\frac{1}{2}\overset{\frown}{BCE'}$$

因而 $\angle CME=\angle BFE'$. 在图 5.4.18 的情形

$$\frac{1}{2}(\overset{\frown}{AD}-\overset{\frown}{CE})=\frac{1}{2}(\overset{\frown}{BC}-\overset{\frown}{CE'})=\frac{1}{2}\overset{\frown}{BE'}$$

同样有 $\angle CME=\angle BFE'$. 因此，无论何种情形，都有 $\angle CME=\angle BFE'$. 但 $\angle CME'=\angle CME$，所以 $\angle CME'=\angle BFE'$，从而 M、N、F、E' 四点共圆，因此 $\angle MFN=\angle ME'N$. 故 $\angle MEN=\angle MFN$.

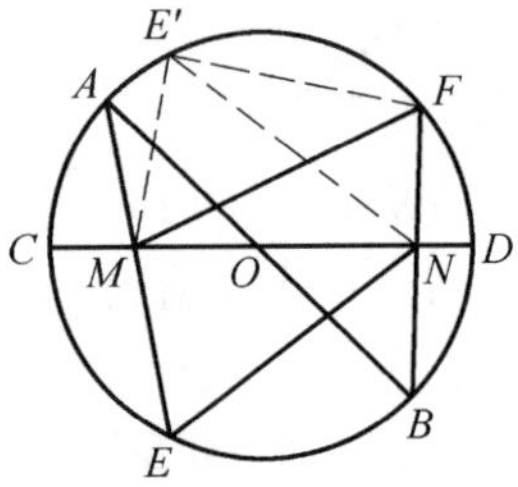

图 5.4.17

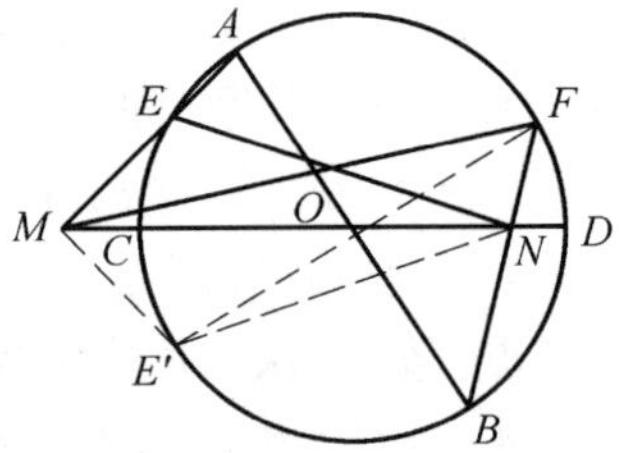

图 5.4.18

因为半圆是圆的一半，所以，有关半圆问题，我们同样可以作为圆问题对待而用轴反射变换处理. 反射轴取半圆的对称轴或半圆的直径所在直线，也可取过半圆圆心的某条直线.

例 5.4.11 设半圆的直径为 AB，C、D 为半圆上两点，P 为直径 AB 所在直线上一点. 求证：如果 $CD\,/\!/\,AB$，则 $PC^2+PD^2=PA^2+PB^2$.

证法 1 如图 5.4.19，5.4.20 所示. 设半圆的圆心为 O，则 O 在半圆的对称轴上，以半圆的对称轴为反射轴作轴反射变换，则 $C\to D$. 设 $P\to P'$，在 O 为 PP' 的中点，且 $P'D=PC$. 因 DO 为 $\triangle DPP'$ 的中线，由中线公式，有

$$P'D^2+PD^2=2(AO^2+OP^2)=(AO+OP)^2+(AO-OP)^2=$$
$$(OB+PO)^2+PA^2=PA^2+PB^2$$

而 $P'D=PC$，故 $PC^2+PD^2=PA^2+PB^2$.

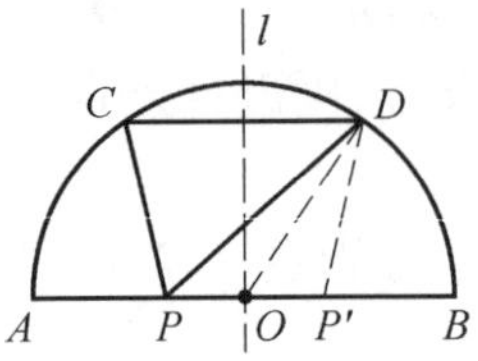

图 5.4.19

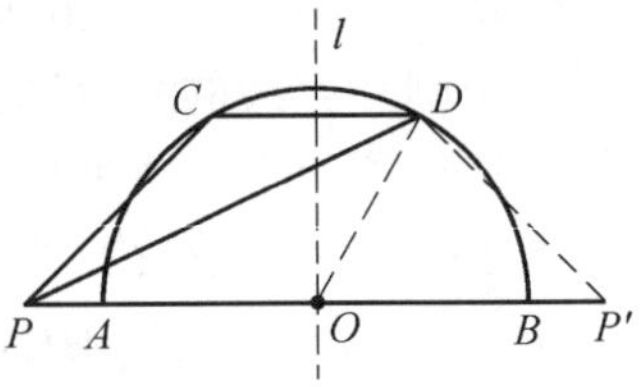

图 5.4.20

证法 2　如图 5.4.21,5.4.22 所示. 仍设半圆的圆心为 O,作轴反射变换 $S(AB)$,设 $C \to C'$,则 C' 在 $\odot O$ 上,且 $PC' = PC$. 因 $CC' \perp AB$, $CD \parallel AB$,所以 $CC' \perp CD$,从而 $C'D$ 为 $\odot O$ 的直径,O 为 $C'D$ 的中点,于是由中线公式,有

$$PC^2 + PD^2 = PC^2 + PD^2 = 2(PO^2 + DO^2) = (PO - DO)^2 + (PO + DO)^2 = (PO - AO)^2 + (PO + PB)^2 = PA^2 + PB^2$$

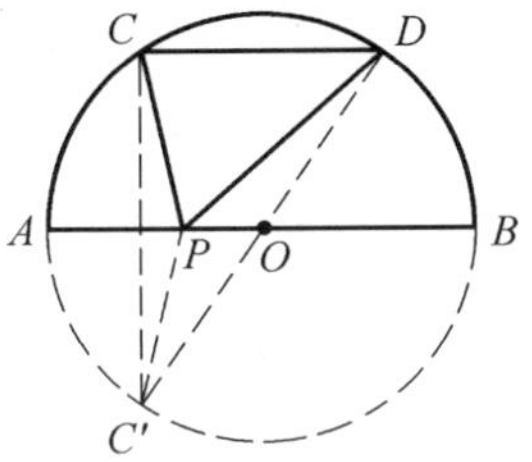

图 5.4.21

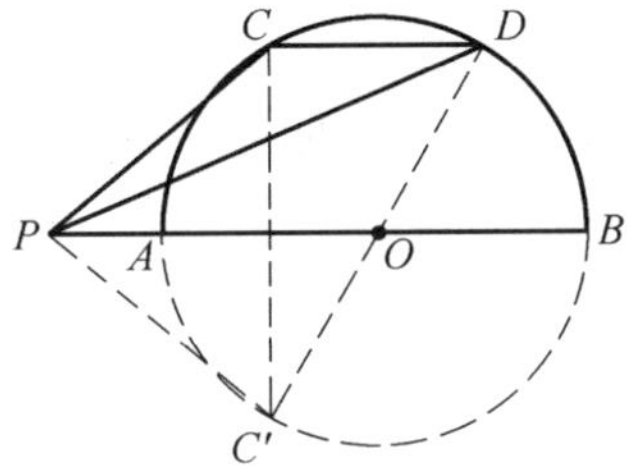

图 5.4.22

例 5.4.12　设 C、D 是以 O 为圆心、AB 为直径的半圆上任意两点,过 B 作 $\odot O$ 的切线交直线 CD 于 P,直线 PO 与直线 CA、AD 分别交于 E、F,证明:$OE = OF$.(第 4 届中国东南地区数学奥林匹克,2007)

证明　如图 5.4.23 所示. 以过圆心 O 且垂直于 EF 的直线为轴作轴反射变换,设 $A \to A'$,则 A' 仍在 $\odot O$ 上,且 $\angle FOA' = \angle AOE = \angle BOP$,所以,$PA'$ 也为 $\odot O$ 的切线,因此,A'、O、B、P 四点共圆. 于是 $\angle A'DA = \angle A'BA = \angle A'BO = \angle A'PO$,从而 A'、D、P、F 四点也共圆,所以,$\angle A'FO = \angle A'DC = \angle A'BC$.

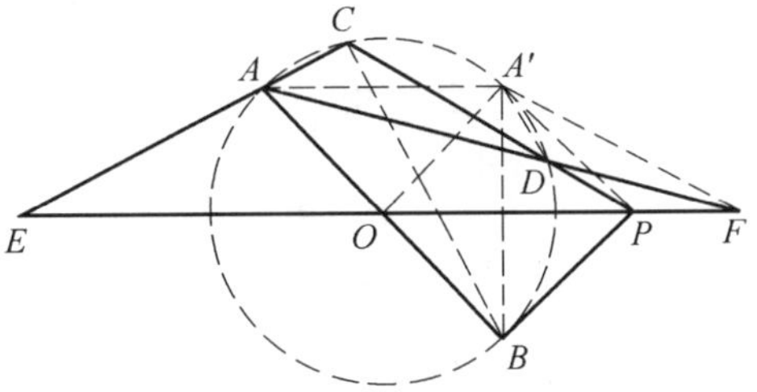

图 5.4.23

另一方面,因 AB 是 $\odot O$ 的直径,所以 $BC \perp EC$. 又显然有 $A'B \perp EF$,由此可知,$\angle A'BC = \angle OEA$,因此 $\angle A'FO = \angle OEA$. 再注意 $\angle FOA' = \angle AOE$, $OA' = OA$ 即知 $\triangle AOF \cong \triangle AOF$,故 $OE = OF$.

5.5　圆内接四边形的两个基本性质

圆的一些优美性质主要是通过圆内接四边形表现出来的,因而可以说圆内接四边形是圆中之宠. 历年来的各级数学竞赛中必不可少的平面几何试题中不

少都涉及圆内接四边形.这里将用轴反射变换简洁地给出圆内接四边形(不一定是凸的)的两个基本性质,并由此给出圆内接四边形的几个深刻而有趣的结果.

定理 5.5.1 设 ⊙O 的内接四边形 $ABCD$ 的一组对边 AB、CD(所在直线)交于 P,过 P 任一条直线 l 分别交 ⊙(PBC) 与 ⊙(PAD) 于 E、P、F,则 E、F 两点关于圆心 O 在直线 l 上的射影对称.

证明 除 P 重合于圆心 O 的平凡情形外,其余皆可归结于图 5.5.1 ~ 5.5.13 所示的情形(图 5.5.14 ~ 5.5.20 为几种退化情形).我们仅就图 5.5.1 的情形证明(如果将证明中出现的角视为有向角,则这个证明是适合于各种情形的一个统一证明).

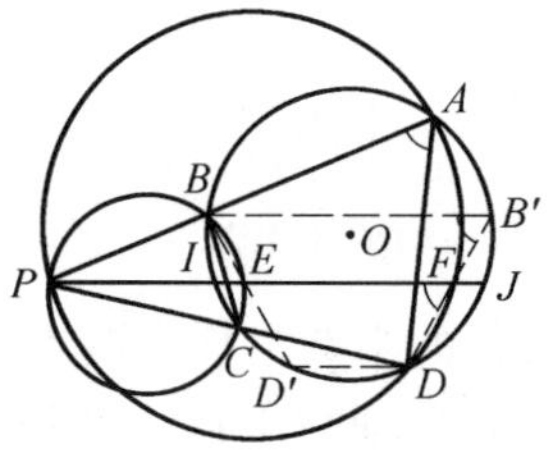

图 5.5.1

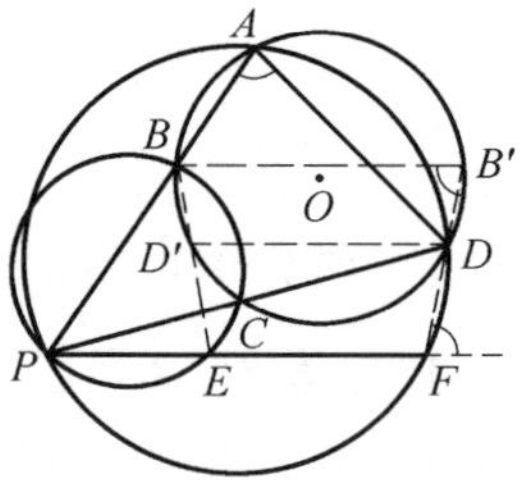

图 5.5.2

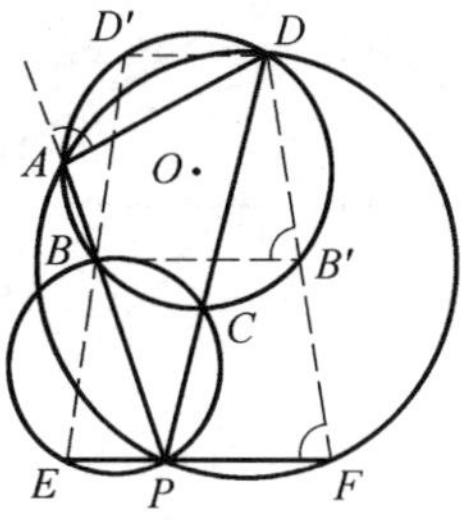

图 5.5.3

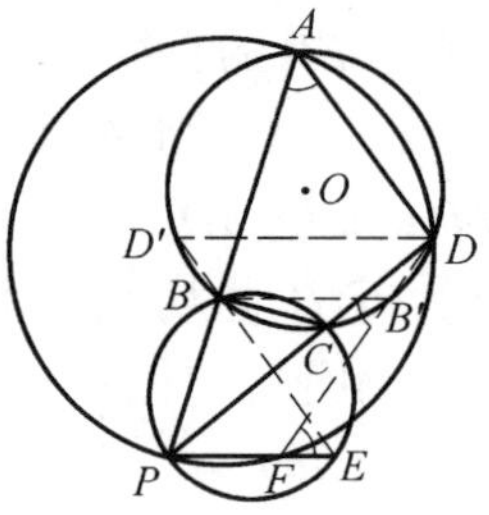

图 5.5.4

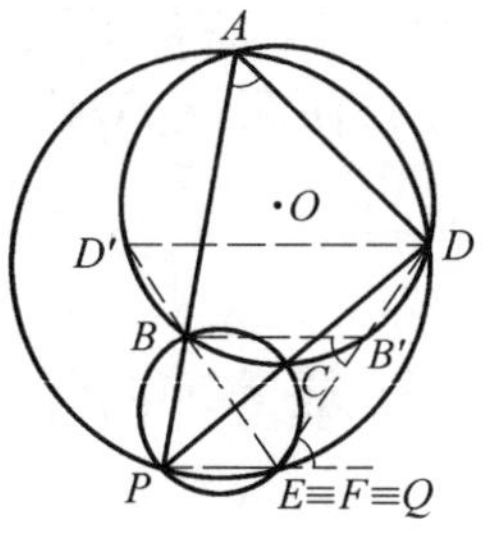

图 5.5.5

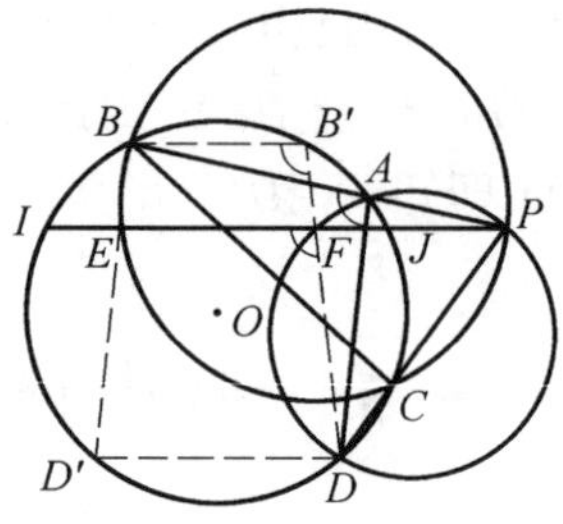

图 5.5.6

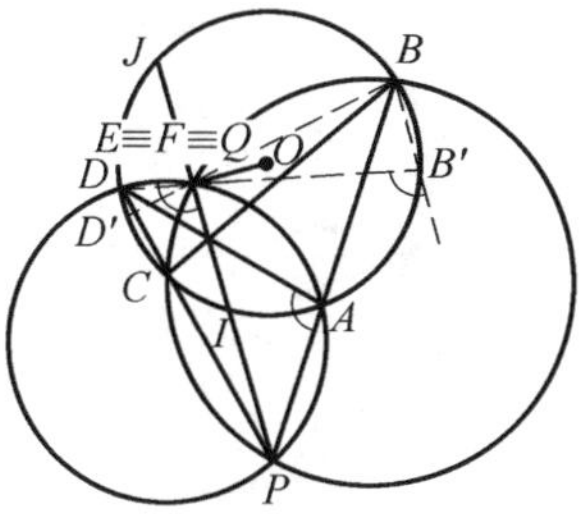

图 5.5.7

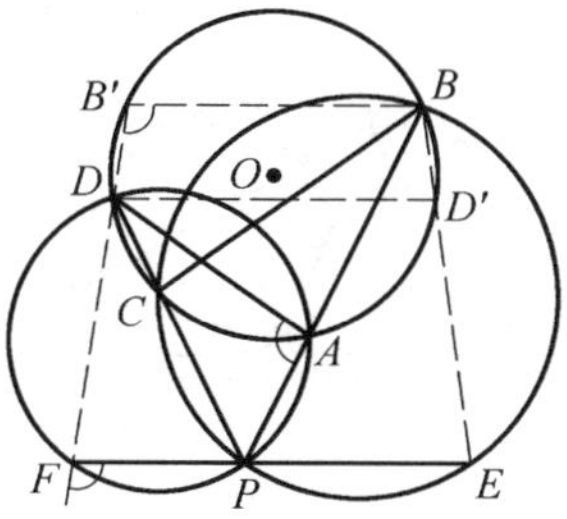

图 5.5.8

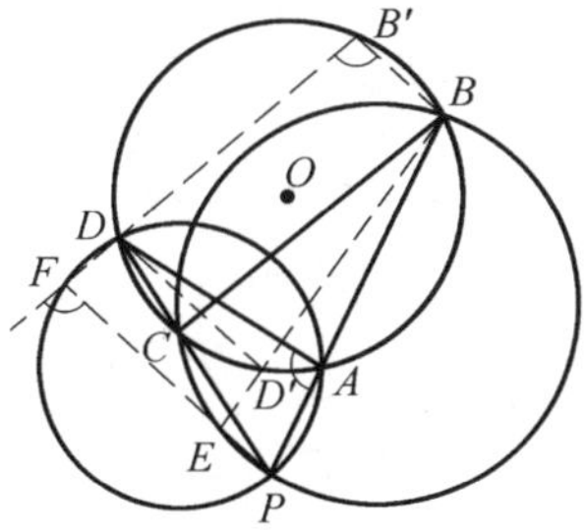

图 5.5.9

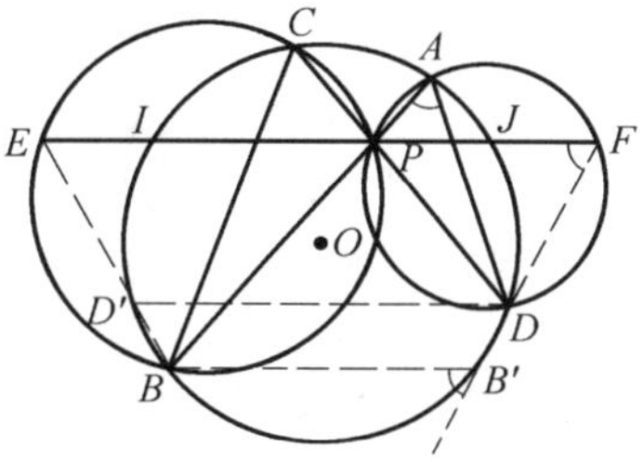

图 5.5.10

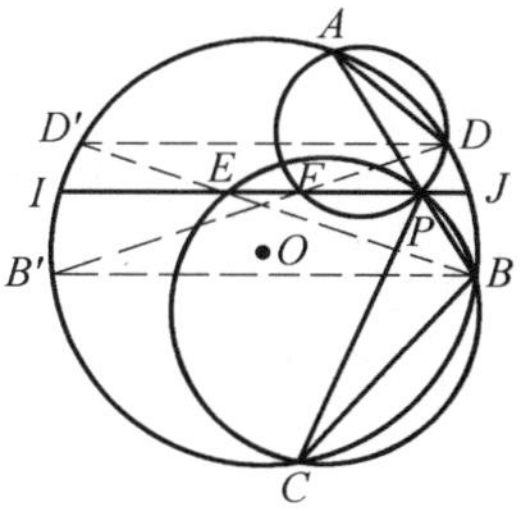

图 5.5.11

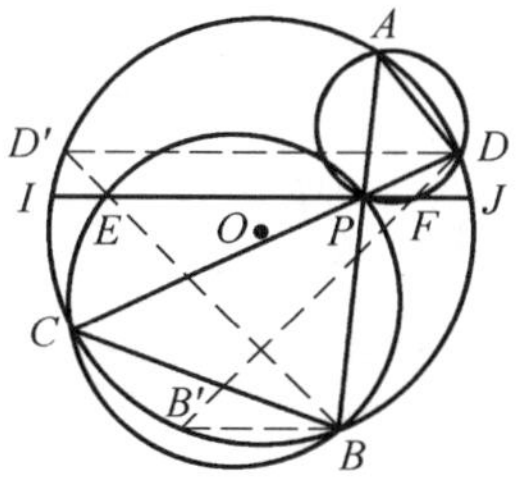

图 5.5.12

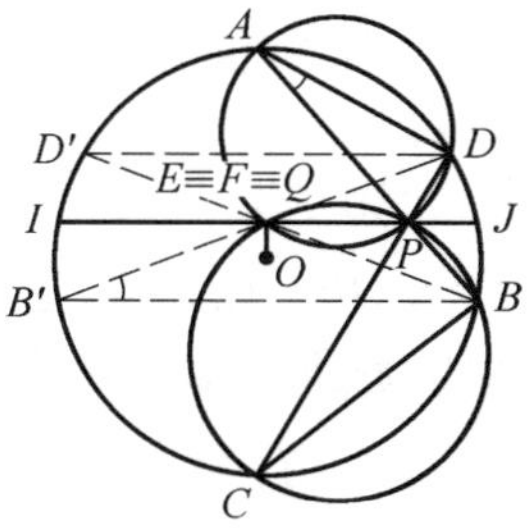

图 5.5.13

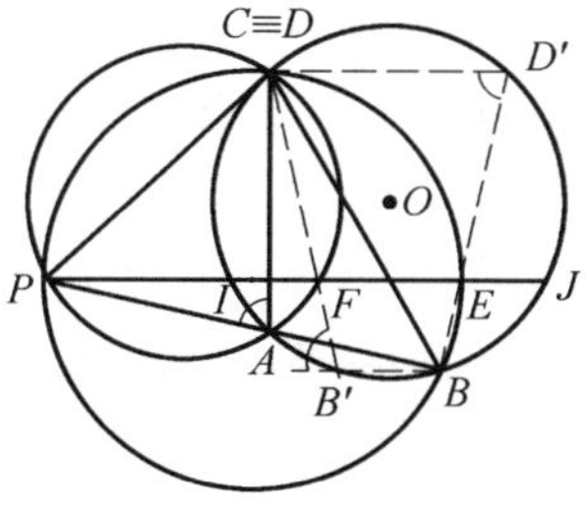

图 5.5.14

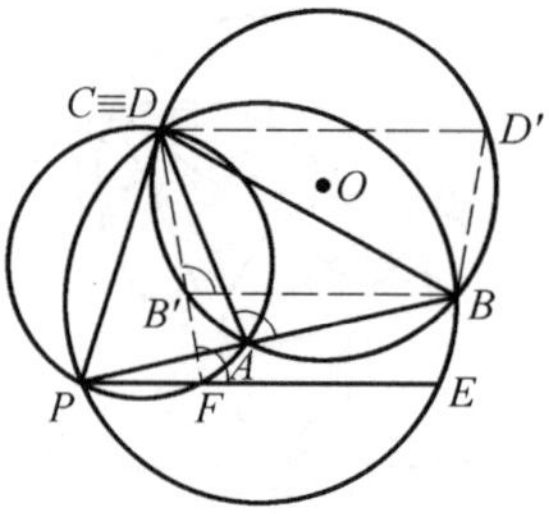

图 5.5.15

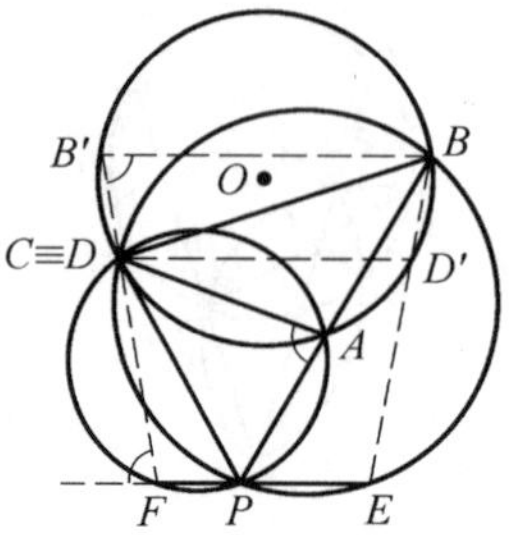

图 5.5.16

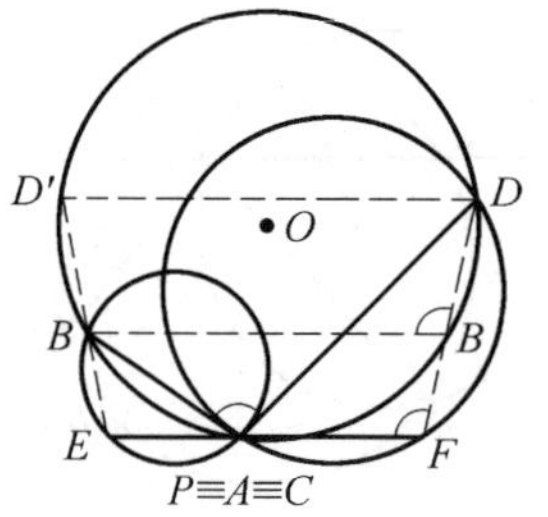

图 5.5.17

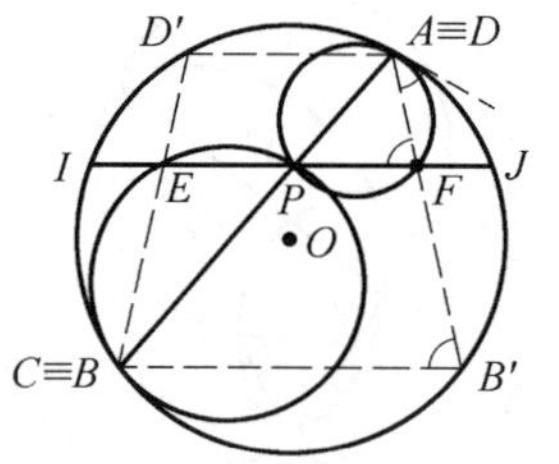

图 5.5.18

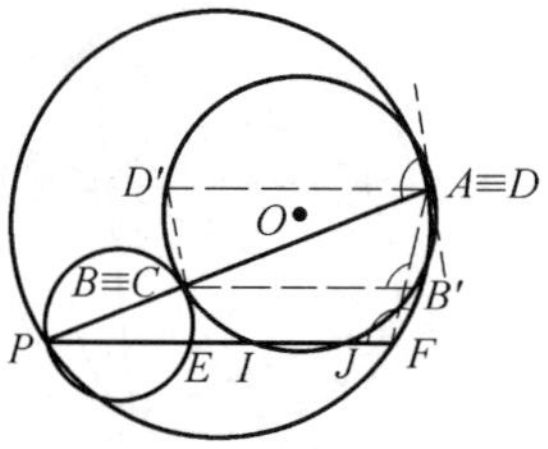

图 5.5.19

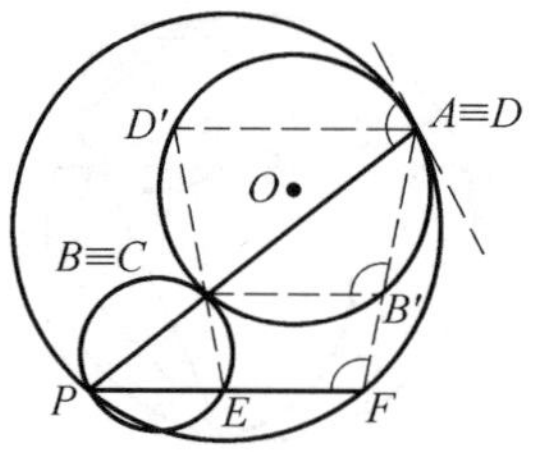

图 5.5.20

以过圆心 O 且垂直于 l 的直线为反射轴作轴反射变换，设 $B\rightarrow B'$，$D\rightarrow D'$，则 B'、D' 皆在 $\odot O$ 上，且 $BB' \parallel D'D \parallel l$. 所以

$$\angle BB'D = \angle BAD = \angle PAD = \angle PFD$$

又因 $BB' \parallel PF$，所以 D、F、B' 三点共线. 同理，D'、E、B 三点共线，这说明 E、F 分别为直线 BD'、$B'D$ 与直线 l 的交点，但 BD'、$B'D$ 是所作轴反射变换的两条对应直线，因此，E、F 为所作轴反射变换的两个对应点. 故 E、F 关于圆心 O 在直线 l 上的射影对称.

特别地，当直线 l 恰为 $\odot(PBC)$ 与 $\odot(PAD)$ 的公共弦 PQ（Q 为两圆的另一交点）时，E、F 皆重合于 Q（图 5.5.5，图 5.5.7，图 5.5.13），于是由定理 5.5.1 即知圆心 O 在直线 l 上的射影也为 Q，因此有

推论5.5.1 设内接于$\odot O$的四边形$ABCD$的一组对边AB、CD(所在直线)交于P,$\odot(PBC)$与$\odot(PAD)$交于P、Q两点,则$PQ\perp OQ$.

其中图5.5.5所示情形为1985年在芬兰举行的第26届IMO试题(例5.4.5),图5.5.7所示情形为1999年举行的第25届俄罗斯数学奥林匹克试题,而图5.5.13所示情形则为1992年举行的第7届中国数学奥林匹克试题.

当直线l与$\odot O$交于I、J两点(图5.5.1,5.5.6,5.5.7,5.5.10～5.5.13)时,因I、J两点同样关于圆心O在直线l上的射影对称,于是有

推论5.5.2 设$\odot O$的内接四边形$ABCD$的一组对边AB、CD(所在直线)交于P,过P任作一条直线交$\odot O$于I、J,交$\odot(PBC)$与$\odot(PAD)$于E、P、F,则$EI = JF$.

当D与C重合时,边CD变为$\odot O$的切线(图5.5.14～5.5.16),于是有

推论5.5.3 过$\triangle ABC$的顶点C作$\triangle ABC$的外接圆的切线与直线AB交于P,过P任作一条直线l与$\odot(PBC)$、$\odot(PAC)$分别交于点E、P、F,则E、F两点关于$\triangle ABC$的外心在l上的射影对称.又如果直线l与$\triangle ABC$的外接圆交于I、J两点,则$EI = JF$.

在定理5.5.1中,如果C与B重合,D与A重合,则$\odot(PBC)$和$\odot(PAD)$皆与$\odot O$相切(图5.5.18,5.5.19),于是有

推论5.5.4 设P是$\odot O_1$与$\odot O_2$的一个交点,且$\odot O_1$、$\odot O_2$分别与$\odot O$相切于A、B两点,过点P任作一条直线分别与$\odot O_1$、$\odot O_2$交于点E、P、F,与$\odot O$交于I、J两点.如果A、P、B三点共线,则$EI = JF$.

例5.5.1 设直线l与$\odot O$的内接四边形$ABCD$的一组对边AB、CD(所在直线)分别交于P、Q两点,与另一组对边BC、DA(所在直线)分别交于R、S两点,圆心O在直线l上的射影为M,求证:如果P、Q两点关于M对称,则R、S两点关于M也对称.

证明 如图5.5.21,5.5.22所示(仅为部分情形),作轴反射变换$S(OM)$,则$Q\to P$.设$C\to C'$,$D\to D'$,则C'、D'皆在$\odot O$上,P、C'、D'三点共线,且$C'C \parallel D'D \parallel PQ$.因$\angle PC'A = \angle D'DA = \angle QSA$,所以$P$、$S$、$A$、$C'$四点共圆.同理,$P$、$R$、$B$、$D'$四点共圆.于是,$P$为$\odot O$的内接四边形$ABD'C'$的一组对边$AB$、$D'C'$的交点.$R$、$S$分别为$\odot(PBD')$和$\odot(PAC')$与过点$P$的直线$l$的交点.由定理5.5.1即知$R$、$S$两点关于点$M$对称.

显然,当P、Q皆与M重合时,本题即蝴蝶定理(例5.4.1).因此,本题是蝴蝶定理的一个推广.另外,如果R、S重合,则由例5.5.1,M、R、S皆重合于AD与BC的交点,这就证明了蝴蝶定理的逆也成立.于是我们有(图5.4.1～5.4.4)

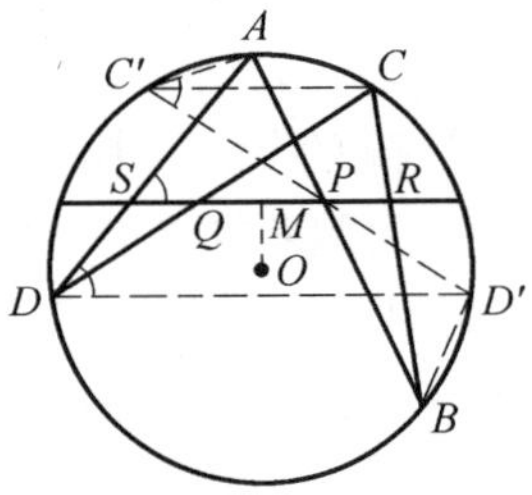

图 5.5.21

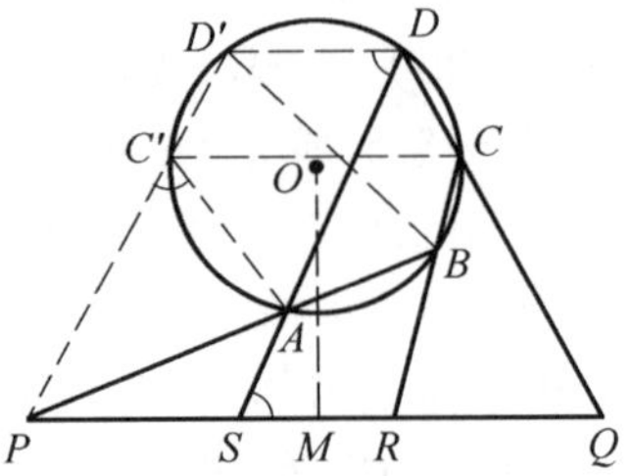

图 5.5.22

命题 5.5.1 过直线 l 上一点 M 作 $\odot O$ 的两条割线 MAB、MCD，直线 AD、BC 分别与直线 l 交于 P、Q 两点，则 M 为 PQ 的中点的充分必要条件是 $OM \perp l$.

定理 5.5.2 设内接于 $\odot(O,r)$ 的四边形一组对边(所在直线)交于 P，过 P 任作一条直线 l 分别与四边形的另一组对边(所在直线)交于 I、J，圆心 O 在直线 l 上的射影为 M，则有

$$\frac{1}{\overline{PI}}+\frac{1}{\overline{PJ}}=\frac{2\,\overline{PM}}{OP^2-r^2}$$

证明 仅就图 5.5.23，图 5.5.24 所示两种情形证明. 作轴反射变换 $S(OM)$，设 $B \to B'$，$D \to D'$，则 B'、D' 皆在 $\odot O$ 上，且 $BB' \parallel D'D \parallel l$. 再设直线 BD'、$B'D$ 分别与直线 l 交于 E、F，则 $\angle FIC = \angle B'BC = \angle B'DC = \angle FDC$，所以，$C$、$D$、$I$、$F$ 四点共圆. 同理，A、B、J、E 四点共圆. 于是，由圆幂定理，有

$$\overline{PI}\cdot\overline{PF}=\overline{PC}\cdot\overline{PD}=OP^2-r^2$$
$$\overline{PJ}\cdot\overline{PE}=\overline{PA}\cdot\overline{PB}=OP^2-r^2$$

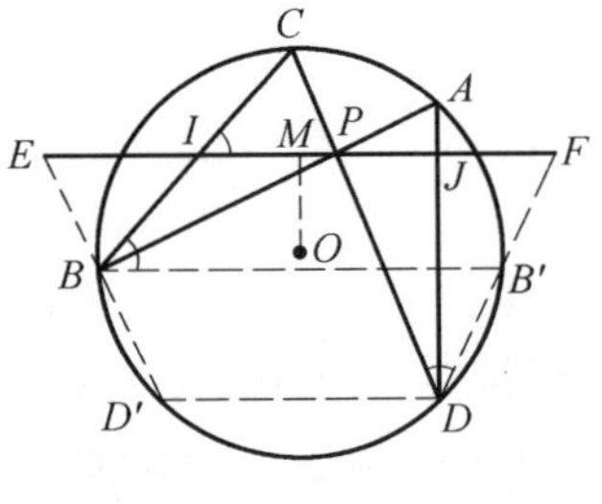

图 5.5.23

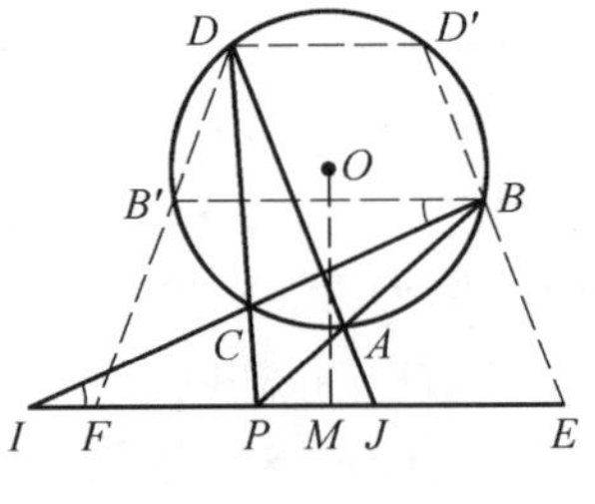

图 5.5.24

所以 $\frac{1}{\overline{PI}}=\frac{\overline{PF}}{OP^2-r^2}$，$\frac{1}{\overline{PJ}}=\frac{\overline{PE}}{OP^2-r^2}$. 由 $OM \perp l$ 知 E、F 关于 M 对称，从而 $\overline{ME}+\overline{MF}=0$，但 $\overline{PE}=\overline{PM}+\overline{ME}$，$\overline{PF}=\overline{PM}+\overline{MF}$. 因此

$$\frac{1}{\overline{PI}}+\frac{1}{\overline{PJ}}=\frac{\overline{PE}+\overline{PF}}{OP^2-r^2}=\frac{2\,\overline{PM}+\overline{ME}+\overline{MF}}{OP^2-r^2}=\frac{2\,\overline{PM}}{OP^2-r^2}$$

当直线 l 与 $\odot O$ 相交时,由定理5.5.2即可得到如下一个十分优美的结果.

推论5.5.5 设圆内接四边形的一组对边(所在直线)交于 P,过 P 任作一条直线与四边形的另一组对边(所在直线)分别交于 I、J,与圆交于 E、F,则有

$$\frac{1}{\overline{PI}}+\frac{1}{\overline{PJ}}=\frac{1}{\overline{PE}}+\frac{1}{\overline{PF}}$$

证明 如图5.5.25 ~ 5.5.38所示.设所述圆的圆心为 O,半径为 r,圆心 O 在直线 EF 上的射影为 M.因 E、F 关于点 M 对称,所以 $2\,\overline{PM}=\overline{PE}+\overline{PF}$.又由圆幂定理,有 $OP^2-r^2=\overline{PE}\cdot\overline{PF}$.故由定理5.5.2即得

$$\frac{1}{\overline{PI}}+\frac{1}{\overline{PJ}}=\frac{2\,\overline{PM}}{OP^2-r^2}=\frac{\overline{PE}+\overline{PF}}{\overline{PE}\cdot\overline{PF}}=\frac{1}{\overline{PE}}+\frac{1}{\overline{PF}}$$

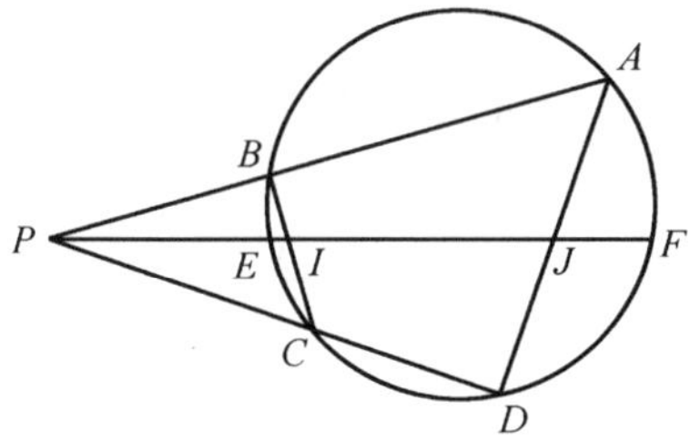

图5.5.25

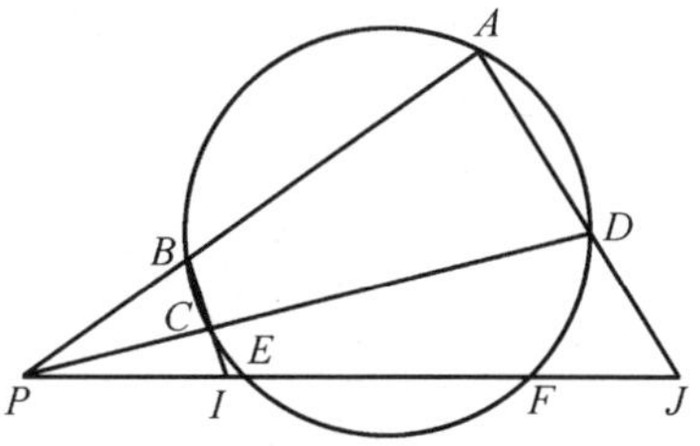

图5.5.26

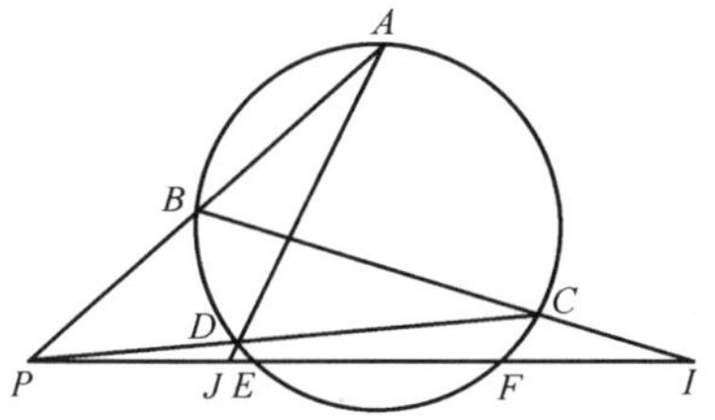

图5.5.27

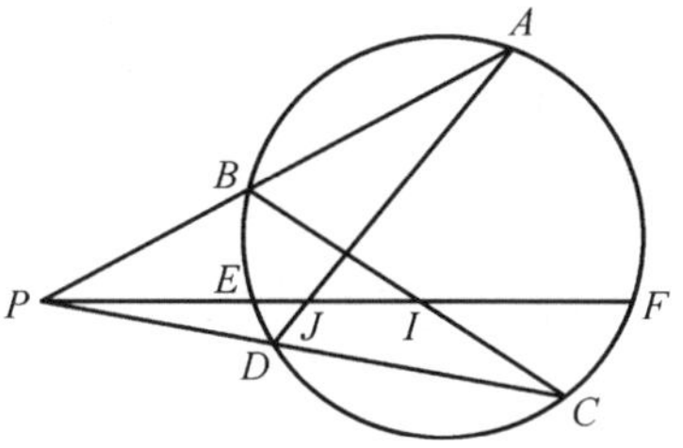

图5.5.28

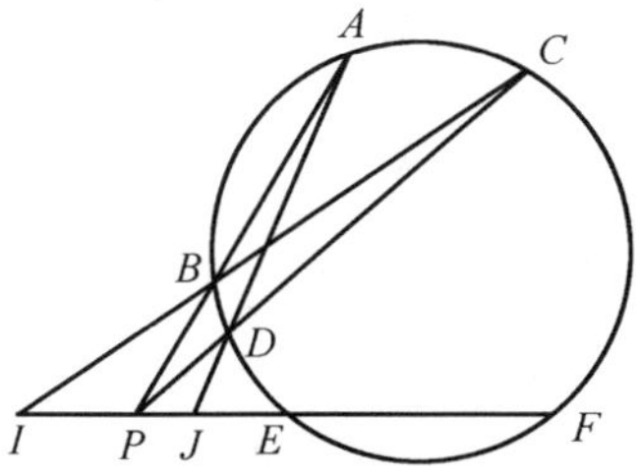

图5.5.29

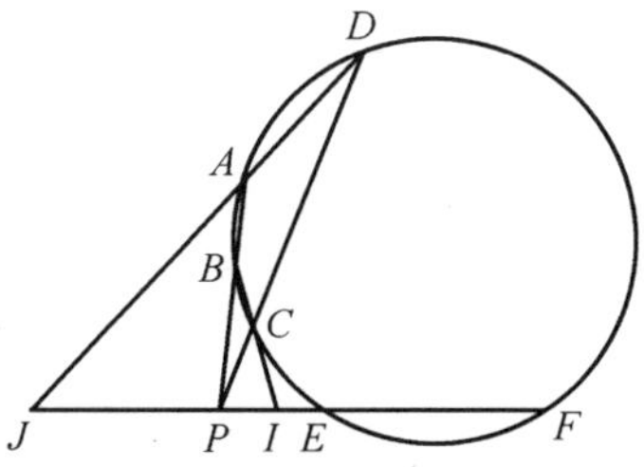

图5.5.30

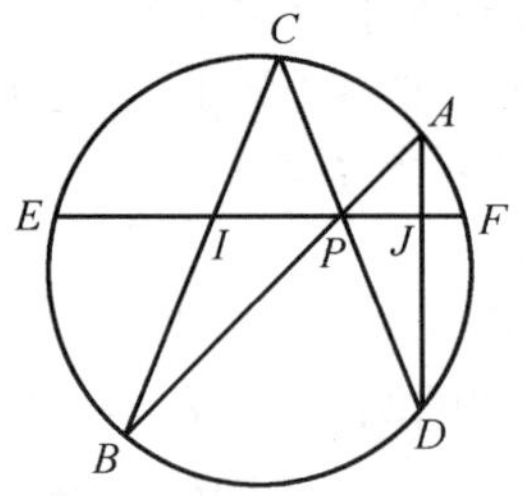

图 5.5.31

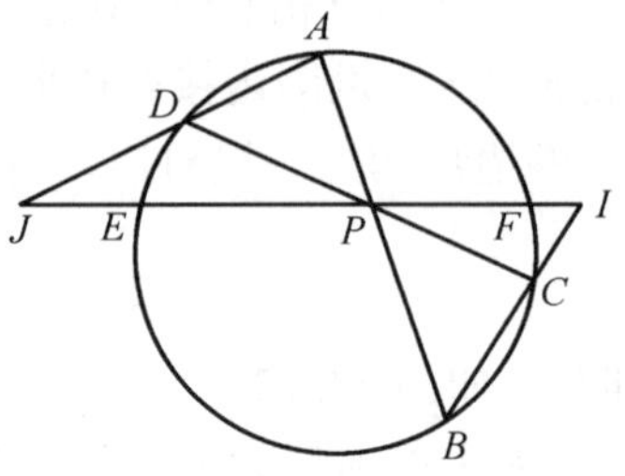

图 5.5.32

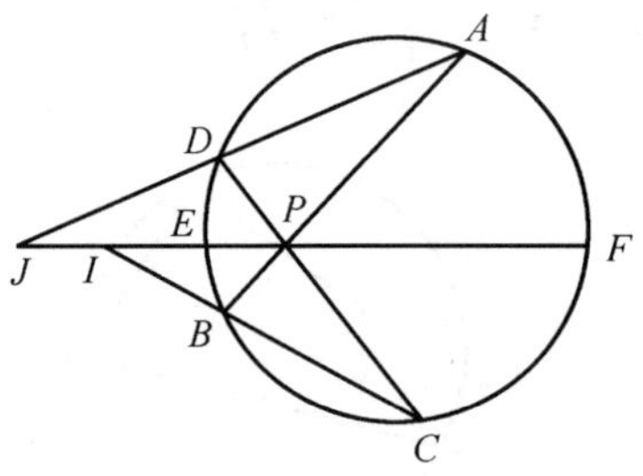

图 5.5.33

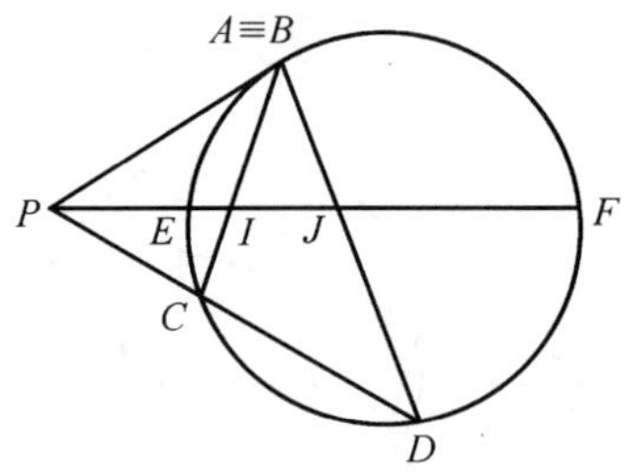

图 5.5.34

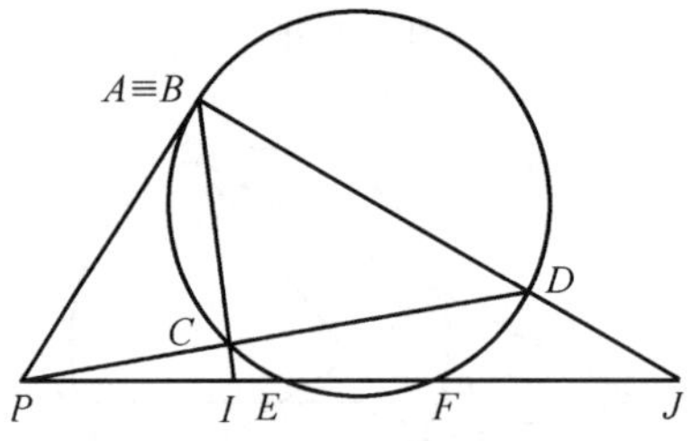

图 5.5.35

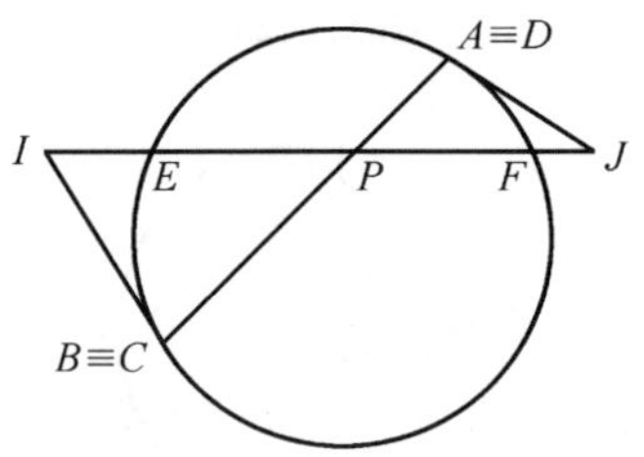

图 5.5.36

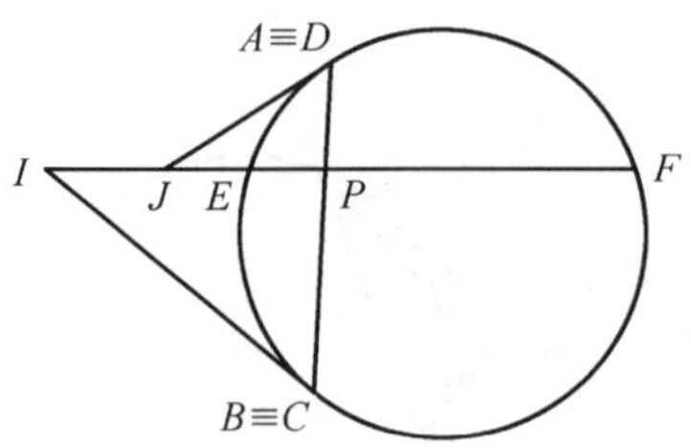

图 5.5.37

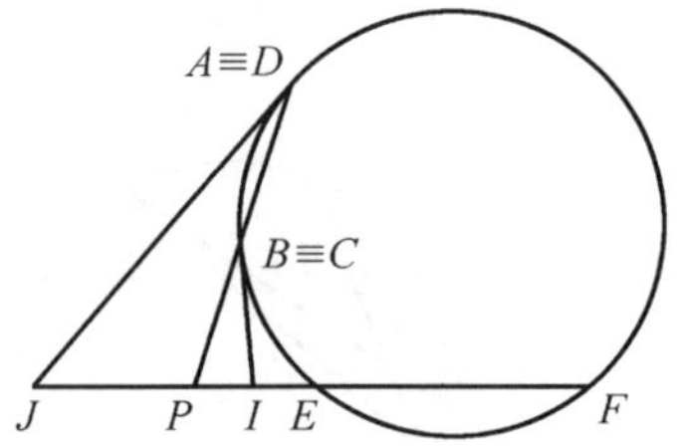

图 5.5.38

对于图 5.5.31 与 5.5.32 所示情形，推论 5.5.5 即著名的**Candy 定理**：

过圆的弦 EF 上任意一点 P 作两弦 AB、CD，设 BC、AD 分别与弦 EF 交于 I、

J,则有

$$\frac{1}{PE}-\frac{1}{PF}=\frac{1}{PI}-\frac{1}{PJ}$$

由此可见,推论 5.5.5 是 Candy 定理的一个推广,而定理 5.5.2 则是 Candy 定理的更为一般的情形.

由定理5.5.2可以简单地证明命题5.5.1.事实上(图5.4.1 ~ 5.4.4),设圆的半径为 r,圆心 O 在直线 l 上的射影为N,则由定理 5.5.2,有

$$\frac{1}{\overline{MP}}+\frac{1}{\overline{MQ}}=\frac{2\,\overline{MN}}{OM^2-r^2}$$

于是,M 为 PQ 的中点 $\Leftrightarrow \frac{1}{\overline{MP}}+\frac{1}{\overline{MQ}}=0 \Leftrightarrow \overline{MN}=0 \Leftrightarrow M$ 与 N 重合 $\Leftrightarrow OM\perp l$.

这说明定理 5.5.2 也是蝴蝶定理的一个推广,而且还包含了蝴蝶定理的逆定理.

在推论5.5.5中,当 $DA\parallel EF$ 时,点 J 消失于无穷远处,因而有$\frac{1}{PI}=\frac{1}{PE}+\frac{1}{PF}$.反之,当$\frac{1}{PI}=\frac{1}{PE}+\frac{1}{PF}$时,必有 $DA\parallel EF$(图5.5.39 ~ 5.5.41),这就证明了如下命题.

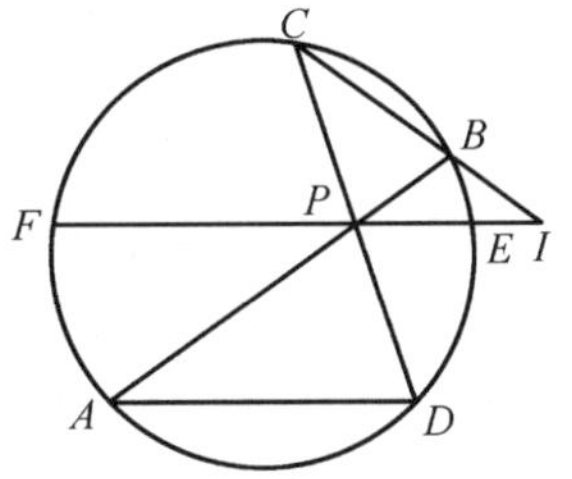

图 5.5.39

命题 5.5.2 设圆内接四边形 $ABCD$ 的一组对边 AB 与 CD(所在直线)交于 P,过 P 任作一条直线与直线BC 交于I,与圆交于 E、F,则 $EF\parallel AD$ 的充分必要条件是

$$\frac{1}{PI}=\frac{1}{PE}+\frac{1}{PF}$$

对于图5.5.41所示情形,命题5.5.2的必要性是2006年罗马尼亚国家队选拔考试试题.

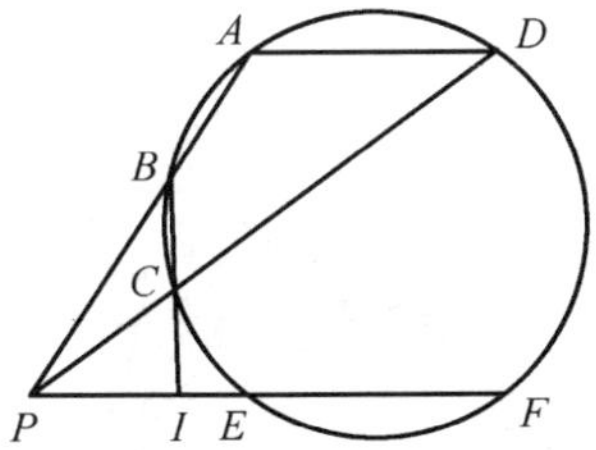

图 5.5.40

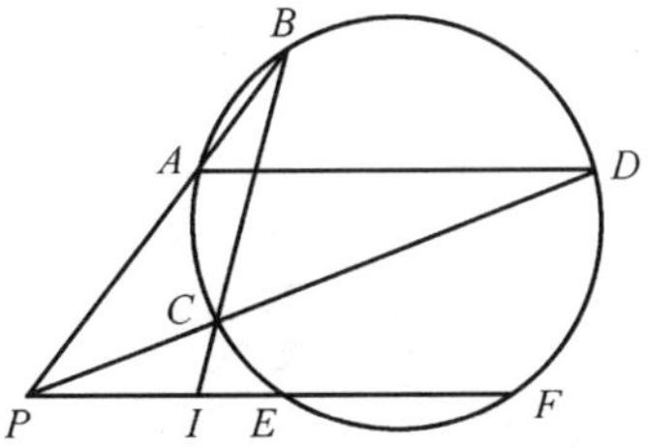

图 5.5.41

利用定理 5.5.2 还可以得出圆内接四边形中多圆共点与多线共点的两个深刻的结果.

定理 5.5.3 设四边形 $ABCD$ 内接于 $\odot O$，直线 AB 与 CD 交于 P，直线 BC 与 AD 交于 Q，两对角线 AC 与 BD 交于 R. 则

$$\odot(PBC)、\odot(PDA)、\odot(PCA)、\odot(PBD)、\odot(QAB)、\odot(QCD)$$
$$\odot(QCA)、\odot(QBD)、\odot(RAB)、\odot(RBC)、\odot(RCD)、\odot(RDA)$$
$$\odot(OAB)、\odot(OBC)、\odot(OCD)、\odot(ODA)、\odot(OAC)、\odot(OBD)$$

共 18 个圆(包括退化为直线的情形)可分为三组，每组六个圆共点，且这三个点分别为圆心 O 在 $\triangle PQR$ 的三边(所在直线)上的射影.

证明 如图 5.5.42 所示. 设 $\odot O$ 的半径为 r，圆心 O 在直线 PQ、QR、RP 上的射影分别为 M、N、L，由定理 5.5.2，有 $\dfrac{2}{\overline{PQ}}=\dfrac{2\overline{PM}}{OP^2-r^2}$，于是由圆幂定理，得

$$\overline{PQ}\cdot\overline{PM}=OP^2-r^2=\overline{PA}\cdot\overline{PB}=\overline{PC}\cdot\overline{PD}$$

所以，M、Q、A、B 四点共圆，M、Q、C、D 四点共圆. 同理，M、P、A、D 四点共圆，M、P、B、C 四点共圆. 又因 $OM\perp PQ$，所以

$$\angle DMO=90^\circ-\angle QMD=90^\circ-\angle DAB=90^\circ-\angle BOD=\angle DBO$$

因此，D、O、B、M 四点共圆. 同理，A、O、C、M 四点共圆. 这就证明了 $\odot(PBC)$、$\odot(PDA)$、$\odot(QAB)$、$\odot(QCD)$、$\odot(OBD)$、$\odot(OAC)$ 六圆共点 M. 同理，$\odot(QBD)$、$\odot(QCA)$、$\odot(RBC)$、$\odot(RDA)$、$\odot(OAB)$、$\odot(OCD)$ 六圆共点 N，$\odot(RAB)$、$\odot(RCD)$、$\odot(PBD)$、$\odot(PCA)$、$\odot(OBC)$、$\odot(ODA)$ 六圆共点 L.

定理 5.5.4 设四边形 $ABCD$ 内接于 $\odot O$，直线 AB 与 CD 交于 P，直线 BC 与 AD 交于 Q，两对角线 AC 与 BD 交于 R. $\odot(PBC)$ 与 $\odot(PDA)$、$\odot(PCA)$ 与 $\odot(PBD)$、$\odot(QAB)$ 与 $\odot(QCD)$、$\odot(QBD)$ 与 $\odot(QCA)$、$\odot(RAB)$ 与 $\odot(RCD)$、$\odot(RBC)$ 与 $\odot(RDA)$、$\odot(OAB)$ 与 $\odot(OCD)$、$\odot(OBC)$ 与 $\odot(ODA)$、$\odot(OBD)$ 与 $\odot(OCA)$ 共九对圆的连心线分别为 l_1、l_2、$\cdots$、l_9，则 l_1、l_2、l_8、l_9、OP 五线共点，l_3、l_4、l_9、l_7、OQ 五线共点，l_5、l_6、l_7、l_8、OR 五线共点. 且这三点分别为 OP、OQ、OR 的中点(图 5.5.43).

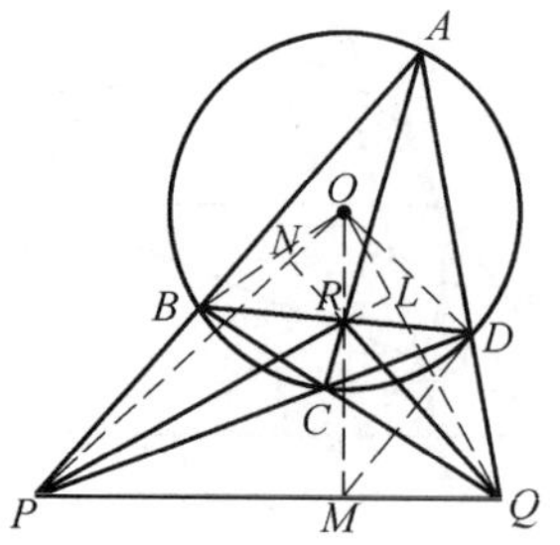

图 5.5.42

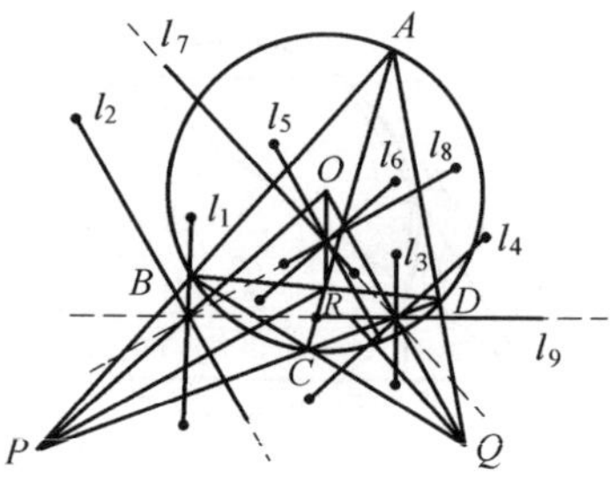

图 5.5.43

证明 仍见图 5.5.42，因 RL 是 $\odot(RAB)$ 与 $\odot(RCD)$ 的公共弦，所以这两圆的连心线垂直平分 RL，再注意 $OL\perp RL$，因此，$\odot(RAB)$ 与 $\odot(RCD)$ 的连心

线通过 OR 的中点.同理,$\odot(RBC)$ 与 $\odot(RDA)$ 的连心线也通过 OR 的中点.$\odot(OAB)$ 与 $\odot(OCD)$ 的连心线及 $\odot(OBC)$ 与 $\odot(ODA)$ 的连心线均通过 OR 的中点,故 l_5、l_6、l_7、l_8、OR 五线共点.其余同理可证.

例 5.5.2 证明**Borcard 定理**:设圆内接四边形的两组对边的延长线分别交于 P、Q,两对角线交于 R.则圆心恰为 $\triangle PQR$ 的垂心.

证明 如图 5.5.42 所示,因 $\odot(OBD)$、$\odot(OCA)$、$\odot O$ 两两相交,所以,三公共弦 OM、BD、AC 共点于R,这说明 $OR \perp PQ$.同理,$OP \perp QR$,$OQ \perp RP$.故圆心 O 是 $\triangle PQR$ 的垂心.

Borcard 定理曾被 2001 年东北三省数学邀请赛选作试题.

例 5.5.3 四边形 $ABCD$ 内接于 $\odot O$,对角线 AC 与 BD 交于点 P,$\triangle PAB$、$\triangle PBC$、$\triangle PCD$、$\triangle PDA$ 的外心分别为 O_1、O_2、O_3、O_4.求证:O_1O_3、O_2O_4 与 OP 三线共点.(全国高中数学联赛,1990)

例 5.5.4 四边形 $ABCD$ 内接于 $\odot O$,且圆心 O 不在四边形的边上,对角线 AC 与 BD 交于点 P,$\triangle OAB$、$\triangle OBC$、$\triangle OCD$、$\triangle ODA$ 的外心分别为 O_1、O_2、O_3、O_4.求证:O_1O_3、O_2O_4 与 OP 三线共点.(中国国家集训队测试,2006)

这两题显然都是定理 5.5.4 的特例.

5.6 30° 的角与轴反射变换

如果以已知角的一边为反射轴作轴反射变换,则角的另一边与其像所成之角即为原已知角的两倍.从这个意义上来讲,轴反射变换具有将已知角“翻倍”的功能.特别地,当一个平面几何问题含有 30° 角的条件时,如果我们以角的一边所在直线为反射轴作轴反射变换,则角的顶点、角的另一边上的一点与其像点恰好构成一个正三角形的三个顶点.这就为我们解决问题创造了新的条件(正三角形的三边都相等,三内角都等于 60°).再结合其他已知条件就可能使问题得到很好的解决.

例 5.6.1 在 $\triangle ABC$ 中,$\angle BAC = 30°$,$\angle CBA = 50°$,P 是 $\triangle ABC$ 内一点,$\angle BAP = 20°$,$\angle ACP = 40°$.求 $\angle PBA$.

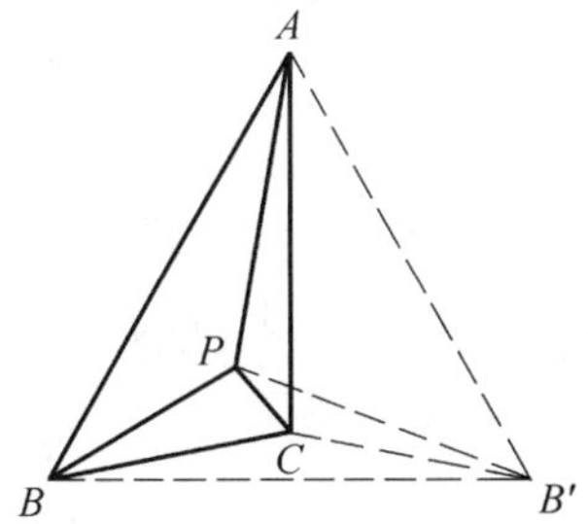

图 5.6.1

解 如图 5.6.1 所示,作轴反射变换 $S(AC)$,设 $B \to B'$,则 $\triangle ABB'$ 为正三角形,$\angle AB'C = \angle CBA = 50°$,$\angle PAB' = 40°$.不难知道 $\angle CPA = 130°$,所以 $\angle AB'C + \angle CPA = 180°$,因此,$A$、$P$、$C$、$B'$ 四点共圆,从而

$\angle AB'P=\angle ACP=40°=\angle PAB'$,于是 $PB'=PA$.但 $BB'=BA$.这说明 BP 平分 $\angle B'BA$.故

$$\angle PBA=\frac{1}{2}\angle B'BA=30°$$

例 5.6.2 在 $\triangle ABC$ 中,$AB=AC$,$\angle BAC=80°$,P 为 $\triangle ABC$ 内一点,$\angle PCB=40°$,$\angle CBP=30°$.求 $\angle APB$.

解 如图 5.6.2 所示,作轴反射变换 $S(BP)$,设 $C\to C'$,则 $\angle PC'C=\angle C'CP$,$\triangle BCC'$ 为正三角形,$C'B=C'C$.而 $AB=AC$,所以 AC' 是 BC 的垂直平分线,$\angle AC'C=\frac{1}{2}\angle BC'C=30°$.又易知 $\angle C'CP=20°$,所以 $\angle PC'C=\angle C'CP=20°$,$\angle AC'P=\angle AC'C-\angle PC'C=10°=\angle ACP$,从而 C'、A、P、C 四点共圆,于是,$\angle PAC=\angle PC'C=20°$,由此即知 $\angle APB=100°$.

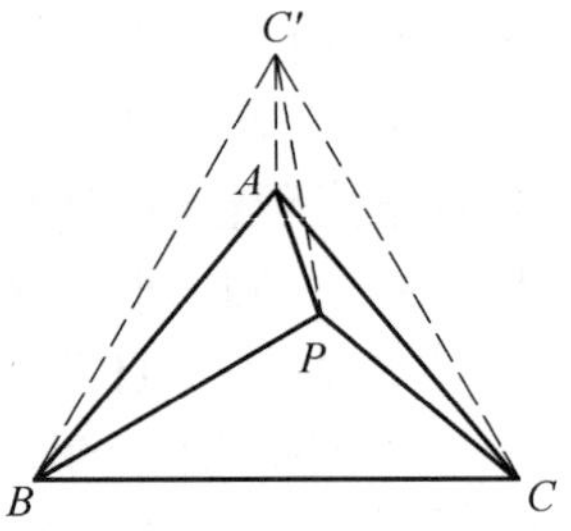

图 5.6.2

例 5.6.3 在 $\triangle ABC$ 中,$AB=AC$,$\angle BAC=80°$,P 为 $\triangle ABC$ 内一点,$\angle CBP=10°$,$\angle PCB=30°$.求 $\angle APB$.(原南斯拉夫数学奥林匹克,1983)

本题曾在本章第 1 节作为等腰三角形问题用轴反射变换给出了一种解法(例 5.1.4).这里再将其作为 30° 角的问题用轴反射变换给出两种新的解法.

解法 1 如图 5.6.3 所示,作轴反射变换 $S(CP)$,设 $B\to B'$,则 $\triangle B'BC$ 为正三角形,所以 $B'B=B'C=BC$.但 $AB=AC$,因此,直线 $B'A$ 为 BC 的垂直平分线,从而 $\angle BB'A=30°=\angle BCP$.又由 $AB=AC$ 知 $\angle ABC=50°$,所以

$$\angle B'BA=\angle B'BC-\angle ABC=60°-50°=10°=\angle CBP$$

于是 $\triangle B'BA\cong\triangle CBP$,所以 $AB=BP$.再由 $\angle ABP=50°-10°=40°$ 即知 $\angle APB=70°$.

解法 2 如图 5.6.4 所示,作轴反射变换 $S(BC)$,设 $P\to P'$,则 $\triangle PP'C$ 为正三角形,所以 $\angle P'PC=60°$,$PP'=PC$.又

$$\angle BP'C=\angle BPC=180°-(10°+30°)=140°$$

而 $AB=AC$,$\angle BAC=80°$,所以,$360°-\angle BAC=2\angle BP'C$.于是,点 P' 在以 A 为圆心、AB 为半径的圆上,所以 $AP'=AC$,从而 AP 为 $P'C$ 的垂直平分线.由此即知 $\angle CPA=\frac{1}{2}(360°-60°)=150°$.故

$$\angle APB=360°-(150°+140°)=70°$$

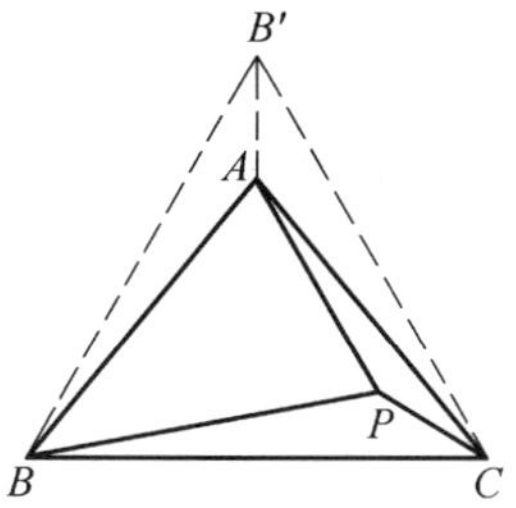

图 5.6.3

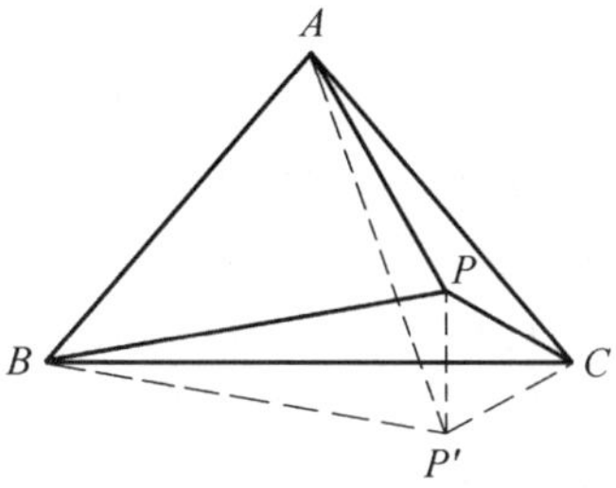

图 5.6.4

从上述两种解法中,我们看到,无论以 $\angle PCB$ 的哪一边所在直线为反射轴作轴反射变换都能解决问题.两种解法都不太复杂,但解法 2 用到了定理"同弧上的圆周角等于圆心角的一半"的逆定理"在 $\triangle OAB$ 中,$OA = OB$,P 为 $\triangle OAB$ 所在平面上的一点.如果$\frac{1}{2}\angle AOB$ 与 $\angle APB$ 相等或互补,则点 P 在以 O 为圆心、OA 为半径的圆上"而显得更加快捷.

例 5.6.4 在凸四边形 $ABCD$ 中,$\angle ACB = 30°$,$\angle DCA = 20°$,$\angle CBD = 50°$,$\angle DBA = 30°$,四边形的两条对角线交于 P.求证:$PA = PD$.(第 15 届巴西数学奥林匹克,1993)

在本题中,$\angle DBA$ 与 $\angle ACB$ 都是 $30°$ 的角.因欲证结论与 $\triangle ABD$ 的两边都有关.我们试以 $\angle DBA$的边所在直线为反射轴作轴反射变换.分别考虑不同的边便得到两个不同的证法.

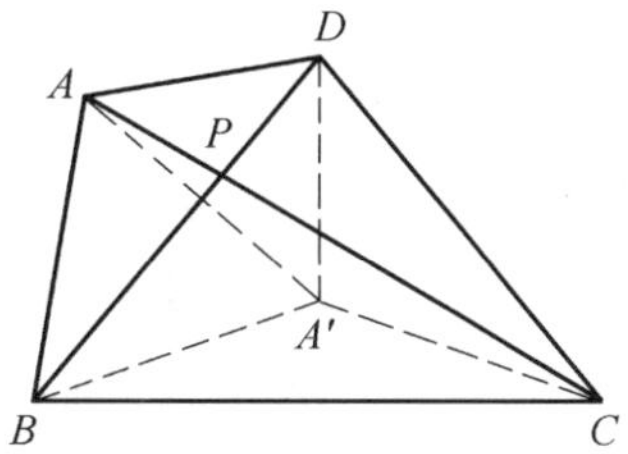

图 5.6.5

证法 1 如图 5.6.5 所示,作轴反射变换 $S(BD)$,设 $A \to A'$,则 $\triangle ABA'$ 是一个正三角形,所以 $A'A = A'B$,且 $\angle AA'B = 60° = 2\angle ACB$,因此 A' 是 $\triangle ABC$ 的外心,于是 $A'C = A'B$.但 $DB = DC$,所以,DA' 平分 $\angle BDC$.而 BD 平分 $\angle CBC'$,$\angle BDC = 80°$,由此可知,$\angle ADP = \angle PDA' = 40°$.又因 $\angle DCA = 20°$,$\angle ADC = \angle ADB + \angle BDC = 40° + 80° = 120°$,所以,$\angle PAD = 40° = \angle ADP$.故 $PB = PC$.

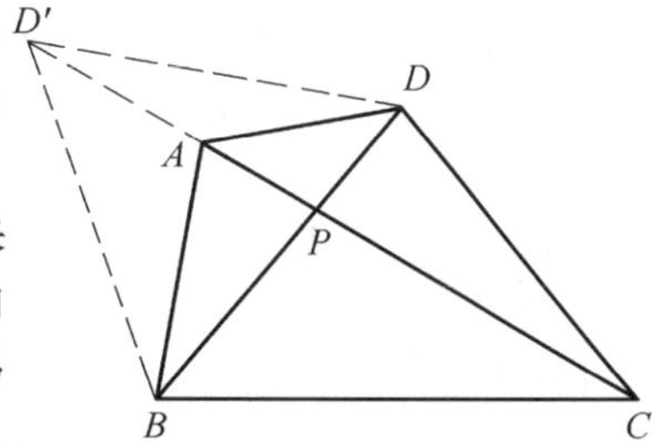

图 5.6.6

证法 2 如图 5.6.6 所示,作轴反射变换 $S(AB)$,设 $D \to D'$,则 $\triangle BDD'$ 是一个正三角形,所以,$DD' = BD = DC$,$\angle D'DB = 60°$.易知 $\angle BDC = 80°$,所以 $\angle D'DC = 60° + 80° = 140°$,由此,$\angle DCD' = \angle CD'D = 20° = \angle DCA$,这说明 D' 在 CA 的延长线上.而 $AD' = AD$,因此

$$\angle D'DA = \angle AD'D = 20°$$
$$\angle PAD = 2\angle AD'D = 40°$$

再注意$\angle ADP = \angle D'DB - \angle D'DA = 60° - 20° = 40°$即知$PA = PC$.

例5.6.5 在$\triangle ABC$中,$\angle CBA = 90°$,延长AC至D,使$AB = CD$,如果$\angle CBD = 30°$,$AB = 1$.求线段AC的长.(第18届加拿大数学奥林匹克,1986)

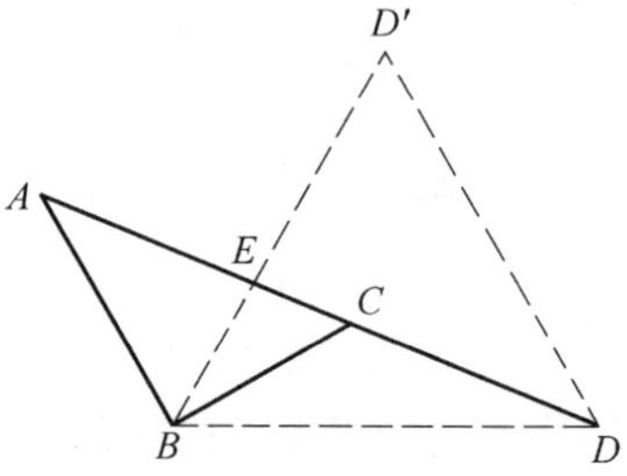

图5.6.7

解 如图5.6.7所示,作轴反射变换$S(BC)$,设$D \to D'$,则$\triangle BDD'$为正三角形,且$DD' /\!/ AB$.设BD'与AC交于E,易知BE为$\angle DBA$的平分线,BC为$\angle DBE$的平分线.由三角形内角平分线性质定理

$$\frac{CD}{CE} = \frac{BD}{BE} = \frac{BD'}{BE} = 1 + \frac{ED'}{BE} = 1 + \frac{DD'}{AB} = 1 + \frac{BD}{AB}$$

注意$AB = CD = 1$,所以$CE = \frac{1}{1 + BD}$.从而

$$BD = \frac{BD}{AB} = \frac{DE}{AE} = \frac{CD + CE}{AC - CE} = \frac{1 + (1 + BD)^{-1}}{AC - (1 + BD)^{-1}}$$

由此可得$BD = 2AC^{-1}$.于是,设$AC = x$,则在$\triangle ABD$中,由余弦定理,有

$$(1 + x)^2 = 1^2 + (\frac{2}{x})^2 - \frac{4}{x} \cdot \cos 120° = 1 + \frac{4}{x^2} + \frac{2}{x}$$

化简整理得$(x + 2)(x^3 - 2) = 0$.故$AC = x = \sqrt[3]{2}$.

有些给出角的大小的平面几何问题,可能条件中并没有30°的角,但所给条件隐含了某个角为30°,我们当然也可以作为30°角的问题用轴反射变换处理.

例5.6.7 设P为$\triangle ABC$内一点,$\angle PBA = 10°$,$\angle BAP = 20°$,$\angle PCB = 30°$,$\angle CBP = 40°$.求证:$\triangle ABC$是等腰三角形.(第25届美国数学奥林匹克,1996)

本题除了一个明显的30°的角——$\angle PCB$外,还有一个隐含的30°的角,这就是$\angle APB$的外角.分别以这两个30°的角的边所在直线为反射轴作轴反射变换,可以给出其四种简繁不一的证法.

证法1 如图5.6.8所示,作轴反射变换$S(PC)$,设$B \to B'$,则$\triangle B'BC$为正三角形,$PB' = PB$.由$\angle CBP = 40°$,$\angle CBB' = 60°$知$\angle PBB' = 20°$.而$PB' = PB$,所以$\angle BB'P = \angle PBB' = 20° = \angle BAP$.因此,$P$、$A$、$B'$、$B$四点共圆.于是,$\angle PB'A = \angle PBA = 10°$,从而$\angle BB'A = 30°$.但$\triangle B'BC$为正三角形,所以,$B'A$为$BC$的中垂线.故$AB = AC$,即$\triangle ABC$为等腰三角形.

第二种证法要用到正弦定理等三角知识.

证法2 如图5.6.9所示.作轴反射变换$S(BC)$,设$P \to P'$,则$\triangle PP'C$为

正三角形，$P'B = PB$，$\angle P'BC = \angle CBP = 40°$．由此即知 $\angle BPP' = 50° = \angle CBA$．由条件知 $\angle BPC = 110°$，$\angle APB = 150°$，于是由正弦定理与倍角正弦公式，得

$$\frac{PP'}{BC} = \frac{PC}{BC} = \frac{\sin 40°}{\sin 110°} = \frac{\sin 40°}{\cos 20°} = 2\sin 20°$$

$$\frac{BP}{AB} = \frac{\sin 20°}{\sin 150°} = 2\sin 20°$$

所以$\frac{PP'}{BC} = \frac{BP}{AB}$．再由 $\angle BPP' = \angle CBA$ 知 $\triangle BPP' \backsim \triangle ABC$．而 $\triangle BPP'$ 为等腰三角形，故 $\triangle ABC$ 为等腰三角形．

下面两种证法是基于 $\angle APB$ 的外角等于 30°．

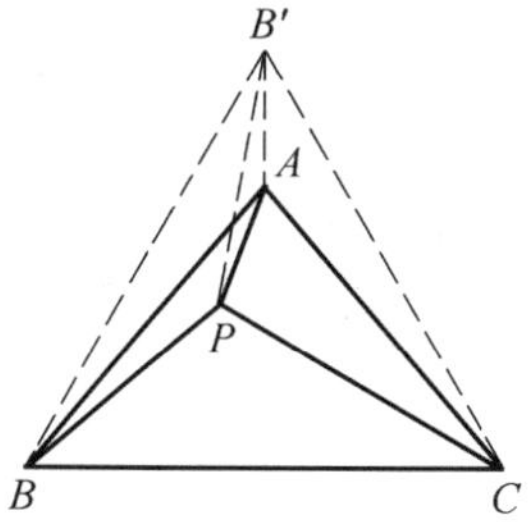

图 5.6.8

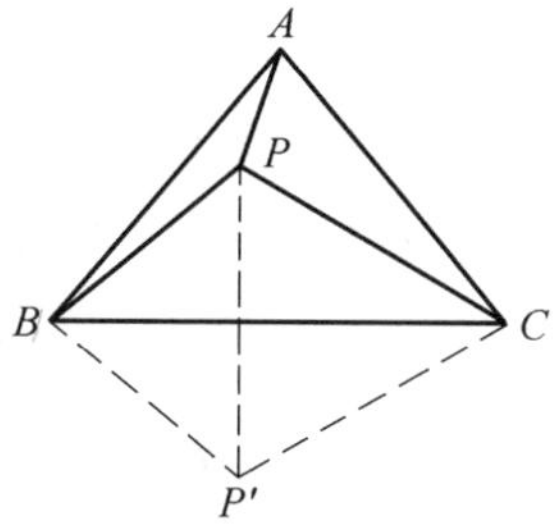

图 5.6.9

证法3　如图5.6.10所示，作轴反射变换 $S(PB)$，设 $A \to A'$，则 $\triangle APA'$ 为一个正三角形，$\angle A'BP = \angle PBA = 10°$，所以，$\angle CBA' = 30° = \angle PCB$．于是，设 $A'B$ 与 PC 交于 D，则 $\angle CDA' = 60° = \angle PAA'$，所以，$A$、$P$、$D$、$A'$ 四点共圆．因此，$\angle A'DA = \angle A'PA = 60°$，$\angle ADP = \angle AA'P = 60°$，这说明 AD 平分 $\angle A'DP$．但 $DB = DC$，所以，AD 为 BC 的中垂线，从而 $AB = AC$．故 $\triangle ABC$ 为等腰三角形．

证法4　如图5.6.11所示，作轴反射变换 $S(AP)$，设 $B \to B'$，则 $\triangle PBB'$ 为正三角形，所以，$\angle PBB' = 60° = 2\angle PCB$，$B'B = B'P$，从而点 B' 为 $\triangle PBC$ 的外心，所以，$B'B = B'C$．又

$$\angle BAB' = 2\angle BAP = 40°，\angle CBA = 50°$$

所以，$AB' \perp BC$．因此，AB' 是BC 的中垂线．于是 $AB = AC$．故 $\triangle ABC$ 为等腰三角形．

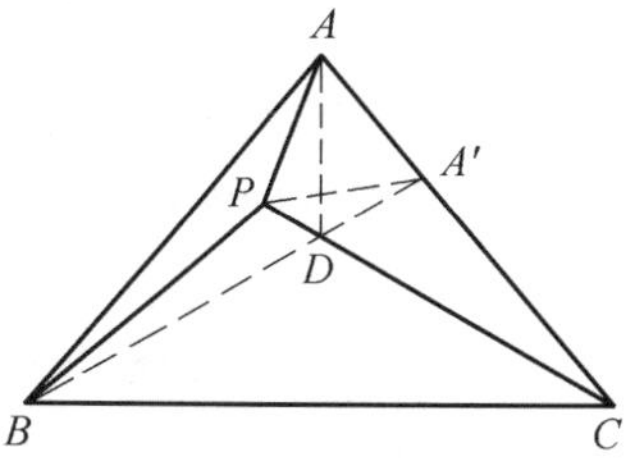

图 5.6.10

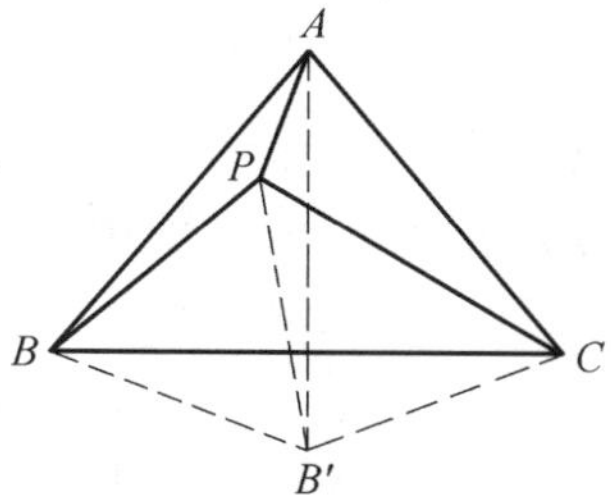

图 5.6.11

例 5.6.6 在 $\triangle ABC$ 中，$AB = AC$，$\angle A = 20°$。在 AB、AC 上分别取点 D、E，使 $\angle CBE = 60°$，$\angle DCB = 50°$。求 $\angle DEB$。

本题即前面例 5.1.5 所述的"一个古老的难题"。那里作为等腰三角形问题用反轴反射变换给出了两种解法。这里再作为 30° 角的问题用反轴反射变换给出另外三种解法。

解法 1 如图 5.6.12 所示。因 $\angle ACD = 30°$，作轴反射变换 $S(AC)$，设 $D \to D'$，则 $\triangle CDD'$ 为正三角形，所以 $D'D = D'C$。又由 $\angle CBA = 80°$，$\angle DCB = 50°$ 可知 $BD = BC$，于是 BD' 为 CD 的垂直平分线。再注意 $\angle CBA = 80°$ 即知 $\angle D'BE = \angle EBA (= 20°)$，因而 BE 为 $\angle D'BA$ 的平分线。但 AE 为 $\angle DAD'$ 的平分线，所以，点 E 为 $\triangle ABD'$ 的内心，于是，$D'E$ 为 $\angle AD'B$ 的平分线。这样便有 $\angle ADE = \angle AD'E = \frac{1}{2}\angle AD'B$。而 $\angle DAD' = 2\angle BAC = 40°$，$\angle D'BA = 40°$，所以，$\angle AD'B = 100°$，因此，$\angle ADE = \frac{1}{2}\angle AD'B = 50°$。故

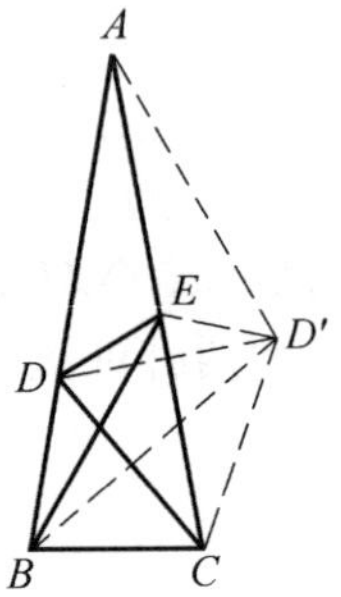

图 5.6.12

$$\angle DEB = \angle ADE - \angle EBD = 50° - 20° = 30°$$

解法 2 如图 5.6.13 所示，作轴反射变换 $S(CD)$，设 $A \to A'$，则 $\triangle AA'C$ 是一个正三角形，所以 $AA' = AC = AB$，$DA' = DA$。因 $\angle A'AB = 60° - 20° = 40°$，所以 $\angle DA'A = 40°$，$\angle BA'A = 70°$，因此，$\angle BA'D = 70° - 40° = 30°$。另一方面，因 $\angle CA'D = \angle DAC = 20° = \angle EBD$，于是，设 CA' 与 BE 交于 F，则 D、A'、B、F 四点共圆，所以 $\angle EFD = \angle BA'D = 30° = \angle ECD$，这样，$C$、$E$、$D$、$F$ 四点也共圆，从而

$$\angle DEB = \angle DCF = \angle DCA' = \angle ACD = 30°$$

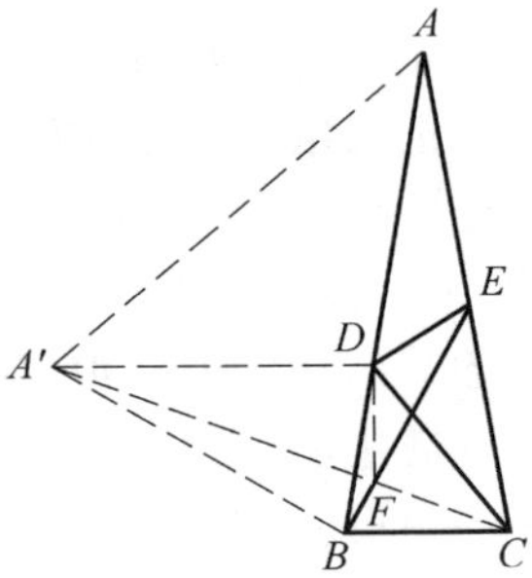

图 5.6.13

可能所给问题中根本没有 30° 的角，也没有隐含的 30° 的角。或者即使条件中有 30° 的角，但我们依此为基础作轴反射变换却难以奏效。这时我们可以根据条件创造 30° 的角，或者根据要证的结论将原 30° 的角变位，再作轴反射变换。

首先看刚才的例 5.6.6，我们根据 $\angle ACD$ 这个 30° 的角给出了两种解法。现在我们通过作 $\triangle CDE$ 的外接圆产生新的 30° 的角给出第三种解法。

解法 3 如图 5.6.14 所示。设 $\triangle CDE$ 的外接圆与 BE 交于 F，则 $\angle EFD = \angle ECD = 30° > 20° = \angle EBD$，所以 F 在 $\triangle BCD$ 内。作轴反射变换 $S(BE)$，设 $D \to D'$，则 $\triangle DFD'$ 为正三角形，$\angle D'BF = \angle FBD = 20°$，所以 $\angle D'BD = 40°$，但 $\angle CBD = 80°$，且由条件可知，$BD = BC$，因此 BD' 为 CD 的垂直平分线，从而

$D'C = D'D = D'F$,这说明 D' 为 $\triangle CDF$ 的外心,于是,$\angle DCF = \frac{1}{2}\angle DD'F = 30°$.故 $\angle DEB = \angle DCF = 30°$.

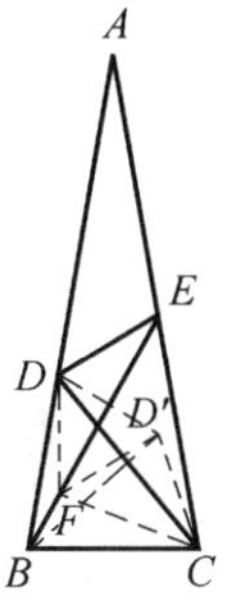

图 5.6.14

例 5.6.7 在凸四边形 $ABCD$ 中,$\angle BAC = 30°$,$\angle DBA = 26°$,$\angle CBD = 51°$,$\angle DCA = 13°$.求 $\angle ADB$.(中国国家集训队测试,1989)

在本题中有一个明显的 30° 的角 ——$\angle BAC$,但无论是以 AB 为反射轴还是以 AC 为反射轴作轴反射变换,都无济于事,对解决问题似乎无任何帮助,而通过作 $\triangle ABD$ 的外接圆产生新的 30° 的角,再作轴反射变换,则情况便大为得到改观.

解 如图 5.6.15 所示,设 $\triangle ABD$ 的外接圆与 AC 交于 P,则 $\angle BDP = \angle BAP = 30°$.因

$$\angle DCA = 13° < 26° = \angle DBA$$

所以,P 在 $\triangle BCD$ 内.由条件可知 $\angle ACB = 73°$,$\angle BDC = 43°$,因此

$$\angle PDC = 43° - 30° = 13° = \angle DCP$$

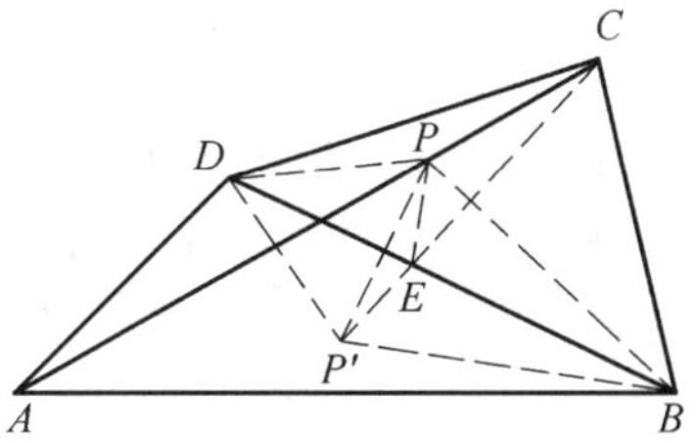

图 5.6.15

作轴反射变换 $S(BD)$,设 $P \to P'$,则 $\triangle PDP'$ 为正三角形,所以 $PP' = PD = PC$,$\angle P'PC = 360° - 60° - (180° - 26°) = 146°$.
于是,连 CP',则 $\angle PCP' = \angle CP'P = 17°$.再设 CP' 与 BD 交于 E,连 PE,则 $EP' = EP$,所以 $\angle P'PE = \angle EP'P = 17°$,从而

$$\angle EPC = \angle P'PC - \angle P'PE = 146° - 17° = 129° = 180° - \angle CBD$$

因此,C、P、E、B 四点共圆,于是

$$\angle APE = \angle CBE = 51°$$

$$\angle EPB = \angle ECB = \angle ACB - \angle PCP = 73° - 17° = 56°$$

故
$$\angle ADB = \angle APB = \angle APE + \angle EPB = 51° + 56° = 107°$$

例 5.6.8 在 $\triangle ABC$ 中,$\angle BAC = 80°$,$\angle CBA = 40°$,P 为 $\triangle ABC$ 的外部一点,$\angle PBC = 10°$,$\angle BCP = 20°$.求证:$AP \perp BC$.

本题中有一个隐含的 30° 的角 —— 即 $\angle CBP$ 的外角,但无论是以 BP 为反射轴还是以 PC 为反射轴作轴反射变换都难以得到欲证结论.但如果点 P 在 $\triangle ABC$ 内,则情形就不同了.于是便有下面的证法.

证明 如图 5.6.16 所示,设点 P 关于 BC 的对称点为 Q,则 $\angle CBQ = 10°$,$\angle QCB = 20°$.于是,作轴反射变换 $S(BQ)$,设 $C \to C'$,则 $\triangle C'QC$ 为正三角形,所以 $C'Q = C'C$.又易知 $\angle BC'C = 80° = \angle BAC$,所以,点 C' 在 $\triangle ABC$ 的外接

圆上.而由 $\angle CBA = 40°$,$\angle CBC' = 20°$ 知 BC' 平分 $\angle CBA$,因此有 $C'A = C'C = C'Q$,这说明点 C' 是 $\triangle AQC$ 的外心,从而 $\angle QAC = \frac{1}{2}\angle QCC = 30°$.又 $\angle ACB = 60°$,所以,$AQ \perp BC$.但 $PQ \perp BC$,于是 A、Q、P 三点共线,故 $AP \perp BC$.

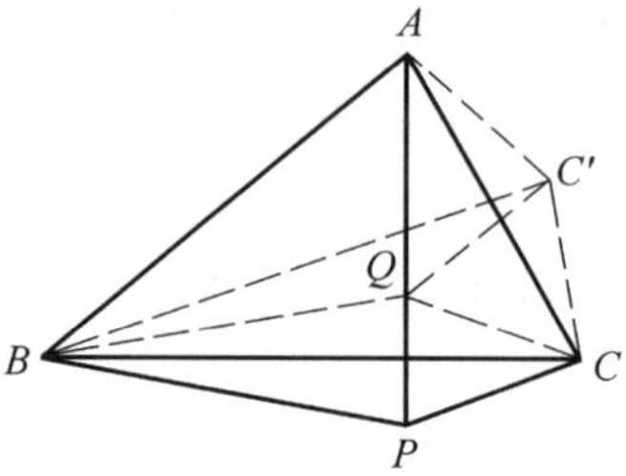

图 5.6.16

例 5.6.9 在 $\triangle ABC$ 中,$\angle BAC = 40°$,$\angle ABC = 60°$.D 和 E 分别是边 AC 和 AB 上的点,使得 $\angle CBD = 40°$,$\angle BCE = 70°$.直线 BD 和 CE 交于点 P.求证:$AP \perp BC$.(第30届加拿大数学奥林匹克,1998)

本题的条件中并没有 30° 的角.但因由条件可得 $\triangle BCF$ 是一个顶角为 40° 的等腰三角形,于是我们以底边 CF 为边长向形内作一个正 $\triangle PCQ$,即得到 $\angle BQC$ 的外角恰为 30°.由此,我们可以尝试 QC 为反射轴作轴反射变换.

证明 如图 5.6.17 所示,由条件可知 $\angle BPC = \angle PCB = 70°$.于是,以 CP 为边长在 $\triangle BCP$ 内作正 $\triangle QCP$,则 $\angle QCB = 10°$,$\angle CBQ = 20°$.作轴反射变换 $S(QC)$,设 $B \to B'$,则 $\triangle QB'B$ 为正三角形,所以 $BB' = BQ$.又 $B'C = BC$,$\angle B'CB = 2\angle QCB = 20°$,由此即知 $\angle CBB' = \angle BB'C = 80°$.但 $\angle ABC = 60°$,所以 $\angle ABB' = 20°$.从而设 AB 与 CB' 交于 F,则 $\angle B'FB = 80°$,所以 $BF = BB' = BQ$.因此,点 B 为 $\triangle B'QF$ 的外心,于是 $\angle FQB' = \frac{1}{2}\angle FBB' = 10°$,由此可得 $\angle CQF = 140° = 180° - \angle BAC$,所以 A、F、Q、C 四点共圆,从而 $\angle BAQ = \angle FCQ = 10° = \angle BPQ$.这样,$A$、$B$、$Q$、$P$ 四点也共圆,所以 $\angle BAP = 180° - \angle PQB = 180° - 150° = 30°$.再由 $\angle ABC = 60°$ 即知 $AP \perp BC$.

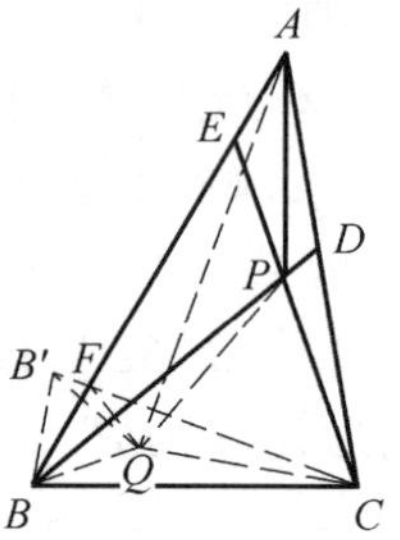

图 5.6.17

当问题中含两个或更多的 30° 的角,则可能需作两个轴反射变换才能解决问题.另外,如果问题中除了有 30° 的角的特征外,还有其他特征,则可能还需结合其他特征实施相应的几何变换方可.

例 5.6.10 在 $\triangle ABC$ 中,$\angle CBA = 50°$,$\angle ACB = 30°$,P、Q 为 $\triangle ABC$ 内两点,$\angle PCB = 10°$,$\angle PAC = \angle QBA = 30°$,且 P、Q、C 三点在一直线上.求证:$AP = BQ$.

证明 如图 5.6.18 所示,设 $B \xrightarrow{S(AC)} B_1$,则 $\triangle B_1BC$ 为正三角形,

$\angle BB_1A = \angle ABB_1 = 10°$，而 $\angle PCB = 10°$，所以，$\angle BB_1A = \angle PCB$. 又 $\angle B_1CA = \angle ACB = 30° = \angle PAC$，所以 $AP \parallel B_1C$，因此四边形 PCB_1A 是等腰梯形，由此可知，$PB = AB$，且 $\angle PBA = 40°$，$\angle CBP = 10°$，$\angle QPB = 20°$. 注意到 $\angle BQC$ 的外角正好是 $30°$，于是，再设 $B \xrightarrow{S(QC)} B_2$，则 $PB_2 = PB$，$\angle B_2PB = 40°$，且 $\triangle QB_2B$ 也是正三角形，所以 $\triangle BPA \cong \triangle PB_2B$，$B_2B = BQ$. 故 $AP = B_2B = BQ$.

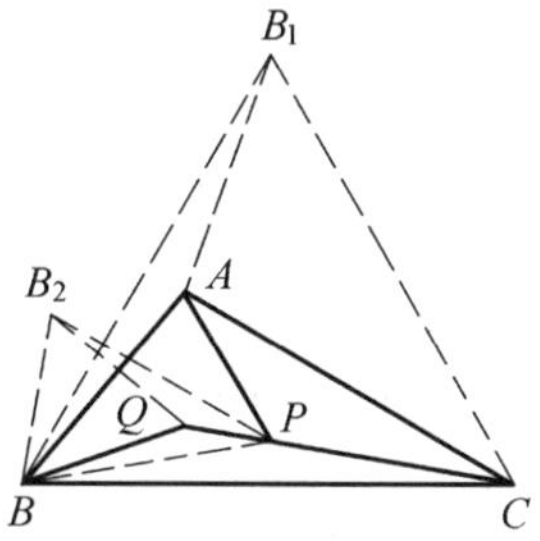

图 5.6.18

例 5.6.11 在 $\triangle ABC$ 中，$AB = AC$，$\angle BAC = 40°$，P 为 $\triangle ABC$ 内一点，$\angle CBP = 40°$，$\angle PCB = 20°$. 求证：$PA = PB + PC$.

本题有一个隐含的 $30°$ 角——$\angle PBA$，但仅以其边为反射轴作轴反射变换是不够的. 注意到 $\triangle ABC$ 是一个等腰三角形，再以它为特征作轴反射变换便水到渠成.

证明 如图 5.6.19 所示，设 $P \xrightarrow{S(AB)} P_1$，则 $AP_1 = AP$，$\angle P_1AB = \angle BAP$，$\triangle BPP_1$ 为正三角形，且 P_1、P、C 三点在一直线上. 再以 BC 的垂直平分线为反射轴作轴反射变换，则 $B \to C$，$C \to B$. 设 $P \to P_2$，则 $AP_2 = AP = AP_1$，$P_2C = PB = P_1B$，$\angle P_2AC = \angle BAP = \angle P_1AB$. 又 $AC = AB$，所以 $\triangle AP_2C \cong \triangle AP_1B$，从而 $\angle P_2AC = \angle P_1AB$，因此，$\angle P_1AP_2 = \angle BAC = 40°$.

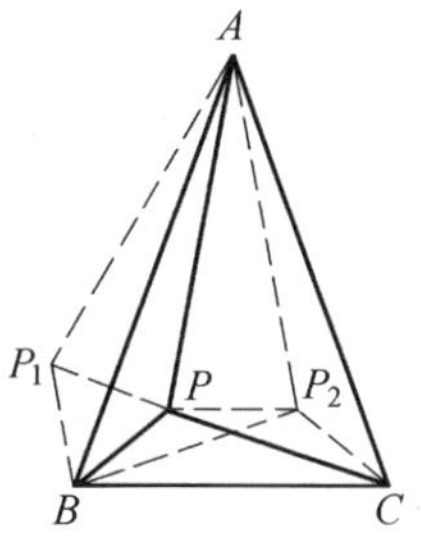

图 5.6.19

另一方面，因 $\angle CBP_2 = \angle PCB = 20°$，所以，$\angle P_2BP = \angle CBP - \angle CBP_2 = 40° - 20° = 20°$，又 $PP_2 \parallel BC$，所以，$\angle PP_2B = \angle CBP_2 = 20° = \angle P_2BP$，因此，$PP_2 = PB = PP_1$，从而 $\triangle AP_1P \cong \triangle APP_2$，这样便有 $\angle P_1AP = \angle PAP_2 = \frac{1}{2}\angle P_1AP_2 = 20°$，$\angle P_1AB = \frac{1}{2}\angle P_1AP = 10°$. 于是，$\angle P_1AC = 50° = \angle ACP_1$，所以 $AP_1 = P_1C = P_1P + PC$. 但 $AP = AP_1$，$P_1P = PB$，故 $PA = PB + PC$.

例 5.6.12 在 $\triangle ABC$ 中，$\angle CBA = 50°$，$\angle ACB = 20°$，P 为 $\triangle ABC$ 内一点，且 $\angle BAP = 40°$，$\angle CBP = 30°$. 求证：CP 平分 $\angle ACB$.

本题有一个明显的 $30°$ 角——$\angle CBP = 30°$，但仅以 BC 或 BP 为反射轴作轴反射变换尚不能解决问题. 注意 $\angle BAP = 40°$，$\angle BAC = 110°$，所以 AC 为 $\angle BAP$ 的外角平分线. 注意到了这个特征，再结合 $\angle CBP = 30°$，作两个轴反射变换就

容易解决问题了.

证明 如图 5.6.20 所示,因 $\angle PBC=30^\circ$,于是,设 $P\xrightarrow{S(BC)}P_1$,则 $CP_1=CP$,$\angle PCP_1=2\angle PCB$,$\triangle PBP_1$ 为正三角形,因而还有 $PP_1=PB$. 再设 $P\xrightarrow{S(AC)}P_2$,则 P_2 必在 BA 的延长线上,且 $AP_2=AP$. 而 $\angle PAP_2=2\angle PAC=140^\circ$,所以,$\angle AP_2P=20^\circ=\angle PBA$,因此,$PP_2=PB=PP_1$. 又 $CP_2=CP=CP_1$,所以 $\triangle CP_2P\cong\triangle CP_1P$,从而 $\angle P_2CP=\angle PCP_1$. 但 AC、BC 分别平分 $\angle P_2CP$ 与 $\angle PCP_1$,故 $\angle ACP=\angle PCB$,即 PC 平分 $\angle ACB$.

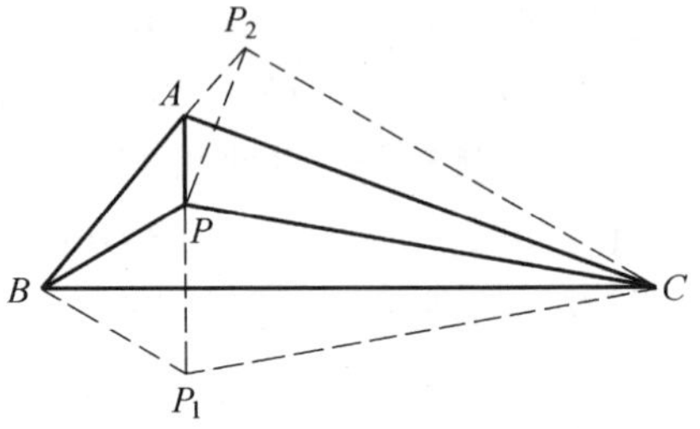

图 5.6.20

5.7 两类几何不等式与轴反射变换

几何不等式将几何的论证与不等式的技巧有机地结合在一起,因而更显得魅力无穷. 可以说,几何不等式是平面几何中的一首优美动人的诗. 本节将介绍两类可考虑用轴反射变换处理的几何不等式.

如果一个几何不等式是涉及(曲)线段和(包括曲线段与折线长),且较小方是一条线段,则可以考虑通过轴反射变换将大于方的线段和转化为与小于方线段共端点的一条折线,然后利用"两点之间直线段最短"而得到结论.

例 5.7.1 设 $\triangle ABC$ 的外心为 O,M 和 N 分别为边 AB 和 AC 上的点,且 $\angle MON=\angle BAC$. 证明:$\triangle AMN$ 的周长不小于边 BC 之长.(第 28 届俄罗斯数学奥林匹克,2002)

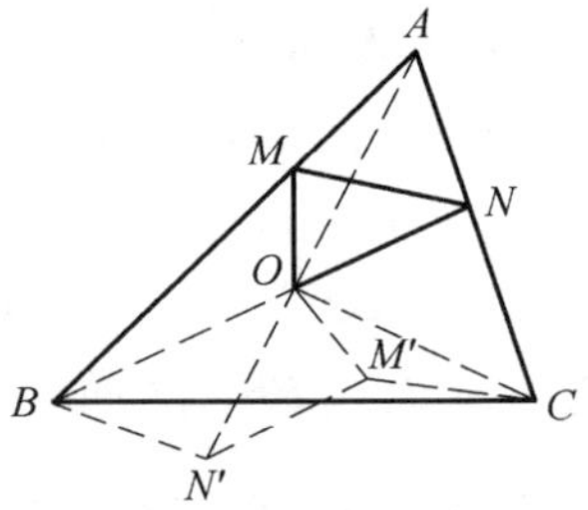

图 5.7.1

证明 如图5.7.1所示,设 N 关于 AB 的垂直平分线的对称点为 N',M 关于 AC 的垂直平分线的对称点为 M',则 $BN'=AN$,$M'C=MA$. 因 $\triangle ABC$ 的外心 O 是所述两条垂直平分线的交点,所以 $ON'=ON$,$OM'=OM$,$\angle BON'=\angle NOA$,$\angle M'OC=\angle AOM$,从而

$$\angle M'ON'=\angle BOC-\angle BON'-\angle M'OC=$$
$$\angle BOC-\angle NOA-\angle AOM=$$
$$2\angle NOM-\angle NOM=\angle NOM$$

从而 $\triangle M'ON'\cong\triangle MON$,因此 $M'N'=MN$,于是 $\triangle AMN$ 的周长

$$AN + NM + MA = BN' + N'M' + M'C \geqslant BC$$

例 5.7.2 设 $ABCD$ 为凸四边形，M 为 CD 的中点，且 $\angle AMB = 120°$. 证明：$BC + \frac{1}{2}CD + DA \geqslant AB$.((俄)圣彼得堡数学奥林匹克，1993)

证明 如图 5.7.2 所示. 设 $D \xrightarrow{S(MA)} D'$, $C \xrightarrow{S(MB)} C'$，则有 $MD' = MD = MC = MC'$, $AD' = AD$, $BC' = BC$. 又

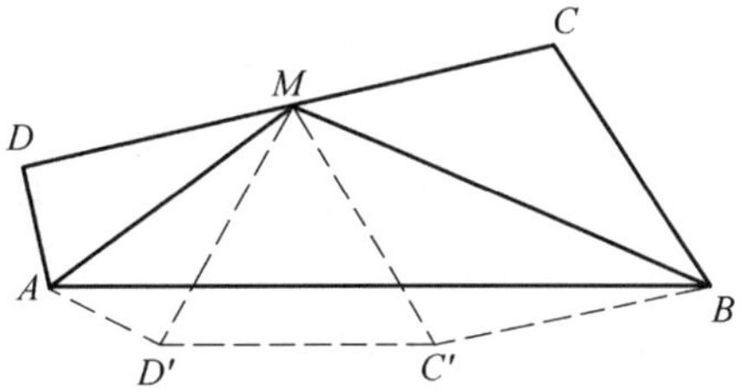

图 5.7.2

$$\angle D'MC' = 120° - (\angle AMD' + \angle C'MB) =$$
$$120° - (\angle DMA + \angle BMC) = 120° - (180° - 120°) = 60°$$

所以，$\triangle MD'C'$ 为正三角形，从而 $C'D' = MC' = MC = \frac{1}{2}CD$，于是有

$$BC + \frac{1}{2}CD + DA = BC' + C'D' + D'A \geqslant AB$$

等式成立当且仅当 C'、D' 皆在 AB 上，当且仅当 AM 平分 $\angle BAD$，且 BM 平分 $\angle CBA$.

例 5.7.3(G. Pólya 问题) 证明：两端点在定圆周上，并且将这个圆分成面积相等的两部分的曲线中，以该圆的直径最短.

如果曲线的端点恰好是圆的一条直径的两个端点，则结论不证自明. 因此，对于一般情形，我们应设法将曲线不改变长度并使其两个端点是圆的一条直径的两个端点. 而这可以通过轴反射变换来实现.

证明 如图5.7.3所示，设曲线 l 的两个端点 A、B 在圆 Γ 上，且曲线 l 将圆 Γ 分为面积相等的两部分. 可设 A、B 不是圆 Γ 的一条直径的两个端点. 作直径 $CD \parallel AB$，由于曲线 l 将圆 Γ 分为面积相等的两部分，所以直径 CD 必与曲线 l 相交(且至少有两个交点)，设 E 为交点之一. 作轴反射变换 $S(CD)$，设 $B \to B'$，则

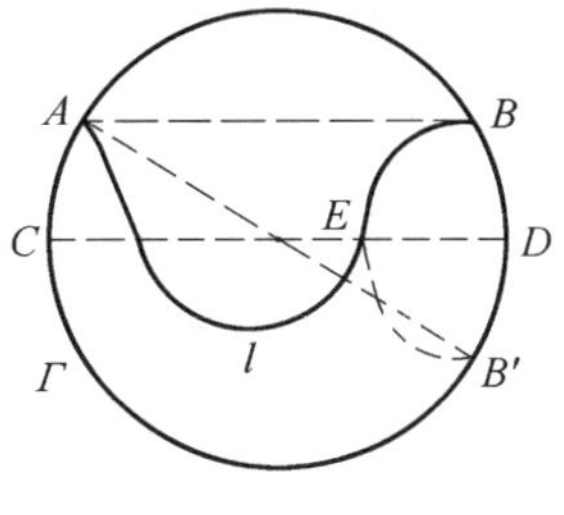

图 5.7.3

曲线段 $\overset{\frown}{EB}$ = 曲线段 $\overset{\frown}{EB'}$. 易知 AB' 为圆 Γ 的直径，从而曲线 l 的长 $= \overset{\frown}{AB} = \overset{\frown}{AE} + \overset{\frown}{EB} = \overset{\frown}{AE} + \overset{\frown}{EB'} \geqslant AB'$，即曲线 l 的长大于等于圆 Γ 的直径.

当曲线 l 是一段圆弧时，本题曾是 1946 年举行的第 6 届普特南(Putnam)数学竞赛试题.

无独有偶，在1979年举行的全国高中数学联赛中也有一道类似于G·Pólya问题的试题：

单位正方形周界上的两点之间连一条曲线段，如果它把这个正方形分成面积相等的两部分．试证：这条曲线段的长度不小于1.

其证明思路也是类似的．分三种情形讨论：

(1) 若曲线段的两端点分别在正方形的两条对边上(图5.7.4)，则结论是显然的；

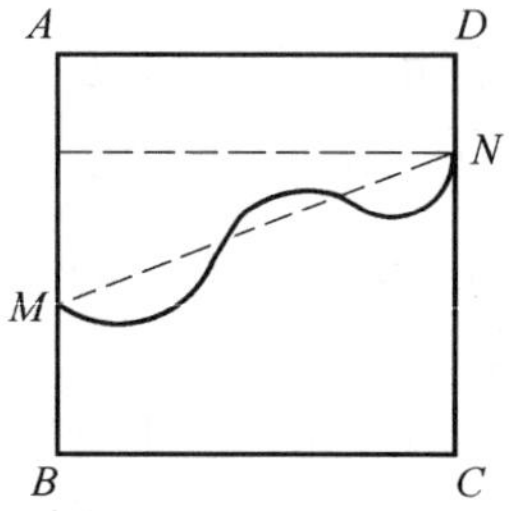

图5.7.4

(2) 若曲线段的两端点分别在正方形的两邻边上(图5.7.5)，则以正方形的一条对角线为反射轴作轴反射变换，再由(1)即得结论；

(3) 若曲线段的两端点在正方形的同一条边上(图5.7.6)，则以平行于这一边的正方形的对称轴为反射轴作轴反射变换，再由(1)即得结论.

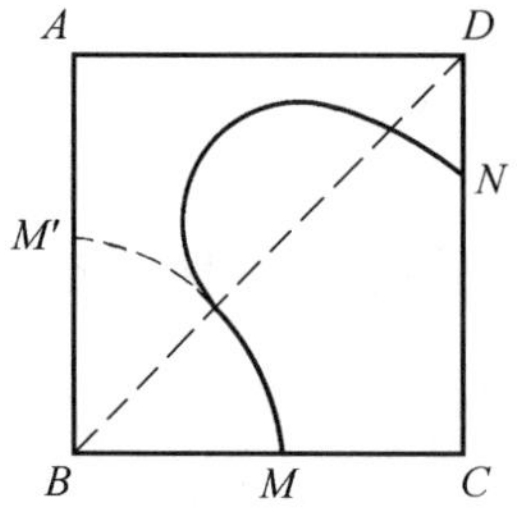

图5.7.5

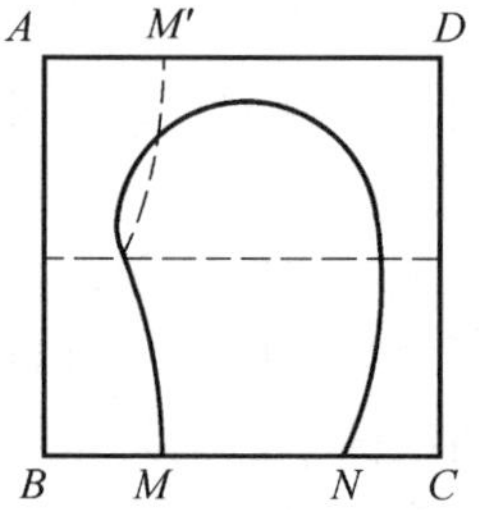

图5.7.6

对于折线长(包括封闭折线)问题，通常有几个"折点"就作几次轴反射变换，而反射轴往往取与"折点"相关的直线.

例5.7.4 证明：在底边和面积给定的三角形中，以等腰三角形的周长为最短.

证明 如图5.7.7所示．设$\triangle ABC$的底边BC固定，因$\triangle ABC$的面积一定，所以顶点A在平行于底边BC的一条直线l上．作轴反射变换$S(l)$，设$C \to C'$，则$C'A = AC$，于是有

$$AB + AC = AB + AC' \geqslant BC'$$

再设BC与l交于A_0．因$l \,/\!/\, BC$，且l平分$C'C$，所以A_0为BC'的中点，即有$A_0B = A_0C' = A_0C$，因而$\triangle A_0BC$为等腰三角形．由于$AB + BC + CA \geqslant A_0B + BC + CA_0$，故在底边和面积给定的三角形中，以等腰三角形的周长为最短.

由例5.7.4立即可知，在面积一定的所有三角形中，以正三角形的周长为最短．这是因为由例5.7.4知，这样的周长最短的三角形必以任一边为底边都

是等腰三角形,而这只能是正三角形.

例 5.7.5 证明:在底边和周长一定的三角形中,以等腰三角形的面积为最大.

证明 如图 5.7.8 所示,设 $\triangle ABC$ 的底边 BC 固定,$\triangle A_0BC$ 为等腰三角形,且与 $\triangle ABC$ 有等周长,即有 $A_0B + A_0C = AB + AC$.过顶点 A_0 作底边 BC 的平行线 l,作轴反射变换 $S(l)$,设 $C \to C'$,则 C'、A_0、B 三点共线.连 $C'A$,则 $C'A + AB > BC' = A_0B + A_0C = AB + AC$,所以,$C'A > AC$.而 l 为 $C'C$ 的垂直平分线,由此可知点 A、C 在直线 l 的同侧,所以 $\triangle ABC$ 的面积小于 $\triangle A_0BC$ 的面积.这就证明了 $\triangle A_0BC$ 作为等腰三角形是所有这些三角形中面积最大的.

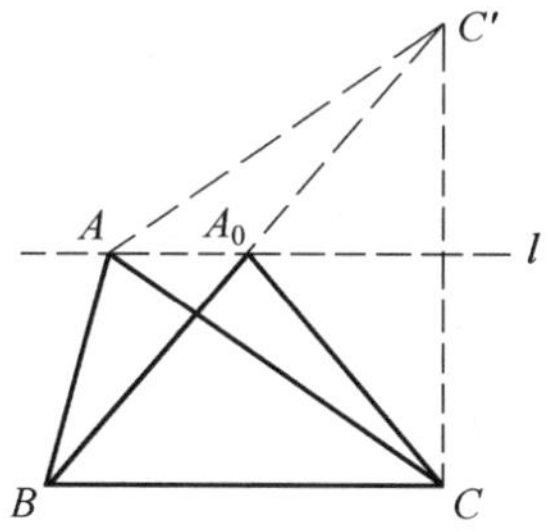

图 5.7.7

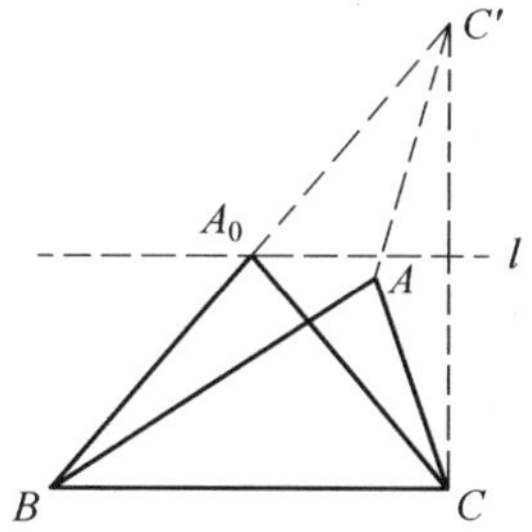

图 5.7.8

同样,由例 5.7.5 可知,在周长一定的所有三角形中,以正三角形的面积为最大.

一般地,在周长一定的所有 n 边形中,以正 n 边形的面积为最大.在周长一定的所有封闭图形中,以圆的面积为最大.对偶地,在面积一定的所有 n 边形中,以正 n 边形的周长为最短.在面积一定的所有封闭图形中,以圆的周长为最短.这些问题的讨论,可以参看蔡宗熹编著的《等周问题》一书(北京:人民教育出版社,1964).

例 5.7.6 已知锐角 $\triangle ABC$ 的外接圆半径为 R,点 D、E、F 分别在边 BC、CA、AB 上.求证:AD、BE、CF 是 $\triangle ABC$ 的三条高的充分必要条件为

$$S = \frac{R}{2}(DE + EF + FD)$$

其中 S 是 $\triangle ABC$ 的面积.(全国高中数学联赛,1986)

证明 如图 5.7.9 所示,设 $D \xrightarrow{S(AB)} D_1$,$D \xrightarrow{S(AC)} D_2$,则 $AD_2 = AD = AD_1$,$D_1F = DF$,$D_2E = DE$,$\angle D_1AD_2 = 2\angle BAC$.显然,$AD \geqslant h_a$($BC$ 边上的高),于是(其中用到了正弦定理)

$$D_1D_2 = 2AD_1\sin\angle BAC = 2AD\sin\angle BAC \geqslant$$

$$2h_a\sin\angle BAC = \frac{ah_a}{R} = \frac{2S}{R}$$

从而
$$DE + EF + FD = D_2E + EF + FD_1 \geqslant D_1D_2 \geqslant \frac{2S}{R}$$

即
$$S \leqslant \frac{R}{2}(DE + EF + FD)$$

等式成立当且仅当 $AD = h_a$ 且 D_1、F、E、D_2 四点共线. 而当 $AD = h_a$，且 D_1、F、E、D_2 四点共线时(图 5.7.10)，有

$$\angle BD_1A = \angle AD_2C = 90^\circ$$

$$\angle D_2D_1A = \angle AD_2D_1 = 90^\circ - \frac{1}{2}\angle D_1AD_2 = 90^\circ - \angle BAC$$

所以 $\angle FDB = \angle BAC = \angle CDE$，于是，$A$、$F$、$D$、$C$ 四点共圆，A、B、D、E 四点共圆，从而有 $\angle CFA = \angle CDA = 90^\circ$，$\angle AEB = \angle ADB = 90^\circ$，即 $CF \perp AB$，且 $BE \perp AC$. 因此，AD、BE、CF 是 $\triangle ABC$ 的三条高. 反之，当 AD、BE、CF 是 $\triangle ABC$ 的三条高时，显然有 $AD = h_a$. 又此时 BC、CA、AB 是 $\triangle DEF$ 的三条外角平分线，所以 D_1、F、E、D_2 四点共线，因而其等式必成立. 故

$$S = \frac{R}{2}(DE + EF + FD)$$

的充分必要条件是 AD、BE、CF 为 $\triangle ABC$ 的三条高.

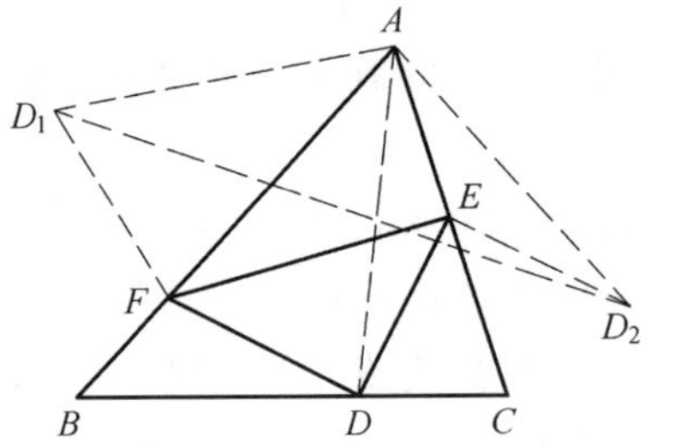

图 5.7.9

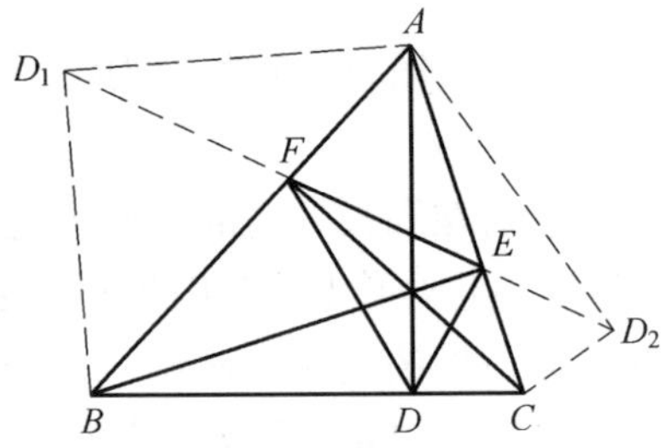

图 5.7.10

本题证明的是一个几何等式成立的充分必要条件. 我们在第 3 章的末尾就已经指出，这类充分必要条件往往是某个几何不等式中等式成立的条件. 对于本题来讲，因等式右边是一条闭折线的长，所以这个不等式极有可能是将其等式中的“=”改为“≤”. 我们可通过轴反射变换将其闭折线“拉直”，然后再设法与 $\triangle ABC$ 的面积和外接圆半径联系起来. 事实证明这个思路没错.

上述证明中，我们用到了锐角三角形的一个性质.

如果将非直角三角形的三高线足所构成的三角形称为原三角形的垂足三角形，则有：锐角三角形的三边是其垂足三角形的三外角平分线.

综观例 5.7.6 的整个证明过程，我们实际上已经解答了平面几何中著名的

Fagnano 问题:

设$\triangle DEF$的三顶点分别位于$\triangle ABC$的三边上,则$\triangle DEF$称为$\triangle ABC$的内接三角形.试在锐角三角形的一切内接三角形中,求出周长最短的三角形.

答案是:垂足三角形的周长最短.

德国数学家 H.S.Schwarz 曾用轴反射变换给出了 Fagnano 问题的另一个绝妙的解法:

如图 5.7.11 所示,设$\triangle DEF$是锐角$\triangle ABC$的垂足三角形,而$\triangle PQR$是$\triangle ABC$的任一内接三角形.再设

$$\triangle ABC \xrightarrow{S(AB)} \triangle ABC_1 \xrightarrow{S(BC_1)} \triangle A_1BC_1 \xrightarrow{S(C_1A_1)}$$

$$\triangle A_1B_1C_1 \xrightarrow{S(A_1B_1)} \triangle A_1B_1C_2 \xrightarrow{S(B_1C_2)} \triangle A_2B_1C_2$$

则$\triangle DEF$与$\triangle PQR$也随着反射.若它们最后分别反射为$\triangle D'E'F'$、$\triangle P'Q'R'$,则$E'Q' = EQ$,因锐角三角形的三边是其垂足三角形的三外角平分线,由此不难知道,D'、F皆在线段EE'上,且$\angle C_2E'D' = \angle CED = \angle AEF$.这说明$E'Q' \parallel EQ$,因而有$QQ' = EE'$.又显然$EE'$(图中粗线段)$= 2$($\triangle DEF$的周长),折线$QRP'Q'$(图中粗折线)的长$= 2$($\triangle PQR$的周长).于是,2($\triangle PQR$的周长)= 折线$QRP'Q'$的长$\geqslant QQ' = EE' = 2$($\triangle DEF$的周长).故$\triangle PQR$的周长大于等于$\triangle DEF$的周长,也就是说,$\triangle DEF$的周长最短.

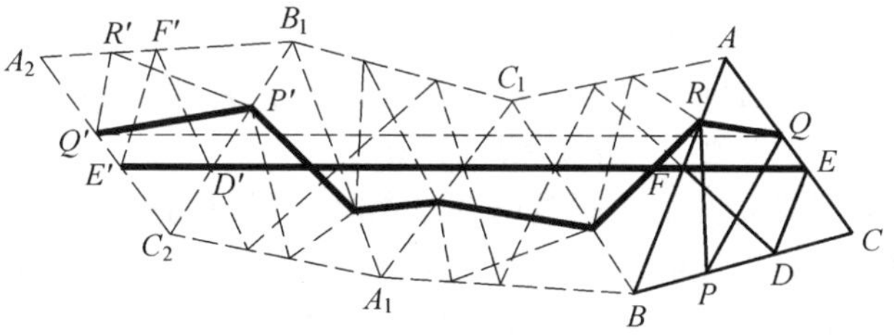

图 5.7.11

有这样一类几何不等式,其条件中也有一个不等式,当条件中的不等式改为等式时,作为结论的不等式也变为等式,且此时所对应的几何图形是一个轴对称图形.对于这样的不等式,我们常可以考虑用轴反射变换处理,反射轴往往与其条件成为等式时的轴对称图形的对称轴相关.

例 5.7.7 证明:在三角形中,较小角的角平分线大于较大角的角平分线.

证明 如图 5.7.12 所示,设在$\triangle ABC$中,

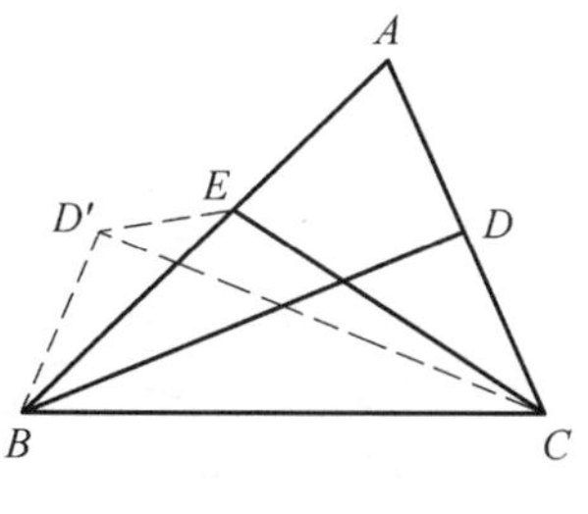

图 5.7.12

$\angle CBA < \angle ACB$，BD、CE 为角平分线. 我们要证明 $BD > CE$. 以 BC 的垂直平分线为反射轴作轴反射变换，设 $D \to D'$，则 $CD' = BD$，$\angle BD'C = \angle BDC$. 因 $\angle CBA < \angle ACB$，所以，点 E 在 $\angle CBD'$ 内. 又由 BD、CE 为角平分线知 $\angle ABD < \angle ACE$. 因此

$$\angle BDC = \angle A + \angle ABD < \angle A + \angle ACE = \angle BEC$$

这说明点 E 在 $\triangle D'BC$ 的外接圆内，从而

$$\angle D'EB > \angle D'CB = \angle CBD = \angle DBA$$

于是

$$\angle D'EC = \angle D'EB + \angle BEC > \angle DBA + \angle BEC = 180^\circ - \angle ECB - \angle CBD > 90^\circ$$

因而必有 $\angle CD'E < 90^\circ < \angle D'EC$，故 $CD' > EC$，即 $BD > CE$.

在本题中，当条件中的不等式"$\angle CBA < \angle ACB$"改为等式"$\angle CBA = \angle ACB$"时，其结论"$BD > CE$"也变为等式"$BD = CE$"，而此时所对应的 $\triangle ABC$ 是等腰三角形，它是一个轴对称图形，其对称轴既是底边 BC 上的高、底边 BC 上的中线，也是底边 BC 的垂直平分线，还是顶角 A 的角平分线. 因此，回到本题时，我们应在 $\triangle ABC$ 的边 BC 上的高、边 BC 上的中线、边 BC 的垂直平分线、顶角 A 的平分线中选择一条作为反射轴实施轴反射变换.

本题还说明，在 $\triangle ABC$ 中，设 $\angle B$ 的平分线与 $\angle C$ 的平分线分别与对边交于 D、E，若 $AB \neq AC$，则 $BD \neq CE$.

逆否之，我们立即得到**Lehmus-Steiner 定理**（例 4.5.12）：

有两条角平分线相等的三角形是等腰三角形.

例 5.7.8 在 $\triangle ABC$ 中，$AB > AC$，BE、CF 为 $\triangle ABC$ 的两条高. 求证

$$AB + CF \geqslant AC + BE$$

等式在什么情况下成立？（第 3 届英国数学奥林匹克，1967）

证明 当 $\angle BAC = 90^\circ$ 时，显然有 $AB + CF = AC + BE$. 当 $\angle BAC \neq 90^\circ$ 时，如图 5.7.13，5.7.14 所示，以 $\angle A$ 的平分线为反射轴作轴反射变换，设 $C \to C'$，$F \to F'$，则 C' 在边 AB 上，F' 在直线 AC 上，且 $C'F' \perp AC$. 而 $BE \perp AC$，所以 $C'F' /\!/ BE$. 过点 C' 作 BE 的垂线 CD，D 为垂足，则有 $DE = C'F' = CF$. 由于直角三角形的斜边大于直角边，所以 $BC' > BD$. 但

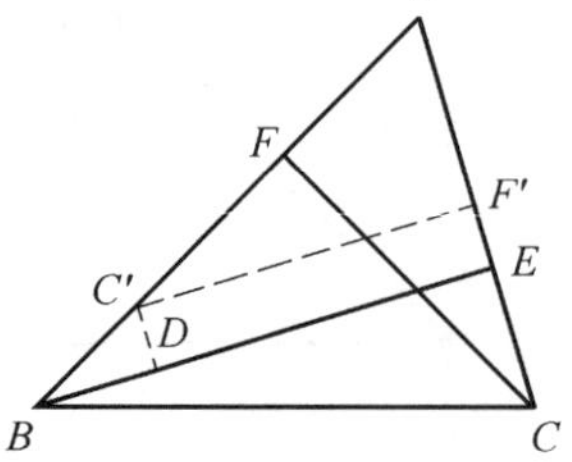

图 5.7.13

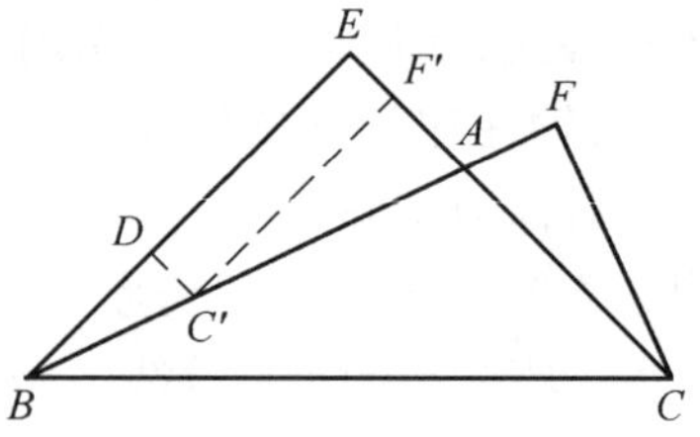

图 5.7.14

$$BC' = AB - AC' = AB - AC, BD = BE - DE = BE - CF$$

因此 $AB - AC > BE - CF$.故 $AB + CF > AC + BE$.

综上所述,$AB + CF \geqslant AC + BE$.等式成立当且仅当 $\angle BAC = 90°$.

由本题可知成立如下的命题.

命题 5.7.1 设 BE、CF 为 $\triangle ABC$ 的两条高.若 $AB + CF = AC + BE$,则 $\triangle ABC$ 是等腰三角形或直角三角形.

例 5.7.9 在 $\triangle ABC$ 中,$AB > AC$,P 是中线 AD 上的任意一点.求证

$$AB + PC > AC + PB$$

证明 如图5.7.15所示.由 $AB > AC$ 易知 $\angle DAC > \angle BAD$(可以通过以 D 为反射中心的中心反射变换简单得出这一事实).于是,作轴反射变换 $S(AD)$,设 $C \to C'$,则 $\angle C'AD = \angle DAC > \angle BAD$,所以,$AB$ 在 $\angle C'AD$ 内,且由 $AB > AC$ 知 C'、A 在直线 BC 的同侧,从而 $C'P$ 与 AB 交于一点 E.因 $AE + EC' > AC'$,$EB + PE > PB$,两式相加得 $AB + PC' > AC' + PB$,再由 $PC' = PC$,$AC' = AC$ 即得 $AB + PC > AC + PB$.

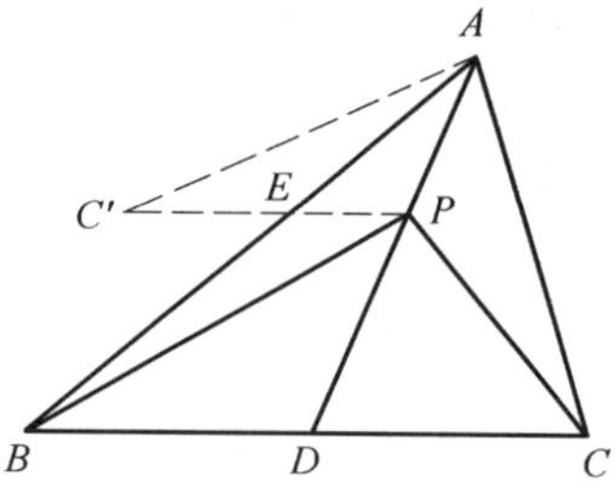

图 5.7.15

由本题可知成立命题:

在 $\triangle ABC$ 中,P 是中线 AD 上一点,若 $AB \neq AC$,则 $AB + PC \neq AC + PB$.

逆否之,我们立即得到

命题 5.7.2 设 P 是 $\triangle ABC$ 的中线 AD 上的任意一点.若

$$AB + PC = AC + PB$$

则 $\triangle ABC$ 是等腰三角形.

当 P 为 $\triangle ABC$ 的重心时,命题 5.7.2 为 1996 年举行的第 32 届西班牙数学奥林匹克试题.

例 5.7.10 设 $\triangle ABC$ 是一锐角三角形,$\angle B$ 和 $\angle C$ 的平分线分别与高 AD(D 为垂足)交于 E 和 F.证明:若 $AB > AC$,则 $BE > CF$.

证明 如图 5.7.16 所示.由 $AB > AC$ 知 $\angle BAD > \angle DAC$.因此,设 $\angle BAC$ 的平分线与 BC 交于 T,则 T 在线段 BD 上,从而由三角形的内角平分线性质定理,有 $\frac{AB}{AC} = \frac{BT}{TC} < \frac{BD}{DC}$,进而有 $\frac{AB}{BD} < \frac{AC}{DC}$.再由三角形的内角平分线性质定理,有 $\frac{AE}{ED} = \frac{AB}{BD} < \frac{AC}{DC} = \frac{AF}{FD}$.这说明 F 在线段

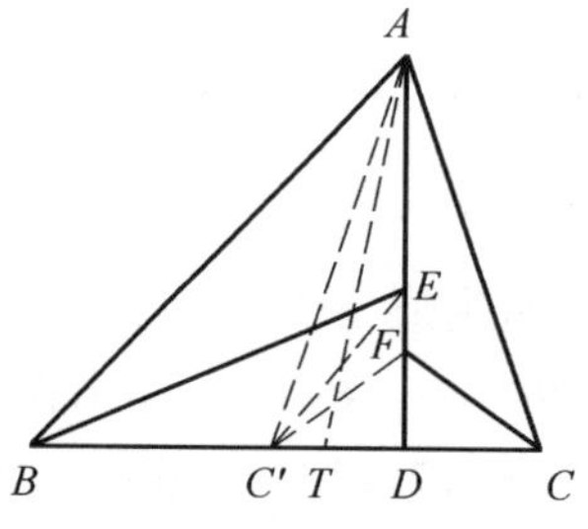

图 5.7.16

ED 上. 于是,作轴反射变换 $S(AD)$,设 $C \to C'$,则 C' 在线段 BD 上,因此 $BE > C'E > C'F = CF$. 故 $BE > CF$.

同样,由本题极易得到

命题 5.7.3 设 $\triangle ABC$ 是一锐角三角形,$\angle B$ 和 $\angle C$ 的平分线分别与高 AD(D 为垂足)交于 E 和 F. 若 $BE = CF$,则 $\triangle ABC$ 是等腰三角形.(第 15 届伊朗数学奥林匹克,1998)

例 5.7.11 证明:如果梯形的底角不等,那么从底角较小的顶点所引的对角线大于从另一个顶点所引的对角线.(第 56 届匈牙利数学奥林匹克,1955)

证明 如图 5.7.17,5.7.18 所示,设梯形 $ABCD$ 中,$AB \parallel CD$,$\angle BAD < \angle CBA$. 以底边 AB 的垂直平分线 l 为反射轴作轴反射变换 $S(l)$,则 $B \to A$. 设 $C \to C'$,则有 $BC' = AC$,且 $\angle BAC' = \angle CBA > \angle BAD$,这说明 C' 在 CD 的延长线上. 由于 $\angle BC'C = \angle C'CA$,于是 $\angle C'DB > \angle C'CA = \angle BC'C$,故 $BD < BC' = AC$,即 $AC > BD$. 这就证明了结论.

由例 5.7.11 立即可知:在三角形中,大边上的中线反而短.

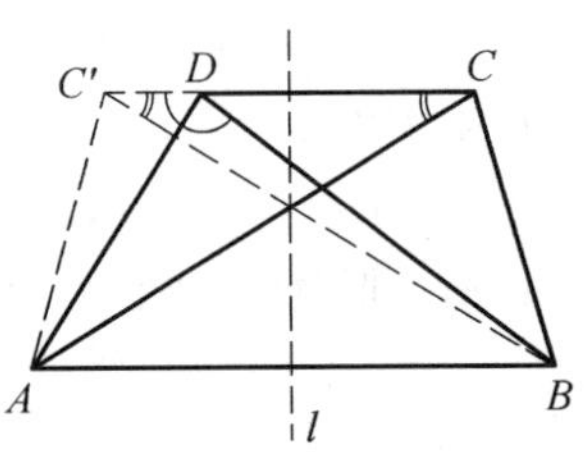

图 5.7.17

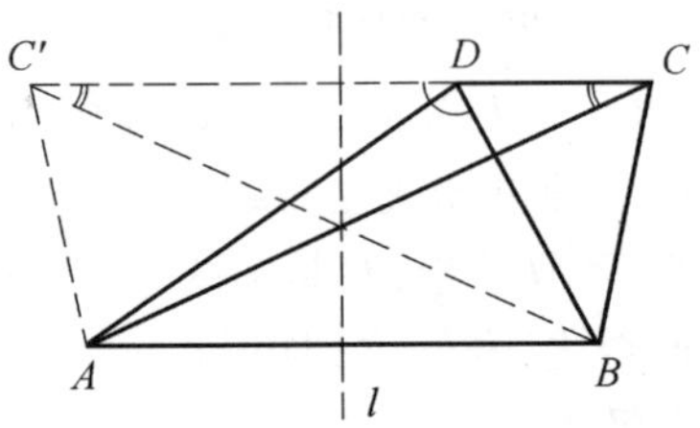

图 5.7.18

进一步,我们有如下的命题.

命题 5.7.4 设 P 是 $\triangle ABC$ 的中线 AD 上一点,延长 BP、CP 分别与 AC、AB 交于 E、F. 如果 $AB > AC$,则 $BE > CF$.

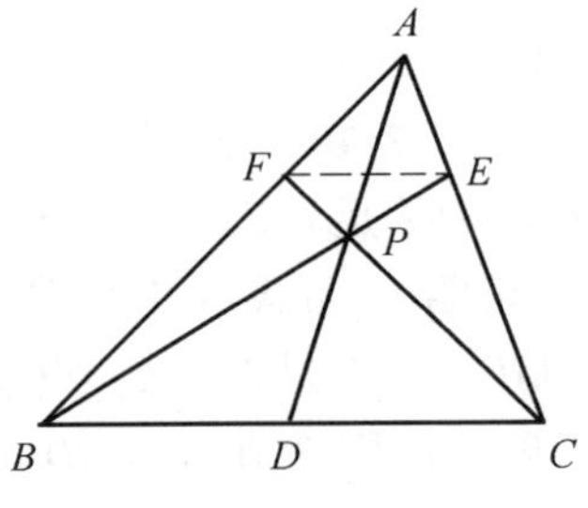

图 5.7.19

事实上,如图 5.7.19 所示. 因 AD、BE、CF 交于一点 P,由 Ceva 定理,$\frac{BD}{DC} \cdot \frac{CE}{EA} \cdot \frac{AF}{FB} = 1$,但 $BD = DC$,所以 $\frac{AF}{FB} = \frac{AE}{EC}$,因此,$FE \parallel BC$,从而四边形 $BCEF$ 为梯形. 又由 $AB > AC$ 知 $\angle FBC < \angle BCE$,于是由例 5.7.11 即知 $BE > CF$.

例 5.7.12 在梯形 $ABCD$ 中,$AB \parallel CD$,$\angle DCB < \angle ADC$. 求证:$\angle ACB < \angle ADB$.

证明　如图 5.7.20 所示. 由 $\angle DCB < \angle ADC$ 可知 $\angle CBA > \angle BAD$. 以 AB 的垂直平分线为反射轴作轴反射变换,设 $C \to C'$,则 C' 在 CD 的延长线上,且四边形 $ABCC'$ 为等腰梯形,因而为圆内接四边形. 于是,设 BD 的延长线与等腰梯形 $ABCC'$ 的外接圆交于 E,则有

$$\angle ACB = \angle AEB < \angle ADB$$

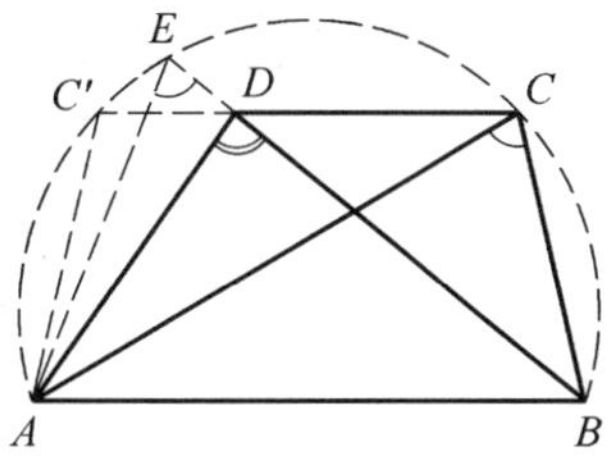

图 5.7.20

由例5.7.12,我们可以得到如下两个命题.

命题 5.7.5　如图 5.7.21 所示,设 P 是 $\triangle ABC$ 的中线 AD 上的一点. 如果 $AB > AC$,则 $\angle PBA < \angle ACP$.

命题 5.7.6　如图 5.7.22 所示,设 E、F 是 $\triangle ABC$ 的边 BC 上的两点,且 $BE = FC$. 如果 $AB > AC$,则 $\angle BAE < \angle FAC$.

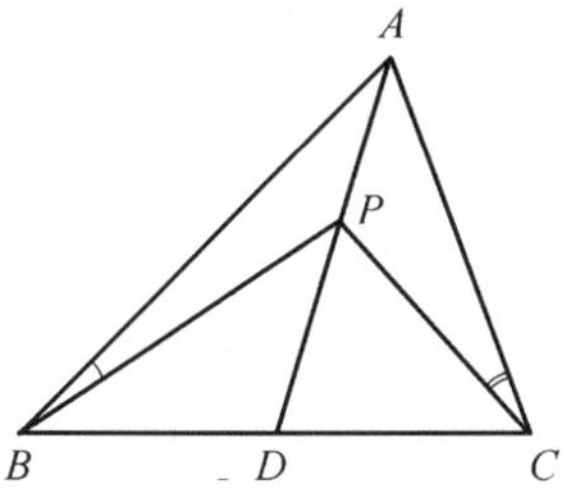

图 5.7.21

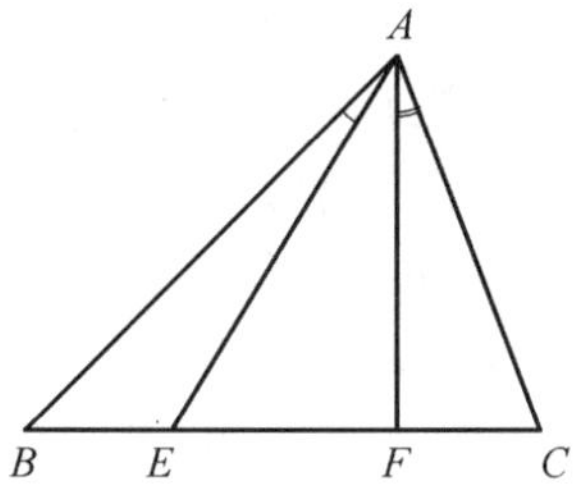

图 5.7.22

事实上,在图 5.7.21 中,以 AP 的中点为反射中心作中心反射变换,由例 5.7.12 即得命题5.7.5;在图5.7.22 中,以 BC 的中点为反射中心作中心反射变换,由命题 5.7.5 立即得到命题 5.7.6. 显然,这两个命题是等价的.

除了以上所述两类几何不等式或几何极值问题可以考虑用轴反射变换处理外,还有一些几何不等式或几何极值问题也可以考虑用轴反射变换处理. 这里我们仅以著名的 Erdös – Mordell 不等式为例予以说明.

例 5.7.13　证明**Erdös-Mordell 不等式**:设 P 是 $\triangle ABC$ 内部或边界上的一点,P 到 $\triangle ABC$ 的三边的距离分别为 PD、PE、PF,则有

$$PA + PB + PC \geqslant 2(PD + PE + PF)$$

等式成立当且仅当 $\triangle ABC$ 为正三角形且 P 为其中心.

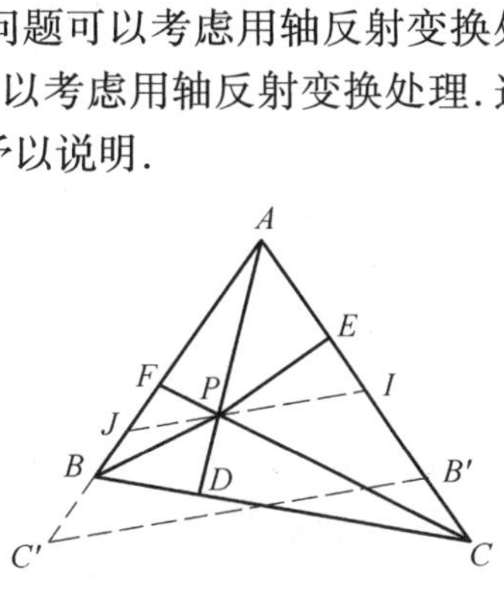

图 5.7.23

证明　如图 5.7.23 所示,以 $\angle BAC$ 的平分线为反射轴作轴反射变换,设 $B \to B'$,$C \to$

C',过点 P 作 $B'C'$ 的平行线分别交 AC、AB 于 I、J,则 $\triangle AIJ \backsim \triangle ABC$.因 $PA \geqslant$ 点 A 到 IJ 的距离,于是,由 $S_{\triangle AIJ} = S_{\triangle AIP} + S_{\triangle APJ}$ 可得

$$PA \cdot IJ \geqslant AI \cdot PE + AJ \cdot PF$$

记 $BC = a, CA = b, AB = c$,则由上式及 $\triangle AIJ \backsim \triangle ABC$ 即得

$$a \cdot PA \geqslant c \cdot PE + b \cdot PF$$

从而

$$PA \geqslant \frac{c}{a}PE + \frac{b}{a}PF$$

同理,$PB \geqslant \frac{a}{b}PF + \frac{c}{b}PD$,$PC \geqslant \frac{b}{c}PD + \frac{a}{c}PE$.三式相加,并注意 $\frac{a}{c} + \frac{c}{a} \geqslant 2$ 等,即得

$$PA + PB + PC \geqslant 2(PD + PE + PF)$$

其等式成立时必有 $a = b = c$,且 $PA \perp IJ$.此时,$\triangle ABC$ 为正三角形,且 $PA \perp BC$.同理 $PB \perp CA$,$PC \perp AB$,因而点 P 为正三角形的中心;反之,当 $\triangle ABC$ 为正三角形,且点 P 为其中心时,所述不等式显然取等号.故其等式成立当且仅当 $\triangle ABC$ 为正三角形,且点 P 为其中心.

Erdös.Mordell不等式是著名匈牙利数学家Faul Erdös于1935年提出的一个猜想.尽管这一猜想的表述和理解没有任何困难之处,但直到 1937 年才由 L.J. Mordell 给出第一个证明,并且这个证明还是非初等的.至 1945 年才由 D.K. Kazarinoff 首先用初等方法证明了这一不等式.现在,这个被冠以"Erdös.Mordell 不等式"之名的几何不等式已有不少极富创意的初等证明,上述证明则是其中较为简洁的一种.

5.8 轴反射变换处理其他问题举例

轴反射变换的应用是相当广泛的.除了前面几类问题可以考虑用轴反射变换处理以外,还有许多问题都可以用得上轴反射变换.但面对一个具体问题时,到底应该以哪一条直线为反射轴,则应视具体问题而定,关键是要有几何变换的意识.

首先我们看两个有代表性的例子.

例 5.8.1 在 $\triangle ABC$ 中,$\angle BAC = 40°$,$\angle ABC = 60°$.D 和 E 分别是边 AC 和 AB 上的点,使得 $\angle CBD = 40°$,$\angle BCE = 70°$.直线 BD 和 CE 交于点 P.求证:$AP \perp BC$.(第 30 届加拿大数学奥林匹克,1998)

本题即例 5.6.9,那里是先让其出现 30° 的角,然后作为 30° 角的问题用轴反射变换证明的.这里我们再用轴反射变换给出四种新的证明.

证法 1　如图 5.8.1 所示，以 AC 的垂直平分线为反射轴作轴反射变换，则 $C \to A$. 设 $B \to B'$，则 $B'A = BC$，$\angle B'AC = \angle ACB = 80°$. 但 $\angle BAC = 40°$，所以 $\angle B'AB = 40°$. 又 $B'B \parallel AC$，所以 $\angle ABB' = \angle BAC = 40° = \angle B'AB$，从而 $B'B = B'A = BC$.

另一方面，易知 $BC = BP$，$\angle PBB' = 60°$，于是 $\triangle B'BP$ 为正三角形，所以 $B'P = B'B = B'A$. 这说明点 B' 为 $\triangle ABP$ 的外心，故 $\angle BAP = \frac{1}{2}\angle BB'P = 30°$. 再由 $\angle ABC = 60°$ 即知 $AP \perp BC$.

证法 2　如图 5.8.2 所示，以 BC 的垂直平分线为轴作轴反射变换，则 $C \to B$. 设 $A \to A'$，$P \to P'$，则 $A'B = AC$，$P'B = PC$，$A'A \parallel P'P \parallel BC$. 由条件可知 $\angle ACB = 80°$，$\angle CBP = 40°$，所以

$$\angle A'BA = \angle CBA' - \angle CBA = \angle ACB - \angle CBA = 80° - 60° = 20°$$

$$\angle PBP' = \angle CBP' - \angle CBP = \angle PCB - \angle CBP = 70° - 40° = 30°$$

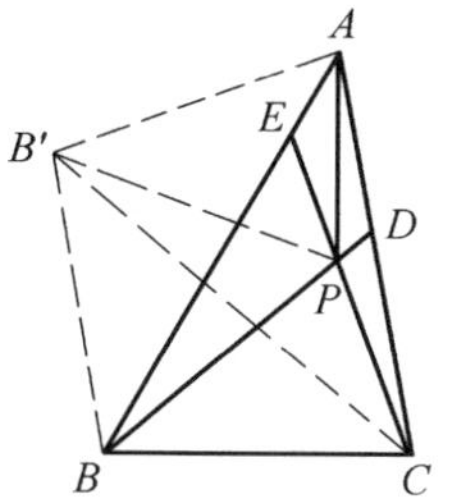

图 5.8.1

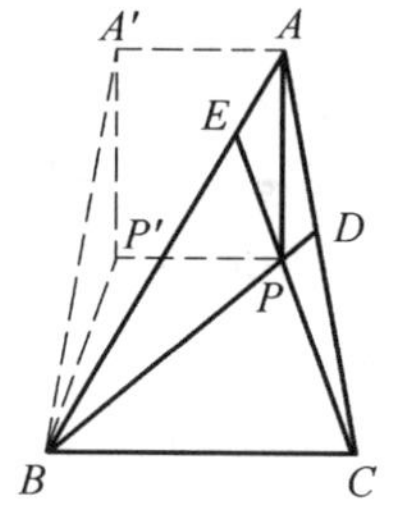

图 5.8.2

考虑 $\triangle A'BA$ 与 $\triangle ABC$，$\triangle P'BP$ 与 $\triangle PBC$，由正弦定理，有

$$\frac{A'A}{\sin 20°} = \frac{A'B}{\sin 60°} = \frac{AC}{\sin 60°} = \frac{BC}{\sin 40°}$$

$$\frac{P'P}{\sin 30°} = \frac{P'B}{\sin 40°} = \frac{PC}{\sin 40°} = \frac{BC}{\sin 70°}$$

再注意 $\sin 40° = 2\sin 20°\cos 20°$，$\sin 70° = \cos 20°$，$\sin 30° = \frac{1}{2}$，所以

$$A'A = \frac{BC}{2\cos 20°} = P'P$$

因此，四边形 $A'P'PA$ 为矩形，从而 $AP \perp P'P$，但 $P'P \parallel BC$，故 $AP \perp BC$.

这里的证法 2 尽管不属于纯几何证法，但作轴反射变换后，使我们能借助三角函数很快得到结论.

证法 3　如图 5.8.3 所示，作轴反射变换 $S(AB)$，设 $P \to P'$，则 $BP' = BP$，$\angle ABP' = \angle PBA$，$\angle BP'E = \angle EPB$. 由条件可知，$\angle PBA = 20°$，$\angle EPB = 110°$，$BP = BC$. 于是，$\angle CBP' = 80°$，$\angle BP'E = 110°$，$\angle BP'C = \angle P'CB = 50°$，

$\angle CP'E = \angle BP'E - \angle BP'C = 110° - 50° = 60°$，$\angle ACP' = \angle ACB - \angle P'CB = 80° - 50° = 30°$，所以，$P'E \perp AC$. 设直线 PE 与 AC 交于 K，PC 与 BD 交于 L. 容易知道 BL 平分 $\angle CBP'$，所以 BP 垂直平分 $P'C$，即 L 为直角 $\triangle KP'C$ 的斜边 $P'C$ 的中点，而 $\angle CP'K = 60°$，所以 $\triangle P'KL$ 为正三角形，因此 $KP' = KL$，$\angle P'KL = 60°$. 再设 $P'P$ 与 AB 交于 M，则 M 为直角 $\triangle LPP'$ 的斜边 $P'P$ 的中点，所以 $MP' = ML$. 这样，KM 为 $P'L$ 的垂直平分线，从而 $\angle P'KM = 30°$. 但 K、M 显然在以 AP' 为直径的圆上，所以 $\angle P'AM = \angle P'KM = 30°$，即 $\angle P'AB = 30°$. 故 $\angle BAP = \angle P'AB = 30°$. 再注意 $\angle CBA = 60°$ 即知 $AP \perp BC$.

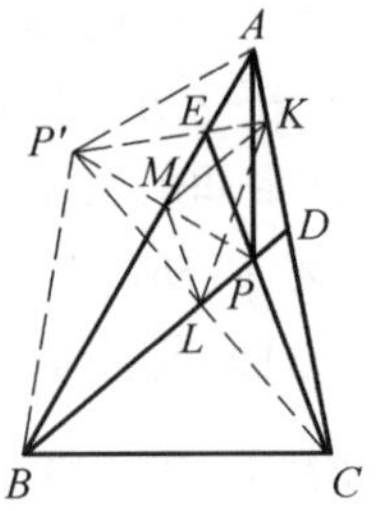

图 5.8.3

证法 4 如图 5.8.4 所示，作轴反射变换 $S(CE)$，设直线 AC 的像与 AB 交于 F，$F \to F'$，则 F' 在 AC 上. 由条件易知，$BP = BC$，$\angle ECF = \angle ACE = 10°$，所以 $\angle FCB = 60° = \angle CBA$，从而 $\triangle FBC$ 为正三角形，所以 $BF = BC = BP$，因此，点 B 为 $\triangle FCP$ 的外心，所以

$$\angle CFP = \frac{1}{2}\angle CBP = 20°$$

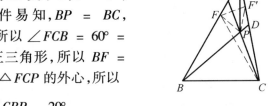

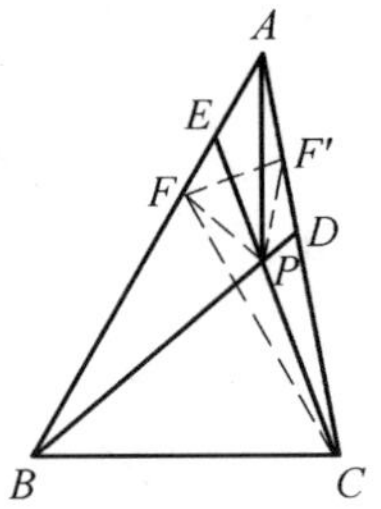

图 5.8.4

又因 $\angle PCF = \angle ACP = 10°$，所以 $\angle EPF = 30°$，于是 $\triangle PF'F$ 也是正三角形，所以 $FP = FF'$. 不难知道，$\angle AF'F = 100°$，于是由 $\angle BAC = 40°$ 知，$\angle F'FA = 40° = \angle BAC$，所以 $F'F = F'A$，从而 F' 为 $\triangle AFP$ 的外心，因此 $\angle FAP = \frac{1}{2}\angle FF'P = 30°$. 再由 $\angle BAC = 60°$ 即知 $AP \perp BC$.

例 5.8.2 在 $\triangle ABC$ 中，$AB = AC$，$\angle A = 20°$. 在 AB、AC 上分别取点 D、E，使 $\angle CBE = 60°$，$\angle DCB = 50°$，求 $\angle DEB$.

本题即例 5.1.6 所述的"一个古老的难题"，"平面几何中的一颗宝石"，亦即例 5.6.6. 我们已分别以等腰三角形的特征与 30° 角的特征用轴反射变换先后给出了六种解法. 这里再用轴反射变换给出另外三种新的解法.

解法 1 如图 5.8.5 所示，作轴反射变换 $S(BE)$，设 AB 的像直线与 AC 交于 F，则 $\angle DBF = 40° = \angle FBC$，所以 BF 平分 $\angle CBD$. 又易知 $BD = BC$，因此 BF 为 CD 的垂直平分线，于是，$\angle BDF = \angle FCB = 80°$，$\angle FDA = 100°$.

另一方面，容易得到 $\angle AFD = \angle BFC = 60°$，所以 AC 为 $\angle DFB$ 的外角平分线，而 BE 平分 $\angle FBD$，因此，E 为 $\triangle DBF$ 的 B- 旁心，这说明 DE 平分 $\angle FDA$，

所以$\angle ADE = \frac{1}{2}\angle FDA = 50°$. 故$\angle DEB = \angle EDA - \angle EBA = 50° - 20° = 30°$.

解法 2 如图 5.8.6 所示,设 $E \xrightarrow{S(AB)} E_1$, $E \xrightarrow{R(A,20°)} E_2$,则 $B \xrightarrow{R(A,20°)} C$,$\triangle AE_1E_2$ 是正三角形,所以 $E_2E_1 = E_2A = EA = EB = E_2C$,这说明 E_2 是 $\triangle AE_1C$ 的外心,因此,$\angle ACE_1 = \frac{1}{2}\angle AE_2E_1 = 30°$. 但 $\angle ACD = 30°$,所以 C、D、E_1 三点共线. 于是$\angle EDA = \angle ADE_1 = \angle BDC = 50°$. 故 $\angle DEB = \angle EDA - \angle EBA = 50° - 20° = 30°$.

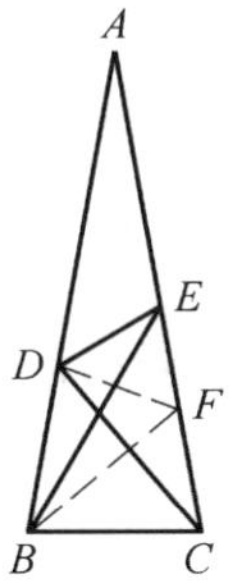

图 5.8.5

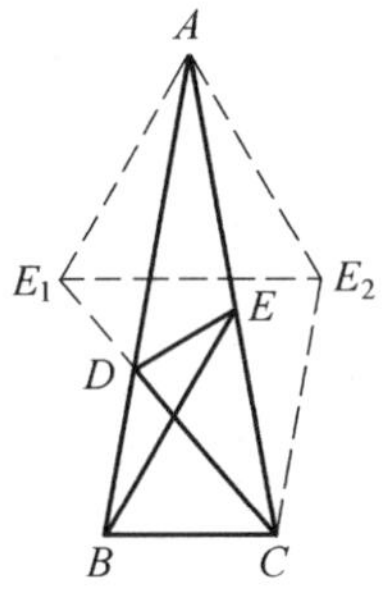

图 5.8.6

解法 3 如图 5.8.7 所示. 设 $B \xrightarrow{S(AC)} B'$, $C \xrightarrow{S(AB)} C'$,则 $AC' = AC = AB = AB'$,$\angle C'A'B = 60°$,$EB' = EB = EA$,$DC' = DC$,$\angle DC'A = \angle ACD = 30°$. 显然,$\triangle AC'B'$ 是正三角形,所以 $C'B' = C'A$,因此,$C'E$ 是 AB' 的垂直平分线,从而 $\angle EC'A = 30°$,于是,C'、D、E 三点共线. 这样便有 $\angle AED = 110°$,又 $\angle AEB = 140°$,故$\angle DEB = \angle AEB - \angle AED = 140° - 110° = 30°$.

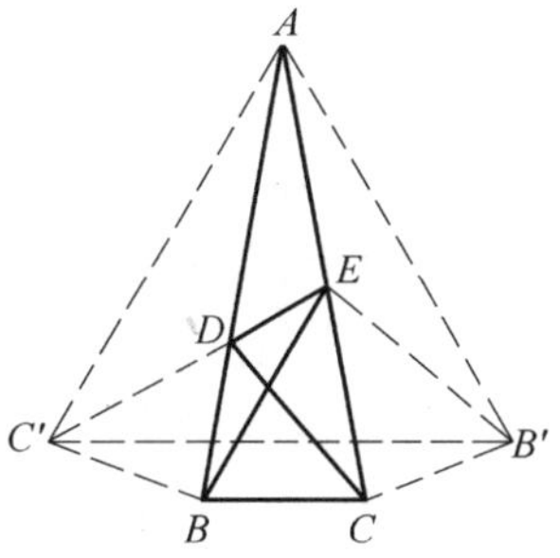

图 5.8.7

从例 5.8.1 的证法 1 和证法 2 可以看出,面对一个平面几何问题,如果我们难以发现它的什么特征,或者既是有某个方面的特征,但根据这个特征实施的相应的几何变换仍难以解决问题时,我们可以考虑以某一条线段的垂直平分线为反射轴作轴反射变换进行尝试. 说不定"踏破铁鞋无觅处,得来全不费工夫".

例 5.8.3 设 $ABCD$ 是一个圆内接四边形,证明

$$|AB - CD| + |AD - BC| \geqslant 2|AC - BD|$$

(第 28 届美国数学奥林匹克,1999)

证法 1 不妨设 $AB \geqslant CD$,如图 5.8.8 所示,以 BC 的垂直平分线为反射轴作轴反射变换,设 $A \to A'$,则 $A'B = AC$,$A'C = AB$. 因为 $AB \geqslant CD$,所以线段

$A'C$ 与 BD 有一个公共点 P. 因 $A'P + BP \geqslant A'B$, $PC + PD \geqslant CD$,两式相加,得 $A'C + BD \geqslant A'B + CD$,即

$$AB + BD \geqslant AC + CD$$

等式成立当且仅当 A' 与 D 重合,当且仅当 $AD \parallel BC$.同样,如果以 AD 的垂直平分线为反射轴作轴反射变换,则可得到 $AB + AC \geqslant BC + CD$.等式成立当且仅当 $AB \parallel CD$.因此

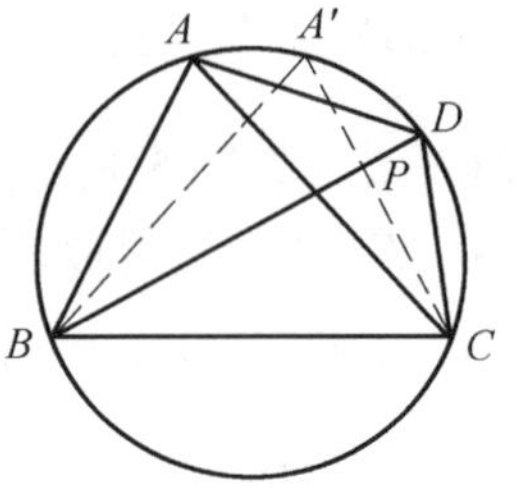

图 5.8.8

$$|AB - CD| \geqslant |AC - BD|$$

即 $|AB - CD| \geqslant |AC - BD|$.同理, $|AD - BC| \geqslant |AC - D|$.两式相加即得欲证.等式成立当且仅当 $AD \parallel BC$,且 $AB \parallel CD$.当且仅当四边形 $ABCD$ 是一个圆内接平行四边形,当且仅当四边形 $ABCD$ 是一个矩形.

注意到 $ABCD$ 是一个圆内接四边形,如果以两对角线的交角的一条平分线为反射轴作轴反射变换,则四边形的一边变为对边的平行线.下面的证法 2 即基于此.

证法2 若 $AB = CD$,则 $AC = BD$,此时显然有 $|AB - CD| = |AC - BD| = 0$.若 $AB \neq CD$,不妨设 $AB > CD$,如图 5.8.9 所示,设 AC 与 BD 交于 P,以 $\angle BPC$ 的平分线为反射轴作轴反射变换,设 $C \to C'$, $D \to D'$,则 C' 在 BP 上, D' 在 AP 上,且 $D'C' \parallel AB$, $C'D' = CD$.再过 C 作 AC 的平行线与 AB 交于 E,则四边形 $AEC'D'$ 为平行四边形,所以, $AE = C'D' = CD$, $AD' = EC'$,于是 $EB = AB - CD$.又 $C'D = CD'$,因此

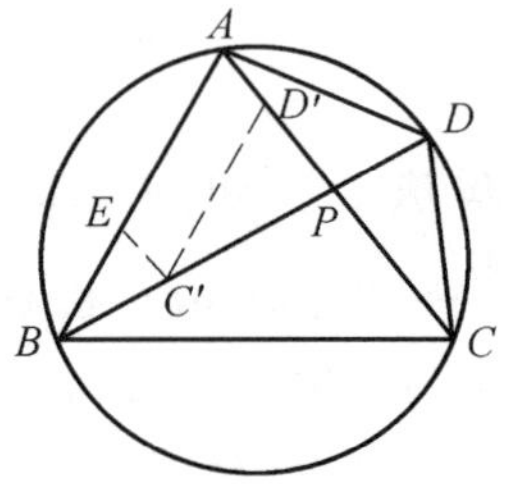

图 5.8.9

$$|AC - BD| = |AD' - BC'| = |EC' - BC'| < EB = |AB - CD|$$

即
$$|AB - CD| > |AC - BD|$$

综上所述, $|AB - CD| \geqslant |AC - BD|$.同理, $|AD - BC| \geqslant |AC - BD|$.两式相加即得欲证.等式成立当且仅当 $AB = CD$,且 $AD = BC$,当且仅当四边形 $ABCD$ 是一个矩形.

以线段的垂直平分线为反射轴作轴反射变换时,所选线段并不一定是显性的,即不一定是图中已经作出了的线段,也可以选取图中并未作出的某条“隐性”线段.

例5.8.4 平面上两圆相交, A 为其中的一个交点,有两个点同时从点 A 出发,各以恒速沿其中的一个圆绕行,并在绕行一周后同时回到 A 点.证明:在平面上存在一点,这一点在任何时刻到两动点的距离都相等.(第21届 IMO,1979)

证明　如图5.8.10所示，设$\odot O_1$与$\odot O_2$交于A、B两点，两个同时从点A出发的动点在某一时刻分别到达$\odot O_1$上的点P与$\odot O_2$上的点Q的位置. 由假设，$\angle QO_2A=\angle PO_1A$，而$\angle QO_2A=2\angle QBA$，$360°-\angle PO_1A=2\angle ABP$. 所以$\angle QBA+\angle ABP=180°$. 因此，$P$、$B$、$Q$三点共线. 以$O_1O_2$的垂直平分线为反射轴作轴反射变换，则$O_1\to O_2$. 设$A\to A'$，则四边形$A'O_1O_2A$为等腰梯形，所以$A'O_2=AO_1=O_1P$，$A'O_1=AO_2=O_2Q$，$\angle AO_1A'=\angle AO_2A'$. 又$\angle PO_1A=2\angle QBA=\angle QO_2A$，于是$\angle A'O_1P=\angle PO_1A+\angle AO_1A'=\angle QO_2A+\angle AO_2A'=\angle QO_2A'$，从而$\triangle A'O_1P\cong\triangle QO_2A'$，因此$A'P=A'Q$，这说明在任何时刻，定点$A'$到两动点$P$、$Q$的距离都相等.

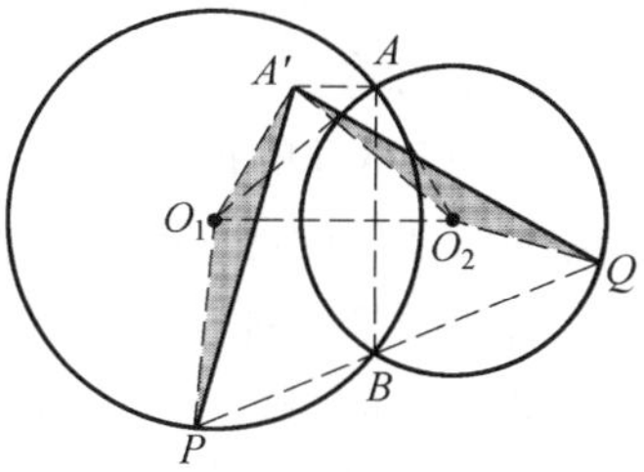

图5.8.10

在本题中，当两圆相等时，易知点A就是所求的定点，而点A正在O_1O_2的垂直平分线上. 因此，在一般情况下，我们可以猜测这个定点应该是点A关于O_1O_2的垂直平分线的对称点.

例5.8.5　证明：四边形的面积$\leqslant\frac{1}{2}(ac+bd)$. 其中$a$、$b$、$c$、$d$分别为四边形的四边长（$a$的对边为$c$）. 等式在什么情况下成立？（第24届奥地利－波兰数学奥林匹克，2001）

本题的结论是一个关于四边形面积的不等式，其右边括号里是四边形的两组对边之积的和，如果是两组邻边之积的和就好办了. 而这只需通过以四边形的一条对角线的垂直平分线为反射轴作轴反射变换，就可使对边变成邻边.

证明　如图5.8.11所示，在四边形$ABCD$中，$AB=a$，$BC=b$，$CD=c$，$DA=d$. 以AC的垂直平分线为反射轴作轴反射变换，则$A\to C$，$C\to A$. 设$D\to D'$，则$CD'=AD=d$，$D'A=DC=c$，$\triangle ACD'\cong\triangle ACD$. 用$S_F$表示图形$F$的面积，则有

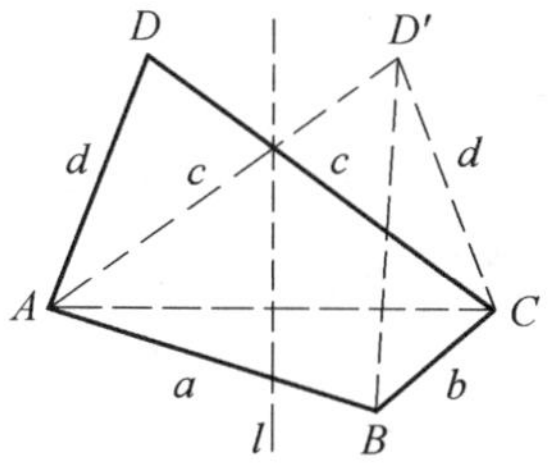

图5.8.11

$$S_{\text{四边形}ABCD}=S_{\triangle ABC}+S_{\triangle ACD}=S_{\triangle ABC}+S_{\triangle ACD'}=S_{\triangle D'AB}+S_{\triangle D'BC}$$

再注意$S_{\triangle D'AB}\leqslant\frac{1}{2}AB\cdot AD'=\frac{1}{2}ac$，$S_{\triangle DBC}\leqslant\frac{1}{2}BC\cdot CD'=\frac{1}{2}bd$即得

$$S_{\text{四边形}ABCD}\leqslant\frac{1}{2}(ac+bd)$$

等式成立$\Leftrightarrow D'A\perp AB$，且$BC\perp CD'\Leftrightarrow$四边形$ABCD'$内接于圆，且$\angle BAC+$

$\angle CAD' = 90^\circ \Leftrightarrow$ 四边形 $ABCD$ 内接于圆，且 $\angle BAC + \angle DCA = 90^\circ \Leftrightarrow ABCD$ 是对角线互相垂直的圆内接四边形.

从例5.8.1的证法3与例5.8.2第解法1和解法2可以看出，对于一些非30°角的平面几何问题，也可以考虑以某一线段(或某两点)所在直线为反射轴作轴反射变换来处理.

例5.8.6 将一张正方形纸片 $ABCD$ 折叠，使点 B 重合于边 CD 上一点 B'，A 点折叠后的位置是 A'，AB 与 $A'B'$ 交于 E. 设 $\triangle DEB'$ 的内切圆半径为 r. 证明：$A'E = r$.(第8届北欧数学竞赛，1994)

证明 如图5.8.12所示，设折痕所在直线为 l，作轴反射变换 $S(l)$，则 $A \to A'$，$B \to B'$. 再设 $C \to C'$，$D \to D'$. 因 $B' \to B$，而 B' 在 CD 上，所以 B 在 $C'D'$ 上. 又 B 到 AD、CD、$A'B'$ 的距离都等于正方形的边长，所以 B 为 $\triangle DEB'$ 的 D. 旁心. 而 $\triangle DEB'$ 为直角三角形，于是

$$r = \frac{1}{2}(DE + B'D - EB') = \frac{1}{2}(DE + B'D + EB' - 2EB') =$$

$$\frac{1}{2}(AD + CD - 2EB') = AD - EB' = A'B' - EB' = A'E$$

本题实际上来自 H.Fukagawa 与 D.Pedoe 合编的《日本宝塔几何问题》(Japanese Temple Geometry Problems)一书. 相传在17世纪到19世纪间，日本数学家流行一种习俗，将自己的几何发现写在木匾上，悬挂于宝塔或神殿中. 这些命题新颖而别致. 日本学者 H.Fukagawa 花费了15年的精力搜集整理这些宝塔几何问题，并与美国著名几何学家 D.Pedoe 共同编写了《日本宝塔几何问题》一书.

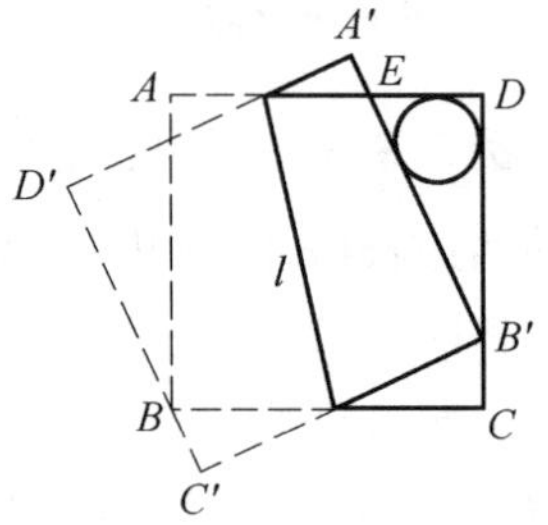

图5.8.12

因为"折叠"的数学表示就是轴反射变换，折痕即反射轴. 于是我们自然以折痕为反射轴作轴反射变换，然后根据轴反射变换的性质，再巧妙地利用三角形的旁心得出了结论.

给定 $\angle AOB$，设 OT 为角平分线，过点 O 作两条关于 OT 对称的直线 OX 与 OY(图5.8.13)，则称 OY 是 OX 关于 $\angle AOB$ 的**等角线**. 显然，OX 与 OY 关于 $\angle AOB$ 互为等角线. 一个角的平分线的等角线是自身，因而称为**自等角线**. 一个角的外角平分线也是自等角线.

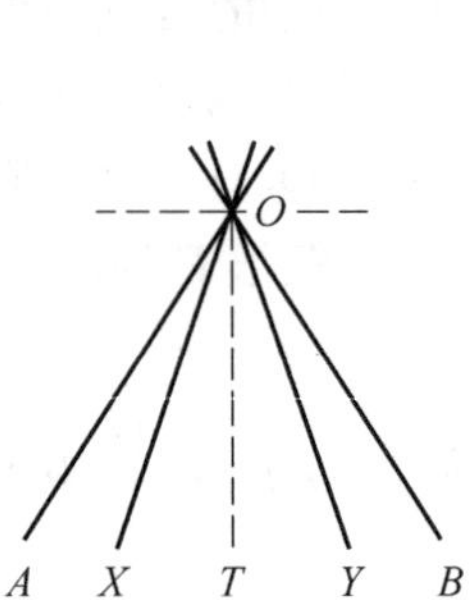

图5.8.13

例5.8.7 设 P 为 $\triangle ABC$ 所在平面上一

点. 证明: PA、PB、PC 分别关于 $\triangle ABC$ 的三顶角的等角线共点或互相平行.

证明 如图5.8.14,5.8.15所示,设 AP 关于 $\angle A$ 的等角线为 AD,BP 关于 $\angle B$ 的等角线为 BE,CP 关于 $\angle C$ 的等角线为 CF. 点 P 关于 $\triangle ABC$ 的三边 BC、CA、AB 的对称点分别为 L、M、N,则 $AM = AP = AN$,$\angle NAD = \angle BAC = \angle DAM$,所以 AD 为 MN 的垂直平分线. 同理,BE 为 NL 的垂直平分线,CF 为 LM 的垂直平分线. 故 AD、BE、CF 三线共点(当 L、M、N 三点不在一直线上时)或互相平行(当 L、M、N 三点在一直线上时).

本题实际上就是习题1第29题,但那里是要求用轴反射变换乘积的理论证明. 这里本质上则是作了三个不同的轴反射变换后将其转化成了另一个熟悉的问题而得到的结论.

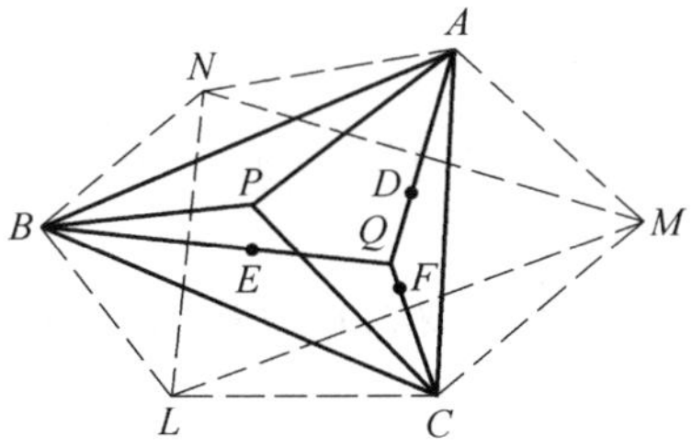

图5.8.14

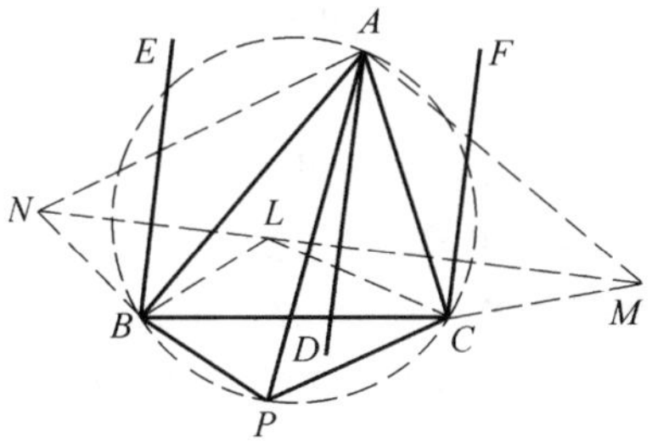

图5.8.15

当 PA、PB、PC 分别关于 $\triangle ABC$ 的三顶角的等角线交于一点 Q 时(图7.4.1的情形),点 Q 称为点 P 关于 $\triangle ABC$ 的**等角共轭点**. 因而 P、Q 关于 $\triangle ABC$ 互为等角共轭点. 容易知道,三角形的外心和垂心互为等角共轭点.

三角形的重心的等角共轭点称为三角形的**陪位重心**.

由上述证明过程容易知道,$\triangle ABC$ 所在平面上一点 P 关于 $\triangle ABC$ 存在等角共轭点的充分必要条件是点 P 不在 $\triangle ABC$ 的外接圆上.

如果点 P 关于 $\triangle ABC$ 的等角共轭点仍是点 P,则点 P 称为 $\triangle ABC$ 的**自等角共轭点**. 不难知道,任意三角形有且仅有四个自等角共轭点,即三角形的一个内心和三个旁心.

从例5.8.2的解法2可以看出,轴反射变换有时是与其他几何变换(伴随问题的某个特征)同时实施的.

例5.8.8 在 $\triangle ABC$ 中,$\angle BAC = 100°$,$\angle ACB = 20°$. P 是 $\angle ACB$ 的平分线上一点,$\angle PAC = 30°$. 求 $\angle CBP$.

证明 如图5.8.16所示,设 $P \xrightarrow{S(AC)} P_1$,$P \xrightarrow{S(BC)} P_2$,$P_1P_2$ 交 BC 于 D,则 $\triangle APP_1$ 为正三角形,$PD = DP_2$,$PP_2 = PP_1$,$P_2C = PC = P_1C$,由此可知

$$\angle P_2PP_1 = 160°$$

$$\angle P_1P_2P = \angle PP_1P_2 = 10°$$
$$\angle P_2PD = \angle DP_2P = 10°$$
$$\angle P_1DP = \angle P_2PD + \angle DP_2P = 20°$$
$$\angle DPP_1 = \angle P_2PP_1 - \angle P_2PD = 160° - 10° = 150°$$

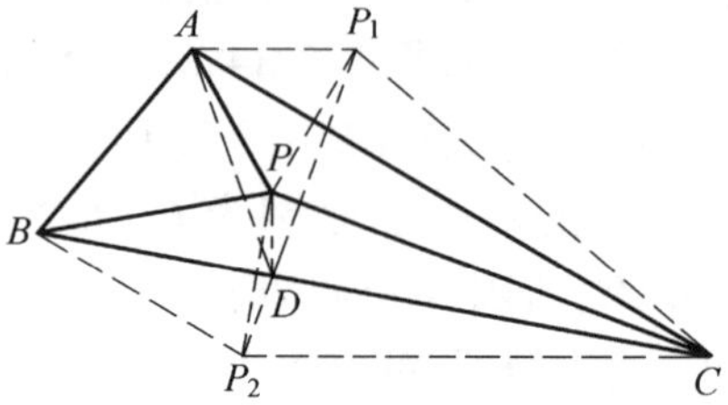

图 5.8.16

又$\angle P_1PA = 60°$,所以$\angle APD = 150°$.再注意到$PP_1 = PA$即知$\triangle APD \cong \triangle P_1PD$,这样便有$\angle DAP = \angle PP_1D = 10°$,所以$\angle BAD = \angle BAC - \angle DAC = 100° - 40° = 60° = \angle DBA$,因此$\triangle ABD$是正三角形.但$\triangle APP_1$也是正三角形,所以$\triangle ABP \cong \triangle ADP_1$,于是$\angle PBA = \angle P_1DA = 40°$.最后得到

$$\angle CBP = 60° - 40° = 20°$$

轴反射变换的反射轴也可以是在根据问题的某个特征实施了相应的几何变换之后产生的新的直线.

例 5.8.9 在$\triangle ABC$中,$\angle CBA = 50°$,$\angle ACB = 30°$,P为$\triangle ABC$内一点,$\angle ACP = \angle BAP = 20°$.求$\angle CBP$.

解 如图 5.8.17 所示,不难知道$CP = CA$,AC为$\angle BAP$的外角平分线.作轴反射变换$S(AC)$,设$P \to P'$,则P'在BA的延长线上,$AP' = AP$,$CP' = CP$,$\angle P'CA = \angle ACP = 20°$,所以,$\angle PP'C = 70°$,$\angle P'CB = 50° = \angle CBP$,由此可知,$P'B = P'C$,$\angle BP'C = 80°$,$\angle BP'P = 10°$.再作轴反射变换$S(P'P)$,设$B \to B'$,则$\angle PP'B' = \angle BP'P = 10°$,所以

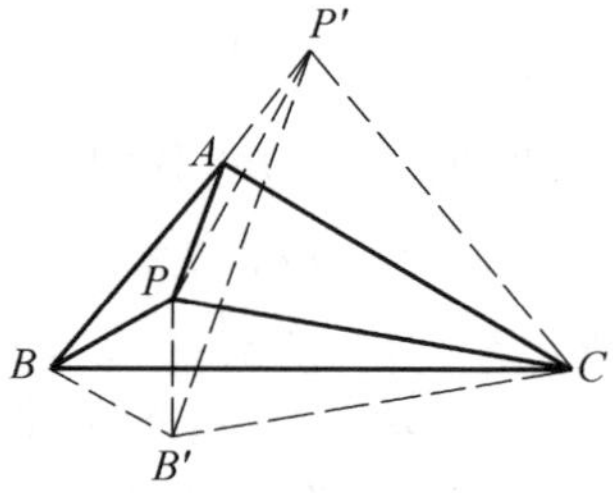

图 5.8.17

$$\angle B'P'C = \angle PP'C - \angle PP'B' = 70° - 10° = 60°$$

因此,$\triangle P'B'C$是一个正三角形,从而$B'C = P'C = PC$.又$P'B = P'B' = P'C$,所以P'为$\triangle BB'C$的外心,于是,$\angle B'BC = \frac{1}{2}\angle B'P'C = 30°$,$\angle BCB' = \frac{1}{2}\angle BP'B' = 10° = \angle PBC$.这样,再由$B'C = PC$即知$BC$为$PB'$的垂直平分线.故$\angle CBP = \angle B'BC = 30°$.

从例5.8.1的证法3可以看出,一些具有公共顶点,且有一条公共边的两角之和或差为$60°$的问题也可以考虑用轴反射变换处理,而反射轴一般为角的某一边.其目的是通过轴反射变换后产生$60°$的角,进而产生正三角形或有一个锐角为$60°$的特殊直角三角形,然后再结合其他条件使问题得到解决.

例 5.8.10 在 $\triangle ABC$ 中,$AB = AC$,$\angle BAC = 100°$,P 为 $\angle CBA$ 的平分线上一点,$PB = AB$.求 $\angle PCB$.

解 如图 5.8.18 所示. 由条件可知,$\angle CBA = \angle ACB = 40°$,$\angle CBP = \angle PBA = 20°$. 作轴反射变换 $S(BC)$, 设 $P \to P'$, 则 $P'B = PB = AB$,$\angle P'BC = \angle PBC = 20°$,所以 $\angle P'BA = 60°$,从而 $\triangle ABP'$ 为正三角形,于是 $AP' = AB = AC$.又不难知道 $\angle BAP = 80°$,所以 $\angle P'AP = \angle BAP - \angle BAP' = 80° - 60° = 20°$,$\angle PAC = 20° = \angle P'AP$,因此,$\triangle APC \cong \triangle APP'$,进而 $\angle ACP = \angle PP'A$.另一方面,因 $BP' = BP$,$\angle P'BP = 2 \times 20° = 40°$,所以 $\angle PPB' = 70°$,这样,$\angle PP'A = 70° - 60° = 10°$.故 $\angle ACP = 10°$,即 $\angle PCB = 30°$.

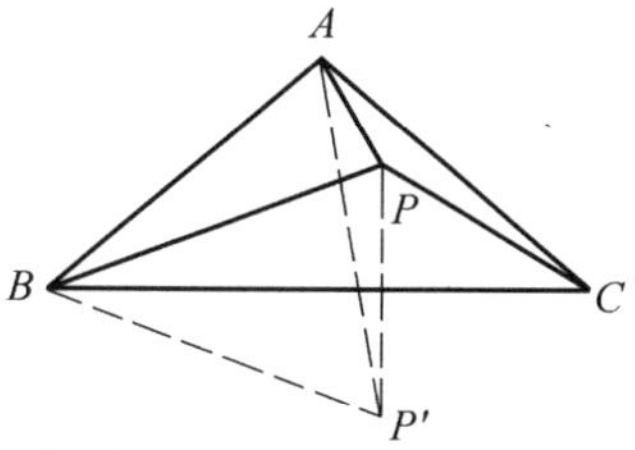

图 5.8.18

在本题中,因 $\angle CBA + \angle CBP = 60°$.故我们作轴反射变换产生正 $\triangle ABP'$ 后便直逼结论.

例 5.8.11 在凸四边形 $ABCD$ 中,$\angle DBA = 12°$,$\angle DCA = 24°$,$\angle CBD = 36°$,$\angle ACB = 48°$.求 $\angle ADB$.

证明 如图 5.8.19 所示.因

$$\angle BDC = 180° - (36° + 48° + 24°) = 72° = \angle DCB$$

$$\angle CBA = 48° = \angle ACB$$

所以 $BD = BC$,$AB = AC$.于是,设 M 为 BC 的中点,则 $AM \perp BC$,$\angle BAM = 42°$.作轴反射变换 $S(AB)$,设 $M \to M'$,则 $\angle ABM' = \angle MBA = 48°$,$BM' = BM$,所以

$$\angle DBM' = \angle DBA + \angle ABM' = 12° + 48° = 60°$$

$$BD = BC = 2BM = 2BM'$$

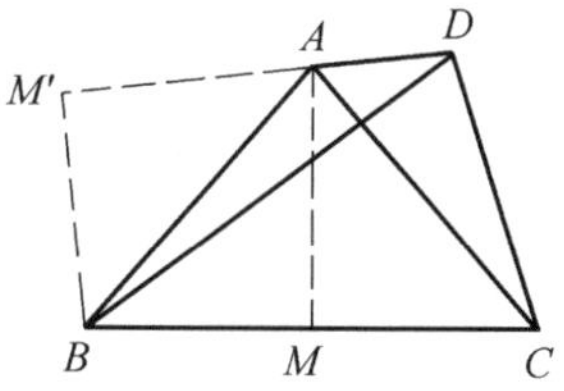

图 5.8.19

因此 $DM' \perp M'B$.$\angle M'DB = 30°$.另一方面,因 $AM' \perp M'B$,所以 M、A、D 三点共线,故 $\angle ADB = \angle M'DB = 30°$.

在 5.3 中我们看到,对于有高线的三角形问题,以三角形的某一条高为反射轴作轴反射变换往往能较快地达到解决问题的目的.实际上,对于条件中没有给出高线的某些三角形问题也可以考虑以三角形的某条高为反射轴作轴反射变换以达到解决问题的目的.

例 5.8.12 在 $\triangle ABC$ 中,$\angle A = 60°$,P 是 BC 边上的一点,且 $3BP = BC$.过 $\triangle ABC$ 的内心 I 作 AC 的平行线交 AC 于 Q.求证:$\angle BQP = \frac{1}{2}\angle B$.(第 33 届 IMO 预选,1992)

证明　如图 5.8.20 所示，分别过 P、I、C 作 AB 的垂线，垂足分别为 D、E、F，由 $\angle BAC=60°$，$IQ /\!/ CA$，有 $AQ=QI=2QE$，所以

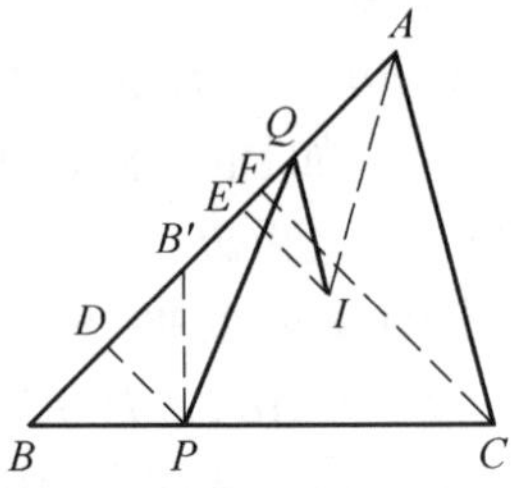

图 5.8.20

$$AQ=\frac{2}{3}AE=\frac{1}{3}(AB+CA-BC)$$

$$QB=AB-AQ=\frac{1}{3}BC+\frac{2}{3}AB-\frac{1}{3}CA$$

又 $AF=\frac{1}{2}CA$，$FB=AB-AF=AB-\frac{1}{2}CA$，

而 $PD /\!/ CF$，$3BP=BC$，所以 $DB=\frac{1}{3}FB=\frac{1}{3}AB-\frac{1}{6}CA$. 于是，作轴反射变换 $S(PD)$，设 $B\rightarrow B'$，则

$$\angle B=\angle BB'P$$

$$B'B=2DB=\frac{2}{3}AB-\frac{1}{3}CA$$

从而
$$QB'=QB-B'B=\frac{1}{3}BC=BP=PB'$$

故
$$\angle BQP=\frac{1}{2}\angle BB'P=\frac{1}{2}\angle B$$

习题 5

1. 在 $\triangle ABC$ 中，$AB=AC$，$\angle BAC=106°$，P 是 $\triangle ABC$ 内一点，使得 $\angle PBA=7°$，$\angle BAP=23°$. 求 $\angle CPA$.

2. 在 $\triangle ABC$ 中，$AB=AC$，D 是底边 BC 上的一点，E 是 AD 上的一点，且 $\angle ECB=\angle DAC$，$BD=2DC$. 求证：$AD\perp BE$.

3. 在 $\triangle ABC$ 中，D 是 BC 上的一点，E 是线段 AD 上的一点，直线 CE 与 AB 交于 F，若 $AD=DC$，$AB=EC$. 求证：B、D、E、F 四点共圆.（第 22 届世界城际数学竞赛，2000）

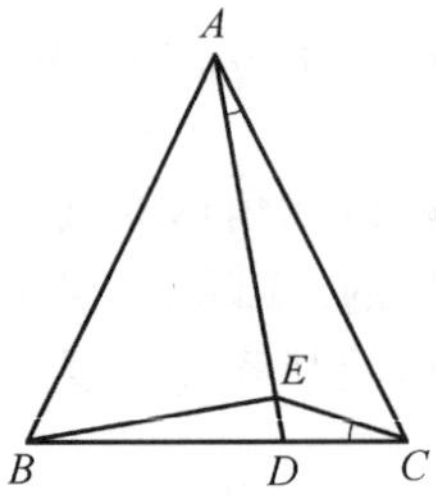

2 题图

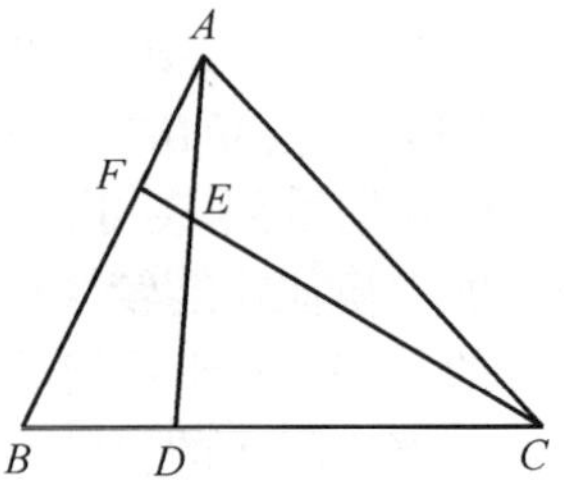

3 题图

4. 在 $\triangle ABC$ 中，$\angle C=2\angle B$，D 是三角形内一点，且 $DB=DC$. 求证：$AD=AC$ 的充分必要条件是 $\angle BAC=3\angle BAD$.（必要性：第 24 届澳大利亚数学奥林

匹克,2003).

5.两个同心圆,从大圆上一点 A 引小圆的两切线 AB、AC,B、C 为切点.再设 AC、BC 的延长线分别与大圆交于 D、E 两点.求证:$\frac{AE^2}{DE^2}=\frac{BE}{CE}$.

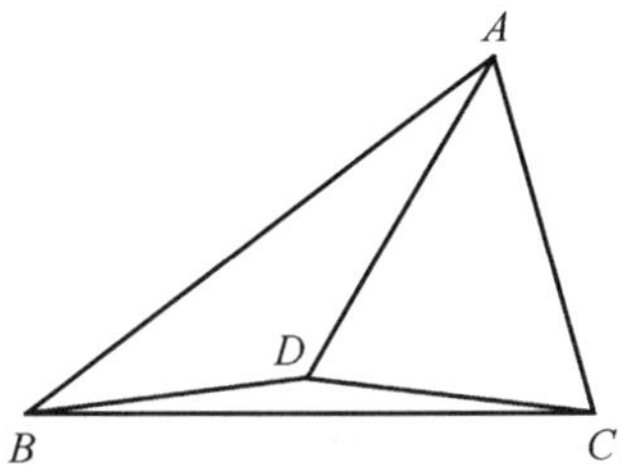

4 题图

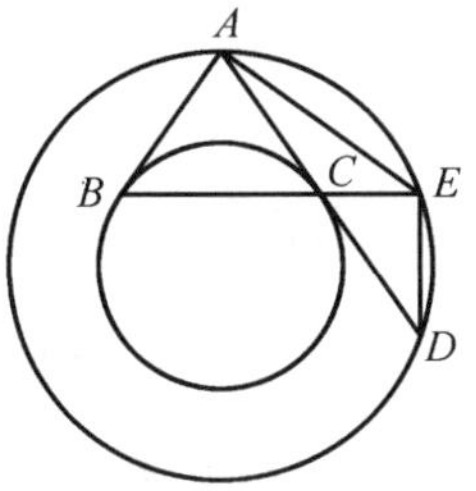

5 题图

6.凸四边形 $ABCD$ 内接于一圆,过 A 和 C 作圆的两条切线交于点 P.如果点 P 不在直线 BD 上,且 $PA^2=PB\cdot PD$.证明:BD 与 AC 的交点是 AC 的中点.(第 47 届保加利亚(春季)数学竞赛,1998)

7.设 $\triangle ABC$ 的外接圆的过点 B、C 的切线交于 P,M 是 BC 的中点.求证:$\angle BAM$ 与 $\angle CAP$ 相等或互补.(第 26 届 IMO 预选,1985)

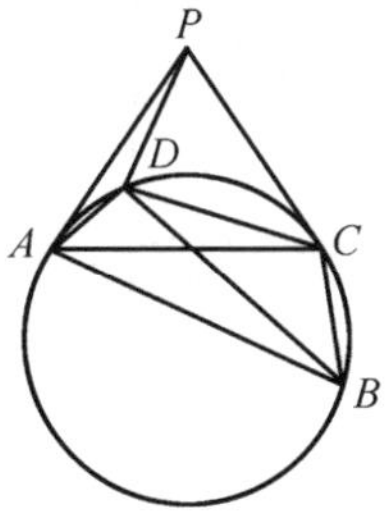

6 题图

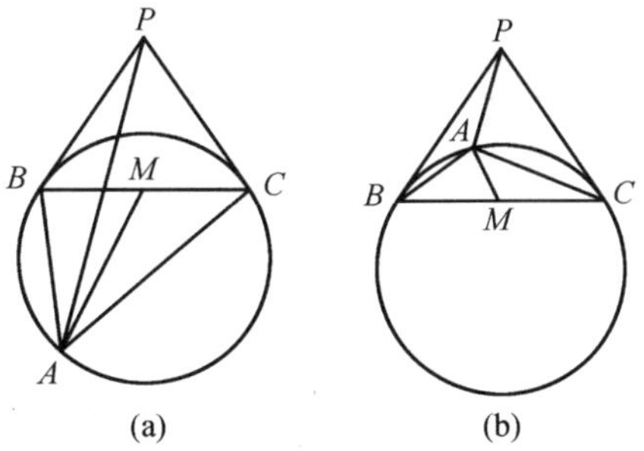

7 题图

8.过 $\odot O$ 外一点 P 作 $\odot O$ 的两条切线 PA、PB,A、B 为切点,C 为直线 PA 上一点,M 为 BC 上的一点,直线 PM 与 AB 交于 D.证明:M 为 BC 的中点的充分必要条件是 $OD\perp BC$.(充分性:瑞士国家队选拔考试,2006)

9.用轴反射变换证明习题 4 第 29 题.

习题 4 第 29 题:设 P 是正方形 $ABCD$ 的对角线 BD 上一点,点 P 在 BC,CD 上的射影分别为 E,F,求证:$AP\perp EF$.

10.在四边形 $ABCD$ 中,$AB=AD$,$\angle B=\angle D=90°$,在 CD 上任取一点 E,过 D 作 AE 的垂线交 BC 于 F.求证:$AF\perp BE$.(第 21 届俄罗斯数学奥林匹克,1995)

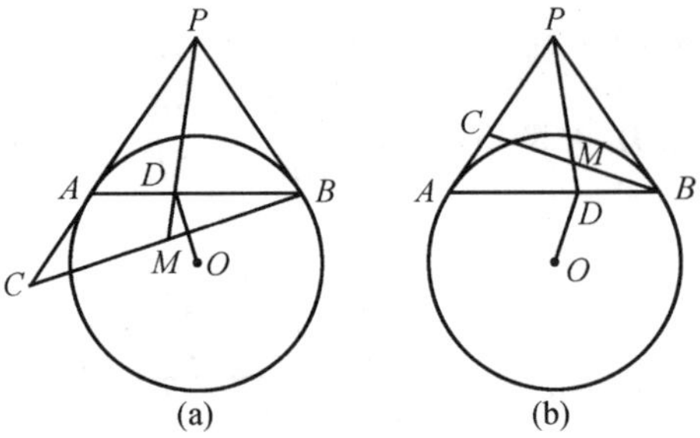

8 题图

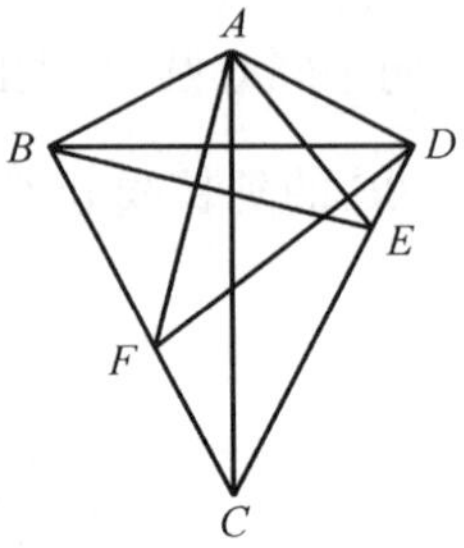

10 题图

11. 在筝形 $ABCD$ 中，$AB = AD$，$BC = CD$，AC 与 BD 交于 O，分别过 A、C 作 CD、AB 的垂线，垂足分别为 E、F. 求证：E、O、F 三点共线.（第 14 届白俄罗斯年数学奥林匹克，2007）

12. 设 AD 是 $\triangle ABC$ 中 BC 边上的高，分别过顶点 B 和 C 作 $\angle BAC$ 的角平分线的垂线，垂足分别为 E 和 F，M 是 BC 边上一点. 求证：D、E、M、F 四点共圆的充分必要条件是 M 为 BC 边的中点.（充分性：波罗的海地区数学奥林匹克，1995）

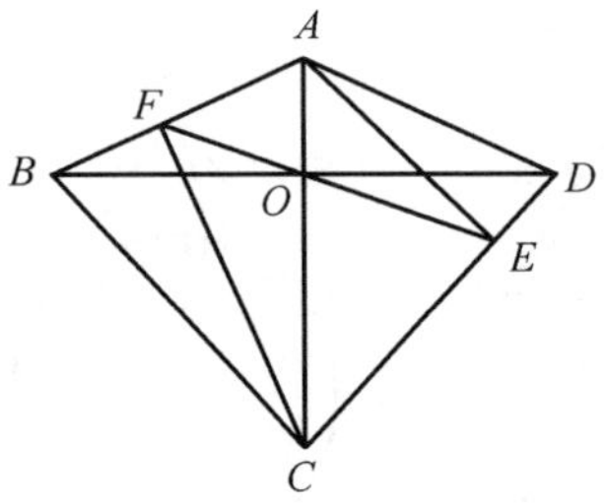

11 题图

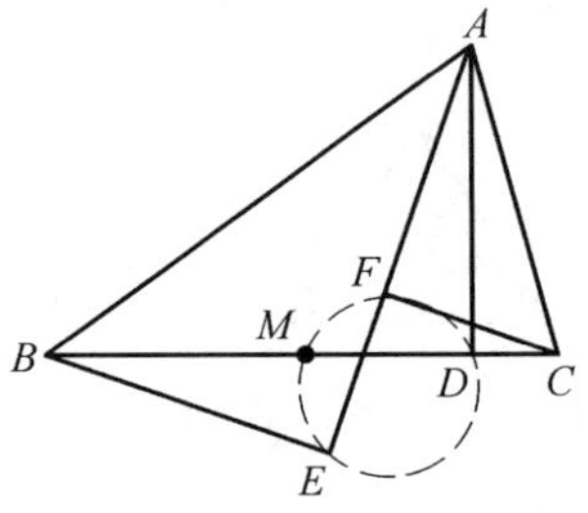

12 题图

13. 已知 BD 是 $\triangle ABC$ 的一条角平分线，E、F 分别是从点 A、C 所作 BD 的垂线的垂足，P 是从点 D 所作 BC 的垂线的垂足. 求证：$\angle DPE = \angle DPF$.（第 17 届拉丁美洲数学奥林匹克，2002）

14. 在凸四边形 $ABCD$ 中，$\angle BCD = \angle CDA$，$\angle ABC$ 的平分线交线段 CD 于 E. 证明：$\angle AEB = 90°$ 当且仅当 $AB = AD + BC$.（第 49 届保加利亚数学奥林匹克（第 3 轮），2000）

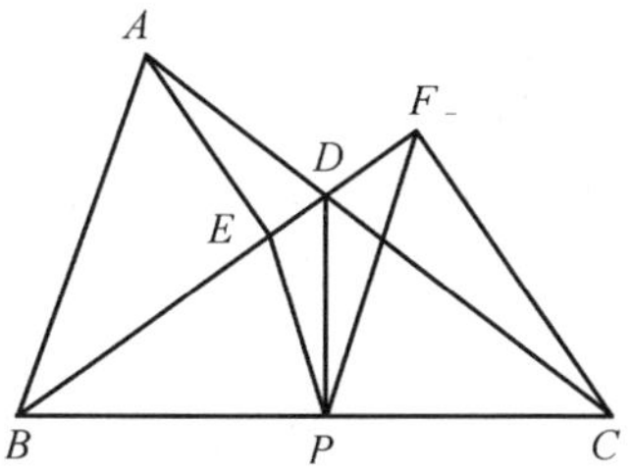

13 题图

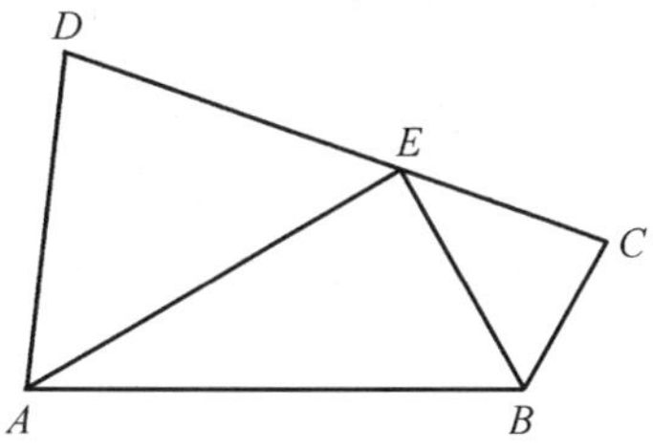

14 题图

15. 在 $\triangle ABC$ 中,AD 为 BC 边上的高,BE 为 $\angle CBA$ 的平分线. 已知 $\angle AEB = 45°$,求 $\angle CDE$.(第 21 届俄罗斯数学奥林匹克,1995)

16. 在 $\triangle ABC$ 中,$\angle A$ 的平分线交 BC 于 D,已知 $BD \cdot DC = AD^2$,且 $\angle ADB = 45°$,确定 $\triangle ABC$ 的各个角.(波罗的海地区数学奥林匹克,2000)

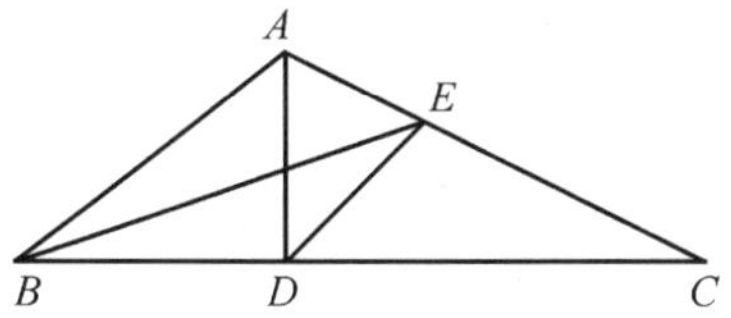

15 题图

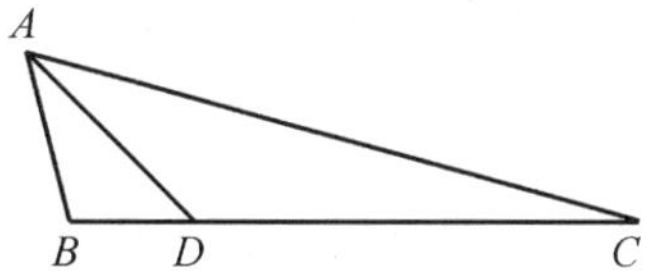

16 题图

17. 设 D、E 分别是 $\triangle ABC$ 的边 AB、AC 上的点,且 $DE \parallel BC$,在线段 BE 和 CD 上分别存在一点 P 和 Q,使得 PE 平分 $\angle CPD$,CD 平分 $\angle EQB$. 求证: $AP = AQ$.

18. 设 AD、BE、CF 为锐角 $\triangle ABC$ 的三条高,P、Q 分别在线段 DE 与 EF 上. 求证:$\angle PAQ = \angle DAC$ 的充分必要条件是 AP 平分 $\angle QPF$.(必要性:德国国家队选拔考试,2006)

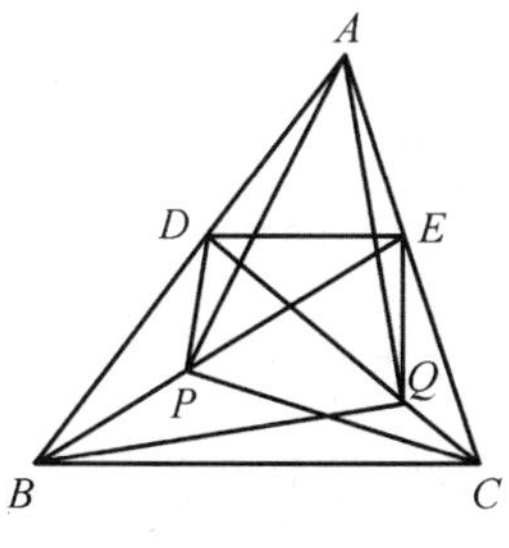

17 题图

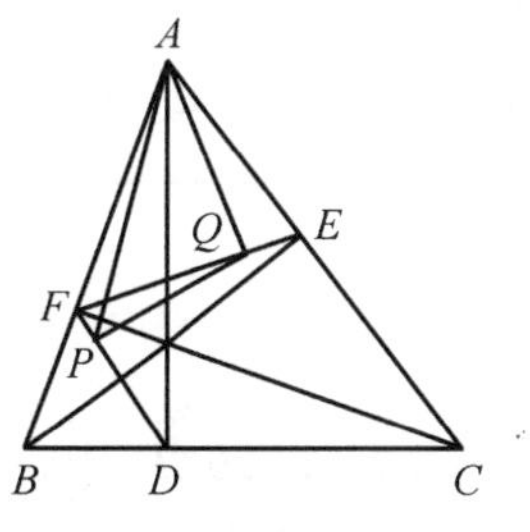

18 题图

19. 以 $\triangle ABC$ 的三边为底边在形外作三个相似等腰三角形 DCB、EAC、FBA,使得这三个等腰三角形的底角都等于 $\angle BAC$. 再设 M 为 BC 的中点,直线

DE 与 AC 交于 P,直线 DF 与 AB 交于 Q.求证:$\frac{MP}{MQ}=\frac{AB}{AC}$.

20.设 $\triangle ABC$ 是一个以 A 为直角顶点的等腰直角三角形,M、N 是 BC 上两点,且 $\angle MAN=45°$.$\triangle AMN$ 的外接圆分别交 AB、AC 于 P、Q.求证:$BP+CQ=PQ$.(第 52 届波兰数学奥林匹克,2001)

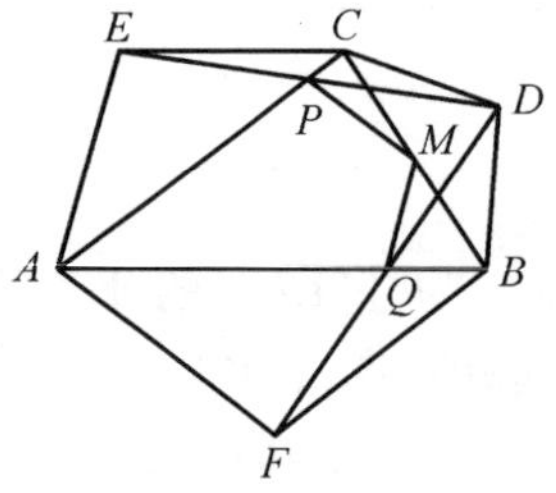

19 题图

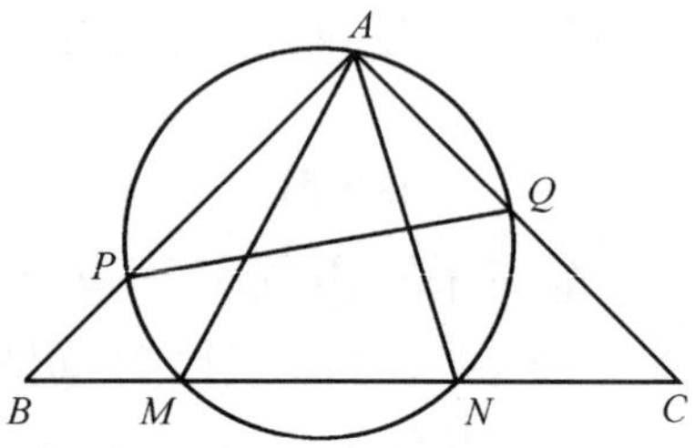

20 题图

21.利用轴反射变换证明:

(1) 三角形的三内角平分线共点;

(2) 三角形的两条外角平分线与第三角的内角平分线共点;

(3) 对边之和相等的凸四边形是一个圆外切四边形.

22.在 $\triangle ABC$ 中,$\angle C=90°$,A 与 B 的平分线分别与对边交于点 D、E,AD 与 BE 交于 I.求证:四边形 $ABDE$ 的面积等于 $\triangle AIB$ 的面积的两倍.(第 14 届伊朗数学奥林匹克,1996)

23.在 $\triangle ABC$ 中,$\angle B$ 与 $\angle C$ 的平分线分别与边 CA、AB 相交于 D、E,$\angle BDE=24°$,$\angle CED=18°$.试求 $\triangle ABC$ 的三个内角.(第 33 届 IMO 预选,1992)

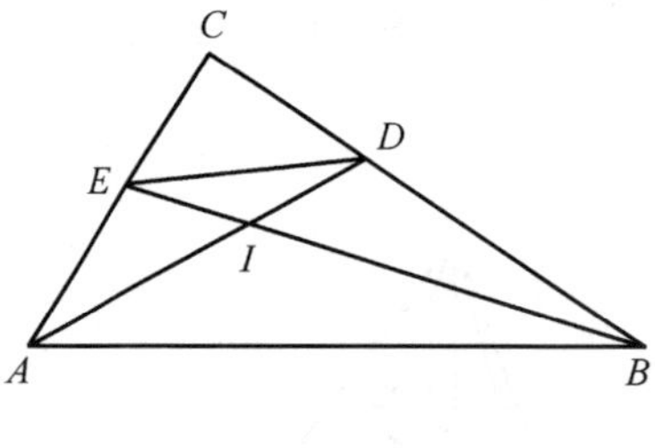

22 题图

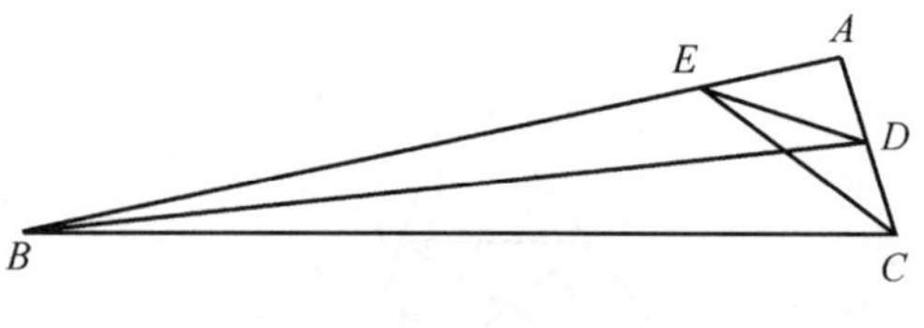

23 题图

24.在四边形 $ABCD$ 中,$AB+BC=CD+DA$,$\angle ABC$ 的外角平分线与 $\angle CDA$ 的外角平分线交于 P.求证:$\angle APB=\angle CPD$.

25.在四边形 $ABCD$ 中,$AB=CD$,$AD\neq BC$,$\angle B$ 的平分线与 $\angle C$ 的平分线交于 P,且 $\angle APB=\angle CPD$.求证:四边形 $ABCD$ 是等腰梯形.

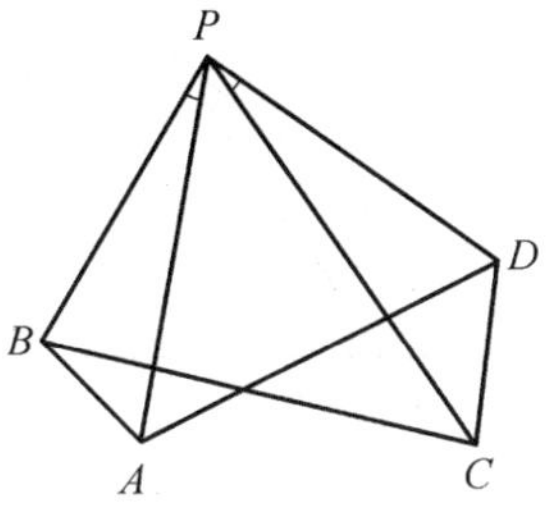

24 题图

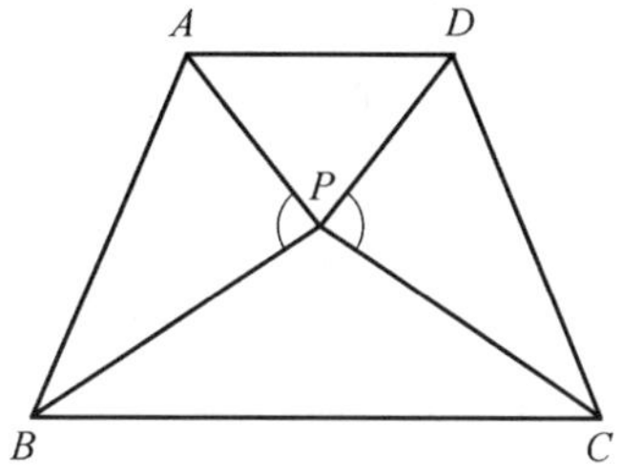

25 题图

26.设 I 是 $\triangle ABC$ 的内心，直线 BI、CI 分别交 AC、AB 于 E、F. 证明：若 $AB \neq AC$，则 $IE = IF$ 的充分必要条件是 $\angle BAC = 60°$.

27.一张台球桌的形状是正六边形 $ABCDEF$，一个球从边 AB 的中点 P 击出，击中 BC 边上的某一点 Q，并且依次碰击 CD、DE、EF、FA 各边，最后击中 AB 边上的某一点. 设 $\angle BPQ = \theta$，求 θ 的取值范围.(全国高中数学联赛，1981)

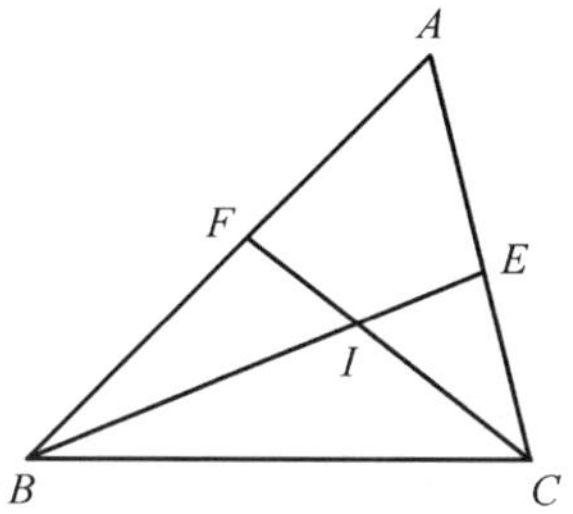

26 题图

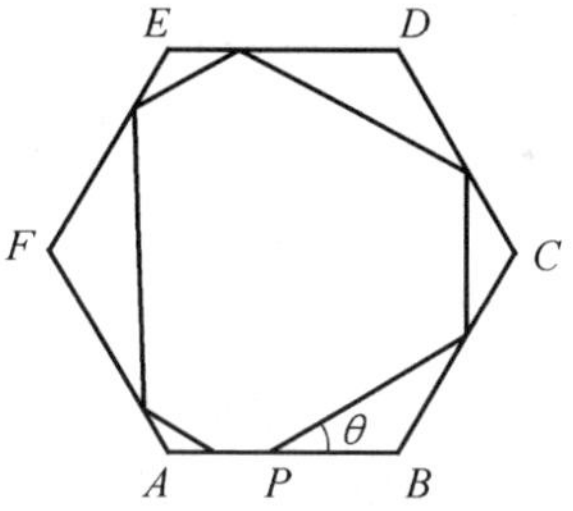

27 题图

28.在 $\triangle ABC$ 中，$AB > AC$，AD 是它的一条高，P 是 AD 上的任意一点. 求证：$PB - PC > AB - AC$.

29.在锐角 $\triangle ABC$ 中，$AB \neq AC$，AD 是高，H 是 AD 上一点，直线 BH 与 AC 交于 E，直线 CH 与 AB 交于 F. 求证：如果 B、C、E、F 三点共圆，则 H 是 $\triangle ABC$ 的垂心.

30.分别过 $\triangle ABC$ 的顶点 B、C 向过顶点 A 的一条直线作垂线，垂足分别为 E、F. D 是 BC 的中点. 求证：$DE = DF$.

31.设 $\triangle ABC$ 的顶点 B、C 在顶角 A 的外角平分线上的射影分别为 D、E. 求证：BE、CD 及 $\angle BAC$ 的平分线三线共点.

32.在直角梯形 $ABCD$ 中，$\angle DAB = \angle CBA = 90°$，$\triangle DBC$ 是正三角形. 以 AB 为边向形外再作正 $\triangle ABE$. 求证：BD 平分线段 CE.

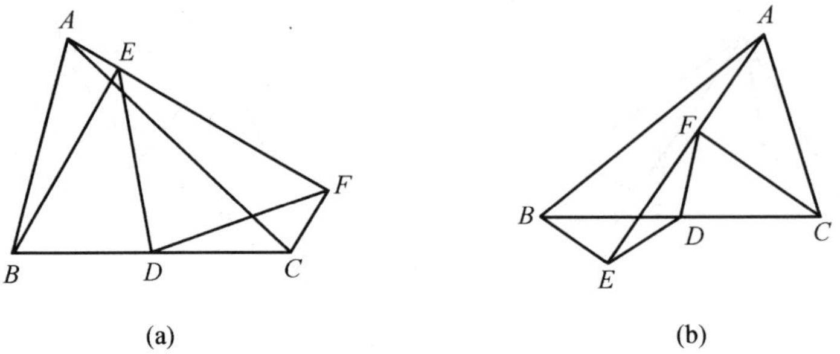

30 题图

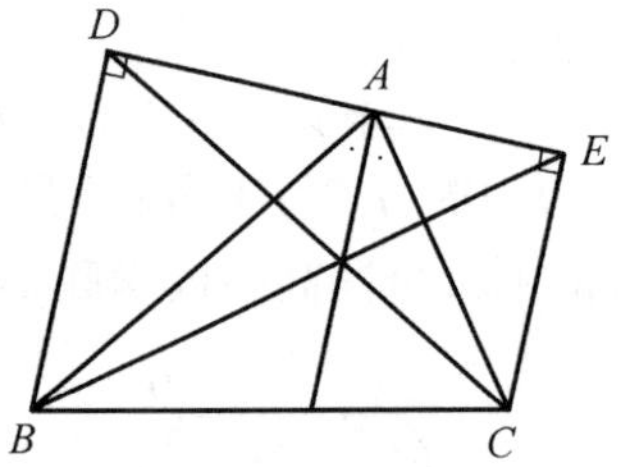

31 题图

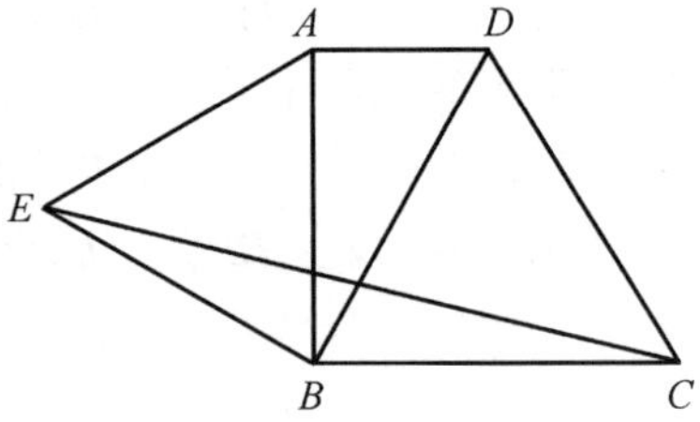

32 题图

33. 在锐角 $\triangle ABC$ 中，中线 BD 与高 CE 相等，且 $\angle CBD = \angle ACE$. 求证：$\triangle ABC$ 是一个正三角形.(第 33 届英国数学奥林匹克，1997).

34. 设 $\triangle ABC$ 的边 BC 的垂直平分线与直线 AB 交于 D. 求证

$$|AC^2 - AB^2| = \frac{AD}{DB} \cdot BC^2$$

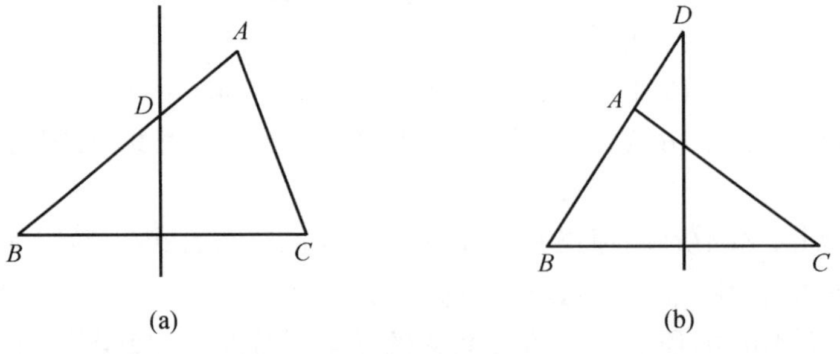

34 题图

35. 设 AB、CD 是圆的两弦，$\overset{\frown}{AB}$、$\overset{\frown}{CD}$ 的中点分别为 M、N. 求证：弦 MN 与 AB、CD 两弦交成等角.

36. 过直线 l 上一点 P 作 $\odot O$ 的切线 PA、PB，A、B 为切点. C 为 $\odot O$ 上一点，直线 BC 与 l 交于 M. 求证：$AC \parallel l$ 的充分必要条件是 $OM \perp l$.

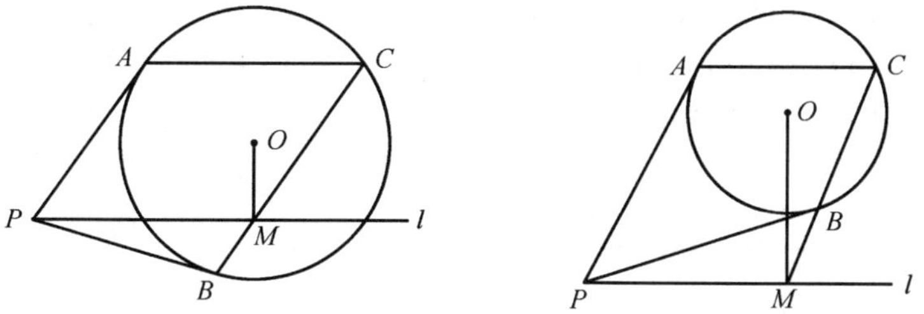

(a) (b)

36 题图

37. 设 O 为 $\triangle ABC$ 的外心，直线 AO 交 BC 于 D，过 A 作 BC 的垂线交 $\triangle ABC$ 的外接圆于 E，直线 OQ 交 BC 于 F. 求证：$\dfrac{S_{\triangle ADC}}{S_{\triangle EFC}}=\left(\dfrac{\sin B}{\cos C}\right)^2$.（地中海地区数学奥林匹克，2004）

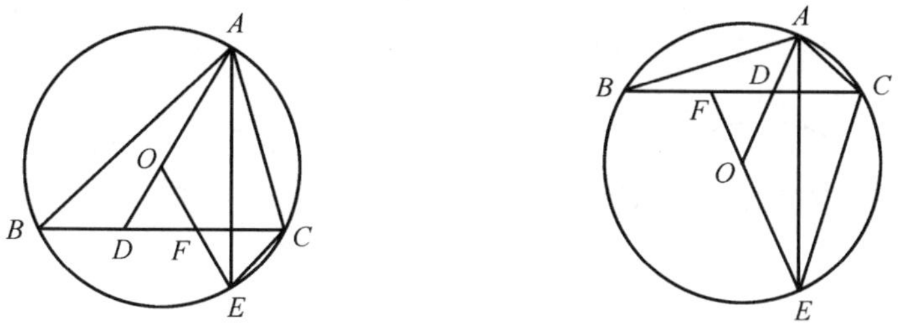

(a) (b)

37 题图

38. 设 O 是一个锐角 $\triangle ABC$ 的外心，$\triangle ABC$ 的外接圆 Γ 在顶点 A 处的切线与直线 BC 交于 D，AE 是圆 Γ 的直径. 直线 EC 与 OD 交于 F. 求证：$AF\perp AB$.

39. 在 $\triangle ABC$ 中，D 是 BC 上一点，$\triangle ABD$ 的外接圆与 AC 再次交于点 E，$\triangle ADC$ 的外接圆与 AB 再次交于点 F，O 为 $\triangle AEF$ 的外心. 求证：$OD\perp BC$.

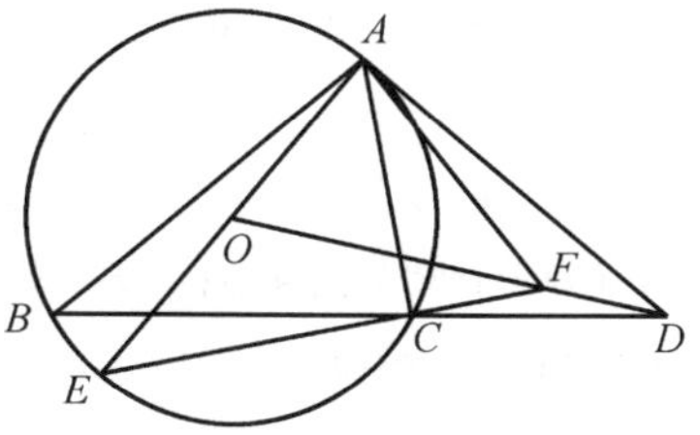

38 题图

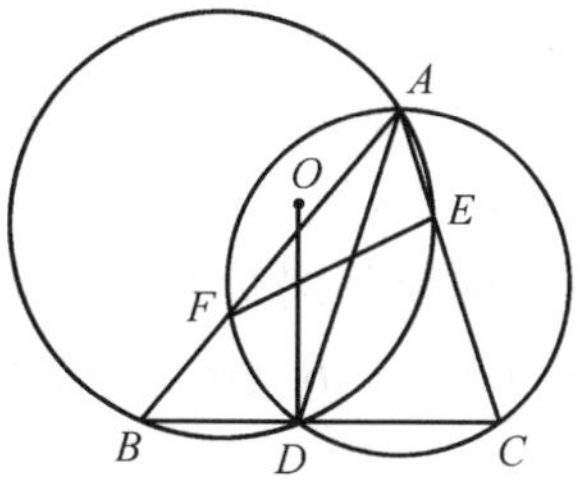

39 题图

40. 已知 $\odot O$ 与直线 l，圆心 O 在 l 上的射影为 M，点 P 是 l 上 $\odot O$ 外的一

点，过点 P 作 $\odot O$ 的割线交 $\odot O$ 于 A、B 两点，S 是 $\odot O$ 上的一点，SM 交 $\odot O$ 于另一点 T，SA、SB 分别交直线 l 于 C、D 两点. 求证：M 为 CD 的中点的充分必要条件是 PT 为 $\odot O$ 的切线.

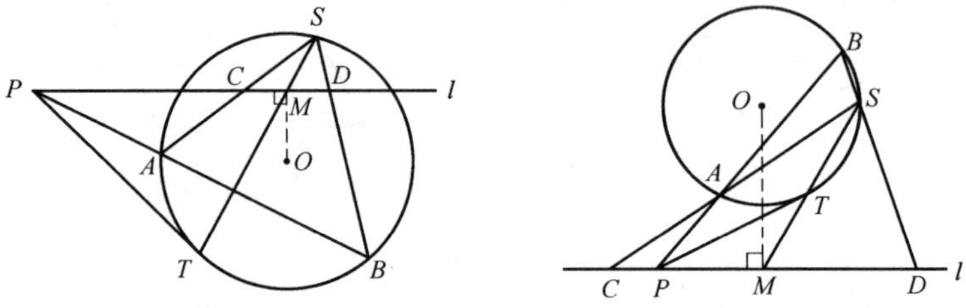

(a) (b)

40 题图

41. 设 M 是圆 Γ 的弦 AB 的中点，N 是 $\overparen{AB}$ 的中点，C 为圆 Γ 上异于 A、B 的一点，直线 CM 与圆 Γ 交于另一点 P，直线 CN 与直线 AB 交于 Q. 求证：$PM < QN$.

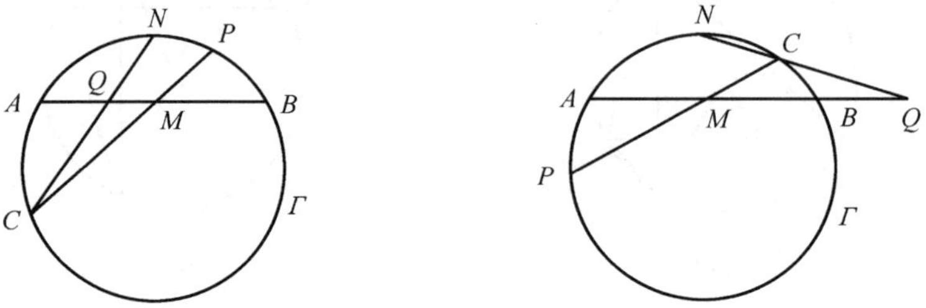

(a) (b)

41 题图

42. 设圆 Γ_1 与圆 Γ_2 分别与圆 Γ 内切与 A、B，且圆 Γ_1 与圆 Γ_2 交于弦 AB 上的一点 M. 圆 Γ 的圆心为 O，过 M 作 OM 的垂线分别与圆 Γ_1、圆 Γ_2 交于另一点 P、Q. 求证：$PM = MQ$.

43. 设 AB、CD 为 $\odot O$ 的两条定直径，$\odot O$ 上的动点 P 在这两条直径上的射影分别为 E、F. 求证：EF 有定长.

44. 在以 O 为圆心的半圆直径 AB 上取异于 A、O、B 的一点 C，过 C 作与 AB 成等角的两射线分别交半圆于 D、E，过 D 作 CD 的垂线交半圆于 K. 求证：若 $K \neq E$，则 $KE \parallel AB$.（第 17 届俄罗斯数学奥林匹克，1991）

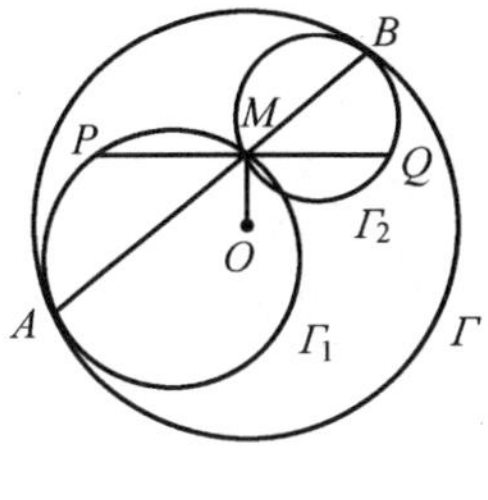

42 题图

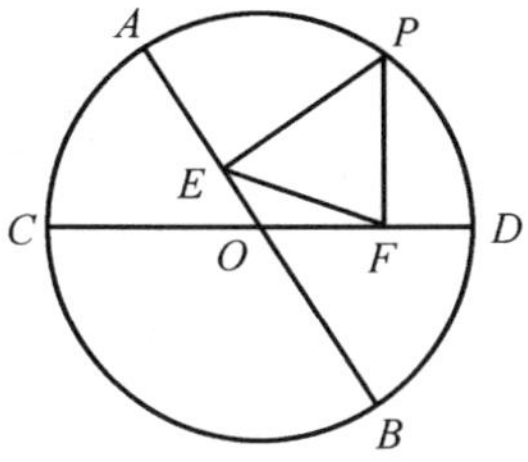

43 题图

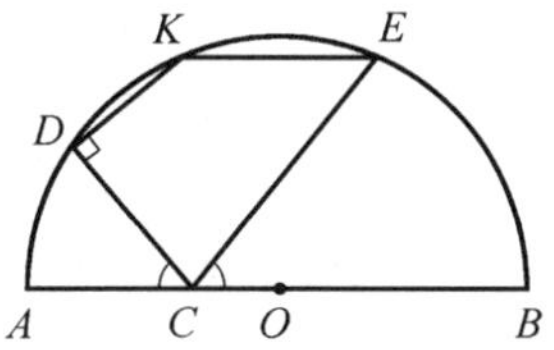

44 题图

45. 设 M 是半圆的直径 AB 上一定点(M 非圆心,也非直径的端点),P、Q 是半圆上的两个动点,且 $\angle PMA = \angle QMB$. 证明:直线 PQ 过定点.

46. 设四边形 $ABCD$ 内接于圆 O,对角线 AC 和 BD 交于点 M,$M \neq O$,过点 M 且垂直于 OM 的直线分别交边 AB、CD 于点 E、F. 求证:$AB = CD$ 当且仅当 $BE = CF$.(第 44 届保加利亚(春季)数学竞赛,1995)

47. 设 M 是等腰 $\triangle ABC$ 的底边 BC 的中点,D 是 BC 上任意一点,O 是 $\triangle ABD$ 的外心. 求证:过点 M 且垂直于 OM 的直线、过点 D 且垂直于 AC 的直线以及过点 C 且平行于 AB 的直线,三线交于一点.(第 49 届保加利亚数学奥林匹克,2000)

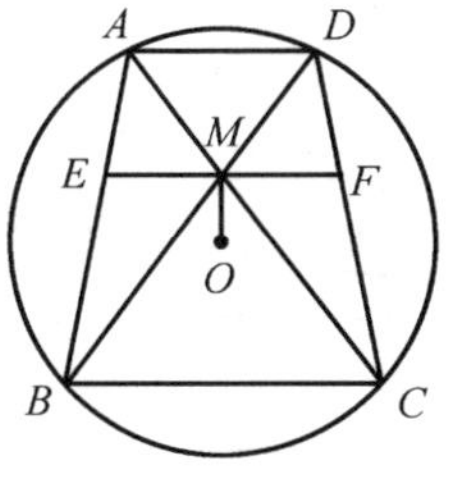

46 题图

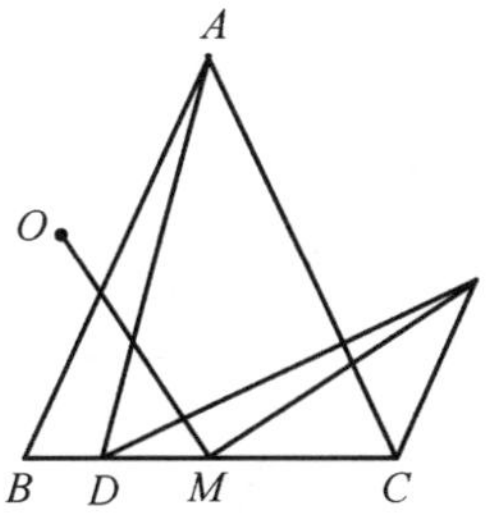

47 题图

48. 在锐角 $\triangle ABC$ 中,$BC > CA$,O、H 分别为 $\triangle ABC$ 的外心和垂心,自顶点 C 作 AB 的垂线,垂足为 D,过 D 作 OD 的垂线交 CA 于 E. 求证:$\angle EHD = \angle BAC$.(第 14 届伊朗数学奥林匹克,1996)

49. 凸四边形 $ABCD$ 内接于 $\odot O$,直线 BA 与 CD 交于点 P,对角线 AC 与 BD 交于点 Q,O_1、O_2 分别为 $\triangle AQD$、$\triangle BQC$ 的外心,O_1O_2 与 OQ 交于点 N,直线 PQ 分别与 $\odot O_1$、$\odot O_2$ 交于另一点 E、F. 再设 M 为 EF 的中点. 求证:$NO = NM$.(中国国家集训队测试,2007)

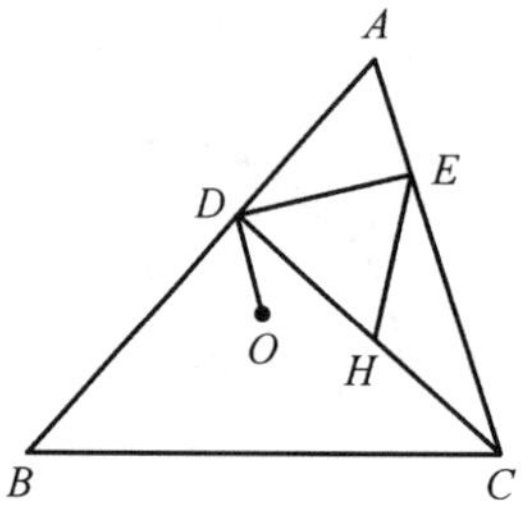

48 题图

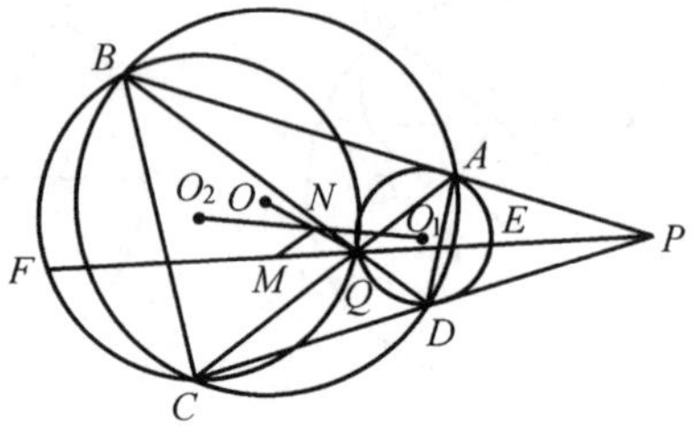

49 题图

50. 自圆外一点 P 作圆的两条切线 PA、PB(A、B 为切点),再过点 P 作割线交切点弦 AB 于 Q,交圆于 R、S.求证:$\frac{1}{PR}+\frac{1}{PS}=\frac{2}{PQ}$.

51. 设圆内接四边形的一组对边交于 P,两对角线交于 Q,直线 PQ 与圆交于 R、S 两点.求证:$\frac{1}{PR}+\frac{1}{PS}=\frac{2}{PQ}$.

52. 自圆外一点 P 作圆的两条切线 PS、PT(S、T 为切点),再过点 P 作割线交圆于 A、B 两点,直线 SA、SB 与切线 PT 分别交于 Q、R.求证:$\frac{1}{PQ}+\frac{1}{PR}=\frac{2}{PT}$.

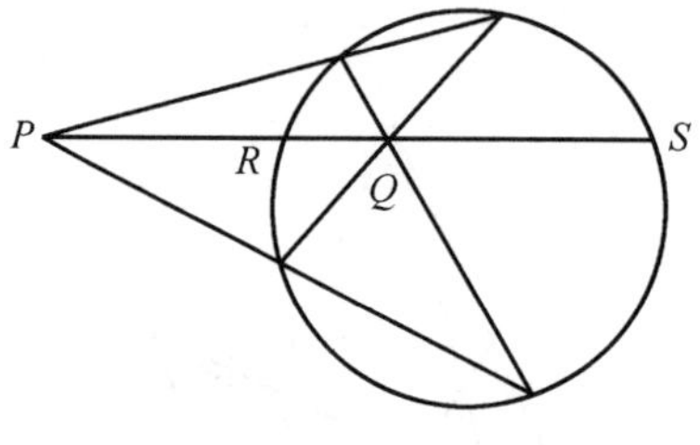

51 题图

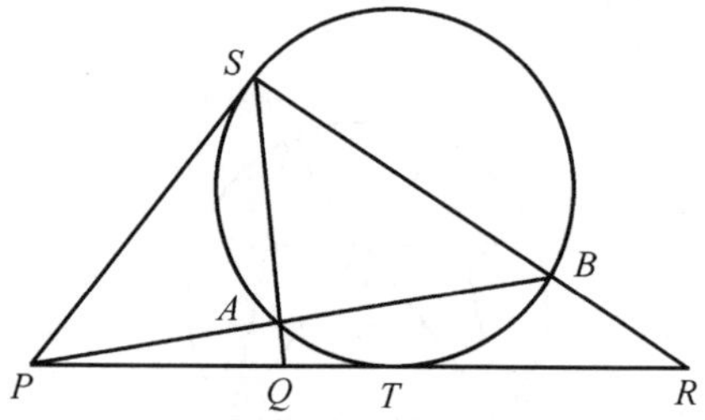

52 题图

53. 在 $\triangle ABC$ 中,$AB=AC$,$\angle BAC=80^\circ$,P 为 $\triangle ABC$ 的内部一点.

(1) 若 $\angle CBP=10^\circ$,$\angle PCB=20^\circ$.求 $\angle BAP$;

(2) 若 $\angle PBA=10^\circ$,$\angle BAP=20^\circ$.求 $\angle PCB$;

(3) 若 $\angle PBA=\angle BAP=10^\circ$.求 $\angle PCB$.

54. 在 $\triangle ABC$ 中,$AB=AC$,$\angle BAC=80^\circ$,P 为 $\angle ABC$ 内、$\triangle ABC$ 外的一点.

(1) 若 $\angle PCA=30^\circ$,$\angle CAP=70^\circ$.求 $\angle PBA$;

(2) 若 $\angle PCA=30^\circ$,$\angle CAP=40^\circ$.求 $\angle PBA$;

(3) 若 $\angle PCA=110^\circ$,$\angle CAP=40^\circ$.求 $\angle PBA$;

(4) 若 $\angle PCA=100^\circ$,$\angle CAP=30^\circ$.求 $\angle PBA$.

55. 在 $\triangle ABC$ 中,$\angle BAC=80^\circ$,$\angle CBA=60^\circ$,P 为 $\triangle ABC$ 的内部一点.

(1) 若 $\angle PAC=\angle ACP=10^\circ$.求证:$BP=AB$.

(2) 若 $\angle BAP = 10°$，$\angle PBA = 20°$，求 $\angle ACP$.

56. 在四边形 $ABCD$ 中，$CD = DA$，$\angle BAD = 40°$，$\angle CBA = \angle DCB = 80°$. 求证：$BC = CD$.

57. 在 $\triangle ABC$ 中，$AB = AC$，$\angle BAC = 80°$，点 D 在 BC 上，点 E 在 AC 上，$\angle ABE = 30°$，$\angle BAD = 50°$. 求 $\angle BED$.（第 6 届英国数学奥林匹克，1970）

58. 在 $\triangle ABC$ 中，$AB = AC$，$60° < \angle BAC < 120°$. P 为 $\triangle ABC$ 的内部一点，$\angle PBA = 120° - \angle BAC$. 求证：$PB = AB$ 的充分必要条件是 $\angle PCB = 30°$.

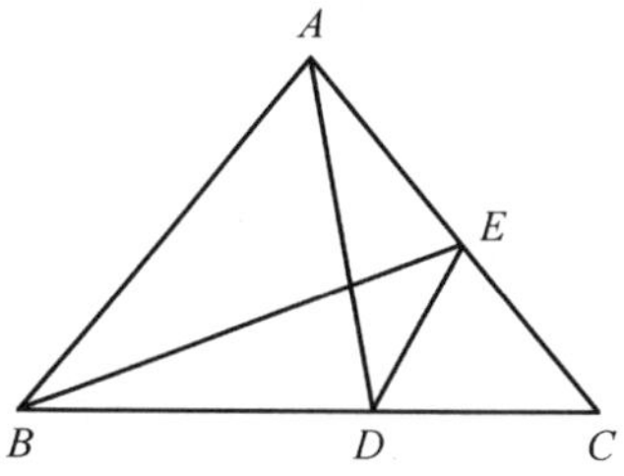

57 题图

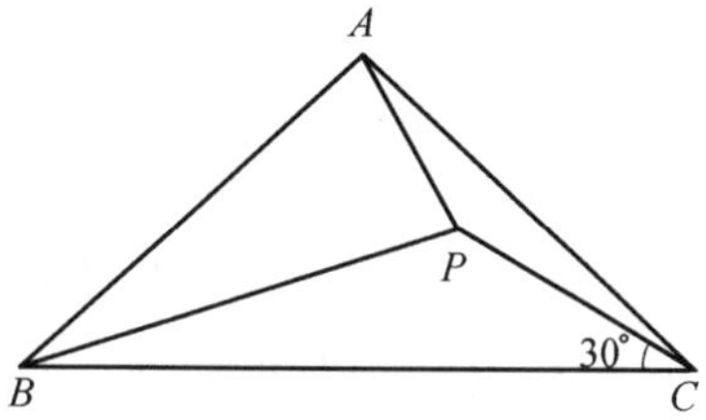

58 题图

59. 在 $\triangle ABC$ 中，$AB = AC$，$\angle BAC = 20°$，D、E 分别在 AB、AC 上.

(1) 若 $\angle CBE = 70°$，$\angle DCB = 60°$，求 $\angle DEB$.

(2) 若 $\angle CBE = 70°$，$\angle DCB = 50°$，求 $\angle DEB$.

60. 在四边形 $ABCD$ 中，$BC = CD$，$\angle BCA - \angle ACD = 60°$. 求证

$$AD + CD \geqslant AB$$

并求出等式成立的条件.

61. 方格纸上的小方格的边长为 1，纸上有一个四边形 $ABCD$，其四个顶点均位于方格网的结点上，且在四边形中，$\angle A = \angle C$，$\angle B \neq \angle D$. 证明

$$|AB - BC - CD - DA| \geqslant 1$$

（（俄）圣彼得堡数学奥林匹克，1990）

62. 设 M 是凸四边形 $ABCD$ 的边 BC 的中点，$\angle AMB = 135°$. 求证：$BC + \frac{\sqrt{2}}{2}CD + DA \geqslant AB$.（波罗的海地区数学奥林匹克，2001）

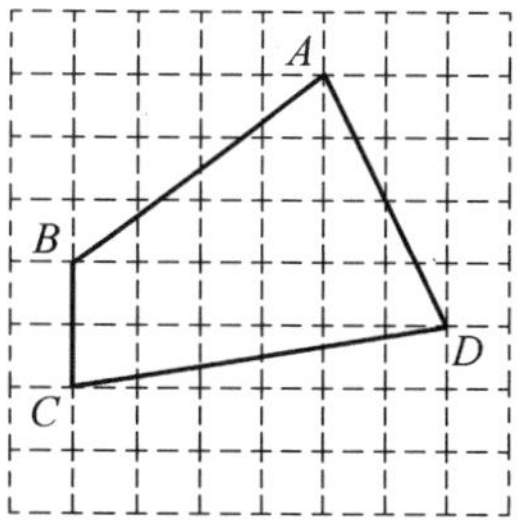

61 题图

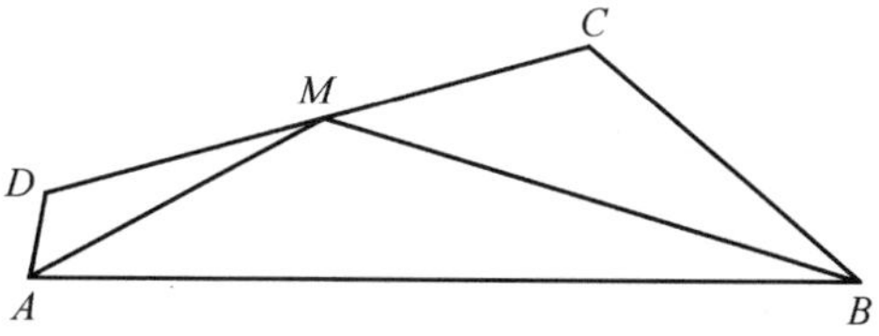

62 题图

63. 在 $\triangle ABC$ 中，$AB > AC$，P 是 $\angle BAC$ 的平分线上一点.求证

$$AB + PC > AC + PB$$

64. 设有一直角 $\angle MON$.试在边 OM、ON 上及 $\angle MON$ 内各求一点 A、B、C，使 $BC + CA = l$ 为定长，且四边形 $AOBC$ 的面积为最大.(北京市数学竞赛，1978)

65. 试求两端点在等腰直角三角形的边上，且将这个三角形分成面积相等的两部分的最短曲线.

66. 在 $\triangle ABC$ 中，M 为 BC 的中点，且 $AM^2 = AB \cdot AC$，$\angle C - \angle B = 60°$.确定 $\triangle ABC$ 的三个内角.

67. 设 P 为凸四边形 $ABCD$ 的边 CD 上一点.求证

$$PA + PB \leqslant \max\{CA + BC, AD + BD\}$$

其中，$\max\{x, y\}$ 表示 x、y 中较大者.

68. 设 P 为 $\triangle ABC$ 的内部一点，且 $\angle PBA = 30°$，$\angle CBP = \angle PCB = 24°$，$\angle ACP = 54°$.求 $\angle BAP$.

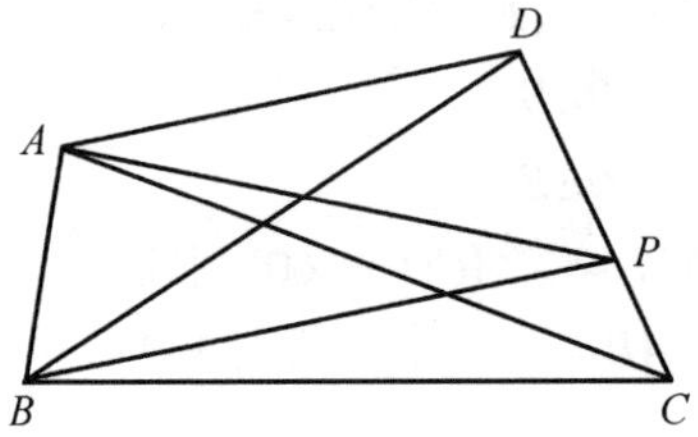

67 题图

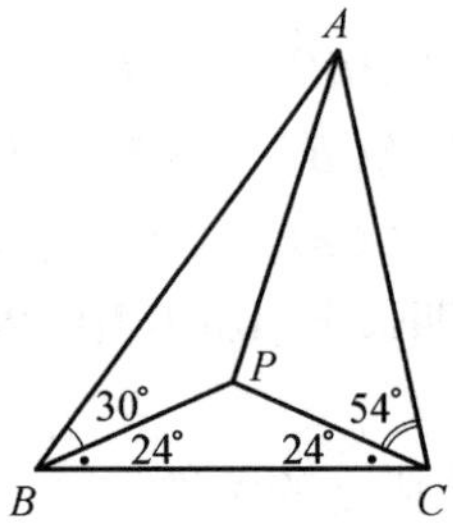

68 题图

位似变换与几何证题

第6章

位似变换作为最基本的相似变换，其主要作用在于处理本身含有位似子图形的问题. 因而对于共线且共一个端点的线段比、平行、不等两圆等问题都可以考虑用位似变换处理. 另外，根据位似变换的性质，对于欲证结论为三点共线或三线共点的问题，位似变换则可以大显身手.

6.1 线段比与位似变换

由位似变换的定义，在位似变换 $H(O,k)$ 下，当 $A \to A'$ 时，A'、O、A 三点共线，且 $\overrightarrow{OA'} = k \cdot \overrightarrow{OA}$. 因此，对于共线且共一个端点的两线段比的平面几何问题，我们即可考虑用公共端点为位似中心的作位似变换，使其中的一条线段变为另一条线段.

例6.1.1 在 $\triangle ABC$ 中，AD 为 BC 边上的高，过 D 作 AC 的垂线 DE 交 AC 于 E，F 为直线 DE 上的一点. 求证：$AF \perp BE$ 的充分必要条件是 $\dfrac{EF}{FD} = \dfrac{BD}{DC}$.

本题条件中有两个线段比，着眼于不同的线段比，我们便可得到不同的证法.

证法1 如图6.1.1,6.1.2所示,设 $FD = k \cdot FE$,以 F 为位似中心作位似变换,使 $E \to D$.设 $A \to A'$,则 $DA' = k \cdot AE, DA' \parallel AE$.而 $DE \perp AE$,所以 $DA' \perp DE$.又 $AD \perp DC$,因此

$$\angle A'DA = \angle A'DE + \angle EDA = \angle ADB + \angle EDA = \angle EDB$$

另一方面,由 $AD \perp DC, DE \perp AC$ 有 $\frac{AE}{AD} = \frac{DE}{DC}$.于是

$$AF \perp BE \Leftrightarrow \triangle ADA' \backsim \triangle BDE \Leftrightarrow \frac{DA'}{AD} = \frac{DE}{BD} \Leftrightarrow$$

$$k \cdot \frac{AE}{AD} = \frac{DE}{BD} \Leftrightarrow k \cdot \frac{DE}{DC} = \frac{DE}{BD} \Leftrightarrow k = \frac{DC}{BD}$$

故

$$AF \perp BE \Leftrightarrow \frac{EF}{FD} = \frac{BD}{DC}$$

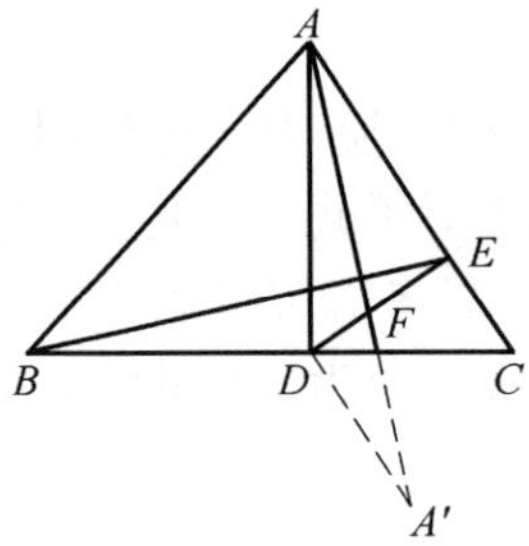

图6.1.1

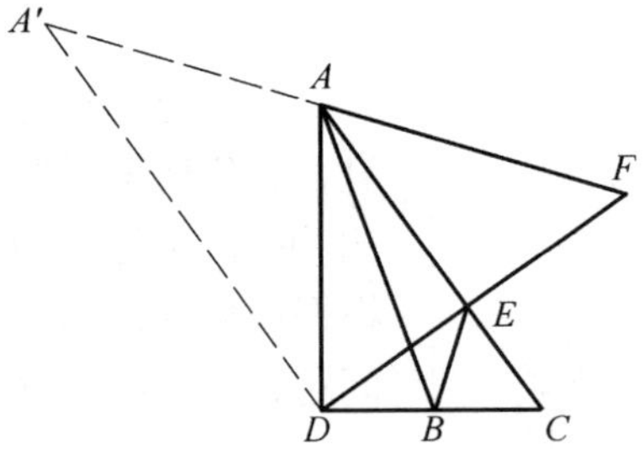

图6.1.2

证法2 如图6.1.3,6.1.4所示,设 $DB = k \cdot DC$,以 D 为位似中心作位似变换,使 $C \to B$.设 $E \to E'$,则 $BE' = k \cdot CE, BE' \parallel EC$.由 $\triangle ADE \backsim \triangle DCE$, $BE' \parallel EC$,有 $\frac{DE}{AE} = \frac{EC}{DE} = \frac{BE'}{DE'}$,所以

$$\frac{EF}{AE} = \frac{DE}{AE} \cdot \frac{EF}{DE} = \frac{BE'}{DE'} \cdot \frac{EF}{DE}$$

于是再由 $AE \perp EF$、$EE' \perp E'B$ 即知

$$AF \perp BE \Leftrightarrow \triangle AEF \backsim \triangle EE'B \Leftrightarrow$$

$$\frac{EF}{AE} = \frac{BE'}{EE'} \Leftrightarrow \frac{EF}{DE} = \frac{DE'}{EE'} \Leftrightarrow \frac{EF}{FD} = \frac{DE'}{DE} \Leftrightarrow \frac{EF}{FD} = \frac{BD}{DC}$$

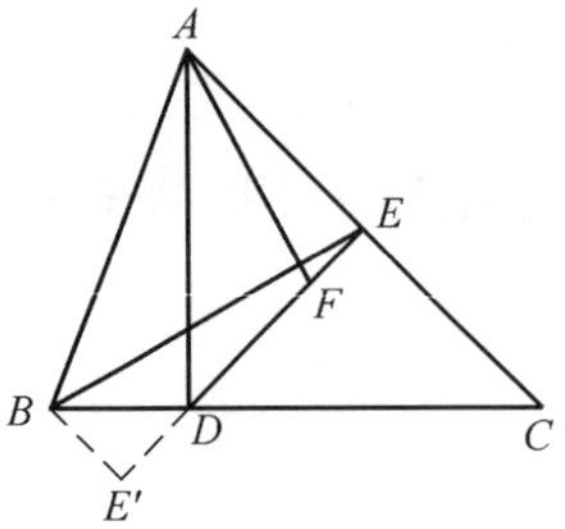

图6.1.3

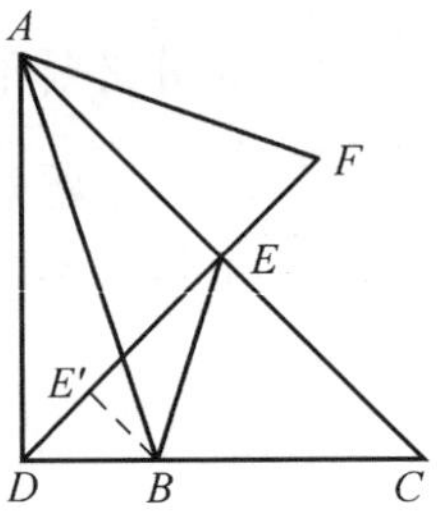

图6.1.4

我们看到,无论以哪个线段比为主施以位似变换,都能顺利地达到目的.

当△ABC是锐角三角形时(图6.1.3的情形),本题为2001年新加坡国家队选拔考试试题.

例6.1.2 设D、E、P分别为△ABC的三边AB、AC、BC所在直线上的点,直线AP与DE交于Q.求证:$\dfrac{\overline{BP}}{\overline{PC}}=\dfrac{\overline{DQ}}{\overline{QE}}$的充分必要条件是$DE \parallel BC$.

证明 如图6.1.5~6.1.8所示,设$\overline{PB}=k\cdot\overline{PC}$,作位似变换$H(P,k)$,则$C\to B$.设$A\to A'$,$E\to E'$,则$E'$在直线$A'B$上,且$\dfrac{\overline{PE'}}{\overline{PE}}=k$,$\dfrac{\overline{A'E'}}{\overline{E'B}}=\dfrac{\overline{AE}}{\overline{EC}}$.于是

$$\frac{\overline{BP}}{\overline{PC}}=\frac{\overline{DQ}}{\overline{QE}}\Leftrightarrow\frac{\overline{PE'}}{\overline{PE}}=\frac{\overline{QD}}{\overline{QE}}\Leftrightarrow PQ\parallel DE'\Leftrightarrow$$
$$\frac{\overline{A'E'}}{\overline{E'B}}=\frac{\overline{AD}}{\overline{DB}}\Leftrightarrow\frac{\overline{AE}}{\overline{EC}}=\frac{\overline{AD}}{\overline{DB}}\Leftrightarrow DE\parallel BC$$

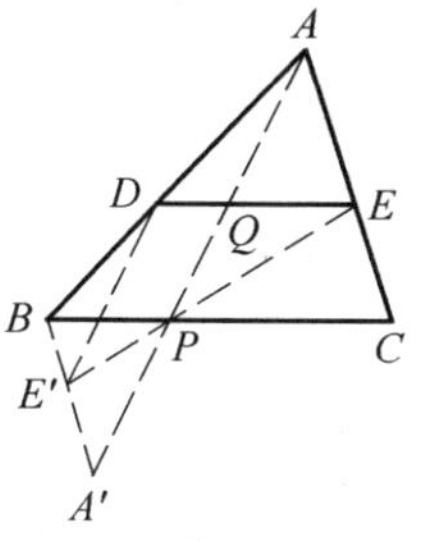

图6.1.5

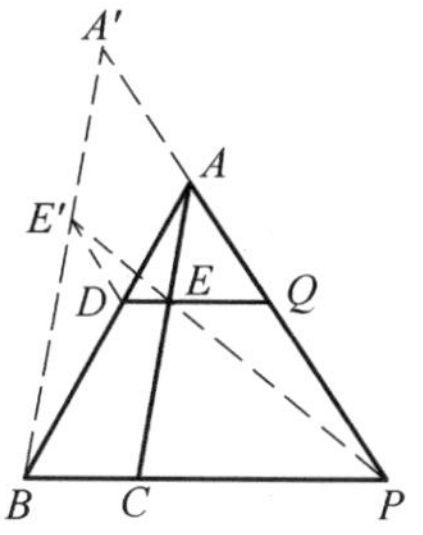

图6.1.6

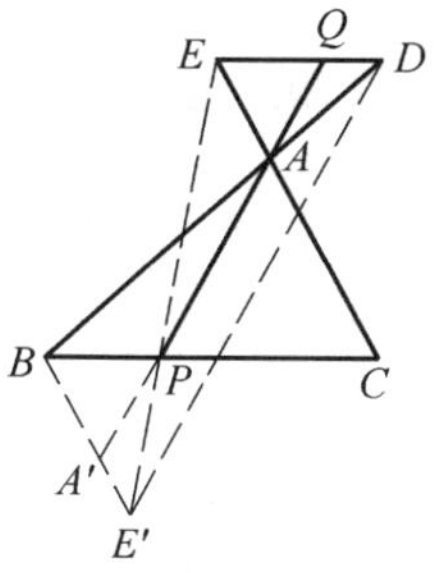

图6.1.7

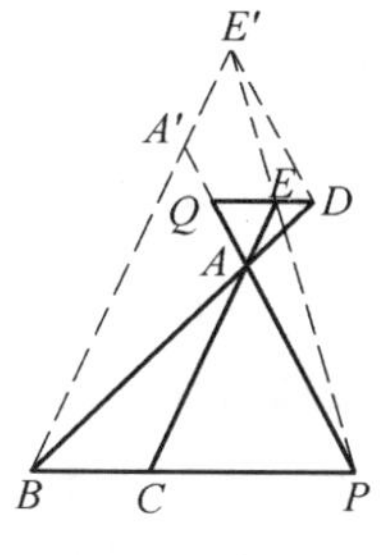

图6.1.8

在图6.1.5情形,当P为BC的中点时,本题的必要性为1991年举行的第12届澳大利亚数学奥林匹克试题.

例6.1.3 在筝形$ABCD$中,$AB=AD$,$BC=CD$,过直线BD上一点P任作两条直线,一条与直线AD、BC分别交于E、F,另一条与直线AB、CD分别交于G、H,直线GF、EH分别与BD交于I、J.求证:$\dfrac{PI}{PJ}=\dfrac{PB}{PD}$.

证明 如图6.1.9,6.1.10所示.设$\overline{PB}=k\cdot\overline{PD}$,作位似变换$H(P,k)$,则$D\to B$.设$E\to E'$,$H\to H'$,则$BE'\ /\!/\ AB$,$BH'\ /\!/\ CD$,$\measuredangle E'BP=\measuredangle EDP=\measuredangle PBG$,$\measuredangle BPH'=\measuredangle PDH=\measuredangle FBP$,进而$\measuredangle H'BG=\measuredangle H'BP-\measuredangle GBP=\measuredangle PBF-\measuredangle PBE'=\measuredangle E'BF$,所以

$$\frac{\sin\measuredangle PBH'}{\sin\measuredangle H'BG}\cdot\frac{\sin\measuredangle GBI}{\sin\measuredangle IBF}\cdot\frac{\sin\measuredangle FBE'}{\sin\measuredangle E'BP}=$$

$$\frac{\sin\measuredangle FBP}{\sin\measuredangle E'BF}\cdot\frac{\sin\measuredangle GBP}{\sin\measuredangle PBF}\cdot\frac{\sin\measuredangle FBE'}{\sin\measuredangle PBG}=-1$$

但H'、I、E'分别为$\triangle PGF$三边所在直线上的点,且点B不在$\triangle PGF$三边所在直线上,由Menelaus定理的第二角元形式(见附录B)即知H'、I、E'三点共线,所以,$J\to I$.故$\dfrac{PI}{PJ}=\dfrac{PB}{PD}$.

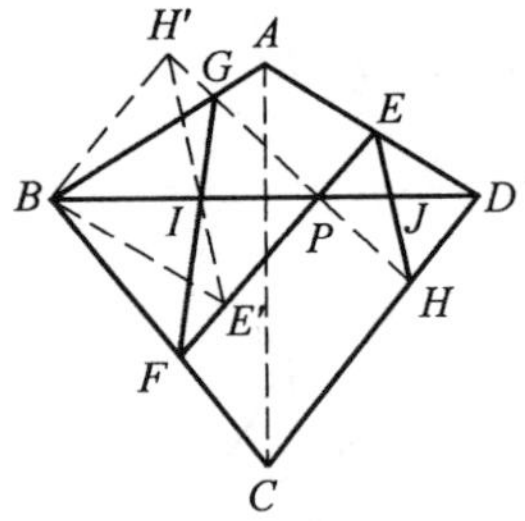

图6.1.9

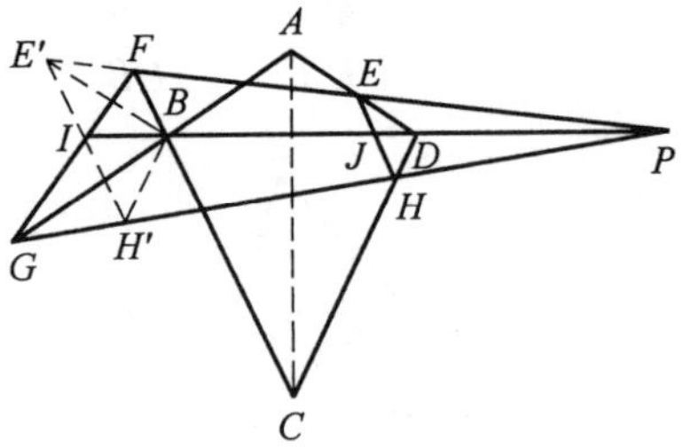

图6.1.10

特别地,当点P为BD的中点时,有$PI=PJ$.此时,本题为1990年中国中学生数学冬令营选拔考试试题,被称为**筝形蝴蝶定理**.

例6.1.4 设P、Q分别为凸四边形$ABCD$的边BC、AD上的点,且$\dfrac{AQ}{QD}=\dfrac{BP}{PC}=\lambda$.直线$PQ$分别与直线$AB$、$CD$交于$E$、$F$.求证:$\lambda=\dfrac{AB}{CD}$的充分必要条件是$\angle BEP=\angle PFC$.(必要性:第2届拉丁美洲数学奥林匹克,1987)

我们在前面曾用平移变换(例3.5.2)给出了本题的一个证明.但这是一个典型的共线线段比问题,应更适宜于用位似变换处理.事实上也正是如此.

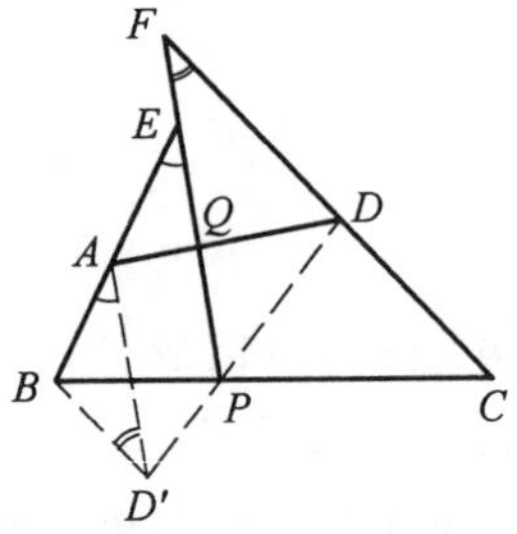

图6.1.11

证法1 如图6.1.11所示,作位似变换$H(P,-\lambda)$,则有$C\to B$.设$D\to D'$,则$BD'=\lambda\cdot CD$,$BD'\ /\!/\ DC$,$D'P=\lambda\cdot PD$.又$AQ=\lambda\cdot QD$,所以$AD'\ /\!/\ QP$,从而$\angle PFC=$

$\angle AD'B, \angle BEP = \angle BAD'$. 于是，$\lambda = \dfrac{AB}{CD}$（$AB = \lambda \cdot CD \Leftrightarrow BD' = AB \Leftrightarrow \angle BAD' = \angle AD'B \Leftrightarrow \angle BEP = \angle PFC$.

的确如此.本题用位似变换处理竟来得这样轻松，宛如行云流水，来得十分轻松.

其实，对于共线且具有公共端点的两线段比的问题，在作位似变换时，位似中心不一定囿于两线段的公共端点，非公共端点也可以考虑.

证法 2 如图 6.1.12 所示，设 $CB = k \cdot CP$，作位似变换 $H(C, k)$，则 $P \to B$. 设 $F \to F'$，则 $BF' \,/\!/\, PF$，所以 $\angle ABF' = \angle BEP$，$\angle BF'F = \angle PFC$，且 $\dfrac{F'F}{FC} = \dfrac{BP}{PC} = \lambda$. 再过 A 作 PF 的平行线交 $F'F$ 于 K，则 $\dfrac{KF}{FD} = \dfrac{AQ}{QD} = \lambda$，所以 $\dfrac{F'F}{FC} = \dfrac{KF}{FD}$，从而 $\dfrac{F'K}{CD} = \dfrac{KF}{FD} = \dfrac{AQ}{QD} = \lambda$. 但

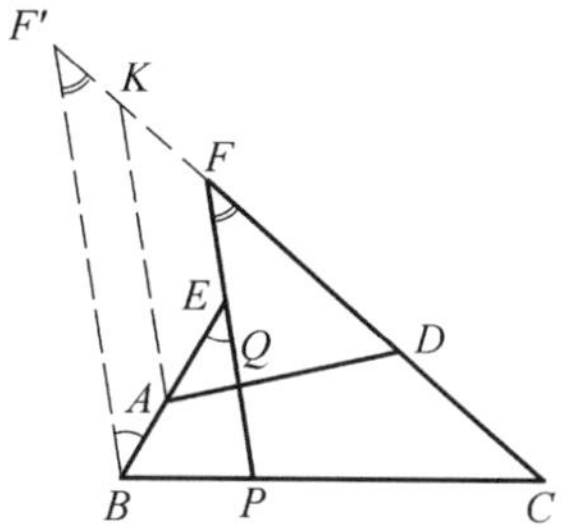

图 6.1.12

$KA \,/\!/\, FP \,/\!/\, F'B$，所以，四边形 $KF'BA$ 是梯形. 于是，$\lambda = \dfrac{AB}{CD} \Leftrightarrow KF' = AB \Leftrightarrow$ 四边形 $KF'BA$ 是等腰梯形 $\Leftrightarrow \angle ABF' = \angle BF'K \Leftrightarrow \angle BEP = \angle PFC$.

例 6.1.5 在四边形 $ABCD$ 中，一直线分别交边 AB、CD 于点 E、F，交两对角线 BD、AC 于 I、J，且 $\dfrac{AE}{EB} = \dfrac{CF}{FD}$. 求证：$EI = JF$ 的充分必要条件是 $AD \,/\!/\, BC$.

证明 如图 6.1.13 所示，设 $\overline{AE} = k \cdot \overline{AB}$，作位似变换 $H(A, k)$，则 $B \to E$. 设 $D \to D'$，则 $ED' \,/\!/\, BD$. 所以 $\dfrac{AD'}{D'D} = \dfrac{AE}{EB} = \dfrac{CF}{FB}$，因此，$D'F \,/\!/\, AC$. 再设两对角线 AC 与 BD 交于 O，AC 与 ED' 交于 P，BD 与 $D'F$ 交于 Q，则有 $\dfrac{EI}{EF} = \dfrac{D'Q}{D'F} = \dfrac{AO}{AC}$，$\dfrac{JF}{EF} = \dfrac{PD'}{ED'} = \dfrac{OD}{BD}$. 于是

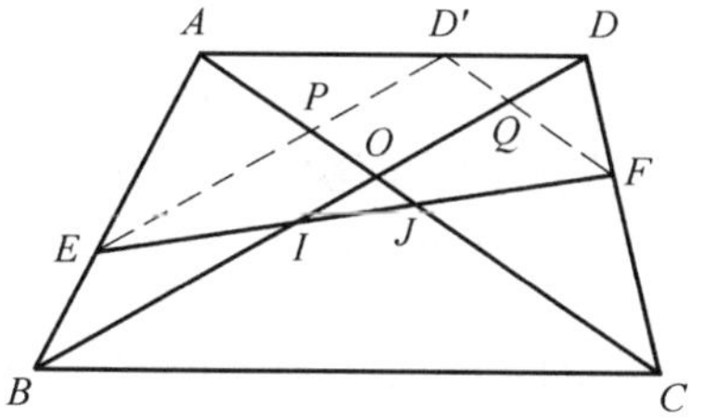

图 6.1.13

$$EI = JF \Leftrightarrow \frac{EI}{EF} = \frac{JF}{EF} \Leftrightarrow \frac{AO}{AC} = \frac{OD}{BD} \Leftrightarrow \frac{AO}{OC} = \frac{DO}{OB} \Leftrightarrow AD \,/\!/\, BC$$

有些线段比问题可能要将位似变换与其他几何变换结合起来使用方可.

例 6.1.6 在 $\triangle ABC$ 中，$\angle A = 60°$，P 是 BC 边上的一点，且 $BP = \dfrac{1}{3}BC$. 过 $\triangle ABC$ 的内心 I 且与 AC 平行的直线交 AC 于 Q. 求证：$\angle BQP = \dfrac{1}{2}\angle B$.（第 33 届 IMO 预选，1992）

本题曾用轴反射变换给出过一个证明（例 5.8.12）. 但条件“$BP = \dfrac{1}{3}BC$”

表明本题是一个共线且共一个端点的两线段比问题,因而可以考虑用位似变换处理.下面用位似变换并结合轴反射变换给出它的一个新的证明.

证明 如图6.1.14所示.作位似变换 $H(B,3)$,则 $P\to C$.设 $Q\to Q'$,则 $CQ'\ /\!/\ PQ$,$Q'Q=2QB$,$\angle BQP=\angle BQ'C$.过内心 I 作 AB 的垂线,垂足为 D,则由 $\angle BAC=60°$,$IQ\ /\!/\ CA$,有 $AQ=QI=2QD$.以 $\triangle ABC$ 在 AB 边上的高线为反射轴作轴反射变换,设 $A\to A'$,$B\to B'$,则 $\triangle CAA'$ 是正三角形,$B'C=BC$,$\angle BB'C=\angle B$,$B'A=A'B$,所以 $AA'=AC$,$A'B=AB-AA'=AB-AC$,又 D 为 $\triangle ABC$ 的内切圆与 AB 的切点,所以 $DB=\frac{1}{2}(AB+BC-CA)$.于是

$$Q'A=Q'Q-AQ=2QB-2QD=2DB=AB+BC-CA$$

因此 $Q'B'=Q'A-B'A=BC=B'C$,从而 $\angle BB'C=2\angle BQ'C$.进而有

$$\angle B=\angle BB'C=2\angle BQ'C=2\angle BQP$$

故

$$\angle BQP=\frac{1}{2}\angle B$$

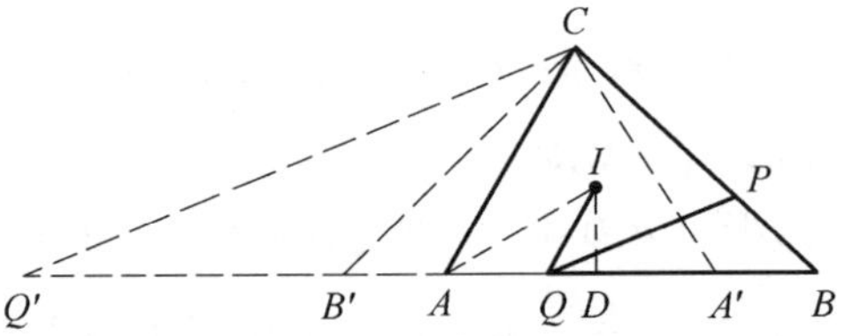

图6.1.14

如果问题中涉及多个线段比的条件,而作一个位似变换又不能解决问题,则我们可以作两次或更多次位似变换,也可以考虑用位似变换的乘积来处理.

例6.1.7 设 D、E 是 $\triangle ABC$ 的边 BC 上两点,则 $\angle BAD=\angle EAC$ 的充分必要条件是:$\frac{AB^2}{AC^2}=\frac{BD\cdot BE}{DC\cdot EC}$.(必要性:**Steiner 定理**)

证明 如图6.1.15所示,以 D 为位似中心作位似变换,使 $C\to B$,设 $A\to A_1$,则 $BA_1\ /\!/\ AC$,$\angle A_1BC=\angle ACB$,$\frac{BD}{DC}=\frac{BA_1}{AC}$.同样,以 E 为位似中心作位似变换,使 $B\to C$,设 $A\to A_2$,则 $CA_2\ /\!/\ AB$,$\angle BCA_2=\angle CBA$,$\frac{BE}{EC}=\frac{AB}{CA_2}$.从而 $\angle A_1BA=\angle A_2CA$.再将两个比例式相乘,得

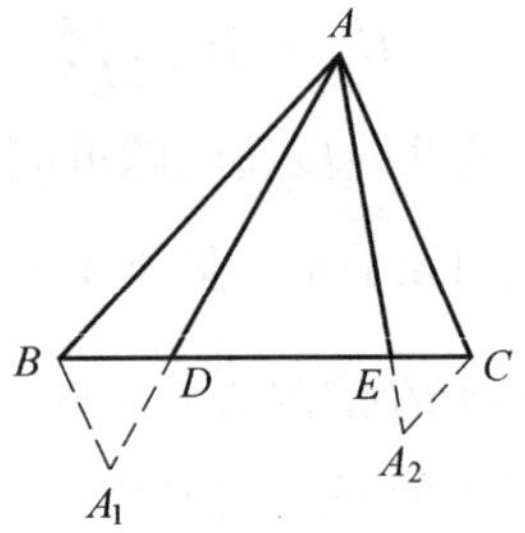

图6.1.15

$$\frac{BD \cdot BE}{DC \cdot EC} = \frac{AB \cdot BA_1}{AC \cdot CA_2}$$

于是，$\frac{AB^2}{AC^2} = \frac{BD \cdot BE}{DC \cdot EC} \Leftrightarrow \frac{AB}{AC} = \frac{BA_1}{CA_2} \Leftrightarrow \triangle ABA_1 \backsim \triangle ACA_2 \Leftrightarrow \angle BAA_1 = \angle A_2AC$.
即

$$\frac{AB^2}{AC^2} = \frac{BD \cdot BE}{DC \cdot EC} \Leftrightarrow \angle BAD = \angle EAC$$

显然，例 6.1.7 是三角形的内角平分线性质定理和判定定理的一个推广.

例 6.1.8 设$\triangle ABC$与$\triangle A'B'C'$镜像相似，相似系数为k，以k为分比分别内分线段$A'A$，$B'B$，$C'C$于D、E、F.求证：D、E、F三点共线.

证明 如图 6.1.16 所示，由条件有$B \xrightarrow{H(E,-k)} B'$.设$A \xrightarrow{H(E,-k)} A_1$，则$B'A_1 /\!/ AB$，$\measuredangle A_1B'B = \measuredangle ABB'$，$A_1B' = k \cdot AB$.又$A'B' = k \cdot AB$，所以$A_1B' = A'B'$.同理，设$A \xrightarrow{H(F,-k)} A_2$，则有$\measuredangle CC'A_2 = \measuredangle C'CA$，$A_2C' = A'C'$.

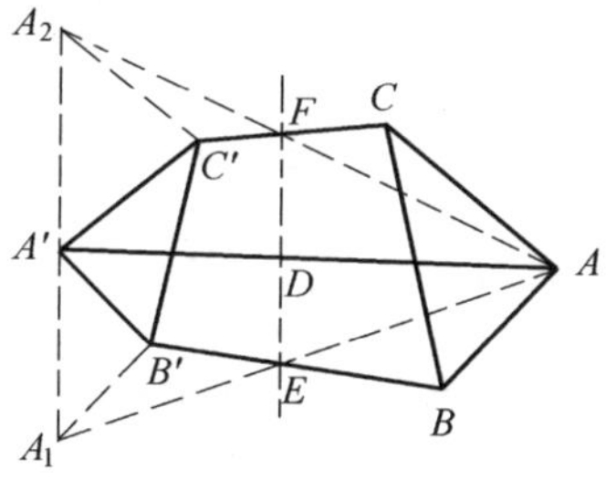

图 6.1.16

另一方面，由于$\triangle ABC$与$\triangle A'B'C'$镜像相似，所以$\measuredangle C'B'A' = \measuredangle ABC$，$\measuredangle A'C'B' = \measuredangle BCA$，$\measuredangle B'A'C' = \measuredangle CAB$.于是

$$\measuredangle A'B'A_1 = \measuredangle A_1B'B - \measuredangle BB'C' - \measuredangle C'B'A' =$$
$$-\measuredangle ABB' - \measuredangle BB'C' - \measuredangle ABC = -2\measuredangle ABC - \measuredangle BB'C' - \measuredangle CBB'$$

同理，$\measuredangle A_2C'A' = -2\measuredangle BCA - \measuredangle B'C'C - \measuredangle C'CB$.而

$$\measuredangle BB'C' + \measuredangle B'C'C + \measuredangle C'CB + \measuredangle CBB' = 0$$

所以$\measuredangle A'B'A_1 + \measuredangle A_2C'A' = -2(\measuredangle ABC + \measuredangle BCA) = 2\measuredangle CAB$.又由$A_1B' = A'B'$，$A_2C' = A'C'$，有

$$\measuredangle A_1A'B' = 90° - \frac{1}{2}\measuredangle A'B'A_1,\ \measuredangle C'A'A_2 = 90° - \frac{1}{2}\measuredangle A_2C'A'$$

于是$\measuredangle A_1A'B' + \measuredangle C'A'A_2 = -\measuredangle CAB$，从而

$$\measuredangle A_1A'B' + \measuredangle B'A'C' + \measuredangle C'A'A_2 = \measuredangle CAB - \measuredangle CAB = 0$$

因此，A_1、A'、A_2三点共线.再注意到$\frac{AD}{DA} = \frac{A_1E}{EA} = \frac{A_2F}{FA}(=k)$即知$D$、$E$、$F$三点共线.

本题即例 2.4.1 的一部分(这里允许$k=1$).那里是用镜像相似变换的一般理论证明的，尽管其证明十分简单，但很难将其变为通俗的“初等”(不用变换语言)证明.而这里的证明则不同.从思想方法上来说，我们多次用到了位似变换，通过证明 A_1、A'、A_2 三点共线而得到 D、E、F 三点共线．但我们极易将其变为"初等"证明，因为证明过程已经告诉我们该怎样作辅助线了．

例6.1.9 证明**截线定理**：设 M 是 $\triangle ABC$ 的边 BC 所在直线上的一点，一直线分别与直线 AB、AC、AM 交于 P、Q、N，则

$$\overline{MC}\cdot\frac{\overline{AB}}{\overline{AP}}+\overline{BM}\cdot\frac{\overline{AC}}{\overline{AQ}}=\overline{BC}\cdot\frac{\overline{AM}}{\overline{AN}}$$

证明 如图6.1.17～6.1.20所示，设 $\overline{AB}=k_1\cdot\overline{AP}$，则 $P\xrightarrow{H(A,k_1)}B$．再设 $N\to N_1$，则 $\overline{AN_1}=k_1\cdot\overline{AN}$，$BN_1 /\!/ PQ$．同样，设 $\overline{AC}=k_2\cdot\overline{AQ}$，$N\xrightarrow{H(A,k_2)}N_2$，则 $\overline{AN_2}=k_2\cdot\overline{AN}$，$CN_2 /\!/ PQ$．所以 $\frac{\overline{N_1M}}{\overline{MN_2}}=\frac{\overline{BM}}{\overline{MC}}$．即 $\frac{\overline{AM}-\overline{AN_1}}{\overline{AN_2}-\overline{AM}}=\frac{\overline{BM}}{\overline{MC}}$，从而

$$\overline{AN_1}+\frac{\overline{BM}}{\overline{MC}}\cdot\overline{AN_2}=\left(1+\frac{\overline{BM}}{\overline{MC}}\right)\overline{AM}=\frac{\overline{BC}}{\overline{MC}}\cdot\overline{AM}$$

于是 $\overline{MC}\cdot\overline{AN_1}+\overline{BM}\cdot\overline{AN_2}=\overline{BC}\cdot\overline{AM}$．故

$$\overline{MC}\cdot\frac{\overline{AB}}{\overline{AP}}+\overline{BM}\cdot\frac{\overline{AC}}{\overline{AQ}}=\overline{MC}\cdot\frac{\overline{AN_1}}{\overline{AN}}+\overline{BM}\cdot\frac{\overline{AN_2}}{\overline{AN}}=\overline{BC}\cdot\frac{\overline{AM}}{\overline{AN}}$$

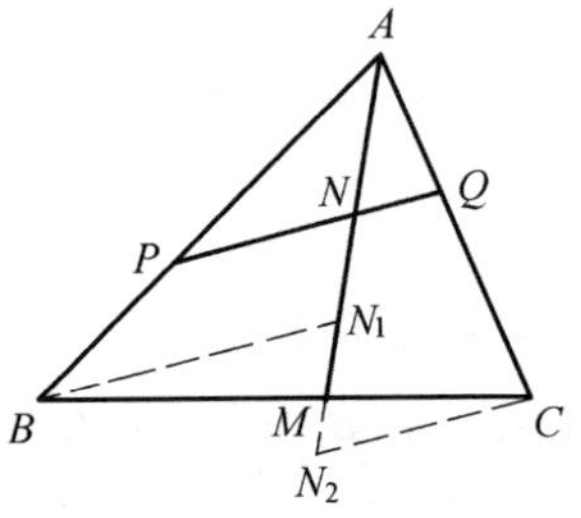

图6.1.17

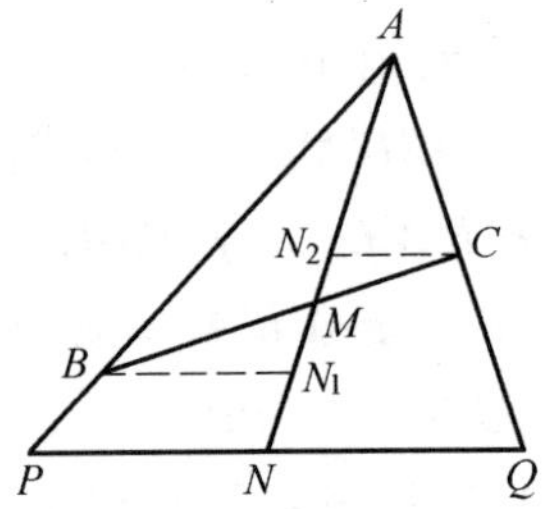

图6.1.18

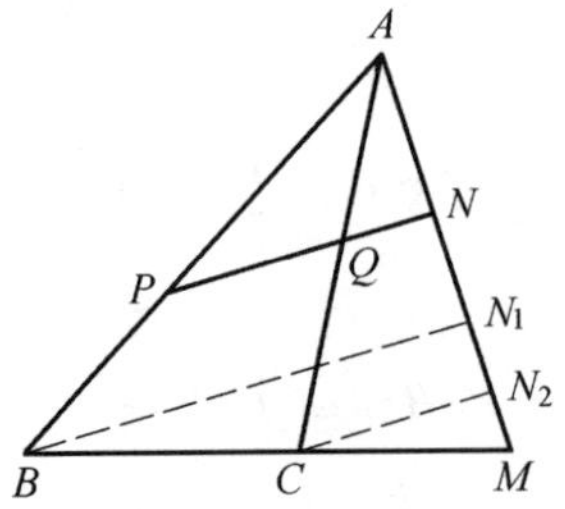

图6.1.19

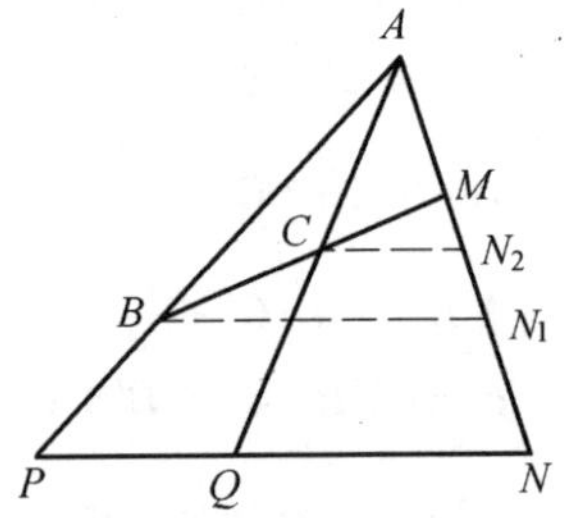

图6.1.20

例6.1.10 设 P、Q、R、S 分别是四边形 $ABCD$ 的边 AB、BC、CD、DA 所在直线上的点，直线 PR 与 SQ 交于 T．求证：如果 $\frac{\overline{AP}}{\overline{PB}}=\frac{\overline{DR}}{\overline{RC}}=\lambda$，$\frac{\overline{AS}}{\overline{SD}}=\frac{\overline{BQ}}{\overline{QC}}=$

μ,则$\dfrac{\overline{ST}}{\overline{TQ}}=\lambda,\dfrac{\overline{PT}}{\overline{TR}}=\mu$.

本题实质上是推论 2.5.5 的更一般的情形.一种特殊情形即命题 3.4.2,亦即例 3.5.1.在本题的条件中有四个线段比,结论是两个线段比.欲用一个位似变换将其“摆平”恐怕不现实.注意到结论与 PR 和 SQ 两条线段密切相关,我们可以考虑以其中的一条——譬如说,线段 PQ 的两端点分别为位似中心作两个位似变换,找出 S 或 Q 在不同变换下的像,然后再根据相关性质得出结论.

证法1 如图6.1.21 ~ 6.1.26所示,作位似变换 $H(P,-\lambda^{-1})$,则 $A\to B$.设 $S\to S_1$,则 $S_1B\parallel AS$,且 $\overline{S_1B}=\lambda^{-1}\cdot\overline{AS}$,$\overline{SP}=\lambda\cdot\overline{PS_1}$.同样,设 $S\xrightarrow{H(R,-\lambda^{-1})}S_2$,则 $CS_2\parallel SD$,且 $\overline{CS_2}=\lambda^{-1}\cdot\overline{SD}$.于是 $CS_2\parallel S_1B$,且 $\dfrac{\overline{S_1B}}{\overline{CS_2}}=\dfrac{\overline{AS}}{\overline{SD}}=\dfrac{\overline{BQ}}{\overline{QC}}$,所以 S_1、Q、S_2 三点共线,且 $\dfrac{\overline{S_1Q}}{\overline{QS_2}}=\dfrac{\overline{BQ}}{\overline{QC}}=\mu$.又

$$\frac{\overline{SP}}{\overline{PS_1}}=\frac{\overline{AP}}{\overline{PB}}=\frac{\overline{DR}}{\overline{RC}}=\frac{\overline{SR}}{\overline{RS_2}}$$

所以 $PQ\parallel S_1S_2$.故 $\dfrac{\overline{ST}}{\overline{TQ}}=\dfrac{\overline{SP}}{\overline{PS_1}}=\lambda,\dfrac{\overline{PT}}{\overline{TR}}=\dfrac{\overline{S_1Q}}{\overline{QS_2}}=\mu$.

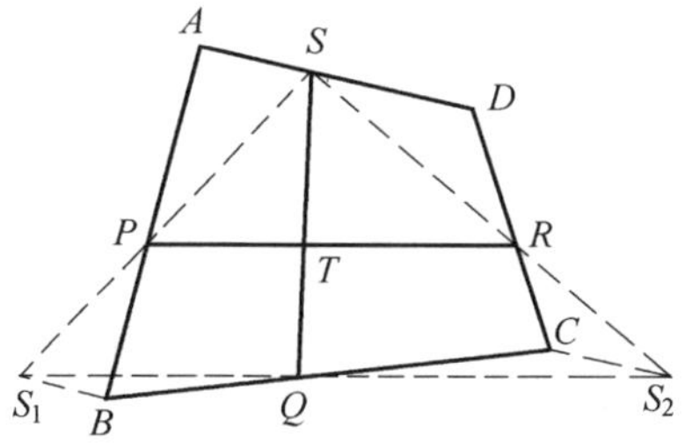

图 6.1.21

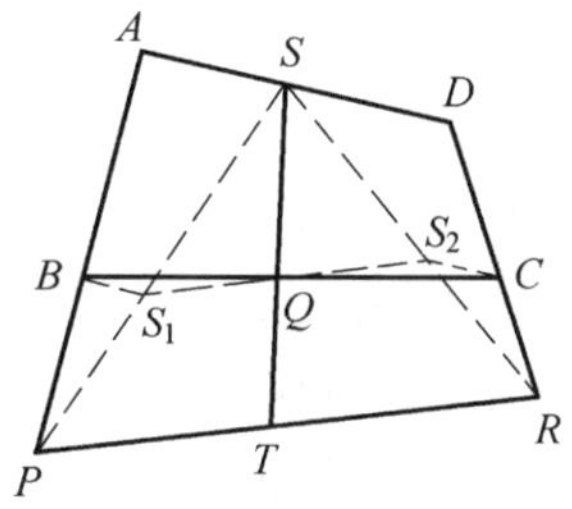

图 6.1.22

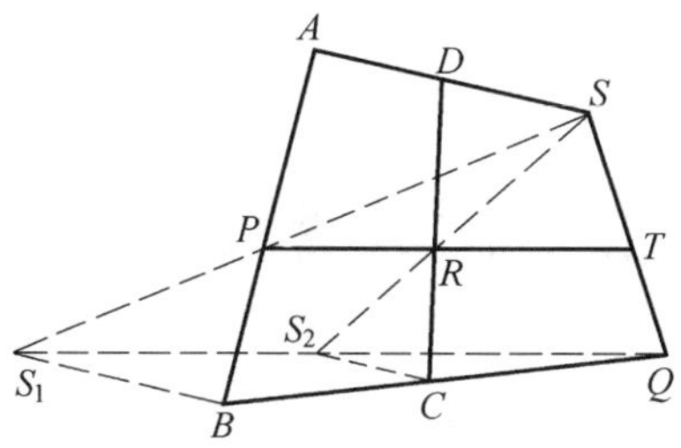

图 6.1.23

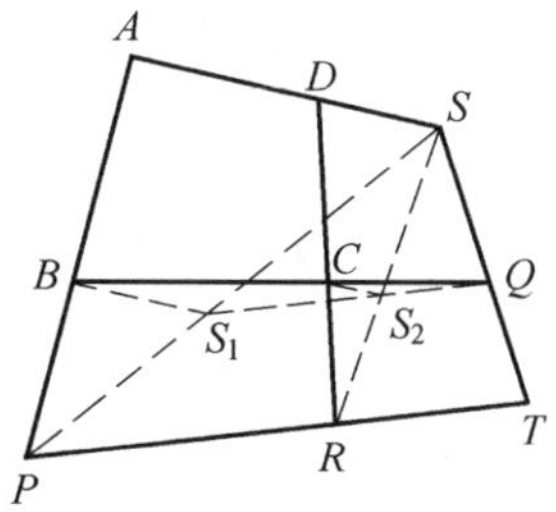

图 6.1.24

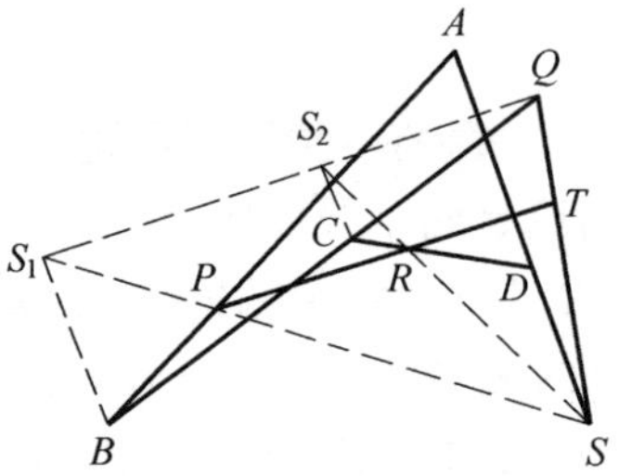

图 6.1.25

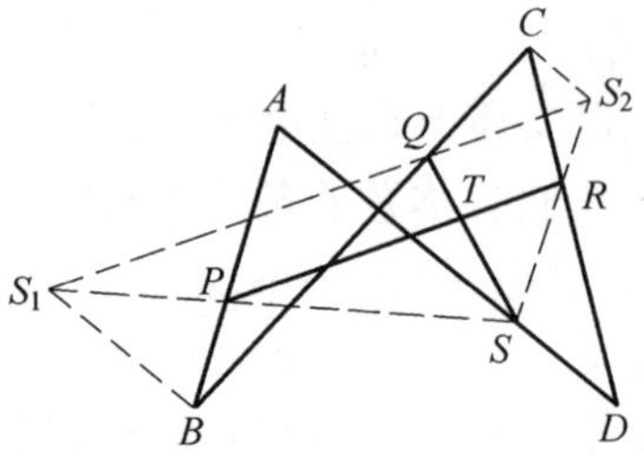

图 6.1.26

证法 2　仍见图 6.1.21 ~ 6.1.22,由定理 2.2.9 知

$$H(R,\ -\lambda)H(Q,\ -\mu^{-1})H(P,\ -\lambda^{-1})H(S,\ -\mu)\ =\ T(\boldsymbol{v})$$

是一个平移变换.又

$$D\xrightarrow{H(S,\mu)}A\xrightarrow{H(P,\ -\lambda^{-1})}B\xrightarrow{H(Q,\ -\mu^{-1})}C\xrightarrow{H(R,\ -\lambda)}D$$

这说明 D 是 $T(\boldsymbol{v})$ 的一个不动点,所以,$T(\boldsymbol{v})=I$ 是一个恒等变换,即

$$H(R,\ -\lambda)H(Q,\ -\mu^{-1})H(P,\ -\lambda^{-1})H(S,\ -\mu)\ =\ I$$

注意到 S 是 $H(S,\ -\mu)$ 的一个不动点,于是,设

$$S\xrightarrow{H(P,\ -\lambda^{-1})}S_1\xrightarrow{H(Q,\ -\mu^{-1})}S_2$$

则必有 $S_2\xrightarrow{H(R,\ -\lambda)}S$,所以 $S\xrightarrow{H(R,\ -\lambda^{-1})}S_2$.这样,再由 $PS_1=\lambda^{-1}$,$PS_2=\lambda^{-1}\cdot SR$ 即知 $PR\ /\!/\ S_1S_2$,…(往下同证法 1)

两种证法相比,证法 2 用到的位似变换的理论多一些.但应该看到,证法 1 从某种意义上来讲仅仅是证法 2 的一个翻版,只不过更通俗一点罢了.然而不管怎样,都显示了位似变换在处理线段比问题时的非凡作用.

以上各例足以说明对于线段比问题,用位似变换处理是十分奏效的,而且比用平移变换处理这类问题要方便得多.因此,对于线段比问题,我们应该优先考虑位似变换,其次再考虑平移变换.

6.2　共点线、共线点与位似变换

由于在位似变换下,任意一点与其像点和位似中心在一条直线上;位似变换将共线点变为共线点.并且当两个位似变换之积仍是一个位似变换时,三个位似中心共线.因此,对于平面几何中的三点共线问题,我们应充分考虑使用位似变换这一工具.

例 6.2.1　证明:任意三角形的外心、重心、垂心三点共线,并且重心到垂心的距离等于重心到外心的距离的两倍.

证明　如图6.2.1所示,设 O、G、H 分别为 $\triangle ABC$ 的外心、重心、垂心,D、E、F 分别为边 BC、CA、AB 的中点,则重心 G 为 AD、BE、CF 三线所共之点,且

$$\frac{AG}{GD}=\frac{BG}{GE}=\frac{CG}{GF}=2$$

于是,作位似变换 $H\left(G,-\frac{1}{2}\right)$,则有 $\triangle ABC\to\triangle DEF$.

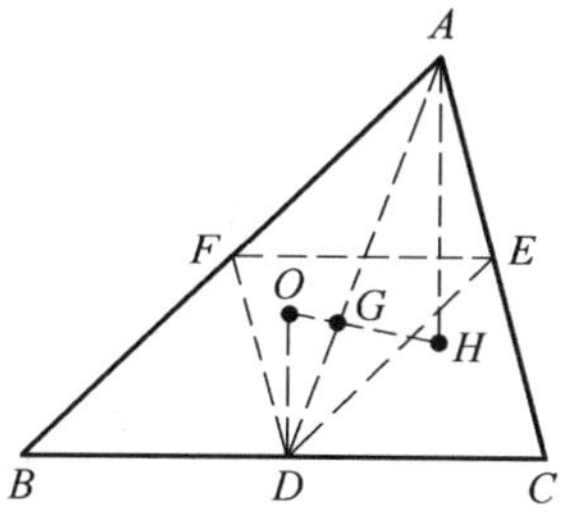

图6.2.1

另一方面,易知 $\triangle ABC$ 的外心 O 即 $\triangle DEF$ 的垂心,所以 $H\to O$. 故 O、G、H 三点共线,且 $GH=2OG$.

三角形的外心、重心、垂心所共之线称为三角形的**Euler 线**.

在图6.2.1中,注意到 $AH\xrightarrow{H\left(G,-\frac{1}{2}\right)}DO$,所以,$AH=2DO$. 于是我们再一次证明了例3.5.5(亦即例5.3.10):

三角形的任一顶点到垂心的距离等于其外心到对边的距离的两倍.

由例6.2.1和命题4.3.1可简单地证明下面的问题:

设 $\triangle ABC$ 的外心与垂心分别为 O、$H(O\neq H)$. 证明:$\triangle AOH$、$\triangle BOH$、$\triangle COH$ 中有一个三角形的面积等于另外两个三角形的面积之和. (第16届亚洲－太平洋数学奥林匹克,2004)

事实上,如图6.2.2所示,由例6.2.1,直线 OH 过 $\triangle ABC$ 的重心 G,由命题4.3.1,$\triangle AOH$、$\triangle BOH$、$\triangle COH$ 在公共底边 OH 上的三条高线中,有一条高等于另外两条高之和. 由此即知,$\triangle AOH$、$\triangle BOH$、$\triangle COH$ 中,有一个三角形的面积等于另外两个三角形的面积之和.

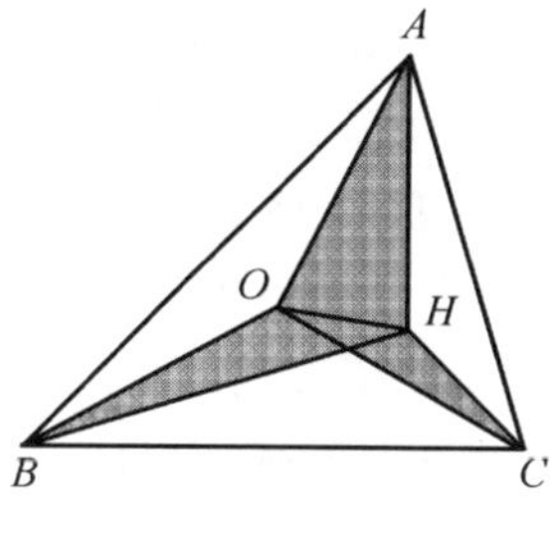

图6.2.2

例6.2.2　设 $\triangle ABC$ 的内切圆与边 BC、CA、AB 分别相切于点 D、E、F. 求证:$\triangle ABC$ 的外心 O、内心 I 与 $\triangle DEF$ 的垂心 H 三点共线. (第12届伊朗数学奥林匹克,1995;第97届匈牙利数学奥林匹克,1997;第51届保加利亚数学奥林匹克,2002)

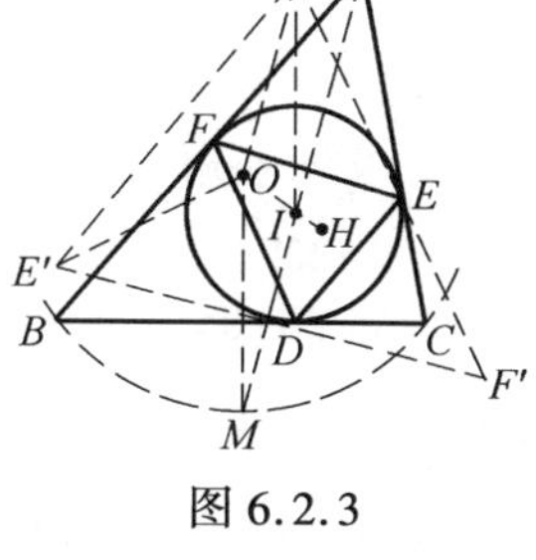

图6.2.3

证法1　如图6.2.3所示,设 $\triangle ABC$ 的内切圆半径与外接圆半径分别为 r、R,$R=k\cdot r$.

作位似变换 $H(I,-k)$，设 $\triangle DEF \to \triangle D'E'F'$，则 $D'I=R$。再设 $\triangle ABC$ 的外接圆上的 $\overset{\frown}{BC}$（不含点 A）的中点为 M，则 $OM \perp\!\!\!= D'I$，所以四边形 $OMID'$ 为平行四边形，于是，$D'O \parallel IM$，注意到 A、I、M 共线，所以 $D'O \parallel AI$。又 $AI \perp EF$，所以 $D'O \perp EF$。但 $EF \parallel E'F'$，从而 $D'O \perp E'F'$。同理，$E'O \perp F'D'$，所以 O 是 $\triangle D'E'F'$ 的垂心，因此 $H \to O$。故 H、I、O 共线，且 $\dfrac{HI}{IO}=\dfrac{r}{R}$。

证法2　如图6.2.4所示，设直线 DH、EH、FH 分别与 $\triangle ABC$ 的内切圆交于另一点 P、Q、R，则 $\triangle DEF$ 的三边分别垂直平分 HP、HQ、HR，所以 $DQ=DH=DR$，由此可知 $QR \parallel BC$。同样，$RP \parallel CA$，$PQ \parallel AB$，因此 $\triangle ABC$ 与 $\triangle PQR$ 是位似的。而 O、I 分别为 $\triangle ABC$ 与 $\triangle PQR$ 的外心，I、H 分别为 $\triangle ABC$ 与 $\triangle PQR$ 的内心，故 O、I、H 三点共线，且 $\dfrac{HI}{IO}=\dfrac{r}{R}$。

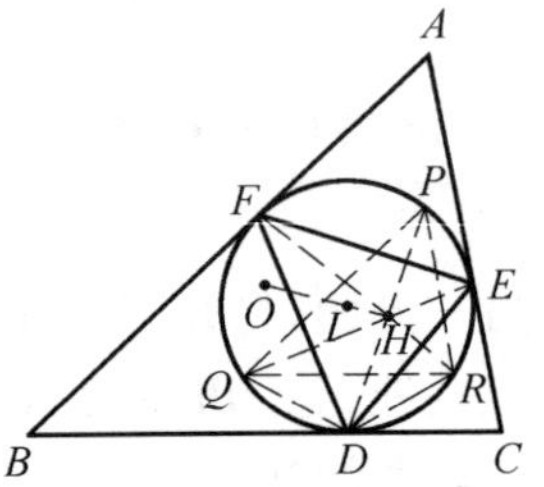

图 6.2.4

用位似变换处理三点共线问题时很多情况下要用到位似三角形。

例 6.2.3　证明**Pascal 定理**：圆内接六边形的三组对边（所在直线）的交点共线。

证明　如图 6.2.5,6.2.6 所示，设圆内接六边形为 $ABCDEF$，直线 AB 与 DE 交于 P，BC 与 EF 交于 Q，CD 与 FA 交于 R。过 P 作 CD 的平行线交直线 BC 于 I，再过 P 作 AF 的平行线交直线 EF 于 J，则 $\measuredangle PIB=\measuredangle DCQ=\measuredangle PEB$，所以，$B$、$P$、$E$、$I$ 四点共圆。同理，B、J、E、P 四点共圆。因此，B、J、I、E、P 五点共圆，从而 $\measuredangle BIJ=\measuredangle BEJ=\measuredangle BCF$，所以，$CF \parallel IJ$。由于 $\triangle IPJ$ 与 $\triangle CRF$ 的三边对应边分别平行，并且有两组对应顶点的连线 IC 与 JF 相交于 Q，因而这两个三角形是位似的，且 Q 为位似中心。故 P、Q、R 共线。

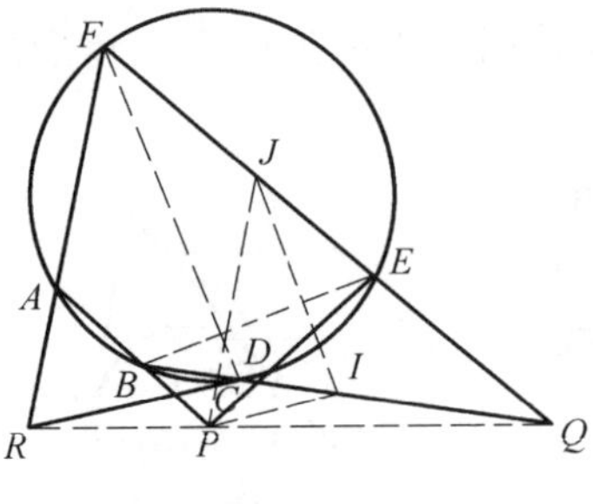

图 6.2.5

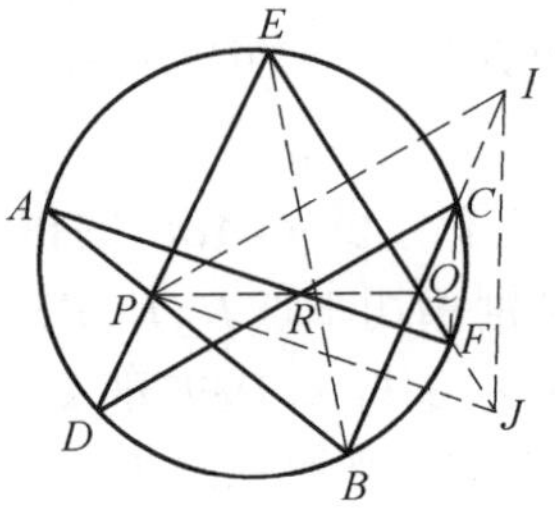

图 6.2.6

例 6.2.4　证明**Newton 线定理**：圆外切四边形两条对角线的中点和内切圆的圆心三点共线。

证明 如图6.2.7所示，设 $ABCD$ 为 $\odot O$ 的外切四边形，$\odot O$ 与 AB、BC、CD、DA 分别切于 P、Q、R、S. 两对角线 AC、BD 的中点分别为 M、N. 连 PR、SQ. 分别过 A、B 两点作 PR 的平行线交直线 CD 于 E、F 两点，再分别过 A、D 两点作 SQ 的平行线交直线 BC 于 X、Y 两点，则 $ER = AP = AS = XQ$，所以 $EC = ER + RC = XQ + QC = XC$. 同理，$DF = BY$.

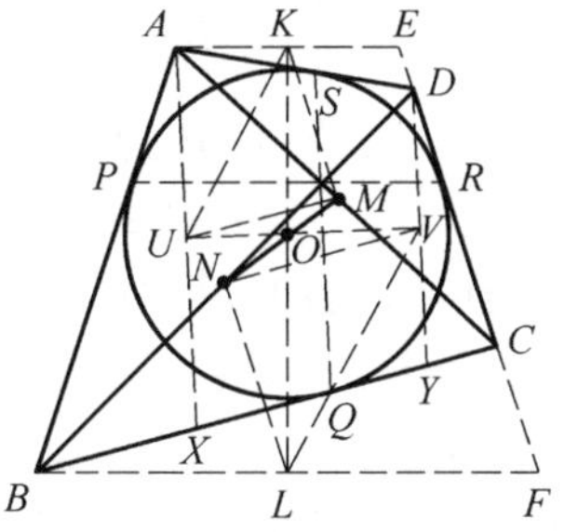

图6.2.7

于是，设 AE、BF、AX、DY 的中点分别为 K、L、U、V，则

$$KM = \frac{1}{2}EC = \frac{1}{2}XC = UM, NV = \frac{1}{2}BY = \frac{1}{2}DF = NL$$

所以 $\triangle MKU$ 与 $\triangle NLV$ 都是等腰三角形. 又 $KM \parallel EF \parallel NL$, $UM \parallel BC \parallel NV$. 由此可知 $\triangle MKU$ 与 $\triangle NLV$ 是位似的，因而对应顶点连线 MN、KL、UV 三线共点. 但 KL 与 UV 显然均过圆心 O，故 M、O、N 三点共线.

对于有些非共线点问题，我们也可以将其化为共线点问题而用位似变换处理.

例6.2.5 设 AB 是 $\odot O$ 的一条直径，一直线与 $\odot O$ 交于 C、D 两点，与直线 AB 交于点 M，$\triangle AOC$ 的外接圆与 $\triangle BOD$ 的外接圆交于点 $N(N \neq O)$. 证明：$ON \perp MN$.

证明 如图6.2.8，6.2.9所示，设 $\triangle AOC$ 的外心与 $\triangle DOB$ 的外心分别为 O_1、O_2，OP、OQ 分别为其外接圆的直径，则 O_1O_2 垂直平分公共弦 ON，且 O_1O_2 是 $\triangle OPQ$ 的中位线，所以，直线 PQ 过点 N，且 $PQ \perp ON$. 下面只需证明 M、P、Q 三点共线即可.

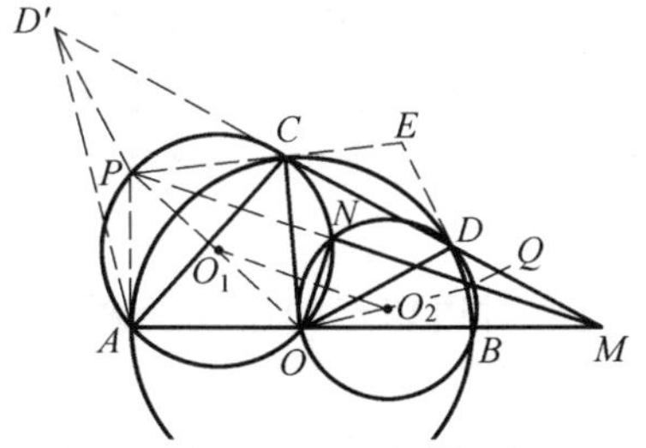

图6.2.8

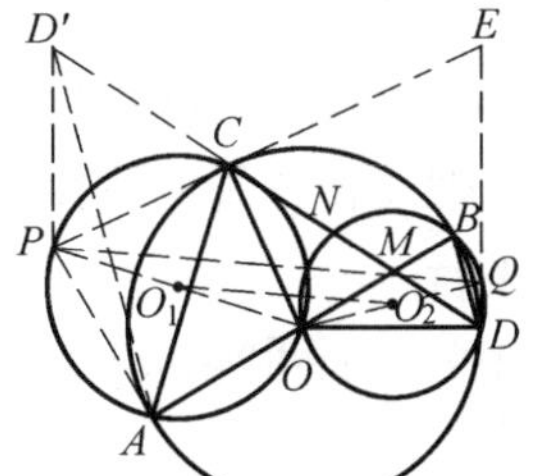

图6.2.9

易知 PA、PC、QB、QD 皆与 $\odot O$ 相切，且 $PA \parallel QB$. 设 PC 与 QD 交于 E，令 $\overline{MA} = k \cdot \overline{MB}$，作位似变换 $H(M, k)$，则 $B \to A$. 设 $D \to D'$，则 $AD' \parallel BD$，且

$$\measuredangle AD'C = \measuredangle BDM = \measuredangle BDQ + \measuredangle QDM = \measuredangle BDQ + \measuredangle EDC =$$

$$\frac{1}{2}\measuredangle BOD + \frac{1}{2}\measuredangle DOC = \frac{1}{2}\measuredangle BOC = \frac{1}{2}\measuredangle APC$$

而 $PA = PC$,所以 P 为 $\triangle D'AC$ 的外心,从而 $D'P = PC$.于是

$$\angle PD'C = \angle D'CP = \angle DCE = \angle EDC = \angle QDM$$

所以,$D'P \parallel DQ$.再注意 $PA \parallel QB$,$AD' \parallel BD$ 即知 $Q \to P$.故 M、P、Q 三点共线,因而 $ON \perp MN$.

图6.2.8的情形为1995年举行的第21届俄罗斯数学奥林匹克试题,同时也是1997年举行的第14届伊朗数学奥林匹克试题.而图6.2.9的情形为1996年罗马尼亚国家队选拔考试试题.

因为在位似变换下,任意一点与其像点的连线一定过位似中心,并且位似变换将共点线变为共点线.同时,共点线问题往往可以化为共线点问题.所以,共点线问题当然也可以考虑用位似变换来实现.

例6.2.6 过 $\triangle ABC$ 的顶点 A 作 $\triangle ABC$ 的角平分线 CD、BE 的平行线得交点 D、E,再过顶点 A 作 $\triangle ABC$ 的外角平分线 BF、CG 的平行线得交点 F、G,又 M、N 分别为 AB、AC 的中点.求证:DE、FG、MN 三线共点或互相平行.

证明 如图6.2.10所示.设 AD 与 BF 交于 P,AE 与 CG 交于 Q,AF 与 CD 交于 R,AG 与 BE 交于 S.因 $AP \parallel BE$,$BP \perp BE$,所以 $AP \perp BP$.同理,$AQ \perp CQ$,$AR \perp CR$,$AS \perp BS$.容易知道 P、Q、R、S 四点共线,且这条直线通过 AB 与 AC 的中点 M、N.由于 $DP \parallel ES$,$PF \parallel SG$,$FR \parallel GQ$,$RD \parallel QE$,PR 与 SQ 在一直线上,所以 $\triangle DPR \backsim \triangle ESQ$,$\triangle PFR \backsim \triangle SGQ$,从而四边形 $DPFR \backsim$ 四边形 $ESGQ$.于是,$\triangle DPF \backsim \triangle ESG$.再由 $DP \parallel ES$,$PF \parallel SG$ 即知 $DF \parallel EG$.这说明 $\triangle DPF$ 与 $\triangle ESG$ 的对应边分别平行.因而由推论2.2.1,存在一个位似变换或平移变换,使得 $\triangle DPF \to \triangle ESG$.故 DE、FG、MN 三线共点或互相平行.

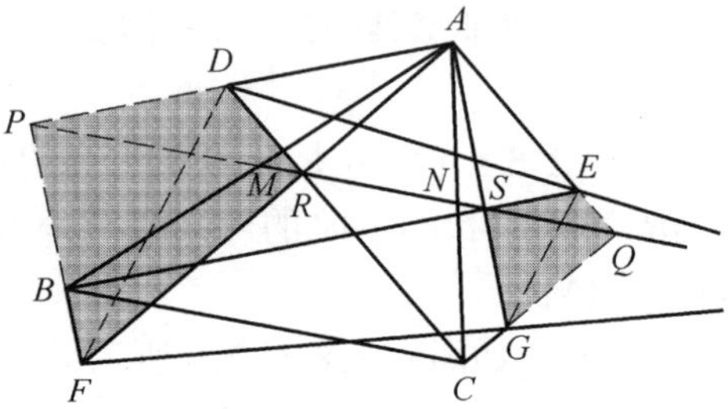

图6.2.10

例6.2.7 证明Newton定理:圆外切四边形对边切点的连线及两对角线,凡四线共点.

证明 如图6.2.11所示,设四边形 $ABCD$ 外切于圆,且在四边 AB、BC、CD、DA 上的切点分别为 E、G、F、H.作 $AM \parallel CD$ 交 EF 于 M,则 $\angle MEA = \angle DFE = \angle AME$,所以,$AE = AM$.同理,作 $AN \parallel BC$ 交直线 GH 于 N,则 $AN = AH$.但 $AE = AH$,所以 $AM = AN$,即 $\triangle AMN$ 是等腰三角形.又 $\triangle CFG$ 也是等腰三角形,且这个等腰三角形的两腰分别对应平行,方向相反,因而 $\triangle AMN$ 与

$\triangle CFG$ 是位似的，所以 AC、MF、NG 交于一点，即 AC、EF、GH 交于一点. 同理，BD、EF、GH 交于一点. 故 AC、BD、EF、GH 四线交于一点.

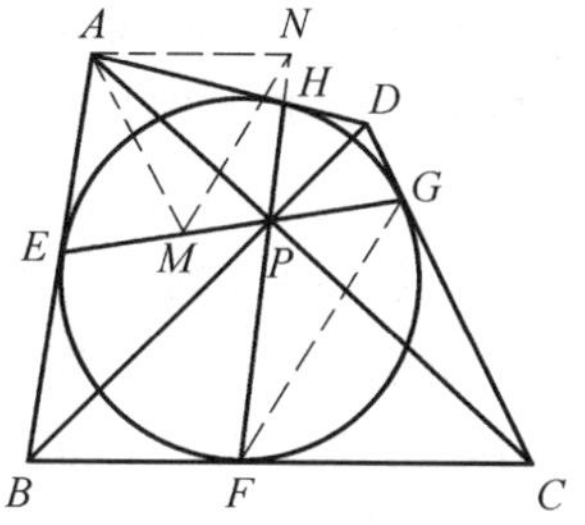

图 6.2.11

例 6.2.8 已知 $\triangle A_1A_2A_3$ 不是正三角形，它的三边分别为 a_1、a_2、a_3，其中 a_i 是 A_i 的对边. 设 M_i 是边 a_i 的中点，T_i 是 $\triangle A_1A_2A_3$ 的内切圆与边 a_i 的切点，S_i 是 T_i 关于 A_i 的平分线的对称点 $(i=1,2,3)$. 求证：M_1S_1、M_2S_2、M_3S_3 三线共点.（第 23 届 IMO，1982）

证明 如图 6.2.12 所示. 显然，点 S_1、S_2、S_3 皆在 $\triangle A_1A_2A_3$ 的内切圆上，且 $\overset{\frown}{S_2T_1}=\overset{\frown}{T_2T_3}=\overset{\frown}{T_1S_3}$，而 T_1 是其内切圆与边 a_1 的切点，所以 $S_2S_3 /\!/ A_2A_3$，而 $A_2A_3 /\!/ M_2M_3$，因此 $S_2S_3 /\!/ M_2M_3$. 同理，$S_3S_1 /\!/ M_3M_1$，$S_1S_2 /\!/ M_1M_2$，所以，$\triangle M_1M_2M_3$ 与 $\triangle S_1S_2S_3$ 全等或位似. 但 $\triangle A_1A_2A_3$ 不是正三角形，于是，$\triangle A_1A_2A_3$ 的内切圆半径小于外接圆半径之半，而 $\triangle S_1S_2S_3$ 的外接圆半径即 $\triangle A_1A_2A_3$ 的内切圆半径，$\triangle M_1M_2M_3$ 的外接圆半径恰为 $\triangle A_1A_2A_3$ 的外接圆半径的一半，所以 $\triangle M_1M_2M_3$ 与 $\triangle S_1S_2S_3$ 的外接圆半径不等，因而两者不可能全等，必然是位似的. 故其对应顶点的连线 M_1S_1、M_2S_2、M_3S_3 皆过位似中心，即 M_1S_1、M_2S_2、M_3S_3 三线共点.

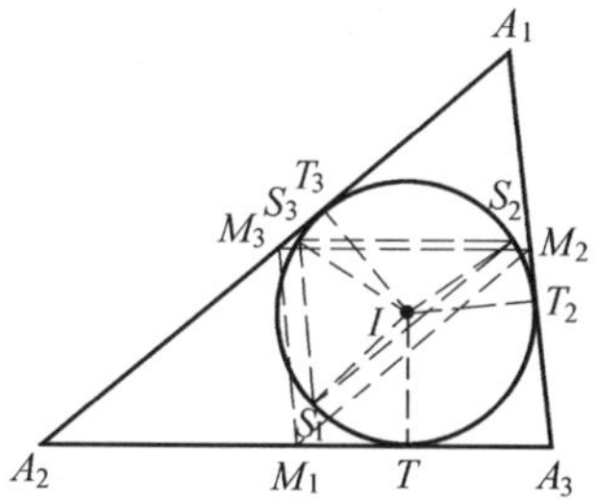

图 6.2.12

在这个证明中，我们用到了如下事实：

设 R、r 分别为 $\triangle ABC$ 的外接圆半径与内切圆半径，则 $R \geqslant 2r$. 等式成立当且仅当 $\triangle ABC$ 是正三角形.

事实上，如图 6.2.13 所示，设 D、E、F 分别为 $\triangle ABC$ 的三边的中点，则 $\triangle DEF$ 的外接圆半径为 $\frac{1}{2}R$. 而 $\triangle DEF$ 的外接圆与 $\triangle ABC$ 的三边都有公共点，$\triangle ABC$ 的内切圆与 $\triangle ABC$ 的三边都相切，因此，$\triangle DEF$ 的外接圆半径不小于 r，即 $\frac{1}{2}R \geqslant r$，故 $R \geqslant 2r$. 等式成立当且仅当 $\triangle DEF$ 的外接圆与 $\triangle ABC$ 的三边都相切，当且仅当 $\triangle ABC$ 是正三角形.

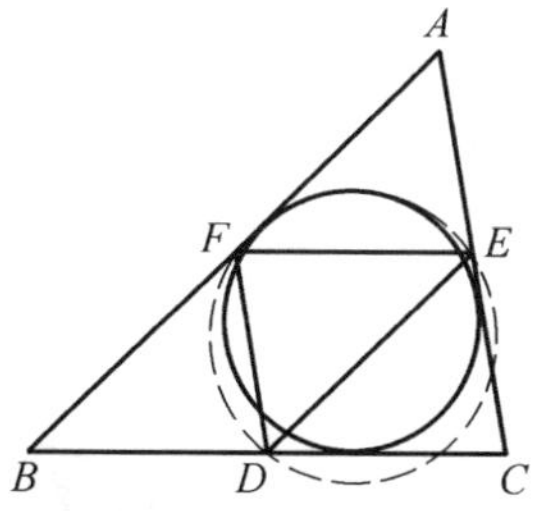

图 6.2.13

不等式"$R \geqslant 2r$"称为**Euler 不等式**.

例 6.2.9 证明Desargues 定理:两个三角形的对应顶点的连线共点或互相平行的充分必要条件是其对应边的交点共线.

证明 必要性. 如果两个三角形的对应顶点的连线互相平行,由推论 2.5.1 知其对应边的交点共线. 下设两个三角形的对应顶点的连线共点. 如图 6.2.14 所示,设 $\triangle ABC$ 与 $\triangle A'B'C'$ 的对应顶点的连线 AA'、BB'、CC' 共点于 O,直线 BC 与 $B'C'$ 交于 L,CA 与 $C'A'$ 交于 M,AB 与 $A'B'$ 交于 N. $\overline{NA} = k \cdot \overline{NB}$,作位似变换 $H(N,k)$,则 $B \rightarrow A$. 设 $B' \rightarrow P$,$L \rightarrow Q$,则 N、L、Q 三点共线,$AQ \parallel BL$,$PQ \parallel B'L$,$AP \parallel OB'$. 再设 PQ 交 $A'C'$ 于 R,则有 $\dfrac{A'C'}{A'R} = \dfrac{A'B'}{A'P} = \dfrac{A'O}{A'A}$,所以 $AR \parallel OC'$. 于是,$\triangle ARQ$ 与 $\triangle CC'L$ 是位似的,且 M 为位似中心. 因此,M、L、Q 三点共线. 再由 N、L、Q 三点共线即知 L、M、N 三点共线.

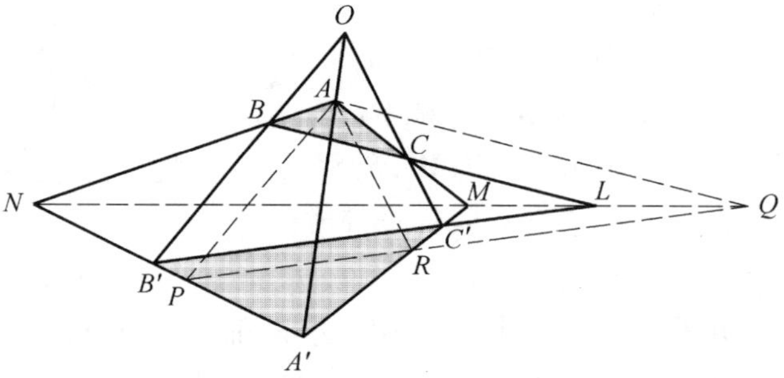

图 6.2.14

充分性. 如图 6.2.15 所示,在 $\triangle ABC$ 和 $\triangle A'B'C'$ 中,直线 BC 与 $B'C'$ 的交点 L、CA 与 $C'A'$ 的交点 M、AB 与 $A'B'$ 的交点 N,三点共线,$\overline{BA} = k \cdot \overline{BN}$. 作位似变换 $H(B,k)$,则 $N \rightarrow A$. 设 $B' \rightarrow I$,$L \rightarrow J$,则 $AI \parallel A'B'$,$AJ \parallel ML$,$IJ \parallel B'L$. 再设 IJ 交 CC' 于 K,则有 $\dfrac{CK}{CC'} = \dfrac{CJ}{CL} = \dfrac{CA}{CM}$,所以 $AK \parallel MC'$,即 $AK \parallel A'C'$. 于是,$\triangle A'B'C'$ 与 $\triangle AIK$ 的三组对应边分别平行,因而 AA'、IB'、KC' 三线共点

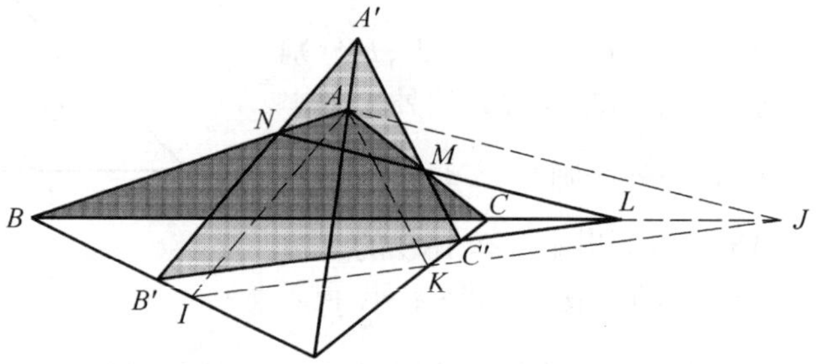

图 6.2.15

或互相平行,即 AA'、BB'、CC' 三线共点或互相平行.

例 6.2.10 设四边形 $ABCD$ 的两条对角线交于 K,M、N 分别为边 AB、CD 的中点,k、m、n 分别是过点 K、M、N 且分别垂直于 AD、BD、AC 的直线.求证:四边形 $ABCD$ 内接于圆的充分必要条件是 k、m、n 三线共点.(充分性:中国香港队选拔考试,1998)

证明 如图 6.2.16 所示,设 m、n 交于点 P,且直线 k、m、n 分别交直线 AD、BD、AC 于 G、E、F.分别过 A、D 作 BD、AC 的垂线(设垂足分别为 S、T),则它们交于 PD 上一点 Q($\triangle AKD$ 的垂心).显然 A、S、T、D 四点共圆,所以 $\angle ADB = \angle KTS$.于是四边形 $ABCD$ 内接于圆 $\Leftrightarrow \angle ACB = \angle ADB \Leftrightarrow \angle ATS = \angle ACB \Leftrightarrow ST /\!/ BC$.又 E、F 分别是 BS、CT 的中点,所以,

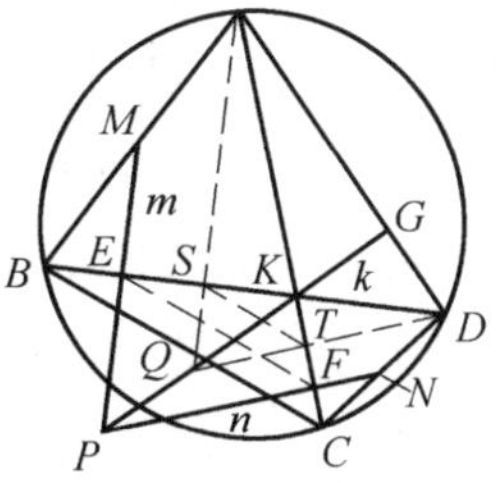

图 6.2.16

$ST /\!/ BC \Leftrightarrow ST /\!/ EF \Leftrightarrow \dfrac{KE}{KS} = \dfrac{KF}{KT}$.设 $KE = k \cdot KS$,作位似变换 $H(K,k)$,则 $S \to E$,直线 $AQ \to$ 直线 m.于是,$\dfrac{KE}{KS} = \dfrac{KF}{KT} \Leftrightarrow$ 直线 $DQ \to$ 直线 $n \Leftrightarrow Q \to P \Leftrightarrow P$、$Q$、$K$ 三点共线 $\Leftrightarrow k$、m、n 三线共点.故四边形 $ABCD$ 内接于圆 $\Leftrightarrow k$、m、n 三线共点.

用位似变换证明三线共点,不少情况下是证明这三线是某个位似变换下共点三线的像直线,或这三线在某个位似变换下的三像直线共点.

例 6.2.11 已知 $\triangle ABC$ 的内切圆分别切三边 BC、CA、AB 于 D、E、F,从 BC、CA、AB 的中点 L、M、N 分别作 EF、FD、DE 的垂线 l、m、n.证明:l、m、n 三线共点.并指出这点在 $\triangle ABC$ 中的位置.(中国国家集训队测试,1988)

证明 如图6.2.17所示,由假设,$l \perp EF$.设 I 为 $\triangle ABC$ 的内心,显然 $AI \perp EF$,所以 $l /\!/ AI$.同理,$m /\!/ BI$,$n /\!/ CI$.再设 G 为 $\triangle ABC$ 的重心,作位似变换 $H\left(G, -\dfrac{1}{2}\right)$,则有 $\triangle ABC \to \triangle LMN$.因 $l /\!/ AI$、$m /\!/ BI$、$n /\!/ CI$,所以直线 AI、BI、CI 的像直线分别是 l、m、n.故 l、m、n 三线共点.且所共之点为 $\triangle LMN$ 的内心——设为 J,则由 $I \to J$ 即知点 J 在 IG 的延长线上,且 $2GJ = IG$.

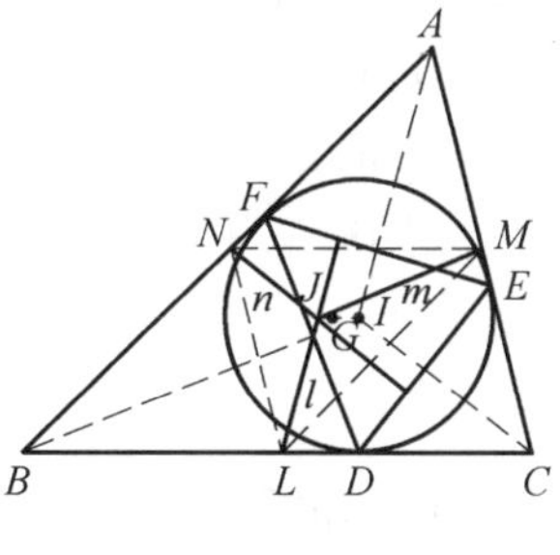

图 6.2.17

例6.2.12 以 $\triangle ABC$ 的边为一边在 $\triangle ABC$ 的形外作三个相似矩形 ABB_1A_2、BCC_1B_2、CAA_1C_2.证明:A_1A_2、B_1B_2、C_1C_2 的垂直平分线共点.

证明 如图 6.2.18 所示,设 X、Y、Z 分别为 $\triangle AA_1A_2$、$\triangle BB_1B_2$、$\triangle CC_1C_2$

的外心，则 YZ 是 BB_1(或 CC_1) 的垂直平分线，所以，$YZ \parallel BC$. 同理，$ZX \parallel CA$，$XY \parallel AB$，因而 $\triangle XYZ$ 与 $\triangle ABC$ 是位似的. 又不难知道，过点 A 且垂直于 A_1A_2 的直线过 BC 的中点(例 7.1.6)，对点 B、点 C 也有类似的结论. 因而过点 A 且垂直于 A_1A_2 的直线，过点 B 且垂直于 B_1B_2 的直线，过点 C 且垂直于 C_1C_2 的直线共点，且这点即 $\triangle ABC$ 的重心 G. 于是，作位似变换，使 $\triangle ABC \to \triangle XYZ$，则 $AG \to$ 过点 X 且垂直于 A_1A_2 的直线，即 $AG \to A_1A_2$ 的垂直平分线. 同理，$BG \to B_1B_2$ 的垂直平分线，$CG \to C_1C_2$ 的垂直平分线，故 A_1A_2、B_1B_2、C_1C_2 的垂直平分线共点，且这点为 $\triangle XYZ$ 的重心.

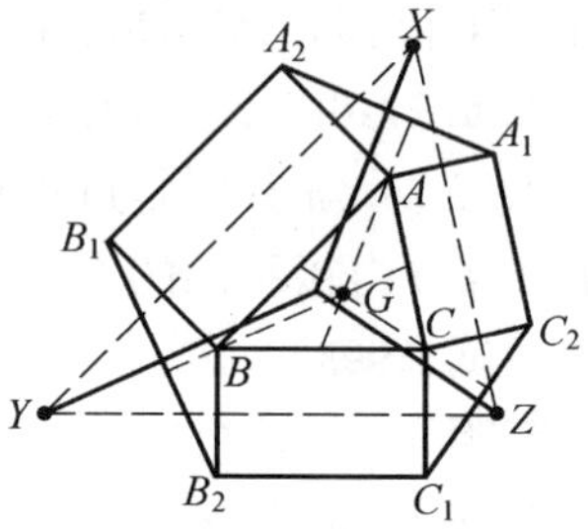

图 6.2.18

当所作三个相似矩形皆为正方形时，本题曾作为 1996 年德国数学奥林匹克试题.

值得指出的是，任何合同变换和相似变换都将共点线变为共点线，将共线点变为共线点，因此，从这个意义上来讲，任何合同变换和相似变换都可以用于证明三点共线与三线共点的问题，如例 4.2.10 与例 4.2.11 就是用中心反射变换证明三线共点的例子. 只不过位似变换在这方面更显得身手不凡.

6.3 Menelaus 定理与 Ceva 定理

处理共线点问题与共点线问题还有两个非常得力的工具，这就是著名的 Menelaus 定理与 Ceva 定理. 这两个定理都可以用位似变换证明.

Menelaus 定理 设 D、E、F 分别是 $\triangle ABC$ 的三边 BC、CA、AB 所在直线上的三点，则 D、E、F 三点共线的充分必要条件是

$$\frac{\overline{BD}}{\overline{DC}} \cdot \frac{\overline{CE}}{\overline{EA}} \cdot \frac{\overline{AF}}{\overline{FB}} = -1$$

证明 如图6.3.1,6.3.2所示，作位似变换 $H\left(D, \frac{\overline{DC}}{\overline{DB}}\right)$，则 $B \to C$. 设 $F \to F'$，则 F'、D、F 三点共线，且 $CF' \parallel BF$，$\frac{\overline{CF'}}{\overline{BF}} = \frac{\overline{DC}}{\overline{DB}}$. 所以

$$\frac{\overline{BD}}{\overline{DC}} \cdot \frac{\overline{CE}}{\overline{EA}} \cdot \frac{\overline{AF}}{\overline{FB}} = -\frac{\overline{BF}}{\overline{CF'}} \cdot \frac{\overline{CE}}{\overline{EA}} \cdot \frac{\overline{AF}}{\overline{FB}} = \frac{\overline{CE}}{\overline{EA}} \cdot \frac{\overline{AF}}{\overline{CF'}}$$

于是

$$D\text{、}E\text{、}F \text{ 三点共线} \Leftrightarrow E\text{、}F\text{、}F' \text{ 三点共线} \Leftrightarrow$$

$$F \xrightarrow{H\left(E, \frac{\overline{EA}}{\overline{EC}}\right)} F' \Leftrightarrow \frac{\overline{AF}}{\overline{CF'}} = \frac{\overline{EA}}{\overline{EC}} \Leftrightarrow \frac{\overline{CE}}{\overline{EA}} \cdot \frac{\overline{AF}}{\overline{CF'}} = -1 \Leftrightarrow \frac{\overline{BD}}{\overline{DC}} \cdot \frac{\overline{CE}}{\overline{EA}} \cdot \frac{\overline{AF}}{\overline{FB}} = -1$$

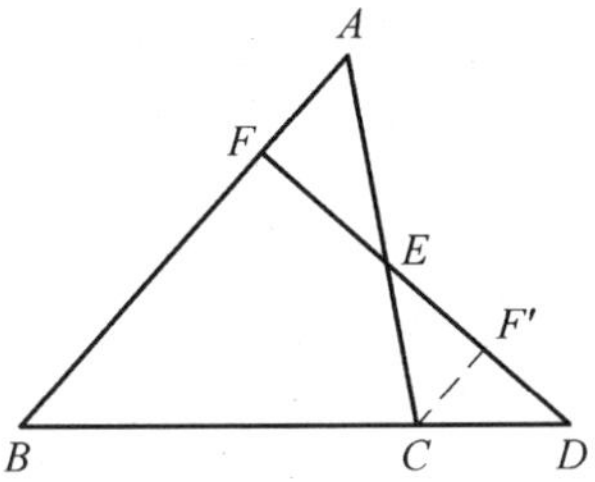

图 6.3.1

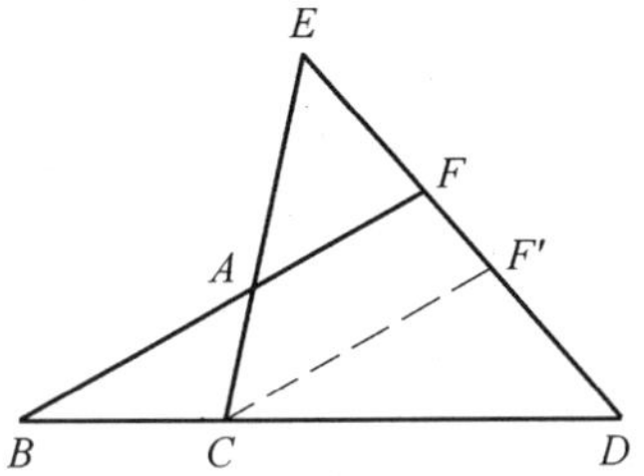

图 6.3.2

Ceva 定理 设 D、E、F 分别是 $\triangle ABC$ 的三边所在直线上的三点，则 AD、BE、CF 三线共点或平行的充分必要条件是

$$\frac{\overline{BD}}{\overline{DC}} \cdot \frac{\overline{CE}}{\overline{EA}} \cdot \frac{\overline{AF}}{\overline{FB}} = 1$$

证明 如图 6.3.3，6.3.4 所示，过点 A 作 BC 的平行线分别交直线 BE、CF 于 M、N，则有 $BC \xrightarrow{H\left(F, \frac{\overline{FA}}{\overline{FB}}\right)} AN \xrightarrow{H\left(A, \frac{\overline{AM}}{\overline{AN}}\right)} AM \xrightarrow{H\left(E, \frac{\overline{EC}}{\overline{EA}}\right)} CB$. 由于位似变换之积是位似变换或平移变换，而在平移变换下，不可能有 $BC \rightarrow CB$，因此

$$H\left(E, \frac{\overline{EC}}{\overline{EA}}\right) H\left(A, \frac{\overline{AM}}{\overline{AN}}\right) H\left(F, \frac{\overline{FA}}{\overline{FB}}\right) = H(O, -1)$$

为中心反射变换. 其中 O 为 BC 的中点. 所以 $\frac{\overline{EC}}{\overline{EA}} \cdot \frac{\overline{AM}}{\overline{AN}} \cdot \frac{\overline{FA}}{\overline{FB}} = -1$. 于是

$$\frac{\overline{BD}}{\overline{DE}} \cdot \frac{\overline{CE}}{\overline{EA}} \cdot \frac{\overline{AF}}{\overline{FB}} = 1 \Leftrightarrow \frac{\overline{DB}}{\overline{DC}} \cdot \frac{\overline{EC}}{\overline{EA}} \cdot \frac{\overline{FA}}{\overline{FB}} = -1 \Leftrightarrow \frac{\overline{AM}}{\overline{AN}} = \frac{\overline{DB}}{\overline{DC}}$$

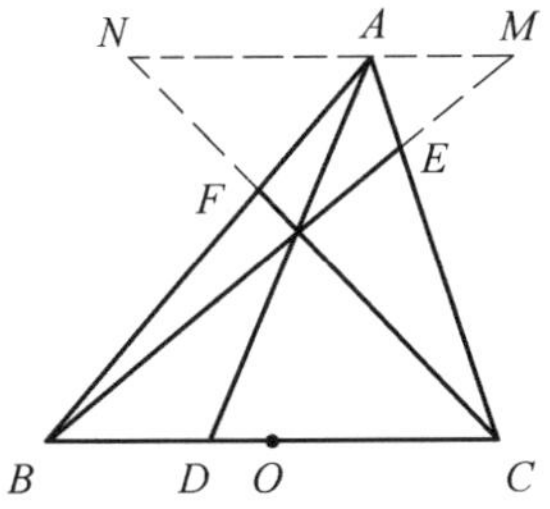

图 6.3.3

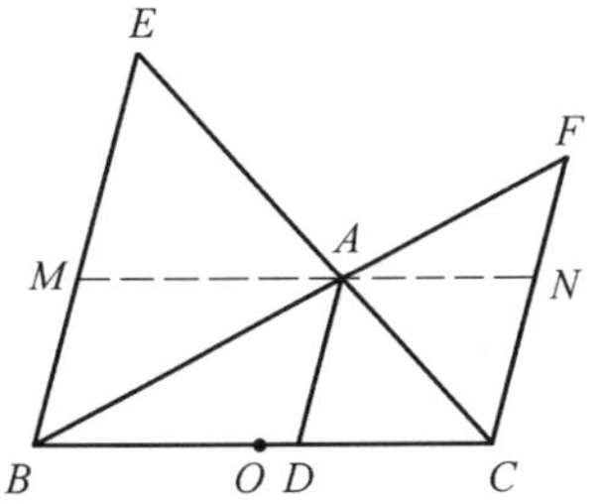

图 6.3.4

如果 AD、BE、CF 三线共点或互相平行，则显然有 $\frac{\overline{AM}}{\overline{AN}} = \frac{\overline{DB}}{\overline{DC}}$. 反之，如果 $\frac{\overline{AM}}{\overline{AN}} = \frac{\overline{DB}}{\overline{DC}}$，令 $\overrightarrow{BC} = k \cdot \overrightarrow{MN}$，则有 $\overrightarrow{DB} = k \cdot \overrightarrow{AM}$，$\overrightarrow{DC} = k \cdot \overrightarrow{AN}$，因而存在位似

变换或平移变换 f,使得 $M、A、N \xrightarrow{f} B、D、C$,所以 $AD、BM、CN$ 三线共点或互相平行,即 $AD、BE、CF$ 三线共点或互相平行.

综上所述,$AD、BE、CF$ 三线共点或互相平行的充分必要条件是

$$\frac{\overline{BD}}{\overline{DE}} \cdot \frac{\overline{CE}}{\overline{EA}} \cdot \frac{\overline{AF}}{\overline{FB}} = 1$$

前面所述 Pascal 定理,Desargues 定理等都可以用 Menelaus 定理证明.而三角形的重心、内心、旁心、垂心等这些三线所共之点都可以用 Ceva 定理证明.

在具体使用这两个定理证明三点共线或三线共点时,用方向线段反倒显得不太方便.但若不用方向线段,则这两个定理中所涉及的三个线段比之积都是1,没有区别.怎样区别是三点共线还是三线共点呢?我们只需注意到,在Menelaus 定理中,三点 $D、E、F$ 分别对于 $\triangle ABC$ 的三边来讲,或者有一个外分点(两个内分点),或者三个都是外分点(无内分点).而在 Ceva 定理中,则或者没有外分点(三个都是内分点),或者只有两个外分点(一个内分点).这样就可以区别是三点共线还是三线共点了.当然,在实际操作中,只需在图中默认即可,不必指明几个外分点和内分点.

用这两个定理证明三点共线或三线共点时,有时要用到(甚至多次用到)Menelaus 定理的必要性结论.此时,通常将直线 DEF 称为 $\triangle ABC$ 的截线.

实际上,我们在第 5 章已多次使用过这两个定理.

例 6.3.1 在 $\triangle ABC$ 的边 $BC、CA、AB$ 上各取两点 $A_1、A_2,B_1、B_2,C_1、C_2$,使得 $\overline{BA_1} = \overline{A_2C},\overline{CB_1} = \overline{B_2A},\overline{AC_1} = \overline{C_2B}$.再设直线 B_2C_1 与 BC 交于 D,直线 C_2A_1 与 CA 交于 E;直线 A_2B_1 与 AB 交于 F.求证:$D、E、F$ 三点共线.

证明 如图 6.3.5 所示,对 $\triangle ABC$ 与截线 $DB_2C_1、EC_2A_1、FA_2B_1$,由 Menelaus 定理,有

$$\frac{\overline{BD}}{\overline{DC}} \cdot \frac{\overline{CB_2}}{\overline{B_2A}} \cdot \frac{\overline{AC_1}}{\overline{C_1B}} = -1$$

$$\frac{\overline{CE}}{\overline{EA}} \cdot \frac{\overline{AC_2}}{\overline{C_2B}} \cdot \frac{\overline{BA_1}}{\overline{A_1C}} = -1$$

$$\frac{\overline{AF}}{\overline{FB}} \cdot \frac{\overline{BA_2}}{\overline{A_2C}} \cdot \frac{\overline{CB_1}}{\overline{B_1A}} = -1$$

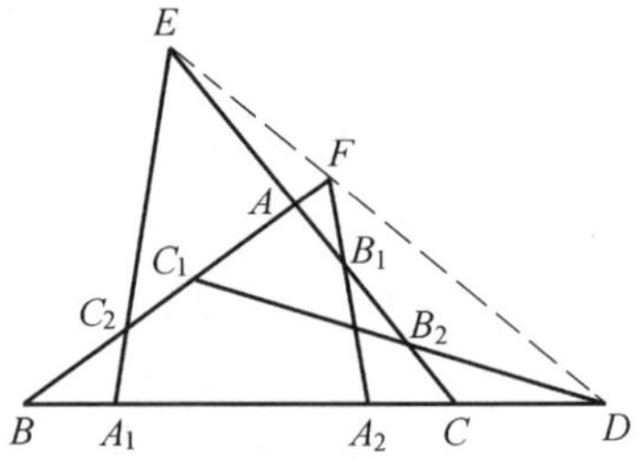

图 6.3.5

三式相乘,并注意 $\overline{BA_1} = \overline{A_2C},\overline{CB_1} = \overline{B_2A},\overline{AC_1} = \overline{C_2B},\overline{BA_2} = \overline{A_1C},\overline{CB_2} = \overline{B_1A},\overline{AC_2} = \overline{C_1B}$,得

$$\frac{\overline{BD}}{\overline{DC}} \cdot \frac{\overline{CE}}{\overline{EA}} \cdot \frac{\overline{AF}}{\overline{FB}} = -1$$

而 $D、E、F$ 分别在 $\triangle ABC$ 的三边所在直线上,再由 Menelaus 定理即知,$D、E、F$ 三点共线.

例 6.3.2 证明:任意四边形的两对角线的中点、两组对边的交点的连线段的中点,凡三点共线.

本题即例 4.1.11 所述的 Newton 定理,那里我们用中心反射变换给出了它的一个证明,因这是一个典型的三点共线问题,我们当然可以考虑用 Menelaus 定理来证明.

证明 如图 6.3.6 所示. 设在四边形 $ABCD$ 中,直线 AB 与 CD 交于 E,直线 BC 与 DA 交于 F,AC、BD、EF 的中点分别为 L、M、N. 再设 EB、EC、BC 的中点分别为 P、Q、R. 因 Q、L、R 分别是 EC、AC、BC 的中点,所以 Q、L、R 三点共线. 同理,R、M、P 三点共线,P、N、Q 三点共线. 由此可知

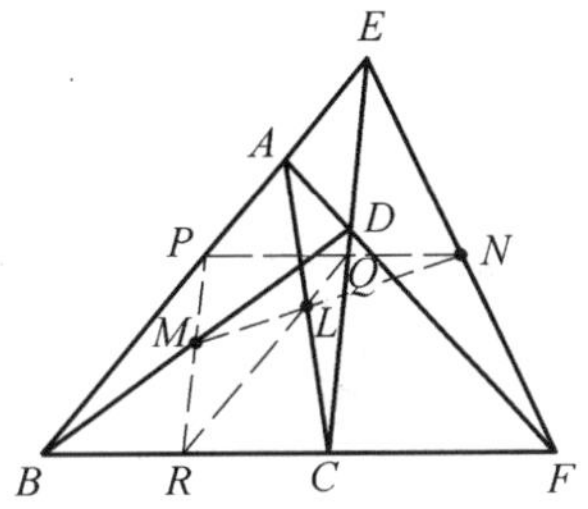

图 6.3.6

$$\frac{\overline{QL}}{\overline{LR}}=\frac{\overline{EA}}{\overline{AB}},\frac{\overline{RM}}{\overline{MP}}=\frac{\overline{CD}}{\overline{DE}},\frac{\overline{PN}}{\overline{NQ}}=\frac{\overline{BF}}{\overline{FC}}$$

三式相乘,得

$$\frac{\overline{QL}}{\overline{LR}}\cdot\frac{\overline{RM}}{\overline{MP}}\cdot\frac{\overline{PN}}{\overline{NQ}}=\frac{\overline{EA}}{\overline{AB}}\cdot\frac{\overline{CD}}{\overline{DE}}\cdot\frac{\overline{BF}}{\overline{FC}}$$

另一方面,考虑 $\triangle EBC$ 与截线 ADF,由 Menelaus 定理,$\frac{\overline{EA}}{\overline{AB}}\cdot\frac{\overline{BF}}{\overline{FC}}\cdot\frac{\overline{CD}}{\overline{DE}}=-1$, 因此

$$\frac{\overline{QL}}{\overline{LR}}\cdot\frac{\overline{RM}}{\overline{MP}}\cdot\frac{\overline{PN}}{\overline{NQ}}=-1$$

而 L、M、N 分别在 $\triangle PQR$ 三边所在直线上,再由 Menelaus 定理,L、M、N 三点共线.

利用 Menelaus 定理证明三点共线,关键是找到一个恰当的三角形,使这三点分别位于三角形的三边所在直线上,并设法证明这三点分所在边的比的乘积等于 -1. 对于例 6.3.1 来说,三角形是明摆着的. 而对于例 6.3.2 来说,欲证的共线三点 L、M、N 并不在一个已有的三角形的三边上,注意到 L、M、N 都是线段的中点. 于是 $\triangle EBC$ 的中点三角形 PQR 正好联系 L、M、N 三点. 我们也可以用 $\triangle EAD$ 的中点三角形,或 $\triangle ABF$ 的中点三角形、或 $\triangle CDF$ 的中点三角形完成例 6.3.2 的证明.

例 6.3.3 (1) 设 $\triangle ABC$ 的内切圆与边 BC、CA、AB 分别切于 D、E、F,则 AD、BE、CF 三线共点.(这个点称为 $\triangle ABC$ 的**Gergonne 点**)

(2) 设 $\triangle ABC$ 的 A-旁切圆与边 BC 切于 D,B-旁切圆与边 CA 切于 E,C-旁切圆与边 AB 切于 F,则 AD、BE、CF 三线共点.(这个点称为 $\triangle ABC$ 的**Nagle 点**)

证明 (1) 如图 6.3.7 所示,显然,$BD=FB$,$DC=CE$,$EA=AF$,所以

$$\frac{BD}{DC}\cdot\frac{CE}{EA}\cdot\frac{AF}{FB}=1$$

而 D、E、F 都在 $\triangle ABC$ 的边上，于是由 Ceva 定理即知 AD、BE、CF 三线共点.

(2) 如图6.3.8所示，不难知道 $BD=EA$，$DC=AF$，$CE=FB$，由此立即可用 Ceva 定理得到 AD、BE、CF 三线共点.

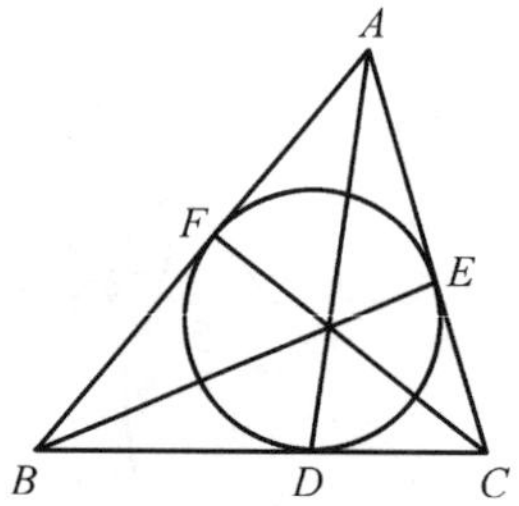

图 6.3.7

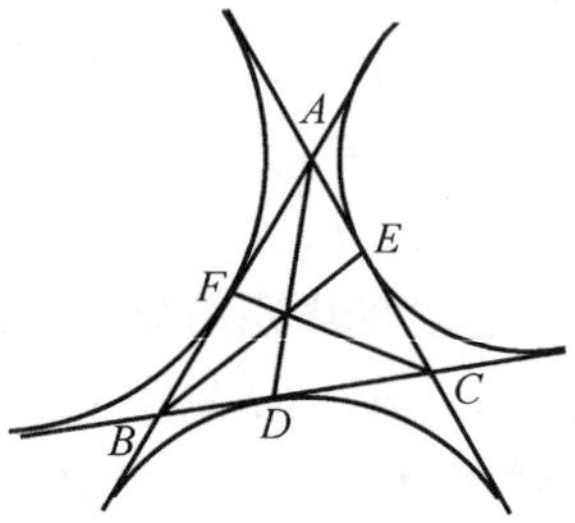

图 6.3.8

例6.3.4 一圆与 $\triangle ABC$ 的各边所在直线交于两点(这两点可能重合). 设 BC 边上的交点为 D、D'，CA 边上的交点为 E、E'，AB 边上的交点为 F、F'. 求证：若 AD、BE、CF 三线共点，则 AD'、BE'、CF' 三线共点或互相平行.

证明 如图 6.3.9，6.3.10 所示，由圆幂定理，有 $\overline{FB}\cdot\overline{F'B}=\overline{BD}\cdot\overline{BD'}$，$\overline{DC}\cdot\overline{D'C}=\overline{CE}\cdot\overline{CE'}$，$\overline{EA}\cdot\overline{E'A}=\overline{AF}\cdot\overline{AF'}$，所以

$$\frac{\overline{BD}}{\overline{DC}}\cdot\frac{\overline{CE}}{\overline{EA}}\cdot\frac{\overline{AF}}{\overline{FB}}\cdot\frac{\overline{BD'}}{\overline{D'C}}\cdot\frac{\overline{CE'}}{\overline{E'A}}\cdot\frac{\overline{AF'}}{\overline{F'B}}=1$$

于是，因 AD、BE、CF 三线共点，由 Ceva 定理，$\frac{\overline{BD}}{\overline{DC}}\cdot\frac{\overline{CE}}{\overline{EA}}\cdot\frac{\overline{AF}}{\overline{FB}}=1$，所以

$$\frac{\overline{BD'}}{\overline{D'C}}\cdot\frac{\overline{CE'}}{\overline{E'A}}\cdot\frac{\overline{AF'}}{\overline{F'B}}=1$$

再由 Ceva 定理即知 AD'、BE'、CF' 三线共点或互相平行.

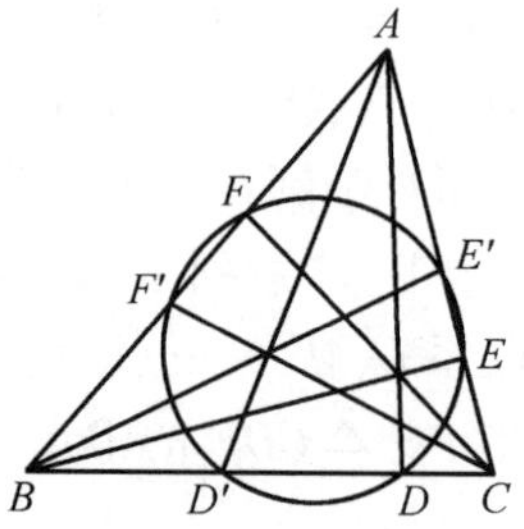

图 6.3.9

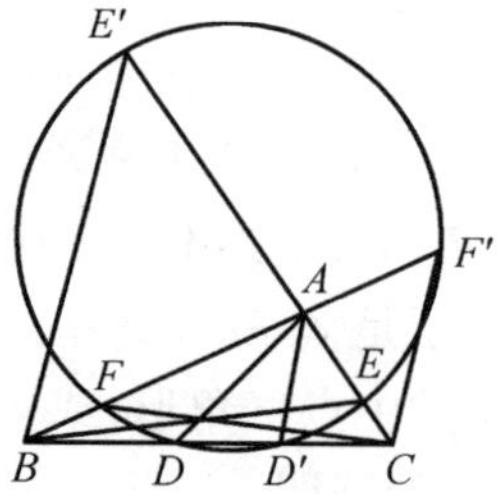

图 6.3.10

例6.3.5 在 $\triangle ABC$ 中，$\angle A=\frac{5\pi}{8}$，$\angle B=\frac{\pi}{8}$. 求证：$\triangle ABC$ 的高 AD、中线 BE、内角平分线 CF 三线共点.(希腊数学奥林匹克，1984)

证明 如图 6.3.11 所示，易知 $\angle C=\frac{\pi}{4}$，$\angle BAD=\frac{3\pi}{8}$. 设点 C 关于直线

AB 的对称点为 C'，则 $\angle C'AB = \angle BAC = \frac{5\pi}{8} = \pi - \angle BAD$，所以 C'、A、D 三点共线．而 $\angle C'BC = 2\angle CBA = \frac{\pi}{4}$，$AD \perp BD$，所以 $BC = BC' = \sqrt{2}BD$．又 $CE = EA$，$AC = \sqrt{2}DC$，$\frac{AF}{FB} = \frac{AC}{BC}$．于是

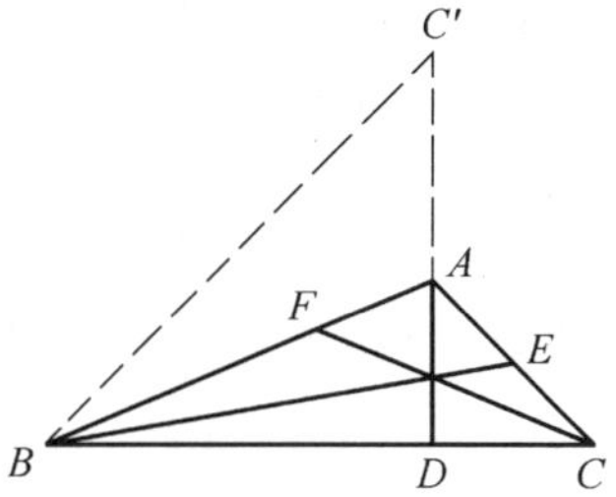

图 6.3.11

$$\frac{BD}{DC} \cdot \frac{CE}{EA} \cdot \frac{AF}{FB} = \frac{BD}{DC} \cdot \frac{AC}{BC} = \frac{BD}{DC} \cdot \frac{\sqrt{2}DC}{\sqrt{2}BD} = 1$$

由 Ceva 定理即知，AD、BE、CF 三点共线．

其实，Menelaus 定理与 Ceva 定理不仅仅只有证明三点共线和三线共点的功能，其他一些问题也有这两个定理的用武之地．原因有二：其一，有些问题本身可以化为三点共线或三线共点的问题；其二，如果问题中有三点共线或三线共点的条件，则可以由这两个定理的必要性得出一些线段之间的关系．

例 6.3.6 设 N 为 $\angle BAC$ 的平分线上一点，点 P 及点 O 分别在直线 AB 和 AN 上，其中 $\angle ANP = \angle APO = 90°$．在 NP 上取点 Q，过点 Q 作一条直线分别与 AB、AC 交于 E、F．求证：$\angle OQE = 90°$ 当且仅当 $QE = QF$．（第 35 届 IMO，1994）

证明 如图 6.3.12 所示，设直线 PN 与 AC 交于 R，则 $AR = AP$，$OR = OP$，$\angle ORF = \angle OPE = 90°$．连 OE、OF，考虑 $\triangle AEF$ 与截线 QRP，由 Menelaus 定理，$\frac{EQ}{QF} \cdot \frac{FR}{RA} \cdot \frac{AP}{PE} = 1$，所以，$\frac{EQ}{QF} = \frac{PE}{RF}$．于是，$QE = QF \Leftrightarrow PE = RF \Leftrightarrow \triangle OPE \cong \triangle ORF \Leftrightarrow OE = OF \Leftrightarrow OQ \perp EF$．

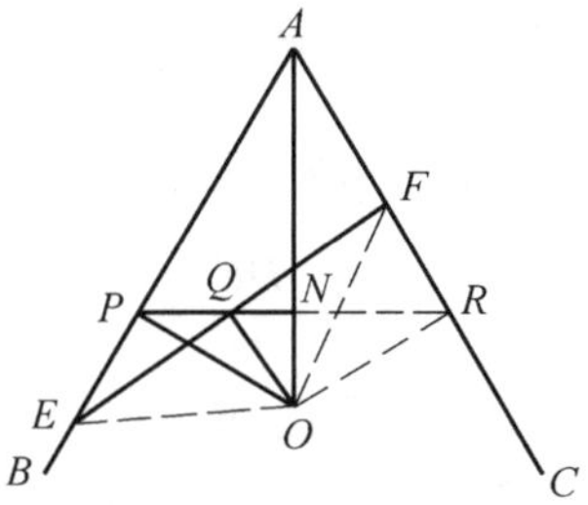

图 6.3.12

本题曾在第 5 章（例 5.1.2）用轴反射变换给出了一个简单的证明，但这里用 Menelaus 定理给出的证明似乎显得更加简单．

例 6.3.7 以 $\triangle ABC$ 的边 BC 为直径作半圆，与 AB、AC 分别交于点 D、E，分别过 D、E 作 BC 的垂线，垂足分别为 F、G，DG 与 EF 交于 P．证明：$AP \perp BC$．（第 17 届俄罗斯数学奥林匹克，1991；中国国家队选拔考试，1996）

本题曾在第 5 章中（例 5.3.13）用轴反射变换给出了一个证明，这里再用 Menelaus 定理给出另一个证明．

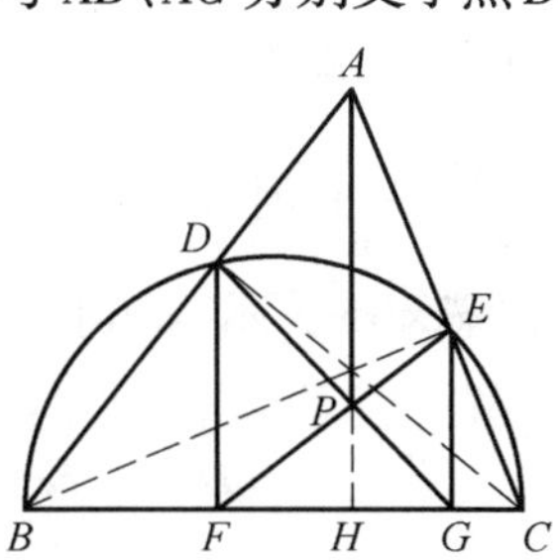

图 6.3.13

证明 如图 6.3.13 所示．作高 AH（H 为垂

足),联结 BE、CD,则 $\angle BDC = 90° = \angle BEC$,所以

$$DF = BD\sin B = BC\cos B\sin B, EG = BC\cos C\sin C$$

因此
$$\frac{GP}{PD} = \frac{EG}{DF} = \frac{\cos C\sin C}{\cos B\sin B} = \frac{AB}{AC} \cdot \frac{\cos C}{\cos B}$$

又 $BH = AB\cos B$, $HG = AE\cos C$,所以$\frac{BH}{HG} = \frac{AB\cos B}{AE\cos C} = \frac{AC}{AD} \cdot \frac{\cos B}{\cos C}$,于是

$$\frac{BH}{HG} \cdot \frac{GP}{PD} \cdot \frac{DA}{AB} = \frac{AB}{AC} \cdot \frac{\cos C}{\cos B} \cdot \frac{AC}{AD} \cdot \frac{\cos B}{\cos C} \cdot \frac{DA}{AB} = 1$$

而 H、P、A 分别为 $\triangle DBG$ 的三边所在直线上的三点,由 Menelaus 定理,H、P、A 三点共线,即点 P 在 AH 上.故 $AP \perp BC$.

例 6.3.8 设 $\triangle ABC$ 的 C- 旁切圆分别与直线 BC、CA 切于 E、G 两点,B- 旁切圆分别与直线 BC、AB 切于 F、H 两点,直线 EG 与 FH 交于点 P.求证:$PA \perp BC$.(全国高中数学联赛,1996)

证明 如图 6.3.14 所示,设 $\triangle ABC$ 的 C- 旁切圆与 B- 旁切圆的圆心分别为 O_1、O_2,则 O_1、A、O_2 三点在一直线上,且$\frac{O_1A}{O_2A} = \frac{O_1G}{O_2H} = \frac{AG}{AH}$.再设直线 PA 与 BC 交于 D,考虑 $\triangle ADC$ 与截线 PGE,由 Menelaus 定理,$\frac{CG}{GA} \cdot \frac{AP}{PD} \cdot \frac{DE}{EC} = 1$.但 $CG = EC$,所以$\frac{DE}{GA} \cdot \frac{AP}{PD} = 1$,同理,$\frac{DF}{HA} \cdot \frac{AP}{PD} = 1$,因此,$\frac{DE}{GA} = \frac{DF}{HA}$.于是,$\frac{DE}{DF} = \frac{GA}{HA} = \frac{O_1A}{O_2A}$.而 $O_1E \parallel O_2F$,所以 $AD \parallel O_1E$,但 $O_1E \perp BC$,故 $AD \perp BC$,即 $PA \perp BC$.

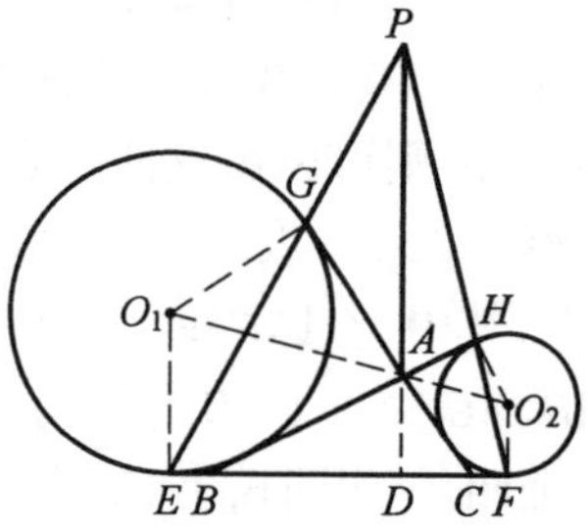

图 6.3.14

例 6.3.9 设 P 是 $\triangle ABC$ 内一点,直线 AP、BP、CP 分别交对边 BC、CA、AB 于 D、E、F,$\triangle PBD$、$\triangle PDC$、$\triangle PCE$、$\triangle PEA$、$\triangle PAF$、$\triangle PFB$ 的面积分别为 S_1、S_2、S_3、S_4、S_5、S_6.求证:若$\frac{S_1}{S_2} + \frac{S_3}{S_4} + \frac{S_5}{S_6} = 3$,则 P 为 $\triangle ABC$ 的重心.

证明 如图 6.3.15 所示,显然,$\frac{S_1}{S_2} = \frac{BD}{DC}$,$\frac{S_3}{S_4} = \frac{CE}{EA}$,$\frac{S_5}{S_6} = \frac{AF}{FB}$,所以$\frac{BD}{DC} + \frac{CE}{EA} + \frac{AF}{FB} = 3$.但 AD、BE、CF 三线交于点 P,由 Ceva 定理,$\frac{BD}{DC} \cdot \frac{CE}{EA} \cdot \frac{AF}{FB} = 1$.因而由熟知的算术 – 几何平均不等式,有

$$\frac{BD}{DC} + \frac{CE}{EA} + \frac{AF}{FB} \geqslant 3\sqrt[3]{\frac{BD}{DC} \cdot \frac{CE}{EA} \cdot \frac{AF}{FB}} = 3$$

于是,由算术 – 几何不等式中等式成立的条件即得$\frac{BD}{DC} + \frac{CE}{EA} + \frac{AF}{FB} = 3 \Leftrightarrow \frac{BD}{DC} =$

$\frac{CE}{EA}=\frac{AF}{FB}=1\Leftrightarrow D$、$E$、$F$ 分别为 BC、CA、AB 的中点 $\Leftrightarrow P$ 为 $\triangle ABC$ 的重心.

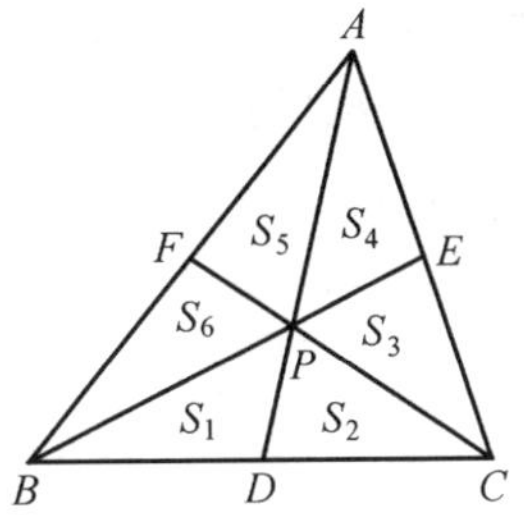

图 6.3.15

例 6.3.10 设 D 是一个非直角 $\triangle ABC$ 的边 BC 上一点,从点 D 分别作 AC、AB 的垂线,垂足分别为 E、F,直线 BF 与 CE 交于点 P.求证:$AP\perp BC$ 当且仅当 AD 平分 $\angle BAC$.

证明 如图 6.3.16,6.3.17 所示,设 Q 是点 A 在直线 BC 上的射影,显然,$\triangle ABQ\backsim\triangle DBF$,所以 $\frac{BF}{DF}=\frac{BQ}{AQ}$.同理,$\frac{CE}{DE}=\frac{CQ}{AQ}$.由此可得,$\frac{CE}{BF}=\frac{DE}{DF}\cdot\frac{CQ}{BQ}$.这样便有

$$\frac{BQ}{QC}\cdot\frac{CE}{EA}\cdot\frac{AF}{FB}=\frac{BQ}{CQ}\cdot\frac{AF}{EA}\cdot\frac{CE}{FB}=\frac{BQ}{CQ}\cdot\frac{AF}{AE}\cdot\frac{DE}{DF}\cdot\frac{CQ}{BQ}=$$

$$\frac{AF}{AE}\cdot\frac{DE}{DF}=\frac{AF}{DF}\cdot\frac{DE}{AE}$$

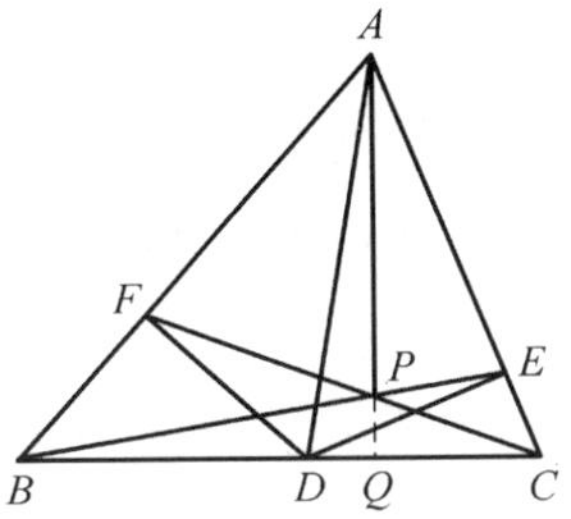

图 6.3.16

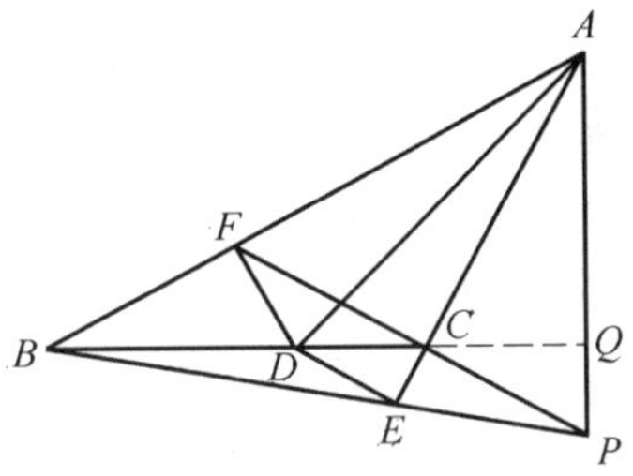

图 6.3.17

于是由 Ceva 定理

$$AQ、BE、CF\ 三线共点\Leftrightarrow$$

$$\frac{BQ}{QC}\cdot\frac{CE}{EA}\cdot\frac{AF}{FB}=1\Leftrightarrow\frac{AF}{DF}\cdot\frac{DE}{AE}=1\Leftrightarrow\frac{AF}{DF}\cdot\frac{AE}{DE}\Leftrightarrow$$

$\triangle ADF\backsim\triangle ADE\Leftrightarrow\angle FAD=\angle EAD\Leftrightarrow AD$ 平分 $\angle BAC$.但 $AP\perp BC\Leftrightarrow A$、$P$、$Q$ 三点共线 $\Leftrightarrow AQ$、BE、CF 三线共点.故 $AP\perp BC$ 当且仅当 AD 平分 $\angle BAC$.

在 $\triangle ABC$ 是锐角三角形时(图 6.3.16 的情形),本题为 2006 年罗马尼亚国家队选拔考试试题.而本题的充分性则为 2000 年举行的第 49 届保加利亚(冬季)数学竞赛试题,也是 1997 年举行的第 10 届韩国数学奥林匹克试题.

无论是将 Menelaus 定理与 Ceva 定理用于证明三点共线或三线共点这些结合关系问题,还是用于证明别的位置关系或度量关系问题,很多情况下要将这两个定理结合在一起使用.

例 6.3.11 在△ABC的边BC的延长线取一点D,使$CD=AC$,△ACD的外接圆与以BC为直径的圆交于C、P两点,直线BP与AC交于E,直线CP与AB交于F.求证:D、E、F三点共线.(第15届伊朗数学奥林匹克,1998)

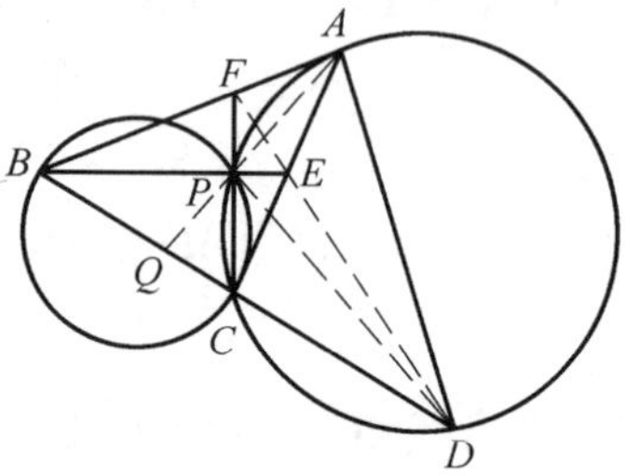

图 6.3.18

证明 如图6.3.18所示,因点P在△ACD的外接圆上,且$AC=CD$,所以$\angle APF=\angle ADC=\angle CAD=\angle CPD$,即$PC$是$\angle APD$的外角平分线.于是,设直线$AP$交$BC$于$Q$,则$PC$平分$\angle QPD$.又点$P$在以$BC$为直径的圆上,所以$BP\perp PC$,从而$PB$为$\angle QPD$的外角平分线,这样便有,$\frac{\overline{BD}}{\overline{DC}}=-\frac{\overline{BQ}}{\overline{QC}}$.

另一方面,因AQ、BE、CF交于点P,由Ceva定理,$\frac{\overline{BQ}}{\overline{QC}}\cdot\frac{\overline{CE}}{\overline{EA}}\cdot\frac{\overline{AF}}{\overline{FB}}=1$,于是

$$\frac{\overline{BD}}{\overline{DC}}\cdot\frac{\overline{CE}}{\overline{EA}}\cdot\frac{\overline{AF}}{\overline{FB}}=-\frac{\overline{BQ}}{\overline{QC}}\cdot\frac{\overline{CE}}{\overline{EA}}\cdot\frac{\overline{AF}}{\overline{FB}}=-1$$

再由Menelaus定理即知D、E、F三点共线.

例 6.3.12 设凸四边形$ABCD$的两组对边所在直线分别交于E、F两点,两对角线交于P,过点P作$PO\perp EF$于O.求证:$\angle BOC=\angle AOD$.(中国国家队选拔考试,2002)

证法1 若$AC\parallel EF$,则$\frac{DF}{FA}=\frac{ED}{CE}$.如图6.3.19所示,考虑△$DAC$与点$B$,由Ceva定理,有$\frac{DF}{FA}\cdot\frac{AP}{PC}\cdot\frac{CE}{ED}=1$,所以$AP=PC$,即$P$为$AC$的中点.而$OP\perp AC$,所以,$PO$平分$\angle COA$.

如果$AC\nparallel EF$,如图6.3.20所示,设直线AC与EF交于点Q,考虑△ABC与点D,由Ceva定理,$\frac{BF}{FC}\cdot\frac{CP}{PA}\cdot\frac{AE}{EB}=1$.再考虑△$ABC$与截线$FQE$,由Menelaus定理,$\frac{BF}{FC}\cdot\frac{CQ}{QA}\cdot\frac{AE}{EB}=1$.比较两式即知$\frac{CP}{PA}=\frac{CQ}{QA}$,所以,$\frac{AP}{AQ}=\frac{CP}{CQ}$.

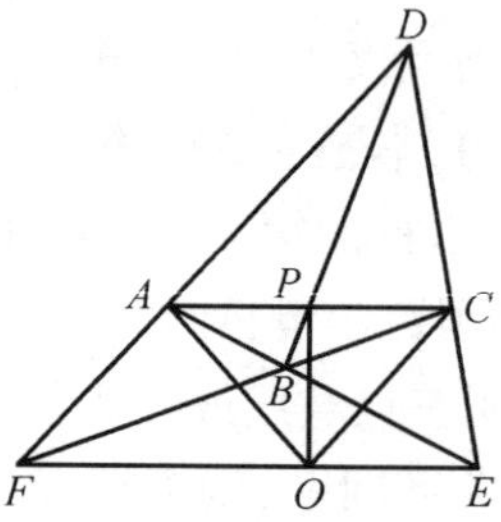

图 6.3.19

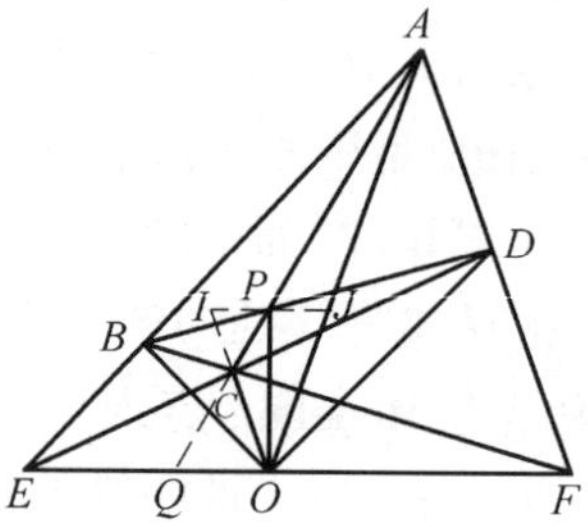

图 6.3.20

过点 P 作 EF 的平行线分别交直线 OC、OA 于 I、J，则有 $\frac{PJ}{QO}=\frac{AP}{AQ}=\frac{CP}{CQ}=\frac{IP}{QO}$，所以 $IP=PJ$. 而 $IJ\perp PO$，因此 PO 平分 $\angle IOJ$，即此时也有 PO 平分 $\angle COA$.

同理，PO 平分 $\angle BOD$. 故 $\angle BOC=\angle AOD$.

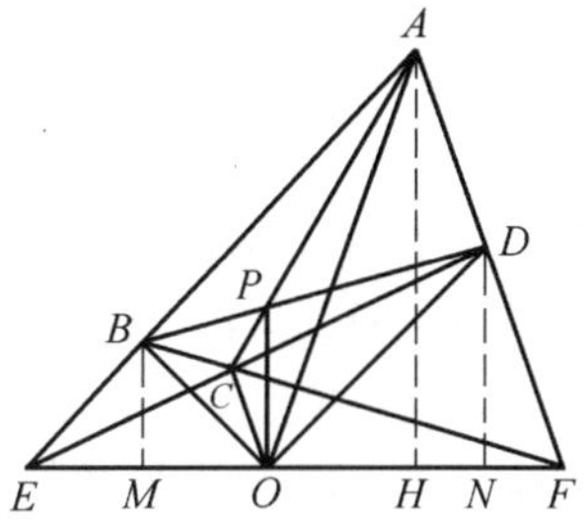

图 6.3.21

证法 2 如图 6.3.21 所示，分别过 A、B、D 作 EF 的垂线，设垂足分别为 H、M、N，则 $BM\parallel DN\parallel PO$，所以

$$\frac{PB}{PD}=\frac{OM}{ON}$$

$$\frac{BM}{DN}=\frac{BM}{AH}\cdot\frac{AH}{DN}=\frac{BE}{AE}\cdot\frac{AF}{DF}$$

另一方面，因直线 AP、BF、DE 共点 C，由 Ceva 定理，$\frac{PB}{PD}\cdot\frac{DF}{AF}\cdot\frac{AE}{BE}=1$，由此可知，$\frac{BM}{DN}=\frac{OM}{ON}$，从而 $\mathrm{Rt}\triangle MOB\backsim\mathrm{Rt}\triangle NOD$. 于是，$\angle MOB=\angle NOD$，即 $\angle EOB=\angle FOD$. 同理，$\angle EOC=\angle FOA$. 故 $\angle BOC=\angle AOD$.

6.4 两圆与位似变换

在位似变换下，圆的像仍然是圆，这两个圆当然是位似的. 反过来，给定两圆，这两个圆是否一定位似呢？对此，我们有

定理 6.4.1 平面 π 上任意两个圆都是位似的. 且当两圆不等时，它们既是内位似，也是外位似.

证明 如图 6.4.1 所示，设 $\odot O_1$、$\odot O_2$ 是平面上的两圆，半径分别为 r_1、r_2，且 $r_2=k\cdot r_1$. 如果两圆同心，则结论是显然的. 当两圆不同心时，在直线 O_1O_2 上取点 P，使得 $\overrightarrow{PO_2}=\frac{r_2}{r_1+r_2}\cdot\overrightarrow{O_1O_2}$，则有 $\overrightarrow{PO_2}=-\frac{r_2}{r_1}\cdot\overrightarrow{PO_1}$. 于是，在内位似变换 $H(P,-k)$ 下，有 $\odot O_1\to\odot O_2$. 因此，任意两圆总是内位似的.

当 $r_1\neq r_2$ 时，在直线 O_1O_2 上另取一点 Q，使得 $\overrightarrow{QO_2}=\frac{r_2}{r_2-r_1}\cdot\overrightarrow{O_1O_2}$，则有 $\overrightarrow{QO_2}=\frac{r_2}{r_1}\cdot\overrightarrow{QO_1}$. 于是，在外位似变换 $H(Q,k)$ 下，有 $\odot O_1\to\odot O_2$. 故当两圆不等时，它们不仅是内位似的，还是外位似的.

由定理 2.5.7 知，两圆作为位似图形时，其位似系数等于两圆的半径之比，

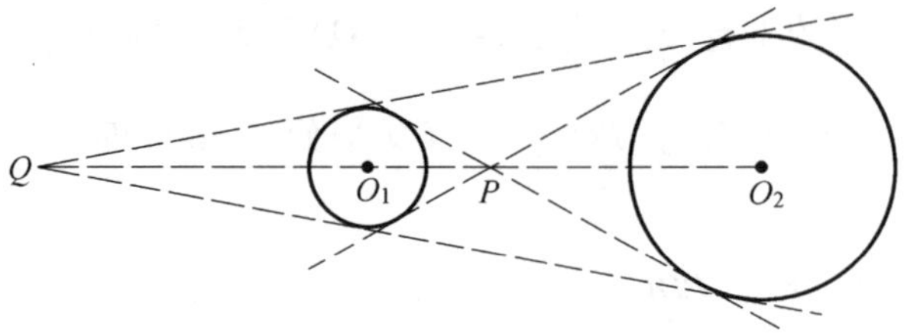

图 6.4.1

所以,只要两圆的公切线存在且相交,则其交点就是两圆的一个位似中心,公切线上的两个切点中一点是另一点的像点.两圆的外公切线的交点是其外位似中心,两圆的内公切线的交点是其内位似中心(图 6.4.1); 当两圆内切时(图 6.4.2),切点是两圆的外位似中心;当两圆外切时(图 6.4.3),切点是两圆的内位似中心;当两圆相交时(图 6.4.4),内位似中心在两圆所围的公共区域;当两圆内含时(图 6.4.5),内位似中心与外位似中心都在小圆内;当两圆同心时,圆心既是两圆的内位似中心,也是两圆的外位似中心.当两圆相等时,两圆的连心线的中点显然是两圆的内位似中心.

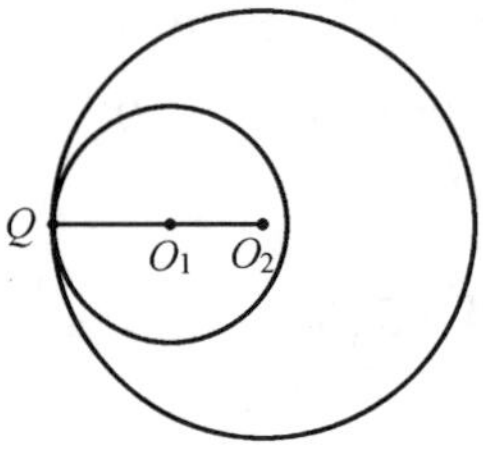

图 6.4.2

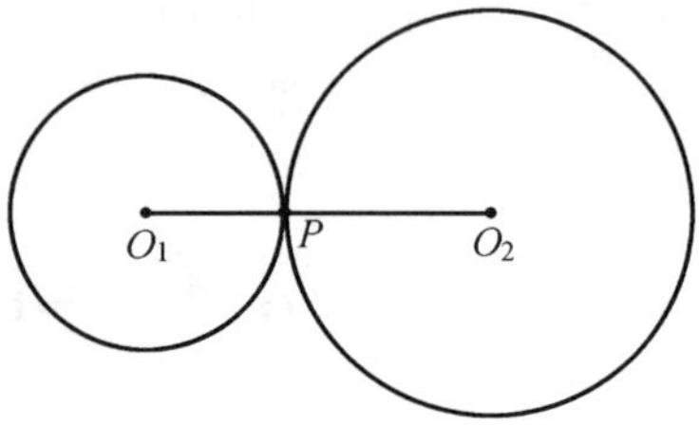

图 6.4.3

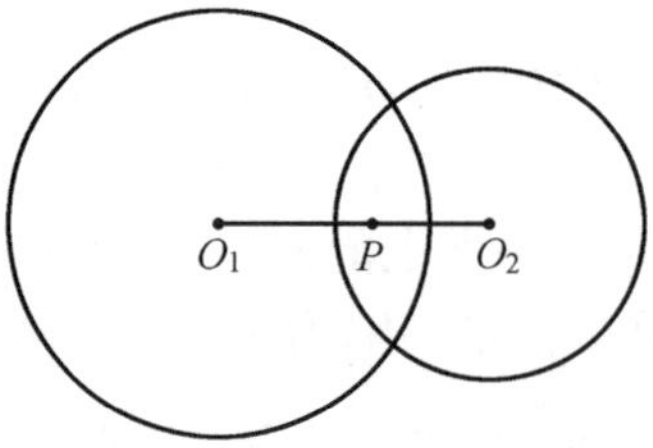

图 6.4.4

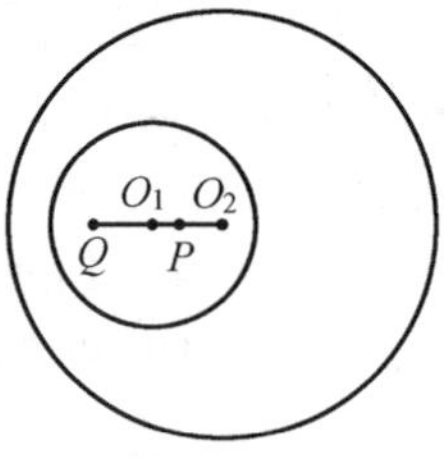

图 6.4.5

由定理 6.4.1,根据两圆的位似性质,凡两圆相切的问题,我们没有理由不考虑利用位似变换这一工具.

例 6.4.1 设两圆相切于 T,与其中一圆相切于点 A 的直线交另一圆于 B、C.求证:TA 是 $\angle BTC$ 的平分线或外角平分线.(卢森堡等五国数学竞赛,1980)

证明 如图 6.4.6,6.4.7 所示,设含 B、C 两点的圆为 $\odot O_1$,半径为 r_1,含点 A 的圆为 $\odot O_2$,半径为 r_2,$r_2 = k \cdot r_1$.因 $\odot O_1$ 与 $\odot O_2$ 相切于 T,作位似变

换 $H(T,k)$，则 $\odot O_1 \to \odot O_2$．设 $B \to B'$，$C \to C'$，则 B'、C' 都在 $\odot O_2$ 上，且 $B'C' \parallel BC$．所以 $\overset{\frown}{B'A} = \overset{\frown}{AC'}$．于是，$\angle BTA = \angle ATC'$，从而 $\angle BTA$ 与 $\angle CTA$ 相等（内切时）或互补（外切时）．故 TA 是 $\angle BTC$ 的平分线或外角平分线．

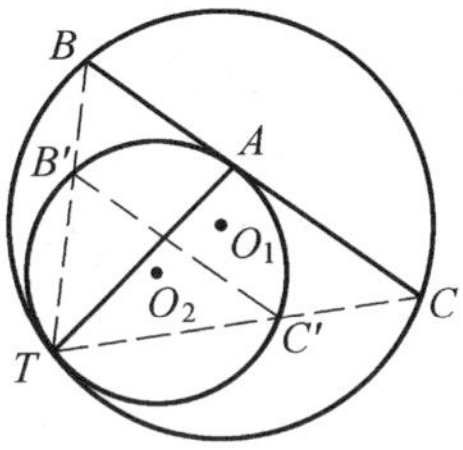

图 6.4.6

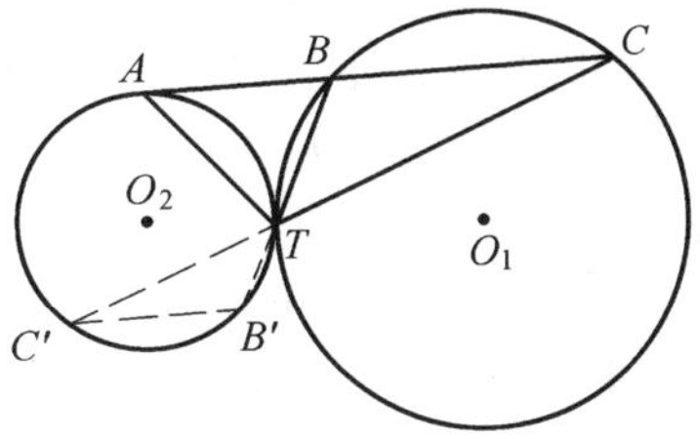

图 6.4.7

本题不难，将其作为一道国际性的数学竞赛试题，似有拔高之嫌．但本题是一个非常基本的结果．下面几个例子都用到了本题的结论．

例 6.4.2 设圆 Γ' 在圆 Γ 内且与圆 Γ 切于 N，过圆 Γ' 上一点 X 的切线交圆 Γ 于 A、B 两点，M 是 $\overset{\frown}{AB}$（不含点 N）的中点．求证：$\triangle BMX$ 的外接圆的大小与点 X 的位置无关．（第 27 届俄罗斯数学奥林匹克，2001）

证明 如图 6.4.8 所示，设圆 Γ 与 Γ' 的半径分别为 R、R'，$R' = k \cdot R$，作位似变换 $H(N,k)$，则 $M \to X$．设 $A \to A'$，$B \to B'$，则 A'、B' 分别是 NA、NB 与圆 Γ' 的另一交点，且 $A'B' \parallel AB$，所以 $\overset{\frown}{A'X} = \overset{\frown}{XB'}$，于是 $A'X = XB'$，进而 $AM = MB$．再设 $\triangle BMX$ 的外接圆的半径为 r，由正弦定理可得 $\frac{r}{R} = \frac{MX}{MA} = \frac{MX}{MB}$．再由 $\triangle XMB \backsim \triangle XAN$ 得 $\frac{r}{R} = \frac{XA}{NA}$．又 $\frac{NA'}{NA} = \frac{R'}{R}$，从而 $\frac{A'A}{NA} = \frac{R - R'}{R}$．显然，$\triangle XAA' \backsim \triangle NAX$，由此可得 $XA = \sqrt{A'A \cdot NA}$，所以

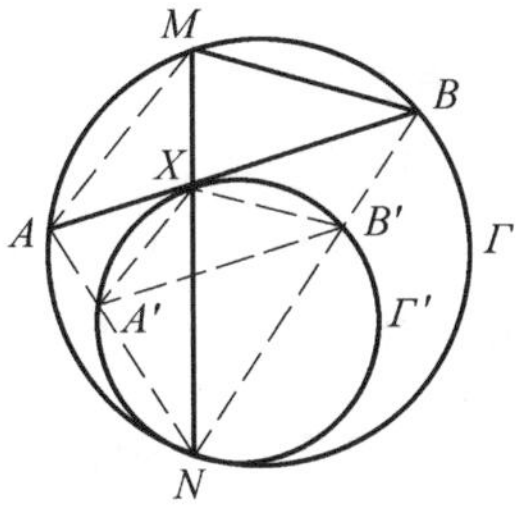

图 6.4.8

$$\frac{XA}{NA} = \frac{\sqrt{A'A \cdot NA}}{NA} = \sqrt{\frac{A'A}{NA}} = \sqrt{\frac{R - R'}{R}}$$

因此，$r = R \cdot \frac{MX}{MA} = R \cdot \frac{XA}{NA} = \sqrt{R(R - R')}$ 与点 X 的位置无关．

例 6.4.3 （沢山引理）设 D 为 $\triangle ABC$ 的边 BC 上一点，圆 Γ 分别与 DC、AD 相切于 E、F，且与 $\triangle ABC$ 的外接圆内切．求证：$\triangle ABC$ 的内心在直线 EF 上．

证法 1 如图 6.4.9，6.4.10 所示，设圆 Γ 与 $\triangle ABC$ 的外接圆内切于 T，以 T 为位似中心作位似变换，使圆 Γ 变为 $\triangle ABC$ 的外接圆．设 $E \to E'$，$F \to F'$，

则 E'、F' 皆在 $\triangle ABC$ 的外接圆上，$E'F' \parallel EF$，且 E' 是$\overset{\frown}{BC}$（不含点 A）的中点，AE' 为 $\angle BAC$ 的平分线. 因 $\angle E'TC = \angle BAE' = \angle BCE'$，所以 $\triangle E'TC \backsim \triangle E'CE$，从而 $E'E \cdot E'T = E'C^2$. 又因 $\angle EFT = \angle E'F'T = \angle E'AT$，于是，设 AE' 与直线 EF 交于 I，则 A、F、I、T 四点共圆. 这样，设 AD 与 $\triangle ABC$ 的外接圆的另一交点为 K，则 $\angle FTI = \angle FAI = \angle KAE' = \angle KTE'$. 因此，$\angle FTK = \angle ITE'$，于是再由 A、F、I、T 四点共圆，并注意 TF 平分 $\angle ATK$，有 $\angle E'IE = \angle ATF = \angle FTK = \angle ITE'$，所以，$E'I$ 与 $\triangle TIE$ 的外接圆相切，这样便有 $E'I^2 = E'E \cdot E'T = E'C^2$，因此 $E'I = E'C$，由此不难得到 I 为 $\triangle ABC$ 的内心. 换句话说，$\triangle ABC$ 的内心 I 在 EF 上.

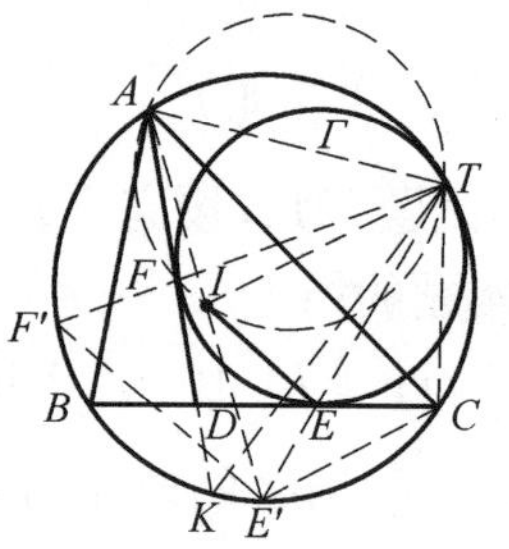

图 6.4.9

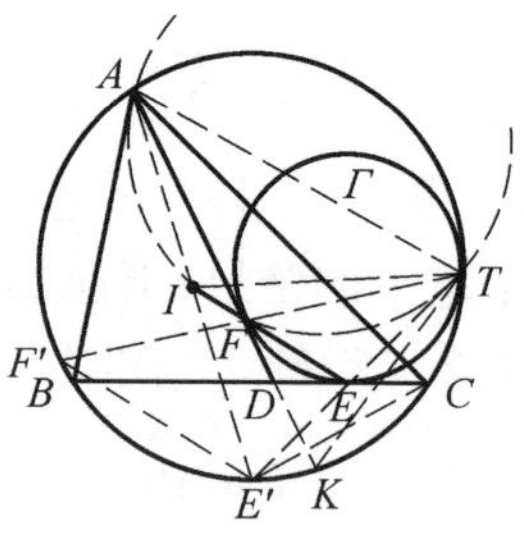

图 6.4.10

证法 2　如图 6.4.11 所示，设圆 Γ 与 $\triangle ABC$ 的外接圆内切于 T，以 T 为位似中心作位似变换，使圆 Γ 变为 $\triangle ABC$ 的外接圆. 设 TA、TB 分别与圆 Γ 再次交于点 M、N，则 $M \to A$，$N \to B$，$MN \parallel AB$，且 $\dfrac{MA}{NB} = \dfrac{TA}{TB}$，$\dfrac{AF}{BE} = \dfrac{\sqrt{MA \cdot TA}}{\sqrt{NB \cdot TB}} = \dfrac{TA}{TB}$（注意 $AF^2 = MA \cdot TA$，$BE^2 = NB \cdot TB$）. 再设 $E \to E'$，则 E' 是$\overset{\frown}{BC}$（不含点 A）的中点，所以，AE' 为 $\angle BAC$ 的平分线.

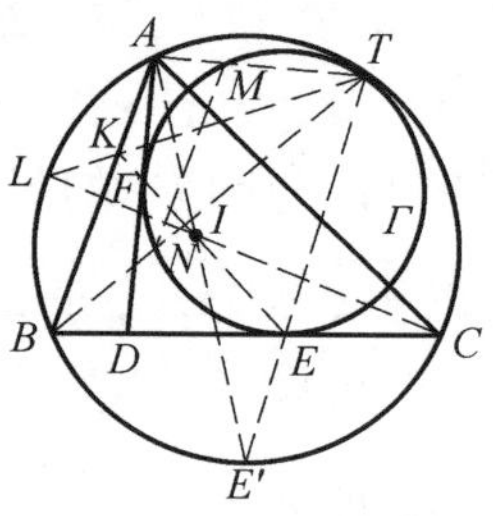

图 6.4.11

另一方面，设直线 EF 与 AB 交于 K. 考虑 $\triangle ABD$ 及截线 EFK，由 Menelaus 定理

$$\frac{BE}{DE} \cdot \frac{DF}{AF} \cdot \frac{AK}{KB} = 1$$

但 $DE = DF$，所以 $\dfrac{AK}{KB} = \dfrac{AF}{BE} = \dfrac{TA}{TB}$，因此，$TK$ 为 $\angle ATB$ 的平分线. 于是，设直线 TK 与 $\triangle ABC$ 的外接圆再次交于 L，则 L 为$\overset{\frown}{AB}$（不含点 C）的中点，所以 CL 为 $\angle ACB$ 的平分线，因而 AE' 与 CL 交于 $\triangle ABC$ 的内心 I. 再考虑圆内接六边形

$TE'ABCL$,由 Pascal 定理(例 6.2.3) 即知 E、I、K 三点共线.但 K 在直线 EF 上,故 E、I、F 三点共线.

当 D 与 B 重合时,由沢山引理立即得到如下的命题.

命题 6.4.1(Mannheim) 一圆与 $\triangle ABC$ 的两边 AB、AC 分别切于 P、Q,且与 $\triangle ABC$ 的外接圆也相切,则 PQ 的中点为 $\triangle ABC$ 的内心.

将例 6.4.3 的结论连用两次即得 2007 年中国国家集训队第 6 次测试中的平面几何题:

凸四边形 $ABCD$ 内接于圆 Γ,与边 BC 相交的一个圆与圆 Γ 内切,且分别与 BD、AC 相切于 P、Q,求证:$\triangle ABC$ 的内心与 $\triangle DBC$ 的内心皆在直线 PQ 上(图 6.4.12).

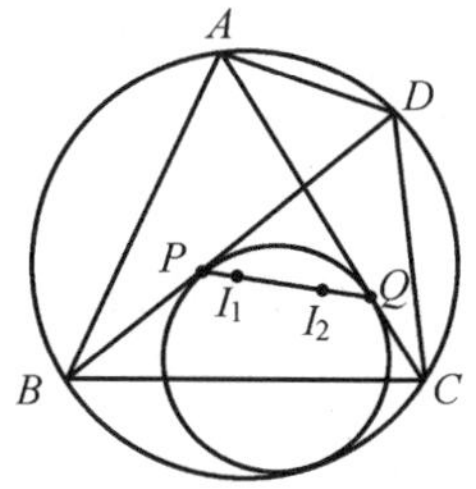

图 6.4.12

另外,由例 6.4.3 容易证明下面的命题.

命题 6.4.2(Thebault 定理) 设 D 是 $\triangle ABC$ 的 BC 边上任意一点,I 是 $\triangle ABC$ 的内心,$\odot O_1$ 与 AD、BD 均相切,同时与 $\triangle ABC$ 的外接圆相切.$\odot O_2$ 与 AD、CD 均相切,同时与 $\triangle ABC$ 的外接圆相切.则 O_1、I、O_2 三点共线.

事实上,如图 6.4.13 所示.设 $\odot O_1$ 与 BD、AD 分别切于 E、F,$\odot O_2$ 与 AD、DC 分别切于 G、H.由例 6.4.3,直线 EF 与 GH 交点即 $\triangle ABC$ 的内心 I.显然,$O_1D \perp EI$,$HG \perp DO_2$,$O_1D \perp O_2D$,所以 $EI \perp GH$.这说明 GF 为 $\odot(IGF)$ 的直径,而 EH 为 $\odot(IEH)$ 的直径.因 $O_1E \perp EH$,$O_1F \perp GF$,$O_1E = O_1F$,所以,点 O_1 对 $\odot(IGF)$ 与 $\odot(IEH)$ 的幂相等,因而点 O_1 在 $\odot(IGF)$ 与 $\odot(IEH)$ 的根轴上.同理,点 O_2 也在 $\odot(IGF)$ 与 $\odot(IEH)$ 的根轴上,因此,直线 O_1O_2 即 $\odot(IGF)$ 与 $\odot(IEH)$ 的根轴.显然,点 I 在这两圆的根轴上,故 O_1、I、O_2 三点共线.

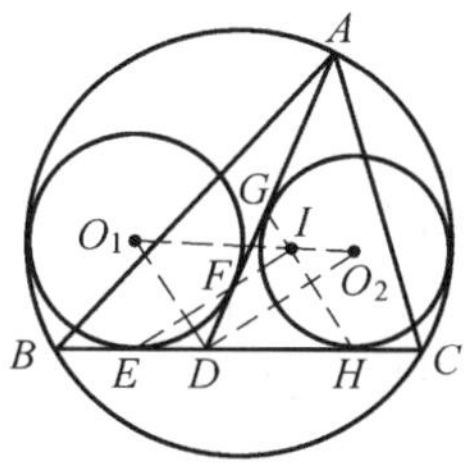

图 6.4.13

由 Thebault 定理可以轻松地证明由上海叶中豪先生发现的如下有趣命题.

命题 6.4.3 设 $\odot O_1$、$\odot O_2$ 均与 $\odot O$ 内切,$\odot O_1$ 与 $\odot O_2$ 的两条内公切线 AC、BD 分别与 $\odot O$ 交于 A、C、B、D,$\odot O_1$ 与 $\odot O_2$ 的外公切线交 $\odot O$ 于 E、F,且 EF 和 AB 位于直线 O_1O_2 同侧,则 $EF \parallel AB$.

事实上,如图 6.4.14 所示,设 $\overset{\frown}{EF}$(不含点 C、D) 的中点为 M,MD、MC 分别与直线 O_1O_2 交于 I_1、I_2.由 Thebault 定理,I_1、I_2 分别是 $\triangle EDF$ 与 $\triangle ECF$ 的内心,所以 $MI_1 = ME = MF = MI_2$,于是,$\angle I_1I_2M = \angle MI_1I_2$,从而 $\angle I_1I_2C = \angle DI_1I_2$.又 O_1O_2 过 AC 与 BD 的交点 P,且 $\angle O_1PD = \angle CPO_2$,所以 $\angle BDM =$

$\angle MCA$,因而 K 是$\overset{\frown}{AB}$的中点,但 M 也是$\overset{\frown}{EF}$的中点,故 $AB \parallel EF$.

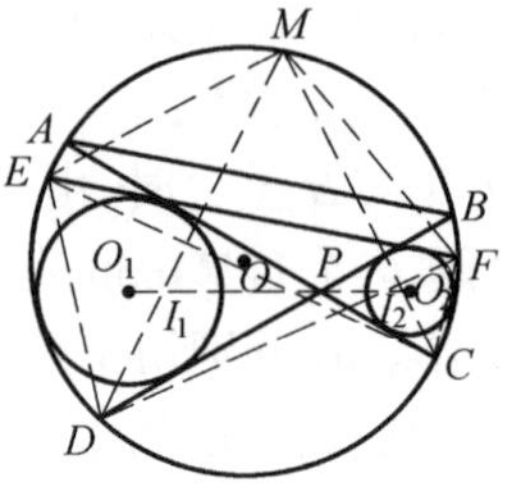

图 6.4.14

例6.4.4 设 $\odot O_1$、$\odot O_2$ 分别与 $\odot O$ 内切于 A、B,且 $\odot O_1$ 与 $\odot O_2$ 相交于 P、Q 两点,S 为直线 PQ 与 $\odot O$ 的一个交点,SA、SB 分别交 $\odot O_1$ 与 $\odot O_2$ 于另一点 C、D. 求证:CD 是 $\odot O_1$ 与 $\odot O_2$ 的一条公切线.

证明 只要证明 $O_1C \perp CD$. 如图 6.4.15 所示,以 A 为位似中心作位似变换,使 $\odot O_1 \to \odot O$,则 $O_1 \to O, C \to S$,所以,$\angle CO_1A = \angle SOA = 2\angle SBA$. 又由圆幂定理,有

$$SC \cdot SA = SP \cdot SQ = SD \cdot SB$$

所以 A、B、D、C 四点共圆,因此,$\angle DCS = \angle SBA$,从而 $\angle CO_1A = 2\angle DCS$.

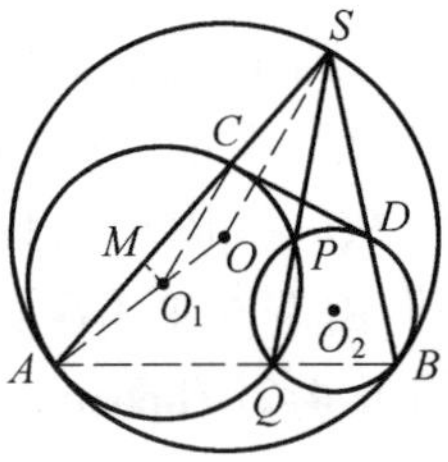

图 6.4.15

另一方面,设 AC 的中点为 M,则 $\angle CO_1A = 2\angle CO_1M$,所以,$\angle CO_1M = \angle DCS$. 但 $O_1M \perp AC$,于是由

$$\angle CO_1M + \angle MCO_1 = 90°$$

即可得到 $O_1C \perp CD$. 故 CD 是 $\odot O_1$ 的切线. 同理,CD 也为 $\odot O_2$ 的切线. 换句话说,CD 是 $\odot O_1$ 与 $\odot O_2$ 的一条公切线.

本题是 1996 年举行的第 32 届英国数学奥林匹克中的一道几何题的推广. 原题的要求是 $\odot O_1$ 与 $\odot O_2$ 外切,其他条件以及结论皆相同.

由本题还可以十分简单地证明 1999 年在韩国举行的第 40 届 IMO 的一道平面几何题:

相交两圆 Γ_1 和 Γ_2 分别与圆 Γ 内切于两个不同的点 M 和 N. 圆 Γ_1 经过圆 Γ_2 的圆心,过圆 Γ_1 和圆 Γ_2 的两个交点的直线与圆 Γ 交于点 A 和 B,直线 MA 和 MB 分别与圆 Γ_1 交于另一点 C 和 D. 求证:CD 与圆 Γ_2 相切.

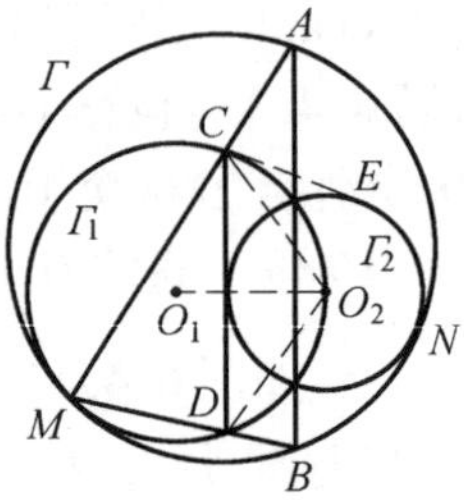

图 6.4.16

事实上,如图 6.4.16 所示,因圆 Γ_1 的过点 C 的切线是圆 Γ_1 和 Γ_2 的一条公切线 CE. 又由圆 Γ_1 与 Γ 切于 M 知 $CD \parallel AB$. 于是,设圆 Γ_1 和 Γ_2 的圆心分别为 O_1、O_2,则 O_1O_2 垂直平分弦 CD,所以 $\angle O_2DC = \angle DCO_2$. 又 O_2 在圆 Γ_1 上,而 CE 与圆 Γ_1 切于 C,因此,$\angle O_2CE =$

$\angle O_2DC = \angle DCO_2$，所以，$O_2$ 在 $\angle DCE$ 的平分线上．故由 CE 与圆 Γ_2 相切即知 CD 与圆 Γ_2 也相切．

因两圆的公切线的交点是两圆的一个位似中心，所以，对于两圆的公切线问题，我们也应考虑用位似变换处理．

例 6.4.5 已知 A 为平面上两个半径不等的圆 $\odot O_1$ 与 $\odot O_2$ 的一个交点，两圆的两条外公切线分别为 P_1P_2、Q_1Q_2，切点分别为 P_1、P_2、Q_1、Q_2，M_1、M_2 分别是 P_1Q_1、P_2Q_2 的中点．求证：$\angle O_1AO_2 = \angle M_1AM_2$．

本题是第24届IMO的一道平面几何试题，在第5章中我们曾用轴反射变换给出了它的一个证明（例5.1.6）．这里我们利用位似变换给出它的证明．

证明 如图6.4.17所示，由 $\odot O_1$ 与 $\odot O_2$ 不等知，它们的两条外公切线相交．设 P_1P_2 与 Q_1Q_2 交于点 O，$AO_2 = k \cdot AO_1$．作位似变换 $H(O, k)$，则 $O_1 \to O_2$，$P_1 \to P_2$，$Q_1 \to Q_2$，$M_1 \to M_2$．设 $A \to A'$，则 A' 在 $\odot O_2$ 上，$\angle M_2A'O_2 = \angle M_1AO_1$，且 $A'M_2 \parallel AM_1$．

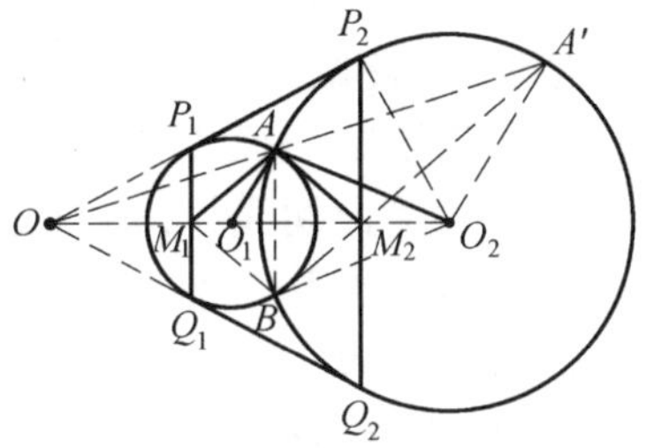

图 6.4.17

另一方面，连 O_2P_2，则不难知道

$$OM_2 \cdot OO_2 = OP_2^2 = OA \cdot OA'$$

所以 A、A'、M_2、O_2 四点共圆．于是，$\angle M_2AO_2 = \angle M_2A'O_2 = \angle M_1AO_1$．故 $\angle O_1AO_2 = \angle M_1AM_2$．

例 6.4.6 设 $\odot O_1$、$\odot O_2$ 是半径不等的外离两圆．AB、CD 是两圆的两条外公切线，EF 是两圆的一条内公切线，切点 A、C、E 在 $\odot O_1$ 上，切点 B、D、F 在 $\odot O_2$ 上．再设 CO_1 与 AC 交于 K，FO_2 与 BD 交于 L．求证：KL 平分 EF．（罗马尼亚国家队选拔赛，2007）

证明 如图6.4.18所示，设两条外公切线交于 O，内公切线 EF 与外公切线 AB、CD 分别交于 P、Q，以 O 为位似中心作位似变换，使 $O_1 \to O_2$，则 $AC \to BD$，而 $O_1E \parallel O_2F$，所以直线 $O_1E \to$ 直线 O_2F，于是，AC 与直线 O_1E 的交点 $\to BD$ 与直线 O_2F 的交点，即 $K \to L$．因此，O、K、L 三点共线．过 L 作 EF 的平行线分别与直线 AB、CD 交于 R、S，则 $O_2L \perp RS$，而 $O_2B \perp BR$，$O_2D \perp SD$，所以 R、B、L、O_2 四点共圆，O_2、L、S、D 四点共圆，再注意 $O_2B = O_2D$，于是，$\angle SRO_2 =$

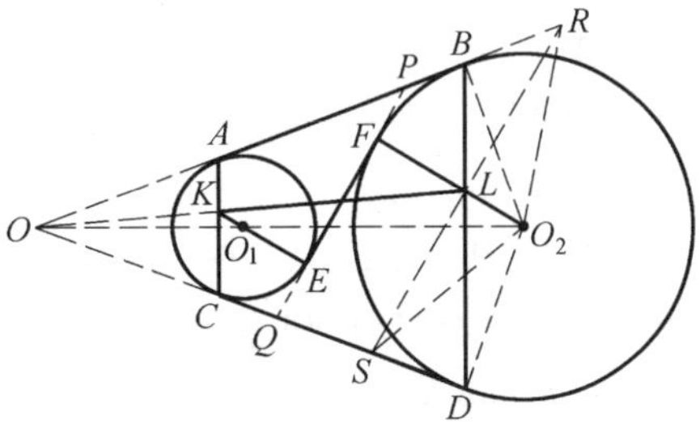

图 6.4.18

$\angle LBO_2=\angle O_2DL=\angle O_2RS$，所以 $O_2R=O_2S$，因此，L 平分 RS，而 $PQ\parallel RS$，所以 OL 平分 PQ，即 KL 平分 PQ. 又 $PF=QE$，故 KL 平分 EF.

例 6.4.7 四边形 $ABCD$ 有一个内切圆，圆心为 O，直线 AB 和 CD 交于 X，$\triangle XAD$ 的内切圆切 AD 于 L，$\triangle XBC$ 的 X- 旁切圆切 BC 于 K，且 X、K、L 三点共线. 求证：点 O 位于 AD 的中点与 BC 的中点的连线上.（第26届俄罗斯数学奥林匹克，2000）

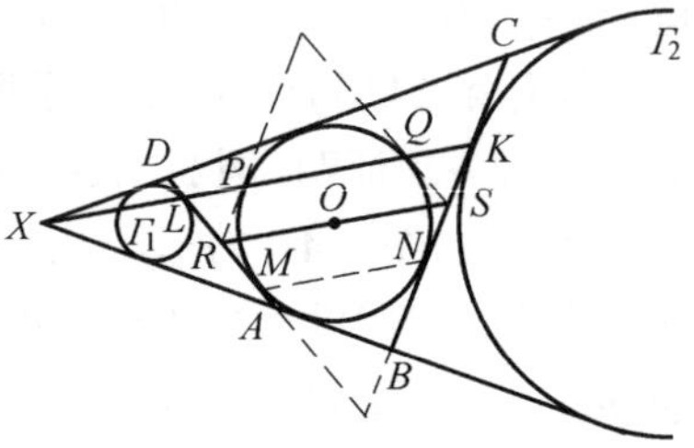

图 6.4.19

证明 如图6.4.19所示，设直线 KL 交 $\odot O$ 于 P、Q，$\odot O$ 与 AD、BC 的切点分别为 M、N. $\triangle XAD$ 的内切圆为 Γ_1，$\triangle XBC$ 的X- 旁切圆为 Γ_2. 以 X 为位似中心作位似变换，使圆 $\Gamma_1\to\odot O$，则 $L\to Q$，圆 Γ_1 的切线 $AD\to\odot O$ 在点 Q 处的切线 SQ，其中 S 为此切线与 BC 的交点，且 $SQ\parallel AD$. 再以 X 为位似中心作位似变换，使圆 $\Gamma_2\to\odot O$，则 $K\to P$，圆 Γ_2 的切线 $BC\to\odot O$ 在点 P 处的切线 RP，其中，R 为此切线与 AD 的交点，且 $RP\parallel BC$. 由此可知，四直线 SQ、RP、AD、BC 围成一个平行四边形，它是 $\odot O$ 的外切四边形，因而是一个菱形，O 为该菱形的中心，对角线 RS 过中心 O，且 $RS\parallel PQ\parallel MN$，$RS$ 到 PQ、MN 的距离相等，所以，R、S 分别为 ML、NK 的中点. 又 $AM=LD$，$BN=KC$，故 R、S 分别是 AD、BC 的中点. 换句话说，点 O 位于 AD 的中点 R 与 BC 的中点 S 的连线上.

三角形的每一个顶点都是其内切圆与这个顶点所对的旁切圆的外位似中心，因而与三角形的内切圆或旁切圆有关的问题可以尝试以三角形的一个顶点为位似中心作位似变换，使内切圆变为旁切圆，或使旁切圆变为内切圆.

例 6.4.8 $\triangle ABC$ 的内切圆切 BC 于 U，切 AC 于 V. 点 P 在 BC 上，且 $BP=CU$，AP 交内切圆于两点，离 A 较近的是点 Q. 点 W 在 $\triangle APC$ 上，且 $AW=VC$，设 BW 与 AP 交于 R. 求证：$AQ=RP$.（第30届美国数学奥林匹克，2001）

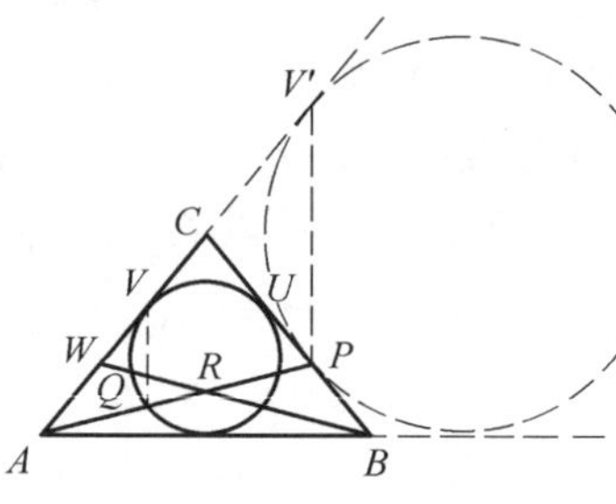

图 6.4.20

证明 如图6.4.20所示，由 $BP=UC$ 知，点 P 为 $\triangle ABC$ 的 A- 旁切圆与边 BC 的切点. 以 A 为位似中心作位似变换，使 $\triangle ABC$ 的内切圆变为其 A- 旁切圆，则 $Q\to P$. 设 $V\to V'$，则 V' 是 $\triangle ABC$ 的 A- 旁切圆在边 AC 的延长线上的切点，且 $PV'\parallel QV$，所以

$$\frac{BC}{CW}=\frac{UC+BU}{AV}=\frac{UC+PC}{AV}=$$

$$\frac{VC + CV'}{AV} = \frac{VV'}{AV} = \frac{QP}{AQ}$$

再考虑 $\triangle APC$ 与截线 BRW，由 Menelaus 定理，$\frac{PB}{BC} \cdot \frac{CW}{WA} \cdot \frac{AR}{RP} = 1$. 但 $PB = CU = CV = AW$，所以$\frac{AR}{RP} = \frac{BC}{CW} = \frac{QP}{AQ}$，从而$\frac{AP}{RP} = \frac{AP}{AQ}$. 故 $AQ = RP$.

三角形的外心即三角形的外接圆的圆心，所以，对于一些与三角形的外心有关的问题，也可能与两圆的位似有关，因而也可以考虑用位似变换处理.

例 6.4.9 设 O 是锐角 $\triangle ABC$ 的外心，点 P 在 $\triangle ABC$ 的内部，且 $\angle BAP = \angle CBP$，$\angle PAC = \angle PCB$. 点 Q 在直线 BC 上，且 $QA = QP$. 求证：$\angle PQA = 2\angle BQO$.（美国国家队选拔考试，2005）

证明 如图 6.4.21 所示，设 $\triangle ABP$ 的外接圆为 Γ_1，$\triangle APC$ 的外接圆为 Γ_2，则由 $\angle BAP = \angle CBP$，$\angle PAC = \angle PCB$ 知 BC 为圆 Γ_1 和圆 Γ_2 的一条外公切线. 又 AP 为这两圆的公共弦，而 $QA = QP$，所以 Q 为这两圆的连心线与其外公切

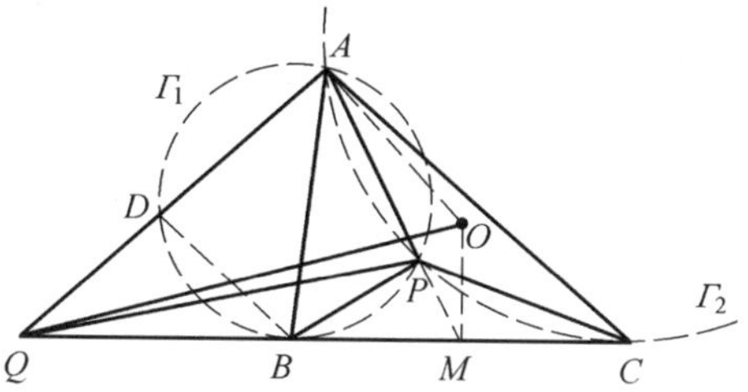

图 6.4.21

线的交点，因此，Q 为圆 Γ_1 与圆 Γ_2 的外位似中心. 于是，设圆 Γ_2 与圆 Γ_1 的半径之比为 k，AQ 与圆 Γ_1 交于 D（不同于点 A），则在位似变换 $H(Q,k)$ 下，$B \to C$，$D \to A$，所以，$DB \parallel AC$，因此，$\angle ACQ = \angle DBQ = \angle QAB$，所以 AQ 为 $\triangle ABC$ 的外接圆的切线，从而 $OA \perp AQ$. 另一方面，设直线 AP 交 BC 于 M，则 M 为 BC 的中点，而 O 为 $\triangle ABC$ 的外心，所以 $OM \perp BC$. 这样，O、A、Q、M 四点共圆，所以 $\angle MAO = \angle MQO = \angle BQO$. 而

$$\angle PQA = 2(90° - \angle QAP), 90° - \angle QAP = \angle MAO$$

故 $\angle PQA = 2\angle MAO = 2\angle OQB$.

与圆有关的平行问题也可以考虑用两圆的位似来解决.

例 6.4.10 在等腰梯形 $ABCD$ 中，$BC \parallel DA$. 一个圆与线段 AB、AC 相切，并与线段 BC 交于 M、N 两点，线段 DM、DN 与 $\triangle BCD$ 的内切圆的较接近 D 的交点分别是 P、Q. 证明：$PQ \parallel BC$.（(俄) 圣彼得堡数学奥林匹克，2000）

证明 如图 6.4.22 所示，设与 AB、AC 相切的圆为 $\odot R$，$\angle BDC$ 的平分线分别与 MN 的垂直平分线和梯形的外接圆交于 S、T（$T \neq D$），则 AT 是 $\angle BAC$ 的平分线，R 在 AT 上. 且由等腰梯形的对称性知 $TA = TD$. 这样，由 $SR \perp AD$ 即

知 $TR=TS$.显然,点 T 到 AC、CD 的距离相等,即设点 T 在直线 AC、CD 上的射影分别为 K、L,则有 $TK=TL$,所以 $CK=CL$.

设 $\odot R$ 与 AC 相切于 E,则 $RE\perp AC$.再设点 S 在 CD 上的射影为 F,由 $\angle TAC=\angle SDF$,$TR=TS$ 知 $EK=LF$,从而 $CE=CF$.于是,由圆幂定理 $CM\cdot CN=CE^2=CF^2$.这说明过 M、N、F 三点的圆与 CF 相切于点 F.因 SR 垂直平分 MN,$SF\perp CF$,所以,点 S 是过 M、N、F 三点的圆的圆心,换句话说,以 S 为圆心、SM 为半径的圆 Γ 与直线 CD 相切.又 S 在 $\angle BDC$ 的平分线上,因而圆 Γ 也与直线 BD 相切.这样,以 D 为位似中心作一个位似变换,使 $\triangle BCD$ 的内切圆变为圆 Γ,则 P、Q 分别变为 M、N,故 $PQ /\!/ BC$.

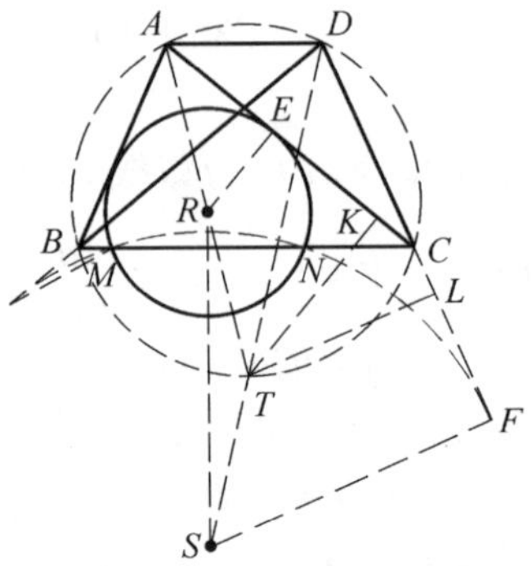

图 6.4.22

如果三圆 $\odot O_1$、$\odot O_2$、$\odot O_3$ 两两不等,则它们中每两个圆有两个位似中心——外位似中心与内位似中心,共六个位似中心,由推论 2.2.2,这六个位似中心位于四条位似轴上(图 6.4.23).

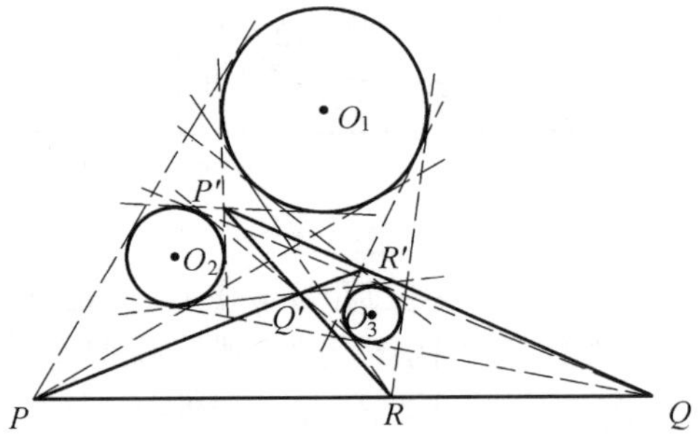

图 6.4.23

利用这个事实,我们可以处理一些与两圆相切或两圆公切线有关的三点共线或三线共点等结合性问题.其本质上就是利用位似变换的乘积处理这类结合性问题,而在处理过程中往往要借助于一个隐含的圆铺路搭桥.

例 6.4.11 已知点 P 是凸四边形 $ABCD$ 的边 AB 上一点,圆 w 是 $\triangle PCD$ 的内切圆,I 为其圆心.若圆 ω 分别与 $\triangle APD$ 的内切圆和 $\triangle BPC$ 的内切圆切于点 K 和 L,AC 与 BD 交于 E,直线 AK 与 BL 交于 F.证明:E、I、F 三点共线.(第 48 届 IMO 预选,2007)

证明 如图 6.4.24 所示,设 $\triangle APD$ 的内切圆为 ω_a,与线段 AB、射线 AD 和 BC 均相切的圆为 Ω,其圆心为 J,则点 A 为圆 Ω 与圆 ω_a 的外位似中心,点 K 为圆 ω_a 与圆 ω 的内位似中心,因而圆 Ω 与圆 ω 的内位似中心在直线 AK 上.同理,

圆 Ω 与圆ω 的内位似中心在直线BL 上,所以,直线 AK 与BL 的交点F 即圆Ω 与圆 ω 的内位似中心.但两圆的内位似中心必在两圆的连心线上,因此,点 F 在直线IJ 上.

另一方面,易知 $AP + CD = PC + DA$,所以,四边形 $APCD$ 有内切圆.如图6.4.25所示,设四边形 $APCD$ 的内切圆为Ω_a,则点 A 为圆Ω 与圆Ω_a 的外位似中心,点 C 为圆Ω_a 与圆ω 的外位似中心,因而圆 Ω 与圆ω 的外位似中心在直线AC 上.同理,圆 Ω 与圆 ω 的外位似中心在直线BD 上,所以,直线 AC 与BD 的交点 E 即圆Ω 与圆 ω 的外位似中心.但两圆的外位似中心同样在两圆的连心线上,因此,点 E 在直线 IJ 上.

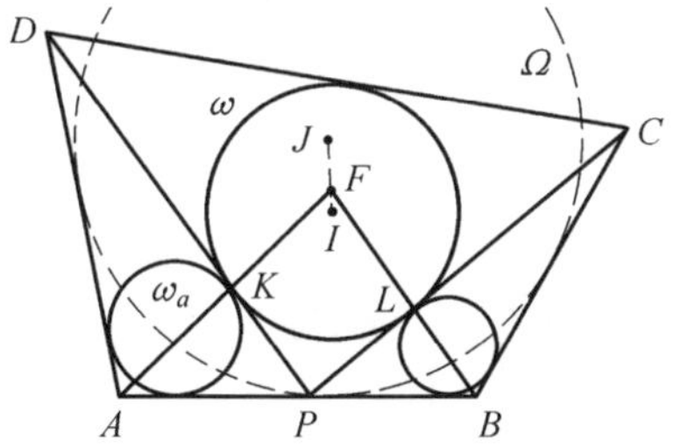

图 6.4.24

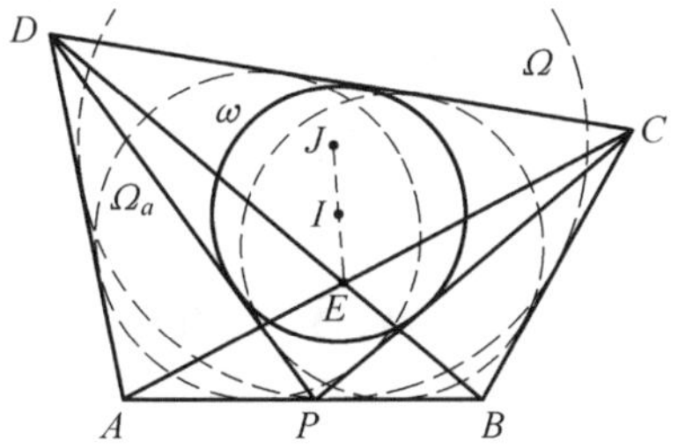

图 6.4.25

综上所述即知,E、I、F 三点共线.

例 6.4.12 在凸四边形 $ABCD$ 中,$AB \neq BC$,圆 ω_1 和 ω_2 分别是$\triangle ABC$ 和$\triangle ADC$ 的内切圆.若存在一个圆与射线 BA 相切(切点不在线段 BA 上),与射线 BC 相切(切点不在线段 BC 上),且与直线 AD 和CD 都相切.证明:圆 ω_1 与 ω_2 的两条外公切线的交点在圆 ω 上.(第 49 届 IMO,2008)

证明 如图6.4.26所示,设圆 ω 与直线AB、BC、CD、DA 分别切于点P、Q、R、S,则 $BP = BQ$,$AP = AS$,$DR = DS$,$CD = CQ$,所以

$$AB + AD = BP - DS = BQ - DR = BC + CD$$

于是,设圆 ω_1 与 ω_2 与 AC 分别切于点 T、U,则有

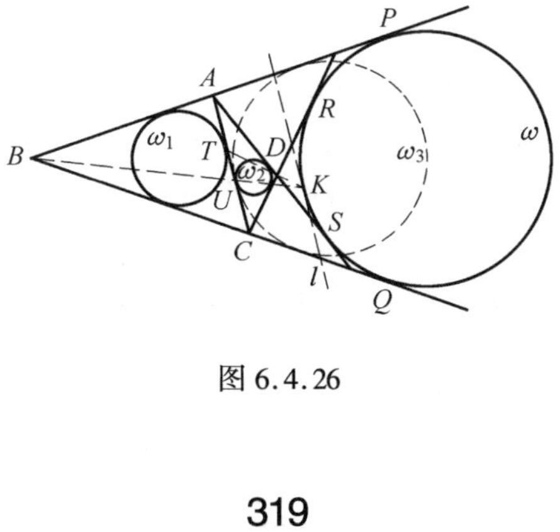

图 6.4.26

$$CU = \frac{1}{2}(AC + CD - AD) = \frac{1}{2}(AC + AB - BC) = AT$$

所以,点 U 也是 $\triangle ABC$ 的B-旁切圆(设为 ω_3)与 AC 的切点.即 U 为圆ω_2与 ω_3 的外位似中心,而点 B 为圆ω_3 与 ω_1 的外位似中心,因此,圆 ω_1 与 ω_2 的外位似中心在直线 BU 上.同理,圆 ω_1 与 ω_2 的外位似中心也在直线 DT 上.又 $AB \neq BC$,所以,$T \neq U$,因而直线 BU 与 DT 的交点 K 即为圆ω_1 与 ω_2 的外位似中心.

另一方面,点 B 为圆ω_3 与 ω 的外位似中心,点 D 为圆ω_1 与 ω 的内位似中心,于是,作圆 ω 的靠近 AC 且与 AC 平行的切线 l,则 l 与圆ω 的切点既是圆ω_1 上的点 T 的内位似对应点,也是圆 ω_3 上的点 U 的外位似对应点,从而 l 与圆ω 的切点即为直线 BU 与 DT 的交点 K,亦即圆 ω_1 与 ω_2 的外位似中心.但圆 ω_1 与 ω_2 的两条外公切线的交点即它们的外位似中心.这就证明了圆 ω_1 与 ω_2 的两条外公切线的交点在圆 ω 上.

6.5 平行及其他与位似变换

由于在位似变换下,线段变为与之平行或共线的线段.因此,凡条件中含有两平行线(段)的平面几何问题,我们即可以考虑用位似变换将其中一条线段变为另一条线段或另一条线段所在直线上.

例 6.5.1 四边形的两组对边延长后分别相交,且交点的连线与四边形的一条对角线平行.证明:另一条对角线的延长线平分对边交点的连线段.(全国高中数学联赛,1978)

证明 如图 6.5.1 所示.设四边形 $ABCD$ 的两组对边分别交于 E、F,且 $EF \parallel BD$.由 $EF \parallel BD$,有$\frac{AE}{AB} = \frac{AF}{AD}$.设这个比值为 k,作位似变换 $H(A, k)$,则 $B \to E$,$D \to F$.设 $C \to C'$,则 $EC' \parallel BF$,$C'F \parallel ED$,所以 $EC'FC$ 是平行四边形,从而 CC' 与 EF 互相平分.但 C' 在 AC 的延长线上,故 AC 的延长线平分线段 EF.

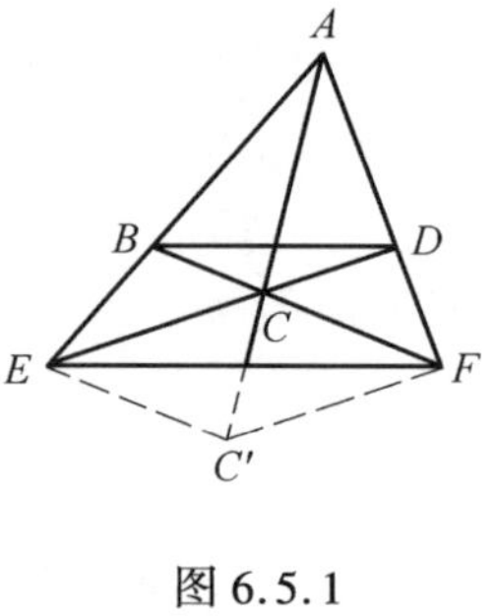

图 6.5.1

在图 6.5.1 中,如果 B、D 分别为 AE、AF 的中点,则必有 $BD \parallel EF$.于是我们再一次证明了"三角形的三中线交于一点"(见例 3.2.3).

另外,由 $BD \parallel EF$、AC 平分 EF 知,AC 也平分 BD,于是我们事实上还证明了如下命题.

命题 6.5.1 梯形两腰的交点,两对角线的交点,上、下两底的中点,凡四点共线.

例 6.5.2 设 D 为 $\triangle ABC$ 的边 AC 上一点,E 和 F 分别为线段 BD 和 BC 上的点,满足 $\angle BAE = \angle FAC$. 再设 P、Q 为线段 BC 和 BD 上的点,使得 $EP \parallel QF \parallel DC$. 求证:$\angle BAP = \angle QAC$.(中国国家集训队培训,2003)

证明 如图 6.5.2 所示,设 $BF = k \cdot BP$,作位似变换 $H(B,k)$,则 $P \to F, E \to Q$. 设 $A \to A'$,则 $\angle BA'Q = \angle BAE, \angle BA'F = \angle BAP$,所以,由 $QF \parallel DC, \angle BAE = \angle FAC$,有

$$\angle AFQ = \angle FAC = \angle BAE = \angle BA'Q = \angle AA'Q$$

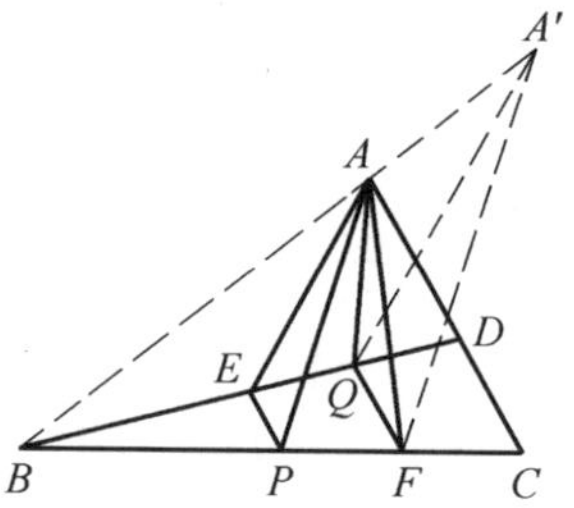

图 6.5.2

因而 A'、A、Q、F 四点共圆. 再注意 $QF \parallel DC$ 即得

$$\angle BAP = \angle BA'F = \angle AA'F = 180^\circ - \angle FQA = \angle QAC$$

例 6.5.3 在梯形 $ABCD$ 中,$AB \parallel CD$,$AB > CD$. 点 K、L 分别在线段 AB 和 CD 上,且 $\frac{AK}{KB} = \frac{DL}{LC}$. P、Q 皆在直线 KL 上,且 $\angle APB = \angle ADC, \angle CQD = \angle BAD$. 求证:$P$、$Q$、$A$、$D$ 四点共圆.(第 47 届 IMO 预选,2006)

证明 如图 6.5.3 所示,设直线 AD 与 BC 交于 O,因 $AB \parallel CD, \frac{AK}{KB} = \frac{DL}{LC}$,所以直线 KL 也通过点 O. 设 $OD = k \cdot OA$,作位似变换 $H(O,k)$,则 $A \to D, B \to C$,设 $P \to P'$,则 $DP' \parallel AP$,$\angle DP'Q = \angle APQ, \angle DP'C = \angle APB = \angle ADC$,所以

$$\angle DP'C + \angle CQD = \angle ADC + \angle BAD = 180^\circ$$

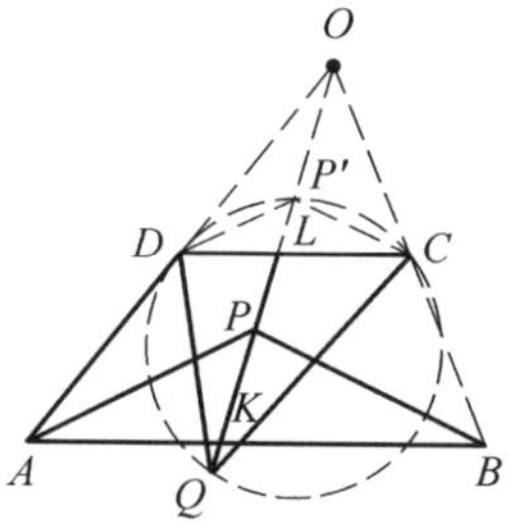

图 6.5.3

因此,四边形 $CP'DQ$ 内接于圆,于是 $\angle QP'C = \angle QDC$,所以

$$\angle APQ = \angle DP'Q = \angle DP'C - \angle QP'C = \angle ADC - \angle QDC = \angle ADQ$$

故 P、Q、A、D 四点共圆.

如果问题有三条或更多的平行线段,则可能要作两个或更多的位似变换才能解决问题.

例 6.5.4 在 $\triangle ABC$ 中,$AB \neq AC$,中线 AM 交 $\triangle ABC$ 的内切圆于 E、F 两点,分别过 E、F 两点作 BC 的平行线交 $\triangle ABC$ 的内切圆于另一点 K、L,直线 AK、AL 分别交 BC 于 P、Q. 求证:$BP = QC$.(第 46 届 IMO 预选,2005;第 47 届 IMO 伊朗队选拔考试,2006)

证法 1 如图 6.5.4 所示，设 $AM = k_1 \cdot AE, AM = k_2 \cdot AF$,则

$$KE \xrightarrow{H(A,k_1)} PM, FL \xrightarrow{H(A,k_2)} MQ$$

设 Γ 为 $\triangle ABC$ 的内切圆,圆 $\Gamma \xrightarrow{H(A,k_1)}$ 圆 Γ_1，圆 $\Gamma \xrightarrow{H(A,k_2)}$ 圆 Γ_2,则圆 Γ_1 与圆 Γ_2 均过点 M，且均与射线 AB、AC 均相切. 设圆 Γ_1 与射线 AB、AC 分别切于 S_1、T_1,圆 Γ_2 与射线 AB、AC 分别切于 S_2、T_2,圆 Γ_1 与圆 Γ_2 交于 M、N 两点,直线 MN 与 AB、AC 分别交于 U、V,则 $S_1S_2 = T_1T_2$. 由圆幂定理可知,U、V 分别为 S_1S_2、T_1T_2 的中点,所以,$US_1 = VT_2$. 又显然 $AU = AV$,而 M 为 BC 的中点,由此不难得到 $BU = CV$,因此,$BS_1 = CT_2$. 于是由圆幂定理

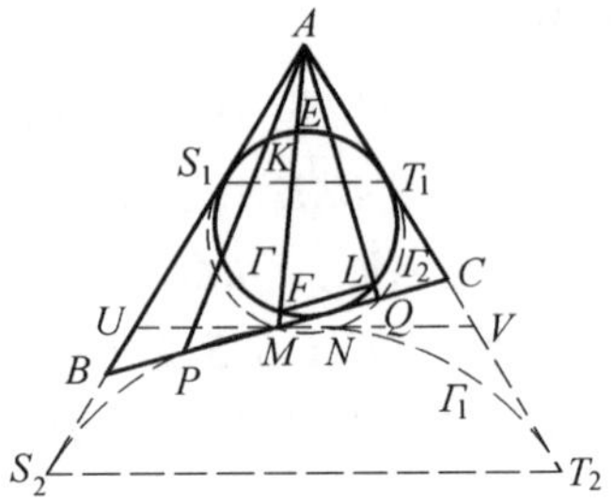

图 6.5.4

$$BP \cdot BM = BS_1^2 = CT_2^2 = QC \cdot MC$$

再注意 $BM = MC$ 即得 $BP = QC$.

证法 2 如图 6.5.5 所示,由 $EL \parallel MQ$,有 $\dfrac{AM}{AF} = \dfrac{AQ}{AL}$,设这个比值为 k,作位似变换 $H(A,k)$,则 $F \to M, L \to Q$. $\triangle ABC$ 的内切圆 Γ 变为过 M、Q 两点的圆 Γ',且圆 Γ' 与 AB、AC 均相切. 设切点分别为 S、T,则由圆幂定理,$BS^2 = BM \cdot BQ, CT^2 = MC \cdot QC$. 但 $AS = AT$, 即 $AB - BS = AC - CT$,所以

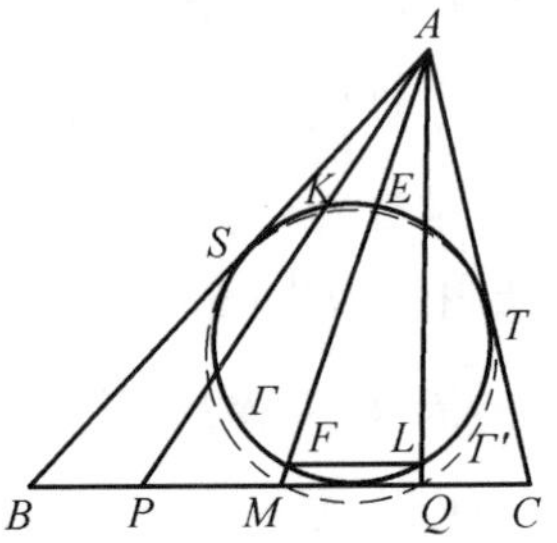

图 6.5.5

$$AB - \sqrt{BM \cdot BQ} = AC - \sqrt{MC \cdot QC}$$

同样,如果考虑以 A 为位似中心,使 $\triangle ABC$ 的内切圆变为过 P、M 两点的圆的位似变换,则有 $AB + \sqrt{BM \cdot BP} = AC + \sqrt{MC \cdot PC}$. 所以

$$\sqrt{BM \cdot BQ} - \sqrt{MC \cdot QC} = \sqrt{MC \cdot PC} - \sqrt{BM \cdot BP}$$

再注意 $BM = MC$ 即得

$$\sqrt{BQ} - \sqrt{QC} = \sqrt{PC} - \sqrt{BP}$$

平方,并注意 $BQ + QC = BP + PC$,得 $\sqrt{BQ \cdot QC} = \sqrt{BP \cdot PC}$,所以

$$\sqrt{BQ} + \sqrt{QC} = \sqrt{PC} + \sqrt{BP}$$

从而 $\sqrt{BP} = \sqrt{QC}$. 故 $BP = QC$.

用位似变换处理含有两条平行线段的平面几何问题时,并不一定非要使其中的一条线段变到另一条线段或另一条线段所在直线上,也可以使其中的一条线段变为与另一条线段平行的第三条线段.

例6.5.5 在$\triangle ABC$中,D、E是边BC上两点,且E在B、D之间,$\angle DAC=\angle B$.过点C作AE的平行线交直线AD于F.求证:直线EF平分边AB的充分必要条件是AE平分$\angle BAD$.

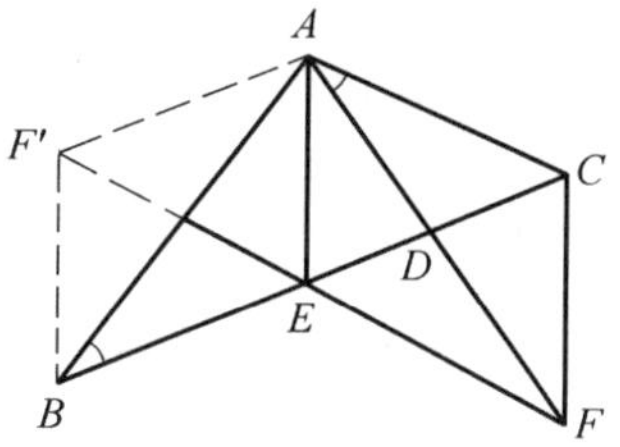

图6.5.6

证明 如图6.5.6所示,设$EB=k\cdot EC$,作位似变换$H(E,-k)$,则$C\to B$.设$F\to F'$,则$BF'\ /\!/\ CF\ /\!/\ AE$,且

$$\frac{F'F}{EF}=\frac{BC}{EC},\frac{AF}{DF}=\frac{EC}{DC}$$

又由$\angle DAC=\angle CBA$,有$AC^2=BC\cdot DC$.于是,由所得三个等式及$F'B\ /\!/\ AE$,有

$$EF\text{平分}AB\Leftrightarrow F'A\ /\!/\ BC\Leftrightarrow\frac{F'F}{EF}=\frac{AF}{DF}\Leftrightarrow\frac{BC}{EC}=\frac{EC}{DC}\Leftrightarrow$$

$$EC^2=BC\cdot DC\Leftrightarrow EC^2=AC^2\Leftrightarrow EC=AC\Leftrightarrow$$

$$\angle EAC=\angle CEA\Leftrightarrow\angle BAE+\angle CBA=\angle EAD+\angle DAC\Leftrightarrow$$

$$\angle BAE=\angle EAD\Leftrightarrow AE\text{平分}\angle BAD$$

本题中有两条平行线段:$CF\ /\!/\ AE$.但不管用内位似变换还是用外位似变换将线段AC变为EF,接下来都不怎么好处理.注意到点E仅与AC这条线段未联系,我们这时自然会想到以E为位似中心作位似变换,使点C变为B,然后找点F的像.果然,问题十分顺利的得到解决.

即使是已知条件中没有平行线的平面几何问题,只要隐含了平行的结论,同样可以考虑用位似变换处理.

例6.5.6 将$\odot O$的弦AB和弧$\overset{\frown}{AB}$各三等分:$AC=CD=DB$,$\overset{\frown}{AC'}=\overset{\frown}{C'D'}=\overset{\frown}{D'B}$,直线$CC'$与$DD'$交于$P$.求证:$\angle APB=\angle C'OD'$.

证明 如图6.5.7,6.5.8所示,易知$C'D'\ /\!/\ AB$.设$PC'=k\cdot PC$,作位似变换$H(P,k)$,则$C\to C'$,$D\to D'$.

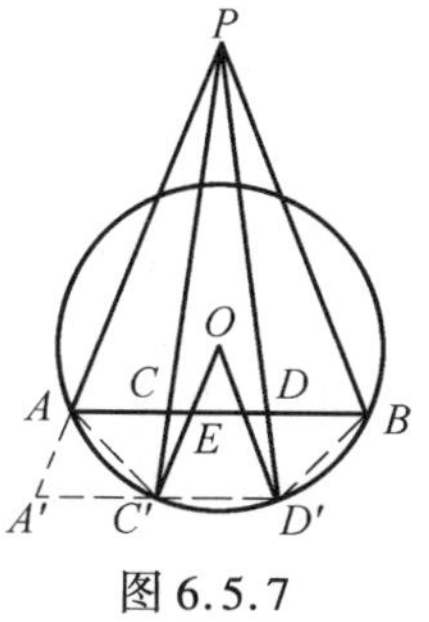

图6.5.7

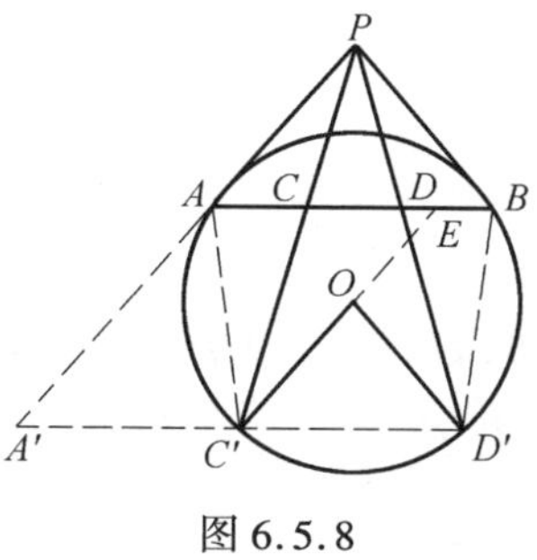

图6.5.8

设$A\to A'$,则A'在直线$C'D'$上,且$A'C'=C'D'=AC'$.再设直线OC'交

AB 于 E，则由 $\angle ABD' = \angle C'OD'$ 知 O、E、D'、B 四点共圆，所以 $\angle BD'O = \angle AEC'$. 又由对称性，$\angle EC'A = \angle BD'O$，所以 $\angle AEC' = \angle EC'A$，从而 $AE = AC'$. 但 $AC' = C'D' = A'C'$，且 $AE /\!/ A'C'$，因此，$AE \mathrel{\underline{\underline{/\!/}}} A'C'$. 于是，$EC' /\!/ AA'$，即 $OC' /\!/ PA$. 同理，$OD' /\!/ PB$. 故 $\angle APB = \angle C'OD'$.

本题脱胎于第 30 届 IMO 的一道预选题. 原题如下：

设 $\triangle ABC$ 为正三角形，Γ 是以 BC 为直径向外作的半圆. 证明：若过 A 的直线三等分 BC，则它也三等分弧 Γ.

例 6.5.7 设 O、I 分别为 $\triangle ABC$ 的外心和内心，AD 是 BC 边上的高，$AB \neq AC$. 求证：$\triangle ABC$ 的外接圆半径等于 A- 旁切圆半径的充分必要条件是 I 在线段 OD 上.

证明 如图 6.5.9, 6.5.10 所示，设 J 为 $\triangle ABC$ 的 A- 旁心，过 J 作 $JF \perp BC$ 于 F，则 JF 为 $\triangle ABC$ 的 A- 旁切圆的半径，J 在直线 AI 上. 再设 AJ 分别交 BC、$\overset{\frown}{BC}$ 于 E 和 M，则 M 为 $\overset{\frown}{BC}$ 的中点，$OM \perp BC$. 而 $AB \neq AC$，所以，直线 AD、OM、FJ 两两不重合，于是，$AD /\!/ OM /\!/ FJ$.

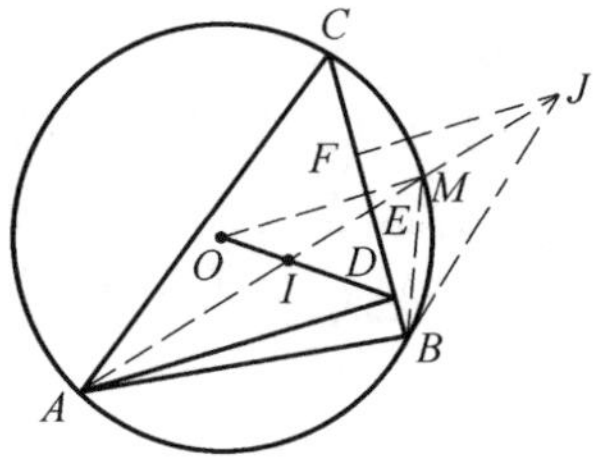

图 6.5.9

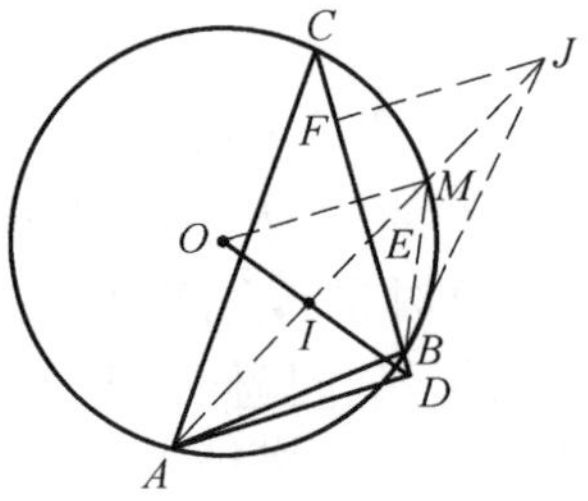

图 6.5.10

由 $\angle MBE = \angle MAC = \angle BAM$ 知，$\triangle BEM \backsim \triangle ABM$. 又 $BM = IM$，所以

$$\frac{AB}{BE} = \frac{AM}{BM} = \frac{AM}{IM}$$

另一方面，因 BJ 为 $\angle ABE$ 的外角平分线，所以 $\frac{AJ}{EJ} = \frac{AB}{BE} = \frac{AM}{IM}$，因此，$\frac{EA}{EJ} = \frac{IA}{IM}$. 于是，设 $IA = k_1 \cdot IM$，$EJ = k_2 \cdot EA$，则 $k_1 k_2 = 1$. 而

$$M \xrightarrow{H(I,k_1)} A \xrightarrow{H(E,k_2)} J$$

由定理 2.3.4(2) 即知 $H(E,k_2)H(I,k_1) = T(\overrightarrow{MJ})$ 是一个平移变换.

这样，因 $OM /\!/ AD /\!/ FJ$，$D \xrightarrow{H(E,k_2)} F$，$I$ 在 A、M 之间，所以，I 在线段 OD 上 $\Leftrightarrow O \xrightarrow{H(I,k_1)} D \Leftrightarrow O \xrightarrow{H(E,k_2)H(I,k_1)} F \Leftrightarrow O \xrightarrow{T(\overrightarrow{MJ})} F \Leftrightarrow OM \mathrel{\underline{\underline{/\!/}}} FJ \Leftrightarrow OM = FJ$.

故 $\triangle ABC$ 的外接圆半径(OM)等于其 A- 旁切圆半径(FJ)$\Leftrightarrow I$ 在线段 OD 上.

本题的充分性是 1998 年举行的全国高中数学联赛的一道加试题,只不过当时只针对 $\angle B$ 与 $\angle C$ 皆为锐角的情形而言.应该指出,条件"$AB \neq AC$"是必不可少的.

事实上,当 $AB = AC$ 时,$\triangle ABC$ 的内心 I 总在线段 OD 上.而当 $\angle A = 120°$ 时,我们不难得到 $\triangle ABC$ 的外接圆半径 R 与 A- 旁切圆半径 r_a 的关系

$$r_a = \frac{\sqrt{3}}{2}R\cot 15° = \frac{3+2\sqrt{3}}{2}R$$

此时显然有 $r_a > R$.命题的充分性不成立.

与线段比问题一样,对于平行问题我们也应该优先考虑位似变换,其次考虑平移变换,最后再考虑其他几何变换.

位似变换除了可以处理线段比、三点共线、三线共点、两圆以及平行等问题外,也可以用来处理一些其他类型的问题.

因为中点是线段比的特殊情形(比为 1),所以有关中点问题除了可以考虑用中心反射变换和平移变换外,还可以考虑以线段的某个端点为位似中心作位似变换.

例 6.5.8 证明:三角形的三边中点、三高线足、垂心与三顶点的连线段的中点,凡九点共圆.

证明 如图 6.5.11,6.5.12 所示,设 L、M、N 分别为 $\triangle ABC$ 的三边的中点,D、E、F 为 $\triangle ABC$ 的三高线足,H 是 $\triangle ABC$ 的垂心,P、Q、R 分别为 HA、HB、HC 的中点.作位似变换 $H(H,2)$,则 $P \to A$,$Q \to B$,$R \to C$.设 $D \to D'$,$E \to E'$,$F \to F'$,$L \to L'$,$M \to M'$,$N \to N'$,则 $\angle CD'B = \angle BHC = 180° - \angle BAC$,所以,$D'$ 在 $\triangle ABC$ 的外接圆上.同理,E'、F' 皆在 $\triangle ABC$ 的外接圆上.显然,L 是 HL' 的中点.又 L 是 BC 的中点,所以,四边形 $HBL'C$ 是平行四边形,因此 $\angle CL'B = \angle BHC = 180° - \angle BAC$,于是,$L'$ 也在 $\triangle ABC$ 的外接圆上.同理,M'、N' 都在 $\triangle ABC$ 的外接圆上.

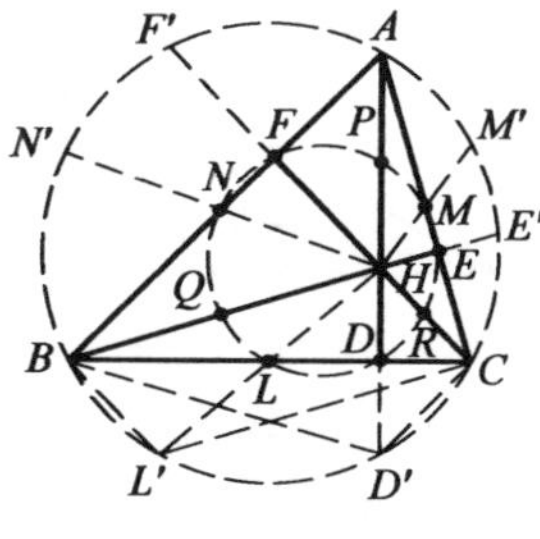

图 6.5.11

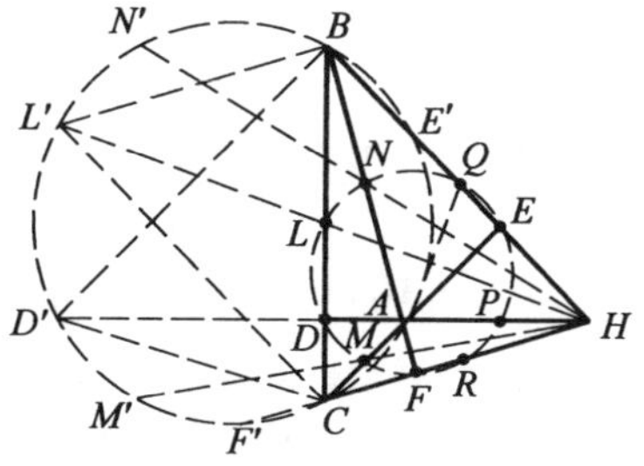

图 6.5.12

本题所述之圆称为三角形的**九点圆**.由上述证明可以看出,三角形的九点圆的半径是三角形的外接圆半径的一半.且三角形的九点圆的圆心是三角形的

外心与垂心的连线段的中点，因而三角形的九点圆圆心在三角形的 Euler 线（例 6.2.1）上．本题还说明，三角形的垂心和重心分别为三角形的外接圆与九点圆的外位似中心和内位似中心．

例 6.5.9 设 D 是 $\triangle ABC$ 内一点，且 $\angle DAC=\angle ACD=30°$，$\angle DBA=60°$，$E$ 是 BC 的中点，F 在 AC 上，且 $AF=2FC$．证明：$DE\perp EF$．（第 5 届中国女子数学奥林匹克，2007）

证明 如图 6.5.13 所示，因 $\triangle DCA$ 是以 AC 为底边、顶角为 $120°$ 的等腰三角形，$AF=2FC$，即 F 是 AC 上近点 C 的三等分点，作位似变换 $H(C,2)$，则 $E\to B$．设 $F\to F'$，$D\to D'$，则 F' 为 AF 的中点，所以 $F'D\perp DC$．又 D 为 CD' 的中点，因此 $F'D'=F'C$，于是

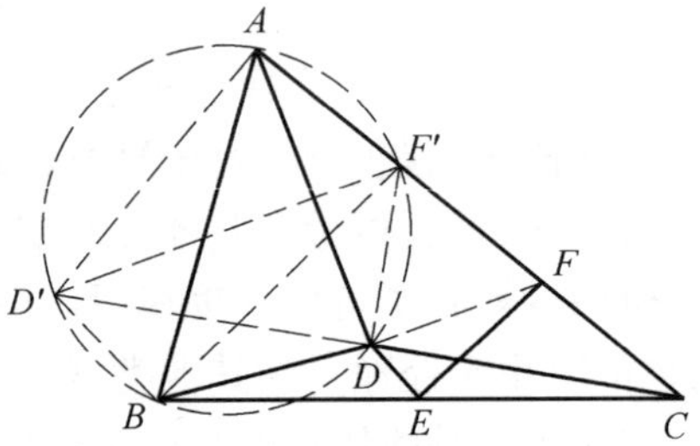

图 6.5.13

$$\angle DD'F'=\angle F'CD=\angle DAF'$$

所以 A、D'、D、F' 四点共圆，而 $\angle ADD'=2\angle ACD=60°$，$AD=D'D$，因此，$\triangle AD'D$ 是一个正三角形，$\angle DD'A=60°=\angle DBA$，因而点 B 也在这个圆上．由 $F'D\perp D'D$ 知，$D'F'$ 为这圆的直径，所以，$D'B\perp BF'$．故 $DE\perp EF$．

用位似变换处理中点问题还有一种方法：设 M 为线段 AB 的中点，如果 A、B、M 都与线段外一点 P 相连，且图形中至少还有一个已知点在直线 PA、或 PB、或 PM 上，则可考虑以 P 点为位似中心作位似变换，将 A、B、M 中的某点变到那个已知点，从而将中点形成的等量集中．

例 6.5.10 设 M 是 $\triangle ABC$ 的角平分线 AD 的中点，E、F 分别是 MB、MC 上的点，且 $\angle AEC=\angle AFB=90°$．证明：$M$、$E$、$D$、$F$ 四点共圆．

证明 如图 6.5.14 所示，设 $BC=k\cdot BD$，作位似变换 $H(B,k)$，则 $D\to C$．设 $M\to M'$，则 $M'C\,/\!/\,MD$．再设 BM' 与 AC 交于 K，并注意 $MD=AM$，则有

$$\frac{BM}{BM'}=\frac{MD}{M'C}=\frac{AM}{M'C}=\frac{MK}{KM'}$$

又 AD 平分 $\angle BAC$，于是，由三角形的角平分线性质定理，有

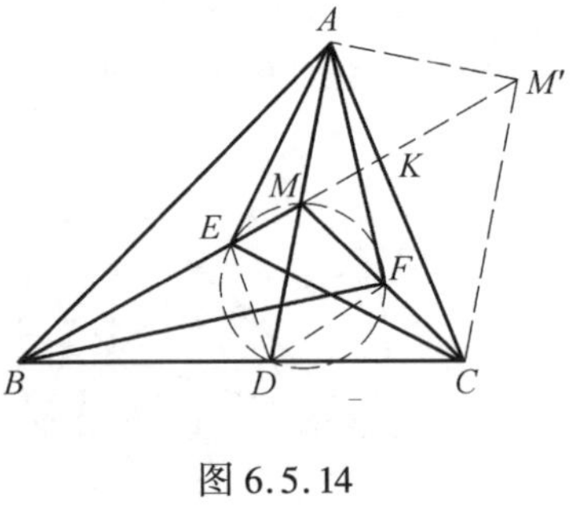

图 6.5.14

$$\frac{AB}{AK}=\frac{BM}{MK}=\frac{BM'}{KM'}$$

所以，AM' 为 $\angle BAK$ 的外角平分线，因此 $AM'\perp AD$．但 $M'C\,/\!/\,AD$，从而 $AM'\perp M'B$，即 $\angle AMC'=90°$，而 $\angle CEA=90°$，所以 A、E、C、M' 四点共圆，故有

$\angle MEA = \angle M'CA = \angle DAC = \angle BAM$.这表明$\triangle EAM \backsim \triangle ABM$,所以,$AM^2 = ME \cdot MB$.但$AM = MD$,于是$MD^2 = ME \cdot MB$,从而$\triangle MDE \backsim \triangle MBD$.这样便有$\angle DEM = \angle MDB$.同理,$\angle MFD = \angle CDM$.因此

$$\angle DEM + \angle MFD = \angle MDB + \angle CDM = 180°$$

故M、E、D、F四点共圆.

例 6.5.11 在凸四边形$ABCD$中,$AD = CD$,$\angle DAB = \angle ABC$,过D与BC的中点的直线与直线AB交于E.求证:$\angle BEC = \angle DAC$.

证明 如图 6.5.15,6.5.16 所示,设M为BC的中点,$ED = k \cdot EM$,作位似变换$H(E, k)$,则$M \to D$.设$B \to B'$,$C \to C'$,则$B'C' \parallel BC$,B'在直线AB上,D为$B'C'$的中点.$\angle C'B'A = \angle CBA = \angle BAD$,所以,$DC' = DB' = DA = DC$,这说明$A$、$B'$、$C$、$C'$四点在以$D$为圆心的圆上.于是,$\angle BCE = \angle B'C'C = \angle BAC$.故

$$\angle BEC = \angle CBA - \angle BCE = \angle BAD - \angle BAC = \angle CAD$$

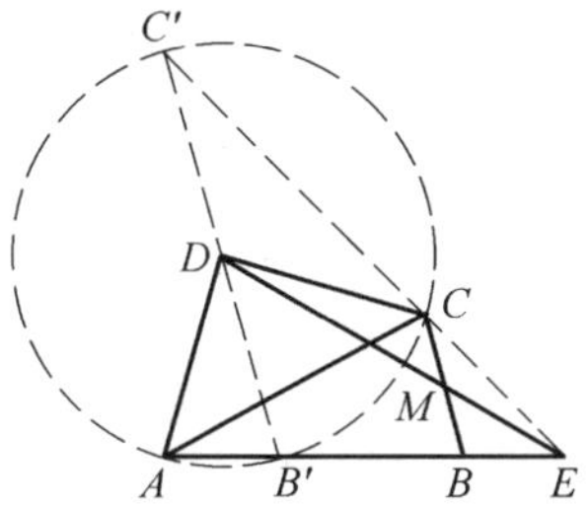

图 6.5.15

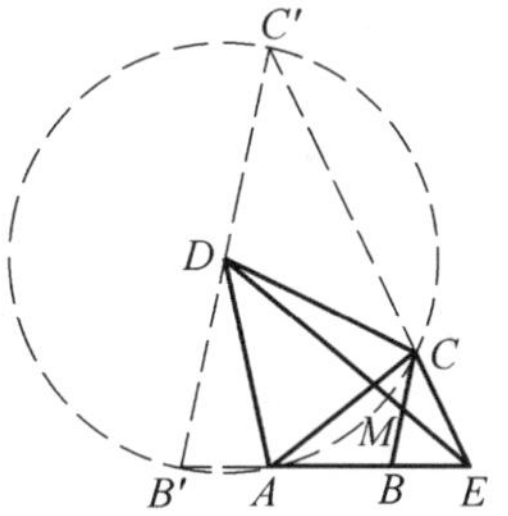

图 6.5.16

在图 6.5.15 的情形(即$\angle CBA < 90°$),本题是 1998 年举行的第 47 届保加利亚数学奥林匹克(第 3 轮)试题.

应该指出,对于中点问题来说,我们应先考虑中心反射变换和平移变换,最后考虑位似变换.

因为在位似变换下,圆变为圆,所以,有些欲证结论为四点共圆的问题也可以考虑用位似变换处理.

例 6.5.12 设P是$\triangle ABC$所在平面上任意一点,直线AP、BP、CP分别与$\triangle ABC$的外接圆交于A_1、B_1、C_1,D、E、F分别为BC、CA、AB的中点,A_2是A_1关于D的对称点,B_2、C_2类似定义.求证:A_2、B_2、C_2、H四点共圆.(中国国家集训队测试,2006)

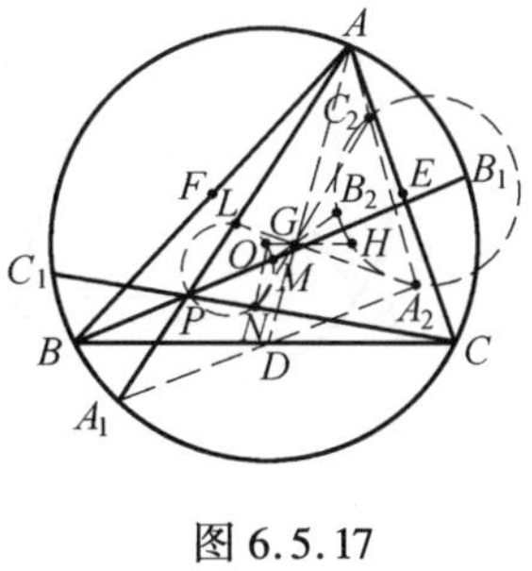

图 6.5.17

证明 如图 6.5.17 所示.设O、H、G分别是$\triangle ABC$的外心、垂心、重心.L、M、N分别是

AA_1、BB_1、CC_1 的中点. 注意 G 也是 $\triangle AA_1A_2$ 的重心，所以，$A_2G = 2GL$. 同样，$B_2G = 2GM$，$C_2G = 2GN$. 于是，作位似变换 $H(G, -2)$，则 $L \to A_2$，$M \to B_2$，$N \to C_2$. 又 O、G、H 三点在一直线（Euler 线）上，且 $HG = 2GO$，所以 $O \to H$. 而 $\angle OLP = \angle OMP = \angle ONP = 90°$，所以 L、M、N、O 四点共圆. 故 A_2、B_2、C_2、H 四点共圆.

显然，例 4.2.12 相当于本题中点 P 在 $\triangle ABC$ 的外接圆上的情形. 因而本题也可以用中心反射变换通过引理 4.2.1 得到证明.

习题 6

1. 设 E、F 分别为四边形 $ABCD$ 的边 AB、CD 上的点，且 $\frac{AE}{EB} = \frac{DF}{FC} = \lambda$. 求证：$AD + \lambda \cdot BC \geqslant (1 + \lambda)EF$.

2. 设 P、Q 分别为凸四边形 $ABCD$ 的边 BC、AD 上的点，且 $\frac{BP}{PC} = \frac{DQ}{QA} = \frac{BD}{AC}$. 直线 PQ 与对角线 AC 与 BD 分别交于 M、N. 证明：$\angle PMC = \angle DNQ$.

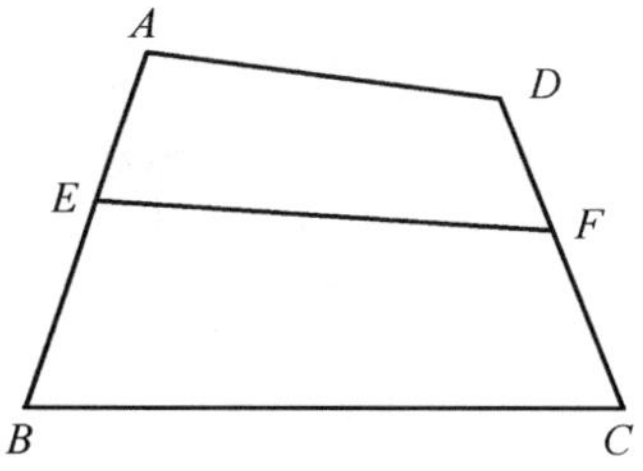

1 题图

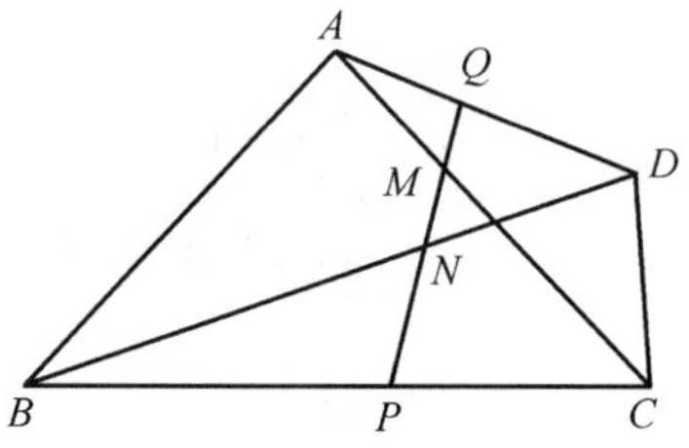

2 题图

3. 设圆内接四边形 $ABCD$（不一定是凸的）的两对角线 AC 与 BD 交于 P. 求证：$AB \cdot BC \cdot PD = CD \cdot DA \cdot PB$.

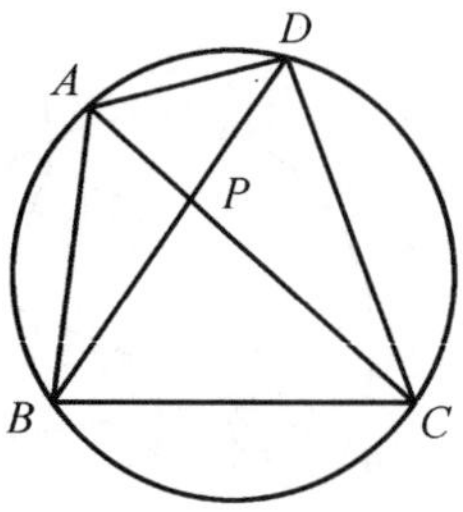

(a)

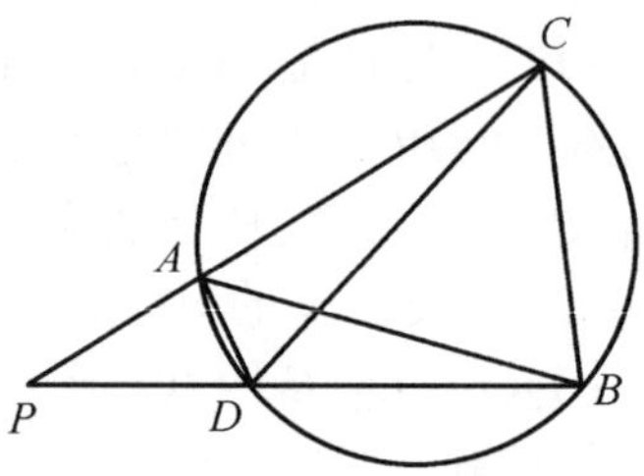

(b)

3 题图

4. 过四边形 $ABCD$ 的边 BC 上一点 P 分别作 AB、CD、AD 的垂线，垂足分别为 E、F、G，PG 与 EF 交于 Q. 求证：四边形 $ABCD$ 内接于圆的充分必要条件是

$$\frac{EQ}{QF}=\frac{BP}{PC}$$

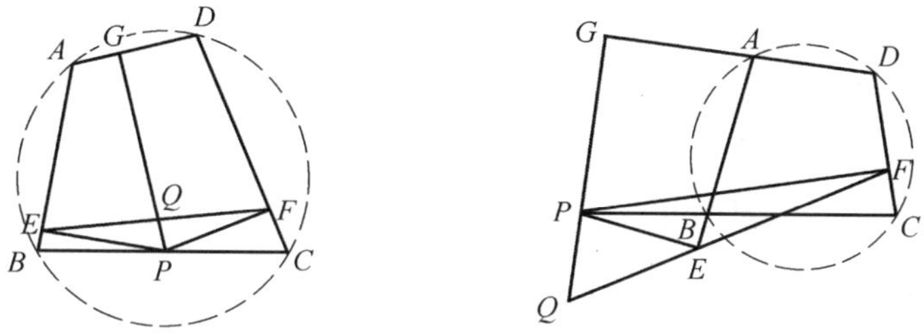

(a)　　　(b)

4 题图

5. 设 D、E、F 分别为 $\triangle ABC$ 的边 BC、CA、AB 边上的点，EF 与 AD 交于 P. 求证：$\frac{AE}{AF}=\frac{BD}{DC}$ 的充分必要条件是 $\frac{PE}{PF}=\frac{AB}{AC}$.

6. 证明 Van Obel 定理：设 P 为 $\triangle ABC$ 所在平面上一点，直线 AP、BP、CP 分别与直线 BC、CA、AB 交于 D、E、F，则

$$\frac{\overline{AF}}{\overline{FB}}+\frac{\overline{AE}}{\overline{EC}}=\frac{\overline{AP}}{\overline{PD}}$$

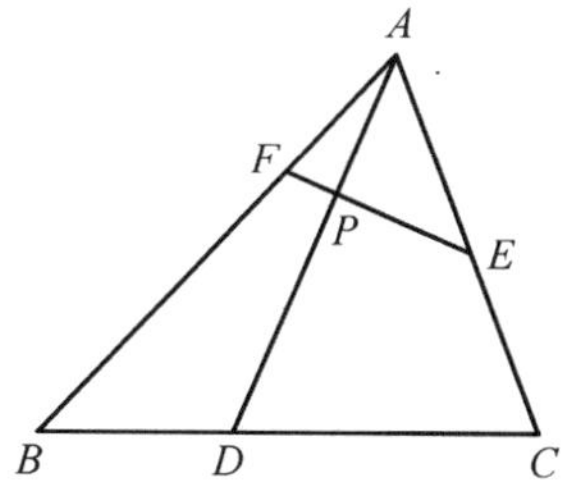

5 题图

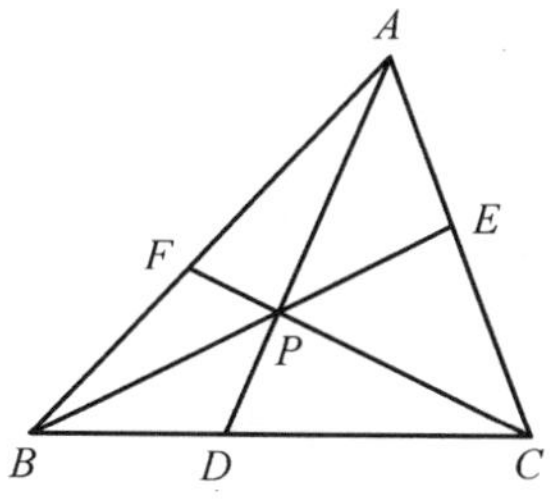

6 题图

7. 一圆过 $\triangle ABC$ 的顶点 A 且分别与边 AB、AC 交于 P、Q，与边 BC 交于 D、E 两点，设 $\angle BAE=\alpha$，$\angle EAQ=\beta$. 求证：$\frac{BP}{CQ}=\frac{BD}{DC}\cdot\frac{\sin\alpha}{\sin\beta}$.

8. 设 P、Q 为 BC 所在直线上异于 B、C 的两点，过 Q 作 AB 的平行线分别交直线 AP、AC 于 D、E. 再设 F 为直线 AB 上的一点. 求证：$QF\parallel CA$ 的充分必要条件是 $\frac{DE}{BF}=\frac{PC}{BP}$.

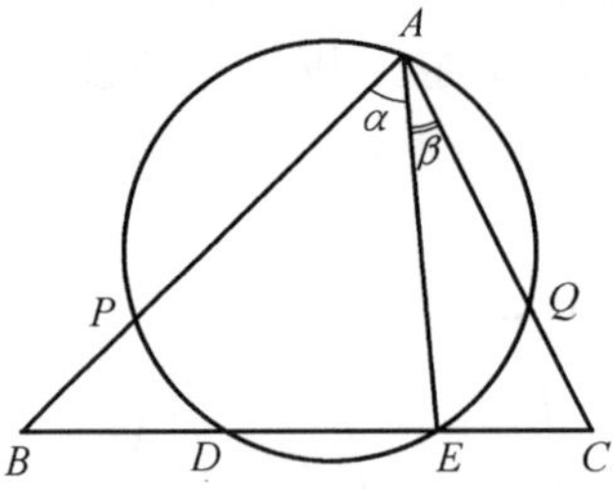

7 题图

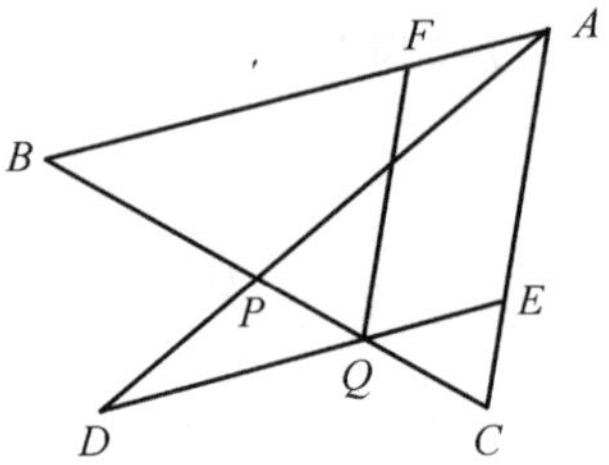

8 题图

9. 设 D、E、F 分别为 $\triangle ABC$ 的边 BC、CA、AB 上的点，且

$$\frac{BD}{DC}=\frac{CE}{EA}=\frac{AF}{FB},\angle EDF=\angle BAC$$

证明：以 D、E、F 为顶点的三角形相似于 $\triangle ABC$.（第 23 届原全苏数学奥林匹克，1989）

10. 设 P 是 $\triangle ABC$ 所在平面上一点，过各边中点作点 P 与各顶点的连线的平行线. 证明：所作三线共点. 设共点于 Q，则 P、Q 与 $\triangle ABC$ 的重心三点共线，且重心到点 P 的距离等于重心到点 Q 的距离的两倍.

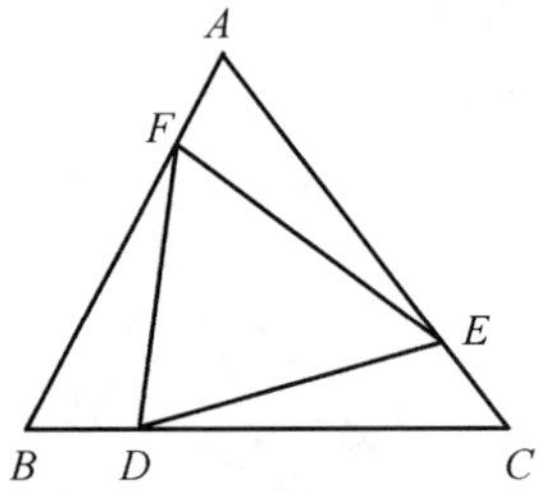

9 题图

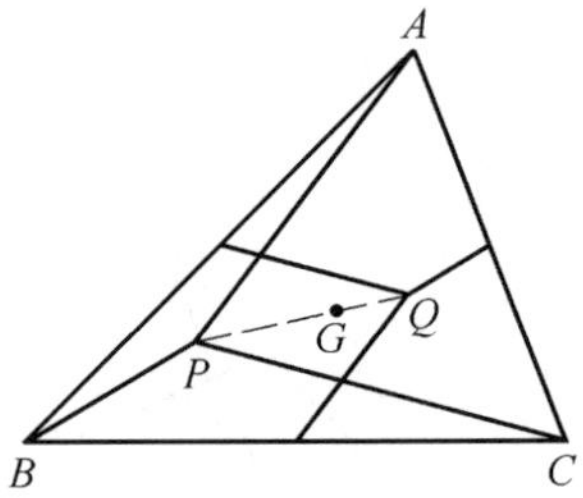

10 题图

11. 设 $\triangle ABC$ 的三顶点关于对边的对称点分别为 D、E、F. 证明：D、E、F 三点共线的充分必要条件是 $\triangle ABC$ 的外心到其垂心的距离等于其外接圆的直径长.（第 39 届 IMO 预选，1998）

12. 已知三个等圆有一个公共点 S，并且都在一个已知三角形内，每一个圆与三角形的两边相切. 求证：这个三角形的内心、外心与点 S 共线.（第 22 届 IMO，1981）

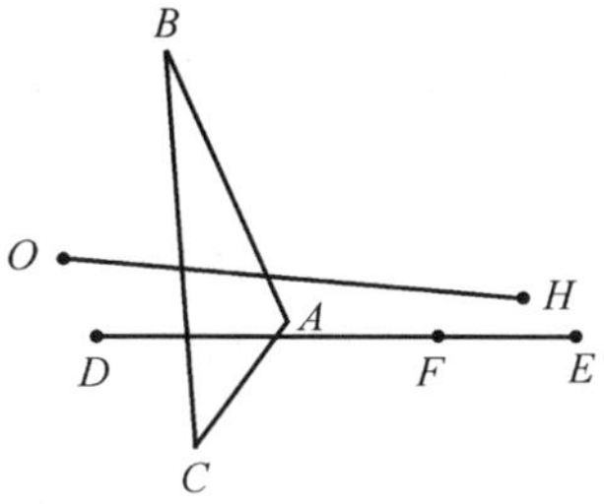

11 题图

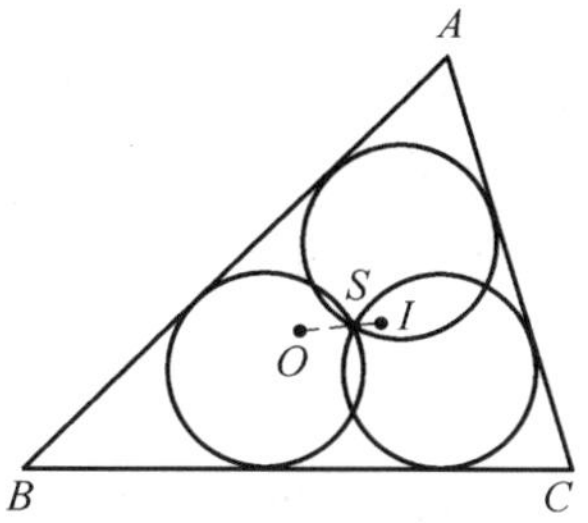

12 题图

13. 设 $\triangle ABC$ 的 A- 旁切圆与边 BC 相切于点 D，与直线 AC、AB 分别相切于点 E、F. 求证：$\triangle ABC$ 的外心、A- 旁心与 $\triangle DEF$ 的垂心三点共线.

14. 设 H 为 $\triangle ABC$ 的垂心，M 为 CA 的中点，过点 B 作 $\triangle ABC$ 的外接圆的切线 l，过垂心 H 作切线 l 的垂线，垂足为 L. 求证：$\triangle MBL$ 是等腰三角形.((俄)彼圣得堡数学奥林匹克，2000)

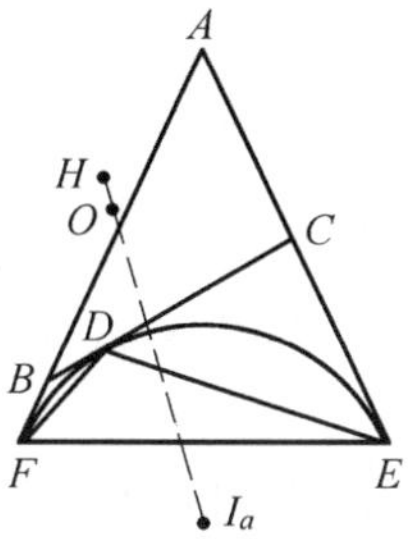

13 题图

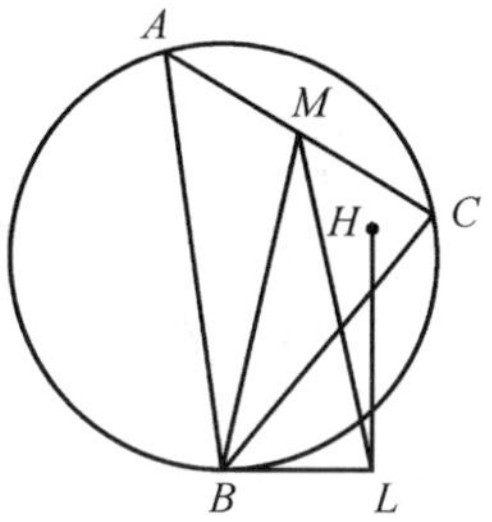

14 题图

15. 设平行四边形 $ABCD$ 即非矩形，也非菱形，以 AC 为直径作一圆分别与直线 AB、AD 交于另一点 E、F. 求证：直线 EF、BD 以及圆在过 C 点的切线共点.(第 4 届土耳其数学奥林匹克，1996)

16. 设 O 是 $\triangle ABC$ 的外心，L、M、N 分别是边 BC、CA、AB 的中点，P、Q、R 分别是直线 OL、OM、ON 上的点. 证明：若 $\frac{\overline{OL}}{\overline{OP}} = \frac{\overline{OM}}{\overline{OQ}} = \frac{\overline{ON}}{\overline{OR}}$，则 AP、BQ、CR 与 $\triangle ABC$ 的 Euler 线四线共点或互相平行.

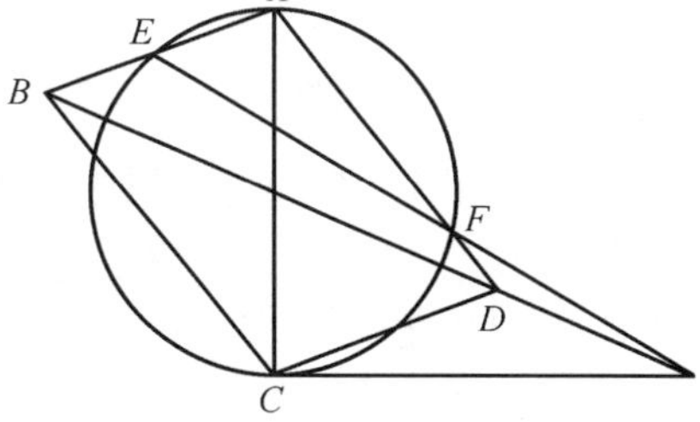

15 题图

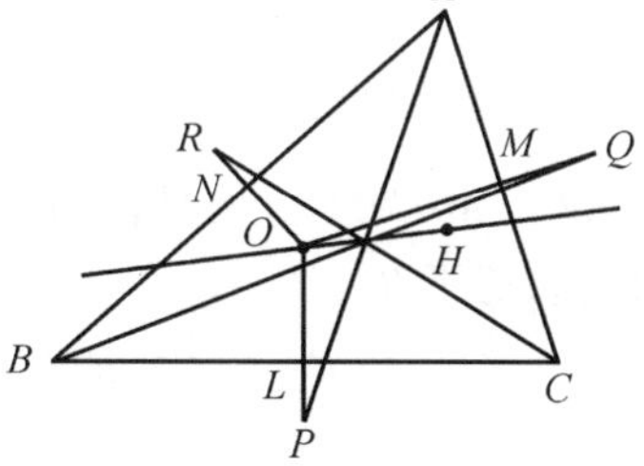

16 题图

17. 设 $\triangle ABC$ 的内切圆与 BC、CA、AB 分别切于 D、E、F，分别过 EF、FD、DE 的中点作 BC、CA、AB 的垂线. 求证：所作三条垂线共点.（罗马尼亚国家队选拔考试，1986）

18. 设 $\triangle ABC$ 的顶点 A、B、C 分别在 $\triangle PQR$ 的边 QR、RP、PQ 上，$\triangle DEF$ 的顶点 D、E、F 分别在 $\triangle ABC$ 的边 BC、CA、AB 上，且 $\frac{RA}{AQ}=\frac{BD}{DC}$，$\frac{PB}{BR}=\frac{CE}{EA}$，$\frac{QC}{CP}=\frac{AF}{FB}$. 记 $\triangle PQR$、$\triangle ABC$、$\triangle DEF$ 的面积分别为 S_1、S_2、S_3. 证明：$S_2^2=S_1S_3$.

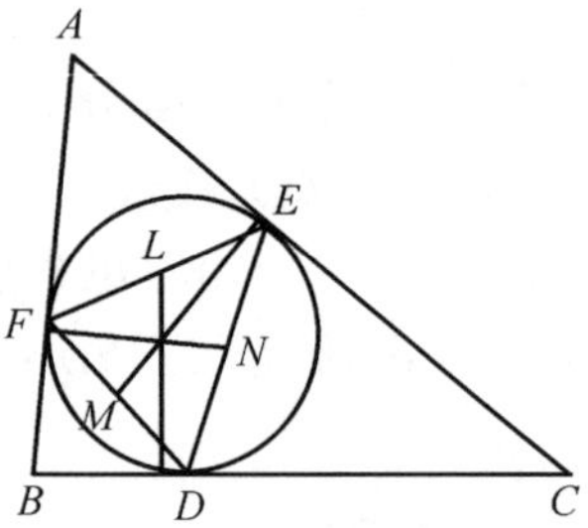

17 题图

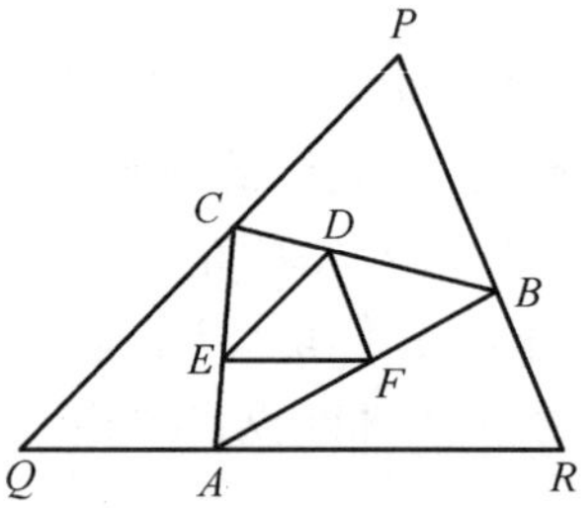

18 题图

19. 设 $\triangle ABC$ 与 $\triangle A'B'C'$ 的对应顶点的连线互相平行，一直线分别与直线 BC、CA、AB 交于 D、E、F，分别过 D、E、F 作 AA' 的平行线交直线 $B'C'$、$C'A'$、$A'B'$ 于 D'、E'、F'. 求证：D'、E'、F' 三点共线.

20. 设 $\triangle ABC$ 的内切圆切 BC 于 D，内切圆的一个同心圆与 $\triangle ABC$ 的边 BC 交于 M、N 两点（点 M 离顶点 B 较近），与 CA、AB 的离顶点 A 较近的交点分别为 K、L. 证明：AD、MK、NL 三线共点.

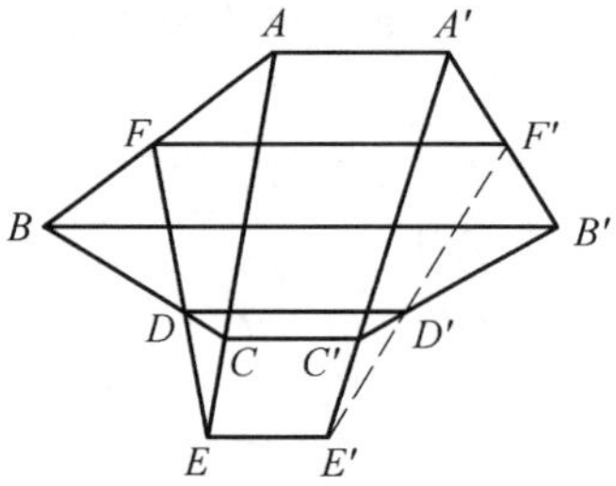

19 题图

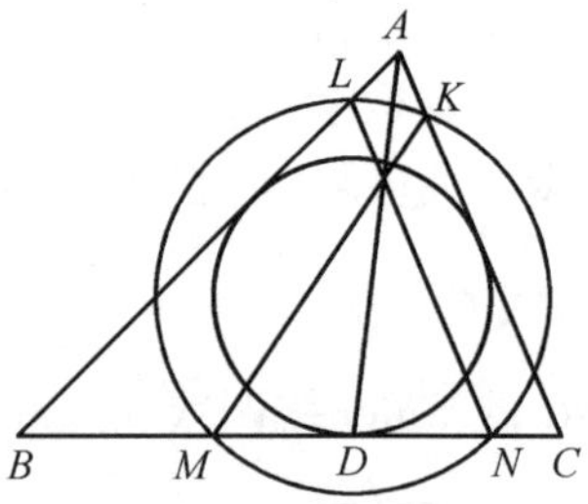

20 题图

21. 设 $\triangle ABC$ 的 A- 旁切圆分别与 $\angle A$ 的两边切于 A_1、A_2，B- 旁切圆分别与 $\angle B$ 的两边切于 B_1、B_2，C- 旁切圆分别与 $\angle C$ 的两边切于 C_1、C_2，直线 A_1A_2 与 BC 交于 D，直线 B_1B_2 与 CA 交于 E，直线 C_1C_2 与 AB 交于 F. 求证：D、E、F 三点共线.

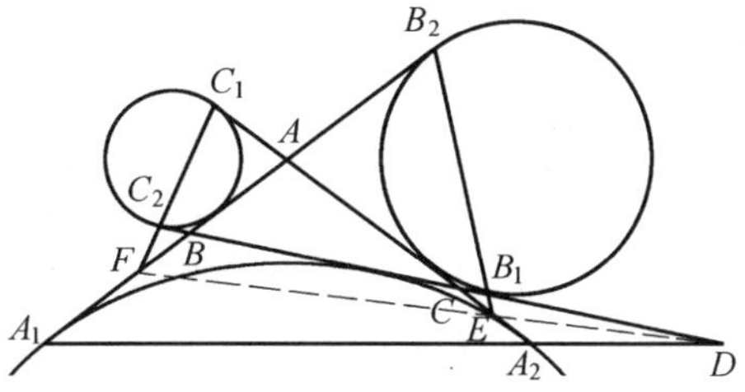

21 题图

22. 设 L、M、N 分别是 $\triangle ABC$ 的三个内角 $\angle BAC$、$\angle CBA$、$\angle ACB$ 内的点，且 $\angle BAL=\angle ACL$，$\angle LBA=\angle LAC$，$\angle CBM=\angle BAM$，$\angle MCB=\angle MBA$，$\angle CAN=\angle CBN$，$\angle NAC=\angle NCB$. 求证：AL、BM、CN 交于 $\triangle LMN$ 的外接圆上一点.（第 50 届保加利亚数学奥林匹克，2001）

23. 点 D 和 D_1、E 和 E_1、F 和 F_1 分别为锐角 $\triangle ABC$ 的边 BC、CA、AB 上的不同两点，且 $EF /\!/ BC$，$D_1E_1 /\!/ DE$，$D_1F_1 /\!/ DF$，再作 $\triangle PBC \backsim \triangle DEF$. 求证：$EF$、$E_1F_1$、$PD_1$ 三线共点.（中国国家队选拔考试，2004）

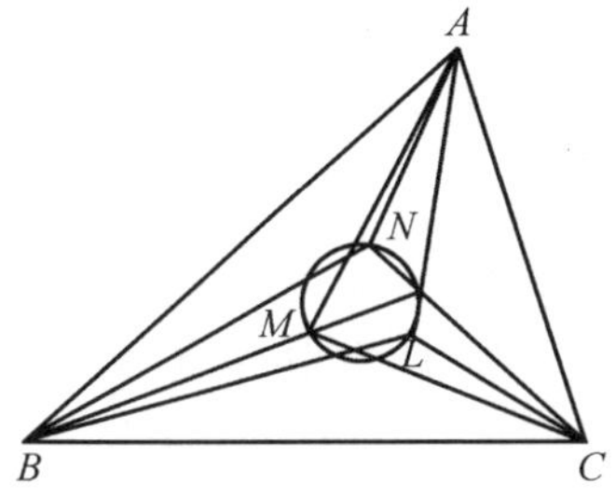

22 题图

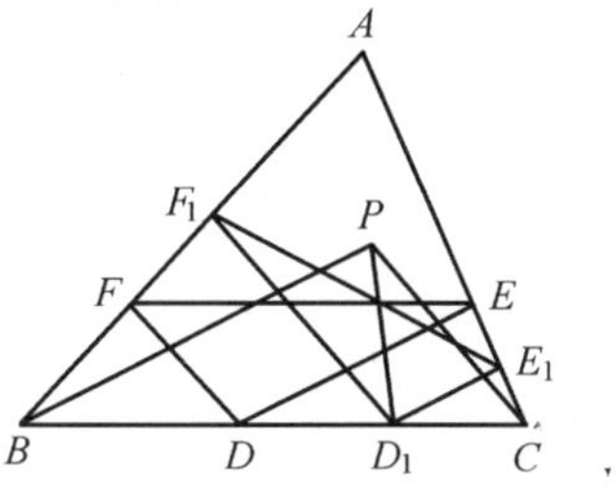

23 题图

24. 设 P 是 $\triangle ABC$ 内部一点，D 是 AP 上不同于 P 的一点，Γ_1、Γ_2 分别是过 B、P、D 三点的圆和过 C、P、D 三点的圆，圆 Γ_1、Γ_2 分别与 BC 交于 E、F，直线 PF 与 AB 交于 X，直线 PE 与 AC 交于 Y. 求证：$XY /\!/ BC$.（瑞士国家队选拔考试，2006）

25. 设 AD、BE 是 $\triangle ABC$ 的两条高，P 是 $\triangle ABC$ 的外接圆上任意一点，直线 PB 与 AD 交于 Q、直线 PA 与 BE 交于 R. 证明：DE 平分线段 QR.（第 31 届俄罗斯数学奥林匹克，2005）

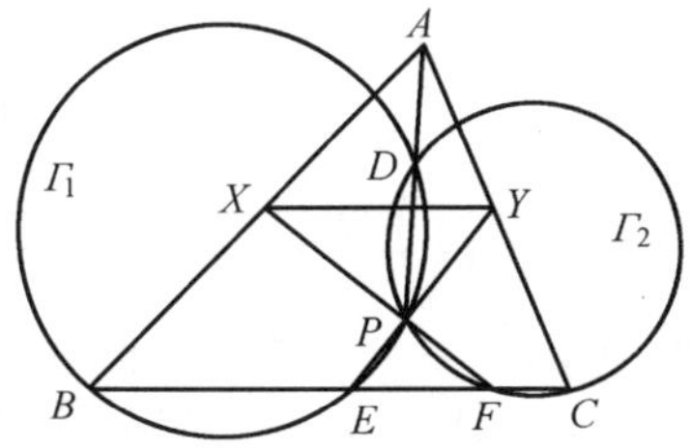

24 题图

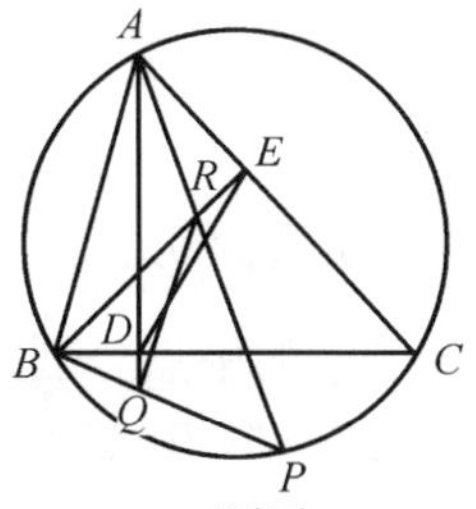

25 题图

26. 设 $\triangle ABC$ 的 A- 旁切圆分别与直线 AC、AB 切于 E、F，B- 旁切圆和 C- 旁切圆与直线 BC 分别切于 D_1、D_2，直线 D_1E 与 D_2F 交于 P. 求证：$AP \perp BC$.

27. 设 $\triangle ABC$ 的 A- 旁切圆分别切直线 CA、AB 于 B_a、C_a. 类似地定义点 C_b、A_b，A_c、B_c. $\triangle ABC$ 的垂心 H 在直线 B_aC_a、C_bA_b、A_cB_c 上的射影分别为 P、Q、R. 分别过 P、Q、R 作 BC、CA、AB 的垂线. 求证：所作三垂线交于一点，且这个点为 $\triangle PQR$ 的外心.（保加利亚国家队选拔考试，2002）

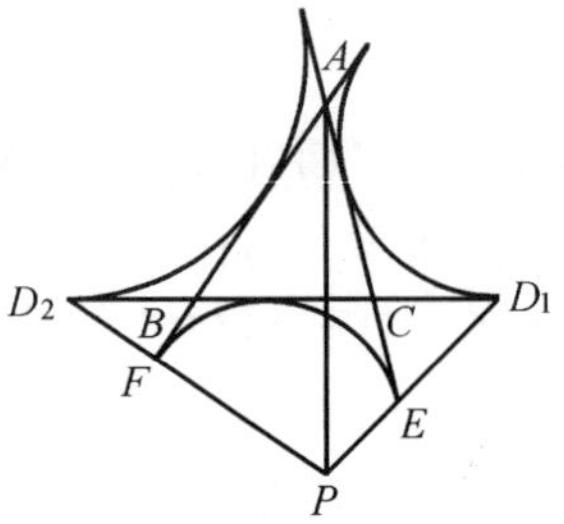

26 题图

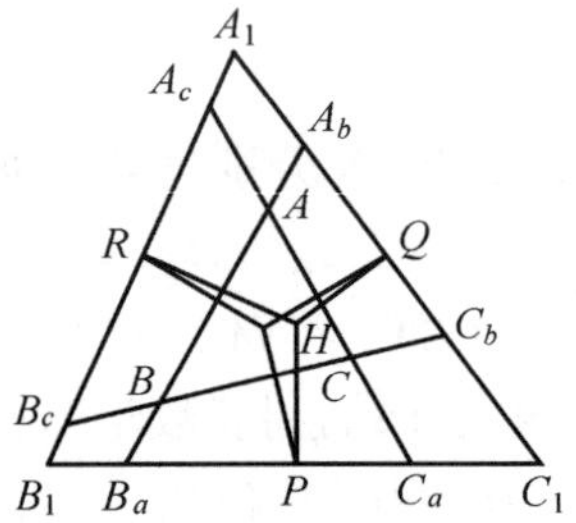

27 题图

28. 设 P 是 $\triangle ABC$ 所在平面上一点，直线 AP、BP、CP 分别与对边 BC、CA、AB 交于 D、E、F，且 $\frac{\overline{AP}}{\overline{PD}} = x$，$\frac{\overline{BP}}{\overline{PE}} = y$，$\frac{\overline{CP}}{\overline{PF}} = z$. 求证：$xyz = x + y + z + 2$（点 P 在 $\triangle ABC$ 内）.（第 20 届意大利数学奥林匹克，2004）

29. 设 B 是圆 Γ_1 上的一点，过 B 作圆 Γ_1 的切线，A 为该切线上异于 B 的一点，点 C 不在圆 Γ_1 上，圆 Γ_2 与 AC 相切于点 C，与圆 Γ_1 相切于点 D，且点 D 与点 B 分布在直线 AC 的两侧. 证明：$\triangle BCD$ 的外心在 $\triangle ABC$ 的外接圆上.（第 43 届 IMO 预选，2002）

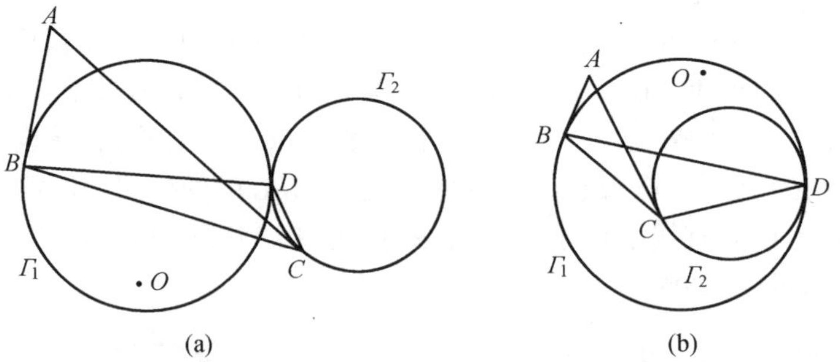

(a) (b)

29 题图

30. 大圆与小圆内切于 N，大圆的弦 AB、BC 分别与小圆相切于 K、M. $\overset{\frown}{BC}$、$\overset{\frown}{BA}$（均不含点 N）的中点分别是 P、Q. $\triangle BQK$ 与 $\triangle BPM$ 的外接圆的第二个交点为 B'. 求证：四边形 $BPB'Q$ 为平行四边形.（第 26 届俄罗斯数学奥林匹克）

31. 设圆 Γ_1 与圆 Γ_2 外离，P 为两圆内公切线的交点，过点 P 任作一条割线分别与圆 Γ_1、圆 Γ_2 交于 A、B（A、B 都是离点 P 较远的点），两圆的一条外公切线分别切圆 Γ_1、圆 Γ_2 于 C、D. 求证：$AC \perp BD$.

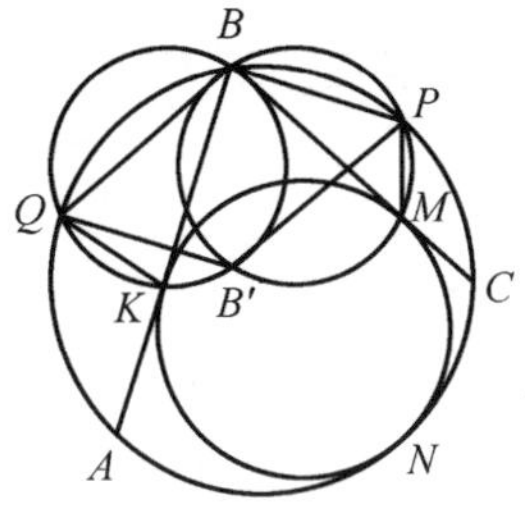

30 题图

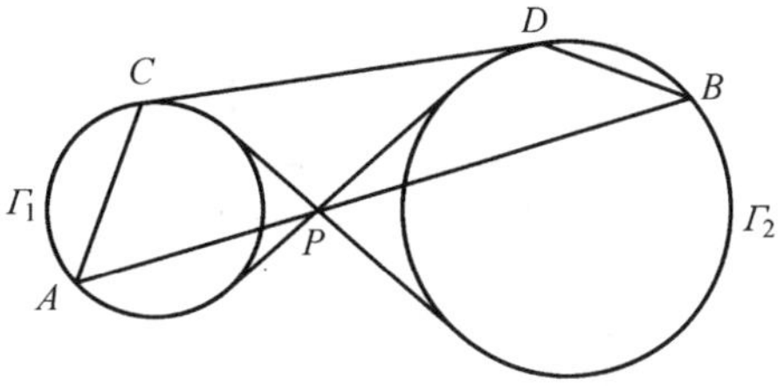

31 题图

32. 设圆 Γ_1 与圆 Γ_2 外离，一条外公切线分别切两圆于 A、B 两点，且与两圆的连心线交于 P，两圆的内公切线与连心线交于 Q，过 P 作外公切线 AB 的垂线分别与直线 QA、QB 交于 C、D. 求证：P 为线段 CD 的中点.

33. 一圆与 $\triangle ABC$ 的外接圆相切，且与 $\triangle ABC$ 的边 AB、AC 的延长线分别切于 P、Q. 求证：$\triangle ABC$ 的 A- 旁心在线段 PQ 上.（第 48 届保加利亚（春季）数学竞赛，1999）

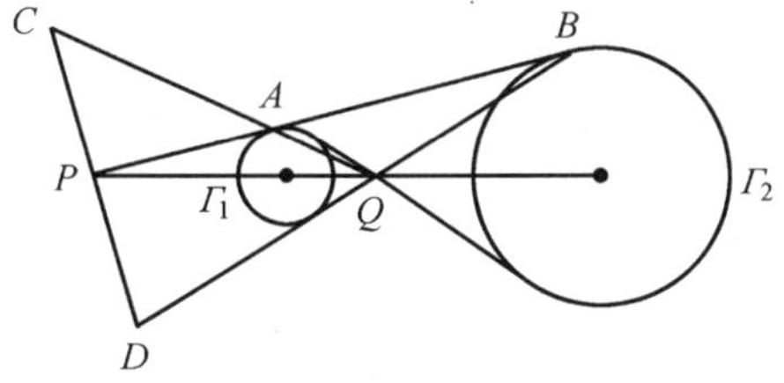

32 题图

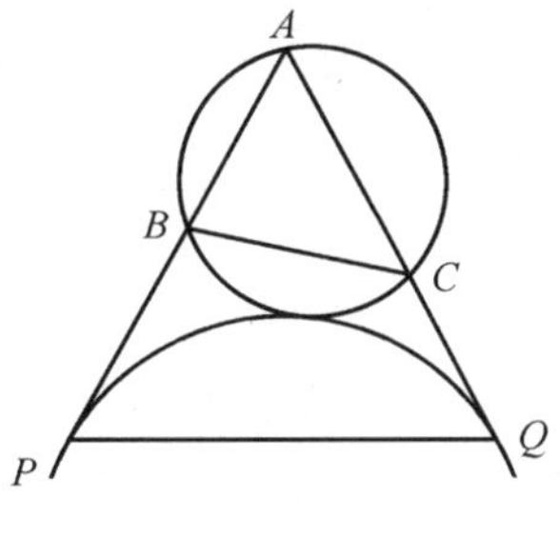

33 题图

34. 设圆 Γ_1 与圆 Γ_2 外切于 W，且皆与圆 Γ 内切，圆 Γ_1 与圆 Γ_2 的一条外公切线交圆 Γ 于 B、C，圆 Γ_1 与圆 Γ_2 的过切点 W 的公切线交圆 Γ 于 A，且 A 和 W 位于直线 BC 的同侧. 证明：W 是 $\triangle ABC$ 的内心.（第 33 届 IMO 预选，1992）

35. 设 P、Q 是等腰 $\triangle ABC$（$\angle A > 60°$）的底边 BC 上的两点，且 $\angle PAQ = \angle CBA$. 与 $\triangle APQ$ 的外接圆外切的一个圆与射线 AB、AC 分别相切于 R、S. 求证：$RS = 2BC$.

36. 在 $\triangle ABC$ 中，$AB = AC$，AD 为高，P 是 AD 上一点，直线 BP 与 AC 交于 E，直线 CP 与 AB 交于 F. 求证：如果 $\triangle PBC$ 的内切圆与四边形 $PEAF$ 的内切圆相等，则 $\triangle PBD$ 的内切圆与 $\triangle PCA$ 的内切圆也相等.（捷克斯洛伐克数学奥林

匹克,2000)

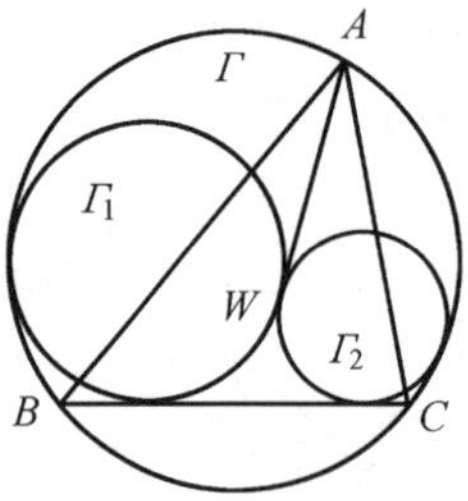

34 题图

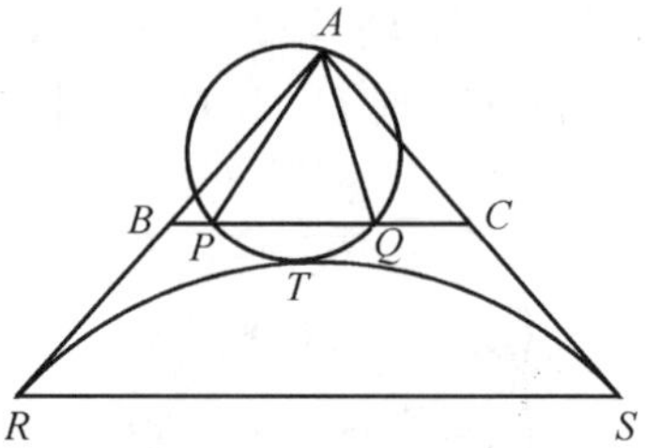

35 题图

37. 设 $\odot O_1$ 与 $\odot O_2$ 外切于 T,一直线与 $\odot O_2$ 相切于 E,且与 $\odot O_1$ 交于 A、B 两点,直线 ET 与 $\odot O_1$ 的另一交点为 S,在不含 A、B 的 $\overset{\frown}{TS}$ 上任取一点 C,过 C 作 $\odot O_2$ 的切线 CF,F 为切点,直线 SC 与 EF 交于 K.求证:

(1) T、C、K、F 四点共圆;

(2) K 为 $\triangle ABC$ 的 A- 旁心.

(第 54 届保加利亚学奥林匹克,2005)

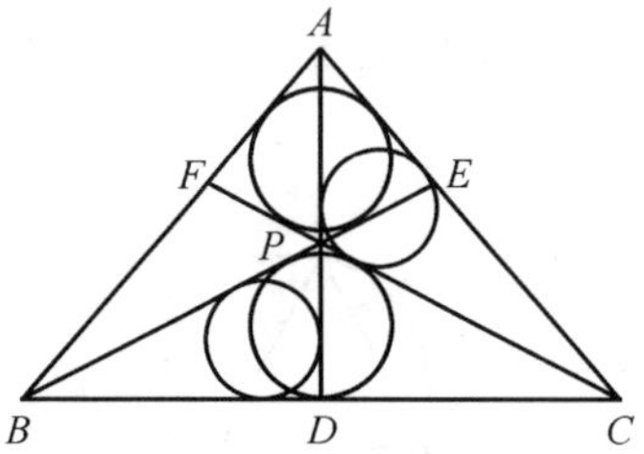

36 题图

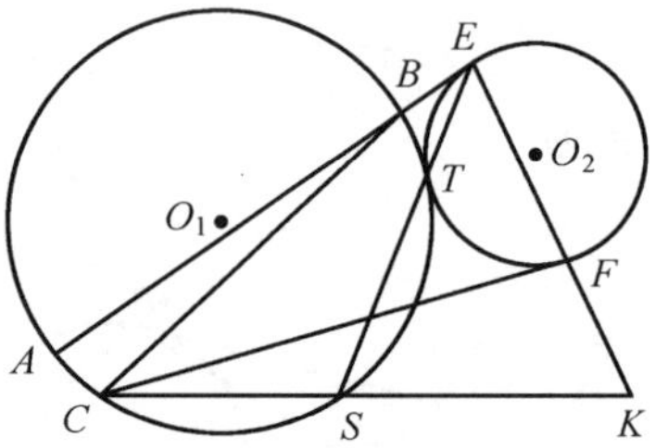

37 题图

38. 设 $\triangle ABC$ 的内切圆切 BC 于 D.求证:过 $\triangle ABC$ 的内心的直线 l 平分线段 AD 的充分必要条件是直线 l 平分线段 BC.(充分性:第 2 届原全苏数学奥林克,1968;必要性:第 13 届英国数学奥林匹克,1977)

39. 设 AB、CD 是圆的两条互相垂直的直径,由圆外一点 P 作圆的两条切线与直线 AB 分别交于 E、F,直线 PC、PD 分别与 EF 交于 K、L.求证:$EK = LF$.

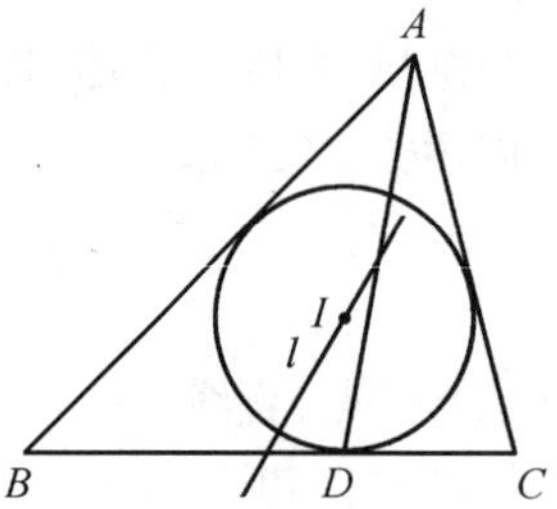

38 题图

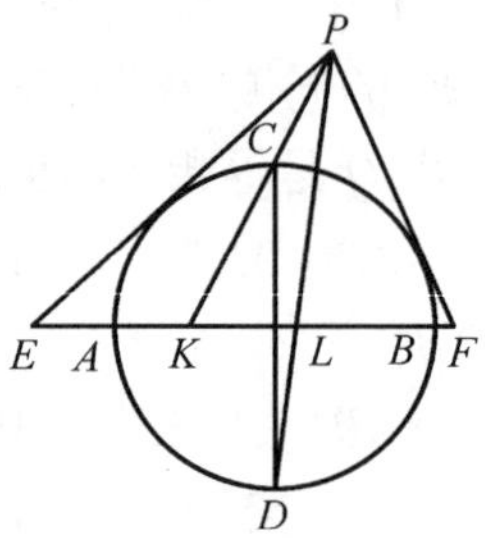

39 题图

40. 设 Γ 是平面上的一个圆周，直线 l 是 Γ 的一条切线，M 为 l 上的一个定点. 试求出具有如下性质的所有点 P 的集合：在直线 l 上存在两点 Q、R，使得 M 是线段 QR 的中点，且 Γ 是 $\triangle PQR$ 的内切圆.（第 33 届 IMO，1992）

41. 设 $\triangle ABC$ 的内切圆与边 BC 切于 D，M 是 BC 的中点. I_a 是 $\triangle ABC$ 的 A-旁心. 求证：$AD \parallel MI_a$.

42. 证明：$\triangle ABC$ 的内心 I、重心 G 和 Nagel 点 N_a 三点共线，且 $GN_a = 2GI$.

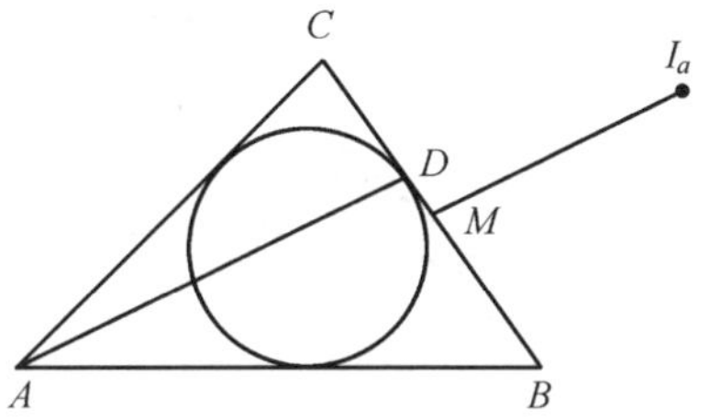

41 题图

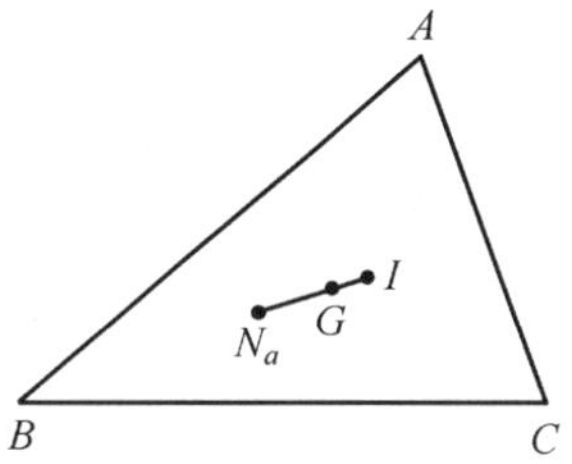

42 题图

43. 设 $\triangle ABC$ 的内切圆与边 BC、CA、AB 分别切于 D、E、F，其外接圆不含三角形的顶点的 $\overset{\frown}{BC}$、$\overset{\frown}{CA}$、$\overset{\frown}{AB}$ 的中点分别为 L、M、N. 证明：DL、EM、FN 三线共点.（第 98 届匈牙利数学奥林匹克，1998）

44. 设 $\triangle ABC$ 的内切圆与 BC、CA、AB 分别切于 D、E、F，圆 ω_a、ω_b、ω_c 分别与 $\triangle ABC$ 的内切圆相切于 D、E、F，且与 $\triangle ABC$ 的外接圆相切于 L、M、N.

（1）求证：直线 DL、EM、FN 交于一点 P；

（2）求证：$\triangle DEF$ 的垂心在直线 OP 上，其中，O 为 $\triangle ABC$ 的外心.（越南国家队选拔考试，2005）

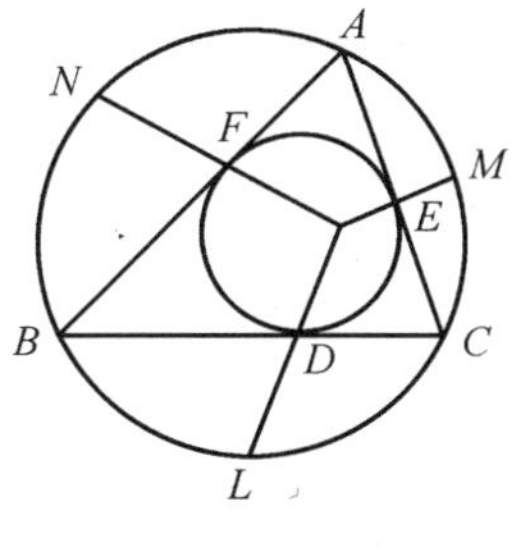

43 题图

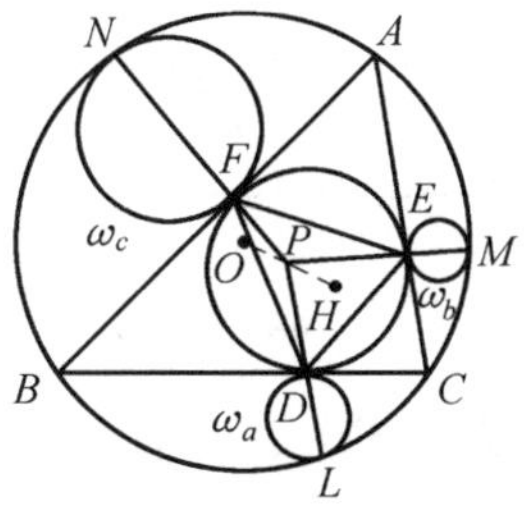

44 题图

45. 证明：三角形的外接圆与内切圆的内位似中心和外位似中心分别是三角形的 Gergonne 点的等角共轭点和三角形的 Nagel 点的等角共轭点（等角共轭点的定义见例 5.8.7 的证明之后）.

46. 不等两圆 Γ_1 与 Γ_2 外离. 它们的内、外公切线分别与连心线交于 P、Q 两点. 设 A 为圆 Γ_1 上任意一点. 证明:存在圆 Γ_2 的一条直径,使其一端在直线 PA 上,另一端在直线 QA 上.(第 42 届波兰数学奥林匹克,1993)

47. 设圆 Γ_1、Γ_2、Γ_3 中每一个都外切于圆 Γ(对应的切点分别为 A_1、B_1、C_1),并且都与 $\triangle ABC$ 的两边相切. 求证:直线 AA_1、BB_1、CC_1 交于一点.(第 20 届俄罗斯数学奥林匹克,1994)

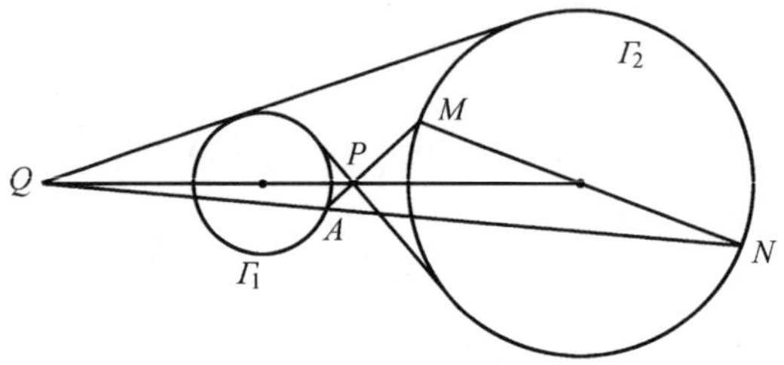

46 题图

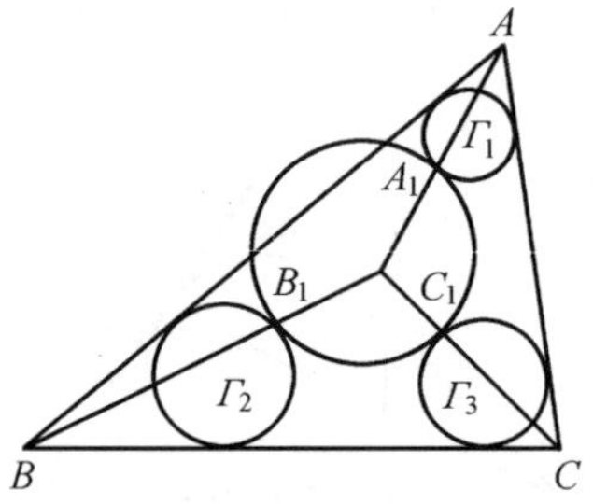

47 题图

48. 在 $\triangle ABC$ 的形外作 $\triangle ADB$ 与 $\triangle ACE$,且 $\angle DAB = \angle CAE$, $CE \parallel BD$, CD 与 BE 交于点 P. 求证: $\angle BAP = \angle ECA$, $\angle PAC = \angle ABD$.(第 48 届 IMO 预选,2007)

49. 在梯形 $ABCD$ 中, $AD \parallel BC$, M、N 分别为边 BC、AD 上的点, P 为对角线 BD 所在直线上的一点,直线 PN、PM 分别交 AB、CD 于 E、F. 求证: $EF \parallel BC$ 的充分必要条件是 $\frac{AN}{ND} = \frac{BM}{MC}$.

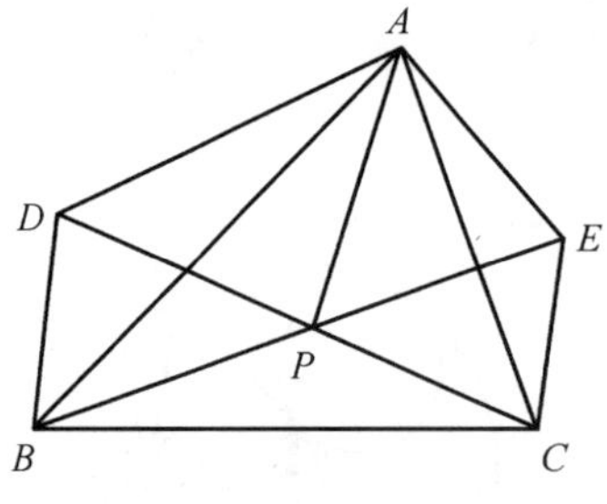

48 题图

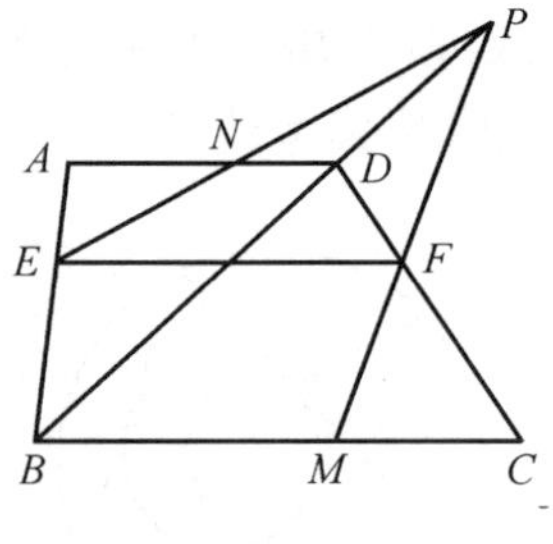

49 题图

50. 设 $ABCD$ 是一个正方形, E 是边 CD 上一点,过 A 作 BE 的垂线,垂足为 F,过 EF 的中点且平行于 AB 的直线与 AF 的垂直平分线交于点 K. 求证: $BD < 2AK$.(第 5 届海湾地区数学奥林匹克,2003)

51. 在 $\triangle ABC$ 中, $\angle BAC = 90°$, D 是 BC 上一点, M 是 AD 的中点,且 MD 平分 $\angle BMC$. 求证: $\angle ADB = 2\angle BAD$, $\angle CDA = 2\angle DAC$.

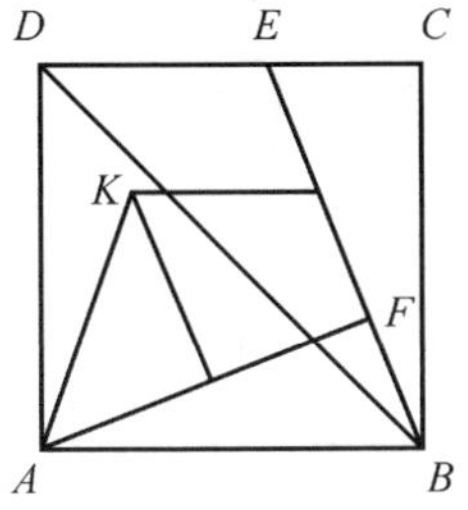

50 题图

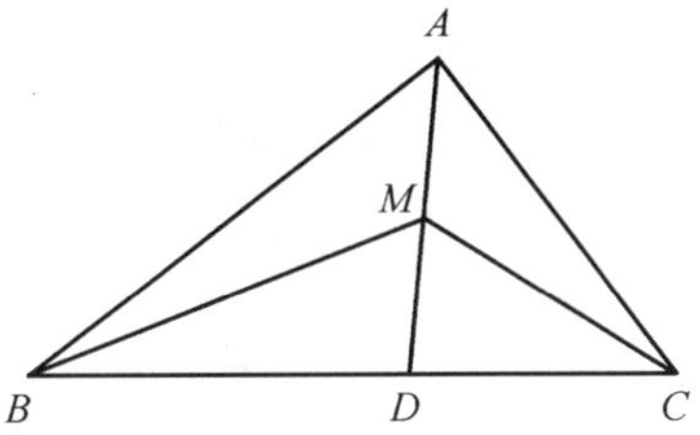

51 题图

52. 设 AD 是锐角 $\triangle ABC$ 的高，以 AD 为直径的圆 Γ 分别与 AB、AC 交于 E、F，圆 Γ 在 E、F 两点的切线交于 P. 求证：AP 平分线段 BC.（第21届俄罗斯数学奥林匹克，1995）

53. 设 I 是 $\triangle ABC$ 的内心，以 I 为圆心任作一个半径大于 $\triangle ABC$ 的内切圆半径的圆 Γ，圆 Γ 与 BC 交于 K、L，其中 K 离点 B 较近. 圆 Γ 与射线 AB、AC 分别交于 E、F，直线 EK 与 LF 交于 P. 求证：AP 平分线段 KL.（第22届拉丁美洲数学奥林匹克，2007）

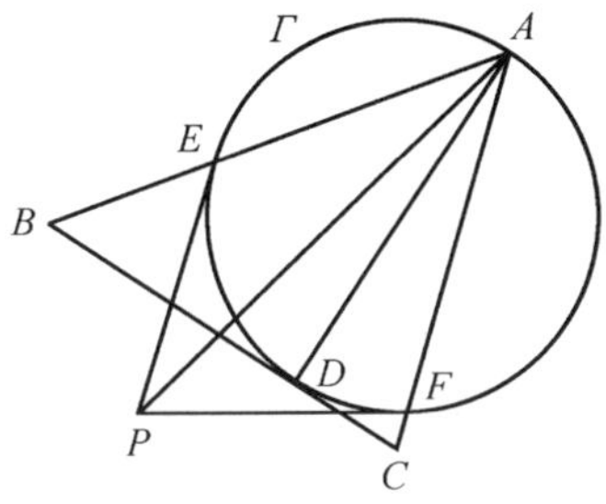

52 题图

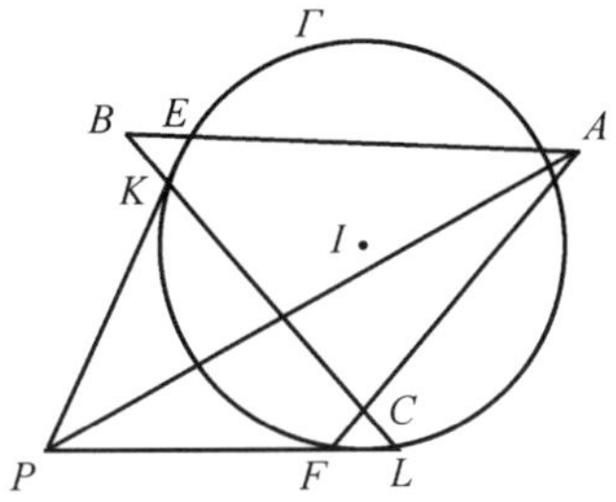

53 题图

54. 设点 P 到 $\triangle ABC$ 的边 AB、AC 的距离相等，过点 P 分别作 AC、AB 的垂线，垂足分别为 E、F. 再过 P 作 BC 的垂足交 EF 于 D. 证明：直线 AD 过 BC 的中点.（第10届英国数学奥林匹克，1974）

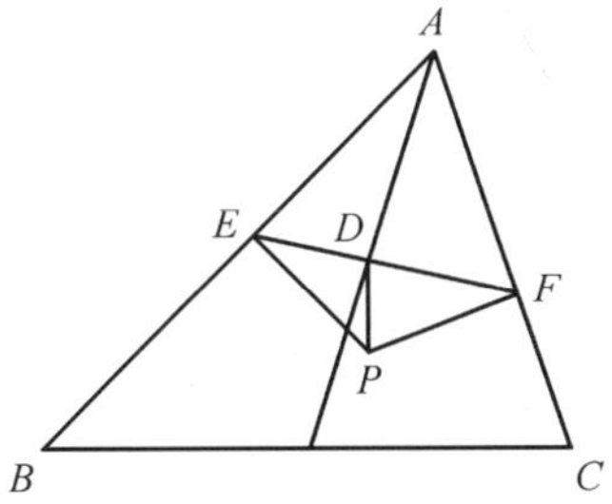

54 题图

55. 设四边形 $A_1A_2A_3A_4$ 内接于圆，O_1、O_2、O_3、O_4 依次为 $\triangle A_2A_3A_4$、$\triangle A_3A_4A_1$、$\triangle A_4A_1A_2$、$\triangle A_1A_2A_3$ 的九点圆圆心. 求证：O_1、O_2、O_3、O_4 四点在同一个圆上.

56. 设 I、O 分别是 $\triangle ABC$ 的内心和外心，过 I 且垂直于 OI 的直线与 $\angle BAC$ 的外角平分线和 BC 分别交于 P、Q. 证明：$PI = 2IQ$.

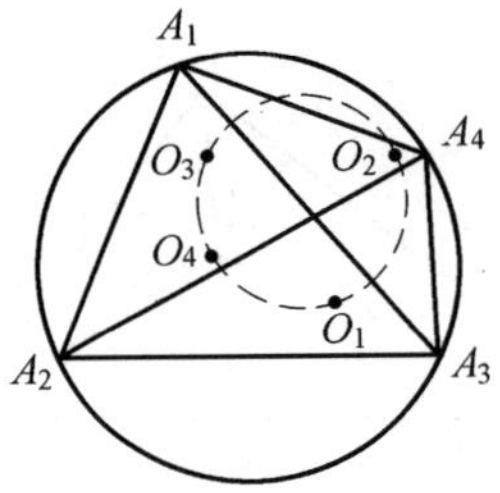

55 题图

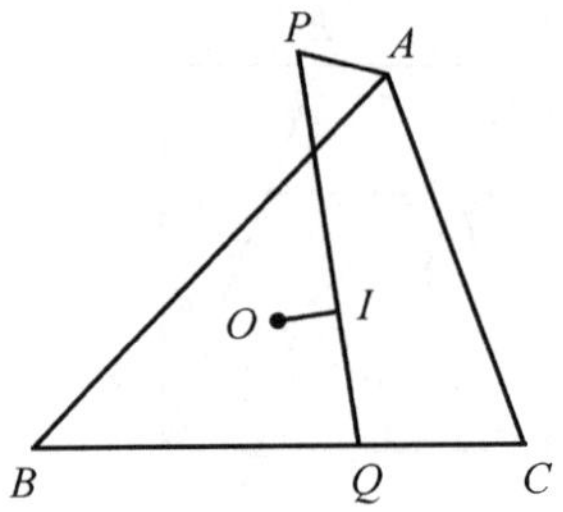

56 题图

位似旋转变换、位似轴反射变换与几何证题

第7章

位似旋转变换作为位似变换与旋转变换之积，其主要作用在于可以方便地处理含有一般的真正相似子图形的平面几何问题. 位似轴反射变换的主要作用则在于处理含有一般的镜像相似子图形的平面几何问题. 从理论上来讲，这两个相似变换的应用范围应该不分上下，但就目前的实际情况来看，位似旋转变换的威力似乎远比位似轴反射变换要大得多.

7.1 三角形与位似旋转变换

三角形是最基本的平面图形，也是平面几何中最常见的一类问题. 对于等腰三角形(包括正三角形)问题来说，我们一般可以用旋转变换或轴反射变换处理. 而对于一般三角形问题来说，如果没有其他特征子图形，则可以考虑用位似旋转变换处理. 这是因为对于任意一个三角形来说，我们总可以以它的一个顶点为位似旋转中心作位似旋转变换，使其第二个顶点变到第三个顶点.

例 7.1.1 设 P 为 $\triangle ABC$ 内一点，令 $\alpha = \angle BPC - \angle BAC, \beta = \angle CPA - \angle CBA, \gamma = \angle APB - \angle ACB$. 求证

$$\frac{PA \cdot BC}{\sin \alpha} = \frac{PB \cdot CA}{\sin \beta} = \frac{PC \cdot AB}{\sin \gamma}$$

证明 如图7.1.1所示，设 $AC = k \cdot AB$，作位似旋转变换 $S(A, k, \measuredangle BAC)$，则 $B \to C$. 设 $P \to P'$，则 $\angle AP'C = \angle APB$，$\angle AP'P = \angle ACB$，$\angle P'PA = \angle CBA$. 所以

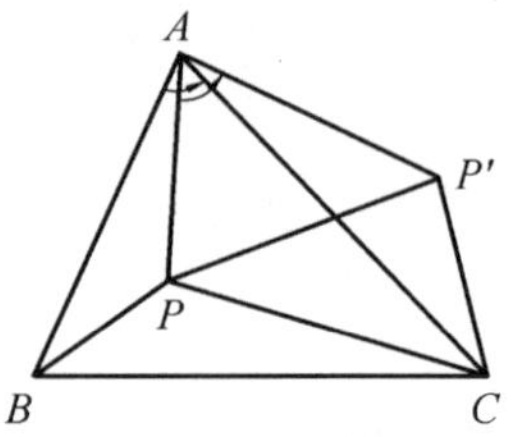

图 7.1.1

$$\angle P'PC = \angle AP'C - \angle AP'P = \gamma$$

$$\angle CPP' = \angle CPA - \angle P'PA = \beta$$

但 $\alpha + \beta + \gamma = 180°$. 因此

$$\angle P'CP = 180° - (\beta + \gamma) = \alpha$$

在 $\triangle CP'P$ 中，由正弦定理，有

$$\frac{PP'}{\sin \alpha} = \frac{CP'}{\sin \beta} = \frac{PC}{\sin \gamma}$$

又由推论 2.3.1 与定理 2.3.2，有

$$PP' = \frac{PA}{AB} \cdot BC, CP' = \frac{CA}{AB} \cdot PB$$

代入上式即得欲证.

显然，由正弦定理立即可得

$$\frac{PA \cdot \sin A}{\sin \alpha} = \frac{PB \cdot \sin B}{\sin \beta} = \frac{PC \cdot \sin C}{\sin \gamma}$$

这是 1993 年举行的第 29 届英国数学奥林匹克的一道试题. 无独有偶，同年在土耳其举行的第 34 届 IMO 也有一道几何题与例 7.1.1 有关：

设 D 是锐角 $\triangle ABC$ 内部的一点，使得 $\angle ADB = \angle ACB + 90°$，且 $AC \cdot BD = AD \cdot BC$.

(a) 计算比值$\dfrac{AB \cdot CD}{AC \cdot BD}$；

(b) 求证：$\triangle ACD$ 的外接圆和 $\triangle BCD$ 的外接圆在点 C 的切线互相垂直.

由例 7.1.1 可以十分简单地给出(a) 的解答.

事实上，令 $\alpha = \angle BPC - \angle BAC$，$\beta = \angle CPA - \angle CBA$，$\gamma = \angle APB - \angle ACB$，则 $\gamma = 90°$. 由例 7.1.1 及条件 $AC \cdot BD = AD \cdot BC$ 知，$\alpha = \beta = 45°$. 故

$$\frac{AB \cdot CD}{AC \cdot BD} = \frac{\sin \gamma}{\sin \beta} = \frac{\sin 90°}{\sin 45°} = \sqrt{2}$$

至于(b) 的结论则可直接由 $\gamma = 90°$ 得到(图略).

1996 年在印度举行的第 37 届 IMO 中的一道平面几何题也可以由例7.1.1 简单地得出：

设 P 是 $\triangle ABC$ 内一点，且 $\angle APB - \angle ACB = \angle APC - \angle ABC$，又设 D、E 分别是 $\triangle APB$ 和 $\triangle APC$ 的内心. 证明：AP、BD、CE 三线交于一点.

事实上，如图 7.1.2 所示，因 $\angle APB - \angle ACB = \angle APC - \angle ABC$，由例

7.1.1有 $PC \cdot AB = PB \cdot AC$. 于是,设 BD 交 AP 于 Q,则 $\frac{AP}{PB} = \frac{AQ}{QP}$,所以,$\frac{AC}{CP} = \frac{AQ}{QP}$,这说明点 Q 在 CE 上. 故 AP、BD、CE 三线交于一点.

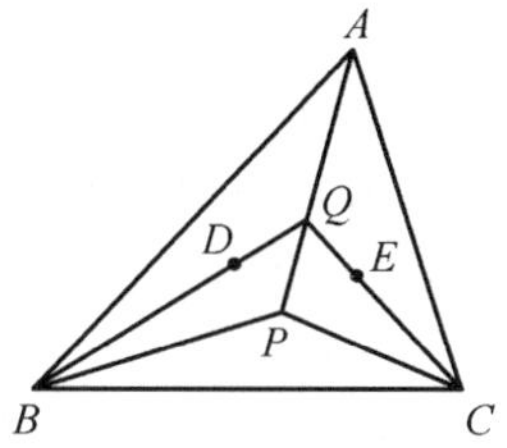

图 7.1.2

例 7.1.2 证明:对任意平面四边形 $ABCD$,恒有

$AC^2 \cdot BD^2 = AB^2 \cdot CD^2 + BC^2 \cdot DA^2 - 2AB \cdot BC \cdot CD \cdot DA \cdot \cos(\angle CBA + \angle ADC)$

证明 如图7.1.3所示,设 $AC = k \cdot AB$,作位似旋转变换 $S(A, k, \measuredangle BAC)$,则 $B \to C$. 设 $D \to D'$,则在 $\triangle CDD'$ 中,由余弦定理(当 C、D、D' 三点共线时也对),有

$$CD'^2 = CD^2 + DD'^2 - 2CD \cdot DD' \cos \angle CDD'$$

但 $\angle D'DA = \angle CBA$,所以

$$\angle CDD' = 360° - (\angle D'DA + \angle ADC) = 360° - (\angle CBA + \angle ADC)$$

又由定理 2.3.2 和定理 2.3.3,有 $CD' = \frac{AC}{AB} \cdot BD$, $DD' = \frac{DA}{AB} \cdot BC$. 于是

$$\frac{AC^2 \cdot BD^2}{AB^2} = CD^2 + \frac{DA^2 \cdot BC^2}{AB^2} - 2CD \cdot \frac{DA \cdot BC}{AB} \cos(\angle CBA + \angle ADC)$$

整理即得欲证.

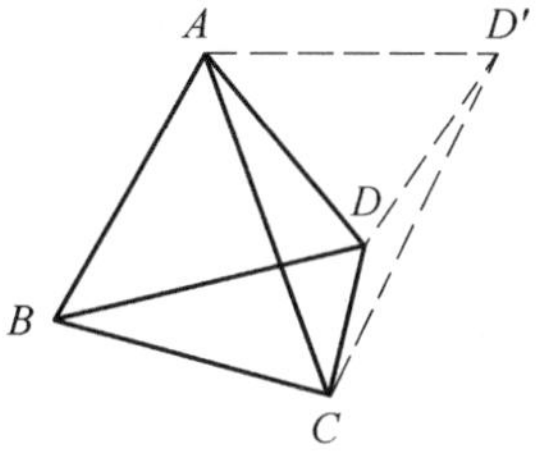

图 7.1.3

从传统的证法来看,像图 7.1.3 中这样的辅助线是很难想到的,而从位似旋转变换的角度来看则是十分自然的:因 D' 是 D 在位似旋转变换下的像.

注意 $\cos(\angle CBA + \angle ADC) \geqslant -1$,等式成立当且仅当 $\angle CBA + \angle ADC = 180°$,当且仅当 $ABCD$ 为圆内接凸四边形. 于是由例 7.1.2 立即可得如下著名的不等式.

Ptolemy 不等式 对平面上任意不共线的四点 A、B、C、D,恒有

$$AB \cdot CD + BC \cdot DA \geqslant AC \cdot BD$$

等式成立当且仅当 $ABCD$ 为圆内接凸四边形.

再由 Ptolemy 不等式中等式成立的条件立即得到如下的

Ptolemy 定理 圆内接四边形的两组对边乘积之和等于两对角线之积.

Ptolemy 定理是平面几何中的一个著名定理,它在证明线段的积和式等式或线段的和差问题时,其作用不可小觑.

当 $\angle ABC + \angle CDA = 90°$ 时,由例 7.1.2 立即得到如下定理.

Bellavitis 定理 设凸四边形 $ABCD$ 有两个对角互余,则有

$$AB^2 \cdot CD^2 + BC^2 \cdot DA^2 = AC^2 \cdot BD^2$$

例 7.1.3 在 $\triangle ABC$ 中,$AB = AC$. D 是底边 BC 上一点,P 是 AD 上一点,

且 $\angle BPD = \angle BAC$. 求证: $BD = 2DC$ 的充分必要条件是 $\angle BAC = 2\angle DPC$.

本题在第 4 章(例 4.5.3) 中曾用旋转变换给出了它的两个证明,在第 5 章中(例 5.1.2) 又用轴反射变换给出了它的第三个证明,这里再用位似旋转变换给出它的第四个证明.

证明 如图 7.1.4 所示,设 $BC = k \cdot BA$,作位似旋转变换 $S(B, k, \measuredangle ABC)$,则 $A \to C$. 设 $P \to P'$,则由 $AB = AC$ 有 $PP' = PB$,且 $\angle BPP' = \angle BAC = \angle BPD$, $\angle PP'B = \angle ACB$,这说明 P' 是直线 AD 与 $\triangle ABC$ 的外接圆的交点. 再由 $AB = AC$ 知 AP' 平分 $\angle CP'B$,所以 $\dfrac{P'B}{P'C} = \dfrac{DB}{DC}$.

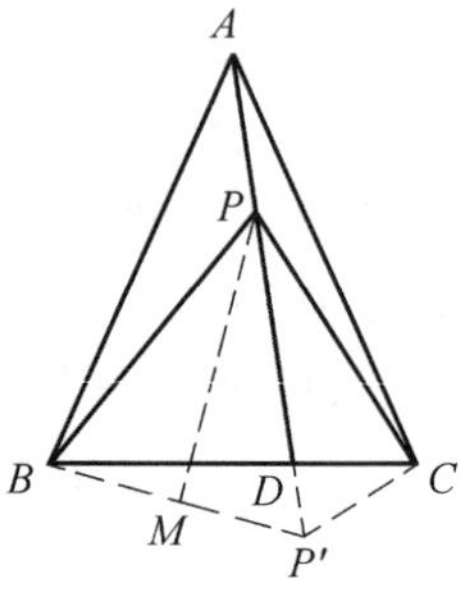

图 7.1.4

设 M 为 BP' 的中点,则由 $PB = PP'$ 知 PM 是 $\angle BPP'$ 的平分线. 于是

$$BD = 2DC \Leftrightarrow BP' = 2P'C \Leftrightarrow MP' = P'C \Leftrightarrow$$
$$\triangle MPP' \cong \triangle CPP' \Leftrightarrow \angle MPP' = \angle P'PC \Leftrightarrow$$
$$\angle BPP' = 2\angle P'PC \Leftrightarrow \angle BAC = 2\angle DPC$$

这个例子说明,有时将等腰三角形当作一般三角形来对待,思路也许要开阔些.

对于三角形问题,并不一定要选最初的三角形为基础作位似旋转变换,也可以选择其他的三角形为基础作位似旋转变换,这需要结合问题的其他条件灵活选择.

例 7.1.4 证明:对 $\triangle ABC$ 所在平面上的任意两点 P、Q,恒有

$$BC \cdot PA \cdot QA + CA \cdot PB \cdot QB + AB \cdot PC \cdot QC \geqslant BC \cdot CA \cdot AB$$

等式成立当且仅当 P、Q 是 $\triangle ABC$ 的内部或边界上的两个等角共轭点.

证明 如图 7.1.5, 7.1.6 所示,设 $AC = k \cdot AP$, $\measuredangle PAC = \theta$,作位似旋转变换 $S(A, k, \theta)$,则 $P \to C$. 设 $B \to B'$. 考虑四边形 $BB'CQ$,由 Ptolemy 不等式

$$QC \cdot BB' + QB \cdot B'C \geqslant BC \cdot QB'$$

又显然有 $QB' \geqslant AB' - QA$,所以

$$QC \cdot BB' + QB \cdot B'C + BC \cdot QA \geqslant BC \cdot AB'$$

但由定理 2.3.2 和定理 2.3.3,有

$$BB' = \frac{AB \cdot PC}{PA}, B'C = \frac{CA \cdot PB}{PA}, AB' = \frac{CA \cdot AB}{PA}$$

将这些关系式代入前式整理即得欲证不等式. 等式成立当且仅当 A、Q、B' 三点共线而 Q 在 A、B' 之间,且四边形 $BB'CQ$ 为圆内接凸四边形,当且仅当 P、Q 都在 $\triangle ABC$ 的内部或边界上,且 $\angle PBA = \angle CBA = \angle CBQ$, $\angle QCB = \angle QB'B =$

$\angle ACP$，$\angle QAC = \angle BAP$，当且仅当 P、Q 是 $\triangle ABC$ 的内部或边界上的两个等角共轭点.

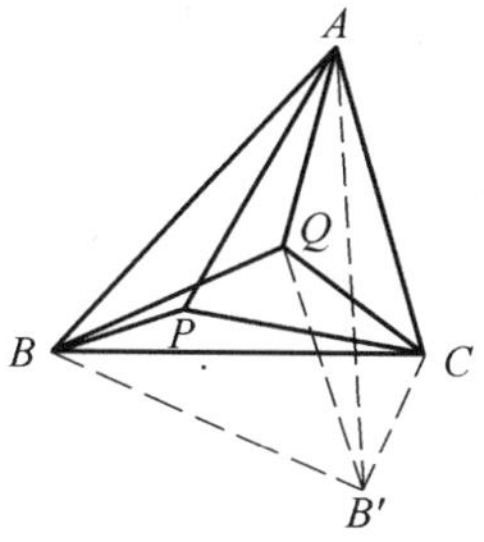

图 7.1.5

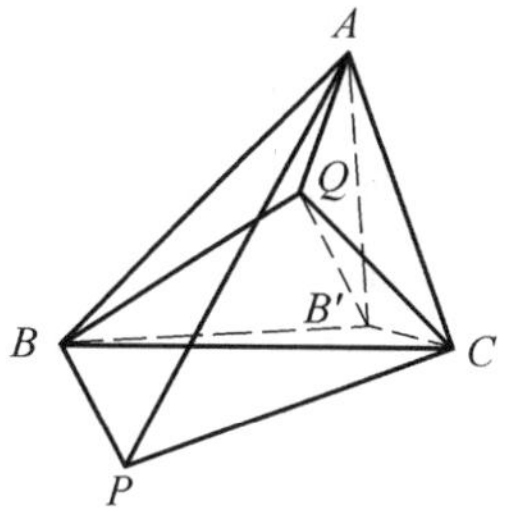

图 7.1.6

特别地，当 P、Q 是 $\triangle ABC$ 的内部的两个等角共轭点时，有

$$\frac{AP \cdot AQ}{AB \cdot AC} + \frac{BP \cdot BQ}{BC \cdot BA} + \frac{CP \cdot CQ}{CA \cdot CB} = 1$$

这是 1998 年在我国台湾地区举行的第 39 届 IMO 的一道预选题.

再注意到三角形的内心是三角形内的唯一的自等角共轭点，于是，在例 7.1.4 中，让点 Q 与点 P 重合，则立即得到如下的

Klamkin 不等式 设 P 是 $\triangle ABC$ 的内部一点，则有

$$BC \cdot PA^2 + CA \cdot PB^2 + PC \cdot AB^2 \geqslant AB \cdot BC \cdot CA$$

等式成立当且仅当 P 为 $\triangle ABC$ 的内心.

例 7.1.5 在 $\triangle ABC$ 中，$\angle A = 90°$，$\angle B < \angle C$. 过点 A 作的外接圆 Γ 的切线交直线 BC 于 D，设点 A 关于直线 BC 的对称点为 E，过点 A 作 $AX \perp BE$ 于 X，AX 的中点为 Y，BY 与圆 Γ 交于 Z，证明：直线 BD 为 $\triangle ADZ$ 的外接圆的切线.（第 39 届 IMO 预选，1998）

证明 如图 7.1.7 所示，设 $AE = k \cdot AX$，$\measuredangle XAE = \theta$，作位似旋转变换 $S(A, k, \theta)$，则 $X \to E$，设 $B \to B'$，则 $B'E \perp AE$，所以 B' 在圆 Γ 上，且 AB' 为圆 Γ 的直径. 设 AE 与 BC 交于 M，则 M 为 AE 的中点，于是 $Y \to M$，从而 $\angle AB'M = \angle ABY = \angle AB'Z$，所以 Z、M、B' 三点共线. 因此，$AZ \perp B'Z$. 连 ED，由对称性，DE 也为圆 Γ 的切线，E 为切点，所以 $\angle DEZ = \angle EAZ = 90° - \angle ZMA = \angle DMZ$. 因此，$D$、$E$、$M$、$Z$ 四点共圆. 于是 $\angle ZDM = \angle ZEM = \angle ZEA = \angle ZAD$. 故直线 BD 为 $\triangle ADZ$ 的外接圆的切线.

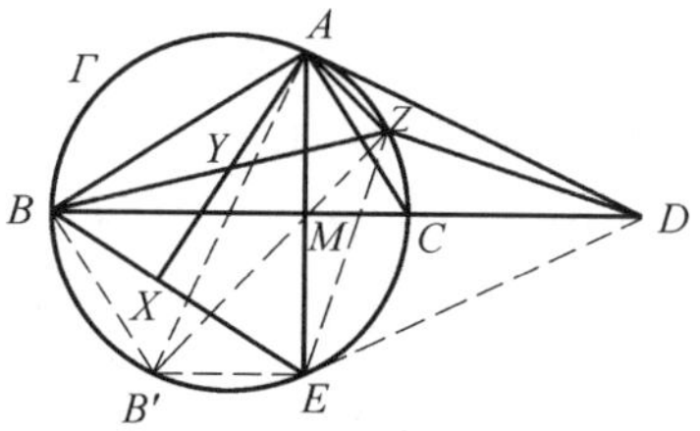

图 7.1.7

直角三角形当然可以作为一般三角形对待，但如果取直角顶点为位似旋转

中心,将其中一条直角边变到另一条直角边,则可能更方便些.

例7.1.6 设两个具有公共直角顶点的直角三角形 OAB 与 OCD 反向相似,M 是线段 AD 上的一点.求证:M 为 AD 的中点的充分必要条件是:$OM \perp BC$.

证明 如图 7.1.8,7.1.9 所示,设 $OD = k \cdot OC$,作位似旋转变换 $S(O,k,90°)$,则 $C \to D$.设 $B \to B'$,则 $B'D \perp BC$,B' 在 AO 的延长线上,且由 $OA = k \cdot OB$,有 $OB' = k \cdot OB = AO$,所以,O 为 AB' 的中点.于是,M 为 AD 的中点 $\Leftrightarrow OM \parallel B'D \Leftrightarrow OM \perp BC$.

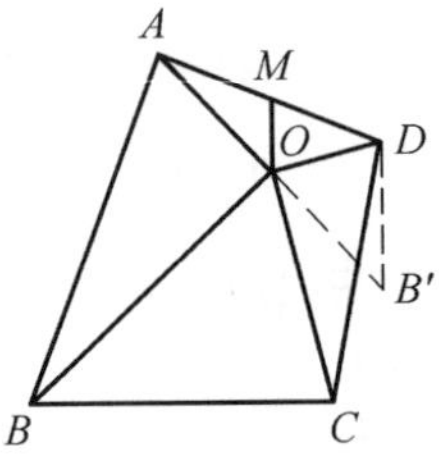

图 7.1.8

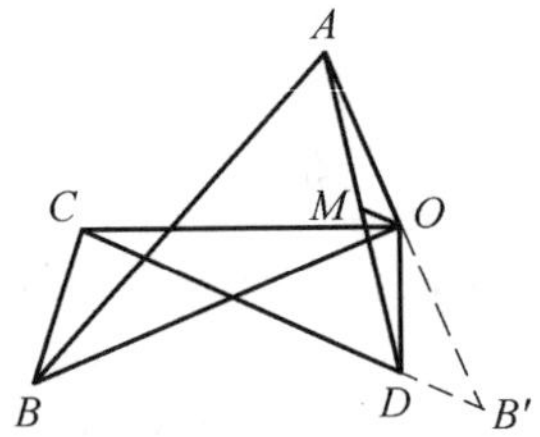

图 7.1.9

例7.1.7 证明:三角形的三边中点、三高线足、垂心与三顶点的连线段的中点,凡九点共圆.

本题即著名的三角形的九点圆问题,在第 6 章(例 6.5.8)曾作为中点问题用位似变换给出过一个证明,这里再作为直角三角形问题用位似旋转变换给出另一个证明.

证明 如图 7.1.10 所示,设 L、M、N 分别是 $\triangle ABC$ 的三边中点,D、E、F 是三高线足,H 是垂心,P、Q、R 分别是 HA、HB、HC 的中点.显然,点 D 在以 PL 为直径的圆上.我们证明其余的点都在这个圆上.

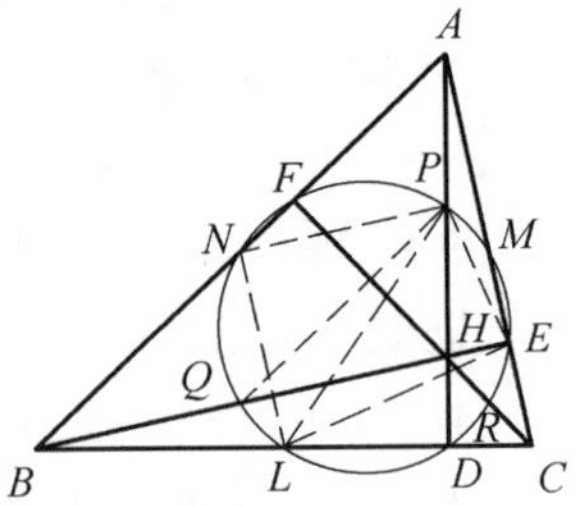

图 7.1.10

事实上,设 $EB = k \cdot EA$,作位似旋转变换 $S(E,k,90°)$,则 $A \to B$,$H \to C$,即 $AH \to BC$,而 P、L 分别为 AH、BC 的中点,所以 $P \to L$,因而有 $\angle PEL = 90°$,于是点 E 也在以 PL 为直径的圆上.同理,点 F 也在这个圆上.又因 $LN \parallel AC$,$NP \parallel BE$,$BE \perp AC$,所以 $\angle LNP = 90°$.同理,$\angle LMP = 90°$.再由 $QL \parallel HC$,$PQ \parallel AB$,$HC \perp AB$ 知 $\angle LQP = 90°$.同理,$\angle PRL = 90°$.因而 N、M、Q、R 都在以 PL 为直径的圆上.

综上所述,L、M、N、D、E、F、P、Q、R 九点共圆.

例7.1.8 在 $\triangle ABC$ 中,$AB = AC$,D 为 BC 的中点,H 为 $\triangle ABC$ 的垂心,BH 交 AC 于 E,过 E 作 BC 的垂线,垂足为 F,M 为 AH 的中点,N 为 AD 的延长线上一点.求证:$DN = EF$ 的充分必要条件是 $BM \perp BN$.

证明 如图 7.1.11 所示,设 $EB = k \cdot EA$,作位似旋转变换 $S(E, k, 90°)$,则 $AH \to BC$.因 D、M 分别是 BC、AH 的中点,所以 $M \to D$,因此,$EM \perp ED$,从而 $\triangle EDF \backsim \triangle DME$,由此可知 $DE^2 = MD \cdot EF$.但 $DE = BD$,所以 $BD^2 = MD \cdot EF$.于是

$$EF = ND \Leftrightarrow BD^2 = MD \cdot DN \Leftrightarrow BM \perp BN$$

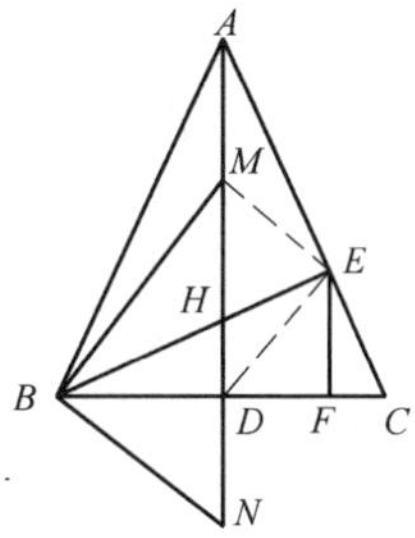

图 7.1.11

注意到直角三角形的斜边上的高将原三角形分为两个同向相似的直角三角形,且都与原三角形反向相似,所以,对于直角三角形问题,除了可以作一般三角形对待外,我们还可以考虑以直角顶点在斜边上的射影为位似旋转中心、两直角边的比为位似比、旋转角是 90° 的位似旋转变换处理.

例 7.1.9 在 Rt$\triangle ABC$ 中,AD 是斜边 BC 上的高,过 $\triangle ABD$ 的内心与 $\triangle ADC$ 的内心的直线分别交 AB 和 AC 于 K、L,$\triangle ABC$ 和 $\triangle AKL$ 的面积分别记为 S 和 T.求证:$S \geqslant 2T$.(第 29 届 IMO,1988)

证明 如图 7.1.12 所示,设 I、J 分别为 $\triangle ADC$ 和 $\triangle ABD$ 的内心,$AB = k \cdot AC$,作位似旋转变换 $S(D, k, 90°)$,则 $C \to A, A \to B, I \to J$,由此可知,$\angle ALI = \angle CDI = \angle ADI = 45°$.又 AI 平分 $\angle DAL$,所以,$AL = AD$.同理,$AK = AD$.因此 $\triangle AKL$ 是等腰直角三角形.注意 $BC \geqslant 2AD$,故

$$S = \frac{1}{2} BC \cdot AD \geqslant AD^2 = AK^2 = 2T$$

等式成立 $\Leftrightarrow BC = 2AD \Leftrightarrow AD$ 是 BC 边上的中线 $\Leftrightarrow \triangle ABC$ 是以 BC 为斜边的等腰直角三角形.

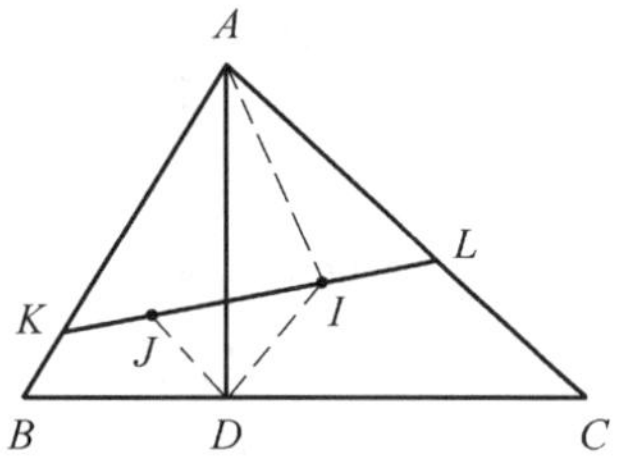

图 7.1.12

例 7.1.10 在 $\triangle ABC$ 中,AD 为 BC 边上的高,过 D 作 AC 的垂线 DE 交 AC 于 E,F 为直线 DE 上的一点.求证:$AF \perp BE$ 的充分必要条件是 $\frac{EF}{FD} = \frac{BD}{DC}$.

本题即例 6.1.1,那里是将其作为线段比问题用位似变换给出了两个不同的证明,这里再作为直角三角形问题给出一个相当简单的证明.

证明 如图 7.1.13,7.1.14 所示,设 $DC = k \cdot DA$,作位似旋转变换 $S(E, k, 90°)$,则 $A \to D, D \to C$.设 $F \to F'$,泽 $DF' \perp AF$,且 $\frac{EF'}{EF} = k = \frac{EC}{ED}$,所以,$FF' \parallel DC$,因此,$\frac{EF'}{F'C} = \frac{EF}{FD}$.于是由 $DF' \perp AF$ 即知

$$AF \perp BE \Leftrightarrow DF' \parallel BE \Leftrightarrow \frac{EF'}{F'C} = \frac{BD}{DC} \Leftrightarrow \frac{EF}{FD} = \frac{BD}{DC}$$

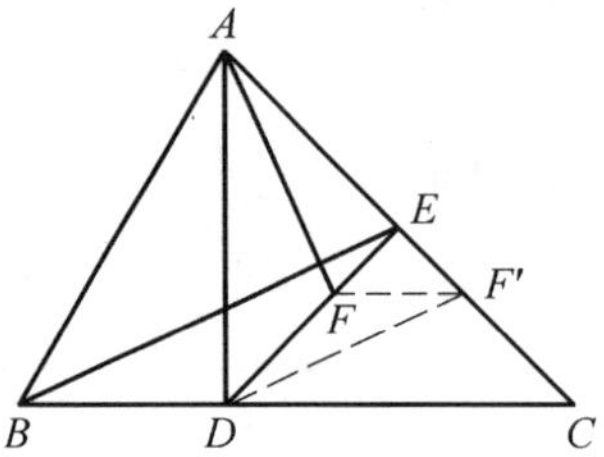

图 7.1.13

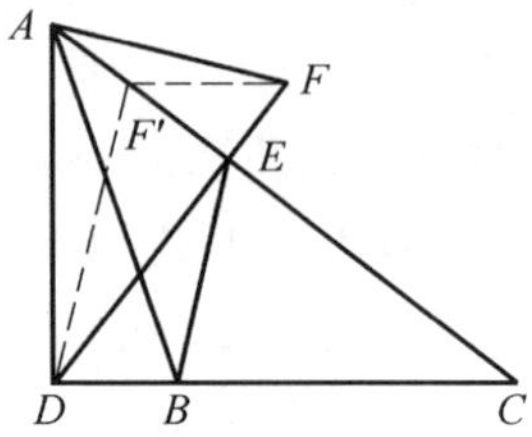

图 7.1.14

实际上，只要问题中有互相垂直、且有一个公共端点的两条线段，我们就可以将其作为直角三角形对待，进而尝试用位似旋转变换处理.

例 7.1.11 圆心分别为 O_1、O_2 的两圆 Γ_1、Γ_2 交于 P、Q 两点，两圆距 P 较近的一条公切线切圆 Γ_1 于点 A，切圆 Γ_2 于点 B. 过点 B 且垂直于 AP 的直线交 O_1O_2 于 C，BD 是圆 Γ_2 的一条直径. 求证：P、C、D 三点共线.（第 15 届拉丁美洲数学奥林匹克，2000）

证明 如图 7.1.15 所示，由条件显然有 $AB \perp BD$. 设 AD 与圆 Γ_2 的另一交点为 E，则 $BE \perp AD$. 于是，设 $AB = k \cdot BD$，作位似旋转变换 $S(E, k, 90°)$，则 $D \to B$，$B \to A$. 再设直线 PQ 与 AB 交于 M，则 M 为 AB 的中点，而 O_2 为 BD 的中点，所以 $O_2 \to M$. 又 $BC \perp AP$，所以，直线 $BC \to$ 直线 AP. 另一方面，因 $QM \perp O_1O_2$，所以，直线 $O_1O_2 \to$ 直线 QM，于是，直线 O_1O_2 与 BC 的交点 $C \to$ 直线 MQ 与 AP 的交点 P，从而 $CD \to PB$，因此，$CD \perp PB$. 再注意到 $PD \perp PB$ 即知 P、C、D 三点共线.

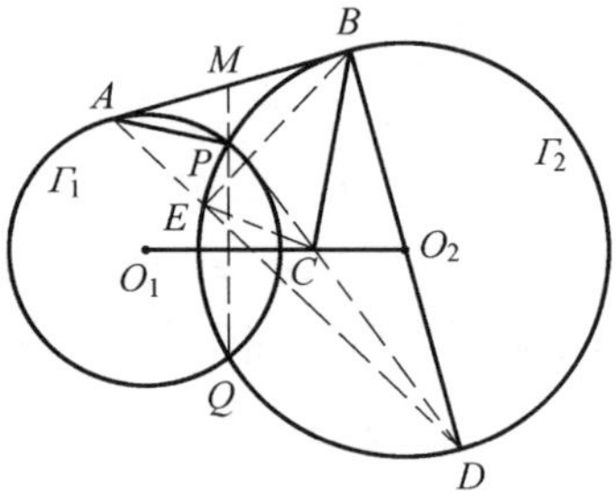

图 7.1.15

如果一个平面几何问题中同时出现了几个直角三角形，则可能需要作两个或更多的位似旋转变换（非变换之积）方可奏效.

例 7.1.12 在凸五边形 $ABCDE$ 中，顶点为 B、E 的角是直角，且 $\angle BAC = \angle EAD$. 证明：如果对角线 BD 和 CE 交于点 O，则 $AO \perp BE$.（第 23 届 IMO 预选，1982）

证明 如图 7.1.16 所示，由假设，$\triangle ABC$ 与 $\triangle AED$ 是两个相似的直角三角形. 过点 E 作 AD 的垂线，设垂足为 F，$EA = k \cdot ED$，作位似旋转变换 $S(F, k, 90°)$，则 $D \to E$，$E \to A$. 设 $B \to B'$，则 $B'E \perp BD$，

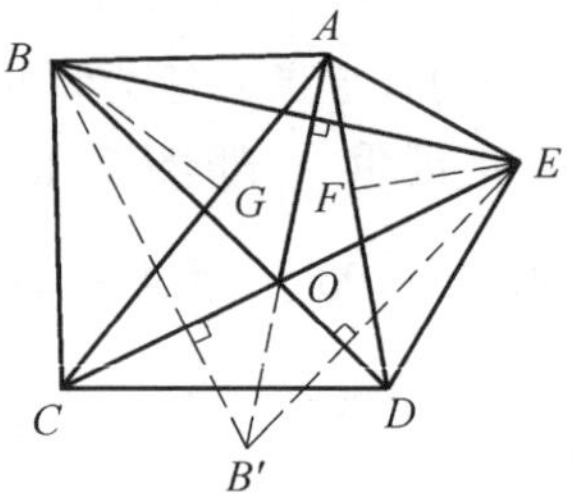

图 7.1.16

$AB' \perp EB$，且$\dfrac{AB'}{EB}=k=\dfrac{BA}{BC}$. 又$\angle BAB'=90°-\angle ABE=\angle CBE$，所以，$\triangle ABB' \backsim \triangle BCE$. 于是，过点 B 作AC 的垂线，设垂足为 G，再作位似旋转变换 $S(G,k^{-1},90°)$，则 $A\to B$，$B\to C$，$B'\to E$，所以 $BB'\perp CE$. 这样，由 $AB'\perp EB$，$B'E\perp BD$，$BB'\perp CE$ 知AB'、CE、BD 是$\triangle B'EB$ 的三条高线，因而它们共点 O，故 $AO\perp DE$.

在这个证明中，我们实际上是把一个垂直问题转化成了另一个三线共点问题，然后通过两个位似旋转变换又将欲证共点的三线进一步转化成了一个三角形的三条高线，从而使问题得到解决. 其关键乃是成功地运用了位似旋转变换.

7.2　同向相似三角形与位似旋转变换

对于两个同向相似三角形来说，总存在一个平移变换或位似旋转变换，使其中的一个三角形变为另一个三角形. 因此，如果一个平面几何问题含有对应边不平行的同向相似三角形时，我们应毫不犹豫地尝试用位似旋转变换处理.

例 7.2.1　设$\triangle ABC$ 与$\triangle ADE$ 是两个同向相似的三角形，O 为$\triangle ABD$ 的外心. 求证：O、C、E、A 四点共圆当且仅当 $BC=AC$.

证明　如图 7.2.1 所示，以 A 为相似中心作位似旋转变换，使 $B\to C$，则$\triangle ABD\to\triangle ACE$. 设 $O\to O'$，则 O' 为$\triangle ACE$ 的外心. 显然，$\triangle AOO' \backsim \triangle ABC$，所以$\dfrac{BC}{AC}=\dfrac{OO'}{AO'}$. 于是，$O$、$C$、$E$、$A$ 四点共圆 $\Leftrightarrow OO'=AO'\Leftrightarrow BC=AC$.

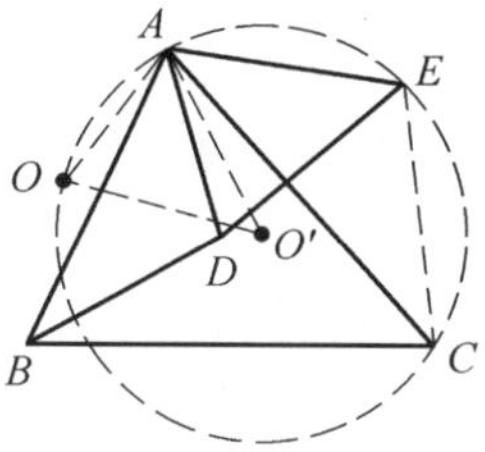

图 7.2.1

当 $AB=AC$ 时，本题为 2006 年罗马尼亚国家队选拔考试试题.

例 7.2.2　在四边形 $ABCD$ 中，AC 平分$\angle BAD$，且$\angle ABC=\angle ACD$，$\triangle ABC$ 的内心与$\triangle ACD$ 的内心分别为I、J，线段 IJ 与AC 交于E. 求证：$\dfrac{1}{CE}=\dfrac{1}{CB}+\dfrac{1}{CD}$.（中国国家集训队测试，2002）

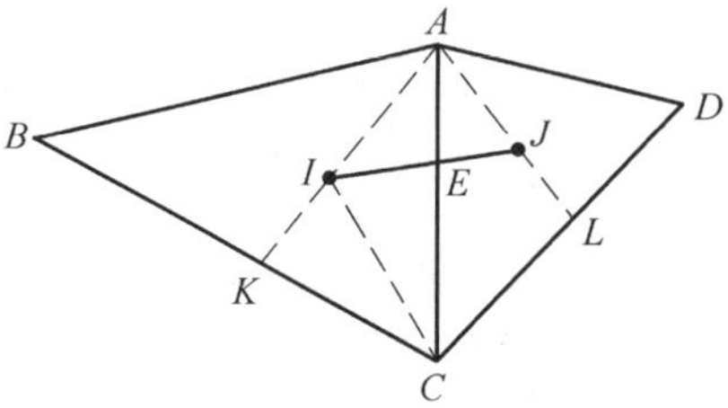

图 7.2.2

证明　如图 7.2.2 所示，由条件知，$\triangle ABC$ あ $\triangle ACD$. 于是，以 A 为相似中心作位似旋转变换，使 $B\to C$，则$\triangle ABC\to\triangle ACD$，$I\to J$，$\triangle AIJ$ あ $\triangle ABC$，AE 为$\angle IAJ$ 的平分线. 设直线 AI 交 BC 于K，直线 AJ 交CD 于L. 因 AE 为$\angle IAJ$ 的平分线，所以$\angle AKC=\angle AEJ=$

$\angle CEI$.又 CI 平分 $\angle ACB$,因此,$\triangle CKI \cong \triangle CEI$,于是,$CK = CE$.同理,$CL = CE$.又$\frac{BK}{KC} = \frac{CL}{LD}$,所以,$KC \cdot CL = BK \cdot LD$,即 $CE^2 = (CB - CE)(CD - CE)$,从而 $CB \cdot CD = CE(CB + CD)$.故$\frac{1}{CE} = \frac{1}{CB} + \frac{1}{CD}$.

例 7.2.3 在 $\triangle ABC$ 的形外作三个相似三角形 BDC、EAC、BAF,使位于 $\triangle ABC$ 的同一顶点的两个角相等.求证

(1) AD、BE、CF 三线共点;

(2) $AD : BE : CF = \frac{1}{FB} : \frac{1}{AF} : \frac{1}{AB}$.

证明 如图 7.2.3 所示,由假设,$\triangle BDC$、$\triangle EAC$、$\triangle BAF$ 都是同向相似的.以 A 为相似中心作位似旋转变换,使 $F \to B$,则 $C \to E$,所以 $FC \to BE$,因此,$\frac{BE}{CF} = \frac{AB}{AF}$.同样,$\frac{AD}{BE} = \frac{CA}{CE}$.而$\frac{CA}{CE} = \frac{AF}{FB}$,于是 $AD \cdot FB = BE \cdot AF = CF \cdot AB$.故 $AD : BE : CF = \frac{1}{FB} : \frac{1}{AF} : \frac{1}{AB}$.

这就证明了(2).

再证(1).设 BE 与 CF 交于 P,则有 $\measuredangle FPB = \measuredangle FAB = \measuredangle CDB$,所以 A、F、B、P 四点共圆,P、B、D、C 四点共圆.于是 $\measuredangle BPD = \measuredangle BCD = \measuredangle BFA$,因此

$$\measuredangle APB + \measuredangle BPD = \measuredangle APB + \measuredangle BFA = 180^\circ$$

所以 A、P、D 三点共线.换句话说,AD、BE、CF 三线共点.

比较本题与定理 4.3.1 即可发现,本题将定理 4.3.1 的绝大部分结论都推广了.

例 7.2.4 设 P 是 $\triangle ABC$ 内一点,直线 AP、BP、CP 分别交边 BC、CA、AB 于点 D、E、F.已知 $\triangle DEF \backsim \triangle ABC$.求证:$P$ 是 $\triangle ABC$ 的重心.(第7届中国西部数学奥林匹克,2007)

证明 如图 7.2.4 所示,显然,$\triangle DEF$ 与 $\triangle ABC$ 同向相似,因而存在一个位似旋转变换 $S(O, k, \theta)$,使得 $\triangle DEF \to \triangle ABC$.而 AD 与 BE 交于 P,由推论 2.3.4,O、P、A、B 四点共圆.同理,O、P、B、C 四点共圆,O、P、C、A 四点共圆.

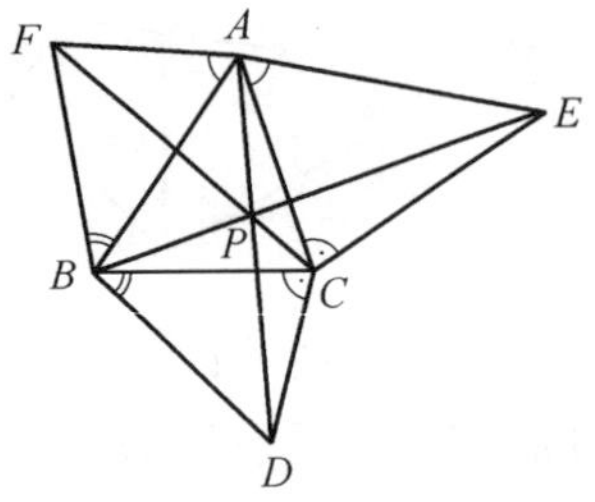

图 7.2.3

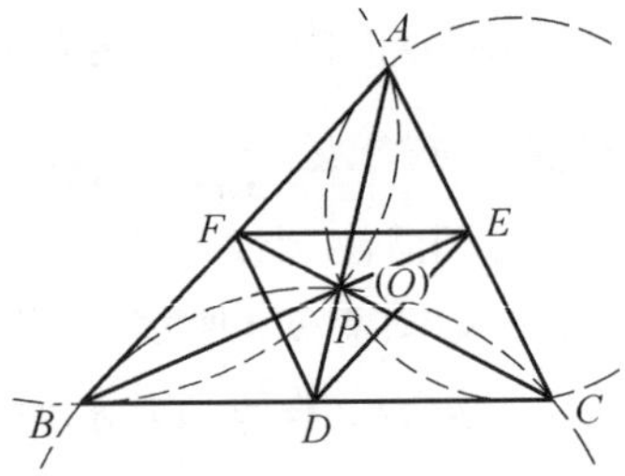

图 7.2.4

如果 $O \neq P$,则 $\odot(PAB)$、$\odot(PBC)$、$\odot(PCA)$ 有两个不同的公共点 O、P,于是其圆心在一直线上,这样,PA、PB、PC 三线段的垂直平分线重合,这是不可能的.因而 O、P 必重合.换句话说,点 P 是 $\triangle ABC$ 与 $\triangle DEF$ 的顺相似中心.又 P 是 AD、BE、CF 三线之交点,且 $\dfrac{\overline{PA}}{\overline{PD}} = \dfrac{\overline{PB}}{\overline{PE}} = \dfrac{\overline{PC}}{\overline{PF}}$,所以,$\triangle ABC$ 与 $\triangle DEF$ 是位似的,因此 $EF \parallel BC$,$FD \parallel CA$,$DE \parallel AB$.再由例 6.5.1 即知,D、E、F 分别为边 BC、CA、AB 的中点.故 P 是 $\triangle ABC$ 的重心.

例 7.2.5 已知 $\triangle XYZ$ 的三个顶点 X、Y、Z 分别在 $\triangle ABC$ 的边 BC、CA、AB 上,且 $\triangle XYZ \backsim \triangle ABC$.设 $\triangle XYZ$ 与 $\triangle ABC$ 的垂心分别为 H'、H,$\triangle XYZ$ 的外心为 O.证明:$OH' = OH$.(第 48 届保加利亚数学奥林匹克,1999)

证法 1 如图 7.2.5 所示,由垂心的性质,有 $\angle YH'Z = 180° - \angle YXZ = 180° - \angle BAC$,所以 A、Z、H'、Y 四点共圆,于是有 $\angle BAH' = \angle ZYH'$.同理,$\angle ABH' = \angle ZXH'$.再由 H' 为 $\triangle XYZ$ 的垂心,有 $\angle ZYH' = \angle ZXH'$,所以 $\angle BAH' = \angle H'BA$,因此,$H'A = H'B$.同理,$H'B = H'C$.所以 H' 为 $\triangle ABC$ 的外心.设 L、M、N 分别是 BC、CA、AB 的中点,则 H' 也是 $\triangle LMN$ 的垂心.又 $\triangle LMN$ あ $\triangle ABC$,由条件有 $\triangle XYZ$ あ $\triangle ABC$,所以 $\triangle XYZ$ あ $\triangle LMN$.而 H' 既是 $\triangle XYZ$ 的垂心,又是 $\triangle LMN$ 的垂心,于是,设 $\measuredangle XH'L = \theta$,$H'L = k \cdot H'X$,作位似旋转变换 $S(H', k, \theta)$,则 $\triangle XYZ \to \triangle LMN$.设 $O \to O'$,则 O' 为 $\triangle LMN$ 的,且 $\angle H'O'O = \angle H'LX = 90°$.但 $\triangle ABC$ 的中点三角形的外心是 $\triangle ABC$ 的九点圆圆心,而 $\triangle ABC$ 的九点圆的圆心是 $\triangle ABC$ 的外心与垂心的连线段的中点,即 O' 为 $H'H$ 的中点.故 $OH' = OH$.

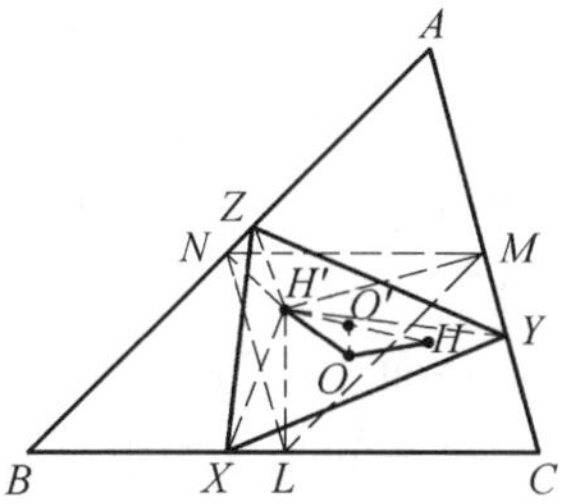

图 7.2.5

证法 2 如图 7.2.6 所示,分别过 $\triangle XYZ$ 的三个顶点作对边的平行线构成 $\triangle A_1B_1C_1$,则

$$\triangle A_1B_1C_1 \backsim \triangle XYZ \backsim \triangle ABC$$

且 $\triangle XYZ$ 是 $\triangle A_1B_1C_1$ 的中点三角形,因而 $\triangle XYZ$ 的垂心 H' 是 $\triangle A_1B_1C_1$ 的外心.

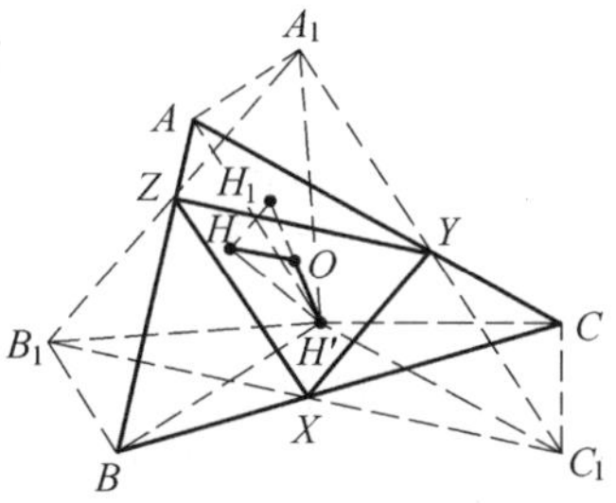

图 7.2.6

显然,A_1、Z、H'、Y 四点共圆,且 $H'A_1$ 为其直径.又 $\angle YA_1Z = \angle YAZ$,所以,$A$、$Z$、$Y$、$A_1$ 四点共圆,因而 A_1、A、Z、H'、Y 五点共圆.既然点 A 也在以 $H'A_1$ 为直径的圆上,因此 $AA_1 \perp AH'$.同理,B_1、B、X、H'、Z 五点共圆,C_1、C、Y、H'、X 五点共圆,$BB_1 \perp BH'$,$CC_1 \perp CH'$.又

$$\measuredangle AH'A_1 = \measuredangle AZA_1 = \measuredangle BZB_1 = \measuredangle BH'B_1$$

同理，$\measuredangle BH'B_1 = \measuredangle CH'C_1$. 再注意 $H'A_1 = H'B_1 = H'C_1$(因 H' 是 $\triangle A_1B_1C_1$ 的外心)即知 $\triangle HA_1A \cong \triangle HB_1B \cong \triangle HC_1C$，所以 $H'A = H'B = H'C$，这说明 H' 是 $\triangle ABC$ 的外心. 于是，设 $\measuredangle AH'A_1 = \theta$，$H'A = k \cdot H'A_1$，作位似旋转变换 $S(H', k, \theta)$，则 $\triangle A_1B_1C_1 \to \triangle ABC$. 且设 $\triangle A_1B_1C_1$ 的垂心为 H_1，则 $H_1 \to H$，因而由 $AA_1 \perp AH'$ 即知 $H_1H \perp H'H'$. 所以，$\triangle H'H_1H$ 是以 $H'H_1$ 为斜边的直角三角形. 由于 $\triangle XYZ$ 是 $\triangle A_1B_1C_1$ 的中点三角形，而三角形的中点三角形的外心是三角形的九点圆圆心，三角形的九点圆圆心是三角形的外心与垂心的连线段的中点，因此 O' 为 $\mathrm{Rt}\triangle H'H_1H$ 的斜边 $H'H_1$ 的中点. 故 $OH' = OH$.

我们用位似旋转变换给出的本题的两个不同证明中，没有直接用"$\triangle XYZ \stackrel{+}{\sim} \triangle ABC$"这个条件作位似旋转变换，使 $\triangle ABC \to \triangle XYZ$(这样可能就麻烦了)，而是联想到中点三角形也有这个性质，从中点三角形入手. 证法 1 是先作出 $\triangle ABC$ 的中点 $\triangle LMN$，在 $\triangle XYZ$ 与 $\triangle LMN$ 之间作位似旋转变换而最后得到结论的；证法 2 则是构造一个新的 $\triangle A_1B_1C_1$，使 $\triangle XYZ$ 成为 $\triangle A_1B_1C_1$ 的中点三角形，在 $\triangle A_1B_1C_1$ 与 $\triangle ABC$ 之间作位似旋转变换而最后得到结论的. 这是平面几何乃至整个数学的一种常用的思想方法，颇具声东击西之味.

有些问题表面上并没有同向相似三角形，而是将同向相似三角形隐含在问题中. 发现了隐含的同向相似三角形，同样可以尝试用位似旋转变换处理.

例 7.2.6　证明Simson 定理：三角形所在平面上的一点 P 在三角形三边所在直线上的射影共线的充分必要条件是点 P 在三角形的外接圆上.

证明　如图7.2.7所示，设点 P 在 $\triangle ABC$ 的三边 BC、CA、AB 所在直线上的射影分别为 D、E、F，不妨设点 P 在 $\angle BAC$ 的内部. 设 $PC = k \cdot PE$，作位似旋转变换 $S(P, k, \measuredangle EPC)$，则 $E \to C$. 设 $D \to D'$，则 D' 仍在直线 BC 上，且 D' 不可能与 B 重合.

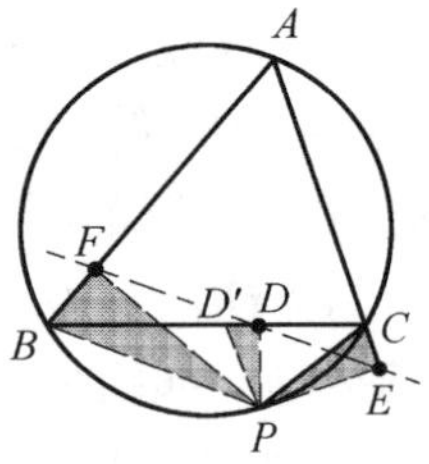

图 7.2.7

如果 P 在 $\triangle ABC$ 的外接圆上，则 P 在 $\overset{\frown}{BC}$(不含点 A)上，$\measuredangle PCE = \measuredangle PBF$，所以 $\triangle PEC \stackrel{+}{\sim} \triangle PFB$，于是，$F \to B$. 由于 B、D'、C 三点共线，所以，F、D、E 三点共线.

反之，若 F、D、E 三点共线，则由 $E \to C$，$D \to D'$ 知，直线 $EC \to$ 直线 CD'，所以，点 F 的像在直线 CD' 上. 又 $CE \perp PE$，而 $AB \perp PF$，所以，点 F 的像也在直线 AB 上，因此，点 F 的像为直线 CD' 与 AB 的交点 B，即 $F \to B$. 于是 $\measuredangle PBF = \measuredangle PCE$，从而 A、B、P、C 四点共圆. 换句话说，点 P 在 $\triangle ABC$ 的外接圆上.

综上所述，D、E、F 三点共线 $\Leftrightarrow$ 点 P 在 $\triangle ABC$ 的外接圆上.

当 P 在 $\triangle ABC$ 的外接圆上时，直线 DEF 称为 $\triangle ABC$ 关于点 P 的**Simson 线**.

例 7.2.7 设 I_b 和 I_c 分别是 $\triangle ABC$ 的 B.旁心和 C.旁心，P 是 $\triangle ABC$ 的外接圆上一点.证明：$\triangle ABC$ 的外心是 $\triangle I_bAP$ 和 $\triangle I_cAP$ 的外心的连线段的中点.(第 30 届俄罗斯数学奥林匹克，2004)

证明 如图 7.2.8 所示，显然，I_b、A、I_c 在一直线上.设 $\triangle I_bAP$、$\triangle I_cAP$ 和 $\triangle ABC$ 的外心分别为 O_1、O_2、O，直线 I_bI_c 与 $\triangle ABC$ 的外接圆交于 A、M 两点.因 $\measuredangle PO_1I_b = 2\measuredangle PAI_b = \measuredangle PO_2I_c$，$O_1P = O_1I_b$，$O_2P = O_2I_c$，由此可知，$\triangle PI_bI_c \backsim \triangle PO_1O_2$.于是，设 $PO_1 = k \cdot PO_2$，作位似旋转变换 $S(P, k, \measuredangle I_bPO_1)$，则 $I_b \to O_1$，$I_c \to O_2$.又 $\measuredangle POM = 2\measuredangle PAM = \measuredangle PO_1I_b$，$OP = OM$，所以 $M \to O$.这样，我们只要证明 M 为线段 I_bI_c 的中点即可.而这是很容易证明的.

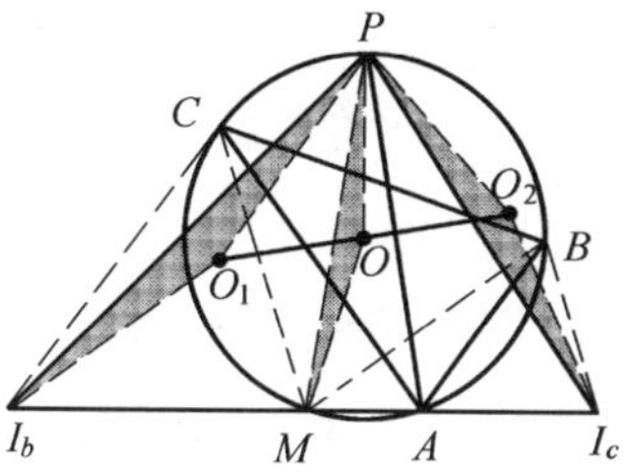

图 7.2.8

事实上，以 $\angle A$、$\angle B$、$\angle C$ 表示 $\triangle ABC$ 相应的顶角，则不难知道 $\angle AI_bC = 90° - \frac{1}{2}\angle B$，而 $\angle CMI_b = \angle B$，所以 $\angle I_bCM = 90° - \frac{1}{2}\angle B = \angle AI_bC$，于是 $MC = MI_b$.同理，$MB = MI_c$.又 $\angle CBM = \angle CAI_b = \angle I_cAB = \angle MCB$，所以 $MB = MC$，从而 $MI_b = MI_c$，即 M 为线段 I_bI_c 的中点.故 O 为线段 O_1O_2 的中点.

例 7.2.8 给定 $\lambda > 1$，设点 P 是外接圆的弧上一个动点，在射线 BP 和 CP 上分别取点 U 和 V，使得 $BU = \lambda \cdot BA$，$CV = \lambda \cdot CA$，在射线 UV 上取点 Q，使得 $UQ = \lambda \cdot UV$.求点 Q 的轨迹.(中国国家队选拔考试，1999)

解 如图 7.2.9 所示，设点 Q 合于条件，连 AU、AV，由 $BU = \lambda \cdot BA$，$CV = \lambda \cdot CA$，$\measuredangle ABU = \measuredangle ACV$ 知 $\triangle AUB \backsim \triangle AVC$.于是，设 $AB = k \cdot AU$，作位似旋转变换 $S(A, k, \measuredangle UAB)$，则 $UV \to BC$.设 $Q \to Q'$，因 Q 在射线 UV 上，所以 Q' 在射线 BC 上，且 $= \lambda$，这说明 Q' 是射线 BC 上的一个定点.又 $= \lambda$，即 $QQ' = \lambda \cdot AQ'$ 为一个定值，所以点 Q 在以 Q' 为圆心、$\lambda \cdot AQ'$ 为半径的一段圆弧上.

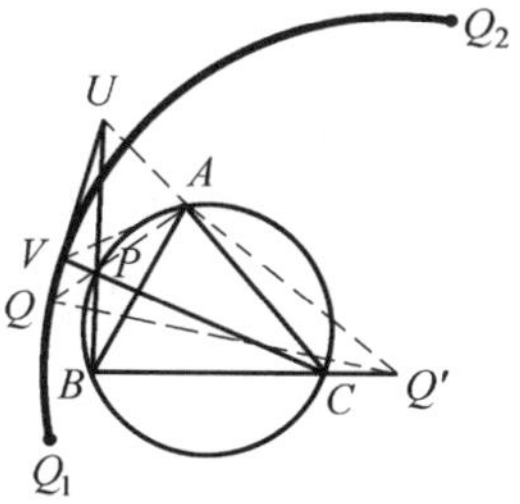

图 7.2.9

当点 P 运动到点 B(此时 BP 变为 $\triangle ABC$ 的外接圆的切线)或点 C 时，产生圆弧的两个端点 Q_1 和 Q_2.

反之，设 Q 为所述圆弧 $\overset{\frown}{Q_1Q_2}$ 上的任意一点，则 $QQ' = \lambda \cdot AQ'$.设 $AQ = \mu \cdot AQ'$，作位似旋转变换 $S(A, \mu, \measuredangle Q'AQ)$，则 $Q' \to Q$，设 $B \to U$，$C \to V$，则因 Q' 在射线 BC 上，所以 Q 在射线 UV 上，且有 $\frac{UQ}{UV} = \frac{BQ'}{BC} = \lambda$，$\frac{BU}{BA} = \frac{Q'Q}{AQ'} = \lambda$，$\frac{CV}{CA} = \frac{Q'Q}{AQ'} = \lambda$，即 $UQ = \lambda \cdot UV$，$BU = \lambda \cdot BA$，$CV = \lambda \cdot CA$.

再设 BU 与 CV 交于点 P，则 $\measuredangle CPB = \measuredangle CAB$，所以点 P 在 $\triangle ABC$ 的外接圆上，而且由于 U、V、A 都位于直线 BC 的同侧，所以点 P 与点 A 也在直线 BC 的同侧. 故点 P 在 $\triangle ABC$ 的外接圆的弧 $\overparen{BAC}$ 上，因而点 Q 满足条件.

综上所述，点 Q 的轨迹是以 Q' 为圆心、$\lambda \cdot AQ'$ 为半径的圆弧 $\overparen{Q_1Q_2}$.

这个解答的篇幅似乎比较长，但在位似旋转变换的帮助下，思维过程却是简短的.

例 7.2.9 设 P 是 $\triangle ABC$ 的外接圆的 $\overparen{BC}$（不含点 A）上一点，$\triangle ABC$、$\triangle ABP$ 和 $\triangle APC$ 的内心分别为 I、I_1 和 I_2，$\overparen{BAC}$ 的中点为 L，直线 LI 与 $\triangle ABC$ 的外接圆的另一交点为 Q. 求证：P、Q、I_1、I_2 四点共圆.

证明 如图 7.2.10 所示，设 $\overparen{AB}$（不含点 C）、$\overparen{AC}$（不含点 B）的中点分别为 M、N，则 BN 与 CM 相交于 $\triangle ABC$ 的内心 I，$\measuredangle CQI = \measuredangle IQB$，$\measuredangle CIQ = \measuredangle QMC + \measuredangle LQM$. 而

$$\measuredangle LQM = \measuredangle LQB - \measuredangle MQB = \frac{1}{2}(\measuredangle CBA + \measuredangle ACB) - \frac{1}{2}\measuredangle ACB = \frac{1}{2}\measuredangle CBA = \measuredangle CBN = \measuredangle CBI$$

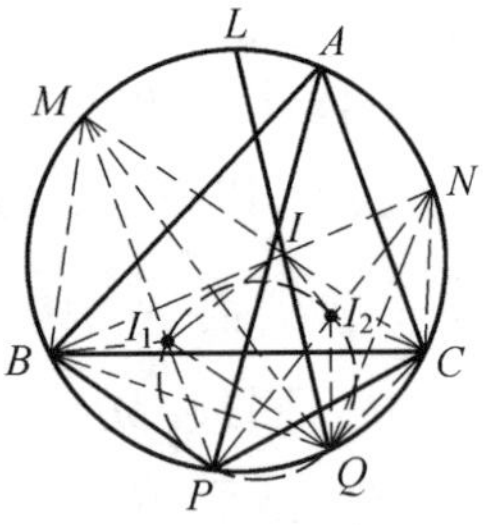

图 7.2.10

所以，$\measuredangle CIQ = \measuredangle QMC + \measuredangle LQM = \measuredangle QBC + \measuredangle CBI = \measuredangle QBI$. 因此，$\triangle IBQ \backsim \triangle CIQ$.

又不难知道，A、I、I_1、B 四点在以 M 为圆心的一个圆上，A、I、I_2、C 四点在以 N 为圆心的一个圆上. 而 $\measuredangle BMI = \measuredangle INC$，所以 $\triangle MNI \backsim \triangle NIC$. 进一步，因

$$2\measuredangle BII_1 = \measuredangle BMP = \measuredangle BNP = 2\measuredangle ICI_2$$

$$2\measuredangle I_1BI = \measuredangle PMC = \measuredangle PNC = 2\measuredangle I_2IC$$

所以，$\measuredangle BII_1 = \measuredangle ICI_2$，$\measuredangle I_2BI = \measuredangle I_2IC$，因此 $\triangle I_1IB \backsim \triangle I_2CI$.

于是，以 Q 为相似中心，作位似旋转变换，使 $C \to I$，则 $I \to B$，$N \to M$，$I_2 \to I_1$. 而点 P 为直线 MI_1 与 NI_2 的交点，故由定理 2.3.3 即知 P、Q、I_1、I_2 四点共圆.

例 7.2.10 设 L、M、N 分别为 $\triangle ABC$ 的外接圆的 $\overparen{BC}$、$\overparen{CA}$、$\overparen{AB}$（均不含三角形的顶点）的中点. P 是 BC 边上任意一点，过 P 且平行于 $\angle B$ 的内角平分线的直线与 $\angle C$ 的外角平分线交于 Q，过 P 且平行于 $\angle C$ 的内角平分线的直线与 $\angle B$ 的外角平分线交于 R. 求证：LP、MQ、NR 三线共点.（第 38 届 IMO 预选，1997）

证明 如图 7.2.11 所示，设 I_a、I_b、I_c 为 $\triangle ABC$ 的三个旁心，则 Q 在 I_aI_b 上，

R 在 I_cI_a 上，且 $\triangle AI_cB \backsim \triangle ACI_b$. 以 A 为相似中心作位似旋转变换，使 $B \to I_b$，则 $I_c \to C$，因此，$I_cB \to CI_b$. 又 $PQ \parallel BI_b$，$PR \parallel CI_c$，所以

$$\frac{CQ}{QI_b} = \frac{CP}{PB} = \frac{BR}{RI_c}$$

因此，$R \to Q$. 而 I_a 为直线 I_cB 与 CI_b 的交点，于是 A、R、I_a、Q 四点共圆. 设这个圆与 $\triangle ABC$ 的外接圆交于另一点 S，则 $\angle SML = \angle SAL = \angle SQI_a$，而 $ML \parallel QI_a$，所以 S、M、Q 三点共线. 同理，N、S、R 三点共线. 又

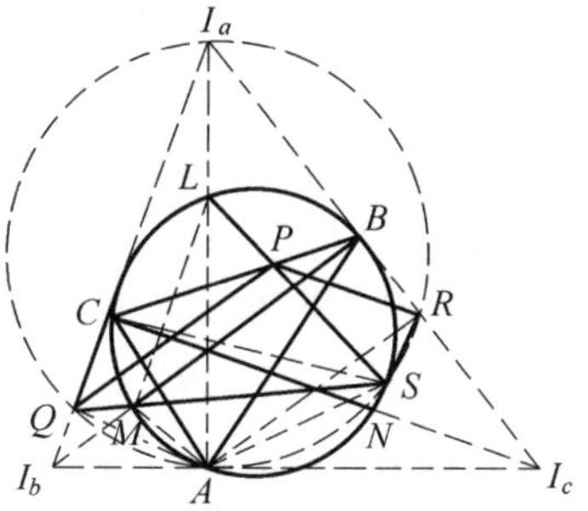

图 7.2.11

$$\angle CSQ = \angle CSM = \angle CBM = \angle CPQ$$

所以，S、P、C、Q 四点共圆，于是，$\angle PSC = \angle PQC = \angle BML = \angle BAL = \angle LAC = \angle LSC$. 故 S、P、L 三点也共线. 换句话说，PL、QM、RN 三线交于 $\triangle ABC$ 的外接圆上一点.

这几例告诉我们：应善于从平面几何问题的已知条件中发现同向相似三角形.

由例 7.2.10 容易证明如下的

命题 7.2.1 设 AD、BE、CF 是 $\triangle ABC$ 的三条高，则 $\triangle AEF$、$\triangle BFD$、$\triangle CDE$ 的三条 Euler 线交于 $\triangle ABC$ 的九点圆上一点.

事实上，如图 7.2.12 所示，设 $\triangle AEF$ 的 Euler 线与 EF 交于 P，$\triangle BFD$ 的 Euler 线与 BF 交于 Q，$\triangle CDE$ 的 Euler 线与 EC 交于 R，因 $\triangle AEF \backsim \triangle DBF \backsim \triangle DEC$，所以，$\dfrac{FP}{PE} = \dfrac{FQ}{QB} = \dfrac{CR}{RE}$，因此 $PQ \parallel EB$，$PR \parallel FC$.

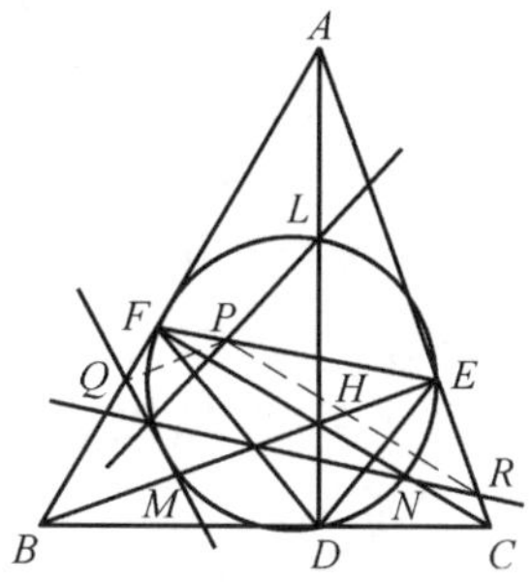

图 7.2.12

设 H 为 $\triangle ABC$ 的垂心（即 AD、BE、CF 之交点），L、M、N 分别为 AH、BH、CH 的中点，则 L、M、N 分别为 $\triangle AEF$、$\triangle BFD$、$\triangle CDE$ 的外心，所以 $\triangle AEF$、$\triangle BFD$、$\triangle CDE$ 的 Euler 线分别过 L、M、N，即 PL、QM、RN 分别为 $\triangle AEF$、$\triangle BFD$、$\triangle CDE$ 的 Euler 线. 又 $\triangle ABC$ 的九点圆即 $\triangle DEF$ 的外接圆，$\triangle ABC$ 的九点圆过 L、M、N 三点，而 DA、EB、FC 为 $\triangle DEF$ 的三条内角平分线，由例 7.2.7，PL、QM、RN 交于 $\triangle DEF$ 的外接圆上一点，即 $\triangle AEF$、$\triangle BFD$、$\triangle CDE$ 的 Euler 线交于 $\triangle ABC$ 的九点圆上一点.

如果一个平面几何问题的结论是线段的位置关系，则可以先找出两个同向相似三角形，然后用位似旋转变换直接得到.

例 7.2.11 设 O 是凸四边形 $ABCD$ 的两对角线的交点. 证明：$\triangle AOB$ 和

$\triangle COD$ 的重心的连线与 $\triangle BOC$ 和 $\triangle DOA$ 的垂心的连线互相垂直.(中国国家集训队培训,2003)

证明 如图7.2.13所示,设 $\triangle AOB$ 和 $\triangle COD$ 的重心分别为 G_1、G_2,$\triangle DOA$ 和 $\triangle BOC$ 的垂心分别为 H_1、H_2. $\triangle DOA$ 的重心为 G_3,$\triangle AOB$ 的垂心为 H_3,则有 $G_3G_1 \parallel DB$,$G_2G_3 \parallel CA$,所以 $H_2H_3 \perp G_2G_3$,$H_3H_1 \perp G_3G_1$. 再设直线 CH_2 交 DB 于 E,直线 AH_1H_3 交 DB 于 F,$\angle BOC = \alpha$,则有 $EF = H_2H_3 \cdot \sin\alpha$,$EF = CA \cdot \cos\alpha$,所以

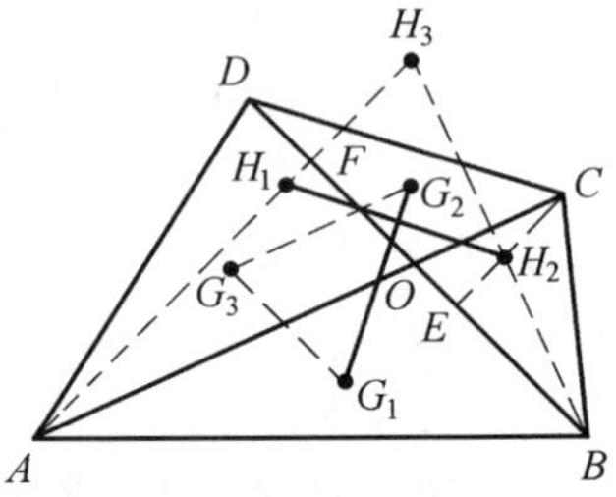

图 7.2.13

$$H_2H_3 = CA \cdot \cot\alpha$$

同理,$H_3H_1 = BD \cdot \cot\alpha$. 又不难知道,$G_2G_3 = \frac{1}{3}CA$,$G_3G_1 = \frac{1}{3}DB$,所以,$\frac{H_2H_3}{G_2G_3} = \frac{H_3H_1}{G_3G_1}$. 再由 $\angle H_1H_3H_2 = \alpha$,$\angle G_1G_3G_2 = \alpha$ 即知 $\triangle H_1H_3H_2 \backsim \triangle G_1G_3G_2$. 显然,这两个三角形是同向的. 因 $H_2H_3 \perp G_2G_3$,$H_3H_1 \perp G_3G_1$. 于是,设 $G_2G_3 = k \cdot H_2H_3$,则存在位似旋转变换 $S(P, k, 90°)$,使 $\triangle H_1H_3H_2 \to \triangle G_1G_3G_2$. 故 $G_1G_2 \perp H_1H_2$.

在平面几何中,还有一类问题是证明两个图形相似. 如果这两个图形是同向的,则我们可以设法证明其中一个图形能通过某个位似旋转变换变为另一个图形;或者其中一个图形经某个位似旋转变换后与另一个图形相似.

例 7.2.12 设 $ABCDEF$ 是圆的内接六边形,$AB = CD = EF$,AC 与 BD 交于点 P,CE 与 DF 交于点 Q,EA、FB 交于点 R. 求证:$\triangle PQR \backsim \triangle FBD$.(第41届保加利亚数学奥林匹克,1992)

证明 如图 7.2.14 所示,设 O 为圆心,因 $AB = CD = EF$,所以 $\measuredangle AOB = \measuredangle COD = \measuredangle EOF$. 于是,令 $\theta = \measuredangle AOB$,作旋转变换 $R(O, \theta)$,则有 $\triangle EAC \to \triangle FBD$. 设 L、M、N 分别为 AC、CE、EA 的中点,L' 为 BD 的中点,则 $OL \perp AC$,$OM \perp CE$,$ON \perp EA$,$OL' \perp BD$,且有 $L \to L'$. 由此可知,$OL' = OL$,$\measuredangle LOL' = \theta$.

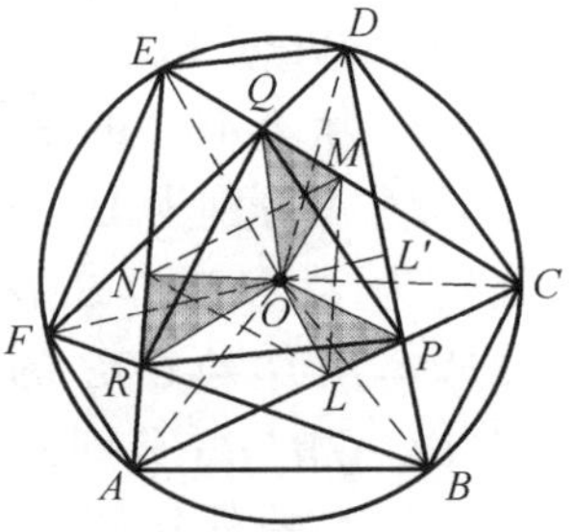

图 7.2.14

另一方面,由 $OL \perp AC$,$OL' \perp BD$,$OL' = OL$ 知 OP 平分 $\angle DPA$,从而 $\measuredangle LOP = \frac{1}{2}\theta$. 同理

$$\measuredangle MOQ = \measuredangle NOR = \frac{1}{2}\theta$$

于是,设 $OP = k \cdot OL$,再作位似旋转变换 $S(O,k,\frac{1}{2}\theta)$,则 $\triangle LMN \to \triangle PQR$,所以,$\triangle PQR \backsim \triangle LMN$.但 $\triangle LMN \backsim \triangle EAC \cong \triangle FBD$,故 $\triangle PQR \backsim \triangle FBD$.

7.3 两圆与位似旋转变换

我们知道,任意两个圆都是位似的(见 6.4),因而任意两个圆都是真正相似的,相似系数是两圆的半径之比.另外,对于平面 π 上两个圆 Γ_1、Γ_2, 我们还可以先将其中一个圆——譬如说圆 Γ_2 通过一个轴反射变换使其变为圆 Γ_3,此时,圆 Γ_1 与圆 Γ_3 当然也是真正相似的,因而圆 Γ_1 与圆 Γ_2 是镜像相似的.由此可知,任意两圆既是真正相似的,又是镜像相似的.这样,只要两圆不等,它们就有相似中心,既有顺相似中心,也有逆相似中心.

定义 7.3.1 设两圆既不同心也不相等.以两圆圆心为定点、两圆半径之比为定比的阿氏圆[1]称为两圆的相似圆.

在一般情况下,相似比不等于 1 的两个相似图形只有一个相似中心,而对于两个不等且不同心的圆来说就不同了——它们有无穷多个顺相似中心和逆相似中心.

定理 7.3.1 设平面 π 上两圆 $\odot O_1$、$\odot O_2$ 不同心,它们的半径分别为 r_1、r_2,且 $r_1 \neq r_2$,则 $\odot O_1$ 与 $\odot O_2$ 的相似圆上任意一点既是这两圆的顺相似中心,也是这两圆的逆相似中心;且 $\odot O_1$ 与 $\odot O_2$ 的所有顺相似中心和逆相似中心都在这两圆的相似圆上.

证明 如图 7.3.1 所示,设 M、N 分别为两圆的内位似中心和外位似中心,则以 MN 为直径的圆 Γ 即是 $\odot O_1$ 与 $\odot O_2$ 的相似圆.显然,M、N 两点都是 $\odot O_1$ 与 $\odot O_2$ 的顺相似中心.再令 $r_2 = \lambda \cdot r_1$,显然

$$\odot O_1 \xrightarrow{T(N,\lambda,O_1O_2)} \odot O_2$$

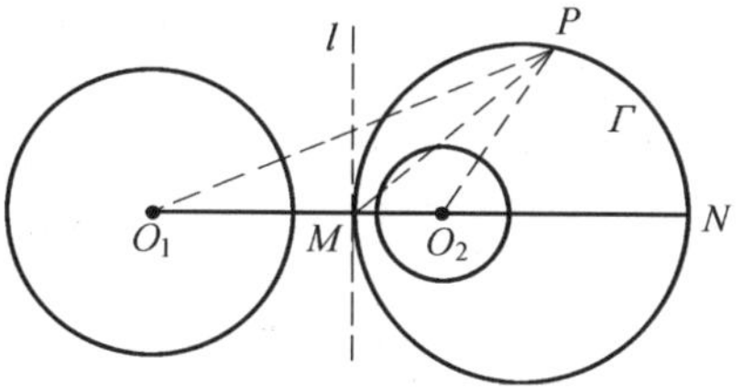

图 7.3.1

又过 M 作 O_1O_2 的垂线 l,则 $\odot O_1 \xrightarrow{T(M,\lambda,l)} \odot O_2$,所以,$M$、$N$ 两点也都是 $\odot O_1$ 与 $\odot O_2$ 的逆相似中心.

设 P 是圆 Γ 上任意异于 M、N 的一点,则由相似圆的定义,有 $\frac{PO_1}{PO_2} = \frac{r_1}{r_2}$.所以,$\odot O_1 \xrightarrow{S(P,\lambda,\measuredangle O_1PO_2)} \odot O_2$,故 P 是 $\odot O_1$ 与 $\odot O_2$ 的顺相似中心.又

① 阿氏圆的定义见引理 2.3.1.

$$\odot O_1 \xrightarrow{T(P,\lambda,PM)} \odot O_2$$

因此,P 也是 $\odot O_1$ 与 $\odot O_2$ 的逆相似中心.

反之,设点 P 是 $\odot O_1$ 与 $\odot O_2$ 的一个相似中心,则无论是顺相似中心,还是逆相似中心,都有 $\dfrac{PO_1}{PO_2}=\dfrac{r_1}{r_2}$,所以点 P 在 $\odot O_1$ 与 $\odot O_2$ 的相似圆 Γ 上.

由定理 7.3.1,我们看到,两圆的相似圆上的每一点既是两圆的顺相似中心,也是两圆的逆相似中心,且两圆的所有顺相似中心和逆相似中心都集中在两圆的相似圆上.这也是我们为什么将其定义为"相似圆"的原因.

当两圆相交时,由定理 7.3.1,交点显然是两圆的相似中心.

定理 7.3.2 设两圆相交,以两圆交点之一作为两圆的顺相似中心,则分别在两圆上的两点是两圆的顺相似对应点当且仅当这两点的连线通过两圆的另一交点.

证明 如图 7.3.2 所示,设 $\odot O_1$ 与 $\odot O_2$ 交于 A、B 两点,且 $\odot O_1 \xrightarrow{S(A,k,\theta)} \odot O_2$,$P$、$Q$ 分别为 $\odot O_1$ 与 $\odot O_2$ 上的点.因

$$\measuredangle QBA=\frac{1}{2}\measuredangle QO_2A$$

$$2\measuredangle ABP=180^\circ-\frac{1}{2}\measuredangle PO_1A$$

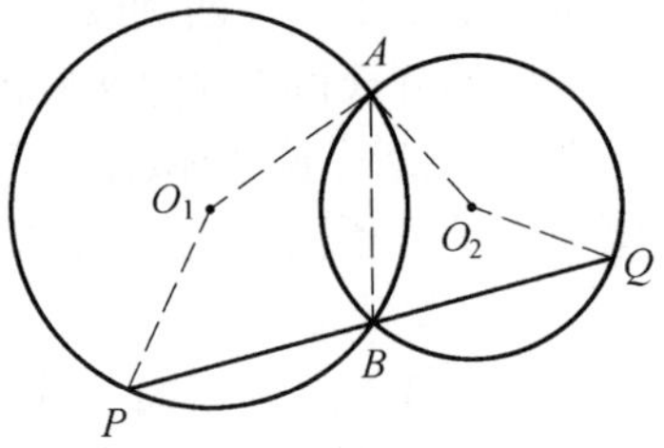

图 7.3.2

于是

$$P\xrightarrow{S(A,k,\theta)}Q\Leftrightarrow\measuredangle QO_2A=\measuredangle PO_1A\Leftrightarrow\measuredangle QBA+\measuredangle ABP=180^\circ\Leftrightarrow$$
直线 PQ 通过点 B

特别地,其中一圆上的某一点与点 B 是两圆的顺相似对应点当且仅当这一点与点 B 的连线是另一圆的切线.

由定理7.3.2,凡出现了过相交两圆的一个交点的割线的问题,我们都可以考虑以另一个交点为相似中心的位似旋转变换.

例7.3.1 设圆 Γ_1 与圆 Γ_2 交于 A、B 两点,过点 A 任作两条割线 CD 和 EF 分别交圆 Γ_1 于点 C、E,交圆 Γ_2 于点 D、F. C、D 两点处的切线交于点 P,E、F 两点处的切线交于点 Q.证明:$BP=BQ$ 的充分必要条件是 $CD=EF$.

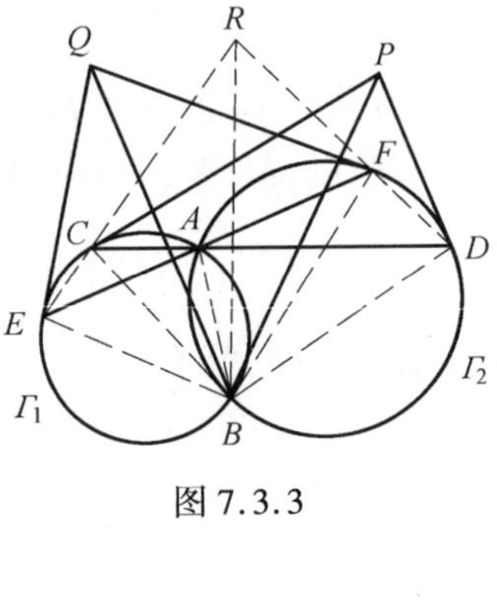

图 7.3.3

证明 如图7.3.3所示,设 $\odot O_1$ 与 $\odot O_2$ 的半径分别为 r_1、r_2,$r_2=k\cdot r_1$,作位似旋转变换 $S(B,k,\measuredangle O_1BO_2)$,则 $\odot O_1\rightarrow\odot O_2$,而割线 CD、EF 皆

过两圆的另一交点 A,所以,$C\to D$,$E\to F$,所以 $\angle FDB=\angle ECB$.于是,设直线 CE 与 DF 交于 R,则 B、C、R、D 四点共圆.因切线 $CP\to$ 切线 PD,所以 B、C、P、D 四点共圆,从而 B、C、P、R、D 五点共圆,所以,$\angle CPB=\angle CRB=\angle ERB$.又 $\angle BCP=\angle BER$,因此,$\triangle BCP\backsim\triangle BER$.同理,$\triangle BRD\backsim\triangle BQF$.显然,$\triangle BEF\backsim\triangle BCD$.于是,$\dfrac{BP}{BR}=\dfrac{BC}{BE}=\dfrac{CD}{EF}=\dfrac{BD}{BF}=\dfrac{BR}{BQ}$.故有

$$BP=BQ\Leftrightarrow BP=BR\Leftrightarrow CD=EF$$

例 7.3.2 设圆 Γ_1 与圆 Γ_2 交于 A、B 两点,一直线过点 A 分别与圆 Γ_1、圆 Γ_2 交于另一点 C 和 D,点 M、N、K 分别是线段 CD、BC、BD 上的点,且 $MN\parallel BD$,$MK\parallel BC$.再设点 E、F 分别在圆 Γ_1 的 $\overset{\frown}{BC}$(不含点 A)上和圆 Γ_2 的 $\overset{\frown}{BD}$(不含点 A)上,且 $EN\perp BC$,$FK\perp BD$.求证:$\angle EMF=90°$.(第 43 届 IMO 预选,2004;第 22 届伊朗数学奥林匹克,2004)

证明 如图 7.3.4 所示,设 $r_1=k\cdot r_2$,作位似旋转变换 $S(B,k,\measuredangle DBC)$,因割线 CD 过两圆的另一交点,所以,$D\to C$.设 $K\to K'$,$F\to F'$,则 K' 在 BC 上,F' 在圆 Γ_1 上,且 $F'K'\perp BC$,$\dfrac{K'C}{BC}=\dfrac{KD}{BD}=\dfrac{MD}{CD}=\dfrac{NB}{BC}$,所以 $K'C=BN$.设 $F'K'$ 的延长线交圆 Γ_1 于 L,则有,所以,$\angle EBN=\angle BF'K'$,而 $\angle BF'K'=\angle BFK$,于是,$\angle EBN=\angle BFK$.又 $\angle BKF$ 与 $\angle ENB$ 皆为直角,因此,$\triangle BFK\backsim\triangle EBN$,从而.但由 $MN\parallel BD$,$MK\parallel BC$ 知,四边形 $MNBK$ 是一个平行四边形,所以,$BK=MN$,$BN=MK$,于是.易知 $\angle MNE=\angle FKM$,因此 $\triangle MEN$ あ $\triangle FMK$.再注意 $EN\perp BC$,$FK\perp BD$ 即知 $EM\perp MF$.

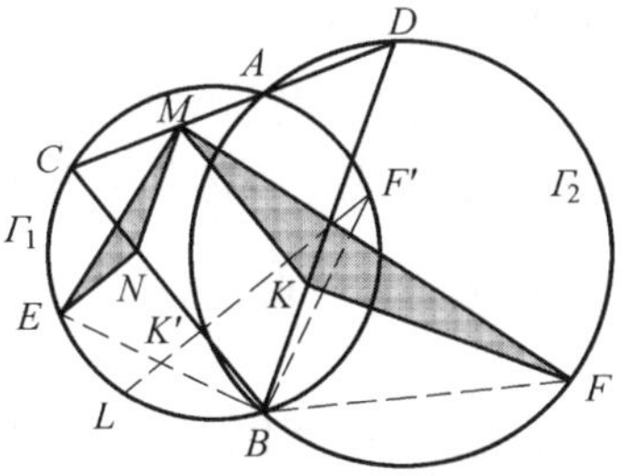

图 7.3.4

例 7.3.3 圆 Γ_1 与圆 Γ_2 交于 A、B 两点,过点 B 的一条直线分别交圆 Γ_1 与圆 Γ_2 交于 C、D 两点,且 B 在 C、D 之间.平行于 AD 的一条直线切圆 Γ_1 于 E,且点 E 到 AD 的距离较小.直线 AE 交圆 Γ_2 于 F.证明

(1) 圆 Γ_2 在点 F 的切线平行于 AC;

(2) 圆 Γ_1 在点 E 处的切线、圆 Γ_2 在点 F 处的切线两条切线及直线 CD 三线共点.

(意大利国家队选拔考试,2004)

证明 如图 7.3.5 所示,以点 B 为位似旋转中心作位似旋转变换,使圆 Γ_1 变为圆 Γ_2.因直线 EF 过两圆的另一交点 A,所以 $E\to F$,从而圆 Γ_1 在点 E 处的切线 $\to$ 圆 Γ_2 在点 F 处的切线.于是,设圆 Γ_1 在点 E 处的切线与圆 Γ_2 在点 F 处的切线交于 K,则由定理 2.3.3 知 E、F、K、B 四点共圆,所以,$\angle KBF=\angle KEF=\angle DAF$(因 $EK\parallel AD$)$=\angle DBF$(因 A、B、D、F 在圆 Γ_2 上),这说明 K、

D、B 三点共线，即点 K 在直线 CD 上，换句话说，圆 Γ_1 在点 E 处的切线、圆 Γ_2 在点 F 处的切线以及直线 CD 三线共点．这就证明了(2)．

又因为点 K 在直线 CD 上，E、F、K、B 四点共圆，A、C、B、E 在圆 Γ_1 上，所以

$$\angle AFK = \angle EBC = 180° - \angle CAF$$

故 $FK /\!/ AC$．即圆 Γ_2 在点 F 的切线平行于 AC．(1) 也得证．

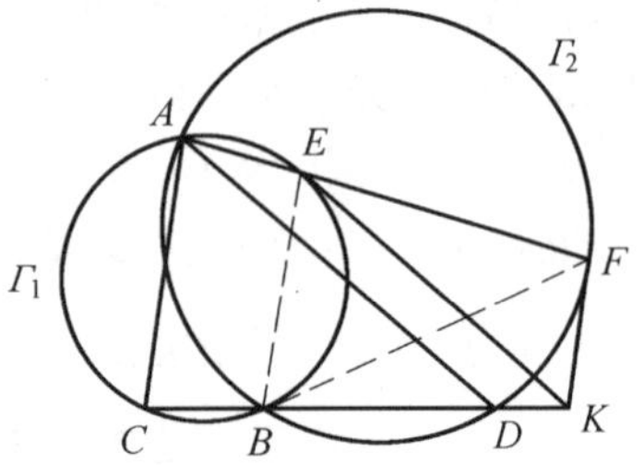

图 7.3.5

本题中有两条割线分别过两圆的两个不同的交点 A、B，如果以点 A 为相似中心作位似旋转，使 $C \to D$ 或 $D \to C$，则往下我们将一筹莫展．考虑到过交点 A 的割线联系两条切线，故我们取交点 B 为相似中心，然后利用位似旋转变换的性质直接得到 E、F、K、B 四点共圆，从而使问题顺利地得到解决．这说明当我们遇到两圆相交、并且过每个交点都有两圆的割线的问题而欲用位似旋转变换处理时，如果以其中的一个交点为相似中心作位似旋转变换遇到困难，则我们应考虑取另一个交点作为相似中心作位似旋转变换进行尝试．

例 7.3.4 设 A、B、C 将圆 Γ 分成三段弧，P 是 $\overset{\frown}{BC}$ 上的一个动点，I_1、I_2 分别是 $\triangle ABP$ 和 $\triangle APC$ 的内心．求证：$\triangle PI_1I_2$ 的外接圆交圆 Γ 于 P 之外的一个定点．(第 14 届伊朗数学奥林匹克，1997)

本题显然是上节例 7.2.9 的直接结果．但本题属于典型的两圆相交问题，尽管条件中没有出现过交点的割线，我们同样可以以其中的一个交点为两圆的相似中心用位似旋转变换出奇制胜地解决．

证明 如图 7.3.6 所示，设 $\triangle PI_1I_2$ 的外接圆与圆 Γ 交于点 P 之外的一点 Q，$\overset{\frown}{AB}$ 与 $\overset{\frown}{AC}$ 的中点分别为 M、N，则 P、I_1、M 在一直线上，P、I_2、N 在一直线上，于是，以 Q 为位似旋转中心作位似旋转变换，使 $\triangle PI_1I_2$ 的外接圆 $\to \odot O$，则 $I_1 \to M$，$I_2 \to N$，所以，$\triangle QI_1M \backsim \triangle QI_2N$，于是，$\dfrac{QM}{QN} = \dfrac{I_1M}{I_2N}$．但 $I_1M = AM$，$I_2N = AN$，所以，$\lambda = \dfrac{QM}{QN} = \dfrac{AM}{AN}$ 为定值，从而 Q 是以 M、N 为定点、λ 为定比的阿氏圆与圆 Γ 的另一交点．故 Q 是圆 Γ 上的一个定点．

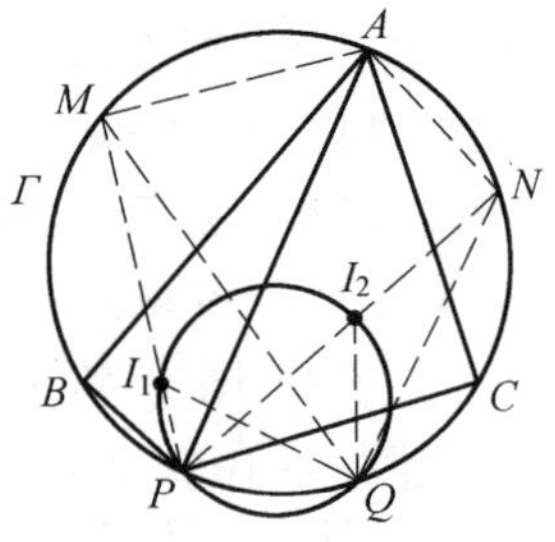

图 7.3.6

由例 7.2.9 知，定点 Q 是过 $\overset{\frown}{BAC}$ 的中点和 $\triangle ABC$ 的内心的直线与圆 Γ 的另一个交点．

对于有些尽管没有出现相交两圆、甚至没有出现圆，但出现了三角形的外

心等与圆有关的概念的平面几何问题,我们也可以设法使其成为相交圆问题而尝试用位似旋转变换解决.

例7.3.5 设 AD 是 $\triangle ABC$ 的高,M 是 BC 边的中点,过 M 的一条直线分别交直线 AB、AC 于 E、F,且 $AE = AF$,O 是 $\triangle AEF$ 的外心.证明:$OM = OD$.(第54届波兰数学奥林匹克,2003)

证明 如图7.3.7,7.3.8所示,不妨设 $AB > AC$,设 $\triangle ABC$ 的外接圆 Γ_1 与 $\triangle AEF$ 的外接圆 Γ_2 交于 A、P 两点.以 P 为相似中心作位似旋转变换,使圆 $\Gamma_1 \to$ 圆 Γ_2,则 $B \to E$,$C \to F$,所以,$\triangle PBE \backsim \triangle PCF$.又由 M 为 BC 的中点及 $AE = AF$ 不难得到 $BE = CF$,所以 $PB = PC$,$PE = PF$.这说明点 P 既是圆 Γ_1 的 $\overset{\frown}{BC}$(不含点 A)的中点,也是圆 Γ_2 的 $\overset{\frown}{EF}$(不含点 A)的中点.因此,$PM \perp BC$,AP 为圆 Γ_2 的直径.于是,再过 O 作 BC 的垂线交 BC 于 N,并注意 $AD \perp BC$,O 为 AP 的中点即知 N 为 MD 的中点,所以,$\triangle OMD$ 是以 MD 为底边的等腰三角形.故 $OM = OD$.

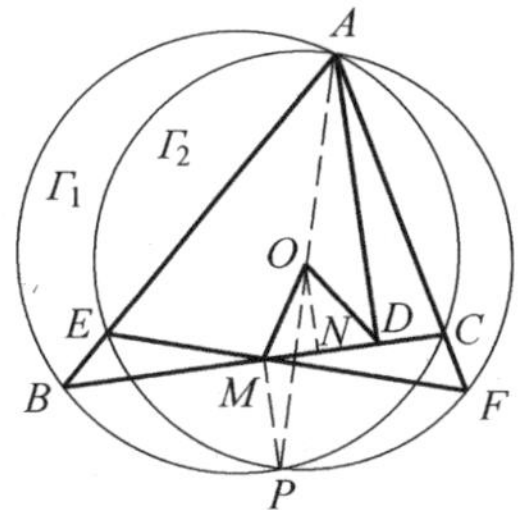

图7.3.7

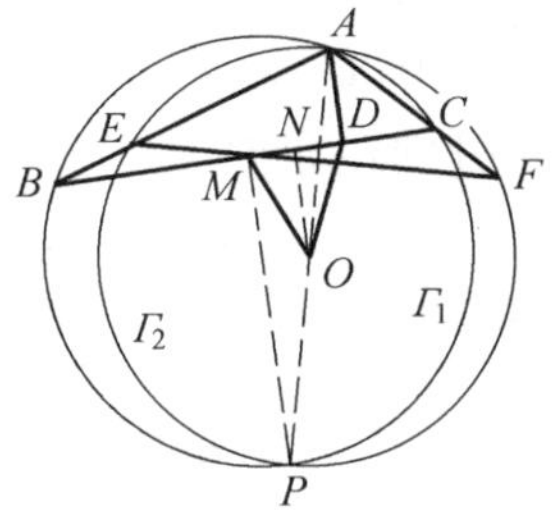

图7.3.8

例7.3.6 证明**Steiner定理**:设四边形 $ABCD$ 的边 AB、CD 所在直线交于 E,边 AD、BC 所在直线交于 F,则 $\triangle ABF$、$\triangle ADE$、$\triangle BCE$、$\triangle DCF$ 这四个三角形的外心在一个圆上.

证明 如图7.3.9所示,设 $\triangle ABF$、$\triangle ADE$、$\triangle BCE$、$\triangle DCF$ 的外心分别为 O_1、O_2、O_3、O_4,$\triangle BCE$ 的外接圆 $\odot O_3$ 与 $\triangle CDF$ 的外接圆 $\odot O_4$ 交于 C、P 两点.以 P 为相似中心作位似旋转变换,使 $\odot O_3 \to \odot O_4$,则 $B \to F$,$E \to D$,直线 $BE \to$ 直线 FD.而点 A 为直线 BE 与 FD 的交点,所以 A、B、P、F 四点共圆(A、E、P、D 四点也共圆).于是,O_1 亦为 $\triangle PBF$ 的外心,所以 $\angle BO_1P = 2\angle BFP$.但 $O_3 \to O_4$,所以 $\angle BFP = \angle O_3O_4P$,从而有 $\angle BO_1P = 2\angle O_3O_4P$.又 $O_1P = O_1B$,$O_3P =$

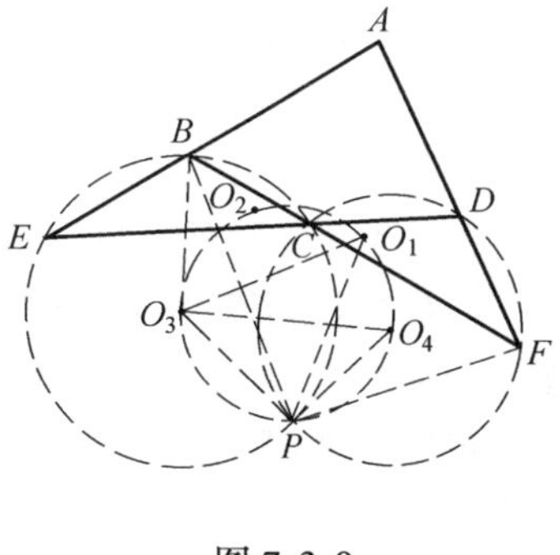

图7.3.9

O_3B,所以 O_1O_3 垂直平分线段 PB,因而 $\angle BO_1P = 2\angle O_3O_1P$,这样便有 $\angle O_3O_4P = \angle O_3O_1P$,于是,$O_1$、$O_3$、$P$、$O_4$ 四点共圆.同理,O_2、O_3、P、O_4,四点共圆.故 O_1、O_2、O_3、O_4 四点共圆.

实际上,我们证明了 O_1、O_2、O_3、O_4、P 五点共圆.

点 P 称为完全四边形 $ABCDEF$ 的**Miquel 点**.它是完全四边形的四个三角形的外接圆所共之点;而完全四边形的四个三角形的外心所共之圆则称为完全四边形的**Miquel 圆**.

例7.3.7 在凸四边形 $ABCD$ 中,$AB = AC = BD$,对角线 AC 与 BD 交于 P,$\triangle ABP$ 的外心和内心分别为 O、I.求证:如果 $O \neq I$,则 $OI \perp CD$.(白俄罗斯数学奥林匹克,2000)

证明 如图 7.3.10 所示,因 $\triangle ABP$ 的内心 I 在 $\angle BAC$ 的平分线上,$AB = AC$,所以 AI 是 BC 的垂直平分线.同理,BI 是 AD 的垂直平分线,于是 $\angle ACI = \angle IBA = \angle DBI$,因此,$P$、$I$、$B$、$C$ 四点共圆.设 O_1 为其圆心.因 P、B 为 $\odot O$ 与 $\odot O_1$ 的两个交点,A、C 分别在 $\odot O$ 与 $\odot O_1$ 上,于是,以 B 为相似中心作位似旋转变换,使 $O_1 \to O$,则 $C \to A$,所以 $\triangle OBO_1 \sim \triangle ABC$,而 $AB = AC$,因此,$OB = OO_1$.又 $O_1I = BO_1$,于是有 $\dfrac{O_1I}{O_1O} = \dfrac{BO_1}{BO} = \dfrac{BC}{BA} = \dfrac{BC}{BD}$.

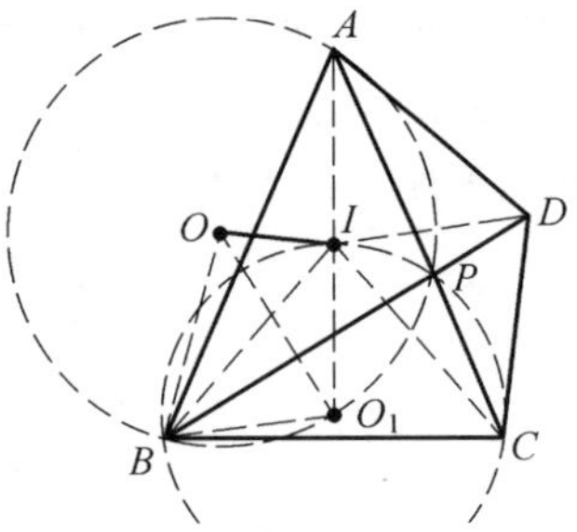

图 7.3.10

另一方面,因 $IB = IC$,O_1 是 $\triangle IBC$ 的外心,所以,$IO_1 \perp BC$.又 PB 是 $\odot O$ 与 $\odot O_1$ 的公共弦,所以 $OO_1 \perp BP$,从而 $\angle IO_1O = \angle CBD$,因此,$\triangle O_1IO \sim \triangle BCD$,再由 $IO_1 \perp BC$,$OO_1 \perp BD$ 即知 $OI \perp CD$.

如果一个两圆相交问题需要证明分别位于两圆上的两点与两圆的一个交点共线,则我们可以(设法)证明所给两点正好是以两圆的另一个交点为相似中心时两圆的顺相似对应点.

例7.3.8 平面上两圆相交,A 为其中的一个交点,有两个点同时从点 A 出发,各以恒速沿其中的一个圆绕行,并在绕行一周后同时回到点 A.证明:在平面上存在一点 M,在任何时候它到两动点的距离都相等.(第 21 届 IMO,1979)

证明 如图7.3.11所示,设 $\odot O_1$ 与 $\odot O_2$ 交于 A、B 两点,$\odot O_1$ 与 $\odot O_2$ 的半径比为 k.作位似旋转变换 $S(A, k, \measuredangle O_1AO_2)$,则 $\odot O_1 \to \odot O_2$.

设两个同时从点 A 出发的动点在某一时刻分别到达 $\odot O_1$ 上的点 P 与 $\odot O_2$ 上的点 Q 的位置.因两个动点各以恒速沿其中的一个圆绕行,并在绕行一

周后同时回到 A 点,这说明两个动点分别沿 $\odot O_1$ 与 $\odot O_2$ 绕行的角速度是相等的. 所以, $P \xrightarrow{S(A,k,\measuredangle O_1AO_2)} Q$, 由定理 7.3.2, P、B、Q 三点是共线的.

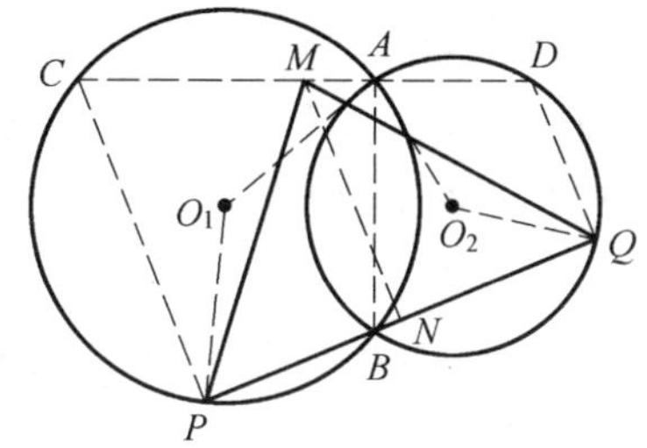

图 7.3.11

过点 A 作垂直于 AB 的割线分别交 $\odot O_1$ 与 $\odot O_2$ 与另一点 C、D, 则 $\angle QPC = \angle BAD = 90°$, $\angle DQP = \angle CAB = 90°$, 即有 $CP \perp PQ$, $DQ \perp PQ$. 于是, 设 M、N 分别为线段 CD 和 PQ 的中点, 则直线 MN 为 PQ 的垂直平分线, 所以, $MP = MQ$. 换句话说, 对于 CD 的中点 M(这是一个与动点 P、Q 无关的定点), 恒有 $MP = MQ$.

本题曾在第 5 章用轴反射变换给出过一个证明(例 5.8.4). 前后两个证明都涉及 P、B、Q 三点共线的问题, 而这是定理 7.3.2 的直接结果.

例 7.3.9 设两圆 Γ_1 与 Γ_2 交于 A、B 两点, 过 B 作一条割线分别与圆 Γ_1 和 Γ_2 交于 C、D, P 是线段 CD 上一点, E、F 分别为圆 Γ_1 和 Γ_2 上的点, 且 E、P 在 AC 的两侧, P、F 在 AD 的两侧, $EP \parallel AD$, $FP \parallel AC$. 求证: B、P、E、F 四点共圆. (第 34 届美国数学奥林匹克, 2005).

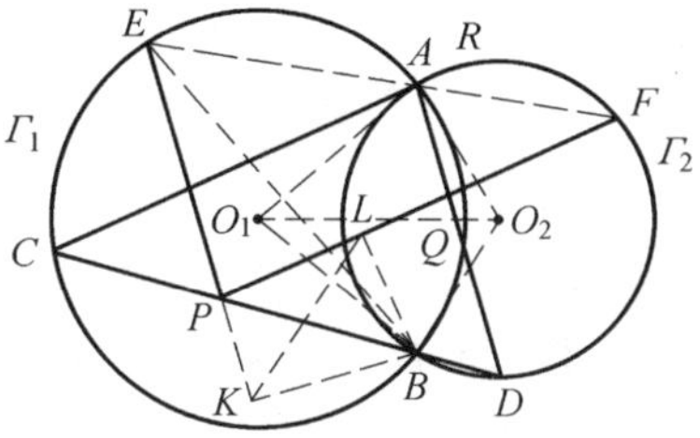

图 7.3.12

证明 如图 7.3.12 所示, 设圆 Γ_1 与 Γ_2 的圆心分别为 O_1、O_2. 不失一般性, 设点 P 在线段 CB 上. 因 $FP \parallel AC$, 所以, $\angle BPF = \angle BCA = \angle BEA$, 于是, B、P、E、F 四点共圆当且仅当 E、A、F 三点共线. 下面证明 E、A、F 三点共线.

事实上, 因 CD 是过两圆 Γ_1 与 Γ_2 的交点 B 的一条割线, 所以, $\triangle ACD \backsim \triangle AO_1O_2$. 而 $\triangle AO_1O_2 \cong \triangle BO_1O_2$, 因此, $\triangle ACD \backsim \triangle BO_1O_2$. 过点 B 分别作 PE、PF 的垂线, 设垂足分别为 K、L, 则 B、K、P、L 四点共圆, 于是由 $EP \parallel AD$, $FP \parallel AC$ 知

$$\angle BKL = \angle BPL = \angle DCA$$

$$\angle KLB = \angle KPB = \angle EPC = \angle ADC$$

所以, $\triangle BKL \backsim \triangle ACD$, 从而 $\triangle ACD \backsim \triangle BO_1O_2$.

设 $AD = k \cdot AC$, 作位似旋转变换 $S(B,k,\measuredangle O_1BO_2)$, 则圆 $\Gamma_1 \to$ 圆 Γ_2, $K \to L$. 因 $BK \perp EP$, $BL \perp FP$, 所以, 直线 $EP \to$ 直线 FP, 从而直线 EP 与圆 Γ_1 的交点 $\to$ 直线 FP 与圆 Γ_2 的交点. 再设直线 AD 与圆 Γ_1 交于另一点 Q, 直线 AC 与圆 Γ_2 交于另一点 R, 则圆 Γ_1 上的 $\overset{\frown}{CQ} \to$ 圆 Γ_2 上的 $\overset{\frown}{RD}$, 因而必有 $E \to F$. 故由定理 7.3.2 即知 E、A、F 三点共线.

注意到当 $A、B \xrightarrow{S(O,k,\theta)} A'、B'$ 时，如果设 $OB = k' \cdot OA$，则有 $A、A' \xrightarrow{S(O,k',\measuredangle AOB)} B、B'$. 将这种方法用于处理某些相交两圆问题,可以获得意想不到的效果.

例 7.3.10 在 $\triangle OAB$ 与 $\triangle OCD$ 中，$OA = OB$，$OC = OD$. 直线 AB 与 CD 交于点 P，$\triangle PAC$ 与 $\triangle PBD$ 的外接圆交于 $P、Q$ 两点. 求证：$OQ \perp PQ$.

证明 如图 7.3.13, 7.3.14 所示，以点 Q 为相似中心作位似旋转变换，使 $\odot(PAC) \to \odot(PBD)$，则 $A \to B$，$C \to D$，于是，以 Q 为相似中心作位似旋转变换，使 $A \to C$，则 $B \to D$. 设线段 $AB、CD$ 的中点分别为 $M、N$，则 $M \to N$，因而 $P、Q、M、N$ 四点共圆. 但过 $P、M、N$ 三点的圆以 OP 为直径，这说明点 Q 在以 OP 为直径的圆上. 故 $OQ \perp PQ$.

本题推广了第 26 届 IMO 的一道几何题 —— 即例 5.4.5.

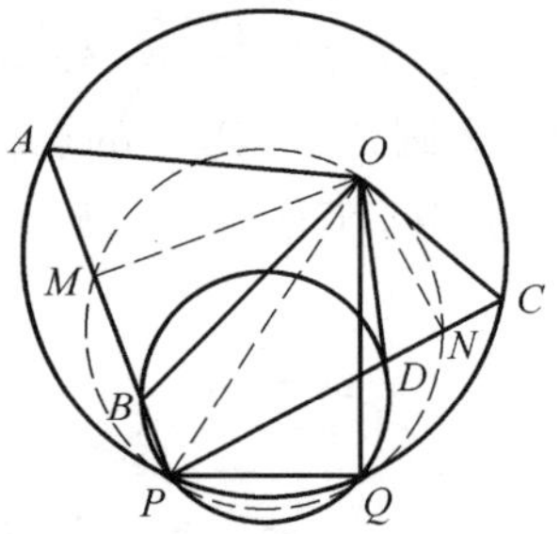

图 7.3.13

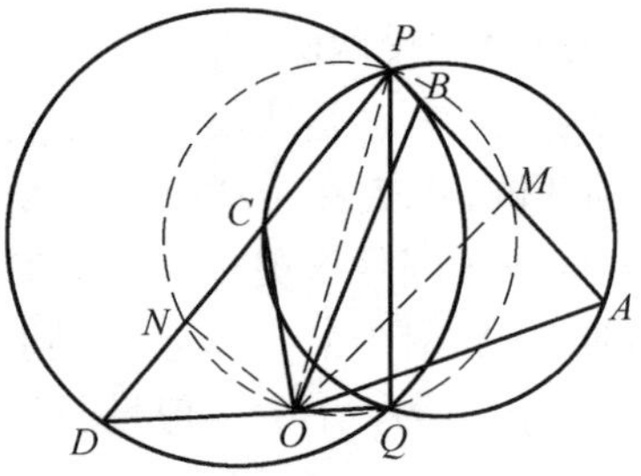

图 7.3.14

例 7.3.11 设 $\triangle OAB$ 与 $\triangle OCD$ 反向相似，直线 AB 与 CD 交于 P，$\odot(PAC)$ 与 $\odot(PBD)$ 交于 $P、Q$ 两点. 求证：$OQ \perp PQ$.

证明 如图 7.3.15 所示，设点 O 在直线 AB、CD 上的射影分别为 $E、F$. 因 $\triangle OAB$ 与 $\triangle OCD$ 反向相似，所以 $\triangle OEA$ 与 $\triangle OCF$ 也反向相似，且点 $F、C、D$ 的顺序与点 $E、A、B$ 的顺序相同，$\dfrac{EA}{AB} = \dfrac{FC}{CD}$. 以 Q 为相似中心作位似旋转变换，使 $\odot(PAC) \to \odot(PBD)$，则 $A \to B$，$C \to D$，于是，以 Q 为相似中心作位似旋转变换，使 $A \to C$，则 $B \to D$. 而 $\dfrac{EA}{AB} = \dfrac{FC}{CD}$，所以 $E \to F$，因此 $P、Q、F、E$ 四点共圆，但过 $P、E、F$ 三点的圆以 OP 为直径，这说明点 Q 在以 OP 为直径的圆上. 故 $OQ \perp PQ$.

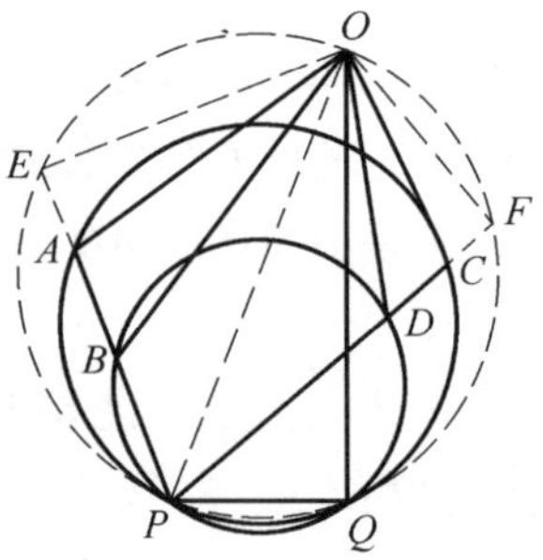

图 7.3.15

因为在不同两圆上的任意两点都可以作为这两圆的顺相似对应点，所以，两圆问题并不一定要相交才能用位似旋转变换进行尝试，不相交的两圆问题也可以考虑用位似变换处理．另外，相交两圆问题也不一定非得以它们的一个交点为相似中心作位似旋转变换，这要根据具体问题而定．

7.4　等角线及其他与位似旋转变换

如果 OY 是 OX 关于 $\angle AOB$ 的等角线，则在以 O 为位似旋转中心的位似旋转变换下，当直线 $OA \to$ 直线 OX 时，必有直线 $OY \to$ 直线 OB，所以，当直线 OA 上的点变到直线 OX 上时，直线 OY 上的点必变到直线 OB 上．因此，当一个平面几何问题含有等角线的条件时，我们是可以考虑用位似旋转变换处理的．

例 7.4.1　设 P 为 $\triangle ABC$ 所在平面上一点．证明：PA、PB、PC 分别关于 $\triangle ABC$ 的三顶角的等角线共点或互相平行．

本题曾在第 5 章用轴反射变换给出了一个证明（见例 5.8.7），但本题是一个典型的等角线问题，因而应该更适于用位似旋转变换处理．事实上也是如此．

证明　如图 7.4.1 所示，设 PB、PC 分别关于 $\triangle ABC$ 的顶角 B、C 的等角线交于一点 Q，$BC = k \cdot BP$，作位似旋转变换 $S(B, k, \measuredangle PBC)$，则 $P \to C$．设 $A \to A'$，则 A' 在直线 BQ 上，$\angle BA'C = \angle BAP$，且 $\angle AA'B = \angle PCB = \angle ACQ$，所以，$A'$、$A$、$Q$、$C$ 四点共圆，从而有 $\angle QAC = \angle QA'C = \angle BA'C = \angle BAP$，因此，$AQ$ 是 AP 关于 $\triangle ABC$ 的等角线．换句话说，此时 PA、PB、PC 分别关于 $\triangle ABC$ 的三顶角的等角线交于一点．

如图 7.4.2 所示，如果 PB、PC 分别关于 $\triangle ABC$ 的顶角 B、C 的等角线 BY、CZ 平行，则 $\angle ZCB + \angle CBY = 180°$．但 $\angle ZCB = \angle ACP$，$\angle CBY = \angle PBA$，所以，$\angle ACP + \angle PBA = 180°$，因此，$A$、$B$、$P$、$C$ 四点共圆，即点 P 在 $\triangle ABC$ 的外接圆上．于是，设 AX 是 AP 关于 $\angle BAC$ 的等角线，则有 $\angle XAC = \angle BAP = \angle BCP = \angle ZCA$，所以 $AX \parallel ZC$．因而此时 $AX \parallel BY \parallel CZ$．

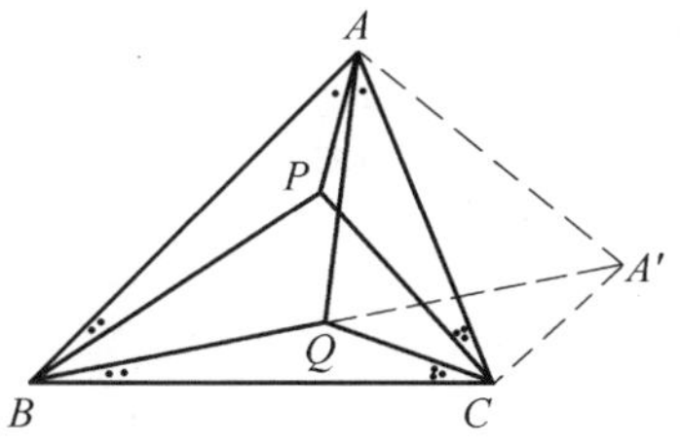

图 7.4.1

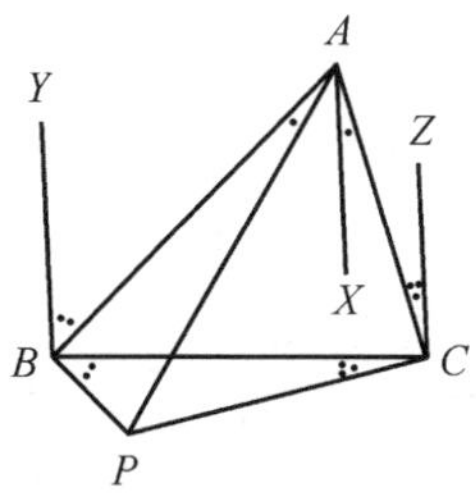

图 7.4.2

例 7.4.2 设 P、Q 是 $\triangle ABC$ 内部的两个等角共轭点，且 $\angle BPC = \angle CPA = \angle APB = 120°$. 求证:

$$QA \cdot QB \cdot QC \cdot (PA + PB + PC)^3 = (BC \cdot CA \cdot AB)^2$$

证明 如图 7.4.3 所示，设 $AC = k \cdot AQ$, $\measuredangle ADB = \theta$, 作位似旋转变换 $S(A, k, \theta)$, 则 $Q \to C$. 设 $B \to B'$, 则 B' 在直线 AP 上，且 $\angle B'BA = \angle CQA$, $\dfrac{AB'}{AB} = \dfrac{CA}{QA}$, 所以 $QA \cdot AB' = CA \cdot AB$.

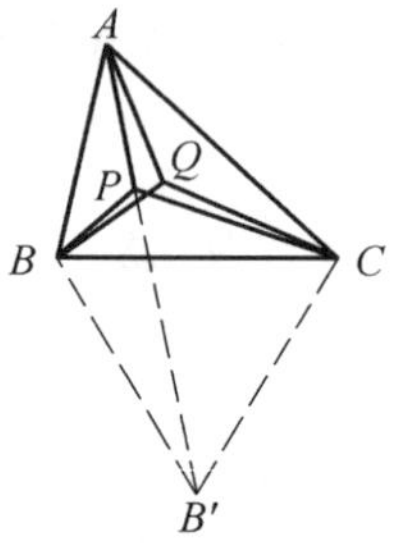

图 7.4.3

另一方面，因 $\angle BAP + \angle PCB + \angle CBA = \angle CPA = 120°$, 所以 $\angle QAC + \angle ACQ = \angle BAP + \angle PCB = 120° - \angle CBA$, 从而 $\angle CQA = 180° - (120° - \angle CBA) = 60° + \angle CBA$, 这说明 $\angle B'BC = 60°$, 且点 B' 在 $\triangle ABC$ 的外部. 又 $\triangle ACB' \backsim \triangle AQB$, 所以, $\angle ACB' = \angle AQB$, 因而同样有 $\angle BCB' = 60°$. 于是, $\triangle BB'C$ 是一个正三角形. 而条件 $\angle BPC = \angle CPA = \angle APB = 120°$ 说明，点 P 为 $\triangle ABC$ 的 Fermat 点. 由定理 4.3.1(2), $AB' = PA + PB + PC$. 这样便有 $QA \cdot (PA + PB + PC) = CA \cdot AB$. 同理

$$QB \cdot (PA + PB + PC) = AB \cdot BC$$
$$QC \cdot (PA + PB + PC) = BC \cdot CA$$

三式相乘即得欲证.

例 7.4.3 在凸四边形 $ABCD$ 中，对角线 BD 既不是平分 $\angle ABC$, 也不平分 $\angle CDA$, 点 P 在四边形的内部，且 $\angle PBC = \angle DBA$, $\angle PDC = \angle BDA$. 证明：四边形 $ABCD$ 内接于圆的充分必要条件是 $PA = PC$. (第 45 届 IMO, 2004)

本题也曾在第 5 章用轴反射变换给出过一个证明（见例 5.4.2），尽管在那里对于必要性的证明相当简单，但对于其充分性的证明来说，则颇费了一番工夫. 这里我们将其作为等角线问题用位似旋转变换给出它的一个不同的证明，并且使其充分性与必要性一并完成.

证明 如图 7.4.4 所示，设 $BD = k \cdot AD$, $\measuredangle ADB = \theta$, 作位似旋转变换 $S(D, k, \theta)$, 则 $A \to B$. 设 $P \to P'$, 则 $\triangle DAP \backsim \triangle DBP'$, 所以 $P'B = \dfrac{P'D}{PD} \cdot PA$. 又 $\angle DP'P = \angle DBA = \angle CBP$, 且 P' 在直线 CD 上，因此 P、B、P'、C 四点共圆. 设直线 DP 与这个圆的另一交点为 E, 则

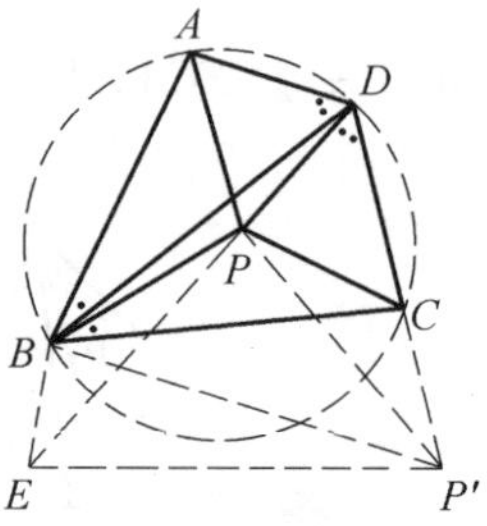

图 7.4.4

$$\angle EBP' = \angle EPP' = \angle PDP' + \angle DP'P = \angle ADB + \angle DBA = 180° - \angle BAD$$

而 $\triangle DPC \backsim \triangle DP'E$，所以，$P'E = \dfrac{P'D}{PD} \cdot PC$. 于是，再注意 $\angle P'EB = \angle DCB$ 即得 $PA = PC \Leftrightarrow P'B = P'E \Leftrightarrow \angle P'EB = \angle EBP' \Leftrightarrow \angle DCB = 180° - \angle BAD \Leftrightarrow$ 四边形 $ABCD$ 内接于圆.

例 7.4.4 设 D、E 是 $\triangle ABC$ 的边 BC 上两点，且 $\angle BAD = \angle EAC$. 证明

(1)(**Steiner 定理**) $\dfrac{AB^2}{AC^2} = \dfrac{BD \cdot BE}{DC \cdot EC}$.

(2) $AD \cdot AE = AB \cdot AC - \sqrt{BD \cdot BE \cdot DC \cdot EC}$.

证明 如图 7.4.5 所示，设 $AD = k \cdot AB$，作位似旋转变换 $S(A, k, \measuredangle BAD)$，则 $B \to D$. 设 $E \to E'$，则由 $\angle CEA > \angle CBA$ 知，E' 在边 AC 上，且

$$\frac{AB}{BD} = \frac{AE}{EE'}, \frac{AB}{BE} = \frac{AD}{DE'}, \frac{AE'}{AE} = \frac{AD}{AB}$$

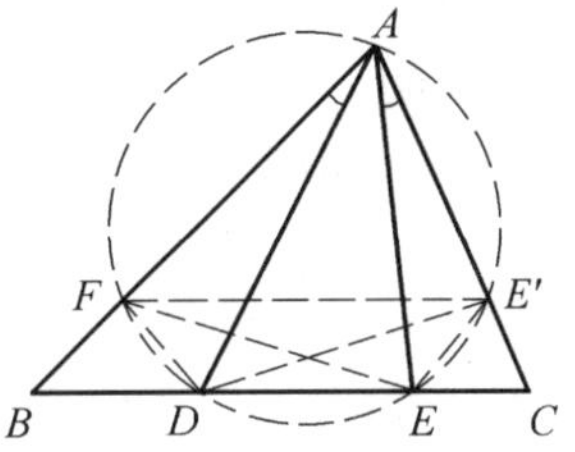

图 7.4.5

(1) 由 $\dfrac{AB}{BD} = \dfrac{AE}{EE'}, \dfrac{AB}{BE} = \dfrac{AD}{DE'}$，有

$$\frac{AB^2}{BD \cdot BE} = \frac{AD \cdot AE}{EE' \cdot DE'}$$

另一方面，由 $\angle AE'E = \angle ADB$ 知 A、D、E'、E 四点共圆. 于是，设过这四点的圆与边 AB 交于 F，则有 $\angle E'FA = \angle E'EA = \angle CBA$，所以，$FE' \parallel BC$. 由此不难知道 $\triangle AFD \backsim \triangle AEC$，$\triangle AFE \backsim \triangle ADC$，从而 $\dfrac{AD}{FD} = \dfrac{AC}{EC}, \dfrac{AE}{FE} = \dfrac{AC}{DC}$. 因此

$$\frac{AC^2}{DC \cdot EC} = \frac{AD \cdot AE}{FD \cdot FE}$$

但由 $FE' \parallel BC$ 可知，四边形 $FDEE'$ 为等腰梯形，所以 $EE' = FD$，$DE' = FE$. 这样便有

$$\frac{AB^2}{BD \cdot BE} = \frac{AD \cdot AE}{EE' \cdot DE'} = \frac{AD \cdot AE}{FD \cdot FE} = \frac{AC^2}{DC \cdot EC}$$

故
$$\frac{AB^2}{AC^2} = \frac{BD \cdot BE}{DC \cdot EC}$$

(2) 由 $\dfrac{AE'}{AE} = \dfrac{AD}{AB}$，有 $AB \cdot AE = AD \cdot AE$. 又 $\angle AE'E = \angle ADB$，所以，A、D、E、E' 四点共圆，由圆幂定理，$DC \cdot EC = AC \cdot E'C$. 由(1)可得

$$AB \cdot DC \cdot EC = AC \cdot \sqrt{BD \cdot BE \cdot DC \cdot EC}$$

因此，$AB \cdot E'C = \sqrt{BD \cdot BE \cdot DC \cdot EC}$. 这样便有

$$AB \cdot AC = AB \cdot AE + AB \cdot EC = AD \cdot AE + \sqrt{BD \cdot BE \cdot DC \cdot EC}$$

故
$$AD \cdot AE = AB \cdot AC \cdot \sqrt{BD \cdot BE \cdot DC \cdot EC}$$

Steiner 定理实际上在第 6 章已用位似变换给出了一个证明(见例 6.1.6 的必要性). 这里则是着眼于等角线用位似旋转变换给出的一个新的证明.

特别地,当 D、E 重合时,由本题的(2)即得如下定理.

Schooten 定理　设 ABC 的顶角 A 的平分线与边 BC 交于 D,则有

$$AD^2 = AB \cdot AC \cdot BD \cdot DC$$

反过来说,本题的(2)是 Schooten 定理的一个推广.

隐含了等角线的平面几何问题,当然也可以尝试用位似旋转变换处理.

例 7.4.5　设 $\triangle ABC$ 的顶角 A 的平分线交 BC 于 D,I_1、I_2 分别为 $\triangle ABD$、$\triangle ACD$ 的内心,以 I_1I_2 为底作顶角为 $\frac{1}{2}\angle BAC$ 的等腰 $\triangle EI_1I_2$,使 D、E 在直线 I_1I_2 的同侧.求证:$DE \perp BC$.

证明　如图 7.4.6 所示,设 I 为 $\triangle ABC$ 的内心,则 I 同时在直线 AD、BI_1、CI_2 上.$\angle DI_1I = \angle II_2D = 90° - \frac{1}{4}\angle BAC$.又 $\angle I_2EI_1 = \frac{1}{2}\angle BAC$,所以 $\angle EI_1I_2 = \angle I_1I_2E = 90° - \frac{1}{4}\angle BAC$,因此,$\angle EI_1I_2 = \angle DI_1I = \angle II_2D = \angle I_1I_2E$.于是,以 I_1 为相似中心作位似旋转变换,使 $E \to I_2$,设 $D \to D'$,则 D' 在射线 I_1I 上,且 $\angle I_1D'D = \angle I_1I_2E = \angle II_2D$,所以 D、I_2、I、D' 四点共圆,从而 $\angle I_2DI = \angle I_2D'I$.但 $\angle I_1DE = \angle I_1D'I_2$,$\angle I_1D'I_2 + \angle I_2D'I = 180°$,所以 $\angle I_2DI + \angle I_1DE = 180°$.于是,$\angle EDC + \angle CDI_2 + \angle IDI_1 = 180°$.又 $\angle CDI_2 + \angle IDI_1 = 90°$,因此 $\angle EDC = 90°$.故 $DE \perp BC$.

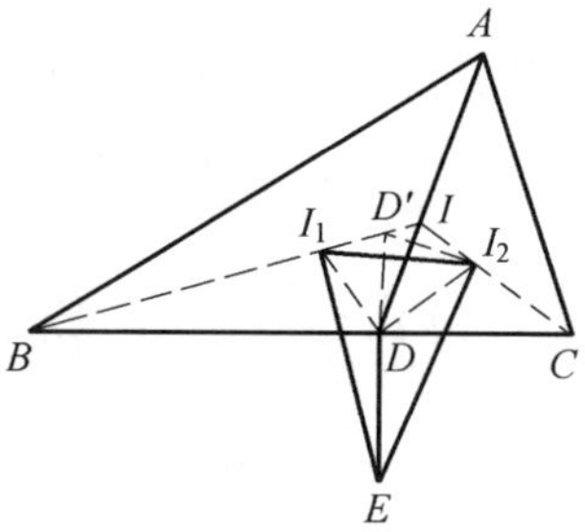

图 7.4.6

例 7.4.6　过锐角 $\triangle ABC$ 的顶点 C、B 作该三角形的外接圆的切线,它们分别与过点 A 的该三角形的外接圆的切线交于 P、Q,直线 BP 与 AC 交于 R,直线 CQ 与 AB 交于 S.设 M、N 分别为 BR、CS 的中点.求证:$\angle MCB = \angle CBN$.(罗马尼亚国家队选拔考试,2001)

证明　如图 7.4.7 所示,首先注意,设 K、L 分别为 CA、AB 的中点,则 BK、BP 为 $\angle CBA$ 的两条等角线,CL、CQ 为 $\angle ACB$ 的两条等角线(见习题 5 第 7 题).于是,设 $AB = k \cdot RB$,作位似旋转变换 $S(B, k, \measuredangle RBA)$,则 $R \to A$,$M \to L$.设 $C \to C'$,则 C' 在直线 BK 上,$\angle LC'B = \angle MCB$.又 $\angle BC'C = \angle BAR = \angle BAC$,所以 C' 在 $\triangle ABC$ 的外接圆上.这就是说,对于直线 BK 与 $\triangle ABC$ 的外接圆的另一交点 C',有 $\angle LC'B = \angle MCB$.同理,设直线 CL 与

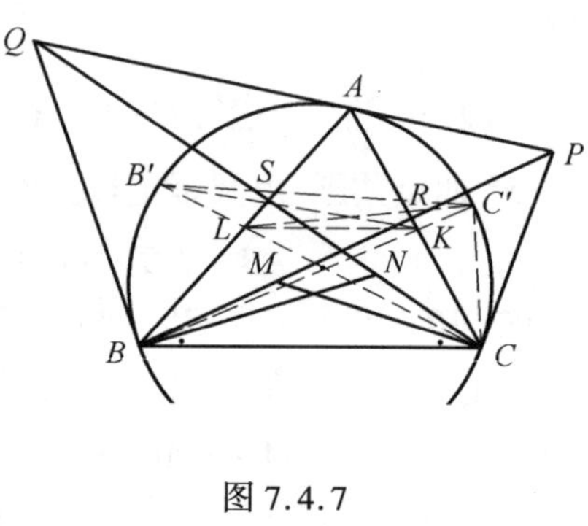

图 7.4.7

$\triangle ABC$ 的外接圆的另一交点 B'，则有 $\angle CB'K = \angle CBN$. 而 $LK \parallel BC$，所以 $\angle CB'C' = \angle CBC' = \angle CBK = \angle LKB$，因此，$B'$、$C'$、$K$、$L$ 四点共圆，从而有 $\angle LB'K = \angle LC'K$，即 $\angle CB'K = \angle LC'B$. 故 $\angle MCB = \angle CBN$.

因为角平分线是自等角线，所以，角平分线问题除了可以考虑轴反射变换外，还可以考虑位似旋转变换.

例 7.4.7 在 $\triangle ABC$ 中，$AB = AC$，CD 是角平分线，过 $\triangle ABC$ 的外心 O 作 CD 的垂线交 AC 于 E，过 E 作 CD 的平行线交 AB 于 F. 证明：$AE = FD$.（第22届俄罗斯数学奥林匹克，1996）

证明 如图 7.4.8，7.4.9 所示，设直线 OE 交 CD 于 L，AO 交底边 BC 于 M，交 CD 于 N，则 M 为 BC 的中点，$NM \perp MC$，再设 $CL = k \cdot CE$，作位似旋转变换 $S(C, k, \measuredangle ACD)$，则 $E \to L$，$N \to M$，所以 $\measuredangle MNC = \measuredangle LEC$，从而 E、O、L、C 四点共圆，因此，$\measuredangle NEC = \measuredangle NOC = \frac{1}{2} \measuredangle BOC = \measuredangle BAC$，从而 $EL \parallel AB$. 但 AM 平分 $\angle BAC$，于是 $\angle ENA = \angle BAN = \angle NAE$，所以 $AE = EN$.

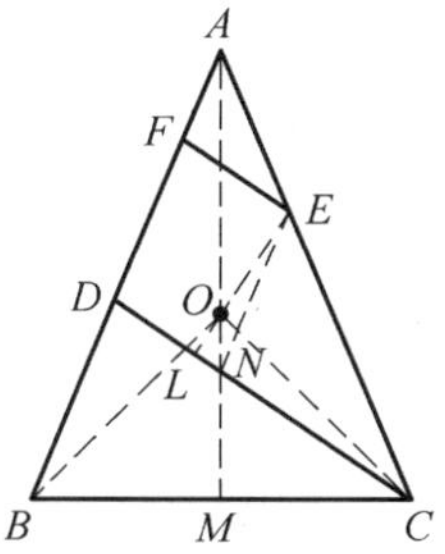

图 7.4.8

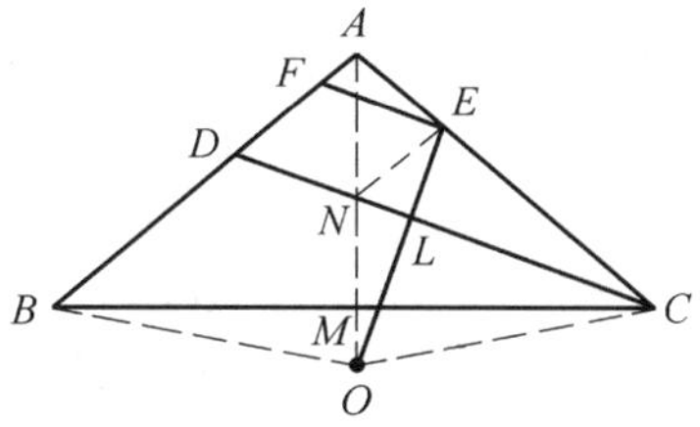

图 7.4.9

另一方面，因 $EL \parallel AB$，$EF \parallel CD$，所以，四边形 $EFDN$ 为平行四边形，于是，$EN = FD$. 故 $AE = FD$.

本题即例 3.4.1，那里是作为平行问题用平移变换给出的证明. 尽管两个证明都用到了 E、O、L、C 四点共圆，但这里作为角平分线问题用位似旋转变换给出的证明明显要简捷些.

例 7.4.8 在平行四边形 $ABCD$ 中，$AB \neq BC$，两对角线之比 $\frac{AC}{BD} = \lambda$，直线 AD 关于对角线 AC 对称的直线与直线 BC 关于直线对角线 BD 对称的直线交于点 P. 求比值 $\frac{AP}{PB}$.（第 16 届原全苏数学奥林匹克，1982）

解 如图 7.4.10 所示，设平行四边形 $ABCD$ 的两对角线 AC 与 BD 交于 O，则有 $\frac{AO}{BO} = \lambda$. 由假设，AO 平分 $\angle PAD$，BO 平分 $\angle CBP$. 设 $AO = k \cdot AD$，作位

似旋转变换 $S(A,k,\measuredangle DAO)$，则 $D\to O$. 设 $O\to O'$，则 O' 在射线 AP 上，且 $\frac{OO'}{DO}=\frac{AO}{AD}$，即 $\frac{OO'}{OB}=\frac{AO}{AD}$. 又 $\angle AOO'=\angle ADO=\angle AOB-\angle OAD$，而 $\angle AOO'=\angle AOB-\angle O'OB$，所以 $\angle O'OB=\angle OAD$. 于是 $\triangle O'OB\backsim\triangle OAD$，从而 $\angle OBO'=\angle ADO=\angle CBO$. 这说明 O' 也在射线 BP 上，因此 O' 与 P 重合，即有 $\triangle OPB\backsim\triangle APO\backsim\triangle AOD\backsim\triangle COB$. 所以 $AP\cdot AD=AO^2$，$BP\cdot BC=BO^2$. 但 $AD=BC$，故

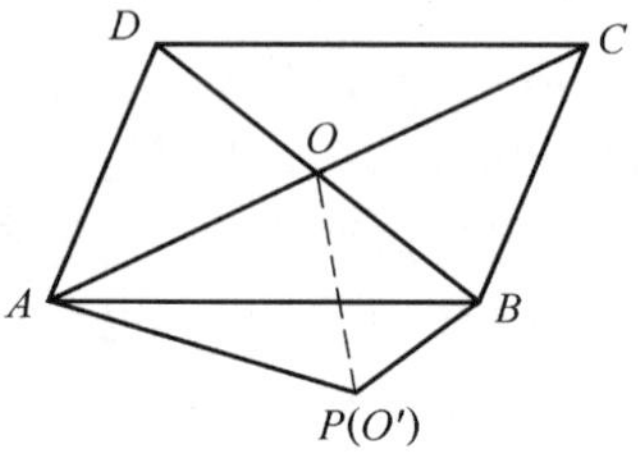

图 7.4.10

$$\frac{AP}{PB}=\frac{AO^2}{BO^2}=\lambda^2$$

由定理 2.3.7，对于两条既不平行也不共线的线段，存在一个位似旋转变换，使得其中一条线段是另一条线段的像. 因而如果问题中出现了两条线段，且每条线段上各有一点所分线段的分比相等，这时即可以考虑用位似旋转变换处理.

例 7.4.9 在四边形 $ABCD$ 中，$AB>CD$，M、N 分别为边 BC、AD 上的点，P、Q 分别为 BC、AD 延长线上的点，且

$$\frac{BM}{MC}=\frac{AN}{ND}=\frac{BP}{PC}=\frac{AQ}{QD}=\frac{AB}{CD}$$

求证：如果 $M\neq N$，$P\neq Q$，则 $PQ\perp MN$.

证明 如图 7.4.11，7.4.12 所示，因 $AB>CD$，所以 BC 与 AD 不可能平行且相等. 因而存在位似旋转变换 $S(O,k,\theta)$，使得 $BC\xrightarrow{S(O,k,\theta)}AD$. 由 $\frac{BM}{MC}=\frac{AN}{ND}=\frac{BP}{PC}=\frac{AQ}{QD}$ 知，$M\to N$，$P\to Q$. 所以 $\triangle OMN$ あ $\triangle OPQ$ あ $\triangle OBA$ あ $\triangle OCD$，从而 $\frac{OB}{OC}=\frac{AB}{CD}=\frac{BM}{MC}=\frac{BP}{PC}$. 于是，$OM$、$OP$ 分别为 $\angle BOC$ 的内角平分线与外角平分线，因此，$OM\perp OP$. 同理，$ON\perp OQ$. 又 $\triangle OMN$ あ $\triangle OPQ$，于是，设 $OP=k_1OM$，则有 $MN\xrightarrow{S(O,k_1,90^\circ)}PQ$. 故 $PQ\perp MN$.

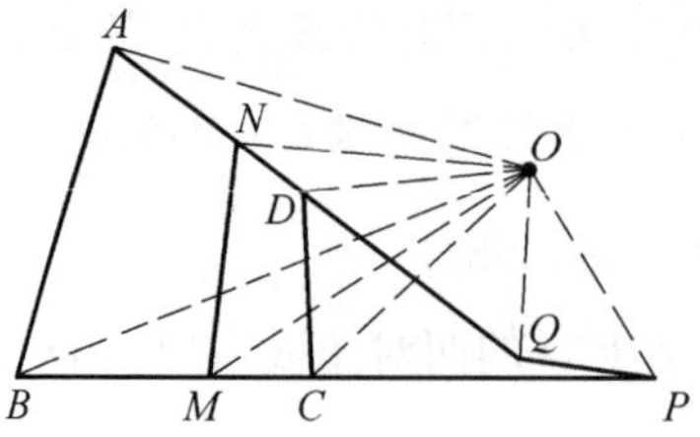

图 7.4.11

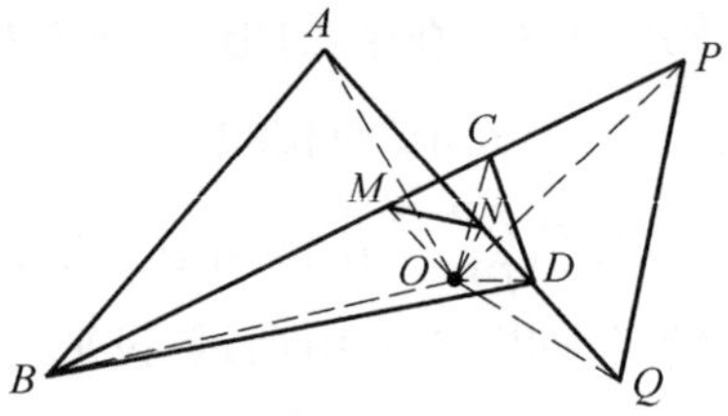

图 7.4.12

例 7.4.10 在四边形 $ABCD$ 中,P、Q 分别为边 BC、AD 上的点,且 $\frac{AQ}{QD}=\frac{BP}{PC}$. 直线 PQ 与直线 AB、CD 分别交于 E、F 两点.求证:$\triangle EAQ$、$\triangle EBP$、$\triangle FPC$、$\triangle FQD$ 的外接圆共点.(第 35 届美国数学奥林匹克,2006)

证明 如图 7.2.13 所示,由条件可知,$AD\neq BC$,因而由定理 2.3.7 存在一个位似旋转变换 $S(O,k,\theta)$,使得 $AD\to BC$,而 $\frac{AQ}{QD}=\frac{BP}{PC}$,所以 $Q\to P$.因直线 PQ 与 AB 交于 E,由定理 2.3.4,O、E、A、Q 四点共圆,O、E、B、P 四点共圆.又直线 PQ 与 CD 交于 F,再一次由定理 2.3.4,O、F、Q、D 四点共圆,O、F、P、C 四点共圆.这就是说,$\triangle EAQ$、$\triangle EBP$、$\triangle FPC$、$\triangle FQD$ 的外接圆都通过位似旋转中心 O.这就证明了所述四个三角形的外接圆共点.

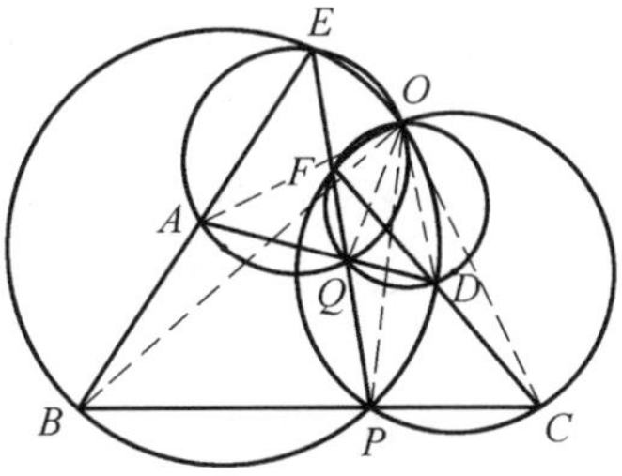

图 7.4.13

例 7.4.11 在凸四边形 $ABCD$ 中,$AB\nparallel CD$.动点 E、F 分别在边 AB、CD 上,满足条件 $\frac{AE}{EB}=\frac{CF}{FD}$.再设对角线 AC 与 BD 交于 P,直线 EF 与 AC、BD 分别交于 Q、R.求证:当 E、F 分别在 AB、CD 上变动时,所有 $\triangle PQR$ 的外接圆周除了点 P 外还有一个公共点.

证明 如图7.4.14所示,因 $AB\nparallel CD$,故由定理 2.3.7,存在一个位似旋转变换 $S(O,k,\theta)$,使得 $AB\to CD$,而 $\frac{AE}{EB}=\frac{CF}{FD}$,所以 $E\to F$,因此 $\triangle OEF\backsim\triangle OBD$,由此可知,$O$、$B$、$E$、$R$ 四点共圆,O、Q、F、C 四点共圆,于是,$\angle PQO=180^\circ-\angle OQC=180^\circ-\angle OFC=\angle DFO$,$\angle BRO=\angle BEO$.又因 $\triangle OBE\to\triangle ODF$,所以 $\angle BEO=\angle DFO$,因而 $\angle BRO=\angle PQO$,故 O、R、P、Q 四点共圆,这说明位似旋转中心 O 在 $\triangle PQR$ 的外接圆上.但 $AB\nparallel CD$,所以 $O\neq P$.即所有 $\triangle PQR$ 的外接圆周除了点 P 外还有一个公共点 O.

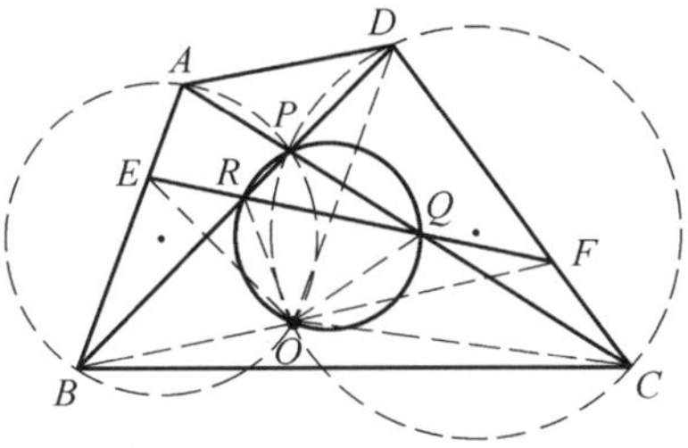

图 7.4.14

当 $AB=CD$ 时,本题为2005年在墨西哥举行的第46届IMO的一道平面几何试题.

例 7.4.12 设 K、M 是 $\triangle ABC$ 的边 AB 上的两点,L、N 是边 AC 上的两点,K 在 M、B 之间,L 在 N、C 之间,且 $\frac{BK}{KM}=\frac{CL}{LN}$. H_1、H_2、H_3 分别为 $\triangle ABC$、$\triangle AKL$、

$\triangle AMN$ 的垂心.求证:H_1、H_2、H_3 三点共线.(中国国家集训队测试,2006)

证明 如图7.4.15所示,因 $BM \not\parallel CN$ 相交于A,故由定理2.3.7,存在一个位似旋转变换 $S(O,k,\theta)$,使得 $BM \to CN$.而$\frac{BK}{KM}=\frac{CL}{LN}$,所以 $K \to L$.又 BM 与 CN 相交于 A,因此 O、A、B、C 四点共圆,O、A、M、N 四点共圆,O、A、K、L 四点共圆,换句话说,$\triangle ABC$、$\triangle AKL$、$\triangle AMN$ 的外接圆有两个公共点 O、A,因而 $\triangle ABC$、$\triangle AKL$、$\triangle AMN$ 的外心 O_1、O_2、O_3 在一直线上.

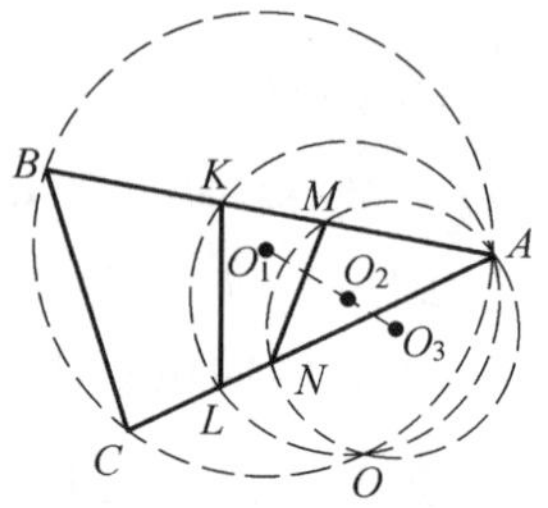

图 7.4.15

另一方面,设 $\triangle ABC$、$\triangle AKL$、$\triangle AMN$ 的重心分别为 G_1、G_2、G_3,M_1、M_2、M_3 分别为 AC、AL、AN 的中点(图7.4.16),则有

$$\frac{\overline{M_1M_2}}{\overline{M_2M_3}}=\frac{\overline{M_1A}-\overline{M_2A}}{\overline{M_2A}-\overline{M_3A}}=\frac{\overline{CA}-\overline{LA}}{\overline{LA}-\overline{NA}}=\frac{\overline{CL}}{\overline{LN}}=\frac{\overline{BK}}{\overline{KM}}$$

而 G_1、G_2、G_3 分别在线段 BM_1、KM_2、MM_3 上,且$\frac{\overline{BG_1}}{\overline{G_1M_1}}=\frac{\overline{KG_2}}{\overline{G_2M_2}}=\frac{\overline{MG_3}}{\overline{G_3M_3}}(=2)$,由推论2.5.5知,$G_1$、$G_2$、$G_3$ 三点共线.

又 H_1、H_2、H_3 分别为 $\triangle ABC$、$\triangle AKL$、$\triangle AMN$ 的垂心,由 Euler 定理(例6.2.1),O_1、G_1、H_1 三点共线,O_2、G_2、H_2 三点共线,O_3、G_3、H_3 三点共线(图7.4.17),且$\frac{\overline{O_1G_1}}{\overline{G_1H_1}}=\frac{\overline{O_2G_2}}{\overline{G_2H_2}}=\frac{\overline{O_3G_3}}{\overline{G_3H_3}}\left(=\frac{1}{2}\right)$.故再由推论2.5.5即知 H_1、H_2、H_3 三点共线.

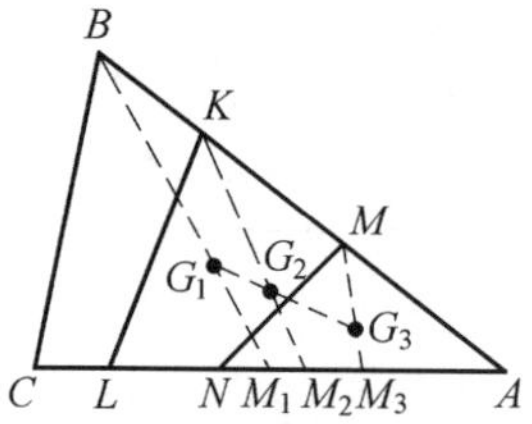

图 7.4.16

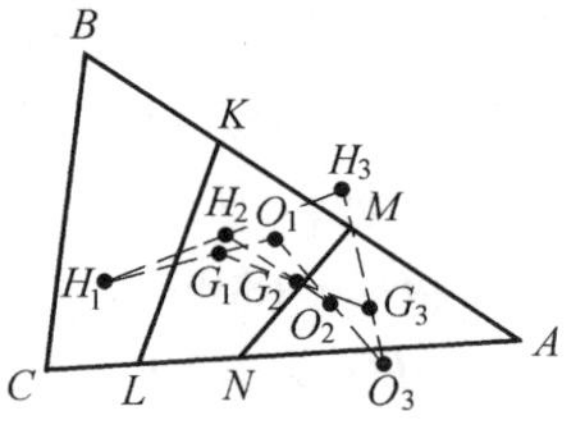

图 7.4.17

7.5 三角形的连接与位似旋转变换之积

第2章的定理2.3.5告诉我们,如果若干个位似旋转变换(包括位似变换与旋转变换)的位似系数之积等于1,且其旋转角之和是2π的整数倍,则这些位似旋转变换之积是一个平移变换;否则,这些位似旋转变换之积仍是一个位似旋

转变换,且积的位似系数等于各因子的位似系数之积,积的旋转角等于各因子的旋转角之和.

在4.6中,我们介绍了怎样利用旋转变换之积处理等腰三角形的连接问题.本节将说明,利用位似旋转变换之积则可以方便地处理一般三角形的连接问题.

对于结论是与平行有关的三角形的连接问题,往往涉及若干个位似旋转变换之积是平移变换的情形.

例7.5.1 设 D、E、F 是 $\triangle ABC$ 所在平面上的三点,且 $\triangle AEC$ 与 $\triangle BFA$ 同向相似.证明:$\triangle BPC$ 也与 $\triangle BFA$ 同向相似的充分必要条件是 D、E、A、F 四点构成一个平行四边形的四个顶点或线段 FD 与 AE 同向共线且相等.(必要性:第37届西班牙数学奥林匹克,2001)

证明 如图7.5.1,7.5.2所示,设 $AC = k \cdot AE$, $\measuredangle CAE = \theta$,则 $BF = k^{-1} \cdot BA$, $\measuredangle CAE = \theta$, 所以,$A \xrightarrow{S(A,k,-\theta)} A \xrightarrow{S(B,k^{-1},\theta)} F$, 即 $A \xrightarrow{S(B,k^{-1},\theta)S(A,k,-\theta)} F$.注意到 $k^{-1} \cdot k = 1$,$\theta - \theta = 0$,因此,存在向量 $\boldsymbol{v}$,使得 $S(B,k^{-1},\theta)S(A,k,-\theta) = T(\boldsymbol{v})$ 为一个平移变换.又 $E \xrightarrow{S(A,k,-\theta)} C$,于是,$\triangle BPC$ 与 $\triangle BFA$ 同向相似 $\Leftrightarrow C \xrightarrow{S(A,k,-\theta)} D \Leftrightarrow AE \xrightarrow{S(B,k^{-1},\theta)S(A,k,-\theta)} FD \Leftrightarrow AE \xrightarrow{T(\boldsymbol{v})} FD \Leftrightarrow \overrightarrow{FD} = \overrightarrow{AE} \Leftrightarrow D$、$E$、$A$、$F$ 四点构成一个平行四边形的四个顶点或线段 FD 与 AE 同向共线且相等.

无疑,例7.5.1是例4.3.3的更为一般的情形.

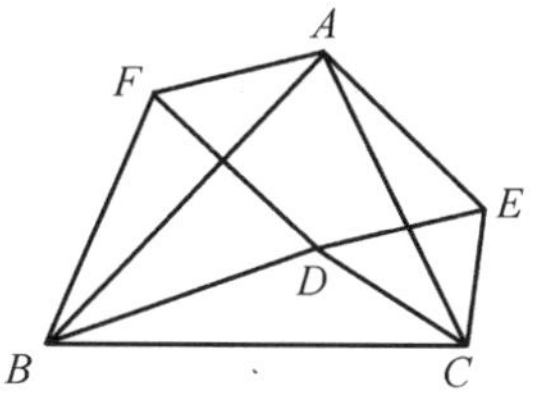

图7.5.1

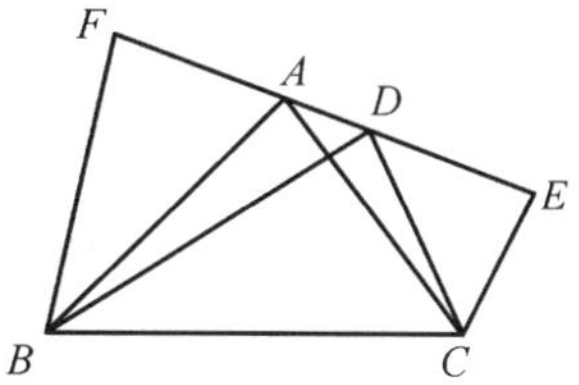

图7.5.2

例7.5.2 设 P、Q 分别为四边形 $ABCD$($AD \nparallel BC$)的边 AB 和 DC 上的点,且 $\frac{DQ}{QC} = \frac{AP}{PB}$.再分别以 AD、BC 为一边在形外作 $\triangle DEA$、$\triangle BFC$,使 $\angle DAE = \angle QPA$,$\angle FBC = \angle BPQ$.证明:如果 $\frac{AD}{AE} \cdot \frac{BF}{BC} = \frac{AP}{PB}$,则 $EF \parallel AB$.

证明 如图7.5.3所示,设 $\angle FBC = \angle BPQ = \alpha$,$\angle DAE = \angle QPA = \beta$,且 $BC = k_1 \cdot BF$,$DQ = k_2 \cdot QC$,$AE = k_3 \cdot AD$,则由条件所设,有

$$AP = k_2 \cdot PB, \alpha + \beta = 180°, k_1 k_2 k_3 = 1$$

设 $B \xrightarrow{H(Q,-k_2)} B' \xrightarrow{S(A,k_3,\beta)} B''$，注意 $B \xrightarrow{S(B,k_1,\alpha)} B$，$H(Q,-k_1)=S(Q,k_2,180^\circ)$，$k_1k_2k_3=1$，$\alpha+180^\circ+\beta=360^\circ$，由定理 2.3.5，有

$$S(A,k_3,\alpha)H(Q,-k_2)S(A,k_3,\alpha)=T(\overrightarrow{BB''})$$

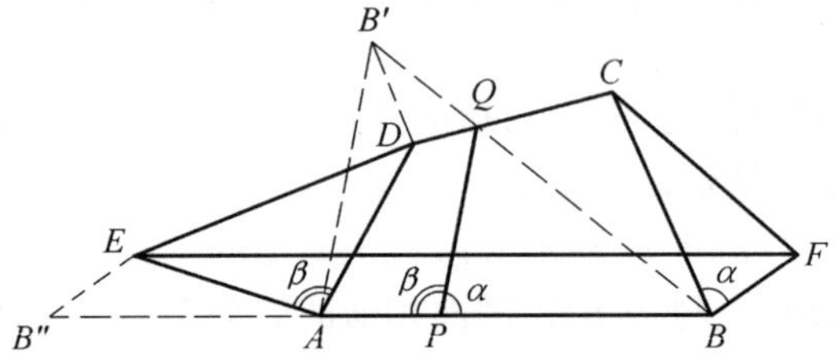

图 7.5.3

另一方面，因 $F \xrightarrow{S(B,k_1,\alpha)} C \xrightarrow{H(Q_1,-k_2)} D \xrightarrow{S(A,k_3,\beta)} E$，所以 $F \xrightarrow{T(\overrightarrow{BB''})} E$。但 $AD \nparallel BC$，所以 $PQ \nparallel BC$，于是 $\alpha+\angle CBP\neq 180^\circ$，从而 F 不在直线 AB 上，因此必有 $EF /\!/ B''B$。

又由 $B \xrightarrow{H(Q_1,-k_2)} B'$ 知 $B'Q=k_2\cdot QB$。因 $AP=k_2\cdot PB$，所以 $AB' /\!/ PQ$。再由 $B' \xrightarrow{S(A,k_3,\beta)} B''$ 知 $\measuredangle B'AB''=\beta=\measuredangle QPA$，于是 B'' 在直线 AP 上。故 $EF /\!/ AB$。

对于其他的一些三角形的连接问题，则常常涉及若干个位似旋转变换之积仍是位似旋转变换（包括位似变换和旋转变换）的情形。

例 7.5.3　在 $\triangle ABC$ 的形外作 $\triangle DBC$、$\triangle ECA$、$\triangle FAB$，使得 $FA=FB$，$EC=EA$，$\angle BFA=2\angle BCD$，$\angle AEC=2\angle DBC$。求证：$AD\perp EF$。再设 D 在 BC 上的射影为 K，则有 $\dfrac{AD}{EF}=\dfrac{2DK}{BC}$。（第 17 届伊朗数学奥林匹克，2000）

证明　如图 7.5.4 所示，设 $AC=k_1\cdot AE$，$\measuredangle EAC=\theta_1$，作位似旋转变换 $S(A,k_1,\theta_1)$，则 $E\to C$。设 $F\to F'$，则 $\triangle AFF'\backsim\triangle AEC$，所以 $\angle AFF'=\angle AEC$，且由 $EA=EC$ 有，$FA=FF'$。又 $FB=FA$，因此，F 为 $\triangle BF'A$ 的外心，从而

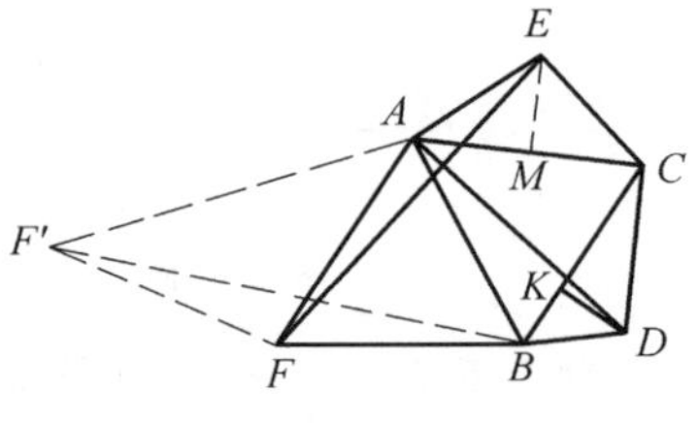

图 7.5.4

$$\angle ABF'=\frac{1}{2}\angle AFF'=\frac{1}{2}\angle AEC=\angle DBC$$

$$\angle BF'A=\frac{1}{2}\angle AFB=\angle BCD$$

所以，$\triangle AFA'\backsim\triangle AEC$。于是，设 $\measuredangle CBD=\theta_2$，$BD=k_2\cdot BC$，再作位似旋转变换 $S(B,k_2,\theta_2)$，则有 $C\to D$，$F'\to A$，从而 $EF \xrightarrow{S(A,k_2,\theta_2)S(B,k_1,\theta_1)} DA$。

另一方面,由 $EA = EC$ 知 $\theta_1 + \theta_2 = 90°$.因而存在点 O,使得

$$S(B,k_2,\theta_2)S(A,k_1,\theta_1) = S(O,k_1k_2,90°)$$

这样便有 $DA \xrightarrow{S(O,k_1k_2,90°)} EF$.故 $AD \perp EF$,且

$$\frac{AD}{EF} = k_1k_2 = \frac{AC}{AE} \cdot \frac{BD}{BC}$$

再设 M 是 AC 的中点.因 $AE = EC$,所以 $EM \perp AM$,且 $\angle AEC = 2\angle AEM$,因此 $\angle AEM = \angle DBK$,从而 $\text{Rt}\triangle AEM \backsim \text{Rt}\triangle DBK$,于是 $\frac{AM}{AE} = \frac{DK}{BD}$.故有

$$\frac{AD}{EF} = \frac{AC}{AE} \cdot \frac{BD}{BC} = \frac{2AM}{AE} \cdot \frac{BD}{BC} = \frac{2DK}{BC}$$

例7.5.4 分别以四边形 $ABCD$ 的边 AB、CD 为腰,B、C 为直角顶点向形外作等腰直角 $\triangle ABE$、$\triangle CDF$,再以 BC 为斜边向形外作等腰直角 $\triangle BKC$,M 为边 AD 上一点.求证:M 是 AD 的中点的充分必要条件是 $MK \perp EF$,且 $MK = \frac{1}{2}EF$.

本题即命题4.4.2.那里是作为等腰直角三角形问题用旋转变换证明的,但其间实际上还是用到了位似旋转变换.这里用位似旋转变换之积并结合命题4.6.3给出它的一个简短的证明.

证明 如图7.5.5所示,令 $k = \frac{\sqrt{2}}{2}$.显然

$$E \xrightarrow{S(A,k,45°)} B \xrightarrow{S(C,k,45°)} K$$

即

$$E \xrightarrow{S(C,k,45°)S(A,k,45°)} K$$

因 $k^2 = \frac{1}{2}$,$45° + 45° = 90°$,所以存在点 O,使得 $S(C,k,45°)S(A,k,45°) = S(O,90°)$, 所以, $E \xrightarrow{S(O,\frac{1}{2},90°)} K$. 设 $F \xrightarrow{S(A,k,45°)} F'$,则 $\triangle F'AF$ 是以 F 为直角顶点的等腰直角三角形.

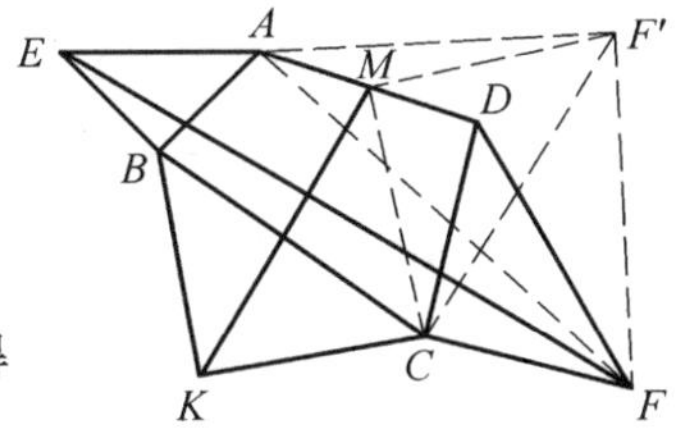

图7.5.5

由命题4.6.3,M 为 AD 的中点当且仅当 $\triangle F'MC$ 是以 M 为直角顶点的等腰直角三角形.于是,$MK \perp EF$,且 $MK = EF \Leftrightarrow F \xrightarrow{S(O,\frac{1}{2},90°)} M \Leftrightarrow F \xrightarrow{S(C,k,45°)} M \Leftrightarrow \triangle F'MC$ 是以 M 为直角顶点的等腰三角形 $\Leftrightarrow M$ 为 AD 的中点.

比较第4章对命题4.4.2的证明,我们看到,从位似旋转变换之积的角度来讲,这里的思路要自然得多.

例7.5.5 在 $\triangle ABC$ 的外部作 $\triangle PAB$ 与 $\triangle QAC$,使得 $AP = AB$,$AQ = AC$,且 $\angle PAB = \angle CAQ$.设 BQ 与 CP 交于 R,$\triangle BCR$ 的外心为 O.求证:$AO \perp PQ$.(中国国家队培训,2006)

证法 1　如图 7.5.6 所示，易知 $\triangle APC \cong \triangle ABQ$，所以，$\angle APR = \angle ABR$. 因此 A、P、B、R 四点共圆，从而 $\angle PRB = \angle PAB$. 于是 $\angle COB = 2\angle PRB = 2\angle PAB$. 设 $BC = k \cdot BO$，作位似旋转变换 $S(B,k,\measuredangle OBC)$，则 $O \to C$. 设 $A \to A'$，则 $\angle A'BA = \angle COB = 2\angle PAB$，所以，$\angle A'AP = \angle PAB = \angle CAQ$. 又由 $OC = OB$，有 $AA' = AB$. 于是，再作旋转变换 $R(A,\measuredangle PAB)$，则 $C \to Q$，$A' \to P$，从而 $AO \xrightarrow{R(A,\measuredangle PAB)S(B,k,\measuredangle OBC)} PQ$.

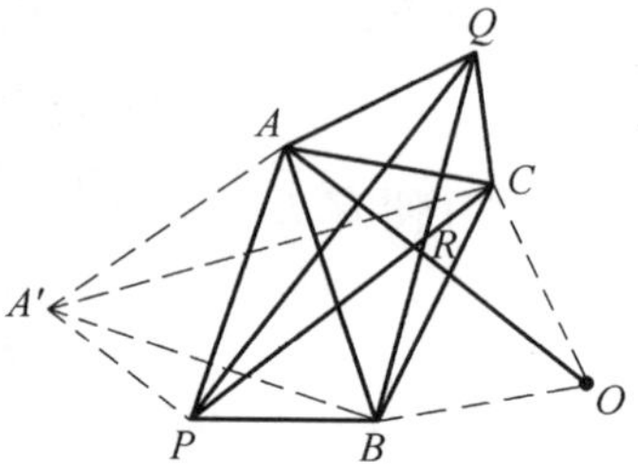

图 7.5.6

另一方面，由 $OB = OC$，$\angle BOC = 2\angle PAB$ 知 $\angle PAB + \angle OBC = 90°$，因此，存在点 O_1，使得 $R(A,\measuredangle PAB)S(B,k,\measuredangle OBC) = S(O_1,k,90°)$. 这说明在位似旋转变换 $S(O_1,k,90°)$ 下，有 $AO \to PQ$. 故 $AO \perp PQ$.

证法 2　如图 7.5.7 所示，同证法 1，有 $\angle BOC = 2\angle PRB = 2\angle PAB$. 设 M 为 BC 的中点，则 $OM \perp BC$，再分别过 B、C 作 AP、AQ 的垂线，垂足分别为 E、F，则

$$\triangle CFA \backsim \triangle CMO \cong \triangle BMO \backsim \triangle BEA$$

于是，设 $CF = k \cdot CQ$，$\measuredangle FCA = \measuredangle MCO = \measuredangle OBM = \measuredangle ABE = \theta$，则

$$M \xrightarrow{S(C,k,\theta)} O \xrightarrow{S(B,k^{-1},\theta)} M$$

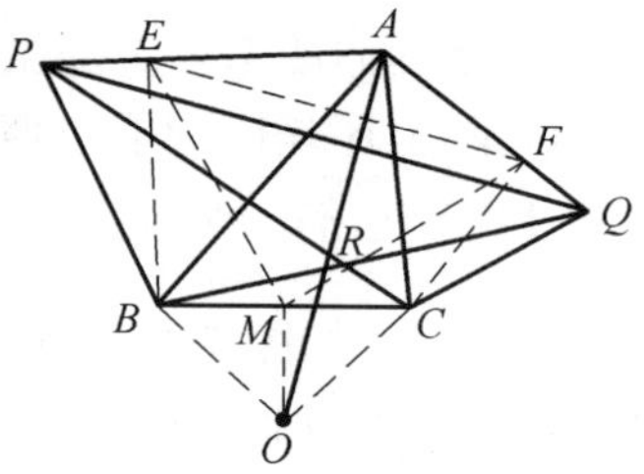

图 7.5.7

所以，$S(B,k^{-1},\theta)S(C,k,\theta) = S(M,1,2\theta) = R(M,2\theta)$. 而 $F \xrightarrow{S(C,k,\theta)} A \xrightarrow{S(B,k^{-1},\theta)} E$，因此，在旋转变换 $R(M,2\theta)$ 下，$F \to E$，所以 $ME = MF$，且 $\angle FME = 2\theta$. 因 OA 与等腰 $\triangle MEF$ 的两腰 ME、MF 的交角都等于 θ，所以 $OA \perp EF$.

另一方面，由 $\triangle CFA \backsim \triangle BEA$ 有，$\dfrac{AE}{AP} = \dfrac{AE}{AB} = \dfrac{AF}{AC} = \dfrac{AF}{AQ}$，所以 $EF \parallel PQ$，故 $OA \perp PQ$.

因为除了恒等变换外，位似旋转变换只有唯一的一个不动点 —— 位似旋转中心，所以，如果若干个位似旋转变换之积仍是一个位似旋转变换，则我们只要找到了这些变换之积的一个不动点，就确定了它的位似旋转中心. 证法 2 正是基于这一点.

例 7.5.6　设 O 是四边形 $ABCD$ 内部一点，分别以 AB、CD 为一边向形外作两个三角形 AEB、CFD，使得 $\angle EAB = \angle OAD$，$\angle ABE = \angle CBO$，$\angle CDF = \angle ADO$，$\angle FCD = \angle OCB$. 求证

(1)$\angle EOF = 180° - |\angle BOC - \angle DOA|$;

(2) $\dfrac{OE}{OF} = \dfrac{\sin\angle DFC}{\sin\angle BEA}$.

证明 如图7.5.8所示,设$CD = k_1 \cdot CF, OA = k_2 \cdot OD, BE = k_3 \cdot BA$, $\theta_1 = \measuredangle FCD, \theta_2 = \measuredangle DOA, \theta_3 = \measuredangle ABE, O \xrightarrow{S(C,k_1,\theta_1)} O' \xrightarrow{S(O,k_2,\theta_2)} O''$,则$O'$在直线$BC$上,且$\measuredangle CO'O = \measuredangle CDF = \measuredangle ADO$,所以,$O''$仍在直线$BC$上,且$\measuredangle OO''O' = \measuredangle OAD = \measuredangle EAB$.又$\measuredangle CBO = \theta_3$,因此,$O'' \xrightarrow{S(B,k_3,\theta_3)} O$,即点$O$通过这三个位似旋转变换之积不变.于是

$$S(B,k_3,\theta_3)S(O,k_2,\theta_2)S(C,k_1,\theta_1) = S(B,k_1k_2k_3,\theta_1+\theta_2+\theta_3)$$

另一方面,因$F \xrightarrow{S(C,k_1,\theta_1)} D \xrightarrow{S(O,k_2,\theta_2)} A \xrightarrow{S(B,k_3,\theta_3)} E$,所以,$F \xrightarrow{S(O,k_1k_2k_3,\theta_1+\theta_2+\theta_3)} E$,于是,$\measuredangle FOE = \theta_1+\theta_2+\theta_3$,且$OE = k_1k_2k_3 \cdot OF$.

又因$\theta_2 = \measuredangle DOA, \theta_1+\theta_3 = 180° - \measuredangle BOC$,所以,$\measuredangle EOF = 180° + \measuredangle DOA - \measuredangle BOC$或$\measuredangle EOF = 180° + \measuredangle BOC - \measuredangle DOA$.即

$$\angle EOF = 180° - |\angle BOC - \angle DOA|$$

这就证明了(1).

再设$\angle EAB = \angle OAD = \alpha, \angle CDF = \angle ADO = \beta$,则由正弦定理,有

$$\frac{OE}{OF} = k_1k_2k_3 = \frac{\sin\angle DFC}{\sin\beta} \cdot \frac{\sin\beta}{\sin\alpha} \cdot \frac{\sin\alpha}{\sin\angle BEA} = \frac{\sin\angle DFC}{\sin\angle BEA}$$

(2)也得证.

特别地,如果$\angle BOC = \angle DOA$,则E、O、F三点共线.反之亦真.进一步,如果$\angle BOC = \angle DOA, \angle DFC = \angle BEA$,则$E$、$O$、$F$三点共线,且$O$为$EF$的中点.

当$\triangle EBA$、$\triangle ODA$、$\triangle CFD$、$\triangle COB$都是以第一个顶点为直角顶点的同向等腰直角三角形时,则有$\angle EOF = 135°$,且$OF = \sqrt{2}OE$.

这便是上海市1994年高三数学竞赛试题(图7.5.9).

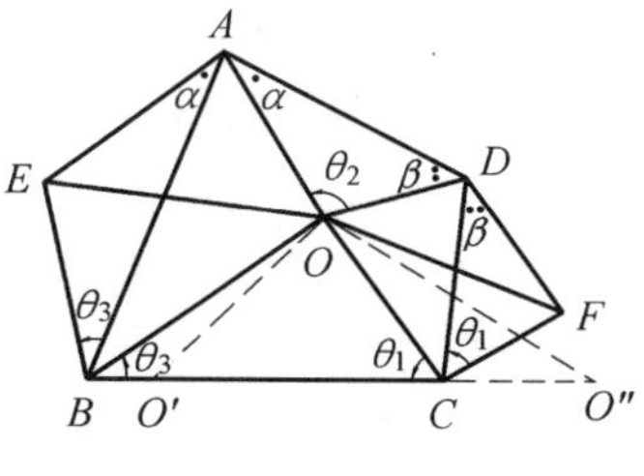

图7.5.8

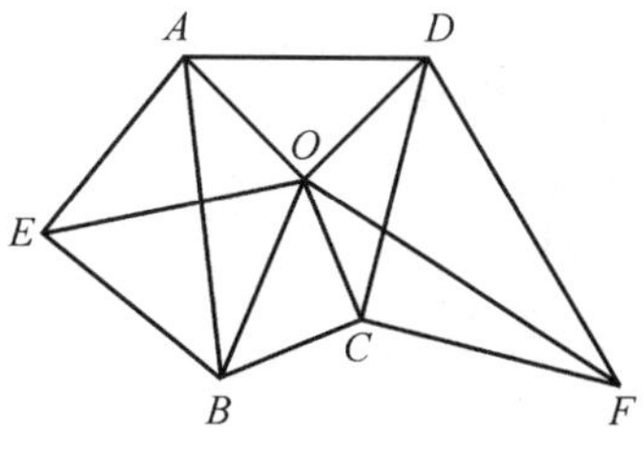

图7.5.9

我们从以上这些例子可以看到，用位似旋转变换之积处理三角形的连接问题确实是非常方便的，而且有的还从某种意义上来说，展示了问题的源头（如例 7.5.4）.

下面利用位似旋转变换之积给出关于三角形的连接的几个一般性结果.

定理 7.5.1 在任意 $\triangle ABC$ 的三边上作 $\triangle BDC$、$\triangle CEA$、$\triangle AFB$. 若

(1) $\dfrac{BD}{DC}\cdot\dfrac{CE}{EA}\cdot\dfrac{AF}{FB}=1$;

(2) $\measuredangle CDB+\measuredangle AEC+\measuredangle BFA=360°$.

则有 $\measuredangle EDF=\measuredangle ECA+\measuredangle ABF$, $\measuredangle FED=\measuredangle FAB+\measuredangle BCD$, $\measuredangle DFE=\measuredangle DBC+\measuredangle CAE$，且

$$\frac{ED}{DF}=\frac{EC}{CA}\cdot\frac{AB}{BF},\frac{FE}{ED}=\frac{FA}{AB}\cdot\frac{BC}{CD},\frac{DF}{FE}=\frac{DB}{BC}\cdot\frac{CA}{AB}$$

其中三角形可以是退化的.

证明 如图 7.5.10，7.5.11 所示，令

$$\theta_1=\measuredangle ECA,\theta_2=\measuredangle ABF,AC=k_1\cdot CE,BF=k_2\cdot AB$$

设 $D\xrightarrow{S(C,k_1,\theta_1)}D'$，则$\dfrac{DC}{DD'}=\dfrac{CE}{EA}$，$\measuredangle CDD'=\measuredangle CEA$.

由于$\dfrac{BD}{DC}\cdot\dfrac{CE}{EA}\cdot\dfrac{AF}{FB}=1$，$\dfrac{DC}{DD'}=\dfrac{CE}{EA}$，所以$\dfrac{DD'}{BD}=\dfrac{AF}{FB}$. 又

$$\measuredangle CDB+\measuredangle AEC+\measuredangle BFA=360°,\ \measuredangle CEA=\measuredangle CDD'$$

$$\measuredangle BDA+\measuredangle CDD'+\measuredangle D'DB=360°$$

所以 $\measuredangle D'DB=\measuredangle AFB$，因此 $\triangle D'DB$ ∽ $\triangle AFB$. 于是 $D'\xrightarrow{S(B,k_2,\theta_2)}D$. 从而有

$$S(B,k_2,\theta_2)S(C,k_1,\theta_1)=S(D,k_1k_2,\theta_1+\theta_2)$$

但 $E\xrightarrow{S(C,k_1,\theta_1)}A\xrightarrow{S(B,k_2,\theta_2)}F$，所以 $E\xrightarrow{S(D,k_1k_2,\theta_1+\theta_2)}F$，故

$$\measuredangle EDF=\theta_1+\theta_2=\measuredangle ECA+\measuredangle ABF,\frac{DF}{ED}=k_1k_2=\frac{AC}{EC}\cdot\frac{BF}{AB}$$

同理可以得出其余几个关系式.

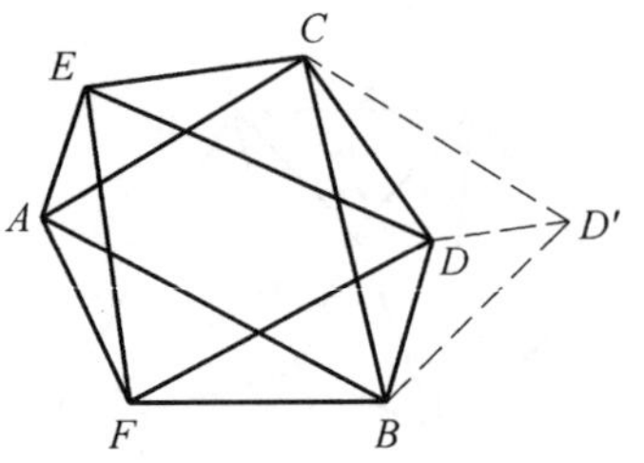

图 7.5.10

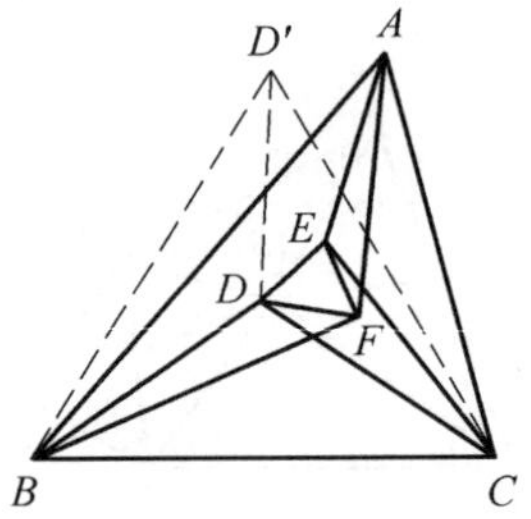

图 7.5.11

我们也可以用第 2 章的三相似定理(定理 2.5.6) 予以定理 7.5.1 的证明.

事实上如图7.5.12,7.5.13所示,作$\triangle AES \backsim \triangle BDC$,$\triangle TFA \backsim \triangle BDC$,则$\measuredangle AES = \measuredangle BDC$,于是由$\measuredangle CDB + \measuredangle AEC + \measuredangle BFA = 360°$,$\measuredangle SEA + \measuredangle AEC + \measuredangle CES = 360°$ 知,$\measuredangle CES = \measuredangle BFA$.

又由$\frac{BD}{DC} = \frac{AE}{ES}$,有$\frac{BD}{DC} \cdot \frac{CE}{EA} \cdot \frac{SE}{EC} = \frac{AE}{ES} \cdot \frac{CE}{EA} \cdot \frac{SE}{EC} = 1 = \frac{BD}{DC} \cdot \frac{CE}{EA} \cdot \frac{AF}{FB}$.因此$\frac{SE}{EC} = \frac{AF}{FB}$,所以,$\triangle SEC \backsim \triangle AFB$.同理,$\triangle BFT \backsim \triangle CEA$.于是$\triangle CSA \backsim \triangle BAT$.

又$\triangle AES \backsim \triangle BDC \backsim \triangle TFA$.由三相似定理,$\triangle DEF \backsim \triangle CSA$,所以

$$\measuredangle EDF = \measuredangle SCA = \measuredangle SCE + \measuredangle ECA = \measuredangle ECA + \measuredangle ABF$$

再注意$\frac{DE}{DF} = \frac{CS}{CA}$,$\frac{CS}{CE} = \frac{AB}{BF}$ 即得$\frac{DE}{CF} = \frac{CE}{CA} \cdot \frac{CS}{CE} = \frac{CE}{CA} \cdot \frac{AB}{AF}$.同理可证其余几个关系式.

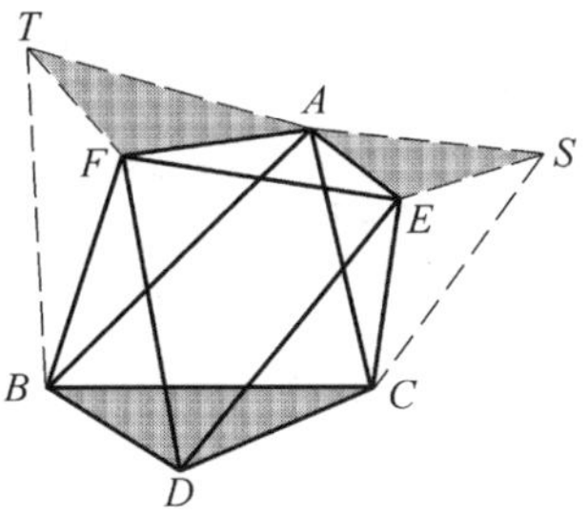

图 7.5.12

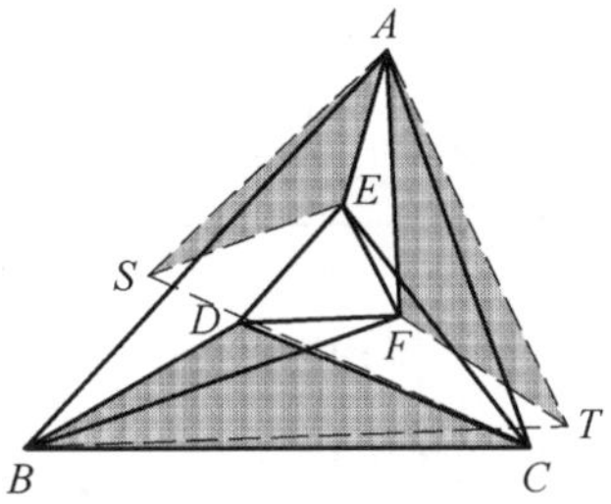

图 7.5.13

1999 年举行的第 50 届波兰数学奥林匹克和第 16 届伊朗数学奥林匹克同时出现了下面一道平面几何题:

在凸六边形 $ABCDEF$ 中,$\angle A + \angle C + \angle E = 360°$,且$\frac{AB}{BC} \cdot \frac{CD}{DE} \cdot \frac{EF}{FA} = 1$.求证:$\frac{AB}{BF} \cdot \frac{FD}{DE} \cdot \frac{EC}{CA} = 1$.

显然,这是定理 7.5.1 的部分结果.

推论 7.5.1 已知$\triangle ABC$ 和点 P,对任意三点 D、E、F,作三点 A_1、B_1、C_1,使$\triangle A_1FE \backsim \triangle PBC$,$\triangle B_1DF \backsim \triangle PCA$,$\triangle C_1ED \backsim \triangle PAB$,则$\triangle A_1B_1C_1 \backsim \triangle ABC$.

证明 如图 7.5.14 ~ 7.5.17 所示,由假设可知

$$\frac{EA_1}{A_1F} \cdot \frac{FB_1}{B_1D} \cdot \frac{DC_1}{C_1E} = \frac{PC}{PB} \cdot \frac{PA}{PC} \cdot \frac{PB}{PA} = 1$$

$$\measuredangle FA_1E + \measuredangle DB_1F + \measuredangle EC_1D = \measuredangle BPC + \measuredangle CPA + \measuredangle APB = 360°$$

于是由定理 7.5.1 即得

$$\measuredangle B_1A_1C_1 = \measuredangle B_1FD + \measuredangle DEC_1 = \measuredangle PAC + \measuredangle ABP = \measuredangle BAC$$

同理，$\measuredangle C_1B_1A_1 = \measuredangle CBA$，$\measuredangle A_1C_1B_1 = \measuredangle ACB$.故$\triangle A_1B_1C_1 \backsim \triangle ABC$.

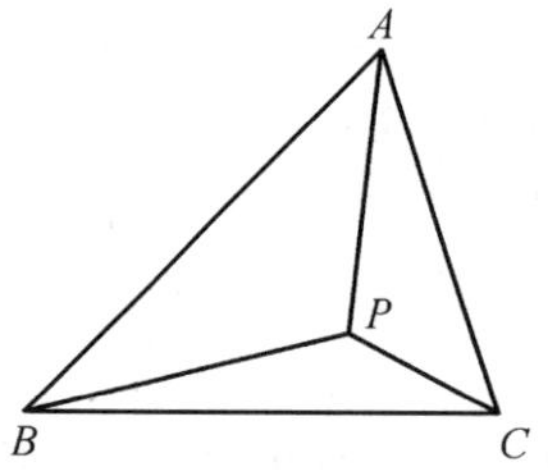

图 7.5.14

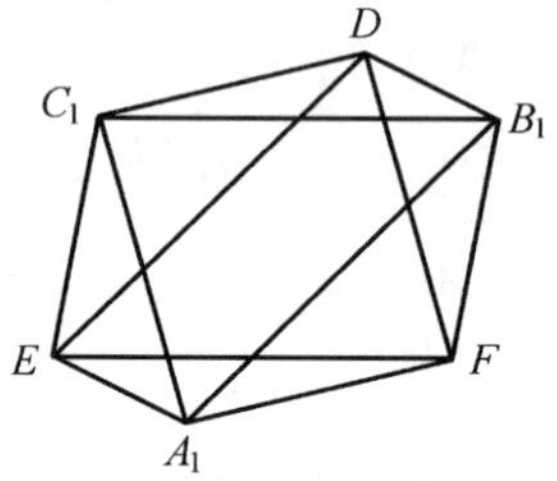

图 7.5.15

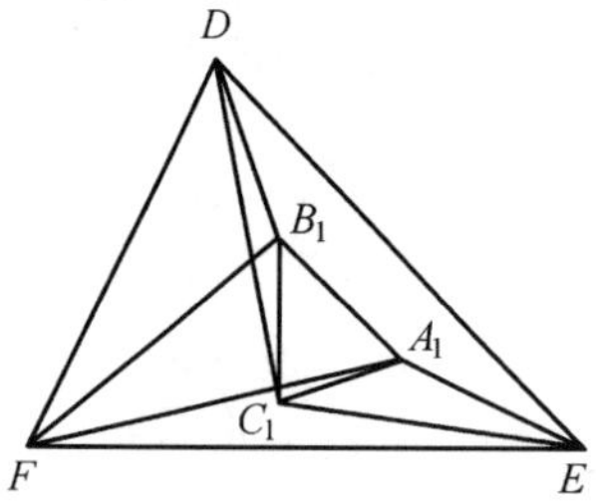

图 7.5.16

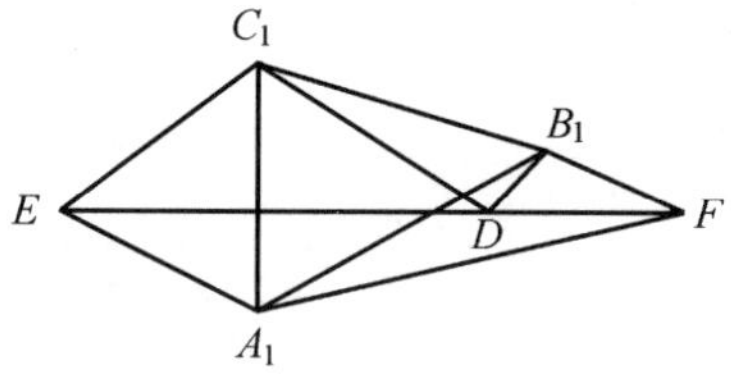

图 7.5.17

上述证明对点 P 在$\triangle ABC$的外部同样适用.并且当 A、B、C 在一直线上时也同样适用,即有(图 7.5.18,7.5.19) 如下推论.

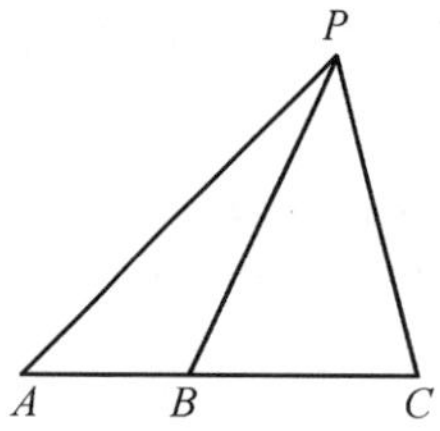

图 7.5.18

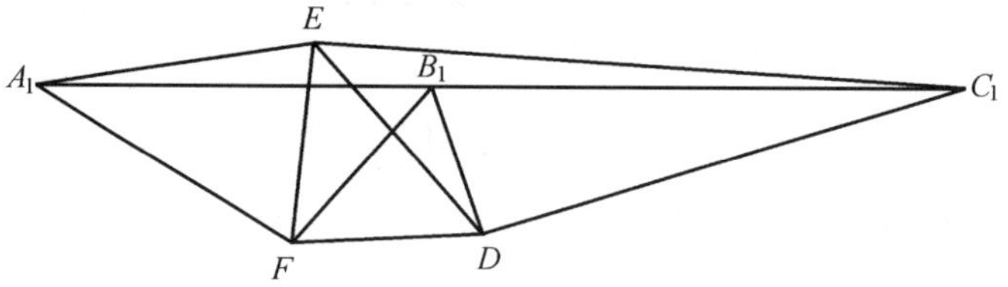

图 7.5.19

推论 7.5.2 设 A、B、C 是一直线上三点,P 是直线外任意一点,对任意三点 D、E、F,作$\triangle A_1FE \backsim \triangle PBC$,$\triangle B_1DF \backsim \triangle PCA$,$\triangle C_1ED \backsim \triangle PAB$,则 A_1、B_1、C_1 三点共线,且$\dfrac{\overline{A_1B_1}}{\overline{B_1C_1}} = \dfrac{\overline{AB}}{\overline{BC}}$.

推论 7.5.1 是由上海叶中豪先生首先提出的,它揭示了一种对三角形的形状的还原功能.

如果取一些特殊形状的三角形及三角形中的特殊点,则由推论 7.5.1 就能

由任意三角形得到一个相应的特殊形状的三角形.如:

(1) 取 $\triangle ABC$ 为正三角形, P 为其中心,则由推论 7.5.1 即得 Napoleon 定理(推论 4.3.1).

(2) 取 $\triangle ABC$ 是以顶点 A 为直角顶点的等腰直角三角形, P 为其内部一点,使得 $\angle CBP = \angle PCB = 15°$,则有 $\angle PBA = \angle ACP = 30°$, $\angle BAP = \angle PAC = 45°$,于是,由推论 7.5.1 即得第 17 届 IMO 的那道平面几何题(命题 4.5.1)

(3) 取 P 为等腰直角三角形的斜边的中点,则得到 1987 年全国高中数学联赛那道平面几何题(例 4.4.13).

一般地,取 $\triangle ABC$ 是顶角为 2α 的等腰三角形, P 为其底边 BC 的垂直平分线上一点, $\measuredangle PBA = \beta$, $\measuredangle CBP = \gamma$,则由推论 7.5.1 便可立即得到例 4.5.9.

例 7.5.7 已知凸五边形 $ABCDE$ 中, $CD = DE$, $\angle DCB = \angle DEA = 90°$,点 F 是线段 AB 上一点,且.求证: $\angle ECF = \angle EDA$, $\angle FEC = \angle BDC$.(第 48 届波兰数学奥林匹克,1997)

证明 如图 7.5.20 所示,因 $CD = DE$,所以 $\frac{AF}{FB} \cdot \frac{BC}{CD} \cdot \frac{DE}{EA} = 1$.又 $\angle DCB = \angle DEA = 90°$,而 F 是线段 AB 上,因此有 $\angle BFA + \angle DCB + \angle AED = 180° + 90° + 90° = 360°$.于是由定理 7.5.1 即知

$$\angle ECF = \angle EDA + \angle ABF = \angle EDA$$

$$\angle FEC = \angle FAB + \angle BDC = \angle BDC$$

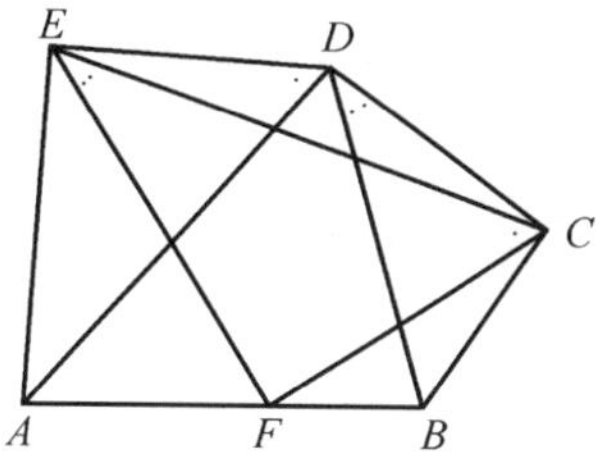

图 7.5.20

例 7.5.8 设 $ABCD$ 是一个凸四边形, AB 的垂直平分线与 CD 的垂直平分线交于 Y, X 是四边形内部一点,且 $\angle ADX = \angle XCB < 90°$, $\angle XAD = \angle CBX < 90°$.证明: $\angle AYB = 2\angle ADX$.(第 41 届 IMO 预选,2000)

证明 如图 7.5.21 所示,因 $ABCD$ 是一个凸四边形,且 $\angle XAD = \angle CBX < 90°$,所以,在四边形 $ABCD$ 内部存在点 Y,使 $\angle CYD = 2\angle XAD$,且 $YC = YD$.

由条件可知, $\triangle AXD \backsim \triangle BXC$.而 $YC = YD$.所以 $\frac{CY}{YD} \cdot \frac{DA}{AX} \cdot \frac{XB}{BC} = 1$.又由 $\angle CYD = 2\angle XAD$, $\angle XAD = \angle CBX$ 知 $\angle DYC + \angle XAD + \angle CBX = 360°$,其中 $\angle DYC$ 取优角①(即 $\angle DYC = 360° - \angle CYD$).于是由定理 2 即知 $\angle AYB = \angle ADX + \angle XCB = 2\angle ADX$,且 $\frac{AY}{YB} = \frac{AD}{DX} \cdot \frac{XC}{CB} = 1$,即 $YA = YB$.也

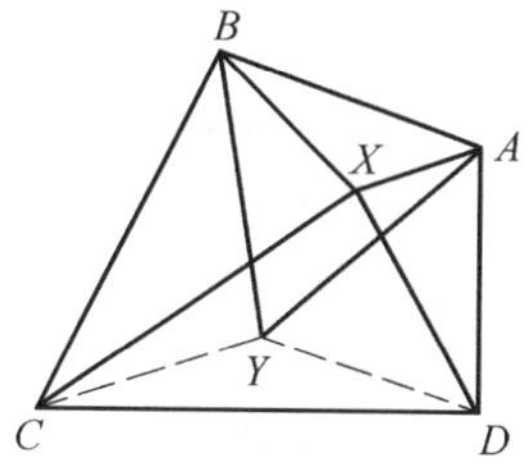

图 7.5.21

① 大于平角而小于周角的角称为优角.

就是说，点 Y 在 AB 的垂直平分线上，且 $\angle AYB = 2\angle ADX$.

在本题中，如果角的条件是"$\angle ADX = \angle XCB$，$\angle XAD = \angle CBX$"，则点 X、Y 有可能在四边形 $ABCD$ 外部. 但结论照样成立. 实际上，我们有如下更一般的结果(证明完全相仿)：

命题 7.5.1 设 $\triangle OAB$ 与 $\triangle OCD$ 反向相似，AC 的垂直平分线与 CD 的垂直平分线交于 P，则有 $\measuredangle CPA = 2\measuredangle BAO$，$\measuredangle BPD = 2\measuredangle OBP$.

例 7.5.9 在 $\triangle ABC$ 的周围任意作三个三角形 DBC、ECA、FAB，其顶点 D、E、F 两两不重合. 再作 $\triangle A'FE$ あ $\triangle DBC$，$\triangle B'DF$ あ $\triangle ECA$，$\triangle C'ED$ あ $\triangle FAB$. 求证：$\triangle A'B'C'$ あ $\triangle ABC$.

证明 如图 7.5.22 所示，作 $\triangle DBG$ あ $\triangle DCE$，再作 $\triangle EFH$ あ $\triangle GFB$，则易知

$$\frac{CE}{EH}\cdot\frac{HF}{FB}\cdot\frac{BD}{DC}=1$$

$$\measuredangle HEC+\measuredangle BFH+\measuredangle CDB=360^\circ$$

于是，由定理 7.5.1，有

$$\measuredangle EFD=\measuredangle BCD+\measuredangle FHB,\quad \frac{DE}{EF}=\frac{BH}{FH}\cdot\frac{DC}{BC}$$

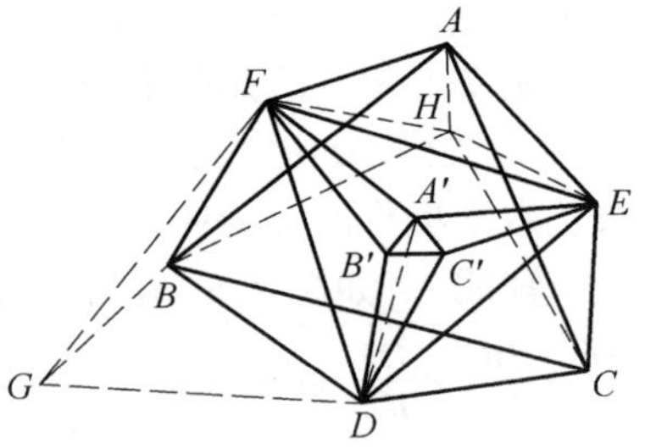

图 7.5.22

因此，由 $\triangle A'FE$ あ $\triangle DBC$，有

$$\measuredangle AED=\measuredangle FED-\measuredangle FEA=FED-\measuredangle BCD=\measuredangle FHB$$

$$\frac{A'E}{DE}=\frac{A'E}{EF}\cdot\frac{EF}{DE}=\frac{DC}{BC}\cdot\frac{FH}{BH}\cdot\frac{BC}{DC}=\frac{FH}{BH}$$

所以，$\triangle A'ED$ あ $\triangle FHB$，从而 $\measuredangle HBF=\measuredangle EDA'$. 再由 $\triangle C'ED$ あ $\triangle FAB$ 即得

$$\measuredangle HBA=\measuredangle HBF-\measuredangle ABF=\measuredangle EDA'-\measuredangle EDC'=\measuredangle C'DA'$$

$$\frac{A'D}{DC'}=\frac{A'D}{DE}\cdot\frac{DE}{DC'}=\frac{FB}{BH}\cdot\frac{BA}{BF}=\frac{BA}{BH}$$

所以，$\triangle A'DC'$ あ $\triangle ABH$，$\measuredangle DA'C'=\measuredangle BAH$. 同理，$\measuredangle B'A'D=\measuredangle HAC$. 于是

$$\measuredangle B'A'C'=\measuredangle B'A'D+\measuredangle DA'C'=\measuredangle BAH+\measuredangle HAC=\measuredangle BAC.$$

同理，$\measuredangle C'B'A'=\measuredangle CBA$，$\measuredangle A'C'B'=\measuredangle ACB$. 故 $\triangle A'B'C'$ あ $\triangle ABC$.

这个优美的结果是叶中豪先生提供给《数学通讯》的一道征解题，刊登在该刊 1992 年第 12 期上. 这里巧妙地运用了定理 7.5.1，使得整个证明显得非常流畅.

特别地，当 $\triangle ABC$ 退化成三个顶点在一条直线上时(图 7.5.23)，我们有

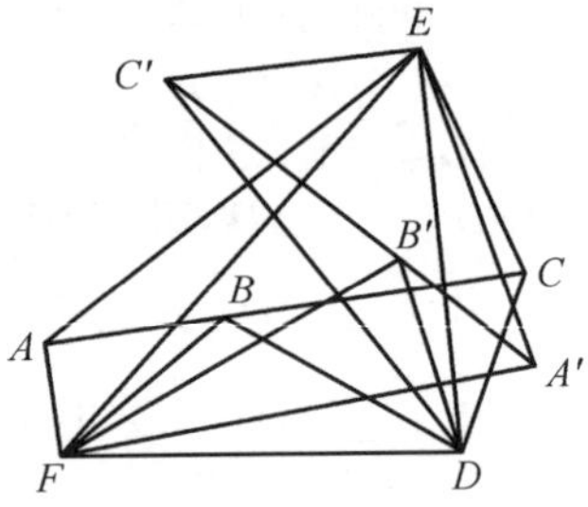

图 7.5.23

命题 7.5.3 设 A、B、C 是共线三点，任意作三个三角形 DBC、ECA、FAB，其顶点 D、E、F 两两

不重合.再作 $\triangle A'FE$ あ $\triangle DBC$,$\triangle B'DF$ あ $\triangle ECA$,$\triangle C'ED$ あ $\triangle FAB$.则 A'、B'、C' 三点亦共线,且$\dfrac{\overline{A'B'}}{\overline{B'C'}}=\dfrac{\overline{AB}}{\overline{BC}}$.

下面的定理 7.5.2 也是叶中豪先生首先提出的.

定理 7.5.2 设 O 为平行四边形 $KLMN$ 所在平面上一点,A、B、C、D 是平面上任意四点.作 $\triangle PAB$ あ $\triangle ONM$,$\triangle QCD$ あ $\triangle OLK$,$\triangle RBC$ あ $\triangle OKN$,$\triangle SDA$ あ $\triangle OML$.则有 $\measuredangle(PQ,RS)=\measuredangle MLK$,且$\dfrac{PQ}{RS}=\dfrac{LM}{MN}$.

证明 如图 7.5.24,7.5.25 所示,作 $\triangle ECA$ あ $\triangle OMK$,易知$\dfrac{CE}{EA}\cdot\dfrac{AP}{PB}\cdot\dfrac{BR}{RC}=1$,且 $\measuredangle AEC+\measuredangle BPA+\measuredangle CRB=360°$.于是,由定理 2,有

$$\measuredangle PER=\measuredangle PAB+\measuredangle BCR,\frac{ER}{EP}=\frac{RC}{BC}\cdot\frac{AB}{AP}$$

又因 $\triangle PAB$ あ $\triangle ONM$,$\triangle RBC$ あ $\triangle OKN$,所以

$$\measuredangle PAB=\measuredangle ONM,\ \measuredangle BCD=\measuredangle KNO,\frac{RC}{BC}=\frac{ON}{KN},\frac{AB}{AP}=\frac{MN}{ON}$$

因此

$$\frac{ER}{EP}=\frac{ON}{KN}\cdot\frac{MN}{ON}=\frac{MN}{KN}=\frac{MN}{LM}$$

且

$$\measuredangle PER=\measuredangle ONM+\measuredangle KNO=\measuredangle KNM=\measuredangle MLK$$

同理,$\dfrac{ES}{EQ}=\dfrac{MN}{LM}$,$\measuredangle QES=\measuredangle MLK$.于是在位似旋转变换 $S\left(E,\dfrac{MN}{LM},\measuredangle MLK\right)$ 下,有 $PQ\to RS$.故 $\measuredangle(PQ,RS)=\measuredangle MLK$,且$\dfrac{RS}{PQ}=\dfrac{MN}{LM}$.

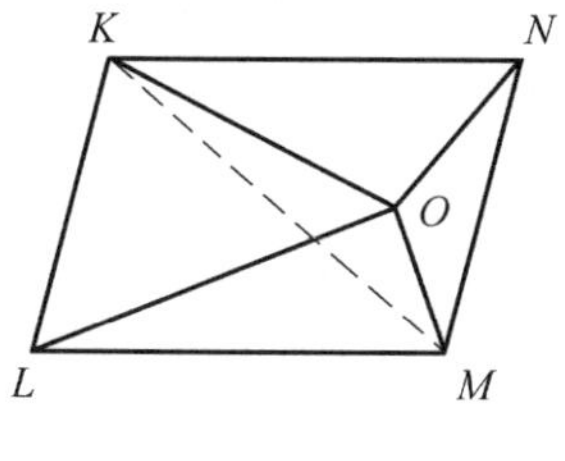

图 7.5.24

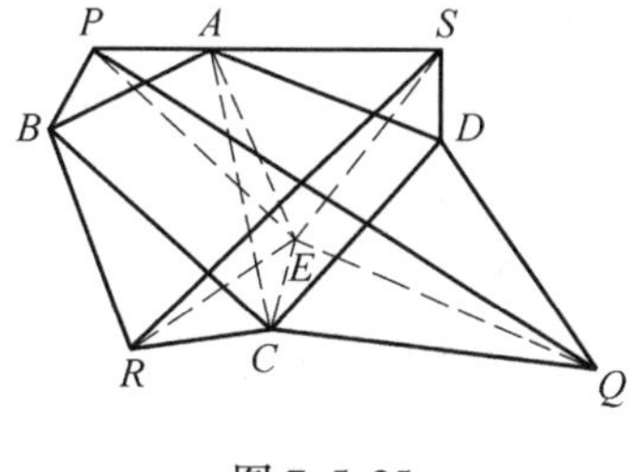

图 7.5.25

如果取一些特殊的平行四边形 $KLMN$ 及与平行四边形有关的一些特殊点 O,则四个三角形 ONM、OLK、OKN、OML 的形状就相应的确定,于是由定理 7.5.2 就能得到一个相应的命题.如:

(1) 取平行四边形 $KLMN$ 为正方形,O 是正方形的中心,则由定理 7.5.2 即得 Von Aubel 定理(例 4.6.4).

(2) 取平行四边形 $KLMN$ 为矩形，使 $LM = 2KL$，O 为边 LM 的中点，则由定理 7.5.2 即得例 4.6.10，亦即命题 4.4.2 与例 7.5.5 的必要性部分.

例 7.5.10 分别以任意四边形 $ABCD$ 的边 AB、CD 为边长向形外作正三角形 PAB、QCD，再分别以边 BC、DA 为底边向形外作顶角为 120° 的等腰三角形 RBC、SDA. 证明：$PQ \perp RS$，且 $PQ = \sqrt{3}RS$.

证明 如图 7.5.26，7.5.27 所示，作为矩形 $KLMN$，使 $LM = \sqrt{3}KL$，设 O 为矩形的中心，则 $\triangle OMN$、$\triangle OLK$ 皆为正三角形，且 $\triangle OKN$、$\triangle OML$ 都是以 O 为顶点的、顶角为 120° 的等腰三角形，所以 $\triangle PAB \backsim \triangle ONM$，$\triangle QCD \backsim \triangle OLK$，$\triangle RBC \backsim \triangle OKN$，$\triangle SDA \backsim \triangle OML$. 由定理 7.5.2 即得 $PQ \perp RS$，且 $PQ = \sqrt{3}RS$.

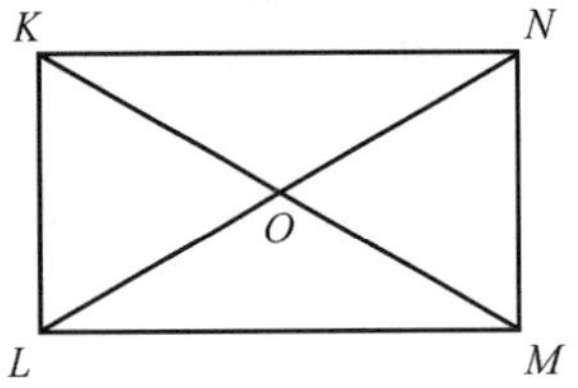

图 7.5.26

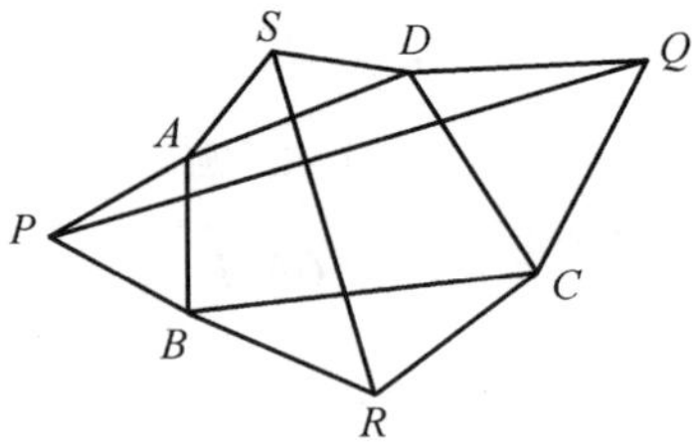

图 7.5.27

7.6 位似轴反射变换与几何证题

就目前的情况来看，位似轴反射变换的应用似乎尚不及其他几种几何变换. 但作为一种不可或缺的几何变换，应该有其广泛的用武之地. 实际上，对于梯形、圆内接四边形、等角线等问题都有可能用得上位似轴反射变换.

下面的讨论中，凡位似轴反射变换的反射轴均指内反射轴. 且所施位似轴反射变换一般只指明位似中心和一对对应点(此时反射轴已随之确定).

定理 2.4.1 说明，在位似轴反射变换下，当过位似中心的直线(非反射轴)上的两点 A、B 变为 A'、B' 时，$AA' \parallel BB'$. 此时，四边形 $ABB'A'$ 是梯形. 因而有些梯形问题也可以考虑用位似轴反射变换处理.

例 7.6.1 已知凸四边形 $ABCD$ 中，直线 CD 与以 AB 为直径的圆相切. 求证：当且仅当 $BC \parallel AD$ 时，直线 AB 与以 CD 为直径的圆相切.(第 25 届 IMO，1984)

证明 若 $AB \parallel CD$(图 7.6.1)，则显然有：

以 CD 为直径的圆与 AB 相切 $\Leftrightarrow CD = AB \Leftrightarrow ABCD$ 为平行四边形 $\Leftrightarrow BC \parallel$

AD;

若 $AB \nparallel CD$,则四边形 $ABCD$ 是梯形.设 AB 与 CD 相交于点 P(图 7.6.2),以 P 为位似中心作为轴反射变换,使 $A \to D$,则直线 $AD \to$ 直线 CD,直线 $CD \to$ 直线 AB.于是,$BC \parallel AD \Leftrightarrow B \to C \Leftrightarrow$ 以 AB 为直径的圆 $\to$ 以 CD 为直径的圆 $\Leftrightarrow$ 以 AB 为直径的圆的切线 $CD \to$ 以 CD 为直径的圆的切线 $AB \Leftrightarrow$ 以 CD 为直径的圆与直线 AB 相切.

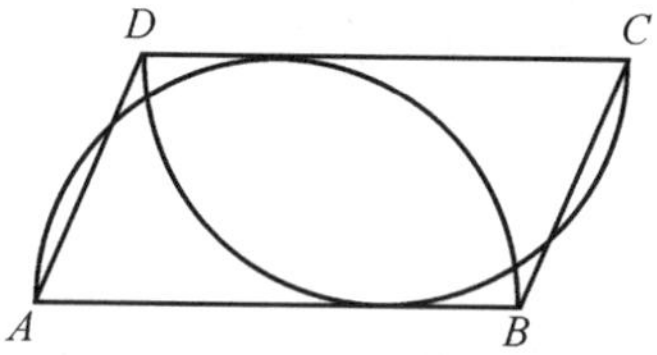

图 7.6.1

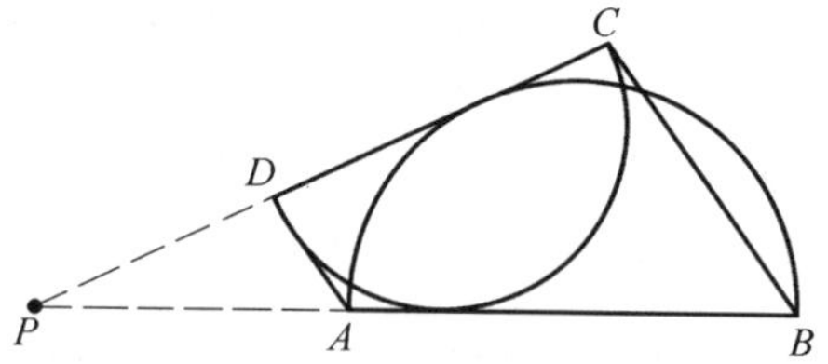

图 7.6.2

例 7.6.2 在凸四边形 $ABCD$ 中,$\odot O_1$ 过 A、B 且与边 CD 相切于 P,$\odot O_2$ 过 C、D 且与边 AB 相切于 Q,$\odot O_1$ 与 $\odot O_2$ 相交于 E、F 两点.求证:如果 $BC \parallel AD$,则 EF 平分线段 PQ.

证明 如果 $AB \parallel CD$,则四边形 $ABCD$ 是平行四边形.由于平行四边形是中心对称图形,因而此时结论显然成立.

如果 $AB \nparallel CD$,则四边形 $ABCD$ 是梯形(图 7.6.3).设 AB 与 CD 交于点 O.以点 O 为位似中心作位似轴反射变换,使 $A \to D$,则 $B \to C$,直线 $AB \to$ 直线 CD,直线 $CD \to$ 直线 AB.从而过 A、B 两点且与 CD 相切的圆过 C、D 两点且与 AB 相切的圆,即 $\odot O_1 \to \odot O_2$.因此,$\odot O_1$ 与 CD 的切点 $\to \odot O_2$ 与 AB 的切点,即 $P \to Q$.所以 A、Q、P、D 四点共圆,P、Q、B、C 四点共圆.于是 $\angle DPA = \angle DQA$,但 $\angle DQA = \angle DCQ$,所以 $\angle DPA = \angle DCQ$.这说明 $PA \parallel CQ$.同理,$PB \parallel DQ$.因三圆两两相交时,三公共弦共点或互相平行,而 PA 与 QD 相交,PB 与 QC 相交.于是,设 PA、QD、EF 共点于 R,PB、QC、EF 共点于 S,则四边形 $PRQS$ 为平行四边形,因此 PQ 与 RSN 互相平分.故 EF 平分 PQ.

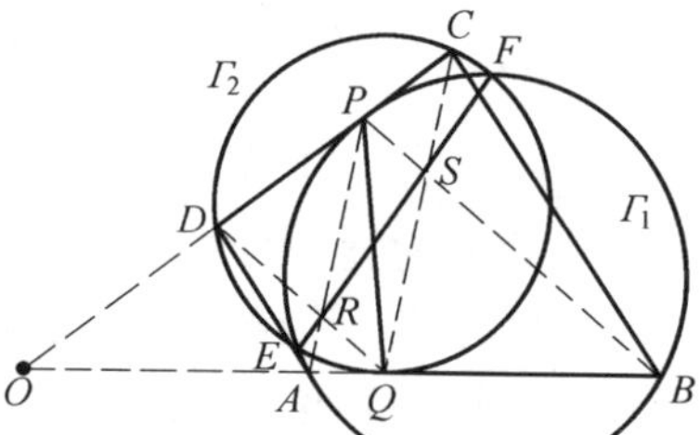

图 7.6.3

本题是 1992 年举行的第 5 届中国数学奥林匹克第 1 题的充分性.

例 7.6.3 梯形 $ABCD$ 中,$AB \parallel CD$,在两腰 AD 和 BC 上分别存在点 P 和 Q,使得 $\angle APB = \angle CPD$,$\angle AQB = \angle CQD$.证明:梯形的两对角线的交点到 P、Q 的距离相等.(第 20 届俄罗斯数学奥林匹克,1994)

本题曾作为角平分线问题用轴反射变换证明过(见例5.2.6),这里将其作为梯形问题再用位似轴反射变换并结合两圆的位似给出另一个证明.

证明 如图7.6.4所示,设梯形两腰的延长交于点 S.以 S 为位似中心,作位似轴反射变换,使 $A\to B,D\to C$,则直线 $AD\to$ 直线 BC,直线 $BC\to$ 直线 AD,由于 $\angle APB=\angle CPD,\angle AQB=\angle CQD$,因而必有 $Q\to P$,于是 A、B、Q、P 四点共圆,P、Q、C、D 四点共圆.设这两圆的半径分别为 r_1、r_2,则由 $\angle APB=\angle CPD$ 及正弦定理可知,

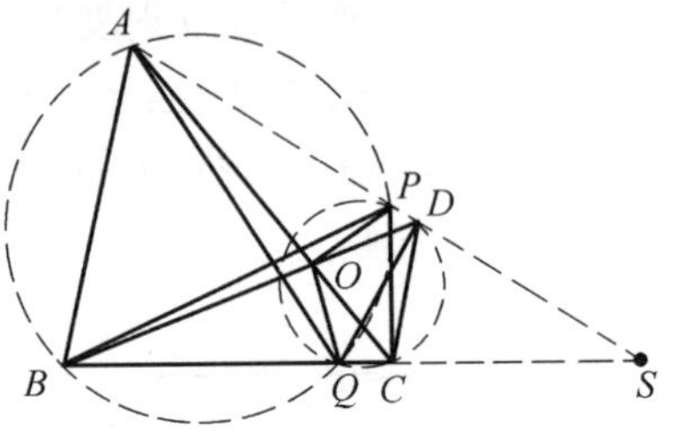

图7.6.4

$\dfrac{r_1}{r_2}=\dfrac{AB}{CD}$.因此,对角线 AC 与 BD 的交点 O 即为这两圆的内位似中心.但两圆的位似中心一定在两圆的连心线上,而当两圆相交时,连心线是两圆的公共弦的垂直平分线,故 $OP=OQ$.

将圆内接四边形的对边延长相交,或连接其对角线,即产生反向相似三角形.而对于两个相似比不等于1的反向相似图形来说,总存在一个位似轴反射变换,使其中一个图形变为另一个图形.因此,对于圆内接四边形问题,考虑用位似轴反射变换处理就很自然了.

例7.6.4 已知 $ABCD$ 是圆内接四边形,E、F 分别为边 AB、CD 上的一点,且满足 $\dfrac{AE}{EB}=\dfrac{CF}{FD}$.再设 P 是线段 EF 上满足 $\dfrac{PE}{PF}=\dfrac{AB}{CD}$ 的点.证明:$\triangle APD$ 与 $\triangle BPC$ 的面积之比不依赖于 E、F 的选择.(第39届IMO预选,1998)

本题曾在第3章给出过一个证明(命题3.4.4),这是再作为圆内接四边形问题用位似轴反射变换给出它的一个新的证明.

证明 如果 $AD\parallel BC$(图7.6.5),则 $ABCD$ 为等腰梯形,且 $AB=CD$,从而由 $\dfrac{AE}{EB}=\dfrac{CF}{FD}$ 知 $BE=DF$.又 $\dfrac{PE}{PF}=\dfrac{AB}{CD}$,所以 P 为 EF 的中点.设 M、N 分别为 AB、CD 的中点,则 $ME=NF$,且 E、F 到 MN 的距离相等.于是 EF 的中点 P 在 MN 上,从而点 P 到 AD、BC 的距离相等.故 $\dfrac{S_{\triangle APD}}{S_{\triangle BPC}}=\dfrac{AD}{BC}$ 不依赖 E、F 的选择.

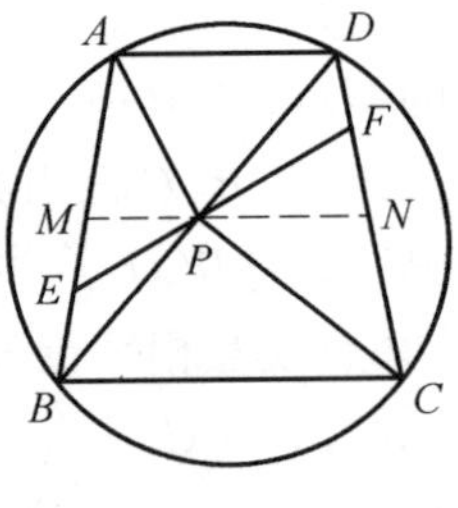

图7.6.5

如果 $AD\nparallel BC$,设 AD 与 BC 交于点 Q(图7.6.6),因 E、F 分别在 AB、CD 上,$ABCD$ 为圆内接四边形,所以,$\triangle QAB$ 与 $\triangle QCD$ 反向相似.于是,以 Q 为位似中心作位似轴反射变换,使 $A\to C$,则 $B\to D$,即有 $AB\to CD$.而 E、F 分别

在上，且$\frac{AE}{EB}=\frac{CF}{FD}$，所以 $E\to F$. 由此即知 $\frac{QF}{QE}=\frac{QC}{QA}=\frac{CD}{AB}=\frac{PF}{PE}$，从而 QP 为 $\angle FQE$ 的平分线. 又 $\angle DQF=\angle BQE$，所以 QP 也为 $\angle AQB$ 的平分线. 既然点 P 在 $\angle AQB$ 的平分线上，因而点 P 到 AD、BC 的距离相等. 故

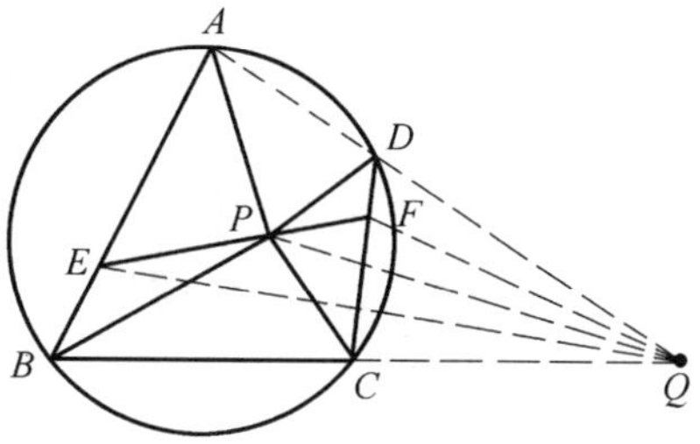

图 7.6.6

$$\frac{S_{\triangle APD}}{S_{\triangle BPC}}=\frac{AD}{BC}$$

仍与 E、F 的选择无关.

例 7.6.5 已知圆内接凸四边形 $ABCD$，F 是 AC 与 DE 交点，E 是 AD 与 BC 的交点，M、N 分别是 AB 和 CD 的中点. 求证：$\frac{MN}{EF}=\frac{1}{2}\left|\frac{AB}{CD}-\frac{CD}{AB}\right|$.（第 46 届保加利亚数学奥林匹克(第 3 轮)，1997）

证明 如图 7.6.7 所示，设 $AB=k\cdot CD$，以 E 为位似中心，k 为位似比作位似轴反射变换，使 $C\to A$，$D\to B$. 设 $F\to F_1$，则 $EF_1=k\cdot EF$. 同样，如果以 k^{-1} 为位似比作位似轴反射变换，使 $A\to C$，$B\to D$. 设 $F\to F_2$，则 $EF_2=k^{-1}\cdot EF$，且 F_1、F_2 都在 EF 关于 $\angle AEB$ 的平分线对称的直线上，所以

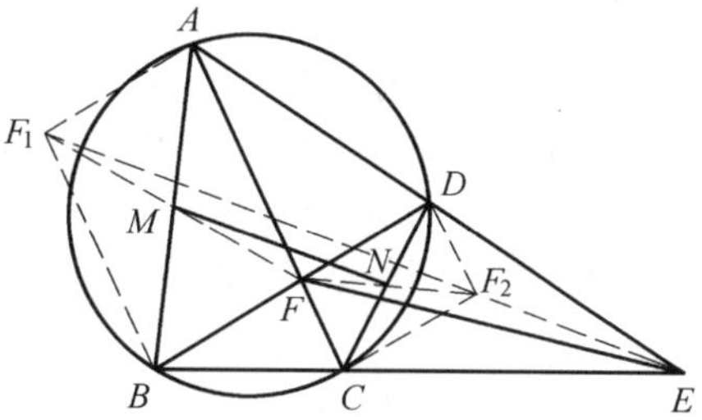

图 7.6.7

$$F_1F_2=|EF_1-EF_2|=|k-k^{-1}|\cdot EF$$

另一方面，由 $\triangle ABF\backsim\triangle DCF$，$\triangle BAF_1\backsim\triangle DCF$ 知 $\triangle ABF\backsim\triangle BAF_1$，从而 $\triangle ABF\cong\triangle BAF_1$，所以，四边形 AF_1BF 是一个平行四边形，因此，M 是 FF_1 的中点. 同理，N 是 FF_2 的中点. 于是，$MN=\frac{1}{2}F_1F_2=\frac{1}{2}|k-k^{-1}|\cdot EF$. 故

$$\frac{MN}{EF}=\frac{1}{2}|k-k^{-1}|=\frac{1}{2}\left|\frac{AB}{CD}-\frac{CD}{AB}\right|$$

例 7.6.6 过 $\triangle ABC$ 的顶点 B、C 的一圆与边 AB、AC 分别交于 B_1、C_1，$\triangle ABC$ 与 $\triangle AB_1C_1$ 的垂心分别为 H、H_1. 求证：BB_1、CC_1、HH_1 三线共点.（第 36 届 IMO 预选，1997）

证明 如图 7.6.8，7.6.9 所示，设 BB_1 与 CC_1 交于 P，以点 A 为位似中心作位似轴反射变换，使 $B_1\to B$，则 $C_1\to C$，$H_1\to H$. 设 $P\to P'$，则 $\triangle P'BC\backsim\triangle PB_1C_1$. 显然 $\triangle PB_1C_1\backsim\triangle PCB$，所以 $\triangle P'BC\backsim\triangle PCB$，因此 $\triangle P'BC\cong\triangle PCB$，从而四边形 $PBP'C$ 是一个平行四边形.

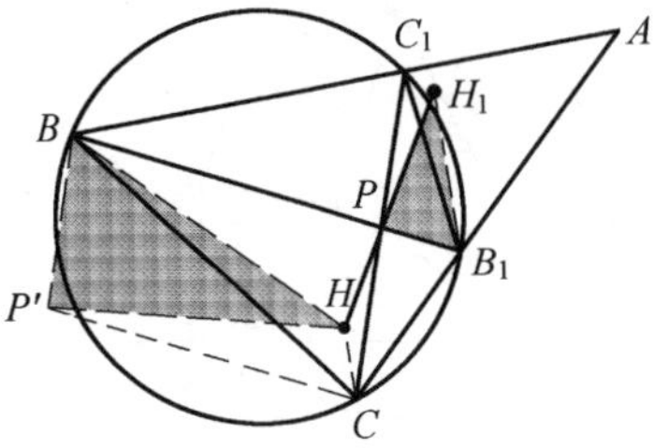

图 7.6.8

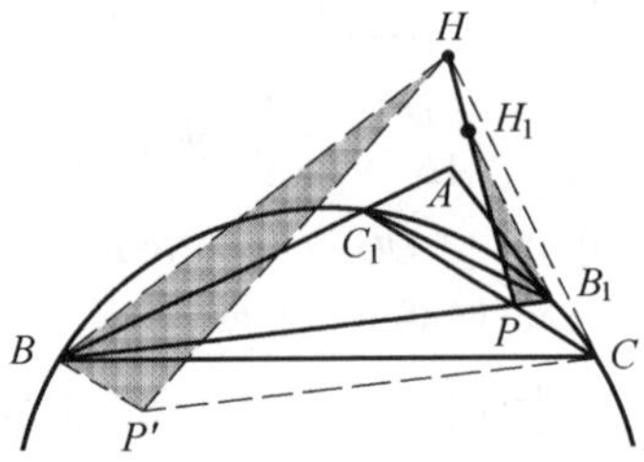

图 7.6.9

另一方面,因为 H 是 $\triangle ABC$ 的垂心,所以 $\angle ACH = \angle HBA$,而 $\angle ACP = \angle PBA$,因此,$\angle PCH = \angle HBP$.从而由例 3.1.1 及习题 3 第 3 题,有 $\angle BPH = \angle HP'B$(图 7.6.8 的情形),或 $\angle PHC = \angle BHP'$(图 7.6.9 的情形).但 $\triangle BP'H \backsim \triangle B_1PH_1$,所以 $\angle HP'B = \angle B_1PH_1$,$\angle BHP' = \angle PH_1B_1$,于是 $\angle BPH = \angle B_1PH_1$(图 7.6.8 的情形),或 $\angle PHC = \angle PH_1B_1$(图 7.6.9 的情形).在前一种情形,显然 H_1、P、H 三点共线;在后一种情形,注意 $H_1B_1 \parallel HC$(都垂直于 AB),因而 H_1、P、H 三点也共线,故 BB_1、CC_1、HH_1 三线共点.

如果以一个已知角的平分线为反射轴作位似轴反射变换,则角的两边(所在直线)互换,过角的顶点的任意一条直线变为这条直线关于已知角的等角线.因此,对于等角线问题,除了可以考虑位似旋转变换处理外,还可以考虑位似轴反射变换.

例 7.6.7 设 D、E 为 $\triangle ABC$ 的边 BC 上两点,且 $\angle BAD = \angle CAE$.求证

$$\frac{AB^2}{AC^2} = \frac{BD \cdot BE}{CD \cdot CE}$$

本题即 Steiner 定理.在前面我们曾分别用位似变换(例 6.1.6)和位似旋转变换(例 7.4.4)给出了它的两个不同的证明.这里再用位似轴反射变换给出它的一个简洁的证明.

证明 如图 7.6.10 所示,设 $AC = k \cdot AB$.以 $\angle BAC$ 的平分线为反射轴,k 为位似系数,A 为位似中心作位似轴反射变换,则 $B \to C$.设 $D \to D'$,$E \to E'$,则 D' 在直线 AE 上,E' 在直线 AD 上,且 C、D'、E' 在一直线上,$CD' = k \cdot BD$,$CE' = k \cdot BE$.所以 $CD' \cdot CE' = k^2 \cdot BD \cdot BE$.又由定理 2.4.2 知 E'、D、E、D' 四点共圆,由圆幂定理,$CD' \cdot CE' = CD \cdot CE$,所以

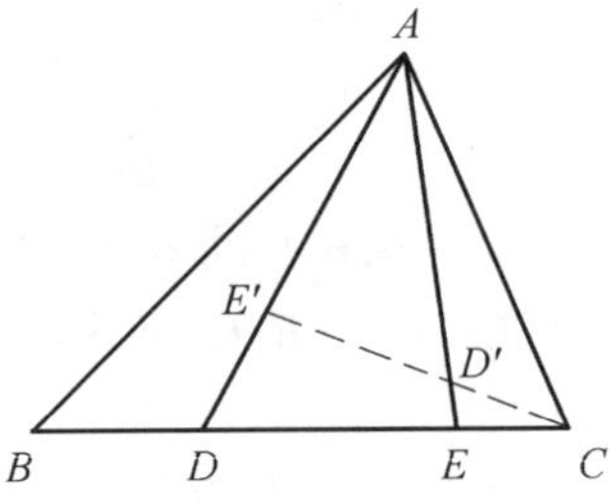

图 7.6.10

$$CD \cdot CE = k^2 \cdot BD \cdot BE$$

故$\dfrac{AB^2}{AC^2}=\dfrac{1}{k^2}=\dfrac{BD\cdot BE}{CD\cdot CE}$.

例 7.6.8 设 M 为 $\triangle ABC$ 的边 BC 的中点,$\triangle ABD$ 与 $\triangle ACM$ 反向相似.求证:$DM\parallel AC$.

本题曾在第 3 章(例 3.2.5)作为中点问题用平移变换给出了一个证明.我们也可以作为中点问题或等角线问题分别用中心反射变换和位似旋转变换给出它的证明(读者可自己为之).而用位似轴反射变换证明则十分简单.

证明 如图 7.6.11 所示,以 A 为位似中心,$\angle BAC$ 的平分线为反射轴作位似轴反射变换,使 $C\to B$,则 $M\to D$.设 $B\to B'$,则 B' 在 AC 上,且 B、D、B' 三点共线.由于 $CB\to BB'$,$M\to D$,而 M 为 BC 的中点,所以 D 为 BB' 的中点,从而 $DM\parallel B'C$,即 $DM\parallel AC$.

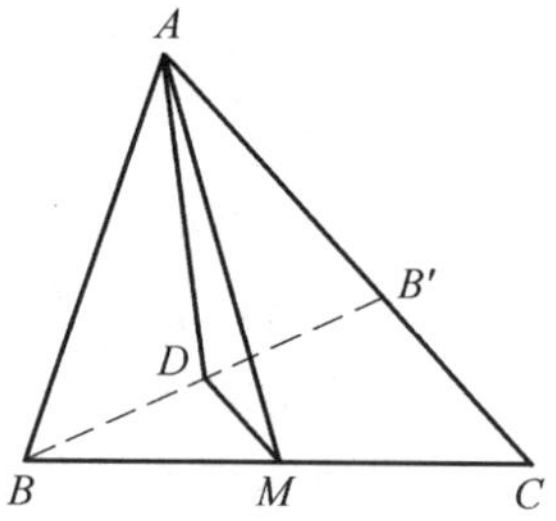

图 7.6.11

例 7.6.9 设四边形 $ABCD$ 内部存在一点 P,使 $ABPD$ 为平行四边形.证明:如果 $\angle CBP=\angle PDC$,那么 $\angle ACD=\angle BCP$.(第 12 届原全苏数学奥林匹克,1978)

本题作为一个平行四边形问题是可以用平移变换处理的(习题 3 第 4 题).因其结论是要证明 CA 关于 $\angle DCB$ 的等角线为 CP,故我们也可以考虑用位似轴反射变换处理.

证明 如图7.6.12所示,设 AB 与 CD 交于 E,BC 与 DA 交于 F,PB 与 CD 交于 I,PD 与 BC 交于 J.因 $BE\parallel PD$,且 $DF\parallel PB$,所以 $\angle F=\angle CBP=\angle PDC=\angle E$.于是,以 C 为位似中心作位似轴反射变换,使 $E\to B$,则 $B\to I$,$F\to D$,$D\to J$.即有 $EB\to BI$,$FD\to DJ$,从而 EB 与 DF 的交点 $A\to BI$ 与 DJ 的交点 P.所以,CA 关于 $\angle DCB$ 的等角线为 CP,故 $\angle ACD=\angle BCP$.

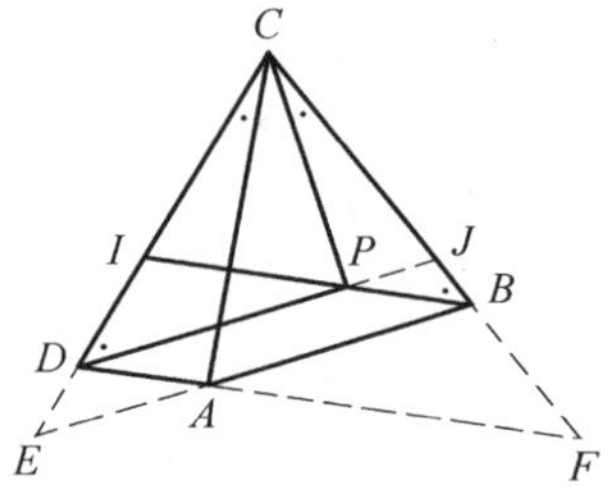

图 7.6.12

当问题涉及一个三角形的两个角的等角线时,就隐含了三角形的第三个角的两条等角线(见例 7.4.1 或例 5.8.7).因此,对有些涉及不同角的等角线问题,当我们以这些已知的等角线为特征作位似轴反射变换而遇到困难时,我们应考虑以隐含的等角线为特征实施位似轴反射变换进行尝试.

例 7.6.10 在凸四边形 $ABCD$ 中,对角线 AC 既不是平分 $\angle BAD$,也不平分 $\angle BCD$,点 P 在四边形的内部,且 $\angle BAP=\angle CAD$,$\angle PCB=\angle DCA$.O_1、O_2 分别为 $\triangle ABC$、$\triangle ADC$ 的外心.求证:$\triangle PO_1B\backsim\triangle PO_2D$.(中国国家队培训,2006)

证明　如图 7.6.13 所示，因为 AB、AD 是 $\angle PAC$ 的两条等角线，CB、CD 是 $\angle ACP$ 的两条等角线，所以，由例 7.4.1(亦即例 5.8.7)，PB、PD 是 $\angle CPA$ 的两条等角线(即 B、D 是 $\triangle APC$ 的两个等角共轭点)，于是，以 P 为位似中心作位似轴反射变换，使 $B \to D$，并设 $A \to A'$，$C \to C'$，则 A'、P、C 三点共线，A、P、C' 三点共线，所以，$\angle CA'D = \angle PA'D = \angle BAP = \angle CAD$，这说明点 A' 在 $\triangle ADC$ 的外接圆上．同理，点 C' 也在 $\triangle ADC$ 的外接圆上．因而 $\triangle ADC$ 的外心 O_2 也是 $\triangle A'DC'$ 的外心．这样，因 $\triangle ABC \to \triangle A'DC'$，$O_1$、$O_2$ 分别为 $\triangle ABC$、$\triangle A'DC'$ 的外心，所以，$O_1 \to O_2$．故 $\triangle PO_1B \backsim \triangle PO_2D$.

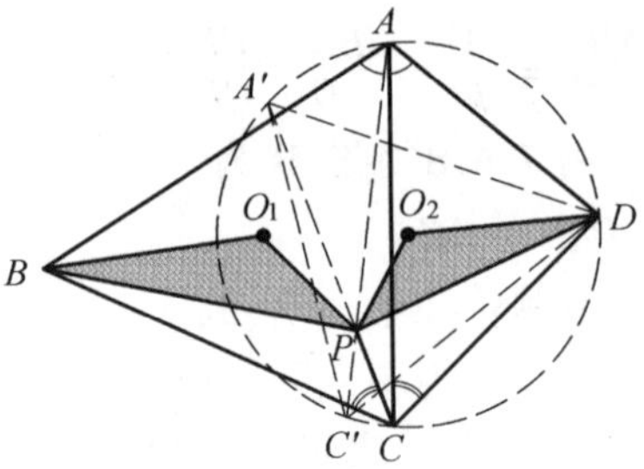

图 7.6.13

本题当属典型的等角线问题，但当我们以 A 或 C 为位似中心作位似轴反射变换时，我们会发现这个问题似乎坚如磐石．而一旦注意到了 PB、PD 是 $\angle CPA$ 的两条等角线，并以 P 为位似中心作位似轴反射变换使 B、D 为对应点时，问题又显得那么不堪一击．

因为相交两圆的交点也是两圆的一个逆相似中心．所以，对于有些相交两圆问题来说，除了考虑用位似旋转变换处理以外，不要忘了还可以使用位似轴反射变换这一工具．

例 7.6.11　设相交两圆 Γ_1 与 Γ_2 的圆心分别为 O_1、O_2，点 A 是它们的一个交点，点 T_1、T_2 分别在圆 Γ_1 和 Γ_2 上，且 $\angle T_1O_1A = \angle AO_2T_2$，圆 Γ_1 在点 T_1 处的切线与圆 Γ_2 在点 A 处的切线交于 P，圆 Γ_2 在点 T_2 处的切线与圆 Γ_1 在点 A 处的切线交于 Q．求证：线段 PQ 的中点在一条固定直线上．

证明　如图 7.6.14 所示，以 A 为位似中心作位似轴反射变换，使圆 $\Gamma_1 \to$ 圆 Γ_2，则 $O_1 \to O_2$，直线 $AO_1 \to$ 直线 AO_2，直线 $AO_2 \to$ 直线 AO_1．因 $\angle T_1O_1A = \angle AO_2T_2$，所以 $T_1 \to T_2$，圆 Γ_1 在点 T_1 处的切线 $\to$ 圆 Γ_2 在点 T_2 处的切线．另一方面，因直线 $AO_2 \to$ 直线 AO_1，所以，过点 A 且与 AO_2 垂直的直线 $\to$ 过点 A 且与 AO_1 垂直的直线，即圆 Γ_2 在点 A 处的切线 $\to$ 圆 Γ_1 在点 A 处的切线．这样便有 $P \to Q$．于是，设圆 Γ_1 与 Γ_2 的半径分别为 r_1、r_2，则有 $\dfrac{AQ}{AP} = \dfrac{r_1}{r_2}$ 为常数．由于 P、Q 是在两条固定的直线上变化，因而所有这样的线段 PQ 都是平行的，故其中点在过点 A 的一条定直线上．

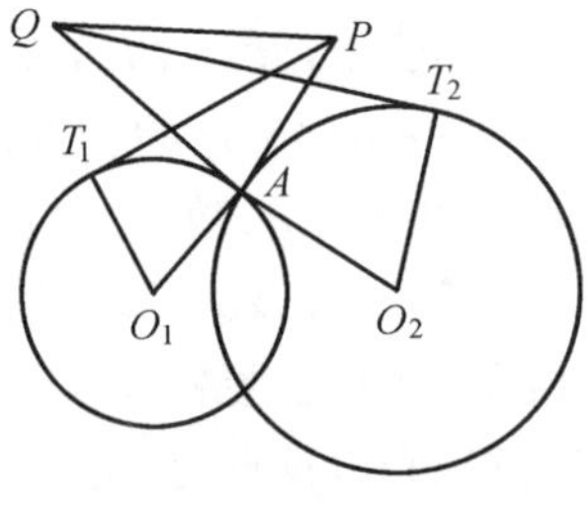

图 7.6.14

例 7.6.12 已知 A 为平面上两个半径不等的 $\odot O_1$ 与 $\odot O_2$ 的一个交点，两圆的两条外公切线分别为 P_1P_2、Q_1Q_2，切点分别为 P_1、P_2、Q_1、Q_2，M_1、M_2 分别是 P_1Q_1、P_2Q_2 的中点. 求证：$\angle O_1AO_2 = \angle M_1AM_2$.（第 24 届 IMO，1983）

本题曾在第5章和第6章先后用轴反射变换与位似变换给出过两个不同的证明（例5.1.6，例6.4.5）. 作为一个典型的相交圆问题，如果以交点 A 为相似中心作位似旋转变换，使 $\odot O_1$ 变为 $\odot O_2$，尽管也可以得到结论，但其中还有一段比较曲折的路要走. 这里用位似轴反射变换给出一个简洁而巧妙的证明.

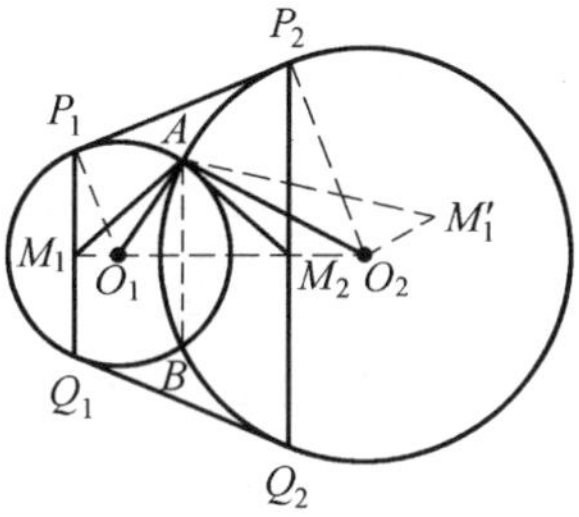

图 7.6.15

证明 如图 7.6.15 所示，设 $AO_2 = k \cdot AO_1$，则由 $\odot O_1$ 与 $\odot O_2$ 不相等可知 $k \neq 1$. 由条件可知 $\triangle P_1M_1O_1 \backsim \triangle P_2M_2O_2$，所以 $M_2O_2 = k \cdot M_1O_1$. 于是，以 A 为位似中心作位似轴反射变换，使 $O_1 \to O_2$. 设 $M_1 \to M_1'$，则 $O_2M_1' = k \cdot M_1O_1 = M_2O_2$，且 $\angle AM_1'O_2 = \angle O_1M_1A$. 又容易知道线段 AB 与 M_1M_2 互相垂直平分，因此 $AM_1 = AM_2$，所以 $\angle O_1M_1A = \angle AM_2M_1$，从而 $\angle AM_1'O_2 = \angle AM_2M_1$，这样便有 A、M_2、O_2、M_1' 四点共圆，于是由 $M_2O_2 = O_2M_1'$ 即知 $\angle M_2AO_2 = \angle O_2AM_1'$. 但 $\angle O_2AM_1' = \angle M_1AO_1$，所以 $\angle M_2AO_2 = \angle M_1AO_1$. 故 $\angle O_1AO_2 = \angle M_1AM_2$.

由定理 2.4.11，对平面上两条既不平行也不共线的不相等线段，存在平面的一个位似轴反射变换，使得其中一条线段变为另一条线段. 根据这一事实可以简捷地处理某些问题.

例 7.6.13 在四边形 $ABCD$ 中，$AB > CD$，M、N 分别为边 BC、AD 上的点，P、Q 分别为 BC、AD 延长线上的点，且

$$\frac{BM}{MC} = \frac{AN}{ND} = \frac{BP}{PC} = \frac{AQ}{QD} = \frac{AB}{CD}$$

求证：$PQ \perp MN$.

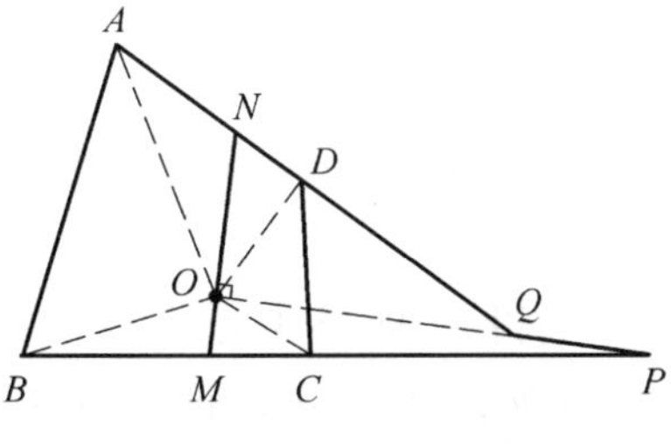

图 7.6.16

证明 如图7.6.16所示，因 $AB \neq CD$，由定理 2.4.9，存在一个位似轴反射变换，使得 $AB \to DC$，因而由定理 2.4.3 知，M、N 两点在其内反射轴上，而 P、Q 两点则在其外反射轴上. 但位似轴反射变换的两条反射轴是互相垂直的，故 $PQ \perp MN$.

本题即例 7.4.9. 那里的证明可以说有曲径通幽之感，而这里的证明则是出奇的简单. 其实，奇就奇在这个证明揭示了问题的本质与来源.

如果设直线 PQ 与 MN 交于点 O(图 7.6.16),则点 O 为其逆相似中心.因而进一步有更深刻的结论:$\triangle OAB$ 与 $\triangle ODC$ 是镜像相似的.

对于任意三角形,我们同样可以以它的一个顶点为位似中心作位似轴反射变换,使第二个顶点变到第三个顶点,因此,对于三角形问题来说,当其他一些几何变换皆失效而处于"山重水复疑无路"的时候,不妨再考虑使用位似轴反射变换一试,也许会"柳暗花明又一村".

例 7.6.14 设 E、F 分别为 $\triangle ABC$ 的边 AB、AC 上的点,且 $\frac{AE}{EB}=\frac{CF}{FA}$.求证

$$\frac{AB+AC}{BC}\geqslant\frac{AE+AF}{EF}$$

并求出等式成立的条件.

证明 如图 7.6.17,7.6.18 所示,以 A 为位似中心作位似轴反射变换,使 $B\to C$,并设 $E\to E'$,$F\to F'$,则 E' 在 AC 上,F' 在 AB 上,$EE'\parallel BC$,且

$$E'F'=\frac{AC}{AB}\cdot EF,\ FF'=\frac{AF}{AB}\cdot BC,\ EE'=\frac{AE}{AB}\cdot BC$$

由 $E'F'+EF\geqslant EE'+FF'$ 即得 $\frac{AC}{AB}\cdot EF+EF\geqslant\frac{AE}{AB}\cdot BC+\frac{AF}{AB}\cdot BC$.故

$$\frac{AB+AC}{BC}\geqslant\frac{AE+AF}{EF}$$

等式成立 $\Leftrightarrow E'=F$,且 $E=F'\Leftrightarrow E$、F 分别为 AB、AC 的中点.

对于本题来说,根据问题的条件,通常会作位似旋转变换,使 $CA\to AB$ 或 $AB\to CA$,这样就会有 $E\to F$ 或 $F\to E$.但往后就会令人百思不得其解,难有下文.用其他的几何变换也难以奏效.

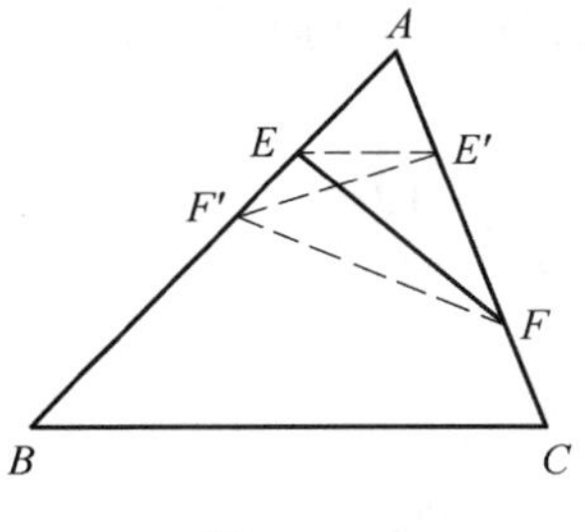

图 7.6.17

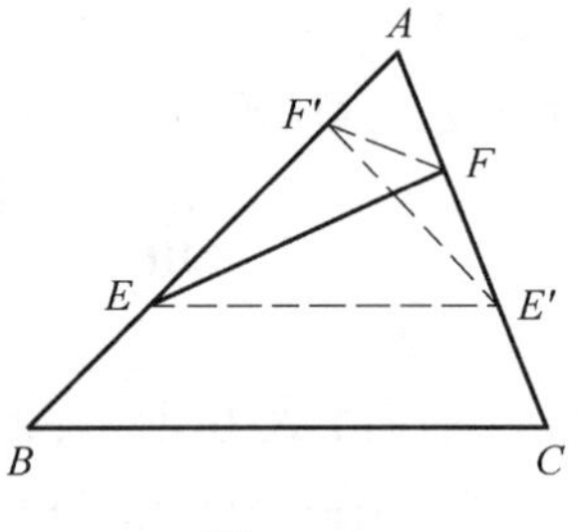

图 7.6.18

习题 7

1.设 D 是 $\triangle ABC$ 内一点,使得 $AB=ab$,$AC=ac$,$AD=ad$,$BC=bc$,$BD=bd$,$CD=cd$.求证:$\angle ABD+\angle ACD=60^\circ$.(新加坡国家队选拔考试,2004)

2.设 P 是圆内接四边形 $ABCD$ 的外接圆的 $\overset{\frown}{BC}$(不含点 A)上一点.证明:点 P 到直线 AB、CD 的距离之积等于点 P 到直线 AC、BD 的距离之积.

3. 在 $\triangle ABC$ 中，AD 是 BC 边上的高，点 E 在 AD 上，满足 $\dfrac{\overline{AE}}{\overline{ED}}=\dfrac{\overline{CD}}{\overline{DB}}$，过点 D 作 BE 的垂线，垂足为 F. 证明：$\angle AFC=90°$.（锐角三角形情形：波罗的海地区数学奥林匹克，1998）

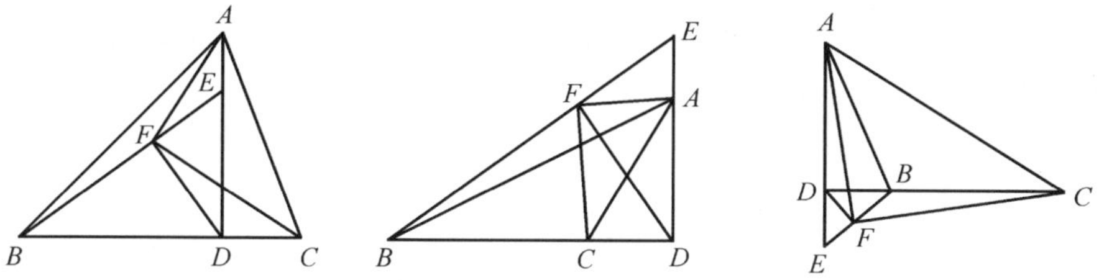

(a) (b) (c)

3 题图

4. 设 P 是 $\triangle ABC$ 内部一点，$\angle PAC=\angle PBA=\angle PCB$. 求证：直线 BP 平分 AC 的充分必要条件是 $AB=AC$.

5. 设 P 是半圆直径 AB 延长线上一点，$AB=2PB$. 过 P 作半圆的切线 PT，T 为切点，过 A 作 AC 垂直 PT 于 C，交半圆于 D. 连 PD 交半圆于另一点 E，直线 AE 交 PT 于 F，再设点 C 在 AB 上的射影为 H. 求证：$DH\perp HF$.

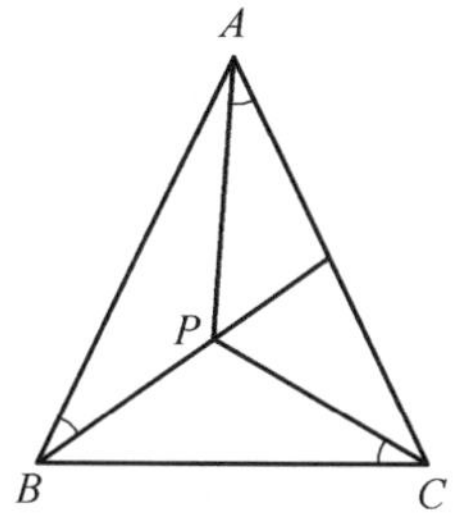

4 题图

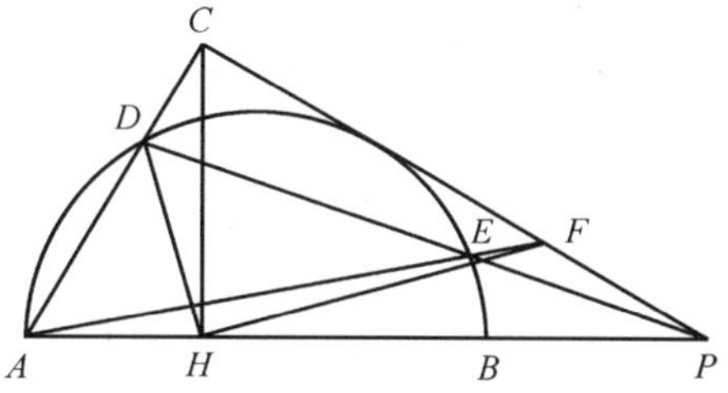

5 题图

6. 设 $\triangle ABC$ 的内切圆分别切边 BC、CA、AB 于 D、E、F，点 K 为点 D 关于 $\triangle ABC$ 的内心的对称点，直线 EK 与 DF 交于 L. 求证：$AL=AF$，且 $AL\parallel BC$.

7. 在矩形 $ABCD$ 的外接圆的 $\overset{\frown}{AB}$ 上取一不同于顶点 A、B 的点 M，M 在直线 AD、AB、BC、CD 上的射影分别为 P、Q、R、S. 证明：$PQ\perp RS$，并且 PQ、RS 与矩形的一条对角线交于一点.（原南斯拉夫数学奥林匹克，1983）

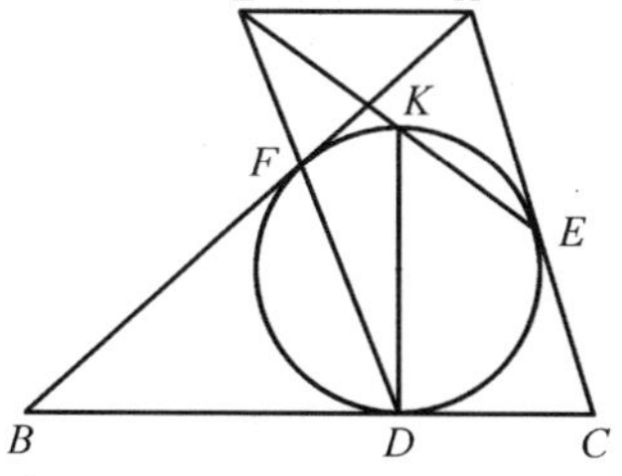

6 题图

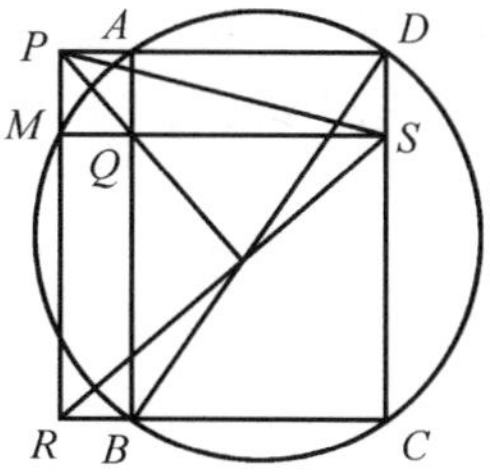

7 题图

8. 分别以 $\triangle ABC$ 的两边 AB、AC 为一直角边，B、C 为直角顶点作两个反向相似三角形 ABF 和 ACE，再设 BE 与 CF 交于 P. 求证：$AP \perp BC$.（第4届澳大利亚数学奥林匹克，1983；当 $AB = BF$ 时，本题称为**Vuibuit 定理**）

9. 设四边形 $ABCD$ 为矩形，AEF、BGF、DEH 均是以第一个顶点为直角顶点的相似直角三角形，且两直角边之比等于矩形的两邻边之比. 求证：G、C、H 三点共线的充分必要条件是 $EF = 2BD$.

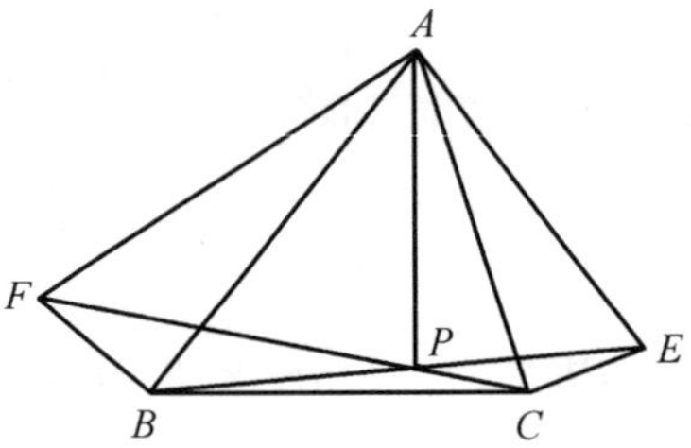

8 题图

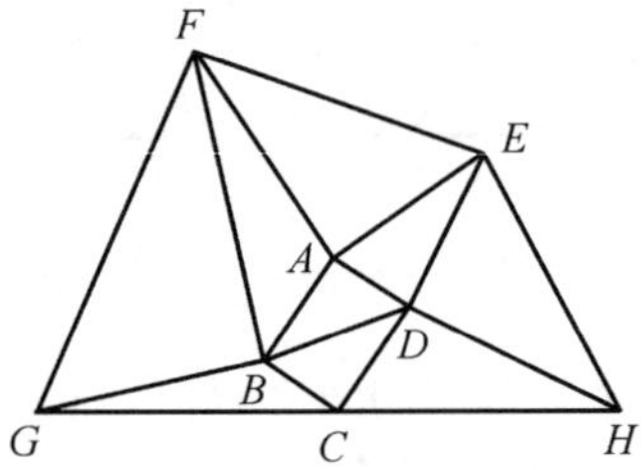

9 题图

10. 在四边形 $ABCD$ 中，对角线 AC 平分 $\angle DCB$，且 $\angle BAC = \angle ADC$. 过 $\triangle ABC$ 的内心与 $\triangle ACD$ 的内心的直线分别与直线 AB、AD 交于 E、F. 记四边形 $ABCD$ 的面积与 $\triangle AEF$ 的面积分别为 S、T. 求证：$S \geqslant 2T$. 并求其等式成立的条件.

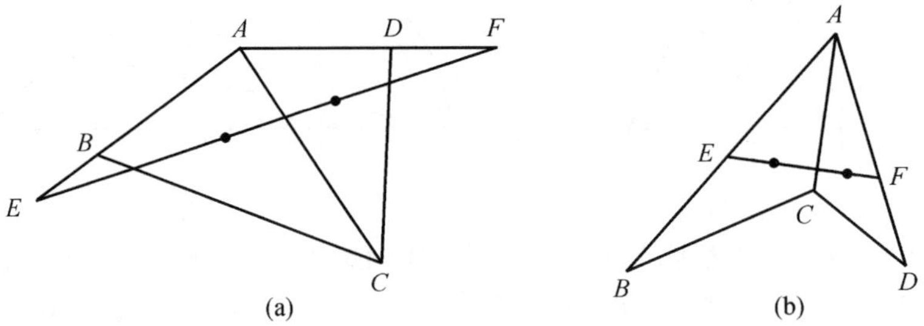

10 题图

11. 设四边形 $ABCD$ 内接于 $\odot O$，直线 AB 与 CD 交于 E，直线 BC 与 AD 交于 F，$\triangle ABF$ 与 $\triangle AED$ 的外心分别为 O_1、O_2. 求证：$\triangle OO_1O_2 \backsim \triangle CEF$.

12. 设 D 为 $\triangle ABC$ 的边 BC 上一点，O_1，O_2 分别为 $\triangle ABD$ 与 $\triangle ADC$ 的外心，证明：$\triangle ABC$ 的中线 AM 的中垂线平分线段 O_1O_2.（中国国家集训队培训，2003）

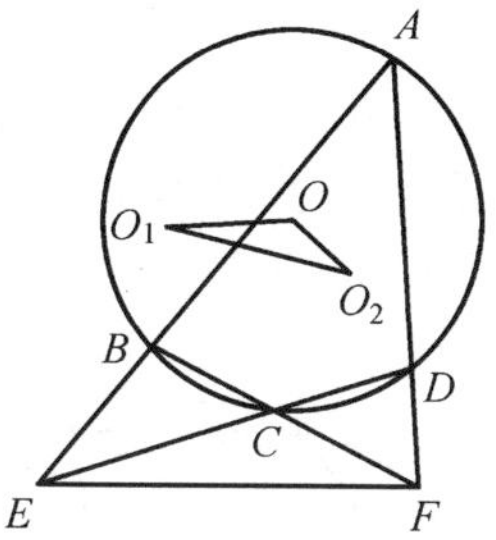

11 题图

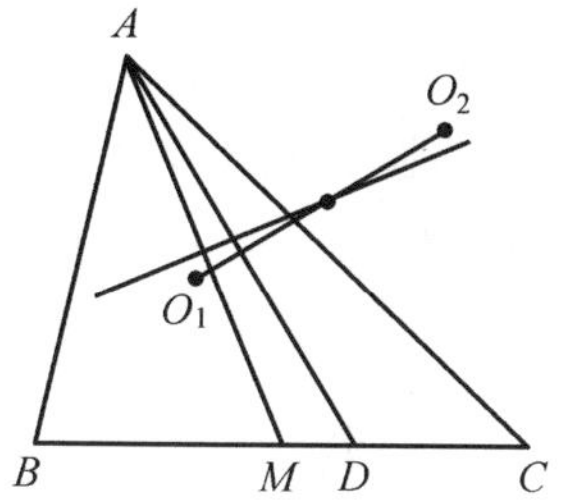

12 题图

13. 设 $\triangle ABC$ 的顶角 A 的平分线交 BC 边于 D，$\triangle ABC$、$\triangle ABD$、$\triangle ADC$ 的外心分别为 O、O_1、O_2. 证明：$OO_1 = OO_2$.

14. 设锐角 $\triangle ABC$ 的三条高 AD、BE、CF 的中点分别为 L、M、N，试求 $\angle NDM$、$\angle LEN$、$\angle MFL$ 之和.（第 21 届俄罗斯数学奥林匹克，1995）

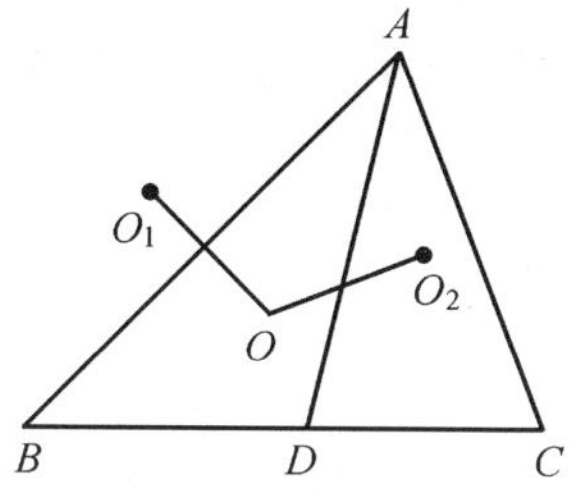

13 题图

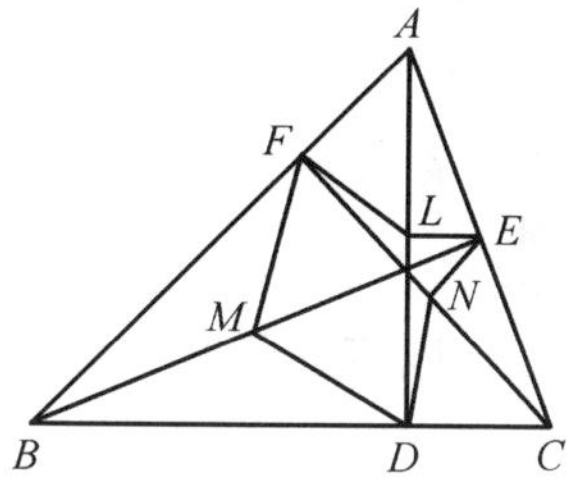

14 题图

15. 在四边形 $ABCD$ 中，$AB \neq CD$，分别以 AD、BC 为边任作 $\triangle EBC$ 与 $\triangle FAD$，使得 $\triangle EBC \backsim \triangle FAD$，且 $\frac{AF}{FD} = \frac{BE}{EC} = \frac{AB}{CD}$. 求证：直线 EF 过定点.

16. 设 O、Ω_1、Ω_2 分别为 $\triangle ABC$ 的外心、第一 Brocard 点和第二 Brocard 点. 求证：$O\Omega_1 = O\Omega_2$.

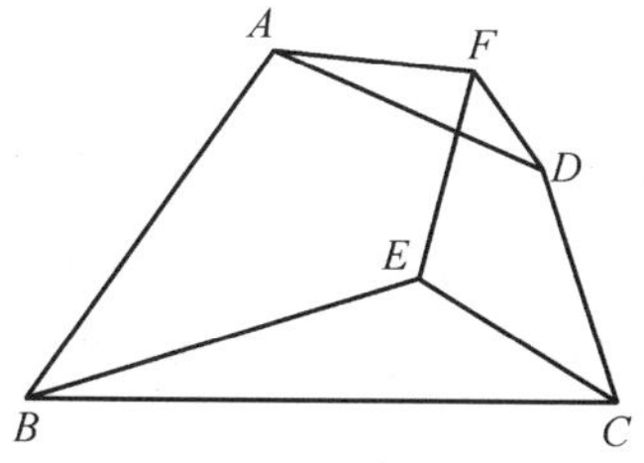

15 题图

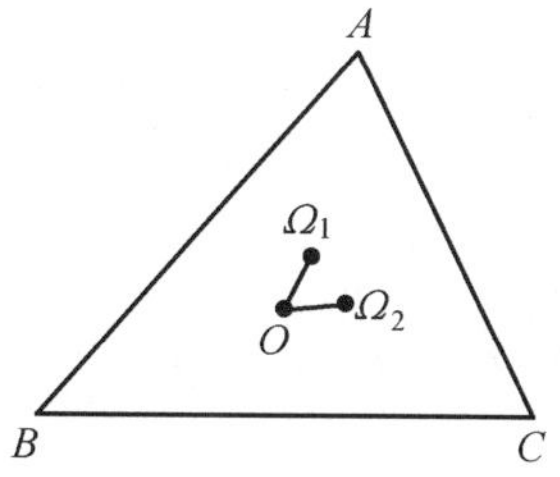

16 题图

17. 设四边形 $ABCD \backsim$ 四边形 $AB'C'D'$. 求证：BB'、CC'、DD' 三线共点的充

分必要条件是四边形 $ABCD$ 内接于圆.

18.设 PA、PB 是从点 P 到圆 Γ 的两条切线(A、B 为切点),Q 是 PA 的延长线上一点,C 是圆 Γ 与 $\triangle PBQ$ 的外接圆的另一交点.由点 A 作 BQ 的垂线,垂足为 D.求证:$\angle QCD = 2\angle PQB$.(第15届伊朗数学奥林匹克,1998)

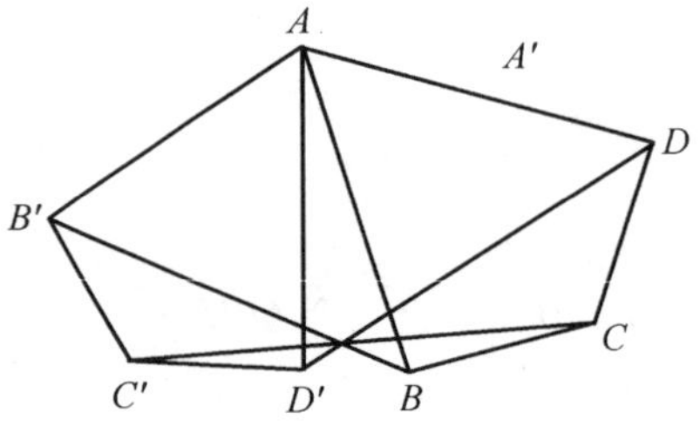

17题图

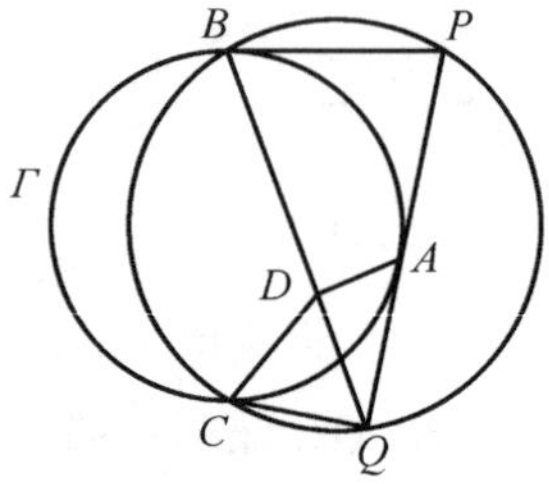

18题图

19.设圆内接四边形 $ABCD$ 的两条对角线相交于点 O.$\triangle ABO$ 和 $\triangle CDO$ 的外接圆 Γ_1 和 Γ_2 交于 O 和 K.过点 O 分别作 AB 和 CD 的平行线与圆 Γ_1 和圆 Γ_2 分别交于点 E 和 F.在线段 OE 和 OF 上分别取点 P 和 Q,使得 $\dfrac{OP}{PE} = \dfrac{FQ}{QO}$.证明:$O$、$K$、$P$、$Q$ 四点共圆.(第29届俄罗斯数学奥林匹克,2003)

20.三个固定的圆共一条公共弦 AB,过点 A 任作一条不同于 AB 的直线与第一个圆交于 X,与另两圆分别交于 Y 和 Z(Y 在 X 和 Z 之间).求证:比值 $\dfrac{XY}{YZ}$ 是定值,与所作直线的位置无关.(第35届加拿大数学奥林匹克,2003)

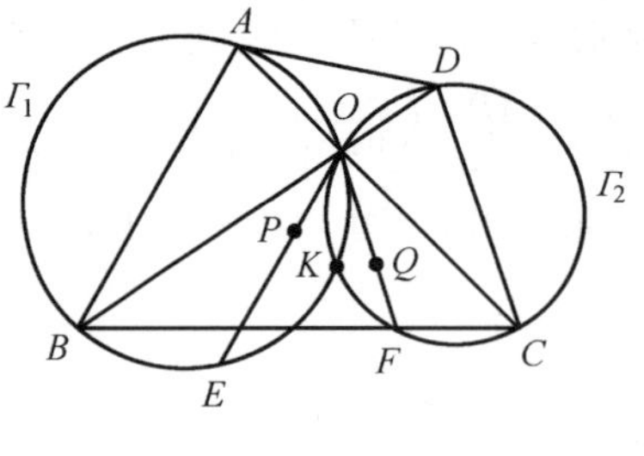

19题图

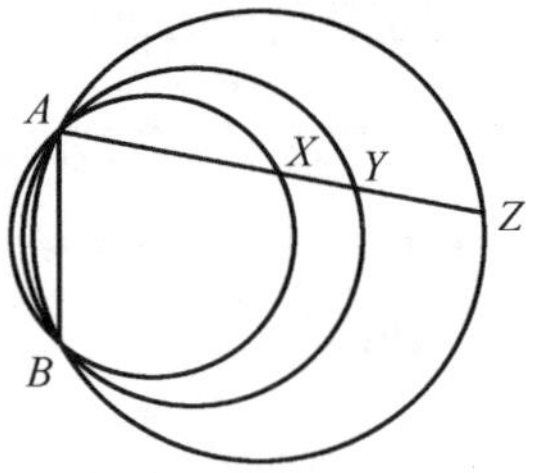

20题图

21.设点 P 是 $\triangle ABC$ 的外接圆的 $\overset{\frown}{BC}$(不含点 A)上一点,O_1、O_2 分别为 $\triangle ABP$ 与 $\triangle APC$ 的 A.旁心.证明:$\triangle PO_1O_2$ 的外接圆通过 $\triangle ABC$ 的外接圆上一个定点.

22.设 $\odot O_1$ 与 $\odot O_2$ 相交于 A、B 两点,过交点 A 任作一条割线分别与两圆交于 P、Q,两圆在 P、Q 处的切线交于 R,直线 BR 交 $\triangle O_1O_2B$ 的外接圆于另一点 S.求证:RS 等于 $\triangle O_1O_2B$ 的外接圆的直径.

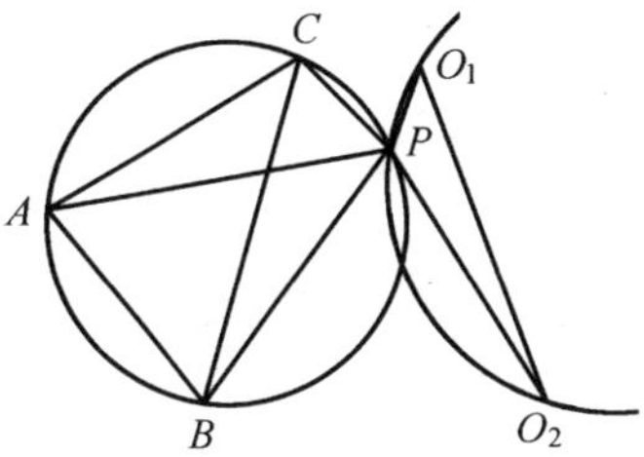

21 题图

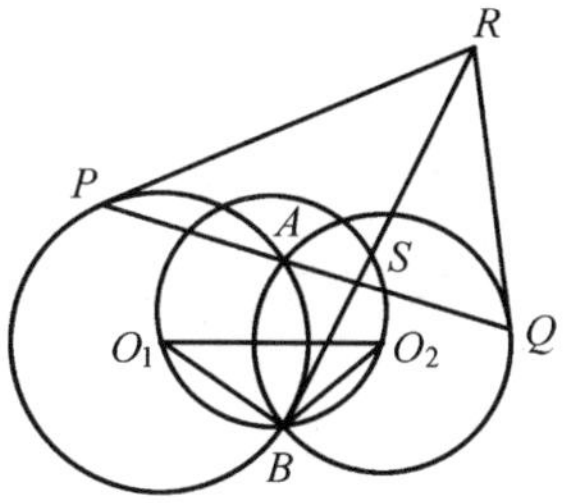

22 题图

23.设 $\triangle ABC$ 的三个旁切圆分别与相应边 BC、CA、AB 切于点 A'、B'、C'. $\triangle AB'C'$、$\triangle BC'A'$、$\triangle CA'B'$ 的外接圆分别与 $\triangle ABC$ 的外接圆交于点 $A_1(\neq A)$、$B_1(\neq B)$、$C_1(\neq C)$. 证明:$\triangle A_1B_1C_1 \backsim \triangle A_2B_2C_2$,其中 A_2、B_2、C_2 分别是 $\triangle ABC$ 的内切圆与边 BC、CA、AB 的切点.(第 31 届俄罗斯数学奥林匹克,2005)

24.设 I、O 分别为 $\triangle ABC$ 的内心和外心,$\triangle ABC$ 的 A.旁切圆分别与直线 BC、CA、AB 切于 D、E、F.求证:若线段 EF 的中点在 $\triangle ABC$ 的外接圆上,则 I、O、D 三点共线.

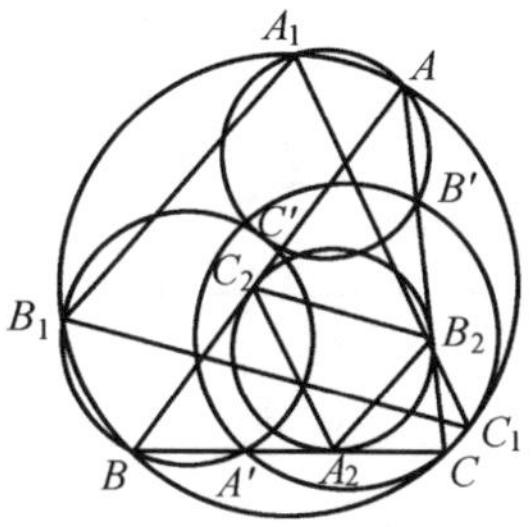

23 题图

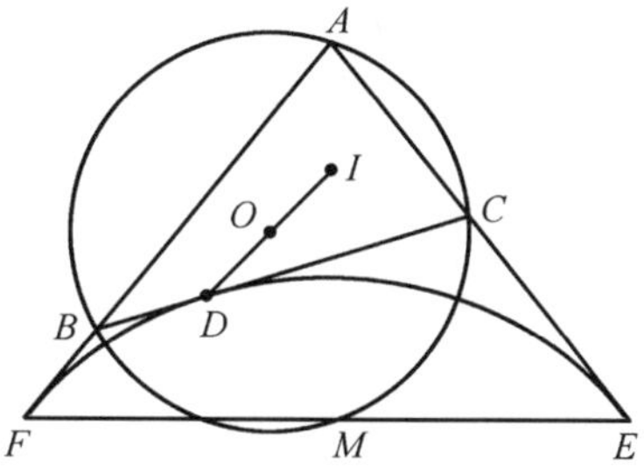

24 题图

25.设 p 为 $\triangle ABC$ 的半周长,在射线 BA、CA 上分别取点 P、Q,使 $BP = CQ = p$,再设点 K 为点 A 关于 $\triangle ABC$ 的外心的对称点,I 为 $\triangle ABC$ 的内心.求证:$KI \perp PQ$.(第 2 届丝绸之路国际数学竞赛,2003)

26.设 $\triangle A'B'C'$ あ $\triangle ABC$,且这两个三角形的对应边不平行.证明:AA'、BB'、CC' 三线共点的充分必要条件是这三条线段的垂直平分线共点.

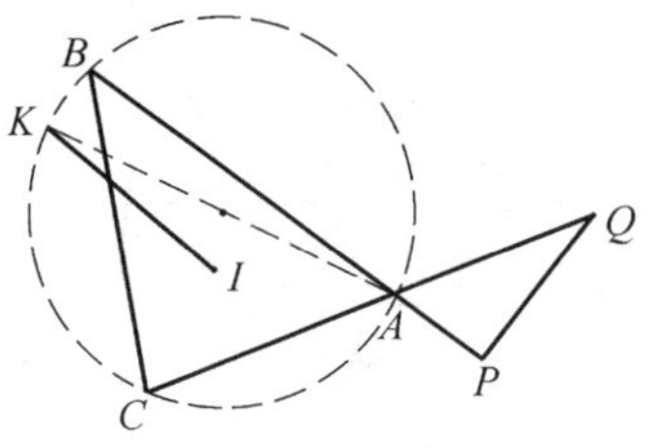

25 题图

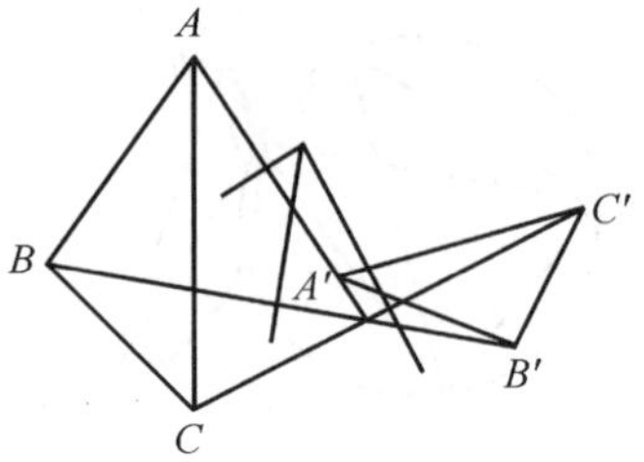

26 题图

27. 在锐角 $\triangle ABC$ 中，$AB \neq AC$，H 为 $\triangle ABC$ 的垂心，M 为 BC 的中点，D、E 分别为 AB、AC 上的点，且 $AD = AE$，D、H、E 三点共线，求证：$\triangle ABC$ 的外接圆与 $\triangle ADE$ 的外接圆的公共弦垂直于 HM.（瑞士国家队选拔考试，2006）

28. 设 D 是 $\triangle ABC$ 的边 AB 上一点. P 是 $\triangle ABC$ 的内部一点，且 $PD = DC$，$\angle BAP = \angle DAC = \angle CBP$，$\angle BPC + \angle ACB = 180°$. 求证：$AP \perp PC$.

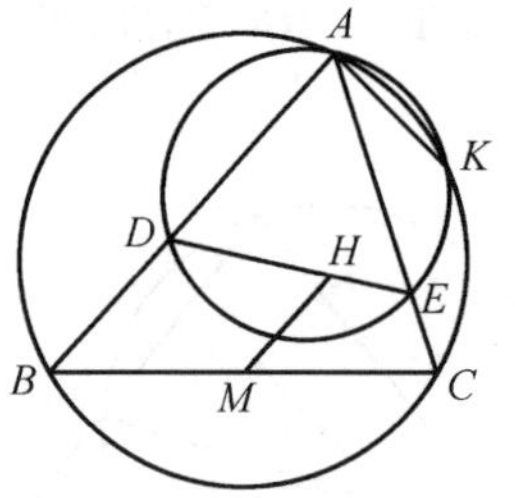

27 题图

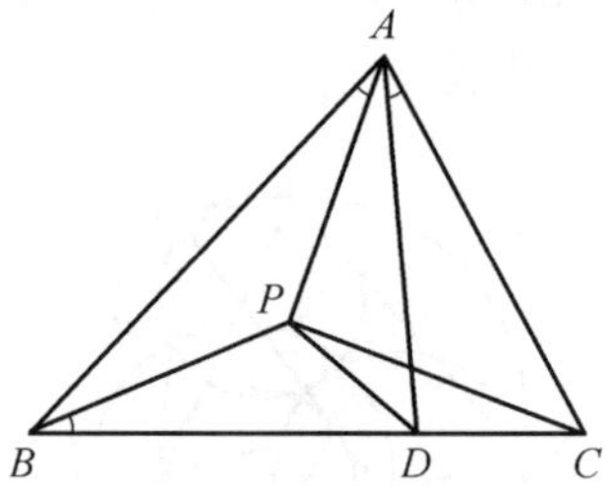

28 题图

29. 设 D、E 为 $\triangle ABC$ 的边 BC 上的两点，且 $\angle BAD = \angle EAC$. 求证

$$\frac{AB}{AC} = \frac{AE}{AD} \cdot \frac{BD}{EC}$$

30. 设 $\triangle ABC$ 的顶角 A 的外角平分线与直线 BC 交于 D. 求证

$$AD^2 = BD \cdot DC - AB \cdot AC$$

31. 设 $\triangle ABC$ 的内切圆与边 AB、BC 分别切于 D、E，$\angle BAC$ 的平分线交 DE 于 F. 求证：$AF \perp FC$.（第 9 届印度数学奥林匹克，1994）

32. 设 E、F 分别为凸四边形 $ABCD$ 的对角线 AC 与 BD 上的点，且 $\frac{AE}{EC} = \frac{BF}{FD}$，直线 EF 分别与 AB、CD 交于 K、L. 求证：$\triangle KBF$ 的外接圆与 $\triangle ECL$ 的外接圆的一个交点，在直线 BC 上.（当 E、F 分别为 AC 与 BD 的中点时，本题为 2004 年新加坡数学奥林匹克试题）

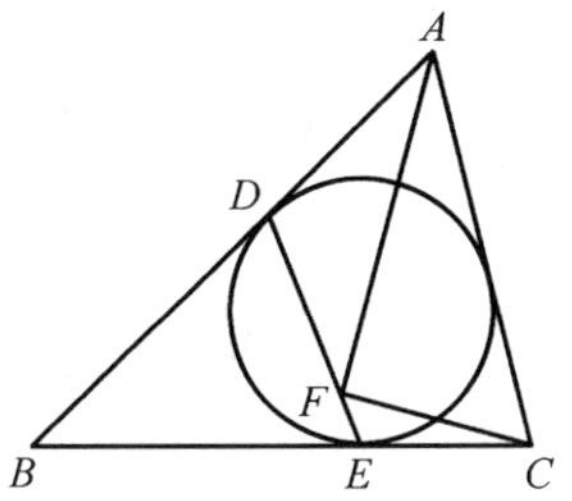

31 题图

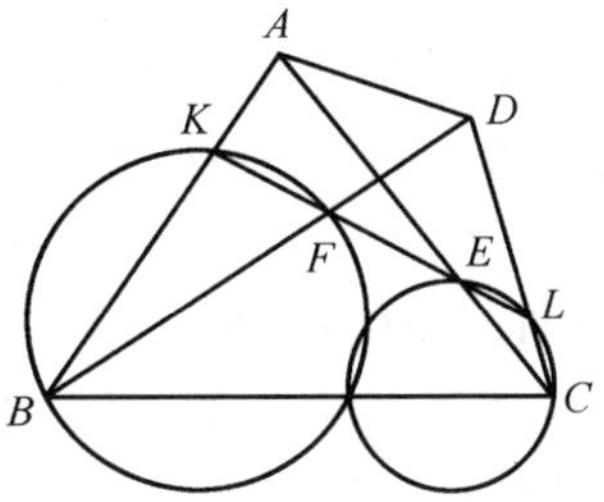

32 题图

33. 在四边形 $ABCD$ 中，P、Q 分别为边 BC、AD 上的点，且 $\frac{AQ}{QD}=\frac{BP}{PC}$. 直线 PQ 分别与 AB，CD 交于 E、F 两点，记 $\triangle EAQ$、$\triangle EBP$、$\triangle FPC$、$\triangle FQD$ 的外心分别为 O_1、O_2、O_3、O_4. 证明：四边形 $O_1O_2O_3O_4$ ∽ 四边形 $ABCD$.

34. 在 $\triangle ABC$ 的形外作 $\triangle DBC$、$\triangle ECA$、$\triangle FAB$，使得 $\angle CAE=\angle FAB=30°$，$\angle EDA=\angle ABF=\angle DBC=45°$，$\angle BCD=60°$. 求证：$CF \underline{\perp} DE$.

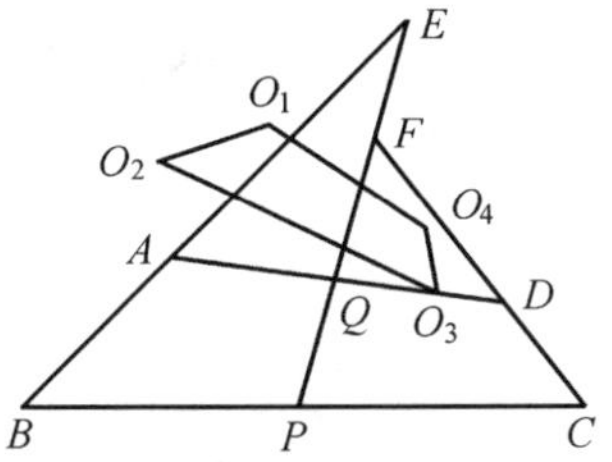

33 题图

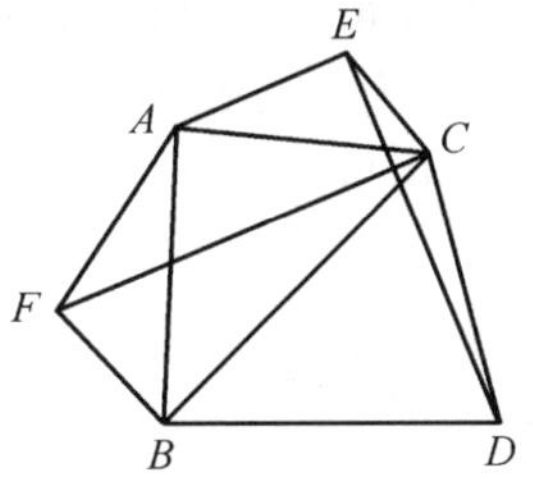

34 题图

35. 设 $\triangle OAB$ 与 $\triangle OCD$ 是两个反向相似三角形，再以 AC 为底边作等腰三角形 PAC，使 $\measuredangle APC=2\measuredangle AOB$. 求证：$OP \perp BD$.

36. 已知 $\triangle ABC$ ∽ $\triangle DEC$ ∽ $\triangle FEG$ ∽ $\triangle DBG$. 求证：A、D、F 三点共线，且 D 为 AF 的中点.

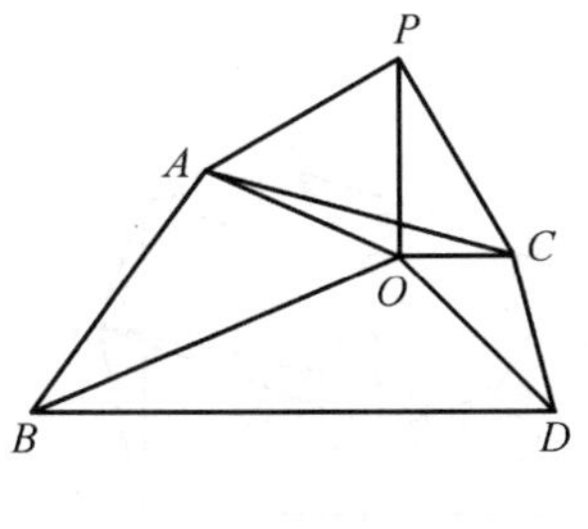

35 题图

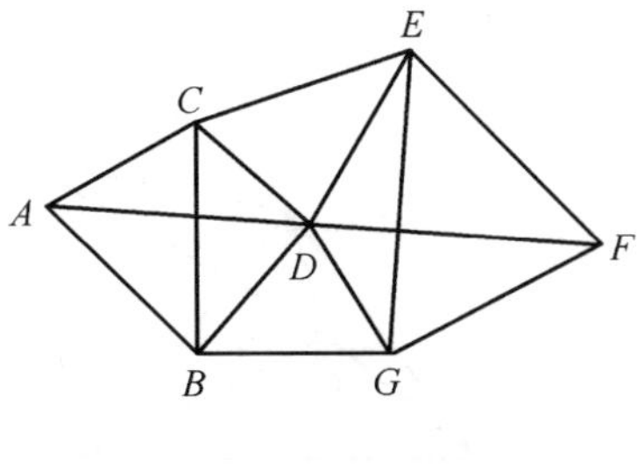

36 题图

37. 分别以四边形 $ABCD$ 的边 AB、CD 为一直角边，A、D 为直角顶点向形外作两个反向相似的直角三角形 ABE、DCF，再以 AD 为一边向形外作 $\triangle GAD$，使 $\angle DAG = \angle GDA = \angle ABE$. 求证：$G$ 为 EF 的中点的充分必要条件是 $AD \parallel BC$，且 $BC = 2AD$.

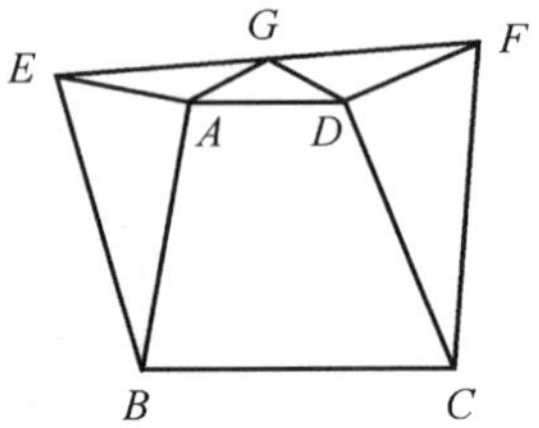

37 题图

38. 在等边凸六边形 $ABCDEF$ 中，$\angle A + \angle C + \angle E = \angle B + \angle D + \angle F$. 证明：$\angle A = \angle D$，$\angle B = \angle E$，$\angle C = \angle F$.（第 54 届匈牙利数学奥林匹克，1953）

39. 平面上两圆相交，A 为其中的一个交点. 有两个动点同时从点 A 出发，各以恒速以相反的方向沿其中的一个圆绕行一周后同时回到出发点 A. 证明：在平面上存在一点 P，在任何时刻，点 P 到两个动点的距离都相等.

40. 设点 P 在 $\triangle ABC$ 的边 BC 所在的直线上，点 D、E、F 满足条件：$\triangle DBP$ あ $\triangle EAC$，$\triangle DPC$ あ $\triangle FBA$. 证明：D、E、F 三点共线，且 $\dfrac{FD}{DE} = \dfrac{BP}{PC}$.

41. 设 $\triangle ABC$ 与 $\triangle CDE$ 为两个转向相同的正三角形，M 为 BD 的中点，N 为 AE 的中点，O 为 $\triangle ABC$ 的中心. 求证：$\triangle OME \backsim \triangle OND$.（第 28 届保加利亚数学奥林匹克，1979）

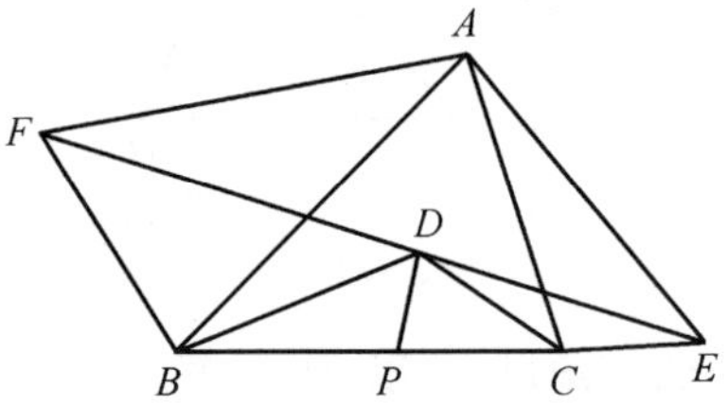

40 题图

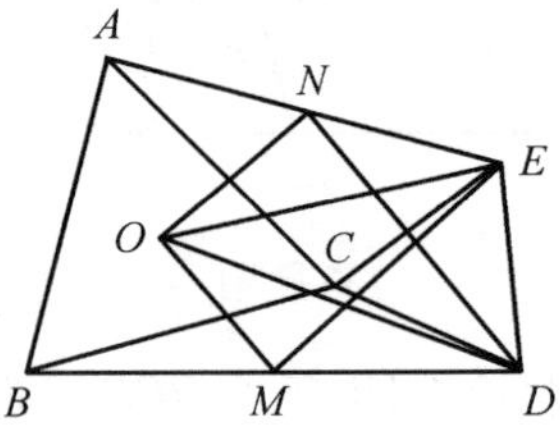

41 题图

42. 设 O 为四边形 $ABCD$ 所在平面上一点，在任意四边形 $EFGH$ 的四周作 $\triangle EKF$ あ $\triangle DOC$，$\triangle FLG$ あ $\triangle AOD$，$\triangle GMH$ あ $\triangle BOA$，$\triangle HNE$ あ $\triangle COB$. 证明：存在点 P，使得 $\triangle NPM$ あ $\triangle ABC$，$\triangle LPK$ あ $\triangle CDA$.

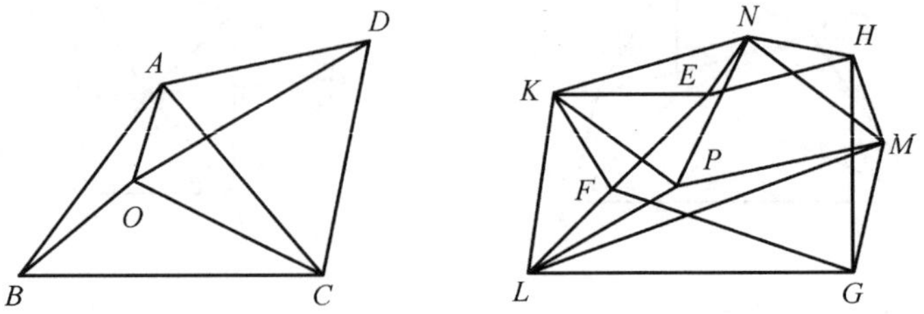

42 题图

43. 在 $\triangle ABC$ 的三边上作三角形 BDC、CEA、AFB，使得 $\frac{BD}{DC}\cdot\frac{CE}{EA}\cdot\frac{AF}{FB}=1$，且 $\measuredangle BDC+\measuredangle CEA+\measuredangle AFB=360°$. 再设 A、B、C 分别关于 EF、FD、DE 的对称点为 A'、B'、C'. 求证：$\triangle A'B'C'$ 与 $\triangle ABC$ 反向相似.

44. 分别以四边形 $ABCD$ 的顶点 B、C 为直角顶点，AB、CD 为一直角边在形外作直角三角形 APB、CQD，再以 BC 为一边在形外作 $\triangle BRC$，使

$$\angle BPA=\angle BCR=30°,\angle DQC=\angle RBC=45°$$

设 S 是边 AD 上一点，且 $SD=\sqrt{3}AS$. 求证：$PQ\perp RS$，且 $PQ=(1+\sqrt{3})RS$.

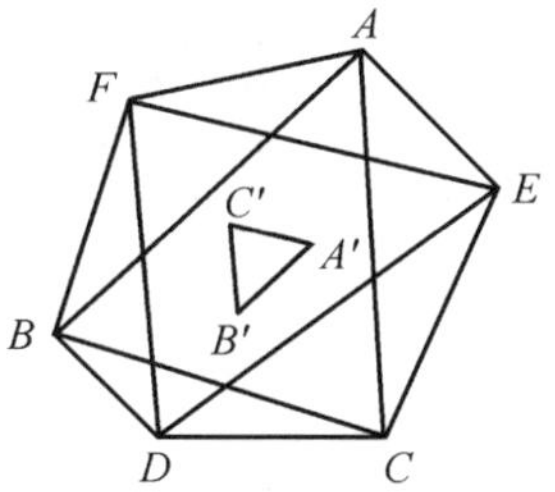

43 题图

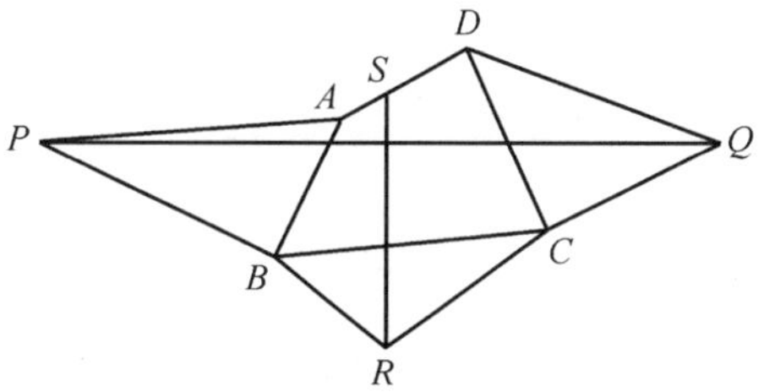

44 题图

45. 分别以 $\triangle ABC$ 的边 AC、AB 为一直角边，A 为直角顶点向形内方向作两个直角三角形 AEC，ABF，使 $\angle CEA=30°$，$\angle AFB=45°$. D 为 BC 边上一点，且 $BD=\sqrt{3}DC$. 求证：$AD\perp EF$，且 $AD=\frac{1}{2}(\sqrt{3}-1)EF$.

46. 在任意四边形 $ABCD$ 外作四个相似菱形 AA_1B_2B、BB_1C_2C、CC_1D_2D、DD_1A_2A，使 $\angle DAA_2=\angle A_1AB=\angle BCC_2=\angle C_1CD$，$\angle ABB_2=\angle B_1BC=\angle CDD_2=\angle D_1DA$，再设 K、L、M、N 分别为 A_1A_2、B_1B_2、C_1C_2、D_1D_2 的中点. 求证：$KM\perp LN$.

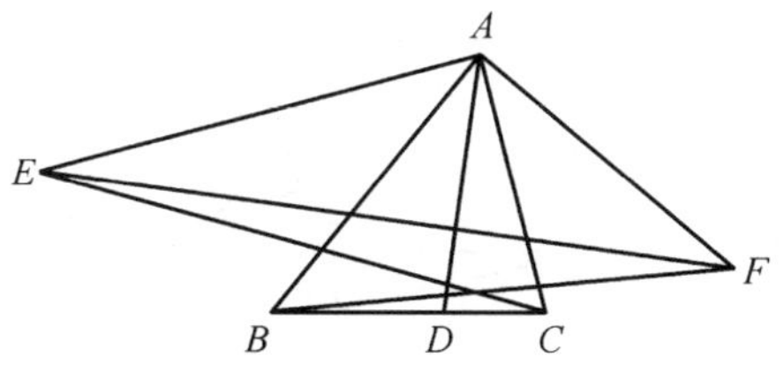

45 题图

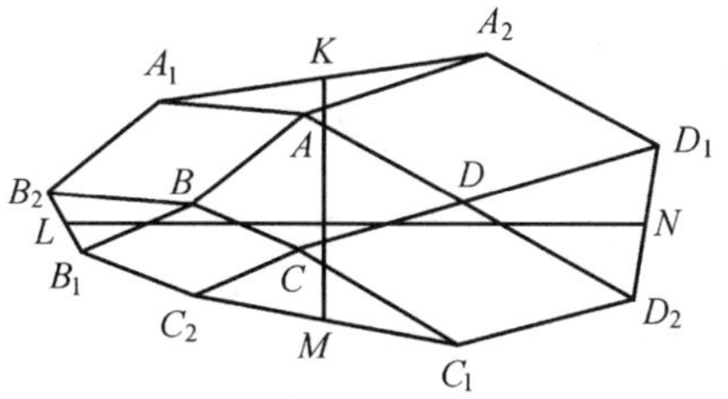

46 题图

47. 在 $\triangle ABC$ 中，$AB>AC$，D、E 为边 BC 上的两点，且 $\angle BAD=\angle EAC$. 求证：$AB\cdot AE>AC\cdot AD$.

48. 在梯形 $ABCD$ 中，$AD\parallel BC$，P、Q 分别为腰 DC、AB 上的点. 证明：若

$\dfrac{PA}{QD}=\dfrac{PB}{QC}$,则 $\triangle PAB \backsim \triangle QDC$.

49①.在梯形 $ABCD$ 中,$AB \parallel CD$,对角线 AC 与 BD 交于点 O,AB 和 CD 的垂直平分线分别与 $\angle AOB$ 的平分线交于点 E、F,点 E 在 BC 上的射影为 P,点 F 在 AD 上的射影为 Q.求证:A、B、P、Q 四点共圆.

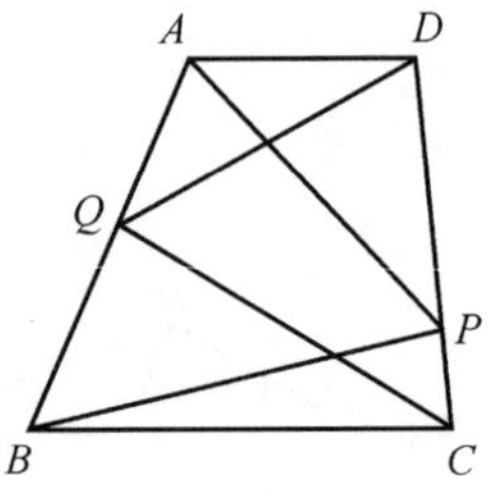

48 题图

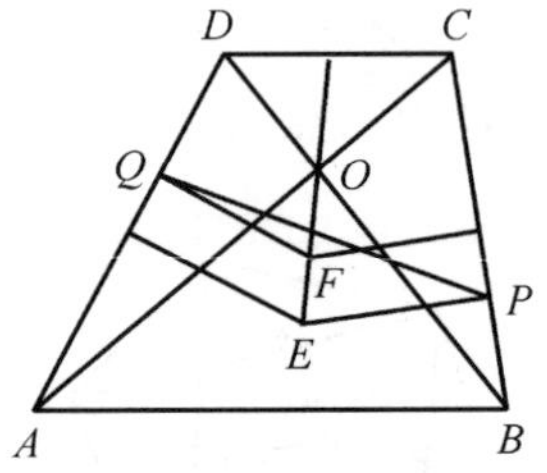

49 题图

50.用位似轴反射变换证明习题 5 第 17 题.

习题 5 第 17 题:设 D、E 分别是 $\triangle ABC$ 的边 AB、AC 上的点,且 $DE \parallel BC$,在线段 BE 和 CD 上分别存在一点 P 和 Q,使得 PE 平分 $\angle CPD$,CD 平分 $\angle EQB$.求证:$AP=AQ$.

51.设 $\triangle OAB$ 与 $\triangle OCD$ 是两个反向相似直角三角形,分别以 A、C 为直角顶点.过 B 作 OC 的垂线,垂足为 E;过 D 作 OA 的垂线,垂足为 F.AE 与 CF 交于 P.求证:$OP \perp BD$.(中国国家队培训,2005)

52.过 $\triangle ABC$ 的顶点 B、C 的一个圆分别与 AC、AB 交于另一点 E、F.P、Q 两点使得 $PC=PF$,$QE=QB$,$\measuredangle CPF=2\measuredangle ACB$,$\measuredangle EQB=2\measuredangle CBA$.求证:$A$、$P$、$Q$ 三点共线.

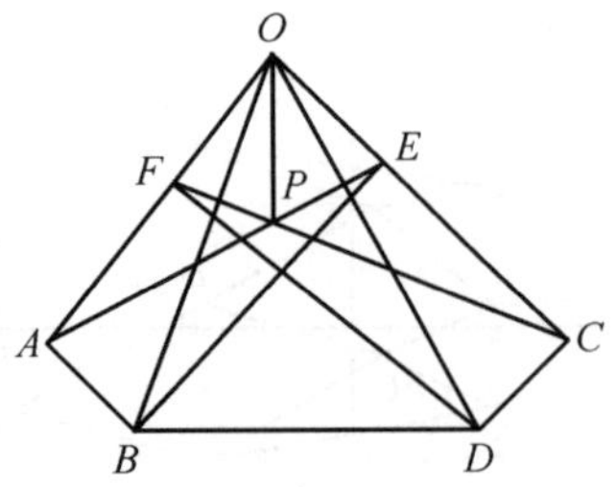

51 题图

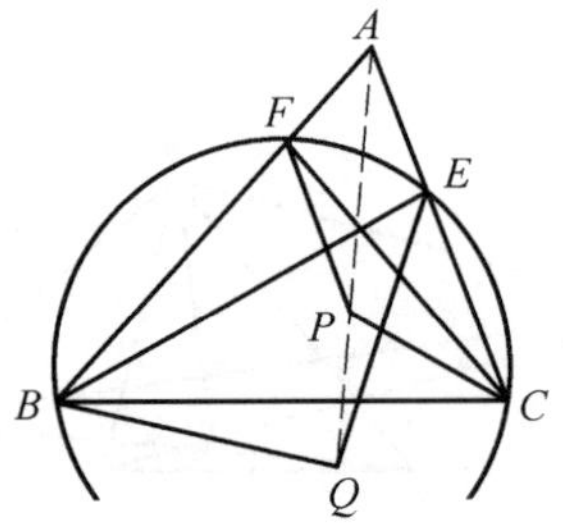

52 题图

53.设圆内接凸四边形 $ABCD$ 的两组对边延长后分别交于 E、F,对角线 AB 和 CD 的中点分别是 M 和 N.求证

① 本题是上海网友 frankvista(初中学生)提供给作者的.

$$\frac{MN}{EF}=\frac{1}{2}\left|\frac{AC}{BD}-\frac{BD}{AC}\right|$$

54. 在圆内接四边形 $ABCD$ 中. AC 与 BD 交于 E, AD 与 BC 交于 F. L、M、N 分别为 AB、CD、EF 的中点. 求证: $\angle MEN=\angle NLE$.

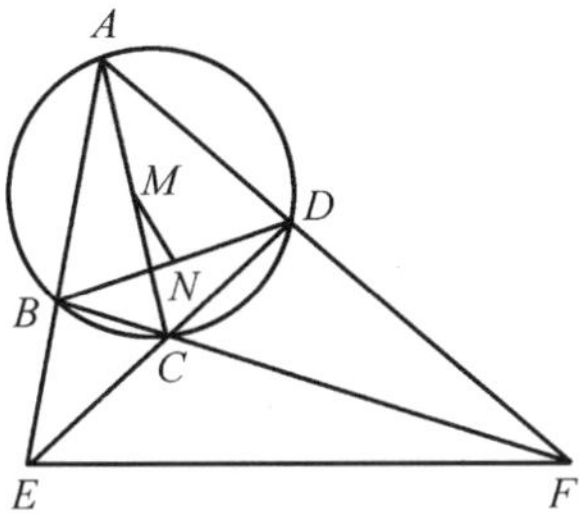

53 题图

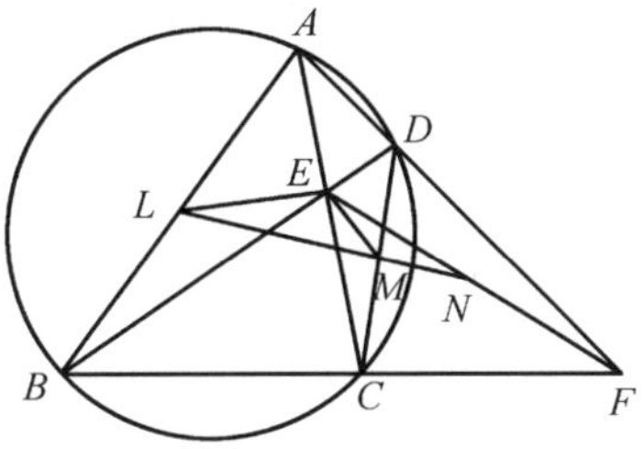

54 题图

55. 设圆内接四边形 $ABCD$ 的两对角线 AC 与 BD 交于点 P, $\triangle PBC$ 与 $\triangle PAD$ 的垂心分别为 H_1、H_2. 求证: AB、CD、H_1H_2 三线共点或互相平行.

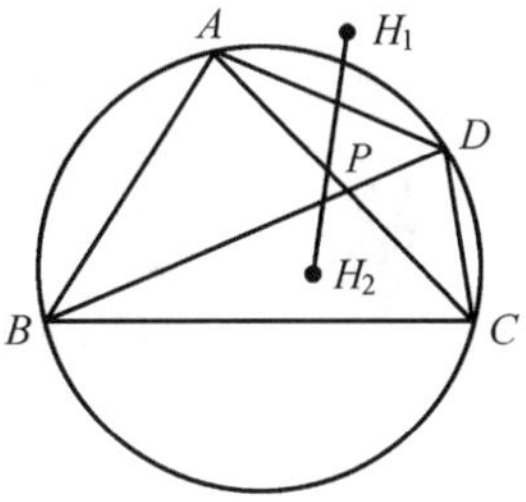

55 题图

反 演 变 换

第 8 章

平面几何中的另一个重要的几何变换是反演变换.在反演变换下,平面上的圆可以魔术般地变为直线,直线也可以变为圆(圆也可以仍然变为圆,直线也可以仍变为直线).而一个简单的命题通过反演变换则可以得出一个面目全非的崭新的命题.可以说,反演变换是平面几何中的一件赏心悦目、极具魅力的瑰宝.

8.1 反演变换及其性质

定义 8.1.1 设 O 是平面 π 上的一个定点,k 是一个非零常数.如果平面 π 的一个变换,使得对于平面 π 上任意异于 O 的点 A 与其像点 A',恒有

(1) A'、O、A 三点共线;

(2) $\overline{OA'}\cdot\overline{OA}=k$.

则这个变换称为平面 π 的一个反演变换,记作 $I(O,k)$.其中定点 O 称为反演中心,常数 k 称为反演幂,点 A' 称为 A 的反点.

当反演幂 $k>0$ 时,反演变换 $I(O,k)$ 称为双曲型反演变换;当 $k<0$ 时,反演变换 $I(O,k)$ 称为椭圆型反演变换.

显然,当点 A' 是点 A 的反点时,点 A 也是点 A' 的反点,因而点 A 与 A' 互为反点.由此可见,反演变换是可逆的,且其逆变换就是自身.

从反演变换的定义可以看出,反演中心在普通平面上不存在反点.除此之外,平面上其他的任意一点都存在唯一的一个反点.因此,严格地讲,“反演变换”不是平面 π 的一个变换,而只是平面 π 的一个“拟变换”(因为有一个点没有像).但如果将平面 π 去掉反演中心,则“反演变换”仍是这个有“洞”的残缺平面的一一变换.

定义8.1.2 在反演变换 $I(O,k)$ 下,如果平面 π 的图形 F 的像为图形 F',则图形 F' 称为图形 F 关于反演变换 $I(O,k)$ 的反形.简称图形 F' 是图形 F 的反形.

显然,在反演变换下,如果图形 F' 是图形 F 的反形,则图形 F 是图形 F' 的反形.因而图形 F 与图形 F' 互为反形.

反演变换的不动点称为自反点;而反演变换的不变图形则称为自反图形.

如果反演变换 $I(O,k)$ 是一个双曲型反演变换,即反演幂 $k>0$.令 $r=\sqrt{k}$,则以反演中心 O 为圆心、r 为半径的圆称为反演变换 $I(O,k)$ 的反演圆,而 r 则称为反演半径.

如果反演变换 $I(O,k)$ 是一个椭圆型反演变换,即反演幂 $k<0$.令 $r=\sqrt{-k}$,则以反演中心 O 为圆心、r 为半径的圆也称为反演变换

$$I(O,k)=I(O,-r^2)$$

的反演圆,r 则称为反演半径.

无论是双曲型反演变换,还是椭圆型反演变换,它们都有一个反演圆,圆心为反演中心.当反演幂为 k 时,反演半径为 $r=\sqrt{|k|}$.且由反演变换的定义知,反演圆是反演变换的自反圆;双曲型反演变换的反演圆上任意一点都是自反点;椭圆型反演变换的反演圆上任意一点都变为这一点的对径点(以这一点为一端点的直径的另一端点);椭圆型反演变换没有自反点;反演圆内的点(除圆心外)的反点在反演圆外,而反演圆外的点的反点则在反演圆内(图 8.1.1, 8.1.2).

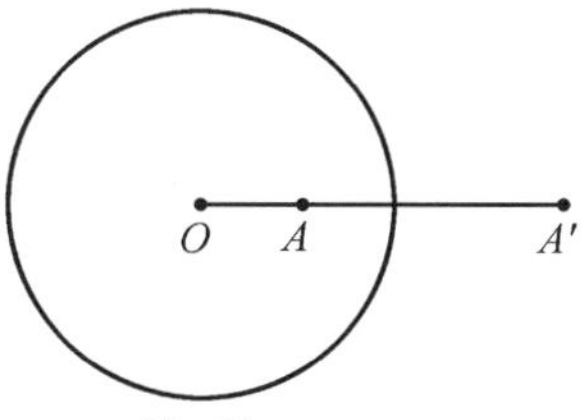

$(k>0)$

图 8.1.1

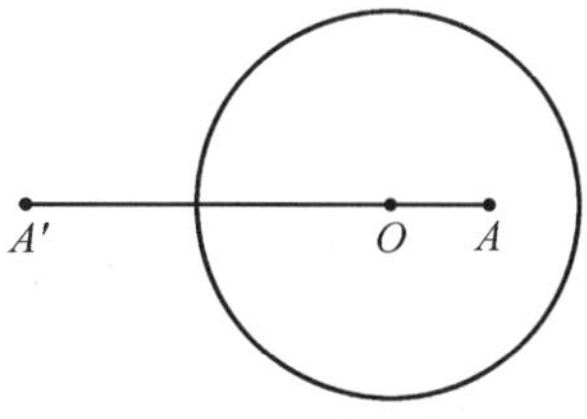

$(k<0)$

图 8.1.2

如果给定了一个圆心为 O、半径为 r 的 $\odot(O,r)$,则它即可唯一确定一个

双曲型反演变换 $I(O,r^2)$，也可唯一确定一个椭圆型反演变换 $I(O,-r^2)$，它们都以 $\odot(O,r)$ 为反演圆.那么，怎样作出一个已知点的反点呢?由于当 A' 是点 A 关于反演变换 $I(O,r^2)$ 的反点时，A' 关于反演中心 O 的对称点即点 A 关于反演变换 $I(O,-r^2)$ 的反点.因此，我们只需讨论已知点 A 关于双曲型反演变换 $I(O,r^2)$ 的反点 A' 的作法即可，而这个作法是非常简单的：

如果点 A 在反演圆 $\odot(O,r)$ 外，由 A 作 $\odot(O,r)$ 的两条切线，切点分别为 P、Q，则 OA 与 PQ 的交点 A'(亦即 PQ 的中点)即为点 A 关于反演变换 $I(O,r^2)$ 的反点(图 8.1.3).这是因为由作法知 $OP\perp PA$，$OA'\perp PA'$.于是由直角三角形的性质，有 $OA'\cdot OA=r^2$.

如果点 A 在反演圆 $\odot(O,r)$ 内，则过点 A 且与 OA 的垂直的直线必与 $\odot(O,r)$ 相交，设 P 为其交点之一，过 P 作 $\odot(O,r)$ 的切线与直线 OA 交于 A'，则 A' 即为点 A 关于反演变换 $I(O,r^2)$ 的反点(图 8.1.4).

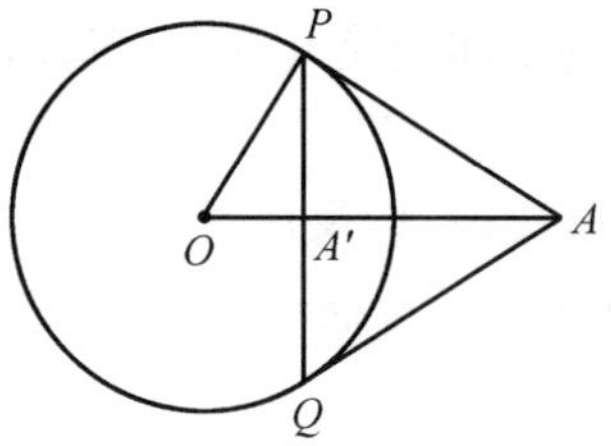

图 8.1.3

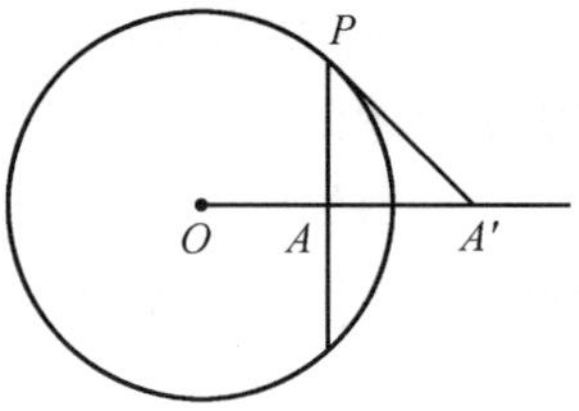

图 8.1.4

如果点 A 在反演圆上，则 A 的反点为其自身.

现在讨论反演变换的性质.

定理 8.1.1 在反演变换下，不共线的两对互反点是共圆的四点.

证明 如图8.1.5,8.1.6所示，设 $A\xrightarrow{I(O,k)}A'$，$B\xrightarrow{I(O,k)}B'$，且 A、B、A'、B' 不共线.则由反演变换的定义，有 $\overline{OA'}\cdot\overline{OA}=k=\overline{OB'}\cdot\overline{OB}$.故 A、B、A'、B' 四点共圆.

由证明可以看出，$\triangle OAB$ 与 $\triangle OB'A'$ 是反向相似的.

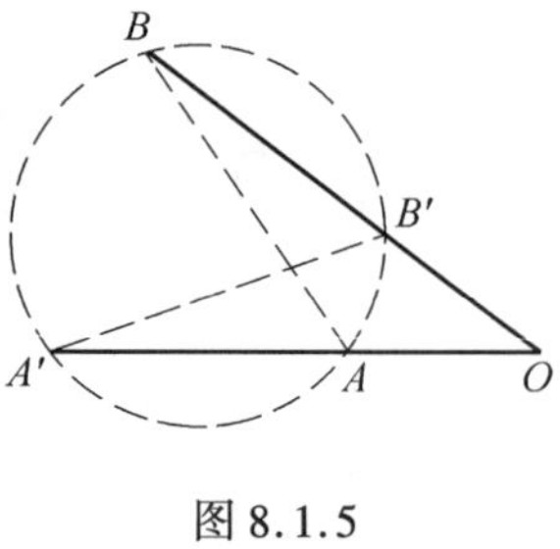

图 8.1.5

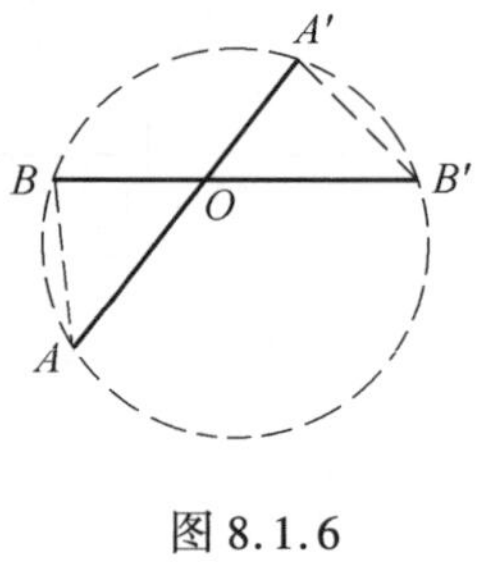

图 8.1.6

推论 8.1.1 设 A、A'，B、B'，P、P' 是关于反演变换 $I(O,k)$ 的三对互反

点，且 P、A、B 三点不共线. 如果 O、A、B 三点共线，则 $\angle A'P'B' = \angle APB$，且两角的方向相反.

证明 如图 8.1.7,8.1.8 所示，由定理 8.1.1，B、B'、P、P' 四点共圆，所以，$\measuredangle OP'B' = \measuredangle PBO$，$\measuredangle OP'A' = \measuredangle PAO$. 于是

$$\measuredangle A'P'B' = \measuredangle OP'B' - \measuredangle OP'A' = \measuredangle PBO - \measuredangle PAO = \measuredangle BPA$$

故 $\angle A'P'B' = \angle APB$，且两角的方向相反.

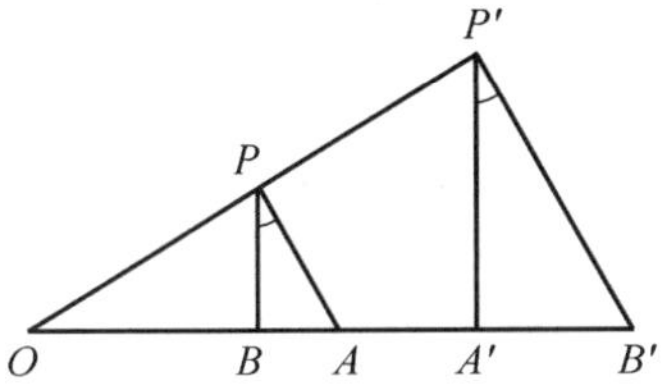

图 8.1.7

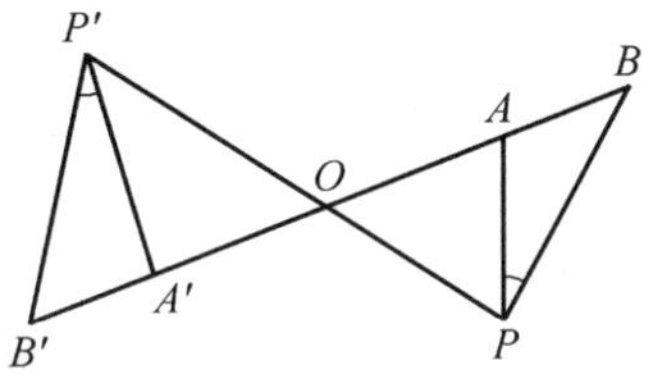

图 8.1.8

定理 8.1.2 设 A、B 两点关于反演变换 $I(O,k)$ 的反点分别为 A'、B'，则

$$A'B' = \frac{|k|}{OA \cdot OB} \cdot AB$$

证明 若 O、A、B 三点共线，则由 $\overline{OA'} \cdot \overline{OA} = k$，$\overline{OB'} \cdot \overline{OB} = k$，有

$$\overline{A'B'} = \overline{OB'} - \overline{OA'} = \frac{k}{\overline{OB'}} - \frac{k}{\overline{OA'}} = \frac{k(\overline{OA} - \overline{OB})}{\overline{OA} \cdot \overline{OB}} = \frac{k \cdot \overline{BA}}{\overline{OA} \cdot \overline{OB}}$$

若 O、A、B 三点不共线，则由 $\triangle OB'A' \backsim \triangle OAB$(图 8.1.5,8.1.6)，有

$$\frac{A'B'}{AB} = \frac{OA'}{OB} = \frac{OA \cdot OA'}{OA \cdot OB} = \frac{|k|}{OA \cdot OB}$$

由此可见，无论哪种情形，结论都成立.

定理 8.1.3 设 $I(O,k_1)$ 与 $I(O,k_2)$ 是平面 π 上具有同一反演中心的两个反演变换，则

$$I(O,k_2) = H(O,k_2 \cdot k_1^{-1})I(O,k_1)$$

证明 对平面 π 上任一异于反演中心 O 的点 A，设 $A \xrightarrow{I(O,k_1)} A' \xrightarrow{H(O,k_2k_1^{-1})} A''$，则 A'、O、A 三点共线，且 $\overline{OA'} \cdot \overline{OA} = k_1$，$A'$、$O$、$A''$ 三点共线，$\overline{OA''} = k_2 \cdot k_1^{-1}\,\overline{OA'}$，所以 A''、O、A 三点共线，且

$$\overline{OA''} \cdot \overline{OA} = k_2 \cdot k_1^{-1}\,\overline{OA'} \cdot \overline{OA} = k_2 \cdot k_1^{-1}k_1 = k_2$$

故由反演变换的定义即得

$$H(O,k_2k_1^{-1})I(O,k_1) = I(O,k_2)$$

由于位似变换不改变图形的形状，因而定理 8.1.3 说明，在反演变换下，反演中心一旦确定，则一个图形的反形的形状便随之确定，与反演幂的大小无关.

基于这个原因,往后讨论图形在反演变换下的反形的性质时,我们只需对双曲型反演变换进行讨论即可.

定理 8.1.4 在反演变换下,过反演中心的直线不变.不过反演中心的直线的反形是过反演中心的圆;过反演中心的圆的反形是不过反演中心的直线.不过反演中心的圆的反形仍是不过反演中心的圆.

证明 过反演中心的直线显然是不变的;

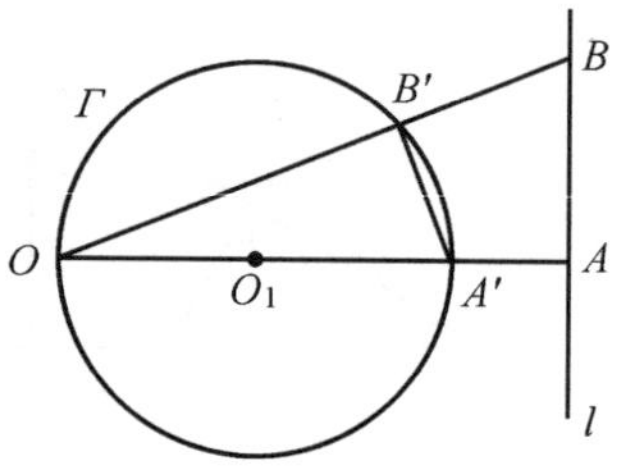

图 8.1.9

如图 8.1.9 所示,设 l 是不过反演中心 O 的一条直线,过点 O 作 l 的垂线,垂足为 A,A 的反点是 A'.再设 B 是 l 上任意一异于 A 的点,B 的反点是 B'. 由定理 8.1.1,A、A'、B、B' 四点共圆,所以 $\angle OB'A' = \angle BAA' = 90°$.因此,点 B' 在以 OA' 为直径的圆 Γ 上.反之,对圆 Γ 上的任一异于 O、A' 的点 B',设直线 OB' 交 l 于 B,由于 $\angle OB'A = 90° = \angle BAA'$,所以,$A$、$A'$、$B$、$B'$ 四点共圆.因此,$\overline{OB'} \cdot \overline{OB} = \overline{OA'} \cdot \overline{OA} = k$,其中 k 为反演幂,从而 B' 是点 B 的反点,即圆 Γ 上异于 O 的任意一点都是直线 l 上的某一点的反点,故圆 Γ 是直线 l 的反形①.因此,不过反演中心的直线的反形是过反演中心的圆.

由互反性即知,过反演中心的圆的反形是不过反演中心的直线.

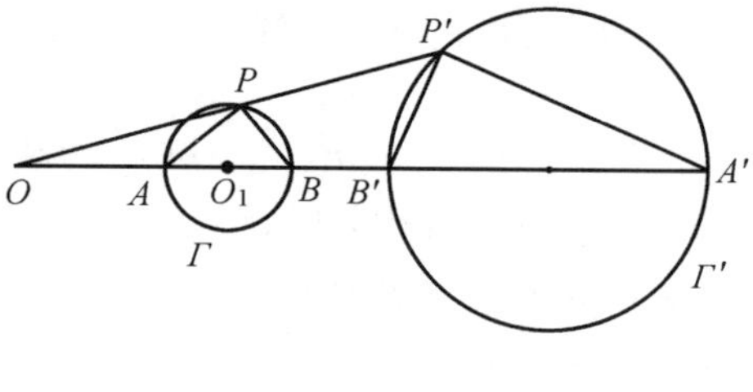

图 8.1.10

设圆 Γ 不过反演中心.若圆 Γ 的圆心 O 就是反演中心,圆 Γ 的反形显然是 Γ 的一个同心圆.若圆 Γ 的圆心 O_1 不同于反演中心 O.如图 8.1.10 所示,设直线 OO_1 交圆 Γ 于 A、B 两点,它们的反点分别为 A'、B',则 A'、B' 是直线 OO_1 上的两个定点.对圆 Γ 上任一异于 A、B 的点 P,设其反点为 P',则由推论 8.1.1,$\angle A'P'B' = \angle APB = 90°$,所以,$P'$ 在以 $A'B'$ 为直径的圆 Γ' 上;反之,对圆 Γ' 上的任一异于 A'、B' 的点 P',设 P' 的反点为 P.再由推论 8.1.1 知,$\angle APB = \angle A'P'B' = 90°$,所以,点 P 在以 AB 为直径的圆上,即点 P 在圆 Γ 上.因此,圆 Γ 的反形是圆 Γ'.且因圆 Γ 不过反演中心 O,所以 A、B 异于 O,当然 A'、B' 也不同于 O,所以圆也不会过反演中心 O.故不过反演中心的圆的反形仍是不过反演中心的圆.

如果将直线视为半径为无穷大的圆,则定理 8.1.5 表明,在反演变换下,圆

---

① 严格地讲,圆 Γ 除掉反演中心才是直线 l 的反形.以后凡是过反演中心的图形都这样理解.

的反形仍然是圆.这是反演变换的一个极为重要的不变性质,称为反演变换的**保圆性**.

应该指出,在反演变换下,当圆 Γ 与圆Γ' 是一对互反形时,圆 Γ 与圆Γ' 的圆心并非两个互反点.但由定理 8.1.4 的证明可知,互为反形的两圆的两个圆心与反演中心总是在一条直线上.

反演变换的另一个重要的不变性质涉及两条相交曲线在交点处的交角的概念.

定义 8.1.3 设两条曲线 u、v 相交于点A,l、m 分别是曲线u、v 在点A 处的切线(如果存在的话),则 l 与m 的交角称为曲线u、v 在点A 处的交角;如果两切线重合,则曲线 u、v 在点A 处的交角为 0.

特别地,如果两圆 $\odot O_1$ 与 $\odot O_2$ 交于点 A,那么过点 A 作两圆的切线,则两切线的交角称为两圆的交角. 易知这个交角就是 $\angle O_1AO_2$ 或 $180° - \angle O_1AO_2$(图 8.1.11,8.1.12).当两圆的交角等于 90° 时,称两圆正交.

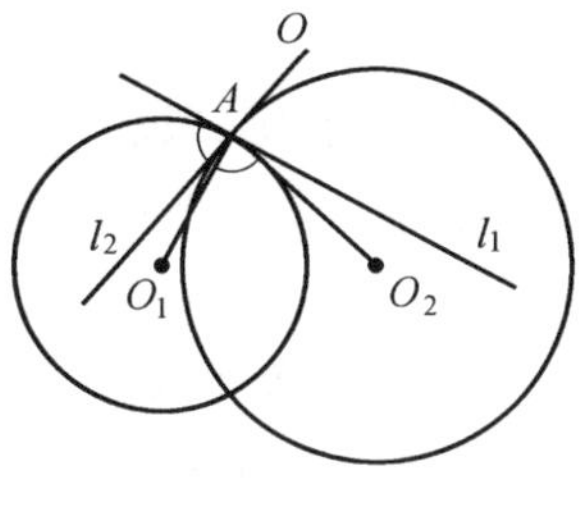

图 8.1.11

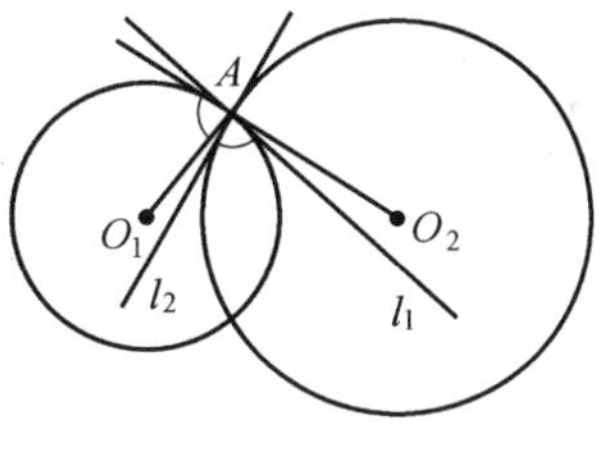

图 8.1.12

显然,两圆正交的充分必要条件是:在交点处两圆的半径互相垂直.

如果两圆相切,则两圆的交角为 0.

如果直线和圆相交,过交点作圆的切线,则切线与直线的交角就是直线与圆的交角.当这个交角为90°时,称直线与圆正交.显然,一条直线与圆正交的充分必要条件是这条直线过圆心.

如果直线与圆相切,则直线与圆的交角是 0.

定理 8.1.5 在反演变换下,两条相交曲线在交点处的交角大小不变,方向相反.

证明 如图8.1.13所示,设曲线 u、v 交于点P,在反演变换 $I(O,k)$下,u、v 的反形是曲线u'、v',点 P 的反点为P'.则 P' 必是曲线u'、v' 的一个交点,且 O、P、P' 在同一直线上.

过反演中心 O 作一条不同于OP 的直线OQ 分别交曲线u、v、u'、v' 于A、B、A'、B',则 A'、B' 分别是A、B 的反点. 由推论,$\angle A'P'B' = \angle APB$(但方向相反).令 $\alpha = \angle QOP$,则当 α 趋于零时,直线 OQ 趋于直线OP,点 A、B 同时趋于

P,点 A'、B' 同时趋于 P',割线 PA、PB、PA'、PB' 分别趋于各相应曲线的切线.由于 $\lim\limits_{\alpha\to 0}\angle A'P'B' = \lim\limits_{\alpha\to 0}\angle APB$,故曲线 u'、v' 在交点 A' 处的交角等于曲线 u、v 在交点 A 处的交角,而方向则恰好相反.

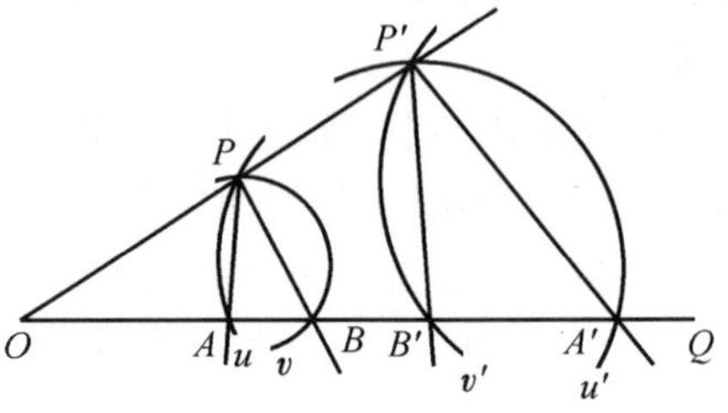

图 8.1.13

反演变换的这一性质称为反演变换的(反向) **保角性**.

由反演变换的保圆性与保角性立即可得

推论 8.1.2 如果两圆或一圆一直线相切于反演中心,则其反形是两条平行直线;如果两圆或一圆一直线相切于非反演中心,则其反形(两圆或一圆一直线) 相切.

推论 8.1.3 如果两直线平行,则其反形(两圆或一圆一直线) 相切于反演中心.

推论 8.1.4 如果两圆,或一圆一直线,或两直线正交,则其反形亦正交.

定理 8.1.6 如果反演中心对圆 Γ 的幂等于反演幂,则圆 Γ 是反演变换的自反圆.

证明 设反演变换为 $I(O,k)$,反演中心对圆 Γ 的幂等于反演幂 k.如图 8.1.14,8.1.15所示,过反演中心 O 任作一直线 l 交圆 Γ 于 A、A' 两点(A 与 A' 有可能重合,重合时 A 为切点),则由圆幂定理,$\overline{OA'}\cdot\overline{OA} = k$,所以 A 与 A' 互为反点,故由直线 l 的任意性即知圆 Γ 是反演变换 $I(O,k)$ 的自反圆.

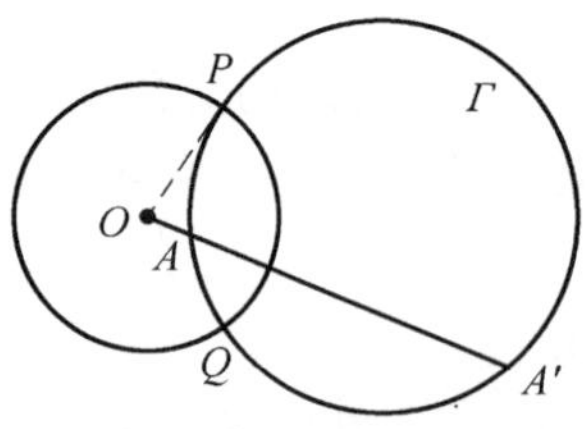

图 8.1.14

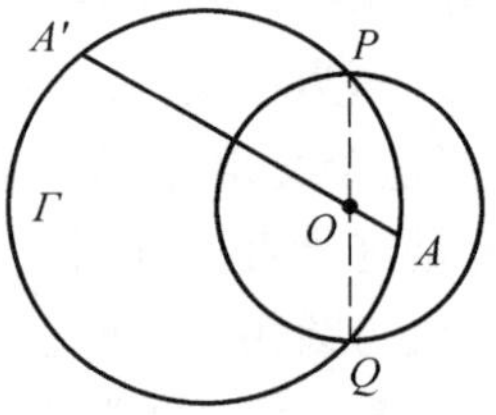

图 8.1.15

因反演圆外(内) 的点的反点在反演圆内(外),所以,反演变换的自反圆若非反演圆,则一定和反演圆相交于两点 P、Q(仍见图 8.1.14,8.1.15).对于双曲型反演变换,P、Q 是两个自反点(图 8.1.14);对于椭圆型反演变换,P、Q 是两个互反点(图 8.1.15).

推论 8.1.5 过两个互反点的圆是自反圆.

证明 设 A、A' 是反演变换 $I(O,k)$ 的两个互反点，则 $\overline{OA'}\cdot\overline{OA}=k$. 如果圆 Γ 过 A、A' 两点，则 $k=\overline{OA'}\cdot\overline{OA}$ 恰为反演中心 O 对圆 Γ 的幂. 由定理8.1.7即知，圆 Γ 是反演变换 $I(O,k)$ 的自反圆.

定理 8.1.7 一个圆是双曲型反演变换的自反圆，当且仅当这个圆是反演圆或这个圆与反演圆正交.

证明 设圆 Γ 是双曲型反演变换 $I(O,r^2)$ 的自反圆. 如果圆 Γ 上的每一点都是自反点，则圆 Γ 就是反演圆 $\odot(O,r)$；如果圆 Γ 上存在一个非自反点 A，设 A 的反点为 A'，则 A' 也在圆 Γ 上. 因 A 不是自反点，所以 A、A' 必然一点在反演圆内，一点在反演圆外，从而圆 Γ 必与反演圆相交. 设 P 为其交点之一(图 8.1.16)，则

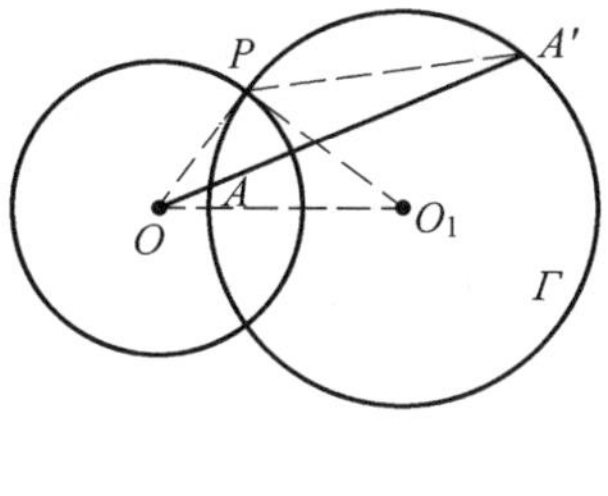

图 8.1.16

$$OA'\cdot OA=r^2=OP^2$$

由此即知 OP 与圆 Γ 相切于点 P，故圆 Γ 与反演圆正交.

反之，反演圆显然是反演变换的自反圆；而当圆 Γ 与反演圆正交时，设其中一个交点为 P，圆的圆心为 O_1，半径为 r_1(仍见图 8.1.16). 因 $OP\perp O_1P$，由勾股定理，有 $r^2=OP^2=OO_1^2-O_1P^2=OO_1^2-r_1{}^2$，这正是反演中心 O 对圆 Γ 的幂. 但 r^2 为反演幂，故由定理 8.1.7 即知，圆 Γ 是一个自反圆.

推论 8.1.6 如果相交两圆皆与双曲型反演变换的反演圆正交，则相交两圆的两个交点是两个互反点.

证明 由定理 8.1.7，这两个相交圆都是自反圆，因而两个交点必为两个互反点.

推论 8.1.7 在双曲型反演变换下，过两个互反点的圆必与反演圆正交.

证明 由推论 8.1.6 与定理 8.1.7 即得.

我们看到，双曲型反演变换的许多性质与轴反射变换的性质是类似的. 如：反演变换的反向保角性与轴反射变换的反向保角性；反演变换的自反圆(包括直线) 或是反演圆，或与反演圆正交；轴反射变换的不变直线(包括圆) 或是反射轴，或与反射轴正交. 等等. 其原因在于：如果将直线视作半径为无穷大的圆，则轴反射变换即可视作反演圆的半径为无穷大的双曲型反演变换，反射轴即反演圆.

事实上，如图8.1.17所示，设 P、P' 是双曲型反演变换 $I(O,r^2)$ 的两个互反点，射线 OP 交反演圆于 M，则有 $(r-PM)(r+MP')=OP\cdot OP'=r^2$，于是

$$MP'=\frac{r^2}{r-PM}-r=\frac{PM}{1-\dfrac{PM}{r}}$$

如果固定 P、M 两点，则当 $r\to+\infty$ 时，反演圆 $\odot O$ 趋于过点 M 且垂直于

PM 的直线 l，而 MP' 的长度则趋于 PM，即点 P' 趋于点 P 关于直线 l 的对称点. 故反演变换 $I(O, r^2)$ 趋于轴反射变换 $S(l)$.

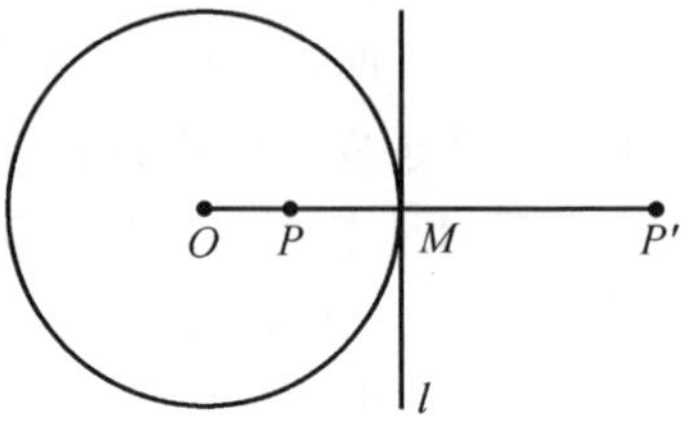

图 8.1.17

正因为双曲型反演变换与轴反射变换之间有这么一个亲缘关系，所以，双曲型反演变换也称为**圆反射变换**.

为了给出反演变换的另一个重要的不变量，我们先证明一个引理.

引理 8.6.1 设圆 Γ_1 与 Γ_2 的连心线与圆 Γ_1 交于 A、B 两点，与圆 Γ_2 交于 C、D 两点，EF 为两圆的外(内) 公切线(E、F 为切点)，则

$$AC \cdot BD = EF^2 (AD \cdot BC = EF^2)$$

证明 仅证外公切线的情形. 当圆 Γ_1 与 Γ_2 相等时，结论显然成立. 如果圆 Γ_1 与 Γ_2 不等，不失一般性，设圆 Γ_1 大于圆 Γ_2，圆 Γ_1 与 Γ_2 的圆心分别为 O_1、O_2. 如图 8.1.18 所示，以两圆半径之差为半径作圆 Γ_1 的同心圆 Γ 与 AB 交于 K、L，与 O_1E 交于 T，则 $AK = LB = CO_2$，所以 $AC = KO_2$，$BD = LO_2$. 又由 $ET \perp EF$，$FO_2 \perp EF$，$ET = FO_2$ 可知 TO_2 与圆 Γ 相切于 T，且 $TO_2 = EF$. 故由圆幂定理即得

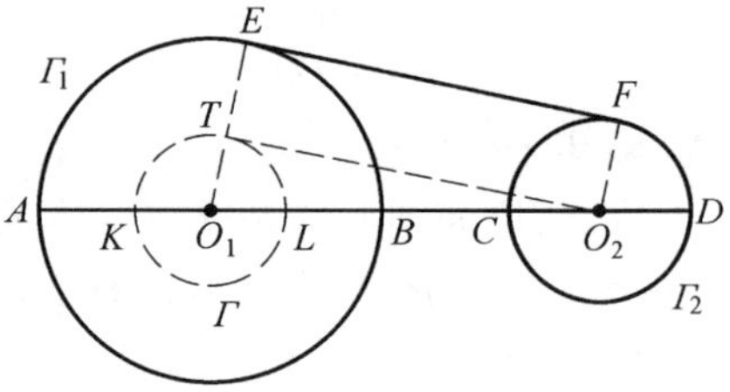

图 8.1.18

$$AC \cdot BD = KO_2 \cdot LO_2 = TO_2^2 = EF^2$$

定理 8.1.8 设半径分别为 r_1、r_2 的两圆 Γ_1 与 Γ_2 在某个反演变换下的反形 Γ_1' 与 Γ_2' 仍然是两个圆，其半径分别为 R_1、R_2. 如果圆 Γ_1 与 Γ_2 的外(内) 公切线长为 l，圆 Γ_1' 与 Γ_2' 的外(内) 公切线长为 L，则 $\dfrac{L^2}{R_1 R_2} = \dfrac{l^2}{r_1 r_2}$. 即两圆外(内) 公切线的平方与两圆半径的积之比在反演变换下保持不变.

证明 同样仅证外公切线的情形. 如图 8.1.19 所示，设圆 Γ_1 与 Γ_2 的连心线与圆 Γ_1 交于 A、B 两点，与圆 Γ_2 交于 C、D 两点，在反演变换 $I(O, k)$ 下，圆 Γ_1 与 Γ_2 的反形分别为圆 Γ_1' 与 Γ_2'. 设点 X 的反点为 X'，则由定理 8.1.2 可得

$$\frac{A'C' \cdot B'D'}{A'B' \cdot C'D'} = \frac{AC \cdot BD}{AB \cdot CD}$$

另一方面，因 A、B、C、D 在一直线上，所以 A'、B'、C'、D' 四点共圆或共线.

如果 A'、B'、C'、D' 四点共圆，记这个圆为 Γ，因直线 $ABCD$ 与圆 Γ_1、Γ_2 都正交，所以，圆 Γ 与圆 Γ_1'、Γ_2' 都正交. 如图 8.1.20 所示，设圆 Γ_1' 与 Γ_2' 的连心

线与圆 Γ_1' 交于 P、Q 两点，与圆 Γ_2' 交于 R、S 两点，且圆 Γ_1' 和 Γ_2' 的根轴与圆 Γ 的一个交点为 O_1. 以 O_1 为反演中心、点 O_1 对圆 Γ_1 的幂为反演幂作反演变换，由定理 8.1.7，圆 Γ_1' 和 Γ_2' 均为自反圆，而圆 Γ 的反形则是与圆 Γ_1' 和 Γ_2' 均正交的直线，这条直线不是别的，正是圆 Γ_1' 和 Γ_2' 的连心线 $PQRS$，因此 A'、B'、C'、D' 的反点分别为 P、Q、R、S，或 Q、P、S、R，从而由定理 8.1.2，有

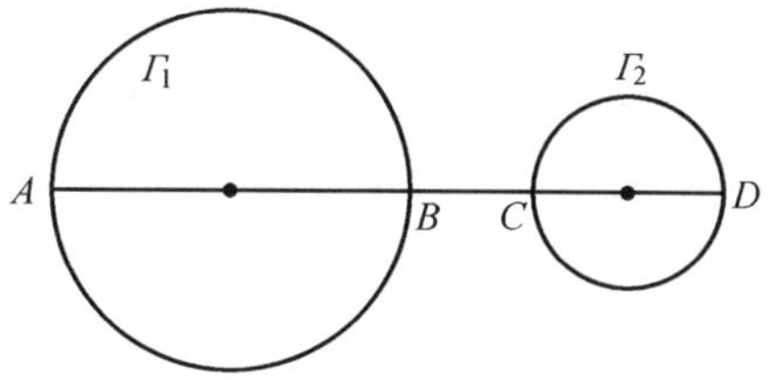

图 8.1.19

$$\frac{PR\cdot QS}{PQ\cdot RS}=\frac{A'C'\cdot B'D'}{A'B'\cdot C'D'}$$

于是

$$\frac{PR\cdot QS}{PQ\cdot RS}=\frac{AC\cdot BD}{AB\cdot CD}$$

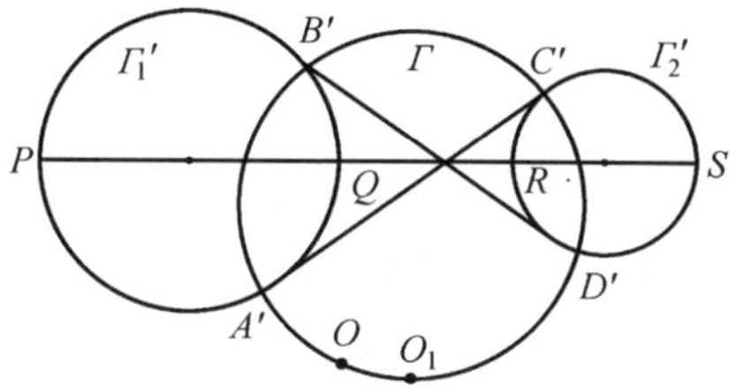

图 8.1.20

如果 A'、B'、C'、D' 四点共线，则反演中心 O 就在圆 Γ_1 和 Γ_2 的连心线上，此时，直线 $A'B'C'D'$ 就是圆 Γ_1' 和 Γ_2' 的连心线 $PQRS$，因而上式也成立.

由引理 8.6.1，$PR\cdot QS=L^2$，$AC\cdot BD=l^2$. 又 $PQ=2R_1$，$RS=2R_2$，$AB=2r_1$，$CD=2r_2$，故

$$\frac{L^2}{R_1R_2}=\frac{l^2}{r_1r_2}$$

8.2 线段度量关系与反演变换

从反演变换的定义上来看，实际上是揭示了反演中心 O 到一对互反点 A、A' 之间的一个度量关系：$\overline{OA'}\cdot\overline{OA}=k$（$k$ 为反演幂），因而 $\overline{OA'}=\dfrac{k}{OA}$. 于是，凡涉及欲证结论是几条具有公共端点的线段的倒数的几何等式或不等式问题，我们即可以考虑用反演变换转化为不含线段倒数的等式或不等式问题. 反演中心是这些线段的公共端点，而反演幂可以任意选取，也可以就方便而取某个特殊的反演幂.

例 8.2.1 如图 8.2.1 所示，设 A、B、C、D 为正七边形的相邻四个顶点. 求证

$$\frac{1}{AB}=\frac{1}{AC}+\frac{1}{AD}$$

(第21届原全苏数学奥林匹克,1987)

证明 作反演变换 $I(A,AC^2)$,则点 C 不变.因 A、B、C、D 四点共圆,而过反演中心的圆的反形是直线,所以,设 B、D 的反点分别为 B'、D',则 B'、C、D' 在一直线上,AC 为 $\angle B'AD'$ 的角平分线,$\angle B'=\angle BCA=\angle CAB=\angle CAB'$.因 A、B、C、D 为正七边形的相邻四个顶点,所以 $\angle ACB=\frac{\pi}{7}$,由于

$$AB'\cdot AB=AD'\cdot AD=AC^2$$

于是问题转化为:

如图8.2.2所示,在 $\triangle AB'D'$ 中,$\angle B'AD'=2\angle B'=\frac{2\pi}{7}$,$AC$ 为 $\angle B'AD'$ 的平分线.求证:$AB'=AC+AD'$.

这是一个简单的问题.

事实上,在 AB' 上取点 E,使 $AE=AC$,则容易得到 $\triangle B'CE\cong\triangle ACD'$,所以 $B'E=AD'$.故 $AB'=AE+EB'=AC+AD'$.

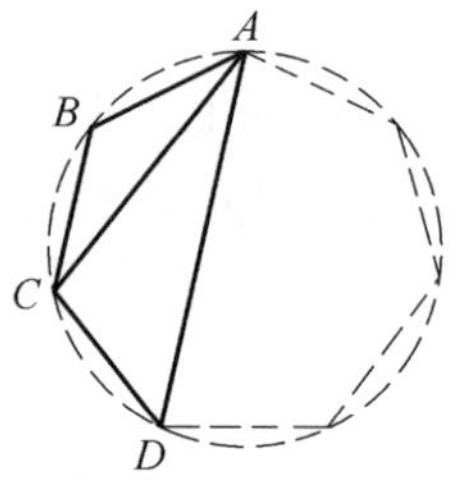

图8.2.1

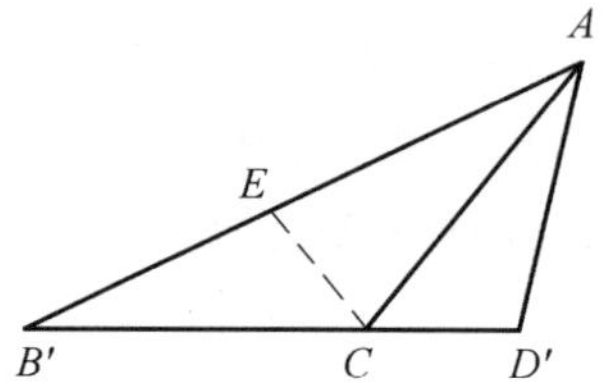

图8.2.2

例8.2.2 已知 $\angle A$ 和 $\angle A$ 内的定点 P,过点 P 作一直线分别交 $\angle A$ 的两边于 B、C,使 $\frac{1}{PB}+\frac{1}{PC}$ 为最大.(第8届美国数学奥林匹克,1979)

解 如图8.2.3所示,作反演变换 $I(P,PA^2)$,则点 A 是自反点,直线 AB、AC 的反形分别过点 A、P 的两圆.设 B、C 的反点分别为 B'、C',则 $B'C'$ 为过两圆的交点 P 的一条割线.由于 $PB'\cdot PB=PC'\cdot PC=PA^2$,所以

$$\frac{1}{PB}+\frac{1}{PC}=\frac{1}{PA^2}(PB'+PC')=\frac{B'C'}{PA^2}$$

于是问题转化为:

如图8.2.4所示,设两圆相交于 P、A 两点,过交点 P 作一条割线,分别与两圆交于点 B'、C',使线段 $B'C'$ 为最长.

这是一个我们非常熟悉的问题.答案是:当 $B'C'$ 与两圆的连心线平行时,

$B'C'$ 最长.此时 $B'C' \perp PA$.故原问题的答案是:当 $BC \perp PA$ 时,$\frac{1}{PB}+\frac{1}{PC}$ 为最大.

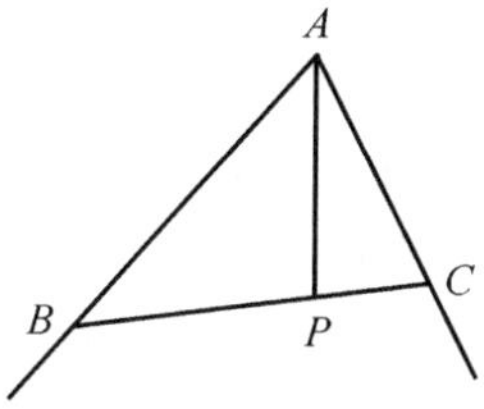

图 8.2.3

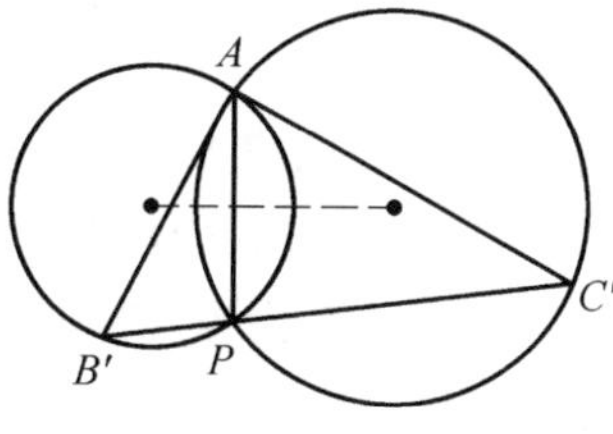

图 8.2.4

例8.2.3 设四边形 $ABCD$ 的对边 AB 与 CD 交于 E,BC 与 AD 交于 F.求证:AC 平分 $\angle BAD$ 的充分必要条件是

$$\frac{1}{AB}+\frac{1}{AF}=\frac{1}{AD}+\frac{1}{AE}$$

证明 如图 8.2.5 所示,作反演变换 $I(A, AC^2)$,则点 C 是自反点,直线 ABE、ADF 不变,直线 BCF 与直线 ECD 的反形为相交于 A、C 两点的两个圆 Γ_1、Γ_2.设点 X 的反点为 X',则 B'、F' 在圆 Γ_1 上,E'、D' 在圆 Γ_2 上,而 $AB' \cdot AB = AF' \cdot AF = AD' \cdot AD = AE' \cdot AE = AC^2$,于是

$$\frac{1}{AB}+\frac{1}{AF}=\frac{1}{AD}+\frac{1}{AE} \Leftrightarrow AB'+AF'=AD'+AE' \Leftrightarrow$$
$$AB'-AE'=AD'-AF' \Leftrightarrow E'B'=F'D'$$

这样,问题转化为:

设圆 Γ_1 与 Γ_2 交于 A、C 两点,在公共弦 AC 的两边过点 A 作两条射线,分别交圆 Γ_1 于 B'、F',交圆 Γ_2 于 E'、D'.求证:AC 平分 $\angle B'AD'$ 的充分必要条件是 $E'B'=F'D'$.

这是我国早期(1979 年)的一道全国高中数学联赛试题.证明是简单的.

事实上,如图 8.2.6 所示,不难知道,$\triangle E'B'C \backsim \triangle D'F'C$.于是,$E'B'=F'D' \Leftrightarrow \triangle E'B'C \cong \triangle D'F'C \Leftrightarrow B'C=CF' \Leftrightarrow \angle B'AC=\angle CAF' \Leftrightarrow AC$ 平分 $\angle B'AD'$.

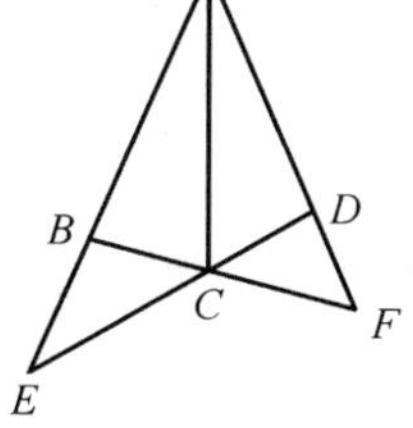

图 8.2.5

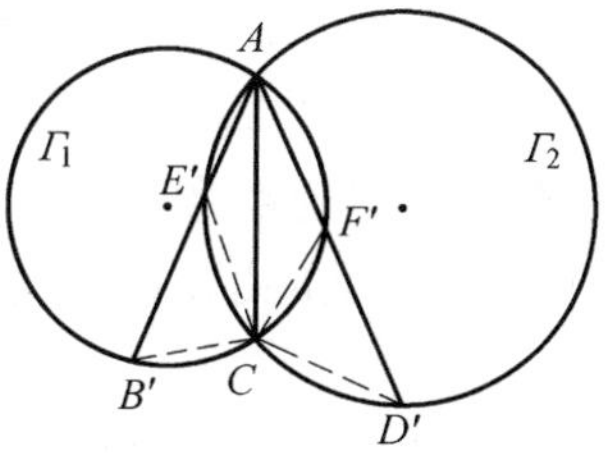

图 8.2.6

例 8.2.4 过四边形 $ABCD$ 的两对角线的交点 O 任作一直线分别交直线 AB、BC、CD、DA 于 P、Q、R、S. 求证

$$\frac{1}{OP}-\frac{1}{OQ}=\frac{1}{OR}-\frac{1}{OS}$$

证明 如图 8.2.7 所示,以 O 为反演中心,任取一正数 k 作反演变换 $I(O,k)$,则直线 AB、BC、CD、DA 的反形分别是过点 O 的四个圆:$\odot O_1$、$\odot O_2$、$\odot O_3$、$\odot O_4$. 设点 X 的反点为点 X',则 A'、B'、C'、D' 分别为 $\odot O_1$、$\odot O_2$、$\odot O_3$、$\odot O_4$ 前后循环相交的、异于点 O 的交点,而 P'、Q'、R'、S' 分别在这四个圆上. 因为过反演中心 O 的直线不变,且 $OP'\cdot OP=OQ'\cdot OQ=OR'\cdot OR=OS'\cdot OS=k$,所以

$$\frac{1}{OP}-\frac{1}{OQ}=\frac{1}{OR}-\frac{1}{OS}\Leftrightarrow OP'-OQ'=OR'-OS'\Leftrightarrow P'Q'=R'S'$$

于是问题转化为:

如图 8.2.8 所示,设四边形 $A'B'C'D'$ 的两对对角线于点 O,$\triangle OA'B'$、$\triangle OB'C'$、$\triangle OC'D'$、$\triangle OD'A'$ 的外接圆分别为 $\odot O_1$、$\odot O_2$、$\odot O_3$、$\odot O_4$,过点 O 任作一直线分别与这四个圆交于另一点 P'、Q'、R'、S'. 求证:$P'Q'=R'S'$.

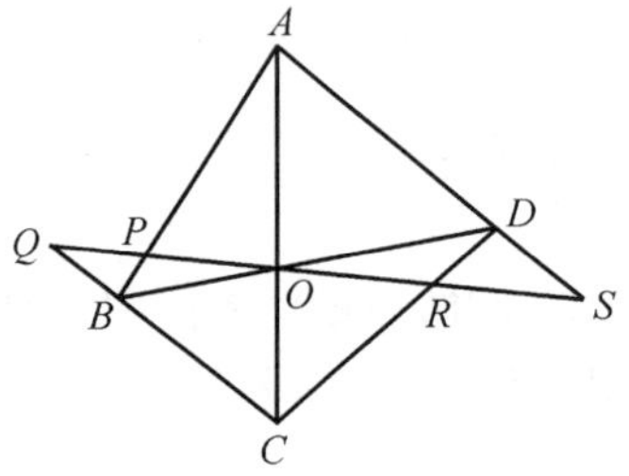

图 8.2.7

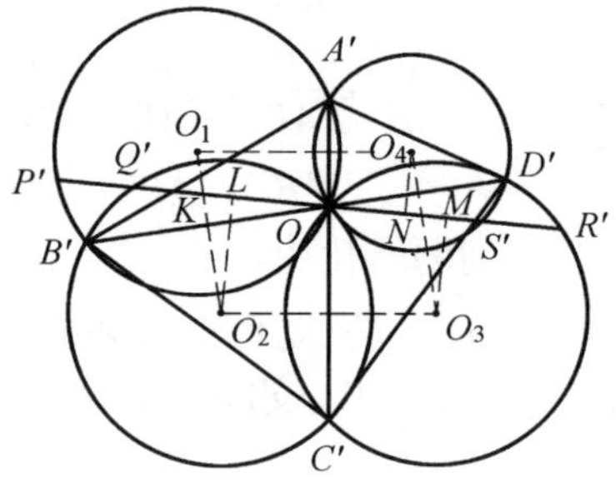

图 8.2.8

这个问题的证明不难.

事实上,易知四边形 $O_1O_2O_3O_4$ 是一个平行四边形. 设 O_1、O_2、O_3、O_4 在直线 $Q'S'$ 上的射影分别为 K、L、M、N,则有 $KL=MN$(平行四边形的一组对边到定直线上的射影相等). 又 K、L、M、N 分别为弦 OP'、OQ'、OR'、OS' 的中点,所以 $P'Q'=2KL$,$R'S'=2MN$. 故 $P'Q'=R'S'$.

通常都用反演变换将与圆有关的问题化为直线型问题. 而上面三个例子则表明,有时对直线型问题通过反演变换化为与圆有关的问题后,可能更容易得到解决.

其实,不仅仅只是具有公共端点的线段的倒数的几何等式或不等式问题可以用反演变换进行转化,对任意只涉及线段的几何等式或不等式问题都可以考

虑用反演变换进行转化.因为定理 8.1.2 已经揭示了两点之间的距离与它们的两个反点之间的距离的关系.

例 8.2.5 设 P 为 $\triangle ABC$ 内一点,$\alpha = \angle BPC - \angle A, \beta = \angle CPA - \angle B$, $\gamma = \angle APB - \angle C$.求证

$$\frac{PA \cdot BC}{\sin \alpha} = \frac{PB \cdot CA}{\sin \beta} = \frac{PC \cdot AB}{\sin \gamma}$$

证明 如图 8.2.9 所示,作反演变换 $I(P,1)$,设点 X 的反点为 X'.因点 P 在 $\triangle ABC$ 内,所以,点 P 也在 $\triangle A'B'C'$ 内.由定理 8.1.1,$\angle A'B'P = \angle PBA$, $\angle PA'C' = \angle ACP$, 所以 $\angle B'A'C' = \angle PBA + \angle ACP = \angle BPC - \angle A = \alpha$.同理,$\angle C'B'A' = \beta$, $\angle A'C'B' = \gamma$.又由定理 8.1.2,有

$$B'C' = \frac{BC}{PB \cdot PC}, C'A' = \frac{CA}{PC \cdot PA}, A'B' = \frac{AB}{PA \cdot PB}$$

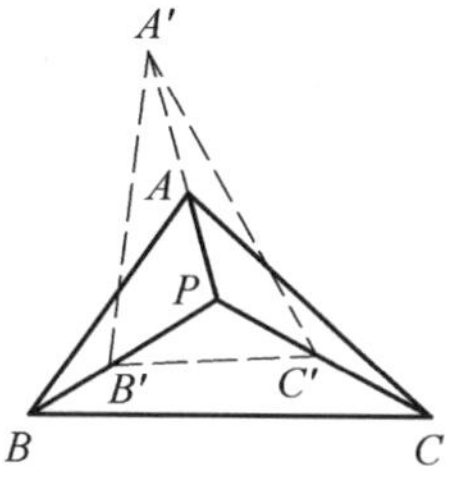

图 8.2.9

对 $\triangle A'B'C'$ 用正弦定理并将上面三式代入即得欲证.

例 8.2.6 证明**Ptolemy 不等式**:对平面上任意不共线的四点 $A、B、C、D$,恒有

$$AB \cdot CD + BC \cdot AD \geqslant AC \cdot BD$$

等式成立当且仅当四边形 $ABCD$ 为圆内接凸四边形.

证明 如图8.2.10所示,作反演变换 $I(A,1)$,设点 X 的反点为 X',则有 $B'C' = \frac{BC}{AB \cdot AC}, C'D' = \frac{CD}{AC \cdot AD}, B'D' = \frac{BD}{AB \cdot AD}$.于是,由 $B'C' + C'D' \geqslant B'D'$ 即得

$$\frac{BC}{AB \cdot AC} + \frac{CD}{AC \cdot AD} \geqslant \frac{BD}{AB \cdot AD}$$

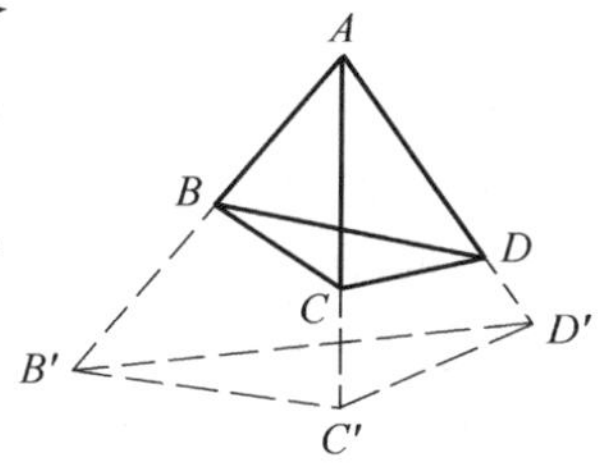

图 8.2.10

化简即得欲证不等式.等式成立当且仅当 $B'、C'、D'$ 三点共线,且 C' 在 $B'、D'$ 之间,当且仅当四边形 $ABCD$ 为圆内接凸四边形.

上面两个例子在第 7 章都曾用位似旋转变换给出过证明(见例 7.1.1,例 7.1.2 后的说明).从反演变换给出的证明来看,例 8.2.5 等价于正弦定理,而 Ptolmey 不等式则等价于简单得不能再简单的不等式命题:对平面上的任意三点 $A、B、C$,恒有 $AB + BC \geqslant AC$.

例 8.2.7 证明**Klamkin 不等式**:设 P 是 $\triangle ABC$ 的内部一点,则有

$$BC \cdot PA^2 + CA \cdot PB^2 + AB \cdot PC^2 \geqslant BC \cdot CA \cdot AB$$

等式成立当且仅当 P 为 $\triangle ABC$ 的内心.

本题实际上也在第 7 章曾用位似旋转变换证明过，因为 Klamkin 不等式是例 7.1.4 的特例. 而用反演变换则可发现 Klamkin 不等式与我们前面已证的一个不等式有着密切的联系.

证明 如图 8.2.11 所示，以 P 为反演中心作反演变换 $I(P,1)$，设点 X 的反点为 X'，则有 $PA'\cdot PA=PB'\cdot PB=PC'\cdot PC=1$，且

$$BC=\frac{B'C'}{PB'\cdot PC'},CD=\frac{C'D'}{PC'\cdot PD'},AB=\frac{A'B'}{PA'\cdot PB'}$$

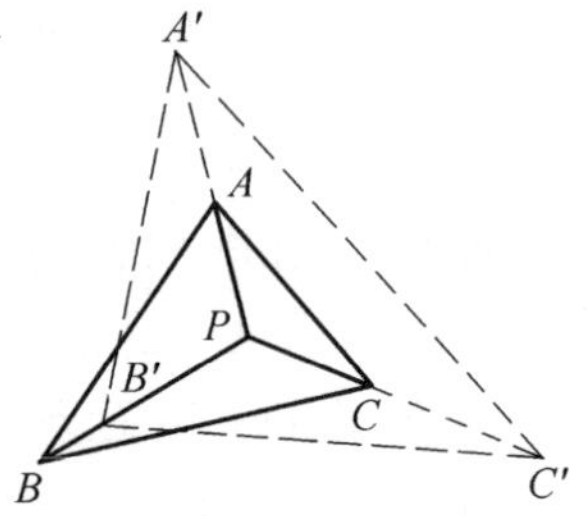

图 8.2.11

代入欲证不等式，则问题转化为：

设 P 为 $\triangle A'B'C'$ 内一点，则有

$$PB'\cdot PC'\cdot B'C'+PC'\cdot PA'\cdot C'A'+PA'\cdot PB'\cdot A'B'\geqslant B'C'\cdot C'A'\cdot A'B'$$

这是在第 3 章已经证明了的一个不等式（即例 3.5.11）. 其等式成立当且仅当 $\triangle A'B'C'$ 是一个锐角三角形，且点 P 为 $\triangle A'B'C'$ 的垂心.

由 $\angle PAB=\angle PB'A'$，$\angle CAP=\angle CC'A'$ 等，可知 $\triangle A'B'C'$ 为锐角三角形，且点 P 为 $\triangle A'B'C'$ 的垂心，当且仅当点 P 为 $\triangle ABC$ 的内心. 因而原不等式得证. 且等式成立当且仅当点 P 为 $\triangle ABC$ 的内心.

例 8.2.8 设边长分别为 a、b、c、d 的四边形 $ABCD$ 外切于 $\odot O$. 求证

$$OA\cdot OC+OB\cdot OD=\sqrt{abcd}$$

（中国国家集训队测试，2003）

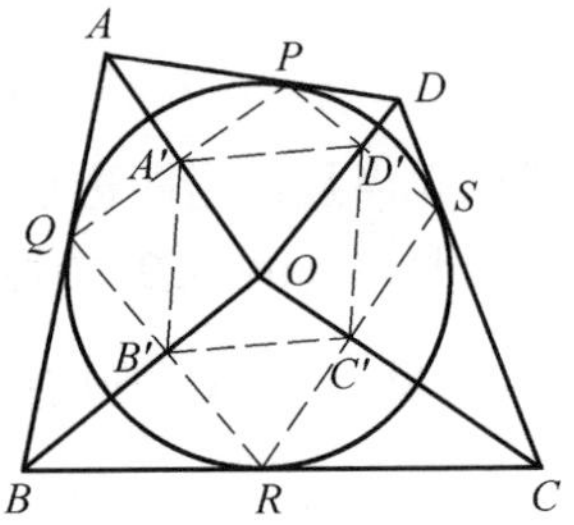

图 8.2.12

证明 如图 8.2.12 所示，设四边形 $ABCD$ 的内切圆与边 DA、AB、BC、CD 分别切于 P、Q、R、S，以四边形 $ABCD$ 的内切圆为反演圆作反演变换，则 A、B、C、D 的反点 A'、B'、C'、D' 分别为切点四边形 $PQRS$ 的边 PQ、QR、RS、SP 的中点，因而 $A'B'C'D'$ 是一个平行四边形. 又 $\angle OB'A'=\angle BAO=\angle OAD=\angle A'D'O$，由习题 3 第 2 题，有

$$OA'\cdot OC'+OB'\cdot OD'=A'B'\cdot B'C'=\sqrt{A'B'\cdot B'C'\cdot C'D'\cdot D'A'}$$

另一方面，设四边形 $ABCD$ 的内切圆半径为 r，则有

$$OA'=\frac{r^2}{OA},OB'=\frac{r^2}{OB},OC'=\frac{r^2}{OC},OD'=\frac{r^2}{OD}$$

$$A'B'=\frac{r^2\cdot AB}{OA\cdot OB},B'C'=\frac{r^2\cdot BC}{OB\cdot OC}$$

$$C'D'=\frac{r^2\cdot CD}{OC\cdot OD},D'A'=\frac{r^2\cdot DA}{OD\cdot OA}$$

将这些关系式代入前面的等式,整理即得

$$OA \cdot OC + OB \cdot OD = \sqrt{AB \cdot BC \cdot CD \cdot DA} = \sqrt{abcd}$$

例 8.2.9 如图 8.2.13 所示,在四个不同的圆 Γ_1、Γ_2、Γ_3、Γ_4 中,Γ_1 与 Γ_3 外切于 P,Γ_2 与 Γ_4 也外切于 P.设圆 Γ_1 与 Γ_2、Γ_2 与 Γ_3、Γ_3 与 Γ_4、Γ_4 与 Γ_1 分别交于异于 P 的点 A、B、C、D.求证:$\frac{AB \cdot BC}{AD \cdot DC} = \frac{PB^2}{PD^2}$.(第 44 届 IMO 预选,2003)

证明 作反演变换 $I(P,1)$,设点 X 的反点为 X'.因 Γ_1 与 Γ_3 外切于 P,Γ_2 与 Γ_4 也外切于 P,所以 $A'B'C'D'$ 是一个平行四边形(图 8.2.14).又

$$A'B' = \frac{AB}{PA \cdot PB}, B'C' = \frac{BC}{PB \cdot PC}, C'D' = \frac{CD}{PC \cdot PD}, D'A' = \frac{DA}{PD \cdot PA}$$

于是,将这些关系式代入显然的等式 $A'B' \cdot B'C' = A'D' \cdot D'C'$,整理即得欲证.

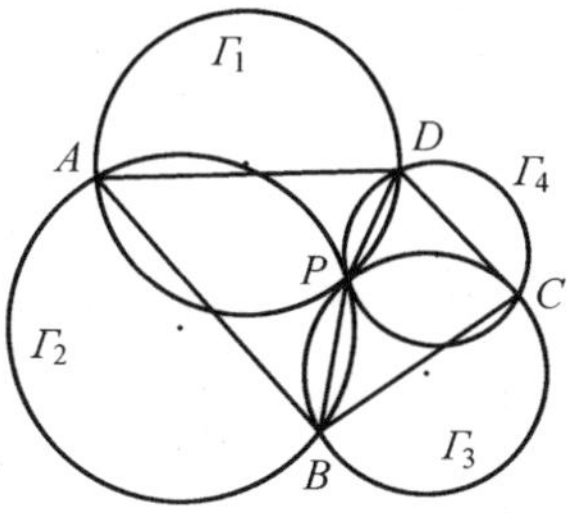

图 8.2.13

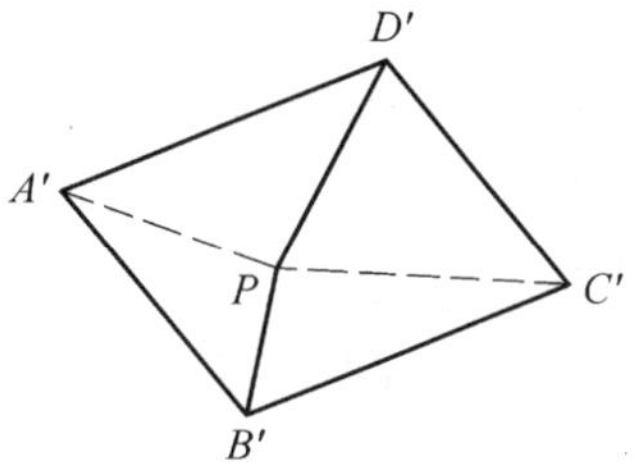

图 8.2.14

例 8.2.10 设六个圆都在一个定圆内,每一个都与定圆内切,并且与相邻的两个小圆外切.若六个小圆与大圆的切点依次为 A_1、A_2、A_3、A_4、A_5、A_6.证明

$$A_1A_2 \cdot A_3A_4 \cdot A_5A_6 = A_2A_3 \cdot A_4A_5 \cdot A_6A_1$$

(第 29 届 IMO 预选,1988)

证明 如图 8.2.15 所示,设圆 Γ_1、Γ_2、…、Γ_6 皆与圆 Γ 内切,且圆 Γ_i 与 Γ_{i-1} 和 Γ_{i+1} 皆外切($i = 1,2,\cdots,6$,$\Gamma_7 = \Gamma_1$,$\Gamma_{-1} = \Gamma_5$).以 A_6 为反演中心作反演变换 $I(A_6,1)$,则圆 Γ 与圆 Γ_6 的反形为两条平行线,其余 5 个圆的反形是与两平行线中的一条直线均相切的圆,且反形中第一个圆与第五个圆均与两平行线相切,而其余三圆均与相邻的两圆外切(图 8.2.16).

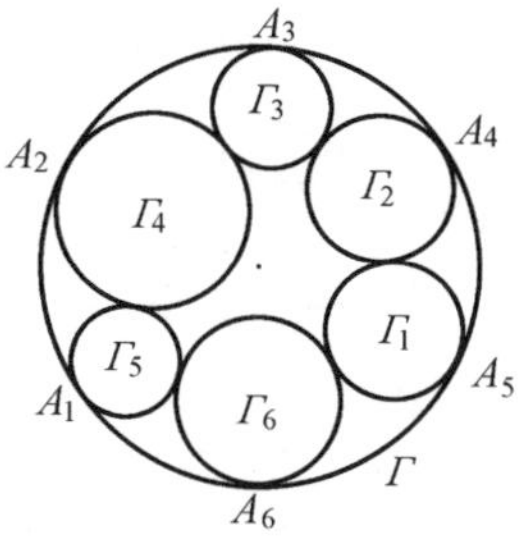

图 8.2.15

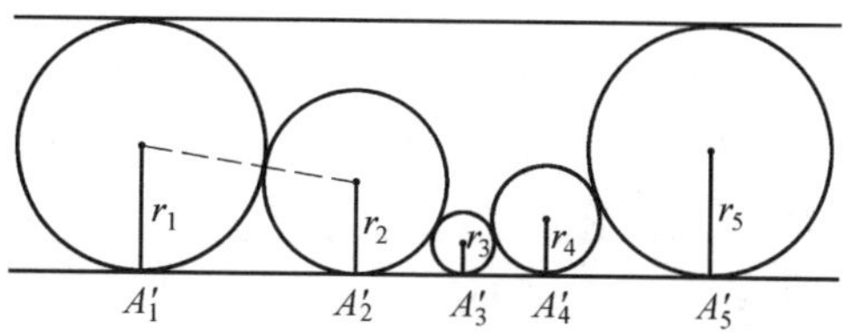

图 8.2.16

设点 X 的反点为X'，则其反形中的五个圆与两平行线中的一条(即圆 Γ 的反形)依次切于 A_1'、A_2'、A_3'、A_4'、A_5'. 再设这五个圆的半径依次为 r_1、r_2、…、r_5，则由勾股定理可得 $A_1'A_2' = \sqrt{(r_1+r_2)^2-(r_1-r_2)^2} = 2\sqrt{r_1r_2}$. 同理，$A_2'A_3' = 2\sqrt{r_2r_3}$，$A_3'A_4' = 2\sqrt{r_3r_4}$，$A_4'A_5' = 2\sqrt{r_4r_5}$. 显然，$r_1 = r_5$，于是，$A_1'A_2' \cdot A_3'A_4' = A_2'A_3' \cdot A_4'A_5'$. 而

$$A_1'A_2' = \frac{A_1A_2}{A_6A_1 \cdot A_6A_2},A_3'A_4' = \frac{A_3A_4}{A_6A_3 \cdot A_6A_4}$$

$$A_2'A_3' = \frac{A_2A_3}{A_6A_2 \cdot A_6A_3},A_4'A_5' = \frac{A_4A_5}{A_6A_4 \cdot A_6A_5}$$

所以

$$\frac{A_1A_2 \cdot A_3A_4}{A_6A_1 \cdot A_6A_2 \cdot A_6A_3 \cdot A_6A_4} = \frac{A_2A_3 \cdot A_4A_5}{A_6A_2 \cdot A_6A_3 \cdot A_6A_4 \cdot A_6A_5}$$

稍加整理即得欲证.

同样的方法可以证明其一般情形：

设 $2n(n \geqslant 2)$ 个圆 Γ_1、Γ_2、…、Γ_{2n} 皆与圆 Γ 内切，切点依次为 A_1、A_2、…、A_{2n-1}、A_{2n}，如果圆 Γ_i 与Γ_{i-1} 和 Γ_{i+1} 皆外切($i = 1,2,\cdots,2n$，$\Gamma_{2n+1} = \Gamma_1$，$\Gamma_{-1} = \Gamma_{2n-1}$)，则

$$A_1A_2 \cdot A_3A_4 \cdot \cdots \cdot A_{2n-1}A_{2n} = A_2A_3 \cdot A_4A_5 \cdot \cdots \cdot A_{2n}A_1$$

从例8.2.10的证明还可以看出，当圆 Γ_1、Γ_2、…、Γ_{2n} 皆与圆Γ外切时，结论同样成立.

有些问题含有明显可实施其他几何变换的特征，在实施相应的几何变换后再考虑反演变换，则可能立马使问题得到解决.

例8.2.11 设四边形 $ABCD$ 内接于圆 Γ，点 S 在圆 Γ 内，且 $\angle BAS = \angle DCS$，$\angle SBA = \angle SDC$. 平分 $\angle BSC$ 的直线交圆 Γ 于 P、Q 两点. 求证：$PS = SQ$.(第 57 届波兰数学奥林匹克，2006)

证明 如图8.2.17所示，因 PQ 是 $\angle BSC$ 与 $\angle DSA$ 的公共平分线，于是，以 PQ 为反射轴作轴反射变换，设 $A \to A'$，$B \to B'$，$C \to C'$，$D \to D'$，圆 $\Gamma \to$ 圆 Γ'，则 S、D'、A，S、D、A'，S、B、C'，S、B'、C 为四个三点共线组，$SA' = SA$，$SB' = SB$，$SC' = SC$，$SD' = SD$，且 A'、B'、C'、D'、P、Q 六点在圆 Γ' 上. 又 $\angle SAB = \angle SCD$，$\angle SBA = \angle SDC$，$\angle ASB = \angle CSD$. 所以 $\triangle SAB \backsim \triangle SCD$，从而 $SA \cdot SD = SB \cdot SC$. 因此，$SA \cdot SD' = SB \cdot SC' = SC \cdot SB' =$

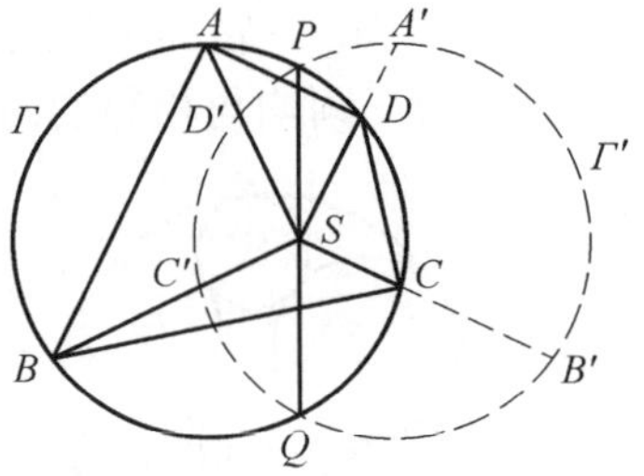

图 8.2.17

$SD \cdot SA'$.于是,考虑以 S 为反演中心、$SA \cdot SD'$ 为反演幂的反演变换,则 A、B、C、D 的反点分别为 D'、C'、B'、A'.这样,圆 Γ 的反形为圆 Γ'',因而圆 Γ 与圆 Γ'' 的公共点 P、Q 为反演变换的两个自反点,这样便有 $SP^2 = SA \cdot SD' = SQ^2$.故 $SP = SQ$.

用反演变换处理一些与距离有关的轨迹问题有时十分简单.

例 8.2.12 证明:到两点的距离之比等于定比(不等于 1)的点的轨迹是一个圆.

这个轨迹是著名的阿氏圆.我们在第 2 章曾给出过一个证明(引理 2.3.1),而用反演变换则可以迅速得到结论.

证明 如图 8.2.18 所示,设两定点为 A、B,定比 $\lambda \neq 1$,点 P 满足条件 $\dfrac{PA}{PB} = \lambda$.作反演变换 $I(A, AB^2)$,则点 B 不变.设点 P 的反点为 P',则

$$P'B = \frac{AB^2}{AP \cdot AB} \cdot PB = \frac{AB}{\lambda}$$

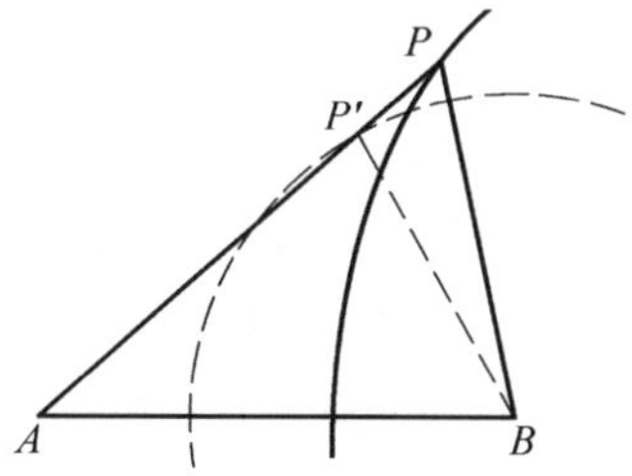

图 8.2.18

为常数,所以,点 P' 的轨迹是以 B 为中心、$\dfrac{AB}{\lambda}$ 为半径的一个圆.因 $\lambda \neq 1$,于是,其反演中心 A 不在这个圆上,从而其反形也是一个圆,故点 P 的轨迹是一个圆.

8.3 圆与反演变换

由于反演变换具有保圆性和保角性的良好性质,且两圆互为反形时,两圆的圆心与反演中心在同一直线上:圆的反形可以是直线:相切圆的反形仍相切.因而一些与圆有关的相切、垂直、平行、点共线、线共点、点共圆、圆共点等问题都可以考虑用反演变换来实现.

如果问题是要证明两圆相切,我们可以根据问题的特点作一个恰当的反演变换,说明或证明两圆的反形相切.

例 8.3.1 设 $\triangle ABC$ 的半周长为 p,E 和 F 是直线 BC 上的两点,且 $AE = AF = p$.求证:$\triangle ABC$ 的 A.旁切圆与 $\triangle EFC$ 的外接圆相切.(第 44 届保加利亚数学奥林匹克(第 3 轮),1995)

证明 如图 8.3.1 所示,设 P、Q 分别为 $\triangle ABC$ 的 A.旁切圆 Γ 与直线 AB、AC 的切点,则有 $AP = AQ = p$.又 $AE = AF = p$,所以 E、P、Q、F 在以 A 为圆心、p 为半径的圆上.作反演变换 $I(A, p^2)$,则 E、P、Q、F 皆为自反点,圆 Γ 为自

反圆，$\triangle AEF$ 的外接圆与直线 EF 互为反形. 由于圆 Γ 与直线 EF 相切，因此，它们的反形也相切，即圆 Γ 与 $\triangle AEF$ 的外接圆相切.

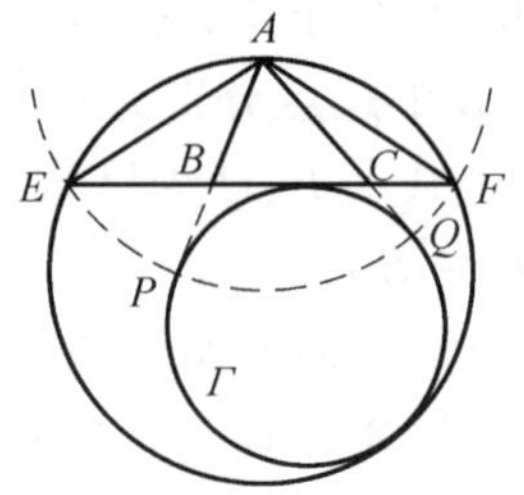

图 8.3.1

例 8.3.2 设 $\triangle ABC$ 的内切圆与其边 BC、CA、AB 分别切于 D、E、F，BF、BD、CD、CE 的中点分别为 K、L、M、N，直线 KL 与 MN 交于 P. 求证：$\triangle PBC$ 的外接圆与 $\triangle ABC$ 的内切圆相切.

证法 1 如图 8.3.2 所示，设 $\triangle ABC$ 的内心为 I，内切圆为 ω，DF、DE 的中点分别为 U、V，以圆 ω 为反演圆作反演变换，则 U、V 的反点分别为 B、C，所以，U、B、C、V 四点共圆，由推论 8.1.5，这个圆与圆 ω 正交. 又不难知道，直线 KL 与 MN 分别为 BU、CV 的垂直平分线，所以，点 P 为 $\odot(UBCV)$ 的圆心. 于是，以 P 为反演中心，$\odot(UBCV)$ 为反演圆作反演变换，则 B、C 为两个自反点，直线 BC 与 $\triangle PBC$ 的外接圆互为反形. 因 $\odot(UBCV)$ 与圆 ω 正交，由定理 8.1.7，圆 ω 为自反圆，而圆 ω 与 BC 相切，所以圆 ω 与 BC 的反形也相切，即 $\triangle PBC$ 的外接圆与 $\triangle ABC$ 的内切圆相切.

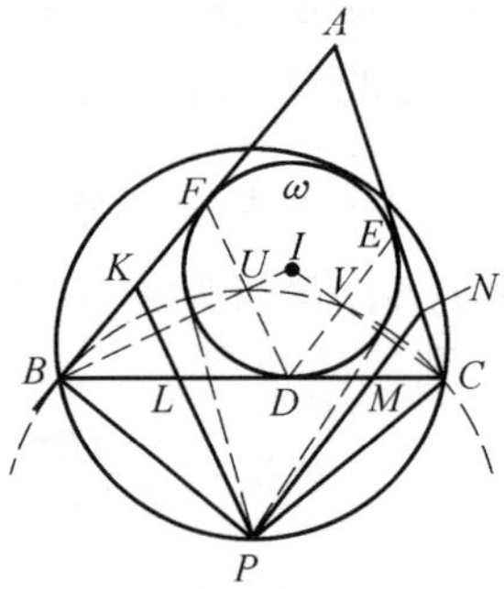

图 8.3.2

证法 2 仍见图 8.3.2，将点 B 视为点圆，因 K、L 分别为 BF、BD 的中点，所以，点 K、L 皆在 $\triangle ABC$ 的内切圆 ω 与点圆 B 的根轴上，即直线 KL 为 $\triangle ABC$ 的内切圆 ω 与点圆 B 的根轴，而点 P 在直线 KL 上，所以点 P 到点 B 的距离等于点 P 到圆 ω 的切线长；同理，点 P 到点 C 的距离也等于点 P 到圆 ω 的切线长，所以，$PB = PC$，它们都是点 P 到圆 ω 的切线长.

以 P 为反演中心，PB 为反演半径作反演变换，则 B、C 为两个自反点，直线 BC 与 $\triangle PBC$ 的外接圆 Γ 互为反形，因 P 到圆 ω 的切线长等于反演半径，所以，圆 ω 为自反圆，而圆 ω 与 BC 相切，于是它们的反形也相切，即 $\triangle PBC$ 的外接圆 Γ 与 $\triangle ABC$ 的内切圆相切.

例 8.3.3 证明 **Feuerbach 定理**：三角形的九点圆与其内切圆和旁切圆均相切.

证明 如图 8.3.3 所示，设 $\triangle ABC$ 的边 BC、CA 的中点分别为 L、M，顶点 A 在直线 BC 上的射影为 D，$\triangle ABC$ 的内切圆 $\odot I$ 及 A. 旁切圆 $\odot I_a$ 分别与边 BC 切于 T、U，$\odot I$ 和 $\odot I_a$ 的另一条内公切线与直线 LM、AB 以及 BC 分别交于 E、F、S，CF 的中点为 N，则 N 在直线 LM 上，A、S、N 三点在一直线上，$AN \perp CF$. 因 $AN \perp CN$，$AD \perp CD$，所以，D、N 都在以 AC 为直径的圆上，而 M 为 AC 的中点，因此，$\angle MNA = \angle NAC = \angle NDC$，即 $\angle LNS = \angle NDL$，这说明 $\triangle LSN \backsim$

$\triangle LND$,所以,$LS \cdot LD = LN^2$. 又 $\angle SDM = \angle MCB$,由对称性和平行性,有 $\angle MCB = \angle EFB = \angle SEM$,因而 S、D、E、M 四点共圆,所以

$$LM \cdot LE = LS \cdot LD = LN^2$$

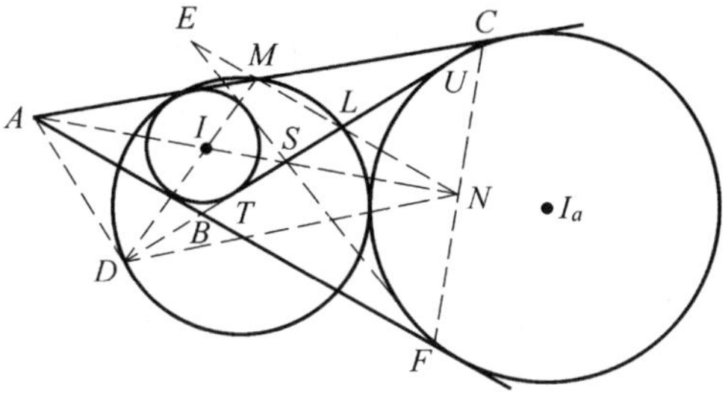

图 8.3.3

另一方面,因 T、U 分别为 $\triangle ABC$ 的内切圆和 A.旁切圆与 BC 的切点,所以,$BT = UC$,因此 L 也为 TU 的中点,且不难得到 $BF = TU$. 而 L、N 分别为 CB、CF 的中点,所以 $LN = \frac{1}{2}BF = \frac{1}{2}TU = LT$. 这样便有

$$LM \cdot LE = LS \cdot LD = ST^2$$

于是,以 L 为反演中心,ST 为反演半径作反演变换,则 $\odot I$ 和 $\odot I_a$ 都是自反圆,S、D 互为反点,M、E 互为反点,所以直线 SE 的反形为过 L、M、D 三点的圆 —— 即 $\triangle ABC$ 的九点圆. 由于直线 SE 是 $\odot I$ 与 $\odot I_a$ 的一内条公切线,$\odot I$ 和 $\odot I_a$ 都是自反圆,故 $\triangle ABC$ 的九点圆与 $\odot I$ 和 $\odot I_a$ 都相切.

显然,正三角形的九点圆与内切圆重合. 除正三角形以外,三角形的九点圆与内切圆的切点称为三角形的**Feuerbach 点**.

如果问题本身是有相切圆条件的问题,则我们可以选择其中的一个切点为反演中心作一个适当的反演变换,使之成为直线与圆相切的问题,以方便处理.

引理 8.3.1(Euler) 设 A、B、C、D 是一直线上依次四点,则

$$AB \cdot CD + BC \cdot AD = AC \cdot BD$$

证明甚简. 事实上(图略),设 $AB = a$,$BC = b$,$CD = c$,则有

$$AB \cdot CD + BC \cdot AD = ac + b(a + b + c) =$$
$$(a + b)(b + c) = AC \cdot BD$$

例 8.3.4 证明**Casey 定理**:设四圆 Γ_1、Γ_2、Γ_3、Γ_4 均与圆 Γ 相切,圆 Γ_i 与 Γ_j 的公切线记为 l_{ij},其中 $i,j = 1,2,3,4$,$i \neq j$,则

$$l_{12} \cdot l_{34} + l_{14} \cdot l_{23} = l_{13} \cdot l_{24}$$

其中 Γ_1、Γ_2、Γ_1、Γ_2 中任意一个圆都可以退化为一个点. 如果圆 Γ_i、Γ_j 与圆 Γ 均内切,或均外切,则 l_{ij} 为外公切线;如果圆 Γ_i、Γ_j 与圆 Γ 一内切一外切,则 l_{ij} 为内公切线.

证明　如图 8.3.4 ～ 8.3.9 所示，设圆 Γ_1、Γ_2、Γ_1、Γ_2 与圆 Γ 分别切于 A、B、C、D. 以圆 Γ 的 $\overset{\frown}{AD}$（不含点 B）上任意一点（$\neq A$、D）为反演中心任作一个反演变换，则圆 Γ 的反形 Γ' 是一条直线，圆 Γ_1、Γ_2、Γ_3、Γ_4 的反形 Γ_1'、Γ_2'、Γ_3'、Γ_4' 为四个均与直线 Γ' 相切的圆. 设点 X 的反点为 X'，则圆 Γ_1'、Γ_2'、Γ_3'、Γ_4' 与直线 Γ' 分别切于 A'、B'、C'、D'（图 8.3.10 ～ 8.3.13）.

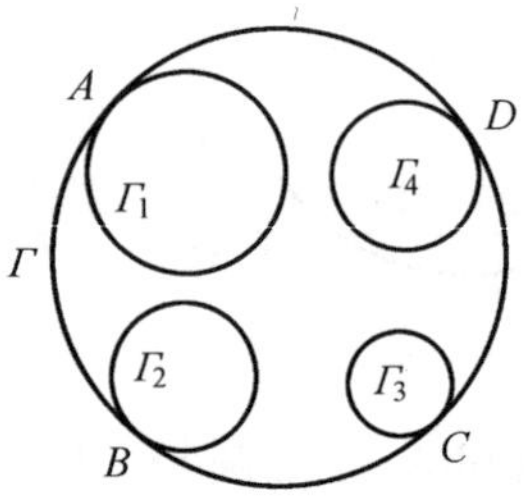

图 8.3.4

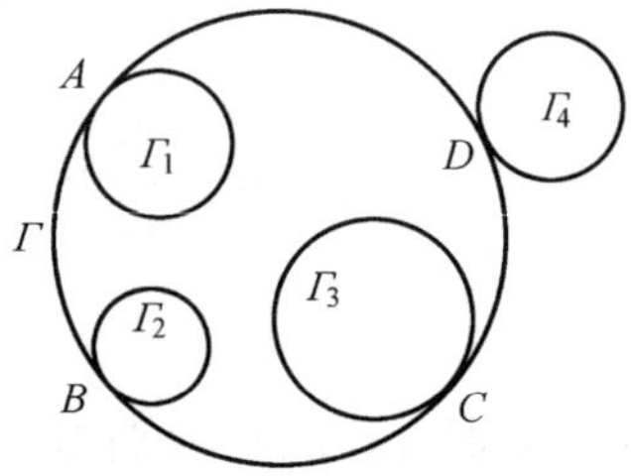

图 8.3.5

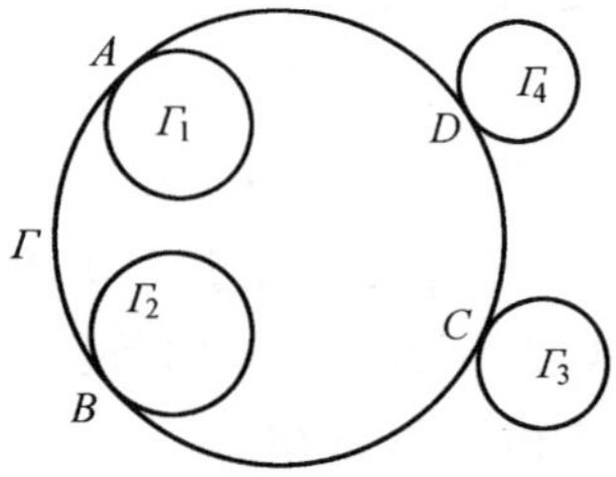

图 8.3.6

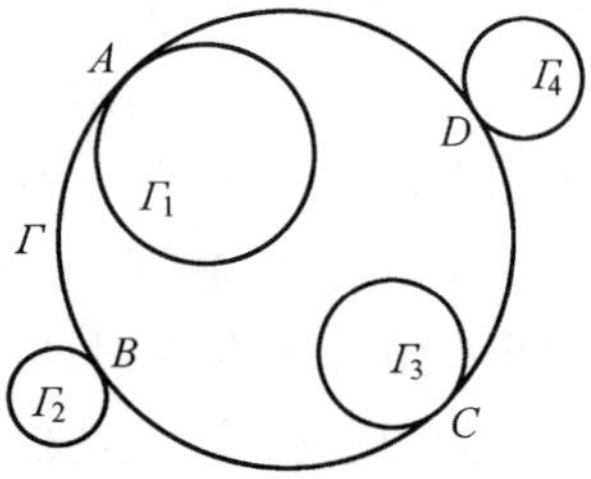

图 8.3.7

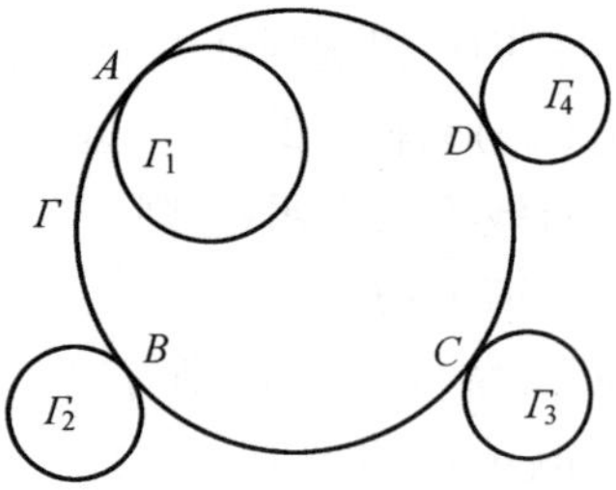

图 8.3.8

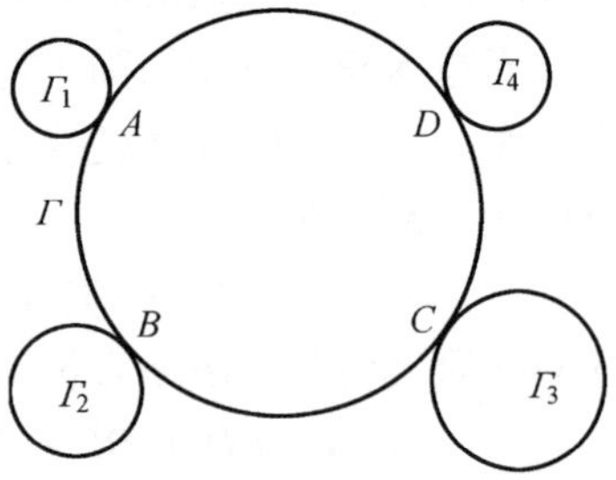

图 8.3.9

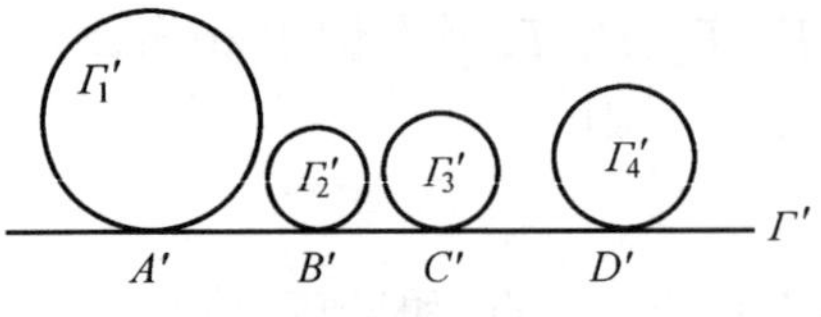

图 8.3.10

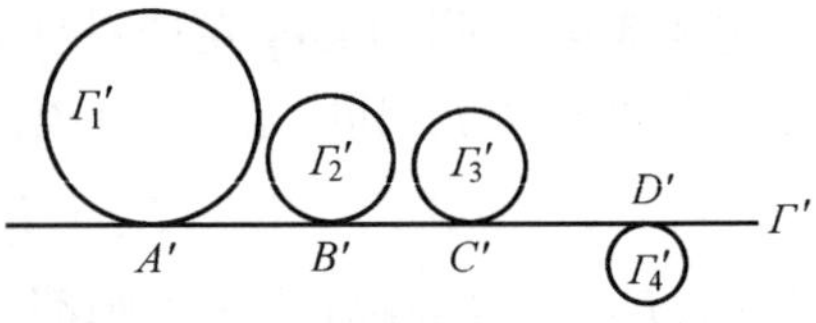

图 8.3.11

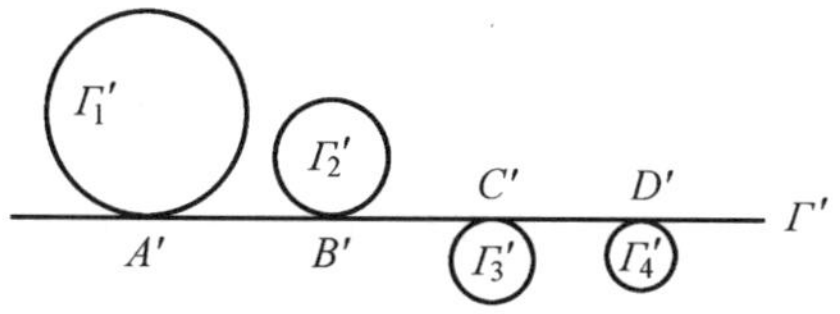

图 8.3.12

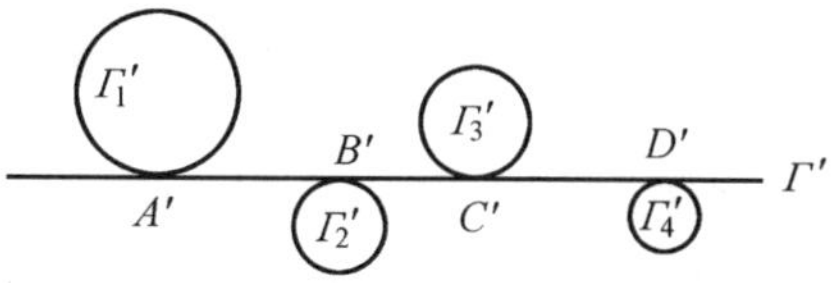

图 8.3.13

设圆 Γ_1、Γ_2、Γ_3、Γ_4 的半径分别为 R_1、R_2、R_3、R_4，圆 Γ_1'、Γ_2'、Γ_3'、Γ_4' 的半径分别为 r_1、r_2、r_3、r_4. 由引理8.3.2，$A'B'\cdot C'D'+B'C'\cdot A'D'=A'C'\cdot B'D'$，所以

$$\frac{A'B'}{\sqrt{r_1r_2}}\cdot\frac{C'D'}{\sqrt{r_3r_4}}+\frac{B'C'}{\sqrt{r_2r_3}}\cdot\frac{A'D'}{\sqrt{r_1r_4}}=\frac{A'C'}{\sqrt{r_1r_3}}\cdot\frac{B'D'}{\sqrt{r_2r_4}}$$

但由定理 8.1.8，有

$$\frac{A'B'}{\sqrt{r_1r_2}}=\frac{l_{12}}{\sqrt{R_1R_2}},\frac{C'D'}{\sqrt{r_3r_4}}=\frac{l_{24}}{\sqrt{R_3R_4}},\frac{B'C'}{\sqrt{r_2r_3}}=\frac{l_{23}}{\sqrt{R_2R_3}}$$

$$\frac{A'D'}{\sqrt{r_1r_4}}=\frac{l_{14}}{\sqrt{R_1R_4}},\frac{A'C'}{\sqrt{r_1r_3}}=\frac{l_{13}}{\sqrt{R_1R_3}},\frac{B'D'}{\sqrt{r_2r_4}}=\frac{l_{24}}{\sqrt{R_2R_4}}$$

于是

$$\frac{l_{12}}{\sqrt{R_1R_2}}\cdot\frac{l_{34}}{\sqrt{R_3R_4}}+\frac{l_{23}}{\sqrt{R_2R_3}}\cdot\frac{l_{14}}{\sqrt{R_1R_4}}=\frac{l_{13}}{\sqrt{R_1R_3}}\cdot\frac{l_{24}}{\sqrt{R_2R_4}}$$

故 $l_{12}\cdot l_{34}+l_{14}\cdot l_{23}=l_{13}\cdot l_{24}$.

当圆 Γ_1、Γ_2、Γ_3、Γ_4 皆退化为一个点时，Casey 定理即为 Ptolemy 定理，因此，Casey 定理是 Ptolemy 定理的一个推广.

利用反演变换的保角性可以方便地处理一些与圆有关的垂直和平行问题.

例 8.3.5 设 M 为 $\triangle ABC$ 的边 BC 的中点，点 P 为 $\triangle ABM$ 的外接圆上 $\overset{\frown}{AB}$（不含点 M）的中点，点 Q 为 $\triangle AMC$ 的外接圆上 $\overset{\frown}{AC}$（不含点 M）的中点. 求证：$AM\perp PQ$.（第 57 届波兰数学奥林匹克，2006）

证明 如图 8.3.14 所示，以 M 为反演中心、MB 为反演半径作反演变换，则 B、C 皆为自反点，直线 AM 为自反直线. 设 A 的反点为 A'，则 A' 在直线 AM 上，且 $\triangle ABM$ 的外接圆的反形为直线 $A'B$，$\triangle AMC$ 的外接圆的反形为直线 $A'C$，点 P 的反点 P' 为直线 PM 与 $A'B$ 的交点，点 Q 的反点 Q' 为直线 QM 与 $A'C$ 的交点，直线 PQ 的反形为 $\triangle MP'Q'$ 的外接圆. 因 MP、MQ 分别平分 $\angle AMB$ 和 $\angle CMA$，所

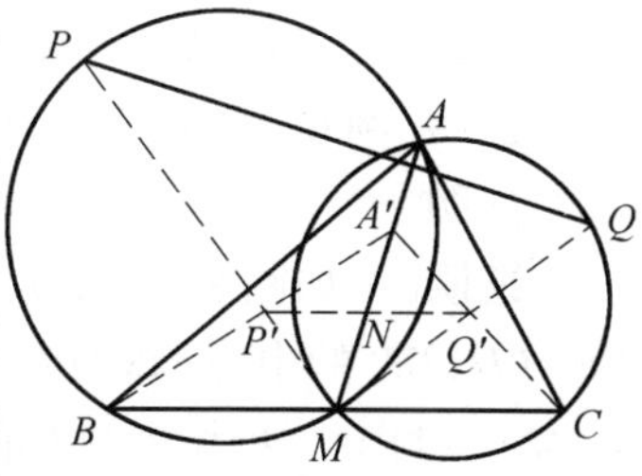

图 8.3.14

以，$MP' \perp MQ'$，且

$$\frac{A'P'}{P'B}=\frac{MA'}{MB}=\frac{MA'}{MC}=\frac{A'Q'}{Q'C}$$

从而 $P'Q' /\!/ BC$．设 $A'M$ 与 $P'Q'$ 交于 N．因 M 是 BC 的中点，所以，N 是 $P'Q'$ 的中点．再注意 $MP' \perp MQ'$ 即知 N 为 $\triangle MP'Q'$ 的外心，这说明直线 $A'M$ 与 $\triangle MP'Q'$ 的外接圆正交，因此，直线 AM 与 PQ 正交，即 $AM \perp PQ$．

例 8.3.6　设四边形 $ABCD$ 内接于 $\odot O$，对角线 AC 与 BD 相交于点 P，$\triangle PAB$、$\triangle PBC$、$\triangle PCD$、$\triangle PDA$ 的外心分别为 O_1、O_2、O_3、O_4．求证：OP、O_1O_3、O_2O_4 三线共点．(全国高中数学联赛，1990)

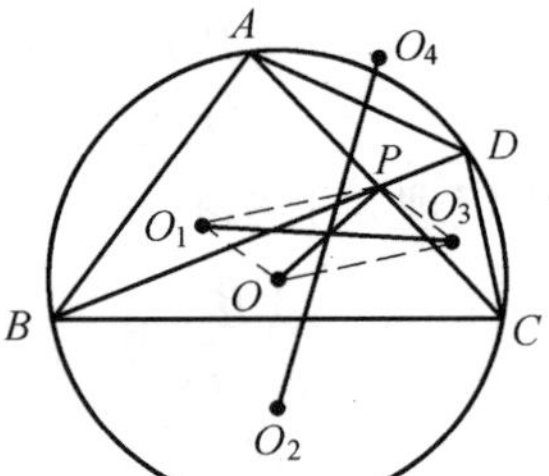

图 8.3.15

证明　如图 8.3.15 所示，作反演变换 $I(P,\overline{PC}\cdot\overline{PA})$，则 A、C 互为反点，B、D 互为反点，$\odot O$ 不变，直线 PO_1 不变，$\triangle PAB$ 的外接圆的反形为直线 CD．由于直线 PO_1 过 $\triangle PAB$ 的外心，因而直线 PO_1 与 $\triangle PAB$ 的外接圆正交，于是，PO_1 与 AB 正交，即有 $PO_1 \perp AB$．又 $O_3O \perp AB$，所以 $PO_1 /\!/ O_3O$．同理，$PO_3 /\!/ O_1O$，所以四边形 PO_1OO_3 是一个平行四边形，从而 O_1O_3 过 OP 的中点．同理，O_2O_4 也过 OP 的中点．故 OP、O_1O_3、O_2O_4 三线共点．

本题尽管属于三线共点问题，但解决问题的关键则是依赖于一个两线垂直的关系．

因为互为反形的两圆的圆心与反演中心在一直线上，且过反演中心的圆的反形是一条直线．因而一些与圆有关的三点共线问题可以考虑用反演变换处理．

例 8.3.7　设 $\triangle ABC$ 的内切圆与边 BC、CA、AB 分别相切于点 D、E、F．求证：$\triangle ABC$ 的外心、内心以及 $\triangle DEF$ 的垂心，三点共线．(第 13 届伊朗数学奥林匹克，1995；第 97 届匈牙利数学奥林匹克，1997；第 51 届保加利亚数学奥林匹克，2002)

本题曾在第 6 章利用位似变换给出了两个不同的证明(例 6.2.2)．这里再用反演变换给出一个新的证明．

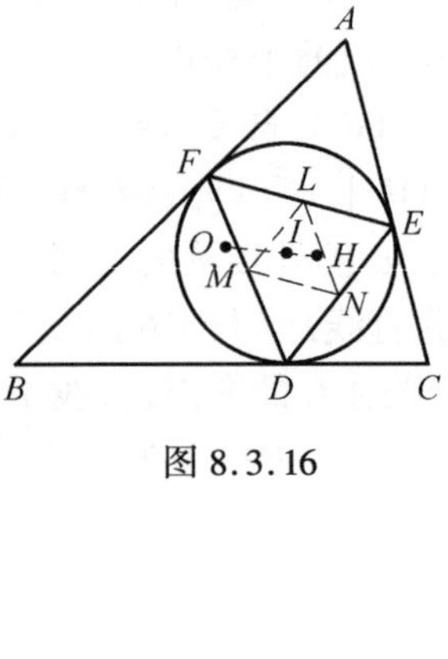

图 8.3.16

证明　如图 8.3.16 所示，设 L、M、N 分别为 EF、FD、DE 的中点，$\triangle ABC$ 的内心为 I，内切圆半径为 r．以内心 I 为反演中心、内切圆为反演圆作反演变换 $I(I,r^2)$，则 A、B、C 的反点分别为 L、M、N，因而 $\triangle ABC$ 的外接圆的反形是 $\triangle LMN$ 的外接

圆.所以 $\triangle ABC$ 的外心 O、内心 I 和 $\triangle LMN$ 的外心三点共线.但 $\triangle ABC$ 的内心即 $\triangle DEF$ 的外心,$\triangle LMN$ 的外心即 $\triangle DEF$ 的九点圆圆心,它们都在 $\triangle DEF$ 的 Euler 线上,而 $\triangle DEF$ 的垂心 H 也在 $\triangle DEF$ 的 Euler 线上,故 $\triangle ABC$ 的外心 O、内心 I、$\triangle DEF$ 的垂心 H 三点共线.

例 8.3.8 **双心四边形**是指既有内切圆又有外接圆的四边形.证明:双心四边形的两个圆心与对角线的交点共线.(第 30 届 IMO 预选,1989)

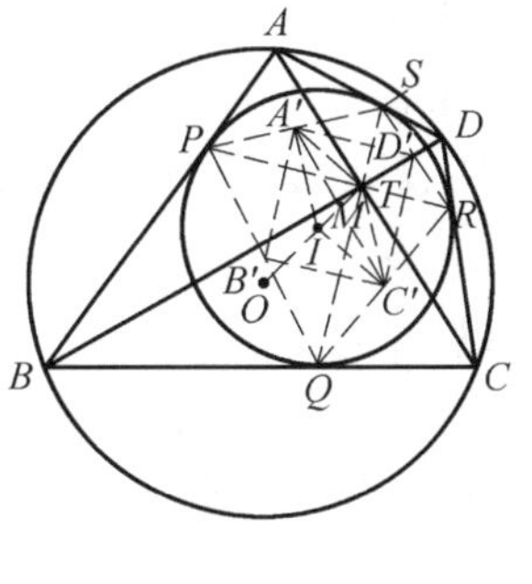

图 8.3.17

证明 如图 8.3.17 所示,设四边形 $ABCD$ 内接于 $\odot O$,外切于 $\odot I$,且 $\odot I$ 与四边形的边 AB、BC、CD、DA 分别切于 P、Q、R、S,对角线 AC 与 BD 交于 T.由 Newton 定理(例 6.2.7)知,PR 与 SQ 也交于 T.

设 $\odot I$ 半径为 r,以 $\odot I$ 为反演圆作反演变换 $I(I,r^2)$,则 A、B、C、D 的反点 A'、B'、C'、D' 分别是 SP、PQ、QR、RS 的中点,所以四边形 $A'B'C'D'$ 是一个平行四边形.但 A、B、C、D 四点共圆,且反演中心 I 不在这个圆上,所以,A'、B'、C'、D' 四点也共圆.而圆内接平行四边形是矩形,因此,四边形 $A'B'C'D'$ 是一个矩形,于是由 $A'B' /\!/ SQ$,$B'C' /\!/ PR$ 知,$PR \perp QS$,所以 QR 的中点 C' 是 $\triangle TQR$ 的外心,于是,由例 8.3.5 的证明过程知,$C'T \perp PS$.但 $IA' \perp PS$,所以 $C'T /\!/ IA'$.同理 $A'T /\!/ IC'$.故四边形 $A'IC'T$ 是一个平行四边形,从而 IT 与 $A'C'$ 互相平分,这说明矩形 $A'B'C'D'$ 的中心是 IT 的中点 M.

由于 $\odot O$ 的反形是矩形 $A'B'C'D'$ 的外接圆,而矩形的外接圆圆心为 M,所以 O、I、M 三点共线.再由 M 是 IT 的中点即知,O、I、T 三点共线.

例 8.3.9 设 I、I_a 分别为 $\triangle ABC$ 的内心和 A.旁心,II_a 与 BC 交于 D,与 $\triangle ABC$ 的外接圆交于 M.设 N 是 $\overset{\frown}{AM}$ 的中点,$\triangle ABC$ 的外接圆分别与 NI、NI_a 再次交于 S、T.求证:S、D、T 三点共线.(第 18 届伊朗数学奥林匹克,2001)

证明 如图 8.3.18 所示,不妨设 N 在 $\overset{\frown}{ABM}$ 上.显然 I、B、I_a、C 四点共圆(以 II_a 为直径的圆).设直线 ND 与 $\triangle ABC$ 的外接圆再次交于点 D',则由圆幂定理,有

$$DN \cdot DD' = DB \cdot DC = DI \cdot DI_a$$

所以 I、D'、I_a、N 四点共圆.以 N 为反演中心,NA^2 为反演幂作反演变换,则由 $NM = NA$(因 N 是 $\overset{\frown}{AM}$ 的中点)知,直线 AM 与 $\triangle ABC$ 的外接圆互为反形.因 I、D、I_a 都在直线 AM 上,所以 I、D'、I_a 的反点分别为 S、D、T.于是由 I、D'、I_a、N 四点共圆即知 S、D、T 三点共线.

处理条件与圆有关的四点共圆或三圆共点的问题,更是反演变换的拿手好戏.

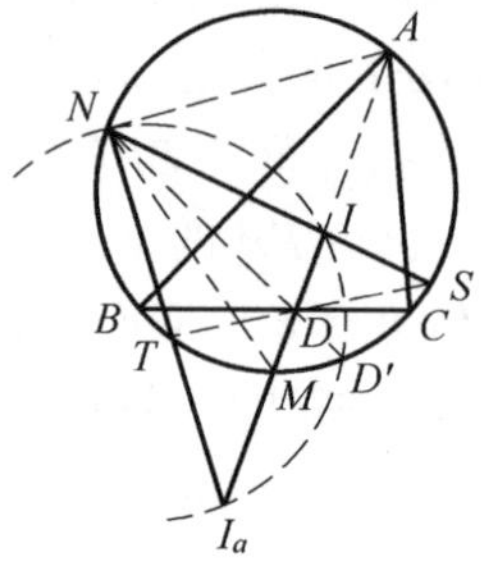

图 8.3.18

例 8.3.10 证明**六连环定理**:四圆循环相交.如果其中有四个交点共圆或共线,则另外四个交点也共圆或共线.

证明 如图 8.3.19 ~ 8.3.21 所示,设四个圆 Γ_1、Γ_2、Γ_3、Γ_4 循环相交于点 A_1、A_2,B_1、B_2,C_1、C_2,D_1、D_2,且 A_1、B_1、C_1、D_1 四点在圆(直线)Γ 上.以 D_1 为反演中心任作一反演变换 $I(D_1,k)$,设点 X 的反点为 X',则 Γ_1、Γ、Γ_4 的反形分别为直线 $D_2'A_1'$、$A_1'C_1'$、$C_1'D_2'$,且 A_2'、B_2'、C_2' 分别在直线 $D_2'A_1'$、$A_1'C_1'$、$C_1'D_2$ 上,A_2'、A_1'、B_1'、B_2' 四点共圆,B_1'、C_1'、C_2'、B_2' 四点共圆(图 8.3.22).于是有 $\angle D_2'C_2'B_2' = \angle C_1'B_1'B_2' = \angle A_1'A_2'B_2'$.因此,$A_2'$、$B_2'$、$C_2'$、$D_2'$ 四点共圆,从而它们的反点 A_2、B_2、C_2、D_2 四点共圆或共线.

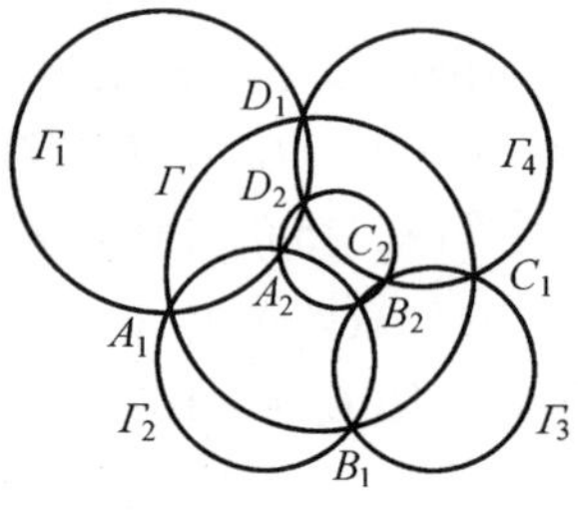

图 8.3.19

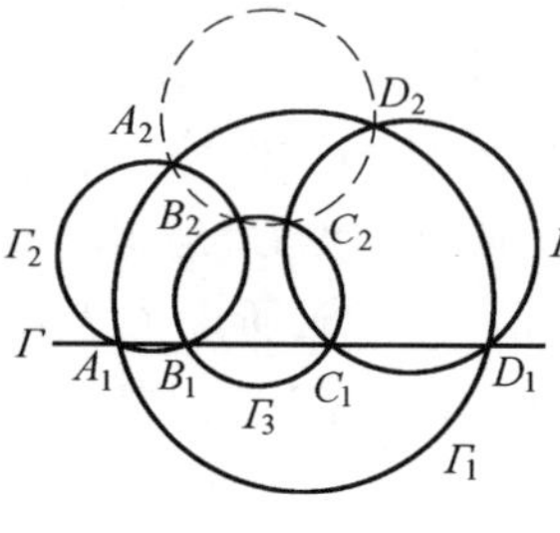

图 8.3.20

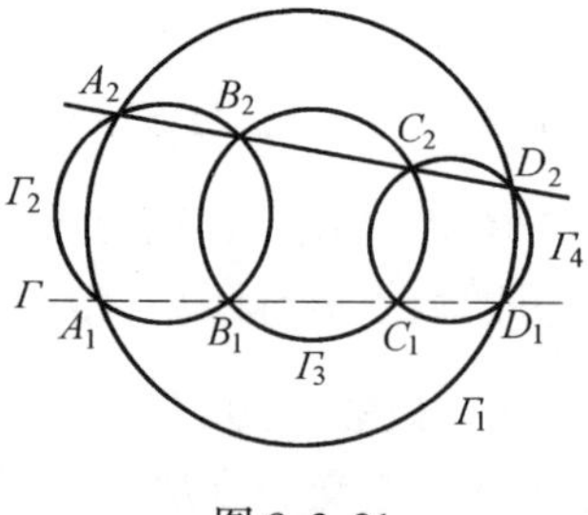

图 8.3.21

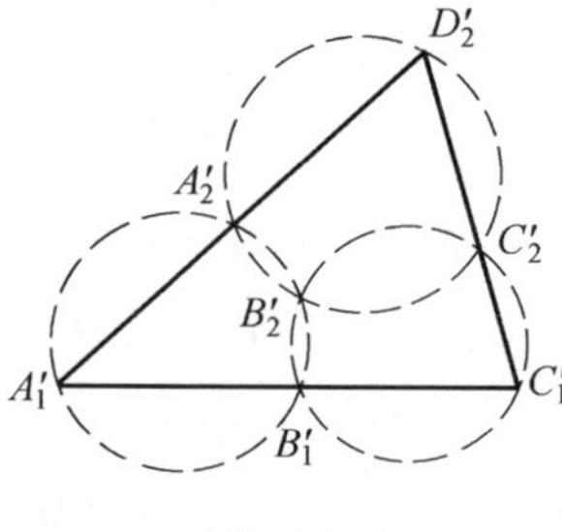

图 8.3.22

利用六连环定理极易证明下面的**Miquel 定理**.

五角星的五边交成一个凸五边形和五个三角形,则五个三角形的五个外接圆的异于五边形的顶点的五个交点在一个圆上.

事实上,如图 8.3.23 所示,设五角星的五个顶点分别为 H、K、L、M、N,它的五边交成凸五边形 $ABCDE$ 和五个三角形:$\triangle AHB$、$\triangle BKC$、$\triangle CLD$、$\triangle DME$、$\triangle ENA$.这五个三角形的五个外接圆异于 A、B、C、D、E 的五个交点为 P、Q、R、

S、T. 易知，点 P、S 都在 $\triangle HLE$ 的外接圆上，在 $\odot(AHB)$、$\odot(BKC)$、$\odot(CLD)$、$\odot(HLE)$ 循环相交的八个交点中，有四个交点 H、B、C、L 共线，由六连环定理，另外四个交点 P、Q、R、S 共圆(不可能共线，因为 P 在 $\angle NAH$ 内，R 在 $\angle KCL$ 内，S 在 $\angle LDM$ 内，P、R、S 三点不会共线). 同理，Q、R、S、T 四点共圆. 故 P、Q、R、S、T 五点共圆.

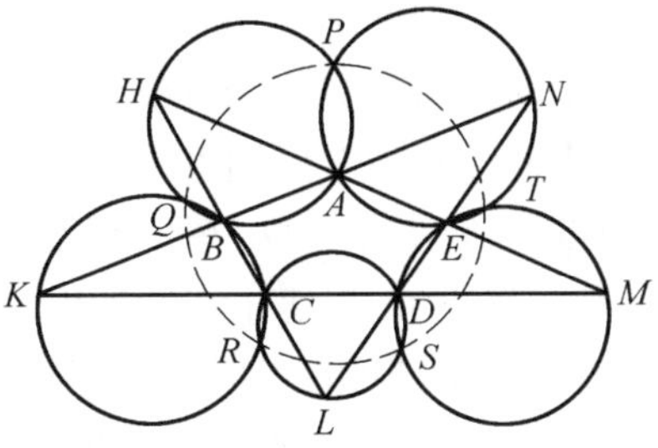

图 8.3.23

例 8.3.11 设 A_1B_1、A_2B_2、A_3B_3 是平面 π 上三条线段，且直线 A_1B_1、A_2B_2、A_3B_3 交于一点 P，则点 P 在线段 A_1B_1、A_2B_2、A_3B_3 的相似圆上.

证明 如图 8.3.24 所示，设 O_1、O_2、O_3 分别是线段 A_2B_2 与 A_3B_3、A_3B_3 与 A_1B_1、A_1B_1 与 A_2B_2 的(顺) 相似中心，则 O_1 为 $\odot(PA_2A_3)$ 与 $\odot(PB_2B_3)$ 异于 P 的交点，O_2 为 $\odot(PA_3A_1)$ 与 $\odot(PB_3B_1)$ 异于 P 的交点，O_3 为 $\odot(PA_1A_2)$ 与 $\odot(PB_1B_2)$ 异于 P 的交点. 以 P 为反演中心，任意作一个反演变换，设点 X 的反点为 X'，则 O_1' 为直线 $A_2'A_3'$ 与 $B_2'B_3'$ 的交点，O_2' 为直线 $A_3'A_1'$ 与 $B_3'B_1'$ 的交点，O_3' 为直线 $A_1'A_2'$ 与 $B_1'B_2'$ 的交点，如图 8.3.25 所示. 考虑 $\triangle A_1'A_2'A_3'$ 与 $\triangle B_1'B_2'B_3'$，因为它们的对应顶点的连线 $A_1'B_1'$、$A_2'B_2'$、$A_3'B_3'$ 交于一点 P，由 Desargues 定理(例 6.2.9)，其对应边所在直线的交点共线，即 O_1'、O_2'、O_3' 三点共线. 故 P、O_1、O_2、O_3 四点共圆. 换句话说，点 P 在线段 A_1B_1、A_2B_2、A_3B_3 的相似圆上.

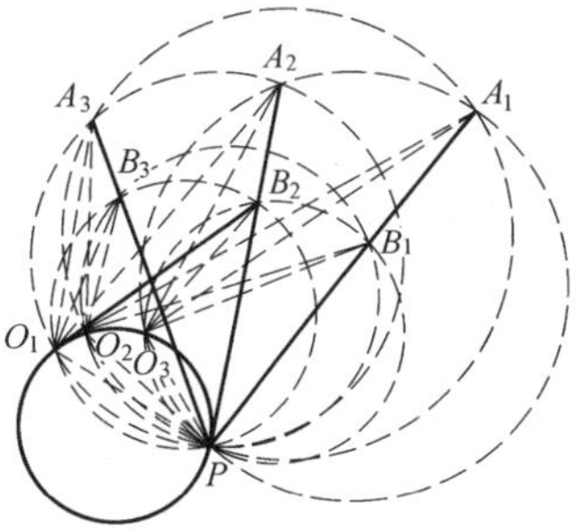

图 8.3.24

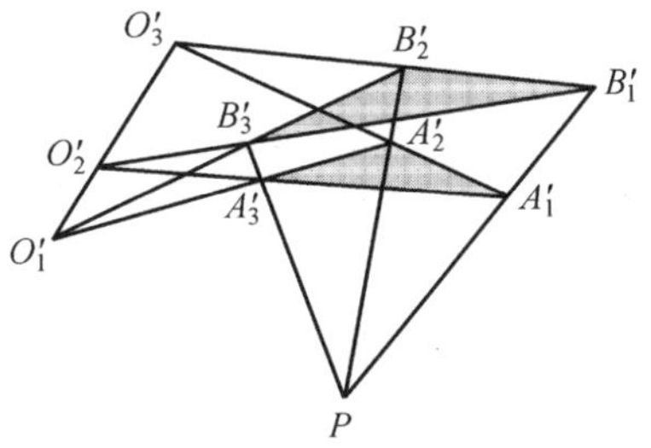

图 8.3.25

本题的条件在表面上似乎与圆无关，但实际上三线段的相似圆是三个(顺) 相似中心所确定的圆(见 2.5)，而两图形的相似中心可由两个圆来确定，所以本题实质上还是条件与圆有关的四点共圆问题.

例 8.3.12 设 I 是 $\triangle ABC$ 的内心，圆 Γ_1 过 I、B 两点且与 I、C 相切，圆 Γ_2 过 IC 两点且与 IB 相切. 求证：圆 Γ_1、Γ_2 以及 $\triangle ABC$ 的外接圆，三圆共点.(第 11 届韩国数学奥林匹克，1998)

证明 如图8.3.26所示,设圆 Γ_1 与圆 Γ_2 交于点 P,$\triangle ABC$ 的外接圆为Γ,$\triangle ABC$ 的内切圆与边 BC、CA、AB 分别切于 D、E、F. 以 I 为反演中心、$\triangle ABC$ 的内切圆为反演圆作反演变换,则 A、B、C 的反点 A'、B'、C' 分别为 EF、FD、DE 的中点,直线 IA、IB、IC 皆为自反直线,圆 Γ 的反形Γ' 为 $\triangle A'B'C'$ 的外接圆. 因圆 Γ_1 与直线 IC 相切于点I,所以,圆 Γ_1 的反形为过点 B' 且与IC' 平行的直线,而 $IC' \perp DE$,所以圆 Γ_1 的反形为过点 B' 且垂直于DE 的直线. 同理,圆 Γ_2 的反形为过点 C' 且垂直于DF 的直线,这两条直线的交点 P' 即点P 的反点. 如图8.3.27 所示,因为 P' 是 $\triangle DC'B'$ 的垂心,所以

$$\angle C'P'B' = 180° - \angle C'DB' = 180° - \angle B'A'C'$$

因而点 P' 在 $\triangle A'B'C'$ 的外接圆Γ' 上,故点 P' 的反点P 在 $\triangle A'B'C'$ 的外接圆 Γ' 的反形——圆 Γ 上,即点 P 在 $\triangle ABC$ 的外接圆Γ 上. 换句话说,圆 Γ_1、Γ_2 以及 $\triangle ABC$ 的外接圆Γ,三圆共点.

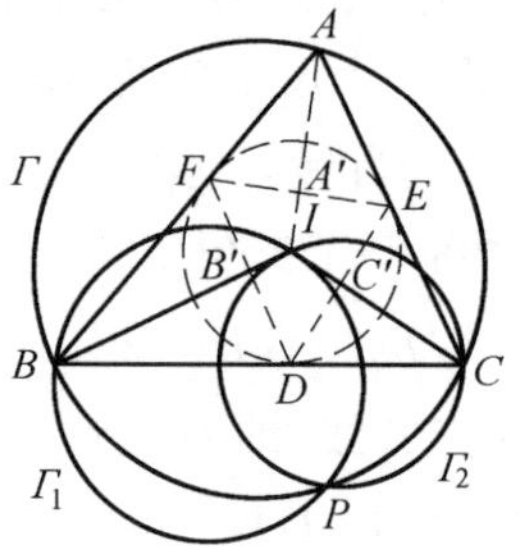

图 8.3.26

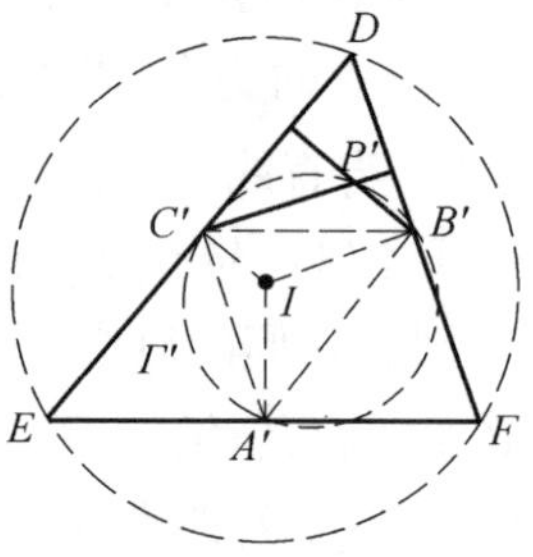

图 8.3.27

8.4 两圆的互反性

反演变换的保圆性告诉我们:在反演变换下,平面上任意一个圆或一条直线的反形要么是一个圆,要么是一条直线. 那么,在某个反演变换下,如果两圆互为反形,反演中心与这两个圆的位置关系如何?互为反形的两圆半径有何关系?另外,已知两圆或一直线一圆,它们是否会在某个反演变换下互为反形?如果是,反演中心与反演幂如何确定?下面几个定理将回答这一系列问题.

定理 8.4.1 在反演变换下,如果两圆互为反形,则反演中心是这两圆的一个位似中心.

证明 设圆 Γ_1 与圆 Γ_2 关于反演变换 $I(O,k)$ 互为反形,则 $\Gamma_1 \xrightarrow{I(O,k)} \Gamma_2$. 又设反演中心 O 对圆Γ_1 的幂为 ρ,由定理8.1.5,Γ_1 是反演变换 $I(O,\rho)$ 的

自反圆,所以 $\Gamma_1 \xrightarrow{I(O,k)I(O,\rho)} \Gamma_2$.

如果定义 $O \xrightarrow{I(O,k)I(O,\rho)} O$,则由定理 8.1.3,有

$$I(O,k)I(O,\rho) = H(O,k\cdot\rho^{-1})$$

所以,$\Gamma_1 \xrightarrow{I(O,k\cdot\rho^{-1})} \Gamma_2$.故反演中心 O 是圆 Γ_1 与圆 Γ_2 的一个位似中心.

定理 8.4.2 除两圆相等且相切的情形外,平面上任意两个圆都可视作互为反形.且当两圆既不相等又不相切时,有两种方式视作反形,其反演中心分别为两圆的外位似中心和内位似中心.如果再设反演中心为 O,点 O 到两圆的幂分别为 ρ_1、ρ_2,则反演幂为 $k=\pm\sqrt{\rho_1\rho_1}$,其中,"+"、"-"号按如下规则选取:

若反演中心为外位似中心,则除了两圆内含时取"-"号外,其余情形都取"+"号;

若反演中心为内位似中心,则出了两圆相交时取"+"号外,其余情形都取"-"号.

证明 如图 8.4.1 ~ 8.4.3 所示,设 $\odot O_1$ 与 $\odot O_2$ 是两个半径分别为 r_1、$r_2(r_1\neq r_2)$ 的圆,O 是它们的一个非切点的位似中心,则 O 不在两圆中的任何一个圆上.设 P 是 $\odot O_1$ 上任意一点,Q 是点 P 在 $\odot O_2$ 上的位似对应点,P' 是直线 OP 与 $\odot O_2$ 的另一个交点(其中有一个交点为 Q),则

$$\frac{\overline{OP}}{\overline{OQ}}=\pm\frac{r_1}{r_2},\frac{r_1}{r_2}=\frac{OO_1}{OO_2}=\sqrt{\frac{OO_1^2-r_1^2}{OO_2^2-r_2^2}}=\sqrt{\frac{\rho_1}{\rho_2}}$$

但由圆幂定理,有 $\overline{OQ}\cdot\overline{OP'}=\rho_2$,所以 $\overline{OP'}\cdot\overline{OP}=\pm\sqrt{\rho_1\rho_2}$.

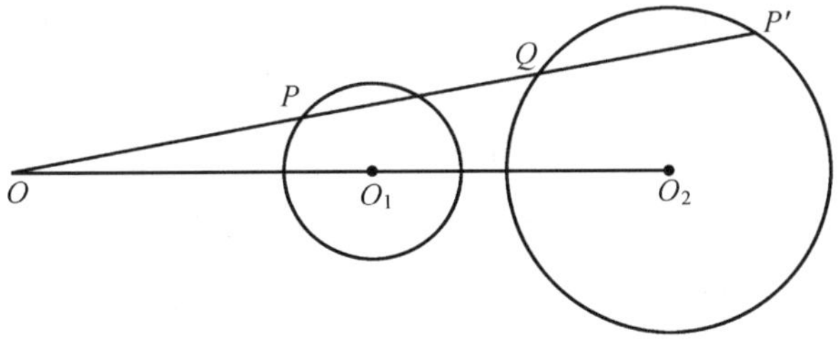

图 8.4.1

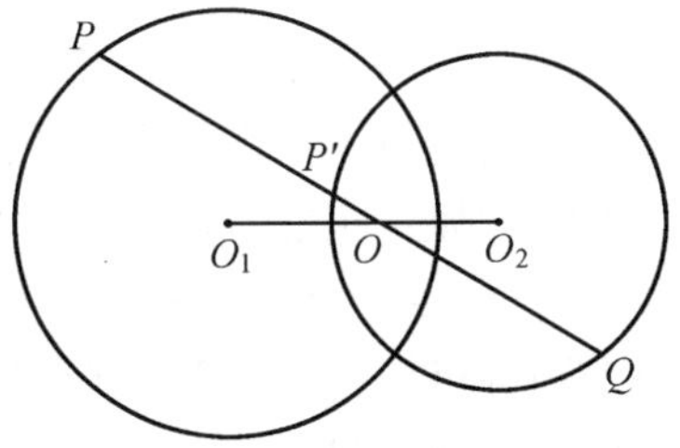

图 8.4.2

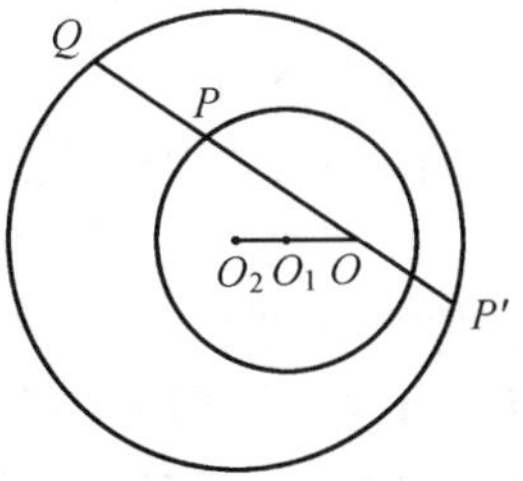

图 8.4.3

如果 O 为两圆的外位似中心，因除了 $\odot O_1$ 与 $\odot O_2$ 内含外，外位似中心都外分线段 PP'，于是取 $k=\sqrt{\rho_1\rho_2}$，则在反演变换 $I(O,k)$ 下，$\odot O_1$ 与 $\odot O_2$ 互为反形(图 8.4.1)；当 $\odot O_1$ 与 $\odot O_2$ 内含时，由于外位似中心位于每一个圆的内部，所以，点 O 内分线段 PP'，于是，取 $k=-\sqrt{\rho_1\rho_2}$，则在反演变换 $I(O,k)$ 下，$\odot O_1$ 与 $\odot O_2$ 互为反形(图 8.4.3).

如果 O 为两圆的内位似中心，则除了 $\odot O_1$ 与 $\odot O_2$ 相交外，内位似中心都内分线段 PP'，于是取 $k=-\sqrt{\rho_1\rho_2}$，则在反演变换 $I(O,k)$ 下，$\odot O_1$ 与 $\odot O_2$ 互为反形；当 $\odot O_1$ 与 $\odot O_2$ 相交时，由于内位似中心位于每一个圆的内部，所以，点 O 外分线段 PP'，于是，取 $k=\sqrt{\rho_1\rho_2}$，则在反演变换 $I(O,k)$ 下，$\odot O_1$ 与 $\odot O_2$ 互为反形(图 8.4.2).

由于除了两圆相等且外切的情形外，在其他任何情形，两圆总有一个位似中心不是切点. 因此，对平面上的任意两圆，除了两圆相等且外切的情形外，它们都可视作互为反形，而在两圆不等且不相切时，还存在两种方式视作互为反形.

值得注意的是，当两圆相切时，尽管切点是两圆的一个位似中心，但却不能作为反演中心使两圆互为反形. 这是因为过反演中心的圆的反形已是一条直线.

在图 8.4.1 ~ 8.4.3 中，我们通常将点 P 的位似对应点 Q 称为点 P 的**应位点**，而将点 P 的反点 P' 称为 P 的**反位点**. 当直线 OP 与 $\odot O_1$ 相切时，点 P 的应位点与反位点重合. 此时，直线 OP 是 $\odot O_1$ 与 $\odot O_2$ 的一条公切线.

定理 8.4.3 设半径分别为 r_1、r_2 的两圆 Γ_1、Γ_2 在反演变换 $I(O,k)$ 下互为反形，反演中心 O 对圆 Γ_1、Γ_2 的幂分别为 ρ_1、ρ_2，则有

$$r_2=|k\cdot\rho_1^{-1}|r_1,\quad r_1=|k\cdot\rho_2^{-1}|r_2$$

证明 在定理8.4.1的证明中已经得出 $\Gamma_1\xrightarrow{I(O,k\cdot\rho^{-1})}\Gamma_2$. 而两圆的半径之比等于位似系数的绝对值，故有 $r_2=|k\cdot\rho_1^{-1}|r_1$. 同理，$r_1=|k\cdot\rho_2^{-1}|r_2$.

定理 8.4.4 设直线 l 与圆 Γ 在反演变换 $I(O,k)$ 下互为反形，反演中心 O 到直线 l 的距离为 d，圆 Γ 的半径为 r，则 $2rd=|k|$.

证明 如图8.4.4所示，显然，反演中心 O 在圆 Γ 上. 设 O 在直线 l 上的射影为 A，则直线 OA 与圆 Γ 的另一交点 A'(有可能与 A 重合)即为点 A 的反点. 由于 $OA\perp l$，直线 l 与圆 Γ 互为反形，因而 OA' 与圆 Γ 正交，这说明 OA' 为圆 Γ 的一条直径. 于是由 $\overline{OA'}\cdot\overline{OA}=k$，$OA'=2r$，$OA=d$ 即得 $2rd=|k|$.

定理 8.4.5 平面上任意一条直线和一个圆都可以视作互为反形. 且当直线和圆不相切时，有两种方式视作互为反形. 如果直线和圆相交，则两种方式都是双曲型反演. 如果直线和圆相离，则两种方式一为双曲型反演，一为椭圆型反

演;如果直线和圆相切,则只能在一个双曲型反演变换下视作互为反形.

证明 如图 8.4.5 ~ 8.4.9 所示,设平面上一条已知直线为 l,已知圆为 $\odot O_1$. 过圆心 O_1 作直线 l 的垂线分别交直线于 A,交 $\odot O_1$ 于 O、A' 两点.取 $k = \overline{OA'} \cdot \overline{OA}$,则在反演变换 $I(O,k)$ 下,直线 l 与 $\odot O_1$ 互为反形.

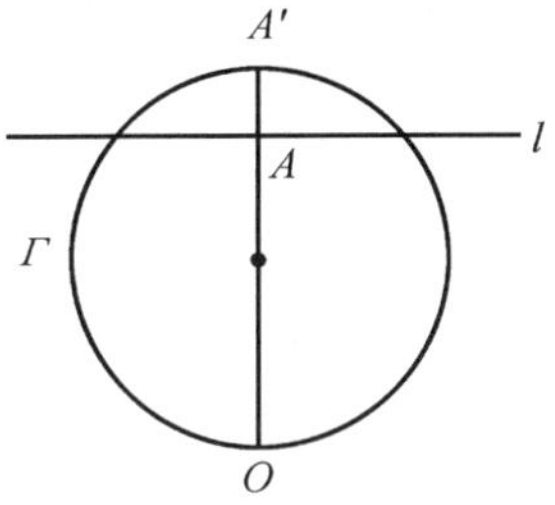

图 8.4.4

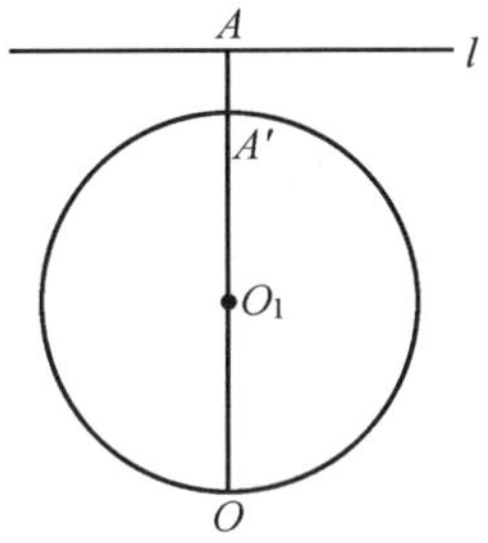

图 8.4.5

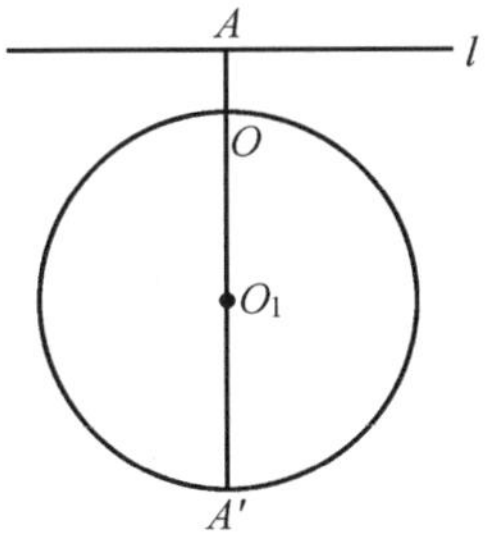

图 8.4.6

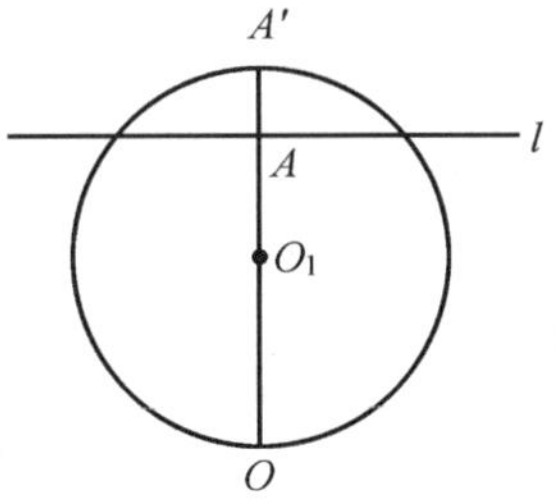

图 8.4.7

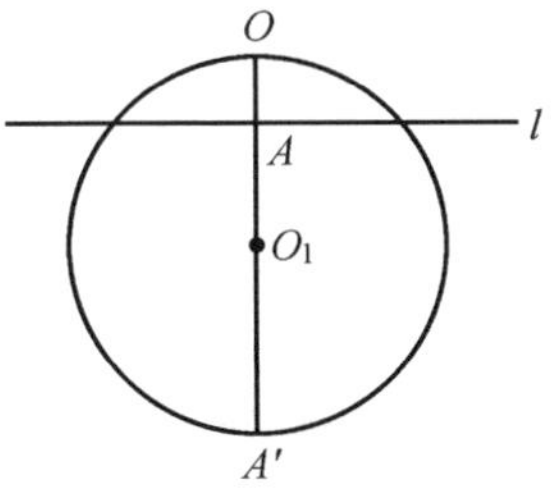

图 8.4.8

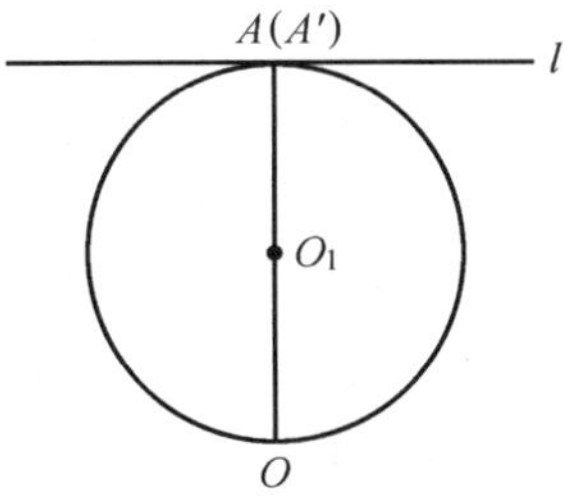

图 8.4.9

当直线 l 与 $\odot O_1$ 不相切时(图 8.4.5 ~ 8.4.8),由于点 O、A' 的位置可以互换,因而这样的反演变换有且仅有两个.也就是说,此时有两种方式将直线 l 与 $\odot O_1$ 视作互为反形.

当直线 l 与 $\odot O_1$ 相切时(图 8.4.9),点 A 即切点,因而此时 O、A' 两点中必有一点与 A 重合.不妨设点 A' 与 A 重合,则反演中心只能选取点 O,故此时使直线 l 与 $\odot O_1$ 互为反形的反演变换有且仅有一个,切点 A 是自反点.

利用两圆的互反性的以上这些结果,并结合反演变换的保圆性和保角性以及其他性质处理一些两圆问题或与圆的半径有关的问题有时是非常方便的.

例 8.4.1 已知 A 为平面上两个半径不等的圆 $\odot O_1$ 与 $\odot O_2$ 的交点，两圆的两条外公切线分别为 P_1P_2、Q_1Q_2，切点分别为 P_1、P_2、Q_1、Q_2，M_1、M_2 分别是 P_1Q_1、P_2Q_2 的中点. 求证：$\angle O_1AO_2 = \angle M_1AM_2$.（第 24 届 IMO，1983）

我们曾经分别用轴反射变换（例 5.1.6）、位似变换（例 6.4.5）、位似轴反射变换（例 7.6.12）给出了本题的三个不同的证明. 实际上，用反演变换可以迅速得出结论.

证明 如图 8.4.10 所示，由 $\odot O_1$ 与 $\odot O_2$ 不等即知它的两条外公切线 P_1P_2、Q_1Q_2 交于一点 O，且 O 是 $\odot O_1$ 与 $\odot O_2$ 的外位似中心. 由定理 8.4.2，在反演变换 $I(O, OP_1 \cdot OP_2)$ 下，$\odot O_1$ 与 $\odot O_2$ 互为反形，因而交点 A 是一个自反点. 又 O、M_1、M_2、O_1、O_2 在一直线上，$P_1O_1 \perp P_1P_2$，$P_2O_2 \perp P_1P_2$，$P_1M_1 \perp M_1M_2$，$P_2M_2 \perp M_1M_2$，所以，P_1、M_1、O_1、P_2 四点共圆，P_1、O_1、M_2、P_2 四点共圆. 而 P_1、P_2 互为反点，所以 M_1、O_2 互为反点，O_1、M_2 互为反点. 因为 A 是自反点，于是由推论 8.1.1，$\angle M_1AO_1 = \angle M_2AO_2$. 故 $\angle O_1AO_2 = \angle M_1AM_2$.

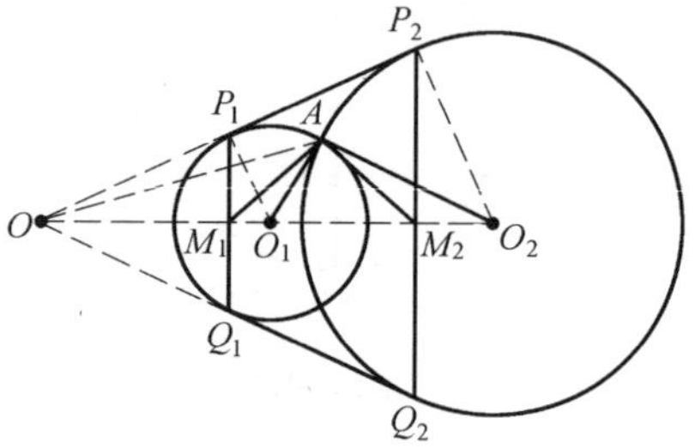

图 8.4.10

例 8.4.2 设 O 是锐角 $\triangle ABC$ 的外心，点 P 在 $\triangle ABC$ 的内部，且 $\angle PAB = \angle PBC$，$\angle PAC = \angle PCB$. 点 Q 在直线 BC 上，且 $QA = QP$. 求证：$\angle AQP = 2\angle OQB$.（美国国家队选拔考试，2005）

证明 如图 8.4.11 所示，设 $\odot O_2$、$\odot O_1$ 分别是 $\triangle APB$ 与 $\triangle APC$ 的外接圆. 因 $\angle PAB = \angle PBC$，$\angle PAC = \angle PCB$，所以 BC 是 $\odot O_1$ 与 $\odot O_2$ 的外公切线，B、C 分别为切点. 又因 AP 是 $\odot O_1$ 与 $\odot O_2$ 的根轴，所以直线 AP 与 BC 的交点 M 是 BC 的中点. 因此 $\angle OMQ = 90°$. 再注意 Q 为 $\odot O_2$、$\odot O_1$ 的连心线与外公切线的交点，所以 Q 为 $\odot O_2$ 与 $\odot O_1$ 的外位似中心，因而在反演变换 $I(Q, QA^2)$ 下，$\odot O_1 \to \odot O_2$，B、C 为两个互反点，A 为自反点，所以 $QA2 = QB \cdot QC$. 这样，QA 是 $\triangle ABC$ 的外接圆的切线，因而 $\angle OAQ = 90° = \angle OMQ$. 于是 O、A、Q、M 四点共圆，所以 $\angle MQO = \angle MAO$. 而 $\angle PQA = 2\angle O_2QA$，$\angle O_2QA = \angle MAO$. 故

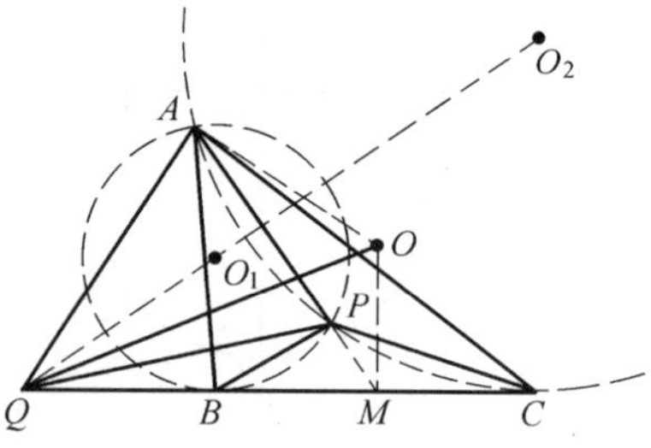

图 8.4.11

$$\angle AQP = 2\angle AQO_2 = 2\angle OQB$$

例 8.4.3 设圆 Γ_1 与圆 Γ_2 相交，另外两个相交于 P、Q 的圆皆与圆 Γ_1 内切，与圆 Γ_2 外切. 证明：直线 PQ 过定点.

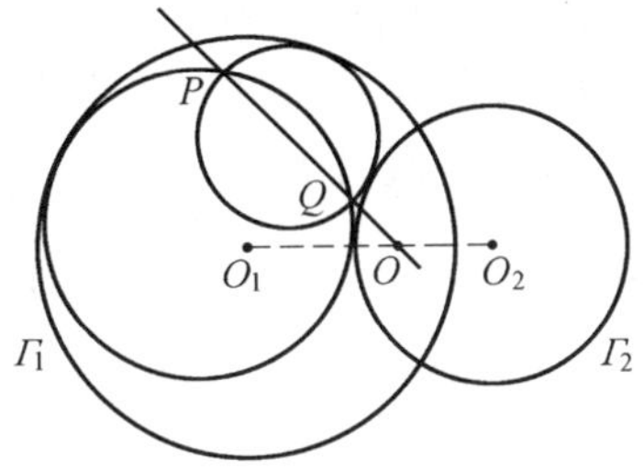

图 8.4.12

证明 如图8.4.12所示,设 O 为两圆的内位似的中心,点 O 对圆 Γ_1 与圆 Γ_2 的幂分别为 ρ_1、ρ_2,取 $k=\sqrt{\rho_1\rho_2}$,则由定理8.4.2知,在反演变换 $I(O,k)$ 下,圆 Γ_1 与圆 Γ_2 互为反形.因相交于 P、Q 的两圆与圆 Γ_1、Γ_2 均相切,所以它们的反形也均与圆 Γ_1、Γ_2 相切,并且同一圆上的两个切点是互反点,从而相交于 P、Q 两点的圆均是自反圆,其交点 P、Q 是两个自反点.故 P、Q、O 三点共线.即直线过圆 Γ_1 与圆 Γ_2 的内位似中心 O,这是一个定点.

实际上,我们还同时证明了如下事实:

如果一个圆与圆 Γ_1、Γ_2 中一个内切、一个外切,则两个切点的连线也过圆 Γ_1 与圆 Γ_2 的内位似中心 O.

例 8.4.4 证明**Chapple 定理**:设 R、r 分别是 $\triangle ABC$ 的外接圆的半径与内切圆半径,d 是其外心到内心之间的距离,则 $d^2=R^2-2Rr$.

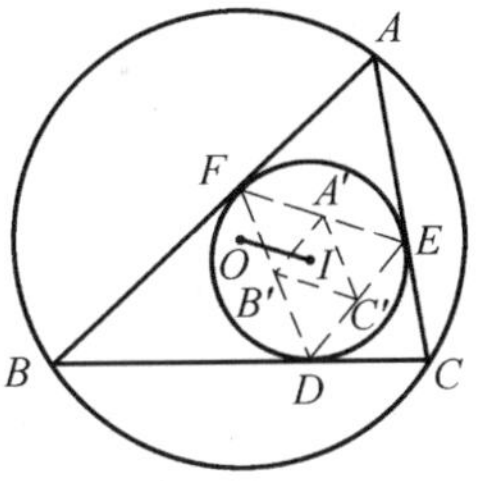

图 8.4.13

证明 如图 8.4.13 所示,设 D、E、F 分别为 $\triangle ABC$ 的内切圆与边 BC、CA、AB 的切点,O、I 分别为 $\triangle ABC$ 的外心与内心.作反演变换 $I(I,r^2)$,设 A、B、C 的反点 A'、B'、C' 分别为 EF、FD、DE 的中点,于是 $\triangle ABC$ 的外接圆的反形是 $\triangle A'B'C'$ 的外接圆.由于 $\triangle A'B'C' \backsim \triangle DEF$,且相似比为 $\frac{1}{2}$,所以,$\triangle A'B'C'$ 的外接圆半径等于 $\frac{1}{2}r$.又因点 I 对 $\triangle ABC$ 的外接圆的幂

$$\rho = IO^2 \cdot R^2 = d^2 - R^2 < 0$$

于是由定理 8.4.3 得 $\frac{r}{2}=\frac{r^2}{R^2-d^2}\cdot R$,故 $d^2=R^2-2Rr$.

显然,由 Chapple 定理可直接得到 Euler 不等式(例 6.2.8 后的说明):$R\geqslant 2r$.等式成立当且仅当 $\triangle ABC$ 的外心与内心重合,当且仅当 $\triangle ABC$ 为正三角形.

例 8.4.5 设在互相内切的两圆间隙中,依次作四个与原两圆都相切的圆,其半径依次为 r_1、r_2、r_3、r_4.证明:若所作四圆除首末两圆外各依次外切,则

$$\frac{1}{r_1}-\frac{3}{r_2}+\frac{3}{r_3}-\frac{1}{r_4}=0$$

证明 如图 8.4.14 所示,设圆 Γ_1 与 Γ_2 内切于 P.以切点 P 为反演中心、1 为反演幂作反演变换 $I(P,1)$,则圆 Γ_1 与 Γ_2 的反形为两条平行直线 l_1、l_2,而

圆 Γ_1 与 Γ_2 的间隙中的四个与圆 Γ_1、Γ_2 都相切的圆的反形是四个与直线 l_1、l_2 均相切的等圆(图 8.4.15),且除首末两圆外各依次外切.设这四个等圆的半径为 r,圆心依次为 O_1、O_2、O_3、O_4,则由点对圆的幂的定义及定理 8.4.3,有 $r_i = \dfrac{r}{PO_i^2 - r^2}$,所以$\dfrac{1}{r_i} = \dfrac{PO_i^2}{r} - r(i = 1,2,3,4)$.

设 $\angle PO_1O_4 = \theta$,则由余弦定理,有

$$PO_i^2 = PO_1^2 + O_1O_i^2 - 2O_1O_i \cdot PO_1\cos\theta =$$
$$PO_1^2 + (i-1)^2 \cdot 4r^2 - 4(i-1)r \cdot PO_1\cos\theta$$

其中 $i = 1,2,3,4$.于是,$PO_1^2 \cdot 3PO_2^2 + 3PO_3^2 \cdot PO_4^2 = 0$.故

$$\frac{1}{r_1} - \frac{3}{r_2} + \frac{3}{r_3} - \frac{1}{r_4} = 0$$

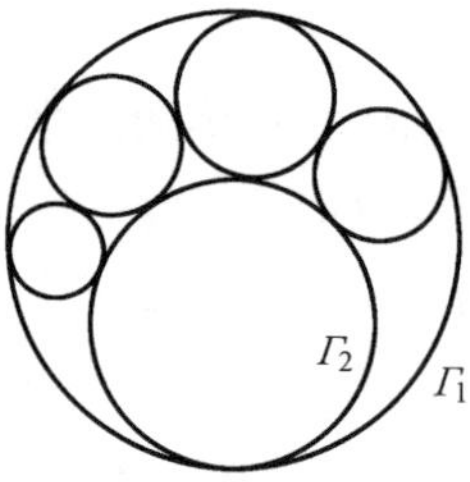

图 8.4.14

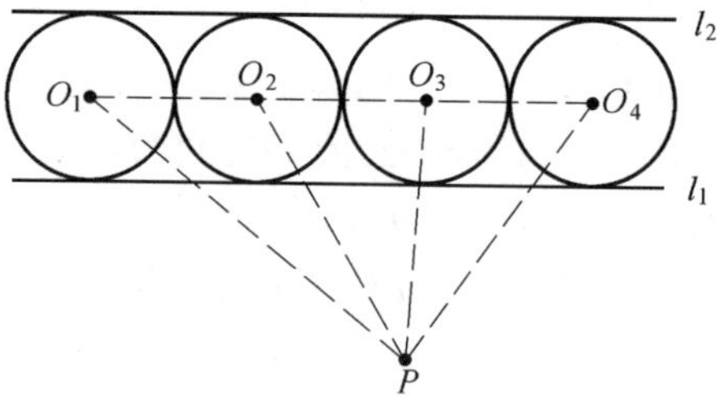

图 8.4.15

本题的结论称为**周达定理**.由这个证明可以轻松地将周达定理推广到一般情形:

在内切两圆的间隙中,依次作 $n+1$ 个圆皆与这两圆相切,其半径依次为 r_1、r_2、…、$r_{n+1}(n \geqslant 3)$,若所作这 $n+1$ 个圆除首末两圆外各依次外切,则有

$$\sum_{i=0}^{n}(-1)^i C_n^i r_{i+1}^{-1} = 0$$

其中 C_n^k 为组合数.

例 8.4.6 证明**Pappus 累圆定理**:内切于点 P 的两圆直径分别是 PA、PB,这两圆称为原圆;以 AB 为直径的圆称为始圆;然后作圆使之与两原圆及始圆皆相切,称为第 1 圆;再作圆与两原圆及第一圆均相切,称为第 2 圆;……,如此继续,则第 n 圆的圆心到直线 AB 的距离等于第 n 圆的直径的 n 倍.

证明 如图 8.4.16 所示(对应 $n = 4$),以 P 为反演中心,点 P 对第 1 圆的幂为反演幂作反演变换,则第 1 圆是自反圆,两个原圆的反形是第 1 圆的两条平行切线 a、b,且 a、b 皆垂直于 AB.始圆、第 1 圆、第 2 圆、……、第 n 圆的反形皆是与直线 a、b 均相切的等圆,且第 1 圆的反形与始圆的反形相切,第 2 圆的反形与第 1 圆的反形相切,第 3 圆的反形与第 2 圆的反形相切,……,第 n 圆的反形

与第 $n-1$ 圆的反形相切.

设始圆的反形的圆心为 O,第1圆的半径为 r,第 n 圆的圆心为 O_n,半径为 r_n,第 n 圆的反形的圆心为 C,则 $CO=2nr$,由定理8.4.1,点 P 是 $\odot O_n$ 与 $\odot C$ 的位似中心,所以

$$\frac{PO_n}{PC}=\frac{r_n}{r}$$

过 O_n 作 AB 的垂线,设垂足为 D,则

$$\frac{O_nD}{CO}=\frac{PO_n}{PC}=\frac{r_n}{r}$$

于是由 $CO=2nr$ 即得 $O_nD=2nr_n$.故第 n 圆的圆心到 AB 的距离等于第 n 圆的直径的 n 倍.

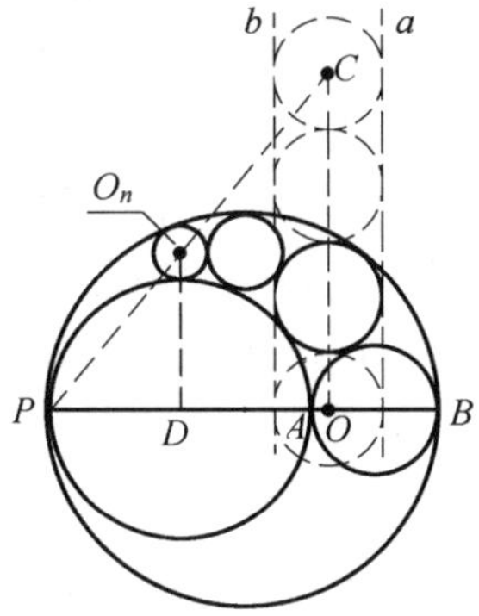

图 8.4.16

例 8.4.7 如图 8.4.17 所示,过半圆上一点 C 作半圆直径 AB 的垂线,D 为垂足.再分别以 AD、DB 为直径作两个小半圆.圆 Γ_1 与圆 Γ_2 皆与 CD 及以 AB 为直径的半圆相切,且各与一个小半圆相切.证明:圆 Γ_1 与圆 Γ_2 相等.

证法 1 如图 8.4.17 所示,记以 AB 为直径的半圆为 S,以 AD 为直径的半圆为 S_1,半径为 R_1,以 DB 为直径的半圆为 S_2,半径为 R_2,则 $AD=2R_1$,$DC=2R_2$.以 A 为反演中心作反演变换 $I(A,4R_1(R_1+R_2))$,则 B、D 互为反点,半圆 S_1 与以 B 为端点且与 AB 垂直的射线 BE 互为反形,半圆 S 与射线 DC 互为反形,圆 Γ_1 的反形为一个与射线 DC 和 BE 都相切的圆 Γ_1',所以,圆 Γ_1' 的半径为 R_2.设圆 Γ_1'、圆 S、圆 S_2 的圆心分别为 L、M、N,圆 Γ_1 与圆 Γ_2 的半径分别为 r_1、r_2,则由定理8.4.3,有

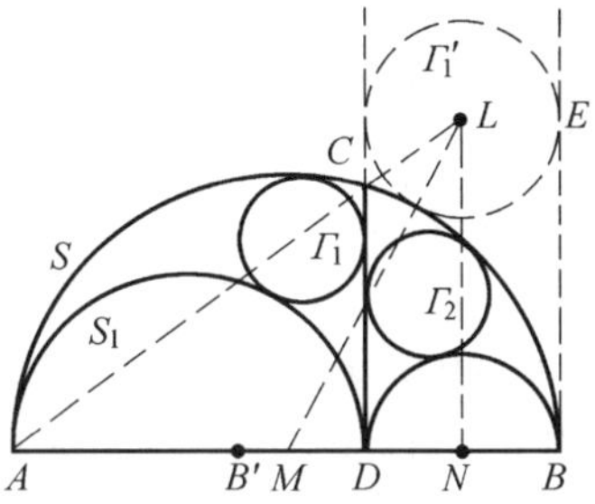

图 8.4.17

$$r_1=\frac{4R_1(R_1+R_2)R_2}{AL^2-R_2^2}$$

又容易知道,$ML=R_1+2R_2$,$MN=R_1$,$AN=2R_1+R_2$,所以,由勾股定理,有

$$LN^2=(R_1+2R_2)^2R_1^2=4(R_1+R_2)R_2$$

$$AL^2-R_2^2=AN^2+LN^2-R_2^2=4(R_1+R_2)^2$$

由此即知 $r_1=\dfrac{R_1R_2}{R_1+R_2}$.同理,$r_2=\dfrac{R_1R_2}{R_1+R_2}$.故圆 Γ_1 与圆 Γ_2 相等.

证法 2 如图 8.4.18 所示,记以 AB 为直径的半圆为 S,以 AD 为直径的半圆为 S_1.以 A 为反演中心作反演变换 $I(A,AD^2)$,则半圆 S_1 与射线 DC 互为反

形.易知,圆 Γ_1 与半圆 S_1 的切点、圆 Γ_1 与射线 DC 的切点以及点 A 在同一直线上(圆 S_1 和圆 Γ_1 位似,以切点为位似中心,CD 与圆 Γ_1 的切点与点 A 是位似对应点),因而圆 Γ_1 与半圆 S_1 及射线 DC 的切点互为反点.这样,反演幂 AD^2 等于点 A 对圆 Γ_1 的幂,由定理推论8.1.5, 圆 Γ_1 是自反圆.

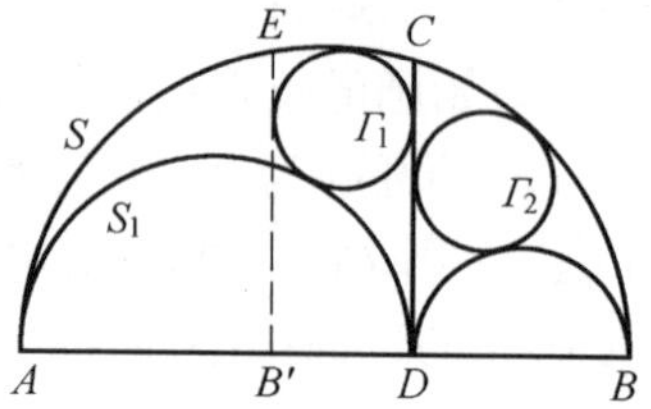

图 8.4.18

显然,半圆 S 与半圆 S_1 相切于点 A(反演中心),于是,设点 B 的反点为 B',则半圆 S 的反形是以 B' 为端点且平行于射线 DC 的射线 $B'E$.由于圆 Γ_1 与半圆 S 相切,而 Γ_1 是自反圆,所以圆 Γ_1 亦与射线 $B'E$ 相切.设圆 Γ_1 与圆 Γ_2 的半径分别为 r_1、r_2,$AD = 2R_1$,$DB = 2R_2$,则 $B'D = 2r_1$,$AB = 2(R_1 + R_2)$.于是由定理 8.4.4

$$AB' = \frac{(2R_1)^2}{2(R_1 + R_2)} = \frac{2R_1^2}{R_1 + R_2}$$

再由 $B'D = AD - AB'$ 即得 $r_1 = R\dfrac{R_1^2}{R_1 + R_2} = \dfrac{R_1R_2}{R_1 + R_2}$.同理,$r_2 = \dfrac{R_1R_2}{R_1 + R_2}$.故圆 Γ_1 与圆 Γ_2 相等.

例8.4.8 设 $\triangle ABC$ 是非等腰三角形,内心为 I,$\odot O_1$、$\odot O_2$、$\odot O_3$ 是皆过内心 I,且圆心 O_1、O_2、O_3 分别在直线 IA、IB、IC 上,它们两两相交于另外的三点 D、E、F.求证:$\triangle AID$、$\triangle BIE$、$\triangle CIF$ 的三个外心共线.

证明 如图 8.4.19 所示,以内心 I 为反演中心任作一反演变换 $I(I,k)$ $(k>0)$,设点 X 的反点为 X',则 $\odot O_2$、$\odot O_3$ 的反形分别为直线 $E'F'$、$F'D'$、$D'E'$,则直线 BC、CA、AB 的反形则分别为过点 I 的三个圆,记为 $\odot P_1$、$\odot P_2$、$\odot P_3$,它们两两相交于 A'、B'、C'(图 8.4.20).因反演中心 I 到直线 BC、CA、AB 的距离都相等,由定理8.4.4即知 $\odot P_1$、$\odot P_2$、$\odot P_3$ 是三个等圆.又因直线 IA 过 $\odot O_1$ 的圆心,所以直线 IA 与 $\odot O_1$ 正交,从而直线 IA' 与 $E'F'$ 正交,即 $IA' \perp E'F'$,再注意到 $P_2P_3 \perp IA'$ 即知 $P_2P_3 \parallel E'F'$.同理,$P_3P_1 \parallel F'D'$,$P_1P_2 \parallel D'E'$.因而 $\triangle P_1P_2P_3$ 与 $\triangle D'E'F'$ 是位似的,而且是外位似,即存在位似变换 $H(O,k_1)(k_1>0)$,使得

$$\triangle D'E'F' \xrightarrow{H(O,k_1)} \triangle P_1P_2P_3$$

显然,I 是 $\triangle P_1P_2P_3$ 的外心,A'、B'、C' 分别是点 I 关于 $\triangle P_1P_2P_3$ 的三边的对称点.于是,设 P_2P_3、P_3P_1、P_1P_2 的中点分别为 L、M、N,则有

$$\triangle LMN \xrightarrow{H(I,2)} \triangle A'B'C'$$

再设 G 为 $\triangle P_1P_2P_3$ 的重心,则有

$$\triangle P_1P_2P_3 \xrightarrow{H(G,-\frac{1}{2})} \triangle LMN$$

由上述三个位似关系即知

$$\triangle D'E'F' \xrightarrow{H(I,2)H(G,\ -\frac{1}{2})H(O,k_1)} \triangle A'B'C'$$

因所述三个位似变换的位似系数之积为 $-k_1<0$,所以,这三个位似变换之积是一个内位似变换,从而 $A'D'$、$B'E'$、$C'F'$ 三线交于一点 J'.因 $A'D'$ 是不过反演中心的直线,所以 J' 不会是反演中心.设 J' 的反点为 J,则直线 $A'D'$、$B'E'$、$C'F'$ 的反形——即 $\triangle AID$、$\triangle BIE$、$\triangle CIF$ 的外接圆交于两点 I、J.既然三圆交于两点,当然其圆心在同一直线上,故 $\triangle AID$、$\triangle BIE$、$\triangle CIF$ 的三个外心共线.

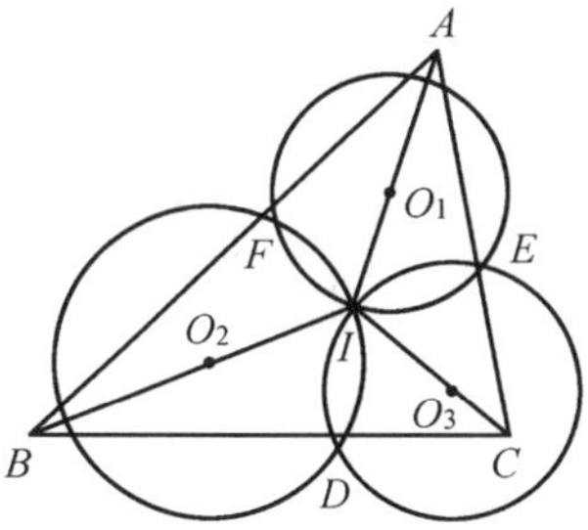

图 8.4.19

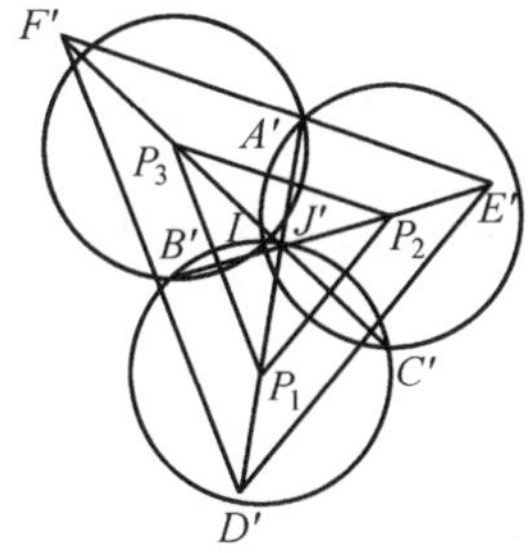

图 8.4.20

当 $\odot O_1$、$\odot O_2$、$\odot O_3$ 分别与 $\triangle ABC$ 的两边相切时,本题即 1997 年在阿根廷举行的第 38 届 IMO 的一道预选题.而当三个圆心分别为 $\triangle ABC$ 的三个顶点时,本题即 1994 年举行的第 43 届保加利亚数学奥林匹克的一道几何题.

8.5 几何命题的反演命题

我们将一个平面几何命题通过某一个反演变换(并利用反演变换的性质)后得到的新命题称为前一命题的**反演命题**.从这个意义上来讲,Ptolemy 不等式(例 8.2.6) 只不过是简单得不能再简单的不等式"$AB+BC\geqslant AC$"的反演命题而已;Klamkin 不等式(例 8.2.7) 与例 3.5.11 所述的不等式互为反演命题;例 8.2.5(亦即例 7.1.1) 则是正弦定理的反演命题;六连环定理(例 8.3.10) 则是命题"设 D、E、F 分别为 $\triangle ABC$ 的三边 BC、CA、AB 所在直线上的三点,$\odot(AEF)$ 与 $\odot(BFD)$ 的另一个交点为 Q,则 Q、C、D、E 四点共圆"的反演命题;例8.3.11 则是 Desargues 定理的反演命题;而例 8.3.12 则是命题"设 M、N 分别为 $\triangle ABC$ 的边 AB、AC 的中点,则 $\triangle AMN$ 的垂心在 $\triangle ABC$ 的九点圆上"的反演命题;可以证明,例 7.1.2 是余弦定理的反演命题.

实际上,在浩如烟海的平面几何命题中,许多平面几何命题之间都有着这样或那样的联系,而其中相当一部分则是通过反演变换联系着的.

例 8.5.1 在 $\triangle ABC$ 中,如果 $\angle CBA = \angle ACB$,则 $AB = AC$.即两底角相等的三角形是等腰三角形.

这是我们再熟悉不过了的等腰三角形的判定定理.

如图 8.5.1,8.5.2 所示,以直线 BC 上一点 O(不是线段 BC 的端点)为反演中心作反演变换 $I(O,k)(k>0)$,设点 X 的反点为 X',则有

$$\angle B'A'O = \angle OBA, \angle OA'C' = \angle ACO$$

$$AB = \frac{A'B'}{OA' \cdot OB'}, AC = \frac{A'C'}{OA' \cdot OC'}$$

这样,原来的条件"$\angle CBA = \angle ACB$"——即 $\angle OBA = \angle ACO$ 变为 $\angle B'A'O = \angle OA'C'$ 或 $\angle B'A'O = 180° - \angle OA'C'$,即 $A'O$ 是 $\angle B'A'C'$ 的内角平分线或外角平分线.而结论"$AB = AC$"变为 $\frac{A'B'}{OA' \cdot OB'} = \frac{A'C'}{OA' \cdot OC'}$,即 $\frac{A'B'}{OB'} = \frac{A'C'}{OC'}$,亦即 $\frac{OB'}{OC'} = \frac{A'B'}{A'C'}$.

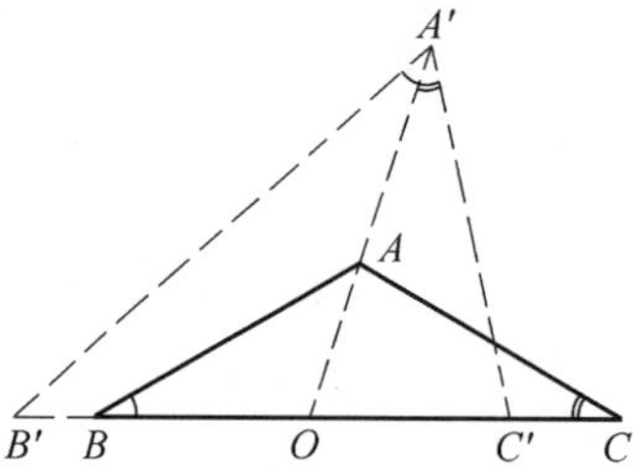

图 8.5.1

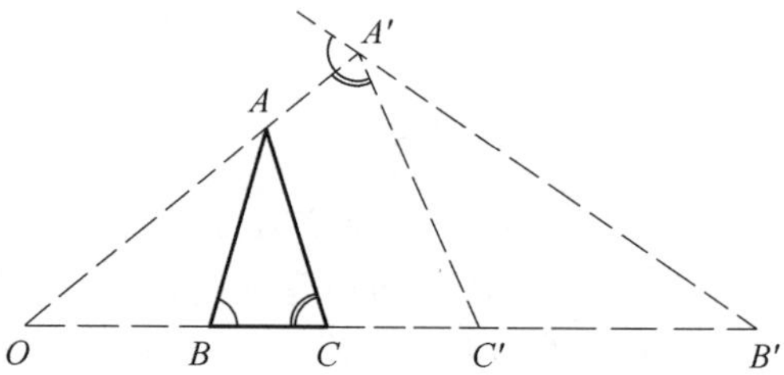

图 8.5.2

于是我们重新标记相关字母(图 8.5.3,8.5.4),便得到如下命题:

设 $\triangle ABC$ 的顶角 A 的内角平分线或外角平分线与直线 BC 交于 D,则有

$$\frac{BD}{DC} = \frac{AB}{AC}$$

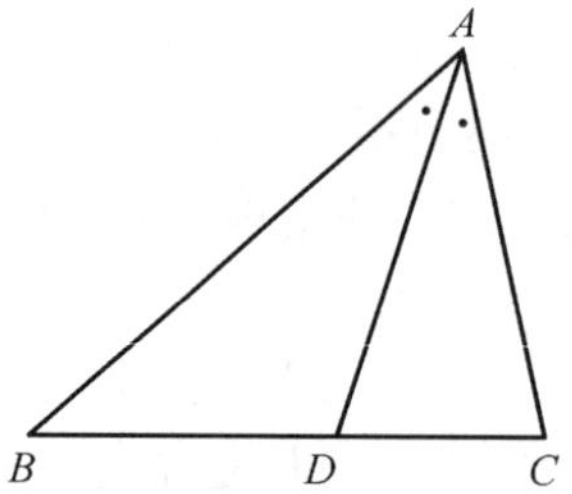

图 8.5.3

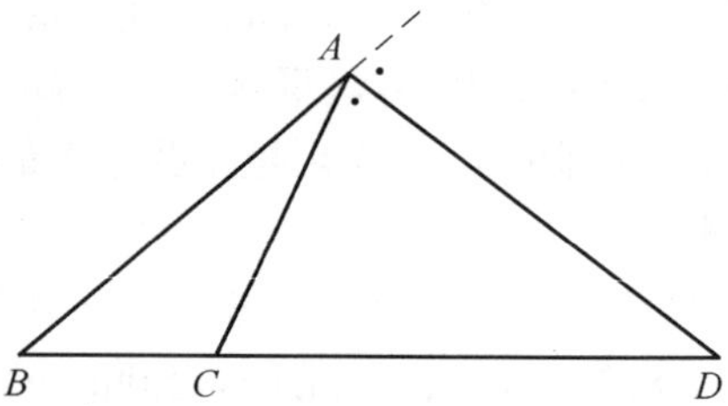

图 8.5.4

这正是三角形的内角平分线性质定理和外角平分线性质定理.因此我们

说,三角形的内角平分线性质定理与外角平分线性质定理都是等腰三角形的判定定理的反演命题.

例 8.5.2 设 P 是 $\triangle ABC$ 内部一点,P 到 $\triangle ABC$ 三边的距离分别为 PD、PE、PF,则有

$$PA + PB + PC \geqslant 2(PD + PE + PF)$$

等式成立当且仅当 $\triangle ABC$ 为正三角形,且 P 为其中心.

这是著名的 Erdös.Mordell 不等式(例 5.7.13).

如图 8.5.5 所示,以 P 为反演中心,任作一反演变换 $I(P,k)(k>0)$,设点 X 的反点为 X'.因为 P、E、A、F 四点共圆,且 PA 为其直径,所以 E'、A'、F' 三点共线,且 $PA' \perp E'F'$.同理,F'、B'、D' 三点共线,且 $PB' \perp F'D'$,D'、C'、E' 三点共线,且 $PC' \perp D'E'$.因

$$PA' \cdot PA = PB' \cdot PB = PC' \cdot PC = PD' \cdot PD = PE' \cdot PE = PF' \cdot PF = k$$

这样,条件"P 是 $\triangle ABC$ 内部一点,P 到 $\triangle ABC$ 三边的距离分别为 PD、PE、PF"变为"P 是 $\triangle D'E'F'$ 内部一点,P 到 $\triangle D'E'F'$ 三边的距离分别为 PA'、PB'、PC'",而 Erdös.Mordell 不等式则变为

$$\frac{1}{PA'} + \frac{1}{PB'} + \frac{1}{PC'} \geqslant 2\left(\frac{1}{PD'} + \frac{1}{PE'} + \frac{1}{PF'}\right)$$

又 $\triangle ABC$ 为正三角形,且点 P 为其中心,当且仅当 $\triangle DEF$ 为正三角形,且点 P 为其中心,当且仅当 $\triangle D'E'F'$ 为正三角形,且点 P 为其中心.于是,我们重新标记相关字母(图 8.5.6),便得到如下命题:

设 P 是 $\triangle ABC$ 的内部一点,P 到边 BC、CA、AB 的距离分别为 PD、PE、PF,则有

$$\frac{1}{PD} + \frac{1}{PE} + \frac{1}{PF} \geqslant 2\left(\frac{1}{PA} + \frac{1}{PB} + \frac{1}{PC}\right)$$

等式成立当且仅当 $\triangle ABC$ 为正三角形,且点 P 为其中心.

这正是著名的**Féjes 不等式**.因此,Féjes 不等式与 Erdös.Mordell 不等式互为反演命题.故这两个不等式在反演变换的意义下是等价的.

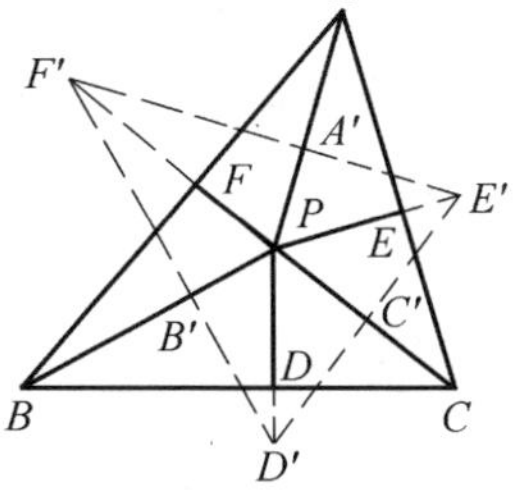

图 8.5.5

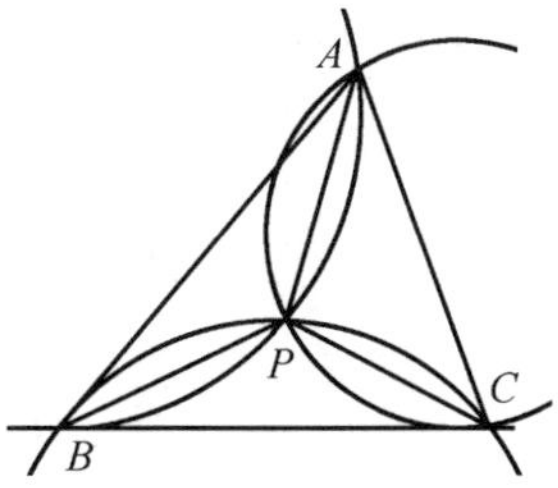

图 8.5.6

在图 8.5.5 中，如果我们不考虑 D、E、F 的反点，而是考虑 $\triangle ABC$ 的三边所在直线的反形，则我们可得到 Erdös.Mordell 不等式及 Féjes 不等式的另一反演命题.

注意直线 BC、CA、AB 的反形分别是 $\odot(PB'C')$、$\odot(PC'A')$、$\odot(PA'B')$，设这三个圆的半径分别为 R_1、R_2、R_3，则由定理 8.4.4，有

$$2R_1 \cdot PD = 2R_2 \cdot PE = 2R_3 \cdot PF = k$$

这样，Erdös.Mordell 不等式与 Féjes 不等式就分别变为

$$\frac{1}{PA'} + \frac{1}{PB'} + \frac{1}{PC'} \geqslant \frac{1}{R_1} + \frac{1}{R_2} + \frac{1}{R_3}$$

$$R_1 + R_2 + R_3 \geqslant PA' + PB' + PC'$$

于是，我们重新将 $\triangle A'B'C'$ 记为 $\triangle ABC$，便得到如下命题：

如图 8.5.6 所示，设 P 为 $\triangle ABC$ 内部一点，$\odot(PBC)$、$\odot(PCA)$、$\odot(PAB)$ 的半径分别为 R_1、R_2、R_3，则有

$$\frac{1}{PA} + \frac{1}{PB} + \frac{1}{PC} \geqslant \frac{1}{R_1} + \frac{1}{R_2} + \frac{1}{R_3}$$

$$R_1 + R_2 + R_3 \geqslant PA + PB + PC$$

等式成立当且仅当 $\triangle ABC$ 为正三角形，其中 P 为其中心.

这里，前一不等式是 Erdös.Mordell 不等式的另一反演命题，而后一不等式是 Féjes 不等式的另一反演命题.

例 8.5.3 如图 8.5.7 所示，过圆 Γ 的弦 EF 上任意一点 P 再作圆 Γ 的两弦 AB、CD，设 BC、AD 分别与弦 EF 交于 I、J，则有

$$\frac{1}{PI} - \frac{1}{PE} = \frac{1}{PJ} - \frac{1}{PF}$$

这是著名的 Candy 定理(见推论 5.5.5).

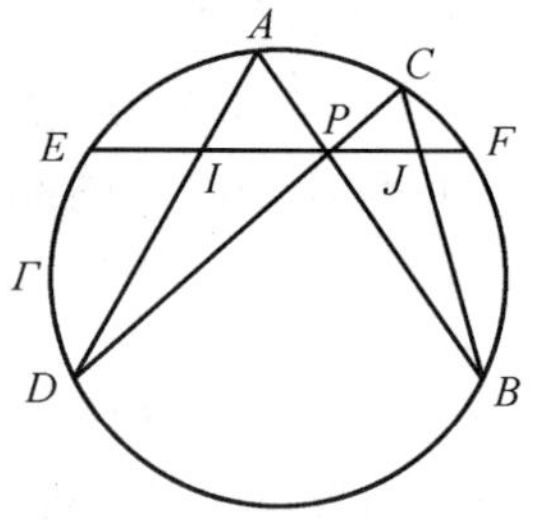

图 8.5.7

以 P 为反演中心、点 P 对圆 Γ 的幂(记为 ρ)为反演幂作反演变换，则圆 Γ 是自反圆，A、B 两点互为反点，C、D 两点互为反点，E、F 两点互为反点，直线 AD 的反形为过 P、B、C 三点的圆 Γ_1，直线 BC 的反形为过 P、A、D 三点的圆 Γ_2. 设 I、J 的反点分别为 I'、J'，则 I' 在圆 Γ_1 上，J' 在圆 Γ_2 上，且

$$\frac{1}{PI} - \frac{1}{PE} = \frac{PI'}{\rho} - \frac{PF}{\rho} = \frac{FI'}{\rho}$$

$$\frac{1}{PJ} - \frac{1}{PF} = \frac{PJ'}{\rho} - \frac{PE}{\rho} = \frac{J'E}{\rho}$$

因而 $\frac{1}{PI} - \frac{1}{PE} = \frac{1}{PJ} - \frac{1}{PF}$ 当且仅当 $FI' = J'E$. 于是，重新标记字母，则 Candy 定

理变为：

如图 8.5.8 所示，过圆 Γ 内的一点 P 任作圆 Γ 的两弦 AB、CD. 设过 P、A、D 三点的圆为 Γ_1，过 P、B、C 三点的圆为 Γ_2，再过点 P 任作一条直线交圆 Γ 于 I、J 两点，交圆 Γ_1 和圆 Γ_2 于点 E、P、F 三点，则 $EI = JF$.

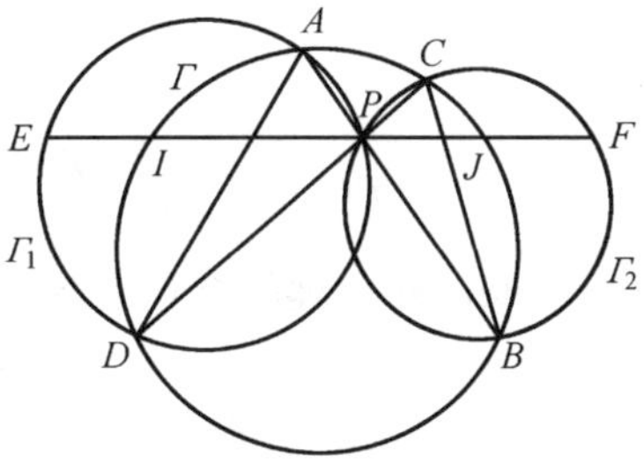

图 8.5.8

这就是推论 5.5.2 所述命题的一部分，它是 Candy 定理的一个反演命题.

平面几何中不少著名定理之间也存在这种反演关系.

例 8.5.4 如图 8.5.9 所示，设 PA、PB、PC 是由点 P 依次发出的三条射线，$\angle BAD = \alpha$，$\angle DAC = \beta$，$\alpha + \beta < 180°$，则 A、B、C 三点共线的充分必要条件是

$$\frac{\sin \alpha}{PC} + \frac{\sin \beta}{PA} = \frac{\sin (\alpha + \beta)}{PB}$$

其必要性是著名的**张角定理**. 以 A 为反演中心，任作一反演变换 $I(O, k)(k > 0)$，则我们立即得到如下命题：

如图 8.5.10 所示，设 PA、PB、PC 是由点 P 依次发出的三条射线，$\angle BAD = \alpha$，$\angle DAC = \beta$，$\alpha + \beta < 180°$，则 P、A、B、C 四点共圆的充分必要条件是

$$PC\sin \alpha + PA\sin \beta = PB\sin (\alpha + \beta)$$

其必要性正是所谓**三弦定理**. 这说明三弦定理与张角定理互为反演命题.

当 P、A、B、C 四点共圆时，设这个圆的半径为 R，则由正弦定理，$AB = 2R\sin \alpha$，$BC = 2R\sin \beta$，$AC = 2R\sin (\alpha + \beta)$. 于是有如下命题：

凸四边形 $PABC$ 内接于圆的充分必要条件是

$$AB \cdot PC + BC \cdot PA = AC \cdot PB$$

这就是 Ptolemy 定理（见例 7.1.2）及其逆定理.

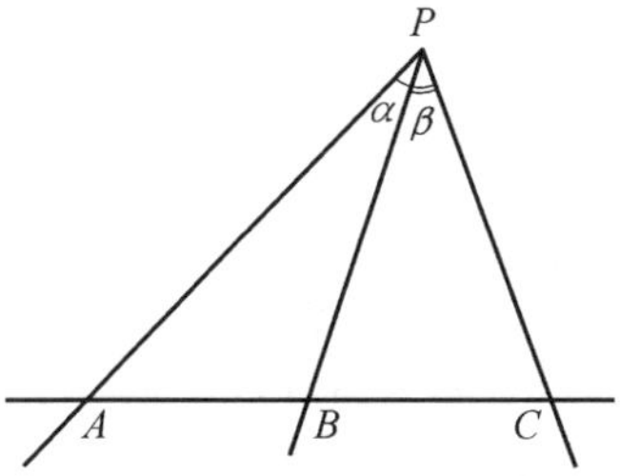

图 8.5.9

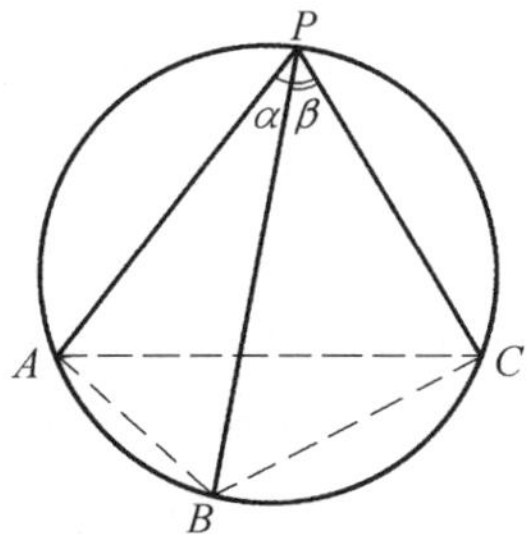

图 8.5.10

例 8.5.5 设 D 为 $\triangle ABC$ 的边 BC 的延长线上一点，则有

$$AB^2 \cdot CD + AD^2 \cdot BC = AC^2 \cdot BD + BC \cdot CD \cdot BD$$

这是著名的**Stewart 定理**. 如图 8.5.11 所示，以 A 为反演中心，任作一反演

变换 $I(O,k)(k>0)$,设点 X 的反点为 X',则 A、B'、C'、D' 共圆,且

$$AB=\frac{k}{AB'},AC=\frac{k}{AC'},AD=\frac{k}{AD'}$$

$$BC=\frac{k\cdot B'D'}{AB'\cdot AD'},CD=\frac{k\cdot C'D'}{AC'\cdot AD'},BD=\frac{k\cdot B'D'}{AB'\cdot AD'}$$

这样,Steweat 定理的结论变为

$$\frac{k^2}{AB'^2}\cdot\frac{k\cdot C'D'}{AC'\cdot AD'}+\frac{k^2}{AD'^2}\cdot\frac{k\cdot B'C'}{AB'\cdot AC'}=$$

$$\frac{k^2}{AC'^2}\cdot\frac{k\cdot B'D'}{AB'\cdot AD'}+\frac{k\cdot B'C'}{AB'\cdot AC'}\cdot\frac{k\cdot C'D'}{AC'\cdot AD'}\cdot\frac{k\cdot B'D'}{AB'\cdot AD'}$$

整理即得

$$\frac{AB'\cdot AD'+B'C'\cdot C'D'}{AB'\cdot B'C'+AD'\cdot C'D'}=\frac{AC'}{B'D'}$$

于是,重新将 B'、C'、D' 记为 B、C、D(图 8.5.12),则得如下命题:

设 $ABCD$ 是一个圆内接凸四边形,则有

$$\frac{AB\cdot AD+BC\cdot CD}{AB\cdot BC+AD\cdot CD}=\frac{AC}{BD}$$

这便是所谓**第二Ptolemy 定理**.由此可见,Stewart 定理与第二 Ptolemy 定理互为反演命题.又不难证明,Stewart 定理与 Ptolemy 定理是等价的,这样,再由例 8.5.4的讨论即知:张角定理、三弦定理、Ptolemy定理、第二Ptolemy定理、Stewart定理等都是等价的.

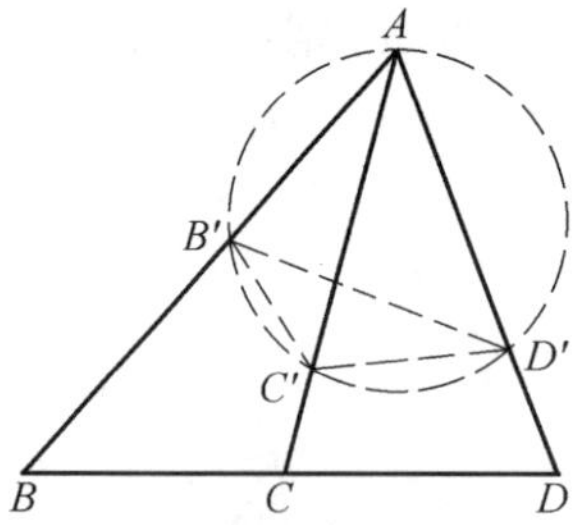

图 8.5.11

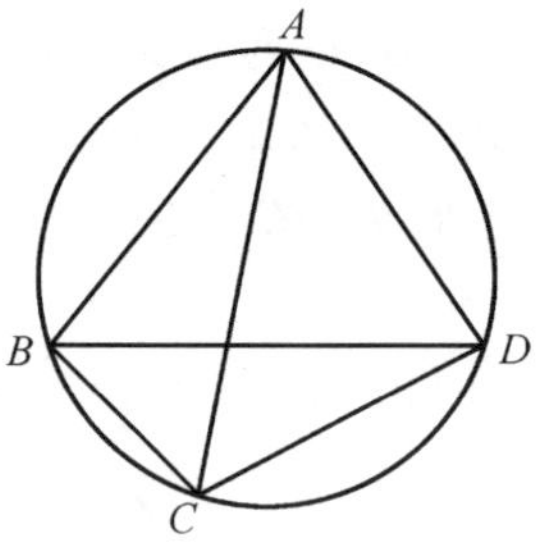

图 8.5.12

例8.5.6 在四边形 $ABCD$ 中,设直线 AB、CD 交于 E,直线 AD、BC 交于 F,则 $\triangle ABF$、$\triangle ADE$、$\triangle BCE$、$\triangle DCF$ 这四个三角形的外心在一个圆上.

这就是著名的 Steiner 定理(例 7.3.5). 如图 8.5.13 所示, 设 $\triangle ABF$、$\triangle ADE$、$\triangle BCE$、$\triangle DCF$ 的外心分别为 O_1、O_2、O_3、O_4,设完全四边形 $ABCD$ 的 Miquel 点为 P(四个三角形的外接圆所共之点,见例 7.3.5),过 P 作这四个三角形的外接圆的直径 PK、PL、PM、PN,则 K、L、M、N 共圆.

以 P 为反演中心任作一反演变换 $I(P,k)(k>0)$,设点 X 的反点为 X',则 $\odot O_1$、$\odot O_2$、$\odot O_3$、$\odot O_4$ 的反形分别为直线 $B'A'F'$、$D'A'E'$、$C'B'E'$、$C'D'F'$,而

直线 ABE、ADF、BCF、ECD 的反形分别是 $\triangle A'B'E'$、$\triangle A'D'F'$、$\triangle B'C'F'$、$\triangle E'C'D'$ 的外接圆，且它们都过反演中心 P. K'、L'、M'、N' 分别在直线 $A'B'$、$D'A'$、$B'C'$、$C'D'$ 上，且 K'、L'、M'、N' 四点共线.

由于 PK、PL、PM、PN 分别与 $\odot O_1$、$\odot O_2$、$\odot O_3$、$\odot O_4$ 正交，所以 $PK' \perp A'B'$、$PL' \perp D'A'$、$PM' \perp B'C'$、$PN' \perp C'D'$. 于是便得到 Steiner 定理的如下反演命题：

如图 8.5.14 所示，在四边形 $A'B'C'D'$ 中，直线 $A'D'$、$B'C'$ 交于 E'，直线 $A'B'$、$C'D'$ 交于 F'，$\triangle A'B'E'$ 的外接圆与 $\triangle A'D'F'$ 的外接圆的另一交点为 P，点 P 在 $A'B'$、$B'C'$、$C'D'$、$D'A'$ 这四条直线上的射影分别为 K'、M'、N'、L'，则 K'、L'、M'、N' 四点共线.

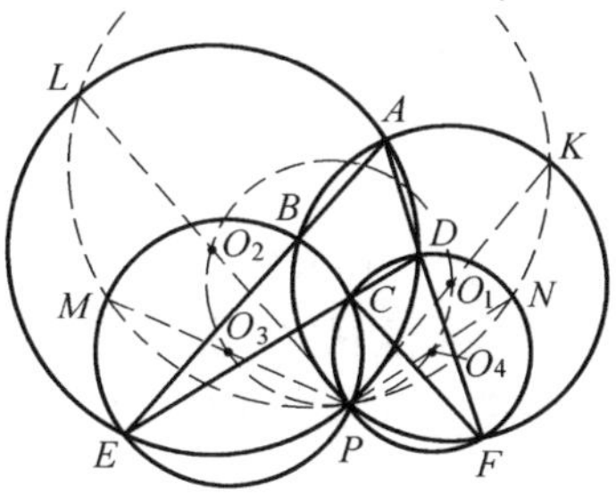

图 8.5.13

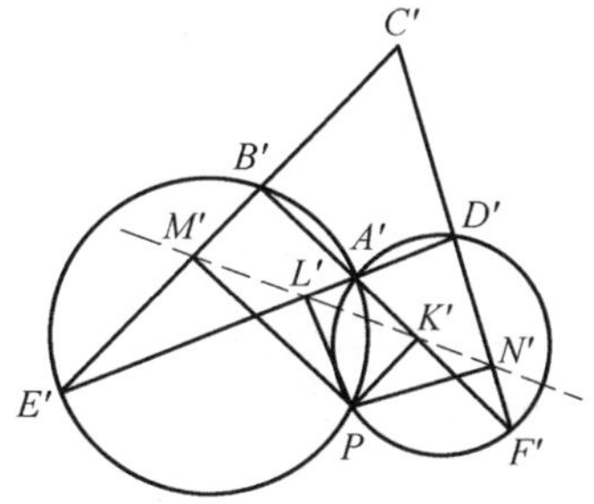

图 8.5.14

这是一个我们十分熟悉也十分容易证明的命题.

事实上，因 P 在 $\triangle A'B'E'$ 的外接圆上，K'、M'、L' 是点 P 到 $\triangle A'B'E'$ 的三边所在直线上的射影，由 Simson 定理(例 7.2.6)，K'、M'、L' 三点共线；同理，K'、L'、N' 三点共线. 故 K'、L'、M'、N' 四点共线.

这样，我们实际上给出了 Steiner 定理的又一个证明，而且同样证明了 O_1、O_2、O_3、O_4、P 五点共圆(由 K'、L'、M'、N' 四点共线得 K、L、M、N、P 五点共圆，因而 O_1、O_2、O_3、O_4、P 五点共圆).

一个平面几何的已知命题或简单命题，经过一个反演变换后所得到的反演命题，往往以一个崭新的面貌出现，因而常被用来作为数学竞赛或数学奥林匹克的命题.

例 8.5.7 设 P 为 $\triangle ABC$ 所在平面上的一点，点 P 在直线 BC、CA、AB 上的射影分别为 D、E、F，则 D、E、F 三点共线的充分必要条件是点 P 在 $\triangle ABC$ 的外接圆上.

这是著名的 Simson 定理(例 7.2.6). 如图 8.5.15 所示，以 P 为反演中心任作一反演变换 $I(P,k)(k>0)$，设点 X 的反点为 X'，则 P、B'、D'、C' 四点共圆，P、C'、E'、A' 四点共圆，P、A'、F'、B' 四点共圆，且由 $PD \perp BC$，$PE \perp CA$，$PF \perp AB$ 知，PD'、PE'、PF' 分别为这三个圆的直径，它们的中点 O_1、O_2、O_3 即这

三个圆的圆心. 而点 P 在 $\triangle ABC$ 的外接圆上当且仅当 A'、B'、C' 三点共线; D、E、F 三点共线当且仅当 P、D'、E'、F' 四点共圆, 当且仅当 P、O_1、O_2、O_3 四点共圆. 于是, 再将 A'、B'、C' 记为 A、B、C, 我们即得 Simson 定理的反演命题:

如图 8.5.16 所示, 已知圆心分别为 O_1、O_2、O_3 的三圆共点于 P, 它们两两交于另一点 A、B、C. 则 P、O_1、O_2、O_3 四点共圆的充分必要条件是 A、B、C 三点共线.

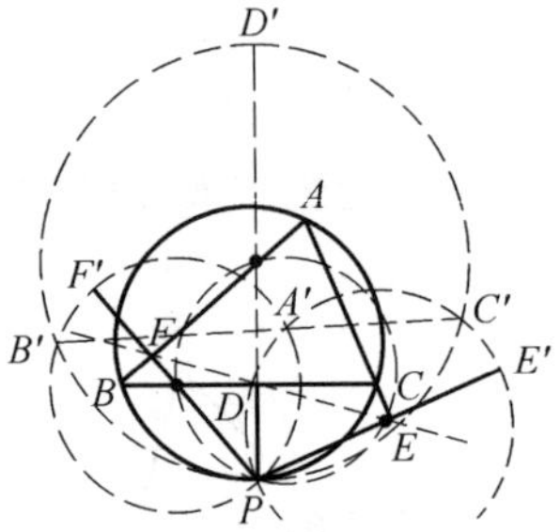

图 8.5.15

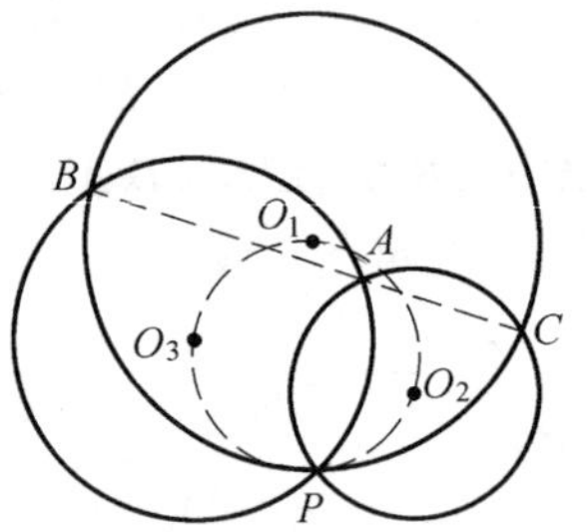

图 8.5.16

这个命题的必要性即 1991 年举行的湖南省第 4 届中学生数学夏令营试题.

例 8.5.8 设内接于 $\odot O$ 的四边形 $ABCD$ 的一组对边 AB、CD(所在直线)交于 P, $\odot(PBC)$ 与 $\odot(PAD)$ 交于 P、Q 两点, 则 $PQ \perp OQ$.

这是一个我们所熟悉的命题(见推论 5.5.1). 如图 8.5.17 所示, 设点 P 对 $\odot O$ 的幂为 k, 作反演变换 $I(P, k)$, 则 $\odot O$ 是自反圆, A、B 互为反点, C、D 互为反点, $\odot(PBC)$ 的反形为直线 AD, $\odot(PAD)$ 的反形为直线 BC, 因而点 Q 的反点 Q' 是直线 AD 与 BC 的交点. 设圆心 O 的反点为 O', 则 O'、O、Q、Q' 四点共圆, 所以, $\angle PO'Q' = \angle OQP = 90°$. 又 O'、O、A、B 四点共圆, O'、O、C、D 四点共圆, 换句话说, 点 O 是过 O、A、B 三点的圆与过 O、C、D 三点的圆的另一交点. 于是, 我们有如下命题:

如图 8.5.18 所示, 设 A、B、C、D 是 $\odot O$ 上四点, 直线 AC 与 BD 交于点 P, 过 O、A、B 三点的圆与过 O、C、D 三点的圆交于 O、Q 两点, 且 $Q \neq P$, 则 $\angle PQO = 90°$.

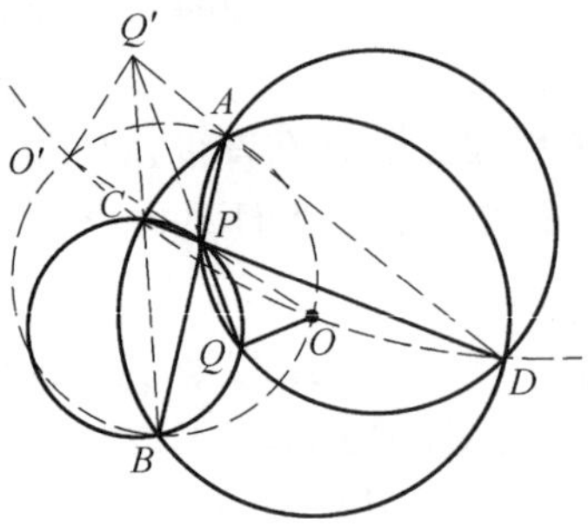

图 8.5.17

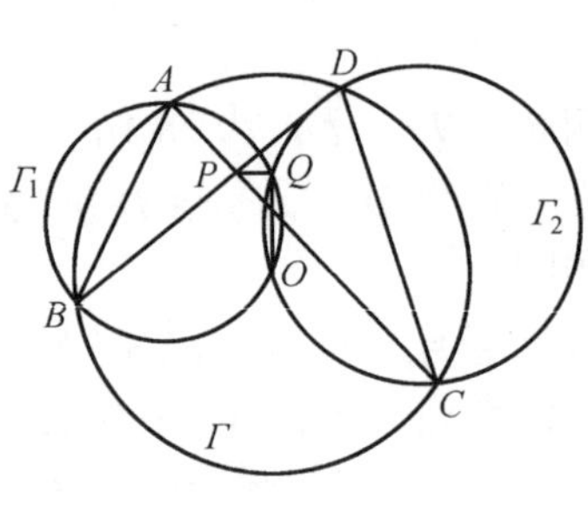

图 8.5.18

此即 1992 年举行的第 26 届独联体数学奥林匹克试题.

例 8.5.9　如图 8.5.19,8.5.20 所示,设 C、D、M 是 $\triangle NAB$ 的三高线足,O 是边 AB 的中点,则 C、D 都在以 AB 为直径的圆上. 由九点圆定理,O、D、E、F 四点共圆($\triangle NAB$ 的九点圆).

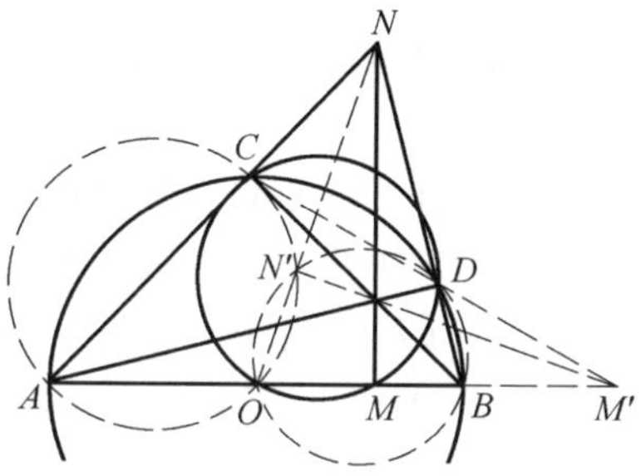

图 8.5.19

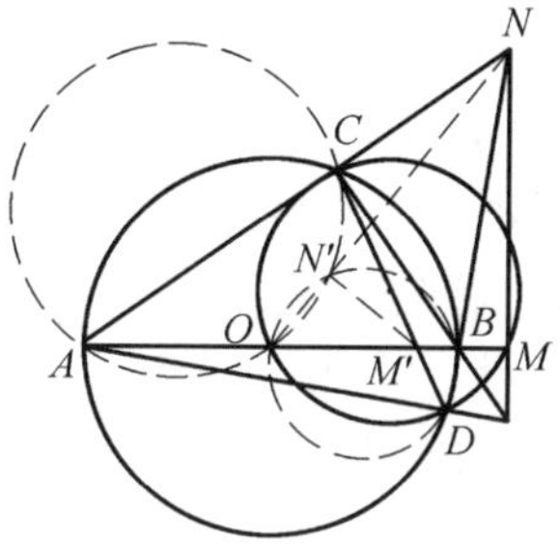

图 8.5.20

以 O 为反演中心,$OA(=OB)$ 为直径的圆为反演圆作反演变换,则 A、B、C、D 都是自反点,直线 NA 的反形为 $\odot(OAC)$,直线 NB 的反形为 $\odot(OBD)$,$\triangle NAB$ 的九点圆的反形为直线 CD,因此点 N 的反点 N' 为 $\odot(OAC)$ 与 $\odot(OBD)$ 的另一交点,点 M 的反点 M' 为直线 CD 与 AB 的交点. 又 $NM\perp AB$,M'、M、N'、N 四点共圆,所以 $ON'\perp M'N'$.

于是,我们再将 M'、N' 记作 M、N,便得到下面的命题:

如图 8.5.21,8.5.22 所示,设 AB 是 $\odot O$ 的直径,一直线与 $\odot O$ 交于 C、D 两点,与直线 AB 交于点 M,$\triangle AOC$ 的外接圆与 $\triangle BOD$ 的外接圆交于点 $N(N\neq O)$,则 $ON\perp MN$.

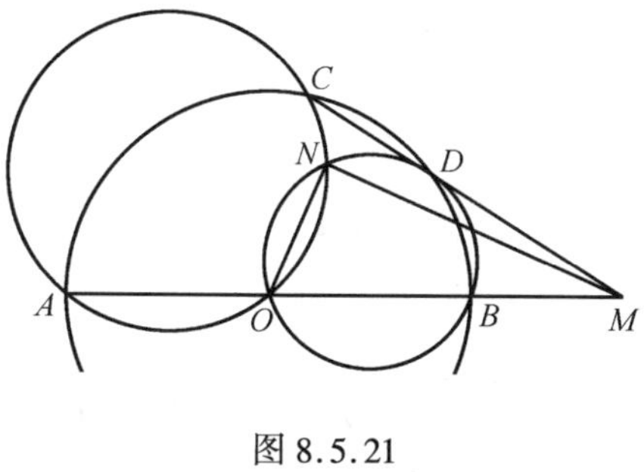

图 8.5.21

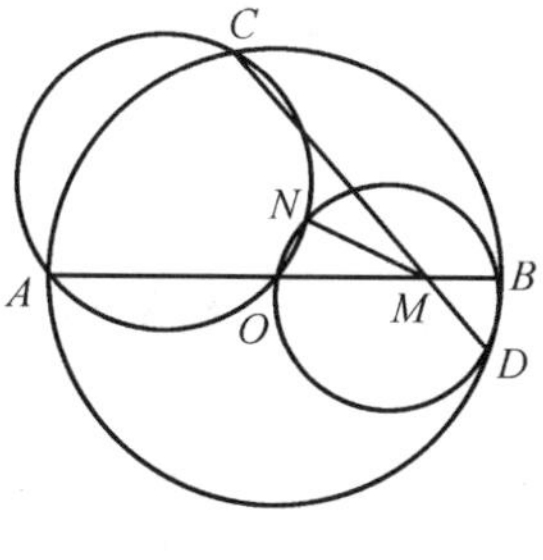

图 8.5.22

这就是例 6.2.5.其中图 8.5.21 的情形为 1995 年举行的第 21 届俄罗斯数学奥林匹克试题,同时也是 1997 年举行的第 14 届伊朗数学奥林匹克试题. 而图 6.2.9 的情形则为罗马尼亚国家队 1996 年选拔考试试题. 它们都是前面图 8.5.18 所示独联体数学奥林匹克试题的特例,并且都被包含在定理 5.5.3 中.

例 8.5.10 过⊙O外一点N作⊙O的两条切线NS、NT，S、T为切点，M是⊙O内异于圆心O的一点，则M、S、N、T四点共圆的充分必要条件是$OM \perp MN$.

这个命题的证明易如反掌.

事实上，如图 8.5.23 所示，因$OT \perp TN$，$OS \perp SN$，所以O、S、N、T四点共圆. 于是，M、S、N、T四点共圆$\Leftrightarrow M$、O、N、T四点共圆$\Leftrightarrow \angle NMO = \angle NTO \Leftrightarrow OM \perp MN$.

设点M对⊙O的幂为k，作反演变换$I(M,k)$，则⊙O是自反圆. 设点X的反点为X'，则直线NS的反形为过点M、N'且与⊙O内切于点S'的圆Γ_1，直线NT的反形为过点M、N'且与⊙O内切于点T'的圆Γ_2，直线MN不变. 因M与圆心O不重合，所以圆Γ_1与圆Γ_2不相等，而M、S、N、T四点共圆当且仅当三点共线.

于是，将S'、N'、T'仍记为S、N、T，我们立即得到如下命题：

如图 8.5.24 所示，已知两个半径不等的圆Γ_1与Γ_2相交于M、N两点，圆Γ_1与圆Γ_2分别与⊙O内切于S、T，则$OM \perp MN$的充分必要条件是S、N、T三点共线.

这就是 1997 年举行的全国高中数学联赛的平面几何题，它是一个简单命题的反演命题.

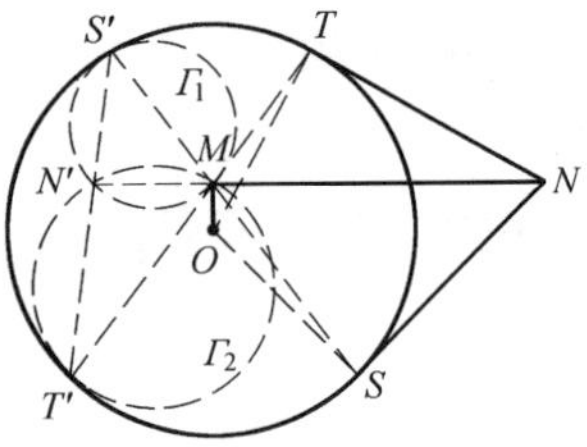

图 8.5.23

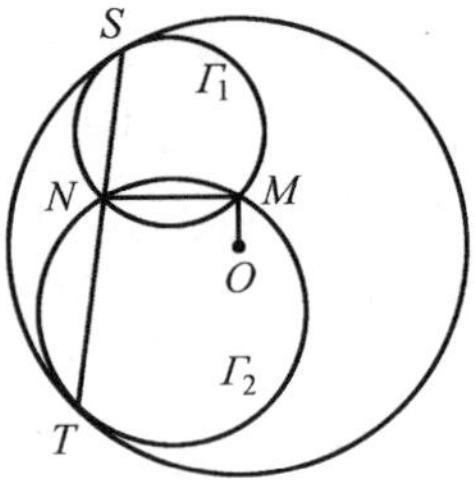

图 8.5.24

例 8.5.11 如图 8.5.25 所示，设E是平行四边形$ABCD$的边AB的中点，直线CE与AD交于F，则A为DF的中点.

这个命题的正确性是显然的.

以A为反演中心，AD为反演半径作反演变换，则C、F为两个自反点，直线CF的反形为过点A的圆Γ. 因$BC \parallel AD$，$CD \parallel AB$，所以，直线BC的反形是与直线AD相切于点A的圆Γ_1，直线CD的反形是与直线AB相切于点A的圆Γ_2. 如果将B、C、D、E、F的反点仍记为B、C、D、E、F，则圆Γ过A、C、E、F四点，圆Γ_1过A、B、D三点，圆Γ_2过A、C、D三点. 因E是AB的中点，所以，在反演后，B为AE的中点，于是，我们再将C、D互换即得如下命题：

如图 8.5.26 所示,已知 $\triangle ABC$,圆 Γ_1 过点 B 且与边 AC 相切于 A,圆 Γ_2 过点 C 切与边 AB 相切于 A,圆 Γ_1 与圆 Γ_2 相交于 A、D 两点,E 为射线 AB 上的一点,且 $BE = AB$.设直线 AC 与过三点 A、D、E 的圆 Γ 交于 A、F 两点,则有 $AF = AC$.

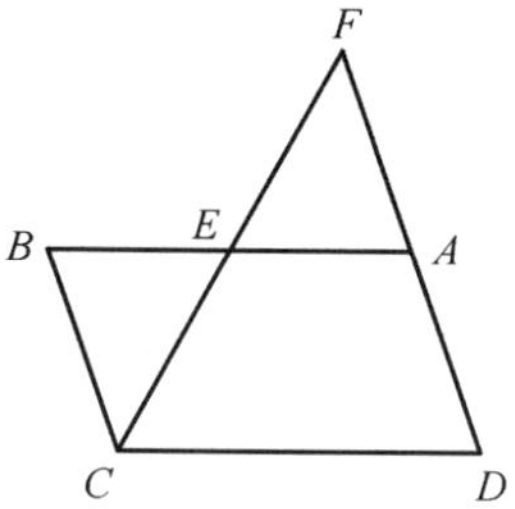

图 8.5.25

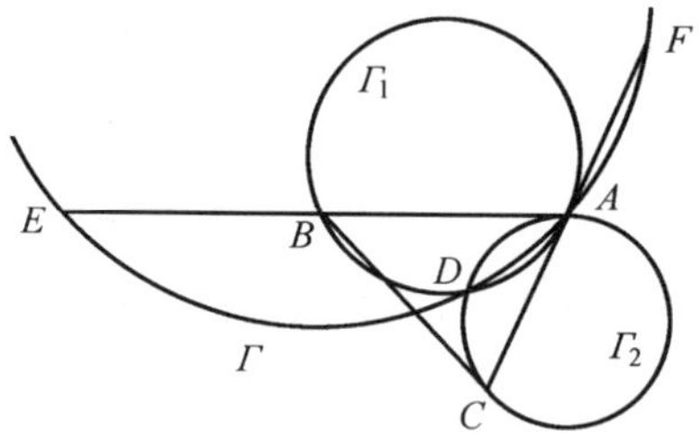

图 8.5.26

这便是 1998 年举行的第 6 届土耳其数学奥林匹克的一道平面几何题.它也是一个简单命题的反演命题.

例 8.5.12 如图 8.5.27 所示,设圆 Γ_1 与圆 Γ_2 外切于 A,平行于两圆的一条外公切线的直线依次与圆 Γ_1、Γ_2 交于 D、M、C、B,则 $AM = AC$ 当且仅当 $AD = AB$.

这个命题也不难证明.实际上,"$AM = AC$"与"$AD = AB$"皆等价于圆 Γ_1 与圆 Γ_2 相等.设圆 Γ_1 与圆 Γ_2 的半径分别为 r_1,r_2,圆心分别为 O_1,O_2.显然,当 $r_1 = r_2$ 时,$AM = AC$;反之,当 $AM = AC$ 时,因 $r_1 \leqslant r_2 \Leftrightarrow \angle O_1AM \leqslant \angle CAO_2 \Leftrightarrow$ 点 M 至 O_1O_2 的距离 $\leqslant$ 点 C 至 O_1O_2 的距离 $\Leftrightarrow O_1$ 至 DB 的距离 $\leqslant$ O_2 至 DB 的距离 $\Leftrightarrow O_1$ 至切线的距离 $\geqslant$ O_2 至切线的距离 $\Leftrightarrow r_1 \geqslant r_2$,因而必有 $r_1 = r_2$.这就证明了 $AM = AC \Leftrightarrow r_1 = r_2$.同理,$AD = AB \Leftrightarrow r_1 = r_2$.故 $AM = AC \Leftrightarrow AD = AB$.

以 M 为反演中心,点 M 到圆 Γ_2 的幂为反演幂作反演变换,则圆 Γ_2 是自反圆,直线 DB 是自反直线,B、C 互为反点.我们仍用 A、D、B、C 表示 A、D、B、C 的反点,则圆 Γ_2 是 $\triangle ABC$ 的外接圆,圆 Γ_1 的反形为直线 AD,且直线 AD 与圆切于点 A,切线的反形是一个圆,这个圆与圆 Γ_2 外切、与直线 AD 相切、且与线段 DB 相切于 M.条件"$AD = AB$"即"$\angle ADM = \angle ABM$"通过反演变换变为"$\angle DAM = \angle MAB$",条件"$AM = AC$"即"$\angle AMC = \angle ACM$"通过反演变换变为"$\angle MAC = \angle CMA$",即"$AC = MC$".于是我们得到原来命题的反演命题为:

如图 8.5.28 所示,在 $\triangle ABC$ 中,$BC \neq AC$,$AB < AC$,Γ 是它的外接圆.圆 Γ 的过点 A 的切线交直线 BC 于 D,一圆与 BD、AD 以及圆 Γ 均相切,且与 BD 切于 M,则 $\angle DAM = \angle MAB$ 的充分必要条件是 $AC = CM$.

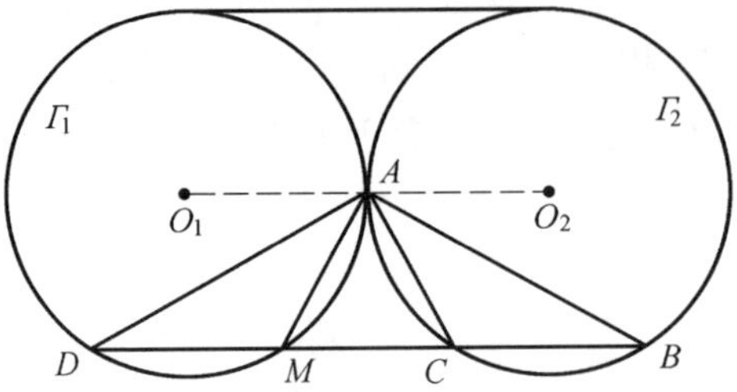

图 8.5.27

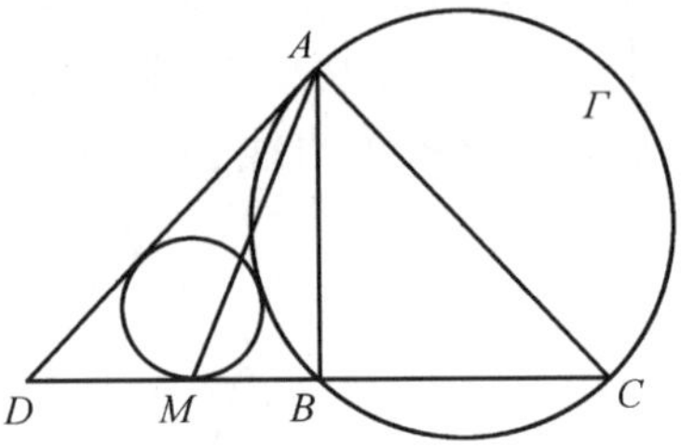

图 8.5.28

这正是罗马尼亚国家队 2002 年选拔考试的一道平面几何试题.它同样也是一道简单几何题的反演命题.

应该指出,对于一个给定的平面几何命题,如果我们将反演中心取得不同,则其反演命题一般也不同.有些命题的反演命题可能还是原来的命题,有些命题的反演命题则可能是原命题的逆命题.

从前面的这些例子可以看出,平面几何命题的反演命题可以分为三种类型:第一类是只涉及原命题中若干个点的反点之间的度量性质的反演命题,如例 8.5.1,例 8.5.2,我们将这类反演命题称为**反点型**反演命题;第二类是只涉及原命题的反形的位置关系或点线结合关系的反演命题,如例 8.5.7 ~ 例 8.5.10,我们将这类反演命题称为**反形型**反演命题;第三类则是既涉及反点之间的度量性质,又涉及反形的位置关系或点线结合关系的反演命题,如例 8.5.3 ~ 例 8.5.5,例 8.5.11,例 8.5.12,我们将这类反演命题称为**混合型**反演命题.

如果说,我们用反演变换可以将一个复杂的平面几何命题简单化而视反演变换为平面几何的一个证题或解题的工具的话,那么,将一个已知命题或简单命题经过反演变换即可得到一个新命题则又可以将反演变换视为平面几何的一个命题的机器.

8.6 极点与极线

如果点 P 在双曲型反演变换下的反点为 Q,我们就称点 Q 是点 P 关于反演圆的反点,因而 P、Q 关于反演圆互为反点.

定义 8.6.1 设 $\odot O$ 是平面上的一个定圆,点 P、Q 关于 $\odot O$ 互为反点,则过点 Q 且垂直于 OP 的直线 l 称为点 P 关于 $\odot O$ 的极线,点 P 称为直线 l 关于 $\odot O$ 的极点.

显然,对于平面上不过圆心 O 的直线 l 关于 $\odot O$ 的极点是圆心 O 在直线 l 上的射影关于 $\odot O$ 的反点.

由定义可以看出,给定了平面上的一个圆,则除圆心外,平面上每一点都有唯一确定的极线:除过圆心的直线外,平面上每一条直线都有唯一确定的极点.因而极点与极线是平面上除圆心以外的点与平面上除过圆心的直线以外的直线之间的一个一一对应关系.

在普通平面上,圆心没有极线,过圆心的直线没有极点.

按定义,当点 P 在 $\odot O$ 上时,点 P 的极线就是 $\odot O$ 在点 P 的切线,切线的极点就是切点;当点 P 在 $\odot O$ 外时,点 P 的极线就是过由点 P 所引 $\odot O$ 的两条切线的切点的直线;与 $\odot O$ 相交的直线的极点就是 $\odot O$ 在交点处的两切线的交点.

定理8.6.1 设 A、B 两点关于 $\odot O$ 的极线分别为 a、b,若点 A 在直线 b 上,则点 B 在直线 a 上.

证明 若 A、B 是 $\odot O$ 的两个互反点,则结论自然成立;若 A、B 不是 $\odot O$ 的两个互反点,由于点 A 在点 B 的极线 b 上,因而 O、A、B 三点不共线.

如图 8.6.1 所示,设 A、B 关于 $\odot O$ 的反点分别为 A'、B',则 A、A'、B、B' 四点共圆.由于点 A 在直线 b 上,所以 $AB' \perp OB$,从而 $BA' \perp OA'$,这说明直线 BA' 即为点 A 的极线 a.故点 B 在点 A 的极线 a 上.

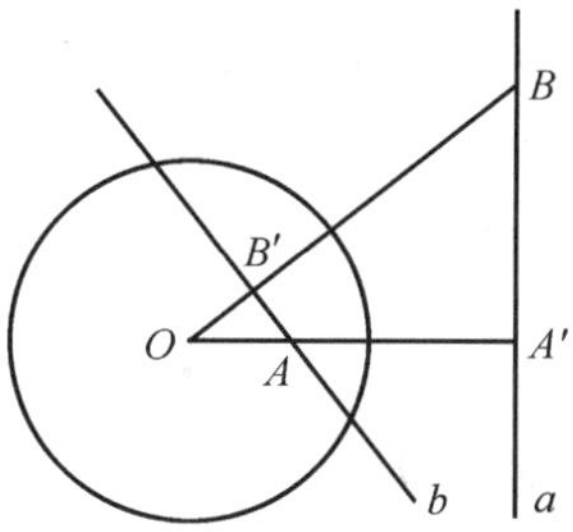

图 8.6.1

定理 8.6.1 就是说,如果点 A 在点 B 的极线上,则点 B 在点 A 的极线上,或者说,如果直线 a 通过直线 b 的极点,则直线 b 通过直线 a 的极点.

由定理 8.6.1 即知,对于给定的一个圆,圆心以外的任意一点 P 的极线是过点 P 但不过圆心的任意两条直线的极点的连线;不过圆心的任意一条直线 l 的极点是直线 l 上的不同两点的极线的交点.从而有

推论 8.6.1 如果若干个点共线,则这些点的极线共点;如果若干条直线共点,则这些直线的极点共线.

定义 8.6.2 如果点 A 关于圆 Γ 的极线通过点 B,而点 B 关于圆 Γ 的极线通过点 A,则称 A、B 两点关于圆 Γ 共轭.

定理 8.6.2 A、B 两点关于圆 Γ 共轭的充分必要条件是以 AB 为直径的圆与圆 Γ 正交.

证明 必要性.如图8.6.2,8.6.3所示,设 A、B 两点关于圆 Γ 共轭,则点 B 在点 A 的极线 l 上.设圆 Γ 的圆心为 O,直线 OA 与 l 交于 A',则点 A' 为点 A 关于圆 Γ 的反点.因 $AA' \perp l$,所以,点 A' 在以 AB 为直径的圆 Γ_1 上.因圆 Γ_1 通过圆 Γ 的两个反点 A、A',于是由推论 8.1.7 即知,圆 Γ_1 与圆 Γ 正交.

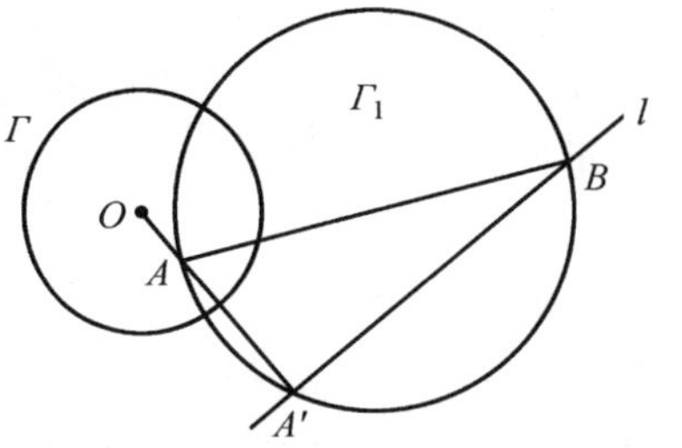

图 8.6.2

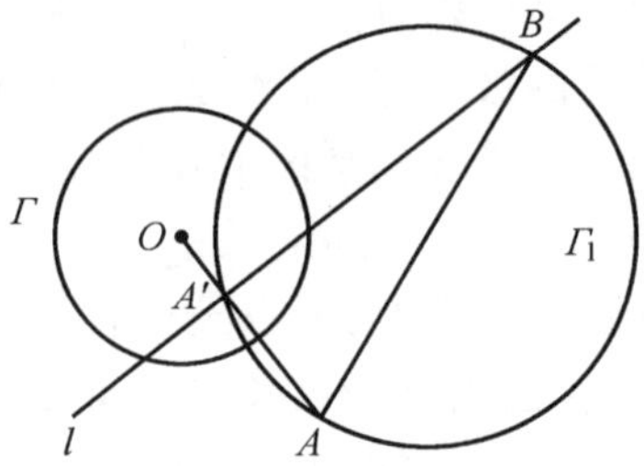

图 8.6.3

充分性.仍如图 8.6.2,8.6.3 所示,设以 AB 为直径的圆 Γ_1 与圆 Γ 正交,由定理8.1.7,圆 Γ_1 关于反演圆 Γ 是自反圆,于是,设圆 Γ 的圆心为 O,直线 OA 与圆 Γ_1 交于另一点 A',则 A' 为点 A 关于圆 Γ 的反点.由于 AB 是圆 Γ_1 的直径,所以 $BA' \perp OA'$,从而直线 BA' 是点 A 的极线,再由定理 8.6.1,点 A 必在点 B 的极线上.因此,A、B 两点关于圆 Γ 共轭.

定义 8.6.3 设 A、P、B、Q 是一条直线上的依序四点,如果

$$\frac{\overline{PA}}{\overline{PB}} = -\frac{\overline{QA}}{\overline{QB}}$$

则称 P、Q 调和分隔 A、B.

显然,当 P、Q 调和分隔 A、B 时,点 A、B 也调和分隔 P、Q.

定理 8.6.3 设 P、Q 调和分隔 A、B 两点,圆 Γ 是过 P、Q 两点的任意一个圆,则 A、B 两点关于圆 Γ 共轭.

证明 如图 8.6.4 所示,设圆 Γ_1 是以 AB 为直径的圆,O 是圆 Γ_1 的圆心.因 P、Q 两点调和分隔 A、B 两点,所以 $\frac{\overline{PA}}{\overline{PB}} = -\frac{\overline{QA}}{\overline{QB}}$.于是

$$\overline{PA}\cdot\overline{QB} + \overline{PB}\cdot\overline{QA} = 0$$

又由 $\overline{PA} = \overline{OA} - \overline{OP}$,$\overline{QB} = \overline{OB} - \overline{OQ}$ 等,得

$$(\overline{OA} - \overline{OP})(\overline{OB} - \overline{OQ}) + (\overline{OB} - \overline{OP})(\overline{OA} - \overline{OQ}) = 0$$

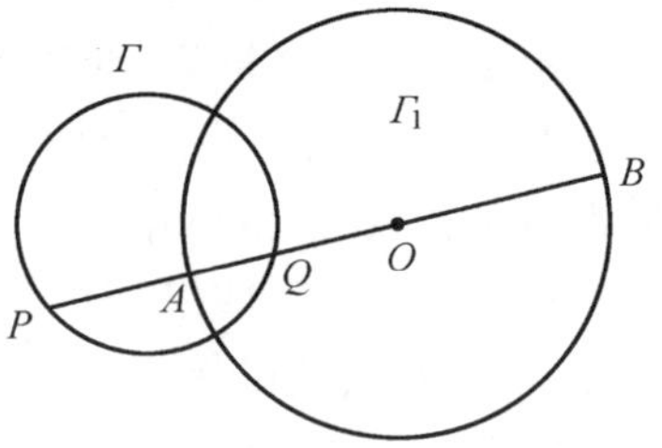

图 8.6.4

展开,并注意 $\overline{OB} = -\overline{OA}$ 即得 $\overline{OP}\cdot\overline{OQ} = OA^2$.

由此可见,P、Q 两点关于圆 Γ_1 互为反点,从而由推论 8.1.7 知,圆 Γ 与圆 Γ_1 正交,再由定理 8.6.2 即知,A、B 两点关于圆 Γ 共轭.

定理 8.6.4 过点 P 任作圆 Γ 的两条割线 PAB、PCD,设直线 BC 与 AD 交于 Q,AC 与 BD 交于 R,则直线 QR 是点 P 关于圆 Γ 的极线.

证明 如图 8.6.5 所示,设直线 QR 与 AB、CD 分别交于 E、F,考虑 $\triangle ABQ$ 与截线 PCD,由 Menelaus 定理

$$\frac{\overline{BC}}{\overline{CQ}} \cdot \frac{\overline{QD}}{\overline{DA}} \cdot \frac{\overline{AP}}{\overline{PB}} = -1$$

再考虑 $\triangle ABQ$ 与点 R,由 Ceva 定理

$$\frac{\overline{BC}}{\overline{CQ}} \cdot \frac{\overline{QD}}{\overline{DA}} \cdot \frac{\overline{AE}}{\overline{EB}} = 1$$

比较两式得 $\frac{\overline{AP}}{\overline{PB}} = -\frac{\overline{AE}}{\overline{EB}}$,即 $\frac{\overline{PA}}{\overline{PB}} = -\frac{\overline{EA}}{\overline{EB}}$.这说明 P、E 两点调和分隔 A、B 两点,由定理 8.6.3,P、E 两点关于圆 Γ 共轭,所以,点 E 在点 P 的极线上;同理,点 F 也在点 P 的极线上.故直线 QR 是点 P 关于圆 Γ 的极线.

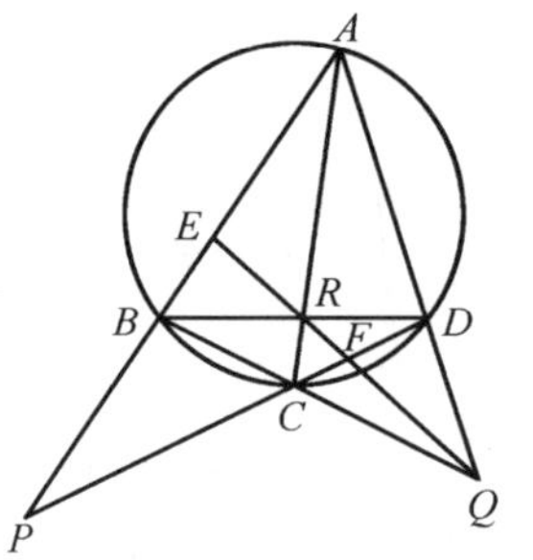

图 8.6.5

定义 8.6.4 如果一个三角形的顶点都是另一个三角形的边所在直线的极点(关于同一圆),则称这两个三角形共轭.如果一个三角形的每一个顶点都是对边所在直线的极点,则称这个三角形是自共轭三角形.

给定一个圆后,要作关于这个圆的一个自共轭三角形是非常容易的.任取一点(非圆心),在它的极线上再任取第二个点,这两个点的极线的交点作为第三个点,则这三个点就是一个自共轭三角形的三个顶点.

定理 8.6.5 在圆 Γ 上任取四点 A、B、C、D,设直线 AB 与 CD 交于 P,BC 与 AD 交于 Q,AC 与 BD 交于 R,则 $\triangle PQR$ 是一个自共轭三角形.

证明 由定理 8.6.4,QR 是点 P 的极线,RP 是点 Q 的极线(图 8.6.5),从而由定理 8.6.1 即知,PQ 是点 R 的极线.故 $\triangle PQR$ 是一个自共轭三角形.

极点和极线的这些性质对于解决一些与圆(尤其是与圆的切线)有关的结合性问题(点在直线上,直线通过点)和垂直、平行问题时是相当简洁的.

例 8.6.1 设 A、B、C、D 是一圆上的四点.证明:如果圆在 A、B 两点的两条切线的交点在直线 CD 上,则圆在 C、D 两点的两条切线的交点在直线 AB 上.

证明 如图 8.6.6 所示,设 A、B、C、D 是圆 Γ 上的四点,A、B 两点的切线交于点 P,C、D 两点的切线交于点 Q,则对于圆 Γ 来说,直线 AB 是点 P 的极线,直线 CD 是点 Q 的极线.由于点 P 在点 Q 的极线上,所以,点 Q 在点 P 的极线 AB 上.

例 8.6.2 过 O 内一点 M 任作非直径的两弦 AB、CD.设 A、B 两点的两条切线交于 P,C、D 两点的两条切线交于 Q.求证:$OM \perp PQ$.

证明 如图 8.6.7 所示,因直线 AB 的极点为 P,直线 CD 的极点为 Q,而直线 AB 与 CD 交于 M,所以,点 M 的极线为直线 PQ.由极线的定义即知 $OM \perp PQ$.

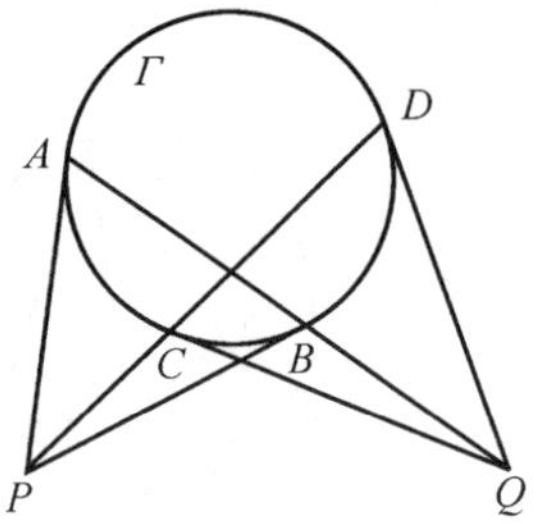

图 8.6.6

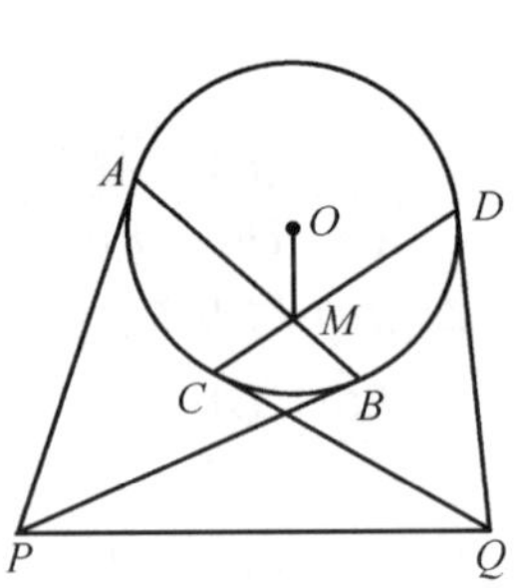

图 8.6.7

例 8.6.3 证明**Brianchon 定理**:圆外切六边形的三组对顶点的连线交于一点.

证明 如图 8.6.8 所示,设 $ABCDEF$ 是一个圆外切六边形,边 AB、BC、CD、DE、EF、FA 分别与圆切于 P、Q、R、S、T、U,则直线 UP 的极点为点 A,直线 RS 的极点为点 D,所以,直线 UP 与 RS 的交点的极线为直线 AD. 同理,直线 PQ 与 ST 的交点的极线为直线 BE,直线 QR 与 TU 的交点的极线为直线 CF. 由 Pascal 定理(例 6.2.3),圆内接六边形 $PQRSTU$ 的三组对边(所在直线)的交点共线,由推论 8.6.1,这三个交点的极线共点,即 AD、BE、CF 三线共点.

由 Brianchon 定理可以简单地得到 1995 年举行的全国高中数学联赛的平面几何题:

如图 8.6.9 所示,设菱形 $ABCD$ 的内切圆 Γ 与各边分别切于 E、F、G、H,在 $\overparen{EF}$ 与 $\overparen{GH}$ 上分别作圆 Γ 的切线交 AB 于 M,交 BC 于 N,交 CD 于 P,交 DA 于 Q. 求证:$MQ \parallel NP$.

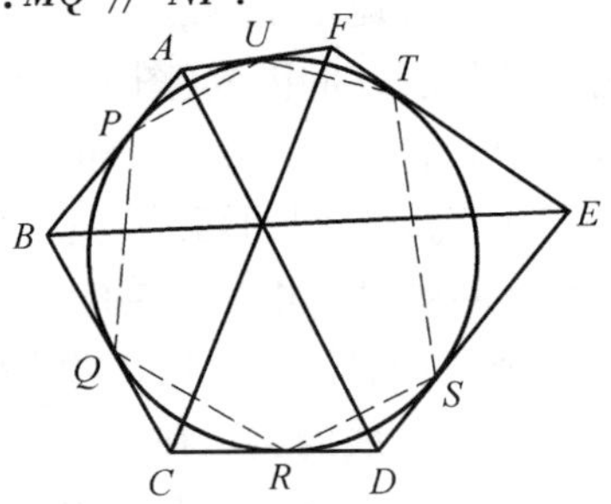

图 8.6.8

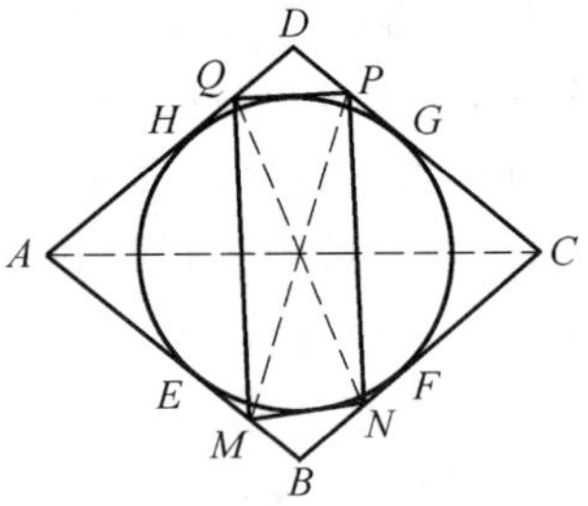

图 8.6.9

事实上,因 $AMNCPQ$ 是一个圆外切六边形,由 Brianchon 定理,AC、MP、NQ 三线共点,而 $AM \parallel CP$,$AQ \parallel CN$,故 $MQ \parallel NP$.

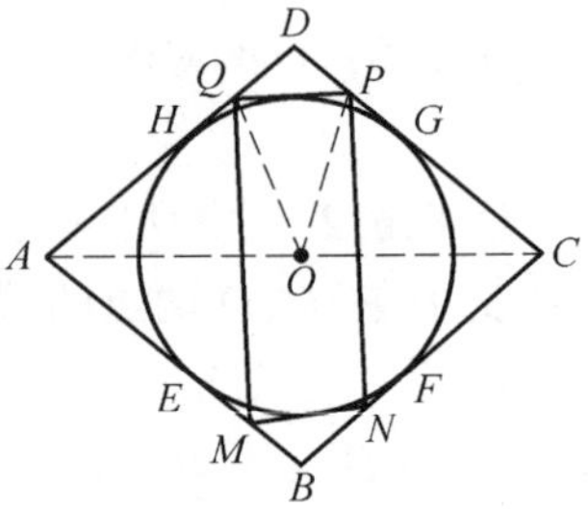

图 8.6.10

当然,本题的直接证明也不难. 事实上,如图 8.6.10 所示,设圆 Γ 的圆心为 O,由条件易知 $\triangle AOQ \backsim \triangle OPQ \backsim \triangle CPO$,而 $AO = OC$,所以,$AQ \cdot CP = OC^2$. 同理,$AM \cdot CN = OC^2$,于是,$AQ \cdot CP = AM \cdot CN$,从而 $\triangle AMQ \backsim \triangle CPN$,由此即可得到 $MQ \parallel NP$.

例 8.6.4 设 P、Q 是 $\odot O$ 外两点，分别过 P、Q 作 $\odot O$ 的切线 PA、PB、QC、QD，A、B、C、D 为切点. 直线 PA 与 QC 交于 E，直线 PB 与 QD 交于 F，圆心 O 在直线 PQ 上的射影为 M. 求证：OM 平分 $\angle EMF$.

证明 如图 8.6.11 所示，显然，点 P 的极线是 AB，点 Q 的极线是 CD. 设 AB 与 CD 交于 N，则 N 为直线 PQ 的极点，所以 $ON \perp PQ$，从而点 N 在直线 OM 上. 过 N 作 PQ 的平行线与直线 AC、BD 分别交于 I、J，则直线 IJ 为点 M 的极线. 又 AC 为点 E 的极线，因此，I 为直线 ME 的极点. 同理，J 为直线 MF 的极点.

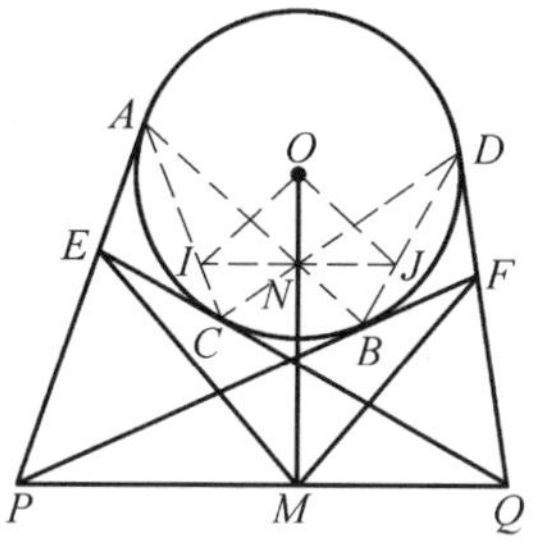

图 8.6.11

因 $ON \perp IJ$，由蝴蝶定理(例5.4.1)，N 为 IJ 的中点，所以 $OI = OJ$. 但直线 ME、MF 分别为点 I、J 的极线，于是，圆心 O 到直线 ME 和 MF 的距离相等，因而点 O 在 $\angle EMF$ 的平分线上. 故 OM 平分 $\angle EMF$.

对于一个与圆(仅一个圆) 有关的命题，如果我们将其中的点换为其对应的极线，而将其中的直线换为其对应的极点，则就会得到一个新的命题. 这个新的命题称为原来命题的**配极命题**. 从这个意义上来讲，Brianchon 定理与 Pascal 定理互为配极命题，而例 8.6.4 则与蝴蝶定理互为配极命题.

例 8.6.5 设圆 Γ 分别与四边形 $ABCD$ 的边 AB、BC、CD、DA 切于 P、Q、R、S. AR 与圆 Γ 的另一交点为 E，且 $PE \parallel QR$. 求证：$\angle BEQ = \angle RES$.

证明 如图 8.6.12 所示，设直线 ES、CD 交于 F，由于点 F 在点 A 的极线上，同时点 F 又在点 R 的极线上，所以，点 F 的极线恰为 AR，因而 EF 与圆 Γ 切于 E. 又 $PE \parallel QR$，所以，五边形 $PBCFE$ 是一个轴对称图形. 故

$$\angle BEQ = \angle RPF = \angle RES$$

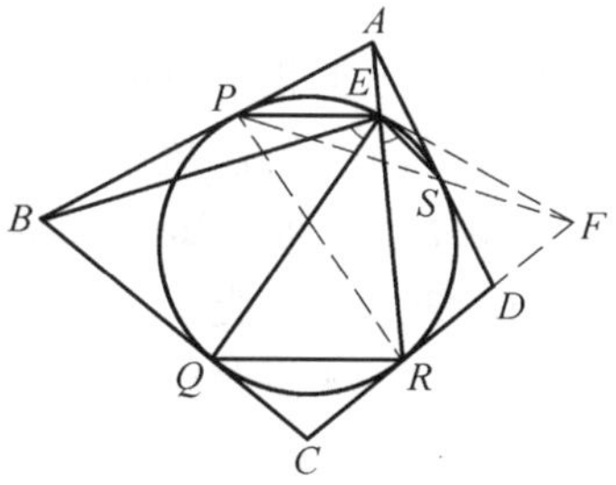

图 8.6.12

例 8.6.6 设四边形 $ABCD$ 内接于 $\odot O$，直线 AB 与 CD 交于 P，直线 BC 与 AD 交于 Q 过点 A 作 PQ 的平行线交直线 BC 于 E，AE 的中点为 M. 求证：$OP \perp QM$.

证明 如图 8.6.13 ~ 8.6.15 所示，设直线 QM 与 AB 交于 F，考虑 $\triangle ABE$ 与截线 QMF，由 Menelaus 定理，$\dfrac{\overline{BQ}}{\overline{QE}} \cdot \dfrac{\overline{EM}}{\overline{MA}} \cdot \dfrac{\overline{AF}}{\overline{FB}} = -1$. 由 $AE \parallel PQ$，

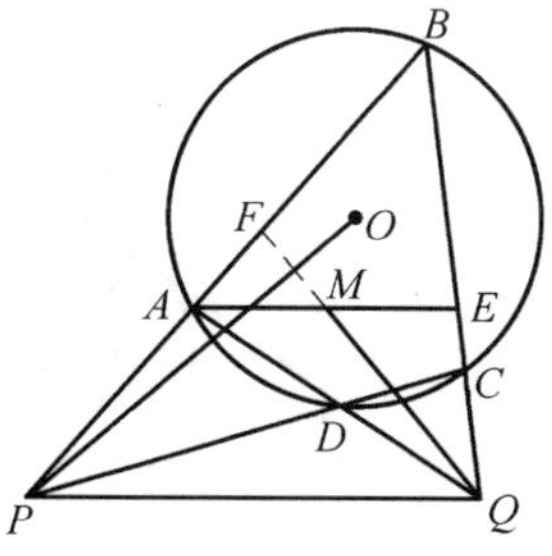

图 8.6.13

有$\frac{\overline{BQ}}{\overline{QE}}=\frac{\overline{BP}}{\overline{PA}}$,于是再注意 M 为AE 的中点即得$\frac{\overline{PA}}{\overline{PB}}=-\frac{\overline{FA}}{\overline{FB}}$,这说明 P、F 两点调和分割 A、B,由定理8.6.3,P、F 两点关于 $\odot O$ 共轭,所以点 P 的极线必定通过点 F.另一方面,由定理8.6.4,点 P 关于 $\odot O$ 的极线过点 Q,因而直线 QF 就是点 P 关于 $\odot O$ 的极线,故 $OP\perp QF$,即 $OP\perp QM$.

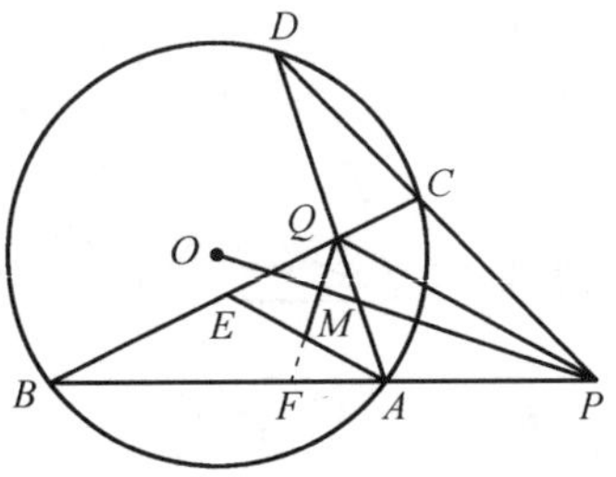

图 8.6.14

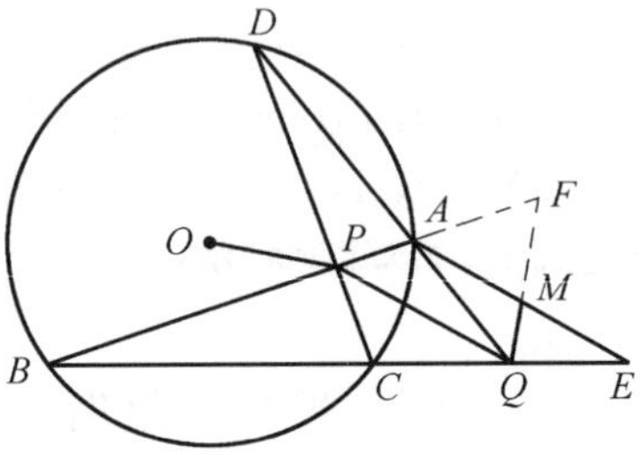

图 8.6.15

例 8.6.7 设 $\triangle ABC$ 的内切圆与边 BC、CA、AB 分别切于点 D、E、F,直线 DE 与 AB 交于点 P,直线 DF 与 AC 交于点 Q,I 为 $\triangle ABC$ 的内心,BE 与 CF 交于点 J.求证:$IJ\perp PQ$.(罗马尼亚国家队选拔考试,2004)

证明 如图8.6.16所示,考虑 $\triangle ABC$ 的内切圆 $\odot I$,因点 C 的极线是 DE,点 P 在直线是 DE 上,所以,点 P 的极线过点 C.又点 P 的极线过点 F,所以,直线 CF 即点 P 的极线.同理,点 Q 的极线是直线 BE,从而 CF 与 BE 的交点 J 的极线是 PQ,故 $IJ\perp PQ$.

例 8.6.8 证明Brocard定理:设圆内接四边形的两组对边的延长线分别交于 P、Q,两对角线交于 R.则圆心恰为 $\triangle PQR$ 的垂心.

我们在第5章曾给出过Brocard定理的一个证明(例5.5.2),从极点与极线角度来看,Brocard定理的证明是十分简单的.

证明 如图8.6.17所示,设四边形 $ABCD$ 内接于 $\odot O$,直线 AB 与 CD 交于 P,直线 BC 与 AD 交于 Q,AC 与 BD 交于 R,由定理8.6.5,$\triangle PQR$ 是一个自共轭三角形,于是,由极点与极线的定义即知,$OP\perp QR$,$OQ\perp RP$,$OR\perp PQ$.故圆心 O 是 $\triangle PQR$ 的垂心.

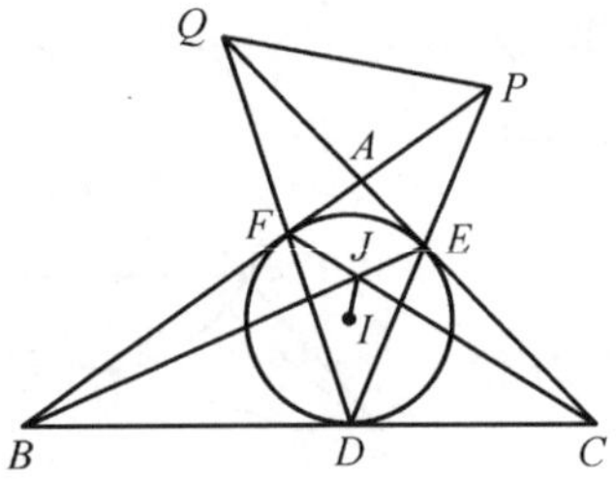

图 8.6.16

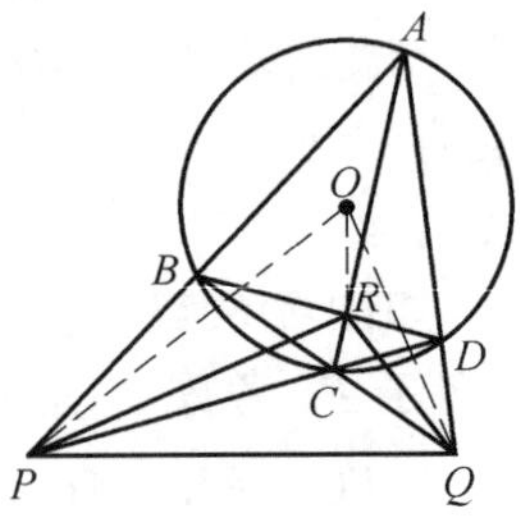

图 8.6.17

例 8.6.9 四边形 $ABCD$ 内接于圆 Γ,直线 AB 与 CD 交于 P,直线 AD 与 BC 交于 Q,由点 Q 作圆 Γ 的切线 QE、QF,E、F 为切点.求证:P、E、F 三点共线.(第 12 届中国数学奥林匹克,1997)

证明 如图 8.6.18 所示,显然,直线 EF 为点 Q 关于圆 Γ 的极线.又由定理 8.6.4,点 Q 的极线通过点 P,故 P、E、F 三点共线.

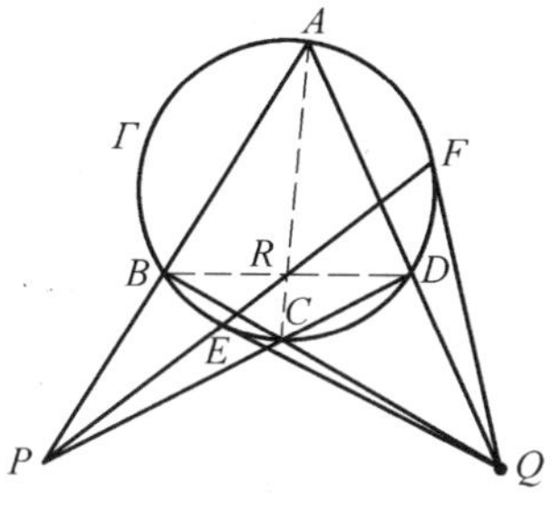

图 8.6.18

实际上,如果设 AC 与 BD 交于 R,则 P、E、R、F 四点共线.由此,1996 年举行的第 11 届中国数学奥林匹克的一道平面几何题是显然的:

设 H 是锐角 $\triangle ABC$ 的垂心,由 A 向以 BC 为直径的圆作切线 AP、AQ,P、Q 为切点.求证:P、H、Q 三点共线.

例 8.6.10 证明:双心四边形的两个圆心与其对角线的交点共线.(第 30 届 IMO 预选,1989)

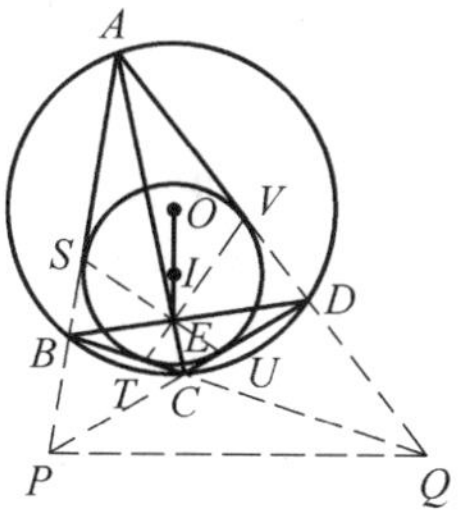

图 8.6.19

本题即例 8.3.8,那里我们用反演变换给出的证明颇为复杂,而用极点与极线理论证明则显得相当简单.

证明 如图 8.6.19 所示,设四边形 $ABCD$ 内接于 $\odot O$,外切于 $\odot I$,AC 与 BD 交于 E,且 $\odot I$ 与 AB、BC、CD、DA 分别切于 S、T、U、V,由 Newton 定理,SU 与 TV 也交于点 E.再设直线 AB 与 CD 交于 P,AD 与 BC 交于 Q.于是,对于 $\odot O$ 来说,直线 PQ 是点 E 的极线,对于 $\odot I$ 来说,直线 SU 的极点为 P,TV 的极点为 Q,所以,直线 PQ 是点 E 的极线.因此,$OE \perp PQ$,$IE \perp PQ$.故 O、I、E 三点共线.

习题 8

1.设 P、Q、R 三点在反演变换 $I(O,k)$ 下的反点分别是点 P'、Q'、R'.试证:

$$\measuredangle PQR + \measuredangle P'Q'R' = \measuredangle POR$$

2.以点 P 在 $\triangle ABC$ 的三边(所在直线)上的射影为顶点的三角形称为点 P 关于 $\triangle ABC$ 的垂足三角形.设 $\triangle ABC$ 的三顶点 A、B、C 在反演变换 $I(O,k)$ 下的反点分别为 A'、B'、C'.求证:$\triangle A'B'C'$ 与反演中心 O 关于 $\triangle ABC$ 的垂足三角形同向相似.

3.设 A、A' 是反演变换 $I(O,r^2)$ 的两个互反点,P 是其反演圆上的任意一点.试证:$\dfrac{PA'}{PA}$ 是一个常数.

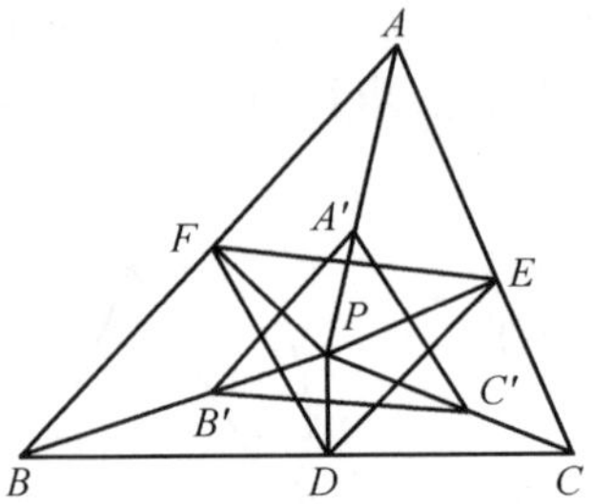

2 题图

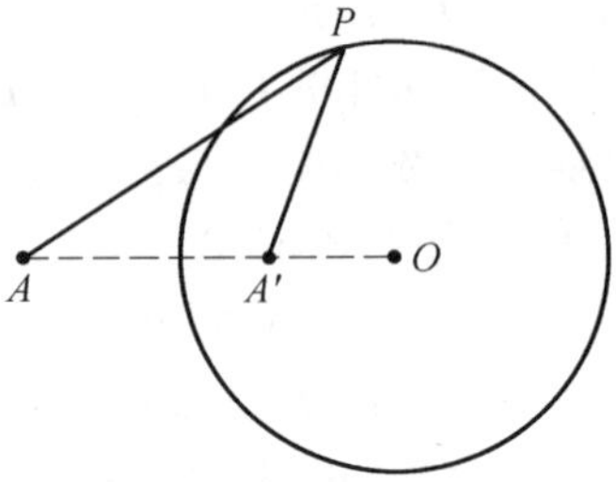

3 题图

4. 对于平面上任意四个不同的点 A、B、C、D，比值$\dfrac{AC \cdot BD}{BC \cdot AD}$称为有序四点 A、B、C、D 的交比. 证明：反演变换保持有序四点的交比不变.

5. 试证：不过反演中心的圆 Γ 的圆心的反点，是反演中心关于圆 Γ 的反形的反点；过反演中心的圆 Γ 的圆心的反点，是反演中心关于圆 Γ 的反形的对称点.

6. 证明：设 P、Q 两点关于圆 Γ_1 互为反点，且 P、Q 关于圆 Γ 的反点分别为 P'、Q'，圆 Γ_1 关于圆 Γ 的反形为圆 Γ_2，则 P'、Q' 两点关于圆 Γ_2 互为反点.

7. 证明：设 P、Q 两点关于圆 Γ_1 互为反点，且 P、Q 关于圆 Γ 的反点分别为 P'、Q'，圆 Γ_1 关于圆 Γ 的反形为直线 l，则 P'、Q' 两点关于直线 l 对称.

8. 对平面上任意两个不相交的圆 Γ_1 和 Γ_2，存在平面的一个反演变换，使得它们的反形是两个同心圆.

9. 圆内接 n 边形 $A_1A_2\cdots A_n$ 中，P 是其上一点，P 到 A_iA_{i+1} 的距离为 d_i，($i = 1, 2, \cdots, n$. $A_{n+1} = A_1$). 求证

$$\frac{A_1A_2}{d_1} + \frac{A_2A_3}{d_2} + \cdots + \frac{A_{n-1}A_n}{d_{n-1}} = \frac{A_1A_n}{d_n}$$

10. 设 P 为 $\triangle ABC$ 的内部一点，$\alpha = \angle BPC - \angle BAC$，$\beta = \angle CPA - \angle CBA$. 求证

(1) $PC \cdot AB = PB \cdot CA\cos\alpha + PA \cdot BC\cos\beta$；

(2) $PC \cdot BC\cos(\alpha - \beta) = PA \cdot BC\cos\alpha + PB \cdot CA\cos\beta$.

11. 设 A、B、C、D 是一直线上依序排列的四点. 过 B、C 两点任作一圆 Γ，再分别过 A、D 两点作圆 Γ 的切线 AK、AL、DM、DN，其中 L、K、M、N 为切点. LK、MN 分分别与 BC 交于 P、Q 两点.

(1) 证明点 P 和 Q 不依赖于圆 Γ；

(2) 设 $AD = a$，$BC = b$ ($a > b$)，当 BC 在 AD 上移动时，求线段 PQ 的长度的最小值.

(第 44 届保加利亚(冬季) 数学竞赛，1995)

12. 设 O 是正方形 $ABCD$ 内部一点，直线 AO、BO、CO、DO 与正方形的外接圆另一个交点分别为 P、Q、R、S. 求证：$PQ \cdot RS = SP \cdot QR$.（第48届保加利亚（春季）数学竞赛，1999）

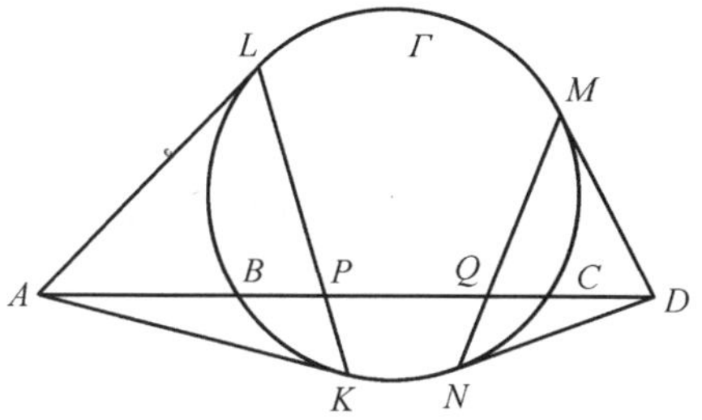

11 题图

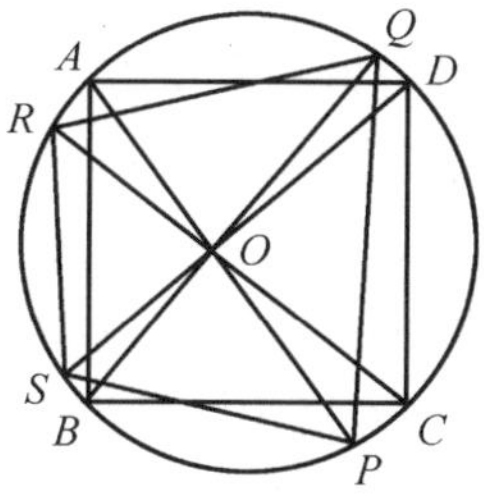

12 题图

13. 设 P 为正 n 边形 $A_1A_2\cdots A_n$ 的外接圆的 $\overset{\frown}{A_1A_n}$ 上任意一点. 证明

$$\frac{1}{PA_1 \cdot PA_2} + \frac{1}{PA_2 \cdot PA_3} + \cdots + \frac{1}{PA_{n-1} \cdot PA_n} = \frac{1}{PA_1 \cdot PA_n}$$

14. 证明：平面凸 n 边形 $A_1A_2\cdots A_n$ 内接于圆当且仅当

$$\frac{A_1A_2}{A_1A_n \cdot A_2A_n} + \frac{A_2A_3}{A_2A_n \cdot A_3A_n} + \cdots + \frac{A_{n-2}A_{n-1}}{A_{n-2}A_n \cdot A_{n-1}A_n} = \frac{A_1A_{n-1}}{A_1A_n \cdot A_{n-1}A_n}$$

15. 设三圆交于一点 P，且两两相交于另三点 A、B、C，公共弦所在直线 PA、PB、PC 分别交另一圆于 D、E、F. 且点 P 在 $\triangle ABC$ 的内部. 求证

$$\frac{\overline{AP}}{\overline{AD}} + \frac{\overline{BP}}{\overline{BE}} + \frac{\overline{CP}}{\overline{CF}} = 1$$

16. 设 $ABCD$ 是圆心为 O 的圆外切四边形，M、N 分别在线段 AO、CO 上，且 $\angle MBN = \frac{1}{2}\angle ABC$. 求证：$\angle MDN = \frac{1}{2}\angle ADC$.（罗马尼亚国家队选拔考试，2006）

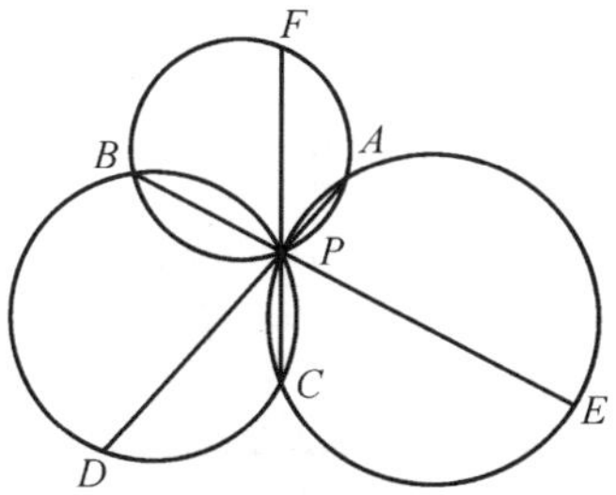

15 题图

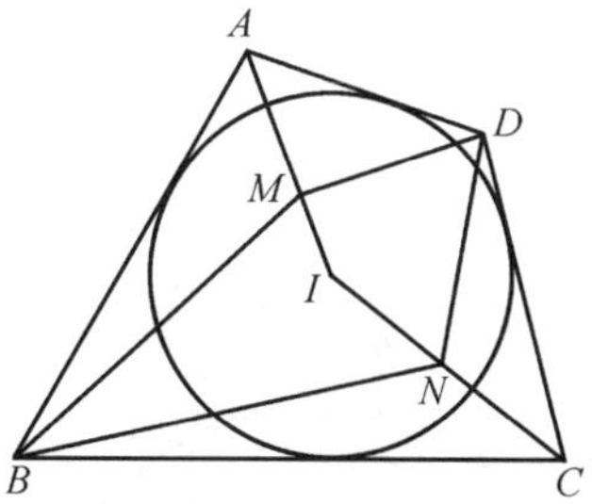

16 题图

17. 设 $\triangle ABC$ 的三个顶点 A、B、C 在反演变换下的反点分别为 A'、B'、C'. 点 P 的反点为 P'. 求证：点 P' 关于 $\triangle A'B'C'$ 的垂足三角形反向相似于点 P 关

于 $\triangle ABC$ 的垂足三角形.

18. 证明:如果 $\triangle ABC$ 的外接圆与 $\triangle ABD$ 的外接圆正交,则 $\triangle ACD$ 的外接圆与 $\triangle BCD$ 的外接圆也正交.

19. 设 $\triangle ABC$ 的内切圆分别与边 BC、CA、AB 切于 D、E、F,再设 P 是直线 AD 与内切圆的另一个交点,M 是EF 的中点,I 为 $\triangle ABC$ 的内心.试证:P、I、M、D 四点共圆或共线.(第 5 届拉丁美洲数学奥林匹克,1990)

20. 从 $\odot O$ 外一点P 作圆的两条切线,切点分别为 A、B,M 是弦AB 上一点,过 M 作 $\odot O$ 的弦CD,使得 M 恰为CD 的中点,$\odot O$ 在C、D 两点的切线交于Q. 求证:$OQ \perp PQ$.(中国香港队选拔考试,1997)

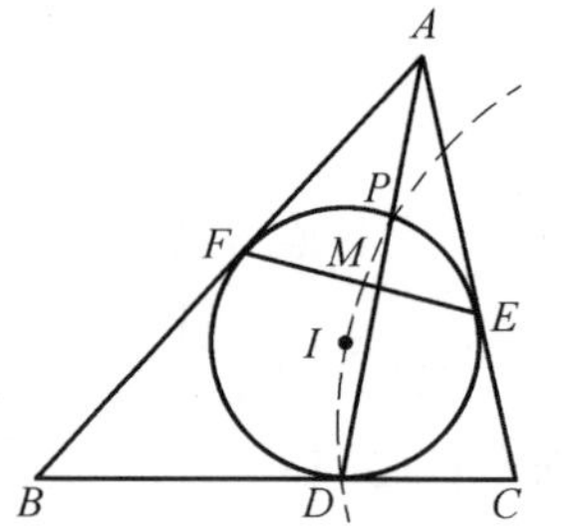

19 题图

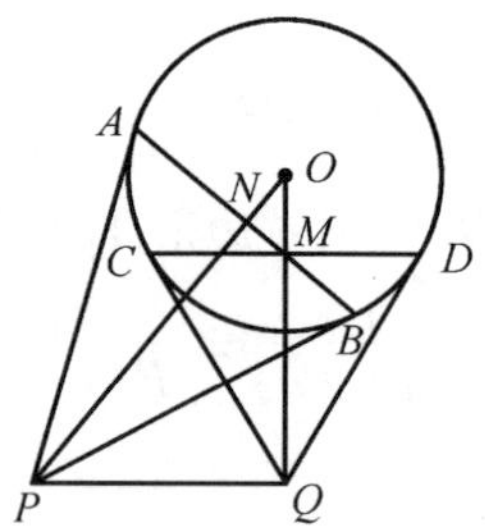

20 题图

21. 已知$\triangle ABC$,圆 Γ_1 过 B、C 两点,圆 Γ_2 过 C、A 两点,圆 Γ_3 过 A、B 两点,且皆与 $\triangle ABC$ 的内切圆正交.圆 Γ_2 与圆 Γ_3、圆 Γ_3 与圆 Γ_1、圆 Γ_1 与圆 Γ_2 分别相交于另一点 A'、B'、C'.证明:$\triangle A'B'C'$ 的外接圆的半径等于 $\triangle ABC$ 的内切圆半径的一半.(第 40 届 IMO 预选,1999)

22. 凸四边形 $ABCD$ 有内切圆,且内切圆分别切边 AB、BC、CD、DA 于 A_1、B_1、C_1、D_1,点 E、F、G、H 分别为线段A_1B_1、B_1C_1、C_1D_1、D_1A_1 的中点.证明:四边形 $EFGH$ 为矩形的充分必要条件是A、B、C、D 四点共圆.(第 3 届中国西部数学奥林匹克,2003)

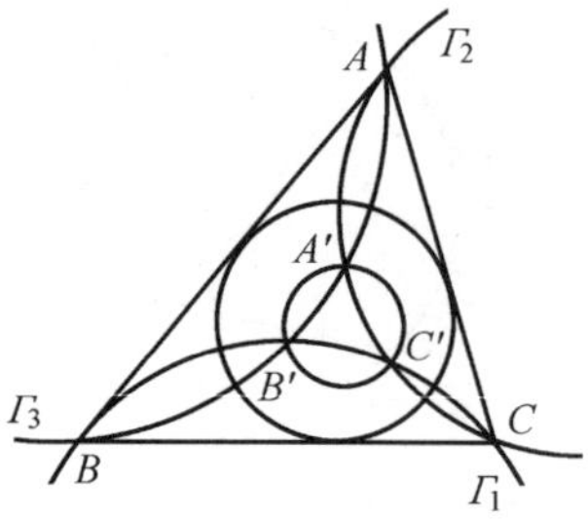

21 题图

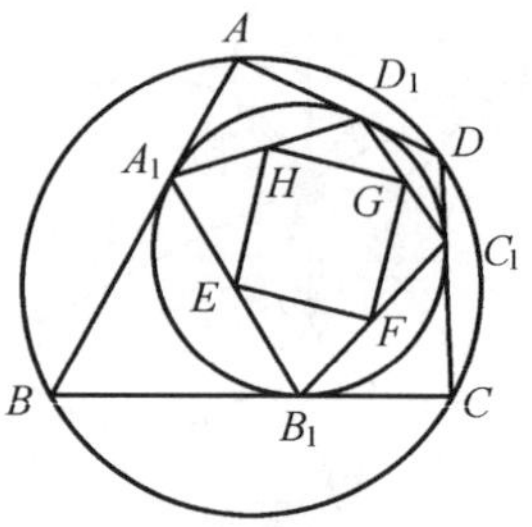

22 题图

23. 在 $\triangle ABC$ 的中线AD 上任取一点E,过点 E 且与BC 相切于点B 的圆交

AB 于另一点 M,过点 E 且于 BC 相切于点 C 的圆交 AC 于另一点 N.求证:$\triangle AMN$ 的外接圆与两圆都相切.(第 26 届俄罗斯数学奥林匹克,2000)

24.四个圆(没有一个圆在另一个圆的内部)皆通过点 P,其中两个圆与直线 l 相切于 P,另两个圆与直线 m 相切于 P.这四个圆另外的四个交点是 A、B、C、D.求证:A、B、C、D 四点共圆的充分必要条件是直线 l 与 m 互相垂直.(第 20 届奥地利 - 波兰数学奥林匹克,1997)

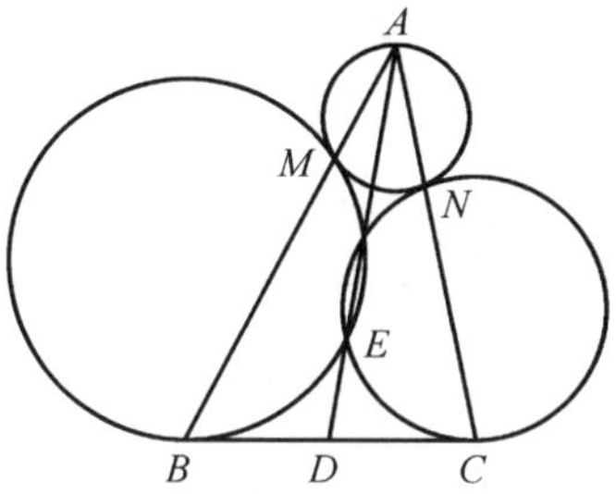

23 题图

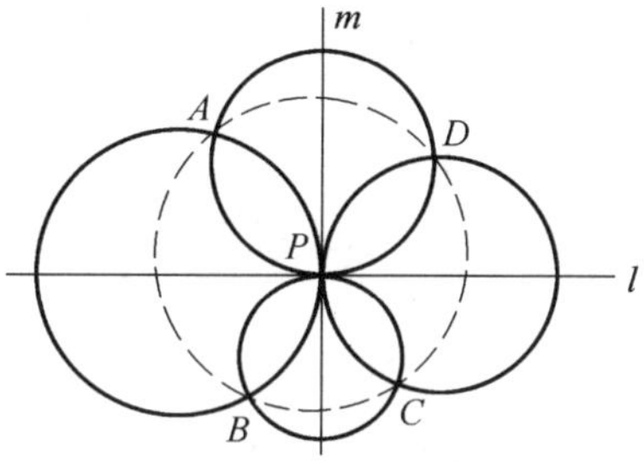

24 题图

25.设半圆 Γ 的直径为 AB,过半圆 Γ 上一点 P 作 AB 的垂线交 AB 于 Q,圆 ω 是曲边 $\triangle PAQ$ 的内切圆,且与 AB 切于 L,求证:PL 平分 $\angle APQ$.(以色列数学奥林匹克,1995)

26.设圆 Γ_1 与 Γ_2 相交,过交点之一 M 作一条割线分别与两圆 Γ_1、Γ_2 交于另一点 A、B,且 M 为 AB 的中点.圆 Γ_1、Γ_2 皆与圆 Γ 内切,切点分别为 S、T.再设 O 为圆 Γ 的圆心.证明:S、M、T 三点共线的充分必要条件是 $OM \perp AB$.

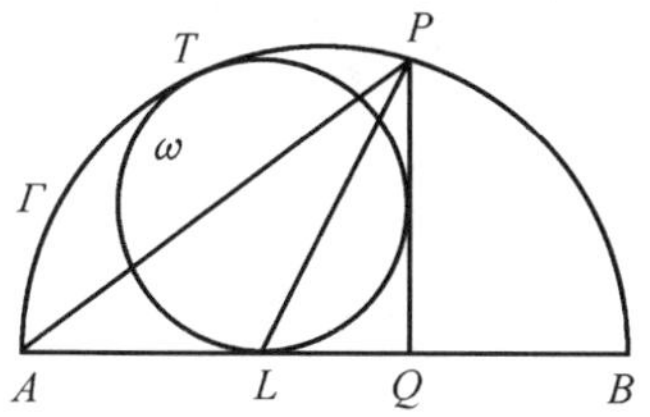

25 题图

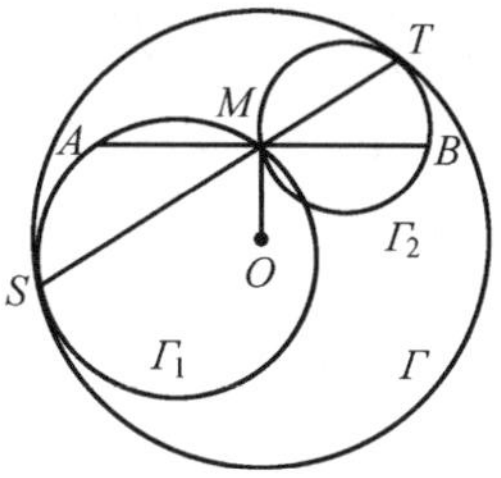

26 题图

27.设 M 是平面上的一个有限点集,M 中的任意三点都不共线,并且过 M 中任意三点的圆至少还通过 M 中的另一个点.求证:M 中的所有的点都在同一个圆上.

28.设 $\triangle ABC$ 是一个锐角三角形,$\odot K_a$ 过点 A,$AK_a \perp BC$,且 $\odot K_a$ 与 $\triangle ABC$ 的内切圆内切于 A_1.类似地得到点 B_1、C_1.求证:AA_1、BB_1、CC_1 交于一点.

29. 设圆 Γ 与直线 l 相离, AB 是圆 Γ 的垂直于 l 的直径, 点 B 离 l 较近, C 是圆 Γ 上不同于 A、B 的任意一点, 直线 AC 交 l 于 D, 过 D 作圆 Γ 的切线 DE, E 是切点, 直线 BE 与 l 交于 F, AF 与圆 Γ 交于另一点 G. 求证: 点 G 关于 AB 的对称点在直线 CF 上.(德国国家队选拔考试,2005)

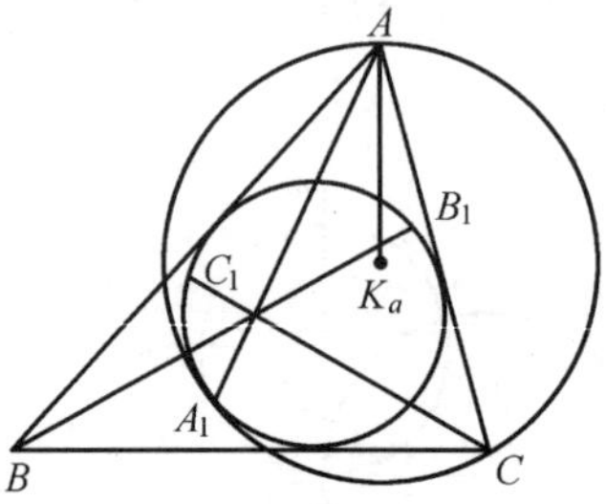

28 题图

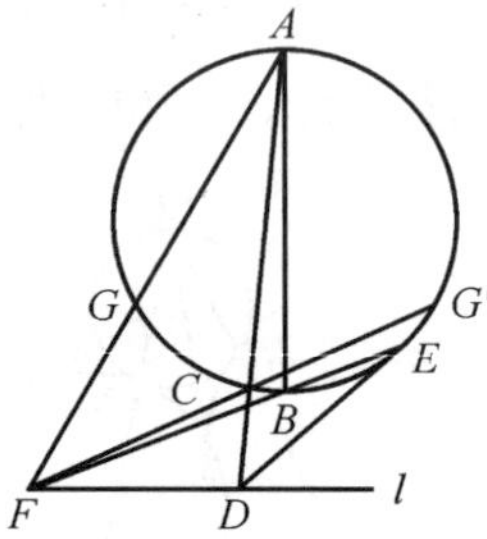

29 题图

30. 设 $\triangle ABC$ 的内切圆分别与三边 BC、CA、AB 切于 D、E、F, 过顶点 A 作 DE 与 DF 的平行线分别交直线 DF、DE 于 P、Q. 求证: 直线 PQ 同时平分 AB 与 AC.(第 15 届印度数学奥林匹克,2000)

31. 在非等腰锐角 $\triangle ABC$ 中, BE、CF 是两条高, M、N 分别为 AB、AC 的中点, 直线 EF 与 MN' 交于点 D. 求证: $AD \perp OH$. 其中 O、H 分别是 $\triangle ABC$ 的外心和垂心.(第 31 届俄罗斯数学奥林匹克,2005)

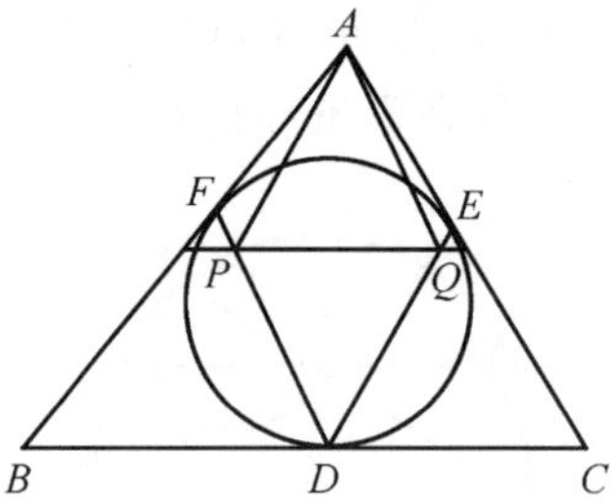

30 题图

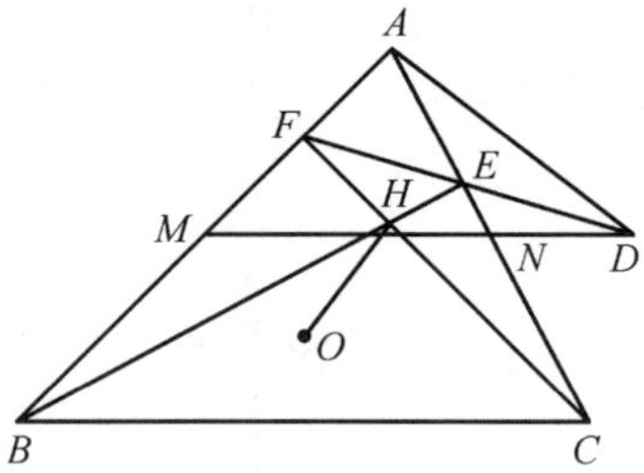

31 题图

32. 设 AB 是圆 Γ 的直径, l 是过点 B 的切线, C、M、D 为直线 l 上依次排列的三个点, 且 $CM = MD$, 直线 AC、AD 分别与圆 Γ 交于 P、Q 两点. 求证: 如果 $\angle CAD \neq 90°$, 则在直线 AM 上存在一点 R, 使得 RP 和 RQ 均与圆 Γ 相切①.(中国国家队培训,2003)

33. 设 $\triangle ABC$ 的内切圆与边 BC、CA、AB 分别切于 D、E、F, X 是 $\triangle ABC$ 内的一点, $\triangle XBC$ 的内切圆也在点 D 处与 BC 相切, 并与 XB、XC 分别切于点 Y、Z. 证

① 原题无条件“$\angle CAD \neq 90°$”, 疑有误.

明:E、F、Y、Z 四点共圆.(第 36 届 IMO 预选,1995)

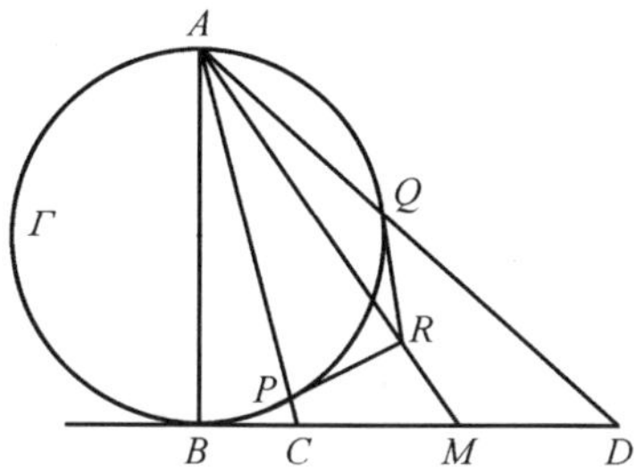

32 题图

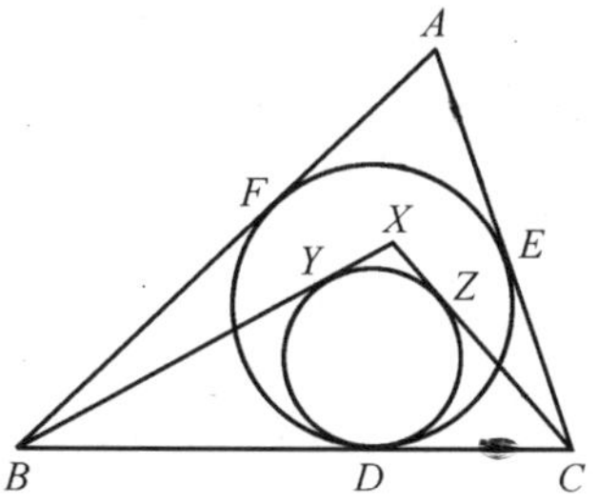

33 题图

34. 证明:任意两圆都可以通过反演变换使它们的反形成为两个等圆.

35. 已知两圆为另两圆在某个反演变换下的反形.证明:与其中三个圆同时内切或同时外切的圆,也一定与第四个圆相切.

36. 设 O、I 分别为 $\triangle ABC$ 的外心与内心,R、r 分别为 $\triangle ABC$ 的外接圆半径和内切圆半径,$\triangle ABC$ 的内切圆与其三边分别切于 D、E、F,G 为 $\triangle DEF$ 的重心.求证:O、I、G 三点共线,且 $\frac{IG}{OI}=\frac{r}{3R}$.

37. 证明**Fuss 定理**:设双圆四边形的外接圆半径与内切圆半径分别为 R、r,两圆心的距离为 d,则

$$\frac{1}{(R+d)^2}+\frac{1}{(R-d)^2}=\frac{1}{r^2}$$

38. 设 O 是 $\triangle ABC$ 的外心,L、M、N 分别为 $\triangle ABC$ 的边 BC、CA、AB 的中点,证明:$\triangle OAL$、$\triangle OBM$、$\triangle OCN$ 的三个外心在一条直线上.

39. 设外离两圆 $\odot O_1$ 与 $\odot O_2$ 的两条内公切线分别为 P_1P_2、Q_1Q_2,P_1、Q_1,P_2、Q_2 为切点,弦 P_1Q_1、P_1Q_2 的中点分别为 M_1、M_2,过两内公切线的交点 O 且垂直于连心线 O_1O_2 的直线与过 P_1、Q_1、P_2、Q_2 四点的圆交于一点 A.求证:$\angle O_1AM_1=\angle O_2AM_2$.

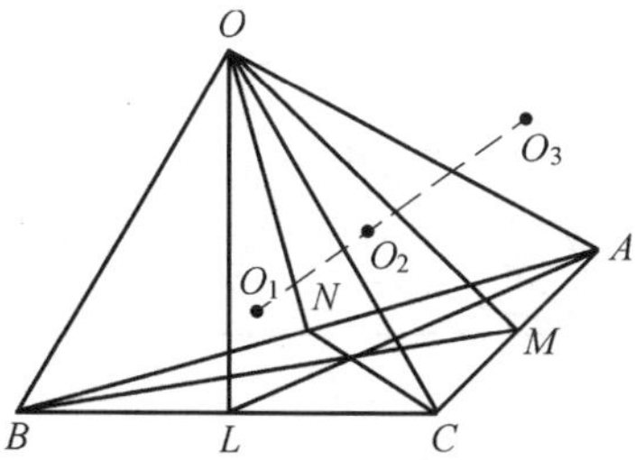

38 题图

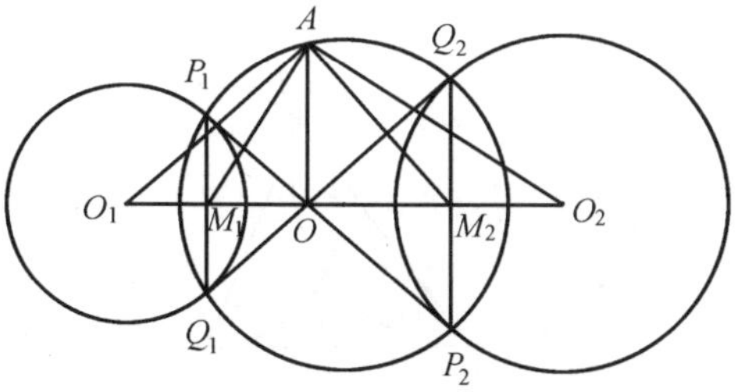

39 题图

40. 设半径分别为 R、r($R>r$)的大小两圆内切于点 A,AB 是大圆的直径,

l 是与大圆切于 B 的直线. 在两圆的间隙作互相外切且与已知两圆均相切的两圆 $\odot O_1$、$\odot O_2$,它们与大圆的切点分别为 S、T,直线 AS、AT、AO_1、AO_2 分别与直线 l 交于 P、Q、M、N. 求证

(1) $PQ = \dfrac{2R(R-r)}{r}$;

(2) $MN = \dfrac{4R(R-r)}{R+r}$.

41. 设 r 为 $\triangle ABC$ 的内切圆半径,与 $\triangle ABC$ 的外接圆相切且外切于 $\triangle ABC$ 的内心的两圆的半径分别为 r_1、r_2. 求证: $\dfrac{1}{r_1}+\dfrac{1}{r_2}=\dfrac{2}{r}$.

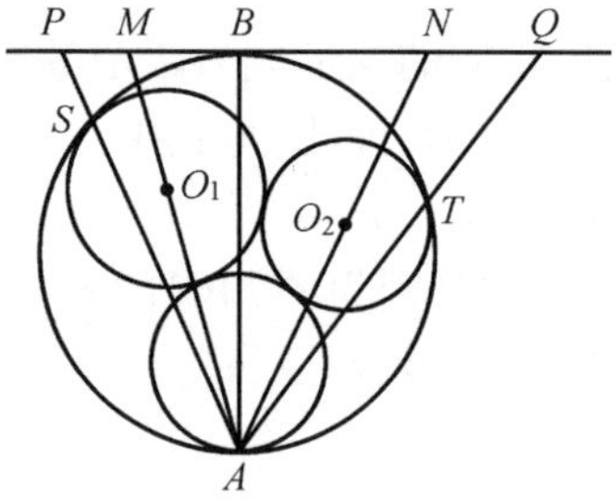

40 题图

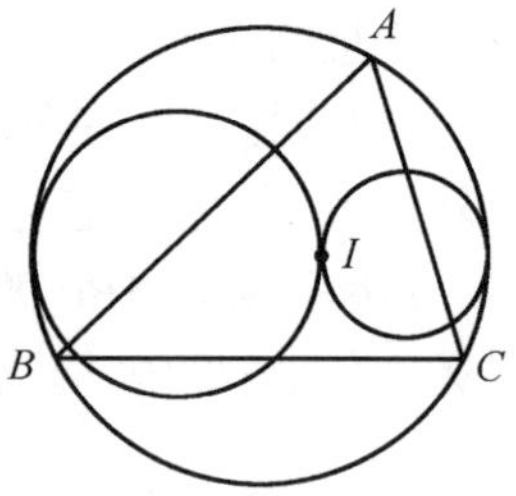

41 题图

42. 设 $\triangle ABC$ 的外接圆半径为 R, A. 旁切圆半径为 r_a, 外心与 A. 旁心的距离为 d. 求证: $d^2 = R^2 + 2Rr_a$.

43. 设 $\triangle ABC$ 的外接圆半径是 r, 半径分别为 r_1、r_2 的两圆 Γ_1 与 Γ_2 均过点 A, 且与直线 AB 分别相切于点 B、C. 证明: r_1、r、r_2 成等比数列. (第 45 届保加利亚(冬季) 数学竞赛, 1996)

44. 设 C 是半圆的直径 AB 上一定点, 以 AC 为直径在半圆内再作半圆, P、Q 分别为半圆 Γ_1、Γ_2 上的两个动点, 且 $PQ \perp AB$. 求证: $\triangle APQ$ 的外接圆的大小与 P、Q 的位置无关.

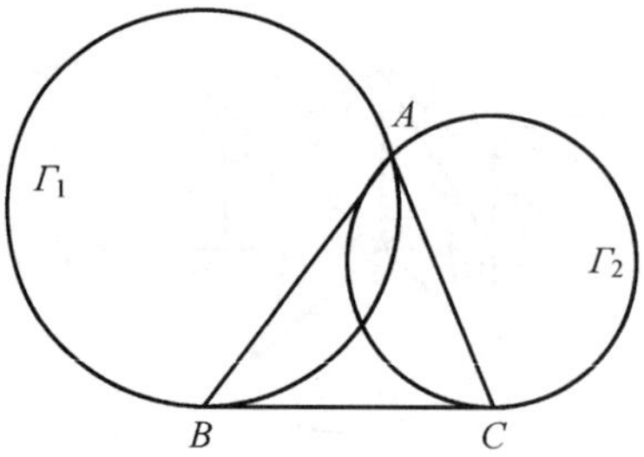

43 题图

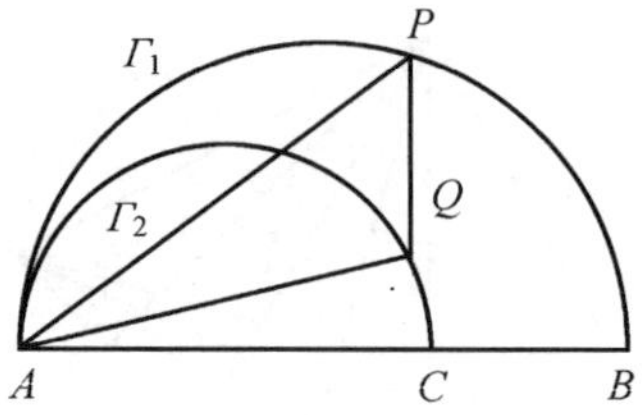

44 题图

45. 在 Pappus 累圆定理中, 设两个原圆的半径分别为 R、$r(R > r)$. 求证: 第

n 圆的半径为

$$r_n = \frac{Rr(R-r)}{Rr+n^2(R-r)^2}$$

46.在互相内切的两圆的间隙中,依次作三个半径分别为 r_1、r_2、r_3,与两已知圆都相切的圆 Γ_1、Γ_2、Γ_3,且圆 Γ_2 与圆 Γ_1、Γ_3 均外切.求证:则$\frac{1}{r_1}-\frac{2}{r_2}+\frac{1}{r_3}$为常数.

47.在 Pappus 累圆定理中,如果第 1 圆是与 AB 及两个原圆都相切的圆.求证

(1) 第 n 圆的圆心到 AB 的距离等于第 n 圆半径的 $(2n-1)$ 倍;

(2) 如果两个原圆的半径分别为 R、$r(R>r)$,则第 n 圆的半径为

$$r_n = \frac{4Rr(R-r)}{4Rr+(2n-1)^2(R-r)^2}$$

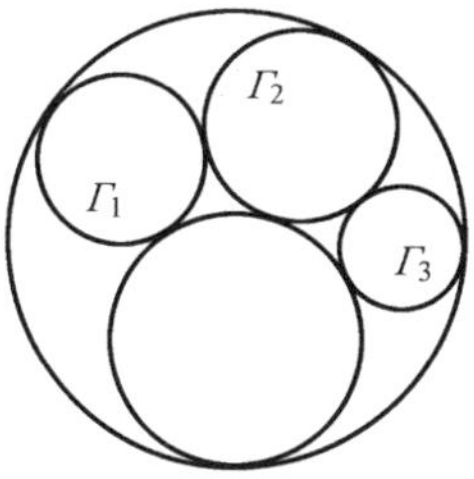

46 题图

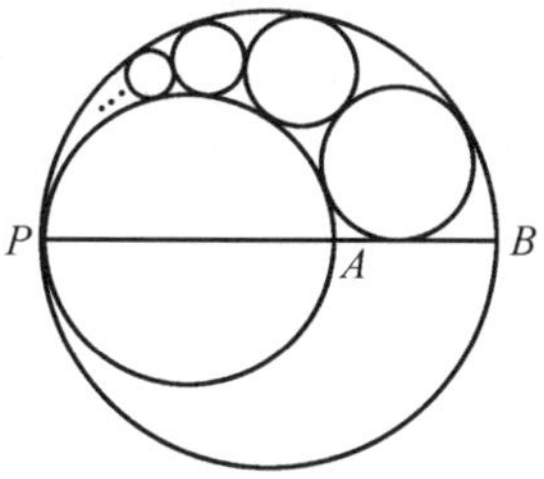

47 题图

48.设锐角 $\triangle ABC$ 的外心为 O,外接圆半径为 R,直线 AO 与 $\triangle OBC$ 的外接圆交于另一点 A';类似可定义点 B'、C'.证明

$$OA' \cdot OB' \cdot OC' \geqslant 8R^3$$

并指出等式在什么情况下成立?(第 37 届 IMO 预选,1996)

49.设 P 为 $\triangle ABC$ 的内部一点,P 到顶点 A、B、C 的距离分别为 x、y、z,P 到边 BC、CA、AB 的距离分别为 p、q、r.求证

(1) $xy+yz+zx \geqslant 2(px+qy+rz)$;

(2) $\frac{1}{px}+\frac{1}{qy}+\frac{1}{rz} \geqslant 2\left(\frac{1}{xy}+\frac{1}{yz}+\frac{1}{zx}\right)$;

(3) $px+qy+rz \geqslant 2(pq+qr+rp)$;

(4) $\frac{1}{pq}+\frac{1}{qr}+\frac{1}{rp} \geqslant 2\left(\frac{1}{px}+\frac{1}{qy}+\frac{1}{rz}\right)$;

(5) $xyz \geqslant (p+q)(q+r)(r+q)$;

(6) $x^2y^2z^2 \geqslant pqr(x+y)(y+z)(z+x)$.

50.续上题,如果再设 $\triangle PBC$、$\triangle PCA$、$\triangle PAB$ 的外接圆半径分别为 R_1、R_2、

R_3.求证

(7) $\frac{1}{xy}+\frac{1}{yz}+\frac{1}{zx}\geqslant\frac{1}{xR_1}+\frac{1}{yR_2}+\frac{1}{zR_3}$;

(8) $xR_1+yR_2+zR_3\geqslant xy+yz+zx$;

(9) $\frac{1}{xR_1}+\frac{1}{yR_2}+\frac{1}{zR_3}\geqslant\frac{1}{R_1R_2}+\frac{1}{R_2R_3}+\frac{1}{R_3R_1}$;

(10) $R_1R_2+R_2R_3+R_3R_1\geqslant xR_1+yR_2+zR_3$.

51. 设 Γ_1、Γ_2、Γ_3 三圆皆与圆 Γ 正交.求证:圆 Γ 上任意一点关于圆 Γ_1、Γ_2、Γ_3 的三极线交于一点.

52. 证明**Salmon 定理**:圆心到任意两点的距离之比,等于这两点中一点到另一点的极线的距离之比.

53. 设 A、B 两点关于圆 Γ 共轭,但 A、B 不是圆 Γ 的互反点.求证:直线 AB 的极点是 $\triangle OAB$ 的垂心.其中,O 为圆 Γ 的圆心.

54. 设直线 l 不过圆 Γ 的圆心 O,O 在直线 l 上的射影为 M,A、B 是直线 l 上关于 M 对称的两点,且 A、B 都在圆 Γ 之外.分别过点 A、B 作圆 Γ 的两条关于 OM 不对称的切线 AS、BT.求证:切线 AS 与 BT 的交点在点 M 关于圆 Γ 的极线上.

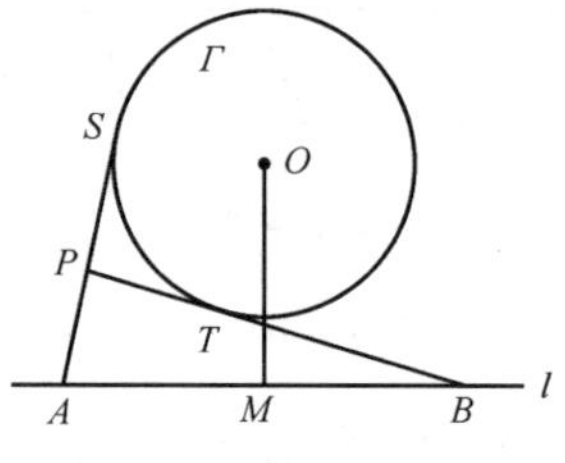

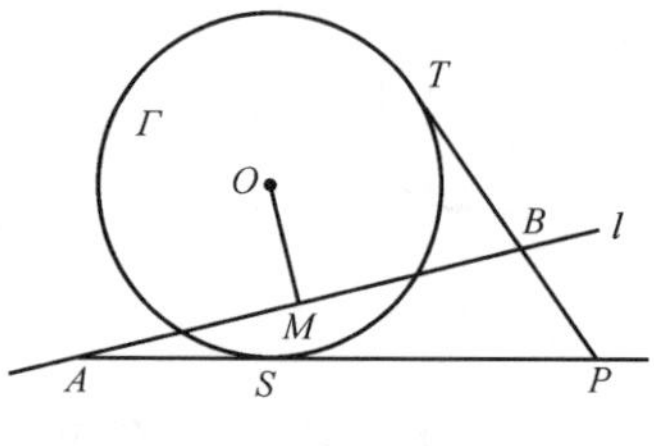

54 题图

55. 设 $ABCD$ 为圆 Γ 的外切四边形,对角线 AC 交圆 Γ 于 E、F 两点.求证:圆 Γ 在 E、F 两点的切线与另一条对角线 BD 共点或互相平行.

56. 设 $ABCD$ 为圆 Γ 的外切四边形,对角线 AC 交圆 Γ 于 E、F 两点,M 为 EF 的中点.求证:$\angle CMD=\angle DMA$.

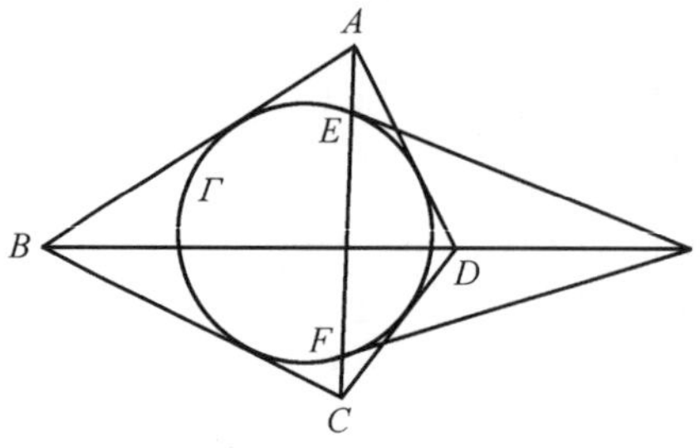

55 题图

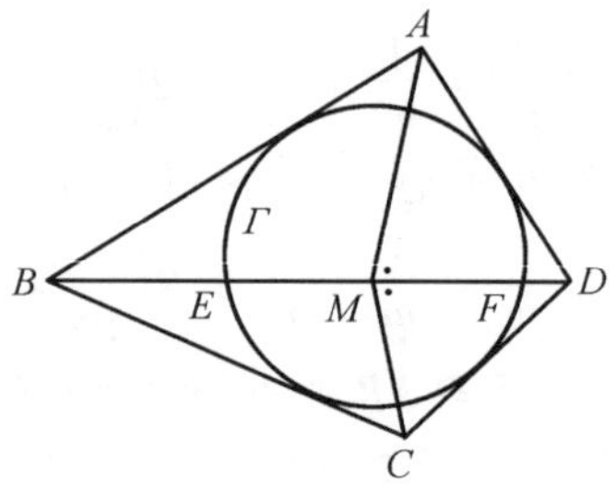

56 题图

57. 设 I 是 $\triangle ABC$ 的内心，过线段 IA 与 $\triangle ABC$ 的内切圆的交点作内切圆的切线交直线 BC 于 D，类似地得到点 E、F. 求证：D、E、F 三点共线.

58. 设 $\triangle ABC$ 的内心为 I，l 是 $\triangle ABC$ 的内切圆的一条切线，D、E、F 是切线 l 上的三点，且 $\angle AID = \angle BIE = \angle CIF = 90°$. 求证：直线 AD、BE、CF 共点或互相平行.

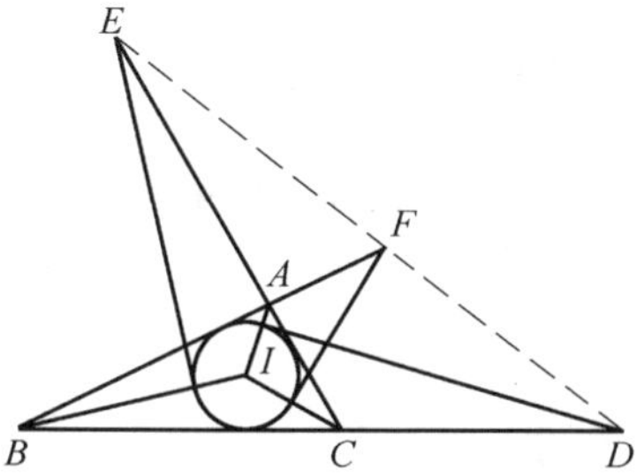

57 题图

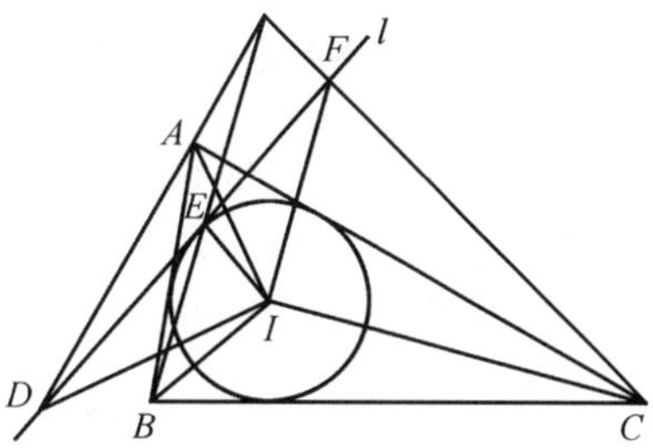

58 题图

附　　录

附录 A　点对圆的幂·根轴·根心

点对圆的幂、根轴、根心是平面几何(尤其是圆几何学)中的十分重要、且内涵相当丰富的三个概念.我们在这里将介绍它们的一些基本性质,并数学竞赛试题为主举例说明它们在圆几何学方面的广泛应用.

A1　点对圆的幂

设 Γ 是平面上一个圆心为 O、半径为 r 的圆,对于平面上任意一点 P,令

$$\rho(P) = PO^2 - r^2$$

则 $\rho(P)$ 称为点 P 对于圆 Γ 的幂.

显然,当点 P 在圆 Γ 外时,$\rho(P) > 0$;当点 P 在圆 Γ 内时,$\rho(P) < 0$;当点 P 在圆 Γ 上时,$\rho(P) = 0$.且由勾股定理易得,点 P 在圆 Γ 外时,$\rho(P)$ 即点 P 到圆 Γ 的切线长的平方;点 P 在圆 Γ 内时,$\rho(P)$ 即以点 P 为中点的弦的一半的平方的相反数.

有了点对圆的幂的概念,相交弦定理、割线定理、切割线定理就可以统一为

定理 A1.1(圆幂定理)　过定点任作定圆的一条割线交定圆于两点,则自定点到两交点的两条有向线段之积是一个常数,这个常数等于定点对定圆的幂.即过点 P 任作一条直线交圆 Γ 于两点 A、B(A、B 两点可以重合),则

$$\overline{PA} \cdot \overline{PB} = \rho(P)$$

圆幂定理的逆也成立,即有

定理 A1.2　设两条直线相交于点 P,A、B 是其中一条直线上的两点,C、D 是另一条直线上的两点.如果 $\overline{PA} \cdot \overline{PB} = \overline{PC} \cdot \overline{PD}$,则 A、B、C、D 四点共圆.

定理 A1.3　设 A、B、C、D 是一个圆 Γ 上任意四点,直线 AB 与 CD 交于点 P,直线 AD 与 BC 交于点 Q,则有

$$\rho(P) + \rho(Q) = PQ^2$$

其中 $\rho(X)$ 表示点 X 对圆 Γ 的幂.

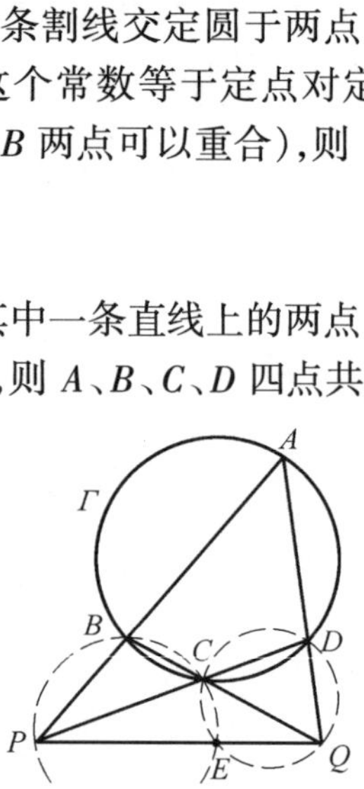

图 A1.1

证明　如图 A1.1 ~ A1.3 所示,设 $\triangle BCP$ 的外接圆交直线 PQ 于 E,则 $\angle CEP = \angle ABC = \angle CDQ$ 或 $\angle CEP = \angle CBP = 180° -$

$\angle ABC = 180° - \angle CDP$,所以,$C$、$D$、$E$、$Q$ 四点共圆.于是

$$\rho(P) = \overline{PC} \cdot \overline{PD} = \overline{PE} \cdot \overline{PQ}$$
$$\rho(Q) = \overline{QC} \cdot \overline{QB} = \overline{QE} \cdot \overline{QP}$$

故

$$\rho(P) + \rho(Q) = \overline{PE} \cdot \overline{PQ} + \overline{PE} \cdot \overline{QP} = \overline{PQ}(\overline{PE} + \overline{EQ}) = PQ^2$$

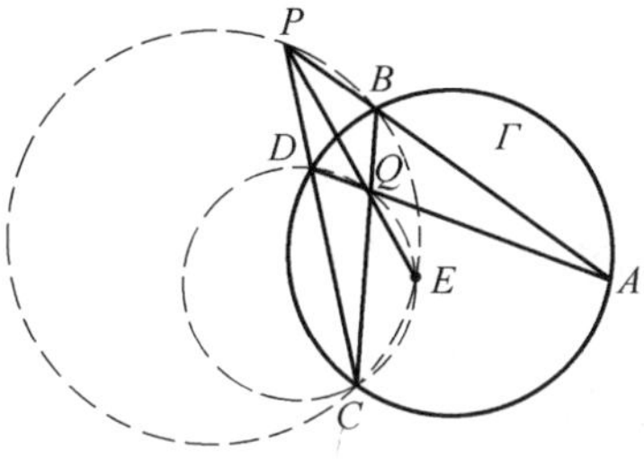

图 A1.2

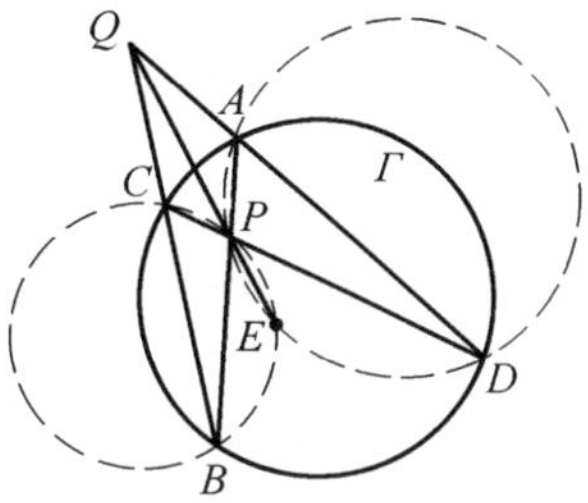

图 A1.3

定理 A1.4(Gergonne) 设 P 是 $\triangle ABC$ 所在平面上任意一点,过点 P 作 $\triangle ABC$ 的三边的垂线,垂足分别为 D、E、F,$\triangle ABC$ 与 $\triangle DEF$ 的面积分别为 S、T,$\triangle ABC$ 的外接圆半径为 R,点 P 对 $\triangle ABC$ 的外接圆的幂为 ρ,则有 $\frac{T}{S} = \frac{|\rho|}{4R^2}$.

证明 如图 A1.4,A1.5 所示,显然,E、A、F、P 四点共圆,F、B、D、P 四点共圆,所以,$\angle PFE = \angle PAE = \angle KBC$,$\angle DFP = \angle DBP = \angle CBP$,因此,$\angle DFE = \angle KBP$,于是

$$T = \frac{1}{2} \cdot FE \cdot FD\sin\angle DFE = \frac{1}{2} \cdot FE \cdot FD\sin\angle KBP$$

因 $\angle PKB = C$ 或 $180° - C$,在 $\triangle PBK$ 中,由正弦定理

$$BP \cdot \sin\angle KBP = PK \cdot \sin\angle PKB = PK \cdot \sin C$$

又 AP、BP 分别是 $\triangle AFE$、$\triangle BDF$ 的外接圆的直径,由正弦定理,$FE = AP \cdot \sin A$,$FD = BP \cdot \sin B$,因此

$$T = \frac{1}{2}FE \cdot FD\sin\angle KBP = \frac{1}{2}AP \cdot BP\sin A\sin B\sin\angle KBP = \frac{1}{2}AP \cdot PK\sin A\sin B\sin C$$

但 $AP \cdot PD = |\rho|$,$S = 2R^2 \cdot \sin A\sin B\sin C$,故 $\frac{T}{S} = \frac{|\rho|}{4R^2}$.

点对圆的幂及相关性质主要用于处理一些与圆有关的问题.实际上,本书第5章第5节及本书第8章——反演变换中已多次用到圆幂定理及点对圆的幂的知识.

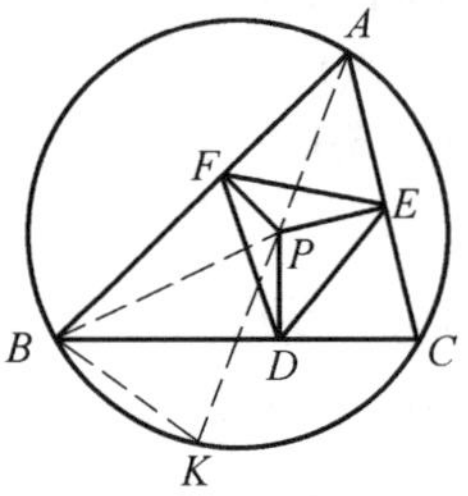

图 A1.4

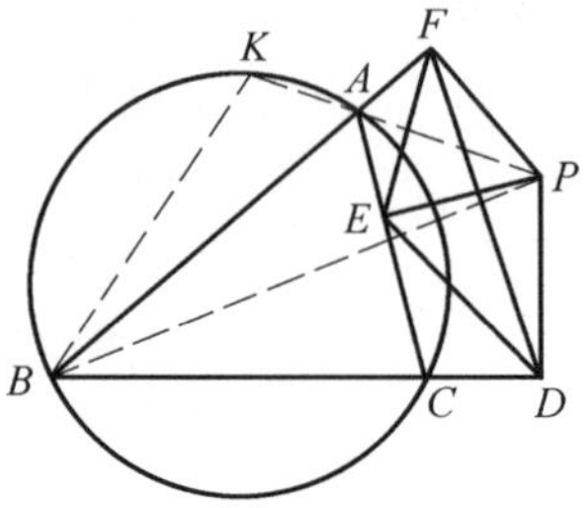

图 A1.5

例 A1.1 设 M、N 分别为锐角 $\triangle ABC$ 的边 AB 和 AC 的中点，AD 是 $\triangle ABC$ 的高（D 在 BC 上）. $\triangle BDN$ 的外接圆与 $\triangle CDM$ 的外接圆交于 P（$P \neq D$）. 求证：PD 平分 MN.（第 33 届俄罗斯数学奥林匹克，2007）

证明 如图 A1.6 所示，设直线 MN 分别与 $\triangle CDM$ 的外接圆和 $\triangle BDN$ 的外接圆交于另一点 E、F. 因 M 为 AB 的中点，$AD \perp BC$，所以 $MD = MB$，又 $FN \mathbin{/\mkern-6mu/} BD$，因此 M 为 FN 的中点，即 $FM = MN$，同理，$NE = MN$. 于是，设 PD 与 MN 交于 K，则由圆幂定理，有 $KM \cdot KE = KN \cdot KF$，即 $KM \cdot (KN + NE) = KN \cdot (KM + MF)$. 这样 $KM \cdot NE = KN \cdot MF$，而 $NE = MF$，所以 $KM = KN$，即 K 为 MN 的中点，亦即 PD 平分 MN.

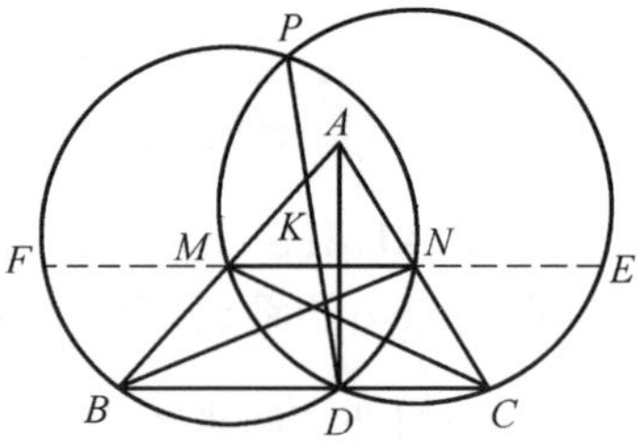

图 A1.6

例 A1.2 设 D 是正 $\triangle ABC$ 的边 BC 上一点，一圆与 BC 相切于 D，且与边 AB 交于 P、Q 两点，与边 AC 交于 R、S 两点. 求证

$$AP + AQ + BD = AR + AS + DC$$

（第 40 届英国数学奥林匹克，2004）

本题曾用轴反射变换给出过一个证明（例 5.4.7）. 这里用圆幂定理再给出一个新的证明.

证明 如图 A1.7 所示，不妨设 $BD > DC$. 由圆幂定理，$AP \cdot AQ = AR \cdot AS$. 于是，设正 $\triangle ABC$ 的边长为 a，则有

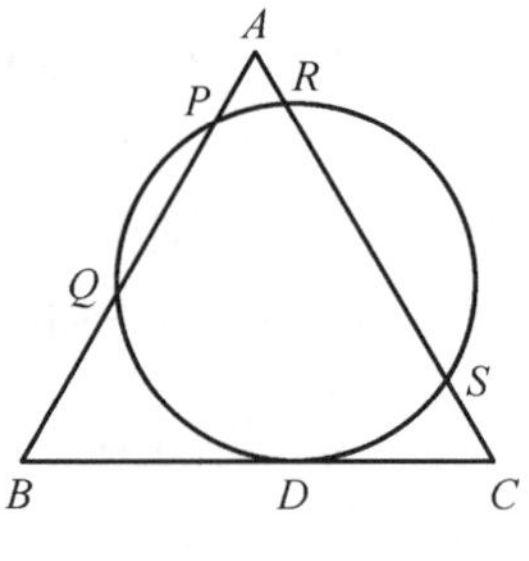

图 A1.7

$$\begin{aligned} a(BD - DC) &= (BD + DC)(BD - DC) = \\ &BD^2 - DC^2 = BP \cdot BQ - CR \cdot CS = \\ &(a - AP)(a - AQ) - (a - AR)(a - AS) = \\ &AP \cdot AQ - AR \cdot AS + a(AR + AS - AP - AQ) = \\ &a(AR + AS - AP - AQ) \end{aligned}$$

所以 $$BD - DC = AR + AS - AP - AQ$$

故 $$AP + AQ + BD = AR + AS + DC$$

例 A1.3 设 I 为 $\triangle ABC$ 的内心，D、E、F 分别为 $\triangle ABC$ 的内切圆在边 BC、CA、AB 上的切点. 过点 A 作 EF 的平行线分别与直线 DE、DF 交于 P、Q. 证明：$\angle PIQ$ 为锐角.（第 39 届 IMO，1998）

证明 如图 A1.8 所示，设 $\triangle ABC$ 的内切圆半径为 r，因 $\angle PQD = \angle EFD = \angle DEC$，所以，$A$、$Q$、$D$、$E$ 四点共圆，于是有圆幂定理，有 $PA \cdot PQ = PE \cdot PD = PI^2 - r^2$；同理，$AQ \cdot PQ = FQ \cdot DQ = QI^2 \cdot r^2$. 两式相加，得

$$PA \cdot PQ + AQ \cdot PQ = PI^2 + QI^2 - 2r^2$$

即 $$PQ^2 = PI^2 + QI^2 - 2r^2 < PI^2 + QI^2$$

故 $\angle PIQ$ 是一个锐角.

例 A1.4 证明**Chapple 定理**：设 $\triangle ABC$ 的内心和外心分别为 I、O，内切圆半径与外接圆半径分别为 r、R，则 $OI^2 = R^2 - 2Rr$.

证明 如图 A1.9 所示，设直线 AI 与 $\triangle ABC$ 的外接圆——$\odot O$ 交于另外一点 D，则由圆幂定理，点 I 对 $\odot O$ 的幂为 $\rho(I) = \overline{IA} \cdot \overline{ID} = -AI \cdot ID$，但 $\rho(I) = OI^2 - R^2$，所以，$OI^2 = R^2 - AI \cdot ID$.

过 D 作 $\odot O$ 的直径 DE，再过内心 I 作 AB 的垂线 IF，F 为垂足，则 $DE = 2R$，$IF = r$. 显然，$\triangle AFI \backsim \triangle EBD$，所以，$\frac{AI}{2R} = \frac{r}{BD}$，于是，$AI \cdot BD = 2Rr$. 而 $BD = ID$，所以 $AI \cdot ID = 2Rr$. 故 $OI^2 = R^2 \cdot 2Rr$.

Chapple 定理也曾在第 8 章中用反演变换给出过一个证明（例 8.4.4）.

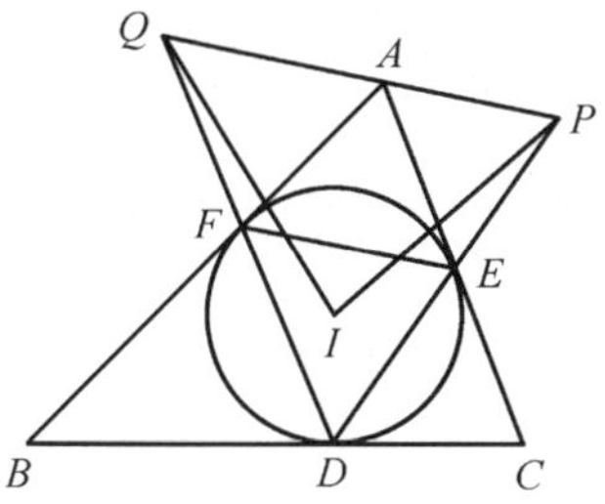

图 A1.8

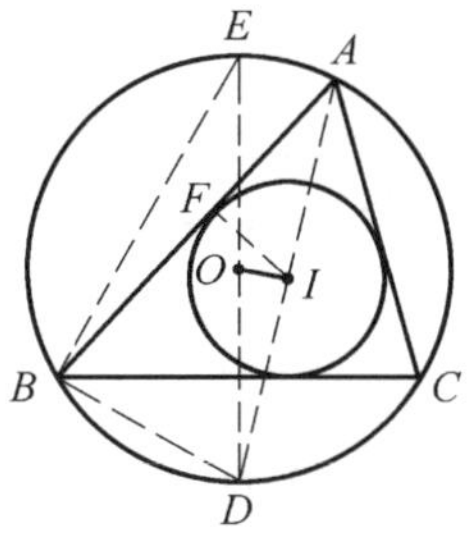

图 A1.9

例 A1.5 设 I 是 $\triangle ABC$ 的内心，过 I 作 AI 的垂线分别交 AB、AC 于 P、Q. 求证：分别与 AB 及 AC 相切于 P 及 Q 的 $\odot O_1$ 必与 $\triangle ABC$ 的外接圆相切.（首届中国台湾数学奥林匹克，1992）

证明 如图 A1.10 所示，设 $\triangle ABC$ 的外心为 O，外接圆的半径为 R. 延长 AI 交 $\odot O$ 于 M，则点 O_1 对 $\odot O$ 的幂为 $O_1O^2 - R^2 = -O_1A \cdot O_1M$. 于是

$$O_1O^2 = R^2 - O_1A \cdot O_1M = R^2 - O_1A(IM - IO_1) =$$

$$R^2 - O_1A \cdot IM + O_1A \cdot IO_1 = R^2 - O_1A \cdot IM + O_1P^2$$

又易知 $IM = MB = 2R\sin\frac{A}{2} = 2R \cdot \frac{O_1P}{O_1A}$,从而

$$O_1O^2 = R^2 - O_1A \cdot 2R \cdot \frac{O_1P}{O_1A} + O_1P^2 = (R - O_1P)^2$$

故 $\odot O_1$ 与 $\odot O$ 相切.

本题即 Mannheim 定理之逆.Mannheim 定理即第 4 章命题 6.4.1.

例 A1.6 设 D、E、F 分别为 $\triangle ABC$ 的边 BC、CA、AB 的中点,分别以 A、B、C 为圆心作三个等圆 $\odot A$、$\odot B$、$\odot C$,$\odot A$ 与直线 EF 交于 A_1、A_2 两点,$\odot B$ 与直线 FD 交于 B_1、B_2 两点,$\odot C$ 与直线 DE 交于 C_1、C_2 两点,求证:A_1、A_2、B_1、B_2、C_1、C_2 六点共圆.

证明 如图 A1.11 所示,设三个等圆的半径为 r,则由圆幂定理,有

$$\overline{DB_1} \cdot \overline{DB_2} = DB^2 - r^2, \overline{DC_1} \cdot \overline{DC_2} = DC^2 - r^2$$

而 $BD = DC$,所以,$\overline{DB_1} \cdot \overline{DB_2} = \overline{DC_1} \cdot \overline{DC_2}$,这说明 B_1、B_2、C_1、C_2 四点共圆,同理,C_1、C_2、A_1、A_2 四点共圆,A_1、A_2、B_1、B_2 四点共圆,又 B_1B_2 的垂直平分线与 C_1C_2 的垂直平分线显然交于 $\triangle ABC$ 的垂心,所以,$\odot(B_1B_2C_1C_2)$ 的圆心为 $\triangle ABC$ 的垂心,同样,$\odot(C_1C_2A_1A_2)$ 的圆心也为 $\triangle ABC$ 的垂心,因此,这两个圆重合,故 A_1、A_2、B_1、B_2、C_1、C_2 六点共圆.

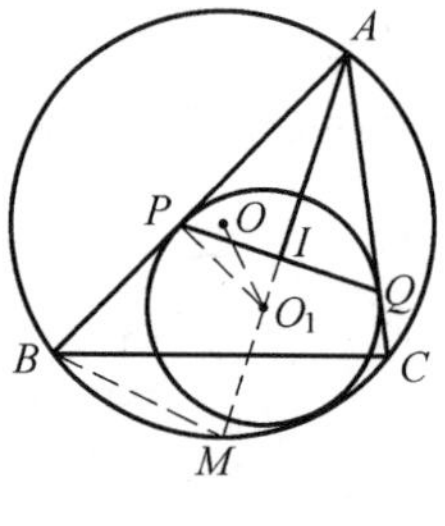

图 A1.10

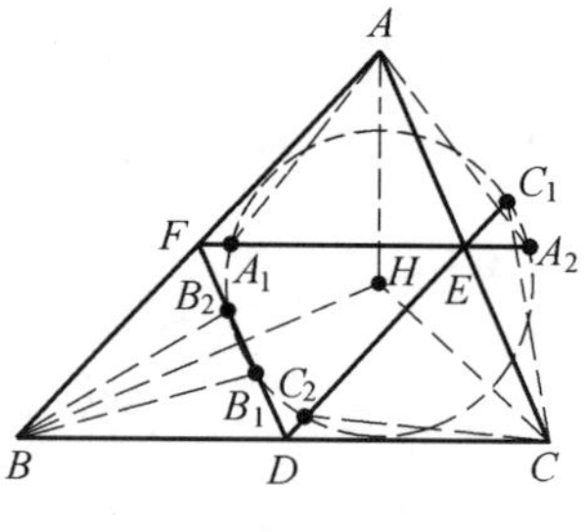

图 A1.11

例 A1.7 设 D、E、F 分别为 $\triangle ABC$ 的三边 BC、CA、AB(所在直线)上的点,过 A、B、D 三点的圆与直线 DF 交于另一点 P,过 A、D、C 三点的圆与直线 DE 交于另一点 Q,O 是 $\triangle ABC$ 的外心.求证:$OD \perp EF$ 的充要条件为 P、Q、E、F 四点共圆.(第 7 届中国西部数学奥林匹,2007)

证明 如图 A1.12 所示,设 $\triangle ABC$ 的外接圆半径为 R,分别考虑点 E、F 对 $\odot O$ 的幂,并注意 A、P、B、C 四点共圆,A、D、C、Q 四点共圆,有

$$EO^2 - R^2 = \overline{EA} \cdot \overline{EC} = \overline{ED} \cdot \overline{EQ}$$

$$FO^2 - R^2 = \overline{FA} \cdot \overline{FB} = \overline{FD} \cdot \overline{FP}$$

所以

$$EO^2 - FO^2 = \overline{ED} \cdot \overline{EQ} - \overline{FD} \cdot \overline{FP} = \overline{ED}(\overline{ED} + \overline{DQ}) - \overline{FD}(\overline{FD} + \overline{DP}) = ED^2 - FD^2 + \overline{DF} \cdot \overline{DP} - \overline{DE} \cdot \overline{DQ}$$

于是，$OD \perp EF$ 当且仅当 $EO^2 - FO^2 = ED^2 - FD^2$，当且仅当 $\overline{DF} \cdot \overline{DP} = \overline{DE} \cdot \overline{DQ}$，当且仅当 P、Q、E、F 四点共圆.

例 A1.8 在 $\triangle ABC$ 中，$AB = AC$，分别以 AB、AC 为一边在 $\triangle ABC$ 的外部作 $\triangle DBA$、$\triangle ACE$，使 $\triangle DBA \backsim \triangle ACE$，再设直线 DE 与 BC 交于 P. 求证：PA 是 $\triangle AED$ 的外接圆的切线.（中国国家集训队测试，2009）

证明 如图 A1.13 所示，因 $AB = AC$，$\triangle DBA \backsim \triangle ACE$，所以 $\angle CBA = \angle ACB$，$\angle ABD = \angle ECA$，因此 $\angle CBD = \angle ECB$，于是，以 BC 的垂直平分线为轴作轴反射变换，则 $C \to B$，设 $E \to F$，则 $BF = CE$，且 F、D、B 三点共线. 同样，由 $\triangle DBA \backsim \triangle ACE$，$AB = AC$ 知，$AB^2 = BD \cdot CE$，所以，$AB^2 = BD \cdot BF$，这个等式说明点 B 对 $\triangle DEF$ 的外接圆 Γ 的幂为 AB^2，设 $\triangle DEF$ 的外心为 O，半径为 R，则 $AB^2 = BO^2 - R^2$. 又 O 在 EF 的垂直平分线上，所以 $OA \perp BC$，即有 $OA \perp PB$，于是，$PO^2 - PA^2 = BO^2 - BA^2 = R^2$，所以，$PO^2 - R^2 = PA^2$，这说明点 P 关于圆 Γ 的幂为 PA^2，因而有 $PA^2 = PD \cdot PE$，于是，$\angle EOD = \angle EFO$. 故 PA 是 $\triangle AED$ 的外接圆的切线.

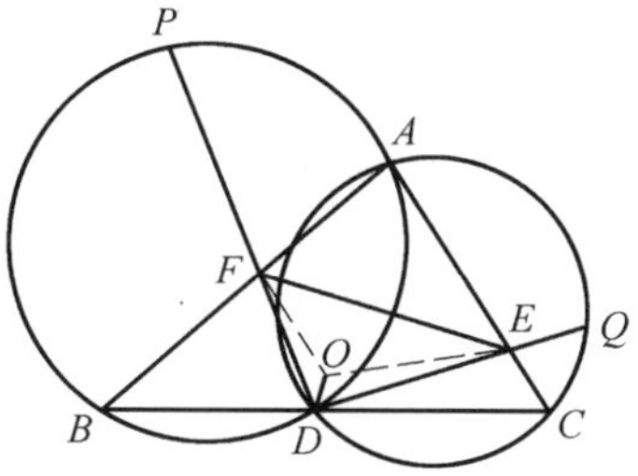

图 A1.12

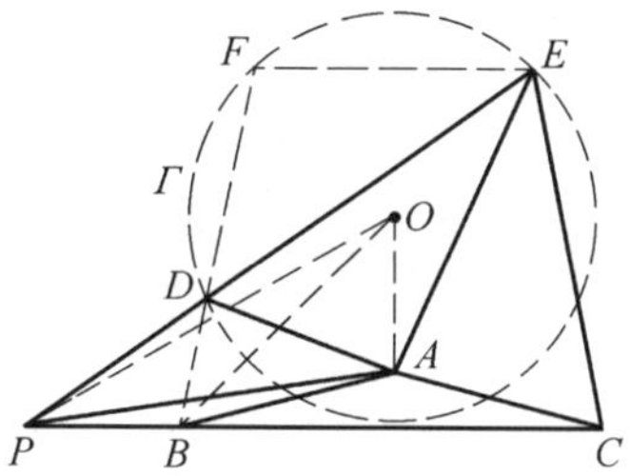

图 A1.13

例 A1.9 设 $\odot O$ 的内接四边形的两组对边（所在直线）的交点分别为 P、Q，两对角线的交点为 R. 求证：圆心 O 为 $\triangle PQR$ 的垂心.（Brocard 定理；东北三省数学邀请赛，2000）

本题在本书中曾两次被证明过，第一次的证明（例 5.2.2）实际上已经用到了根心，第二次的证明（例 8.6.8）是直接利用极点与极线的性质，这里再用定理 A1.2 给出一个简单证明.

证明 如图 A1.14 所示，设 $ABCD$ 是 $\odot O$ 的内接四边形，直线 AB 与 CD 交于 P，直线 BC 与 AD 交于 Q，对角线 AC 与 BD 交于 R. 因

$$\rho(P) = OP^2 - r^2, \rho(Q) = OQ^2 - r^2, \rho(R) = OR^2 - r^2$$

由定理 A1.2，有 $PR^2 = OP^2 + OR^2 - 2r^2$，$PQ^2 = OP^2 + OQ^2 - 2r^2$. 所以

$$PR^2 - PQ^2 = OR^2 - OQ^2$$

于是，$OP \perp RQ$．同理，$OQ \perp PR$．故圆心 O 为 $\triangle PQR$ 的垂心．

例 A1.10 设 M 是 $\triangle ABC$ 所在平面上一点，直线 AM 交 $\triangle ABC$ 的外接圆于 A'，证明：$\dfrac{MB \cdot MC}{MA'} \geqslant 2r$，其中 r 是 $\triangle ABC$ 的内切圆半径．（伊朗国家队选拔考试，2004）

证明 如图 A1.15 所示，设点 M 在 $\triangle ABC$ 的三边 BC、CA、AB 上的射影分别为 D、E、F，$\triangle ABC$ 与 $\triangle DEF$ 的面积分别濉 S、T，由 Gergonne 定理，$\dfrac{T}{S} = \dfrac{|\rho|}{4R^3}$，而

$$S = 2R^2\sin A\sin B\sin C, T = \frac{EF \cdot FD \cdot DE}{4R'}$$

其中 R' 是 $\triangle DEF$ 的外接圆半径．又由正弦定理，有

$$EF = MA\sin A, FD = MB\sin B, DE = MC\sin C$$

所以，$MA \cdot MB \cdot MC = 2R' | \rho |$．但显然有 $R' \geqslant r$，因此，$MA \cdot MB \cdot MC \geqslant 2r | \rho |$．再注意 $| \rho | = MA \cdot MA'$ 即得欲证．

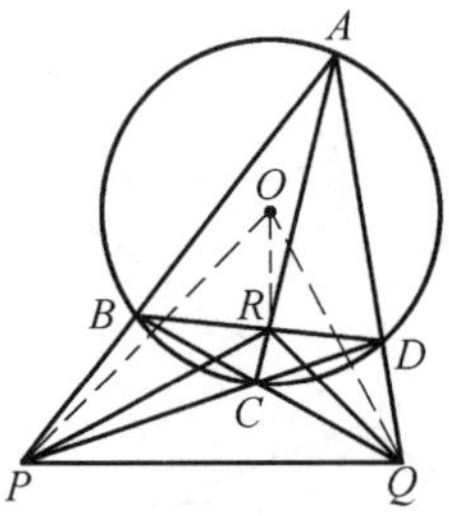

图 A1.14

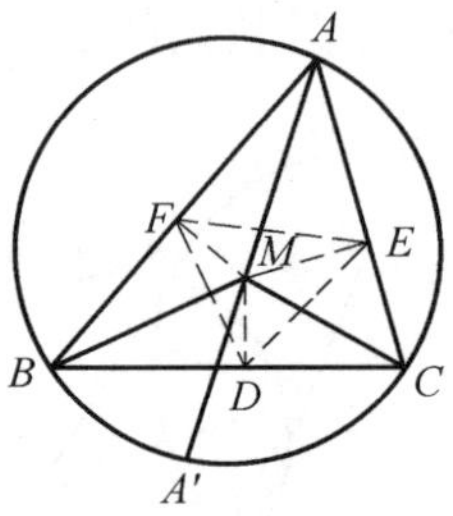

图 A1.15

A2 根轴

可以证明，如果动点到两定圆的幂相等，则动点的轨迹是一条直线．这条直线称为两定圆的根轴或等幂轴．

如果两圆相切，则两圆的根轴是过切点的公切线（图 A2.1，A2.2）；

如果两圆相交，则两圆的根轴是公共弦所在直线（图 A2.3）；

在任何情形，两圆的根轴总是垂直于两圆连心线的一条直线．设圆 Γ_1 与圆 Γ_2 的圆心分别为 O_1、O_2，半径分别为 r_1、r_2．如果圆外离，则两圆的根轴在两圆之间（图 A2.4）；如果两圆内含，则两圆的根轴是在两圆之外（图 A2.5）．

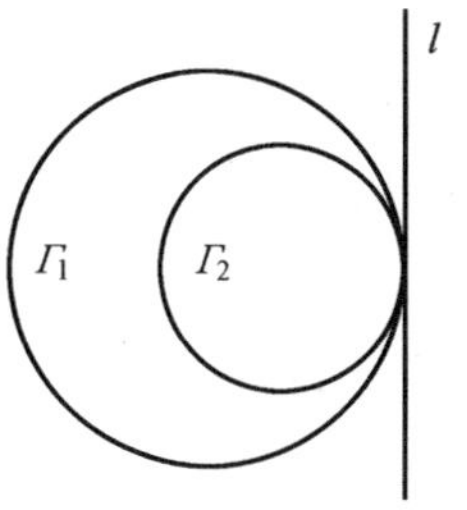

图 A2.1

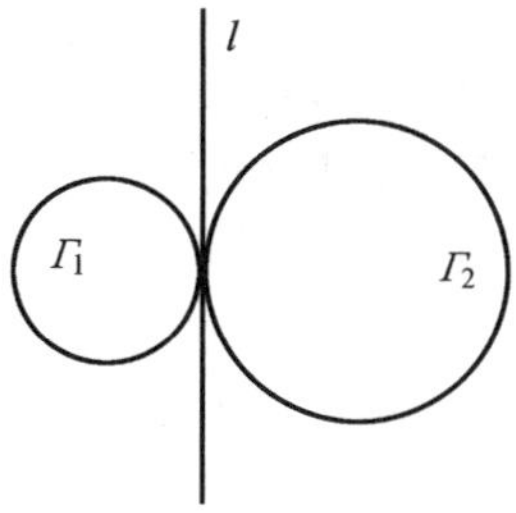

图 A2.2

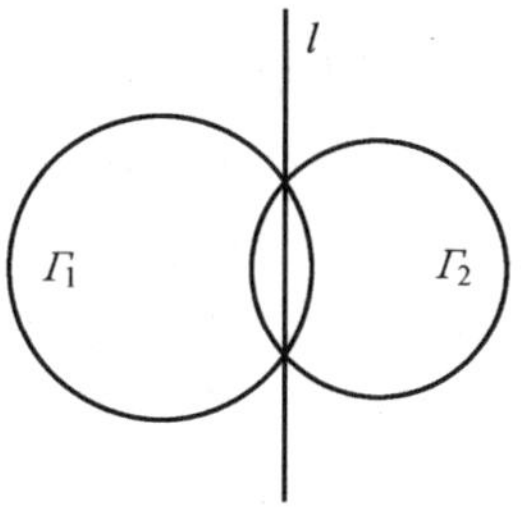

图 A2.3

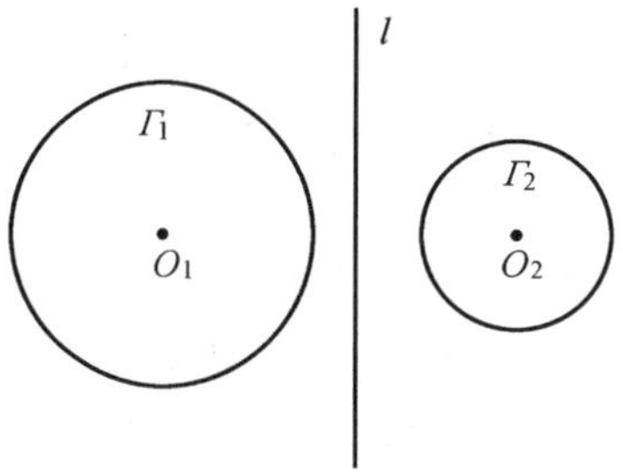

图 A2.4

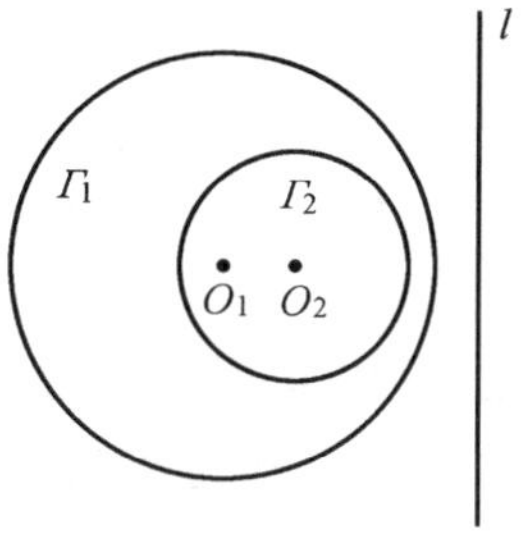

图 A2.5

两圆圆心 O_1、O_2 到两圆的根轴的距离分别为

$$d_1=\left|\frac{O_1O_2^2+r_1^2-r_2^2}{2O_1O_2}\right|,d_2=\left|\frac{O_1O_2^2-r_1^2+r_2^2}{2O_1O_2}\right|$$

如果两圆相等,则其根轴即连心线段的垂直平分线;如果两圆同心,则其根轴是无穷远直线.如果两圆中有一圆退化为一点 O(此时点 O 称为点圆),则其根轴仍然存在,且除了点在圆上时其根轴为过这点的切线外,其余情形根轴都在圆外;根轴上任意一点 P 到圆的切线长 PT 等于点 P 到点 O 的距离(图 A2.6, A2.7).

因为相交两圆的公共弦所在直线即两圆的根轴,所以,凡涉及两圆公共弦的问题,往往可以用根轴解决.

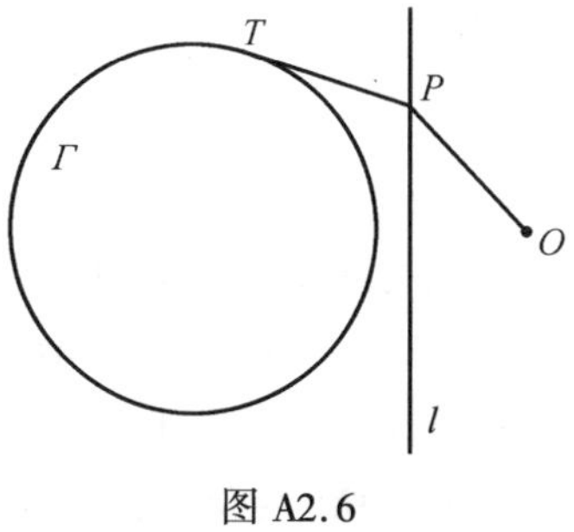

图 A2.6

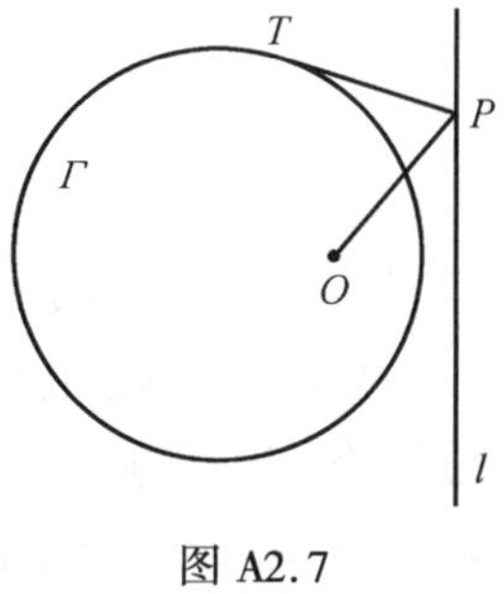

图 A2.7

例 A2.1 如图 2.8 所示,一圆分别与凸四边形 $ABCD$ 的边 AB、BC 相切于

G、H 两点，与对角线 AC 相交于 E、F 两点. 问四边形 $ABCD$ 应满足怎样的充要条件，使得存在另一圆过 E、F 两点，且分别与 DA、DC 的延长线相切？证明你的结论.（中国国家队选拔考试，1999）

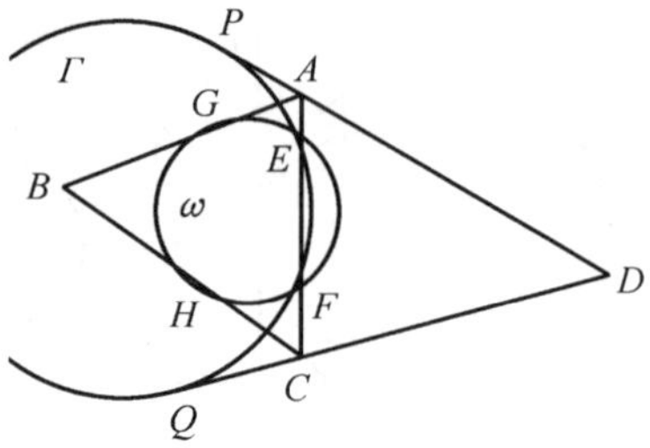

图 A2.8

解　所求的充分必要条件是

$$AB + AD = CB + CD$$

事实上，设圆 ω 与凸四边形 $ABCD$ 的边 AB、BC 相切于 G、H 两点，与对角线 AC 相交于 E、F 两点，过 E、F 两点的另一圆 Γ 分别与 DA、DC 的延长线相切于 P、Q 两点. 注意 A、C 两点都在这两圆的根轴上，所以，$AP = AG$，$CQ = CH$. 又 $BG = BH$，$DP = DQ$，于是

$$AB + AD = BG + PA + AD = BG + PD =$$
$$BH + QD = BH + QC + CD = CB + CD$$

反之，设在四边形 $ABCD$ 中，$AB + AD = CB + CD$. 分别在 DA、DC 的延长线上取点 P、Q，使得 $AP = AG$，$CQ = CH$，则有

$$DP = AG + AD = AB + AD - BG = CB + CD - BH = CH + CD = DQ$$

过 P、Q 两点作一个圆 Γ，使得 DP、DQ 分别为这个圆的切线. 因 $AP = AG$，$CQ = CH$，所以 AC 是这两圆的根轴. 但 AC 与原来的圆交于 E、F 两点，因此，所作的分别与 DA、DC 的延长线相切的圆过 E、F 两点.

例 A2.2　如图 A2.9 所示，设 ω_b、ω_c 分别为 $\triangle ABC$ 的 B-旁切圆与 C-旁切圆，圆 ω_b' 与 ω_b 关于 AC 的中点对称，ω_c' 与 ω_c 关于 AB 的中点对称. 求证：ω_b' 与 ω_c' 的公共弦平分 $\triangle ABC$ 的周长.（第 29 届俄罗斯数学奥林匹克，2003）

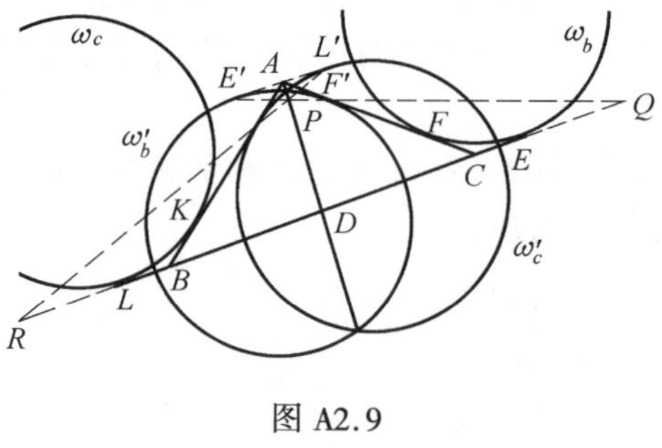

图 A2.9

证明　设圆 ω_b 与直线 BC、CA 分别相切于 E、F，圆 ω_c 与直线 AB、BC 分别相切于 K、L，E、F 关于 AC 的中点的对称点分别为 E'、F'，K、L 关于 AB 的中点的对称点分别为 K'、L'，则 E' 与 F' 在圆 ω_b' 上，K' 与 L' 在圆 ω_c' 上，AE' 为圆 ω_b' 的切线，AL' 为圆 ω_c' 的切线，$AE' = AE$，$AF' = AF$，$AK' = AK$，$AL' = AL$，且 $AE' \parallel BC$，$AL' \parallel BC$，所以 E'、A、L' 在一条直线上. 又 $AE = AF = AK = AL$，

所以，$AE' = AF' = AK' = AL'$，因此，点 A 为 $E'L'$ 的中点，且 E'、K'、F'、L' 四点共圆. 因点 A 到圆 ω_b' 与圆 ω_c' 的切线长相等，所以，点 A 在圆 ω_b' 与圆 ω_c' 的根轴上.

再设 $E'F'$ 与 $K'L'$ 交于点 P，则有 $PE' \cdot PF' = PK' \cdot PL'$，所以，点 P 也在圆 ω_b' 与圆 ω_c' 的根轴上. 这就是说，直线 AP 是圆 ω_b' 与圆 ω_c' 的根轴.

现设直线 $E'F'$、$K'L'$ 分别与BC交于Q、R，因 $E'L' /\!/ QR$，A 为$E'L'$ 的中点，所以圆 ω_b' 与圆ω_c' 的根轴AP 与BC 的交点D 是QR 的中点. 又由于 $AE' = AF'$，$AL' = AK'$，$E'L' /\!/ QR'$，所以 $CF' = CQ$，$BK' = BR$，于是

$$DC + CF' = DQ' = RD = K'B + BD$$

而 $AF' = AK'$，故 $D'C + CA = AB + BD'$，即圆 ω_b' 与圆ω_c' 的根轴平分 $\triangle ABC$ 的周长.

例 A2.2 本质上是利用了两圆的根轴证明三点共线问题. 实际上，许多与圆(或明或暗)有关的三点共线问题都可以考虑利用根轴解决. 这是因为我们可以想方设法证明所述三点都在某两个圆的根轴上. 例如第 6 章的 Thebault 定理(命题 6.4.2)的三点共线的结论就是利用了两圆的根轴证明的.

例 A2.3 过 $\triangle ABC$ 的顶点 B、C 的一圆与边 AB、AC 分别交于 B_1、C_1，$\triangle ABC$ 与 $\triangle AB_1C_1$ 的垂心分别为 H、H_1. 求证：BB_1、CC_1、HH_1 三线共点.(第 36 届 IMO 预选，1995)

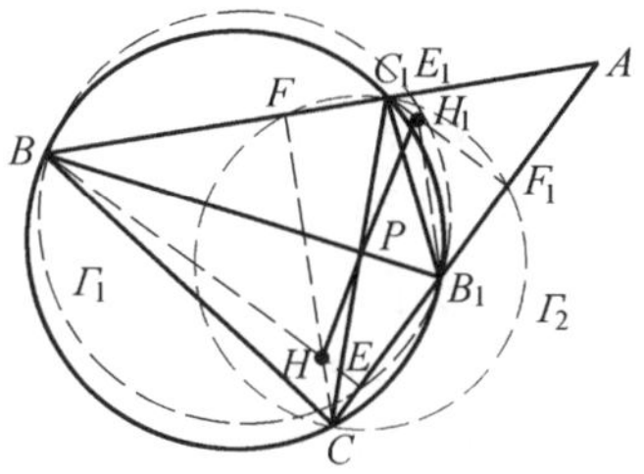

图 A2.10

证明 如图 A2.10 所示，设 BB_1 与 CC_1 交于点 P. 分别过点 B、C_1 作 AC 的垂线，设垂足分别为 E、F_1，再分别过点 C、B_1 作 AB 的垂线，设垂足分别为 F、E_1，则 H 为BE 与 CF 的交点，H_1 为 B_1E_1 与 C_1F_1 的交点. 显然，E、E_1 均在以 BB_1 为直径的圆 Γ_1 上，F、F_1 均在以 CC_1 为直径的圆 Γ_2 上. 因 E、F、B、C 四点共圆，由圆幂定理，$HB \cdot HE = HC \cdot HF$，这说明点 H 在圆Γ_1 与圆 Γ_2 的根轴上；同理，点 H_1 也在圆 Γ_1 与圆 Γ_2 的根轴上. 又 $PB \cdot PB_1 = PC \cdot PC_1$，所以点 P 也在圆Γ_1 与 Γ_2 的根轴上. 因此，H_1、P、H 三点共线. 故 BB_1、CC_1、HH_1 三线共点.

例 A2.4 证明**Steiner 定理**：四条直线相交成四个三角形，则这四个三角形的垂心在一条直线上.(这条直线称为完全四边形的**Steiner 线或垂心线**)

证明 如图 A2.11 所示，设四条直线相交成四个三角形分别为 $\triangle BEC$、$\triangle CDF$、$\triangle AED$、$\triangle ABF$，H_1、H_2、H_3、H_4 分别为它们的垂心. 设直线 H_1B、H_1E 分别交 EC、BC 于 K、L，则 K 在以 BD 为直径的圆Γ_1 上，L 在以 EF 为直径的圆Γ_2 上，由于 L、E、K、B 四点共圆，所以，$H_1L \cdot H_1E = H_1B \cdot H_1K$，这说明 H_1 在

圆 Γ_1 与圆 Γ_2 的根轴上；再设 EH_3、DH_3 分别交 AB、AD 与 M、N，则 M 在圆 Γ_1 上，N 在圆 Γ_2 上，而 E、D、N、M 四点共圆，所以 $H_3D \cdot H_3M = H_3E \cdot H_3N$，因此，$H_3$ 也在圆 Γ_1 与圆 Γ_2 的根轴上；同理，H_2、H_4 也在圆 Γ_1 与圆 Γ_2 的根轴上．故 H_1、H_2、H_3、H_4 四点共线．

2002 年举行的第 15 届保加利亚(冬季) 数学竞赛有一道平面几何题为：

设 M、N 分别是 $\triangle ABC$ 的边 AC、BC 上的点，且 $\angle ACB = 90°$，设 AN 与 BM 交于点 L，则 $\triangle AML$ 的垂心、$\triangle BNL$ 的垂心及点 C，三点共线．

这显然是 Steiner 定理的特殊情形．

事实上，如图 A2.12 所示，因四条直线 AC、BC、AN、BM 相交成四个三角形 $\triangle CAM$、$\triangle CMB$、$\triangle AML$、$\triangle BNL$．而 $\triangle CAM$ 与 $\triangle CMB$ 的垂心皆为点 C，于是，设 $\triangle AML$，$\triangle BNL$ 的垂心分别为 H_1、H_2，则由 Steiner 定理即知，H_1、C、H_2 共线．

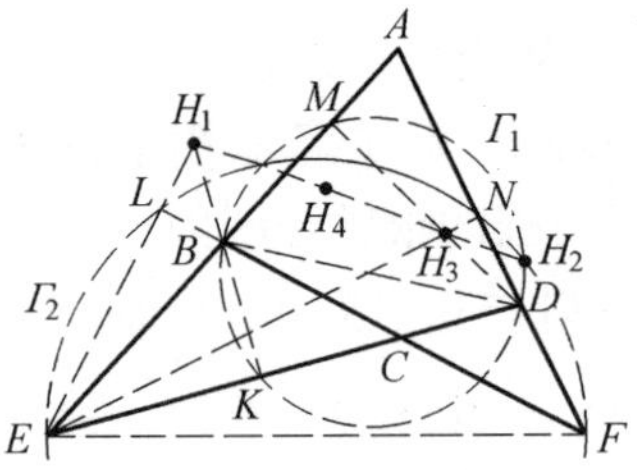

图 A2.11

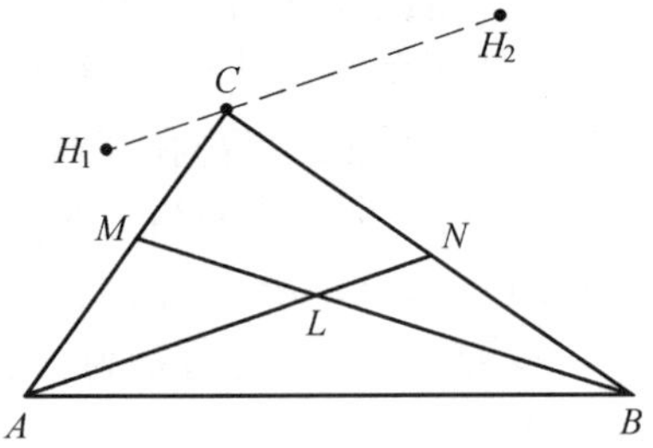

图 A2.12

例 A2.5 设 P、Q 是 $\triangle ABC$ 的两个等角共轭点，点 P 在直线 BC、CA、AB 上的射影分别为 P_a、P_b、P_c．以 P_a 为圆心、过点 Q 的圆与直线 BC 交于 A_1、A_2 两点，以 P_b 为圆心、过点 Q 的圆与直线 CA 交于 B_1、B_2 两点，以 P_c 为圆心、过点 Q 的圆与直线 AB 交于 C_1、C_2 两点，则 A_1、A_2、B_1、B_2、C_1、C_2 六点共圆．

证明 如图 A2.13 所示，设 $\odot P_b$ 与 $\odot P_c$ 交于 Q、D 两点，则直线 DQ 为 $\odot P_b$ 与 $\odot P_c$ 的根轴．由 $PP_b \perp AC$，$PP_c \perp AB$ 知 A、P_c、P、P_b 四点共圆，所以 $\angle AP_bP_c = \angle APP_c$．又 P、Q 为 $\triangle ABC$ 的两个等角共轭点，所以 $\angle QAP_b = \angle P_cAQ$，于是，再由 $PP_c \perp AP_c$ 即知 $AQ \perp P_bP_c$．这说明点 A 在 $\odot P_b$ 与 $\odot P_c$ 的根轴上，从而 A、D、Q 三点共线．于是，由

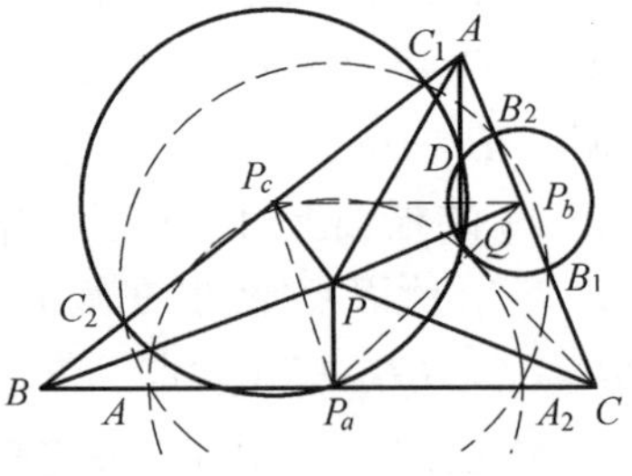

图 A2.13

$$AB_1 \cdot AB_2 = AD \cdot AQ = AC_1 \cdot AC_2$$

即知 B_1、B_2、C_1、C_2 四点共圆，且圆心为 P(因 P 为 B_1B_2 的垂直平分线与 C_1C_2 的垂直平分线的交点)．同理，A_1、A_2、B_1、B_2 四点共圆，且圆心也为 P．故 A_1、

A_2、B_1、B_2、C_1、C_2 六点共圆.

因三角形的外心和垂心是三角形的两个等角共轭点，而三角形的外心在三角形的三边上的射影正好是三角形三边的中点，于是有命题：

已知 H 是 $\triangle ABC$ 的垂心. 以边 BC 的中点为圆心、过点 H 的圆与直线 BC 交于 A_1、A_2 两点；以边 CA 的中点为圆心、过点 H 的圆与直线 CA 交于 B_1、B_2 两点；以边 AB 的中点为圆心、过点 H 的圆与直线 AB 交于 C_1、C_2 两点，则 A_1、A_2、B_1、B_2、C_1、C_2 六点共圆.

这正是 2008 年在西班牙举行的第 49 届 IMO 的第 1 题.

由于两圆的根轴垂直于两圆的连心线，这启发我们面对垂直问题时也可以考虑以两圆的根轴为工具使问题得到解决.

例 A2.6 在 $\triangle ABC$ 中，$AB = AC$，D、E、F 分别为直线 BC、AB、AC 上的点，且 $DE \parallel AC$，$DF \parallel AB$，M 为 $\triangle ABC$ 的外接圆上 $\overset{\frown}{BC}$ 的中点. 求证：$MD \perp EF$.（伊朗国家队选拔考试，2005）

证明 如图 A2.14 所示，因 $AB = AC$，$DF \parallel AB$，$DE \parallel CA$，所以，$ED = EB$，$FD = FC$. 设 Γ_1 是以 E 为圆心、$EC = ED$ 为半径的圆，Γ_2 是以 F 为圆心、$FD = FC$ 为半径的圆. 因 $MB \perp EB$，$MC \perp FC$，所以 MB 为圆 Γ_1 的切线，MC 为圆 Γ_2 的切线，而 $MB = MC$，所以，M 在圆 Γ_1 与 Γ_2 的根轴上. 显然，D 在圆 Γ_1 与 Γ_2 的根轴上，因此，直线 MD 即圆 Γ_1 与 Γ_2 的根轴. 故 $MD \perp EF$.

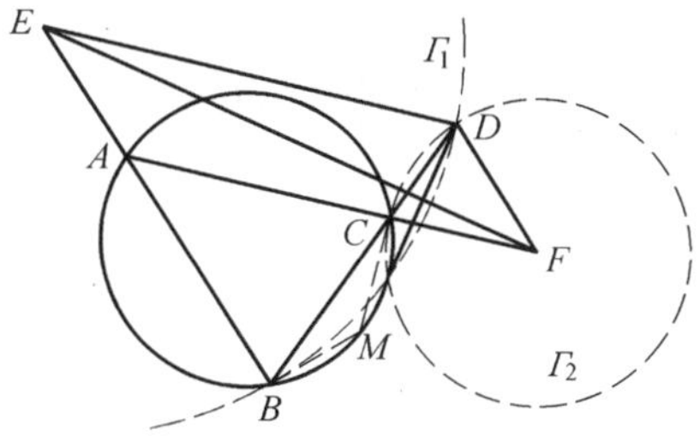

图 A2.14

例 A2.7 在梯形 $ABCD$ 中，$AB \parallel CD$，E 是对角线 AC 与 BD 的交点，F 是 AB 上一点，且 $DF = CF$；再设 O_1、O_2 分别为 $\triangle ADF$ 与 $\triangle FBC$ 的外心. 求证：$O_1O_2 \perp EF$.（第 51 届保加利亚（春季）数学竞赛，1997）.

本题在第 3 章曾用根轴证明过一次（例 3.4.10，当然在证明过程中作了平移变换）. 这里用根轴再给出一个新的证明.

证明 如图 A2.15 所示，设 $\odot O_1$ 与 AC 交于 P，$\odot O_2$ 与 BD 交于 Q，则 $\angle DPA = \angle DFA$，$\angle BFC = \angle BQC$，而 $FD = FC$，$AB \parallel CD$，所以，$\angle DFA = \angle BFC$，因此，$\angle DPA = \angle BQC$，由此可知，P、C、D、Q 四点共圆，于是，

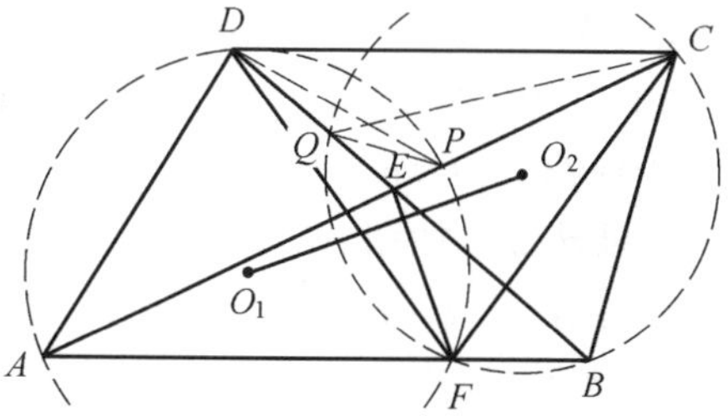

图 A2.15

$\angle BQP = \angle DCA$，但由 $AB \parallel CD$，有 $\angle DCA = \angle BAP$，所以，$\angle BQP = \angle BAP$，从而 A、B、P、Q 四点也共圆，于是，$EP \cdot EA = EQ \cdot EB$，这说明点 E 在 $\odot O_1$ 与 $\odot O_2$ 的根轴上，而 F 为 $\odot O_1$ 与 $\odot O_2$ 的一个交点，因此，EF 即 $\odot O_1$ 与 $\odot O_2$ 的根轴，故 $O_1O_2 \perp EF$.

例 A2.8 设 O、I 分别为 $\triangle ABC$ 的外心和内心，$\triangle ABC$ 的内切圆与 BC、CA、AB 分别切于 D、E、F，直线 FD 与 CA 交于 P，直线 DE 与 AB 交于 Q，M、N 分别为 PE、QF 的中点. 求证：$OI \perp MN$.（第 22 届中国数学奥林匹克，2007）

证法 1 如图 A2.16 所示，设 $BC = a$，$CA = b$，$AB = c$，p 为 $\triangle ABC$ 的半周长，考虑 $\triangle ABC$ 与截线 PFD，由 Menelaus 定理，$\frac{CP}{PA} \cdot \frac{AF}{FB} \cdot \frac{BD}{DC} = 1$，所以

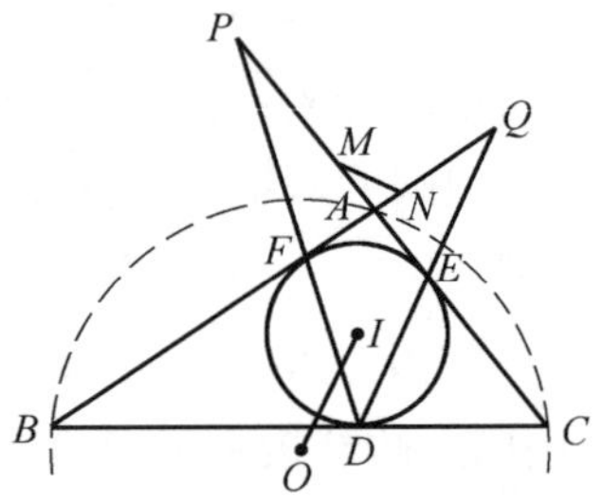

图 A2.16

$$\frac{PA}{PC} = \frac{AF}{FB} \cdot \frac{BD}{DC} = \frac{AF}{DC} = \frac{p-a}{p-c}$$

于是 $\frac{PA}{CA} = \frac{p-a}{a-c}$，因此，$PA = \frac{b(p-a)}{a-c}$. 这样便有

$$PE = PA + AE = \frac{b(p-a)}{a-c} + p - a = \frac{(p-c)(p-a)}{2(a-c)}$$

$$ME = \frac{1}{2}PE = \frac{(p-c)(p-a)}{4(a-c)}$$

$$MA = ME - AE = \frac{(p-c)(p-a)}{4(a-c)} - (p-a) = \frac{(p-a)^2}{4(a-c)}$$

$$MC = ME + EC = \frac{(p-c)(p-a)}{4(a-c)} + (p-c) = \frac{(p-c)^2}{4(a-c)}$$

于是 $MA \cdot MC = ME^2$.

因 ME 是点 M 到 $\triangle ABC$ 的内切圆的切线长，所以 ME^2 是点 M 到内切圆的幂，而 $MA \cdot MC$ 是点 M 到 $\triangle ABC$ 的外接圆的幂. 等式 $MA \cdot MC = ME^2$ 表明点 M 到 $\triangle ABC$ 的外接圆与内切圆的幂相等，因而点 M 在 $\triangle ABC$ 的外接圆与内切圆的根轴上，同理，点 N 也在 $\triangle ABC$ 的外接圆与内切圆的根轴上. 故 $OI \perp MN$.

证法 2 如图 A2.17 所示，设 $BC = a$，$CA = b$，$AB = c$，p 为 $\triangle ABC$ 的半周长. 同证法 1，有

$$PA = \frac{b(p-a)}{a-c}$$

现设 K 为 CA 的中点，则

$$KP = KA + AP = \frac{b}{2} + \frac{b(p-a)}{a-c} = \frac{b^2}{2(a-c)}$$

又 $KE = KA - EA = \frac{b}{2} - (p-a) = \frac{a-c}{2}$,所以

$$KE \cdot KP = \frac{a-c}{2} \cdot \frac{b^2}{2(a-c)} = \frac{b^2}{4} = KA^2$$

再设 Γ_1 是以 PE 为直径的圆,Γ_2 是以 QF 为直径的圆,则等式 $KE \cdot KP = KA^2$ 表明点 K 到圆Γ_1与点 A 的幂相等,因此点 K 在圆Γ_1与点 A 的根轴上,从而 CA 的垂直平分线为圆Γ_1与点 A 的根轴,而点 O 在它们的根轴上,所以,点 O 到圆Γ_1 的幂为 OA^2.同理,点 O 到圆Γ_2 的幂也为 OA^2.换句话说,点 O 到圆Γ_1与圆 Γ_2 的幂相等,所以点 O 在圆 Γ_1 与圆 Γ_2 的根轴上.显然,点 I 在圆Γ_1与圆 Γ_2 的根轴上,因此,直线 OI 即圆Γ_1与圆 Γ_2 的根轴.而 M、N 分别为圆Γ_1 与圆 Γ_2 的圆心,故 $OI \perp MN$.

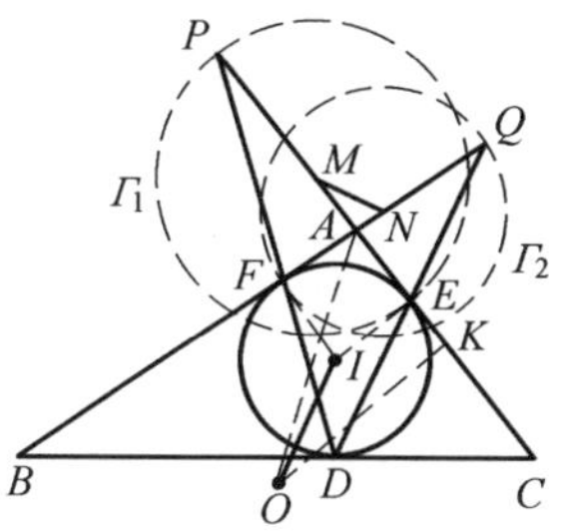

图 A2.17

例 A2.9 设 O 为锐角 $\triangle ABC$ 的外心,而 T 为 $\triangle BOC$ 的外心,D 为边 BC 的中点,点 E、F 分别在边AB、AC 所在直线上,满足$\angle AED = \angle DFA = \angle BAC$.证明:$AT \perp EF$.(第 30 届俄罗斯数学奥林匹克,2004)

证明 如图 A2.18 所示,由条件可知,O、D、T 三点共线,且 $OT \perp BC$.设直线 ED 与AF 交于 K,直线 DF 与 AB 交于L,则 $KE = KA$,$LF = LA$,于是

$$\angle OTB = 2\angle OCB = 180° - \angle BOC = 180° - 2\angle BAC = \angle ALE$$

所以 L、B、T、D 四点共圆,从而 $\angle BLT = \angle BDT = 90°$,即 $TL \perp AB$.同理,$TK \perp AC$.

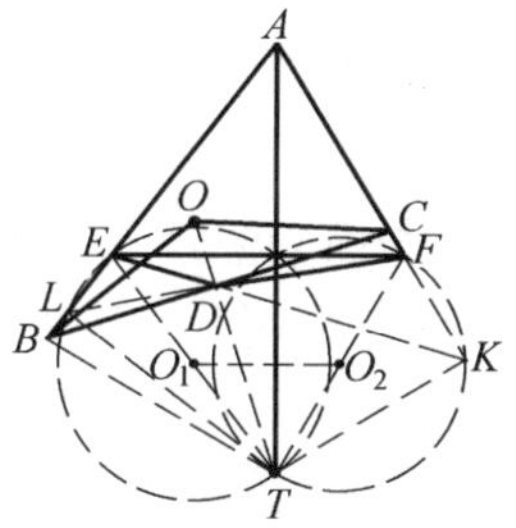

图 A2.18

又由 $\angle ALF = \angle AKE (= 180° - \angle BAC)$ 知 E、L、K、F 四点共圆,因而有 $AE \cdot AL = AF \cdot AK$,这说明点 A 在$\odot(ELT)$与$\odot(FTK)$的根轴上.显然,点 T 在$\odot(ELT)$与$\odot(FTK)$的根轴上,所以,直线 AT 为$\odot(ELT)$与$\odot(FTK)$的根轴.于是,设 O_1、O_2 分别为$\odot(ELT)$与$\odot(FTK)$的圆心,则 $AT \perp O_1O_2$.但 $TL \perp AB$,$TK \perp AC$,所以,O_1、O_2分别为 TE 与 TF 的中点,从而 $O_1O_2 /\!/ EF$.故 $AT \perp EF$.

例 A2.10 设$\triangle ABC$ 的三条高分别为AD、BE、CF,其外心和垂心分别为 O、H.直线 DE 与AB 交于点M,直线 FD 与 CA 交于点N.求证:$OH \perp MN$.(全国高中数学联赛,2001)

证明 如图 A2.19 所示,因为 A、B、D、E 四点共圆,A、F、D、C 四点共圆,所以,$MD \cdot ME = MB \cdot MA$,$ND \cdot NF = NC \cdot NA$.这说明点 M、N 对$\triangle ABC$ 的

外接圆与 $\triangle DEF$ 的外接圆的幂相等，从而直线 MN 是这两圆的根轴. 于是，设 $\triangle DEF$ 的外接圆的圆心为 L，则 $OL \perp MN$. 但 $\triangle DEF$ 的外接圆即 $\triangle ABC$ 的九点圆，而三角形的九点圆的圆心为其外心与垂心的连线段的中点. 故 $OH \perp MN$.

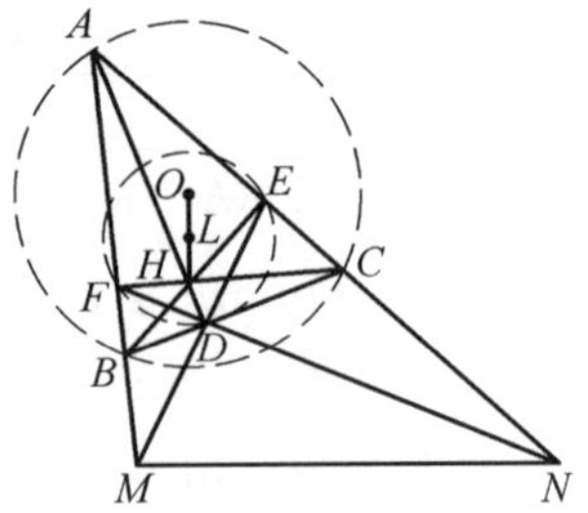

图 A2.19

以上几个例子足以说明，根轴是证明两线段垂直的一个强有力的工具.

如果一个平行问题可以转化为垂直问题，则同样可以考虑用根轴解决.

例 A2.11 设 C、D 是以 AB 为直径的半圆上的两点，L、M、N 分别为 AC、CD、DB 的中点，O_1、O_2 分别为 $\triangle ACM$ 与 $\triangle MDB$ 的外心. 求证：$O_1O_2 \parallel LN$.（第 8 届拉丁美洲数学奥林匹克，2003）

证明 如图 A2.20 所示，记 $\triangle ACM$ 的外接圆与 $\triangle MDB$ 的外接圆分别为 $\odot O_1$、$\odot O_2$. 设直线 AC 与 BD 交于 P，由圆幂定理，有 $PA \cdot PC = PB \cdot PD$，即点 P 到 $\odot O_1$、$\odot O_2$ 的幂相等，这说明点 P 在 $\odot O_1$、$\odot O_2$ 的根轴上. 又 M 显然也在 $\odot O_1$、$\odot O_2$ 的根轴上，所以，PM 为 $\odot O_1$ 与 $\odot O_2$ 的根轴，从而 $PM \perp O_1O_2$.

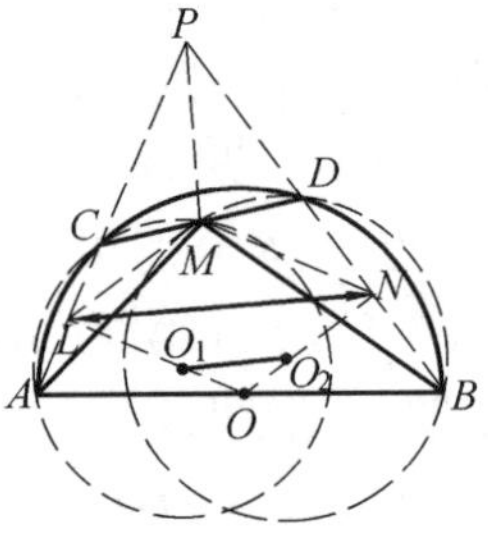

图 A2.20

另一方面，设 O 为 AB 的中点，则四边形 $OLMN$ 为平行四边形，所以 $LM \parallel ON$，$NM \parallel OL$，但 O 为半圆的圆心，所以，$OL \perp AC$，$ON \perp BD$，因而 $NM \perp PL$，$LM \perp PN$，这说明点 M 为 $\triangle PLN$ 的垂心，所以 $PM \perp LN$. 再注意 $PM \perp O_1O_2$ 即知 $O_1O_2 \parallel LN$.

例 A2.12 设 I 为 $\triangle ABC$ 的内心，$\triangle ABC$ 的内切圆与边 BC、CA、AB 分别切于 D、E、F，AE、AF 的中点分别为 M、N，直线 MN 与 DF 交于 T，过 T 作 $\triangle ABC$ 的内切圆的切线 TP、TQ，P、Q 为切点，直线 PQ 分别交直线 EF、MN 于 K、L. 求证：$IK \parallel AL$.（第 20 届伊朗数学奥林匹克，2003）

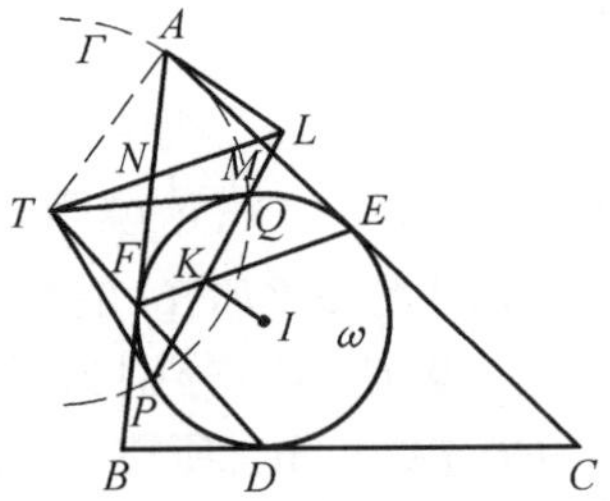

图 A2.21

证明 如图 A2.21 所示，因 M、N 分别为 AE、AF 的中点，所以，点 M、N 皆在 $\triangle ABC$ 的内切圆 ω 与点圆 A 的根轴上，所以，直线 MN 为圆 ω 与点圆 A 的根轴. 而点 T 在直线 MN 上，所以点 T 到点 A 的距离等于点 T 到圆 ω 的切线长，即 $TA = TP = TQ$，这说明点 A、P、Q 在以 T 为圆心的一个圆 Γ 上. 由于点 L 也在圆 ω 与点圆 A 的根轴上，所以，$LA^2 = LP \cdot LQ$，

因而 LA 与圆 Γ 相切,所以 $LA \perp TA$.

另一方面,因点 A 是直线 EF 关于圆 ω 的极点,点 T 是直线 PQ 关于圆 ω 的极点,而 K 为直线 EF 与 PQ 的交点,所以,直线 AT 是点 K 关于圆 ω 的极线,从而 $IK \perp AT$.故 $IK \parallel AL$.

A3 根心

给定平面上三个圆,如果其中任意两个圆都有一条根轴,则容易证明,这三条根轴交于一点或互相平行.

事实上,如图 A3.1 ~ A3.5 所示,设 l_1 为 $\odot O_2$ 与 $\odot O_3$ 的根轴,l_2 为 $\odot O_3$ 与 $\odot O_1$ 的根轴,l_3 为 $\odot O_1$ 与 $\odot O_2$ 的根轴,点 X 到 $\odot O_i$ 的幂为 $\rho_i(X)(i = 1, 2, 3)$.如果 l_1 与 l_2 交于一点 P,则因点 P 在 $\odot O_2$ 与 $\odot O_3$ 的根轴 l_1 上,所以,$\rho_2(X) = \rho_3(X)$.又点 P 在 $\odot O_3$ 与 $\odot O_1$ 的根轴 l_2 上,所以,$\rho_3(X) = \rho_1(X)$,因此,$\rho_1(X) = \rho_2(X)$.这说明点 P 在 $\odot O_1$ 与 $\odot O_2$ 的根轴 l_3 上.故 l_1、l_2、l_3 交于点 P.又 $l_1 \perp O_2O_3$,$l_2 \perp O_3O_1$,$l_3 \perp O_1O_2$,所以,如果 $l_1 \parallel l_2$,则 O_1、O_2、O_3 三点共线,此时必有 $l_1 \parallel l_2 \parallel l_3$(图 A3.6).

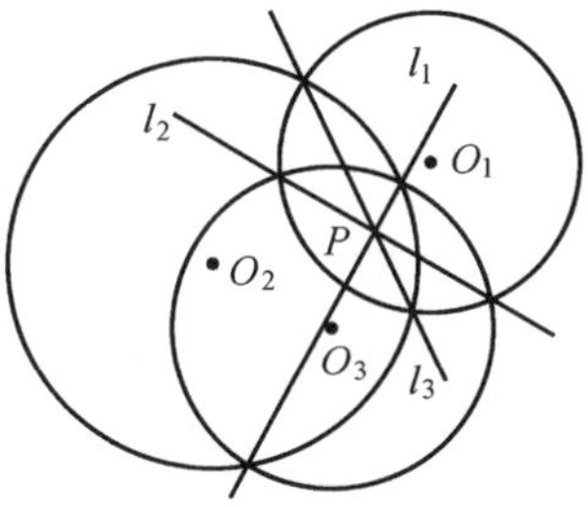

图 A3.1

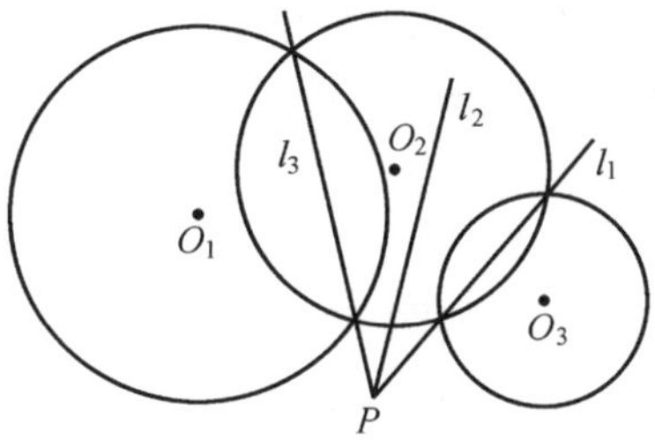

图 A3.2

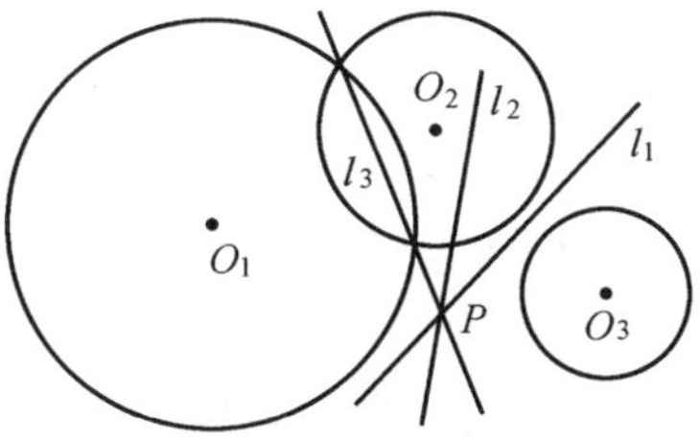

图 A3.3

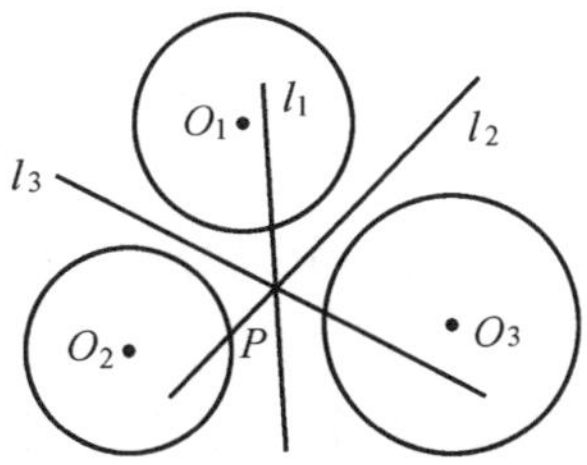

图 A3.4

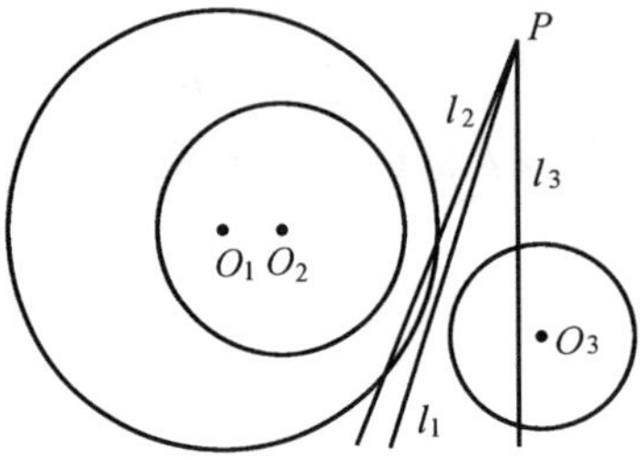

图 A3.5

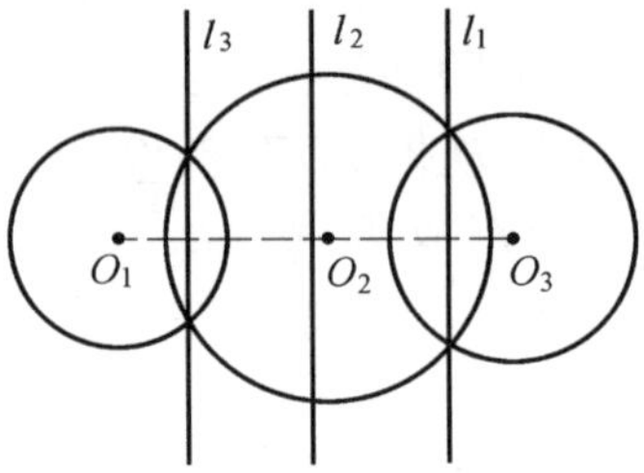

图 A3.6

当三条根轴交于一点 P 时，点 P 称为三圆的**根心**或**等幂心**（点 P 对于三个圆的幂都相等）. 因而上述事实称为**根心定理**.

凡已知条件中涉及三圆的问题，或尽管条件中没有三圆，但隐含了三圆的问题，我们都应该考虑到根心定理. 其实，我们在例 5.5.2 的证明中已经用到了根心定理.

例 A3.1 一个以 O 为圆心的圆经过 $\triangle ABC$ 的顶点 A 和 C，又与边 AB 和 BC 分别相交于 K 和 N，$\triangle ABC$ 与 $\triangle KBN$ 的外接圆相交于两个不同的点 B 和 M. 证明：$\angle OMB = 90°$.（第 26 届 IMO，1985）

本题在第 5 章曾用轴反射变换给出了一个简单的证明（例 5.4.5），并且还在第 7 章给出了它的一个推广（例 7.3.10）. 这里用根心定理和圆幂定理再给出一个同样简单的证明.

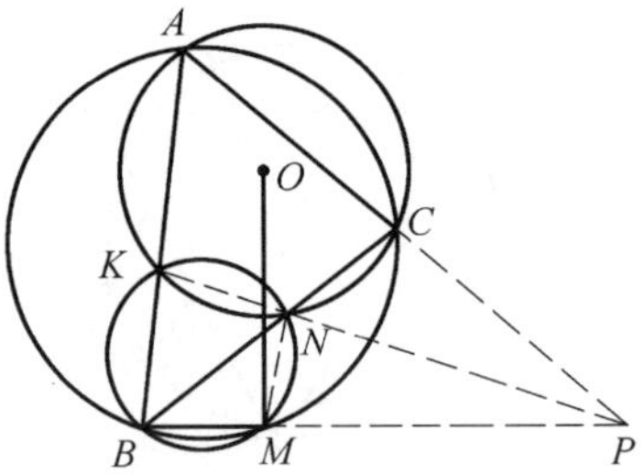

图 A3.7

证明 如图 A3.7 所示，显然，所作的三圆的三个圆心不在一直线上（否则，B 和 M 重合），而 AC、KN、BM 是这三圆两两之根轴，所以，它们交于一点 P. 由 $\angle PMN = \angle BKN = \angle NCA$ 知 P、M、N、C 四点共圆. 于是，设 $\odot O$ 的半径为 r，则由圆幂定理，有

$$BM \cdot BP = BN \cdot BC = BO^2 - r^2$$
$$PM \cdot PB = PC \cdot PA = PO^2 - r^2$$

两式相减，得

$$BO^2 - PO^2 = PB(BM - PM) = (PM + BM)(BM - PM) = BM^2 - PM^2$$

故 $OM \perp BP$，即 $\angle OMB = 90°$.

例 A3.2 已知半径不等的圆 Γ_1 与 Γ_2 相交于 M、N 两点，且圆 Γ_1、Γ_2 分别与圆心为 O 的圆 Γ 内切于 S、T 两点. 求证：$OM \perp MN$ 的充分必要条件是 S、N、T 三点共线.（全国高中数学联赛，1997）

本题曾在第 8 章用反演变换给出过一个相当简单的证明（例 8.5.10），但那里毕竟用到了反演变换这个高级工具. 而用根心定理给出的证明才真正显得简单.

证明 如图 A3.8 所示,由根心定理,分别过 S、T 的圆 Γ 的两条切线及公共弦 MN 三线交于一点 P. 由 $\angle PSO = \angle OTP = 90°$ 知 P、S、T、O 四点共圆. 且不难知道

$$\angle SNM + \angle PSM = 180°$$

$$\angle MTP + \angle TNM = 180°$$

于是,$OM \perp MN \Leftrightarrow P$、$S$、$M$、$O$、$T$ 五点共圆 $\Leftrightarrow P$、S、M、T 四点共圆 $\Leftrightarrow 180° - \angle PSM = \angle MTP \Leftrightarrow \angle SNM = 180° - \angle TNM \Leftrightarrow S$、$N$、$T$ 三点共线.

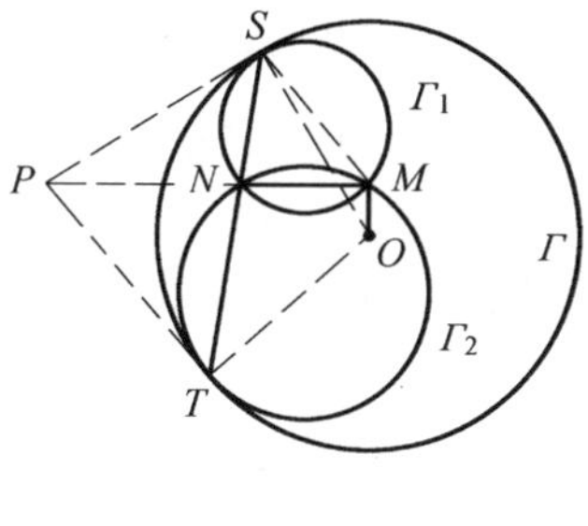

图 A3.8

例 A3.3 设 AA_1、BB_1、CC_1 是 $\triangle ABC$ 的三条高. 一圆通过 B_1、C_1 且与 $\triangle ABC$ 的外接圆的 $\overset{\frown}{BC}$(不含点 A)相切于 A_2. 点 B_2、C_2 类似定义. 求证:AA_2、BB_2、CC_2 三线共点.(第 15 届土耳其数学奥林匹克,2007)

证明 如图 A3.9 所示,设直线 BC 与 B_1C_1 交于 D. 显然,B、C、B_1、C_1 四点共圆,而直线 B_1C_1 是 $\odot(BCB_1C_1)$ 与 $\odot(B_1C_1A_2)$ 的根轴,直线 BC 是 $\odot(ABC)$ 与 $\odot(BCB_1C_1)$ 的根轴,所以直线 B_1C_1 与 BC 的交点 D 是这三圆的根心,因此 DA_2 与 $\odot(ABC)$ 相切于 A_2. 于是

$$\frac{BA_2}{A_2C} = \frac{DA_2}{DC} = \frac{\sqrt{DB \cdot DC}}{DC} = \sqrt{\frac{DB}{DC}}$$

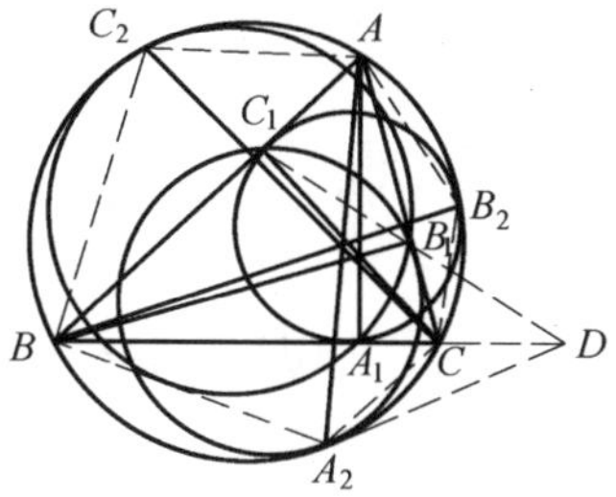

图 A3.9

考虑 $\triangle ABC$ 与截线 DB_1C_1,由 Menelaus 定理,$\frac{BD}{DC} \cdot \frac{CB_1}{B_1A} \cdot \frac{AC_1}{C_1B} = 1$,所以

$$\frac{DB}{DC} = \frac{B_1A}{CB_1} \cdot \frac{C_1B}{AC_1}$$

从而 $\frac{BA_2}{A_2C} = \sqrt{\frac{B_1A}{CB_1} \cdot \frac{C_1B}{AC_1}}$. 同理

$$\frac{CB_2}{B_2A} = \sqrt{\frac{C_1B}{AC_1} \cdot \frac{A_1C}{BA_1}}, \frac{AC_2}{C_2B} = \sqrt{\frac{A_1C}{BA_1} \cdot \frac{B_1A}{CB_1}}$$

于是

$$\frac{BA_2}{A_2C} \cdot \frac{CB_2}{B_2A} \cdot \frac{AC_2}{C_2B} = 1$$

再由三弦共点定理(见附录 B 例 B3.1)即知,AA_2、BB_2、CC_2 三线共点.

例 A3.4 设四边形 $ABCD$ 内接于圆 Γ. 点 S 在圆 O 内,且 $\angle BAS = \angle DCS$,$\angle SBA = \angle SDC$. 平分 $\angle BSC$ 的直线交圆 Γ 于 P、Q 两点. 求证:$PS = SQ$.(第

57 届波兰数学奥林匹克,2006)

证明 如图 A3.10所示,设点 P 在$\overset{\frown}{AD}$上,点 Q 在$\overset{\frown}{BC}$上.直线 AB 与 CD 交于点 X.不妨设 X 与 AD 都在 BC 的同侧.因 $\angle SDC = \angle SBA$,$\angle BAS = \angle DCS$,所以四边形 $BSDX$ 与 $ASCX$ 皆内接于圆.由根心定理,AC、BD、XS 三线共点.记 R 是这三线的交点,则 $\angle DSX = \angle DBX = \angle DCA = \angle XSA$.所以,$P$、$Q$ 皆在直线 SX 上.又$\angle RBA = \angle DBX = \angle DSX = \angle XSA = \angle RSA$,所以 A、B、S、R 四点共圆.同理,C、D、R、S 四点共圆,从而由圆幂定理

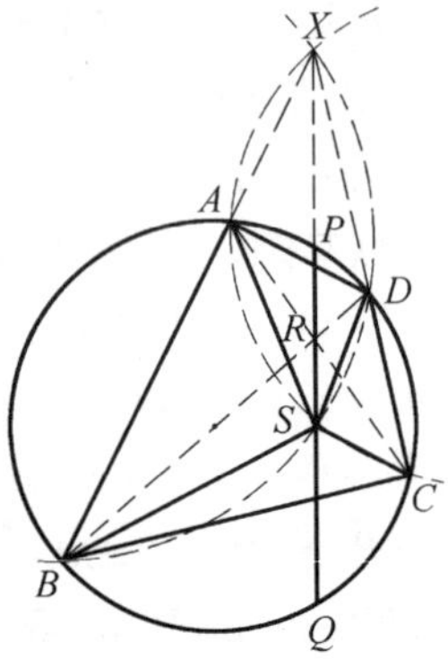

图 A3.10

$$XP \cdot XQ = XA \cdot XB = XR \cdot XS$$
$$XR \cdot RS = AR \cdot RC = PR \cdot RQ$$

这样,令 $a = XP, b = PR, c = RS, d = SQ$,则

$$a(a+b+c+d) = (a+b)(a+b+c),(a+b)c = b(c+d)$$

即

$$ad = b(a+b+c) \cdot ac = bd$$

于是

$$bd^2 = acd = bc(a+b+c) = b(bd+bc+c^2)$$

从而

$$d^2 - c^2 = b(c+d)$$

故 $b + c = d$.即 $PS = SQ$.

本题也曾在第 8 章用反演变换给出过一个证明(例 8.2.11).

例 A3.5 圆内接四边形 $ABCD$ 内有一点 P,满足 $\angle DPA = \angle PBA + \angle PCD$,点 P 在三边 AB、BC、CD 上的射影分别为 E、F、G.证明:$\triangle APD \backsim \triangle EFG$.(英国国家队选拔考试,2006)

证法 1 如图 A3.11 所示,因 $\angle DPA = \angle PBA + \angle PCD$,所以,$\triangle ABP$ 的外接圆与 $\triangle DPC$ 的外接圆相切于点 P,由根心定理,$\triangle ABP$ 的外接圆与 $\triangle DPC$ 的外接圆在切点 P 处的公切线、直线 AB、直线 CD 交于一点 Q,且 $\angle QPB = \angle QAP$.

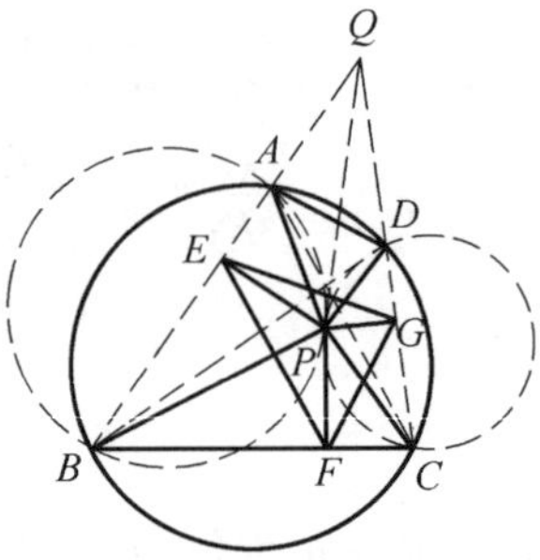

图 A3.11

另一方面,由于 $PE \perp AB$,$PF \perp BC$,$PG \perp CD$,所以 P、E、B、F 四点共圆,P、E、Q、G 四点共圆,从而 $\angle FEP = \angle CBP$,

$\angle PEG=\angle PQC$,于是

$$\angle FEG=\angle FEP+\angle PEG=\angle FBP+\angle PQG=\angle QPB-\angle QCB=\angle PAQ-\angle DAQ=\angle PAD$$

同理,$\angle EGF=\angle ADP$.故$\triangle APD\backsim\triangle EFG$.

证法2 如图A3.12所示,由证法1,$\triangle ABP$的外接圆与$\triangle DPC$的外接圆在切点P处的公切线、直线AB、直线CD交于一点Q.显然,P、G、Q、E四点共圆,P、E、B、F四点共圆,所以

$$\angle PEG=\angle PQG,\angle FEP=\angle FBP$$

于是

$$\angle FEG=\angle FEP+\angle PEG=\angle PQG+\angle FBP$$

另一方面,设PQ与AD交于K,因$\angle QPA=\angle PBA$,$\angle QKA=\angle PQG+\angle QDA=\angle PQG+\angle FBA$,所以

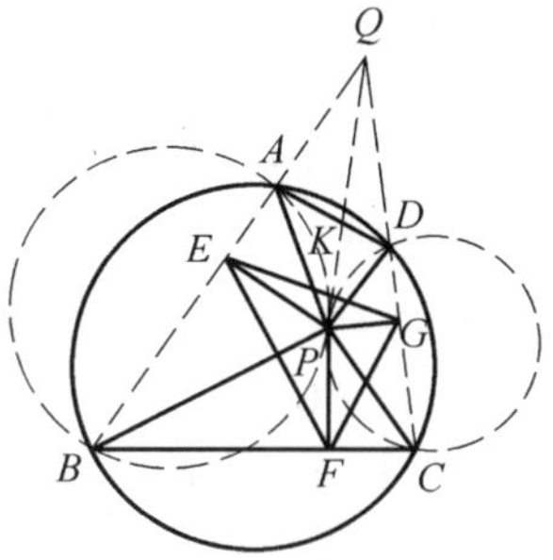

图 A3.12

$$\angle PAD=\angle QKA-\angle QPA=\angle PQG+\angle FBA-\angle PBA=\angle PQG+\angle FBP=\angle FEG$$

同理,$\angle ADP=\angle EGF$.故$\triangle APD\backsim\triangle EFG$.

根心定理的主要作用在于证明三线共点.因为只要我们能找到三个圆,使得这三条直线中的每一条都是其中两圆的根轴,并且其中有两条直线相交,则由根心定理就能得到这三条直线共点.当然,三点共线以及可以转化为三线共点的问题都可以考虑用根心定理解决.

例A3.6 设A、B、C、D是一直线上依次排列的四个不同的点.分别以AC、BD为直径的圆交于X、Y两点,直线XY交BC于点Z,P为直线XY上异于Z的一点,直线CP与以AC为直径的圆交于C、M两点,直线BP与以BD为直径的圆交于B、N两点.求证:AM、DN、XY三线共点.(第36届IMO,1995)

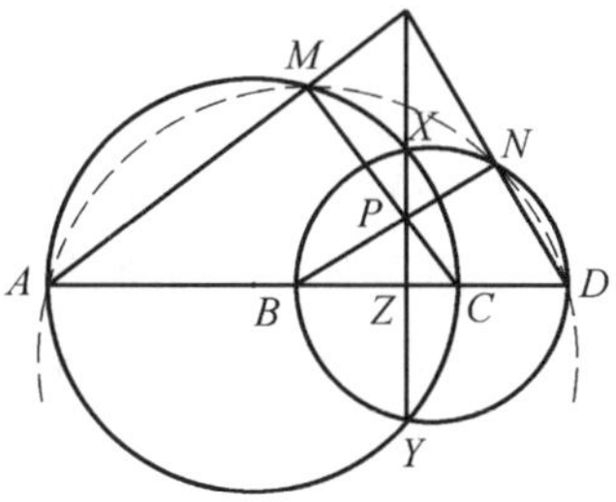

图 A3.13

证明 如图A3.13所示,因点P在两圆的根轴上,所以,$PC\cdot PM=PX\cdot PY=PB\cdot PN$,因此,$B$、$C$、$N$、$M$四点共圆.于是,$\angle CMN=\angle CBN$,从而

$$\angle AMN+\angle NDA=(\angle AMC+\angle CMN)+\angle NDA=\angle AMC+(\angle CBN+\angle NDA)=90^\circ+90^\circ=180^\circ$$

所以,A、M、N、D四点共圆.于是,AM、DN、XY是三圆的两两之根轴,由根心定理,它们交于一点或互相平行.但点P异于Z,所以点M异于A、C,因而直线AM

与 XY 必相交,故 AM、DN、XY 三线共点.

例 A3.7 设圆 Γ 的两弦 AB、CD 交于点 P,圆 Γ_1 过 P、D 两点且交圆 Γ 于另一点 E,圆 Γ_2 过 P、A 两点且交圆 Γ 于另一点 F. 求证: BE、CF 以及圆 Γ_1 与圆 Γ_2 的公共弦三线共点或平行.(中国国家队选拔考试,2005)

证明 如图 A3.14 所示,设圆 Γ_1 与圆 Γ_2 交于 P、Q 两点,连 DE、BC、EF,设直线 BE 交圆 Γ_1 于另一点 I,直线 CF 交圆 Γ_2 于另一点 J,连 PI、PJ,则

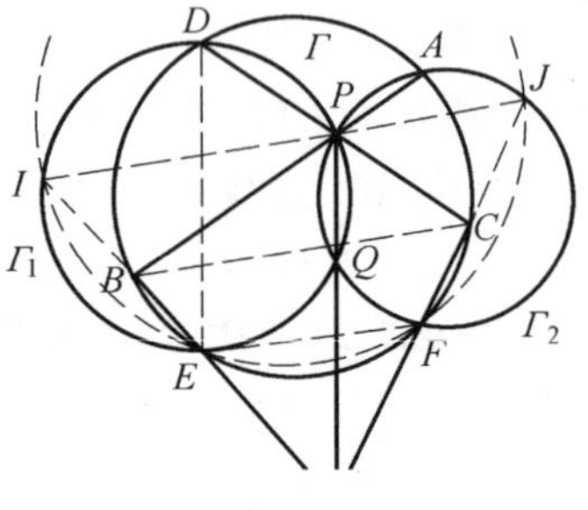

图 A3.14

$$\angle EIP = \angle EDP = \angle EDC = \angle EBC$$

所以, $IP \parallel BC$. 同理, $PJ \parallel BC$. 所以, I、P、J 三点共线. 且 $IJ \parallel BC$. 因 B、E、F、C 皆在圆 Γ 上,所以 $\angle EBC + \angle CFE = 180°$,而 $IJ \parallel BC$, $\angle EIJ = \angle EBC$,所以, $\angle EIJ + \angle JFE = 180°$. 因而 I、E、F、J 四点共圆. 于是,对于圆 Γ_1、圆 Γ_2 与过四点 I、E、F、J 的圆来说,其公共弦 PQ、IE、JF 共点或平行,故 PQ、BE、CF 三线共点或平行.

例 A3.8 证明**Brianchon 定理**:圆外切六边形的三组对顶点的连线交于一点.

证明 如图 A3.15 所示,设 $ABCDEF$ 是一个圆外切六边形,边 AB、BC、CD、DE、EF、FA 分别与圆切于点 P、Q、R、S、T、U. 分别在射线 PB、QB、RD、SD、TF、UF 上取点 P'、Q'、R'、S'、T'、U',使得 $PP' = QQ' = RR' = SS' = TT' = UU'$(等于适当长度),则容易知道,我们可以作三个圆 Γ_1、Γ_2、Γ_3,使得圆 Γ_1 与线段 QQ' 和 TT' 分别相切于 Q'、T',圆 Γ_2 与线段 PP' 和 SS' 分别相切于 P'、S',圆 Γ_3 与线段 RR' 和 UU' 分别相切于 R'、U'. 因 $AP = AU$, $PP' = UU'$,两式相加,得 $AP' = AU'$,即点 A 到圆 Γ_2 与圆 Γ_3 的切线长相等,所以,点 A 在圆 Γ_2 与圆 Γ_3 的根轴上. 又 $SS' = RR'$, $SD = RD$,两式相减,得 $DS' = DR'$,即点 D 到圆 Γ_2 与圆 Γ_3 的切线长相等,所以,点 A 也在圆 Γ_2 与圆 Γ_3 的根轴上. 因而直线 AD 是圆 Γ_2 与圆 Γ_3 的根轴. 同理,直线 BE 是圆 Γ_2 与圆 Γ_3 的根轴,直线 CF 是圆 Γ_2 与圆 Γ_3 的根轴. 因圆外切六边形的对角线一定相交,由根心定理, AD、BE、CF 三线共点.

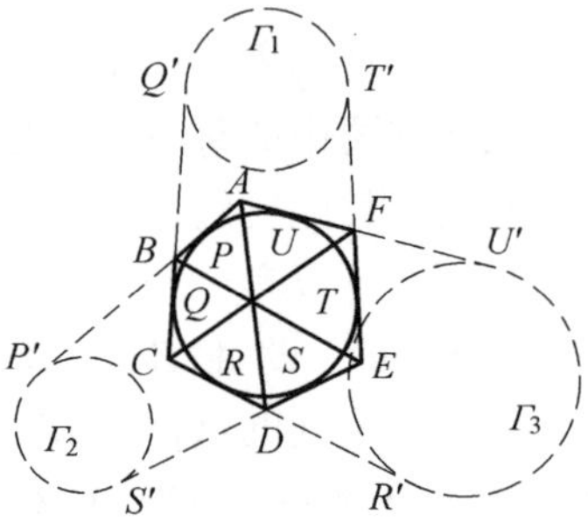

图 A3.15

例 A3.9 设四边形 $ABCD$ 内接于圆,边 AB 与 DC 的延长线交于点 P, AD 与 BC 的延长线交于点 Q. 由点 Q 作该圆的两条切线 QE、QF,切点分别为 E、F. 求证: P、E、F 三点共线.(第 12 届中国数学奥林匹克,1997)

证明 如图 A3.16 所示,设四边形 $ABCD$ 内接于圆心为 O、半径为 r 的圆 Γ_1,过 Q、C、D 三点的圆 Γ_2 交 PQ 于 M,则由 $\angle PMC = \angle QDC = \angle CBA$ 知 P、B、C、M 四点也共圆.于是,由圆幂定理,有

$$OP^2 - r^2 = PC \cdot PD = PM \cdot PQ$$

$$OQ^2 - r^2 = QC \cdot QB = QM \cdot QP$$

两式相减,得

$$OP^2 - OQ^2 = PQ \cdot (PM - MQ) = (PM + MQ)(PM - MQ) = PM^2 - MQ^2$$

因而 $OM \perp PQ$.

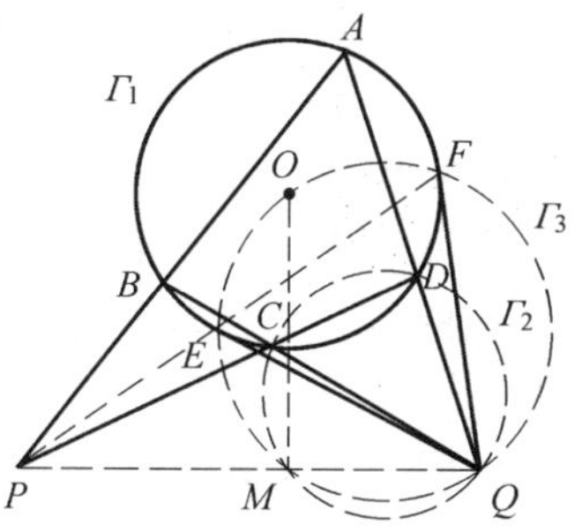

图 A3.16

显然,O、E、F、Q 四点在以 OQ 为直径的圆 Γ_3 上,而 $OM \perp PQ$ 说明,点 M 也在圆 Γ_3 上.因圆 Γ_1 与圆 Γ_2 的根轴是直线 CD,圆 Γ_2 与圆 Γ_3 的根轴是直线 PQ,圆 Γ_3 与圆 Γ_1 的根轴是直线 EF,这三条直线交于一点.而点 P 是其中两条直线的交点,所以,直线 EF 也过点 P.也就是说,P、E、F 三点共线.

将这两题放在极点和极线的理论背景下是简单的(例 8.6.3,例 8.6.9),但一旦离开了极点和极线理论则就没那么简单了.而这里给出的证明都是巧妙地利用了根心定理.

例 A3.10 证明**蝴蝶定理**:设一圆的圆心 O 在已知直线 l 上的射影为 M,过 M 任作圆的两条割线 AB、CD 交圆于 A、B、C、D,再设直线 AD、BC 分别与直线 l 交于 P、Q,则 $PM = MQ$.

证明 如图 A3.17,A3.18 所示,设点 A、D 关于点 M 的对称点分别为 A'、B',$\odot O$ 关于点 M 对称的圆为圆 Γ,则 A'、D' 均在圆 Γ 上,且 A' 在直线 AB 上,D' 在直线 CD 上.因 $\angle A'D'C = \angle ADC = \angle CBA'$,所以,$D'$、$C$、$A'$、$B$ 四点共圆,这个圆与圆 Γ 及 $\odot O$ 的根轴分别为 $A'D'$ 与 BC.又显然 PQ 为 $\odot O$ 与圆 Γ 的根轴,而 BC 与 PQ 交于点 Q,由根心定理,$A'D'$ 也通过点 Q,因而点 Q 为点 P 关于点 M 的对称点,故 $PM = MQ$.

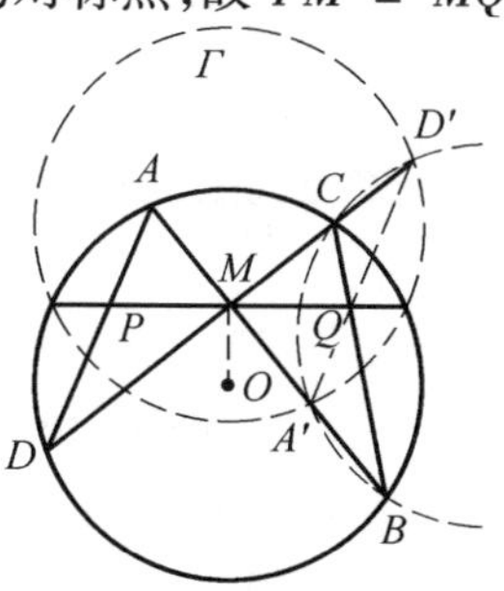

图 A3.17

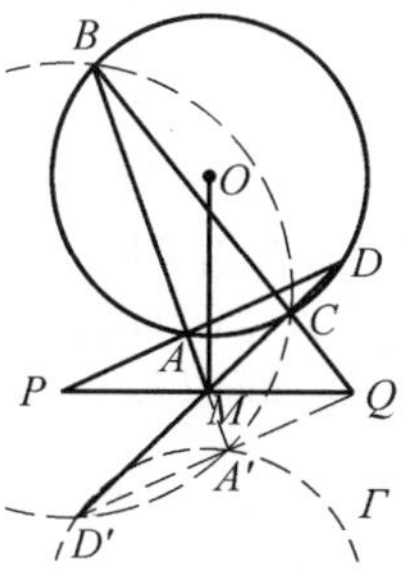

图 A3.18

我们曾在第5章用轴反射变换给出了蝴蝶定理的一个简单的证明.这里的证明实际上是作了一个中心反射变换后将问题转化成了一个三线共点问题再用根心定理得出的,因而也显得很简单.

例 A3.11 设$\triangle ABC$的内切圆分别与边BC、CA、AB切于D、E、F.AD与其内切圆的另一交点为P.Q是直线EF上一点.求证:$AQ \parallel BC$当且仅当$PQ \perp AD$.

证明 如图A3.19所示,设I为$\triangle ABC$的内心,直线ID与$\triangle ABC$的内切圆ω交于另一点K,交AQ于L,则$KP \perp AD$.

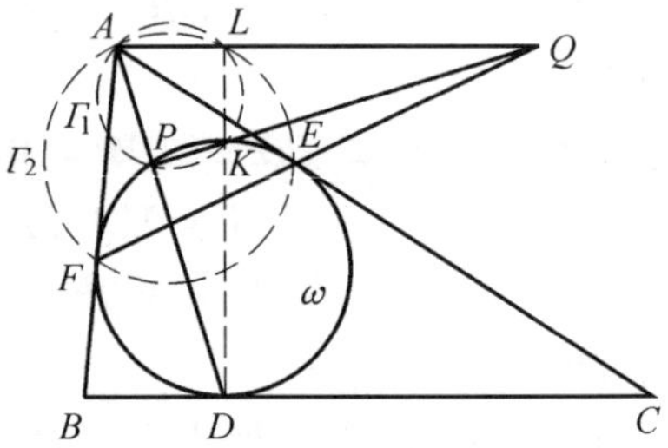

图 A3.19

若$AQ \parallel BC$,则由$ID \perp BC$有,$KL \perp AL$.而$KP \perp AD$,所以,A、L、K、D四点共圆,记为Γ_1.又显然A、L、E、I、F五点共圆,记为Γ_2.因直线AQ为圆Γ_1与圆Γ_2的根轴,直线FQ为圆Γ_2与圆ω的根轴,所以由根心定理,点Q为圆Γ_1、圆Γ_2、圆ω这三圆的根心.但直线PK为圆Γ_1与圆ω的根轴,所以P、K、Q三点共线,而$PK \perp AD$,故$PQ \perp AD$.

反之,若$PQ \perp AD$,则PQ通过点K.再设以AK为直径的圆与AQ交于L,则$LK \perp AL$,且由圆幂定理,有$QL \cdot QA = QK \cdot QP = QE \cdot QF$,从而$A$、$L$、$E$、$F$四点共圆,显然,$A$、$E$、$I$、$F$四点共圆,因此,$A$、$L$、$E$、$I$、$F$五点共圆,且$AI$为直径,所以,$IL \perp AL$,于是,$I$、$K$、$L$三点共线,而$I$在$DK$上,因此$L$、$K$、$D$三点共线,但$KL \perp AL$,所以$DL \perp AL$,再注意$KD \perp BC$即知$AQ \parallel BC$.

例 A3.12 设C、D是以AB为直径的半圆上的两点,E、F、G分别为AC、CD、DB的中点,过E作AF的垂线交半圆在点A处的切线于M,过G作BF的垂线交半圆在点B处的切线于N.求证:$MN \parallel CD$.

证明 如图A3.20所示,设O是AB的中点,Γ_1、Γ_2、Γ_3分别是以AO、OB、EG为直径的圆,O_1、O_2、O_3分别为圆Γ_1、Γ_2、Γ_3的圆心,因$OE \perp AE$,所以,E在圆Γ_1上.同样,G在圆Γ_2上.又O、E、F、G为四边形$ACDB$的四边的中点,所以OF与EG互相平分,即O_3是OF的中点,因而$O_1O_3 \parallel AF$,所以,$ME \perp O_1O_3$,这样,直线ME便为圆Γ_1与Γ_3的根轴,但切线AM是

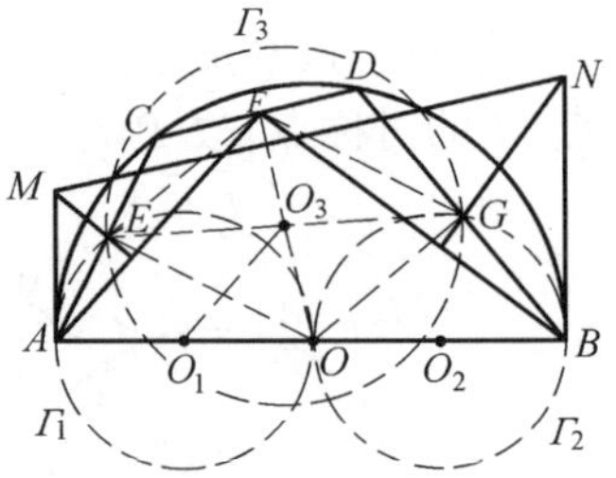

图 A3.20

圆Γ_1与半圆的根轴,所以,M是半圆、圆Γ_1和圆Γ_3三圆的根心,这说明点M在半圆与圆Γ_3的根轴上.同理,点N也在半圆与圆Γ_3的根轴上,所以,MN为半圆

与圆 Γ_3 的根轴,因此 $MN \perp OO_3$,即 $MN \perp OF$.而 F 是 CD 的中点,所以,$OF \perp CD$.故 $MN \parallel CD$.

一般来说,只要问题中有已知圆的条件,或(隐含)四点共圆的条件,我们就可以考虑到点对圆的幂、根轴、根心这些与圆有关的重要概念和相关性质是否对我们解决问题有所帮助.当然,我们在应用这些工具的前后,还可能要考虑与其他工具(如几何变换及一些著名几何定理)结合起来一起使用.如例 A1.8、例 A3.10(蝴蝶定理)都是先作了一个几何变换后才应用的圆幂定理或根心定理的,而例 A3.3 则是先利用根心定理得到有关结论后再应用三弦共点定理才解决问题.

附录 B　Menelaus 定理与 Ceva 定理的角元形式

我们知道,在平面几何中,著名的 Menelaus 定理与 Ceva 定理是分别处理三线共点和三点共线问题的两个相当得力的工具.这两个定理的具体内容是(见 6.3):

Menelaus 定理　设 D、E、F 分别是 $\triangle ABC$ 的三边 BC、CA、AB(所在直线)上的三点,则 D、E、F 三点共线的充分必要条件是

$$\frac{\overline{BD}}{\overline{DC}} \cdot \frac{\overline{CE}}{\overline{EA}} \cdot \frac{\overline{AF}}{\overline{FB}} = -1$$

Ceva 定理　设 D、E、F 分别是 $\triangle ABC$ 的三边 BC、CA、AB(所在直线)上的三点,则三直线 AD、BE、CF 共点或互相平行的充分必要条件是

$$\frac{\overline{BD}}{\overline{DC}} \cdot \frac{\overline{CE}}{\overline{EA}} \cdot \frac{\overline{AF}}{\overline{FB}} = 1$$

Menelaus定理和Ceva定理作为平面几何中证明点共线和三线共点的工具,虽然非常得力,但在处理过程中往往需要较高或较多的技巧.有时我们用 Menelaus 定理证明三点共线时,可能需用 Menelaus 定理的必要性三次、五次甚至更多次.利用 Ceva 定理证明三线共点时也是一样.相反,与之相关的一些角的正弦之间的关系则非常容易确定.另外,Ceva 定理还有一个致命的弱点,一个难以逾越的障碍,这就是必须要求过三角形的三个顶点的三条直线都与其对边相交.如果过三角形的某个顶点的直线与对边平行,则 Ceva 定理即告失效,似乎鞭长莫及,必需另辟蹊径.

这里我们将介绍 Meneluas 定理与 Ceva 定理的角元形式,它们将使得有时用 Menelaus 定理证明三点共线或用 Ceva 定理证明三线共点的坎坷之途变成一条便捷的通道,同时挽救使 Ceva 定理失效的情形,使之过三角形的某个顶点的直线与对边相交或平行的不同情形统一起来.

B1　角元形式

为给出 Meneluas 定理与 Ceva 定理的两种角元形式，我们先证明两个引理.

引理 B1.1(分角线定理)　设 P 为 $\triangle ABC$ 的边 BC 所在直线上的任意一点，则

$$\frac{\overline{BP}}{\overline{PC}}=\frac{AB}{CA}\cdot\frac{\sin\measuredangle BAP}{\sin\measuredangle PAC}\tag{B1.1}$$

证明　如图 B1.1 ~ B1.3 所示，注意式(B1.1) 两边或同为正值或同为负值，因此，我们只需对无向线段与无向角的情形证明式(B1.1) 即可.

由正弦定理，有

$$\frac{BP}{AB}=\frac{\sin\measuredangle BAP}{\sin\measuredangle APB},\frac{CA}{PC}=\frac{\sin\measuredangle CPA}{\sin\measuredangle PAC}$$

两式相乘，并注意 $\sin\measuredangle APB=\sin\measuredangle CPA$ 即知式(B1.1) 成立.

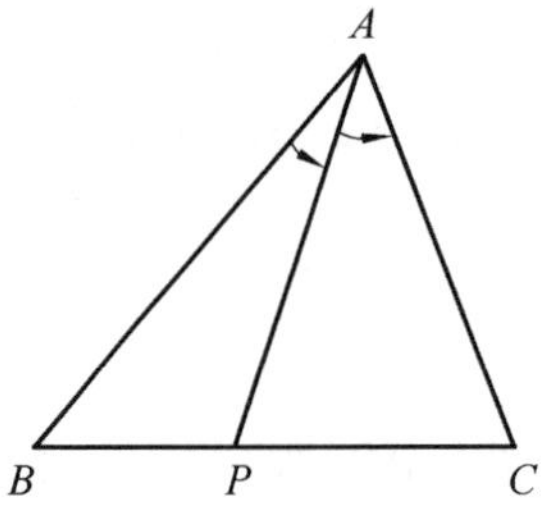

图 B1.1

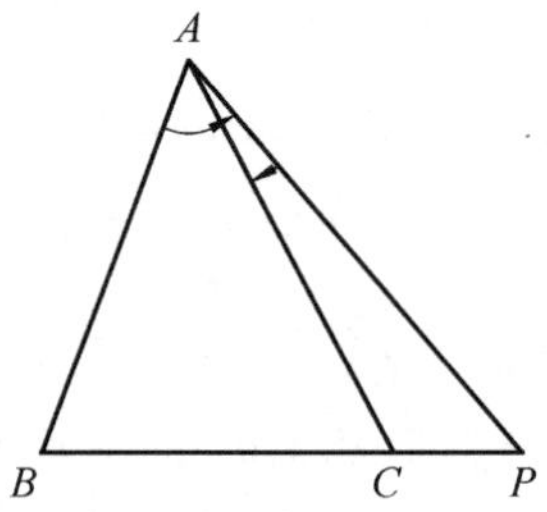

图 B1.2

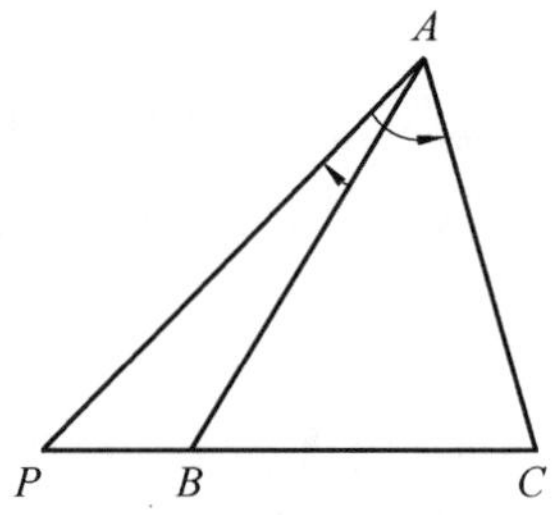

图 B1.3

引理 B1.2　设 $0<\theta<180°$，α、$\beta\in(-\pi,\pi)$，则

$$\sin(\theta-\alpha)\sin\beta=\sin(\theta-\beta)\sin\alpha$$

当且仅当 $\alpha=\beta$ 或 $\alpha+\beta=\pi$.

证明　由三角函数的差角公式，并注意 $\sin\theta\neq 0$，α、$\beta\in(-\pi,\pi)$，有

$$\sin(\theta-\alpha)\sin\beta=\sin(\theta-\beta)\sin\alpha\Leftrightarrow$$

$$(\sin\theta\cos\alpha-\cos\theta\sin\alpha)\sin\beta=(\sin\theta\cos\beta-\cos\theta\sin\beta)\sin\alpha\Leftrightarrow$$

$$\sin\theta\cos\alpha\sin\beta=\sin\theta\cos\beta\sin\alpha\Leftrightarrow\sin\theta\sin(\alpha-\beta)=0\Leftrightarrow$$

$$\sin(\alpha-\beta)=0\Leftrightarrow\alpha=\beta,\text{或 }\alpha+\beta=\pi$$

定理 B1.1　设 D、E、F 分别是 $\triangle ABC$ 的三边 BC、CA、AB(所在直线)上的三点，则 D、E、F 三点共线的充分必要条件是

$$\frac{\sin\measuredangle BAD}{\sin\measuredangle DAC}\cdot\frac{\sin\measuredangle CBE}{\sin\measuredangle EBA}\cdot\frac{\sin\measuredangle ACF}{\sin\measuredangle FCB}=-1\tag{B1.2}$$

证明　如图 B1.4，B1.5 所示，由引理 B1.1，我们有

$$\frac{\overline{BD}}{\overline{DC}}=\frac{AB}{CA}\cdot\frac{\sin\measuredangle BAD}{\sin\measuredangle DAC},\frac{\overline{CE}}{\overline{EA}}=\frac{BC}{AB}\cdot\frac{\sin\measuredangle CBE}{\sin\measuredangle EBA},\frac{\overline{AF}}{\overline{FB}}=\frac{CA}{BC}\cdot\frac{\sin\measuredangle ACF}{\sin\measuredangle FCB}$$

三式相乘,得

$$\frac{\overline{BD}}{\overline{DC}}\cdot\frac{\overline{CE}}{\overline{EA}}\cdot\frac{\overline{AF}}{\overline{FB}}=\frac{\sin\measuredangle BAD}{\sin\measuredangle DAC}\cdot\frac{\sin\measuredangle CBE}{\sin\measuredangle EBA}\cdot\frac{\sin\measuredangle ACF}{\sin\measuredangle FCB}$$

于是,由 Menelaus 定理即知,D、E、F 三点共线 $\Leftrightarrow \frac{\overline{BD}}{\overline{DC}}\cdot\frac{\overline{CE}}{\overline{EA}}\cdot\frac{\overline{AF}}{\overline{FB}}=-1\Leftrightarrow$ $\frac{\sin\measuredangle BAD}{\sin\measuredangle DAC}\cdot\frac{\sin\measuredangle CBE}{\sin\measuredangle EBA}\cdot\frac{\sin\measuredangle ACF}{\sin\measuredangle FCB}=-1$.

我们将定理 B1.1 称为 Menelaus 定理的**第一角元形式**.显然,它与 Menelaus 定理是等价的.

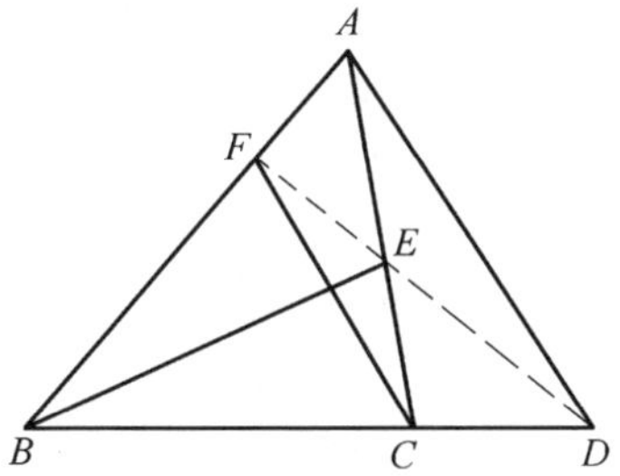

图 B1.4

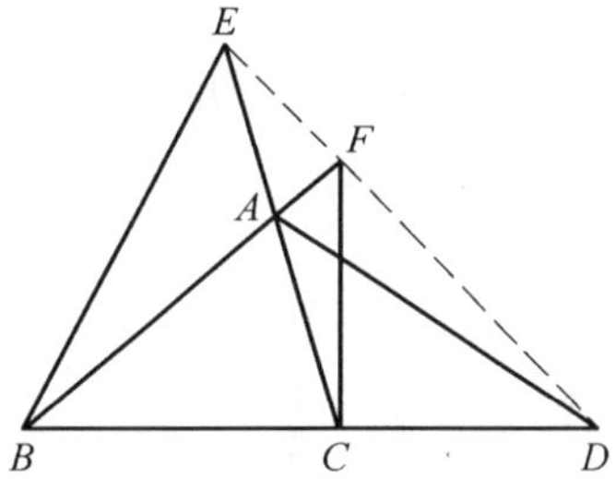

图 B1.5

定理 B1.2 设 D、E、F 是 $\triangle ABC$ 所在平面上的三点,则 AD、BE、CF 三线共点或互相平行的充分必要条件是

$$\frac{\sin\measuredangle BAD}{\sin\measuredangle DAC}\cdot\frac{\sin\measuredangle CBE}{\sin\measuredangle EBA}\cdot\frac{\sin\measuredangle ACF}{\sin\measuredangle FCB}=1 \tag{B1.3}$$

证明 设直线 AD 与 BE 交于一点 P,如图 B1.6,B1.7 所示,则由正弦定理,有

$$\frac{\sin\measuredangle BAP}{\sin\measuredangle PAC}\cdot\frac{\sin\measuredangle CBP}{\sin\measuredangle PBA}\cdot\frac{\sin\measuredangle ACP}{\sin\measuredangle PCB}=$$

$$\frac{\sin\measuredangle BAP}{\sin\measuredangle PBA}\cdot\frac{\sin\measuredangle CBP}{\sin\measuredangle PCB}\cdot\frac{\sin\measuredangle ACP}{\sin\measuredangle PAC}=\frac{PB}{PA}\cdot\frac{PC}{PB}\cdot\frac{PA}{PC}=1$$

但

$$\frac{\sin\measuredangle BAP}{\sin\measuredangle PBA}=\frac{\sin\measuredangle BAD}{\sin\measuredangle DBA},\frac{\sin\measuredangle CBP}{\sin\measuredangle PCB}=\frac{\sin\measuredangle CBE}{\sin\measuredangle ECB}$$

所以

$$\frac{\sin\measuredangle BAD}{\sin\measuredangle DAC}\cdot\frac{\sin\measuredangle CBE}{\sin\measuredangle EBA}\cdot\frac{\sin\measuredangle ACP}{\sin\measuredangle PCB}=1 \tag{B1.4}$$

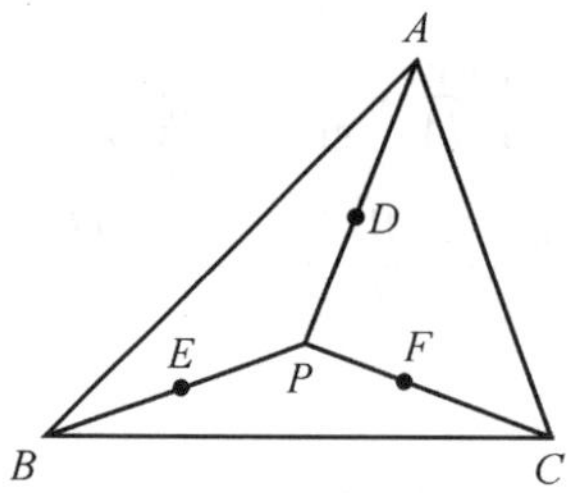

图 B1.6

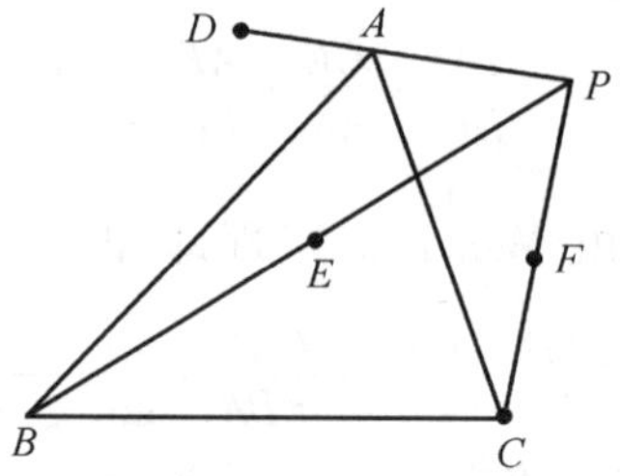

图 B1.7

当 $AD \parallel BE$ 时,如图 B1.8,B1.9 所示,过点 C 作 $CP \parallel AD$,则

$$\measuredangle BAD = -\measuredangle EBA,\ \measuredangle DAC = -\measuredangle ACP,\ \measuredangle CBE = -\measuredangle PCB$$

此时式(B1.4) 显然成立.

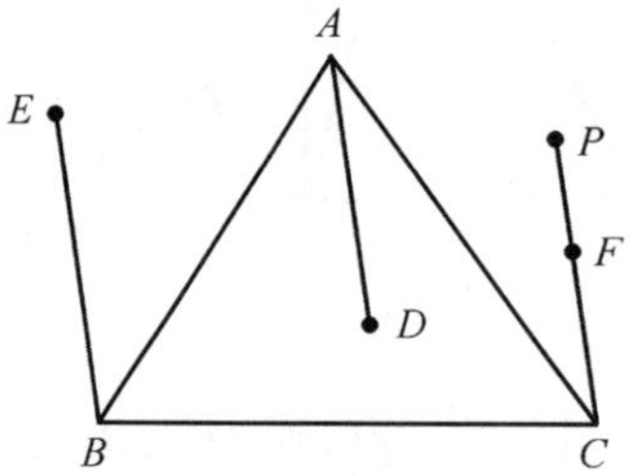

图 B1.8

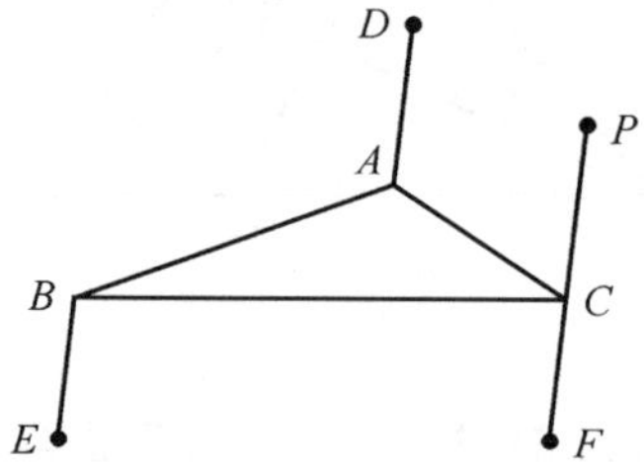

图 B1.9

于是,直线 AD、BE、CF 三线共点或互相平行 $\Leftrightarrow P$、C、F 三点共线 $\Leftrightarrow$ $\measuredangle ACP$ 与 $\measuredangle ACF$ 相等或互补. 而 $\measuredangle PCB = \measuredangle ACB - \measuredangle ACP$, $\measuredangle FCB = \measuredangle ACB - \measuredangle ACF$. 从而由引理 B1.2 及式(B1.4) 即得 $\measuredangle ACP$ 与 $\measuredangle ACF$ 相等或互补 $\Leftrightarrow \dfrac{\sin\measuredangle ACP}{\sin\measuredangle PCB} = \dfrac{\sin\measuredangle ACF}{\sin\measuredangle FCB} \Leftrightarrow$ 式(B1.3) 成立. 故直线 AD、BE、CF 三线共点或互相平行 $\Leftrightarrow$ 式(B1.3) 成立.

我们将定理 B1.2 称为 Ceva 定理的**第一角元形式**. 当直线 AD、BE、CF 分别与 $\triangle ABC$ 的边 BC、CA、AB 所在直线相交时,可设 D、E、F 分别在直线 BC、CA、AB 上. 此时由引理 B1.1 容易证明 Ceva 定理的第一角元形式与 Ceva 定理也是等价的.

在 Ceva 定理的第一角元形式中,我们没有涉及直线 AD、BE、CF 中是否有与 $\triangle ABC$ 的边平行的情形,因而在使用时不必担心这种情形是否会出现.

定理 B1.3 设 D、E、F 分别是 $\triangle ABC$ 的三边 BC、CA、AB(所在直线) 上的三点,O 是不在 $\triangle ABC$ 的三边所在直线上的一点,则 D、E、F 三点共线的充分必要条件是

$$\frac{\sin\measuredangle BOD}{\sin\measuredangle DOC} \cdot \frac{\sin\measuredangle COE}{\sin\measuredangle EOA} \cdot \frac{\sin\measuredangle AOF}{\sin\measuredangle FOB} = -1 \qquad (B1.5)$$

证明 如图 B1.10,B1.11 所示,由引理 B1.1,我们有

$$\frac{\overline{BD}}{\overline{DC}}=\frac{OB}{OC}\cdot\frac{\sin\measuredangle BOD}{\sin\measuredangle DOC},\frac{\overline{CE}}{\overline{EA}}=\frac{OC}{OA}\cdot\frac{\sin\measuredangle COE}{\sin\measuredangle EOA},\frac{\overline{AF}}{\overline{FB}}=\frac{OA}{OB}\cdot\frac{\sin\measuredangle AOF}{\sin\measuredangle FOB}$$

所以

$$\frac{\overline{BD}}{\overline{DC}}\cdot\frac{\overline{CE}}{\overline{EA}}\cdot\frac{\overline{AF}}{\overline{FB}}=\frac{\sin\measuredangle BOD}{\sin\measuredangle DOC}\cdot\frac{\sin\measuredangle COE}{\sin\measuredangle EOA}\cdot\frac{\sin\measuredangle AOF}{\sin\measuredangle FOB}$$

于是,由 Menelaus 定理即知,D、E、F 共线 $\Leftrightarrow\frac{\overline{BD}}{\overline{DC}}\cdot\frac{\overline{CE}}{\overline{EA}}\cdot\frac{\overline{AF}}{\overline{FB}}=-1\Leftrightarrow$ 式(B1.5)成立.

我们将定理 B1.3 称为 Menelaus 定理的**第二角元形式**,它显然与 Menelaus 定理也是等价的.

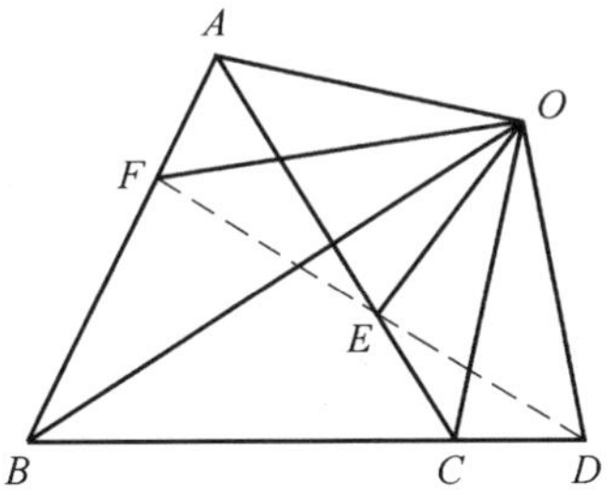

图 B1.10

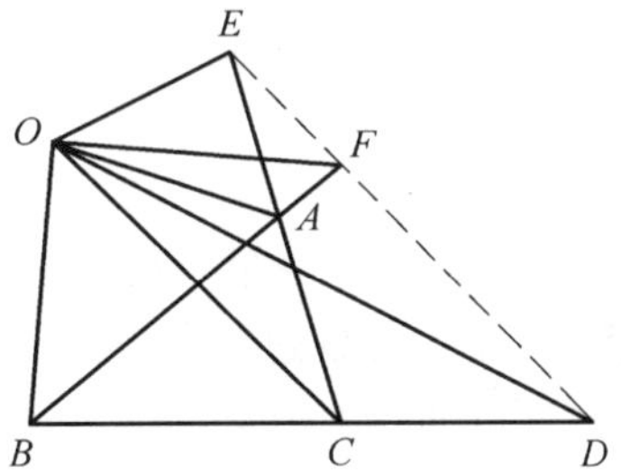

图 B1.11

同样,由引理 B1.1 可得与 Ceva 定理等价的 Ceva 定理的**第二角元形式**.

定理 B1.4 设 D、E、F 分别是 $\triangle ABC$ 的三边 BC、CA、AB(所在直线)上的三点,O 是不在 $\triangle ABC$ 的三边所在直线上的一点,则 AD、BE、CF 三线共点或平行的充分必要条件是

$$\frac{\sin\measuredangle BOD}{\sin\measuredangle DOC}\cdot\frac{\sin\measuredangle COE}{\sin\measuredangle EOA}\cdot\frac{\sin\measuredangle AOF}{\sin\measuredangle FOB}=1 \tag{B1.6}$$

在 Menelaus 定理与 Ceva 定理的基础上,再加上 Menelaus 定理与 Ceva 定理的角元形式,我们处理三点共线与三线共点问题就会方便多了.因为在这些三点共线与三线共点问题中,有的计算线段比较方便(这当然适于用 Menelaus 定理与 Ceva 定理),有的计算角度比较容易,这时,Menelaus 定理与 Ceva 定理的角元形式就派上用场了.

B2 初露锋芒

因为角元形式只涉及相关角的正弦,这使得我们在问题的讨论过程中可以充分利用相关角之间的关系,从而保证了 Menelaus 定理与 Ceva 定理的角元形式在处理某些角之间的关系比较明显的三点共线或三线共点问题时非常顺利.尤其是一些关于等角线的问题,对于角元形式来讲,简直是小菜一碟.

例 B2.1 证明:若三角形的三条外角平分线皆与对边(所在直线)相交,则三交点共线.

证明 如图 B2.1 所示,设 $\triangle ABC$ 的三条外角平分线分别与直线 BC、CA、AB 交于 D、E、F,它的三个内角分别为 A、B、C.易知

$$\measuredangle BAD = 90^\circ + \frac{A}{2},\ \measuredangle DAC = -\left(90^\circ - \frac{A}{2}\right),\ \measuredangle CBE = 90^\circ + \frac{B}{2}$$

$$\measuredangle EBA = -\left(90^\circ - \frac{B}{2}\right),\ \measuredangle ACF = -\left(90^\circ - \frac{C}{2}\right),\ \measuredangle FCB = 90^\circ + \frac{C}{2}$$

所以

$$\frac{\sin \measuredangle BAD}{\sin \measuredangle DAC} \cdot \frac{\sin \measuredangle CBE}{\sin \measuredangle EBA} \cdot \frac{\sin \measuredangle ACF}{\sin \measuredangle FCB} =$$

$$\frac{\cos \frac{A}{2}}{-\cos \frac{A}{2}} \cdot \frac{\cos \frac{B}{2}}{-\cos \frac{B}{2}} \cdot \frac{-\cos \frac{C}{2}}{\cos \frac{C}{2}} = -1$$

故由 Menelaus 定理的第一角元形式即知,D、E、F 三点共线.

例 B2.2 分别过三角形的三顶点作其外接圆的切线.证明:若三切线皆与其对边(所在直线)相交,则三交点共线.

证明 如图 B2.2 所示,设分别过 $\triangle ABC$ 的三顶点 A、B、C 作其外接圆的切线与对边 BC、CA、AB(所在直线)交于 D、E、F 三点.仍用 A、B、C 表示 $\triangle ABC$ 的三个内角,则由弦切角定理

$$\measuredangle BAD = -C,\ \measuredangle DAC = C + A = 180^\circ - B$$
$$\measuredangle CBE = -A,\ \measuredangle EBA = A + B = 180^\circ - C$$
$$\measuredangle ACF = C + A = 180^\circ - B,\ \measuredangle FCB = -A$$

于是

$$\frac{\sin \measuredangle BAD}{\sin \measuredangle DAC} \cdot \frac{\sin \measuredangle CBE}{\sin \measuredangle EBA} \cdot \frac{\sin \measuredangle ACF}{\sin \measuredangle FCB} =$$

$$\frac{-\sin C}{\sin B} \cdot \frac{-\sin A}{\sin C} \cdot \frac{\sin B}{-\sin A} = -1$$

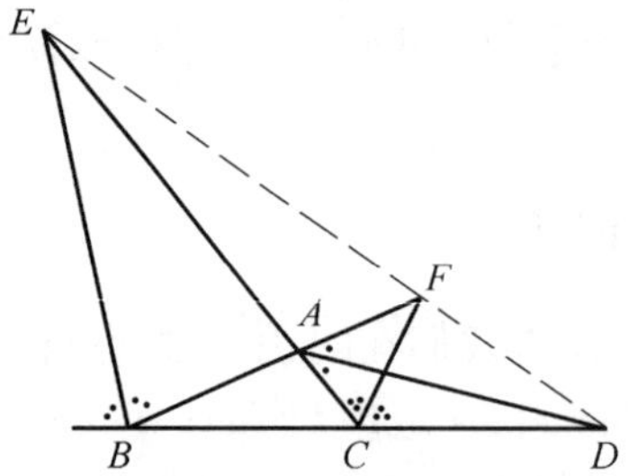

图 B2.1

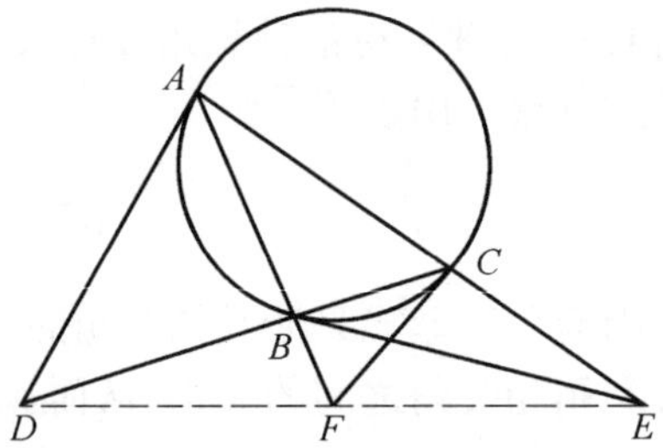

图 B2.2

故由 Menelaus 定理的第一角元形式即知 D、E、F 三点共线.

这两例直接用 Menelaus 定理证明也容易,但前者要用到三角形的外角平分线性质定理,后者要用到圆幂定理.而用角元形式则绕开了这两个定理.

例 B2.3 设 D、E、F 分别为 $\triangle ABC$ 的三边 BC、CA、AB(所在直线)上的三点,三直线 AD、BE、CF 关于 $\triangle ABC$ 各角的等角线与对边(所在直线)的交点分别为 D'、E'、F'.证明:D、E、F 三点共线的充分必要条件是 D'、E'、F' 三点共线.

证明 如图 B2.3,B2.4 所示,由等角线的定义,我们有 $\measuredangle BAD'=\measuredangle DAC$,$\measuredangle D'AC=\measuredangle BAD$,$\measuredangle CBE'=\measuredangle EBA$,$\measuredangle E'BA=\measuredangle CBE$,$\measuredangle ACF'=\measuredangle FCB$,$\measuredangle F'CB=\measuredangle ACF$,所以

$$\frac{\sin\measuredangle BAD'}{\sin\measuredangle D'AC}\cdot\frac{\sin\measuredangle CBE'}{\sin\measuredangle E'BA}\cdot\frac{\sin\measuredangle ACF'}{\sin\measuredangle F'CB}=$$
$$\frac{\sin\measuredangle DAC}{\sin\measuredangle BAD}\cdot\frac{\sin\measuredangle EBA}{\sin\measuredangle CBE}\cdot\frac{\sin\measuredangle FCB}{\sin\measuredangle ACF}$$

于是,由定理 B1.1,D、E、F 三点共线 $\Leftrightarrow$

$$\frac{\sin\measuredangle BAD}{\sin\measuredangle DAC}\cdot\frac{\sin\measuredangle CBE}{\sin\measuredangle EBA}\cdot\frac{\sin\measuredangle ACF}{\sin\measuredangle FCB}=-1\Leftrightarrow$$
$$\frac{\sin\measuredangle DAC}{\sin\measuredangle BAD}\cdot\frac{\sin\measuredangle EBA}{\sin\measuredangle CBE}\cdot\frac{\sin\measuredangle FCB}{\sin\measuredangle ACF}=-1\Leftrightarrow$$
$$\frac{\sin\measuredangle BAD'}{\sin\measuredangle D'AC}=\frac{\sin\measuredangle CBE'}{\sin\measuredangle E'BA}=\frac{\sin\measuredangle ACF'}{\sin\measuredangle F'CB}=-1\Leftrightarrow$$

D'、E'、F' 三点共线.

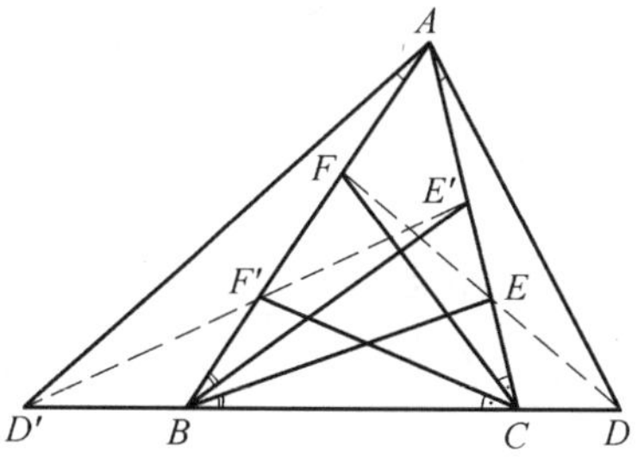

图 B2.3

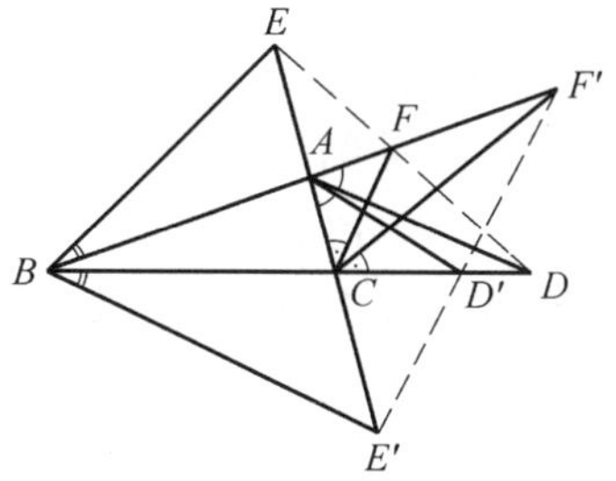

图 B2.4

由例 B2.2 可知,当 $\triangle ABC$ 的三边 BC、CA、AB(所在直线)上的三点 D、E、F 在一直线上时,D'、E'、F' 三点也在一直线上,此时,直线 $D'E'F'$ 称为直线 DEF 关于 $\triangle ABC$ 的**等角共轭直线**(因而直线 $D'E'F'$ 与直线 DEF 关于 $\triangle ABC$ 互为等角共轭直线).三角形中以自身为等角共轭的直线称为**自等角共轭直线**.容易证明,非等腰三角形的自等角共轭直线有且仅有四条.它们是:三角形的三内角平分线与对边的交点(共三个点)两两确定的三条直线以及三外角平分线与

对边(所在直线)的交点所确定的一条直线(见例 B2.1).

例 B2.4 设 P 为 $\triangle ABC$ 所在平面上一点.证明:PA、PB、PC 分别关于 $\triangle ABC$ 的三顶角的等角线共点或互相平行.

证明 如图 B2.5,B2.6 所示,设 PA、PB、PC 分别关于 $\triangle ABC$ 的三顶角的等角线为 AD、BE、CF.考虑 $\triangle ABC$ 与点 P,由 Ceva 定理的第一角元形式,有

$$\frac{\sin\measuredangle PAC}{\sin\measuredangle BAP}\cdot\frac{\sin\measuredangle PBA}{\sin\measuredangle CBP}\cdot\frac{\sin\measuredangle PCB}{\sin\measuredangle ACP}=1$$

而 $\measuredangle BAD=\measuredangle PAC$,$\measuredangle DAC=\measuredangle BAP$,$\measuredangle CBE=\measuredangle PBA$,$\measuredangle EBA=\measuredangle CBP$,$\measuredangle ACF=\measuredangle PCB$,$\measuredangle FCB=\measuredangle ACP$,所以

$$\frac{\sin\measuredangle BAD}{\sin\measuredangle DAC}\cdot\frac{\sin\measuredangle CBE}{\sin\measuredangle EBA}\cdot\frac{\sin\measuredangle ACF}{\sin\measuredangle FCB}=$$

$$\frac{\sin\measuredangle PAC}{\sin\measuredangle BAP}\cdot\frac{\sin\measuredangle PBA}{\sin\measuredangle CBP}\cdot\frac{\sin\measuredangle PCB}{\sin\measuredangle ACP}=1$$

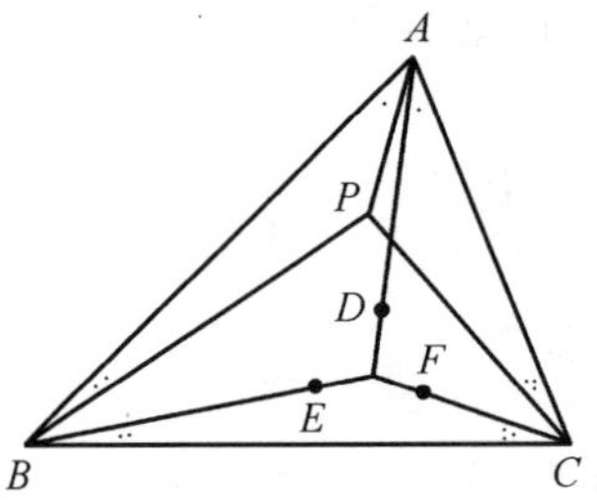

图 B2.5

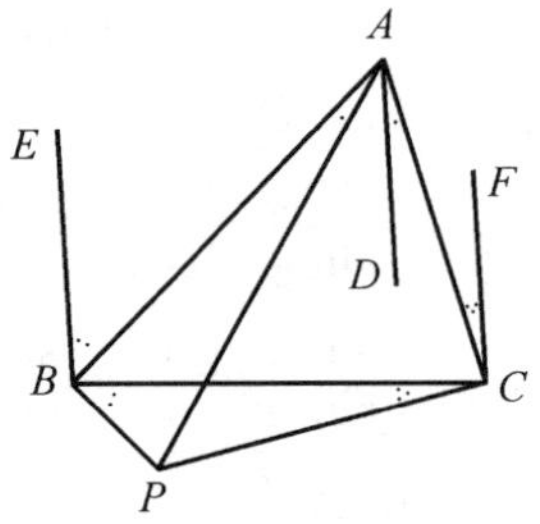

图 B2.6

再由 Ceva 定理的第一角元形式即知,AD、BE、CF 三线共点或互相平行.

本题曾先后在第5章和第7章分别用轴反射变换与位似旋转变换给出过两个不同的证明(见例5.8.7与例7.4.1).我们看到,本题用Ceva定理的第一角元形式的证明是十分简单的.

例 B2.5 设圆内接四边形 $ABCD$ 的边 AB 与 CD(所在直线)交于点 E.过点 A 作 AB 的垂线,过点 D 作 CD 的垂线,过点 E 作 BC 的垂线.求证:所作三条垂线交于一点.

证明 如图 B2.7,B2.8 所示,设所作三条垂线分别为 EI、AJ、DK.因 $\measuredangle DAE=\measuredangle ECB$,$\measuredangle EDA=\measuredangle CBE$,所以

$$\measuredangle AEI=90^\circ-\measuredangle CBE,\ \measuredangle IED=90^\circ-\measuredangle ECB$$

$$\measuredangle DAJ=\measuredangle DAE-90^\circ=\measuredangle ECB-90^\circ,\ \measuredangle JAE=\measuredangle EDK=90^\circ$$

$$\measuredangle KDA=\measuredangle EDA-90^\circ=\measuredangle CBE-90^\circ$$

于是

$$\frac{\sin\angle AEI}{\sin\angle IED}\cdot\frac{\sin\angle DAJ}{\sin\angle JAE}\cdot\frac{\sin\angle EDK}{\sin\angle KDA}=$$

$$\frac{\cos\angle CBE}{\cos\angle ECB}\cdot\frac{-\cos\angle ECB}{1}\cdot\frac{1}{-\cos\angle CBE}=1$$

而 AJ 与 DK 显然相交,故由 Ceva 定理的第一角元形式即知,三线共点.

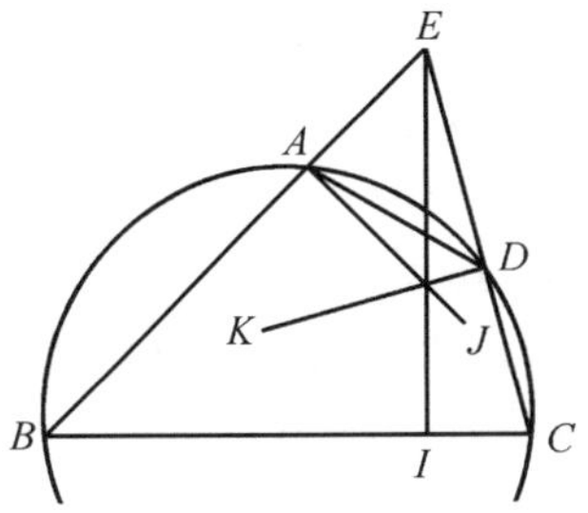

图 B2.7

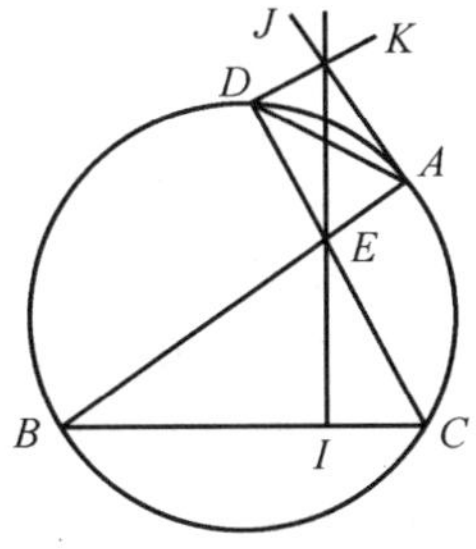

图 B2.8

例 B2.6 设六边形 $ABCDEF$ 的三组对边分别平行,I、J、K、L、M、N 分别是边 AB、BC、CD、DE、EF、FA 的中点.求证:IL、JM、KN 三线共点.

证明 如图 B2.9所示,因为 $AB /\!/ DE$,而 I、L 分别是边 AB、DE 的中点,所以,直线 AD、BE、IL 交于一点 P. 同理,直线 BE、CF、JM 交于一点 Q,直线 AD、CF、KN 交于一点 R.

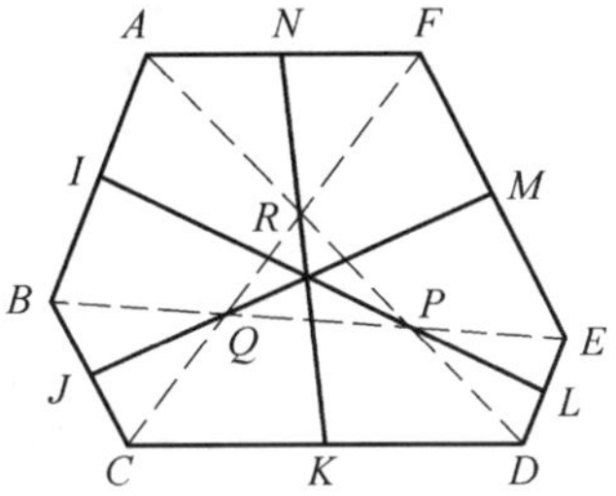

图 B2.9

由 $AB /\!/ DE$ 有$\frac{AP}{PB}=\frac{AD}{BE}$,从而由分角线定理,有

$$1=\frac{AI}{IB}=\frac{PA}{PB}\cdot\frac{\sin\measuredangle RPI}{\sin\measuredangle IPQ}$$

所以,$\frac{\sin\measuredangle RPI}{\sin\measuredangle IPQ}=\frac{BE}{AD}$.同理

$$\frac{\sin\measuredangle PQM}{\sin\measuredangle MQF}=\frac{CF}{AD},\frac{\sin\measuredangle QRK}{\sin\measuredangle KRD}=\frac{AD}{CF}$$

于是

$$\frac{\sin\measuredangle RPI}{\sin\measuredangle IPQ}\cdot\frac{\sin\measuredangle PQM}{\sin\measuredangle MQF}\cdot\frac{\sin\measuredangle QRK}{\sin\measuredangle KRD}=1$$

故由 Ceva定理的第一角元形式即知,PI、QM、RK 三线共点,即 IL、JM、KN 三线共点.

根据 Menelaus 定理与 Ceva 定理的第二角元形式,对于分别位于 $\triangle ABC$ 的三边 BC、CA、AB 所在直线上的三点 D、E、F,欲证 D、E、F 三点共线或 AD、BE、CF 三线共点,只需取一个适当的点 O,然后设法证明式(B1.5) 或(B1.6) 成立即可.因而 Menelaus 定理与 Ceva 定理的第二角元形式非常适应于处理那些与另一个定点有关的三点共线问题和三线共点问题.

例 B2.7 设 O 为 $\triangle ABC$ 所在平面上任意一点, $\measuredangle BOC$ 的外角平分线与

直线 BC、CA、AB 交于D，$\measuredangle COA$ 的外角平分线与直线 CA 交于E，$\measuredangle AOB$ 的外角平分线与直线 AB 交于 F. 求证：D、E、F 共线.

证明　如图 B2.10所示，因 OD 是 $\measuredangle BOC$ 的外角平分线，所以，$\measuredangle DOC = -\measuredangle BOD$. 同理，$\measuredangle EOA = -\measuredangle COE$，$\measuredangle FOB = -\measuredangle AOF$，因此

$$\frac{\sin\measuredangle BOD}{\sin\measuredangle DOC}\cdot\frac{\sin\measuredangle COE}{\sin\measuredangle EOA}\cdot\frac{\sin\measuredangle AOF}{\sin\measuredangle FOB}=-1$$

于是由 Menelaus 定理的第二角元形式即知 D、E、F 三点共线.

例 B2.8　设 $\triangle ABC$ 与 $\triangle A'B'C'$ 的对应顶点的连线交于一点 O，D、E、F 分别为 $\triangle ABC$ 的三边(所在直线)上的点，直线 OD、OE、OF 分别交 $\triangle A'B'C'$ 的三边 $B'C'$、$C'A'$、$A'B'$(所在直线)于 D'、E'、F'. 求证：D、E、F 三点共线的充分必要条件是 D'、E'、F' 三点共线.

证明　如图 B2.11 所示，显然

$$\measuredangle B'OD'=\measuredangle BOD,\ \measuredangle D'OC'=\measuredangle DOC$$
$$\measuredangle C'OE'=\measuredangle COE,\ \measuredangle E'OA'=\measuredangle EOA$$
$$\measuredangle A'OF'=\measuredangle AOF,\ \measuredangle F'OB'=\measuredangle FOB$$

所以

$$\frac{\sin\measuredangle B'OD'}{\sin\measuredangle D'OC'}\cdot\frac{\sin\measuredangle C'OE'}{\sin\measuredangle E'OA'}\cdot\frac{\sin\measuredangle A'OF'}{\sin\measuredangle F'OB'}=\frac{\sin\measuredangle BOD}{\sin\measuredangle DOC}\cdot\frac{\sin\measuredangle COE}{\sin\measuredangle EOA}\cdot\frac{\sin\measuredangle AOF}{\sin\measuredangle FOB}$$

于是，由 Menelaus 定理的第二角元形式即知

$$D、E、F\text{ 三点共线}\Leftrightarrow\frac{\sin\measuredangle BOD}{\sin\measuredangle DOC}\cdot\frac{\sin\measuredangle COE}{\sin\measuredangle EOA}\cdot\frac{\sin\measuredangle AOF}{\sin\measuredangle FOB}=-1\Leftrightarrow$$
$$\frac{\sin\measuredangle B'OD'}{\sin\measuredangle D'OC'}\cdot\frac{\sin\measuredangle C'OE'}{\sin\measuredangle E'OA'}\cdot\frac{\sin\measuredangle A'OF'}{\sin\measuredangle F'OB'}=-1\Leftrightarrow D'、E'、F'\text{ 三点共线}.$$

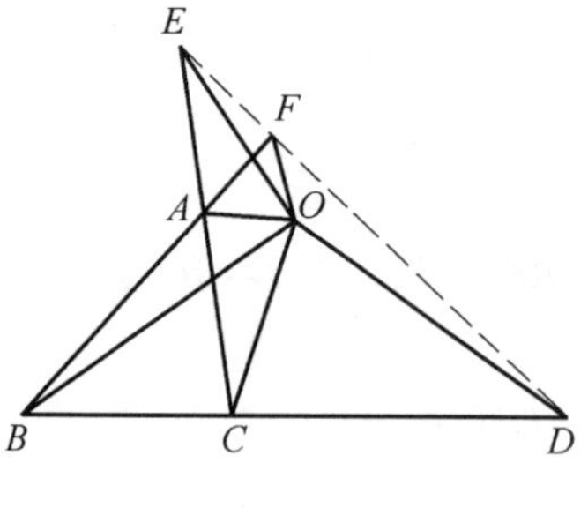

图 B2.10

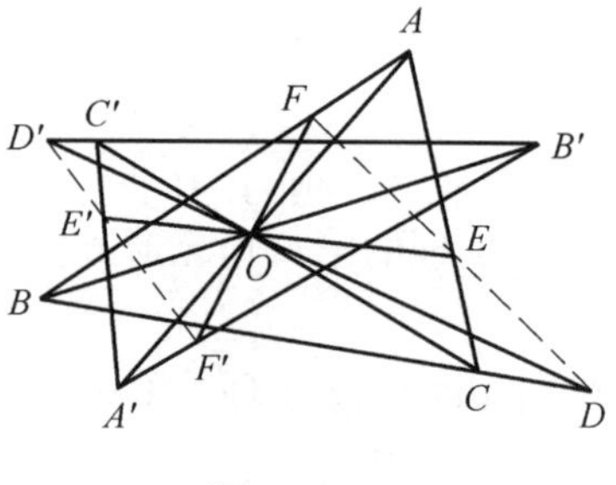

图 B2.11

例 B2.9　设 O 为 $\triangle ABC$ 所在平面上一点，D、E、F 分别为 $\triangle ABC$ 的三边 BC、CA、AB 所在直线上的三点，OD 关于 $\measuredangle BOC$ 的等角线交 BC 于 D'，OE 关于 $\measuredangle COA$ 的等角线交 CA 于 E'，OF 关于 $\measuredangle AOB$ 的等角线交 AB 于 F'，则 D'、E'、

F' 三点共线的充分必要条件 D、E、F 三点共线.

证明 如图 B2.12 所示,由假设,$\measuredangle BOD' = \measuredangle DOC$, $\measuredangle D'OC = \measuredangle BOD$, $\measuredangle COE' = \measuredangle EOA$, $\measuredangle E'OA = \measuredangle COE$, $\measuredangle AOF' = \measuredangle FOB$, $\measuredangle F'OB = \measuredangle AOF$,所以

$$\frac{\sin\measuredangle BOD'}{\sin\measuredangle D'OC}\cdot\frac{\sin\measuredangle COE'}{\sin\measuredangle E'OA}\cdot\frac{\sin\measuredangle AOF'}{\sin\measuredangle F'OB}=\frac{\sin\measuredangle DOC}{\sin\measuredangle BOD}\cdot\frac{\sin\measuredangle EOA}{\sin\measuredangle COE}\cdot\frac{\sin\measuredangle FOB}{\sin\measuredangle AOF}$$

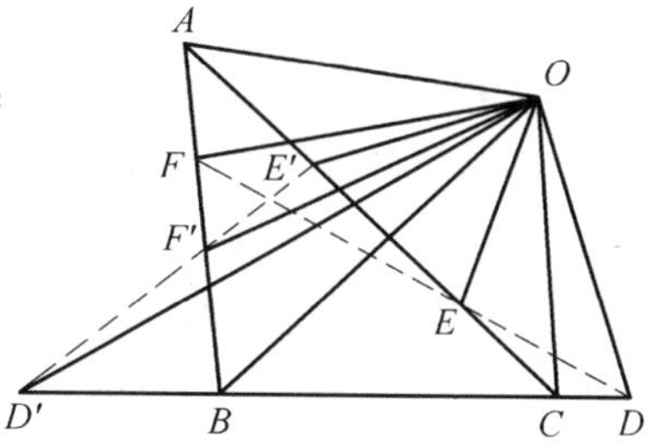

图 B2.12

于是,由 Menelaus 定理的第二角元形式即知

$$D'、E'、F' \text{ 三点共线} \Leftrightarrow \frac{\sin\measuredangle BOD'}{\sin\measuredangle D'OC}\cdot\frac{\sin\measuredangle COE'}{\sin\measuredangle E'OA}\cdot\frac{\sin\measuredangle AOF'}{\sin\measuredangle F'OB}=-1\Leftrightarrow$$

$$\frac{\sin\measuredangle DOC}{\sin\measuredangle BOD}\cdot\frac{\sin\measuredangle EOA}{\sin\measuredangle COE}\cdot\frac{\sin\measuredangle FOB}{\sin\measuredangle AOF}=-1\Leftrightarrow$$

$$\frac{\sin\measuredangle BOD}{\sin\measuredangle DOC}\cdot\frac{\sin\measuredangle COE}{\sin\measuredangle EOA}\cdot\frac{\sin\measuredangle AOF}{\sin\measuredangle FOB}=-1\Leftrightarrow$$

D、E、F 三点共线

例 B2.10 设 O 为 $\triangle ABC$ 所在平面上一点,OA 关于 $\measuredangle BPC$ 的等角线与 BC 交于 D,OB 关于 $\measuredangle CPA$ 的等角线与 CA 交于 E,OC 关于 $\measuredangle APB$ 的等角线与 AB 交于 F,则 AD、BE、CF 三线共点或互相平行.

证明 如图 B2.13,B2.14 所示,由假设,$\measuredangle BOD = \measuredangle AOC$, $\measuredangle DOC = \measuredangle BOA$, $\measuredangle COE = \measuredangle BOA$, $\measuredangle EOA = \measuredangle COB$, $\measuredangle AOF = \measuredangle COB$, $\measuredangle FOB = \measuredangle AOC$,于是

$$\frac{\sin\measuredangle BOD}{\sin\measuredangle DOC}\cdot\frac{\sin\measuredangle COE}{\sin\measuredangle EOA}\cdot\frac{\sin\measuredangle AOF}{\sin\measuredangle FOB}=\frac{\sin\measuredangle AOC}{\sin\measuredangle BOA}\cdot\frac{\sin\measuredangle BOA}{\sin\measuredangle COB}\cdot\frac{\sin\measuredangle COB}{\sin\measuredangle AOC}=1$$

故由 Ceva 定理的第二角元形式即知,AD、BE、CF 三线共点或互相平行.

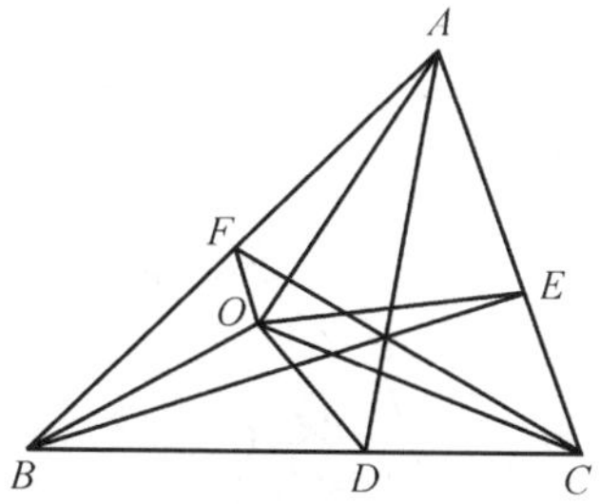

图 B2.13

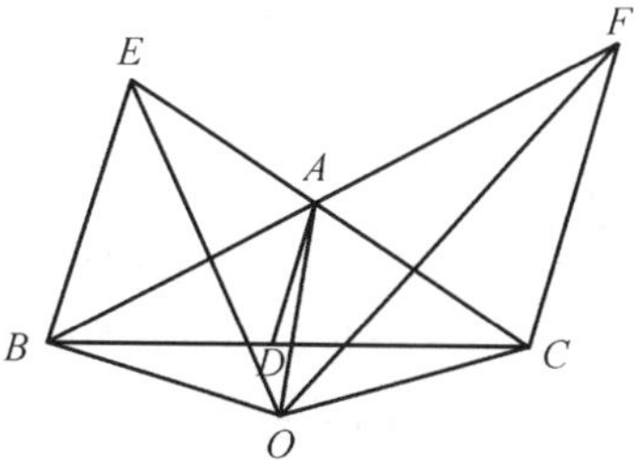

图 B2.14

例 B2.11 设 $\triangle ABC$ 与 $\triangle A'B'C'$ 的对应顶点的连线交于一点 O,D、E、F

分别为$\triangle ABC$的三边(所在直线)上的点,直线OD、OE、OF分别交$\triangle A'B'C'$的三边$B'C'$、$C'A'$、$A'B'$(所在直线)于D'、E'、F'.求证:AD、BE、CF三线共点的充分必要条件是$A'D'$、$B'E'$、$C'F'$三线共点或互相平行.

证明　如图B2.15～B2.17所示,与例B2.8一样,我们可得到

$$\frac{\sin\measuredangle B'OD'}{\sin\measuredangle D'OC'}\cdot\frac{\sin\measuredangle C'OE'}{\sin\measuredangle E'OA'}\cdot\frac{\sin\measuredangle A'OF'}{\sin\measuredangle F'OB'}=\frac{\sin\measuredangle BOD}{\sin\measuredangle DOC}\cdot\frac{\sin\measuredangle COE}{\sin\measuredangle EOA}\cdot\frac{\sin\measuredangle AOF}{\sin\measuredangle FOB}$$

于是,由Ceva定理的第二角元形式即得,AD、BE、CF三线共点或互相平行$\Leftrightarrow$

$$\frac{\sin\measuredangle BOD}{\sin\measuredangle DOC}\cdot\frac{\sin\measuredangle COE}{\sin\measuredangle EOA}\cdot\frac{\sin\measuredangle AOF}{\sin\measuredangle FOB}=1\Leftrightarrow$$

$$\frac{\sin\measuredangle B'OD'}{\sin\measuredangle D'OC'}\cdot\frac{\sin\measuredangle C'OE'}{\sin\measuredangle E'OA'}\cdot\frac{\sin\measuredangle A'OF'}{\sin\measuredangle F'OB'}=1\Leftrightarrow$$

$A'D'$、$B'E'$、$C'F'$三线共点或互相平行.

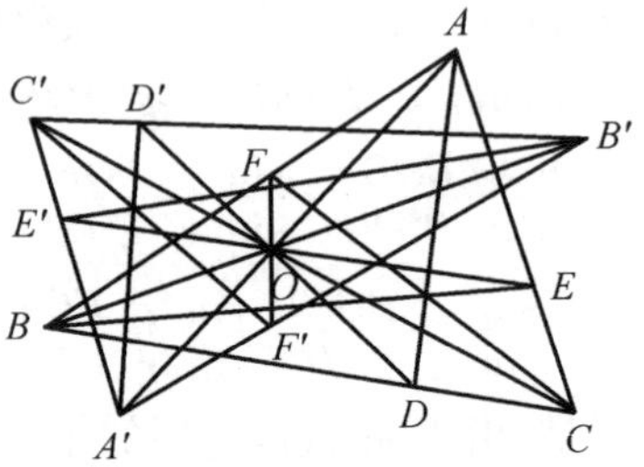

图B2.15

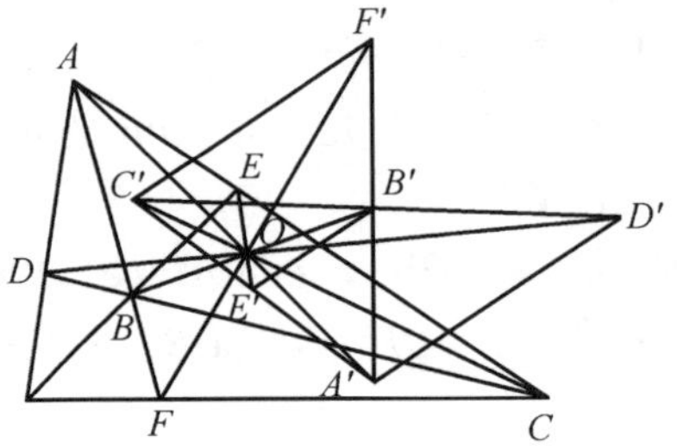

图B2.16

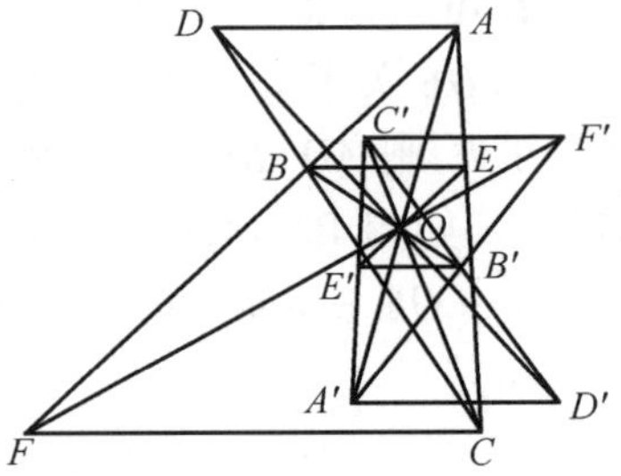

图B2.17

例B2.12　设D、E、F分别为$\triangle ABC$的三边BC、CA、AB所在直线上的三点,O为$\triangle ABC$所在平面上一点,OD关于$\measuredangle BOC$的等角线交BC于D',OE关于$\measuredangle COA$的等角线交CA于E',OF关于$\measuredangle AOB$的等角线交AB于F',则AD、BE、CF三线共点或互相平行的充分必要条件是:AD'、BE'、CF'三线共点或互相平行.

证明　如图B2.18～B2.20所示,因$\measuredangle BOD'=\measuredangle DOC$,$\measuredangle D'OC=\measuredangle BOD$,$\measuredangle COE'=\measuredangle EOA$,$\measuredangle E'OA=\measuredangle COE$,$\measuredangle AOF'=\measuredangle FOB$,$\measuredangle F'OB=\measuredangle AOF$,所以

$$\frac{\sin\measuredangle BOD'}{\sin\measuredangle D'OC}\cdot\frac{\sin\measuredangle COE'}{\sin\measuredangle E'OA}\cdot\frac{\sin\measuredangle AOF'}{\sin\measuredangle F'OB}=$$

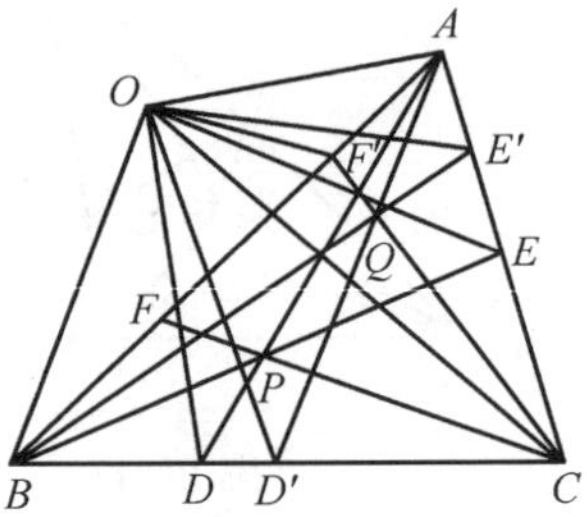

图B2.18

$$\frac{\sin \measuredangle DOC}{\sin \measuredangle BOD}\cdot\frac{\sin \measuredangle EOA}{\sin \measuredangle COE}\cdot\frac{\sin \measuredangle FOB}{\sin \measuredangle AOF}$$

于是,由 Ceva 定理的第二角元形式即

AD、BE、CF 三线交于一点或互相平行 $\Leftrightarrow$

$$\frac{\sin \measuredangle BOD}{\sin \measuredangle DOC}\cdot\frac{\sin \measuredangle COE}{\sin \measuredangle EOA}\cdot\frac{\sin \measuredangle AOF}{\sin \measuredangle FOB}=1\Leftrightarrow$$

$$\frac{\sin \measuredangle DOC}{\sin \measuredangle BOD}\cdot\frac{\sin \measuredangle EOA}{\sin \measuredangle COE}\cdot\frac{\sin \measuredangle FOB}{\sin \measuredangle AOF}=1\Leftrightarrow$$

$$\frac{\sin \measuredangle BOD'}{\sin \measuredangle D'OC}\cdot\frac{\sin \measuredangle COE'}{\sin \measuredangle E'OA}\cdot\frac{\sin \measuredangle AOF'}{\sin \measuredangle F'OB}=1\Leftrightarrow$$

AD'、BE'、CF' 三线共点或互相平行.

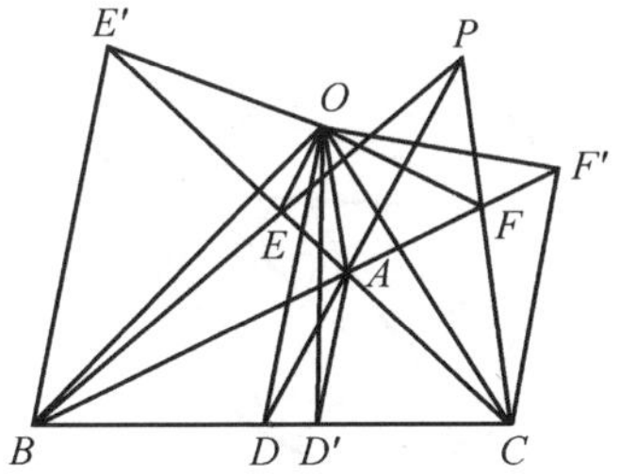

图 B2.19

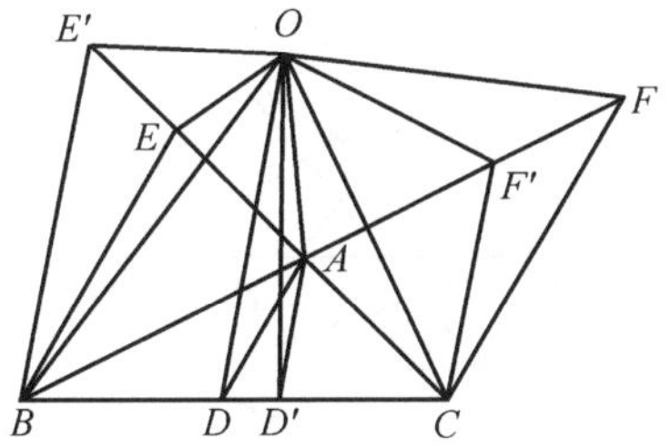

图 B2.20

B3　大显身手

当我们将一些三点共线或三线共点问题试图用 Menelaus 定理与 Ceva 定理的角元形式处理时,一个奇怪的现象发生了:想找一个能用 Menelaus 定理的第一角元形式或 Ceva 定理的第二角元形式处理的三点共线或三线共点的例子似乎"一将难求".而对于 Ceva 定理的第一角元形式与 Menelaus 定理的第二角元形式来说,情形完全相反,它们在处理三点共线或三线共点问题这方面则可以叱咤风云,大显身手.

例 B3.1　设 A、B、C、D、E、F 是一圆上六点.证明:AD、BE、CF 三线共点或互相平行的充分必要条件是 $\frac{AB}{BC}\cdot\frac{CD}{DE}\cdot\frac{EF}{FA}=1$.

证明　仅对图 B3.1 ~ B3.3 所示三种情形讨论.不难知道,总有

$$\frac{\sin \measuredangle AEB}{\sin \measuredangle BEC}\cdot\frac{\sin \measuredangle CAD}{\sin \measuredangle DAE}\cdot\frac{\sin \measuredangle ECF}{\sin \measuredangle FCA}=$$

$$\frac{\sin \angle AEB}{\sin \angle BEC}\cdot\frac{\sin \angle CAD}{\sin \angle DAE}\cdot\frac{\sin \angle ECF}{\sin \angle FCA}>0$$

因而我们只需对无向角讨论即可.

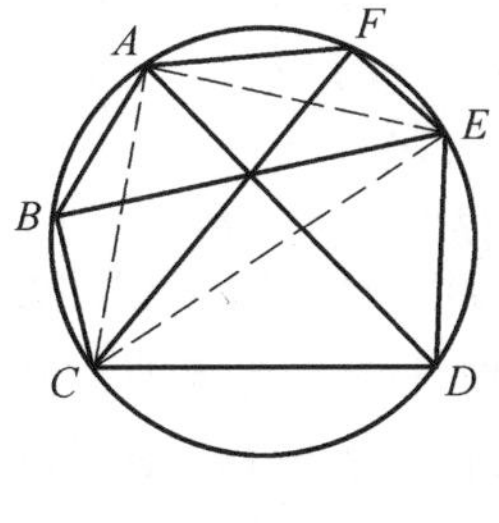

图 B3.1

设圆的半径为 R,由正弦定理

$$AB = 2R\sin\angle AEB, BC = 2R\sin\angle BEC, CD = 2R\sin\angle CAD$$
$$DE = 2R\sin\angle DAE, EF = 2R\sin\angle ECF, FA = 2R\sin\angle FCA$$

所以

$$\frac{AB}{BC}\cdot\frac{CD}{DE}\cdot\frac{EF}{FA} = \frac{\sin\angle AEB}{\sin\angle BEC}\cdot\frac{\sin\angle CAD}{\sin\angle DAE}\cdot\frac{\sin\angle ECF}{\sin\angle FCA}$$

因 D、E、B 是 $\triangle ACE$ 所在平面上的三点,于是,由 Ceva 定理的第一角元形式

$$\frac{AB}{BC}\cdot\frac{CD}{DE}\cdot\frac{EF}{FA} = 1 \Leftrightarrow \frac{\sin\angle AEB}{\sin\angle BEC}\cdot\frac{\sin\angle CAD}{\sin\angle DAE}\cdot\frac{\sin\angle ECF}{\sin\angle FCA} = 1 \Leftrightarrow$$

$$\frac{\sin\measuredangle AEB}{\sin\measuredangle BEC}\cdot\frac{\sin\measuredangle CAD}{\sin\measuredangle DAE}\cdot\frac{\sin\measuredangle ECF}{\sin\measuredangle FCA} = 1 \Leftrightarrow$$

AD、BE、CF 三线共点或平行.

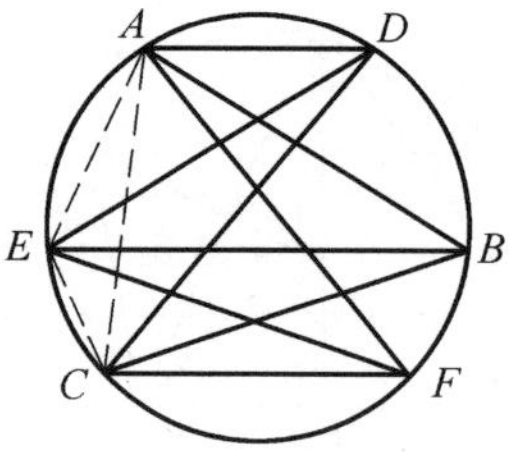

图 B3.2

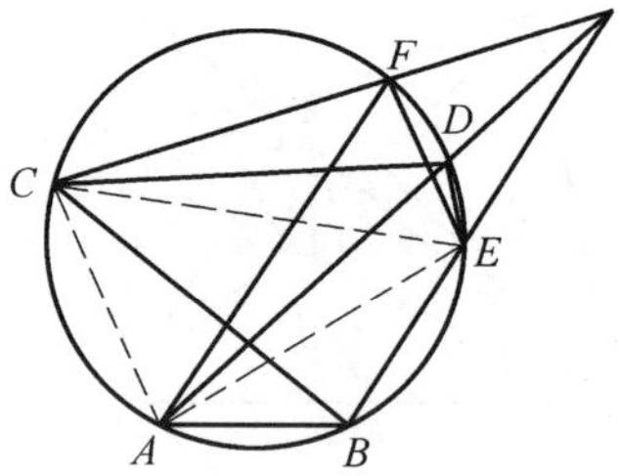

图 B3.3

我们将例 B3.1 称为**三弦共点定理**.当 $ABCDEF$ 是一个圆内接凸六边形时,三弦共点定理是 1988 年中国国家集训队测试题,也是 1997 年中国香港队选拔考试题.

由三弦共点定理可以简单地证明 1997 年举行的第 11 届中国数学奥林匹克的一道平面几何试题(例 8.6.9).

设四边形 $ABCD$ 内接于圆,边 AB 与 DC 的延长线交于点 P,AD 与 BC 的延长线交于点 Q.由点 Q 作该圆的两条切线 QE、QF,切点分别为 E、F.求证:P、E、F 三点共线.

事实上,如图 B3.4 所示,由 $\triangle QDF \backsim \triangle QFA$,$\triangle QCA \backsim \triangle QDB$,$\triangle QCE \backsim \triangle QEB$,有 $\frac{AF}{FD} = \frac{QF}{QD}$,$\frac{DB}{CA} = \frac{QD}{QC}$,$\frac{EC}{BE} = \frac{QC}{QE}$.又 $QE = QF$,所以

$$\frac{AF}{FD}\cdot\frac{DB}{CA}\cdot\frac{EC}{BE} = \frac{QF}{QD}\cdot\frac{QD}{QC}\cdot\frac{QC}{QE} = 1$$

由三弦共点定理,AB、FE、DC 三线共点或平行.但 AB 与 DC 交于点 P,故 AB、FE、DC 共点于 P,也就是说,P、E、F 三点共线.

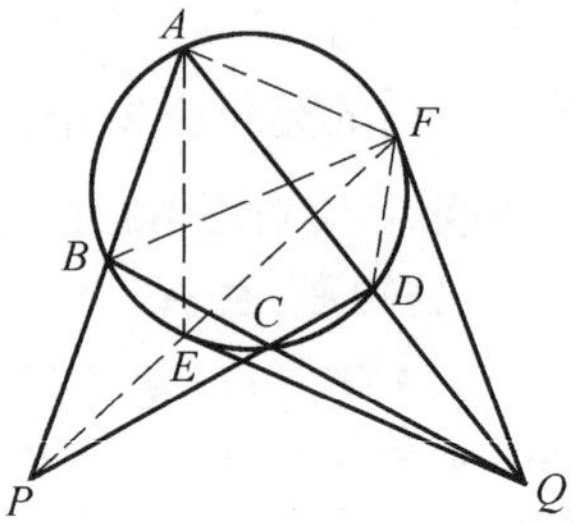

图 B3.4

例 B3.2 一个圆和$\triangle ABC$的三边BC、CA、AB分别相交于D_1、D_2，E_1、E_2，F_1、F_2.线段D_1E_1和F_2D_2交于点L，线段E_1F_1和D_2E_2交于点M，线段F_1D_1和E_2F_2交于点N.证明：AL、BM、CN三线共点.(第20届中国数学奥林匹克，2005)

证明 如图B3.5所示，由正弦定理

$$\frac{\sin\angle BAL}{\sin\angle LF_2A}=\frac{F_2L}{AL},\frac{\sin\angle LE_1A}{\sin\angle LAC}=\frac{AL}{LE_1},\frac{\sin\angle LF_2A}{\sin\angle LE_1A}=\frac{F_1D_2}{D_1E_2}$$

所以

$$\frac{\sin\angle BAL}{\sin\angle LAC}=\frac{\sin\angle BAL}{\sin\angle LF_2A}\cdot\frac{\sin\angle LE_1A}{\sin\angle LAC}\cdot\frac{\sin\angle LF_2A}{\sin\angle LE_1A}=$$

$$\frac{F_2L}{AL}\cdot\frac{AL}{LE_1}\cdot\frac{F_1D_2}{D_1E_2}=\frac{F_2L}{LE_1}\cdot\frac{F_1D_2}{D_1E_2}$$

又$\triangle LD_1F_2\backsim\triangle LD_2E_1$，所以，$\frac{F_2L}{LE_1}=\frac{F_2D_1}{D_2E_1}$，因此，$\frac{\sin\angle BAL}{\sin\angle LAC}=\frac{F_2D_1}{D_2E_1}\cdot\frac{F_1D_2}{D_1E_2}$.同理

$$\frac{\sin\angle CBM}{\sin\angle MBA}=\frac{D_2E_1}{E_2F_1}\cdot\frac{D_1E_2}{E_1F_2},\frac{\sin\angle ACN}{\sin\angle NCB}=\frac{E_2F_1}{F_2D_1}\cdot\frac{E_1F_2}{F_1D_2}$$

于是

$$\frac{\sin\measuredangle BAL}{\sin\measuredangle LAC}\cdot\frac{\sin\measuredangle CBM}{\sin\measuredangle MBA}\cdot\frac{\sin\measuredangle ACN}{\sin\measuredangle NCB}=$$

$$\frac{\sin\angle BAL}{\sin\angle LAC}\cdot\frac{\sin\angle CBM}{\sin\angle MBA}\cdot\frac{\sin\angle ACN}{\sin\angle NCB}=$$

$$\frac{F_2D_1}{D_2E_1}\cdot\frac{F_1D_2}{D_1E_2}\cdot\frac{D_2E_1}{E_2F_1}\cdot\frac{D_1E_2}{E_1F_2}\cdot\frac{E_2F_1}{F_2D_1}\cdot\frac{E_1F_2}{F_1D_2}=1$$

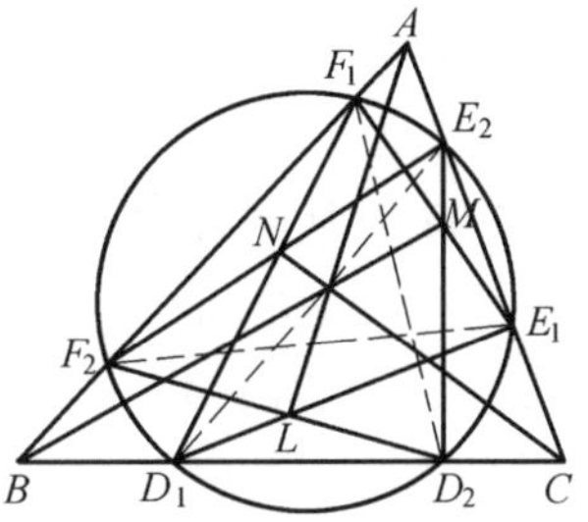

图 B3.5

而AL与BN显然相交，故由Ceva定理的第一角元形式，AL、BM、CN三线共点.

例 B3.3 设A、B、C、D是一直线上依次排列的四个不同的点.分别以AC、BD为直径的圆交于X、Y两点，直线XY交BC于点Z，P为直线XY上异于Z的一点，直线CP与以AC为直径的圆交于C、M两点，直线BP与以BD为直径的圆交于B、N两点.求证：AM、DN、XY三线共点.(第36届IMO，1995)

证明 如图B3.6所示，不难知道，$\measuredangle YAM=\measuredangle YCP$，$\measuredangle NDY=\measuredangle NBP$，$\measuredangle DYX=\measuredangle YBC$，$\measuredangle XYA=\measuredangle BCY$.又显然$A$、$Z$、$P$、$M$四点共圆，$P$、$Z$、$D$、$N$共圆，所以$\measuredangle MAD=\measuredangle CPY$，$\measuredangle AND=\measuredangle YPB$，因此

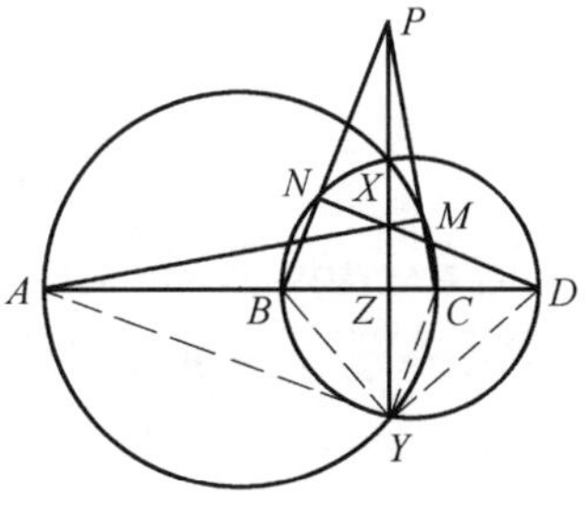

图 B3.6

$$\frac{\sin \measuredangle YAM}{\sin \measuredangle MAD} \cdot \frac{\sin \measuredangle ADN}{\sin \measuredangle NDY} \cdot \frac{\sin \measuredangle DYX}{\sin \measuredangle XYA} =$$

$$\frac{\sin \measuredangle YCP}{\sin \measuredangle CPY} \cdot \frac{\sin \measuredangle YPB}{\sin \measuredangle PBY} \cdot \frac{\sin \measuredangle YBC}{\sin \measuredangle BCY} =$$

$$\frac{\sin \measuredangle BPY}{\sin \measuredangle YPC} \cdot \frac{\sin \measuredangle CBY}{\sin \measuredangle YBP} \cdot \frac{\sin \measuredangle PCY}{\sin \measuredangle YCB}$$

考虑 $\triangle PBC$ 与点 Y，由 Ceva 定理的第一角元形式

$$\frac{\sin \measuredangle BPY}{\sin \measuredangle YPC} \cdot \frac{\sin \measuredangle CBY}{\sin \measuredangle YBP} \cdot \frac{\sin \measuredangle PCY}{\sin \measuredangle YCB} = 1$$

从而

$$\frac{\sin \measuredangle YAM}{\sin \measuredangle MAD} \cdot \frac{\sin \measuredangle ADN}{\sin \measuredangle NDY} \cdot \frac{\sin \measuredangle DYX}{\sin \measuredangle XYA} = 1$$

于是由 Ceva 定理的第一角元形式即知 AM、XY、DN 三线共点或互相平行. 又点 P 异于 Z，所以点 M 异于 A、C，因而直线 AM 与 XY 必相交，故 AM、XY、DN 三线共点.

例 B3.4 设 H 是 $\triangle ABC$ 的垂心，P 为 $\triangle ABC$ 所在平面上一点，Γ 是以 PH 为直径的圆，AH、AP 分别与圆 Γ 交于另一点 A_1、A_2，BH、BP 分别与圆 Γ 交于另一点 B_1、B_2，CH、CP 分别与圆 Γ 交于另一点 C_1、C_2. 求证：A_1A_2、B_1B_2、C_1C_2 三线共点或互相平行.(第 1 届全俄几何奥林匹克①，2005)

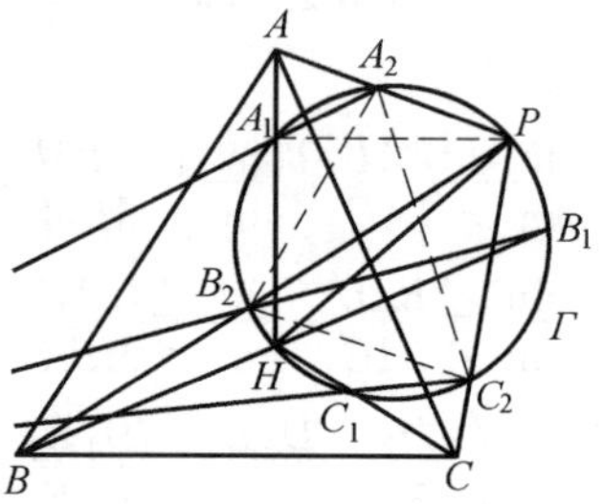

图 B3.7

证明 如图 B3.7 所示，由 PH 为圆 Γ 的直径知 $A_1P \perp AH$，而 $A_1H \perp BC$，所以 $A_1P \parallel BC$，因此，$\measuredangle B_2A_2A_1 = \measuredangle B_2PA_1 = \measuredangle BPA_1 = \measuredangle PBC$，$\measuredangle A_1A_2C_2 = \measuredangle A_1PC_2 = \measuredangle A_1PC = \measuredangle BCP$. 同理，$\measuredangle C_2B_2B_1 = \measuredangle PCA$，$\measuredangle B_1B_2A_2 = \measuredangle CAP$，$\measuredangle A_2C_2C_1 = \measuredangle PAB$，$\measuredangle C_1C_2B_2 = \measuredangle ABP$，从而有

$$\frac{\sin \measuredangle B_2A_2A_1}{\sin \measuredangle A_1A_2C_2} \cdot \frac{\sin \measuredangle C_2B_2B_1}{\sin \measuredangle B_1B_2A_2} \cdot \frac{\sin \measuredangle A_2C_2C_1}{\sin \measuredangle C_1C_2B_2} =$$

$$\frac{\sin \measuredangle PBC}{\sin \measuredangle BCP} \cdot \frac{\sin \measuredangle PCA}{\sin \measuredangle CAP} \cdot \frac{\sin \measuredangle PAB}{\sin \measuredangle ABP} =$$

$$\frac{\sin \measuredangle BAP}{\sin \measuredangle PAC} \cdot \frac{\sin \measuredangle CBP}{\sin \measuredangle PBA} \cdot \frac{\sin \measuredangle ACP}{\sin \measuredangle PCB}$$

考虑 $\triangle ABC$ 与点 P，由 Ceva 定理的第一角元形式

$$\frac{\sin \measuredangle BAP}{\sin \measuredangle PAC} \cdot \frac{\sin \measuredangle CBP}{\sin \measuredangle PBA} \cdot \frac{\sin \measuredangle ACP}{\sin \measuredangle PCB} = 1$$

① 为纪念俄罗斯著名的初等几何及数学教育家沙雷金(И.Ф.Шарыгин，1937—2004)而设.

于是

$$\frac{\sin\measuredangle B_2A_2A_1}{\sin\measuredangle A_1A_2C_2}\cdot\frac{\sin\measuredangle C_2B_2B_1}{\sin\measuredangle B_1B_2A_2}\cdot\frac{\sin\measuredangle A_2C_2C_1}{\sin\measuredangle C_1C_2B_2}=1$$

故由 Ceva 定理的第一角元形式即知 A_1A_2、B_1B_2、C_1C_2 三线共点或互相平行.

例 B3.5 设 P 是 $\triangle ABC$ 所在平面上一点(不在 $\triangle ABC$ 的外接圆上),圆 Γ 过点 P 且分别与直线 PA、PB、PC 交于另一点 D、E、F,且圆 Γ 分别与 $\triangle PBC$、$\triangle PCA$、$\triangle PAB$ 的外接圆交于另一点 L、M、N.证明:DL、EM、FN 三线共点.(罗马尼亚国家队选拔考试,2004)

证明 如图 B3.8 所示,设圆 Γ 的圆心为 O,$\triangle PBC$、$\triangle PCA$、$\triangle PAB$ 的外心分别为 O_1、O_2、O_3,则 $OO_1\perp PL$,$O_3O_1\perp PB$,$O_1O_2\perp PC$,所以,$\measuredangle EDL=\measuredangle EPL=\measuredangle BPL=\measuredangle O_3O_1O$,$\measuredangle LDF=\measuredangle LPF=\measuredangle LPC=\measuredangle OO_1O_2$.同理,$\measuredangle FEM=\measuredangle O_1O_2O$,$\measuredangle MED=\measuredangle OO_2O_3$,$\measuredangle DFN=\measuredangle O_2O_3O$,$\measuredangle NFE=\measuredangle OO_3O_1$.因此

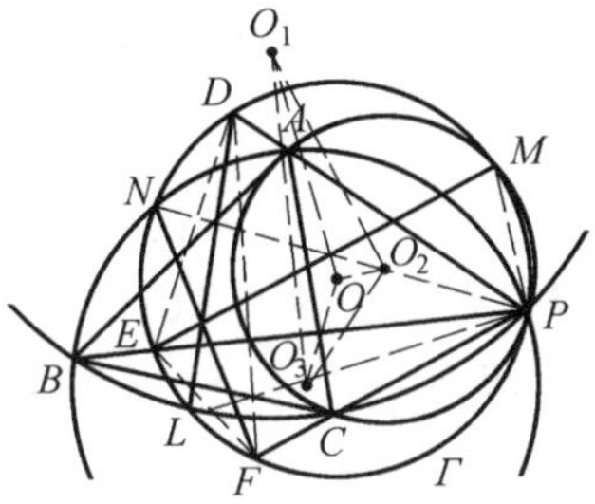

图 B3.8

$$\frac{\sin\measuredangle EDL}{\sin\measuredangle LDF}\cdot\frac{\sin\measuredangle FEM}{\sin\measuredangle MED}\cdot\frac{\sin\measuredangle DFN}{\sin\measuredangle NFE}=$$

$$\frac{\sin\measuredangle O_3O_1O}{\sin\measuredangle OO_1O_2}\cdot\frac{\sin\measuredangle O_1O_2O}{\sin\measuredangle OO_2O_3}\cdot\frac{\sin\measuredangle O_2O_3O}{\sin\measuredangle OO_3O_1}$$

考虑 $\triangle O_1O_2O_3$ 与点 O,由 Ceva 定理的第一角元形式

$$\frac{\sin\measuredangle O_3O_1O}{\sin\measuredangle OO_1O_2}\cdot\frac{\sin\measuredangle O_1O_2O}{\sin\measuredangle OO_2O_3}\cdot\frac{\sin\measuredangle O_2O_3O}{\sin\measuredangle OO_3O_1}=1$$

于是

$$\frac{\sin\measuredangle EDL}{\sin\measuredangle LDF}\cdot\frac{\sin\measuredangle FEM}{\sin\measuredangle MED}\cdot\frac{\sin\measuredangle DFN}{\sin\measuredangle NFE}=1$$

由 Ceva 定理的第一角元形式,DL、EM、FN 三线共点或互相平行.

如果 $DL\parallel EM\parallel FN$,则有 $\measuredangle MED+\measuredangle EDL=0$,此时 $\measuredangle OO_2O_3+\measuredangle O_3O_1O=0$,因而 O、O_1、O_2 三点在一直线上.同理,O、O_2、O_3 三点在一直线上,从而四个圆心 O、O_1、O_2、O_3 四点在一直线上.但这四个圆有一个公共点 P,因而它们必然还有另一个公共点,这说明 L、M、N 重合于一点,于是点 P 在 $\triangle ABC$ 的外接圆上,矛盾.故 DL、EM、FN 三线共点.

例 B3.6 在四边形 $ABCD$ 中,O 是对角线 AC 与 BD 的交点,一条直线分别与 AB、BC、CD、DA 交于 E、F、G、H,直线 OE、OF、OG、OH 依次交 CD、DA、AB、BC 于 E'、F'、G'、H',求证:E'、F'、G'、H' 四点共线.

证明 如图 B3.9 所示,设 BC 与 AD 交于 K,因 H、E、F 为 $\triangle KAB$ 三边所

在直线上的共线三点,由 Menelaus 定理的第二角元形式

$$\frac{\sin\measuredangle KOH}{\sin\measuredangle HOA}\cdot\frac{\sin\measuredangle AOE}{\sin\measuredangle EOB}\cdot\frac{\sin\measuredangle BOF}{\sin\measuredangle FOK}=-1$$

显然,$\measuredangle KOH'=\measuredangle KOH$,$\measuredangle H'OC=\measuredangle HOA$,$\measuredangle AOE'=\measuredangle COE$,$\measuredangle E'OD=\measuredangle EOB$,$\measuredangle DOF'=\measuredangle DOF$,$\measuredangle F'OK=\measuredangle FOK$. 于是

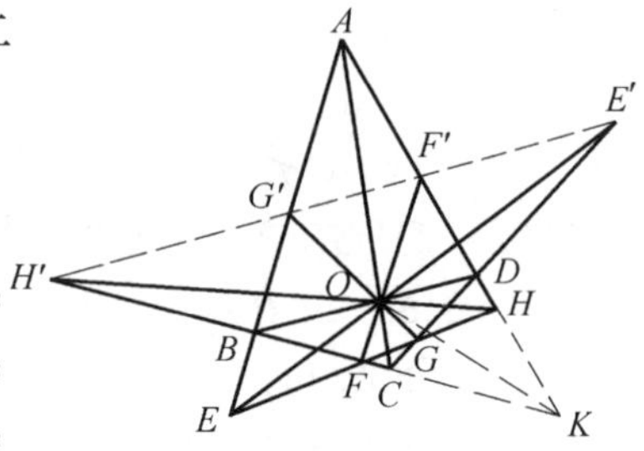

图 B3.9

$$\frac{\sin\angle KOH'}{\sin\angle H'OC}\cdot\frac{\sin\angle COE'}{\sin\angle E'OD}\cdot\frac{\sin\angle DOF'}{\sin\angle F'OK}=$$

$$\frac{\sin\angle KOH}{\sin\angle HOC}\cdot\frac{\sin\angle COE}{\sin\angle EOD}\cdot\frac{\sin\angle DOF}{\sin\angle FOK}=-1$$

而 H'、E'、F' 为 $\triangle KCD$ 三边所在直线上的点,再由 Menelaus 定理的第二角元形式即知 H'、E'、F' 三点共线;同理,H'、E'、G' 三点共线,故 E'、F'、G'、H' 四点共线.

本题是已故平面几何大师梁绍鸿先生所著《初等数学复习及研究(平面几何部分)》(北京:人民教育出版社,1958)中习题十四第 29 题.尚强先生在《平面几何题解(上册)》(北京:中国展望出版社,1985)中给出的证明用了 Menelaus 定理的必要性 5 次,相比之下,这里的证明则简单得出奇.

例 B3.7 设 P 为 $\triangle ABC$ 所在平面上一点,过点 P 作 PA 的垂线交直线 BC 于 D,作 PB 的垂线交直线 CA 于 E,作 PC 的垂线交 AB 于 F.求证:D、E、F 共线.

证明 当 P 在 $\triangle ABC$ 的某边所在直线上时,结论显然;下设点 P 不在 $\triangle ABC$ 三边所在直线上. 如图 B3.10 所示,因 $\measuredangle BPD=90^\circ-\measuredangle APB$,$\measuredangle DPC=90^\circ-\measuredangle CPA$,$\measuredangle CPE=90^\circ-\measuredangle BPC$,$\measuredangle EPA=90^\circ-\measuredangle APB$,$\measuredangle APF=90^\circ-\measuredangle CPA$,$\measuredangle FPB=90^\circ-\measuredangle BPC$,所以

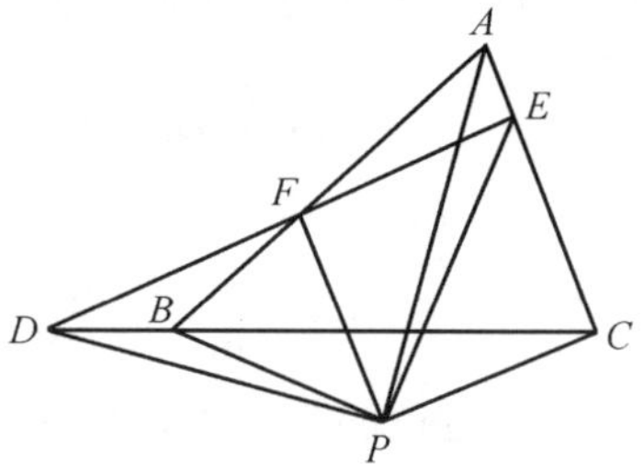

图 B3.10

$$\frac{\sin\measuredangle BPD}{\sin\measuredangle DPC}\cdot\frac{\sin\measuredangle CPE}{\sin\measuredangle EPA}\cdot\frac{\sin\measuredangle APF}{\sin\measuredangle FPB}=$$

$$\frac{\cos\measuredangle APB}{-\cos\measuredangle CPA}\cdot\frac{-\cos\measuredangle BPC}{\cos\measuredangle APB}\cdot\frac{\cos\measuredangle CPA}{-\cos\measuredangle BPC}=-1$$

故由 Menelaus 定理的第二角元形式即知 D、E、F 三点共线.

例 B3.8 四边形 $ABCD$ 的对角线交于 O,在直线 AC 上取一点 E,设 DE 交 AB 于 F,FO 交 CD 于 G,BG 交 CO 于 H,BE 交 AD 于 I,DH 交 BC 于 J,证明:I、O、J 三点共线.

证明 如图 B3.11 所示,考虑 $\triangle ECD$ 与截线 OGF,由 Menelaus 定理的第二

角元形式

$$\frac{\sin \measuredangle CBG}{\sin \measuredangle GBD} \cdot \frac{\sin \measuredangle DBF}{\sin \measuredangle FBE} \cdot \frac{\sin \measuredangle EBO}{\sin \measuredangle OBC} = -1$$

但 $\measuredangle CBG = -\measuredangle HBJ$, $\measuredangle GBD = -\measuredangle OBH$, $\measuredangle DBF = -\measuredangle ABO$, $\measuredangle FBE = -\measuredangle IBA$, $\measuredangle EBO = -\measuredangle DBI$, $\measuredangle OBC = -\measuredangle JBD$,所以

$$\frac{\sin \measuredangle DBI}{\sin \measuredangle IBA} \cdot \frac{\sin \measuredangle ABO}{\sin \measuredangle OBH} \cdot \frac{\sin \measuredangle HBJ}{\sin \measuredangle JBD} =$$

$$\frac{\sin \measuredangle HBJ}{\sin \measuredangle OBH} \cdot \frac{\sin \measuredangle ABO}{\sin \measuredangle IBA} \cdot \frac{\sin \measuredangle DBI}{\sin \measuredangle JBD} = -1$$

于是,再由 Menelaus 定理的第二角元形式即知 I、O、J 三点共线.

例 B3.9 设四边形 $ABCD$ 的边 AB 与 CD 所在直线交于 E,BC 与 AD 所在直线交于 F,O 是 $ABCD$ 内一点,且 $\angle AOB + \angle COD = 180°$. 求证:$\angle BOE = \angle FOD$.

证明 我们证明当 OE 关于 $\angle BOD$ 的等角线与 AD 交于点 F 时,B、C、F 三点共线.

如图 B3.12 所示,由 $\angle AOB + \angle COD = 180°$, $\angle BOE = \angle FOD$ 知 $\measuredangle EOC = \measuredangle FOA$. 又 $\measuredangle DOF = -\measuredangle BOE$,所以

$$\frac{\sin \measuredangle AOB}{\sin \measuredangle BOE} \cdot \frac{\sin \measuredangle EOC}{\sin \measuredangle COD} \cdot \frac{\sin \measuredangle DOF}{\sin \measuredangle FOA} = -1$$

于是,由 Menelaus 定理的第二角元形式即知 B、P、F 三点共线.

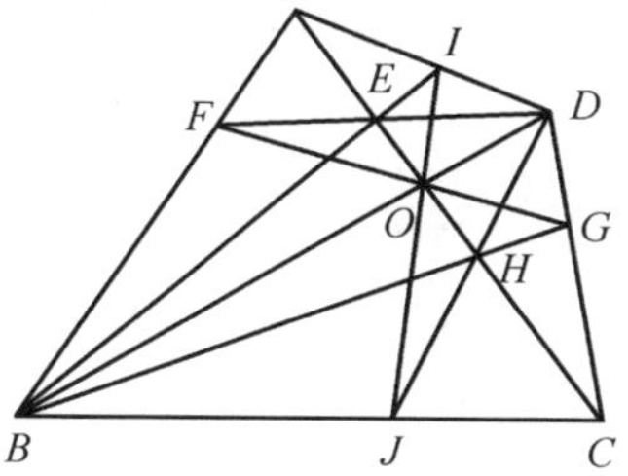

图 B3.11

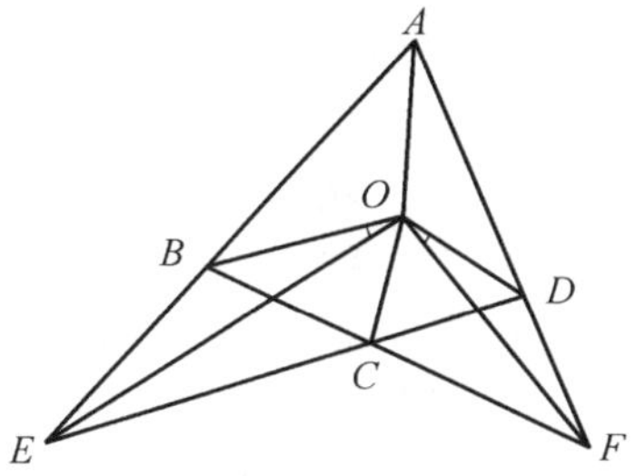

图 B3.12

例 B3.10 设 E、F 分别为四边形 $ABCD$ 的边 BC、CD 所在直线上的点,BF 与 DE 交于点 P. 求证:如果 AP、AC 是 $\angle BAD$ 的两条等角线,则 AE、AF 也是 $\angle BAD$ 的两条等角线.

证明 我们只需证明:当 AE 关于 $\angle BAD$ 的等角线与 CD 交于点 F 时,B、P、F 共线即可.

如图 B3.13,B3.14 所示,因 $\measuredangle FAD = -\measuredangle EAB$, $\measuredangle DAP = -\measuredangle BAC$, $\measuredangle PAE = -\measuredangle CAF$,所以

$$\frac{\sin \measuredangle EAB}{\sin \measuredangle BAC} \cdot \frac{\sin \measuredangle CAF}{\sin \measuredangle FAD} \cdot \frac{\sin \measuredangle DAP}{\sin \measuredangle PAE} = -1$$

于是由 Menelaus 定理的第二角元形式即知 B、P、F 三点共线.

当 AC 平分 $\angle BAD$ 时,且 E、F 分别在边 BC、CD 上时,本题即 1999 年全国高中数学联赛加试的平面几何题(命题 4.2.2 或例 5.2.4).

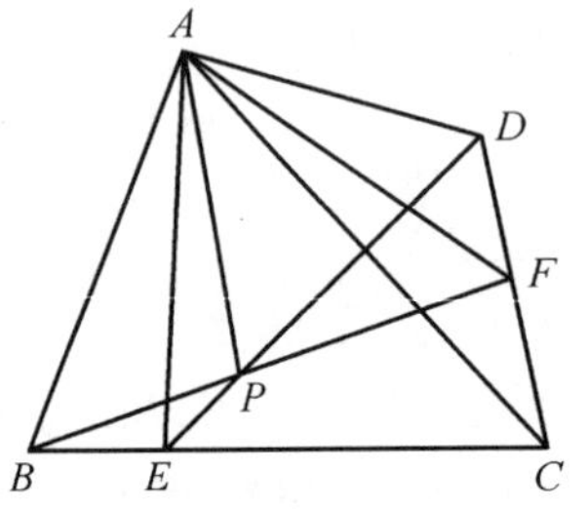

图 B3.13

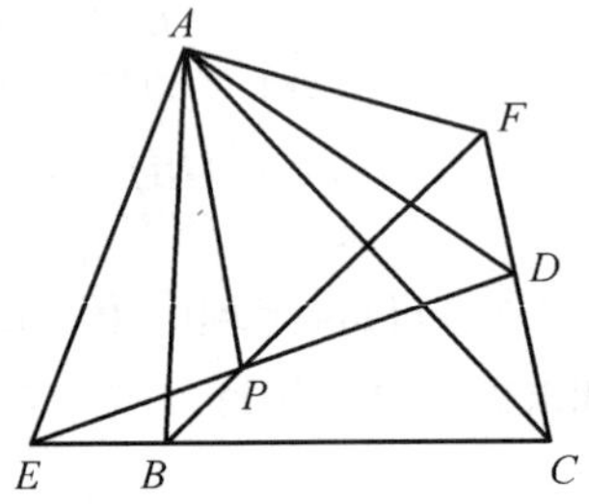

图 B3.14

这两例说明,如果一个问题的已知条件中有集中在一个顶点的角的关系,则我们应设法将其转化为三点共线问题,然后考虑用 Menelaus 定理的第二角元形式去解决.

下面两个例子说明,将 Menelaus 定理的第二角元形式与 Ceva 定理的第一角元形式结合使用可以简捷地处理某些点共线与线共点共存一体的问题.

例 B3.11 圆内三弦 AD、BE、CF 交于一点 O,P 为圆周上一点,直线 PD、PE、PF 分别交直线 BC、CA、AB 于 L、M、N.求证:O、L、M、N 四点共线.

证明 如图 B3.15 所示,因 AD、BE、CF 交于一点 O,由 Ceva 定理的第一角元形式

$$\frac{\sin \measuredangle BAD}{\sin \measuredangle DAC} \cdot \frac{\sin \measuredangle CBE}{\sin \measuredangle EBA} \cdot \frac{\sin \measuredangle ACF}{\sin \measuredangle FCB} = 1$$

又 $\measuredangle BPL = \measuredangle BPD = \measuredangle BAD$, $\measuredangle LPC = \measuredangle DAC$, $\measuredangle CPM = \measuredangle CBE$, $\measuredangle MPA = \measuredangle EBA$, $\measuredangle APN = \measuredangle ACF$, $\measuredangle NPB = \measuredangle FCB$,所以

$$\frac{\sin \measuredangle BPL}{\sin \measuredangle LPC} \cdot \frac{\sin \measuredangle CPM}{\sin \measuredangle MPA} \cdot \frac{\sin \measuredangle APN}{\sin \measuredangle NPB} =$$

$$\frac{-\sin \measuredangle BAD}{\sin \measuredangle DAC} \cdot \frac{\sin \measuredangle CBE}{\sin \measuredangle EBA} \cdot \frac{\sin \measuredangle ACF}{\sin \measuredangle FCB} = -1$$

由 Menelaus 定理的第二角元形式即知 L、M、N 三点共线.

再考虑圆内接六边形 $ABEPFC$,由 Pascal 定理即知 M、O、N 三点共线,故 O、L、M、N 四点共线.

例 B3.12 设 H 是 $\triangle ABC$ 的垂心,L、M、N 分别为 BC、CA、AB 所在直线上的点,分别过 A、B、C 作 HL、HM、HN 的垂线 AX、BY、CZ.求证:AX、BY、CZ 共点或互相平行的充分必要条件是 L、M、N 共线.且若 AX、BY、CZ 交于一点 P 时,

$MN \perp PH$.

证明 如图 B3.16 所示,设 A、B、C 在其对边上的射影分别为 D、E、F,X、Y、Z 就是垂足.因 X、A、H、E 四点共圆,X、H、A、F 四点共圆,所以 $\measuredangle CAX = \measuredangle EHX = \measuredangle BHL$,$\measuredangle XAB = \measuredangle FHX = -\measuredangle CHL$.同理,$\measuredangle ABY = \measuredangle CHM$,$\measuredangle YBC = -\measuredangle AHM$,$\measuredangle BCZ = -\measuredangle NHA$,$\measuredangle ZCA = \measuredangle NHB$,这样便有

$$\frac{\sin\measuredangle CAX}{\sin\measuredangle XAB}\cdot\frac{\sin\measuredangle ABY}{\sin\measuredangle YBC}\cdot\frac{\sin\measuredangle BCZ}{\sin\measuredangle ZCA} = -\frac{\sin\measuredangle BHL}{\sin\measuredangle LHC}\cdot\frac{\sin\measuredangle CHM}{\sin\measuredangle MHA}\cdot\frac{\sin\measuredangle AHN}{\sin\measuredangle NHB}$$

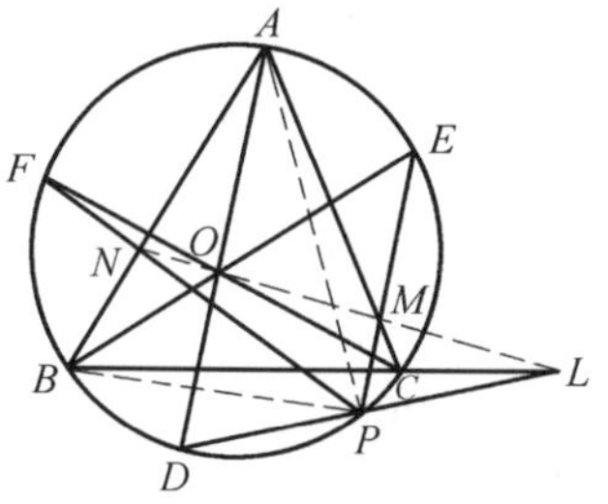

图 B3.15

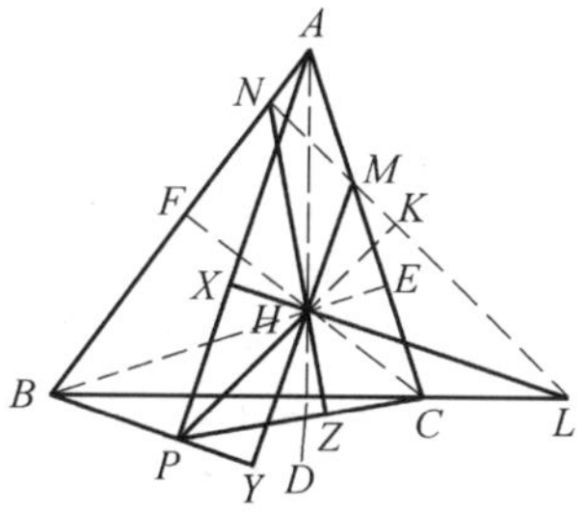

图 B3.16

于是,由 Menelaus 定理的第二角元形式及 Ceva 定理的第一角元形式即得

$$L、M、N\text{ 共线}\Leftrightarrow\frac{\sin\angle BHL}{\sin\angle LHC}\cdot\frac{\sin\angle CHM}{\sin\angle MHA}\cdot\frac{\sin\angle AHN}{\sin\angle NHB} = -1\Leftrightarrow$$

$$\frac{\sin\angle CAX}{\sin\angle XAB}\cdot\frac{\sin\angle ABY}{\sin\angle YBC}\cdot\frac{\sin\angle BCZ}{\sin\angle ZCA} = 1\Leftrightarrow$$

AX、BY、CZ 共点或互相平行

当 AX、BY、CZ 交于一点 P 时,注意 B、Y、E、M 四点共圆,B、C、E、F 四点共圆,C、Z、F、N 四点共圆,所以

$$HY\cdot HM = HB\cdot HE = HC\cdot HF = HZ\cdot HN$$

因此,M、N、Y、Z 四点共圆,从而 $\angle HNM = \angle ZYH$.又显然 H、P、Y、Z 四点共圆,所以 $\angle ZYH = \angle ZPH$,这说明 $\angle HNM = \angle ZPH$.于是,设直线 PH 与 MN 交于 K,则 K、N、P、Z 四点共圆,所以 $\angle NKH = \angle HZP = 90°$,即 $MN \perp PH$.

B4 再显神威

平面几何中的大多数著名定理都是有一定难度的,而且有的还难度不小.但令人意想不到的是,有一批结论是三点共线或三线共点的颇有难度的著名定理都可以用 Ceva 定理的第一角元形式或 Menelaus 定理的第二角元形式得到异常简捷的证明,充分显示了 Ceva 定理的第一角元形式与 Menelaus 定理的第二角元形式的神奇功能.

例 B4.1(正交三角形定理) 设 $\triangle ABC$ 的各顶点到 $\triangle A'B'C'$ 的对应顶点的对边的三垂线共点,则从 $\triangle A'B'C'$ 的各顶点到 $\triangle ABC$ 的对应顶点的对边的三垂线也共点.

证明 如图 B4.1所示,设 $\triangle ABC$ 的各顶点到 $\triangle A'B'C'$ 的对应顶点的对边的三垂线共点于 P,$\triangle A'B'C'$ 的各顶点到 $\triangle ABC$ 的对应顶点的对边的三垂线分别为 $A'D$、$B'E$、$C'F$(D、E、F 为垂足).考虑 $\triangle ABC$ 与点 P,由 Ceva 定理的第一角元形式

$$\frac{\sin\measuredangle CAP}{\sin\measuredangle PAB}\cdot\frac{\sin\measuredangle ABP}{\sin\measuredangle PBC}\cdot\frac{\sin\measuredangle BCP}{\sin\measuredangle PCA}=1$$

另一方面,因 $A'D\perp BC$,$A'B'\perp PC$,$C'A'\perp PB$,所以,$\measuredangle B'A'D=\measuredangle PCB$,$\measuredangle DA'C'=\measuredangle PBC$.同理,$\measuredangle C'B'E=\measuredangle PAC$,$\measuredangle EB'A'=\measuredangle PCA$,$\measuredangle A'C'F=\measuredangle PBA$,$\measuredangle FC'B'=\measuredangle PAB$,所以

$$\frac{\sin\measuredangle B'A'D}{\sin\measuredangle DA'C'}\cdot\frac{\sin\measuredangle C'B'E}{\sin\measuredangle EB'A'}\cdot\frac{\sin\measuredangle A'C'F}{\sin\measuredangle FC'B'}=$$

$$\frac{\sin\measuredangle PCB}{\sin\measuredangle PBC}\cdot\frac{\sin\measuredangle PAC}{\sin\measuredangle PCA}\cdot\frac{\sin\measuredangle PBA}{\sin\measuredangle PAB}=$$

$$\frac{\sin\measuredangle CAP}{\sin\measuredangle PAB}\cdot\frac{\sin\measuredangle ABP}{\sin\measuredangle PBC}\cdot\frac{\sin\measuredangle BCP}{\sin\measuredangle PCA}=1$$

于是,再由 Ceva 定理的第一角元形式即知,$A'D$、$B'E$、$C'F$ 三线共点或互相平行.但 $A'D\not\parallel B'E$(因 $A'D\perp BC$,$B'E\perp CA$),故 $A'D$、$B'E$、$C'F$ 三线交于一点 Q.

像例 B4.1 这样的两个 $\triangle ABC$ 与 $\triangle A'B'C'$ 称为两个**正交三角形**.

例 B4.2(Steinbart 定理) 设 $\triangle ABC$ 的内切圆分别切边 BC、CA、AB 于 D、E、F,P、Q、R 分别为$\overset{\frown}{EF}$、$\overset{\frown}{FD}$ 上的点,则 AP、BQ、CR 三线共点的充分必要条件是 DP、EQ、FR 三线共点.

证明 如图 B4.2 所示,考虑 $\triangle AFE$ 和点 P,由 Ceva 定理的第一角元形式

$$\frac{\sin\measuredangle FAP}{\sin\measuredangle PAE}\cdot\frac{\sin\measuredangle EFP}{\sin\measuredangle PFA}\cdot\frac{\sin\measuredangle AEP}{\sin\measuredangle PEF}=1$$

但 $\measuredangle EFP=\measuredangle AEP=\measuredangle EDP$,$\measuredangle PEF=\measuredangle PFA=\measuredangle PDF$,所以

$$\frac{\sin\measuredangle FAP}{\sin\measuredangle PAE}=\frac{\sin^2\measuredangle PDF}{\sin^2\measuredangle EDP}$$

同理

$$\frac{\sin\measuredangle DBQ}{\sin\measuredangle QBF}=\frac{\sin^2\measuredangle QED}{\sin^2\measuredangle FED},\frac{\sin\measuredangle ECR}{\sin\measuredangle RCD}=\frac{\sin^2\measuredangle RFE}{\sin^2\measuredangle DFR}$$

三式相乘,得

$$\frac{\sin\angle FAP}{\sin\angle PAE}\cdot\frac{\sin\angle DBQ}{\sin\angle QBF}\cdot\frac{\sin\angle ECR}{\sin\angle RCD}=$$

$$\left(\frac{\sin\angle PDF}{\sin\angle EDP}\cdot\frac{\sin\angle QED}{\sin\angle FEQ}\cdot\frac{\sin\angle RFE}{\sin\angle DFR}\right)^2$$

又因 P、Q、R 分别为$\overset{\frown}{EF}$、$\overset{\frown}{FD}$、$\overset{\frown}{DE}$ 上的点，所以

$$\frac{\sin\measuredangle PDF}{\sin\measuredangle EDP}\cdot\frac{\sin\measuredangle QED}{\sin\measuredangle FEQ}\cdot\frac{\sin\measuredangle RFE}{\sin\measuredangle DFR}>0$$

于是

AP、BQ、CR 三线共点 $\Leftrightarrow$

$$\frac{\sin\measuredangle FAP}{\sin\measuredangle PAE}\cdot\frac{\sin\measuredangle DBQ}{\sin\measuredangle QBF}\cdot\frac{\sin\measuredangle ECR}{\sin\measuredangle RCD}=1\Leftrightarrow$$

$$\frac{\sin\measuredangle PDF}{\sin\measuredangle EDP}\cdot\frac{\sin\measuredangle QED}{\sin\measuredangle FEQ}\cdot\frac{\sin\measuredangle RFE}{\sin\measuredangle DFR}=1\Leftrightarrow$$

DX、EY、FZ 三线共点

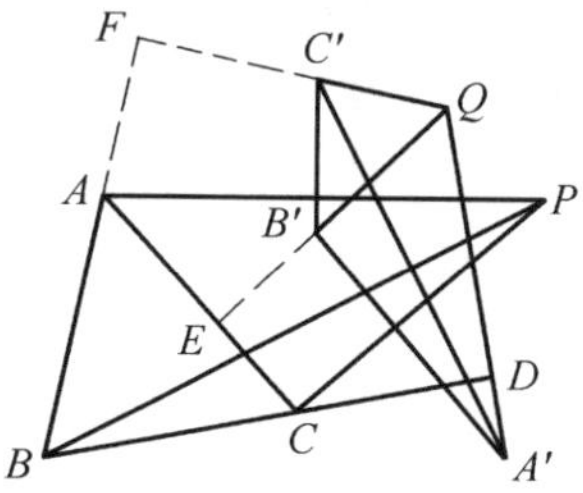

图 B4.1

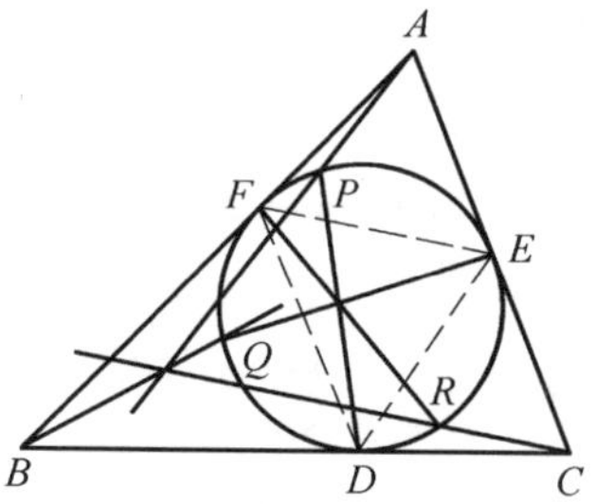

图 B4.2

例 B4.3(Jacobi 定理) 设 D、E、F 是$\triangle ABC$ 所在平面上的三点，且 AE 与 AF、BF 与 BD、CD 与 CE 分别是$\angle A$、$\angle B$、$\angle C$ 的两条等角线，则 AD、BE、CF 三线共点或平行.

证明 如图 B4.3，B4.4 所示，设 A、B、C 表示 $\triangle ABC$ 的相应内角，$\measuredangle FAB=\measuredangle CAE=\alpha$，$\measuredangle DBC=\measuredangle ABF=\beta$，$\measuredangle ECA=\measuredangle BCD=\gamma$. 考虑$\triangle ABC$ 与点 D，由 Ceva 定理的第一角元形式，有

$$\frac{\sin\measuredangle BAD}{\sin\measuredangle DAC}\cdot\frac{\sin\measuredangle CBD}{\sin\measuredangle DBA}\cdot\frac{\sin\measuredangle ACD}{\sin\measuredangle DCB}=1$$

注意 $\measuredangle CBD=-\beta$，$\measuredangle DCB=-\gamma$，$\measuredangle DBA=B+\beta$，$\measuredangle ACD=C+\gamma$，由此可得

$$\frac{\sin\measuredangle BAD}{\sin\measuredangle DAC}=\frac{\sin\gamma}{\sin\beta}\cdot\frac{\sin(B+\beta)}{\sin(C+\gamma)}$$

同理

$$\frac{\sin\measuredangle CBE}{\sin\measuredangle EBA}=\frac{\sin\alpha}{\sin\gamma}\cdot\frac{\sin(C+\gamma)}{\sin(A+\alpha)},\frac{\sin\measuredangle ACF}{\sin\measuredangle FCB}=\frac{\sin\beta}{\sin\alpha}\cdot\frac{\sin(A+\alpha)}{\sin(B+\beta)}$$

三式相乘，得

$$\frac{\sin\measuredangle BAD}{\sin\measuredangle DAC}\cdot\frac{\sin\measuredangle CBE}{\sin\measuredangle EBA}\cdot\frac{\sin\measuredangle ACF}{\sin\measuredangle FCB}=1$$

故由 Ceva 定理的第一角元形式即知 AD、BE、CF 三线共点或互相平行.

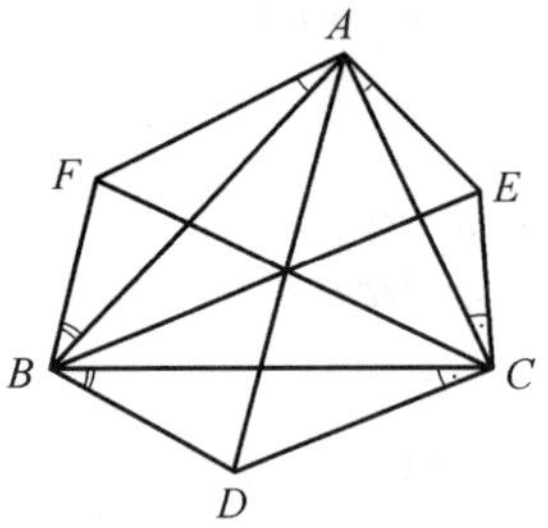

图 B4.3

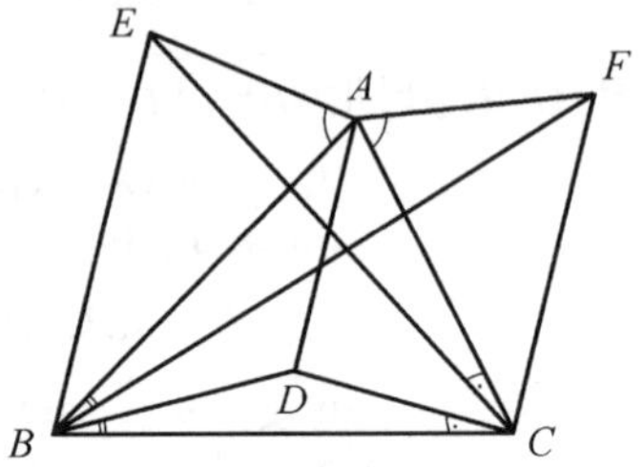

图 B4.4

例 B4.4(Pascal 定理) 圆内接六边形的三组对边(所在直线)的交点共线.

证明 如图 B4.5,B4.6 所示,设圆内接六边形为 $ABCDEF$,直线 AB 与 DE 交于 P,BC 与 EF 交于 Q,CD 与 FA 交于 R.因 $\measuredangle DCB=\measuredangle DAB$,$\measuredangle BCF=\measuredangle BAF$,$\measuredangle FRP=\measuredangle ARP$,$\measuredangle PRC=\measuredangle PRD$,$\measuredangle CFE=\measuredangle RDE$,$\measuredangle EFR=\measuredangle EDA$,所以

$$\frac{\sin\measuredangle DCB}{\sin\measuredangle BCF}\cdot\frac{\sin\measuredangle FRP}{\sin\measuredangle PRC}\cdot\frac{\sin\measuredangle CFE}{\sin\measuredangle EFA}=$$
$$\frac{\sin\measuredangle DAB}{\sin\measuredangle BAF}\cdot\frac{\sin\measuredangle ARP}{\sin\measuredangle PRD}\cdot\frac{\sin\measuredangle RDE}{\sin\measuredangle EDA}$$

考虑 $\triangle ADQ$ 和点 P,由 Ceva 定理的第一角元形式

$$\frac{\sin\measuredangle DAB}{\sin\measuredangle BAF}\cdot\frac{\sin\measuredangle AQP}{\sin\measuredangle PQD}\cdot\frac{\sin\measuredangle QDE}{\sin\measuredangle EDA}=1$$

所以

$$\frac{\sin\measuredangle DCB}{\sin\measuredangle BCF}\cdot\frac{\sin\measuredangle FQP}{\sin\measuredangle PQC}\cdot\frac{\sin\measuredangle CFE}{\sin\measuredangle EFA}=1$$

而 BC 与 FE 相交于点 Q,由 Ceva 定理的第一角元形式,BC、FE、RP 三线共点于 Q.故 P、Q、R 三点共线.

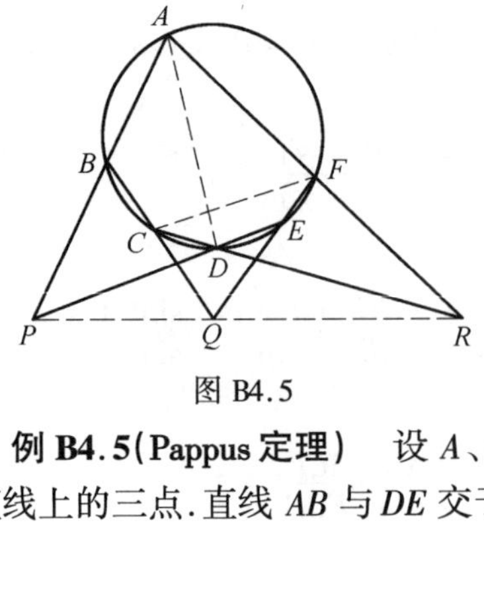

图 B4.5

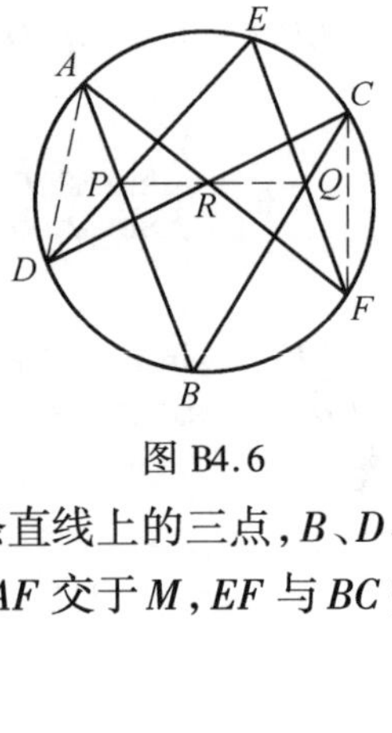

图 B4.6

例 B4.5(Pappus 定理) 设 A、C、E 是一条直线上的三点,B、D、F 是另一条直线上的三点.直线 AB 与 DE 交于 L,CD 与 AF 交于 M,EF 与 BC 交于 N,则

L、M、N 三点共线.

证明 如图 B4.7,B4.8 所示,连 AD、CF、PR.对 $\triangle ADR$ 和点 P 用 Ceva 定理的第一角元形式,并注意分角线定理,有

$$\frac{\sin \measuredangle DAB}{\sin \measuredangle BAF}\cdot\frac{\sin \measuredangle CDE}{\sin \measuredangle EDA}\cdot\frac{\sin \measuredangle ARP}{\sin \measuredangle PRD}=1$$

$$\frac{AD}{AF}\cdot\frac{\sin \measuredangle DAB}{\sin \measuredangle BAF}=\frac{\overline{DB}}{\overline{BF}}=\frac{CD}{CF}\cdot\frac{\sin \measuredangle DCB}{\sin \measuredangle BCF}$$

$$\frac{DC}{DA}\cdot\frac{\sin \measuredangle CDE}{\sin \measuredangle EDA}=\frac{\overline{CE}}{\overline{EA}}=\frac{FC}{FA}\cdot\frac{\sin \measuredangle CFE}{\sin \measuredangle EFA}$$

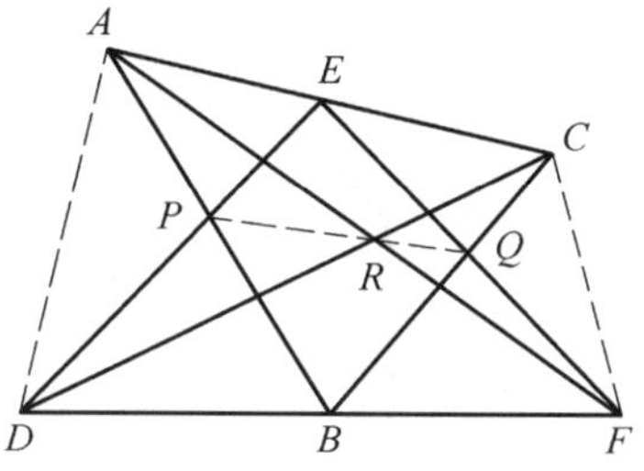

图 B4.7

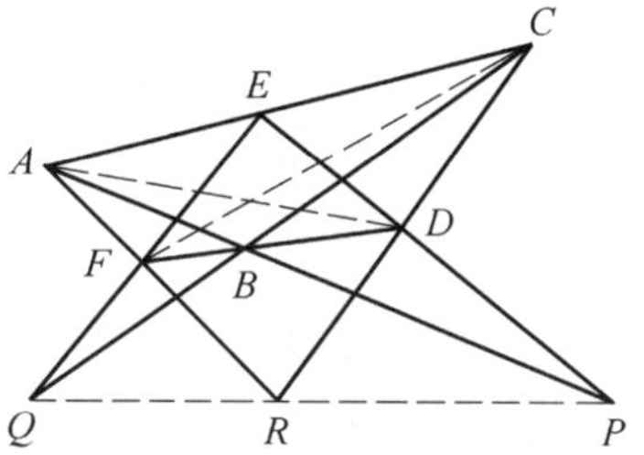

图 B4.8

又 $\measuredangle FRP=\measuredangle ARP$, $\measuredangle PRC=\measuredangle PRD$.于是

$$\frac{\sin \measuredangle DCB}{\sin \measuredangle BCF}\cdot\frac{\sin \measuredangle CFE}{\sin \measuredangle EFA}\cdot\frac{\sin \measuredangle FRP}{\sin \measuredangle PRC}=$$

$$\frac{CF}{CD}\cdot\frac{AD}{AF}\cdot\frac{\sin \measuredangle DAB}{\sin \measuredangle BAF}\cdot\frac{FA}{FC}\cdot\frac{DC}{DA}\cdot\frac{\sin \measuredangle CDE}{\sin \measuredangle EDA}\cdot\frac{\sin \measuredangle ARP}{\sin \measuredangle PRD}=$$

$$\frac{\sin \measuredangle DAB}{\sin \measuredangle BAF}\cdot\frac{\sin \measuredangle CDE}{\sin \measuredangle EDA}\cdot\frac{\sin \measuredangle ARP}{\sin \measuredangle PRD}=1$$

再由 Ceva 定理的角元形式即知,CB、FE、RP 三线共点或平行.但 BC 与 FE 相交于点 Q,所以 CB、FE、RP 三线共点于 Q.故 L、M、N 三点共线.

尚强先生在《平面几何题解(上册)》(北京:中国展望出版社,1985) 中给出的 Pappus 定理的证明也用了 Menelaus 定理的必要性 5 次,而这里用 Ceva 定理的第一角元形式给出的证法则大大地缩短了其证明过程.

例 B4.6(Maclaurin 定理) 设 A、B、C、D 内接于圆 Γ 上四点,则圆 Γ 在 A、B 两点的切线的交点,C、D 两点的切线的交点,AC 与 BD 的交点,BC 与 AD 的交点,凡四点共线.

证明 如图 B4.9,B4.10 所示,设圆 Γ 在 A,B 两点的切线交于点 E,C、D 两点的切线交于点 F,AC 与 BD 交于点 P,BC 与 AD 交于点 Q.考虑 $\triangle ABP$ 和点 E,由 Ceva 定理的第一角元形式,并注意 $\measuredangle BAE=\measuredangle EBA$,有

$$\frac{\sin \measuredangle APE}{\sin \measuredangle EPB}\cdot\frac{\sin \measuredangle PBE}{\sin \measuredangle EAP}=\frac{\sin \measuredangle APE}{\sin \measuredangle EPB}\cdot\frac{\sin \measuredangle PBE}{\sin \measuredangle EBA}\cdot\frac{\sin \measuredangle BAE}{\sin \measuredangle EAP}=1$$

又 $\measuredangle CPE = \measuredangle APE$，$\measuredangle EPD = \measuredangle EPB$，$\measuredangle PDF = -\measuredangle PBE$，$\measuredangle FCP = -\measuredangle EAP$，$\measuredangle DCF = \measuredangle FDC$，所以

$$\frac{\sin\measuredangle CPE}{\sin\measuredangle EPD}\cdot\frac{\sin\measuredangle PDF}{\sin\measuredangle FDC}\cdot\frac{\sin\measuredangle DCF}{\sin\measuredangle FCP}=\frac{\sin\measuredangle EPA}{\sin\measuredangle BPE}\cdot\frac{\sin\measuredangle PBE}{\sin\measuredangle EAP}=1$$

再由用 Ceva 定理的第一角元形式即知 PE、DF、CF 三线共点，所以 E、P、F 三点共线；同理，E、Q、F 三点共线．故 E、F、P、Q 四点共线．

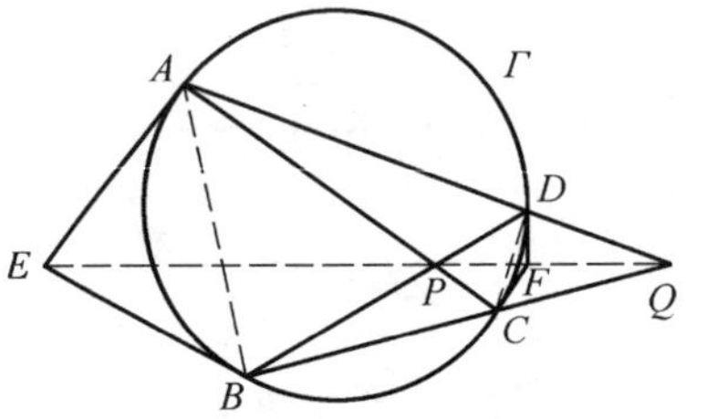

图 B4.9

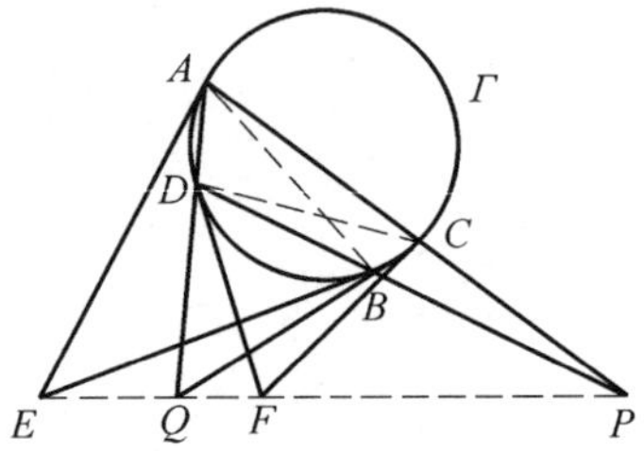

图 B4.10

由 Maclaurin 定理立即可得 Newton 定理．

Newton 定理　圆外切四边形对边切点的连线及两对角线，凡四线共点．

事实上，如图 B4.11 所示，设圆外切四边形 $ABCD$ 的边 AB、BC、CD、DA 分别与圆切于E、F、G、H，EG 与 FH 交于点 P，则由 Maclaurin 定理，A、P、C 三点共线，B、P、D 三点共线．故 EG、FH、AC、BD 四线共点．

例 B4.7（Brianchon 定理）　圆外切六边形三组对顶点的连线交于一点．

证明　如图 B4.12 所示，设 $ABCDEF$ 是一个圆外切六边形，边 AB、BC、CD、DE、EF、FA 分别与圆切于点 P、Q、R、S、T、U．由 Newton 定理，AD、PS、UR 交于一点 K，UR、FC、QT 交于一点 L，QT、BE、RS 交于一点 M．

考虑 $\triangle KPU$ 与点 A，由 Ceva 定理的第一角元形式

$$\frac{\sin\measuredangle UKA}{\sin\measuredangle AKP}\cdot\frac{\sin\measuredangle KPA}{\sin\measuredangle APU}\cdot\frac{\sin\measuredangle PUA}{\sin\measuredangle AUK}=1$$

但 $\measuredangle APU = \measuredangle PUA$，所以

$$\frac{\sin\measuredangle UKA}{\sin\measuredangle AKP}=\frac{\sin\measuredangle AUK}{\sin\measuredangle KPA}$$

同理

$$\frac{\sin\measuredangle QLC}{\sin\measuredangle CLR}=\frac{\sin\measuredangle CQL}{\sin\measuredangle LRC},\ \frac{\sin\measuredangle SME}{\sin\measuredangle EMT}=\frac{\sin\measuredangle ESM}{\sin\measuredangle MTE}$$

而 $\measuredangle AUK = \measuredangle LRC$，$\measuredangle CQL = \measuredangle MTE$，$\measuredangle ESM = \measuredangle KPA$，因此

$$\frac{\sin\measuredangle LKD}{\sin\measuredangle DKS}\cdot\frac{\sin\measuredangle MLF}{\sin\measuredangle FLK}\cdot\frac{\sin\measuredangle KMB}{\sin\measuredangle BML}=$$

$$\frac{\sin\measuredangle AUK}{\sin\measuredangle KPA}\cdot\frac{\sin\measuredangle CQL}{\sin\measuredangle LRC}\cdot\frac{\sin\measuredangle ESM}{\sin\measuredangle MTE}=1$$

再由 Ceva 定理的第一角元形式，KP、LF、MB 三线共点或平行. 即 AD、BE、CF 三线共点或平行. 但 AD、BE、CF 是圆外切六边形的三条对角线，故 AD、BE、CF 三线共点.

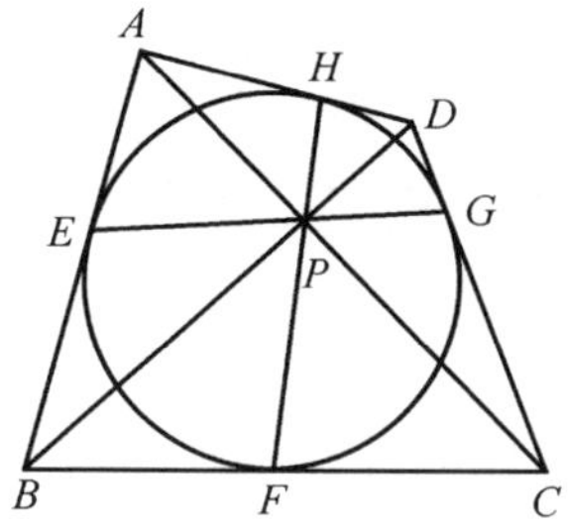

图 B4.11

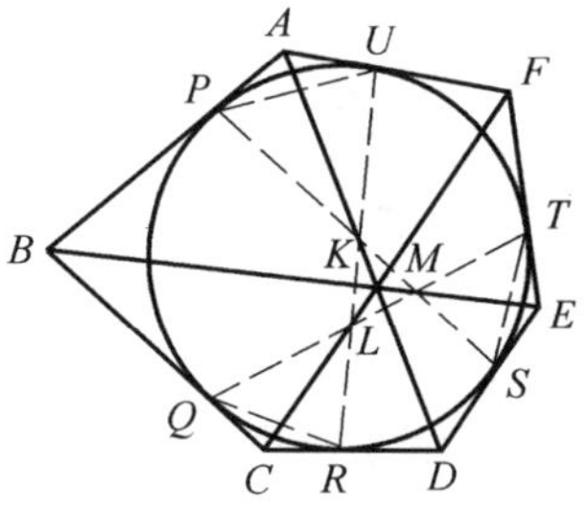

图 B4.12

例 4.8(Droz－Farny 定理) 设 H 是 $\triangle ABC$ 的垂心，过 H 作两条互相垂直的直线，其中一条与直线 BC、CA、AB 分别交于 D_1、E_1、F_1，另一条与直线 BC、CA、AB 分别交于 D_2、E_2、F_2，线段 D_1D_2、E_1E_2、F_1F_2 的中点分别为 L、M、N，则 L、M、N 三点共线.

证明 如图 B4.13 所示，以 A、B、C 表示 $\triangle ABC$ 的相应内角，设 $\measuredangle F_2D_2B=\theta$. 因 L 是 $\mathrm{Rt}\triangle HD_1D_2$ 的斜边 D_1D_2 的中点，所以 $\measuredangle LHD_2=\theta$，$\measuredangle HLD_1=2\theta$，而 $\measuredangle CBH=90^\circ-C$，因此

$$\measuredangle BHL=180^\circ-2\theta-(90^\circ-C)=90^\circ-2\theta+C$$

再由 $\measuredangle BHC=180^\circ-A$，得

$$\measuredangle LHC=\measuredangle BHC-\measuredangle BHL=90^\circ+2\theta-A-C=B+2\theta-90^\circ$$

同样，由 M、N 分别为 E_1E_2、F_1F_2 的中点，$\measuredangle ME_2H=C-\theta$，$\measuredangle HF_2A=B+\theta$，$\measuredangle ACH=\measuredangle HBA=90^\circ-A$，$\measuredangle CHA=180^\circ-B$，$\measuredangle AHB=180^\circ-C$ 可得

$$\measuredangle CHM=90^\circ-2\theta+C-B,\ \measuredangle MHA=90^\circ+2\theta-C$$

$$\measuredangle AHN=90^\circ-2\theta-B,\ \measuredangle NHB=90^\circ+2\theta+B-C$$

于是

$$\frac{\sin\angle BHL}{\sin\angle LHC}\cdot\frac{\sin\angle CHM}{\sin\angle MHA}\cdot\frac{\sin\angle AHN}{\sin\angle NHB}=$$

$$\frac{\sin(90^\circ-2\theta+C)}{\sin(B+2\theta-90^\circ)}\cdot\frac{\sin(90^\circ-2\theta+C-B)}{\sin(90^\circ+2\theta-C)}\cdot\frac{\sin(90^\circ-2\theta-B)}{\sin(90^\circ+2\theta+B-C)}=$$

$$\frac{\cos(C-2\theta)}{-\cos(B+2\theta)}\cdot\frac{\cos(2\theta+B-C)}{\cos(2\theta-C)}\cdot\frac{\cos(2\theta+B)}{\cos(2\theta+B-C)}=-1$$

故由 Menelaus 定理的第二角元形式即知 L、M、N 三点共线.

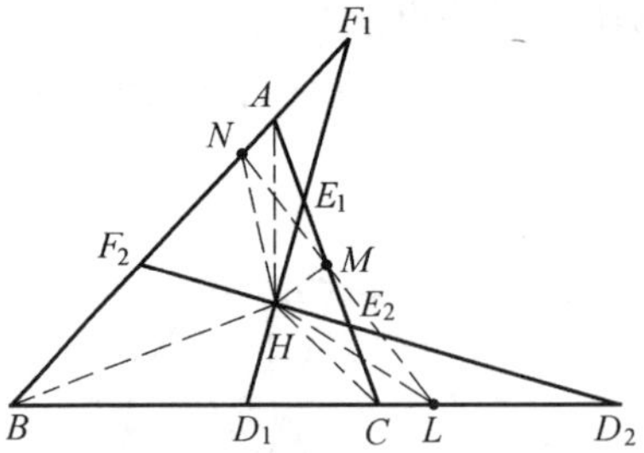

图 B4.13

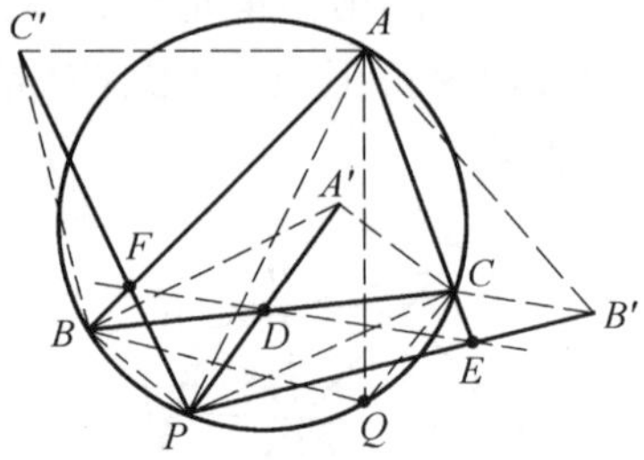

图 B4.14

例 B4.9(清宫定理) 设 P、Q 是 $\triangle ABC$ 的外接圆上两点，A'、B'、C' 分别为 Q 关于 BC、CA、AB 的对称点，则 PA' 与 BC 的交点 D、PB' 与 CA 的交点 E、PC' 与 AB 的交点 F 共线.

证明 如图 B4.14 所示，当点 P 为 $\triangle ABC$ 的某个顶点时，结论是显然成立的；下设点 P 不是 $\triangle ABC$ 的任何顶点. 由假设易知，$A'B = QB$，$A'C = QC$. 于是由正弦定理，有

$$\frac{\sin\measuredangle BPD}{\sin\measuredangle DPC}=\frac{A'B}{A'C}\cdot\frac{\sin\measuredangle A'BP}{\sin\measuredangle PCA'}=\frac{QB}{QC}\cdot\frac{\sin\measuredangle A'BP}{\sin\measuredangle PCA'}$$

同理

$$\frac{\sin\measuredangle CPE}{\sin\measuredangle EPA}=\frac{QC}{QA}\cdot\frac{\sin\measuredangle B'CP}{\sin\measuredangle PAB'},\frac{\sin\measuredangle APF}{\sin\measuredangle FPB}=\frac{QA}{QB}\cdot\frac{\sin\measuredangle C'AP}{\sin\measuredangle PBC'}$$

三式相乘，得

$$\frac{\sin\measuredangle BPD}{\sin\measuredangle DPC}\cdot\frac{\sin\measuredangle CPE}{\sin\measuredangle EPA}\cdot\frac{\sin\measuredangle APF}{\sin\measuredangle FPB}=$$

$$\frac{\sin\measuredangle A'BP}{\sin\measuredangle PCA'}\cdot\frac{\sin\measuredangle B'CP}{\sin\measuredangle PAB'}\cdot\frac{\sin\measuredangle C'AP}{\sin\measuredangle PBC'}$$

又 $\measuredangle A'BQ=2\measuredangle CBQ=2\measuredangle CAQ=\measuredangle B'AQ$，$\measuredangle QBP=\measuredangle QAP$，所以，$\measuredangle A'BP=\measuredangle B'AP=-\measuredangle PAB'$. 同理，$\measuredangle B'CP=-\measuredangle PBC'$，$\measuredangle C'AP=-\measuredangle PCA'$. 于是

$$\frac{\sin\measuredangle BPD}{\sin\measuredangle DPC}\cdot\frac{\sin\measuredangle CPE}{\sin\measuredangle EPA}\cdot\frac{\sin\measuredangle APF}{\sin\measuredangle FPB}=-1$$

故由 Menelaus 定理的第二角元形式即知 D、E、F 三点共线.

例 B4.10(他拿定理) 设 P、Q 是关于 $\triangle ABC$ 的外接圆的一对互反点，A'、B'、C' 分别为点 Q 关于 BC、CA、AB 的对称点，PA' 与 BC 的交于点 D，PB' 与 CA 的交于点 E，PC' 与 AB 的交于点 F，则 D、E、F 三点共线.

证明 如图 B4.15，B4.16 所示，设 $\triangle ABC$ 的外心为 O，OP 交其外接圆于 R. 连 AB'、AC'、BC'、BA'、PA、PB、PC、QA、QB、QC、RA、RB、RC. 同例 B4.9 类似，我们有

$$\frac{\sin\measuredangle BPD}{\sin\measuredangle DPC}\cdot\frac{\sin\measuredangle CPE}{\sin\measuredangle EPA}\cdot\frac{\sin\measuredangle APF}{\sin\measuredangle FPB}=$$

$$\frac{\sin\measuredangle A'BP}{\sin\measuredangle PCA'}\cdot\frac{\sin\measuredangle B'CP}{\sin\measuredangle PAB'}\cdot\frac{\sin\measuredangle C'AP}{\sin\measuredangle PBC'}$$

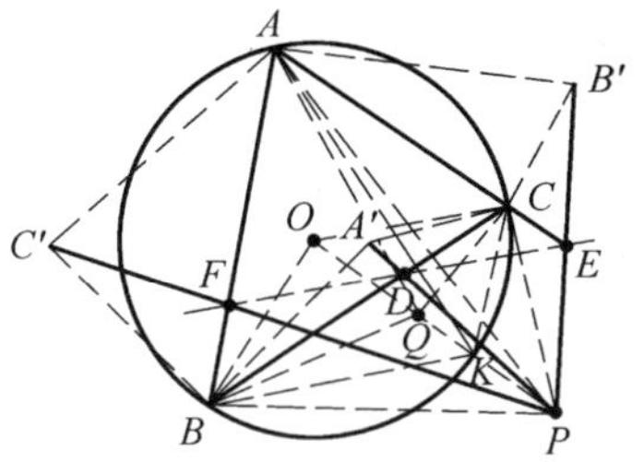

图 B4.15

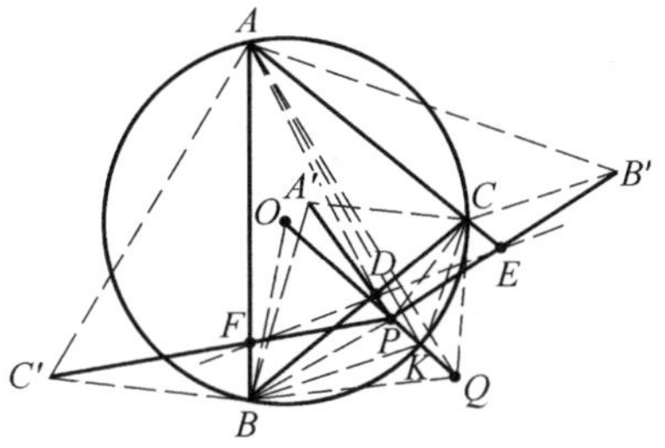

图 B4.16

因 P、Q 关于 $\triangle ABC$ 的外接圆互为反点，所以，$OB^2 = OP\cdot OQ$，于是，$\triangle OBQ\backsim\triangle OPB$，所以 $\measuredangle OBQ=\measuredangle OPB$. 又 $\measuredangle OBR=\measuredangle ORB$，因此，$\measuredangle RBQ=\measuredangle PBR$. 再因 A'、Q 关于 BC 对称，所以 $\measuredangle QBA'=2\measuredangle QBD$，从而 $\measuredangle PBA'=2\measuredangle RBC$. 同理，$\measuredangle PAB'=2\measuredangle RAC$. 但 $\measuredangle RAC=\measuredangle RBC$，所以，$\measuredangle PAB'=\measuredangle PBA'=-\measuredangle A'BP$. 同理，$\measuredangle PBC'=-\measuredangle B'CP$，$\measuredangle PCA'=-\measuredangle C'AP$，于是

$$\frac{\sin\measuredangle BPD}{\sin\measuredangle DPC}\cdot\frac{\sin\measuredangle CEP}{\sin\measuredangle EPA}\cdot\frac{\sin\measuredangle APF}{\sin\measuredangle FPB}=-1$$

故由 Menelaus 定理的第二角元形式即知 D、E、F 三点共线.

最后我们指出，由 Menelaus 定理(Ceva 定理)与其角元形式的等价性可知，凡能用 Menelaus 定理(Ceva 定理)处理的有关三点共线(三线共点)问题，皆可以用其角元形式处理，反之亦真. 实际上，它们只不过是同一定理的几种不同的表现形式而已. 这几种不同的形式相辅相成，互为补充. 当我们用来处理三点共线或三线共点问题时究竟应该选取哪种形式要根据具体问题而定，不可偏废.

参考解答

习题 1

1. 证明定理 1.2.2，推论 1.2.1，推论 1.2.2，定理 1.4.2 (2)，定理 1.5.2.

定理 1.2.2 合同变换的逆变换也是合同变换;两个合同变换之积也是合同变换.

证明 设 f^{-1} 是平面 π 的合同变换 f 的逆变换,对平面 π 上任意两点 A'、B',设 A'、$B' \xrightarrow{f^{-1}} A$、$B$,则 A、$B \xrightarrow{f} A'$、B'. 而 f 是平面 π 的合同变换,所以,$A'B' = AB$,改写为 $AB = A'B'$,即知 f^{-1} 也是平面 π 的合同变换. 故合同变换的逆变换也是合同变换.

再设 f、g 是平面 π 的两个合同变换,$\varphi = g \circ f$. 对平面 π 上的任意两点 A、B,设 A、$B \xrightarrow{\varphi} A''$、$B''$,则存在平面 π 上的两点 A'、B',使得 A、$B \xrightarrow{f} A'$、$B' \xrightarrow{g} A''$、B''. 因 f、g 都是平面 π 的合同变换,所以 $A'B' = AB$,$A''B'' = A'B'$,因此,$A''B'' = AB$. 故 φ 也是平面 π 的合同变换. 这就证明了两个合同变换之积也是合同变换.

推论 1.2.1 在合同变换下,直线的像是直线;射线的像是射线;线段的像是与之相等的线段,且线段的中点的像是像线段的中点.

证明 第一个结论在书中已给出证明. 我们证明后两个结论.

先证在合同变换下,射线的像是射线.

事实上,设 f 是平面 π 的一个合同变换,OA 是平面 π 上的一条以 O 为端点的一条射线,O、$A \xrightarrow{f} O'$、A'. 设 P 是射线 OA 上异于 O、A 的任意一点,设 $P \xrightarrow{f} P'$,则由定理 1.2.3,点 P' 在直线 $O'A'$ 上且如果 P 在 O、A 之间,则 P' 在 O'、A' 之间;如果 A 在 O、P 之间,则 A' 在 O'、P' 之间. 总之,P' 在射线 $O'A'$ 上.

反之,对于射线 $O'A'$ 上异于 O'、A' 的任意一点 Q',考虑 f 的逆变换 f^{-1},由定理 1.2.2,f^{-1} 也是平面 π 的一个合同变换,且 O'、$A' \xrightarrow{f^{-1}} O$、$A$. 设 $Q' \xrightarrow{f^{-1}} Q$,则重复刚才的讨论可知,$Q$ 在射线 OA 上,且 $Q \xrightarrow{f} Q'$.

综上所述,合同变换 f 将射线 OA 变为射线 $O'A'$.

再证在合同变换下,线段的像是与之相等的线段,且线段的中点的像是像线段的中点.

事实上,设 f 是平面 π 的一个合同变换,AB 是平面 π 上的一条线段,A、$B \xrightarrow{f} A'$、B'.对线段 AB 上任意一点 P,设 $P \xrightarrow{f} P'$,则由定理 1.2.3,点 P' 在直线 $A'B'$ 上.因点 P 在 A、B 之间,所以,点 P' 在 A'、B' 之间,即点 P' 在线段 $A'B'$ 上.

反之,对于线段 $A'B'$ 上的任意一点 Q',考虑 f 的逆变换 f^{-1},由定理 1.2.2,f^{-1} 也是平面 π 的一个合同变换,且 A'、$B' \xrightarrow{f^{-1}} A$、$B$.设 $Q' \xrightarrow{f^{-1}} Q$,则重复刚才的讨论可知,$Q$ 在线段 AB 上,且 $Q \xrightarrow{f} Q'$.

综上所述,合同变换 f 将线段 AB 变为线段 $A'B'$.由于 f 是合同变换,所以 $A'B' = AB$.再设 M 是线段 AB 的中点,$M \xrightarrow{f} M'$,则 M' 在 $A'B'$ 上,且 $A'M' = AM = MB = M'B'$,所以 M' 是线段 $A'B'$ 的中点.这就是说,在合同变换下,线段的像是与之相等的线段,且线段的中点的像是像线段的中点.

推论 1.2.2 在合同变换下,两正交(垂直)直线的像仍是两正交直线;两平行直线的像仍是两平行直线,且两平行直线之间的距离保持不变.

证明 由定理 1.2.4,合同变换保持两直线的夹角大小不变,因此,在合同变换下,两正交直线的像仍是两正交直线;设 f 是平面 π 的一个合同变换,a、b 是平面 π 上的两条平行直线,a、$b \xrightarrow{f} a'$、b',由推论 1.2.1,a'、b' 仍是平面 π 上的两条直线.如果 a'、b' 有公共点 P',考虑 f 的逆变换 f^{-1},由定理 1.2.2,f^{-1} 也是平面 π 的一个合同变换,且 a'、$b' \xrightarrow{f^{-1}} a$、$b$.设 $P' \xrightarrow{f^{-1}} P$,因为 P' 既在直线 a' 上,也在直线 b' 上,所以点 P 既在直线 a 上,也在直线 b 上,即直线至少有一个公共点,这与 $a \parallel b$ 矛盾.这个矛盾说明直线 a'、b' 也无公共点.故 $a' \parallel b'$.再作两平行线之间的垂线段即可知道两平行直线之间的距离保持不变.

定理 1.4.2 (2) 任意一个旋转变换都可以表示为两个轴反射变换之积,两条反射轴皆过旋转中心,第一条反射轴到第二条反射轴的交角等于旋转角的一半,且其中一条反射轴可以在过旋转中心的直线中任意选取.

证明 设 $R(O,\theta)$ 是平面 π 的一个旋转变换,过旋转中心 O 任取两条直线 l_1、l_2,使 l_1 到 l_2 的交角等于 $\frac{\theta}{2}$,则由定理 1.4.1(3) 即知 $S(l_2)S(l_1) = R(O,\theta)$.故 $R(O,\theta)$ 是两个轴反射变换之积,且其中一条反射轴可以在过旋转中心的直线中任意选取.

定理 1.5.2 有限图形不可能是滑动向量非零的滑动反射变换的不变图形.

证明 如果平面 π 上的一个有限图形是滑动反射变换 $G(l,\boldsymbol{v})(\boldsymbol{v}\neq\boldsymbol{0})$ 的不变图形,则由定理 1.2.7 知,$G(l,\boldsymbol{v})$ 至少有一个不动点.但滑动向量 $\boldsymbol{v}\neq\boldsymbol{0}$ 时,滑动反射变换 $G(l,\boldsymbol{v})$ 没有不动点.因此,滑动向量非零的滑动反射变换没有有限的不变图形.

2.证明:如果平面 π 的一个变换使得平面上的任意一条直线都是不变直线,则这个变换是恒等变换.

证明 设 f 是平面 π 的一个使得平面 π 上任意一条直线都是不变直线的变换.如图 1.1 所示,对平面 π 上的任意一点 A,取过点 A 的两条不同直线 a、b,因点 A 既在直线 a 上,也在直线 b 上,而 a、b 都是 f 的不变直线,所以,$f(A)$ 既在直线 a 上,也在直线 b 上,即 $f(A)$ 为直线 a、b 的交点 A,亦即 $f(A) = A$.由点 A 的任意性即知,f 是平面 π 的恒等变换.

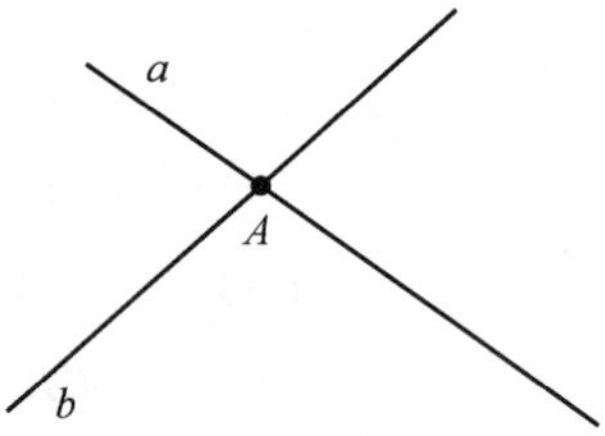

图 1.1

3.证明:如果平面 π 的一个变换使得平面上的任意一个圆都是不变圆,则这个变换是恒等变换.

证明 设 f 是平面 π 的一个使得平面 π 上任意一个圆都是不变圆的变换.如图 1.2 所示,对平面 π 上的任意一点 A,取与点 A 相切的两个不同的圆 Γ_1、Γ_2,因点 A 既在圆 Γ_1 上,也在圆 Γ_2 上,而圆 Γ_1、Γ_2 都是 f 的不变圆,所以,$f(A)$ 既在圆 Γ_1 上,也圆 Γ_2 上,即 $f(A)$ 为圆 Γ_1 与 Γ_2 的公共点,但相切两圆 Γ_1 与 Γ_2 只有一个公共点 —— 即切点 A,因此 $f(A) = A$.由点 A 的任意性即知,f 是平面 π 的恒等变换.

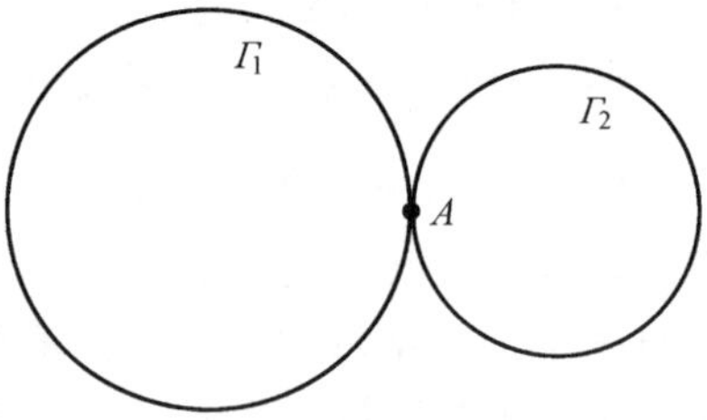

图 1.2

注 也可以取过点 A 的、圆心不在一直线上的三个不同的圆仿上题证明.

4.如果平面 π 的一个变换 f 满足条件 $f\circ f = I$.,则称 f 是平面 π 的一个对合变换.证明:f 是平面 π 的一个对合变换的充分必要条件是 f 的逆变换 f^{-1} 存在,且 $f^{-1} = f$.

证明 必要性.设 f 是平面 π 的一个对合变换,则 $f\circ f = I$.

往证:f 作为平面到自身的一个映射,f 既是单射,也是满射.

事实上,对平面 π 上任意两点 A、B,若 $f(A)=f(B)$,则 $f(f(A))=f(f(B))$,即$(f\circ f)(A)=(f\circ f)(B)$.但$f\circ f=I$,因而有 $I(A)=I(B)$,这说明 $A=B$.故 f 是平面 π 的一个单射.

又对平面 π 上的任意一点 B,设 $A=f(B)$,则 $f(A)=f(f(B))=(f\circ f)(B)=I(B)=B$,即在平面上存在一点 $A(=f(B))$,使得$f(A)=B$,故 f 是满射.

因为 f 既是单射,也是满射,所以,f 是一个一一映射,即 f 是一个一一变换,从而其逆变换 f^{-1} 存在,且

$$f^{-1}=f^{-1}\circ I=f^{-1}\circ(f\circ f)=(f^{-1}\circ f)\circ f=I\circ f=f$$

充分性.设平面 π 的变换f 的逆变换f^{-1} 存在,且 $f^{-1}=f$,则有

$$f\circ f=f^{-1}\circ f=I$$

由定义即知,f 是平面π 的一个对合变换.

5.证明:平面 π 的一个变换f 是合同变换的充分必要条件是:f 将平面π 的任意一个三角形变为与之全等的三角形.

证明 当f 是平面π 的一个合同变换时,显然,f 将平面π 的任意一个三角形变为与之全等的三角形.反之,若f 将平面π 的任意一个三角形变为与之全等的三角形.对平面 π 上的任意两点A、B,设 A、$B\xrightarrow{f}A'$、B'.再在平面 π 上取不在直线 AB 上的一点 C,设 $C\xrightarrow{f}C'$,由假设,$\triangle A'B'C'\cong\triangle ABC$,所以,$A'B'=AB$,由合同变换的定义即知,$f$ 是平面π 的一个合同变换.

6.证明:如果一个圆是合同变换f 的不变圆,则这个圆的圆心是f 的一个不动点.

证明 如图 1.3,1.4 所示,设圆 Γ 是合同变换f 的不变圆,圆 Γ 的圆心为 O,在圆上取两条不同的弦 AB、CD,设 AB、CD 的垂直平分线分别为 l、m,则圆心 O 为直线 l 与 m 的交点.再设 $AB\xrightarrow{f}A'B'$,$CD\xrightarrow{f}C'D'$,l,$m\xrightarrow{f}l'$,m',则 l'、m' 分别为$A'B'$、$C'D'$ 的垂直平分线.因圆 Γ 是合同变换f 的不变圆,所以,$A'B'$、$C'D'$ 仍为圆Γ 的两条不同的弦,从而 l' 与 m' 的交点仍为圆心 O.但在合同变换 f 下,直线 l 与 m 的交点的像为直线l' 与 m' 的交点,即有 $f(O)=O$,故圆 Γ 的圆心 O 是f 的一个不动点.

另证 由定理 1.2.5 及其证明可知,在合同变换 f 下,圆心的像是像圆的圆心.因而当一个圆是合同变换 f 的不变圆时,其圆心必为 f 的不动点.

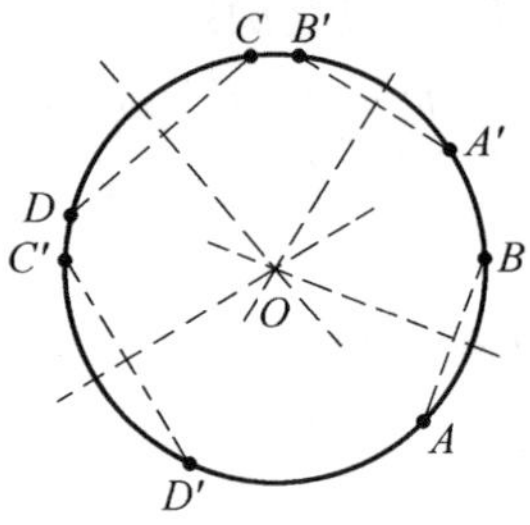

图 1.3

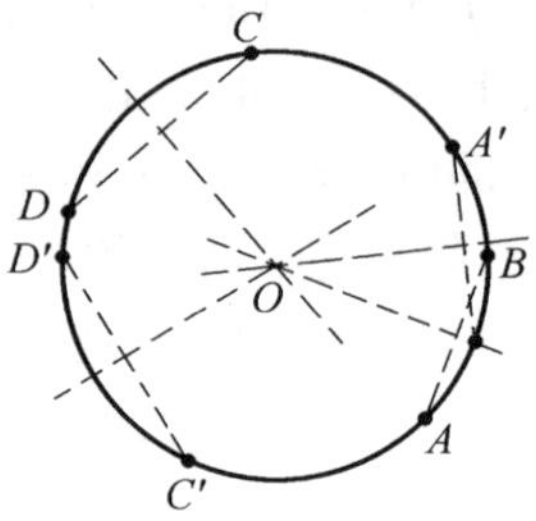

图 1.4

7. 设 f 是平面 π 的一个合同变换. 如果平面 π 上存在两个不同的点 A、B, 使得 $f(A) = B$, $f(B) = A$. 求证: f 至少有一个不动点.

证明 因在合同变换下, 线段仍变为线段, 且线段的中点变为其像线段的中点, 于是, 设 M 为线段 AB 的中点, 则 $f(M)$ 为线段 BA 的中点. 但线段 BA 的中点就是线段 AB 的中点 M, 所以 $f(M) = M$, 即线段 AB 的中点 M 是合同变换 f 的一个不动点.

8. 证明: 至少有两个不动点的真正合同变换是恒等变换.

证明 由定理 1.4.8, 至少有两个不动点的合同变换或是恒等变换, 或是轴反射变换. 而轴反射变换是镜像合同变换, 故至少有两个不动点的真正合同变换必为恒等变换.

9. 设 f 是平面 π 的一个合同变换, 平面 π 上存在两个不同的点 A、B, 使得 $f(A) = B$, $f(B) = A$. 求证: 线段 AB 的垂直平分线是 f 的一条不变直线.

证明 如图 1.5 所示, 因 $f(A) = B$, $f(B) = A$. 由题7, 线段 AB 的中点 M 是 f 的一个不动点, 对线段 AB 的垂直平分线 l 上不同于 M 的任意一点 P, 设 $f(P) = P'$, 则 $\angle P'BM = \angle PAM = 90°$, 所以, 点 P' 仍在直线 l 上(实际上, 由 $P'M = PM$ 知, 或者 $P' = P$, 或者 P' 是点 P 关于直线 AB 的对称点). 故直线 l 是合同变换 f 的一条不变直线.

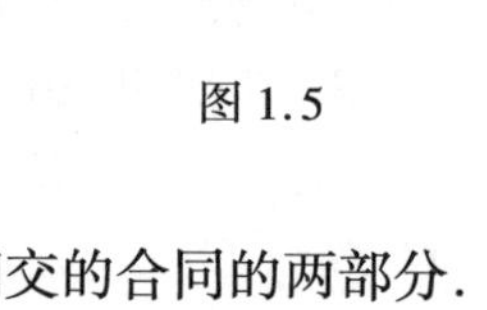

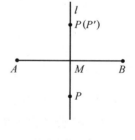

图 1.5

10. 证明: 正三角形(包含内部) 不可能分成不相交的合同的两部分.

证明 如图 1.6 所示, 设 $\triangle ABC$ 是一个正三角形. 如果 $\triangle ABC$(包含其内部) 可以分成不相交的合同的两个点集 M、N, 则存在一个合同变换 f, 使得 $f(M) = N$. 考虑 $\triangle ABC$ 的三个顶点 A、B、C, 则其中至少有两点属于 M、N 中的同一个点集，不妨设 A、$B \in M$，且 $f(A) = A'$，$f(B) = B'$，则 A'、$B' \in N$. 因 f 是合同变换，所以，$A'B' = AB$. 注意到正三角形中任意两点的距离都不大于其边长，因而 A'、B' 必为正 $\triangle ABC$ 的两个顶点，但 $\triangle ABC$ 只有三个顶点，从而 A'、B' 中至少有一个是顶点 A、B 之一，这与 M、N 不相交矛盾. 故 $\triangle ABC$ 不能分成不相交的合同的两部分.

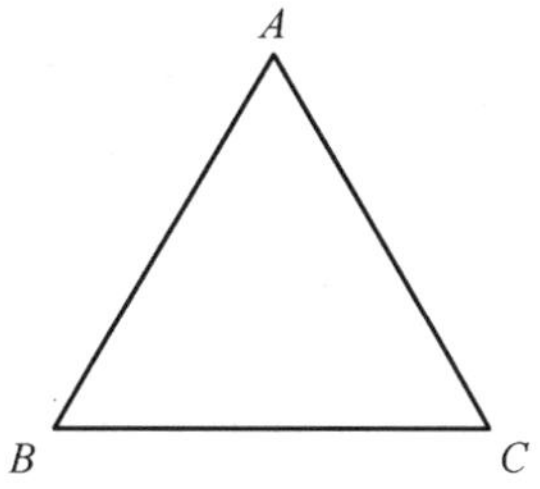

图 1.6

11. 证明：平移向量平行于一条定直线的所有平移变换构成的集合作成平移群的一个子群.

证明　设 l 是平面 π 上的一条定直线，G 是平面 π 上所有平移向量都平行于直线 l 的平移变换所构成的集合. 任取 $T(\boldsymbol{v}) \in G$，则 $\boldsymbol{v} /\!/ l$，所以，$-\boldsymbol{v} /\!/ l$，因此，$T^{-1}(\boldsymbol{v}) = T(-\boldsymbol{v}) \in G$. 又任取 $T(\boldsymbol{v}_1), T(\boldsymbol{v}_2) \in G$，则 $\boldsymbol{v}_1 /\!/ l$，$\boldsymbol{v}_2 /\!/ l$，所以，$\boldsymbol{v}_1 + \boldsymbol{v}_2 /\!/ l$，因此，$T(\boldsymbol{v}_2)T(\boldsymbol{v}_1) = T(\boldsymbol{v}_1 + \boldsymbol{v}_2) \in G$. 于是，由定理1.1.3即知，$G$ 是平面 π 的一个变换群. 而 G 的元素都是平移变换，故 G 是平移群的子群.

12. 设平面 π 的变换 f 既是平移变换又是旋转变换. 证明：f 必为恒等变换.

证明　设平面 π 的变换 f 既是平移变换 $T(\boldsymbol{v})$ 又是旋转变换 $R(O,\theta)$. 因旋转中心 O 是旋转变换 $R(O,\theta)$ 的不动点，所以，f 作为平移变换有一个不动点. 但除恒等变换外，平移变换没有不动点，因而 f 必为恒等变换.

13. 证明：平移变换 $T(\boldsymbol{v})(\boldsymbol{v} \neq \mathbf{0})$ 没有不变圆.

证明　设圆 Γ 是平移变换 $T(\boldsymbol{v})$ 的不变圆，由第6题，圆 Γ 的圆心 O 是平移变换 $T(\boldsymbol{v})$ 的不动点. 于是，$\boldsymbol{v} = \overrightarrow{OO} = \mathbf{0}$，这与 $\boldsymbol{v} \neq \mathbf{0}$ 矛盾. 因此，当平移向量 $\boldsymbol{v} \neq \mathbf{0}$ 时，平移变换 $T(\boldsymbol{v})$ 没有不变圆.

14. 证明：一个圆是非恒等的旋转变换的不变圆当且仅当圆心是旋转中心；一个圆是轴反射变换的不变圆当且仅当圆心在反射轴上.

证明　(1) 当一个圆的圆心即旋转中心时，这个圆显然是旋转变换的不变圆.

反之，设圆 Γ 是旋转变换 $R(O,\theta)(\theta \neq 2k\pi, k$ 为整数) 的一个不变圆. 如图 1.7 所示，在圆 Γ 上任取两个不同的点 A、B，设 A、$B \xrightarrow{R(O,\theta)} A'$、$B'$. 因圆 Γ 是 $R(O,\theta)$ 的不变圆，所以 A'、B' 两点仍在圆 Γ 上. 由于在旋转变换下，任意一点与其像点的连线段的垂直平分线过旋转中心，所以，旋转中心 O 是线段 AA'

的垂直平分线与线段 BB' 的垂直平分线的交点.但因旋转角 $\theta \neq 2k\pi$,所釉,AA'、BB' 是圆 Γ 的两条弦,其垂直平分线的交点即圆心,故圆 Γ 的圆心即旋转中心 O.

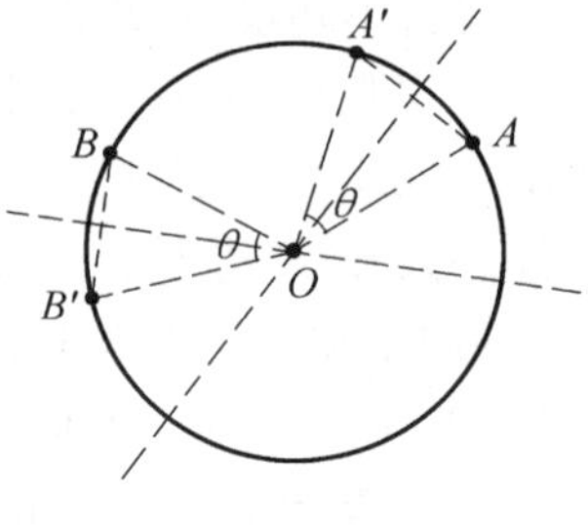

图 1.7

(2) 当一个圆的圆心在轴反射变换的反射轴上时,这个圆显然是轴反射变换的不变圆.

反之,设圆 Γ 是轴反射变换 $S(l)$ 的一个不变圆.如图 1.8 所示,在圆 Γ 上任取两个不同的点 A、B,使得 AB 与反射轴 l 既不平行也不垂直.设线段 AB 的垂直平分线为 m

$$A、B \xrightarrow{S(l)} A'、B',\ m \xrightarrow{S(l)} m'$$

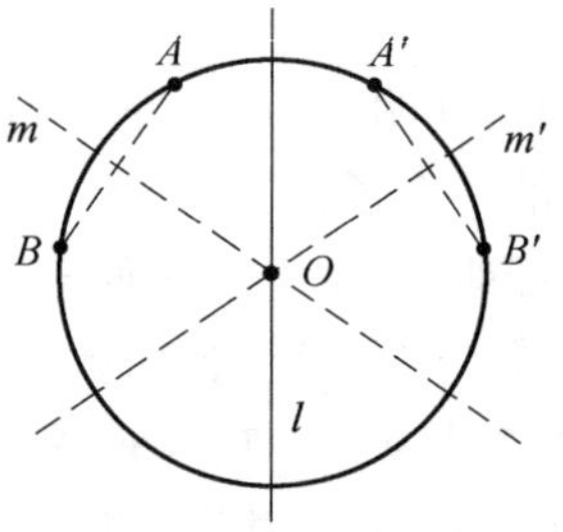

图 1.8

则 m' 是 $A'B'$ 的垂直平分线.因 AB 与反射轴 l 既不平行也不垂直,所以,直线 m 与 m' 既不平行也不重合,因而它们必定相交,由定理 1.3.18,直线 m 与 m' 的交点在反射轴 l 上.另一方面,因圆 Γ 是 $S(l)$ 的不变圆,所以 A'、B' 两点仍在圆 Γ 上,于是直线 m 与 m' 的交点即圆 Γ 的圆心.故圆 Γ 的圆心在反射轴 l 上.

15.证明:至少有一个不动点的真正合同变换是旋转变换.

证明 设 f 是平面 π 的一个真正合同变换,O 是 f 的一个不动点,在平面 π 上任取异于 O 的一点 B,设 $B \xrightarrow{f} B'$,$\measuredangle BOB' = \theta$.对平面上任意异于 O、B 的一点 A,设 $A \xrightarrow{f} A'$,则 $OA' = OA$,且 $\triangle OA'B'$ 与 $\triangle OAB$ 真正合同,于是,$\measuredangle AOA' = \measuredangle BOB' = \theta$.而当 $A = B$ 时,也有 $OA' = OA$,$\measuredangle AOA' = \theta$.故 $f = R(O,\theta)$ 是一个旋转变换.

另证 由定理 1.4.13,真正合同变换或是平移变换,或是旋转变换.而当平移向量非零时,平移变换没有不动点,这说明至少有一个不动点的真正合同变换或是平移向量等于零向量的平移变换,或是旋转变换.但平移向量等于零向量的平移变换是恒等变换,而恒等变换也是旋转变换,因此,至少有一个不动点的真正合同变换是旋转变换.

16.设 f 是平面 π 的一个合同变换,且平面 π 上存在两个不同的点 A、B,使得 $f(A) = B$,$f(B) = A$.证明:

(1) 若 f 是真正合同变换,则 f 是中心反射变换;

(2) 若 f 是镜像合同变换,则 f 是轴反射变换.

证明　因 $f(A)=B$,$f(B)=A$,由第7题,线段 AB 的中点 O 是 f 的一个不动点.对直线 AB 上异于 O 的任意一点 P,设 $f(P)=P'$,则由定理1.2.3,P' 也在直线 AB 上,且 $OP'=OP$,$P'B=PA$.因此,O 必为 PP' 的中点.

(1) 若 f 是一个真正合同变换.如图1.9所示,对平面 π 上不在直线 AB 上的任意一点 P,设 $f(P)=P'$,则 $\triangle OPA$ 与 $\triangle OPB$ 真正合同,所以 $\measuredangle P'OB=\measuredangle POA$,从而 P'、O、P 三点共线,$OP'=OP$,于是 O 正好是 PP' 的中点.而当 P 在直线 AB 上时,O 也是 PP' 的中点.总之,对平面 π 上异于 O 的任意一点 P,设 $f(P)=P'$,则 O 为线段 PP' 的中点.故 $f=C(O)$ 是以 O 为反射中心的中心反射变换.

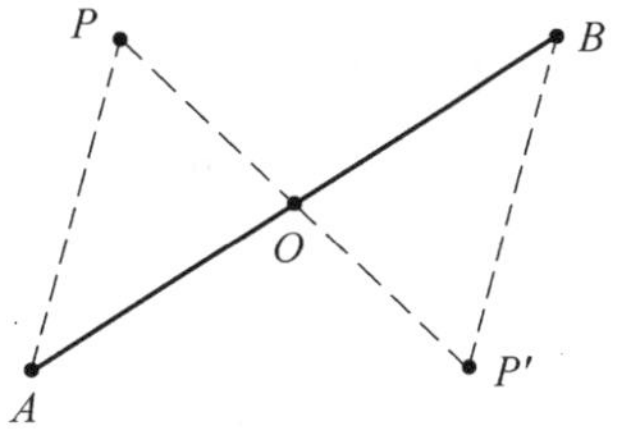

图1.9

(2) 若 f 是一个镜像合同变换.如图1.10所示,对平面 π 上不在直线 AB 上的任意一点 P,设 $f(P)=P'$,则 $\triangle OP'B$ 与 $\triangle OPA$ 镜像合同,所以 $\measuredangle P'OB=\measuredangle POA$,$OP'=OP$,于是,$P'$、$P$ 两点关于线段 AB 的垂直平分线 l 对称.而当 P 在直线 AB 上,P'、P 两点也关于线段 AB 的垂直平分线 l 对称.总之,对平面 π 上任意一点 P,设 $f(P)=P'$,则 P'、P 两点关于直线 l 对称.故 $f=S(l)$ 是以直线 l 为反射轴的轴反射变换.

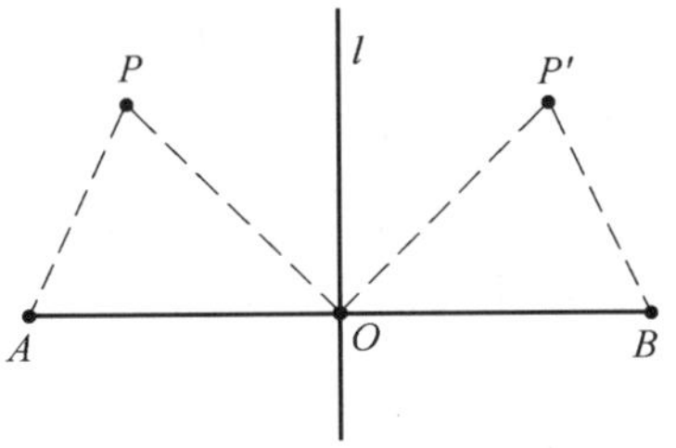

图1.10

17. 设 f 是平面 π 的一个合同变换,且 $f^{-1}=f$.证明:

(1) 若 f 是真正合同变换,则 f 是恒等变换或中心反射变换;

(2) 若 f 是镜像合同变换,则 f 是轴反射变换.

证明　如果平面 π 上的任意一点都是 f 的不动点,则 f 为平面 π 的恒等变换.如果平面 π 上至少有一点 A 不是 f 的不动点.设 $f(A)=B$,因 $f^{-1}=f$,所以 $f(B)=A$.由上题,如果 f 是真正合同变换,则 f 是中心反射变换;如果 f 是镜像合同变换,则 f 是轴反射变换.

18. 证明:奇数个中心反射变换之积仍是一个中心反射变换;偶数个中心反射变换之积是一个平移变换.

证明　因 $C(O)=R(O,\pi)$,于是,设 $C(O_1)$,$C(O_2)$,$\cdots$,$C(O_{2n+1})$ 是平面 π 上的 $2n+1$ 个中心反射变换,则有

$$C(O_1)C(O_2)\cdots C(O_{2n+1}) = R(O_1,\pi)R(O_2,\pi)\cdots R(O_{2n+1},\pi)$$

故由定理 1.3.15(1),存在点 O,使得

$$R(O_1,\pi)R(O_2,\pi)\cdots R(O_{2n+1},\pi) = R(O,(2n+1)\pi) = R(O,\pi) = C(O)$$

仍然是一个中心反射变换.故奇数个中心反射变换之积仍是一个中心反射变换.

又 $2n\pi$ 是 2π 的整数倍,由定理 1.3.15(2),存在向量 $\boldsymbol{v}$,使得

$$R(O_1,\pi)R(O_2,\pi)\cdots R(O_{2n},\pi) = T(\boldsymbol{v})$$

是一个平移变换.故偶数个中心反射变换之积是一个平移变换.

19. 设 l_1、l_2、l_3 是平面上的任意三条直线,令 $\varphi = S(l_1)S(l_2)S(l_3)$.证明:$\varphi^2$ 是一个平移变换.

证明 由于变换的乘积满足结合律,所以

$$\varphi^2 = [S(l_1)S(l_2)][S(l_3)S(l_1)][S(l_2)S(l_3)]$$

如果三直线 l_1、l_2、l_3 互相平行,则由定理 1.4.1(2),$S(l_1)S(l_2)$、$S(l_3)S(l_1)$、$S(l_2)S(l_3)$ 皆为平移变换,因而 φ^2 是一个平移变换.

如果三直线 l_1、l_2、l_3 中有两条平行且都与第三条直线相交,则或者 $l_1 /\!/ l_2$,或者 $l_2 /\!/ l_3$,或者 $l_3 /\!/ l_1$.当 $l_1 /\!/ l_2$,时,则由定理 1.4.1(2),$S(l_1)S(l_2) = T(\boldsymbol{v}_1)$ 是一个平移变换.设 l_2、l_3 交于点 O_1,l_3、l_1 交于点 O_2,由定理 1.4.1(3)

$$S(l_2)S(l_3) = R(O_1,2\measuredangle(l_2,l_3)),S(l_3)S(l_1) = R(O_2,2\measuredangle(l_3,l_1))$$

而 $2\measuredangle(l_3,l_1) + 2\measuredangle(l_2,l_3) = 2\pi$,由定理 1.3.15(2)

$$R(O_2,2\measuredangle(l_3,l_1))R(O_1,2\measuredangle(l_2,l_3)) = T(\boldsymbol{v}_2)$$

是一个平移变换,故 $\varphi^2 = T(\boldsymbol{v}_1)T(\boldsymbol{v}_2)$ 是一个平移变换.

类似地,当 $l_2 /\!/ l_3$,时,φ^2 也是一个平移变换.

当 $l_3 /\!/ l_1$,时,由定理 1.4.1(2),$S(l_3)S(l_1) = T(\boldsymbol{v})$ 是一个平移变换.设 l_1、l_2 交于点 O_1,l_3、l_1 交于点 O_2,由定理 1.4.1(3)

$$S(l_1)S(l_2) = R(O_3,2\measuredangle(l_1,l_2)),S(l_2)S(l_3) = R(O_1,2\measuredangle(l_2,l_3))$$

又由定理 1.3.14,平移变换与非恒等的旋转变换之积仍是一个旋转变换,因而存在点 O',使得 $T(\boldsymbol{v})R(O_1,2\measuredangle(l_2,l_3)) = R(O',2\measuredangle(l_2,l_3))$.再注意 $2\measuredangle(l_1,l_2) + 2\measuredangle(l_2,l_3) = 2\pi$,由定理 1.3.15(2)

$$\varphi^2 = R(O_3,2\measuredangle(l_1,l_2))T(\boldsymbol{v})R(O_1,2\measuredangle(l_2,l_3)) = R(O_3,2\measuredangle(l_1,l_2))R(O',2\measuredangle(l_2,l_3))$$

是一个平移变换.

如果三直线 l_1、l_2、l_3 两两相交,设 l_2、l_3 交于点 O_1,l_3、l_1 交于点 O_2,l_1、l_2 交于点 O_3,则由定理 1.4.1(3)

$$S(l_1)S(l_2) = R(O_3, 2\measuredangle(l_1, l_2))$$

$$S(l_3)S(l_1) = R(O_2, 2\measuredangle(l_3, l_1)), S(l_2)S(l_3) = R(O_1, 2\measuredangle(l_2, l_3))$$

而 $2\measuredangle(l_1, l_2) + 2\measuredangle(l_3, l_1) + 2\measuredangle(l_2, l_3) = 4\pi$,由定理 1.3.15(2)

$$\varphi^2 = R(O_3, 2\measuredangle(l_1, l_2))R(O_2, 2\measuredangle(l_3, l_1))R(O_1, 2\measuredangle(l_2, l_3))$$

是一个平移变换.

20. 设 l_1、l_2 是平面 π 上任意两条直线.求证:$S(l_2)S(l_1) = S(l_1)S(l_2)$ 当且仅当 $l_1 \perp l_2$ 或 l_1 与 l_2 重合.

证明 令 $f = S(l_1)S(l_2)$,则 $f^{-1} = S(l_2)S(l_1)$.因 f 是一个真正合同变换,由第 17 题,$f^{-1} = f$ 当且仅当 f 是恒等变换或中心反射变换.由定理 1.4.1,f 是恒等变换当且仅当 l_1 与 l_2 重合;f 是中心反射变换当且仅当 $l_1 \perp l_2$.故 $S(l_2)S(l_1) = S(l_1)S(l_2)$ 当且仅当 $l_1 \perp l_2$ 或 l_1 与 l_2 重合.

21. 设 $T(\boldsymbol{v})$、$R(O,\theta)$、$S(l)$ 分别是平面 π 的一个平移变换、旋转变换和轴反射变换.证明:

(1) $T(-\boldsymbol{v})S(l)T(\boldsymbol{v})$ 与 $R(O,-\theta)S(l)R(O,\theta)$ 都是平面 π 的轴反射变换;

(2) $S(l)T(\boldsymbol{v})S(l)$ 是平面 π 的一个平移变换;

(3) $S(l)R(O,\theta)S(l)$ 是平面 π 的一个旋转变换.

证明 (1) 先证 $T(-\boldsymbol{v})S(l)T(\boldsymbol{v})$ 是平面 π 的轴反射变换.

事实上,由定理 1.4.2(1),可设 $T(\boldsymbol{v}) = S(l_2)S(l_1)$,则 $T(-\boldsymbol{v}) = S(l_1)S(l_2)$,于是

$$T(-\boldsymbol{v})S(l)T(\boldsymbol{v}) = [S(l_1)S(l_2)]S(l)[S(l_2)S(l_1)] = S(l_1)[S(l_2)S(l)S(l_2)]S(l_1)$$

由推论 1.4.2,$S(l_2)S(l)S(l_2)$ 仍是一个轴反射变换.设 $S(l_2)S(l)S(l_2) = S(l')$,再一次应用推论 1.4.2 即知 $T(-\boldsymbol{v})S(l)T(\boldsymbol{v}) = S(l_1)S(l')S(l_1)$ 是一个轴反射变换.

再证 $R(O,-\theta)S(l)R(O,\theta)$ 是平面 π 的轴反射变换.

事实上,由定理 1.4.2(2),可设 $R(O,\theta) = S(l_4)S(l_3)$,则 $R(O,-\theta) = S(l_3)S(l_4)$.完全仿刚才的证明即可证得 $R(O,-\theta)S(l)R(O,\theta)$ 也是一个轴反射变换.

(2) 由定理 1.4.2(1),可设 $T(\boldsymbol{v}) = S(l_2)S(l_1)$,其中 $l_1 /\!/ l_2$.于是

$$S(l)T(\boldsymbol{v})S(l) = S(l)[S(l_2)S(l_1)]S(l) = [S(l)S(l_2)][S(l_1)S(l)]$$

如果 $l_1 \parallel l \parallel l_2$,则 $S(l)S(l_2)$ 与 $S(l_1)S(l)$ 皆为平移变换,因而

$$S(l)T(\boldsymbol{v})S(l) = [S(l)S(l_2)][S(l_1)S(l)]$$

是一个平移变换.

如果 l_1 与 l 相交,则 l_2 与 l 亦相交.设 l_1、l_2 与 l 分别交于 O_1、O_2,则由定理 1.4.1(3)

$$S(l_1)S(l) = R(O,2\measuredangle(l,l_1)), S(l)S(l_2) = R(O,2\measuredangle(l_2,l))$$

而 $l_1 \parallel l_2$,所以 $2\measuredangle(l,l_1) + 2\measuredangle(l_2,l) = 2\pi$,于是,由定理 1.3.13(2) 即知

$$S(l)T(\boldsymbol{v})S(l) = [S(l)S(l_2)][S(l_1)S(l)] = R(O,2\measuredangle(l_2,l))R(O,2\measuredangle(l,l_1))$$

是一个平移变换.

(3) 由定理 1.4.2(2),可设 $R(O,\theta) = S(l_2)S(l_1)$,其中 l_1 与 l_2 皆过旋转中心 O.于是

$$S(l)R(O,\theta)S(l) = S(l)[S(l_2)S(l_1)]S(l) = [S(l)S(l_2)][S(l_1)S(l)]$$

如果 $l_1 \parallel l$ 或 $l_2 \parallel l$,则 l_2 与 l 相交,或 l_1 与 l 相交,于是 $S(l_1)S(l)$ 与 $S(l)S(l_2)$ 一个为平移变换,另一个为旋转变换(但非恒等变换).因而

$$S(l)R(O,\theta)S(l) = [S(l)S(l_2)][S(l_1)S(l)]$$

为一个旋转变换与平移变换之积,由定理 1.3.14,$S(l)R(O,\theta)S(l)$ 是一个旋转变换.

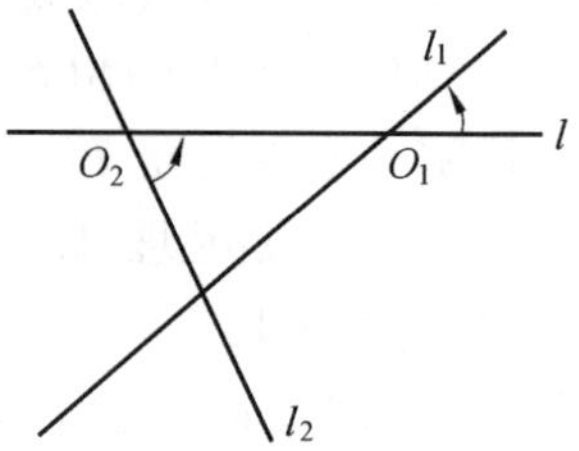

图 1.11

如果 l_1、l、l_2 两两相交,如图 1.11 所示,设 l_1、l_2 与 l 分别交于 O_1、O_2,则由定理 1.4.1(3)

$$S(l_1)S(l) = R(O,2\measuredangle(l,l_1))$$

$$S(l)S(l_2) = R(O,2\measuredangle(l_2,l))$$

显然 $2\measuredangle(l,l_1) + 2\measuredangle(l_2,l) \neq 2k\pi$($k$ 为整数),于是,由定理 1.3.13(1)

$$S(l)R(O,\theta)S(l) = R(O,2\measuredangle(l_2,l))R(O,2\measuredangle(l,l_1))$$

仍是一个旋转变换.

22. 证明:$T(\boldsymbol{v})R(O,\theta)(\theta \neq 0)$ 是一个旋转变换,且旋转角不变.

证明 由定理 1.4.2,可设

$$T(\boldsymbol{v}) = S(l_1)S(l_2), R(O,\theta) = S(l_2)S(l_3)$$

其中直线 l_2 过旋转中心 O 且垂直于平移向量 $\boldsymbol{v}$,$l_1 \parallel l_2$,始于 l_2 终于 l_1 且平行于 $\boldsymbol{v}$ 的向量为 $\frac{1}{2}\boldsymbol{v}$,直线 l_3 过旋转中心 O,且 $\measuredangle(l_3,l_2) = \frac{1}{2}\theta$.于是

$$T(\boldsymbol{v})R(O,\theta) = [S(l_1)S(l_2)][S(l_2)S(l_3)] = S(l_1)[S(l_2)S(l_2)]S(l_3) = S(l_1)S(l_3)$$

如图1.12所示，因 $\theta \neq 0$，所以 l_2 与 l_3 相交（不重合），而 $l_1 /\!/ l_2$，因此，l_3 与 l_1 必交于一点 O_1. 由 $l_1 /\!/ l_2$ 知 $\measuredangle(l_3,l_1) = \measuredangle(l_3,l_2) = \frac{1}{2}\theta$. 再由定理1.4.1即得 $S(l_1)S(l_3) = R(O_1,\theta)$. 故 $T(\boldsymbol{v})R(O,\theta) = R(O_1,\theta)$ 仍是一个旋转变换，且旋转角不变.

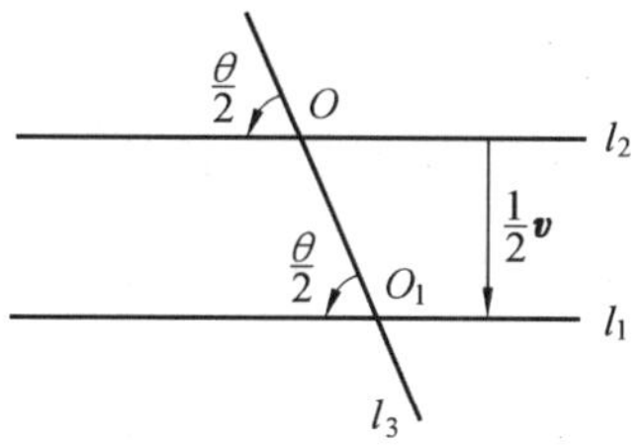

图 1.12

23. 设 $\boldsymbol{v} \perp l$，证明：$T(\boldsymbol{v})S(l)$ 与 $S(l)T(\boldsymbol{v})$ 都是轴反射变换.

证明 因 $\boldsymbol{v} \perp l$，由定理1.4.2(1)，可设 $T(\boldsymbol{v}) = S(l_1)S(l)$，其中 $l_1 /\!/ l$，且设垂直于 l 的直线与 l、l_1 分别交于 A、B，则 $\overrightarrow{AB} = \frac{1}{2}\boldsymbol{v}$. 于是

$$T(\boldsymbol{v})S(l) = [S(l_1)S(l)]S(l) = S(l_1)[S(l)S(l)] = S(l_1)$$

是一个轴反射变换.

同样，可设 $T(\boldsymbol{v}) = S(l)S(l_2)$，其中 l_2 是 l_1 关于 l 对称的直线，此时 $S(l)T(\boldsymbol{v}) = S(l_2)$ 也是一个轴反射变换.

24. 设点 O 在直线 l 上. 证明：$R(O,\theta)S(l)$ 与 $S(l)R(O,\theta)$ 都是轴反射变换.

证明 因点 O 在直线 l 上，由定理1.4.2(2)，可设 $R(O,\theta) = S(l_1)S(l)$，其中 l_1 过点 O，且 $\measuredangle(l,l_1) = \frac{1}{2}\theta$. 于是

$$R(O,\theta)S(l) = [S(l_1)S(l)]S(l) = S(l_1)[S(l)S(l)] = S(l_1)$$

是一个轴反射变换.

同样，可设 $R(O,\theta) = S(l)S(l_2)$，其中 l_2 过点 O，且 $\measuredangle(l_2,l) = \frac{1}{2}\theta$. 此时 $S(l)R(O,\theta) = S(l_2)$ 也是一个轴反射变换.

25. 已知平面上的一条直线 l、不在直线 l 上的一点 O 以及任意一点 A. 证明：只利用轴反射变换 $S(l)$ 和以点 O 为旋转中心的旋转变换，即可以将点 O 变为点 A.（第19届原全苏数学奥林匹克，1985）

证明 如果只利用轴反射变换 $S(l)$ 和以点 O 为旋转中心的旋转变换，即可以将点 X 变为点 Y，则称点 Y 是点 X 可到达的. 我们需要证明：平面上的任意

一点 A 都是点 O 可到达的.或者,等价地我们只需证明:平面上任意一点都可以到达点 O.下面分三步证明.

1° 设点 O 到直线 l 的距离为 d,n 为正整数,以 O 为圆心、$2nd$ 为半径作圆 Γ_n,则圆 Γ_n 上任意一点都可以到达点 O.

事实上,如图 1.13 所示,设 O_n 是过点 O 且垂直于 l 的直线与圆 Γ_n 的一个和点 O 位于直线 l 同侧的交点,$O \xrightarrow{S(l)} O'$,$O_n \xrightarrow{S(l)} O_n'$,则 O' 在圆 Γ_1 上,O_n' 在圆 Γ_{n+1} 上($n = 1,2,\cdots$).于是,对于圆 Γ_1 上的点 O_1,我们有 $O_1 \xrightarrow{R(O,\pi)} O' \xrightarrow{S(l)} O$.因此,点 O_1 可以到达点 O.设点 O_n 可以到达点 O,因 $O_{n+1} \xrightarrow{R(O,\pi)} O_n' \xrightarrow{S(l)} O_n$,所以,点 O_{n+1} 可以到达点 O.这就用数学归纳法证明了:对任意正整数 n,点 O_n 可以到达点 O.而点 O_n 在圆 Γ_n 上,因此,圆 Γ_n 上任意一点都可以到达点 O.

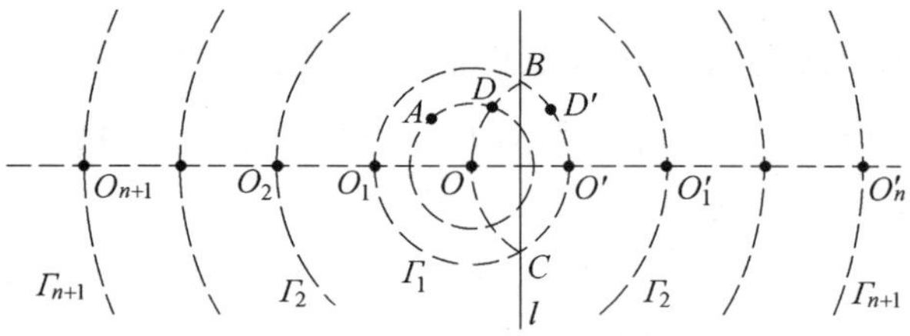

图 1.13

2° 对任意正整数 n,圆 Γ_n 内的任意一点都可以到达点 O.我们只需证明圆 Γ_1 内的任意一点都可以到达点 O 即可.

事实上,仍如图 1.13 所示.设圆 Γ_1 与直线 l 交于 B、C 两点,则 $\overset{\frown}{BO'C} \xrightarrow{S(l)} \overset{\frown}{BOC}$.对圆 Γ_1 内任意一点 A,设以 O 为圆心、OA 为半径的圆与 $\overset{\frown}{BOC}$ 交于一点 D,则点 A 可以到达点 D.于是,设 $D \xrightarrow{S(l)} D'$,则 D' 在圆 Γ_1 上,由 1°,D' 可以到达点 O,因而点 A 可以到达点 O.

3° 平面上任意一点 A 都可以到达点 O.

事实上,对平面上任意一点 A,当 n 充分大时,点 A 一定在圆 Γ_n 内,于是,由 2° 即知,点 A 可以到达点 O.

26. 证明:$S(l)T(\boldsymbol{v})$ 与 $S(l)R(O,\theta)$ 都是滑动反射变换.

证明 先证明 $S(l)T(\boldsymbol{v})$ 是滑动反射变换.

事实上,如图 1.14 所示,设向量 $\boldsymbol{v}$ 在反射轴 l 上的射影为向量 $\boldsymbol{v}_1$,而 $\boldsymbol{v}_2 = \boldsymbol{v} - \boldsymbol{v}_1$,则 $\boldsymbol{v}_1 \parallel l$,$\boldsymbol{v}_2 \perp l$,且 $\boldsymbol{v} = \boldsymbol{v}_1 + \boldsymbol{v}_2$.所以

$$T(\boldsymbol{v}) = T(\boldsymbol{v}_1)T(\boldsymbol{v}_2) = T(\boldsymbol{v}_2)T(\boldsymbol{v}_1)$$

由定理 1.4.2,可设 $T(\boldsymbol{v}_2) = S(l)S(l_1)$,其中 $l_1 /\!/ l$,始于 l_1 终于 l 且平行于 $\boldsymbol{v}_2$ 的向量为 $\frac{1}{2}\boldsymbol{v}_2$. 于是

$$S(l)T(\boldsymbol{v}) = S(l)[T(\boldsymbol{v}_2)T(\boldsymbol{v}_1)] = S(l)[S(l)S(l_1)]T(\boldsymbol{v}_1) = S(l_1)T(\boldsymbol{v}_1)$$

由 $\boldsymbol{v}_1 /\!/ l, l_1 /\!/ l$ 知, $\boldsymbol{v}_1 /\!/ l_1$. 从而由滑动反射变换的定义立即可知

$$S(l_1)T(\boldsymbol{v}_1) = G(l_1, \boldsymbol{v}_1)$$

故 $S(l)T(\boldsymbol{v}) = G(l_1, \boldsymbol{v}_1)$ 是一个滑动反射变换.

再证 $S(l)R(O,\theta)$ 是滑动反射变换.

事实上,如图 1.15 所示,由定理 1.4.2,可设 $R(O,\theta) = S(l_2)S(l_1)$,其中 l_1、l_2 皆过旋转中心 O, 且 $l_2 /\!/ l$. 再由定理 1.4.1, 存在向量 $\boldsymbol{v}$, 使得 $S(l)S(l_2) = T(\boldsymbol{v})$. 于是

$$S(l)R(O,\theta) = S(l)[S(l_2)S(l_1)] = [S(l)S(l_2)]S(l_1) = T(\boldsymbol{v})S(l_2)$$

从而由定理 1.4.6 即知, $S(l)R(O,\theta)$ 是一个滑动反射变换.

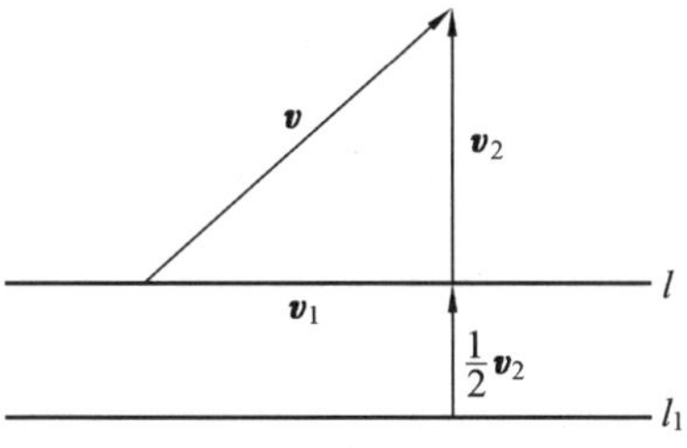

图 1.14

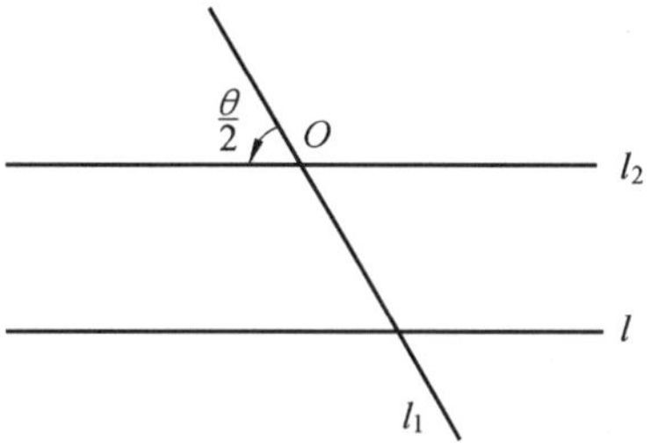

图 1.15

27. 证明:对于平面 π 上任意两条既不平行也不共线的线段 AB 与 CD,存在平面 π 的一个滑动反射变换 $G(l, \boldsymbol{v})$,使 $AB \xrightarrow{G(l,\boldsymbol{v})} CD$.

证明 如图 1.16,1.17 所示,设直线 AB 与 CD 交于 O,过点 O 作 $\measuredangle(AB, CD)$ 的平分线 t. 再设过点 A 且平行于 t 的直线与过点 C 且垂直于 t 的直线交于 A',过点 B 且平行于 t 的直线与过点 D 且垂直于 t 的直线交于 B'. 显然 AB、CD 在直线 t 上的射影相等,而 $A'A /\!/ t /\!/ B'B$,所以 $A'A = B'B$,这说明 $A'B'BA$ 是一个平行四边形,因此, $A'B' \underline{/\!/} AB$. 又 $A'B'$、CD 与直线 t 成等角,且 $A'C$、$B'D$ 皆与直线 t 垂直,于是, $A'C$ 的垂直平分线 l 即 $B'D$ 的垂直平分线. 这样,如果记 $\overrightarrow{AA'} = \boldsymbol{v}$,则有 $AB \xrightarrow{T(\boldsymbol{v})} A'B' \xrightarrow{S(l)} CD$. 即 $AB \xrightarrow{S(l)T(\boldsymbol{v})} CD$. 而 $\boldsymbol{v} /\!/ t /\!/ l$,

所以，$S(l)T(\boldsymbol{v}) = G(l,\boldsymbol{v})$ 是一个滑动反射变换. 且 $AB \xrightarrow{G(l,\boldsymbol{v})} CD$.

注　由上面的证明可知，反射轴 l 正是 AC 的中点与 BD 的中点的连线.

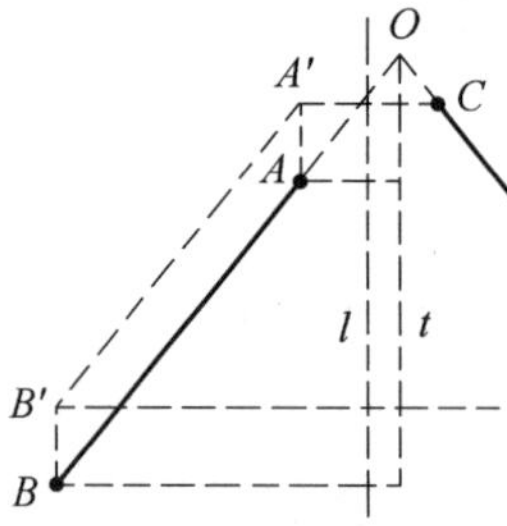

图 1.16

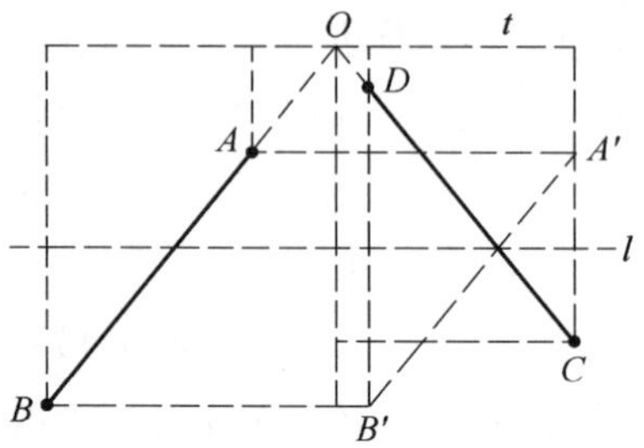

图 1.17

28. 利用 1.4 节的相关知识证明：

(1) 三角形三边的垂直平分线交于一点.

(2) 三角形的三条内角平分线交于一点.

(3) 设 A、B、C、D、E、F 是圆上任意六点，如果 $AB \mathbin{/\!/} DE$，$DC \mathbin{/\!/} AF$，则 $BC \mathbin{/\!/} EF$.(第 11 届波兰数学奥林匹克，1959)

证明　(1) 如图 1.18 所示，设 $\triangle ABC$ 的边 BC、CA、AB 的垂直平分线分别为 l_1、l_2、l_3，显然，$S(l_1)S(l_2)S(l_3)$ 是一个镜像合同变换. 又

$$B \xrightarrow{S(l_3)} A \xrightarrow{S(l_2)} C \xrightarrow{S(l_1)} B$$

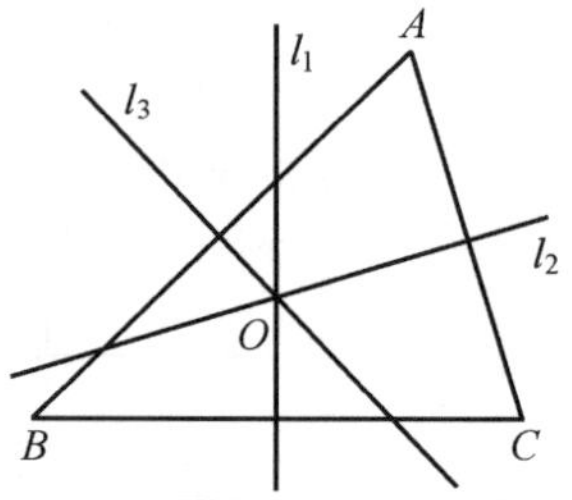

图 1.18

这说明点 B 是镜像合同变换 $S(l_1)S(l_2)S(l_3)$ 的一个不动点，但由定理 1.4.9，至少有一个不动点的镜像合同变换是轴反射变换. 因此，存在直线 l，使得 $S(l_1)S(l_2)S(l_3) = S(l)$，再注意三条垂直平分线 l_1、l_2、l_3 中任意两条都相交，由定理 1.4.5 即知 l_1、l_2、l_3 三线交于一点.

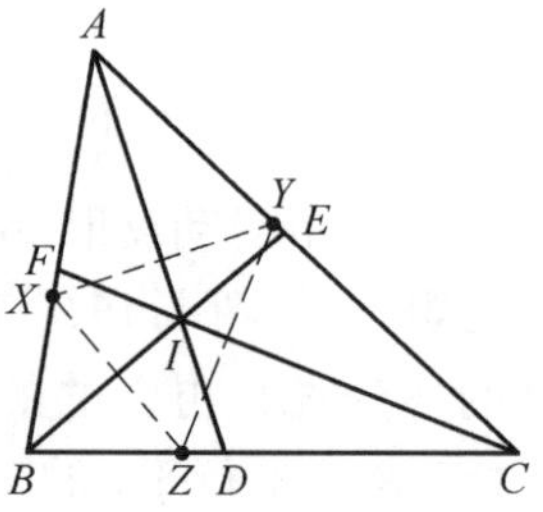

图 1.19

(2) 如图 1.19 所示，设 AD、BE、CF 是 $\triangle ABC$ 的三条角平分线，其中 D、E、F 分别在边 BC、CA、AB 上. 显然，$S(CF)S(BE)S(AD)$ 是一个镜像合同变换.

设 $BC = a$，$CA = b$，$AB = c$，点 X 在 CA 边上，且 $AX = \dfrac{1}{2}(b + c - a)$，则

$$CX = \frac{1}{2}(a + b - c)$$

再设 $X \xrightarrow{S(AD)} Y \xrightarrow{S(BE)} Z$,则 $AY = AX < AB$,所以,点 Y 在边 AB 上,且

$$BY = c - AY = c - \frac{1}{2}(b + c - a) = \frac{1}{2}(c + a - b)$$

因此,$BZ = BY < BC$,从而点 Z 在边 BC 上,且

$$CZ = a - BZ = a - \frac{1}{2}(c + a - b) = \frac{1}{2}(a + b - c) = CX$$

于是,$Z \xrightarrow{S(CF)} X$.这说明点 X 是镜像合同变换 $S(CF)S(BE)S(AD)$ 的一个不动点,但由定理1.4.9,至少有一个不动点的镜像合同变换是轴反射变换.因此,存在直线 l,使得 $S(CF)S(BE)S(AD) = S(l)$.再注意三条角平分线中任意两条都相交,由定理 1.4.5 即知 AD、BE、CF 三线交于一点.

(3) 如图 1.20 所示,设 AB 与 DE 的公共对称轴为 l_1,作轴反射变换 $S(l_1)$,则 $A \to B$, $B \to A$, $D \to E$, $E \to D$,设 $C \to C'$, $F \to F'$,则 $DC \to EC'$, $AF \to BF'$,由 $DC \parallel AF$ 知 $EC' \parallel BF'$,再设 EC' 与 BF' 的公共对称轴为 l_2,作轴反射变换 $S(l_2)$,则 $E \to C'$, $C' \to E$, $B \to F'$, $F' \to B$.最后,设 BE 的垂直平分线为 l_3,作轴反射变换 $S(l_3)$,则 $B \to E$, $E \to B$.于是,在变换 $S(l_3)S(l_2)S(l_1)$ 下,$CF \to BE$, 但 l_1、l_2、l_3 都过圆心, 由定理 1.4.5, $S(l_3)S(l_2)S(l_1) = S(l)$ 仍是一个轴反射变换,因而在轴反射变换 $S(l)$ 下,$CF \to BE$.故 $BC \parallel EF$.

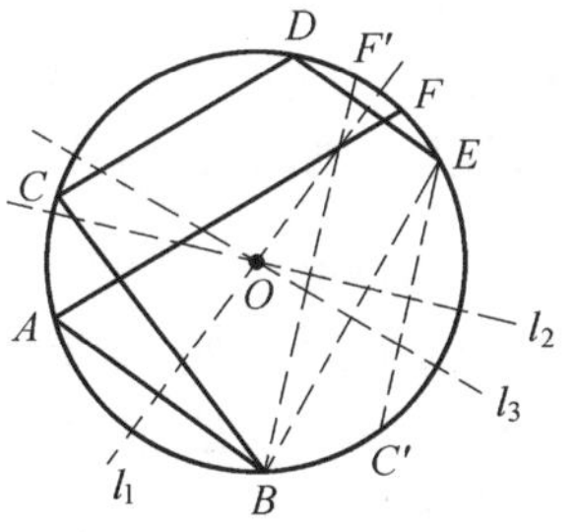

图 1.20

29.利用1.4节的相关知识证明:若 P 是 $\triangle ABC$ 所在平面上的一点,分别过顶点 A、B、C 作直线 l_1、l_2、l_3,使

$$\measuredangle(l_1, AC) = \measuredangle BAP, \ \measuredangle(l_2, BA) = \measuredangle CBP, \ \measuredangle(l_3, CB) = \measuredangle ACP$$

则 l_1、l_2、l_3 三线共点或互相平行.

证明 如图 1.21,1.22 所示,因 $\measuredangle(l_1, AC) = \measuredangle BAP$,由定理 1.4.2(2)

$$S(AP)S(AB) = S(CA)S(l_1)$$

所以 $S(l_1) = S(CA)S(AP)S(AB)$.同理

$$S(l_2) = S(AB)S(BP)S(BC), S(l_3) = S(BC)S(CP)S(CA)$$

于是

$$S(l_1)S(l_2)S(l_3) = S(CA)S(AP)S(BP)S(CP)S(CA)$$

由定理 1.4.5, 存在直线 l, 使得 $S(AP)S(BP)S(CP) = S(l)$. 由推论 1.4.2, 存在直线 l', 使得 $S(CA)S(l)S(CA) = S(l')$, 所以, $S(l_1)S(l_2) \cdot$

$S(l_3)=S(l')$.再由定理 1.4.5 即知,l_1、l_2、l_3 三线共点或互相平行.

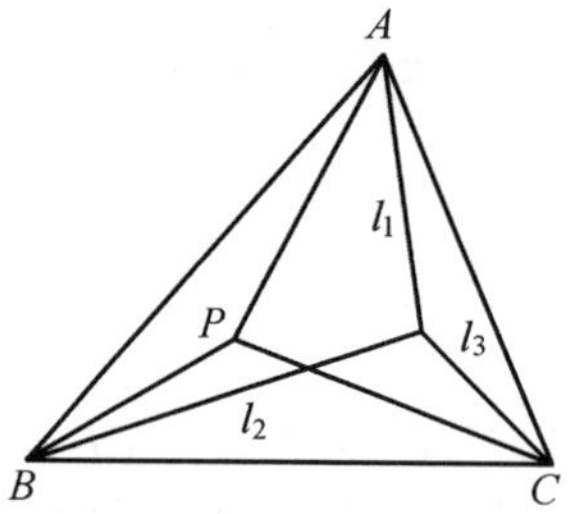

图 1.21

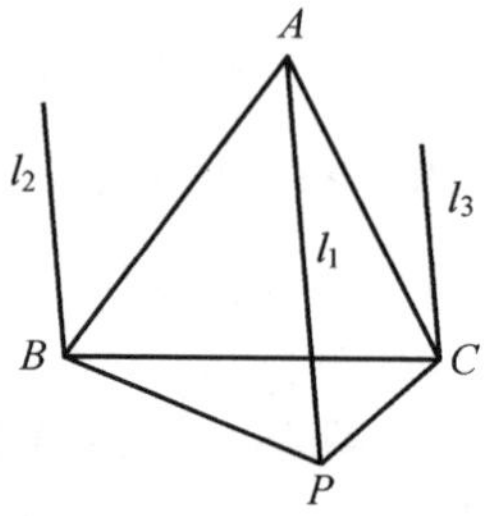

图 1.22

30.设 $\triangle ABC$ 与 $\triangle A'B'C'$ 真正合同.证明:三线段 AA'、BB'、CC' 的垂直平分线共点或互相平行.(新加坡数学奥林匹克,1988)

证明 如图 1.23,1.24 所示,因 $\triangle ABC$ 与 $\triangle A'B'C'$ 真正合同,所以,存在一个真正合同变换 f,使得 $\triangle ABC \xrightarrow{f} \triangle A'B'C'$.由定理 1.4.13,$f$ 或是平移变换,或是旋转变换.如果 f 是平移变换,则三线段 AA'、BB'、CC' 的垂直平分线互相平行.如果 f 是旋转变换,则三线段 AA'、BB'、CC' 的垂直平分线都过旋转中心(在旋转变换下,任意两个对应点的连线段的垂直平分线都过旋转中心),因而此时三线段 AA'、BB'、CC' 的垂直平分线共点.

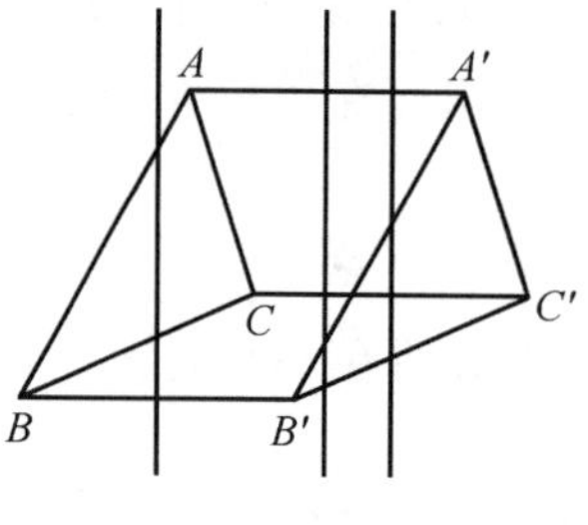

图 1.23

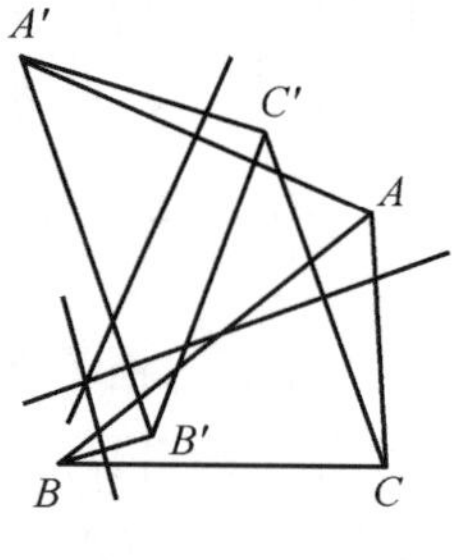

图 1.24

31.设 $\triangle ABC$ 与 $\triangle A'B'C'$ 真正合同,I、J、K、L、M、N 分别为 BC'、$B'C$、CA'、$C'A$、AB'、$A'B$ 的中点,则 IJ、KL、MN 三线共点.

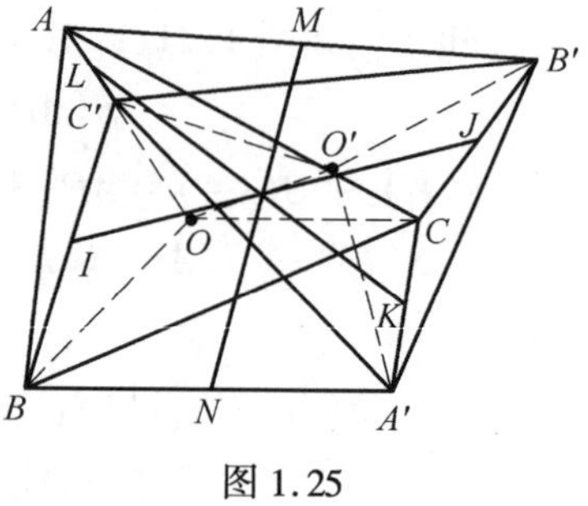

图 1.25

证明 如图 1.25 所示,设 O、O' 分别是 $\triangle ABC$ 和 $\triangle A'B'C'$ 的外心,则 $\triangle BOC$ 与 $\triangle C'O'B'$ 是镜像合同的,由定理 1.4.15,BC' 的中点 I、CB' 的中点 J、OO' 的中点是共线的,即 IJ 通过 OO' 的中点.同理,KL、MN 皆通过 OO'

的中点.故 IJ、KL、MN 三线共点.

32.设线段 $AB = CD$,但 $AB \not\parallel CD$.确定具有下列性质的点 O 的几何位置:线段 AB 关于点 O 的对称线段是线段 CD 关于某直线的对称线段.(捷克数学奥林匹克,1968)

证明　如图 1.26 所示,设线段 AB 关于点 O 的对称线段为 $A'B'$,而 $A'B'$ 正好是线段 CD 关于直线 l 的对称线段,则 $A'C \parallel B'D$ 或 $A'D \parallel B'C$.

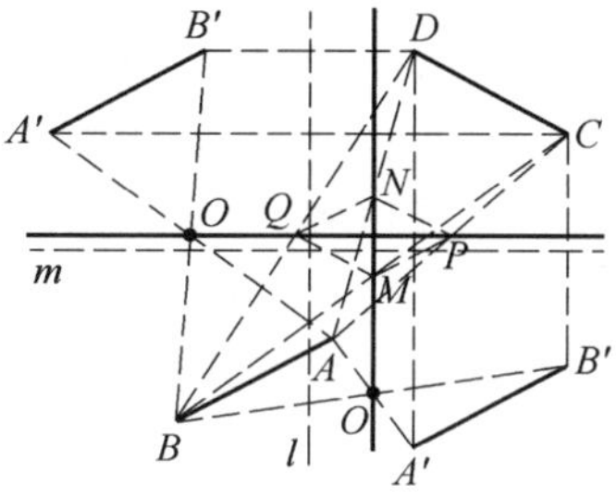

图 1.26

当 $A'C \parallel B'D$ 时,因 O 既是 AA' 的中点,也是 BB' 的中点,于是,设线段 AC、BD 的中点分别为 P、Q,则 $OP \parallel A'C$,$OQ \parallel B'D$,而 $A'C \parallel B'D$,所以,O、P、Q 三点共线,换句话说,点 O 在直线 PQ 上.同理,当 $A'D \parallel B'C$ 时,设线段 BC、AD 的中点分别为 M、N,则点 O 在直线 MN 上.

又不难知道,$PMQN$ 是一个菱形,且 $MQ \parallel PN \parallel CD$,$PM \parallel NQ \parallel AB$.于是,当点 O 在直线 PQ 上时,若线段 AB 关于点 O 的对称线段为 $A'B'$,则 $A'B' \parallel BA \parallel QN$,而 $CD \parallel PN$,直线 MN 平分 $\angle PNQ$,所以,AB、CD 与直线 MN 成等角.再注意 $A'C \parallel PQ \parallel B'D$,$MN \perp PQ$ 即知,$A'C \perp MN$,$B'D \perp MN$.于是,设 $A'C$ 的垂直平分线为 l(显然,$l \perp PQ$),则线段 $A'B'$ 是线段 CD 关于直线 l 的对称线段(A'、B' 分别对应于 C、D).同理,当点 O 在直线 PQ 上时,若线段 AB 关于点 O 的对称线段为 $A'B'$,则线段 $A'B'$ 是线段 CD 关于与直线 MN 垂直的某直线 m 的对称线段.

综上所述,点 O 的几何位置是直线 PQ 与直线 MN 的并.其中 P、Q、M、N 分别为线段 AC、BD、BC、AD 的中点.

33.证明:如果一个八边形的所有内角都相等,且边长为有理数,那么这个八边形有对称中心.(原联邦德国数学奥林匹克,1988)

证明　如图 1.27 所示,设八边形 $A_1A_2\cdots A_8$ 的每一个内角都相等,边长 $A_1A_2 = a_1$,$A_1A_2 = a_2$,$\cdots$,$A_8A_1 = a_8$.由于八边形的每一个内角都相等,因而其每一个外角也都相等.又多边形的外角和等于 $360°$,所以,这个八边形的每一个外角都等于 $\frac{360°}{8} = 45°$.由此可知,这个八边形是由一个矩形 $PQRS$ 在四个角切掉四个等腰直角三角形而成.于是,由 $PQ = RS$ 可得

$$\frac{\sqrt{2}}{2}a_8 + a_1 + \frac{\sqrt{2}}{2}a_2 = \frac{\sqrt{2}}{2}a_4 + a_5 + \frac{\sqrt{2}}{2}a_6$$

所以

$$(a_8 + a_2 - a_4 - a_6)\sqrt{2} = 2(a_5 - a_1)$$

而 $a_1, a_2, \cdots, a_8$ 都是有理数,$\sqrt{2}$ 是无理数,所以,$a_1 = a_5, a_8 + a_2 = a_4 + a_6$. 同理,$a_3 = a_4$, $a_8 + a_6 = a_2 + a_4$. 又由

$$a_8 + a_2 = a_4 + a_6, a_8 + a_6 = a_2 + a_4$$

可得 $a_8 = a_4, a_6 = a_2$. 即八边形 $A_1A_2\cdots A_8$ 的对边平行且相等. 于是,A_1A_5 与 A_2A_6 互相平分,A_2A_6 与 A_3A_7 互相平分,A_3A_7 与 A_4A_8 互相平分,因而 A_1A_5 的中点 O 是 A_2A_6、A_3A_7、A_4A_8 的共同中点. 故点 O 是八边形 $A_1A_2\cdots A_8$ 的对称中心.

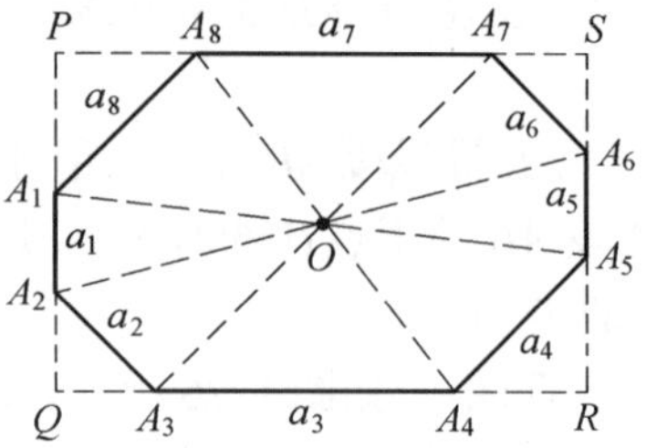

图 1.27

34. 设一个平面图形是某个滑动反射变换(滑动向量非零)的不变图形. 证明:这个图形也是某个平移变换的不变图形.

证明 设图形 F 是滑动反射变换 $G(l, \boldsymbol{v})$ 的不变图形,则 F 也是变换 $[G(l, \boldsymbol{v})]^2$ 的不变图形. 而 $G(l, \boldsymbol{v}) = S(l)T(\boldsymbol{v}) = T(\boldsymbol{v})S(l)$,所以

$$[G(l, \boldsymbol{v})]^2 = [T(\boldsymbol{v})S(l)][S(l)T(\boldsymbol{v})] = T(\boldsymbol{v})[S(l)S(l)]T(\boldsymbol{v}) = T(2\boldsymbol{v})$$

故图形 F 也是平移变换 $T(2\boldsymbol{v})$ 的不变图形(图 1.28).

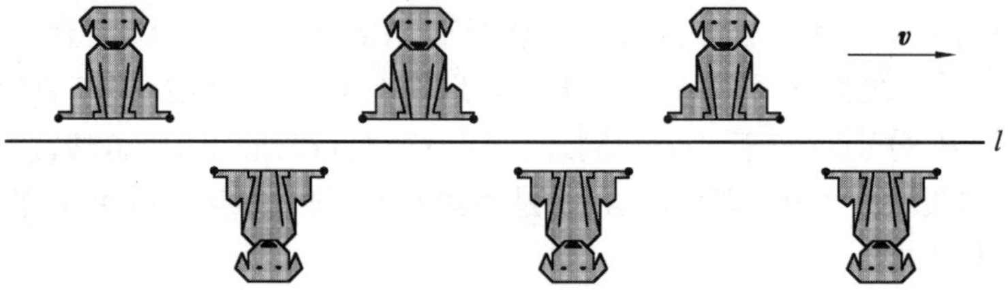

图 1.28

35. 设平面图形有一条对称轴和一个对称中心,且对称中心在对称轴上. 证明:过对称中心且垂直于对称轴的直线也是这个图形的对称轴.

证明 设平面图形 F 有一条对称轴 l 和一个对称中心 O,且点 O 在直线 l 上,直线 l_1 过点 O 且垂直于 l. 由定理 1.4.4

$$S(l_1)S(l) = R(O, 2 \times 90°) = R(O, 180°) = C(O)$$

而 $[S(l)]^{-1} = S(l)$,所以,$S(l_1) = C(O)S(l)$. 因 F 既是 $S(l)$ 的不变图形,也是 $C(O)$ 的不变图形,所以,F 是 $C(O)S(l)$ 的不变图形,即 F 既是 $S(l_1)$ 的不变图形,故直线 l_1 也是图形 F 的对称轴.

36. 设平面图形既是中心对称图形,又是轴对称图形,且仅有有限条对称

轴.求证:或者图形 F 只有唯一的一个对称中心,且所有的对称轴都通过这个对称中心;或者图形 F 只有唯一的一条对称轴,且所有的对称中心都在这条对称轴上.

证明 设平面图形 F 既是中心对称图形,又是轴对称图形,且仅有有限条对称轴.

首先证明如下事实:

设 O 和 l 分别是图形 F 的任意一个对称中心和任意一条对称轴,则 O 一定在 l 上.

事实上,如图 1.29 所示,如果 O 不在 l 上,则由定理 1.5.7,直线 l 关于点 O 的对称直线 l_1 也是图形 F 的对称轴,点 O 关于直线 l_1 的对称点 O_1 也是图形 F 的对称中心,直线 l_1 关于点 O_1 的对称直线 l_2 也是图形 F 的对称轴,点 O_1 关于直线 l_2 的对称点 O_2 也是图形 F 的对称中心,……,如此继续,就得到一个由图形 F 的对称轴和对称中心相间组成的无穷序列

$$l, O, l_1, O_1, l_2, O_2, \cdots, O_n, l_n, \cdots$$

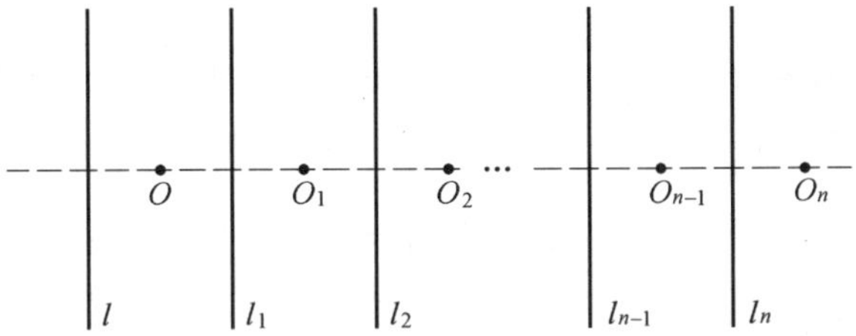

图 1.29

设点 O 到直线 l 的距离为 d,则 $d > 0$.显然直线 l_n 到 l 的距离为 $2nd$,这说明序列中的对称轴是互不相同的,从而图形 F 有无穷条对称轴,与图形 F 只有有限条对称轴矛盾.

其次证明:如果 F 只有一个对称中心,则图形 F 的所有对称轴都通过这个对称中心.

事实上,由刚才所证,图形 F 的这个唯一的对称中心在图形 F 的所有对称轴上.故图形 F 的所有对称轴都通过这个对称中心.

最后证明:如果 F 有多于一个的对称中心,则图形 F 只有唯一的一条对称轴,且所有的对称中心都在这条对称轴上.

事实上,取图形 F 的一条对称轴 l,则由开头所证,图形 F 的任意一个对称中心都在对称轴 l 上,由此即知,图形 F 仅有一条对称轴,且所有的对称中心都在这唯一的对称轴上.

37.设平面图形恰有偶数条对称轴.求证:这个图形必为中心对称图形.

证明　设图形 F 有偶数条对称轴 $l_1,l_2,\cdots,l_n,l_{n+1},\cdots,l_{2n}$，由定理 1.5.9，这 $2n$ 条对称轴交于一点 O，且相邻两条对称轴的夹角为$\frac{\pi}{2n}$．由于$\frac{\pi}{2n}\cdot n=\frac{\pi}{2}$，所以 $l_1\perp l_{n+1}$．再由定理 1.5.5 即知，图形 F 必为中心对称图形．

38．证明：只有奇数条对称轴的平面图形不可能是中心对称图形．

证明　设图形 F 有奇数条对称轴 $l_1,l_2,\cdots,l_{2n+1}$，由定理 1.5.9，这 $2n+1$ 条对称轴必交于一点 O，且相邻两条对称轴的夹角都相等．因而其中没有两条垂直的对称轴．如果图形 F 有对称中心，则对称中心必须位于图形 F 的所有对称轴上(否则，由定理 1.5.7，这些对称轴关于点 O 的对称直线也是图形 F 的对称轴，而点 O 关于这些对称轴的对称点也是图形 F 的对称中心，这就导致图形 F 有无穷条对称轴，矛盾)．因而其对称中心必为点 O，于是由第 35 题，过点 O 且垂直于对称轴 $l_1,l_2,\cdots,l_{2n+1}$ 的直线也是图形 F 的对称轴，这与图形 F 中没有两条垂直的对称轴矛盾．故只有奇数条对称轴的平面图形不可能是中心对称图形．

39．设平面点集 S 有两条对称轴，其夹角为 θ，且$\frac{\theta}{\pi}$是无理数．证明：如果点集 S 至少含有两个点，则 S 必含有无穷多个点．(第 21 届 IMO 预选，1979)

证明　设 l_0、l_1 为点集 S 的两条对称轴，其夹角为 θ，因$\frac{\theta}{\pi}$是无理数，所以，l_0、l_1 必相交，设其交点为 O．考虑轴反射变换 $S(l_1)$、$S(l_0)$，因 l_0、l_1 都是点集 S 的对称轴，所以，点集 S 作为平面图形既是 $S(l_1)$ 的不变图形，也是 $S(l_0)$ 的不变图形．而 $S(l_1)S(l_0)=R(O,2\theta)$，所以，$S$ 是旋转变换 $R(O,2\theta)$ 的不变图形．如果点集 S 至少含有两个点，则 S 中至少有一个点 $A_0\neq O$．设 $A_0\xrightarrow{R(O,2\theta)}A_1\xrightarrow{R(O,2\theta)}A_2\xrightarrow{R(O,2\theta)}\cdots\xrightarrow{R(O,2\theta)}A_n\xrightarrow{R(O,2\theta)}\cdots$，则对任意正整数 i，$\measuredangle A_{i-1}OA_i=2\theta$．因 S 是旋转变换 $R(O,2\alpha)$ 的不变图形，所以，$A_0,A_1,A_2,\cdots,A_n,\cdots$ 皆属于 S．如果存在正整数 $i,j(i>j)$，使得 $A_i=A_j$，则存在整数 k，使得 $2(i-j)=2k\pi$，于是$\frac{\theta}{\pi}=\frac{k}{i-j}$为有理数，矛盾．因此，$A_0,A_1,A_2,\cdots,A_n,\cdots$ 互不相同，故 S 含有无穷多个点．

40．设 S 是平面上的一个有限点集．如果点 O 是 S 中除一点以外的集合的对称中心，则点 O 称为集合 S 的“准对称中心”，问：集合 S 可以有几个“准对称中心”？

解　设点集 S 有 n 个点，将这 n 个点射影到某条直线上，使这 n 个点的射影没有重合的．因为对称中心必为集合 S 中的点的连线的中点，中点的射影仍为中点,所以,我们只需对这 n 个点在一直线上的情形讨论即可.

设直线上的 n 个点的坐标满足 $x_1 < x_2 < \cdots < x_{n-1} < x_n$. 如果在集合 S 中去掉 x_1,那么 S 中剩下的点所构成的集合的对称中心只能是 $\frac{1}{2}(x_2 + x_n)$;如果在集合 S 中去掉 x_n,那么 S 中剩下的点所构成的集合的对称中心只能是 $\frac{1}{2}(x_1 + x_{n-1})$;如果在集合 S 中去掉其他的任意一点,那么 S 中余下的点所构成的集合的对称中心只能是 $\frac{1}{2}(x_1 + x_n)$. 因此,有限集 S 不可能有超过 3 个的"准对称中心".

如果 S 是由一个凸四边形 $ABCD$ 的四个顶点 A、B、C、D 构成,则 S 没有"准对称中心"(图 1.30);

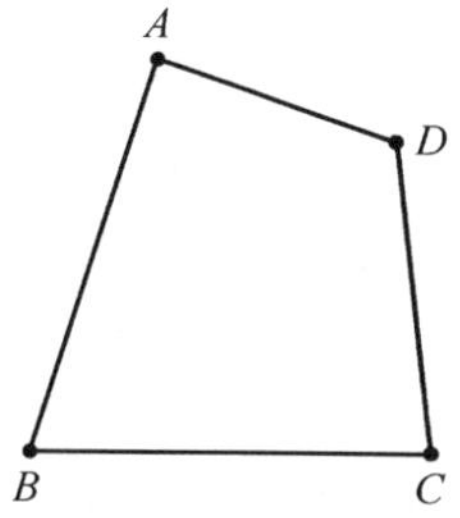

图 1.30

如果 S 是由 $\triangle ABC$ 的三个顶点 A、B、C 以及边 BC 的中点 M 构成,则去掉点 A 后,点 M 即 B、M、C 三点的对称中心,而去掉 B、M、C 三点中的任意一点,剩下的三点都没有对称中心. 故此时 S 仅有一个"准对称中心"(图 1.31);

如果 S 是由线段 AB 的两个端点 A、B 所构成的集合,则去掉任意一点,剩下的一点就是自己的对称中心,故此时 S 仅有两个"准对称中心"(图 1.32);

如果 S 是由 $\triangle ABC$ 的三个顶点 A、B、C 所构成,则去掉 A、B、C 中任何一点,剩下的两点所在边的中点即这两点的对称中心. 故此时 S 有三个"准对称中心"(图 1.33).

综上所述,有限点集 S 可以有 0,1,2,3 个"准对称中心".

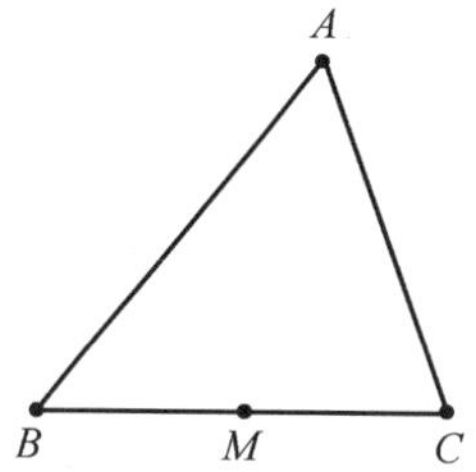

图 1.31

图 1.32

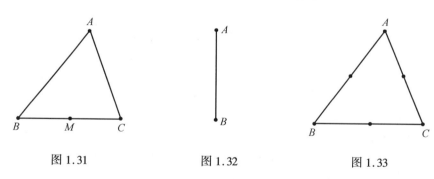

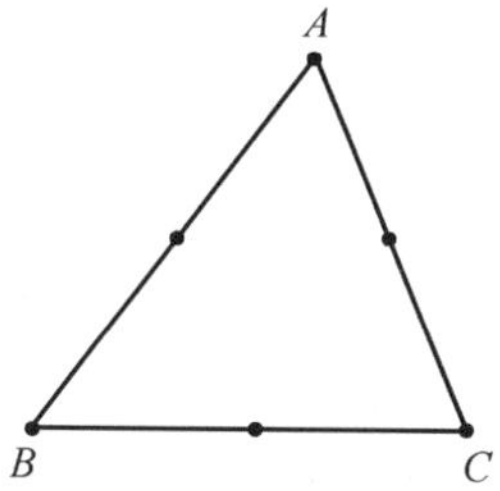

图 1.33

习题 2

1. 证明定理 2.1.1，定理 2.1.2；定理 2.1.5 ~ 定理 2.1.7；推论 2.1.1 与推论 2.1.2.

定理 2.1.1　相似变换是一一变换.

证明　设 f 是平面 π 的一个相似系数为 k 的相似变换. 对平面 π 上任意两点 A、B，设 A、$B \xrightarrow{f} A'$、B'，因 $A'B' = k \cdot AB$，于是，当 A'、B' 重合时，A、B 亦重合，所以 f 是单射.

另一方面，在平面 π 上任取一点 Q，再任取一点 A，令 $f(A) = A'$. 如果 $A' = Q$，则 $f(A) = Q$；如果 $A' \neq Q$，再在平面 π 上任取一点 B，使 $k \cdot AB = A'Q$（图 2.1），令 $f(B) = B'$，则因 f 是相似变换，所以 $A'B' = k \cdot AB = A'Q$. 如果 $B' = Q$，则 $f(B) = Q$；如果 $B' \neq Q$，再在平面 π 上取一点 C，使 $\triangle ABC \backsim \triangle A'B'Q$，则这样的点 C 只有两个，设为 C_1、C_2. 由于 $k \cdot AC_i = A'Q$，$k \cdot BC_i = B'Q(i = 1,2)$，因此，若 $f(C_1) \neq Q$，则必有 $f(C_2) = Q$. 总之，对平面 π 上任意一点 Q，在平面 π 上存在一点 P，使 $f(P) = Q$. 这说明 f 是满射. 故 f 是平面 π 的一一变换.

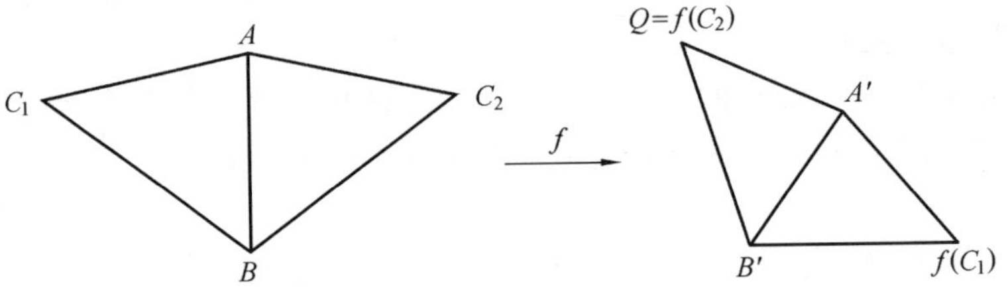

图 2.1

定理 2.1.2　相似变换的逆变换也是相似变换，其相似系数是原相似系数的倒数；两个相似变换之积仍是相似变换，其相似系数是原两个相似系数之积.

证明　设 f 是平面 π 的一个相似系数为 k 的相似变换，f^{-1} 是 f 的逆变换，对平面 π 上任意两点 A'、B'，设 A'、$B' \xrightarrow{f^{-1}} A$、$B$，则 A、$B \xrightarrow{f} A'$、B'. 而 f 是平面 π 的相似系数为 k 的相似变换，所以，$A'B' = k \cdot AB$，因此 $AB = k^{-1} \cdot A'B'$. 故 f^{-1} 也是平面 π 的相似变换，且其相似系数是原相似系数的倒数.

再设 f、g 是平面 π 的两个相似系数分别为 k_1、k_2 的相似变换，$\varphi = g \circ f$. 对平面 π 上的任意两点 A、B，设 A、$B \xrightarrow{\varphi} A''$、$B''$，则存在平面 π 上的两点 A'、B'，使得 A、$B \xrightarrow{f} A'$、$B' \xrightarrow{g} A''$、B''. 因 f、g 都是平面 π 的相似变换，且相似系数分别为 k_1，k_2，所以 $A'B' = k_1 \cdot AB$，$A''B'' = k_2 \cdot A'B'$，因此，$A''B'' =$

$k_1k_2 \cdot AB$.故 φ 也是平面 π 的相似变换,其相似系数是原来两个相似系数之积.

定理 2.1.5 在相似变换下,两直线的夹角大小保持不变.

证明 设 f 是平面 π 的一个相似系数为 k 的相似变换,平面 π 上的两条直线 a、b 相交于点 O,直线 a、b 在相似变换 f 下的像直线分别为 a'、b',$O \xrightarrow{f} O'$.因点 O 既在直线 a 上又在直线 b 上,由推论 2.2.1,点 O' 既在直线 a' 上,也在直线 b' 上.即 O' 是直线 a'、b' 的一个公共点.在直线 a、b 上分别取异于 O 的点 A、B.设 A、$B \xrightarrow{f} A'$、B',由定理 1.2.3,A' 在直线 a' 上,B' 在直线 b' 上,且由相似变换的定义,有 $O'A' = k \cdot OA$,$O'B' = k \cdot OB$,$A'B' = k \cdot AB$(图 2.2).所以,$\triangle A'O'B' \backsim \triangle AOB$,故 $\angle A'O'B' = \angle AOB$.即直线 a、b 的夹角大小在合同变换 f 下保持不变.

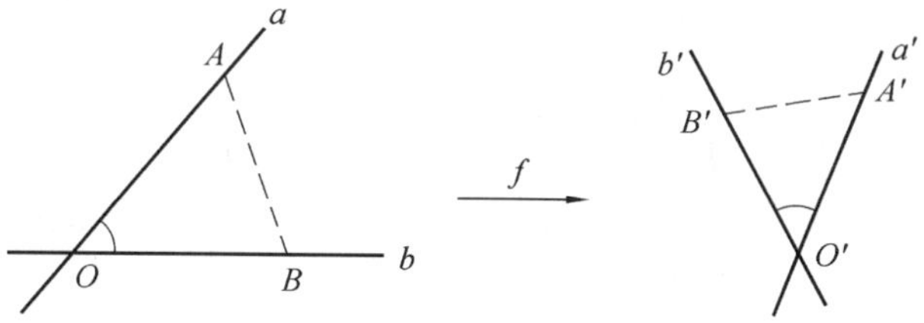

图 2.2

定理 2.1.6 在相似变换下,圆的像仍是圆,且保持圆上点的顺序不变.像圆半径与原圆半径之比等于相似比.

证明 设 f 是平面 π 的一个相似系数为 k 的相似变换,$\odot(O,r)$ 是平面 π 上的一个以 O 为圆心、r 为半径的圆.对 $\odot(O,r)$ 上的任意一点 A,设 O、$A \xrightarrow{f} O'$、A',则由相似变换的定义,有 $O'A' = k \cdot OA = k \cdot r$,这说明点 A' 在 $\odot(O',k \cdot r)$ 上.反之,对 $\odot(O',k \cdot r)$ 上的任意一点 A',考虑 f 的逆变换 f^{-1}.设 $A' \xrightarrow{f^{-1}} A$,因 $O' \xrightarrow{f^{-1}} O$,所以,$OA = k^{-1} \cdot O'A' = r$,这说明点 A 在 $\odot(O,r)$ 上.故合同变换 f 将 $\odot(O,r)$ 变为 $\odot(O',k \cdot r)$.

再设 A、B、C、D 是 $\odot(O,r)$ 上依逆时针方向或依顺时针方向排列的任意四点,则弦 AC 与弦 BD 必交于一点 P(图 2.3).设 A、B、C、D、P 在变换 f 下的像分别为 A'、B'、C'、D'、P',则 A'、B'、C'、D' 在 $\odot(O',r)$ 上.因点 P 既在弦 AC 上,又在弦 BD 上,由定理 1.2.3,点 P' 既在弦 $A'C'$ 上,也在弦 $B'D'$ 上.即弦 $A'C'$ 与 $B'D'$ 交于点 P'.所以,A'、B'、C'、D' 在 $\odot(O',r)$ 上也是依逆时针方向或顺时针方向排列.故相似变换还保持圆上点的顺序不变.

定理 2.1.7 设 $\triangle ABC$ 与 $\triangle A'B'C'$ 是平面 π 上的两个相似三角形,则存在平面 π 的唯一的相似变换 f,使得 $\triangle ABC \xrightarrow{f} \triangle A'B'C'$.

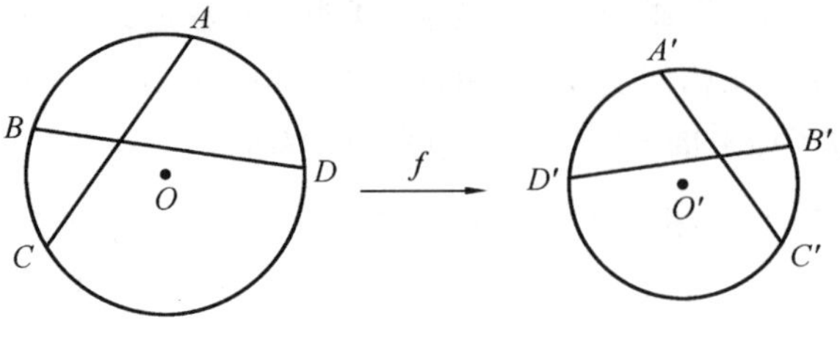

图 2.3

证明　因为 $\triangle ABC \backsim \triangle A'B'C'$，所以，如果设其相似比为 k，则存在平面 π 的一个相似系数为 k 的相似变换 f，使得 $A' = f(A)$，$B' = f(B)$，$C' = f(C)$．若存在平面 π 的一个相似变换 g，使得 $A' = g(A)$，$B' = g(B)$，$C' = g(C)$，则相似变换 g 的相似系数亦为 k．设 P 为平面 π 上异于 A、B、C 的任意一点，$P' = f(P)$，$P'' = g(P)$，则 $P'A' = k \cdot PA$，$P'B' = k \cdot PB$，$P'C' = k \cdot PC$（图 2.4）．于是，P' 为 $\odot(A', k \cdot PA)$、$\odot(B', k \cdot PB)$、$\odot(C, k \cdot PC)$ 这三圆的公共点．同样，因 $g(A) = A'$，$g(B) = B'$，$g(C) = C'$，所以，P'' 也是这三个圆的公共点．如果 $P'' \neq P'$，则这三个圆有两个公共点 P'，P''，从而这三个圆的圆心 A'、B'、C' 三点共线，矛盾．因此必有 $P'' = P'$．这就是说，对平面 π 上的任意一点 P，都有 $g(P) = f(P)$，故 $g = f$．换句话说，使得 $\triangle ABC$ 变为 $\triangle A'B'C'$ 的相似变换是唯一的．

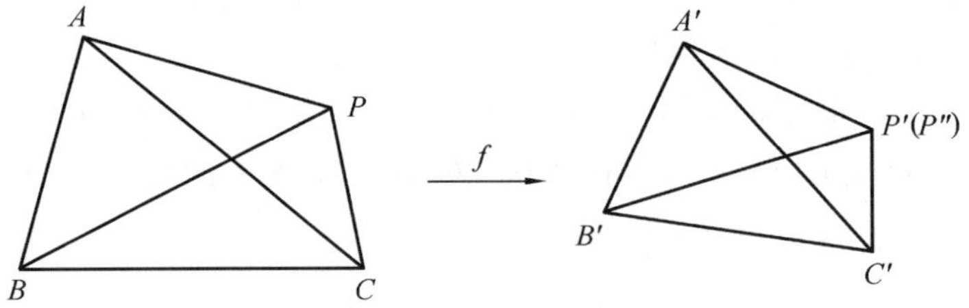

图 2.4

推论 2.1.1　在相似变换下，直线的像是直线；射线的像是射线；线段的像是线段，且线段的中点的像是对应线段的中点．

证明　先证明在相似变换下，直线的像是直线．

事实上，如图 2.5 所示，设 f 是平面 π 的一个相似变换，l 是平面 π 上的一条直线．在 l 上取两个不同的点 A、B，令 $A' = f(A)$，$B' = f(B)$．由定理 2.1.1，A'、B' 也是平面 π 上的两个不同的点，从而 A'、B' 两点确定一条直线 l'．设 P 是直线 l 上异于 A、B 的任意一点，$P \xrightarrow{f} P'$．由定理 2.1.3，P' 在直线 l' 上；反之，对于直线 l' 上异于 A'、B' 的任意一点 Q'，考虑 f 的逆变换 f^{-1}，由定理 1.2.2，f^{-1} 也是一个相似变换．设 $Q' \xrightarrow{f^{-1}} Q$，$A' \xrightarrow{f^{-1}} A$、$B' \xrightarrow{f^{-1}} B$，而 A、B 是 l 上

的两个不同的点，再由定理2.1.3，点 Q 在 l 上，且 $Q' = f(Q)$. 故相似变换 f 将直线 l 变为直线 l'.

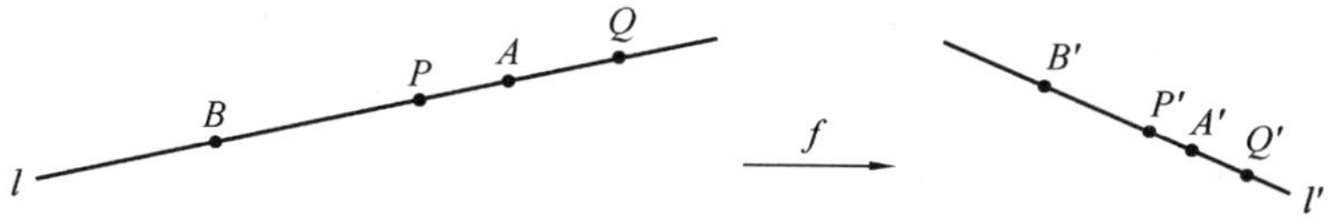

图2.5

再证明在相似变换下，射线的像是射线.

事实上，如图2.6所示，设 f 是平面 π 的一个相似变换，OA 是平面 π 上的一条以 O 为端点的一条射线，$O、A \xrightarrow{f} O'、A'$. 设 P 是射线 OA 上异于 $O、A$ 的任意一点，设 $P \xrightarrow{f} P'$，则由定理2.1.3，点 P' 在直线 $O'A'$ 上且如果 P 在 $O、A$ 之间，则 P' 在 $O'、A'$ 之间；如果 A 在 $O、P$ 之间，则 A' 在 $O'、P'$ 之间. 总之，P' 在射线 $O'A'$ 上.

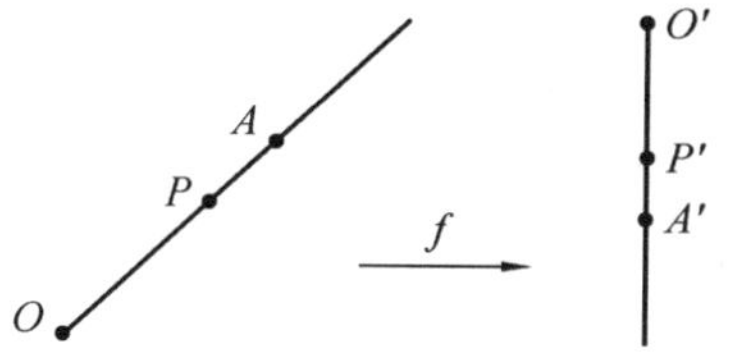

图2.6

反之，对于射线 $O'A'$ 上异于 $O'、A'$ 的任意一点 Q'，考虑 f 的逆变换 f^{-1}，由定理2.1.2，f^{-1} 也是平面 π 的一个相似变换，且 $O'、A' \xrightarrow{f^{-1}} O、A$. 设 $Q' \xrightarrow{f^{-1}} Q$，则重复刚才的讨论可知，$Q$ 在射线 OA 上，且 $Q \xrightarrow{f} Q'$.

综上所述，相似变换 f 将射线 OA 变为射线 $O'A'$.

最后证明在相似变换下，线段的像是线段，且线段的中点的像是像线段的中点.

事实上，如图2.7所示，设 f 是平面 π 的一个相似变换，AB 是平面 π 上的一条线段，$A、B \xrightarrow{f} A'、B'$. 设 P 是线段 AB 上任意一点，$P \xrightarrow{f} P'$，则由定理2.13，点 P' 在直线 $A'B'$ 上. 因点 P 在 $A、B$ 之间，所以，点 P' 在 $A'、B'$ 之间，即点 P' 在线段 $A'B'$ 上.

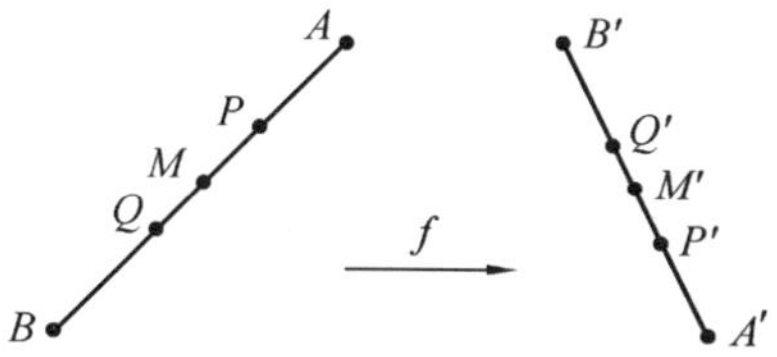

图2.7

反之，对于线段 $A'B'$ 上的任意一点 Q'，考虑 f 的逆变换 f^{-1}，由定理2.1.2，f^{-1} 也是平面 π 的一个相似变换，且 $A'、B' \xrightarrow{f^{-1}} A、B$. 设 $Q' \xrightarrow{f^{-1}} Q$，则重复刚才的讨论可知，$Q$ 在线段 AB 上，且 $Q \xrightarrow{f} Q'$.

再设 M 是线段AB 的中点，$M \xrightarrow{f} M'$，则 M' 在 $A'B'$ 上，且 $A'M' = k \cdot AM = k \cdot MB = M'B'$，所以 M' 是线段$A'B'$ 的中点. 这就是说，在相似变换下，线段的像是线段，且线段的中点的像是像线段的中点.

推论 2.1.2 在相似变换下，两正交直线的像仍是两正交直线；两平行直线的像仍是两平行直线.

证明 由定理2.1.5，相似变换保持两直线的夹角大小不变，因此，在相似变换下，两正交直线的像仍是两正交直线；设 f 是平面 π 的一个相似变换，a、b 是平面π 上的两条平行直线，a、$b \xrightarrow{f} a'$、b'，由推论2.1.1，a'、b' 仍是平面π 上的两条直线. 如果 a'、b' 有公共点P'，考虑 f 的逆变换f^{-1}，由定理 2.1.2，f^{-1} 也是平面 π 的一个相似变换，且 a'、$b' \xrightarrow{f^{-1}} a$、$b$. 设 $P' \xrightarrow{f^{-1}} P$，因为 P 既在直线 a 上，也在直线 b 上，所以点 P 既在直线a 上，也在直线 b 上，即两条直线 a、b 至少有一个公共点，这与 $a /\!/ b$ 矛盾. 这个矛盾说明直线 a'、b' 也无公共点. 故 $a' /\!/ b'$.

2. 证明：平面 π 上任意一个平移变换都可以表示为两个位似变换之积，且其中一个位似变换可以任意选取，只要位似系数不等于 1 即可.

证明 设 $T(\boldsymbol{v})$ 是平面π 的一个平移变换. 在平面π 上任取一个位似变换 $H(O_1,k)$，其中 $k \neq 1$，则由定理 2.2.8，$H(O_1,k)T(\boldsymbol{v})$、$T(\boldsymbol{v})H(O_1,k)$ 都是位似变换，且位似系数不变. 于是，设

$$H(O_1,k)T(\boldsymbol{v}) = H(O_2,k),\ T(\boldsymbol{v})H(O_1,k) = H(O_3,k)$$

则有

$$T(\boldsymbol{v}) = [H(O_1,k)]^{-1}H(O_2,k) = H(O_1,k^{-1})H(O_2,k)$$

$$T(\boldsymbol{v}) = H(O_2,k)[H(O_1,k)]^{-1} = H(O_2,k)H(O_1,k^{-1})$$

即平移变换 $T(\boldsymbol{v})$ 可以表示为两个位似变换之积，且其中一个位似变换可以任意选取.

3. 证明：平面π 上的所有位似变换与平移变换合并在一起构成的集合作成一个变换群.

证明 设 G 是平面π 的所有位似变换或平移变换所构成的集合. 对于 G 中的任意两个变换f、g，如果 f、g 都是位似变换，由定理 2.2.7，fg 是一个位似变换或平移变换，即 fg 仍属于 G；如果 f、g 一个是位似变换，一个是平移变换，则由定理2.2.8，fg 是一个位似变换，此时 fg 仍属于G；如果f、g 皆为平移变换，则由定理1.3.3，fg 仍是平移变换，此时，fg 还是属于G. 又由定理2.2.3，位似变换的逆变换仍是位似变换，由定理 1.3.4，平移变换的逆变换仍是平移变换，即

对 G 中的任意变换 f,f^{-1} 仍属于 G,故由定理 1.1.3,G 是一个变换群.

4. 设 $k_1k_2\neq 0,1$,且 $H(O_2,k_2)H(O_1,k_1)=H(O,k_1k_2)$.求证:$O$ 是线段 O_1O_2 的中点的充分必要条件是

$$k_1+\frac{1}{k_2}=2$$

证明 由等式(2.2.2),有 $\overline{O_1O}=\frac{k_2-1}{k_1k_2-1}\cdot\overline{O_1O_2}$.于是 O 是线段 O_1O_2 的中点 $\Leftrightarrow\overline{O_1O}=\frac{1}{2}\cdot\overline{O_1O_2}\Leftrightarrow\frac{k_2-1}{k_1k_2-1}=\frac{1}{2}\Leftrightarrow k_1+\frac{1}{k_2}=2$.

5. 设 O_1、O_2 是平面 π 上不同两点,$k_1k_2\neq 1$,且 $H(O_1,k_1)H(O_2,k_2)=H(O,k_1k_2)$.求证:对于任意非零常数 k,$\overline{OO_2}=k\cdot\overline{O_1O}$ 的充分必要条件是

$$\frac{k_1}{k}+\frac{1}{k_2}=1+\frac{1}{k}$$

证明 因 $\overline{OO_2}=\overline{O_1O_2}-\overline{O_1O}$,而由等式(2.2.2),有

$$\overline{O_1O}=\frac{k_2-1}{k_1k_2-1}\cdot\overline{O_1O_2}$$

于是,$\overline{OO_2}=k\cdot\overline{O_1O}\Leftrightarrow\overline{O_1O_2}=(k+1)\overline{O_1O}\Leftrightarrow$

$$\frac{(k_2-1)(k+1)}{k_1k_2-1}=1\Leftrightarrow\frac{k_1}{k}+\frac{1}{k_2}=1+\frac{1}{k}$$

6. 设 O_1、O_2 是平面 π 上不同两点,$k_1k_2\neq-1$,且

$$H(O_1,k_2)C(O_2)H(O_1,k_1)=H(O,-k_1k_2)$$

求证:

(1) O 与 O_2 重合的充分必要条件是 $k_1+\frac{1}{k_2}=2$.

(2) O 为线段 O_1O_2 的中点的充分必要条件是 $k_1+\frac{1}{k_2}=4$.

证明 因 $C(O_2)=H(O_2,-1)$,于是,设

$$C(O_2)H(O_1,k_1)=H(O_3,-k_1)$$

则有 $H(O_1,k_2)H(O_3,-k_1)=H(O,-k_1k_2)$.且由等式(2.2.2),有

$$\overline{O_3O_1}=-\frac{2}{k_1+1}\cdot\overline{O_1O_2},\overline{OO_3}=\frac{k_2-1}{k_1k_2+1}\cdot\overline{O_3O_1}$$

因 $\overline{OO_3}=\overline{OO_1}-\overline{O_3O_1}$,所以

$$\overline{OO_1}=\left(1+\frac{k_2-1}{k_1k_2+1}\right)\overline{O_3O_1}=\frac{k_2(k_1+1)}{k_1k_2+1}\cdot\overline{O_3O_1}=-\frac{2k_2}{k_1k_2+1}\cdot\overline{O_1O_2}$$

于是

$$O \text{ 与 } O_2 \text{ 重合} \Leftrightarrow \overline{O_2O_1} = -\frac{2k_2}{k_1k_2+1}\cdot\overline{O_1O_2}\Leftrightarrow$$

$$\frac{2k_2}{k_1k_2+1} = 1 \Leftrightarrow k_1 + \frac{1}{k_2} = 2$$

$$O \text{ 为线段 } O_1O_2 \text{ 的中点} \Leftrightarrow$$

$$\overline{OO_1} = -\frac{1}{2}\cdot\overline{O_1O_2} \Leftrightarrow \frac{2k_2}{k_1k_2+1} = \frac{1}{2} \Leftrightarrow k_1 + \frac{1}{k_2} = 4$$

7.设直线 AB、CD 交于点 O,在以 O 为位似中心的某个位似变换下,A、B、C、$D \to A'$、B'、C'、D'.求证:A、B、C、D 四点共圆的充分必要条件是

$$\overline{AA'}\cdot\overline{BB'} = \overline{CC'}\cdot\overline{DD'}$$

证明 如图 2.8,2.9 所示,设 A、B、C、$D \xrightarrow{H(O,k)} A'$、$B'$、$C'$、$D'$,则

$$\frac{\overline{OA'}}{\overline{OA}} = \frac{\overline{OB'}}{\overline{OB}} = \frac{\overline{OC'}}{\overline{OC}} = \frac{\overline{OD'}}{\overline{OD}}$$

所以

$$\frac{\overline{OA'}-\overline{OA}}{\overline{OA}} = \frac{\overline{OB'}-\overline{OB}}{\overline{OB}} = \frac{\overline{OC'}-\overline{OC}}{\overline{OC}} = \frac{\overline{OD'}-\overline{OD}}{\overline{OD}}$$

即

$$\frac{\overline{AA'}}{\overline{OA}} = \frac{\overline{BB'}}{\overline{OB}} = \frac{\overline{CC'}}{\overline{OC}} = \frac{\overline{DD'}}{\overline{OD}}$$

因此

$$\frac{\overline{AA'}\cdot\overline{BB'}}{\overline{OA}\cdot\overline{OB}} = \frac{\overline{CC'}\cdot\overline{DD'}}{\overline{OC}\cdot\overline{OD}}$$

于是,由圆幂定理及其逆定理即得,A、B、C、D 四点共圆 $\Leftrightarrow$

$$\overline{OA}\cdot\overline{OB} = \overline{OC}\cdot\overline{OD} \Leftrightarrow \overline{AA'}\cdot\overline{BB'} = \overline{CC'}\cdot\overline{DD'}$$

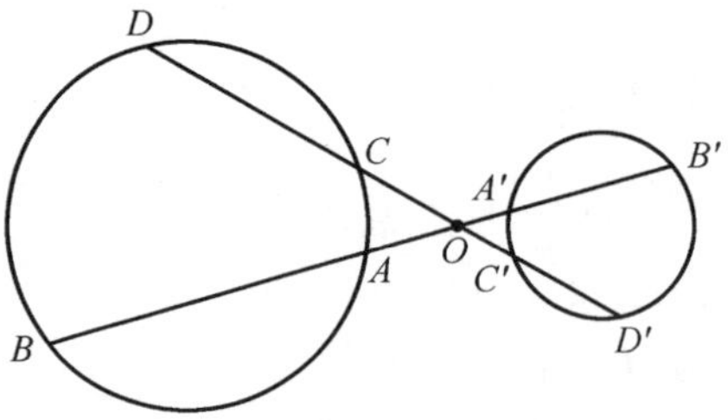

图 2.8

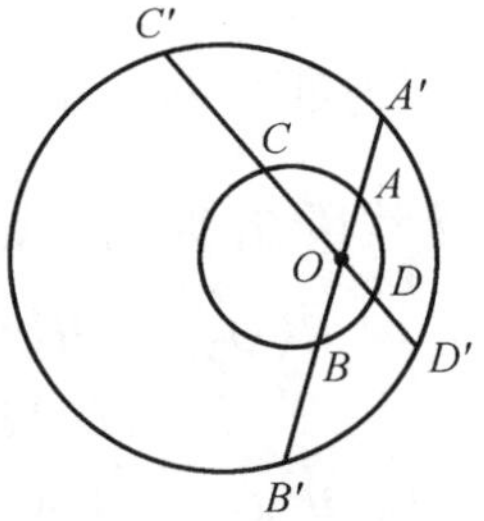

图 2.9

8.设 $S(O,k,\theta)$ 是平面 π 的一个位似旋转变换,l 是平面 π 上的一条直线.试在直线 l 上求一点 P,使得当 $P \xrightarrow{S(O,k,\theta)} P'$ 时,线段 PP' 为最短.

解 如图2.10所示,当点 P 在直线 l 上变动时,所有的 $\triangle OPP'$ 都是相似的,因而 $\frac{PP'}{OP}$ 是一个常数.于是,线段 PP' 为最短当且仅当线段 OP 为最短.因此,当点 P 为位似旋转中心 O 在直线 l 上的射影 P_0 时,线段 PP' 为最短.

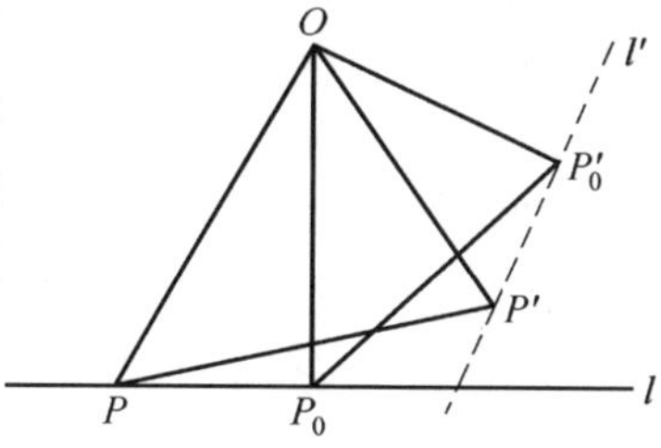

图 2.10

9.设 $S(O,k,\theta)$ 与 $S(l)$ 分别为平面 π 的一个位似旋转变换与一个轴反射变换,且位似旋转中心 O 在反射轴 l 上.证明:

(1) $S(l)S(O,k,\theta)S(l) = S(O,k,-\theta)$;

(2) $S^{-1}(O,k,\theta)S(l)S(O,k,\theta) = S(l')$.

其中直线 l' 通过位似旋转中心 O,且 $\measuredangle(l',l) = \theta$.

证明 (1) 如图 2.11 所示,对平面 π 上任意一点 A,设在变换

$$S(l)S(O,k,\theta)S(l)$$

下,$A \to A'$,则存在 A_1、A_2,使得 $A \xrightarrow{S(l)} A_1 \xrightarrow{S(O,k,\theta)} A_2 \xrightarrow{S(l)} A'$.因此,$OA' = OA_2, OA_2 = k \cdot OA_1, OA_1 = OA$,于是,$OA' = k \cdot OA$.又因为 A_1、$A_2 \xrightarrow{S(l)} A$、A',所以 $\measuredangle AOA' = \measuredangle A_1OA_2 = -\theta$.故由位似旋转变换的定义即知 $S(l)S(O,k,\theta)S(l) = S(O,k,-\theta)$.

(2) 如图 2.12 所示,对平面 π 上任意一点 A,设在变换

$$S^{-1}(O,k,\theta)S(l)S(O,k,\theta)$$

下,$A \to A'$,则存在 A_1、A_2,使得 $A \xrightarrow{S(O,k,\theta)} A_1 \xrightarrow{S(l)} A_2 \xrightarrow{S^{-1}(O,k,\theta)} A'$.注意 $S^{-1}(O,k,\theta) = S(O,k^{-1},-\theta)$,因此

$$OA' = k^{-1}. OA_2, OA_2 = OA_1, OA_1 = k \cdot OA$$

于是,$OA' = OA$.另一方面,过位似旋转中心 O 作直线 l',使得 $\measuredangle(l',l) = \theta$.因为 A、$A' \xrightarrow{S(O,k,\theta)} A_1$、$A_2$,$l' \xrightarrow{S(O,k,\theta)} l$,而直线 l 平分 $\measuredangle A_1OA_2$,所以直线 l' 平分 $\measuredangle AOA'$,这说明 $A \xrightarrow{S(l)} A'$.故

$$S^{-1}(O,k,\theta)S(l)S(O,k,\theta) = S(l')$$

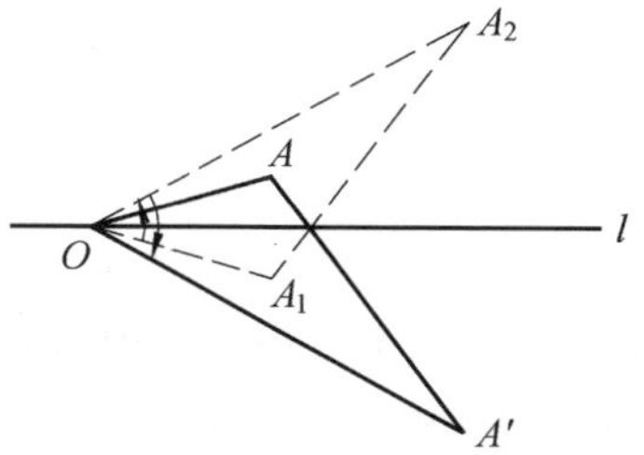

图 2.11

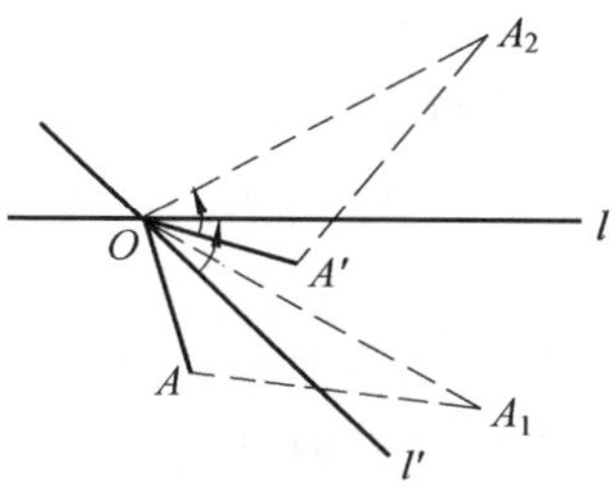

图 2.12

10. 设 $S(O,k,\theta)(k\neq 1)$、$T(\boldsymbol{v})$ 分别是平面 π 的一个位似旋转变换与一个平移变换. 证明:存在点 O',使得 $S(O,k,\theta)T(\boldsymbol{v}) = S(O',k,\theta)$. 并根据 O、k、θ、$\boldsymbol{v}$ 确定点 O' 的位置.

证明 如图2.13所示,首先取点 P、Q,使得 $\overrightarrow{OP} = \boldsymbol{v}$, $\measuredangle POQ = \theta$,且 $OQ = k^{-1}\cdot OP$; 其次在直线 PQ 上取点 R,使得 $\measuredangle ORP = \theta$;最后以 OR 为一条对角线作平行四边形 $OPRO'$. 往证: $S(O,k,\theta)T(\boldsymbol{v}) = S(O',k,\theta)$.

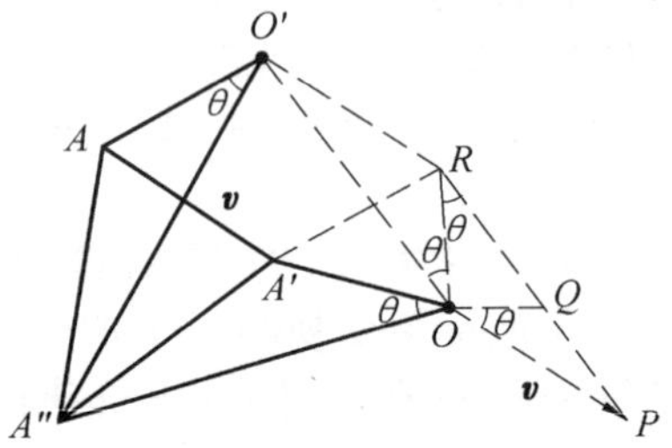

图2.13

事实上,由 $\measuredangle ORP = \theta$ 知, $\triangle ROP \backsim \triangle OQP$,而 $OQ = k^{-1}\cdot OP$,所以, $PR = k\cdot OR$. 又 $OPRO'$ 为平行四边形,因此, $\measuredangle ROO' = \measuredangle ORP = \theta$, $OO' = PR = k\cdot OR$. 再注意 $\overrightarrow{O'R} = \overrightarrow{OP}$ 可知

$$O' \xrightarrow{T(\boldsymbol{v})} R \xrightarrow{S(O,k,\theta)} O'$$

于是,对平面 π 上任意一点 A,设 $A \xrightarrow{T(\boldsymbol{v})} A' \xrightarrow{S(O,k,\theta)} A''$,则 $RA' = O'A$, $O'A'' = k\cdot RA'$,且 $\measuredangle(O'A,RA') = 0$, $\measuredangle(RA',O'A'') = \theta$,所以, $O'A'' = k\cdot O'A$,且

$$\measuredangle AO'A'' = \measuredangle(O'A,RA') + \measuredangle(RA',O'A'') = 0+\theta = \theta$$

由位似旋转变换的定义即知, $S(O,k,\theta)T(\boldsymbol{v}) = S(O',k,\theta)$.

注 存在性也可由定理1.3.1与定理2.3.2得到. 但上述证明则直接根据 O、k、θ、$\boldsymbol{v}$ 确定了点 O' 的位置.

11. 平面上有两个其对应边不平行的真正相似的 $n(n\geqslant 3)$ 边形 $A_1A_2\cdots A_n$ 和 $B_1B_2\cdots B_n$(不一定是凸的). 设直线 A_iA_{i+1} 与 B_iB_{i+1} 交于点 C_i,过 A_i、B_i、C_i 三点作圆($i=1,2,\cdots,n$, $A_{n+1}\equiv A_1$, $B_{n+1}\equiv B_1$). 求证: n 个圆 Γ_1、Γ_2、$\cdots$、Γ_n 共点. (首届全国数学竞赛命题比赛三等奖,1989)

证明 因 n 边形 $A_1A_2\cdots A_n$ 和 $B_1B_2\cdots B_n$ 真正相似,所以,存在一个位似旋转变换 $S(O,k,\theta)$,使得 $A_1A_2\cdots A_n \xrightarrow{S(O,k,\theta)} B_1B_2\cdots B_n$. 由定理2.3.3, O、A_i、B_i、C_i 四点共圆($i=1,2,\cdots,n$),换句话说,圆 Γ_1、Γ_2、$\cdots$、Γ_n 皆过位似旋转中心 O. 故这 n 个圆 Γ_1、Γ_2、$\cdots$、Γ_n 共点.

12. $T(O_1,k_1,l_1)$ 与 $T(O_2,k_2,l_2)$ 是平面 π 上的两个位似轴反射变换. 证明

(1) 当 $l_1 /\!/ l_2$ 时,若 $k_1k_2\neq 1$,则存在点 O,使得

$$T(O_2,k_2,l_2)T(O_1,k_1,l_1) = H(O,k_1k_2)$$

若 $k_1k_2 = 1$,则存在向量 $\boldsymbol{v}$,使得

$$T(O_2,k_2,l_2)T(O_1,k_1,l_1) = T(\boldsymbol{v})$$

(2) 当 $l_1 \perp l_2$ 时,则存在点 O,使得

$$T(O_2,k_2,l_2)T(O_1,k_1,l_1) = H(O, -k_1k_2)$$

证明 如图 2.14 ~ 2.16 所示,对平面 π 上任意两点 A、B,设

$$A、B \xrightarrow{T(O_1,k_1,l_1)} A'、B' \xrightarrow{T(O_2,k_2,l_2)} A''、B''$$

则有 $A'B' = k_1 \cdot AB$,$A''B'' = k_2 \cdot A'B'$,所以,$A''B'' = k_1k_2 \cdot AB$.

又由定理2.4.4,$\measuredangle(AB,l_1) = \measuredangle(l_1,A'B')$,$\measuredangle(A'B',l_2) = \measuredangle(l_2,A''B'')$ 所以

$$\measuredangle(AB,A''B'') = \measuredangle(AB,l_1) + \measuredangle(l_1,A'B') + \measuredangle(A'B',l_2) + \measuredangle(l_2,A''B'') = 2\measuredangle(l_1,A'B') + 2\measuredangle(A'B',l_2) = 2\measuredangle(l_1,l_2)$$

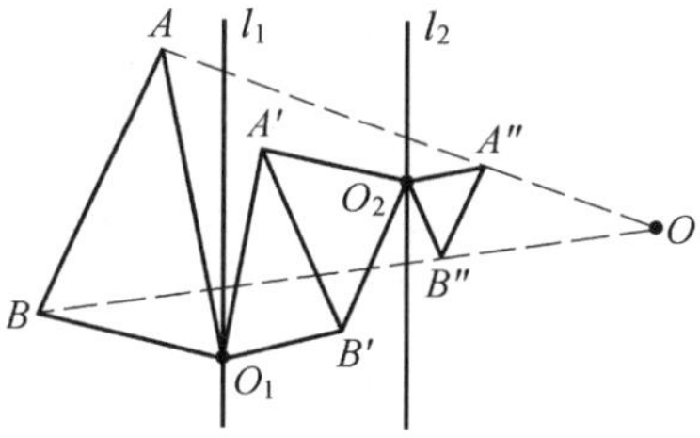

图 2.14

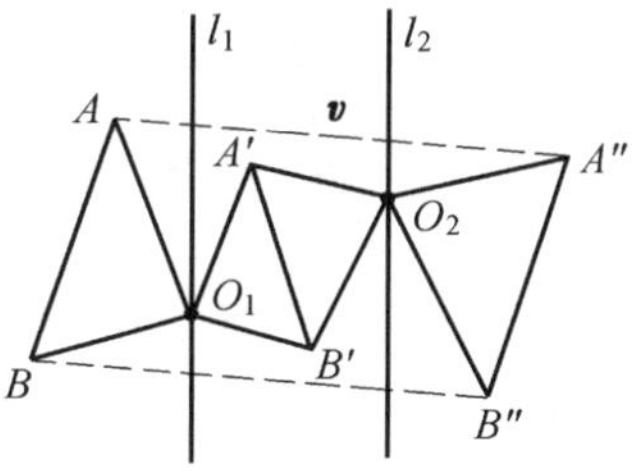

图 2.15

(1) 当 $l_1 \,/\!/\, l_2$ 时(图 2.14,2.15),则有 $\measuredangle(l_1,l_2) = 0$,所以,$\measuredangle(AB,A''B'') = 0$. 再结合 $A''B'' = k_1k_2 \cdot AB$ 即知 $\overrightarrow{A''B''} = k_1k_2 \cdot \overrightarrow{AB}$. 于是,由定理2.2.1,若 $k_1k_2 \neq 1$,则存在点 O,使得

$$T(O_2,k_2,l_2)T(O_1,k_1,l_1) = H(O,k_1k_2)$$

是一个外位似变换.

若 $k_1k_2 = 1$,则存在向量 $\boldsymbol{v}$,使得 $T(O_2,k_2,l_2)T(O_1,k_1,l_1) = T(\boldsymbol{v})$ 是一个平移变换.

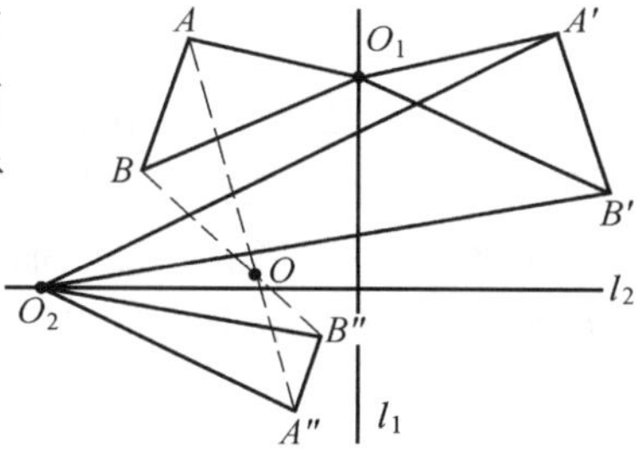

图 2.16

(2) 当 $l_1 \perp l_2$ 时(图 2.16),则有 $\measuredangle(l_1,l_2) = 90°$,所以,$\measuredangle(AB,A''B'') = 180°$. 再结合 $A''B'' = k_1k_2 \cdot AB$ 即知 $\overrightarrow{A''B''} = -k_1k_2 \cdot \overrightarrow{AB}$. 于是,由定理 2.2.1,存在点 O,使得

$$T(O_2,k_2,l_2)T(O_1,k_1,l_1) = H(O, -k_1k_2)$$

是一个内位似变换.

13. 证明:$H(O,-1)S(l)$ 与 $S(l)H(O,-1)$ 皆为其反射轴垂直于 l 的滑

动反射变换.

证明　如图2.17,2.18所示,设过位似中心 O 且垂直于反射轴 l 的直线为 l_1.对平面 π 上任意一点 A,设 $A \xrightarrow{S(l)} A' \xrightarrow{H(O,-1)} A''$,则 $AA' \,/\!/\, l_1$,且 O 为线段 $A'A''$ 的中点,所以,线段 AA'' 被直线 l_1 平分.再设直线 l_1 与 l 交于 M,点 A、A'、A'' 在直线 l_1 上的射影分别为 P、Q、R,则 M、O 分别为线段 PQ、QR 的中点,所以,$\overrightarrow{PQ}=2\cdot\overrightarrow{MQ}$,$\overrightarrow{QR}=2\cdot\overrightarrow{QO}$.于是

$$\overrightarrow{PR}=\overrightarrow{PQ}+\overrightarrow{QR}=2\cdot\overrightarrow{MQ}+2\cdot\overrightarrow{QO}=2\cdot\overrightarrow{MO}$$

是一个固定向量.故 $H(O,-1)S(l)=G(l_1,2\cdot\overrightarrow{MO})$ 是一个滑动反射变换.又

$$S(l)H(O,-1)=[S(l)]^{-1}[H(O,-1)]^{-1}=[H(O,-1)S(l)]^{-1}=[G(l_1,2\cdot\overrightarrow{MO})]^{-1}=G(l_1,2\cdot\overrightarrow{OM})$$

因此,$S(l)H(O,-1)=G(l_1,2\cdot\overrightarrow{OM})$ 也是一个滑动反射变换.

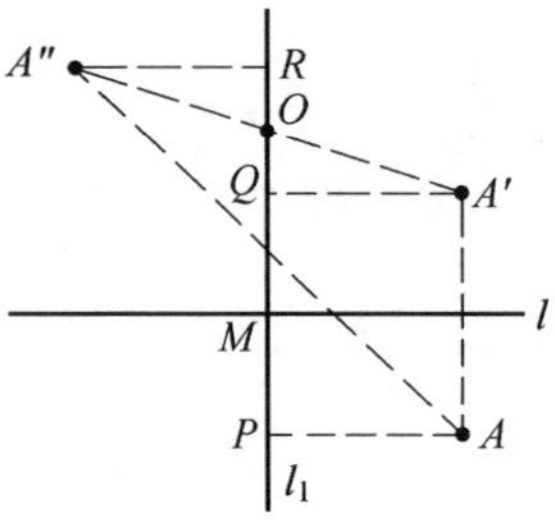

图2.17

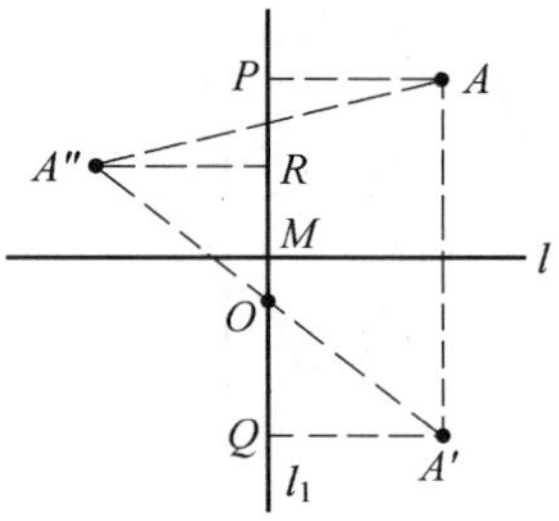

图2.18

14.证明:若一个平面图形是某个位似轴反射变换(位似系数 $k\neq 1$)的不变图形,则这个图形也是某个位似变换的不变图形.

证明　设图形 F 是位似轴反射变换 $T(O,k,l)$ 的不变图形,则 F 也是变换 $[T(O,k,l)]^2$ 的不变图形.因 $T(O,k,l)=S(l)H(O,k)=H(O,k)S(l)$,所以

$$[T(O,k,l)]^2=[H(O,k)S(l)][S(l)H(O,k)]=H(O,k)[S(l)S(l)]H(O,k)=H(O,k^2)$$

而 $k^2\neq 1$(因 $k\neq 1$),故图形 F 也是位似变换 $H(O,k^2)$ 的不变图形.

15.证明:$H(O,k)S(l)(k\neq -1)$ 是一个位似轴反射变换.

证明　如图2.19,2.20所示,设点 O 在直线 l 上的射影为 M.因 $k\neq -1$,所以平面 π 上存在唯一的一点 O_1,使得

$$\overrightarrow{O_1M}=\frac{1-k}{1+k}\cdot\overrightarrow{OM}$$

设 $O_1 \xrightarrow{S(l)} O'_1$，则

$$\overrightarrow{O_1O'_1} = 2\overrightarrow{O_1M} = \frac{2(1-k)}{1+k}\cdot\overrightarrow{OM}$$

$$\overrightarrow{OO_1} = \overrightarrow{OM} - \overrightarrow{O_1M} = (1-\frac{1-k}{1+k})\overrightarrow{OM} = \frac{2k}{1+k}\cdot\overrightarrow{OM}$$

$$\overrightarrow{OO'_1} = \overrightarrow{OO_1} + \overrightarrow{O_1O'_1} = (\frac{2k}{1+k}+\frac{2(1-k)}{1+k})\overrightarrow{OM} = \frac{2}{1+k}\cdot\overrightarrow{OM}$$

所以，$\overrightarrow{OO_1} = k\cdot\overrightarrow{OO'_1}$. 故 $O'_1 \xrightarrow{H(O,k)} O_1$.

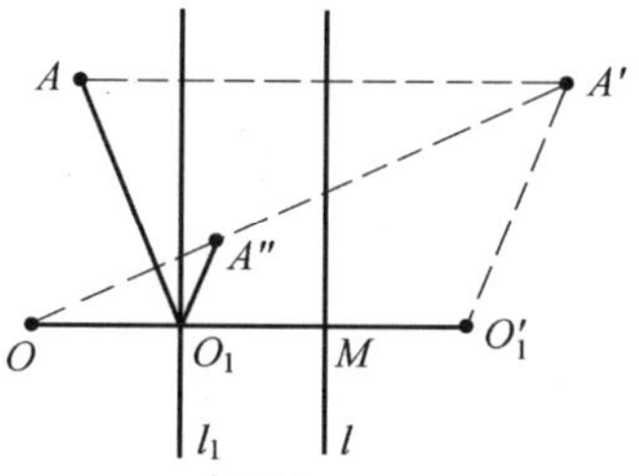

图 2.19

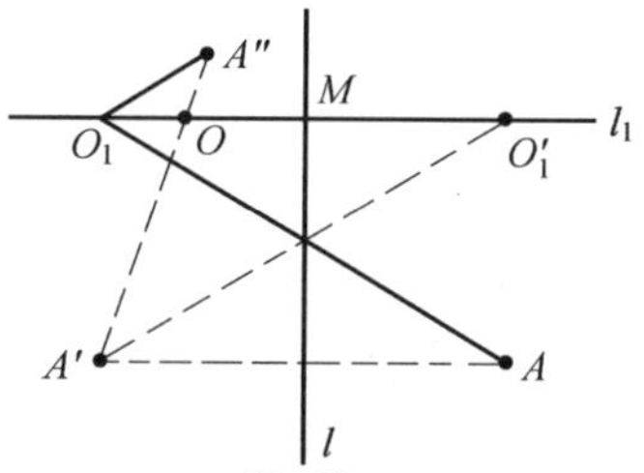

图 2.20

对于平面 π 上任意一点 A，设 $A \xrightarrow{S(l)} A' \xrightarrow{H(O,k)} A''$，则有

$$O_1A'' = |k|\cdot O_1'A' = |k|\cdot O_1A$$

$O_1'A'$ 与 O_1A 关于直线 l 对称，$O_1A'' \,/\!/\, O_1'A'$.

1° 当 $k>0$ 时(图 2.19)，设过 O_1 且与 l 平行的直线为 l_1，则由 $O_1A'' \,/\!/\, O_1'A'$，$O_1'A'$ 与 O_1A 关于直线 l 对称即知，直线 l_1 平分 $\angle AO_1A''$. 由位似轴反射变换的定义，得 $H(O,k)S(l) = T(O_1,k,l_1)$.

2° 当 $k<0$ 时(图 2.20)，设过点 O_1 且与 l 垂直的直线为 l_1，则 O、O_1、O_1' 都在直线 l_1 上，于是，由位似变换与轴反射变换的性质，有

$$\measuredangle A''O_1O_1' = \measuredangle A'O_1'O_1 = \measuredangle AO_1O_1' = \measuredangle O_1'O_1A$$

即直线 l_1 平分 $\angle AOA''$. 由位似轴反射变换的定义即知

$$S(l)H(O,k) = T(O_1,-k,l_1)$$

综上所述，只要 $k\neq -1$，$H(O,k)S(l)$ 就是一个位似轴反射变换.

16. 设 $T(O,k,l)$ 是平面 π 的一个位似轴反射变换，m 是平面 π 上的一条直线. 试在直线 m 上找出一点 P，使得当 $P \xrightarrow{T(O,k,l)} P'$ 时，线段 PP' 为最短.

证明 当 $m \,/\!/\, l$ 时，如图 2.21 所示，设 $m \xrightarrow{T(O,k,l)} m'$，则 $m \,/\!/\, m'$. 此时，设位似中心 O 在直线 m 上的射影为 P，$P \xrightarrow{T(O,k,l)} P'$，则 PP' 为两平行线 m、

m' 之间的距离.显然,对直线 m 上任意一点 Q,当 $Q \xrightarrow{T(O,k,l)} Q'$ 时,$QQ' \geqslant PP'$.因而此时 PP' 最短.

当直线 m 与 l 相交时,如图 2.22 所示,设 $m \xrightarrow{T(O,k,l)} m'$,则直线 m 与 m' 相交于一点 K.设位似中心 O 在 m、m' 上的射影分别为 M、M',则 $M \xrightarrow{T(O,k,l)} M'$.显然,$O$、$M$、$K$、$M'$ 四点共圆,记这个圆为 Γ.设以 M'、M 为定点,k 为定比的阿氏圆与圆 Γ 的另一个交点为 T,则有 $\dfrac{TM'}{TM} = \dfrac{OM'}{OM} = k$,所以

$$M \xrightarrow{S(T,k,\measuredangle MTM')} M'$$

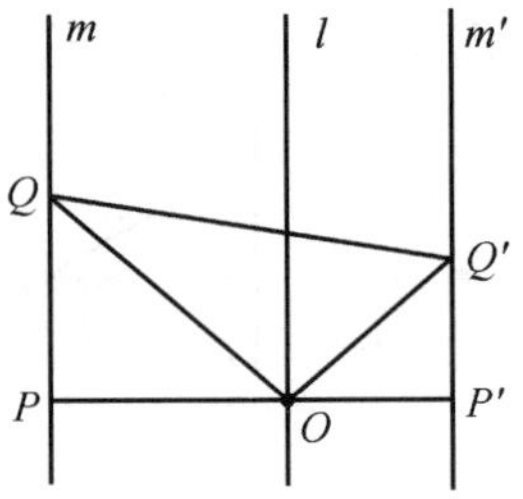

图 2.21

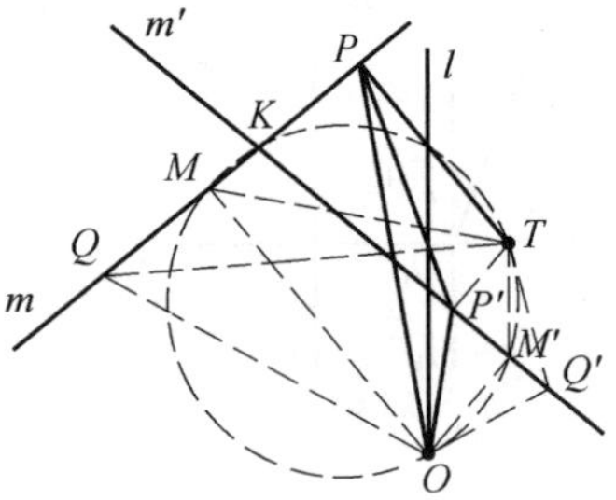

图 2.22

对直线 m 上的任意一点 $Q(\neq M)$,设 $Q \xrightarrow{T(O,k,l)} Q'$,则 Q' 在直线 m' 上,且 $\dfrac{M'Q'}{MQ} = k = \dfrac{TM'}{TM}$.又 T、K、M、M' 四点共圆,所以 $\measuredangle TM'Q' = \measuredangle TMQ$,这样便有 $\triangle TM'Q' \backsim \triangle TMQ$,因此,$Q \xrightarrow{S(T,k,\measuredangle MTM')} Q'$.反之,对直线 m 上的任意一点 $Q(\neq M)$,设 $Q \xrightarrow{S(T,k,\measuredangle MTM')} Q'$,则 $\dfrac{M'Q'}{MQ} = k = \dfrac{OM'}{OM}$.又 K、M、O、M' 四点共圆,所以,$\measuredangle OM'Q' = \measuredangle OMQ$,因此,$\triangle OMQ$ 与 $\triangle OMQ$ 镜像相似.于是我们证明了如下事实:

设 Q 是直线 m 上一点,Q' 是直线 m' 上一点,则 Q、Q' 是以 O 为相似中心的镜像相似对应点的充分必要条件为 Q、Q' 是以 T 为相似中心的真正相似对应点.

这样一来,设点 T 在直线 m、m' 上的射影分别为 P、P',则 $P \xrightarrow{S(T,k,\measuredangle MTM')} P'$,从而 $P \xrightarrow{T(O,k,l)} P'$.由第 8 题,线段 PP' 为最短.

17.设两个三角形镜像相似.证明:它们的对应边的交角的平分线互相平行.

证明 如图 2.23,2.24 所示,设 $\triangle ABC$ 与 $\triangle A'B'C'$ 镜像相似,则存在一个镜像相似变换 f,使得 $\triangle ABC \to \triangle A'B'C'$,因平面上的镜像相似变换或是位似

轴反射变换,或是滑动反射变换.若f是位似轴反射变换,则由定理2.4.4可知,两对应直线的交角的平分线平行于其内反射轴,故$\triangle ABC$与$\triangle A'B'C'$的对应边的交角的平分线是互相平行的,它们皆平行于内反射轴;若f是滑动反射变换,则由滑动反射变换的定义可知,两对应直线的交角的平分线平行于其反射轴,故$\triangle ABC$与$\triangle A'B'C'$的对应边的交角的平分线是互相平行的,它们皆平行于反射轴.

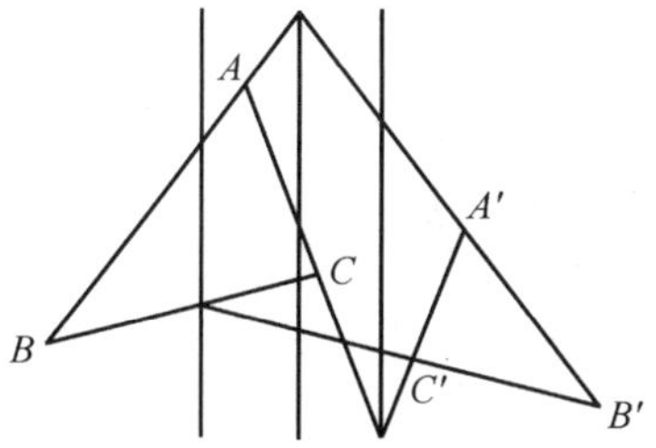

图2.23

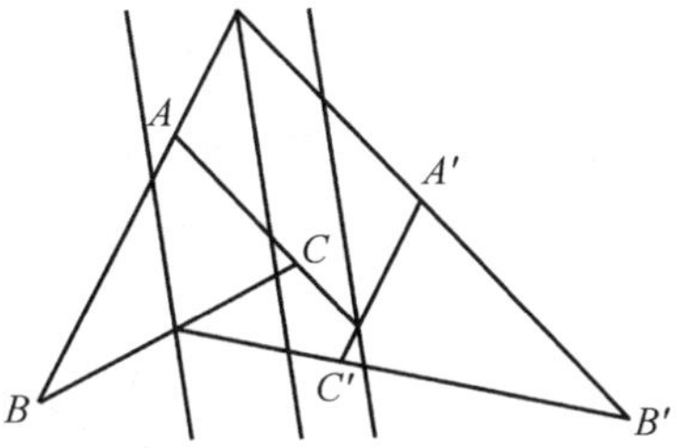

图2.24

18.设$\triangle A'B'C' \backsim \triangle ABC$,相似系数不等于1,以相似比分别内分和外分线段$A'A$、$B'B$、$C'C$,内分点和外分点分别为$D$、$E$、$F$和$P$、$Q$、$R$,再分别以$DP$、$EQ$、$RF$为直径作圆.证明:无论$\triangle A'B'C'$与$\triangle ABC$是真正相似还是镜像相似,所作三个圆总是共点的.

证明 如图2.25,2.26所示,若$\triangle A'B'C'$与$\triangle ABC$真正相似,则存在一个位似旋转变换$S(O,k,\theta)$,使得$\triangle A'B'C' \xrightarrow{S(O,k,\theta)} \triangle ABC$;若$\triangle A'B'C'$与$\triangle ABC$镜像相似,则存在一个位似轴反射变换$T(O,k,l)$,使得

$$\triangle A'B'C' \xrightarrow{T(O,k,l)} \triangle ABC$$

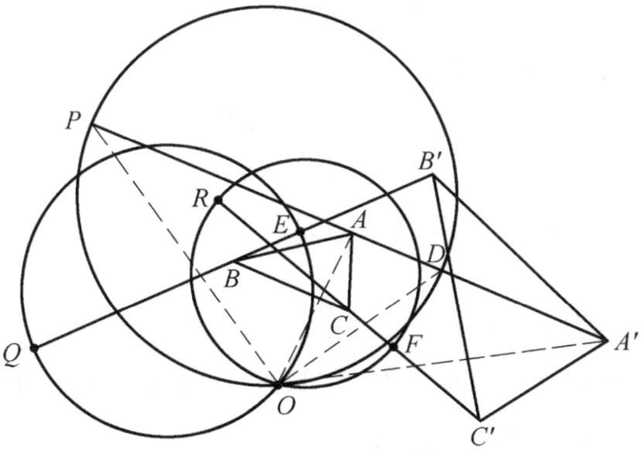

图2.25

因此,无论 $\triangle A'B'C'$ 与 $\triangle ABC$ 是真正相似还是镜像相似,设其相似中心为 O,则有 $\dfrac{OA'}{OA}=k$.又由假设,$\dfrac{A'D}{DA}=\dfrac{A'P}{PA}=k$,所以 OD、OP 分别为 $\angle A'OA$ 的内角平分线和外角平分线,因而 $OD\perp OP$,这说明点 O 在以 DP 为直径的圆上.换句话说,以 DP 为直径的圆过点 O.同理,以 EQ 为直径的圆和以 RF 为直径的圆皆过点 O.故分别以 DP、EQ、RF 为直径的三个圆是共点的.

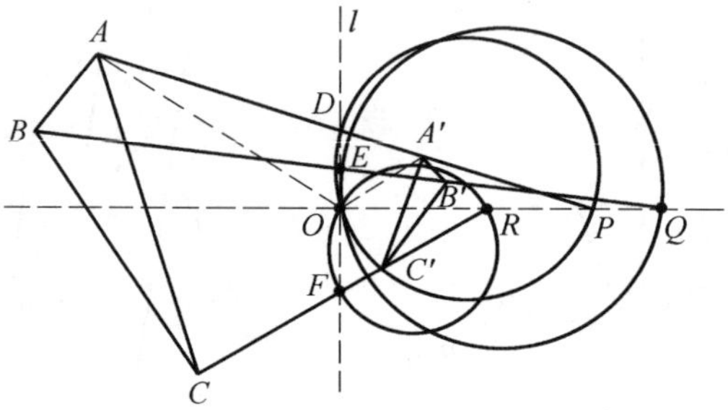

图 2.26

19.设 $ABCD$ 和 $A'B'C'D'$ 是同一国家同一区域的两幅正方形地图,但按不同比例尺画出,并且一正一反叠放.求证:小地图上有且只有一点 O,它和大地图上表示同一地点的 O' 重合.

证明 如图 2.27 所示,显然,正方形 $ABCD$ 和 $A'B'C'D'$ 镜像相似,且相似比 $k=\dfrac{A'B'}{AB}>1$,由定理 2.4.8,存在一个位似轴反射变换 $T(O,k,l)$,使得

$$\text{正方形 } ABCD \xrightarrow{T(O,k,l)} \text{正方形 } A'B'C'D'.$$

因正方形 $ABCD$ 与正方形 $A'B'C'D'$ 一个在另一个内部,所以,点 O 一定在小正方形 $ABCD$ 内部.由于位似中心是位似轴反射变换的唯一的不动点.故点 O 无论作为小地图上的点,还是作为大地图上的点,都表示同一地点.

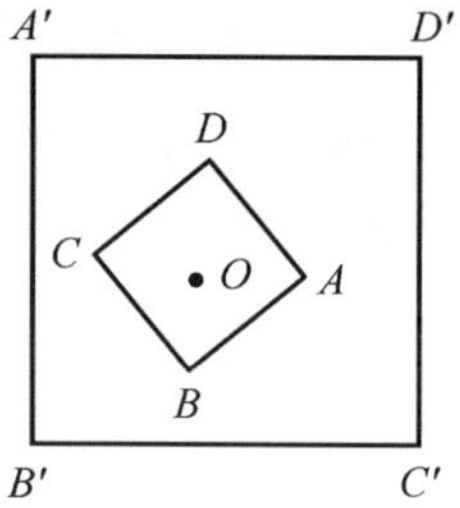

图 2.27

20.设半径分别为 r_1、r_2($r_1\neq r_2$)的两圆 Γ_1、Γ_2 相交,过它们的一个交点任作两条割线 AB、CD,其中 A、C 在圆 Γ_1 上,B、D 在圆 Γ_2 上.P、Q 分别外分线段 AD、CB,且 $\dfrac{PA}{PD}=\dfrac{QC}{QB}=\dfrac{r_1}{r_2}$,两圆的外公切线交于 O.证明:O、P、Q 三点共线.

证明 如图 2.28 所示,设圆 Γ_1、Γ_2 的圆心分别为 O_1、O_2,则 $O_1A=O_1C$,

$O_2D = O_2B$,再设割线 AB、CD 过圆 Γ_1 与 Γ_2 的交点 S,则

$$\measuredangle AO_1C = 2\measuredangle AKC = 2\measuredangle BKD = \measuredangle BO_2D$$

所以,$\triangle O_1AC$ 与 $\triangle O_2DB$ 镜像相似.而 P、Q 分别外分其对应顶点的连线段 AD、CB,所以,P、Q 都在 $\triangle O_1AC$ 与 $\triangle O_2DB$ 的外反射轴上.又因圆 Γ_1 与 Γ_2 的外公切线的交点 O 外分线段 O_1O_2,且 $\frac{OO_1}{OO_2} = \frac{r_1}{r_2}$,所以点 O 也在 $\triangle O_1AC$ 与 $\triangle O_2DB$ 的外反射轴上.故 O、P、Q 三点共线.

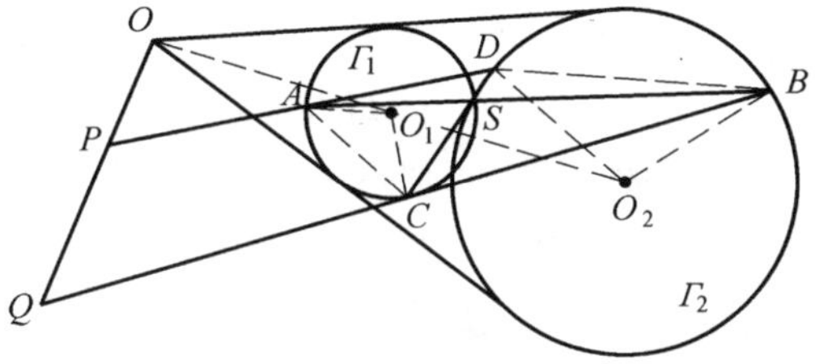

图 2.28

21.设 Ω 是 $\triangle ABC$ 的第一 Brocard 点,直线 $A\Omega$ 与 BC 交于 D.求证:

$$\frac{BD}{DC} = \frac{AB^2}{BC^2}$$

证明 如图 2.29 所示,因 Ω 是 $\triangle ABC$ 的第一 Brocard 点,所以,$\angle BA\Omega = \angle AC\Omega = \angle CB\Omega$.设射线 AD 与 $\triangle ABC$ 的外接圆交于 E,则有

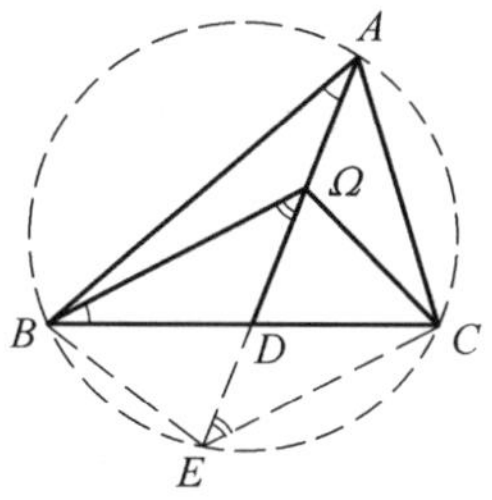

图 2.29

$$\angle \Omega EB = \angle ACB, \angle CE\Omega = \angle CBA$$

$$\angle EB\Omega = \angle EBC + \angle CB\Omega = \angle EAC + \angle BA\Omega = \angle BAC$$

$$\angle \Omega CE = \angle \Omega CB + \angle BCE = \angle \Omega CB + \angle BAE = \angle \Omega CB + \angle AC\Omega = \angle ACB$$

所以,$\triangle B\Omega E \backsim \triangle ABC \backsim \triangle \Omega EC$,从而 $\frac{B\Omega}{\Omega E} = \frac{AB}{BC} = \frac{\Omega E}{EC}$.因此,$\frac{AB^2}{BC^2} = \frac{B\Omega}{EC}$.

另一方面,因 $\triangle B\Omega E \backsim \triangle \Omega EC$,所以,$\angle B\Omega E = \angle \Omega EC$,因此,$B\Omega /\!/ EC$.故

$$\frac{BD}{DC} = \frac{B\Omega}{EC} = \frac{AB^2}{BC^2}$$

22. 证明:任意三角形的 Brocard 角不超过 30°.

证明 如图 2.30 所示,设 Ω 是 $\triangle ABC$ 的第一 Brocard 点,则 $\triangle ABC$ 的 Brocard 角

$$\omega = \angle BA\Omega = \angle AC\Omega = \angle CB\Omega$$

设直线 $A\Omega$、$B\Omega$ 与 $\triangle ABC$ 的外接圆分别交于 D、E(不同于 $\triangle ABC$ 的顶点),则不难知道 $\triangle \Omega BD \backsim \triangle CE\Omega$,所以,$B\Omega \cdot \Omega E = BD \cdot CE$.

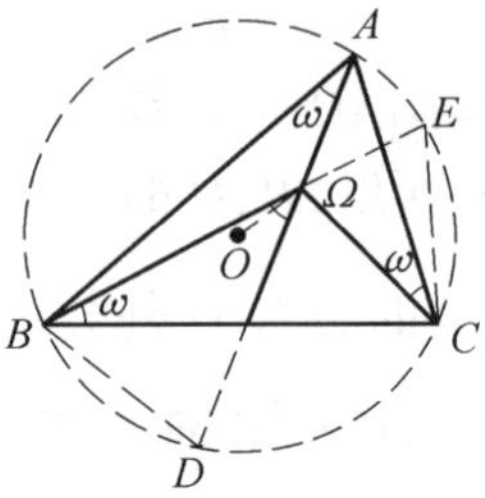

图 2.30

再设 $\triangle ABC$ 的外接圆的半径为 R,则由正弦定理,$BD = CE = 2R\sin\omega$,于是

$$B\Omega \cdot \Omega E = 4R^2\sin^2\omega$$

另一方面,设 $\triangle ABC$ 的外心为 O,则由圆幂定理(见附录 A)

$$B\Omega \cdot \Omega E = R^2 - O\Omega^2 \leqslant R^2$$

所以,$4\sin^2\omega \leqslant 1$. 由此即可得到 $\omega \leqslant 30°$. 且 $\omega = 30°$ 当且仅当 $\triangle ABC$ 的第一 Brocard 点 Ω 与外心 O 重合,当且仅当 $\triangle ABC$ 是一个正三角形.

23. 设 P 是 $\triangle ABC$ 内任意一点. 求证:$\angle PAB$、$\angle PBC$、$\angle PCA$ 中至少有一个角不超过 30°. (第 32 届 IMO,1991)

证明 如图 2.31 所示,设 Ω 是 $\triangle ABC$ 的第一 Brocard 点,则点 P 必在 $\triangle \Omega BC$、$\triangle \Omega CA$、$\triangle \Omega AB$ 这三个三角形的某一个之内(包括三角形的边界). 不失一般性,设点 P 在 $\triangle \Omega BC$ 内,则 $\angle PBC \leqslant \angle \Omega BC$. 由上题,$\angle \Omega BC \leqslant 30°$,故 $\angle PBC \leqslant 30°$.

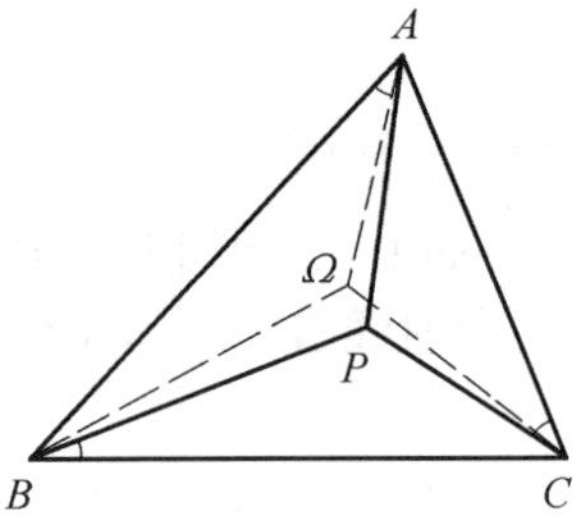

图 2.31

24. 设 $\triangle A_1B_1C_1 \sim \triangle A_2B_2C_2 \sim \triangle ABC$,点 A_1、B_1、C_1 分别在的边 AB、BC、CA 上,点 A_2、B_2、C_2 分别在的边 CA、AB、BC 上,且 B_1C_1 和 B_2C_2 与 BC 构成等角. 求证:

(1) $\triangle A_1B_1C_1 \cong \triangle A_2B_2C_2$;

(2) $B_2C_1 /\!/ BC$,$C_2A_1 /\!/ CA$,$A_2B_1 /\!/ AB$;

(3) A_1、B_1、C_1、A_2、B_2、C_2 六点共圆.

证明 首先证明(1). 如图 2.32 所示,因为 $\triangle A_1B_1C_1 \sim \triangle ABC$,且点 A_1、B_1、C_1 分别在的边 AB、BC、CA 上,所以,$\triangle A_1B_1C_1$ 与 $\triangle ABC$ 的相似中心是 $\triangle ABC$ 的第一 Brocard 点 Ω_1,且由定理 2.3.2 知,$\measuredangle(BC, B_1C_1) = \measuredangle A\Omega_1A_1$. 同样,$\triangle A_2B_2C_2$ 与 $\triangle ABC$ 的相似中心是 $\triangle ABC$ 的第二 Brocard 点 Ω_2,且 $\measuredangle(BC, B_2C_2) = \measuredangle A\Omega_2A_2$. 因 B_1C_1 和 B_2C_2 与 BC 构成等角,即

$\measuredangle(BC, B_1C_1) = -\measuredangle(BC, B_2C_2)$，所以，$\measuredangle A\Omega_1A_1 = -\measuredangle A\Omega_2A_2$. 又由定理 2.5.6，$\measuredangle A_1A\Omega_1 = -\measuredangle A_2A\Omega_2$，因此，$\triangle A\Omega_1A_1 \backsim \triangle A\Omega_2A_2$. 从而 $\dfrac{\Omega_1A_1}{\Omega_1A} = \dfrac{\Omega_2A_2}{\Omega_2A}$. 这说明 $\triangle A_1B_1C_1$ 与 $\triangle ABC$ 的相似系数等于 $\triangle A_2B_2C_2$ 与 $\triangle ABC$ 的相似系数. 故 $\triangle A_1B_1C_1 \cong \triangle A_2B_2C_2$. 这就证明了(1).

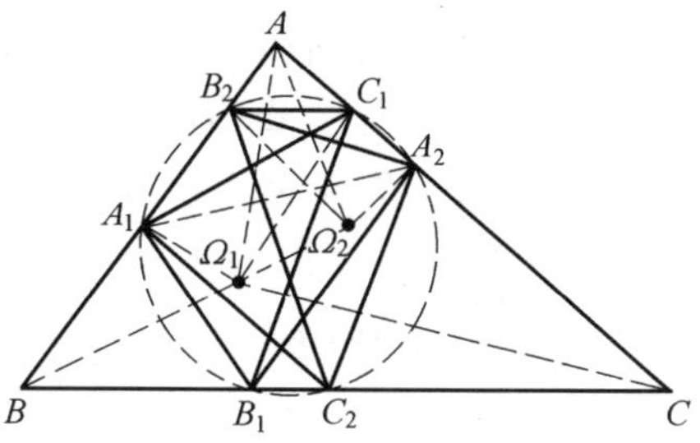

图 2.32

现在证明(2). 注意 $\angle BA\Omega_1 = \angle AC\Omega_1$，$\angle \Omega_2BA = \angle \Omega_2AC$，由定理 2.5.6，$\angle BA\Omega_1 = \angle \Omega_2BA$，所以，$\angle \Omega_1AC = \angle BA\Omega_2$，从而 $\triangle A\Omega_1C \backsim \triangle A\Omega_2B$，因此，$\dfrac{AC}{AB} = \dfrac{\Omega_1C}{\Omega_2B}$.

另一方面，由定理 2.3.2，$\measuredangle C\Omega_1C_1 = \measuredangle(BC, B_1C_1)$，$\measuredangle B\Omega_2B_2 = \measuredangle(BC, B_2C_2)$，而 $\measuredangle(BC, B_1C_1) = \measuredangle(BC, B_2C_2)$，所以 $\angle C\Omega_1C_1 = \angle B\Omega_2B_2$，从而 $\triangle C\Omega_1C_1 \backsim \triangle B\Omega_2B_2$，因此，$\dfrac{\Omega_1C}{\Omega_2B} = \dfrac{C_1C}{B_2B}$. 于是有 $\dfrac{AC}{AB} = \dfrac{C_1C}{B_2B}$. 故 $B_2C_1 \parallel BC$. 同理，$C_2A_1 \parallel CA$，$A_2B_1 \parallel AB$. 这就证明了(2).

最后证明(3). 因为 $\triangle A_1B_1C_1$ あ $\triangle ABC$，所以，$\measuredangle C_1B_1A_1 = \measuredangle CBA$.

另一方面，因 $\triangle A\Omega_1A_1$ あ $\triangle A\Omega_2A_2$，$\triangle A\Omega_1C$ あ $\triangle A\Omega_2B$，所以

$$\frac{AA_1}{AA_2} = \frac{\Omega_1A}{\Omega_2A} = \frac{AC}{AB}$$

由此可知 $\triangle AA_2A_1$ あ $\triangle ABC$，因此，$\measuredangle AA_2A_1 = \measuredangle ABC$，于是

$$\measuredangle C_1A_2A_1 = \measuredangle AA_2A_1 = \measuredangle ABC = \measuredangle C_1B_1A_1$$

这说明 A_2、A_1、B_1、C_1 四点共圆，即点 A_2 在 $\triangle A_1B_1C_1$ 的外接圆上. 同理，B_2、C_2 都在 $\triangle A_1B_1C_1$ 的外接圆上. 故 A_1、B_1、C_1、A_2、B_2、C_2 六点共圆. (3) 也得证.

25. 设 $\triangle A_1B_1C_1$ あ $\triangle A_2B_2C_2$ あ $\triangle ABC$，且 A_1、A_2 在 $\triangle ABC$ 的 BC 边上，B_1、B_2 在 CA 边上，C_1、C_2 在 AB 边上. 求证：$\triangle A_1B_1C_1$ 与 $\triangle A_2B_2C_2$ 的相似中心是 $\triangle ABC$ 的外心.

证明 如图 2.33 所示，设 O 为 $\triangle A_1B_1C_1$ 与 $\triangle A_2B_2C_2$ 的相似中心，因直线 B_1B_2 与 C_1C_2 交于 A，于是，由推论 2.3.1，O、B_1、A、C_1 四点共圆. 同理，O、C_1、B、A_1 四点共圆，O、A_1、C、B_1 四点共圆. 因 O、B_1、A、C_1 四点共圆，所以，$\angle B_1OC_1 + \angle BAC = 180°$. 但 $\angle BAC = \angle B_1A_1C_1$(因 $\triangle ABC \backsim \triangle A_1B_1C_1$)，因

此，$\angle B_1OC_1+\angle B_1A_1C_1=180°$．同理

$$\angle C_1OA_1+\angle C_1B_1A_1=180°$$

$$\angle A_1OB_1+\angle A_1C_1B_1=180°$$

这说明相似中心 O 是 $\triangle A_1B_1C_1$ 的垂心．因此，$\angle A_1C_1O=\angle OB_1A_1$．

另一方面，因 O、C_1、B、A_1 四点共圆，O、A_1、C、B_1 四点共圆，所以

$$\angle CBO=\angle A_1C_1O,\angle OB_1A_1=\angle OCB$$

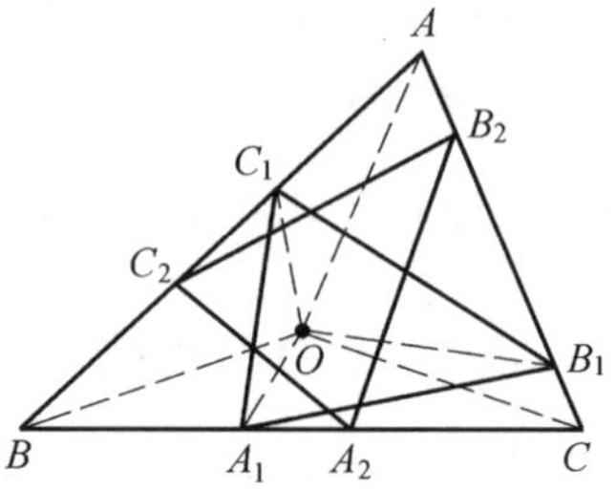

图 2.33

这样一来，由 $\angle A_1C_1O=\angle OB_1A_1$ 即知 $\angle CBO=\angle OCB$，所以，$OB=OC$．同理，$OC=OA$．故 $\triangle A_1B_1C_1$ 与 $\triangle A_2B_2C_2$ 的相似中心 O 是 $\triangle ABC$ 的外心．

26．设 D 是 $\triangle ABC$ 的边 BC 上一点，DC 的垂直平分线交 CA 于 E，BD 的垂直平分线交 AB 于 F，O 是 $\triangle ABC$ 的外心．求证：A、E、O、F 四点共圆．(第 27 届俄罗斯数学奥林匹克，2001)

证明　如图 2.34 所示，设 $\odot(DEF)$ 与 BC 的另一交点为 K，则 $\angle FEK=\angle FDB=\angle CBA$(因 $FD=FB$)，$\angle KFE=\angle CDE=\angle ACB$(因 $ED=EC$)，所以 $\triangle FKE\backsim\triangle ABC$．而 K、E、F 分别在 $\triangle ABC$ 的边 BC、CA、AB 上，由上题，$\triangle ABC$ 的外心 O 为所有这样的 $\triangle FKE$ 的相似中心．由推论 2.3.1，$\odot(AEF)$ 过点 O，换句话说，A、E、O、F 四点共圆．

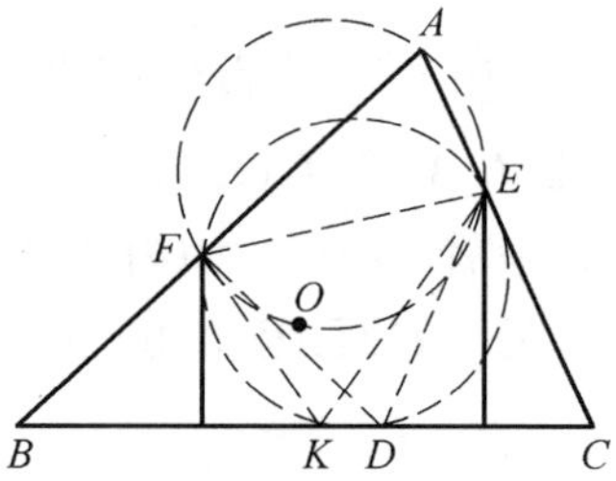

图 2.34

27．设 $\triangle A_1B_1C_1$ 与 $\triangle A_2B_2C_2$ 都与 $\triangle ABC$ 反向相似，其中 A_1、A_2 在 $\triangle ABC$ 的 BC 边上，B_1、B_2 在 AB 边上，C_1、C_2 在 CA 边上．确定 $\triangle A_1B_1C_1$ 与 $\triangle A_2B_2C_2$ 的相似中心 O 在 $\triangle ABC$ 中的几何位置．

解　由定理 2.5.4，对任意两个这种形式的与 $\triangle ABC$ 反向相似的 $\triangle A_1B_1C_1$ 和 $\triangle A_2B_2C_2$，它们都有同一个相似中心 O．今取一个特殊的 $\triangle A_1B_1C_1$，使 A_1 为点 A 在 BC 上的射影(即 AA_1 为 $\triangle ABC$ 在 BC 边上的高)，而 B_1、C_1 分别为边 AB、AC 的中点(图 2.35)．显然，$\triangle A_1B_1C_1$ 与 $\triangle ABC$ 反向相似．因 O 为

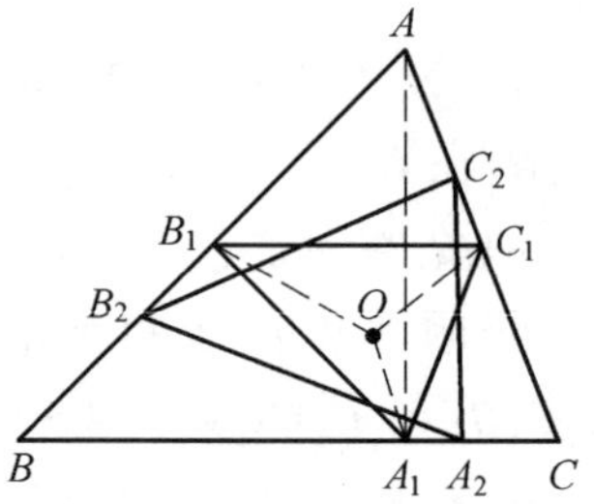

图 2.35

$\triangle A_1B_1C_1$ 与 $\triangle A_2B_2C_2$ 的相似中心，直线 B_1B_2 与 C_1C_2 交于 A，于是，由推论 2.3.1，O、B_1、A、C_1 四点共圆. 同理，O、C_1、B、A_1 四点共圆，O、A_1、C、B_1 四点共圆. 因 O、B_1、A、C_1 四点共圆，所以，$\angle B_1OC_1+\angle BAC=180°$. 但 $\angle BAC=\angle B_1A_1C_1$（因 $\triangle ABC\backsim\triangle A_1B_1C_1$），因此，$\angle C_1OB_1+\angle B_1A_1C_1=180°$. 同理

$$\angle A_1O_{C_1}+\angle B_1C_1A_1=180°$$

$$\angle A_1OB_1+\angle A_1B_1C_1=180°$$

由此即可确定任意两个这种形式的与 $\triangle ABC$ 反向相似的 $\triangle A_1B_1C_1$ 和 $\triangle A_2B_2C_2$ 的相似中心 O 在 $\triangle ABC$ 中的几何位置：

如图 2.36 所示，设 M、N 分别为 AB、AC 的中点，过点 A 且与 MN 相切于点 M 的圆记为 Γ_1，过点 A 且与 MN 相切于 N 的圆记为 Γ_2，圆 Γ_1 与 Γ_2 交于 A、P 两点，则点 P 关于直线 MN 的对称点即 $\triangle A_1B_1C_1$ 与 $\triangle A_2B_2C_2$ 的相似中心 O.

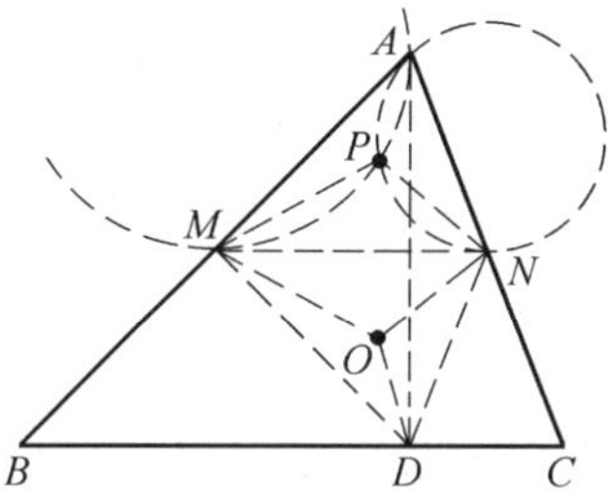

图 2.36

事实上，由点 P 的作法可知

$$\angle APM+\angle NMA=180°,\angle NPA+\angle ANM=180°$$

进而 $\angle MPN+\angle MAN=180°$.

设点 A 在 BC 上的射影为 D，则 A、D 关于直线 MN 对称，而 O、P 也关于 MN 对称，所以 $\angle NOM+\angle NDM=180°$，$\angle DON+\angle MND=180°$，$\angle MOD+\angle DMN=180°$. 将 D、M、N 分别换为 A_1、B_1、C_1，由前面的讨论即知 O 为 $\triangle A_1B_1C_1$ 和 $\triangle A_2B_2C_2$ 的相似中心.

28. 设 AD、BE、CF 是非直角 $\triangle ABC$ 的三条高，D、E、F 为垂足，$\triangle D'E'F'$ あ$\triangle DEF$，且 D'、E'、F' 分别在 $\triangle ABC$ 的边 BC、CA、AB 所在直线上. 确定 $\triangle D'E'F'$ 与 $\triangle DEF$ 的相似中心 O 在 $\triangle ABC$ 中的几何位置.

解 如图 2.37 所示，设 H 为 $\triangle D'E'F'$ 与 $\triangle DEF$ 的相似中心，因直线 EE' 与 FF' 交于 A，于是，由推论 2.3.1，H、E、A、F 四点共圆. 同理，H、F、B、D 四点共圆，H、D、C、E 四点共圆. 而 AD、BE、CF 是非直角 $\triangle ABC$ 的三条高，因此满足条件的点 H 是 $\triangle ABC$ 的垂心. 故 $\triangle D'E'F'$ 与 $\triangle DEF$ 的相似中心 H 是 $\triangle ABC$ 的垂心.

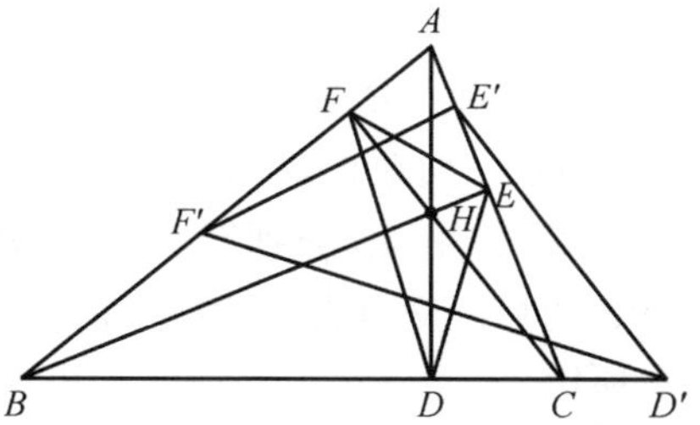

图 2.37

29. 设 $\triangle ABC$ 的内切圆分别与边 BC、CA、AB 切于 D、E、F，$\triangle D'E'F' \backsim \triangle DEF$，且 D'、E'、F' 分别在 $\triangle ABC$ 的边 BC、CA、AB 上．确定 $\triangle D'E'F'$ 与 $\triangle DEF$ 的相似中心 O 在 $\triangle ABC$ 中的几何位置．

解　如图 2.38 所示，设 O 为 $\triangle D'E'F'$ 与 $\triangle DEF$ 的相似中心，因直线 EE' 与 FF' 交于 A，于是，由推论 2.3.1，O、E、A、F 四点共圆．同理，O、F、B、D 四点共圆，O、D、C、E 四点共圆．而 D、E、F 是 $\triangle ABC$ 的内切圆与 $\triangle ABC$ 的三边的切点，因此，满足条件的点 O 是 $\triangle ABC$ 的内心．即 $\triangle D'E'F'$ 与 $\triangle DEF$ 的相似中心是 $\triangle ABC$ 的内心．

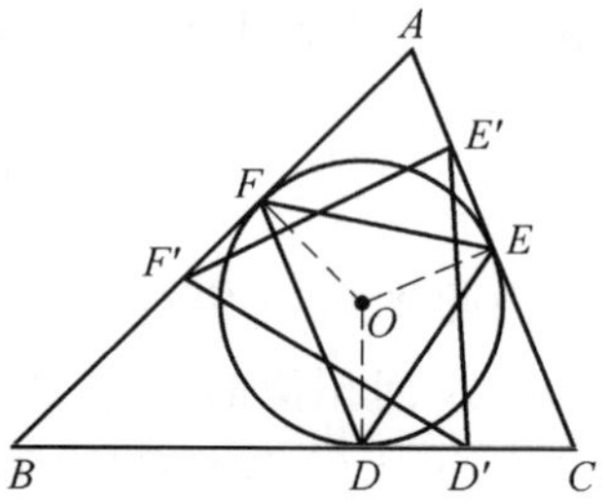

图 2.38

30. 设 D、E、F 分别为 $\triangle ABC$ 的三边 BC、CA、AB 上的点，且 $DB = DF$，$DC = DE$，H 为 $\triangle ABC$ 的垂心．求证：A、E、H、F 四点共圆．

证明　如图 2.39 所示，设 AP、BQ、CR 是 $\triangle ABC$ 的三条高，P、Q、R 为垂足，$\odot(DEF)$ 与 BC 的另一交点为 K，注意 $DB = DF$，$DC = DE$，所以

$$\angle FEK = \angle FDB = 180° - 2\angle CBA = \angle RQP$$

$$\angle KFE = \angle CDE = 180° - 2\angle ACB = \angle PRQ$$

因此，$\triangle KEF \backsim \triangle PQR$．而 K、E、F 分别在 $\triangle ABC$ 的边 BC、CA、AB 上，由第 28 题，$\triangle ABC$ 的垂心 H 为所有这样的 $\triangle FKE$ 的相似中心．由推论 2.3.1 即知，$\odot(AEF)$ 过点 H．换句话说，A、E、H、F 四点共圆．

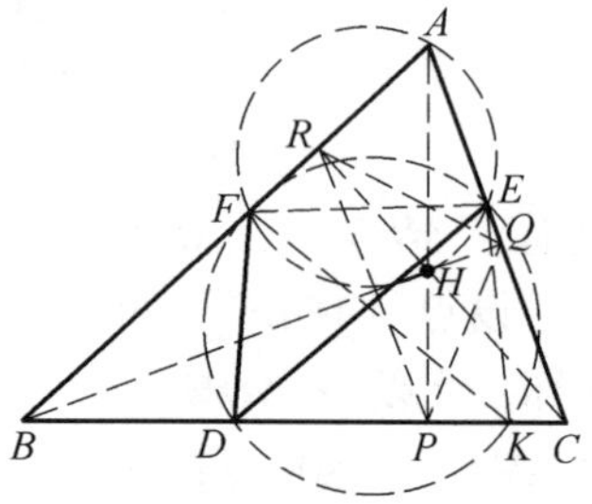

图 2.39

31. 设 D、E、F 分别为 $\triangle ABC$ 的三边 BC、CA、AB 上的点，且 $BD = BF$，$CD = CE$，I 为 $\triangle ABC$ 的内心．求证：A、E、I、F 四点共圆．

证明　如图 2.40 所示，设 $\triangle ABC$ 的内切圆与边 BC、CA、AB 分别切于 P、Q、R，$\odot(DEF)$ 与 BC 的另一交点为 K，注意 $BD = BF$，$CD = CE$，所以

$$\angle FEK = \angle FDB = 90° - \frac{1}{2}\angle CBA = \angle RQP$$

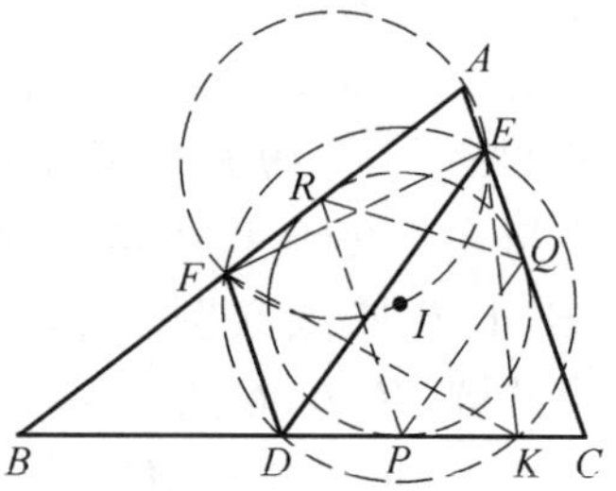

图 2.40

$$\angle KFE = \angle CDE = 90° - \frac{1}{2}\angle ACB = \angle PRQ$$

因此,$\triangle KEF \backsim \triangle PQR$.而 K、E、F 分别在 $\triangle ABC$ 的边 BC、CA、AB 上,由第29题,$\triangle ABC$ 的内心 I 是所有这样的 $\triangle FKE$ 的相似中心.由推论 2.3.1 即知,$\odot(AEF)$ 过点 I.换句话说,A、E、I、F 四点共圆.

32.设 $\triangle A_1B_1C_1 \backsim \triangle A_2B_2C_2$,点 D_1、D_2 分别为四边形 $A_1A_2B_2B_1$ 的边 A_1B_1、A_2B_2 上的点.证明:若四边形 $C_1D_1D_2C_2 \backsim$ 四边形 $A_1B_1B_2A_2$,则四边形 $B_1B_2D_2D_1 \backsim$ 四边形 $A_1A_2C_2C_1$.

证明 如图 2.41 所示,作四边形 $C_1C_2E_2E_1 \backsim$ 四边形 $A_1A_2C_2C_1$,则由四边形 $C_1D_1D_2C_2 \backsim$ 四边形 $A_1B_1B_2A_2$,$\triangle A_1B_1C_1 \backsim \triangle A_2B_2C_2$ 可知

$$\triangle C_1D_1E_1 \backsim \triangle A_1B_1C_1 \backsim \triangle A_2B_2C_2 \backsim \triangle C_2D_2E_2$$

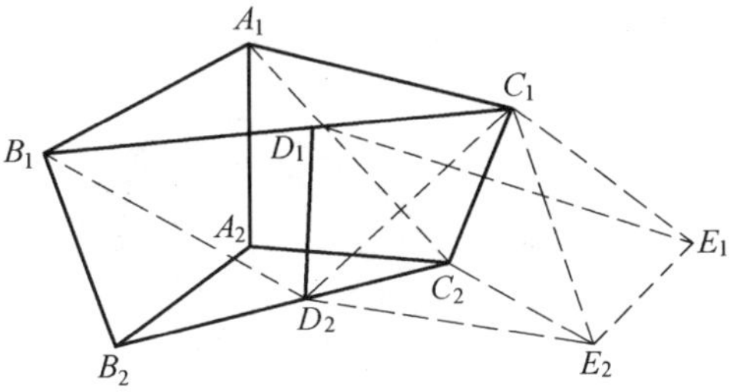

图 2.41

因 $\triangle A_1B_1C_1 \backsim \triangle C_1D_1E_1 \backsim \triangle C_2D_2E_2$,且由四边形 $C_1D_1D_2C_2 \backsim$ 四边形 $A_1B_1B_2A_2$ 知,$\triangle A_1C_2C_1 \backsim \triangle C_1E_2E_1$.于是由三相似定理即得,$\triangle B_1D_2D_1 \backsim \triangle A_1C_2C_1$.

同样,由 $\triangle A_1B_1C_1 \backsim \triangle A_2B_2C_2 \backsim \triangle C_2D_2E_2$ 及 $\triangle A_1A_2C_2 \backsim \triangle C_1C_2E_2$ 知,$\triangle B_1B_2D_2 \backsim \triangle A_1A_2C_2$.故四边形 $B_1B_2D_2D_1 \backsim$ 四边形 $A_1A_2C_2C_1$.

33.设 E、F、G、H 分别为四边形 $ABCD$ 的四边 AB、BC、CD、DA 上的点,且 $\frac{AE}{EB} = \frac{DG}{GC}$,$\frac{AH}{HD} = \frac{BF}{FC}$.证明:存在点 P,使得 $\triangle ABP \backsim \triangle HFG$,$\triangle CDP \backsim \triangle FHE$.

证明 如图 2.42 所示,作 $\triangle ABP \backsim \triangle HFG$,$\triangle AKB \backsim \triangle HEF$,则四边形 $\triangle AKBP \backsim$ 四边形 $HEFG$.在线段 HF 上取一点 Q,使 $\frac{HQ}{QF} = \frac{AE}{EB} = \frac{DG}{GC}$,则由推论 2.5.5,$E$、$Q$、$G$ 三点共线,且 $\frac{EQ}{QG} = \frac{AH}{HD} = \frac{BF}{FC}$.又四边形 $\triangle AKBP \backsim$ 四边形 $HEFG$,$\frac{AE}{EB} = \frac{HQ}{QF}$,所以,$K$、$E$、$P$ 三点共线,且 $\frac{KE}{EP} = \frac{EQ}{QG} = \frac{AH}{HD} = \frac{BF}{FC}$.再注意

$\triangle AKB$ あ $\triangle HEF$,由推论 2.5.3 即知 $\triangle CDP$ あ $\triangle FHE$.

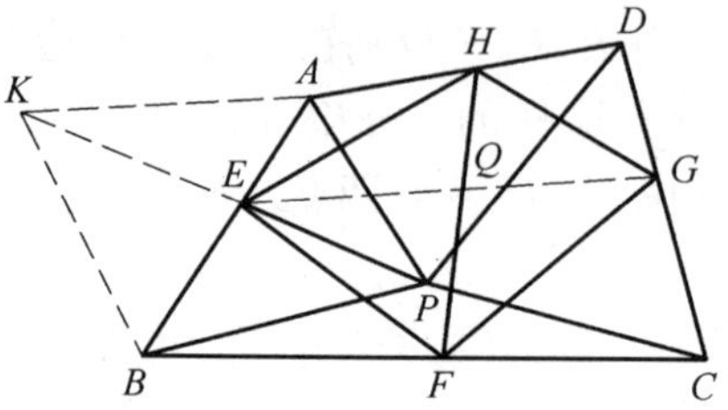

图 2.42

34. 在四边形 $ABCD$ 的四周作 $\triangle ABE$、$\triangle BCF$、$\triangle DCG$、$\triangle ADH$. 证明:如果 $\triangle ABE$ あ $\triangle DCG$,$\triangle BCF$ あ $\triangle ADH$,则存在点 P,使得 $\triangle ABP8$ あ $\triangle HFG$,$\triangle CDP$ あ $\triangle FHE$.

证明 如图 2.43 所示,作 $\triangle ABP$ あ $\triangle HFG$,我们证明 $\triangle CDP$ あ $\triangle FHE$.

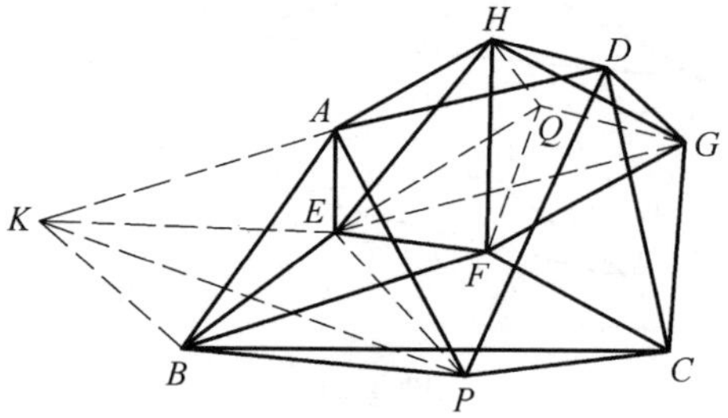

图 2.43

事实上,作 $\triangle HFQ$ あ $\triangle ABE$ あ $\triangle DCG$,因 $\triangle BCF$ あ $\triangle ADH$,由三相似定理,$\triangle EGQ$ あ $\triangle BCF$ あ $\triangle ADH$. 再作 $\triangle BAK$ あ $\triangle FHE$,因 $\triangle ABP$ あ $\triangle HFG$,所以,四边形 $\triangle AKBP$ あ四边形 $HEFG$. 而 $\triangle HFQ$ あ $\triangle ABE$,因此,$\triangle KPE$ あ $\triangle EGQ$ あ $\triangle ADH$,又 $\triangle BAK$ あ $\triangle FHE$,再由三相似定理即知 $\triangle CDP$ あ $\triangle FHE$.

35. 设 n 边形 $A_1A_2\cdots A_n$ 与 $B_1B_2\cdots B_n$($n \geqslant 3$,n 边形不一定是凸的)真正相似,P_i 在直线 A_iB_i 上($i = 1,2,\cdots,n$). 且 $\dfrac{\overline{A_1P_1}}{\overline{P_1B_1}} = \dfrac{\overline{A_2P_2}}{\overline{P_2B_2}} = \cdots = \dfrac{\overline{A_nP_n}}{\overline{P_nB_n}}$. 求证:或 P_1、P_2、$\cdots$、P_n 重合于一点,或 n 边形 $P_1P_2\cdots P_n$ あ n 边形 $A_1A_2\cdots A_n$.

证明 设 $\dfrac{\overline{A_1P_1}}{\overline{P_1B_1}} = \dfrac{\overline{A_2P_2}}{\overline{P_2B_2}} = \cdots = \dfrac{\overline{A_nP_n}}{\overline{P_nB_n}} = k$. 若 n 边形 $A_1A_2\cdots A_n$ 与 $B_1B_2\cdots B_n$ 是位似的,且 k 正好等于其位似比,则 P_1、P_2、$\cdots$、P_n 显然重合于其位似中心.

若 n 边形 $A_1A_2\cdots A_n$ 与 $B_1B_2\cdots B_n$ 不是位似的,或者 n 边形 $A_1A_2\cdots A_n$ 与

$B_1B_2\cdots B_n$ 尽管是位似的，但 k 不等于其位似比，则 P_1、P_2、…、P_n 不重合于一点. 我们证明这种情形下必有 n 边形 $P_1P_2\cdots P_n$ あ n 边形 $A_1A_2\cdots A_n$.

事实上，如图 2.44 所示(对应 $n=7$)，对 $i=2,3,\cdots,n-1$，考虑 $\triangle A_1A_iA_{i+1}$ 与 $\triangle B_1B_iB_{i+1}$. 由 n 边形 $A_1A_2\cdots A_n$ 与 $B_1B_2\cdots B_n$ 真正相似，可知 $\triangle A_1A_iA_{i+1}$ あ $\triangle B_1B_iB_{i+1}$. 又

$$\frac{\overline{A_1P_1}}{\overline{P_1B_1}}=\frac{\overline{A_iP_i}}{\overline{P_iB_i}}=\frac{\overline{A_{i+1}P_{i+1}}}{\overline{P_{i+1}B_{i+1}}}$$

由推论 2.5.3，$\triangle P_1P_iP_{i+1}$ あ $\triangle A_1A_iA_{i+1}$. 故 n 边形 $P_1P_2\cdots P_n$ あ n 边形 $A_1A_2\cdots A_n$.

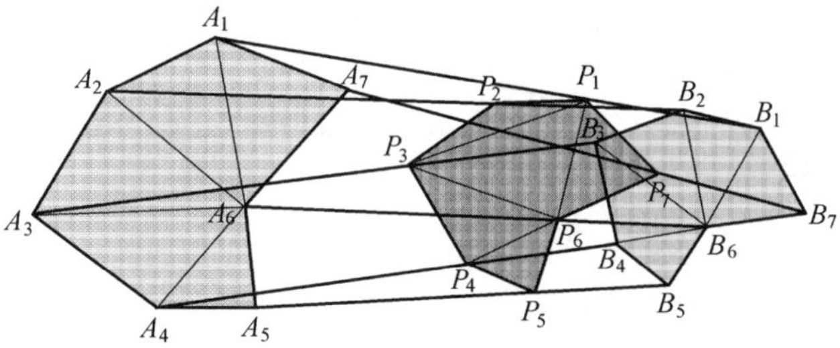

图 2.44

36. 设 $\triangle A_1B_1C_1$ あ $\triangle A_2B_2C_2$ あ $\triangle A_3B_3C_3$，$\triangle A_1A_2A_3$、$\triangle B_1B_2B_3$、$\triangle C_1C_2C_3$ 的重心分别为 G_1、G_2、G_3. 求证：$\triangle G_1G_2G_3$ あ $\triangle A_1B_1C_1$.

证明 如图 2.45 所示，设线段 A_1A_2、B_1B_2、C_1C_2 的中点分别为 L、M、N，因 $\triangle A_1B_1C_1$ あ $\triangle A_2B_2C_2$，由推论 2.5.3，$\triangle LMN$ あ $\triangle A_1B_1C_1$，而 $\triangle A_1B_1C_1$ あ $\triangle A_3B_3C_3$，所以 $\triangle LMN$ あ $\triangle A_3B_3C_3$.

另一方面，因 G_1、G_2、G_3 分别为 $\triangle A_1A_2A_3$、$\triangle B_1B_2B_3$、$\triangle C_1C_2C_3$ 的重心，由三角形的重心的性质，有 $\dfrac{\overline{LG_1}}{\overline{G_1A_3}}=\dfrac{\overline{MG_2}}{\overline{G_2B_3}}=\dfrac{\overline{NG_3}}{\overline{G_3C_3}}$. 于是，再由推论 2.5.3 即知 $\triangle G_1G_2G_3$ あ $\triangle A_3B_3C_3$. 故 $\triangle G_1G_2G_3$ あ $\triangle A_1B_1C_1$.

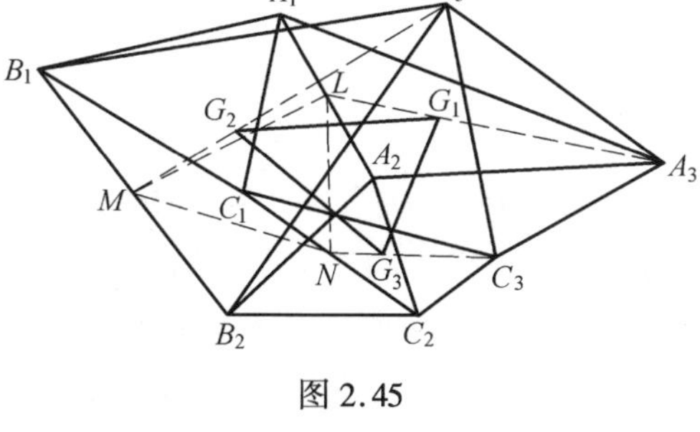

图 2.45

37. 设 $\triangle A_1B_1C_1 \backsim \triangle A_2B_2C_2$，任取一点 O，作向量 $\overrightarrow{OA_3} = \overrightarrow{A_1A_2}$，$\overrightarrow{OB_3} = \overrightarrow{B_1B_2}$，$\overrightarrow{OC_3} = \overrightarrow{C_1C_2}$. 求证：$\triangle A_3B_3C_3 \backsim \triangle A_1B_1C_1$.

证明 如图 2.46 所示，设 L、M、N 分别为 OA_2、OB_2、OC_2 的中点，则 $\triangle LMN \backsim \triangle A_2B_2C_2 \backsim \triangle A_1B_1C_1$. 另一方面，因 $\overrightarrow{OA_3} = \overrightarrow{A_1A_2}$，$\overrightarrow{OB_3} = \overrightarrow{B_1B_2}$，$\overrightarrow{OC_3} = \overrightarrow{C_1C_2}$，所以，$L$、$M$、$N$ 也分别为 A_1A_3、B_1B_3、C_1C_3 的中点，而 $\triangle LMN \backsim \triangle A_1B_1C_1$. 由推论 2.5.3 即知 $\triangle A_3B_3C_3 \backsim \triangle A_1B_1C_1$.

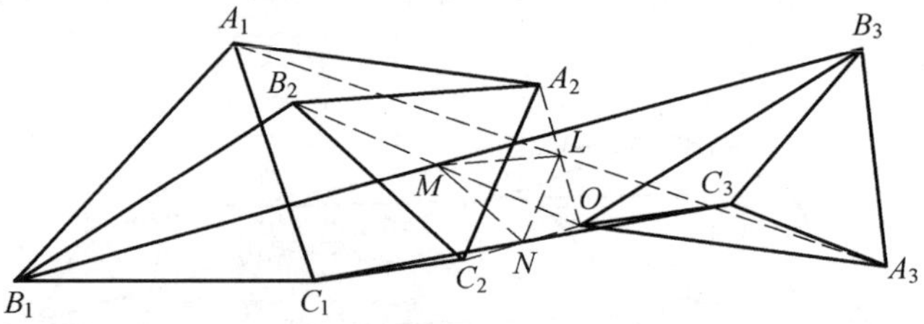

图 2.46

38. 设 $ABCD$ 与 $A'B'C'D'$ 是两个真正相似的矩形. 求证：

$$A'A^2 + C'C^2 = B'B^2 + D'D^2$$

证明 先证明如下事实：

设 O 为矩形 $ABCD$ 所在平面上任意一点，则

$$OA^2 + OC^2 = OB^2 + OD^2$$

事实上，如图 2.47，2.48 所示，过点 O 作矩形 $ABCD$ 的边的垂线分别与 AB、BC、CD、DA 交于 P、Q、R、S，则由勾股定理，有

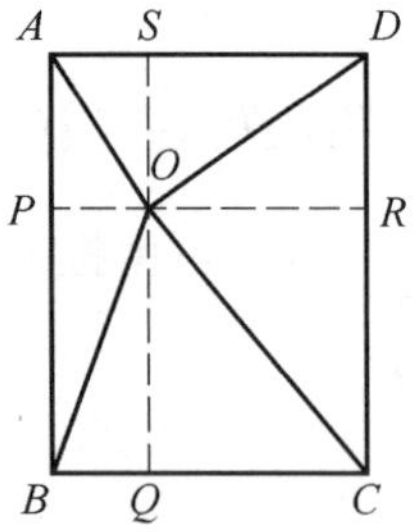

图 2.47

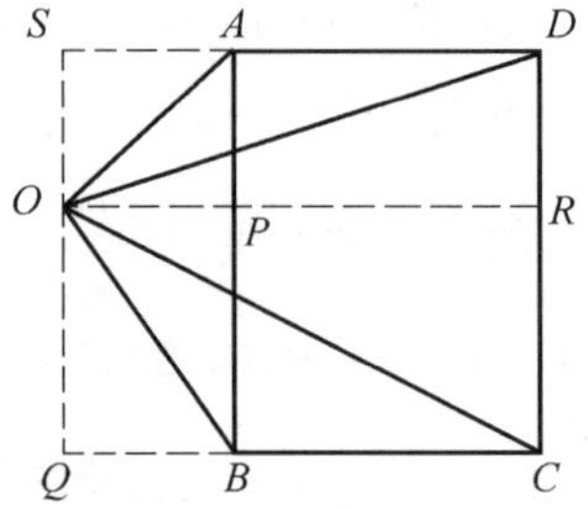

图 2.48

$$OA^2 = OP^2 + OS^2, OC^2 = OQ^2 + OR^2$$

$$OB^2 = OP^2 + OQ^2, OD^2 = OR^2 + OS^2$$

由此即知
$$OA^2 + OC^2 = OB^2 + OD^2$$

再证本题. 如图 2.49 所示，因矩形 $ABCD$ 与 $A'B'C'D'$ 真正相似，从而存在一

个位似旋转变换 $S(O,k,\theta)$,使得 $ABCD \xrightarrow{S(O,k,\theta)} A'B'C'D'$,所以

$$OA' = k \cdot OA, OB' = k \cdot OB, OC' = k \cdot OC, OD' = k \cdot OD$$

$$\measuredangle AOA' = \measuredangle BOB' = \measuredangle COC' = \measuredangle DOD' = \theta$$

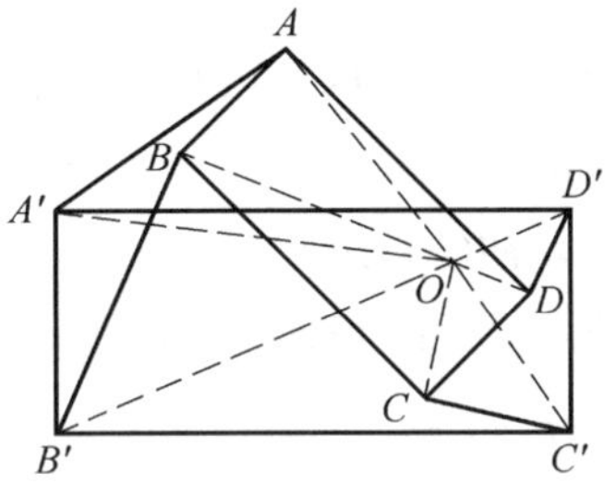

图 2.49

由余弦定理,有

$$A'A^2 = OA^2 + OA'^2 - 2OA \cdot OA' \cos\theta = (1 + k^2 - 2k \cdot \cos\theta) OA^2$$

同理,有

$$B'B^2 = (1 + k^2 - 2k \cdot \cos\theta) OB^2$$

$$C'C^2 = (1 + k^2 - 2k \cdot \cos\theta) OC^2$$

$$D'D^2 = (1 + k^2 - 2k \cdot \cos\theta) OD^2$$

于是,由 $OA^2 + OC^2 = OB^2 + OD^2$ 即得

$$A'A^2 + C'C^2 = B'B^2 + D'D^2$$

39.设 $ABCDEF$ 与 $A'B'C'D'E'F'$ 是两个转向相同的正六边形.求证:

$$A'A^2 + C'C^2 + E'E^2 = B'B^2 + D'D^2 + F'F^2$$

证明　先证明如下事实:

设 O 是正 $\triangle ABC$ 的中心,R 是 $\triangle ABC$ 的外接圆半径,则对 $\triangle ABC$ 所在平面上任意一点 P,有

$$PA^2 + PB^2 + PC^2 = 3OP^2 + 3R^2$$

事实上,如图 2.50 所示,当 P 与 O 重合时,结论显然成立.当 P 与 O 不重合时,过 A、B、C 三点作直线 OP 的垂线,垂足分别为 D、E、F.由勾股定理,有

$$PA^2 = PD^2 + AD^2 = (\overline{PO} + \overline{OD})^2 + OA^2 - OD^2 =$$

$$PO^2 + OA^2 + 2\,\overline{PO} \cdot \overline{OD}$$

即 $PA^2 = PO^2 + OA^2 + 2\,\overline{PO} \cdot \overline{OD}$.同理

$$PB^2 = PO^2 + OB^2 + 2\,\overline{PO} \cdot \overline{OE} \cdot PC^2 =$$

$$PO^2 + OC^2 + 2 \cdot \overline{PO} \cdot \overline{OF}$$

三式相加,并注意 $OA = OB = OC = R$,得

$$PA^2+PB^2+PC^2=3OP^2+3R^2+2\overline{PO}\cdot(\overline{OD}+\overline{OE}+\overline{OC})$$

不失一般性,设 B、C 在直线 OP 的一侧,A 在直线 OP 的另一侧.再设 BC 的中点为 M,过 M 作直线 OP 的垂线,垂足为 N,则 N 为 EF 的中点,A、O、M 在一直线上,且 $\overline{AO}=2\overline{OM}$,所以,$\overline{OD}=2\overline{NO}$.又

$$\overline{OE}=\overline{ON}+\overline{NE},\overline{OF}=\overline{ON}+\overline{NF},\overline{NE}=-\overline{EN}=-\overline{NF}$$

因此,$\overline{OD}+\overline{OE}+\overline{OC}=0$.故

$$PA^2+PB^2+PC^2=3OP^2+3R^2$$

再证本题.如图2.51所示,因正六边形 $ABCDEF$ 与 $A'B'C'D'E'F'$ 真正相似,从而存在一个位似旋转变换 $S(O,k,\theta)$,使得 $ABCDEF\xrightarrow{S(O,k,\theta)}A'B'C'D'E'F'$,所以

$$OA'=k\cdot OA,OB'=k\cdot OB,OC'=k\cdot OC$$

$$OD'=k\cdot OD,OE'=k\cdot OE,OF'=k\cdot OF$$

$$\measuredangle AOA'=\measuredangle BOB'=\measuredangle COC'=\measuredangle DOD'=\measuredangle EOE'=\measuredangle FOF'=\theta$$

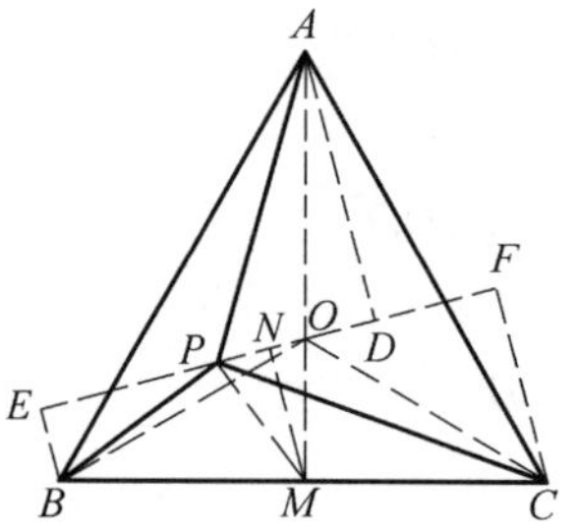

图 2.50

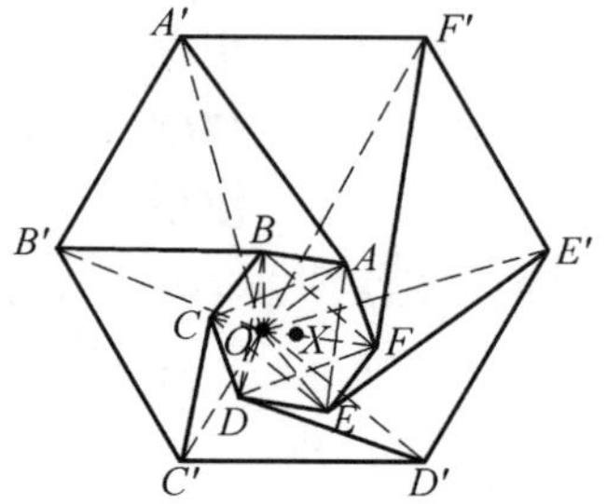

图 2.51

于是,由余弦定理可得

$$A'A^2=(1+k^2-2k\cdot\cos\theta)OA^2,B'B^2=(1+k^2-2k\cdot\cos\theta)OB^2$$

$$C'C^2=(1+k^2-2k\cdot\cos\theta)OC^2,D'D^2=(1+k^2-2k\cdot\cos\theta)OD^2$$

$$E'E^2=(1+k^2-2k\cdot\cos\theta)OE^2,F'F^2=(1+k^2-2k\cdot\cos\theta)OF^2$$

设正六边形 $ABCDEF$ 的中心为 X,则 X 也是正三角形 ACE 与 BDF 的中心,而这两个正三角形有公共的外接圆(即正六边形的外接圆),于是,由前面所证的事实可知

$$OA^2+OC^2+OE^2=OB^2+OD^2+OF^2$$

由此即可得到

$$A'A^2+C'C^2+E'E^2=B'B^2+D'D^2+F'F^2$$

40. 以中心对称六边形的各边为边长向形外作正三角形.求证:相邻两个正

三角形的新顶点的连线段的中点构成一个正六边形的六个顶点.

证明 如图 2.52 所示,设 $A_1A_2A_3A_4A_5A_6$ 是一个中心对称六边形,对称中心为 O,所作六个正三角形的新的顶点分别为 B_1、B_2、B_3、B_4、B_5、B_6,相邻两个正三角形的新顶点的连线段的中点分别为 M_1、M_2、M_3、M_4、M_5、M_6. 因六边形 $A_1A_2A_3A_4A_5A_6$ 的对称中心 O 是三对角线 A_1A_4、A_2A_5、A_3A_6 的共同的中点,由命题 2.5.2,$\triangle OM_1M_2$、$\triangle OM_2M_3$、$\triangle OM_3M_4$、$\triangle OM_4M_5$、$\triangle OM_5M_6$、$\triangle OM_6M_1$ 皆为正三角形,故六边形 $M_1M_2M_3M_4M_5M_6$ 是一个正六边形,且正六边形 $M_1M_2M_3M_4M_5M_6$ 的中心是六边形 $A_1A_2A_3A_4A_5A_6$ 的对称中心.

41.分别以平行四边形 $ABCD$ 的边为边长向形外作四个正三角形 AEB、BFC、CGD、DHA.求证:线段 AE、EF、FC、CG、GH、HA 的中点是一个正六边形的六个顶点.

证明 如图 2.53 所示,设平行四边形 $ABCD$ 的中心为 O,线段 AE、EF、FC、CG、GH、HA 的中点分别为 I、J、K、L、M、N.考虑退化四边形 $CAAB$、$ABCC$、$DBCC$,由命题 2.5.2,$\triangle OIJ$、$\triangle OJK$、$\triangle OKL$ 皆为正三角形. 再由对称性,$\triangle OLM$、$\triangle OMN$、$\triangle ONI$ 都是正三角形.故六边形 $IJKLMN$ 是一个正六边形.

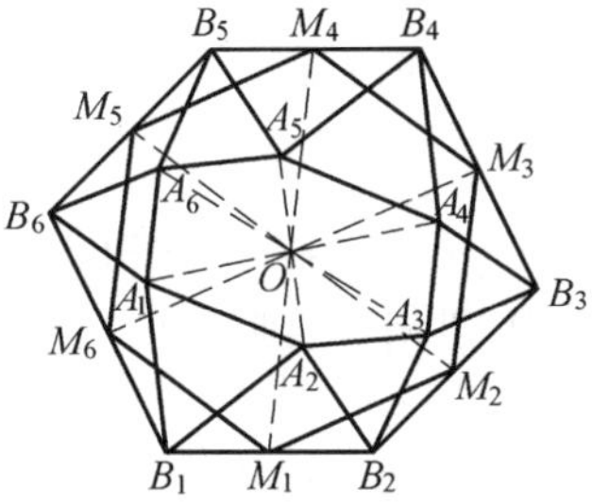

图 2.52

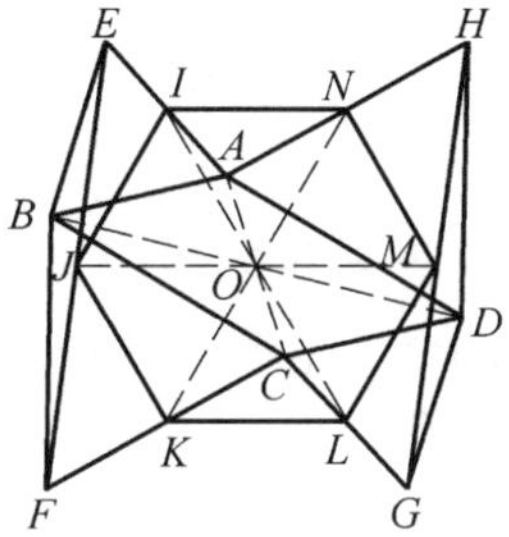

图 2.53

习题 3

1.设 P 是平行四边形 $ABCD$ 内部一点,且 $\angle APB + \angle CPD = 180°$.求证:$\angle CBP = \angle PDC$.(第 29 届加拿大数学奥林匹克,1997)

证明 如图 3.1 所示,作平移变换 $T(\overrightarrow{DA})$,则 $D \to A$,$C \to B$.设 $P \to P'$,则 $\angle BP'A = \angle CPD$,$\angle P'AB = \angle PDC$,$P'P \parallel BC$.又 $\angle APB + \angle BP'A = \angle APB + \angle CPD = 180°$,所以,$P$、$A$、$P'$、$B$ 四点共圆,于是 $\angle P'PB = \angle P'AB = \angle PDC$.故再由 $P'P \parallel BC$,即知

$$\angle CBP = \angle P'PB = \angle PDC$$

2.设 P 是平行四边形 $ABCD$ 内部一点，且 $\angle CBP = \angle PDC$. 求证

$$PA \cdot PC + PB \cdot PD = AB \cdot BC$$

证明　如图3.2所示，作平移变换 $T(\overrightarrow{AB})$，则 $A \to B, D \to C$，设 $P \to P'$，则四边形 $PP'CD$ 是一个平行四边形，所以，$\angle CP'P = \angle PDC$. 又 $\angle CBP = \angle PDC$，所以，$\angle CP'P = \angle CBP$. 因此，四边形 $BP'CP$ 是一个圆内接四边形. 于是，由 Ptolemy 定理

$$P'B \cdot PC + PB \cdot P'C = PP' \cdot BC$$

但 $P'B = PA, P'C = PD, PP' = AB$，故 $PA \cdot PC + PB \cdot PD = AB \cdot BC$.

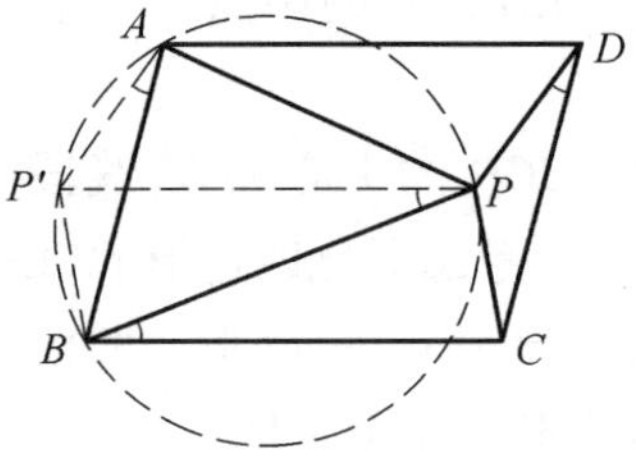

图 3.1

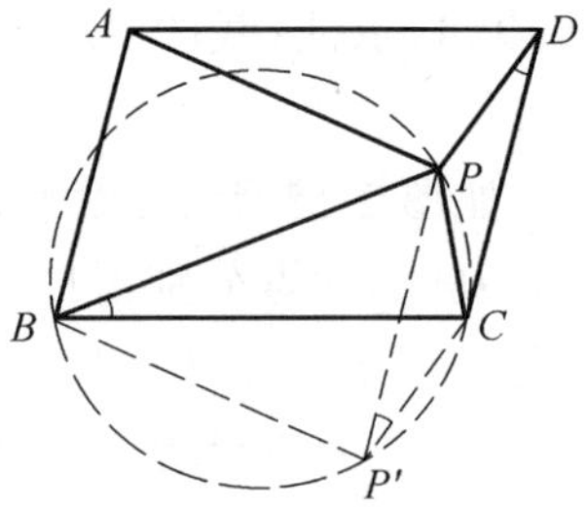

图 3.2

3.设 P 是平行四边形 $ABCD$ 内部一点. 证明：在 $\triangle PAB$、$\triangle PBC$、$\triangle PCD$、$\triangle PDA$ 这四个三角形中，如果有两个三角形的外接圆相等，则这四个三角形的外接圆都相等.

证明　如果在 $\triangle PAB$、$\triangle PBC$、$\triangle PCD$、$\triangle PDA$ 这四个三角形中，有两个相邻的三角形的外接圆相等，不失一般性，设 $\triangle PCD$ 与 $\triangle PDA$ 这两个三角形的外接圆相等. 如图3.3所示，作平移变换 $T(\overrightarrow{AD})$，则 $A \to D, B \to C$. 设 $P \to P'$，则四边形 $APP'D$ 是一个平行四边形，所以，$\triangle DPP'$ 的外接圆与 $\triangle PDA$ 的外接圆相等，但 $\triangle PDA$ 与 $\triangle PCD$ 的外接圆相等，所以，$\triangle DPP'$ 与 $\triangle PCD$ 的外接圆相

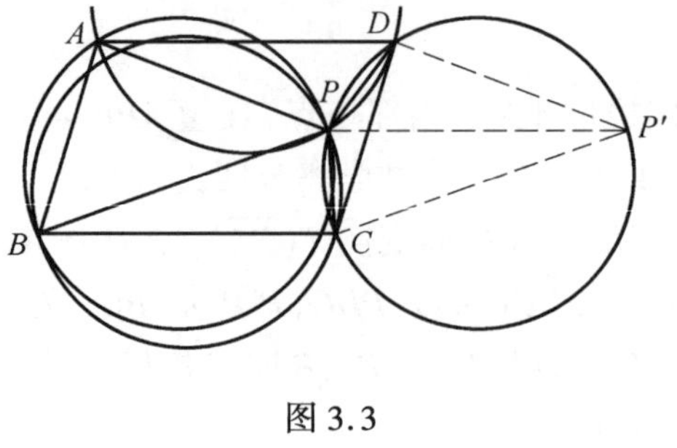

图 3.3

等,这说明点 P' 在 $\triangle PCD$ 的外接圆上.而 $\triangle PAB \cong \triangle P'DC$,$PBCP'$ 是一个平行四边形,所以,$\triangle PAB$ 与 $\triangle P'DC$ 的外接圆相等,$\triangle PBC$ 与 $\triangle PCP'$ 的外接圆相等,故 $\triangle PAB$ 与 $\triangle PBC$ 的外接圆都与 $\triangle PCD$ 的外接圆相等.

如果在 $\triangle PAB$、$\triangle PBC$、$\triangle PCD$、$\triangle PDA$ 这四个三角形中,有两个相对的三角形的外接圆相等,不失一般性,设 $\triangle PAB$ 与 $\triangle PCD$ 这两个三角形的外接圆相等.仍如图 3.3 所示,作平移变换 $T(\overrightarrow{AD})$,则 $A \to D, B \to C$.设 $P \to P'$,则 $\triangle P'DC \cong \triangle PAB$,而 $\triangle PAB$ 与 $\triangle PCD$ 的外接圆相等,所以,点 P' 在 $\triangle PCD$ 的外接圆上.又四边形 $APP'D$、$PBCP'$ 皆为平行四边形,所以,$\triangle PDA$ 与 $\triangle PP'D$ 的外接圆相等,$\triangle PBC$ 与 $\triangle PCP'$ 的外接圆相等,故 $\triangle PDA$ 与 $\triangle PBC$ 的外接圆都与 $\triangle PCD$ 的外接圆相等.

4. 设四边形 $ABCD$ 内部存在一点 P,使得 $ABCD$ 为平行四边形.证明:$\angle CBP = \angle PDC$ 的充分必要条件是 $\angle DCA = \angle PCB$.(必要性:第12届原全苏数学奥林匹克,1978)

证明 如图 3.4 所示,作平移变换 $T(\overrightarrow{PB})$,则 $P \to B, D \to A$.设 $C \to C'$,则 $\angle PDC = \angle BAC'$,且四边形 $DAC'C$、$PBC'C$ 皆为平行四边形,所以 $\angle C'AC = \angle DCA$,$\angle CBP = \angle BCC'$,$\angle PCB = \angle C'BC$.于是,$\angle CBP = \angle PDC \Leftrightarrow \angle BCC' = \angle BAC' \Leftrightarrow A$、$B$、$C'$、$C$ 四点共圆 $\Leftrightarrow \angle C'AC = \angle C'BC \Leftrightarrow \angle DCA = \angle PCB$.

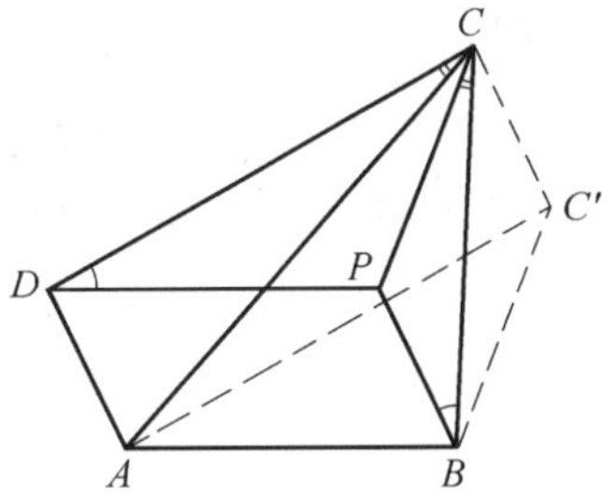

图 3.4

5. 设四边形 $ABCD$ 内部存在一点 P,使四边形 $PBCD$ 为平行四边形.证明:$AD = AC = BC$ 的充分必要条件是 $\angle CAD = 2\angle BAP$,且 $\angle ADP = 2\angle PBA$.

证明 如图 3.5 所示,作平移变换 $T(\overrightarrow{BC})$,则 $B \to C, P \to D$.设 $A \to A'$,则 $AA' \mathrel{\underline{\parallel}} BC$,且 $\angle CA'D = \angle BAP$,$\angle DCA' = \angle PBA$,$\angle DAA' = \angle ADP$.

必要性.设 $AD = AC = BC$,则 $AA' = BC = AC = AD$.于是,点 A 为 $\triangle A'CD$ 的外心,从而 $\angle CAD = 2\angle CA'D$,$\angle DAA' = 2\angle DCA'$.又 $\angle CA'D = \angle BAP$,$\angle DCA' = \angle PBA$,$\angle DAA' = \angle ADP$,故 $\angle CAD = 2\angle BAP$,$\angle ADP = 2\angle PBA$.

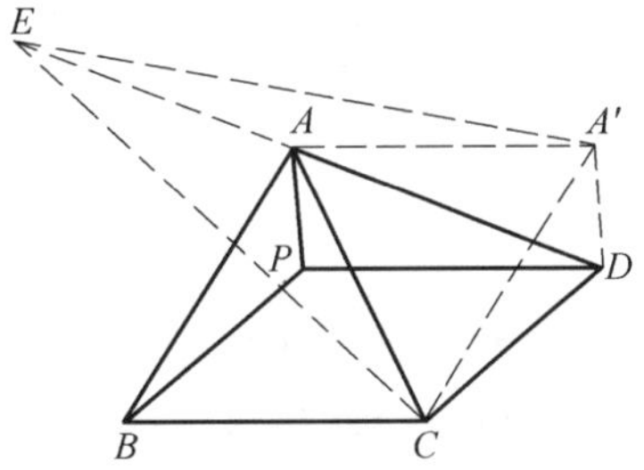

图 3.5

充分性.设 $\angle CAD = 2\angle BAP$,$\angle ADP = 2\angle PBA$.则

$$\angle CAD = 2\angle CA'D, \angle DAA' = 2\angle DCA'$$

延长 DA 至 E，使 $EA = AC$，连 EC，EA'，则 $\angle CAD = 2\angle CED$. 但 $\angle CAD = 2\angle CA'D$，所以，$\angle CED = \angle CA'D$. 因此，$C$、$D$、$A'$、$E$ 四点共圆，所以 $\angle DCA' = \angle DEA'$，从而由 $\angle DAA' = 2\angle DCA'$ 知，$\angle DAA' = 2\angle DEA' = 2\angle AEA'$. 但 $\angle DAA' = \angle AEA' + \angle EA'A$，所以，$\angle AEA' = \angle EA'A$，于是，$AA' = AE = AC$，这说明点 A 为 $\triangle A'EC$ 的外心. 而 C、D、A'、E 四点共圆，因此，点 D 在 $\triangle A'EC$ 的外接圆上. 故 $AD = AC = AA' = BC$.

6. 设 C、D 两点皆位于线段 AB 所在直线的同侧，CA、CB、DB、DA 的中点分别为 E、F、G、H. 求证：

$$S_{EFGH} = \frac{1}{2} \mid S_{\triangle ABC} - S_{\triangle ABD} \mid$$

其中 S_F 表示图形 F 的面积.（四川省数学竞赛，1978）

证明　如图 3.6，3.7 所示，因为 E、F、G、H 分别为 CA、CB、DB、DA 的中点，所以，$EF \parallel AB$，$HG \parallel AB$，且 $EF = \frac{1}{2}AB$，$HG = \frac{1}{2}AB$，因此，四边形 $EFGH$ 为平行四边形. 作平移变换 $T(\overrightarrow{EF})$，则 $E \to F$，$H \to G$. 设 $A \to A'$，则 A' 为 AB 的中点，四边形 $EAA'F$、$HAA'G$ 皆为平行四边形，所以，$S_{AA'FE} = S_{HAA'G} \pm S_{EFGH}$. 于是，$S_{EFGH} = \mid S_{AA'FE} - S_{AEFA'} \mid$. 又 $S_{\triangle ABC} = 2S_{AA'FE}$，$S_{\triangle ABD} = 2S_{AA'GH}$，故

$$S_{EFGH} = \frac{1}{2} \mid S_{\triangle ABC} - S_{\triangle ABD} \mid$$

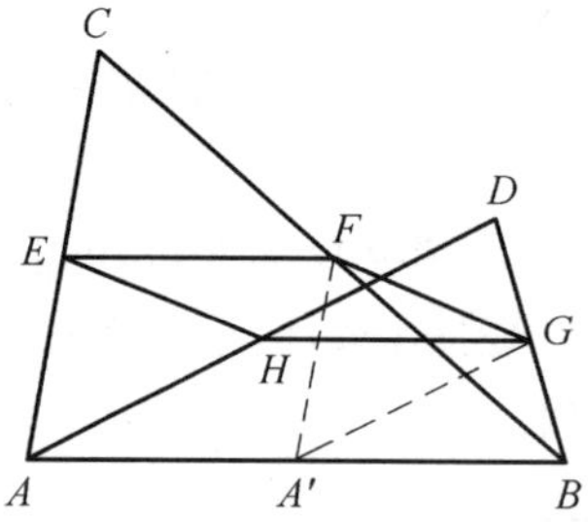

图 3.6

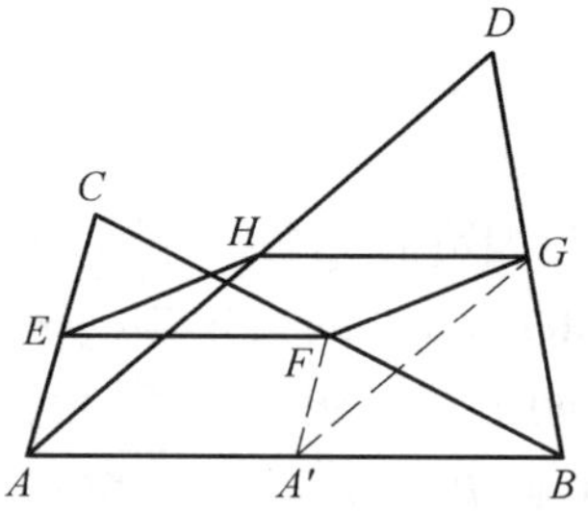

图 3.7

7. 设 P 为矩形 $ABCD$ 所在平面上不在矩形的外接圆上的任意一点，直线 PA、PD 与 BC 分别交于 E、F. 过点 E 且垂直于 PC 的直线与过点 F 且垂直于 PB 的直线交于 Q. 求证：$PQ \perp BC$.

证明　如图 3.8 所示，因点 P 不在矩形 $ABCD$ 的外接圆上，而 BD、AC 皆为 $ABCD$ 的外接圆的直径，所以，AP 与 PC 不垂直，BP 与 PD 不垂直，因此，$P \neq Q$. 作平移变换 $T(\overrightarrow{BA})$，则 $B \to A$，$C \to D$，设 $P \to P'$，则 $P'A \parallel PB$，$P'D \parallel PC$，

$PP' \perp AD$.设过 A 且垂直于 $P'D$ 的直线与过 D 且垂直于 $P'A$ 的直线交于 H,则 H 为 $\triangle P'DA$ 的垂心,所以 $P'H \perp AD$,从而 P、P'、H 在一条直线上,$PH \perp AD$,又不难知道,$AH \parallel EQ$,$DH \parallel FQ$,所以,P、Q、H 在一条直线上,故 $PQ \perp AD$,即 $PQ \perp BC$.

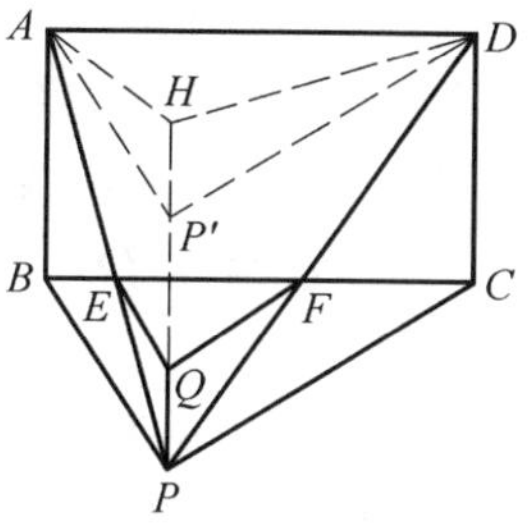

图 3.8

8. 设 P 是矩形 $ABCD$ 内一点.证明:存在一个凸四边形,它的两对角线互相垂直,长度分别等于 AB、BC,且四边长分别等于 PA、PB、PC、PD.

证明　如图 3.9 所示,作平移变换 $T(\overrightarrow{AB})$,则 $A \to B$,$D \to C$.设 $P \to P'$,则 $P'B = PA$,$P'C = PD$,$PP' \underline{\underline{\parallel}} AB$,因 $AB \perp BC$,所以,$PP' \perp BC$.这说明四边形 $PBP'C$ 的两条对角线互相垂直,且四边长分别等于 PA、PB、PC、PD.

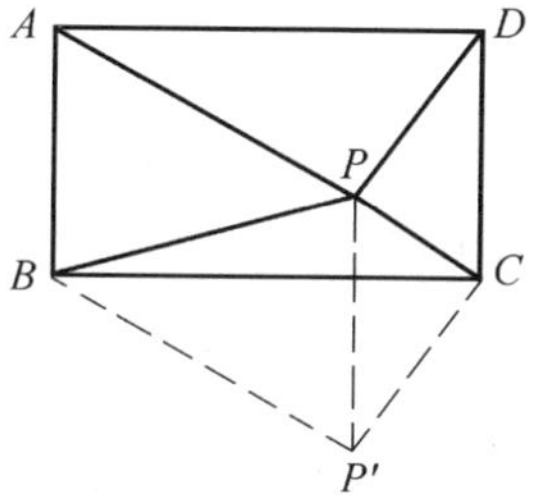

图 3.9

9. 在凸四边形 $ABCD$ 中,$\angle BAD + \angle CBA \leqslant 180°$,$E$、$F$ 为边 CD 上的两点,且 $DE = FC$.求证:$AD + BC \leqslant AE + BF$.

证明　如图 3.10 所示,作平移变换 $T(\overrightarrow{DF})$,则 $D \to F$,$E \to C$.设 $A \to A'$,则 $A'F \underline{\underline{\parallel}} AD$,$A'C \underline{\underline{\parallel}} AE$.因 $\angle BAD + \angle CBA \leqslant 180°$,所以,$\angle ADC + \angle DCB \geqslant 180°$,因此

$\angle A'FC = \angle ADE \geqslant 180° - \angle DCB > \angle FCB$

从而 $FA'BC$ 是一个凸四边形,于是,$A'F + BC \leqslant A'C + BF$,即 $AD + BC \leqslant AE + BF$.

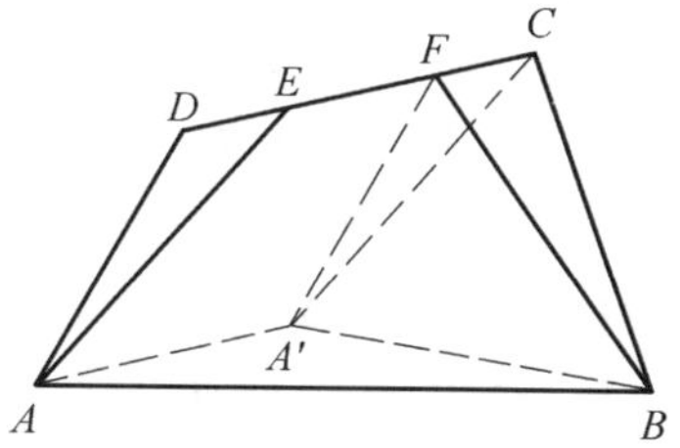

图 3.10

10. 设 B、C 是线段 AD 上的两点,且 $AB = CD$.求证:对于平面上任意一点 P,都有 $PA + PD \geqslant PB + PC$.

证明　当 P 在直线 AD 上,且 P 在线段 AD 之外或 P 与线段 AD 的某一个端点重合时,显然有 $PA + PD = PB + PC$;而当点 P 在线段 BC 上时,$PA + PD = AD$,$PB + PC = BC$,此时显然有,$PA + PD > PB + PC$;当 P 在线段 AB 或 CD 上时,$PA + PD = AD$,$PB + PC = AD - 2AP$ 或 $PB + PC = AD - 2PD$,此时同样有 $PA + PD > PB + PC$;当 P 在直线 AD 外时,如图 3.11 所示,作平

移变换 $T(\overrightarrow{AC})$，则 $A\to C$，$B\to D$. 设 $P\to P'$，则 $P'C=PA$，$P'D=PB$，因 $P'C$、PD 是凸四边形 $P'PCD$ 的两条对角线，所以 $P'C+PD>P'D+PC$，即 $PA+PD>PB+PC$.

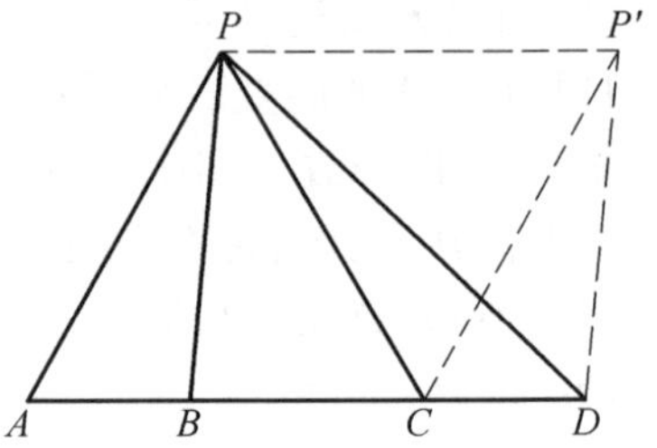

图 3.11

11. 在梯形 $ABCD$ 中，$AD\parallel BC$，E、F 是底边 BC 上两点，且 $BE=FC$，$\angle BAE=\angle FDC$. 求证：$AB=CD$.

证明　如图 3.12 所示，作平移变换 $T(\overrightarrow{BF})$，则 $B\to F$，$E\to C$. 设 $A\to A'$，则 $AA'\parallel BC$，$A'F=AB$，$\angle FA'C=\angle BAE=\angle FDC$，所以，四边形 $DFCA'$ 为圆内接四边形.

另一方面，因 $AA'\parallel BC$，$AD\parallel BC$，所以，$DA'\parallel FC$，因而 $DFCA'$ 为梯形. 但圆内接梯形为等腰梯形，且等腰梯形的两对角线相等，故 $CD=A'F=AB$.

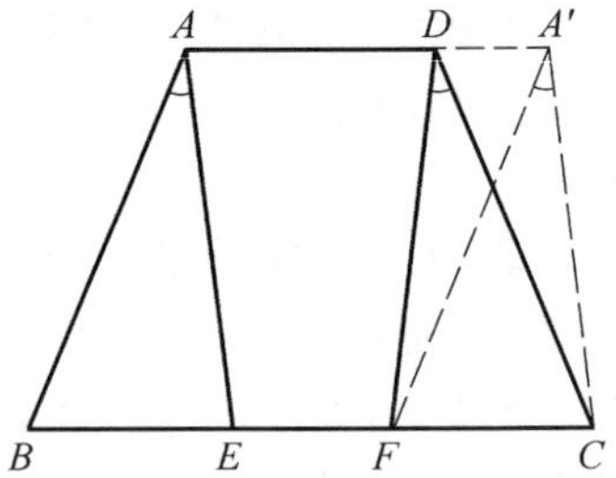

图 3.12

12. 设 E、F 是 $\triangle ABC$ 的边 BC 上两点，P、Q 分别为边 AB、AC 上的点，且 $BE=FC$，$AP=AQ$，$\angle BPE=\angle FQC$. 求证：$\triangle ABC$ 是等腰三角形.

证明　如图 3.13 所示，作平移变换 $T(\overrightarrow{BF})$，则 $B\to F$，$E\to C$. 设 $A\to A'$，$P\to P'$，则 $FP'=BP$，$\angle FP'C=\angle BPE=\angle FQC$，所以，$Q$、$F$、$C$、$P'$ 四点共圆，又 $AA'\parallel FC$，所以，$\angle QP'F=\angle QCF=\angle QAA'$，因此，$A$、$Q$、$P'$、$A'$ 四点也共圆. 而 $A'P'=AP=AQ$，所以，$QP'\parallel AA'$，于是，$QP'\parallel FC$，这说明四边形 $QFCP'$ 是一个圆内接梯形，因而是一个等腰梯形. 但等腰梯形的两对角线相等，所以，$QC=P'F=PB$，从而 $AB=AP+PB=AQ+QC=AC$. 故 $\triangle ABC$ 是等腰三角形.

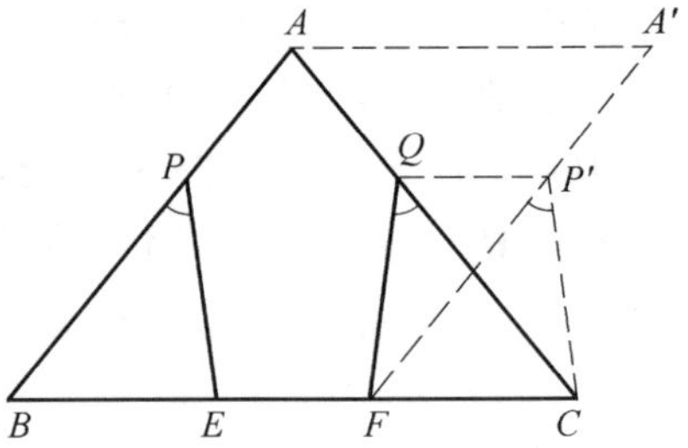

图 3.13

13. 设线段 AB 与 CD 相等，且其交角为 $60°$. 求证：$AC+BD\geqslant AB$.（第 19 届俄罗斯数学奥林匹克，1993）

证明　如图 3.14 所示，设直线 AB 与 CD 交于 E，则 $\angle BED=60°$. 作平移变换 $T(\overrightarrow{DB})$，则 $D\to B$. 设 $C\to C'$，则 $CC'BD$ 是一个平行四边形，所以，$\angle ABC'=\angle BED=60°$，$C'B=CD=AB$，因而 $\triangle ABC'$ 是一个正三角形，这说

明 $AC' = AB$.于是,再由 $AC + CC' \geqslant AC'$ 及 $CC' = BD$,即得 $AC + BD \geqslant AB$.易知,$AC + BD = AB$ 当且仅当 $AC \parallel BD$.

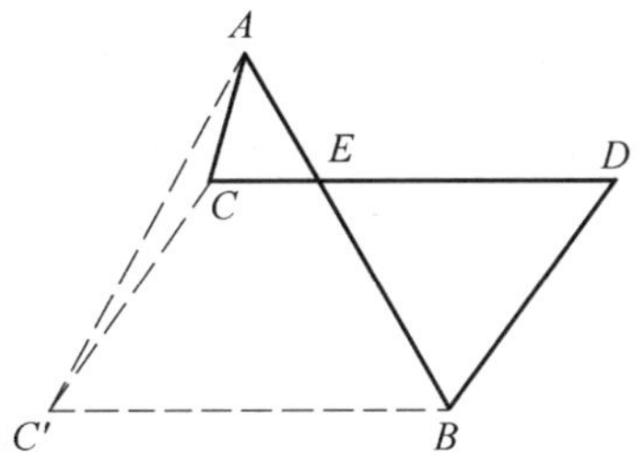

图 3.14

14.设 M 是 $\triangle ABC$ 的边 AC 的中点,D 是边 AB 上一点,BM 与 CD 交于点 E,且 $AB = CE$.求证:$AB \perp BC$ 当且仅当四边形 $ADEM$ 内接于圆.(中国香港队选拔考试,2003)

证明 如图 3.15 所示,作平移变换 $T(\overrightarrow{BC})$,则 $B \to C$.设 $A \to A'$,则 $ABCA'$ 是一个平行四边形,所以,$A'CAB$.因 M 为 AC 的中点,所以 A'、M、B 三点在一直线上.另一方面,因 $AB = CO$,所以 $A'C = CE$,从而 $\angle BA'C = \angle EA'C = \angle CEA'$.于是,$AB \perp BC \Leftrightarrow ABCA'$ 为矩形 $\Leftrightarrow$ 四边形 $ABCA'$ 内接于圆 $\Leftrightarrow \angle BAC = \angle BA'C \Leftrightarrow \angle BAC = \angle CEA' \Leftrightarrow$ 四边形 $ADEM$ 内接于圆.

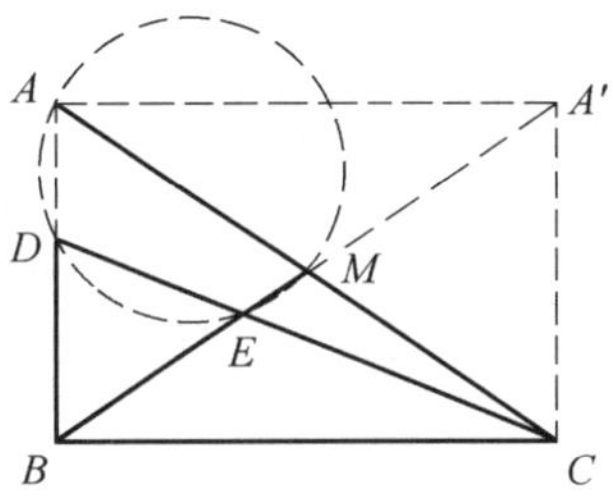

图 3.15

15.在 $\triangle ABC$ 中,$AB = AC$,$\angle BAC = 108°$,D 为 AC 的延长线上一点,M 为 BD 的中点.求证:$AD = BC$ 的充分必要条件是 $AM \perp MC$.

证明 如图 3.16 所示,作平移变换 $T(\overrightarrow{CD})$,则 $C \to D$,设 $B \to B'$,则 $BB'DC$ 是一个平行四边形,B'、M、C 在一直线上,且 M 为 $B'C$ 的中点,所以 $B'D = BC = AD$,$\angle ADB' = \angle ACB = 36°$,所以,$\angle B'AD = \angle DB'A = 72°$,从而 $\angle BAB' = 108° - 72° = 36°$.又

$$\angle B'AB = \angle B'BC + \angle CBA = \angle ACB + \angle CBA = 36° + 36° = 72°$$

$$\angle AB'B = \angle DB'B - \angle DB'A = \angle BCD - \angle B'AD = 144° - 72° = 72° = \angle B'AB$$

所以,$AB' = AB = AC$.而 M 为 $B'C$ 的中点,故 $AM \perp MC$.

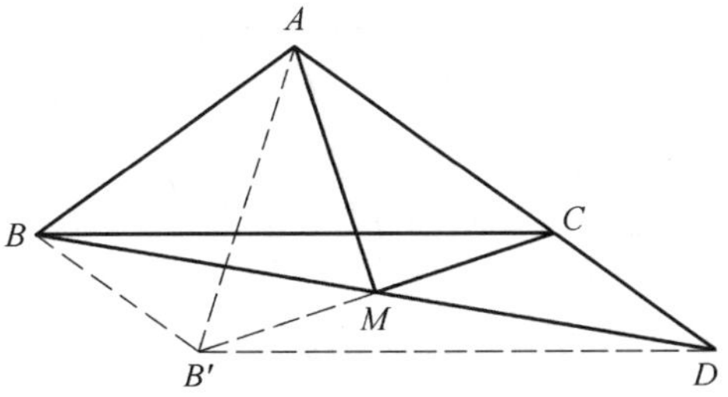

图 3.16

16. 在 $\triangle ABC$ 的边 AB、AC 上分别取点 D、E，再分别过点 A、D、E 任作三条平行线交 BC 于 F、G、H 三点. 求证：$AF = DG + EH$ 的充分必要条件为

$$\frac{AD}{DB} = \frac{CE}{EA}$$

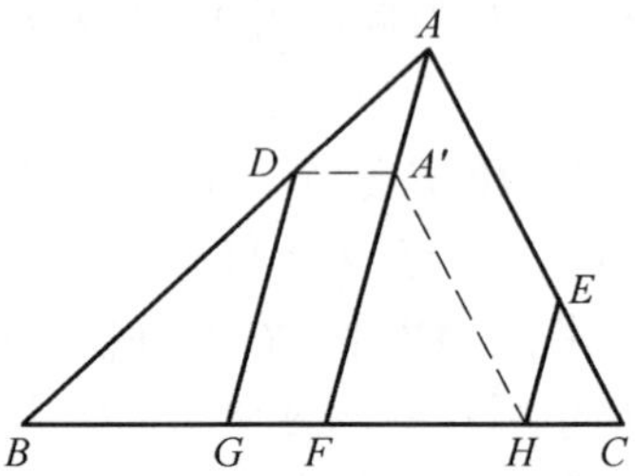

图 3.17

证明　如图 3.17 所示，作平移变换 $T(\overrightarrow{EH})$，则 $E \to H$，设 $A \to A'$，则 A' 在直线 AF 上，且 $AA' = EH$. 又 $\frac{EH}{AF} = \frac{CE}{CA}$，$DG \parallel AF \parallel EH$，于是

$$AF = DG + EH \Leftrightarrow A'F = DG \Leftrightarrow DA' \parallel BC \Leftrightarrow$$

$$\frac{AD}{AB} = \frac{AA'}{AF} \Leftrightarrow \frac{AD}{AB} = \frac{EH}{AF} \Leftrightarrow \frac{AD}{AB} = \frac{CE}{CA} \Leftrightarrow \frac{AD}{DB} = \frac{CE}{EA}$$

17. 在梯形 $ABCD$ 中，$AD \parallel BC$. M，N 分别为 BC，AD 的中点. 求证：$AC \perp BD$ 的充分必要条件是

$$MN = \frac{1}{2} \mid BC - AD \mid$$

证明　如图 3.18 所示，不失一般性，设 $AD < BC$. 作平移变换 $T(\overrightarrow{AD})$，则 $A \to D$. 设 $B \to B'$，则 B' 在 BC 上，$DB' \parallel AB$，且 $BB' = AD$，$BC = BC - AD$. 设 L 为 $B'C$ 的中点，则

$$LC = \frac{1}{2} B'C = \frac{1}{2}(BC - AD)$$

$$ML = MC - LC = \frac{1}{2} BC - \frac{1}{2}(BC - AD) = \frac{1}{2} AD = ND$$

所以，$NMLD$ 是一个平行四边形. 因此，$MN = LD$. 于是

$$AC \perp BD \Leftrightarrow LD = LC \Leftrightarrow MN = \frac{1}{2} \mid BC - AD \mid$$

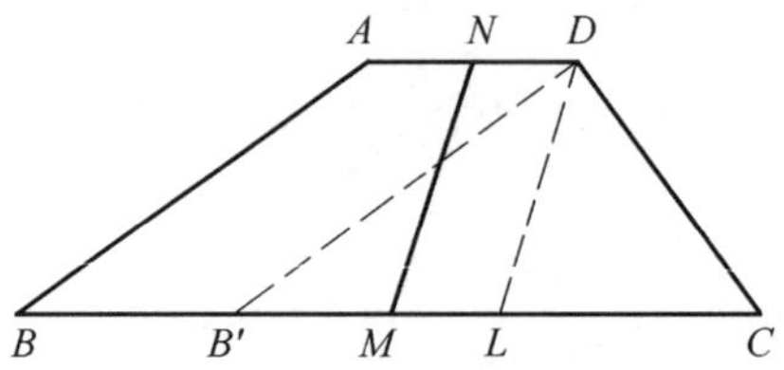

图 3.18

18. 在直角梯形 $ABCD$ 中，$AD \parallel BC$，$AB \perp BC$. 求证：$AC \perp BD$ 的充分必要条件是 $AB^2 = BC \cdot AD$.

证明 如图 3.19 所示，作平移变换 $T(\overrightarrow{DA})$，则 $D \to A$. 设 $B \to B'$，则 $B'B \underline{\underline{/\!/}} AD$，$B'A \underline{\underline{/\!/}} BD$，$B'$ 在直线 BC 上，$AB \perp B'C$. 于是

$$AC \perp BD \Leftrightarrow AC \perp B'A \Leftrightarrow \triangle B'BA \backsim \triangle ABC \Leftrightarrow AB^2 = B'B \cdot BC \Leftrightarrow AB^2 = BC \cdot AD$$

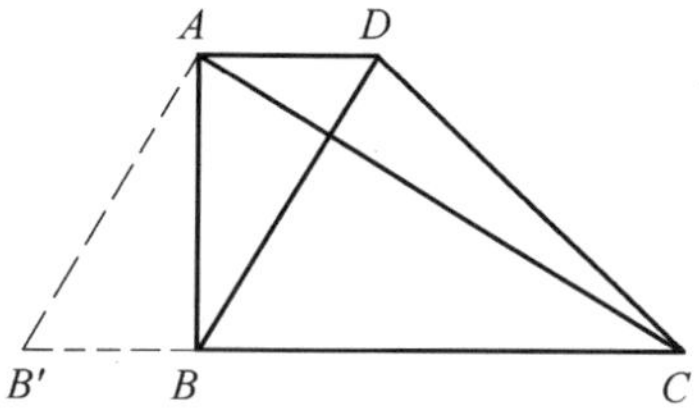

图 3.19

19. 在梯形 $ABCD$ 中，$AD \parallel BC$，P 是 $\angle A$ 与 $\angle B$ 的平分线的交点，Q 是 $\angle C$ 与 $\angle D$ 的平分线的交点. 求证

$$PQ = \frac{1}{2} | AB + CD - BC - AD |$$

证明 如图 3.20，3.21 所示，设直线 BC 分别与直线 AP，DQ 交于 E，F，因 AP，BP 分别为两个互补之角的平分线，所以 $AP \perp BP$，且 P 为 AE 的中点. 同理，Q 为 DF 的中点，因此，$AD \parallel PQ \parallel BC$. 作平移变换 $T(\overrightarrow{PQ})$，则 $P \to Q$. 设 $A \to A'$，$B \to B'$，则 $A'Q$，$B'Q$，CQ，BQ 分别为四边形 $A'B'CD$ 的四个内角的平分线. 既然其四个内角的平分线交于一点，所以，四边形 $A'B'CD$ 是一个圆外切四边形，从而 $A'B' + CD = A'D + B'C$，但

$$A'B' = AB, A'D = AD \pm AA', CB' = BC \pm BB', AA' = BB' = PQ$$

因此，$AB + CD = AD + BC \pm 2PQ$，故

$$PQ = \frac{1}{2} | AB + BC - CD - AD |$$

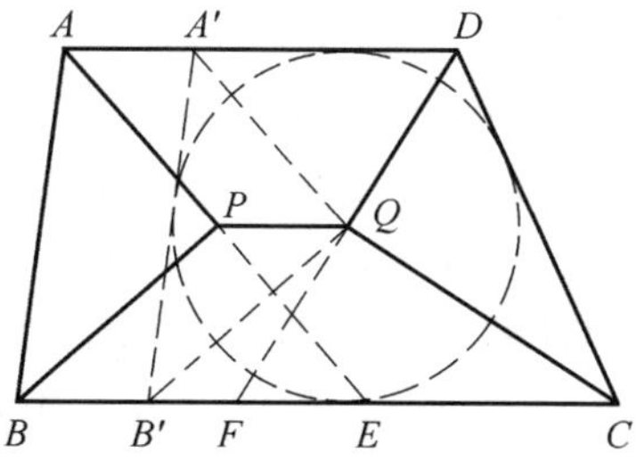

图 3.20

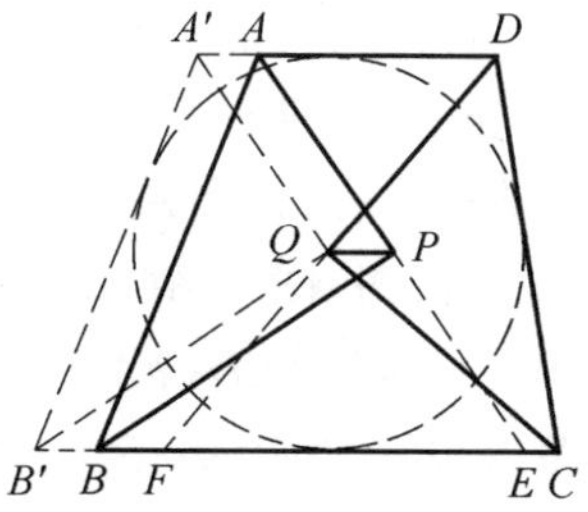

图 3.21

20. 设凸六边形 $ABCDEF$ 的所有内角都相等. 求证

$$|AB - DE| = |BC - EF| = |CD - FA|$$

证明 如图 3.22 所示,不难知道,凸六边形 $ABCDEF$ 的每一个内角都等于 $120°$. 因

$$\measuredangle(AB, DE) = \measuredangle ABC + \measuredangle BCD + \measuredangle CDE = 3 \times 120° = 360°$$

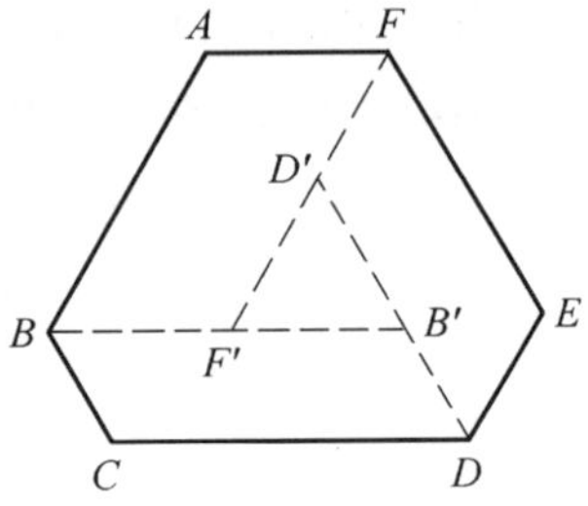

图 3.22

所以,$AB /\!/ DE$. 同理,$BC /\!/ FE$, $CD /\!/ AF$. 这说明所有内角都相等的凸六边形的三组对边分别平行,于是,设 $F \xrightarrow{T(\overrightarrow{AB})} F'$, $B \xrightarrow{T(\overrightarrow{CD})} B'$, $D \xrightarrow{T(\overrightarrow{EF})} D'$,则 F' 在 BB' 上, B' 在 DD' 上, D' 在 FF' 上,且 $D'F' = |AB - DE|$, $F'B' = |CD - FA|$, $B'D' = |BC - EF|$.

另一方面,因 $FF' /\!/ AB$, $BB' /\!/ CD$, $DD' /\!/ EF$,所以 $\angle AFF' = 180° - \angle BAF = 180° - 120° = 60°$,因此, $\angle F'FE = \angle AFE - \angle AFF' = 120° - 60° = 60°$,从而 $\angle F'D'B' = \angle F'FE = 60°$. 同理, $\angle B'F'D' = \angle D'B'F' = 60°$,这说明 $\triangle B'D'F'$ 是一个正三角形,因而 $D'F' = B'D' = F'B'$. 故

$$|AB - DE| = |BC - EF| = |CD - FA|$$

21. 设一个凸六边形的所有内角都相等,且其边长为 1,2,3,4,5,6 的一个排列. 求这个六边形的面积.(第 39 届西班牙数学奥林匹克,2003)

解 如图 3.23 所示,设凸六边形 $ABCDEF$ 的所有内角都相等,由上题

$$|AB - DE| = |BC - EF| = |CD - FA|$$

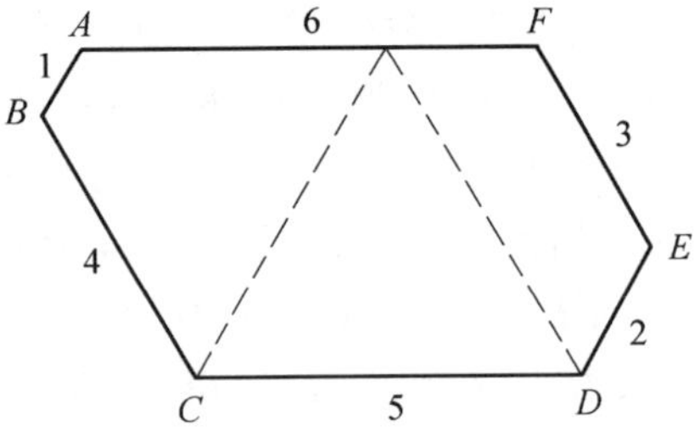

图 3.23

但 AB、BC、CD、DE、EF、FA 的长是 1,2,3,4,5,6 的一个排列,因而只能是 1,2 为一组对边之长,3,4 为另一组对边之长,5,6 为第三组对边之长. 不妨设 $AB = 1$,则 $DE = 2$.

另一方面,因六边形 $ABCDEF$ 的所有内角都等于 $120°$,所以,其相间的三边所在直线的交点构成正三角形的三个顶点(共两个正三角形),且六边形 $ABCDEF$ 的相邻三边之和是其中一个正三角形的边长. 因此, $FA + AB + BC = DE + EF + FA$,即 $AB + BC = DE + EF$. 同理, $FA + AB = CD + DE$. 于是,当 $\{BC, EF\} = \{3,4\}$, $\{CD, FA\} = \{5,6\}$ 时,只能有 $BC = 4$, $EF = 3$, $FA = 6$, $CD = 5$. 而当 $\{BC, EF\} = \{5,6\}$, $\{CD, FA\} = \{3,4\}$ 时, $BC = 6$, $CD = 3$, $EF = 5$, $FA = 4$,所以,六边形 $ABCDEF$ 的六边长依次为 1,4,5,2,3,6. 这样,六边形

$ABCDEF$ 可以剖分为两个梯形和一个正三角形.由此不难得到此六边形的面积为

$$S = 6\sqrt{3} + \frac{25}{4}\sqrt{3} + 4\sqrt{3} = \frac{65}{4}\sqrt{3}$$

22.三个半径为 R 的圆交于一点.求证:过另外三个交点的圆的半径也等于 R.(第12届俄罗斯数学奥林匹克,1986)

证明 如图3.24所示,设三个半径为 R 的圆 $\odot O_1$、$\odot O_2$、$\odot O_3$ 交于一点 P,并且两两交于 A、B、C 三点.易知四边形 O_2AO_3P、O_3BO_1P、O_1CO_2P 均为菱形,所以,$O_1B \mathrel{\underline{\underline{\parallel}}} O_2A$,$O_2C \mathrel{\underline{\underline{\parallel}}} O_3B$,$O_3A \mathrel{\underline{\underline{\parallel}}} O_1C$.作平移变换 $T(\overrightarrow{PO_1})$,则 $P \to O_1$.于是,设 $A \to A'$,则

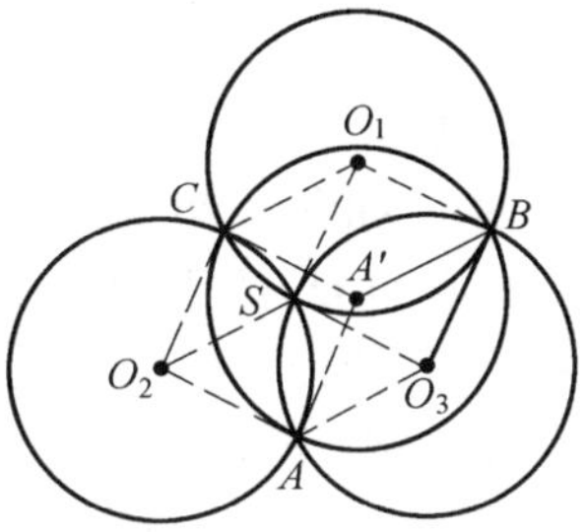

图 3.24

$$AA' \mathrel{\underline{\underline{\parallel}}} PO_1 \mathrel{\underline{\underline{\parallel}}} O_2C \mathrel{\underline{\underline{\parallel}}} O_3B, A'B \mathrel{\underline{\underline{\parallel}}} AO_3 \mathrel{\underline{\underline{\parallel}}} O_2P \mathrel{\underline{\underline{\parallel}}} CO_1$$
$$CA' \mathrel{\underline{\underline{\parallel}}} O_2A \mathrel{\underline{\underline{\parallel}}} PO_3 \mathrel{\underline{\underline{\parallel}}} O_1B$$

由于 $O_3A = O_3B$,所以,四边形 AO_3BB'、BO_1CB'、CO_2AB' 皆为菱形,因此,$A'A = A'B = A'C$,这说明 A' 为 $\triangle ABC$ 的外心,且 $A'B = AO_3 = R$.换句话说,$\triangle ABC$ 的半径也等于 R.

23.在 $\triangle ABC$ 内有一点 M 沿着平行于 AB 的直线运动,直至与边 BC 相遇,然后沿着平行于 AB 的直线运动,直至与边 AC 相遇,然后再沿着平行于 BC 的直线运动,直至与边 AB 相遇,等等.试证:若干步以后,点 M 运动的轨迹将封闭.(第7届莫斯科数学奥林匹克,1941)

证明 如图3.25所示.设点 M 第一次依次与边 BC、CA、AB 相遇在点 A_1、B_1、C_1;第二次依次与边 BC、CA、AB 相遇在点 A_2、B_2、C_2,则有

$$\triangle A_1B_1C \xrightarrow{T(\overrightarrow{A_1B})} \triangle BC_1A_2 \xrightarrow{T(\overrightarrow{BC_2})} \triangle C_2AB_2$$

所以,$\triangle A_1B_1C \xrightarrow{T(\overrightarrow{BC_2})T(\overrightarrow{A_1B})} \triangle C_2AB_2$.但

$$T(\overrightarrow{BC_2})T(\overrightarrow{A_1B}) = T(\overrightarrow{BC_2} + \overrightarrow{A_1B}) = T(\overrightarrow{A_1C_2})$$

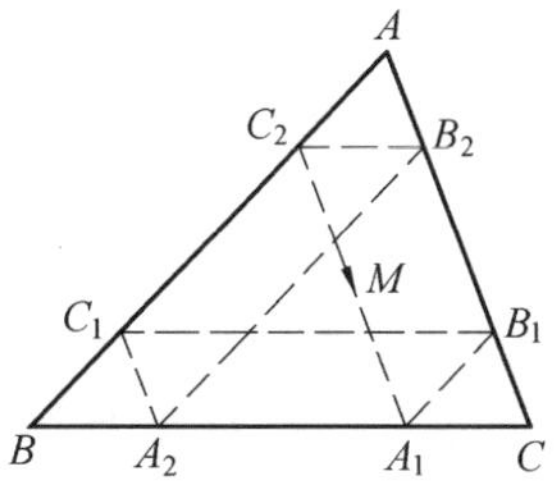

图 3.25

于是,$\triangle A_1B_1C \xrightarrow{T(\overrightarrow{A_1C_2})} \triangle C_2AB_2$,因此 $B_1 \xrightarrow{T(\overrightarrow{A_1C_2})} A$.从而 $B_1A \parallel A_1C_2$,即 $A_1C_2 \parallel CA$.这说明点 M 在 C_2A_1 上.故当点 M 沿着所设计的路线运动时,一定

会回到初始点的位置,且至多经过 7 步,点 M 的轨迹将封闭.

24. 设四边形 $ABCD$ 外切于圆,$\angle A$ 和 $\angle B$ 的外角平分线交于点 K,$\angle B$ 和 $\angle C$ 的外角平分线交于点 L,$\angle C$ 和 $\angle D$ 的外角平分线交于点 M,$\angle D$ 和 $\angle A$ 的外角平分线交于点 N. 再设 $\triangle ABK$、$\triangle BCL$、$\triangle CDM$、$\triangle DAN$ 的垂心分别为 K_1、L_1、M_1、N_1. 求证:四边形 $K_1L_1M_1N_1$ 是一个平行四边形.(第30届俄罗斯数学奥林匹克,2004)

证明 如图 3.26 所示,设四边形 $ABCD$ 的内切圆圆心为 O. 由于内角平分线与外角平分线互相垂直,所以 $OA \perp NK$, $OB \perp KL$. 又 AK_1 是 $\triangle ABK$ 的高,所以,$AK_1 \perp KB$,因此 $AK_1 \parallel OB$. 同理,$BK_1 \parallel OA$,从而四边形 AK_1BO 是一个平行四边形. 同理,四边形 BL_1CO、CM_1DO、DN_1AO 皆为平行四边形. 于是

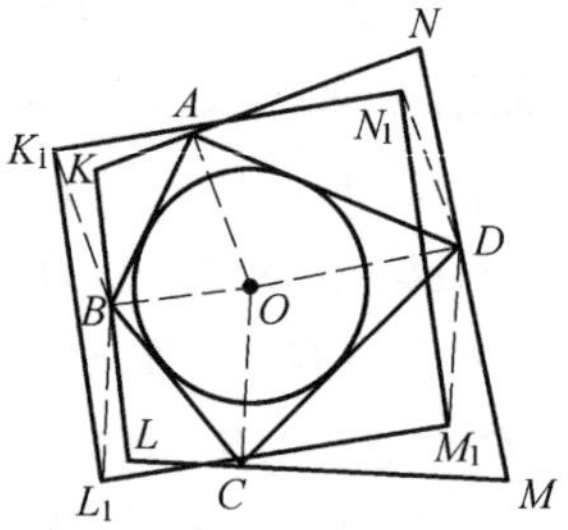

图 3.26

$$K_1N_1 \xrightarrow{T(\overrightarrow{AO})} BD \xrightarrow{T(\overrightarrow{OC})} L_1M_1$$

但 $T(\overrightarrow{OC})T(\overrightarrow{AO}) = T(\overrightarrow{OC} + \overrightarrow{AO}) = T(\overrightarrow{AC})$,因而 $K_1N_1 \xrightarrow{T(\overrightarrow{AC})} L_1M_1$. 故四边形 $K_1L_1M_1N_1$ 是一个平行四边形.

25. 证明:对于对边平行的等边偶数边多边形,总可以分解为若干个菱形.(第 29 届 IMO 预选,1988)

证明 我们用数学归纳法证明:对边平行的等边 $2n$ 边形可以分解为 $\frac{1}{2}n(n-1)$ 个菱形.

事实上,当 $n = 2$ 时,因对边平行的等边四边形本身就是一个($\frac{1}{2} \cdot 2(2-1)$ 个)菱形. 设对边平行的等边 $2n(n \geqslant 2)$ 边形可以分解为 $\frac{1}{2}n(n-1)$ 个菱形. 考虑对边平行的等边 $2(n+1)$ 边形 $A_1A_2\cdots A_{n+1}B_1B_2\cdots B_{n+1}$. 如图 3.27 所示,作平移变换 $T(\overrightarrow{A_1B_{n+1}})$,则 $A_1 \to B_{n+1}$. 因 $A_{n+1}B_1A_1B_{n+1}$,所以,$A_{n+1} \to B_1$. 设 $A_i \to C_i$,$(i = 1,2,\cdots,n)$,则 $A_iC_i = A_1B_{n+1} = A_iA_{i+1}$,且 $A_iC_i \parallel A_1B_{n+1}$,所以

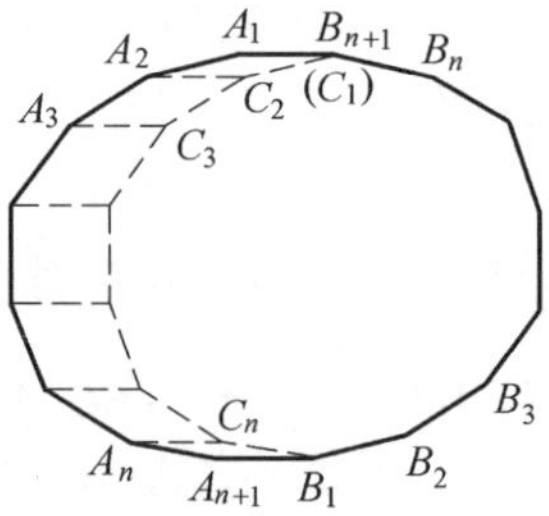

图 3.27

$$B_nB_{n+1} = C_1C_2 = C_2C_3 = \cdots = C_nB_1, C_iC_{i+1} \parallel A_iA_{i+1} \parallel B_iB_{i+1}$$

其中 $i = 1,2,\cdots,n$, $C_1 = B_{n+1}$. 因此,对 $i = 1,2,\cdots,n$ 来说,四边形 $C_iB_iB_{i+1}B_i$ 都是菱形(共 n 个),且 $B_1B_2\cdots B_nC_1C_2\cdots C_n$ 是一个对边平行的等边 $2n$ 边形,由

归纳假设,$2n$ 边形 $B_1B_2\cdots B_nC_1C_2\cdots C_n$ 可以分解为$\frac{1}{2}n(n-1)$个菱形,从而 $2(n+1)$ 边形 $A_1A_2\cdots A_{n+1}B_1B_2\cdots B_{n+1}$ 可以分解为$\frac{1}{2}n(n-1)+n=\frac{1}{2}n(n+1)$个菱形.

26. 在四边形 $ABCD$ 中,$AB>CD$,E、F 分别为 BC、AD 延长线上的点,且 $\frac{AF}{FD}=\frac{BE}{EC}=\lambda$. 直线 EF 与边 AB、CD 分别交于 P、Q 两点. 求证:$\lambda=\frac{AB}{CD}$ 的充分必要条件是 $\angle APQ=\angle PQD$.

证明 如图 3.28 所示,作平移变换 $T(\overrightarrow{DA})$,则 $D\to A$. 设 $C\to C'$,则 $AC'\perp\!\!\!\!\perp DC$. 过点 E 作 CC' 的平行线与直线 BC' 交于 R,则 $\frac{BR}{RC'}=\frac{BE}{EC}=\lambda$,且 $\frac{RE}{C'C}=\frac{BE}{BC}=\frac{AF}{AD}$. 而 $CC'\perp\!\!\!\!\perp AD$,所以 $RE\perp\!\!\!\!\perp AF$,因此 $AR\parallel PE$,这样便有 $\angle BAR=\angle BPE$,$\angle C'AR=\angle DQP$. 于是,由三角形的外角平分线性质定理与判定定理即得

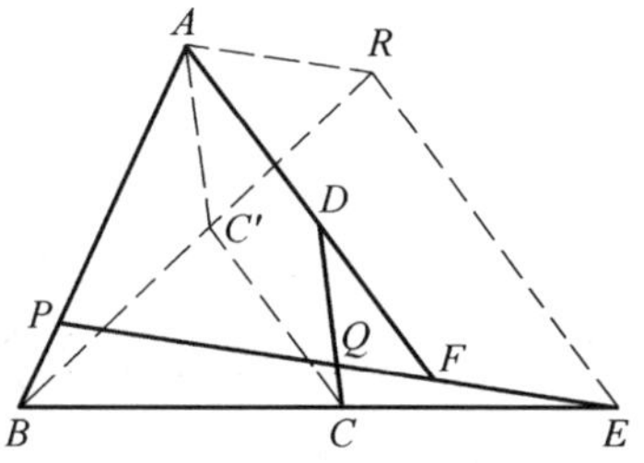

图 3.28

$$\angle APQ=\angle PQD\Leftrightarrow\angle BPQ+\angle DQP=180^\circ\Leftrightarrow\angle BAR+\angle C'AR=180^\circ\Leftrightarrow$$

$$AR\text{ 平分 }\angle BAC'\text{ 的外角}\Leftrightarrow\frac{BR}{RC'}=\frac{AB}{AC'}\Leftrightarrow\lambda=\frac{AB}{CD}$$

27. 设 P、Q 分别为凸四边形 $ABCD$ 的边 BC、AD 上的点,且 $\frac{AQ}{QD}=\frac{AB}{CD}$. 直线 PQ 分别与直线 AB、CD 交于 E、F. 求证:$\frac{AQ}{QD}=\frac{BP}{PC}$ 的充分必要条件是

$$\angle BEP=\angle PFC$$

证明 如图 3.29 所示,作平移变换 $T(\overrightarrow{AQ})$,则 $A\to Q$. 设 $B\to B'$,则 $QB'\perp\!\!\!\!\perp AB$,$\angle BEP=\angle B'QP$. 再作平移变换 $T(\overrightarrow{DQ})$,则 $D\to Q$. 设 $C\to C'$,则 $QC'\perp\!\!\!\!\perp DC$,$\angle PFC=\angle PQC'$. 又 $BB'\perp\!\!\!\!\perp AD$,$C'C\perp\!\!\!\!\perp QD$,所以,$BB'\parallel C'C$,$\frac{QB'}{QC'}=\frac{AB}{CD}=\frac{AQ}{QD}=\frac{BB'}{C'C}$.

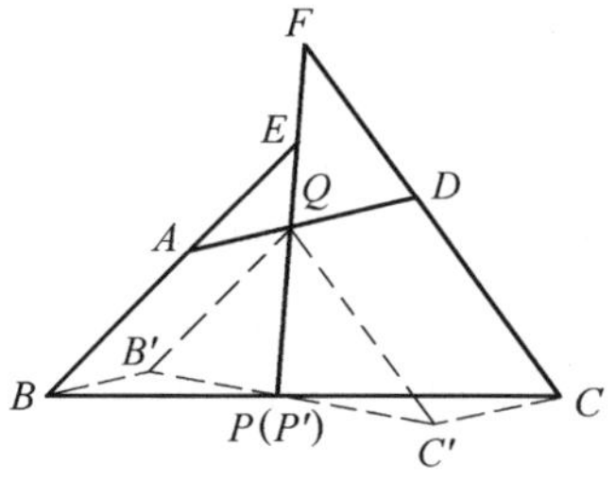

图 3.29

必要性. 如果 $\frac{AQ}{QD}=\frac{BP}{PC}$,则 $\frac{BB'}{CC'}=\frac{BP}{PC}$,所以 B'、P、C' 三点共线,且

$$\frac{B'P}{PC'}=\frac{BP}{PC}=\frac{AB}{CD}=\frac{QB'}{QC'}$$

由三角形的角平分线判定定理，QP 平分 $\angle BQ'C'$. 故

$$\angle BEP = \angle B'QP = \angle PQC' = \angle PFC$$

充分性. 如果 $\angle BEP = \angle PFC$，则 $\angle B'QP = \angle BEP = \angle PFC = \angle PQC'$，即 QP 平分 $\angle BQ'C'$. 于是，设 $B'C'$ 与直线 PQ 交于 P'，则由三角形的角平分线性质定理，$\frac{B'P'}{P'C'} = \frac{QB'}{QC'} = \frac{BB'}{C'B}$. 而 $BB' \parallel C'C$，所以，B、P'、C 三点共线，这说明点 P' 与点 P 重合. 故 $\frac{BP}{BC} = \frac{BB'}{C'C} = \frac{AQ}{QD}$.

28. 设 $\triangle ABC$ 的内切圆分别切三边 BC、CA、AB 于 D、E、F，再过点 D 作 EF 的垂线，垂足为 P. 证明：PD 是 $\angle BPC$ 的平分线.（第 22 届原全苏数学奥林匹克，1988）

证明 如图 3.30 所示，因 $DP \perp EF$，$AE = AF$，所以，直线 DP 与 AB、AC 的交角相等. 又 $BD = BF$，$CD = CE$，因而有 $\frac{BD}{DC} = \frac{BF}{CE}$. 于是，由上题，$\frac{FP}{PE} = \frac{BF}{CE}$. 另一方面，显然有 $\angle BFP = \angle CEP$，所以，$\triangle FBP \backsim \triangle ECP$. 从而 $\angle FPB = \angle EPC$. 再由 $DP \perp EF$ 即知 PD 平分 $\angle BPC$.

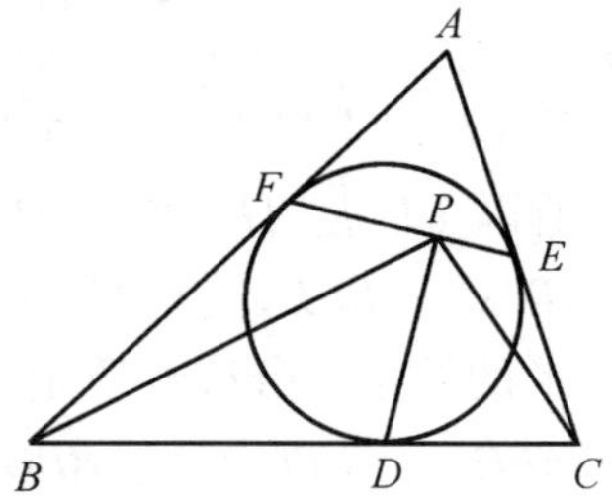

图 3.30

29. $\triangle ABC$ 的边 BC、AB 的延长线上的点分别外分各边的比为 $t:(t-1)$. 求证：线段 AD、BE、CF 构成一个三角形. 若记此三角形的面积为 S^*，$\triangle ABC$ 的面积为 S. 再证明：

$$S^* = (1 - t + t^2)S$$

证明 如图 3.31 所示，作平移变换 $T(\overrightarrow{BD})$，则 $B \to D$. 设 $E \to E'$，则 $DE' \mathrel{\underline{\parallel}} BE$，$EE' \mathrel{\underline{\parallel}} BD$，所以，$\angle CEE' = \angle ACB$，$EE' = BD = t \cdot BC$. 又 $CE = t \cdot CA$，所以 $\triangle CE'E \backsim \triangle ABC$，于是，$\angle E'CE = \angle BAC$，$E'C = t \cdot AB$，从而 $E'C \parallel AB$. 但 $AF = t \cdot AB$，因此，$E'C \mathrel{\underline{\parallel}} AF$，进而 $AE' \mathrel{\underline{\parallel}} FC$. 这说明 $\triangle ADE'$ 即是以 AD、BE、CF 为三边长的三角形. 由三角形的面积公式

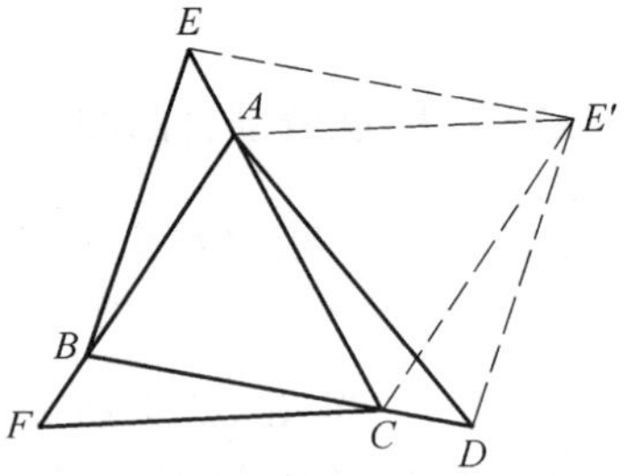

图 3.31

$$\frac{S_{\triangle ABD}}{S_{\triangle ABC}} = \frac{BD}{BC} = t, \frac{S_{\triangle ACE'}}{S_{\triangle ABC}} = \frac{S_{\triangle ACF}}{S_{\triangle ABC}} = \frac{AF}{AB} = t, \frac{S_{\triangle ACD}}{S_{\triangle ABC}} = \frac{CD}{BC} = t - 1$$

$$\frac{S_{\triangle DCE'}}{S_{\triangle ABC}}=\frac{\frac{1}{2}DC\cdot CE'\sin\angle DCE'}{\frac{1}{2}AB\cdot BC\cdot\sin\angle ABC}=\frac{DC\cdot CE'}{BC\cdot AB}=\frac{DC\cdot AF}{BC\cdot AB}=(t-1)t$$

于是

$$S_{\triangle ABD}=S_{\triangle ACE'},S_{\triangle DCE'}=t(t-1)S_{\triangle ABC}$$

从而由

$$S^*=S_{\triangle ACE'}+S_{\triangle CDE'}-S_{\triangle ACD}$$

即得

$$S^*=tS+t(t-1)S-(t-1)S=(1-t+t^2)S$$

30. 平面上 n 条直线两两相交. 证明:所得交角中至少有一个角不小于$\frac{\pi}{n}$.(天津市数学竞赛,1994)

证明 将这 n 条直线通过 n 个不同的平移变换,使之都变为通过一个定点 O 的 n 条直线,设它们依次为 l_1、l_2、$\cdots$,l_n,直线 l_i 与 l_{i+1} 的交角为 θ_i,($i=1,2,\cdots,n,l_{n+1}=l_1$),则

$$\theta_1+\theta_2+\cdots+\theta_n=\pi$$

如果 θ_1、θ_2、$\cdots$、θ_n 均小于$\frac{\pi}{n}$,则 $\pi=\theta_1+\theta_2+\cdots+\theta_n<n\cdot\frac{\pi}{n}=\pi$. 矛盾. 因此,$\theta_1$、$\theta_2$、$\cdots$、$\theta_n$ 中至少有一个不小于$\frac{\pi}{n}$. 因为平移变换不改变角的大小(即使是对角的两边实施不同的平移变换),因此,原来的 n 条直线所得交角中,至少有一个交角不小于$\frac{\pi}{n}$.

注 同样,平面上两两相交的 n 条直线所得交角中至少有一个角不大于$\frac{\pi}{n}$.

31. 五个等圆循环相交,$\odot O_i$ 与 $\odot O_{i+1}$ 交于 A_i、B_i($i=1,2,3,4,5;A_6=A_1,B_6=B_1$). 证明:

$$\angle A_5O_1B_1+\angle A_1O_2B_2+\angle A_2O_3B_3+\angle A_3O_4B_4+\angle A_4O_5B_5=3\pi$$

其中每一个角均按逆时针方向从始边到终边计算角度.

证明 如图 3.32,3.33 所示,在平面上任取一点 O,分别将五个圆心 O_1、O_2、O_3、O_4、O_5 平移至点 O 的位置(共五个平移变换),则 $\odot O_1$、$\odot O_2$、$\odot O_3$、$\odot O_4$、$\odot O_5$ 皆重合为 $\odot O$(为清楚计,我们放大了图 3.33). 设

$$A_5、B_1\xrightarrow{T(\overrightarrow{O_1O})}A_5'、B_1',A_1、B_2\xrightarrow{T(\overrightarrow{O_2O})}A_1'、B_2',A_2、B_3\xrightarrow{T(\overrightarrow{O_3O})}A_2'、B_3'$$

$$A_3、B_4 \xrightarrow{T(\overrightarrow{O_4O})} A_3'、B_4', A_4、B_5 \xrightarrow{T(\overrightarrow{O_5O})} A_4'、B_5'$$

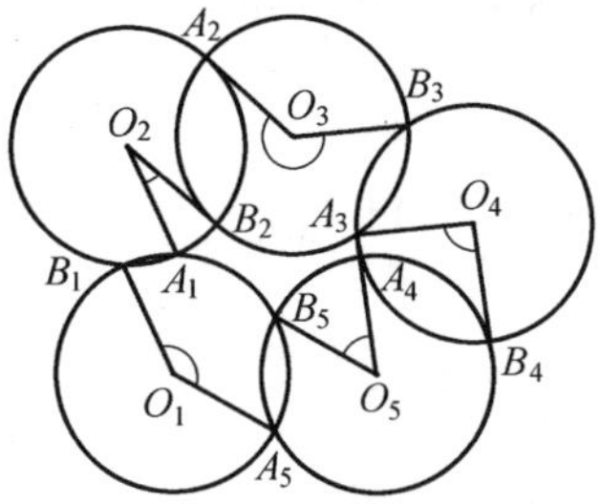

图 3.32

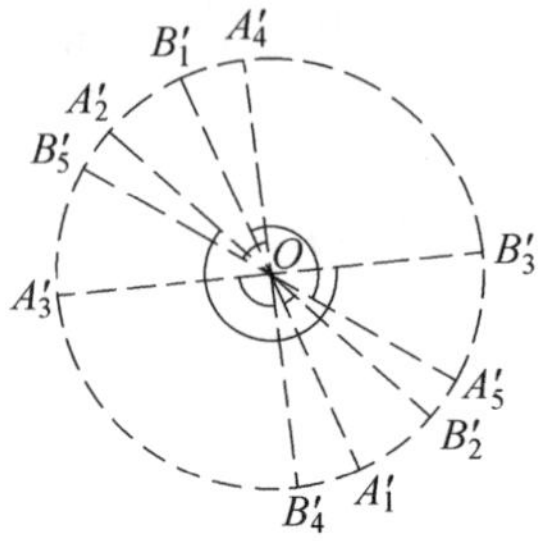

图 3.33

则 $\angle A_{i-1}O_iB_i = \angle A'_{i-1}OB'_i$.易知 $O_iA_{i-1} \underline{\underline{/\!/}} B_{i-1}O_{i-1}$,所以,$A_i'$、$O$、$B_i'$ 三点共线,其中 $i = 1,2,3,4,5$. $O_0 = O_5, A_0 = A_5, B_0 = B_5$.而

$$\angle A_5'OB_1' = \angle A_5'OA_4' + \angle A_4'OB_1'$$

$$\angle A_2'OB_3' = \angle A_2'OB_5' + \angle B_5'OA_5' + \angle A_5'OB_3'$$

$$\angle A_5'OA_4' + \angle B_5'OA_5' + \angle A_4'OB_5' = 2\pi$$

$$\angle A_1'OB_2' + \angle A_5'OB_3' + \angle A_4'OB_5' + \angle A_2'OB_5' + \angle A_3'OB_4' = \pi$$

于是

$$\begin{aligned}
&\angle A_5'OB_1' + \angle A_1'OB_2' + \angle A_2'OB_3' + \angle A_3'OB_4' + \angle A_4'OB_5' = \\
&(\angle A_5'OA_4' + \angle A_4'OB_1') + \angle A_1'OB_2' + \\
&(\angle A_2'OB_5' + \angle B_5'OA_5' + \angle A_5'OB_3') + \angle A_3'OB_4' + \angle A_4'OB_5' = \\
&(\angle A_5'OA_4' + \angle B_5'OA_5' + \angle A_4'OB_5') + \\
&(\angle A_1'OB_2' + \angle A_5'OB_3' + \angle A_4'OB_5' + \angle A_2'OB_5' + \angle A_3'OB_4') = \\
&2\pi + \pi = 3\pi
\end{aligned}$$

故

$$\begin{aligned}
&\angle A_5O_1B_1 + \angle A_1O_2B_2 + \angle A_2O_3B_3 + \angle A_3O_4B_4 + \angle A_4O_5B_5 = \\
&\angle A_5'OB_1' + \angle A_1'OB_2' + \angle A_2'OB_3' + \angle A_3'OB_4' + \angle A_4'OB_5' = 3\pi
\end{aligned}$$

习题 4

1.用中心反射变换证明例 3.2.3 ~ 例 3.2.6.

例 3.2.3 证明:三角形的三条中线交于一点.

证明 如图 4.1 所示,设 D、E、F 分别为 $\triangle ABC$ 的边 BC、CA、AB 的中点,AD 与 BE 交于 G.作中心反射变换 $C(D)$,则 $B \to C, C \to B$.设 $G \to G'$,则

$CG' \underline{\underline{\parallel}} BG$. 于是

$$\frac{BG}{GE}=\frac{G'C}{GE}=\frac{AC}{AE}=2$$

这说明 AD 过 BE 上的一个定点 G. 同理, CF 也过 BE 上的这个定点 G. 故 AD、BE、CF 三线共点.

注 这个证明也同样附带证明了"三角形的重心到各个顶点的距离等于相应中线长的三分之二" 这一事实.

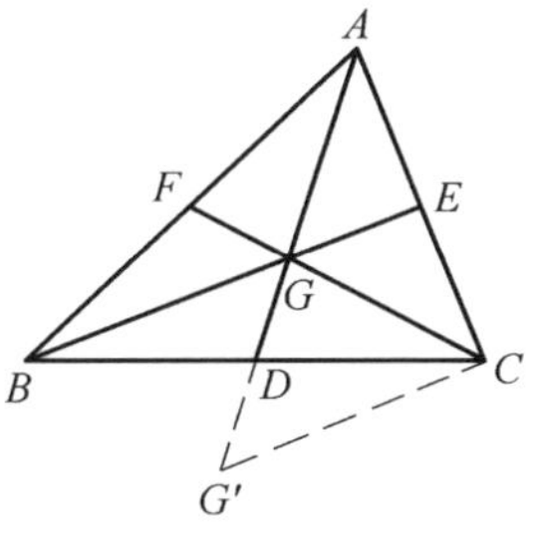

图 4.1

例 3.2.4 设 M 为平行四边形 $ABCD$ 的边 AD 的中点, 过点 C 作 AB 的垂线交 AB 于 E. 求证: $\angle EMD=3\angle MEA$ 的充分必要条件是 $BC=2AB$.

证明 如图 4.2 所示, 作中心反射变换 $C(M)$, 则 $A\rightarrow D$. 设 $E\rightarrow E'$, 则 E' 在直线 CD 上, 且 $\angle ME'D=\angle MEA$, M 为 EE' 的中点. 因 $EC\perp CD$, 所以, M 为直角三角形 ECE' 的斜边 EE' 的中点, 从而 $\angle ME'D=\angle E'CM$. 这样便有 $\angle EMC=2\angle ME'D=2\angle AEM$. 于是

$$\angle EMD=3\angle MEA \Leftrightarrow \angle CMD=\angle DCM \Leftrightarrow MD=CD \Leftrightarrow BC=2AB$$

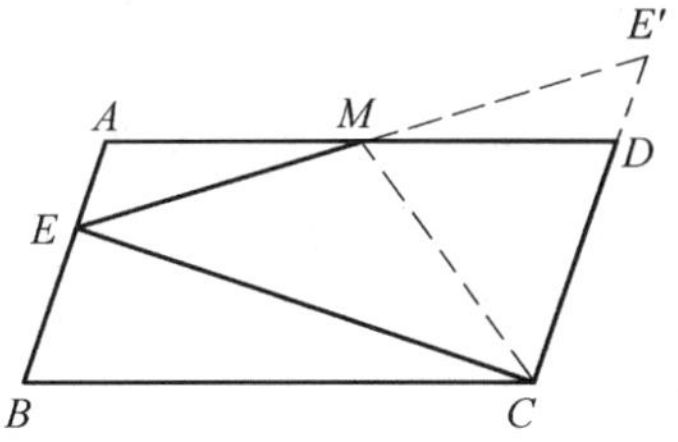

图 4.2

例 3.2.5 设 M 是 $\triangle ABC$ 的 BC 边的中点, $\triangle ABD$ 与 $\triangle ACM$ 反向相似. 求证: $DM \parallel AC$.

证明 如图 4.3 所示, 作中心反射变换 $C(M)$, 则 $B\rightarrow C$. 设 $A\rightarrow A'$, 则四边形 $ABA'C$ 是一个平行四边形, 所以, $\angle ACA'=\angle A'BA$. 于是, 设 AD 与 BA' 交于 E, 则由 $\angle BAE=\angle CAA'$ 知, $\triangle ACA' \backsim \triangle ABE$. 但 $\triangle ABD \backsim \triangle ACM$, M 为 AA' 的中点, 因而 D 为 AE 的中点, 所以 $DM \parallel EA'$. 故 $DM \parallel AC$.

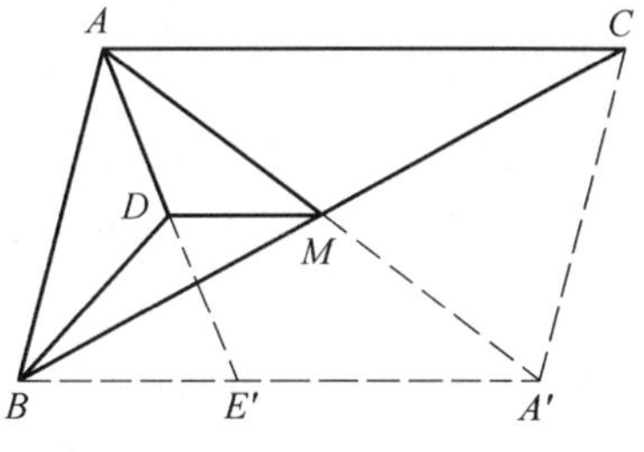

图 4.3

例 3.2.6 在 $\triangle ABC$ 中, $AB\neq AC$, 过 BC 的中点 M 作一条直线 l 分别与直线 AB、AC 交于 D、E. 求证: $BD=CE$ 的充分必要条件是直线 l 平行于 $\angle BAC$ 的平分线.

证明 如图 4.4 所示, 设 AT 为 $\angle BAC$ 的平分线. 作中心反射变换 $C(M)$,

则 $C \to B$.设 $E \to E'$,则 $BE' = CE$,$\angle DE'B = \angle MEC$.于是

$$l \parallel AT \Leftrightarrow \angle BDM = \angle MEC \Leftrightarrow \angle BDM = \angle DE'B \Leftrightarrow BD = BE' \Leftrightarrow BD = CE$$

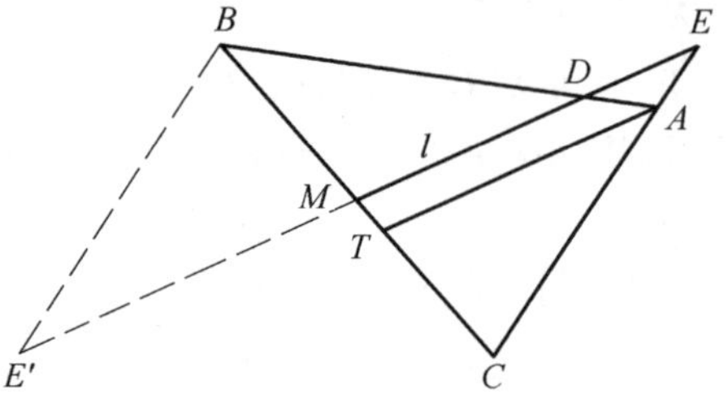

图 4.4

2.设四边形 $ABCD$ 的边 BC 的中点为 M,以 M 为直角顶点任作一 Rt△MEF,使顶点 E 在 AB 上,顶点 F 在 CD 上.求证:$BE + CF \geqslant EF$.等式成立当且仅当 $AB \parallel CD$.

证明　如图 4.5 所示,作中心反射变换 $C(M)$,则 $C \to B$.设 $F \to F'$,则 M 为 FF' 的中点.而 $EM \perp MF$,所以,$EF' = EF$.又 $BF' = CF$,于是

$$BE + CF = BE + BF' \geqslant EF' = EF$$

等式成立当且仅当 E、B、F' 三点共线,且 B 在 E、F' 之间,当且仅当 $AB \parallel CD$.

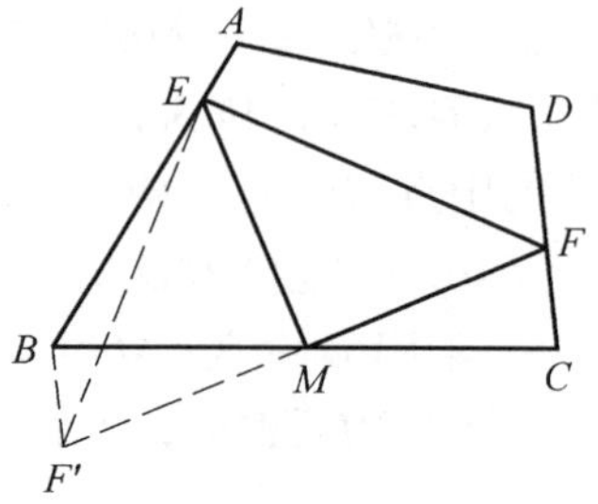

图 4.5

3.在△ABC 中,M 为 BC 的中点,$\angle BAC$ 的平分线与 BC 交于 D,过 A、M、D 三点的圆分别与 AB、AC 交于 E、F.求证:$BE = CF$.

证明　如图 4.6 所示,作中心反射变换 $C(M)$,则 $C \to B$.设 $F \to F'$,则

$$\angle MF'B = \angle MFC = \angle MEA$$

所以 B、F'、M、E 四点共圆,于是

$$\angle BEF' = \angle BMF' = \angle CMF = \angle DAC = \angle BAD = \angle BME = \angle BF'E$$

所以,$BE = BF'$.又 $BF' = CF$,故 $BE = CF$.

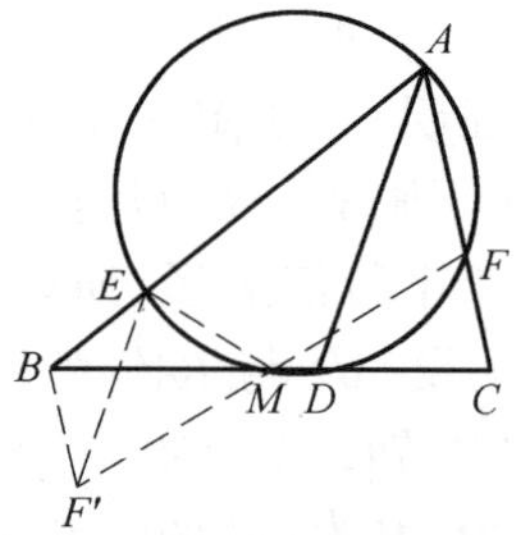

图 4.6

4.设圆 Γ_1 与 Γ_2 交于 A、B 两点.过点 A 作一直线分别交圆 Γ_1、Γ_2 于另一点 C、D,且 A 在 C、D 之间.M、N 分别是不含点 A 的 $\overset{\frown}{BC}$ 与 $\overset{\frown}{BD}$ 的中点,K 是线段 CD

的中点.求证:$MK \perp NK$.(第23届俄罗斯数学奥林匹克,1997;第20届伊朗数学奥林匹克,2002)

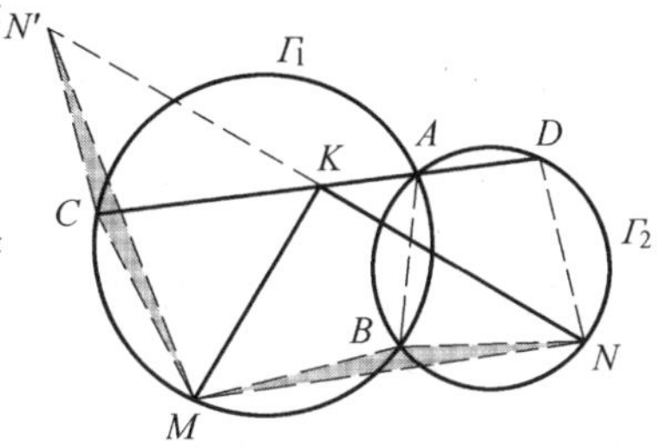

图4.7

证明　如图4.7所示,作中心反射变换 $C(K)$,则 $D \to C$.设 $N \to N'$,则

$$CN' = DN = BN$$

$$\angle KCN' = \angle KDN = 180^\circ - \angle NBA$$

$$\angle MCK = 180^\circ - \angle ABM$$

所以,$\angle MCN' = \angle MCK + \angle KCN' = \angle MBN$.又 $MC = MB$,因此,$\triangle MBN \cong \triangle MCN'$,于是 $MN' = MN$,而 K 为 $N'N$ 的中点,故 $MK \perp NK$.

5.在 $\triangle ABC$ 中,D 是 BC 的中点,E 是 AC 上的一点,BE 与 AD 交于 F.证明:若 $\frac{BF}{FE} = \frac{BC}{AB} + 1$,则直线 BE 平分 $\angle ABC$.(德国国家队选拔考试,2004)

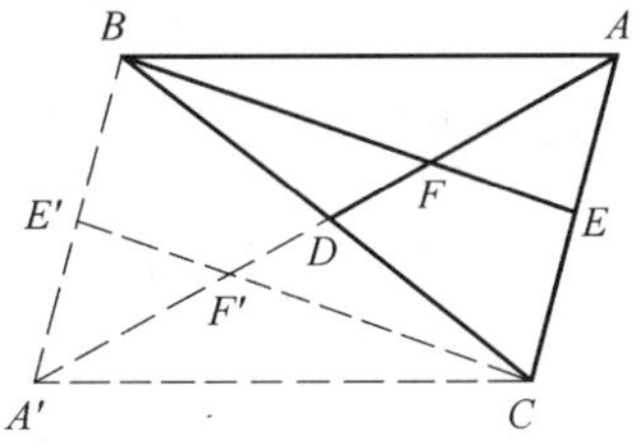

图4.8

证明　如图4.8所示,作中心反射变换 $C(D)$,则 $B \to C$,$C \to B$.设 $A \to A'$,$E \to E'$,$F \to F'$,则 $E'F'EF$,$A'B = AC$,$A'E' = AE$.所以,$\frac{BF}{FE} = \frac{BF}{E'F'} = \frac{A'B}{A'E'} = \frac{AC}{AE} = \frac{EC}{AE} + 1$.于是

$$\frac{BF}{FE} = \frac{BC}{AB} + 1 \Leftrightarrow \frac{EC}{AE} + 1 = \frac{BC}{AB} + 1 \Leftrightarrow \frac{EC}{AE} = \frac{BC}{AB} \Leftrightarrow BE \text{ 平分 } \angle ABC$$

6.在锐角 $\triangle ABC$ 的形外作两个面积相等的矩形 $BCKL$、$ACPQ$.证明:$\triangle ABC$ 的外心与顶点 C 的连线通过线段 PK 的中点.(第53届波兰数学奥林匹克,2002)

证明　如图4.9所示,注意矩形 $BCKL$ 与 $ACPQ$ 的面积相等等价于 $AC \cdot CP = BC \cdot CK$.设 $\triangle ABC$ 的外心为 O,PK 的中点为 M.作中心反射变换 $C(M)$,设 $C \to C'$,则 $KC' \underline{\parallel} CP$,于是由 $AC \cdot CP = BC \cdot CK$,有 $\frac{CK}{KC'} = \frac{CK}{CP} = \frac{AC}{BC}$.又因 $\angle PCA = \angle BCK = 90^\circ$,所以

$$\angle C'KC = 180^\circ - \angle KCP = \angle BCA$$

从而 $\triangle CC'K \backsim \triangle ABC$,所以 $\angle KCC' = \angle BAC$.

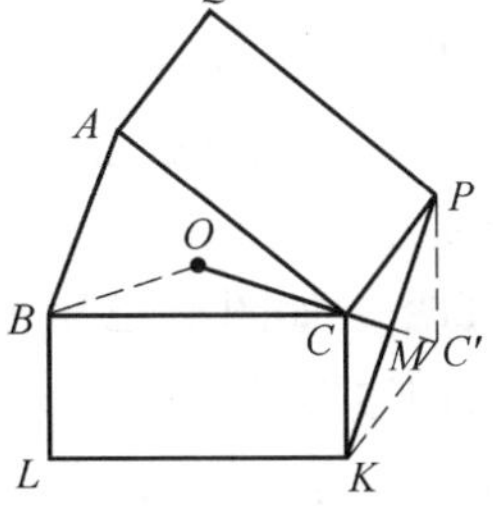

图4.9

另一方面,由 O 为 $\triangle ABC$ 的外心易知 $\angle OCB = 90^\circ - \angle BAC$,因此

$$\angle OCB + \angle BCK + \angle KCC' = 180°$$

所以 O、C、C' 三点共线，故 O、C、M 三点共线，也就是说，直线 OC 通过线段 PK 的中点.

7. 设 P 是 $\triangle ABC$ 内部一点，D 是边 BC 的中点，E、F 分别是边 CA、AB 上的点，且 $\angle PAB = \angle ACP$，$\angle BFP = \angle PEC = 90°$. 证明：$DE = DF$.（第4届澳大利亚数学奥林匹克，1983）

证明 如图 4.10 所示，作中心反射变换 $C(D)$，则 $C \to B$，设 $E \to E'$，则 $BE'EC$. 显然，P、E、A、F 四点共圆，所以 $\angle E'BF = 180° - \angle BAC = \angle EPF$.

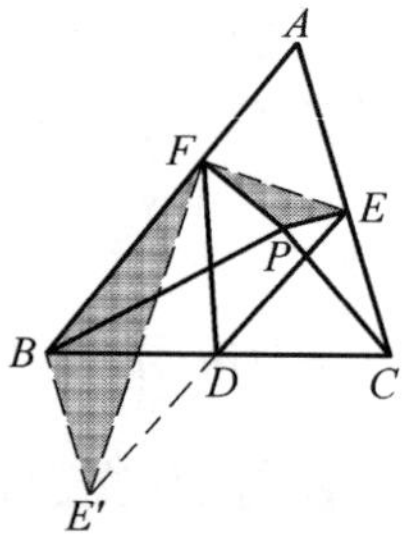

图 4.10

另一方面，由 $\triangle PBF \backsim \triangle PCE$ 知 $\frac{BF}{CE} = \frac{PF}{PE}$，所以 $\frac{BF}{BE'} = \frac{BF}{CE} = \frac{PF}{PE}$，因此 $\triangle BE'F \backsim \triangle PEF$，从而 $\angle BFE' = \angle PFE$，于是 $\angle E'FE = \angle BFP = 90°$，这说明 $\triangle EFE'$ 是以 F 为直角顶点的直角三角形. 而 D 为其斜边 EE' 的中点，故 $DE = DF$.

8. 圆内接凸四边形 $ABCD$ 的两对角线交于点 P，边 AB 和 CD 的中点分别为 M、N，K、L 分别为边 BC 和 DA 上的点，且 $PK \perp BC$，$PL \perp DA$. 证明：$KL \perp MN$.（第46届保加利亚（春季）数学竞赛，1997）

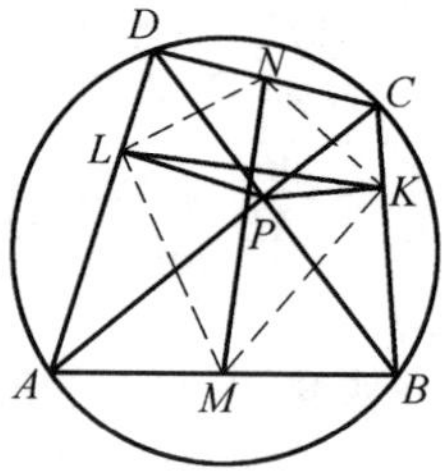

图 4.11

证明 如图 4.11 所示，显然，$\angle PAL = \angle PBK$，$\angle PLA = \angle PKB = 90°$，而 M 为 AB 的中点，由上题，$ML = MK$. 同理，$NL = NK$. 因而 MN 为 KL 的垂直平分线. 故 $KL \perp MN$.

9. 设 D 是 $\triangle ABC$ 的边 BC 所在直线上一点，B 在 C、D 之间，且 $DB = AB$，M 是边 AC 的中点，$\angle ABC$ 的平分线与直线 DM 交于点 P. 求证：$\angle BAP = \angle ACB$.

证明 如图4.12所示，作中心反射变换 $C(M)$，设 $D \to D'$，则 $ADCD'$ 是一个平行四边形. 因 $AB = DB$，BP 是 $\angle ABD$ 的外角平分线，所以 $BP \parallel AD$.

再设直线 BP 与 AD' 交于 E，则有 $\frac{BP}{PE} = \frac{BD}{ED'}$，显然，$ED' = BC$，所以 $\frac{BP}{PE} =$

$\frac{BD}{BC}$,从而$\frac{BP}{BE}=\frac{BD}{CD}$.但$BE=DA$,$DB=AB$,于是$\frac{BP}{DA}=\frac{AB}{CD}$.又$\angle PBA=\angle CBP=\angle CDA$,因此,$\triangle PBA\backsim\triangle ADC$.故$\angle BAP=\angle ACB$.

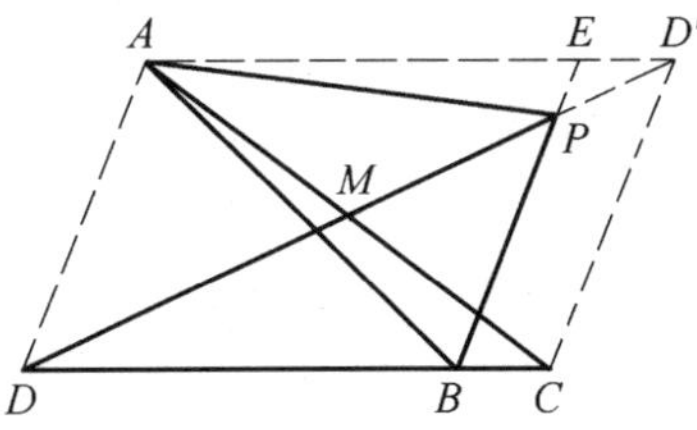

图 4.12

10.在$\triangle ABC$中,M为BC的中点,$\angle BAC$的外角平分线交直线BC于D.$\triangle ADM$的外接圆分别与直线AB、AC再次交于E、F,N为EF的中点.求证:$MN\parallel AD$.

证明　如图4.13所示,作中心反射变换$C(M)$,则$C\to B$,设$F\to K$,则

$$KB\parallel AF$$

$$\angle BKM=\angle CFM=\angle AFM=\angle BEM$$

所以E、M、B、K四点共圆,这样

$$\angle KEB=\angle KMB=\angle FMD=\angle FAD$$

又AD为$\angle EAC$的外角平分线,所以,$\angle FAD=180^\circ-\angle EAD$,于是$\angle AEK=180^\circ-\angle KEB=\angle EAD$,因此$KE\parallel AD$,再注意$M$、$N$分别为$KF$与$EF$的中点,所以$MN\parallel KE$,故$MN\parallel AD$.

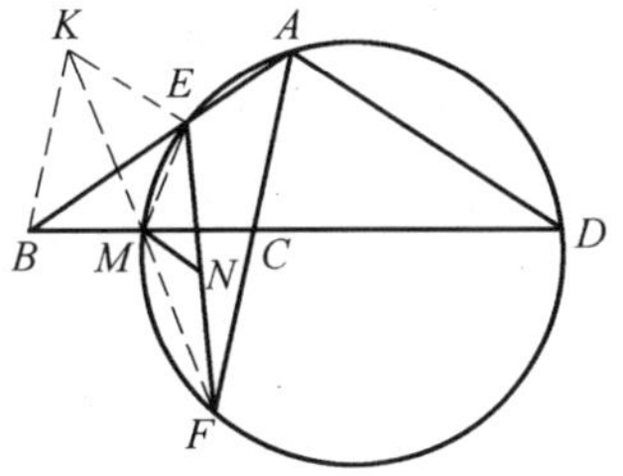

图 4.13

11.过$\triangle ABC$的顶点C的圆Γ的一条切线为AB,切点为B,圆Γ与AC及过顶点C的中线的另一个交点分别为D和E.证明:如果圆Γ在C、E两点的切线交于直线BD上,则$\angle ABC=90^\circ$.(第50届保加利亚(冬季)数学竞赛,2001)

证明　如图4.14所示,设F是圆Γ在点C和点E处的两条切线的交点,M是AB的中点,G是CM与BD的交点.作中心反射变换$C(M)$,则$A\to B$.设$C\to C'$,则$C'B \mathrel{\underline{\parallel}} AC$,所以$\frac{CD}{CA}=\frac{CD}{BC'}=\frac{GD}{GB}$.

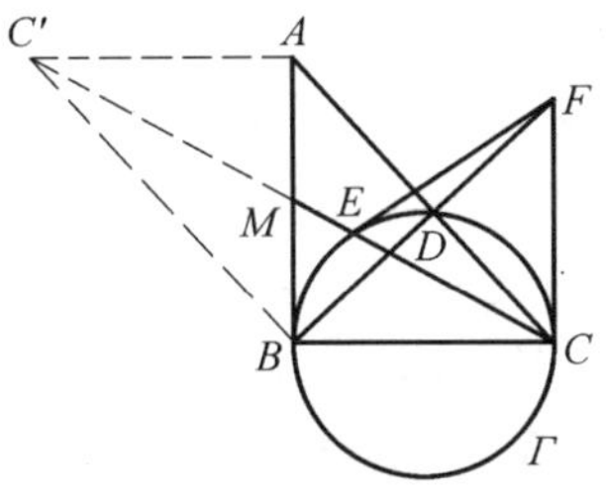

图 4.14

另一方面,由$\triangle FBE\backsim\triangle FED$和$\triangle FBC\backsim\triangle FCD$,有

$$\frac{FB}{FE}=\frac{BE}{ED},\frac{FB}{FC}=\frac{BC}{CD}$$

进而由$FC^2=FE^2=FB\cdot FD$得$\frac{FD}{FB}=\frac{CD\cdot ED}{CB\cdot EB}=\frac{S_{\triangle CED}}{S_{\triangle CEB}}=\frac{GD}{GB}$.这样便有

$\frac{FD}{FB}=\frac{CD}{CA}$,于是 $FC \parallel AB$.但 FC 与 AB 是圆 Γ 的弦 BC 两端的切线,因而 AB 与 FC 皆垂直于 BC,故 $\angle ABC=90°$.

12.在平面上有四条直线,其中任意三条直线都不共点.已知其中一条直线平行于其他三条直线所组成的三角形的一条中线.证明:其他三条直线也有同样的性质.(德国数学奥林匹克,1996)

证明 如图 4.15 所示,设四条直线 a、b、c、d 两两交于 A、B、C、D、E、F,AM 是 $\triangle ABC$ 的一条中线,且 $d \parallel AM$.AN 为 $\triangle AEF$ 的一条中线.作中心反射变换 $C(M)$,则 $C \to B$.设 $A \to A'$,则 $BA' \parallel AC$,且 BM 为 $\triangle BA'A$ 的一条中线.因 $BA' \parallel AE$,$A'A \parallel EF$,F、A、B 在一条直线上,所以,$\triangle BA'A$ 与 $\triangle AEF$ 的对应中线平行,故直线 a 平行于 $\triangle AEF$ 的一条中线 AN.同理,直线 b 平行于 $\triangle DFB$ 的过 D 点的中线,直线 c 平行于 $\triangle DCE$ 的过 D 点的中线.

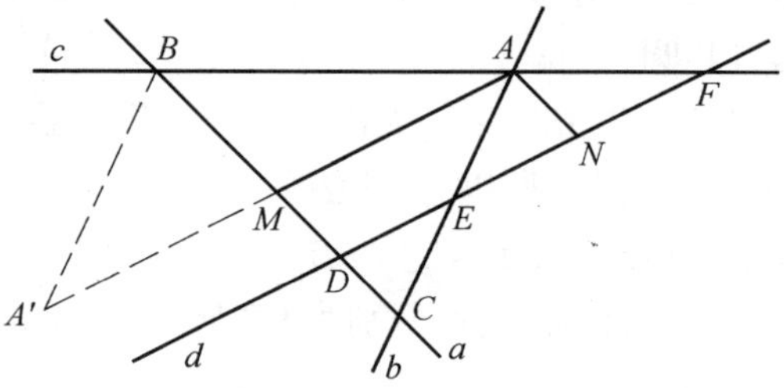

图 4.15

13.利用中心反射变换证明第 1 章定理 1.4.15.

定理 1.4.15 若两个三角形镜像合同,则其对应顶点的连线段的中点在一直线上.

证明 如图 4.16 所示,设 $\triangle A'B'C'$ 与 $\triangle ABC$ 镜像合同,L、M、N 分别为 AA'、BB'、CC' 的中点.直线 AB、$A'B'$、AC、$A'C'$ 与直线 LM 分别交于 D、D'、E、E',由例 4.1.4,$\angle ADL=\angle LD'A'$.而 $\angle B'A'C'=\angle CAB$,所以 $\angle AEL=\angle LE'A'$.再对四边形 $CAA'C'$ 应用例 4.1.4 即知 N 也在直线 LM 上.换句话说,L、M、N 三点共线.

另证 如图 4.17 所示,显然,$B\xrightarrow{C(M)}B'$,$C\xrightarrow{C(N)}C'$.设 $A\xrightarrow{C(M)}A_1$,$A\xrightarrow{C(N)}A_2$,则 $B'A_1 \parallel AB$,$A_1B'=A'B'$,$A_2C'=A'C'$,$A_2C' \parallel A'C'$,$\measuredangle A_1B'B=\measuredangle ABB'$,$\measuredangle CC'A_2=\measuredangle C'CA$.

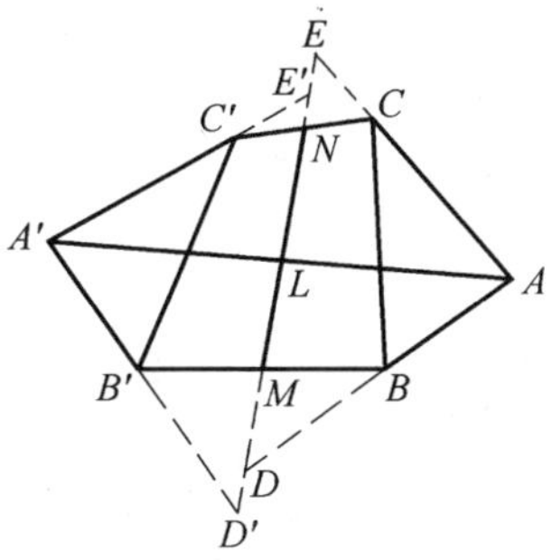

图 4.16

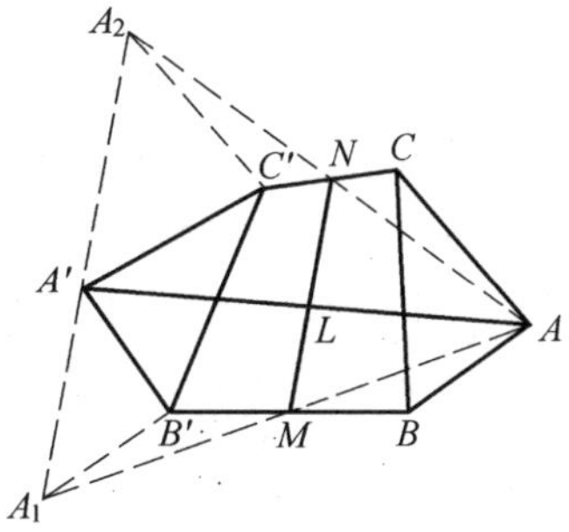

图 4.17

另一方面,由于 $\triangle ABC$ 与 $\triangle A'B'C'$ 镜像合同,所以 $\measuredangle C'B'A' = \measuredangle ABC$, $\measuredangle A'C'B' = \measuredangle BCA$, $\measuredangle B'A'C' = \measuredangle CAB$.于是

$$\measuredangle A'B'A_1 = -\measuredangle A_1B'B - \measuredangle BB'C' - \measuredangle C'B'A' =$$
$$-\measuredangle ABB' - \measuredangle BB'C' - \measuredangle ABC = \measuredangle 2ABC - \measuredangle BB'C' - \measuredangle CBB'$$

同理, $\measuredangle A_2C'A' = -2\measuredangle BCA - \measuredangle B'C'C - \measuredangle C'CB$.而

$$\measuredangle BB'C' + \measuredangle B'C'C + \measuredangle C'CB + \measuredangle CBB' = 0$$

所以 $\measuredangle A'B'A_1 + \measuredangle A_2C'A' = -2(\measuredangle ABC + \measuredangle BCA) = 2\measuredangle CAB$.又由 $A_1B' = A'B'$, $A_2C' = A'C'$,有

$$\measuredangle A_1A'B' = 90° - \frac{1}{2}\measuredangle A'B'A_1,\ \measuredangle C'A'A_2 = 90° - \frac{1}{2}\measuredangle A_2C'A'$$

于是, $\measuredangle A_1A'B' + \measuredangle C'A'A_2 = -\measuredangle CAB$,从而

$$\measuredangle A_1A'B' + \measuredangle B'A'C' + \measuredangle C'A'A_2 = \measuredangle CAB - \measuredangle CAB = 0$$

因此,A_1、A'、A_2 三点共线.又 L、M、N 分别为 AA_1、AA'、AA_2 的中点,故 L、M、N 三点共线.

14.已知平行四边形 $ABCD$ 与点 P,分别过顶点 A、B、C、D 作直线 PC、PD、PA、PB 的平行线.求证:所作四条直线交于一点.

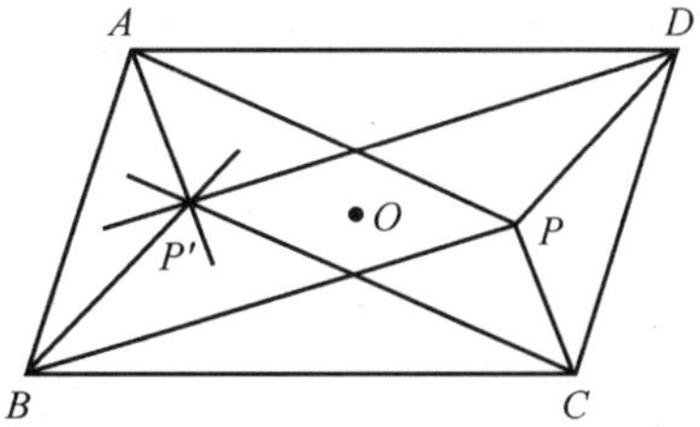

图 4.18

证明 如图 4.18 所示,设平行四边形 $ABCD$ 的中心为 O,作中心反射变换 $C(O)$,则 $A\to C$, $C\to A$, $B\to D$, $D\to B$,所以,过点 A 且平行于 PC 的直线即直线 PC 的像,过点 B 且平行于 PD 的直线即直线 PD 的像,过点 C 且平行于 PA 的直线即直线 PA 的像,过点 D 且平行于 PB 的直线即直线 PB 的像.于是,设 $P\to P'$,则所作四条直线交于点 P'.

15. 设 E、F 分别为 $\triangle ABC$ 的边 AC、AB 上的点，且 $CE = BF$，再设 BE 与 CF 交于点 P，过点 P 作直线平行于 $\angle BAC$ 的平分线，且与直线 AC 交于 K. 证明：$CK = AB$.（哈萨克斯坦数学奥林匹克，2006）

证明 如图 4.19 所示，设 M 为 BC 的中点，作中心反射变换 $C(M)$，设 $A \to A'$，则 $ABA'C$ 是一个平行四边形. 于是，设直线 $A'B$ 与 CF 交于 Q，则

$$\frac{QP}{PC} = \frac{QB}{CE} = \frac{QB}{BF} = \frac{QA'}{CA'}$$

所以，$A'P$ 平分 $\angle CA'B$，因此，设 $\angle BAC$ 的平分线为 AD，则 $A'P \parallel AD$，但 $KP \parallel AD$，所以，K、P、A' 在一直线上，于是，$\angle CA'K = \angle BAD = \angle DAC = \angle A'KC$. 故

$$CK = CA' = AB$$

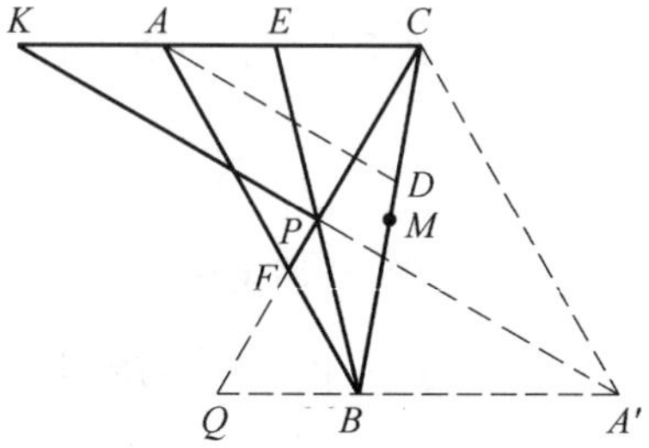

图 4.19

16. 在 $\triangle ABC$ 中，D、E、F 分别是其三个旁切圆与边 BC、CA、AB 的切点，过 D、E、F 分别作所在边的垂线. 求证：这三条垂线交于一点 P，且 O 为 PI 的中点. 其中 O、I 分别为 $\triangle ABC$ 的外心和内心.

证明 如图 4.20 所示，设 L、M、N 分别为 $\triangle ABC$ 的边 BC、CA、AB 的中点，X、Y、Z 分别为 $\triangle ABC$ 的内切圆与边 BC、CA、AB 的切点，则 D、X 关于点 L 对称，E、Y 关于点 M 对称，F、Z 关于点 N 对称. 因 $IX \perp BC$，$IY \perp CA$，$IZ \perp AB$，$OL \perp BC$，$OM \perp CA$，$ON \perp AB$，于是，作中心反射变换 $C(O)$，则直线 IX、IY、IZ 的像直线即分别过点 D、E、F 所作 BC、CA、AB 的垂线. 设 $I \xrightarrow{C(O)} P$，因直线 IX、IY、IZ 共点 I，所以，它们的像直线共点于 P，即分别过点 D、E、F 所作 BC、CA、AB 的垂线交于点 P. 再由 $I \xrightarrow{C(O)} P$ 即知，点 O 为 PI 的中点.

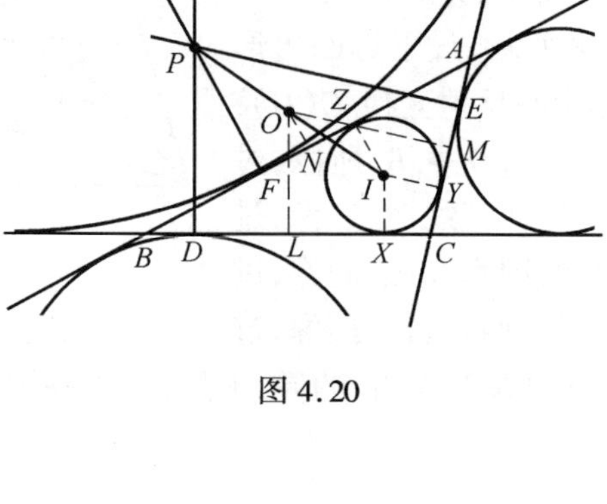

图 4.20

17. 设 $A_1A_2A_3A_4$ 为 $\odot O$ 的内接四边形, H_1、H_2、H_3、H_4 依次为 $\triangle A_2A_3A_4$、$\triangle A_3A_4A_1$、$\triangle A_4A_1A_2$、$\triangle A_1A_2A_3$ 的垂心. 求证: H_1、H_2、H_3、H_4 四点在同一个圆上. 并确定该圆圆心的位置. (全国高中数学联赛, 1992)

证明 如图 4.21 所示, 过圆心 O 作 A_3A_4 的垂线, 垂足为 M, 则由第 3 章例 3.5.5 有 $A_2H_1 = 2OM$, $A_1H_2 = 2OM$; 又显然有 $A_2H_1 \parallel A_1H_2$, 所以, $A_1A_2H_1H_2$ 是一个平行四边形, 从而 A_1H_1 与 A_2H_2 相互平分. 同理, A_2H_2 与 A_3H_3 互相平分, A_3H_3 与 A_4H_4 互相平分. 所以, A_1H_1、A_2H_2、A_3H_3、A_4H_4 四线共点 —— 设为 P, 则 P 为这四条线段的共同的中点. 于是, 作中心反射变换 $C(P)$, 则 $A_i \to H_i$, $i = 1,2,3,4$. 而 A_1、A_2、A_3、A_4 四点在同一个圆上, 所以, H_1、H_2、H_3、H_4 四点在同一个圆上, 且点 O 关于点 P 的对称点 O' 为这个圆的圆心.

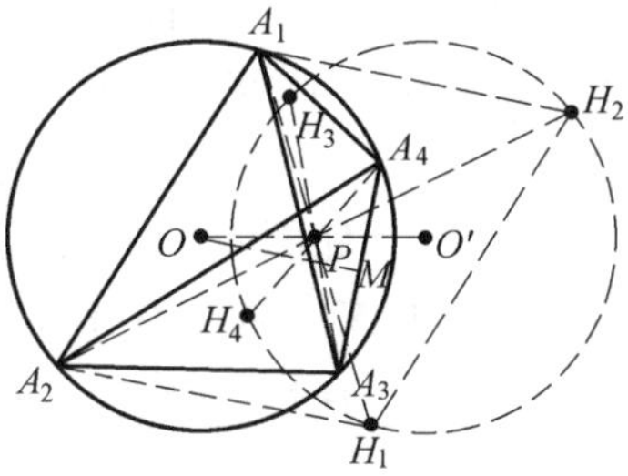

图 4.21

18. 设 P 为正 $\triangle ABC$ 内部一点, 且 $PA^2 = PB^2 + PC^2$. 求 $\angle BPC$ 的大小.

解 如图 4.22 所示, 作旋转变换 $R(C, 60°)$, 则 $A \to B$. 设 $P \to P'$, 则 $P'B = PA$, $\triangle CPP'$ 是一个正三角形, 所以, $P'P = PC$, $\angle P'PC = 60°$. 于是

$$PA^2 = PB^2 + PC^2 \Leftrightarrow P'B^2 = PB2 + P'P^2 \Leftrightarrow$$
$$\angle BPP' = 90° \Leftrightarrow \angle BPC = 150°$$

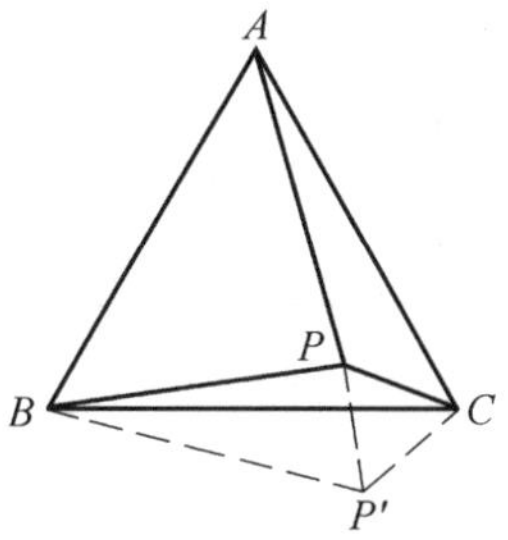

图 4.22

19. 设 P 为正 $\triangle ABC$ 所在平面上一点, P 在 $\triangle ABC$ 的三条高 AD、BE、CF 上的射影分别为 L、M、N. 求证: $AL + BM + CN$ 与点 P 的位置无关. (贵州省数学竞赛, 1979)

证明 如图 4.23 所示, 设 O 为 $\triangle ABC$ 的中心, 则 AD、BE、CF 共点于 O. 不失一般性, 设 L、M、N 分别在线段 OD、OF、OB 上. 显然, L、M、N 皆在以 OP 为直径的圆上, 所以, $\angle MNL = \angle MOL = 60°$, $\angle LMN = \angle LPN = 60°$, 因而 $\triangle LMN$ 是一个正三角形, 而点 O 在 $\triangle LMN$ 的外接圆的 $\overset{\frown}{LN}$ 上, 由例 4.3.1, $OM = ON + OL$. 又 $OA = OB = OC$, 于是

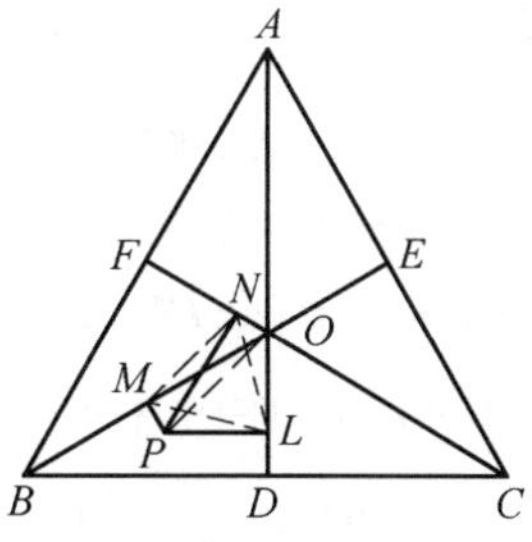

图 4.23

$$AL + BM + CN = (AO + OL) + (BO - OM) + (CO + ON) = 3OA$$

是一个与点 P 的位置无关的常数.

20. 圆内三弦 A_1A_2、B_1B_2、C_1C_2 交于一点 P,且三弦两两之间的交角皆为 $60°$. 求证:$PA_1 + PB_1 + PC_1 = PA_2 + PB_2 + PC_2$.(第15届俄罗斯数学奥林匹克,1989)

证明 如图4.24所示,设 O 为 $\triangle ABC$ 的中心,L、M、N 分别为弦 A_1A_2、B_1B_2、C_1C_2 的中点,则 $OL \perp A_1A_2$,$OM \perp B_1B_2$,$ON \perp C_1C_2$,所以,L、M、N 皆在以 OP 为直径的圆上. 不失一般性,设 L、M、N 分别位于线段 PA_2、PB_1、PC_1 上,则

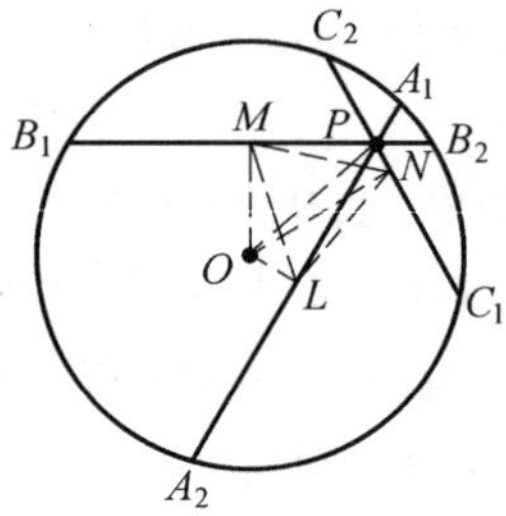

图 4.24

$$PL = LA_1 - PA_1 = LA_2 - PA_1 = (PA_2 - PL) - PA_1$$

所以,$PL = \frac{1}{2}(PA_2 - PA_1)$. 同理

$$PM = \frac{1}{2}(PB_1 - PB_2),\ PN = \frac{1}{2}(PC_1 - PC_2)$$

另一方面,因 $\angle LMN = \angle LPN = 60°$,$\angle MNL = \angle MPL = 60°$,所以 $\triangle LMN$ 是一个正三角形,且点 P 位于 $\triangle LMN$ 的外接圆的 $\overset{\frown}{MN}$ 上,由例4.3.1,$PL = PM + PN$. 于是 $\frac{1}{2}(PA_2 - PA_1) = \frac{1}{2}(PB_1 - PB_2) + \frac{1}{2}(PC_1 - PC_2)$. 整理即得

$$PA_1 + PB_1 + PC_1 = PA_2 + PB_2 + PC_2$$

21. 设 P 是正 $\triangle ABC$ 的外接圆的 $\overset{\frown}{BC}$(不含点 A)上的一点,AB 和 CP 的延长线交于 E,AC 和 BP 的延长线交于 F. 求证:线段 BE 与 CF 的乘积与点 P 的选择无关.(第21届俄罗斯数学奥林匹克,1995)

证明 如图4.25所示,作旋转变换 $R(A, 60°)$,则 $B \to C$. 设 $P \to P'$,则 $CP' = BP$,$\triangle APP'$ 是一个正三角形. 而 $\angle CPA = \angle CBA = 60°$,所以 P' 在 PC 的延长线上. 因 $\angle AP'C = 60° = \angle FPC$,所以 $AP' /\!/ DF$,从而 $\frac{CP'}{CD} = \frac{AC}{CF}$,即 $\frac{BD}{CD} = \frac{BC}{CF}$. 同理,$\frac{CD}{BD} = \frac{BC}{BE}$. 两式相乘即得

$$BE \cdot CF = BC^2$$

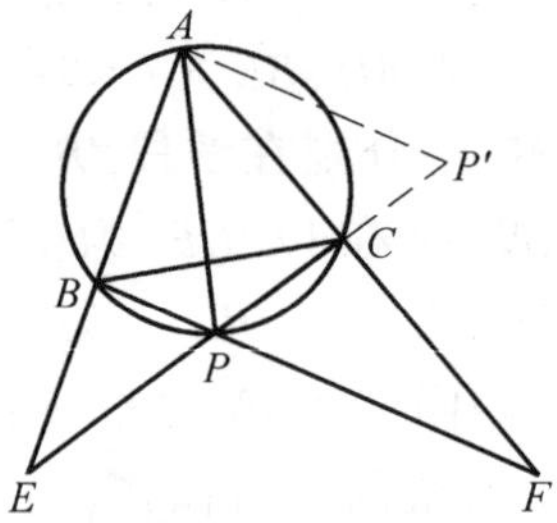

图 4.25

这是一个与点 P 的选择无关的定值.

22. 三个等圆交于一点 P,且三个圆心是一个正三角形的三个顶点.过点 P 任作一条直线分别与三圆交于另一点 A、B、C.求证:PA、PB、PC 三条线段中,有一条线段等于另两条线段之和.

证明 如图 4.26 所示,设 $\odot O_1$、$\odot O_2$、$\odot O_3$ 是三个等圆,它们交于一点 P,且 $\triangle O_1O_2O_3$ 是一个正三角形,过 P 点的一条直线分别与 $\odot O_1$、$\odot O_2$、$\odot O_3$ 交于另一点 A、B、C.不妨设 A、B 两点在点 P 的同一侧,而点 C 在点 P 的另一侧.显然,点 P 是正 $\triangle O_1O_2O_3$ 的中心.作旋转变换 $R(P,120°)$,则 $\odot O_1\to\odot O_2\to\odot O_3$.设 $A\to A'\to A''$,$B\to B'$,则 A' 在 $\odot O_2$ 上,A、B' 均在 $\odot O_3$ 上,P、A'、B' 三点共线,$\angle BPB'=\angle B'PA''=120°$,$PA''=PA'=PA$,$PB'=PB$.

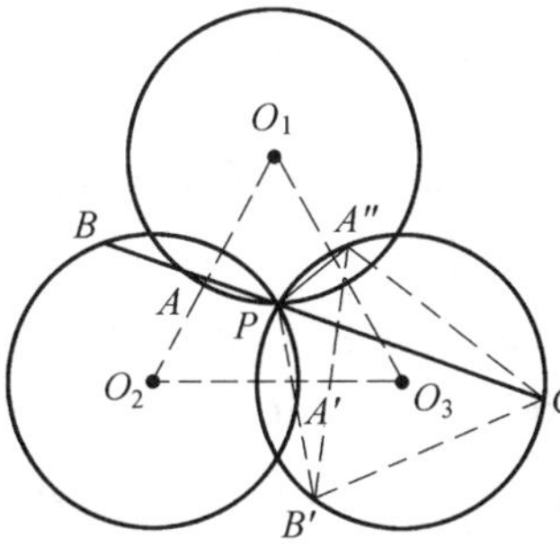

图 4.26

另一方面,由 $\angle BPB'=\angle B'PA''=120°$ 可知

$$\angle B'A''C=\angle B'PC=180°-\angle BPB'=60°$$

$$\angle A''CB'=180°-\angle BPA=60°$$

这说明 $\triangle A''B'C$ 是一个正三角形.而 P 在 $\triangle A''B'C$ 的外接圆的 $\overset{\frown}{A''B'}$ 上,由例 4.3.1,$PC=PA''+PB'$.但 $PA''=PA$,$PB'=PB$,故 $PC=PA+PB$.

23. 设 $\triangle ABC$ 是一个正三角形,P 是其内部满足条件 $\angle BPC=120°$ 的一个动点.延长 CP 交 AB 于 M,延长 BP 交 AC 于 N.求 $\triangle AMN$ 的外心的轨迹.(第 17 届拉丁美洲数学奥林匹克,2002).

解 如图 4.27 所示,设 $\triangle AMN$ 的外心为 O,$\triangle ABC$ 的中心为 Q,分别过点 B、C 作 BC 的垂线交 AQ 的垂直平分线于 E、F,易知,当 $P\to B$ 时,$O\to E$.当 $P\to C$ 时,$O\to F$.

下面证明:当 P 在 $\triangle ABC$ 内变动时,点 O 的轨迹是线段 EF(不包括端点).

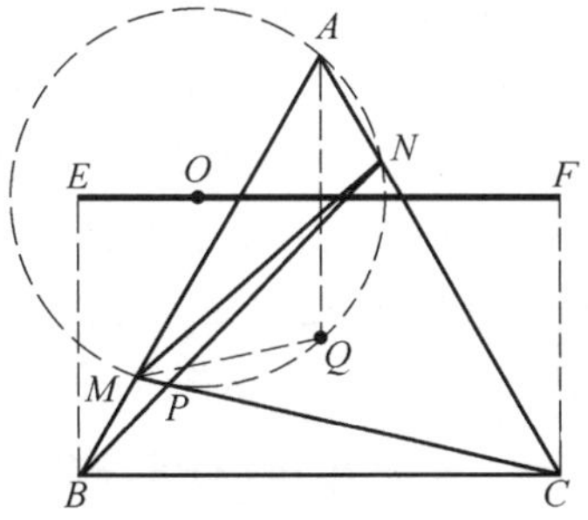

图 4.27

事实上,设点 P 满足条件,作旋转变换 $R(Q,120°)$,则 $A\to B$,$B\to C$,$C\to A$.因 $\angle BPC=120°$,所以,$N\to M$.注意 $\angle BAC=60°$,因此,P、Q 都在 $\triangle AMN$ 的外接圆上,所以,$\triangle AMN$ 的外心 O 在 AQ 的垂直平

分线 EF 上.

反之,设 $\triangle AMN$ 的外心 O 在线段 EF 上,以 O 为圆心、OA 为半径作圆分别交 AB、AC 于 M、N. 由于 AQ 平分 $\angle BAC$,所以,$GN = GM$. 从而在旋转变换 $R(Q,120°)$ 下,$N \to M$. 但 $B \to C$,所以,$BN \to CM$. 故设 BN 与 CM 的交点为 P,则显然点 P 在 $\triangle ABC$ 内,且 $\angle BPC = 120°$. 即点 P 满足条件.

综上所述,点 P 的轨迹为线段 EF(不包括端点).

24. 求有一个锐角为 30° 的直角三角形的 Fermat 点到三角形的三个顶点的距离之比.

解 如图 4.28 所示,设 $\triangle ABC$ 中,$\angle BAC = 30°$,$\angle CBA = 60°$,P 是 $\triangle ABC$ 的 Fermat 点. 作旋转变换 $R(C,60°)$,设 $P \to P'$,则 $\triangle CPP$ 是一个正三角形,所以,A、P、P' 三点共线,且 $\angle CPA = 60° = \angle CBA$,因而点 P' 在 $\triangle ABC$ 的外接圆上,这说明 $BP' \perp P'P$. 但 $\angle BPP' = 60°$,因此,$PB = 2P'P = 2PC$.

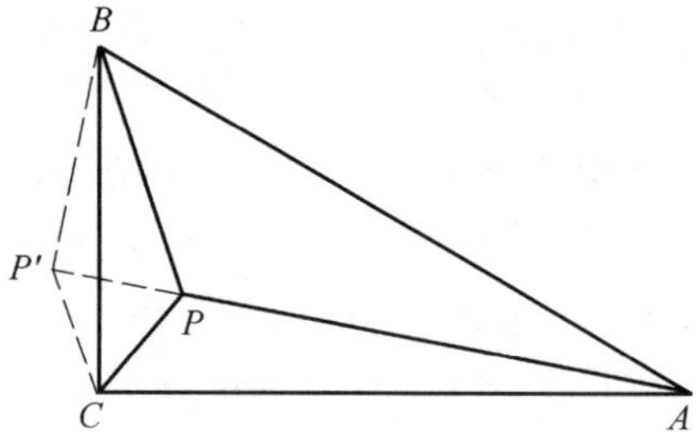

图 4.28

另一方面,因 P' 在 $\triangle ABC$ 的外接圆上,所以 $\angle P'BC = \angle P'AC$. 又 $\angle P'BP = 30° = \angle BAC$,因此,$\angle CBP = \angle BAP$. 再注意 $\angle BPC = \angle APB\ (= 120°)$ 即知,$\triangle BPC \backsim \triangle APB$,而 $PB = 2PC$,于是,$PA = 2PB$. 故

$$PA : PB : PC = 4 : 2 : 1$$

25. 以正方形 $ABCD$ 的顶点 D 为圆心、边长为半径在正方形内作圆弧 $\overset{\frown}{AC}$,再以 BC 为直径在正方形内作半圆与 $\overset{\frown}{AC}$ 交于点 P. 求证:$PC = 2PB = \sqrt{2}PA$.

证明 如图 4.29 所示,由条件可知,$\angle BPC = 90°$,$\angle CPA = 135°$,所以,$\angle APB = 135°$. 作旋转变换 $R(B,90°)$,则 $C \to A$. 设 $P \to P'$,则 $P'BPB$,$P'A = PC$,$\angle AP'B = \angle CPB = 90°$,所以,$\angle P'BP = \angle BP'P = 45°$,$\angle PP'A = 45°$. 又 $\angle APB = 135°$,因此 $\angle APP' = 90°$,于是

$$PA = P'P = \sqrt{2}PB, PC = P'A = \sqrt{2}PA$$

故 $PC = 2PB = \sqrt{2}PA$.

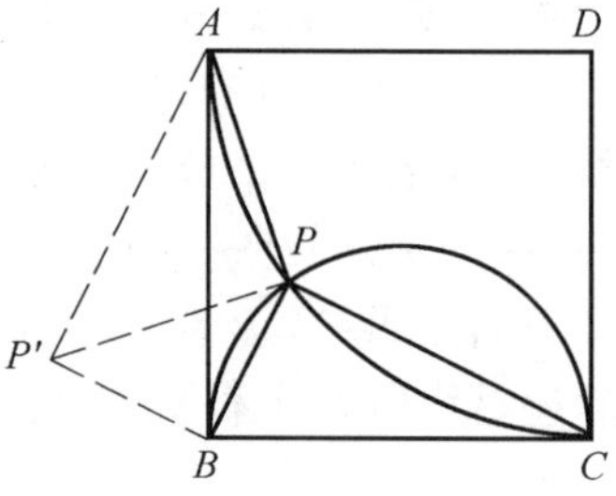

图 4.29

26. 证明:在正方形 $ABCD$ 内存在唯一的一点 P,满足条件

(1) $PA < PB$;

(2) PA、PB、PC 成等差数列;

(3) PB、PD、PC 成等比数列.

证明 设点 P 存在, $PA = a$, $PB = b$, $PC = c$, $PD = d$. 过点 P 作正方形 $ABCD$ 的边的平行线,由勾股定理易知 $a^2 + c^2 = b^2 + d^2$. 又由条件(2)、(3)知, $a + c = 2b$, $d^2 = bc$, 于是 $a^2 + (2b - a)^2 = b^2 + b(2b - a)$, 所以 $(a - b)(2a - b) = 0$. 由条件(1), $a < b$, 因而有 $b = 2a$, $c = 3a$, $d = \sqrt{6}a$.

如图4.30所示,作旋转变换 $R(B, 90°)$, 则 $C \to A$. 设 $P \to P'$, 则 $P'B \perp PB$, $P'B = PB = 2a$, $P'A = PC = 3a$, $P'P = \sqrt{2}PB = 2\sqrt{2}a$, 所以, $P'P^2 + PA^2 = P'A^2$, 从而 $\angle APP' = 90°$, 于是

$$\angle APB = \angle APP' + \angle P'PB = 90° + 45° = 135°$$

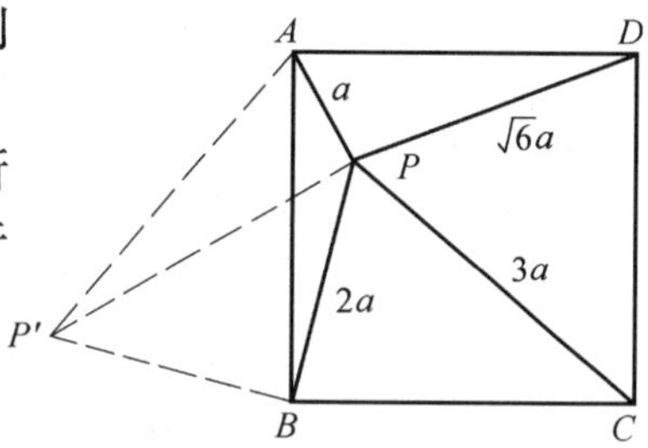

图 4.30

再设正方形的边长 $AB = x$, 则由余弦定理可得 $x^2 = (5 + 2\sqrt{2})a^2$. 故

$$a = (\sqrt{5 + 2\sqrt{2}})^{-1}x$$

从而 $\triangle PAB$ 是完全确定的. 换句话说,满足条件的点 P 是唯一存在的.

27. 设 P 为正方形 $A_1A_2A_3A_4$ 所在平面上的一点,由顶点 A_i 引 PA_{i-1} 的垂线($i = 1,2,3,4$, $A_0 = A_4$). 求证:所引四条垂线交于一点.

证明 如图 4.31 所示, 设正方形 $A_1A_2A_3A_4$ 的中心为 O, 作旋转变换 $R(O, 90°)$, 则 $A_{i-1} \to A_i$, 设 $P \to P'$, 则 $P'A_{i+1} \perp PA_i$, 所以, 直线 $P'A_{i+1}$ 即由点 A_i 引 PA_{i-1} 的垂线($i = 1,2,3,4$, $A_0 = A_4$), 故所引四条垂线交于点 P'.

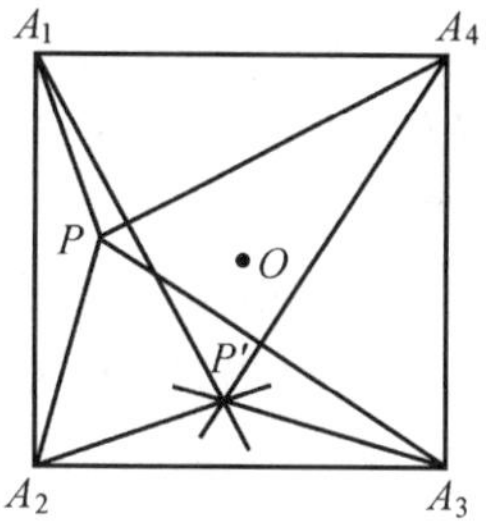

图 4.31

28. 设 E、F 分别为正方形 $ABCD$ 的边 BC、CD 上的点, M 为 AB 的中点, O 为正方形的中心. 求证: $AF \parallel ME$ 当且仅当 $\angle EOF = 45°$.

证明 如图4.32所示,设正方形 $ABCD$ 的中心为 O, 作旋转变换 $R(O, 90°)$, 则 $AB \to BC$, $CD \to DA$. 设 $M \to M'$, $F \to F'$, 则 M' 为 BC 的

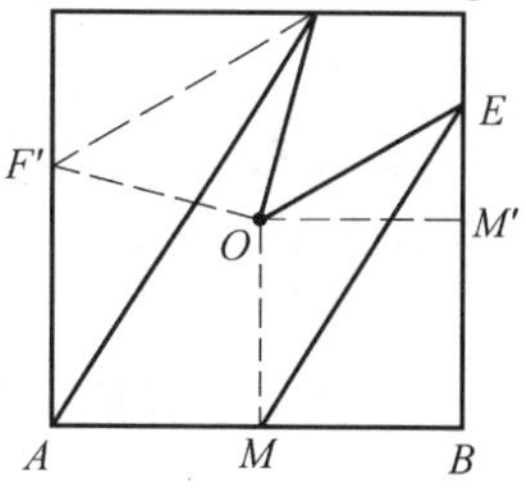

图 4.32

中点，$OM' = OM$，$OM' \parallel DF$，F' 在 DA 上，$AF' = DF$，$\angle F'FO = 45°$. 又 $DF \parallel MB$，$DA \parallel BE$，$DF \parallel EM'$，于是

$$AF \parallel ME \Leftrightarrow \triangle DAF \backsim \triangle BEM \Leftrightarrow \frac{DF}{MB} = \frac{AF}{ME} \Leftrightarrow \frac{AF'}{OM} = \frac{AF}{ME} \Leftrightarrow$$

$$\triangle AF'F \backsim \triangle MOE \Leftrightarrow \frac{AF'}{OM} = \frac{F'F}{OE} \Leftrightarrow \frac{DF}{OM'} = \frac{F'F}{OE} \Leftrightarrow$$

$$F'F \parallel OE \Leftrightarrow \angle EOF = 45°$$

29. 设 P 是正方形 $ABCD$ 的对角线 BD 上一点，点 P 在 BC、CD 上的射影分别为 E、F. 求证：$AP \perp EF$.

证明 如图 4.33 所示，设正方形 $ABCD$ 的中心为 O，作旋转变换 $R(O,90°)$，则 $B \to C$，$C \to D$，$D \to A$. 显然，$BE = EP = CF$，所以 $E \to F$. 再设 $F \to F'$，则 F' 在 DA 上，且 $AF' = DF$，$FF' \perp\!\!\!\!= EF$.

另一方面，显然，$AF' \parallel PF$. 又 $AF' = DF = EC = PF$，所以，四边形 $APFF'$ 是一个平行四边形，因而 $AP \mathrel{\underline{\parallel}} F'F$. 再注意 $F'F \mathrel{\underline{\perp}} EF$ 即知 $AP \mathrel{\underline{\perp}} EF$.

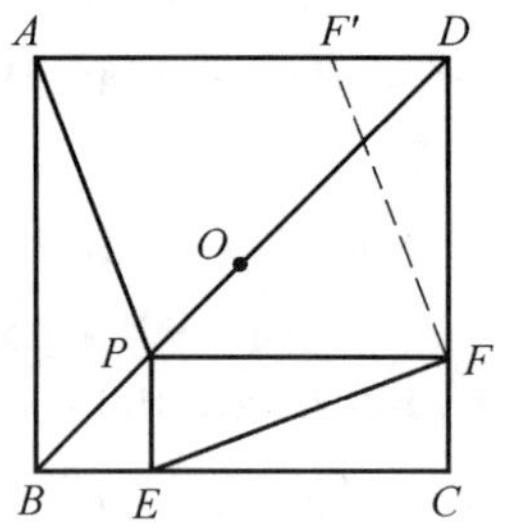

图 4.33

30. 设 E、F 分别是正方形 $ABCD$ 的边 AB、AD 上的点，且 $AE = AF$，点 P 在线段 ED 上，且 $\angle PCD = \angle PFA$. 求证：$AP \perp DE$.（第 18 届俄罗斯数学奥林匹克，1992）

证明 如图 4.34 所示，设正方形 $ABCD$ 的中心为 O，作旋转变换 $R(O,90°)$，则 $A \to B \to C \to D$. 设 $E \to E'$，则 E' 在 BC 上，$AE' \perp DE$，且 $BE' = AE = AF$，所以，$E'C = FD$，从而四边形 $FE'CD$ 为矩形，因此，F、E'、C、D 四点共圆. 于是，$\angle PCD = \angle PFA \Leftrightarrow F$、$P$、$C$、$D$ 四点共圆 $\Leftrightarrow F$、P、E'、C、D 五点共圆 $\Leftrightarrow P$、E'、C、D 四点共圆 $\Leftrightarrow \angle EPE' = \angle DCE' \Leftrightarrow \angle EPE' = 90° \Leftrightarrow$ 点 P 在直线 AE' 上 $\Leftrightarrow AP \perp DE$.

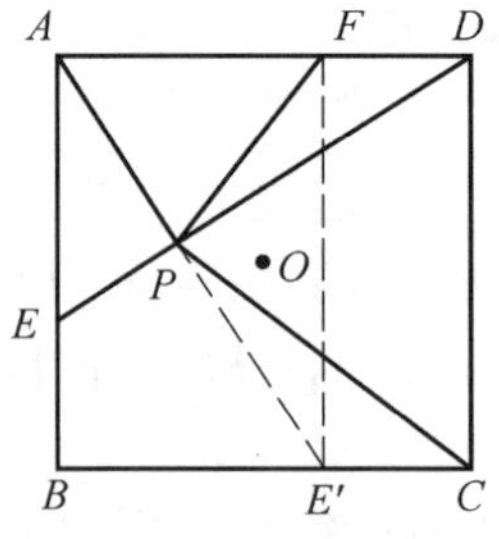

图 4.34

31. 设 P 是正方形 $ABCD$ 内部一点，$PA = a$，$PB = b$，$PC = c$，求正方形 $ABCD$ 的面积.

解 如图 4.35 所示，设 $PD = d$，则

$$d^2 = a^2 + c^2 - b^2$$

(见前面第 26 题证明).作旋转变换 $R(B, 90°)$,则 $C \to A$.设 $P \to P'$,则 $P'A = PC = c, P'B = PB = b, P'P = \sqrt{2}PB = \sqrt{2}b$.于是,令 $l_1 = \frac{1}{2}(\sqrt{2}a + b + c)$,则由 Heron 公式,有

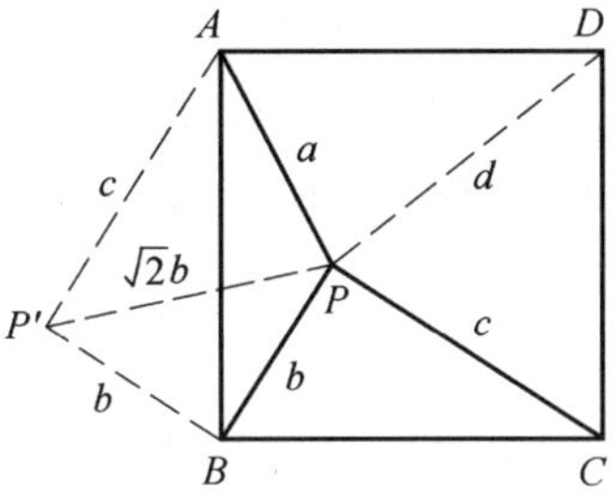

图 4.35

$$S_{\triangle PAB} + S_{\triangle PBC} = S_{\triangle PAB} + S_{\triangle P'BA} = S_{\triangle P'PB} + S_{\triangle AP'P} = \frac{1}{2}b^2 + \sqrt{l_1(l_1 - a)(l_1 - \sqrt{2}b)(l_1 - c)}$$

同理,令

$$l_2 = \frac{1}{2}(b + \sqrt{2}c + d), l_3 = \frac{1}{2}(a + c + \sqrt{2}d)$$

$$l_4 = \frac{1}{2}(\sqrt{2}a + b + d)$$

则

$$S_{\triangle PBC} + S_{\triangle PCD} = \frac{1}{2}c^2 + \sqrt{l_2(l_2 - b)(l_2 - \sqrt{2}c)(l_2 - d)}$$

$$S_{\triangle PCD} + S_{\triangle PDA} = \frac{1}{2}d^2 + \sqrt{l_3(l_3 - a)(l_3 - c)(l_3 - \sqrt{2}d)}$$

$$S_{\triangle PDA} + S_{\triangle PAB} = \frac{1}{2}a^2 + \sqrt{l_4(l_4 - \sqrt{2}a)(l_4 - b)(l_4 - d)}$$

四式相加,并注意 $d^2 = a^2 + c^2 - b^2$ 即得

$$S_{ABCD} = \frac{1}{2}(a^2 + c^2 + \triangle_1 + \triangle_2 + \triangle_3 + \triangle_4)$$

其中

$$\triangle_1 = \sqrt{l_1(l_1 - a)(l_1 - \sqrt{2}b)(l_1 - c)}, l_1 = \frac{1}{2}(\sqrt{2}a + b + c)$$

$$\triangle_2 = \sqrt{l_2(l_2 - b)(l_2 - \sqrt{2}c)(l_2 - d)}, l_2 = \frac{1}{2}(b + \sqrt{2}c + d)$$

$$\triangle_3 = \sqrt{l_3(l_3 - a)(l_3 - c)(l_3 - \sqrt{2}d)}, l_3 = \frac{1}{2}(a + c + \sqrt{2}d)$$

$$\triangle_4 = \sqrt{l_4(l_4 - \sqrt{2}a)(l_4 - b)(l_4 - d)}, l_4 = \frac{1}{2}(\sqrt{2}a + b + d)$$

$$d = \sqrt{a^2 + c^2 - b^2}$$

32.设 D 是等腰直角 $\triangle ABC$ 的斜边 BC 上的任意一点.求证:$BD^2 + DC^2 = 2AD^2$.

证明　如图 4.36 所示,作旋转变换 $R(B,90°)$,则 $B \to C$.设 $D \to D'$,则 $AD' \perp AD$,$CD' \perp BD$,$D'D^2 = 2AD^2$,于是,考虑 Rt$\triangle CD'D$,由勾股定理,$CD'^2 + DC^2 = D'D^2 = 2AD^2$.故

$$BD^2 + DC^2 = CD'^2 + DC^2 = 2AD^2$$

33.设 E、F 分别为等腰直角 $\triangle ABC$ 的腰 AB、AC 上的点,且 $\frac{AE}{EB} = \frac{CF}{FA} = r$.求证:$\angle FEA = \angle CBF$ 的充分必要条件是 $r = 2$.

证明　如图 4.37 所示,设 O 为斜边 BC 的中点,作旋转变换 $R(O,90°)$,则 $C \to A \to B$,$F \to E$,所以,A、E、O、F 四点共圆,因此,$\angle FEA = \angle FOA$.又 $\angle OAF = 45° = \angle BCF$,于是

$$\angle FEA = \angle CBF \Leftrightarrow \triangle OAF \backsim \triangle BCF \Leftrightarrow \frac{CF}{FA} = \frac{BC}{OA} \Leftrightarrow r = 2$$

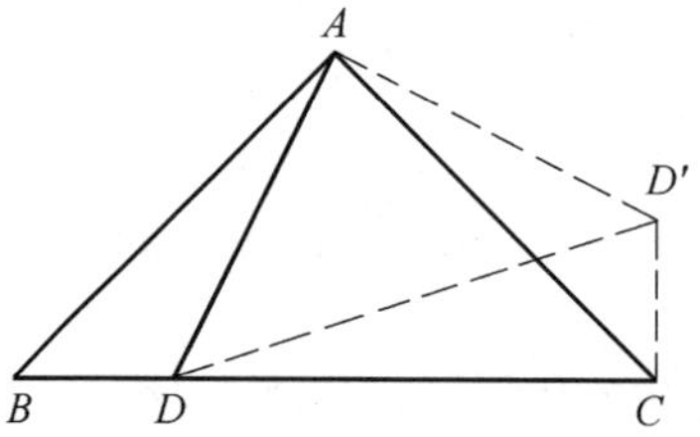

图 4.36

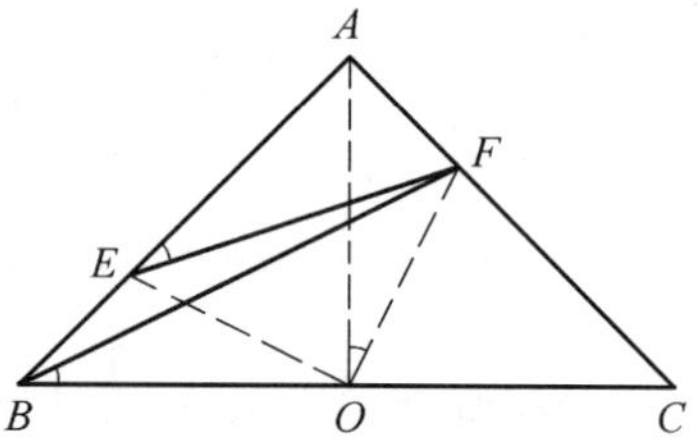

图 4.37

34.设 E 是四边形 $ABCD$ 的边 AD 上一点,且 $BE \perp EC$.再设 $AB = a$,$AE = b$,$ED = c$,$CD = d$,且 $a^2 + b^2 + c^2 = d^2$.求四边形 $ABCD$ 的面积.

解　如图 4.38 所示,作旋转变换 $R(E,90°)$,则 $B \to C$.设 $A \to A'$,则

$$A'E = AE = b, A'C = AB = a$$

且 $A'E \perp ED$.因此

$$A'C^2 + A'D^2 = a^2 + b^2 + c^2 = d^2 = CD^2$$

所以 $A'D \perp A'C$.又由余弦定理

$$CE^2 = A'E^2 + A'C^2 - 2A'E \cdot A'C - \cos\angle EA'C = b^2 + a^2 + 2ab - \sin\angle EA'D = b^2 + a^2 + 2ab \cdot \frac{c}{\sqrt{b^2 + c^2}}$$

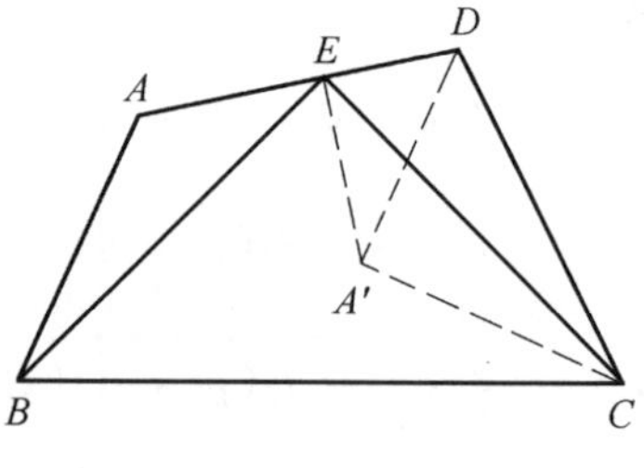

图 4.38

于是

$$S_{ABCD} = S_{\triangle ABE} + S_{\triangle ECD} + S_{\triangle BEC} = S_{\triangle EA'C} + S_{\triangle ECD} + S_{\triangle EBC} =$$

$$S_{\triangle EDA'}+S_{\triangle A'CD}+S_{\triangle EBC}=$$

$$\frac{1}{2}bc+\frac{1}{2}a\sqrt{b^2+c^2}+\frac{1}{2}(a+b+\frac{2abc}{\sqrt{b^2+c^2}})=$$

$$\frac{1}{2}(a^2+b^2+bc+a\sqrt{b^2+c^2})+\frac{abc}{\sqrt{b^2+c^2}}$$

35.设锐角$\triangle ABC$的外心为O,直线BO、CO分别与边CA、AB交于E、F.证明:如果$\angle A=45°$,则$OB=2OE$当且仅当$OB=3OF$.

证明 如图4.39所示,由$\angle A=45°$可知,$\triangle OBC$是以O为直角顶点的等腰直角三角形.作旋转变换$R(C,90°)$,设$O\to O'$,$E\to E'$,则四边形$OBO'C$是一个正方形,且E'在边BO'上,$O'E'=OE$,$\angle E'EC=45°=\angle BAC$,所以,$EE'/\!/AB$.设$EE'$与$OC$交于$K$,则四边形$FBE'K$是一个平行四边形,所以,$FK=BE'$.从而

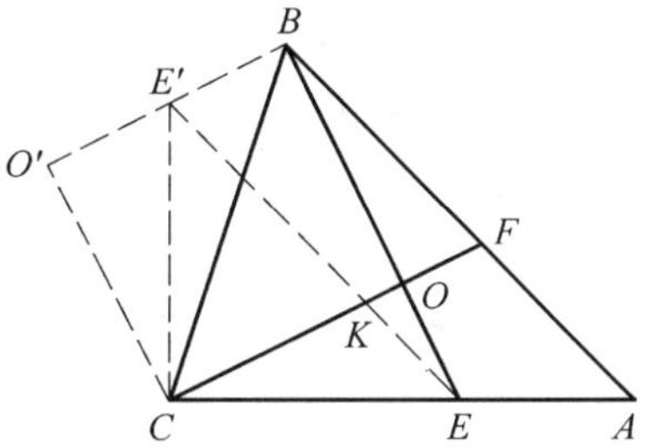

图4.39

$$OB=2OE\Leftrightarrow E'\text{为}BO'\text{的中点}\Leftrightarrow BE'=3OK\Leftrightarrow FK=3OK$$

另一方面,因$OB=BO'=2BE'$,所以$E'B=3OK\Leftrightarrow OB=6OK$.因此

$$KF=3OK\Leftrightarrow OF=2OK\Leftrightarrow OB=3OF$$

故$OB=2OE\Leftrightarrow OB=3OF$.

36.在$\triangle ABC$中,$AB=AC$,$\angle BAC=\theta$.求证:对$\triangle ABC$所在平面上任意一点P,有

$$PB+PC\geqslant 2PA\sin\frac{\theta}{2}$$

等式成立当且仅当点P在$\triangle ABC$的外接圆的$\overset{\frown}{BC}$(不含点A)上.

证明 如图4.40所示,作旋转变换$R(A,\theta)$,则$B\to C$.设$P\to P'$,则$P'C=PB$,$P'A=PA$,$\angle PAP'=\angle BAC=\theta$,所以,$PP'=2PA\sin\frac{\theta}{2}$.于是,由$P'C+PC\geqslant P'P$,即得

$$PB+PC\geqslant 2PA\sin\frac{\theta}{2}$$

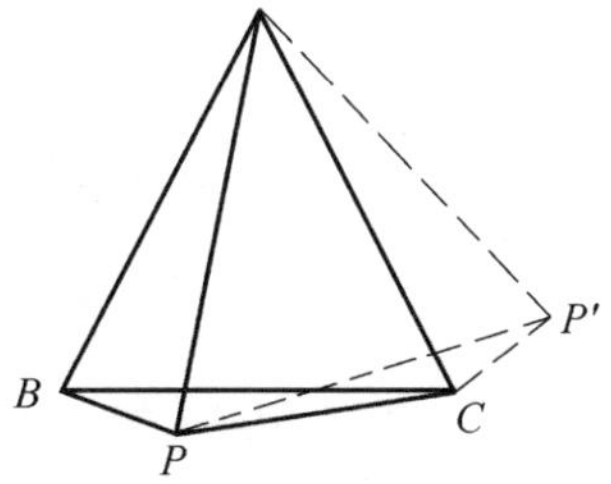

图4.40

等式成立当且仅当点P、C、P'三点共线,且点C在P、P'之间.又$\measuredangle P'CA=\measuredangle PBA$,因此,$P$、$C$、$P'$三点共线,且点$C$在$P$、$P'$之间当且仅当$ABPC$是一个圆内接凸四

边形. 故其等式成立当且仅当点 P 在 $\triangle ABC$ 的外接圆的$\overset{\frown}{BC}$(不含点 A) 上.

37. 在 $\triangle ABC$ 中, $AB = AC$, $\angle BAC = \theta$. E、F 为底边 BC 上两点(E 在 B、F 之间). 求证: $\angle EAF = \frac{\theta}{2}$ 的充分必要条件是

$$EF^2 = BE^2 + FC^2 + 2BE \cdot FC \cdot \cos\theta$$

证明 如图 4.41 所示, 作旋转变换 $R(A,\theta)$, 则 $B \to C$. 设 $E \to E'$, 则 $CE' = BE$, $AE' = AE$, $\angle EAE = \theta$, $\angle ECB = \angle EBA = \angle ACB$, 所以, $\angle ECF = 2\angle ACB = 180° - \theta$. 由余弦定理

$$E'F^2 = E'C^2 + FC^2 + 2CE' \cdot FC \cdot \cos\theta = BE^2 + FC^2 + 2BE \cdot FC \cdot \cos\theta$$

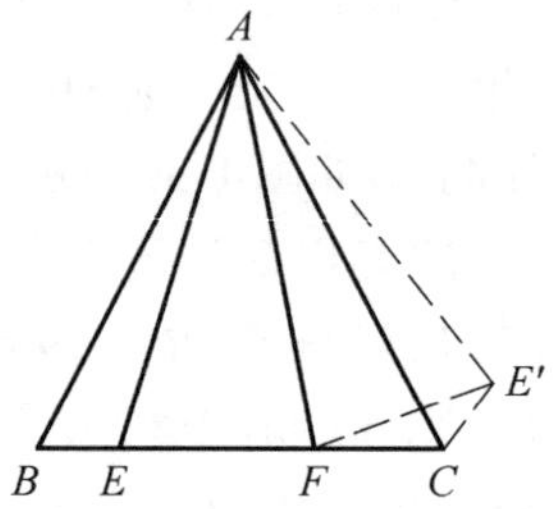

图 4.41

于是

$$\angle EAF = \frac{\theta}{2} \Leftrightarrow \angle FAE' = \frac{\theta}{2} \Leftrightarrow \triangle EAF \cong \triangle E'AF \Leftrightarrow EF = E'F \Leftrightarrow EF^2 = BE^2 + FC^2 + 2BE \cdot FC \cdot \cos\theta$$

38. 在 $\triangle ABC$ 中, $AB = AC$, $\angle BAC = \theta$. P 为 $\triangle ABC$ 内部一点. 求证: $PB^2 = PC^2 + 4PA^2 \cdot \sin^2\frac{\theta}{2}$ 的充分必要条件是

$$\angle CPA = 180° - \frac{\theta}{2}$$

证明 如图 4.42 所示, 作旋转变换 $R(A,\theta)$, 则 $B \to C$. 设 $P \to P'$, 则 $CP' = BP$, $AP' = AD$, $\angle PAP' = \theta$, 所以, $PP' = 2PA \cdot \sin\frac{\theta}{2}$, $\angle P'PA = 90° - \frac{\theta}{2}$. 于是, 由勾股定理及其逆定理, 得

$$PB^2 = PC^2 + 4PA^2\sin^2\frac{\theta}{2} \Leftrightarrow P'C^2 = CD^2 + PP'^2 \Leftrightarrow \angle CPP' = 90° \Leftrightarrow \angle CPA = 180° - \frac{\theta}{2}$$

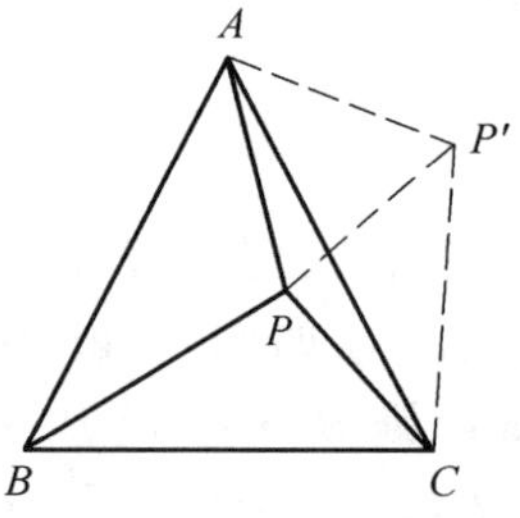

图 4.42

39. 在圆内接四边形 $ABCD$ 中, $AB = AD$, E、F 分别为边 BC、CD 上的点. 求

证：$BE + FD = EF$ 的充分必要条件是 $\angle EAF = \frac{1}{2}\angle BAD$.

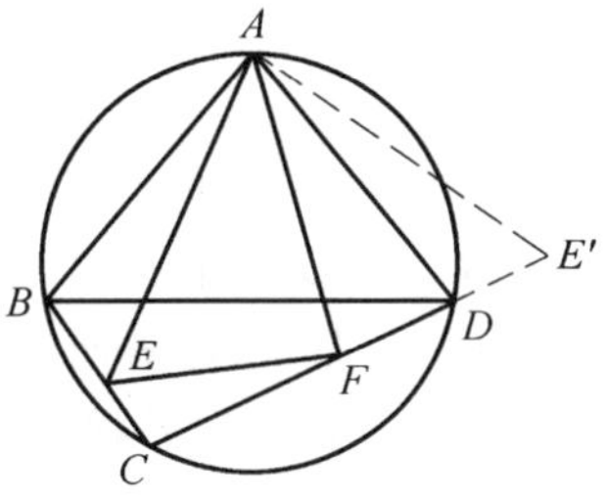

图 4.43

证明 如图 4.43 所示，作旋转变换 $R(A, \measuredangle BAD)$，则 $B \to D$. 设 $E \to E'$，则 $\angle E'DA = \angle EBA, \angle EAE' = \angle BAD, DE' = BE$. 因四边形 $ABCD$ 内接于圆，所以点 E' 在 CD 的延长线上，且 $BE + FD = DE' + FD = FE'$. 于是

$$BE + FD = EF \Leftrightarrow FE' = EF \Leftrightarrow \triangle E'FA \cong \triangle EAF \Leftrightarrow$$

$$\angle FAE' = \angle EAF \Leftrightarrow \angle EAF = \frac{1}{2}\angle EAE' \Leftrightarrow \angle EAF = \frac{1}{2}\angle BAD$$

40. 设 P 和 Q 是凸四边形 $ABCD$ 内部的两个点，满足条件 $AP = BP, CP = DP, \angle APB = \angle CPD, AQ = DQ, BQ = CQ, \angle DQA = \angle BQC$. 求证：$\angle DQA + \angle APB = 180°$.（中国国家队选拔考试，2001）

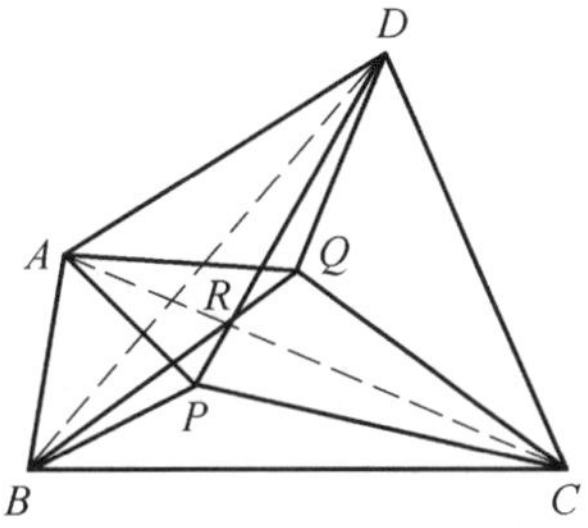

图 4.44

证明 如图 4.44 所示. 由条件可知 $AC \xrightarrow{R(P, \measuredangle APB)} BD, BD \xrightarrow{R(Q, \measuredangle DQA)} CA$. 于是，设 AC 与 BD 交于点 R，则由旋转变换的性质（定理 1.3.11），有

$$\angle ARB = \angle APB, \angle DRA = \angle DQA$$

故

$$\angle DQA + \angle APB = \angle DRA + \angle ARB = 180°$$

41. 在 $\triangle ABC$ 中，$\angle C = 90°$，D、E 分别为 BC、CA 上的点，且 $BD = CE, AE = BC$. 设 AD 与 BE 交于点 P. 试求 $\angle BPD$ 的大小.

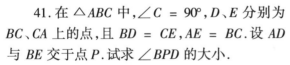

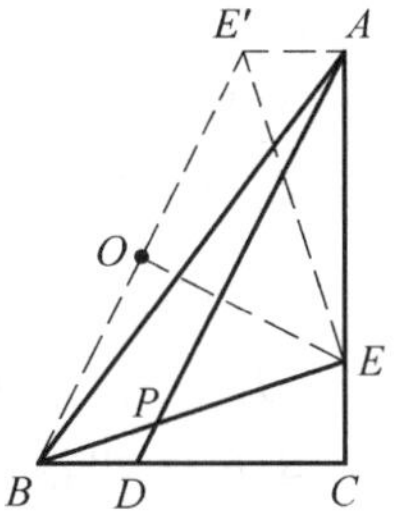

图 4.45

解 如图 4.45 所示，因 $AE \perp BC$，故存在一个旋转变换 $R(O, 90°)$，使得 $BC \xrightarrow{R(O,90°)} EA$. 设 $E \to E'$，则 $OE' \perp OE$，而 $OE \perp OB$，所以，E'、O、B 三点共线，且 O 为 $E'B$ 的中点，因此，$\triangle EE'B$ 是一个以 E 为直角顶点的等腰三角形，从而 $\angle EBE' = 45°$.

又 $E'A \perp CE$，$CE \perp BD$，所以，$E'A \mathrel{\underline{\parallel}} BD$，这说明四边形 $E'BDA$ 是一个平行四边形，于是，$AD \parallel E'B$. 故

$$\angle BPD = \angle EBE' = 45°$$

42. 在 $\triangle ABC$ 中,$\angle BAC$ 的平分线交其外接圆于 D,E、F 分别为 AB、AC 上的点,EF 与 AD 交于 K.求证:$\angle CBK = \angle CDF$ 当且仅当 $EF \parallel BC$.

证明 如图 4.46 所示,因 D 是 $\angle BAC$ 的平分线与 $\triangle ABC$ 的外接圆的另一交点,所以,$DB = DC$,于是作旋转变换 $R(D, \measuredangle CDB)$,则 $C \to B$.设 $F \to F'$,则 $BF' = DF$,且

$$\angle FBC = \angle FDC = 180° - \angle CBA$$

所以,点 F' 在 AB 的延长线上.

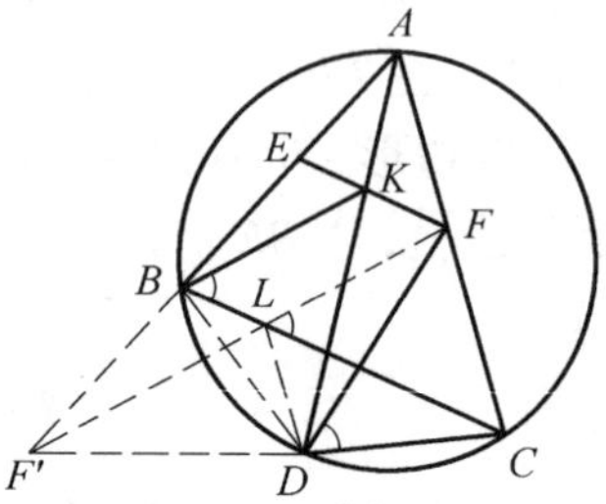

图 4.46

另一方面,因 C、$F \xrightarrow{R(D,\ \measuredangle CDB)} B$、$F$,所以,$\triangle DFF' \backsim \triangle DCB$,从而 $\angle F'FD = \angle BCD$,于是,设 $F'F$ 与 BC 交于 L,则 F、L、D、C 四点共圆,所以,$\angle CLF = \angle CDF$.

又 AK 平分 $\angle EAF$,所以,$\dfrac{AE}{AF} = \dfrac{EK}{KF}$,于是

$$\angle CBK = \angle CDF \Leftrightarrow \angle CBK = \angle CLF \Leftrightarrow BK \parallel F'F \Leftrightarrow$$

$$\frac{EB}{BF'} = \frac{EK}{KF} \Leftrightarrow \frac{EB}{FC} = \frac{AE}{AF} \Leftrightarrow EF \parallel BC$$

43. 在四边形 $ABCD$ 中,$AC = BD$,分别以四边形的四边为底在形外作四个等腰三角形 PAB、QBC、RCD、SDA,使得 $\triangle PAB \backsim \triangle RCD$,$\triangle QBC \backsim \triangle SDA$.求证:$PR \perp QS$.

证明 如图 4.47 所示,设四边形 $ABCD$ 的边 AB、BC、CD、DA 的中点分别为 K、L、M、N,由 $AC = BD$ 可知四边形 $KLMN$ 是一个菱形,因而其对角线互相垂直,即 $KM \perp LN$.

另一方面,因 $AC = BD$,故存在一个旋转变换 $R(O,\theta)$,使得 $AC \xrightarrow{R(O,\theta)} BD$,所以,$OA = OB$,$OC = OD$,且 $\angle AOB = \angle COD$.因而 $\triangle OAB \backsim \triangle OCD$.再注意 $\triangle PAB \backsim \triangle RCD$ 知

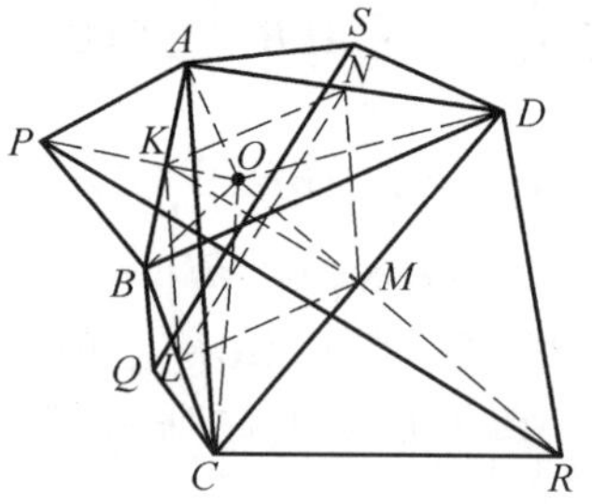

图 4.47

$$\frac{OK}{KP} = \frac{OK}{AB} \cdot \frac{AB}{KP} = \frac{OM}{CD} \cdot \frac{CD}{MR} = \frac{OM}{MR}$$

又由 $OA = OB$,$OC = OD$,$PA = PB$,$OC = OD$,$RC = RD$ 知,O、K、P 三点共线,O、M、R 三点共线,由此可知,$PR \parallel KM$.同理,$QS \parallel LN$,于是由 $KM \perp LN$ 即知 $PR \perp QS$.

44. 在四边形 $ABCD$ 中，$AD = BC$，$\angle A + \angle B = 120°$. 分别以 AC、DC、DB 为边长远离 AB 作三个正三角形 ACP、DCQ、DBR. 求证：P、Q、R 三点共线，且 Q 为线段 PR 的中点.（第3届中国台湾数学奥林匹克，1994）

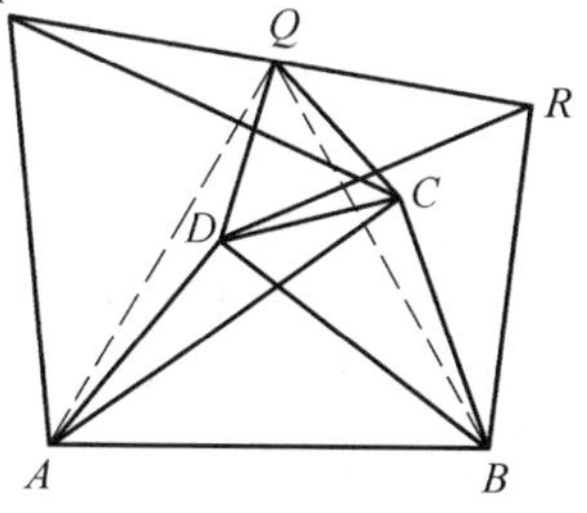

图 4.48

证明　如图 4.48 所示，由 $\angle A + \angle B = 120°$ 知，$\measuredangle(AD, BC) = 60°$. 再由 $\triangle DCQ$ 是正三角形，且 $AD = BC$ 可知 $\triangle QAB$ 也是正三角形. 于是 $Q \xrightarrow{R(C,60°)} D \xrightarrow{R(Q,60°)} C \xrightarrow{R(D,60°)} Q$，即 Q 是三个旋转变换之积

$$R(D,60°)R(Q,60°)R(C,60°)$$

的一个不动点. 因 $60° + 60° + 60° = 180°$，由定理 1.3.15(1)

$$R(D,60°)R(Q,60°)R(C,60°) = R(Q,180°) = C(Q)$$

这是一个以 Q 为反射中心的中心反射变换. 又显然有

$$P \xrightarrow{R(C,60°)} A \xrightarrow{R(Q,60°)} B \xrightarrow{R(D,60°)} R$$

即 $P \xrightarrow{R(D,60°)R(Q,60°)R(C,60°)} R$. 因而 $P \xrightarrow{C(Q)} R$. 故 P、Q、R 三点共线，且 Q 为线段 PR 的中点.

45. 以 $\triangle ABC$ 的边 BC 为斜边作一个 Rt$\triangle DBC$，设 $\measuredangle CBD = \alpha$，$\measuredangle DCB = \beta$. 再分别以 B、C 为顶点作两个等腰三角形 ABE、ACF，使

$$\measuredangle ABE = 2\alpha,\ \measuredangle FCA = 2\beta, AB = BE, AC = CF$$

求证：D、E、F 三点共线，且 D 为线段 EF 的中点.

证明　如图4.49，4.50所示，设 $D \xrightarrow{R(C,2\beta)} D'$，则 $CD' = CD$，且 $\measuredangle DCD' = 2\beta = 2\measuredangle DCB$，这说明 BC 垂直平分线段 DD'，因而 $BD' = BD$，且 $\measuredangle D'BD = 2\measuredangle CBD = 2\alpha$，所以，$D' \xrightarrow{R(C,2\alpha)} D$，即 D 是两个旋转变换之积

$$R(C,2\alpha)R(B,2\beta)$$

的一个不动点. 又 α、β 是一个直角三角形的两个锐角，所以 $\alpha + \beta = 90°$，从而 $2\alpha + 2\beta = 180°$. 由定理 1.3.15(1)

$$R(C,2\alpha)R(B,2\beta) = R(D,180°) = C(D)$$

又显然有 $F \xrightarrow{R(C,2\beta)} A \xrightarrow{R(C,2\alpha)} E$，即 $F \xrightarrow{R(C,2\alpha)R(B,2\beta)} E$，因而 $F \xrightarrow{C(D)} E$. 故 D、E、F 三点共线，且 D 为线段 EF 的中点.

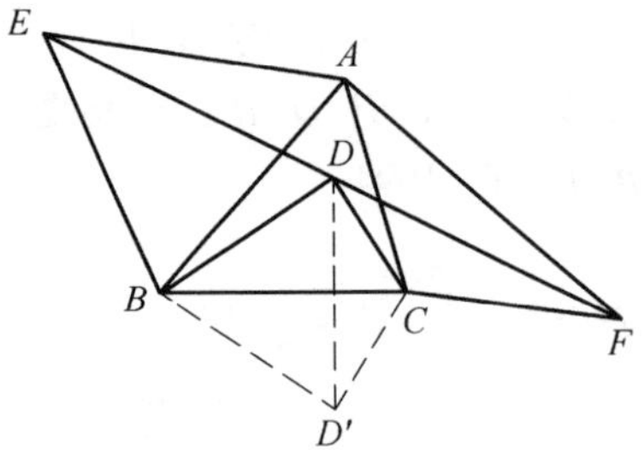

图 4.49

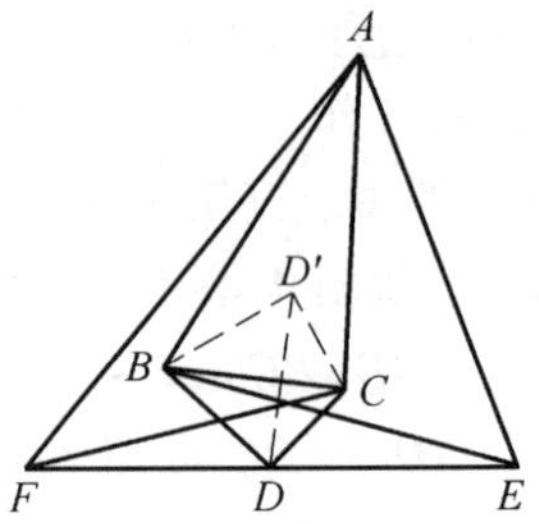

图 4.50

46. 地面上有不共线的三点 A、B、C，一只青蛙位于地面上异于 A、B、C 的点 P. 青蛙第一步从 P 点跳到点 P 关于点 A 的对称点 P_1，第二步从 P_1 跳到点 P_1 关于点 B 的对称点 P_2，第三步从 P_2 跳到点 P_2 关于点 C 的对称点 P_3，第四步跳到点 P_3 关于点 A 的对称对称点 P_4，……，以此类推. 问青蛙能否回到出发点？如果能，至少需要几步？

解 如图 4.51, 4.52 所示，分别过 $\triangle ABC$ 的顶点 A、B、C 作对边的平行线构成 $\triangle XYZ$，则 A、B、C 分别为 $\triangle XYZ$ 的边 YZ、ZX、XY 的中点，于是

$$Y \xrightarrow{C(A)} Z \xrightarrow{C(B)} X \xrightarrow{C(C)} Y$$

即 Y 是三个中心反射变换之积 $C(C)C(B)C(A)$ 的一个不动点. 由定理 1.3.15(1)，$C(C)C(B)C(A)$ 仍是一个中心反射变换，故有

$$C(C)C(B)C(A) = C(Y)$$

从而 $[C(C)C(B)C(A)]^2 = [C(Y)]^2 = I$ 为恒等变换. 这说明青蛙跳第 6 步即一定会回到出发点.

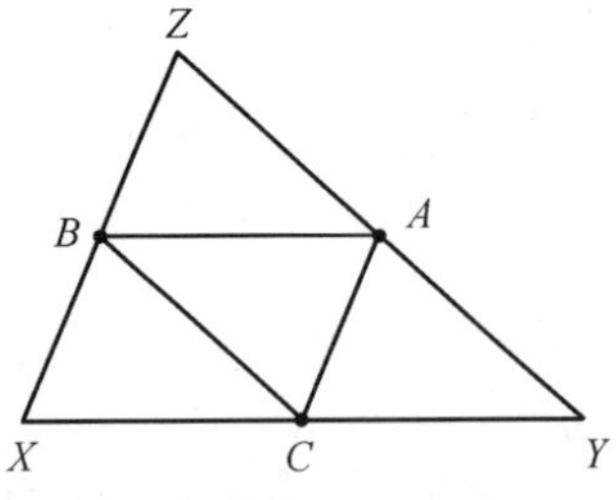

图 4.51

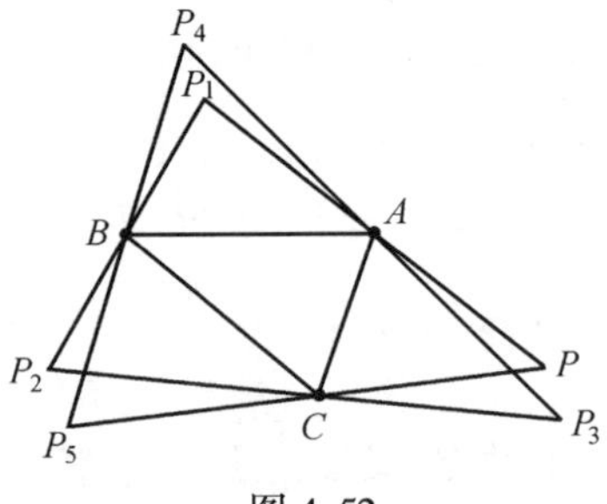

图 4.52

如果青蛙开始位于 X、Y、Z 这三点的位置(图 4.51)，那么青蛙只需跳 3 步即回到出发点. 如果青蛙开始位于除点 X、Y、Z 以外(当然 A、B、C 三点也要除外) 的其他位置，则青蛙至少需跳 6 步才能回到出发点(图 4.52).

47. 将 $\triangle ABC$ 绕平面上任意一点旋转 $60°$，得到 $\triangle A'B'C'$. L、M、N 分别为线段 $A'B$、$B'C$、$C'A$ 的中点. 求证：$\triangle LMN$ 是一个正三角形.

证明 如图 4.53 所示，设 P、Q、R 分别为 $A'A$、$B'B$、$C'C$ 的中点，则

$$PL \parallel AB, LQ \parallel A'B', QM \parallel BC$$
$$MR \parallel B'C', RN \parallel CA, NP \parallel C'A'$$
$$PL = \frac{1}{2}AB, LQ = \frac{1}{2}A'B', QM = \frac{1}{2}BC$$
$$MR = \frac{1}{2}B'C', RN = \frac{1}{2}CA, NP = \frac{1}{2}C'A'$$

而 $A'B' = AB, B'C' = BC, C'A' = CA$,且

$$\measuredangle(AB, A'B') = \measuredangle(BC, B'C') = \measuredangle(CA, C'A') = 60^\circ$$

所以,$PL = LQ, QM = MR, RN = NP$,$\measuredangle QLP = \measuredangle RMQ = \measuredangle PNR = 120^\circ$,这说明$\triangle LQP$、$\triangle MRQ$、$\triangle NPR$分别是以$QP$、$RQ$、$PR$为底边的、顶角为$120^\circ$的等腰三角形,由 Napoleon 定理即知,$\triangle LMN$是一个正三角形.

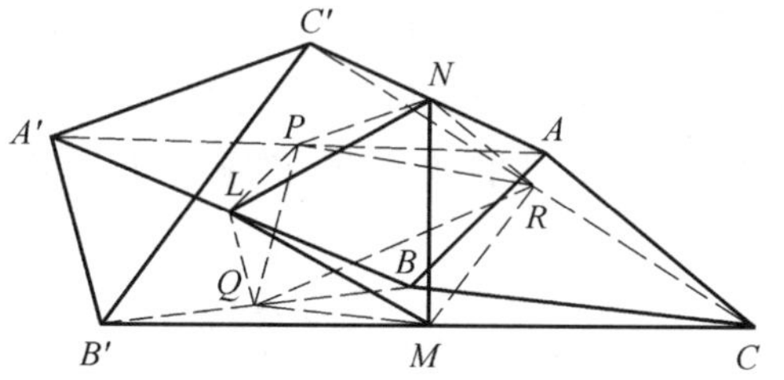

图 4.53

48.将四边形$ABCD$绕平面上任意一点旋转90°,得到四边形$A'B'C'D'$.K、L、M、N分别为$A'B$、$B'C$、$C'D$、$D'A$的中点.求证:$KM \perp LN$.

证明 如图 4.54 所示,设P、Q、R、S分别为$A'A$、$B'B$、$C'C$、$D'D$的中点,则

$$PK \parallel AB, KQ \parallel A'B', QL \parallel BC, LR \parallel B'C'$$
$$RM \parallel CD, MS \parallel C'D', SN \parallel DA, NP \parallel D'A'$$
$$PK = \frac{1}{2}AB, KQ = \frac{1}{2}A'B', QL = \frac{1}{2}BC, LR = \frac{1}{2}B'C'$$
$$RM = \frac{1}{2}CD, MS = \frac{1}{2}C'D', SN = \frac{1}{2}DA, NP = \frac{1}{2}D'A'$$

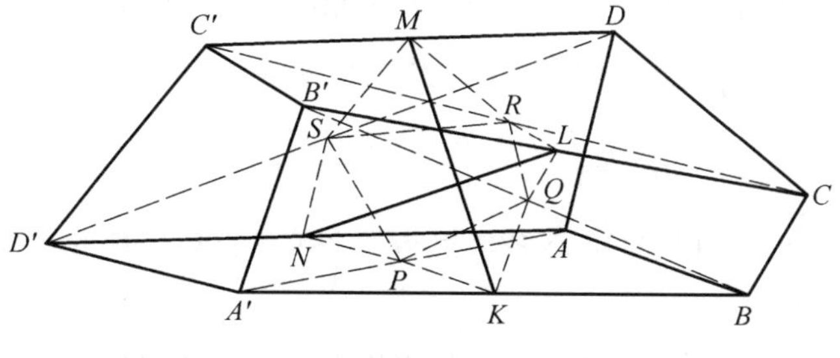

图 4.54

而 $A'B' = AB, B'C' = BC, C'D' = CD, D'A' = DA$,且

$$\measuredangle(AB, A'B') = \measuredangle(BC, B'C') = \measuredangle(CD, C'D') = \measuredangle(DA, D'A') = 90°$$

所以,$PK \perp KQ, QL \perp LR, RM \perp MS, SN \perp NP$,这说明 $\triangle KQP$、$\triangle LRQ$、$\triangle MSR$、$\triangle NPS$ 分别是以 QP、RQ、SR、PS 为底边的等腰直角三角形,由 Von. Aubel 定理(例 4.6.4)即知,$KM \perp LN$.

49. 在矩形 $ABCD$ 中,$BC = 3AB$,E 是 AD 上与 A 相邻的三等分点,以 BD 为斜边作等腰直角三角形 FBD,使 F、A 位于 BD 的同侧. G 为平面上任意一点,作三个与 $\triangle FBD$ 同向的等腰直角三角形 EGH、CIH、DIJ(均以第一顶点为直角顶点). 求证:$\triangle FGJ$ 也是一个等腰直角三角形.

证明 如图 4.55 所示,以 C 为直角顶点作等腰直角三角形 CKA,使其与 $\triangle FBD$ 同向,则由例 4.6.11,$\triangle DFK$ 也是一个等腰直角三角形,且以 D 为直角顶点. 显然,$\triangle EFA$ 是一个以 E 为直角顶点的等腰直角三角形,于是

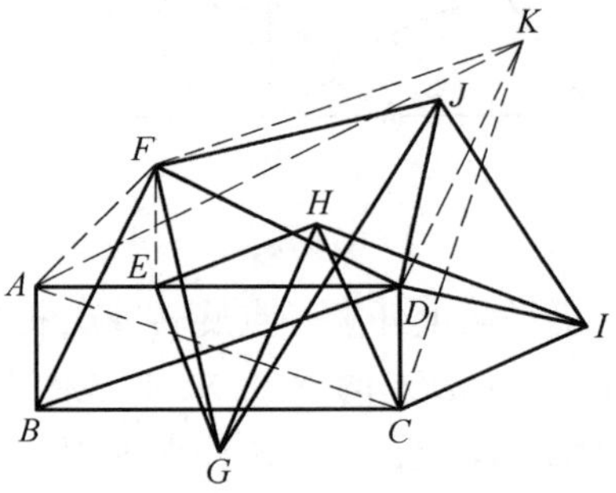

图 4.55

$$F \xrightarrow{R(E,90°)} A \xrightarrow{R(C,-90°)} K \xrightarrow{R(D,90°)} F$$

即 F 是三个旋转变换之积 $R(D,90°)R(C,-90°)R(E,90°)$ 的一个不动点. 而

$$90° + (-90°) + 90° = 90°$$

由定理 1.3.15(1) 知

$$R(D,90°)R(C,-90°)R(E,90°) = R(F,90°)$$

又 $G \xrightarrow{R(E,90°)} H \xrightarrow{R(C,-90°)} I \xrightarrow{R(D,90°)} J$,即

$$G \xrightarrow{R(D,90°)R(C,-90°)R(E,90°)} J$$

因而 $G \xrightarrow{R(F,90°)} J$. 由此即知 $\triangle FGJ$ 也是一个等腰直角三角形.

50. 设 $ABCD$ 是一个四边形,四边形 $A'BCD'$ 是四边形 $ABCD$ 关于边 BC 的反

射像,四边形 $A''B'CD'$ 是四边形 $A'BCD'$ 关于 CD' 的反射像,四边形 $A''B''C'D'$ 是四边形 $A''B'CD'$ 关于 $D'A''$ 的反射像.证明:如果 $AA'' /\!/ BB''$,则 $ABCD$ 是圆内接四边形.(第 29 届 IMO 预选,1988)

证明 如图 4.56 所示,由题设可知 $\triangle A''B'C$ 与 $\triangle ABC$ 真正合同.因

$$\measuredangle BCB' = 2\measuredangle BCD' = 2\measuredangle DCB$$

所以,$AB \xrightarrow{R(C,2\measuredangle DCB)} A''B'$.又显然有 $A''B' \xrightarrow{R(A'',2\measuredangle BAD)} A''B''$,因此

$$AB \xrightarrow{R(A'',2\measuredangle BAD)R(C,2\measuredangle DCB)} A''B''$$

另一方面,由定理 1.3.13,当 $\measuredangle BAD + \measuredangle DCB \neq 180°$ 时,存在点 O,使得

$$R(A'',2\measuredangle BAD)R(C,2\measuredangle DCB) = R(O,2\measuredangle BAD + 2\measuredangle DCB)$$

仍是一个旋转变换.当 $\measuredangle BAD + \measuredangle DCB = 180°$ 时,存在向量 $\boldsymbol{v}$,使得

$$R(A'',2\measuredangle BAD)R(C,2\measuredangle DCB) = T(\boldsymbol{v})$$

是一个平移变换.

于是,当 $\measuredangle BAD + \measuredangle DCB = 180°$ 时,由 $AB \xrightarrow{T(\boldsymbol{v})} A''B''$ 即知 $AA'' /\!/ BB''$.

反之,当 $AA'' /\!/ BB''$ 时,若 $\measuredangle BAD + \measuredangle DCB \neq 180°$,则 $A''B''$ 与 AB 不平行,于是由 $A''B'' = AB$,$AA'' /\!/ BB''$ 知,四边形 $ABB''A''$ 是以 AA''、BB'' 为两底的等腰梯形,因此 AA''、BB'' 的两垂直平分线重合.而 $CA = CA''$,$D'B = D'B''$,所以 CD' 就是 AA''、BB'' 的公共垂直平分线.但 $CD' \perp BB'$,所以 $AA'' /\!/ BB'$.又 $A''B' = AB$,所以,四边形 $ABB'A''$ 是一个以 AA''、BB' 为两底的等腰梯形.而 $AB \xrightarrow{R(C,2\measuredangle DCB)} A''B'$,因此,$C$ 为直线 AB 与 $A''B'$ 的交点,从而 A、B、C 三点共线.矛盾.因此,当 $AA'' /\!/ BB''$ 时,必有 $\measuredangle BAD + \measuredangle DCB = 180°$.

综上所述,$AA'' /\!/ BB''$ 当且仅当 $\measuredangle BAD + \measuredangle DCB = 180°$,当且仅当四边形 $ABCD$ 内接于圆.

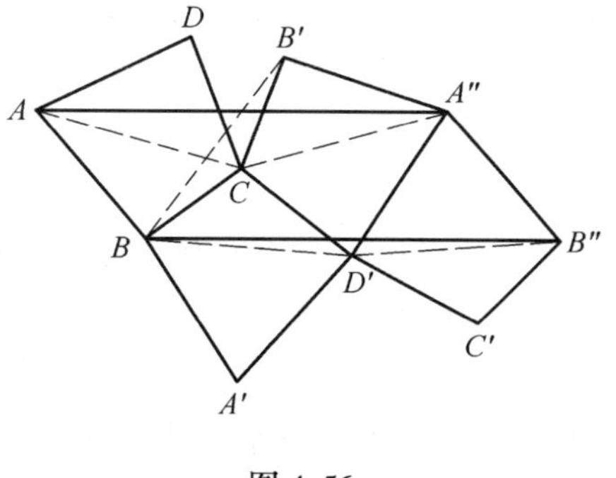

图 4.56

习题 5

1. 在 $\triangle ABC$ 中，$AB = AC$，$\angle BAC = 106°$，P 是 $\triangle ABC$ 内一点，使得 $\angle PBA = 7°$，$\angle BAP = 23°$. 求 $\angle CPA$.

解 如图 5.1 所示，由 $\angle PBA = 7°$，$\angle BAP = 23°$ 可知，$\angle APB = 150°$. 于是，作轴反射变换 $S(PB)$，设 $A \to A'$，则 $\triangle APA'$ 是一个正三角形，而 $\angle BAC = 106°$，$\angle BAP = 23°$，所以，$\angle A'AC = 106° - 23° - 60° = 23°$. 由此可知，$\triangle CA'A \cong \triangle BPA$，因此，$\angle CA'A = \angle APB = 150°$，$\angle PA'C = 360° - 150° - 60° = 150°$. 又 $A'P = A'A$，所以，$\triangle CA'A \cong \triangle CA'P$，从而 $PC = AC$. 故

$$\angle CPA = \angle PAC = \angle PAA' + \angle AA'C = 60° + 23° = 83°$$

2. 在 $\triangle ABC$ 中，$AB = AC$，D 是底边 BC 上的一点，E 是 AD 上的一点，且 $\angle ECB = \angle DAC$，$BD = 2DC$. 求证：$AD \perp BE$.

证明 如图 5.2 所示，以 BC 的垂直平分线为反射轴作轴反射变换，设 $D \to D'$，则 $AD' = AD$，且由 $BD = 2DC$ 知，D' 为 BD 的中点，所以 $DC = DD'$.

另一方面，因 $\angle ECB = \angle DAC$，所以 $DC^2 = DE \cdot DA$，于是 $D'D^2 = DE \cdot DA$，因此，$\triangle D'AD \backsim \triangle DD'E$，而 $AD' = AD$，所以 $D'E = D'D = BD'$. 由此即知 $AD \perp BE$.

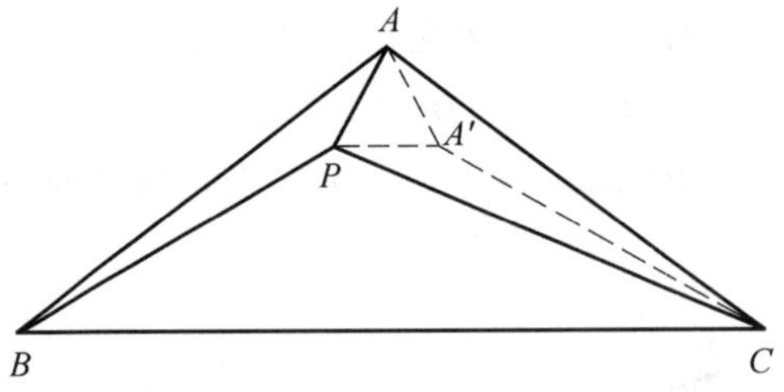

图 5.1

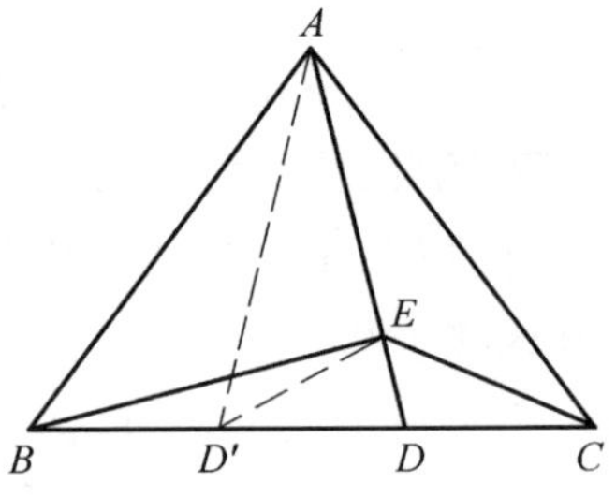

图 5.2

3. 在 $\triangle ABC$ 中，D 是 BC 上的一点，E 是线段 AD 上的一点，直线 CE 与 AB 交于 F，若 $AD = DC$，$AB = EC$. 求证：B、D、E、F 四点共圆.（第 22 届世界城际数学竞赛，2000）

证明 如图 5.3 所示，以 AC 的垂直平分线为轴作轴反射变换，则 $C \to A$. 设 $E \to E'$，则 E' 在 BC 上，且 $AE' = CE = AB$，所以 $\angle DBA = \angle AE'D$. 又 $\angle AE'D = \angle DEC$，因此，$\angle DBA = \angle DEC$，故 B、D、E、F 四点共圆.

4. 在 $\triangle ABC$ 中，$\angle C = 2\angle B$，D 是三角形内一点，且 $DB = DC$。求证：$AD = AC$ 的充分必要条件是 $\angle BAC = 3\angle BAD$。(必要性：第 24 届澳大利亚数学奥林匹克，2003)。

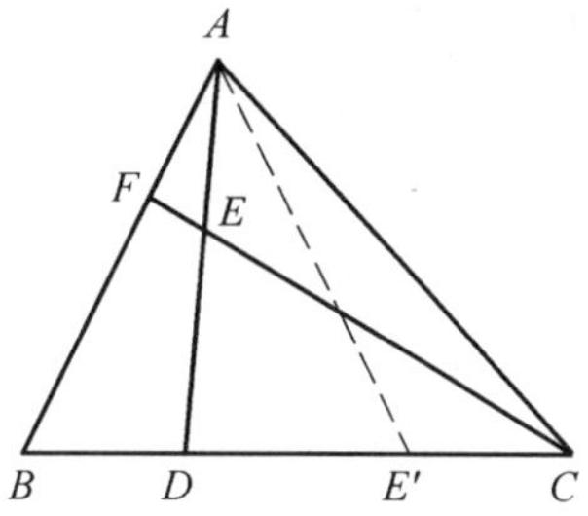

图 5.3

证明 如图 5.4 所示，条件“$DB = DC$”说明 $\triangle DBC$ 是一个等腰三角形。以它的对称轴 l 为反射轴作轴反射变换 $S(l)$，则 $C \to B$。设 $A \to A'$，则 $\angle BA'D = \angle DAC$，且四边形 $A'BCA$ 是一个等腰梯形，因而是一个圆内接四边形。又 $\angle A'BC = \angle ACB = 2\angle ABC$，所以 BA 为 $\angle A'BC$ 的平分线，从而 $A'A = AC = AD$。但 $A'B = AC$，$A'D = AD$，所以 $A'B = A'A$。于是，$AD = AC \Leftrightarrow A'B = A'D = A'A \Leftrightarrow$ 点 A' 是 $\triangle ABD$ 的外心 $\Leftrightarrow \angle BA'D = 2\angle BAD \Leftrightarrow \angle DAC = 2\angle BAD \Leftrightarrow \angle BAC = 3\angle BAD$。

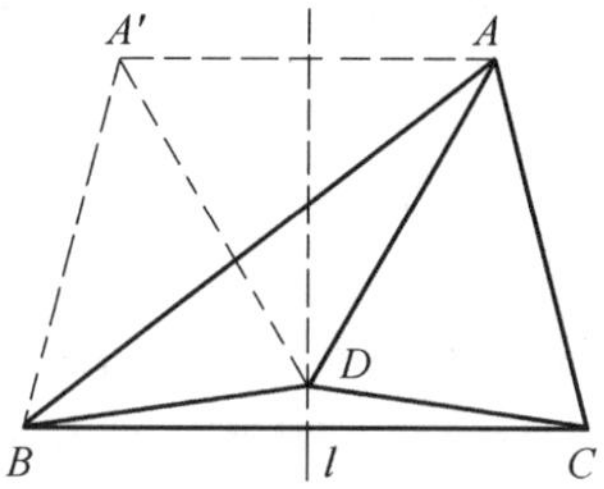

图 5.4

5. 两个同心圆，从大圆上一点 A 引小圆的两切线 AB、AC，B、C 为切点。再设 AC、BC 的延长线分别与大圆交于 D、E 两点。求证：$\dfrac{AE^2}{DE^2} = \dfrac{BE}{CE}$。

证明 如图 5.5 所示，设两同心圆的圆心为 O，作轴反射变换 $S(AO)$，设 $E \to E'$，则 E' 在大圆上，所以，$\angle AEB = \angle CE'A = \angle EDA$，从而，$\triangle ADE \backsim \triangle AEC$，因此，$\dfrac{AE}{DE} = \dfrac{AC}{CE}$。

又 $\angle DCE = \angle ACB = \angle ABE$，所以 $\triangle BEA \backsim \triangle CDE$，从而 $\dfrac{AE}{DE} = \dfrac{BE}{CD}$。于是

$$\frac{AE^2}{DE^2} = \frac{AC \cdot BE}{CE \cdot CD}$$

但由 $OC \perp AD$ 知，$AC = CD$，故 $\dfrac{AE^2}{DE^2} = \dfrac{BE}{CE}$。

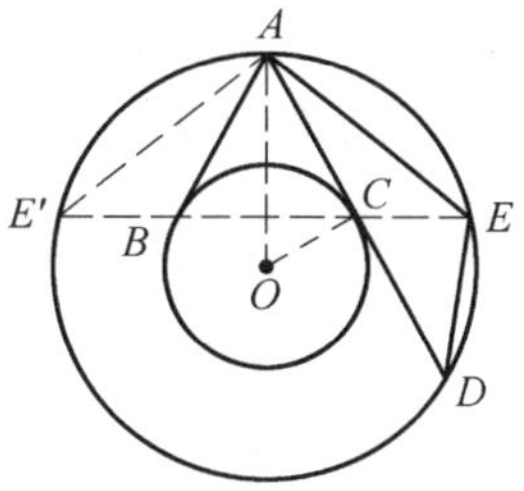

图 5.5

6. 凸四边形 $ABCD$ 内接于一圆，过 A 和 C 作圆的两条切线交于点 P。如果点 P 不在直线 BD 上，且 $PA^2 = PB \cdot PD$。证明：BD 与 AC 的交点是 AC 的中点。(第 47 届保加利亚(春季)数学竞赛，1998)。

证明 如图 5.6 所示，设 PB 与圆的另一交点为 E，因点 P 不在直线 BD 上，

所以 $E \neq D$. 但由 $PE \cdot PB = PA^2 = PD \cdot PB$ 知 $PE = PB$. 由此即知 $\triangle ODP \cong \triangle OEP$($O$ 为圆心),因此,D、E 关于直线 OP 对称. 再设 OP 与 AC 交于 M,则 M 为 AC 的中点. 注意 $OM \cdot OP = OA^2 = OD^2$,所以 $\angle ODM = \angle DPO$. 同理,$\angle MBO = \angle OPB$. 但 $\angle DPO = \angle OPB$,所以,$\angle ODM = \angle MBO$.

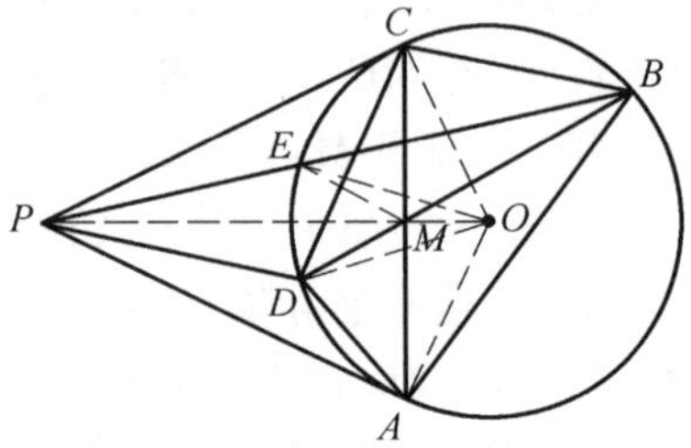

图 5.6

作轴反射变换 $S(OP)$,则 $D \to E$,$\angle MEO = \angle ODM = \angle MBO$,所以,$E$、$M$、$O$、$B$ 四点共圆,于是,$\angle OMB = \angle OEB = \angle EBO = \angle EMP = \angle PMD$. 从而 D、M、B 三点共线,即 BD 与 AC 的交点是 AC 的中点 M.

7. 设 $\triangle ABC$ 的外接圆的过点 B、C 的切线交于 P,M 是 BC 的中点. 求证:$\angle BAM$ 与 $\angle CAP$ 相等或互补.(第 26 届 IMO 预选,1985)

证明 如图5.7,5.8所示,设 $\triangle ABC$ 的外心为 O,显然,O、M、P 三点共线. 作轴反射变换 $S(OP)$,则 $C \to B$. 设 $D \to D'$,则 D' 也在 $\triangle ABC$ 的外接圆上,且 $\measuredangle BAD' = \measuredangle DAC$,$\measuredangle D'MP = \measuredangle PMD$.

另一方面,因 $OC \perp PC$,$MC \perp OP$,由直角三角形的射影定理与圆幂定理,$PM \cdot PO = PC^2 = PD \cdot PA$,所以,$O$、$M$、$D$、$A$ 四点共圆,于是再注意 $OA = OD$,得 $\measuredangle PMD = \measuredangle OAD = \measuredangle ADO = \measuredangle AMO$. 而 $\measuredangle D'MP = \measuredangle PMD$. 因此,$\measuredangle D'MP = \measuredangle AMO$. 这说明 D、M、A 三点共线,所以 $\measuredangle BAM = \measuredangle CAP$. 故 $\angle BAM$ 与 $\angle CAP$ 相等(图 5.7) 或互补(图 5.8).

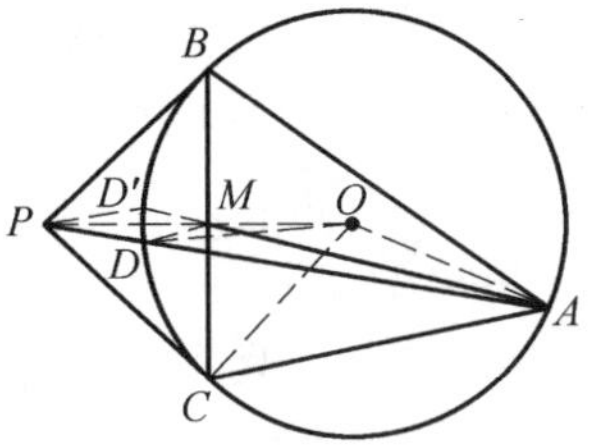

图 5.7

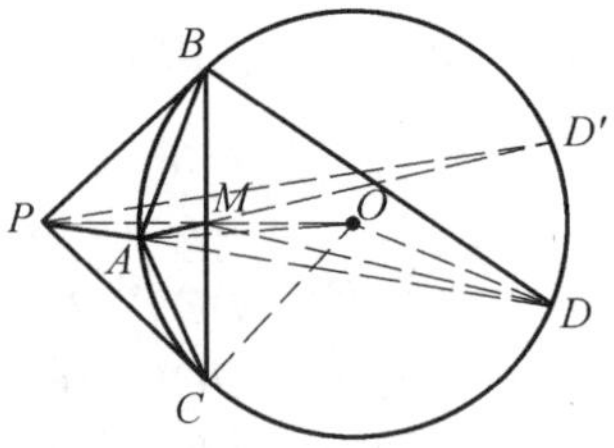

图 5.8

8. 过 $\odot O$ 外一点 P 作 $\odot O$ 的两条切线 PA、PB,A、B 为切点,C 为直线 PA 上一点,M 为 BC 上的一点,直线 PM 与 AB 交于 D. 证明:M 为 BC 的中点的充分必要条件是 $OD \perp BC$.(充分性:瑞士国家队选拔考试,2006)

证明 如图5.9,5.10所示,作轴反射变换 $S(OP)$,则 $B \to A$. 设 $C \to C'$,

则 C' 在直线 PB 上，$PC' = PC$，AC' 与 BC 相交于 OP 上一点 E，$\angle DAE = \angle EBD$。而 PO 平分 $\angle APC'$，所以

$$\frac{AP}{PC}=\frac{AP}{PC'}=\frac{AE}{EC'}$$

另一方面，因 P、M、D 是 $\triangle ABC$ 的三边所在直线上的共线三点，由 Menelaus 定理

$$\frac{AD}{DB}\cdot\frac{BM}{MC}\cdot\frac{CP}{PA}=1$$

再注意 $\angle OPB = \angle OAD$，$OE \perp AB$，于是

$$M\text{ 为 }BC\text{ 的中点}\Leftrightarrow\frac{BM}{NC}=1\Leftrightarrow\frac{AD}{DB}=\frac{AP}{PC}\Leftrightarrow$$

$$\frac{AD}{DB}=\frac{AE}{EC'}\Leftrightarrow ED\parallel C'B\Leftrightarrow ED\parallel PB\Leftrightarrow$$

$$\angle OED=\angle OPB\Leftrightarrow\angle OED=\angle OAD\Leftrightarrow A、O、D、E\text{ 四点共圆}\Leftrightarrow$$

$$\angle DOE=\angle DAE\Leftrightarrow\angle DOE=\angle EBD\Leftrightarrow OD\perp BC$$

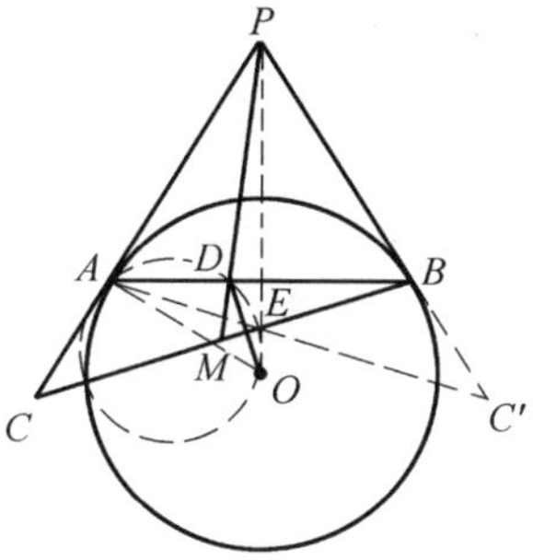

图 5.9

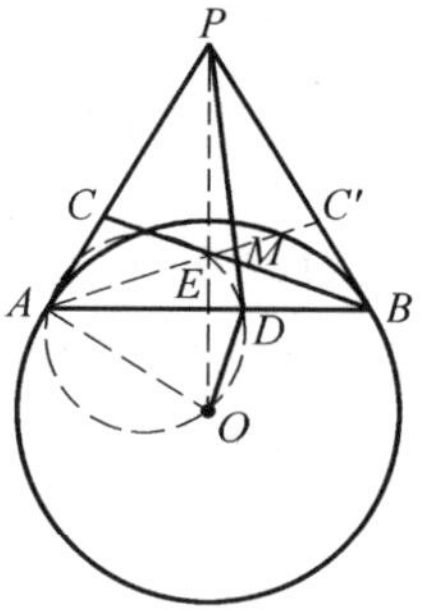

图 5.10

9. 用轴反射变换证明习题 4 第 29 题。

习题 4 第 29 题：设 P 是正方形 $ABCD$ 的对角线 BD 上一点，点 P 在 BC、CD 上的射影分别为 E、F。求证：$AP \perp EF$。

证明 如图 5.11 所示，作轴反射变换 $S(BD)$，则 $A\to C$，所以，$PA = PC$，又显然四边形 $PECF$ 为矩形，所以 $PC = EF$，从而

$$PA = EF$$

再设直线 PA 与 EF 交于 H，因矩形 $PECF$ 内接于圆，$PE \parallel AB$，于是

$$\angle HFP = \angle PCE = \angle BAP = \angle EPH$$

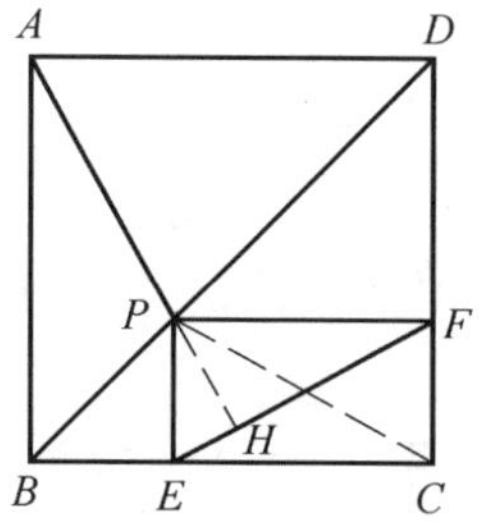

图 5.11

所以，$\angle PHE = \angle EPF = 90°$。即 $AP \perp EF$。故

$AP \perp EF$.

10. 在四边形 $ABCD$ 中, $AB = AD$, $\angle B = \angle D = 90°$, 在 CD 上任取一点 E, 过 D 作 AE 的垂线交 BC 于 F. 求证: $AF \perp BE$. (第21届俄罗斯数学奥林匹克, 1995)

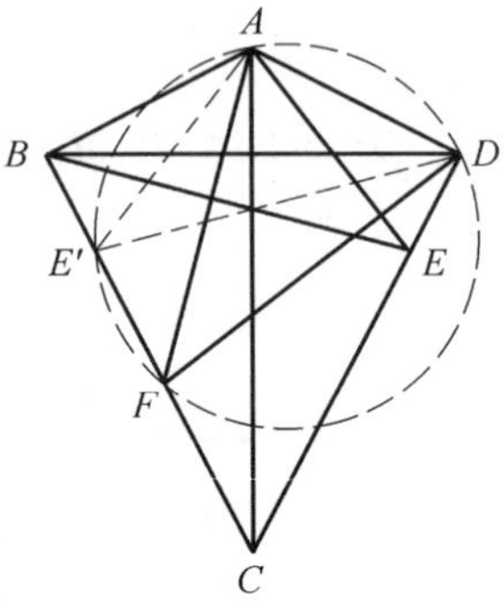

图 5.12

证明 如图 5.12 所示, 因 $AB = AD$, $\angle B = \angle D = 90°$, 所以, $\triangle ABC$ 与 $\triangle ADC$ 是两个有公共斜边, 且有一直角边相等的直角三角形, 因而它们的另一直角边也相等, 即 $BC = DC$, 这说明四边形 $ABCD$ 是以 AC 为对称轴的筝形. 又 $AD \perp DE$, $DF \perp AE$, 所以, $\angle DEA = \angle ADF$.

作轴反射变换 $S(AC)$, 则 $D \to B$, $DC \to BC$. 设 $E \to E'$, 则 E' 在 BC 上, 且 $\angle AE'B = \angle DEA = \angle ADF$, 所以 A、E'、F、D 四点共圆, 于是, $\angle DFA = \angle DE'A = \angle AEB$, 从而再由 $AE \perp DF$ 即知 $AF \perp BE$.

11. 在筝形 $ABCD$ 中, $AB = AD$, $BC = CD$, AC 与 BD 交于 O, 分别过 A、C 作 CD、AB 的垂线, 垂足分别为 E、F. 求证: E、O、F 三点共线. (第 14 届白俄罗斯年数学奥林匹克, 2007)

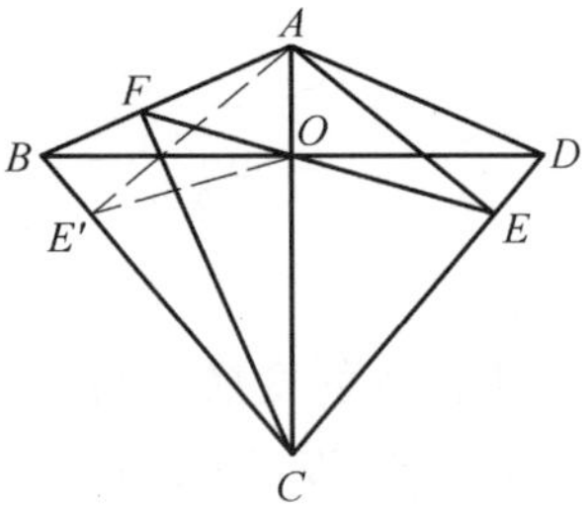

图 5.13

证明 如图 5.13 所示, 作轴反射变换 $S(AC)$, 则 $D \to B$, $CD \to CB$. 设 $L \to L'$, 则 L' 在 BC 上, 且 $AL' \perp BC$, $\angle BOL' = \angle LOD$. 又 $BO \perp AC$, $CK \perp AB$, 所以 AL、BO、CK 三线共点于 $\triangle ABC$ 的垂心. 由三角形的垂心的性质, $\angle KOB = \angle BOL$, 因此 $\angle KOB = \angle LOD$, 故 K、O、L 三点共线, 即 KL 过筝形的对角线的交点.

12. 设 AD 是 $\triangle ABC$ 中 BC 边上的高, 分别过顶点 B 和 C 作 $\angle BAC$ 的角平分线的垂线, 垂足分别为 E 和 F, M 是 BC 边上一点. 求证: D、E、M、F 四点共圆的充分必要条件是 M 为 BC 边的中点. (充分性: 波罗的海地区数学奥林匹克, 1995)

证明 如图 5.14 所示, 不妨设 $AB > AC$. 作轴反射变换 $S(AE)$, 设 $B \to B'$, 则 B' 在 AC 的延长线上, E 为 BB' 的中点.

另一方面, 由 $CF \perp AF$ 及 $AD \perp BC$ 知 A、C、D、F 四点共圆, 所以 $\angle FDM =$

$\angle EAC$. 于是,M 为 BC 的中点 $\Leftrightarrow ME \parallel CB' \Leftrightarrow ME \parallel AC \Leftrightarrow \angle FEM = \angle FAC \Leftrightarrow \angle FEM = \angle FDM \Leftrightarrow D$、$E$、$M$、$F$ 四点共圆.

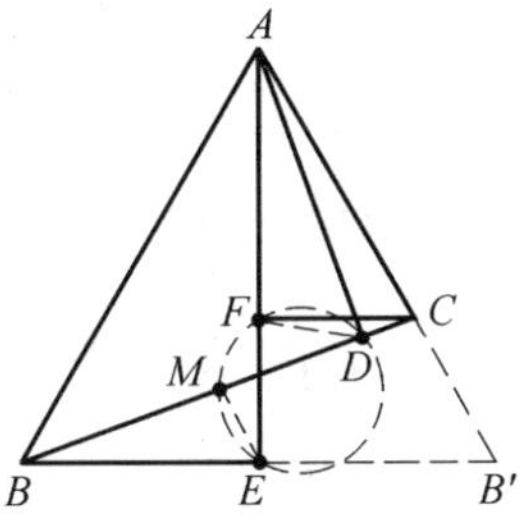

图 5.14

13. 已知 BD 是 $\triangle ABC$ 的一条角平分线, E、F 分别是从点 A、C 所作 BD 的垂线的垂足, P 是从点 D 所作 BC 的垂线的垂足. 求证: $\angle DPE = \angle DPF$.(第 17 届拉丁美洲数学奥林匹克,2002)

证明 如图 5.15 ~ 5.17 所示,注意 D、P、C、F 四点共圆, $AE \parallel CF$, 所以 $\angle DPF = \angle DCF = \angle DAE$. 作轴反射变换 $S(BD)$, 设 $P \to P'$, 则 P' 在直线 AB 上, 且 $DP' \perp AB$, $\angle DP'E = \angle DPE$. 由 $AE \perp BD$ 知 D、E、P'、A 四点共圆, 所以 $\angle DAE = \angle DP'E$. 故

$$\angle DPE = \angle DPF$$

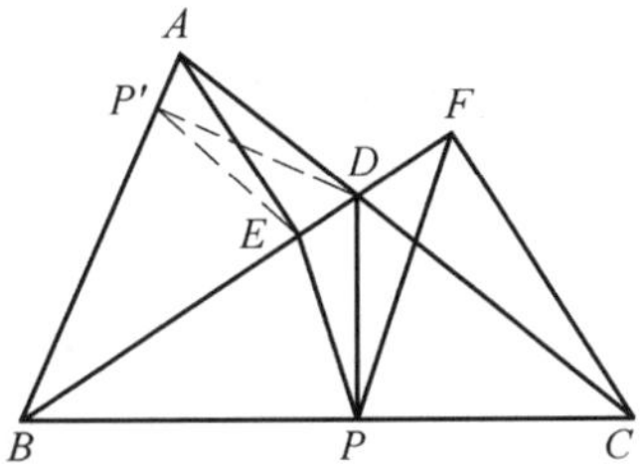

图 5.15

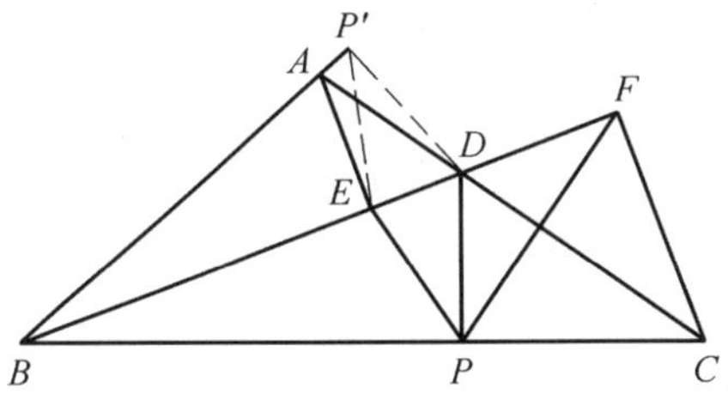

图 5.16

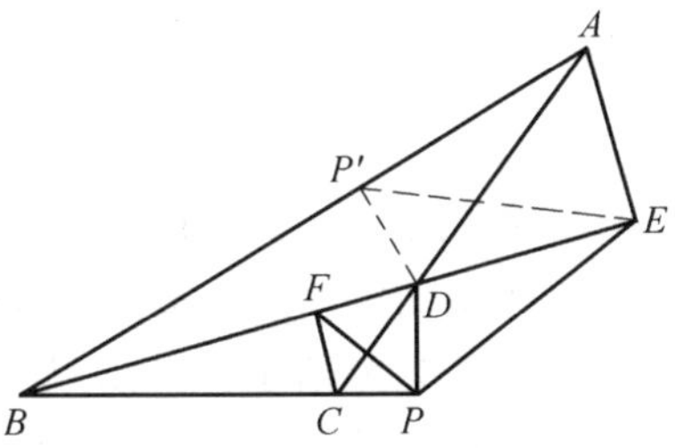

图 5.17

14. 在凸四边形 $ABCD$ 中, $\angle BCD = \angle CDA$, $\angle ABC$ 的平分线交线段 CD 于 E. 证明: $\angle AEB = 90^\circ$ 当且仅当 $AB = AD + BC$.(第 49 届保加利亚数学奥林匹克(第 3 轮),2000)

证明 如图 5.18 所示, 作轴反射变换 $S(BE)$, 设 $C \to C'$, 则 C'、A、B 共线, $C'B = BC$, $\angle BC'E = \angle ECB = \angle ADE$, 所以 A、C'、E、D 共圆. 于是, $AB = AD + BC \Leftrightarrow AB = AD + C'B \Leftrightarrow C'$ 在 AB 上, 且 $AD = AC' \Leftrightarrow EA$ 平分 $\angle DEC' \Leftrightarrow \angle AEB = 90^\circ$.

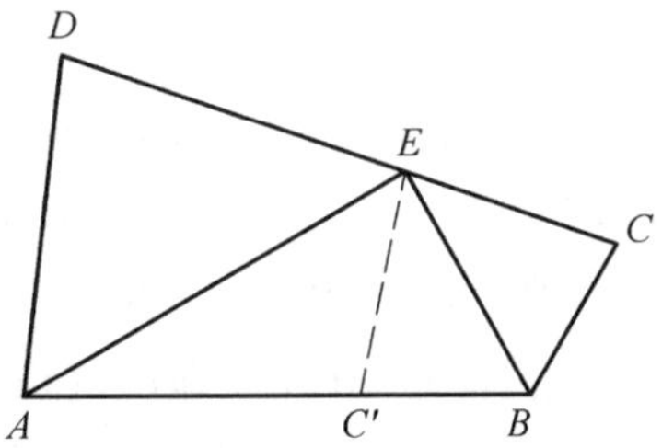

图 5.18

15. 在 $\triangle ABC$ 中，AD 为 BC 边上的高，BE 为 $\angle CBA$ 的平分线. 已知 $\angle AEB = 45°$，求 $\angle CDE$.（第 21 届俄罗斯数学奥林匹克，1995）

解 如图 5.19 所示，因为 $\frac{1}{2}\angle B = \angle CBE < \angle AEB = 45°$，所以，$\angle B$ 为锐角. 又 $\angle EBA + \angle QEB = \frac{1}{2}\angle B + 45° < 90°$，因此，$\angle BAC$ 为钝角，从而 $AD < BA < BC$.

作轴反射变换 $S(BE)$，设 $A \to A'$，则 A' 在直线 BC 上，且 $BA' = BA$. 而 $AD < BA < BC$，所以 $AD < BA' < BC$，因而 A' 在 D、C 之间. 又 $\angle AEA' = 2\angle AEB = 90°$，$AD \perp BC$，所以，$A$、$D$、$A'$、$E$ 四点共圆. 但由 $A'E \perp AE$ 知，$\angle EA'A = 45°$，故 $\angle EDA = \angle EA'A = 45°$.

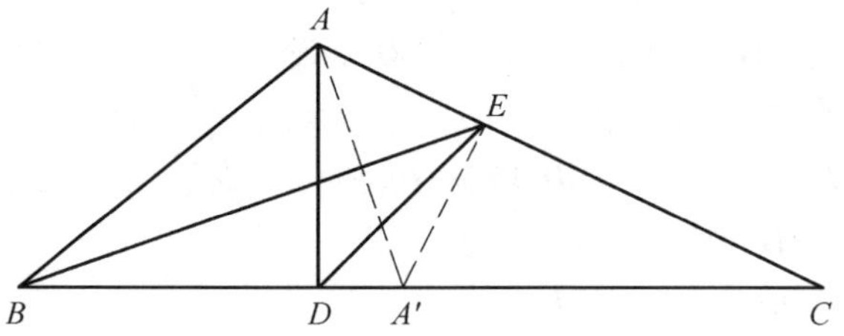

图 5.19

16. 在 $\triangle ABC$ 中，$\angle A$ 的平分线交 BC 于 D，已知 $BD \cdot DC = AD^2$，且 $\angle ADB = 45°$，确定 $\triangle ABC$ 的各个角.（波罗的海地区数学奥林匹克，2000）

解 如图 5.20 所示，因 AD 为 $\angle A$ 的平分线，且 $\angle ADB = 45°$，于是，作轴反射变换 $S(AD)$，设 $C \to C'$，则 C' 在直线 AB 上，且 $AC' = AC$，$DC' \perp DC$.

再作轴反射变换 $S(C'D)$，设 $C \to E$，则 E 在直线 BC 上，且 $ED = DC$，所以

$$BD \cdot ED = BD \cdot DC = AD^2$$

因此 $\angle E = \angle BAD = \angle DAC$，从而 $AC^2 = ED \cdot DC = 2DC^2$，所以 $AC = \sqrt{2}DC = CC'$. 又 $AC' = AC$，于是，$\triangle AC'C$ 为正三角形. 再注意 $DC'DC$ 即可得到 $\triangle ABC$ 的各个角分别为

$$\angle BAC = 60°, \angle CBA = 105°, \angle ACB = 15°$$

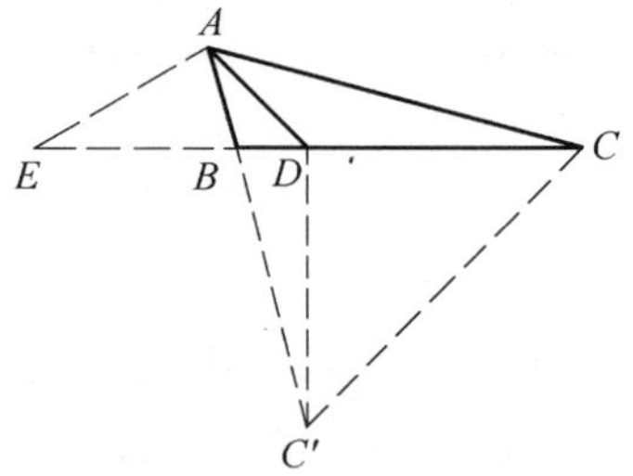

图 5.20

17. 设 D、E 分别是 $\triangle ABC$ 的边 AB、AC 上的点，且 $DE \parallel BC$，在线段 BE 和 CD 上分别存在一点 P 和 Q，使得 PE 平分 $\angle CPD$，CD 平分 $\angle EQB$. 求证：$AP =$

AQ.

证明 如图 5.21 所示,作轴反射变换 $S(DC)$,设 $E \to E'$,则 E' 在 BQ 上,且 $DE' = DE$.在 $\triangle QBC$ 与 $\triangle QED$ 中,$\angle QCB = \angle QDE$,$\angle BQC + \angle EQD = \angle BQC + \angle DQB = 180°$,由正弦定理,$\frac{QB}{BC} = \frac{\sin\angle QCB}{\sin\angle BQC} = \frac{\sin\angle QDE}{\sin\angle EQD} = \frac{QE}{DE}$,所以,$\frac{QB}{QE'} = \frac{QB}{QE} = \frac{BC}{DE}$.

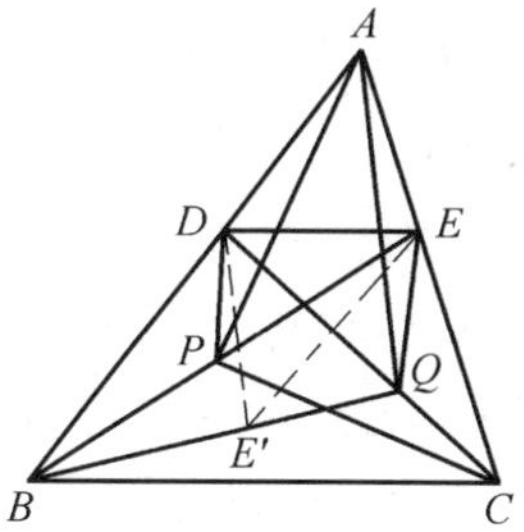

图 5.21

另一方面,由 $DE \parallel BC$ 有$\frac{BC}{DE} = \frac{AB}{AD}$,所以$\frac{QB}{QE'} = \frac{AB}{AD}$,从而 $AQ \parallel DE'$,因此$\frac{AQ}{DE'} = \frac{AB}{AD}$.于是由 $DE' = DE$ 即得$\frac{AQ}{DE} = \frac{AB}{AD}$.同理,$\frac{AP}{DE} = \frac{AC}{AE}$.再由 $DE \parallel BC$ 知$\frac{AB}{AD} = \frac{AC}{AE}$,所以$\frac{AQ}{DE} = \frac{AP}{DE}$.故 $AP = AQ$.

18. 设 AD、BE、CF 为锐角 $\triangle ABC$ 的三条高,P、Q 分别在线段DE与EF上.求证:$\angle PAQ = \angle DAC$ 的充分必要条件是:AP 平分 $\angle QPF$.(必要性:德国国家队选拔考试,2006)

证明 如图 5.22 所示,由条件可知,AD、BE、CF 共点于 $\triangle ABC$ 的垂心 H,且 CF 为 $\angle DFE$ 的平分线.作轴反射变换 $S(AB)$,设 $Q \to Q'$,则 Q' 在直线FD上,$QQ' \perp AB$,$AQ' = AQ$,所以 $QQ' \parallel CF$,于是由 A、F、D、C 四点共圆知,$\angle DAC = \angle DFC = \angle PQ'Q$.

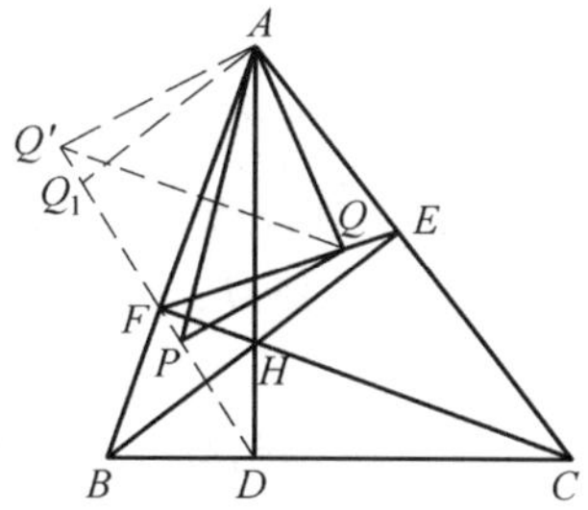

图 5.22

必要性.设 $\angle PAQ = \angle DAC$,则 $\angle PAQ = \angle PQ'Q$,所以,A、Q'、P、Q 四点共圆,再由 $AQ' = AQ$ 即知AP平分 $\angle QPQ'$,即 AP 平分 $\angle QPF$.

充分性.设 AP 平分 $\angle QPF$.再作轴反射变换 $S(AP)$,设 $Q \to Q_1$,则 Q_1 在直线 PD 上,$\angle PQ_1A = \angle AQP$,且 $PQ_1 = PQ < PF + FQ = PF + FQ' = PQ'$,所以 Q_1 在 PQ' 上,因此

$$\angle PQ'A = 180° - \angle PQ_1A = 180° - \angle AQP$$

所以,A、Q'、P、Q 四点共圆,于是 $\angle PQ'Q = \angle PAQ$.故 $\angle PAQ = \angle DAC$.

19. 以 $\triangle ABC$ 的三边为底边在形外作三个相似等腰三角形 DCB、EAC、FBA,使得这三个等腰三角形的底角都等于 $\angle BAC$.再设 M 为 BC 的中点,直线

DE 与 AC 交于 P,直线 DF 与 AB 交于 Q.求证:$\frac{MP}{MQ}=\frac{AB}{AC}$.

证明　如图5.23所示,作轴反射变换 $S(CA)$,设 $E\to E'$,则点 E' 在 AB 上,$CE'=CE$.所以 $\triangle E'CA\cong\triangle EAC\backsim\triangle DBC$,进而有 $\triangle CE'D\backsim\triangle CAB$,因此 $\angle DE'C=\angle BAC$,这样,$DE'\parallel CA$,从而 $\angle BE'D=\angle BAC=\angle E'BF$,于是 $FB\parallel E'D$.又 $\triangle ABF\backsim\triangle BCD$,$\triangle CE'D\backsim\triangle CAB$,所以 $\frac{FB}{AB}=\frac{DC}{BC}=\frac{E'D}{AB}$,因此 $FB=E'D$,这说明四边形 $FBDE'$ 是一个平行四边形,从而 $E'B$ 与 FB 互相平分,所以 $MQ\parallel CE'$,于是 $\angle BQM=\angle BE'C=2\angle BAC$.同理,$\angle MPC=2\angle BAC$,所以,$\angle BQM=\angle MPC$.再设点 M 在 AC、AB 上的射影分别为 X、Y,则 $\frac{MP}{MQ}=\frac{MX}{MY}$.但因 M 为 BC 的中点,所以 $\frac{MX}{MY}=\frac{AB}{AC}$.故 $\frac{MP}{MQ}=\frac{AB}{AC}$.

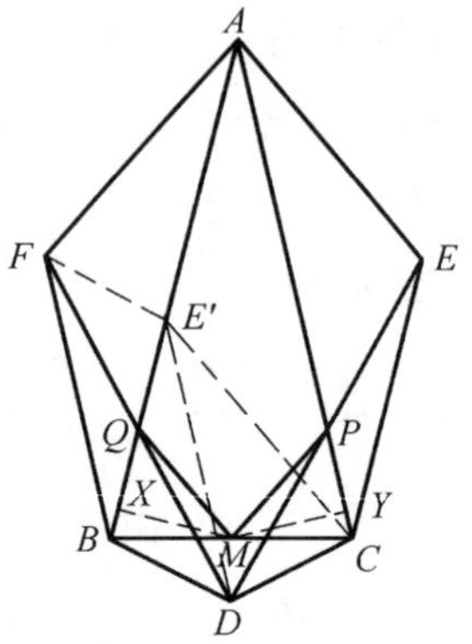

图5.23

20.设 $\triangle ABC$ 是一个以 A 为直角顶点的等腰直角三角形,M、N 是 BC 上两点,且 $\angle MAN=45°$.$\triangle AMN$ 的外接圆分别交 AB、AC 于 P、Q.求证:$BP+CQ=PQ$.(第52届波兰数学奥林匹克,2001)

证明　如图5.24所示.因

$\angle BPM=\angle ANM$,$\angle MBP=\angle MAN(=45°)$

所以

$$\angle NMA=\angle PMB$$

同样,$\angle CNQ=\angle ANM$.于是,作轴反射变换 $S(BC)$,设 $A\to A'$,则 $ABA'C$ 是一个正方形,P、M、A' 在一直线上,Q、N、A' 在一直线上.又

$$\angle A'PQ=\angle MAQ=\angle MAN+\angle NAC=\angle CAN+\angle NAC=\angle ANM=\angle BPA'$$

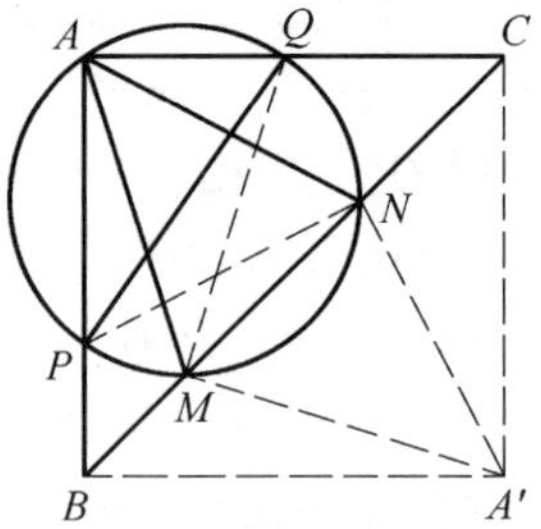

图5.24

同理,$\angle PQA'=\angle A'QC$,所以 A' 为 $\triangle APQ$ 的 A – 旁心.而 $A'B\perp AP$,$A'C\perp AQ$,因此,B、C 分别为 $\triangle APQ$ 的 A – 旁切圆与边 AP、AQ 的延长线的切点.故

$$BP+QC=PQ$$

21.利用轴反射变换证明:

(1) 三角形的三内角平分线共点;

(2) 三角形的两条外角平分线与第三角的内角平分线共点;

(3) 对边之和相等的凸四边形是一个圆外切四边形.

证明 (1) 如图 5.25 所示,在 $\triangle ABC$ 中,设 $\angle CBA$ 的平分线与 $\angle ACB$ 的平分线交于 I,且 $A \xrightarrow{S(BI)} A_1, A \xrightarrow{S(CI)} A_2$,则 A_1、A_2 皆在直线 BC 上,且 $IA_1 = IA, IA_2 = IA, \angle A_2A_1I = \angle BAI, \angle A_1A_2I = \angle IAC$,所以,$IA_1 = IA_2$,从而 $\angle IA_1A_2 = \angle IA_2A_1$. 于是,$\angle BAI = \angle A_2A_1I = \angle A_1A_2I = \angle IAC$. 这说明 AI 为 $\angle BAC$ 的平分线. 换句话说,$\triangle ABC$ 的三内角平分线共点于 I.

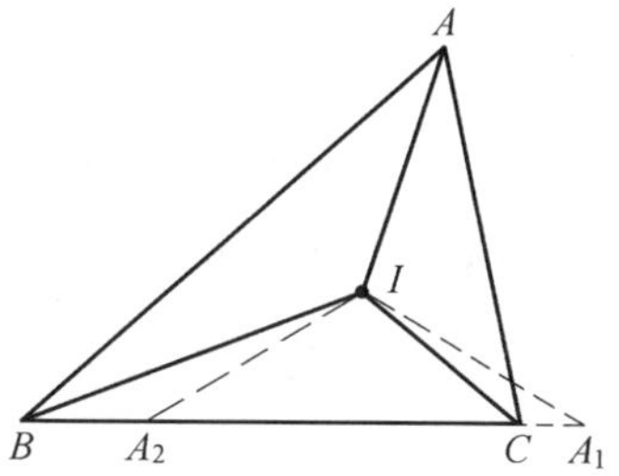

图 5.25

(2) 如图5.26所示,在 $\triangle ABC$ 中,设 $\angle CBA$ 的外角平分线与 $\angle ACB$ 的外角平分线交于 I_a,且 $A \xrightarrow{S(BI_a)} A_1, A \xrightarrow{S(CI_a)} A_2$,则 A_1、A_2 皆在直线 BC 上,且

$$I_aA_1 = I_aA, I_aA_2 = I_aA$$

$$\angle A_2A_1I_a = \angle BAI_a, \angle A_1A_2I_a = \angle I_aAC$$

所以,$I_aA_1 = I_aA_2$,从而 $\angle I_aA_1A_2 = \angle I_aA_2A_1$,于是,$\angle BAI_a = \angle A_2A_1I_a = \angle A_1A_2I_a = \angle I_aAC$. 这说明 AI_a 为 $\angle BAC$ 的平分线. 换句话说,在 $\triangle ABC$ 中,$\angle CBA$ 的外角平分线、$\angle ACB$ 的外角平分线以及 $\angle BAC$ 的平分线共点于 I_a.

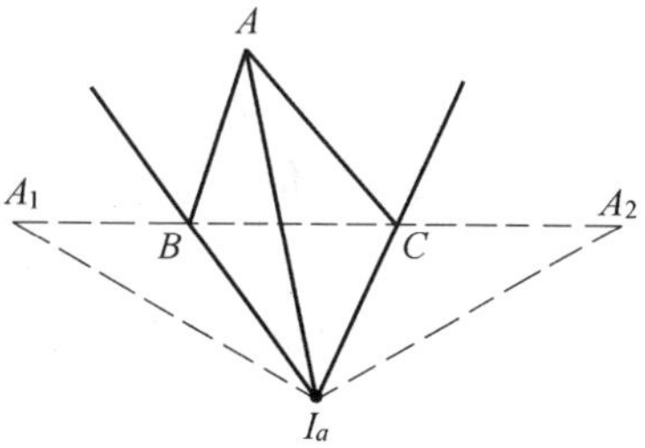

图 5.26

(3) 如图 5.27 所示,设 $ABCD$ 是一个凸四边形,且 $AB + CD = BC + AD$. 当 $AB = BC = CD = AD$ 时,四边形 $ABCD$ 是一个菱形,而菱形显然有内切圆;当四边形 $ABCD$ 的四边不全相等时,至少有两条邻边不相等,不妨设 $AB > AD$,则由 $AB + CD = BC + AD$ 知 $BC > DC$. 此时,设 $\angle BAD$ 的平分线与 $\angle DCB$ 的平分线交于 $I, D \xrightarrow{S(IA)} E, D \xrightarrow{S(IC)} F$,则 E、F 分别在边 AB、BC 上,且 $IE = ID = IF, \angle AEI = \angle ADI, \angle CFI = \angle CDI, AE = AD, CF = CD$. 又

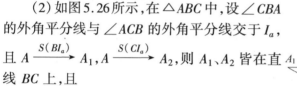

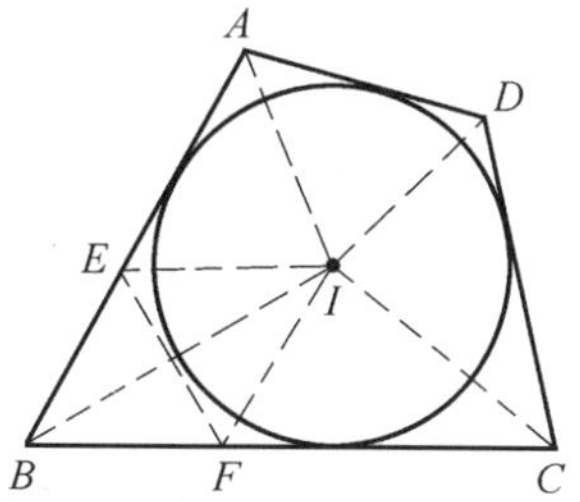

图 5.27

$$AB - AD = BC - CD$$

即 $AB - AE = BC - FC$,所以 $BE = BF$,从而 IB 垂直平分 EF. 于是,IB 为 $\angle ABC$ 的平分线,且 $\angle CFI = \angle IEA$. 这样,$\angle ADI = \angle AEI = \angle IFC = \angle IDC$. 因此,$ID$ 是 $\angle ADC$ 的平分线. 故存在一个以 I 为圆心的圆与四边形 $ABCD$ 的四

边均相切,即四边形 $ABCD$ 是一个圆外切四边形.

22.在 $\triangle ABC$ 中,$\angle C = 90°$,A 与 B 的平分线分别与对边交于点 D、E,AD 与 BE 交于 I.求证:四边形 $ABDE$ 的面积等于 $\triangle AIB$ 的面积的两倍.(第 14 届伊朗数学奥林匹克,1996)

证明 如图 5.28 所示,设 $D \xrightarrow{S(BE)} D'$,$E \xrightarrow{S(AD)} E'$,则 D'、E' 皆在 AB 上,$ID' = ID$,$IE' = IE$.易知 $\angle EIA = \angle BID = 45°$,于是由 $\angle AIE = \angle EIA = 45°$,$\angle DIB = \angle BID = 45°$ 可得 $\angle E'ID' = 45°$,而 $\angle DIE = 135°$,所以,$\triangle ID'E'$ 与 $\triangle IDE$ 是两边对应相等,且夹角互补的两个三角形,因而其面积相等.又显然

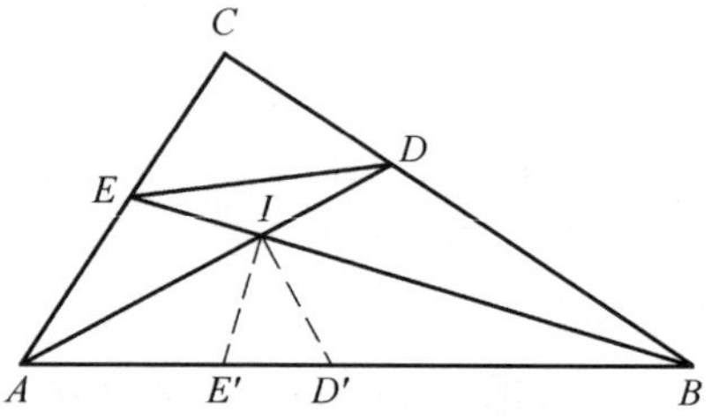

图 5.28

$$\triangle E'AI \cong \triangle EAI, \triangle D'IB \cong \triangle DIB$$

所以,$\triangle AIB$ 的面积是 $\triangle EAI$、$\triangle IDE$、$\triangle DIB$ 这三个三角形的面积之和,故四边形 $ABDE$ 的面积等于 $\triangle AIB$ 的面积的两倍.

23.在 $\triangle ABC$ 中,$\angle B$ 与 $\angle C$ 的平分线分别与边 CA、AB 相交于 D、E,$\angle BDE = 24°$,$\angle CED = 18°$.试求 $\triangle ABC$ 的三个内角.(第 33 届 IMO 预选,1992)

解 如图 5.29 所示,显然,$\angle CBD + \angle ECB = \angle BDE + \angle CED = 24° + 18° = 42°$,所以,$\angle CBE + \angle ACB = 2 \times 42° = 84°$,从而 $\angle A = 96°$.

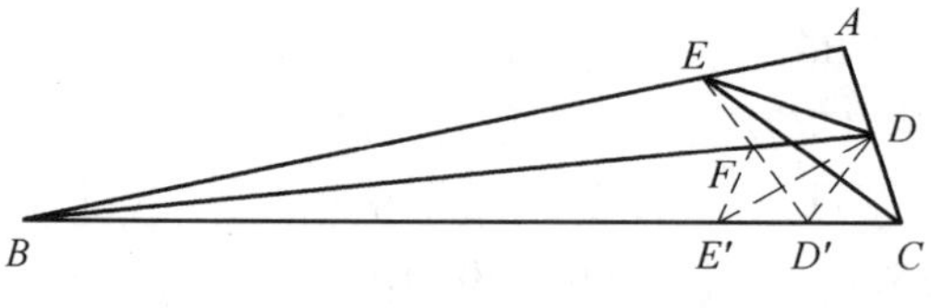

图 5.29

因 $\angle A > 90°$,所以 $\angle A > \angle CBA$,进而 $BC > CA$.于是,设 $D \xrightarrow{S(CE)} D'$,$E \xrightarrow{S(BD)} E'$,则 D'、E' 皆在边 BC 上,且 $ED' = ED$.由此易知,$\angle D'ED = 36°$,且 $\angle EDD' = \angle DD'E = 72°$.又 $\angle BDE' = \angle EDB = 24°$,$\angle EDE' = 48° < 72°$,所以,$E'$ 在 B、D' 之间,且

$$\angle E'DD' = \angle EDD' - \angle EDE' = 72° - 48° = 24° = \angle BDE'$$

再设 ED' 与 BD 交于 F,则 $\angle EFB = \angle EDB + \angle D'ED = 24° + 36° = 60°$,因而 $\angle E'FD' = \angle BFE'(= 60°)$.这样,点 E' 是 $\triangle DFD'$ 的旁心,于是 $\angle CDD' = \angle FD'B$,从而

$$\angle CD'D = \frac{1}{2}(180° - \angle DD'E) = \frac{1}{2}(180° - 72°) = 54°$$

再由 $CD' = CD$ 即知 $\angle BCA = 180° - 2 \times 54° = 72°$,进而 $\angle CBA = 12°$.综上所述,$\angle A = 96°$,$\angle B = 12°$,$\angle C = 72°$.

24. 在四边形 $ABCD$ 中,$AB + BC = CD + DA$,$\angle ABC$ 的外角平分线与 $\angle CDA$ 的外角平分线交于 P.求证:$\angle APB = \angle CPD$.

证明　如图 5.30,5.31 所示.设 $A \xrightarrow{S(PB)} A'$,$C \xrightarrow{S(PD)} C'$,则 A'、B、C 三点共线,A、D、C' 三点共线,$PA' = PA$,$PC' = PC$,$A'B = AB$,$C'D = CD$,$\angle PA'B = \angle PAB$,$\angle DC'P = \angle DCP$,且 $A'C = A'B + BC = AB + BC = AD + DC = AD + DC' = AC'$,所以 $\triangle PA'C \cong \triangle PAC'$,于是,$\angle A'PC = \angle APC'$,$\angle CA'P = \angle C'AP$,$\angle PC'A = \angle PCA'$.由 $\angle A'PC = \angle APC'$ 即知 $\angle A'PA = \angle CPC'$,但 $\angle A'PA = 2\angle BPA$,$\angle CPC' = 2\angle CPD$,故 $\angle BPA = \angle CPD$.

注　由证明过程可知,直线 PA 平分 $\angle DAB$,直线 PC 平分 $\angle DCB$.

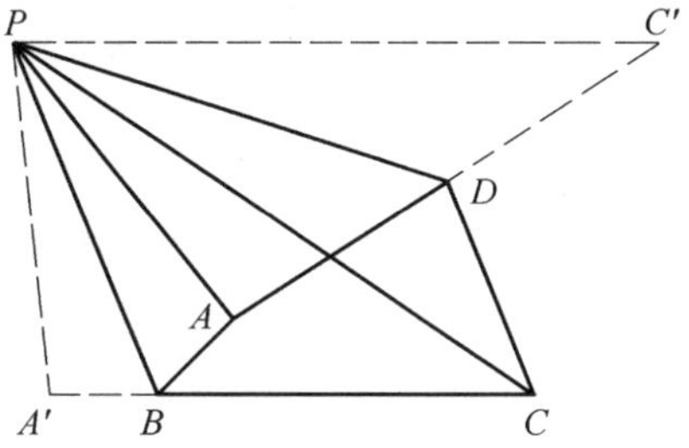

图 5.30

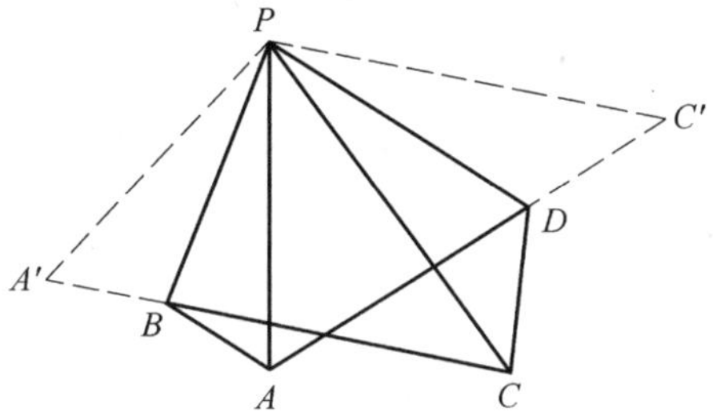

图 5.31

25. 在四边形 $ABCD$ 中,$AB = CD$,$AD \neq BC$,$\angle B$ 的平分线与 $\angle C$ 的平分线交于 P,且 $\angle APB = \angle CPD$.求证:四边形 $ABCD$ 是等腰梯形.

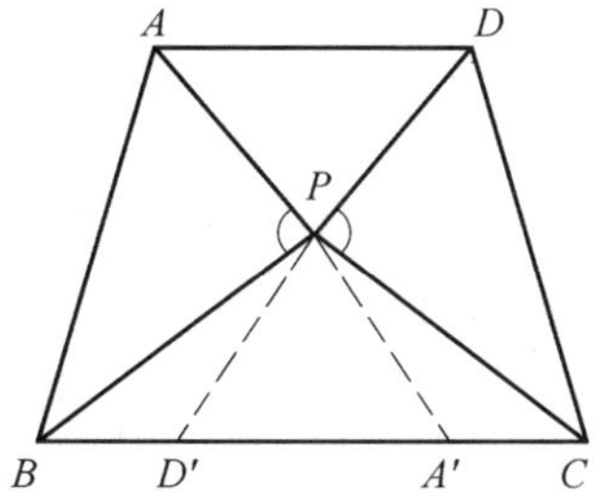

图 5.32

证明　如图 5.32 所示,设 $A \xrightarrow{S(PB)} A'$,$D \xrightarrow{S(PC)} D'$,则 $A'B = AB = CD = CD'$,所以 $BD' = A'C$.且

$$\angle BPD' = \angle BPC - \angle D'PC = \angle BPC - \angle CPD = \angle BPC - \angle BAP = \angle BPC - \angle BPA' = \angle APC$$

由例 3.2.1,$\angle CBP = \angle PCB$,所以 $\angle CBA = \angle DCB$,故四边形 $ABCD$ 是一个等腰梯形.

26. 设 I 是 $\triangle ABC$ 的内心，直线 BI、CI 分别交 AC、AB 于 E、F. 证明：若 $AB \neq AC$，则 $IE = IF$ 的充分必要条件是 $\angle BAC = 60°$.

证明　如图 5.33 所示，不妨设 $AB > AC$，则由三角形的内角平分线性质定理

$$AF = \frac{CA \cdot AB}{BC + CA} > \frac{CA \cdot AB}{BC + AB} = AE$$

作轴反射变换 $S(AI)$，设 $E \to E'$，则 E' 在线段 AF 上，且 $IE' = IE$.

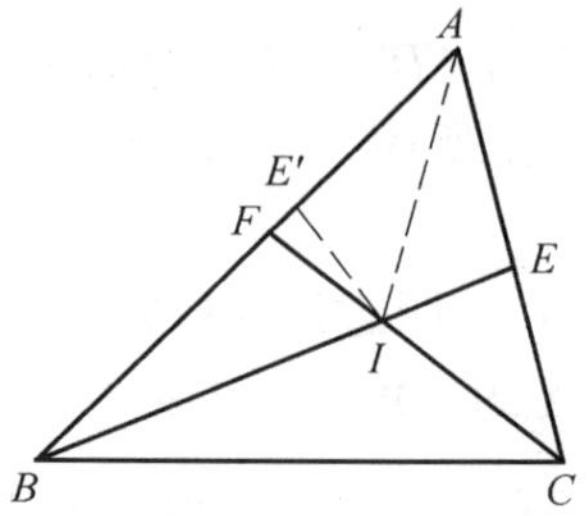

图 5.33

又 $\angle EIF = \angle BIC = 90° + \frac{1}{2}\angle BAC$，于是

$$IE = IF \Leftrightarrow IE' = IF \Leftrightarrow \angle IFE' = \angle IE'F \Leftrightarrow \angle BFI = \angle AE'I \Leftrightarrow$$

$$\angle BFI = \angle AEI \Leftrightarrow I、E、A、F \text{ 四点共圆} \Leftrightarrow \angle BAC + \angle EIF = 180° \Leftrightarrow$$

$$\angle BAC + 90° + \frac{1}{2}\angle BAC = 180° \Leftrightarrow \angle BAC = 60°$$

27. 一张台球桌的形状是正六边形 $ABCDEF$，一个球从边 AB 的中点 P 击出，击中 BC 边上的某一点 Q，并且依次碰击 CD、DE、EF、FA 各边，最后击中 AB 边上的某一点. 设 $\angle BPQ = \theta$，求 θ 的取值范围. (全国高中数学联赛，1981)

解　如图 5.34 所示，设 $ABCDEF \xrightarrow{S(BC)} A_1BCD_1E_1F_1$，则有 $B \xrightarrow{S(CD_1)} D$. 设 $A_1BCD_1E_1F_1 \xrightarrow{S(CD_1)} A_2DCD_1E_2F_2$，则有 $C \xrightarrow{S(D_1E_2)} E_1$. 设 $A_2DCD_1E_2F_2 \xrightarrow{S(D_1E_2)} A_3B_3E_1D_1E_2F_3$，则有 $D_1 \xrightarrow{S(E_2F_3)} F_2$. 设 $A_3B_3E_1D_1E_2F_3 \xrightarrow{S(E_2F_3)} A'B_4C_1F_2E_2F_3$，则有 $E_2 \xrightarrow{S(F_3A')} A_3$. 再设 $A'B_4C_1F_2E_2F_3 \xrightarrow{S(F_3A')} A'B'C_2D_2A_3F_3$，则 $A'B' \parallel AB$，且 A_2、F_2、A'、B' 四点在一直线上.

现设球从 AB 的中点 P 出发，依次碰击 BC、CD、DE、EF、FA 各边上的点 Q、R、S、T、U，最后击中 AB 边上的点 V，且

$$R \xrightarrow{S(BC)} R',\ S \xrightarrow{S(CD_1)S(BC)} S'$$

$$T \xrightarrow{S(D_1E_2)S(CD_1)S(BC)} T',\ U \xrightarrow{S(E_2F_3)S(D_1E_2)S(CD_1)S(BC)} U'$$

$$V \xrightarrow{S(F_3A')S(E_2F_3)S(D_1E_2)S(CD_1)S(BC)} V'$$

则 P、Q、R'、S'、T'、U'、V' 七点在一直线上，且点 V 在边 AB 上，当且仅当点 V' 在线段 $A'B'$ 上.

过点 P 作直线 AB 的垂线，垂足为 M，则由 $A'B' \parallel AB$ 知 $\angle MV'P = \theta$，且

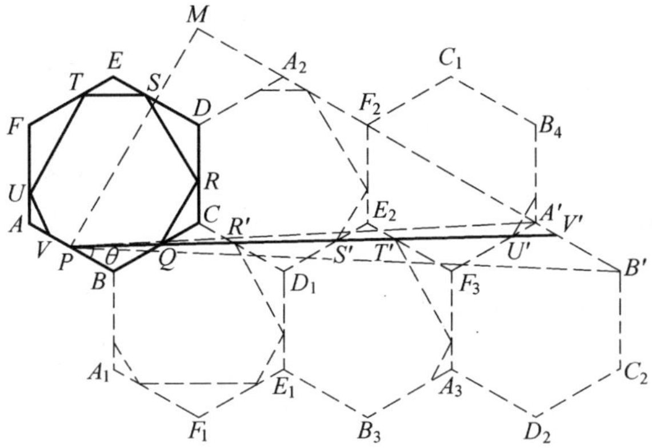

图 5.34

点 V' 在线段 $A'B'$ 上,当且仅当 $\angle MBP < \angle MVP = \theta < \angle MAP$,当且仅当 $\tan \angle MB'P < \tan\theta < \tan \angle MA'P$,当且仅当

$$\arctan \angle MB'P < \theta < \arctan \angle MA'P$$

设正六边形 $ABCDEF$ 的边长为 a,则不难知道

$$MB' = 5a, MA' = 4a, PM = \frac{3\sqrt{3}}{2}a$$

$$\tan \angle MB'P = \frac{3\sqrt{3}}{10}, \tan \angle MA'P = \frac{3\sqrt{3}}{8}$$

故 θ 的取值范围为: $\arctan \frac{3\sqrt{3}}{10} < \theta < \arctan \frac{3\sqrt{3}}{8}$.

28. 在 $\triangle ABC$ 中,$AB > AC$,AD 是它的一条高,P 是 AD 上的任意一点.求证

$$PB - PC > AB - AC$$

证明 如图 5.35 所示,作轴反射变换 $S(AD)$,设 $C \to C'$,则 $C'D = DC$.因 $AB > AC$,所以 $BD > DC$,于是 C' 在 BD 上.设 AC' 与 PB 交于 E,则 $AE + EB > AB$,$EC' + PE > PC'$,两式相加,得 $AC' + PB > AB + PC'$,再注意 $PC' = PC$,$AC' = AC$ 即得 $PB - PC > AB - AC$.

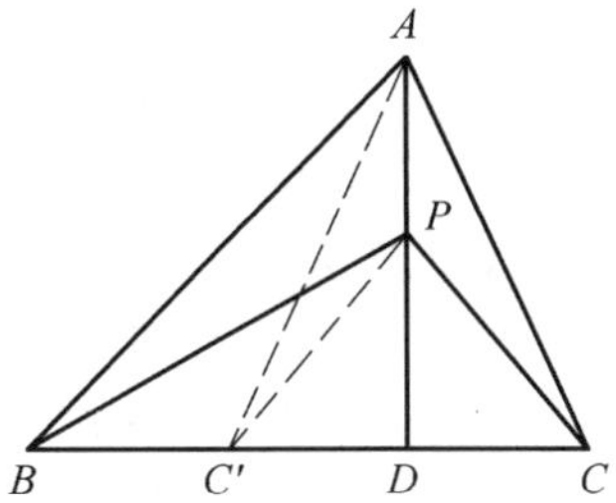

图 5.35

29. 在锐角 $\triangle ABC$ 中,$AB \neq AC$,AD 是高,H 是 AD 上一点,直线 BH 与 AC 交于 E,直线 CH 与 AB 交于 F,求证:如果 B、C、E、F 三点共圆,则 H 是 $\triangle ABC$ 的垂心.

证明 如图 5.36 所示.作轴反射变换 $S(AD)$,设 $B \to B'$,则 B' 在直线 DC

上，且$\angle AB'H=\angle HBA$．又B、C、E、F四点共圆，所以$\angle HBA=\angle ACH$，因此$\angle AB'H=\angle ACH$，于是B'、C、A、H'四点共圆，所以$\angle HCB'=\angle DAB'$，即$\angle HCB=\angle DAB'$．但$\angle DAB'=\angle BAD$，从而$\angle HCB=\angle BAD$，这样，F、D、C、A四点共圆，所以$\angle CFA=\angle CDA=90°$．故$H$是$\triangle ABC$的垂心．

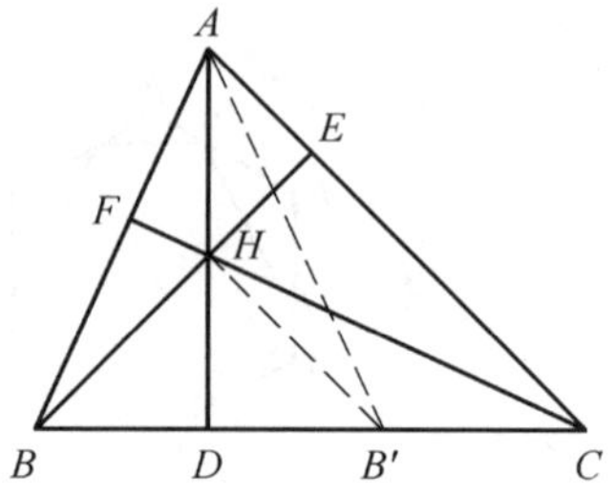

图 5.36

30．分别过$\triangle ABC$的顶点B、C向过顶点A的一条直线作垂线，垂足分别为E、F．D是BC的中点．求证：$DE=DF$．

证明　如图 5.37，5.38 所示，作轴反射变换$S(EF)$，设$B\to B'$，$C\to C'$，则E、F分别是BB'、CC'的中点，且$B'\to B$，$C'\to C$，$BC'=B'C$，而D为BC的中点，所以，$DE=\frac{1}{2}CB'$，$DF=\frac{1}{2}BC'$．因$BC'=B'C$，故$DE=DF$．

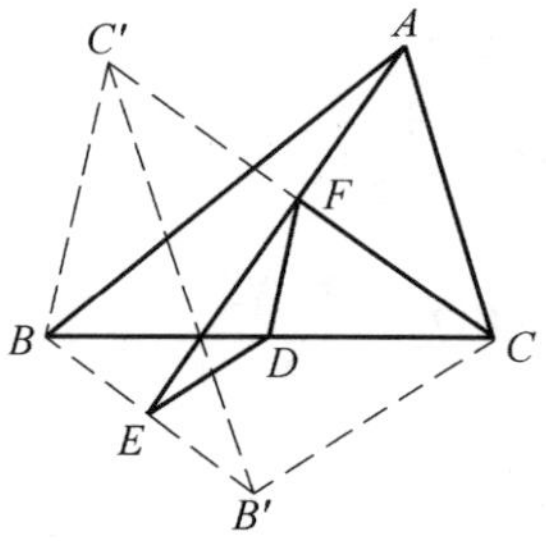

图 5.37

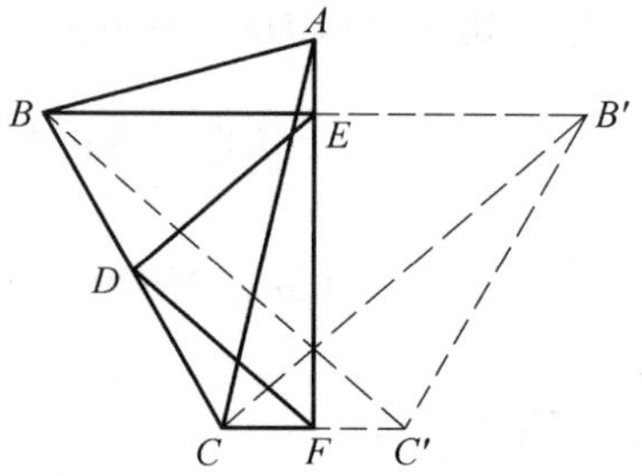

图 5.38

31．设$\triangle ABC$的顶点B、C在顶角A的外角平分线上的射影分别为D、E．求证：BE、CD及$\angle BAC$的平分线三线共点．

证明　如图 5.39 所示，作轴反射变换$S(DE)$，设$B\to B'$，$C\to C'$，则C'、A、B在一直线上，B'、A、C在一直线上，且D、E分别为$B'B$、$C'C$的中点．又设$\angle BAC$的平分线与BC交于F，则$DE /\!/ AF /\!/ EC$，所以，CD、BE皆过AF的中点．即BE、CD、AF三线共点．换句话说，BE、CD及$\angle BAC$的平分线三线共点．

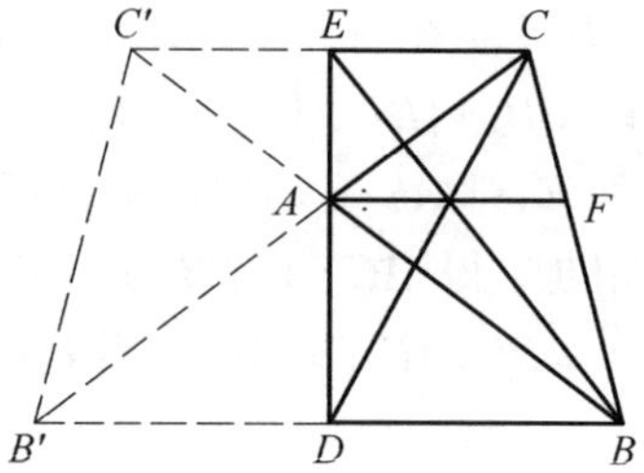

图 5.39

32．在直角梯形$ABCD$中，$\angle DAB=\angle CBA=90°$，$\triangle DBC$是正三角形．以$AB$为边向形外再作正$\triangle ABE$．求证：$BD$平分线段$CE$．

证明 如图5.40所示,作轴反射变换 $S(AB)$,设 $C\to C'$,$D\to D'$,$E\to E'$,则因 $\triangle DBC$ 是一个正三角形,所以,$\triangle D'C'B$ 也是一个正三角形,于是,$DB /\!/ D'C'$.又 $C'B\perp AB$,$D'A\perp AB$,所以,$\angle ABD'=30°$,$\angle BD'A=60°$,而 $\triangle ABE$ 是一个正三角形,所以,$D'B$ 垂直平分 AE,从而 $\angle ED'B=\angle BD'A=60°$,但 $\angle C'D'B=60°$,因此,D'、E、C' 三点共线,即点 E 在线段 $C'D'$ 上.再注意 B 是 $C'C$ 的中点即知 BD 平分线段 CE.

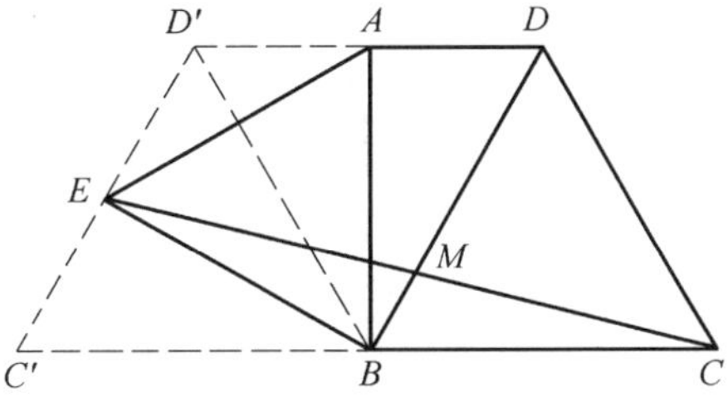

图5.40

33.在锐角 $\triangle ABC$ 中,中线 BD 与高 CE 相等,且 $\angle CBD=\angle ACE$.求证:$\triangle ABC$ 是一个正三角形.(第33届英国数学奥林匹克,1997)

证明 如图5.41所示,因 $CE\perp AE$,D 为 AC 的中点,所以,$DE=DC$,于是 $\angle CED=\angle ACE=\angle CBD$,这说明 D、E、B、C 四点共圆,因此,由 $CE\perp AE$ 知 $BD\perp AC$.再注意 D 为 AC 的中点即知 $AB=BC$,且 BD 为 $\angle CBA$ 的平分线.

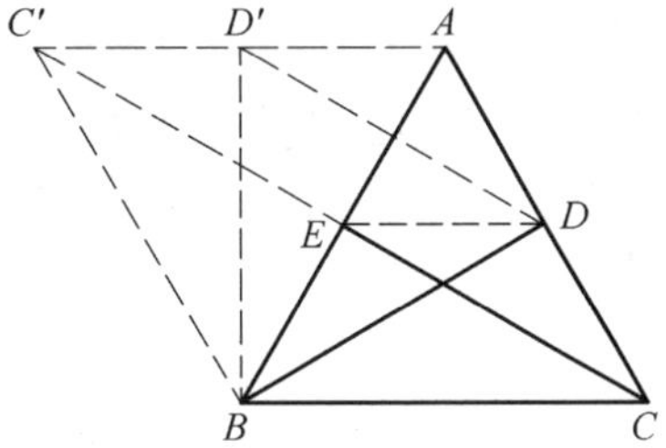

图5.41

作轴反射变换 $S(AB)$,设 $C\to C'$,$D\to D'$,则 C'、E、C 在一条直线上,$BD'=BD$,$D'D /\!/ C'C$,D' 为 $C'A$ 的中点,所以,$2DD'=CC'=2CF$,因此,$D'D=EC=BD=BD'$,从而 $\triangle D'BD$ 是一个正三角形.又 AB 是 $\angle DBD'$ 的平分线,于是 $\angle CBA=2\angle DBA=\angle DBD'=60°$,再注意 $AB=BC$ 即知 $\triangle ABC$ 是一个正三角形.

34.设 $\triangle ABC$ 的边 BC 的垂直平分线与直线 AB 交于 D.求证

$$|AC^2-AB^2|=\frac{AD}{DB}\cdot BC^2$$

证明 如图5.42,5.43所示,以 BC 的垂直平分线 l 为反射轴作轴反射变换 $S(l)$,设 $A\to A'$,则四边形 $A'BCA$ 为矩形或等腰梯形,或四边形 $ABCA'$ 为矩形或等腰梯形,因而为圆内接四边形,由 Ptolemy 定理,$AB^2=AC^2+BC\cdot A'A$,或 $AC^2=AB^2+BC\cdot A'A$,所以 $|AB^2-AC^2|=BC\cdot AA$.但 $A'A /\!/ BC$,$A'C$ 过点 D,所以,$\frac{AA'}{BC}=\frac{AD}{DB}$,因此 $A'A=\frac{AD}{DB}\cdot BC$.故

$$|AC^2 - AB^2| = \frac{AD}{DB} \cdot BC^2$$

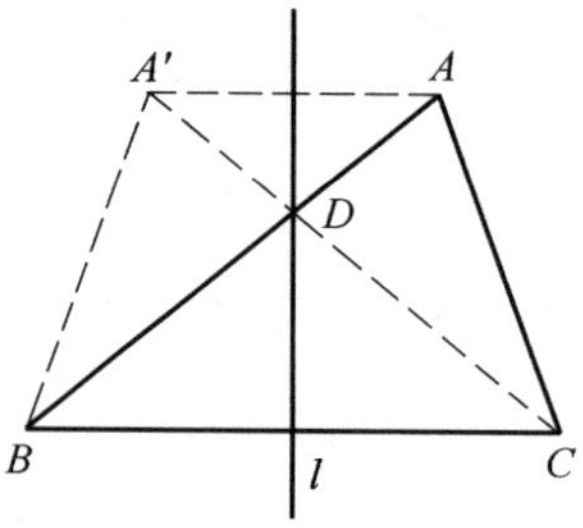

图 5.42

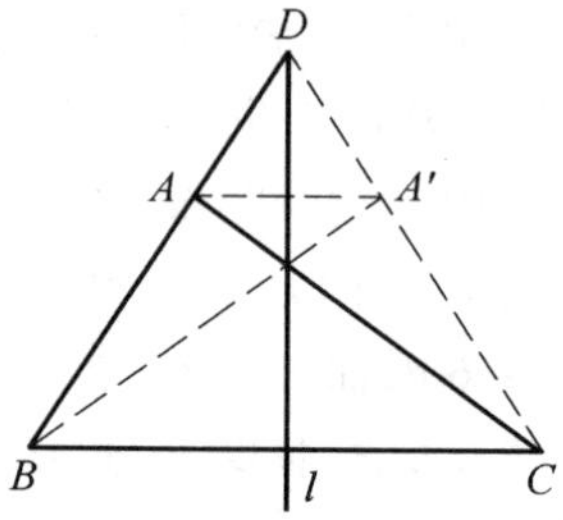

图 5.43

35. 设 AB、CD 是圆的两弦，$\overset{\frown}{AB}$、$\overset{\frown}{CD}$ 的中点分别为 M、N. 求证：弦 MN 与 AB、CD 两弦交成等角.

证明　如图 5.44 ~ 5.47 所示，设 AB、CD 是圆 Γ 的两弦，以 MN 的垂直平分线为反射轴作轴反射变换，则 $N \to M$. 设 $C \to C'$，$D \to D'$，则 C'、D' 两点都在圆 Γ 上，且 M 为 $\overset{\frown}{C'D'}$ 的中点. 又 M 为 $\overset{\frown}{AB}$ 的中点，所以，$\overset{\frown}{AC'} = \overset{\frown}{BD'}$，因此，$C'D' /\!/ AB$，从而弦 MN 与 AB、$C'D'$ 两弦交成等角. 故弦 MN 与 AB、CD 两弦交成等角.

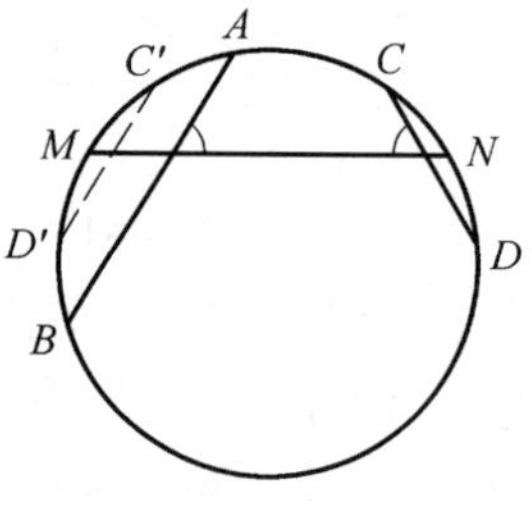

图 5.44

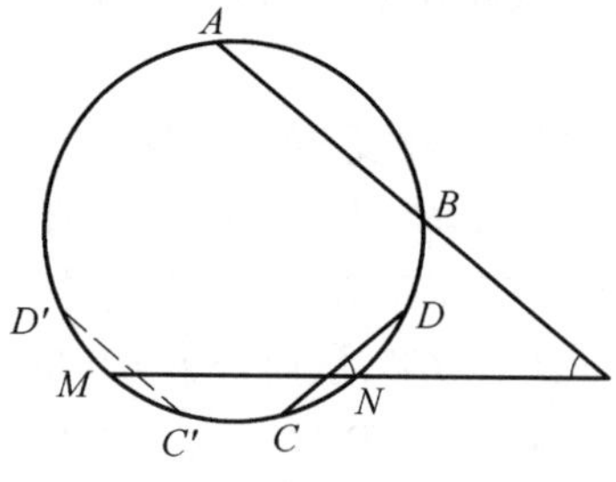

图 5.45

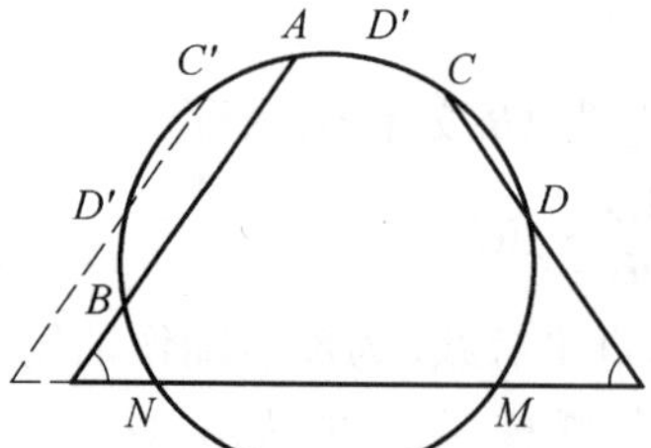

图 5.46

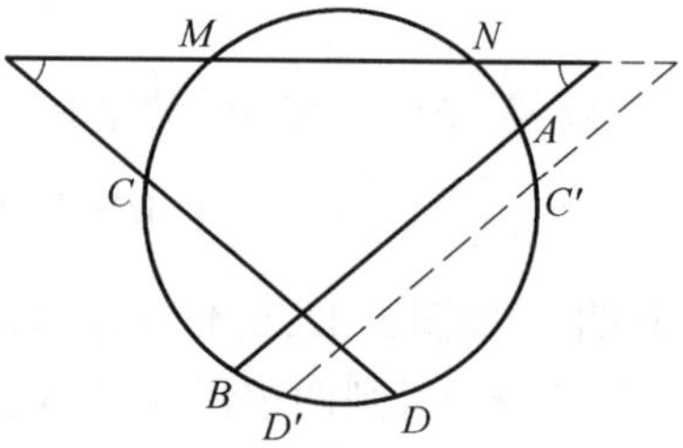

图 5.47

36. 过直线 l 上一点 P 作 $\odot O$ 的切线 PA、PB，A、B 为切点. C 为 $\odot O$ 上一点，直线 BC 与 l 交于 M. 求证：$AC /\!/ l$ 的充分必要条件是 $OM \perp l$.

证明 (变换证法)如图 5.48,5.49 所示,以过圆心 O 且垂直于 l 的直线为反射轴作轴反射变换,设 $B \to B'$, $P \to P'$,则 B' 在 $\odot O$ 上, $PB' = PB$, $\measuredangle MP'B' = \measuredangle BPM$,且 $BB' \parallel l$,所以, $\measuredangle BPM = \measuredangle B'BP$.又 B 为切点,所以, $\measuredangle B'BP = \measuredangle BCB'$,因此 $\measuredangle MP'B' = \measuredangle BCB'$.这说明 B'、P'、C、M 四点共圆,所以, $\measuredangle B'MP' = \measuredangle B'CP'$.

另一方面,因 A 为切点,所以, $\measuredangle ACB = \measuredangle PAB$.于是

$$AC \parallel l \Leftrightarrow A \to C \Leftrightarrow \measuredangle B'CP' = \measuredangle PAB \Leftrightarrow \measuredangle B'MP' = \measuredangle PAB$$

又 $AC \parallel l \Leftrightarrow \measuredangle ACB = \measuredangle PMB$.这样便有

$$AC \parallel l \Leftrightarrow \measuredangle B'MP' = \measuredangle PMB \Leftrightarrow \triangle P'B'M \cong \triangle PBM \Leftrightarrow$$

$$P'M = PM \Leftrightarrow M \text{ 在反射轴上} \Leftrightarrow OM \perp l$$

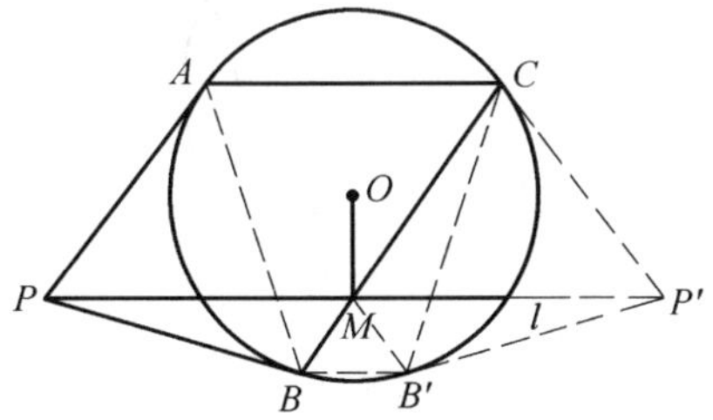

图 5.48

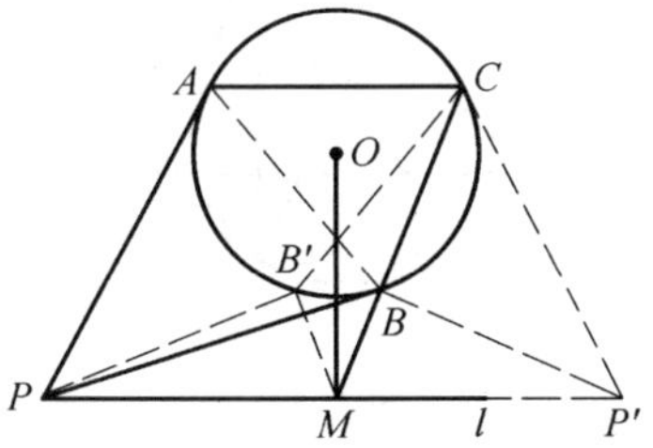

图 5.49

另证 (非变换证法)如图 5.50,5.51 所示,因 $OA \perp PA$, $OB \perp PB$,所以, O、A、P、B 四点共圆,且 OP 为其直径.又 PA、PB 为 $\odot O$ 的两条切线,且 A、B 为切点,所以, $\measuredangle ACB = \measuredangle PAB$.于是, $AC \parallel l \Leftrightarrow \measuredangle PMB = \measuredangle ACB \Leftrightarrow \measuredangle PMB = \measuredangle PAB \Leftrightarrow A$、$P$、$B$、$M$ 四点共圆 $\Leftrightarrow$ 点 M 在以 OP 为直径的圆上 $\Leftrightarrow OM \perp l$.

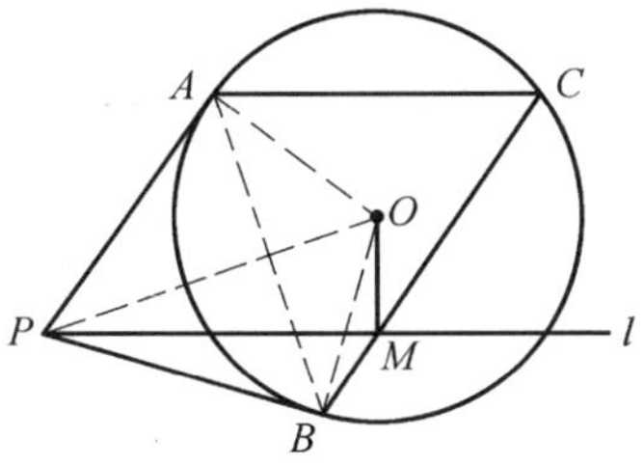

图 5.50

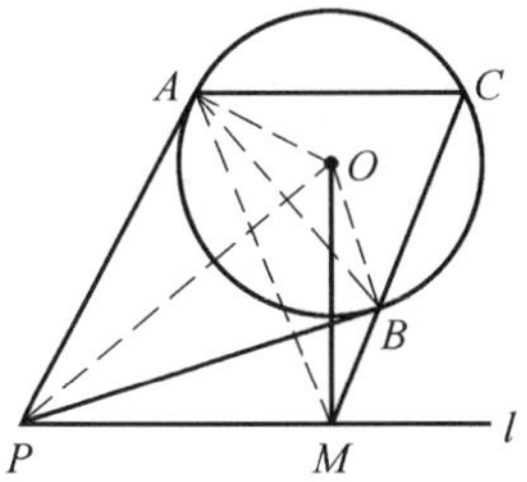

图 5.51

37. 设 O 为 $\triangle ABC$ 的外心,直线 AO 交 BC 于 D,过 A 作 BC 的垂线交 $\triangle ABC$ 的外接圆于 E,直线 OQ 交 BC 于 F.求证: $\frac{S_{\triangle ADC}}{S_{\triangle EFC}} = \left(\frac{\sin B}{\cos C}\right)^2$.(地中海地区数学奥林匹克,2004)

证明　如图5.52,5.53所示,以边 BC 的垂直平分线为反射轴作轴反射变换,则 $C\to B$.设 $E\to E'$,则 E' 也在 $\triangle ABC$ 的外接圆上,且 $\overset{\frown}{BE'}=\overset{\frown}{EC}$,所以,$\measuredangle BAE'=\measuredangle EAC$.又 $AE\perp BC$,O 是 $\triangle ABC$ 的外心,所以,$\measuredangle EAC=\measuredangle BAO$,因此,$\measuredangle BAE'=\measuredangle BAO$,这说明 E' 是直线 AO 与 $\triangle ABC$ 的外接圆的另一交点,所以,$F\to D$.从而 $\triangle BDE'\cong\triangle CFE$.又 $\triangle ADC\backsim\triangle BDE'$.于是,再注意 $\sin\angle EAC=\cos\angle C$ 即得

$$\frac{S_{\triangle ADC}}{S_{\triangle EFC}}=\frac{S_{\triangle ADC}}{S_{\triangle BDE'}}=\left(\frac{AD}{BD}\right)^2=\left(\frac{\sin B}{\sin\angle BAD}\right)^2=\left(\frac{\sin B}{\sin\angle EAC}\right)^2=\left(\frac{\sin B}{\cos C}\right)^2$$

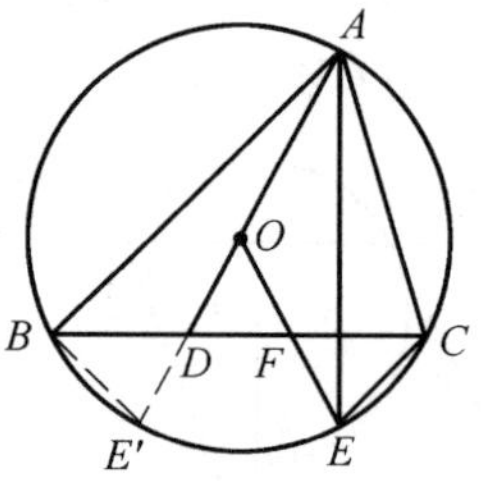

图5.52

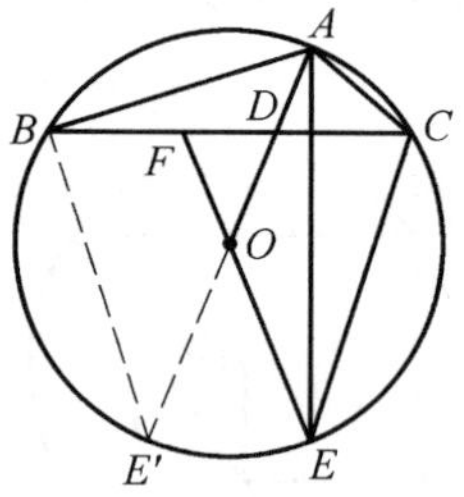

图5.53

38.设 O 是一个锐角 $\triangle ABC$ 的外心,$\triangle ABC$ 的外接圆 Γ 在顶点 A 处的切线与直线 BC 交于 D,AE 是圆 Γ 的直径.直线 EC 与 OD 交于 F.求证:$AF\perp AB$.

证明　如图5.54所示,作轴反射变换 $S(OD)$,设 $A\to A'$,则 DA' 是圆 Γ 的另一条切线,且 $AA'\perp OD$,所以,$\angle FDA'=\angle ODA'=\angle ADO=\angle OAA'=\angle EAA'=\angle ECA'$,从而 A'、C、F、P 四点共圆.于是,$\angle FAD=\angle DA'F=\angle DCF=\angle BCE=\angle BAE$,所以 $\angle BAF=\angle EAD=90°$.故 $AE\perp AB$.

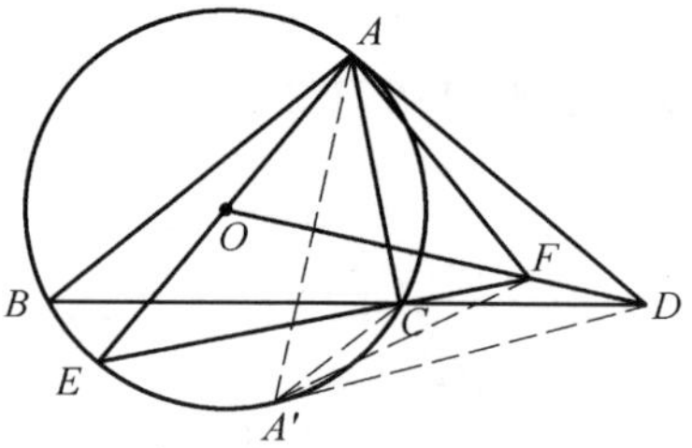

图5.54

39.在 $\triangle ABC$ 中,D 是 BC 上一点,$\triangle ABD$ 的外接圆与 AC 再次交于点 E,$\triangle ADC$ 的外接圆与 AB 再次交于点 F,O 为 $\triangle AEF$ 的外心.求证:$OD\perp BC$.

证明　如图5.55所示,因 $\angle CDE=\angle BAC=\angle FDB$,所以 BC 是 $\angle EDF$ 的外角平分线,以过点 D 且垂直于 BC 的直线为反射轴作轴反射变换,设 $F\to F'$,则 F' 在直线 DE 上,$DF'=DF$,且 $FF'\parallel BC$,所以,$\angle FF'D=\angle CDF'=\angle CDE=\angle BAC=\angle FAE$,这说明 F' 在 $\triangle AEF$ 的外接圆上.而 O 为 $\triangle AEF$ 的

外心，所以，$OF' = OF$. 但 $DF' = DF$，因此，$OD \perp FF'$. 再注意 $FF' \parallel BC$ 即知 $OD \perp BC$.

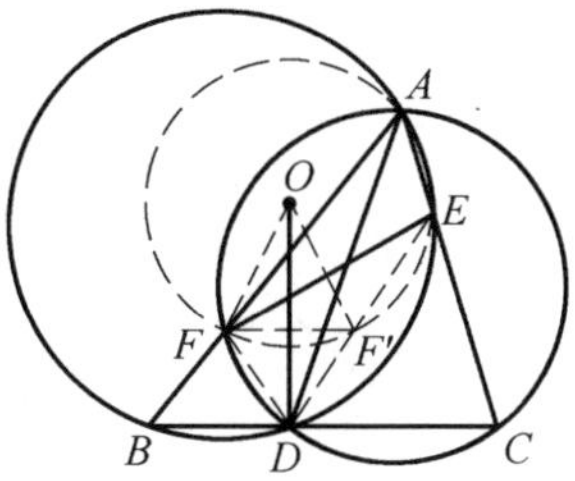

图 5.55

40. 已知 $\odot O$ 与直线 l，圆心 O 在 l 上的射影为 M，点 P 是 l 上 $\odot O$ 外的一点，过点 P 作 $\odot O$ 的割线交 $\odot O$ 于 A、B 两点，S 是 $\odot O$ 上的一点，SM 交 $\odot O$ 于另一点 T，SA、SB 分别交直线 l 于 C、D 两点. 求证：M 为 CD 的中点的充分必要条件是 PT 为 $\odot O$ 的切线.

证明 如图 5.56，5.57 所示，作轴反射变换 $S(OM)$，设 $A \to A'$，$S \to S'$，$P \to P'$，则 A'、S' 皆在 $\odot O$ 上，$AA' \parallel PP' \parallel S'S$，所以，$\measuredangle PCA = \measuredangle A'AS$，$\measuredangle S'MP = \measuredangle MS'S = \measuredangle S'ST = \measuredangle PMT$.

又 $\measuredangle DP'A' = \measuredangle APC = \measuredangle BAA' = \measuredangle BSA' = \measuredangle DSA'$，所以，$A'$、$P'$、$S$、$D$ 四点共圆，因而 $\measuredangle A'DP' = \measuredangle A'SP'$. 于是，$M$ 为 CD 的中点 $\Leftrightarrow C \xrightarrow{S(OM)} D \Leftrightarrow \measuredangle A'DP' = \measuredangle PCA \Leftrightarrow \measuredangle A'SP' = \measuredangle A'AS \Leftrightarrow P'S$ 为 $\odot O$ 的切线 $\Leftrightarrow PS'$ 为 $\odot O$ 的切线 $\Leftrightarrow \measuredangle PS'T = \measuredangle S'ST \Leftrightarrow \measuredangle PS'T = \measuredangle PMT \Leftrightarrow P$、$T$、$M$、$S'$ 四点共圆 $\Leftrightarrow \measuredangle S'MP = \measuredangle S'TP \Leftrightarrow \measuredangle S'ST = \measuredangle S'TP \Leftrightarrow PT$ 为 $\odot O$ 的切线.

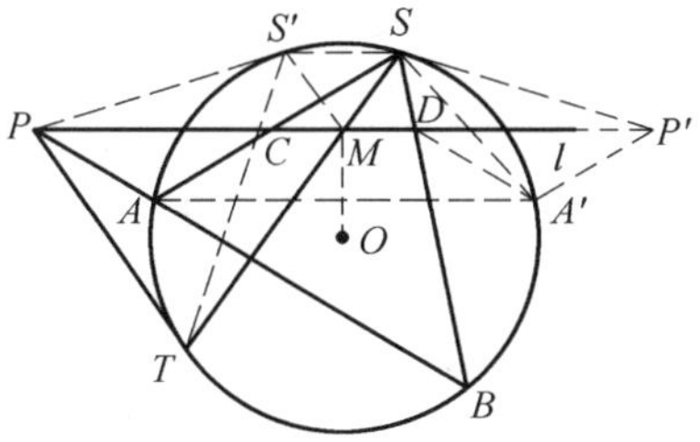

图 5.56

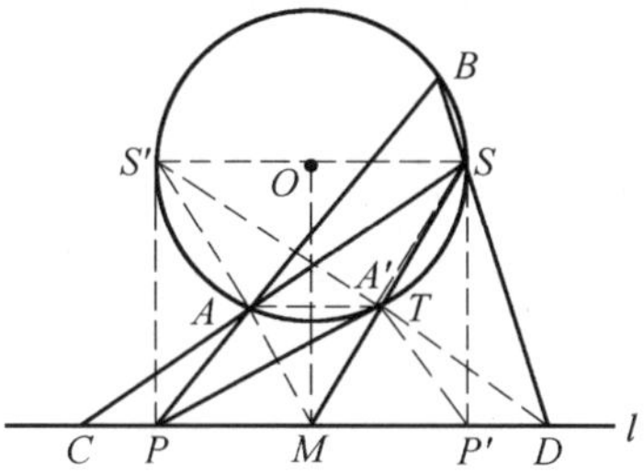

图 5.57

41. 设 M 是圆 Γ 的弦 AB 的中点，N 是 $\overset{\frown}{AB}$ 的中点，C 为圆 Γ 上异于 A、B 的一点，直线 CM 与圆 Γ 交于另一点 P，直线 CN 与直线 AB 交于 Q. 求证：$PM < QN$.

证明 如图 5.58，5.59 所示，设直线 MN 与圆交于另一点 K，则 MK 为圆 Γ 的直径. 作轴反射变换 $S(NK)$，设 $Q \to Q'$，则 Q' 在直线 AB 上，$Q'N = QN$，$\measuredangle MNQ' = \measuredangle QMN$，且 M 为 QQ' 的中点. 由蝴蝶定理，P、Q'、K 三点共线，所以

$$\measuredangle MNQ' = \measuredangle QMN = \measuredangle CMK = \measuredangle CPK = \measuredangle MPQ'$$

因此，P、Q'、M、N 四点共圆. 而 $MN \perp AB$，所以，NQ 为 $\odot(PQ'MN)$ 的直径. 又由题意知，P、K 不重合，所以，KP 不是圆 Γ 的直径，因而 PQ' 与 AB 不垂直，于

是，MP 是 $\odot(PQMN)$ 的非直径的弦．故 $PM < Q'N = QN$，即 $PM < QN$．

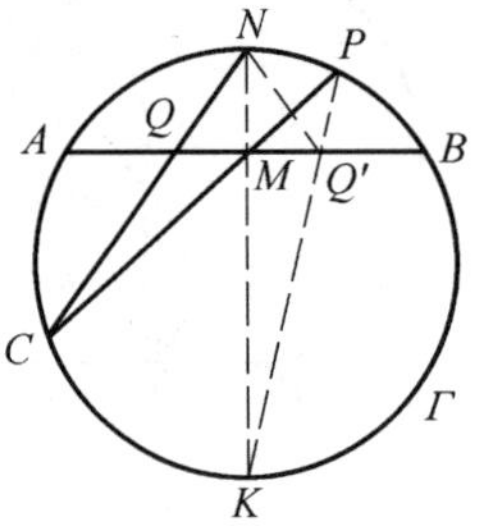

图 5.58

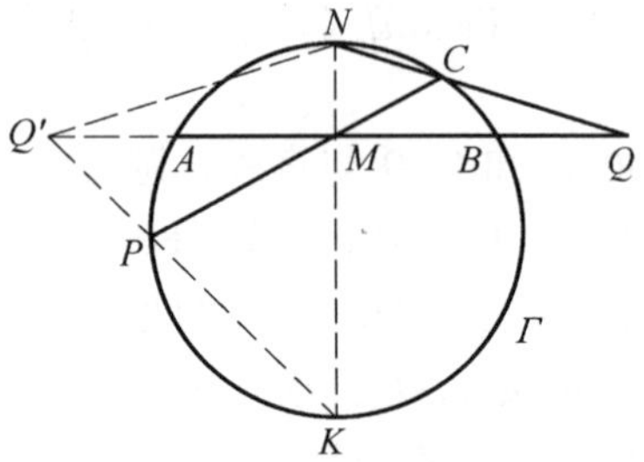

图 5.59

42．设圆 Γ_1 与圆 Γ_2 分别与圆 Γ 内切与 A、B，且圆 Γ_1 与圆 Γ_2 交于弦 AB 上的一点 M．圆 Γ 的圆心为 O，过 M 作 OM 的垂线分别与圆 Γ_1、圆 Γ_2 交于另一点 P、Q．求证：$PM = MQ$．

证明　如图 5.60 所示，作轴反射变换 $S(OM)$，设 $A \to A'$，$B \to B'$，则 A'、B' 皆在圆 Γ 上，且 $AA' \parallel PQ \parallel B'B$．过圆与圆的切点 B 作两圆的公切线 BT，则

$$\measuredangle BA'A = \measuredangle TBA = \measuredangle TBM = \measuredangle BQM$$

而 $AA' \parallel MQ$，所以，A'、Q、B 三点共线．同理，A、P、B' 三点共线．于是，由 $AB' \xrightarrow{S(OM)} A'B$，$AA' \parallel PQ \parallel B'B$，即知 $P \xrightarrow{S(OM)} Q$．故 $PM = MQ$．

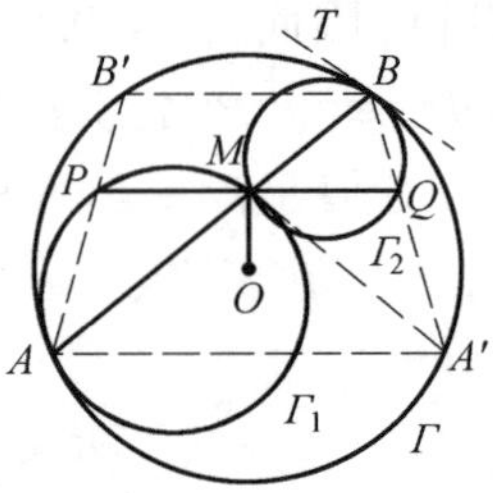

图 5.60

43．设 AB、CD 为 $\odot O$ 的两条定直径，$\odot O$ 上的动点 P 在这两条直径上的射影分别为 E、F．求证：EF 有定长．

证明　如图 5.61 所示，设 $P \xrightarrow{S(AB)} P_1$，$P \xrightarrow{S(CD)} P_2$，$A \xrightarrow{S(CD)} A'$，则 P_1、P_2、A' 皆在 $\odot O$ 上，且 $\overset{\frown}{A'P_2} = \overset{\frown}{PA} = \overset{\frown}{AP_1}$，$E$、$F$ 分别为弦 PP_1、PP_2 的中点，所以，$EF = \dfrac{1}{2}P_1P_2$．又

$$\overset{\frown}{P_1P_2} = \overset{\frown}{P_1A'} + \overset{\frown}{A'P_2} = \overset{\frown}{P_1A'} + \overset{\frown}{AP_1} = \overset{\frown}{AA'}$$

所以，$P_1P_2 = AA'$．而 AB、CD 为 $\odot O$ 的两条定直径，因此 AA' 是 $\odot O$ 的一条定弦，故

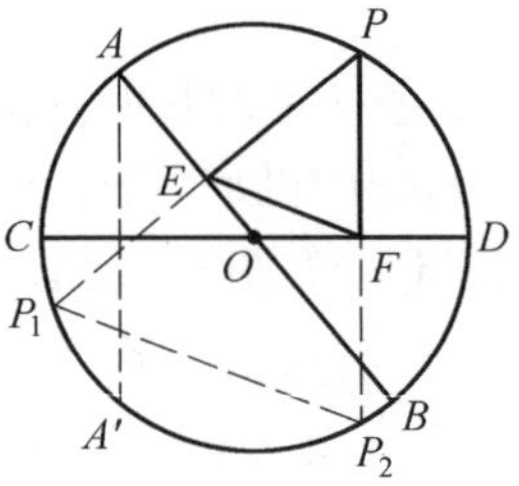

图 5.61

$$EF = \frac{1}{2}P_1P_2 = \frac{1}{2}AA'$$

是一个常数,与点 P 在 $\odot O$ 上的位置无关.

44. 在以 O 为圆心的半圆直径 AB 上取异于 A、O、B 的一点 C,过 C 作与 AB 成等角的两射线分别交半圆于 D、E,过 D 作 CD 的垂线交半圆于 K. 求证:若 $K \neq E$,则 $KE \parallel AB$.(第 17 届俄罗斯数学奥林匹克,1991)

证明 如图 5.62 所示,作轴反射变换 $S(AB)$,设 $E \to E'$,则 E' 在另一半圆上,且由 $\angle BCE = \angle ACD$ 知 E'、C、D 三点共线. 而 $CD \perp DK$,所以,KE' 为圆的直径,因此,$KE \perp EE'$. 又 $EE' \perp AB$. 故 $KE \parallel AB$.

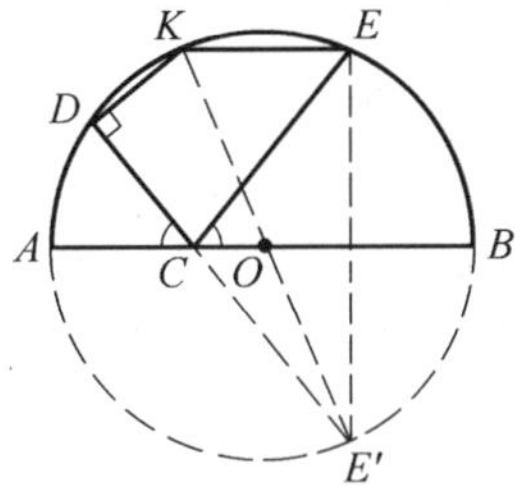

图 5.62

45. 设 M 是半圆的直径 AB 上一定点(M 非圆心,也非直径的端点),P、Q 是半圆上的两个动点,且 $\angle PMA = \angle QMB$. 证明:直线 PQ 过定点.

证明 如图 5.63 所示,设半圆的圆心为 O. 过 M 作 AB 的垂线交半圆于 T,再过点 T 作半圆的切线交直线于 S. 我们证明:所有满足条件的直线 PQ 皆过点 S.

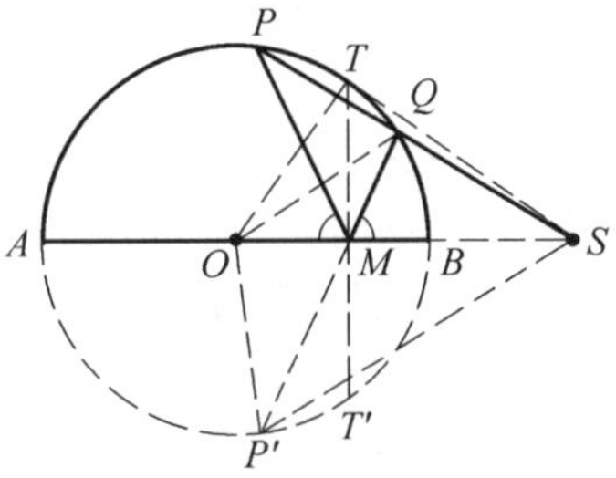

图 5.63

事实上,作轴反射变换 $S(AB)$,设 $P \to P'$,$T \to T'$,则 P'、T' 皆在另一半圆上,M 为 TT' 的中点,且由 $\angle PMA = \angle QMB$ 知 P'、M、Q 三点共线. 由圆幂定理与直角三角形的射影定理

$$P'M \cdot MQ = MT^2 = SM \cdot SO$$

所以,O、P'、S、Q 四点共圆,于是

$$\angle PSO = \angle OSP = \angle OQP = \angle QPO = \angle QSO$$

故 P、Q、S 三点共线. 换句话说,直线 PQ 过定点 S.

46. 设四边形 $ABCD$ 内接于圆 O,对角线 AC 和 BD 交于点 M,$M \neq O$,过 M 且垂直于 OM 的直线分别交边 AB、CD 于点 E、F. 求证:$AB = CD$ 当且仅当 $BE = CF$.(第 44 届保加利亚(春季)数学竞赛,1995)

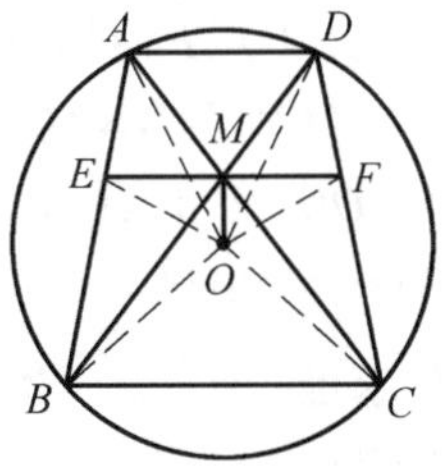

图 5.64

证明 如图 5.64 所示,由蝴蝶定理,

$ME = MF$. 而 $OM \perp EF$，所以 $OE = OF$. 又 $OB = OC$，于是，$BE = CF \Leftrightarrow \triangle OEB \cong \triangle OFC \Leftrightarrow \angle OBA = \angle OCD \Leftrightarrow \triangle OBA \cong \triangle OCD \Leftrightarrow AB = CD$.

47. 设 M 是等腰 $\triangle ABC$ 的底边 BC 的中点，D 是 BC 上任意一点，O 是 $\triangle ABD$ 的外心. 求证：过点 M 且垂直于 OM 的直线、过点 D 且垂直于 AC 的直线以及过点 C 且平行于 AB 的直线，三线交于一点.（第 49 届保加利亚数学奥林匹克，2000）

证明 如图 5.65 所示，设过点 M 且垂直于 OM 的直线与过点 D 且垂直于 AC 的直线交于 P，我们只需证明，$PC \parallel AB$.

事实上，因 $AB = AC$，M 是 BC 的中点，所以，$AM \perp BC$. 设直线 AM 与 DP 交于 K，因 $DP \perp AC$，所以 $\angle MKD = \angle ACD = \angle DBA$，于是，点 K 在 $\triangle ABD$ 的外接圆上. 再设直线 MP 与直线 AB 交于 Q. 因 $OM \perp PQ$，由蝴蝶定理，M 是线段 PQ 的中点. 又 M 也是 BC 的中点，所以 $PC \parallel BQ$，即 $PC \parallel AB$.

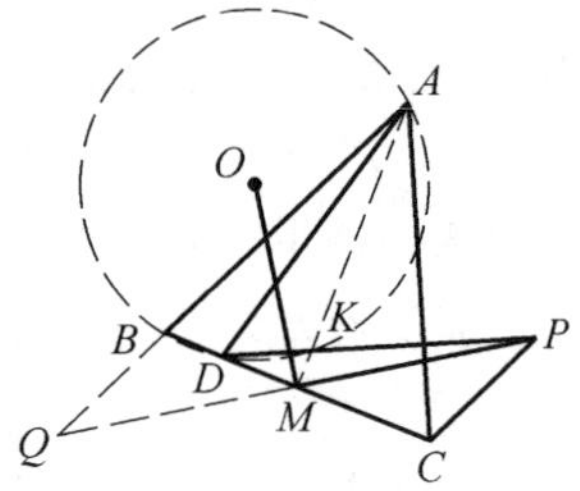

图 5.65

48. 在锐角 $\triangle ABC$ 中，$BC > CA$，O、H 分别为 $\triangle ABC$ 的外心和垂心，自顶点 C 作 AB 的垂线，垂足为 D，过 D 作 OD 的垂线交 CA 于 E. 求证：$\angle EHD = \angle BAC$.（第 14 届伊朗数学奥林匹克，1996）

证明 如图 5.66 所示，设直线 CD 交 $\triangle ABC$ 的外接圆于 K，直线 DE 交 BK 于 F. 因为 $EF \perp OD$，由蝴蝶定理，D 为 EF 的中点. 又因 H 为 $\triangle ABC$ 的垂心，所以 D 为 HK 的中点，从而 $KB \parallel EH$. 故 $\angle EHD = \angle BKC = \angle BAC$.

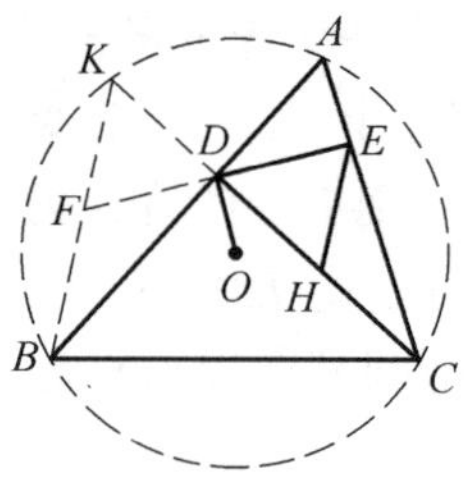

图 5.66

49. 凸四边形 $ABCD$ 内接于 $\odot O$，直线 BA 与 CD 交于点 P，对角线 AC 与 BD 交于点 Q，O_1、O_2 分别为 $\triangle AQD$、$\triangle BQC$ 的外心，O_1O_2 与 OQ 交于点 N，直线 PQ 分别与 $\odot O_1$、$\odot O_2$ 交于另一点 E、F. 再设 M 为 EF 的中点. 求证：$NO = NM$.（中国国家集训队测试，2007）

证明 如图 5.67 所示，设 EF 与 $\odot O$ 交

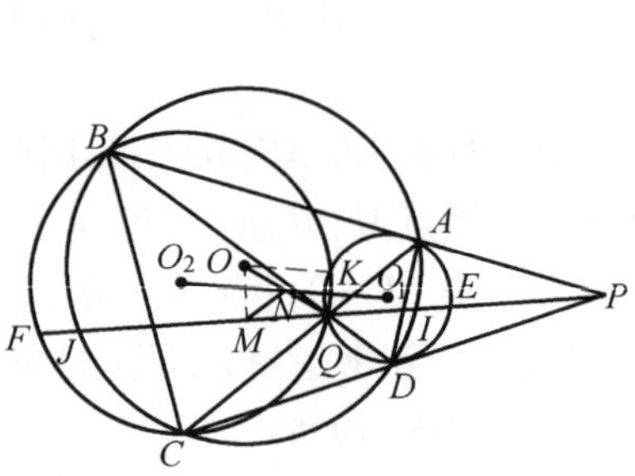

图 5.67

于 I、J 两点，则由推论 5.5.2，有 $IE = FJ$，所以，M 也为 IJ 的中点，从而 $OM \perp IJ$. 又由例 8.3.5(全国高中数学联赛，1990) 知，O_1O_2 过 OQ 的中点，即 N 为直角 $\triangle OMG$ 的斜边 OQ 的中点，故 $NO = NM$.

50. 自圆外一点 P 作圆的两条切线 PA、PB(A、B 为切点)，再过点 P 作割线交切点弦 AB 于 Q，交圆于 R、S. 求证：$\frac{1}{PR}+\frac{1}{PS}=\frac{2}{PQ}$.

证明 如图 5.68 所示，设圆心为 O，RS、AB 的中点分别为 M、N，则 $OM \perp RS$，$ON \perp AB$，所以，M、O、N、Q 四点共圆. 又 $OA \perp PA$，于是，由圆幂定理与直角三角形的射影定理，有

$$PM \cdot PQ = PO \cdot PN = PA^2 = PR \cdot PS$$

但 $PM = \frac{1}{2}(PR + PS)$，所以

$$\frac{1}{2}(PR + PS) \cdot PQ = PR \cdot PS$$

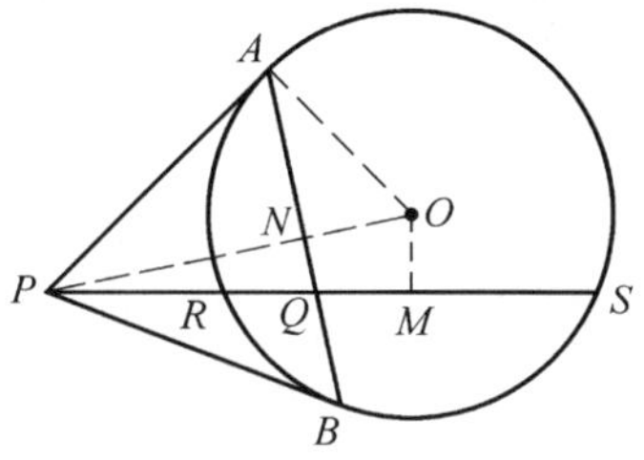

图 5.68

故

$$\frac{1}{PR}+\frac{1}{PS}=\frac{2}{PQ}$$

注 1 本题是下面的第 51 题中的圆内接四边形退化为弦的情形.

注 2 本题与第 51 题、第 52 题都是推论 5.5.5 的直接结果.

51. 设圆内接四边形的一组对边交于 P，两对角线交于 Q，直线 PQ 与圆交于 R、S 两点. 求证：$\frac{1}{PR}+\frac{1}{PS}=\frac{2}{PQ}$.

证明 如图 5.69 所示，设 $\odot O$ 的内接四边形 $ABCD$ 的一组对边 AB、CD 所在直线交于 P，两对角线 AC 与 BD 交于 Q，RS 的中点为 M. 作轴反射变换 $S(OM)$，设 $A \to A'$，则 $AA' \parallel PQ$，由例 5.4.4，A'、M、D 三点在一直线上，所以，$\angle PMD = \angle AA'D = \angle ACP$，因而 M、Q、C、D 四点共圆. 于是，由圆幂定理

$$PM \cdot PQ = PC \cdot PD = PR \cdot PS$$

$$\cdots$$

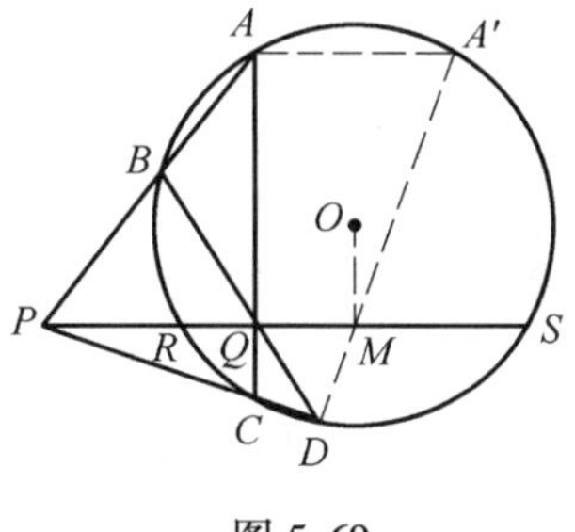

图 5.69

(以下同上题)

52. 自圆外一点 P 作圆的两条切线 PS、PT（S、T 为切点），再过点 P 作割线交圆于A、B两点，直线 SA、SB 与切线PT分别交于 Q、R. 求证：$\frac{1}{PQ}+\frac{1}{PR}=\frac{2}{PT}$.

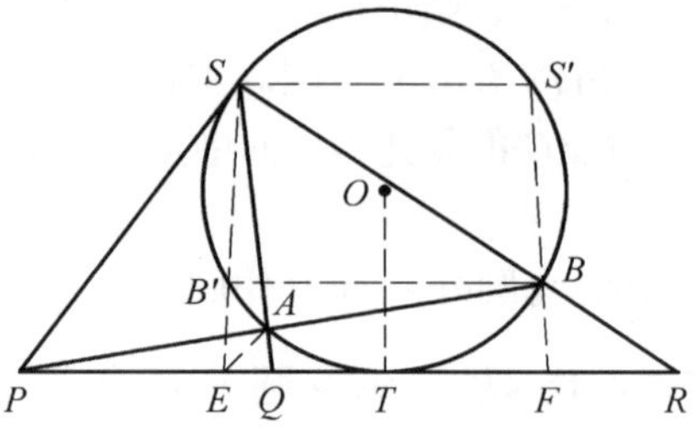

图 5.70

证明　如图 5.70 所示，作轴反射变换 $S(OT)$，设 $S\to S'$，$B\to B'$，直线 SB'、$S'B$ 分别与直线PT交于E、F，则 T 为EF的中点，且 $SS'\ /\!/\ PQ\ /\!/\ B'B$，所以

$$\angle ESA=\angle B'SA=\angle B'BA=\angle EPA$$
$$\angle RFB=\angle SS'B=\angle PSB$$

因此，A、E、P、S 四点共圆，B、F、P、S 四点共圆. 于是，由圆幂定理

$$PQ\cdot EQ=SQ\cdot AQ=QT^2,PR\cdot FR=SR\cdot BR=TR^2$$

另一方面，我们有

$$PQ\cdot EQ=PQ(ET\cdot QT)=PQ(ET+PT)-PQ(QT+PT)=$$
$$PQ(ET+PT)-(PT-QT)(QT+PT)=PQ(ET+PT)-PT^2+QT^2$$
$$PR\cdot FR=PR(TR-TF)=PR(PT-TF)-PR(PT-TR)=$$
$$PR(PT-TF)-(PT+TR)(PT-TR)=PR(PT-TF)-PT^2+TR^2$$

所以，$PQ(ET+PT)=PT^2$，$PR(PT-TF)=PT^2$. 于是由 $ET=TF$ 即得

$$\frac{1}{PQ}+\frac{1}{PR}=\frac{ET+PT}{PT^2}+\frac{PT-TF}{PT^2}=\frac{2PT}{PT^2}=\frac{2}{PT}$$

53. 在 $\triangle ABC$ 中，$AB=AC$，$\angle BAC=80^\circ$，P 为 $\triangle ABC$ 的内部一点.

(1) 若 $\angle CBP=10^\circ$，$\angle PCB=20^\circ$. 求 $\angle BAP$；

(2) 若 $\angle PBA=10^\circ$，$\angle BAP=20^\circ$. 求 $\angle PCB$；

(3) 若 $\angle PBA=\angle BAP=10^\circ$. 求 $\angle PCB$.

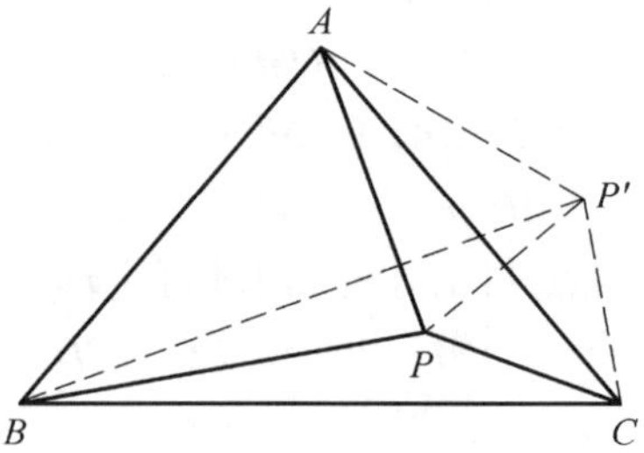

图 5.71

解　(1) 如图 5.71 所示，显然，$\angle ACP=30^\circ$，作轴反射变换 $S(AC)$，设 $P\to P'$，则 $\triangle P'PC$ 是一个正三角形，所以，$PP'=PC$，且 $\angle CPP'=60^\circ$. 于是，由 $\angle BPC=150^\circ$ 知 $\angle P'PB=150^\circ$，因此，$\triangle BPP'\cong\triangle BPC$，所以，$BP'=BC$. 而 $\angle CBP'=2\angle CBP=20^\circ$，由此可知

$$\angle BP'C=\angle P'CB=80^\circ=\angle BAC$$

这说明 P'、A、B、C 四点共圆，所以，$\angle CAP'=\angle CBP'=20^\circ$. 从而 $\angle PAC=\angle CAP'=20^\circ$，故 $\angle BAP=\angle BAC-\angle PAC=80^\circ-20^\circ=60^\circ$.

(2) 如图 5.72 所示,显然,$\angle APB$ 的外角是 $30°$,作轴反射变换 $S(AP)$,设 $B \to B'$,则 $\triangle PBB'$ 是一个正三角形,$\angle PAB' = \angle BAP = 20°$,$\angle PB'A = \angle ABP = 10°$,所以,$\angle PB'B = 60°$,$\angle BAB' = 40°$.又 $\angle BAC = 80°$,所以,AB' 是 $\angle BAC$ 的平分线,因而 AB' 是 BC 的垂直平分线,于是 $B'C = B'B = B'P$.这说明点 B' 是 $\triangle PBC$ 的外心,故 $\angle PBC = \frac{1}{2}\angle PB'B = 30°$.

(3) 如图 5.73 所示,作轴反射变换 $S(AP)$,设 $B \to B'$,则 $\angle BAB' = 2\angle BAP = 20°$,所以,$\angle B'AC = \angle BAC - \angle BAB' = 80° - 20° = 60°$.而 $AB' = AB = AC$,因此,$\triangle AB'C$ 是一个正三角形,所以,$\angle ACB' = 60°$,$B'C = AC$.又 $PB' = PB = PA$,于是,PC 为 AB' 的垂直平分线,因而 PC 平分 $\angle ACB'$,故 $\angle ACP = 30°$,由此即可得到 $\angle PCB = 20°$.

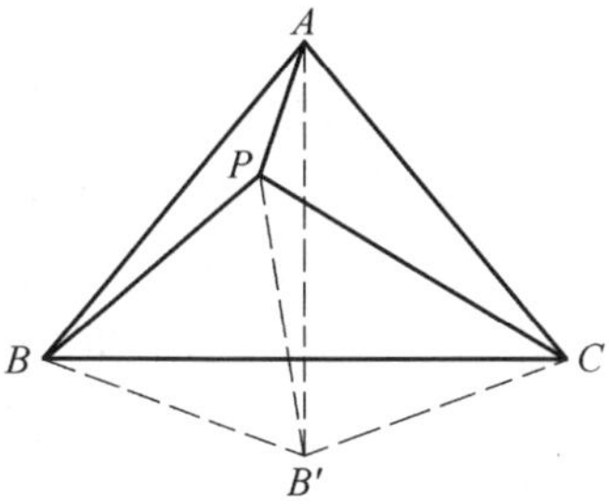

图 5.72

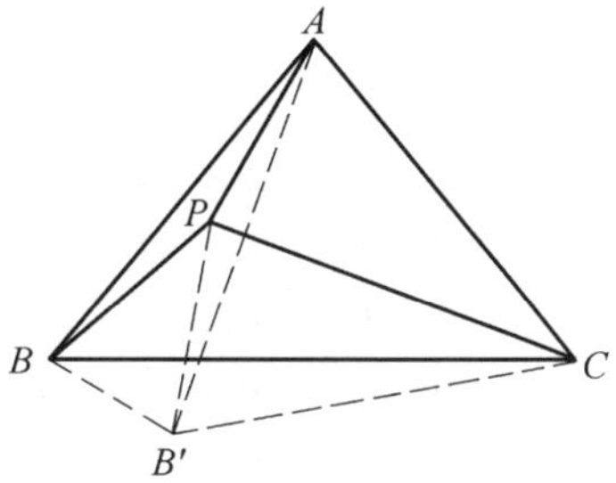

图 5.73

54. 在 $\triangle ABC$ 中,$AB = AC$,$\angle BAC = 80°$,P 为 $\angle ABC$ 内、$\triangle ABC$ 外的一点.

(1) 若 $\angle PCA = 30°$,$\angle CAP = 70°$.求 $\angle PBA$;

(2) 若 $\angle PCA = 30°$,$\angle CAP = 40°$.求 $\angle PBA$;

(3) 若 $\angle PCA = 110°$,$\angle CAP = 40°$.求 $\angle PBA$;

(4) 若 $\angle PCA = 100°$,$\angle CAP = 30°$.求 $\angle PBA$.

解 (1) 如图 5.74 所示,作轴反射变换 $S(AC)$,设 $P \to P'$,则

$$\angle P'AC = \angle CAP = 70° < 80° = \angle BAC$$
$$\angle ACP' = \angle PCA = 30° < 50° = \angle ACB$$

所以,点 P' 在 $\triangle ABC$ 内,且 $\angle BAP' = \angle BAC - \angle P'AC = 80° - 70° = 10°$,$P'P \perp AC$.

再作轴反射变换 $S(P'C)$,设 $A \to A'$,则 $P'A' = P'A$,$\triangle AA'C$ 是一个正三角形,所以

$$\angle P'AA' = \angle P'AC - \angle A'AC = 70° - 60° = 10° = \angle BAP'$$

即 AP' 平分 $\angle BAA'$.又 $AA' = AC = AB$,所以,$P'A$ 是 BA' 的垂直平分线,从而 $P'B = P'A' = P'A$,所以,$\angle P'BA = \angle BAP' = 10°$.但 $\angle BAC = 80°$,因此,$BP' \perp AC$.又 $P'P \perp AC$,这说明 B、P、P 三点共线.故 $\angle PBA = \angle P'BA = 10°$.

(2) 如图 5.75 所示,作轴反射变换 $S(AC)$,设 $P \to P'$,则 $\triangle PP'C$ 是一个正

三角形，所以，$P'P = PC$，$\angle CP'P = 60°$.

另一方面，因 $\angle P'AC = \angle CAP = 40°$，而 $\angle BAC = 80°$，所以，AP' 平分 $\angle BAC$. 又 $AB = AC$，因此，AP' 垂直平分线段 BC，所以，$P'B = P'C = P'P$，这说明 P' 是 $\triangle PBC$ 的外心，从而 $\angle CBP = \frac{1}{2}\angle CP'P = 30°$. 故 $\angle PBA = 20°$.

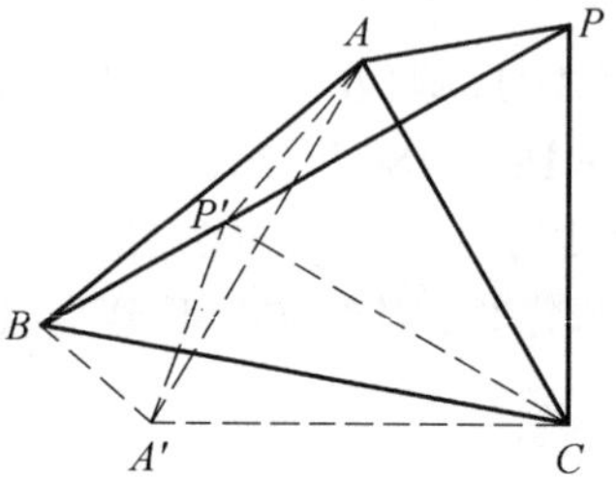

图 5.74

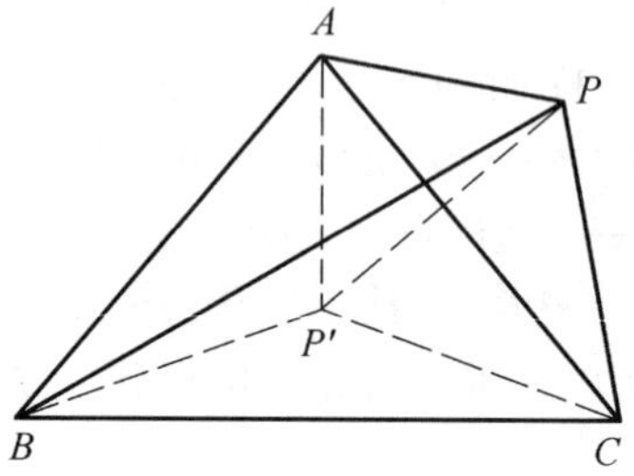

图 5.75

(3) 如图 5.76 所示，由条件可知 $\angle APC = 30°$. 作轴反射变换 $S(AP)$，设 $C \to C'$，则 $\triangle PC'C$ 是一个正三角形，所以，$CC' = CP$. 又 $AC' = AC = AB$，$\angle CAC' = 2\angle CAP = 80° = \angle CAB$，所以，$\triangle ACC' \cong \triangle ABC$，因而 $BC = CC' = CP$，但 $\angle PCB = \angle PCA + \angle ACB = 110° + 50° = 160°$，所以，$\angle CBP = \angle BPC = 10°$，于是，$\angle PBA = \angle CBA - \angle CBP = 50° - 10° = 40°$.

(4) 如图 5.77 所示，由条件可知 $\angle CBA = \angle ACB = 50°$. 作轴反射变换 $S(AC)$，设 $P \to P'$，则 $\angle P'AC = \angle CAP = 30°$，$\angle ACP' = \angle PCA = 100°$，所以

$$\angle BAP' = \angle BAC - \angle P'AC = 80° - 30° = 50°$$

又 $\angle BCP' = \angle ACP' - \angle ACB = \angle PCA - \angle ACB = 100° - 50° = 50°$，因此，$P'$、$C$、$A$、$B$ 四点共圆，所以，$\angle P'BC = \angle P'AC = 30°$，于是

$$\angle P'BA = \angle P'BC + \angle CBA = 30° + 50° = 80°$$

从而 $\angle AP'B = 50° = \angle BAP'$，所以，$BP' = BA$. 另一方面，因 $\triangle AP'P$ 是一个正三角形，所以，$PP' = PA$，因而 BP 为 AP' 的垂直平分线. 由此即知 $\angle PBA = \frac{1}{2}\angle P'BA = 40°$.

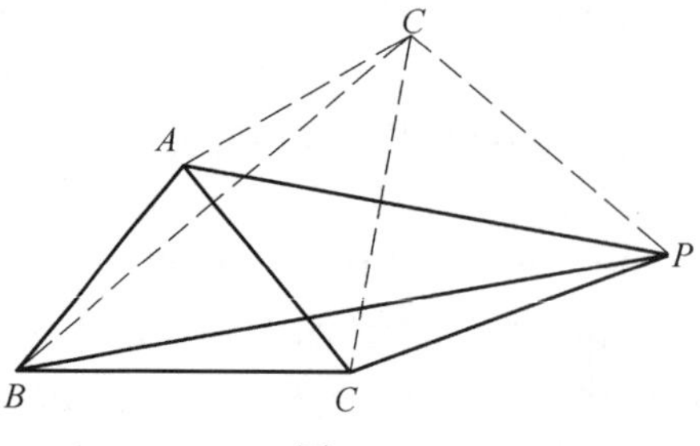

图 5.76

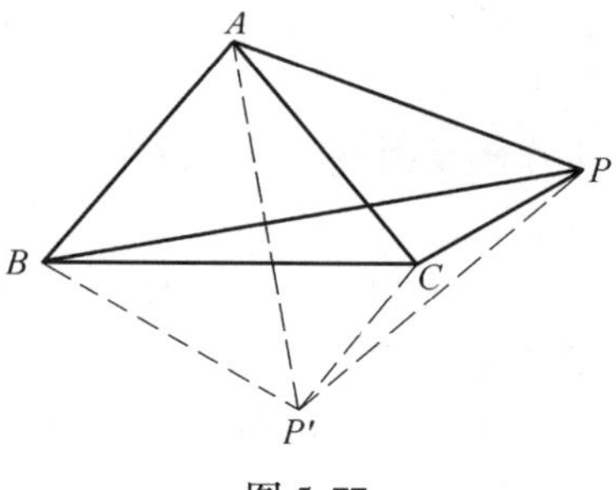

图 5.77

55. 在 $\triangle ABC$ 中, $\angle BAC = 80°$, $\angle B = 60°$, P 为 $\triangle ABC$ 的内部一点.

(1) 若 $\angle PAC = \angle ACP = 10°$. 求证: $BP = AB$.

(2) 若 $\angle BAP = 10°$, $\angle PBA = 20°$, 求 $\angle ACP$.

解 (1) 如图 5.78 所示, 易知 $\angle PCB = 30°$. 作轴反射变换 $S(BC)$, 设 $P \to P'$, 则 $\triangle P'PC$ 是一个正三角形, 所以, $PP' = PC = PA$, 这说明 P 是 $\triangle AP'C$ 的外心, 从而 $\angle P'AC = \frac{1}{2}\angle P'PC = 30°$. 所以, $\angle BAP' = \angle BAC - \angle P'AC = 80° - 30° = 50°$.

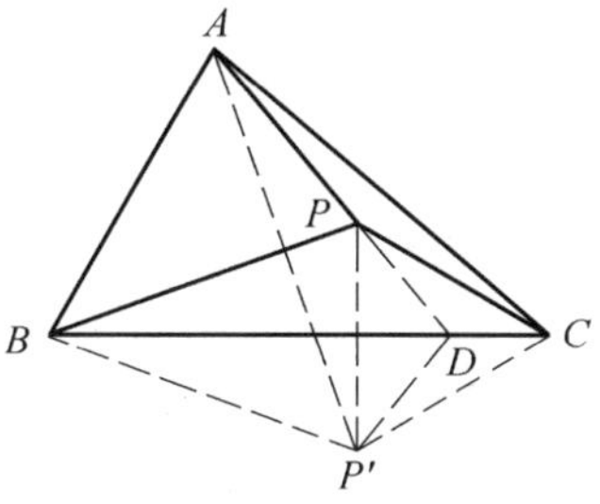

图 5.78

另一方面, 设直线 AP 与 BC 交于 D, 则 $\angle BDP' = \angle PDB = 50° = \angle BAP'$, 所以, P'、D、A、B 四点共圆, 从而 $\angle AP'B = \angle ADB = 50° = \angle BAP'$, 故 $AB = BP' = BP$.

(2) 如图 5.79 所示, 由条件知, $\angle APB$ 的外角为 $30°$. 作轴反射变换 $S(AP)$, 设 $B \to B'$, 则 $\triangle PBB'$ 是一个正三角形, $AB' = AB$, $\angle BAB' = 2\angle BAP = 20°$, 所以, $\angle AB'B = \angle B'BA = 80°$, $\angle B'BC = \angle B'BA - \angle CBA = 80° - 60° = 20°$. 于是, 设 AB' 与 BC 交于 D, 则 $\angle BDB' = 80°$, 所以, $BB' = BD$. 又 $BP = BB'$, 因此, 点 B 为 $\triangle PBD$ 的外心, 从而

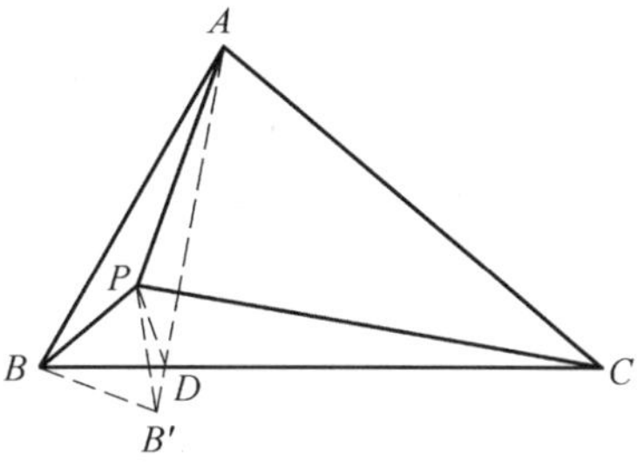

图 5.79

$$\angle B'PD = \frac{1}{2}\angle B'BD = 10°, \angle DB'P = \frac{1}{2}\angle DBP = 20°$$

所以, $\angle ADP = \angle B'PD + \angle DB'P = 30°$.

另一方面, 因 $\angle DBP = 40°$, $BD = BP$, 所以, $\angle PDB = 70° = \angle PAC$, 因而 A、P、D、C 四点共圆, 故 $\angle ACP = \angle ADP = 30°$.

56. 在四边形 $ABCD$ 中, $CD = DA$, $\angle BAD = 40°$, $\angle CBA = \angle DCB = 80°$. 求证: $BC = CD$.

证明 如图 5.80 所示, 由 $CD = DA$, $\angle BAD = 40°$, $\angle ABC = \angle BCD = 80°$ 可知 $\angle ADC = 160°$, $\angle CAD = \angle DCA = 10°$, $\angle BAC = 30°$. 作轴反射变换 $S(AB)$, 设 $C \to C'$, 则 $\triangle AC'C$ 是一个正三角形, $\triangle BCC'$ 是一

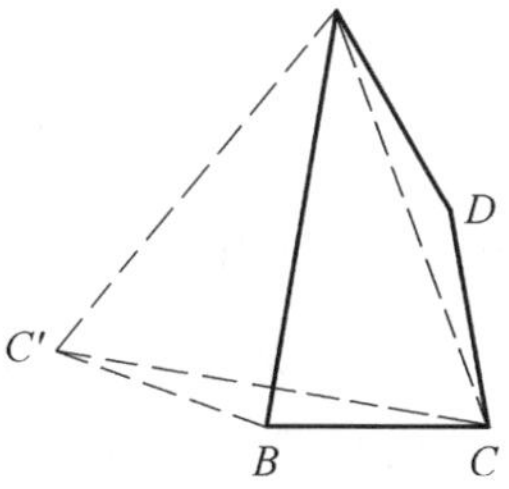

图 5.80

个顶角为 $160°$ 的等腰三角形. 但 $\triangle ADC$ 也是一个顶角为 $160°$ 的等腰三角形,且 $C'C = AC$,所以,$\triangle BCC' \cong \triangle DCA$,故 $BC = CD$.

57. 在 $\triangle ABC$ 中,$AB = AC$,$\angle BAC = 80°$,点 D 在 BC 上,点 E 在 AC 上,$\angle ABE = 30°$,$\angle BAD = 50°$. 求 $\angle BED$. (第6届英国数学奥林匹克,1970)

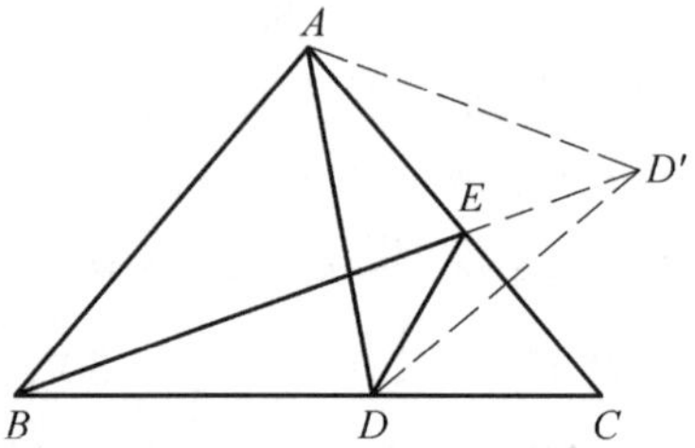

图 5.81

证明 如图 5.81 所示,作轴反射变换 $S(AC)$,设 $D \to D'$,则 $\triangle ADD'$ 为正三角形,所以,$BD = AD = DD'$. 又 $\angle ADB = 80°$,$\angle D'DA = 60°$,所以 $\angle D'DB = 140°$,于是,$\angle DBD' = 20° = \angle DBE$,所以,$D'$ 在 BE 的延长线上,从而 $\angle DEC = \angle AEB = 70°$,故 $\angle BED = 40°$.

58. 在 $\triangle ABC$ 中,$AB = AC$,$60° < \angle BAC < 120°$. P 为 $\triangle ABC$ 的内部一点,$\angle PBA = 120° - \angle BAC$. 求证:$PB = AB$ 的充分必要条件是 $\angle PCB = 30°$.

证明 首先注意,因 $AB = AC$,$\angle PBA = 120° - \angle BAC$,所以

$$\angle CBA = \frac{1}{2}(180° - \angle BAC) = 90° - \frac{1}{2}\angle BAC$$

且

$$\angle CBP = \angle CBA - \angle PBA = (90° - \frac{1}{2}\angle BAC) - (120° - \angle BAC) = \frac{1}{2}\angle BAC - 30°$$

必要性. 如图 5.82 所示,设 $PB = AB$,则 $\angle BAP = \angle APB$,而 $\angle PBA = 120° - \angle BAC$,所以,$\angle BAP = \frac{1}{2}\angle BAC + 30°$,$\angle PAC = \frac{1}{2}\angle BAC - 30°$.

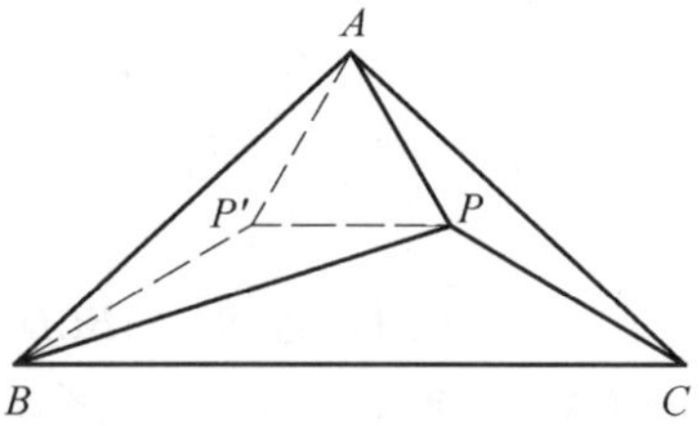

图 5.82

以 $\triangle ABC$ 的对称轴为反射轴作轴反射变换,则 $C \to B$. 设 $P \to P'$,则 $AP' = AP$,且

$$\angle P'AP = \angle BAC - 2(\frac{1}{2}\angle BAC - 30°) = 60°$$

所以,$\triangle AP'P$ 是一个正三角形,$P'P = PA$. 又 $PB = AB$,所以,$P'B$ 是 AP 的垂直平分线,从而 BP' 平分 $\angle PBA$. 因此

$$\angle PBP' = 60° - \frac{1}{2}\angle BAC$$

但 $\angle CBP = \frac{1}{2}\angle BAC - 30°$，所以

$$\angle CBP' = \angle CBP + \angle PBP' =$$
$$\left(\frac{1}{2}\angle BAC - 30°\right) + \left(60° - \frac{1}{2}\angle BAC\right) = 30°$$

故 $\angle PCB = \angle CBP' = 30°$.

充分性．如图 5.83 所示，设 $\angle PCB = 30°$，作轴反射变换 $S(BC)$，设 $P \to P'$，则 $\triangle ADD'$ 为正三角形，所以，$PP' = PC$.

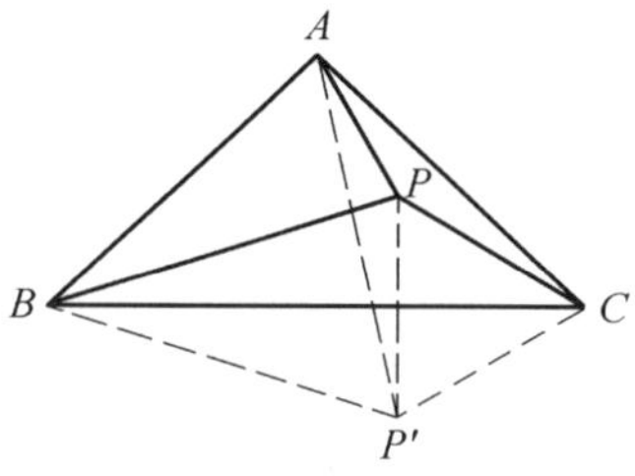

图 5.83

因 $\angle CBP = \frac{1}{2}\angle BAC - 30°$，$\angle PCB = 30°$，所以，$\angle BPC = 180° - \frac{1}{2}\angle BAC$，从而

$$\angle CP'B = \angle BPC = 180° - \frac{1}{2}\angle BAC$$

于是，由 $AB = AC$ 可知点 P' 在以 A 为圆心、AB 为半径的圆上，所以，$AP' = AB = AC$．因而 AP 为 $P'C$ 的垂直平分线，AP 平分 $\angle P'AC$．又因为

$$\angle ACP' = \angle ACB + \angle BCP' = \left(90° - \frac{1}{2}\angle BAC\right) + 30° =$$
$$120° - \frac{1}{2}\angle BAC$$

所以，$\angle PAC = 90° - \left(120° - \frac{1}{2}\angle BAC\right) = \frac{1}{2}\angle BAC - 30°$，从而 $\angle BAP = \frac{1}{2}\angle BAC + 30°$，且

$$\angle APB = 180° - \left(\frac{1}{2}\angle BAC + 30°\right) - \left(120° - \angle BAC\right) =$$
$$\frac{1}{2}\angle BAC + 30° = \angle BAP$$

故 $PB = AB$.

59．在 $\triangle ABC$ 中，$AB = AC$，$\angle BAC = 20°$，D、E 分别在 AB、AC 上．

(1) 若 $\angle CBE = 70°$，$\angle DCB = 60°$，求 $\angle DEB$.

(2) 若 $\angle CBE = 70°$，$\angle DCB = 50°$，求 $\angle DEB$.

解　(1) 如图 5.84 所示，易知 $\angle BEC = 30°$．作轴反射变换 $S(AC)$，设 $B \to B'$，则 $CB' = CB$，$\triangle EBB'$ 是一个正三角形，所以，$B'B = B'E$，$\angle CBB' = \angle BB'C = 10°$．在 BE 上取一点 F，使得 $\angle FCB = 40°$，则由例 5.6.9 可知，

$\angle BDF = 10^\circ = \angle FBD$,所以,$\triangle BCB \backsim \triangle CFD$,从而 $\triangle BB'D \backsim \triangle BCF$. 但 $CF = CB$,因此,$B'D = B'B$. 再注意 $B'B = B'E$ 即知 B' 是 $\triangle DBE$ 的外心. 而 $\angle EB'B = 60^\circ$,所以,$\angle BDF = 150^\circ$,从而 $\angle EDA = 30^\circ$. 故

$$\angle DEB = \angle EDA - \angle EBA = 30^\circ - 10^\circ = 20^\circ$$

(2) 如图 5.85 所示,易知 $\angle BEC = 30^\circ$. 作轴反射变换 $S(AC)$,设 $B \to B'$,则 $\triangle EBB'$ 是一个正三角形,所以,$BB' = BE$,$\angle CBB' = 70^\circ - 60^\circ = 10^\circ = \angle ECD$. 又不难知道,$BC = BD$,所以,$\triangle BDE \cong \triangle BCB'$,而 $CB = CB$,于是 $DE = DB$. 故 $\angle DEB = \angle EBD = 10^\circ$.

注 问题(2) 实际上是第 56 题的逆问题.

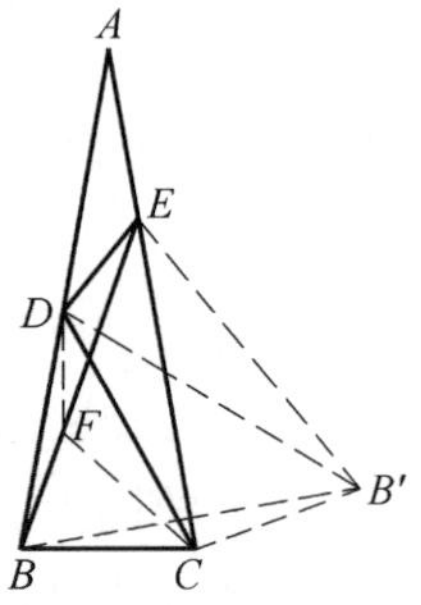

图 5.84

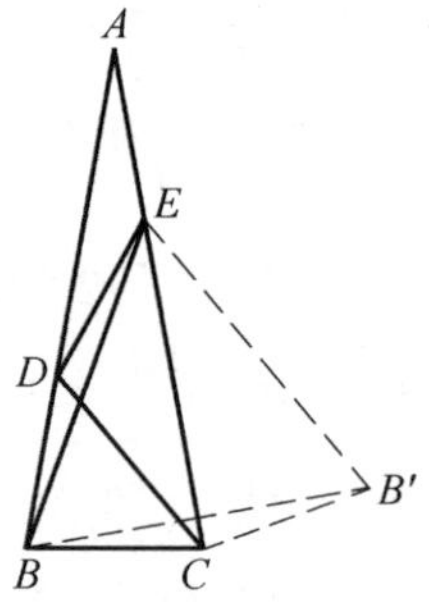

图 5.85

60. 在四边形 $ABCD$ 中,$BC = CD$,$\angle ACB - \angle DCA = 60^\circ$. 求证

$$AD + BC \geqslant AB$$

并求出等式成立的条件.

证明 如图 5.86 所示,作轴反射变换 $S(AC)$,设 $D \to D'$,则 $CD' = CD = BC$,$AD' = AD$,且 $\angle ACD' = \angle DCA$,$\angle D'CB = \angle ACB - \angle ACD' = \angle ACB - \angle DCA = 60^\circ$,所以,$\triangle EBB'$ 是一个正三角形,于是 $D'B = BC$. 故

$$AD + BC = AD' + D'B \geqslant AB$$

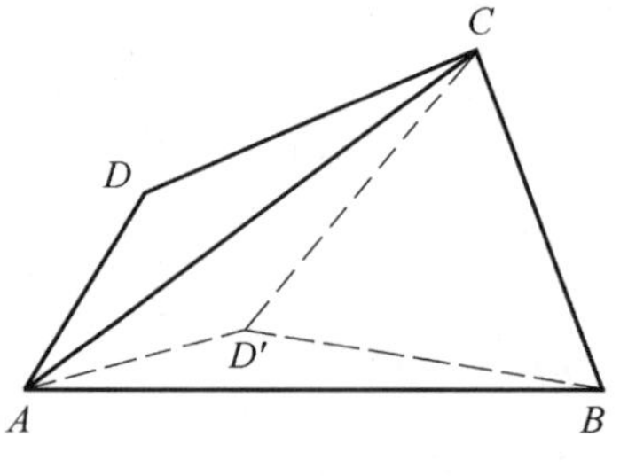

图 5.86

61. 方格纸上的小方格的边长为 1,纸上有一个四边形 $ABCD$,其四个顶点均位于方格网的结点上,且在四边形中,$\angle A = \angle C$,$\angle B \neq \angle D$. 证明

$$|AB \cdot BC - CD \cdot DA| \geqslant 1$$

((俄) 圣彼得堡数学奥林匹克,1990)

证明 如图 5.87 所示. 作轴反射变换 $S(BD)$,设 $C \to C'$,则 $\angle BC'D =$

$\angle DCB = \angle BAD$,所以 A、C'、B、D 共圆.再设 $\angle ABC' = \angle ADC' = \alpha$,由余弦定理可得

$$|AB \cdot BC' - C'D \cdot DA| = \frac{1}{2\cos\alpha}|AB^2 + BC'^2 - C'D^2 - DA^2|$$

注意 $BC' = BC, C'D = CD$,所以

$$|AB \cdot BC - CD \cdot DA| = \frac{1}{2\cos\alpha}|AB^2 + BC^2 - CD^2 - DA^2|$$

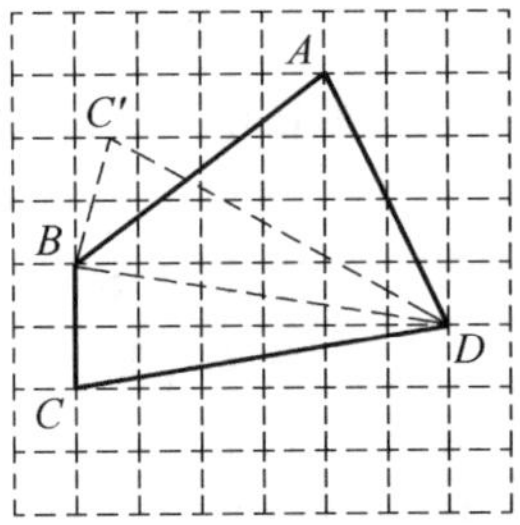

图 5.87

又因 A、B、C、D 都在结点上,所以 $AB^2 + BC^2 - CD^2 - DA^2$ 是偶数(可用解析几何中的距离公式得出).而$\angle A = \angle C$,$\angle B \neq \angle D$说明 $ABCD$ 非平行四边形,因此 $AB^2 + BC^2 - CD^2 - DA^2 \neq 0$.于是,$|AB^2 + BC^2 - CD^2 - DA^2| \geqslant 2$.故

$$|AB \cdot BC - CD \cdot DA| \geqslant \frac{1}{\cos\alpha} \geqslant 1$$

62.设 M 是凸四边形 $ABCD$ 的边 BC 的中点,$\angle AMB = 135°$.求证

$$BC + \frac{\sqrt{2}}{2}CD + DA \geqslant AB$$

(波罗的海地区数学奥林匹克,2001)

证明　如图5.88所示,设 $C \xrightarrow{S(MB)} C'$,$D \xrightarrow{S(AM)} D'$,则 $BC' = BC$,$D'A = DA$,$MC' = MC = MD = MD'$,$\angle C'MB = \angle BMC$,$\angle AMD' = \angle DMA$,所以

$$\angle D'MC' = \angle AMB - (\angle AMD' + \angle C'MB) = 135° - (\angle DMA + \angle BMC) = 135° - (180° - 135°) = 90°$$

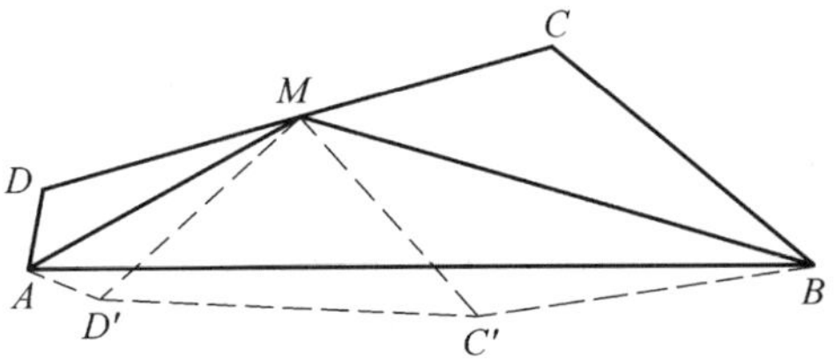

图 5.88

这说明 $\triangle MC'D'$ 是一个以 $C'D'$ 为斜边的等腰直角三角形,因而有

$$C'D' = \sqrt{2}C'M = \sqrt{2}CM = \frac{\sqrt{2}}{2}CD$$

于是,再由 $BC' = BC$,$D'A = DA$ 及 $BC' + C'D' + D'A \geqslant AB$,即得

$$BC + \frac{\sqrt{2}}{2}CD + DA \geqslant AB$$

63. 在 $\triangle ABC$ 中，$AB > AC$，P 是 $\angle BAC$ 的平分线上一点. 求证

$$AB + PC > AC + PB$$

证明　如图 5.89 所示，作轴反射变换 $S(AP)$，设 $C \to C'$，则点 C' 在直线 AB 上，且 $AC' = AC$，由于 $AB > AC = AC'$，所以，点 C' 在边 AB 上，因此 $C'B = AB - AC' = AB - AC$. 于是，由 $PC' + C'B > PB$ 即得 $PC + AB - AC > PB$. 故

$$AB + PC > AC + PB$$

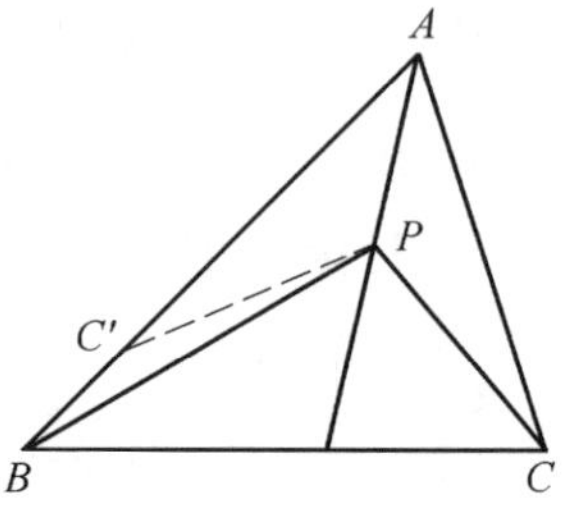

图 5.89

64. 设有一直角 $\angle MON$. 试在边 OM、ON 上及 $\angle MON$ 内各求一点 A、B、C，使 $BC + CA = l$ 为定长，且四边形 $AOBC$ 的面积为最大.（北京市数学竞赛，1978）

解　如图 5.90 所示，设点 A、B、C 已经求出，作轴反射变换 $S(OM)$，再作轴反射变换 $S(ON)$，则我们得到一个八边形，其周长为 $4l$. 由等周定理，当这个八边形是一个正八边形时，其面积为最大，因此，当 A、C、B 为一个正八边形的相邻三个顶点、且 O 为这个正八边形的中心时，四边形 $AOBC$ 的面积为最大. 此时

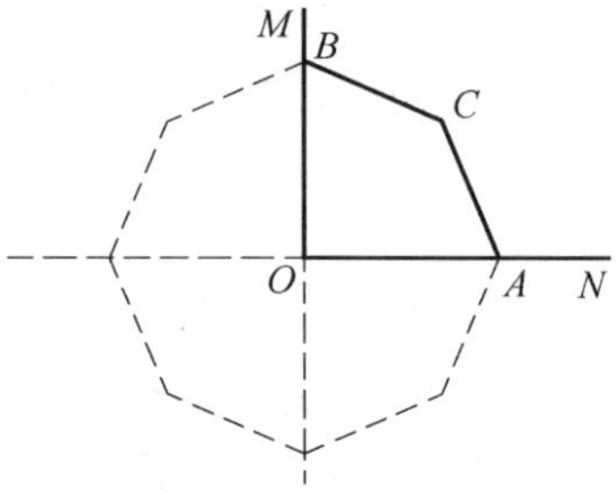

图 5.90

$$OA = OB = OC = \frac{l}{4}\sin 22.5^\circ = \frac{l}{8}\sqrt{2-\sqrt{2}}$$

$$\angle AOC = \angle COB = 45^\circ$$

65. 试求两端点在等腰直角三角形的边上，且将这个三角形分成面积相等的两部分的最短曲线段.

解　设 $\triangle ABC$ 是一个以 AB 为斜边的等腰直角三角形，其腰长为 a. 曲线段 $\overset{\frown}{PmQ}$ 将 $\triangle ABC$ 分成面积相等的两部分. 曲线段 $\overset{\frown}{PmQ}$ 的长为 l.

如果曲线段 $\overset{\frown}{PmQ}$ 的端点 P、Q 都在 $\triangle ABC$ 的某一条边上，如图 5.91，5.92 所示，以这条边为反射轴作轴反射变换，则得到一个以 $\sqrt{2}a$ 为直角边的等腰直角三角形，或者一个以 a 为边长的正方形，以及等腰直角三角形内或正方形内的一条封闭曲线，封闭曲线的长为 $2l$，所围成的图形的面积等于原等腰直角三角形的面积——$\frac{1}{2}a^2$. 但面积一定的所有封闭图形中，以圆的周长为最短. 设这个圆的半径为 r，则由 $\pi r^2 = \frac{1}{2}a^2$ 可得 $r = \frac{a}{\sqrt{2\pi}}$，其周长为 $\sqrt{2\pi}a$，此时，$l \geqslant$

$\frac{\sqrt{2\pi}}{2}a$.

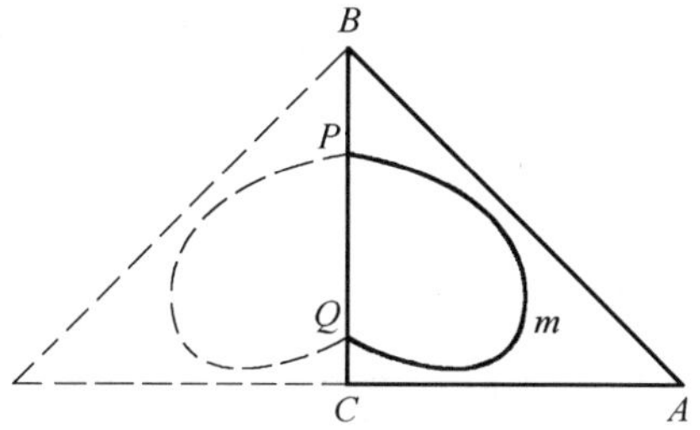

图 5.91

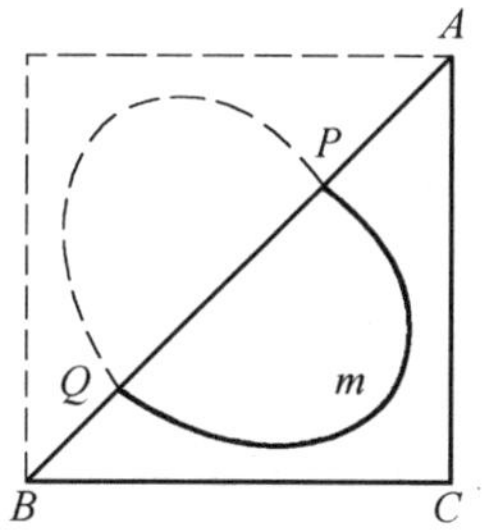

图 5.92

如果曲线段$\overset{\frown}{PmQ}$的端点P、Q分别在直角边AC、BC上,如图 5.93 所示,则以直角边为反射轴连续反射三次,得到一个边长为$\sqrt{2}a$的正方形,以及正方形内的一条封闭曲线,这条封闭曲线的长为$4l$,所围成的图形的面积为a^2.此时可求得$l \geqslant \frac{\sqrt{\pi}}{2}a$.

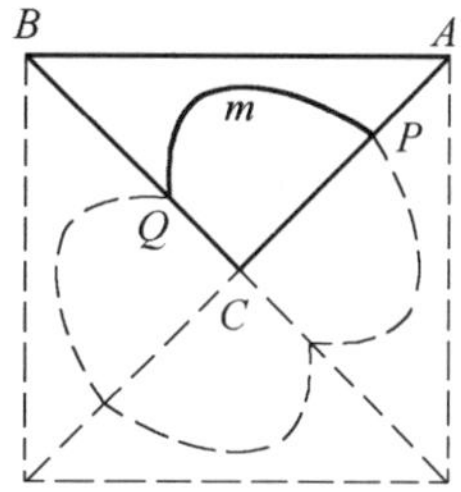

图 5.93

如果曲线段$\overset{\frown}{PmQ}$的端点一个在斜边上,一个在直角边上,不失一般性,设P在斜边AB上,Q在直角边AC上,如图 5.94 所示,则分别以斜边和直角边为反射轴连续反射七次,得到一个边长为$2a$的正方形,以及正方形内的一条封闭曲线,这条封闭曲线的长为$8l$,所围成的图形的面积为$2a^2$.此时可求得$l \geqslant \frac{\sqrt{2\pi}}{4}a$.

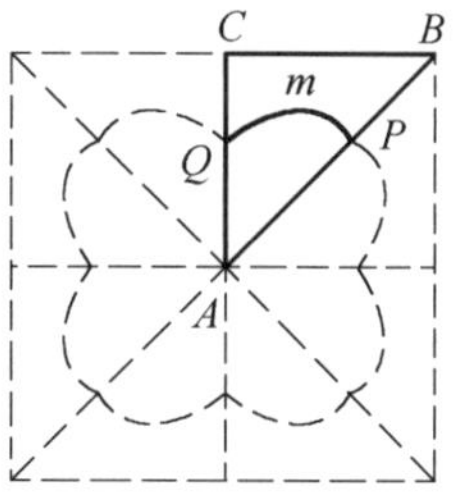

图 5.94

又$\frac{\sqrt{2\pi}}{2}a > \frac{\sqrt{\pi}}{2}a > \frac{\sqrt{2\pi}}{4}a$,故此时$l$的最小值为$\frac{\sqrt{2\pi}}{4}a$.

综上所述,两端点在等腰直角三角形的边上,且将这个三角形分成面积相等的两部分的最短曲线段是以锐角顶点为圆心$\sqrt{\frac{2}{\pi}}a$(a为其直角边的长)为半径、两端点分别在斜边和一直角边上的圆弧.圆弧的长为$\frac{\sqrt{2\pi}}{4}a$.

注 严格地讲,我们还需证明下面的事实:

在等腰直角三角形内,存在一个圆,这个圆的面积正好等于等腰直角三角形的面积的一半.在正方形内,存在一个圆,这个圆的面积正好等于正方形的面积的一半.

事实上,设等腰直角三角形的直角边的长为 a,内切圆半径为 r,因等腰三角形的周长为$(2+\sqrt{2})a$,所以,用两种不同的方式计算三角形的面积,则有$(2+\sqrt{2})ar=a^2$,所以 $r=\frac{a}{2+\sqrt{2}}$.由 $\pi>\frac{3+\sqrt{2}}{2}$ 可知,$\frac{a}{2\sqrt{\pi}}<\frac{a}{2+\sqrt{2}}=r$.于是,以等腰直角三角形的内心为圆心,$r'=\frac{a}{2\sqrt{\pi}}$ 为半径作圆 Γ,则圆 Γ 位于等腰直角三角形内,且圆 Γ 的面积为 $S=\pi r'^2=\frac{1}{4}a^2$.正好是等腰直角三角形的面积的一半.

又设正方形的边长为 a,因 $\pi>2$,所以,$\sqrt{2\pi}>2$,因此,$\frac{a}{\sqrt{2\pi}}<\frac{a}{2}$.于是,以正方形的中心为圆心、$r=\frac{a}{\sqrt{2\pi}}$ 为半径作圆 Γ,则圆 Γ 位于正方形内,且圆的面积为 $S=\pi r^2=\frac{1}{2}a^2$.正好是正方形的面积的一半.

66.在 $\triangle ABC$ 中,M 为 BC 的中点,且 $AM^2=AB\cdot AC$,$\angle C-\angle B=60^\circ$.确定 $\triangle ABC$ 的三个内角.

解　如图5.95所示,以 BC 的垂直平分线为反射轴作轴反射变换,则 $C\rightarrow$

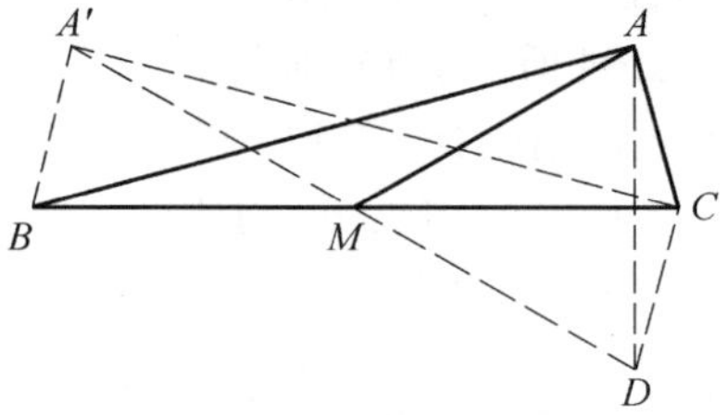

图5.95

B.设 $A\rightarrow A'$,则 $\angle ACA'=\angle C-\angle B=60^\circ$,$\angle MA'C=\angle BAM$,$A$、$A'$、$B$、$C$ 四点共圆.过 A 作 $AD=AM$,且使 $\angle DAC=\angle BAM$,则由 $AM^2=AB\cdot AC$ 知 $\triangle ADC\backsim\triangle ABM$,所以 $\angle ADC=\angle ABM=\angle ABC$.于是,$A$、$B$、$D$、$C$ 四点共圆,这样,A、A'、B、D、C 五点共圆,所以 $\angle DA'C=\angle DAC=\angle BAM=\angle MA'C$,因此,$A'$、$M$、$D$ 三点共线,从而 $\angle ADA'=\angle ACA'=60^\circ$,故 $\triangle AMD$ 为正三角形,且 $\angle DMC=\angle AMB=\angle CMA$,即 MC 平分 $\angle DMA$,所以 $\angle CMA=30^\circ$.再由 $\triangle AMD$ 为正三角形知,$MD=MA=MA'$,所以 M 为所述五点共圆的圆心.但 M 为 BC 的中点,$\angle CMA=30^\circ$,由此可知 $\angle BAC=90^\circ$,$\angle CBA=15^\circ$,$\angle ACB=75^\circ$.

67.设 P 为凸四边形 $ABCD$ 的边 CD 上一点.求证

$$PA + PB \leqslant \max\{CA + BC, AD + BD\}$$

其中 $\max\{x, y\}$ 表示 x、y 中较大者.

证明　如图 5.96 所示，作轴反射变换 $S(CD)$，设 $A \to A'$，$B \to B'$，则 $A'C = AC$，$B'D = BD$，且 AB' 与 $A'B$ 交于直线 CD 上一点. 因 $ABCD$ 是一个凸四边形，所以 A、B 两点在直线 CD 的同一侧，而 A'、B' 两点则在直线 CD 的另一侧.

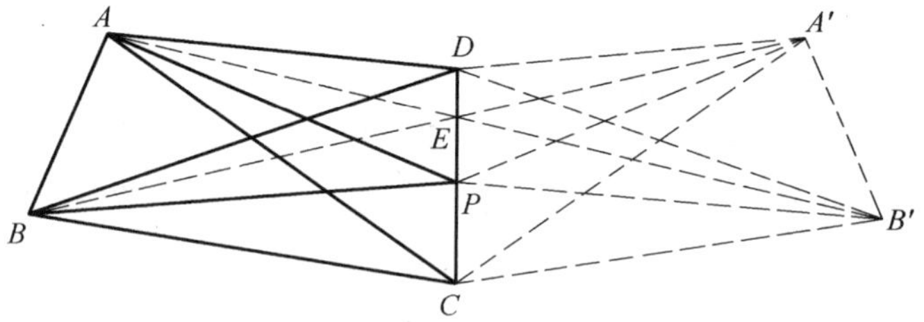

图 5.96

如果点 P 在 C、E 之间(可能重合于 C)，则 P 在 $\triangle ABC$ 的内部或边界上，此时有 $PA + PB' \leqslant AC + B'C$，即 $PA + PB \leqslant AC + BC$.

同理，如果点 P 在 E、D 之间(可能重合于 D)，则有 $PA + PB \leqslant AD + BD$.

因此，无论点 P 在 CD 上何处，总有

$$PA + PB \leqslant \max\{CA + BC, AD + BD\}$$

68. 设 P 为 $\triangle ABC$ 的内部一点，且 $\angle PBA = 30°$，$\angle CBP = \angle PCB = 24°$，$\angle ACP = 54°$. 求 $\angle BAP$.

解　如图 5.97 所示，作轴反射变换 $S(AB)$，设 $P \to P'$，则 $\triangle P'BP$ 是一个正三角形，所以 $P'P = BP$. 再以 BC 的垂直平分线为反射轴作轴反射变换，设 $A \to A'$. 设直线 BP 与 AC 交于 D，过 P 且平行于 AC 的直线与 BC 交于 E，易知 $BD = BC$，且四边形 $AA'BC$ 相似于四边形 $PECD$，于是 $\dfrac{A'A}{BC} = \dfrac{EP}{CD} = \dfrac{BP}{BD} = \dfrac{BP}{BC}$，所以 $A'A = BP = P'P$. 因此，$\triangle AP'P \cong \triangle PAA'$. 这说明四边形 $PAA'P'$ 是等腰梯形，因而它有一个外接圆，其圆心既在 AA' 的垂直平分线上，也在 PP' 的垂直平分线上，所以 BC 的垂直平分线与 AB 的交点 O 即为其圆心. 而

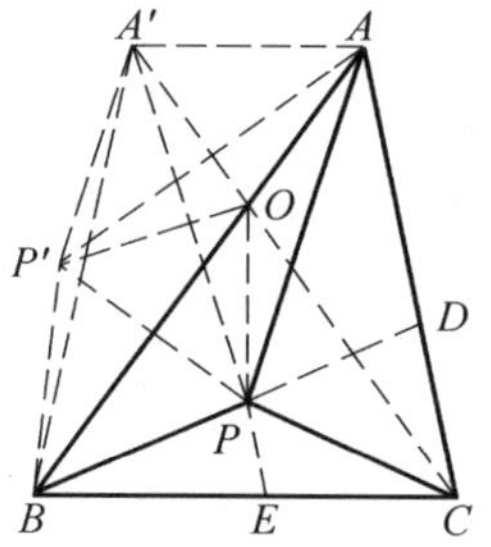

图 5.97

$$\angle BOP = 90° - \angle CBA = 90° - 54° = 36°$$

故 $\angle BAP = \dfrac{1}{2}\angle BOP = 18°$.

习题 6

1. 设 E、F 分别为四边形 $ABCD$ 的边 AB、CD 上的点，且 $\frac{AE}{EB}=\frac{DF}{FC}=\lambda$. 求证：$AD+\lambda\cdot BC\geqslant(1+\lambda)EF$.

证明 如图 6.1 所示，作位似变换 $H(E,-\lambda)$，则 $B\rightarrow A$，设 $C\rightarrow C'$，则 $C'A\ /\!/\ BC$，$C'A=\lambda\cdot BC$，且 $\frac{C'E}{EC}=\lambda=\frac{DF}{FC}$，所以，$C'D\ /\!/\ EF$，从而 $\frac{C'D}{EF}=\frac{CD}{CF}=1+\lambda$，这说明

$$C'D=(1+\lambda)EF$$

于是，由 $AD+C'A\geqslant C'D$ 即得

$$AD+\lambda\cdot BC\geqslant(1+\lambda)EF$$

等式成立当且仅当 C'、A、D 三点共线，当且仅当 $AD\ /\!/\ BC$.

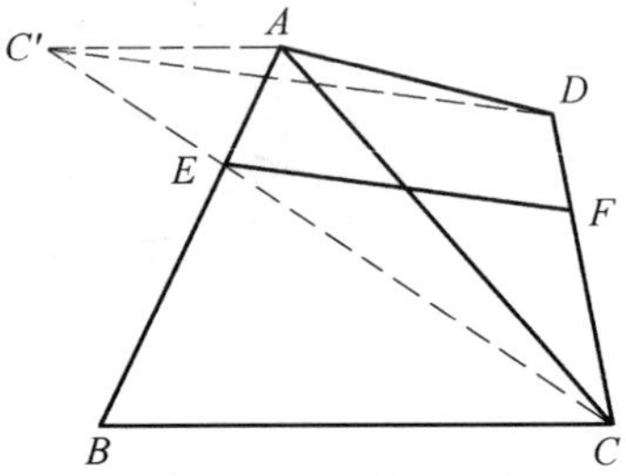

图 6.1

2. 设 P、Q 分别为凸四边形 $ABCD$ 的边 BC、AD 上的点，且

$$\frac{BP}{PC}=\frac{DQ}{QA}=\frac{BD}{AC}$$

直线 PQ 与对角线 AC 与 BD 分别交于 M、N. 证明：$\angle PMC=\angle DNQ$.

证明 如图 6.2 所示，设

$$\frac{BP}{PC}=\frac{DQ}{QA}=\frac{BD}{AC}=k$$

作位似变换 $H(E,-k)$，则 $C\rightarrow B$. 设 $D\rightarrow D'$，则 $D'C\ /\!/\ BD$，且

$$\frac{D'P}{PD}=k=\frac{AQ}{QD},D'C=k\cdot BD=AC$$

所以，$D'A\ /\!/\ PQ$，$\angle D'AC=\angle CD'A$. 故

$$\angle CMP=\angle D'AC=\angle CD'A=\angle DNQ$$

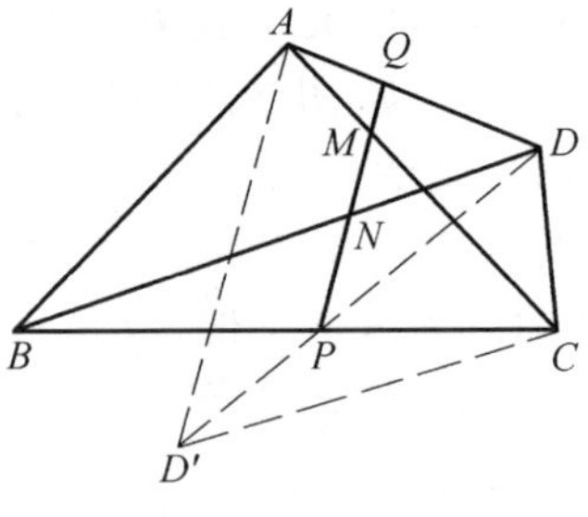

图 6.2

3. 设圆内接四边形 $ABCD$（不一定是凸的）的两对角线 AC 与 BD 交于 P. 求证：$AB\cdot BC\cdot PD=CD\cdot DA\cdot PB$.

证明 如图 6.3，6.4 所示，设 $\overline{PB}=k\cdot\overline{PD}$，作位似变换 $H(P,k)$，则 $D\rightarrow B$. 设 $A\rightarrow A'$，则 $A'B=|k|\cdot DA$，$\angle AA'B=\angle PAD=\angle CBD$. 又 $\angle BAA'=\angle BDC$，所以 $\triangle A'AB\backsim\triangle BDC$，由此可知，$AB\cdot BC=A'B\cdot CD$. 再注意 $A'B=$

$\frac{PB}{PD}\cdot AD$,即知 $AB\cdot BC\cdot PD = CD\cdot DA\cdot PB$.

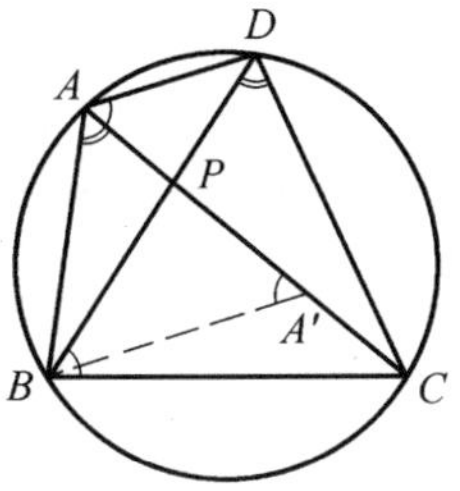

图 6.3

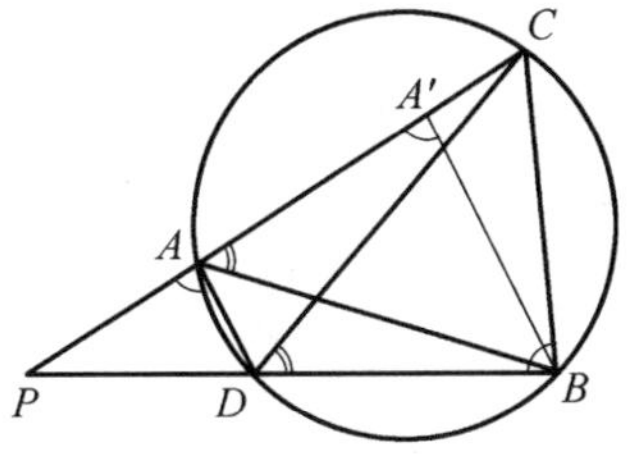

图 6.4

4.过四边形 $ABCD$ 的边 BC 上一点 P 分别作 AB、CD、AD 的垂线,垂足分别为 E、F、G,PG 与 EF 交于 Q.求证:四边形 $ABCD$ 内接于圆的充分必要条件是

$$\frac{EQ}{QF} = \frac{BP}{PC}$$

证明 如图 6.5,6.6 所示.设 $BP = k\cdot PC$,作位似变换 $H(P, -k)$,则 $C\to B$,设 $F\to F'$,则 $F'B\parallel CD$,$\angle F'BC = \angle DCB$,且$\frac{F'P}{PF} = \frac{BP}{PC}$.因 $PF'\perp CD$,所以 $PF'\perp BF$,从而 P、E、B、F' 四点共圆,因此,$\angle F'BC = \angle F'EP$,这样便有 $\angle DCB = \angle F'EP$.

另一方面,因 A、E、P、G 四点共圆,所以 $\angle BAD + \angle GPE = 180°$.于是,四边形 $ABCD$ 内接于圆$\Leftrightarrow\angle BAD + \angle DCB = 180°\Leftrightarrow\angle GPE = \angle DCB\Leftrightarrow\angle GPE = \angle F'EP\Leftrightarrow F'E\parallel PQ\Leftrightarrow\frac{EQ}{QF} = \frac{F'P}{PF}\Leftrightarrow\frac{EQ}{QF} = \frac{BP}{PC}$.

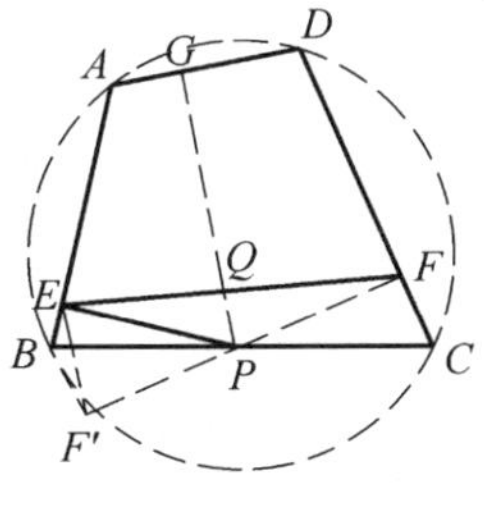

图 6.5

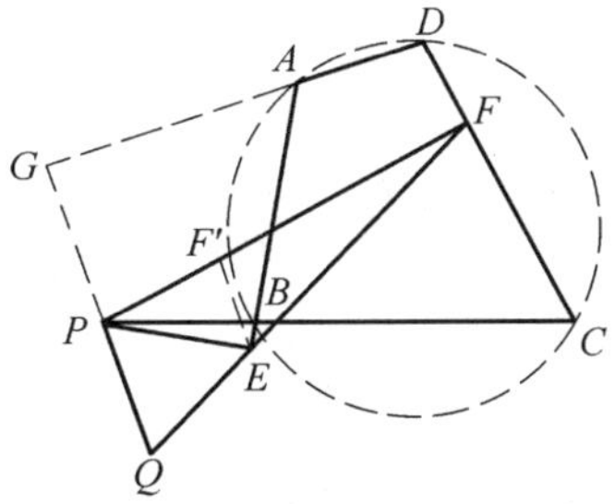

图 6.6

5.设 D、E、F 分别为 $\triangle ABC$ 的边 BC、CA、AB 边上的点,EF 与 AD 交于 P.求证:$\frac{AE}{AF} = \frac{BD}{DC}$ 的充分必要条件是$\frac{EP}{PF} = \frac{AB}{AC}$.

证明　如图6.7所示，设$\overline{PE}=k_1\cdot\overline{PF}$，作位似变换$H(P,k_2)$，则$F\to E$．设$A\to A_1$，则$A_1E\ /\!/\ AB$，且$A_1E=|k_1|\cdot AF$．再设$\overline{DC}=k_2\cdot\overline{DB}$，作位似变换$H(D,k_2)$，则$C\to B$．设$A\to A_2$，则$A_2C\ /\!/\ AB$，且$A_2C=|k_2|\cdot AB$，所以

$$\frac{A_1E}{A_2C}=\frac{|k_1|}{|k_2|}\cdot\frac{AF}{AB}=\frac{EP}{PF}\cdot\frac{DC}{BD}\cdot\frac{AF}{AB}$$

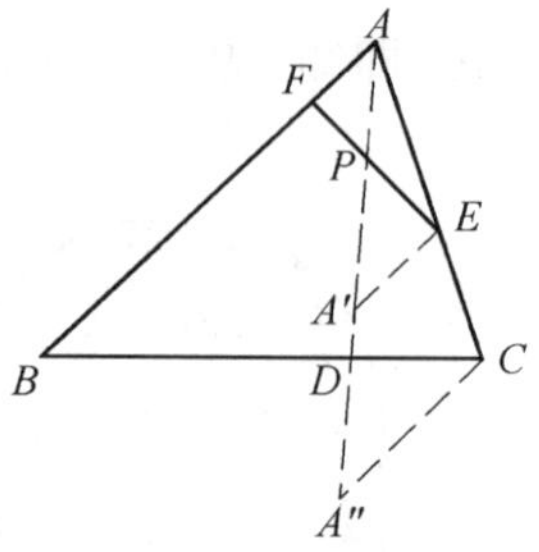

图6.7

又由$A_1E\ /\!/\ AB$，$A_2C\ /\!/\ AB$知，$A_1E\ /\!/\ A_2C$，所以，$\frac{A_1E}{A_2C}=\frac{AE}{AC}$，从而

$$\frac{AE}{AF}\cdot\frac{AB}{AC}=\frac{BD}{DC}\cdot\frac{EP}{PF}$$

故

$$\frac{AE}{AF}=\frac{BD}{DC}\Leftrightarrow\frac{EP}{PF}=\frac{AB}{AC}$$

6．证明Van Obel定理：设P为$\triangle ABC$所在平面上一点，直线AP、BP、CP分别与直线BC、CA、AB交于D、E、F，则

$$\frac{\overline{AF}}{\overline{FB}}+\frac{\overline{AE}}{\overline{EC}}=\frac{\overline{AP}}{\overline{PD}}$$

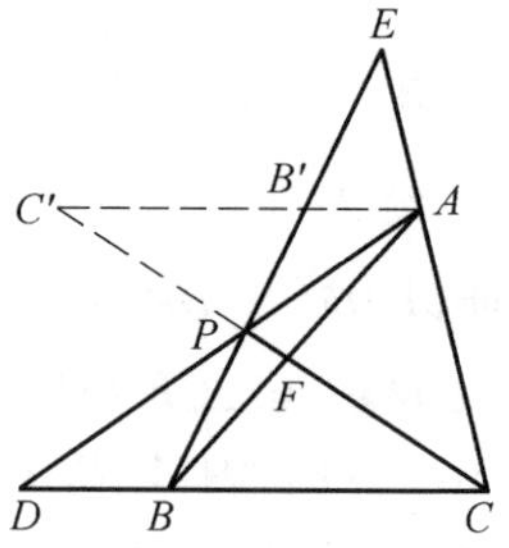

图6.8

证明　如图6.8～6.10所示，设$\overline{PA}=k\cdot\overline{PD}$，作位似变换$H(P,k)$，则$D\to A$．设$B\to B'$，$C\to C'$，则$B'$、$A$、$C'$三点共线，$\overline{B'C'}=k\cdot\overline{BC}$，且$B'C'\ /\!/\ BC$，所以

$$\frac{\overline{AF}}{\overline{FB}}=\frac{\overline{C'A}}{\overline{BC}},\frac{\overline{AE}}{\overline{EC}}=\frac{\overline{AB'}}{\overline{BC}}$$

于是

$$\frac{\overline{AF}}{\overline{FB}}+\frac{\overline{AE}}{\overline{EC}}=\frac{\overline{C'A}}{\overline{BC}}+\frac{\overline{AB'}}{\overline{BC}}=\frac{\overline{C'A}+\overline{AB'}}{\overline{BC}}=\frac{\overline{C'B'}}{\overline{BC}}=-k=\frac{\overline{AP}}{\overline{PD}}$$

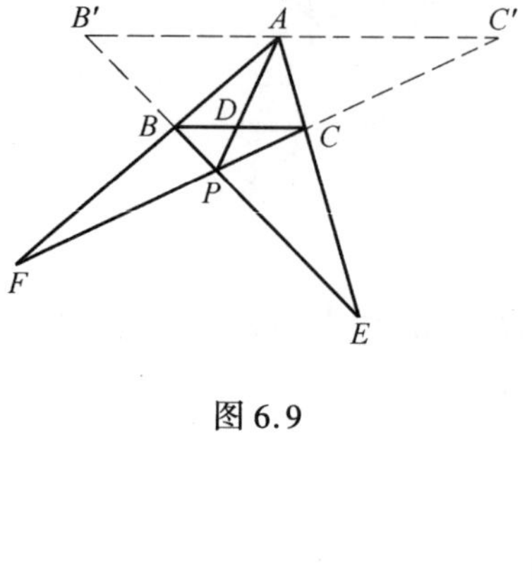

图6.9

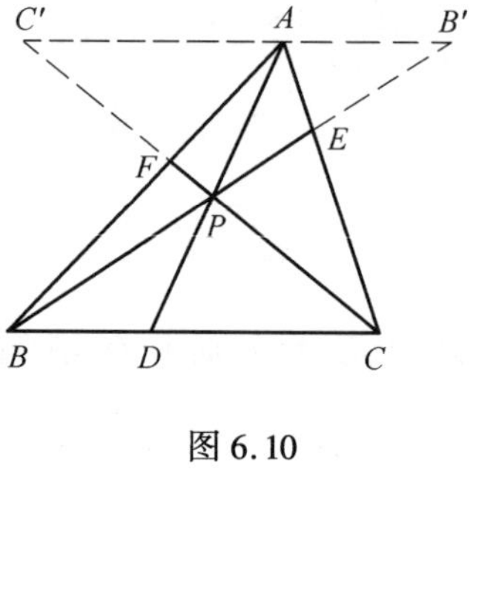

图6.10

7. 一圆过 $\triangle ABC$ 的顶点 A 且分别与边 AB、AC 交于 P、Q，与边 BC 交于 D、E 两点，设 $\angle BAE=\alpha$，$\angle EAQ=\beta$. 求证：$\frac{BP}{CQ}=\frac{BD}{DC}\cdot\frac{\sin\alpha}{\sin\beta}$.

证明 如图 6.11 所示，设 $\overline{DB}=k\cdot\overline{DC}$，作位似变换 $H(P,k)$，则 $C\to B$. 设 $Q\to Q'$，则

$$\angle DQ'B=\angle DQC=\angle APD$$

所以，P、B、Q'、D 四点共圆，因此

$$\angle PQ'B=\angle PDB=\angle BAE=\alpha$$

$$\angle BPQ=\angle BDQ=\angle EDQ=\angle EAC=\beta$$

于是由正弦定理 $\frac{BP}{BQ'}=\frac{\sin\alpha}{\sin\beta}$.

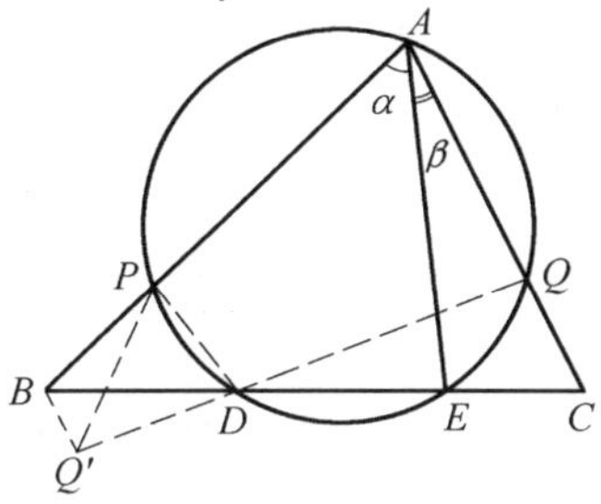

图 6.11

另一方面，因 $BQ'=|k|\cdot CQ=\frac{BD}{DC}\cdot CQ$，由此即知

$$\frac{BP}{CQ}=\frac{BD}{DC}\cdot\frac{\sin\alpha}{\sin\beta}$$

8. 设 P、Q 为 BC 所在直线上异于 B、C 的两点，过 Q 作 AB 的平行线分别交直线 AP、AC 于 D、E. 再设 F 为直线 AB 上的一点. 求证：$QF\,/\!/\,CA$ 的充分必要条件是 $\frac{DE}{BF}=\frac{PC}{BP}$.

证明 如图 6.12 所示，设 $PC=k\cdot BP$，作位似变换 $H(P,-k)$，则 $B\to C$. 设 $A\to A'$，则 $CA'\,/\!/\,AB\,/\!/\,DE$，所以 $\frac{DE}{A'C}=\frac{AE}{AC}=\frac{BQ}{BC}$.

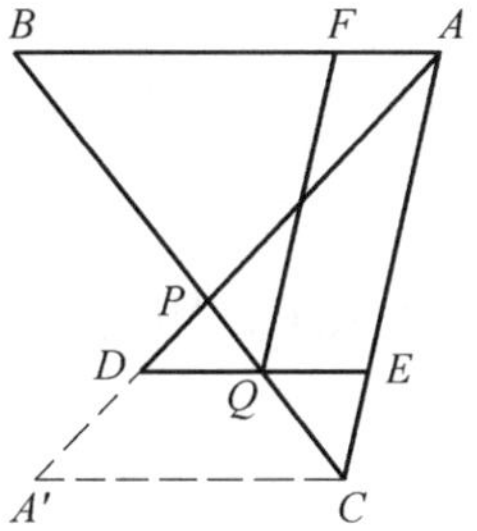

图 6.12

又 $\frac{A'C}{BA}=k=\frac{PC}{BP}$，于是

$$QF\,/\!/\,CA\Leftrightarrow\frac{BF}{BA}=\frac{BQ}{BC}\Leftrightarrow\frac{BF}{BA}=\frac{DE}{A'C}\Leftrightarrow\frac{DE}{BF}=\frac{A'C}{BA}\Leftrightarrow\frac{DE}{BF}=\frac{PC}{BP}$$

9. 设 D、E、F 分别为 $\triangle ABC$ 的边 BC、CA、AB 上的点，且

$$\frac{BD}{DC}=\frac{CE}{EA}=\frac{AF}{FB},\angle EDF=\angle BAC$$

证明：以 D、E、F 为顶点的三角形相似于 $\triangle ABC$.（第 23 届原全苏数学奥林匹克，1989）

证明 如图 6.13 所示，设 $BF=k\cdot BA$，作位似变换 $H(B,k)$，则 $A\to F$. 设 $C\to C'$，则

$$FC' /\!/ AC, \frac{BC'}{BC} = \frac{BF}{BA} = \frac{AE}{AC}$$

所以 $C'E /\!/ AB$,因此,四边形 $AFC'E$ 是平行四边形,从而 $\angle EC'F = \angle BAC = \angle EDF$,所以 D、C'、E、F 四点共圆. 于是,$\angle FED = \angle FC'D = \angle ACB$,再注意 $\angle EDF = \angle BAC$ 即知

$$\triangle DFE \backsim \triangle ABC$$

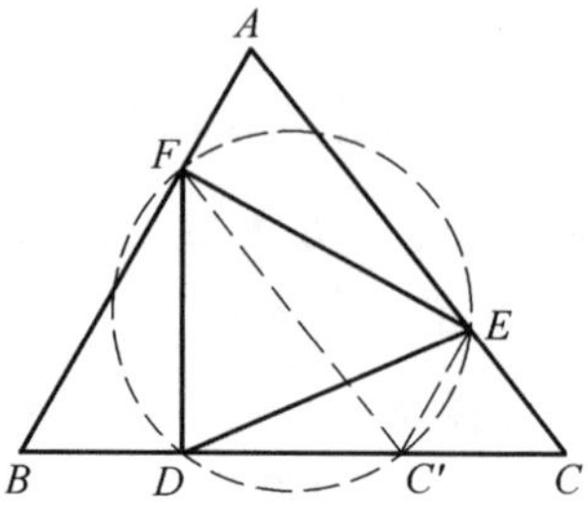

图 6.13

10. 设 P 是 $\triangle ABC$ 所在平面上一点,过各边中点作点 P 与各顶点的连线的平行线. 证明:所作三线共点. 设共点于 Q,则 P、Q 与 $\triangle ABC$ 的重心三点共线,且重心到点 P 的距离等于重心到点 Q 的距离的两倍.

证明 如图 6.14 所示,设 $\triangle ABC$ 的重心为 G,边 BC、CA、AB 的中点分别为 L、M、N,作位似变换 $H(G, -\frac{1}{2})$,则 $\triangle ABC \to \triangle LMN$. 设 $P \to Q$,则 $LQ /\!/ AP$, $MQ /\!/ BP$, $NQ /\!/ CP$,这说明 LQ、MQ、NQ 即所作三直线,它们共点于 Q. 因 $\overline{GQ} = \frac{1}{2} \cdot \overline{GP}$,所以 P、G、Q 三点共线,且重心 G 到点 P 的距离等于 G 到点 Q 的距离的两倍.

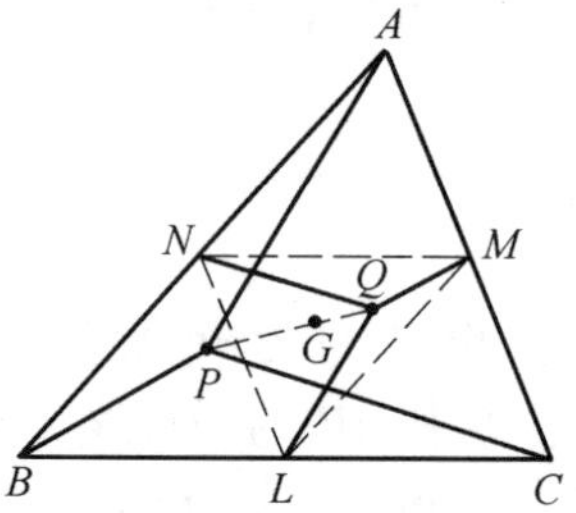

图 6.14

11. 设 $\triangle ABC$ 的三顶点关于对边的对称点分别为 D、E、F. 证明:D、E、F 三点共线的充分必要条件是 $\triangle ABC$ 的外心到其垂心的距离等于其外接圆的直径长. (第 39 届 IMO 预选,1998)

证明 如图 6.15 所示,设 $\triangle ABC$ 的外心和垂心分别为 O、H,重心为 G. 作位似变换 $H(G, -2)$,设 $\triangle ABC \to \triangle A'B'C'$,则 $\triangle ABC$ 为 $\triangle A'B'C'$ 的中点三角形,且 $\triangle ABC$ 的垂心 H 为 $\triangle A'B'C'$ 的外心,所以,$O \to H$.

再设 $\triangle ABC$ 的外心 O 在直线 $B'C'$、$C'A'$、$A'B'$ 上的射影分别为 P、Q、R, BC 的中点为 M. 因 $OM \perp BC$, $BC /\!/ C'B'$,所以,O、M、P 三点共线,且 $AD /\!/ PM$, $AD = 2PM$. 显然,$M \to A$,所以,$P \to D$. 同理,$Q \to E$, $R \to F$. 于是,D、E、F 三点共线,当且仅当 P、Q、R 三点共线.

另一方面,由 Simson 定理(见例 7.2.6),P、Q、R 三点共线,当且仅当 $\triangle ABC$ 的外心 O 在 $\triangle A'B'C'$ 的外接圆上. 而 H 为 $\triangle A'B'C'$ 的外心,所以,点 O 在 $\triangle A'B'C'$ 的外接圆上,当且仅当 OH 为 $\triangle A'B'C'$ 的外接圆半径,当且仅当

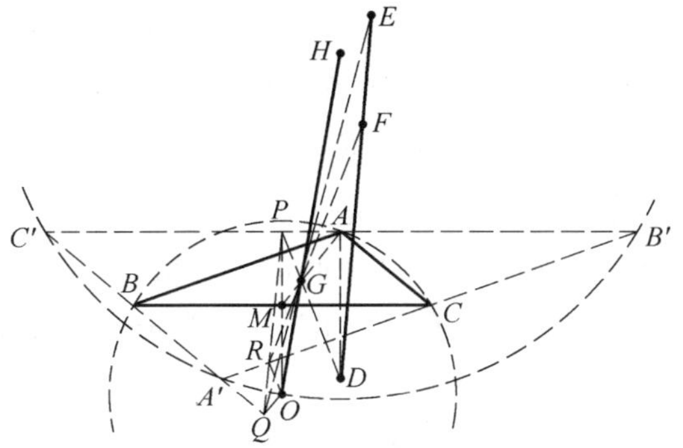

图 6.15

OH 等于 $\triangle ABC$ 的外接圆的直径长.

综上所述，D、E、F 三点共线的充分必要条件是 OH 等于 $\triangle ABC$ 的外接圆的直径长.

12. 已知三个等圆有一个公共点 S，并且都在一个已知三角形内，每一个圆与三角形的两边相切. 求证：这个三角形的内心、外心与点 S 共线.（第 22 届 IMO，1981）

证明　如图 6.16 所示，设三个等圆 $\odot O_1$、$\odot O_2$、$\odot O_3$ 有一个公共点 S，且这三个等圆中的每一个都与 $\triangle ABC$ 的两边相切，则有 $O_1O_2 \parallel AB$，$O_2O_3 \parallel BC$，$O_3O_1 \parallel CA$，且 AO_1、BO_2、CO_3 分别为 $\triangle ABC$ 的三内角平分线，因此，AO_1、BO_2、CO_3 交于 $\triangle ABC$ 的内心 I.

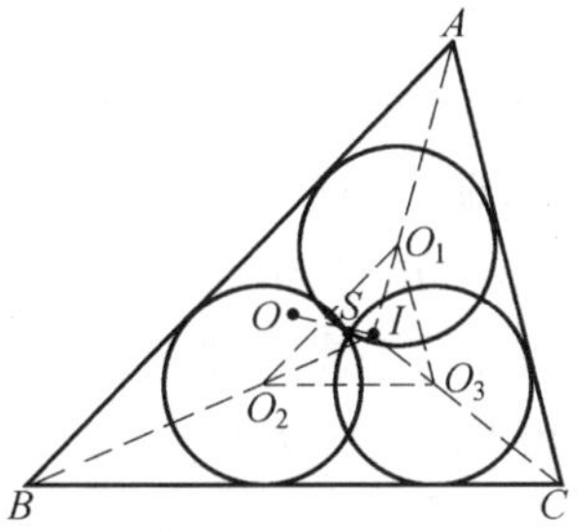

图 6.16

另一方面，因 $SO_1 = SO_2 = SO_3$，所以 S 为 $\triangle O_1O_2O_3$ 的外心. 于是，设 $\triangle ABC$ 的外心为 O，$IA = k \cdot IO_1$，则

$$\triangle ABC \xrightarrow{H(I,k)} \triangle O_1O_2O_3. \ O \xrightarrow{H(I,k)} S$$

故 O、I、S 三点共线，即 $\triangle ABC$ 的外心、内心和点 S 共线.

13. 设 $\triangle ABC$ 的 A- 旁切圆与边 BC 相切于点 D，与直线 AC、AB 分别相切于点 E、F. 求证：$\triangle ABC$ 的外心、A- 旁心与 $\triangle DEF$ 的垂心三点共线.

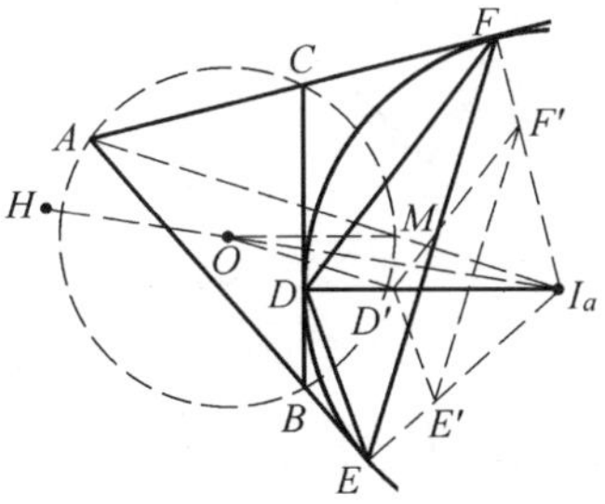

图 6.17

证明　如图 6.17 所示，设 $\triangle ABC$ 的外心、

A-旁心与 $\triangle DEF$ 的垂心分别为 O、I_a、H，$\triangle ABC$ 的 A-旁切圆半径与外接圆半径分别为 r_a，R，设 $R = k \cdot r_a$，作位似变换 $H(I_a, k)$，设 $\triangle DEF \to \triangle D'E'F'$，则 $D'I_a = R$。设 $\triangle ABC$ 的外接圆的 $\overset{\frown}{BC}$（不含点 A）的中点为 M，则 $OM \underset{=}{\parallel} D'I_a$，所以，四边形 OMI_aD' 为平行四边形，于是 $D'O \parallel I_aM$。再注意到 A、I_a、M 共线，所以，$D'O \parallel AI_a$。又 $AI_a \perp EF$，因此，$D'O \perp EF$。但 $EF \parallel E'F'$，从而 $D'O \perp E'F'$。同理 $E'O \perp F'D'$，所以，O 是 $\triangle D'E'F'$ 的垂心，于是，$H \to O$。故 H、I_a、O 共线，且

$$\frac{HI_a}{OI_a} = \frac{r_a}{R}$$

14. 设 H 为 $\triangle ABC$ 的垂心，M 为 CA 的中点，过点 B 作 $\triangle ABC$ 的外接圆的切线 l，过垂心 H 作切线 l 的垂线，垂足为 L。求证：$\triangle MBL$ 是等腰三角形。((俄)彼圣得堡数学奥林匹克，2000)

证明 如图6.18所示，设 O 为 $\triangle ABC$ 的外心，显然，$HL \parallel OB$。由 Euler 定理（例6.2.1）可知，OH 与 BM 的交点 G 为 $\triangle ABC$ 的重心，且 $HG = 2OG$。又 $BG = 2GM$，于是，设点 B 关于点 M 的对称点为 B'，则 $B'G = 2GB$，所以 $B'H \parallel OB$，这说明 B'、H、L 在一直线上。于是，M 为 Rt$\triangle BB'L$ 的斜边 BB' 的中点，所以，$ML = MB$，故 $\triangle MBL$ 是等腰三角形。

另证 如图6.19所示，设 O 为 $\triangle ABC$ 的外心，显然，$HL \parallel OB$。由 Euler 定理可知，OH 与 BM 的交点乃 $\triangle ABC$ 的重心，且 $BG = 2GM$，$HG = 2OG$。于是，过 M 作 BL 的垂线分别交 OH、BL 于 N、K，则 $OG = 2GN$。再由 $HG = 2OG$ 即知，N 为 OH 的中点，从而 K 为 BL 的中点，但 $MK \perp BL$，因此，$MB = ML$。故 $\triangle MBL$ 是等腰三角形。

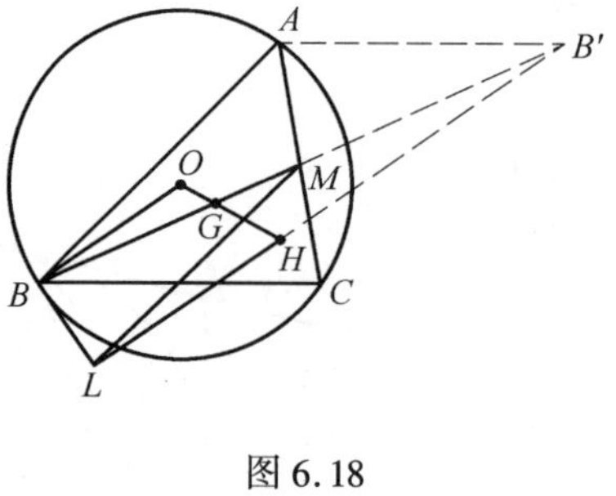

图 6.18

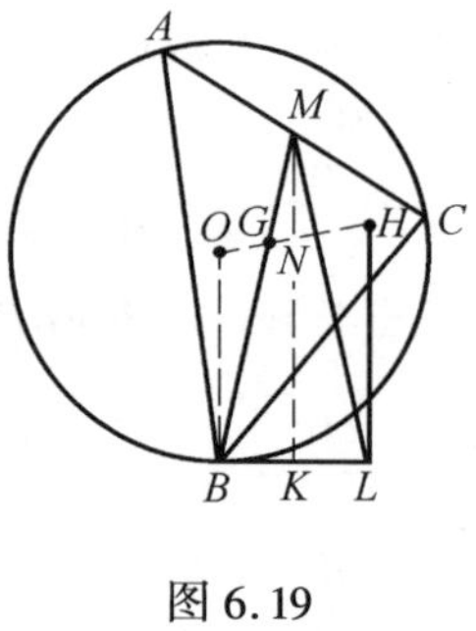

图 6.19

15. 设平行四边形 $ABCD$ 即非矩形，也非菱形，以 AC 为直径作一圆分别与直线 AB、AD 交于另一点 E、F。求证：直线 EF、BD 以及圆在过 C 点的切线共点。

(第4届土耳其数学奥林匹克,1996)

证明 如图6.20所示,设圆与 CD 的另一交点为 K,AD 与圆在点 C 的切线交于 M,EF 与 CD 交于 N,则 $\angle MFN=\angle AFE=\angle CEK=\angle MCN$,所以,$M$、$N$、$F$、$C$ 四点共圆,$\triangle DMN$ 与 $\triangle DCF$ 反向相似. 又因 $\angle CBE=\angle CDF$,$\angle BEC=\angle DFC=90°$,所以,$\triangle BCE$ 与 $\triangle DCF$ 亦反向相似,于是,$\triangle DMN$ 与 $\triangle BCE$ 同向相似,而它们有两组对应边是互相平行的,因此是位似的,从而它们的三对应顶点的连线共点或平行.而 $ABCD$ 非菱形,所以 BD 与 MC 相交,故直线 EF、BD、NC 共点.

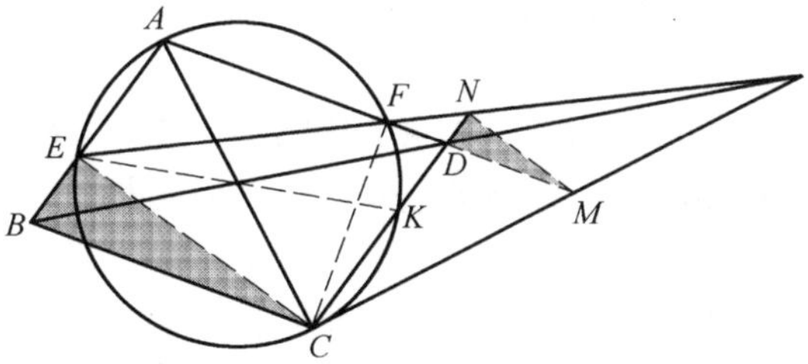

图6.20

16.设 O 是 $\triangle ABC$ 的外心,L、M、N 分别是边 BC、CA、AB 的中点,P、Q、R 分别是直线 OL、OM、ON 上的点.证明:若 $\frac{\overline{OL}}{\overline{OP}}=\frac{\overline{OM}}{\overline{OQ}}=\frac{\overline{ON}}{\overline{OR}}$,则 AP、BQ、CR 与 $\triangle ABC$ 的 Euler 线四线共点或互相平行.

证明 如图6.21,6.22所示,设 $\frac{\overline{OL}}{\overline{OP}}=\frac{\overline{OM}}{\overline{OQ}}=\frac{\overline{ON}}{\overline{OR}}=k$.作位似变换 $H(O,k)$,则 $P\rightarrow L$,$Q\rightarrow M$,$R\rightarrow N$.

再设 G 为 $\triangle ABC$ 的重心,作位似变换 $H(G,-2)$,则 $L\rightarrow A$,$M\rightarrow B$,$N\rightarrow C$,于是,在这两个位似变换的乘积——$H(G,-2)H(O,k)$ 下,$P\rightarrow A$,$Q\rightarrow B$,$R\rightarrow C$.

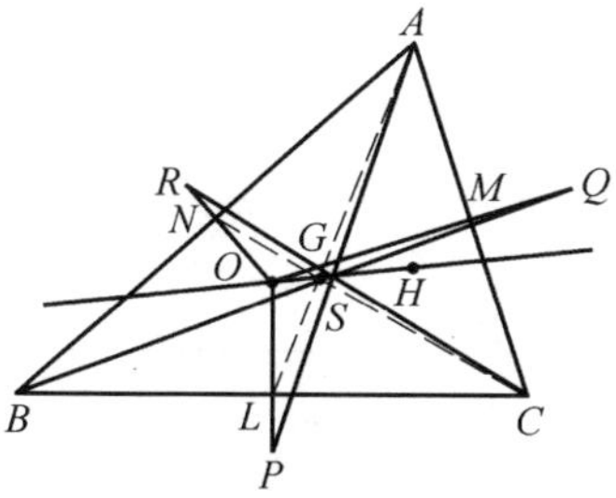

图6.21

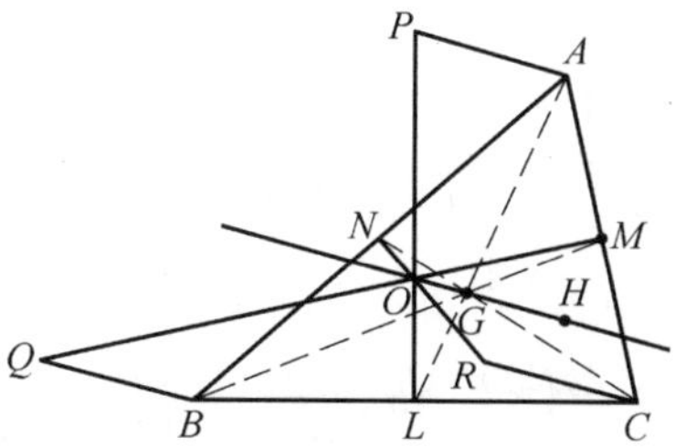

图6.22

当 $k \neq -\frac{1}{2}$ 时，由定理 2.2.7(1)，存在点 S，使得 $H(G,-2)H(O,k)=H(S,-2k)$，这说明在位似变换 $H(S,-2k)$ 下，$P\to A$，$Q\to B$，$R\to C$. 此时，AP、BQ、CR 三线交于位似中心 S. 且 S、O、G 三点共线. 但直线 OG 就是 $\triangle ABC$ 的 Euler 线，因此，AP、BQ、CR 与 $\triangle ABC$ 的 Euler 线 OG 四线共点 S.

当 $k=-\frac{1}{2}$ 时，由定理 2.2.7(2)，$H(G,-2)H(O,k)$ 是一个平移变换，且平移向量平行于 OG. 由于在一个平移变换下，$P\to A$，$Q\to B$，$R\to C$. 因此，AP、BQ、CR 三线皆平行于平移向量，而平移向量平行于 OG. 故此时 AP、BQ、CR 与 $\triangle ABC$ 的 Euler 线 OG 四线互相平行.

17. 设 $\triangle ABC$ 的内切圆与 BC、CA、AB 分别切于 D、E、F，分别过 EF、FD、DE 的中点作 BC、CA、AB 的垂线. 求证：所作三条垂线共点.（罗马尼亚国家队选拔考试，1986）

证明 如图 6.23 所示，设 L、M、N 分别为 EF、FD、DE 的中点，G 为 $\triangle DEF$ 的重心，作位似变换 $H(G,-2)$，则 $L\to D$，$M\to E$，$N\to F$，于是，所作三条垂线变为分别过 D、E、F 且分别垂直于 BC、CA、AB 的直线. 显然，这三条直线交于 $\triangle ABC$ 的内心 I，故原所作三条垂线共点.

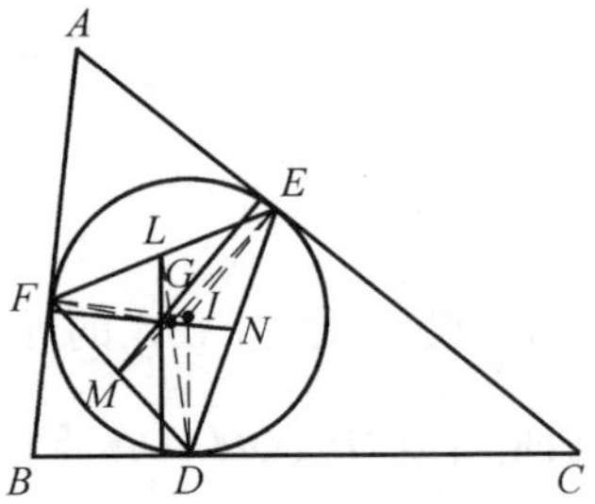

图 6.23

18. 设 $\triangle ABC$ 的顶点 A、B、C 分别在 $\triangle PQR$ 的边 QR、RP、PQ 上，$\triangle DEF$ 的顶点 D、E、F 分别在 $\triangle ABC$ 的边 BC、CA、AB 上，且 $\frac{RA}{AQ}=\frac{BD}{DC}$，$\frac{PB}{BR}=\frac{CE}{EA}$，$\frac{QC}{CP}=\frac{AF}{FB}$. 记 $\triangle PQR$、$\triangle ABC$、$\triangle DEF$ 的面积分别为 S_1、S_2、S_3. 证明：$S_2^2=S_1S_3$.

证明 如图 6.24 所示，设 $\overline{CP}=k_1\cdot\overline{CQ}$，作位似变换 $H(P,k_1)$，则 $Q\to P$. 设 $A\to A_1$，则

$$A_1P /\!/ QA,\ \frac{A_1C}{CA}=\frac{PC}{CQ}=\frac{BF}{FA}$$

所以，$A_1B /\!/ CF$. 再设 $\overline{BP}=k_2\cdot\overline{BR}$，作位似变换 $H(P,k_2)$，则 $R\to P$. 设 $A\to A_2$，则

$$PA_2 /\!/ AR,\ \frac{A_2B}{BA}=\frac{PB}{BR}=\frac{CE}{EA}$$

所以，$A_2C /\!/ BE$. 再注意 $A_1B /\!/ CF$ 即可得到 $EF /\!/ A_1A_2$.

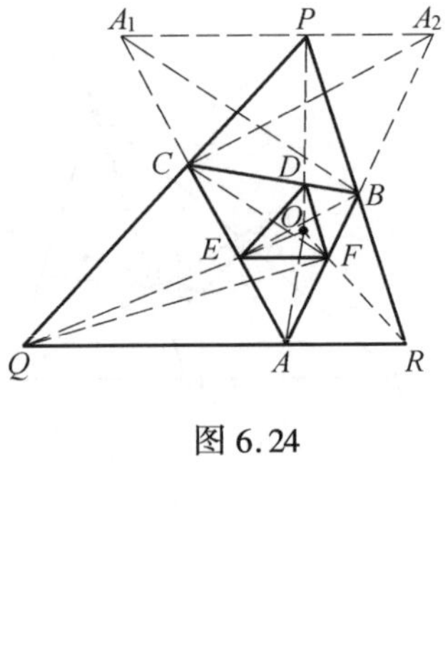

图 6.24

又因 $A_1P \parallel QA$，$PA_2 \parallel AR$，所以，A_1、P、A_2 三点共线，且 $A_1A_2 \parallel QR$，从而 $EF \parallel QR$．同理，$FD \parallel RP$，$DE \parallel PQ$．即 $\triangle DEF$ 与 $\triangle PQR$ 的对应边平行，所以，$\triangle DEF$ 与 $\triangle PQR$ 是位似的，因而其对应顶点的连线 DP、EQ、FR 交于一点 O．设 $\frac{OP}{OD} = \frac{OQ}{OE} = \frac{OR}{OF} = k$．由 $EF \parallel QR$，有 $S_{\triangle AEF} = S_{\triangle QEF}$，所以 $S_{AEOF} = S_{\triangle OQF}$．而 $\frac{S_{\triangle OQF}}{S_{\triangle OEF}} = \frac{OQ}{OE} = k$，因此，$S_{OEAF} = k \cdot S_{\triangle OEF}$．同理，$S_{OFBD} = k \cdot S_{\triangle OFD}$，$S_{ODCE} = k \cdot S_{\triangle ODE}$．因此，$S_{\triangle ABC} = k \cdot S_{\triangle DEF}$．即 $S_2 = k \cdot S_3$．显然，$S_1 = k^2 \cdot S_3$．故 $S_2^2 = S_1S_3$．

19．设 $\triangle ABC$ 与 $\triangle A'B'C'$ 的对应顶点的连线互相平行，一直线分别与直线 BC、CA、AB 交于 D、E、F，分别过 D、E、F 作 AA' 的平行线交直线 $B'C'$、$C'A'$、$A'B'$ 于 D'、E'、F'．求证：D'、E'、F' 三点共线．

证明　如图 6.25 所示，因 $BB' \parallel DD' \parallel CC'$，$CC' \parallel EE' \parallel AA'$，$AA' \parallel FF' \parallel BB'$，所以 $\frac{\overline{B'D'}}{\overline{D'C'}} = \frac{\overline{BD}}{\overline{DC}}$，$\frac{\overline{C'E'}}{\overline{E'A'}} = \frac{\overline{CE}}{\overline{EA}}$，$\frac{\overline{A'F'}}{\overline{F'B'}} = \frac{\overline{AF}}{\overline{FB}}$．于是 $\frac{\overline{B'D'}}{\overline{D'C'}} \cdot \frac{\overline{C'E'}}{\overline{E'A'}} \cdot \frac{\overline{A'F'}}{\overline{F'B'}} = \frac{\overline{BD}}{\overline{DC}} \cdot \frac{\overline{CE}}{\overline{EA}} \cdot \frac{\overline{AF}}{\overline{FB}}$．

考虑 $\triangle ABC$ 与截线 DEF，由 Menelaus 定理，$\frac{\overline{BD}}{\overline{DC}} \cdot \frac{\overline{CE}}{\overline{EA}} \cdot \frac{\overline{AF}}{\overline{FB}} = -1$，因此

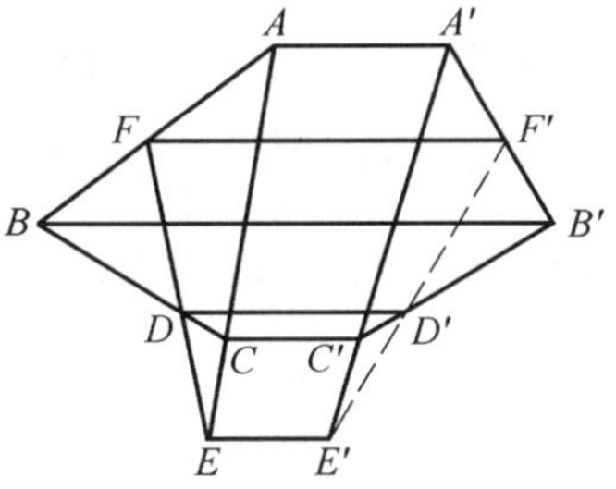

图 6.25

$$\frac{\overline{B'D'}}{\overline{D'C'}} \cdot \frac{\overline{C'E'}}{\overline{E'A'}} \cdot \frac{\overline{A'F'}}{\overline{F'B'}} = -1$$

而 D'、E'、F' 分别是 $\triangle A'B'C'$ 的三边 $B'C'$、$C'A'$、$A'B'$ 所在直线上的点，于是，再一次由 Menelaus 定理即知 D'、E'、F' 三点共线．

20．设 $\triangle ABC$ 的内切圆切 BC 于 D，内切圆的一个同心圆与 $\triangle ABC$ 的边 BC 交于 M、N 两点（点 M 离顶点 B 较近），与 CA、AB 的离顶点 A 较近的交点分别为 K、L．证明：AD、MK、NL 三线共点．

证明　如图 6.26 所示，由同心圆的条件易知 $CM = CK$，$BN = BL$．设 AD 与 KM 交于 P，考虑 $\triangle ADC$ 与截线 MKP，由 Menelaus 定理，$\frac{DM}{MC} \cdot \frac{CK}{KA} \cdot \frac{AP}{PD} = 1$．但 $CK = MC$，所以，$\frac{KA}{DM} \cdot \frac{PD}{AP} = 1$．又 $DM = ND$，$BL = BN$，$AK = AL$，因此，$\frac{BN}{ND} \cdot \frac{DP}{PA} \cdot \frac{AL}{LB} = 1$．而 N、P、L 分别为 $\triangle ABD$ 的三边 BD、DA、AB 所在直线上的三点（并且一个外分点，两个内分点），由 Menelaus 定理即知，N、P、L 三点共线．

换句话说，AD、MK、NL 三线共点.

注 当$\triangle ABC$有顶点(或一个、或两个、或三个)在外面的同心圆内时，结论也成立.

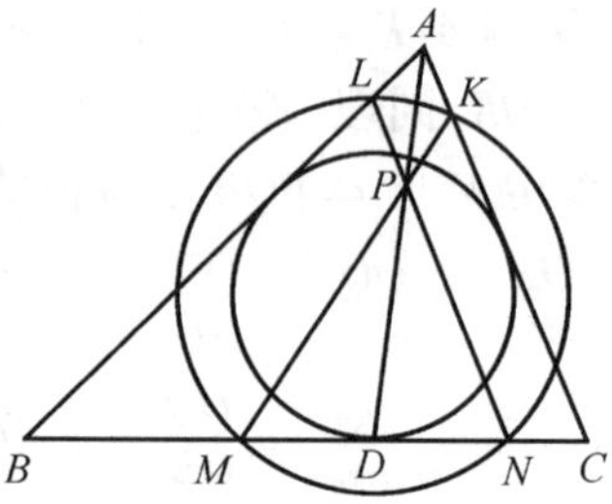

图 6.26

21.设$\triangle ABC$的A-旁切圆分别与$\angle A$的两边切于A_1、A_2，B-旁切圆分别与$\angle B$的两边切于B_1、B_2，C-旁切圆分别与$\angle C$的两边切于C_1、C_2，直线A_1A_2与BC交于D，直线B_1B_2与CA交于E，直线C_1C_2与AB交于F.求证：D、E、F三点共线.

证明 如图 6.27 所示，考虑$\triangle ABC$与截线DA_1A_2、EB_1B_2、FC_1C_2，由 Menelaus 定理

$$\frac{BD}{DC}\cdot\frac{CA_2}{A_2A}\cdot\frac{AA_1}{A_1B}=1,\frac{CE}{EA}\cdot\frac{AB_2}{B_2B}\cdot\frac{BB_1}{B_1C}=1,\frac{AF}{FB}\cdot\frac{BC_2}{C_2C}\cdot\frac{CC_1}{C_1A}=1$$

三式相乘，并注意$AA_1=AA_2$，$BB_1=BB_2$，$CC_1=CC_2$，$CA_2=AC_1$，$AB_2=A_1B$，$BC_2=B_1C$，得$\frac{BD}{DC}\cdot\frac{CE}{EA}\cdot\frac{AF}{FB}=1$.而$D$、$E$、$F$均为$\triangle ABC$的三边的外分点，由 Menelaus 定理即知，$D$、$E$、$F$三点共线.

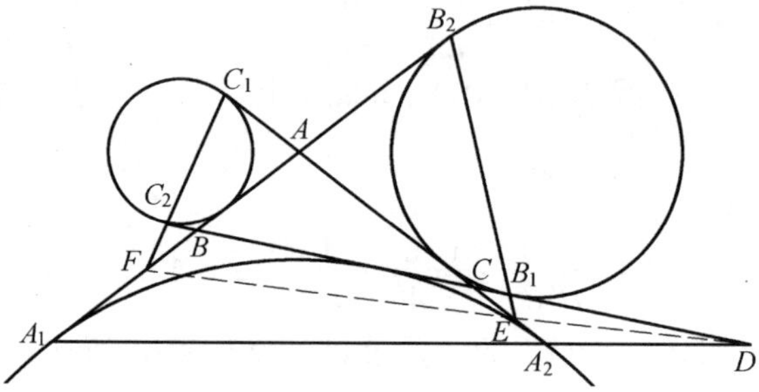

图 6.27

22.设L、M、N分别是$\triangle ABC$的三个内角$\angle BAC$、$\angle CBA$、$\angle ACB$内的点，且$\angle BAL=\angle ACL$，$\angle LBA=\angle LAC$，$\angle CBM=\angle BAM$，$\angle MCB=\angle MBA$，$\angle CAN=\angle CBN$，$\angle NAC=\angle NCB$.求证：AL、BM、CN交于$\triangle LMN$的外接圆上一点.(第 50 届保加利亚数学奥林匹克，2001)

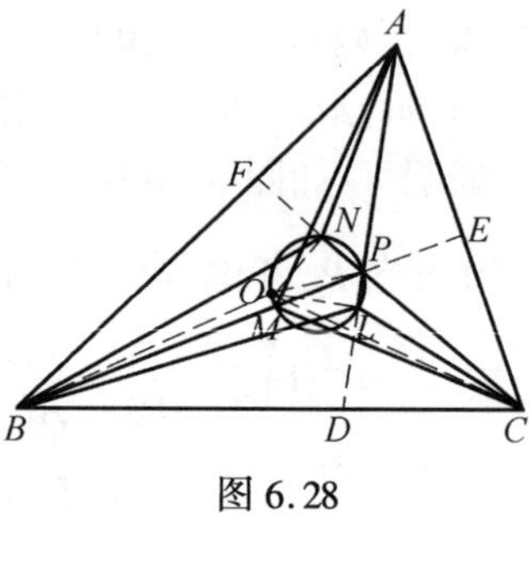

图 6.28

证明 如图 6.28 所示，设AL与BC交于

D，BM 与 CA 交于 E，CN 与 AB 交于 F．因 $\angle BLD=\angle BAL+\angle LBA=\angle ACL+\angle LAC=\angle DLC$，即 LD 平分 $\angle BLC$，所以，$\dfrac{BD}{DC}=\dfrac{LB}{LC}$．

另一方面，设 $BC=a$，$CA=b$，$AB=c$．因 $\triangle ABL\backsim\triangle CAL$，所以，$\dfrac{LB}{LA}=\dfrac{LA}{LC}=\dfrac{AB}{AC}$，因此，$\dfrac{LB}{LC}=\dfrac{AB^2}{AC^2}=\dfrac{c^2}{b^2}$，这样便有 $\dfrac{BD}{DC}=\dfrac{c^2}{b^2}$．同理，$\dfrac{CE}{EA}=\dfrac{a^2}{c^2}$，$\dfrac{AF}{FB}=\dfrac{b^2}{a^2}$，从而

$$\frac{BD}{DC}\cdot\frac{CE}{EA}\cdot\frac{AF}{FB}=\frac{c^2}{b^2}\cdot\frac{a^2}{c^2}\cdot\frac{b^2}{a^2}=1$$

于是，由 Ceva 定理即知，AD、BE、CF 三线交于一点，即 AL、BM、CL 三线交于一点．

设 AL、BM、CL 交于点 P，$\triangle ABC$ 的外心为 O．因 $\angle BAL=\angle ACL$，$\angle LBA=\angle LAC$，所以

$$\angle BLC=\angle LBA+\angle BAL+\angle LAC+\angle ACL=2\angle BAC=\angle BOC$$

这说明 B、O、L、C 四点共圆，即点 O 在 $\triangle BLC$ 的外接圆上．而 AD 平分 $\angle BLC$，所以，直线 AD 与 BC 的垂直平分线的交点为 $\triangle BLC$ 的外接圆 $\overset{\frown}{BC}$（不含点 L）的中点．又 O 在 BC 的垂直平分线上，所以，$OL\perp LD$，即 $OL\perp PD$，于是，点 L 在以 OP 为直径的圆上．同理，点 M、N 都在以 OP 为直径的圆上．故点 P 在 $\triangle LMN$ 的外接圆上．

23．点 D 和 D_1、E 和 E_1、F 和 F_1 分别为锐角 $\triangle ABC$ 的边 BC、CA、AB 上的不同两点，且 $EF\,/\!/\,BC$，$D_1E_1\,/\!/\,DE$，$D_1F_1\,/\!/\,DF$，再作 $\triangle PBC\backsim\triangle DEF$．求证：$EF$、$E_1F_1$、$PD_1$ 三线共点．（中国国家队选拔考试，2004）

证明 如图 6.29 所示，设 EF 分别与 PD_1、D_1E_1、D_1F_1 交于 D_2、E_2、F_2．

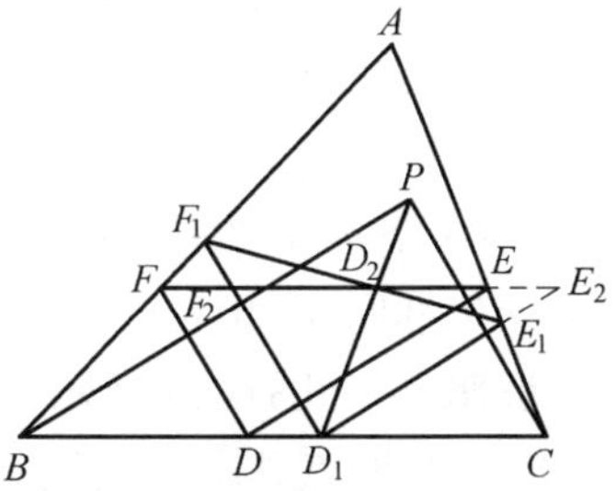

图 6.29

首先，因 $EE_2\,/\!/\,D_1C$，$FF_2\,/\!/\,BD_1$，所以

$$\frac{\overline{D_1E_1}}{\overline{E_1E_2}}=\frac{\overline{D_1C}}{\overline{EE_2}},\quad\frac{\overline{F_2F_1}}{\overline{F_1D_1}}=\frac{\overline{F_2F}}{\overline{BD_1}}$$

其次，因 $\triangle PBC\backsim\triangle DEF$，且 $EF\,/\!/\,BC$，所以，$PB\,/\!/\,DE$，$PC\,/\!/\,DF$．但 $D_1E_1\,/\!/\,DE$，$D_1F_1\,/\!/\,DF$，从而 $PB\,/\!/\,D_1E_2$，$PC\,/\!/\,D_1F_2$．又 $E_2F_2\,/\!/\,BC$，所以

$$\frac{\overline{E_2D_2}}{\overline{D_2F_2}}=\frac{\overline{BD_1}}{\overline{D_1C}}$$

将所得三式相乘,并注意$\overline{F_2F}=\overline{D_1D}=-\overline{EE_2}$,得

$$\frac{\overline{D_1E_1}}{\overline{E_1E_2}}\cdot\frac{\overline{E_2D_2}}{\overline{D_2F_2}}\cdot\frac{\overline{F_2F_1}}{\overline{F_1D_1}}=\frac{\overline{D_1C}}{\overline{EE_2}}\cdot\frac{\overline{BD_1}}{\overline{D_1C}}\cdot\frac{\overline{F_2F}}{\overline{BD_1}}=-1$$

而 E_1、D_2、F_1 分别为 $\triangle D_1E_2F_2$ 的三边所在直线上的点,由 Menelaus 定理,E_1、D_2、F_1 三点共线.换句话说,EF、E_1F_1、PD_1 三线共点.

24.设 P 是 $\triangle ABC$ 内部一点,D 是 AP 上不同于 P 的一点,Γ_1、Γ_2 分别是过 B、P、D 三点的圆和过 C、P、D 三点的圆,圆 Γ_1、Γ_2 分别与 BC 交于 E、F,直线 PF 与 AB 交于 X,直线 PE 与 AC 交于 Y.求证:$XY /\!/ BC$.(瑞士国家队选拔考试,2006)

证明 如图6.30所示,设直线 AP 与 BC 交于 Q,考虑 $\triangle ABQ$ 与截线 FPX 以及 $\triangle AQC$ 与截线 EYP,由 Menelaus 定理

$$\frac{BF}{FQ}\cdot\frac{QP}{PA}\cdot\frac{AX}{XB}=1,\frac{QE}{EC}\cdot\frac{CY}{YA}\cdot\frac{AP}{PQ}=1$$

两式相乘,得

$$\frac{BF}{FQ}\cdot\frac{QE}{EC}\cdot\frac{AX}{XB}\cdot\frac{CY}{YA}=1 \qquad (*)$$

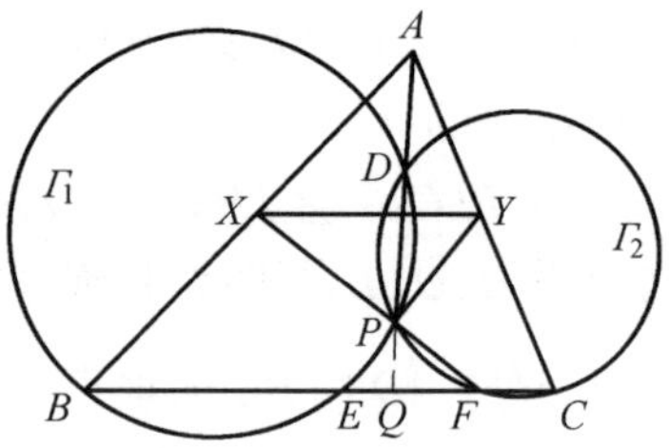

图 6.30

另一方面,由圆幂定理,$QE\cdot QB=QP\cdot QD=QF\cdot QC$,所以

$$QE\cdot QB+QE\cdot QF=QF\cdot QC+QE\cdot QF$$

即 $QE\cdot BF=QF\cdot CE$,所以,$\frac{BF}{FQ}\cdot\frac{QE}{EC}=1$,因而由式($*$),得$\frac{AX}{XB}\cdot\frac{CY}{YA}=1$.于是,$\frac{AX}{XB}=\frac{AY}{YC}$.故 $XY /\!/ BC$.

25.设 AD、BE 是 $\triangle ABC$ 的两条高,P 是 $\triangle ABC$ 的外接圆上任意一点,直线 PB 与 AD 交于 Q、直线 PA 与 BE 交于 R.证明:DE 平分线段 QR.(第31届俄罗斯数学奥林匹克,2005)

证明 如图6.31所示,设 AD 与 BE 交于 H,则 H 为 $\triangle ABC$ 的垂心.显然,H、D、C、E 四点共圆,所以 $\angle BHQ=\angle ACB=\angle APB$,于是,$R$、$H$、$Q$、$P$ 四点也共圆,从而

$$\angle HQB=\angle HRP=180^\circ-\angle ARH$$

由正弦定理,$\frac{BQ}{BH}=\frac{AR}{AH}$.又

$$\frac{\overline{RE}}{\overline{EH}}=\frac{AR}{AH}\cdot\frac{\sin\measuredangle RAE}{\sin\measuredangle EAH}$$

$$\frac{\overline{HD}}{\overline{DQ}}=\frac{BH}{BQ}\cdot\frac{\sin\measuredangle HBD}{\sin\measuredangle DBQ}$$

$$\angle HBD=\angle EAH,\ \measuredangle DBQ=-\measuredangle RAE$$

所以
$$\frac{\overline{RE}}{\overline{EH}}\cdot\frac{\overline{HD}}{\overline{DQ}}=-1$$

另一方面，设 DE 与 RQ 交于 M，则由 Menelaus 定理

$$\frac{\overline{RE}}{\overline{EH}}\cdot\frac{\overline{HD}}{\overline{DQ}}\cdot\frac{\overline{QM}}{\overline{MR}}=-1$$

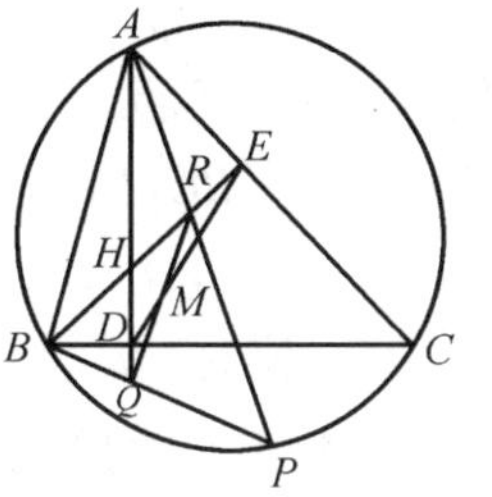

图 6.31

于是,$\overline{QM}=\overline{MR}$.故 M 为 RQ 的中点,即 DE 平分线段 QR.

26.设$\triangle ABC$的 A-旁切圆分别与直线AC、AB切于E、F,B-旁切圆和 C-旁切圆与直线BC分别切于 D_1、D_2,直线 D_1E 与D_2F 交于P.求证:$AP\perp BC$.

证明 如图 6.32 所示,设$\triangle ABC$的 B-旁心与 C-旁心分别为I_b、I_c,$\triangle ABC$ 的 B-旁切圆与直线 AB 相切于F_1,$\triangle ABC$的 C-旁切圆与直线 AC 相切于E_1,则 I_b、A、I_c 三点在一直线上,

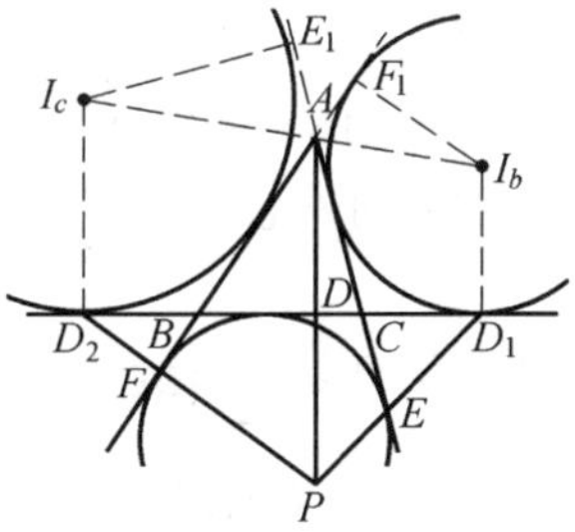

图 6.32

$E_1A=CE,F_1A=BF$,且$\dfrac{AF_1}{AE_1}=\dfrac{AI_b}{AI_c}$.

再设 AP 与BC 交于D,考虑$\triangle ADC$ 与截线D_1EP,由 Menelaus 定理,$\dfrac{DD_1}{D_1C}\cdot\dfrac{CE}{EA}\cdot\dfrac{AP}{PD}=1$,所以,$\dfrac{DD_1}{D_1C}\cdot\dfrac{AE_1}{EA}\cdot\dfrac{AP}{PD}=1$.同理,$\dfrac{DD_2}{D_2B}\cdot\dfrac{AF_1}{FA}\cdot\dfrac{AP}{PD}=1$.两式相除,并注意 $D_2B=D_1C,FA=EA$,得$\dfrac{DD_1}{DD_2}\cdot\dfrac{AE_1}{AF_1}=1$,所以,$\dfrac{DD_1}{DD_2}=\dfrac{AF_1}{AE_1}=\dfrac{AI_b}{AI_c}$.而 $I_bD_1\parallel I_cD_2$,因此,$AD\parallel I_bD_1$.但 $I_bD_1\parallel BC$,故 $AD\perp BC$,即 $AP\perp BC$.

27.设$\triangle ABC$的 A-旁切圆分别切直线CA、AB于B_a、C_a.类似地定义点 C_b、A_b,A_c、B_c.$\triangle ABC$ 的垂心H在直线B_aC_a、C_bA_b、A_cB_c上的射影分别为P、Q、R.分别过 P、Q、R 作 BC、CA、AB 的垂线.求证:所作三垂线交于一点,且这个点为$\triangle PQR$ 的外心.(保加利亚国家队选拔考试,2002)

证明 如图 6.33 所示,设直线 B_aC_a、C_bA_b、A_cB_c.再设直线 C_bA_b 与A_cB_c 交于 A_1,直线 A_cB_c 与B_aC_a 交于B_1,直线 B_aC_a 与 C_bA_b 交于 C_1.

首先,由例 6.3.8,点 A_1、B_1、C_1 分别位于$\triangle ABC$ 的高线AH、BH、CH 上.

其次，因 $AB_a = AC_a$，所以，$\angle C_aB_aA = \angle AC_aB_a$. 又 $\angle C_aB_aA = \angle C_1B_1H + \angle HBA$，$\angle AC_aB_a = \angle HC_1B_1 + \angle HCA$. 而 $\angle HBA = \angle HCA$，所以 $\angle C_1B_1H = \angle HC_1B_1$，于是 $HB_1 = HC_1$. 同理，$HC_1 = HA_1$，故 $\triangle ABC$ 的垂心 H 是 $\triangle A_1B_1C_1$ 的外心.

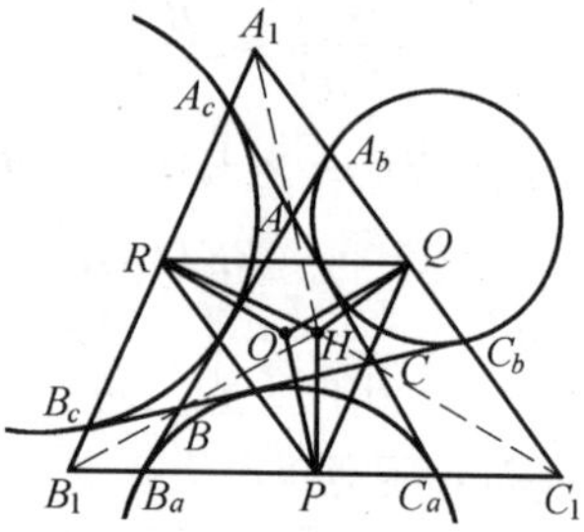

图 6.33

最后，因 H 是 $\triangle A_1B_1C_1$ 的外心，而 $HP \perp BC$，所以，P 是 B_1C_1 的中点. 同样，Q、R 分别为 C_1A_1、A_1B_1 的中点，即 $\triangle PQR$ 是 $\triangle A_1B_1C_1$ 的中点三角形. 于是，设 G 是 $\triangle A_1B_1C_1$ 的重心，O 是 $\triangle PQR$ 的外心，则在位似变换 $H(G,-2)$ 下，$\triangle PQR \to \triangle A_1B_1C_1$，$H \to O$，且 $OP \parallel HA_1$，$OQ \parallel HB_1$，$OR \parallel HC_1$. 而 $HA_1 \perp BC$，$HB_1 \perp CA$，$HC_1 \perp AB$，所以 $OP \perp BC$，$OQ \perp CA$，$OR \perp AB$. 换句话说，所作三垂线交于 $\triangle PQR$ 的外心.

28. 设 P 是 $\triangle ABC$ 所在平面上一点，直线 AP、BP、CP 分别与对边 BC、CA、AB 交于 D、E、F，且 $\dfrac{\overline{AP}}{\overline{PD}} = x$，$\dfrac{\overline{BP}}{\overline{PE}} = y$，$\dfrac{\overline{CP}}{\overline{PF}} = z$. 求证：$xyz = x + y + z + 2$（点 P 在 $\triangle ABC$ 内）.（第 20 届意大利数学奥林匹克，2004）

证明 如图 6.34，6.35 所示，设 $\overline{BD} = \lambda \cdot \overline{DC}$，$\overline{CE} = \mu \cdot \overline{EA}$，$\overline{AF} = \nu \cdot \overline{FB}$，则由 Ceva 定理，$\lambda\mu\nu = 1$.

再考虑 $\triangle ADC$ 与截线 BEP，由 Menelaus 定理，$\dfrac{\overline{AP}}{\overline{PD}} \cdot \dfrac{\overline{DB}}{\overline{BC}} \cdot \dfrac{\overline{CE}}{\overline{EA}} = -1$，而 $\dfrac{\overline{DB}}{\overline{BC}} = -\dfrac{\overline{BD}}{\overline{BC}} = -\dfrac{\lambda}{1+\lambda}$，所以，$x \cdot \dfrac{\lambda}{1+\lambda} \cdot \mu = 1$，于是，$x = \dfrac{1+\lambda}{\lambda\mu} = (1+\lambda)\nu$.
同理，$y = (1+\mu)\lambda$，$z = (1+\nu)\mu$. 故

$$xyz - (x + y + z) = (1+\lambda)(1+\mu)(1+\nu) - (1+\lambda)\nu - (1+\mu)\lambda - (1+\nu)\mu = 2$$

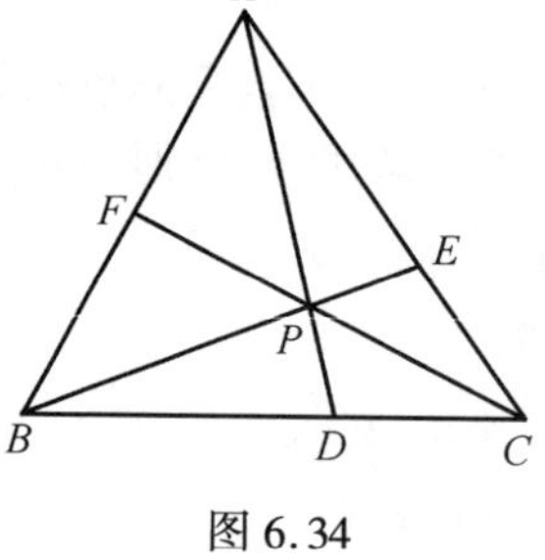

图 6.34

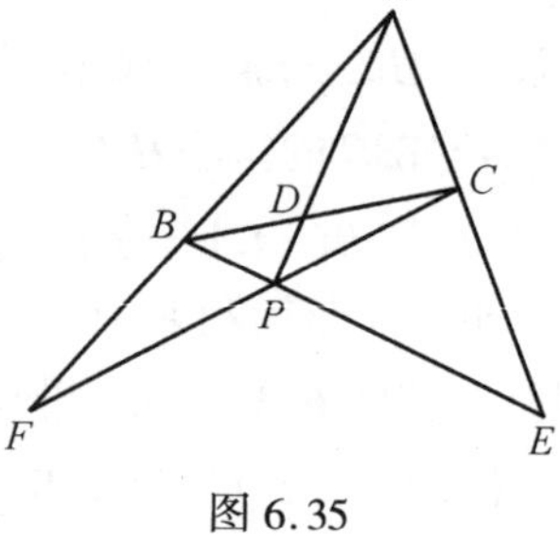

图 6.35

29. 设 B 是圆 Γ_1 上的一点，过 B 作圆 Γ_1 的切线，A 为该切线上异于 B 的一点，点 C 不在圆 Γ_1 上，圆 Γ_2 与 AC 相切于点 C，与圆 Γ_1 相切于点 D，且点 D 与点 B 分布在直线 AC 的两侧. 证明：$\triangle BCD$ 的外心在 $\triangle ABC$ 的外接圆上.（第 43 届 IMO 预选，2002）

证明　如图 6.36,6.37 所示. 以 D 为位似中心作位似变换，使 $\Gamma_2 \to \Gamma_1$，设 $C \to C'$，并设圆 Γ_1 在点 C' 处的切线交直线 AB 于 T，因 AC 与圆 Γ_2 相切于 C，所以，$TC' /\!/ AC$，于是，在内切的情形，有 $\angle BAC = 180° - \angle C'TB = 2\angle TBC' = 2\angle BDC = \angle BOC$. 所以，点 O 在 $\triangle ABC$ 的外接圆上；在外切的情形，有 $\angle BAC = \angle BTC' = 180° - 2\angle C'BT = 180° - 2\angle BDC' = 180° - \angle COB$. 这说明点 O 仍在 $\triangle ABC$ 的外接圆上.

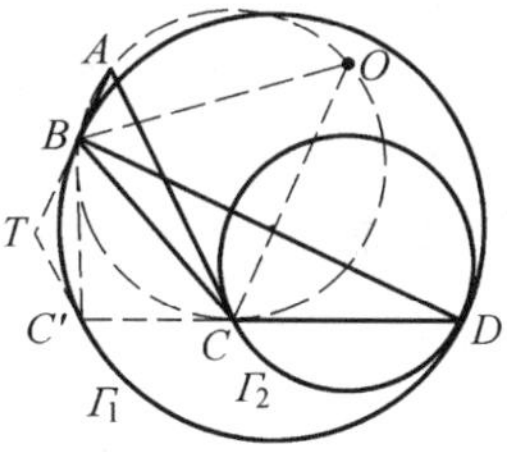

图 6.36

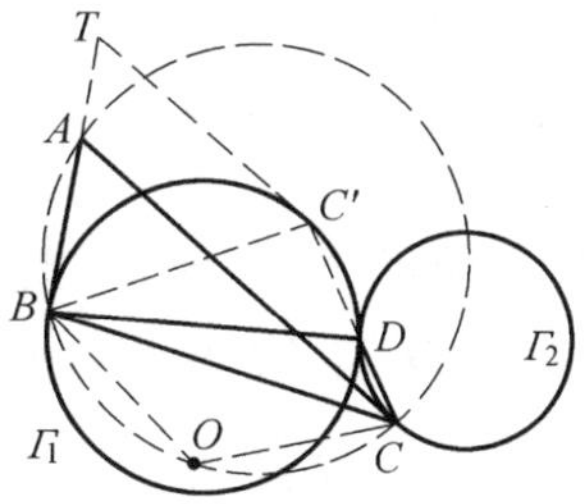

图 6.37

30. 大圆与小圆内切于 N，大圆的弦 AB、BC 分别与小圆相切于 K、M. $\overset{\frown}{BC}$、$\overset{\frown}{BA}$（均不含点 N）的中点分别是 P、Q. $\triangle BQK$ 与 $\triangle BPM$ 的外接圆的第二个交点为 B'. 求证：四边形 $BPB'Q$ 为平行四边形.（第 26 届俄罗斯数学奥林匹克）

证明　如图 6.38 所示，设大小两圆分别为 Γ_1、Γ_2，以 N 为位似中心作位似变换，使 $\Gamma_1 \to \Gamma_2$，则由例 6.4.1 知 $K \to Q$，$M \to P$. 由于 B、Q、K、B' 四点共圆，B、Q、N、P 四点共圆，B、B'、M、P 四点共圆，所以，$\angle BB'K = \angle BPN = 180° - \angle MB'B$，因此 K、B'、M 三点共线，从而

$$\angle QB'B = \angle QKB = \angle AKN = \angle B'BP$$

所以 $QB' /\!/ BP$. 同理可得 $PB' /\!/ BQ$. 故四边形 $BPB'Q$ 为平行四边形.

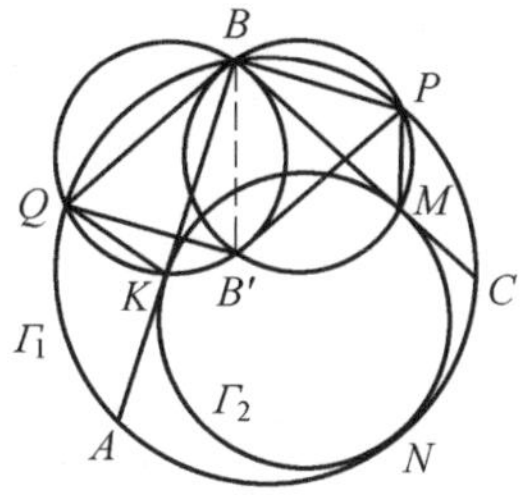

图 6.38

31. 设圆 Γ_1 与圆 Γ_2 外离，P 为两圆内公切线的交点，过点 P 任作一条割线分别与圆 Γ_1、圆 Γ_2 交于 A、B（A、B 都是离点 P 较远的点），两圆的一条外公切

线分别切圆 Γ_1、圆 Γ_2 于 C、D.求证:$AC \perp BD$.

证明 如图 6.39 所示,设圆 Γ_1 与 Γ_2 的圆心分别为 O_1、O_2.以点 P 为位似中心作位似变换,使圆 $\Gamma_1 \to$ 圆 Γ_2,则 $A \to B$,$O_1 \to O_2$. 设 $C \to C'$,则 $O_2C' \mathbin{/\!/} O_1C$.又 $O_2D \mathbin{/\!/} O_1C$,所以,C'、O_2、D 在一条直线上,即 $C'D$ 为 $\odot O_2$ 的直径.因此 $BC' \perp DB$.但 $BC' \mathbin{/\!/} AC$,故 $AC \perp BD$.

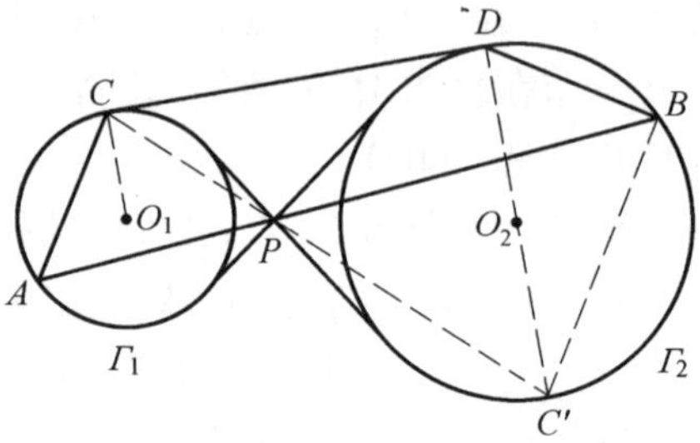

图 6.39

32.设圆 Γ_1 与圆 Γ_2 外离,一条外公切线分别切两圆于 A、B 两点,且与两圆的连心线交于 P,两圆的内公切线与连心线交于 Q,过 P 作外公切线 AB 的垂线分别与直线 QA、QB 交于 C、D.求证:P 为线段 CD 的中点.

证明 如图 6.40 所示,设圆 Γ_1 与 Γ_2 的圆心分别为 O_1、O_2.因 $AO_1 \perp AB$,$BO_2 \perp AB$,$CD \perp AB$,所以,$AC \mathbin{/\!/} AO_1 \mathbin{/\!/} BO_2$.于是

$$C \xrightarrow{H\left(Q,\frac{\overline{QO_1}}{\overline{QP}}\right)} A \xrightarrow{H\left(P,\frac{\overline{PO_2}}{\overline{PO_1}}\right)} B \xrightarrow{H\left(Q,\frac{\overline{QP}}{\overline{QO_2}}\right)} D$$

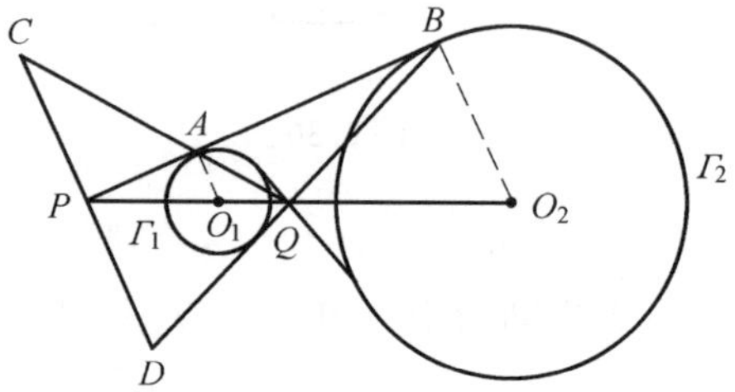

图 6.40

即有

$$C \xrightarrow{H\left(Q,\frac{\overline{QP}}{\overline{QO_2}}\right)H\left(P,\frac{\overline{PO_2}}{\overline{PO_1}}\right)H\left(Q,\frac{\overline{QO_1}}{\overline{QP}}\right)} D$$

但

$$\frac{\overline{QO_2}}{\overline{QO_1}} = -\frac{\overline{PO_2}}{\overline{PO_1}}$$

所以

$$\frac{\overline{QO_1}}{\overline{QP}} \cdot \frac{\overline{PO_2}}{\overline{PO_1}} \cdot \frac{\overline{QP}}{\overline{QO_2}} = -1$$

又

$$P \xrightarrow{H\left(Q,\frac{\overline{QO_1}}{\overline{QP}}\right)} O_1 \xrightarrow{H\left(P,\frac{\overline{PO_2}}{\overline{PO_1}}\right)} O_2 \xrightarrow{H\left(Q,\frac{\overline{QP}}{\overline{QO_2}}\right)} P$$

这说明

$$H\left(Q,\frac{\overline{QP}}{\overline{QO_2}}\right)H\left(P,\frac{\overline{PO_2}}{\overline{PO_1}}\right)H\left(Q,\frac{\overline{QO_1}}{\overline{QP}}\right) = H(P,-1)$$

因此,$C \xrightarrow{H(P,-1)} D$.故 P 为线段 CD 的中点.

33.一圆与 $\triangle ABC$ 的外接圆外切,且与 $\triangle ABC$ 的边 AB、AC 的延长线分别切于 P、Q.求证:$\triangle ABC$ 的 A- 旁心在线段 PQ 上.(第 48 届保加利亚(春季) 数学竞赛,1999)

证明 如图 6.41 所示,设圆 ω 与 $\triangle ABC$ 的外接圆 Γ 外切于 T,且与 $\triangle ABC$ 的边 AB、AC 的延长线分别切于 P、Q.直线 TP、TQ 分别与圆 Γ 交于另一点 M、N,则由例 6.4.1 知,M、N 分别是 $\overparen{ACB}$ 与 $\overparen{ABC}$ 的中点,所以,BN、CM 分别为 $\angle CBA$ 与 $\angle ACB$ 的外角平分线,于是,设直线 BN 与 CM 交于 I_a,则 I_a 为 $\triangle ABC$ 的 A-旁心.

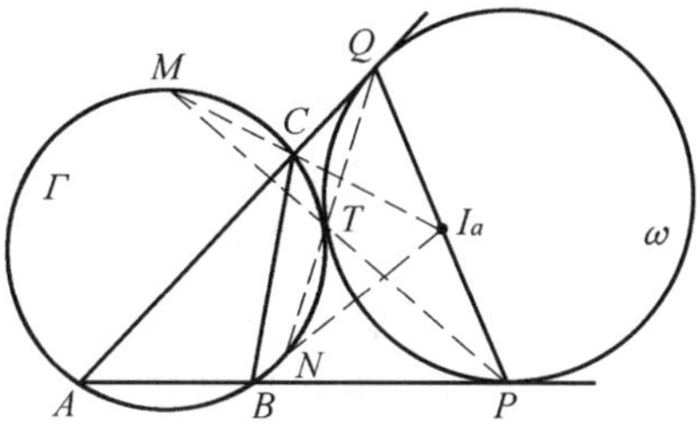

图 6.41

再考虑圆 Γ 的内接六边形 $ABNTMC$,由 Pascal 定理(例 6.2.3),AB 与 TM 的交点 P、BN 与 MC 的交点 I_a、NT 与 CA 的交点 Q,三点共线.因 I_a 在 $\angle BAC$ 的平分线上,P、Q 分别在直线 AB、AC 上,且 $AP = AQ$,所以,$\triangle ABC$ 的 A-旁心 I_a 是线段 PQ 的中点.

34.设圆 Γ_1 与圆 Γ_2 外切于 W,且皆与圆 Γ 内切,圆 Γ_1 与圆 Γ_2 的一条外公切线交圆 Γ 于 B、C,圆 Γ_1 与 Γ_2 的过切点 W 的公切线交圆 Γ 于 A,且 A 和 W 位于直线 BC 的同侧.证明:W 是 $\triangle ABC$ 的内心.(第 33 届 IMO 预选,1992)

证明 如图 6.42 所示,设圆 Γ_1、Γ_2 与圆 Γ 的切点分别为 S、T,BC 与圆 Γ_1 的切点为 E,直线 AW 与圆 Γ 的另一交点为 D.由例 6.4.4 知,S、E、D 共线.而 S 是圆 Γ_1 与圆 Γ 的切点,E 是圆 Γ 的弦 BC 与圆 Γ_1 的切点,由例 6.4.1 可知,点 D 为 $\overparen{BC}$(不含点 A)的中点,这说明 AD 是 $\angle BAC$ 的平分线.

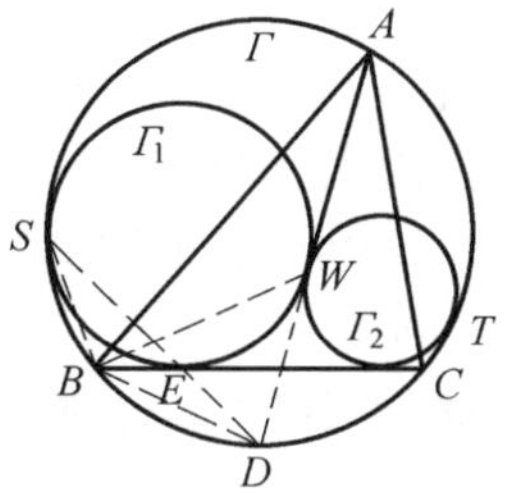

图 6.42

另一方面,因 $\angle DBC = \angle BSD$,所以,$\triangle BED \backsim \triangle SBD$,因此,$BD^2 = DE \cdot DS$.但由圆幂定理,$DE \cdot DS = DW^2$,这样便有 $BD = DW$,从而 $\angle DBW = \angle BWD$,于是

$$\angle ABW = \angle BWD - \angle BAD = \angle DBW - \angle DAC = \angle DBW - \angle DBC = \angle WBC$$

这说明 BW 是 $\angle ABC$ 的平分线.故 W 是 $\triangle ABC$ 的内心.

35.设 P、Q 是等腰 $\triangle ABC$($\angle A > 60°$)的底边 BC 上的两点,且 $\angle PAQ = \angle CBA$.与 $\triangle APQ$ 的外接圆外切的一个圆与射线 AB、AC 分别相切于 R、S.求证:$RS = 2BC$.(保加利亚国家队选拔考试,1998)

证明 如图 6.43 所示,因 $AR = AS$,$AB = AC$,所以,$RS \parallel BC$.设 T 是两

圆的切点.因

$$180° - \angle RTS = \angle SRT + \angle TSR =$$
$$\angle SRT + \angle TRA = \angle SRA = \angle CBA =$$
$$\angle PAQ = 180° - \angle QTP$$

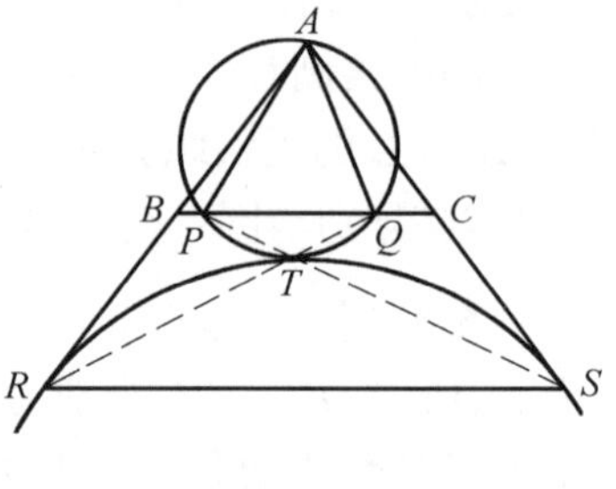

图 6.43

所以 $\angle RTS = \angle QTP$.又因 T 是两圆的内位似中心,而在位似变换下的两对应线段互相平行,于是由 $QP /\!/ RS$,$\angle RTS = \angle QTP$ 即知,QP 与 RS 是以 T 为位似中心,且使一圆变为另一圆的两对应线段,所以,Q、T、R 三点共线,P、T、S 三点共线.从而 $\angle PTR = \angle PAQ = \angle PBA$,因此,$B$、$R$、$T$、$P$ 四点共圆.同理,C、Q、T、S 四点共圆,所以 $\angle SPC = \angle QRB$,$\angle CSP = \angle BQR$.于是,$\triangle BRQ \backsim \triangle CPS$,因而

$$BQ \cdot CP = BR \cdot CS = BR^2$$

另一方面,由 $\angle PAQ = \angle CBA = \angle ACB$ 可知,$\triangle ABQ \backsim \triangle PCA$,所以

$$BQ \cdot CP = AB \cdot AC = AB^2$$

因此,$BR = AB$,即 B 为 AR 的中点.于是再由 $BC /\!/ RS$ 即得 $RS = 2BC$.

注 条件"$\angle A > 60°$"是为了保证 P、Q 两点在 BC 边上一定存在.

36.在 $\triangle ABC$ 中,$AB = AC$,AD 为高,P 是 AD 上一点,直线 BP 与 AC 交于 E,直线 CP 与 AB 交于 F.求证:如果 $\triangle PBC$ 的内切圆与四边形 $PEAF$ 的内切圆相等,则 $\triangle PBD$ 的内切圆与 $\triangle PCA$ 的内切圆也相等.(捷克和斯洛伐克数学奥林匹克,2000)

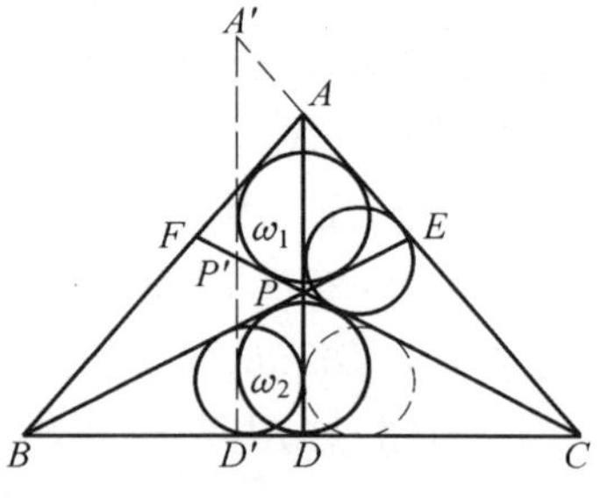

图 6.44

证明 如图 6.44 所示,设 $\triangle PBC$ 的内切圆与四边形 $PEAF$ 的内切圆分别为 ω_1、ω_2,圆 ω_1、ω_2 的与点 B 位于 AD 同侧的外公切线与直线 CA、CF、CB 分别交于 A'、P'、D',则圆 ω_1、ω_2 分别为 $\triangle APC$ 与 $\triangle PDC$ 的内切圆.因圆 ω_1 与圆 ω_2 相等,所以 $A'D' /\!/ AD$.设 $CD' = k \cdot CD$,作位似变换 $H(C,k)$,则 $D \to D'$,$P \to P'$,$A \to A'$,$\triangle PCA$ 的内切圆 $\to$ 圆 ω_1,$\triangle PDC$ 的内切圆 $\to$ 圆 ω_2,而圆 ω_1 与 ω_2 相等,所以 $\triangle PCA$ 的内切圆与 $\triangle PDC$ 的内切圆相等.由对称性,$\triangle PBD$ 的内切圆与 $\triangle PDC$ 的内切圆相等.故 $\triangle PBD$ 的内切圆与 $\triangle PCA$ 的内切圆相等.

37.设 $\odot O_1$ 与 $\odot O_2$ 外切于 T,一直线与 $\odot O_2$ 相切于 E,且与 $\odot O_1$ 交于 A、

B 两点,直线 ET 与 $\odot O_1$ 的另一交点为 S,在不含 A、B 的 $\overset{\frown}{TS}$ 上任取一点 C,过 C 作 $\odot O_2$ 的切线 CF,F 为切点,直线 SC 与 EF 交于 K.求证:

(1) T、C、K、F 四点共圆;

(2) K 为 $\triangle ABC$ 的 A- 旁心.

(第 54 届保加利亚数学奥林匹克,2005)

证明 如图 6.45 所示,设 $\odot O_1$ 与 $\odot O_2$ 的圆心分别为 O_1、O_2.以 T 为中心作位似变换,使 $O_2 \to O_1$,则 $E \to S$,所以 $O_1S \parallel O_2E$,而 $O_2E \perp AB$,因此 $O_1S \perp AB$,所以 S 为 $\odot O_1$ 上 $\overset{\frown}{AB}$(含点 C)的中点,于是,直线 CS 为 $\angle BCA$ 的外角平分线.又 $\angle KCT = \angle SCT = \angle SO_1T = \angle EO_2T = \angle EFT$,所以,$T$、$C$、$K$、$F$ 四点共圆.这就证明了(1).

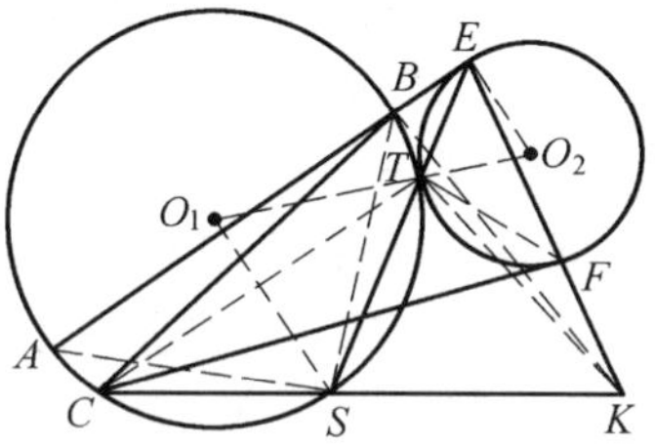

图 6.45

再证(2).由(1),T、C、K、F 四点共圆,于是,$\angle TKS = \angle TFC = \angle TEK = \angle SEK$,因此,$SK^2 = ST \cdot SE$.又 $\angle SBT = \angle SCT = \angle EFT = \angle BET = \angle BES$,所以 $SB^2 = SK^2 = ST \cdot SE$.从而 $SK = SB$.所以,$\angle BSC = 2\angle SBK$.于是,由 $\angle SAB = \angle ABS$,有

$$\begin{aligned}\angle CBK &= \angle CBS + \angle SBK = \angle CAS + \angle SBK = \\ &\angle CAB - \angle SAB + \angle SBK = \\ &180^\circ - \angle BSC - \angle ABS + \angle SBK = \\ &180^\circ - \angle SBK - \angle ABS = \angle KBE\end{aligned}$$

因此,BK 是 $\angle ABC$ 的外角平分线,故 K 是 $\triangle ABC$ 的 A- 旁心.

38. 设 $\triangle ABC$ 的内切圆切 BC 于 D.求证:过 $\triangle ABC$ 的内心的直线 l 平分线段 AD 的充分必要条件是直线 l 平分线段 BC.(充分性:第 2 届原全苏数学奥林匹克,1968;必要性:第 13 届英国数学奥林匹克,1977)

证明 如图 6.46 所示,设 $\triangle ABC$ 的内心为 I.作 $\triangle ABC$ 的内切圆的直径 DK,过点 K 作 $\triangle ABC$ 的内切圆的切线分别与 AB、AC 交于 E、F,则 $EF \parallel BC$,且 $\triangle ABC$ 的内切圆为 $\triangle AEF$ 的 A- 旁切圆.于是,以 A 为位似中心作位似变换,使 $E \to B$,则 $F \to C$,$\triangle ABC$ 的内切圆 $\to$ $\triangle ABC$ 的 A- 旁切圆.设 $K \to K'$,则 K' 为 $\triangle ABC$ 的 A- 旁切圆与 BC 的切点,所以

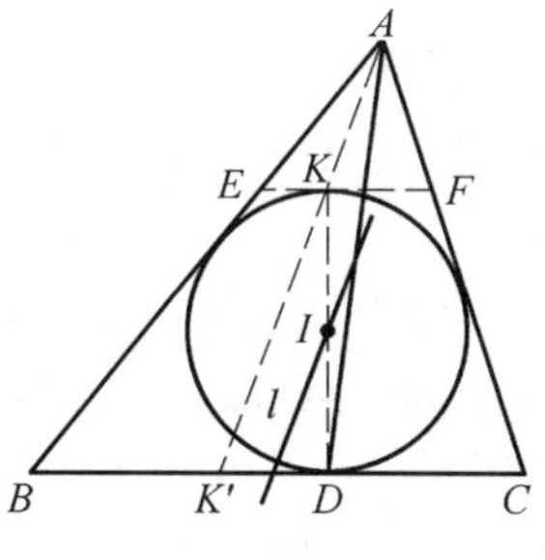

图 6.46

$$BK' = \frac{1}{2}(BC + CA - AB) = DC$$

因而 BC 的中点即 $K'D$ 的中点.

又 I 为 DK 的中点,于是,直线 l 平分 $AD \Leftrightarrow l \parallel AK \Leftrightarrow l$ 平分 $KD \Leftrightarrow l$ 平分 BC.

39. 设 AB、CD 是圆的两条互相垂直的直径,由圆外一点 P 作圆的两条切线与直线 AB 分别交于 E、F,直线 PC、PD 分别与 EF 交于 K、L. 求证:$EK = LF$.

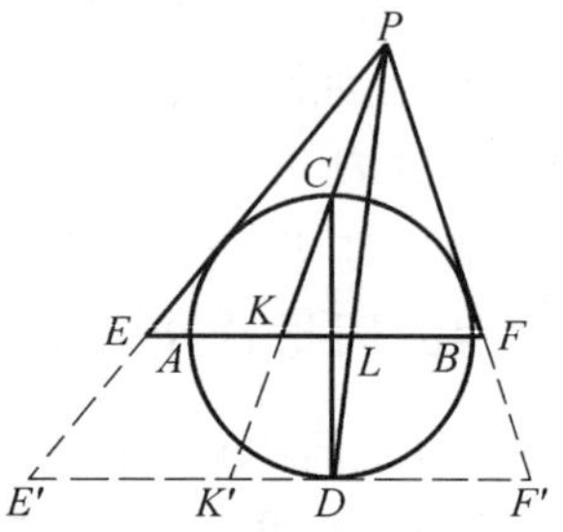

图 6.47

证明 如图 6.47 所示,设 $PD = k \cdot PL$,作位似变换 $H(P,k)$,则 $L \to D$,设 $E \to E'$,$K \to K'$,$F \to F'$,则 E'、K'、D'、F' 四点在一直线上,且 $E'F' \parallel EF$. 由 $EF \perp CD$ 知,$E'F' \perp CD$,而 CD 为直径,所以,$E'F'$ 为已知圆的切线. 换句话说,已知圆为 $\triangle PE'F'$ 的内切圆. 由上题的讨论可知,$E'K' = D'F'$,故 $EK = LF$.

40. 设 Γ 是平面上的一个圆周,直线 l 是 Γ 的一条切线,M 为 l 上的一个定点. 试求出具有如下性质的所有点 P 的集合:在直线 l 上存在两点 Q、R,使得 M 是线段 QR 的中点,且 Γ 是 $\triangle PQR$ 的内切圆.(第 33 届 IMO,1992)

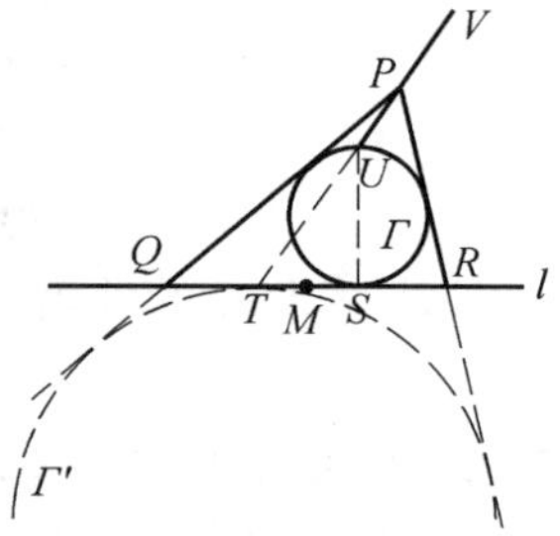

图 6.48

解 如图 6.48 所示,设 P 是符合条件的点,直线 l 与圆 Γ 的切点为 S. 以 P 为位似中心作一个位似变换,使圆 Γ 变为 $\triangle PQR$ 的 P- 旁切圆 Γ'. 设圆 Γ' 与直线 l 的切点为 T,过 S 作圆 Γ 的直径 SU,则 U 在射线 TP 上(实际上,点 U 的像点为 T). 又不难知道

$$QT = \frac{1}{2}(QR + RP - PQ) = SR$$

而 M 为 QR 的中点,所以 M 为 TS 的中点. 这说明 T、U 都是定点,而点 P 则在射线 TU 上、线段 TU 以外.

反之,设点 P 是射线 TU 上、线段 TU 以外的任一点,过 P 作圆 Γ 的两条切线分别交直线 l 于 Q、R,则圆 Γ 是 $\triangle PQR$ 的内切圆,而 SU 是圆 Γ 的直径. 于是,点 T 为 $\triangle PQR$ 的旁切圆与 QR 的切点,所以 $QT = SR$. 又 M 是 TS 的中点,因而 M 是 QR 的中点. 故点 P 符合条件.

综上所述,设点 S 关于 M 的对称点为 T,过 S 作圆 Γ 的直径 SU,在射线 TU 上任取一点 V,使 U 在 T、V 之间,则符合条件的点 P 的集合为射线 UV(不含端点 U).

41.设$\triangle ABC$的内切圆与边BC切于D,M是BC的中点.I_a是$\triangle ABC$的A-旁心.求证:$AD \parallel MI_a$.

证明 如图6.49所示,以A为中心作位似变换,使$\triangle ABC$的内切圆变为$\triangle ABC$的A-旁切圆.设$B \to B'$,$C \to C'$,$D \to D'$,则$\triangle ABC$的A-旁切圆是$\triangle AB'C'$的内切圆,且与$B'C'$切于D'.设$\triangle ABC$的A-旁切圆与BC切于E,则$BE = DC$,所以BC的中点M亦为ED的中点.又$BC \parallel B'C'$,所以,ED'为$\triangle ABC$的A-旁切圆的直径,旁心I_a为ED'的中点,于是,$MI_c \parallel DD'$,即$AD \parallel MI_a$.

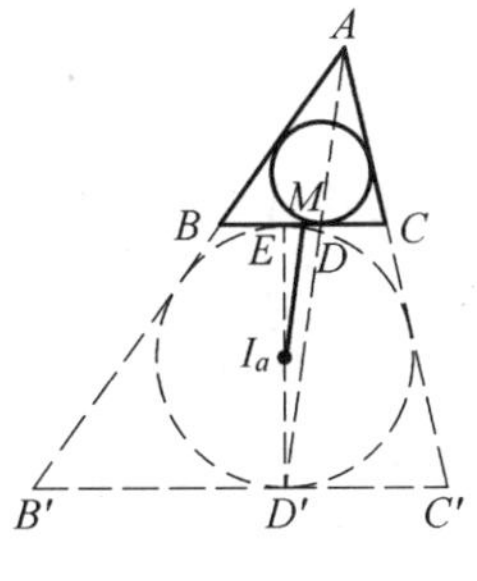

图6.49

42.证明:$\triangle ABC$的内心I、重心G和Nagel点N_a三点共线,且$GN_a = 2GI$.

证明 如图6.50所示,设直线AN_a、BN_a、CN_a分别与$\triangle ABC$的边BC、CA、AB交于D、E、F,则D、E、F分别为$\triangle ABC$的三个旁切圆与边BC、CA、AB的切点.

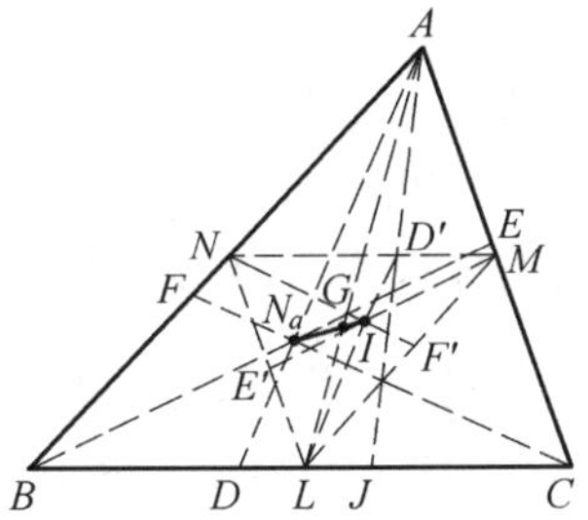

图6.50

再设L、M、N分别为$\triangle ABC$的边BC、CA、AB的中点,G为$\triangle ABC$的重心,作位似变换$H(G, -\frac{1}{2})$,则$\triangle ABC \to \triangle LMN$.设$D \to D'$,则$D'$在$MN$上,且$D'$为$\triangle LMN$的L-旁切圆与$MN$的切点.而$\triangle ANM \cong \triangle LMN$,由38题的讨论可知,$D'$为$\triangle ANM$的内切圆与$MN$的切点.于是,设直线$AD'$与$BC$交于$J$,则$J$为$\triangle ABC$的内切圆与$BC$的切点.显然,$D'$为$AJ$的中点,由38题,$LD'$过$\triangle ABC$的内心$I$.同理,设$E \to E'$,$F \to F'$,则$ME'$、$NF'$皆过内心$I$,也就是说,$LD'$、$ME'$、$NF'$三线交于$I$,所以,$N_a \xrightarrow{H(G, -\frac{1}{2})} I$.故$I$、$G$、$N_a$三点共线,且$GN_a = 2GI$.

43.设$\triangle ABC$的内切圆与边BC、CA、AB分别切于D、E、F,其外接圆不含三角形的顶点的$\overparen{BC}$、$\overparen{CA}$、$\overparen{AB}$的中点分别为L、M、N.证明:DL、EM、FN三线共点.(第98届匈牙利数学奥林匹克,1998)

证明 如图6.51所示,设$\triangle ABC$的内心和外心分别为I、O,$\triangle ABC$的内切圆ω的半径与外接圆Γ的半径分别为R、r,$r = k \cdot R$,圆ω与圆Γ的外位似中

心为 P，作位似变换 $H(P,k)$，则 $O\to I$，圆 $\Gamma\to$ 圆 ω。因 $OL\,/\!/\,ID$，$OL=R$，$ID=r$，所以，$L\to D$。同理，$M\to E$，$N\to F$，故 DL、EM、FN 三线共点于 P。

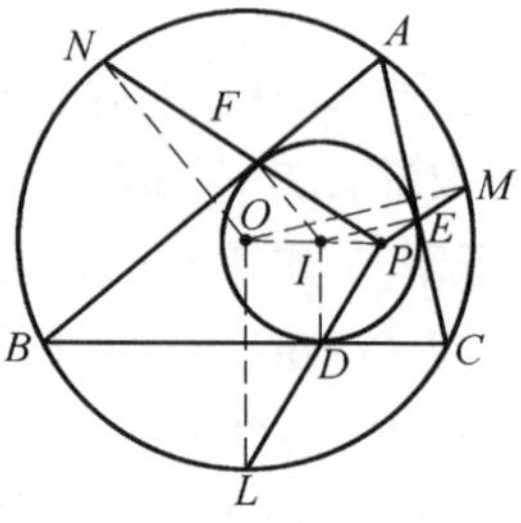

图 6.51

44. 设 $\triangle ABC$ 的内切圆与 BC、CA、AB 分别切于 D、E、F，圆 ω_a、ω_b、ω_c 分别与 $\triangle ABC$ 的内切圆相切于 D、E、F，且与 $\triangle ABC$ 的外接圆相切于 L、M、N。

(1) 求证：直线 DL、EM、FN 交于一点 P；

(2) 求证：$\triangle DEF$ 的垂心在直线 OP 上，其中，O 为 $\triangle ABC$ 的外心。（越南国家队选拔考试，2005）

证明　如图 6.52 所示，设 I 为 $\triangle ABC$ 的内心，直线 DL、EM、FN 与 $\triangle ABC$ 的外接圆的另一交点分别为 X、Y、Z，则由例 6.4.1 知，X、Y、Z 分别为 $\triangle ABC$ 的外接圆上的 $\overset{\frown}{CAB}$、$\overset{\frown}{ABC}$、$\overset{\frown}{BCA}$ 的中点，于是，$OX\perp BC$。又 $ID\perp BC$，所以 $OX\,/\!/\,ID$，从而 D 和 X 为 $\triangle ABC$ 的外接圆与内切圆的一对内位似对应点。同样，E 和 Y 为一对内位似对应点，F 和 Z 为一对内位似对应点，故直线 DL、EM、FN 交于 $\triangle ABC$ 的外接圆与内切圆的内位似中心 P。这就证明了(1)。

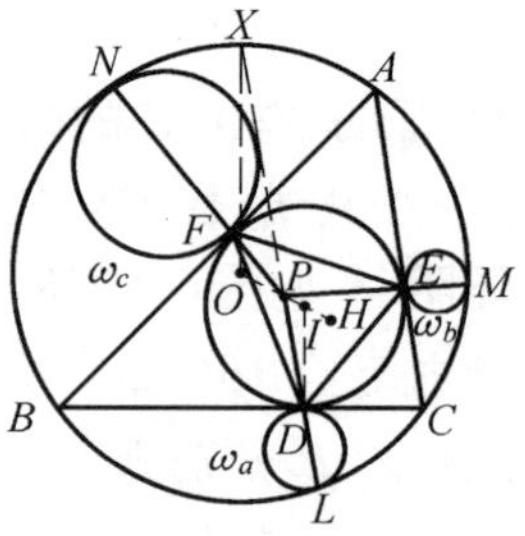

图 6.52

再证明(2)。由(1)知，点 P 在直线 OI 上。又由例 6.2.2 知，$\triangle DEF$ 的垂心 H 在直线 OI 上，所以 O、P、I、H 四点共线。故 $\triangle DEF$ 的垂心 H 在 OP 上。

45. 证明：三角形的外接圆与内切圆的内位似中心和外位似中心分别是三角形的 Gergonne 点的等角共轭点和三角形的 Nagel 点的等角共轭点。（等角共轭点的定义见例 5.8.7 的证明之后）

证明　首先证明 $\triangle ABC$ 的外接圆与内切圆的内位似中心是 $\triangle ABC$ 的 Gergonne 点 G_e 的等角共轭点。

事实上，如图 6.53 所示，设 $\triangle ABC$ 的内切圆与边 BC、CA、AB 分别切于 D、E、F，则 AD、BE、CF 三线所共之点 G_e 即 $\triangle ABC$ 的 Gergonne 点。再设 D、E、F 分别关于 $\angle BAC$、$\angle CBA$、$\angle ACB$ 的平分线的对称点为 D'、E'、F'，则 D'、E'、F' 皆在 $\triangle ABC$ 的内切圆上，且 $\overset{\frown}{E'D}=\overset{\frown}{EF}=\overset{\frown}{DF'}$。而 D 为 $\triangle ABC$ 的内切圆与 BC 的

切点，所以，$E'F' \parallel BC$. 同理，$F'D' \parallel CA$，$D'E' \parallel AB$，因此，$\triangle D'E'F'$ 与 $\triangle ABC$ 是位似的，从而直线 AD'、BE'、CF' 交于一点 S. 显然，S 是 $\triangle ABC$ 的 Gergonne 点 G_e 的等角共轭点.

另一方面，点 S 显然是 $\triangle D'E'F'$ 与 $\triangle ABC$ 的内位似中心. 因而 S 也是 $\triangle D'E'F'$ 的外接圆与 $\triangle ABC$ 的外接圆的内位似中心，即 S 是 $\triangle ABC$ 的外接圆与内切圆的内位似中心. 也就是说，$\triangle ABC$ 的外接圆与内切圆的内位似中心 S 是 $\triangle ABC$ 的 Gergonne 点 G_e 的等角共轭点.

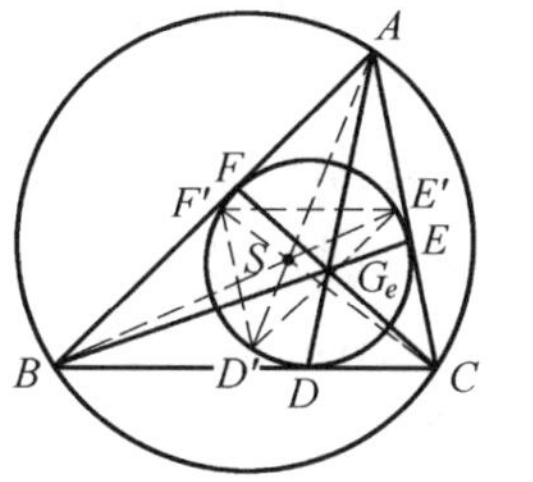

图 6.53

为证明 $\triangle ABC$ 的外接圆与内切圆的外位似中心是 $\triangle ABC$ 的 Nagel 点的等角共轭点，我们需证明一条引理.

引理 设 $\triangle ABC$ 的内切圆与边 BC、CA、AB 分别切于 D、E、F，H 是 $\triangle DEF$ 的垂心，直线 DH、EH、FH 分别与 $\triangle ABC$ 的内切圆交于另一点 P、Q、R，则 AP、BQ、CR 三线交于 $\triangle ABC$ 的外接圆与内切圆的外位似中心 T.

事实上，如图 6.54 所示，由例 6.2.2 的证法 2 知，$\triangle PQR$ 与 $\triangle ABC$ 是位似的. 显然，这个位似是外位似，设其外位似中心为 T，则 AP、BQ、CR 三线交于 T. 又 T 也是 $\triangle PQR$ 的外接圆与 $\triangle ABC$ 的外接圆的外位似中心，而 $\triangle PQR$ 的外接圆即 $\triangle ABC$ 的内切圆，故 AP、BQ、CR 三线所共之点 T 是 $\triangle ABC$ 的外接圆与内切圆的外位似中心.

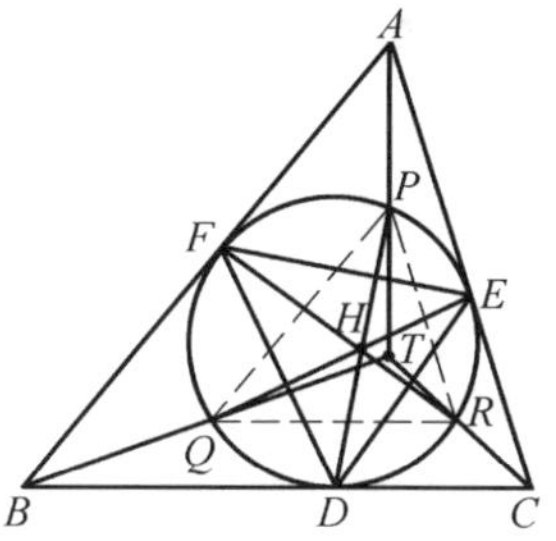

图 6.54

现在证明 $\triangle ABC$ 的外接圆与内切圆的外位似中心是 $\triangle ABC$ 的 Nagel 点关于 $\triangle ABC$ 是两个等角共轭点.

事实上，如图 6.55 所示，设 $\triangle ABC$ 的内切圆与 BC、CA、AB 分别切于 D、E、F，$\triangle ABC$ 的外接圆与内切圆的外位似中心为 T，$\triangle ABC$ 的 Nagel 点、内心分别为 N_a、I，AT、AN_a 与 $\triangle ABC$ 的内切圆分别交于 P、K，则由引理，$DP \perp EF$. 又由第 38 题，DK 为 $\triangle ABC$ 的内切圆的直径，所以，$PK \perp EF$. 但 AI 垂直平分 EF，因此，AI 垂直平分 PK，由此可知，P、K 关于 AI 对称，从而 AP、AK 是 $\angle BAC$ 的两条等角线，也就是说，AT、AN_a 是 $\angle BAC$ 的两条等角线. 同理，BT、BN_a 是 $\angle CBA$ 的两条等角线，CT、CN_a 是 $\angle ACB$ 的两条等角线. 故

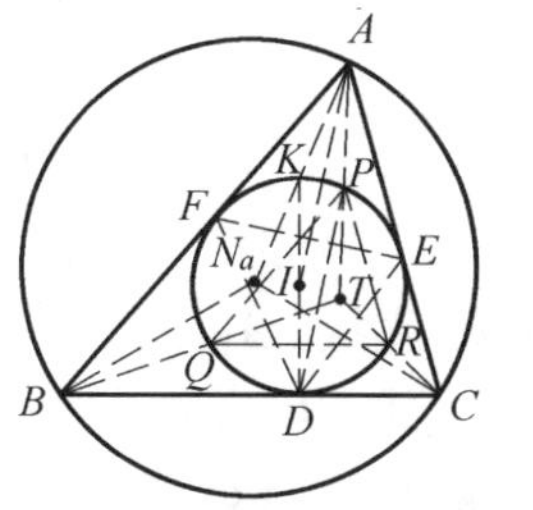

图 6.55

N_a、T 是 $\triangle ABC$ 的两个等角共轭点.

46. 不等两圆 Γ_1 与 Γ_2 外离. 它们的内、外公切线分别与连心线交于 P、Q 两点. 设 A 为圆 Γ_1 上任意一点. 证明:存在圆 Γ_2 的一条直径,使其一端在直线 PA 上,另一端在直线 QA 上.(第 42 届波兰数学奥林匹克,1993)

证明 如图 6.56 所示,设圆 Γ_1 与 Γ_2 的圆心分别为 O_1、O_2,半径分别为 r_1、r_2,$r_2 = k \cdot r_1$;显然,P、Q 分别为两圆的内位似中心与外位似中心. 注意到 $O_2 \xrightarrow{H(P,-k^{-1})} O_1 \xrightarrow{H(Q,k)} O_2$,所以

$$H(Q,k)H(P,-k^{-1}) = H(O_2,-1) = C(O_2)$$

再设 $A \xrightarrow{H(P,-k)} M$,$A \xrightarrow{H(Q,-k)} N$,则 M、N 皆在 $\odot O_2$ 上,且 $M \xrightarrow{H(P,-k^{-1})} A \xrightarrow{H(Q,k)} N$,即 $M \xrightarrow{H(Q,k)H(P,-k^{-1})} N$,所以 $M \xrightarrow{C(O_2)} N$. 故 MN 为 $\odot O_2$ 的一条直径,且 M 在直线 PA 上,N 在直线 QA 上.

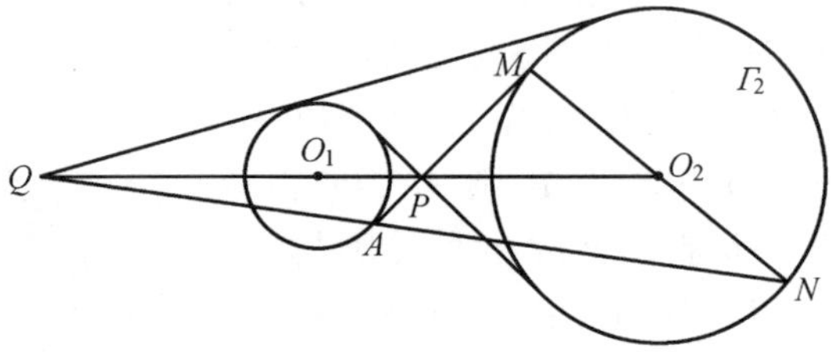

图 6.56

47. 设圆 Γ_1、Γ_2、Γ_3 中每一个都外切于圆 Γ(对应的切点分别为 A_1、B_1、C_1),并且都与 $\triangle ABC$ 的两边相切. 求证:直线 AA_1、BB_1、CC_1 交于一点.(第 20 届俄罗斯数学奥林匹克,1994)

证明 如图 6.57 所示,设 $\triangle ABC$ 的内切圆为 ω,内心为 I,则点 A 为圆 ω 与圆 Γ_1 的外位似中心,点 A_1 为圆 Γ_1 与圆 Γ 的内位似中心,所以,圆 ω 与圆 Γ 的内位似中心在直线 AA_1 上,换句话说,直线 AA_1 过圆 ω 与圆 Γ 的内位似中心. 同理,直线 BB_1、CC_1 皆过圆 ω 与圆 Γ 的内位似中心. 故直线 AA_1、BB_1、CC_1 交于一点. 且此点在圆 Γ 的圆心 O 与 $\triangle ABC$ 的内心 I 的连线上.

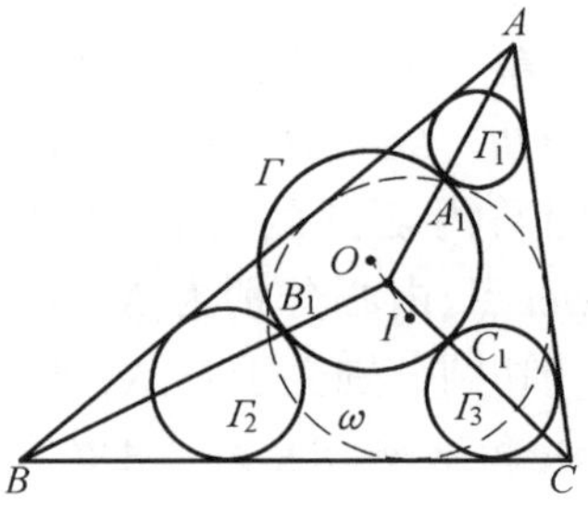

图 6.57

48. 在 $\triangle ABC$ 的形外作 $\triangle ADB$ 与 $\triangle ACE$,且 $\angle DAB = \angle CAE$,$CE \parallel BD$,

CD 与 BE 交于点 P. 求证:$\angle BAP=\angle ECA$, $\angle PAC=\angle ABD$.(第 48 届 IMO 预选,2007)

证明 如图 6.58 所示,设 $\overline{PB}=k\cdot\overline{PE}$,作位似变换 $H(P,k)$,则 $E\to B$, $C\to D$. 设 $A\to A'$,则 $\angle DA'B=\angle CAE=\angle DAB$,所以,$A$、$D$、$B$、$A'$ 四点共圆,于是

$$\angle BAP=\angle BDA'=\angle ECA$$

$$\angle PAC=\angle PA'D=\angle ABD$$

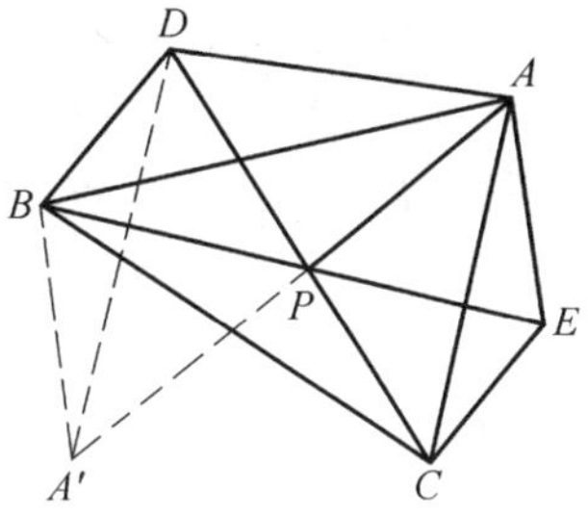

图 6.58

49. 在梯形 $ABCD$ 中,$AD\parallel BC$, M、N 分别为边 BC、AD 上的点,P 为对角线 BD 所在直线上的一点,直线 PN、PM 分别交 AB、CD 于 E、F. 求证:$EF\parallel BC$ 的充分必要条件是 $\frac{AN}{ND}=\frac{BM}{MC}$.

证明 如图 6.59 所示. 设 $PD=k\cdot PB$,作位似变换 $H(P,k)$,则 $B\to D$. 设 $E\to E'$, $M\to M'$,则 $DM'\parallel BM$, $DE'\parallel BE$,且 $\frac{DE'}{BE}=\frac{DM'}{DM}$. 于是

$$\frac{AE}{BE}=\frac{AE}{DE'}\cdot\frac{E'D}{BE}=\frac{AN}{ND}\cdot\frac{DM'}{BM}=\frac{AN}{ND}\cdot\frac{MC}{BM}\cdot\frac{DF}{CF}$$

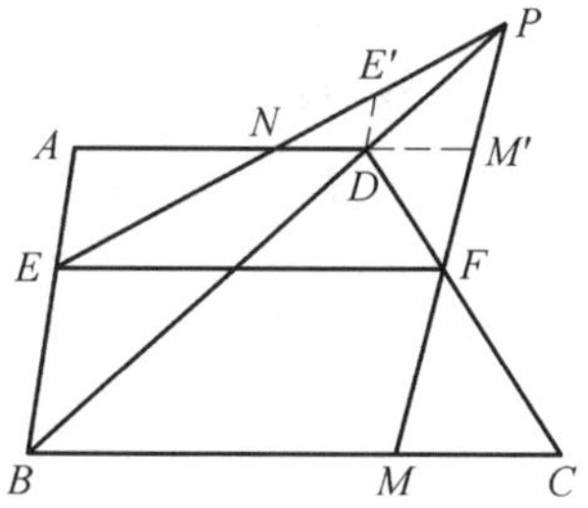

图 6.59

故 $EF\parallel BC\Leftrightarrow\frac{AE}{BE}=\frac{DF}{CF}\Leftrightarrow\frac{AN}{ND}\cdot\frac{MC}{BM}=1\Leftrightarrow\frac{AN}{ND}=\frac{BM}{MC}$.

注 当 M、N 分别为 BC、AD 的中点时,本题的充分性是第 19 届俄罗斯数学奥林匹克试题.

50. 设 $ABCD$ 是一个正方形,E 是边 CD 上一点,过 A 作 BE 的垂线,垂足为 F,过 EF 的中点且平行于 AB 的直线与 AF 的垂直平分线交于点 K. 求证:$BD<2AK$.(第 5 届海湾地区数学奥林匹克,2003)

证明 如图 6.60 所示,延长 AF 交 BC 于 L,作旋转变换 $R(A,90°)$,则 $B\to D$. 设 $L\to L'$,则 L' 在 CD 的延长线上,且 $L'D=BL$, $AL'\perp AL$. 设 AF 与 EF 的中点分别为 M、N,由假设,$KM\perp AF$,所以,$KM\parallel L'A$. 又 $KN\parallel L'E$,于

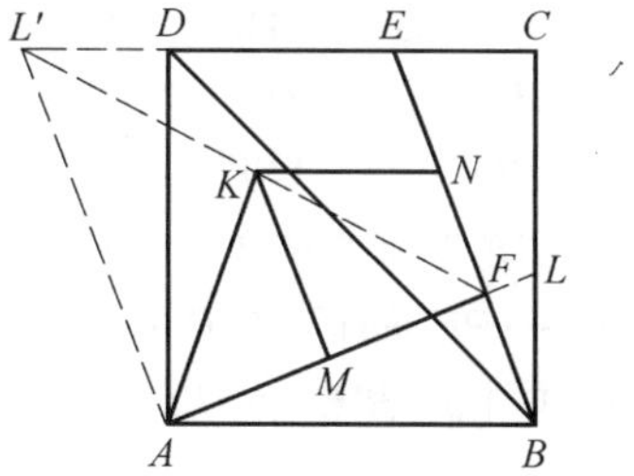

图 6.60

是，再作位似变换 $H(F,2)$，则 $M\to A$，$N\to E$，且直线 $MK\to$ 直线 AL'，直线 $NK\to$ 直线 EL'，从而直线 MK 与 NK 的交点 $\to$ 直线 AL' 与 EL' 的交点，即 $K\to L'$，所以，L'、K、F 在三点共线，且 K 为 $L'F$ 的中点. 由勾股定理

$$L'F^2 = L'A^2 + AF^2 = AL^2 + AF^2 =$$
$$2AB^2 + BL^2 - BF^2 = BD^2 + FK^2 > BD^2$$

因此，$BD < L'F = 2FK$. 又 $FK = AK$，故 $BD < 2AK$.

51. 在 $\triangle ABC$ 中，$\angle BAC = 90°$，D 是 BC 上一点，M 是 AD 的中点，且 MD 平分 $\angle BMC$. 求证：$\angle ADB = 2\angle BAD$，$\angle CDA = 2\angle DAC$.

证明　如图 6.61 所示，设 $BC = k\cdot BD$，作位似变换 $H(B,k)$，则 $D\to C$. 设 $A\to A'$，$M\to M'$，则 $A'C \parallel AD$，M' 为 $A'C$ 的中点，$\angle CAA' = 90°$. 所以

$$\angle M'CA = \angle DAC$$
$$\angle M'MA = \angle BMC = \angle DMC$$
$$M'A = M'A' = M'C$$

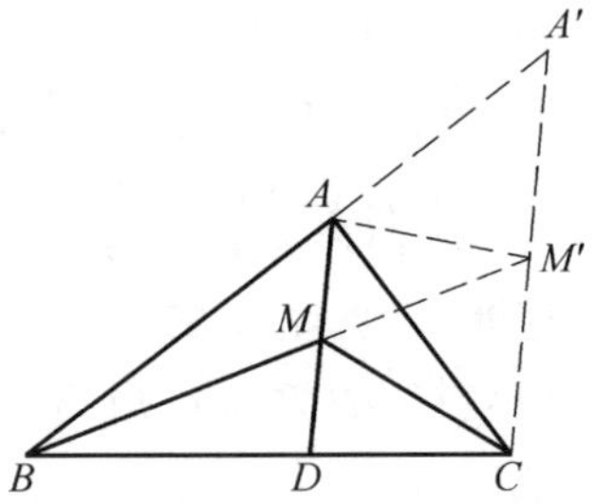

图 6.61

于是四边形 $ADCM'$ 是一个等腰梯形，从而四边形 $ADCM'$ 是一个圆内接四边形，故有

$$\angle CDA = \angle A'M'A = 2\angle M'CA = 2\angle DAC$$

再由 $\angle BAC = 90°$，$\angle ADB + \angle CDA = 180°$ 即知 $\angle ADB = 2\angle BAD$.

52. 设 AD 是锐角 $\triangle ABC$ 的高，以 AD 为直径的圆 Γ 分别与 AB、AC 交于 E、F，圆 Γ 在 E、F 两点的切线交于 P. 求证：AP 平分线段 BC.（第 21 届俄罗斯数学奥林匹克，1995）

证明　如图 6.62 所示，设 AP 与 BC 交于 M，$AP = k\cdot AM$，作位似变换 $H(A,k)$，则 $M\to P$. 设 $B\to B'$，$C\to C'$，则 $B'C' \parallel BC$，且 P 在 $B'C'$ 上，所以，$\angle PB'E = \angle CBE$.

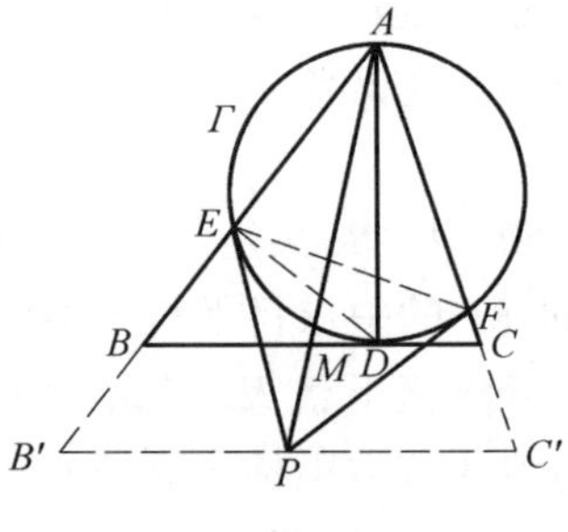

图 6.62

另一方面，$AD\perp BC$，$DE\perp AB$，所以，$\angle ADE = \angle CBD$，于是，由 PE 是圆的切线，有 $\angle B'EP = \angle AFE = \angle ADE = \angle DBE = \angle PB'E$，因此，$B'P = PE$. 同理，$PC' = PF$. 但 $PE = PF$，所以，$B'P = PC'$，即 P 为 $B'C'$ 的中点. 再注意 $B'C' \parallel BC$ 即知 M 为 BC 的中点. 换句话说，AP 平分 BC.

53. 设 I 是 $\triangle ABC$ 的内心，以 I 为圆心任作一个半径大于 $\triangle ABC$ 的内切圆

半径的圆 Γ,圆 Γ 与 BC 交于 K、L,其中 K 离点 B 较近. 圆 Γ 与射线 AB、AC 分别交于 E、F,直线 EK 与 LF 交于 P. 求证:AP 平分线段 KL.(第22届拉丁美洲数学奥林匹克,2007)

证明 如图6.63所示,设 AP 与 KL 交于 M,$PA = k \cdot PM$,作位似变换 $H(P,k)$,则 $M \to A$. 设 $K \to K'$,$L \to L'$,则 K'、L' 均在过点 A 且平行于 BC 的直线上,所以,$\angle EK'A = \angle EKB$,$\angle AL'F = \angle CLF$. 又因圆 Γ 的圆心为 $\triangle ABC$ 的内心,所以 $AE = AF$,$BE = BK$,$CF = CL$,于是

$$\angle EK'A = \angle EKB = \angle BEK = \angle AEK'$$

$$\angle AL'F = \angle CLF = \angle LFC = \angle L'FA$$

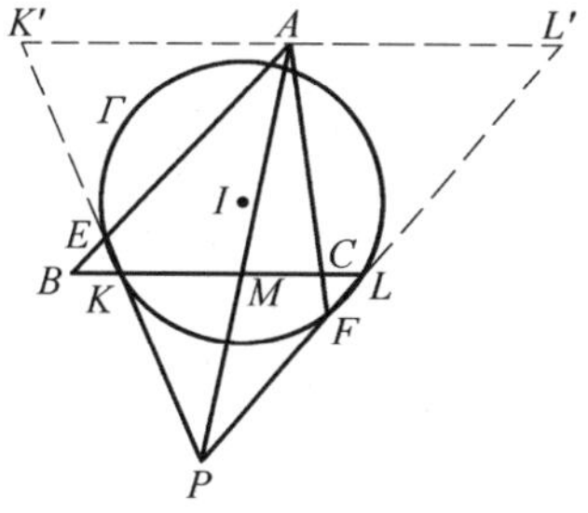

图 6.63

因此,$AK' = AE = AF = AL'$,这说明 A 是 $K'L'$ 的中点,而 $K'L' \parallel KL$,故 M 是 KL 的中点. 换句话说,AP 平分线段 KL.

54. 设点 P 到 $\triangle ABC$ 的边 AB、AC 的距离相等,过点 P 分别作 AC、AB 的垂线,垂足分别为 E、F. 再过 P 作 BC 的垂线交 EF 于 D. 证明:直线 AD 过 BC 的中点.(第10届英国数学奥林匹克,1974)

证明 如图6.64所示,设直线 AD 与 BC 交于 M,$AD = k \cdot AM$,作位似变换 $H(A,k)$,则 $M \to D$. 设 $B \to B'$,$C \to C'$,则 $B'C' \parallel BC$. 而 $PD \perp BC$,所以,$PD \perp B'C'$. 又 $PE \perp AB$,$PF \perp AC$,所以,P、D、E、B' 四点共圆,P、F、C'、D 四点共圆,于是

$$\angle PB'D = \angle PED, \angle DC'P = \angle DFP$$

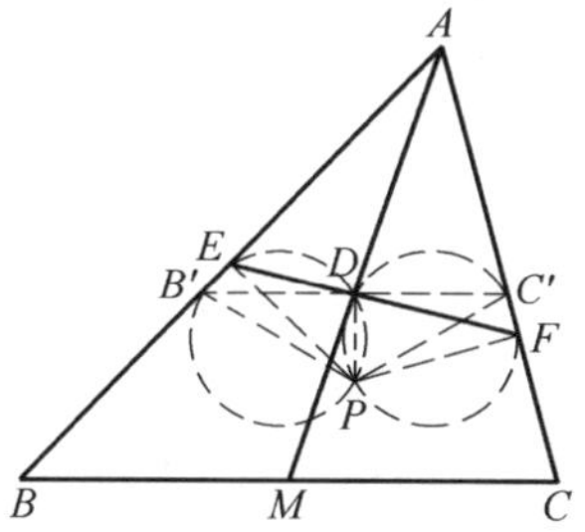

图 6.64

另一方面,因 $PE = PF$,所以,$\angle PED = \angle DFP$,从而 $\angle PBD = \angle DCP$,于是,$\triangle PBC$ 是以 BC 为底边的等腰三角形,而 $PD \perp B'C'$,因此 D 为 $B'C'$ 的中点. 再注意 $B'C' \parallel BC$ 即知 M 为 BC 的中点.

55. 设四边形 $A_1A_2A_3A_4$ 内接于圆,O_1、O_2、O_3、O_4 依次为 $\triangle A_2A_3A_4$、$\triangle A_3A_4A_1$、$\triangle A_4A_1A_2$、$\triangle A_1A_2A_3$ 的九点圆圆心. 求证:O_1、O_2、O_3、O_4 四点在同一个圆上.

证明 如图6.65所示,设 O 是四边形 $A_1A_2A_3A_4$ 的外接圆圆心,则 $\triangle A_2A_3A_4$、$\triangle A_3A_4A_1$、$\triangle A_4A_1A_2$、$\triangle A_1A_2A_3$ 的外心皆为 O. 再设 H_1、H_2、H_3、H_4 分别是 $\triangle A_2A_3A_4$、$\triangle A_3A_4A_1$、$\triangle A_4A_1A_2$、$\triangle A_1A_2A_3$ 的垂心,则由例6.5.8知,O_1、O_2、O_3、O_4 分别为 OH_1、OH_2、OH_3、OH_4 的中点. 于是

$$O_1、O_2、O_3、O_4 \xrightarrow{H(O,2)} H_1、H_2、H_3、H_4$$

但由习题 4 第 17 题,H_1、H_2、H_3、H_4 四点共圆,故 O_1、O_2、O_3、O_4 四点共圆.

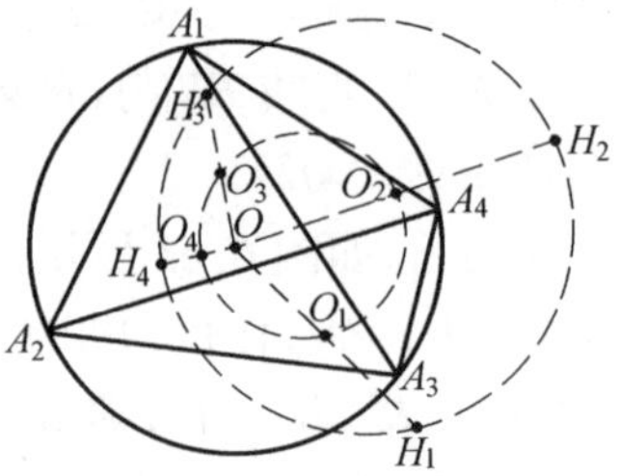

图 6.65

56.设 I、O 分别是 $\triangle ABC$ 的内心和外心,过 I 且垂直于 OI 的直线与 $\angle BAC$ 的外角平分线和 BC 分别交于 P、Q.证明:$PI = 2IQ$.

证明 如图 6.66 所示,设 I_a、I_b、I_c 分别是 $\triangle ABC$ 的 A- 旁心、B- 旁心和 C- 旁心,则 P 在 I_bI_c 上,I 为 $\triangle I_aI_bI_c$ 的垂心,$\triangle ABC$ 是 $\triangle I_aI_bI_c$ 的垂足三角形.于是,作位似变换 $H(I,2)$,设 $\triangle ABC \to \triangle A'B'C'$,$O \to O'$,$Q \to Q'$,则 A'、B'、C' 皆在 $\triangle I_aI_bI_c$ 的外接圆上,且 O' 是 $\triangle I_aI_bI_c$ 的外心,Q' 在 $B'C'$ 上,且 $IQ' = 2IQ$.因 O 为 IO' 的中点,而 $IO \perp PQ$,所以 $IO' \perp PQ$.这样,因 I_bB' 与 $C'I_c$ 是 $\odot O'$ 的过 I 的两条弦,由蝴蝶定理即知,$PI = IQ' = 2IQ$.

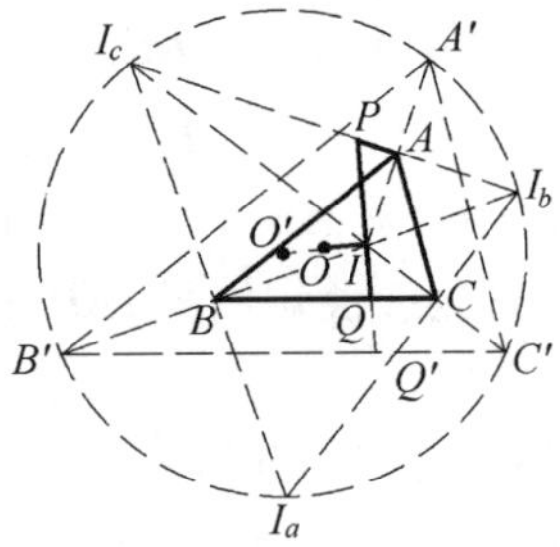

图 6.66

习题 7

1.设 D 是 $\triangle ABC$ 内一点,使得 $AB = ab$,$AC = ac$,$AD = ad$,$BC = bc$,$BD = bd$,$CD = cd$.求证:$\angle ABD + \angle ACD = 60°$.(新加坡国家队选拔考试,2004)

证明 如图 7.1 所示,设 $AC = k \cdot AB$,作位似旋转变换 $S(A, k, \measuredangle BAC)$,则 $B \to C$.设 $D \to D'$,则 $\angle ACD' = \angle ABD$,且

$$CD' = \frac{AC}{AB} \cdot BD = \frac{ac}{ab} \cdot bd = cd = CD$$

$$DD' = \frac{AD}{AB} \cdot BC = \frac{ad}{ab} \cdot bc = cd = CD$$

所以,$\triangle CD'D$ 是一个正三角形,故

$$\angle ABD + \angle ACD = \angle ACD' + \angle ACD = \angle DCD' = 60°$$

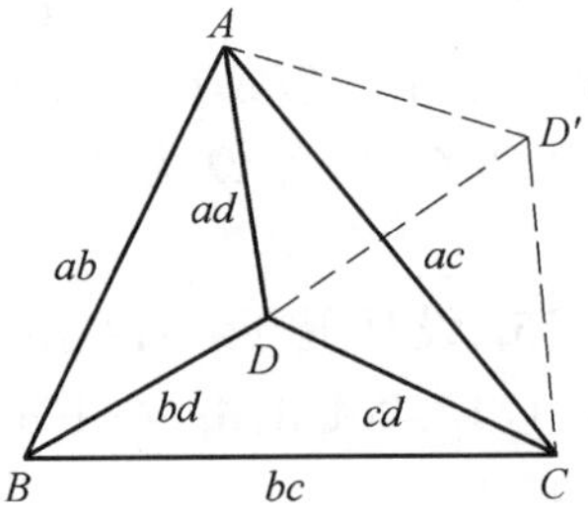

图 7.1

2.设 P 是圆内接四边形 $ABCD$ 的外接圆的 $\overset{\frown}{BC}$(不含点 A)上一点.证明:点

P 到直线 AB、CD 的距离之积等于点 P 到直线 AC、BD 的距离之积.

证明 如图 7.2 所示,设点 P 在直线 AB、CD、AC、BD 上的射影分别为 Q、R、S、T,则 PQ、PR、PS、PT 分别为点 P 到直线 AB、CD、AC、BD 的距离.再设 $PB = k \cdot PC$,作位似旋转变换 $S(A, k, \measuredangle CPB)$,则 $C \to B$.因 $\measuredangle PTB = \measuredangle PRC(=90°)$, $\measuredangle TBP = \measuredangle RCP$,所以, $R \to T$.因此, $PT = k \cdot PR$.同理, $PQ = k \cdot PS$.由此即知, $PQ \cdot PR = PT \cdot PS$.

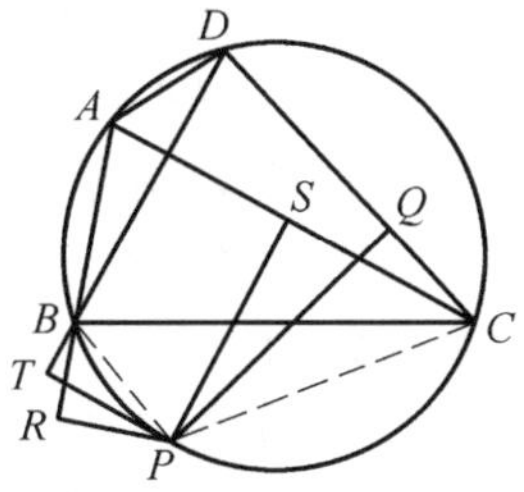

图 7.2

3.在 $\triangle ABC$ 中,AD 是 BC 边上的高,点 E 在 AD 上,满足 $\dfrac{\overline{AE}}{\overline{ED}} = \dfrac{\overline{CD}}{\overline{DB}}$,过点 D 作 BE 的垂线,垂足为 F.证明:$\angle AFC = 90°$.(锐角三角形情形:波罗的海地区数学奥林匹克,1998)

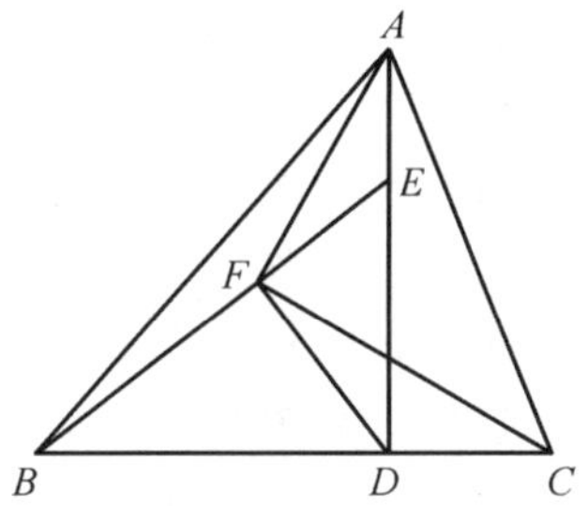

图 7.3

证明 如图 7.3 ~ 7.5 所示,设 $DB = k \cdot ED$,作位似旋转变换 $S(F, k, 90°)$,则 $D \to B$, $E \to D$,所以,直线 $ED \to$ 直线 DB,而 A、C 分别在直线 ED 和 DB 上,且 $\dfrac{\overline{AE}}{\overline{ED}} = \dfrac{\overline{CD}}{\overline{DB}}$,因此 $A \to C$,故 $\angle AFC = 90°$.

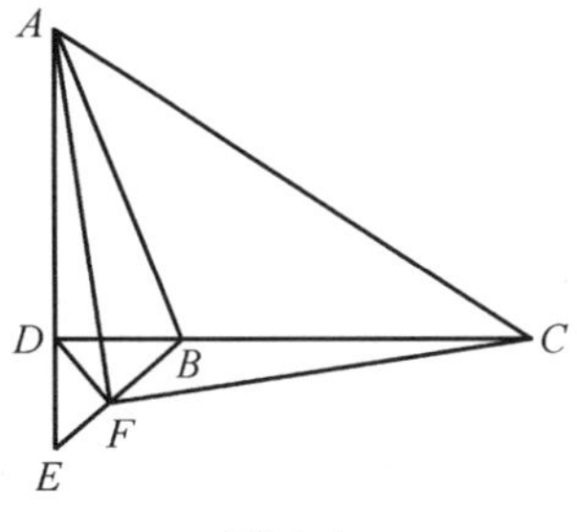

图 7.4

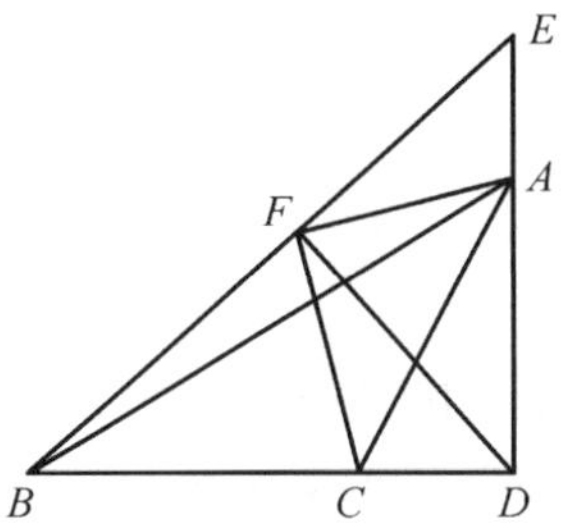

图 7.5

4.设 P 是 $\triangle ABC$ 内部一点,$\angle PAC = \angle PBA = \angle PCB$.求证:直线 BP 平分 AC 的充分必要条件是 $AB = AC$.

证明 充分性.如图 7.6 所示,若 $AB = AC$,则 $\angle ACB = \angle CBA$.而 $\angle PCB = \angle PBA$,所以,$\angle ACP = \angle CBP$.设 $CP = k \cdot CB$,作位似旋转变换 $S(C, k, \measuredangle BCP)$,则 $B \to P$.设 $A \to A'$,则

$$\angle CPA' = \angle CBA = \angle CBP + \angle PBA = \angle CBP + \angle PCB$$

所以，A' 在 BP 的延长线上．又 $\angle PA'C = \angle BAC$，所以，A' 在 $\triangle ABC$ 的外接圆上，于是，$\angle A'CA = \angle A'BA = \angle PAC$，$\angle CAA' = \angle CBA' = \angle ACP$，这说明 $AA' \parallel PC$，$A'C \parallel AP$，因而四边形 $APCA'$ 是一个平行四边形，故直线 BP 平分 AC．

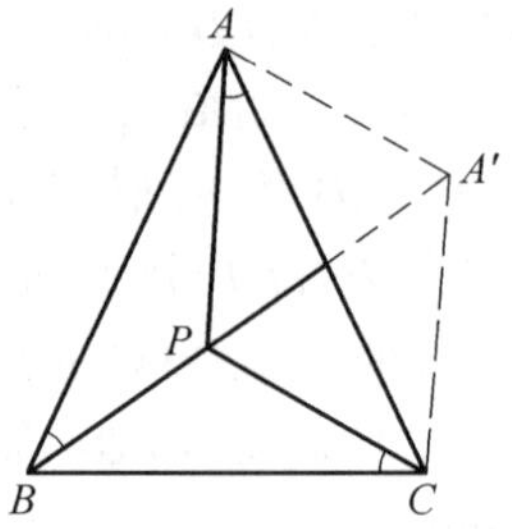

图 7.6

必要性．仍如图 7.5 所示，若直线 BP 平分 AC，作平行四边形 $APCA'$，则 A' 在 BP 的延长线上，且 $\angle A'CA = \angle PAC = \angle PBA$，所以，$A'$ 在 $\triangle ABC$ 的外接圆上，因此，$\angle CBA' = \angle CAA' = \angle ACP$，从而 $\angle CBA = \angle CBA' + \angle A'BA = \angle ACP + \angle PCB = \angle ACB$，故 $AB = AC$．

5．设 P 是半圆直径 AB 延长线上一点，$AB = 2PB$．过 P 作半圆的切线 PT，T 为切点，过 A 作 AC 垂直 PT 于 C，交半圆于 D．连 PD 交半圆于另一点 E，直线 AE 交 PT 于 F，再设点 C 在 AB 上的射影为 H．求证：$DH \perp HF$．

证明　如图 7.7 所示，显然，$BD \perp AC$，所以 $BD \parallel PC$，从而由 $AB = 2PB$ 有 $DA = 2DC$．又 $\angle PAF = \angle BDE = \angle EPF$，所以，$\triangle PAF \backsim \triangle EPF$，因此，$PF^2 = EF \cdot AF$．但由圆幂定理，$FT^2 = EF \cdot AF$，所以，$PF = PT$，即 F 为 PT 的中点．

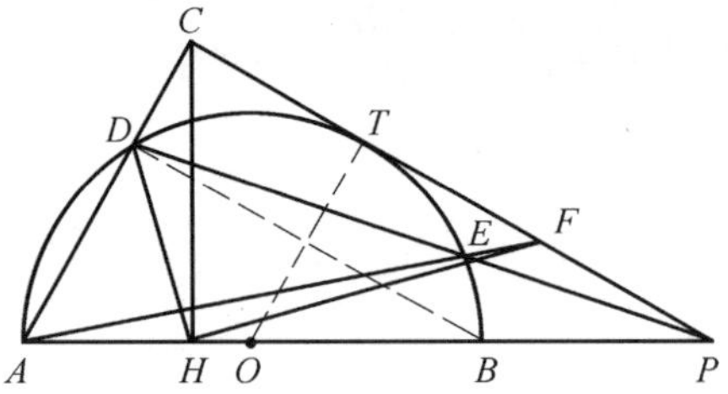

图 7.7

设半圆的圆心为 O，则 $OT \perp PC$，所以，$OT \parallel AC$，从而 $TP = 2CT$．于是，设 $AC = k \cdot PC$，作位似旋转变换 $S(H, k, 90°)$，则 $PC \to CA$，$F \to D$．故 $DH \perp HF$．

6．设 $\triangle ABC$ 的内切圆分别切边 BC、CA、AB 于 D、E、F，点 K 为点 D 关于 $\triangle ABC$ 的内心的对称点，直线 EK 与 DF 交于 L，求证：$AL = AF$，且 $AL \parallel BC$．

证明　如图 7.8 所示，设 $\triangle ABC$ 的内心为 I，显然 A、E、I、F 四点共圆，所以

$$\angle EIA = \angle EFA = \angle EDL$$

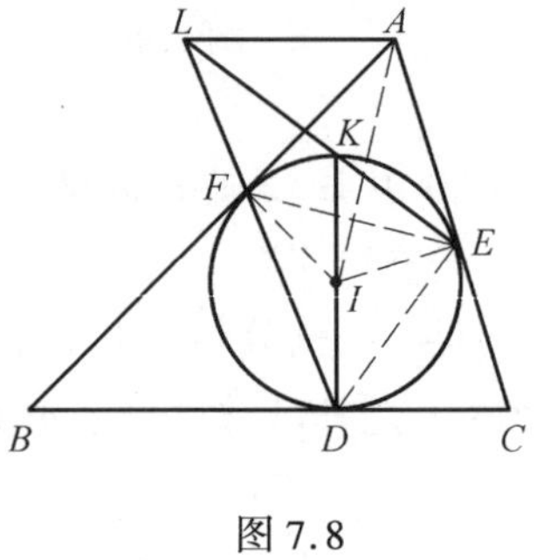

图 7.8

又 $AE \perp IE$, $LE \perp DE$(因 DK 为内切圆的直径),所以,$\triangle EAI \backsim \triangle ELD$. 设 $IE = k \cdot AE$,作位似旋转变换 $S(E, k, 90°)$,则 $A \to I$, $L \to D$,于是,$\triangle EAL \backsim \triangle EID$,而 $ID = IE$,所以,$AL = AE = AF$,且 $\angle LAE = \angle DIE = 180° - \angle C$,因而还有 $AL \parallel BC$.

7. 在矩形 $ABCD$ 的外接圆的 $\overset{\frown}{AB}$ 上取一不同于顶点 A、B 的点 M,M 在直线 AD、AB、BC、CD 上的射影分别为 P、Q、R、S. 证明:$PQ \perp RS$,并且 PQ、RS 与矩形的一条对角线交于一点.(原南斯拉夫数学奥林匹克,1983)

证明 如图 7.9 所示,设直线 PQ 与 RS 交于 T. 因

$$\angle MPQ = \angle MAQ = \angle MAB = \angle MCR = \angle MST$$

所以,T、S、P、M 四点共圆. 而 $PM \perp MS$,因此,$PT \perp TS$,即 $PQ \perp RS$. 设 $TQ = k \cdot TS$,作位似旋转变换 $S(T, k, 90°)$,则 $SP \to QR$. 显然,$\triangle DPS \backsim \triangle MRQ$(三组对应边分别垂直),所以,$D \to M$,因而 $\angle DTM = 90°$. 同理,$\angle MTB = 90°$. 故 B、T、D 三点共线. 换句话说,PQ、RS、BD 三线交于点 T.

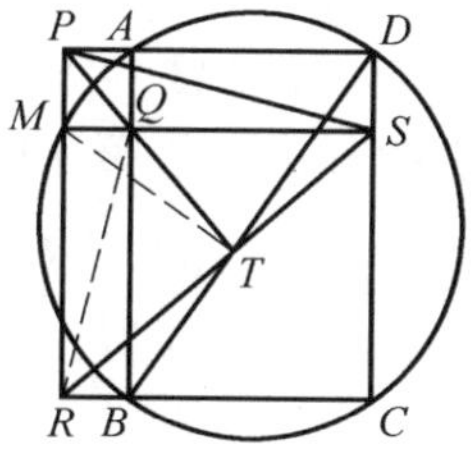

图 7.9

8. 分别以 $\triangle ABC$ 的两边 AB、AC 为一直角边,B、C 为直角顶点作两个反向相似三角形 ABF 和 ACE,再设 BE 与 CF 交于 P. 求证:$AP \perp BC$.(第 4 届澳大利亚数学奥林匹克,1983;当 $AB = BF$ 时,本题称为 **Vuibuit 定理**)

证明 如图 7.10 所示,设点 B 在 AF 上的射影为 M,点 C 在 AE 上的射影为 N,$AB = k \cdot AF$. 作位似旋转变换 $S(M, k, 90°)$,则 $F \to B$, $B \to A$. 设 $C \to C'$,则 $BC' \perp FC$, $AC' \perp BC$. 且

$$\frac{AC'}{BC} = \frac{AB}{BF} = \frac{AC}{CE}$$

又 $\angle CAC' = 180° - (90° - \angle ACB) = 90° + \angle ACB = \angle BCE$,所以,$\triangle C'AC \backsim \triangle BCE$. 而 $C'A \perp BC$, $AC \perp CE$,所以,$C'C \perp BE$. 于是,BE 与 CF 的交点 P 为 $\triangle C'BC$ 的垂心,所以,$C'P \perp BC$,再注意 $C'A \perp BC$ 即知 C'、A、P 三点共线. 故 $AP \perp BC$.

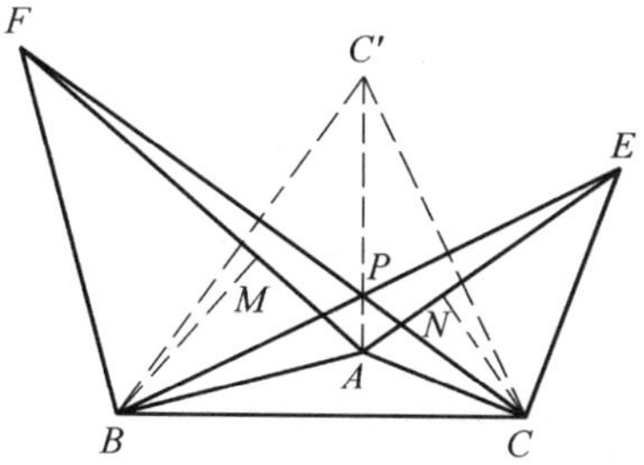

图 7.10

注 本题本质上与例 7.1.12 是一样的.

9.设四边形 $ABCD$ 为矩形,AEF、BGF、DEH 均是以第一个顶点为直角顶点的相似直角三角形,且两直角边之比等于矩形的两邻边之比.求证:G、C、H 三点共线的充分必要条件是 $EF = 2BD$.

证明 如图7.11所示,由条件可知,$\triangle ADB \backsim \triangle AEF$.设 M、N 分别为 AE、AF 的中点,则 $EF \parallel MN$,且 $EF = 2MN$,$\triangle ADB \backsim \triangle AEF$.因此,$EF = 2BD \Leftrightarrow MN = BD \Leftrightarrow \triangle ADB \cong \triangle AEF \Leftrightarrow$ 四边形 $BDMN$ 是以 BD、MN 为两腰的等腰梯形 $\Leftrightarrow BN \parallel DM$.

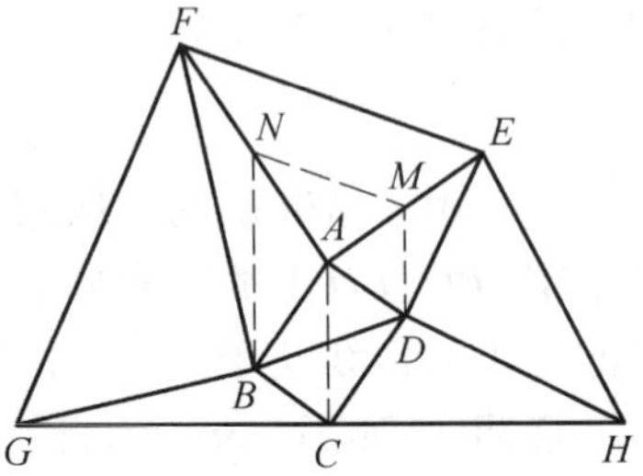

图7.11

另一方面,注意 $\triangle BCA$ 与 $\triangle DAC$ 都是与 AEF 相似的直角三角形,由例7.1.6,$BN \perp GC$,$DM \perp CH$.于是,$BN \parallel DM \Leftrightarrow G$、$C$、$H$ 三点共线.

综上所述,G、C、H 三点共线的充分必要条件是 $EF = 2BD$.

10.在四边形 $ABCD$ 中,对角线 AC 平分 $\angle DCB$,且 $\angle BAC = \angle ADC$.过 $\triangle ABC$ 的内心与 $\triangle ACD$ 的内心的直线分别与直线 AB、AD 交于 E、F.记四边形 $ABCD$ 的面积与 $\triangle AEF$ 的面积分别为 S、T.求证:$S \geqslant 2T$.并求其等式成立的条件.

证明 如图7.12,7.13所示,设 $\triangle ABC$ 与 $\triangle ACD$ 的内心分别为 I、J,$AB = k \cdot AC$,作位似旋转变换 $S(C, k, \measuredangle ACB)$,则 $A \to B$,$D \to A$,$J \to I$,从而 $\angle CIJ = \angle CBA$,所以,B、C、I、E 四点共圆,因此,$\angle FEA = \angle ICB$.同理,$\angle AFE = \angle DCJ$.但

$$\angle ICB = \frac{1}{2}\angle ACB = \frac{1}{2}\angle DCA = \angle DCJ$$

所以,$\angle FEA = \angle AFE$,因而 $AE = AF$.又由 $\angle IEA = \angle ACI$,AI 平分 $\angle EAC$ 知,$AE = AC$,故 $AE = AF = AC$.

容易知道,$\angle ACB$ 与 $\angle BAD$ 互补,于是,由三角形的面积公式,得

$$S = \frac{1}{2}AC(BC + CD)\sin\angle ACB = \frac{1}{2}AC(BC + CD)\sin\angle BAD$$

$$T = \frac{1}{2}AE \cdot AF\sin\angle BAD = \frac{1}{2}AC^2\sin\angle BAD$$

又由 $\angle ACB = \angle DCA$,$\angle BAC = \angle ADC$ 知,$\triangle ABC \backsim \triangle DAC$,所以,$AC^2 = BC \cdot CD$.于是,$BC + CD \geqslant 2\sqrt{BC \cdot CD} = AC$.故 $S \geqslant 2T$.等式成立当且仅当 $BC = CD = AC$,当且仅当 $\triangle ABC$ 与 $\triangle DAC$ 是以 C 为公共顶点的两个全等的等

腰三角形.

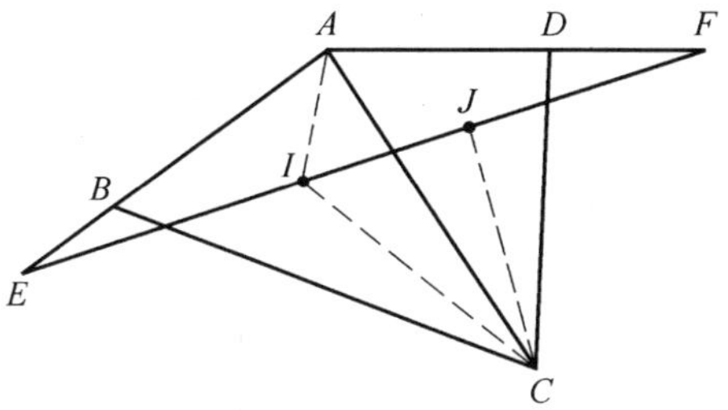

图 7.12

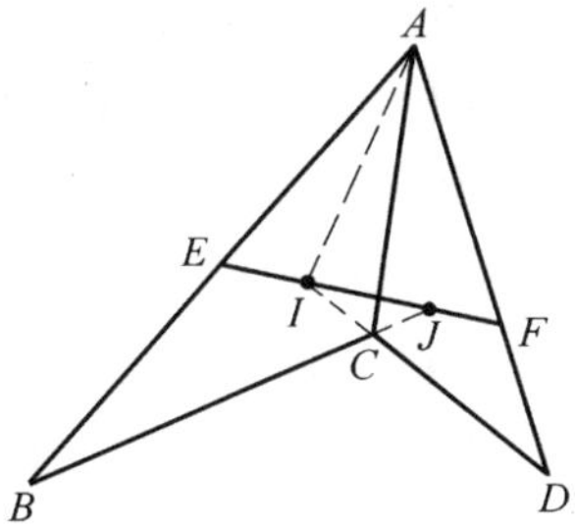

图 7.13

11. 设四边形 $ABCD$ 内接于 $\odot O$,直线 AB 与 CD 交于 E,直线 BC 与 AD 交于 F,$\triangle ABF$ 与 $\triangle AED$ 的外心分别为 O_1、O_2.求证:$\triangle OO_1O_2 \backsim \triangle CEF$.

证明 如图 7.14 所示,由圆周角与圆心角的关系

$$\measuredangle AO_1E = 2\measuredangle ADE = 2\measuredangle ADC = \measuredangle AOC = 2\measuredangle ABC = 2\measuredangle ABF = \measuredangle AO_2F$$

又 $O_1A = O_1E, OA = OC, O_2A = O_2F$,所以

$$\triangle AO_1E あ \triangle AOC あ \triangle AO_2F$$

于是,设 $AC = k \cdot AO$,作位似旋转变换 $S(A, k, \measuredangle OAC)$,则 $\triangle OO_1O_2 \to \triangle CEF$,故

$$\triangle OO_1O_2 \backsim \triangle CEF$$

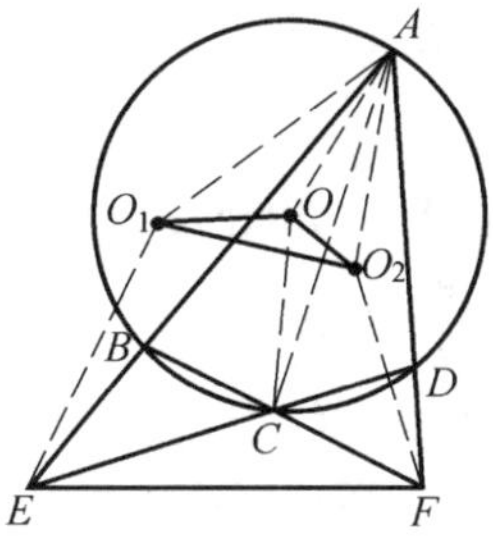

图 7.14

12. 设 D 为 $\triangle ABC$ 的边 BC 上一点,O_1,O_2 分别为 $\triangle ABD$ 与 $\triangle ADC$ 的外心.证明:$\triangle ABC$ 的中线 AM 的中垂线平分线段 O_1O_2.(中国国家集训队培训,2003)

证明 如图 7.15 所示,因 $\angle AO_1B = 2\angle ADB = \angle AO_2C$,又 $O_1A = O_1B, O_2A = O_2C$,所以,$\triangle ABO_1 \backsim \triangle ACO_2$,于是,设 $AO_1 = k \cdot AB$,作位似旋转变换 $S(A, k, \measuredangle BAO_1)$,则 $BC \to O_1O_2$.设 $M \to M'$,因 M 是 BC 的中点,所以 M' 是 O_1O_2 的中点.又 $\triangle AMM' \backsim \triangle ABO_1$,所以,$AM' = M'M$,因而 M' 在 AM 的中垂线上.换句话说,AM 的中垂线平分线段 O_1O_2.

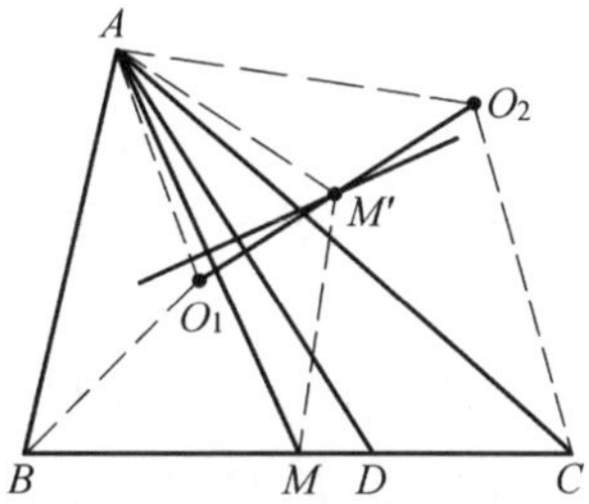

图 7.15

13. 设 $\triangle ABC$ 的顶角 A 的平分线交 BC 边于 D，$\triangle ABC$、$\triangle ABD$、$\triangle ADC$ 的外心分别为 O、O_1、O_2. 证明：$OO_1 = OO_2$.

证明 如图 7.16 所示，设 $AC = k \cdot AB$，作位似旋转变换 $S(A, k, \measuredangle BAC)$，则 $B \to C$，$O_1 \to O_2$. 设直线 BO_1 与 CO_2 交于 E，则 $\angle BEC = \angle BAC$，即 $\angle O_1EO_2 = \angle BAC$. 又 $OO_1 \perp AB$，$OO_2 \perp AC$，所以，$\angle O_1OO_2 = 180° - \angle BAC = 180° - \angle O_1OO_2$，这说明 E、O_1、O、O_2 四点共圆.

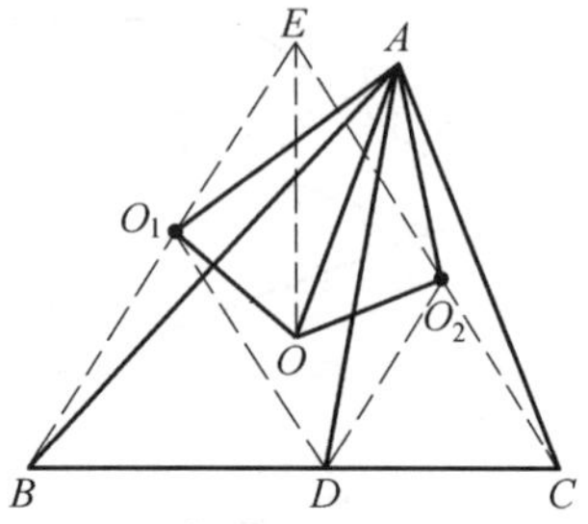

图 7.16

另一方面，因为 $\angle BO_1D = 2\angle BAD = 2\angle DAC = \angle DO_2C$，$O_1B = O_1D$，$O_2D = O_2C$，所以，$\triangle BO_1D \backsim \triangle DO_2C$，$\angle O_1BD = \angle O_2CD$，进而 $EB = EC$. 由于点 O 在 BC 的垂直平分线上，因而 EO 平分 $\angle BEC$，即有 $\angle O_1EO = \angle OEO_2$. 再由 E、O_1、O、O_2 四点共圆即知 $OO_1 = OO_2$.

另证 如图 7.17 所示，设 AD 交 $\triangle ABC$ 的外接圆 Γ 于另一点 E，则 E 为圆 Γ 上 $\overset{\frown}{BC}$（不含点 A）的中点. 又

$$\angle BO_1A = 2\angle CDA = \angle CO_2A$$

$$\angle EOA = \angle EOC + \angle COA = \angle BAC + 2\angle CBA = 2\angle CDA$$

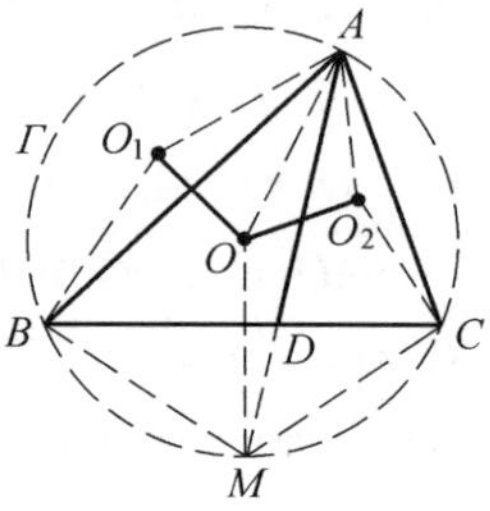

图 7.17

所以，$\angle BO_1A = \angle EOA = \angle CO_2A$. 又 $O_1A = O_1B$，$OA = OE$，$O_2A = O_2C$，因此

$$\triangle AO_1B \text{ あ } \triangle AOE \text{ あ } \triangle AO_2C$$

于是，设 $AO = k \cdot AE$，作位似旋转变换 $S(A, k, \measuredangle BAO_1)$，则 $\triangle EBC \to \triangle OO_1O_2$. 而 $EB = EC$，故 $OO_1 = OO_2$.

14. 设锐角 $\triangle ABC$ 的三条高 AD、BE、CF 的中点分别为 L、M、N，试求 $\angle NDM$、$\angle LEN$、$\angle MFL$ 之和.（第 21 届俄罗斯数学奥林匹克，1995）

解 如图 7.18 所示，设 $\triangle ABC$ 的垂心为 H，则由 H、F、B、D 四点共圆知，$\measuredangle DFC = \measuredangle DBE$. 同理，$\measuredangle FCD = \measuredangle BED$，所以，$\triangle DCF$ あ $\triangle DEB$.

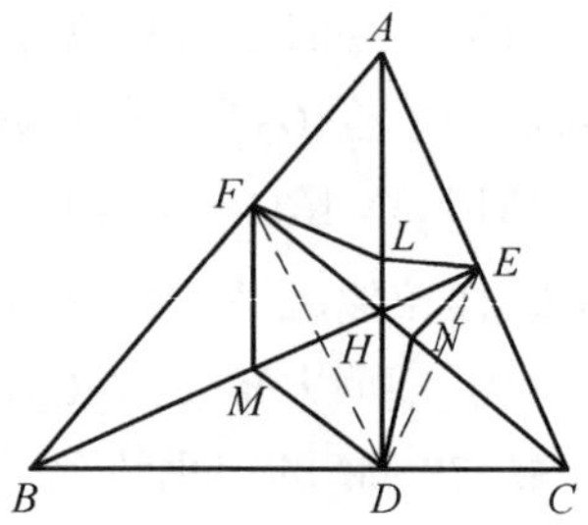

图 7.18

于是,令 $DE = k \cdot DC$,$\theta = \measuredangle CDE$,作位似旋转变换 $S(A_1, k, \theta)$,则 $CF \to EB$. 而 N 为 CF 的中点,M 为 EB 的中点,所以,$N \to M$.因此,$\angle NDM = \angle CDE = \angle BAC$.同理,$\angle LEN = \angle CBA$,$\angle MFL = \angle ACB$.故

$$\angle NDM + \angle LEN + \angle MFL = \angle BAC + \angle CBA + \angle ACB = 180^\circ$$

15. 在四边形 $ABCD$ 中,$AB \neq CD$,分别以 AD、BC 为边任作 $\triangle EBC$ 与 $\triangle FAD$,使得 $\triangle EBC \backsim \triangle FAD$,且 $\frac{AF}{FD} = \frac{BE}{EC} = \frac{AB}{CD}$.求证:直线 EF 过定点.

证明 如图7.19所示,因 $\triangle EBC \backsim \triangle FAD$,所以,存在一个位似旋转变换 $S(O, k, \theta)$,使得 $\triangle FAD \to \triangle EBC$.此时,$\triangle OAB \backsim \triangle ODC$,因而有

$$\frac{OA}{OD} = \frac{OB}{OC} = \frac{AB}{CD} = \frac{AF}{FD} = \frac{BE}{EC}$$

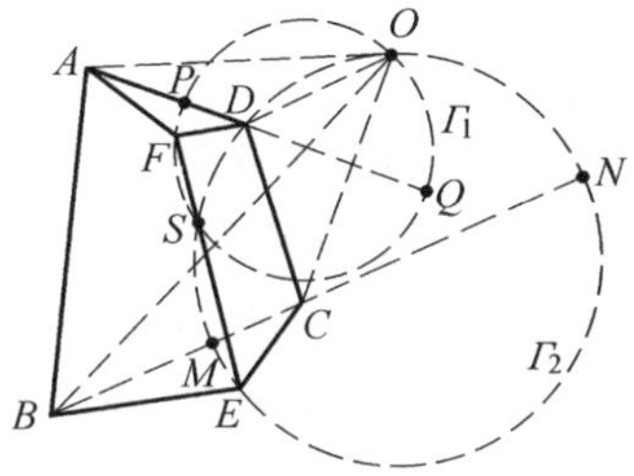

图 7.19

这说明点 O 既在以 A、D 为定点,$\frac{AB}{CD}$ 为定比的阿氏圆 Γ_1 上,也在以 B、C 为定点,$\frac{AB}{CD}$ 为定比的阿氏圆 Γ_2 上.

设 P、Q 分别是线段 AD 的以 $\frac{AB}{CD}$ 为分比内分点和外分点,M、N 分别是线段 BC 的以 $\frac{AB}{CD}$ 为分比内分点和外分点,则 PQ、MN 分别是圆 Γ_1 和 Γ_2 的直径.因为

$$\frac{AP}{PD} = \frac{AQ}{QD} = \frac{AB}{CD}, \frac{BM}{MC} = \frac{BN}{NC} = \frac{AB}{CD}$$

而在位似旋转变换 $S(O, k, \theta)$ 下,$AD \to BC$,所以,圆 $\Gamma_1 \to$ 圆 Γ_2.

又 $\frac{AF}{FD} = \frac{BE}{EC} = \frac{AB}{CD}$,$F \to E$,所以,$F$、$E$ 分别是圆 Γ_1 和 Γ_2 上的两个对应点.于是,设圆 Γ_1 和 Γ_2 的交于 O、S 两点,则由定理7.3.2,直线 EF 过点 S.这是一个定点.

16. 设 O、Ω_1、Ω_2 分别为 $\triangle ABC$ 的外心、第一 Brocard 点和第二 Brocard 点.求证:$O\Omega_1 = O\Omega_2$.

证明 如图 7.20 所示,设 Ω_1、Ω_2 到三边 BC、CA、AB 上的射影分别为 B_1、C_1、A_1,C_2、A_2、B_2,则 $\triangle A_1B_1C_1 \backsim \triangle A_2B_2C_2 \backsim \triangle ABC$,且

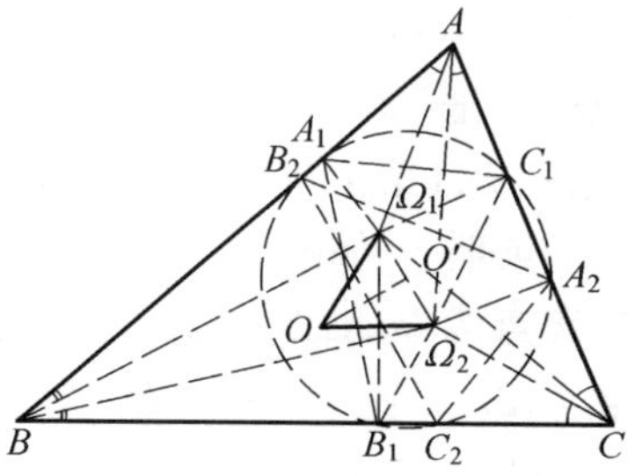

图 7.20

B_1、C_1、A_1，C_2、A_2、B_2 六点共圆，即 $\triangle A_1B_1C_1$ 与 $\triangle A_2B_2C_2$ 有同一个外接圆. 设其公共的外心为 O'. 又显然 $\triangle AA_1\Omega_1 \backsim \triangle AA_2\Omega_2$，所以，$\dfrac{\Omega_1A_1}{\Omega_1A} = \dfrac{\Omega_2A_2}{\Omega_2A} = k$，这说明 $\triangle A_1B_1C_1 \cong \triangle A_2B_2C_2$，于是，作位似旋转变换 $S(\Omega_1, k, \measuredangle A\Omega_1A_1)$，则 $\triangle ABC \to \triangle A_1B_1C_1$，所以，$O \to O'$. 同样，在位似旋转变换 $S(\Omega_2, k, \measuredangle A\Omega_2A_2)$ 下，$O \to O'$，所以 $\angle O\Omega_1O' = \angle A\Omega_1A_1 = \angle A\Omega_2A_2 = \angle O\Omega_2A_2$，$\dfrac{\Omega_1O'}{\Omega_1O} = k = \dfrac{\Omega_2O'}{\Omega_2O}$，于是 $\triangle\Omega_1OO' \backsim \triangle\Omega_2OO'$，即有 $\triangle\Omega_1OO' \cong \triangle\Omega_2OO'$. 故 $O\Omega_1 = O\Omega_2$.

17. 设四边形 $ABCD \cong$ 四边形 $AB'C'D'$. 求证：BB'、CC'、DD' 三线共点的充分必要条件是四边形 $ABCD$ 内接于圆.

证明 如图 7.21 所示，因四边形 $ABCD$ 四边形 $AB'C'D'$，于是，设 $AB' = k \cdot AB$，则在位似旋转变换 $S(A, k, \measuredangle BAB')$ 下，四边形 $ABCD \to$ 四边形 $AB'C'D'$.

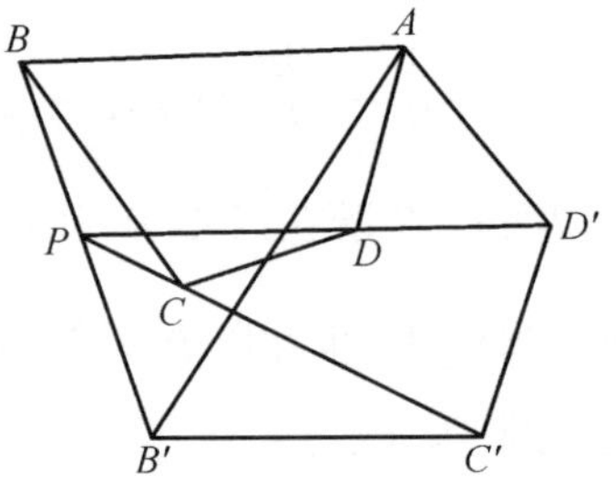

图 7.21

充分性. 若四边形 $ABCD$ 内接于圆，则四边形 $AB'C'D'$ 也内接于圆，且 A 为两圆的一个交点，由定理 7.3.2，BB'、CC'、DD' 三线都过两圆的另一个交点 P. 也就是说，BB'、CC'、DD' 三线共点.

必要性. 设 BB'、CC'、DD' 三线交于一点 P. 因在位似旋转变换 $S(A, k, \measuredangle BAB')$ 下，四边形 $ABCD \to$ 四边形 $AB'C'D'$，由推论 2.3.1，A、P、B、C 四点共圆，A、P、C、D 四点共圆，故 A、B、C、D 四点共圆. 即四边形 $ABCD$ 内接于圆.

18. 设 PA、PB 是从点 P 到圆 Γ 的两条切线（A、B 为切点），Q 是 PA 的延长线上一点，C 是圆 Γ 与 $\triangle PBQ$ 的外接圆的另一交点. 由点 A 作 BQ 的垂线，垂足为 D. 求证：$\angle QCD = 2\angle PQB$.（第 15 届伊朗数学奥林匹克，1998）

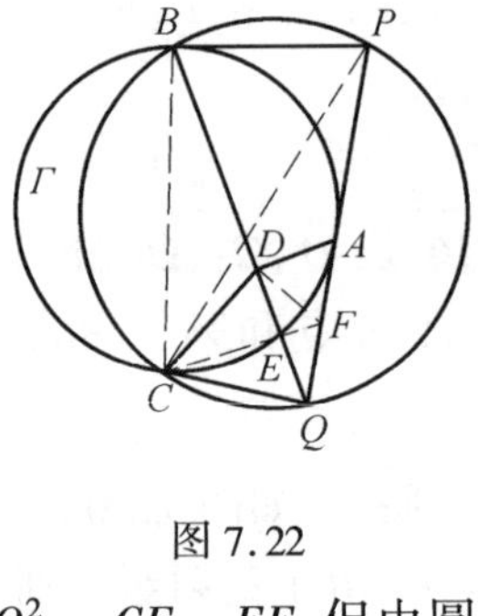

图 7.22

证明 如图 7.22 所示，设 BQ 与圆 Γ 的另一交点为 E，$CE = k \cdot CQ$，作变换 $S(C, k, \measuredangle QCE)$，则 $Q \to E$，$P \to B$，$\angle PQB = \angle PCB = \angle QCE$. 于是，设直线 CE 交 PQ 于 F，则 $FQ^2 = CF \cdot EF$. 但由圆幂定

理，$CF \cdot EF = AF^2$，所以 $AF = FQ$，即 F 为 AQ 的中点．而 $QD \perp DA$，所以

$$\angle QDF = \angle FQD = \angle PQB = \angle QCF$$

因此，F、Q、C、D 四点共圆．从而

$$\angle FCD = \angle FQD = \angle QDF = \angle QCF$$

故

$$\angle QCD = 2\angle PQB$$

19．设圆内接四边形 $ABCD$ 的两条对角线相交于点 O．$\triangle ABO$ 和 $\triangle CDO$ 的外接圆 Γ_1 和 Γ_2 交于 O 和 K．过点 O 分别作 AB 和 CD 的平行线与圆 Γ_1 和圆 Γ_2 分别交于点 E 和 F．在线段 OE 和 OF 上分别取点 P 和 Q，使得 $\frac{OP}{PE} = \frac{FQ}{QO}$．证明：$O$、$K$、$P$、$Q$ 四点共圆．（第 29 届俄罗斯数学奥林匹克，2003）

证明　如图 7.23 所示，因 $ABCD$ 为圆内接四边形，所以，$\triangle OAB \backsim \triangle ODC$．又显然 $ABEO$ 与 $DCFO$ 都是等腰梯形，因而 $\triangle OBE \backsim \triangle OCF$．但 $\triangle EAO \cong \triangle OBE$，所以，$\triangle EAO \backsim \triangle OCF$．

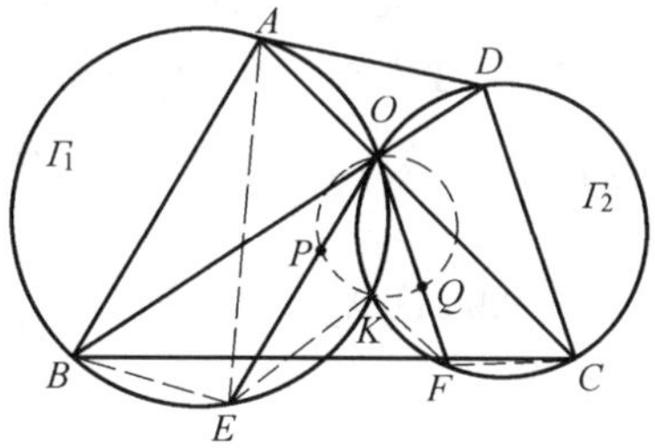

图 7.23

以点 K 为位似旋转中心作位似旋转变换，使圆 Γ_1 变为圆 Γ_2，则 $A \to C$，$B \to D$．而 $\triangle EAO \backsim \triangle OCF$，所以 $E \to O$，$O \to F$．于是，$EO \to OF$．但 $\frac{OP}{PE} = \frac{FQ}{QO}$，因此 $P \to Q$．由此即知 O、K、P、Q 四点共圆．

20．三个固定的圆共一条公共弦 AB，过点 A 任作一条不同于 AB 的直线与第一个圆交于 X，与另两圆分别交于 Y 和 Z（Y 在 X 和 Z 之间）．求证：比值 $\frac{XY}{YZ}$ 是定值，与所作直线的位置无关．（第 35 届加拿大数学奥林匹克，2003）

证明　如图 7.24 所示，过点 A 任作不同于 AB 的两条直线，一条与三个圆分别交于 X、Y、Z，另一条与三个圆分别交于 X'、Y'、Z'．我们只需证明 $\frac{X'Y'}{Y'Z'} = \frac{XY}{YZ}$ 即可．

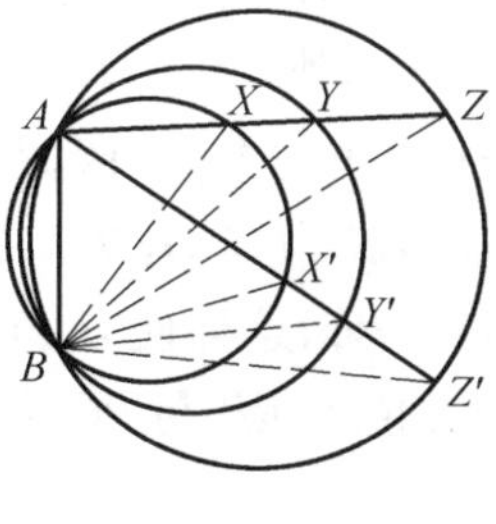

图 7.24

因在以 B 为位似旋转中心、将第一个圆变为第二个圆的位似旋转变换下，$X \to Y$，$X' \to Y'$，于是，设 $BX' = k \cdot BX$，$\theta = \measuredangle XBX'$，则

$$X \xrightarrow{S(B,K,\theta)} X',\ Y \xrightarrow{S(B,K,\theta)} Y'$$

同理,考虑第一、三两个圆,可以得到,$Z \xrightarrow{S(B,K,\theta)} Z'$.故$\dfrac{X'Y'}{Y'Z'}=\dfrac{XY}{YZ}$.

21.设点 P 是 $\triangle ABC$ 的外接圆的$\overparen{BC}$(不含点 A)上一点,O_1、O_2 分别为 $\triangle ABP$ 与 $\triangle APC$ 的 A- 旁心.证明:$\triangle PO_1O_2$ 的外接圆通过 $\triangle ABC$ 的外接圆上一个定点.

证明 如图 7.25 所示,设 $\triangle PO_1O_2$ 的外接圆 Γ 交 $\triangle ABC$ 的外接圆 Γ' 于 P 之外的一点 Q,$\overparen{ACB}$ 与$\overparen{CBA}$ 的中点分别为 M、N,则 P、O_1、M 在一直线上,P、O_2、N 在一直线上.于是,以 Q 为位似旋转中心作位似旋转变换,使圆 $\Gamma\to$ 圆 Γ',则由定理7.3.2知,$O_1\to M$,$O_2\to N$.所以,$\triangle QO_1M \backsim \triangle QO_2N$.于是,$\dfrac{QM}{QN}=\dfrac{O_1M}{O_2N}$.但 $O_1M=AM$,$O_2N=AN$,所以,$\dfrac{QM}{QN}=\dfrac{AM}{AN}$ 为定值,故 Q 是 $\triangle ABC$ 的外接圆上的一个定点.

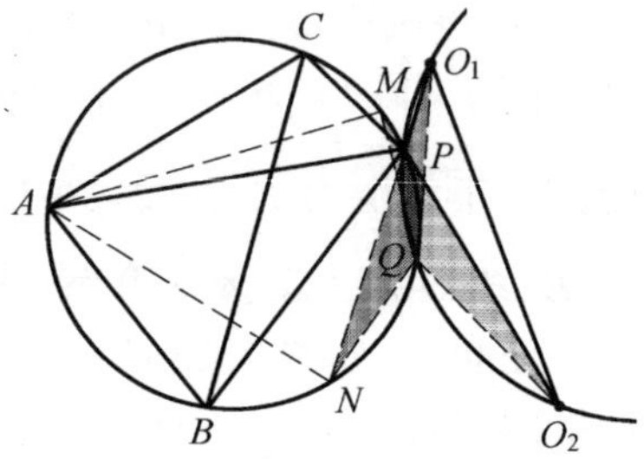

图 7.25

22.设 $\odot O_1$ 与 $\odot O_2$ 相交于 A、B 两点,过交点 A 任作一条割线分别与两圆交于 P、Q,两圆在 P、Q 处的切线交于 R,直线 BR 交 $\triangle O_1O_2B$ 的外接圆于另一点 S.求证:RS 等于 $\triangle O_1O_2B$ 的外接圆的直径.

证明 如图7.26所示,设 $\odot O_1$ 与 $\odot O_2$ 的半径分别为 r_1、r_2,$r_2=k\cdot r_1$,作位似旋转变换 $S(B,k,\measuredangle O_1BO_2)$,则 $O_1\to O_2$,$\odot O_1\to\odot O_2$,$P\to Q$,因而 $\odot O_1$ 的切线 $PR\to\odot O_2$ 的切线 QR,所以,P、B、Q、R 四点共圆.又设 PO_1 与 QO_2 交于 C,则 P、C、Q、R 四点共圆,所以 P、C、B、Q、R 五点共圆,因此 $\angle CBR=\angle CQR=90°$,从而 CS 为 $\triangle O_1O_2B$ 的外接圆的直径,于是 $SO_1\perp PC$,这样便有 $SO_1 /\!/ RP$.

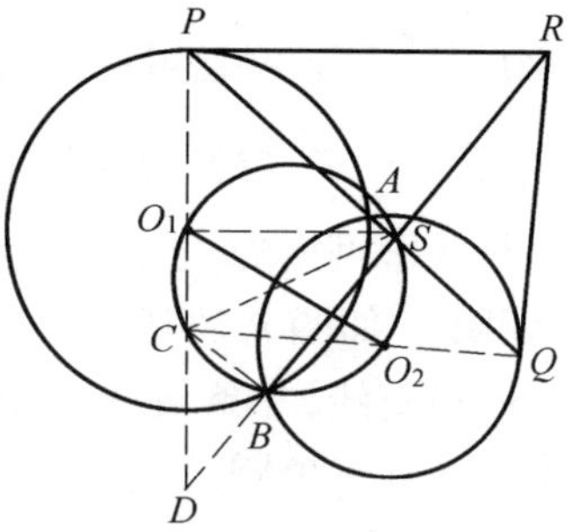

图 7.26

再设直线 RB 与 PC 交于 D,则由 $SO_1 /\!/ RP$ 及 $\triangle DBO_1\backsim\triangle DCS$,有

$$\frac{RS}{SD}=\frac{PO_1}{O_1D}=\frac{O_1B}{O_1D}=\frac{CS}{SD}$$

故 $RS=CS$,即 RS 等于 $\triangle O_1O_2B$ 的外接圆的直径.

23.设 $\triangle ABC$ 的三个旁切圆分别与相应边 BC、CA、AB 切于点 A'、B'、C'.

$\triangle AB'C'$、$\triangle BC'A'$、$\triangle CA'B'$ 的外接圆分别与 $\triangle ABC$ 的外接圆交于点 $A_1(\neq A)$、$B_1(\neq B)$、$C_1(\neq C)$. 证明:$\triangle A_1B_1C_1 \backsim \triangle A_2B_2C_2$,其中 A_2、B_2、C_2 分别是 $\triangle ABC$ 的内切圆与边 BC、CA、AB 的切点.(第 31 届俄罗斯数学奥林匹克,2005)

证明 如图 7.27 所示,以 A_1 为位似旋转中心作位似旋转变换,使 $\triangle ABC$ 的外接圆变为 $\triangle AB'C'$ 的外接圆,则 $B\to C'$,$C\to B'$,所以,$\triangle A_1BC' \backsim \triangle A_1CB'$. 但 $BC' = CB'$,因此,$\triangle A_1BC' \cong \triangle A_1CB'$,从而 $A_1B = A_1C$,因此,点 A_1 是 $\overparen{BAC}$ 的中点;同理,点 B_1 是 $\overparen{CBA}$ 的中点,点 C_1 是 $\overparen{ACB}$ 的中点. 由此易知

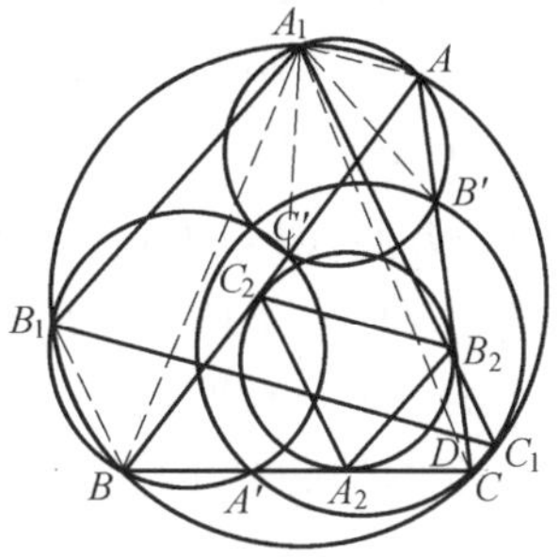

图 7.27

$$\angle ABB_1 = 90° - \frac{1}{2}\angle CBA$$

$$\angle BA_1C_1 = 90° - \frac{1}{2}\angle ACB$$

又 $\angle BA_1C = \angle BAC$,于是,设 AC 与 B_1C_1 交于 D,则

$$\begin{aligned}\angle ADB_1 &= \angle ABB_1 + \angle CA_1C_1 = \\ &\angle ABB_1 + \angle BA_1C_1 - \angle BA_1C = \\ &(90° - \frac{1}{2}\angle CBA) + (90° - \frac{1}{2}\angle ACB) - \angle BAC = \\ &90° - \frac{A}{2} = \angle AB_2C_2\end{aligned}$$

所以,$B_1C_1 /\!/ B_2C_2$,同理,$C_1A_1 /\!/ C_2A_2$,$A_1B_1 /\!/ A_2B_2$. 故

$$\triangle A_1B_1C_1 \backsim \triangle A_2B_2C_2$$

24. 设 I、O 分别为 $\triangle ABC$ 的内心和外心,$\triangle ABC$ 的 A- 旁切圆分别与直线 BC、CA、AB 切于 D、E、F. 求证:若线段 EF 的中点在 $\triangle ABC$ 的外接圆上,则 I、O、D 三点共线.

证明 如图 7.28 所示,设 $\triangle ABC$ 的 A 旁心为 J,显然,J 在 $\triangle AFE$ 的外接圆上,且 M 为 IJ 的中点. 设 $\triangle ABC$ 的外接圆与圆的另一交点为 P,以 P 为相似中心作位似旋转变换,使圆 $\Gamma\to$ 圆 ω,则 $F\to B$,$E\to C$,所以,$FE\to BC$.

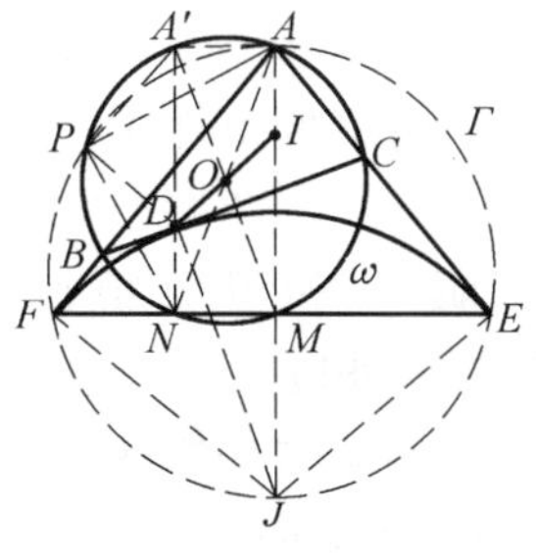

图 7.28

又设圆 Γ 与 EF 的另一交点为 N,则由圆幂定理

$$FN \cdot FM = AF \cdot BF, NE \cdot ME = CE \cdot AE$$

而 $FB = BD, CE = DC, FM = ME, AF = AE$,所以

$$\frac{FN}{NE} = \frac{FN \cdot FM}{NE \cdot ME} = \frac{BF \cdot AF}{CE \cdot AE} = \frac{BF}{CE} = \frac{BD}{DC}$$

因此,$N \to D$.再设 $A \to A'$,则 A' 在圆 ω 上,且 AA' 为圆 Γ 的切线,所以,$AA' \perp AM$,从而 $A'M$ 为圆 ω 的直径,且 $A'M \perp BC$.显然,$A'N$ 也为圆的直径,因而四边形 $AA'NM$ 为矩形.

另一方面,因 $\triangle PND \backsim \triangle PAA'$,而 $NP \perp PA$,所以,$ND \perp AA'$,这说明 D 在 $A'N$ 上.注意 $A'M \perp BC, DJ \perp BC$,所以,$A'M \parallel DJ$.又 $AD \parallel MJ$,所以,$A'NMA$ 是一个平行四边形,于是,$A'D = MJ = IM$,从而 ID 过 $A'M$ 的中点——即 $\triangle ABC$ 的外心 O.故 I、O、D 三点共线(且 O 为 ID 的中点).

25.设 p 为 $\triangle ABC$ 的半周长,在射线 BA、CA 上分别取点 P、Q,使 $BP = CQ = p$,再设点 K 为点 A 关于 $\triangle ABC$ 的外心的对称点,I 为 $\triangle ABC$ 的内心.求证:$KI \perp PQ$.(第 2 届丝绸之路国际数学竞赛,2003)

证明 如图 7.29 所示,设 $\triangle ABC$ 的内切圆分别与 BC、CA、AB 切于 D、E、F,延长 KI 与 $\triangle ABC$ 的外接圆交于 L,则 $LA \perp LK$.显然,A、E、I、F 四点共圆,A、L、I、F 四点共圆,即 A、L、E、I、F 五点共圆.作位似旋转变换 $S(L, k, \measuredangle FLB)$,使 $\odot(AEF) \to \odot(ABC)$,则 $F \to B, E \to C$,于是,$\frac{LE}{LF} = \frac{EC}{FB}$.注意 $EC = AP$,$FB = AQ$,所以,$\frac{LE}{LF} = \frac{AP}{AQ}$.但 $\angle ELF = \angle EAF = \angle PAQ$,因此 $\triangle ELF \backsim \triangle APQ$.这样便有 $\angle LEF = \angle APQ$.又 $\angle PAL = \angle LEF$,所以,$\angle PAL = \angle APQ$,于是 $PQ \parallel LA$.而 $KI \perp LA$,故 $KI \perp PQ$.

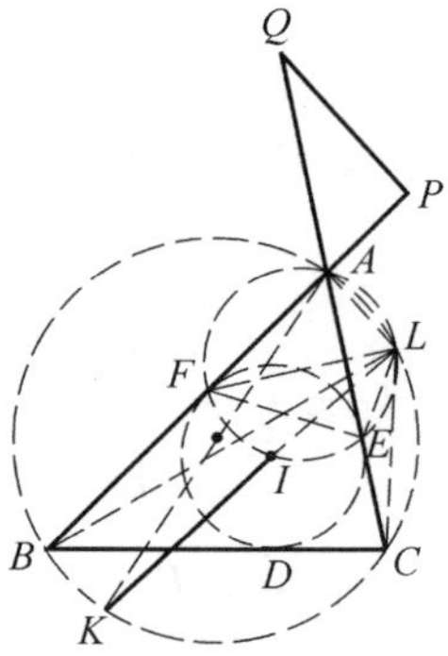

图 7.29

26.设 $\triangle A'B'C' \backsim \triangle ABC$,且这两个三角形的对应边不平行.证明:$AA'$、$BB'$、$CC'$ 三线共点的充分必要条件是这三条线段的垂直平分线共点.

证明 如图 7.30 所示,因 $\triangle A'B'C'$ 与 $\triangle ABC$ 同向相似,且其对应边不平行,所以,存在一个位似旋转变换 $S(O, k, \theta)$,使 $\triangle ABC \to \triangle A'B'C'$,因而四边形 $OABC \backsim$ 四边形 $OA'B'C'$.

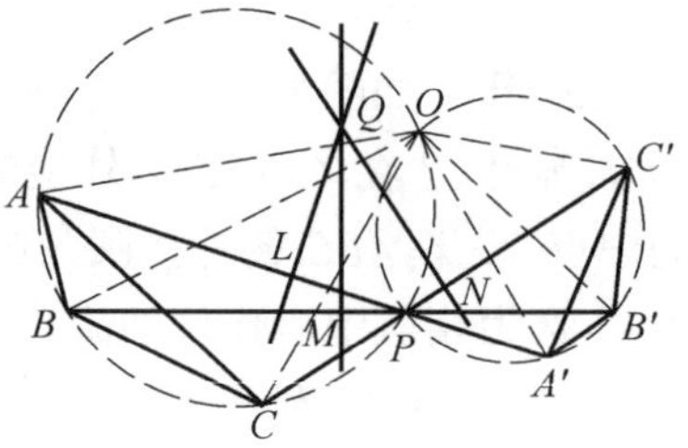

图 7.30

必要性. 如果 AA'、BB'、CC' 三线共点 P，则由 16 题，四边形 $OABC$ 与 $OA'B'C'$ 皆为圆内接四边形，于是，由例 7.3.8，存在一点 Q，使得 Q 到 $\triangle ABC$ 与 $\triangle A'B'C'$ 的任意两个对应点的距离相等. 故三线段 AA'、BB'、CC' 的垂直平分线交于点 Q.

充分性. 如果三线段 AA'、BB'、CC' 的垂直平分线交于点 Q. 设 L、M、N 分别为这三条线段 AA'、BB'、CC' 的中点，$OB = \lambda \cdot OA$，作位似旋转变换 $S(O, \lambda, \measuredangle AOB)$，则 $A \to B$，$A' \to B'$，$L \to M$，直线 $QL \to$ 直线 QM，所以，O、Q、L、M 四点共圆. 同样，O、Q、M、N 四点共圆，所以 O、Q、L、M、N 五点共圆. 设 AA' 与 BB' 交于 P，显然，P、Q、L、M 四点共圆. 因此，O、P、Q、L、M、N 六点皆在一个圆上. 于是，$\angle QNP = 90° = \angle QNC$，这说明点 P 在直线 CC' 上. 也就是说，直线 CC' 过直线 AA' 与 BB' 的交点 P，即 AA'、BB'、CC' 三线共点.

27. 在锐角 $\triangle ABC$ 中，$AB \neq AC$，H 为 $\triangle ABC$ 的垂心，M 为 BC 的中点，D、E 分别为 AB、AC 上的点，且 $AD = AE$，D、H、E 三点共线，求证：$\triangle ABC$ 的外接圆与 $\triangle ADE$ 的外接圆的公共弦垂直于 HM.（瑞士国家队选拔考试，2006）

证明 如图 7.31 所示，设直线 BH、CH 分别与 AC、AB 交于 B'、C'，$\triangle ABC$ 与 $\triangle ADE$ 的外接圆交于 A、K 两点. 因 $\angle HBD = \angle HCE$，$\angle BDH = \angle CEH$，所以，$\triangle HDB$ 与 $\triangle HEC$ 反向相似，由例 7.3.11，$HK \perp AK$. 又 $HC' \perp AB$，$HB' \perp AC$，所以 A、C'、H、B'、K 五点共圆，而 B'、C' 在以 BC 为直径的圆上，M 为其圆心，由例 7.3.10，$MK \perp AK$，因此，M、H、K 三点共线，故 $HM \perp AK$.

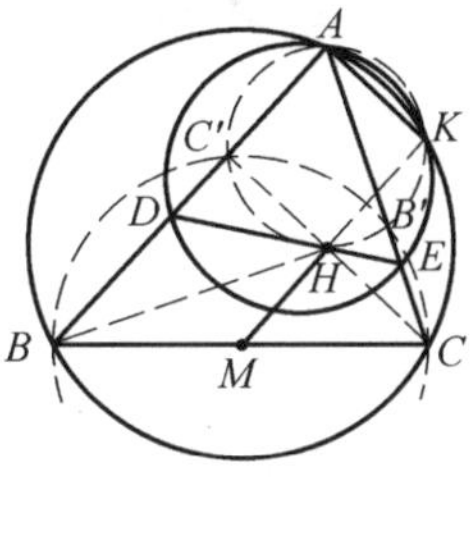

图 7.31

28. 设 D 是 $\triangle ABC$ 的边 AB 上一点. P 是 $\triangle ABC$ 的内部一点，且 $PD = DC$，$\angle BAP = \angle DAC = \angle CBP$. $\angle BPC + \angle ACB = 180°$. 求证：$AP \perp PC$.

证明 如图 7.32 所示，设 $AP = k \cdot AB$，作位似旋转变换 $S(A, k, \measuredangle BAP)$，则 $A \to P$. 设 $D \to D'$，则 D' 在边 AC 上. 又 $\angle CBP = \angle BAP$，所以 D' 为直线 BP 与 AC 的交点. 因

$$\angle DPD' = 180° - \angle BPD = \angle ACB$$

且 $\angle DPC = \angle PCD$（因 $DC = DP$），所以 $\angle CPD' = \angle D'CP$，于是 $D'P = D'C$，从而 $D'D$ 垂直平分线段 CP，这样

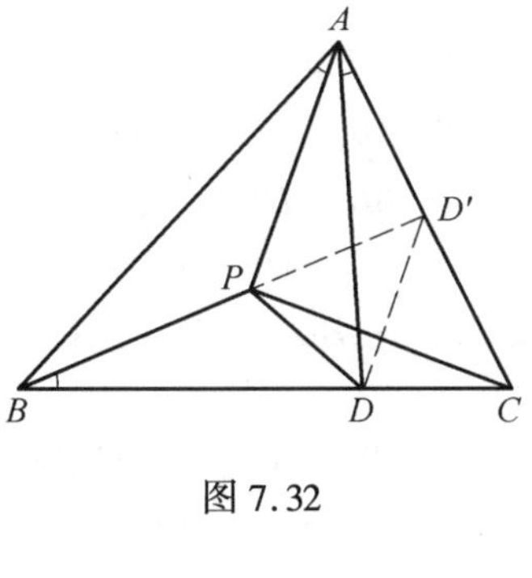

图 7.32

$$\angle PD'D = \angle DD'C = \frac{1}{2}\angle PD'C = 90^\circ - \angle CPD'$$

另一方面，显然 A、B、D、D' 四点共圆，所以 $\angle DBA = \angle DD'C = 90^\circ - \angle CPD'$. 再注意 $\triangle ABD \backsim \triangle APD'$ 即知，$\angle D'PA = \angle DBA = 90^\circ - \angle CPD'$. 故

$$\angle CPA = \angle CPD' + \angle D'PA = 90^\circ$$

29. 设 D、E 为 $\triangle ABC$ 的边 BC 上的两点，且 $\angle BAD = \angle EAC$. 求证

$$\frac{AB}{AC} = \frac{AE}{AD} \cdot \frac{BD}{EC}$$

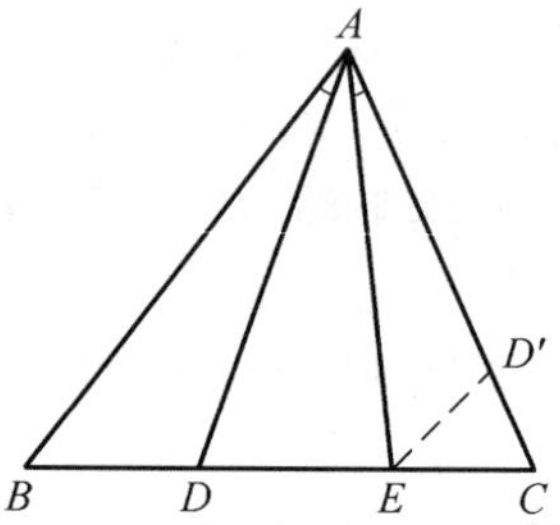

图 7.33

证明　如图 7.33 所示，设 $AE = k \cdot AB$，作位似旋转变换 $S(A, k, \measuredangle BAE)$，则 $B \to E$. 设 $D \to D'$，则因 $\angle D'EA = \angle DBA < \angle CEA$，所以，$D'$ 在 AC 上，且 $ED' = k \cdot BD$.

另一方面，因 $\angle AD'E = \angle ADB$，所以，$\angle ED'C = \angle CDA$，因此，$\triangle EDC \backsim \triangle ADC$，于是，$\frac{ED'}{AD} = \frac{EC}{AC}$. 因而有

$$\frac{EC}{AC} \cdot AD = ED' = k \cdot BD = \frac{AE}{AB} \cdot BD$$

故
$$\frac{AB}{AC} = \frac{AE}{AD} \cdot \frac{BD}{EC}$$

30. 设 $\triangle ABC$ 的顶角 A 的外角平分线与直线 BC 交于 D. 求证

$$AD^2 = BD \cdot DC - AB \cdot AC$$

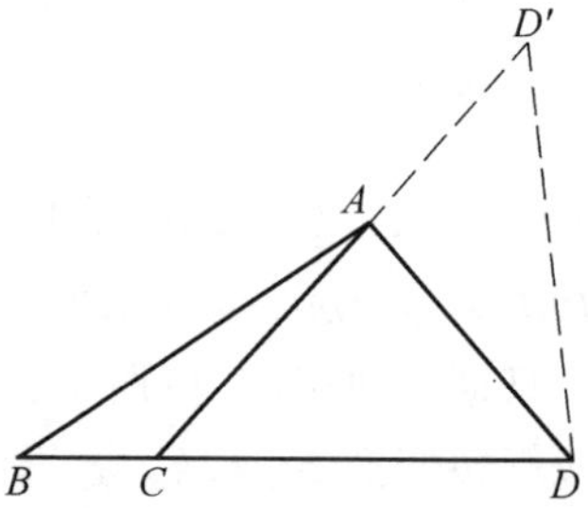

图 7.34

证明　如图 7.34 所示，设 $AD = k \cdot AB$，作位似旋转变换 $S(A, k, \measuredangle BAD)$，则 $B \to D$. 设 $D \to D'$，则 D' 在 CA 的延长线上，且 $AD' = k \cdot AD$，$\triangle DD'C \backsim \triangle ACD$，所以

$$AB \cdot AD' = AD^2, DC^2 = AC \cdot D'C$$

另一方面，由三角形的外角平分线性质定理可得 $AB \cdot DC^2 = AC \cdot BD \cdot DC$. 从而 $AB \cdot D'C = BD \cdot DC$. 于是

$$AB \cdot AC = AB \cdot D'C - AB \cdot AD' = BD \cdot DC - AD^2$$

故 $AD^2 = BD \cdot DC - AB \cdot AC$.

31. 设 $\triangle ABC$ 的内切圆与边 AB、BC 分别切于 D、E，$\angle BAC$ 的平分线交 DE 于 F. 求证：$AF \perp FC$.（第 9 届印度数学奥林匹克，1994）

证明　如图7.35所示,设 I 是 $\triangle ABC$ 的内心,$AF = k \cdot AD$,作位似旋转变换 $S(A, k, \measuredangle BAI)$,则 $D \to F$.由于 $\angle IAC = \angle FAP$,且

$$\angle AIC = 180^\circ - \frac{1}{2}\angle BAC - \frac{1}{2}\angle ACB =$$

$$90^\circ + \frac{1}{2}\angle CBA = \angle EDA$$

所以,$I \to C$,从而 $\angle CFA = \angle IDA = 90^\circ$,即 $AF \perp FC$.

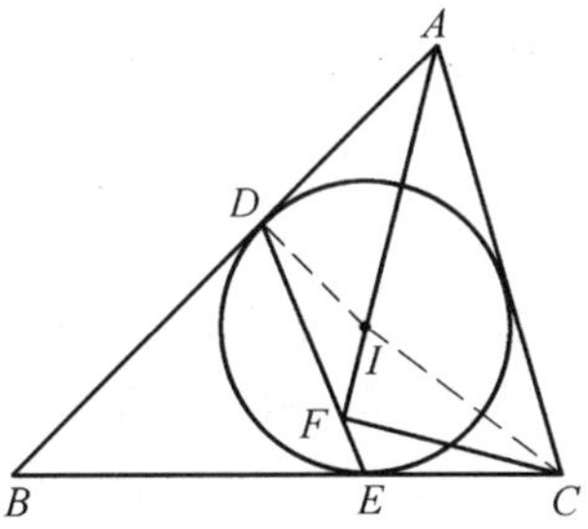

图 7.35

32. 设 E、F 分别为凸四边形 $ABCD$ 的对角线 AC 与 BD 上的点,且 $\frac{AE}{EC} = \frac{BF}{FD}$,直线 EF 分别与 AB、CD 交于 K、L.求证:$\triangle KBF$ 的外接圆与 $\triangle ECL$ 的外接圆的一个交点在直线 BC 上.(当 E、F 分别为 AC 与 BD 的中点时,本题为2004年新加坡数学奥林匹克试题)

证明　如图7.36所示,因 AC 与 BD 相交,故存在一个位似旋转变换 $S(O, k, \theta)$,使得 $AC \to BD$,而 $\frac{AE}{EC} = \frac{BF}{FD}$,所以 $E \to F$,于是,设 AC 与 BD 交于 P,则 O、E、P、F 四点共圆.又由推论2.3.1知,O、C、L、E 四点共圆,O、F、K、B 四点共圆,这就是说,O 既在 $\triangle ECL$ 的外接圆上,也在 $\triangle KBF$ 的外接圆上,因此,O 为 $\triangle ECL$ 的外接圆与 $\triangle KBF$ 的外接圆的一个交点.设这两个圆的另一个交点为 Q,则 $\angle CQO = \angle PEO$,$\angle OQB = \angle OFP$,所以

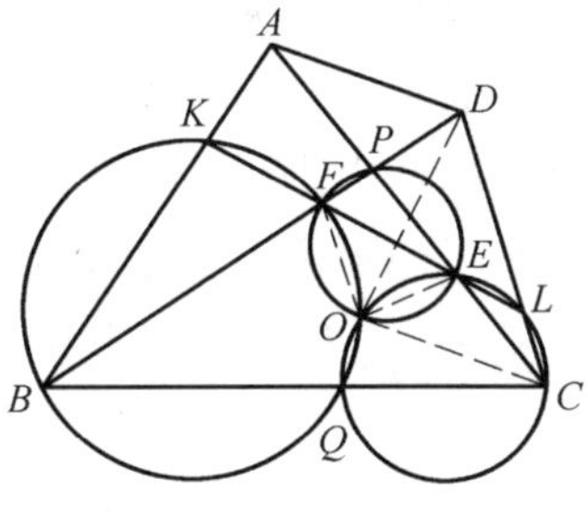

图 7.36

$$\angle CQO + \angle OQB = \angle PEO + \angle OFP = 180^\circ$$

这说明 B、Q、C 三点共线,即点 Q 在直线 BC 上.换句话说,$\triangle KBF$ 的外接圆与 $\triangle ECL$ 的外接圆的一个交点 Q 在直线 BC 上.

33. 在四边形 $ABCD$ 中,P、Q 分别为边 BC、AD 上的点,且 $\frac{AQ}{QD} = \frac{BP}{PC}$.直线 PQ 分别与 AB,CD 交于 E、F 两点,记 $\triangle EAQ$、$\triangle EBP$、$\triangle FPC$、$\triangle FQD$ 的外心分别为 O_1、O_2、O_3、O_4.证明:四边形 $O_1O_2O_3O_4 \backsim$ 四边形 $ABCD$.

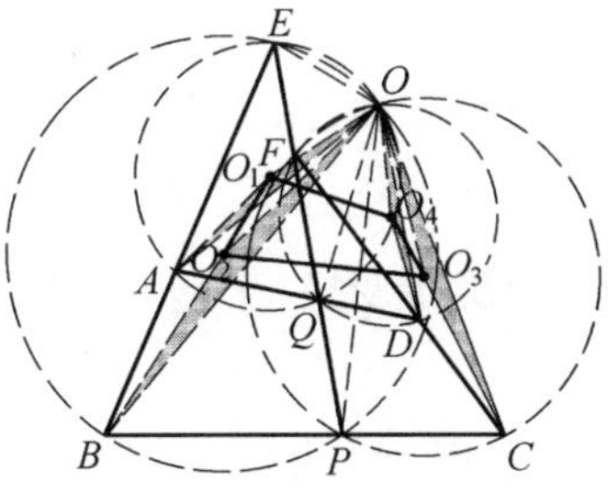

图 7.37

证明　如图 7.37 所示,设 $\triangle EAQ$ 与

$\triangle EBP$ 的外接圆交于 E、O 两点，则 $\triangle OAQ$ あ $\triangle OBP$. 再由 $\dfrac{AQ}{QD}=\dfrac{BP}{PC}$ 即知 $\triangle OQD$ あ $\triangle OPC$，于是，$\triangle OQP$ あ $\triangle ODC$，所以

$$\measuredangle OQP=\measuredangle ODC,\ \measuredangle OQE=\measuredangle ODE$$

由于点 F 是 PQ 与 CD 的交点，从而 O、F、Q、D 四点共圆，O、F、P、C 四点共圆. 因此，$\triangle EAQ$、$\triangle EBP$、$\triangle FPC$、$\triangle FQD$ 这四个三角形的外接圆共点 O. 因 $\measuredangle OO_1A=2\measuredangle OEA$，$\measuredangle OO_2B=2\measuredangle OEB$，$\measuredangle OO_3C=2\measuredangle OPC=2\measuredangle OEB$，$\measuredangle OO_4D=2\measuredangle OQD=2\measuredangle OEA$，所以，$\measuredangle OO_1A=\measuredangle OO_2B=\measuredangle OO_3C=\measuredangle OO_4D$. 而 $OO_1=O_1A$，$OO_2=O_2B$，$OO_3=O_3C$，$\triangle OO_4=O_4D$，因此，$\triangle O_1AO$ あ $\triangle O_2BO$ あ $\triangle O_3CO$ あ $\triangle O_4DO$. 于是，设 $OO_1=k\cdot OA$，$AOO_1=\theta$，作位似旋转变换 $S(O,k,\theta)$，则四边形 $ABCD\to$ 四边形 $O_1O_2O_3O_4$. 故四边形 $O_1O_2O_3O_4\backsim$ 四边形 $ABCD$.

34. 在 $\triangle ABC$ 的形外作 $\triangle DBC$、$\triangle ECA$、$\triangle FAB$，使得 $\angle CAE=\angle FAB=30°$，$\angle EDA=\angle ABF=\angle DBC=45°$，$\angle BCD=60°$. 求证：$CF\underline{\perp}DE$.

证明　如图 7.38 所示，令 $AC=k\cdot EC$，则 $FB=k^{-1}\cdot AB$. 作位似旋转变换 $S(C,k,45°)$，则 $E\to A$. 设 $D\to D'$，则 $\angle D'DC=\angle AEC=105°$. 但 $\angle CDB=75°$，所以 D' 在 BD 的延长线上. 因 $\angle D'=30°$，$\angle D'BC=45°$，所以 $\triangle FBA$ あ $\triangle CBD'$. 于是，再作位似旋转变换 $S(B,k^{-1},45°)$，则有 $A\to F$，$D'\to C$，从而 $DE\xrightarrow{S(B,k^{-1},45°)S(C,k,45°)}CF$.

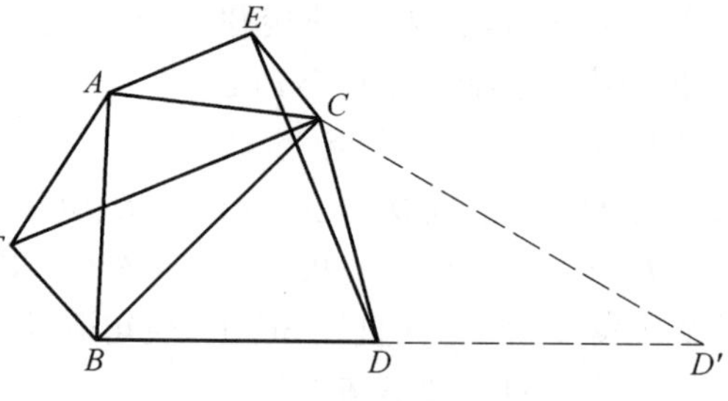

图 7.38

另一方面，因 $k^{-1}\cdot k=1$，$45°+45°=90°$，所以，存在点 O，使得

$$S(B,k^{-1},45°)S(C,k,45°)=S(O,1,90°)=R(O,90°)$$

是一个旋转变换. 于是有 $DE\xrightarrow{R(O,90°)}CF$. 故 $CF\underline{\perp}DE$.

35. 设 $\triangle OAB$ 与 $\triangle OCD$ 是两个反向相似三角形，再以 AC 为底边作等腰三角形 PAC，使 $\measuredangle APC=2\measuredangle AOB$. 求证：$OP\perp BD$.

证明 如图 7.39 所示,设 $\measuredangle AOB = \measuredangle DOC = \theta, OA = k \cdot OB$,则 $\measuredangle APC = 2\theta$,所以

$$B \xrightarrow{S(O,k,-\theta)} A \xrightarrow{R(P,2\theta)} C \xrightarrow{S(O,k^{-1},-\theta)} D$$

因 $-\theta + 2\theta - \theta = 0, k^{-1} \cdot k = 1$,所以

$$S(O,k^{-1},-\theta)R(P,2\theta)S(O,k,-\theta) = T(\overrightarrow{BD})$$

是一个平移变换.

设 $O \xrightarrow{R(P,2\theta)} O_1 \xrightarrow{S(O,k^{-1},-\theta)} O'$.因 O 是位似旋转变换 $S(O,k,-\theta)$ 的不动点,所以. $O \xrightarrow{T(\overrightarrow{BD})} O'$.因此,$OO' /\!/ BD$.又

$$\measuredangle POO' = \measuredangle POO_1 + \measuredangle O_1OO' = 90° - \theta + \theta = 90°$$

所以 $PO \perp OO'$.而 $OO' /\!/ BD$.故 $OP \perp BD$.

36.已知$\triangle ABC$あ$\triangle DEC$あ$\triangle FEG$あ$\triangle DBG$.求证:A、D、F 三点共线,且 D 为 AF 的中点.

证明 如图 7.40 所示,设 $BC = k_1 \cdot CA, CA = k_2 \cdot AB, AB = k_3 \cdot BC$, $\alpha = \angle BAC, \beta = \angle CBA, \gamma = \angle ACB$.因$\triangle ABC$あ$\triangle DEC$あ$\triangle FEG$あ$\triangle DBG$,所以

$$D \xrightarrow{S(D,k_1,\gamma)} B \xrightarrow{S(D,k_2,\alpha)} G \xrightarrow{S(B,k_3,\beta)} D$$

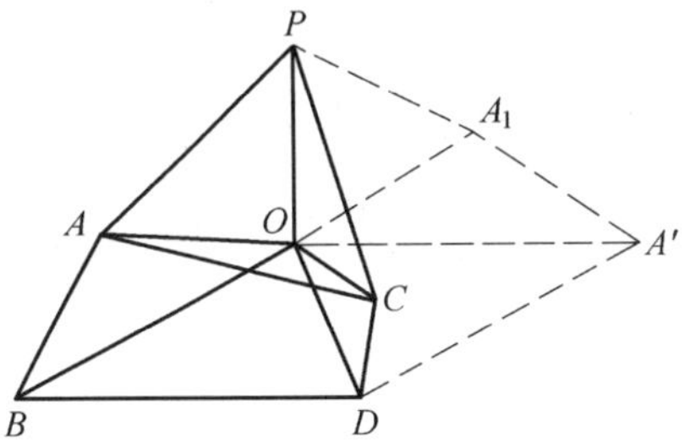

图 7.39

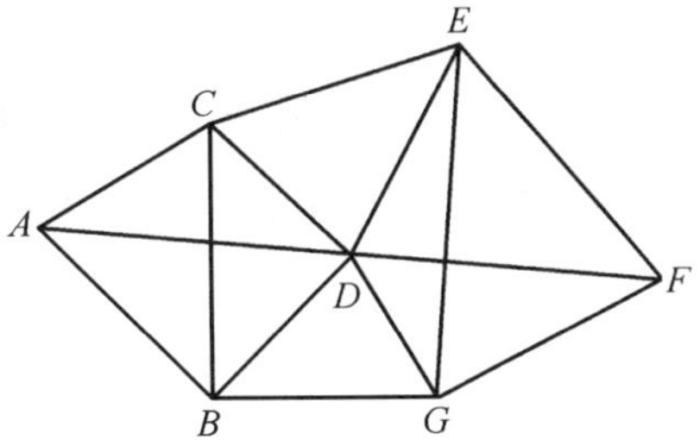

图 7.40

即 D 是变换 $S(B,k_3,\beta)S(D,k_2,\alpha)S(G,k_1,\gamma)$ 的一个不动点.但显然有

$$k_1k_2k_3 = 1, \alpha + \beta + \gamma = 180°$$

因此

$$S(B,k_3,\beta)S(D,k_2,\alpha)S(G,k_1,\gamma) =$$
$$S(D,1,180°) = R(D,180°) = C(D)$$

是一个以 D 为反射中心的中心反射变换.又

$$F \xrightarrow{S(G,k_1,\gamma)} E \xrightarrow{S(D,k_2,\alpha)} C \xrightarrow{S(B,k_3,\beta)} A$$

所以，$F \xrightarrow{C(D)} A$. 故 A、D、F 三点共线，且 D 为 AF 的中点.

37. 分别以四边形 $ABCD$ 的边 AB、CD 为一直角边，A、D 为直角顶点向形外作两个反向相似的直角三角形 ABE、DCF，再以 AD 为一边向形外作 $\triangle GAD$，使 $\angle DAG = \angle GDA = \angle ABE$. 求证：$G$ 为 EF 的中点的充分必要条件是 $AD \parallel BC$，且 $BC = 2AD$.

证明 充分性. 如图 7.41 所示，若 $AD \parallel BC$，且 $BC = 2AD$. 设直线 AB 与 CD 交于 O，则 A、D 分别为 OB、OC 的中点，而 $AE \perp OB$，$DF \perp OC$，所以，$\triangle OAE$、$\triangle ODF$ 是两个分别以 A、D 为直角顶点的反向相似的直角三角形. 又由 $\angle DAG = \angle GDA$ 知，$GA = GD$. 因此

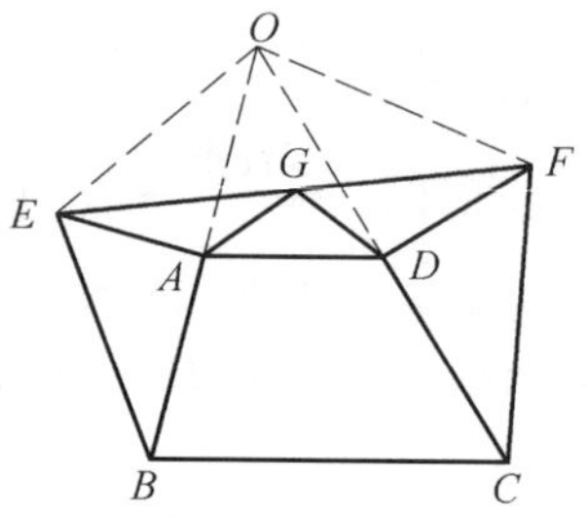

图 7.41

$$\frac{AG}{GD} \cdot \frac{DF}{FO} \cdot \frac{OE}{EA} = 1$$

另一方面，由 $\angle EOA = \angle DOA = \angle DAG = \angle GDA$，有

$$\angle ADG = 2\angle AEO = \angle AEO + \angle OFD$$

所以，$\measuredangle DGA + \measuredangle OFD + \measuredangle AEO = 360°$. 因而由定理 7.5.1 即得

$$\measuredangle FGE = \measuredangle FDO + \measuredangle OAE = 90° + 90° = 180°$$

且 $\dfrac{FG}{GE} = \dfrac{FD}{DO} \cdot \dfrac{OE}{EA} = 1$. 故 E、G、F 三点共线，且 G 为 EF 的中点.

必要性. 若 G 为 EF 的中点. 仍如图 7.41 所示，延长 BA 至 O，使 $AO = AB$，则 $EB = EO$，且 $\angle BEO = \angle AGD$，所以 $\triangle EBO \backsim \triangle GAD$，从而 $\dfrac{AD}{DG} = \dfrac{EO}{BO} = \dfrac{EO}{2OA}$. 又 $FE = 2GF$，因此

$$\frac{AD}{DG} \cdot \frac{GF}{FE} \cdot \frac{EO}{OA} = 1$$

另一方面，因 $\measuredangle GDA + \measuredangle EFG + \measuredangle AOE = \measuredangle GDA + 0 + \measuredangle AOE = 360°$，于是由定理 7.5.1

$$\measuredangle FDO = \measuredangle FGE + \measuredangle EAO = 180° - 90° = 90°$$

且

$$\frac{FD}{DO} = \frac{FG}{GE} \cdot \frac{EA}{AO} = \frac{EA}{AO}$$

所以，$\triangle ODF \backsim \triangle OAE \backsim \triangle CDF$. 这说明 $\triangle ODF \cong \triangle CDF$. 因而 O、D、C 三点共线，且 D 为 OC 的中点. 再注意 A 为 OB 的中点即知 $AD \parallel BC$，且 $BC = 2AD$.

另证 如图 7.42 所示，作 $\triangle AGK$ 与 $\triangle AEB$ 反向相似，则 $\triangle DGK$ 与 $\triangle DFC$

反向相似.再设 M、N 分别为 KB、KC 的中点,则 $BC \parallel MN, BC = 2MN$.由例 7.1.6,$AM \perp EG$,$DN \perp GF$.且由例 7.1.6 的证明不难知道

$$AM = \frac{1}{2} \cdot \frac{AB}{AE} \cdot EG$$

$$DN = \frac{1}{2} \cdot \frac{CD}{DF} \cdot GF = \frac{1}{2} \cdot \frac{AB}{AE} \cdot GF$$

于是,G 为 EF 的中点 $\Leftrightarrow AM \parallel DN$ 且 $EG = GF \Leftrightarrow AM \underset{=}{\parallel} DN \Leftrightarrow AD \underset{=}{\parallel} MN \Leftrightarrow AD \parallel BC$ 且 $BC = 2AD$.

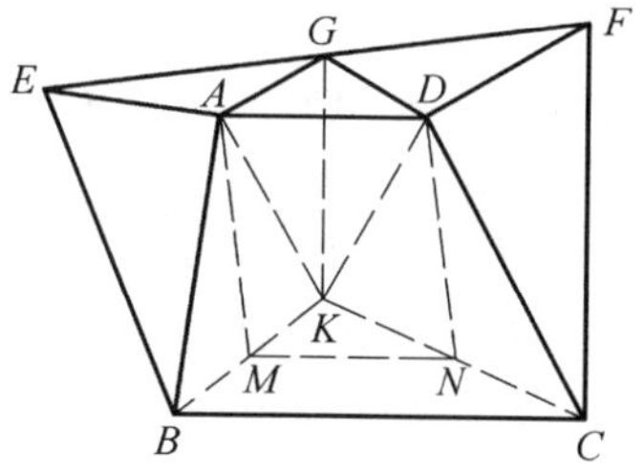

图 7.42

38. 在等边凸六边形 $ABCDEF$ 中,$\angle A + \angle C + \angle E = \angle B + \angle D + \angle F$.证明:$\angle A = \angle D, \angle B = \angle E, \angle C = \angle F$.(第 54 届匈牙利数学奥林匹克,1953)

证明 如图 7.43 所示,由假设可知,$\angle A + \angle C + \angle E = 360°$,且

$$\frac{CD}{DE} \cdot \frac{EF}{FA} \cdot \frac{AB}{BC} = 1$$

于是,考虑 $\triangle ACE$ 及 $\triangle CDE$、$\triangle EFA$、$\triangle ABC$,由定理 7.5.1

$$\angle FDB = \angle FEA + \angle ACB = \angle EAF + \angle BAC$$

同理,$\angle CAE = \angle BDC + \angle EDF$.因而

$$(\angle EAF + \angle BAC) + \angle CAE =$$
$$\angle FDB + (\angle BDC + \angle EDF)$$

即 $\angle BAF = \angle EDC$.同理,$\angle CBA = \angle FED, \angle BCD = \angle AEF$.

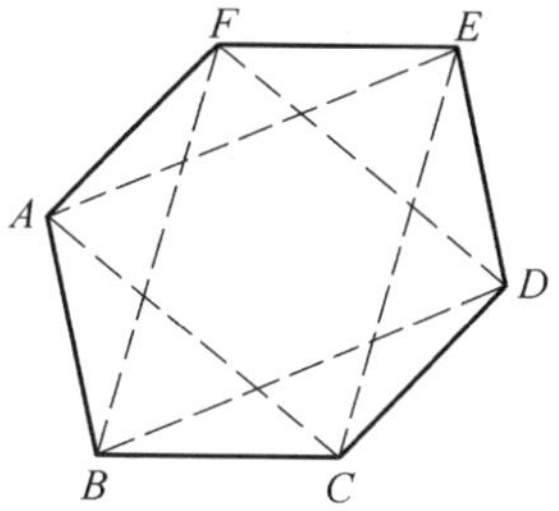

图 7.43

39. 平面上两圆相交,A 为其中的一个交点.有两个动点同时从点 A 出发,各以恒速以相反的方向沿其中的一个圆绕行一周后同时回到出发点 A.证明:在平面上存在一点 P,在任何时刻,点 P 到两个动点的距离都相等.

证明 如图 7.44 所示,设 $\odot O_1$ 与 $\odot O_2$ 交于 A、B 两点,过 B 作垂直于 AB 的割线分别交 $\odot O_1$ 与 $\odot O_2$ 与另一点 C、D,则 C、D 是两个动点同时到达的位置.

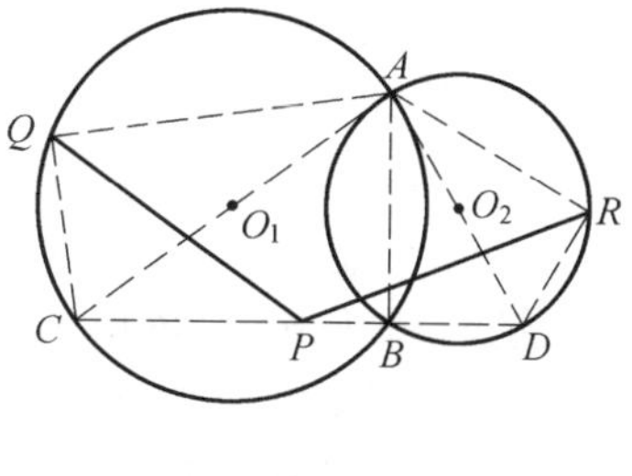

图 7.44

设两个同时从点 A 出发的动点在某一时刻分别到达 $\odot O_1$ 上的点 $Q(\neq C)$ 与 $\odot O_2$ 上的点 $R(\neq D)$ 的位置,则 $\triangle AQD$ 与 $\triangle ARD$ 是分别以 Q、R 为直角顶

点的两个反向相似的直角三角形. 于是,设 P 为 CD 的中点,则 $\measuredangle CPD + \measuredangle DRA + \measuredangle AQC = 180^\circ + 90^\circ + 90^\circ = 360^\circ$,且$\frac{CP}{PD} \cdot \frac{DR}{RA} \cdot \frac{AQ}{QC} = 1$. 由定理7.5.1,$\frac{RP}{PQ} = \frac{PD}{DA} \cdot \frac{AC}{CQ} = 1$,所以,$PQ = PR$. 换句话说,对于 CD 的中点 P(这是一个与动点 Q、R 无关的定点),恒有 $PQ = PR$.

注 这里实际上给出了习题4第7题的另一个证明.

40. 设点 P 在 $\triangle ABC$ 的边 BC 所在的直线上,点 D、E、F 满足条件:$\triangle DBP$ あ $\triangle EAC$,$\triangle DPC$ あ $\triangle FBA$. 证明:D、E、F 三点共线,且$\frac{FD}{DE} = \frac{BP}{PC}$.

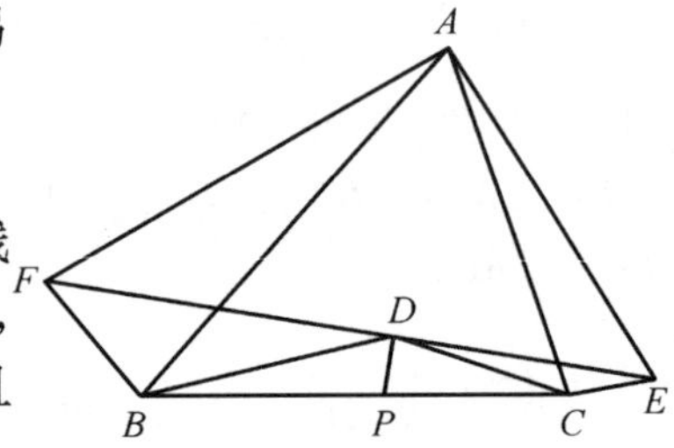

图 7.45

证明 如图 7.45 所示,因 $\triangle DBP$ あ $\triangle EAC$,$\triangle DPC$ あ $\triangle FBA$,所以,$< AEC = \measuredangle BDP$,$\measuredangle BFA = \measuredangle PDC$,$\measuredangle CEA = \measuredangle DPB$,$\measuredangle ABF = \measuredangle PDC$,且$\frac{CE}{EA} = \frac{DP}{BD}$,$\frac{AF}{FB} = \frac{DC}{DP}$. 于是

$$\measuredangle CDB + \measuredangle AEC + \measuredangle BFA = \measuredangle CDB + \measuredangle BDP + \measuredangle PDC = 360^\circ$$

且

$$\frac{BD}{DC} \cdot \frac{CE}{EA} \cdot \frac{AF}{FB} = \frac{BD}{DC} \cdot \frac{DP}{BD} \cdot \frac{DC}{DP} = 1$$

由定理7.5.1,$\measuredangle EDF = \measuredangle ECA + \measuredangle ABF = \measuredangle DPB + \measuredangle CPD = 180^\circ$,且

$$\frac{ED}{DF} = \frac{EC}{CA} \cdot \frac{AB}{BF} = \frac{DP}{PB} \cdot \frac{CP}{PD} = \frac{PC}{BP}$$

故 D、E、F 三点共线,且$\frac{FD}{DE} = \frac{BP}{PC}$.

41. 设 $\triangle ABC$ 与 $\triangle CDE$ 为两个转向相同的正三角形,M 为 BD 的中点,N 为 AE 的中点,O 为 $\triangle ABC$ 的中心. 求证:$\triangle OME \backsim \triangle OND$.(第28届保加利亚数学奥林匹克,1979)

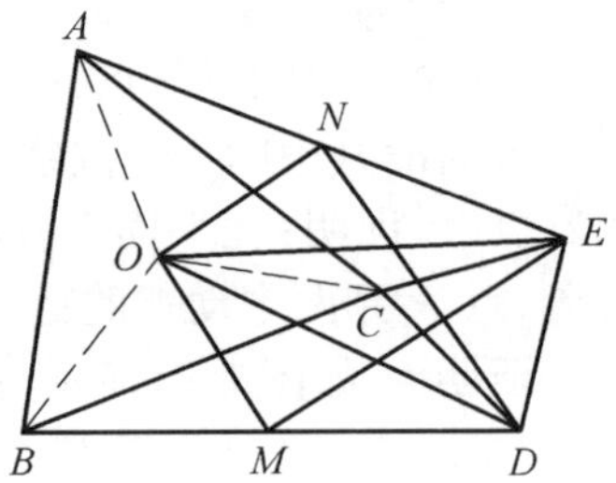

图 7.46

证明 如图 7.46 所示,显然,$BM = MD$,$DE = EC$,$CO = OB$,所以

$$\frac{BM}{MD} \cdot \frac{DE}{EC} \cdot \frac{CO}{OB} = 1$$

又 $\measuredangle DMB + \measuredangle CED + \measuredangle BOC = 180^\circ + 60^\circ + 120^\circ = 360^\circ$,由定理 7.5.1

$$\measuredangle EMO = \measuredangle EDC + \measuredangle CBO = 60^\circ + 30^\circ = 90^\circ$$

$$\measuredangle MOE = \measuredangle MBD + \measuredangle DCE = 0 + 60^\circ = 60^\circ$$

同理，$\measuredangle OND = 90^\circ$，$\measuredangle DON = 60^\circ$.故 $\triangle OME \backsim \triangle OND$.

42.设 O 为四边形 $ABCD$ 所在平面上一点，在任意四边形 $EFGH$ 的四周作 $\triangle EKF$ あ $\triangle DOC$，$\triangle FLG$ あ $\triangle AOD$，$\triangle GMH$ あ $\triangle BOA$，$\triangle HNE$ あ $\triangle COB$.证明：存在点 P，使得 $\triangle NPM$ あ $\triangle ABC$，$\triangle LPK$ あ $\triangle CDA$.

证明　如图 7.47，7.48 所示，作 $\triangle EPG$ あ $\triangle AOC$，因 $\triangle GMH$ あ $\triangle BOA$，$\triangle HNE$ あ $\triangle COB$，于是，考虑 $\triangle ABC$ 和三点 E、G、H 以及 $\triangle ACD$ 和三点 E、L、G，由推论 7.5.1 即知 $\triangle NPM$ あ $\triangle ABC$，$\triangle LPK$ あ $\triangle CDA$.

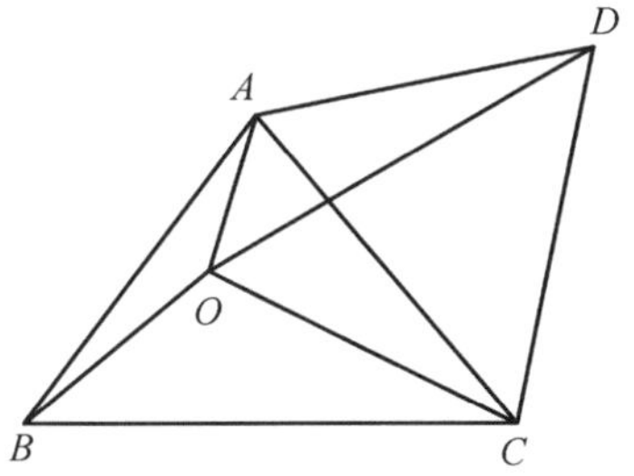

图 7.47

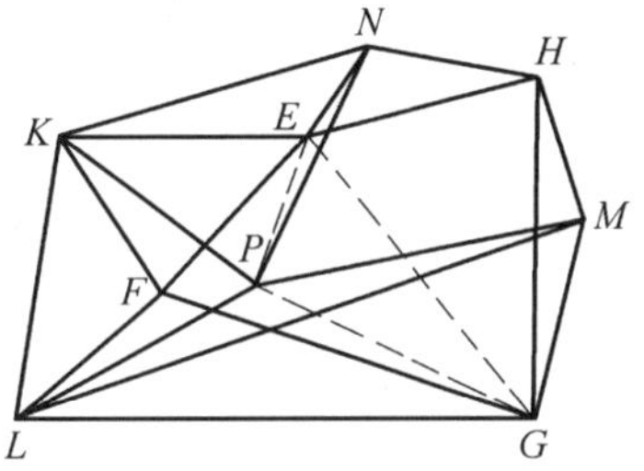

图 7.48

43.在 $\triangle ABC$ 的三边上作三角形 BDC、CEA、AFB，使得 $\frac{BD}{DC} \cdot \frac{CE}{EA} \cdot \frac{AF}{FB} = 1$，且 $\measuredangle BDC + \measuredangle CEA + \measuredangle AFB = 360^\circ$.再设 A、B、C 分别关于 EF、FD、DE 的对称点为 A'、B'、C'.求证：$\triangle A'B'C'$ 与 $\triangle ABC$ 反向相似.

证明　如图 7.49 所示，由 $\measuredangle BDC + \measuredangle CEA + \measuredangle AFB = 360^\circ$ 可知

$$\measuredangle EAF + \measuredangle FBD + \measuredangle DCE = 360^\circ$$

又 $\frac{BD}{DC} \cdot \frac{CE}{EA} \cdot \frac{AF}{FB} = 1$ 说明，$\frac{EA}{AF} \cdot \frac{FB}{BD} \cdot \frac{DC}{CE} = 1$，由定理 7.5.1

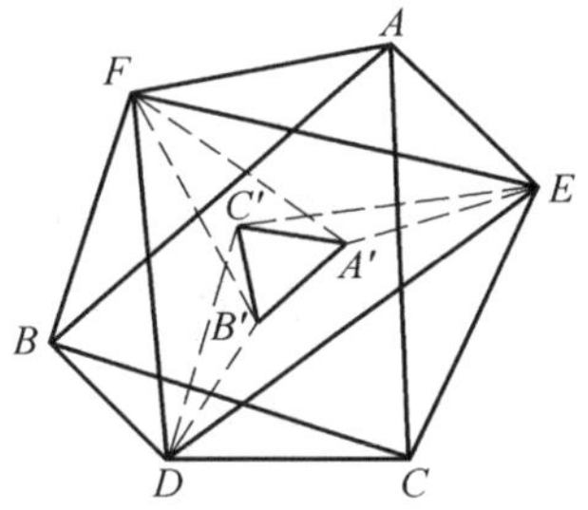

图 7.49

$$\measuredangle BAC = \measuredangle BFD + \measuredangle DEC$$

$$\measuredangle CBA = \measuredangle CDE + \measuredangle EFA$$

$$\measuredangle ACB = \measuredangle AEF + \measuredangle FDB$$

另一方面，因 $\measuredangle EAF + \measuredangle FBD + \measuredangle DCE = \measuredangle FAD + \measuredangle DBF + \measuredangle ECD = 360^\circ$，且 $\frac{EA'}{A'F} \cdot \frac{FB'}{B'D} \cdot \frac{DC'}{C'E} = \frac{EA}{AF} \cdot \frac{FB}{BD} \cdot \frac{DC}{CE} = 1$.因而再一次由定理 7.5.1，$\measuredangle BA'C = \measuredangle B'FD + \measuredangle DEC' = \measuredangle DFB + \measuredangle CED = \measuredangle CAB$.同理，$\measuredangle CB'A = \measuredangle ABC$，$\measuredangle AC'B = \measuredangle BCA$.故 $\triangle A'B'C'$ 与 $\triangle ABC$ 反向相似.

44. 分别以四边形 $ABCD$ 的顶点 B、C 为直角顶点，AB、CD 为一直角边在形外作直角三角形 APB、CQD，再以 BC 为一边在形外作 $\triangle BRC$，使得

$$\angle BPA = \angle BCR = 30^\circ, \angle DQC = \angle RBC = 45^\circ$$

设 S 是边 AD 上一点，且 $SD = \sqrt{3}AS$. 求证：$PQ \perp RS$，且 $PQ = (1+\sqrt{3})RS$.

证明　如图 7.50,7.51 所示，作矩形 $KLMN$，使 $LM = (1+\sqrt{3})KL$，O 是边 LM 上一点，且 $OM = \sqrt{3}LO$，则有 $\triangle PAB$ あ $\triangle ONM$，$\triangle QCD$ あ $\triangle OLK$，$\triangle RBC$ あ $\triangle OKN$，$\triangle SDA$ あ $\triangle OML$(退化的三角形). 于是，由定理 7.5.2 即得 $PQ \perp RS$，且 $PQ = (1+\sqrt{3})RS$.

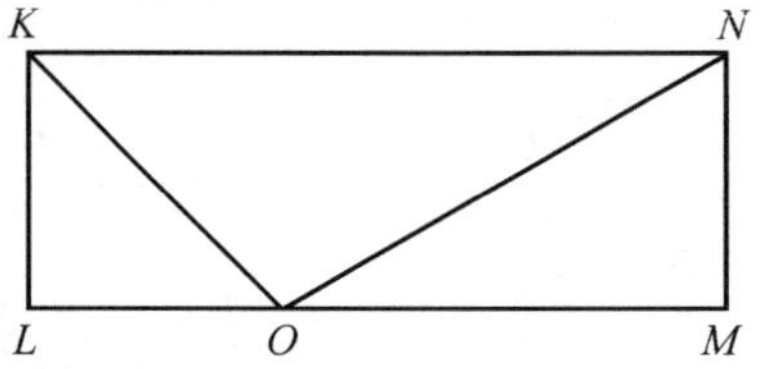

图 7.50

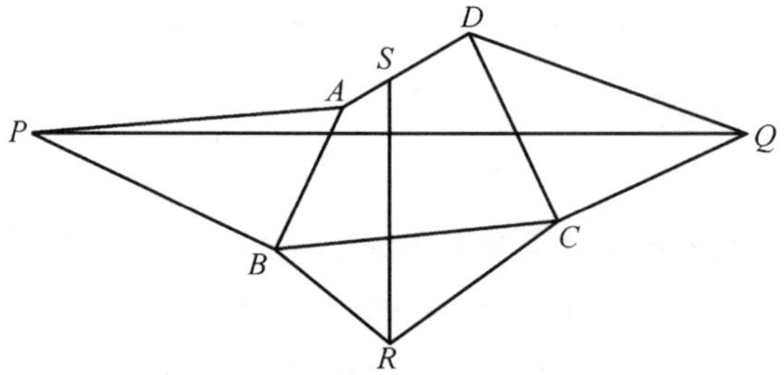

图 7.51

45. 分别以 $\triangle ABC$ 的边 AC、AB 为一直角边，A 为直角顶点向形内方向作两个直角三角形 AEC，ABF，使 $\angle CEA = 30^\circ$，$\angle AFB = 45^\circ$. D 为 BC 边上一点，且 $BD = \sqrt{3}DC$. 求证：$AD \perp EF$，且 $AD = \frac{1}{2}(\sqrt{3}-1)EF$.

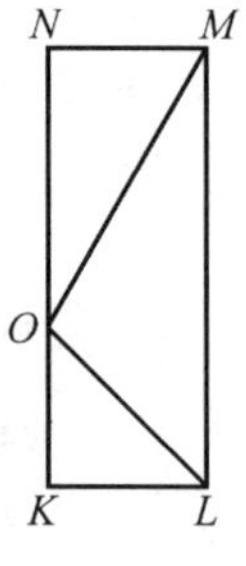

图 7.52

证明　如图 7.52,7.53 所示，作矩形 $KLMN$，使 $LM = (1+\sqrt{3})KL$，O 是边 KN 上一点，且 $ON = \sqrt{3}KO$，则有 $\triangle EAC$ あ $\triangle ONM$，$\triangle FBA$ あ $\triangle OLK$，$\triangle DCB$ あ $\triangle OKN$(退化的三角形). 于是，考虑退化的四边形 $AACB$，由定理 7.5.2 即得 $EF \perp AD$，且 $AD = \frac{1}{\sqrt{3}+1}EF = \frac{1}{2}(\sqrt{3}-1)EF$.

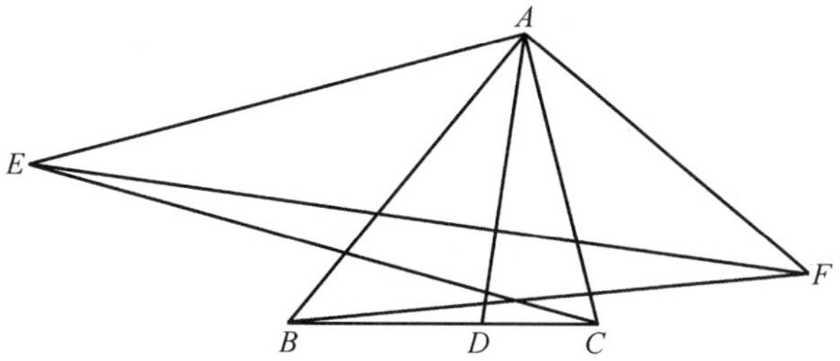

图 7.53

46. 在任意四边形 $ABCD$ 外作四个相似菱形 AA_1B_2B、BB_1C_2C、CC_1D_2D、DD_1A_2A，使 $\angle DAA_2 = \angle A_1AB = \angle BCC_2 = \angle C_1CD$，$\angle ABB_2 = \angle B_1BC = \angle CDD_2 = \angle D_1DA$，再设 K、L、M、N 分别为 A_1A_2、B_1B_2、C_1C_2、D_1D_2 的中点. 求证：$KM \perp LN$.

证明　如图 7.54 所示，因菱形的两对角线互相垂直平分，于是，设 O_1、O_2、O_3、O_4 分别为菱形 AA_1B_2B、BB_1C_2C、CC_1D_2D、DD_1A_2A 的中心，则由定理 7.5.1（见第 39 题的证明）

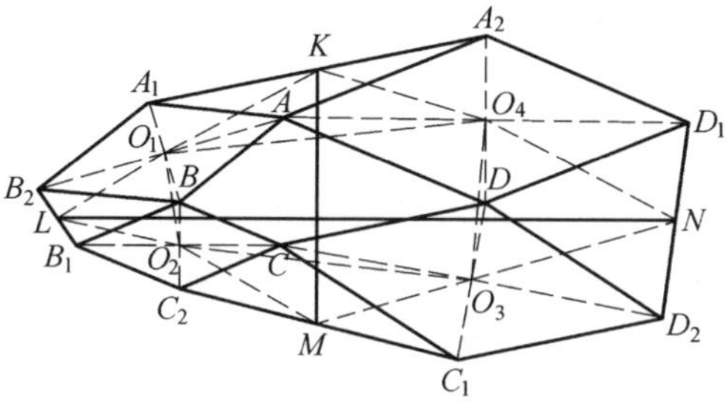

图 7.54

$$\angle O_1KO_4 = \angle O_1A_1A + \angle AA_2O_4 = \angle B_2A_1A$$

$$\angle O_2LO_1 = \angle O_2B_1B + \angle BB_2O_1 = \angle BB_2A_1$$

$$KO_4 = KO_1, LO_1 = LO_2, MO_2 = MO_3, NO_3 = NO_4$$

另一方面，如图 7.55 所示，作矩形 $PQRS$，使 $\frac{PQ}{QR} = \frac{A_1B}{B_2A}$，并设 O 为矩形 $PQRS$ 的中心，则不难知道，$\triangle LO_1O_2$ あ $\triangle OSR$，$\triangle MO_2O_3$ あ $\triangle OPS$，$\triangle NO_3O_4$ あ $\triangle OQP$，$\triangle KO_4O_1$ あ $\triangle ORQ$，于是，由定理 7.5.2 即知，$KM \perp LN$.

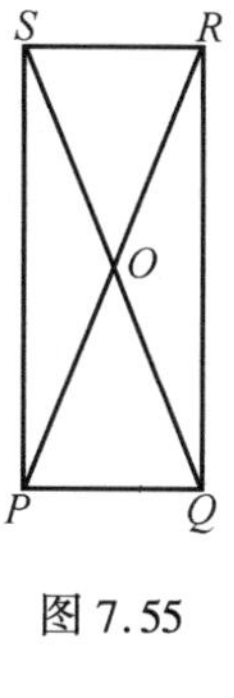

图 7.55

47. 在 $\triangle ABC$ 中，$AB > AC$，D、E 为边 BC 上的两点，且 $\angle BAD = \angle EAC$. 求证：$AB \cdot AE > AC \cdot AD$.

证明　如图 7.56 所示，因 $AB > AC$，所以，$\angle ACB > \angle CBA$. 以 A 为位似中心作位似轴反射变换，使 $B \to C$，设 $D \to D'$，则 $\angle ACD' = \angle ABD < \angle CBA$，

所以 D' 在 AE 上.于是 $AD' < AE$.故 $AB \cdot AE > AB \cdot AD' = AC \cdot AD$.

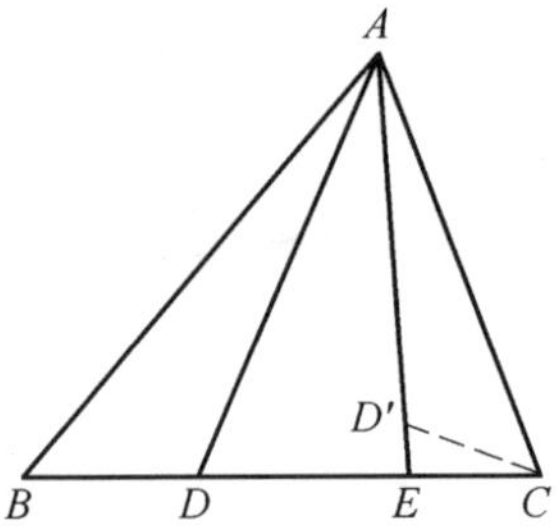

图 7.56

48.在梯形 $ABCD$ 中,$AD \parallel BC$,P、Q 分别为腰 DC、AB 上的点.证明:若 $\frac{PA}{QD} = \frac{PB}{QC}$,则

$$\triangle PAB \backsim \triangle QDC$$

证明 如图7.57所示,设直线 AB 与 CD 交于 S,以 S 为相似中心作位似轴反射变换,使 $A \to D$,则 $B \to C$,直线 AB 与 DC 互变.

因 $\frac{PA}{QD} = \frac{PB}{QC}$,所以 $\frac{PA}{PB} = \frac{QD}{QC}$.设 $\frac{PA}{PB} = \frac{QD}{QC} = \lambda$,则以 A、B 为定点、λ 为定比的阿氏圆 $\to$ 以 D、C 为定点、λ 为定比的阿氏圆.而直线 $CD \to$ 直线 AB,所以,以 A、B 为定点的阿氏圆与直线 CD 的交点 $\to$ 以 D、C 为定点的阿氏圆与直线 AB 的交点,即 $P \to Q$.故 $\triangle PAB \backsim \triangle QDC$.

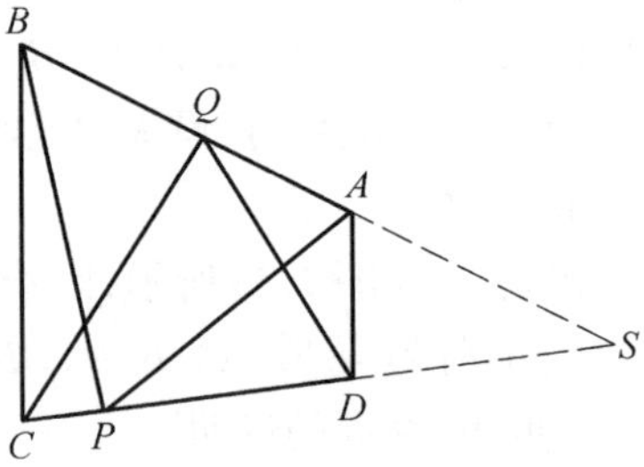

图 7.57

49.在梯形 $ABCD$ 中,$AB \parallel CD$,对角线 AC 与 BD 交于点 O,AB 和 CD 的垂直平分线分别与 $\angle AOB$ 的平分线交于点 E、F,点 E 在 BC 上的射影为 P,点 F 在 AD 上的射影为 Q.求证:A、B、P、Q 四点共圆.

证明 如图7.58所示,由假设,点 E 是 $\angle DOA$ 的外角平分线与线段 AD 的垂直平分线的交点,因而点 E 在 $\triangle DOA$ 的外接圆上,换句话说,D、A、E、O 四点共圆.同理,O、F、B、C 四点共圆.所以 $\angle ADE = \angle AOE = \angle FOB = \angle FCB$.又 $ED = EA$,$FB = FC$,因此,$\triangle EAD$ 与 $\triangle FBC$ 反向相似.于是,设直线 AD 与 BC 交于 S,以 S 为相似中心作位似轴反射变换,使 $A \to B$,则 $D \to C$,$E \to F$,直线 BC 与直线 AD 互变,从而 E 在直线 BC 上的射影 $\to F$ 在直线 AD 上的射影,即 $P \to Q$.故 B、C、P、Q 四点共圆.

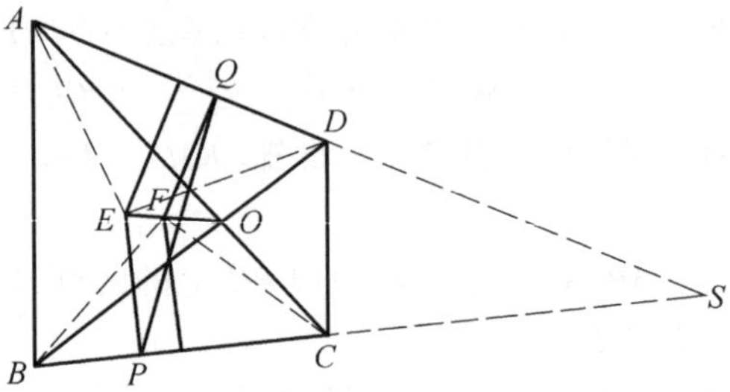

图 7.58

50. 用位似轴反射变换证明习题 5 第 17 题.

习题 5 第 17 题:设 D、E 分别是 $\triangle ABC$ 的边 AB、AC 上的点,且 $DE \parallel BC$,在线段 BE 和 CD 上分别存在一点 P 和 Q,使得 PE 平分 $\angle CPD$,CD 平分 $\angle EQB$. 求证:$AP = AQ$.

证明 如图 7.59 所示,设 BE 与 CD 交于点 O. 以 O 为相似中心作位似轴反射变换,使 $B \to C$,$E \to D$,则 $BE \to CD$,直线 $CD \to$ 直线 BE. 由于 CD 平分 $\angle EQB$,BE 平分 $\angle CPD$,所以

$$\frac{CP}{PD} = \frac{CO}{OD} = \frac{BO}{OE} = \frac{BQ}{QE}$$

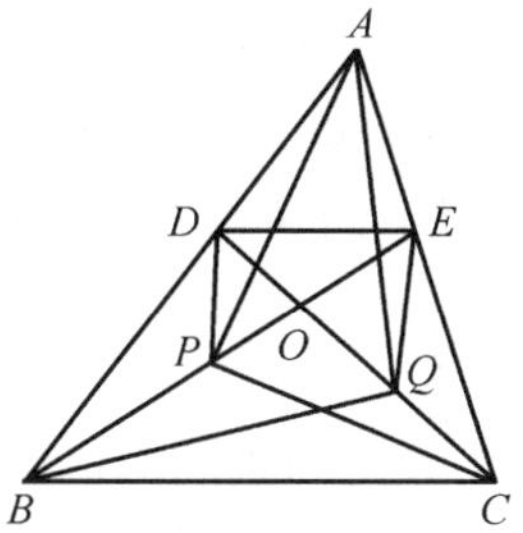

图 7.59

仿前面第 48 题的讨论可知,$Q \to P$,于是 B、C、Q、P 四点共圆,P、Q、E、D 四点共圆. 设这两圆的半径分别为 r_1、r_2,则由 $\angle BPC = 180° - \angle EPD$ 及正弦定理

$$\frac{r_1}{r_2} = \frac{2r_1\sin\angle BPC}{2r_2\sin\angle EPD} = \frac{BC}{DE}$$

因此,直线 BD 与 CE 的交点 A 即为这两圆的外位似中心. 但两圆的位似中心一定在两圆的连心线上,而当两圆相交时,连心线是两圆的公共弦的垂直平分线,故 $AP = AQ$.

51. 设 $\triangle OAB$ 与 $\triangle OCD$ 是两个反向相似直角三角形,分别以 A、C 为直角顶点. 过 B 作 OC 的垂线,垂足为 E;过 D 作 OA 的垂线,垂足为 F. AE 与 CF 交于 P. 求证:$OP \perp BD$.(中国国家队培训,2005)

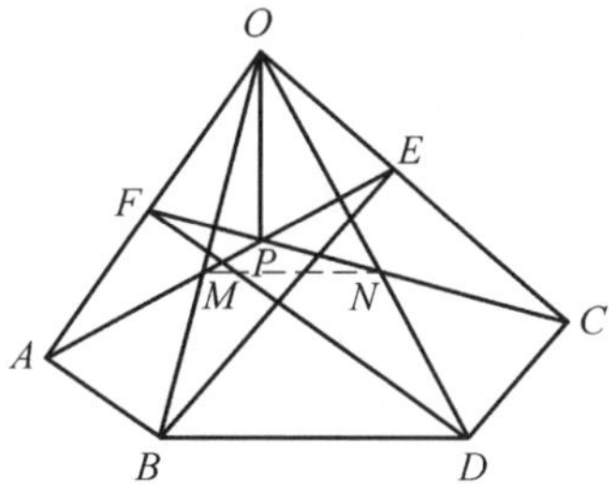

图 7.60

证明 如图 7.60 所示,以 O 为相似中心作位似轴反射变换,使 $A \to C$,则 $B \to D$,$OB \to OD$,直线 $OC \to$ 直线 OA,所以,点 B 在 OC 上的射影 $\to$ 点 D 在直线 OA 上的射影,即 $E \to F$,因此 $AE \to CF$,于是,设 OB 与 AE 交于 M,OD 与 CF 交于 N,则 $M \to N$,从而 $MN \parallel BD$.

另一方面,显然,O、A、B、E 四点共圆,所以 $\angle DOC = \angle AOB = \angle AEB$. 而 $BE \perp OC$,因此,$AE \perp OD$. 同理,$CF \perp OB$. 由此可知,点 P 是 $\triangle OMN$ 的垂心,于是 $OP \perp MN$. 故 $OP \perp BD$.

52. 过 $\triangle ABC$ 的顶点 B、C 的一个圆分别与 AC、AB 交于另一点 E、F. P、Q 两点使得 $PC = PF$,$QE = QB$,$\measuredangle CPF = 2\measuredangle ACB$,$\measuredangle EQB = 2\measuredangle CBA$. 求证:$A$、$P$、$Q$ 三点共线.

证明　如图 7.61 所示,设其圆心为 O,则 $\measuredangle EOB = 2\measuredangle ACB$, $\measuredangle COF = 2\measuredangle CBA$, $OB = OE$, $OC = OF$. 于是,以 A 为相似中心作位似轴反射变换,使 $B \to C$,则 $E \to F$, $Q \to O$,所以, AO、AQ 是 $\angle BAC$ 的两条等角线. 同理, AP、AO 也是 $\angle BAC$ 的两条等角线. 这说明 P、Q 两点都在 AO 关于 $\angle BAC$ 的等角线上,故 A、P、Q 三点共线.

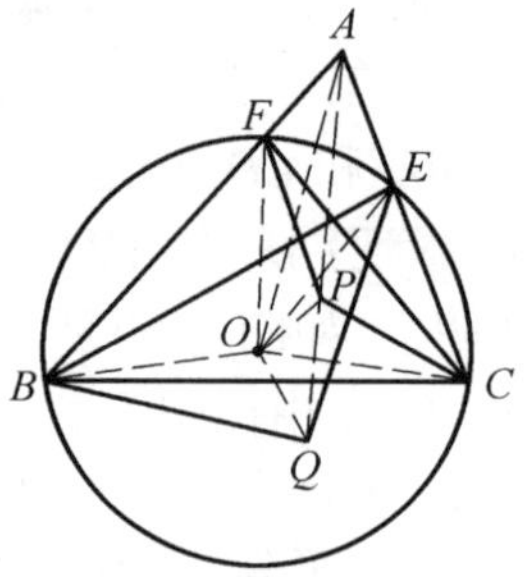

图 7.61

53. 设圆内接凸四边形 $ABCD$ 的两组对边延长后分别交于 E、F,对角线 AB 和 CD 的中点分别是 M 和 N. 求证:

$$\frac{MN}{EF} = \frac{1}{2}\left|\frac{AC}{BD} - \frac{BD}{AC}\right|$$

证明　如图 7.62 所示,设 $AC = k \cdot BD$,以 F 为位似中心, $\angle AFB$ 的平分线为内反射轴, k 为位似比作位似轴反射变换,则 $B \to A$, $D \to C$. 设 $E \to E_1$,则 $E_1F = k \cdot EF$;同样,如果以 k^{-1} 为位似比作位似轴反射变换,则 $A \to B$, $C \to D$. 设 $E \to E_2$,则 $E_2F = k^{-1} \cdot EF$,且 E_1、E_2 都在 EF 关于 $\angle AFB$ 的平分线对称的直线上,所以 $E_1E_2 = |E_1F - E_2F| = |k - k^{-1}| EF$.

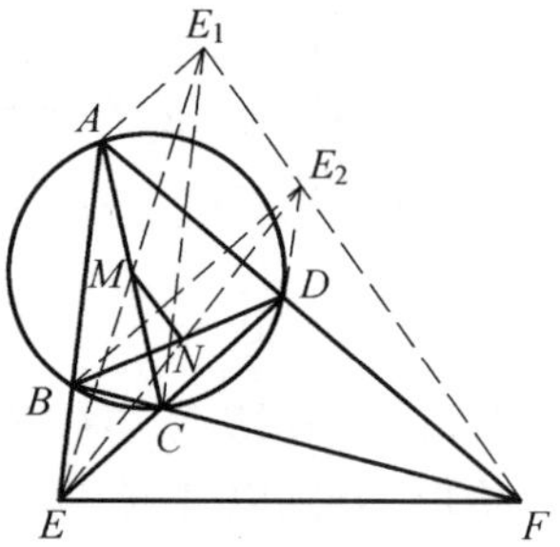

图 7.62

另一方面,由 $\triangle ECA \backsim \triangle EBD$, $\triangle E_1AC \backsim \triangle EBD$ 知 $\triangle ECA \backsim \triangle F_1AC$,从而 $\triangle ECA \cong \triangle F_1AC$,所以,四边形 CE_1AE 是一个平行四边形,因此, M 是 EE_1 的中点. 同理, N 是 EE_2 的中点,于是, $MN = \frac{1}{2}E_1E_2 = \frac{1}{2}|k - k^{-1}| EF$. 故

$$\frac{MN}{EF} = \frac{1}{2}|k - k^{-1}| = \frac{1}{2}\left|\frac{AC}{BD} - \frac{BD}{AC}\right|$$

54. 在圆内接四边形 $ABCD$ 中. AC 与 BD 交于 E, AD 与 BC 交于 F. L、M、N 分别为 AB、CD、EF 的中点. 求证: $\angle MEN = \angle NLE$.

证明　如图 7.63 所示,设 $AB = k \cdot CD$,以 F 为相似中心作位似轴反射变换,使 $C \to A$,则 $D \to B$. 设 $E \to E_1$,则 AE_1BE 是一个平行四边形,且 $FE_1 = k \cdot FE$. 再以 F 为相似中心作位似轴反射变换,使 $A \to C$,则 $B \to D$. 设 $E \to E_2$,则 ECE_2D 是一个平行四边形,且 $FE_2 = k^{-1} \cdot FE$, E_1、E_2、F 三点共线,由此可知 $FE_1 \cdot FE_2 = FE^2$,所以 $\angle E_2EF = \angle FE_1E$,但 L、M、N 分别为 EE_1、EE_2、EF

的中点，所以 L、M、N 在以直线上，且 $LN \parallel E_1F$，故 $\angle MEN = \angle NLE$.

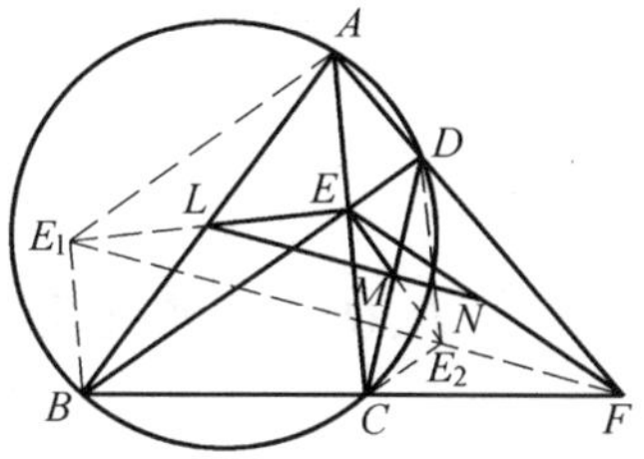

图 7.63

55. 设圆内接四边形 $ABCD$ 的两对角线 AC 与 BD 交于点 P，$\triangle PBC$ 与 $\triangle PAD$ 的垂心分别为 H_1、H_2. 求证：AB、CD、H_1H_2 三线共点或互相平行.

证明　如果 $AB \parallel CD$(图 7.64)，则四边形 $ABCD$ 是一个等腰梯形或矩形，由对称性即知，$H_1H_2 \parallel AB \parallel CD$.

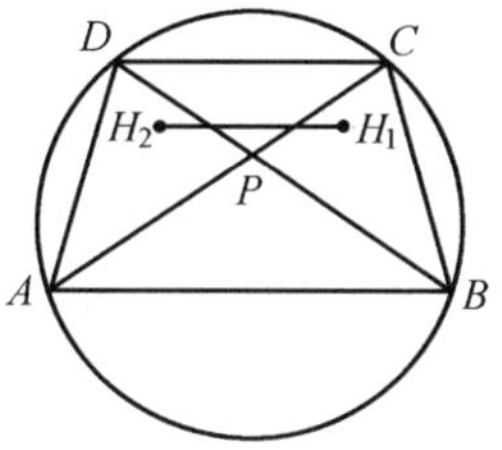

图 7.64

现在考虑 $AB \nparallel CD$ 的情形.

如图 7.65, 7.66 所示，设直线 AB 与 CD 交于 S，以 P 为相似中心作位似轴反射变换，使 $A \to B$，则 $D \to C$，$H_1 \to H_2$. 设 $S \to S'$，则 $\triangle S'BC \backsim \triangle SAD$. 显然 $\triangle SCB \backsim \triangle SAD$，所以 $\triangle S'BC \backsim \triangle SCB$，因此 $\triangle S'BC \cong \triangle SCB$，从而四边形 $SCS'B$ 是一个平行四边形.

另一方面，因为 H_2 是 $\triangle PBC$ 的垂心，所以 $\angle PBH_2 = \angle H_2CB$，而 $\angle SBP = \angle PCS$，因此，$\angle SBH_2 = \angle H_2CS$(当然也有 $\angle H_2BS' = \angle S'CH_2$). 从而由例 3.1.1 及习题 3 第 3 题，$\angle H_2SB = \angle BS'H_2$(图 7.65 的情形)，或 $\angle SH_2C = \angle BH_2S'$(图 7.66 的情形). 但 $\triangle H_2S'B \backsim \triangle H_1SA$，所以 $\angle BS'H_2 = \angle H_1SA$，$\angle BH_2S' = \angle SH_1A$，于是 $\angle H_2SB = \angle H_1SA$(图 7.65 的情形)，或 $\angle SH_2C = \angle SH_1A$(图 7.66 的情形). 在前一种情形，显然 H_1、S、H_2 三点共线；在后一种情形，注意 $CH_2 \parallel H_1A$(都垂直于 BD)，因而 H_1、S、H_2 三点也共线. 故 AB、CD、H_1H_2 三线共点.

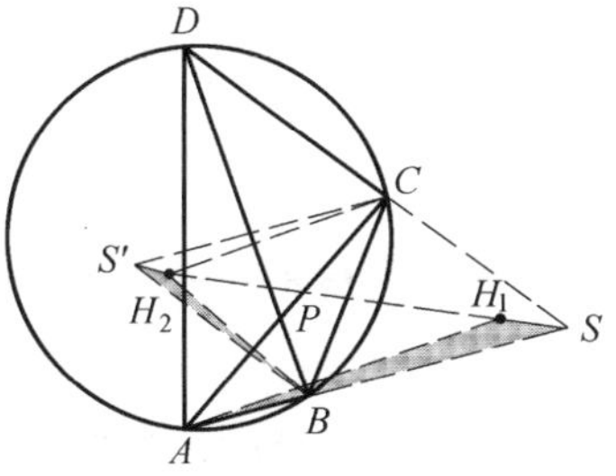

图 7.65

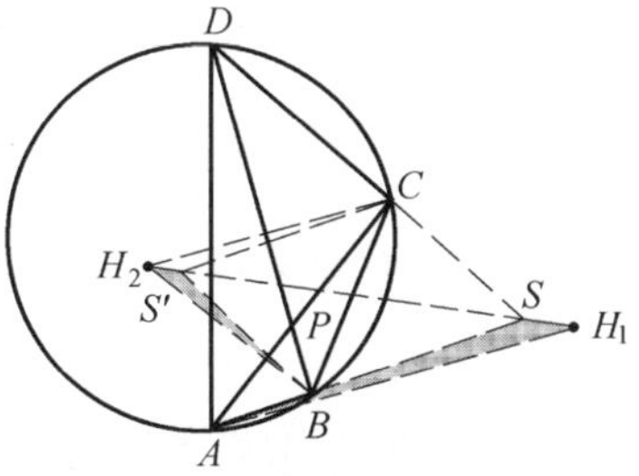

图 7.66

习题 8

1. 设 P、Q、R 三点在反演变换 $I(O,k)$ 下的反点分别是点 P'、Q'、R'. 试证

$$\measuredangle PQR + \measuredangle P'Q'R' = \measuredangle POR$$

证明　如图 8.1 ~ 8.4 所示，由定理 8.1.1，P、Q、Q'、P' 四点共圆，Q、Q'、R、R' 四点共圆，所以 $\measuredangle P'Q'O = \measuredangle OPQ$，$\measuredangle OQ'R' = \measuredangle QRO$. 但

$$\measuredangle OPQ = \measuredangle POQ + \measuredangle OQP,\ \measuredangle QRO = \measuredangle QOR + \measuredangle RQO$$

因此

$$\measuredangle P'Q'R' = \measuredangle P'Q'O + \measuredangle OQ'R' = \measuredangle OPQ + \measuredangle QRO =$$
$$(\measuredangle POQ + \measuredangle OQP) + (\measuredangle QOR + \measuredangle RQO) =$$
$$(\measuredangle POQ + \measuredangle QOR) + (\measuredangle RQO + \measuredangle OQP) = \measuredangle POR + \measuredangle RQP$$

故 $\measuredangle PQR + \measuredangle P'Q'R' = \measuredangle POR$.

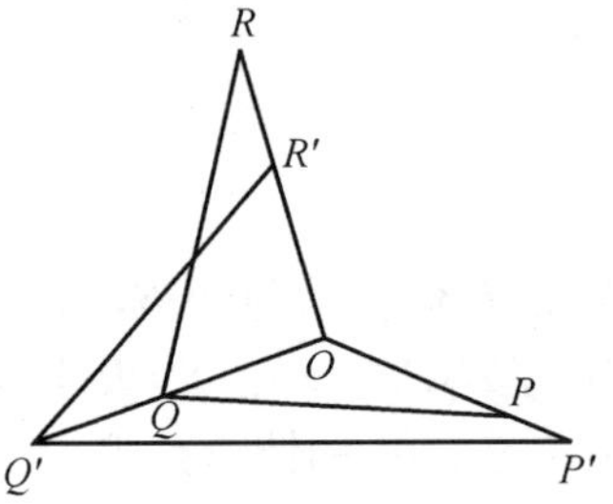

图 8.1

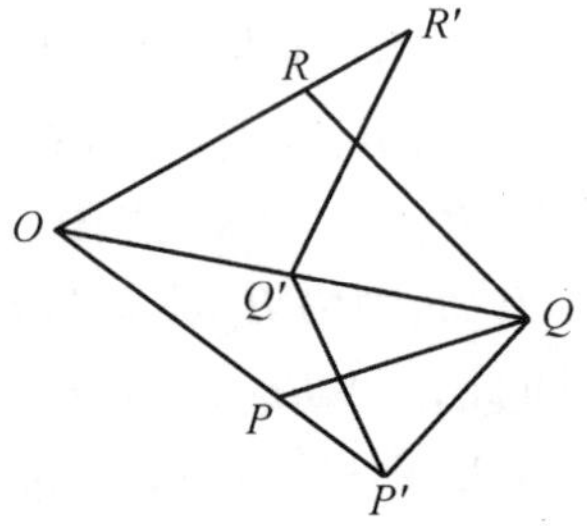

图 8.2

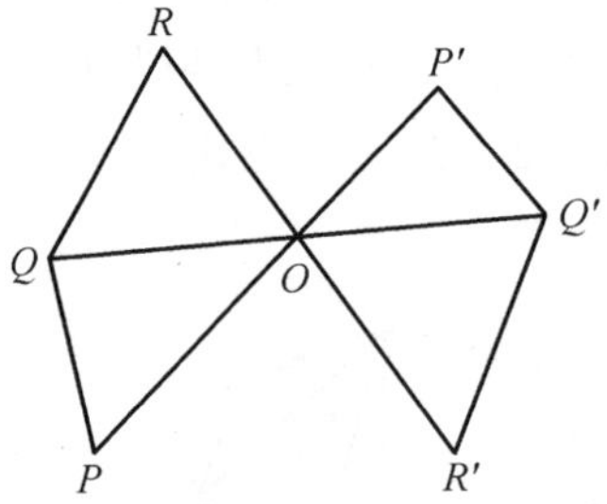

图 8.3

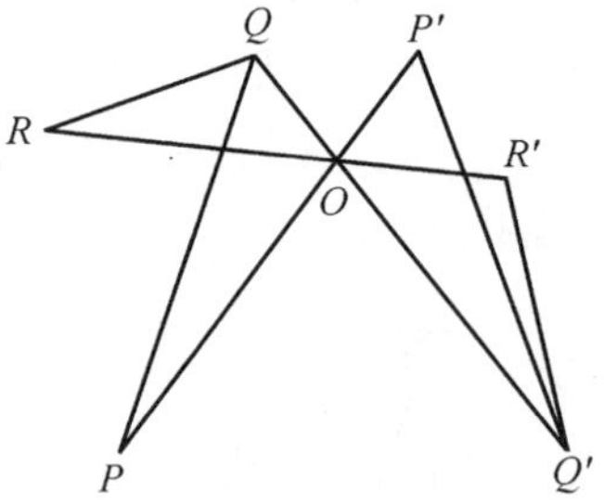

图 8.4

2. 以点 P 在 $\triangle ABC$ 的三边(所在直线)上的射影为顶点的三角形称为点 P 关于 $\triangle ABC$ 的垂足三角形. 设 $\triangle ABC$ 的三顶点 A、B、C 在反演变换 $I(O,k)$ 下的反点分别为 A'、B'、C'. 求证：$\triangle A'B'C'$ 与反演中心 O 关于 $\triangle ABC$ 的垂足三角形同向相似.

证明 如图 8.5 所示,设反演中心 P 在 BC、CA、AB 上的射影分别为 D、E、F,则 B、D、P、F 四点共圆,P、D、C、E 四点共圆,所以,$\measuredangle PDF = \measuredangle PBA$,$\measuredangle EDP = \measuredangle ACP$,从而 $\measuredangle EDF = \measuredangle EDP + \measuredangle PDF = \measuredangle ACP + \measuredangle PBA$.

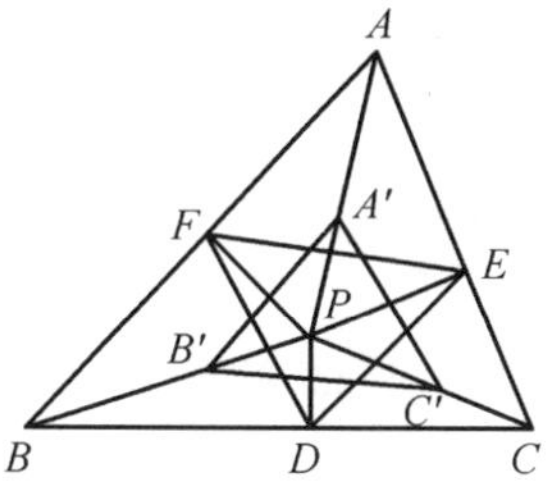

图 8.5

另一方面,由定理 8.1.1,A、B、B'、A' 四点共圆,A、A'、C'、C 四点共圆,所以,$\measuredangle B'A'P = \measuredangle PBA$,$\measuredangle PA'C' = \measuredangle ACP$,于是

$$\measuredangle B'A'C' = \measuredangle B'A'P + \measuredangle PA'C' = \measuredangle PBA + \measuredangle ACP = \measuredangle EDF$$

同理,$\measuredangle C'B'A' = \measuredangle FED$,$\measuredangle A'C'B' = \measuredangle DFE$.故 $\triangle A'B'C' \backsim \triangle DEF$.

3.设 A、A' 是反演变换 $I(O,r^2)$ 的两个互反点,P 是其反演圆上的任意一点.试证:$\frac{PA'}{PA}$ 是一个常数.

证明 如图 8.6 所示,不妨设点 A 在反演圆外,而其反点 A' 在反演圆内,再设直线 AA' 与反演圆交于 C、D 两点.因反演圆的半径为 r,所以

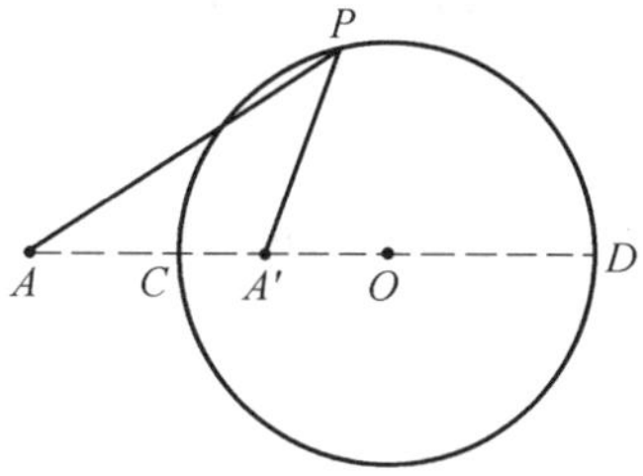

图 8.6

$$CA = OA - r,\ CA' = r - OA'$$
$$DA = r + OA,\ DA' = OA' + r$$

但由 $OA \cdot OA' = r^2$ 可知

$$(r + OA)(r - OA') = (OA - r)(OA' + r)$$

于是

$$\frac{DA'}{DA} = \frac{OA' + r}{r + OA} = \frac{r - OA'}{OA - r} = \frac{CA'}{CA}$$

这说明反演圆是以 A'、A 为定点,$\frac{CA'}{CA}\left(=\frac{DA'}{DA}\right)$ 为定比的一个阿氏圆.故对反演圆上的任意一点 P,$\frac{PA'}{PA} = \frac{CA'}{CA}$ 是一个常数.

4.对于平面上任意四个不同的点 A、B、C、D,比值 $\frac{AC \cdot BD}{BC \cdot AD}$ 称为有序四点 A、B、C、D 的交比.证明:反演变换保持有序四点的交比不变.

证明 设有序四点 A、B、C、D 在反演变换 $I(O,k)$ 下的反点分别为 A'、B'、C'、D',则由定理 8.1.2

$$A'C' = \frac{|k|}{OA \cdot OC} \cdot AC,\ B'D' = \frac{|k|}{OB \cdot OD} \cdot BD$$

$$B'C' = \frac{|k|}{OB \cdot OC} \cdot BC, A'D' = \frac{|k|}{OA \cdot OD} \cdot AD$$

由此即知

$$\frac{A'C' \cdot B'D'}{B'C' \cdot A'D'} = \frac{AC \cdot BD}{BC \cdot AD}$$

这就是说,反演变换保持有序四点的交比不变.

5.试证:不过反演中心的圆 Γ 的圆心的反点,是反演中心关于圆 Γ 的反形的反点;过反演中心的圆 Γ 的圆心的反点,是反演中心关于圆 Γ 的反形的对称点.

证明 只需考虑双曲型反演变换的情形.

先证前一结论.如图8.7 ~ 8.10所示,因圆 Γ 不过反演中心 O,所以圆 Γ 的反形仍为不过反演中心的一个圆 Γ'.设圆 Γ、Γ' 的圆心分别为 P、Q,圆心 P 的反点为 P'.射线 OP 与圆的一个交点为 A,T 是圆 Γ 上不在直线 OP 上的一点,点 A 与 T 的反点分别为 A'、T',则 A' 与 T' 皆在圆 Γ' 上,且 A、A'、T'、T 四点共圆,所以 $\measuredangle ATT' = \measuredangle QA'T'$.又 $\measuredangle QA'T' = \measuredangle A'T'Q$, $\measuredangle TAO = \measuredangle PTA$,且由推论8.1.1, $\measuredangle PTA = \measuredangle A'T'P'$,因此, $\measuredangle ATT' = \measuredangle A'T'Q$, $\measuredangle TAO = \measuredangle A'T'P'$,于是 $\measuredangle QOT' = \measuredangle ATT' - \measuredangle TAO = \measuredangle A'T'Q - \measuredangle A'T'P' = \measuredangle P'T'Q$,所以, $\triangle P'QT' \backsim \triangle T'QO$.这样便有 $QP' \cdot QO = QT'^2$.故点 P' 是反演中心 O 关于圆 Γ 的反点.

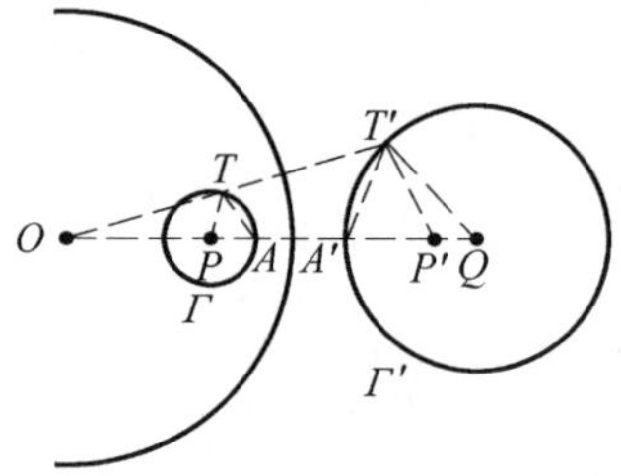

图8.7

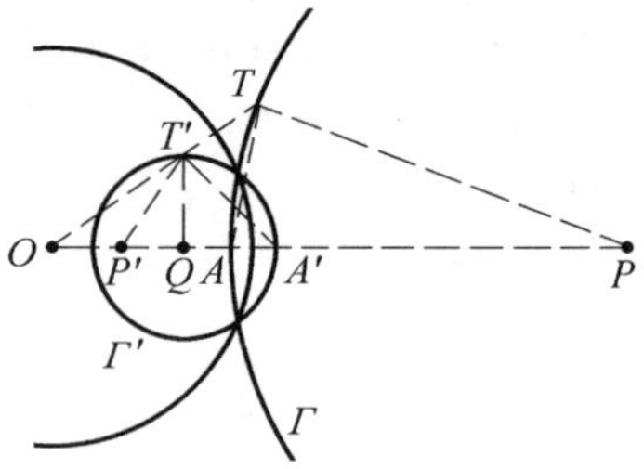

图8.8

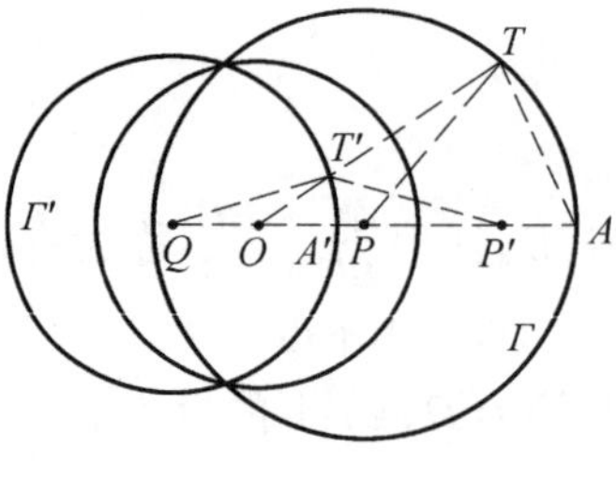

图8.9

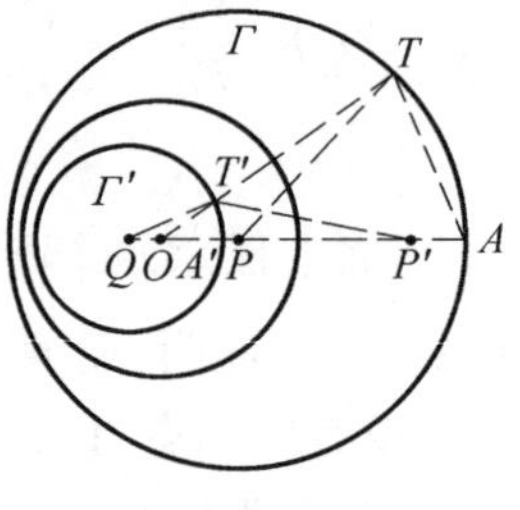

图8.10

再证后一结论.如图8.11,8.12所示,因圆 Γ 过反演中心,所以圆 Γ 的反形是不过反演中心的一条直线 l.设圆 Γ 的圆心为 P,在圆 Γ 上取不在直线 OP 上的一点 A.再设点 P、A 的反点分别为 P'、A',则 A'、A、P、P' 四点共圆(若 A 是自反点,则 OA 是过 A、P、P' 三点的圆的切线),所以

$$\angle A'P'O = \angle OAP = \angle POA = \angle P'OA$$

于是,$A'P' = A'O$.这说明点 A' 在 OP 的垂直平分线上.但点 A' 在直线 l 上,$l \perp OP$,因此,直线 l 即 OP' 的垂直平分线.也就是说,点 P' 是反演中心 O 关于圆 Γ 的反形 l 的对称点.

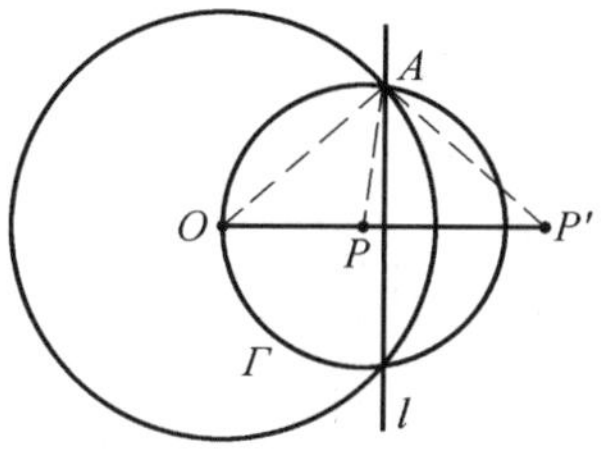

图 8.11

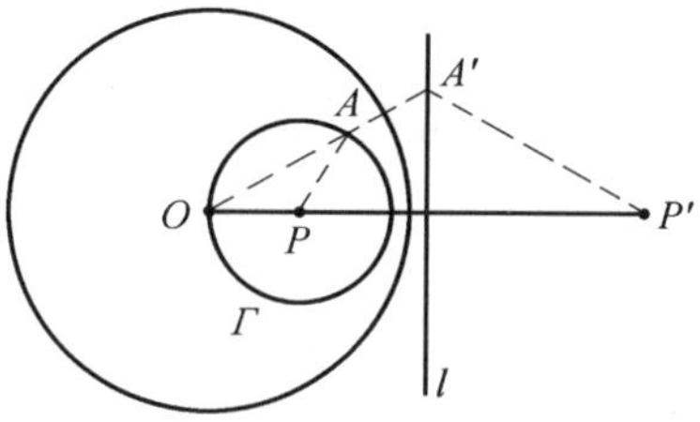

图 8.12

6.证明:设 P、Q 两点关于圆 Γ_1 互为反点,且 P、Q 关于圆 Γ 的反点分别为 P'、Q',圆 Γ_1 关于圆 Γ 的反形为圆 Γ_2,则 P'、Q' 两点关于圆 Γ_2 互为反点.

证明 如图 8.13 所示,过 P、Q 两点(但不过反演中心 O)任作两个圆 ω_1、ω_2,因为 P、Q 两点关于圆 Γ_1 互为反点,由推论 8.1.7,圆 ω_1 和圆 ω_2 都与圆 Γ_1 正交.设圆 ω_1、ω_2 关于圆 Γ 的反形分别为圆 ω'_1、ω'_2,则由反演变换的保角性(定理 8.1.5),圆 ω'_1 和 ω'_2,皆与圆 Γ_2 正交,而 P'、Q' 是圆 ω'_1 与 ω'_2 的两个交点,由推论 8.1.6 即知,P'、Q' 两点关于圆 Γ_2 互为反点.

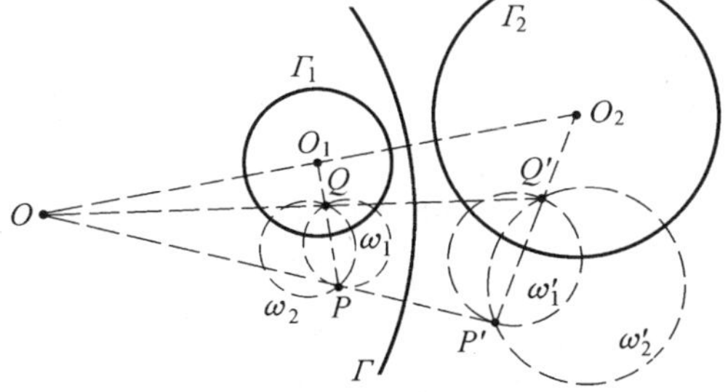

图 8.13

7.证明:设 P、Q 两点关于圆 Γ_1 互为反点,且 P、Q 关于圆 Γ 的反点分别为 P'、Q',圆 Γ_1 关于圆 Γ 的反形为直线 l,则 P'、Q' 两点关于直线 l 对称.

证明 如图8.14,8.15所示,设 O、O_1 分别为圆 Γ 与 Γ_1 的圆心,过点 O 作直线 l 的垂线,垂足为 A,直线 OA 与圆交于 A,则 A、A' 互为反点,所以

$$\triangle OAQ' \backsim \triangle OQA', \triangle O_1QA' \backsim \triangle O_1A'P$$

$$\triangle OA'P \backsim \triangle OPA', \triangle O_1OP \backsim \triangle O_1QO$$

于是

$$\frac{AQ'}{QA'} = \frac{OA}{OQ}, \frac{QA'}{A'P} = \frac{O_1Q}{O_1A'}, \frac{PA'}{AP'} = \frac{OP}{OA}, \frac{OP}{OQ} = \frac{O_1O}{O_1Q}$$

从而

$$\frac{AQ'}{AP'} = \frac{AQ'}{QA'} \cdot \frac{QA'}{PA'} \cdot \frac{PA'}{AP'} = \frac{OA}{OQ} \cdot \frac{O_1Q}{O_1A'} \cdot \frac{OP}{OA} =$$

$$\frac{OP}{OQ} \cdot \frac{O_1Q}{O_1A'} = \frac{O_1O}{O_1Q} \cdot \frac{O_1Q}{O_1A'} = \frac{O_1O}{O_1A'} = 1$$

所以,$AP' = AQ'$.这说明点 A 在线段 $P'Q'$ 的垂直平分线上.但 $\angle OQ'P' = \angle O_1PO = \angle OO_1O$,因此,$P'Q' \parallel OO_1$,而 $OO_1 \perp l$,所以,$l \perp P'Q'$,故直线 l 即 $P'Q'$ 的垂直平分线.也就是说,P'、Q' 两点关于直线 l 对称.

注 也可以用上题的方法证明.

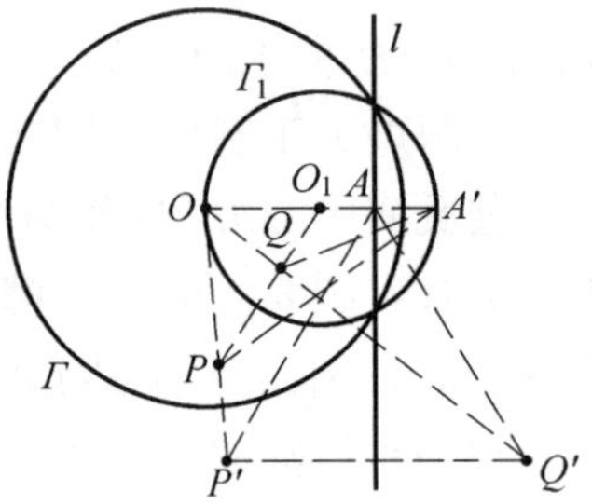

图8.14

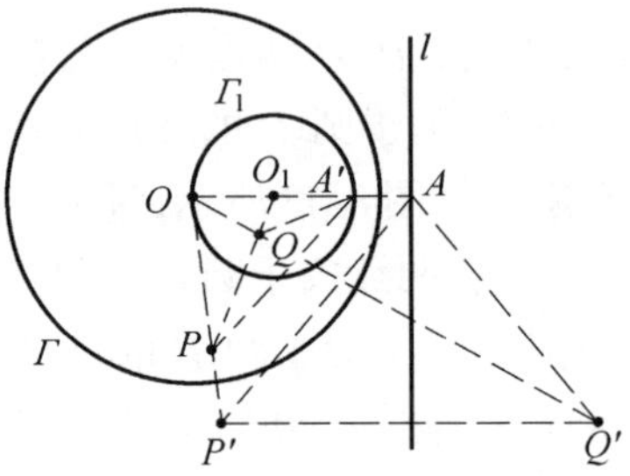

图8.15

8.对平面上任意两个不相交的圆 Γ_1 和 Γ_2,存在平面的一个反演变换,使得它们的反形是两个同心圆.

证明 如图8.16,8.17所示,设圆 Γ_1 和 Γ_2 的圆心分别为 O_1、O_2,在圆 Γ_1 和 Γ_2 的根轴上任取一点 P,则点 P 到两圆的切线长相等,设为 t,则以 P 为圆心、t 为半径的圆 Γ 与圆 Γ_1 和 Γ_2 同时正交.因圆 Γ_1 和 Γ_2 的根轴与直线 O_1O_2 的交点在圆 Γ_1 和 Γ_2 与之外,所以圆 Γ 与直线 O_1O_2 相交,且交点既不在圆 Γ_1 上,也不在圆 Γ_2 上.设 O 为交点之一,任取 $k > 0$,作反演变换 $I(O,k)$,则圆 Γ 的反形是一条直线 l,圆 Γ_1 和 Γ_2 的反形 Γ_1' 和 Γ_2' 仍然都是圆.因圆 Γ 与圆 Γ_1 和 Γ_2 均正交,所以直线 l 与 Γ_1' 和 Γ_2' 均正交.这说明直线 l 既过圆 Γ_1' 的圆心,也过圆 Γ_2' 的圆心.

另一方面,因反演中心 O 在直线O_1O_2上,所以直线 O_1O_2是自反直线,而直线 O_1O_2 与圆 Γ_1 和 Γ_2 均正交,因此,直线 O_1O_2 与 Γ_1' 和Γ_2' 均正交,即直线 O_1O_2 既过圆 Γ_1' 的圆心,也过圆 Γ_2' 的圆心. 但显然直线 O_1O_2 与直线 l 不重合,故 Γ_1' 和Γ_2' 是两个同心圆.

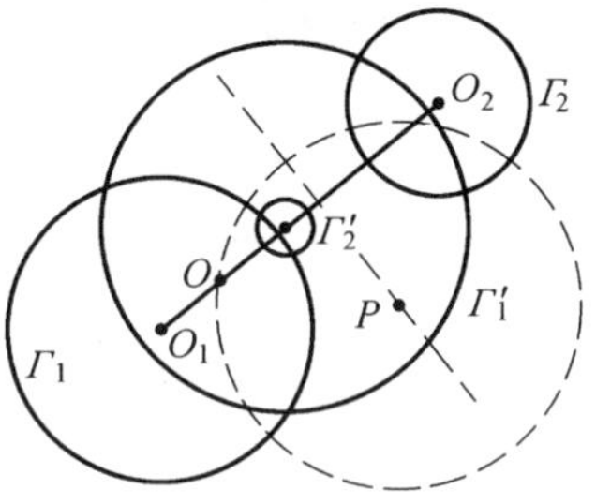

图 8.16

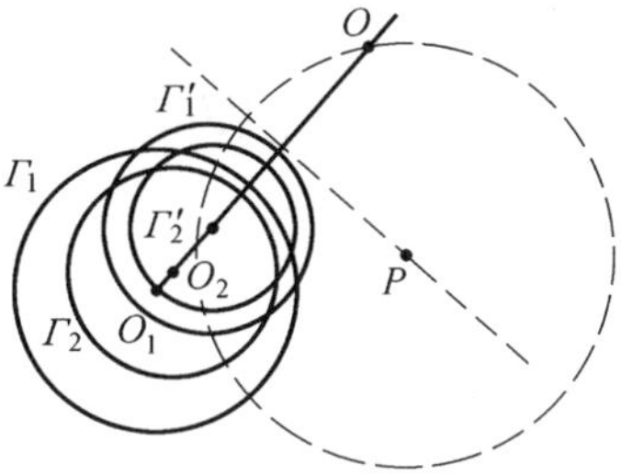

图 8.17

9. 圆内接 n 边形$A_1A_2\cdots A_n$ 中,P 是其上一点,P 到A_iA_{i+1}的距离为 d_i,($i=1,2,\cdots,n$. $A_{n+1}=A_1$). 求证

$$\frac{A_1A_2}{d_1}+\frac{A_2A_3}{d_2}+\cdots+\frac{A_{n-1}A_n}{d_{n-1}}=\frac{A_1A_n}{d_n}$$

证明 先注意一个事实:设 O、A、B 三点不在一直线上,A、B 两点在以 O 为反演中心的反演变换下的反点分别为A'、B',反演中心 O 到直线AB、$A'B'$ 的距离分别为 d、d',则$\frac{A'B'}{d'}=\frac{AB}{d}$.

事实上,如图 8.18,8.19 所示,因 O、A、B 三点不共线,由定理 8.1.1,A、B、A、B 四点共圆,所以 $\triangle OA'B'\backsim\triangle OBA$,因此$\frac{A'B'}{AB}=\frac{d'}{d}$. 故$\frac{A'B'}{d'}=\frac{AB}{d}$.

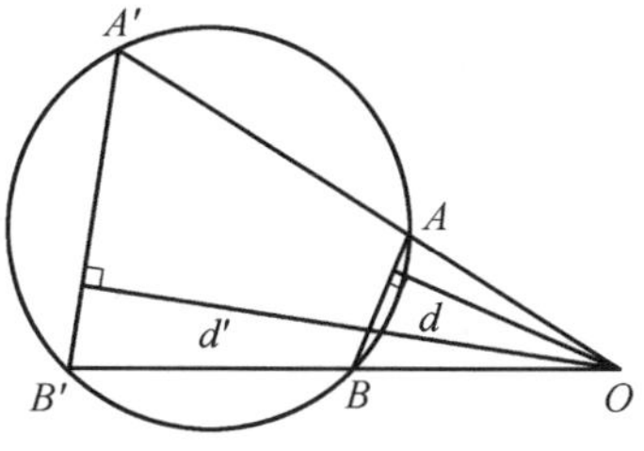

图 8.18

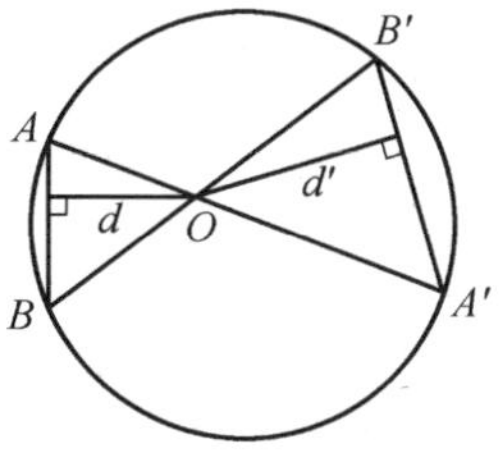

图 8.19

再证本题. 如图 8.20 所示,任取 $k>0$,作反演变换 $I(P,k)$,设 A_1、A_2、$\cdots$、A_n 的反点分别为B_1、B_2、$\cdots$、B_n,则 B_1、B_2、$\cdots$、B_n 依次在一直线l 上. 设点 P 到直线 l 的距离为d,则由刚才所述事实,有

$$\frac{A_1A_2}{d_1}=\frac{B_1B_2}{d},\frac{A_2A_3}{d_2}=\frac{B_2B_3}{d},\cdots$$

$$\frac{A_{n-1}A_n}{d_{n-1}}=\frac{B_{n-1}B_n}{d},\frac{A_1A_n}{d_n}=\frac{B_1B_n}{d}$$

于是

$$\sum_{i=1}^{n-1}\frac{A_iA_{i+1}}{d_i}=\frac{1}{d}\sum_{i=1}^{n-1}B_iB_{i+1}=\frac{B_1B_n}{d}=\frac{A_1A_n}{d_n}$$

这就是所要证明的.

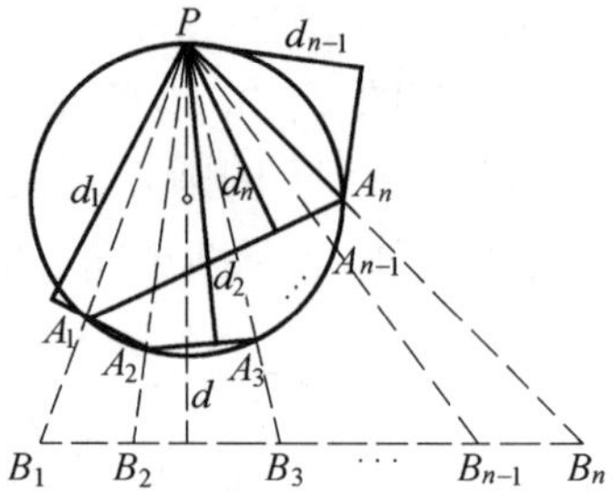

图 8.20

10.设 P 为 $\triangle ABC$ 的内部一点,$\alpha=\angle BPC-\angle BAC,\beta=\angle CPA-\angle CBA$.求证

(1)$PC\cdot AB=PB\cdot CA\cos\alpha+PA\cdot BC\cos\beta$;

(2)$PC\cdot BC\cos(\alpha-\beta)=PA\cdot BC\cos\alpha+PB\cdot CA\cos\beta$.

证明 如图 8.21 所示,以 P 为反演中心,任取 $k>0$ 作反演变换 $I(P,k)$,设 A、B、C 的反点分别为 A'、B'、C'.因点 P 在 $\triangle ABC$ 内,所以,点 P 也在 $\triangle A'B'C'$ 内.由定理 8.1.1,A、B、B'、A' 四点共圆,A、A'、C、C' 四点共圆,所以

$$\angle B'A'P=\angle PBA,\angle PA'C'=\angle ACP$$

因此

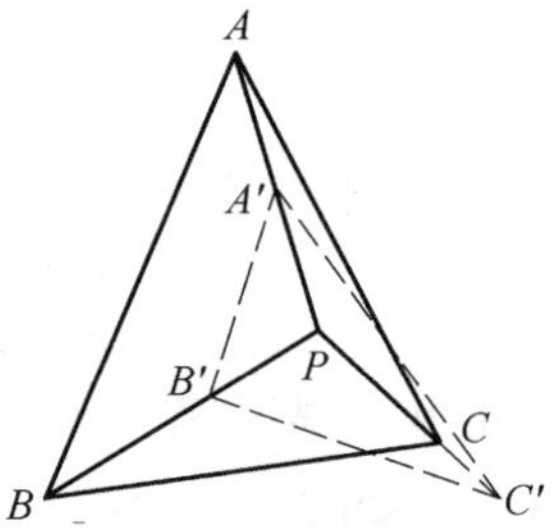

图 8.21

$$\angle B'A'C'=\angle B'A'P+\angle PA'C'=$$
$$\angle PBA+\angle ACP=$$
$$\angle BPC-\angle BAC=\alpha$$

同理,$\angle C'B'A'=\beta$.由三角形的射影定理

$$A'B'=C'A'\cos\alpha+B'C'\cos\beta$$

又用正弦定理、三角函数的倍角正弦公式及和差化积公式不难证明

$$A'B'\cos(\alpha-\beta)=B'C'\cos\alpha+C'A'\cos\beta$$

另一方面,由定理 8.1.2,有

$$A'B'=\frac{k\cdot AB}{PA\cdot PB},B'C'=\frac{k\cdot BC}{PB\cdot PC},C'A'=\frac{k\cdot CA}{PC\cdot PA}$$

代入上面两式即得

$$PC\cdot AB=PB\cdot CA\cos\alpha+PA\cdot BC\cos\beta$$
$$PC\cdot BC\cos(\alpha-\beta)=PA\cdot BC\cos\alpha+PB\cdot CA\cos\beta$$

11.设 A、B、C、D 是一直线上依序排列的四点.过 B、C 两点任作一圆 Γ,再分别过 A、D 两点作圆 Γ 的切线 AK、AL、DM、DN,其中 L、K、M、N 为切点.LK、

MN 分分别与 BC 交于 P、Q 两点.

(1) 证明点 P 和 Q 不依赖于圆 Γ;

(2) 设 $AD=a, BC=b(a>b)$,当 BC 在 AD 上移动时,求线段 PQ 的长度的最小值.(第 44 届保加利亚(冬季) 数学竞赛,1995)

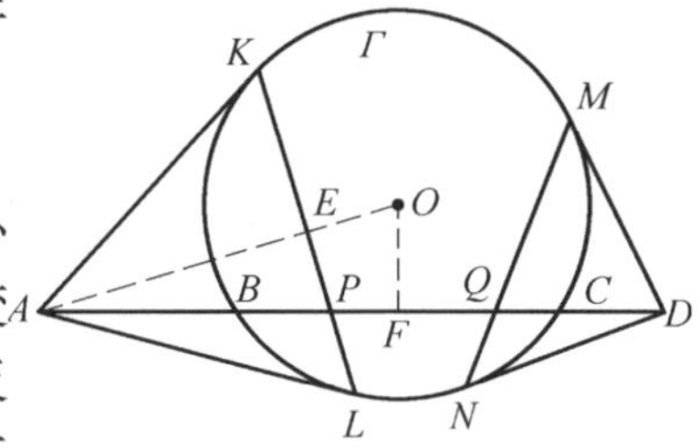

图 8.22

证明 如图 8.22 所示,(1) 设圆 Γ 的圆心为 O, KL 的中点为 E, BC 的中点为 F,作反演变换 $I(A, AL^2)$,则 B、C 互为反点, O、E 互为反点.再注意 O、E、P、F 四点共圆,所以 P、F 互为反点.因而

$$AP=\frac{AL^2}{AF}=\frac{AB\cdot AC}{AF}$$

又不难知道 $AB+AC=2AF$, 因此 $AP=\dfrac{2AB\cdot AC}{AB+AC}$. 同理, $QD=\dfrac{2BD\cdot CD}{BD+CD}$.故点 P 和 Q 不依赖于圆 Γ.这就证明了(1).

再证(2) 令 $AB=x, CD=y$,则 $AC=a-y, BD=a-x, x+y+b=a$,所以

$$PQ=AD-AP-DQ=a-\frac{2x(a-y)}{x+a-y}-\frac{2(a-x)y}{a-x+y}=$$
$$a-\frac{2(x+y)a^2-2(x^2+y^2)a}{a^2-(x-y)^2}=$$
$$a-\frac{2(a-b)a^2-[(a-b)^2+(x-y)^2]a}{a^2-(x-y)^2}=$$
$$\frac{ab^2}{a^2-(x-y)^2}\geqslant\frac{b^2}{a}$$

即 PQ 的长度的最小值为$\dfrac{b^2}{a}$.当且仅当 $x=y$,即 $AB=CD$ 时, PQ 取最小值.

12. 设 O 是正方形 $ABCD$ 内部一点,直线 AO、BO、CO、DO 与正方形的外接圆另一个交点分别为 P、Q、R、S. 求证: $PQ\cdot RS=SP\cdot QR$.(第 48 届保加利亚(春季) 数学竞赛,1999)

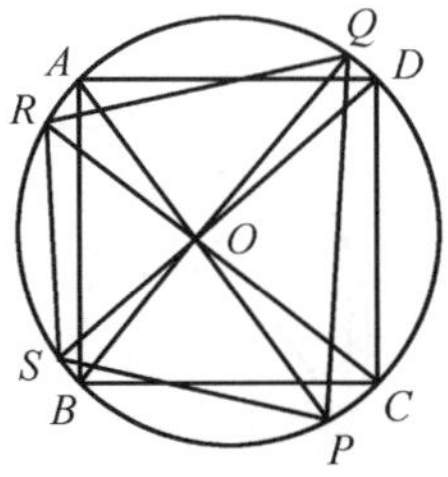

图 8.23

证明 如图 8.23 所示,作反演变换 $I(O, \overline{OA}\cdot\overline{OP})$,则 A、B、C、D 的反点分别为 P、Q、R、S.由定理 8.1.2,有

$$PQ = \frac{|k| \cdot AB}{OA \cdot OB}, RS = \frac{|k| \cdot CD}{OC \cdot OD}$$

所以

$$PQ \cdot RS = \frac{k^2 \cdot AB \cdot CD}{OA \cdot OB \cdot OC \cdot OD}$$

同理

$$SP \cdot QR = \frac{k^2 \cdot DA \cdot BC}{OA \cdot OB \cdot OC \cdot OD}$$

另一方面,显然 $AB \cdot CD = DA \cdot BC$.故 $PQ \cdot RS = SP \cdot QR$.

13.设 P 为正 n 边形 $A_1A_2\cdots A_n$ 的外接圆的 $\overset{\frown}{A_1A_n}$ 上任意一点.证明

$$\frac{1}{PA_1 \cdot PA_2} + \frac{1}{PA_2 \cdot PA_3} + \cdots + \frac{1}{PA_{n-1} \cdot PA_n} = \frac{1}{PA_1 \cdot PA_n}$$

证明 如图8.24所示,以 P 为反演中心,任取 $k > 0$,作反演变换 $I(P,k)$,设 A_1、A_2、…、A_n 的反点依次为 B_1、B_2、…、B_n,则

$$\frac{1}{PA_1 \cdot PA_2} = \frac{PB_1 \cdot PB_2}{k^2}, \frac{1}{PA_2 \cdot PA_2} = \frac{PB_1 \cdot PB_2}{k^2}, \cdots$$

$$\frac{1}{PA_{n-1} \cdot PA_n} = \frac{PB_{n-1} \cdot PB_n}{k^2}, \frac{1}{PA_1 \cdot PA_n} = \frac{PB_1 \cdot PB_n}{k^2}$$

且 B_1、B_2、…、B_n 在一直线上.

因 $\angle A_1PA_2 = \angle A_2PA_3 = \cdots = \angle A_{n-1}PA_n = \frac{\pi}{n}$,且 $\angle A_1PA_n = \frac{(n-1)\pi}{n}$,所以

$$\angle B_1PB_2 = \angle B_2PB_3 = \cdots = \angle B_{n-1}PB_n = \frac{\pi}{n}$$

且 $\angle B_1PB_n = \frac{(n-1)\pi}{n}$.

如图8.25所示,因 $\triangle PB_1B_2$、$\triangle PB_2B_3$、…、$\triangle PB_{n-1}B_n$ 这 $n-1$ 个三角形的面积之和等于 $\triangle PB_1B_n$ 的面积,于是,由三角形的面积公式,得

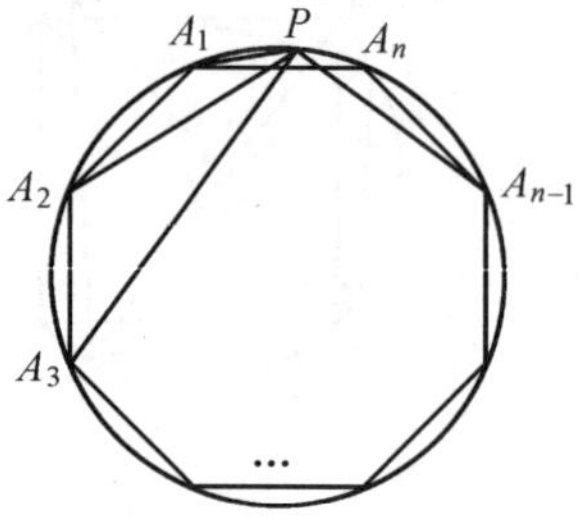

图8.24

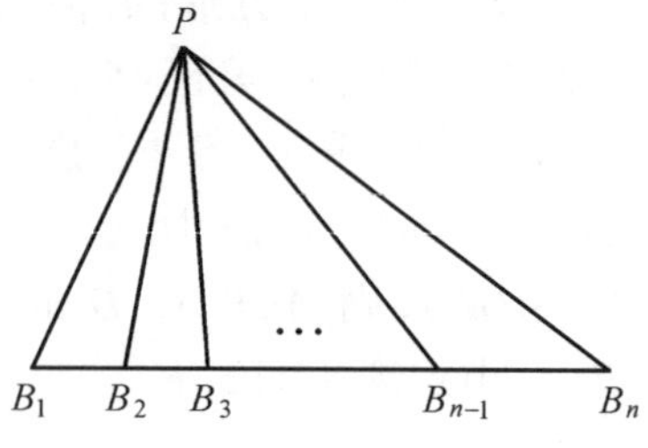

图8.25

$$\frac{1}{2}\sum_{i=1}^{n-1} PB_i \cdot PB_{i+1}\sin\frac{\pi}{n} = \frac{1}{2}PB_1 \cdot PB_n\sin\frac{(n-1)\pi}{n}$$

而 $\sin\frac{(n-1)\pi}{n} = \sin\frac{\pi}{n}$,所以

$$\sum_{i=1}^{n-1} PB_i \cdot PB_{i+1} = \frac{1}{2}PB_1 \cdot PB_n$$

故

$$\frac{1}{PA_1 \cdot PA_2} + \frac{1}{PA_2 \cdot PA_3} + \cdots + \frac{1}{PA_{n-1} \cdot PA_n} = \frac{1}{PA_1 \cdot PA_n}$$

14. 证明:平面凸 n 边形 $A_1A_2\cdots A_n$ 内接于圆当且仅当

$$\frac{A_1A_2}{A_1A_n \cdot A_2A_n} + \frac{A_2A_3}{A_2A_n \cdot A_3A_n} + \cdots + \frac{A_{n-2}A_{n-1}}{A_{n-2}A_n \cdot A_{n-1}A_n} = \frac{A_1A_{n-1}}{A_1A_n \cdot A_{n-1}A_n}$$

证明 如图 8.26 所示,以 A_n 为反演中心,任取 $k > 0$,作反演变换 $I(A_n, k)$,设 A_1、A_2、$\cdots$、A_n 的反点依次为 B_1、B_2、$\cdots$、B_n,则由定理 8.1.2

$$B_1B_2 = \frac{k \cdot A_1A_2}{A_1A_n \cdot A_2A_n}, B_2B_3 = \frac{k \cdot A_2A_3}{A_2A_n \cdot A_3A_n}, \cdots$$

$$B_{n-2}B_{n-1} = \frac{k \cdot A_{n-2}A_{n-1}}{A_{n-2}A_n \cdot A_{n-1}A_n}, B_1B_{n-1} = \frac{k \cdot A_1A_{n-1}}{A_1A_n \cdot A_{n-1}A_n}$$

于是,由反演变换的保圆性(定理 8.1.4),凸 n 边形 $A_1A_2\cdots A_n$ 内接于圆当且仅当 B_1、B_2、$\cdots$、B_{n-1} 依次在一条直线上,当且仅当

$$B_1B_2 + B_2B_2 + \cdots + B_{n-2}B_{n-1} = B_1B_{n-1}$$

当且仅当

$$\frac{A_1A_2}{A_1A_n \cdot A_2A_n} + \frac{A_2A_3}{A_2A_n \cdot A_3A_n} + \cdots + \frac{A_{n-2}A_{n-1}}{A_{n-2}A_n \cdot A_{n-1}A_n} = \frac{A_1A_{n-1}}{A_1A_n \cdot A_{n-1}A_n}$$

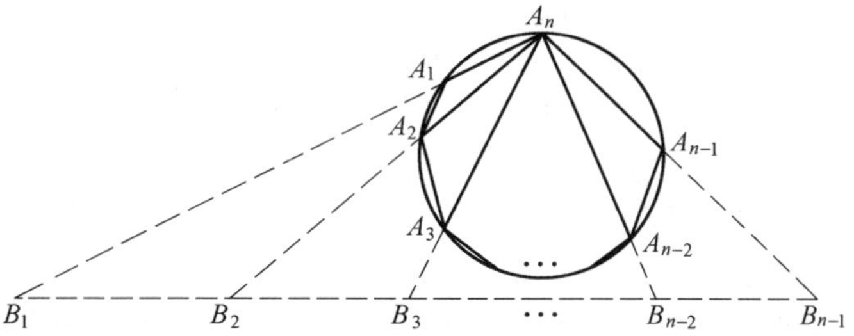

图 8.26

15. 设三圆交于一点 P,且两两相交于另三点 A、B、C,公共弦所在直线 PA、PB、PC 分别交另一圆于 D、E、F. 且点 P 在 $\triangle ABC$ 的内部. 求证

$$\frac{\overline{AP}}{\overline{AD}} + \frac{\overline{BP}}{\overline{BE}} + \frac{\overline{CP}}{\overline{CF}} = 1$$

证明　如图 8.27,8.28 所示,以 P 为反演中心,任取 $k>0$,作反演变换 $I(P,k)$,设 A、B、C、D、E、F 的反点分别为 A'、B'、C'、D'、E'、F'.因过反演中心的圆的反形是不过反演中心的直线,所以 B'、D'、C' 三点共线,C'、E'、A' 三点共线,A'、F'、B' 三点共线,且

$$\frac{\overline{AP}}{\overline{AD}}=\frac{\overline{PD'}}{\overline{A'D'}},\frac{\overline{BP}}{\overline{BE}}=\frac{\overline{PE'}}{\overline{B'E'}},\frac{\overline{CP}}{\overline{CF}}=\frac{\overline{PF'}}{\overline{C'F'}}$$

于是,如果我们将点 X 的反点仍记为 X,则问题转换为

设 P 是 $\triangle ABC$ 所在平面上一点,直线 AD、BE、CF 分别与对边交于 D、E、F,则

$$\frac{\overline{PD}}{\overline{AD}}+\frac{\overline{PE}}{\overline{BE}}+\frac{\overline{PF}}{\overline{CF}}=1$$

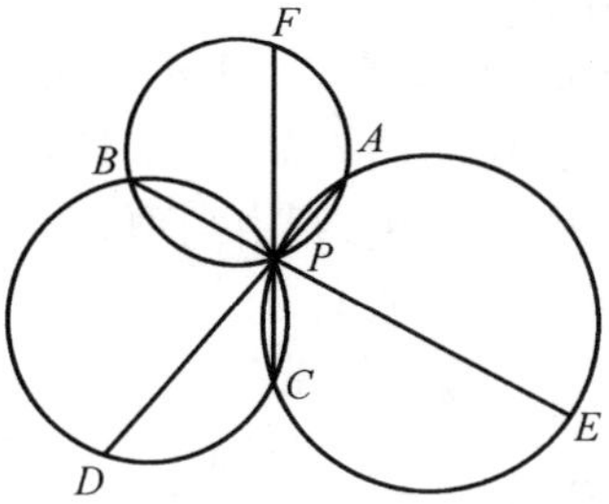

图 8.27

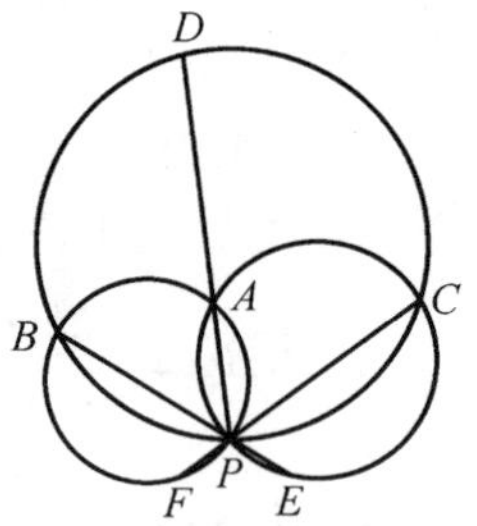

图 8.28

这是容易证明的.事实上,如图 8.29,8.30 所示,以 D 为位似中心作位似变换,使 $A\to P$,设 $B\to B'$,$C\to C'$,则$\frac{\overline{PD}}{\overline{AD}}=\frac{\overline{B'C'}}{\overline{BC}}$.

又 $PB'\ /\!/\ AB$,$PC'\ /\!/\ AC$,所以

$$\frac{\overline{PE}}{\overline{BE}}=\frac{\overline{C'C}}{\overline{BC}},\frac{\overline{PF}}{\overline{CF}}=\frac{\overline{BB'}}{\overline{BC}}$$

而$\overline{B'C'}+\overline{C'C}+\overline{BB'}=\overline{BC}$,故

$$\frac{\overline{PD}}{\overline{AD}}+\frac{\overline{PE}}{\overline{BE}}+\frac{\overline{PF}}{\overline{CF}}=\frac{\overline{B'C'}}{\overline{BC}}+\frac{\overline{C'C}}{\overline{BC}}+\frac{\overline{BB'}}{\overline{BC}}=1$$

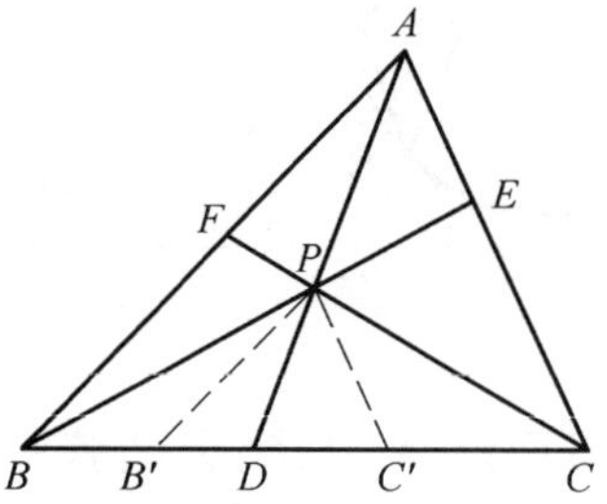

图 8.29

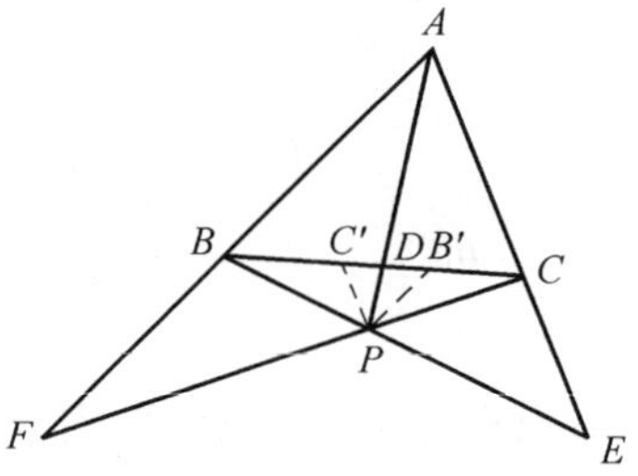

图 8.30

16.设 $ABCD$ 是圆心为 O 的圆外切四边形,M、N 分别在线段 AO、CO 上,且

$\angle MBN=\frac{1}{2}\angle ABC$.求证:$\angle MDN=\frac{1}{2}\angle ADC$.(罗马尼亚国家队选拔考试,2006)

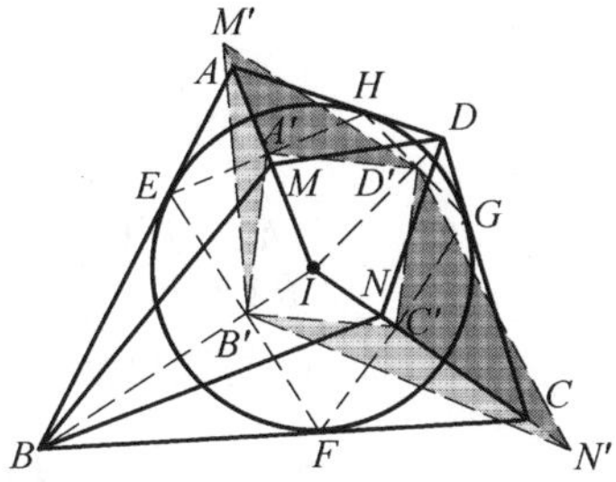

图 8.31

证明 如图 8.31 所示,设四边形 $ABCD$ 的内切圆圆心为 I,其内切圆分别与边 AB、BC、CD、DA 切于 E、F、G、H,以 I 为反演中心,其内切圆为反演圆作反演变换,设 A、B、C、D 的反点分别为 A'、B'、C'、D',则它们分别为 HE、EF、FG、GH 的中点.再设 M、N 的反点分别为 M'、N',则 M' 在射线 IA 上,N' 在射线 IC 上,且 $\angle B'M'I=\angle IBM$,$\angle IN'B'=\angle NBI$.因 $\angle NBM=\frac{1}{2}\angle CBA=\angle IBA$,所以

$$\angle B'M'I+\angle IN'B'=\angle IBM+\angle NBI=\angle NBM=\angle IBA$$

又

$$\angle IN'B'+\angle N'B'C'=\angle IC'B'=\angle CBI=\angle IBA=\angle B'A'I=\angle B'M'I+\angle A'B'M'$$

因此,$\angle A'B'M'=\angle IN'B'$,$\angle N'B'C'=\angle B'M'I$,从而 $\triangle M'B'A'\backsim\triangle N'B'C'$,于是 $M'A'\cdot N'C'=A'B'\cdot B'C'$.

另一方面,因 $A'B'=C'D'$,$B'C'=A'D'$,所以 $M'A'\cdot N'C'=A'D'\cdot D'C'$,又 $\angle IA'D'=\angle ADI=\angle IDC=\angle D'C'I$,所以,$\angle M'A'D'=\angle N'C'D'$,因此 $\triangle M'A'D'\backsim\triangle N'C'D'$,于是,$\angle M'D'A'=\angle D'N'I$.这样便有

$$\angle MDN=\angle MDI+\angle IDN=\angle IM'D'+\angle D'N'I=\angle IM'D'+\angle M'D'A'=\angle IA'D'=\angle ADI=\frac{1}{2}\angle ADC$$

17.设 $\triangle ABC$ 的三个顶点 A、B、C 在反演变换下的反点分别为 A'、B'、C'.点 P 的反点为 P'.求证:点 P' 关于 $\triangle A'B'C'$ 的垂足三角形反向相似于点 P 关于 $\triangle ABC$ 的垂足三角形.

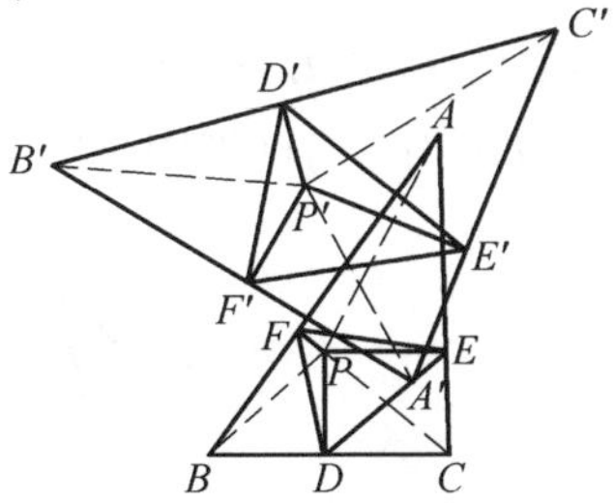

图 8.32

证明 如图 8.32 所示,设点 P 关于 $\triangle ABC$ 的垂足三角形为 $\triangle DEF$,点 P' 关于 $\triangle A'B'C'$ 的垂足三角形为 $\triangle D'E'F'$,由第 2 题,若以点 P 为反演中心作一个反演变换,则 $\triangle DEF$ 相似于 A、B、C 的三个反点所构成的三角形,所以

$$\frac{EF}{PA\cdot BC}=\frac{FD}{PB\cdot CA}=\frac{DE}{PC\cdot AB}$$

$$\frac{E'F'}{P'A' \cdot B'C'} = \frac{F'D'}{P'B' \cdot C'A'} = \frac{D'E'}{P'C' \cdot A'B'}$$

因此

$$\frac{EF}{E'F'} \cdot \frac{P'A' \cdot B'C'}{PA \cdot BC} = \frac{FD}{F'D'} \cdot \frac{P'B' \cdot C'A'}{PB \cdot CA} = \frac{DE}{D'E'} \cdot \frac{P'C' \cdot A'B'}{PC \cdot AB}$$

另一方面,设所述反演变换为 $I(O,k)$,则由定理 8.1.2

$$P'A' \cdot B'C' = \frac{k^2 PA \cdot BC}{OP \cdot OA \cdot OB \cdot OC}, \cdots$$

由此可知

$$\frac{P'A' \cdot B'C'}{PA \cdot BC} = \frac{P'B' \cdot C'A'}{PB \cdot CA} = \frac{P'C' \cdot A'B'}{PC \cdot AB}$$

于是

$$\frac{EF}{E'F'} = \frac{FD}{F'D'} = \frac{DE}{D'E'}$$

这表明 $\triangle D'E'F' \backsim \triangle DEF$.而 $\triangle DEF$ 与 $\triangle ABC$ 同向,$\triangle D'E'F'$ 与 $\triangle A'B'C'$ 同向,且 $\triangle A'B'C'$ 与 $\triangle ABC$ 反向,故 $\triangle D'E'F'$ 与 $\triangle DEF$ 反向.也就是说,$\triangle D'E'F'$ 与 $\triangle DEF$ 是反向相似的.

18.证明:如果 $\triangle ABC$ 的外接圆与 $\triangle ABD$ 的外接圆正交,则 $\triangle ACD$ 的外接圆与 $\triangle BCD$ 的外接圆也正交.

证明 如图8.33所示,记 $\triangle ABC$、$\triangle ABD$、$\triangle ACD$、$\triangle BCD$ 的外接圆分别为 Γ_1、Γ_2、Γ_3、Γ_4,以 A 为反演中心任作一个反演变换,设 B、C、D 的反点分别为 B'、C'、D',因圆 Γ_1、Γ_2、Γ_3 皆过反演中心,B 是圆 Γ_1、Γ_2、Γ_4 的公共点,C 是圆 Γ_1、Γ_3、Γ_4 的公共点,D 是圆 Γ_2、Γ_3、Γ_4 的公共点,所以圆 Γ_1、Γ_2、Γ_3 的反形分别为直线 $B'C'$、$B'D'$、$C'D'$,而圆 Γ_4 的反形则为 $\triangle B'C'D'$ 的外接圆.因圆 Γ_1 与 Γ_2 正交,由反演变换的保角性,它们的反形也正交,即直线 $B'C'$ 与 $B'D'$ 垂直,也就是说,$\triangle B'C'D'$ 是一个以 B' 为直角顶点的直角三角形,所以,其外心为斜边 $C'D'$ 的中点,这说明直线 $C'D'$ 通过 $\triangle B'C'D'$ 的外接圆的圆心,换句话说,直

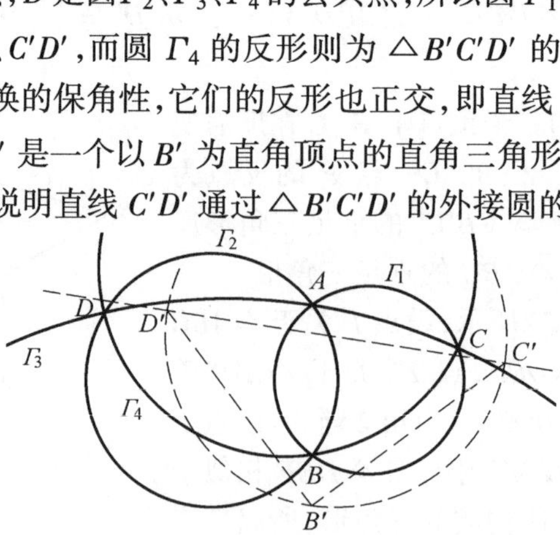

图 8.33

线 $C'D'$ 与 $\triangle B'C'D'$ 的外接圆正交. 而圆 Γ_3 为直线 $C'D'$ 的反形, 圆 Γ_4 为 $\triangle B'C'D'$ 的外接圆的反形, 再一次用反演变换的保角性即知, 圆 Γ_3 与 Γ_4 也正交.

注 一般地, 圆 Γ_1 与 Γ_2 的交角等于圆 Γ_3 与 Γ_4 的交角.

19. 设 $\triangle ABC$ 的内切圆分别与边 BC、CA、AB 切于 D、E、F, 再设 P 是直线 AD 与内切圆的另一个交点, M 是 EF 的中点, I 为 $\triangle ABC$ 的内心. 试证: P、I、M、D 四点共圆或共线. (第 5 届拉丁美洲数学奥林匹克, 1990)

证明 如图 8.34 所示, 以 $\triangle ABC$ 的内心 I 为反演中心, 内切圆为反演圆作反演变换, 则 M、A 为两个互反点, P、D 为两个自反点. 而 A、P、D 三点共线, 于是, 由反演变换的保圆性即知, P、M、I、D 四点共圆或共线. 确切地说, 当 $AB \neq AC$ 时, P、M、I、D 四点共圆, 当 $AB = AC$ 时, P、M、I、D 四点共线.

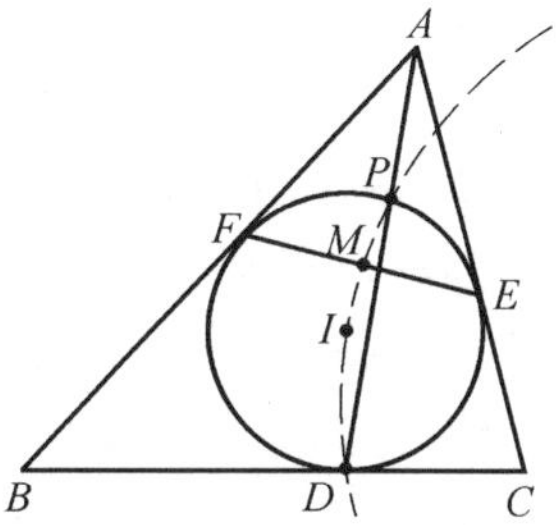

图 8.34

20. 从 $\odot O$ 外一点 P 作圆的两条切线, 切点分别为 A、B, M 是弦 AB 上一点, 过 M 作 $\odot O$ 的弦 CD, 使得 M 恰为 CD 的中点, $\odot O$ 在 C、D 两点的切线交于 Q. 求证: $OQ \perp PQ$. (中国香港队选拔考试, 1997)

证明 如图 8.35 所示, 以 $\odot O$ 为反演圆作反演变换, 则 M、Q 互为反点. 设 OP 与 AB 交于 N, 则 N 为弦 AB 的中点, N、P 互为反点, 于是, 由定理 8.1.1, M、N、P、Q 四点共圆, 而 $OP \perp AB$, 所以 $\angle MQP = \angle ANP = 90°$. 故

$$OQ \perp PQ$$

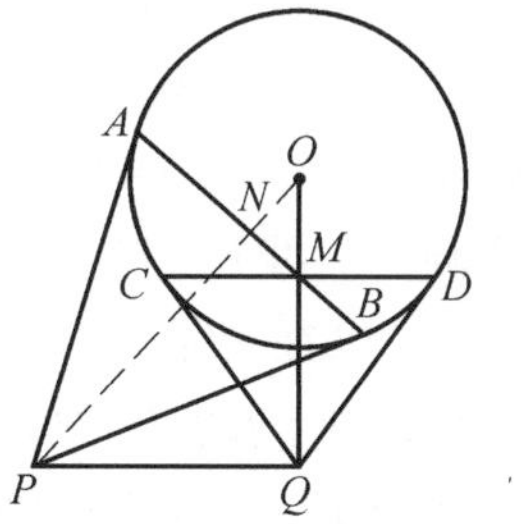

图 8.35

21. 已知 $\triangle ABC$, 圆 Γ_1 过 B、C 两点, 圆 Γ_2 过 C、A 两点, 圆 Γ_3 过 A、B 两点, 且皆与 $\triangle ABC$ 的内切圆正交. 圆 Γ_2 与圆 Γ_3、圆 Γ_3 与圆 Γ_1、圆 Γ_1 与圆 Γ_2 分别相交于另一点 A'、B'、C'. 证明: $\triangle A'B'C'$ 的外接圆的半径等于 $\triangle ABC$ 的内切圆半径的一半. (第 40 届 IMO 预选, 1999)

证明 如图 8.36 所示, 以 $\triangle ABC$ 的内切圆 ω 为反演圆作反演变换, 因圆 Γ_2 与 Γ_3 皆与圆 ω 正交, 由推论 8.1.6, A 与 A' 互为反点. 设 $\triangle ABC$ 的内切圆 ω 与其三边 BC、CA、AB 分别相切于 D、E、F, 则点 A 的反点为 EF 的中点, 这就是说, A' 是 EF 的中点. 同理, B'、C' 分别是 FD 和 DE 的中点, 即 $\triangle A'B'C'$ 为 $\triangle DEF$ 的中点三角形, 故 $\triangle A'B'C'$ 的外接圆的半径等于 $\triangle ABC$ 的内切圆 ω 的

半径的一半.

22.凸四边形 $ABCD$ 有内切圆,且内切圆分别切边 AB、BC、CD、DA 于 A_1、B_1、C_1、D_1,点 E、F、G、H 分别为线段 A_1B_1、B_1C_1、C_1D_1、D_1A_1 的中点.证明:四边形 $EFGH$ 为矩形的充分必要条件是 A、B、C、D 四点共圆.(第3届中国西部数学奥林匹克,2003)

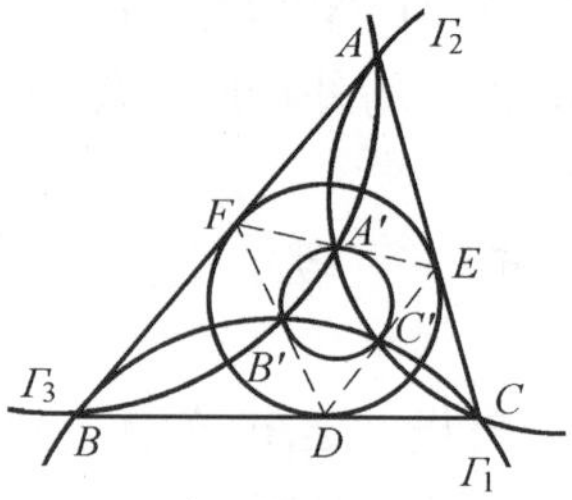

图 8.36

证明 如图8.37所示,如果以四边形 $ABCD$ 的内切圆为反演圆作反演变换,则 A、B、C、D 的反点分别为 H、E、F、G.因为不过反演中心的圆的反形仍是一个圆,于是,A、B、C、D 四点共圆 $\Leftrightarrow E$、F、G、H 四点共圆.注意 E、F、G、H 分别为四边形 $ABCD$ 的四边的中点,所以四边形 $EFGH$ 是一个平行四边形.因而 E、F、G、H 四点共圆 $\Leftrightarrow$ 平行四边形 $EFGH$ 为矩形.故平行四边形 $EFGH$ 为矩形 $\Leftrightarrow A$、B、C、D 四点共圆.

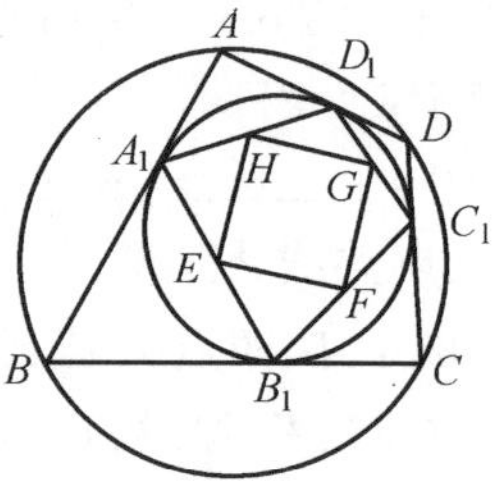

图 8.37

23.在 $\triangle ABC$ 的中线 AD 上任取一点 E,过点 E 且与 BC 相切于点 B 的圆交 AB 于另一点 M,过点 E 且于 BC 相切于点 C 的圆交 AC 于另一点 N.求证:$\triangle AMN$ 的外接圆与两圆都相切.(第26届俄罗斯数学奥林匹克,2000)

证明 如图8.38所示,因 D 是 BC 的中点,D 到两圆的切线长相等,所以,D 在两圆的根轴上,而点 E 也在根轴上,所以 AD 就是两圆的根轴.于是,点 A 到两圆的幂相等,设这个幂是 ρ,作反演变换 $I(A,\rho)$,则两圆皆为自反圆,且 B、C 的反点分别为 M、N,从而直线 BC 的反形是 $\triangle AMN$ 的外接圆.由于 BC 与两圆相切,且两圆皆为自反圆,故 $\triangle AMN$ 的外接圆与所作两圆都相切.

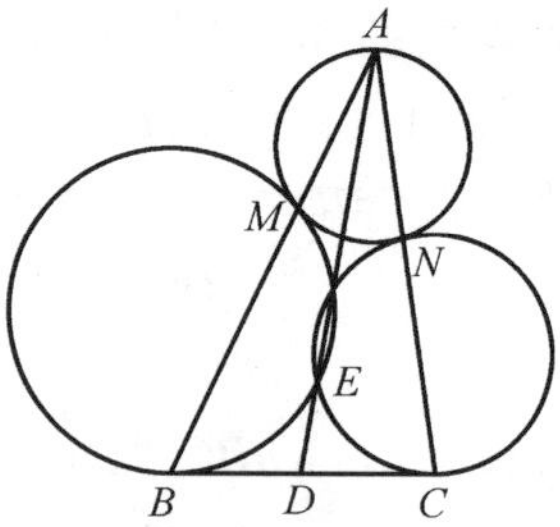

图 8.38

24.四个圆(没有一个圆在另一个圆的内部)皆通过点 P,其中两个圆与直线 l 相切于 P,另两个圆与直线 m 相切于 P.这四个圆另外的四个交点是 A、B、C、D.求证:A、B、C、D 四点共圆的充分必要条件是直线 l 与 m 互相垂直.(第20届奥地利-波兰数学奥林匹克,1997)

证明　如图 8.39 所示,以 P 为反演中心,任取 $k>0$,作反演变换 $I(P,k)$,则直线 l、m 是自反直线,与 l 相切于 P 的两个圆的反形是与 l 平行的两条直线,与 m 相切于 P 的两个圆的反形为与 m 平行的两条直线. 设 A、B、C、D 的反点分别为 A'、B'、C'、D',则四边形 $A'B'C'D'$ 是一个平行四边形. 于是由反演变换的保圆性,A、B、C、D 四点共圆 $\Leftrightarrow A'$、B'、C'、D' 四点共圆 $\Leftrightarrow$ 四边形 $A'B'C'D'$ 是一个矩形 $\Leftrightarrow$ 直线 l 与 m 互相垂直.

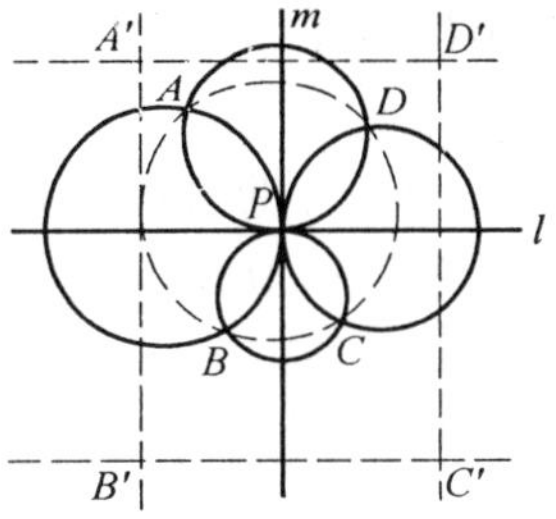

图 8.39

25. 设半圆 Γ 的直径为 AB,过半圆 Γ 上一点 P 作 AB 的垂线交 AB 于 Q,圆 ω 是曲边 $\triangle PAQ$ 的内切圆,且与 AB 切于 L,求证:PL 平分 $\angle APQ$.(以色列数学奥林匹克,1995)

证明　如图 8.40 所示,作反演变换 $I(L,\overline{LA}\cdot\overline{LB})$,则 A、B 互为反点,半圆 Γ 的反形是以 AB 为直径的另外一个半圆 Γ',设圆 ω 与 PQ 相切于 S,点 P、Q、T、S 的反点分别为 P'、Q'、T'、S'. 因 $PQ\perp AB$,所以射线 QP 的反形是以 LQ' 为直径的和半圆 Γ' 位于直线 AB 同侧的半圆,而圆 ω 的反形则是半圆 Γ' 与半圆 $LS'Q'$ 的公切线 $S'T'$,由于圆 ω 与 AB 相切,所以 $S'T'\parallel AB$,因而半圆 Γ' 与半圆 $LS'Q'$ 的半径相等,而 P' 是这两个半圆的一个交点,所以 $P'Q'=P'B$,因此 $\angle P'BA=\angle BQ'P'$,但 $\angle APL=\angle P'BA$,$\angle LPQ=\angle BQ'P'$,故 $\angle LPQ=\angle APL$,即 PL 平分 $\angle APQ$.

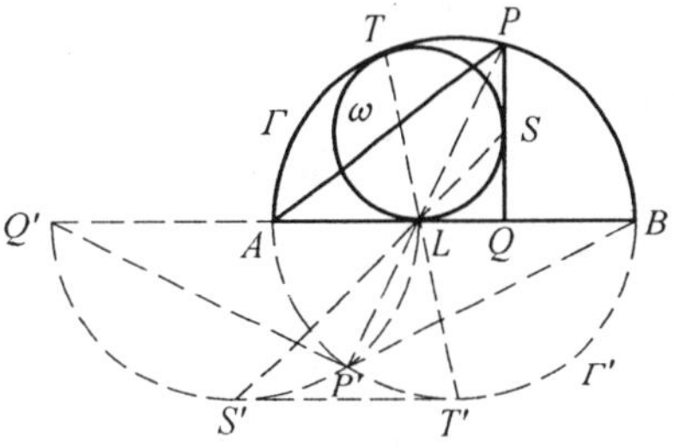

图 8.40

26. 设圆 Γ_1 与 Γ_2 相交,过交点之一 M 作一条割线分别与两圆 Γ_1、Γ_2 交于另一点 A、B,且 M 为 AB 的中点. 圆 Γ_1、Γ_2 皆与圆 Γ 内切,切点分别为 S、T. 再设 O 为圆 Γ 的圆心. 证明:S、M、T 三点共线的充分必要条件是 $OM\perp AB$.

证明　如图 8.41 所示,以 M 为反演中心、点 M 对 $\odot O$ 的幂为反演幂作反演变换,则 A、B 的反点皆在 $\odot O$ 外,圆 Γ_1、Γ_2 的反形为两条切线. 由此可知原命题变为:

设线段 AB 的两个端点皆在 $\odot O$ 外,AB 的中点 M 在 $\odot O$ 内. 分别过点 A、B 作 $\odot O$ 的切

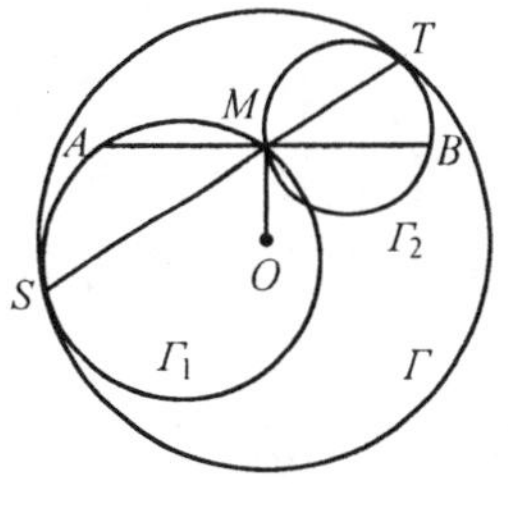

图 8.41

线 AS、BT，切点 S、T 分布在直线 AB 的两侧，则 S、M、T 三点共线当且仅当 $OM\perp AB$.

这个命题不难证明. 事实上，如图 8.42 所示，当 S、M、T 共线时，设 AS 与 BT 交于 C，考虑 $\triangle ACB$ 与截线 TMS，由 Menelaus 定理可得 $AS = BT$. 因而 A、B 距圆心 O 等远，所以 $OM\perp AB$；反之，若 $OM\perp AB$，则 O、A、S、M 共圆，O、M、B、T 共圆，$\triangle OAS\cong\triangle OBT$，所以 $\angle AMS = \angle AOS = \angle BOT = \angle BMT$，故 S、M、T 共线.

27. 设 M 是平面上的一个有限点集，M 中的任意三点都不共线，并且过 M 中任意三点的圆至少还通过 M 中的另一个点. 求证：M 中的所有的点都在同一个圆上.

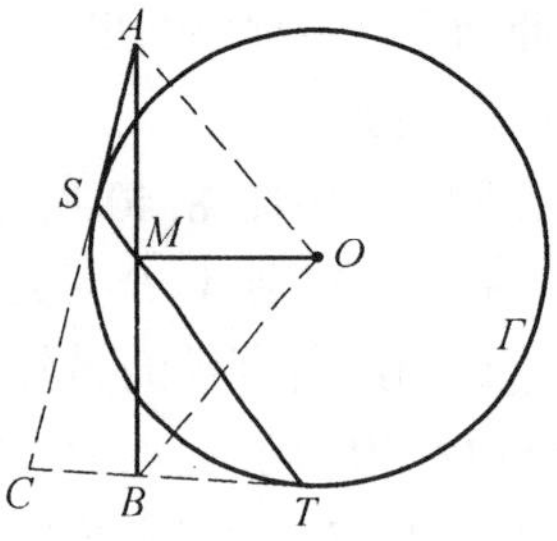

图 8.42

证明　以 M 中的某一点 O 为反演中心任作一个反演变换，则过点 O 的圆的反形为直线，除点 O 外，M 中其他所有点的反点构成一个集合 S，集合 S 具有这样的性质：过 S 中任意两点的直线一定还通过 S 中的另一个点. 因此，欲证命题转化为：

设 M 是平面上的一个有限点集，过 S 中任意两点的直线一定还通过 S 中的另一个点，则 S 中的所有点都在一直线上.

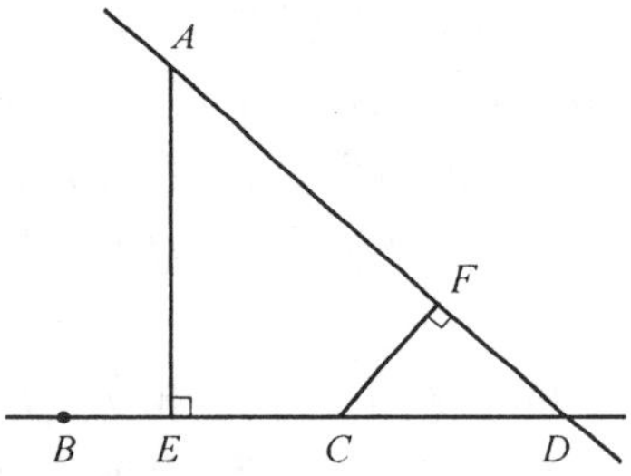

图 8.43

用反证法. 假设 S 中的所有点不在同一条直线上，考虑 S 中任意两点所确定的直线，以及 S 中的点到这些直线的非零距离，由于 S 是有限点集，所以这些直线是有限的，因而这些非零距离也是有限的，其中必有一个距离是最小的. 设点 A 到直线 BC 的距离为最小(图 8.43)，其中 A、B、C 皆属于 S. 由条件，S 中还有一点 D 在直线 BC 上，设点 A 在直线 BC 上的射影为 E，则 B、C、D 三点中，必有两点位于点 E 的同一侧，不妨设 C、D 两点位于点 E 的同一侧，且 C 在 E、D 之间. 设点 C 在 AD 上的射影为 F，则显然有 $CF < AE$，这与 AE 的最小性矛盾. 因此 S 中的所有点都在一条直线上.

28. 设 $\triangle ABC$ 是一个锐角三角形，$\odot K_a$ 过点 A，$AK_a\perp BC$，且 $\odot K_a$ 与 $\triangle ABC$ 的内切圆内切于 A_1. 类似地得到点 B_1、C_1. 求证：AA_1、BB_1、CC_1 交于一点.

证明 如图 8.44 所示,设 $\triangle ABC$ 的内切圆 ω 与 BC, CA, AB 分别切于 D、E、F. Γ 是以 A 为圆心, $AE = AF$ 为半径的圆. 作反演变换 $I(A, AE^2)$,则圆 ω 是自反圆, AA_1 是自反直线. 因 AK_a 过反演中心 A,且 $AK_a \perp BC$,所以 $\odot K_a$ 的反形是一条平行于 BC 的直线 PQ,又 $\odot K_a$ 与自反圆 ω 相切,所以直线 PQ 与圆 ω 也相切,设其切点为 T,则 T、A_1 互为反点,所以 A、T、A_1 在一直线上,于是设 AA_1 与 BC 交于 S,则 S 为 $\triangle ABC$ 的 A - 旁切圆与 BC 的切点.由此可知, AA_1、BB_1、CC_1 交于 $\triangle ABC$ 的 Nagel 点.

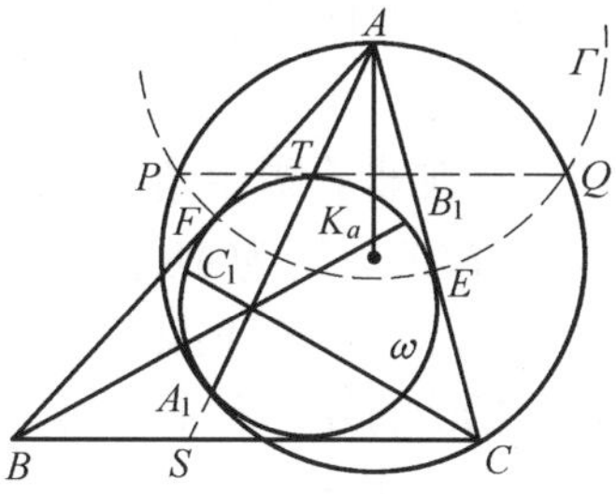

图 8.44

29. 设圆 Γ 与直线 l 相离, AB 是圆 Γ 的垂直于 l 的直径,点 B 离 l 较近, C 是圆 Γ 上不同于 A、B 的任意一点,直线 AC 交 l 于 D,过 D 作圆 Γ 的切线 DE, E 是切点,直线 BE 与 l 交于 F, AF 与圆 Γ 交于另一点 G.求证:点 G 关于 AB 的对称点在直线 CF 上.(德国国家队选拔考试,2005)

证明 如图 8.45 所示,设 AB 与直线 l 交于 M,则 A、E、M、F 四点共圆,再由 DE 与圆 Γ 相切可知 $\triangle EDF \backsim \triangle EOA$,所以, $DF = DE$,且 $\triangle EOD \backsim \triangle EAF$,从而 $\angle DOE = \angle FAE$. 但 $\angle GOE = 2\angle FAE$,所以 $\angle GOD = \angle DOE$,从而 $\triangle GOD \cong \triangle EOD$,所以 DG 也为圆 Γ 的切线, G 为切点, $DG = DE = DF$. 设点 G、F 关于 AB 的对称点分别为 G'、F',则 G' 在圆 Γ 上,且

$$\angle F' = \angle DFG = \angle FGD$$

所以 A、G、D、F' 四点共圆. 于是,作反演变换 $I(A, AG \cdot AF)$,则 F、G 互为反点, F'、G' 互为反点,这说明圆 Γ 与直线 l 互为反形,所以 C、D 互为反点. 又 A、G、D、F' 四点共圆,这个圆与直线 FC 互为反形,所以, F、C、G' 共线. 即点 G 关于 AB 的对称点在直线 CF 上.

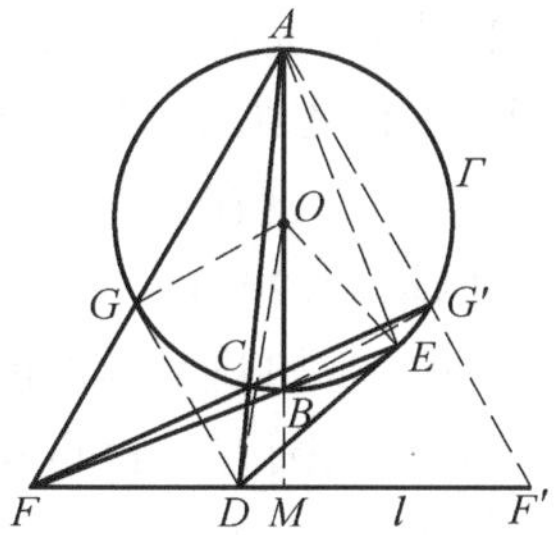

图 8.45

30. 设 $\triangle ABC$ 的内切圆分别与三边 BC、CA、AB 切于 D、E、F,过顶点 A 作 DE 与 DF 的平行线分别交直线 DF、DE 于 P、Q. 求证:直线 PQ 同时平分 AB 与 AC.(第 15 届印度数学奥林匹克,2000)

证明 如图 8.46 所示,因 $\angle EFA = \angle AEF = \angle EDF = \angle APF$, $\angle EDF = \angle EQA$,所以 A、F、P、Q、E 五点共圆. 于是,作反演变换 $I(D, DP \cdot DF)$,则直线 PQ 与 $\triangle ABC$ 的内切圆互为反形,直线 BC 为自反直线. 而 $\triangle ABC$ 的内切圆与 BC 相切,由反演变换的保角性, $PQ \parallel BC$. 又四边形 $APDQ$ 为平行四边形,因

此，PQ 平分 AD. 故直线 PQ 同时平分 AB 与 AC.

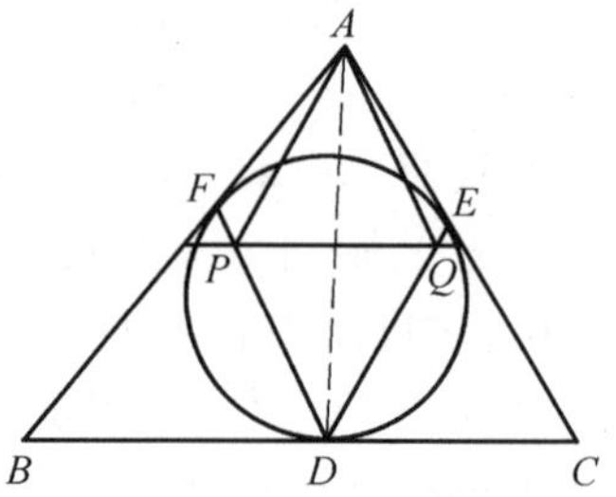

图 8.46

31. 在非等腰锐角 $\triangle ABC$ 中，BE、CF 是两条高，M、N 分别为 AB、AC 的中点，直线 EF 与 MN' 交于点 D. 求证：$AD \perp OH$. 其中 O、H 分别是 $\triangle ABC$ 的外心和垂心.（第 31 届俄罗斯数学奥林匹克，2005）

证明 如图 8.47 所示，设直线 AH 与 MN 交于 H'，AO 与 EF 交于 O'，则 $AH' \perp MN$，$AO' \perp EF$，所以 A、O'、H'、D 共圆. 显然，M、N、E、F 共圆，A、E、H、F 共圆，A、M、O、N 共圆. 于是，作反演变换 $I(A, \overline{AF} \cdot \overline{AM})$，则 H、H' 互为反点，O、O' 互为反点，所以，$\odot(AO'H'D)$ 的反形为直线 OH. 又直线 AD 是自反形，直线 OD 过 $\odot(AO'H'D)$ 的圆心，即 $\odot(AO'H'D)$ 与直线 AD 正交，故直线 OH 与直线 AD 正交，即 $AD \perp OH$.

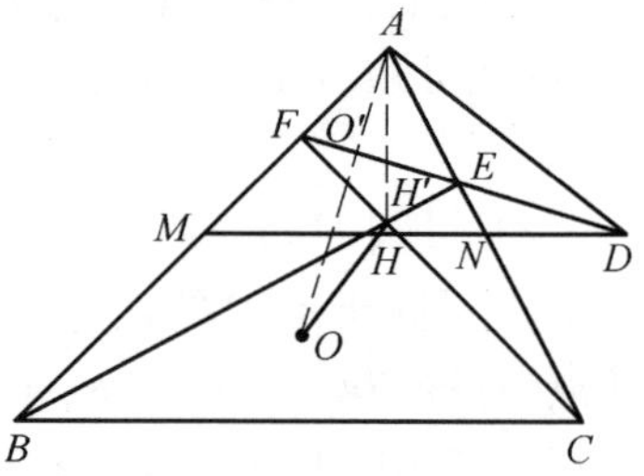

图 8.47

32. 设 AB 是圆 Γ 的直径，l 是过点 B 的切线，C、M、D 为直线 l 上依次排列的三个点，且 $CM = MD$，直线 AC、AD 分别与圆 Γ 交于 P、Q 两点. 求证：如果 $\angle CAD \neq 90°$，则在直线 AM 上存在一点 R，使得 RP 和 RQ 均与圆 Γ 相切①.（中国国家队培训，2003）

证明 如图 8.48 所示，作反演变换 $I(A, AB^2)$，则圆 Γ 与过点 B 的切线 l 互为反形，P、C 互为反点，Q、D 互为反点. 设以 CD 为直径的圆为 ω. 由于 $\angle CAD \neq 90°$，所以，圆 ω 不过反演中心 A，因而圆 ω 的反形 ω' 仍是一个圆，且圆 ω' 与圆 Γ 交于 P、Q 两点. 因直线 l 与圆 ω 正交，所以圆 ω' 与圆 Γ 正交. 于是，设圆 ω' 的圆心为 R，则 R 与圆 ω 的圆心 M 以及反演中心 A 三点在一条直线上，即 R 在直线 AM 上，且 RP 和 RQ 均与圆 Γ 相切.

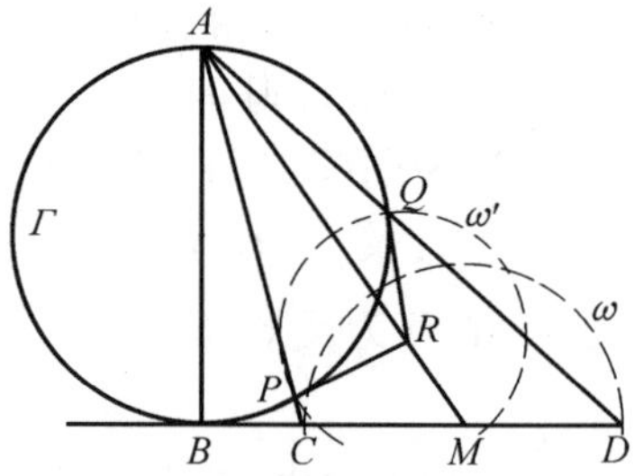

图 8.48

33. 设 $\triangle ABC$ 的内切圆与边 BC、CA、AB 分别切于 D、E、F，X 是 $\triangle ABC$ 内的

① 原题无条件"$\angle CAD \neq 90°$"疑有误.

一点，$\triangle XBC$ 的内切圆也在点 D 处与 BC 相切，并与 XB、XC 分别切于点 Y、Z. 证明，E、F、Y、Z 四点共圆.(第 36 届 IMO 预选，1995)

证明 如图 8.49 所示，任取 $k>0$，作反演变换 $I(D,k)$，则直线 BC 是自反直线，直线 AB、AC、XB、XC 的反形 Γ_1、Γ_2、Γ_3、Γ_4 是四个都通过点 D 的圆，$\triangle ABC$ 的内切圆和 $\triangle XBC$ 的内切圆的反形则是与 BC 平行的两条直线 l_1、l_2，如果设 B、C、E、F、Y、Z 的反点分别为 B'、C'、E'、F'、X'、Y'，则圆 Γ_1 与 Γ_3 皆通过点 B'，圆 Γ_2 与 Γ_4 皆通过点 C'，直线 l_1 是圆 Γ_1 与 Γ_2 的一条公切线，切点分别为 F'、E'，直线 l_2 是圆 Γ_3 与 Γ_4 的一条公切线，切点分别为 Y'、Z'(图 8.50). 因圆 Γ_1 与 Γ_3 交于 B'、D 两点，且圆 Γ_1 在点 F' 的切线 l_1 和圆 Γ_3 在点 Y' 的切线 l_2 皆平行于 $B'D$，所以，$Y'F'\perp BD$. 同理，$Z'E'\perp DC$. 由此可知，四边形 $E'F'Y'Z'$ 是一个矩形，因而 E'、F'、Y'、Z' 四点共圆，故 E、F、Y、Z 四点共圆.

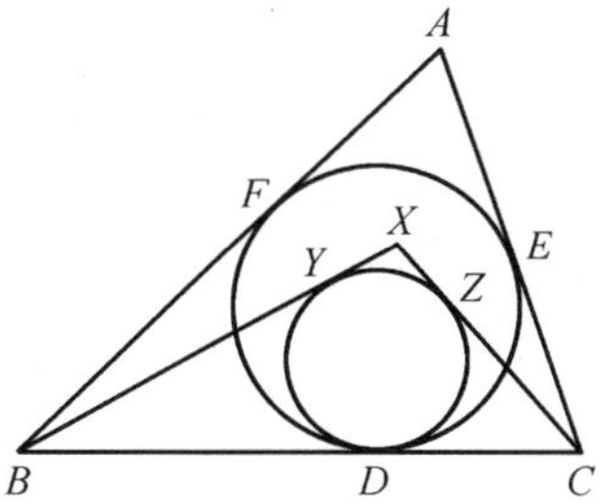

图 8.49

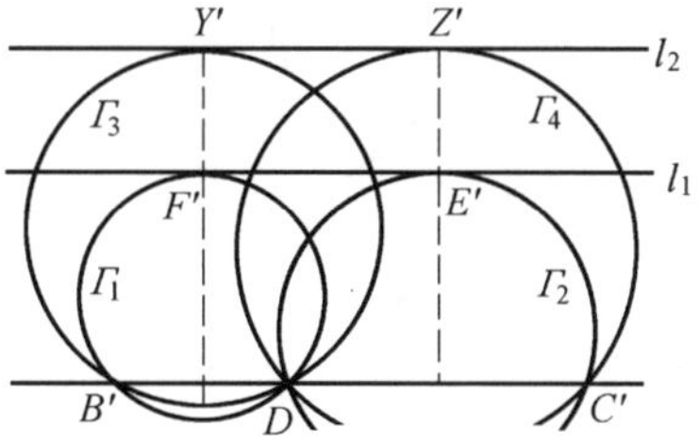

图 8.50

34. 证明：任意两圆都可以通过反演变换使它们的反形成为两个等圆.

证明 如图 8.51，8.52 所示，设圆 Γ_1 与 Γ_2 是任意两个不等的圆(如果两圆相等，在两圆的垂直于连心线的对称轴上任取不在圆上的一点为反演中心任意作一个反演变换，则其反形仍是两个等圆)，由定理 8.4.2，存在一个反演变换，使得圆 Γ_1 和 Γ_2 互为反形. 今在其反演圆上取既不在圆 Γ_1 上也不在圆 Γ_2 上的一点 O 为反演中心任作一反演变换，则圆 Γ 的反形是一条直线 l，圆 Γ_1 和 Γ_2 的反形 Γ_1' 和 Γ_2' 仍然是两个圆，由第 7 题，圆 Γ_1' 与 Γ_2' 关于直线 l 对称，因而圆 Γ_1' 与 Γ_2' 是相等的.

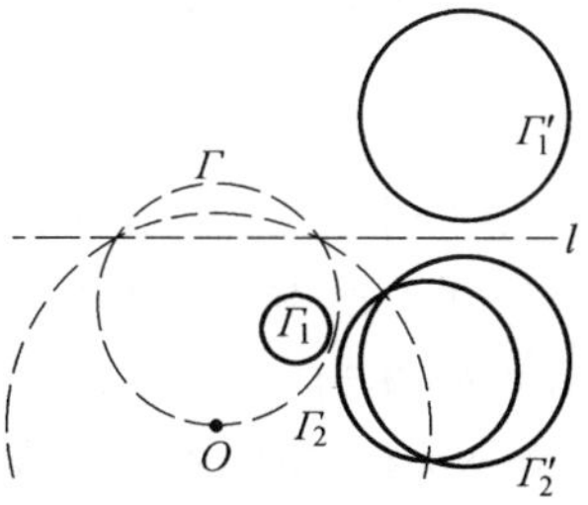

图 8.51

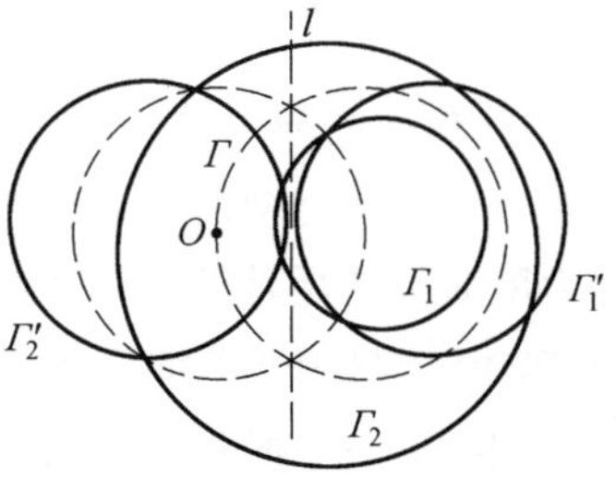

图 8.52

35. 已知两圆为另两圆在某个反演变换下的反形. 证明:与其中三个圆同时内切或同时外切的圆,也一定与第四个圆相切.

证明 如图 8.53 ~ 8.55 所示,设圆 Γ_1 与 Γ_1' 互为反形,圆 Γ_2 与 Γ_2' 互为反形,圆 Γ 与圆 Γ_1、Γ_1'、Γ_2 同时相切,且圆 Γ 与圆 Γ_1 及 Γ_1' 的切点分别为 S、T. 由定理8.4.1,互为反形的两圆的反演中心是这两圆的一个位似中心. 又两圆相切时,切点是两圆的一个位似中心,所以 S、T 与反演中心在一直线上,从而 S、T 互为反点. 由推论 8.1.5,圆 Γ 是自反圆. 而圆 Γ_2 与圆 Γ 相切,圆 Γ_2' 是圆 Γ_2 的反形,再由反演变换的保角性即知圆 Γ 与圆 Γ_2' 相切.

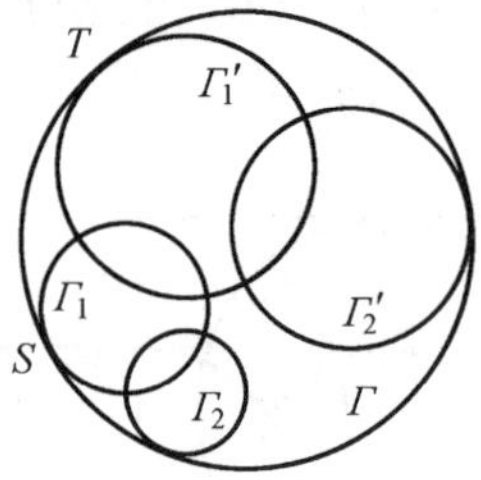

图 8.53

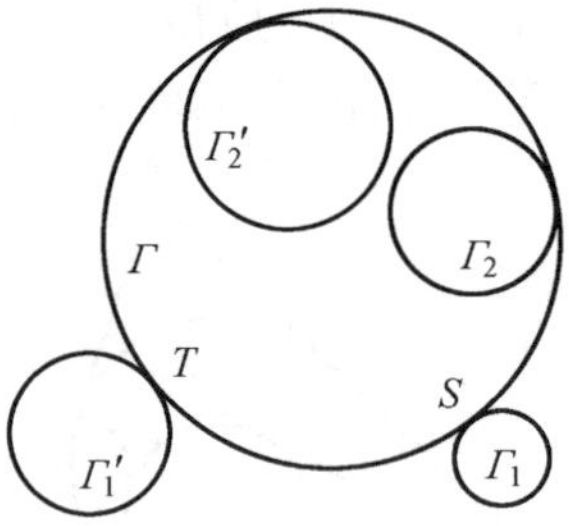

图 8.54

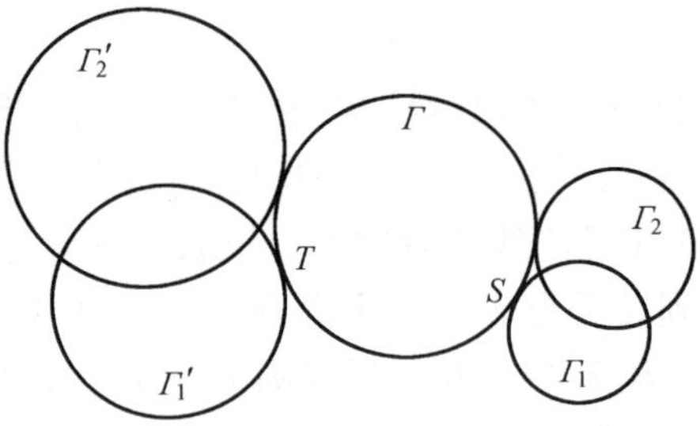

图 8.55

36. 设 O、I 分别为 $\triangle ABC$ 的外心与内心,R、r 分别为 $\triangle ABC$ 的外接圆半径和内切圆半径,$\triangle ABC$ 的内切圆与其三边分别切于 D、E、F,G 为 $\triangle DEF$ 的重心. 求证: O、I、G 三点共线,且 $\frac{IG}{OI}=\frac{r}{3R}$.

证明 如图 8.56 所示,设 EF、FD、DE 的中点分别为 L、M、N,以 $\triangle ABC$ 的内切圆为反演圆作反演变换,则 A、B、C 的反点分别为 L、M、N,所以,$\triangle ABC$ 的外接圆与 $\triangle LMN$ 的外接圆 —— 即 $\triangle DEF$ 的九点圆互为反形,于是,设 $\triangle DEF$ 的九点圆圆心为 N_e,则 O、I、N_e 三点共线. 又 I 为 $\triangle DEF$ 的外心,I、G 在 $\triangle DEF$ 的 Euler线上,而三角形的九点圆圆心也在三角形的 Euler线上,即 I、G、N_e 三点

共线,所以 O、I、G 三点共线.

另一方面,由定理 8.4.1,反演中心 I 是 $\triangle ABC$ 的外接圆与 $\triangle DEF$ 的九点圆的一个内位似中心,所以,$\dfrac{\overline{IN_e}}{\overline{IO}}=-\dfrac{r}{2R}$. 再注意 G 是 $\triangle ABC$ 的内切圆与 $\triangle DEF$ 的九点圆的内位似中心,所以,$\dfrac{\overline{GN_e}}{\overline{GI}}=-\dfrac{1}{2}$,因而$\dfrac{\overline{IG}}{\overline{IN_e}}=\dfrac{2}{3}$. 于是

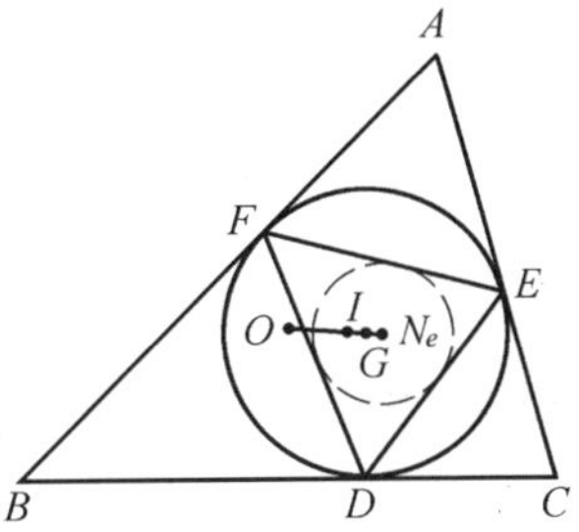

图 8.56

$$\frac{\overline{IG}}{\overline{IO}}=\frac{\overline{IG}}{\overline{IN_e}}\cdot\frac{\overline{IN_e}}{\overline{IO}}=\frac{2}{3}\cdot\left(-\frac{r}{2R}\right)=-\frac{r}{3R}$$

故
$$\frac{IG}{OI}=\frac{r}{3R}$$

37.证明**Fuss 定理**:设双圆四边形的外接圆半径与内切圆半径分别为 R、r,两圆心的距离为 d,则

$$\frac{1}{(R+d)^2}+\frac{1}{(R-d)^2}=\frac{1}{r^2}$$

证明 如图 8.57 所示,设 $ABCD$ 是一个双圆四边形,其内心和外心分别为 I、O,内切圆与边 AB、BC、CD、DA 分别切于 P、Q、R、S,由 Newton 定理(例 6.2.7),PR、QS、AC、BD 交于一点 T. 以其内切圆为反演圆作反演变换,则 A、B、C、D 的反点 A'、B'、C'、D' 分别是 SP、PQ、QR、RS 的中点,由例 8.3.8,$PR\perp QS$,$A'B'C'D'$ 是一个矩形,其中心为 IT 的中点 M,且 O、I、T、M 四点共线. 因而矩形 $A'B'C'D'$ 的外接圆为四边形 $ABCD$ 的外接圆的反形. 设直线 OI 与矩形 $A'B'C'D'$ 的外接圆交于 X、Y 两点,则 $XI=TY$,且

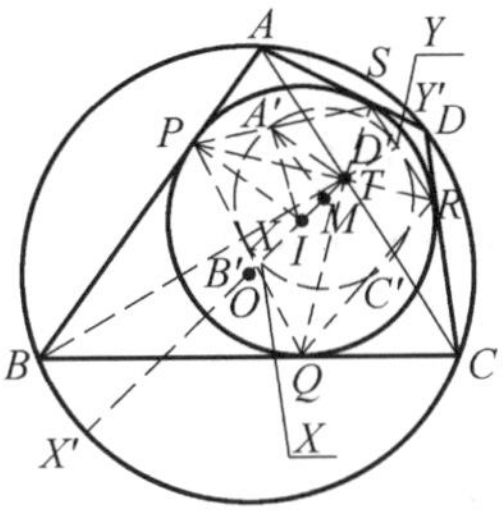

图 8.57

$$IX^2+IY^2=(XM-IM)^2+(IM+MY)^2=$$
$$(A'M-IM)^2+(IM+A'M)^2=2(A'M^2+IM^2)$$

由三角形的中线计算公式,并注意 $A'T=A'P$,$A'I\perp A'P$,有

$$2(A'M^2+IM^2)=A'I^2+A'T^2=A'I^2+A'P^2=IP^2=r^2$$

因此,$IX^2+IY^2=r^2$.

另一方面,设 X 和 Y 的反点分别为 X'、Y',则 $IX\cdot IX'=r^2$,$IY\cdot IY'=r^2$,而 X'、Y' 皆在四边形 $ABCD$ 的外接圆上,所以 $IX'=OX'+IO=R+d$,$IY=OY-IO=R-d$,从而

$$IX = \frac{r^2}{R+d}, IY = \frac{r^2}{R-d}$$

代入 $IX^2 + IY^2 = r^2$,便有

$$\frac{r^4}{(R+d)^2} + \frac{r^4}{(R-d)^2} = r^2$$

左右两边同除以 r^4 即得欲证.

38.设 O 是 $\triangle ABC$ 的外心,L、M、N 分别为 $\triangle ABC$ 的边 BC、CA、AB 的中点,证明:$\triangle OAL$、$\triangle OBM$、$\triangle OCN$ 的三个外心在一条直线上.

证明 如图 8.58 所示,设 R 为 $\triangle ABC$ 的外接圆半径,O_1、O_2、O_3 分别为 $\triangle OAL$、$\triangle OBM$、$\triangle OCN$ 的外心. 作反演变换 $I(O, R2)$,则 A、B、C 都是自反点.设 L、M、N 的反点分别为 D、E、F,则 EF、FD、DE 分别为 $\triangle ABC$ 的外接圆在顶点 A、B、C 处的切线,$\triangle OAL$ 的外接圆的反形为直线 AD,$\triangle OBM$ 的反形为直线 BE,$\triangle OCN$ 的反形为直线 CF,而 AD、BE、CF 三线交于一点 K(K 是 $\triangle ABC$ 的陪位重心——即 $\triangle ABC$ 的重心的等角共轭点),所以,AD、BE、CF 的反形除 O 外还有一个公共点 K'(K' 是 K 的反点),即 $\triangle OAL$、$\triangle OBM$、$\triangle OCN$ 它们的外接圆有两个公共点 O、K',故它们的外心 O_1、O_2、O_3 在一直线上.

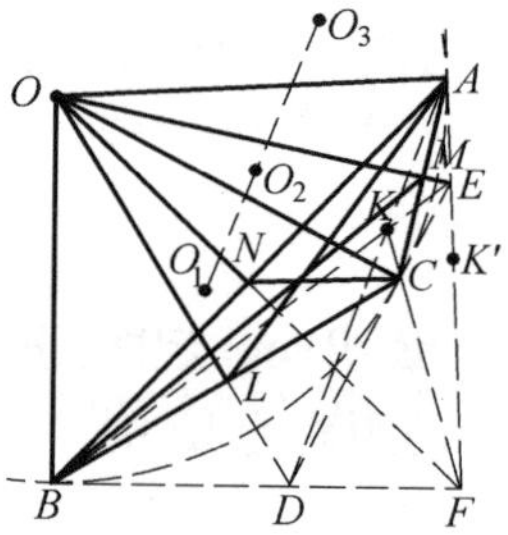

图 8.58

39.设外离两圆 $\odot O_1$ 与 $\odot O_2$ 的两条内公切线分别为 P_1P_2、Q_1Q_2,P_1、Q_1,P_2、Q_2 为切点,弦 P_1Q_1、P_1Q_2 的中点分别为 M_1、M_2,过两内公切线的交点 O 且垂直于连心线 O_1O_2 的直线与过 P_1、Q_1、P_2、Q_2 四点的圆交于一点 A.求证:$\angle O_1AM_1 = \angle O_2AM_2$.

证明 如图 8.59 所示,作反演变换 $I(O, -AO^2)$,则 P_1、P_2 互为反点,Q_1、Q_2 互为反点.又 $\angle O_1P_1P_2 = \angle O_1M_2P_2$($=90°$),所以 O_1、P_2、M_2、P_1 四点共圆,从而 O_1 与 M_2 互为反点.这说明 $O_1O \cdot OM_2 = AO^2$,因此,$\angle O_1AM_2 = 90°$. 同理,$\angle M_1AO_2 = 90°$.故

$$\angle O_1AM_1 = \angle O_2AM_2$$

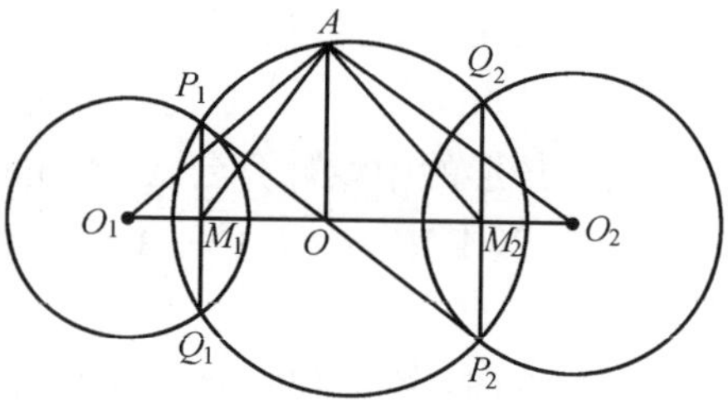

图 8.59

40. 设半径分别为 R、$r(R>r)$ 的大小两圆内切于点 A，AB 是大圆的直径，l 是与大圆切于 B 的直线. 在两圆的间隙作互相外切且与已知两圆均相切的两圆 $\odot O_1$、$\odot O_2$，它们与大圆的切点分别为 S、T，直线 AS、AT、AO_1、AO_2 分别与直线 l 交于 P、Q、M、N. 求证

(1) $PQ=\dfrac{2R(R-r)}{r}$;

(2) $MN=\dfrac{4R(R-r)}{R+r}$.

证明 如图 8.60 所示，作反演变换 $I(A,4Rr)$，则小圆的反形为直线 l. 设点 B 的反点为 B'，则 AB' 为小圆的直径，大圆的反形为小圆在点 B' 处的切线 l'. 因 $\odot O_1$ 与 $\odot O_2$ 互相外切，且与已知大小两圆均相切，所以 $\odot O_1$ 与 $\odot O_2$ 的反形则是两个互相外切且以两平行线 l 和 l' 为两条外公切线的等圆，记为 $\odot O_1'$，$\odot O_2'$. AP、AQ 与直线 l 的交点 S'、T' 分别为点 S、T 的反点，因而是 $\odot O_1'$ 和 $\odot O_2'$ 与直线 l' 的切点，所以 $S'T'$ 的长等于 $\odot O_1'$（或 $\odot O_2'$）的直径. 即有 $S'T'=BB'=2(R-r)$，于是，由 $\triangle APQ\backsim\triangle AS'T'$ 即得

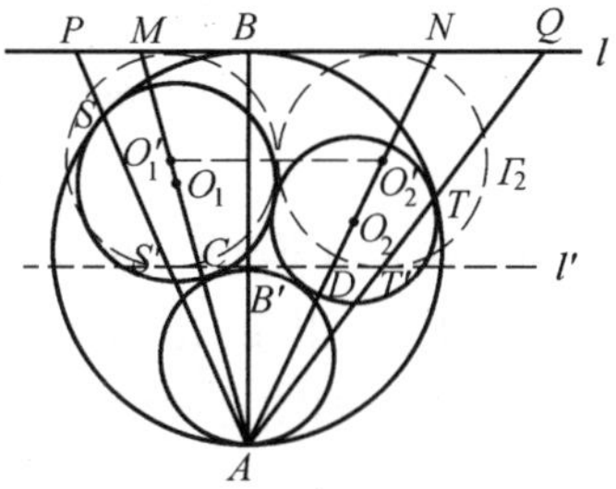

图 8.60

$$PQ=\frac{S'T'\cdot AB}{AB'}=\frac{2(R-r)\cdot 2R}{2r}=\frac{2R(R-r)}{r}$$

这就证明了(1).

再证明(2). 设 AM、AN 与直线 l' 分别交于 C、D，则由 $\triangle ACD\backsim\triangle AO_1'O_2'$ 不难得到

$$CD=\frac{O'_1O'_2\cdot AB'}{AB'+\frac{1}{2}BB'}=\frac{2(R-r)\cdot 2r}{2r+(R-r)}=\frac{4(R-r)r}{R+r}$$

于是再由 $\triangle AMN\backsim\triangle ACD$ 即得

$$MN=CD\cdot\frac{AB}{AB'}=\frac{4(R-r)r}{R+r}\cdot\frac{2R}{2r}=\frac{4R(R-r)}{R+r}$$

41. 设 r 为 $\triangle ABC$ 的内切圆半径，与 $\triangle ABC$ 的外接圆相切且外切于 $\triangle ABC$ 的内心的两圆的半径分别为 r_1、r_2. 求证：$\dfrac{1}{r_1}+\dfrac{1}{r_2}=\dfrac{2}{r}$.

证明 如图 8.61 所示，设 $\triangle ABC$ 的内心为 I，内切圆与边 BC、CA、AB 分别切于 D、E、F，以内切圆为反演圆作反演变换，则 A、B、C 的反点 A'、B'、C' 分别为 EF、FD、DE 的中点，$\triangle ABC$ 的外接圆的反形为 $\triangle A'B'C'$ 的外接圆，外切于内心 I 的两圆的反形为 $\triangle A'B'C'$ 的外接圆的两条平行切线 t_1、t_2. 设 I 到切线 t_1、

t_2 的距离分别为 d_1、d_2，则 d_1+d_2 为 $\triangle A'B'C'$ 的外接圆直径，但 $\triangle A'B'C'$ 的外接圆半径等于 $\triangle DEF$ 的外接圆的半径的一半，而 $\triangle DEF$ 的外接圆即 $\triangle ABC$ 的内切圆，所以，$d_1+d_2=r$.

另一方面，由定理 8.4.4，有 $2d_1r_1=2d_2r_2=r^2$，所以

$$d_1=\frac{r^2}{2r_1},d_2=\frac{r^2}{2r_2}$$

代入 $d_1+d_2=r$ 即得欲证.

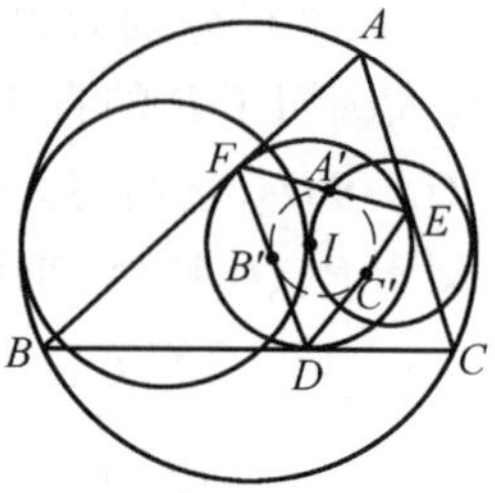

图 8.61

42. 设 $\triangle ABC$ 的外接圆半径为 R，A- 旁切圆半径为 r_a，外心与 A- 旁心的距离为 d. 求证：$d^2=R^2+2Rr_a$.

证明 如图 8.62 所示，设 D、E、F 分别为 $\triangle ABC$ 的 A- 旁切圆与边 BC、CA、AB 所在直线的切点，O、I_a 分别为 $\triangle ABC$ 的外心和 A- 旁心. 作反演变换 $I(I_a,r_a^2)$，则 A、B、C 的反点 A'、B'、C' 分别为 EF、FD、DE 的中点，于是 $\triangle ABC$ 的外接圆的反形是 $\triangle A'B'C'$ 的外接圆. 因 $\triangle DEF$ 的外接圆半径为 r_a，所以 $\triangle A'B'C'$ 的外接圆半径为 $\frac{1}{2}r_a$. 又因点 I_a 对 $\triangle ABC$ 的外接圆的幂

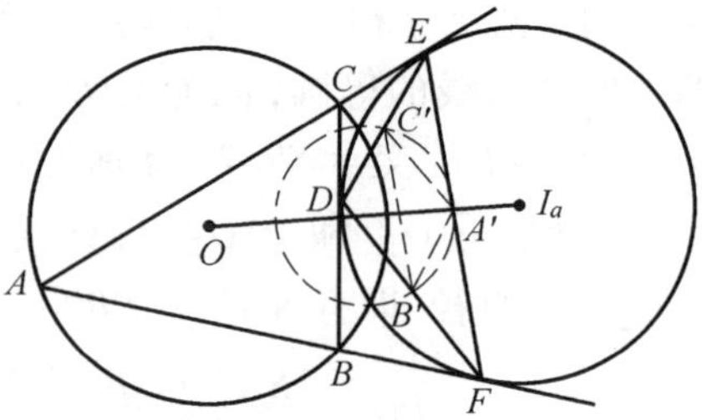

图 8.62

$$\rho=I_aO^2-R^2=d^2-R^2>0$$

于是由定理 8.4.3

$$\frac{1}{2}r_a=\frac{r_a^2}{d^2-R^2}\cdot R$$

整理即得 $d^2=R^2+2Rr_a$.

43. 设 $\triangle ABC$ 的外接圆半径是 r，半径分别为 r_1、r_2 的两圆 Γ_1 与 Γ_2 均过点 A，且与直线 BC 分别相切于点 B、C. 证明：r_1、r、r_2 成等比数列.（第 45 届保加利亚（冬季）数学竞赛，1996）

证明 如图 8.63 所示，任取 $k>0$，作反演变换 $I(A,k)$，设 B、C 的反点分别为

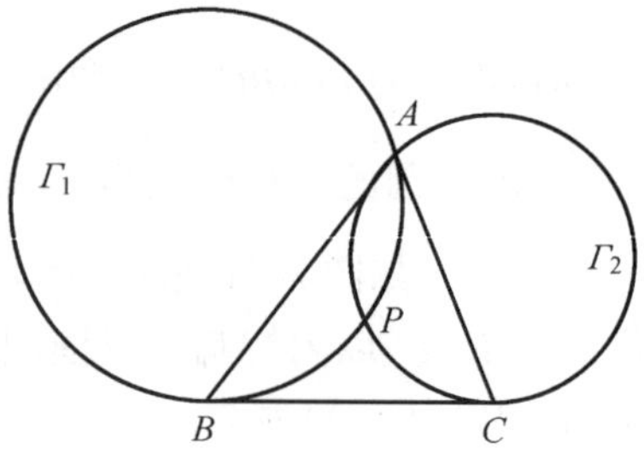

图 8.63

B'、C'，则切线 BC 的反形为过点 A、B'、C' 三点的圆 Γ，圆 Γ_1 与 Γ_2 的反形为圆 Γ 的两条切线，圆 Γ_1 与 Γ_2 的另一交点 P 的反点 P' 是两切线的交点，而 $\triangle ABC$ 的外接圆的反形则为直线 $B'C'$.

如图 8.64 所示，设点 A 到 $\triangle P'B'C'$ 的三边 $B'C'$、$P'B'$、$P'C'$ 上的射影分别为 D、E、F，因 $\angle AB'E = \angle AC'D$，$\angle DB'A = \angle FC'A$，所以 $\triangle AEB' \backsim \triangle ADC'$，$\triangle AB'D \backsim \triangle AC'F$，从而

$$\frac{AE}{AD} = \frac{AB'}{AC'} = \frac{AD}{AF}$$

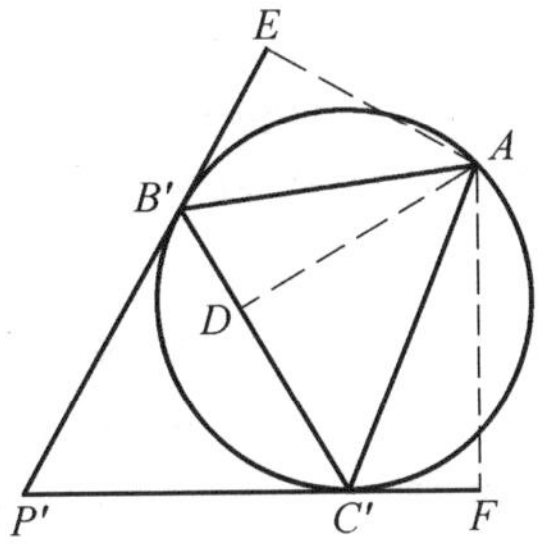

图 8.64

因此 $AD^2 = AE \cdot AF$.

另一方面，由定理 8.4.4

$$AD = \frac{k}{2r}, AE = \frac{k}{2r_1}, AF = \frac{k}{2r_2}$$

代入 $AD^2 = AE \cdot AF$ 立即可得 $r^2 = r_1r_2$. 故 r_1、r、r_2 成等比数列.

44. 设 C 是半圆的直径 AB 上一定点，以 AC 为直径在半圆内再作半圆，P、Q 分别为半圆 Γ_1、Γ_2 上的两个动点，且 $PQ \perp AB$. 求证：$\triangle APQ$ 的外接圆的大小与 P、Q 的位置无关.

证明　如图 8.65 所示，任取 $k > 0$，作反演变换 $I(A, k)$，设 PQ 与 AB 的交点为 D，B、C、D、P、Q 的反点分别为 B'、C'、D'、P'、Q'，则半圆圆 Γ_1、Γ_2 的反形分别是以 B'、C' 为端点的两条与 AB 垂直的射线 $B'P'$、$C'Q'$，射线 DP 的反形是以 AD' 为直径的半圆（图 8.66），过 A 作直线 $P'Q'$ 的垂线，垂足为 E，则 $\angle D'P'Q' = \angle D'A'Q'$. 又 E'、A、C'、Q' 四点共圆，所以 $\angle D'AQ' = \angle C'EQ'$，从而 $\angle D'P'Q' = \angle C'EQ'$，这说明 $C'E \parallel D'P'$，因此 $\angle P'D'A = \angle EC'A$. 再注意 A、B'、P'、E 四点共圆，所以 $\angle AEB' = \angle AP'B' = \angle P'D'A = \angle EC'A$，于是 $\triangle AEB' \backsim \triangle AC'E$. 这样便有 $AE^2 = AB' \cdot AC'$.

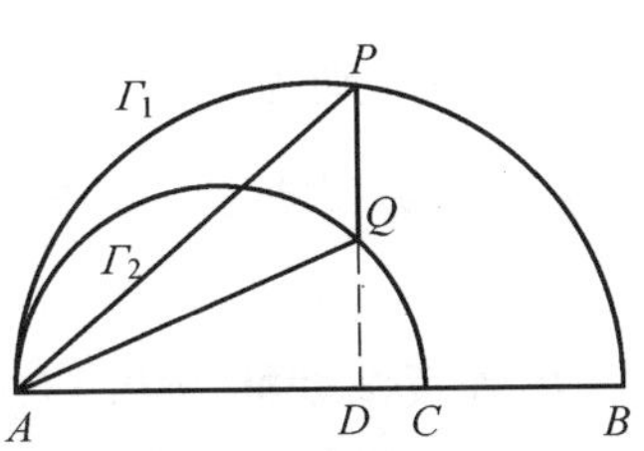

图 8.65

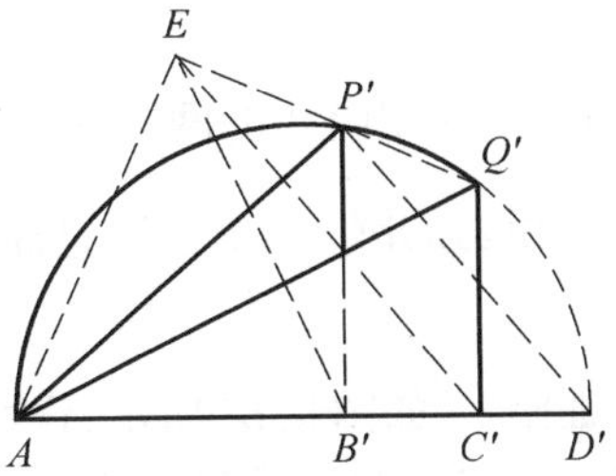

图 8.66

另一方面，设半圆 Γ_1、Γ_2 的半径分别为 R、r，$\triangle APQ$ 的外接圆半径为 R'，

则由定理 8.4.4,$AE=\frac{k}{2R'}$,$AB'=\frac{k}{2R}$,$AC'=\frac{k}{2r}$.代入 $AE^2=AB'\cdot AC'$ 即得 $R'=\sqrt{Rr}$ 为定值.故 $\triangle APQ$ 的外接圆的大小与 P、Q 的位置无关.

45. 在 Pappus 累圆定理中,设两个原圆的半径分别为 R、$r(R>r)$.求证:第 n 圆的半径为

$$r_n=\frac{Rr(R-r)}{Rr+n^2(R-r)^2}$$

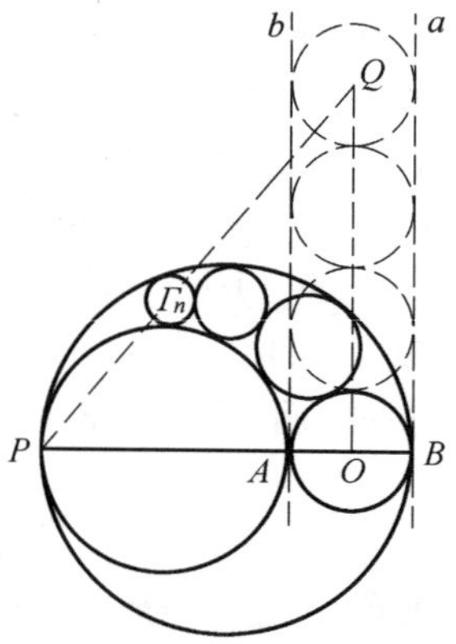

图 8.67

证明 如图 8.67 所示(对应 $n=4$),作反演变换 $I(A,4Rr)$,则 A、B 互为反点,始圆为自反圆,两个原圆的反形为始圆在 A、B 两点的两条平行切线 a、b,第 1 圆、第 2 圆、……、第 n 圆的反形是与直线 a、b 均相切的等圆,且第 1 圆的反形与始圆的反形相切,第 2 圆的反形与第 1 圆的反形相切,第3圆的反形与第2圆的反形相切,……,第 n 圆 Γ_n 的反形与第$n-1$ 圆的反形相切.

设始圆的圆心为 O,第 n 圆的反形的圆心为 Q,显然,始圆的半径等于 $R-r$,因而 $\odot Q$ 的半径也等于 $R-r$,且 $OQ=2n(R-r)$.又

$$PO=PA+AO=2r+(R-r)=R+r$$

于是点 P 到 $\odot Q$ 的幂

$$\begin{aligned}\rho&=PQ^2-(R-r)^2=PO^2+OQ^2-(R-r)^2=\\&(R+r)^2+4n^2(R-r)^2-(R-r)^2=\\&4Rr+4n^2(R-r)^2\end{aligned}$$

再注意到反演幂等于 $4Rr$,故由定理 8.4.3 即知第 n 圆的半径为

$$r_n=\frac{4Rr(R-r)}{\rho}=\frac{Rr(R-r)}{Rr+n^2(R-r)^2}$$

46. 在互相内切的两圆的间隙中,依次作三个半径分别为 r_1、r_2、r_3,与两已知圆都相切的圆 Γ_1、Γ_2、Γ_3,且圆 Γ_2 与圆 Γ_1、Γ_3 均外切.求证:$\frac{1}{r_1}-\frac{2}{r_2}+\frac{1}{r_3}$ 为常数.

证明 如图 8.68 所示,设两个定圆内切于 P.作反演变换 $I(P,1)$,则两个定圆的反形为两条平行直线,圆 Γ_1、Γ_2、Γ_3 的反形是与两条平行直线均相切的三个等圆(图 8.69),且中间的圆依然与首末两圆均外切.设这三个等圆的半径为 r',圆心依次为 O_1、O_2、O_3,则由点对圆的幂地定义及定理 8.4.3

$$r_i = \frac{r'}{PO_i^2 - r'^2}$$

所以，$\frac{1}{r_i} = \frac{PO_i^2}{r'} - r'(i = 1,2,3)$.

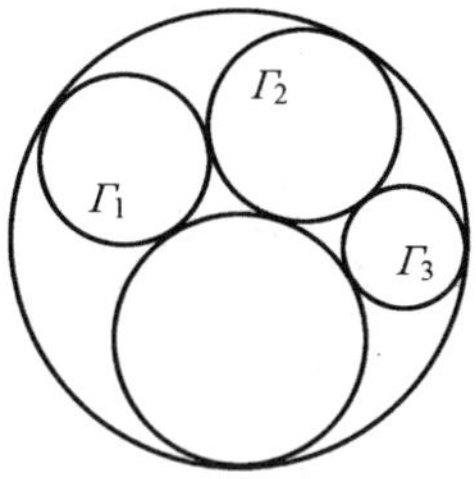

图 8.68

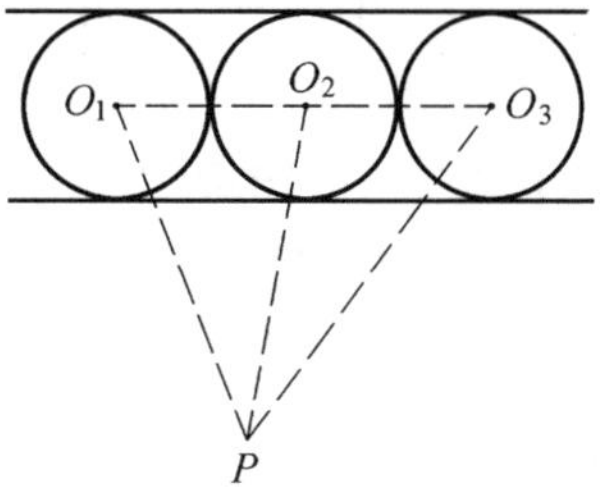

图 8.69

又由三角形的中线公式，有

$$PO_1^2 - 2PO_2^2 + PO_3^2 = \frac{1}{2}O_1O_3^2 = \frac{1}{2}(4r')^2 = 8r'^2$$

于是

$$\frac{1}{r_1} - \frac{2}{r_2} + \frac{1}{r_3} = \frac{PO_1^2 - 2PO_2^2 + PO_3^2}{r'} - (r' - 2r' + r') = \frac{8r'^2}{r'} = 8r'$$

另一方面，设两个定圆的半径分别为 R、$r(R > r)$，点 P 到两条平行线的距离分别为 d_1、$d_2(d_1 < d_2)$，则由定理 8.4.4 有 $d_1 = \frac{1}{2r}, d_2 = \frac{1}{2R}$，所以

$$r' = \frac{1}{2}(d_1 - d_2) = \frac{1}{4}(\frac{1}{r} - \frac{1}{R})$$

故

$$\frac{1}{r_1} - \frac{2}{r_2} + \frac{1}{r_3} = 8 \cdot \frac{1}{4}(\frac{1}{r} - \frac{1}{R}) = 2(\frac{1}{r} - \frac{1}{R})$$

是一个常数(与圆 Γ_1、Γ_2、Γ_3 在两内切定圆间隙中的位置无关).

47. 在 Pappus 累圆定理中，如果第 1 圆是与 AB 及两个原圆都相切的圆. 求证

(1) 第 n 圆的圆心到 AB 的距离等于第 n 圆半径的 $(2n - 1)$ 倍；

(2) 如果两个原圆的半径分别为 R、$r(R > r)$，则第 n 圆的半径为

$$r_n = \frac{4Rr(R - r)}{4Rr + (2n - 1)^2(R - r)^2}$$

证明　如图 8.70 所示(对应 $n = 4$)，以 P 为反演中心，点 P 对第 1 圆的幂为反演幂作反演变换，则第 1 圆是自反圆，两个原圆的反形是第 1 圆的两条平行

切线 a、b，且 a、b 皆垂直于 AB. 第 1 圆、第 2 圆、……、第 n 圆的反形皆是与直线 a、b 均相切的等圆，且第 1 圆的反形与始圆的反形相切，第 2 圆的反形与第 1 圆的反形相切，第 3 圆的反形与第 2 圆的反形相切，……，第 n 圆的反形与第 $n-1$ 圆的反形相切.

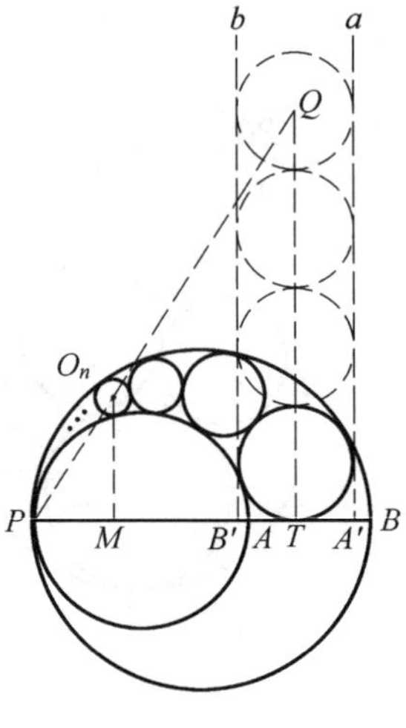

图 8.70

设第 1 圆与 AB 相切于 T，第 1 圆的半径为 r_1，第 n 圆的圆心为 O_n，半径为 r_n，第 n 圆的反形的圆心为 Q，则 $QT=(2n-1)r_1$，由定理 8.4.1，点 P 是 $\odot O_n$ 与 $\odot Q$ 的位似中心，所以，$\dfrac{PO_n}{PQ}=\dfrac{r_n}{r_1}$.

过 O_n 作 AB 的垂线，设垂足为 M，则

$$\frac{O_nM}{QT}=\frac{PO_n}{PQ}=\frac{r_n}{r_1}$$

于是由 $QT=(2n-1)r_1$ 即得 $O_nM=(2n-1)r_n$. 故第 n 圆的圆心到 AB 的距离等于第 n 圆的半径的 $(2n-1)$ 倍. 这就证明了(1).

现在证明(2). 设 A、B 的反点分别为 A'、B'，则 A、B 为直线 a、b 与 AB 的两个交点. 因点 P 对第 1 圆的幂为 AT^2，所以 $PA\cdot PA'=PT^2$，$PB\cdot PB'=PT^2$，于是 $PA'=\dfrac{PT^2}{2r}$，$PB'=\dfrac{PT^2}{2R}$，从而

$$r_1=\frac{1}{2}(PA'-PB')=\frac{R-r}{4Rr}\cdot PT^2$$

又显然 T 是 $A'B'$ 的中点，所以

$$2PT=PA'+PB'=\frac{PT^2}{2r}+\frac{PT^2}{2R}=\frac{R+r}{2Rr}\cdot PT^2$$

因此 $PT=\dfrac{4Rr}{R+r}$. 这样便有

$$r_1=\frac{R-r}{4Rr}\cdot PT^2=\frac{4Rr(R-r)}{(R+r)^2}$$

另一方面，因 $\odot Q$ 的半径也等于 r_1，且点 P 对 $\odot Q$ 的幂

$$\rho=PQ^2-r_1^2=PT^2+TQ^2-r_1^2=$$
$$AT^2+(2n-1)^2r_1^2-r_1^2=AT^2+4n(n-1)r_1^2$$

而由定理 8.4.3

$$r_n=\frac{PT^2\cdot r_1}{\rho}=\frac{PT^2\cdot r_1}{PT^2+4n(n-1)r_1^2}$$

于是再将 r_1、PT 代入，整理即得

$$r_n = \frac{4Rr(R-r)}{(R+r)^2+4n(n-1)(R-r)^2} = \frac{4Rr(R-r)}{4Rr+(2n-1)^2(R-r)^2}$$

48. 设锐角$\triangle ABC$的外心为O,外接圆半径为R,直线AO与$\triangle OBC$的外接圆交于另一点A';类似可定义点B'、C'.证明

$$OA' \cdot OB' \cdot OC' \geqslant 8R^3$$

并指出等式在什么情况下成立?(第37届IMO预选,1996)

证明 如图8.71所示,设AA'与BC交于D,BB'与CA交于E,CC'与AB交于F,作反演变换$I(O,R^2)$,则A、B、C都是自反点,$\triangle OBC$的外接圆与直线BC互为反形,因而点A'、D互为反点.同理,点B'、E互为反点,点C'、F互为反点.因而

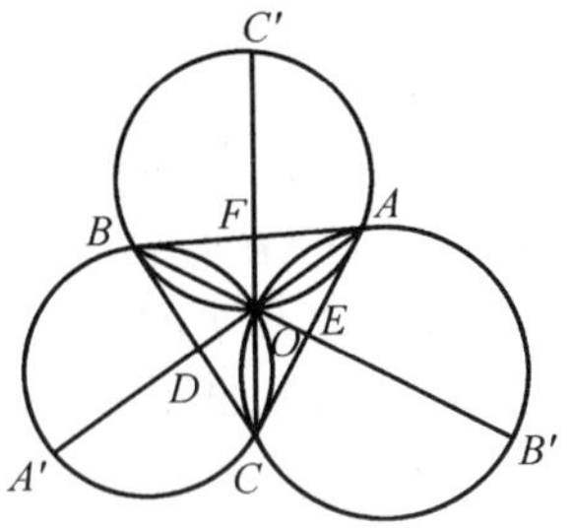

图8.71

$$OA' \cdot OD = OB' \cdot OE = OC' \cdot OF = R^2$$

于是问题等价于下面的不等式

$$OD \cdot OE \cdot OF' \leqslant \frac{1}{8}R^3$$

事实上,记$\triangle OBC$、$\triangle OCA$、$\triangle OAB$的面积分别为S_1、S_2、S_3,则

$$\frac{OA}{OD} = \frac{S_2}{S_{\triangle ODC}} = \frac{S_3}{S_{\triangle OBD}} = \frac{S_2+S_3}{S_{\triangle ODC}+S_{\triangle OBD}} = \frac{S_2+S_3}{S_1} \geqslant \frac{2\sqrt{S_2S_3}}{S_1}$$

同理

$$\frac{OB}{OE} \geqslant \frac{2\sqrt{S_3S_1}}{S_2}, \frac{OC}{OF} \geqslant \frac{2\sqrt{S_1S_2}}{S_3}$$

三式相乘,得

$$\frac{OA \cdot OB \cdot OC}{OD \cdot OE \cdot OF} \geqslant \frac{8\sqrt{S_2S_3}\sqrt{S_3S_1}\sqrt{S_1S_2}}{S_1S_2S_3} = 8$$

再注意$OA = OB = OC = R$即得欲证.等式成立$\Leftrightarrow S_1 = S_2 = S_3 \Leftrightarrow O$为$\triangle ABC$的重心$\Leftrightarrow \triangle ABC$为正三角形.

注 从这个证明可以看出,我们有下面更一般的命题:

如图8.72所示,设P是$\triangle ABC$内一点,直线AP交$\triangle PBC$的外接圆于另一点D,直线BP交$\triangle PCA$的外接圆于另一点E,直线CP交$\triangle PAB$的外接圆于另一点F,则有

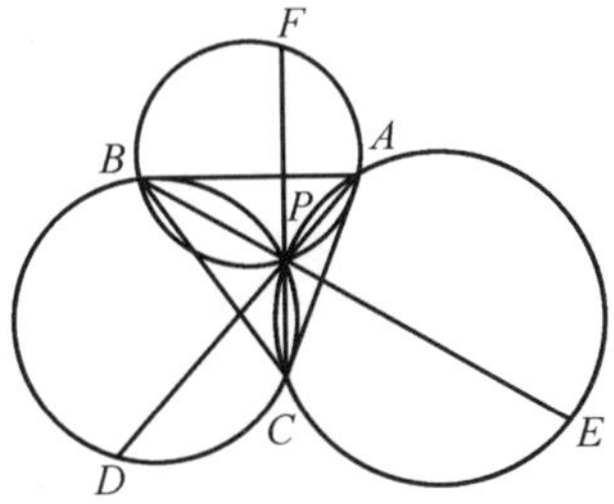

图8.72

$$PD \cdot PE \cdot PF \geqslant 8PA \cdot PB \cdot PC$$

49. 设 P 为 $\triangle ABC$ 的内部一点，P 到顶点 A、B、C 的距离分别为 x、y、z，P 到边 BC、CA、AB 的距离分别为 p、q、r. 求证

(1) $xy + yz + zx \geqslant 2(px + qy + rz)$；

(2) $\dfrac{1}{px} + \dfrac{1}{qy} + \dfrac{1}{rz} \geqslant 2\left(\dfrac{1}{xy} + \dfrac{1}{yz} + \dfrac{1}{zx}\right)$；

(3) $px + qy + rz \geqslant 2(pq + qr + rp)$；

(4) $\dfrac{1}{pq} + \dfrac{1}{qr} + \dfrac{1}{rp} \geqslant 2\left(\dfrac{1}{px} + \dfrac{1}{qy} + \dfrac{1}{rz}\right)$；

(5) $xyz \geqslant (p + q)(q + r)(r + p)$；

(6) $x^2y^2z^2 \geqslant pqr(x + y)(y + z)(z + x)$.

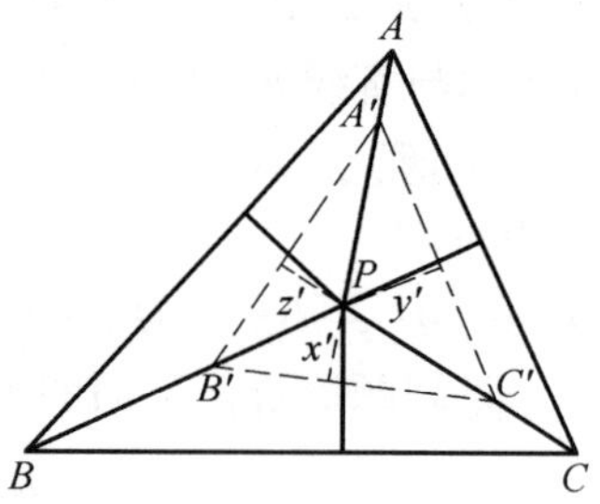

图 8.73

证明 (1) 如图 8.73 所示，作反演变换 $I(P,1)$，设 A、B、C 的反点分别为 A'、B'、C'，则点 P 仍在 $\triangle A'B'C'$ 内，且

$$PA' = \frac{1}{PA} = \frac{1}{x}$$

$$PB' = \frac{1}{PB} = \frac{1}{y}$$

$$PC' = \frac{1}{PC} = \frac{1}{z}$$

设点 P 到 $B'C'$、$C'A'$、$A'B'$ 的距离分别为 p'、q'、r'，则由 $\triangle PB'C' \backsim \triangle PCB$ 有

$$\frac{p'}{p} = \frac{PB'}{PC} = \frac{PB' \cdot PB}{PB \cdot PC} = \frac{1}{yz}$$

所以，$p' = \dfrac{p}{yz}$. 同理，$q' = \dfrac{q}{zx}$，$r' = \dfrac{r}{xy}$.

将 Erdös-Mordell 不等式与 Féjes 不等式用于 $\triangle A'B'C'$，则有

$$PA' + PB' + PC' \geqslant 2(p' + q' + r')$$

$$\frac{1}{p'} + \frac{1}{q'} + \frac{1}{r'} \geqslant 2\left(\frac{1}{PA'} + \frac{1}{PB'} + \frac{1}{PC'}\right)$$

于是

$$\frac{1}{x} + \frac{1}{y} + \frac{1}{z} \geqslant 2\left(\frac{p}{yz} + \frac{q}{zx} + \frac{r}{xy}\right)$$

$$\frac{yz}{p} + \frac{zx}{q} + \frac{xy}{r} \geqslant 2(x + y + z)$$

整理即得

$$xy + yz + zx \geqslant 2(px + qy + rz)$$

$$\frac{1}{px}+\frac{1}{qy}+\frac{1}{rz}\geqslant 2\left(\frac{1}{xy}+\frac{1}{yz}+\frac{1}{zx}\right)$$

这就证明了(1)和(2).

如图8.74所示,设点 P 在 $\triangle ABC$ 的边 BC、CA、AB 上的射影分别为 D、E、F. 作反演变换 $I(P,1)$,设 D'、E'、F' 分别为 D、E、F 的反点,则

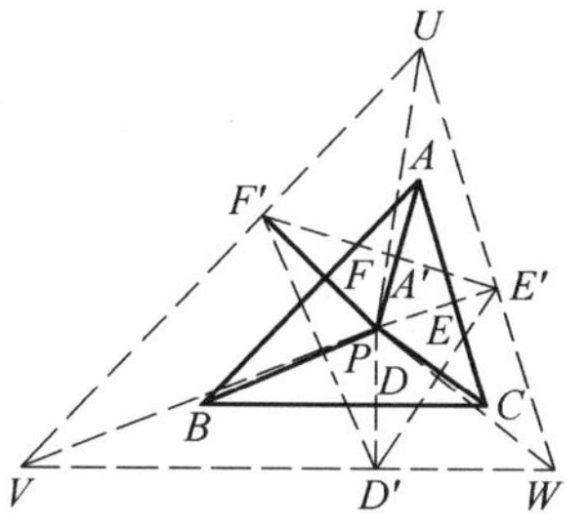

图 8.74

$$PD'=\frac{1}{PD}=\frac{1}{p}$$

$$PE'=\frac{1}{PE}=\frac{1}{q}$$

$$PF'=\frac{1}{PF}=\frac{1}{r}$$

过 D'、E'、F' 分别作 PD、PE、PF 的垂线构成 $\triangle UVW$. 再设点 A 的反点为 A',则 A、A'、E、E' 四点共圆,F'、F、A'、A 四点共圆,而 $PE'\perp AC$,$PF'\perp AB$,所以 $A'E'\perp PA$,$A'F'\perp PA$,这说明 E'、A'、F' 三点共线,且 $PA\perp E'F'$. 又 P、E'、U、F' 四点共圆,所以 $\angle F'UP=\angle F'E'P=\angle PAE$,故 $\triangle PUF\backsim\triangle PAE$. 于是 $\frac{PU}{PA}=\frac{PF'}{PE}=\frac{PF'\cdot PF}{PE\cdot PF}=\frac{1}{qr}$,所以 $PU=\frac{PA}{qr}=\frac{x}{qr}$. 同理,$PV=\frac{y}{rp}$,$PW=\frac{z}{pq}$.

将 Erdös-Mordell 不等式与 Féjes 不等式用于 $\triangle UVW$,则

$$PU+PV+W'\geqslant 2(PD'+PE'+PF')$$

$$\frac{1}{PD'}+\frac{1}{PE'}+\frac{1}{PF'}\geqslant 2\left(\frac{1}{PU}+\frac{1}{PV}+\frac{1}{PW}\right)$$

于是

$$\frac{x}{qr}+\frac{y}{rp}+\frac{z}{pq}\geqslant 2\left(\frac{1}{p}+\frac{1}{q}+\frac{1}{r}\right)$$

$$p+q+r\geqslant 2\left(\frac{qr}{x}+\frac{rp}{y}+\frac{pq}{z}\right)$$

整理即得

$$px+qy+rz\geqslant 2(pq+qr+rp)$$

$$\frac{1}{pq}+\frac{1}{qr}+\frac{1}{rp}\geqslant 2\left(\frac{1}{px}+\frac{1}{qy}+\frac{1}{rz}\right)$$

这就证明了(3)和(4).

为了证明(5),我们先给出一条引理

引理 设 A、B、C 是 $\triangle ABC$ 的三个内角,则有

$$\sin\frac{A}{2}\sin\frac{B}{2}\sin\frac{C}{2}\leqslant\frac{1}{8}$$

事实上,由三角函数的积化和差公式与半角公式,对任意 α,β,有

$$\sin\alpha\sin\beta=\frac{1}{2}[\cos(\alpha-\beta)-\cos(\alpha+\beta)]\leqslant$$

$$\frac{1}{2}[1-\cos(\alpha+\beta)]=\sin^2\frac{\alpha+\beta}{2}$$

于是

$$\sin\frac{A}{2}\sin\frac{B}{2}\leqslant\sin^2\frac{A+B}{4},\sin\frac{C}{2}\sin 30^\circ\leqslant\sin^2\frac{C+60^\circ}{4}$$

$$\sin\frac{A}{2}\sin\frac{B}{2}\sin\frac{C}{2}\sin 30^\circ\leqslant\sin^2\frac{A+B}{4}\sin^2\frac{C+60^\circ}{4}\leqslant$$

$$\sin^4\frac{A+B+C+60^\circ}{8}=\sin^4\frac{240^\circ}{8}=\sin^4 30^\circ$$

故

$$\sin\frac{A}{2}\sin\frac{B}{2}\sin\frac{C}{2}\leqslant\sin^3 30^\circ=\frac{1}{8}$$

现在给出(5)的证明.如图 8.75 所示,设点 P 在 $\triangle ABC$ 的边 BC、CA、AB 上的射影分别为 D、E、F,$\angle PAE=\alpha$,$\angle FAP=\beta$,则有

$$\frac{q+r}{x}=\sin\alpha+\sin\beta=2\sin\frac{\alpha+\beta}{2}\cos\frac{\alpha-\beta}{2}\leqslant$$

$$2\sin\frac{\alpha+\beta}{2}=2\sin\frac{A}{2}$$

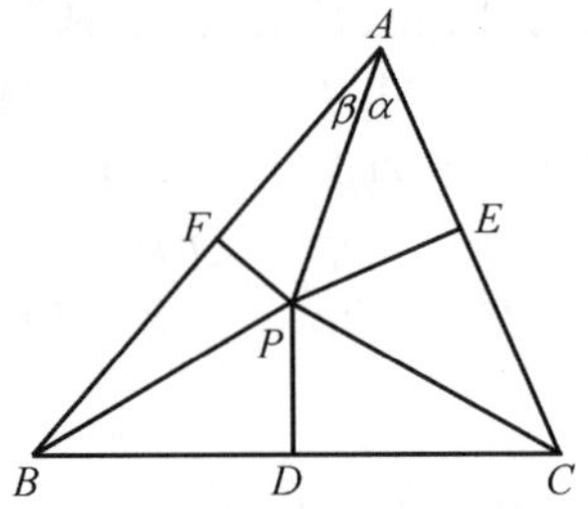

图 8.75

同理

$$\frac{r+p}{y}\leqslant 2\sin\frac{B}{2},\frac{p+q}{z}\leqslant 2\sin\frac{C}{2}$$

三式相乘,并注意引理,得

$$\frac{(q+r)(r+p)(p+q)}{xyz}\leqslant 8\sin\frac{A}{2}\sin\frac{B}{2}\sin\frac{C}{2}\leqslant 1$$

故 $xyz\geqslant(q+r)(r+p)(p+q)$.

(6) 如图 8.76 所示,作反演变换 $I(P,k)$ $(k>0)$,设 A、B、C、D、E、F 的反点分别为 A'、B'、C'、D'、E'、F',则

$$PA'=\frac{1}{x},PB'=\frac{1}{y},PC'=\frac{1}{z}$$

$$PD'=\frac{1}{p},PE'=\frac{1}{q},PF'=\frac{1}{r}$$

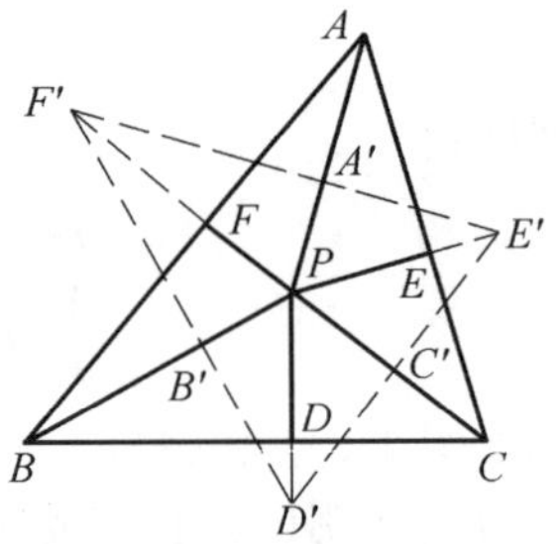

图 8.76

另一方面,因为 P、E、A、F 四点共圆,且 PA 为其直径,所以 E'、A'、F' 三点共线,且 $PA'\perp E'F'$.同理,F'、B'、D' 三点共线,D'、C'、E' 三点共线,且 $PB'\perp F'D'$,

$PC' \perp D'E'$.

因点 P 在 $\triangle DEF$ 内,由刚才已证的(5) 的结论

$$PD' \cdot PE' \cdot PF \geqslant (PA' + PB')(PB' + PC')(PC' + PA')$$

于是

$$\frac{1}{pqr} \geqslant (\frac{1}{x} + \frac{1}{y})(\frac{1}{y} + \frac{1}{z})(\frac{1}{z} + \frac{1}{x})$$

故
$$x^2y^2z^2 \geqslant pqr(y+z)(z+x)(x+y)$$

50.续上题,如果再设 $\triangle PBC$、$\triangle PCA$、$\triangle PAB$ 的外接圆半径分别为 R_1、R_2、R_3.求证

(7) $\frac{1}{xy} + \frac{1}{yz} + \frac{1}{zx} \geqslant \frac{1}{xR_1} + \frac{1}{yR_2} + \frac{1}{zR_3}$;

(8) $xR_1 + yR_2 + zR_3 \geqslant xy + yz + zx$;

(9) $\frac{1}{xR_1} + \frac{1}{yR_2} + \frac{1}{zR_3} \geqslant \frac{1}{R_1R_2} + \frac{1}{R_2R_3} + \frac{1}{R_3R_1}$;

(10) $R_1R_2 + R_2R_3 + R_3R_1 \geqslant xR_1 + yR_2 + zR_3$.

证明 如图 8.77 所示,作反演变换 $I(P,1)$,设 A、B、C 的反点分别为 A'、B'、C',点 P 到 $B'C'$、$C'A'$、$A'B'$ 的距离分别为 d_1、d_2、d_3.因点 P 仍在 $\triangle A'B'C'$ 内,由上题的(1) ~ (4) 有

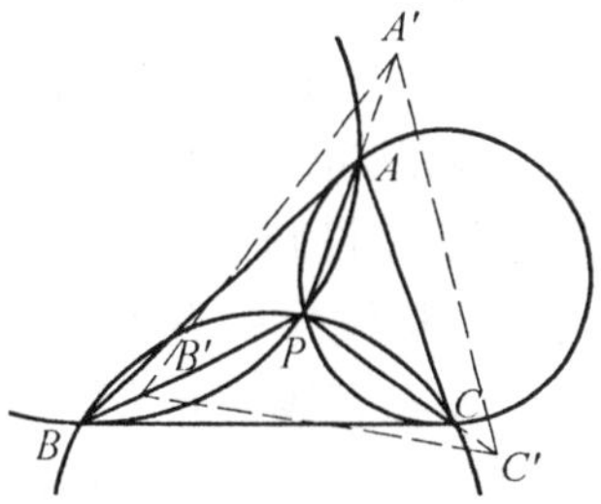

图 8.77

$$PA' \cdot PB' + PB' \cdot PC' + PC' \cdot PA' \geqslant 2(d_1 \cdot PA' + d_2 \cdot PB' + d_3 \cdot PC')$$

$$\frac{1}{d_1 \cdot PA'} + \frac{1}{d_2 \cdot PB'} + \frac{1}{d_3 \cdot PC'} \geqslant 2(\frac{1}{PA' \cdot PB'} + \frac{1}{PB' \cdot PC'} + \frac{1}{PC' \cdot PA'})$$

$$d_1 \cdot PA' + d_2 \cdot PB' + d_3 \cdot PC' \geqslant 2(d_1d_1 + d_2d_2 + d_3d_3)$$

$$\frac{1}{d_1d_2} + \frac{1}{d_2d_3} + \frac{1}{d_3d_1} \geqslant 2(\frac{1}{d_1 \cdot PA'} + \frac{1}{d_2 \cdot PB'} + \frac{1}{d_3 \cdot PC'})$$

另一方面,因 $PA' = \frac{1}{x}$, $PB' = \frac{1}{y}$, $PC' = \frac{1}{z}$.且由定理 8.4.4

$$d_1 = \frac{1}{2R_1}, d_2 = \frac{1}{2R_2}, d_3 = \frac{1}{2R_3}$$

故有

$$\frac{1}{x} + \frac{1}{y} + \frac{1}{z} \geqslant \frac{1}{xR_1} + \frac{1}{yR_2} + \frac{1}{zR_3}$$

$$xR_1 + yR_2 + zR_3 \geqslant xy + yz + zx$$

$$\frac{1}{xR_1}+\frac{1}{yR_2}+\frac{1}{zR_3}\geqslant\frac{1}{R_1R_2}+\frac{1}{R_2R_3}+\frac{1}{R_3R_1}$$

$$R_1R_2+R_2R_3+R_3R_1\geqslant xR_1+yR_2+zR_3$$

这就证明了(7) ~ (10).

51. 设 Γ_1、Γ_2、Γ_3 三圆皆与圆 Γ 正交. 求证:圆 Γ 上任意一点关于圆 Γ_1、Γ_2、Γ_3 的三极线交于一点.

证明　如图8.78所示,对于圆 Γ 上任意一点 P,设 PQ 为圆 Γ 的直径. 由于圆 Γ 与圆 Γ_1 正交,由定理8.6.2, P、Q 两点关于圆 Γ_1 共轭,因此点 P 关于圆 Γ_1 的极线 l_1 通过点 Q. 同理,点 P 关于圆 Γ_2 的极线 l_2,点 P 关于圆 Γ_3 的极线 l_3 皆通过点 Q. 换句话说,点 P 关于圆 Γ_1、Γ_2、Γ_3 的三极线 l_1、l_2、l_3 交于一点.

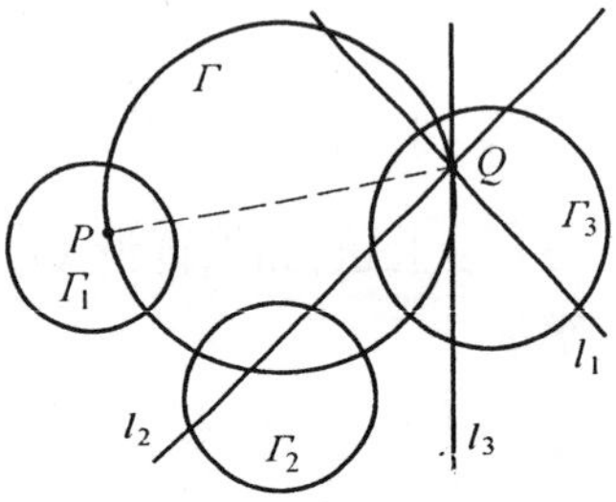

图 8.78

52. 证明**Salmon 定理**:圆心到任意两点的距离之比,等于这两点中一点到另一点的极线的距离之比.

证明　设圆 Γ 的圆心为 O, A、B 两点关于圆的反点分别为 A'、B',点 A 关于圆 Γ 的极线为 a,点 B 关于圆 Γ 的极线为 b,则 A' 在直线 a 上, B' 在直线 b 上. 再设点 A 在直线 b 上的射影为 P,点 B 在直线 a 上的射影为 Q.

如果 O、A、B 三点共线(图8.79),则 P、Q 分别于 B'、A' 重合. 不妨设 A 在 O、B 之间. 因 $OA'\cdot OA=OB'\cdot OB$,所以

$$\frac{OA}{OB}=\frac{OB'}{OA'}=\frac{OB'-OA}{OA'-OB}=\frac{AB'}{BA'}=\frac{AP}{BQ}$$

如果 $OA\perp OB$(图8.80),则 $OB=AP$, $OA=BQ$,于是由 $OA'\cdot OA=OB'\cdot OB$ 即得 $\frac{OA}{OB}=\frac{OB'}{OA'}=\frac{AP}{BQ}$.

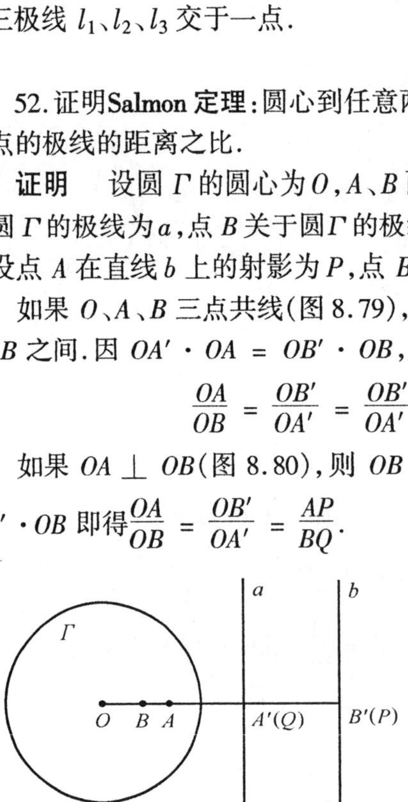

图 8.79

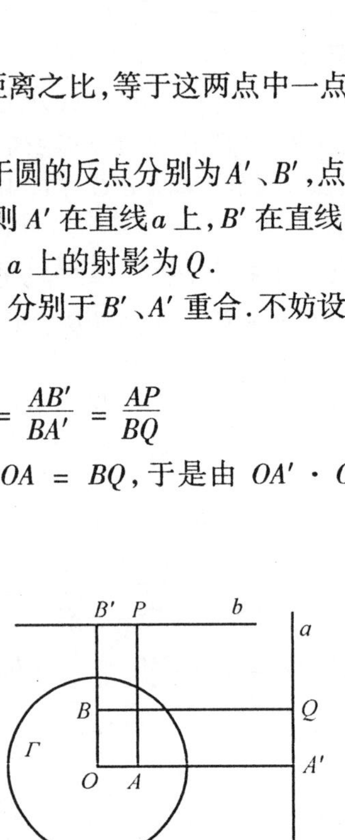

图 8.80

如果 O、A、B 三点不在一直线上，且 OA 与 OB 也不垂直(图 8.81)，设 A 在 OB 上的射影为 M，B 在 OA 上的射影为 N，则有 $MB = AP$，$NA = BQ$. 因 $\triangle OAM \backsim \triangle OBN$，所以$\dfrac{OA}{OB} = \dfrac{OM}{ON}$.

又 $OA' \cdot OA = OB' \cdot OB$，所以$\dfrac{OA}{OB} = \dfrac{OB'}{OA'}$. 由这两个等式即得

$$\frac{OA}{OB} = \frac{OB' - OM}{OA' - ON} = \frac{MB'}{NA'} = \frac{AP}{BQ}$$

53. 设 A、B 两点关于圆 Γ 共轭，但 A、B 不是圆 Γ 的互反点. 求证：直线 AB 的极点是 $\triangle OAB$ 的垂心. 其中 O 为圆 Γ 的圆心.

证明 如图 8.82 所示，设 A、B 两点关于圆 Γ 的反点分别为 A'、B'，则因 A、B 两点关于圆 Γ 共轭，所以点 A 的极线为直线 $A'B$，点 B 的极线为直线 AB'，由定理 8.5.1，直线 AB 的极点 C 为直线 $A'B$ 与 AB' 的交点. 又由极点与极线的定义知，$AB' \perp OA$，$A'B \perp OB$，故点 C 为 $\triangle OAB$ 的垂心.

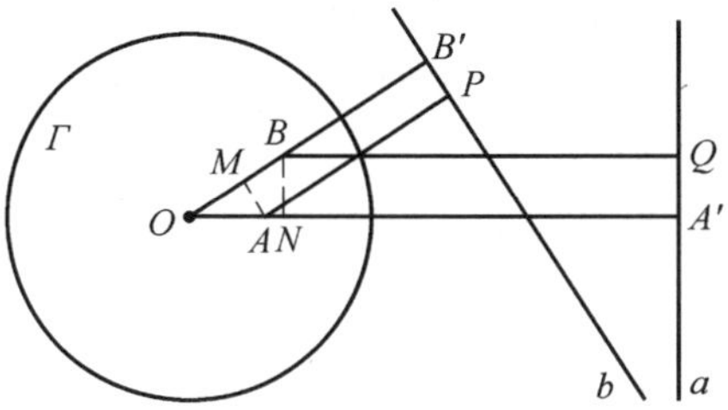

图 8.81

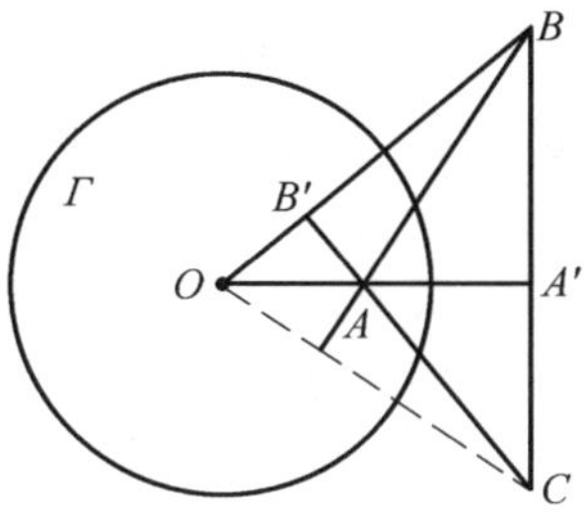

图 8.82

54. 设直线 l 不过圆 Γ 的圆心 O，O 在直线 l 上的射影为 M，A、B 是直线 l 上关于 M 对称的两点，且 A、B 都在圆 Γ 之外. 分别过点 A、B 作圆 Γ 的两条关于 OM 不对称的切线 AS、BT. 求证：切线 AS 与 BT 的交点在点 M 关于圆 Γ 的极线上.

证明 如图 8.83, 8.84 所示，设直线 AS 与 BT 的交于点 P. 因 A、B 两点关于直线 OM 对称，所以 A、B 两点到圆 Γ 的圆心 O 等距，因而 A、B 两点到圆 Γ 的切线长相等，即 $AS = BT$. 考虑 $\triangle PAB$ 及其三边 AB、BP、PA 所在直线上的三点 M、T、S，因 $AM = MB$，$AS = BT$，$PS \neq PT$. 而 M 是 AB 的中点，S、T 对于线段 PA、BP 来说，恰好一个内分点，一个外分点，所以 $\dfrac{\overline{AM}}{\overline{MB}} \cdot \dfrac{\overline{BT}}{\overline{TP}} \cdot \dfrac{\overline{PS}}{\overline{SA}} = -1$. 由 Menelaus 定理，$M$、$S$、$T$ 三点共线. 这说明点 P 关于圆 Γ 的极线 ST 过点 M，由定理 8.6.1，点 M 关于圆 Γ 的极线过点 P. 也就是说，点 P 在点 M 关于圆 Γ 的极线上.

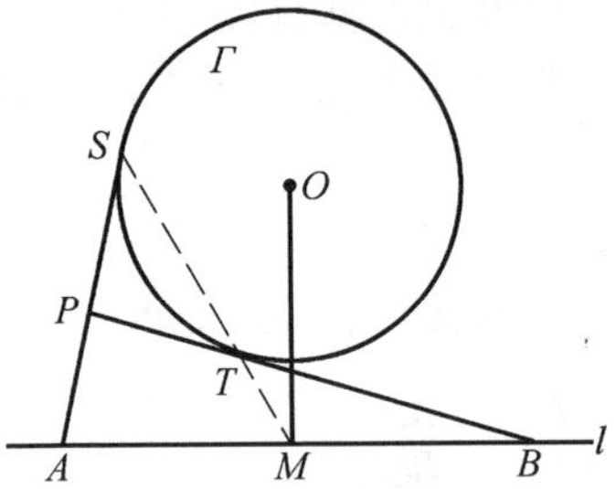

图 8.83

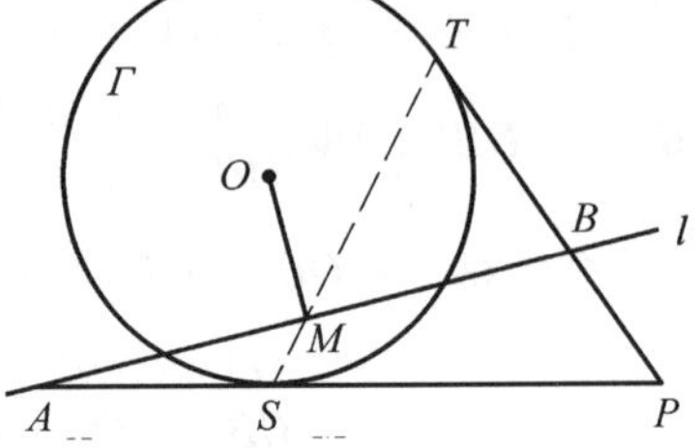

图 8.84

55. 设 $ABCD$ 为圆 Γ 的外切四边形,对角线 AC 交圆 Γ 于 E、F 两点.求证:圆 Γ 在 E、F 两点的切线与另一条对角线 BD 共点或互相平行.

证明 如图 8.85 所示,设圆 Γ 与四边形 $ABCD$ 的边 AB、BC、CD、DA 分别切于 P、Q、R、S,如果 $PS \parallel QR$,则四边形 $ABCD$ 是以 AC 为对称轴的筝形,此时 AC 过圆 Γ 的圆心,因而圆 Γ 在 E、F 两点的切线与对角线 BD 互相平行.如果 $PQ \parallel SR$,则四边形 $ABCD$ 是以 BD 为对称轴的筝形,此时 BD 过圆 Γ 的圆心,E、F 关于 BD 对称,圆 Γ 在 E、F 两点的切线也对称,因而他们与对角线 BD 共点或互相平行.下设直线 PS 与 QR 交于 T,直线 PQ 与 SR 交于 U.因直线 PQ、RS 分别为点 B、D 关于圆 Γ 的极线,所以直线 AC 为点 T 关于圆 Γ 的极线.同理,直线 BD 为点 U 关于圆 Γ 的极线.

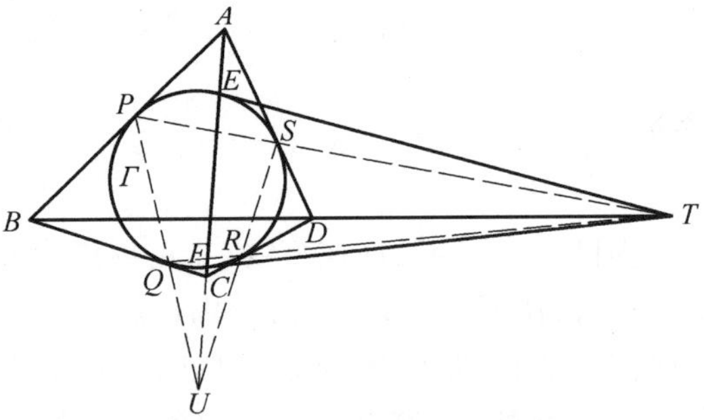

图 8.85

另一方面,由定理 8.6.4,点 U 关于圆 Γ 的极线过点 T,这说明直线 BD 过点 T.但显然圆 Γ 在 E、F 两点的切线交于直线 AC 的极点 T.故此时圆 Γ 在 E、F 两点的切线与另一条对角线 BD 共点.

56. 设 $ABCD$ 为圆 Γ 的外切四边形,对角线 AC 交圆 Γ 于 E、F 两点,M 为 EF 的中点.求证:$\angle CMD = \angle DMA$.

证明 如图 8.86 所示,设圆 Γ 与四边形 $ABCD$ 的边 AB、BC、CD、DA 分别

切于 P、Q、R、S.显然,点 B 的极线是 PQ,点 D 的极线是 SR.于是,设圆 Γ 的圆心为 O,直线 PQ 与 SR 交于 N,则 N 为直线 BD 的极点,所以 $ON \perp BD$,从而 N 在直线 OM 上.过 N 作 BD 的平行线分别交直线 PS、QR 于 I、J,则直线 IJ 为点 M 的极线.又 PS 为点 A 的极线,因此,点 I 为直线 AM 的极点,换句话说,点 I 的极线为 AM.同理,点 J 的极线为 MC.

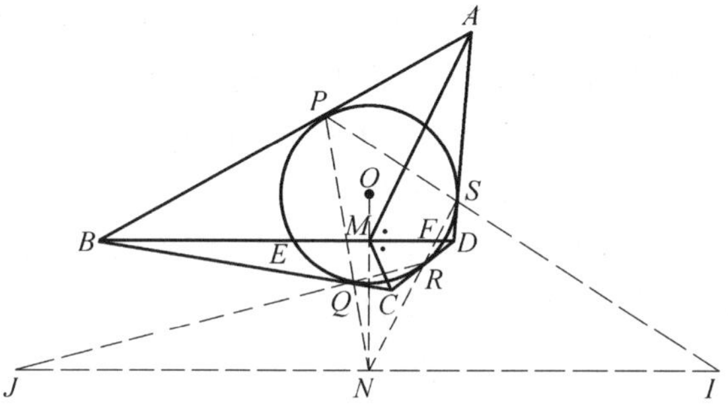

图 8.86

另一方面,因 $ON \perp IJ$,由蝴蝶定理(例 5.4.1),N 为 IJ 的中点,所以,$OI = OJ$.即 I、J 两点到圆心 O 的距离相等,但直线 AM、MC 分别为点 I、J 的极线,于是圆心 O 到直线 AM、MC 的距离也相等,因此圆心 O 必在 $\angle CMA$ 的外角平分线上(不可能在其内角平分线上),而 $OM \perp BD$,故 BD 平分 $\angle CMA$,即 $\angle CMD = \angle DMA$.

57.设 I 是 $\triangle ABC$ 的内心,过线段 IA 与 $\triangle ABC$ 的内切圆的交点作内切圆的切线交直线 BC 于 D,类似地得到点 E、F.求证:D、E、F 三点共线.

证明 如图 8.87 所示,设 $\triangle ABC$ 的内切圆与边 BC、CA、AB 分别切于 P、Q、R,AI、BI、CI 与 $\triangle ABC$ 的内切圆分别交于 L、M、N,显然,L 为 $\triangle ABC$ 的内切圆上 $\overset{\frown}{QR}$ 的中点,所以,PL 是 $\angle QPR$ 的平分线.同理,QM 是 $\angle RQP$ 的平分线,RN 是 $\angle PRQ$ 的平分线,因而 PL、QM、RN 三线共点.显然,点 D、E、F 分别为直线 PL、QM、RN 关于 ABC 的内切圆的极点,由推论 8.6.1 即知,D、E、F 三点共线.

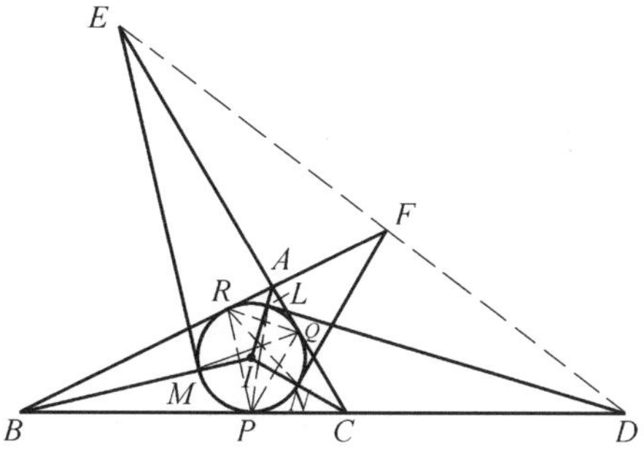

图 8.87

58. 设$\triangle ABC$的内心为I，l是$\triangle ABC$的内切圆的一条切线，D、E、F是切线l上的三点，且$\angle AID = \angle BIE = \angle CIF = 90°$. 求证：直线$AD$、$BE$、$CF$共点或互相平行.

证明　如图8.88所示，因$ID \parallel MN$，点D的极线过切点P且垂直于ID，因而垂直于MN，点A的极线为MN，所以AD的极点为点A的极线和点D的极线的交点，即过点P所作MN的垂线的垂足X，同理，BE的极点为过点P所作NL的垂线的垂足Y，CF的极点为过点P所作LM的垂线的垂足Z，因点P在$\triangle LMN$的外接圆上，由Simson定理，X、Y、Z三点共线，故这三点的极线——AD、BE、CF三线共点或互相平行(当X、Y、Z三点所共之线通过$\triangle ABC$的内心I时，AD、BE、CF三线互相平行).

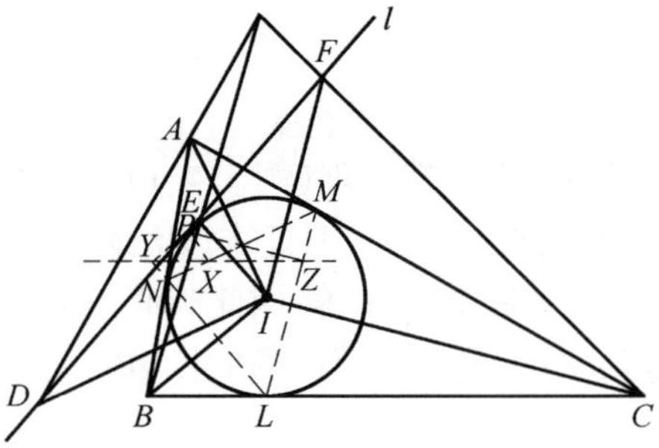

图 8.88

参 考 文 献

[1] 张禾瑞．近世代数基础[M]．北京：人民教育出版社，1978．
[2] 克莱因．古今数学思想(第三册)[M]．北京大学数学系数学史翻译组,译．上海:上海科学技术出版社,1980．
[3] 段学复．对称[M]．北京：中国青年出版社，1963．
[4] 梁绍鸿．初等数学复习及研究(平面几何)[M]．北京：人民教育出版社，1958．
[5] CASEY．近世几何学初编[M]．李俨,译．上海：商务印书馆，1952．
[6] 约翰逊 R A．近代欧氏几何学[M]．单墫,译．上海：上海教育出版社，1999．
[7] 阿达玛 J．几何(平面部分)[M]．朱德祥,译．上海：上海科学技术出版社，1964．
[8] 马忠林．几何学[M]．长春：吉林人民出版社,1984．
[9] 毛鸿翔，古成厚，章士藻,等．直线形[M]．南京：江苏教育出版社，1980．
[10] 赵遂之．圆[M]．南京：江苏教育出版社，1980．
[11] 湖南省数学会．数学奥林匹克的理论、方法、技巧(下册)[M]//李求来．几何．长沙：湖南教育出版社，1990．
[12] 胡杞，周春荔．初等几何研究基础教程[M]．北京：北京师范大学出版社，1989．
[13] 朱德祥．初等几何研究[M]．北京：高等教育出版社，1985．
[14] 左铨如，季素月．初等几何研究[M]．上海：上海科技教育出版社，1992．
[15] 钟集．平面几何证题法[M]．广州：广东科学技术出版社，1986．
[16] 蒋声．几何变换[M]．上海：上海教育出版社，1981．
[17] 严镇军．反射与反演[M]．上海：上海教育出版社，1981．
[18] 亚格龙 U M．几何变换(Ⅰ，Ⅱ)[M]．尤承业,译．北京：北京大学出版社，1987．
[19] 王敬庚．几何变换漫谈[M]．长沙：湖南教育出版社，2000．
[20] 萧振纲．几何变换[M]．上海：华东师范大学出版社，2005．
[21] 考克瑟特 H S M，格雷策 S L．几何学的新探索[M]．陈维桓,译．北京：北京大学出版社，1986．

[22] 失野健太郎. 几何的有名定理[M]. 陈永明,译. 上海: 上海科学技术出版社, 1986.
[23] 单墫. 平面几何中的小花[M]. 上海: 上海教育出版社, 2002.
[24] 汪江松, 黄家礼. 几何明珠[M]. 武汉: 中国地质大学出版社, 1988.
[25] 左宗明. 世界数学名题选讲[M]. 上海: 上海科学技术出版社, 1990.
[26] 肖铿, 严启平. 中外数学名题荟萃[M]. 武汉: 湖北人民出版社, 1994.
[27] 陈圣德. 平面几何一题多证[M]. 福州: 福建人民出版社, 1985.
[28] 李梦樵, 尚强. 平面几何一题多解新编[M]. 合肥: 安徽教育出版社, 1987.
[29] 单墫, 胡炳生, 胡礼祥,等. 数学奥林匹克题典[M]. 南京: 南京大学出版社, 1995.
[30] 吴振奎, 王连笑, 刘玉翘. 世界数学奥林匹克解题大辞典(几何卷)[M]. 石家庄: 河北少年儿童出版社,2003.
[31] 波拉索洛夫 B B. 平面几何问题集及其解答[M]. 周春荔, 张同君,译. 长春: 东北师范大学出版社, 1988.
[32] 李炯生, 黄国勋, 戴牧民,等. 中外数学竞赛 100 个重要定理和竞赛题解[M]. 上海: 上海科学技术出版社, 1992.
[33] 库尔沙克, 诺依柯姆, 哈约希,等. 匈牙利奥林匹克数学竞赛题解[M]. 胡湘陵,译. 北京: 科学普及出版社, 1979.
[34] 耶·勃罗夫金, 斯·斯特拉谢维奇. 波兰数学竞赛题解[M]. 朱尧辰,译. 北京: 知识出版社,1982.
[35] ВАСИЛЪЕВ Н Б , ЕГОРОВ А А. 全苏数学奥林匹克试题[M]. 李墨卿,译. 济南: 山东教育出版社, 1990.
[36] 林章衍. 最新俄罗斯数学竞赛题精解(1986 ~ 1996)[M]. 福州: 福建科学技术出版社, 1999.
[37] 数学奥林匹克题库编译小组. 美国中学生数学竞赛题解[M]. 天津: 新蕾出版社, 1991.
[38] 数学奥林匹克题库编译小组. 加拿大中学生数学竞赛题解[M]. 天津: 新蕾出版社, 1991.
[39] 数学奥林匹克题库编译小组. 国际中学生数学竞赛题解[M]. 天津: 新蕾出版社, 1991.
[40] 数学奥林匹克题库编译小组. 中国中学生数学竞赛题解[M]. 天津: 新蕾出版社, 1991.
[41]《中等数学》杂志编辑部. 首届全国数学奥林匹克命题比赛精选[M]. 成都: 四川大学出版社, 1992.

[42] 浙江省数学会. 数学奥林匹克备选题集[M]. 杭州: 浙江教育出版社, 1994.
[43] 2003 年 IMO 中国国家集训队教练组. 数学奥林匹克试题集锦(2003)[M]. 上海:华东师范大学出版社, 2003.
[44] 2004 年 IMO 中国国家集训队教练组. 数学奥林匹克试题集锦(2004)[M]. 上海:华东师范大学出版社, 2004.
[45] 2005 年 IMO 中国国家集训队教练组. 数学奥林匹克试题集锦(2005)[M]. 上海:华东师范大学出版社, 2005.
[46] 2006 年 IMO 中国国家集训队教练组. 数学奥林匹克试题集锦(2006)[M]. 上海:华东师范大学出版社, 2006.
[47] 2007 年 IMO 中国国家集训队教练组. 数学奥林匹克试题集锦(2007)[M]. 上海:华东师范大学出版社, 2007.
[48] 2008 年 IMO 中国国家集训队教练组. 数学奥林匹克试题集锦(2008)[M]. 上海:华东师范大学出版社, 2008.
[49] 陈计, 叶中豪. 初等数学前沿[M]//萧振纲.圆内接四边形的一组性质.南京: 江苏教育出版社, 1996.
[50] 陈计,叶中豪.初等数学前沿[M]//叶中豪.两个几何问题的推广. 南京: 江苏教育出版社, 1996.
[51] 杜锡录. 平面几何的名题及其妙解[J]. 数学教师, 1985(1):16-20.
[52] 杨路. 谈谈蝴蝶定理[J]. 数学教师, 1985(2):19-21.
[53] 李裕民. 蝴蝶定理的推广和演变[J]. 数学通报, 1993(12):16-20.
[54] 林飞赞. 正三角形的"魔方"——介绍一组掘进型题组[J]. 数学通报, 1995(6):32-34.
[55] 胡杞. 反射变换的乘法[J]. 数学通报, 1983(8):16-19.
[56] 李常陵, 米庆春. 平面几何问题中常见的四种几何变换[J]. 数学通报, 1984(9):14-19.
[57] 武锡环. 中学几何的变换方法[J]. 数学通报, 1984(12):1-5.
[58] 吕耀玉. 也谈旋转变换的乘法[J]. 数学通报, 1986(5):17-18.
[59] 周春荔. 平面几何的初等变换(上)[J]. 中等数学, 1987(3):8-12.
[60] 周春荔. 平面几何的初等变换(中)[J]. 中等数学, 1987(4):4-7.
[61] 周春荔. 平面几何的初等变换(下)[J]. 中等数学, 1987(5):2-6.
[62] 夏炎. 对称变换的妙用例说[J]. 中学数学, 1988(1):16-17.
[63] 席振伟. 关于"位似图形"的若干问题[J]. 中学数学, 1988(2):4-5.
[64] 萧振纲. 中点与中心对称变换[J]. 中学数学, 1989(2):14-15.
[65] 马传渔. 旋转变换 $r(A,x)$简介[J]. 中学数学月刊, 1990(3):32.

[66] 萧振纲. 涉及四个三角形的一个几何定理[J].中学数学月刊，1991(5)：12-14.
[67] 王立芳. 旋转相似变换[J]. 中学数学月刊，1991(8)：23-24.
[68] 杨健明. 利用旋转变换解几何竞赛题[J]. 中学数学月刊，1992(1)：29-42.
[69] 萧振纲. 平面几何的合同变换[J]. 湖南数学通讯，1993(5)：29-31.
[70] 杜升阳. 用变换法证明几何题[J]. 中学教研(数学)，1995(5)：17-20.
[71] 王秀兰. 谈平面几何中的轴对称移动[J]. 锦州师范学院学报(自然科学版)，1999(3)：63-66.
[72] 周月异. 旋转变换在平面几何中的应用[J]. 黄冈师范学院学报(自然科学版)，1999(4)：41-43.
[73] 王敬庚. 几何中的变换思想[J]. 数学通报，1999(12)：24-25.

◎编辑手记

在报纸上曾读到一位同行的一句话很是感慨：书的背后，永远是一群执著的出版人；书的故事，也永远是人的故事。

我与本书作者萧振纲先生相知甚早，我们有许多共同点。早期都在相同类型的学校教相同的课，他在湖南省岳阳师专（现为湖南理工学院），而我在黑龙江省哈尔滨师专（现为哈尔滨学院），我们都教初等数学研究类的课，可以说都是在边缘学校教边缘学科；我们多次在同一种刊物，如《湖南数学通讯》（可惜这个刊物已停刊）上发表过文章；我们多次参加同一会议。记得第一次见面是在2003年由湖南师范大学举办的第一届全国数学奥林匹克研究学术交流会上，巧的是还被分到了一个房间。后来在2005年于上海召开的全国第二届数学奥林匹克研究学术交流会上重逢。有趣的是我们都喜欢酒，在上海会议期间，他还跑很远的路买酒邀我与沈文选老师同饮，可惜沈老师不善饮酒。从做学问的风格来看，沈老师扎扎实实，萧先生恣意奔放。如果说这些都是表象的巧合，那么，应该说我们最大的共同点是——热爱数学、热爱数学研究。

对于在成长过程中曾经对数学产生过兴趣的人来说，要想在以后的岁月中完全抛弃是很困难的。正如17世纪浪漫诗人仓央嘉措在其《十戒诗》中所写："第一最好不相见，如此便可不相恋；第二最好不相知，如此便可不相思；……"我们还有一个共同点是都从数学教学岗位上退却了下来，我进了出版社，萧教授进了期刊社，都在为人做嫁衣。抛弃了功利目的，还心系数学，除去热爱，还是热爱。

正因为萧教授对数学、对数学研究的热爱，他几乎收集了自上世纪80年代以来在国内出版或重印的所有的数学科普书，每每谈论起来如数家珍。萧教授研究初等数学兴趣广，钻研深，文章有新意，其研究心得遍及全国各主要初等数学刊物。这本著作可算是萧教授毕数十年之功，厚积薄发的一个代表作，而且填补了我国几何变换专著的空白。可以肯定，此书的出版将会极大的推动我国初等几何研究，也将为我国初等数学研究“范式”的确立提供一个成功的范本，使平面几何研究的传统在中国得以延续。

兰斯洛特·霍格本是一位英国科学家和经济学家，1895年诞生于朴茨茅斯，曾写了一篇很著名的文章“数学——文明的镜子”。在这篇文章中霍格本指出：希腊城邦的有闲阶级把几何学作为消遣的玩物，就像今天的人们把纵横填字游戏和下棋作为消遣的玩物一样。柏拉图告诉我们，几何学是人类可用以消遣的最高级的运动方式，所以几何学是作为人文科学学识的一部分而被包括进欧洲教育中的，它和现代对德雷克（1540—1596，英国航海家）的“被包围的世界”进行测量这一实践没有任何清晰的关系。那些讲授欧几里得几何学的人不了解其社会用途，好几代学习几何学的学生都不曾被告知，更后的几何学——它是从亚历山大市繁忙的生活中发展出来的——是怎样使测量世界的大小成为可能的。这些测量粉碎了供奉星宿神像的异教徒的万神殿，并为伟大的航海事业清晰地指出了航线。

平面几何按史书记载，尼罗河的周期洪泛为其滥觞，在欧几里得之后成为智者的精巧玩具，所以说早期是实用与纯粹共生。演变到21世纪，平面几何在中国已被“工具化”，成为数学竞赛的敲门砖。国内平面几何高手要么效力于竞赛培训机构，要么散落民间游离于体制之外俨然现代幕府武士。前者奉行考什么研究什么，完全丧失了自身的学术兴趣及判断；后者又因为过于坚持自己的趣味导致受到学术市场冷落而郁郁寡欢。而萧教授则将两者完美兼顾，既实现了自己的学术理想，又满足了高级别竞赛选手及教练们的“小众”需求。

这部巨著是我们数学工作室出版的第11种平面几何书，后续还会有多部面市。在短短几年如此密集的推出初等数学中的一个小分支的书，是需要说点理由的。

日本著名作家村上春树曾说过：“集中力，这是将自己拥有的有限的才能汇集，尔后倾注于最为需要之处的能力，没有它，则不足以办成任何大事。”

数学工作室从2005年成立之初就一直在思考一个问题，即如何确定出版方向。因为数学分支众多，图书层次繁杂，锁定有限几个相对窄的方向，切入后再扩大体量是我从张奠宙先生的一本《二十世纪数学史话》中找到的想法。二战之后波兰数学学派异军突起，他们采用的发展战略是集中优势兵力在相对狭窄的几个领域攻坚，优先发展泛函分析、集合论、数论等几个分支，迅速进入世界前列，产生了一大批如巴拿赫、希尔宾斯基、辛采尔等世界级大师，铸造了波兰数学学派的辉煌。所以我们也将自己优先发展方向定为平面几何、数学竞赛及数学文化。

最近有一本畅销书是美国人里奥·巴伯塔写的叫《少的力量》(江苏人民出版社，2009 年 7 月出版)，其作者指出：没有限制，就像你手里仅有一把铁锹，却试图挖完一英亩地；而有限制，就相当于你只盯着一个地方挖井，直到挖出水为止。

没有限制，永远都不可能强大，你应该学会限制，以此来增强你的能力。四面出击，无所不为，见利就上，全线推进那是大企业、大集团的打法，我们不是，“高、精、专、尖、深”是我们的定位。就作者层次而论，在初等数学研究领域萧教授可谓“高”；几何变换这一课题在初等数学领域也可谓“精、专”；书的内容及研究水平在初等几何领域也可谓“尖、深”。所以萧教授的这本书是我们心目中的理想之作。

在 2009“回响中国年度致敬的教育风云人物”颁奖典礼上，新东方的董事长兼总裁俞敏洪的颁奖词是：“如果你要引人敬意，就要研究一个非常专业的领域，在那个领域中，你最顶尖；如果你要引人注目，就要使自己成为一棵树，傲立于大地之间。”

我们数学工作室所出图书的每位作者凭借自己的专业实力都足以引人敬意，我们为其提供出版平台，就是要与他们一起长成一棵数学领域的大树，引人注目。与工作室合作的作者以中老年专家居多，年长一点的有潘承彪、许以超、叶思源、谢彦麟、于秀源、沈永欢、许康、吴振奎、欧阳绛、沈文选等教授，研究员陆柱家、冯贝叶，特级教师杨学枝、王成维、赵南平等。中年的有侯晋川、萧振纲、马菊红、王国成、吴柏林等教授，副编审叶中豪、田廷彦，博士王忠玉、郭梦书等。

最近总有人善意提醒我们说：你们数学工作室应眼界开阔些，别紧盯着自己数学的一亩三分地，外面天地很广阔。但我们觉得今天的出版行业已非专精不能取胜。中央电视台经济频道节目主持人芮成钢曾说：“做这行一定要有一种专业精神，专注于一个领域，别想着什么出名主持什么，什么火播报什么。想被更多的人看到，被更多的人喜欢本身没有错，但今天不再是一个广泛受欢迎时代，媒体对从业人员要做到了解一个专业领域所需要的知识储备的要求也越来越高，我不可能成为一个各方面都很强的人，我只能把一件事做好。”

这部书从2007年正式约稿到今天正式出版，已经跨过了3个年头，这对于一个年产新书27万种的行业来说速度无疑显得慢了一点。但中国哲学讲究“欲速则不达”，“慢工出细活”。“慢”有时是质量的保证。萧教授为此数易其稿，反复修改，这才有了现在读者看到的样子。更为极端的是潘承彪教授，其译著《算术研究》虽读者热切期待，但至今已历时4载尚在雕琢，估计明年才会面市，一旦成书定为精品。

王树国先生多次讲“缓进则退，不进则亡”。我们工作室冒着缓进则退的风险在质量上不降，就因我们认为真正的灭亡危险是源于质量的滑坡，正所谓“文章千古事，得失寸心知”。

有道网CEO程三国先生曾有一个恰当的比喻，印刷书就好比砖头，数字版似水，但水往低处走——在网络阅读和手机阅读中往往低端用户和低俗内容居多，所以传统出版人要上山，去做那些高端的精装纸质书或作为文化标杆顶端的阳春白雪之书。这些书永远不惧怕数字化，既有高度又有硬度，不会被水溶化，不会被数字化浪潮淹没。但是爬山太累，太考验定力、持久力，而且越往上空间越小。

萧先生的书是一本高度原创的著作。现在中国真正著书者甚少，大多为“攒书”，东抄西拼的过程中也把原书的错误一并“继承”过来。而萧先生的书中尽管有许多例子是陈题，但解法却是自己独创的。加之有大量的图，所以审校工作反复进行多遍，尽量避免今后发生以讹传讹。这方面的一个有趣例子是香港书评人梁文道先生讲的80年代中国正逢“文化热”，大量学术著作被翻译成中文，先生读了其中一本文学著作，令其百思不解的是在文学史书中却有好几页在讲大炮，找到原文对照才知道人家谈的是cunon(经典)而非cunnon(加农炮)，可见读一手资料有多重要。

这部大作是萧先生数十年研究平面几何的心血与结晶。其书名及构思颇受中国科技大学常庚哲教授在上世纪80年代写的一本名为《复数计算与几何证明》的小册子影响。常先生在上世纪60年代初曾受北京数学会之邀写了一本《复数与几何》的小册子，从那之后他开始留意遇到的平面几何问题，不管原解法如何都要再看一看有没有复数证法，于是日积月累终于独创一派。萧先生也是如此，每遇到平面几何问题都要用几何变换方法尝试一下。集腋成裘，终成大作。

在今年全国政协科技界第31组的小组讨论会上，数学家李邦河院士对“研而优则仕”现象表示了忧虑，他举了一组数据：在48位菲尔兹奖得主中，担任过所长、系主任、科研主管、院长、校长的仅有13位，其中还有9人是在得奖至少9年后才任职，且任职时间大多不超过3年。

萧先生研而优但未成仕,现为《湖南理工学院学报》(自然科学版)执行主编,在行政化日益强化的大学中只是一个专业职务。但读完此书你会发现作为执行主编的萧先生可能微不足道,而作为几何高手的萧先生确为其中翘楚。

有读者打来电话或发来短信说:看到你们工作室的书,价格挺高,本来在犹豫要不要购买,但看了刘老师写的前言、后记、编后语之后就下决心买了。数学偏于理性过于冷,而文字直指人心,带来一点暖意。借此感谢喜读这类文字的读者。的确,在以往推出的图书的书后之所以写点文字,是因为编完之后有感要发。当然,不可避免地也有变相营销之嫌。但这本书则不然,我相信它会完全凭借内容吸引你,绝对的物超所值。

刘培杰

2010 年 3 月 31 日于哈尔滨工业大学

刘培杰数学工作室
已出版(即将出版)图书目录——初等数学

书　名	出版时间	定　价	编号
新编中学数学解题方法全书(高中版)上卷(第2版)	2018－08	58.00	951
新编中学数学解题方法全书(高中版)中卷(第2版)	2018－08	68.00	952
新编中学数学解题方法全书(高中版)下卷(一)(第2版)	2018－08	58.00	953
新编中学数学解题方法全书(高中版)下卷(二)(第2版)	2018－08	58.00	954
新编中学数学解题方法全书(高中版)下卷(三)(第2版)	2018－08	68.00	955
新编中学数学解题方法全书(初中版)上卷	2008－01	28.00	29
新编中学数学解题方法全书(初中版)中卷	2010－07	38.00	75
新编中学数学解题方法全书(高考复习卷)	2010－01	48.00	67
新编中学数学解题方法全书(高考真题卷)	2010－01	38.00	62
新编中学数学解题方法全书(高考精华卷)	2011－03	68.00	118
新编平面解析几何解题方法全书(专题讲座卷)	2010－01	18.00	61
新编中学数学解题方法全书(自主招生卷)	2013－08	88.00	261
数学奥林匹克与数学文化(第一辑)	2006－05	48.00	4
数学奥林匹克与数学文化(第二辑)(竞赛卷)	2008－01	48.00	19
数学奥林匹克与数学文化(第二辑)(文化卷)	2008－07	58.00	36′
数学奥林匹克与数学文化(第三辑)(竞赛卷)	2010－01	48.00	59
数学奥林匹克与数学文化(第四辑)(竞赛卷)	2011－08	58.00	87
数学奥林匹克与数学文化(第五辑)	2015－06	98.00	370
世界著名平面几何经典著作钩沉——几何作图专题卷(共3卷)	2022－01	198.00	1460
世界著名平面几何经典著作钩沉(民国平面几何老课本)	2011－03	38.00	113
世界著名平面几何经典著作钩沉(建国初期平面三角老课本)	2015－08	38.00	507
世界著名解析几何经典著作钩沉——平面解析几何卷	2014－01	38.00	264
世界著名数论经典著作钩沉(算术卷)	2012－01	28.00	125
世界著名数学经典著作钩沉——立体几何卷	2011－02	28.00	88
世界著名三角学经典著作钩沉(平面三角卷Ⅰ)	2010－06	28.00	69
世界著名三角学经典著作钩沉(平面三角卷Ⅱ)	2011－01	38.00	78
世界著名初等数论经典著作钩沉(理论和实用算术卷)	2011－07	38.00	126
世界著名几何经典著作钩沉(解析几何卷)	2022－10	68.00	1564
发展你的空间想象力(第3版)	2021－01	98.00	1464
空间想象力进阶	2019－05	68.00	1062
走向国际数学奥林匹克的平面几何试题诠释.第1卷	2019－07	88.00	1043
走向国际数学奥林匹克的平面几何试题诠释.第2卷	2019－09	78.00	1044
走向国际数学奥林匹克的平面几何试题诠释.第3卷	2019－03	78.00	1045
走向国际数学奥林匹克的平面几何试题诠释.第4卷	2019－09	98.00	1046
平面几何证明方法全书	2007－08	48.00	1
平面几何证明方法全书习题解答(第2版)	2006－12	18.00	10
平面几何天天练上卷・基础篇(直线型)	2013－01	58.00	208
平面几何天天练中卷・基础篇(涉及圆)	2013－01	28.00	234
平面几何天天练下卷・提高篇	2013－01	58.00	237
平面几何专题研究	2013－07	98.00	258
平面几何解题之道.第1卷	2022－05	38.00	1494
几何学习题集	2020－10	48.00	1217
通过解题学习代数几何	2021－04	88.00	1301
圆锥曲线的奥秘	2022－06	88.00	1541

刘培杰数学工作室
已出版(即将出版)图书目录——初等数学

书　　名	出版时间	定　价	编号
最新世界各国数学奥林匹克中的平面几何试题	2007—09	38.00	14
数学竞赛平面几何典型题及新颖解	2010—07	48.00	74
初等数学复习及研究(平面几何)	2008—09	68.00	38
初等数学复习及研究(立体几何)	2010—06	38.00	71
初等数学复习及研究(平面几何)习题解答	2009—01	58.00	42
几何学教程(平面几何卷)	2011—03	68.00	90
几何学教程(立体几何卷)	2011—07	68.00	130
几何变换与几何证题	2010—06	88.00	70
计算方法与几何证题	2011—06	28.00	129
立体几何技巧与方法(第 2 版)	2022—10	168.00	1572
几何瑰宝——平面几何 500 名题暨 1500 条定理(上、下)	2021—07	168.00	1358
三角形的解法与应用	2012—07	18.00	183
近代的三角形几何学	2012—07	48.00	184
一般折线几何学	2015—08	48.00	503
三角形的五心	2009—06	28.00	51
三角形的六心及其应用	2015—10	68.00	542
三角形趣谈	2012—08	28.00	212
解三角形	2014—01	28.00	265
探秘三角形:一次数学旅行	2021—10	68.00	1387
三角学专门教程	2014—09	28.00	387
图天下几何新题试卷.初中(第 2 版)	2017—11	58.00	855
圆锥曲线习题集(上册)	2013—06	68.00	255
圆锥曲线习题集(中册)	2015—01	78.00	434
圆锥曲线习题集(下册・第 1 卷)	2016—10	78.00	683
圆锥曲线习题集(下册・第 2 卷)	2018—01	98.00	853
圆锥曲线习题集(下册・第 3 卷)	2019—10	128.00	1113
圆锥曲线的思想方法	2021—08	48.00	1379
圆锥曲线的八个主要问题	2021—10	48.00	1415
论九点圆	2015—05	88.00	645
近代欧氏几何学	2012—03	48.00	162
罗巴切夫斯基几何学及几何基础概要	2012—07	28.00	188
罗巴切夫斯基几何学初步	2015—06	28.00	474
用三角、解析几何、复数、向量计算解数学竞赛几何题	2015—03	48.00	455
用解析法研究圆锥曲线的几何理论	2022—05	48.00	1495
美国中学几何教程	2015—04	88.00	458
三线坐标与三角形特征点	2015—04	98.00	460
坐标几何学基础.第 1 卷,笛卡儿坐标	2021—08	48.00	1398
坐标几何学基础.第 2 卷,三线坐标	2021—09	28.00	1399
平面解析几何方法与研究(第 1 卷)	2015—05	28.00	471
平面解析几何方法与研究(第 2 卷)	2015—06	38.00	472
平面解析几何方法与研究(第 3 卷)	2015—07	28.00	473
解析几何研究	2015—01	38.00	425
解析几何学教程.上	2016—01	38.00	574
解析几何学教程.下	2016—01	38.00	575
几何学基础	2016—01	58.00	581
初等几何研究	2015—02	58.00	444
十九和二十世纪欧氏几何学中的片段	2017—01	58.00	696
平面几何中考.高考.奥数一本通	2017—07	28.00	820
几何学简史	2017—08	28.00	833
四面体	2018—01	48.00	880
平面几何证明方法思路	2018—12	68.00	913
折纸中的几何练习	2022—09	48.00	1559
中学新几何学(英文)	2022—10	98.00	1562
线性代数与几何	2023—04	68.00	1633
四面体几何学引论	2023—06	68.00	1648

刘培杰数学工作室
已出版(即将出版)图书目录——初等数学

书　　名	出版时间	定　价	编号
平面几何图形特性新析. 上篇	2019－01	68.00	911
平面几何图形特性新析. 下篇	2018－06	88.00	912
平面几何范例多解探究. 上篇	2018－04	48.00	910
平面几何范例多解探究. 下篇	2018－12	68.00	914
从分析解题过程学解题:竞赛中的几何问题研究	2018－07	68.00	946
从分析解题过程学解题:竞赛中的向量几何与不等式研究(全2册)	2019－06	138.00	1090
从分析解题过程学解题:竞赛中的不等式问题	2021－01	48.00	1249
二维、三维欧氏几何的对偶原理	2018－12	38.00	990
星形大观及闭折线论	2019－03	68.00	1020
立体几何的问题和方法	2019－11	58.00	1127
三角代换论	2021－05	58.00	1313
俄罗斯平面几何问题集	2009－08	88.00	55
俄罗斯立体几何问题集	2014－03	58.00	283
俄罗斯几何大师——沙雷金论数学及其他	2014－01	48.00	271
来自俄罗斯的5000道几何习题及解答	2011－03	58.00	89
俄罗斯初等数学问题集	2012－05	38.00	177
俄罗斯函数问题集	2011－03	38.00	103
俄罗斯组合分析问题集	2011－01	48.00	79
俄罗斯初等数学万题选——三角卷	2012－11	38.00	222
俄罗斯初等数学万题选——代数卷	2013－08	68.00	225
俄罗斯初等数学万题选——几何卷	2014－01	68.00	226
俄罗斯《量子》杂志数学征解问题100题选	2018－08	48.00	969
俄罗斯《量子》杂志数学征解问题又100题选	2018－08	48.00	970
俄罗斯《量子》杂志数学征解问题	2020－05	48.00	1138
463个俄罗斯几何老问题	2012－01	28.00	152
《量子》数学短文精粹	2018－09	38.00	972
用三角、解析几何等计算解来自俄罗斯的几何题	2019－11	88.00	1119
基谢廖夫平面几何	2022－01	48.00	1461
基谢廖夫立体几何	2023－04	48.00	1599
数学:代数、数学分析和几何(10－11年级)	2021－01	48.00	1250
直观几何学:5—6年级	2022－04	58.00	1508
几何学:第2版.7—9年级	2023－08	68.00	1684
平面几何:9—11年级	2022－10	48.00	1571
立体几何.10—11年级	2022－01	58.00	1472

谈谈素数	2011－03	18.00	91
平方和	2011－03	18.00	92
整数论	2011－05	38.00	120
从整数谈起	2015－10	28.00	538
数与多项式	2016－01	38.00	558
谈谈不定方程	2011－05	28.00	119
质数漫谈	2022－07	68.00	1529

解析不等式新论	2009－06	68.00	48
建立不等式的方法	2011－03	98.00	104
数学奥林匹克不等式研究(第2版)	2020－07	68.00	1181
不等式研究(第三辑)	2023－08	198.00	1673
不等式的秘密(第一卷)(第2版)	2014－02	38.00	286
不等式的秘密(第二卷)	2014－01	38.00	268
初等不等式的证明方法	2010－06	38.00	123
初等不等式的证明方法(第二版)	2014－11	38.00	407
不等式・理论・方法(基础卷)	2015－07	38.00	496
不等式・理论・方法(经典不等式卷)	2015－07	38.00	497
不等式・理论・方法(特殊类型不等式卷)	2015－07	48.00	498
不等式探究	2016－03	38.00	582
不等式探秘	2017－01	88.00	689
四面体不等式	2017－01	68.00	715
数学奥林匹克中常见重要不等式	2017－09	38.00	845

刘培杰数学工作室
已出版(即将出版)图书目录——初等数学

书名	出版时间	定价	编号
三正弦不等式	2018－09	98.00	974
函数方程与不等式:解法与稳定性结果	2019－04	68.00	1058
数学不等式.第1卷,对称多项式不等式	2022－05	78.00	1455
数学不等式.第2卷,对称有理不等式与对称无理不等式	2022－05	88.00	1456
数学不等式.第3卷,循环不等式与非循环不等式	2022－05	88.00	1457
数学不等式.第4卷,Jensen不等式的扩展与加细	2022－05	88.00	1458
数学不等式.第5卷,创建不等式与解不等式的其他方法	2022－05	88.00	1459
不定方程及其应用.上	2018－12	58.00	992
不定方程及其应用.中	2019－01	78.00	993
不定方程及其应用.下	2019－02	98.00	994
Nesbitt不等式加强式的研究	2022－06	128.00	1527
最值定理与分析不等式	2023－02	78.00	1567
一类积分不等式	2023－02	88.00	1579
邦费罗尼不等式及概率应用	2023－05	58.00	1637
同余理论	2012－05	38.00	163
[x]与{x}	2015－04	48.00	476
极值与最值.上卷	2015－06	28.00	486
极值与最值.中卷	2015－06	38.00	487
极值与最值.下卷	2015－06	28.00	488
整数的性质	2012－11	38.00	192
完全平方数及其应用	2015－08	78.00	506
多项式理论	2015－10	88.00	541
奇数、偶数、奇偶分析法	2018－01	98.00	876
历届美国中学生数学竞赛试题及解答(第一卷)1950－1954	2014－07	18.00	277
历届美国中学生数学竞赛试题及解答(第二卷)1955－1959	2014－04	18.00	278
历届美国中学生数学竞赛试题及解答(第三卷)1960－1964	2014－06	18.00	279
历届美国中学生数学竞赛试题及解答(第四卷)1965－1969	2014－04	28.00	280
历届美国中学生数学竞赛试题及解答(第五卷)1970－1972	2014－06	18.00	281
历届美国中学生数学竞赛试题及解答(第六卷)1973－1980	2017－07	18.00	768
历届美国中学生数学竞赛试题及解答(第七卷)1981－1986	2015－01	18.00	424
历届美国中学生数学竞赛试题及解答(第八卷)1987－1990	2017－05	18.00	769
历届国际数学奥林匹克试题集	2023－09	158.00	1701
历届中国数学奥林匹克试题集(第3版)	2021－10	58.00	1440
历届加拿大数学奥林匹克试题集	2012－08	38.00	215
历届美国数学奥林匹克试题集	2023－08	98.00	1681
历届波兰数学竞赛试题集.第1卷,1949～1963	2015－03	18.00	453
历届波兰数学竞赛试题集.第2卷,1964～1976	2015－03	18.00	454
历届巴尔干数学奥林匹克试题集	2015－05	38.00	466
保加利亚数学奥林匹克	2014－10	38.00	393
圣彼得堡数学奥林匹克试题集	2015－01	38.00	429
匈牙利奥林匹克数学竞赛题解.第1卷	2016－05	28.00	593
匈牙利奥林匹克数学竞赛题解.第2卷	2016－05	28.00	594
历届美国数学邀请赛试题集(第2版)	2017－10	78.00	851
普林斯顿大学数学竞赛	2016－06	38.00	669
亚太地区数学奥林匹克竞赛题	2015－07	18.00	492
日本历届(初级)广中杯数学竞赛试题及解答.第1卷(2000～2007)	2016－05	28.00	641
日本历届(初级)广中杯数学竞赛试题及解答.第2卷(2008～2015)	2016－05	38.00	642
越南数学奥林匹克题选:1962－2009	2021－07	48.00	1370
360个数学竞赛问题	2016－08	58.00	677
奥数最佳实战题.上卷	2017－06	38.00	760
奥数最佳实战题.下卷	2017－05	58.00	761
哈尔滨市早期中学数学竞赛试题汇编	2016－07	28.00	672
全国高中数学联赛试题及解答:1981—2019(第4版)	2020－07	138.00	1176
2024年全国高中数学联合竞赛模拟题集	2024－01	38.00	1702

刘培杰数学工作室
已出版(即将出版)图书目录——初等数学

书　　名	出版时间	定　价	编号
20 世纪 50 年代全国部分城市数学竞赛试题汇编	2017－07	28.00	797
国内外数学竞赛题及精解:2018～2019	2020－08	45.00	1192
国内外数学竞赛题及精解:2019～2020	2021－11	58.00	1439
许康华竞赛优学精选集.第一辑	2018－08	68.00	949
天问叶班数学问题征解 100 题.Ⅰ,2016－2018	2019－05	88.00	1075
天问叶班数学问题征解 100 题.Ⅱ,2017－2019	2020－07	98.00	1177
美国初中数学竞赛:AMC8 准备(共 6 卷)	2019－07	138.00	1089
美国高中数学竞赛:AMC10 准备(共 6 卷)	2019－08	158.00	1105
王连笑教你怎样学数学:高考选择题解题策略与客观题实用训练	2014－01	48.00	262
王连笑教你怎样学数学:高考数学高层次讲座	2015－02	48.00	432
高考数学的理论与实践	2009－08	38.00	53
高考数学核心题型解题方法与技巧	2010－01	28.00	86
高考思维新平台	2014－03	38.00	259
高考数学压轴题解题诀窍(上)(第 2 版)	2018－01	58.00	874
高考数学压轴题解题诀窍(下)(第 2 版)	2018－01	48.00	875
北京市五区文科数学三年高考模拟题详解:2013～2015	2015－08	48.00	500
北京市五区理科数学三年高考模拟题详解:2013～2015	2015－09	68.00	505
向量法巧解数学高考题	2009－08	28.00	54
高中数学课堂教学的实践与反思	2021－11	48.00	791
数学高考参考	2016－01	78.00	589
新课程标准高考数学解答题各种题型解法指导	2020－08	78.00	1196
全国及各省市高考数学试题审题要津与解法研究	2015－02	48.00	450
高中数学章节起始课的教学研究与案例设计	2019－05	28.00	1064
新课标高考数学——五年试题分章详解(2007～2011)(上、下)	2011－10	78.00	140,141
全国中考数学压轴题审题要津与解法研究	2013－04	78.00	248
新编全国及各省市中考数学压轴题审题要津与解法研究	2014－05	58.00	342
全国及各省市 5 年中考数学压轴题审题要津与解法研究(2015 版)	2015－04	58.00	462
中考数学专题总复习	2007－04	28.00	6
中考数学较难题常考题型解题方法与技巧	2016－09	48.00	681
中考数学难题常考题型解题方法与技巧	2016－09	48.00	682
中考数学中档题常考题型解题方法与技巧	2017－08	68.00	835
中考数学选择填空压轴好题妙解 365	2024－01	80.00	1698
中考数学:三类重点考题的解法例析与习题	2020－04	48.00	1140
中小学数学的历史文化	2019－11	48.00	1124
初中平面几何百题多思创新解	2020－01	58.00	1125
初中数学中考备考	2020－01	58.00	1126
高考数学之九章演义	2019－08	68.00	1044
高考数学之难题谈笑间	2022－06	68.00	1519
化学可以这样学:高中化学知识方法智慧感悟疑难辨析	2019－07	58.00	1103
如何成为学习高手	2019－09	58.00	1107
高考数学:经典真题分类解析	2020－04	78.00	1134
高考数学解答题破解策略	2020－11	58.00	1221
从分析解题过程学解题:高考压轴题与竞赛题之关系探究	2020－08	88.00	1179
教学新思考:单元整体视角下的初中数学教学设计	2021－03	58.00	1278
思维再拓展:2020 年经典几何题的多解探究与思考	即将出版		1279
中考数学小压轴汇编初讲	2017－07	48.00	788
中考数学大压轴专题微言	2017－09	48.00	846
怎么解中考平面几何探索题	2019－06	48.00	1093
北京中考数学压轴题解题方法突破(第 9 版)	2024－01	78.00	1645
助你高考成功的数学解题智慧:知识是智慧的基础	2016－01	58.00	596
助你高考成功的数学解题智慧:错误是智慧的试金石	2016－04	58.00	643
助你高考成功的数学解题智慧:方法是智慧的推手	2016－04	68.00	657
高考数学奇思妙解	2016－04	38.00	610
高考数学解题策略	2016－05	48.00	670
数学解题泄天机(第 2 版)	2017－10	48.00	850

刘培杰数学工作室
已出版(即将出版)图书目录——初等数学

书　名	出版时间	定　价	编号
高中物理教学讲义	2018—01	48.00	871
高中物理教学讲义:全模块	2022—03	98.00	1492
高中物理答疑解惑 65 篇	2021—11	48.00	1462
中学物理基础问题解析	2020—08	48.00	1183
初中数学、高中数学脱节知识补缺教材	2017—06	48.00	766
高考数学客观题解题方法和技巧	2017—10	38.00	847
十年高考数学精品试题审题要津与解法研究	2021—10	98.00	1427
中国历届高考数学试题及解答.1949—1979	2018—01	38.00	877
历届中国高考数学试题及解答.第二卷,1980—1989	2018—10	28.00	975
历届中国高考数学试题及解答.第三卷,1990—1999	2018—10	48.00	976
跟我学解高中数学题	2018—07	58.00	926
中学数学研究的方法及案例	2018—05	58.00	869
高考数学抢分技能	2018—07	68.00	934
高一新生常用数学方法和重要数学思想提升教材	2018—06	38.00	921
高考数学全国卷六道解答题常考题型解题诀窍:理科(全 2 册)	2019—07	78.00	1101
高考数学全国卷 16 道选择、填空题常考题型解题诀窍.理科	2018—09	88.00	971
高考数学全国卷 16 道选择、填空题常考题型解题诀窍.文科	2020—01	88.00	1123
高中数学一题多解	2019—06	58.00	1087
历届中国高考数学试题及解答:1917—1999	2021—08	98.00	1371
2000～2003 年全国及各省市高考数学试题及解答	2022—05	88.00	1499
2004 年全国及各省市高考数学试题及解答	2023—08	78.00	1500
2005 年全国及各省市高考数学试题及解答	2023—08	78.00	1501
2006 年全国及各省市高考数学试题及解答	2023—08	88.00	1502
2007 年全国及各省市高考数学试题及解答	2023—08	98.00	1503
2008 年全国及各省市高考数学试题及解答	2023—08	88.00	1504
2009 年全国及各省市高考数学试题及解答	2023—08	88.00	1505
2010 年全国及各省市高考数学试题及解答	2023—08	98.00	1506
2011～2017 年全国及各省市高考数学试题及解答	2024—01	78.00	1507
2018～2023 年全国及各省市高考数学试题及解答	2024—03	78.00	1709
突破高原:高中数学解题思维探究	2021—08	48.00	1375
高考数学中的"取值范围"	2021—10	48.00	1429
新课程标准高中数学各种题型解法大全.必修一分册	2021—06	58.00	1315
新课程标准高中数学各种题型解法大全.必修二分册	2022—01	68.00	1471
高中数学各种题型解法大全.选择性必修一分册	2022—06	68.00	1525
高中数学各种题型解法大全.选择性必修二分册	2023—01	58.00	1600
高中数学各种题型解法大全.选择性必修三分册	2023—04	48.00	1643
历届全国初中数学竞赛经典试题详解	2023—04	88.00	1624
孟祥礼高考数学精刷精解	2023—06	98.00	1663
新编 640 个世界著名数学智力趣题	2014—01	88.00	242
500 个最新世界著名数学智力趣题	2008—06	48.00	3
400 个最新世界著名数学最值问题	2008—09	48.00	36
500 个世界著名数学征解问题	2009—06	48.00	52
400 个中国最佳初等数学征解老问题	2010—01	48.00	60
500 个俄罗斯数学经典老题	2011—01	28.00	81
1000 个国外中学物理好题	2012—04	48.00	174
300 个日本高考数学题	2012—05	38.00	142
700 个早期日本高考数学试题	2017—02	88.00	752
500 个前苏联早期高考数学试题及解答	2012—05	28.00	185
546 个早期俄罗斯大学生数学竞赛题	2014—03	38.00	285
548 个来自美苏的数学好问题	2014—11	28.00	396
20 所苏联著名大学早期入学试题	2015—02	18.00	452
161 道德国工科大学生必做的微分方程习题	2015—05	28.00	469
500 个德国工科大学生必做的高数习题	2015—06	28.00	478
360 个数学竞赛问题	2016—08	58.00	677
200 个趣味数学故事	2018—02	48.00	857
470 个数学奥林匹克中的最值问题	2018—10	88.00	985
德国讲义日本考题.微积分卷	2015—04	48.00	456
德国讲义日本考题.微分方程卷	2015—04	38.00	457
二十世纪中叶中、英、美、日、法、俄高考数学试题精选	2017—06	38.00	783

刘培杰数学工作室
已出版(即将出版)图书目录——初等数学

书　名	出版时间	定　价	编号
中国初等数学研究　2009 卷(第 1 辑)	2009—05	20.00	45
中国初等数学研究　2010 卷(第 2 辑)	2010—05	30.00	68
中国初等数学研究　2011 卷(第 3 辑)	2011—07	60.00	127
中国初等数学研究　2012 卷(第 4 辑)	2012—07	48.00	190
中国初等数学研究　2014 卷(第 5 辑)	2014—02	48.00	288
中国初等数学研究　2015 卷(第 6 辑)	2015—06	68.00	493
中国初等数学研究　2016 卷(第 7 辑)	2016—04	68.00	609
中国初等数学研究　2017 卷(第 8 辑)	2017—01	98.00	712

初等数学研究在中国. 第 1 辑	2019—03	158.00	1024
初等数学研究在中国. 第 2 辑	2019—10	158.00	1116
初等数学研究在中国. 第 3 辑	2021—05	158.00	1306
初等数学研究在中国. 第 4 辑	2022—06	158.00	1520
初等数学研究在中国. 第 5 辑	2023—07	158.00	1635

几何变换(Ⅰ)	2014—07	28.00	353
几何变换(Ⅱ)	2015—06	28.00	354
几何变换(Ⅲ)	2015—01	38.00	355
几何变换(Ⅳ)	2015—12	38.00	356

初等数论难题集(第一卷)	2009—05	68.00	44
初等数论难题集(第二卷)(上、下)	2011—02	128.00	82,83
数论概貌	2011—03	18.00	93
代数数论(第二版)	2013—08	58.00	94
代数多项式	2014—06	38.00	289
初等数论的知识与问题	2011—02	28.00	95
超越数论基础	2011—03	28.00	96
数论初等教程	2011—03	28.00	97
数论基础	2011—03	18.00	98
数论基础与维诺格拉多夫	2014—03	18.00	292
解析数论基础	2012—08	28.00	216
解析数论基础(第二版)	2014—01	48.00	287
解析数论问题集(第二版)(原版引进)	2014—05	88.00	343
解析数论问题集(第二版)(中译本)	2016—04	88.00	607
解析数论基础(潘承洞,潘承彪著)	2016—07	98.00	673
解析数论导引	2016—07	58.00	674
数论入门	2011—03	38.00	99
代数数论入门	2015—03	38.00	448
数论开篇	2012—07	28.00	194
解析数论引论	2011—03	48.00	100
Barban Davenport Halberstam 均值和	2009—01	40.00	33
基础数论	2011—03	28.00	101
初等数论 100 例	2011—05	18.00	122
初等数论经典例题	2012—07	18.00	204
最新世界各国数学奥林匹克中的初等数论试题(上、下)	2012—01	138.00	144,145
初等数论(Ⅰ)	2012—01	18.00	156
初等数论(Ⅱ)	2012—01	18.00	157
初等数论(Ⅲ)	2012—01	28.00	158

刘培杰数学工作室
已出版(即将出版)图书目录——初等数学

书名	出版时间	定价	编号
平面几何与数论中未解决的新老问题	2013－01	68.00	229
代数数论简史	2014－11	28.00	408
代数数论	2015－09	88.00	532
代数、数论及分析习题集	2016－11	98.00	695
数论导引提要及习题解答	2016－01	48.00	559
素数定理的初等证明.第2版	2016－09	48.00	686
数论中的模函数与狄利克雷级数(第二版)	2017－11	78.00	837
数论:数学导引	2018－01	68.00	849
范氏大代数	2019－02	98.00	1016
解析数学讲义.第一卷,导来式及微分、积分、级数	2019－04	88.00	1021
解析数学讲义.第二卷,关于几何的应用	2019－04	68.00	1022
解析数学讲义.第三卷,解析函数论	2019－04	78.00	1023
分析・组合・数论纵横谈	2019－04	58.00	1039
Hall代数:民国时期的中学数学课本:英文	2019－08	88.00	1106
基谢廖夫初等代数	2022－07	38.00	1531

数学精神巡礼	2019－01	58.00	731
数学眼光透视(第2版)	2017－06	78.00	732
数学思想领悟(第2版)	2018－01	68.00	733
数学方法溯源(第2版)	2018－08	68.00	734
数学解题引论	2017－05	58.00	735
数学史话览胜(第2版)	2017－01	48.00	736
数学应用展观(第2版)	2017－08	68.00	737
数学建模尝试	2018－04	48.00	738
数学竞赛采风	2018－01	68.00	739
数学测评探营	2019－05	58.00	740
数学技能操握	2018－03	48.00	741
数学欣赏拾趣	2018－02	48.00	742

从毕达哥拉斯到怀尔斯	2007－10	48.00	9
从迪利克雷到维斯卡尔迪	2008－01	48.00	21
从哥德巴赫到陈景润	2008－05	98.00	35
从庞加莱到佩雷尔曼	2011－08	138.00	136

博弈论精粹	2008－03	58.00	30
博弈论精粹.第二版(精装)	2015－01	88.00	461
数学 我爱你	2008－01	28.00	20
精神的圣徒　别样的人生——60位中国数学家成长的历程	2008－09	48.00	39
数学史概论	2009－06	78.00	50
数学史概论(精装)	2013－03	158.00	272
数学史选讲	2016－01	48.00	544
斐波那契数列	2010－02	28.00	65
数学拼盘和斐波那契魔方	2010－07	38.00	72
斐波那契数列欣赏(第2版)	2018－08	58.00	948
Fibonacci数列中的明珠	2018－06	58.00	928
数学的创造	2011－02	48.00	85
数学美与创造力	2016－01	48.00	595
数海拾贝	2016－01	48.00	590
数学中的美(第2版)	2019－04	68.00	1057
数论中的美学	2014－12	38.00	351

刘培杰数学工作室
已出版(即将出版)图书目录——初等数学

书　　名	出版时间	定　价	编号
数学王者　科学巨人——高斯	2015—01	28.00	428
振兴祖国数学的圆梦之旅:中国初等数学研究史话	2015—06	98.00	490
二十世纪中国数学史料研究	2015—10	48.00	536
数字谜、数阵图与棋盘覆盖	2016—01	58.00	298
数学概念的进化:一个初步的研究	2023—07	68.00	1683
数学发现的艺术:数学探索中的合情推理	2016—07	58.00	671
活跃在数学中的参数	2016—07	48.00	675
数海趣史	2021—05	98.00	1314
玩转幻中之幻	2023—08	88.00	1682
数学艺术品	2023—09	98.00	1685
数学博弈与游戏	2023—10	68.00	1692
数学解题——靠数学思想给力(上)	2011—07	38.00	131
数学解题——靠数学思想给力(中)	2011—07	48.00	132
数学解题——靠数学思想给力(下)	2011—07	38.00	133
我怎样解题	2013—01	48.00	227
数学解题中的物理方法	2011—06	28.00	114
数学解题的特殊方法	2011—06	48.00	115
中学数学计算技巧(第2版)	2020—10	48.00	1220
中学数学证明方法	2012—01	58.00	117
数学趣题巧解	2012—03	28.00	128
高中数学教学通鉴	2015—05	58.00	479
和高中生漫谈:数学与哲学的故事	2014—08	28.00	369
算术问题集	2017—03	38.00	789
张教授讲数学	2018—07	38.00	933
陈永明实话实说数学教学	2020—04	68.00	1132
中学数学学科知识与教学能力	2020—06	58.00	1155
怎样把课讲好:大罕数学教学随笔	2022—03	58.00	1484
中国高考评价体系下高考数学探秘	2022—03	48.00	1487
数苑漫步	2024—01	58.00	1670
自主招生考试中的参数方程问题	2015—01	28.00	435
自主招生考试中的极坐标问题	2015—04	28.00	463
近年全国重点大学自主招生数学试题全解及研究.华约卷	2015—02	38.00	441
近年全国重点大学自主招生数学试题全解及研究.北约卷	2016—05	38.00	619
自主招生数学解证宝典	2015—09	48.00	535
中国科学技术大学创新班数学真题解析	2022—03	48.00	1488
中国科学技术大学创新班物理真题解析	2022—03	58.00	1489
格点和面积	2012—07	18.00	191
射影几何趣谈	2012—04	28.00	175
斯潘纳尔引理——从一道加拿大数学奥林匹克试题谈起	2014—01	28.00	228
李普希兹条件——从几道近年高考数学试题谈起	2012—10	18.00	221
拉格朗日中值定理——从一道北京高考试题的解法谈起	2015—10	18.00	197
闵科夫斯基定理——从一道清华大学自主招生试题谈起	2014—01	28.00	198
哈尔测度——从一道冬令营试题的背景谈起	2012—08	28.00	202
切比雪夫逼近问题——从一道中国台北数学奥林匹克试题谈起	2013—04	38.00	238
伯恩斯坦多项式与贝齐尔曲面——从一道全国高中数学联赛试题谈起	2013—03	38.00	236
卡塔兰猜想——从一道普特南竞赛试题谈起	2013—06	18.00	256
麦卡锡函数和阿克曼函数——从一道前南斯拉夫数学奥林匹克试题谈起	2012—08	18.00	201
贝蒂定理与拉姆贝克莫斯尔定理——从一个拣石子游戏谈起	2012—08	18.00	217
皮亚诺曲线和豪斯道夫分球定理——从无限集谈起	2012—08	18.00	211
平面凸图形与凸多面体	2012—10	28.00	218
斯坦因豪斯问题——从一道二十五省市自治区中学数学竞赛试题谈起	2012—07	18.00	196

刘培杰数学工作室
已出版(即将出版)图书目录——初等数学

书　　名	出版时间	定　价	编号
纽结理论中的亚历山大多项式与琼斯多项式——从一道北京市高一数学竞赛试题谈起	2012—07	28.00	195
原则与策略——从波利亚"解题表"谈起	2013—04	38.00	244
转化与化归——从三大尺规作图不能问题谈起	2012—08	28.00	214
代数几何中的贝祖定理(第一版)——从一道 IMO 试题的解法谈起	2013—08	18.00	193
成功连贯理论与约当块理论——从一道比利时数学竞赛试题谈起	2012—04	18.00	180
素数判定与大数分解	2014—08	18.00	199
置换多项式及其应用	2012—10	18.00	220
椭圆函数与模函数——从一道美国加州大学洛杉矶分校(UCLA)博士资格考题谈起	2012—10	28.00	219
差分方程的拉格朗日方法——从一道 2011 年全国高考理科试题的解法谈起	2012—08	28.00	200
力学在几何中的一些应用	2013—01	38.00	240
从根式解到伽罗华理论	2020—01	48.00	1121
康托洛维奇不等式——从一道全国高中联赛试题谈起	2013—03	28.00	337
西格尔引理——从一道第 18 届 IMO 试题的解法谈起	即将出版		
罗斯定理——从一道前苏联数学竞赛试题谈起	即将出版		
拉克斯定理和阿廷定理——从一道 IMO 试题的解法谈起	2014—01	58.00	246
毕卡大定理——从一道美国大学数学竞赛试题谈起	2014—07	18.00	350
贝齐尔曲线——从一道全国高中联赛试题谈起	即将出版		
拉格朗日乘子定理——从一道 2005 年全国高中联赛试题的高等数学解法谈起	2015—05	28.00	480
雅可比定理——从一道日本数学奥林匹克试题谈起	2013—04	48.00	249
李天岩一约克定理——从一道波兰数学竞赛试题谈起	2014—06	28.00	349
受控理论与初等不等式:从一道 IMO 试题的解法谈起	2023—03	48.00	1601
布劳维不动点定理——从一道前苏联数学奥林匹克试题谈起	2014—01	38.00	273
伯恩赛德定理——从一道英国数学奥林匹克试题谈起	即将出版		
布查特一莫斯特定理——从一道上海市初中竞赛试题谈起	即将出版		
数论中的同余数问题——从一道普特南竞赛试题谈起	即将出版		
范·德蒙行列式——从一道美国数学奥林匹克试题谈起	即将出版		
中国剩余定理:总数法构建中国历史年表	2015—01	28.00	430
牛顿程序与方程求根——从一道全国高考试题解法谈起	即将出版		
库默尔定理——从一道 IMO 预选试题谈起	即将出版		
卢丁定理——从一道冬令营试题的解法谈起	即将出版		
沃斯滕霍姆定理——从一道 IMO 预选试题谈起	即将出版		
卡尔松不等式——从一道莫斯科数学奥林匹克试题谈起	即将出版		
信息论中的香农熵——从一道近年高考压轴题谈起	即将出版		
约当不等式——从一道希望杯竞赛试题谈起	即将出版		
拉比诺维奇定理	即将出版		
刘维尔定理——从一道《美国数学月刊》征解问题的解法谈起	即将出版		
卡塔兰恒等式与级数求和——从一道 IMO 试题的解法谈起	即将出版		
勒让德猜想与素数分布——从一道爱尔兰竞赛试题谈起	即将出版		
天平称重与信息论——从一道基辅市数学奥林匹克试题谈起	即将出版		
哈密尔顿一凯莱定理:从一道高中数学联赛试题的解法谈起	2014—09	18.00	376
艾思特曼定理——从一道 CMO 试题的解法谈起	即将出版		

刘培杰数学工作室
已出版(即将出版)图书目录——初等数学

书　　名	出版时间	定　价	编号
阿贝尔恒等式与经典不等式及应用	2018－06	98.00	923
迪利克雷除数问题	2018－07	48.00	930
幻方、幻立方与拉丁方	2019－08	48.00	1092
帕斯卡三角形	2014－03	18.00	294
蒲丰投针问题——从 2009 年清华大学的一道自主招生试题谈起	2014－01	38.00	295
斯图姆定理——从一道“华约”自主招生试题的解法谈起	2014－01	18.00	296
许瓦兹引理——从一道加利福尼亚大学伯克利分校数学系博士生试题谈起	2014－08	18.00	297
拉姆塞定理——从王诗宬院士的一个问题谈起	2016－04	48.00	299
坐标法	2013－12	28.00	332
数论三角形	2014－04	38.00	341
毕克定理	2014－07	18.00	352
数林掠影	2014－09	48.00	389
我们周围的概率	2014－10	38.00	390
凸函数最值定理:从一道华约自主招生题的解法谈起	2014－10	28.00	391
易学与数学奥林匹克	2014－10	38.00	392
生物数学趣谈	2015－01	18.00	409
反演	2015－01	28.00	420
因式分解与圆锥曲线	2015－01	18.00	426
轨迹	2015－01	28.00	427
面积原理:从常庚哲命的一道 CMO 试题的积分解法谈起	2015－01	48.00	431
形形色色的不动点定理:从一道 28 届 IMO 试题谈起	2015－01	38.00	439
柯西函数方程:从一道上海交大自主招生的试题谈起	2015－02	28.00	440
三角恒等式	2015－02	28.00	442
无理性判定:从一道 2014 年“北约”自主招生试题谈起	2015－01	38.00	443
数学归纳法	2015－03	18.00	451
极端原理与解题	2015－04	28.00	464
法雷级数	2014－08	18.00	367
摆线族	2015－01	38.00	438
函数方程及其解法	2015－05	38.00	470
含参数的方程和不等式	2012－09	28.00	213
希尔伯特第十问题	2016－01	38.00	543
无穷小量的求和	2016－01	28.00	545
切比雪夫多项式:从一道清华大学金秋营试题谈起	2016－01	38.00	583
泽肯多夫定理	2016－03	38.00	599
代数等式证题法	2016－01	28.00	600
三角等式证题法	2016－01	28.00	601
吴大任教授藏书中的一个因式分解公式:从一道美国数学邀请赛试题的解法谈起	2016－06	28.00	656
易卦——类万物的数学模型	2017－08	68.00	838
“不可思议”的数与数系可持续发展	2018－01	38.00	878
最短线	2018－01	38.00	879
数学在天文、地理、光学、机械力学中的一些应用	2023－03	88.00	1576
从阿基米德三角形谈起	2023－01	28.00	1578

幻方和魔方(第一卷)	2012－05	68.00	173
尘封的经典——初等数学经典文献选读(第一卷)	2012－07	48.00	205
尘封的经典——初等数学经典文献选读(第二卷)	2012－07	38.00	206

初级方程式论	2011－03	28.00	106
初等数学研究(Ⅰ)	2008－09	68.00	37
初等数学研究(Ⅱ)(上、下)	2009－05	118.00	46,47
初等数学专题研究	2022－10	68.00	1568

刘培杰数学工作室
已出版(即将出版)图书目录——初等数学

书　　名	出版时间	定　价	编号
趣味初等方程妙题集锦	2014—09	48.00	388
趣味初等数论选美与欣赏	2015—02	48.00	445
耕读笔记(上卷):一位农民数学爱好者的初数探索	2015—04	28.00	459
耕读笔记(中卷):一位农民数学爱好者的初数探索	2015—05	28.00	483
耕读笔记(下卷):一位农民数学爱好者的初数探索	2015—05	28.00	484
几何不等式研究与欣赏.上卷	2016—01	88.00	547
几何不等式研究与欣赏.下卷	2016—01	48.00	552
初等数列研究与欣赏・上	2016—01	48.00	570
初等数列研究与欣赏・下	2016—01	48.00	571
趣味初等函数研究与欣赏.上	2016—09	48.00	684
趣味初等函数研究与欣赏.下	2018—09	48.00	685
三角不等式研究与欣赏	2020—10	68.00	1197
新编平面解析几何解题方法研究与欣赏	2021—10	78.00	1426

火柴游戏(第2版)	2022—05	38.00	1493
智力解谜.第1卷	2017—07	38.00	613
智力解谜.第2卷	2017—07	38.00	614
故事智力	2016—07	48.00	615
名人们喜欢的智力问题	2020—01	48.00	616
数学大师的发现、创造与失误	2018—01	48.00	617
异曲同工	2018—09	48.00	618
数学的味道(第2版)	2023—10	68.00	1686
数学千字文	2018—10	68.00	977

数贝偶拾——高考数学题研究	2014—04	28.00	274
数贝偶拾——初等数学研究	2014—04	38.00	275
数贝偶拾——奥数题研究	2014—04	48.00	276

钱昌本教你快乐学数学(上)	2011—12	48.00	155
钱昌本教你快乐学数学(下)	2012—03	58.00	171

集合、函数与方程	2014—01	28.00	300
数列与不等式	2014—01	38.00	301
三角与平面向量	2014—01	28.00	302
平面解析几何	2014—01	38.00	303
立体几何与组合	2014—01	28.00	304
极限与导数、数学归纳法	2014—01	38.00	305
趣味数学	2014—03	28.00	306
教材教法	2014—04	68.00	307
自主招生	2014—05	58.00	308
高考压轴题(上)	2015—01	48.00	309
高考压轴题(下)	2014—10	68.00	310

从费马到怀尔斯——费马大定理的历史	2013—10	198.00	Ⅰ
从庞加莱到佩雷尔曼——庞加莱猜想的历史	2013—10	298.00	Ⅱ
从切比雪夫到爱尔特希(上)——素数定理的初等证明	2013—07	48.00	Ⅲ
从切比雪夫到爱尔特希(下)——素数定理100年	2012—12	98.00	Ⅲ
从高斯到盖尔方特——二次域的高斯猜想	2013—10	198.00	Ⅳ
从库默尔到朗兰兹——朗兰兹猜想的历史	2014—01	98.00	Ⅴ
从比勃巴赫到德布朗斯——比勃巴赫猜想的历史	2014—02	298.00	Ⅵ
从麦比乌斯到陈省身——麦比乌斯变换与麦比乌斯带	2014—02	298.00	Ⅶ
从布尔到豪斯道夫——布尔方程与格论漫谈	2013—10	198.00	Ⅷ
从开普勒到阿诺德——三体问题的历史	2014—05	298.00	Ⅸ
从华林到华罗庚——华林问题的历史	2013—10	298.00	Ⅹ

刘培杰数学工作室
已出版(即将出版)图书目录——初等数学

书　　名	出版时间	定　价	编号
美国高中数学竞赛五十讲.第1卷(英文)	2014－08	28.00	357
美国高中数学竞赛五十讲.第2卷(英文)	2014－08	28.00	358
美国高中数学竞赛五十讲.第3卷(英文)	2014－09	28.00	359
美国高中数学竞赛五十讲.第4卷(英文)	2014－09	28.00	360
美国高中数学竞赛五十讲.第5卷(英文)	2014－10	28.00	361
美国高中数学竞赛五十讲.第6卷(英文)	2014－11	28.00	362
美国高中数学竞赛五十讲.第7卷(英文)	2014－12	28.00	363
美国高中数学竞赛五十讲.第8卷(英文)	2015－01	28.00	364
美国高中数学竞赛五十讲.第9卷(英文)	2015－01	28.00	365
美国高中数学竞赛五十讲.第10卷(英文)	2015－02	38.00	366

三角函数(第2版)	2017－04	38.00	626
不等式	2014－01	38.00	312
数列	2014－01	38.00	313
方程(第2版)	2017－04	38.00	624
排列和组合	2014－01	28.00	315
极限与导数(第2版)	2016－04	38.00	635
向量(第2版)	2018－08	58.00	627
复数及其应用	2014－08	28.00	318
函数	2014－01	38.00	319
集合	2020－01	48.00	320
直线与平面	2014－01	28.00	321
立体几何(第2版)	2016－04	38.00	629
解三角形	即将出版		323
直线与圆(第2版)	2016－11	38.00	631
圆锥曲线(第2版)	2016－09	48.00	632
解题通法(一)	2014－07	38.00	326
解题通法(二)	2014－07	38.00	327
解题通法(三)	2014－05	38.00	328
概率与统计	2014－01	28.00	329
信息迁移与算法	即将出版		330

IMO 50年.第1卷(1959－1963)	2014－11	28.00	377
IMO 50年.第2卷(1964－1968)	2014－11	28.00	378
IMO 50年.第3卷(1969－1973)	2014－09	28.00	379
IMO 50年.第4卷(1974－1978)	2016－04	38.00	380
IMO 50年.第5卷(1979－1984)	2015－04	38.00	381
IMO 50年.第6卷(1985－1989)	2015－04	58.00	382
IMO 50年.第7卷(1990－1994)	2016－01	48.00	383
IMO 50年.第8卷(1995－1999)	2016－06	38.00	384
IMO 50年.第9卷(2000－2004)	2015－04	58.00	385
IMO 50年.第10卷(2005－2009)	2016－01	48.00	386
IMO 50年.第11卷(2010－2015)	2017－03	48.00	646

刘培杰数学工作室
已出版(即将出版)图书目录——初等数学

书　　名	出版时间	定　价	编号
数学反思(2006—2007)	2020—09	88.00	915
数学反思(2008—2009)	2019—01	68.00	917
数学反思(2010—2011)	2018—05	58.00	916
数学反思(2012—2013)	2019—01	58.00	918
数学反思(2014—2015)	2019—03	78.00	919
数学反思(2016—2017)	2021—03	58.00	1286
数学反思(2018—2019)	2023—01	88.00	1593
历届美国大学生数学竞赛试题集.第一卷(1938—1949)	2015—01	28.00	397
历届美国大学生数学竞赛试题集.第二卷(1950—1959)	2015—01	28.00	398
历届美国大学生数学竞赛试题集.第三卷(1960—1969)	2015—01	28.00	399
历届美国大学生数学竞赛试题集.第四卷(1970—1979)	2015—01	18.00	400
历届美国大学生数学竞赛试题集.第五卷(1980—1989)	2015—01	28.00	401
历届美国大学生数学竞赛试题集.第六卷(1990—1999)	2015—01	28.00	402
历届美国大学生数学竞赛试题集.第七卷(2000—2009)	2015—08	18.00	403
历届美国大学生数学竞赛试题集.第八卷(2010—2012)	2015—01	18.00	404
新课标高考数学创新题解题诀窍:总论	2014—09	28.00	372
新课标高考数学创新题解题诀窍:必修1～5分册	2014—08	38.00	373
新课标高考数学创新题解题诀窍:选修2—1,2—2,1—1,1—2分册	2014—09	38.00	374
新课标高考数学创新题解题诀窍:选修2—3,4—4,4—5分册	2014—09	18.00	375
全国重点大学自主招生英文数学试题全攻略:词汇卷	2015—07	48.00	410
全国重点大学自主招生英文数学试题全攻略:概念卷	2015—01	28.00	411
全国重点大学自主招生英文数学试题全攻略:文章选读卷(上)	2016—09	38.00	412
全国重点大学自主招生英文数学试题全攻略:文章选读卷(下)	2017—01	58.00	413
全国重点大学自主招生英文数学试题全攻略:试题卷	2015—07	38.00	414
全国重点大学自主招生英文数学试题全攻略:名著欣赏卷	2017—03	48.00	415
劳埃德数学趣题大全.题目卷.1:英文	2016—01	18.00	516
劳埃德数学趣题大全.题目卷.2:英文	2016—01	18.00	517
劳埃德数学趣题大全.题目卷.3:英文	2016—01	18.00	518
劳埃德数学趣题大全.题目卷.4:英文	2016—01	18.00	519
劳埃德数学趣题大全.题目卷.5:英文	2016—01	18.00	520
劳埃德数学趣题大全.答案卷:英文	2016—01	18.00	521
李成章教练奥数笔记.第1卷	2016—01	48.00	522
李成章教练奥数笔记.第2卷	2016—01	48.00	523
李成章教练奥数笔记.第3卷	2016—01	38.00	524
李成章教练奥数笔记.第4卷	2016—01	38.00	525
李成章教练奥数笔记.第5卷	2016—01	38.00	526
李成章教练奥数笔记.第6卷	2016—01	38.00	527
李成章教练奥数笔记.第7卷	2016—01	38.00	528
李成章教练奥数笔记.第8卷	2016—01	48.00	529
李成章教练奥数笔记.第9卷	2016—01	28.00	530

刘培杰数学工作室
已出版(即将出版)图书目录——初等数学

书　　名	出版时间	定　价	编号
第19～23届"希望杯"全国数学邀请赛试题审题要津详细评注(初一版)	2014－03	28.00	333
第19～23届"希望杯"全国数学邀请赛试题审题要津详细评注(初二、初三版)	2014－03	38.00	334
第19～23届"希望杯"全国数学邀请赛试题审题要津详细评注(高一版)	2014－03	28.00	335
第19～23届"希望杯"全国数学邀请赛试题审题要津详细评注(高二版)	2014－03	38.00	336
第19～25届"希望杯"全国数学邀请赛试题审题要津详细评注(初一版)	2015－01	38.00	416
第19～25届"希望杯"全国数学邀请赛试题审题要津详细评注(初二、初三版)	2015－01	58.00	417
第19～25届"希望杯"全国数学邀请赛试题审题要津详细评注(高一版)	2015－01	48.00	418
第19～25届"希望杯"全国数学邀请赛试题审题要津详细评注(高二版)	2015－01	48.00	419

物理奥林匹克竞赛大题典——力学卷	2014－11	48.00	405
物理奥林匹克竞赛大题典——热学卷	2014－04	28.00	339
物理奥林匹克竞赛大题典——电磁学卷	2015－07	48.00	406
物理奥林匹克竞赛大题典——光学与近代物理卷	2014－06	28.00	345

历届中国东南地区数学奥林匹克试题集(2004～2012)	2014－06	18.00	346
历届中国西部地区数学奥林匹克试题集(2001～2012)	2014－07	18.00	347
历届中国女子数学奥林匹克试题集(2002～2012)	2014－08	18.00	348

数学奥林匹克在中国	2014－06	98.00	344
数学奥林匹克问题集	2014－01	38.00	267
数学奥林匹克不等式散论	2010－06	38.00	124
数学奥林匹克不等式欣赏	2011－09	38.00	138
数学奥林匹克超级题库(初中卷上)	2010－01	58.00	66
数学奥林匹克不等式证明方法和技巧(上、下)	2011－08	158.00	134,135

他们学什么:原民主德国中学数学课本	2016－09	38.00	658
他们学什么:英国中学数学课本	2016－09	38.00	659
他们学什么:法国中学数学课本.1	2016－09	38.00	660
他们学什么:法国中学数学课本.2	2016－09	28.00	661
他们学什么:法国中学数学课本.3	2016－09	38.00	662
他们学什么:苏联中学数学课本	2016－09	28.00	679

高中数学题典——集合与简易逻辑·函数	2016－07	48.00	647
高中数学题典——导数	2016－07	48.00	648
高中数学题典——三角函数·平面向量	2016－07	48.00	649
高中数学题典——数列	2016－07	58.00	650
高中数学题典——不等式·推理与证明	2016－07	38.00	651
高中数学题典——立体几何	2016－07	48.00	652
高中数学题典——平面解析几何	2016－07	78.00	653
高中数学题典——计数原理·统计·概率·复数	2016－07	48.00	654
高中数学题典——算法·平面几何·初等数论·组合数学·其他	2016－07	68.00	655

刘培杰数学工作室
已出版(即将出版)图书目录——初等数学

书名	出版时间	定价	编号
台湾地区奥林匹克数学竞赛试题.小学一年级	2017—03	38.00	722
台湾地区奥林匹克数学竞赛试题.小学二年级	2017—03	38.00	723
台湾地区奥林匹克数学竞赛试题.小学三年级	2017—03	38.00	724
台湾地区奥林匹克数学竞赛试题.小学四年级	2017—03	38.00	725
台湾地区奥林匹克数学竞赛试题.小学五年级	2017—03	38.00	726
台湾地区奥林匹克数学竞赛试题.小学六年级	2017—03	38.00	727
台湾地区奥林匹克数学竞赛试题.初中一年级	2017—03	38.00	728
台湾地区奥林匹克数学竞赛试题.初中二年级	2017—03	38.00	729
台湾地区奥林匹克数学竞赛试题.初中三年级	2017—03	28.00	730

不等式证题法	2017—04	28.00	747
平面几何培优教程	2019—08	88.00	748
奥数鼎级培优教程.高一分册	2018—09	88.00	749
奥数鼎级培优教程.高二分册.上	2018—04	68.00	750
奥数鼎级培优教程.高二分册.下	2018—04	68.00	751
高中数学竞赛冲刺宝典	2019—04	68.00	883

初中尖子生数学超级题典.实数	2017—07	58.00	792
初中尖子生数学超级题典.式、方程与不等式	2017—08	58.00	793
初中尖子生数学超级题典.圆、面积	2017—08	38.00	794
初中尖子生数学超级题典.函数、逻辑推理	2017—08	48.00	795
初中尖子生数学超级题典.角、线段、三角形与多边形	2017—07	58.00	796

数学王子——高斯	2018—01	48.00	858
坎坷奇星——阿贝尔	2018—01	48.00	859
闪烁奇星——伽罗瓦	2018—01	58.00	860
无穷统帅——康托尔	2018—01	48.00	861
科学公主——柯瓦列夫斯卡娅	2018—01	48.00	862
抽象代数之母——埃米·诺特	2018—01	48.00	863
电脑先驱——图灵	2018—01	58.00	864
昔日神童——维纳	2018—01	48.00	865
数坛怪侠——爱尔特希	2018—01	68.00	866
传奇数学家徐利治	2019—09	88.00	1110

当代世界中的数学.数学思想与数学基础	2019—01	38.00	892
当代世界中的数学.数学问题	2019—01	38.00	893
当代世界中的数学.应用数学与数学应用	2019—01	38.00	894
当代世界中的数学.数学王国的新疆域(一)	2019—01	38.00	895
当代世界中的数学.数学王国的新疆域(二)	2019—01	38.00	896
当代世界中的数学.数林撷英(一)	2019—01	38.00	897
当代世界中的数学.数林撷英(二)	2019—01	48.00	898
当代世界中的数学.数学之路	2019—01	38.00	899

刘培杰数学工作室
已出版(即将出版)图书目录——初等数学

书　　名	出版时间	定　价	编号
105 个代数问题:来自 AwesomeMath 夏季课程	2019－02	58.00	956
106 个几何问题:来自 AwesomeMath 夏季课程	2020－07	58.00	957
107 个几何问题:来自 AwesomeMath 全年课程	2020－07	58.00	958
108 个代数问题:来自 AwesomeMath 全年课程	2019－01	68.00	959
109 个不等式:来自 AwesomeMath 夏季课程	2019－04	58.00	960
110 个几何问题:选自各国数学奥林匹克竞赛	2024－04	58.00	961
111 个代数和数论问题	2019－05	58.00	962
112 个组合问题:来自 AwesomeMath 夏季课程	2019－05	58.00	963
113 个几何不等式:来自 AwesomeMath 夏季课程	2020－08	58.00	964
114 个指数和对数问题:来自 AwesomeMath 夏季课程	2019－09	48.00	965
115 个三角问题:来自 AwesomeMath 夏季课程	2019－09	58.00	966
116 个代数不等式:来自 AwesomeMath 全年课程	2019－04	58.00	967
117 个多项式问题:来自 AwesomeMath 夏季课程	2021－09	58.00	1409
118 个数学竞赛不等式	2022－08	78.00	1526
紫色彗星国际数学竞赛试题	2019－02	58.00	999
数学竞赛中的数学:为数学爱好者、父母、教师和教练准备的丰富资源.第一部	2020－04	58.00	1141
数学竞赛中的数学:为数学爱好者、父母、教师和教练准备的丰富资源.第二部	2020－07	48.00	1142
和与积	2020－10	38.00	1219
数论:概念和问题	2020－12	68.00	1257
初等数学问题研究	2021－03	48.00	1270
数学奥林匹克中的欧几里得几何	2021－10	68.00	1413
数学奥林匹克题解新编	2022－01	58.00	1430
图论入门	2022－09	58.00	1554
新的、更新的、最新的不等式	2023－07	58.00	1650
数学竞赛中奇妙的多项式	2024－01	78.00	1646
120 个奇妙的代数问题及 20 个奖励问题	2024－04	48.00	1647
澳大利亚中学数学竞赛试题及解答(初级卷)1978～1984	2019－02	28.00	1002
澳大利亚中学数学竞赛试题及解答(初级卷)1985～1991	2019－02	28.00	1003
澳大利亚中学数学竞赛试题及解答(初级卷)1992～1998	2019－02	28.00	1004
澳大利亚中学数学竞赛试题及解答(初级卷)1999～2005	2019－02	28.00	1005
澳大利亚中学数学竞赛试题及解答(中级卷)1978～1984	2019－03	28.00	1006
澳大利亚中学数学竞赛试题及解答(中级卷)1985～1991	2019－03	28.00	1007
澳大利亚中学数学竞赛试题及解答(中级卷)1992～1998	2019－03	28.00	1008
澳大利亚中学数学竞赛试题及解答(中级卷)1999～2005	2019－03	28.00	1009
澳大利亚中学数学竞赛试题及解答(高级卷)1978～1984	2019－05	28.00	1010
澳大利亚中学数学竞赛试题及解答(高级卷)1985～1991	2019－05	28.00	1011
澳大利亚中学数学竞赛试题及解答(高级卷)1992～1998	2019－05	28.00	1012
澳大利亚中学数学竞赛试题及解答(高级卷)1999～2005	2019－05	28.00	1013
天才中小学生智力测验题.第一卷	2019－03	38.00	1026
天才中小学生智力测验题.第二卷	2019－03	38.00	1027
天才中小学生智力测验题.第三卷	2019－03	38.00	1028
天才中小学生智力测验题.第四卷	2019－03	38.00	1029
天才中小学生智力测验题.第五卷	2019－03	38.00	1030
天才中小学生智力测验题.第六卷	2019－03	38.00	1031
天才中小学生智力测验题.第七卷	2019－03	38.00	1032
天才中小学生智力测验题.第八卷	2019－03	38.00	1033
天才中小学生智力测验题.第九卷	2019－03	38.00	1034
天才中小学生智力测验题.第十卷	2019－03	38.00	1035
天才中小学生智力测验题.第十一卷	2019－03	38.00	1036
天才中小学生智力测验题.第十二卷	2019－03	38.00	1037
天才中小学生智力测验题.第十三卷	2019－03	38.00	1038

刘培杰数学工作室
已出版(即将出版)图书目录——初等数学

书　　名	出版时间	定　价	编号
重点大学自主招生数学备考全书:函数	2020—05	48.00	1047
重点大学自主招生数学备考全书:导数	2020—08	48.00	1048
重点大学自主招生数学备考全书:数列与不等式	2019—10	78.00	1049
重点大学自主招生数学备考全书:三角函数与平面向量	2020—08	68.00	1050
重点大学自主招生数学备考全书:平面解析几何	2020—07	58.00	1051
重点大学自主招生数学备考全书:立体几何与平面几何	2019—08	48.00	1052
重点大学自主招生数学备考全书:排列组合·概率统计·复数	2019—09	48.00	1053
重点大学自主招生数学备考全书:初等数论与组合数学	2019—08	48.00	1054
重点大学自主招生数学备考全书:重点大学自主招生真题.上	2019—04	68.00	1055
重点大学自主招生数学备考全书:重点大学自主招生真题.下	2019—04	58.00	1056
高中数学竞赛培训教程:平面几何问题的求解方法与策略.上	2018—05	68.00	906
高中数学竞赛培训教程:平面几何问题的求解方法与策略.下	2018—06	78.00	907
高中数学竞赛培训教程:整除与同余以及不定方程	2018—01	88.00	908
高中数学竞赛培训教程:组合计数与组合极值	2018—04	48.00	909
高中数学竞赛培训教程:初等代数	2019—04	78.00	1042
高中数学讲座:数学竞赛基础教程(第一册)	2019—06	48.00	1094
高中数学讲座:数学竞赛基础教程(第二册)	即将出版		1095
高中数学讲座:数学竞赛基础教程(第三册)	即将出版		1096
高中数学讲座:数学竞赛基础教程(第四册)	即将出版		1097
新编中学数学解题方法 1000 招丛书.实数(初中版)	2022—05	58.00	1291
新编中学数学解题方法 1000 招丛书.式(初中版)	2022—05	48.00	1292
新编中学数学解题方法 1000 招丛书.方程与不等式(初中版)	2021—04	58.00	1293
新编中学数学解题方法 1000 招丛书.函数(初中版)	2022—05	38.00	1294
新编中学数学解题方法 1000 招丛书.角(初中版)	2022—05	48.00	1295
新编中学数学解题方法 1000 招丛书.线段(初中版)	2022—05	48.00	1296
新编中学数学解题方法 1000 招丛书.三角形与多边形(初中版)	2021—04	48.00	1297
新编中学数学解题方法 1000 招丛书.圆(初中版)	2022—05	48.00	1298
新编中学数学解题方法 1000 招丛书.面积(初中版)	2021—07	28.00	1299
新编中学数学解题方法 1000 招丛书.逻辑推理(初中版)	2022—06	48.00	1300
高中数学题典精编.第一辑.函数	2022—01	58.00	1444
高中数学题典精编.第一辑.导数	2022—01	68.00	1445
高中数学题典精编.第一辑.三角函数·平面向量	2022—01	68.00	1446
高中数学题典精编.第一辑.数列	2022—01	58.00	1447
高中数学题典精编.第一辑.不等式·推理与证明	2022—01	58.00	1448
高中数学题典精编.第一辑.立体几何	2022—01	58.00	1449
高中数学题典精编.第一辑.平面解析几何	2022—01	68.00	1450
高中数学题典精编.第一辑.统计·概率·平面几何	2022—01	58.00	1451
高中数学题典精编.第一辑.初等数论·组合数学·数学文化·解题方法	2022—01	58.00	1452
历届全国初中数学竞赛试题分类解析.初等代数	2022—09	98.00	1555
历届全国初中数学竞赛试题分类解析.初等数论	2022—09	48.00	1556
历届全国初中数学竞赛试题分类解析.平面几何	2022—09	38.00	1557
历届全国初中数学竞赛试题分类解析.组合	2022—09	38.00	1558

刘培杰数学工作室
已出版(即将出版)图书目录——初等数学

书　　名	出版时间	定　价	编号
从三道高三数学模拟题的背景谈起:兼谈傅里叶三角级数	2023—03	48.00	1651
从一道日本东京大学的入学试题谈起:兼谈 π 的方方面面	即将出版		1652
从两道 2021 年福建高三数学测试题谈起:兼谈球面几何学与球面三角学	即将出版		1653
从一道湖南高考数学试题谈起:兼谈有界变差数列	2024—01	48.00	1654
从一道高校自主招生试题谈起:兼谈詹森函数方程	即将出版		1655
从一道上海高考数学试题谈起:兼谈有界变差函数	即将出版		1656
从一道北京大学金秋营数学试题的解法谈起:兼谈伽罗瓦理论	即将出版		1657
从一道北京高考数学试题的解法谈起:兼谈毕克定理	即将出版		1658
从一道北京大学金秋营数学试题的解法谈起:兼谈帕塞瓦尔恒等式	即将出版		1659
从一道高三数学模拟测试题的背景谈起:兼谈等周问题与等周不等式	即将出版		1660
从一道 2020 年全国高考数学试题的解法谈起:兼谈斐波那契数列和纳卡穆拉定理及奥斯图达定理	即将出版		1661
从一道高考数学附加题谈起:兼谈广义斐波那契数列	即将出版		1662

代数学教程.第一卷,集合论	2023—08	58.00	1664
代数学教程.第二卷,抽象代数基础	2023—08	68.00	1665
代数学教程.第三卷,数论原理	2023—08	58.00	1666
代数学教程.第四卷,代数方程式论	2023—08	48.00	1667
代数学教程.第五卷,多项式理论	2023—08	58.00	1668

联系地址:哈尔滨市南岗区复华四道街 10 号　哈尔滨工业大学出版社刘培杰数学工作室
邮　　编:150006
联系电话:0451—86281378　　13904613167
E-mail:lpj1378@163.com